Campbell Essential Biology with Physiology

캠벨 생명과학 제6판

고상균 • 윤치영 공역

Simon • Dickey • Reece

캠벨 생명과학 제6판

초판 인쇄: 2021년 3월 5일
초판 발행: 2021년 3월 10일

저 자: Simon, Dickey, Reece
역 자: 고상균 · 윤치영
발행인: 문 정 구
발행처: (주)바이오사이언스출판
본 사: 10860 경기도 파주시 탄현면 국화향길 10-56, 1층
서울 사무소: 06569 서울특별시 서초구 도구로 115, 1층(방배동)
전 화: (02)581-4057~8
팩 스: (02)581-4059
이메일: inquiry@biosciencepub.com
홈페이지: http://www.biobooks.co.kr
ISBN: 978-89-6824-117-8 93470

등록번호: 제22-3079호
값 32,000원

(주)바이오사이언스출판

저자 소개

에릭 사이먼(Eric J. Simon)

사이먼은 뉴잉글랜드대학(뉴햄프셔주의 해니커)의 생물보건과학과에 교수로 있다. 그는 열대해양생물학과에서 고학년 대상 수업을 진행하고 있으며, 과학전공과 비전공학생들에게 생물학 입문을 가르치고 있다. 사이먼 박사는 웨슬리대학에서 생물학과 컴퓨터과학으로 학사학위를, 생물학으로 석사학위를 받았고, 하버드대학에서는 생화학으로 박사학위를 받았다. 그의 연구는 현대기술을 사용하여 과학수업 특히 비전공자들의 과학수업에서 능동적인 학습 향상을 위한 혁신적인 방법 구현에 초점을 맞추고 있다. 사이먼 박사는 생물학 입문 교재로 사용되는 『*Biology: The Core*, 2nd Edition』의 저자이자 『*Campbell Biology: Concepts & Connections*, 9th Edition』의 공동저자이기도 하다.

수십 년 동안 우호적인 우정을 통해 충실함과 신뢰의 가치를 가르쳐준 나의 평생 친구인 *BZ*, *SR*, *SR*에게 바친다.

제인 리스(Jane B. Reece)

리스는 닐 캠벨의 오랜 협력자이자 『*Campbell Essential Biology*』와 『*Campbell Essential Biology with Physiology*』의 초판 저자였다. 그녀는 하버드대학에서 생물학으로 학사학위(처음에는 철학전공으로 들어왔다)를, 러트커스대학에서 미생물학으로 석사학위를, UC버클리에서 세균학으로 박사학위를 받았다. 처음에는 UC버클리에서, 나중에는 스탠퍼드대학에서 박사후 연수과정에서 세균에서의 유전자 재조합에 관한 연구에 집중했다. 리스 박사는 미들섹스카운티 칼리지(뉴저지)와 퀸즈버로우커뮤니티 칼리지(뉴욕)에서 생물학을 가르쳤다. 리스 박사의 출판 경력은 1978년 벤저민커밍스 출판사의 편집진에 합류하면서 시작되었는데, 그 이후로 성공적인 수많은 교재에서 중요한 역할을 담당했다. 그녀는 『*Campbell Biology*, Editions 8-10』의 대표저자였으며 『*Campbell Biology: Concepts & Connections*』의 초판 저자였다.

같이 즐겁게 책을 만들었던 멋진 공동저자에게 바친다.

진 디키(Jean L. Dickey)

디키는 클렘슨대학(남캐롤라이나주의 클렘슨)의 생물학과 명예교수이다. 그녀는 켄트주립대학에서 생물학으로 학사학위를 마친 후, 퍼듀대학에서 생태학과 진화학으로 박사학위를 받았다. 1984년에 클렘슨대학에 교수가 된 후, 디키 박사는 과학 비전공자들에게 생물학을 가르치는 데 힘써왔다. 그녀는 콘텐츠 기반의 강의용 자료를 만들기도 했으며, 강의와 실험을 수강하는 학생들이 토의하기, 비판적으로 생각하기, 글쓰기 등에 참여할 수 있는 여러 활동들도 개발하였다. 또한 일반생물학에서 연구를 좋아할 수 있게 해주는 실험교과과정을 만들기도 하였다. 디키 박사는 『*Laboratory Investigations for Biology*, 2nd Edition』의 저자이자 『*Campbell Biology: Concepts & Connections*, 9th Edition』의 공동저자이기도 하다.

배우는 것을 좋아하도록 가르쳐 주신 어머니와 삶에 커다란 기쁨을 주는 두 딸 캐서린과 제시에게 바친다.

닐 캠벨(Neil A. Campbell)

캠벨(1946~2004)은 탐구심이 많은 과학자이자, 배려심이 많은 품성을 지닌 진정한 교육자였다. 30년 이상 그는 과학을 전공하는 학생뿐만 아니라 과학을 전공하지 않는 학생들에게 생물학을 가르치면서, 수많은 학생들이 그의 강의를 들으며 생명의 연구에 대한 그의 열정을 접하고 여러 형태의 자극을 받는 기회를 갖게 되었다. 생물학 공동체의 많은 친구들이 그를 그리워하고 있다. 공동저자들은 교육에 대한 그의 끝없는 헌신으로부터 영감을 받아 생물학의 경이로움에 학생들을 참여시킬 수 있는 더 나은 방법을 찾기 위해 노력하고 있다.

서문

생물학 교육은 지난 10년 동안 꾸준히 변화해 왔다. 비전공자의 생물학 입문과정은 대부분 일반생물학 과정에 비해 깊이가 좀 덜 하면서도 전반적인 내용을 다루어왔다. 그러나 때때로 학과 내에서 가장 높은 수강율을 가진다는 점과 많은 학생들에게 이것이 유일한 과학 수업이 될 수도 있다는 점에서 이 교과과정의 중요성에 대한 인식이 높아져 우선순위를 재평가하거나 교수법을 재편성해 왔다. 많은 강사들이 수업에서 사실들에 대한 자세한 설명보다 진화의 중심역할이나 과학연구의 과정에 대한 이해와 같이 좀 더 개괄적인 주제 탐구 쪽으로 교과과정의 초점을 맞춰 나가고 있다. 많은 교육자들이 정보를 많이 전달하기보다는 적지만 더 포괄적인 원칙에 대한 깊은 이해를 제공하는 쪽으로 교육목표의 방향을 바꾸었다. 다행스럽게도 생물학을 가르치거나 배우는 사람이라면 이 과정에서 그 누구에게라도 자연세계와 생명에 경탄할 수 있는 기회들이 많다. 더욱이 대부분의 사람들은 생물학의 주제가 의학, 생명공학, 농업, 환경문제, 법의학, 기타 여러 분야와의 관련성을 보여줄 때 자기 자신의 삶에 중대한 영향을 미친다는 것을 잘 인식하게 된다. 『**캠벨 생명과학**(*Campbell Essential Biology with Physiology*)』을 저술하는 데 있어 우리의 주요 목표는 강사들이 우리의 타고난 생명에 대한 호기심을 관통하는 주제들을 잘 전달함으로써 다음 세대에 동기를 부여하고 그들을 잘 교육할 수 있게 도움을 주는 데 두었다.

이 책의 목표

오늘날 가르칠 수 있는 시간과 배울 수 있는 기회는 풍부해졌지만, 지식의 폭발로 인한 정보의 눈사태가 호기심 많은 사람들에게 위협을 가하고 있는 것 또한 사실이다. "내용이 너무 많은 생물학, 너무나도 적은 시간"이 생물학 교육자들이 토로하는 공통적인 어려움이다. 닐 캠벨은 교사와 학생들이 생물학의 가장 중요한 영역에 집중할 수 있도록『캠벨 생명과학』을 만들게 되었다. 이를 실현하기 위해 이 책은 세포, 유전자, 진화, 생태학, 동물생리학, 식물생리학의 6가지 핵심영역으로 편성하였다.『캠벨 생명과학』이 생명을 이해하는 데 가장 근본적인 개념들을 적절한 분량으로 신중하게 설명할 수 있었던 근간은 캠벨 박사의 비전이며, 이 판에서는 이를 더 확장시켰다. 또한 오늘날 비과학 전공을 위한 생물학 교육의 화두인 "적으면 적을수록 좋다"는 접근방식에 맞춰 내용을 조절하였다. 여기서 강조하고 싶은 것은 중요한 내용들이 어떠한 희석도 없이 가능한 적은 주제로 폭넓게 다루어져 있다는 것이다.

우리는 강사들과 학생들과의 수많은 대화를 통해 생물학 교육에 있어 중요한 경향을 발견했으며 이를 이 책에 적용하였다. 특히 많은 강사들이 다음의 세 가지 목표에 공감을 표현했다. (1) 생물학 내용을 자신의 삶과 사회에 관련시킴으로써 학생들로 하여금 능동적으로 수업에 참여하게 만든다. (2) 일상생활에서 사용할 수 있는 비판적인 사고력을 통해 학생들이 과학연구의 과정을 이해할 수 있게 돕는다. (3) 진화 및 구조와 기능의 연관성과 같은 생물학의 폭넓은 주제들이 전체 내용과 어떻게 통합되는지를 보여준다. 이러한 목표를 달성하기 위해 이 책의 모든 장에는 몇 가지 중요한 기능이 포함되어 있다. 먼저 장을 여는『**우리와 함께하는 생물학**(*Biology and Society*)』에세이는 장의 핵심내용과 학생들의 삶 사이의 연관성을 강조한다. 둘째로 장의 중간쯤에 위치한『**과학연구의 과정**(*The Process of Science*)』에세이는 고전적 실험이나 현대적인 실험을 예로 들면서 과학적 과정이 현재의 토픽을 어떻게 조명하고 있는지를 설명한다. 셋째로 장을 마무리하는『**진화와 연결**(*Evolution Connection*)』에세이는 장을 생물학의 통일된 주제인 진화와 관련시킨다. 넷째 생물학 전체 내용과 통합되는 광범위한 주제는 각 장에서 눈에 띄게(파란색으로) 여러 번 표시하고 있다. 각 장은 하나의 실마리, 여러 번 언급되는 관련성 높은 주제 그리고 세 종류의 에세이가 짜임새 있게 구성되어 내용의 통일성을 유지한다. 따라서 장 실마리는 학생들과 연관된 흥미로운 주제를 통해 수업의 교육 목표와 연결된다.

이 개정판에서 새로워진 것

『캠벨 생명과학』의 최신 개정판은 이전 판에 비해 학생들이 생물학을 자신의 삶과 관련짓고,『과학연구의 과정』을 이해하며, 광범위한 주제가 생물학의 모든 측면을 어떻게 통합하는지를 훨씬 이해하기 쉽게 만들어졌다. 이를 위해 이 개정판에서는 다음과 같은 새로운 기능과 내용이 추가되었다.

- **『과학연구의 과정』을 가르치는 새로운 접근법.** 과학전공이 아닌 학부생에게『과학연구의 과정』을 전달하는 것이 이 수업의 가장 중요한 목표 중 하나이다. 전통적으로 우리는 과학적 방법을 정확한 순서(관측, 가설, 실험 등)에 따라 사전 정의된 일련의 단계로 가르쳐왔다. 많은 강사들이 이러한 특정 흐름도에서 벗어나 다양한 경로, 빈번한 재시작 등 실제로 과학이 어떻게 수행되는지를 더 정확하게 반영하는 특성들이 포함된 좀 더 세밀한 접근방식을 채택하고 있다. 따라서 1장(그 과정이 자세히 설명된 곳) 및 이 책에 수록된 모든『과학연구의 과정』에세이 등『과학연구의 과정』이 논의되는 방식을 새롭게 수정하였다. 그 과정을 설명하기 위해 특정 순서로 된 특정 용어를 사용하는 대신, 우리는 배경, 방법, 결과라는 세 영역으로 폭

넓게 나누었다. 우리는 이 새로운 접근법이 일반인들에게 과학이 이를 실제로 어떻게 진행시키는지, 어떻게 풀어내는지를 더 잘 전달시켜준다고 믿는다. 1장에는 대조군, 유사과학, 신뢰할만한 정보출처의 인지 등에 대한 토론과 같은 비판적 사고를 증진시키는 중요한 정보도 포함되어 있다. 우리는 학생들에게 이러한 비판적 사고 도구를 제공하는 것이 비전공 입문 과정의 가장 중요한 성과 중의 하나라고 믿고 있다.

- **책 전체를 걸쳐 통합된 생물학에서의 주요 주제들.** 미국과학발전협의회는 2009년 학부생물학 교육에서 실천을 촉구하는 문서를 발표했다. "비전과 변화"라는 제목의 이 문서에서 밝힌 원칙은 오늘날 생물학 교육공동체에서 널리 받아들여지고 있다. "비전과 변화"에서는 학부생물학의 기초가 되는 5가지 핵심개념을 제시하고 있다. 이번 『캠벨 생명과학』 개정판에서는 각 장마다 굵은 파란색 글씨체로 해당되는 예를 통해 책 내용과 주제를 여러 번 반복하여 명백하게 연결시켜주고 있다. 예를 들면 4장(세포 여행)에서 세포구조의 상호관계는 「생물계 내에서의 상호작용」의 주제를 설명하기 위해 사용되고 있다. 원형질막은 「구조와 기능의 연관성」의 예로서 제시되고 있다. DNA에서 단백질로의 경로에서 세포구조는 「정보의 흐름」의 중요성을 설명하기 위해 사용되고 있다. 엽록체와 미토콘드리아는 「에너지와 물질의 변환경로」의 예이다. 이 구조들 내의 DNA는 또한 생물학의 가장 중요한 「진화」라는 주제를 설명하는 데 사용되고 있다. 학생들은 각 장마다 3~5가지 주제의 예를 찾아서 이들 주요 주제와 수업 내용 사이의 연관성을 확인할 수 있다.
- **학생들의 삶과의 연결에 대한 업데이트.** 지금까지 우리는 학생들의 삶에 수업내용을 연결시키는 방법을 개선하고 확장하려는 노력을 꾸준히 해왔다. 이에 따라 모든 장은 내용과의 관련성을 보여주는 『왜 중요한가(Why It Matters)』로 시작된다. 또한 학생들과의 관련성을 높이기 위해 마련된 통합된 장 『실마리』 중 일부는 이번 판에서 새롭게 꾸며져 있다. 예를 들면 「인간이 지배하는 세상에서의 진화(14장)」와 「생물다양성의 중요성(20장)」에는 새로운 『실마리』가 포함되어 있다. 마찬가지로 장을 여는 『우리와 함께하는 생물학』(7장의 "태양에너지 혁명"와 같은)에서도, 『과학연구의 과정』(2장의 전립샘 암치료를 위한 방사선 요법의 효능을 조사한 최근 실험과 같은)에서도, 장을 마무리하는 『진화와 연결』(20장의 생물다양성 중요지점에 대한 업데이트된 토의)에서도 업데이트된 새로운 내용을 포함하고 있다. 항상 그렇듯이 이 개정판에서도 「최첨단 암치료법(8장)」 및 「최근 DNA 감식 사례(12장)」와 같이 학생들의 삶에 연결되는 많은 업데이트된 내용들이 포함되어 있다.
- **정보그림(인포그래픽)을 통한 자료 활용능력 개발.** 많은 비과학 전공 학생들이 수치 자료를 마주치면 불편해 하지만, 자료를 해석하는 능력은 직면한 많은 중요한 결정을 해야 할 때 도움이 될 수 있다. 일반대중은 자료를 나타내는 시각적 이미지인 정보그림 형태로 정보를 점점 많이 접하고 있다. 학생들이 중요한 문제에 비판적으로 접근하게끔 하려는 우리의 목표에 따라 이 개정판에는 일련의 새로운 정보그림, 즉 자료를 시각화한 그림들이 포함되어 있다. 예들로는 「인체의 원소 조성(2장)」, 「운동을 통해 소비된 칼로리와 일반식품에서 소비하는 칼로리의 비교(5장)」, 「생태발자국(19장)」 등이 그러하다.

종종 유일한 필수과학 강의가 될 수도 있는 이전 생물학 수업에 의해 과학과 과학자에 대한 태도가 형성되게 된다. 우리는 자연에 대한 감사를 생물학에 대한 진정한 사랑으로 키우고자 이러한 정신으로 이 책이 모든 독자들에게 생물학적 관점에서 세상을 바라볼 수 있도록 도움이 되기를 희망한다. 이 책의 다음 판을 어떻게 해나가면 좋을지 또 어떻게 개선하면 좋을지 의견을 주시면 큰 도움이 될 것이다.

에릭 사이먼
생물건강보건과학과
뉴잉글랜드대학
헤니커, 뉴햄프셔 03242
SimonBiology@gmail.com

진 디키
크렘슨, 남캐롤리나
dickeyj@clemson.edu

제인 리스
버클리, 캘리포니아

역자 서문

우리는 마음을 고요하게 가다듬은 후 한참 동안 이 책의 표지 사진을 들여다보았다. "이들은 과연 누구일까?, 이들은 어디에 살고 있을까?, 이들은 지금 누구를 기다리고 있는 것일까?, 또 다른 한편 좀 더 그럴듯한 생물의 사진으로 표지를 만들면 어땠을까?" 하고 여러 생각을 해가면서 말이다. 이들이 누구인지, 어디에 살고 있는지, 현재 어떤 상황에 처해 있는지는 20장에 있는 『우리와 함께하는 생물학』에서 배우게 될 것이다. 한편 우리는 표지 사진을 한참 들여다 본 후 생물다양성의 관점과 우리의 타고난 생물사랑이라는 본성을 통해 이를 보게 되면서 얼마나 멋진 표지사진인지를 깨닫게 되었고, 모든 생물은 존재 그 자체가 아름다움과 가치를 지닌다는 것을 다시 한번 느낄 수 있게 되었다.

『캠벨 생명과학』 5판에 이어 같은 역자들이 이번 개정판을 또다시 번역하게 되었다. 이번 6판 개정판은 『과학연구의 과정』에 대해 새로운 접근법을 사용하고 있고, 또한 학부생물학의 기초가 되는 핵심개념 5가지인 생물다양성과 구조와 기능의 연관성, 정보의 흐름, 에너지와 물질의 변환경로, 생물계 내에서의 상호작용, 진화를 책 전체를 걸쳐 통합하여 강조하고 있다.

역자들은 용어의 통일성과 내용의 일관성을 지키려고 생물학용어집(제3판, 한국생물과학협회 편)을 참고하였다. 또한 여러 번의 교정을 거쳐 완성도를 높이고자 하였고, 내용에 쉽게 접근할 수 있도록 가능한 한 유연한 표현을 쓰고자 하였다. 혹시 표현의 미숙함이나 용어 사용의 문제점 등 언제라도 보완할 점이 발견된다면 개선해 나아가는 데 있어 망설이지 않을 것이다.

10장 『진화와 연결』에서 언급된 신생 바이러스인 코로나-19의 대유행으로 인해 전 세계의 모든 사람들이 일상생활에 지대한 영향을 받고 있다. 이를 해결하기 위한 방편으로 마스크 착용을 상용화하며, 거리두기를 권고하고 있고, 예방백신을 만들고, 치료제 개발을 서두르고 있다. 특히 일상생활에서 우리가 마음만 먹으면 할 수 있는 적절한 거리두기가 특히 강조되고 있다. 칼릴 지브란의 시가 어쩌면 거리두기를 외로운 것으로 생각하여 힘들어하는 우리들에게 위로를 줄 수 있을지도 모르겠다.

함께 춤추며 즐거워하라.
그러나 서로를 홀로이게 하라.
바이올린의 현이 각자 홀로 있으면서도
같은 음악을 울려내듯
함께 서있되
너무 가깝지는 않게 하라.
사원을 받치고 있는 기둥도
서로 떨어져 있으며
참나무와 사이프러스나무도
서로의 그늘 속에서는 자랄 수 없기에.

이 번역서가 나오기까지 모든 노력을 다해 주신 ㈜바이오사이언스 출판의 문정구 대표님, 홍수희 팀장님, 그리고 이름을 드러내길 쑥스러워 하시는 편집부의 그분들께도 깊은 감사의 마음을 전한다.

2021년 2월
역자 고상균 · 윤치영

역자 소개

고상균(skkoh@dju.kr)

Nothing(사실은 Something일 수도). 한때 대전대학교 생명과학과에서 학부학생들을 가르쳤으며, 한편 학생들로부터는 삶에 대해 배울 수 있었다. 현재는 그때 학생들로부터 배운 지혜를 가지고 삶을 잘 꾸려가고 있다.

윤치영(chyun@dju.kr)

대전대학교 생명과학과에서 일반생물학, 인체생리학, 면역학을 강의했으며, 현재는 명예교수로 있다. 생명과학 분야를 지원하는 학생들에게 무엇보다 좋은 안내서가 필요하다는 생각을 가지고 있으며, 즐거운 수업방법과 학생들의 비전 세우기에 관심이 많다.

과학 사용능력 기술을 개발하고 실천하기

『캠벨 생명과학』을 통해 과학적 추론을 사용하여 세상을 보는 방법을 배워보자. 수업에서 배운 개념과 과학의 작동방식이 일상생활에 어떻게 적용되는지를 알아보자.

새로워진 것! 새롭게 업데이트된 『과학연구의 과정』은 과학적 발견을 유연하고 비선형적인 과정으로 제시하고 있다.

각 에세이는 과학적 연구를 **배경, 방법, 결과**로 요약하고 있다.

과학자들이 갖는 의문처럼 생각하기는 각 『과학연구의 과정』의 끝에 나타나며 과학적 추론 기술의 적용과 관련되어 있다.

9장
유전양식

과학연구의 과정 개의 육종

개의 짧은 다리는 그 유전적 기초가 무엇인가?

배경

개가 광범위하게 다양한 체형으로 만들어지고 있다는 것은 명백하다. 가축화된 개는 실제로 어떠한 포유동물보다도 그 표현형의 범위가 넓다. 일부 품종을 구별하는 데 있어 가장 눈에 띄는 특징 중 하나가 다리의 뼈 성장에 영향을 미치는 연골형성장애이다. 결과적으로 짧아지고 구부러진 뼈는 몇몇 품종의 특징이 된다(그림 9.16a). 육종가들은 검정교배를 통해 다리가 짧은 형질이 우성이라는 것을 오랫동안 알고 있었지만, 그런 표현형의 원인에 대해서는 알지 못했다.

방법

한 연구자 그룹이 다리가 짧은 표현형의 유전적 기초를 알아내려고 시도했다. 이들은 자동화된 유전자칩(그림 11.10 참조)을 사용해서, 다리가 짧은 7개 품종에서 95마리의 개(실험군)와 다리가 긴 64개 품종에서 702마리의 개(대조군)의 DNA를 조사했다. 이들은 결과를 비교하여 두 그룹 사이에 개 유전체 전체에 걸쳐 수천 곳의 부위에서 차이점이 있음을 확인하였다(그림 9.16b).

결과

18번 염색체의 한 위치가 짧은 다리와 강하게 관련되어 있었다. 그 위치를 둘러싼 부위를 면밀히 조사한 결과, 그 부위에 섬유아세포 성장인자4라고 불리는 단백질을 암호화하고 있는 유전자가 있음이 밝혀졌다. 이 유전자에 의해 생성되는 단백질은 배발생동안 다리의 성장과 관련이 있는 것으로 알려져 있다. 연구원들은 짧은 다리의 경우에서 해당하는 염색체의 특정 변화를 확인하였다. 흥미롭게도 이들은 개에서 이 유전자의 효과를 가장 흔한 형태의 인간 왜소증에서의 관련 단백질과도 연결시킬 수 있었다. 이 실험은 동물모델이 어떻게 인간에서의 유전질환에 대한 통찰력을 제공할 수 있는지 보여주고 있다.

과학자처럼 생각하기

인간에서보다 개에서 신체 상태의 유전적 기초를 찾는 것이 더 쉬운 이유는 무엇인가?
답은 부록 C를 참조.

► 그림 9.16 개에서 연골형성장애의 유전적 기초.

168

새로워진 『과학연구의 과정』 주제의 예는 다음과 같다.

- 4장: 21세기 최초의 항생제는 어떻게 발견되었는가? p. 67
- 9장: 개의 짧은 다리는 그 유전적 기초가 무엇인가? p.168
- 11장: 아바타가 암 치료를 개선시킬 수 있을까? p. 224
- 16장: 무엇이 소나무를 죽게 만들었나? p. 352
- 20장: 생물다양성이 인간의 건강을 보호해 주는가? p. 470

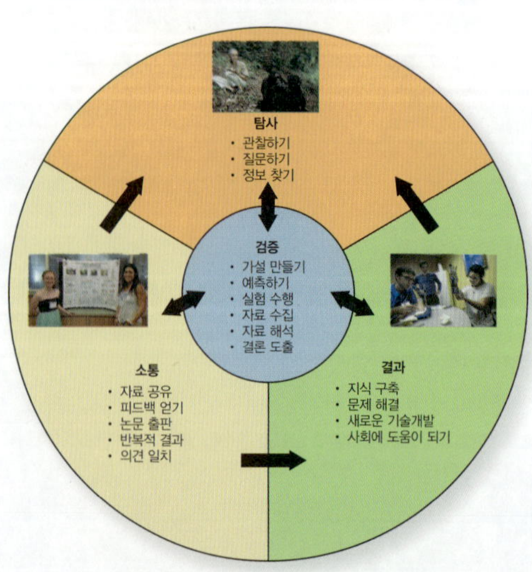

새로워진 것! 1장의 새로운 구성과 새로운 내용은 처음부터 과학 과정을 소개하기 위한 과학 사용능력 기술에 초점을 맞추고 있다.

『왜 중요한가』 사진 콜라주로 생물학을 탐색하기

7

광합성: 식량을 만들기 위해 빛을 이용

차례 내용

광합성이 왜 중요한가?

여러분은 먹기를 좋아하나요? 우리 인간이 먹고 있는 모든 음식들의 근원을 추적해 올라가보면 결국 식물에 이르게된다. 햇빛의 에너지를 포획하고 이를 사용해 유기물질을 만드는 데, 이와같이 광합성을 수행하는 식물이 이 세상을 먹여 살린다.

우리를 포함해 지구에 있는 거의 모든 생물에 있어서 이들의 에너지의 근원을 찾아 올라가면 결국 태양에 이르게 된다.

가려라! 짧은 파장의 빛으로부터 우리 자신을 보호하는 것이 생명을 지키는 길이 될 수 있다.

세계기후변화를 해결하기 위해 간단한 그 무엇인가를 해보고 싶은가? 그렇다면 나무 한 그루를 심도록 하라. 여러분은 기쁨을 맛보게 될 것이다!

116

『왜 중요한가』 사진 콜라주는 실제 사례를 들어 세포호흡이나 광합성과 같은 추상적 개념의 중요성을 전달할 수 있도록 업데이트되었다.

가장 관련성이 높은 실제 사례로 이루어진 에세이

새롭게 업데이트된 장 『실마리』는 각 장에 걸쳐 『우리와 함께하는 생물학』, 『과학연구의 과정』, 『진화와 연결』 에세이에서 눈에 띄게 매력적인 주제와 엮여 있다.

실마리

치명적인 바이러스

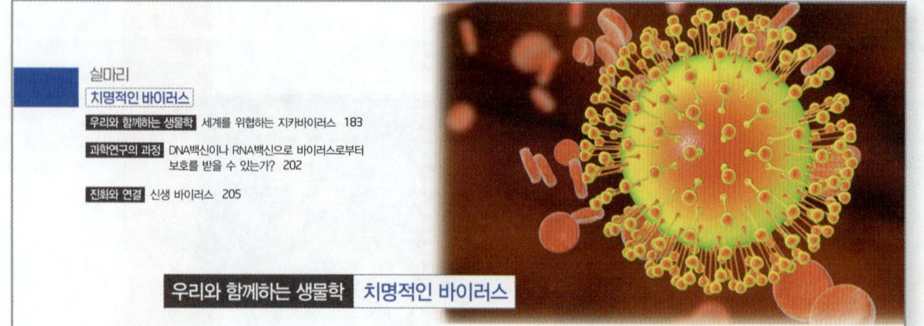

우리와 함께하는 생물학 | 치명적인 바이러스

컴퓨터로 그린 지카바이러스. 단백질로 만들어진 스파이크가 바이러스로 하여금 숙주세포를 인식할 수 있게 해준다.

세계를 위협하는 지카 바이러스

2015년 브라질에서 중추신경계와 감각기관에 심각한 손상을 입은 아기가 적지 않게 태어났다. 이 질
신경학적 문제(덜 발달된 뇌나 발작 같은), 느린 성장, 수유의 어려움, 관절, 또 근육의 문제가 있었다.
마친 후 보건당국은 이러한 비정상과 약간만 알려져 있던 병원체, 지카바이러스(Zika virus)와의 노출
발견했다. 2016년에 이르러 유엔세계보건기구(WHO)가 건강에 대한 전 세계적인 비상사태임을 발표하
에도 다른 여러 국가의 따뜻하고 습한 지역에서 지카바이러스와 지카와 관련된 건강상 문제가 신생아
작하였다.

지카바이러스가 인간에 감염된다는 것은 1952년에 맨 처음 발견되었는데, 사실 몇 년 전에 이미 아
서 확인된 바 있다. 지카바이러스는 한 종의 모기에 의해 인간에게 전염될 수 있다. 또한 성적 파트너
있다. 그러나 지카바이러스는 대부분의 건강한 성인에게는 위험하지 않다. 사실 어떤 사람은 감염된 후
괜찮고, 다른 사람의 경우에는 통증이나 발열 같은 가벼운 증상을 보인다. 그러나 지카바이러스는 산모
될 수 있다. 불행하게도 특히 발생 중인 아기는 이 바이러스의 영향에 취약하다.

보건기관은 지카바이러스에 대항할 수 있는 수단은 거의 가지고 있지 않다. 이에 대한 백신은 아직
품은 증상만을 치료할 수 있을 뿐이다. 야간 모기장과 해가 지면 실내에 머무는 것으로 많은 모기 매개
호받을 수 있지만, 지카바이러스를 운반하는 모기는 밤낮으로 물어댄다. 지카가 발생하기 쉬운 지역에
지 않게 하고, 모기의 번식지(정체된 물과 같은)를 없애기 위한 대중의 인식개선 캠페인이 시행되었
WHO는 지카로 인한 세계보건의 비상사태가 끝났다고 선언했는데, 이것은 지카가 사라져서가 아니라
보다는 오히려 "새로운 정상"이라고 여긴 장기적인 문제라고 보았기 때문이다.

지카바이러스는 모든 바이러스와 마찬가지로 비교적 간단한 구조의 핵산(이 경우에는 RNA)과 단백
다. 바이러스는 우리의 세포를 습격 강탈하여 바이러스 공장으로 바꾸어 작동시킨다. 따라서 바이러스
에 대해 분자 수준에서의 자세한 이해가 필요하다. 이 장에서 우리는 RNA와 단백질의 합성을 지시함
제와 돌연변이, 또 제어 방법을 알아보기 위해 생명의 가장 중요한 분자인 DNA의 구조를 탐구해 나갈

진화와 연결 | 치명적인 바이러스

신생 바이러스

어느 날 갑자기 의학계의 관심을 받게 된 바이러스를 **신생 바이러스(emerging virus)**라 부른다(그림 10.33). 우리는 지카 바이러스(2015년 브라질에서 처음으로 인지됨)와 웨스트나일(West Nile) 바이러스(1999년 북미에서 처음 나타남)에 대해 이미 접한 바 있다. 이들 바이러스는 수년 동안 낮은 수준으로 유지되었지만, 어느 날 갑자기 커다란 위협이 되어버렸다.

바이러스들이 어떻게 새로운 질병을 일으킬 수 있는가? 첫째, 그들은 더 위험한 형태로 진화될 수 있다. 바이러스는 살아 있지 않지만, 자연선택의 대상이 되는데, 그것은 높은 돌연변이율에 의해 가속화된다. DNA와 달리 RNA에는 복사 오류를 복구하는 메커니즘이 없으므로 RNA 바이러스가 빠르게 돌연변이 될 수 있다. 일부 돌연변이는 바이러스로 하여금 조상 균주에 대해 내성을 갖는 사람에게도 감염될 수 있게 해준다. 이것이 매년 독감 백신이 필요한 이유이다. 돌연변이들은 사람들이 면역력을 갖지 못한 새로운 독감 바이러스 균주가 생겨나게 만든다.

둘째, 바이러스성 질병은 한 숙주 종에서 다른 종으로 퍼질 수 있다. 과학자들은 약 3/4의 새로운 인간 질병이 다른 동물에서 비롯된 것으로 추정한다. 새로운 서식지에서 인간이 사냥하거나 거주하거나 가축을 키우면 위험이 증가한다. HIV(AIDS를 유발하는)는 침팬지에서 약간 다른 바이러스로 시작했을 수 있다. 인간 사냥꾼은 감염된 동물을 도살할 때 감염되었을 것이다. 바이러스가 인간 숙주에서 돌연변이가 일어나서, 인간 숙주 세포에 대해 다른 균주를 능가하는 균주가 점점 일반화되고 있다.

셋째, 고립된 작은 집단에서의 바이러스성 질병이 확산되어 전염병으로 발생할 수 있다. 에이즈는 이름도 없었고 수십 년 동안 사실상 무시되었다. 해외여행, 정맥 내 약물 사용, 성행위 및 지연된 효과적인 행동을 포함한 여러 가지 요인으로 인해 세계적 재앙이 되어버렸다.

노벨상 수상자인 조슈아 레더버그는 "우리는 미생물과의 진화적 경쟁을 하며 살고 있다. 우리가 생존자가 될 것이라는 확실한 보장은 없다."고 경고하였다. 신생 바이러스와의 싸움에서 승리하려면 분자생물학과 진화과정을 이해할 수 있어야만 한다.

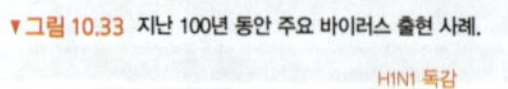

▼그림 10.33 지난 100년 동안 주요 바이러스 출현 사례.

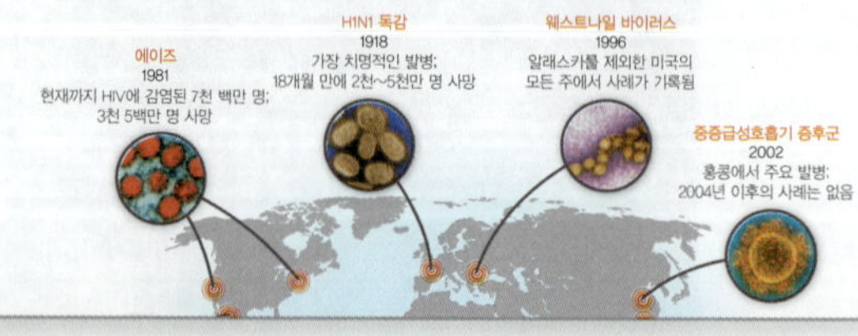

새로워진 것!
새로워진 장 『실마리』는 다음과 같다.

- 1장: 거북과 함께 수영하기
- 2장: 유용한 방사선
- 7장: 태양에너지
- 13장: 작동 중인 진화
- 14장: 인간이 지배하는 세상에서의 진화
- 20장: 생물다양성의 중요성

『우리와 함께하는 생물학』

일상생활과 관련된 생물학이 새로워지거나 업데이트되어 있다.
몇 가지 새로운 주제:

- 7장: 태양에너지의 혁명 p. 117
- 10장: 세계를 위협하는 지카바이러스 p. 183
- 14장: 인류의 발자취 p. 287
- 17장: 진화하는 적응력 p. 359

『진화와 연결』

모든 장에 게재함으로써 생물학 전반에 걸쳐 있는 주제로서 진화의 중요성을 보여주고 있다.
몇 가지 새로운 주제:

- 1장 계통수에서 거북의 위치 p. 19
- 10장 신생 바이러스 p. 205
- 20장 중요지점 살려내기 p. 473
- 27장 신경독 군비경쟁 p. 631

주요 목차

차례

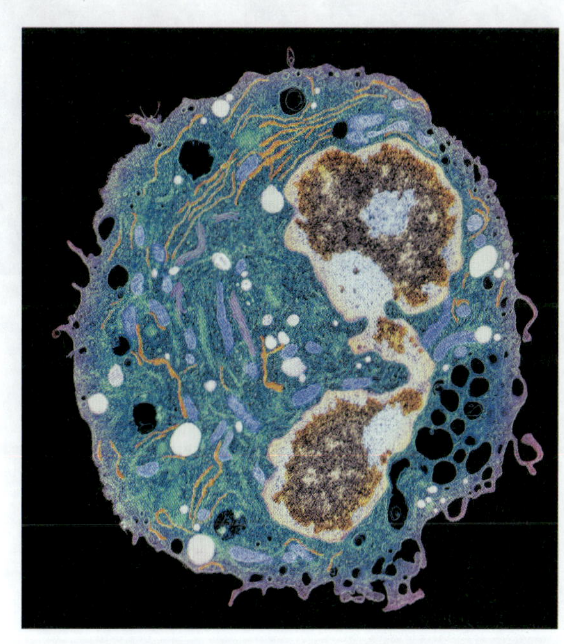

단원 2 유전학 129

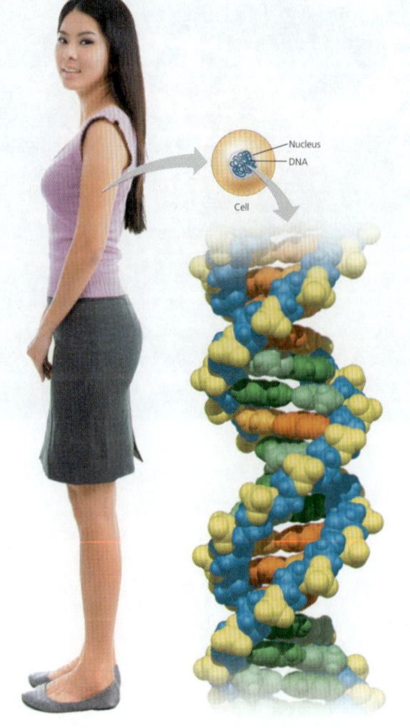

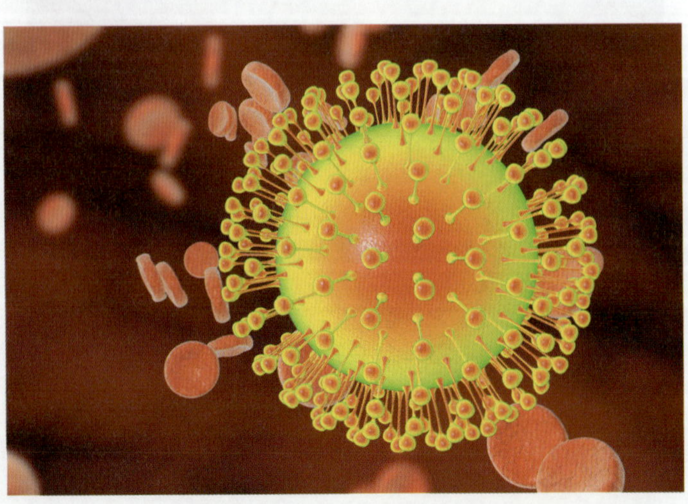

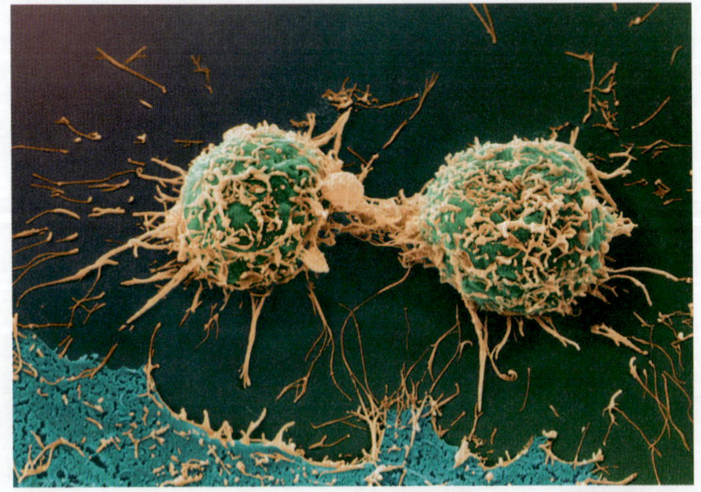

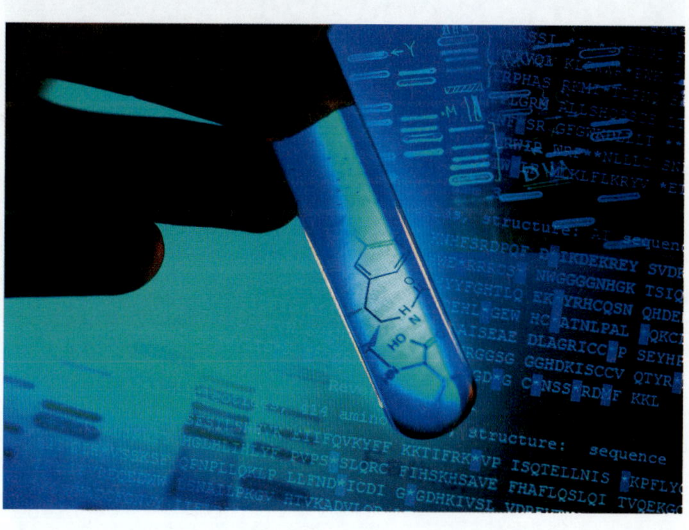

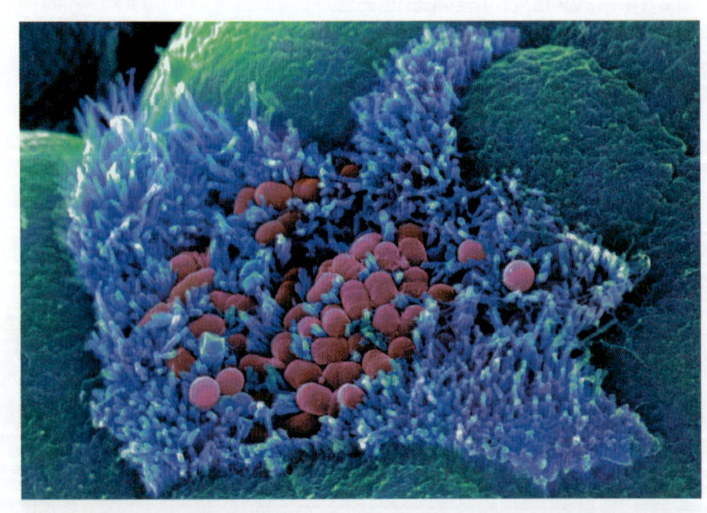

단원 4 생태학 395

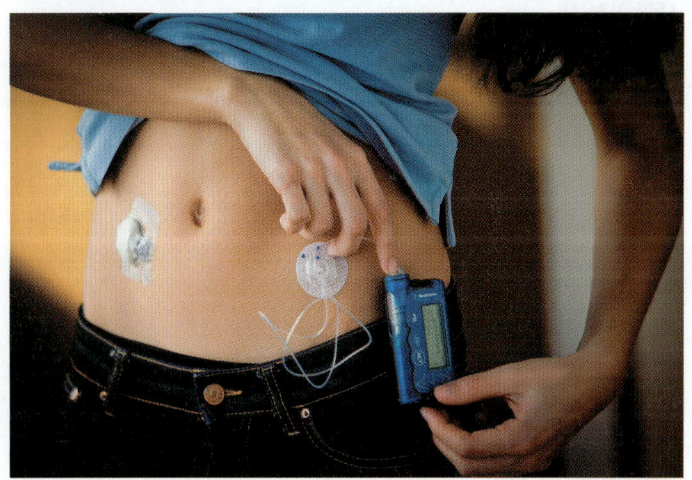

단원 6 식물의 구조와 기능 637

영문찾아보기, 국문 · 영문 용어해설은
저희 웹사이트 www.biobooks.co.kr
"자료실"란에서 다운로드하세요

1 생명에 대해 배우기

차례 내용

여러분은 과학자이다! 여러분이 느끼지 못할 수도 있지만, 여러분은 날마다 과학연구의 과정을 활용하고 있다.

생물학은 왜 중요한가?

대부분의 사람들은 자연세계에 대한 타고난 호기심을 가지고 있다. 어쩌면 여러분이 애완동물을 가지고 있을 것 같기도 한데, 여러분이 자연과 어떤 연결이 되어 있던 간에 공원이나 동물원, 또는 수족관에 가기를 즐기거나, 흥미로운 생물들에 대한 TV 쇼를 즐겨 시청한다. 이 책은 생물학에 관한 연구가 여러분의 삶과 어떻게 연결되어 있는지 보여주는 데 도움이 될 것이다.

대체 이게 뭐지? 특이하거나 특별히 아름다운 동물이라고 불리는 것이 무엇인지 궁금해 한다면, 여러분은 생물학에 대한 호기심을 가지고 있다는 것이다.

화성에 생명체가 있다고? 화성 탐사선의 임무 중 하나는 생명체의 흔적을 찾아내는 것이다.

실마리

거북과 함께 수영하기

우리와 함께하는 생물학 거북과 함께 수영하기

생명에 대해 배우려는 타고난 열망. 한 대학생이 중앙아메리카 벨리즈 해안에서 초록바다거북과 함께 수영을 하고 있다.

생명에 대한 열정

따뜻하고 잔잔한 바다에 부드럽게 떠다니는 자신을 상상해 보자. 광활한 청색지대를 지나가면 초록 바다거북이 우리를 향해 미끄러지듯 다가오는 것을 보게 된다. 우리는 거북이 바다 속의 식물 위를 스쳐지나가는 것을 유심히 지켜보게 된다. 주걱 모양의 지느러미와 큰 눈을 가진 이 평화로운 바다생물에 사로잡히기 쉽다. 이들을 따라가다 보면 몇 살인지, 어디로 여행하는지, 짝을 가졌는지 등 거북의 삶에 대해 궁금한 것이 많아진다.

우리 주변의 세상에 대해 호기심을 갖는 것은 매우 인간적인 일이다. 우리 대부분은 자연계의 타고난 매력인 생명에 대해 천부적인 관심을 가지고 있다. 여러분은 애완동물을 키우고 있는가? 여러분은 건강식이나 신체단련에 관심이 있는가? 여러분은 동물원이나 수족관을 재미로 방문하거나, 숲속을 하이킹하거나, 식물을 키우거나 아니면 해변에 조개껍질을 모아 본 적이 있는가? 여러분은 거북과 수영을 한 번 해보고 싶은가? 만약 여러분이 이 질문들 중 어느 것에든 "그렇다"고 대답했다면, 여러분은 생물학에 대한 관심을 공유하게 되는 것이다.

대학 수준의 과학에 대한 경험이 아무리 많다 하더라도(아예 없어도!) 여러분의 타고난 생명에 대한 열정을 활용할 수 있게 돕기 위해서 이 책 『캠벨 생명과학』을 썼다. 우리는 이 열정을 생물학이라는 주제에 대한 이해, 즉 여러분 자신의 삶과 여러분이 살고 있는 사회에 적용할 수 있는 이해를 발전시키는 데 도움을 줄 것이다. 이 과목을 수강하는 이유가 무엇이든 간에, 비록 단순히 이수해야하기 때문에 어쩔 수 없이 이 과학 교과목을 신청했다고 할지라도, 생명을 탐구하는 것이 여러분에게 의미가 있고 중요하다는 것을 곧 알게 될 것이다.

생물학이 실제로 여러분에게 개인적으로 영향을 미친다는 사실을 강조하기 위해 『캠벨 생명과학』의 모든 장은 『우리와 함께하는 생물학』이라고 하는 에세이로 시작하는데, 이것에서 그 장의 내용과의 연관성을 보게 될 것이다. 녹색 에너지(7장), 애완동물 유전학(9장), 생물다양성의 중요성(20장)처럼 다양한 주제들은 생물학의 범위를 설명하고 생물학의 주제가 사회의 구조와 어떻게 짜여 있는지를 보여주는 데 도움이 된다. 우리는 『캠벨 생명과학』을 통해 각 주제가 어떻게 여러분의 삶과 여러분이 아끼는 사람들의 삶에 적용될 수 있는지에 대한 많은 예를 들면서 이러한 연관성을 지속적으로 강조할 것이다.

생명에 대한 과학적 연구

이제 생물학이 여러분의 삶에 어떻게 영향을 주는지 조사하려는 목표가 정해졌으니, 시작하기 가장 좋은 방법은 기본 정의를 알아보는 것이다. **생물학(biology)**은 생명에 대한 과학적인 연구이다. 그러나 여러분은 단지 원래 단어의 정의를 알아보기 위해 사전에서 그 의미를 찾아본 적이 있는가? 겉보기에는 단순할지라도 생물학의 정의는 보다 많은 질문을 불러일으킨다. "과학적 연구란 무엇인지?" 또 "살아 있다는 것은 무엇을 의미하는지?"와 같은 질문들 말이다.

특이하거나 특별히 아름다운 동물이라고 불리는 것이 무엇인지 궁금하다면, 여러분은 생물학에 대해 호기심을 가지고 있다는 것이다.

조사를 시작하기 위해 『캠벨 생명과학』의 이 첫 장은 생물학의 정의 안에 있는 중요한 개념들을 설명할 것이다. 먼저 생명의 연구를 과학의 보다 폭넓은 문맥 안에 둘 것이다. 그 다음에 생명의 특성에 대해 알아볼 것이다. 마지막으로 여러분에게 배우게 될 정보에 대한 구성 원칙으로 제공되는 일련의 폭넓은 주제를 소개할 것이다. 가장 중요한 것은 이 장 전체(그리고 『캠벨 생명과학』 전체)를 통해 여러분은 생물학이 우리의 삶에 어떤 영향을 미치는지 여러 예를 보게 될 것인데, 이 주제는 사회와 그 안에 있는 모든 사람들과 어떤 관련성을 갖는지에 대해 강조하게 될 것이다. ✓

✓ 체크포인트

생물학을 정의하시오.

답: 생물학은 생명에 대한 과학적 연구이다.

1.1 과학연구의 과정 개요

생명에 대한 과학적 연구로서의 생물학의 정의는 명확하게 첫 번째 질문으로 이어진다. 어떤 것을 과학적으로 연구한다는 것은 무엇을 의미하는가? 생물학은 단순히 "생명에 대한 연구"로 정의되는 것이 아니라는 점에 주목하자. 왜냐하면 생명은 연구될 수 있는 비과학적인 방법들이 많기 때문이다. 예를 들면 명상은 삶을 사색하는 유효한 방법이지만, 이것은 생명을 연구하는 과학적인 수단이 아니므로 생물학의 범주에 속하지 않는다. 그렇다면 우리가 세계를 이해하려는 다른 방법들과 과학을 어떻게 구별할 수 있을까?

과학(science)은 특정한 질문에 대한 정보, 증거, 설명, 해답의 탐색, 즉 조사에 바탕을 두고 자연계를 이해하는 접근법이다. 과학자들은 자연현상에 대한 자연적인 원인을 찾는다. 따라서 검증가능하게 관찰되고 측정할 수 있는 구조와 과정의 연구에만 초점을 맞춘다.

탐사

만약 무언가를 이해하고 싶다면, 예를 들면 바다거북의 행동을 이해하고 싶다면 어떻게 시작할 것인가? 아마 그것을 먼저 보는 것으로 시작할 것이다. 생물학은 다른 과학과 마찬가지로 탐사로 시작한다(그림 1.1). 이 조사의 초기 단계에서는 주제를 보고 관찰한 내용을 기록하기만 하면 된다. 좀 더 강도 높은 탐사는 세심한 측정이 가능하도록 현미경이나 정밀기구와 같은 도구를 사용하여 감각을 확장할 수도 있다. 출처가 무엇이든 기록된 관측치를 **자료(data)**라고 부른다. 이것은 과학

◀ **그림 1.1 과학적 탐사.** 제인 구달 박사는 탄자니아의 밀림에서 현장 조사를 하는 동안 침팬지 행동에 대한 관찰을 기록하는데 수십 년을 보냈다.

적 조사의 근거가 되는 증거이다. 직접 자료를 수집하는 것 외에도 이전에 이미 수집된 자료를 알아보기 위해 그 주제에 관한 책이나 논문을 읽을 수도 있다.

탐사를 진행하면서 여러분의 호기심은 "왜 이런 것일까?", "그것은 어떻게 작동할까?", "그것을 바꿀 수 있을까?" 등과 같은 질문으로 이어질 것이다. 이러한 질문은 과학연구 과정의 다음 단계인 검증의 출발점이다.

검증

관찰을 하고 질문을 한 후에 여러분은 검증을 해보기를 원할 수 있다. 하지만 어디서부터 시작할 것인가? 아마도 여러분의 주제를 조사할 수 있는 많은 가능한 방법들을 생각할 수 있을 것이다. 그러나 한꺼번에 전부를 검증해 볼 수는 없다. 생각을 정리하기 위해서 하나의 가능한 설명을 선택하고 그것을 검증하는 것으로 시작할 것이다. 즉 가설을 세우게 되는 것이다. **가설(hypothesis)**은 일련의 관측치에 대해 제안된 설명이다. 타당한 가설은 검증 가능하고 또 거짓임을 증명할 수 있어야 한다. 따라서 좋은 가설은 즉시 검증할 수 있는 예측으로 이어진다. 어떤 가설(예를 들면 쉽게 통제할 수 있는 조건과 관련된 가설)은 **실험(experiments)**이나 과학적 검증에 적합하다. 또 다른 가설(생태학적 문제 같이 통제할 수 없는 영역의 측면을 포함하는 가설)은 추가 관찰을 통해 검증할 수 있다. 실험의 결과는 가설을 지지하거나 지지하지 않을 것이다.

여러분이 느끼지 못할 수도 있지만, 여러분은 날마다 과학연구의 과정을 활용하고 있다.

이러한 용어를 생각하면서 살지는 않지만 우리 모두는 일상적인 문제를 해결하는 데 가설을 사용한다. TV 리모컨의 전원 버튼을 누른다고 상상해 보자. 그런데 TV는 켜지지 않는다. TV가 켜지지 않는 것은 관찰이다. 발생하는 질문은 명백하다. 리모컨이 왜 TV를 켜지 않았을까? 아마도 허공에 손을 올리고 "이걸 알아낼 방법은 없어!" 라고 말하지는 않을 것이다. 대신 몇 가지 가능한 설명을 상상해 볼 것이다. 하지만 동시에 다 조사할 수는 없을 것이다. 대신 아마도 과거의 경험에 비추어 가장 가능성이 높은 한 가지 설명에만 초점을 맞추고 그것을 검증할 것이다. 그 초기 설명이 여러분의 가설이다. 예를 들면 이 경우 합리적인 가설은 리모컨의 건전지가 다 닳았다는 것이다.

가설을 세운 후에 이 초기 아이디어를 조사하기 위해 더 많은 관찰을 하거나 실험을 할 것이다. 이 경우 전지를 교체하면 TV가 작동될 것이라고 예측할 수 있다. 여러분이 이 실험을 한다고 가정해 보자. 그런데 리모컨은 여전히 작동하지 않는다. 이 관찰이 가설을 뒷받침하지 않는다고 결론짓는다. 그렇다면 두 번째 가설을 세우고 그것을 검증할 것이다. TV 플러그가 연결이 안 되어서 그렇다고 가정할 수 있다. 첫 번째 질문에 만족한 답변에 도달할 때까지 계속해서 추가 실험을 하고 추가 가설을 세울 수 있다. 이렇게 하면서 여러분은 과학적 조사에 대한 느슨한 지침을 제공하는 일련의 단계를 따라 하고 있는 것이다. 이러한 단계들은 그림 1.2에서 보여주고 있는데, "과학적 방법"이라고도 한다. 이것들은 만약 따르게 되면 당면한 주제에 대한 통찰력을 줄 수 있는 일련의 절차에 해당하는 새로운 설명을 찾아내기 위한 대략적인 "처방"이다.

이 단계들은 단순하게 보통 어떻게 문제를 해결하려고 노력하는지 그 방법을 공식화하는 것이다. 주의를 기울이면 가설을 세워 검증해 보고 결론을 도출하게 되는 것을 알게 될 것이다. 즉 과학연구의 과정은 아마도 문제 해결을 위해 "가야 할" 방법일 것이다. 과학연구의 과정은 종종 일련의 선형 단계(그림 1.2의 과정과 같은)로 제시되지만, 현실에서 조사란 결코 그렇게 명확하지만은 않다. 질문들에 따라 그 단계를 통해 필요로 하는 경로가 다르다. 새로운 것을 성공적으로 발견하기 위한 하나의 공식은 없다. 대신 과학연구의 과정은 조사가 어떻게 진행될 수 있는지에 대한 대략적인 윤곽을 제시한다. ✓

✓ 체크포인트

모든 과학적 조사가 정확한 순서대로 그림 1.2의 단계를 거치는가? 설명해 보시오.

답: 아니요. 다른 과학적 조사가 다른 방식으로 과학연구의 과정을 통해 진행될 수 있다.

검증
- 가설 만들기
- 예측하기
- 실험 수행
- 자료 수집
- 자료 해석
- 결론 도출

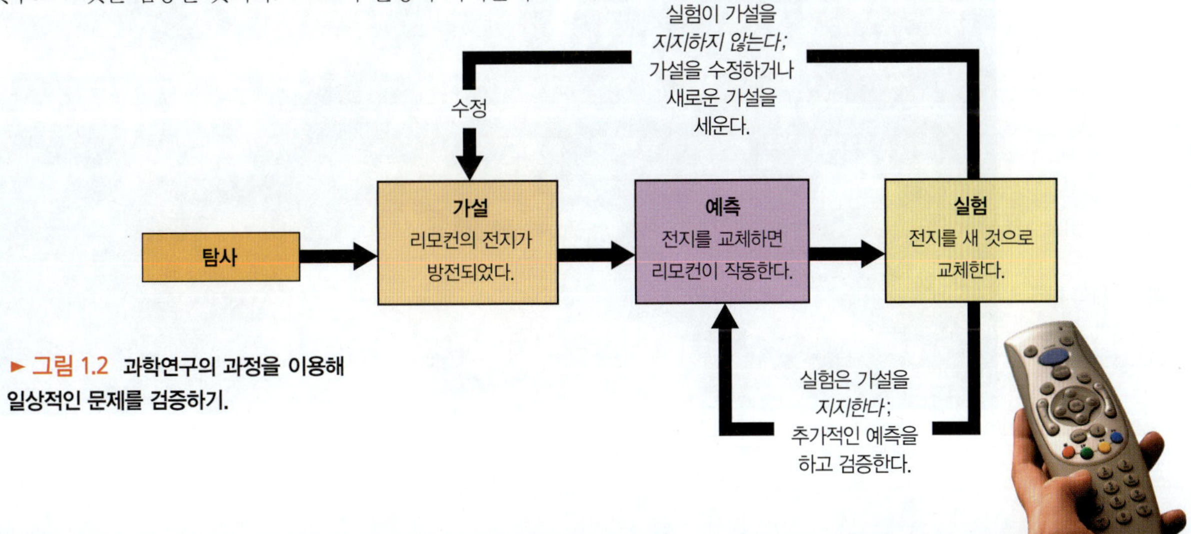

► 그림 1.2 과학연구의 과정을 이용해 일상적인 문제를 검증하기.

► 그림 1.3 **과학적 소통.** 과학자들은 종종 이들 대학생처럼 결과를 동료들과 소통한다.

소통과 결과

과학연구의 과정은 전형적으로 반복적이고 비선형적이다. 예를 들면 과학자들은 종종 그들이 검증하고자 하는 가설들을 결정하기 전에 관찰을 하고 또 의문에 대해 질문을 하는 과정을 여러 차례 거친다. 질문을 세밀하게 조율하면서 그들은 동료과학자들의 공헌인 출판된 과학적 문헌에 크게 의존한다. 문헌을 읽고 과거의 연구를 이해함으로써 그들은 현재의 지식의 기초를 쌓을 수 있다.

비록 알지 못한다 할지라도 여러분은 매일 과학연구의 과정을 사용한다. 또한 과학자들은 세미나, 회의, 개인적인 소통, 그리고 과학적인 출판물을 통해 서로 의사소통을 한다(그림 1.3). 실험 결과가 과학학술지에 발표되기 전에 연구는 연구에 참여하지 않은 자격을 갖춘 공정한 익명의 전문가들에 의해 평가된다. 질적 관리를 제공하기 위한 이러한 과정을 **동료평가(peer review)**라고 한다. 평가자들은 종종 더 많은 증거를 제공하기 위해 저자들에게 논문을 수정하거나 추가 실험도 요구한다. 과학학술지가 동료과학자들이 정한 엄격한 기준을 충족하지

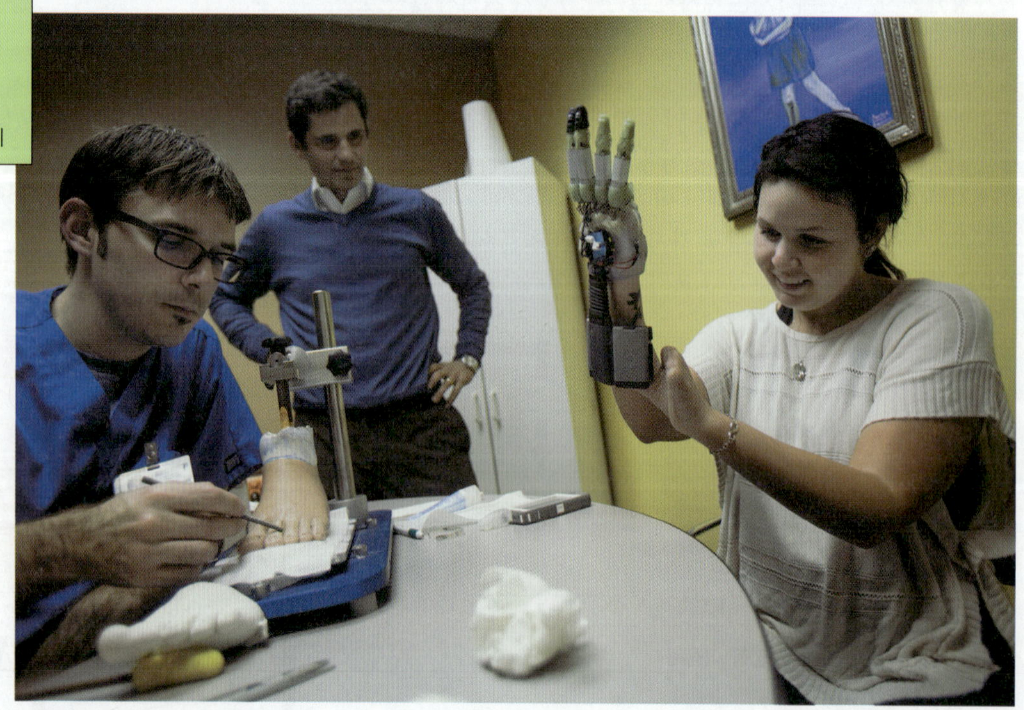

► 그림 1.4 **과학적 결과.** 22세의 한 여성이 각기 움직이는 생체공학 손가락을 낀 자신의 새로운 의수를 작동해 보이고 있다.

못하게 되면 논문 전체를 거부하는 것은 드문 일이 아니다. 어떤 연구가 출판된 후 과학자들은 종종 관찰치를 확인하거나 실험을 반복함으로서 서로의 생각을 확인한다.

과학은 단지 그 자체를 위해서만 존재하는 것은 아니다. 실제로 사회의 구조와 결합되어 있다(그림 1.4). 많은 과학 연구는 암을 치료하거나, 기후 변화의 과정을 이해하고 늦추려고 노력하는 것과 같이, 삶의 질에 영향을 미치는 문제들을 해결하는 데 초점을 맞추고 있다. 사회의 필요성이 종종 어떤 연구 프로젝트에 자금이 지원되는지를 결정한다. 과학적 연구는 기초연구(지식을 쌓는 데 크게 관계됨)를 수반할 수도 있고, 더 많이 적용될 수도 있다(신기술 개발에 크게 관계됨). 대부분의 과학적인 조사의 궁극적인 목적은 이익을 얻는 것이다. 결과에 대한 이러한 초점은 생물학과, 우리 자신의 삶이나 보다 큰 우리 사회와의 연관성을 강조하는 데 맞춰진다.

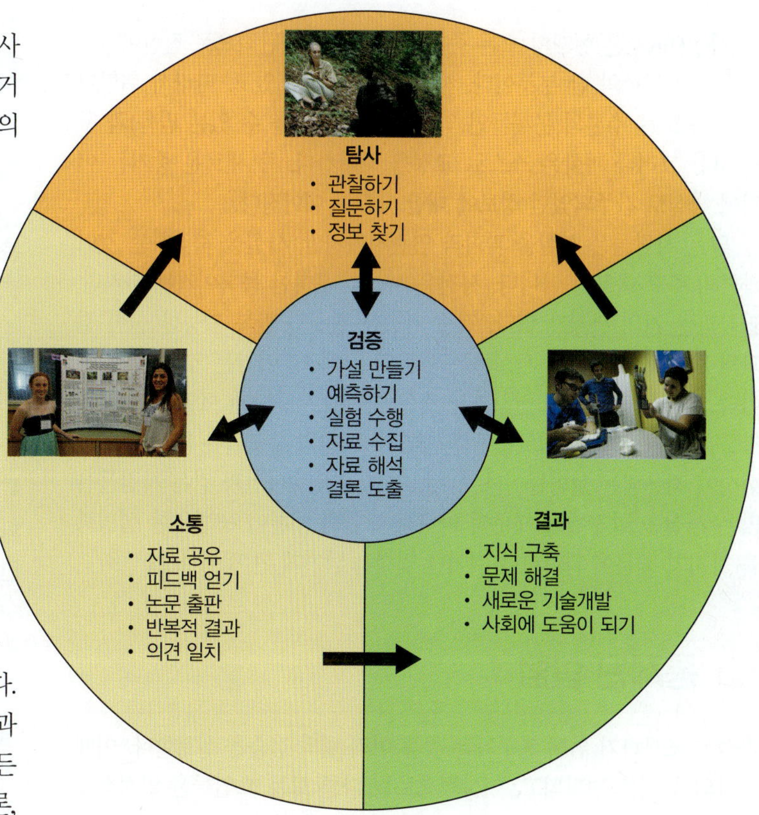

▼그림 1.5 **과학연구의 과정에 대한 개요.** 과학적 검증의 수행은 전체 과정에서 핵심이다.

이 모든 단계를 종합해 보면 그림 1.5는 과학연구의 과정에 대한 보다 포괄적인 모델을 제시한다. 가설(파란색으로 표현됨)을 만들고 검증하는 것이 과학의 중심임을 알 수 있다. 이러한 핵심적 활동이 과학이 자연현상을 그렇게 잘 설명하게 되는 이유이다. 그러나 이러한 활동은 탐사(오렌지색)에 의해 형성되고, 다른 과학자들과의 소통(노란색)에 의해 또 결과(녹색)에 의해 영향을 받는다. 이러한 활동들 중 많은 것들이 다른 활동들과 연결되고, 과학연구의 과정의 요소들이 상호작용을 한다는 것을 보여 주는 것에 주목하자. 모든 탐구에서와 같이 과학은 도전, 모험, 행운과 더불어 신중한 계획, 추론, 창의성, 인내심, 그리고 좌절을 극복하는 지속성의 요소들을 포함하고 있다. 이와 같이 다양한 탐구 요소는 과학연구의 과정이 각각의 특정한 도전의 필요에 의해 형성되고 융통성을 가질 수 있게 한다.

『캠벨 생명과학』의 모든 장에는 과학연구의 과정이 어떻게 그 장에서 제시된 내용을 연구하는데 사용되었는지에 대한 예시를 담고 있다. 앞으로 다뤄질 질문에는 새끼 거북이 수영을 할수 있을까?(1장), 아바타가 암치료를 개선시킬 수 있을까?(11장), 이가 고대 인간에 대해 무엇을 알려 줄 수 있는가?(17장) 등이 있다.

점차 과학적으로 글을 읽고 쓸 줄 알게 된다면 여러분이 들은 주장을 평가하는 데 필요한 도구로 스스로를 무장하게 될 것이다. 우리 모두는 광고, 사회매체, 웹사이트, 잡지 기사 등을 통해 매일 정보의 공격을 받고 있으며, 진실로 가치 있는 것들로부터 가짜를 걸러내기는 어려울 수 있다. 따라서 탐구 과정으로서 과학을 확고히 이해하는 것은 교실 밖에서도 여러 면에서 도움이 될 수 있다. ✓

✓ 체크포인트

동료평가가 과학논문의 신뢰성을 향상시키는 이유는 무엇인가?

답: 동료평가는 논문을 해당 주제에 대한 훈련된 전문가의 "독자적인 승인"을 받는 것이다.

1.2 가설, 이론, 사실

과학자들은 확실하게 관찰하고 측정할 수 있는 자연현상에 초점을 맞추고 있으므로 가설, 이론, 사실이라는 용어가 서로 어떻게 연관되어 있는지 알아보자.

앞에서 언급한 바와 같이 가설은 관찰을 위해 제안된 설명이다. 이와는 대조적으로 과학적 **이론(theory)**은 가설보다 범위가 훨씬 넓다. 이론은 포괄적이고 잘 입증된 설명이다. 이론은 크게 다양하며 늘어나는 증거에 의해 뒷받침되는 경우에만 과학자들에게 널리 받아들여진다. 이론은 많은 관찰을 설명하는데 사용될 수 있다. 실제로 이론은 새롭고 검증 가능한 많은 가설을 고안해 내는데 사용될 수 있다. 많은 사람들이 이론이라는 단어를 일상적인 대화에서 검증되지 않은 추측의 의미("이론일 뿐이다!")로 사용하는 경향이 있는 것과는 달리 과학자들은 이론이라는 단어를 다르게 사용한다는 점에 주목하는 것이 중요하다. 사실 이론이라는 단어는 과학자가 가설이라는 단어를 사용하는 방식으로 일상 언어에서 흔히 사용된다. 그러므로 진화의 이론과 같은 과학적 이론을 검증되지 않았거나 증거가 부족하다는 것을 암시하는 "그냥" 이론이라고 말하는 것은 부적절하다. 실제로 모든 과학적 이론은 풍부한 증거에 의해 뒷받침되고 있다. 그렇지 않으면 이론이라고 부르지 않을 것이다. 그러나 이론은 여느 과학적 사상과 마찬가지로 만일 모순된 증거가 새롭게 발견되면 다듬어지거나 심지어는 버려질 수도 있다.

사실(fact)은 현재의 모든 증거에 근거하여 객관적으로 진실이라고 간주되는 정보의 한 부분이다. 사실은 검증될 수 있고, 따라서 취향이나 추측 또는 추론의 문제들인 의견(사람마다 다를 수 있는 믿음)과 구별된다. 그러나 과학은 스스로 교정을 해나간다. 즉 새로운 증거는 이전에 사실로 간주되었던 정보에 대한 재고로 이어진다.

많은 사람들은 사실을 과학과 연관시키지만, 사실을 축적하는 것이 과학의 주요 목표는 아니다. 사전은 사실의 훌륭한 목록이기는 하지만, 과학과는 거의 관계가 없다. 검증 가능한 관찰과 반복 가능한 실험 결과의 형태로 나타나는 사실들은 과학의 전제조건이라는 것은 맞는 말이다. 그러나 과학을 발전시키는 것은 이전에 무관하게 보였던 많은 관찰들을 하나로 묶는 새로운 이론들이다. 과학의 주춧돌은 가장 다양한 현상에 적용되는 설명들이다. 뉴턴, 다윈, 아인슈타인과 같은 사람들은 많은 사실을 발견했기 때문이 아니라 그들의 이론이 광범위한 설명력을 가지기 때문에 과학사에 뛰어난 업적을 남기게 된 것이다. ✓

1.3 통제된 실험

가설을 조사하기 위해 연구자는 종종 여러 번의 검증을 실행한다. 이때 하나의 요인은 변화되고, 이상적으로는 다른 모든 요인들은 일정하게 유지되도록 한다. **변수(variable)**는 실험에서 변하는 요인이다. 대부분의 잘 설계된 실험은 연구자가 한 번에 하나의 변수만 변경하고 다른 모든 측면은 동일하게 유지한다.

✓ 체크포인트

오후 6시에 친구들과 저녁식사를 같이 하기로 약속하였는데 약속 시간이 다 되어도 그 친구는 오지 않았다. 왜 그런지 궁금하였다. 그러자 다른 친구가 "내 이론은 그녀가 깜빡 잊었을 것이다."라고 말한다. 이 친구가 과학자처럼 말하려면 어떻게 이야기할까요?

답: "내 가설은 그녀가 깜빡 잊었을 것이다."

통제된 실험(controlled experiment)은 그 실험이 검증되도록 설계된 하나의 변수에서만 다른 둘 이상의 집단을 비교하는 것이다. **대조군(control group)**은 검증하고 있는 특정 요인이 결여되어 있거나 받아들이지 않는다. **실험군(experimental group)**은 검증하고 있는 특정 요인을 갖거나 받는다. 통제된 실험을 사용함으로서 과학자는 변화된 하나의 변수의 효과에 대해 결론을 도출할 수 있게 된다. 예를 들면 여러분은 다른 모든 재료를 동일하게 유지하면서 버터(이 실험의 변수)의 양을 변경하여 쿠키 조리법을 비교할 수 있다. 이 경우 원래 쿠키 조리법은 대조군인 반면, 버터가 더 많이 들어간 새로운 조리법은 실험군이 된다. 만약 여러분이 버터와 밀가루를 동시에 변화시킨다면, 쿠키의 어떤 변화가 무엇 때문인지 알아내기가 어려울 것이다. 이 원리를 더 설명하기 위해 새끼 바다거북이 수영을 하는 것인지 아니면 물속에 그냥 떠다니는지를 조사한 통제된 실험을 살펴보자.

과학연구의 과정 거북과 함께 수영하기

새끼 거북이 수영을 할 수 있을까?

배경

여름 해변에서 시간을 보내고 있는데 사람들에게 해변에 있는 둥지에 가까이 가지 말고 저녁에는 불을 끄라고 경고방송을 하는 것을 보고 멸종위기에 처한 바다거북에 관한 것임을 알아차리게 된다. 이러는 이유는 2개월의 부화기를 마치고 갓 부화한 거북이 모래를 헤치고 나와 달빛을 보고 바다로 이동하기 때문이다(그림 1.6a). 그 다음에 무슨 일이 일어날지에 대해서는 해양생물학자들에게 오랫동안 미스터리로 남아 있었다. 어린 거북들이 해류에서 수영을 할 수 있을까? 아니면 그냥 수동적으로 표류하는 걸까? 아무도 새끼 바다거북이 처음 몇 년 동안 어떻게 이동하는지 알지 못한다. 사실 일부 해양생물학자들은 거북의 생활사에서 이 시기를 "잃어버린 세월"이라고 부른다.

과학자처럼 생각하기

부유 들통에 추적기를 부착하는 목적은 무엇인가?
답은 부록 C를 참조.

방법

2015년 센트럴 플로리다 대학의 연구원들은 새끼 초록바다거북들이 수영을 하는 것인지 아니면 표류하는 것인지에 대한 의문에 대해 조사하였다. 이들은 멕시코 만에서 각각 한 살에서 두 살 사이의 초록바다거북이 24마리에 작은 위성 추적기를 부착했다(그림 1.6b). 연구진은 또 부유 들통에 추적기를 부착해 같은 시간에 같은 장소에 방류했다. 이 실험은 국립해양수산청(NMFS)의 과학적 연구 허가를 받고 수행되었다.

결과

연구원들은 대조군(떠 있는 들통)과 실험군(아기 거북)을 비교하여 어

▼그림 1.6 **새끼 바다거북을 추적하기.**

(a) 갓 부화한 초록바다거북들이 바다로 빠르게 이동한다.

(b) 새끼 거북이 등에 부착된 위성추적기

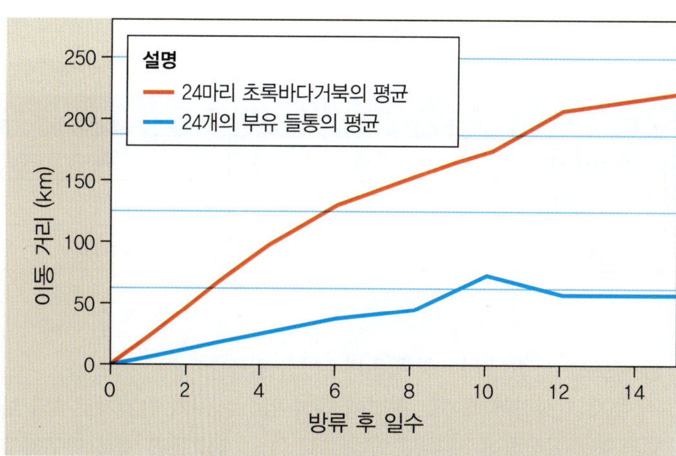

(c) 거북의 평균 이동거리(빨간 선)와 부유 들통의 평균 이동거리(파란 선)를 보여주는 그래프

떤 결론을 도출할 수 있었다. 각 그룹이 취한 경로에 대한 자료를 비교해 보면 거북들이 천천히 움직인다는 것이 밝혀졌다(평균 시속 640 m 정도). 그러나 거북은 떠다니는 들통에 비해서는 더 빠르고 다른 동선을 따라 움직였다(그림 1.6c). 이 자료들은 해양생물학자들의 오랜 가정에도 불구하고, 아주 어린 바다거북들은 단순히 표류만 하는 것이 아니라 수영을 해서 이동한다는 것을 암시한다. 이러한 정보는 멸종위기에 처한 바다거북 종을 보호하기 위한 노력에 도움이 될 수 있다.

새끼 바다거북이 수영을 하는지에 대한 연구는 통제된 실험의 좋은 예다. 변수는 거북과 들통이라는 물체였다. 사용된 위성 추적기의 유형, 그것들이 방출된 시기와 장소, 자료 수집 빈도, 속도 계산 방법 등 실험의 다른 요인들은 의도적으로 같게 유지했다. 대조군은 부유 들통이었고, 실험군은 새끼 바다거북이었다. 들통은 검증 대상 요인인 스스로 움직이는 능력이 부족하기 때문에 대조군이 되었다. 떠다니는 들통의 움직임과 새끼 바다거북의 움직임을 비교함으로써, 실험자들은 관찰된 모든 차이점은 거북들이 수영을 할 수 있었기 때문이라고 확신할 수 있었다.

방금 설명한 것과 같이 통제된 실험에서 **독립변수(independent variable)**는 연구자들이 잠재적 원인으로 조작하고 있는 것이 되는데, 이 경우에는 조사 대상(거북이나 들통)이 된다. **종속변수(dependent variable)**는 실험 결과를 판단하는 데 사용되는 조사에서의 반응이나 산출 또는 효과가 되는데, 이 경우에서는 이동속도가 된다. 종속(측정된)변수는 독립(조작된)변수의 영향을 받는다(그림 1.7). 잘 설계된 실

이 실험에서 독립변수(변화하고 있는 것)는 추적 중인 물체의 종류(바다거북이나 부유 들통)이다.

독립변수는 종속변수에 미치는 영향에 대해 검증하였다.

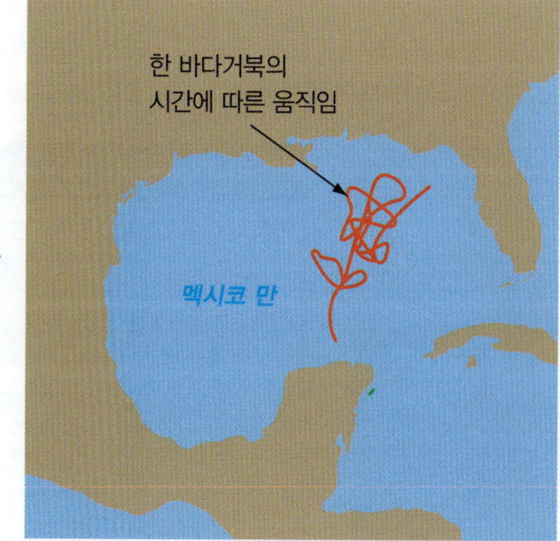

이 실험에서 종속변수(조사 중인 효과)는 이동속도였다.

▲그림 1.7 **독립변수와 종속변수.** 초록바다거북의 이동에 대한 이들 가설 자료는 이 두 가지 유형의 변수 사이의 관계를 보여준다.

▼그림 1.8 **눈가림연구를 인지하는 방법.**

연구 유형	시험대상자가 자신이 어느 군에 속하는지 안다	연구자가 시험대상자가 어느 군에 속하는지 안다
눈가림 아님	예	예
단일눈가림	아니오	예
이중눈가림	아니오	아니오

험은 보통 한 번에 하나의 독립변수만을 검증한다.

통제된 실험이 때때로 실험에 대한 일부 정보가 참가자로부터 보류되는 눈가림실험이 될 수도 있다(그림 1.8). 예를 들면 거북 연구자들은 각 트랙이 거북인지 아니면 들통인지를 알지 못한 채 궤적 자료를 분석하였다. 알지 못하는 요인의 정체는 실험이 완료된 후에야 밝혀진다. 눈가림연구를 수행하면 조사자의 부분에 대한 편견이 제거된다. 이러한 유형의 연구를 **단일눈가림실험(single-blind experiment)**이라고 한다.

많은 의약 실험에는 의학적으로 효과가 없는 치료제인 **위약(placebo)**이 포함되는데, 위약 그룹이 대조군이 된다. 일반적으로 위약 그룹은 자신들이 효과가 없는 대용품을 받고 있다는 것을 알지 못한다. 시험대상자와 실험자 모두 어느 그룹이 대조군인지 알지 못하는 실험을 **이중눈가림실험(double-blind experiment)**이라 한다. 의학 실험을 위한 "표준"은 "이중눈가림 위약대조연구"인데, 이것은 환자나 의사 모두가 어떤 환자가 실제 치료를 받았는지, 어떤 환자가 위약을 받았는지 알지 못한다. 이러한 설계는 연구자의 편견을 방지하고 위약 효과를 고려하는 것이다. 그럼에도 불구하고 위약 효과는 환자에게 가짜 치료를 제공함으로써 효과적인 치료를 받고 있다는 믿음으로 인해 호전될 수 있다는 잘 알려진 현상이다. ✓

✓ **체크포인트**

두 가지 조리법으로 쿠키를 굽고 이들을 "A"와 "B"라고 표시한다. 친구들 그룹에게 조리법을 평가하도록 요청한다. 어느 조리법이 우수한지 결정하기 위한 이중 눈가림실험을 설계해 보시오.

답: 제3자가 쿠키에 라벨을 지정하고 자료를 수집하여 조사자(여러분)와 시험대상자(친구)가 어떤 쿠키가 어떤 조리법으로 만들었는지 알 수 없게 해야 한다.

1.4 과학적 주장에 대한 평가

과학연구의 과정은 과학적 주장을 평가하는 것도 포함되어 있다. 때때로 실제로는 그렇지 않은데 과학적 기준에 부합되는 것처럼 보이려는 의도를 가지고 과학적 전문용어를 사용해 가며 어떤 주장을 내세우기도 한다. **유사과학(pseudoscience)**은 과학적 근거가 있다고 잘못 제시된 모든 연구 분야를 말한다. 우리가 엄청난 양의 정보에 접근 할 수 있다는 점을 감안할 때, 유사과학을 인식하는 능력은 매우 중요한 사고기술이다. 타당한 과학과 유사과학의 차이는 때때로 혼동될 수 있지만, 유사과학을 인지하는데 사용될 수 있는 몇 가지 지표들이 있다(그림 1.9). 예를 들면 유사과학 연구는 일반화된 결론을 뒷받침하지 않는 한 개 또는 몇 개의 예를 기반으로 하는 주장, 또는 **일화적인 증거(anecdotal evidence)**에 근거한 것일 수 있다. 예를 들면 "오늘은 유난히 추운 걸 보면 지구온난화는 속임수임에 틀림없어!"라는 식이다. 올바른 과학적 조사는 외부평가에 개방되어 있는(그림 1.5의 소통 단계) 반면에, 유사과학적인 주장은 종종 외부평가를 거부하거나 모순된 증거에 대해서는 받아들이기를 거부한다.

흔히 유사과학적인 주장은 한 사람에 의존하거나 단독 의견이기 때문에 다른 사람이 재현할 수 없는 결과들에 기초하고 있다. 반면에 올바른 과학적 연구는 외부의 정밀 조사에 부합하는 반복 가능한 결과를 가지고 있다.

▼그림 1.9 **과학과 유사과학의 특징 비교.**

자료를 수집하는 현장 생물학자

과학의 특성	유사과학의 특성
확립되고 잘 알려진 과학적 방법을 고수함	일반적으로 인정되는 과학연구의 과정을 준수하지 않음
재현 가능한 결과	다른 사람이 재현할 수 없는 결과들; 한 사람에 의존하거나 단독 의견에 의존하는 결과들
틀렸음이 입증될 수 있는 검증 가능한 주장	증명할 수 없거나 확인할 수 없는 주장; 검증할 수 없는 가정이나 믿음에 대한 의존
외부 평가에 열려 있음	외부 평가의 거부 또는 모순된 증거의 인정 거부
다수의 경로로부터 증거 획득	소량의 자료에 대한 과도한 의존; 근본적인 원인이 조사되지 않음

에너지가 모이게 된다고 주장되는 피라미드

▼**그림 1.10** **신뢰할 수 있는 출처 인지하기.** 주어진 출처가 기준을 충족할수록 신뢰도는 높아진다.

출처 신뢰성 점검표

- ☐ 정보는 최신 정보인가?
- ☐ 출처가 일차적(그리고 이차적이지는 않은)인가?
- ☐ 저자가 확인가능하고 자격이 충분한가?
- ☐ 저자가 잠재적인 이해상충은 없는가?
- ☐ 참고문헌이 인용되는가?
- ☐ 어떤 실험이 상세하게 설명되어 있어서 재현이 가능한가?
- ☐ 그 정보는 동료평가를 거쳤는가?
- ☐ 그 정보가 편견은 없는가?
- ☐ 출처의 취지가 알려져 있고 타당한가?

과학적 주장을 평가하는 가장 좋은 방법 중 하나는 정보의 출처를 고려하는 것이다(**그림 1.10**). 과학은 공정하고 자격을 갖춘 보통 익명의 전문가들에 의한 결과의 평가방법인 동료평가에 의해 수행된다. 평가자는 그 연구에 관여되지 않는 사람이다. 동료평가 학술지에 연구를 게재하는 것은 일반적으로 그것이 과학적으로 타당하다고 간주될 것을 보장하는 가장 좋은 방법이다. 출처에 관계없이 최신 정보로 구성되고, 알려진 정보 출처에서 가져오고, 명성 있는 전문가에 의해 저술될 뿐만 아니라, 편견이 없어야 신뢰할 수 있는 과학적 정보로 인식될 수 있다.

이제 과학연구의 과정을 살펴보았으므로, 이것이 자연계를 조사하는데 가장 효과적인 방법으로 입증되었다는 것을 명심하자. 실제로 자연에 관해 우리가 알고 있는 거의 모든 것이 과학연구의 과정을 통해 얻어졌다. ✓

✓ 체크포인트

누군가 "어제 비가 와서 가뭄이 들 거라고는 믿지 않는다."고 말한다면, 이것은 어떤 종류의 부적절한 사고의 사례인가?

답: 입증되지 않은 증거에 근거한 결론

생명의 특성

이 장의 핵심에 있는 정의를 다시 한 번 상기해 보자. 생물학은 생명에 대한 과학적 연구다. 이제 우리는 무엇이 과학적인 연구를 구성하는지를 이해했으므로, 이 정의에 의해 제기된 다음 질문으로 눈을 돌릴 수 있다. 생명이란 무엇인가? 달리 말하면 살아 있는 것과 살아 있지 않은 것을 구별하는 것은 무엇인가? 생명현상을 단순히 한 문장의 정의로 표현할 수는 없다. 그러나 어린 아이라도 본능적으로 벌레나 식물은 살아 있지만 바위는 그렇지 않다는 것을 안다.

누군가가 앞에 물체를 놓고 그것이 살아 있느냐고 묻는다면, 여러분은 어떻게 하겠는가? 반응하는지 한번 찔러 볼 것인가? 움직이는지 또는 숨을 쉬는지 자세히 들여다 볼 것인가? 각 부분을 보기 위해 해부할 것인가? 이들 각각의 아이디어는 생물학자들이 실제로 어떻게 생물을 정의하는지와 밀접한 관련이 있다. 우리는 주로 생물이 하는 일로 생물을 인식한다. 초록바다거북을 예로 들면서 **그림 1.11**은 생명과 관련된 주요 특성, 즉 질서, 세포, 성장과 발생, 에너지 처리, 조절, 환경에 반

질서는 거북의 등껍질에 있는 판들의 규칙적인 배열과 같이 많은 거북의 구조에서 명백하게 나타난다.

여느 큰 생물과 마찬가지로 바다거북의 몸도 수조 개의 **세포**로 이루어져 있다.

성숙한 성체 바다거북으로의 **성장과 발생**은 수십 년이 걸린다.

거북의 **진화**를 연구하는 과학자들은 이들이 거의 2억 5천만 년 전에 처음으로 나타나 공룡보다 더 오래된 그들의 혈통을 만들었다고 믿는다.

거북 **생식** 주기의 일환으로, 암컷은 모래사장에 파놓은 구멍에 100~200개의 알을 낳는다.

갓 부화한 바다거북의 성별은 **환경에 대해 반응**하여 달라진다. 즉 따뜻한 온도는 암컷으로의 발생을 선호한다. 반면에 보다 차가운 온도는 수컷으로의 발생에 유리하다.

성체 바다거북의 **에너지 처리**는 해조류와 바닷속 식물의 먹이에 의존한다.

바다거북은 소금물에 둘러싸여 있지만, 눈을 통해 과도한 소금을 배설함으로써 체내 염분 농도를 **조절**한다.

◀ **그림 1.11** **초록바다거북은 생명의 특성을 보여준다.** 어떤 물체는 이러한 모든 특성을 동시에 나타나는 경우에만 살아 있다고 간주된다.

▼그림 1.12 나미비아(Namibia) 국립공원에서 볼 수 있는 생명의 다양성의 한 예.

응, 생식, 그리고 진화 등을 보여준다.

어떤 물체가 이 모든 특징들을 동시에 나타낸다면, 일반적으로 살아 있는 것으로 간주된다. 반면에 살아 있지 않은 것은 이러한 특성의 일부를 나타낼 수 있지만, 이것들 모두가 나타나는 것은 아니다. 예를 들면 바이러스는 질서 있는 구조를 가지고 있지만, 에너지를 처리할 수 없고, 세포로 이루어져 있지도 않다. 따라서 바이러스는 일반적으로 살아 있는 생물로 간주되지 않는다(바이러스에 대한 자세한 정보는 10장 참조).

지구상의 생명이 인지 가능한 특성을 공유하긴 하지만 이것은 또한 엄청난 다양성으로 존재한다(그림 1.12; 13~17장 참조). 하지만 우리는 이 행성에서의 생명으로 우리의 논의를 제한해야만 할까? 지구 이외의 어느 곳에서도 생명이 존재했다는 증거는 없지만, 생물학자들은 외계 생명체가 존재한다면 그림 1.11에 기술된 것과 동일한 특성에 의해 인지될 수 있다고 추측하고 있다. 2012년 이후 이 붉은 행성의 표면을 탐사하고 있는 화성탐사선 큐리오시티는 과거나 현재의 생명의 증거를 제공하는 물질을 식별하도록 설계된 여러 가지 기구들을 탑재하고 있다. 예를 들면 큐리오시티는 미생물의 에너지 처리에 대한 증거를 제공하는 화학물질을 탐지하기 위해 탑재된 기구들을 사용하고 있다. 2017년 나사(NASA)는 토성의 달 중 하나인 엔켈라두스가 풍부한 물과 지열 활동으로 인해 태양계에서 외계 생명체를 발견할 가능성이 가장 높은 곳이라고 발표했다. 나사는 그곳에서 곧 탐사선의 탐사가 시작되기를 희망하고 있다. 탐색은 계속된다. ✓

화성 탐사선의 임무 중 하나는 생명체의 흔적을 찾아내는 것이다.

✓ **체크포인트**

자동차에는 생명의 어떤 특성이 있는가? 어떤 것이 없는가?

답: 자동차는 질서, 조절, 에너지 처리, 그리고 환경에 대한 반응을 나타낸다. 그러나 성장, 생식, 또는 진화의 특성은 없다.

생물학의 주요 주제들

새로운 발견이 펼쳐질수록 생물학은 넓어지고 깊어지고 있다. 하지만 주요 주제들은 내용 전체에 걸쳐 계속해서 이어진다. 대단히 중요한 이런 원칙들은 세포의 현미경적 세계로부터 지구 환경에 이르기까지 생물학의 모든 측면을 통합하고 있다. 생물학에서 많은 주제를 초월하는 몇 개의 큰 그림이라는 아이디어에 초점을 맞춤으로써 여러분이 배울 모든 정보를 정리하고 이해하는데 도움이 될 수 있다.

이 절에서는 생물학의 조사 전반을 통해 반복되는 5가지 통합 주제를 설명한다. 이들은 구조와 기능의 연관성, 정보의 흐름, 에너지와 물질의 변환경로, 생물계 내의 상호작용, 그리고 진화이다. 여러분은 다음 장부터 내용 중에 **파란색으로 강조된 몇 가지 주요 예**를 가지고 이들 주제를 만나게 될 것이다.

1.5 구조와 기능의 연관성

집에 있는 유용한 물건들을 생각해 보면 형태와 기능이 관련되어 있음을 깨달을 수 있다. 예를 들면 의자는 단지 어떤 모양만을 가질 수 없는데, 이것은 견딜 수 있는 안정된 받침대와 무게를 지탱할 수 있는 평평한 공간이 있어야 한다. 의자의 기능은 가질 수 있는 가능한 모양을 제한한다. 이처럼 생물계 내에서 구조(어떤 것의 모양)와 기능(그것이 하는 일)은 보통 서로에 대한 통찰력을 제공함으로서 관련되어 있다.

구조와 기능의 상관관계는 분자, 세포, 조직, 기관과 같은 생물계 내에서 서로 다른 수준, 즉 다른 계층 구조에서 볼 수 있다. 환경과 기체를 교환하는 기능을 하는 폐를 가지고 보자. 여러분의 폐는 산소(O_2)를 받아들이고 이산화탄소(CO_2)를 배출한다. 폐의 구조는 이 기능과 상관관계가 있다(그림 1.13). 폐의 가장 작은 가지는 수백만 개의 작은 주머니로 끝나는데, 이 주머니에서 기체가 대기로부터 혈액으로 가로질러 들어오고, 그 반대로도 일어난다. 이 가지가 있는 구조(폐의 형태)는 엄청난 표면적을 제공해 매우 많은 양의 공기가 통과(폐의 기능)할 수 있다. 구조와 기능의 상관관계를 또 다른 수준인 세포에서도 볼 수 있다. 예를 들면 산소는 폐에서 혈액으로 들어오고 적혈구로 확산된다. 적혈구의 중앙부가 움푹 들어간 구조(그림 1.14)는 산소가 확산될 수 있는 표면적을 증가시킨다. 이러한 구조가 아니라면 기체가 이동할 수 있는 표면적은 줄어들 것이다.

▼그림 1.13 **구조와 기능: 사람의 폐.** 폐의 구조는 그 기능과 상관관계가 있다.

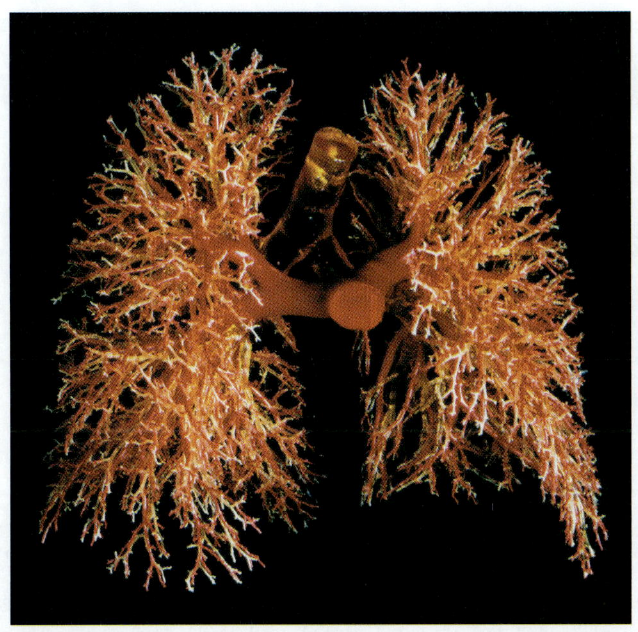

생명에 대한 연구를 통해 구조와 기능 원리가 분자의 구조에서부터 한 생물체의 구조까지 모든 수준의 생물학적 조직에 적용되는 것을 볼 수 있다. 구조와 기능의 상관관계에 대한 몇 가지 구체적인 예로는 기형 단백질과 치명적인 뇌질환과의 관계(3장), DNA의 구조가 유전의 분자 역할을 하는 방식(10장), DNA의 구조가 법의학적 조사의 기초로서 기여하는 방식(12장), 그리고 식물체 내의 구조적 적응(제16장) 등이 있다. ✅

✅ **체크포인트**

구조와 기능의 상관관계가 테니스 라켓에 어떻게 적용되는지 설명해 보시오.

답: 테니스 라켓은 공을 치기 위한 크고 평평한 표면, 공기가 흐를 수 있도록 열린 그물망, 라켓을 잡고 제어하기 위한 손잡이가 있어야 한다.

1.6 정보의 흐름

생명의 기능이 질서정연하게 진행되려면 정보를 받고, 전달하고, 사용해야 한다. 우리 사회가 구성원들과 소통에 의존하듯 생물학적 구성요소의 "사회"는 정보의 흐름 없이 살아 있는 체제로 기능할 수 없다. 이러한 정보의 흐름은 생물학적 조직의 모든 단계에서 명백하다. 예를 들면 혈류에 있는 포도당의 양에 대한 정보는 췌장과 같은 장기들에 의해 수신된다. 췌장은 혈액 속의 포도당 수치를 조절하는 호르몬(인슐린 포함)을 분비함으로써 그 정보에 작용한다. 인슐린이 효과를 나타내고 포도당 수치가 변화함에 따라 췌장은 이 정보를 처리하며 지속적인 조정을 한다.

▼그림 1.14 **구조와 기능: 적혈구.** 산소가 폐의 혈액으로 들어가게 되면, 이 산소는 적혈구 속으로 확산된다.

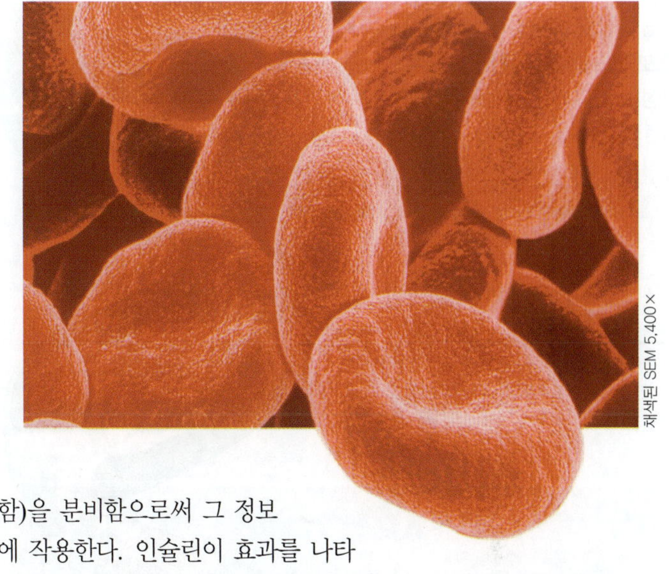

현미경적 수준에서 모든 세포는 이전 세대로부터 물려받은 특정 서열의 DNA로 이루어진 유전단위, 즉 **유전자(gene)**를 가지고 있다. 생물 개체수준에서 모든 다세포생물이 하나의 배아로부터 발생하므로 세포들 사이에 교환된 정보는 종합적인 신체 구조가 체계적인 방식으로 구체화될 수 있게 해준다(11장에서 배우게 될 것이다).

생물이 성숙할 때 그 몸의 내부 조건에 대한 정보는 생명을 허용하는 범위 내에서 그 상태를 유지하기 위해 사용된다. 세균과 인간은 서로 다른 유전자를 물려받았지만, 그 정보는 모든 생물체에 공통되는 동일한 화학언어로 암호화되어 있다. 사실 생물의 언어는 단지 네 개의 알파벳을 가지고 있다. DNA의 4개 염기분자의 화학명칭은 A, G, C, T로 약칭된다(그림 1.15). 일반적인 유전자는 길이가 수백에서 수천 개의 화학적 "문자들"이다. 현재 이 문장을 영어로 표현했을 때 이 문장의 메시지는 영어 알파벳 철자 26개로 이루어진 배열로 암호화되는 것과 마찬가지로, 세포의 유전자의 의미는 이들 4개의 문자로 이루어진 특정 서열로 암호화되어 있다.

이 모든 정보는 여러분의 몸 안에서 어떻게 사용되는가? 어느 시점에서든 유전자는 신체의 과정을 조절하는 수천 개의 다른 단백질의 생산을 위해 암호화되어 있다(10장에서 어떻게 DNA 정보를 이용하여 단백질이 생성되는지 자세히 배우게 될 것이다.). 음식은 분해되고, 새로운 신체 조직이 만들어지고, 세포가 분열되며, 신호들이 보내진다. 즉 모든 것은 DNA에 저장된 정보에 의해 조절된다. 예를 들면 여러분의 유전자 중 하나에 있는 정보는 "인슐린을 만들어라"로 번역되어, 여러분의 몸이 혈당을 조절하도록 도와준다.

제1형 당뇨병을 앓고 있는 사람은 어떤 다른 유전자에서 돌연변이(오류)가 일어나 인체의 면역세포로 하여금 인슐린을 생성하는 췌장세

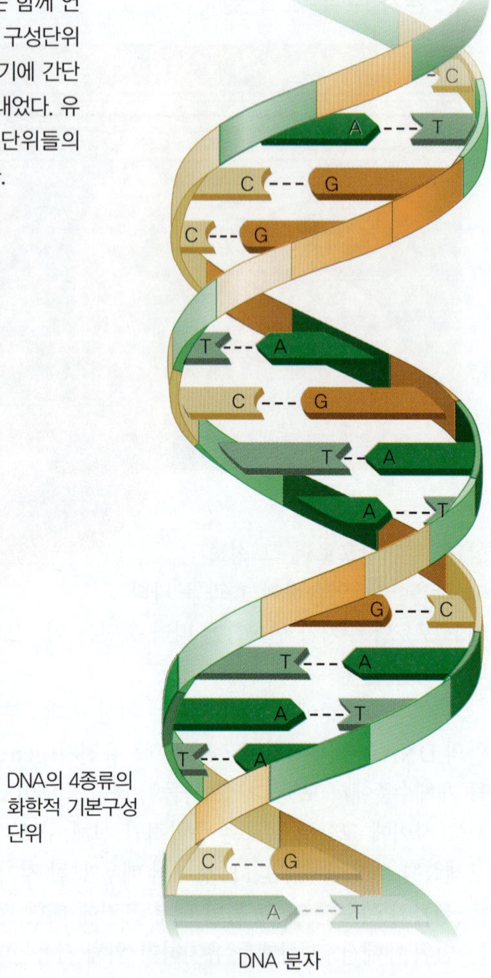

► **그림 1.15 DNA에 저장된 정보.** DNA의 모든 분자는 함께 연결된 네 종류의 화학적 구성단위들로 이뤄져 있는데, 여기에 간단한 모양과 글자로 나타내었다. 유전정보는 이러한 구성단위들의 서열로 암호화되어 있다.

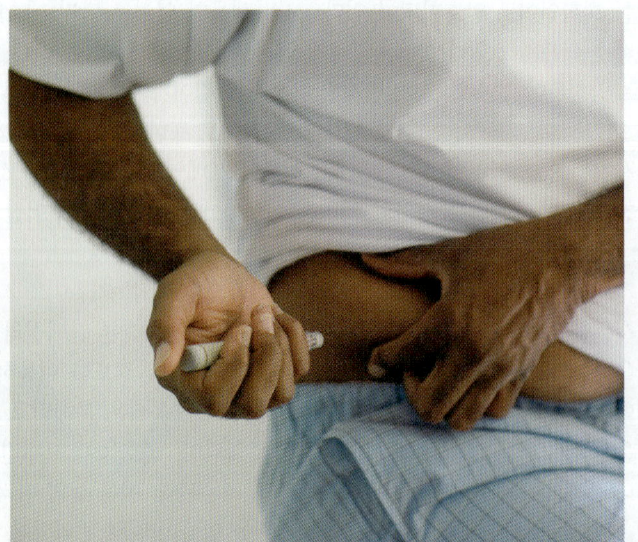

▲**그림 1.16 정보의 흐름과 당뇨병.** 당뇨병을 앓고 있는 일부 사람들에게 돌연변이는 정상적인 유전정보의 흐름을 깨트린다. 이러한 사람들은 유전자 조작된 세균이 만들어낸 인슐린으로 생명을 구할 수 있다.

포를 공격하게 만들어 이들이 파괴된다. 그러면 이 세포들이 혈액의 포도당 수치에 대한 정보에 적절하게 반응할 수 없다. 체내에서 정상적인 정보의 흐름이 잘못되면 병이 된다. 당뇨병을 앓고 있는 일부 사람들은 유전자 조작 세균이 만든 인슐린(**그림 1.16**)을 주사함으로써 혈당을 조절한다. 이 세균은 인슐린을 만들 수 있는 이유는 인간의 유전자가 세균에 옮겨졌기 때문이다. ✓

✓ 체크포인트

단백질을 암호화하는 유전적 정보의 용어는 무엇인가?

답: 유전자

1.7 에너지와 물질의 변환경로

생명의 운동, 성장, 생식, 그리고 다양한 세포활동은 일이고, 이 일은 에너지를 필요로 한다. 주로 태양으로부터 에너지 유입과, 또 한 형태에서 다른 형태로의 에너지의 전환이 생명을 가능하게 한다. 대부분의 생태계는 원천적으로 태양열로 움직인다. 태양빛으로 생태계에 진입하는 에너지는 식물과 다른 광합성 생물(생산자)에 의해 포착되어 태양에너지를 흡수하여 화학에너지로 전환시켜 설탕과 다른 복잡한 분자 내의 화학결합으로 저장된다. 음식분자들은 생산자를 먹고 사는 동물 같은 일련의 소비자들에게 에너지와 물질을 제공한다. 생물들은 분자에 저장된 에너지를 방출시키기 위해 화학결합을 깨뜨려서 에너지의 재료로, 또 분자가 필요로 하는 새로운 분자를 만들기 위한 구성단위로 음식을 사용한다. 즉 소비되는 분자들은 에너지의 재료이자 물질의 재료로 사용될 수 있다. 생물들 내 또 생물들 사이의 이러한 에너지 전환에서, 어떤 에너지는 열로 변환되고, 이것은 생태계에서 사라진다. 따라서 에너지는 생태계를 통해 흐르며, 빛에너지로 들어가고 열에너지로 빠져나간다. 이 에너지의 흐름은 **그림 1.17**에서 물결선으로 나타내고 있다.

생물이건 무생물이건 우주의 모든 물체는 물질로 구성되어 있다. 생태계를 흐르는 에너지와는 대조적으로 물질은 생태계 내에서 재순환된다. 이 재순환은 그림 1.17에서 파란색 원으로 나타내었다. 예를 들면 식물이 토양에서 흡수하는 미네랄은 식물이 미생물에 의해 분해될 때 결국 다시 토양으로 재순환될 수 있다. 균류와 많은 세균과 같은 분해자들은 폐기물과 죽은 생물들의 잔해를 분해하여, 복잡한 분자를 단순한 영양분으로 변화시킨다. 분해자의 작용으로 다시 식물에 의해 토양에서 영양분으로 섭취되어 순환을 완성시킨다.

모든 살아 있는 세포 내에서 상호연결된 화학반응의 광대한 네트워크(통칭하여 물질대사라고 함)는 물질이 재순환 될 때 한 형태에서 다른 형태로 에너지를 지속적으로 전환시킨다. 예를 들면 식품분자가 더 간단한 분자로 분해됨에 따라 화학결합에 저장된 에너지가 방출된다.

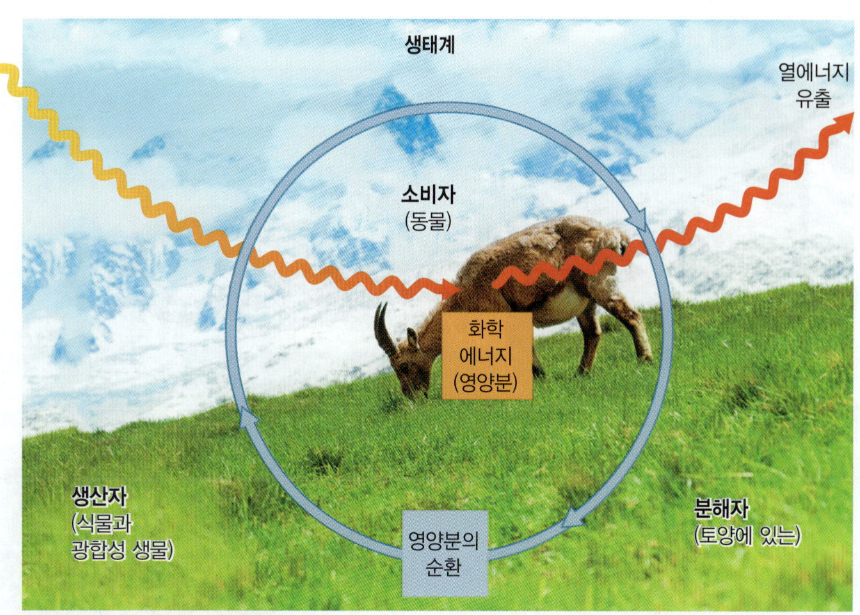

► 그림 1.17 **생태계 안에서 에너지와 물질의 전환.** 영양소는 생태계 내에서 재순환되는 반면, 에너지는 생태계로 들어오고 빠져나간다.

이 에너지는 몸에 의해 포착되어 사용될 수 있다(예를 들면 근수축에 힘을 주기 위해). 그런 다음 음식을 구성한 원자는 재순환될 수 있다(예를 들면 새로운 근육 조직을 만들기 위해). 모든 살아 있는 생물체에는 분자들이 물질과 에너지를 받고 전환하고 방출할 때 화학적 대상을 교환하는 끝없는 "화학적 스퀘어댄스"가 있다. 예를 들면 바다에서 얕은 물을 통해 햇빛을 필터링하면 해초가 자랄 수 있다. 바다거북이 해초에 방목되면 수영하는 데 사용되는 에너지를 얻고 자신의 몸 안에 있는 세포의 구성단위로 물질 분자를 사용한다.

에너지 변환은 종종 심각한 결과를 초래하며 중단될 수 있다. 가장 치명적인 독약 중 하나인 청산가리를 섭취하면 어떻게 되는지 생각해 보자. 단지 200 mg(아스피린 알약의 절반 정도 크기)만을 섭취해도 인간은 죽게 된다. 청산가리는 포도당으로부터 에너지를 수확하는 물질대사 경로 내의 필수적인 단계를 차단하기 때문에 매우 독성이 강하다. 이 경로 안에 있는 단 하나의 단백질이라도 억제되면, 세포는 포도당의 화학결합에 저장된 에너지를 추출하는 능력을 상실하게 된다. 뒤따르는 급속한 죽음은 에너지의 중요성과 생명체로의 물질전환의 무서운 한 예가 된다. 생물학에 대한 연구를 통해 여러분은 광합성(7장)과 세포호흡(8장)과 같은 현미경적 세포 과정에서부터, 탄소 및 기타 영양소의 전생태계의 순환(20장)에, 행성 전체를 걸친 지구의 물순환(18장)에 이르기까지 생물들이 어떻게 에너지와 물질의 전환을 조절하는지에 대한 더 많은 사례를 보게 될 것이다. ✓

✓ 체크포인트

1. 생태계에서 에너지와 물질이 움직이는 방식 사이의 핵심적인 차이점은?
2. 에너지가 몸을 떠나는 일차적인 방법은 무엇인가?

답: 1. 에너지는 생태계를 통해 이동하는(들어오고 나가는) 반면, 물질은 생태계 내에서 재순환된다. **2.** 열로써

1.8 생물계 내의 상호작용

생명에 대한 연구는 생물을 구성하는 분자와 세포의 현미경적 수준에서부터 지구 전체의 지구적 수준까지로 확장한다. 이 엄청난 범위를 서로 다른 수준의 생물학적 조직으로 나눌 수 있는데, 각 생물 체제들은 시스템적 관점으로 볼 수 있다. 이러한 생물계의 수준 안에서 또 사이에서 많은 상호작용이 일어난다.

지구상의 생물을 보다 더 가까이 보기 위해 우주로부터 확대하는 것을 상상해 보자. 그림 1.18은 생물 체제의 수준을 가로지르는 여행으로 안내한다. 이 그림의 윗부분은 지구 전체 **생물권(biosphere)**의 전반적 수준을 보여주고 있는데, 생물권은 생명을 지탱하는 지구의 모든 환경으로 구성되며, 이들 환경에는 토양, 바다와 호수와 그 밖의 수계, 대기 아래 쪽을 포함한다. 생물학적 크기와 복잡성의 다른 극단에는 유전을 담당하는 화학물질인 DNA와 같은 현미경적 분자들이 있다.

그림의 아래에서부터 위로 시계 반대방향으로 살펴보면, 세포를 만드는 데 많은 분자가 필요하고, 조직을 만드는 데 많은 세포가 필요하며, 장기를 만드는 데 여러 개의 조직이 필요하다는 것을 알 수 있다. 새로운 단계마다 앞의 단계에서는 없는 새로운 특성이 나타난다. 이러한 창발적인 특성은 점점 더 복잡한 시스템으로 가면서 많은 부분들의 특정한 배열과 상호작용 때문에 나타나는 것이다. 이러한 특성은 복잡성이 증가함에 따라 나타나기 때문에 창발적이라고 한다. 예를 들면 생명은 세포의 수준에서 창발이 일어난다. 분자로 가득 찬 시험관은 살아있지 않다. "전체는 부분의 합보다 크다"라는 말은 이 아이디어와 잘 들어맞는다. 창발성은 생명에만 유일한 것은 아니다. 카메라 부품 한 박스는 아무 소용이 없지만, 부품이 일정한 방식으로 배열되어 상호작용이 일어난다면 사진을 찍을 수 있다. 전화기에 이 구조물을 추가하면 카메라와 전화기가 상호작용하여 친구에게 사진을 보낼 수 있다. 복잡성이 증가함에 따라 새로운 특성이 나타난다. 그러나 이러한 무생물의 예와 비교했을 때, 생물계의 독보적인 복잡성이 특히 생명의 창발성을 연구하기에 매력을 갖게 해준다.

▼그림 1.18 **생명을 확대해 보기.**

지구 기후와 같은 훨씬 더 큰 수준에서 작동하는 것인 생물계 내에서 상호작용의 또 다른 예를 생각해 보자. 예를 들면 지구의 대기 온도가 상승함에 따라 바다는 점점 더 따뜻해지고 있다. 물이 너무 따뜻하면 산호동물들은 그들 안에 사는 해조류를 배출한다. 그 결과 산호는 색깔을 잃는데, 이것이 산호백화 현상이다. 산호백화는 산호초와 그 주변에서 자라는 다른 생명을 부양하지 못하여 바다거북이 먹을 수 있는 식량 공급을 감소시킨다. 따라서 미국 중서부의 석탄 공장에서 배출되는 가스는 호주 해안에서 헤엄치는 거북에게 영향을 미칠 수 있다. 실제로 호주 대보초의 거의 3분의 2가 2016년과 2017년 사이에 상당한 백화 현상을 겪었는데, 이는 해양생물학자들에게 큰 관심사였다. 생명에 대한 연구를 통해 우리는 그림 1.18에 나타난 생물 계층 구조의 모든 수준 내, 또 모든 수준 사이에서 작용하는 무수한 상호작용을 보게 될 것이다. ✅

✔ 체크포인트

생명의 모든 특성을 보여줄 수 있는 가장 작은 생물 체제의 수준은 무엇인가?

답: 세포

1.9 진화

생명은 통일성과 다양성으로 구별된다. 화석과 살아 있는 생물들 안에서 또 사이에서 보이는 유사성으로부터 공통의 세포 과정과 유전 분자인 보편적인 DNA의 화학구조에 이르기까지 여러 계통에서 온 다양한 증거들이 생명의 통일성을 나타내고 있다. 놀라운 생명의 다양성이 우리 주위에 드러나 있으며, 그리고 동물원, 자연 전시 및 자연사박물관에도 기록물로 남아 있다. 생명이 어떻게 그렇게 비슷할 수 있는지(통일성), 동시에 그렇게 다를 수 있는지(다양성) 주목할 만하다. 이 통일성과 다양성에 대한 과학적 설명이 바로 **진화(evolution)**이다. 진화는 초기 형태로부터 오늘날 방대한 생물군에 이르기까지 지구상의 생명을 변형시켜 온 변화의 과정이다. 진화는 생명의 기본 원리와 생물학의 모든 것을 통합하는 핵심 주제다. 자연선택에 의한 진화론은 우리가 생명에 대해 알고 있는 모든 것을 이해하게 해주는 하나의 원리이다. 진화는 가장 멀리 떨어진 서식지를 차지하고 있는 작은 생물에서부터 우리 지역 환경에서의 종 다양성이나 지구 환경의 안정성에 이르기까지 생명의 모든 측면을 조사하고 이해하는 데 도움을 줄 수 있다. 그러므로 생물학을 배우는 모든 학생들은 진화를 이해하려고 노력해야 한다.

생명에 대한 진화의 관점은 찰스 다윈이 1859년에 쓴 가장 영향력 있는 책들 중 하나인『자연선택에 의한 종의 기원』을 출판하면서 주목받게 되었다**(그림 1.19)**. 다윈이 종의 기원에서 제시한 두 가지 요점 중 첫 번째는 오늘날 살고 있는 종들이 자신들과는 다른 일련의 조상들로부터 생겨났다는 점이다. 다윈은 이 과정을 "변이의 유전"이라고 불렀다. 이 통찰력 있는 구절은 생물의 통일성(공통조상에서 기원함)과 생물의 다양성(조상에서 갈라진 종으로서 진화된 변형)을 모두 포함한다.

다른 학자들이 변이를 수반한 유전이라는 유사한 견해들을 제안하긴 했지만, 다윈은 그것이 발생하는 방법과 이유를 설명하는 타당한 메커니즘을 가장 먼저 제안하였다. 다윈의 책의 두 번째 요점은 자연선택의 과정이 진화의 원동력이라는 것이다. 생존을 위한 투쟁에서 지역 환경에 가장 적합한 특성을 가진 개체들이 생존 가능성이 더 크고 건강한 자손을 가장 많이 남긴다. 환경은 단지 이미 존재하는 것들로부터 유전될 수 있는 특성들을 "선택"하기 때문에 다윈이 **자연선택(natural selection)**이라고 말한 것이 바로 이 불균등한 번식성공이다. 자연선택은 변화를 촉진하거나 조장하지 않는다. 오히려 돌연변이는 무작위로 발생한다. 자연선택은 이미 일어난 변화를 "편집"한다. 만약 그러한 특징들이 유전될 수 있다면, 그것은 다음 세대에서 보다 더 흔해질 것이다. 자연선택의 결과는 생물의 특정한 환경에서 생존을 증진시키는 형질이 유전되는 진화적 적응이다.

이 세계는 자연선택의 사례가 풍부하다. 항생제 내성세균의 발생을 생각해 보자**(그림 1.20)**. 낙농장과 가축장 농장주는 종종 사료에 항생제를 첨가하는데, 이렇게 하면 더 크고 수익성이 높은 동물이 되기 때문이다. ❶ 세균 개체군의 개체들은 이미 무작위 돌연변이로 인해 항생제에 대한 감수성이 다양하다. ❷ 일단 항생제를 첨가하여 환경이 바뀌면 어떤 세균은 빨리 굴복하여 죽는 반면, 다른 어떤 세균은 살아남는다. ❸ 살아남은 개체들은 증식할 수 있는 잠재력을 갖게 되어, 생존을 증진시키는 형질을 물려받을 자손을 생산하게 된다. ❹ 여러 세대에 걸쳐 항생제에 내성이 있는 세균은 점점 더 많은 수로 번성하게 될 것이다. 따라서 소에게 항생제를 먹이는 것은 항생제에 내성이 있는 세

▼그림 1.19 **찰스 다윈(1809~1882), *종의 기원*, 그리고 갈라파고스 제도에서 관찰했던 푸른발 부비새.**

ON

THE ORIGIN OF SPECIES

BY MEANS OF NATURAL SELECTION,

OR THE

PRESERVATION OF FAVOURED RACES IN THE STRUGGLE FOR LIFE.

BY CHARLES DARWIN, M.A.,

LONDON:
JOHN MURRAY, ALBEMARLE STREET.
1859.

▼그림 1.20 작동 중인 자연선택.

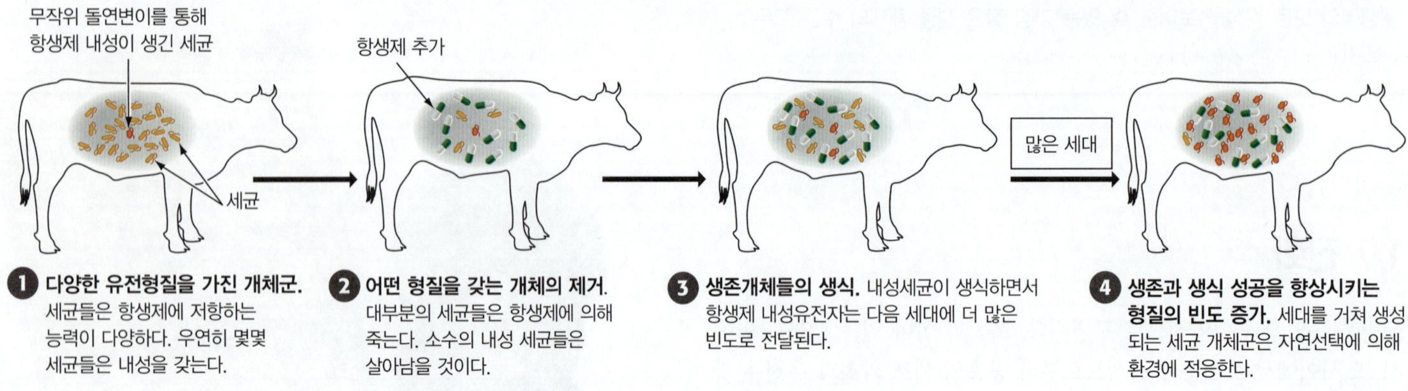

❶ **다양한 유전형질을 가진 개체군.** 세균들은 항생제에 저항하는 능력이 다양하다. 우연히 몇몇 세균들은 내성을 갖는다.

❷ **어떤 형질을 갖는 개체의 제거.** 대부분의 세균들은 항생제에 의해 죽는다. 소수의 내성 세균들은 살아남을 것이다.

❸ **생존개체들의 생식.** 내성세균이 생식하면서 항생제 내성유전자는 다음 세대에 더 많은 빈도로 전달된다.

❹ **생존과 생식 성공을 향상시키는 형질의 빈도 증가.** 세대를 거쳐 생성되는 세균 개체군은 자연선택에 의해 환경에 적응한다.

균 개체군의 진화를 촉진시킬 수 있다.

13장에서 자연선택에 의한 진화론은 다양한 증거에 의해 뒷받침된다는 것을 보게 될 것이다. 그 증거들은 화석기록, 실험, 작동 중인 자연선택의 관찰, 그리고 유전학적 자료 등이다. 진화는 생물학에 대해 우리가 알고 배우는 모든 것을 이해시키는 중심 주제다. 이 본문을 통해 진화의 과정과 산물 모두에 대해 더 많은 예를 볼 수 있을 것이다.

생물학의 다섯 가지 통일된 주제를 검토하기 위해 초록바다거북으로 돌아가 보자(**그림 1.21**). 생물학의 모든 주제는 이러한 큰 생각들과 관련이 있을 수 있다. 진화를 생물학의 중심 주제로 강조하기 위해, 우리는 각 장을 『**진화와 연결**』로 마무리한다. 시작했던 방식대로 바다에 떠 있는 자기 자신을 상상하면서 이 장을 마무리하자. ✓

✓ 체크포인트

1. 다윈이 말한 "변이의 유전"의 현대 용어는 무엇인가?
2. 다윈은 진화에 대해 어떤 메커니즘을 제안했는가? 이 메커니즘을 요약한 세 단어의 구절은 무엇인가?

답: 1. 진화 **2.** 자연 선택; 불균등한 번식 성공

▼그림 1.21 초록바다거북의 연구에 대해 생물학의 주요 주제를 적용하기.

구조와 기능의 연관성. 지느러미는 바다를 항해하는 데 적응되어 있다.

정보의 흐름. 다른 종류의 거북과의 DNA 비교는 유전자가 어떻게 이 종의 독특한 형질을 설명하는지 보여준다.

에너지와 물질의 변환경로. 주로 영양분이 적은 음식을 섭취하면 성장이 느려진다.

진화. 화석들은 껍질이 등뼈와 갈비뼈의 팽창으로부터 진화되었음을 나타낸다. 자연선택은 보다 나은 보호를 선호했고, 그 결과 오늘날 우리가 보는 껍질로 이어졌다.

생물계 내의 상호작용. 지구 기후 패턴의 변화는 이동경로와 거북 먹이의 성장에 영향을 미친다.

진화와 연결 **거북과 함께 수영하기**

계통수에서 거북의 위치

가족사가 있듯이 오늘날 지구상의 각 종은 조상 종을 통해 점점 더 멀어지는 분지된 계통수의 잔가지 하나를 나타낸다. DNA를 분석함으로서 사람의 가족관계를 결정(예를 들면 친자 확인)할 수 있다. 유사하게 다른 종의 DNA 서열을 비교함으로서 진화적 연관의 증거를 제공받을 수 있다. 기본 가정은 두 종의 DNA 서열이 서로 밀접하게 일치할수록 더 밀접하게 연관되어 있다는 것이다. 이러한 증거는 그림 1.22에 나타낸 것과 같은 진화계통수를 만드는데 사용될 수 있다. 이 그림은 몇 가지 예시만을 보여주면서 매우 생략되어 있음을 주목하자. 진화적 연관의 도표는 일반적으로 가지를 친 나무 형태를 취하는데, 대개는 옆으로 돌려서 왼쪽에서(가장 오래 된) 오른쪽으로(가장 최근의) 읽는다.

붉은바다거북이나 대모바다거북과 같이 매우 유사한 종은 계통수에서 비교적 최근의 분기점에서 공통된 조상을 공유한다. 게다가 모든 거북들은 거북, 악어, 뱀, 그리고 다른 모든 파충류들에게 흔한 조상까지 훨씬 더 거슬러 올라갈 수 있다. 모든 파충류는 딱딱한 껍질로 된 알을 가지고 있으며, 모든 파충류들이 최초의 파충류인 공통 조상에서 내려온다면 우리가 기대할 수 있는 유사성이 있다. 그리고 파충류, 포유류, 그리고 다른 모든 동물들은 공통의 조상 즉 최초의 동물인 훨씬 더 오래된 조상을 공유하고 있다. 세포 수준에서 더 거슬러 올라가면 모든 생물은 현저한 유사성을 보인다. 예를 들면 모든 살아 있는 세포들은 유사한 구조의 외막에 둘러싸여 있으며 리보솜이라고 불리는 구조를 사용하여 단백질을 생산한다. DNA의 구조에 근거한 그러한 진화적 분석은 현재와 고대의 생물에 대한 통찰력을 제공한다. 이러한 정신으로 우리는 생물의 화학(2장)을 연구함으로써 생물학에 대한 조사를 시작할 것이다.

▼**그림 1.22 동물의 부분적 가계수.** 이 가계수는 화석기록과 현재 동물들의 DNA 서열 비교에 근거한 가설(잠정적인 모델)을 나타낸다. 거북의 진화적 역사에 대한 새로운 증거가 등장하면, 이 가계수는 불가피하게 변할 것이다.

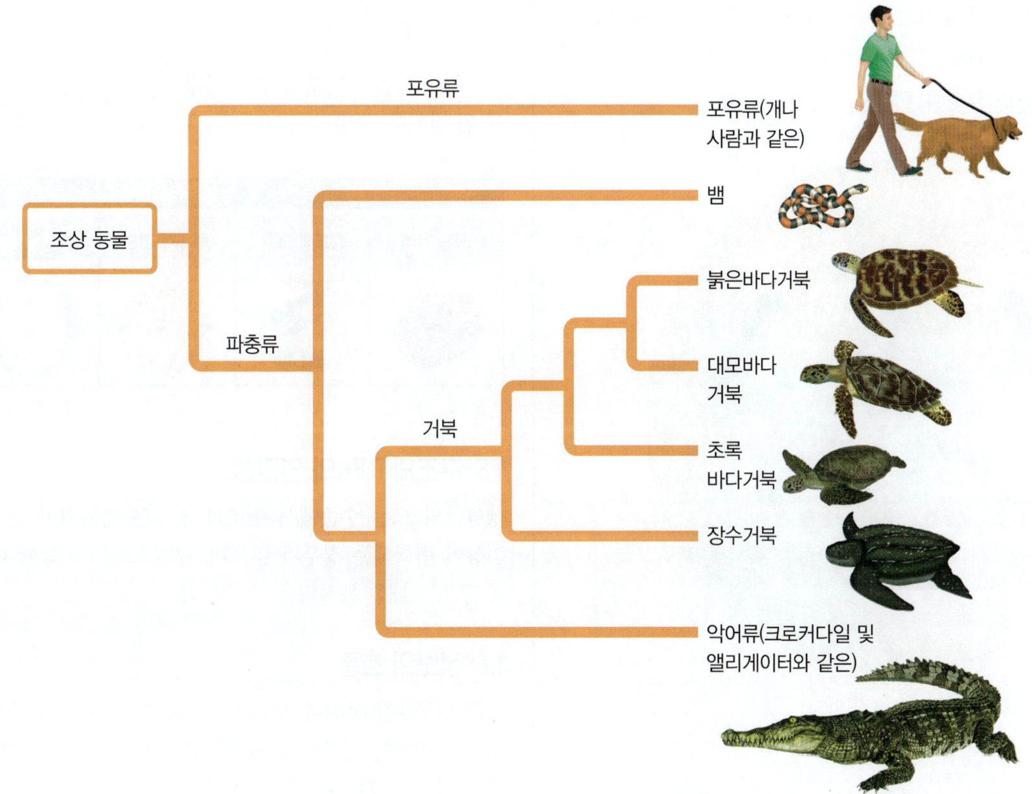

복습

주요 개념의 요약

생명에 대한 과학적 연구

생물학은 생명에 대한 과학적 연구이다.

1.1 과학연구의 과정 개요

생명을 연구하는 과학적 방법만이 생물학으로서 인정되기 때문에 다른 사고 방법으로부터 과학적 조사를 구별하는 것이 중요하다. 과학은 보통 자료로 기록된 관찰을 통해서 또는 신뢰할 수 있는 출처로부터 정보를 수집함으로써 탐사를 시작한다. 탐사는 종종 가설(관찰에 대한 제안된 설명)을 만들어 냄으로서 검증할 수 있는 문제를 제기한다. 가설은 추가적인 관찰이나 실험을 통해 조사될 수 있다. 이 과정은 때때로 발견으로 이어질 수 있는 일련의 단계의 형태를 취한다.

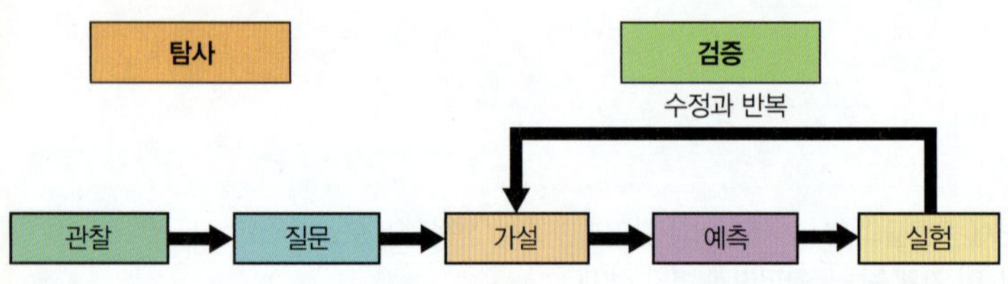

과학자들은 보통 동료에 의해 평가된 출판물을 통해 결과를 소통한다. 고정된 과학연구의 과정이란 없다. 각각의 연구는 탐사, 검증, 의사소통 및 결과를 통해 다른 방법으로 진행된다.

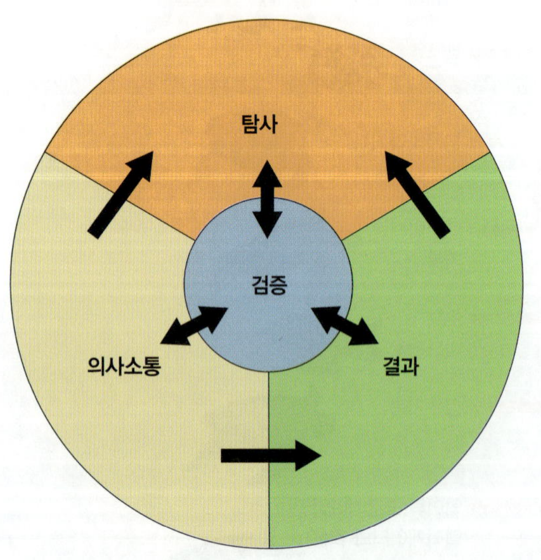

1.2 가설, 이론, 사실

이론은 많은 입증 가능한 증거들이 축적되어 지지되는 세계에 대한 폭넓고 포괄적인 설명이다. 사실은 어떤 독립적인 관찰자에 의해서도 검증될 수 있는 정보의 한 부분이다.

1.3 통제된 실험

통제된 실험은 한 변수에 다른 두 개 이상의 집단에 대해 동일한 검사를 실행하는 것을 포함한다. 대조군은 조사 중인 변화를 받아들이지 않는 반면, 실험군은 받아들인다. 눈가림실험은 실험에 대한 정보를 시험대상자나 실험자에게 주지 않은 실험이다.

1.4 과학적 주장에 대한 평가

실제로 그렇지 않은데 과학연구의 과정을 따르는 것처럼 거짓으로 제시되는 유사과학을 경계하자. 지침을 찾아보면 신뢰할 수 있는 자원을 인식하는 법을 배울 수 있다.

생명의 특성

모든 생물은 공통적인 일련의 특성들을 나타낸다.

- 질서
- 조절
- 성장과 발생
- 에너지 처리
- 환경에 대한 반응
- 생식
- 진화
- 세포

생물학의 주요 주제들

생물학에 대한 여러분의 연구 내내, 다섯 가지 통합 주제들의 예를 자주 보게 될 것이다.

생물학의 주제				
구조/기능	정보의 흐름	에너지 전환	계 내에서 상호 연결	진화

1.5 구조와 기능의 연관성

생물학의 모든 수준에서 구조와 기능은 연관되어 있다. 구조가 변화되면 기능이 변화되는 경우가 많으며, 구성요소의 기능에 대해 배우는 것은 종종 구조에 대한 통찰력을 줄 것이다.

1.6 정보의 흐름

전체 생물계를 통하여 정보는 저장되고, 전달되며, 이용된다. 사람의 몸 안에서 유전자는 단백질을 합성하기 위한 지시서가 된다. 단백질은 생명의 많은 일을 수행한다.

1.7 에너지와 물질의 변환경로

생태계 안에서 영양분은 재순환되지만, 에너지는 흘러나간다.

1.8 생물계 내의 상호작용

생명은 분자에서 생물권 전체에 이르기까지 많은 수준에서 연구될 수 있다. 복잡성이 증가함에 따라 새로운 특성이 나타난다. 예를 들면 세포는 생명의 모든 특성을 나타낼 수 있는 가장 작은 단위이다.

1.9 진화

찰스 다윈은 1859년 종의 기원에서 자연선택(불균등한 번식성공)에 의한 진화의 개념("변이의 유전")을 확립하였다. 자연선택은 환경에 대한 적응으로 이어지는데, 이것은 세대를 거치면서 나타나는 진화의 메카니즘인 것이다.

자습문제

1. 다음 중 모든 생물의 특징이 아닌 것은?
   a. 성장과 발생
   b. 다세포로 구성됨
   c. 복잡하지만 조직화되어 있음
   d. 에너지를 사용

2. 다음의 생물학적 구조의 여러 단계를 작은 것에서부터 큰 순으로 적으시오: 원자, 생물권, 세포, 생태계, 분자, 기관, 생물, 개체군, 조직. 생명의 모든 특징을 보이는 가장 작은 수준은 어떤 것인가?

3. 식물은 태양의 빛에너지를 당 형태의 화학에너지로 전환하기 위해 광합성이라는 과정을 사용한다. 그렇게 하는 동안 식물은 이산화탄소와 물을 소비하고 산소를 방출한다. 이 과정이 생태계에서 화학적 영양분의 순환과 에너지의 흐름 모두에서 어떻게 기능하는지 설명하시오.

4. 자연선택이 어떻게 개체군으로 하여금 시간이 흘러감에 따라 환경에 적응하도록 만들어 주는가?

5. 다음 중 과학적 방법의 적절한 구성요소는 어느 것인가?
   a. 실험, 결론, 적용
   b. 질문, 관찰, 실험, 분석, 예측
   c. 관찰, 질문, 가설, 예측, 실험, 결론
   d. 관찰, 질문, 의견, 결론, 가설

6. 어떤 진술이 가설을 과학의 이론과 가장 잘 구별하고 있는가?
   a. 이론은 입증된 가설이다.
   b. 가설은 잠정적인 추측이고, 이론은 자연에 대한 질문에 정확한 대답이다.
   c. 가설은 대개 범위가 좁지만, 이론은 넓은 설명력을 가지고 있고 많은 증거에 의해 뒷받침된다.
   d. 가설과 이론은 과학에서 본질적으로 같은 것을 의미한다.

7. ____________은(는) 생물학의 모든 영역을 통합하는 핵심 개념이다.

8. 사실과 의견을 구별하는 것은 무엇인가?

9. 다음 용어를 그것을 가장 잘 설명하는 구절과 연결하시오.

a. 자연선택	1. 검증 가능한 개념
b. 진화	2. 변이의 유전
c. 가설	3. 불균등 번식성공
d. 생물권	4. 지구상에서 모든 생명을 유지하는 환경

답은 부록 C를 참조.

주된 주제 식별하기

아래의 각 문장에서 분명하게 드러난 주된 주제가 무엇인지(구조와 기능의 연관성, 정보의 흐름, 에너지와 물질의 변환경로, 생물계 내에서의 상호작용, 진화)를 식별하고, 그 내용이 그 주제와 어떻게 관련되는지를 설명하시오. 필요한 경우 주제들을 검토하고(1장 참조), 또 이 장에서 파란색 글자로 나타내어 강조한 예들을 검토해 보시오.

10. 초록바다거북과 인간 사이의 유전자를 비교함으로써, 그 유전자들이 어떻게 특정한 신체적 형질을 암호화하는지에 대한 통찰력을 얻을 수 있다.

11. 초록바다거북은 식물을 많이 먹지만, 먹이 한 입에서 얻는 영양분이 적어서 자주 풀을 뜯어야 한다.

12. 지구 기후가 변화함에 따라, 초록바다거북은 그들의 많은 행동 양식을 바꾼다.

답은 부록 C를 참조.

과학연구의 과정

13. 그림 1.20은 하나의 세균 개체군에서 항생제 내성이라는 형질에 대한 선택을 보여준다. 이 내성은 항생제를 중화시키거나 비활성화 시키는데 도움을 주는 유전자에 의한 것이며 내성 세균에 의해서만 운반된다고 가정하자. 만약 이 항생물질이 금지된다면 세균 개체군은 어떻게 될 것인가? 자연선택에 대한 다윈의 이론과 일치하는 가설을 개발시켜 보시오.

14. **자료 해석하기** 켐프의 리들리 바다거북(*Lepidocherlys kempii*)은 멸종위기에 처한 종이다. 이 그래프는 텍사스의 파드레 아일랜드 국립해안에서 발견된 켐프의 리들리 바다거북 둥지의 수를 수년의 기간에 걸쳐 보여준다. 그래프에 표시된 결과를 한 문장으로 요약해 써보시오.

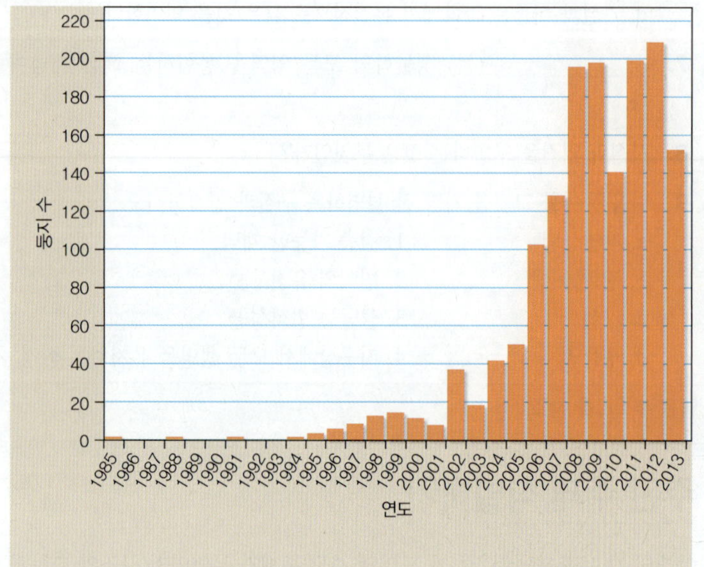

우리와 함께하는 생물학

15. 의약과 생활용품의 개발은 보통 생물의학이나 생화학 연구를 포함한다. 세 가지 약제와 세 가지 생활용품을 선택하고, 그림 1.2에 묘사된 것과 같이 이들 각각의 개발과정을 명료하게 해주는 가상의 흐름도를 작성해 보시오.

16. 식품 및 청소 제품의 용기에 "생물학적"(또는 "바이오")이라는 단어가 있는지 확인해 보시오. 상업용 제품에 대한 사용은 생물학의 과학적 정의와 어떤 관련이 있는가?

단원 1

세포

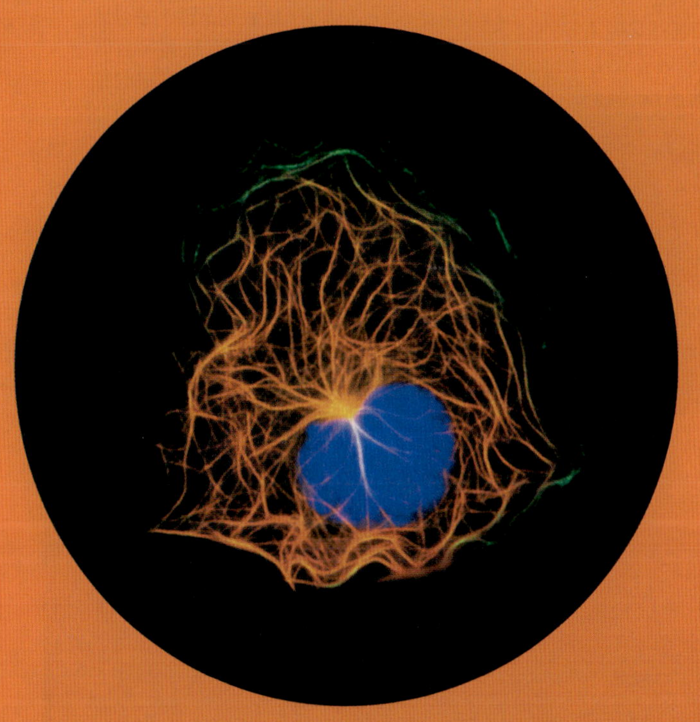

2장 생물학에 필요한 화학

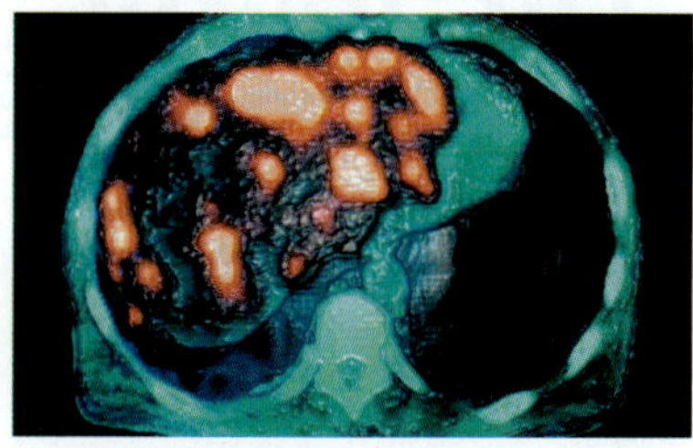

실마리
유용한 방사선

3장 생명의 분자

실마리
젖당과민성

4장 세포 여행

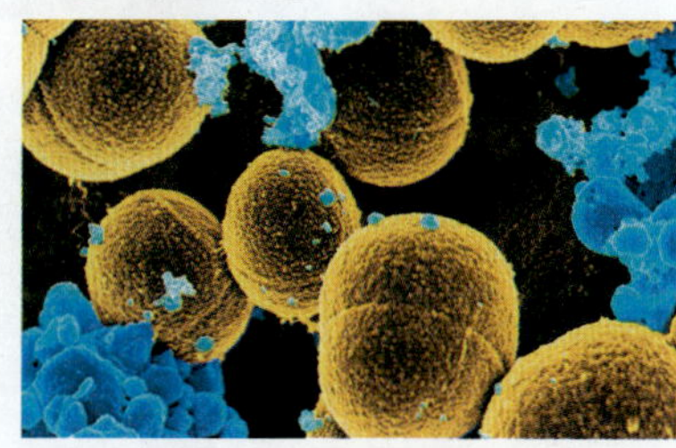

실마리
인간 대 세균

5장 일하는 세포

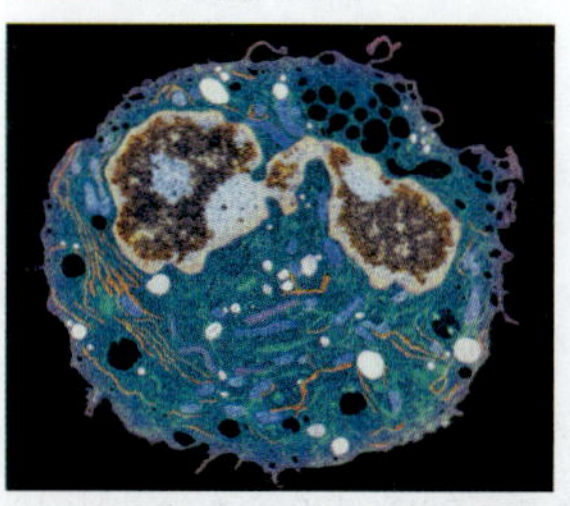

실마리
나노기술

6장 세포호흡: 식량에서 에너지 수확

실마리
운동과학

7장 광합성: 식량을 만들기 위해 빛을 이용

실마리
태양에너지

2 생물학에 필요한 화학

차례 내용

튀김에 소금을 넣었나요? 이 점을 고려해 보세요. 식탁용 소금은 폭발성 고체와 유독 가스의 조합으로 이루어져 있다.

먹는 것을 조심하세요! 음식에 포함된 원소 구리가 너무 적으면 뇌손상을 유발하는데, 또 너무 많아도 중요한 기관에 손상을 줄 수 있다.

화학이 왜 중요한가?

모든 생물계는 방대한 양의 화학물질이 모여 있는 것으로 볼 수 있다. 사실 여러분이 하는 모든 것, 즉 음식을 소화시키는 것, 근육을 움직이는 것, 심지어 생각하는 행위까지 이 모든 것이 신체 내에서 일어나는 수많은 화학반응의 결과이다. 따라서 생명을 이해하려면 기초 화학을 어느 정도 배워야할 필요가 있다.

보스턴에 있는 자동차에서 나오는 배기가스가 호주의 대보초에 있는 산호를 죽게 만드는 원인이 될 수 있다.

실마리

유용한 방사선

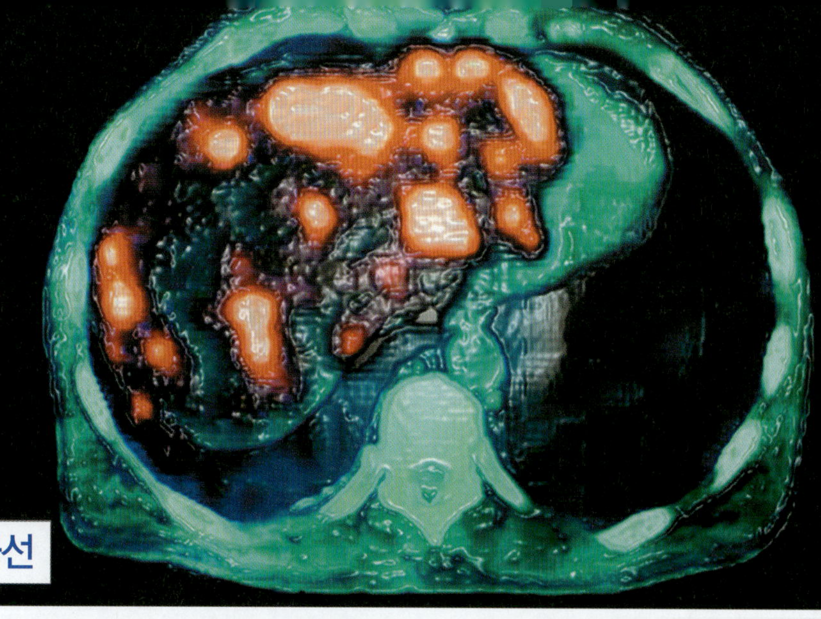

우리와 함께하는 생물학 유용한 방사선

방사능에 의한 영상. 사람 간의 PET 스캔에서 병든 조직의 영역이 밝게 표시되어 보인다.

핵의학

"방사능을 가진"이라는 말은 여러분의 마음에 경종을 울리기 시작할 것이다. "위험! 유해!" 방사능을 가진 물질에 의해 방출되는 고에너지 입자인 방사선은 살아 있는 조직을 투과해 DNA를 손상시켜 세포를 죽일 수 있다. 하지만 방사선은 예를 들면 암 치료를 도울 수 있듯이 또한 의학적으로 유익할 수 있다. 방사선이 해로운지 아니면 유익한지를 무엇이 결정하는가? 사람이 핵폭발이나 사고로 방사성 낙진에 노출될 때처럼, 전혀 노출이 통제되지 않고 몸 전체나 또는 대부분을 덮을 때 방사선은 가장 위험하다. 이와는 반대로 신중하게 제어된 방사선의 경우 오히려 도움이 될 수 있다.

아마도 통제 방사선의 가장 유익한 적용은 질병을 진단하고 치료하기 위해 방사성 물질을 사용하는 핵의학이다. 세포는 마치 정상적인 형태인 것처럼 방사성 원자를 사용한다. 세포가 방사성 원자를 흡수하면 그 방사능으로 인해 세포의 위치와 농도를 감지할 수 있다. 이것은 방사성 동위원소를 효과적인 추적자, 즉 생물학적 스파이로 유용하게 해준다. 예를 들면 PET 스캔이라는 의료진단 도구는 신체에 의도적으로 도입된 방사성 물질에서 방출되는 소량의 방사선을 감지하여 작동한다.

방사선 치료는 몸의 작은 부위에 정밀한 방사선 양으로 노출시킨다. 예를 들면 암을 치료할 때, 정밀하게 조정된 방사선 빔이 종양에서만 교차되도록 여러 각도에서 조사된다. 이것은 암세포에 대해서는 치사량이 되지만, 주변의 건강한 조직에 대해서는 문제가 되지 않게 해준다. 방사선 치료는 갑상선(목 부위에 위치) 항진으로 인한 다양한 신체적 증상을 보이는 질환인 그레이브스병을 치료하는 데 이용되기도 한다. 그레이브스병 환자들은 방사성 아이오딘(radioactive iodine)으로 치료될 수 있다. 갑상선은 아이오딘을 이용하는 다양한 호르몬을 생산하기 때문에, 방사성 아이오딘은 갑상선에 축척되는데, 그러면 거기서 이것은 시간이 지남에 따라 저용량의 방사선을 꾸준히 제공하여 증상을 감소되도록 갑상선 조직을 죽일 수 있게 된다.

무엇이 방사성을 있게 만드는가? 이 질문을 이해하기 위해, 모든 생물의 가장 기본적인 수준에 대해 생각해야 한다. 그것은 모든 물질을 구성하고 있는 원자이다. 왜 방사선은 세포에 유해한가 등과 같이 생명에 대한 많은 질문들은 방사선이 어떻게 살아 있는 조직 안에서 원자에 영향을 미치는지와 같은 화학물질과 그것들의 상호작용에 대한 질문으로 축소시킬 수 있다. 따라서 화학에 대한 지식은 생물학을 이해하는 데 필수적이다. 이 장에서 우리는 생명에 대한 연구 전체에 걸쳐 적용할 수 있는 기초 화학을 복습하게 될 것이다. 분자, 원자, 그리고 이것들의 구성요소를 가지고 시작할 것이다. 그다음에 생물의 가장 중요한 분자인 물과 지구상에서 생명을 유지하는데 결정적인 물의 역할을 논하게 될 것이다.

기초 화학

생물학 책에서 화학에 왜 한 장을 할애할까? 어떤 생물계를 분해해 본다면 결국 화학적 수준에 귀착하게 된다. 사실 우리의 몸은 일련의 연속적 화학반응을 수행하는 화학물질을 담고 있는 물로 채워진 하나의 큰 용기라고 생각할 수 있다. 이렇게 본다면 몸에서 일어나는 모든 화학반응의 총량인 물질대사는 움직이면서 화학적 파트너와 함께 끊임없이 원자를 바꾸어 가는 거대한 스퀘어 댄스와 같다. 이 기본적인 생물학적 수준에서부터 시작하여 생명의 화학에 대해 알아보자.

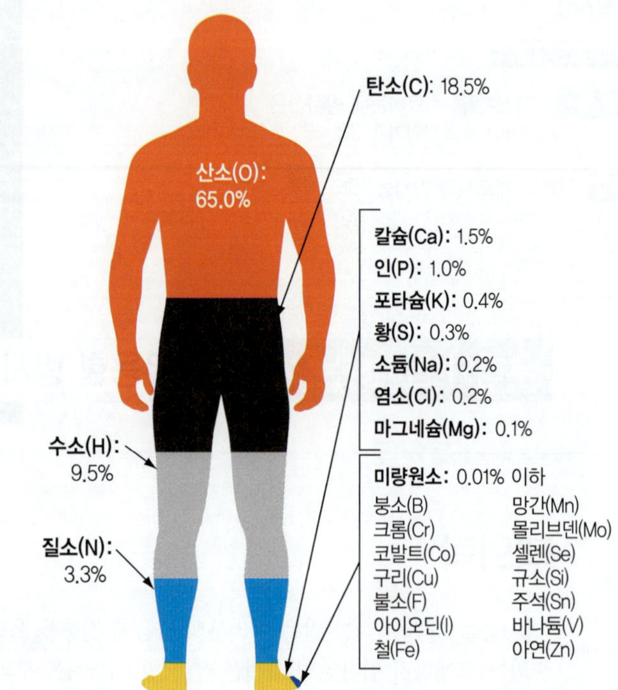

▲그림 2.2 **우리 몸의 화학적 조성.** 바로 이 4개의 원소가 우리 몸무게의 96%를 이루고 있다.

2.1 물질: 원소와 화합물

여러분과 여러분을 둘러싸고 있는 모든 것들은 우주의 물리적 "재료"인 물질로 만들어진다. 좀 더 명확히 정의하면 **물질(matter)**은 공간을 차지하고 질량을 가지는 어떤 것이다. 지구상의 물질은 고체와 액체와 기체의 세 가지의 물리적 상태로 발견된다. **질량(mass)**은 어떤 물체에 포함되어 있는 물질의 양이며, 측정될 수 있는 것이다. 모든 물질은 더 이상 다른 물질로 나누어질 수 없는 **원소(element)**로 구성되어 있다. 이것을 이렇게 생각해 보자. 여러분이 나무를 태우면, 재가 남는다. 그러나 재를 태우면, 더 많은 재를 얻을 뿐이다. 그것은 나무가 원소의 복잡한 혼합물이기 때문이다. 반면에 재는 더 이상 분해되지 않는 순수한 원소(탄소)로 이루어져 있다. 지구에는 자연적으로 존재하는 92종류의 원소가 있다. 탄소와 산소와 금이 그 예이다. 각 원소는 영어나 라틴어나 독일어로 된 이름의 첫 번째 글자나 첫 두 글자로 된 기호로 표시한다. 예를 들면 금의 기호인 Au는 이 원소의 라틴어인 *aurum*에서, 기호 O는 영어 *oxygen*에서 유래한 것이다. 자연적으로 생기는 원소 92개와 사람이 만든 수십 개의 원소를 포함한 모든 원소는 과학실험실 벽에 붙어 있는 **원소의 주기율표(periodic table of the elements)**(그림 2.1)에 잘 열거되어 있다(상세한 주기율표는 부록 B를 참조).

음식에 포함된 구리가 너무 적으면 뇌손상을 유발하는데, 또 너무 많아도 기관에 손상을 줄 수 있다.

자연적으로 생겨난 92개 원소 중 25개는 사람에게 필수적이다(다른 생물에서는 보다 적게 필요하다. 예를 들면 식물은 17개가 필요하다). 이들 중 산소(O)와 탄소(C)와 수소(H)와 질소(N) 등 네 원소는 인체뿐만 아니라 다른 대부분의 생물체 무게의 96% 정도를 차지한다(그림 2.2). 나머지 4%의 대부분은 7개의 원소들로 이루어져 있는데, 그 중 우리에게 친숙한 원소가 칼슘(Ca)과 인(P)이다. 뼈와 이를 강하게 만들어주는데 중요한 칼슘은 우유와 유제품과 정어리와 녹색 잎채소(예를 들면 케일과 브로콜리)에 풍부한 것으로 알려져 있다. DNA와 다른 중요한 생물분자의 요소인 인은 계란과 콩과 견과를 섭취함으로 써 얻을 수 있다.

사람 체중의 0.01% 이하가 14종의 미량원소로는 구성되어 있다. 구리나 아이오딘 같은 **미량원소(trace element)**는 매우 적은 양만 필요하나 없으면 생존할 수 없는 원소들이다. 보통 사람은 하루에 극미량의 아이오딘만을 필요로 한다. 아이오딘은 목에 있는 갑상선에서 만들어내는 호르몬의 필수성

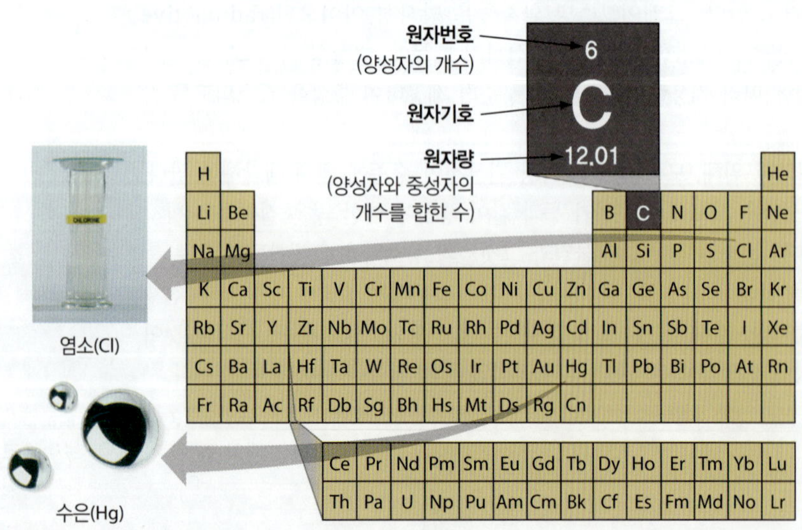

▲그림 2.1 **단축형 원소 주기율표.** 완전형 주기율표(부록 B 참조)에서, 각 칸의 중앙에는 원소 기호, 위에는 원자번호, 아래는 원자량이 표시되어 있다. 여기서 예를 든 원소는 탄소(C)이다.

▼그림 2.3 **음식과 갑상선종.** 미량원소인 아이오딘이 풍부한 음식을 섭취하면 갑상선이 커지는 갑상선종을 예방할 수 있다.

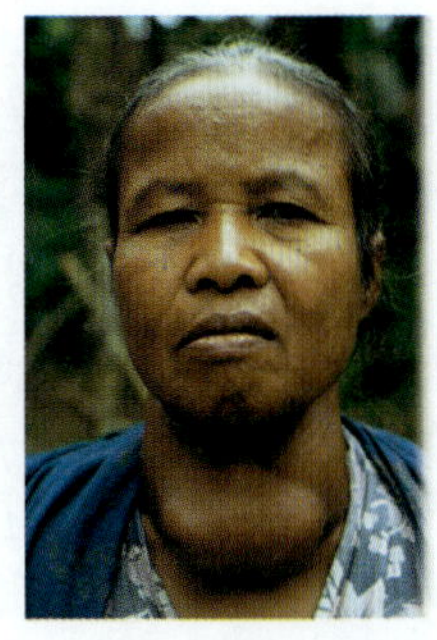

분이다. 아이오딘이 결핍되면 갑상선이 커지는 갑상선종으로 발전하게 된다. 아이오딘이 풍부한 식품은 녹색 야채, 계란, 해초, 유제품 등이 있다. 식탁용 소금에 아이오딘을 첨가하여(아이오딘 첨가 소금) 많은 나라에서 갑상선종은 거의 사라지게 되었다. 불행하게도 개발도상국에서는 아직까지 많은 사람들이 갑상선종에 걸린다(그림 2.3). 또 다른 미량원소가 불화물의 불소이다. 이 원소는 치과용품과 음료수에 첨가되어 건강한 뼈와 치아를 유지하게 한다. 많은 주식(밀가루 같은)과 가공식품들은 미량 미네랄 원소들이 첨가된 것이다. 시리얼 상자의 옆면을 보자. 그러면 표에 기재된 철(iron)을 볼 수 있을 것이다. 만일 여러분이 시리얼을 으깨서 그것을 자석으로 잘 휘저으면, 실제로 철을 볼 수 있다. 이 첨가물에 대해 감사해 하자. 이것은 미국인들에게 가장 흔한 영양결핍의 하나인 철 결핍으로 인한 빈혈을 방지해 준다. 그러나 과량의 미량원소 섭취도 문제가 될 수 있다. 예를 들면 유아와 노인이 철분을 너무 많이 섭취하면 철분 과부하로 인해 아플 수 있다.

식탁용 소금은 폭발성 고체와 유독 가스의 조합으로 이루어져 있다.

원소가 고정된 비율로 조합되어 둘 이상의 상이한 원소를 함유하는 **화합물(compound)**을 형성할 수 있다. 일상생활에서 화합물은 순수한 원소보다 훨씬 더 흔하다. 식탁용 소금과 물이 화합물의 친숙한 예가 된다. 식탁용 소금은 두 원소 소듐(Na)과 염소(Cl)가 같은 비율로 구성된 염화소듐(NaCl)이다. 식염은 생물계 내에서의 상호작용으로 인해 생겨난 창발적 특성의 좋은 예가 된다. (맛있는 소금과 같은) 화합물은 이들의 원소들(폭발성 고체와 독성 가스)과는 전혀 다른 특성을 가질 수 있다. 물분자인 H_2O는 2개의 수소원자와 1개의 산소원자를 가지고 있다. 살아 있는 생물 속에 있는 대부분의 화합물은 여러 가지 다른 원소들을 가지고 있다. 예를 들면 DNA는 탄소, 질소, 산소, 수소, 인을 함유하고 있다. ✓

✓ 체크포인트

얼마나 많은 자연의 원소들이 사람의 몸에 이용되는가? 살아 있는 세포에 가장 많은 원소 4가지는 어떤 것인가?

답: 25; 산소, 탄소, 수소, 질소

2.2 원자

각 원소는 한 종류의 원자로 구성되어 있으며, 어떤 원소의 원자는 다른 원소의 원자와는 다르다. **원자(atom)**는 그 원소의 성질을 여전히 지니고 있는 가장 작은 단위의 물질이다. 달리 말하면 원소 탄소의 최소량은 하나의 탄소원자이다. 이 탄소 "조각"은 얼마나 작을까? 이 문장의 끝에 있는 구두점의 직경을 채우기 위해서는 탄소원자 수백만 개가 필요하다.

원자의 구조

원자들은 아원자 입자로 구성되어 있는데, 그 중 가장 중요한 것이 바로 양성자, 전자, 중성자 등 세 개이다. **양성자(proton)**는 단일 양전하(+)를 가진 아원자 입자이다. **전자(electron)**는 단일 음전하(−)를 가진 아원자 입자이다. **중성자(neutron)**는 전하를 갖고 있지 않아 전기적으로 중성이다.

그림 2.4는 풍선에 사용하는 공기보다 가벼운 원소인 헬륨(He)의 원자에 대한 간단한 모델을 보여주고 있다. 헬륨원자는 원자의 중심인 **핵(nucleus)** 안에 단단히 채워진 2개의 중성자(●)와 2개의 양성자(⊕)를 가지고 있다. 2개의 전자(⊖)는 핵 주위를 구형의 구름 안에서 거의 빛의 속도로 빠르게 움직이고 있다. 음으로 전하된 전자구름은 핵보다 훨씬 크다. 원자가 야구장 크기라면 핵은 투수 마운드에 있는 완두콩 정도의 크기가 되며 전자들은 외야석 주위를 날아다니는 2마리의 작은 벌레라고 할 수 있다. 한 원자가 같은 수의 양성자와 전자를 가지고 있을 때, 순전하량은 0이 되며, 따라서 원자는 중성이다.

특정 원소를 갖는 모든 원자들은 동일한 고유 번호의 양성자들을 갖는다. 이 숫자가 원소의 **원자번호(atomic number)**이다. 따라서 헬륨은 항상 2개의 양성자만 가지므로 원자번호는 2이다. 어떤 다른 원소도 2개의 양성자를 갖지 않는다. 원소의 주기율표(부록 B)에는 원소가 원자번호대로 나열되어 있다. 원소들에 있어서 원자번호는 또한 전자의 수를 나타내기도 한다. 어떤 원소의 표준 원자는 동일한 양성자와 전자의 수를 가지고 있으며, 그것의 순전하량은 0이다. 원자의 **질량수(mass number)**는 양성자와 중성자의 수를 합한 것이다. 헬륨의 경우 원자량은 4이다. 양성자와 중성자는 거의 같은 질량을 가지고 있으며, 달톤(dalton)이라는 측정단위로 나타낸다. 양성자와 중

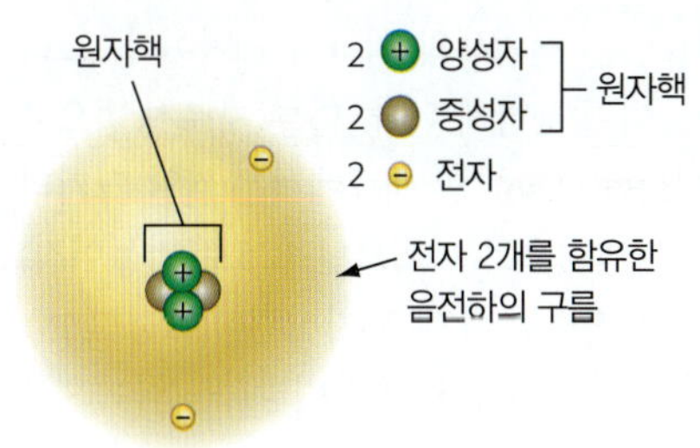

◄그림 2.4 **단순화된 헬륨원자의 모델.** 이 모델은 헬륨원자 내의 아원자 입자를 보여주고 있다. 전자들은 매우 빨리 움직이면서 양성으로 하전된 핵을 둘러싼 음성 전하의 구형 구름을 만들어 낸다.

성자 각각은 1달톤에 가까운 질량을 가지고 있다. 전자는 0에 가까운 매우 작은 질량(양성자의 1/2,000)을 가지고 있다. 주기율표의 아래에 숫자로 나타낸 (원소기호 아래) 한 원자의 **원자량(atomic mass)**은 양성자와 중성자의 합인 그것의 질량수와 가깝지만, 약간 다른 이유는 그것이 자연적으로 생기는 그런 원소의 모든 형태들의 평균을 나타내기 때문이다.

동위원소

한 원소의 모든 원자는 동일한 원자번호(양성자의 수)를 갖지만, 원소의 일부 원자는 질량수(양성자 + 중성자)가 다를 수 있다. 한 원소의 서로 다른 **동위원소(isotope)**는 같은 개수의 양성자를 가지며 화학반응에서 동일하게 작동하지만 중성자의 개수는 서로 다르다. 6개의 중성자와 6개의 양성자로 된 탄소-12(이 이름은 원자량 12에서 온 것임)는 자연에 존재하는 탄소의 약 99%를 차지한다. 나머지 1%의 대부분은 7개의 중성자와 6개의 양성자를 가진 탄소-13이며, 세 번째 동위원소인 탄소-14는 8개의 중성자와 6개의 양성자로 되어 있으며 이 양은 매우 적다. 세 종류의 탄소 동위원소 모두 6개의 양성자를 가지고 있음을 주목하자. 만약 그렇지 않으면 이들은 탄소가 아닐 것이다. 탄소-12와 탄소-13은 안정된 동위원소인데, 이것들의 핵은 거의 영원히 그 상태로 존재한다. 반면에 탄소-14는 방사능을 가지고 있다. **방사성 동위원소(radioactive isotope)**는 핵이 자연적으로 붕괴하는 것 중의 하나이며, 입자와 에너지(방사선)를 방출한다.

방사성 원자에 의해 방출된 입자와 에너지는 분자, 그중에서도 특히 DNA를 손상시킬 수 있기 때문에 높은 수준의 방사선에 통제되지 않은 상태로 노출되면 치명적일 수 있다. 따라서 동위원소가 붕괴될 때 나오는 방사선은 건강에 심각한 위험을 줄 수 있다. 1986년에 우크라이나 체르노빌에서 핵반응기의 폭발로 인해 상당량의 방사성 동위원소가 방출된 지 채 몇 주도 안 되어 30명이나 사망하였고, 인근 지역의 수백만 명이 암 발병 위험에 노출되었다. 실제로 약 6,000명의 갑상선암 환자가 발생하였다. 2011년 쓰나미 후에 일어난 일본 후쿠시마 원전사고는 방사선 노출로 인한 즉각적인 사망자가 발생하지 않았지만, 과학자들은 장기적인 건강 결과들을 관찰하기 위해 그 지역에 사는 사람들을 주의 깊게 감시하고 있다.

비록 통제되지 않을 때 방사성 동위원소들은 해가 되지만, 이들은 생물학 연구와 의학에서 많이 이용되고 있다. 『우리와 함께하는 생물학』에서는 일반적으로 방사선이 질병의 진단과 치료에 어떻게 이용되는지 이미 논의한 바 있다. 『과학연구의 과정』에서는 방사선의 특정 의학적 적용, 즉 전립샘암 치료에 대해 살펴볼 것이다. ✓

✓ 체크포인트

정의에 따르면, 탄소의 모든 원자들은 정확하게 6개의 ______를 가지고 있으나, ______의 수는 하나의 동위원소에서부터 다양하다.

답: 양성자; 중성자

과학연구의 과정 유용한 방사선

전립샘암을 치료하는데 방사선은 얼마나 효과적인가?

배경

전립샘은 남성의 생식기관 안에 있는 샘으로 사정 중에 정자에 액체를 추가한다. 미국 남성 중 전립샘암은 폐암에 이어 가장 빈번하게 진단되는 암(2017년에 160,000건이 넘는 새로운 사례)이며, 암 사망의 두 번째 주요 원인(2017년에 27,000명)이기도 하다.

방법

전립샘암의 가장 효과적인 치료법은 전립샘의 외과적 제거이다. 그러나 제거하게 되면 심각한 부작용이 발생하게 된다. 다른 치료 방법으로는 방사성 알갱이 이식요법이다(그림 2.5a). 이 치료에서는 쌀알 크기의 작은 조각의 방사성 금속(가장 일반적으로 아이오딘-125로 만들어짐) 수십 개를 주사 바늘을 사용하여 전립샘 내에 위치시킨다(그림 2.5b). 사용된 동위원소는 몇 개월 또는 몇 년 안에 안전한 비방사성 금속으로 분해된다. 의사는 복용량을 신중하게 조절함으로써 주변의 건강한 조직에 해를 끼치지 않으면서 종양을 없애거나 늦추려고 시도한다.

결과

방사성 알갱이 이식요법은 효과적인가? 2014년에 발표된 연구에 따르면 전립샘암에 걸린 영국 남성 1,000명 이상이 아이오딘-125 알갱이 이식요법에 참여했다. 이들 알갱이를 각 종양 부위의 내부와 주위에 위치시켰다. 5년 후 환자의 94%가 암 증상이 없어졌다. 이 수치는 인상적이지만 이러한 이식 없이도 비슷한 수의 남성이 회복되었는지 어떻게 알 수 있는가? 의료 연구시험에서는 가능하면 항상 통제그룹이 포함된다. 그러나 방사성 알갱이 이식을 받은 환자와 함께 동시에 비방사성 알갱이로 구성된 위약을 받은 환자를 대상으로 한 연구는 없었는데, 그 이유는 암환자의 치료를 보류하는 것이 비윤리적이기 때문이었다.

그럼에도 불구하고 수술이나 외부 방사선 치료요법과 같이 다른 방법을 사용한 다른 연구와 비교해 볼 수 있다(그림 2.5c). 그러나 이러한 비교는 환자 그룹이 모든 특성에 대해 통제되는 것은 아니기 때문에 문제가 된다. 따라서 방사성 알갱이 주입의 효과를 연구하는 경우에는 사람이 관련되어 있어서 연구자가 때로는 적절히 통제된 실험을 수행할 수 없음을 보여주고 있다.

▼그림 2.5 방사선으로 전립샘암의 치료.

과학자처럼 생각하기

쥐에서 방사성 알갱이 이식에 대한 연구는 인간에 대한 연구와 어떻게 다를 수 있는가?

답은 부록 C를 참조.

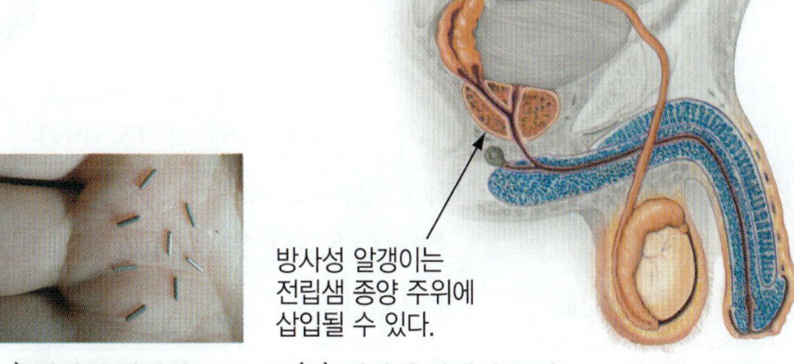

(a) 방사성 알갱이 (b) 방사성 알갱이 주입

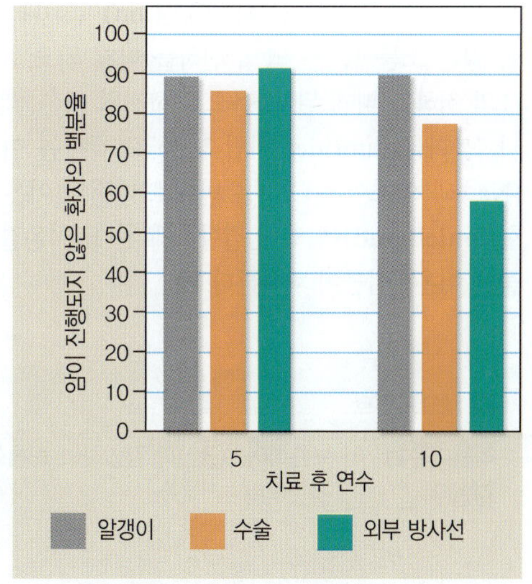

(c) 세 가지 유형의 전립샘 치료 결과의 비교

2.3 화학결합과 분자

우리가 논한 아원자 입자(양성자, 중성자, 전자) 중에서, 전자만이 직접적으로 화학반응에 관여한다. 원자에서 전자의 수가 원자의 화학적 특성을 결정한다. 화학적 반응은 원자로 하여금 전자를 옮기거나 공유할 수 있게 한다. 이런 상호작용은 통상 **화학결합(chemical bond)**이라 불리는 인력에 의해 원자들을 서로 가까이 있게 만든다. 이 절에서는 세 종류의 화학결합인 이온결합, 공유결합, 수소결합에 대해 논의할 것이다.

이온결합

식탁용 소금은 전자의 이동이 원자들을 어떻게 서로 결합시킬 수 있는지 보여주는 한 예이다. 이미 배운바와 같이 식탁용 소금의 두 성분은 소듐(Na)과 염소(Cl)이다. 염소원자와 소듐원자가 서로 가까이 있게 되면 염소원자가 소듐원자로부터 전자 하나 빼앗는다. 이와 같은 전자 이동의 결과 두 원자 모두 최외각이 전자로 꽉 차게 된다(그림 2.6). 이런 전자가 이동하기 전, 이 두 원자는 모두 전기적으로 중성이다. 전자는 음전하 입자이므로, 전자이동은 한 단위의 음전하를 소듐으로부터

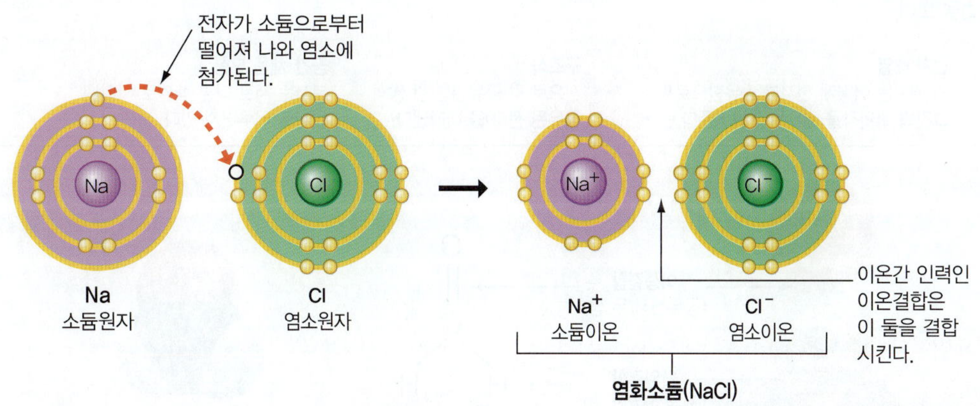

▲그림 2.6 **전자 이동과 이온결합.** 소듐원자와 염소원자가 만나면, 두 원자 사이의 전자 이동이 반대 전하를 갖는 두 이온 사이에 생긴다.

염소로 옮겨가는 것이다. 이제 두 원자는 전자를 얻거나 잃어서 전기적으로 대전된 원자를 일컫는 **이온(ion)**이 된다. 이 경우에서 전자 하나를 잃은 소듐이온은 +1의 전하를 띠게 되고, 전자를 얻은 염소이온은 -1의 전하를 띠게 된다. 음으로 하전된 이온들은 "염화물(chloride)"이나 "불화물(fluoride)"처럼 "-ide"로 끝나는 이름을 갖는다. 소듐이온(Na^+)과 염소이온(Cl^-)은 반대로 대전된 이온 사이의 인력인 **이온결합(ionic bond)**에 의해 결합하게 된다. 이온결합에 의해 결합된 화합물은 이온화합물이라 부른다. ✓

✓ 체크포인트

리튬이온(Li^+)이 브롬화이온(Br^-)과 결합하여 브롬화리튬을 형성할 때, 이 결합은 ______ 결합이다.

답: 이온

공유결합

이온결합이 생기게 해주는 전자의 완전한 이동과는 달리, **공유결합(covalent bond)**은 두 원자가 최외각 전자를 한 쌍 이상 공유할 때 형성된다. 우리가 논의했던 결합 중에서, 공유결합이 가장 강하다. 원자는 공유결합에 의해 결합되어 **분자(molecule)**를 이루게 된다. 예를 들면 그림 2.7에서 포름알데히드(CH_2O; 일반적인 소독약과 방부제) 한 분자에서 2개의 수소원자 각각은 탄소와 전자 1쌍을 공유한다. 산소원자는 탄소와 2쌍의 전자를 공유한다. 수소(H)의 각 원자는 1개의 공유결합을 형성할 수 있으며, 산소(O)는 2개, 탄소(C)는 4개의 공유결합을 형성할 수 있다.

수소결합

물(H_2O) 한 분자는 단일 공유결합에 의해 1개의 산소원자에 결합된 2개의 수소원자로 구성되어 있다. 공-막대 그림에서 원자들 사이의 공유결합은 "막대기"로, 원자들은 "공"으로 나타낸다.

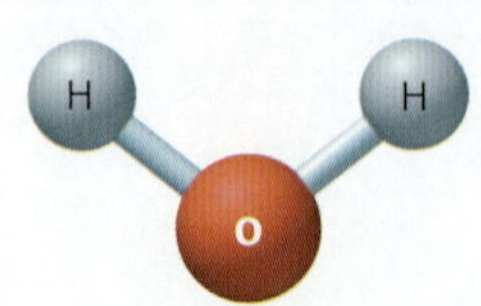

그러나 공유결합에 참여한 전자는 산소와 수소에 의해 공평하게 공유되지 않는다. 다음 공간-채움 모델 그림에서, 2개의 노란 화살표는 산소가 수소보다 훨씬 더 강하게 공유결합의 전자를 끌어당기고 있음을 나타낸다.

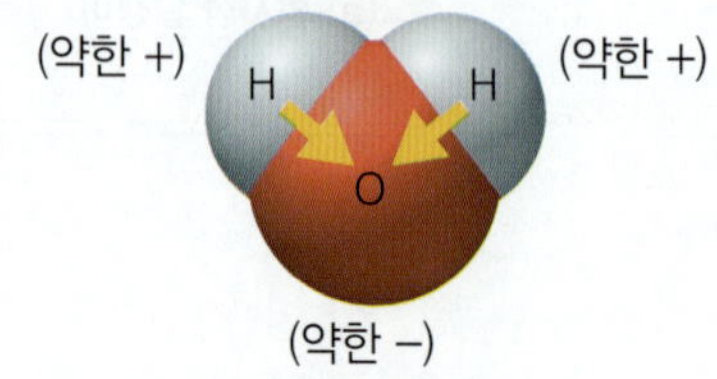

이렇게 V자 모양으로 결합된 물분자에서 음전하 전자들의 불균등한 공유로 인해 물분자는 극성을 띠게 된다. **극성분자(polar molecule)**는 양쪽 끝 쪽에 반대 전하를 띤다. 물의 경우에 분자의 산소 쪽 끝은 약한 음전하를 띠는 반면, 두 수소원자 쪽은 약한 양전하를 띠게 된다.

물의 극성은 이웃 물분자들 사이에 약한 전기적 인력을 발생시킨다. 반대의 전하는 서로 끌어당기기 때문에, 물분자들은 물 한 분자의 수소

▼그림 2.7 **분자를 나타내는 여러 가지 방법.** CH_2O(포름알데히드)와 같은 분자식은 한 분자 내에 있는 각 종류의 원자의 개수는 알려주지만 원자들이 어떤 식으로 서로 결합되어 있는지는 보여주지 않는다. 이 그림은 분자에서 원자들의 배열을 나타내는 일반적인 네 가지 방법을 보여준다.

이름(분자식)	전자 배열	구조식	공간-채움 모형	공-막대 모형
	각 원자는 어떻게 전자를 공유함으로써 그것의 최외각을 채우는지 보여준다.	선으로 각 공유결합(한 쌍의 공유된 전자)을 나타낸다.	분자는 서로 다른 색깔로 나타낸 원자로 이루어져 있다.	공으로 원자를, 막대로 결합을 나타낸다.

포름알데히드(CH_2O)

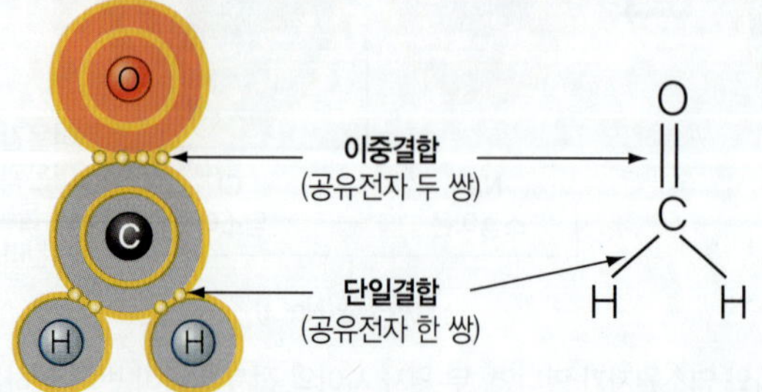

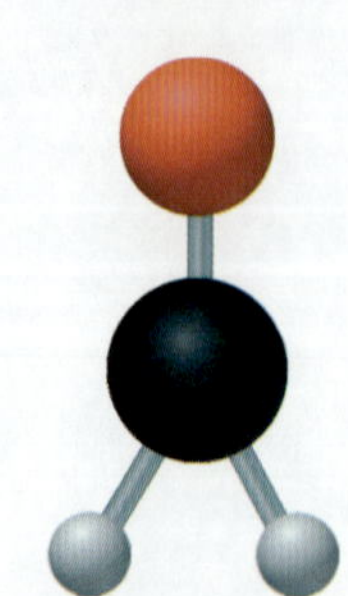

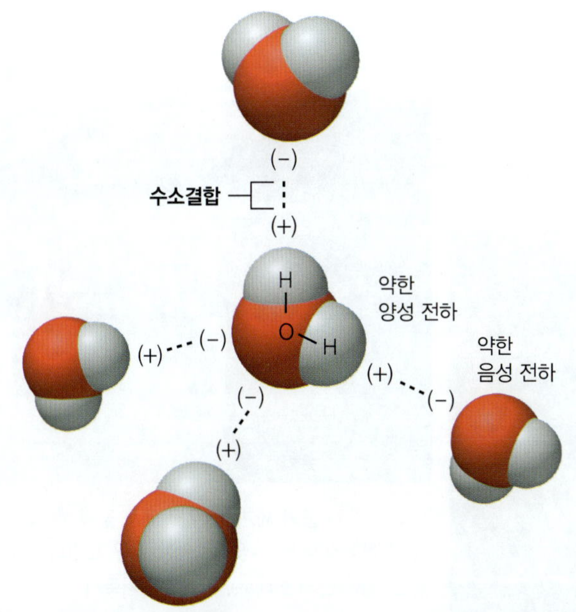

▲그림 2.8 **물에서의 수소결합.** 극성인 물분자의 전하를 띤 부분은 인접 분자의 반대의 전하를 띤 부분을 끌어당긴다. 각 분자는 최대 4분자와 수소결합을 할 수 있다.

원자가 이웃 물분자의 산소원자 가까이 방향을 잡는 경향이 있다. 이러한 약한 인력을 **수소결합(hydrogen bond)**이라 한다(그림 2.8). 이 장의 뒷부분에서는 수소결합을 형성하는 물의 능력은 지구상에 사는 생물에 많은 결정적인 영향을 끼치고 있음을 알게 될 것이다. 또한 다음 장에서 배우겠지만 DNA 분자는 수소결합에 의해 함께 유지되며, 이는 살아 있는 시스템 내에서 정보의 흐름에 중요한 역할을 한다.

2.4 화학반응

생물의 화학은 역동적이다. 세포들은 "화학적 스퀘어 댄스"를 추듯 이미 존재하고 있는 화학결합을 끊고 새로운 결합을 형성하면서 끊임없이 분자들을 재배열시킨다. 물질의 화학적 조성의 변화를 **화학반응(chemical reaction)**이라고 한다. 생물학의 모든 측면을 하나로 묶는 주요 주제 중 하나인 물질의 전환은 여러분을 살아 있게 하는 수많은 화학반응에서 볼 수 있다.

화학반응의 한 예로 베인 상처를 소독하는 일반적인 소독약인 과산화수소의 분해를 들 수 있다.

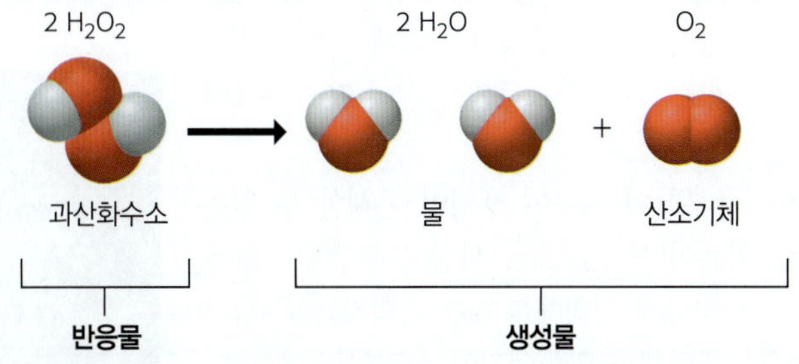

화학적인 표현을 문장으로 한번 번역해 보자. 두 분자의 과산화수소($2\ H_2O_2$)는 반응하여 물 2분자($2\ H_2O$)와 산소 1분자(O_2; 과산화수소는 혈액과 상호작용할 때 발생하는 거품의 원인이 된다)를 형성한다. 이 화학식의 화살표는 시작 물질인 **반응물(reactant)**[$2H_2O_2$]이 **생성물(product)**[$2H_2O$와 O_2]로 전환됨을 의미한다.

수소와 산소원자는 원래와 다르게 재배열되어 있을 뿐 반응물(화살표의 왼쪽으로)과 생성물(오른쪽으로)에서 원자의 수는 변하지 않음을 주목하자. 화학반응은 물질 자체를 만들거나 파괴할 수는 없고 단지 재배열시킬 뿐이다. 이들 재배열은 반응물의 화학결합을 끊고 생성물에 새로운 화학결합의 형성이 뒤따른다.

화학반응의 생성물로서 물분자에 대한 논의는 기초화학에 대한 이 절의 좋은 결론이 된다. 물은 생물학에서 아주 중요한 물질이다. 따라서 이제부터 다음 절에서 생명을 지탱케 하는 이것의 특성에 대해 보다 상세히 살펴볼 것이다. ☑

☑ 체크포인트

한 분자의 삼산화황(SO_3)이 물 한 분자와 결합하여 어떤 생성물의 단일 분자를 만들 때, 그 화합물의 분자식을 예측하시오. (힌트: 화학반응에서 어떤 원자도 얻거나 잃지 않았다.)

답: H_2SO_4 (산성비의 한 성분이다)

물과 생명

지구상의 생명은 물에서 시작되었고, 육지로 퍼지기 전 30억 년 동안 진화해 왔다. 육지에 서식하는 현재의 생명도 여전히 물에 의존하고 있다. 체내의 세포들은 대부분 물로 구성된 체액에 의해 둘러싸여 있고, 세포 그 자체도 물의 함량이 70~95%에 이른다.

물의 풍부함이 지구에 생명이 존재할 수 있는 중요한 이유이다(그림 2.9). 사실 우주생물학자(우주의 다른 곳에서 생명체를 찾는 과학자)들은 다른 행성에서 생명체가 만들어지고 유지하는 데 물이 필수적이라고 생각한다. 화성탐사선의 주요 임무 중 하나는 액체 상태의 물을 찾는 것이다. 얼음이 풍부하고 과거에 액체 상태의 물이 표면에 흘렀다는 증거가 있다.

▲그림 2.9 **물의 세계.** 이 사진에서 물의 세 종류의 물리적 상태를 각각 볼 수 있다: 액체(지구 표면의 3/4을 덮고 있는), 얼음(눈의 형태로), 기체(수증기로서).

2.5 물

지구상의 모든 생물이 의존하는 물의 고유한 특성은 생물학의 가장 중요한 예이며, 모든 것에 앞서는 주제 중 하나이다. **극성과 이로 인한 수소결합을 하게되는 물분자의 구조(그림 2.8 참조)는 생명을 유지하게 해주는 물의 기능에 대해 가장 잘 설명해 준다.** 우리는 그 4가지 특성을 여기에서 알아볼 것이다. 물의 응집 특성, 온도를 조정하는 물의 능력, 얼음 부유의 생물학적 중요성, 그리고 용매로서의 물의 다능성 등이다. 실제로 우주생물학자(우주 다른 곳에서 생명을 찾는 과학자들)는 다른 행성에서 생명을 확립하고 유지하는데 필수적인 물을 고려한다. 화성탐사선의 주요 임무 중 하나는 액체인 물과 얼음이 풍부한지 또 과거에 액체 물이 지표면에 흐르고 있었다는 증거를 찾는 것이다.

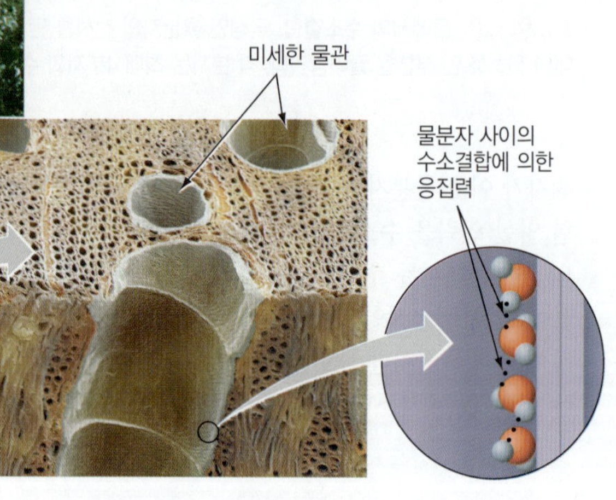

▲그림 2.10 **식물에서의 응집력과 물의 수송.** 잎에서 물의 증발은 뿌리에서부터 나무줄기의 미세소관을 통하여 위로 물을 끌어올린다. 물의 응집력 때문에 끌어당기는 힘은 관을 통하여 멀리 아래로 뿌리까지 전달된다. 그 결과 물은 중력의 힘에 반해 위로 올라간다.

▼그림 2.11 **물 위를 걷는 뗏목거미.** 물분자 사이에 누적되는 수소결합의 힘이 이 거미가 물 표면을 깨뜨리지 않고 물 위를 걸을 수 있게 한다.

물의 응집력

물분자는 수소결합의 결과로 서로 달라붙는다. 물 한 방울 안에서, 액체 상태의 물분자 사이의 수소결합은 불과 1초의 수조 분의 1초 정도만 지속되나, 특정 순간마다 수많은 분자들이 다른 분자와 수소결합 상태로 존재한다. 분자가 같은 분자끼리 서로 달라붙는 이런 성향을 **응집력(cohesion)**이라 하는데, 다른 액체에 비해 물이 훨씬 더 강하다. 물의 응집력은 생물계에서 매우 중요하다. 예를 들면 나무는 뿌리로부터 잎으로 물을 전송하기 위해 이 응집력에 의존한다(그림 2.10).

표면장력은 응집력과 관련되어 있는데, 이것은 액체의 표면을 늘리거나 파괴시키는 어려움이 어느 정도인지를 나타낸 측정값이다. 수소결합으로 인해 물은 매우 높은 표면장력을 가지게 되고, 따라서 물 표면이 마치 눈에 보이지 않는 막으로 덮여져 있는 것처럼 작용하게 만든다(그림 2.11). 다른 액체는 훨씬 약한 표면장력을 갖는다. 예를 들면 곤충은 휘발유가 담긴 컵 표면을 걸을 수 없는데, 이것이 바로 정원사가 때때로 꽃 덤불에서 떨어져 나온 벌레를 빠뜨리기 위해 휘발유를 사용하는 이유이다.

어떻게 물이 온도를 조정하는가?

물이 끓기를 기다리다가 금속성 주전자에 손을 데인 경험을 통해, 물이 금속보다 더디게 데워진다는 것을 배웠을 것이다. 실제로 수소결합 때문에, 물은 대부분의 다른 물질들보다 온도 변화에 대해 강한 저항성을 가지고 있다.

물이 가열될 때 열에너지는 먼저 수소결합을 끊어버리고, 그 다음 물분자가 더 빨리 움직이도록 만든다. 물의 온도는 물분자가 더 빨리 움직이기 시작하기 전까지는 올라가지 않는다. 열은 처음에 온도를 올리기보다는 수소결합을 끊는데 사용되기 때문에, 온도가 단지 몇 도 정도 올라가는 동안 물은 이미 막대한 양의 열을 흡수하고 저장한다. 역으로 차가울 때 물은 열을 발산하는 과정인 수소결합을 형성한다. 따라서 물이 상대적으로 많은 양의 열을 주위에 방출하더라도 물의 온도는 조금밖에 떨어지지 않는다.

지구의 엄청난 양의 물(대양, 바다, 호수, 강)은 따뜻한 기간 동안 태양으로부터 막대한 양의 열을 저장하고, 추운 기간 동안에는 반대로 열을 발산하여 공기를 덥혀 주어 생명이 살 수 있는 온도로 유지시켜 준다. 일반적으로 해안지역이 내륙지역보다 온화한 기후를 가지는 것은 이러한 이유 때문이다. 또한 물의 온도변화에 대한 저항성은 대양의 온도를 안정화시켜 바다 생물에 유리한 환경을 조성한다. 해변의 수온은 기온보다 훨씬 덜 변한다.

물이 온도를 조정하는 또 다른 방법은 **증발냉각(evaporative cooling)**에 의한 것이다. 어떤 물질이 증발할 때(액체에서 기체로 변화한다), 남아 있는 액체의 표면은 냉각된다. 이러한 증발냉각은 가장 큰 에너지를 가진 분자(가장 "뜨거운" 것들)가 먼저 증발하는 경향 때문에 일어난다. 이렇게 생각해 보자. 육상 팀의 가장 빠른 다섯 명의 선수가 학교를 그만두면, 남은 팀의 평균 기록이 떨어지는 이치와 같다. 지구의 관점으로 보면 표면에서의 물의 증발은 열대의 바다를 냉각시킨다. 증발냉각은 육지에 서식 하는 생물의 체온이 과열되는 것을 막아준다. 그것이 더운 날 운동할 때 땀을 흘림으로써 체온을 일정하게 유지해주는 이유이다(그림 2.12). "문제는 열이 아니라 습도이다"라는 표현은 공기가 이미 수증기로 포화되면 땀이 느리게 증발하여 냉각효과가 억제된다는 사실에 연유한다.

▲그림 2.12 증발냉각 메커니즘으로서의 땀 흘림.

얼음 부유의 생물학적 중요성

대부분의 액체가 냉각되면 분자들은 서로 가까워진다. 온도가 충분히 냉각되면 액체는 얼게 되고 결국 고체가 된다. 그러나 물은 다르게 행동한다. 물분자가 충분히 냉각되면 물분자들은 서로 떨어지게 되고 이웃과 "아주 가까운 거리"에 머물면서 얼음을 형성하게 된다. 얼음 한 조각은 같은 부피의 액체상태의 물보다 분자 개수가 적다. 따라서 얼음은 주위를 둘러싼 액체상태의 물보다 밀도가 낮기 때문에 물에 뜨게 된다. 물이 생명을 지탱케 하는 다른 특성처럼 얼음이 뜨는 성질도 수소결합의 결과이다. 액체상태의 물에서 수소결합이 짧게 지속하는 데 비해 고체상태의 얼음에서 수소결합은 각 분자가 4개의 이웃 분자와 수소결합을 한 상태를 오래 지속한다. 그 결과 얼음은 내부공간이 널찍한 상태의 결정체가 된다(그림 2.13).

어떻게 떠 있는 얼음이 지구상의 생물을 지탱하는 데 도움이 될까? 물의 깊은 곳이 냉각되고 한 층의 얼음이 위에 형성되면, 떠 있는 얼음은 액체 상태의 물 위에서 보온하는 "담요"로서 작용하여, 생물이 동결 표면 아래서 생존하도록 해준다. 그러나 만일 얼음이 물보다 밀도가 높다면, 어떤 일이 일어날지 상상해 보자. 얼음은 겨울 내내 가라앉아 있을 것이다. 모든 연못과 호수, 심지어 대양까지도 얼음의 위층에 대한 단열 장치 없는 고체를 결국은 동결시킬 것이다. 그리고 여름 동안에는 대양 위쪽의 일부만 녹을 것이다. 그러한 조건 아래서 생물이 살아남기는 어렵다.

▲그림 2.13 **왜 얼음은 뜨는가?** 얼음 결정 안에 듬성듬성 배열된 분자와 액체상태의 물 안에 꽉 채워진 분자들과 비교해 보자. 낮은 밀도의 얼음은 보다 높은 밀도를 갖는 물 위에 뜨게 된다.

생명의 용매인 물

커피에 설탕이나 수프에 소금을 첨가해 저으면, 물에 설탕이나 소금이 녹는다는 것을 알 수 있다. 이처럼 두 가지 이상의 물질이 균질한 혼합물로 이루어진 액체인 **용액(solution)**을 만들게 된다. 이때 녹이는 물질은 **용매(solvent)**라 하고 녹는 물질은 **용질(solute)**이라 한다. 용매가 물일 때 만들어진 그 용액을 **수용액(aqueous solution)**이라고 한다. 생물의 체액은 수용액이다. 예를 들면 나무의 수액은 물에 당과 미네랄이 녹아 있는 수용액이다.

물은 생물에 필요한 수많은 종류의 용질을 녹이는데, 용매로서의 물은 화학반응의 매질이기도 하다. 모든 세포의 내부와 혈액과 식물 수액에서의 용매는 물이다. 예를 들면 그림 2.14에서 보듯이 물은 소금 이온을 용해시킬 수 있다. 각 이온은 물분자의 반대 전하를 갖는 부위에 둘러싸이게 된다. 같은 방법으로 설탕과 같은 극성분자 용질도 국소적으로 물분자의 하전된 부위 쪽으로 향하여 용해된다. 우리는 물의 네 가지 특별한 성질에 대해 배웠는데, 각각은 물의 고유한 화학적 구조의 결과인 것이다. 이제부터 수용액에 대해 더 자세히 살펴볼 것이다. ✓

✓ 체크포인트

1. 물을 아주 조심스럽게 부으면 실제로 컵 테두리 위로 약간의 물이 솟아오르게 되는데, 그 이유를 설명하시오.
2. 얼음이 뜨는 이유를 설명하시오.

답: 1. 응집에 의한 표면장력이 물이 흘러넘치지 않도록 물을 유지시킨다. **2.** 보다 안정된 수소결합이 그 분자들을 공간적으로 멀리 결정으로 채우기 때문에, 얼음은 액체인 물보다 밀도가 낮다.

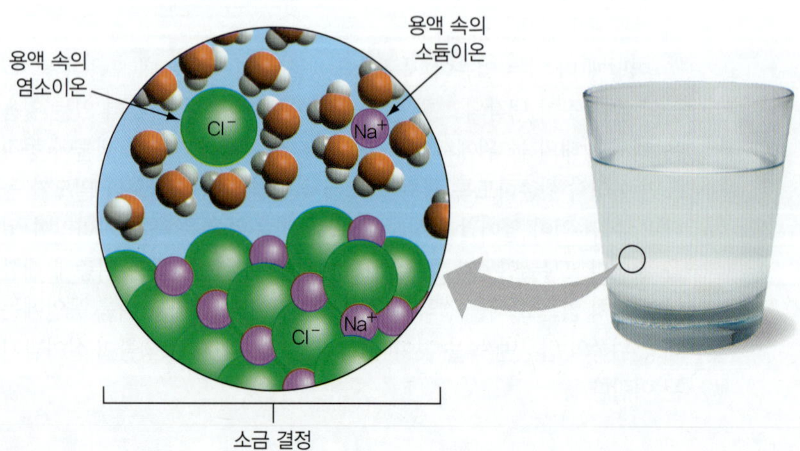

◄그림 2.14 **물에서 용해되는 소금(NaCl) 결정.** 전기적 하전 인력의 결과로 물분자는 소듐이온과 염소이온을 둘러싸게 되고 그 과정에서 결정이 용해된다.

2.6 산, 염기, pH

수용액에서 물분자의 대부분은 원래대로 존재한다. 그러나 물분자의 극히 일부는 수소이온(H^+)과 수산화이온(OH^-)으로 쪼개져 있다. 이 두 이온의 균형은 생물 안에서 화학 대사과정의 적절한 기능 수행에 결정적인 역할을 한다.

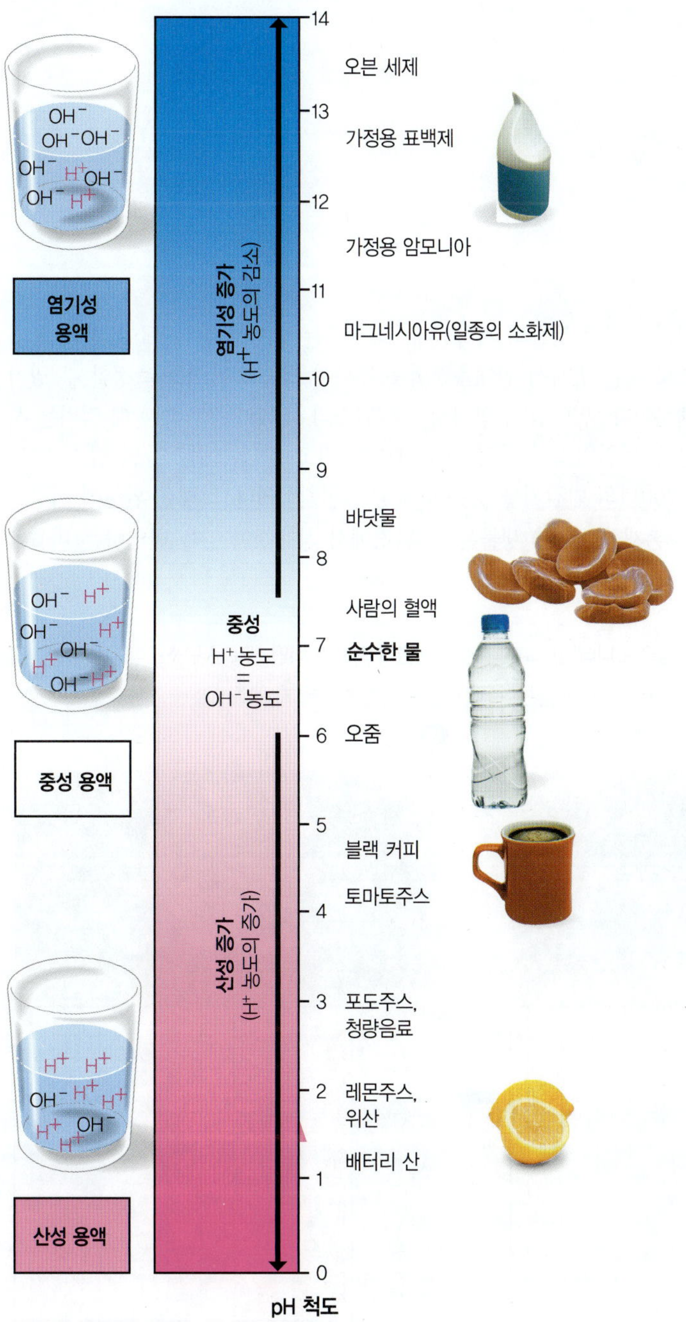

▲그림 2.15 **pH 척도.** pH 7을 가진 용액은 중성이며, H^+와 OH^- 농도가 같다. pH 7 이하로 내려갈수록 용액은 더욱 산성이 되며, OH^-에 비해 H^+이 더욱 더 많아진다. pH 7보다 높아지면 용액은 염기성이 되며, OH^-에 비해 H^+이 더욱 적어진다.

용액에 H^+을 내놓는 화합물을 **산(acid)**이라 한다. 강산의 한 예로는 사람의 위에 있는 산인 염산(HCl)으로서 음식물의 소화에 도움을 준다. HCl은 용액에서 완전히 H^+와 Cl^-로 해리된다. **염기(base** 또는 알칼리[alkali])는 H^+을 받아들여 용액의 H^+을 제거하는 화합물이다. 수산화소듐(NaOH) 같은 일부 염기는 OH^-을 방출하고 이 OH^-이 H^+과 결합하여 H_2O를 형성한다.

용액의 산성도를 표현하기 위해 화학자들은 용액 안의 수소이온(H^+) 농도의 측정값인 **pH 척도(pH scale)**를 사용한다. 이 값의 범위는 0(가장 산성)부터 14(가장 염기성)까지의 범위를 갖는다. 각 pH 단위는 H^+의 농도의 10배 변화를 나타낸다. 예를 들면 pH 2인 레몬주스는 pH 4의 동일한 양의 토마토주스보다 100배의 H^+을 가진다. 산성도 염기성도 아닌 수용액(순수한 물과 같은)은 중성이라고 하며 7의 pH를 갖는다. 이들은 H^+와 OH^-을 모두 가지고 있으며 두 이온의 농도는 같다. 대부분의 살아 있는 세포 내 용액의 pH는 7에 가깝다. 그림 2.15는 산성 용액과 염기성 용액의 예와 함께 pH 척도의 개요를 나타내고 있다.

세포 안의 분자들은 H^+와 OH^- 농도에 극히 민감하기 때문에 pH의 약간의 변화도 생물에 해로울 수 있다. 생물의 체액은 H^+이 과다할 때 H^+을 받아들이고, 고갈되었을 때는 H^+을 내놓음으로써 pH의 해로운 변화를 막아 주는 물질인 **완충제(buffer)**를 포함하고 있다. 예를 들면 콘택트 렌즈의 완충액은 잠재적으로 통증을 수반하는 pH의 변화로부터 눈 표면을 보호하도록 해준다. 하지만 이 완충과정이 항상 제대로 작동하는 것은 아니며, 환경의 pH 변화는 생태계에 크게 영향을 준다. 예를 들면 사람에 의해 발생되는(대부분은 화석연료에 의한 것임) 이산화탄소의 약 25%는 대양에 의해 흡수된다. 이산화탄소가 바닷물에 녹아 들어가면 이것은 물과 반응하여 탄산을 형성해서(그림 2.16) 대양의 pH를 낮추게 된다. 이 결과로 인해 대양 산성화는 바다 환경을 크게 변화시킬 수 있다. 해양학자들은 대양의 pH가 과거 42만 년의 그 어느

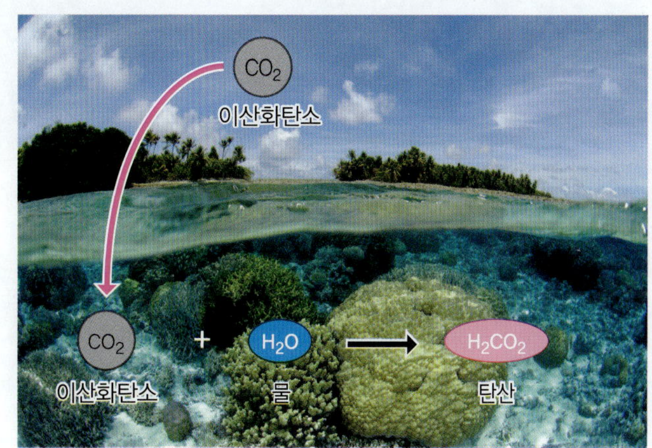

▲그림 2.16 **대기 CO_2에 의한 대양의 산성화.** 바닷물에 용해된 후에 CO_2는 반응하여 탄산을 형성한다. 이 산은 화학반응을 더 진행하여 산호의 성장을 억제시킨다. 이러한 산성화는 중요한 해양 생태계에 급격한 변화를 일으킬 수 있다.

때보다 현재가 낮다고 계산하고 있으며, 지속적으로 떨어지고 있는 중이다.

산호 표백현상과 다양한 바다 생물의 대사 변화 등과 같은 해양 산성화의 영향은 생명의 화학이 환경의 화학과 연관되어 있다는 위협적인 경고이다. **그것은 또한 생물계 내에서의 상호작용의 중요성을 상기시켜준다.** 세계의 한 지역에서 대기에 영향을 미치는 산업화 과정이 세계의 다른 지역에서 수중 생태계 변화를 일으킬 수 있다. ✓

보스턴에 있는 자동차에서 나오는 배기가스가 호주의 산호를 죽게 만드는 원인이 될 수 있다.

✓ 체크포인트

pH8인 용액과 비교할 때 같은 부피의 pH5인 용액은 수소이온(H^+)이 ______ 배 더 많다. 이 두 번째 용액은 ______ 이다.

답: 1,000, 산

진화와 연결 | **유용한 방사선**

진화 시계로서의 방사능

이 장에서 방사선은 통제되지 않을 때 유해할 수 있지만 식품안전이나 의학에도 유용할 수 있다는 것을 배웠다. 방사선이 유용한 도구로 사용될 수 있는 또 다른 방법은 자연적인 방사능 붕괴 과정이 관여되어 있는데, 이는 지구의 진화 역사에 대한 중요한 자료를 얻는데 사용될 수 있다.

화석(보존된 흔적과 죽은 생물의 잔류물 모두)은 연대 순서에 따른 신뢰할 만한 생물의 기록인데, 그 이유는 방사성 동위원소의 붕괴를 기초로 하는 방사성 연대측정법을 통하여 생물의 나이를 측정할 수 있기 때문이다(그림 2.17). 방사성 동위원소의 50%가 붕괴하는 데 걸리는 시간을 동위원소의 **반감기(half-life)**라고 한다. 예를 들면 탄소-14는 5,700년의 반감기를 갖는 방사성 동위원소이다. 그것은 환경에 미량으로 존재한다. ❶ 생물은 그 환경에서 상대적인 양을 반영하는 비율에

▼**그림 2.17** **방사연대측정법.** 생물이 탄소-14인 동위원소를 받아들인다(여기서는 파란색 점으로 나타냄). 그러나 일단 생물이 죽으면 어떤 새로운 탄소-14도 들어오지 않으며, 남아 있는 탄소-14는 서서히 탄소-12로 붕괴된다. 화석 속에 있는 탄소-14의 양을 측정함으로써 과학자들은 그것의 연대를 추정할 수 있다.

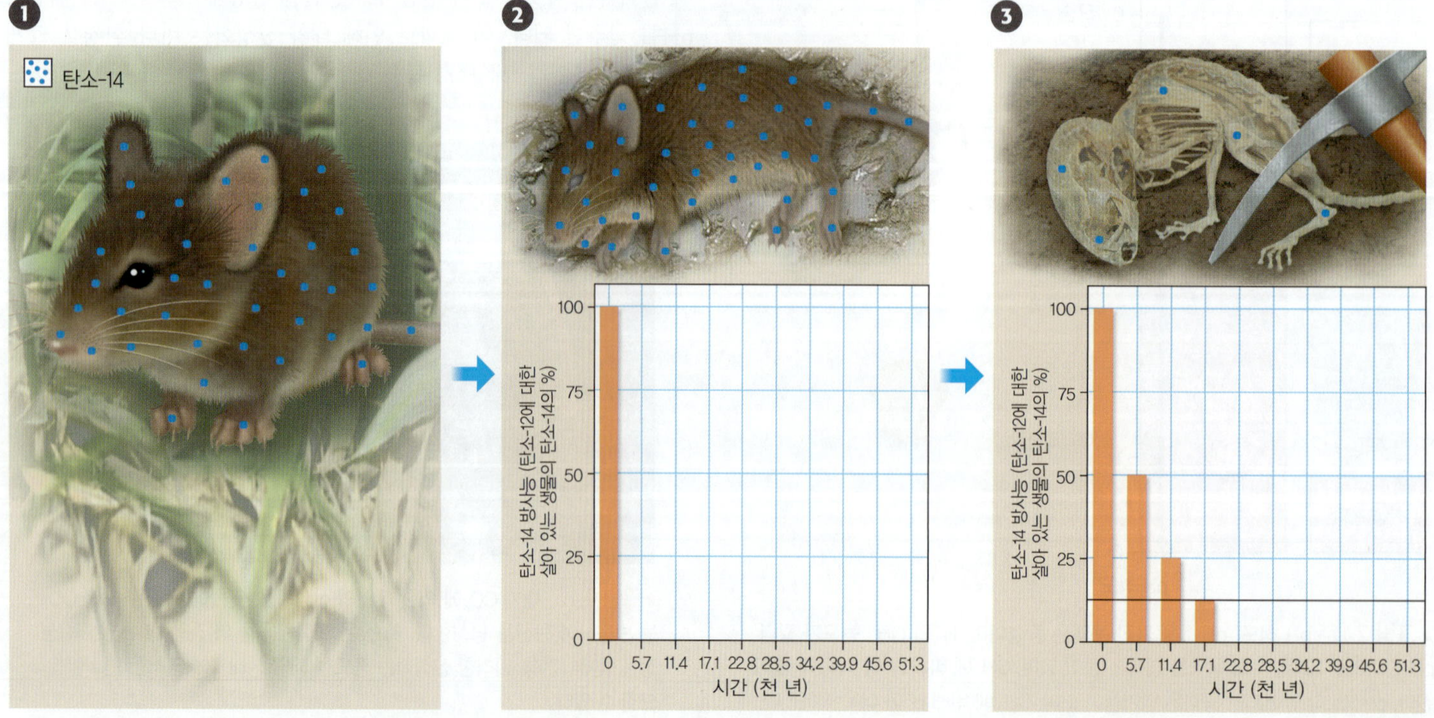

따라 원소의 다른 동위원소를 흡수한다. 이 예시에서 보다 흔한 탄소-12의 훨씬 많은 양과 함께 탄소-14는 미량으로 흡수된다. ❷ 죽게 되는 시점에서 생물은 환경으로부터 탄소를 흡수하는 것을 멈추게 된다. 이 시간 이후로 화석 안에 있는 탄소-12에 비례하여 탄소-14의 양은 감소하게 된다. 체내의 탄소-14는 탄소-12로 붕괴하지만 어떤 새로운 탄소-14도 추가되지는 않는다. 탄소-14의 반감기는 알려져 있기 때문에 두 종의 동위원소(탄소-14 : 탄소-12)의 비율은 믿을 만한 화석 나이의 지표가 된다. 이 경우에 방사성 탄소-14의 반이 붕괴되는데 5,700년이 걸린다. 나머지의 반은 5,700년 후에 또 반이 된다. ❸ 화석의 나이는 두 종의 동위원소의 비율을 측정함으로서 추정될 수 있다. 예를 들면 이 화석에서 탄소-14 : 탄소-12의 비율이 환경의 1/8이 되었다면, 이 화석은 17,000년이 된 것이다(5,700×3 반감기).

이러한 기술을 이용하여 과학자들은 화석의 나이를 추정하고, 이것들을 화석기록이라 하는 질서정연한 순서로 끼어 맞출 수 있다. 14장에서 배우게 될 터인데 화석기록은 다윈이 자연선택 이론을 수립하도록 이끌어 낸 가장 중요하고 설득력 있는 것들 중 하나이다.

복습

주요 개념의 요약

기초 화학

2.1 물질: 원소와 화합물

물질은 원소와 화합물로 되어 있는데, 화합물은 2개 이상의 원소들의 결합이다. 생물에 필수적인 25개의 원소 중에서 산소, 탄소, 수소, 질소는 생물에 가장 많이 존재한다.

2.2 원자

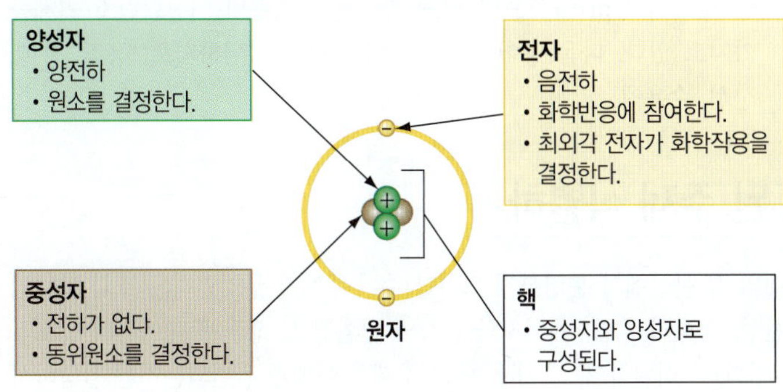

2.3 화학결합과 분자

하나 또는 둘 이상의 전자의 전달은 반대로 하전된 이온들 사이에 인력을 생성한다.

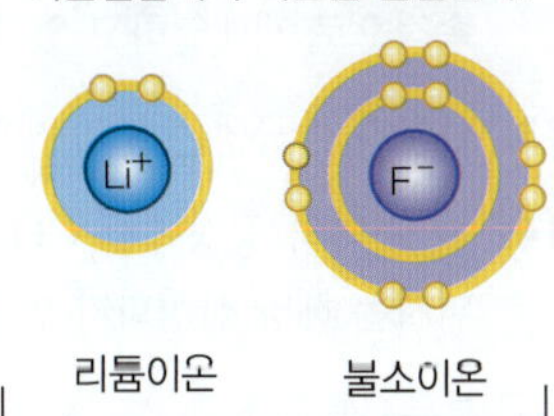

분자는 전자를 공유함으로써 형성되는 공유결합에 의해 연결된 2개 또는 그 이상의 원자들로 구성된다.

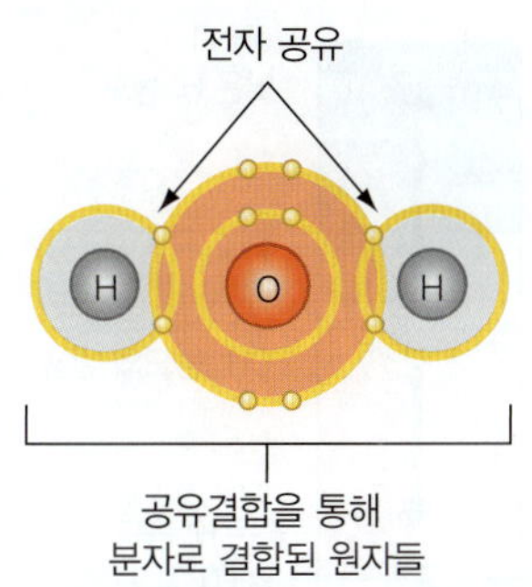

물은 극성분자이다. 한 물분자에서 약하게 양성으로 하전된 수소원자는 이웃의 물분자에서 부분적인 음전하를 갖는 산소원자에 끌리게 되어, 약하지만 중요한 수소결합을 형성한다.

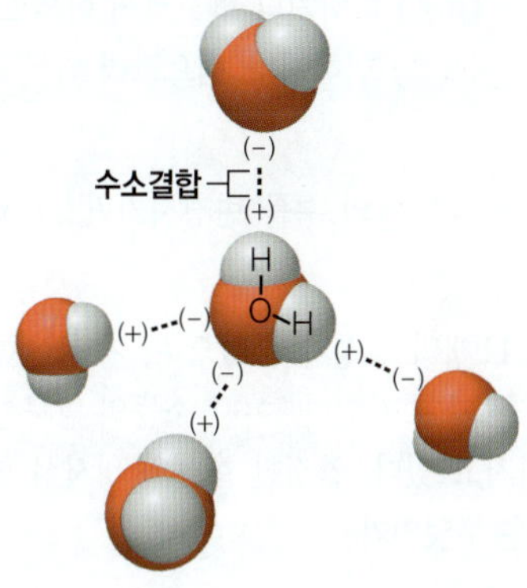

2.4 화학반응

반응물의 결합을 끊고 새로운 결합을 형성하여 생성물을 만듦으로써 화학반응은 물질을 재배열한다.

물과 생명

2.5 물

물분자의 응집력(서로 달라붙는)은 생명에 필수적이다. 물은 따뜻한 환경에서는 열을 흡수하고 찬 환경에서는 열을 방출함으로써 온도를 조정한다. 증발냉각 역시 대양과 생물의 온도를 안정화시키도록 해준다. 얼음은 물보다 밀도가 낮아 물에 뜨기 때문에 바다가 얼어붙는 걸 막아준다. 물은 매우 좋은 용매이며, 아주 다양한 용질들을 용해시켜서 수용액을 만들어 낸다.

액체의 물

수소결합은 끊임없이 끊어지고 다시 형성된다.

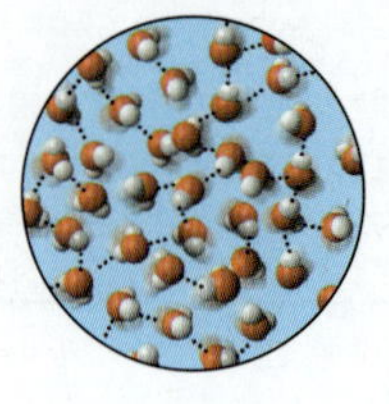

얼음

안정된 수소결합이 분자를 떨어져 있게 해서 얼음은 물보다 밀도가 낮다.

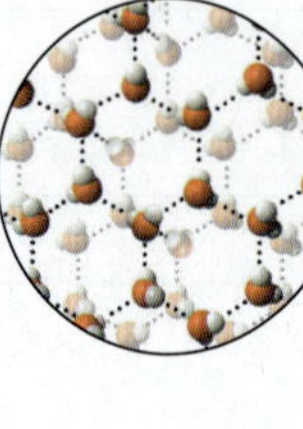

2.6 산, 염기, pH

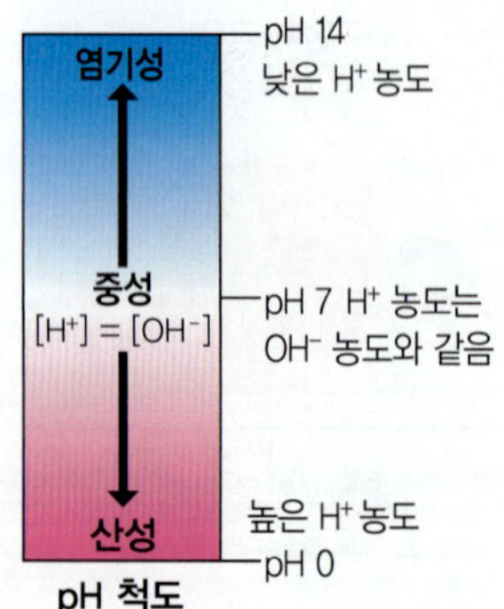

자습문제

1. 원자는 ________를(을) 더하거나 빼으로써 이온으로 변화될 수 있다. 원자는 ________를(을) 더하거나 빼으로써 다른 동위원소로 변화될 수 있다.

2. 만일 여러분이 ________의 수를 변경시키면, 그 원자는 다른 원소가 된다.

3. 소듐 원자에는 11개의 양성자가 있으며, 가장 흔한 소듐 동위원소는 12개의 중성자를 가지고 있다. 어떤 소듐의 방사성 동위원소는 11개의 중성자를 가지고 있다. 안정한 형태와 방사성 형태의 소듐의 원자번호와 원자량은 무엇인가?

4. 방사성 동위원소는 왜 생명체의 화학적 연구에서 추적자로서 유용하게 쓰일 수 있는가?

5. 다음 구조에서 화학적으로 틀린 점은?

H—C═C—H

6. 왜 2개의 인접한 물분자는 다음 그림처럼 정렬되지 않는가?

7. 다음 중 화학반응이 아닌 것은?
- a. 포도당($C_6H_{12}O_6$)과 산소기체(O_2)가 결합하여 이산화탄소(CO_2)와 물(H_2O)을 형성한다.
- b. 소듐 금속과 염소 가스가 하나가 되어 소금을 형성한다.
- c. 수소기체가 산소기체와 결합하여 물을 형성한다.
- d. 얼음이 녹아 액체상태의 물을 형성한다.

8. 연구 그룹의 일부 사람들이 물이 왜 극성분자로 간주되는지 이해하지 못하겠다고 말하고 있다. 여러분이 물이 극성분자라고 설명하는 이유는?
- a. 산소원자가 2 개의 수소원자 사이에서 발견되기 때문이다.
- b. 산소원자가 수소 원자를 끌어당기기 때문이다.
- c. 분자의 산소 말단은 약간의 음전하를 가지고 수소 말단은 약간의 양전하를 갖기 때문이다.
- d. 두 수소 원자는 분자의 한쪽 끝에 있고 산소 원자는 다른 쪽 끝에 있기 때문이다.

9. 물의 고유한 특성이 물이 극성분자라는 사실에 기인하고 있음을 설명해 보시오.

10. 주된 액체가 메탄으로 되어 있는 행성에서는 왜 생물이 존재할 수 없는지 그 이유를 설명해 보시오. 메탄은 수소결합을 형성하지 않는 비극성분자이다.

11. 한 캔의 콜라는 대부분 물에 용해된 당으로 이루어진다. 그리고 거품을 일으키고 pH를 7보다 낮게 만드는 일정량의 이산화탄소 기체를 가지고 있다. 다음 용어를 사용하여 콜라를 설명하시오: 용질, 용매, 산성, 수용액

주된 주제 식별하기

아래의 각 문장에서 분명하게 드러난 주된 주제가 무엇인지(구조와 기능의 연관성, 정보의 흐름, 에너지와 물질의 변환경로, 생물계 내에서의 상호작용, 진화)를 식별하고, 그 내용이 그 주제와 어떻게 관련되는지를 설명하시오. 필요한 경우 주제들을 검토하고(1장 참조), 또 이 장에서 파란색 글자로 나타내어 강조한 예들을 검토해 보시오.

12. 세포는 기존의 화학결합을 끊고 새로운 것을 형성함으로써 분자를 지속적으로 재배열하고 있다.

13. 물분자의 극성은 물의 생명 유지능력을 설명하는 데 도움이 된다.

14. 한 지역의 공장에서 CO_2가 방출되면 다른 지역의 산호초에 영향을 미치는 해양 산성화가 발생할 수 있다.

답은 부록 C를 참조.

과학연구의 과정

15. 위에 염증을 일으키는 세균인 헬리코박터 파일로리(*Helicobacter pylori*)는 요소를 이산화탄소(CO_2)와 암모니아로 분해하는 효소인 요소분해효소를 만든다. 사람은 우레아제를 만들지 않는다. "요소 호흡검사"는 탄소 동위원소 표지를 사용하여 환자의 장에서 헬리코박터 파일로리의 존재를 신속하게 감지한다. 이 검사는 어떻게 작동하는가?

16. **자료 해석하기** 그림 2.17에서 보는 바와 같이 방사성 연대측정법은 생물학적 물질의 연대를 결정할 수 있다. 연대의 계산은 사용하고자 하는 방사성 동위원소의 반감기에 근거를 두고 있다. 탄소-14는 자연적으로 발생하는 탄소의 1조분의 1 정도를 구성한다. 생물이 죽으면, 생물체는 전체 탄소원자 1조당 탄소-14 원자 1개를 함유하고 있다. 5,700년 후(탄소-14의 반감기), 그 몸에는 탄소-14의 1/2를 함유하고 있다. 나머지 반은 붕괴되어 더 이상 존재하지 않는다. 프랑스 과학자들은 선사시대의 동굴 벽화가 약 13,000년 전에 천연염료를 사용하여 만들어졌다고 결정했다. 과학자들은 이런 결과를 지지하기 위해 동굴벽화에서 얼마나 많은 탄소-14를 찾아내야 하는가? 남아 있는 탄소-14의 백분율과 조당 탄소-14의 비율 등 두 가지로 여러분의 답을 기술해 보시오.

우리와 함께하는 생물학

17. 다음 문장을 비판적으로 평가해 보시오. "공업과 농업이 화학폐기물로 환경을 오염시키는 것에 대해 걱정하는 것은 편협하고 무지한 것이다. 왜냐하면 그 폐기물들은 이미 우리 환경에 원래 있던 원자들로 만들어진 것이기 때문이다."

18. 해양 산성화의 원인이 되는 이산화탄소의 주 배출원이 석탄을 태우는 화력발전소이다. 이런 배출을 줄일 수 있는 한 가지 방법은 핵발전소가 생산한 전기를 이용하는 것이다. 핵발전소의 옹호자들은 핵발전소는 산성비를 일으키는 오염물질을 거의 또는 완전히 방출하지 않기 때문에 핵발전소만이 미국의 공기오염을 줄이면서 에너지 생산을 증가시킬 수 있는 유일한 방법이라고 주장한다. 원자력이 주는 이득은 무엇인가? 이것 때문에 치러야 할 위험이나 대가는 무엇인가? 여러분은 전기를 생산하기 위해 원자력의 사용을 증가시켜야 한다고 생각하는가? 새로운 발전소가 여러분의 집 주변에 세워져야 한다면, 여러분은 석탄을 태우는 화력발전소와 핵발전소 중 어느 것을 택하겠는가?

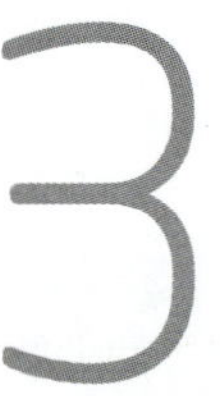

생명의 분자

차례 내용

초콜릿은 왜 그리 좋은가? 초콜릿이 입 안에서 녹아내리는 이유는 코코아 버터의 포화 지방 함량이 높기 때문이다.

거대분자는 왜 중요한가?

우리의 신체를 포함해 모든 생물계는 방대한 양의 화학물질이 모여 있는 것으로 볼 수 있다. 살아 있는 세포에는 수많은 유형의 분자가 포함되어 있지만 가장 중요한 많은 분자들은 몇 가지 범주로 크게 묶을 수 있다. 생물분자를 이해하면 음식과 건강의 관계와 같은 많은 중요한 문제를 들여다볼 수 있게 된다.

우리의 DNA 구조는 모기나 코끼리의 DNA 구조와 거의 차이가 없다. 종 간 차이는 뉴클레오티드가 배열되는 방식에 기인한다.

머리카락과 스테이크와 공통점이 무엇인가? 이들 둘 다 단백질로 이루어져 있다.

실마리

젖당과민성

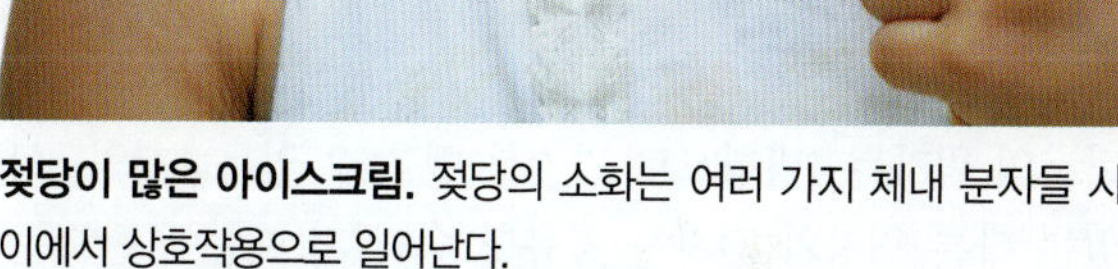

젖당이 많은 아이스크림. 젖당의 소화는 여러 가지 체내 분자들 사이에서 상호작용으로 일어난다.

우리와 함께하는 생물학 젖당과민성

젖당을 먹었다고?

우유 콧수염을 좋은 건강과 연관시키는 광고를 본 적이 있을 것이다. 실제로 우유는 매우 훌륭한 건강식품인데, 그 이유는 단백질과 무기질, 또 비타민이 풍부하고 지방은 적기 때문이다. 그러나 대부분의 사람들은 2살쯤에 우유를 소화하는 능력을 잃기 시작한다. 실제로 대부분의 성인들에게 우유 한 잔이 팽만감, 가스, 복통과 같은 심한 소화불량을 일으킨다. 이것은 우유에 있는 주된 당인 젖당을 소화시키지 못하는, 즉 젖당과민성의 증상이다.

젖당과민성인 사람에게는 젖당이 소장에 들어가면서부터 문제가 시작된다. 이 당을 흡수하기 위해 소장의 소화세포는 락타아제라는 분자를 생산해야만 한다. 락타아제는 젖당을 보다 작은 당으로 분해하는 화학반응을 촉진하는 효소이다. 어린 시절 동안에 대부분 사람들에서 락타아제 수준이 현저하게 감소된다. 소장에서 분해되지 못한 젖당은 대장으로 지나간다. 거기서 이것은 세균의 양분이 되어 기체성 부산물을 배출하게 된다. 기체의 축적으로 인해 불편한 증상들이 나타난다. 따라서 어떤 사람이 아이스크림을 먹을 때, 락타아제가 충분한지 그 여부에 따라 즐거울지 아니면 불편할지가 결정된다.

젖당과민성은 락타아제의 생산 부족이 원인이므로 치료법은 없다. 그렇다면 이런 효소를 충분히 생산하지 못하는 사람에게 어떤 선택이 있는가? 첫 번째 해결책은 젖당 함유 음식을 피하는 것이다. 절제야말로 자기 보호를 위한 최선의 방법이다! 콩이나 아몬드로 만든 우유나 락타아제로 전처리한 우유와 같이 많은 대체식품이 이용가능하다. 여러분이 만일 젖당과민성이고 아이스크림을 먹고 싶다면, 젖당이 없는 아이스크림을 사거나, 젖당이 없는 아이스크림을 직접 만들 수 있다. 또한 몸에서 부족한 효소를 인위적으로 보충하여 원만하게 소화를 도울 수 있게 알약 형태의 락타아제를 먹는 것도 가능하다.

젖당과민성은 생물분자의 상호작용이 인간의 건강에 영향을 미칠 수 있음을 보여주는 한 예이다. 무수한 변이를 반복하는 이러한 분자의 상호작용이 모든 생물학적 과정을 추진시키고 있다. 이 장에서 생명에 있어 필수적인 거대분자의 구조와 기능에 대해 알아볼 것이다. 먼저 탄소의 공부를 시작으로 그 다음에 탄수화물, 지질, 단백질, 핵산 등 4종류 분자에 대해서 배울 것이다. 이 과정에 우리는 이들 분자가 어떤 음식에 들어 있는지, 그리고 이들 분자가 우리 몸에서 하는 중요한 역할에 대해 살펴보게 될 것이다.

유기화합물

세포는 대부분 물로 이루어졌지만, 그 나머지는 주로 탄소를 기반으로 하는 분자로 이루어져 있다. 생물의 화학에 관한한, 탄소는 가장 중요한 역할을 하고 있는 것이다. 탄소는 생명의 기능에 필요한 크고 복잡하고 다양한 분자골격을 형성하는 능력에서 다른 어떤 것과도 비교될 수 없기 때문이다. **유기화합물(organic compound)**이라고 하는 탄소를 기반으로 하는 분자에 대한 연구는 생물에 관한 어떠한 연구에서도 항상 그 중심에 있다.

구조식 공-막대 모형 공간-채움 모형

▲ 그림 3.2 **가장 간단한 유기화합물인 메탄의 3가지 그림.**

3.1 탄소화학

탄소의 원자는 4방향으로 가지를 뻗을 수 있는 4개의 공유결합에 붙어 있는 다른 원자와 전자를 공유할 수 있기 때문에 탄소는 만능의 분자 구성성분이다. 탄소는 하나 이상의 다른 탄소 원자와 부착하는 결합을 이용할 수 있기 때문에, 크기와 가지치기 유형에 따라 달라지는 무수한 탄소골격의 다양성을 구축하는 것이 가능하다(그림 3.1). 따라서 다수의 탄소 "교차점"을 갖는 분자들은 매우 정교한 모양을 형성할 수 있다. 더욱이 유기화합물의 탄소원자는 가장 흔하게는 수소와 산소와 질소 같은 다른 원소와 결합할 수 있다.

가장 간단한 유기화합물의 하나는 1개의 탄소원자와 4개의 수소원자로 결합된 메탄(CH_4)이다(그림 3.2). 메탄은 천연가스 중에서 가장 풍부한 탄화수소의 하나인데, 늪이나 소와 같은 반추동물의 소화관에 서식하는 원핵생물에 의해 생산된다. 보다 큰 유기화합물(8개의 탄소를 갖는 옥탄 등)은 연소기관에서 연소되는 휘발유의 주된 분자이다. 유기화합물들은 인체의 중요한 연료이기도 하다. 지방에서 에너지가 풍부한 부분은 휘발유와 비슷한 구조를 가지고 있다(그림 3.3).

유기화합물의 고유한 특성은 그것의 탄소골격뿐만 아니라 그 골격에 붙어 있는 원자에 따라서도 달라진다. 한 유기화합물에서 직접적으로 화학반응에 참여하는 원자단을 **작용기(functional group)**라고 한다. 각 작용기는 화학반응동안 특유의 역할을 한다. 작용기의 두 예는 수산기(—OH)와 카르복실기(—COOH)이다. 많은 생물분자들이 2개 또는 그 이상의 작용기를 가지고 있다. 작용기를 지닌 탄소골격이 기본적인 구조임을 명심하고, 세포들이 어떻게 작은 분자로 거대분자를 만들어낼 수 있는지 알아볼 것이다.

▼ 그림 3.1 **탄소골격의 변화.** 각 탄소원자는 4개의 결합을 형성하고, 수소원자는 한 개의 결합을 형성하는 것을 주목하자. 한 개의 선은 단일결합(한 쌍의 전자를 공유)을, 그리고 두 개의 선은 이중결합(두 쌍의 전자를 공유)을 나타낸다.

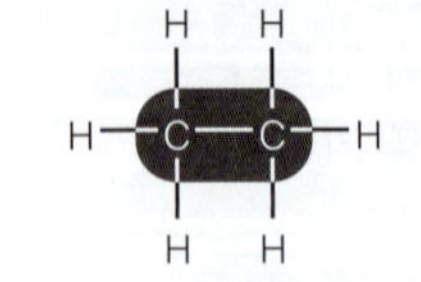
탄소골격은 그 길이가 다양하다

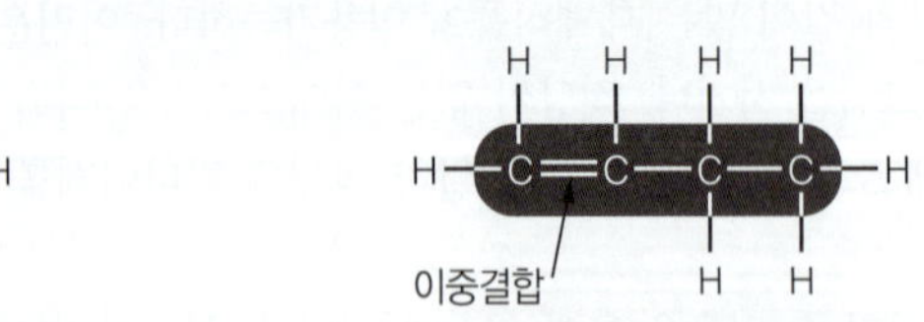

탄소골격은 다양한 위치에서 이중결합을 가질 수 있다

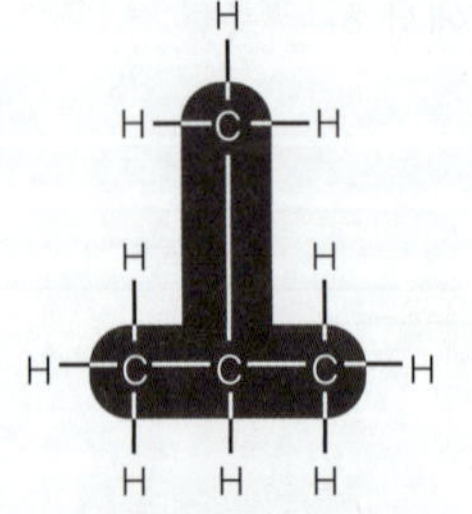
탄소골격은 가지를 가질 수도 갖지 않을 수도 있다

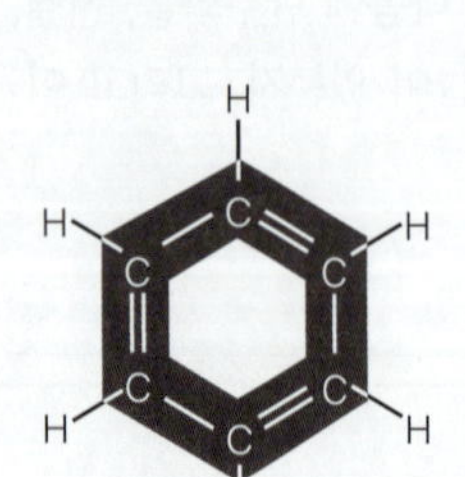
탄소골격은 고리 모양으로 배열될 수 있다

▼ 그림 3.3 **연료로서의 탄화수소.** 가솔린에 있는 에너지가 풍부한 유기화합물은 기계에 연료로, 그리고 에너지가 풍부한 지방의 분자들은 세포에 연료로 제공된다.

3.2 작은 구성단위에서 거대분자로

세균에서 고래에 이르기까지 살아 있는 모든 것의 중요한 분자는 크게 4종류로 나뉘는데, 감자튀김이나 베이글과 같은 전분성 식품에서 볼 수 있는 탄수화물, 지방이나 기름과 같은 지질, 효소나 모발 성분과 같은 단백질, 그리고 DNA나 RNA 같은 핵산이다.

분자 크기에서 보면 이들 중에서 세 종류, 탄수화물과 단백질과 핵산은 그 크기가 거대하여 생물학자는 이들을 **거대분자(macromolecule,** macro는 "크다"는 의미)라고 한다. 거대분자의 크기에도 불구하고 이들은 **단량체(monomer)**라고 하는 작은 분자들이 서로 연결되어 **중합체(polymer)**를 형성하기 때문에, 이들의 구조를 비교적 쉽게 이해할 수 있다. 중합체는 여러 개의 차량 단량체를 연결한 긴 열차에 비유할 수 있다. 처음에는 긴 열차의 구조가 매우 복잡해 보일지라도, 그것은 2개의 질문을 통하여 쉽게 이해될 수 있다. 그 열차는 어떤 종류의 차량으로 구성되어 있는가? 그것들은 어떻게 결합되어 있는가? 매우 긴 열차조차도 몇 가지 구성 요소(한쪽 끝에는 엔진 차량, 다른 쪽 끝에는 승무원용 차량, 중간에는 승객용 차량들)로만 이루어져 있다. 마찬가지로, 크고 복잡한 생물학적 거대분자라 할지라도 어떤 단량체가 그것들을 구성하고 있으며 어떻게 단량체가 서로 결합되어 있는지를 생각해보면 쉽게 이해될 수 있다.

세포들은 **탈수반응(dehydration reaction)**을 통하여 단량체를 서로 연결하여 중합체를 형성하게 되는데, 이것은 긴 열차가 각 차량들을 연결하여 만들어진 것과 유사하다. 이 화학반응은 물 1분자를 제거하는 반응이다(그림 3.4a). 한 사슬에 단량체가 부가될 때마다 2개의 수소원자와 1개의 산소원자의 방출로 한 분자의 물이 만들어지는데, 두 대의 열차가 연결될 때마다 물이 방출되면서 튀는 것으로 상상해 보자. 탈수반응은 세포가 만들어내는 특정 단량체나 중합체의 유형에 관계없이 일어난다. 따라서 이 장 전체를 통하여 이런 반응의 유형이 여러 차례 반복되는 것을 보게 될 것이다.

생물은 거대분자를 만들 뿐 아니라 이들을 분해하기도 한다. 예를 들면 먹는 음식에 있는 많은 분자들이 거대분자이다. 우리의 세포에서 이용할 수 있는 단량체를 만들기 위해 이들 거대분자를 소화해야만 하며, 이 단량체를 가지고 우리의 거대분자를 만들게 된다. 음식의 거대분자는 열차가 개별 차량(단량체)으로 분리된 후 새로운 열차(여러분 자신의 신체의 분자)에 재배치되는 것과 같다. 중합체의 분해는 **가수분해(hydrolysis)**라고 하는 과정에 의해 일어난다(그림 3.4b). 가수분해란 용어는 물분해(물은 희랍어 *hydro*에서, 분해는 희랍어 *lysis*에서 옴) 한다는 의미이다. 세포는 물을 첨가하여 단량체 사이의 결합을 분해하는데, 이 과정은 본질적으로 탈수반응의 역과정이다. 거대분자 "열차"는 단량체 차량 사이의 연결을 끊기 위해 물을 첨가함으로써 분해될 수 있다. 여러분은 『우리와 함께하는 생물학』에서 가수분해 반응에 대한 실생활의 예를 배웠는데, 즉 젖당은 효소인 락타아제에 의해 단량체로 분해된다. ✓

✓ 체크포인트

1. _____ (으)로부터 중합체를 만드는 화학반응을 _____ 반응이라고 하는데, 물 한 분자가 방출되기 때문이다.
2. 반대 반응으로서 보다 큰 분자를 작은 분자들로 분해하는 반응을 _____(이)라고 한다.

답: 1. 단량체, 탈수 2. 가수분해

▼그림 3.4 **중합체의 합성과 분해.** 단순화시키기 위해 이 그림에서 나타낸 유일한 원자는 특정 위치의 수소와 수산기(—OH)이다.

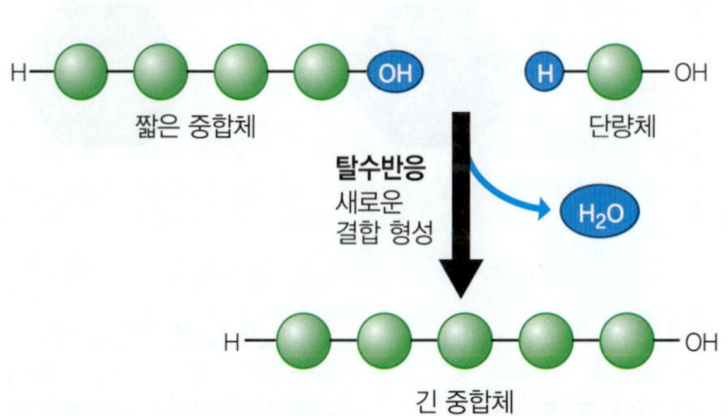

(a) **중합체 사슬 합성.** 중합체는 들어오는 단량체와 중합체 끝에 있는 단량체가 서로 기여하여 하나의 물분자를 형성시키면서 길이가 자라게 된다. 단량체들은 두 분자 사이의 결합을 공유결합으로 바꾼다.

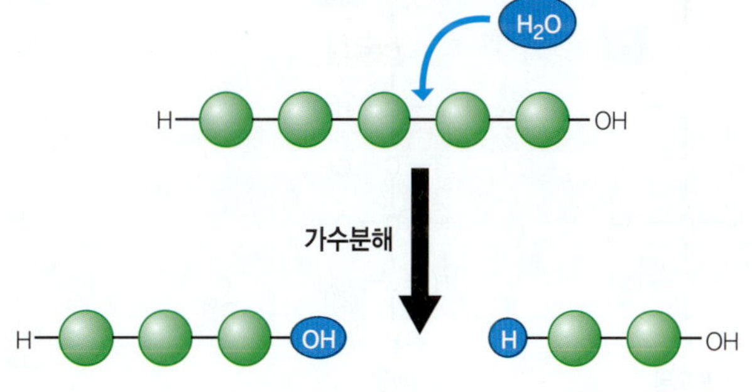

(b) **중합체 사슬 분해.** 가수분해는 물분자가 첨가되기 때문에 탈수과정의 반대이다. 그것은 두 단량체 사이의 결합을 깨뜨려서 하나의 큰 것으로부터 2개의 작은 것을 만들어 낸다.

커다란 생물분자

앞서 언급 한 바와 같이 4종류의 커다란 생물분자, 즉 탄수화물, 지질, 단백질, 핵산은 모든 살아 있는 생물에서 찾아볼 수 있다. **각 종류에 대해 먼저 그것들을 이루고 있는 작은 분자들에 대해 배움으로써 이러한 거대분자들의 구조와 기능을 탐구하게 될 것이다.**

3.3 탄수화물

때로는 커브(carb, 탄수화물)라고도 부르는 **탄수화물(carbohydrate)**은 당이나 당의 중합체를 포함하는 일종의 분자들이다. 예를 들면 음료수에 녹아 있는 작은 당분자와 스파게티와 빵 속에 있는 길다란 녹말분자들이다. 동물에서 탄수화물은 먹이 에너지의 중요한 원천이며, 그 밖의 다른 종류의 유기화합물을 만드는 원료이다. 식물에서 탄수화물은 식물체의 많은 부분을 구성하는 물질로서 쓰인다.

단당류

단순한 당인 **단당류(monosaccharide)**는 탄수화물의 단량체이다. 이것들은 더 작은 당으로 분해될 수 없다. 청량음료에 들어 있는 포도당과 과일에 있는 과당이 흔한 예이다(그림 3.5). 이 두 개의 단순당 모두 벌꿀에도 들어 있다. 포도당의 분자식은 $C_6H_{12}O_6$이다. 과당도 같은 분자식을 가지지만, 원자들이 다르게 배열되어 있다. 포도당과 과당은 분자식은 같지만 구조가 다른 분자인 **이성질체(isomer)**이다. 이성질체는 *heart*와 *earth*와 같이 같은 문자로 되어 있으면서 다른 순서로 되어 있는 단어와 같다. 분자 모양이 아주 중요하기 때문에 겉보기에는 원자 배열의 차이가 작아도 이성질체는 서로 다른 성질을 나타낸다. 즉 이성질체들은 다른 분자들과 반응하는 방법 등이 서로 다르다. 이 경우에 작용기의 재배열로 인해 과당이 포도당보다 훨씬 단맛을 낸다.

당의 탄소골격을 선형으로 생각하여 당을 그려서 표현하는 것이 편리하다. 하지만 물에 녹아 있는 상태에서는 많은 단당류들은 고리를 형성한다(그림 3.6). 이 장에서 많은 탄수화물의 구조에 대한 표현에서 이런 고리 모양을 보게 될 것이다.

특히 포도당 같은 단당류는 세포의 활동에 쓰이는 주된 연료분자이다. 가솔린을 사용하는 자동차 엔진처럼, 여러분의 세포는 포도당을 분해하여 "배기가스"로 이산화탄소를 방출하면서 포도당에 저장되어 있는 에너지를 추출한다. 포도당이 세포의 에너지로 신속하게 전환되는 것은 아프거나 다친 환자에게 포도당을 주사하는 이유를 말해 준다. 포도당은 회복이 필요한 조직에 즉각적인 에너지원을 제공한다. 세포는 또한 다른 종류의 유기분자를 만들기 위해 포도당의 탄소골격을 원료로 사용한다. **단순당을 에너지 자원과 유기소재로 사용하는 것은 모든 생물계에서 지속적으로 발생하는 에너지와 물질의 전환이라는 주제를 분명히 보여준다.** ☑

☑ 체크포인트

1. 모든 탄수화물은 단순당이라고 하는 하나 이상의 ______(으)로 이루어져 있다. 단순당의 두 예를 말하시오.
2. 왜 포도당과 과당은 같은 화학식을 갖지만 특성이 다른지 설명하시오.

답: 1. 단당류; 포도당과 과당 **2.** 원자의 배열이 다르면 분자의 구조와 특성에 영향을 미친다.

▼그림 3.5 **단당류(단순당).** 포도당과 과당은 동일한 원자가 다르게 배열된 분자인 이성질체이다.

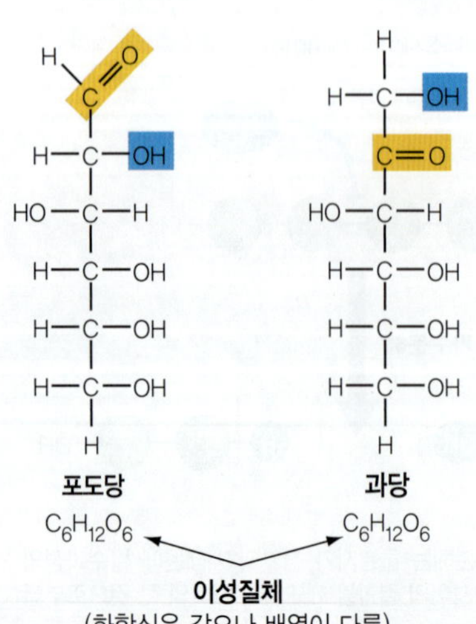

▼그림 3.6 **포도당의 고리구조.**

(a) **선형 구조와 고리 구조.** 한 분자의 선형 구조와 고리 구조를 연관시킬 수 있도록 탄소원자에 번호를 매긴다. 이중 화살표가 나타내듯이, 고리 형성은 가역적 과정이지만, 어떤 순간에 수용액에서 대부분의 포도당 분자는 고리구조를 이룬다.

(b) **단순형 고리 구조.** 이 책에서, 포도당에 대해 이 단순형 고리 기호를 사용할 것이다. 표시되지 않은 각 모서리는 탄소와 이에 결합된 원자를 나타낸다.

이당류

이당류(disaccharide)는 두 개의 단당류로부터 탈수반응을 통해 만들어진다. 이당류인 젖당은 단당류인 포도당과 갈락토오스로부터 만들어진다(그림 3.7). 또 다른 흔한 이당류는 발아 중인 종자에서 자연적으로 나타나는 맥아당이다. 이것은 맥주, 알코올음료, 맥아 밀크셰이크, 그리고 맥아 우유사탕을 만드는 데 사용된다. 맥아당 한 분자는 결합된 2개의 포도당으로 이루어져 있다.

가장 흔한 이당류는 설탕으로 단당류인 포도당과 과당이 결합되어 있다. 설탕은 식물의 수액의 주된 탄수화물인데, 식물의 모든 부위로 공급되는 영양분이다. 설탕은 사탕수수의 줄기로부터 추출되나, 미국에서 소비되는 대부분의 설탕은 사탕무의 뿌리로부터 추출된다. 또 하나의 흔한 감미료는 고과당 옥수수시럽(HFCS)인데, 이것은 옥수수시럽에 들어 있는 포도당을 단맛이 훨씬 강한 과당으로 바꾸는 통상적인 방법으로 만들어진다. HFCS는 투명하고 끈적거리는 액체로서 55%의 과당을 함유하고 있다. 그것은 설탕보다 가격이 훨씬 싸고 음료수와 가공식품에 혼합하기가 보다 쉽다.

▼그림 3.7 **이당류 형성.** 이당류를 형성하기 위해서는 두 개의 단당류가 탈수반응에 의해서 결합된다. 이 경우에 단당류인 포도당과 갈락토오스 사이에 결합이 형성되어 이당류인 젖당이 만들어진다.

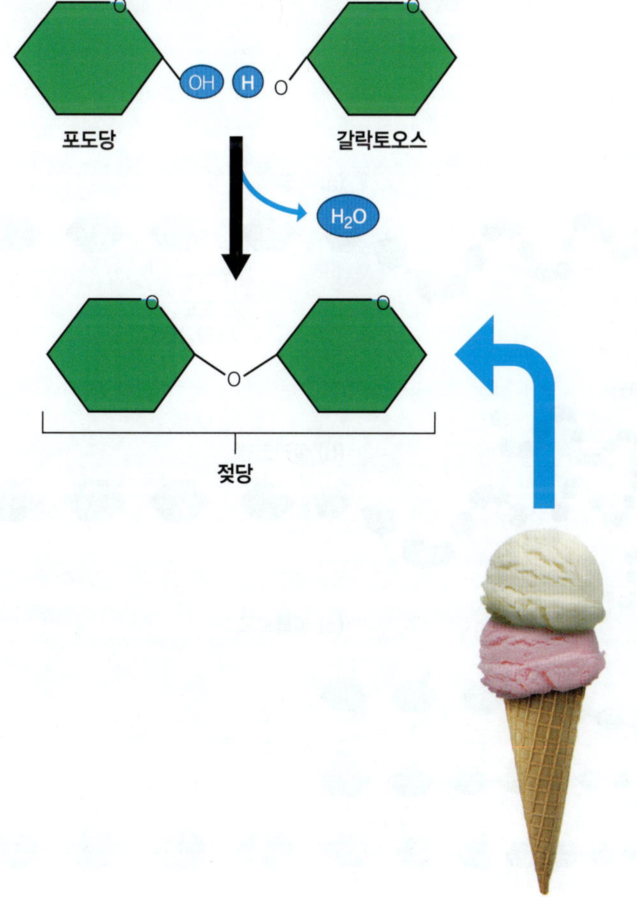

미국인은 감미료를 한 해에 일인당 평균 59kg 정도를 소비한다. 설탕이 어떻게 우리의 건강에 부정적인 영향을 미치는지 잘 알면서도 이런 범국민적 "단맛 선호증"은 지금까지도 여전히 계속되고 있다. 설탕은 충치의 주된 원인이며, 과다섭취가 당뇨와 심장질환의 발생 위험을 증가시키고 있다. 더구나 설탕의 과다섭취는 다양하고 영양가 높은 식품 섭취를 대신하는 경향이 있다. 설탕을 "빈 칼로리"로 묘사하는 것은 대부분의 감미료가 탄수화물 외에는 영양소가 거의 없다는 측면에서 정확하다고 할 수 있다. 따라서 식품표시는 총 당과 식품가공 중에 첨가된 당들을 모두 나열하도록 개정될 것이다(그림 3.8). 정부의 식이 지침에 따르면 일일 칼로리의 10% 미만으로 설탕을 첨가해야 한다. 좋은 건강을 위해서 단백질, 지방, 비타민, 그리고 무기질이 필요하다. 그리고 식단에 복합 탄수화물인 다당류가 상당량 포함되어야 할 필요가 있다. 이제부터 이들 거대분자에 대해 알아보자. ☑

☑ 체크포인트

1. 공식적으로 ______이라고 불리는 식탁용 당은 ______ 의 예가 된다.
2. 식품제조업자는 어떻게 그리고 왜 HFCS를 만들어내는가?

답: 1. 설탕; 이당류 2. 그것들은 포도당을 단맛이 더 나는 과당으로 전환시킨다. HFCS는 더 싸고, 가공식품과 혼합하기가 더 쉽다.

▼그림 3.8 **첨가된 당의 양을 보여주는 개정된 식품표시.**

영양정보
총 8인분
1인분 양 2/3 컵(55g)

1인분당
칼로리 230

	% 일일 기준치*
총 지방 8g	10%
포화지방 1g	5%
트랜스지방 0g	
콜레스테롤 0mg	0%
소듐 160mg	7%
총 탄수화물 37g	13%
식이 섬유 4g	14%
총 당 12g	
10g 첨가된 당 포함	20%
단백질 3g	
비타민 A 8mg	10%
비타민 C 5mg	8%
칼슘 260mg	20%
철 8mg	45%

* % 일일 기준치(DV)는 음식을 제공할 때 영양소가 일일 식단에 얼마나 많은 영향을 미치는지 알려준다. 일반적인 1일 영양기준치는 하루에 2,000 칼로리이다.

제조과정에서 첨가된 당은 일일 총 칼로리의 10% 미만이어야 한다.

다당류

복합 탄수화물인 **다당류(polysaccharide)**는 *단당류*의 *중합체*인 긴 사슬의 당이다. 친숙한 다당류의 예는 식물에서 볼 수 있는 녹말이다. **녹말(starch)**은 긴 포도당 단량체들로 이루어져 있다(그림 3.9a). 전분 과립은 식물세포가 에너지나 소재물질을 위한 포도당을 뽑아 쓸 수 있는 탄수화물 "저장고" 역할을 한다. 감자나 밀, 옥수수, 그리고 쌀과 같은 곡식이 녹말의 주요 원천이 된다. 동물들은 녹말을 소화할 수 있는데, 그 이유는 소화계의 효소들이 가수분해 반응을 통하여 포도당 사이의 결합을 끊을 수 있기 때문이다.

동물은 과잉의 포도당을 **글리코겐(glycogen)**이라고 하는 다당류의 형태로 저장한다. 글리코겐과 녹말은 구조가 유사하다. 이들은 둘 다 포도당 단량체들로 이루어진 중합체이다. 그러나 글리코겐은 훨씬 광범위하게 가지가 쳐져 있다(그림 3.9b). 대부분의 글리코겐은 간과 근육세포에 저장되어 있는데, 에너지가 필요할 때 이 글리코겐을 분해하여 포도당을 방출하게 된다. 일부 운동선수들이 대회 전날 밤 많은 녹말식품을 섭취하는 "탄수화물 부하"(carbo-load)는 이런 근거 때문이다. 녹말은 글리코겐으로 변환되고 다음 날 운동하는 동안 신속하게 사용될 수 있다. 하루 정도 지나면 사용하지 않은 글리코겐이 분해되고 그 에너지가 장기 저장을 위해 지방을 만드는 데 사용되므로 탄수화물을 과도하게 사용하지 마세요!

지구에서 가장 풍부한 유기화합물인 **셀룰로오스(cellulose)**는 식물 세포를 둘러싸는 단단한 세포벽에서 전기선 같은 섬유다발을 형성하고 있고, 목재의 주성분이며 그 밖의 식물의 구조를 이루는 구성분이다(그림 3.9c). 건축자재로 목재를 사용할 때 이것이 지닌 구조적인 강도를 이용하는 것이다. 셀룰로오스는 포도당의 중합체라는 점에서 녹말과 글리코겐을 닮았으나 포도당의 결합방법이 다르다. 녹말과 글리코겐에서의 포도당 결합과는 달리, 셀룰로오스의 포도당 결합은 대부분의 동물들이 생산하는 효소에 의해서는 그 결합이 분해되지 않는다. 풀을 뜯는 동물들은 소화관에 서식하며 셀룰로오스를 분해하는 미생물 때문에 셀룰로오스로부터 영양을 취할 수 있다. 우리가 먹은 식물성 음식의 셀룰로오스는 통상 "식이섬유"로 알려져 있는데 소화관을 거치는 동안 소화되지 않고 그대로 통과하는데, 그래서 영양학적 이점(또는 칼로리)은 없다. 그러나 이들 식이섬유는 소화계를 건강하게 유지하도록 도와준다. 셀룰로오스의 통과는 점액을 분비하는 소화관의 안쪽 상피세포를 자극하는데, 이것은 음식을 매끄럽게 지나가도록 한다. 식이섬유의 건강상 이점은 심장질환, 당뇨병, 그리고 위장병의 위험을 낮춰주는 것이다. 그러나 대부분의 미국인은 권장되는 양보다 적은 섬유소를 섭취하고 있다. 섬유소가 풍부한 음식은 과일과 채소와 곡류와 밀기울과 콩류 등이 있다.

▼그림 3.9 흔한 3종의 다당류.

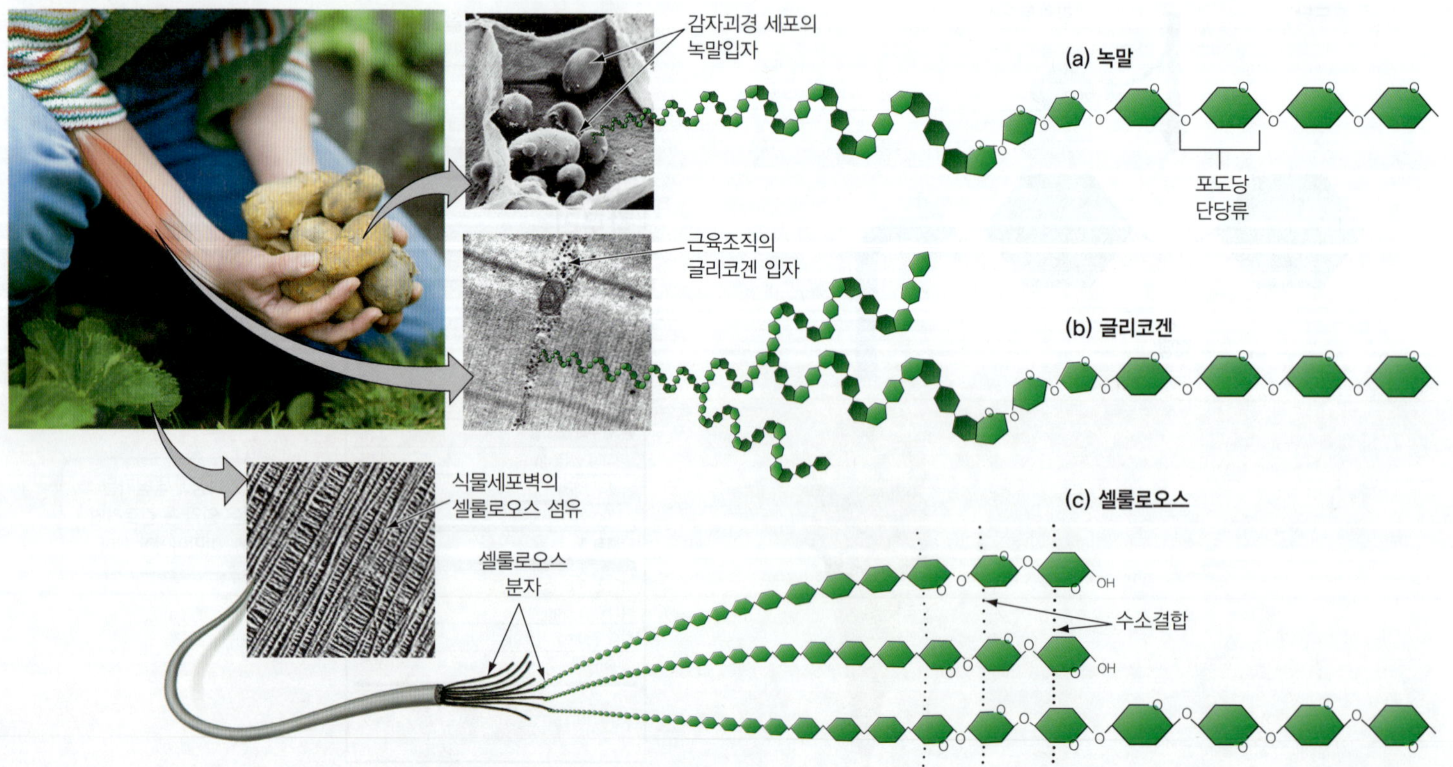

3.4 지질

대부분의 탄수화물은 물에서 쉽게 녹는 **친수성(hydrophilic,** "물을 좋아하는") 분자이다. 반대로 **지질(lipid)**은 물을 싫어하는 **소수성 (hydrophobic,** "물을 무서워하는")이다. 따라서 이것들은 물과 섞이지 않는다. 기름과 식초를 합쳤을 때 이러한 화학적 현상을 보게 된다. 지질의 한 종류인 기름은 물이 대부분인 식초와 분리된다(그림 3.10). 병을 세게 흔들면, 샐러드에 드레싱하기에 충분한 시간 동안 일시적인 혼합이 일어나지만, 흔들기를 멈추고 가만히 놓아두면 쉽게 다시 분리된다. 탄수화물, 단백질, 핵산과는 달리 지질은 거대분자도 반복되는 단량체의 중합체도 아니다. 지질은 다른 분자적 구성단위로 구성된 다양한 부류의 분자들이다. 이제부터 주요한 두 종류의 지질인 지방과 스테로이드를 살펴볼 것이다.

▲그림 3.10 샐러드 드레싱의 소수성(기름)과 친수성(식초) 성분의 분리.

지방

전형적인 **지방(fat)**은 한 분자의 글리세롤 분자에 3개의 지방산 분자가 탈수반응을 통해 결합되어 있다(그림 3.11a). 이런 지방분자는 **트리글리세리드(triglyceride)**라고 하는데(그림 3.11b), 이 용어는 혈액검사의 결과에서 볼 수 있는 것이다. 지방산은 많은 에너지를 저장하고 있는 긴 분자(보통은 16-18개의 탄소)이다. 실제로 1파운드의 지방은 같은 무게의 탄수화물보다 두 배 많은 에너지를 갖고 있다. 이런 에너지 효율성의 부정적인 측면은 체중 감량을 원하는 사람이 과도한 지방을 "태워 없애기"가 매우 어렵다는 점이다. 우리는 장기간 쓸 수 있는 지방분자를 지방세포라는 특수화된 저장소에 저장하는데, 이 세포는 지방이 저장되거나 소비될 때 커지거나 작아진다. 이 지방조직 또는 체지방(과잉 지방이라고도 부름)은 에너지를 저장할 뿐 아니라 중요한 기관들에 대한 완충역할을 하며, 추울 때도 일정하고 따뜻한 체온을 유지할 수 있게끔 단열을 시켜준다.

그림 3.11b에서 맨 아래의 지방산은 탄소골격에서 이중결합이 있는 곳에서 구부러져 있는 것을 볼 수 있다. 지방산이 **불포화(unsaturated)**되어 있다는 것은 이것에는 이중결합 부위에서 수소의 수가 최대치보다 적기 때문이다. 지방산이 **포화(saturated)**되어 있다는 것은 이들이 수소원자를 최대로 가지고 있음을 뜻한다. 포화지방은 3개의 지방산이 모두 하나같이 포화되어 있는 지방을 말한다. 그림 3.11b에 있는 것처럼 한 개 이상의

▼그림 3.11 트리글리세리드 분자의 합성과 구조.

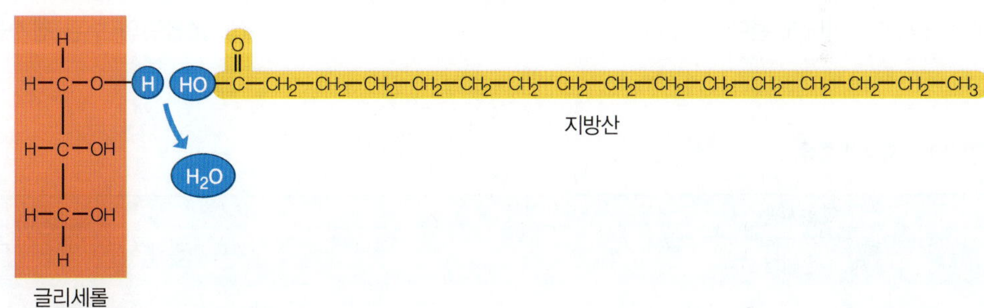

(a) 글리세롤에 지방산을 연결하는 탈수반응

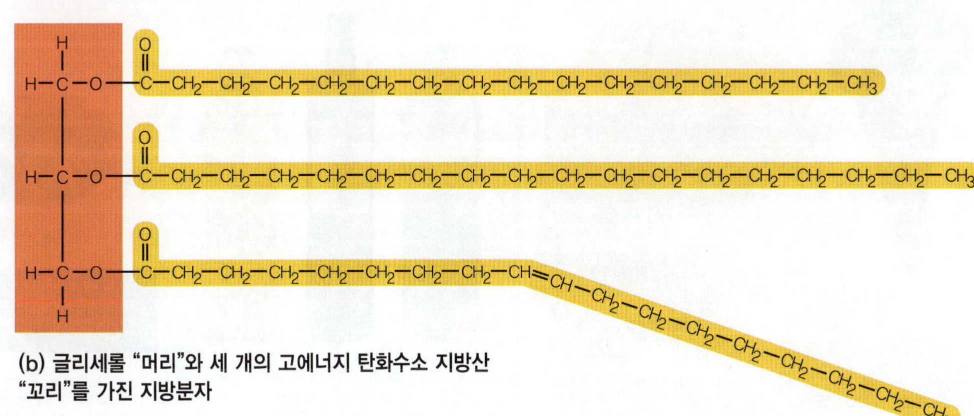

(b) 글리세롤 "머리"와 세 개의 고에너지 탄화수소 지방산 "꼬리"를 가진 지방분자

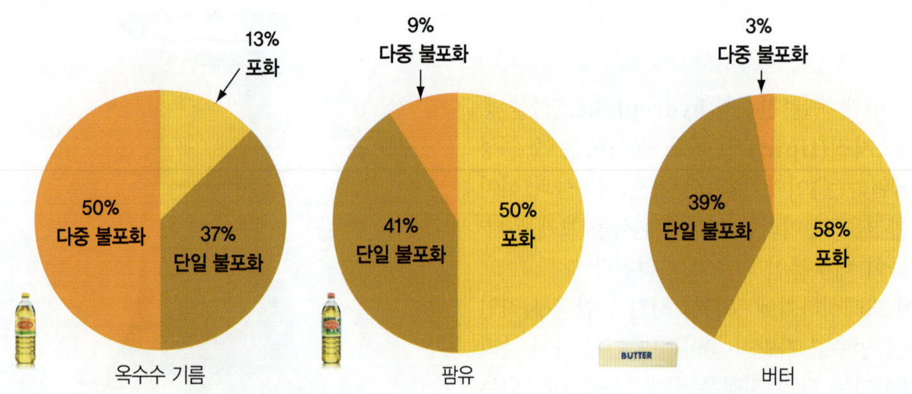

▲그림 3.12 **서로 다른 지방의 상대적인 양.** 서로 다른 세 종류의 기름으로부터 동일한 제공량에 들어 있는 총 지방은 포화지방, 단일 불포화지방(단일 이중결합을 갖는 불포화지방), 다중 불포화지방(2개 이상의 이중결합을 갖는 불포화지방)으로 나눠진다.

지방산이 불포화되어 있으면 그것은 불포화지방이다. 다중 불포화지방은 지방산 내에 여러 개의 이중결합을 갖고 있다.

버터와 베이컨 기름과 같은 대부분의 동물성 지방은 **그림 3.12**에 있는 버터의 원그래프에서 보듯이 포화지방산의 비율이 상대적으로 높다. 포화지방산의 직선 구조는 겹겹이 잘 쌓일 수 있기 때문에(벽의 벽돌과 같이) 실온에서 고체 상태로 있게 된다(**그림 3.13**). 포화지방이 많은 음식은 동맥경화를 촉진하여 심혈관 질환을 일으킬 수 있다. 이러한 조건에서 플라크라고 하는 지질함유 침적물이 혈관 내벽에 침착되어 혈액의 흐름을 감소시켜서 심장마비나 뇌졸중이 일어날 위험이 늘어나게 된다.

초콜릿이 입 안에서 녹아내리는 이유는 코코아 버터의 포화지방 함량이 높기 때문이다.

대부분의 식물성 기름은 상대적으로 불포화지방산이 많다(그림 3.12에 있는 옥수수기름의 원그래프 참조). 불포화지방산의 구부러진 모양은 고체가 만들어지기 어려워(평평하지 않은 벽돌 쌓기를 상상해 보자!) 대부분의 불포화지방은 실온에서 액체 상태로 있다. 기름은 액체지방이다. 주로 불포화되어 있는 지방의 예는 식물성 기름(옥수수기름이나 캐놀라유와 같은)과 생선 기름(대구 간유 같은)이 있다.

식물성 기름은 포화지방이 적은 경향이 있지만, 열대 식물성 기름은 예외가 된다(그림 3.12에 있는 팜유의 원그래프 참조). 초콜릿의 주된 첨가물인 코코아 버터는 포화지방과 불포화지방의

▼그림 3.13 **지방의 종류.**

혼합인데, 초콜릿은 체온 정도의 녹는 점을 가지고 있다. 따라서 초콜릿은 실온에서는 고체이지만, 입에서는 녹는다. 이것이 주는 기분 좋은 "입맛"이 초콜릿을 찾는 이유 중 하나이다.

식품 제조업체는 **수소화(hydrogenation)**라는 과정을 통해 불포화지방에 수소를 첨가시켜 포화지방으로 전환시킬 수 있다. 수소화된 기름은 빠르게 상하지도 않고 깊은 튀김 냄비에서 더 잘 튀겨진다. 불행하게도 수소화 과정에서 특히 건강에 좋지 않은 불포화 지방의 유형인 **트랜스지방(trans fat)**이 만들어질 수 있다. 2015년 미국식품의약국(FDA)은 부분적으로 수소화된 기름이 일반적으로 안전하지 않다고 결정하였는데, 이는 2018년까지 미국 식품공급에서 트랜스지방을 거의 완전히 단계적으로 퇴출되게 만들었다.

트랜스지방이 일반적으로 기피되고 있으며, 포화지방이 제한되고 있다 할지라도, 모든 지방이 건강에 해롭다는 것은 사실이 아니다. 사실 어떤 지방은 체내에서 중요한 기능을 수행하며 유익하고 건강 식단에 없어서는 안되는 것도 있다. 예를 들면 오메가-3 지방산을 함유하고 있는 지방은 심장질환의 위험을 줄여 주고, 관절염과 염증성 장질환의 증상을 경감시킨다. 이런 유익한 지방은 견과류와 연어처럼 기름이 많은 어류에 들어 있다. 계란이나 파스타와 같은 다른 음식으로도 오메가-3 지방산을 보충시킬 수 있다.

스테로이드

스테로이드(steroid)는 소수성이라는 특성 때문에 지질로 분류되지만, 그 구조와 기능은 지방과 매우 다르다. 모든 스테로이드는 4개의 융합된 고리가 부착된 탄소골격을 가지고 있다. 스테로이드는 고리에 붙어 있는 작용기에 차이가 있으며, 이러한 변이가 기능에 영향을 미친다. 흔히 알려진 스테로이드 중 하나가 콜레스테롤인데, 이것은 심혈관 질환과의 연관성 때문에 좋지 않게 인식되고 있다. 이것은 세포를 둘러싸는 막의 핵심 구성분이기도 하다. 이것은 또한 "기초 스테로이드"이기도 한데, 몸에서는 이것을 가지고 성호르몬인 에스트로겐과 테스토스테론과 같은 다른 스테로이드를 만들어낸다(그림 3.14). 이런 호르몬들은 각각 여성과 남성의 성적 특성의 발달에 필요하다.

테스토스테론은 남성에게서 사춘기 때 전체적인 근육과 골격의 모양을 만들고, 일생 동안 남성다운 특성을 유지시켜 준다. 단백동화스테로이드(anabolic steroid)는 남성 호르몬인 테스토스테론의 합성 변형물인데, 이들은 테스토스테론과 비슷한 효과를 낼 수 있다. 단백동화스테로이드는 암과 AIDS등과 같은 근육 소모를 일으키는 질병을 치료하는 데 처방된다. 하지만 일부 사람들은 자신의 근육을 단시간 안에 키우기 위해 단백동화스테로이드를 악용한다. 최근에 유명한 많은 운동선수들이 화학적으로 변형된 경기력 향상 단백동화스테로이드의 사용

▼그림 3.14 **스테로이드의 예.** 여기에 있는 스테로이드의 분자 구조에서 고리의 원자는 생략하여 단순화하였다. 테스토스테론과 에스트로겐 사이의 미묘한 차이가 포유동물의 암컷과 수컷 사이의 해부학적 또 생리학적 차이를 일으킨다. 이 예는 기능에 대한 분자 구조의 중요성을 설명해주고 있다.

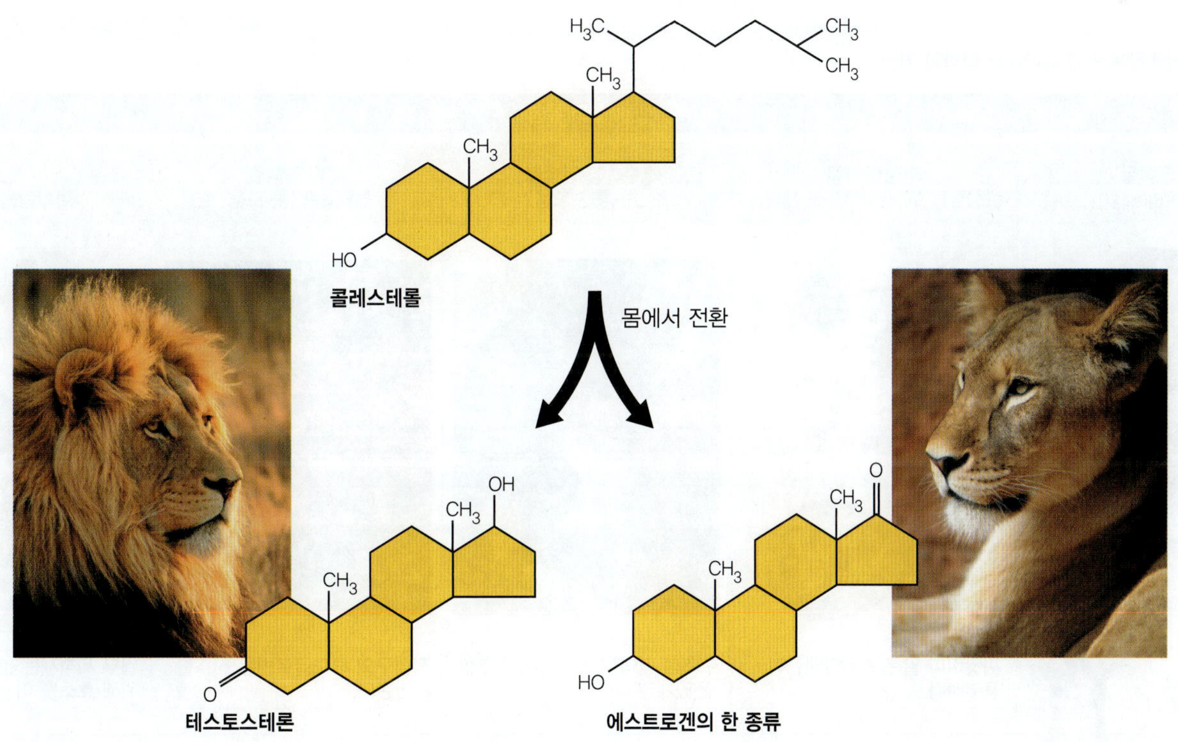

을 시인하였다(그림 3.15). 이러한 폭로는 홈런 기록이나 그 밖의 다른 운동에서의 성과에 대한 정당성에 의문을 불러일으킨다.

실제로 단백동화스테로이드를 사용하는 것은 고된 운동을 해서 달성할 수 있는 그 이상으로 몸의 크기를 빠르게 증가시킬 수 있는 방법이긴 하다. 하지만 대신 어떤 대가를 지불해야 하는가? 스테로이드의 남용은 격렬한 기분변화("스테로이드 분노"), 우울증, 간 손상, 고콜레스테롤증, 고환 수축과 성욕 저하, 그리고 불임 등을 일으킬 수 있다. 인공 단백동화스테로이드가 종종 정상적인 성호르몬의 생산을 감소시기 때문에 성과 관련된 증상들이 발생한다. 대부분의 체육기관은 단백동화스테로이드 사용을 금지하고 있는데, 그 이유는 인위적인 이점이라는 불공정성과 많은 잠재적인 건강상의 위험 때문이다. ✓

✓ 체크포인트

사람의 스테로이드 호르몬의 분자 구성분으로 작용하는 것은 어떤 스테로이드인가?

답: 테스토스테론

◀ 그림 3.15 **스테로이드와 현대의 운동선수.** 야구선수 마크 맥과이어는 스테로이드 복용을 인정했다.

3.5 단백질

단백질(protein)은 아미노산 단량체의 중합체이다. 단백질은 대부분 새포들의 건조 중량의 50% 이상이며, 세포들이 수행하는 대부분의 기능의 수단이 된다(그림 3.16). 단백질은 여러분 몸의 "일벌"이다. 만일 어떤 일이 일어나고 있다면, 그 일을 수행하는 단백질이 있을 가능성이 충분하다. 몸에는 수만 가지 종류의 단백질이 있는데, 각 단백질은 특이적인 기능에 맞는 고유한 삼차구조를 가지고 있다. 실제로 단백질은 체내에서 구조적으로 가장 복잡한 분자이다.

머리카락과 스테이크는 둘 다 단백질로 이루어져 있다.

단백질의 단량체: 아미노산

모든 단백질은 20종류의 아미노산으로 만들어진 거대분자이다. 각 **아미노산(amino acid)**은 4개의 공유결합 짝과 결합된 중심 탄소로 이루어져 있다. 부착된 것 중 3개는 모든 아미노산에서 공통적인데, 카르복실기(—COOH), 아미노기(—NH_2), 그리고 수소원자이다. 측쇄(또

▼그림 3.16 **단백질에 의해 나타내는 다양한 기능.**

단백질의 유형				
구조단백질 (지지 역할 제공)	저장단백질 (성장을 위한 아미노산 제공)	수축성 단백질 (운동을 도움)	운반단백질 (물질운반을 도움)	효소 (화학반응을 도움)
구조단백질은 머리카락과 뿔에 단단함을 제공한다.	씨앗이나 알은 저장단백질이 풍부하다.	수축성 단백질은 근육이 수축할 수 있게 한다.	적혈구의 헤모글로빈은 산소를 운반한다.	일부 세척제는 분자를 분해하기 위해 효소를 이용한다.

는 R기)라고 하는 아미노산의 가변성분이 중심탄소의 네 번째 결합에 붙어 있다(그림 3.17a). 각 아미노산은 고유한 측쇄를 가지기 때문에 아미노산마다 특별한 화학적 성질을 갖게 된다(그림 3.17b). 어떤 아미노산은 매우 단순한 측쇄를 가지고 있다. 예를 들면 글리신은 측쇄가 하나의 수소를 가지고 있다. 또 어떤 아미노산은 보다 복잡한 측쇄, 가지들을 가진 것, 또는 그것들 안에 고리를 가지고 있다. ✓

✓ 체크포인트

1. 다음 중 단백질로 만들어진 것이 아닌 것은? 머리카락, 근육, 셀룰로오스, 효소
2. 모든 단백질의 단량체는 무엇인가? 아미노산의 부분 중 서로 다른 부분은 무엇인가?

답: 1. 셀룰로오스는 탄수화물이다. 2. 아미노산; 측쇄

단백질 형태

세포는 탈수반응으로 아미노산을 서로 연결시킨다. 인접한 아미노산 사이의 결합을 **펩티드결합(peptide bond)**이라고 한다(그림 3.18). 이렇게 해서 만들어진 아미노산의 긴 사슬을 **폴리펩티드(polypeptide)**라고 한다. 기능성 단백질은 정확히 꼬이고 접히고 감겨서 고유한 형태의 분자를 이루는 하나 또는 그 이상의 폴리펩티드 사슬이다. 폴리펩티드와 단백질의 차이는 긴 실가닥과 스웨터 사이의 관계에 비견될 수 있다. 기능적이 되려면, 긴 섬유(실)는 특이적인 형태(스웨터)로 정확하게 짜여야 한다.

몸에 있는 굉장히 많은 다양한 종류의 단백질이 어떻게 불과 20종류의 아미노산으로부터 만들어지는 것이 가능한가? 답은 그 배열에 있다. 단백질의 알파벳 철자의 개수는 영어의 알파벳보다는 조금 적지만(20개), 전형적인 폴리펩티드도 수백 개 또는 수천 개의 아미노산 길이를 가질 정도로 그 "단어"는 영어 단어보다 훨씬 길게 나타난다. 각 영어 단어가 철자의 고유한 배열로 되어 있듯이 각 단백질도 선형으로 된 고유한 아미노산 서열을 갖는다.

아미노산 서열은 그 단백질의 3차구조를 결정하는데, 이것은 단백질이 특정 기능을 수행할 수 있게 해준다. 거의 모든 단백질들은 다른 분자에 결합함으로써 작용한다. 예를 들면 락타아제의 형태는 젖당이 결합할 수 있게 해준다. **모든 단백질에서 그 구조와 기능은 서로 밀접한 관계되어 있다.** 단백질의 기능은 그것의 구조의 결과이다. 그림 3.19의 리본모델에 있는 꼬임과 회전은 단백질이 자신의 일을 할 수 있게 해주는 단백질의 모양을 나타낸다.

예를 들면 "tasty(맛있는)"와 "nasty(더러운)"처럼 글자 하나만 바뀌어도 그 단어의 의미가 크게 달라질 수 있다. 이와 유사하게 아미노산 서열에서 약간의 변화만 생겨도 단백질 기능이 영향을 받을 수 있다.

▼그림 3.17 **아미노산.** 모든 아미노산은 공통 작용기를 공유하지만 측쇄는 다양하다.

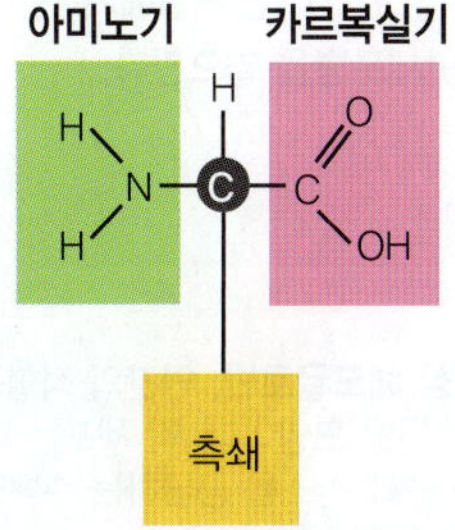

(a) 아미노산의 일반 구조

류신 세린

(b) 소수성 측쇄와 친수성 측쇄를 가진 아미노산의 예. 아미노산 중 류신의 측쇄는 소수성이다. 반면 아미노산 중 세린의 측쇄는 수산기(–OH)를 가지므로 친수성이다.

▼그림 3.18 **아미노산의 결합.** 탈수반응은 인접한 아미노산들을 펩티드결합으로 연결한다.

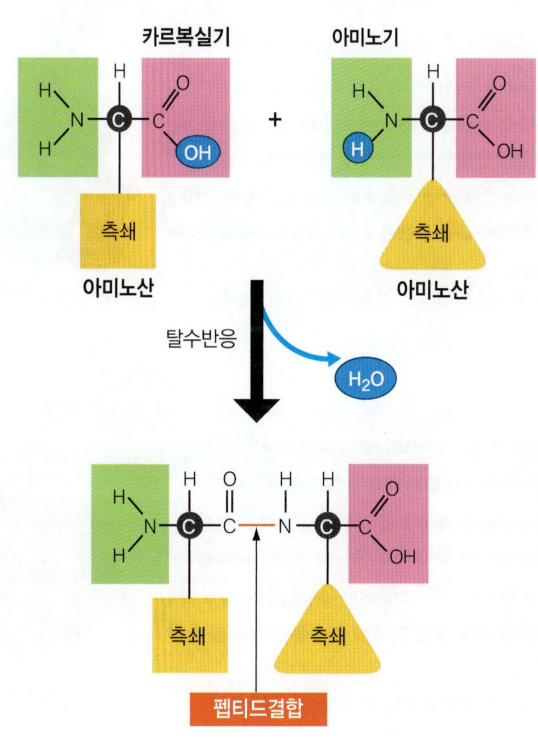

▼그림 3.19 단백질의 구조. 꾸불꾸불하게 그려진 아래의 사슬은 우리의 눈물이나 땀에서 볼 수 있는 세균 감염을 억제하는 효소인 리소자임의 폴리펩티드의 아미노산 서열을 나타낸다. 아미노산의 이름은 세 개의 약자로 나타내었다. 예를 들면 아미노산의 하나인 알라닌은 "Ala"로 간략하게 쓴다. 이런 아미노산 서열은 특이적인 구조를 갖는 단백질로 접힌다. 아래에 컴퓨터에 의해 표현된 2개의 모델이 있다. 이런 특이적인 구조 없이는 단백질은 그 기능을 수행해낼 수 없다.

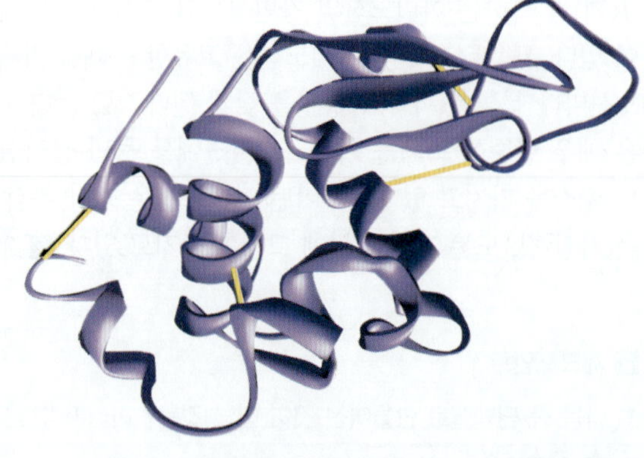

폴리펩티드가 어떻게 조밀한 모양으로 접히는지 볼 수 있다.

H, H, N, C, C, O, OH, CH_2, OH

하나의 아미노산(알라닌)

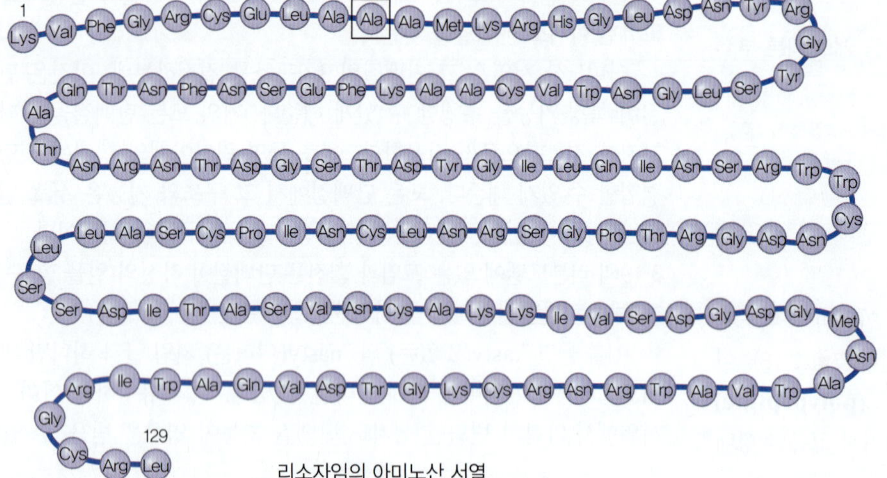

리소자임의 아미노산 서열

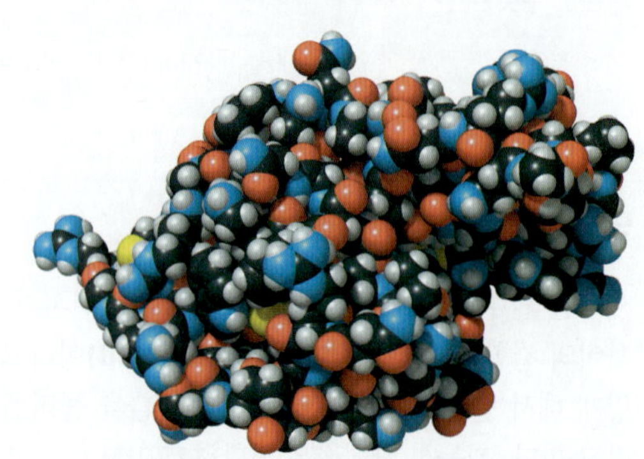

이 모형은 단백질의 구조를 자세하게 보여준다.

◀그림 3.20 단백질에서 한 아미노산의 치환이 낫세포병을 일으킨다.

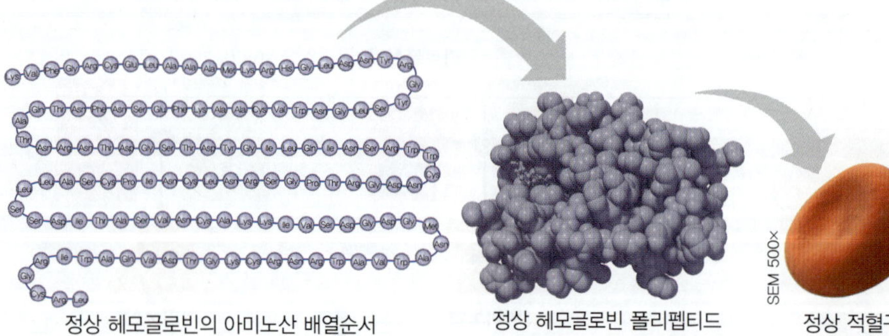

정상 헤모글로빈의 아미노산 배열순서

정상 헤모글로빈 폴리펩티드

SEM 500×

정상 적혈구

(a) 정상 헤모글로빈. 인간의 적혈구는 정상적으로는 원반 모양이다. 각 세포는 폐로부터 신체의 모든 기관에 산소를 공급하는 수백만의 헤모글로빈 분자를 가지고 있다.

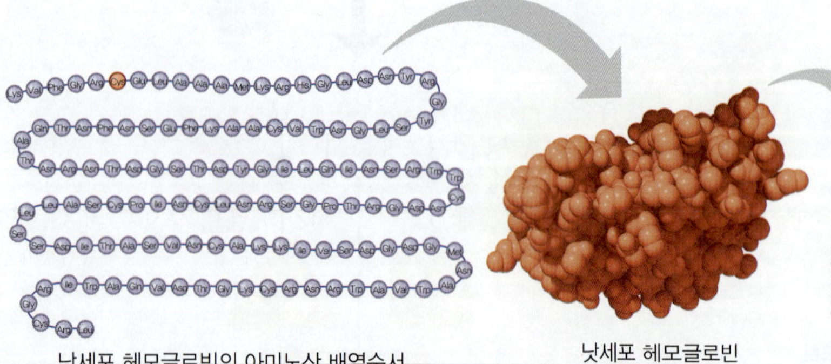

낫세포 헤모글로빈의 아미노산 배열순서

낫세포 헤모글로빈 폴리펩티드

SEM 500×

낫형 적혈구

(b) 낫세포 헤모글로빈. 헤모글로빈의 아미노산 서열에 약간의 변화가 낫세포병을 일으킨다. 글루탐산이 발린으로 바뀐 한 아미노산의 유전적인 치환은 그 중합체의 6번째 위치에서 일어난다. 이러한 비정상적인 헤모글로빈 분자들은 결정화되는 경향이 있는데, 적혈구는 낫 모양으로 그 세포 모양이 바뀌어 버린다. 이 질환을 갖는 사람은 모가 난 이런 모양의 세포가 작은 혈관에 쌓여 혈액의 흐름을 방해하기 때문에 위험하다.

▼그림 3.21 **잘못 접힌 단백질이 어떻게 뇌질환을 일으키는가.** 여기에서 프리온 단백질이 어떻게 뇌조직의 파괴를 초래하는지 볼 수 있다.

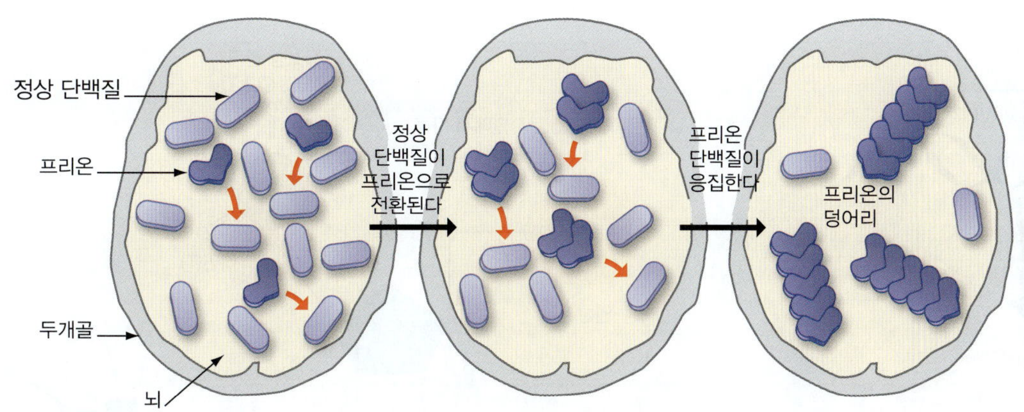

프리온은 사슴, 엘크, 그리고 무스 등 여러 동물에서 심각한 체중 감소를 일으킨다. 이것은 또한 광우병을 일으킨다.

예를 들면 산소를 운반하는 혈액 단백질인 헤모글로빈에서 특정 위치의 한 개의 아미노산이 다른 아미노산으로 치환되면 유전 혈액질환인 낫세포병이 생긴다(그림 3.20). 헤모글로빈의 146개 아미노산에서 145개가 같을지라도 1개가 다르면 단백질이 다른 구조로 접히게 되는데, 그것은 기능을 변경시키고, 병을 일으키게 된다. 잘못 접힌 단백질은 여러 가지 심각한 뇌질환과 관련되어 있다. 예를 들면 그림 3.21에 보이는 질환은 모두 정상 뇌단백질이 잘못 접힌 프리온에 의해 발생한다. 프리온은 뇌로 침투될 수 있어서, 정상적으로 접힌 단백질을 비정상 구조로 전환시킨다. 잘못 접힌 단백질의 덩어리는 결국 뇌기능을 치명적으로 파괴시킨다.

아미노산 서열 의존성에 덧붙여 단백질의 모양은 주변 환경에 민감하다. 온도, pH, 또는 그 밖의 인자들이 비정상적으로 변화되면 단백질은 풀려서 본래의 모양을 잃게 된다. 달걀을 요리할 때 투명한 흰자가 불투명하게 변하는 것은 흰자 단백질의 변성이 그 원인이다. 변성된 단백질은 물에 녹지 않게 되고 흰 고체가 되어 버린다. 체온이 높아지면 매우 위험해지는데, 그 이유 중 하나는 체온이 40℃ 이상 되면 몸에서 일부 단백질이 변성되기 때문이다. 단백질의 아미노산 서열을 결정하는 것은 무엇인가? 각 폴리펩티드 사슬의 아미노산 서열은 유전자에 의해 정해진다. 그리고 유전자와 단백질의 이러한 관계는 이 장의 마지막 커다란 생물분자인 핵산으로 이끈다. ✓

✓ 체크포인트

아미노산의 변화가 어떻게 그 단백질의 기능을 바꿀 수 있는가?

답: 아미노산을 변화시키는 것은 단백질의 구조를 변화시키고, 이것은 기능을 변화시킨다.

3.6 핵산

핵산(nucleic acid)은 단백질을 만드는 정보를 저장하고 지시서를 제공하는 거대분자이다. 핵산의 핵이라는 글자는 이 분자가 진핵세포의 핵 안에 위치하고 있다는 사실에서 유래한 것이다. 실제로 두 종류의 핵산이 있는데, 그것은 **DNA**(deoxyribonucleic acid, 디옥시리보핵산)와 **RNA**(ribonucleic acid, 리보핵산)이다. 사람을 비롯한 그 밖의 다른 생물들은 이들의 부모로부터 물려받는 유전물질이 거대분자인 DNA로 구성되어 있다. DNA는 염색체라고 부르는 매우 긴 실 모양으로 세포 안에 하나 이상 존재한다. **유전자(gene)**는 어떤 폴리펩티드의 아미노산 서열을 프로그래밍하는 DNA의 특정 부위에 암호화된 유전의 한 단위이다. 하지만 이렇게 프로그램된 지시서는 "핵산 언어"로부터 "단백질 언어"로 번역되어야 하는 일종의 화학적 암호로 쓰여 있다(그림 3.22). 세포의 RNA 분자는 이런 번역을 할 수 있게 도와준다(10장 참조). **DNA, RNA, 단백질의 세 가지 유형의 분자가 상호작용함으로써 유전정보가 한 세대에서 다음 세대로 전달되어 생명의 연속성이 보장된다.**

핵산은 **뉴클레오티드(nucleotide)**라는 단량체로 만들어진 중합체이다(그림 3.23). 각 뉴클레오티드는 세 부분으로 되어 있다. DNA의 경우에는 디옥시리보오스, RNA의 경우에는 리보오스라는 5탄당(그림에서 파란색)이 각 뉴클레오티드의 중심에 있다. 인 원자에 산소원자가 결합되어(PO_4^-) 음전하를 띠는 인산기(노란색)가 당에 결합되어 있다. 또한 하나 또는 두 개의 고리로 구성된 질소 함유 염기(초록색)도 당에 결합되어 있다. 당과 인산은 모든 뉴클레오티드에서 같고 단지 염기만 다르다. DNA의 각 뉴클레오티드는 4가지 염기, 즉 아데닌(A), 구아닌(G), 시토신(C), 또는 티민(T) 중 하나를 가진다(그림 3.24). 따라서 모든 유전정보는 4개의 알파벳 철자로 쓰여 있다.

▼그림 3.22 **단백질 합성.** 세포 안에서 유전자(DNA의 한 부분)는 RNA 분자를 만들도록 지시하고, 다음 이 RNA는 단백질로 번역될 수 있다.

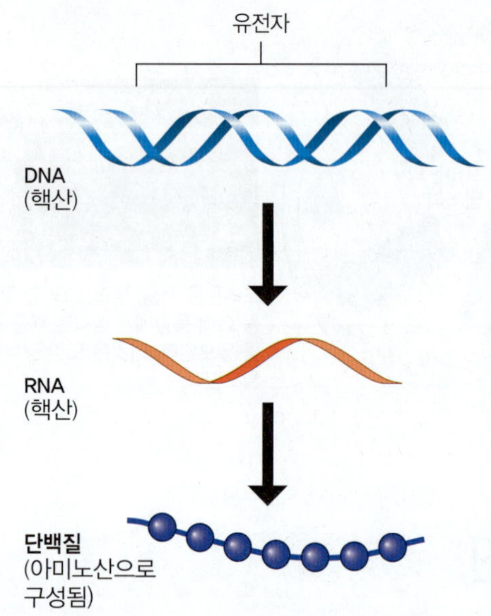

▼그림 3.23 **DNA 뉴클레오티드.** DNA 뉴클레오티드 단량체는 세 부분으로 구성되어 있다. 그것들은 당(디옥시리보오스), 인산, 그리고 질소성(질소 함유) 염기이다.

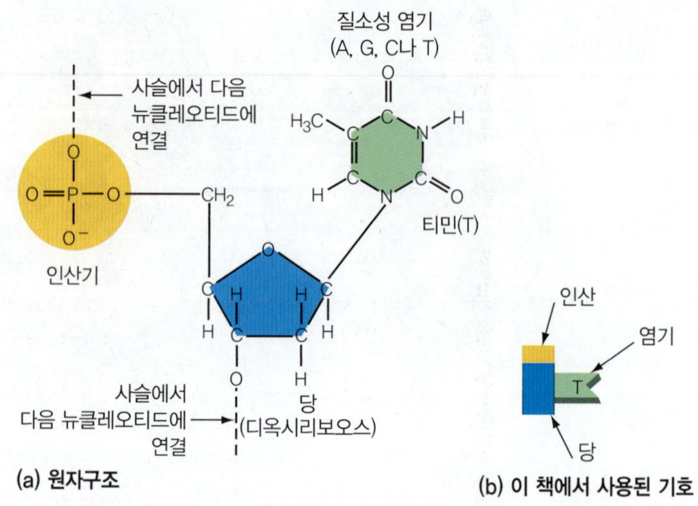

우리의 DNA 구조는 모기나 코끼리의 DNA 구조와 거의 차이가 없다.

탈수반응은 뉴클레오티드 단량체를 폴리뉴클레오티드라고 하는 긴 사슬로 연결시킨다(그림 3.25a). 폴리뉴클레오티드에서 뉴클레오티드는 하나의 뉴클레오티드의 당과 다음 뉴클레오티드의 인산 사이의 공유결합에 의해 서로 결합된다. 이것은 부속지처럼 골격에 매달려 있는 염기(A, T, C, 또는 G)와 함께 당-인산-당-인산의 반복 패턴인 **당-인산 골격(sugar-phosphate backbone)**을 만들게 된다. 4종류 염기의 다양한 조합이 가능하므로, 폴리뉴클레오티드 서열은 그 종류가 굉장히 많을 수 있다. 하나의 긴 폴리뉴클레오티드는 각각 수백 또는 수천 뉴클레오티드의 특이적인 서열로 된 많은 유전자를 포함한다. 이러한 서열은 아미노산으로부터 특이적인 폴리펩티드를 만드는 지시서를 제공하는 암호이다.

세포의 DNA 분자는 두 가닥으로 되어 있는데, 이 두 폴리뉴클레오티드 가닥은 서로가 꼬여 **이중나선(double helix)**을 형성한다(그림 3.25b). 적색 나선과 흰색 나선이 서로 꼬여 합쳐진 모양의 사탕지팡이를 생각해 보자. 나선의 중심부에서 한 DNA 가닥에 붙어 있는 염기가 다른 가닥의 염기와 수소결합을 한다. 물분자 사이의 수소결합처럼 이 결합은 각각은 약하지만, 전체를 보면 지퍼를 잠근 것처럼 두 가닥을 매우 안정된 이중나선으로 만들어 준다. 작용기가 염기에 붙어 있는 방식때문에 DNA 이중나선에서 염기쌍의 형성은 특이적이다. 즉 염기 A는 오직 T하고만 쌍을 이루고, G는 오직 C하고만 쌍을 이룬다. 따라서 만일 한 DNA 가닥의 염기서열을 알면 이중나선의 상보적인 가닥의 염기서열도 알 수 있게 된다. 이 독특한 염기쌍 형성은 유전의 분자로서 행동하는 DNA 능력의 기초가 된다(10장 참조).

▼그림 3.24 **DNA의 질소성 염기.** 아데닌과 구아닌은 이중 고리구조를 가지며, 티민과 시토신은 단일 고리구조를 갖는다.

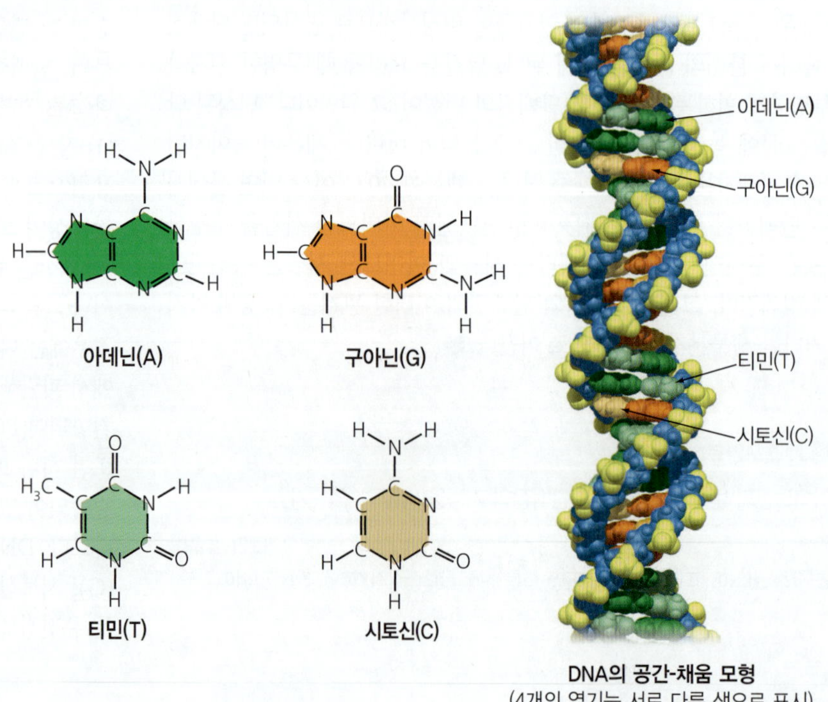

▼**그림 3.25 DNA의 구조.** DNA 분자에서 염기쌍 형성은 특이적이다. A는 항상 T와 쌍을 이루며, G는 항상 C와 쌍을 이룬다.

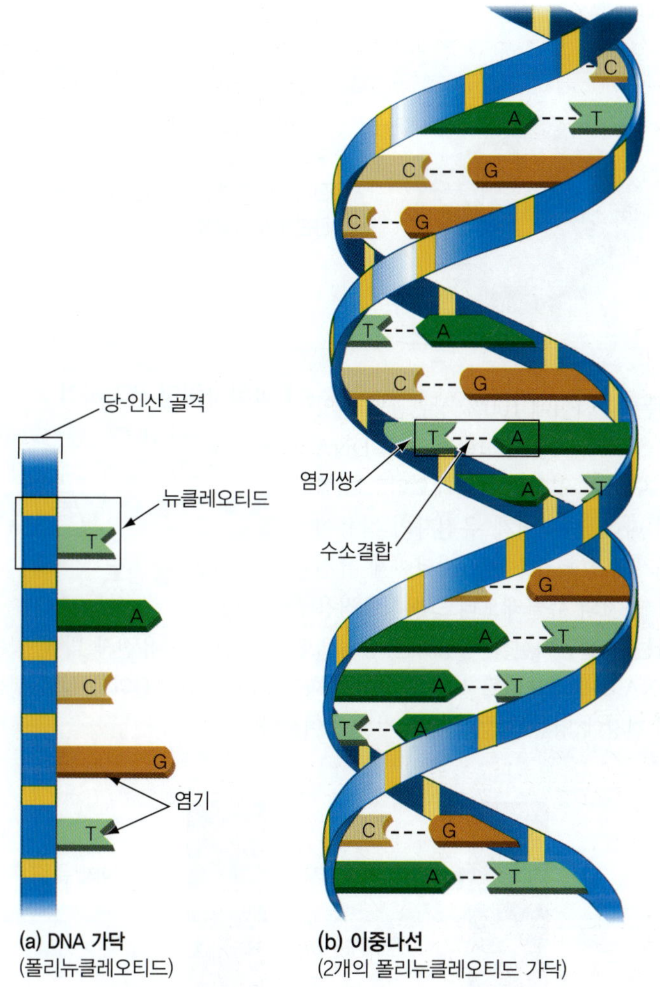

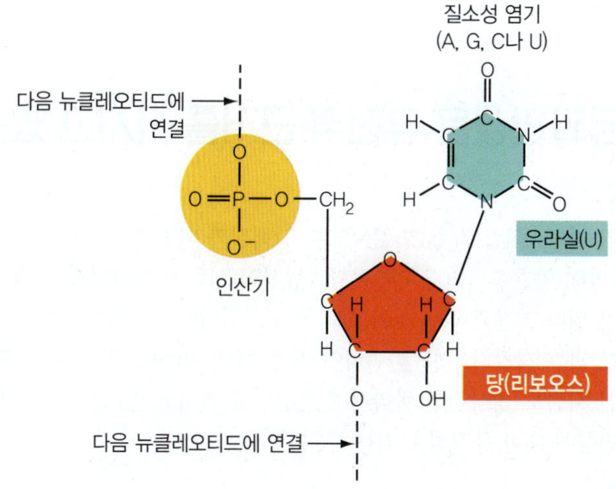

▲**그림 3.26 RNA 뉴클레오티드.** 이 RNA 뉴클레오티드는 그림 3.23의 DNA 뉴클레오티드와 두 가지 면에서 다르다는 것을 주목하자. RNA의 당은 디옥시리보오스가 아닌 리보오스이고, 염기는 티민(T) 대신 우라실(U)이다.

DNA와 RNA는 많은 유사성을 가지고 있다. 예를 들면 둘 다 뉴클레오티드의 중합체이며, 또한 둘 다 당, 인산, 염기로 구성된 뉴클레오티드로 되어 있다. 그러나 세 가지의 중요한 차이점이 있다. (1) 리보핵산이라는 이름에서 알 수 있듯이 RNA에 있는 당은 디옥시리보오스가 아닌 리보오스이다. (2) 티민 염기 대신에 RNA는 비슷하지만 다른 염기인 우라실(U)을 갖는다(그림 3.26). 리보오스와 우라실의 존재를 제외하고, RNA 폴리뉴클레오티드 사슬은 DNA 폴리뉴클레오티드 사슬과 동일하다. (3) RNA는 살아 있는 세포 안에서 통상 단일 가닥의 형태인 반면, DNA는 통상 이중나선으로 존재한다.

지금까지 핵산의 구조에 대해 배웠고, 이제부터 뉴클레오티드 서열의 변화가 단백질 생산에 어떻게 영향을 미칠 수 있는지에 대해 배울 것이다. 이런 점을 설명하기 위해 익숙한 상태로 돌아갈 것이다. ✓

✓ 체크포인트

1. DNA는 _____ 개의 폴리뉴클레오티드 가닥을 함유하고 있으며, 각 가닥은 _____ 종류의 뉴클레오티드로 이루어져 있다.
2. 하나의 DNA 가닥이 GAATGC로 된 서열을 갖고 있다면, 상보적인 다른 가닥에서 이 부위의 서열은 무엇인가?
3. 어떤 생물학자가 말한 다음 이야기에서 밑줄을 채워 보시오.
"나는 모든 핵산 중에서 RNA를 가장 좋아한다. 왜냐하면 _______가 들어 있기 때문이다!"

답: 1. 2; 4 **2.** CTTACG **3.** U

과학연구의 과정 젖당과민성

젖당과민성은 유전적 근거를 가지고 있는가?

배경

효소인 락타아제(그림 3.27a)는 모든 단백질과 마찬가지로 DNA 유전자에 의해 암호화되어 있다. 젖당과민성인 사람은 락타아제 유전자에 결함이 있다고 생각하는 것이 합리적인 가설이다. 하지만 이러한 가설은 관찰과는 다르다. 젖당과민성이 가족내력일지라도 대부분의 젖당과민성인 사람도 정상적인 락타아제 유전자를 가지고 있다. 그렇다면 젖당과민성에 대한 유전적 근거는 무엇인가?

방법

과학자 한 팀이 젖당과민성이 락타아제 유전자 바깥쪽에 떨어져 있는 2번 염색체 부위의 한 뉴클레오티드와 상관관계가 있다고 제안했다(그림 3.27b). 이 가설을 검증하기 위해 9가계에서 196명의 젖당과민성인 사람들의 염색체를 조사했다.

결과

이들의 결과는 젖당과민성과 그 부위에서 티민(T)이 아닌 시토신(C)을 갖는 것 사이에 100% 상관관계가 있음을 보여 주었다(그림 3.27c). DNA 분자의 먼 영역의 뉴클레오티드 서열에 따라, 락타아제 유전자의 작용이 증가되거나 감소된다(락타아제 유전자 근처의 뉴클레오티드와 상호작용하는 조절단백질을 생성하는 방식으로). 이 연구는 유전자 밖에 있는 DNA 뉴클레오티드 서열의 작은 변화가 어떻게 단백질의 생성과 생물의 건강에 영향을 줄 수 있는지를 보여준다.

과학자처럼 생각하기

한 유전자의 외부에 있는 DNA에서의 변화가 어떻게 그 유전자에 여전히 영향을 줄 수 있는지 설명해 보시오.

답은 부록 C를 참조.

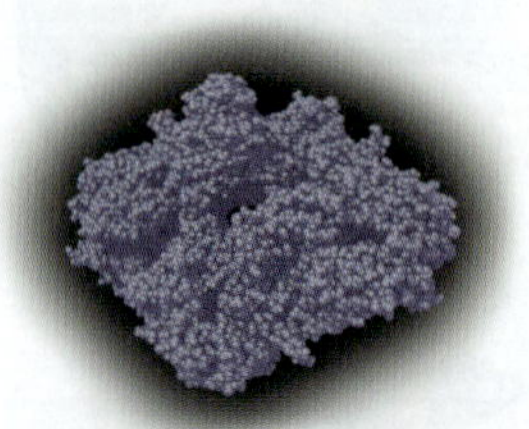

(a) 락타아제 효소

◀ 그림 3.27 **젖당과민성의 유전적 원인.** 연구결과에 따르면 젖당과민성과 락타아제 유전자 외부에 위치한 뉴클레오티드 사이의 상관관계가 밝혀졌다.

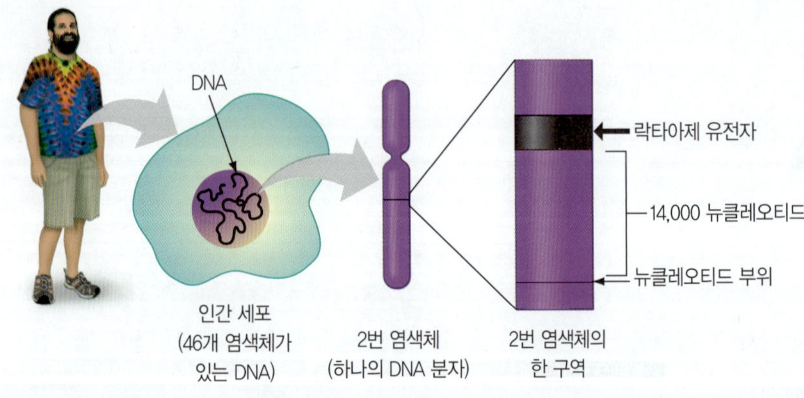

(b) 락타아제 유전자 및 뉴클레오티드 부위의 위치

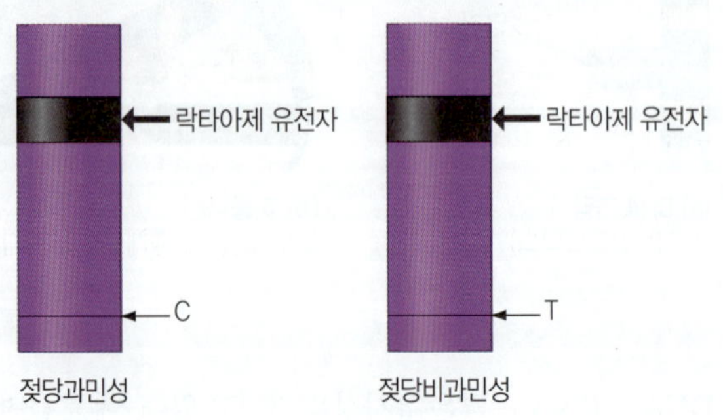

(c) 젖당과민성과 젖당비과민성을 결정하는 뉴클레오티드 차이

진화와 연결 젖당과민성

사람의 젖당과민성의 진화

젖당과민성은 아프리카계 미국인과 미국원주민의 80%, 아시아계 미국인의 90%에서 발견되지만 북유럽계 미국인의 경우 10% 정도밖에 되지 않는다. 진화적 관점에서 볼 때 젖당과민성은 북유럽인 중에는 드물다고 추측하는 것이 합리적인데, 그 이유는 젖당에 대한 비과민성이 그들의 조상들에게 생존의 이점을 제공하였기 때문이다. 상대적으로 추운 북유럽의 기후에서 가축들이 주요 식량원이었다. 소는 북유럽에서 8,000년 전에 처음으로 가축화되었다. 1년 내내 유제품을 이용할 수 있게 되면서 자연선택은 유아기를 지나서도 락타아제 유전자가 지속적

으로 작동하는 돌연변이를 지닌 사람을 선호할 것이다. 유제품이 식사에 주된 음식이 아닌 문화에서는 자연선택이 그러한 돌연변이를 선호하지 않을 것이다.

연구자들은 낙농가축을 유지해 온 다른 문화에서도 젖당비과민성에 대한 유전적 근거가 존재하는지 궁금하였다. 이들은 유제품을 사용하는 동아프리카의 43개 민족 집단의 유전자 구성과 젖당비과민성을 비교하였다(그림 3.28). 이들은 락타아제 유전자를 활성화시키는 3가지 다른 유전자 변화를 확인했다. 이들 돌연변이는 고고학적 증거로부터 아프리카 지역에서 소의 가축화가 나타난 약 7,000년 전에 시작된 것처럼 보인다.

이 연구는 젖당과민성이 인간의 표준이며 "젖당비과민성"이 비교적 최근의 돌연변이임을 보여준다. 우유를 마심으로써 추운 날씨에 살아남거나 가뭄을 이겨낼 수 있는 유리한 입장에 서게 한 유전적 변화들이 이들 초기의 사람에서 급속히 퍼져나갔다. 따라서 우유를 소화할 수 있는지 여부는 여러분의 조상들의 문화적 역사에 대한 진화적 기록인 것이다.

▼그림 3.28 **북유럽과 아프리카에서 주식으로 수확되는 우유.**

복습

주요 개념의 요약

유기화합물

3.1 탄소화학

탄소원자는 다른 탄소원자를 포함하여 4 파트너와 결합함으로써 크고 복잡하고 다양한 분자를 형성할 수 있다. 유기화합물은 탄소골격의 크기와 모양에서의 차이 외에도 여러 작용기의 존재 여부와 위치에 따라 다양하다.

3.2 작은 구성단위에서 거대분자로

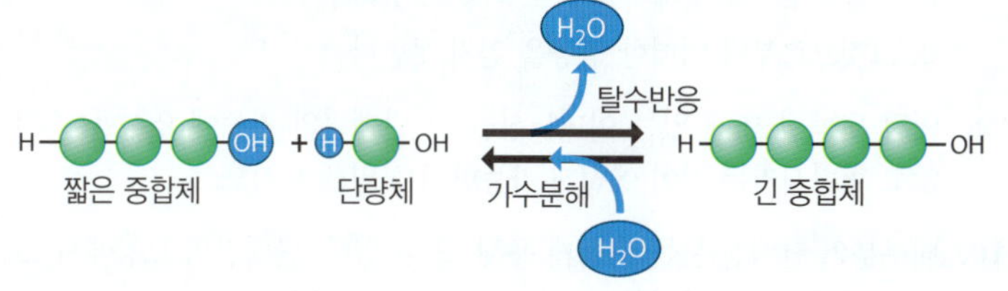

커다란 생물분자

커다란 생물분자	기능	구성	예
탄수화물	식량에너지; 저장; 식물 구조	단당류	단당류: 포도당, 과당; 이당류: 젖당, 설탕; 다당류: 녹말, 셀룰로오스
지질	장시간 에너지 저장(지방); 호르몬(스테로이드)	지방산 글리세롤 트리글리세리드의 구성	지방(트리글리세리드); 스테로이드(테스토스테론, 에스트로겐)
단백질	효소, 구조, 저장, 수축, 운반 등	아미노기 카르복실기 측쇄 아미노산	락타아제(효소); 헤모글로빈(운반단백질)
핵산	정보저장	인산 염기 당 뉴클레오티드	DNA, RNA

3.3 탄수화물

단당류는 세포에 에너지와 구성물질을 제공한다. 설탕과 같은 이당류는 탈수반응에 의해 결합된 2개의 단당류로 구성되어 있다. 다당류는 당단량체의 긴 중합체이다. 식물의 전분과 동물의 글리코겐은 저장다당류이다. 동물이 소화할 수 없는 식물 세포벽의 셀룰로오스는 구조다당류의 예이다.

3.4 지질

지질은 소수성이다. 지질의 한 형태인 지방은 동물에서 장기 에너지 저장의 주요 형태이다. 지방 또는 트리글리세리드 한 분자는 글리세롤 한 분자에 탈수반응에 의해 결합된 3개의 지방산으로 구성되어 있다. 대부분의 동물지방은 포화되어 있는데, 이것은 지방산이 최대수의 수소를 가지고 있다는 것을 의미한다. 식물 기름은 주로 불포화지방을 함유하고 있는데, 탄소 골격 안의 이중결합 때문에 이것은 지방산에 보다 적은 수의 수소를 가지고 있다. 콜레스테롤과 성호르몬을 포함하는 스테로이드도 지질이다.

3.5 단백질

단백질의 단량체인 아미노산에는 20종이 있다. 이것들은 탈수반응에 의해 결합되어 폴리펩티드라는 중합체를 형성한다. 단백질은 하나 또는 그 이상의 폴리펩티드로 구성되어 있으며, 접혀서 특이적인 3차구조를 형성한다. 단백질의 구조는 그 단백질의 기능을 결정한다. 폴리펩티드의 아미노산 서열을 변화시키면 구조가 변형되고, 따라서 그 단백질의 기능도 변화된다. 단백질의 구조는 환경에 민감하다. 만일 단백질이 환경의 변화로 고유의 구조를 잃게 된다면, 그 기능도 잃게 된다.

3.6 핵산

핵산에는 RNA와 DNA가 있다. DNA는 염기 사이의 수소결합에 의해 유지되는 2개의 DNA 가닥(뉴클레오티드의 중합체)인 이중나선의 형태를 취하고 있다. DNA 염기는 아데닌(A), 구아닌(G), 티민(T), 그리고 시토신(C) 등 4종류이다. A는 T와, G는 C와 항상 쌍을 이룬다. 이런 염기쌍 규칙은 DNA가 유전분자로서의 역할을 하도록 해준다. RNA는 T 대신 U(우라실)을 가지고 있다.

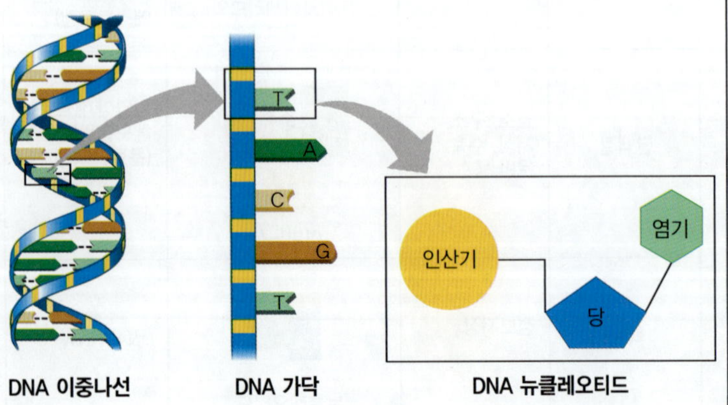

자습문제

1. 메탐페타민의 한 이성질체는 "크랭크(crank)"로 알려진 중독성 불법 마약이다. 또 다른 이성질체는 코 막힘 증상을 치료하는 약이다. 이 두 가지 이성질체의 서로 다른 효과를 어떻게 설명할 수 있는가?

2. 단량체는 ________ 반응을 통해 결합되어 큰 중합체를 형성한다. 이러한 반응은 ______ 한 분자를 방출한다.

3. 중합체는 ________(이)라는 화학반응을 통해 자신을 구성하고 있던 단량체로 분해된다.

4. 식탁용(음식을 만들 때 또 커피를 탈 때 통상 넣는) 당은 ________ 이다.
   a. 포도당이자 단당류
   b. 포도당이자 이당류
   c. 설탕이자 단당류
   d. 설탕이자 이당류

5. 포도당($C_6H_{12}O_6$) 두 분자가 탈수반응에 의해 결합할 때, 두 생성물의 화학식은 무엇인가? (힌트: 어떤 원자도 추가되거나 소실되지 않는다.)

6. 식품 지방 한 분자는 ______분자 하나에 _______ 분자 세 개가 결합해서 만들어진다. 이 분자의 공식 명칭은 무엇인가?

7. 정의에 따르면 어떤 지방산이 이중결합을 가지고 있는가?
   a. 스테로이드
   b. 트리글리세리드
   c. 불포화
   d. 포화

8. 사람과 그 밖의 동물들은 나무를 소화할 수 없는데, 그 이유는 이들은 ________.
   a. 어떤 탄수화물도 소화할 수 없다
   b. 그것을 충분히 잘게 씹을 수 없다
   c. 셀룰로오스를 분해하는 효소를 갖고 있지 않다
   d. 그것으로부터 어떠한 영양을 얻지 못한다

9. 어떤 단백질 내에 있는 아미노산을 그 단백질의 기능에 영향을 주지 않고 변화시키는 것이 어떻게 가능한지 설명해 보시오.

10. 대부분의 단백질은 물에 쉽게 용해 될 수 있다. 단백질의 모양에서 소수성 아미노산을 발견할 수 있는 곳은 어디인가?

11. 토양에서 인의 부족은 식물이 특히 ________을(를) 만드는 것을 어렵게 한다.
    a. DNA b. 단백질 c. 셀룰로오스 d. 지방산

12. 핵산은 ______ 단량체의 중합체이다.

13. DNA와 RNA의 세 가지 유사점과 세 가지 차이점을 말하시오.

14. 유전자의 구조와 기능은 무엇인가?

주된 주제 식별하기

아래의 각 문장에서 분명하게 드러난 주된 주제가 무엇인지(구조와 기능의 연관성, 정보의 흐름, 에너지와 물질의 변환경로, 생물계 내에서의 상호작용, 진화)를 식별하고, 그 내용이 그 주제와 어떻게 관련되는지를 설명하시오. 필요한 경우 주제들을 검토하고(1장 참조), 또 이 장에서 파란색 글자로 나타내어 강조한 예들을 검토해 보시오.

15. 식물은 포도당을 세포의 에너지원과 몸의 소재로 사용한다.

16. 전분과 셀룰로오스는 단당류 단량체의 결합체로 구성되어 있지만, 전분은 사람이 소화할 수 있는 방식으로 셀룰로오스는 분해될 수 없는 방식으로 결합되어 있다.

17. 우리의 유전적 유산은 염색체의 뉴클레오티드 서열에 포함되어 있다.

답은 부록 C를 참조.

과학연구의 과정

18. 미국식품의약국(FDA)의 과학자들은 케이크 믹스에 지방이 포함되어 있는지 확인하기 위해 케이크 믹스를 검사하고 있다. 그 믹스의 가수분해 산물로는 포도당, 과당, 글리세롤, 아미노산, 또 말단에 카르복실기를 갖는 긴 사슬의 분자들이 검출되었다. 이 믹스에 지방이 있는가?

19. 서로 다른 유형의 화학결합과 관련된 분자구조에 대한 지식을 바탕으로 이 장에서 논의 된 4종류의 거대분자 중 어느 것이 물에 녹고 어떤 것이 아닌지를 예측하고 그 이유를 설명하시오.

20. **자료 해석하기** 쿠키 1개에 대한 이 식품표시를 읽어 보시오. 1 g의 지방에는 9칼로리가 들어 있고, 1 g의 탄수화물이나 단백질에는 4칼로리가 들어 있다. 표시 상단에는 한 개의 쿠키에 총 140칼로리가 포함되어 있음을 보여주고 있다. 이 쿠키에서 지방, 탄수화물, 단백질의 백분율 칼로리는 얼마인가?

영양정보
총 8인분
1인분 양 쿠키 1개 28 g/1 oz

1인분당 칼로리	140
	% 일일 기준치*
총 지방 7g	11%
포화지방 3g	15%
트랜스 지방 0g	
콜레스테롤 10mg	3%
소듐 80mg	3%
총 탄수화물 18g	6%
식이 섬유 1g	4%
총 당 10g	
10g 첨가된 당 포함	100%
단백질 2g	

우리와 함께하는 생물학

21. 일부 운동선수들은 근육 강화("덩치 키우기")를 위해 단백동화스테로이드를 복용한다. 건강 위험에 대해서는 광범위하게 증거들이 제공되어 있다. 경기 성과를 올리기 위해 화학물질을 사용하는 것에 대해 여러분은 윤리적으로 어떻다고 생각하는가? 부정행위인가? 설명해 보시오.

22. 심장병은 미국과 그 밖의 산업화된 국가에서 첫 번째 사망 원인이다. 패스트푸드는 심장병에 심각하게 건강을 해치는 지방의 주요 원인이다. 여러분이 패스트푸드 제조업자가 유해한 제품을 생산한다고 소송이 걸린 법정에 앉아 있는 배심원이라고 상상해 보자. 여러분은 건강에 해로운 식품을 만든 제조업자가 그 제품의 건강 결과에 대해 어느 범위까지 책임을 져야 한다고 생각하는가? 배심원의 한 사람으로서 여러분은 어떻게 투표하겠는가?

23. 매년 기업에서 일하는 화학자들은 살충제, 항진균제, 그리고 제초제로 사용될 수천 종의 새로운 유기화합물들을 개발하고 시험한다. 이러한 화학물질들이 어떤 면에서 우리에게 유용하고 중요한가? 어떤 면에서 이것들이 해로울 수 있는가? 이러한 화학물질에 대해 여러분의 일반적인 의견은 긍정적인가 아니면 부정적인가? 이러한 화학물질들에 대해 여러분의 현재 의견을 갖도록 영향을 준 것은 무엇인가?

4 세포 여행

우리는 버섯과 어떤 공통점이 있나? 세포 수준에서 보면 꽤 많이!

차례 내용

세포는 왜 중요한가?

생명은 세포 수준에서 시작된다. 세포는 미세하지만 모든 생명의 과정을 지원할 수 있는 복잡한 장치들을 지니고 있다. 따라서 생물학에 대한 모든 연구는 세포구조의 조사로부터 도움을 받을 수 있다.

건물 내부구조에 문제가 있으면 건물이 무너져 내리듯 세포골격이 없다면 세포는 스스로 붕괴될 것이다.

즐기고 있나요? 커피에 들어 있는 카페인은 초식동물로부터 커피식물을 보호한다.

실마리

인간 대 세균

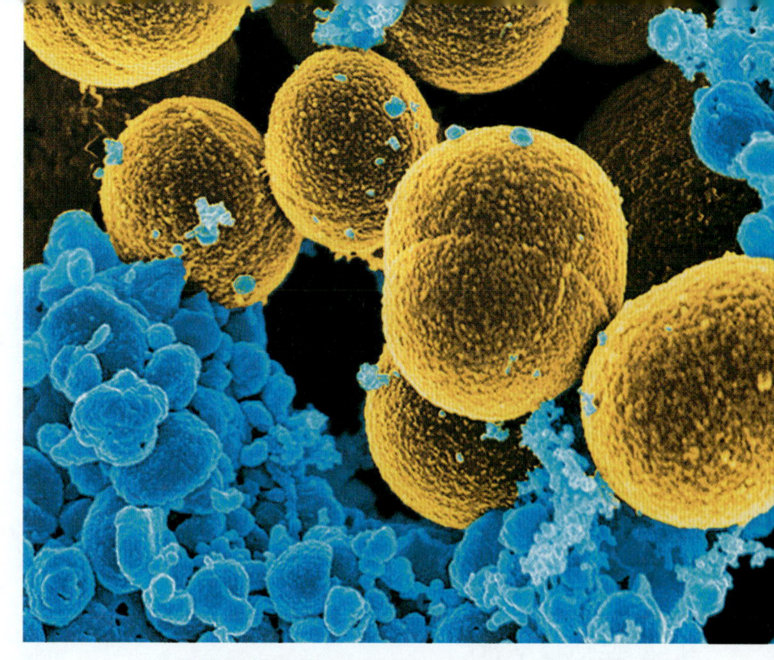

황색포도상구균(*Staphylococcus aureus*). 이 세균(노란색)은 사람의 백혈구(파란색)에 의한 파괴를 피해내고 있다.

우리와 함께하는 생물학 인간 대 세균

항생제: 세균세포를 표적으로 하는 약제

감염성 세균을 무력화시키거나 죽이는 약제인 항생제는 현대의학의 기적이다. 맨 처음으로 발견되었던 항생제는 1928년의 페니실린이다. 그 전에는 비교적 작은 감염조차도 치명적일 수 있었다. 페니실린의 개발 후, 이것은 곧바로 인류의 건강에 대한 혁명으로 이어졌다. 많은 질병(세균성 폐렴과 외과수술시 감염 같은)의 치사율이 급격히 감소되어 수백만의 생명을 구하게 되었다. 실제로 사람의 건강관리가 아주 빠르게 증진되었으며, 1900년대 초기의 일부 의사들은 감염질환의 종식을 확실하게 예측했다. 그러나 유감스럽게도 이런 일은 일어나지 않았는데, 감염질환이 쉽게 퇴치되지 않는 이유에 대한 논의는 13장의『진화와 연결』에서 배우게 될 것이다.

항생제 치료의 목표는 인간에게 최소한의 피해를 주면서 몸에 침입한 세균을 죽이는 것이다. 항생제가 어떻게 수십조 개의 인간세포 가운데에 있는 그 세균만 표적으로 겨냥할 수 있는가? 대부분의 항생제는 세균세포에만 있는 구조물에 결합함으로써 매우 정밀하게 작용한다. 예를 들면 흔한 항생제인 에리트로마이신과 스트렙토마이신은 살아 있는 세포내 구조물인 세균 리보솜에 결합한다. 리보솜의 기능은 단백질의 합성이다. 사람과 세균의 리보솜은 차이가 꽤 있어서 이들 약제는 사람의 리보솜에는 아무런 영향을 미치지 않고, 단지 세균의 리보솜에만 결합한다. 사이프로플로삭신(ciprofloxacin, 흔히 cipro라고 함)은 세균 염색체의 구조를 유지하는 데 필요한 효소를 표적으로 삼는다. 사람세포의 염색체가 그 구성이 이들과 크게 다르기 때문에, 그 효소가 없이도 생존하는데 아무런 문제가 없다. 페니실린, 암피실린, 바시트라신 등은 사람과 다른 동물의 세포에는 없지만 대부분의 세균세포가 가지고 있는 세포벽의 합성을 억제한다.

다양한 항생제가 어떻게 세균을 표적으로 하는가에 대한 논의가 이 장의 요점이다. 세균이든 우리의 몸이든, 생물이 어떻게 작용하는지를 이해하기 위해 먼저 세포에 대해 배울 필요가 있다. 생물학적 체제의 규모에서 세포들은 특별한 자리를 차지하고 있다. 세포는 살아 있는 가장 작은 대상이다. 세포보다 작은 것을 가지고 생물의 특성을 나타낼 수 있는 것은 아무것도 없다. 이 장에서 세포의 구조와 기능에 대해 탐험해 나아갈 것이다. 도중에 사람과 감염 세균의 싸움이 어떻게 세포의 구조에 의해 영향을 받는지에 대해 생각해 볼 것이다.

현미경으로 본 세포의 세계

현미경을 통해 조사한 적이 있다면 모든 세포가 불가사의한 미세구조물이라는 것을 알 수 있다(**그림 4.1**). 세계에서 가장 정교한 점보제트기를 미세한 크기로 축소시켜 본다면 살아 있는 세포에 비해 보잘 것 없어 보일 것이다.

▼**그림 4.1 현미경 사진의 유형.** 현미경으로 찍은 사진을 현미경 사진이라고 한다. 광학현미경은 최대 1,000배 정도까지 확대할 수 있다. 전자현미경은 빛 대신 전자빔을 사용하며 광학현미경보다 약 100배 작은 물체도 보여줄 수 있다.

광학현미경(LM)
(살아 있거나 죽은 표본을 볼 수 있음)

LM 300*

원생생물인 짚신벌레의 현미경 사진

주사전자현미경(SEM)
(표면 모습을 볼 수 있음; 표본을 죽여야 함)

채색된 SEM 300*

짚신벌레의 주사전자현미경 사진

투과전자현미경(TEM)
(내부 구조를 볼 수 있음; 표본을 죽여야 함)

TEM 300*

짚신벌레의 투과전자현미경 사진

생물은 대부분의 세균과 원생생물처럼 단세포이거나 식물, 동물과 대부분의 곰팡이처럼 다세포이다. 우리 몸은 특수화된 여러 유형의 세포가 수십조 개로 이루어진 협동사회와 같다. 이 페이지를 읽을 때 근

▼**그림 4.2 크기의 범위.** 맨 위의 눈금 10 m에서부터 시작하여 아래로 내려가면서 10배씩 줄어드는데, 왼쪽에 그 눈금이 매겨져 있다. 이 책에 있는 현미경 사진에는 크기 표시를 하고 있다(그림 4.1 참조). 예를 들면 300x는 원래 크기의 300배를 의미한다.

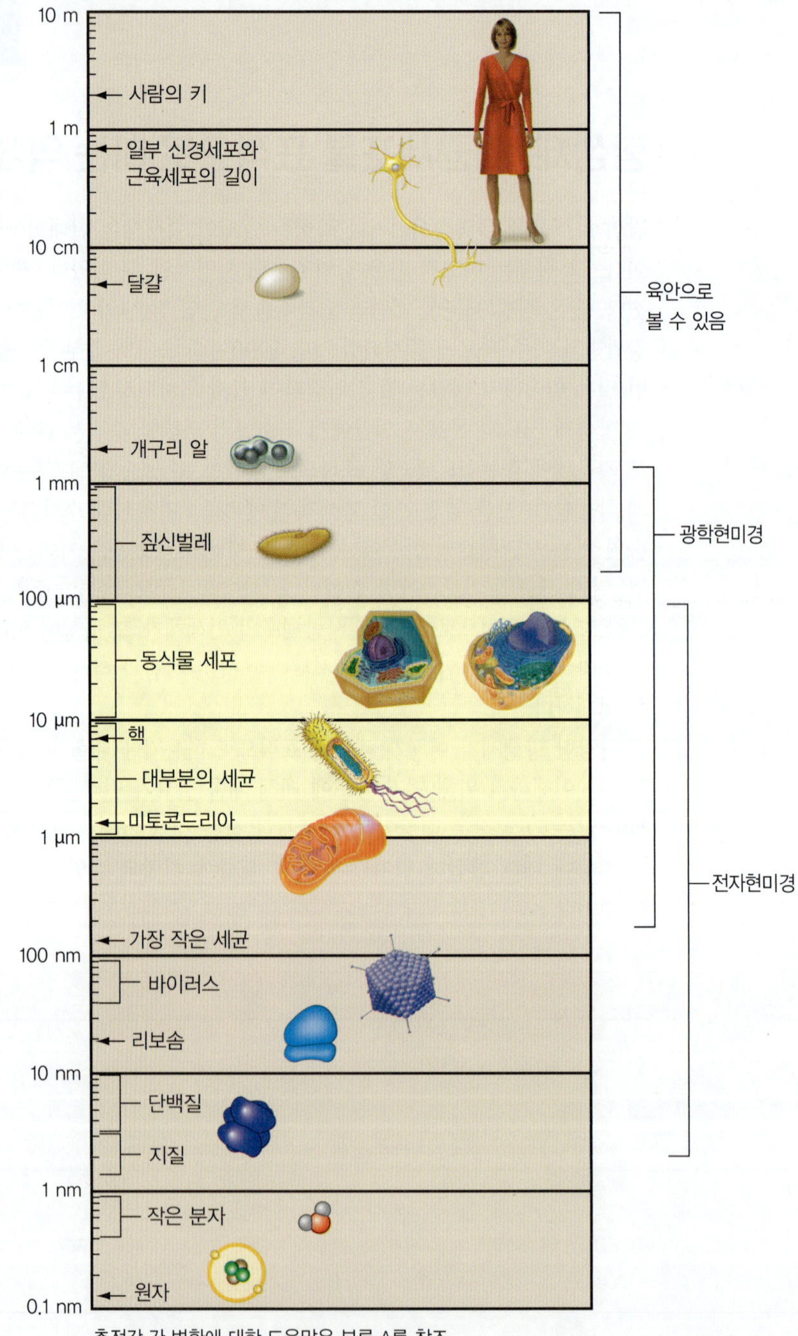

측정값 간 변환에 대한 도움말은 부록 A를 참조.

육세포는 눈이 단어들을 훑어보도록 해주며, 반면에 눈에 있는 감각세포는 정보를 모아서 뇌세포로 보낸다. 뇌에서는 그 단어들을 해석한다. 모든 행동과 모든 생각 등 여러분이 하는 모든 것은 세포수준에서 일어나는 과정들 때문에 가능하다.

그림 4.2는 대상에 따른 세포 크기의 범위를 보여 준다. 대부분의 세포들은 직경이 1~100 μm이며(그림의 노란 부위), 현미경을 써야만 볼 수 있다. 몇몇 흥미로운 예외가 있다. 타조의 알은 단일 세포로서 15 cm나 되며, 무게가 약 1,360 g이 된다. 사람의 신경세포는 수 미터나 되며, 대왕오징어의 신경세포는 대략 9 m나 된다.

살아 있는 새로운 세포는 어떻게 생겨나는가? **세포설(cell theory)**은 살아 있는 모든 것은 세포로 이루어져 있고 그리고 모든 세포는 기존에 있던 세포로부터 생겨난다고 말하고 있다. 따라서 사람과 지구상 모든 생물의 모든 세포는 이전의 살아 있는 세포의 분열에 의해 형성된다. (이 사실은 명백한 질문을 불러일으킨다. 그렇다면 맨 첫 번째 세포는 어떻게 진화되었을까? 이런 흥미진진한 주제는 15장에서 다루어질 것이다.) 이러한 소개와 함께 지구의 생물 중에서 발견되는 여러 종류의 세포 탐사를 시작해 보자.

4.1 주요한 두 종류의 세포

지구상에 존재하는 수많은 세포는 원핵세포와 진핵세포의 두 가지 기본 유형으로 나눌 수 있다(표 4.1). 생물학자들은 모든 생명을 **역(domain)**이라는 세 가지 주요 그룹으로 분류한다. 세균역(Bacteria)과 고세균역(Archaea)의 생물은 **원핵세포(prokaryotic cell)**로 이루어져 있으며 원핵생물이라고 부른다. 원생생물, 식물, 균류, 동물을 포함하는 진핵생물역(Eukarya)의 생물은 **진핵세포(eukaryotic cell)**로 이루어져 있으며 진핵생물이라고 부른다. 일부(효모와 같은)는 현미경적 생물이지만, 다른 것들은 클 수 있다. 육안으로 볼 수 있는 모든 생물은 진핵생물이다.

모든 세포는 몇 가지 공통적인 기본 특성을 가진다. 이들은 모두 **원형질막(plasma membrane)**이라는 장벽에 의해 둘러싸여 있는데, 이것은 세포와 주위환경 사이에 분자의 출입을 조절한다. 모든 세포 내부는 걸쭉하고 젤리 같은 세포 조성분인 **세포기질(cytosol)**로 채워져 있다. 모든 세포는 하나 또는 그 이상의 **염색체(chromosome)**를 가지고 있는데, 이것은 DNA로 구성된 유전자를 함유하고 있다. 또한 모든 세포는 유전자의 지시에 따라 단백질을 만들어내는 작은 구조물인 **리보솜(ribosome)**을 가지고 있다. 이 장 처음에 『우리와 함께하는 생물학』에서 언급했던 것처럼 어떤 구조는 세균에만 있어서, 스트렙토마이신과 같은 항생제는 원핵생물의 리보솜을 목표로 하는데, 진핵생물 숙주(여러분)에서는 그렇지 않지만 세균 침입자의 단백질 합성을 손상시킨다.

우리는 버섯과 어떤 공통점이 있나? 세포 수준에서 꽤 많이!

원핵세포와 진핵세포는 유사점이 있는 반면, 몇 가지 중요한 서로 다른 점을 가지고 있다. 화석증거에 따르면 최초의 원핵생물은 지구상에서 35억 년 전에 출현하였으며, 그 후

표 4.1 원핵세포와 진핵세포의 비교

원핵세포	진핵세포
약 35억 년 전에 처음으로 진화	약 21억 년 전에 처음으로 진화
세균과 고세균에서 볼 수 있음	원생생물, 식물, 균류, 동물에서 볼 수 있음
보다 작고 단순함	보다 크고 복잡함
대부분 세포벽을 가짐; 일부는 협막, 선모, 편모를 가짐	식물세포는 세포벽을 가짐; 동물세포는 세포외 기질로 둘러싸여 있음
원형질막을 가짐	원형질막을 가짐
막으로 둘러싸인 세포소기관 없음	막으로 둘러싸인 세포소기관 있음(예를 들면 핵이나 ER)
단일 원형 염색체를 지닌 핵양체 영역을 가짐	선형 염색체를 하나 이상 포함하는 핵을 가짐
리보솜이 있음	리보솜이 있음

10억 년 동안이나 지구의 유일한 거주자로 살았다(그림 15.1 참조). 반면에 첫 번째 진핵생물은 대략 18억 년 전까지는 나타나지 않았다. 원핵세포는 전형적인 보통의 진핵세포 크기의 10분의 1 정도로 작고 구조도 단순하다. 진핵세포는 스포츠형 다목적 차량과 같지만, 원핵세포를 자전거와 같은 존재로 생각해 보자. 자전거와 SUV 모두 여러분을 태우고 이곳저곳 다닐 수 있지만, 하나는 훨씬 작고 다른 것에 비해 많은 부분을 갖고 있지 않다. 유사하게도 원핵세포와 진핵세포는 비슷한 기능을 수행하지만, 원핵세포는 훨씬 작고 덜 복잡하다. 가장 뚜렷한 구조적 차이는 대부분의 원핵세포와는 달리 진핵세포는 특정한 기능을 수행하는 **세포소기관(organelle)**이라고 하는 막으로 둘러싸인 구조물을 가지고 있는데, 원핵세포는 세포소기관을 가지고 있지 않다. 가장 중요한 세포소기관은 **핵(nucleus)**인데, 이것은 진핵세포 DNA의 대부분을 지니고 있고, 이중막으로 둘러싸여 있다. 하지만 원핵세포는 이러한 핵이 없고, 대신 DNA는 **핵양체(nucleoid)**라고 부르는 "핵과 유사한" 부위에 코일처럼 꼬여 있는데, 그렇다고 세포내 다른 부분과 막으로 구분된 상태로 있는 것은 아니다.

이것을 비유로 생각해 보자. 진핵세포는 칸막이로 나뉜 사무실과 같다. 각 칸막이 안에서는 고유한 기능을 수행하게 되는데, 따라서 전체의 일이 많은 내부 구획으로 나뉘어 수행된다. 각 칸막이 안에서 고유한 화학적 환경을 유지하도록 하는 진핵세포의 칸막이 경계는 막으로 되어 있다. 반면에 원핵세포의 내부는 비어 있는 창고와 같다. "원핵생물의 창고" 안에 특수한 과업이 수행되는 특정한 공간들이 존재하지만 물리적인 벽에 의해 분리되어 있지는 않다. 영업부서와 회계부서의 책상이 열린 같은 공간에 배치되어 있다고 상상해 볼 수 있다.

그림 4.3은 실제 세균의 현미경 사진과 전형적인 원핵세포를 나타낸다. 대부분 원핵세포의 원형질막을 둘러싸고 있는 것은 딱딱한 세포벽인데, 이것은 세포를 보호하고 그 모양을 유지하게 해준다. 『우리와 함께하는 생물학』에서 세균의 세포벽이 일부 항생제의 표적이 된다는 것을 다시 한 번 기억해 보자. 어떤 원핵생물에서 협막이라고 하는 끈적거리는 외피가 세포벽을 둘러싸고 있다. 협막은 세포를 보호하고 원핵세포가 표면과 군락 내의 다른 세포에 부착할 수 있게 해준다. 예를 들면 협막은 여러분의 입안에 있는 세균이 서로 부착하여 해로운 치태를 형성케 해준다. 어떤 원핵생물은 선모라고 부르는 짧은 돌기를 갖는데, 이것도 역시 표면에 부착할 수 있게 해준다. 많은 원핵생물은 액체 환경에서 세포를 앞으로 나아가게 해 주는 긴 돌기물인 편모를 갖는다. ✓

✓ 체크포인트

1. 원핵세포와 진핵세포 모두에서 발견되는 4개의 구조물을 말하시오.
2. 원핵세포의 핵양체는 진핵세포의 핵과 어떻게 다른가?

답: 1. 원형질막, 염색체, 세포기질, 리보솜 2. 원핵세포의 핵양체를 둘러싸는 막이 없다.

4.2 진핵세포의 개요

동물이든 식물이든 아니면 원생생물이든 균류든 어느 것이라도 모든 진핵세포는 기본적으로 서로 유사하며, 원핵세포와는 아주 다르다. 주요 차이점은 진핵세포는 막에 의해 세포소기관으로 분할된다는 것이다. 막은 각 세포소기관이 수행하는 대사 작업에 유리한 특정 화학적

▼그림 4.3 **원핵세포.** 위궤양을 일으키는 세균인 헬리코박터 파이로리(*Helicobacter pylori*)의 현미경 사진(왼쪽)과 그림으로 그려진 원핵세포(오른쪽)를 함께 보여주고 있다.

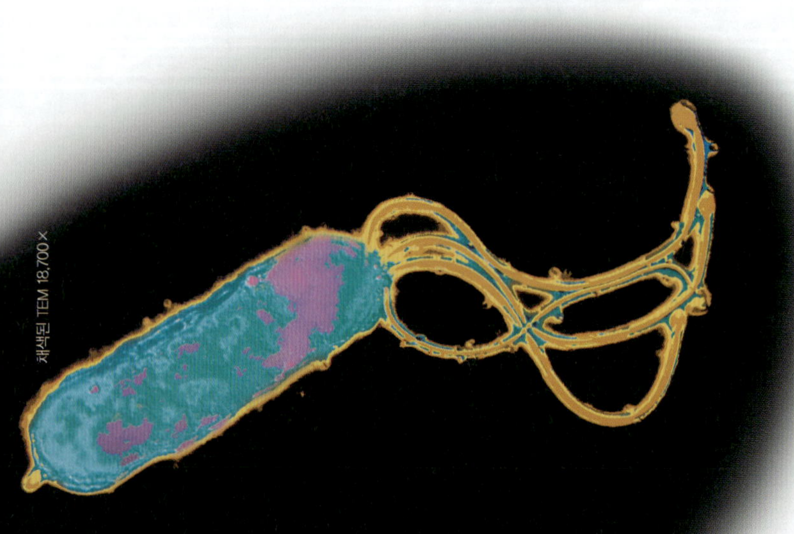

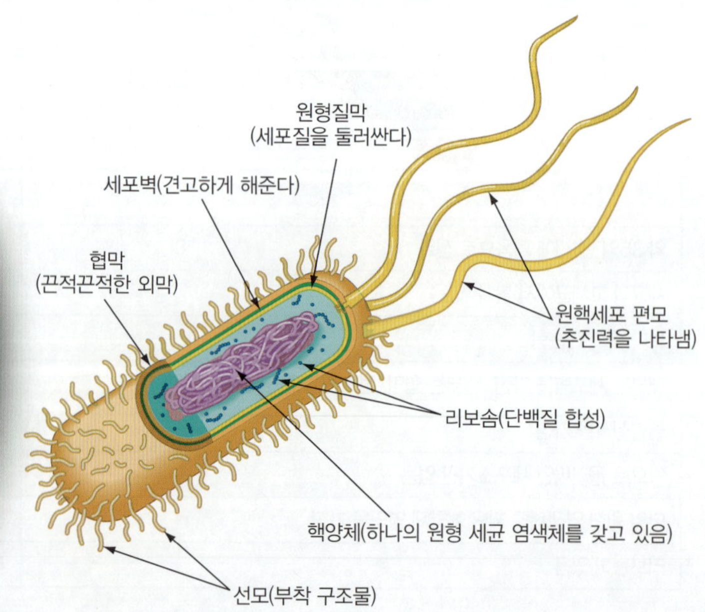

조건을 유지할 수 있게 해준다. 그림 4.4는 이상적인 동물세포와 식물세포의 전체 모습을 보여준다. 살아 있는 세포는 실제 대부분의 구조물에 대해 훨씬 많은 복사본을 가지고 있기 때문에, 진짜 세포에서서는 이들과 아주 같지는 않다. 예를 들면 사람의 각 세포는 수백 개의 미토콘드리아와 수백만 개의 리보솜을 가지고 있다.

세포의 부분들은 통합된 팀을 구성하여, 팀 구성원들이 함께 일함으로써 생명의 특성이 나타나게 된다. **세포는 상호작용의 주제를 아름답게 보여주고 있다. 그것은 전체가 부분의 합보다 큰 살아 있는 단위이다.** 이 장 전체에 걸쳐 그림 4.4에 있는 그림의 축소판을 길잡이로 사용하게 될 것인데, 토의 중인 구조에 대해서는 색을 칠해 강조할 것이다. 구조들은 채색하여 코드화하였으며, 이와 같은 채색 방법은 이 책 전반에 걸쳐 사용하고 있음에 주목하자.

핵과 원형질막 사이의 부위를 **세포질(cytoplasm)**이라 한다. (이 용어는 원핵세포의 내부를 말할 때도 사용된다.) 진핵세포의 세포질은 액체인 세포기질과 여기에 떠 있는 여러 세포소기관으로 구성되어 있다. 그

▼그림 4.4 **동물세포와 식물세포.** 지금은 그림에 있는 이름들이 단지 하나의 단어로 인식되지만, 세포의 각 부분이 어떻게 작용하는지 자세히 살펴보게 된다면, 이들 세포소기관들은 생명에 이르게 될 것이다.

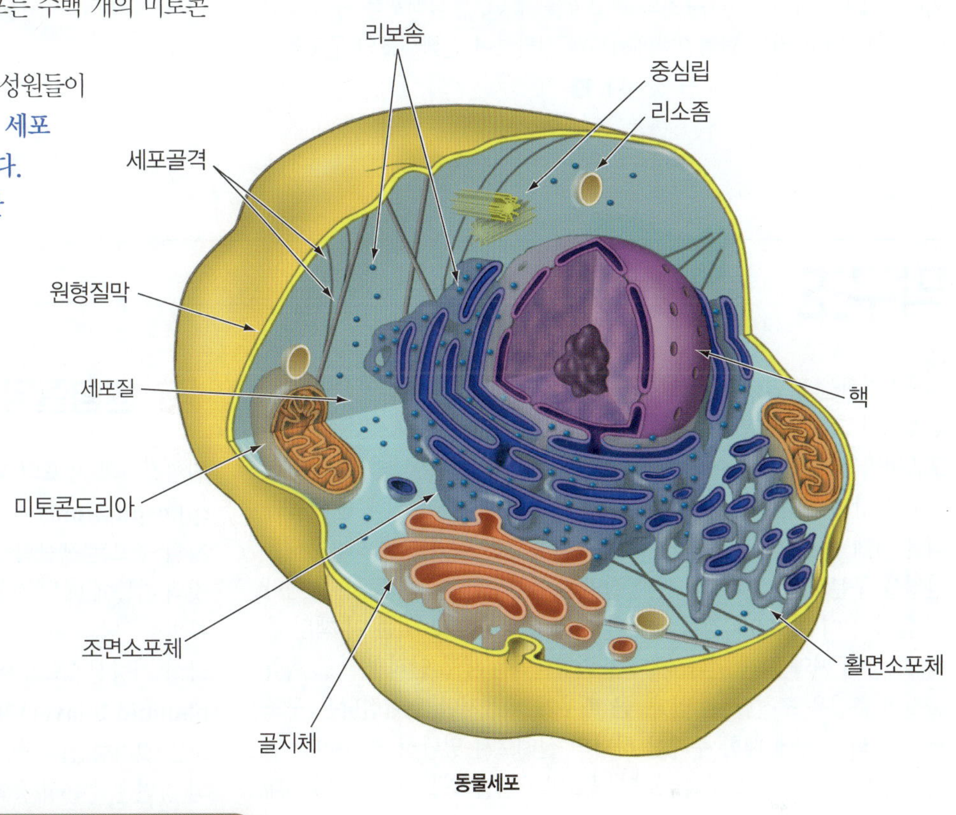

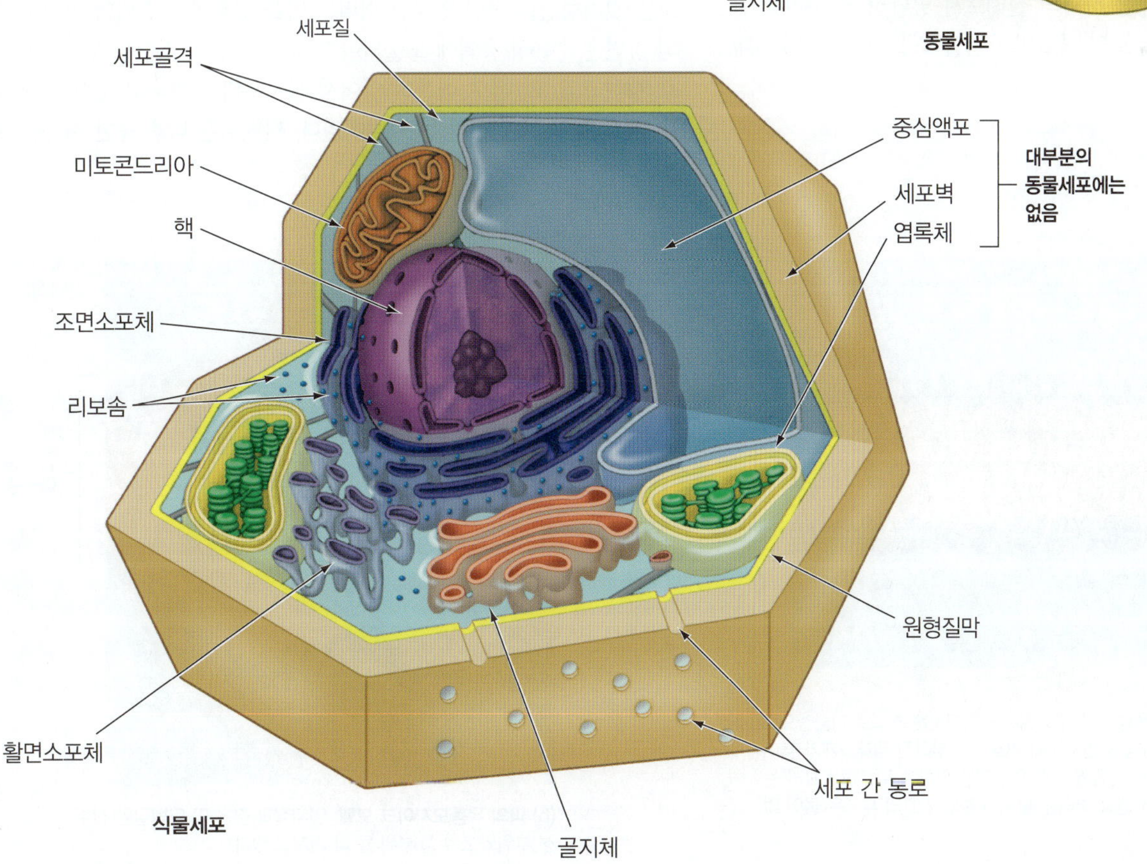

림 4.4에서 보듯이 대부분의 세포소기관이 동물세포와 식물세포에서 모두 발견된다. 여러분은 이들 두 종류의 세포 사이에 몇 개의 중요한 차이를 주목하게 될 것이다. 예를 들면 식물세포는 엽록체(광합성이 일어나는 곳), 세포벽(식물 구조의 견고함을 제공), 중심액포를 가지고 있다. 이제부터 우리는 원형질막에서부터 시작하여 진핵세포의 구조물을 좀 더 세밀하게 살펴보게 될 것이다. ✅

✅ **체크포인트**

동물세포에는 없고 식물세포에만 있는 세 가지 구조물을 말하시오.

답: 엽록체, 중심액포, 세포벽

막구조

세포소기관을 탐험하기 위해 세포 안으로 들어가기 전에, 이 현미경적 세계에서 그것의 표면, 즉 원형질막에서 잠시 멈춰 보자. 원형질막(세포막이라고도 부름)의 이해를 돕기 위해 시골에 새로운 집을 짓고자 한다고 상상해 보자. 아마도 외부로부터 그것을 보호하기 위해 먼저 울타리를 치게 될 것이다. 마찬가지로 원형질막은 살아 있는 세포와 무생물 환경을 구분하는 경계이다. 원형질막은 놀랄만한 박막으로서, 엄청나게 얇아서 이 막 8,000장을 쌓아야 지금 우리가 읽고 있는 이 책의 종이 한 장 두께와 같게 된다. 게다가 원형질막은 세포 안과 밖으로 화학물질의 출입을 조절할 수 있다. **곧 배우게 되겠지만 원형질막은 구조와 기능의 관계에 대한 주제를 하나의 실례로서 명확히 보여준다.** 원형질막의 조성은 세포 내외부로의 물질의 흐름을 조절하는 국경수비대의 역할을 한다.

4.3 원형질막

원형질막과 세포의 다른 막은 대부분 **인지질(phospholipid)**로 구성되어 있다. 인지질 분자의 구조는 생물학적 막의 주요 성분으로서 그것의 기능에 매우 적합하다. 각 인지질은 2개의 다른 부위로 구성되어 있다. 즉 음으로 하전된 인산기의 "머리"와 2개의 비극성 지방산 "꼬리"이다. 인지질은 서로 모여 인지질 **이중층(phospholipid bilayer)**이라고 하는 두 층의 판을 형성한다. 그림 4.5a에서 보는 것처럼 친수성인 인지질 머리는 밖을 향하여 배열되어 있어서 막의 양면은 수용성 용액에 노출되어 있다. 인지질의 소수성 꼬리는 안으로 향하고 있고, 서로 어울려 있어서 물로부터 보호되고 있다. 단백질은 많은 막의 인지질 이중층에 떠 있다. 단백질은 막을 통한 소통을 조

▼그림 4.5 **원형질막의 구조.**

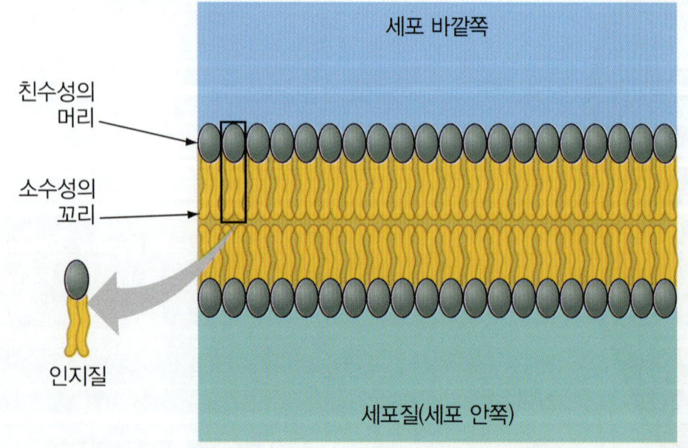

(a) **막의 인지질 이중층.** 두 수용성 부위의 경계에서 인지질은 스스로 이중층으로 정렬한다. 이 책에서 앞으로 사용될 인지질의 기호는 구부러진 막대 2개가 붙어 있는 알사탕을 닮았다. "머리"는 끝에 위치한 인산기를 말하고 두 개의 "꼬리"는 탄화수소를 말한다. 이중층의 배열로 머리는 물에 노출되나 꼬리 부분은 물이 없는 막 내부에 있게 해준다.

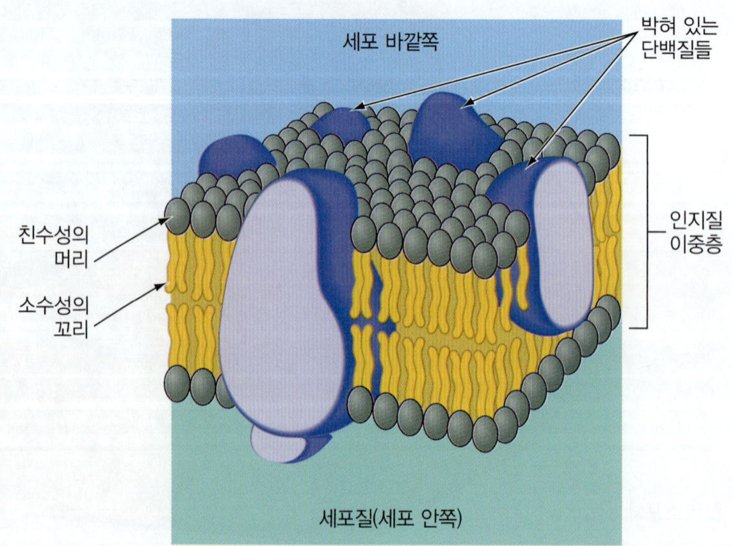

(b) **막의 유동모자이크 모델.** 인지질과 같은 막 단백질은 친수성 부위와 소수성 부위 둘 다 가지고 있다.

절하고, 다른 기능도 수행한다(그림 4.5b). (막단백질에 대해서는 5장을 참조하자.)

그러나 막은 그 자리에 움직임 없이 고정된 분자의 얇은 판이 아니다. 실제로 세포성 막의 질감은 샐러드 오일과 비슷하다. 그래서 인지질과 대부분의 단백질은 막 내에서 떠다닌다. 따라서 막은 **유동모자이크(fluid mosaic)**라고 하는데, 유동이라는 말은 분자들이 자유롭게 서로 이동이 가능하기 때문이며, 모자이크라는 말은 인지질 바다에 다양한 종류의 단백질들이 빙산처럼 떠다니기 때문이다. ✓

✓ 체크포인트

인지질을 물에 넣었을 때 이것이 자발적으로 이중층을 형성하는 이유는 무엇인가?

답: 이중층 구조는 인지질의 소수성 꼬리를 물분자로부터 보호하고, 동시에 친수성 머리는 물에 노출되도록 한다.

4.4 세포표면

식물세포는 긴 다당류 사슬인 셀룰로오스 섬유로 구성된 세포벽을 가지고 있는데, 이것은 원형질막 밖을 둘러싸고 있다(그림 3.9c 참조). 이 세포벽은 세포를 보호하고 세포의 형태를 유지하며, 너무 많은 물을 흡수해 세포가 터지는 것을 막아준다. 식물세포는 각 세포의 세포질을 이웃한 세포의 세포질과 이어주는 통로가 세포벽을 관통하여 서로를 연결해 준다. 이들 통로는 물과 그 밖의 작은 다른 물질들이 세포 사이를 이동하게 함으로써 한 조직의 활성을 통합시켜준다.

동물세포는 세포벽이 없지만 대부분의 동물세포는 **세포외기질(extracellular matrix)**이라고 하는 끈적거리는 외피를 분비한다. 단백질인 콜라겐(우리의 피부, 연골, 뼈, 힘줄에서 발견됨)으로 구성된 섬유는 조직에서 세포를 서로 붙들어 주고, 보호와 지지 기능을 가지게 한다. 또한 대부분 동물세포의 표면은 다른 세포와 서로 연결하여 주는 구조물인 세포연접을 포함하고 있는데, 이것은 세포가 협동하여 하나의 조직으로서 기능할 수 있게 해준다. 다음으로 『우리와 함께하는 생물학』에서 세균세포의 외피가 새로운 항생제에 의해 어떻게 활용되는지 배우게 될 것이다. ✓

✓ 체크포인트

식물의 세포벽의 1차 구성성분은 어떤 다당류인가?

답: 셀룰로오스

과학연구의 과정 | 인간 대 세균

21세기 최초의 항생제는 어떻게 발견되었는가?

배경

『우리와 함께하는 생물학』에서 논의한 것처럼 항생제는 세균을 죽이거나 성장을 늦춤으로써 감염을 치료할 수 있는 약물이다. 많은 항생제는 세균에서 발견되지만 세포벽이나 세균 염색체와 같이 사람의 세포에서는 발견되지 않는 세포 구조물을 파괴한다. 인간 세포에는 이러한 구조가 없기 때문에 항생제는 인간 숙주에 해를 끼치지 않는다. 많은 과학적 혁신과 마찬가지로 항생제는 실험실에서 과학자에 의해 새로 만들어진 것이 아니라, 이미 자연에 존재하던 것이 발견된 것이다.

오늘날 처방되는 항생제의 대부분은 수십 년 전에 개발되었다(그림 4.6a). 예를 들면 페니실린은 1928년에 처음 발견되었으며 1972년에는 아목시실린, 1987년에는 시프로플록사신이 발견되었다. 따라서 많은 초기 항생제는 항생제 내성의 진화에 의해 효과가 없어져 버렸다.

증가하는 항생제 내성 문제를 해결하기 위해 의학연구자들은 끊임없이 새로운 항생제를 생산하려고 노력하고 있다. 일부는 인간이 만든 것(예: 시프로플록사신)이지만 대부분의 항생제 종류는 자연계에서 발견되었다. 예를 들면 페니실린과 암피실린은 토양에서 자연적으로 자라는 균류와 세균에 의해서 만들어진다.

방법

발견된 최신 천연 항생제 중 하나가 테익소박틴(teixobactin)이라는 분자이다. 가장 흥미로운 것은 발견된 방법이다. 메인 주에 있는 잔디밭의 토양 샘플은 많은 작은 구획이 있는 플라스틱 장치에 배치되었다. 토양을 희석하여 각 구획이 단일 세균 함유함으로써 상이한 종의 세균들이 독립적으로 동시에 성장할 수 있게 하였다. 그런 다음 장치를 원래 토양에 묻었다(그림 4.6b). 많은 다른 세균 종을 유지하면서도 각 구획에 영양분 공급이 가능토록 하였다. 군락으로 자란 후 각 구획의 세균을 치명적인 MRSA(methicillin resistant *S. aureus*, 메티실린내성 황색포

과학자처럼 생각하기

항생제 발견의 역사가 자연 서식지를 보존하려는 노력을 어떻게 촉진시킬 수 있는가?

답은 부록 C를 참조.

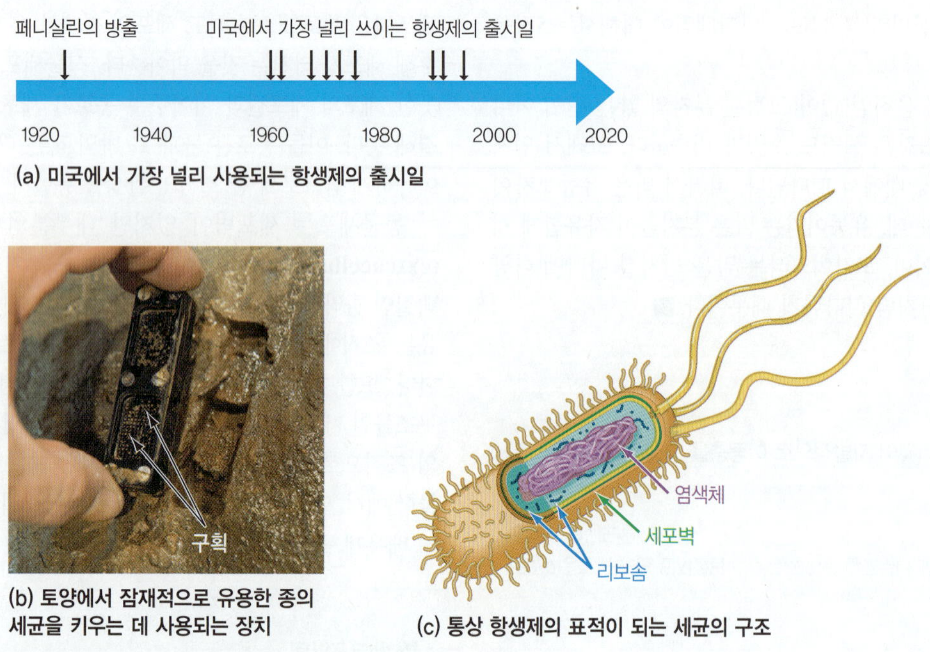

(a) 미국에서 가장 널리 사용되는 항생제의 출시일

(b) 토양에서 잠재적으로 유용한 종의 세균을 키우는 데 사용되는 장치

(c) 통상 항생제의 표적이 되는 세균의 구조

▲그림 4.6 **새로운 항생제 검색.** 해로운 세균을 표적으로 하는 약물에 대한 노력은 계속되고 있다.

도상구균) 감염과 결핵을 일으키는 세균인 황색포도상구균을 죽이는 능력에 대해 시험하였다.

결과

연구원들이 토양 샘플을 분석했을 때 *황색포도상구균*을 죽이는데 가장 효과적인 세균은 이전에 알려지지 않은 종인 엘레프테리아 테라에(*Eleftheria terrae*)인 것으로 밝혀졌다. 이 세균은 세균 세포벽의 생성을 억제하여 세균 세포의 파괴로 이어지는 테익소박틴을 생산한다는 사실을 발견했다(그림 4.6c).

2015년 테익소박틴이 발견된 후 연구자들은 이 새로운 항생제가 인간 임상시험에서 황색포도상구균에 대해 테스트될 때까지 몇 년이 걸릴 것으로 예상했다. 성공적인 것으로 입증되면 새로운 기술과 결합된 세포 구조 지식이 어떻게 인간의 건강에 도움이 될 수 있는지에 대한 좋은 예가 될 것이다.

핵과 리보솜: 세포의 유전적 조절

만일 세포를 공장으로 생각한다면, 핵은 그것의 통제센터에 해당한다. 여기에 종합계획이 저장되어 있어서 명령이 내려지고, 외부 신호에 대한 반응으로 변화가 생성된다. 그리고 새로운 공장을 만드는 과정이 시작된다. 공장 관리자는 유전자들인데, 이것들은 세포의 모든 업무를 지시하는 물려받은 DNA 분자들이다. 각 유전자는 특정 단백질을 생산하는 데 필요한 정보가 저장된 DNA 구획이다. 단백질은 작업현장의 근로자로 비유될 수 있다. 단백질은 세포의 대부분의 실제적인 일들을 수행하기 때문이다.

4.5 핵

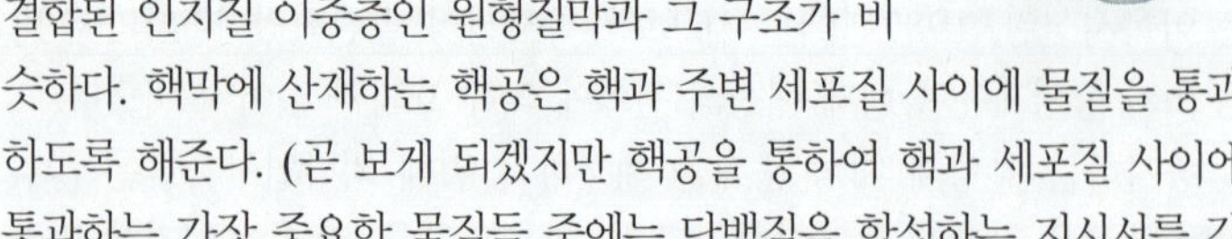

핵은 **핵막(nuclear envelope)**이라 불리는 이중막으로 둘러싸여 세포질과 분리되어 있다(그림 4.7). 핵막을 이루는 각각의 막은 단백질과 결합된 인지질 이중층인 원형질막과 그 구조가 비슷하다. 핵막에 산재하는 핵공은 핵과 주변 세포질 사이에 물질을 통과하도록 해준다. (곧 보게 되겠지만 핵공을 통하여 핵과 세포질 사이에 통과하는 가장 중요한 물질들 중에는 단백질을 합성하는 지시서를 갖고 있는 RNA 분자가 있다.) 핵 안쪽에는 긴 DNA와 이에 결합된 단백질과 함께 **염색질(chromatin)**이라 불리는 긴 섬유를 형성하고 있다. 각 섬유는 하나의 염색체를 형성한다(그림 4.8). 하나의 세포 안에 있는 염색체의 수는 종에 따라 다르다. 예를 들면 사람의 체세포의 경우 46개의 염색체를 가지는데 반해, 벼의 세포는 24개를, 그리고 개의 세포는 78개의 염색체를 가진다(그림 8.2 참조). 핵 안의 두드러진 구조인 **인(nucleolus)**[그림 4.7에서 보이는]은 리보솜의 구성분이 만들어지는 곳이다. 다음에 우리는 리보솜에 대해 알아볼 것이다. ✓

✓ 체크포인트

염색체, 염색질, 그리고 DNA는 어떤 관계인가?

답: 염색체는 DNA와 단백질의 혼합체인 염색질로 되어 있다.

4.6 리보솜

그림 4.4의 세포 내부와 그림 4.7의 핵 바깥에 있는 작은 파란 점들이 리보솜이다. 리보솜은 단백질 합성을 책임진다(그림 4.9). 진핵생물에서 리보솜의 구성성분은 핵 안에서 만들어진 다음 핵공을 통해 세포질로 이동한다. 리보솜이 작용을 시작하는 곳은 바로 세포질이다. 어떤 리보솜은 세포기질에 떠 있으면서 세포의 유동성 액체에 존재하는 단백질을 만든다. 또 다른 리보솜은 핵의 외부에 붙어 있거나 소포체라고 하는 세포 소기관 바깥쪽에 붙어 있으면서, 막에 결합되거나 세포로부터 분비되는 단백질을 합성한다(그림 4.10). 유리 리보솜과 결합 리보솜은 구조적으로 동일하며, 리보솜은 소포체와 세포기질 사이를 이동하면서 위치

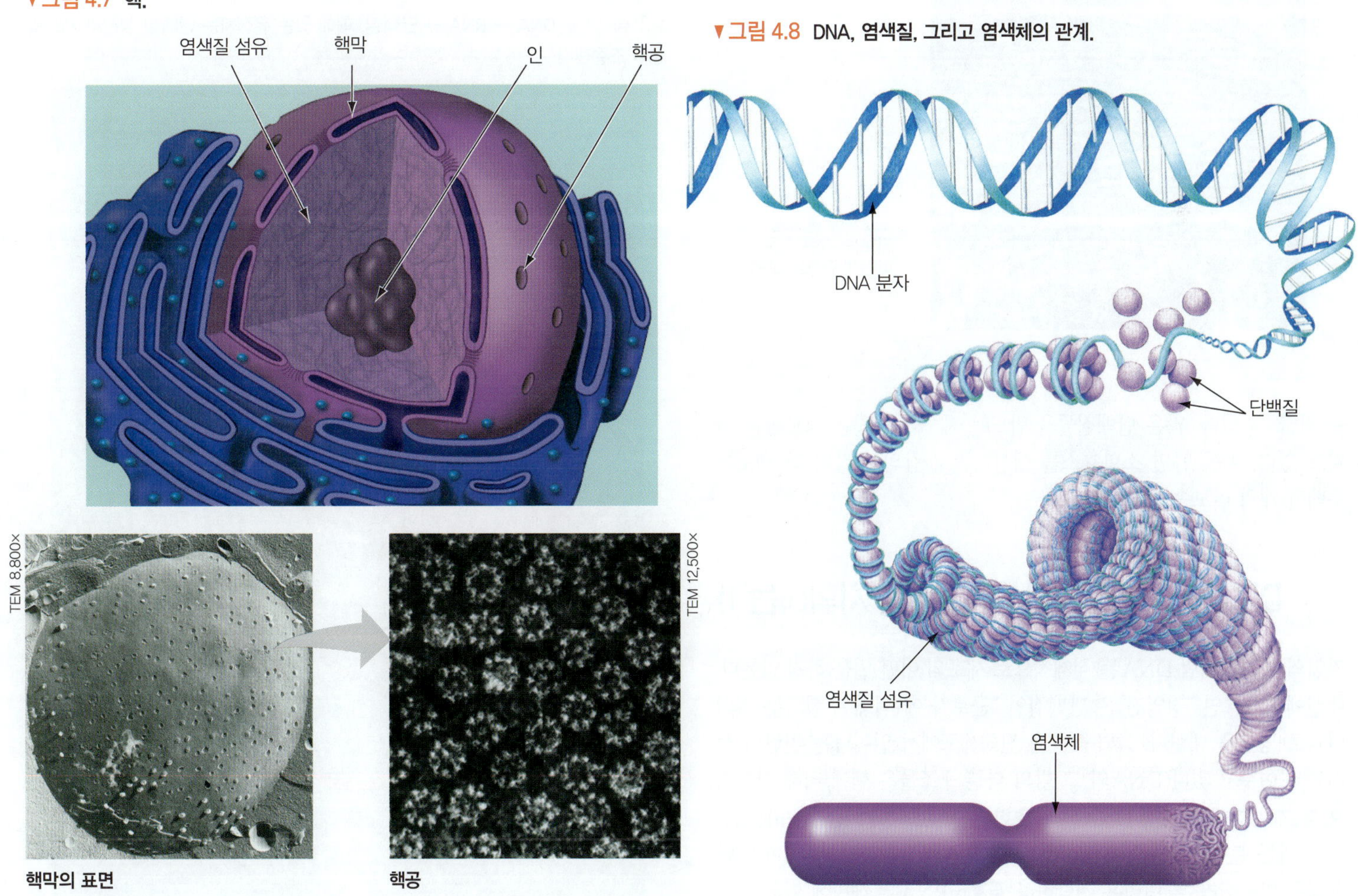

▼그림 4.7 핵.

▼그림 4.8 DNA, 염색질, 그리고 염색체의 관계.

▼그림 4.9 **단백질을 합성하는 리보솜의 컴퓨터 모델.**

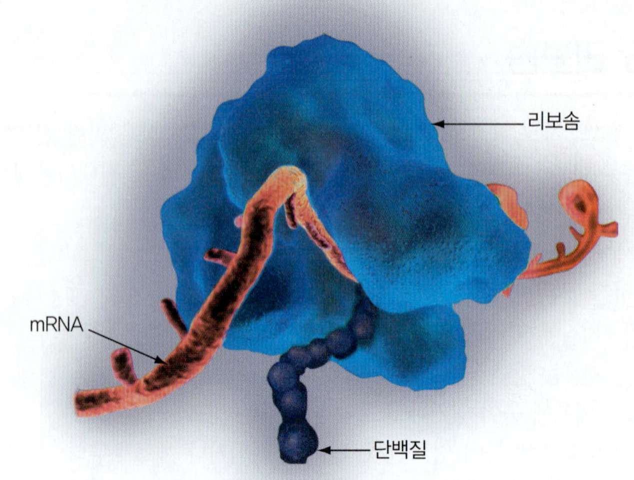

▼그림 4.10 **소포체에 결합되어 있는 리보솜.**

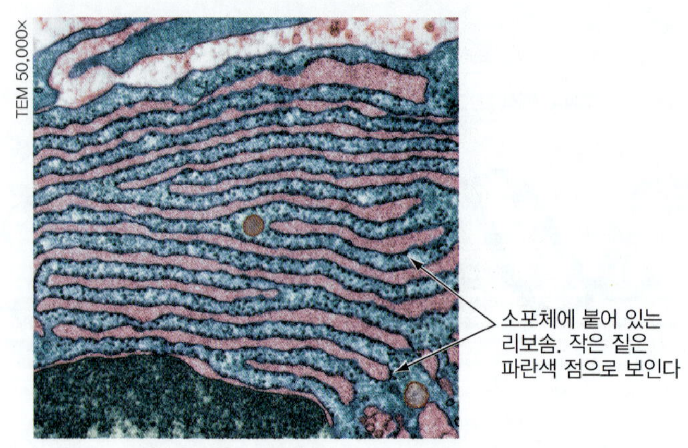

를 바꿀 수 있다. 많은 단백질들을 만드는 세포들은 많은 리보솜을 가지고 있다. 예를 들면 소화효소를 생산하는 사람의 췌장의 각 세포는 수백만 개의 리보솜을 가지고 있다.

4.7 DNA는 단백질 생산을 어떻게 지휘하는가

기업의 경영진처럼 DNA는 실제적으로 세포의 어떤 일을 하지 않는다. 대신에 DNA인 "경영진"은 단백질인 "근로자"에 의해 수행되는 일의 결과로 명령을 내린다. 그림 4.11은 진핵세포에서 일어나는 일련의 사건을 보여주고 있다(DNA와 그 밖의 다른 구조물은 핵에 비해 상대적으로 크게 그려짐). ❶ DNA는 암호화된 정보를 전령 RNA(mRNA)라고 하는 분자에 전달한다. mRNA 분자는 중간관리자처럼 "이런 단백질을 만들어라"는 명령을 전달한다. ❷ mRNA는 핵막에 있는 핵공을 통해 밖으로 나와 세포질로 이동한 다음 여기서 리보솜과 결합한다. ❸ 리보솜이 mRNA를 따라 이동하면서 유전적 메시지를 특정한 아미노산의 순서를 갖는 단백질로 번역한다. (우리는 이 메시지가 어떻게 번역되는지에 대해서 10장에서 배우게 될 것이다.) 이런 방법으로 그 DNA 없이 DNA에 의해 전달된 정보는 전체 세포의 업무를 명령할 수 있다. DNA는 핵에 남겨져서 보호를 받게 된다. **몇몇 세포소기관을 포함하여 DNA에서 RNA로 그리고 단백질로의 경로는 살아 있는 세포 내에서 정보의 흐름의 중요성을 보여주고 있다.** ✓

✓ 체크포인트

1. 리보솜의 기능은 무엇인가?
2. 단백질을 합성할 때 mRNA의 역할은 무엇인가?

답: 1. 단백질 합성. **2.** mRNA 분자는 유전적 메시지를 유전자(DNA)에서 단백질로 번역하는 리보솜으로 나른다.

▼그림 4.11 **DNA → RNA → 단백질.** 핵에 있는 유전자는 단백질 생산과 세포활성을 조절한다.

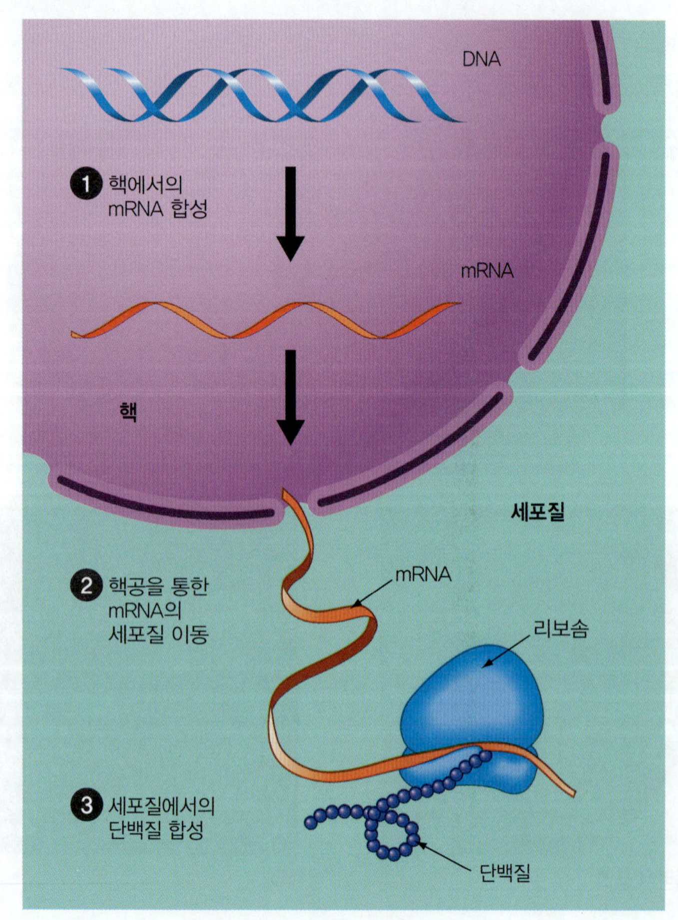

내막계: 세포 생성물의 제조와 분배

사무실을 칸막이로 구분한 것처럼, 진핵세포의 세포질은 세포소기관의 막에 의해 구분되어 있다(그림 4.4 참조). 몇몇 세포소기관은 문을 공유하는 칸막이된 두 방처럼 물리적으로 연결되어 있다. 다른 세포소기관은 한 부서에서 다른 부서로 우편물을 전달하는 우편카트와 같이 세포소기관 사이에 막 절편을 옮기는 막으로 된 주머니, 즉 **소포(vesicle)**에 의해 연결된다. 이들 세포소기관들이 함께 **내막계(endomembrane system)**를 이룬다. 이 내막계는 핵막, 소포체, 골지체, 리소좀, 그리고 액포를 포함하고 있다.

4.8 소포체

소포체(endoplasmic reticulum, ER)는 세포 안의 중요한 생산설비 중 하나이다. 이것은 다양한 수많은 분자들을 생산해 낸다. 핵막과 연결되어 있는 소포체는 세포질에 펼쳐져 있는 미로의 관과 주머니로 이루어져 있다(그림 4.12). 막은 내부 소포체 구획과 세포기질을 구분시켜준다. 소포체는 두 종류가 있는데 하나는 조면소포체이고, 다른 하나는 활면소포체이다. 이 두 소포체는 물리적으로는 연결되어 있지만 구조와 기능에 있어서는 다르다.

조면소포체

조면소포체(rough ER)에서 "조면"이라고 이름을 붙인 것은 소포체 막의 바깥쪽 표면에 리보솜이 붙어 있기 때문이다. 조면소포체의 기능 중 하나는 더 많은 막을 만드는 것이다. 조면소포체에 의해 만들어진 인지질은 ER 막으로 끼어 들어간다. 이런 방법으로, ER 막은 자라고, 그것의 일부는 거품처럼 떨어져 나와 세포의 다른 부분으로 전이된다. 조면소포체에 붙어 있는 리보솜은 단백질을 생산하는데, 이런 단백질들은 자라고 있는 ER 막으로 끼어 들어가고, 다른 세포소기관으로 수송되어, 결국 밖으로 나가게 된다. 우리 입안으로 효소를 분비하는 침샘의 세포처럼 단백질 분비를 많이 하는 세포는 특히 조면소포체가 많다. 그림 4.13에서 보는 것처럼, ❶ 조면소포체에서 만들어지는 어떤 생성물은 ❷ 화학적으로 수정되고 ❸ **운반소포(transport vesicle)**로 포장되어 ❹ 세포내 다른 지역으로 보내진다.

활면소포체

활면소포체(smooth ER)에서 "활면"이라는 이름은 많은 리보솜이 붙어 있는 조면소포체와는 달리 이 세포소기관에는 리보솜이 붙어 있지 않아 겉면이 매끈하기 때문이다(그림 4.13 참조). 활면소포체 막 안에서 만들어진 다양한 효소는 이 세포소기관이 많은 기능을 수행할 수 있게 해준다. 그 하나가 스테로이드를 포함한 지질의 합성이다(그림 3.14 참조). 예를 들면 스테로이드인 성호르몬을 만들어내는 난소나 정소에 있는 세포에는 활면소포체가 많다. 간에 있는 세포에서 활면소포체의 효소가 바르비투르산염, 암페타민, 그리고 일부 항생제(항생제 복용을 중단한 후에 혈류에 이것이 오랫동안 남아 있지 않는 이유이다.)와 같은 순환하는 약물을 해독시킨다. 간세포가 약물에 노출되면 활면소포

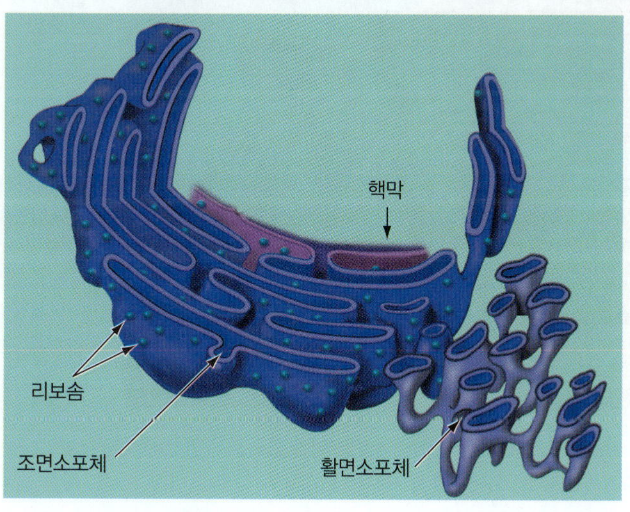

▼그림 4.12 **소포체(ER).** 이 그림에서 조면소포체의 편평한 주머니와 활면소포체의 관은 연결되어 있다. 소포체가 핵막과도 연결되어 있다는 것을 주목하자(핵은 그림에서 빠져 있다.)

▼그림 4.13 **조면소포체가 분비단백질을 어떻게 생산하고 포장하는가.**

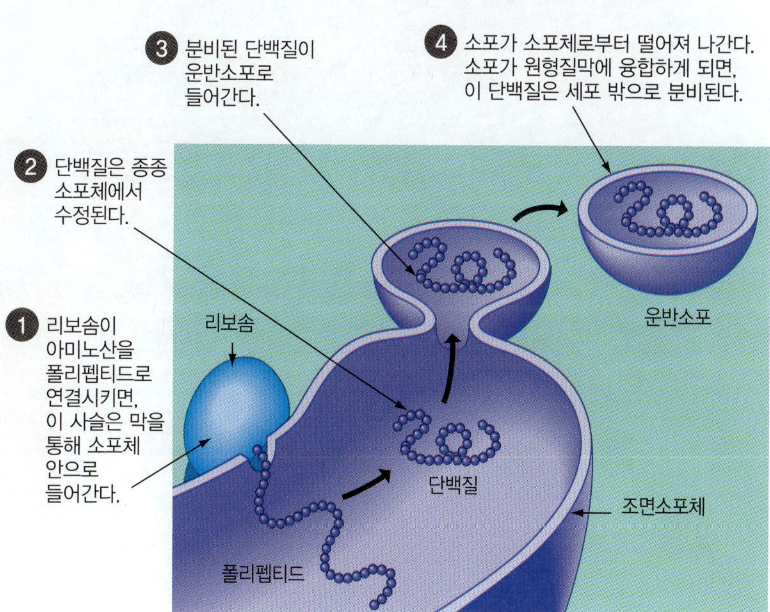

체와 해독효소의 양이 증가하게 된다. 이것이 그 약물에 대한 몸의 내성을 강화시켜 준다. 이것은 원하는 효과를 얻기 위해 점점 더 높은 용량이 필요하다는 것을 의미한다. 한 가지 약물에 반응하여 활면소포체가 늘어나게 되면 이것이 다른 약물에 대한 내성도 증가시킬 수 있다. 예를 들면 수면제를 자주 복용하게 되면 간에서 이들의 분해가 가속화되어 그 약효를 떨어뜨릴 수 있다.

4.9 골지체

1898년, 처음 발견한 사람의 이름(이탈리아의 과학자 Camillo Golgi)으로부터 명명된 **골지체(Golgi apparatus)**는 세포의 정련소이자 창고이자 탁송센터이다. 소포체와 밀접하게 협력하면서 작용하는 골지장치는 세포의 화학적 생성물을 받아들여 정제하고 보관하고 분배한다(그림 4.14). 우리는 골지체를 새롭게 제조된 승용차(단백질)의 선적을 받아들이고, 마무리 손질을 하며, 완성된 승용차를 보관하고, 필요할 때 그것을 화물선으로 실어 보내는 세부 시설로 생각할 수 있다.

소포체에서 만들어진 생성물은 운반소포에 싸여 골지체에 다 다르게 된다. 골지체는 막판의 더미로 구성되어 있어서 납작한 빵을 쌓아 놓은 것처럼 보인다. ❶ 골지주머니 더미의 한쪽 면은 ER로부터 온 소포에 대한 도착 부위의 역할을 한다. ❷ 소포 안의 단백질은 골지체의 선착면에서부터 선적면까지 운반하는 동안 보통 효소들에 의해 수정된다. 예를 들면 목적지에 따라 단백질 분자를 표시하고 분류하기 위해 분자 인식표를 붙인다. ❸ 골지 더미의 선적면은 보급소와 같아 완성된 생성물을 운반소포의 형태로 다른 세포소기관이나 원형질막으로 운반하게 한다. 원형질막에 결합된 소포는 원형질막에 단백질을 운반하든지 또는 완성된 생성물을 세포 밖으로 분비한다. ☑

☑ 체크포인트

1. 무엇이 조면소포체를 조면으로 만드는가?
2. 단백질 분비세포에서 골지체와 소포체는 어떤 관계인가?

답: 1. 막에 붙어 있는 리보솜 2. 골지체는 소포체로부터 소포 형태로 단백질을 받아 단백질의 가공을 완료한 다음 이들을 소포 형태로 떨어져 나오게 한다.

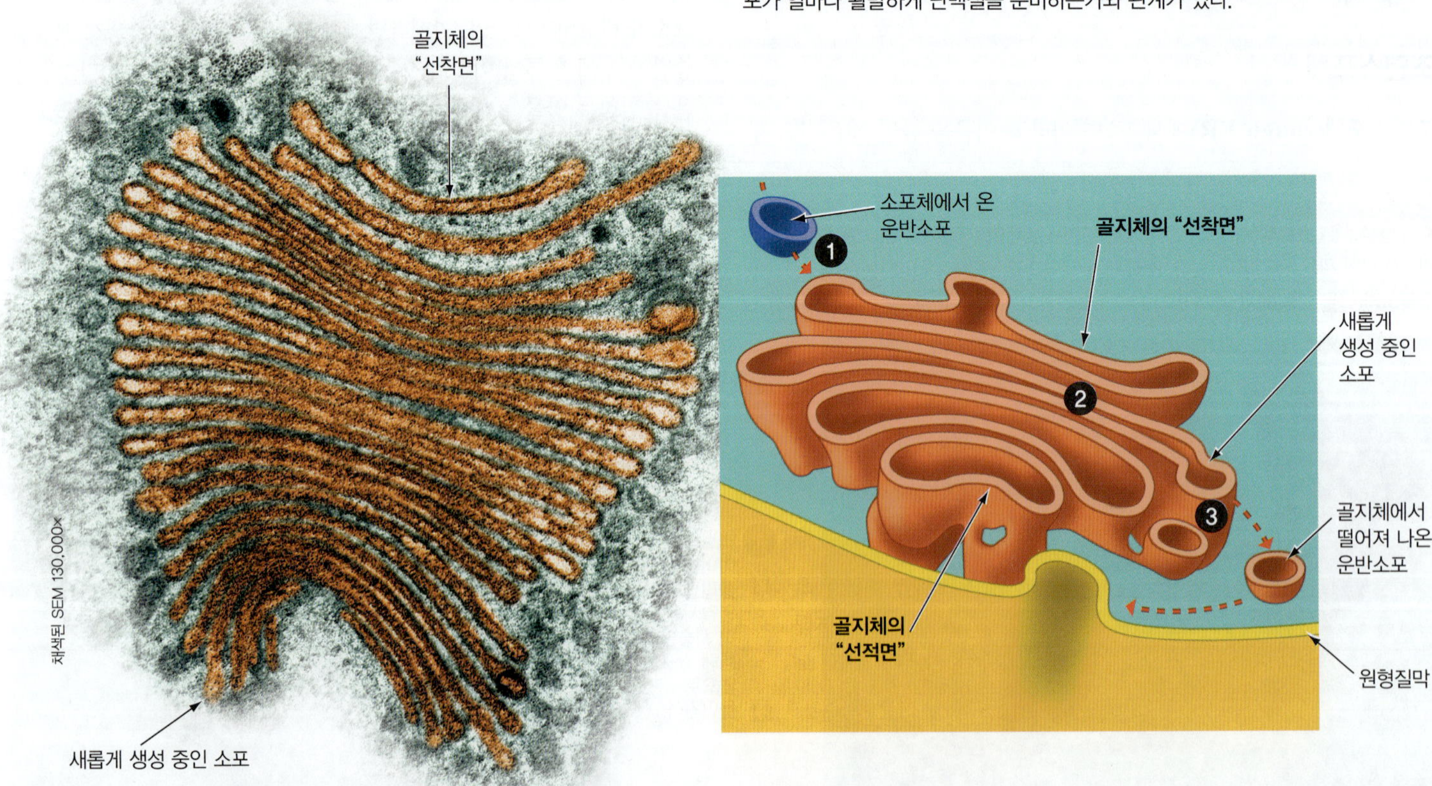

▼그림 4.14 **골지체.** 골지체는 납작한 빵을 쌓아 놓은 것처럼 배열된 편평한 주머니들로 구성되어 있다. 하나의 세포 내의 더미의 수(몇 개에서 수백 개에 이름)는 세포가 얼마나 활발하게 단백질을 분비하는가와 관계가 있다.

4.10 리소좀

리소좀(lysosome)은 막으로 둘러싸인 소화효소를 지닌 주머니이다. 리소좀이 식물세포에는 존재하지 않는다. 리소좀은 골지체에서 분리된 소포가 발달하여 만들어진다. 리소좀 안에 있는 효소는 단백질, 다당류, 지방, 핵산과 같은 고분자를 분해할 수 있다. 리소좀은 세포 자체에는 이들 소화효소를 풀어놓지 않으면서 세포가 이들 고분자를 안전하게 소화시킬 수 있게 구획을 제공하고 있다.

리소좀은 여러 유형의 소화기능을 가진다. 많은 단일세포로 된 원생생물은 식포라 하는 작은 세포질 주머니 안으로 영양분을 집어삼킨다. 리소좀은 식포와 융합하여 영양분을 분해하는 효소에 노출시킨다(그림 4.15a). 이 소화과정에서 생긴 아미노산과 같은 작은 분자들은 리소좀을 떠나 세포 영양분으로 쓰이게 된다. 리소좀은 또한 해로운 세균의 파괴도 돕는다. 사람의 백혈구 세포는 세균을 액포로 섭취하고, 그 다음 리소좀의 효소가 이 액포에 옮겨지게 되면 세균의 세포벽이 파괴된다. 그 외에 리소좀은 손상된 세포소기관의 큰 분자들을 분해한다. 리소좀은 세포에 해를 주지 않으면서 새로운 세포소기관을 만들기 위해 다른 세포소기관을 집어삼키고 소화시켜서 필요한 분자를 만든다(그림 4.15b, c). 리소좀의 도움으로 세포는 끊임없이 스스로를 새롭게 할 수 있다. 리소좀은 또한 배 발생 과정에서 형태 형성 기능도 수행한다. 예를 들면 초기 인간 배아에서 리소좀은 발생 중인 손의 손가락 사이에 있는 물갈퀴를 분해시키는 효소들을 방출한다.

세포의 기능과 사람의 건강에 있어서 리소좀의 중요성은 리소좀효소질병이라 하는 유전병에 의해 확실해진다. 이 질병을 가진 사람은 리소좀의 소화효소 중 하나 이상의 효소가 결핍되어 있다. 이런 비정상 리소좀은 소화되지 않는 물질 때문에 비정상적으로 커지게 되고, 이것은 결국 세포의 다른 기능들을 방해한다. 이 질병을 가진 사람은 대부분 어릴 때 사망하게 된다. 예를 들면 테이-삭스병(Tay-Sachs disease)의 경우 리소좀은 지질 분해효소가 결여되어 있다. 그 결과 지질이 과도하게 축적되면 신경세포는 죽게 되고 결국 신경계가 파괴되어 버린다. 다행스럽게도 이런 리소좀효소질병은 드물게 일어난다. ✓

✓ 체크포인트

결함을 가진 리소좀이 어떻게 세포 안에 특정 화학물질의 과도한 축적을 가져오는가?

답: 리소좀이 어떤 화학물질을 분해하는 효소가 결여되어 있다면, 그 세포는 그 화학물질을 과도하게 축적하게 될 것이다.

▼그림 4.15 리소좀의 두 기능.

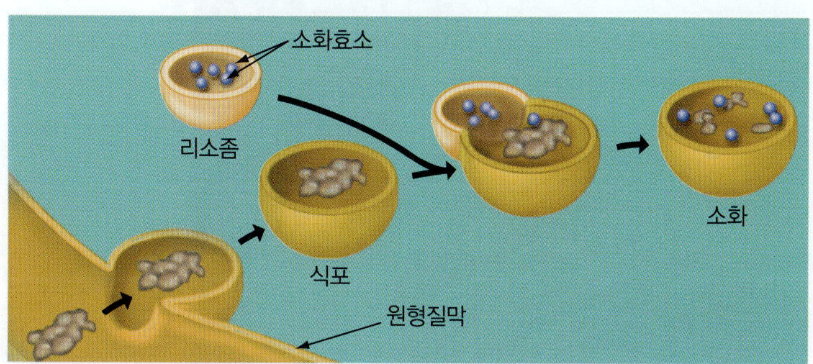

(a) 먹이를 소화하는 리소좀

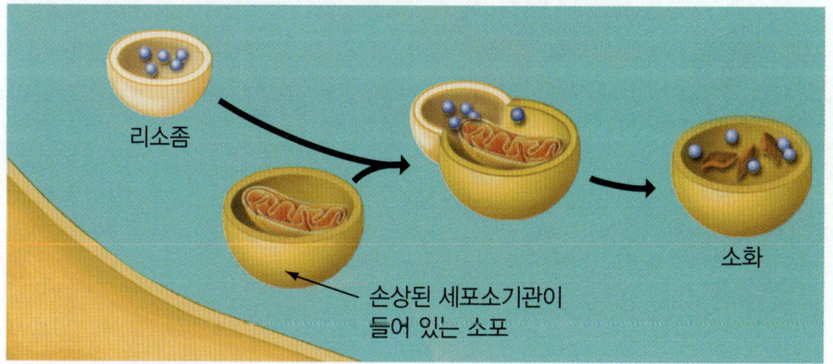

(b) 손상된 세포소기관의 분자들을 분해하는 리소좀

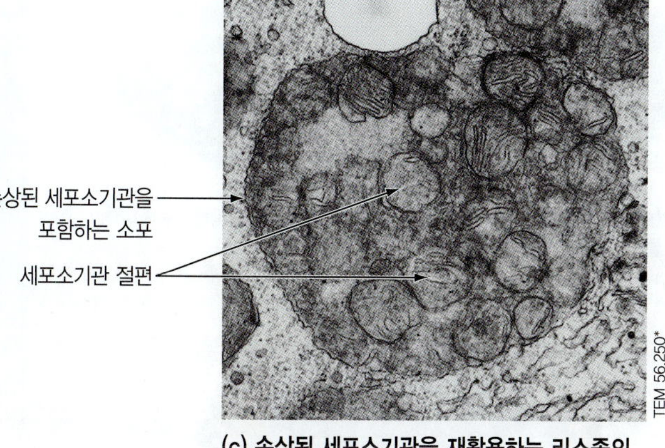

(c) 손상된 세포소기관을 재활용하는 리소좀의 전자현미경 사진

4.11 액포

액포(vacuole)는 소포체나 골지장치나 또는 원형질막에서 떨어져 나온 막으로 이루어진 큰 주머니이다. 액포는 다양한 기능을 가진다. 예를 들면 그림 4.15a는 원형질막으로부터 출아하는 식포를 보여주고 있다. 어떤 담수 원생생물은 외부환경에서 세포 안으로 유입되는 물이 많을 때 이를 세포 밖으로 내보내는 수축포를 가지고 있다(그림 4.16a).

또 다른 종류의 액포는 **중심액포(central vacuole)**인데, 이것은 성숙한 식물세포에서 절반 이상의 부피를 차지하고 있다(그림 4.16b). 종자세포에 있는 액포의 경우 단백질과 같은 비축된 유기영양분을 저장한다. 또한 이것은 물을 흡수함으로써 그리고 세포가 팽창토록 함으로써 식물 생장에 기여한다. 꽃의 화판에 있는 세포에서 중심액포는 수분이 가능하도록 곤충을 유인하는 색소를 가지기도 한다. 중심액포는 초식동물로부터 보호받기 위하여 독을 가지기도 한다. 일부 중요한 농작물은 우리에게는 유용하지만 초식동물에 유해한 많은 양의 독성화합물을 생산하고 저장한다. 예를 들면 니코틴을 저장하는 담배와 카페인을 저장하는 커피와 차나무 등이 있다.

커피에 들어 있는 카페인은 초식동물로부터 커피식물을 보호한다.

내막계를 지닌 세포소기관들에 대해 알아보고 있는 지금 그림 4.17은 이들이 어떻게 연결되어 있는지를 다시 한 번 보여주고 있다. 내막계의 한 부분에서 만들어진 생성물이 막을 뚫지 않고도 세포 밖으로 빠져나가거나 다른 세포소기관의 일부가 될 수 있다. 또한 소포체에서 만들어진 막이 운반소포의 융합을 통해 원형질막의 한 부분이 될 수 있다는 것을 주목하자. 이러한 방식으로 원형질막까지도 내막계와 연관되어 있다. ✓

✓ 체크포인트

단백질 생산과 분비에 있어서 다음 세포 구조물들이 사용되는 순서를 나열하시오: 골지체, 핵, 원형질막, 리보솜, 운반소포

답: 핵, 리보솜, 운반소포, 골지체, 원형질막

▼그림 4.16 두 종류의 액포.

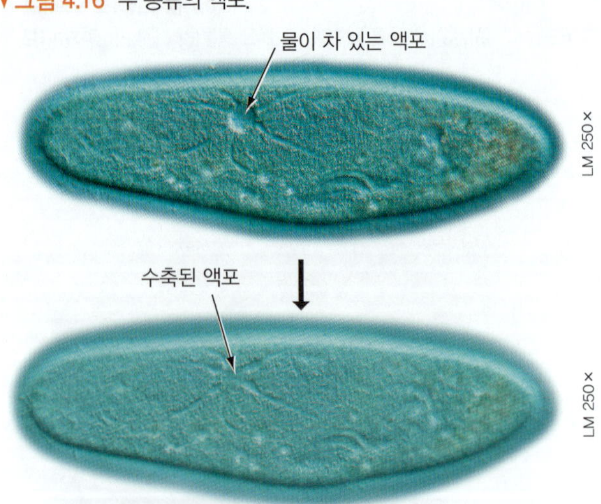

(a) **짚신벌레의 수축포.** 수축포는 물을 채우고, 그 다음 수축하여 물을 세포 밖으로 퍼낸다.

(b) **식물세포의 중심액포.** 중심액포(이 현미경 사진에서 청색으로 채색되었음)는 성숙한 식물세포에서 가장 큰 세포소기관이다.

▼그림 4.17 **내막계의 복습.** 점선 화살표는 운반소포를 통한 세포 생성물 분배와 막의 이동 경로 일부를 나타내고 있다.

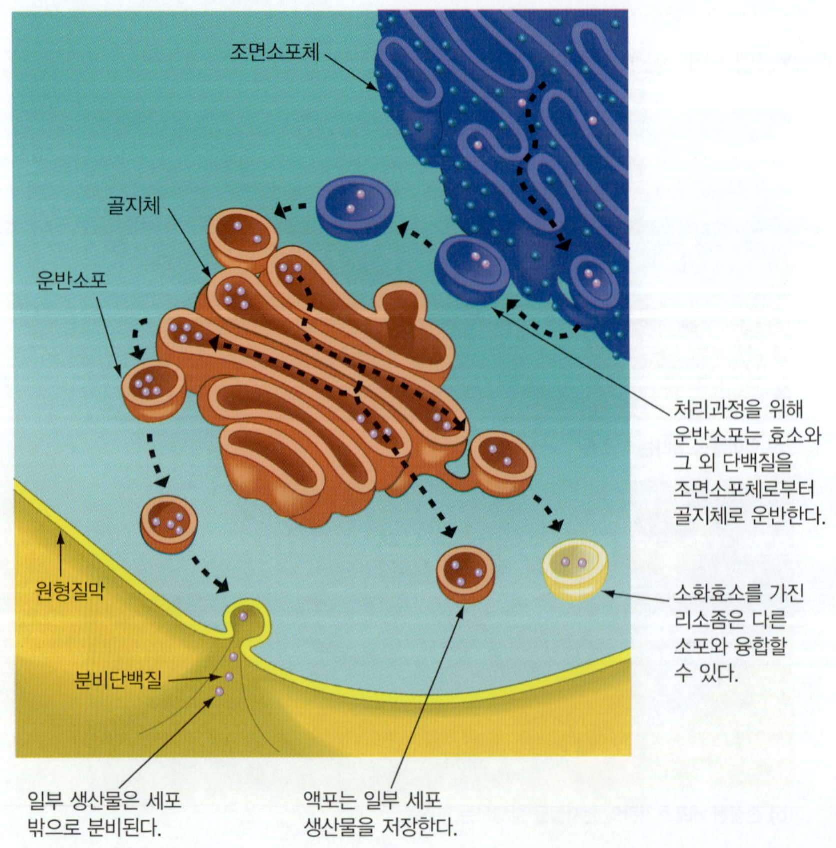

엽록체와 미토콘드리아: 세포의 에너지 공급

생물학의 핵심 주제 중 하나는 에너지 전환인데, 즉 이것은 에너지가 살아 있는 시스템에 어떻게 들어가는지, 한 형태에서 다른 형태로 어떻게 전환되는지, 마침내 어떻게 열로써 방출되는지를 말한다. 이러한 에너지의 흐름을 따라가기 위해 세포의 발전소라 할 수 있는 엽록체와 미토콘드리아를 주의해서 보아야 한다.

4.12 엽록체

살아 있는 세계의 대부분은 태양으로부터의 빛에너지를 당의 화학에너지로 전환시키는 광합성으로부터 얻는 에너지를 기반으로 한다. **엽록체(chloroplast)**는 식물과 조류의 광합성 세포소기관이다.

엽록체는 막에 의해 구획으로 나눠져 있다(그림 4.18). 가장 안쪽 칸에는 DNA와 리보솜, 또 효소가 들어 있는 스트로마(stroma)라 부르는 진한 액체가 있다. 틸라코이드(thylakoid)라고 불리는 낭의 네트워크가 스트로마에 떠있다. 종종 이 낭들은 포커 칩처럼 층층이 쌓여 있는데, 이들 칩 하나 하나를 그라나(*grana*, 단수형은 *granum*)라 부른다. 그라나는 빛에너지를 화학에너지로 전환하는 태양열발전꾸러미라고 할 수 있다(상세한 내용은 7장 참조).

4.13 미토콘드리아

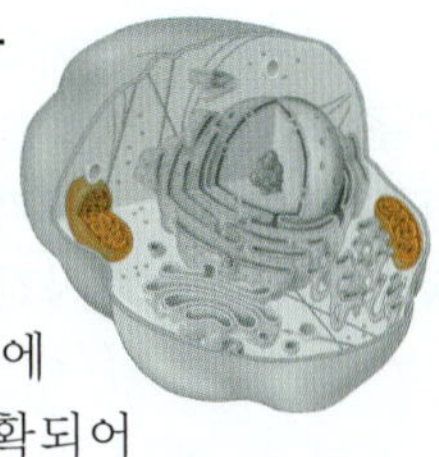

미토콘드리아(mitochondria, 단수형은 *mitochondrion*)는 세포호흡이 일어나는 세포소기관인데, 세포호흡 과정에서 에너지는 당으로부터 수확되어 ATP(adenosine triphosphate, 아데노신삼인산)라 부르는 다른 형태의 화학에너지로 전환된다. 세포는 직접적인 에너지원으로서 ATP 분자를 사용한다. 미토콘드리아는 식물과 동물을 포함하여 거의 모든 진핵세포에서 발견된다.

미토콘드리아는 좁은 간격으로 분리된 두 개의 막으로 둘러싸여 있다. 내막은 미토콘드리아의 바탕질(martix)이라 부르는 진한 액체로 차 있다(그림 4.19). 내막은 크리스테(cristae)라고 부르는 많이 주름진 구조물들이 있다. 세포호흡의 기능을 수행하는 많은 효소와 분자가 내막에 자리잡고 있다. 크리스테는 내막의 표면적을 넓게 함으로써 ATP를 최대로 만들 수 있게 한다. (우리는 6장에서 미토콘드리아가 어떻게 일하는지에 대해 좀 더 배우게 될 것이다.)

세포의 에너지를 제공하는 것 외에도 미토콘드리아와 엽록체는 또 다른 특성을 공유하고 있는데, 그것은 이들이 자신들의 리보솜에 의해 만들어지는 몇몇 단백질을 암호화하는 자신들의 DNA를 가지고 있다는 것이다. 엽록체와 미토콘드리아 각각은 원핵세포 염색체와 유사한

▼그림 4.18 **엽록체: 광합성이 일어나는 장소.**

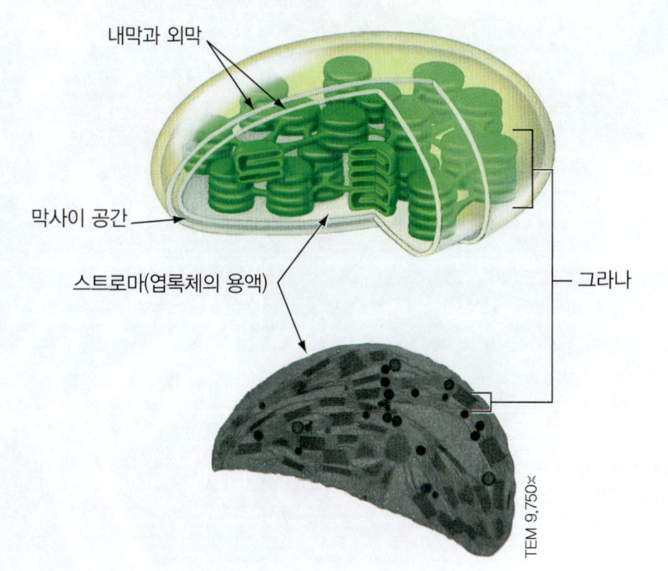

▼그림 4.19 **미토콘드리아: 세포호흡이 일어나는 장소.**

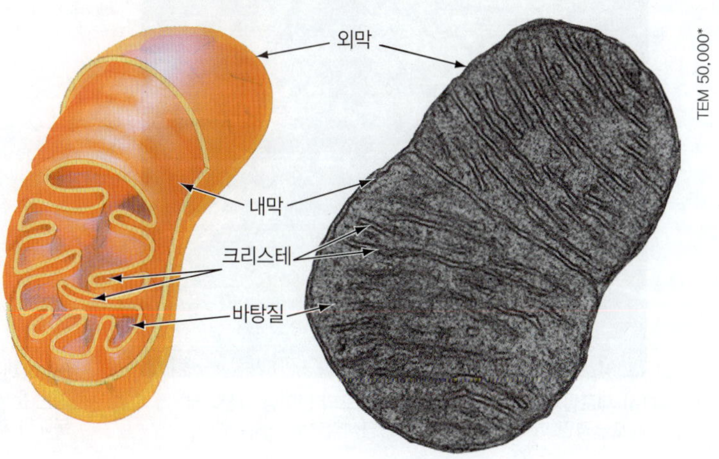

하나의 환상 DNA 염색체를 가지고 있다. 사실 엽록체와 미토콘드리아는 많은 원핵생물처럼 성장하여 두 개로 나뉘어져서 스스로 번식하게 된다. 이와 그 밖의 또 다른 증거들은 미토콘드리아와 엽록체가 먼 옛날에 독립생활을 하던 원핵생물에서 진화하였다는 증거가 되기도 한다. 한 종이 숙주 종 안에 사는 이러한 현상은 공생의 특수한 형태이다(16장 참조). 오랜 시간이 지나면서 미토콘드리아와 엽록체는 점차 숙주인 원핵생물과 상호의존적이 되었으며, 결국 분리할 수 없는 부위를 가진 하나의 생물로 진화하였다. **미토콘드리아와 엽록체 내에서 발견되는 이들 DNA는 이런 오래된 진화적 사건의 유물과 같다.** ✓

✓ 체크포인트

1. 광합성은 무엇을 하는가?
2. 세포호흡이란 무엇인가?
3. "식물세포에는 엽록체가 있고 동물세포에는 미토콘드리아가 있다."라는 말의 문제점을 설명해 보시오

답: 1. 빛에너지가 식량에 저장된 형태의 화학에너지로 전환
2. 당과 다른 식량의 화학에너지를 ATP 형태의 화학에너지로 전환하는 과정
3. 실제로는 가지고 있는데, 꼭 식물세포에는 미토콘드리아가 없는 것처럼 들린다.

세포골격: 세포의 형태와 이동

만일 누군가가 집에 대해 설명해 달라고 한다면 방의 개수와 위치에 대해 이야기할 것이다. 아마 집을 지탱하는 기초나 들보에 대해서는 이야기하지 않을 것이다. 그러나 사실은 이들 구조가 매우 중요한 기능을 수행한다. 이와 마찬가지로 세포도 세포질 전체에 펼쳐져 있는 섬유상 그물구조로 된 **세포골격(cytoskeleton)**이라고 하는 기반구조를 가지고 있다. 세포골격은 세포에서 뼈대와 "근육"으로서의 역할을 하여, 지지와 이동의 기능을 나타낸다.

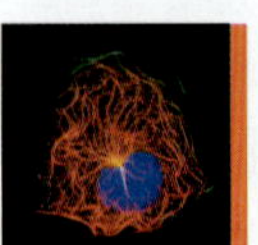
세포골격이 없다면 세포는 스스로 붕괴될 것이다.

4.14 세포의 형태 유지

세포골격의 한 가지 기능은 세포를 기계적으로 지탱하며 형태를 유지하는 것이다. 이 기능은 견고한 세포벽이 없는 동물세포에서 특히 중요하다. 세포골격은 다른 종류의 단백질로 만들

▼그림 4.20 세포골격.

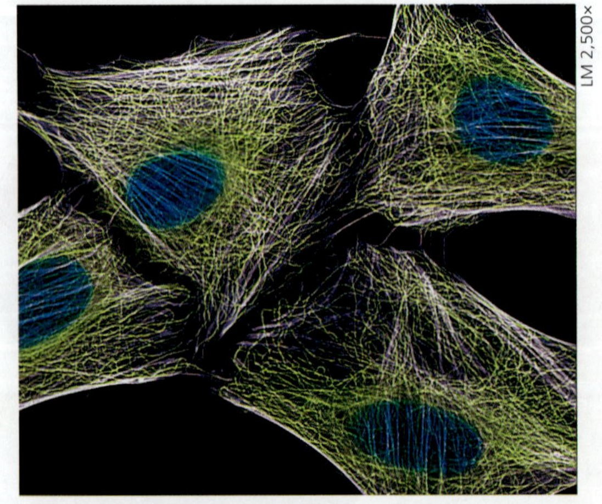

(a) **세포골격의 미세소관.** 이 동물세포의 현미경 사진에서, 세포골격인 미세소관은 노란 형광염색약으로 표지되었다.

(b) **미세소관과 운동.** 아메바의 기는 운동은 미세소관의 신속한 분해와 재생에 의한 것이다.

어진 여러 종류의 섬유를 포함한다. 중요한 섬유의 하나가 **미세소관(microtubule)**이다(그림 4.20a). 미세소관은 단백질로 이루어진 곧고 속이 빈 관이다. 중간섬유와 미세섬유라 불리는 또 다른 종류의 세포골격 섬유는 보다 가늘고 속이 비어 있지 않다.

우리 몸에 있는 뼈가 장기의 위치를 고정시켜 주는 것처럼, 세포골격은 세포 안의 여러 세포소기관에 대해 닻의 역할을 하면서 튼튼하게 만들어준다. 예를 들면 핵은 세포골격의 미세섬유로 된 "우리"에 의해 제 위치가 유지된다. 어떤 세포소기관은 세포골격을 이용하여 이동한다. 예를 들면 리소좀의 경우 미세소관을 따라 이동하여 식포에 도달한다. 중심체라 불리는 부위에서 자라나는 미세소관은 세포가 분열할 때 염색체의 이동을 유도한다(유사분열방추사에 의해- 8장 참조). 미세섬유 또한 세포 이동에 관여한다. 다른 종류의 단백질로 구성된 다른 섬유가 수축하여 결과적으로 원생생물인 아메바가 기어서 이동하거나(그림 4.20b) 우리 몸의 일부 백혈구가 이동할 수 있게 된다. ✓

✓ 체크포인트

세포골격이 세포 안에서 어떻게 지지와 운동의 기능을 해내는가?

답: 세포골격은 세포소기관이 부착될 수 있는 닻으로의 역할을 하고 또한 세포소기관이 움직일 수 있는 길을 제공한다.

4.15 편모와 섬모

일부 진핵세포에서 미세소관은 특수하게 배열되어 편모나 섬모가 채찍을 내리치는 것처럼 움직일 수 있게 만든다. 섬모와 편모는 이동을 돕기 위해 세포에서 확장된 운동성 부속기관이다. 진핵생물의 **편모(flagella**, 단수형은 *flagellum*)는 굽이치는 채찍 같은 운동에 의해 세포를 앞으로 나아가게 한다. 이들은 사람과 다른 동물의 정자세포와 같이 종종 하나만 있으나(그림 4.21a), 원생생물의 바깥 표면에는 또한 집단으로 나타나기도 한다. **섬모(cilia**, 단수형은 *cilium*)는 통상 편모보다는 짧지만 많고 그리고 8인 조정경기에서 팀원 모두가 박자에 맞추는 것처럼 일제히 앞뒤로 움직여 이동을 촉진한다. 섬모와 편모 둘 다 다양한 원생생물이 물에서 움직일 수 있게 해준다. 예를 들면 짚신벌레의 섬모는 그림 4.1의 SEM에서 볼 수 있다. 길이도 세포 당 개수도 굽이치는 양상도 다르지만 섬모와 편모는 기본적으로 같은 구조로 이루어져 있다.

일부 섬모는 조직층의 한 부분을 이루는 비운동성 세포로부터 뻗어 있다. 그곳에서 이들은 조직의 표면 위로 액체를 움직인다. 예를 들면 우리 호흡기의 기관의 섬모를 가진 내층은 먼지 찌꺼기가 흡착되어 있는 점액을 허파로부터 밖으로 내보내어 호흡기를 깨끗하게 해준다(그림 4.21b). 담배연기는 정상적인 청정작용 기구를 방해하고 그리고 독성입

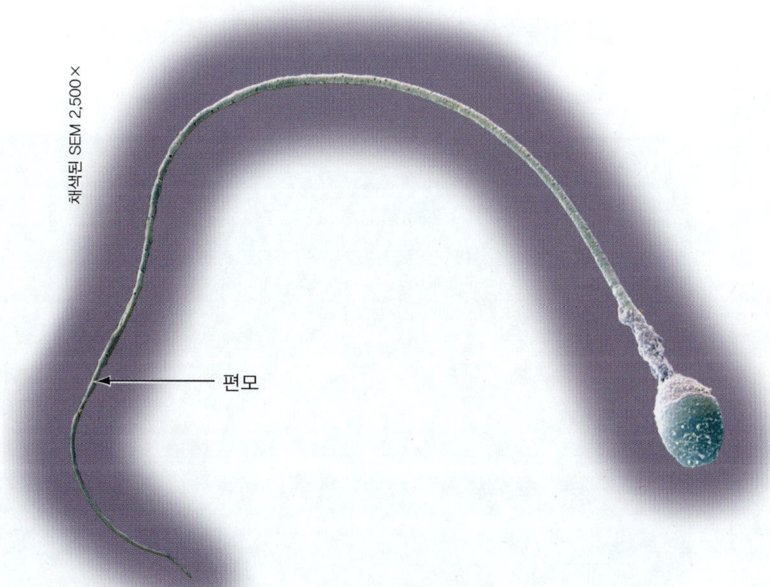

(a) 사람 정자세포의 편모. 진핵생물의 편모는 채찍 같은 동작으로 파동운동을 하여 액체 환경을 통해 지나갈 수 있도록 정자세포를 추진시킨다.

(b) 호흡기 내벽의 섬모. 기도에 있는 내벽의 섬모는 폐로부터 먼지를 제거한 점액을 쓸어낸다. 이런 것을 통해 우리의 기도는 청결이 유지되고 감염이 억제된다.

▲그림 4.21 **편모와 섬모의 예.**

자가 가득한 연기입자를 더 많이 폐에 도달하게 함으로써 이들 섬모를 마비시킬 수 있다. 담배를 많이 피는 사람에게 흔한 잦은 기침은 우리 몸이 호흡계를 깨끗이 하려는 시도인 것이다.

사람의 정자는 움직이기 위해 편모에 의존하기 때문에 편모에 문제가 있으면 남성에 의한 불임이 된다는 것을 쉽게 이해할 수 있다. 제 기능을 못하는 편모를 지닌 정자는 난자와 수정하기 위해 여성의 생식관까지 이르지 못한다. 흥미롭게도 어떤 유전적 불임을 가진 남성 일부는 호흡기에 문제를 갖기도 한다. 이에 대한 설명은 편모(정자에서 발견)와 섬모(호흡기관의 내층에서 발견) 사이의 유사성에서 찾을 수 있다. 편모와 섬모의 구조적 결함 때문에 이들의 정자는 헤엄을 치지 못하고 (불임을 일으킴) 그리고 섬모도 또한 이들의 폐에서 점액을 걷어 내지 못한다(빈발하는 호흡기 감염의 원인). ✓

✓ 체크포인트

섬모와 편모를 비교하시오.

답: 섬모와 편모는 같은 기본구조를 갖고 있으며, 미세소관으로 구성되어 있고, 세포의 운동을 돕거나 세포 위의 용액을 움직이게 만든다. 섬모는 짧고 수가 많으며 전후로 움직인다. 편모는 보다 길고 보통 하나만 있으며 파동운동으로 움직인다.

진화와 연결 **인간 대 세균**

인간한테서 일어나는 세균내성의 진화

처한 환경에 보다 적합하게 해주는 변이를 가지고 있는 사람들은 살아남을 것이며, 이러한 변이를 갖고 있지 않은 사람들에 비해 평균 이상으로 더 많이 자손을 낳을 것이다. 유리한 변이가 유전의 근거를 갖고 있을 때, 변이를 갖고 있는 개체의 자손들은 유리한 적응을 보다 많이 갖게 될 것이며, 생존과 생식의 우위를 제공할 것이다. 이런 방법으로, 여러 세대를 되풀이하면서, 자연선택은 그 개체군의 진화를 촉진한다.

사람 개체군 안에서 어떤 질병이 지속적으로 존재하는 것은 해당 지역에서 생존에 가장 적합한 사람들을 평가하기 위해 새로운 근거를 제공할 수 있다. 예를 들면 최근의 진화 연구에서 방글라데시에 사는 사람들이 조사되었다. 이곳 주민들은 감염성 세균에 의해 걸리는 콜레라에 수천 년 동안 노출되었다(그림 4.22). 콜레라 세균이 희생자의 소화

중국
인도
방글라데시
인도
미얀마
벵골만

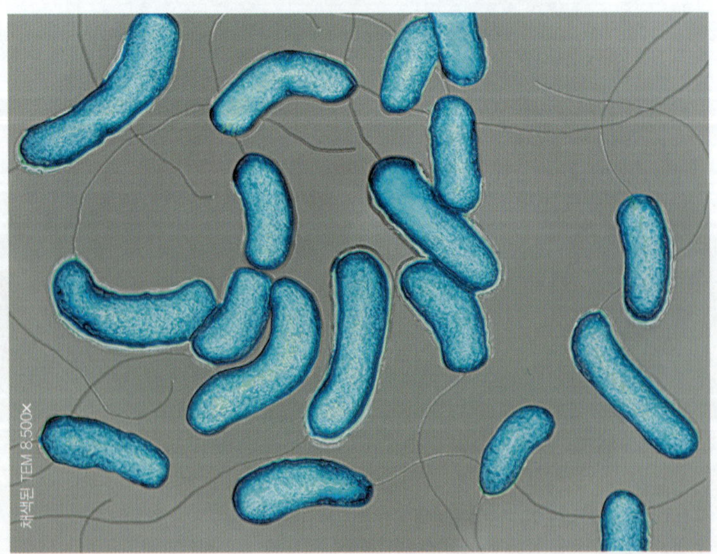

▲그림 4.22 **치명적인 질병인 콜레라를 일으키는 콜레라 세균(*Vibrio cholerae*).** 방글라데시에 살고 있는 일부 사람들은 이 세균에 대한 내성을 진화시켰다.

관에 들어간 후(대개는 오염된 먹는 물을 통해), 세균은 장 세포에 결합하는 독소를 생산한다. 독소는 원형질막에 있는 단백질을 변경시켜서, 세포로 하여금 체액을 배출하게 한다. 그 결과 장내 환경으로 체액을 흘림으로써 세균을 확산시키는 설사 때문에 치료하지 않으면 심각한 탈수와 죽음을 초래할 수 있다.

방글라데시는 콜레라 세균이 많은 환경에서 오래 동안 살아왔기 때문에, 사람들은 자연선택이 세균에 어느 정도 내성을 갖고 있는 사람들을 선호한다고 기대할 수 있다. 실제로 방글라데시 사람에 대한 최근 연구는 콜레라 내성의 증가를 나타내는 것으로 보이는 여러 유전자들의 돌연변이를 밝혀냈다. 연구자들은 콜레라 세균의 표적인 원형질막 단백질들을 암호화하는 유전자에서 하나의 돌연변이를 발견하였다. 그 기작은 아직 밝혀지지 않았지만, 이러한 유전자들은 콜레라 독소에 의한 공격에 대해 단백질이 좀 더 저항성을 나타내게 함으로써 생존 이득을 제공하는 것으로 보인다. 이러한 유전자들이 이런 사람들 안에서 생존 이득을 제공하기 때문에, 유전자들은 과거 30,000년을 지나면서 방글라데시 사람들을 통하여 서서히 확산되어 왔다. 다시 말해서 방글라데시 사람들은 콜레라에 대한 내성을 점점 더 진화시키고 있는 것이다.

최근의 진화적 과거에 대한 통찰력을 제공하는 것에 덧붙여, 이런 연구 자료는 사람이 콜레라 세균을 억제시킬 수 있다는 가능한 방법들을 보여주기도 한다. 추측컨대 제약회사들은 새로운 세대의 항생제를 만들어내는 확인된 돌연변이에 의해 생성되는 단백질들을 이용할 수도 있다. 만일 그렇다면 이것은 생물학자들이 사람의 건강을 증진시키기 위하여 진화를 이해함으로써 배운 교훈을 적용하는 또 다른 방법이 될 것이다. 또한 그것은 지구상의 모든 생물들과 마찬가지로 우리 인간도 우리 주위에 사는 감염 미생물의 존재를 포함하여 환경의 변화로 일어나는 진화에 의해 형성된다는 사실을 상기시켜 준다.

복습

주요 개념의 요약

현미경으로 본 세포의 세계

4.1 주요한 두 종류의 세포

세포의 종류	
원핵세포	진핵세포
• 보다 작음 • 보다 간단함 • 막으로 둘러싸인 세포소기관이 없음 • 세균과 고세균에서 볼 수 있음	• 보다 큼 • 보다 복잡함 • 막으로 둘러싸인 세포소기관이 있음 • 원생생물과 식물과 균류와 동물에서 볼 수 있음

4.2 진핵세포의 개요

막성계가 진핵세포를 많은 기능적 구획으로 나눈다. 가장 큰 세포소기관은 핵이다. 다른 세포소기관은 핵과 원형질막 사이의 공간인 세포질에 위치한다.

막구조

4.3 원형질막

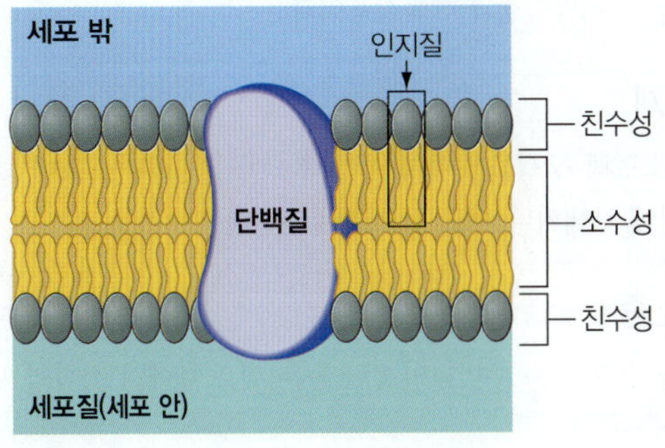

4.4 세포표면

식물세포를 둘러싸고 있는 세포벽은 중력의 끌어당김에 반해서 식물을 지탱시키고, 세포가 너무 많은 물을 흡수하지 않도록 해준다. 동물세포는 끈끈한 세포외기질로 덮여 있다.

핵과 리보솜: 세포의 유전적 조절

4.5 핵

두 개의 막으로 구성된 이중막이 핵을 둘러싸고 있다. 핵 안에는 DNA와 단백질이 실 모양의 염색질을 이루고 있다. 각각의 매우 긴 실이 하나의 염색체이다. 또한 핵에는 리보솜의 구성분을 생산하는 인을 포함하고 있다.

4.6 리보솜

리보솜은 DNA에 의해 만들어지는 메시지를 이용하여 세포질에서 단백질을 생성한다.

4.7 DNA는 단백질 생산을 어떻게 지휘하는가

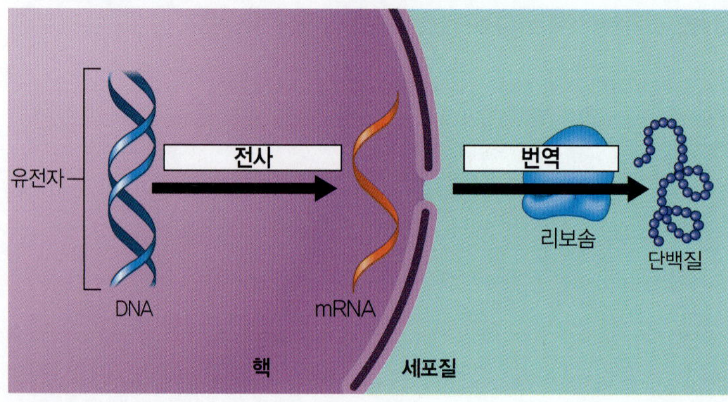

내막계: 세포 생성물의 제조와 분배

4.8 소포체

소포체는 세포질 내에서 막으로 둘러싸인 관과 낭으로 구성되어 있다. 표면에 리보솜이 붙어 있는 조면소포체는 막과 분비단백질을 만든다. 활면소포체의 기능은 지방합성과 해독작용이다.

4.9 골지체

골지체는 소포체 생성물을 변형시킨 후, 이들을 운반소포에 넣어서 다른 세포소기관에 보내거나 세포 밖으로 방출한다.

4.10 리소좀

소화효소를 갖고 있는 주머니인 리소좀은 세포 내에서 소화와 재활용을 할 수 있게 돕는다.

4.11 액포

액포에는 일부 담수 원생생물에서 물을 방출하는 수축포와 크고 다기능인 식물세포의 중심액포가 있다.

엽록체와 미토콘드리아: 세포의 에너지 공급

4.12~4.13 엽록체: 미토콘드리아

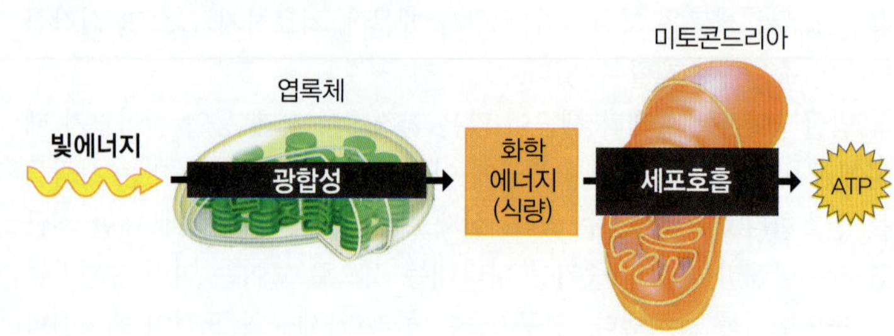

세포골격: 세포의 형태와 이동

4.14 세포의 형태 유지

미세소관은 세포의 형태를 지탱하고 유지해 주는 세포소기관으로서, 세포골격의 중요한 구성분이다.

4.15 편모와 섬모

섬모와 진핵생물의 편모는 주로 미세소관으로 이루어진 운동성 부속기관이다. 섬모는 짧고 수가 많으며 함께 굽이쳐 움직인다. 편모는 길고 보통 하나로 되어 있으며, 채찍과 같은 운동으로 세포를 이동시킨다.

자습문제

1. 우리가 광학현미경으로 미지의 세포를 보고 있다. 그 세포가 원핵세포인지 진핵세포인지 알기 위해 여러분은 무엇을 관찰해야 하는가?

a. 견고한 세포벽 　　b. 핵양체
c. 원형질막 　　d. 막으로 둘러쌓인 세포소기관

2. 유동모자이크라는 용어에서 각 단어는 막의 구조를 어떻게 묘사하고 있는지 설명하시오.

3. 다음의 목록에 있는 구조물 중 다른 것들을 모두 포괄하는 구조물은 어느 것인가? 조면소포체, 활면소포체, 내막계, 골지체.

4. 많은 양의 _______ ER이 _______를 해독하는 간세포에서 발견될 수 있다.

5. 세포벽은 왜 항생제의 좋은 표적이 되는가?

6. 엽록체와 미토콘드리아의 2가지 유사점과 2가지 차이점을 말하시오.

7. 다음 세포소기관과 이들의 기능과 연결시켜 보시오.

a. 핵 　　1. 운동
b. 편모 　　2. 단백질 내보내기
c. 미토콘드리아 　　3. 유전자 제어
d. 골지장치 　　4. 소화
e. 리소좀 　　5. 세포호흡

8. DNA는 유전 메시지를 전달하여 단백질을 생성하게 함으로써 세포를 조절한다. 다음 세포소기관들을 DNA의 유전정보가 세포를 통해 흐르는 순서대로 열거하시오: 핵공, 리보솜, 핵, 조면소포체, 골지체.

9. 섬모와 편모를 비교 설명하시오.

주된 주제 식별하기

아래의 각 문장에서 분명하게 드러난 주된 주제가 무엇인지(구조와 기능의 연관성, 정보의 흐름, 에너지와 물질의 변환경로, 생물계 내에서의 상호작용, 진화)를 식별하고, 그 내용이 그 주제와 어떻게 관련되는지를 설명하시오. 필요한 경우 주제들을 검토하고(1장 참조), 또 이 장에서 파란색 글자로 나타내어 강조한 예들을 검토해 보시오.

10. DNA에 포함된 유전 메시지는 단백질을 만드는 데 사용된다.

11. 다른 여러 세포소기관이 DNA 지시를 수행하기 위해 함께 일한다.

12. 햇빛은 당의 광합성을 구동시키는 데 사용될 수 있다.

답은 부록 C를 참조.

과학연구의 과정

13. 식물종자 방울형태로 기름을 저장한다. 기름방울의 막은 단일층의 인지질로 이루어져 있다. 이러한 막의 모형을 그리시오. 이것이 왜 이중층보다 더 안정적인지 설명하시오.

14. 엽록체와 미토콘드리아는 흔적 형태의 유전체를 지니고 있으며, 숙주세포와 독립적으로 분열 할 수 있으며, 이중막으로 둘러싸여 있다. 이러한 유사성으로 인해 이들 세포소기관은 진핵생물 조상세포에 거주하던 고대 원핵생물로부터 유래될 수 있다는 생각으로 이어졌다. 두 세포소기관 중 어느 것이 조상 진핵생물에 먼저 침범했을 가능성이 높은지 또 그 이유는 무엇인지 말해 보시오.

15. **자료 해석하기** 시간이 갈수록 세균 개체군은 어떤 약제에 대한 내성을 진화시킬 수 있다. 이러한 변화를 나타내는 그래프를 그리시오. x축에는 시간을, y축에는 개체군의 크기를 표시하시오. 개체군의 크기가 새로운 항생제를 투여한 후 시간이 지남에 따라 어떻게 변화하는지 그래프 상에 선을 그리시오. 새로운 약제가 투입된 선 위에 점을 표시하고, 그 다음 개체군의 크기가 투여 후 시간이 지남에 따라 어떻게 변화하는지를 나타내시오.

우리와 함께하는 생물학

16. 대학 의료센터의 의사들이 무어씨의 비장을 제거하였다. 이런 수술은 무어씨의 경우와 같은 백혈병에 대한 표준 치료법이다. 백혈병은 재발하지 않았다. 연구원들은 비장세포를 영양배지에 살아 있는 상태로 보존하였다. 이들은 일부 세포에서 암과 AIDS의 치료에 가능성이 있는 혈액단백질을 발견하고, 그 세포에 대해 특허를 출원하였다. 무어씨는 그의 세포에서 유래된 어떤 생성물로부터 얻어진 수익에 대해 배당을 주장하는 소송을 제기하였다. 미국 대법원은 무어씨의 소송에 대해 "중요한 의학적 연구를 수행하는 경제적인 동기를 분쇄하는 위협"이라며 패소 판결을 내렸다. 무어씨는 이 판결이 환자를 "국가의 손에 이용당하는 피해를 입도록" 방치한 것이라고 항의하였다. 무어씨 사건이 공평하게 처리되었다고 생각는가? 여러분의 판단을 돕기 위해 이 사건에 관해 더 알고 싶은 것은 무엇인가?

17. 어떤 회사가 특허를 받을 만한 세포주를 찾았다. 우리사회가 세포의 특허를 내주어야 하는가? 인간 세포와 세균 세포에 동일한 특허 규칙이 적용되어야 하는가?

5 일하는 세포

차례 내용

육포와 건포도의 공통점은 무엇인가? 이들은 둘 다 삼투압을 이용해 만들어졌다.

세포의 기능이 왜 중요한가

생명은 세포 수준에서 시작한다. 이보다 더 작은 그 어떤 것도 살아 있지 않으며 하나의 세포에는 생명의 기능을 수행하는 데 필요한 모든 장치가 포함되어 있다. 살아 있는 세포는 역동적이며 지속적으로 일을 수행해 나간다. 따라서 생물학을 공부하는 학생들은 일하는 세포가 생명이라는 사업에 어떻게 관여하는지를 이해하는 것이 중요하다.

신경가스와 살충제 둘 다 생명 유지에 필요한 효소를 심하게 손상시켜 그 작용을 해낸다.

움직여라! 페페로니 피자 반판에 들어 있는 식품열량을 연소시키기 위해서는 2시간 이상 걸어야 한다.

실마리

나노기술

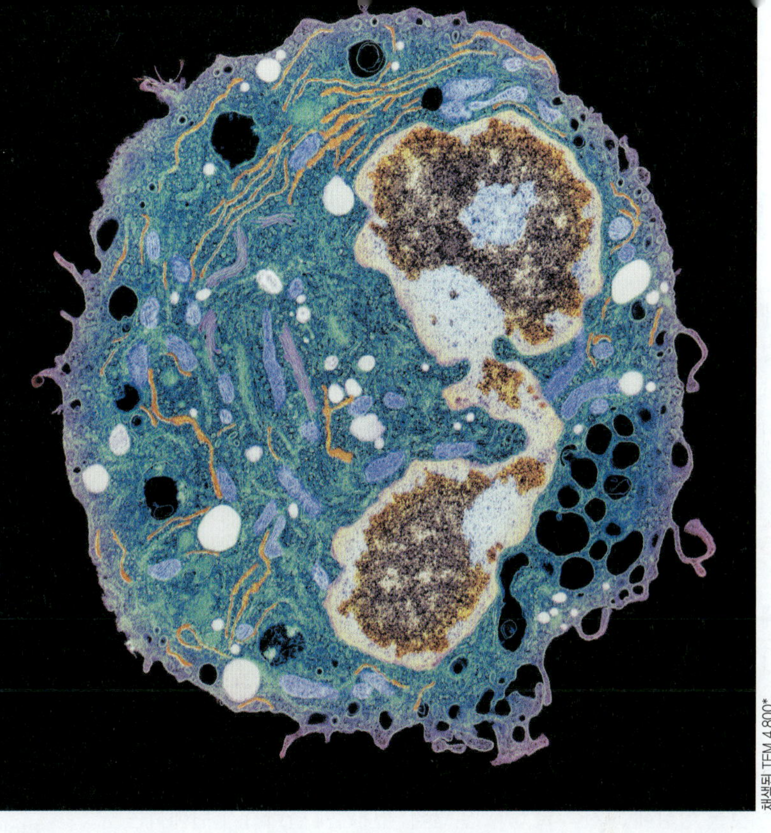

세포구조. 사람의 백혈구와 같은 가장 작은 세포조차도 놀라운 복잡성을 갖는 축소판 장치와 같다.

우리와 함께하는 생물학 **나노기술**

세포구조의 활용

탄소원자로 만든 바퀴 공을 가진 작은 로봇이나 모래알보다 1,000배나 작은 물체 위에 조각된 마이크로칩을 상상해 보자. 이들은 분자 수준에서 물질을 조작한 나노기술의 실제 예이다. 이러한 작은 크기의 장치를 설계할 때, 연구자들은 종종 영감을 얻기 위해 살아 있는 세포로 눈을 돌린다. 결국 운동, 에너지 처리, 그리고 여러 생산물의 생산과 같은 다양한 기능을 끊임없이 효과적으로 수행하는 하나의 장치로 세포를 생각할 수 있다. 세포 바탕의 나노기술의 예를 하나 생각해 보고, 이것이 일하는 세포와 어떻게 연관되는지 알아보자.

코넬대학의 연구자들은 사람의 정자세포의 에너지 생산능력을 획득하기 위한 시도를 하고 있다. 다른 세포처럼 정자세포도 원형질막을 통해 들어간 당과 그 밖의 다른 분자를 분해함으로써 에너지를 생산해 낸다. 세포 안의 효소는 포도당을 분해함으로써 에너지를 방출한다. 방출된 에너지는 ATP 분자를 생산하는데 쓰인다. 이러한 ATP는 정자가 여성의 수란관으로 나아갈 수 있는 에너지를 제공한다. 이런 에너지 생산시스템을 이용하려는 시도로 코넬대학의 연구자들은 3개의 효소를 컴퓨터 칩에 부착시켰다. 이 인공시스템에서 이들 효소는 그 기능을 계속하면서, 당으로부터 에너지를 생산하였다. 최종적으로 일련의 보다 많은 효소가 미세한 로봇에 동력을 제공하는 데 이용될 수 있게 하는 것이 궁극적인 희망이다. 이러한 나노로봇은 체조직에 약물을 전달하기 위한 동력으로 혈류의 포도당을 사용할 수 있는데, 아마도 암세포나 다른 비정상 세포한테로 자동유도 되게 할 것이다. 이러한 예는 일하는 세포로부터 영감을 받은 새로운 기술은 이들이 지닌 놀라운 잠재력의 극히 일부분이다.

이 장에서 살아 있는 모든 세포에 공통적인 세 과정을 탐구할 것이다. 그것은 바로 에너지 대사, 화학반응을 촉진시키는 효소의 이용, 그리고 원형질막에 의한 운반의 조절이다. 더 나아가 살아 있는 세포의 자연활동을 본뜬 나노기술을 심도 있게 생각해 볼 것이다.

에너지의 기본개념

에너지는 행성 수준에서, 또 세포의 수준에서 그 세계를 움직인다. 그렇다면 에너지란 정확하게 무엇인가? 일하는 세포를 이해하기 위해 해야 할 첫 번째 단계는 에너지에 관한 몇 가지 기본개념을 배우는 것이다.

5.1 에너지의 보존

에너지(energy)는 일을 수행할 수 있는 능력으로 정의된다. 어떤 물체가 반대 힘에 저항하여 움직일 때에는 언제나 일이 수행된다. 다시 말하면 일이란 가만 내버려두면 움직이지 않을 어떤 물체를 움직이게 하는 것이다. 예를 들면 중력에 반하여 바벨을 들어 올리는 것이 바로 그것이다. 다이빙 선수가 맨 꼭대기에 있는 발판까지 올라가서 뛰어내리는 것을 상상해 보자(그림 5.1). 발판의 꼭대기에 올라가기 위해서는 중력을 이겨내야 하는 일이 수행되어야 한다. 이 특별한 경우에서 음식에 있던 화학에너지는 움직임의 에너지인 **운동에너지(kinetic energy)**로 전환되어 소비된다. 운동에너지는 근육운동의 형태를 취하게 된다.

다이빙 선수가 발판 꼭대기까지 올라갈 때, 운동에너지에 무슨 일이 일어날까? 그것은 그 시점에서 사라져 버렸을까? 그렇지 않다. 우리는 물질이 창조되거나 파괴되지 않고 단지 한 형태에서 다른 형태로 전환된다는 물질보존의 법칙에 대해 잘 알고 있다. **에너지보존(conservation of energy)**으로 알려진 이 물리적 법칙은 에너지가 파괴되거나 창조되는 것은 불가능하다고 설명하고 있다. 물질과 마찬가지로 에너지도 단지 한 형태에서 다른 형태로 전환되는 것만이 가능하다. 예를 들면 발전소는 에너지를 만들어 내는 것이 아니고 단지 한 형태(석탄에 저장되어 있는 에너지처럼)에서 좀 더 편리한 형태(전기와 같은)의 에너지로 전환시킬 뿐이다. 이것은 다이빙 선수가 계단을 오를 때 일어나는 것이기도 하다. 이러한 근육운동의 운동에너지는 어떤 물체가 그것의 위치나 구조 때문에 갖게 되는 에너지인 **위치에너지(potential energy)**로 저장된다. 댐에 보관된 물에 포함된 에너지나 압축된 스프링에 저장된 에너지가 위치에너지의 예가 된다. 우리의 예에서 발판 꼭대기에 올라가 있는 다이빙 선수는 높은 위치 때문에 위치에너지를 가진다. 발판에서 물로 뛰어 내리는 행동은 위치에너지가 다시 운동에너지로 전환되는 것이다. **생명은 이와 유사하게 한 형태에서 다른 형태로의 셀 수 없이 많은 에너지 전환에 의존한다.** ✓

> **✓ 체크포인트**
>
> 가만히 있는 물체는 에너지를 가질 수 있는가?
>
> 답: 그것은 위치나 배열 때문에 위치에너지를 가질 수 있다.

▲그림 5.1 다이빙 과정에서 일어나는 에너지 전환.

5.2 열

만약 에너지가 파괴될 수 없다면 다이빙 선수가 물로 뛰어내릴 때 이 에너지는 어디로 가 버리는 것인가? 그 에너지는 원자와 분자들의 무작위운동을 내포하는 운동에너지의 일종인 **열(heat)**로 전환된 것이다. 몸과 몸을 둘러싸고 있는 것 사이에 생긴 마찰이 주변 공기와 물에 열에너지를 생성하였다.

모든 에너지의 전환은 약간의 열을 발생시킨다. 열의 방출은 에너지를 파괴시키지는 않지만, 그것은 유용한 일에 이용하는 것을 더 어렵게 만들어 버린다. 열은 무작위적인 형태의 목적이 없는 분자운동 에너지로서, 가장 무질서하고 혼돈된 형태이다.

엔트로피(entropy)는 한 시스템 안에서 무질서 또는 무작위 정도에 대한 척도이다. 여러분의 방과 그 유사성을 생각해 보자. 무질서를 증가시키는 것은 쉽다. 사실 그것은 자발적으로 일어나는 것처럼 보인다! 그러나 다시 한번 질서를 회복시키는 것은 상당한 에너지의 소비를 필요로 한다.

에너지가 한 형태에서 다른 형태로 전환될 때마다 엔트로피는 증가한다. 계단을 오르거나 발판에서 뛰어내리는 에너지 전환은 엔트로피를 증가시킨다. 그 이유는 다이빙 선수의 모든 위치에너지가 주위에 열로 빼앗기기 때문이다. 다시 다이빙을 하기 위해 계단을 오르기 위해서 다이빙 선수는 또 다른 저장된 음식 에너지를 다시 사용하여야 한다. ✓

✓ 체크포인트

어떤 에너지 형태가 가장 무질서하고 일에 사용하기 어려운가?

답: 열

5.3 화학에너지

우리가 먹는 음식에서 비롯된 분자들이 어떻게 세포가 작용하는 데 필요한 에너지를 제공하는가? 음식, 가솔린, 그리고 그 밖의 연료의 분자들은 **화학에너지(chemical energy)**라 하는 분자배열에서 오며 화학반응에 의해 방출될 수 있는 위치에너지의 한 형태를 갖고 있다. 탄수화물과 지방과 가솔린은 화학에너지를 특별히 많이 지닌 구조를 가지고 있다.

살아 있는 세포와 자동차 엔진은 연료 내에 저장된 화학에너지를 일을 하는 데 유용하도록 만들기 위해 동일한 기본과정을 이용한다(그림 5.2). 두 경우에서 이러한 과정은 유기연료를 연료분자보다 훨씬 적은 화학에너지를 가지고 있는 보다 작은 폐기물 분자로 분해한다. 그 결과로 일을 수행하는 데 이용될 수 있는 에너지를 방출한다.

예를 들면 자동차 엔진은 산소를 가솔린과 혼합함으로써, 연료분자를 분해하고 피스톤을 밀게 되어 결국 바퀴를 움직이게 하는 폭발적 화

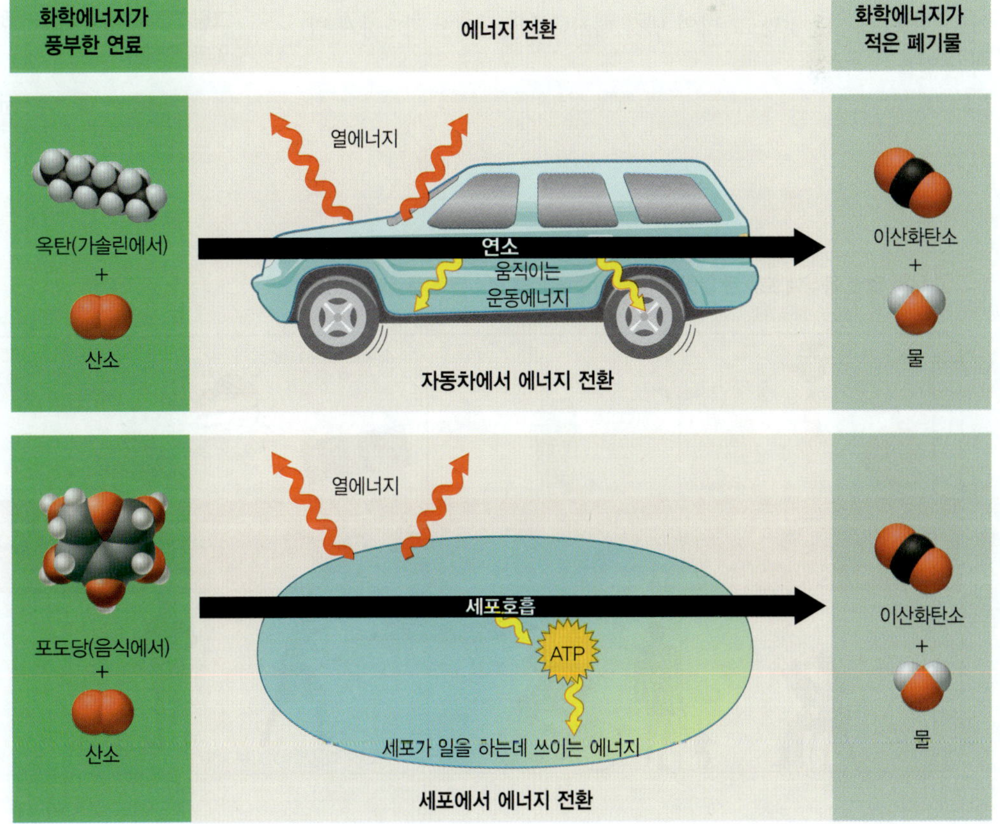

► 그림 5.2 **자동차와 세포에서 일어나는 에너지 전환.** 자동차와 세포 모두에서 유기연료분자의 화학에너지는 산소를 사용해서 얻게 된다. 이러한 화학적 분해는 연료분자에 저장된 에너지를 방출하고, 이산화탄소와 물이 생성된다. 방출된 에너지는 일을 수행하는 데 사용될 수 있다.

학반응을 일으킨다. 자동차 배기통으로 방출되는 폐기물의 거의 대부분은 이산화탄소와 물이다. 자동차 엔진이 연료로부터 추출되는 에너지의 약 25%는 자동차를 움직이는 운동에너지로 전환된다. 나머지 대부분은 열로 전환된다. 따라서 자동차의 라디에이터나 냉각팬이 이 열을 대기 중으로 발산시키지 못한다면 자동차 엔진은 녹아 버리게 될 것이다. 이것이 최고급 성능의 자동차가 과열을 피하기 위해 정교한 통풍 시스템을 필요로 하는 이유이다.

세포도 연료분자로부터 에너지를 방출시키는 반응에서 역시 산소를 이용한다. 그리고 자동차의 엔진과 마찬가지로 세포의 그런 반응으로부터 나오는 "배출 가스"는 대부분 이산화탄소와 물이다. 세포에서 연료의 "연소"를 세포호흡이라고 하는데, 이것은 자동차의 엔진에서의 폭발적인 연소와는 달리 보다 단계적이고 효율적이다. 세포호흡은 연료분자의 화학적 분해를 통해 에너지를 방출시키고, 세포가 사용가능한 형태로 에너지를 저장한다(6장 참조). 여러분은 음식 에너지의 약 34%를 근육의 운동과 같은 유용한 일로 전환시킨다. 연료분자의 분해에 의해 방출되는 에너지의 나머지는 체열을 발생시킨다. 주변 공기가 체온보다 훨씬 낮은 경우에도 사람과 많은 동물은 이 열을 사용하여 몸을 대부분 일정한 온도(사람의 경우 37℃)로 유지한다. 여러분은 사람으로 붐비는 방이 어떻게 빨리 온도가 올라가는지를 알게 될 것이다. 그것은 모두 대사 열에너지로부터 방출된 것이다. 운동 후 덥게 느껴지는 이유를 열에너지의 방출로 설명할 수 있다. 자동차의 라디에이터가 자동차 엔진의 과열을 막아주는 것처럼, 땀을 흘리는 것과 그 밖의 냉각 메커니즘은 몸에서 과다하게 발생한 열을 식혀준다.

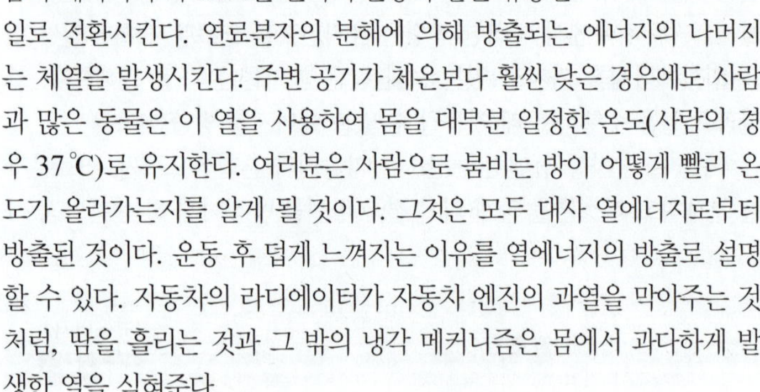

페페로니 피자 반판에 들어 있는 식품열량을 연소시키기 위해서는 2시간 이상 걸어야 한다.

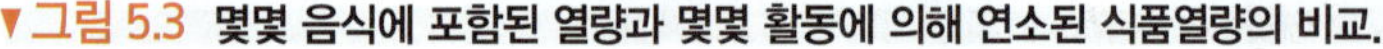

5.4 식품열량

포장된 식품 표지를 읽어보자. 그러면 그 식품이 제공하는 칼로리 양을 알 수 있을 것이다. 칼로리는 에너지의 단위이다. **1칼로리(calorie, cal)**는 1 g의 물을 1℃ 올릴 수 있는 에너지양을 말한다. 물통 밑에서 땅콩을 태워 이 땅콩에 저장된 모든 화학에너지가 열에너지로 전환되게 만든 다음, 이때 물통 속의 물이 상승된 온도를 측정함으로써 땅콩에 들어 있는 칼로리 양을 실제로 측정할 수 있다.

칼로리는 아주 작은 에너지 단위이기 때문에 식품의 연료함량을 나타내기에는 실용적이지 못하다. 그래서 편리를 위해 대신 1,000칼로리, 즉 킬로칼로리(kcal) 단위를 사용한다. 사실 식품포장지에 표시된 식품열량(대문자 C)은 실제로 킬로칼로리를 말한다. 예를 들면 땅콩 한 개는 약 5 kcal을 가지고 있다. 이것은 땅콩 태우기 실험에서 물 1 kg의 온도를 5℃까지 충분히 올릴 수 있는 에너지이다. 그래서 땅콩 한 줌이면 물 1 kg을 끓일 수 있을 정도의 충분한 열량을 가지고 있다. 물론 살아 있는 생명체에서 식품이 물을 끓이는 데 사용되는 것이 아니고 생물의 활동에 필요한 연료로 사용된다. 그림 5.3은 여러 식품에 들어 있는 식품열량과 어떤 활동을 통해 소비될 수 있는 열량의 양을 보여준다. ✓

✓ 체크포인트

그림 5.3에 따라 햄버거 하나에 포함된 에너지를 연소시키기 위해 수영을 얼마나 해야 하나?

답: 1시간(수영은 30분마다 200 C를 연소시키고, 햄버거는 400 C를 가지므로)

▼그림 5.3 몇몇 음식에 포함된 열량과 몇몇 활동에 의해 연소된 식품열량의 비교.

ATP와 세포의 일

우리가 음식을 통하여 얻게 되는 탄수화물, 지방, 그리고 그 밖의 연료분자들은 세포들을 위한 연료로 직접적으로 사용될 수 없다. 대신에 세포호흡 과정에서 유기분자의 분해에 의해 방출되는 화학 에너지는 ATP 분자를 생성하는데 이용된다. 이러한 ATP 분자들은 세포의 일에 동력을 공급한다. ATP는 에너지 셔틀처럼 작용하면서, 음식으로부터 얻는 에너지를 저장하고, 후에 필요할 때 그것을 방출한다. **이러한 에너지 전환은 지구상의 모든 생물에 있어서 없어서는 안 되는 것이다.**

5.5 ATP의 구조

ATP는 아데노신삼인산(adenosine triphosphate)의 약자이다. **ATP**는 아데노신이라 부르는 유기분자와 3개의 인산기로 된 꼬리로 이루어져 있다(그림 5.4). 이 삼인산기 꼬리는 세포활동에 필요한 에너지를 공급하는 ATP의 "작용" 말단이다. 각 인산기는 음전하를 띤다. 음전하끼리는 서로를 밀어낸다. 이러한 삼인산 꼬리에 밀집되어 있는 음전하들은 ATP의 위치에너지에 기여한다. 이것은 용수철을 눌렀을 때 저장되는 에너지와 유사한데, 즉 용수철을 압축했다가 놓으면 용수철이 풀리면서 생긴 힘은 유용한 일을 하는 데 사용할 수 있다. 일을 하는 세포에 대해 에너지를 이용할 수 있도록 ATP가 동력을 제공하기 위해서, 삼인산염 꼬리의 맨 끝에 있는 인산을 방출한다. 그러면 남는 것은 인산기 두 개를 지닌 아데노신이인산(adenosine diphosphate)인 **ADP**이다(그림 5.4의 오른쪽에 3개 대신에 2개의 인산기가 보인다).

5.6 인산의 전달

ATP가 ADP로 전환됨으로써 세포에서 일을 추진할 때, 방출된 인산기가 공간으로 날아가 버리는 것만은 아니다. ATP는 분자에 인산기를 전달함으로써 세포내 다른 분자에 에너지를 준다. 표적분자가 세 번째 인산기를 받아들일 때, 그것은 에너지를 받게 되며 세포에서 일을 수행할 수 있다. 언덕을 오르기 위해 자전거 페달을 밟고 있는 사람을 상상해 보자. 자전거를 탄 사람 다리의 근육세포에서 ATP는 인산기를 운동단백질에 전달한다. 그 다음 그 단백질은 모양을 변화시켜서 근육세포가 수축하도록 한다(그림 5.5a). 이러한 수축은 자전거를 타는 데 필요한 기계적 에너지를 제공한다. ATP는 또한 자전거를 탄 사람의 뇌세포의 막을 통해 이온과 그 밖의 용질이 운반될 수 있게 하는데(그림 5.5b), 이온의 운반은 뇌세포가 다리에 신호를 전달할 수 있게 해준다. 그리고 ATP는 작은 단량체로부터 세포의 거대분자의 합성을 일으킨다(그림 5.5c).

▼그림 5.4 **ATP의 힘.** ATP의 삼인산 꼬리에 있는 각 Ⓟ 는 인 원자에 산소 원자가 결합된 인산기를 나타낸다. 삼인산 꼬리로부터 하나의 인산이 다른 분자로 전이될 때 세포가 하는 일에 에너지가 제공된다.

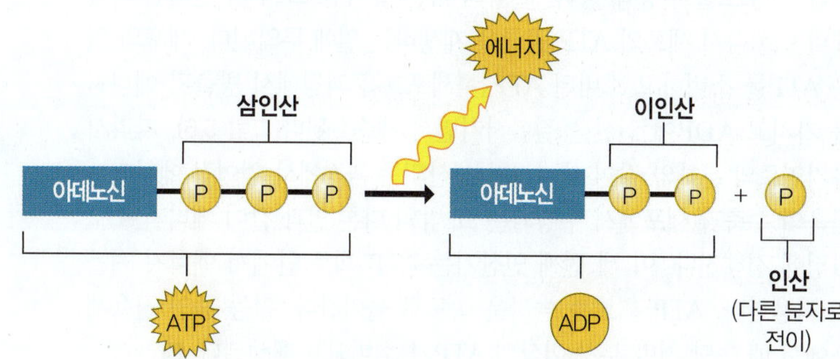

▼그림 5.5 **ATP는 어떻게 세포의 일을 하게 만드는가?** 여기에 나타낸 각 형태의 일은 효소가 ATP의 인산을 수용체 분자로 전이시킬 때, 동력을 얻는다.

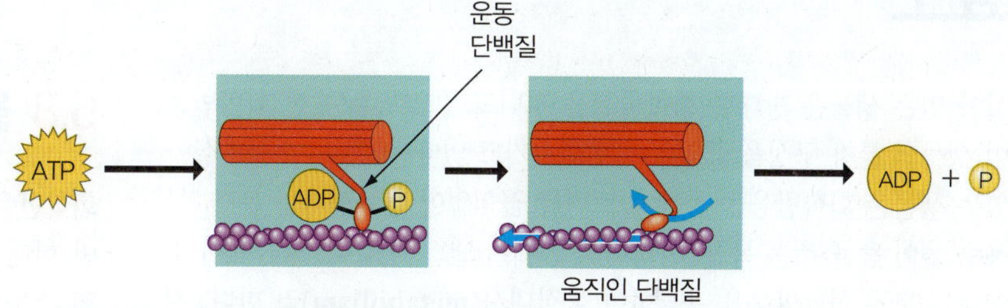

(a) 기계적 일을 수행하는 운동단백질(근섬유를 이동시킴)

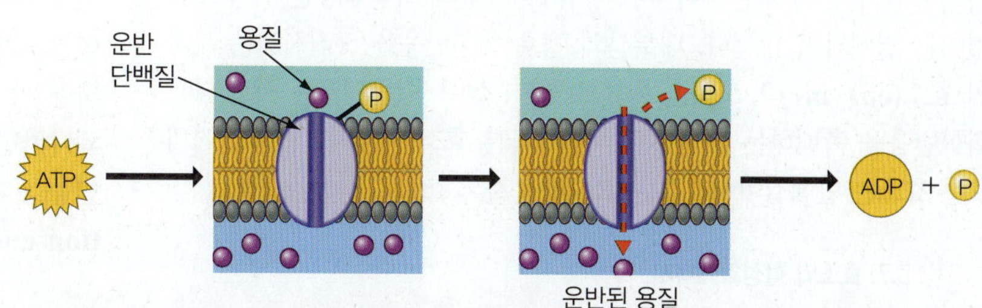

(b) 운반 일을 수행하는 수송단백질(용질을 유입함)

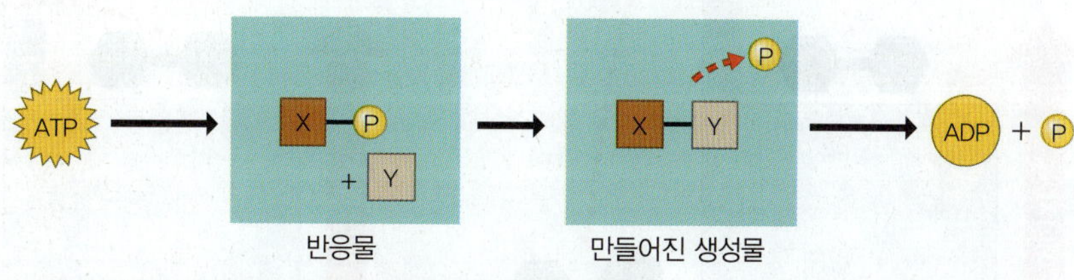

(c) 화학적 일을 수행하는 화학반응물(화학반응을 촉진시킴)

5.7 ATP 회로

우리 몸의 세포는 끊임없이 ATP를 소비한다. 다행스럽게도 이것은 재생가능한 자원이다. ATP는 ADP에 인산기 하나가 다시 결합함으로써 재생될 수 있다. 스프링을 다시 누르는 것처럼 이것은 에너지를 재충전한다. 세포호흡을 통해 당과 그 밖의 다른 유기연료로부터 얻어진 화학에너지는 다시 세포의 ATP 공급을 재생하는 일에 투입된다. 세포의 일은 ATP를 소비하고 소비된 ATP는 세포호흡 과정에서 방출된 에너지를 가지고 ADP에 인산을 결합시키면서 재순환된다(그림 5.6). 따라서 유기연료의 분해와 같이 에너지가 생산되는 과정에서 얻어진 에너지는 근육의 수축과 세포에서 수행되는 그 밖의 다른 일과 같이 에너지 소모 과정에 전해진다. 이 세 번째 인산기는 ATP 회로 안에서 에너지 셔틀로 작용한다. ATP 회로는 놀라운 속도로 돌아간다. 활동 중인 근육세포에서 매 초당 천만 분자 이상의 ATP가 소비되고 재생된다. ✓

▼그림 5.6 ATP 회로.

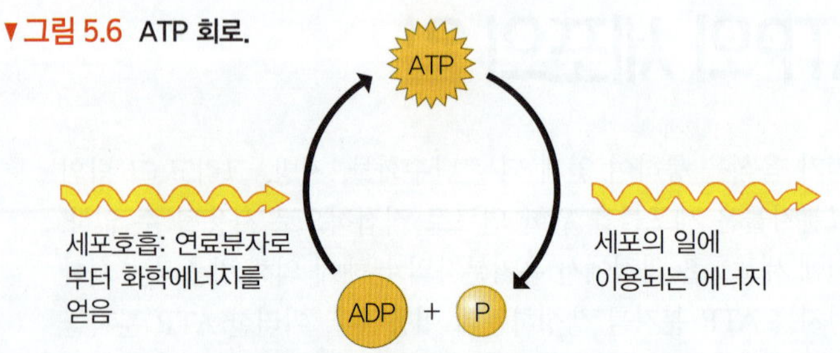

✓ 체크포인트

1. ATP가 어떻게 세포의 일에 동력을 제공하는가?
2. ADP로부터 ATP를 재생산하기 위해 필요한 에너지는 무엇인가?

답: 1. ATP는 다른 분자의 에너지량이 증가되도록 그 분자에 인산그룹을 전달한다.
2. 세포호흡을 통해 당과 그 밖의 다른 유기연료로부터 얻은 화학에너지

효소

살아 있는 생물은 방대한 화학물질을 지니고 있으며, 무수한 화학반응이 생물의 분자 구성을 끊임없이 변화시키고 있다. 어떤 의미에서 살아 있는 생물은 화학반응을 통해 파트너를 끊임없이 변화시키는 분자 "무용수"들이 춤을 추는 복잡한 "화학적 스퀘어 댄스"와 같다. 생물에서 일어나는 모든 화학반응을 총괄하여 **물질대사(metabolism)**라 한다. **시스템 상호작용의 주제를 설명하는 세포의 물질대사는 많은 분자 참가자들의 협동에 의존한다.** 사실 거의 대부분의 화학반응은 어떤 도움 없이는 일어나지 않는다. 대부분의 경우 화학반응을 촉진시키는 분자인 **효소(enzyme)**의 도움을 필요로 한다. 살아 있는 세포는 서로 다른 화학반응을 촉매하는 수천 종의 서로 다른 효소를 가지고 있다. 거의 모든 효소는 단백질이지만 일부 RNA 분자도 효소로 기능을 한다.

5.8 활성화에너지

화학반응이 시작되기 위해서는 반응물 분자에 있는 화학결합이 깨져야만 한다. (스퀘어 댄스에서도 파트너를 바꾸는 첫 단계는 현재 파트너의 손을 놓아야 하는 것이다.) 이 과정은 그 분자가 주위 환경으로부터 에너지를 흡수해야 한다. 다시 말해서 대부분의 화학반응에서 세포는 먼저 적은 에너지를 소비해야만 한다. 이 개념을 자신의 생활과 쉽게 연관시켜 볼 수 있다. 방을 정리하려면 노력이 필요하지만, 이것은 결국에 더 많은 에너지를 소비하지 않도록 여러분을 구해주는 일이 된다. 왜냐하면 여러분은 여러분의 소지품들을 찾지 않아도 되기 때문이다. 반응을 개시하는데 투입되어야 하는 에너지를 **활성화에너지(activation energy)**라고 하는데 그 이유는 이 에너지가 반응물을 활성화시켜서 화학반응을 일어나도록 하기 때문이다.

효소는 반응분자의 결합을 끊는 데 필요한 활성화에너지의 양을 낮추어 줌으로써 대사가 일어나도록 해준다. 효소가 없으면 활성화에너지 장벽이 결코 깨뜨려지지 않는다. 예를 들면 젖당(우유에 있는 당)은 그것의 구성성분으로 분해되지 않고 몇 년 동안 그대로 있게 된다. 그러나 소량의 효소 락타아제를 첨가하면 모든 젖당은 몇 초 안에 분해되어 버리고 만다. 만일 활성화에너지를 화학반응에 대한 장벽으로 생각한다면 효소의 기능은 바로 이 장벽을 낮추는 것이다(그림 5.7). 효소는 반응

▼그림 5.7 효소와 활성화에너지.

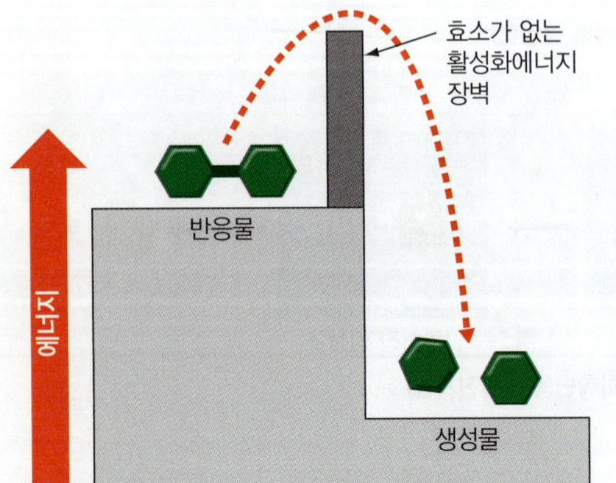

(a) **효소가 없을 때.** 화학반응이 그 분자를 생성물로 분해하기 전에 반응물은 활성화에너지의 장벽을 넘어서야 한다.

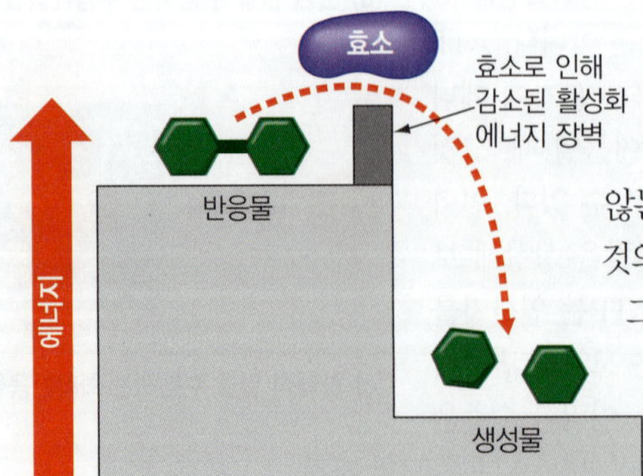

(b) **효소가 있을 때.** 효소가 활성화에너지 장벽을 낮춤으로써 화학반응은 빨라진다.

물분자에 결합하여 물리적 또는 화학적 스트레스에 놓이게 만듦으로써 효소는 이들 결합을 끊고 반응을 시작하게 해준다. 여러분의 방을 정리하는 비교 설명에서, 효소는 여러분을 도와주는 친구와 같다. 같은 장소에서 혼자서 하든지 도움을 받든지 여러분은 시작하고 끝낼 수 있다. 하지만 친구의 도움으로 활성화에너지를 낮추어서, 여러분이 하고자 하는 일을 더 많이 하도록 해준다. 다음으로 어떻게 효소가 보다 효율성이 높아지도록 가공될 수 있는지를 알아보기 위해 나노기술의 주제로 되돌아갈 것이다. ✓

✓ 체크포인트

효소는 화학반응의 활성화에너지에 어떻게 영향을 미치는가?

답: 효소는 활성화에너지를 낮추어 준다.

과학연구의 과정 나노기술

효소를 조작해서 만들 수 있는가?

배경

다른 모든 단백질과 마찬가지로 효소도 유전자로 암호화되어 있다. 유전자 서열의 관찰은 많은 유전자가 일종의 분자 진화를 통해 형성되었음을 시사한다. 하나의 조상 유전자는 복제되고, 이들 두 개의 사본이 무작위적인 유전적 변화를 거쳐 긴 시간 분기되어, 결국 다른 별개의 유전자로 바뀐다.

방법

과학자들은 종종 새로운 실험에 대한 영감을 자연계로부터 얻는다. 예를 들면 2015년 브리티시컬럼비아대학교의 한 연구진은 유도진화(directed evolution)라 불리는 기술을 사용하여 특정 효소의 더 나은 버전을 만들어냈다. 이 효소는 적혈구의 외부에 나타나는 분자 꼬리표를 잘라버린다. 이 꼬리표들이 서로 다른 혈액형(A, B, AB, O)이 되게

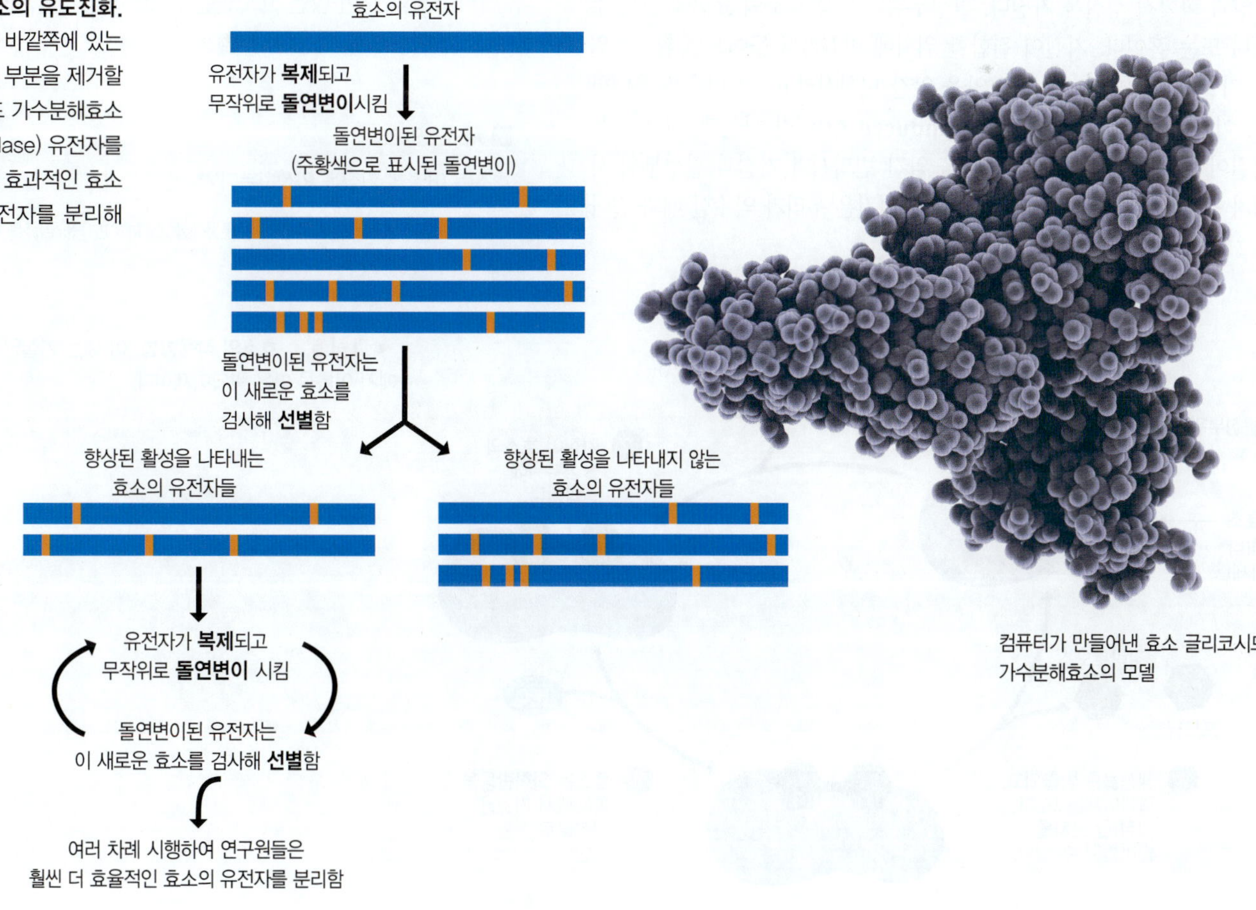

► **그림 5.8 효소의 유도진화.** 연구자들은 적혈구 바깥쪽에 있는 조직적합성 단백질 부분을 제거할 수 있는 글리코시드 가수분해효소(glycoside hydrolase) 유전자를 돌연변이시켜 훨씬 효과적인 효소를 암호화하는 유전자를 분리해냈다.

만든다. 환자의 혈액과 호환되지 않는 꼬리표를 가진 혈액으로 수혈을 받은 환자의 경우 치명적인 거부가 발생한다. 연구진은 기증된 혈액에서 문제가 되는 꼬리표를 효율적으로 제거하여 모든 헌혈을 안전하게 하는 효소를 생산함으로써 이러한 문제를 완화시키기를 희망하였다.

자연의 진화과정을 모방하려는 시도에서 연구자들은 효소를 암호화하는 유전자의 많은 사본을 무작위로 돌연변이시켰다(그림 5.8). 각 돌연변이 유전자에 대해 적혈구의 분자꼬리표를 제거하는 효소활성을 조사해서 선별하였다. 효율적이지 않은 유전자는 실험 풀에서 제외시켰다. 가장 효과적인 효소의 유전자를 가지고 복제, 돌연변이, 선발의 과정을 여러 차례 더 반복하였다.

결과

여러 차례의 유도진화 후에 연구진은 원래 효소보다 반응이 170배나 더 효율적인 효소를 암호화하는 유전자를 분리했다. 이 새로운 효소에 대한 시험이 현재 진행 중이다. 이러한 결과는 과학자들이 세포 구성요소를 유용한 의료도구로 변형시키기 위해 어떻게 자연의 과정을 모방할 수 있는지를 보여주는 또 하나의 예가 된다.

과학자처럼 생각하기

유도진화는 어떤 면에서 자연선택을 닮았나? 어떤 면에서 다른가?
답은 부록 C를 참조.

5.9 효소활성

효소는 그것이 촉매하는 반응에서 매우 선택적이다. 효소가 작용하는 특정 분자를 효소의 **기질(substrate)**이라고 부른다. **효소는 구조와 기능 사이의 밀접한 관계를 보여준다.** 각 종류의 효소는 효소가 촉진하는 특정 화학반응을 결정하는 고유한 3차원의 형태를 가진다. **활성부위(active site)**라고 하는 효소의 특정부위는 기질분자에 잘 들어맞는 모양과 화학적 성질을 가진다. 활성부위는 보통 효소의 표면에 있는 주머니 또는 홈이다. 기질이 결합할 위치에 미끄러져 들어오면 활성부위는 기질을 감싸 안기 위해 모양을 약간 변화시키고, 그 반응을 촉매한다. 이러한 상호작용을 **유도적합(induced fit)**이라 하는데, 그 이유는 기질이 들어오면서 효소의 모양을 약간 변화시켜 기질과 활성부위 사이가 꼭 들어맞도록 해주기 때문이다. 이것은 우리가 악수할 때와 같아서, 여러분의 손이 다른 사람의 손과 서로 맞닿게 되면, 더 잘 잡기 위해 손 모양을 약간 변화시키는 것을 생각해 보면 된다.

생성물이 활성부위로부터 떨어져 나온 다음에 효소는 또 다른 기질 분자를 받아들일 수 있게 된다. 사실 이처럼 반복적으로 기능하는 능력이 효소의 핵심적인 특성이다. 그림 5.9는 이당류인 젖당(기질)을 가수분해하는 효소인 락타아제의 작용을 보여주고 있다. 이러한 효소는 젖당과민성인 사람의 경우에서는 생산이 부족하든지 아니면 결함을 가진다. 락타아제와 같이 많은 효소들은 그 효소의 기질 뒤에 -아제(*-ase*)를 붙여 효소 이름으로 사용한다. ✓

✓ 체크포인트

효소는 어떻게 기질을 인식하는가?

답: 기질과 효소의 활성부위는 모양과 화학적 성질이 서로 상보적이다.

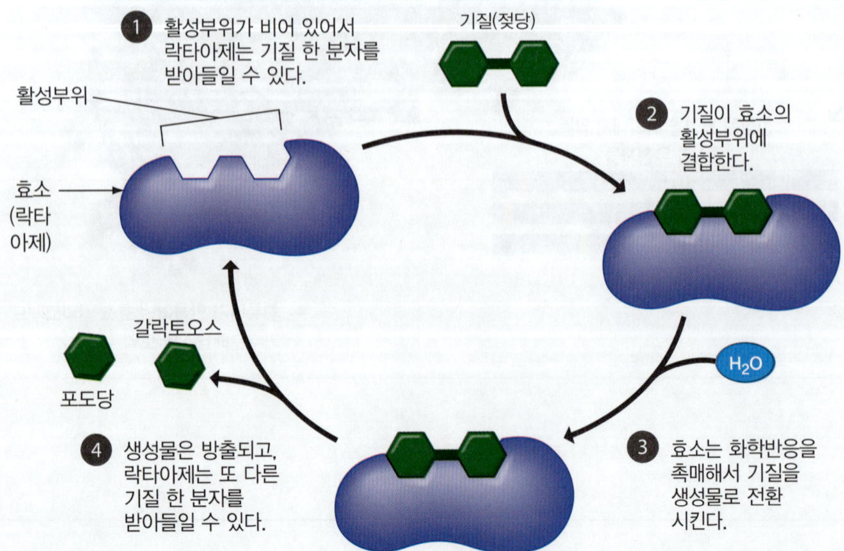

◄ 그림 5.9 **효소의 작용방법.** 이 예는 기질인 젖당에서 이름을 따온 락타아제이다.

5.10 효소저해제

효소저해제(enzyme inhibitor)라 부르는 어떤 분자들은 효소에 결합하여 그 기능을 방해함으로써 대사반응을 저해할 수 있다(그림 5.10). 이들 저해제 중 몇몇은 활성부위를 막아버리는 기질 유사체이다(악수할 사람이 손에 바나나를 들고 있다면, 그 사람과 악수할 수 없는 그런 상황과 똑같다). 또 다른 저해제는 효소의 활성부위가 아닌 다른 곳에 결합하지만, 그 결합이 효소의 모양을 변화시켜 결국 활성부위에 더 이상 기질이 결합하지 못하게 된다(어떤 사람이 우리를 간지럽혀서 손을 움켜잡고 있어 악수를 할 수 없는 상황을 상상해 보자). 각각의 경우에, 저해제는 그것의 모양을 변형시킴으로써 그 효소를 방해한다.

어떤 경우에는 저해제의 결합이 가역적이다. 예를 들면 세포가 어떤 생성물을 필요 이상으로 만들어 내게 되면, 역으로 그 생성물이 그 생성물을 합성하는 효소를 저해하게 된다. 이런 되먹임조절(feedback regulation)은 세포가 잘 사용하는 자원을 낭비하지 않게 해준다.

신경가스와 살충제 둘 다 생명유지에 필요한 효소를 손상시켜 그 작용을 해낸다.

많은 유익한 약제들이 효소를 억제함으로써 작용한다. 페니실린은 세균이 세포벽을 만들 때 사용하는 효소의 활성부위를 막는다. 이부프로펜은 통증 신호를 보내는 데 관련된 효소를 억제한다. 많은 항암제도 세포분열을 촉진시키는 효소를 저해한다. 독소와 독은 억제제로서 작용한다. 신경가스(화학전에서 사용)는 신경자극을 전달하는데 중요한 효소의 활성부위에 결합하여, 급속한 마비와 죽음을 초래한다. 많은 살충제가 이와 동일한 효소를 억제하기 때문에 곤충에 독이 된다.

▼그림 5.10 효소저해제.

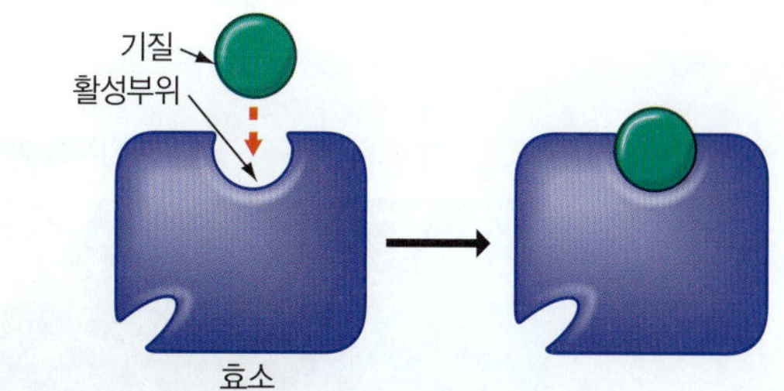

(a) 정상적인 효소와 기질의 결합

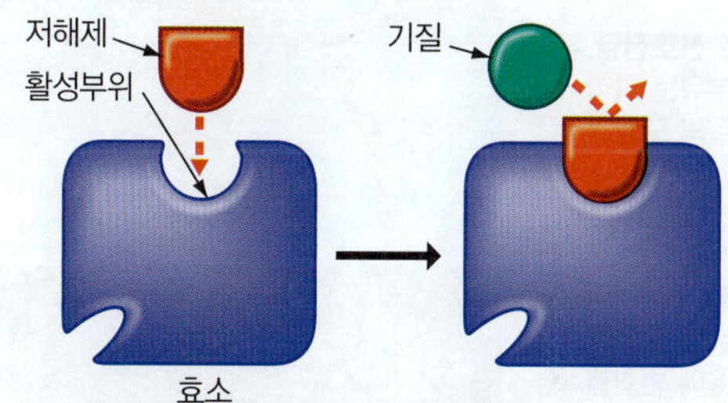

(b) 기질 유사체에 의한 효소 저해

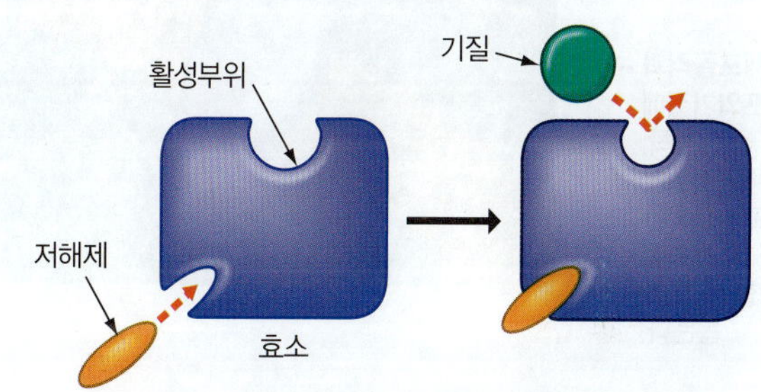

(c) 활성부위의 모양을 변형시키는 분자에 의한 효소의 저해

막의 기능

지금까지 세포가 어떻게 에너지의 흐름과 화학반응의 속도를 조절하는지에 대해 논의를 해왔다. 이런 중요한 과정들에 더하여 세포들은 환경으로부터 물질의 유입과 환경으로 물질의 유출도 조절해야 한다. 원형질막은 단백질이 박혀 있는 지방의 이중층, 즉 인지질 이중층으로 구성되어 있다(그림 4.5 참조). 그림 5.11은 이런 막단백질의 주요 기능을 나타내고 있다. 그림에 나타낸 모든 기능 중에서 가장 중요한 것 중의 하나는 세포 안팎을 통한 수송의 조절이다. 작은 분자들의 안정된 수송이 세포의 원형질막을 통해 양방향으로 일어난다. 그러나 이런 수송의 흐름은 싫든 좋든 상관없이 일어나는 것이 아니다. 대신에 모든 생물의 막은 선택적으로 그 투과성을 나타낸다. 즉 이들은 특정 분자들만을 통과시킨다. 이러한 내용에 대해 좀 더 자세하게 알아보자.

5.11 수동수송: 막을 통한 확산

분자는 쉼이 없다. 이것들은 끊임없이 진동하고 무작위로 움직인다. 이러한 운동의 결과 중 하나가 **확산(diffusion)**인데, 이것은 유용한 공간으로 고르게 퍼져나가는 분자들의 운동을 말한다. 각 분자는 무작위로 움직이지만, 분자 집단의 전체적인 확산은 일반적으로 농도가 높은 구역에서부터 농도가 낮은 구역으로 방향성을 갖는다. 예를 들면 병 안에 들어 있는 많은 향수 분자를 상상해 보자. 만일 여러분이 병마개를 열면, 수많은 향수 분자들이 무작위로 움직이겠지만, 전체적인 이동은 병으로부터 나오게 될 것이며, 결국 그 방 전체는 향수로 채워지게 될 것이다. 여러분이 엄청난 노력을 들인다면 향수를 그 병에 도로 담을 수

▼그림 5.11 **막단백질의 주요 기능.** 실제 세포에서는 이들 단백질 종류 중 몇 개만 가지기도 하며, 각 특정 단백질이 여러 개 존재할 수도 있다.

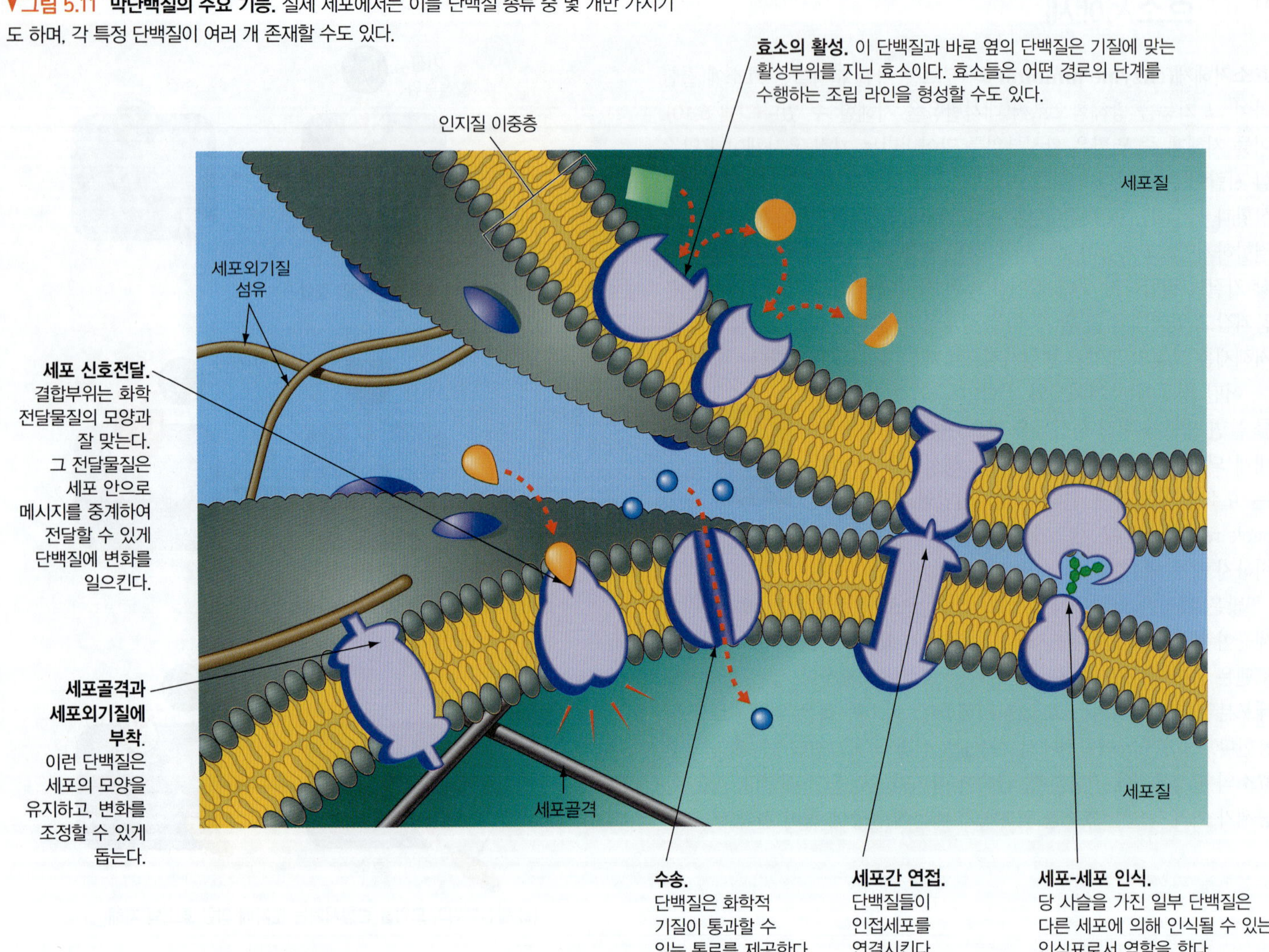

도 있겠지만, 분자 스스로는 결코 되돌아오지 않는다.

살아 있는 세포와 가까운 예로 물에 녹아 있는 염료혼합물과 순수한 물을 분리하는 막을 상상해 보자(그림 5.12). 이 막이 염료분자를 통과시킬 수 있는 미세한 구멍을 가지고 있다고 가정해 보자. 각 염료분자는 무작위로 움직이겠지만, 막을 통한 염료의 순이동은 순수한 물 쪽이 될 것이다. 염료의 이동은 양쪽 용액의 염료 농도가 같아질 때까지 계속될 것이다. 그 이후에는 동적 평형에 이르게 되는데, 분자들은 여전히 이동을 하지만 이 시점에서는 같은 양의 염료가 서로 반대방향으로 끊임없이 이동해서 물에 있는 염료분자의 농도는 일정하게 유지된다.

막을 통한 염료의 확산은 **수동수송(passive transport)**의 한 예가 되는데 수동이라는 말은 확산이 일어나는데 어떠한 에너지도 필요하지 않기 때문에 붙여진 것이다. 수동수송에서 물질은 그 물질의 농도가 높은 곳에서 낮은 곳으로 **농도구배(concentration gradient)**에 따라 확산된다. 예를 들면 우리의 폐에서 산소(O_2)는 혈액 보다는 공기 중에 더 많다. 따라서 산소는 수동수송에 의하여 대기로부터 혈액으로 이동하게 된다. 하지만 세포막은 선택적인 투과성을 갖고 있음을 기억해야 한다. 예를 들면 산소(O_2)와 같은 작은 분자는 일반적으로 다소 큰 분자인 아미노산보다 더 쉽게 통과한다. 그러나 세포막은 대부분의 이온들과 같은 매우 작은 물질이라 할지라도 이에 대해 상대적으로 비투과성이다. 이온들은 친수성이 매우 커서 인지질 이중층을 통과할 수가 없다.

스스로 막을 통과할 수 없는 물질이나 매우 늦게 통과하는 물질은 특정 분자에 대한 통로로 작용하는 단백질을 통하여 수송될 수 있다(그림 5.11 참조). 이런 보조수송을 **촉진확산(facilitated diffusion)**이라

▼그림 5.12 수동수송: 막을 통한 확산. 물질은 농도가 높은 곳에서 농도가 낮은 곳으로 확산된다. 다르게 말하면 물질은 농도구배를 따라 확산되는 경향이 있다.

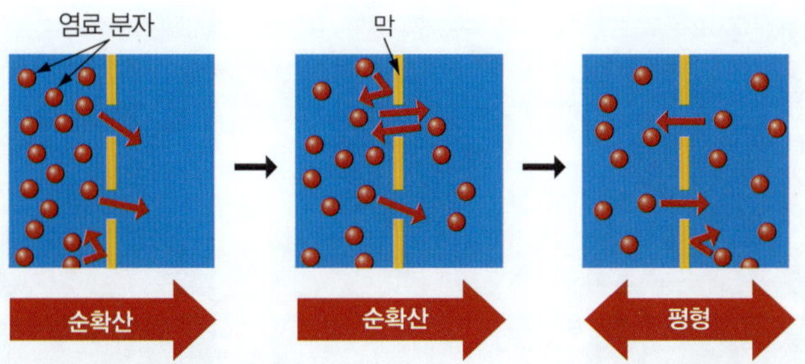

(a) 한 종류의 분자에 대한 수동수송. 막은 이런 염료분자에 대해 투과성인데, 이것은 농도구배(경사)를 따라 확산된다. 평형상태에서 분자는 계속 움직이지만, 양방향에서 수송 속도는 같다.

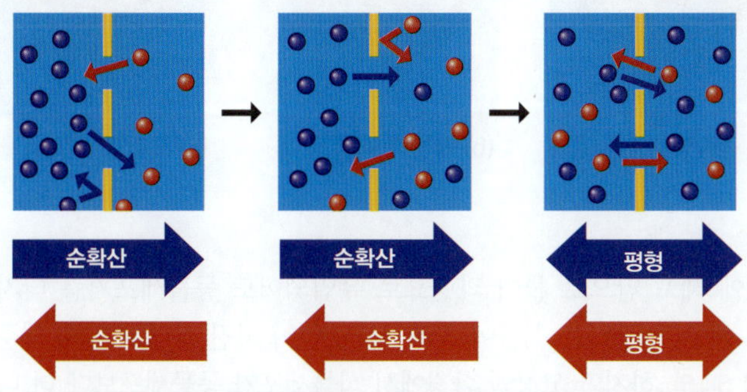

(b) 두 종류의 분자에 대한 수동수송. 용액에 두 종류 이상의 용질이 있을 경우, 각 용질마다 농도구배에 따라 확산된다.

한다. 예를 들면 물분자는 수송단백질을 경유하여 어떤 세포의 원형질막을 통과할 수 있다. 놀랍게도 이때 하나의 수송단백질은 1초당 30억 개의 물분자를 통과시킨다! 이런 물 수송단백질의 유전자에 돌연변이를 갖는 사람은 물을 재흡수할 수 없는 콩팥을 지니게 된다. 이런 사람은 체내 탈수를 막기 위해 매일 20리터의 물을 마셔야 한다. 반면에 일반적인 임신의 합병증은 체액의 이상 정체 현상인데, 이것은 물 통로단백질의 합성 증가로 인해 발과 발목이 붓는 원인이 된다. 그 밖의 특이적인 수송단백질로서 세포막을 통해 확산보다 50,000배 이상 빠르게 포도당을 운반하는 것이 있다. 이런 속도에도 불구하고 촉진확산은 수동수송의 한 유형인데, 그 이유는 에너지를 필요로 하지 않기 때문이다. 모든 수동수송에서 그 원동력은 농도구배이다. ☑

☑ 체크포인트

1. 분자가 "농도구배 아래쪽으로 이동한다"는 것은 무엇을 의미하는가?
2. 촉진확산은 왜 수동수송의 한 형태인가?

답: 1. 분자는 농도가 더 높은 곳에서 더 낮은 곳으로 이동한다. **2.** 이것은 에너지를 소모하지 않고, 농도구배를 따라 물질을 운반하기 위해 단백질을 사용한다.

5.12 삼투와 물의 균형

선택적 투과성막을 통한 물의 확산을 **삼투(osmosis)**라고 한다(그림 5.13). **용질(solute)**은 액체인 용매에 용해되어 있는 물질이며, 그런 혼합물을 용액이라 한다. 예를 들면 소금물 용액은 물(용매)에 용해된 소금(용질)을 함유하고 있다. 다른 농도의 용질로 된 두 개의 용액을 분리하는 막을 상상해 보자. 고농도의 용질로 된 용액은 그 다른 용액에 비해 **고장성(hypertonic)**이라고 한다. 저농도의 용질로 된 용액은 그 다른 용액에 비해 **저장성(hypotonic)**이라고 한다. 저장액은 보다 낮은 용질의 농도를 가지므로 대신 더 높은 물 농도를 갖는다는 것을 주목하자(보다 적은 용질 = 보다 많은 물). 그러므로 물은 농도구배에 따라 물 농도가 높은 지역(저장액)에서 물 농도가 낮은 지역(고장액)으로 막을 통과해 확산된다. 이것은 용질의 농도차이를 줄이고, 두 용액의 부피를 변화시킨다.

사람들은 식품을 보존하기 위해 삼투의 장점을 이용할 수 있다. 소고기와 생선 같은 것을 절이기 위해 소금이 사용된다. 소금은 식품에서 물이 빠져나오게 해서 세균과 균류를 번식하지 못하게 한다. 식품은 꿀에도 저장할 수 있는데, 이것은 높은 당 농도가 식품으로부터 물이 빠져나오게 해주기 때문이다.

막을 사이에 두고 두 용질의 농도가 같을 때, 물분자는 양쪽 방향으로 같은 속도로 이동하기 때문에 용질의 농도에서 순변화는 없게 된다. 같은 농도의 용질을 가진 용액들은 **등장성(isotonic)**이라고 한다. 예를 들면 불가사리와 게와 같은 많은 해양동물들은 바닷물과 등장성이기 때문에, 이들 전체는 환경으로부터 물을 잃거나 얻지 않는다. 우리의 몸에 있는 적혈구는 혈류와 등장성이다.

▼그림 5.13 삼투. 막이 농도가 다른 두 설탕 용액을 분리하고 있다. 물분자는 막을 통과할 수 있으나, 설탕분자는 통과할 수 없다.

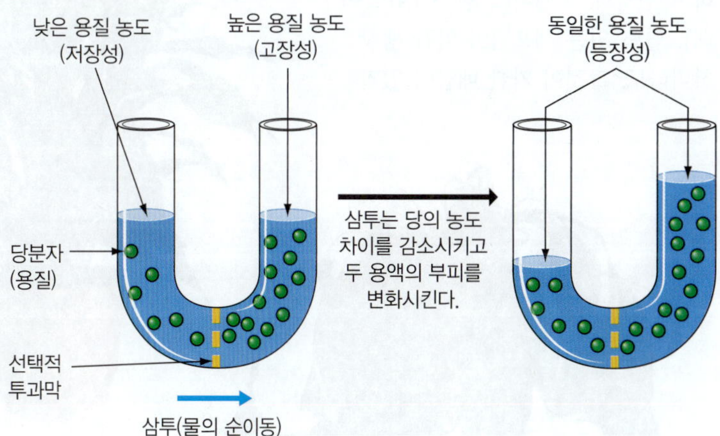

동물세포에서 물의 균형

세포의 생존은 물의 흡수와 배출의 평형을 유지시키는 능력여부에 달려 있다. 어떤 동물세포가 등장액에 잠겨 있을 때 세포의 부피는 일정한데, 그 이유는 그 세포가 물을 잃는 것과 같은 속도로 물을 얻기 때문이다(그림 5.14a, 위). 그러나 동물세포가 세포보다 용질농도가 낮은 저장액과 만나게 된다면 어떤 일이 일어날까? 삼투 때문에 그 세포에는 물이 유입되고 계속 물이 들어오게 되면 점점 부풀어 오르게 되고 세포는 결국 물이 과하게 채워진 물풍선처럼 터져 버릴 것이다(그림 5.14b, 위). 또한 고장액 환경도 동물세포에게 가혹한 것이어서, 이 경우에는 세포가 쭈글쭈글하게 오그라들게 된다(그림 5.14c, 위).

저장액이나 고장액 환경에서 동물이 생존하기 위해서는, 동물은 물의 유입과 유출의 평형을 유지시키는 방법을 가지고 있어야 한다. 물의 균형을 조절하는 것을 **삼투조절(osmoregulation)**이라고 한다. 예를 들면 담수어류는 체내의 물의 과잉상태를 방지하도록 끊임없이 작용하는 신장과 아가미를 가지고 있다. 사람은 삼투조절의 실패로 고통당할 수 있다. 탈수는 마비를 일으킬 수 있으며, 죽음을 초래할 수도 있다. 물을 너무 많이 마시는 것(저소듐혈증 또는 "물 중독")도 필수 이온이 과하게 희석되어 역시 죽음을 야기할 수 있다.

육포와 건포도는 둘 다 삼투압을 이용해 만들어졌다.

식물세포에서 물의 균형

물의 균형에 관한 문제는 식물, 균류, 많은 원핵생물, 그리고 일부 원생생물과 같이 세포벽을 가지고 있는 세포에서는 다소 다르다. 등장액에 잠겨 있는 식물세포는 늘어지게 되고, 그 식물은 시들어 버린다(그림 5.14a, 아래). 반대로 저장액 환경에서 식물세포는 물이 내부로 유입되어 팽창하고 건강해 보인다(그림 5.14b, 아래). 탄력 있는 세포벽이 약간 팽창하더라도, 그것이 가한 배압이 있기 때문에 세포 안으로 물이 과량으로 유입되어도 동물세포처럼 터지지 않게 해준다. 팽압은 식물이 곧게 서고, 잎이 펴진 상태로 있게 해준다(그림 5.15). 하지만 고장액 환경에서 식물세포가 동물세포보다 더 나은 것은 아니다. 식물세포가 물을 잃게 되면, 시들게 되고, 원형질막이 세포벽에서 떨어지게 된다(그림 5.14c, 아래). 대개는 이런 원형질분리로 세포는 죽게 된다. 그래서 식물세포는 저장성 환경에서 번성하는 반면, 동물세포는 등장성 환경에서 번창한다. ✓

▼그림 5.14 **삼투 환경.** 동물세포(적혈구세포 등)와 식물세포는 삼투 환경에 따라 다르게 반응한다.

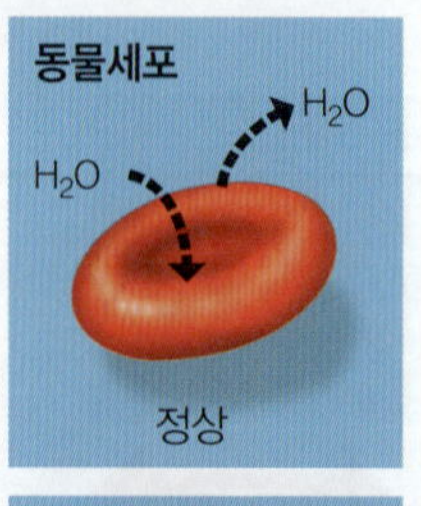

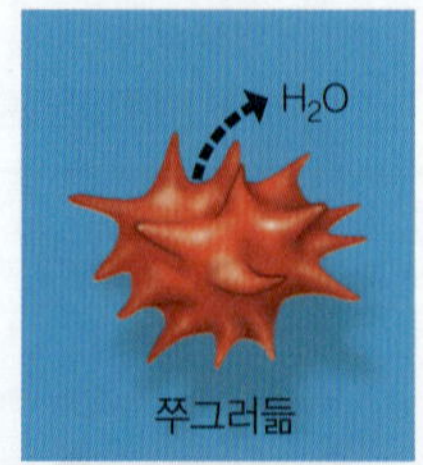

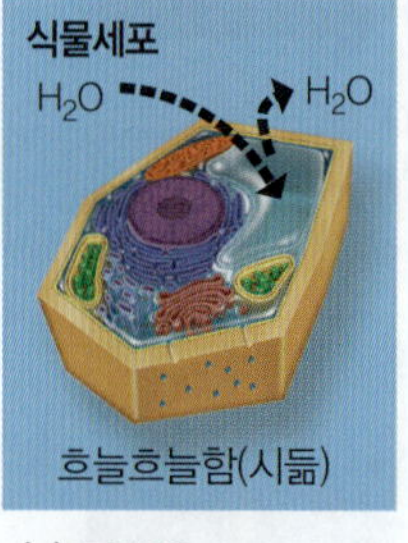

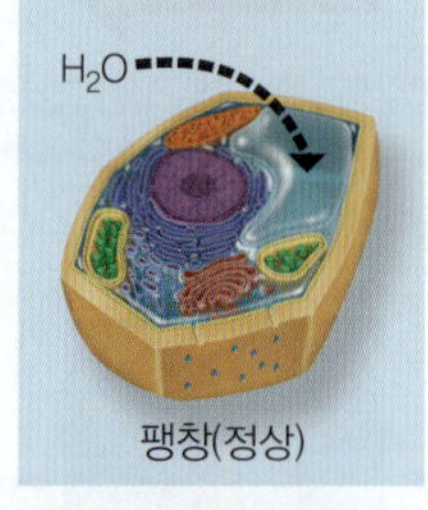

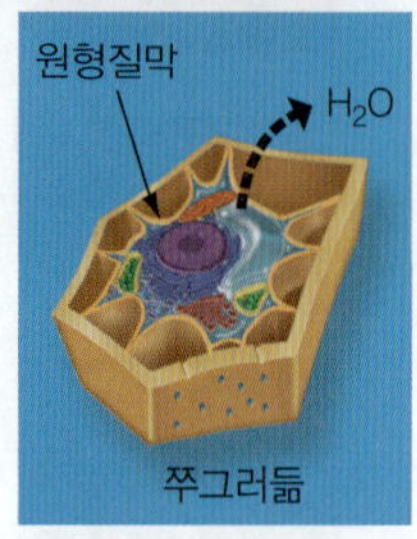

(a) 등장액 (b) 저장액 (c) 고장액

✓ **체크포인트**

1. 저장액은 식물세포가 ________되게 만든다.
2. 여러분의 세포 중 하나를 순수한 물에 갖다 넣으면 어떻게 되는가?

답: 1. 팽창 2. 물이 흘러 들어가서 (세포 외부는 농도가 낮고 내부는 농도가 높기 때문에) 세포가 터지게 된다.

▲그림 5.15 **식물의 팽압.** 시든 식물에 물을 주면 팽압이 되돌아온다.

5.13 능동수송: 막을 통한 분자 퍼 올리기

수동수송과는 달리 **능동수송(active transport)**은 분자가 막을 통과하기 위해 세포가 에너지를 사용해야 한다. 세포의 에너지(일반적으로 ATP에 의해 제공되는)는 저농도에서 고농도로 농도구배에 역행해서 막을 통해 용질을 퍼 올리는 수송단백질을 추진시키는데 이용된다(그림 5.16). 중력에 반해 언덕으로 밀어 올리는 바위처럼, 힘에 역행하는 운동은 상당한 에너지의 소비를 필요로 한다.

능동수송은 세포가 세포내 작은 용질의 농도를 외부환경의 농도와 다르게 유지할 수 있게 해준다. 예를 들면 동물의 신경세포는 외부와 비교했을 때, 그 내부는 포타슘이온의 농도는 매우 높고 소듐이온의 농도는 훨씬 낮다. 원형질막은 세포 밖으로 소듐을 퍼내고, 세포 안으로 포타슘을 퍼 올려서 이들 농도차를 그대로 유지하게 해준다. 이 특별한 경우의 능동수송(소듐-포타슘 펌프라고 함)은 대부분의 동물세포의 신경계에서 필수적이다. 폭풍이 휘몰아치게 되면 물은 자연적으로 지하로 내려가는데(수동수송), 그것을 다시 끌어올리려면 양수기가 필요하다(능동수송)는 비유를 생각해 보자. ✓

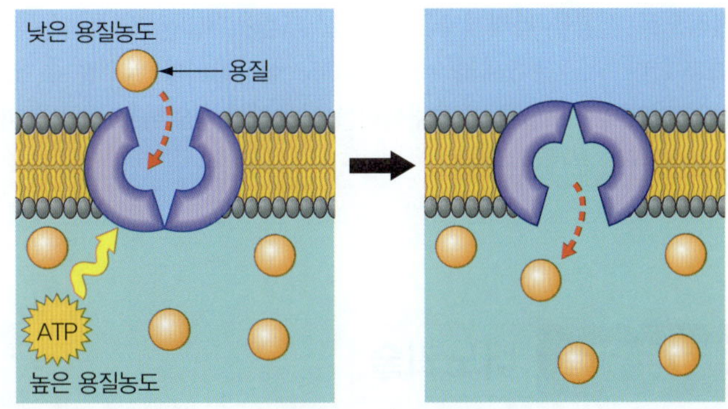

▲그림 5.16 **능동수송.** 수송단백질은 원자나 분자를 특이적으로 인식한다. 이런 수송단백질(자주색)은 특정 용질만을 받아들이는 결합부위를 갖는다. ATP의 에너지를 이용하여, 농도구배에 역행하여 용질을 퍼 올린다.

✓ 체크포인트

1. 능동수송은 어떤 의미에서 "능동적"인가?
2. 능동수송의 일반적인 에너지원은 어떤 분자인가?

답: 1. 반응이 진행 되려면 에너지가 소비되어야 한다. **2.** ATP

5.14 세포외배출과 세포내섭취: 거대분자의 운반

지금까지 우리는 물과 작은 용질이 어떻게 원형질막을 통해 들어오고 나가는지에 초점을 맞추어 살펴보았다. 그러나 단백질처럼 너무 커서 그 자체로는 막을 통과할 수 없는 큰 분자의 경우에는 그 이야기가 달라진다. 이들의 세포 안팎으로의 수송은 소포라고 하는 주머니 안으로 거대분자를 포장하는 능력 여하에 달려 있다. 우리는 이런 예를 이미 알고 있다. 즉 세포에서 단백질을 생산할 때, 분비단백질은 운반소포에 싸여 세포 밖으로 나온다. 운반소포는 원형질막과 융합해서 세포 밖으로 내용물을 유출시킨다(그림 4.13과 4.17 참조). 이 과정을 **세포외배출(exocytosis)**이라고 한다(그림 5.17). 예를 들면 우리가 울 때, 눈물샘의 세포는 세포외배출을 이용하여 소금기 있는 눈물을 배출한다. 우리의 뇌에서 도파민과 같은 신경전달물질의 세포외배출은 뉴런이 정보를 전달하도록 해준다.

세포내섭취(endocytosis)에서 세포는 안쪽으로 출아하는 소포를 통하여 물질을 섭취한다(그림 5.18). 예를 들면 **식작용(phagocytosis,** "세포섭취")이라고 하는 과정에서, 세포는 입자를 삼켜 식포 안으로 포장한다. 세포가 액체 방울을 삼켜 소포를 형성한다. 세포내섭취는 어떤 외부 분자를 원형질막에 있는 특이적인 수용체 단백질에 결합시킴으로써 개시될 수도 있다. 이러한 결합은 막의 일부가 특정 물질을 세포로 수송하는 소포를 만들게 한다. 사람의 간세포에서, 이런 과정은 혈액으로부터 콜레스테롤을 흡수하는 데 사용된다. 간세포에 있는 수용체가

▼그림 5.17 **세포외배출.**

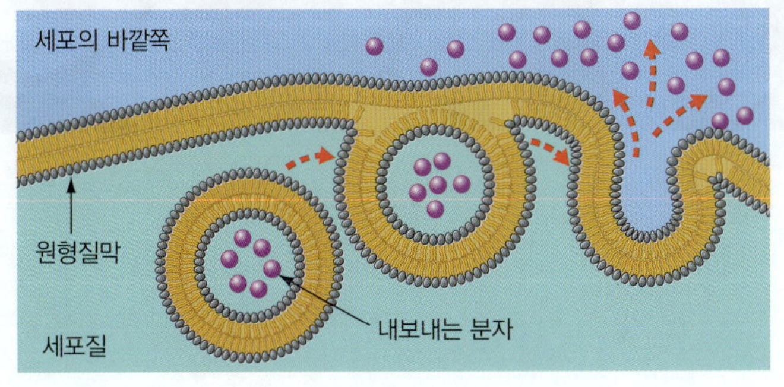

▼그림 5.18 **세포내섭취.**

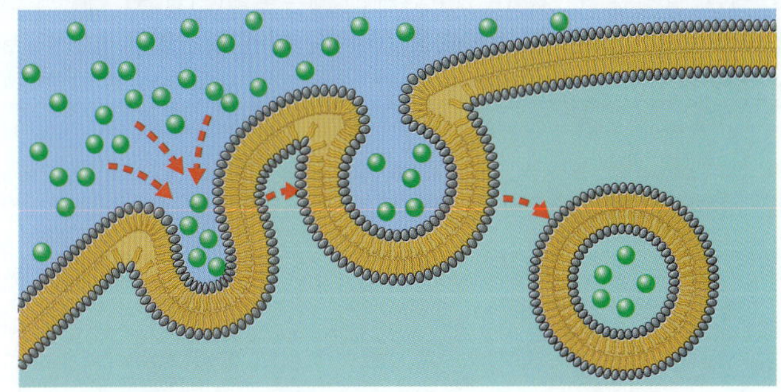

유전적으로 결함을 가지게 되면, 콜레스테롤을 처리하지 못하는 결과를 초래한다. 이것은 5세의 어린이에게도 심장마비를 일으킬 수 있다. 사람의 면역계 세포들은 세포내섭취를 이용하여 침입하는 세균과 바이러스를 삼켜서 분해해 버린다.

모든 세포는 원형질막을 가지고 있기 때문에 지구상 생물의 진화에서 초기에 먼저 막이 형성되었다고 추측하는 것이 타당해 보인다. 이 장의 마지막 절에서 우리는 막의 진화에 대해 생각해 볼 것이다.

진화와 연결 **나노기술**

막의 기원

초기 지구에서 발견되는 조건들을 고려하여 모의실험을 수행했을 때, 과학자들은 생물에 중요한 많은 분자들이 저절로 형성될 수 있다고 설명할 수 있게 되었다(그림 15.3과 이러한 실험에 대한 설명이 있는 교재를 참조하자). 이러한 결과들은 모든 막의 핵심 구성성분인 인지질이 초기 지구상에서 일어난 화학반응의 결과로 생긴 첫 번째 유기화합물 중 하나였음을 말해준다. 일단 형성 되면 이것들은 자가조립되어 간단한 막이 된다. 예를 들면 인지질과 물의 혼합물을 흔들게 되면, 인지질은 이중층으로 배열하면서, 물로 차 있는 막으로 된 방울을 형성한다(**그림 5.19**). 이러한 조립에는 인지질 자체의 특성 이외에 유전자나 그 밖의 어떤 정보도 필요로 하지 않는다.

물에서 저절로 막을 형성하는 지질의 경향성은 의공학자들로 하여금 특별한 화합물을 둘러쌀 수 있는 리포솜이라는 일종의 인공소포를 만들게 하였다. 미래에 이렇게 가공된 리포솜은 우리 몸 안의 특정 위치로 영양분이나 약물을 보내는 데 이용될 것이다. 실제로 2012년 현재 균류 감염, 인플루엔자, 그리고 간염을 표적으로 하는 약물을 포함하여, 12개의 약물이 리포솜을 이용한 전달방법으로 승인되었다. 따라서 『우리와 함께하는 생물학』과 『과학연구의 과정』에서 논의되었던 다른 세포 구성물과 마찬가지로, 막은 새로운 나노기술을 부추기고 있다.

막으로 둘러싸인 분자들의 수집물 형성은 첫 번째 세포의 진화에서 중요한 단계였다. 막은 환경과 구성분이 다른 용액을 둘러쌀 수 있다. 원형질막은 세포로 하여금 환경과 화학물질 교환을 조절하도록 해준다. 이 원형질막은 생명의 기본적인 필요조건이다. 모든 세포는 구조와 기능에서 유사한 원형질막으로 둘러싸여 있는데, 이것은 생명의 진화의 통일성을 설명해 준다.

▼**그림 5.19 저절로 생긴 막: 생명의 기원의 핵심 단계.**

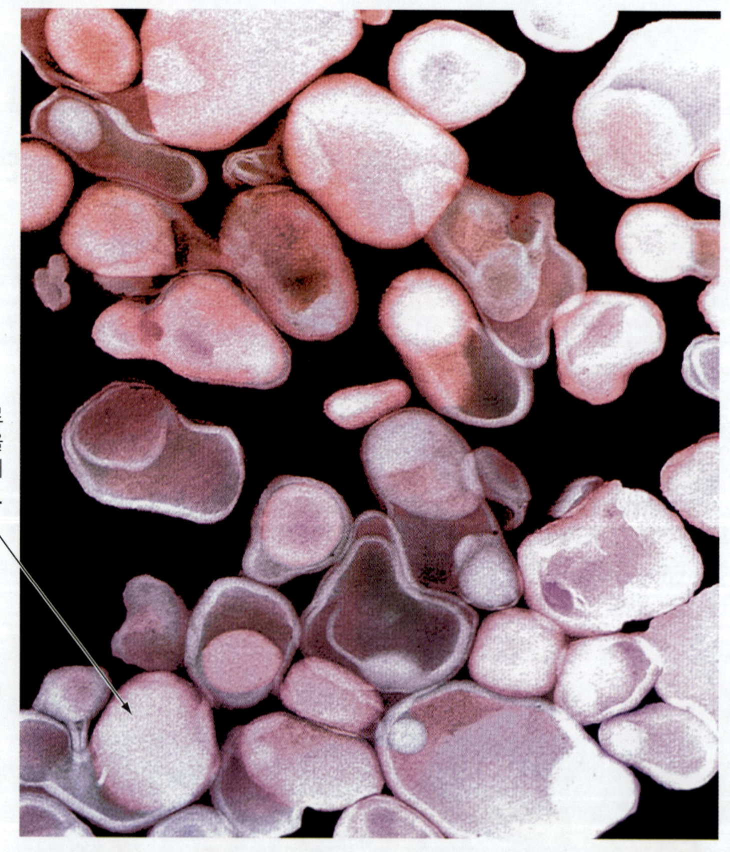

복습

주요개념의 요약

에너지의 기본개념

5.1 에너지의 보존

기계와 생물은 운동에너지를 위치에너지(저장에너지)로 전환할 수 있고, 그 반대도 가능하다. 그러한 모든 에너지 전환에서 전체 에너지는 보존된다. 에너지는 만들어지지도 파괴되지도 않는다.

5.2 열

모든 에너지 전환에서 일부 무작위 에너지가 열의 형태로 방출된다. 엔트로피는 무질서나 무작위의 척도를 말한다.

5.3 화학에너지

분자는 원자의 배열에 따라 다양한 양의 위치에너지를 저장한다. 유기화합물은 상대적으로 그런 화학에너지가 풍부하다. 자동차의 엔진에서 가솔린의 연소와 살아 있는 세포 내에서 세포호흡을 통한 포도당의 분해는 둘 다 어떻게 분자에 저장된 화학에너지가 유용한 일로 전환될 수 있는지를 설명해 준다.

5.4 식품열량

실제 킬로칼로리로 나타내는 식품열량은 식품에 들어 있는 에너지의 양과 여러 활동에서 사용하는 에너지의 양을 측정하기 위해 사용되는 단위이다.

ATP와 세포의 일

5.5~5.7 ATP의 구조; 인산의 전달; ATP 회로

사람의 세포는 ATP를 재활용한다. ATP는 ADP로 분해되면서 세포의 일을 수행할 때 음식에서 얻어진 에너지를 이용하여 ADP로부터 새로운 ATP 분자가 만들어진다.

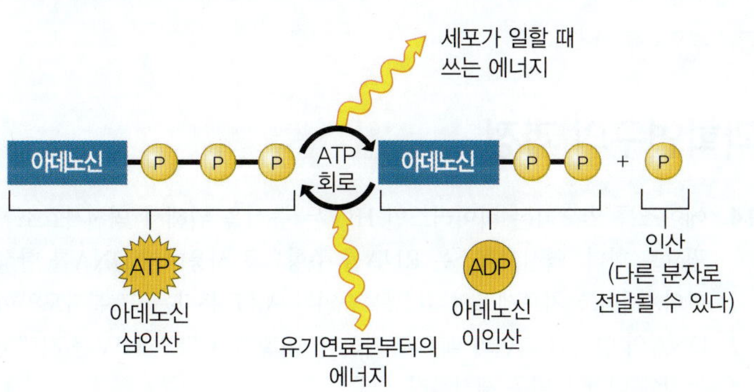

효소

5.8 활성화에너지

효소는 반응분자의 결합을 깨는 데 필요한 활성화에너지를 낮춤으로써 대사반응의 속도를 높이는 생물학적 촉매제이다.

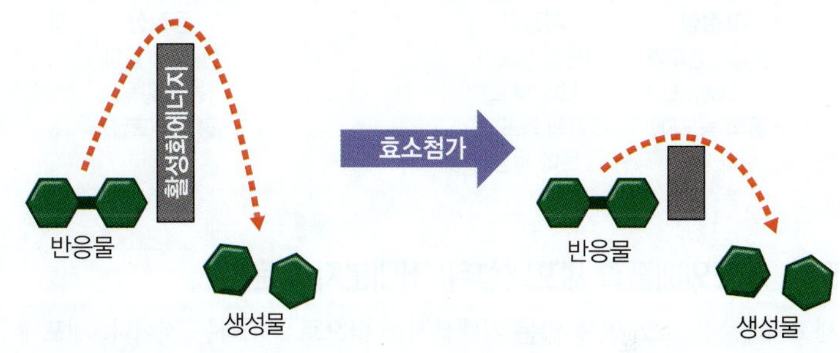

5.9 효소활성

효소의 활성부위로 기질이 들어가면 그 효소가 모양의 변화를 약하게 일으키게 되며, 그 결과로 더 잘 들어맞게 되어 효소와 기질의 상호작용을 촉진시킨다.

5.10 효소저해제

효소저해제는 효소의 활성부위나 그 밖의 부위에 결합하여 대사반응을 저해시키는 분자이다.

막의 기능

원형질막에 박혀 있는 단백질들은 수송의 조절, 다른 세포나 물질들의 고정, 효소반응의 촉진, 그리고 다른 세포의 인식 등을 포함하여 아주 다양한 기능을 수행한다.

5.11~5.13 수동수송; 삼투; 능동수송

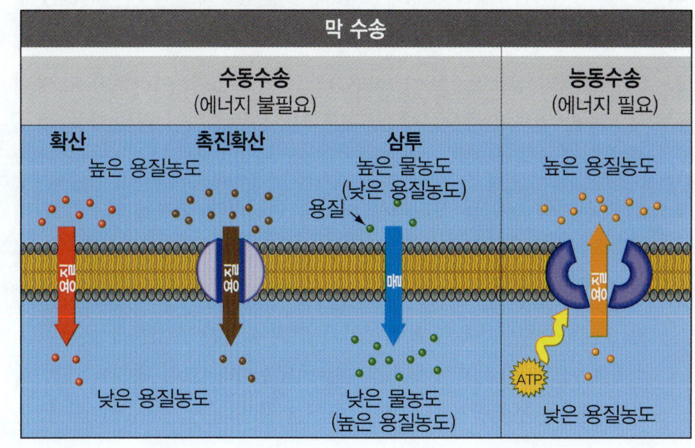

대부분의 동물세포는 세포 내외의 물의 농도가 같은 등장성 환경을 요구한다. 식물세포는 물을 안으로 유입시켜서 세포를 팽팽하게 유지시키는 저장성 환경을 필요로 한다.

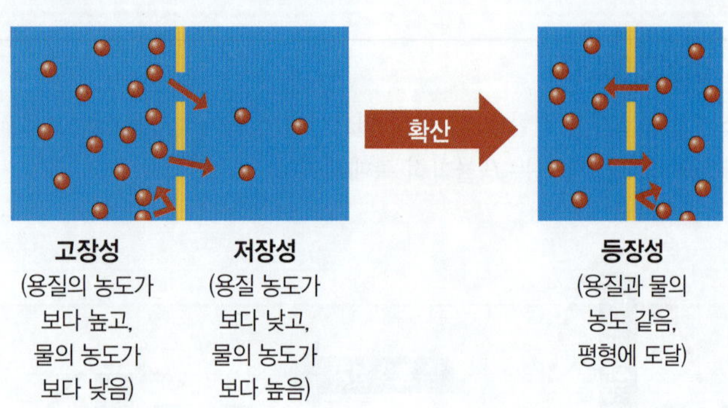

5.14 세포외배출과 세포내섭취: 거대분자의 운반

세포외배출은 소포 안에 있는 거대분자를 밖으로 분비하는 것이다. 세포내섭취는 소포를 통하여 세포로 거대분자를 유입하는 것이다.

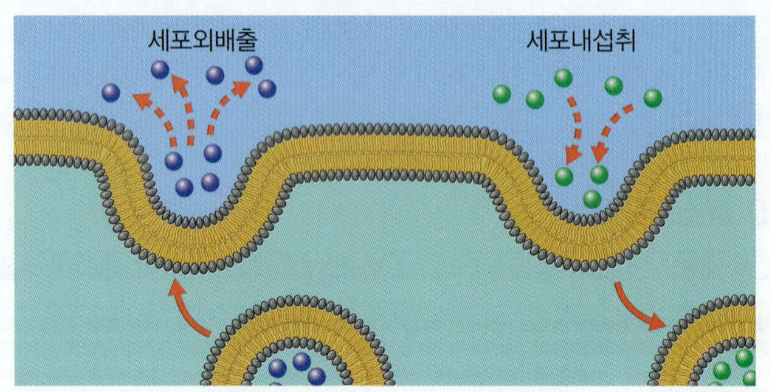

자습문제

1. 여러분이 맨 위의 계단으로 올라갈 때 일어나는 에너지 전환을 설명하시오.

2. _______은(는) 일을 수행하는 능력이며, 반면에 _______은(는) 무질서의 척도이다.

3. 캔디 막대의 상표에 150칼로리(C)라고 쓰여 있다. 여러분이 이 에너지 모두를 열로 전환시킬 수 있다면, 여러분은 얼마나 많은 물을 15 ℃까지 올릴 수 있는가?

4. ATP 분자의 삼인산 꼬리에서 하나의 인산기가 제거될 때 에너지가 방출되는 이유는 무엇인가?

5. 여러분의 소화계는 식품의 거대분자를 여러분의 세포가 동화시킬 수 있는 보다 작은 분자로 분해시키기 위해 다양한 효소들을 이용한다. 소화효소의 일반적인 명칭은 가수분해효소이다. 그런 명칭에 대한 화학적 근거는 무엇인가? (힌트: 그림 3.4 참조)

6. 어떻게 저해제가 효소의 활성부위에 결합하지 않고도 효소의 작용을 억제할 수 있는지 설명하시오.

7. 어떤 사람이 레스토랑 한 구석에서 담배를 피우고 있다면, 여러분이 담배연기를 마실 수도 있다. 담배연기가 퍼져나가는 것은 다음 중 어떤 유형의 수송과 비슷한가?

a. 삼투
b. 확산
c. 촉진확산
d. 능동수송

8. 어떤 용액을 단순히 "고장성"이라고 단정 지을 수 없는 이유를 설명하시오.

9. 농도구배 측면에서 수동수송과 능동수송의 중요한 차이는 무엇인가?

10. 동물의 신경세포에서 소듐의 배출은 에너지를 필요로 한다. 이것은 어떤 종류의 수송인가?

a. 능동수송
b. 삼투
c. 촉진확산
d. 확산

답은 부록 C를 참조.

주된 주제 식별하기

아래의 각 문장에서 분명하게 드러난 주된 주제가 무엇인지(구조와 기능의 연관성, 정보의 흐름, 에너지와 물질의 변환경로, 생물계 내에서의 상호작용, 진화)를 식별하고, 그 내용이 그 주제와 어떻게 관련되는지를 설명하시오. 필요한 경우 주제들을 검토하고(1장 참조), 또 이 장에서 파란색 글자로 나타내어 강조한 예들을 검토해 보시오.

11. 여러분이 우물의 도르래를 돌려 물통을 땅 속에서 지표면으로 올린다.

12. 걸을 수 있는 능력은 많은 여러 다른 효소와 다른 세포 구조의 협동에 달려 있다.

13. 환경이 너무 뜨거워지면 효소가 망가져 그 기능이 멈추게 된다.

답은 부록 C를 참조.

과학연구의 과정

14. 에이즈를 일으키는 바이러스인 HIV는 증식을 위해서 역전사효소를 필요로 한다. 역전사효소는 RNA를 주형으로 사용하여 DNA를 합성한다. 에이즈 치료제로서 최초로 승인된 AZT 분자는 그 분자모양이 DNA의 염기인 티민과 매우 유사하다. 어떻게 AZT가 HIV를 저해하는지에 대한 모델을 제시하라.

15. 고리형 구아노신일인산(cGMP)은 평활근조직을 이완시켜 혈액이 해

면체로 흐르게 하며 음경 발기를 유발하는 신호전달분자이다. 이것은 효소 cGMP-특이적 포스포디에스테라제 5형(PDE5)에 의해 분해된다. 발기부전 치료에 사용되는 실데나필(비아그라)은 cGMP와 유사한 분자 구조를 갖는다. 실데나필이 발기부전을 예방하는 방법에 대한 모델을 제안해 보시오.

16. **자료 해석하기** 이 그래프는 두 가지 화학반응을 보여주고 있다. 효소가 존재할 때의 반응을 나타내는 곡선은 어느 것인가? a, b, c라고 표시된 선은 어떤 에너지 변화를 나타내는가?

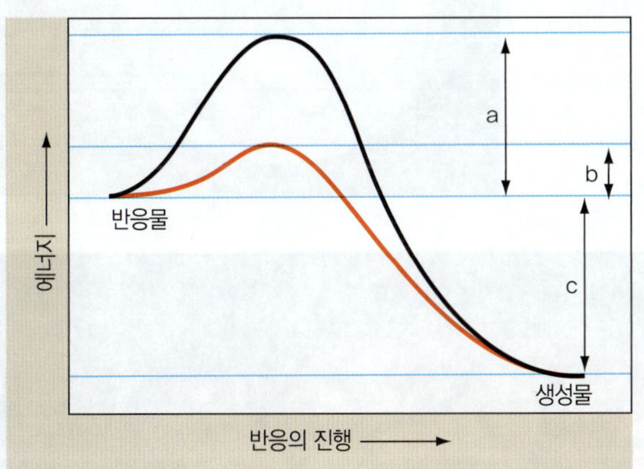

우리와 함께하는 생물학

17. 많은 해독 플랜이나 다이어트 플랜에서 많은 양의 물을 마시는 것을 권장하고 있다(때로는 하루에 최대 5 리터까지). 물의 어떤 특성이 이러한 권장 사항을 이끌어내게 하는가? 대량의 물 섭취가 항상 권장되는가? 다량의 물을 마시는 것이 어떻게 생리적으로 부정적인 영향을 줄 수 있는가? 다른 해독/다이어트 웹 사이트에서 찾은 물 섭취에 대한 권장 사항을 비교하고 과학적으로 건전한지 확인해 보시오.

18. 나노기술 장치는 인간의 건강을 향상시킬 수 있다. 그러나 이들이 해를 끼치거나 남용될 수 있는가? 해로움 없이 나노 로봇을 유익하게 사용할 수 있는 규정은 어떤 것이 있나?

19. 납은 효소를 억제하고 신경계의 발달을 방해할 수 있다. 한 배터리 제조업체에서는 가임기 여성 직원이 납에 노출될 수 있는 지역에서 일하는 것을 금지시켰다. 대법원은이 정책을 불법으로 판결했다. 그러나 많은 사람들이 안전하지 않은 환경에서 일할 "권리"에 대해 불편하게 여기고 있다. 고용주나 직원, 또 정부기관의 어떤 권리와 책임이 충돌하는가? 특정 환경에서 누가 일할 수 있는지 결정하기 위해 어떤 기준을 사용해야 하는가?

6 세포호흡: 식량에서 에너지 수확

차례 내용

심한 운동 후에 근육에서 만들어지는 산의 대사과정은 페페로니, 간장, 요거트, 또 빵을 만들 때의 과정과 유사하다.

세포호흡이 왜 중요한가?

우리는 먹지 않고도 수 주 동안, 마시지 않고도 수일 동안 살 수 있지만, 숨 쉬지 않고는 몇 분밖에 살 수 없다. 왜 그런가? 몸의 모든 세포는 세포호흡의 과정 중에 포도당을 분해하기 위해 산소를 사용하여 얻어진 에너지에 의존하기 때문이다.

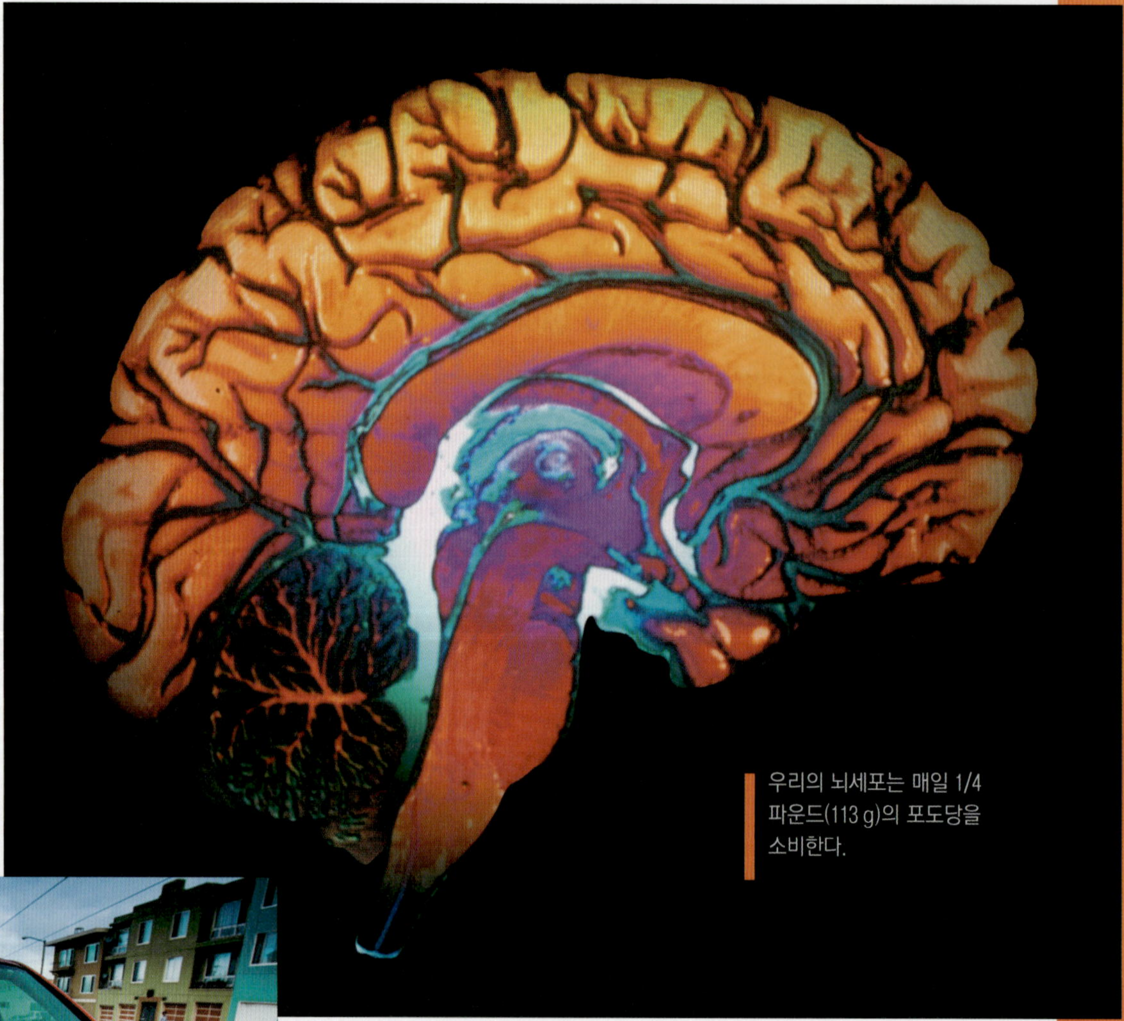

우리의 뇌세포는 매일 1/4 파운드(113 g)의 포도당을 소비한다.

우리와 스포츠카는 공통점이 있는데, 연료를 효율적으로 태우기 위해 공기 흡입시스템을 필요로 한다는 것이다.

실마리

운동과학

우리와 함께하는 생물학 **운동과학**

운동과학. 지구력 운동 선수들은 긴 시간 동안 호기성 페이스를 유지하기 위해 자신의 활동을 세밀하게 추적 관찰해야 한다.

우리의 근육을 최대한 활용하기

진정한 선수는 육체적 잠재력의 정점에 다다르기 위해 집중적으로 훈련한다. 운동조절에서의 중요한 측면은 몸의 세포에 산소를 운반해 주는 심장과 폐의 능력, 즉 유산소 수용력을 증가시키는 것을 포함한다. 장거리 육상선수나 경륜선수와 같이 지구력을 요하는 운동선수의 경우에는 실적을 얻는 데 있어 근육에 제공되는 산소의 공급속도가 제한요인이 된다.

산소가 왜 그렇게 중요한가? 운동을 하거나 일상적인 작업을 해나가건 간에 근육이 일을 해내기 위해서는 지속적인 에너지의 공급이 필요하다. 근육세포는 산소(O_2)의 끊임없는 투입에 의존하는 일련의 화학반응을 통해 포도당으로부터 이들 에너지를 얻는다. 따라서 계속 움직이기 위해서 우리의 몸은 지속적인 산소의 공급을 필요로 한다. 필요한 에너지를 공급함에 있어 세포에 도달한 산소가 충분하면 이때의 물질대사는 호기성이라 부른다. 근육이 열심히 일할수록 호흡은 더 빠르고 깊어져 더 많은 산소를 흡입하게 된다. 계속 속도가 더해지면, O_2가 근육세포에 흡입되어 이용될 수 있는 최대의 비율을 뜻하는 유산소 수용력에 이르게 되고, 따라서 우리 몸은 호기성으로 유지될 수 있는 가장 격렬한 운동에 이르게 된다. 운동과학자는 특정인에 있어 정확한 최대 호흡능력을 알아보기 위해 산소 모니터링 장비를 사용한다. 이러한 데이터는 잘 훈련된 선수가 최상의 결과를 확보하게 해주는 호흡의 한계 안에 머물러 있게 해준다.

우리도 과도하게 운동을 하여 유산소 수용력을 초과하는 경우, 근육에서 산소에 대한 요구량이 운반하는 신체의 능력을 넘어서게 될 것이다. O_2가 불충분하게 되면 근육세포가 매우 비효율적으로 포도당을 분해하게 되어 부산물로서 젖산을 생산하는 "긴급 상태"로 전환된다. 젖산과 그 밖의 다른 부산물이 축적되어 근육 활동이 저하된다. 이러한 조건에서 근육은 몇 분 정도는 일을 할 수 있지만 곧 정지하기에 이른다.

살아 있는 모든 생물은 에너지를 제공하는 과정에 의존해 살아간다. 사실 우리는 걷고, 말하고, 생각하기 위해, 다시 말해 살아 있기 위해서는 에너지가 필요하다. 인간의 몸에는 수조 개의 세포가 있는데, 이들 모두는 지속적으로 연료를 요구하며 열심히 일을 해나간다. 이 장에서는 세포가 식량에너지를 어떻게 수확하고, 산소의 도움을 받아 이것을 어떻게 일에 투입하는지 배우게 될 것이다. 몸이 운동에 어떻게 반응하는지 그 영향에 대해서도 알아볼 것이다.

생물권에서 에너지의 흐름과 화학순환

모든 생명은 에너지를 필요로 한다. 지구상의 거의 모든 생태계에서 이 에너지는 태양으로부터 온다. **광합성(photosynthesis)** 과정에서 태양 에너지는 당과 그 밖의 다른 유기분자 형태의 화학에너지로 전환된다(7장에서 배우게 될 것이다). 광합성은 식물과 조류의 엽록체에서, 또한 일부 원핵생물에서 일어난다. 모든 동물은 식량과 그 외의 것들에 대해 이러한 전환에 의존한다. 우리는 광합성 산물의 하나인 목화로 만든 옷을 입기도 한다. 집도 대부분 목재를 가지고 짓는데, 이들도 광합성을 하는 나무로부터 얻는다. 책조차도 식물의 광합성에서 유래된 종이라는 물질에 인쇄된 것이다. 그러나 동물의 관점에서 볼 때, 광합성은 무엇보다도 자신들의 식량을 제공하는 역할을 한다.

6.1 생산자와 소비자

식물과 그 밖의 다른 **독립영양생물(autotroph)**은 대기에 있는 이산화탄소와 토양에 있는 물과 무기물, 즉 전적으로 무기영양분을 가지고 탄수화물, 지질, 단백질, 핵산을 포함하여 자신의 모든 유기물을 스스로 만들어내는 생물들이다. 달리 말하면 독립영양생물은 자신의 식량을 스스로 만들어내기 때문에, 세포가 에너지를 얻기 위해 굳이 무엇을 먹을 필요는 없다. 반면에 사람과 그 밖의 다른 동물은 **종속영양생물(heterotroph)**인데, 이들은 무기물로부터 유기물을 만들어내지 못한다. 따라서 우리 자신은 영양분을 얻기 위해서는 유기물을 먹을 수밖에 없다.

대부분의 생태계는 식량을 얻기 위해 전적으로 광합성에 의존한다. 이런 이유로 생물학자들은 식물과 그 밖의 다른 독립영양생물을 **생산자(producer)**라고 부른다. 반면 종속영양생물은 식물을 먹거나 또는 식물을 먹고 자란 동물을 먹음으로써 자신의 식량을 얻기 때문에, 이들은 **소비자(consumer)**가 된다(그림 6.1). 동물인 우리나 그 밖의 다른 종속영양생물은 유기연료와 세포나 조직을 만들기 위해 필요한 원료로 쓸 유기물질을 얻기 위해 독립영양생물에 의존한다. ✓

> **✓ 체크포인트**
>
> 식물은 자신의 식량을 합성하기 위해 환경으로부터 어떤 화학성분을 필요로 하는가?
>
> 답: CO_2, H_2O, 토양의 무기물.

6.2 광합성과 세포호흡 사이의 화학순환

식물 안에서 광합성의 재료는 작은 구멍을 통해 공기로부터 식물로 들어온 기체, 즉 이산화탄소(CO_2)와 토양에서부터 식물의 뿌리를 통해서 흡수되는 물(H_2O)이다. 잎 세포 내부에 엽록체라는 세포소기관이 빛에너지를 사용하여 이런 재료의 원자를 재배열하여 당인 포도당

► 그림 6.1 **생산자와 소비자.** 광합성 식물(생산자)이 생산한 잎을 먹고 있는 기린(소비자).

($C_6H_{12}O_6$)과 그 밖의 다른 유기물을 생산한다(**그림 6.2**). 엽록체는 태양광 에너지로 움직이는 아주 작은 당생산 공장이라고 생각할 수 있다. 광합성의 부산물은 산소(O_2)인데, 이것은 기공을 통해 대기로 방출된다.

세포호흡이라고 부르는 화학적 과정은 당의 화학결합에 저장된 에너지를 ATP라고 부르는 다른 화학에너지원으로 전환시키기 위해 O_2를 사용한다. 세포는 자신이 하는 거의 대부분의 일에 ATP를 소모한다. 식물과 동물 모두 세포호흡에서 ATP의 생산은 주로 미토콘드리아라고 부르는 세포소기관에서 일어난다(그림 4.19 참조).

그림 6.2를 보면 에너지가 생태계를 거치는 동안 편도여행을 하는데, 햇빛으로 들어와 열로 방출됨을 주목하자. 반면에 화학물질들은 재순환된다. 그림 6.2에서 세포호흡의 폐기물이 광합성의 재료가 되는 이산화탄소(CO_2)와 물(H_2O)이라는 사실에 주목하자. 식물은 광합성을 통해서 화학에너지를 저장한 다음 세포호흡을 통해서 이 화학에너지를 수확한다. (식물은 연료분자를 만들기 위해 광합성을 하고, 이들을 태우기 위해 세포호흡을 수행하는 반면, 동물세포는 단지 세포호흡만을 수행한다.) 하지만 식물은 통상 자신들이 필요한 연료보다 더 많은 유기분자를 만든다. 광합성의 이 여분은 식물의 생장을 위한 물질로 제공되거나, 저장(예를 들면 감자에 있는 녹말과 같이)될 수도 있다. 홍당무, 감자, 순무를 소비할 때, 우리는 (수확하지 않으면) 식물이 다음 해 봄에 생장에 사용할 에너지 저장물을 먹고 있는 것이다. 사람들은 항상 식물을 먹음으로써 식물의 광합성 능력을 이용해 왔다. 최근에는 공학자들이 이 에너지 저장물을 가지고 액체연료, 즉 기본적으로 에탄올을 생산하기 위해 여러 가지 시도를 해보고 있다(7장 생물연료 참조). 최종 생산물에 대해서도 에너지와 원료물질의 원천을 알아보기 위해 거슬러 올라가 추적해 보면 결국 태양동력에 의한 광합성에 이르게 된다. ✓

✓ 체크포인트

다음의 말에서 잘못된 것은? "식물은 광합성을 수행하는 반면, 동물은 세포호흡을 수행한다."

답: 이 말은 식물 역시 동물만큼이나 세포호흡을 한다는 의미로 틀리는데, 실제로는 모든 생명체가 세포호흡을 한다.

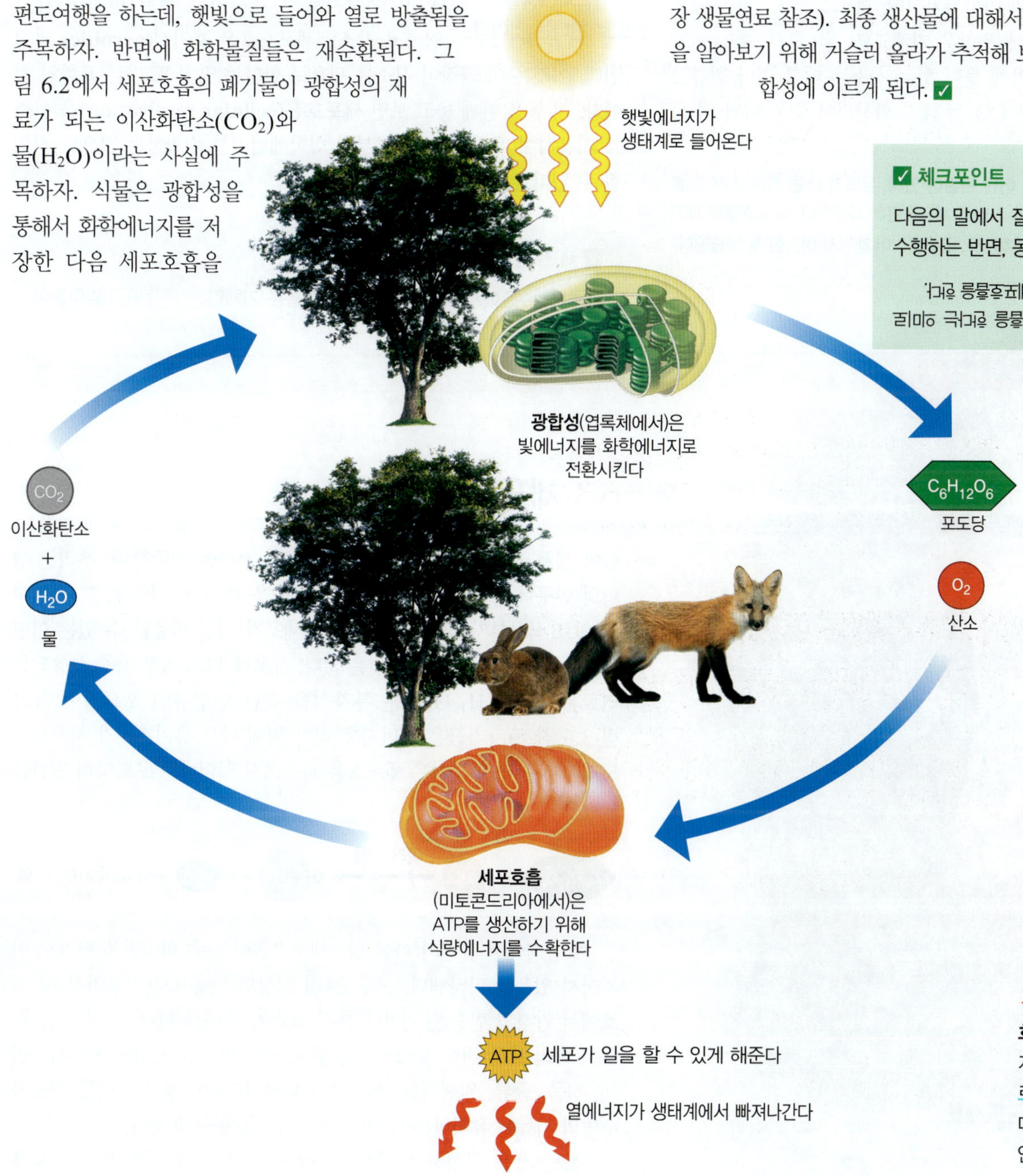

◀ 그림 6.2 **생태계에서 에너지 흐름과 화학순환.** 에너지는 생태계를 통해 흐르는데 햇빛의 형태로 들어와서 열의 형태로 떠나간다. 반면에 화학원소들은 생태계 안에서 재순환된다.

세포호흡: 호기성 조건에서 식량에너지의 수확

통상 숨을 쉬는 것을 의미하는 말로 호흡이라는 단어를 사용한다. 생물개체 수준에서의 호흡과 세포호흡이 혼동되지 않아야 하지만, 사실 이 둘은 밀접하게 관련되어 있다(그림 6.3). 세포호흡은 세포가 자신을 둘러싸고 있는 주위환경과 두 종류의 기체교환을 필요로 한다. 세포는 기체인 O_2 형태의 산소를 받아들인다. 세포는 또 기체인 이산화탄소, 즉 CO_2 형태의 노폐물을 내놓는다. 우리가 호흡하는 것, 즉 숨을 쉬는 것도 이와 마찬가지인데, 혈액과 몸 밖에 있는 공기 사이에 똑같은 기체교환이 일어난다. 들이마시는 공기에 들어 있는 산소는 폐를 지나 혈류로 확산된다. 그리고 혈류에 있는 CO_2는 폐로 확산되어 숨을 내쉴 때 몸 밖으로 방출된다. 우리가 내뱉은 모든 CO_2 분자는 원래 몸의 세포에 있는 미토콘드리아 중 하나에서 만들어진 것이다. 자동차에서 볼 수 있는 것 같은 내연기관 엔진은 흡입된 공기에서 얻은 산소를 사용하여 가솔린을 분해한다. 세포도 역시 자신의 연료를 분해하기 위해 산소를 필요로 한다(그림 5.2 참조). 생명체의 내연기관이라고 볼 수 있는 세포호흡은 식량으로부터 화학에너지를 수확하여 이것을 ATP 에너지로 전환시키는 주된 방법이다(그림 5.6 참조). 세포호흡은 **호기성(aerobic)** 과정인데, 이것은 이 과정이 산소를 필요로 한다는 말의 또 다른 표현인 것이다. 이 둘을 함께 놓고 보면 **세포호흡(cellular respiration)**을 산소를 사용하여 유기연료분자로부터 화학에너지를 수확하는 것으로 정의할 수 있다. ✓

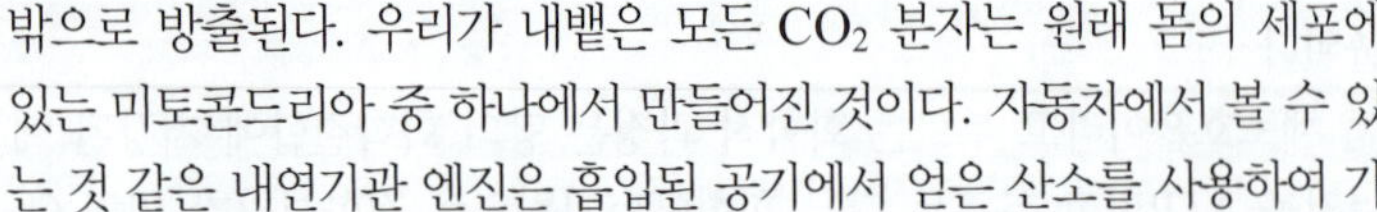

우리와 스포츠카는 공통점이 있는데, 연료를 효율적으로 태우기 위해 공기흡입시스템을 필요로 한다는 것이다.

▼그림 6.3 **숨쉬기는 세포호흡과 어떤 관련이 있나.** 우리가 숨을 들이쉴 때 O_2를 호흡한다. 이 O_2는 세포로 운반되어 거기서 세포호흡에 사용된다. 세포호흡의 폐기물인 이산화탄소는 우리 세포로부터 혈액으로 확산되어 폐까지 이동한 후 배출된다.

✓ **체크포인트**

생물개체수준에서 또 세포수준에서 호흡은 기체인 ____는(은) 받아들이고, 기체인 ____는(은) 배출한다.

답: O_2, CO_2

6.3 세포호흡의 개요

살아 있는 모든 생물은 에너지와 물질의 전환에 의존한다. 우리는 생명의 연구를 통틀어 이러한 전환의 예들을 보게 될 터인데, 그 중에서도 연료(식량분자)에 있는 에너지를 세포가 직접 이용할 수 있는 어떤 형태로의 전환만큼 중요한 것은 없다. 세포에 의해 가장 자주 사용되는 연료분자는 $C_6H_{12}O_6$라는 분자식을 갖는 단당류인 포도당이다(그림 3.6 참조). (가끔은 에너지를 얻기 위해 다른 유기분자가 사용되기도 한다.) 아래 방정식은 세포호흡 과정에서 일어나는 포도당의 전환을 요약하고 있다.

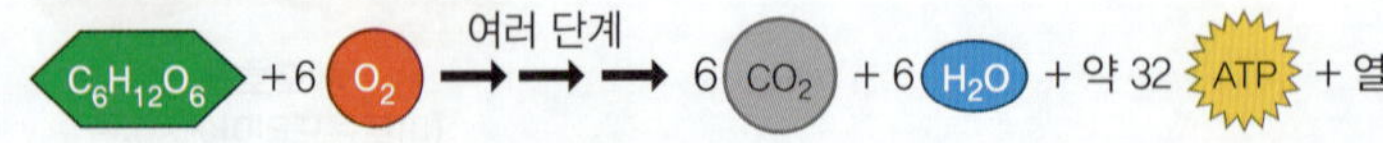

이 공식에서 일련의 화살표는 세포호흡이 많은 화학반응 단계로 이루어져 있음을 나타낸다. 모두 24개 이상의 반응으로 이루어진 이 경로에서 각각의 반응은 저마다 특정 효소가 촉매를 한다. 사실 이들 반응은 거의 모든 진핵세포의 가장 중요한 물질대사 경로들 중의 하나인데, 식물, 균류, 원생생물, 동물에서 나타난다. 이 경로는 이들 세포가 생명의 기능을 유지하는 데 필요한 에너지를 공급해 준다.

세포호흡을 구성하는 많은 화학반응은 주된 세 개의 단계로 묶을 수 있는데, 즉 해당과정과 시트르산회로와 전자전달이다. 그림 6.4는 우리가 세포호흡의 세 단계를 따라갈 수 있게, 그리고 각 단계가 세포 어디에서 일어나는지를 알 수 있게 도와줄 안내지도이다. **해당과정(glycolysis)**에서 포도당은 피루브산이라 불리는 화합물 두 분자로 쪼개어진다. 해당과정에서 쓰이는 효소는 세포질에 위치한다. **시트르산회로(citric acid cycle**, 크레브스회로라고도 함)는 포도당을 줄곧 분해하여 세포호흡의 폐기물인 CO_2를 만든다. 시트르산회로에 쓰이는 효소는 미토콘드리아 내의 용액에 녹아 있다. 해당과정과 시트르산회로는 소량의 ATP를 직접 생산한다. 이들은 또한 간접적으로 훨씬 많은 ATP를 생산하는데, 연료분자로부터의 전자를 비타민 B, 즉 니아신으로부터 만들어진 NAD^+(nicotinamide adenine dinucleotide)에 전달하는 반응을 통해서 이루어진다. 전자의 전달로 NADH(H는 전자와 함께 따라온 수소의 전달을 나타낸다.)라 부르는 분자가 형성되는데, 세포의 한 지역으로부터 다른 지역으로 고에너지 전자를 운반하는 셔틀로 작용한다. 세포호흡의 세 번째 단계는 **전자전달(electron transport)**이다. 첫 두 단계에서 형성되었던 NADH에 의해 식량으로부터 붙잡힌 전자는 전자전달사슬을 통해 산소로 떨어지게 된다. 전자전달사슬을 구성하는 단백질과 그 밖의 다른 분자는 미토콘드리아 내막에 박혀 있다. NADH로부터 산소로의 전자전달이 세포가 사용하는 ATP의 대부분을 만드는 데 필요한 에너지를 방출한다.

세포호흡에 대한 전체방정식에서 반응분자인 포도당과 산소의 원자들은 생성물인 이산화탄소와 물을 형성하기 위해 재배열된다. 그러나 이 과정이 일어나는 이유를 잊지 않아야 하겠다. 세포호흡의 주된 기능은 세포가 일을 하기 위한 ATP를 만들어내는 것이다. 사실 이 과정은 한 개의 포도당 분자로부터 대략 32개 정도의 ATP 분자를 생산해 낼 수 있다. ✓

✓ 체크포인트

세포호흡의 어떤 단계들이 미토콘드리아에서 일어나는가? 미토콘드리아 밖에서는 어떤 세포호흡의 단계가 일어나는가?

답: 시트르산회로와 전자전달; 해당과정

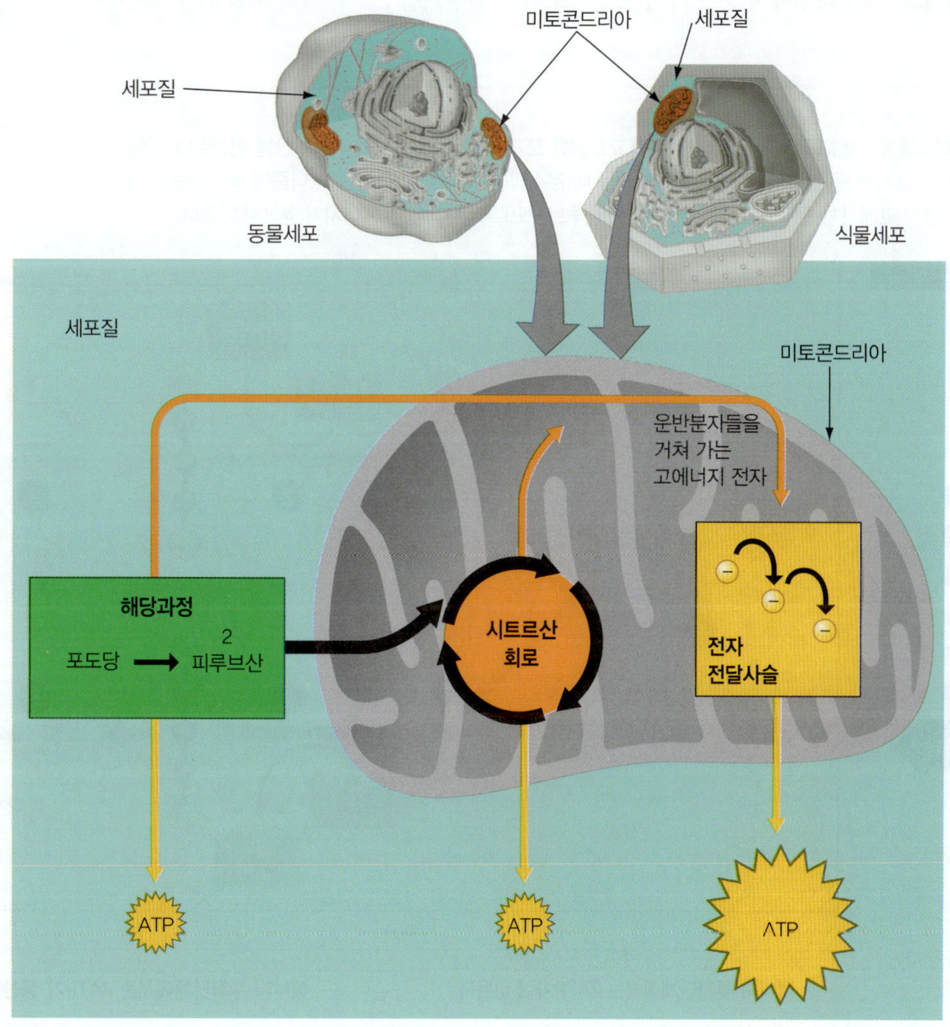

► 그림 6.4 세포호흡의 안내지도.

6.4 세포호흡의 세 단계

세포호흡의 과정을 좀 더 상세히 알아보도록 하자. 그림 6.4의 축소형 그림은 우리가 세 단계에 대해 자세히 배울 때 세포호흡의 전체과정에서 조망할 수 있게 도와줄 것이다.

1단계: 해당과정

해당과정(glycolysis)의 해당이라는 말은 "당을 쪼갠다"라는 뜻을 가지는데, 이것은 항상 정확하게 일어난다(그림 6.5). ❶ 해당과정에서 6탄소 포도당은 반으로 쪼개져 두 개의 3탄소 분자를 형성한다. 그림 6.5에서 처음 쪼개질 때 포도당 한 분자당 두 분자의 ATP 에너지의 "투자"가 필요함에 주목하자. ❷ 이제 이 3탄소 분자는 전자운반체인 NAD^+에 고에너지 전자를 주어서 NADH를 형성하게 만든다. ❸ 또한 NADH 이외에도, 해당과정에서 효소가 연료분자로부터 인산기를 ADP에 전달하여 4분자의 ATP를 "저축"한다. 따라서 해당과정은 순수하게 두 분자의 ATP를 "이득"으로 얻게 된다. (두 분자가 투자되어 네 분자가 저축됨; 이 사실은 우리가 발효를 배울 때 중요해진다.) 해당과정의 마지막에 쪼개진 포도당으로부터 두 분자의 피루브산이 남는다. 피루브산은 포도당이 지녔던 대부분 에너지를 여전히 보유하고 있으며, 이 에너지는 세포호흡의 두 번째 단계인 시트르산회로에서 수확된다.

2단계: 시트르산회로

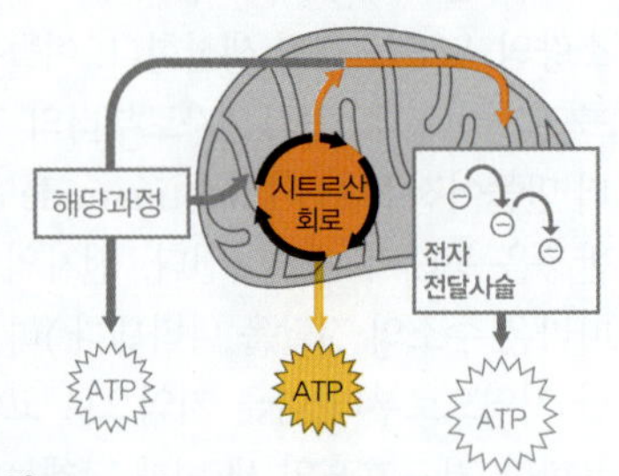

해당과정 동안에 한 분자의 포도당은 두 분자의 피루브산으로 쪼개진다. 그러나 피루브산이 시트르산회로에서 사용될 수 있기 위해서는, 이 피루브산은 손질되어 시트르산회로에서 사용될 수 있는 형태로 전환되어야 한다.(그림 6.6). ❶ 먼저 피루브산은 탄소 하나를 CO_2 형태로 잃게 된다. 이것이 포도당 분해에서 지금까지 본 첫 번째 노폐물이다. 이제 단 두 개의 탄소만 남겨진 각 연료분자는 아세트산

▼그림 6.5 **해당과정.** 해당과정에서 일단의 효소가 포도당을 쪼개어 결국 두 분자의 피루브산을 형성한다. 해당과정의 경우 시작 초기에 두 분자의 ATP가 투입된 다음 네 분자의 ATP가 직접 생산된다. 나중에 NADH를 만들기 위해 사용되었던 고에너지 전자와, 그리고 두 분자의 피루브산으로부터 더 많은 에너지가 얻어지게 된다.

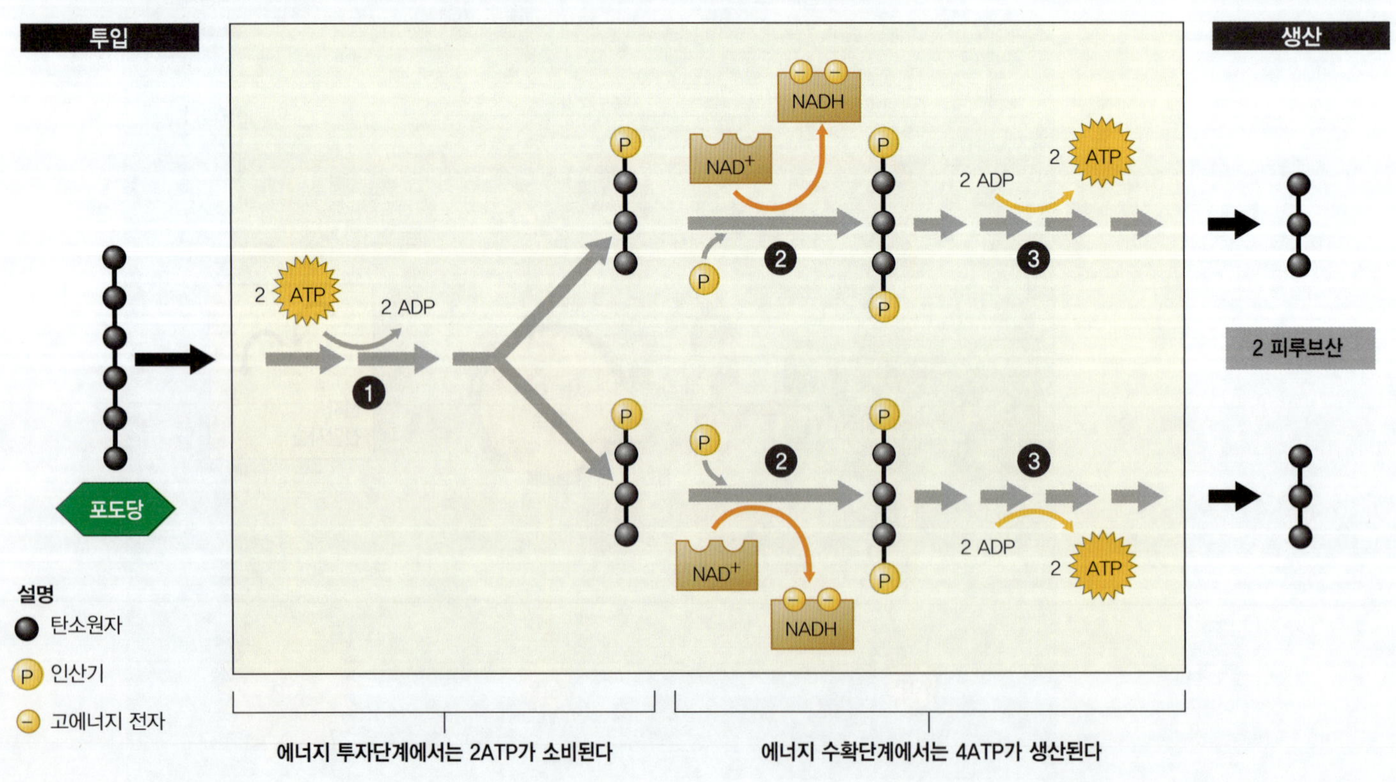

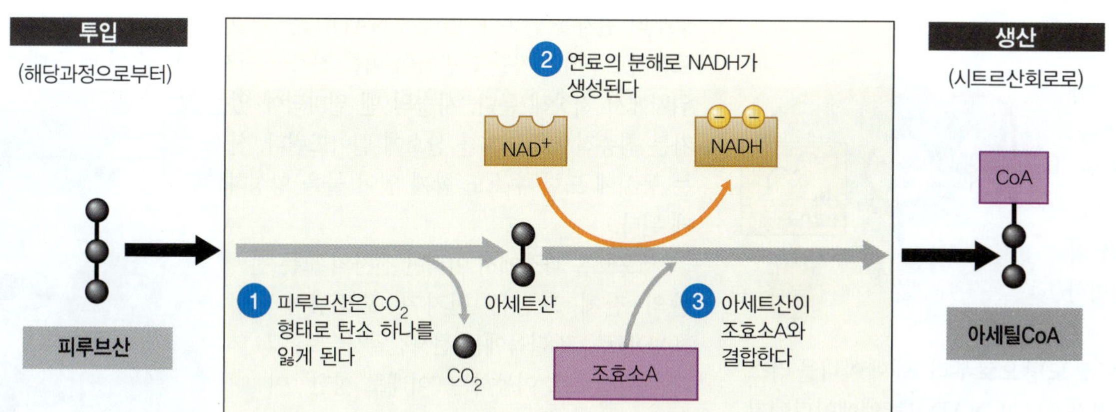

◄ 그림 6.6 **해당과정과 시트르산회로 사이의 연결: 피루브산이 아세틸CoA로 전환.** 포도당 한 분자가 피루브산 두 분자로 쪼개진다는 사실을 기억하자. 따라서 여기 보여주는 과정이 실제로는 두 번 일어난다.

(식초에 들어 있는 산)이라 부른다. ❷ 이들 분자로부터 전자가 떨어져나와 NAD^+로 전달되면서 NADH가 생성된다. ❸ 마지막으로 아세트산은 조효소A(CoA)라 부르는 분자에 부착되어 아세틸CoA를 형성한다. 조효소A가 아세트산을 시트르산회로의 최초의 반응으로 이끈다. 그런 다음 CoA는 떨어져나와 재순환된다.

시트르산회로는 아세트산 분자를 최종적으로 CO_2로 쪼개어 당의 에너지를 추출하면서 마무리된다(그림 6.7). ❶ 아세트산은 시트르산이라는 6탄소 산물(이래서 이런 회로의 이름이 붙여짐)을 형성하기 위하여 4탄소 수용체 분자와 결합한다. 연료로서 이 회로에 들어가는 모든 아세트산 분자에 대해 ❷ 마침내는 두 개의 CO_2 분자가 노폐물로 방출된다. 이 과정에서 시트르산회로는 연료로부터 에너지를 수확한다. ❸ 일부 에너지는 ATP를 직접 생산하는 데 사용된다. 하지만 이 회로는 ❹ NADH와 ❺ 이와 유사한 두번째 전자운반체인 $FADH_2$의 형태로 훨씬 많은 에너지를 포획한다. ❻ 연료로서 그 회로에 들어온 모든 탄소원자는 CO_2로 배출되고, 4탄소 수용체 분자는 재순환된다. 우리는 여기에서 한 분자의 아세트산만 가지고 시트르산회로를 추적하였다. 그러나 해당과정이 포도당을 둘로 쪼개므로, 시트르산회로는 세포에 연료를 공급하는 포도당 한 분자에 대해 두 바퀴를 돌게 된다. ☑

☑ 체크포인트

1. 해당과정에 의해서 어떤 두 분자가 만들어지는가? 이 분자는 시트르산회로로 들어가는가?
2. 피루브산은 해당과정이 수행되는 곳인 ____을(를) 떠나, 시트르산회로가 수행되는 곳인 ___(으)로 이동하여야 한다.

답: 1. 피루브산; 아니오, 먼저 아세틸CoA로 전환된다. 2. 세포질, 미토콘드리아

► 그림 6.7 시트르산회로.

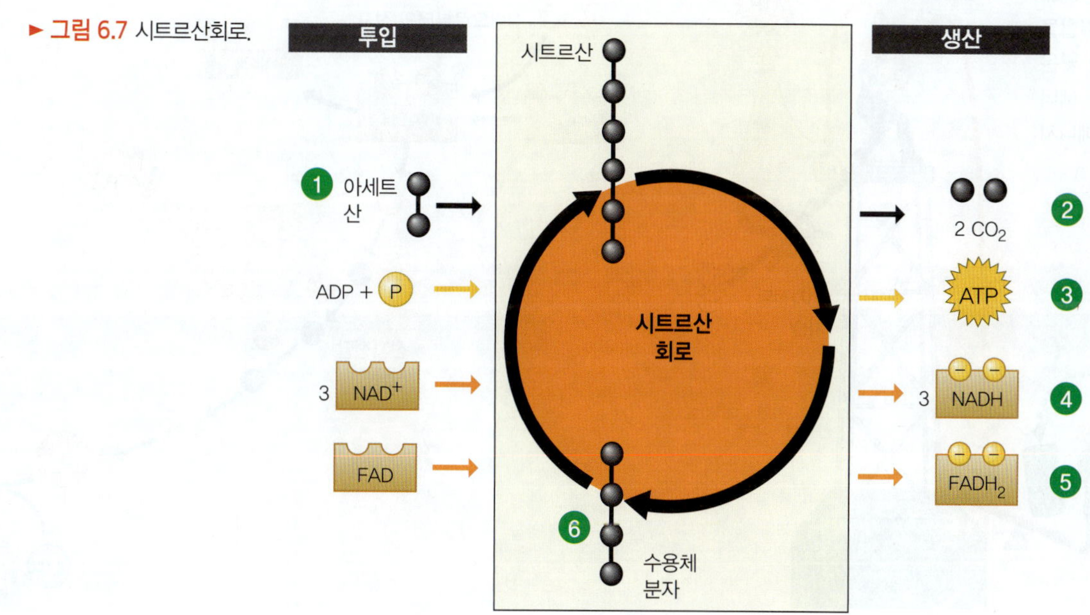

3단계: 전자전달

세포호흡 동안에 식량분자에서 모아진 전자들은 매 단계마다 에너지를 잃으면서 단계적으로 아래로 "떨어지게" 된다. 이와 같은 방식으로 세포호흡은 화학에너지를 세포가 생산적인 용도에 쓸 수 있도록 소량의 화학에너지를 조금씩 풀어낸다.

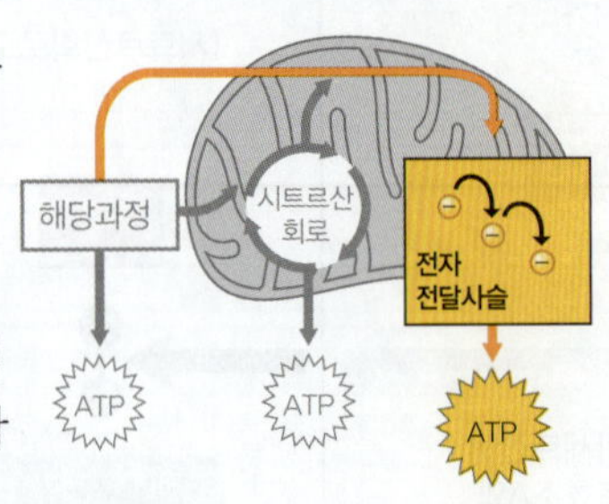

전자들은 식량분자에 있는 포도당으로부터 엔에이디플러스(NAD^+)로 전달된다. 이러한 전자전달이 NAD^+를 엔에이디에치(NADH, H는 전자와 함께 따라온 수소의 전달을 나타낸다)로 전환시킨다. 그러면 NADH는 일련의 전자운반체 분자들인 **전자전달사슬(electron transport chain)**에 가담할 수 있는 두 개의 전자를 방출한다. 이 사슬은 줄을 서서 물통을 나르는 사람들처럼 각 분자들은 다음 분자에게 전자를 건네주는 모양을 한다. 이러한 교환으로 전자는 약간의 에너지를 내어준다. 이렇게 아래쪽으로 흐르는 작은 폭포는 그 전자로부터 에너지를 방출시키고, 이 에너지를 가지고 ATP를 만드는데 사용한다(그림 6.8).

전자가 취하는 경로를 좀 더 자세히 알아보자(그림 6.9). 전자전달사슬에서 각 구성원은 실제로 어떤 분자인데, 대개는 단백질이다(그림 6.9의 자주색 원). 일련의 반응에서 사슬의 각 구성원은 전자를 전달한다. 매 전달마다 전자들은 간접적으로 ATP를 만드는 데 사용할 수 있는 적은 양의 에너지를 내어 놓는다. 사슬의 첫 번째 분자는 NADH로부터 전자를 받는다. 따라서 NADH는 포도당이나 그 밖의 다른 연료분자로부터 전자를 운반하여 이들 전자를 전자전달사슬의 맨 꼭대기 위치에서 저장해 둔다. 사슬의 맨 밑바닥에 있는 분자는 최종적으로 전자를 산소에 떨어뜨린다. 산소는 동시에 또한 수소도 함께 얻어 물을 형성하게 된다.

세포호흡 과정에서 이러한 전자의 모든 전달의 전체 그림은 전자가 포도당에서 NADH로, 그 다음에는 전자전달사슬로, 그 다음은 산소로 이동하는 "아래로 향한" 여행이라고 볼 수 있다. 우리의 세포는 전자전달과정 중에서 화학에너지를 단계적으로 방출하는 과정에서 대부분의 ATP를 만들어낸다. 실제로 이 모든 것을 가능하게 만드는 것은 마지막으로 "전자를 움켜잡는 수용체"인 산소이다. 전자를 연료분자로부터 전달사슬의 아래쪽으로 끌어내림으로써 마치 산소는 물체를 아래쪽으로 끌어내리는 중력처럼 작용한다. 산소가 최종 전자수용체이므로 우리는 숨을 쉬지 않으면 단 몇 분도 살 수 없다. 이런 관점에서 보면 물에 빠지면 치명적일 수 있는데, 그 이유는 세포호흡을 작동하는 데 필요한 마지막 "전자수용체"(산소)를 얻을 수 없기 때문이다.

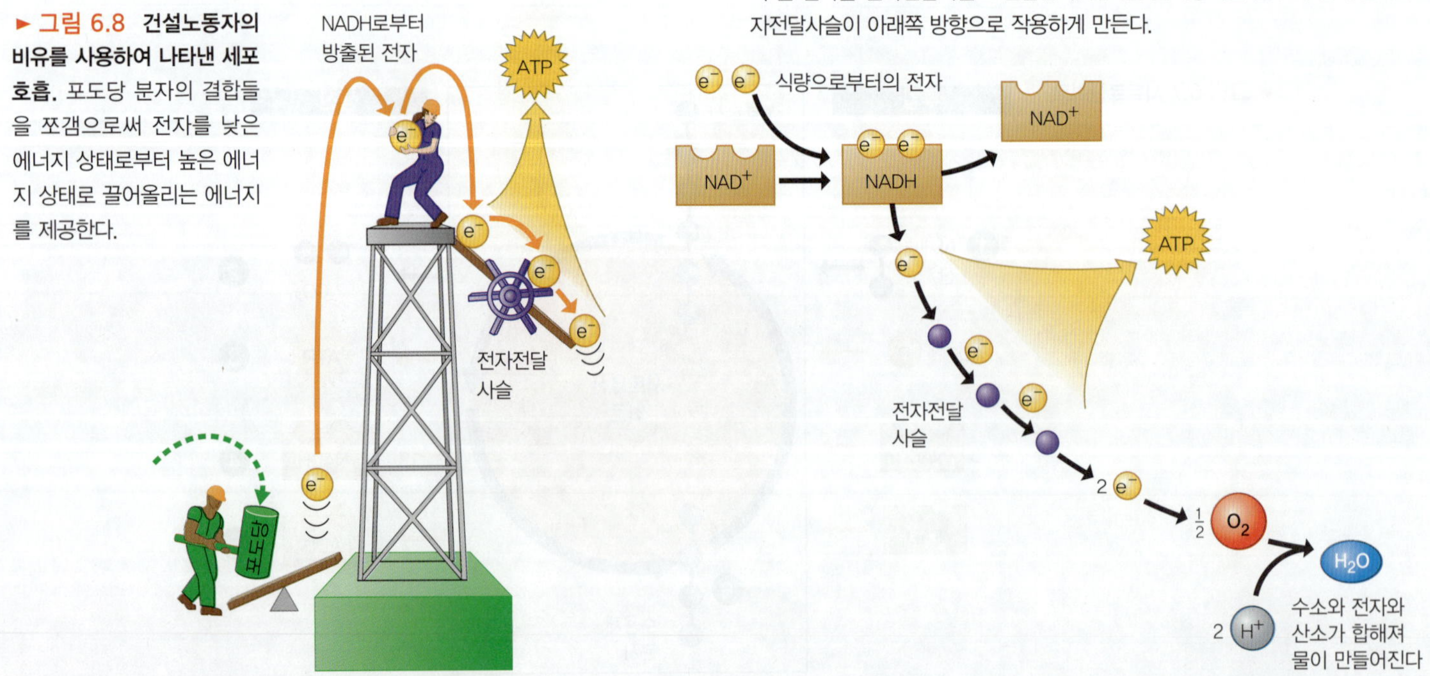

▸ **그림 6.8 건설노동자의 비유를 사용하여 나타낸 세포호흡.** 포도당 분자의 결합들을 쪼갬으로써 전자를 낮은 에너지 상태로부터 높은 에너지 상태로 끌어올리는 에너지를 제공한다.

▾ **그림 6.9 식량에너지의 수확에서 산소의 역할.** 세포호흡에서 전자는 작은 여러 단계를 통해 식량에서부터 산소로 "떨어져" 물이 만들어진다. NADH는 식량으로부터 온 전자를 전자전달사슬로 전달한다. 전자를 끌어당기는 산소의 힘이 결국은 전자전달사슬이 아래쪽 방향으로 작용하게 만든다.

전자전달사슬의 분자들은 미토콘드리아 내막에 배치되어 있다(그림 4.19 참조). **그런데 이들의 막은 상당히 접혀 있어서, 커다란 표면적을 가지게 되고, 따라서 수 천 개의 전자전달사슬이 자리 잡기에 충분한데, 이것은 생물학적인 구조가 어떻게 그 기능과 잘 어울리는지를 보여주는 좋은 예가 된다.** 각각의 사슬은 미토콘드리아 내막을 가로질러 수소이온(H^+)을 퍼내기 위해 전자의 "떨어짐"에 의해 방출되는 에너지를 사용하는 화학펌프로 기능한다. 이러한 퍼내기로 인해 막의 한쪽이 다른 쪽보다 이온의 농도가 더 높게 된다. 이러한 농도의 차이는 물이 댐에 저장되는 방식과 유사하게 위치에너지를 저장하게 된다. 물이 낮은 데로 흐르듯 수소이온은 농도가 낮은 쪽으로 힘차게 되돌아가려는 경향이 있다. 내막은 일시적으로 댐처럼 수소이온을 가로막는다.

댐에 갇힌 물의 에너지는 일을 수행하기 위해 사용될 수 있다. 댐의 수문을 열어 물이 아래로 쏟아져 내리게 만들면, 이 물이 쏟아져 내리면서 거대한 터빈을 돌리게 되고, 이로부터 전기를 생산할 수 있다. 우리의 미토콘드리아도 터빈같이 작용하는 구조를 가지고 있다. **ATP합성효소(ATP synthase)**라 부르는 이들 소형기계들은 미토콘드리아 내막에 자리한 단백질로 이루어져 있으며, 아울러 전자전달사슬의 단백질들과 인접해 있다. 그림 6.10은 NADH와 $FADH_2$에 이미 저장되어 있는 에너지가 지금 어떻게 ATP를 생산하는 데 사용될 수 있는지 단순한 그림으로 보여주고 있다. ❶ NADH와 ❷ $FADH_2$는 전자전달사슬에 전자를 전달한다. ❸ 전자전달사슬은 미토콘드리아 내막을 가로질러 H^+을 퍼내기 위해 이 에너지를 사용한다. ❹ 산소는 전자를 전자전달사슬 아래쪽으로 끌어내린다. ❺ 막 한쪽에 농축된 H^+은 ATP합성효소를 통해서 "아래 쪽"으로 되돌려진다. 이 작용은 댐의 물이 아래로 흘러내릴 때 터빈을 돌리는 것처럼, 이런 행동은 ATP합성효소의 일부를 회전시킨다. ❻ 이 회전은 합성효소 분자의 한 부분을 활성화시켜 ADP 분자에 인산기를 붙여 ATP가 생성되게 만든다.

시안화물의 독은 전자전달사슬에 있는 단백질 복합체 중 하나에 결합하여 치명적인 영향을 준다(그림 6.10에 해골 모양으로 표시). 거기에 결합되면 시안화물이 전자가 산소로 전달되는 것을 막아버린다. 이러한 봉쇄는 수도꼭지를 잠그는 것과 같아서, 전자는 그 "관"을 통해 흐르기를 멈춘다. 그 결과 H^+의 농도구배가 만들어지지 않고, 따라서 ATP는 생성되지 않는다. 세포는 일하는 것을 멈추게 되어, 그 생물은 결국 죽게 된다. ✓

✓ 체크포인트

ATP합성효소에 의해 ATP 생산으로 이끄는 위치에너지의 출처는 무엇인가?

답: 미토콘드리아의 내막을 경계로 한 양쪽의 H^+ 농도구배

▼그림 6.10 **전자전달이 어떻게 ATP합성효소라는 기계를 움직이나.**

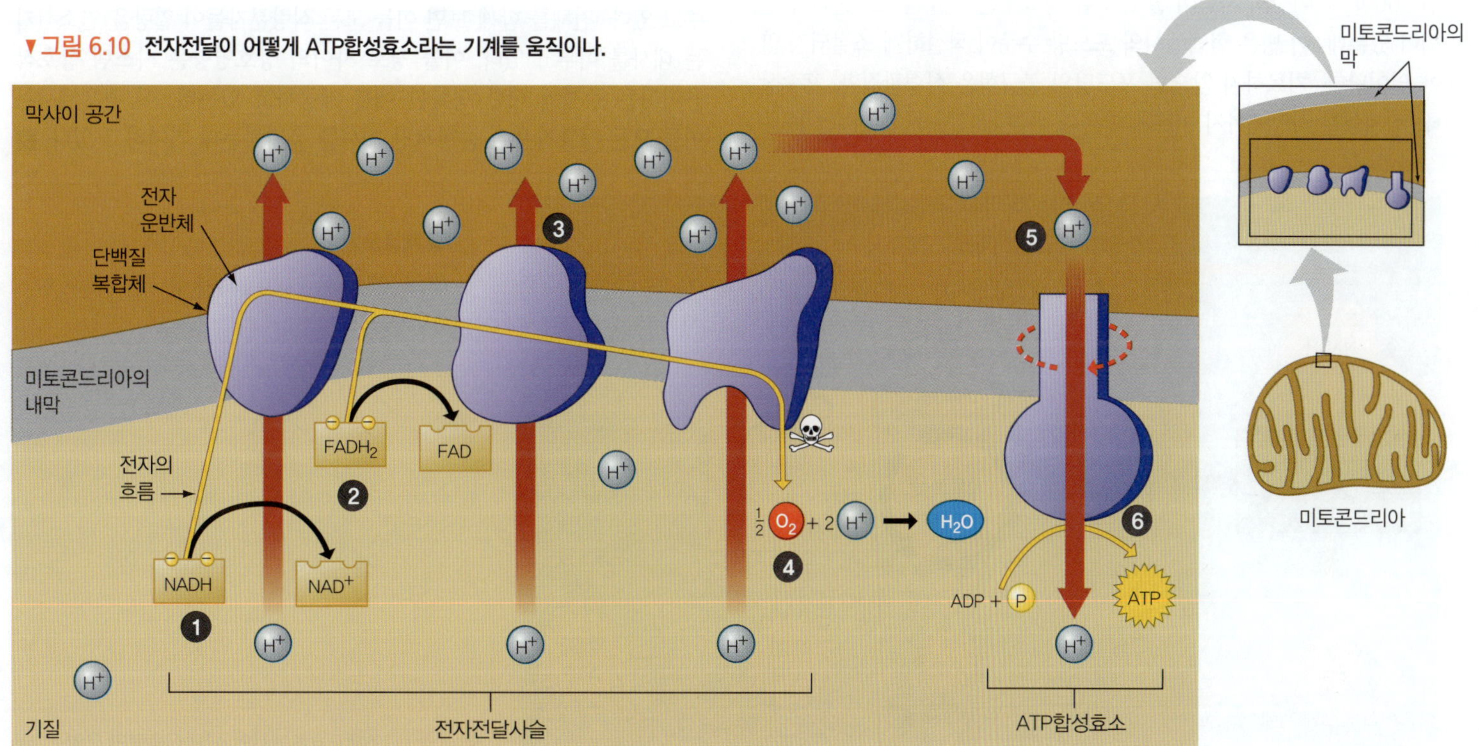

6.5 세포호흡의 결과

세포호흡이라는 대사기계의 모든 분자 너트와 볼트가 어떻게 일을 해 나가는지 알아보기 위해 세포호흡을 따로따로 분리해서 보면, 이것의 전체적 기능, 즉 포도당 한 분자당 ATP를 약 32분자까지(실제 개수는 생물과 관련된 분자에 따라 약간 다를 수 있다) 만들어질 수 있다는 점을 놓쳐 버리기 쉽다. 그림 6.11은 ATP 분자를 합산할 때 도움을 준다. 토의했듯이 해당과정과 시트르산회로는 직접 합성으로 각각 2분자의 ATP를 제공한다. ATP 분자의 나머지는 전부 식량에서 산소까지 전자를 "떨어뜨림"으로써 얻어진 동력을 가지고, ATP합성효소라는 기계에 의해 생산된다. 이 전자는 유기연료로부터 NADH와 $FADH_2$에 의해 전자전달사슬까지 운반된다. NADH나 $FADH_2$로부터 전자전달사슬까지 "떨어진" 각 전자쌍은 몇 개의 ATP를 만들어 낼 수 있는 힘을 제공한다. 우리는 이 과정을 다음과 같이 가시화할 수 있다. 에너지는 포도당으로부터 운반분자로, 그리고 궁극적으로 ATP로 흘러간다.

이제까지 우리는 포도당이 세포가 하는 모든 일에 사용되는 ATP를 만들 수 있는 에너지를 제공한다는 것을 배웠다. 근육을 움직이고, 심박수와 체온을 유지하고, 뇌에서 일어나는 사고작용 등 우리 몸의 에너지를 소모하는 모든 활동은 거슬러 올라가보면, ATP와 이에 앞서 이들을 만드는 데 사용되었던 포도당과 마주치게 된다. 포도당의 균형이 문제가 되는 심각한 병 때문에 포도당의 중요성이 너무 과소평가되고 있다. 전 세계적으로 4억 2천 200만 명 이상의 사람이 앓고 있는 당뇨병은 인슐린 호르몬과 관련되어 있는데, 이 병은 혈액에서의 포도당 수준이 적절하게 조절되지 않아 일어난다. 치료하지 않으면 포도당의 불균형은 심혈관질환, 혼수상태, 심지어는 사망에까지 이르게 만든다.

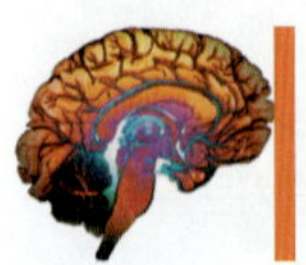

우리의 뇌세포는 매일 1/4 파운드(113 g)의 포도당을 소비한다.

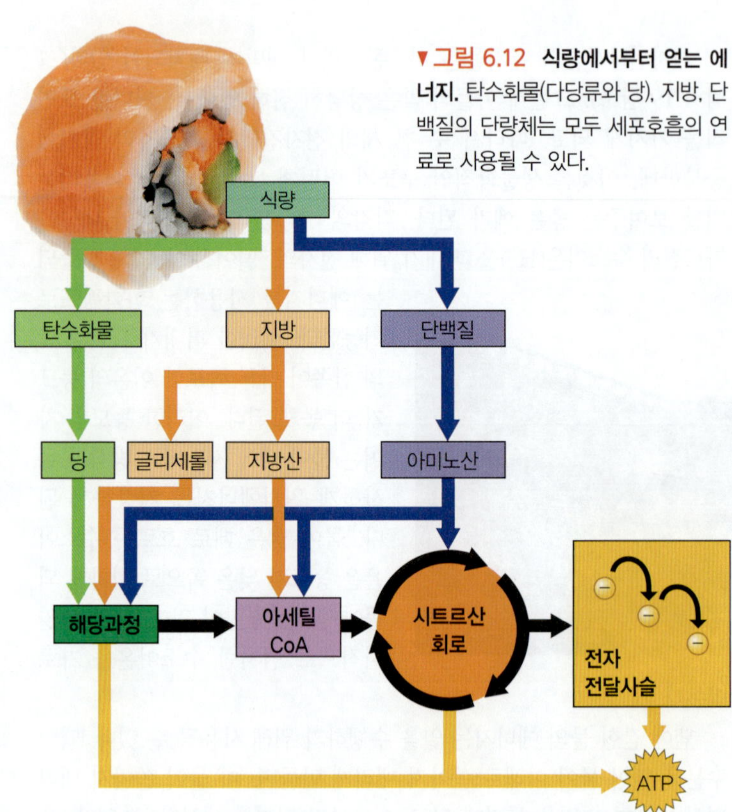

▼ 그림 6.12 **식량에서부터 얻는 에너지.** 탄수화물(다당류와 당), 지방, 단백질의 단량체는 모두 세포호흡의 연료로 사용될 수 있다.

그러나 지금까지 세포호흡 중에 분해되는 연료분자를 포도당에만 집중해 왔지만 세포호흡은 사실 다른 종류의 많은 식량분자를 "태울" 수 있는, 다기능의 분자연소로와 같다. 그림 6.12는 세포호흡의 연료로서 탄수화물, 지방, 단백질을 사용하는 몇몇 대사경로를 그림으로 보여주고 있다. 전체를 함께 보면 이들 모든 식량분자들이 열량을 연소시키는 대사를 이루고 있다. **이들 경로 사이의 상호영향은 시스템 상호작용이라는 주제에 대한 명확한 예를 제공하고 있는데, 이 경우에서는 이들 모든 상호작용은 균형적인 대사를 유지하는데 기여하고 있다.** ✓

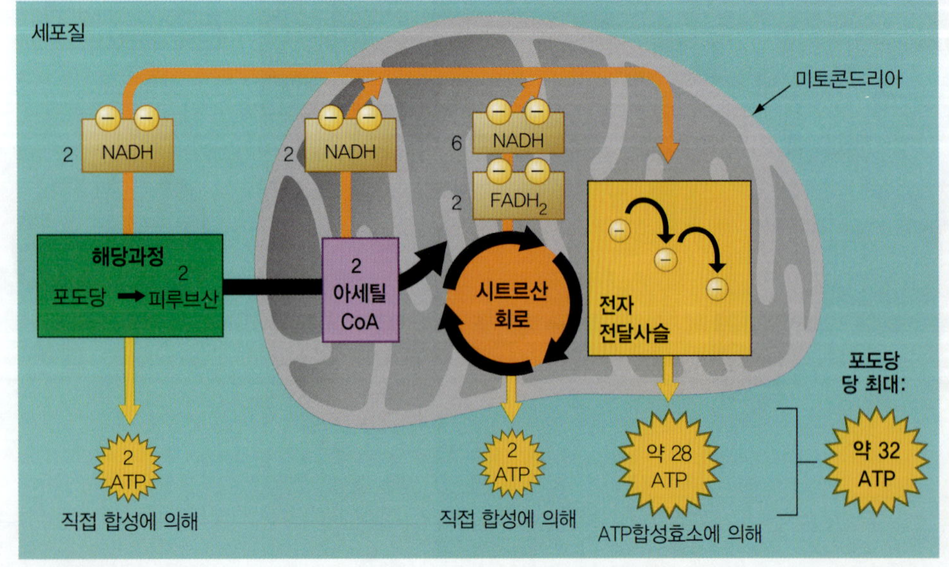

◀ 그림 6.11 세포호흡에서의 ATP 산출량의 요약.

✓ 체크포인트

대부분의 ATP는 세포호흡의 어느 단계에서 만들어지는가?

답: 전자전달

발효: 혐기성 조건에서 식량에너지의 수확

우리는 살아 있기 위해서 숨을 쉬어야 하지만 일부 세포는 짧은 시간 동안 산소 없이도 일을 해낼 수 있다. 이와 같이 산소가 없는, 즉 **혐기성(anaerobic)** 조건에서 식량에너지를 수확하는 것을 발효라 부른다.

6.6 사람 근육세포에서의 발효

우리의 근육이 일을 할 때, 세포호흡에서 생성된 ATP의 계속적인 공급이 필요하다는 것을 우리는 잘 알고 있다. 혈액이 근육세포에 O_2를 충분히 공급하게 되면, 미토콘드리아에서 전자를 전자전달사슬 아래쪽으로 "떨어질" 수 있게 되고, 근육은 호기성으로 일을 하게 될 것이다.

그러나 격렬한 조건에서는 우리의 근육은 혈액이 산소를 운반하는 것보다 빠르게 ATP를 소비할 수 있는데, 이런 일이 생기면 근육은 혐기성으로 일을 하기 시작한다. 이러한 혐기성 상태에서 약 15초 동안 기능을 한 다음, 근육세포는 발효라는 과정을 통해 ATP를 만들기 시작한다. **발효(fermentation)**는 세포호흡의 첫 단계에서 일어나는 대사 경로와 똑같은 과정, 즉 해당과정에 의존한다. 해당과정은 O_2를 필요로 하지 않으며, 포도당이 피루브산으로 쪼개질 때까지 2분자의 ATP를 생산한다. 이것은 세포호흡 동안에 한 분자의 포도당이 생산하는 32분자 정도의 ATP에 비하면 아주 비효율적이나, 우리가 수업에 참석할 수 있게 할 정도로 충분히 오랫동안 다리 근육에 에너지를 줄 수 있다. 그러나 혐기성 조건에서는 포도당 각 분자 당 훨씬 적은 ATP를 얻기 때문에, 세포는 초당 더 많은 포도당 연료를 소비하게 된다. **근육세포에서 일어나는 발효는 진화의 한 흔적일 수도 있으며(『진화와 연결』을 참조), 오늘날에 와서도 여전히 생존을 유리하게 해주고 있다.**

해당과정 동안에 식량에너지를 수확하기 위해서는 NAD^+가 전자수용체로서 존재해야만 한다(그림 6.9 참조). 이것은 호기성 조건에서는 아무 문제가 되지 않는데, 그 이유는 NADH가 전자전달사슬을 거쳐 산소에 전자라는 화물을 떨어뜨릴 때 세포는 NAD^+를 재생하기 때문이다. 하지만 이와 같은 NAD^+의 재생은 혐기성 조건에서는 일어날 수 없는데, 그 이유는 전자를 받아줄 산소가 없기 때문이다. 대신 NADH는 해당과정에서 생산된 피루브산에 전자를 줌으로써 전자를 처리한다 **(그림 6.13)**. 이것은 NAD^+를 재생시키고 해당과정이 계속 작동되도록 해준다.

피루브산에 전자의 첨가로 젖산이라는 노폐물이 만들어진다. 이 젖산 부산물은 궁극적으로 간으로 운반되는데 여기서 간세포가 젖산을 피루브산으로 다시 전환한다. 운동과학자는 젖산이 근육을 피로하게 만드는 역할에 대해 오랫동안 주목해왔는데, 이제부터 이에 대해 알아보자. ✓

✓ 체크포인트

발효과정에서 포도당 한 분자로부터 얼마나 많은 ATP 만들어지는가?

답: 2

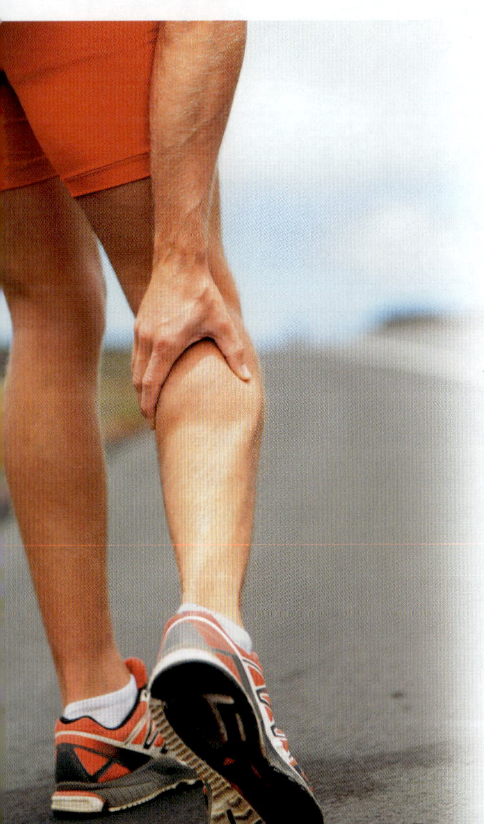

▼그림 6.13 발효: 젖산 생산. 해당과정은 산소가 없어도 ATP를 생산한다. 이 과정은 포도당의 전자를 받아들이기 위하여 끊임없이 NAD^+의 공급을 요구한다. NADH가 식량으로부터 얻어 낸 전자를 피루브산에 전달하면 NAD^+가 재생되면서 젖산을 생산하게 되는데, 이 생성물은 생물종에 따라 다를 수 있다.

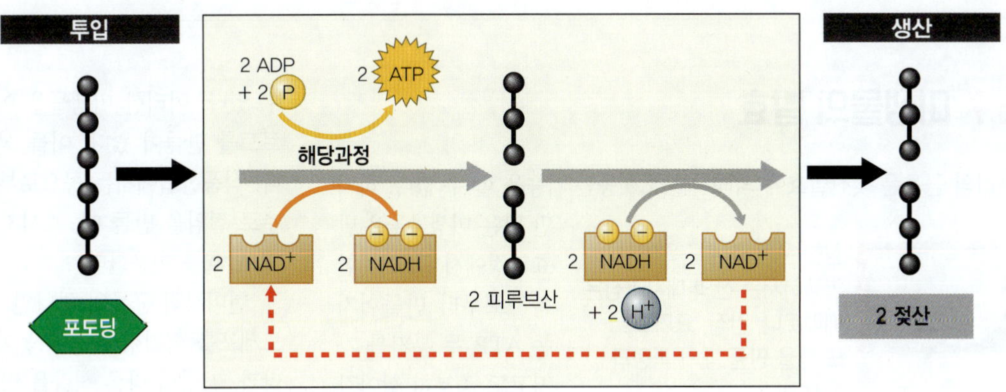

과학연구의 과정 운동과학

무엇이 근육을 타게 만드는가?

배경

격렬한 운동 후에 오는 타는 듯한 느낌은 우리 근육에 축적되는 젖산 때문이라는 것을 들어본 적이 있을 것이다. 이런 생각은 영국의 생물학자 힐의 연구 작업에서부터 시작되었다. 운동과학 분야의 창시자의 한 사람인 힐은 1922년 근육수축을 규명한 연구업적으로 노벨상을 받았다.

1929년 힐은 혐기성 조건에서 근육이 젖산을 생산한다는 관찰로 시작한 고전적 실험을 수행하였다. 힐은 젖산의 축적이 근육 피로의 원인이 되는지 의문을 갖게 되었다. 이것을 알아내기 위해 힐은 실험실 용액에서 절개된 개구리 근육을 전기적으로 자극하는 기술을 개발하였다. 그는 젖산의 축적이 근육의 기능을 멈추게 만들 것이라는 가설을 세웠다.

방법

힐의 실험은 다른 두 조건에서 개구리의 근육을 검사하였다(그림 6.14). 먼저 그는 젖산이 근육조직으로부터 확산되지 않게 했을 때, 근육의 수행능력이 감소함을 보여주었다. 그런 다음 젖산이 확산되게 만들었을 때는 수행능력이 크게 나아지는 것으로 나타났다. 이러한 결과는 힐로 하여금 혐기성 조건 하에서 근육조직에서 "젖산 축적이 일차적인 원인"이라는 결론을 내릴 수 있게 해 주었다.

결과

근육활동에 관해서는 세계적인 권위자라고 여겨졌던 그의 과학적 위상 때문에 힐의 결론은 수십 년 동안 어떠한 도전도 받지 않았다. 하지만 점차 힐의 결과에 모순이 있다는 증거들이 축적되기 시작하였다. 예를 들면 힐이 증명했던 효과가 사람의 체온에서는 일어나지 않는 것으로 나타났다. 그리고 젖산을 축적하지 않는 어떤 사람의 경우 훨씬 빨리 피로해지는 근육을 갖고 있었는데, 이것은 우리가 기대하던 것과는 정반대이다. 최근 실험은 힐의 결론을 직접적으로 반박하고 있다. 몇몇 연구에서는 다른 이온들의 양의 증가에 기인하는 것으로 나타나고 있다. 따라서 근육피로의 원인은 뜨거운 논쟁거리로 남아 있다.

> **과학자처럼 생각하기**
>
> 근육이 타는 원인에 대한 설명은 새로운 증거가 축적될 때마다 시시각각 달라졌다. 이것은 과학적 방법의 실패를 의미하는 것인가?
> 답은 부록 C를 참조.

근육피로에 있어 젖산의 역할에 대한 변화된 관점은 『과학연구의 과정』에 중요한 점을 보여주고 있다. 즉 과학적 믿음은 역동적이며, 또한 새로운 증거가 밝혀질 때마다 끊임없이 조정된다. 이것은 힐에게 있어서도 놀라운 일은 아니었는데, 그 자신도 모든 과학적 가설이 더 이상 쓸모가 없어지고, 새로운 증거로 인해 바뀐 결론들이 과학의 진보에 필요하다는 것을 알고 있었다.

▼그림 6.14 근육의 피로를 측정하는 힐의 1929년도 실험장치.

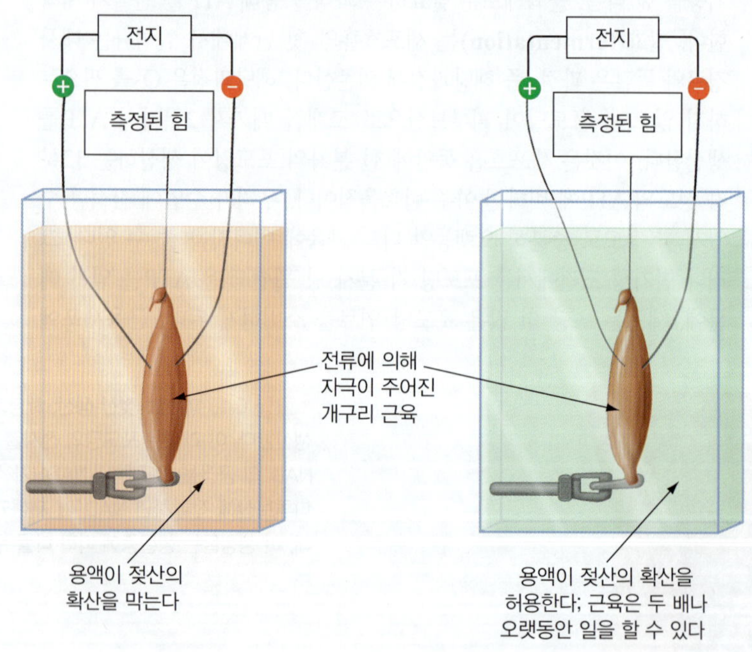

6.7 미생물의 발효

우리의 근육은 젖산발효에 의해서는 오랫동안 기능을 할 수 없다. 하지만 많은 미생물들은 발효과정에서 포도당 한 분자로부터 만들어지는 ATP 두 분자를 가지고도 충분히 살아갈 수 있다. 이러한 미생물을 이용하여 우유로부터 치즈, 사워크림, 요구르트를 만들어 왔다. 이들 식품은 젖산으로 인해 시큼한 맛을 내게 된다. 식품산업에서는 콩으로부터 간장을 만들 때, 또 오이, 올리브, 양배추로 절임을 만들 때, 소시지, 페페로니, 살라미 같은 육류제품을 만들 때, 발효를 이용한다.

심한 운동 후에 근육에서 만들어지는 산의 대사과정은 페페로니, 간장, 요거트, 또 빵을 만들 때의 과정과 유사하다.

현미경적 균류의 하나인 효모는 세포호흡도 발효도 할 수 있다. 효모세포를 혐기성 환경에 놓아두면 이들은 살아가기 위해 어쩔 수 없이 당과 그 밖의 다른 식량을 발효시킨다. 효모가 발효를 할 때 이들은 노폐물로 젖산 대신에 에탄올을 생산한다(그림 6.15). 이러한 알코올 발효도 역시 CO_2를 방출한다. 수천 년 동안 사람들은 산소가 결여된 상태를 가능케 하는 밀폐된 술통이나 큰 탱크를 사용하여, 효모로 하여금 포도당을 알코올로 발효시켜 맥주나 포도주 같은 알코올 주류를 생산에 왔다. 그리고 모든 제빵기술자들이 알고 있듯이 발효 중인 효모에서 나오는 CO_2 기포가 또한 빵 반죽을 부풀게 한다. 빵 발효 때 생긴 알코올은 빵을 구울 때 방출되어 없어진다. ✓

✓ 체크포인트

격렬한 활동을 하면 사람의 근육에 어떤 종류의 산이 만들어지는가?

답: 젖산

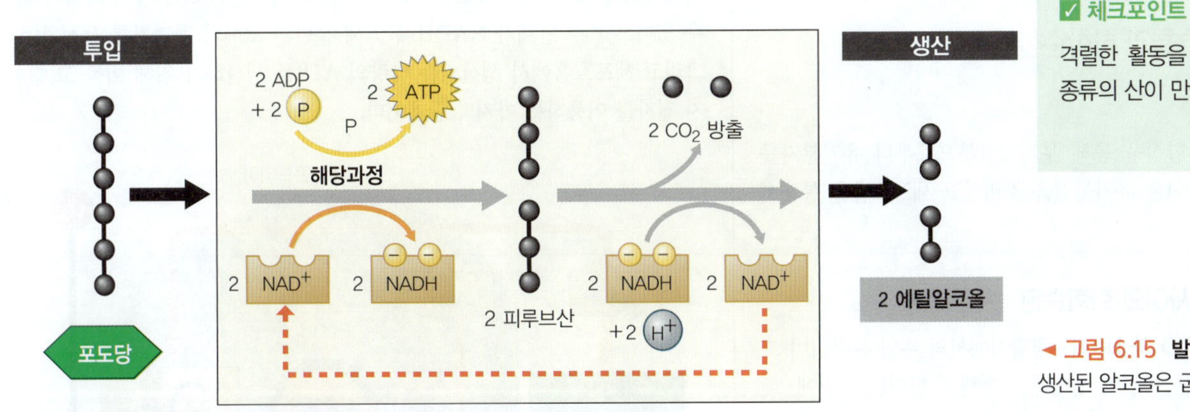

◄ 그림 6.15 **발효: 알코올 생산.** 효모에 의해 생산된 알코올은 굽는 동안에 타버리게 된다.

진화와 연결 운동과학

산소의 중요성

『우리와 함께하는 생물학』과 『과학연구의 과정』에서 호기성 유산소 운동을 하는 동안 산소가 하는 중요한 역할에 대해 알아보았다. 그러나 마지막 부분에 있는 발효에서 혐기성(산소가 없는 무산소) 상태에서조차도 한시적으로 운동을 계속할 수 있다는 것도 배웠다. 호기성 호흡과 혐기성 호흡 모두 포도당을 쪼개 피루브산을 형성하는 해당과정에서 시작된다. 따라서 해당과정은 생명의 보편적인 에너지 수확과정이다. 우리가 세균세포, 우리 몸의 세포, 그 밖의 살아 있는 모든 세포 안을 들여다볼 수 있다면, 우리는 해당과정의 대사기구를 발견하게 될 것이다.

지구상의 생명체에 있어서 해당과정의 보편성은 진화적인 근거가 있다. 고대 원핵생물은 아마도 지구 대기에 산소가 있기 오래 전에 ATP를 만들기 위해 해당과정을 사용하였을 것이다. 지금까지 알려진 가장 오래된 세균의 화석은 35억 년 전까지 거슬러 올라가는데, 오늘날의 일부 광합성 세균과 닮아 있다. 그러나 증거에 따르면 광합성 세균의 부산물로서 만들어지는 O_2가 27억 년 전까지만 해도 대기에 그리 축적되지 않았다(그림 6.16). 서의 10억 년 동안 원핵생물은 산소를 필요로 하지 않는 해당과정으로부터 ATP를 생산해내어야만 했다.

해당과정이 거의 모든 생물에서 나타난다는 사실은 이것이 아주 초기에 생명의 모든 역의 공통조상에서 진화하였음을 암시한다. 세포 내에서 해당과정의 장소도 역시 태고의 것임을 말하고 있는데, 이 경로는 원핵세포로부터 진화해 10억 년 후에나 출현한 진핵세포의 어떠한 막성 세포소기관도 필요로 하지 않는다. 해당과정은 오늘날까지도 발효에서 기능을 계속하고, 그리고 세포호흡에 의해 유기분자를 쪼개는 첫 단계로서, 이것은 초기의 세포로부터 가보로 물려받은 물질대사인 것이다. 따라서 우리 근육이 무산소 상태에서도 기능을 할 수 있는 능력은 이러한 대사경로에 전적으로 의존하였던 고대 조상의 흔적으로 볼 수 있다.

지구의 탄생
가장 오래된 원핵생물의 화석
대기에 산소가 처음으로 나타남
대기 산소가 현재의 10% 수준
첫 번째 진핵생물
5.0 4.5 4.0 3.5 3.0 2.5 2.0 1.5 1.0 0.5 0.0
10억 년 전

▼ 그림 6.16 **지구에서 생명과 산소의 연대표.**

복습

주요개념의 요약

생물권에서 에너지의 흐름과 화학순환

6.1 생산자와 소비자

독립영양생물(생산자)은 광합성을 통해 무기영양분으로부터 유기분자를 만든다. 종속영양생물(소비자)은 유기물질을 소비하고 세포호흡을 통해서 에너지를 얻어야만 한다.

6.2 광합성과 세포호흡 사이의 화학순환

세포호흡의 생성물 분자인 CO_2와 H_2O는 광합성에서의 투입 분자이며 그 역도 마찬가지이다. 이들 화학물질이 생태계를 통해 순환되는 동안에, 햇빛으로 들어와 열로서 방출되면서 에너지는 흐르게 된다.

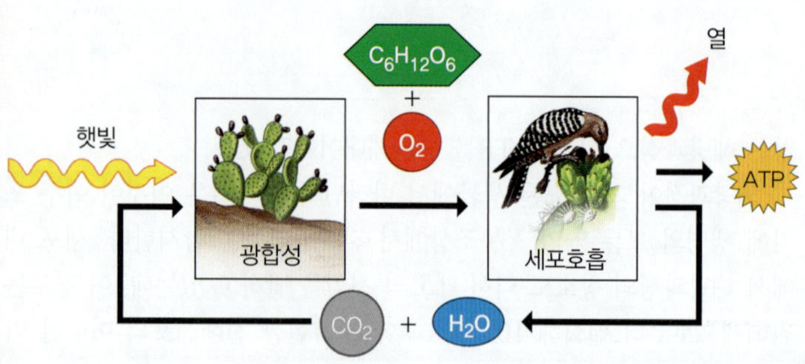

세포호흡: 호기성 조건에서 식량에너지의 수확

6.3 세포호흡의 개요

전체 방정식은 많은 화학단계를 하나의 공식으로 단순화시킬 수 있다.

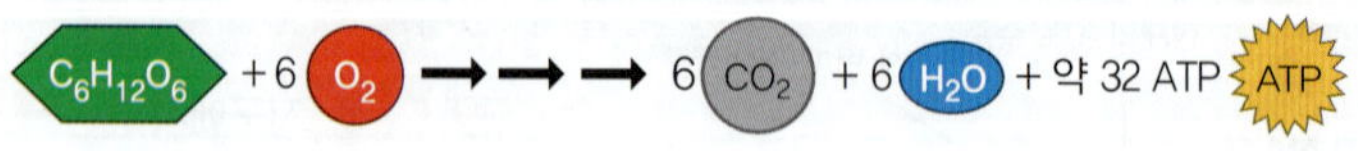

6.4 세포호흡의 세 단계

세포호흡은 세 단계로 일어난다. 해당과정에서 포도당 한 분자는 피루브산이 두 분자로 쪼개어지면서 두 분자의 ATP와 NADH에 저장된 두 개의 고에너지 전자가 생성된다. 시트르산회로에서 포도당의 나머지 부분이 CO_2로 완전히 분해되면서, ATP, NADH, $FADH_2$에 저장된 상태의 많은 고에너지 전자가 생성된다. 전자전달사슬은 미토콘드리아 내막을 가로질러 H^+를 퍼 올리기 위해 고에너지 전자를 사용하는데, 이때 최종적으로 O_2에 인계되어 H_2O를 생성한다. 막을 가로지르는 H^+의 역방향으로의 흐름이 ATP합성효소를 구동시키고, 이 효소는 ADP로부터 ATP를 만든다.

6.5 세포호흡의 결과

아래에 있는 그림에서 세포호흡의 과정을 통해서 분자의 흐름을 따라가 볼 수 있다. 첫 두 단계가 NADH에 의해 운반된 고에너지 전자를 생성하며, 그리고 세포호흡에서 생산되는 다량의 ATP를 생산하기 위해 이들 고에너지 전자를 이용하는 마지막 단계이다.

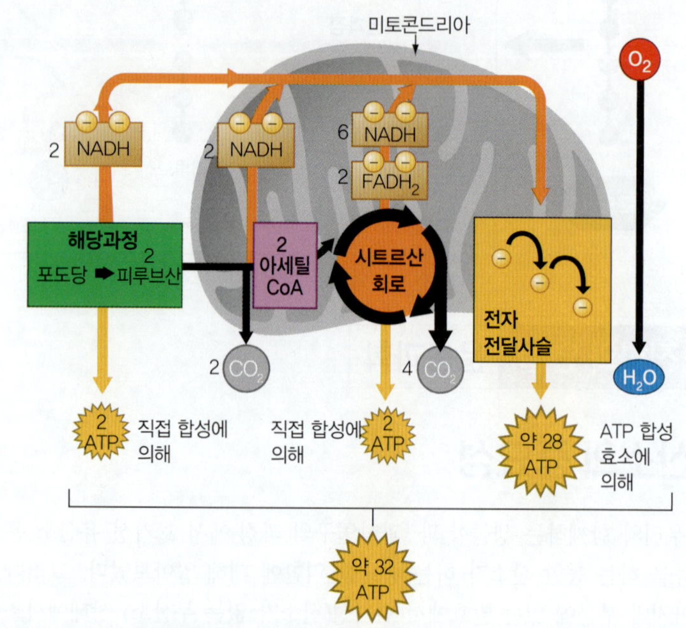

발효: 혐기성 조건에서 식량에너지의 수확

6.6 사람 근육세포에서의 발효

근육세포가 세포호흡에 산소가 공급될 수 있는 것보다 빠르게 ATP를 소모할 때 그 조건은 혐기성이 되며, 근육세포는 발효를 통해서 ATP를 재생하기 시작할 것이다. 이들 혐기성 조건에서의 노폐물은 젖산이다. 포도당 분자당 ATP 수율은 세포호흡(약 32 ATP)에 비해 발효(2 ATP)가 훨씬 낮다.

6.7 미생물의 발효

효모와 일부 생물은 산소가 있어도, 또는 없어도 생존할 수 있다. 발효의 노폐물은 종에 따라서 에탄올이나 젖산, 또는 다른 화합물이 될 수 있다.

자습문제

1. 다음 중 독립영양생물과 종속영양생물과의 차이를 옳게 설명한 것은?

a. 종속영양생물만이 주변 환경으로부터 화합물을 필요로 한다.

b. 세포호흡은 종속영양생물에만 있는 것이다.

c. 종속영양생물만이 미토콘드리아를 가지고 있다.

d. 독립영양생물은 전부 다 무기물인 영양분에서 살아갈 수 있다.

2. 왜 식물을 생산자라고 부르는가? 왜 동물을 소비자라고 부르는가?
3. 우리가 숨을 쉬는 호흡과 세포호흡은 어떤 관계가 있는가?
4. 세포호흡의 세 단계 중에서 어느 것이 포도당에서 제일 많은 ATP를 생산하는가?
5. ______이(가) 발효과정 동안에 재생된다.
6. 독약인 시아나이드는 전자전달사슬의 핵심 단계를 방해한다. 시아나이드가 어떻게 생물을 빨리 죽일 수 있는지를 설명해 보시오.
7. 세포가 다음 물질 중 어느 것에서 가장 많은 화학에너지를 추출할 수 있는가?
   a. NADH 1 분자　　b. 포도당 1 분자
   c. 이산화탄소 6 분자　　d. 피루브산 2 분자
8. ______은(는) 발효와 세포호흡에서 공통적으로 나타나는 대사경로이다.
9. 의사들이 한 아이가 특정 골격근 세포에 미토콘드리아가 없는, 하지만 근육세포는 기능하는 드문 질환을 가지고 태어났다는 것을 발견했다. 이들은 당연히 ___는 것을 발견하게 될 것이다.
   a. 가벼운 운동에도 근육은 많은 양의 젖산을 함유한다
   b. 가벼운 운동에도 근육은 많은 양의 이산화탄소를 함유한다
   c. 근육이 기능을 하려면 매우 높은 수준의 산소를 필요로 한다
   d. 근육세포는 포도당을 피루브산으로 쪼갤 수 없다
10. 포도당을 먹여서 키운 효모세포를 호기성 조건에서 혐기성 조건으로 옮겼다. 세포가 동일한 속도로 ATP를 생산하려면 효모는 호기성 상태에 비해 얼마나 더 많은 포도당을 소비하여야 하는가?

답은 부록 C를 참조.

주된 주제 식별하기

아래의 각 문장에서 분명하게 드러난 주된 주제가 무엇인지(구조와 기능의 연관성, 정보의 흐름, 에너지와 물질의 변환경로, 생물계 내에서의 상호작용, 진화)를 식별하고, 그 내용이 그 주제와 어떻게 관련되는지를 설명하시오. 필요한 경우 주제들을 검토하고(1장 참조), 또 이 장에서 파란색 글자로 나타내어 강조한 예들을 검토해 보시오.

11. 고도로 접힌 미토콘드리아의 막은 이들 세포소기관이 세포호흡을 진행시키는데 필요한 수많은 화학 반응을 수행하는데 매우 적합하게 만들어져 있다.
12. 세포호흡과 광합성은 이들 과정에서 생긴 물질을 서로의 투입물질로 사용하여 서로 연결되어 있다.
13. 우리의 몸은 서로 교차하는 많은 화학경로를 사용하는데, 이들 모두가 우리의 전체 물질대사를 이룬다.

답은 부록 C를 참조.

과학연구의 과정

14. 포도당을 CO_2와 H_2O로 분해하고, 약 32개의 ATP 분자를 생성하는 세포호흡의 과정은 세포 내의 서로 다른 구획에서 일어나는데, 해당과정은 세포질에서, 시트르산회로는 미토콘드리아의 기질에서, 전자전달 사슬은 미토콘드리아 내막에서 일어난다. 이 과정을 완료하려면 여러 분자가 미토콘드리아 막을 가로 질러야한다. 이들 분자는 무엇이며, 이들은 어떤 방향으로 움직이나? 이러한 정교한 계획을 위해 필요한 것은 무엇인가?
15. **자료 해석하기** 기초대사율(BMR)은 체중을 유지하기 위해 휴식 시에 소모되는 에너지의 양을 말한다. BMR은 성, 나이, 키, 체중 등 여러 가지 요인에 따라 달라진다. 다음 그래프는 키 183 cm의 45세 남성의 기초 대사량을 보여주고 있다. 이 남자에게 있어 BMR은 체중과 어떤 상관관계를 갖는가? 250파운드(약 114 kg)의 남자가 자신의 체중을 유지하기 위해 200파운드(약 91 kg)인 남자보다 얼마나 더 많은 열량을 소모해야 하는가? BMR이 체중에 의존하는 이유는?

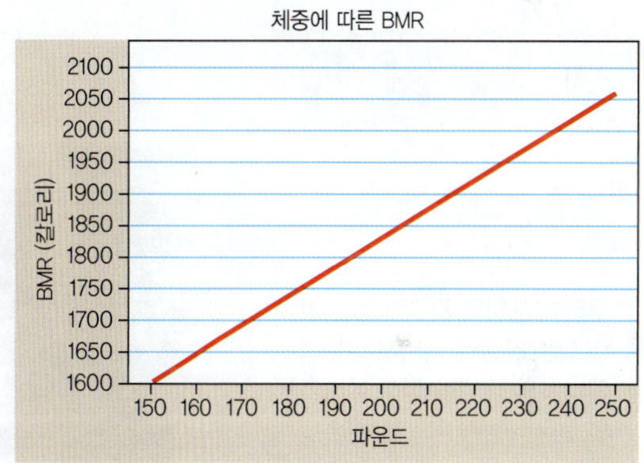

우리와 함께하는 생물학

16. 근육에 산소를 공급하는 것이 많은 운동선수에게 제한인자가 된다. 일부 선수는 혈액도핑(산소화된 혈액을 주입)을 시도하기도 한다. 다른 선수들은 높은 고도에서 훈련한다. 두 방법 모두 적혈구 수를 증가시킨다. 도핑이 부정행위로 간주되는 이유는 무엇인가? 도핑방지 규칙을 어떻게 시행하겠는가?
17. 다양한 문화에서 오랫동안 발효를 사용해 음식을 생산하고 보존해 왔다. 서로 다른 유형의 발효의 목록과 이들이 이용된 목록을 작성하시오.
18. 임신 중 술을 마시면 태아알코올증후군(FAS)이라 부르는 선천성 장애를 일으킬 수 있다. FAS의 증상은 머리와 얼굴의 불균형, 지적 장애 등으로 나타난다. 의사협회는 임산부는 금주하라고 권고하고, 정부는 술병에 경고문 부착을 규정하고 있다. 레스토랑의 종업원이라고 상상해 보자. 임신한 것이 분명한 손님이 딸기 다이커리를 주문한다고 해보자. 어떻게 반응하겠는가? 그 여자는 태어나지 않은 아기의 건강을 자신이 결정할 권리가 있는가? 이 문제에서 어떤 책임이 있다고 생각하는가? 레스토랑은 소비자의 식습관을 감시할 책임이 있는가?

7 광합성: 식량을 만들기 위해 빛을 이용

차례 내용

광합성이 왜 중요한가?

여러분은 먹기를 좋아하나요? 우리 인간이 먹고 있는 모든 음식들의 근원을 추적해 올라가보면 결국 식물에 이르게된다. 햇빛의 에너지를 포획하고 이를 사용해 유기물질을 만드는 데, 이와같이 광합성을 수행하는 식물이 이 세상을 먹여 살린다.

우리를 포함해 지구에 있는 거의 모든 생물에 있어서 이들의 에너지의 근원을 찾아 올라가면 결국 태양에 이르게 된다.

가려라! 짧은 파장의 빛으로부터 우리 자신을 보호하는 것이 생명을 지키는 길이 될 수 있다.

세계기후변화를 해결하기 위해 간단한 그 무엇인가를 해보고 싶은가? 그렇다면 나무 한 그루를 심도록 하라. 여러분은 기쁨을 맛보게 될 것이다!

실마리

태양에너지

우리와 함께하는 생물학 **태양에너지**

태양을 활용하기. 지붕 위의 태양전지판은 흔하게 볼 수 있는 모습이 되어가고 있다.

태양에너지의 혁명

태양열발전이라는 용어를 들을 때면 지붕 위에 놓인 태양전지판을 생각하게 된다. 실제로 태양광으로부터 태양전지판이 생산한 광전지(PV)는 바로 사용하거나, 배터리에 저장하거나, 국가 송전망으로도 보낼 수 있다. 태양전지판의 경우 유리한 점이 많은데, 햇빛은 무료로 쓸 수 있고 풍부하며 지구 전체에 걸쳐 널려 있으며, 이 기술은 움직이는 부품을 사용하지 않기 때문에 믿을 만하며, 오염이 발생하지 않는다. 따라서 주거용 광전지시스템은 점점 더 대중화되고 있다는 사실이 놀랄만한 일은 아니다.

광전지판은 인간이 태양을 이용하여 에너지를 생산할 수 있는 많은 방법 중 하나 일뿐이다. 광합성 과정을 통해 햇빛을 포획하는 살아 있는 생물도 역시 에너지원으로 쓰일 수 있다. 예를 들면 나무나 나무펠릿을 태울 수 있는 스토브나 보일러에서 식물물질을 직접 태울 수 있다. 식물물질은 또한 바이오에탄올이나 바이오디젤 같은 생물연료를 생산하는 데에도 쓰일 수 있다. 우리는 가솔린에서 에탄올의 백분율이 표시된 가스 펌프에 붙어 있는 스티커를 보았을 수도 있다. 오늘날 대부분의 자동차는 85%의 휘발유와 15%의 에탄올을 혼합하여 운행하고 있다. 많은 자동차 제조업체들이 휘발유와 바이오 에탄올의 모든 조합에서 작동할 수 있는 "유연한 연료" 차량을 생산하고 있다.

햇빛에서 에너지를 포획하는 이들 방법은 모두 중요한 특성을 공유하는데, 이들 모두 재생가능하다는 것이다. 즉 이들은 인간의 시간척도 범위 안에서 자연적으로 보충되는 출처에서부터 온 것이다. 태양에너지 외에도, 재생에너지(녹색에너지라고도 함)는 터빈을 통과하는 바람, 수력발전 댐을 통과하는 물, 열펌프를 통과하는 지열원 등이 있다. 실제로 2015년에 설치된 새로운 발전용량의 대부분은 재생가능한 것이었는데 거의 3천억 달러나 투자되었다. 모든 전기의 약 4분의 1이 현재 재생가능한 자원에서 생성되며, 이 비율은 꾸준히 증가하고 있다. 이러한 노력을 주도하고 있는 국가 중 하나가 아이슬란드인데 전기의 99.8%를 재생 에너지원에서 생산한다.

태양에너지의 혁명의 이점은 무엇일까? 화석연료(석유, 휘발유, 디젤, 기타 석유 제품)에 대한 사회적 수요는 계속 증가하고 있다. 화석연료를 태우면 오염이 발생하여 호흡기 질환과 산성비, 이산화탄소(CO_2)가 발생하여 세계기후변화에 영향을 미친다. 또한 땅에서 퍼 올린 석유는 결코 그 만큼 대체할 수도 없다. 따라서 우리의 건강과 지구의 건강을 위해 화석연료 대신 녹색에너지를 사용하는 것이 좋다.

지구상의 거의 모든 생명체가 태양의 에너지를 활용한다. 광합성은 식물, 조류, 기타 생물들이 빛을 사용하여 이산화탄소로부터 당을 만드는 과정이다. 이 당은 이러한 생물들을 위한 음식이 되며, 우리가 먹는 대부분의 음식의 출발점이 된다. 이 장에서는 우선 광합성의 기본개념들을 살펴볼 것이고, 그런 다음에는 이들 과정과 관련된 특정 메커니즘을 살펴보게 될 것이다.

광합성의 기초

광합성의 과정은 지구에 있는 거의 모든 생태계에서 궁극적인 에너지의 근원이다. **광합성(photosynthesis)**은 식물과 조류(이들은 원생생물이다), 또 일부 세균이 빛에너지를 화학에너지로 전환시키는 과정을 말하는데, 시작물질로 이산화탄소와 물을 사용하고, 부산물로 기체 산소를 배출한다. 광합성을 통해 만들어진 화학에너지는 당분자의 화학결합에 저장되어 있다. 자신의 식량을 만들어내는 생물은 독립영양생물이라 불린다(6장 참조). 광합성에 의해 이런 일을 해 낼 수 있는 식물과 그 밖의 다른 생물을 광독립영양생물이라고 부르는데, 이들은 대부분의 생태계에서 생산자이기도 하다(그림 7.1). 광독립영양생물은 우리를 먹일 뿐만 아니라, 입히고(면섬유), 살 집을 짓게 해주고(목재), 또한 난방, 조명, 수송(생물연료)에 필요한 에너지를 제공한다. **우리를 포함해 지구에 있는 거의 모든 생물에 있어서 이들의 에너지의 근원을 찾아 올라가면 결국 태양에 이르게 된다는 사실은 에너지와 물질을 전환시키는 능력은 지구에 있는 생명의 존재에 다시 없이 중요하다는 것을 명확하게 보여주고 있다.**

지구에 있는 거의 모든 생물에 있어서 이들의 에너지의 근원을 찾아 올라가면 결국 태양에 이르게 된다.

7.1 엽록체: 광합성 장소

식물과 조류에서 광합성은 **엽록체(chloroplast)**라 부르는 빛을 흡수하는 세포소기관 안에서 일어난다(그림 4.18을 참조). 식물의 녹색부분 모두에는 엽록체가 있어서 광합성을 수행할 수 있다. 그러나 대부분의 식물에서 엽록체 대부분은 잎에 있다(동전 크기의 잎에는 약 3억 개의 엽록체가 존재). 식물의 녹색 빛깔은, 빛에너지를 화학에너지로 전환하는데 중심적인 역할을 하는 엽록체에 있는 색소(빛을 흡수하는 분자)인, **엽록소(chlorophyll)**에서 비롯된다.

엽록체는 잎의 내부세포에 밀집되어 있는데, 한 세포당 30~40개의 엽록체를 가진다(그림 7.2). **기공(stomata**, 단수는 *stoma*인데 "입"이란 의미)이라 부르는 작은 구멍을 통해 이산화탄소(CO_2)가 들어오고 산소(O_2)가 빠져나간다. 잎을 통해 들어온 이산화탄소는 우리가 먹는 당과 녹말을 포함해 식물 몸체의 많은 부분에 대한 탄소원이 된다. 따라서 식물 몸체의 대부분은 토양이 아닌 대기로부터 온 것이 된다. 이러한 생각의 증거로서 토양이 없는 상태에서 공기와 물만 사용하여 식물을 키우는 수경재배를 생각해 보면 된다. 이산화탄소 외에도 광합성은 물을 필요로 하는데, 이것은 식물의 뿌리를 통해 흡수되어 잎맥을 따라 결국 광합성 세포에까지 운반된다.

엽록체 내에 있는 막들은 광합성의 많은 반응들이 일어나는 구조물들로 이루어져 있다. 미토콘드리아와 마찬가지로 엽록체도 이중막으로 되어 있다. 엽록체의 내막은 진한 액체인 **스트로마(stroma)**로 채워진 구획을 둘러싸고 있다(광합성과 관련하여 두 용어가 혼동되기 쉬운데 기체교환에서 역할을 하는 기공인 *stomata*와 엽록체 안에 있는 용액인 *stroma*이다). **틸라코이드(thylakoid)**라 부르는 막성 주머니는 서로 연결되어 스트로마에 떠 있다. 이 틸라코이드가 층층이 쌓여 있는 것을 **그라나(grana**, 단수형은 *granum*)라 부른다. 빛에너지를 포획하는 엽록소 분자는 틸라코이드막에 들어 있다. 이처럼 쌓아놓은 원반을 지닌 엽록

▼그림 7.1 **광독립영양생물의 다양성.**

삼림 식물

켈프, 큰 다세포조류

남세균의 현미경사진

체의 구조는 광합성 반응이 일어나는 표면적을 넓혀줌으로써 그 기능을 돕고 있다. **원반들이 차곡차곡 쌓여져 있는 엽록체의 구조는 광합성 반응을 위한 넓은 표면적을 제공함으로써 그 기능을 수행해 나간다.** ✓

✓ 체크포인트

광합성은 ______(이)라 부르는 구멍을 통해 교환된 기체를 이용하여 ______(이)라 부르는 세포소기관 안에서 일어난다.

답: 기공, 엽록체

▼그림 7.2 잎 안으로의 여행. 점차 확대해 가면서 잎의 내부로, 다음은 세포로, 마지막으로는 광합성 부위인 엽록체로 들어가 본다.

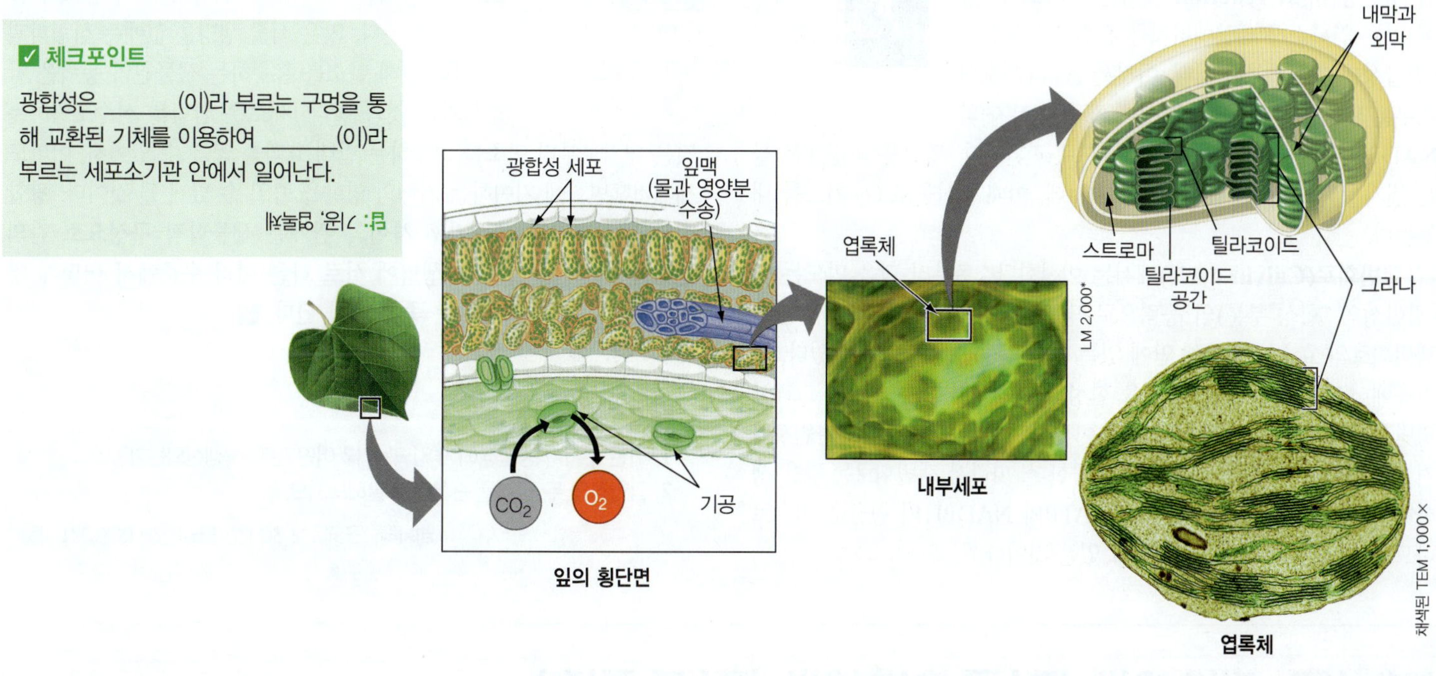

7.2 광합성의 개요

다음의 화학반응식은 광합성과 세포호흡 간의 관계를 강조하기 위해 단순화한 것인데, 광합성의 반응물과 생성물이 요약된 형태로 나타나 있다.

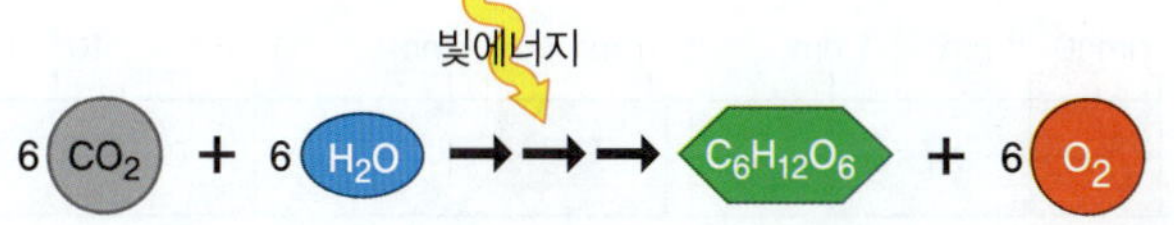

광합성의 반응물인 이산화탄소(CO_2)와 물(H_2O)은 다른 한편 세포호흡의 노폐물이기도 하다는 점에 주목하자(그림 6.2 참조). 그리고 광합성은 호흡에서 사용되는 포도당($C_6H_{12}O_6$)과 산소(O_2)를 생산한다. 달리 말하면 광합성은 세포호흡의 "노폐물"을 받아서 이들의 원자를 재배열하여 식량과 산소를 생산한다. 광합성은 많은 에너지를 필요로 하는 화학전환 과정인데, 엽록소가 흡수한 햇빛이 그 에너지를 제공한다.

세포호흡이 전자전달의 한 과정임을 상기해 보자(6장 참조). 식량 분자에서 산소로 전자가 "떨어져" 물이 만들어지는 이 과정에서, 미토콘드리아가 ATP를 만드는 데 사용할 수 있는 에너지가 방출된다(그림 6.9 참조). 광합성에서는 이와 반대 방향으로 반응이 일어난다. 즉 전자가 "높은 곳"으로 들려 올라가게 되고, 그리고 이 전자가 이산화탄소에 더해져 당이 만들어지게 된다. 수소는 물로부터 이산화탄소로 전달되는 전자와 함께 이동하게 된다. 이러한 수소전달을 위해서는 엽록체가 물분자를 수소와 산소로 분해해야 한다. 이 수소는 전자와 함께 이산화탄소로 전달되어 당을 형성한다. 그리고 산소는 광합성의 노폐물로서 O_2의 형태로 기공을 통해 대기로 빠져나간다.

이 광합성의 전체 반응식은 복잡한 과정을 간략히 요약한 것이다. 세포 내에서 많은 에너지생산 과정과 마찬가지로 광합성은 다단계의

▼그림 7.3 **광합성 안내지도.**

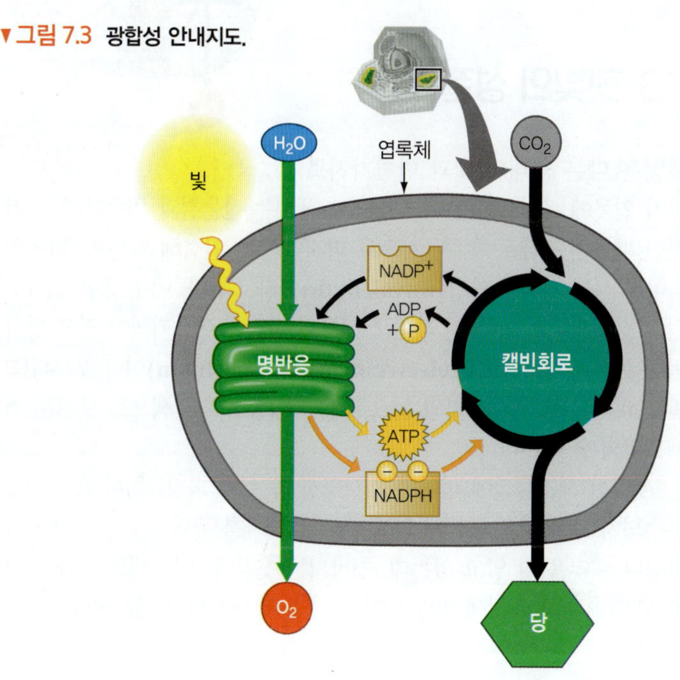

화학경로인데, 이 경로의 각 단계에서 생산되는 생성물은 다음 단계에서 반응물로 사용된다. 좀 더 이해하기 쉽게 광합성의 두 단계인 명반응과 캘빈회로에 대해 알아보자(그림 7.3).

세계기후변화를 해결하기 위해 간단한 그 무엇인가를 해보고 싶은가? 그렇다면 나무 한 그루를 심도록 하라. 여러분은 기쁨을 맛보게 될 것이다!

명반응(light reaction)에서는 틸라코이드막에 있는 엽록소가 태양에너지를 흡수하게 되는데(광합성의 "광"부분), 이때 이것은 ATP(세포의 대부분의 작업을 구동할 수 있게 해주는 분자)와 NADPH(전자운반체)의 화학에너지로 전환된다. 명반응 과정에서 물은 전자를 제공할 수 있게 쪼개어지는데, 이때 부산물로 O_2 가스를 내놓는다.

캘빈회로(Calvin cycle)에서는 이산화탄소로부터 당을 만드는 일(광합성의 "합성"부분)의 동력으로 명반응에서의 생성물을 사용한다. 캘빈회로의 효소는 엽록체 안에 있는 진한 액체인 스트로마에 있다. 명반응에서 만들어진 ATP가 당을 합성하는 에너지를 제공한다. 그리고 명반응에서 만들어진 NADPH는 이산화탄소를 포도당으로 환원시키기 위해 필요한 고에너지 전자를 제공한다. 따라서 캘빈회로는 당을 생산하기 위해 명반응에서 만들어진 ATP와 NADPH의 공급을 필요로 하므로 간접적으로 빛에 의존하고 있는 것이다.

CO_2의 탄소가 초기에 유기화합물에 통합되는 것을 **탄소고정(carbon fixation)**이라 부른다. 이 과정은 세계기후에 중요한 영향을 주는데, 그 이유는 대기에서 탄소의 제거와 식물의 물질로 이의 통합은 대기에서 이산화탄소의 농도가 줄어들게 해 준다. 많은 식물 생명을 없애는 삼림파괴는 이로 인해 탄소를 흡수하는 생물권의 능력을 감소시키는 것과 같다. 새로운 삼림을 식수조림하는 것은 대기로부터 탄소를 고정하는 반대 효과를 얻을 수 있어서, 아마도 세계기후변화에 기여하는 기체의 영향을 줄일 수 있게 될 것이다. **광합성과 탄소고정과 세계기후 사이의 관계는 생물학적 구성요소 간의 상호작용이 지구의 모든 생명에 서로 다른 여러 수준에서 어떻게 영향을 미치는지를 보여주는 좋은 예가 된다.** ✓

✓ 체크포인트

1. 어떤 분자가 광합성에 투입되는가? 어떤 분자가 생산되는가?
2. 광합성의 두 단계를 순서대로 말해보시오.

답: 1. CO2와 H2O; 포도당과 O2 2. 명반응, 캘빈회로

명반응: 태양에너지를 화학에너지로 전환

엽록체는 태양으로부터 동력을 공급받는 당분공장이다. 이제부터 이들이 화학에너지를 저장하기 위해 햇빛에 있는 에너지를 어떻게 이용하는지 알아보자.

7.3 햇빛의 성질

햇빛은 다른 형태의 빛과 마찬가지로 마치 연못에 조약돌을 떨어뜨렸을 때 생기는 잔물결과 비슷하게, 주기적인 파동의 형태로 우주공간으로 퍼져나간다. 인접해 있는 두 파동의 물마루 사이 거리를 **파장(wavelength)**이라고 한다. 아주 짧은 감마선의 파장에서부터 아주 긴 라디오 신호의 파장에 이르기까지 전체 방사 범위를 **전자기스펙트럼(electromagnetic spectrum)**이라 부른다(그림 7.4). 가시광선은 우리의 눈으로 볼 때 서로 다른 색으로 보이는 스펙트럼의 한 부분이다.

햇빛이 색소물질에 비치면 가시광선 중 특정 파장(색)이 흡수된다. 흡수되지 않은 색은 물질에 의해 반사된다. 예를 들면 우리는 청바지가 파랗다는 것을 잘 알고 있는데, 청바지는 옷감에 있는 색소가 다른 빛은 모두 흡수하고 청색 빛만 남아 우리 눈에 반사되기 때문이다. 곧 배우게 되겠지만, 1800년대에 식물학자들이 식물은 특정 파장의 빛만 이용한다는 것을 발견하였다.

▼그림 7.4 **전자기스펙트럼.** 가운데 그림은 서로 다른 빛의 색깔로 보이는 약 380 nm부터 약 750 nm까지의 얇은 스펙트럼 띠를 확대한 것이다. 아래쪽 그림은 가시광선 가운데 한 특정 파장의 파동을 보여주고 있다.

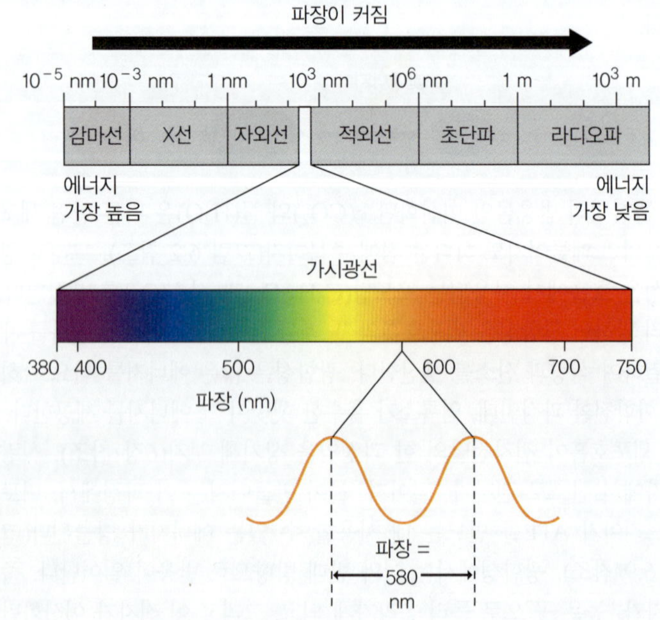

과학연구의 과정 **태양에너지**

어떤 빛의 색깔이 광합성을 작동시키는가?

배경

과학의 획기적인 발전은 종종 자연현상을 주의 깊게 관찰한 후에 일어난다. 1883년 독일의 생물학자 엥겔만은 어떤 수서 세균이 산소 농도가 보다 높은 영역에 밀집하는 경향에 주목했다. 엥겔만은 산소를 찾아다니는 세균은, 광합성을 가장 잘해서 가장 많은 산소를 내는 조류의 근처에 모일 것이라는 가설을 세웠다. 그는 광합성 시 어느 빛의 파장(색)을 이용하는지 알아내기 위해 단순하지만 멋진 실험을 해내었다.

방법

엥겔만은 현미경 슬라이드에 한 방울의 물에 있는 일단의 담수조류 세포를 올려놓고, 프리즘을 사용하여 색 스펙트럼을 세포에 노출시켰다. 그런 다음 그는 산소를 찾아다니는 세균을 그 물방울 안에 집어넣었다 (그림 7.5).

결과

이 실험에서는 대부분의 세균이 청자색과 적황색 빛에 노출시킨 조류 근처에 모여 있음을 보여주었다. 그 이후 다른 실험에서는 이들 파장이 광합성에서 주로 역할을 하고 있음을 증명하였다. 오늘날에도 이러한 고전적인 실험을 약간 변형시킨 실험들이 여전히 행해지고 있다. 예를 들면 생물연료 연구자들은 어느 파장의 빛이 연료생산에 최적인지를 알아보기 위해 다른 종들의 조류를 가지고 이런 시험을 해나간다. 미래의 생물연료 장치는 그들에게 내리쬐는 빛의 스펙트럼 전체를 이용하는 다양한 종들을 사용하게 될 것이다.

과학자처럼 생각하기

자연의 햇빛으로 행한 엥겔만의 프리즘의 이용이 왜 그의 발견의 열쇠가 되었는가?
답은 부록 C를 참조.

▼그림 7.5 **빛의 파장이 광합성에 어떻게 영향을 주는지에 대한 조사.**

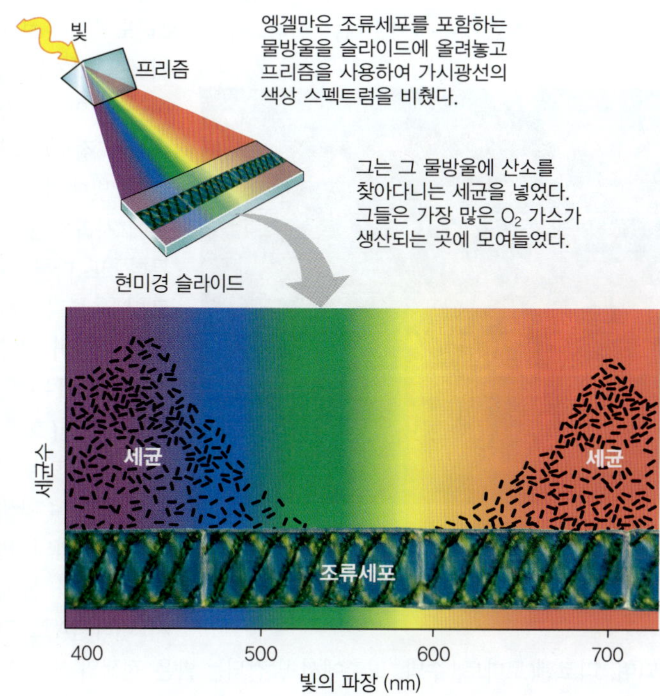

대부분의 세균은 청자색과 적황색 빛에 노출시킨 조류 근처에 모여들었다.

7.4 엽록체의 색소

잎에서 빛의 선택적인 흡수가 이들이 녹색으로 보이는 이유를 잘 설명해주고 있는데, 이 색의 빛이 엽록체에 의해 잘 흡수되지 않아 관찰자에게 반사되거나 투과되기 때문이다(그림 7.6). 에너지는 파괴될 수 없으므로, 흡수된 에너지는 다른 형태로 전환되어야만 한다. 엽록체는 서로 다른 파장의 빛을 흡수하는 여러 다른 색소를 가지고 있다. 명반응에 직접 참여하는 색소인 **엽록소 a(chlorophyll a)**는 주로 청자색

◄그림 7.6 **잎은 왜 초록색인가?** 엽록체에 있는 엽록소와 기타 색소들이 다른 색은 흡수하나 초록색의 빛은 반사시키거나 투과시킨다.

빛과 적색 빛을 흡수한다. 이와 매우 비슷한 분자인 엽록소*b*는 주로 청색 빛과 주황색 빛을 흡수한다. 엽록소*b*는 명반응에 직접 참여하지는 않지만 흡수한 에너지를 엽록소*a*로 전달해 명반응에서 일을 할 수 있게 해준다.

엽록체는 또한 카로티노이드라 부르는 황색-주황 색소군을 가지고 있는데, 이것은 주로 청록색 빛을 흡수한다. 어떤 카로티노이드는 보호 기능을 가지는데, 이들은 엽록소가 손상될 정도의 과도한 빛에너지를 흩어 사라지게 만든다. 또 다른 카로티노이드는 사람에게 있어 영양소로 쓰이는데, 베타카로틴(호박, 고구마, 홍당무에 있는 밝은 주황색과 붉은 색의 색소)은 우리 몸에서 비타민A로 전환되며, 리코펜(토마토, 수박, 고추에서 발견되는 밝은 적색의 색소)은 강력한 항암 특성과 관련시켜 연구되고 있는 항산화제이다. 또한 세계 곳곳에서 펼쳐지는 가을철 단풍의 장관은 부분적으로 카로티노이드로부터 반사된 황색-주황색 빛 때문이다(그림 7.7). 가을에 기온이 떨어져 엽록소가 감소하게 되면, 대신 수명이 더 긴 카로티노이드의 색이 드러나게 되어 가을의 장관이 펼쳐지게 된다.

▲그림 7.7 **광합성 색소들.** 가을철의 기온은 낙엽수 잎에서 녹색 엽록소의 양을 감소시킨다. 이러한 감소로 인해 카로티노이드의 색이 드러나게 된다.

이들 모든 엽록체 색소들은 모두 틸라코이드막에 존재한다(그림 7.2 참조). 이곳에서 색소들은 다음 주제가 될 광계라고 부르는 빛 수확 복합체를 이루고 있다. ✓

✓ 체크포인트

명반응 과정에서 에너지를 흡수하는 색소의 이름은 무엇인가?

답: 엽록소*a*

7.5 광계는 어떻게 빛에너지를 수확하나

짧은 파장의 빛으로부터 우리 자신을 보호하는 것이 생명을 지키는 길이 될 수 있다.

빛이 파동이라고 생각하면 빛이 지닌 대부분의 특성을 설명할 수 있다. 그러나 빛은 또한 광자라고 부르는 분리된 에너지의 입자로도 행동한다. **광자(photon)**는 일정한 양의 빛에너지이다. 빛의 파장이 짧을수록 광자의 에너지는 커진다. 예를 들면 보라색 빛의 광자는 적색 빛의 광자보다 거의 두 배에 이르는 에너지를 가진다. 이것이 자외선이나 X-선과 같은 짧은 파장의 빛이 손상을 주는 이유가 되는데, 이 파장에서의 광자는 단백질이나 DNA를 손상시키기에 충분한 에너지를 가져 발암성 돌연변이가 만들어지는 것이 가능해진다.

색소분자가 광자를 흡수하면 색소에 있는 전자 중에 하나가 에너지를 얻게 된다. 이때 전자(e^-)가 "들뜬"상태가 되었다고 말하는데, 즉 그 전자가 개시상태(바닥상태라고 부름)에서 들뜬상태로 올라간 것이다. 들뜬상태는 매우 불안정하여서, 전자는 보통 초과에너지를 잃게 되고, 즉시 바닥상태로 되돌아간다(그림 7.8a). 대부분의 색소는 빛에 의

▼그림 7.8 **색소에서 들뜬 전자.**

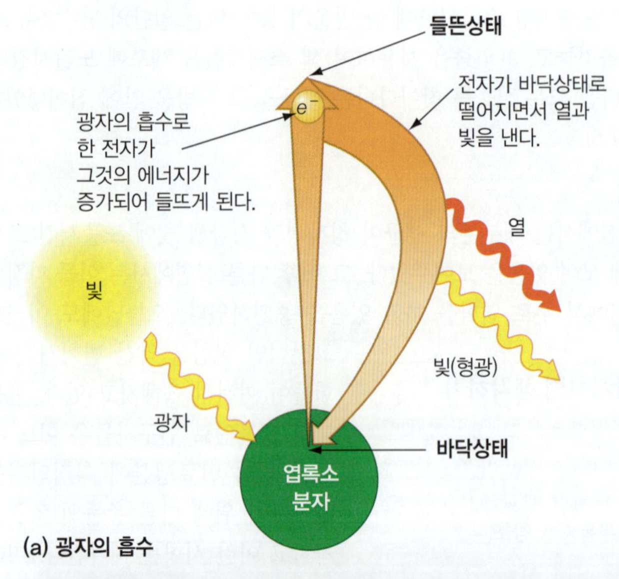

(a) 광자의 흡수

(b) 형광빛을 내는 형광막대. 형광막대 안에 있는 작은 유리병을 부수면 형광염료의 전자를 들뜨게 하는 화학반응이 시작된다. 전자가 들뜬상태에서 바닥상태로 떨어질 때 초과에너지는 빛으로 방출된다.

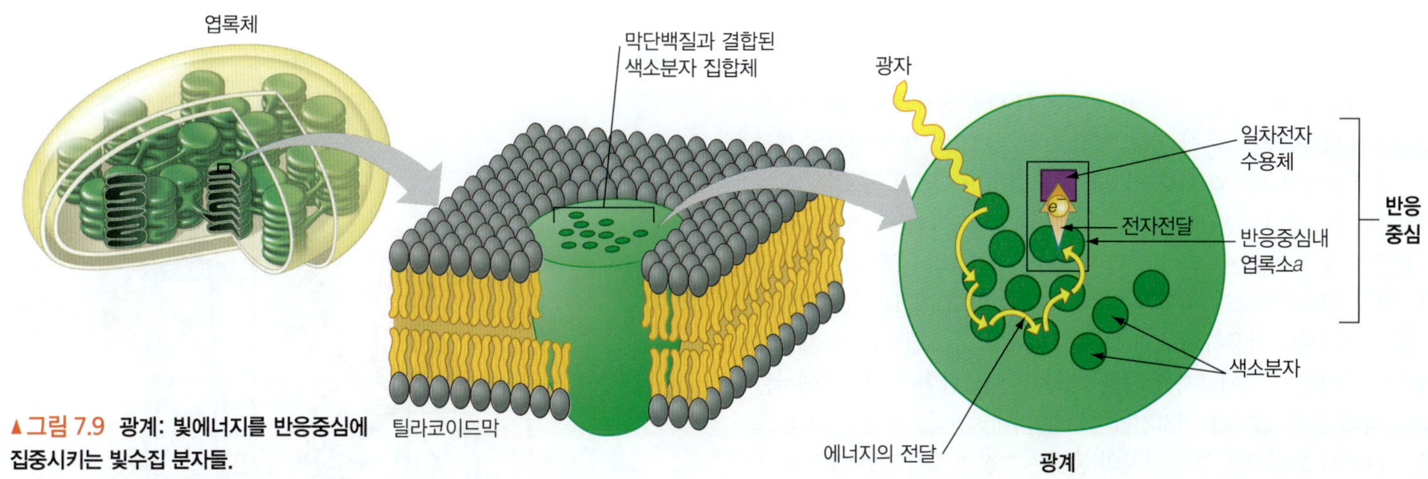

▲그림 7.9 **광계: 빛에너지를 반응중심에 집중시키는 빛수집 분자들.**

해 들뜬 전자가 다시 바닥상태로 되돌아갈 때 열에너지를 방출한다. (이것이 검은색 도로가 해가 쨍쨍한 날 그렇게 뜨거워지는 이유이다.) 그러나 일부 색소는 광자를 흡수한 후 열뿐만 아니라 빛도 함께 낸다. 형광막대에서 방출되는 형광빛도 형광염료의 전자가 들뜨는 화학반응에 의해 일어난다(그림 7.8b). 들뜬 이들 전자가 형광빛의 형태로 에너지를 방출하면서 재빨리 바닥상태로 되돌아간다.

틸라코이드막에서 엽록소는 다른 분자와 함께 광계를 이룬다. 각 **광계(photosystem)**에는 수백 개의 색소분자가 집합체를 이루고 있다(그림 7.9). 이 색소분자 집합체는 빛을 모으는 안테나의 기능을 한다. 광자가 한 개의 색소분자에 부딪히면, 이 에너지는 광계의 반응중심에 도착할 때까지 한 색소에서 다른 색소로 옮겨 다닌다. 반응중심은 엽록소 *a* 분자들로 이루어져 있는데, 일차전자수용체라 부르는 분자와 이웃해 있다. 일차 전자수용체는 반응중심에 있는 엽록소*a*로부터 빛에 들뜬 전자를 포획한다. 바로 배우게 될 것인데, 틸라코이드막에 있는 또 다른 분자 한 팀이 그 다음으로 이 에너지를 포획하여 ATP와 NADPH를 만드는 데 사용한다. ✓

✓ 체크포인트

광합성 과정에서 반응중심의 역할은 무엇인가?

답: 반응중심은 빛에 의해 색소분자에서 들떠 나온 전자를 다른 색소분자에 전달하는데, 이 분자는 화학반응을 작동시키기 위해 붙잡힌 이 에너지를 사용한다.

7.6 명반응은 어떻게 ATP와 NADPH를 만드나

명반응에서는 두 종류의 광계가 서로 협력한다(그림 7.10). ❶ 광자가 첫 번째 광계(광계 II)의 엽록소에 있는 전자를 들뜨게 한다. 다음 이들 전자는 일차전자수용체에 잡힌다. 이때 이 광계는 물에 있는 전자를 추출하여 잃어버린 전자를 대체한다. 이 지점이 광합성 과정에서 O_2를 방출하는 단계이다. ❷ 첫 번째 광계(광계 II)에서 에너지를 갖게 된 전자는 전자전달사슬을 거쳐 두 번째 광계(광계 I)로 내려간다. 엽록체는 이 전자의 "떨어짐"에 의해 방출된 에너지를 사용하여 ATP를 생산한다. ❸ 두 번째 광계(광계 I)는 빛에 들뜬 전자를 $NADP^+$에 전달하여

▲그림 7.10 **광합성의 명반응.** 주황색 화살표는 H_2O에서 NADPH로 빛에 의해 유도된 전자의 흐름을 나타내고 있다. 이들 전자는 또한 ATP도 생산해낸다.

NADPH로 환원시킨다.

그림 7.11은 틸라코이드막 안에 명반응의 위치를 보여주고 있다. 두 광계와 이 둘을 이어주는 전자전달사슬은 H_2O의 전자를 $NADP^+$에 전달하여 NADPH를 만들게 된다. 명반응에서 ATP의 생성 체제는 세포호흡에서 보았던 체제와 아주 비슷하다(그림 6.10 참조). 두 경우 모두 전자전달계는 수소이온(H^+)을 막을 가로질러 퍼 올리는데, 이 막은 세포호흡의 경우 미토콘드리아 내막이 되고, 광합성의 경우에는 틸라코이드막이 된다. 그리고 두 경우 모두 ATP합성효소가 H^+ 농도구배에 저장된 에너지를 사용하여 ATP를 만들어낸다. 주요한 차이는 세포호흡에서는 식량이 고에너지 전자를 제공하지만, 반면에 광합성에서는 빛에 의해 들뜬 전자가 전자전달계로 흘러내려간다. 그림 7.10과 그림 7.11에서 보여주고 있는 전자의 통행은 **그림 7.12**에 있는 만화로 보여주고 있다.

지금까지 명반응이 어떻게 태양에너지를 흡수하여 ATP와 NADPH의 화학에너지로 전환시키는가에 대해 배웠다. 하지만 명반응에서는 어떠한 당도 만들어지지 않는다는 사실에 다시 한 번 주목하자. 사실 이것은 이제부터 배우게 될 캘빈회로에서 해내는 일이다. ✓

✓ 체크포인트

1. 물이 왜 광합성에서 반응물로 필요한가? (힌트: 그림 7.10과 7.11을 참조)
2. 엽록체의 전자전달사슬은 물분해 광계에서 NADPH 생산 광계로 전자를 수송하는 것 외에도 ______를(을) 합성할 수 있는 에너지를 제공한다.

답: 1. 물의 분해는 $NADP^+$가 NADPH(이것은 캘빈회로에서 CO_2를 당으로 전환시키는 데 사용될 것이다)로 전환될 수 있는 전자를 제공한다. **2.** ATP

▼그림 7.12 명반응을 건설노동자에 비유. 햇빛의 에너지는 전자를 낮은 에너지 상태에서 높은 에너지 상태로 끌어올리는 데 사용된다.

▼그림 7.11 틸라코이드막이 빛에너지를 NADPH와 ATP와 같은 화학에너지로 전환시키는 방법.

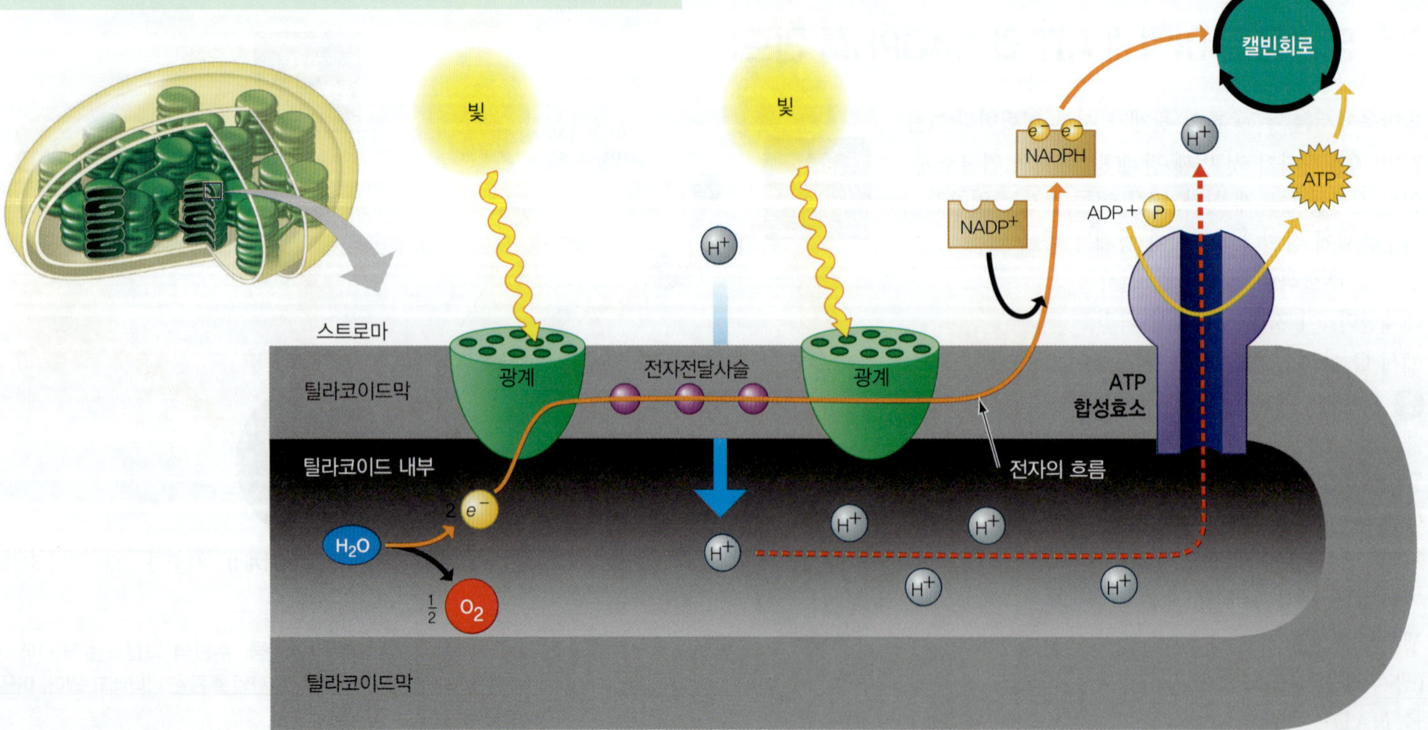

캘빈회로: 이산화탄소로부터 당 만들기

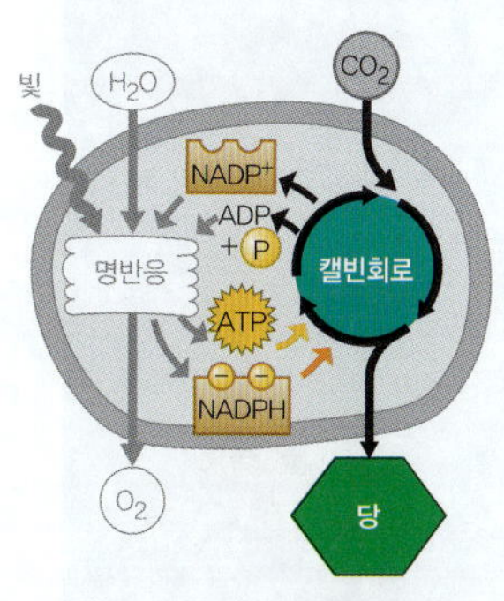

엽록체가 태양을 동력으로 사용하여 당을 만들어 내는 공장이라면, 캘빈회로는 당을 만드는 기계와 같다. 이 과정에 회로라는 이름을 붙인 이유는 개시물질이 재생되기 때문이다. 회로가 순환될 때마다 화학적 투입물과 화학적 생성물이 있다. 투입물은 CO_2와 명반응에서 생산된 ATP(에너지를 제공)와 NADPH(전자를 제공)이다. CO_2의 탄소, ATP의 에너지, NADPH의 고에너지 전자를 이용하여 캘빈회로는 글리세르알데히드-3-인산(G3P)이라 부르는 에너지가 풍부한 당분자를 만들어낸다. 식물세포는 자신이 필요로 하는 포도당이나 그 밖의 다른 유기분자(셀룰로오스와 녹말)를 만드는 원재료로 G3P를 사용할 수 있다. **그림 7.13**은 투입물과 생성물을 강조한 캘빈회로의 기본을 나타내고 있다. 기호 ●은 탄소원자를 나타내며, 기호 Ⓟ은 인산기를 나타낸다. ✓

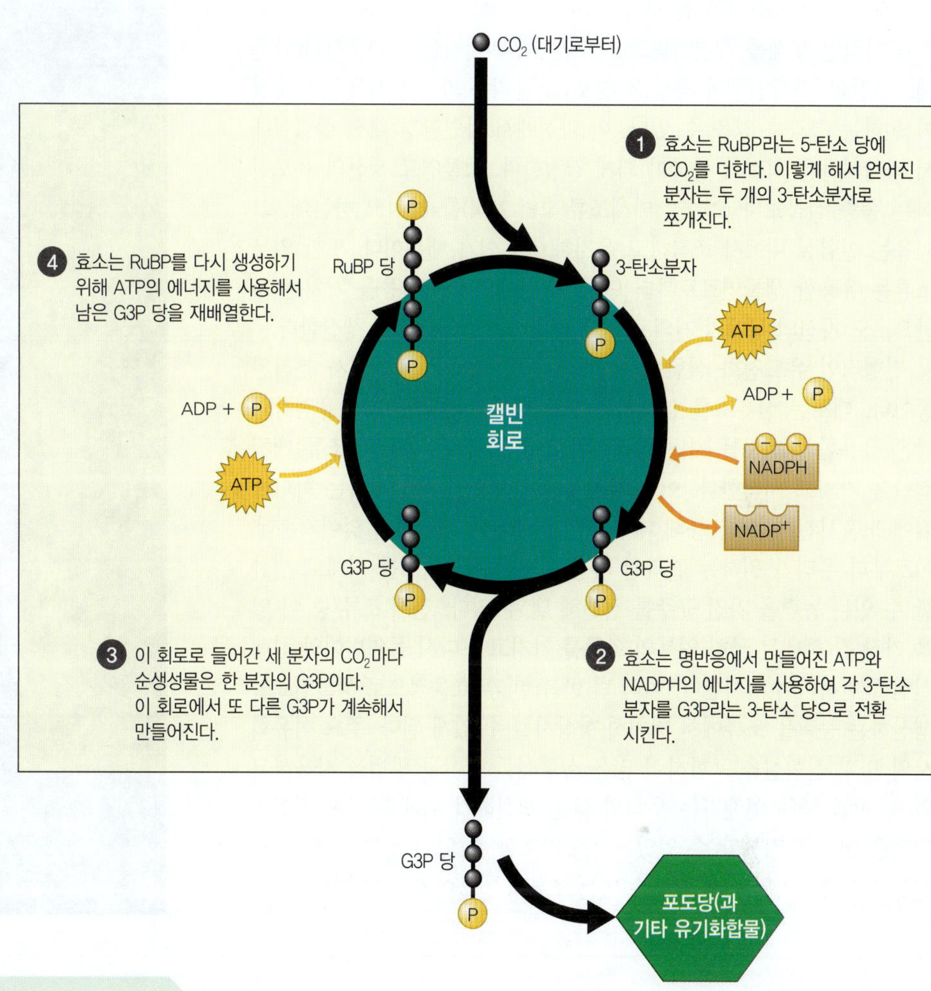

▲**그림 7.13** **캘빈회로.** ATP의 에너지와 NADPH로부터의 전자를 가지고 CO_2의 탄소는 G3P라 부르는 3-탄소 당을 만드는 데 사용한다.

✓ 체크포인트

캘빈회로에서 NADPH가 하는 기능은 무엇인가?

답: 이것은 G3P라는 당을 만들기 위해 CO_2에 첨가되는 고에너지 전자를 제공한다.

진화와 연결 **태양에너지**

보다 나은 생물연료공장 만들기

이 장 전반에 걸쳐 어떻게 식물이 광합성을 통해 태양에너지를 화학에너지로 전환시키는지를 배웠다. 이러한 전환은 인간의 복지와 지구 생태계에 매우 중요하다. 『우리와 함께하는 생물학』에서 이야기한 바와 같이, 과학자들은 생물연료를 생산하기 위해 광합성의 에너지를 활용하고자 한다. 그러나 생물연료 생산은 매우 비효율적이다. 사실 화석연료를 추출할 때에 비해 생물연료를 제조하는 데 훨씬 더 많은 비용이 든다.

생물역학기술자들은 "자연선택에 의한 진화"라는 확실한 본보기로 되돌아가 이 난제를 해결하고자 노력하고 있다. 자연에서는 자신이 속한 환경에서 보다 더 적합한 유전자를 가지고 있는 생물이 평균적으로 보다 생존 가능성이 커서, 그 유전자가 다음 세대에 전달될 것이다. 이런 현상이 여러 세대 반복되다 보면, 그 환경에서 생존을 향상시킨 그 유전자가 보다 일반적인 될 것이고 그 종은 진화한 것이 된다.

공학적인 문제를 해결하려고 시도할 때, 과학자들은 유도진화(다른 예로 5장의 『과학연구의 과정』을 참조)라 불리는 과정을 사용하여 자신이 원하는 결과를 얻을 수 있다. 이 과정에서 자연환경 대신 실험실에서 과학자들은 최적의 생물이 되게 결정한다. 생물연료 생산의 유도진화는 종종 식물보다 오히려 미세조류(그림 7.14)를 가지고 하는데, 그 이유는 실험실 내에서 조작하고 유지하기가 쉽기 때문이다. 또한 일부 조류는 유용한 생물연료로부터 단지 몇 단계의 화학반응을 거치는 것만으로도 자신의 무게의 거의 절반에 해당하는 탄화수소를 생산한다.

전형적인 유도진화 실험에서 연구자들은 때로는 자연에서 분리된 종이나, 때로는 섬유소를 분해하는 효소를 만드는 곰팡이의 유전자와 같은 유용한 유전자를 지닌 형질전환 조류 등 많은 종류의 조류 개체 집단을 가지고 시작한다. 이 조류들을 돌연변이를 촉진시키는 화학물질에 노출시킨다. 이를 통해 매우 다양한 조류의 집합체가 얻어지는데, 이로부터 우리가 원하는 결과인 가장 유용한 생물연료를 최대로 생산할 수 있는 능력을 가진 균주를 선별해 낼 수 있다. 전체 조류 중 이 일을 가장 잘 해내는 극히 일부의 조류를 가지고 또다시 돌연변이와 선택 실험을 반복하여 실시한다. 여러 번 반복 한 후 효율적으로 생물연료를 생산하는 능력을 조류에서 천천히 향상시킬 수 있게 된다. 주요 석유회사의 몇몇 실험실을 포함하여 많은 실험실들이 이들 방법을 사용하고 있고, 이를 통해 언젠가는 우리의 삶을 개선하기 위해 자연적 진화의 교훈을 어떻게 적용할 수 있었는지를 강조할 수 있는 성과물, 즉 궁극적인 녹색에너지원을 제공할 수 있는 조류가 만들어지게 될 것이다.

▼그림 7.14 현미경적 생물연료 공장. 한 연구자가 현미경적 조류가 빛을 사용하여 생물연료를 생산해 내는 반응조를 관찰하고 있다.

복습

주요개념의 요약

광합성의 기초

광합성은 빛에너지가 화학에너지로 전환되는 과정을 말한다. 이 과정에서 이산화탄소와 물이 당분자를 만드는데 사용된다.

7.1 엽록체: 광합성 장소

엽록체는 틸라코이드라 부르는 막의 네트워크를 둘러싸고 있는 스트로마라는 진한 액체를 가지고 있다.

7.2 광합성의 개요

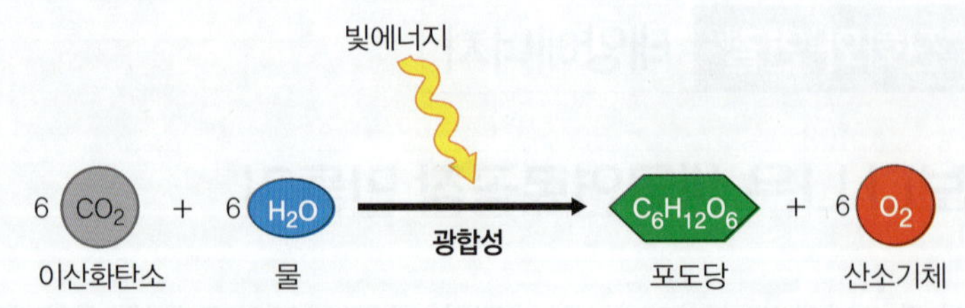

광합성의 전체과정은 에너지 운반분자와 전자 운반분자가 연계된 두 단계로 나눌 수 있다.

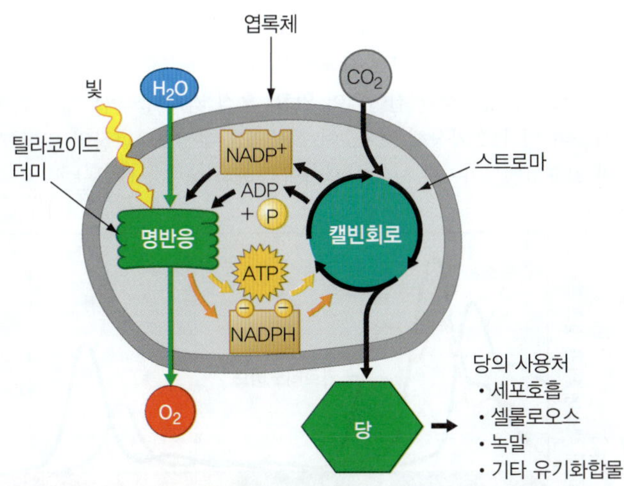

명반응: 태양에너지를 화학에너지로 전환

7.3 햇빛의 성질

가시광선은 전자기스펙트럼의 한 부분이다. 이것은 파동으로서 우주를 여행한다. 서로 다른 파장의 빛은 서로 다른 색으로 나타난다. 파장이 짧을수록 더 많은 에너지를 가진다.

7.4 엽록체의 색소

색소분자는 특정 파장의 빛에너지를 흡수하고 다른 파장은 반사한다. 우리는 반사된 파장을 그 색소의 빛깔로 보게 된다. 엽록체의 여러 색소는 다양한 파장의 빛을 흡수하나, 명반응에 직접 참여하는 것은 녹색 색소인 엽록소*a*이다.

7.5~7.6 광계는 어떻게 빛에너지를 수확하나: 명반응은 어떻게 ATP와 NADPH를 만드나

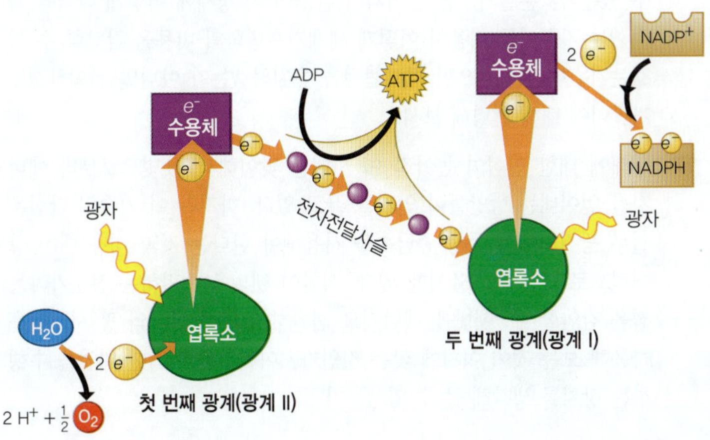

캘빈회로: 이산화탄소로부터 당 만들기

엽록체의 스트로마(용액) 안에서 대기의 이산화탄소, 그리고 명반응 과정에서 만들어진 ATP와 NADPH는, 포도당과 그 밖의 다른 유기분자를 만드는데 사용할 수 있게, 풍부한 에너지를 지닌 G3P를 만드는 데 사용된다.

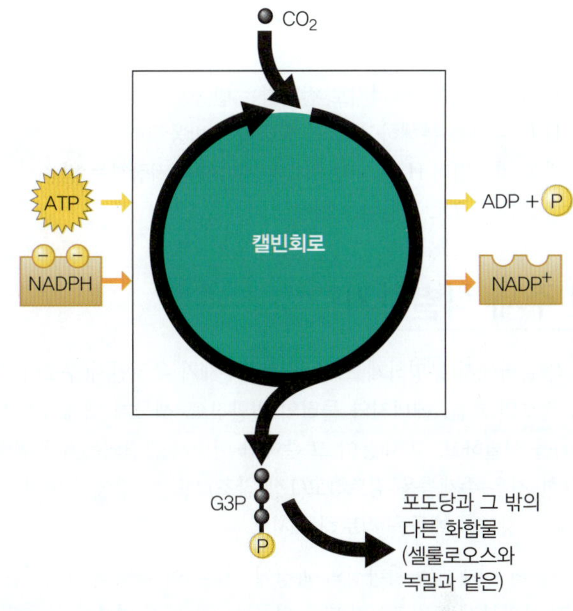

자습문제

1. 명반응은 ______(이)라 부르는 엽록체의 구조에서 일어나고, 반면에 캘빈회로는 ______에서 일어난다.
2. 엽록체 안에 광합성의 공간적 구성이라는 관점에서 NADPH와 ATP를 생산하는 명반응이 틸라코이드막의 기질 쪽에서 일어나는 이점은 무엇인가?
3. 다음 중 광합성을 가장 잘 요약한 방정식은?
   a. $6\,CO_2 + 6\,H_2O + 6\,O_2 \rightarrow C_6H_{12}O_6$
   b. $6\,CO_2 + 6\,H_2O \rightarrow C_6H_{12}O_6 + 6\,O_2$
   c. $6\,CO_2 + 6\,O_2 \rightarrow C_6H_{12}O_6 + 6\,H_2O$
   d. $C_6HO_6 + 6\,O_6 \rightarrow 6\,CO_2 + 6\,H_2O$
4. '광합성'이란 용어가 2이 과정에서 무엇이 동반된다는 것을 서술하기 위한 것인지를 설명하시오.
5. 광합성을 하는데 효과가 가장 적은 빛은 무엇이며, 그 이유는?
6. 빛이 엽록소 분자와 충돌하면 엽록소 분자는 전자를 잃게 되는데, 잃은 이 전자는 궁극적으로 ______ 분자를 분해함으로써 대체된다.
7. 다음 중 틸라코이드에서 일어나는 반응에 의해 생성되는 것과 스트로마에서 일어나는 반응에서 소비되는 것은 어느 것인가?
   a. CO_2와 H_2O
   b. $NADP^+$와 ADP
   c. ATP와 NADPHP
   d. 포도당과 O_2
8. CO_2로서 캘빈회로로 들어가는 탄소원자는 ______을(를) 만드는 데 사용된다.

9. 다음의 대사과정 가운데 어느 것이 광합성과 세포호흡에서 공통적인가?
   a. 빛에너지를 화학에너지로 전환하는 반응
   b. H_2O 분자를 분해하고 O_2를 방출하는 반응
   c. 막을 가로질러 H^+를 퍼냄으로써 에너지를 저장하는 반응
   d. CO_2를 당으로 전환하는 반응

주된 주제 식별하기

아래의 각 문장에서 분명하게 드러난 주된 주제가 무엇인지(구조와 기능의 연관성, 정보의 흐름, 에너지와 물질의 변환경로, 생물계 내에서의 상호작용, 진화)를 식별하고, 그 내용이 그 주제와 어떻게 관련되는지를 설명하시오. 필요한 경우 주제들을 검토하고(1장 참조), 또 이 장에서 파란색 글자로 나타내어 강조한 예들을 검토해 보시오.

10. 대부분의 생태계는 광합성의 과정에 의존하여 햇빛의 에너지를 고에너지 유기분자로 변환시킨 다음 다른 생물들에게 연료를 공급한다.

11. 광합성의 반응은 막결합 효소에 의해 구동되고, 접힌 틸라코이드의 모양은 이들 효소가 작동할 수 있는 영역을 크게 증가시킨다.

12. 아시아에서의 삼림 벌채는 북미의 기후를 바꿀 수 있다.

답은 부록 C를 참조.

과학연구의 과정

13. 산소는 다른 원소나 화합물과 쉽게 결합(산화)하는 고반응성 원소이다. 예를 들면 철과 함께 다섯 종류의 다른 산화물을 형성하는데, 이것은 지구상에서 질량이 가장 풍부한 원소이다. 반응성이 높은데도 불구하고 어떻게 산소는 지구 대기에서 16% 수준으로 유지될 수 있는가? 이 장에 있는 정보를 바탕으로, 산소 농도를 일정하게 유지하고 생물권의 상호 연결된 서로 다른 시스템 간의 흐름을 설명하는 반응주기를 그려보시오. 생명의 출현 이전에는 산소의 대기 농도가 지금보다 높았는가 아니면 낮았는가?

14. 광합성에서 생산된 포도당의 산소 원자가 H_2O에서 온 것인지, 아니면 CO_2에서 온 것인지를 알고 싶다고 생각해 보자. 이를 위해 방사성 동위원소를 어떻게 이용할 수 있는지 설명해 보시오.

15. **자료 해석하기** 다음의 그래프는 흡수 스펙트럼이다. 그래프의 곡선은 시료를 통과시킨 다양한 파장의 빛을 측정해 만들어진 것이다. 각 파장에 대해 각각의 시료에 의해 흡수된 빛의 양을 기록한 것이다. 이 그래프는 엽록소*a*, 엽록소*b*, 카로티노이드와 같은 세 종류의 색소의 그러한 측정값을 함께 묶어서 표시한 것이다. 엽록소 색소에 대한 그래프는 그림 7.5에 제시된 자료와 일치함을 주목하자. 광합성에 관련된 색소 중 엽록소가 결여되어 있고, 오직 카로티노이드에 의존하는 식물이 있다고 가상해 보자. 이 식물의 경우 어느 파장의 빛이 가장 잘 작용하겠는가? 이 식물은 우리의 눈에는 어떻게 나타날까?

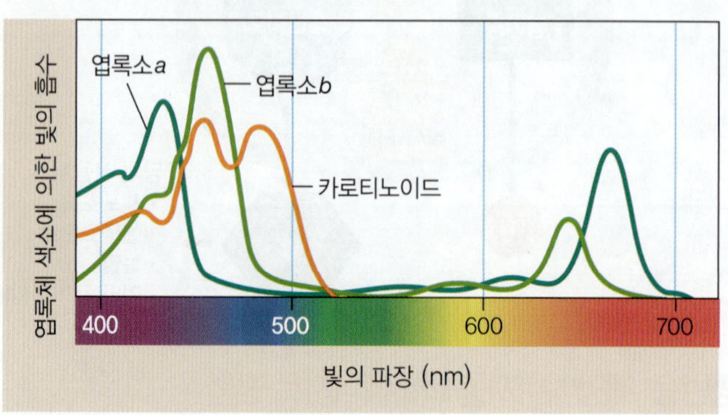

우리와 함께하는 생물학

16. 공장, 자동차, 또 숲을 태우는 것 등으로 인해 CO_2의 양이 늘어나고, 따라서 온실효과는 커져, 지구가 점점 온난화되어 가고 있다는 것을 과학공동체 내에서는 일반적으로 동의하고 있다. 세계기후변화는 농업에 영향을 미치고, 극빙을 녹이며, 기후 패턴을 변화시키고 있다. 이러한 위협에 대응하기 위해 196개국이 파리협정에 대해 합의하였다. 곧이어 195개 회원국이 협정을 준수하기로 서약하였다. 하지만 2017년 6월 미국의 트럼프 대통령이 이 협정을 철회한다고 공표하면서, 이번 철회가 미국의 기업과 근로자, 특히 화석연료 산업의 근로자를 돕는데 도움이 될 것이라고 밝힌 바 있다. 우리는 이러한 결정을 동의할 수 있는가? 온실가스를 줄이기 위한 노력이 경제에 어떻게 타격을 줄 수 있는가? 이들 비용이 어떻게 세계기후변화의 비용을 감당할 수 있겠는가? 여러분 같으면 파리협정을 유지하겠는가 아니면 철회하겠는가? 이에 대해 설명해 보시오.

17. 생태에 대한 인식이 높아진 이 시대를 맞이해서, 햇빛으로부터 에너지를 얻어내는 방안들이 인기를 끌고 있다. 하지만 이 기술의 단점은 일부 광전지에서 독성 중금속을 사용해야 한다는 것과 비용 대비 상대적으로 낮은 저효율성에 있다. 식물이 햇빛을 수확하는 전문가라는 점을 감안할 때, 햇빛을 에너지로 전환하기 위해 이들의 광 시스템을 사용해 보는 것이 이치에 맞는 것인가? 여러분은 이러한 위업을 수행하는 장치를 생각해 볼 수 있겠는가?

단원 2

유전학

8장 세포의 생식: 세포는 세포로부터

실마리
성이 있는 생명과 성이 없는 생명

9장 유전양식

실마리
개의 육종

10장 DNA의 구조와 기능

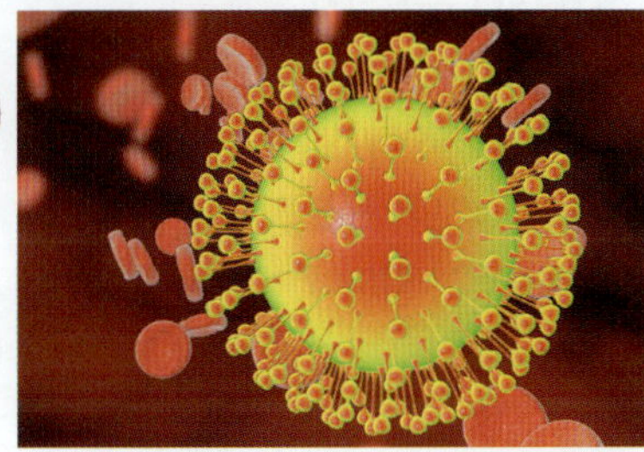

실마리
치명적인 바이러스

11장 유전자는 어떻게 조절되나

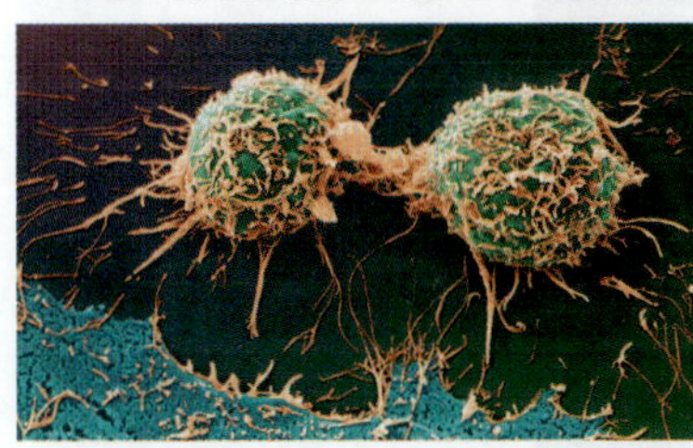

실마리
암

12장 DNA 기술

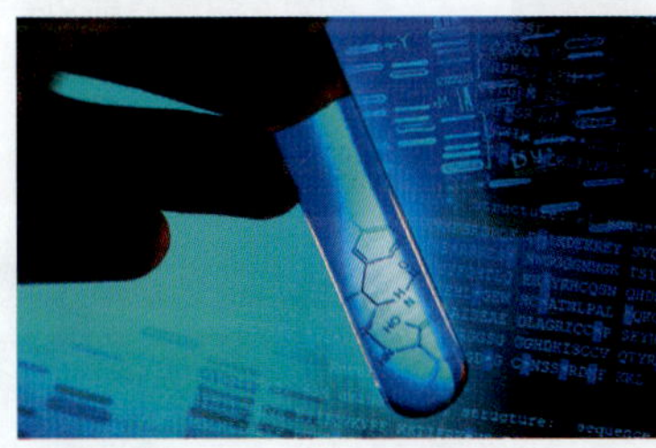

실마리
DNA 감식

8 세포의 생식: 세포는 세포로부터

차례 내용

세포의 생식은 왜 중요한가?

여러분이 태어나기 약 9개월 전의 여러분은 단지 하나의 세포였다. 현미경적인 크기로 시작된 우리 몸의 모든 세포는 세포생식을 통해 만들어졌다. 오늘도 우리 몸에서는 매초 수백만 개의 세포가 스스로를 생식하고 있는데, 이 과정에서 오류가 일어나면 치명적일 수 있다.

핵
DNA
세포

우리 세포 하나에 있는 DNA를 펼치게 되면 우리의 키보다도 길다.

세포분열 과정에서 염색체의 트랙을 유지하는 것은 매우 중요하다. 잘못된 염색체 수로 복제되면 거의 항상 치명적이다.

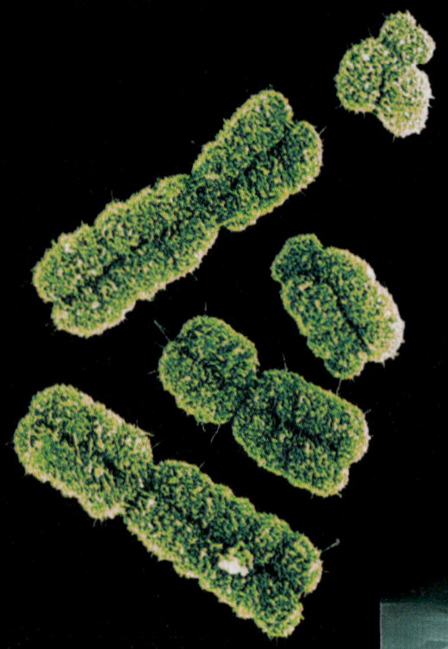

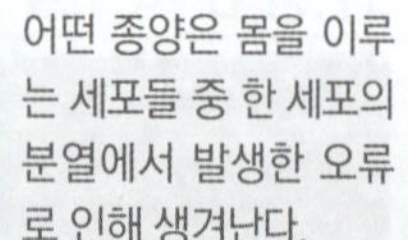

어떤 종양은 몸을 이루는 세포들 중 한 세포의 분열에서 발생한 오류로 인해 생겨난다.

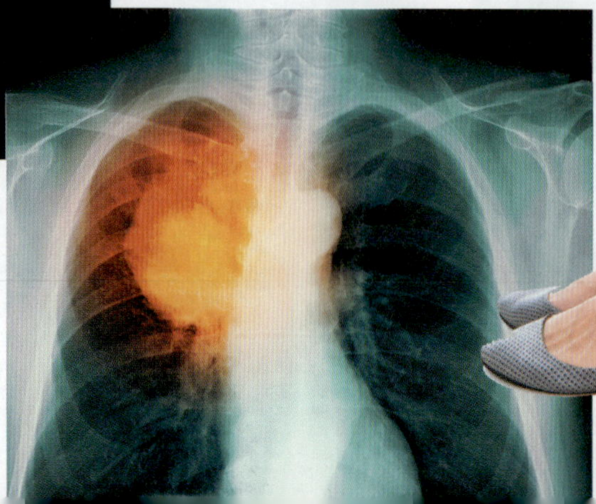

실마리

성이 있는 생명과 성이 없는 생명

우리와 함께하는 생물학 **성이 있는 생명과 성이 없는 생명**

얼룩말상어. 얼룩말상어는 인도양과 태평양의 산호초와 모래바닥 주위에 살고 있다.

어떤 상어의 처녀생식

호주 퀸즐랜드의 리프 HQ수족관(Reef HQ Aquarium)의 생물학자들은 야생에서 포획된 암컷 얼룩말상어(스테고스토마 화씨아툼, *Stegostoma fasciatum*)인 레오니(Leonie)를 돌보는 일을 해왔다. 번식 프로그램을 홍보하기 위해 수컷 상어가 레오니가 있는 수조에 투입되어 여러 번 새끼를 낳았다. 수족관에서 번식 프로그램을 종료하기로 결정되어 수컷 상어는 빼내졌고, 레오니는 한 암컷 새끼와 함께 수조에서 살게 되었다.

레오니가 계속 알을 낳는다는 사실에 놀라는 사람은 아무도 없었다. 하지만 상어는 닭(또는 말이 났으니 말이지 사람)처럼 성관계 없이도 무정란을 생산한다. 그러나 레오니의 사육사는 2015년 레오니가 생존가능한 배아가 있는 알들을 낳았을 때 크게 놀랐다. 그 알들 중 하나가 건강한 암컷 새끼인 클레오(Cleo)로 부화했다. 대부분의 동물종이 수컷의 정자와 암컷의 알이 결합되어 일어나는 유성생식을 통해서만 자손을 생성하기 때문에 이것은 놀라운 일이 아닐 수 없었다. 그러나 레오니가 수컷 동반자를 가진 것은 3년 전이 마지막이라는 사실에도 불구하고 그녀는 정상적인 딸을 낳았다. 클레오는 오늘도 수족관에 전시되고 있다.

DNA 분석에 따르면 클레오의 유전자는 어머니에게서만 온 것으로 나타났다. 그 출생은 수컷의 관여 없이 암컷이 자손을 생산하는 처녀생식(parthenogenesis)에서 비롯되었다. 처녀생식이 척추동물(등뼈가 있는 동물) 가운데서는 드물긴 하지만, 도마뱀(세계에서 가장 큰 도마뱀인 코모도왕도마뱀 포함하여), 가축화된 조류(닭과 칠면조와 같은), 또 개구리와 같은 다양한 70여 종에서 논문 등을 통해서 알려져 있다. (우리가 궁금해 하는 인간이나 다른 포유류들에서는 문서화된 처녀생식의 사례는 없다.) 그러나 한 암컷이 유성생식으로 뿐만 아니라 처녀생식으로도 자손을 낳는 것은 극히 드물다. 레오니의 사례는 얼룩말상어가 두 종류의 생식모드 사이를 전환할 수 있음을 증명하고 있다. 생물학자들은 이와 같은 현상의 진화론적 기초를 조사하여 얼룩말상어와 코모도왕도마뱀과 같은 멸종 위기에 처한 종을 다시 복구하려는 노력에 영향을 줄 수 있을지를 생각해 보고 있다.

생물이 새끼를 낳을 수 있는 능력이 생물을 무생물과 가장 잘 구별할 수 있게 해준다. 세균에서 도마뱀에 이르기까지 모든 생물들은 반복적인 세포분열의 결과이다. 따라서 생명의 영속은 세포분열, 즉 새로운 세포의 생성에 달려 있다. 이 장에서는 개별 세포를 복제하는 방법을 살펴본 다음, 세포생식이 어떻게 유성생식 과정의 기초가 되는지를 살펴볼 것이다. 토론을 통해 식물과 동물의 무성생식과 유성생식의 예를 살펴보게 될 것이다.

세포생식은 무엇을 해내나

생식(번식)이란 단어를 들을 때 우리는 대체로 새로운 생물의 탄생을 생각하게 된다. 그러나 생식은 실제로 세포수준에서 훨씬 더 많이 일어난다. 우리 팔에 있는 피부를 생각해 보자. 피부세포는 끊임없이 자신의 세포를 생식하고, 피부 바깥쪽 방향으로 이동시켜 죽어서 벗겨 떨어져 나간 세포를 대체한다. 우리 피부의 이러한 재생은 평생 계속해서 일어난다. 그리고 피부에 상처가 나면 세포의 생식이 상처를 아물게 해준다.

하나의 세포가 생식을 진행할 때, 그 과정을 **세포분열(cell division)**이라 부른다. 세포분열의 결과로 생긴 두 개의 "딸"세포는 유전적으로 서로 동일하며, 또한 "부모"세포와도 똑같다. (이 문장에서처럼 딸이라는 말은 생물학자들이 관습적으로 사용하는 것이지 성별의 의미는 없다.) 부모세포가 2개의 세포로 나눠지기 전에, 세포는 먼저 세포 DNA 대부분을 포함하고 있는 구조물, 즉 **염색체(chromosome)**를 복제한다. 그런 다음 세포분열 과정에서 각각 딸세포는 원래의 부모세포로부터 온 동일한 한 세트의 염색체를 받게 된다.

그림 8.1에 요약되어 있는 것과 같이 생물의 삶에서 세포분열은 여러 가지 중요한 역할을 한다. 예를 들면 우리 몸 안에서 손상 받거나 상실된 세포를 대체하기 위해, 매초 수백만 개의 세포가 분열해야만 한다. 세포분열의 또 다른 기능은 성장이다. 우리 몸의 수조 개의 세포는 하나의 수정란이 우리 어머니의 몸 안에서 세포분열을 시작해 그 분열이 계속되어 얻어진 결과물이다.

세포분열의 또 다른 중요한 기능은 생식이다. 아메바와 같은 많은 단세포생물은 반으로 분할되어 번식하므로 자손은 어버이와 유전적 복제품이다. 이것은 정자와 난자의 참여 없이 한 쪽 부모에 의해 유전적으로 동일한 자손을 만들어내는, 즉 **무성생식(asexual reproduction)**의 한 예가 된다. 무성생식을 통해 태어난 개체는 한 어버이로부터 이들의 모든 염색체를 물려받는 것이어서 유전적 복사본이다. 무성적으로 생식한 개체는 유전적으로 동일한 개체들의 집합체인 **클론(clone)**이 된다.

마찬가지로 많은 다세포생물이 무성생식을 할 수 있다. 예를 들면 일부 불가사리 종은 분절된 조각이 새로운 하나의 개체로 자라는 능력을 가지고 있다. 우리가 베어낸 화초가 자란다면, 우리는 식물에서 무성생식을 관찰하게 된 것이 된다. 무성생식에서 아주 단순한 유전법칙이 하나 있는데, 그것은 바로 한 어버이와 이의 모든 자손은 모두 똑같은 유전자를 갖는다는 것이다. 무성생식과 다세포생물의 성장과 유지를 책임지는 이런 유형의 세포분열을 유사분열이라 부른다.

유성생식(sexual reproduction)은 정자에 의한 난자의 수정이 필요로 한다는 점에서 다르다. **배우자(gamete)**인 정자세포와 난자세포의 생산은 감수분열이라 부르는 특별한 유형의 세포분열이 관련되어 있는데, 이것은 생식기관에서만 일어난다. 나중에 다루겠지만 배우자는 이들을 만들어내는 부모세포 염색체의 반만을 갖게 된다.

요약하면 두 종류의 세포분열이 유성적으로 생식하는 생물에 관련되어 있는데, 성장과 유지를 위한 유사분열과 생식을 위한 감수분열이다. 이들 과정을 정의하고 구별하기 위해, 이제부터 두 개의 주요 절, 즉 유사분열과 감수분열로 나누어서 다룰 것이다. ✓

✓ 체크포인트

보통의 세포분열은 유전적으로 똑같은 두 개의 딸세포를 만들어낸다. 이런 유형의 세포분열이 갖는 세 가지 기능을 말하시오. 이들 중 어느 기능이 우리 몸에서 일어나는가?

답: 세포의 대체, 생물의 성장, 일부 생물의 무성생식; 앞의 두 개가 우리 몸에서 일어난다.

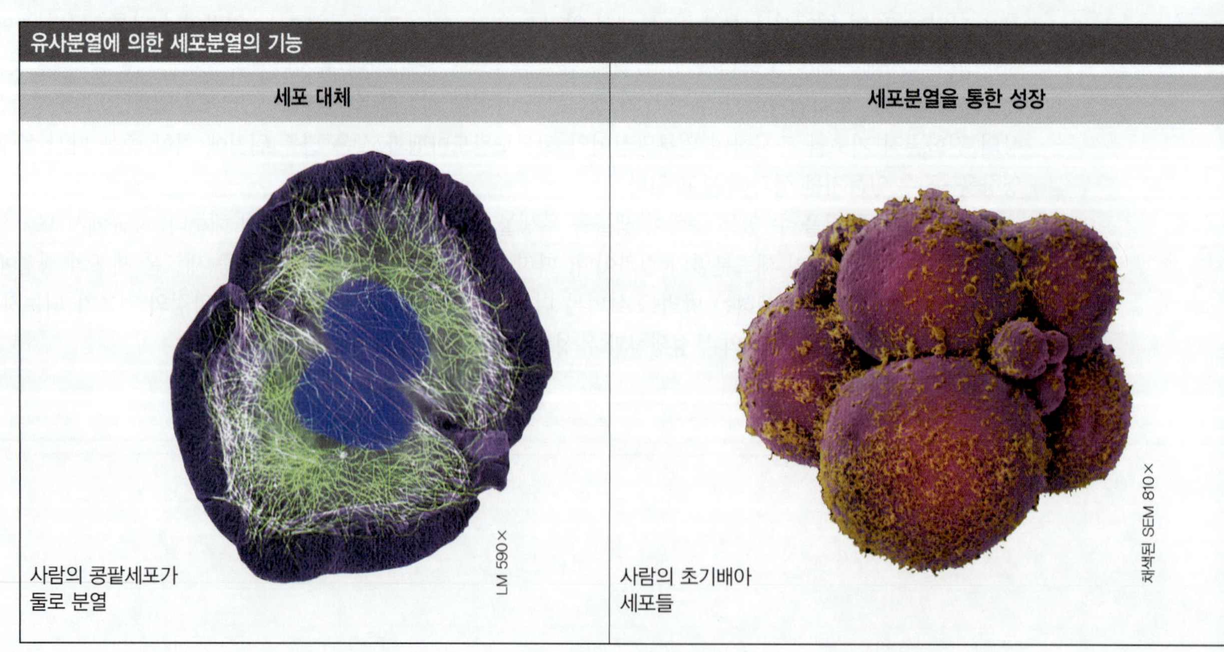

► 그림 8.1 유사분열에 의한 세포분열의 세 가지 기능.

세포주기와 유사분열

진핵세포의 유전자(인간의 경우 21,000개 정도)는 거의 대부분 세포핵 속에 있는 염색체에 존재한다. (주된 예외로는 미토콘드리아나 엽록체에 있는 작은 DNA 분자에 있는 유전자들이다.) 염색체는 세포분열의 주연 배우와 같으므로, 세포를 총괄적으로 다루기 전에 먼저 염색체에 초점을 맞출 것이다.

우리 세포 하나에 있는 DNA를 펼치게 되면 우리의 키보다도 길다.

염색체는 대부분의 시간을 그 길이가 이들이 저장되어 있는 핵보다 훨씬 긴, 가는 섬유 상태로 존재한다. 실제로 우리 몸의 세포 하나에 들어 있는 DNA를 완전히 펼치면 그 길이는 1.8 m나 된다. 이 상태의 염색질은 너무 가늘어서 광학현미경으로도 볼 수 없다. 세포가 분열하려고 준비를 할 때, 염색질은 매우 꼬여서 광학현미경으로도

8.1 진핵염색체

진핵염색체는 하나의 긴 DNA 분자를 포함하고 있는데, 보통 수천 개의 유전자를 지니고 있다. 진핵세포의 염색체 수는 종에 따라 다르다 **(그림 8.2)**. 예를 들면 사람 몸의 세포는 46개의 염색체를 가지는데, 한편 개의 몸 세포는 78개를, 코알라의 경우는 16개를 가진다. 염색체는 대체로 비슷한 양의 DNA와 단백질로 이루어진 **염색질(chromatin)**이라 부르는 섬유상의 물질로 이루어져 있다. 이들 단백질 분자는 염색질을 조직하고 유전자의 활성을 조절할 수 있게 해준다.

► **그림 8.2 일부 포유류 세포에서의 염색체 수.** 사람은 46개의 염색체를 가지며, 염색체의 수가 생물의 크기나 복잡성과는 일치하지 않음에 주목하자.

아메바의 생식

불가사리의 분절과 재생. 오른쪽에 있는 불가사리는 팔 하나를 잃었으나 다시 대체되었다. 잘려나간 팔이 왼쪽에 있는 새로운 불가사리로 성장하였다.

잘라낸 잎(큰 잎)에서 아프리카 제비꽃으로 생식이 일어남

볼 수 있을 정도로 응축된 염색체를 형성한 상태로 있다(그림 8.3).

이렇게 긴 DNA 분자들이 작은 핵 안에 들어 있을 수 있는 이유는 각 염색체 내에서 DNA는 여러 수준의 정교한 꼬임과 접힘으로 응축되어 있기 때문이다. DNA 응축의 결정적인 국면은 DNA에 진핵세포에서만 발견되는 **히스톤(histone)**이란 작은 단백질의 결합이다. 도대체 세포의 염색체가 이와 같이 응축되어야 할 이유는 무엇인가? 만약 우리 방에 많은 물건들이 널려 있다고 상상해 보자. 만약 이사를 가게 된다면 우리는 이 물건들을 모아 작은 컨테이너에 집어넣게 될 것이다. 이와 마찬가지로 세포도 DNA를 새로운 세포로 옮기기 전에 그것을 응축시켜야 한다.

그림 8.4는 DNA 응축의 주요 단계에 대한 간단한 모델을 보여준다. 맨 먼저 히스톤이 DNA에 부착된다. 전자현미경 사진에서 DNA와 히스톤의 결합은 실에 꿰어진 구슬 모양으로 보인다. **뉴클레오솜(nucleosome)**이라 부르는 각 "구슬"은 여러 개의 히스톤 분자를 감고 있는 DNA 분자로 이루어져 있다. 분열하는 상태가 아닐 때, 활성유전자의 DNA는 약간만 응축된 상태로 배열한다. 분열을 준비 중일 때 염색체는 더욱 응축되는데, 실에 꿰어진 구슬은 그 자체를 감싸고, 고리를 만들고, 접혀서 그림 맨 아래쪽에 있는 염색체에서 볼 수 있듯이 촘촘하게 응축된 구조로 된다. 전체로 보면 그림 8.4는 어떻게 막대한 양의 DNA가 연속적인 단계를 통해 꼬이고 접혀 세포의 아주 작은 핵 안에 들어가 있을 수 있는지를 보여준다. DNA를 기다란 실이라고 생각한다면, 한 개의 염색체는 취급하기 쉽게 긴 실 하나가 접혀 단단히 뭉쳐진 실 한 타래와 같다. **따라서 염색체의 구조는 염색체가 수행하는 기능에 따라 달라져서, 세포가 정상적인 기능을 수행할 때는 느슨하게 풀려있지만, 세포가 분열할 때는 응축되고 단단히 감겨 있다.**

▾그림 8.3 **분열 직전에 있는 식물세포의 염색된 염색체.**

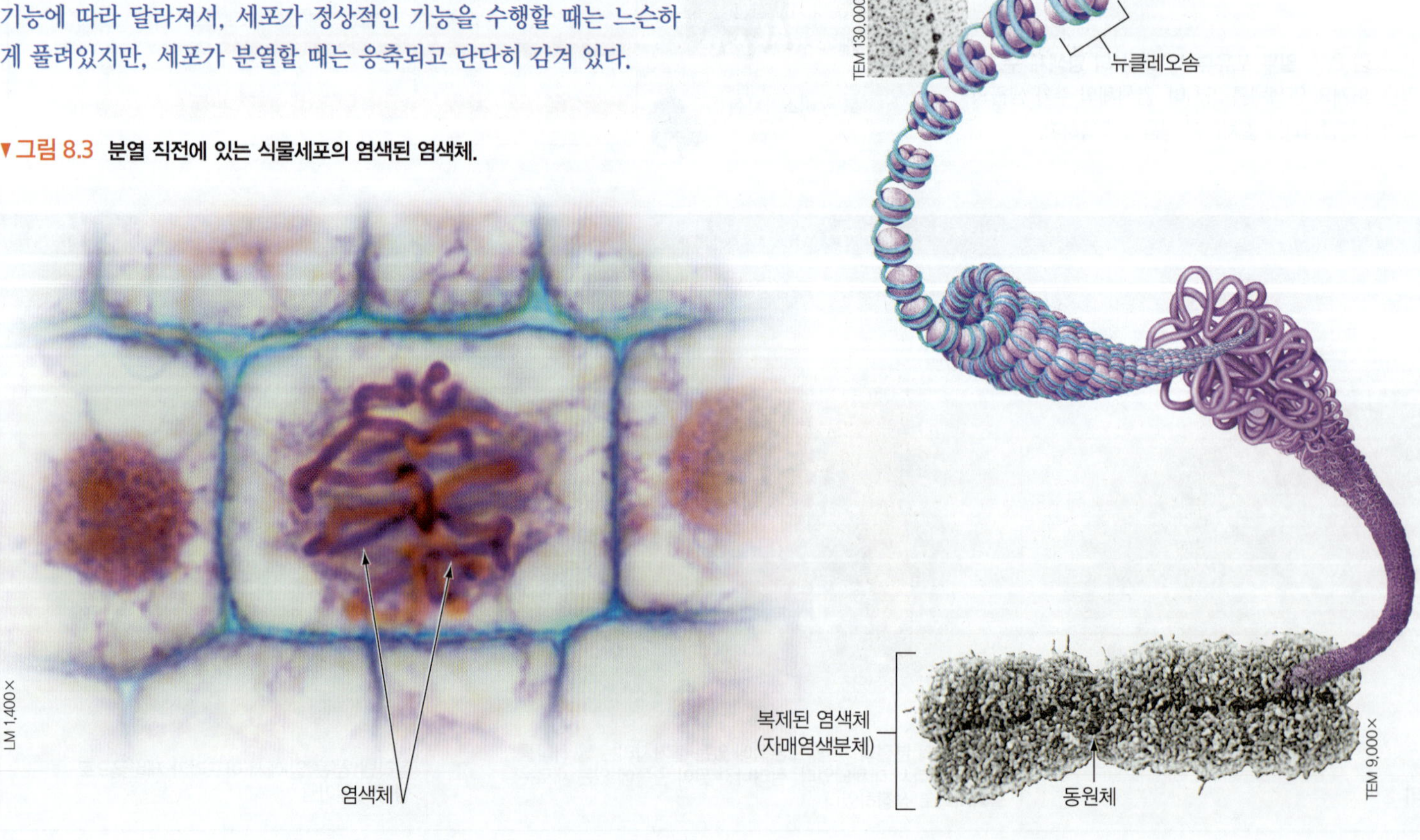

8.2 복제되는 염색체

염색체를 세포를 작동시키는 방법이 상세하게 적혀 있는 사용안내서와 같은 것이라 생각한다면, 세포분열 과정에서 원본 세포는 자신도 물론 사본 하나를 유지하면서 새로운 세포에게 이 사용안내서의 사본을 전달해야만 한다. **따라서 염색체 복제하기는 한 세대에서 다음 세대로의**

▾그림 8.4 **진핵 염색체에서 DNA의 응축.** DNA와 결합단백질이 점점 더 꼬여져서 결과적으로 고도로 응축된 염색체가 된다. 맨 아래에 있는 솜털 모양의 염색체는 염색질의 섬유가 복잡하게 꼬이고 접혀서 이루어진 것이다.

유전정보의 흐름에서 중요한 단계가 된다.

세포는 세포분열 과정이 시작하기 전에 세포내 모든 염색체를 복제한다. 각 염색체의 DNA 분자는 DNA 복제과정을 통해 사본이 만들어지고(10장에서 상세하게 언급되어 있음), 필요에 따라 새로운 단백질 분자가 부착된다. 이 시점에서 결과로서의 염색체는 이제 동일한 유전자들을 지닌 **자매염색분체(sister chromatid)**라 부르는 두 사본으로 존재하게 된다. 그림 8.4의 아래쪽에서 두 개의 자매염색분체는 **동원체(centromere)**라고 부르는 가는 "허리"에서 서로 단단하게 붙어 있다.

세포가 세포분열을 할 때, 복제된 염색체의 자매염색분체는 서로 분리된다(그림 8.5). 염색분체가 일단 그것의 자매염색분체로 분리되면, 각 염색분체는 완전한 하나의 염색체가 되고, 이것은 원래의 염색체와 동일하다. 새로운 염색체 중 하나는 딸세포 하나에, 그리고 다른 염색체 하나는 마찬가지로 다른 딸세포로 들어간다. 이렇게 해서 각 딸세포는 완전히 똑같은 염색체 세트를 받게 된다. 예를 들면 분열 중인 사람의 피부세포는 46개의 복제형(duplicated) 염색체를 가지며, 분열 결과로 생겨난 두 개의 딸세포는 각기 46개의 단식형(single) 염색체를 가진다.

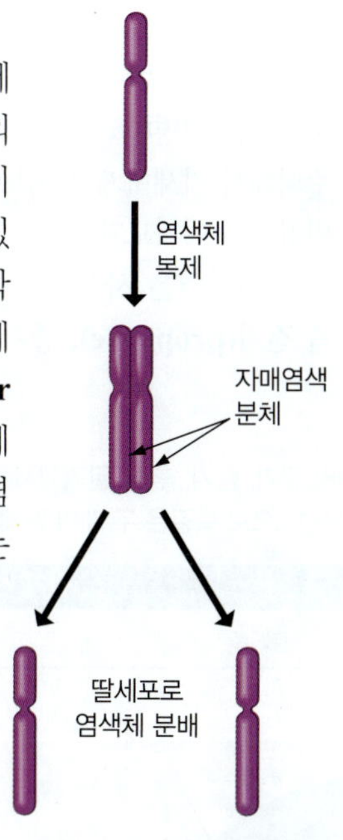

▲그림 8.5 **한 염색체의 복제와 분배.** 세포생식 동안 세포는 각 염색체를 복제하고, 복제된 이 염색체를 딸세포로 분배한다.

8.3 세포주기

세포가 분열하는 속도는 생물의 몸 안에서 그 역할에 따라 결정된다. 어떤 세포는 하루에 한 번만 분열하지만, 다른 세포는 훨씬 드물게 분열하고, 또 성숙한 근육세포처럼 고도로 분화된 몇몇 세포들은 전혀 분열하지 않는다.

세포주기(cell cycle)는 모세포가 분열하여 세포가 형성된 그 시간부터 시작하여, 이 세포가 분열하여 두 개가 될 때까지의 그 시간 범위 안에서 순서대로 일어나는 일련의 사건을 말한다. "탄생"에서부터 자신의 생식까지 한 세포의 "일생"으로서의 세포주기에 대해 생각해 보자. 그림 8.6에서 보듯이 세포주기의 대부분은 **간기(interphase)**가 차지하고 있다. 간기는 세포가 통상적인 일을 해나가는 시기인데, 생물 안에서 정상적인 기능을 수행해 나간다. 예를 들면 간기 동안에 위의 내층에 있는 세포는 소화를 돕는 효소를 만들어 분비한다. 한편 간기에 세포는 세포질에 있는 모든 것을 거의 두 배로 늘린다. 이 시기에는 단백질의 공급이 증가하고, 많은 세포소기관(미토콘드리아나 리보솜 같은)의 수도 증가하고, 크게 자라게 된다. 통상 간기는 적어도 세포주기의 90%를 차지한다.

간기(그림 8.6 참조)는 세 가지 하위기로 나눌 수 있는데, 그것은 G_1기("첫 번째 갭[gap]"), S기(DNA의 "합성[synthesis]" 또는 DNA 복제라고도 함), G_2기("두 번째 갭")이다. G기들을 빈틈이라는 의미를 갖는 "갭"이라는 단어로 칭해지지만, 실제로는 세포가 매우 활성적이어서, 간기의 3개 하위기 모두를 거치면서 성장이 일어난다. 염색체는 S기 동안 복제되는데, 이는 일반적으로 간기의 절반 정도로 이어진다. S기가 시작하는 시점에서는 각 염색체는 단식형이다. 이 하위기의 끝에서 DNA복제 후 염색체가 두 배가 되며, 각 염색체는 길게 합쳐진 두 개의 자매염색체로 이루어져 있게 된다. G_2기 동안에 세포는 세포분열 준비를 완료한다.

세포주기에서 세포가 실제로 분열하는 시기를 **유사분열기(mitotic phase, M기)**라 부른다. 이것은 겹쳐져 있는 두 과정, 즉 유사분열과 세포질분열로 이루어져 있다. **유사분열(mitosis)**에서는 핵과 이 안의 가장 중요한 내용물인 복제된 염색체가 나뉘어, 균등하게 분배되어 두 개의 딸핵을 형성한다. **세포질분열(cytokinesis)** 동안에 (모든 세포소기관들과 함께) 세포질이 둘로 나뉜다. 유사분열과 세포질분열의 공동 작업으로 유전적으로 똑같은 두 개의 딸세포가 만들어지는데, 각 딸세포는 하나의 핵과 이를 둘러싼 세포소기관을 지닌 세포질과 원형질막을 완전히 갖추게 된다. ✓

✓ 체크포인트

1. 복제된 염색체는 ______에서 함께 결합된 채로 두 개의 자매 ______을(를) 이룬다.
2. 세포주기에서 가장 넓은 두 구획은? 세포의 실제적 배가에 관여하는 두 과정은?

답: 1. 동원체; 염색분체 2. 간기; 유사분열기; 유사분열; 세포질분열

▼그림 8.6 **진핵세포의 세포주기.** 세포주기는 한 세포의 "탄생"(주기의 아래쪽에 있는 진한 청색 화살표 지점)에서부터 세포생식의 결과로 그 세포가 두 개로 분열되는 시간까지를 말한다. (간기 동안에 염색체는 가는 실뭉치가 펼쳐진 상태로 있어서 실제로 여기에서처럼 막대모양으로 보이지는 않는다.)

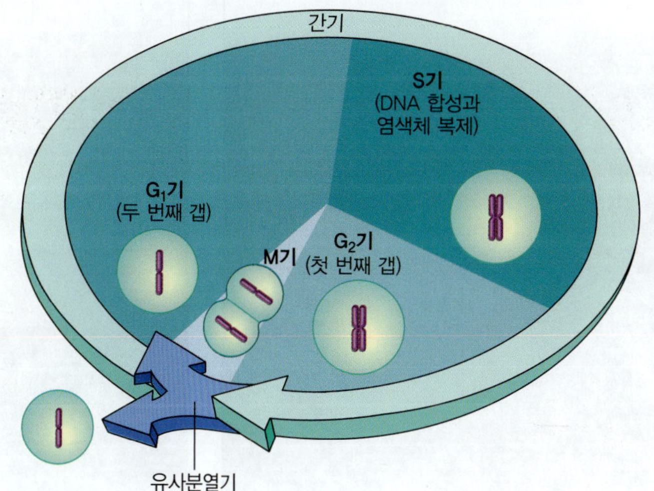

8.4 유사분열과 세포질분열

그림 8.7은 그림, 설명문, 사진을 사용하여 동물세포의 세포주기를 나타내고 있다. 이 페이지 아랫줄에 있는 현미경사진은 도롱뇽의 세포가 분열하고 있는 모습인데, 염색체는 청색으로 나타나 있다. 윗줄에 있는 그림은 현미경사진에서는 볼 수 없는 것도 상세하게 나타내고 있다. 이들 세포에서는 과정을 좀 단순화하기 위해 4개의 염색체만 가지는 것으로 그리고 있지만, 실제로 우리 몸의 세포는 46개의 염색체를 가지고 있음을 기억하자. 그림 안에 있는 설명문은 각 단계에서 일어나는 사건들을 설명하고 있다. 중요한 많은 정보를 가지고 있으니 이 그림을 주의해서 자세하게 살펴보고, 핵과 그 밖의 다른 세포구조들의 뚜렷한 변화도 눈여겨보자.

유사분열은 사실 연속적인 과정이나 생물학자들은 편의상 4단계, 즉 **전기(prophase)**, **중기(metaphase)**, **후기(anaphase)**, 그리고 **말**

▼**그림 8.7 세포생식: 춤추는 염색체.** 염색체가 간기 동안에 복제된 후, 유사분열 단계인 전기, 중기, 후기, 말기에서 정교하게 춤을 추듯이 복제된 염색체 세트를 두 개의 핵에 분배된다. 그런 다음 세포질분열은 세포질을 나누어 유전적으로 똑같은 두 개의 딸세포를 만든다.

간기

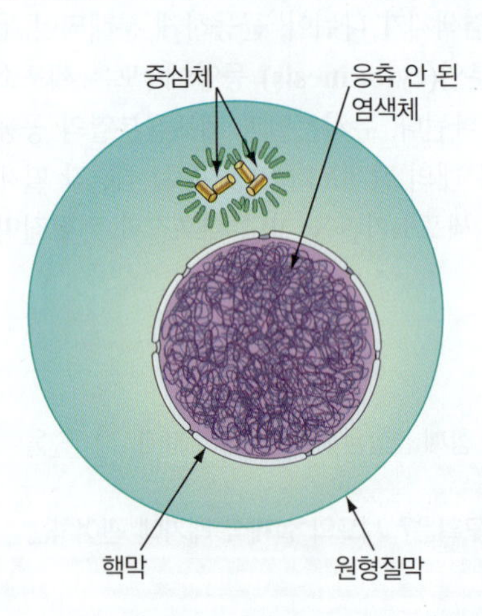

간기는 세포가 성장하는 기간이며, 이때 세포는 새로운 분자와 세포내소기관을 만든다. 여기 보이는 간기 후반부(G_2)에 세포질은 두 개의 중심체를 포함하고 있다. 핵 안에서 염색체가 복제되지만, 각 염색체들은 여전히 가늘게 풀어진 염색사 형태로 있어서 서로 구별되지 않는다.

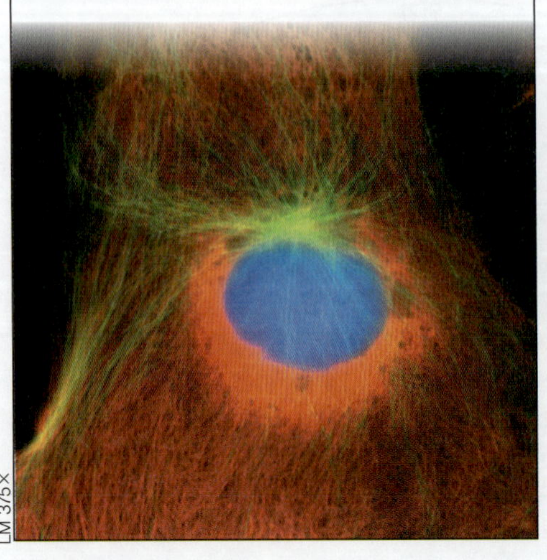

전기

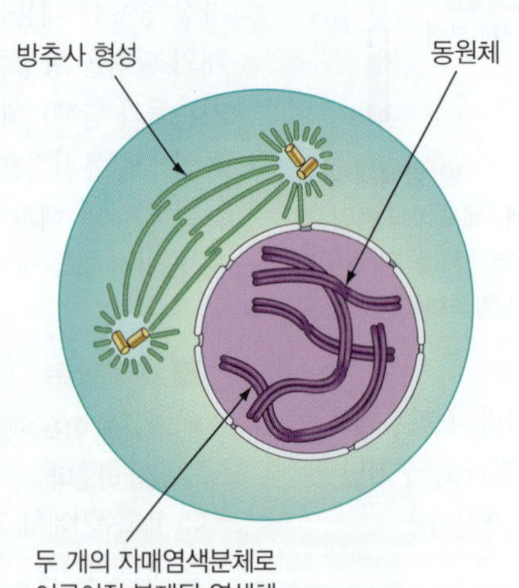

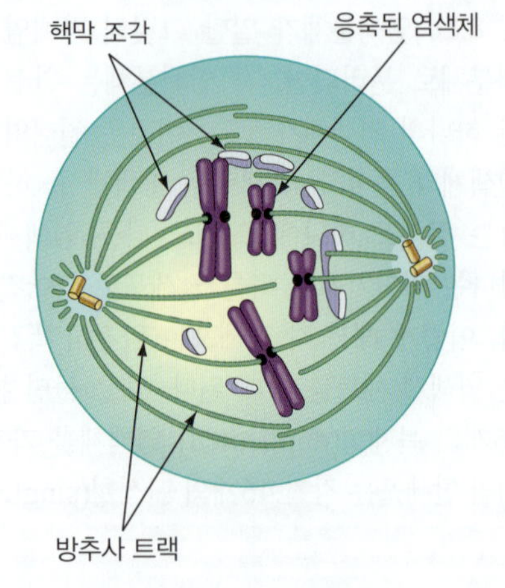

전기 동안 핵과 세포질 모두에 변화가 일어난다. 핵에서는 염색사가 꼬이게 되고, 이로 인해 염색체는 광학현미경에서 개별적으로 관찰이 가능할 정도로 충분히 두꺼워진다. 각 염색체는 두 개의 똑같은 자매염색분체가 동원체의 가는 "허리"에 서로 결합된 것처럼 보인다. 세포질에서 방추사가 형성되기 시작한다. 전기 후반부에 핵막은 조각조각 깨어진다. 방추사 트랙은 염색체의 동원체에 부착하여 염색체를 세포중앙으로 이동시킨다.

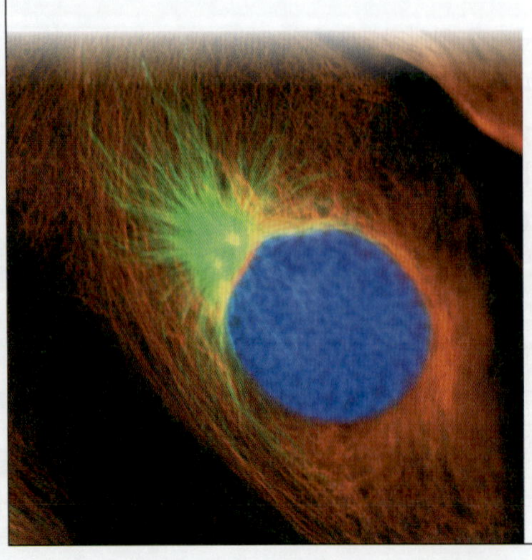

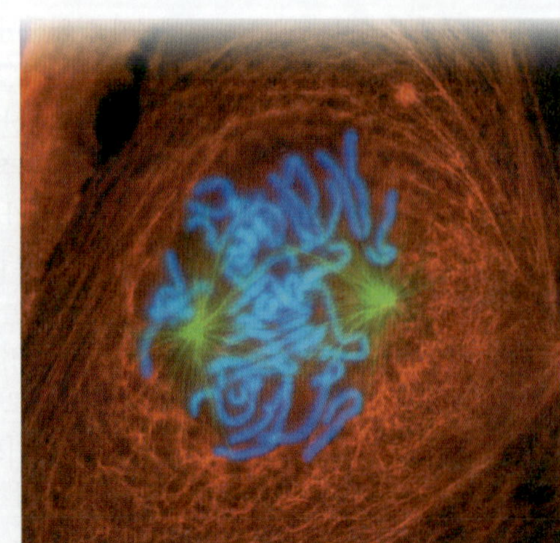

기(telophase)로 나눈다. 이들 단계마다 그 시기가 뚜렷하게 구분되는 것은 아니고, 조금씩 겹친다. 유아기, 유년기, 성인기, 노년기로 나누는 우리 인간의 삶의 단계를 생각해보면, 단계 사이의 구분은 명확하지 않고, 사람마다 그 시기가 차이가 있듯이, 유사분열도 이와 별반 다르지 않다.

염색체는 세포분열이라는 드라마의 주인공이며, 이들의 움직임은 미세소관트랙(그림에서 녹색으로 표시)으로 된 미식축구공 모양의 **유사분열방추사(mitotic spindle)**에 의존하는데, 이것이 두 세트의 딸 염색체의 분리를 이끌어낸다. 방추사의 미세소관의 트랙은 중심체라 부르는 세포질 내에 있는 구조물로부터 자라난다.

세포질이 두 세포로 분할되는 세포질분열은 보통 말기에 시작되는데, 유사분열의 끝과 겹쳐져 있다. 동물세포에서 세포질분열 과정은 **난할(cleavage)**로 알려져 있다. 난할의 첫 징후는 난할구라 부르는 움푹 들어간 모양의 출현이다. 모자가 달린 스웨터의 모자 끈을 졸라매듯 원형질막 바로 아래 세포질에 미세섬유로 된 고리가 점점 조여지면서 함입이 깊어져, 결국 모세포를 둘로 자르게 된다(그림 8.8a).

그러나 식물에서 세포질분열은 동물세포와는 다르게 일어난다. 세포벽 성분을 포함하는 소낭이 세포 중앙부분에 모인다. 소낭이 서로 융

중기

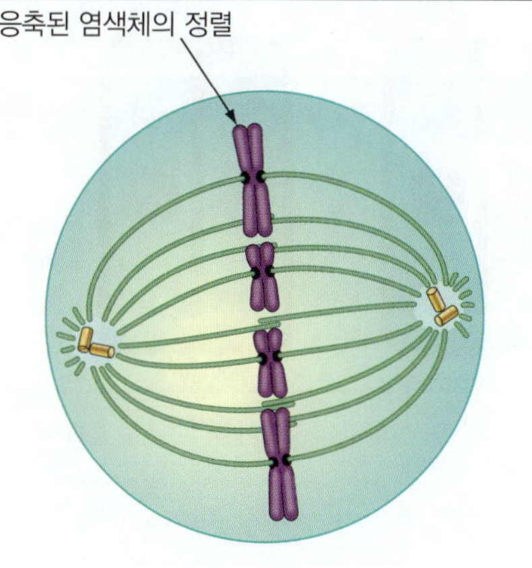

유사분열 방추사가 완전히 형성된다. 모든 염색체의 동원체는 방추사의 양극 사이에 있는 가상의 적도면에 정렬한다. 각 염색체에 대해 두 자매염색분체에 부착된 유사분열 방추사 트랙이 양극 쪽으로 끌어당긴다. 이러한 줄다리기가 염색체를 세포중앙에 있게 해준다.

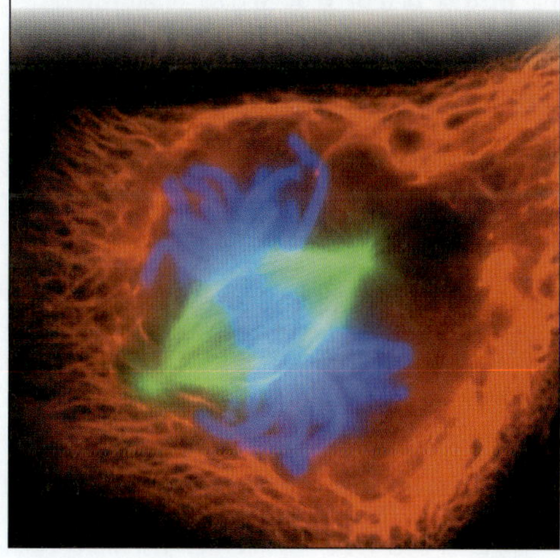

후기

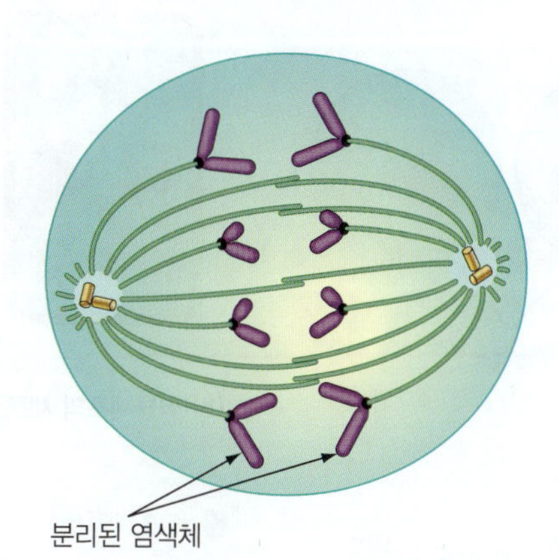

후기는 각 염색체의 자매염색분체가 분리되면서 시작된다. 각각은 이제 자격이 충분한(딸) 염색체가 된다. 이 염색체는 방추사 궤도가 짧아지면서 세포의 양극으로 이동한다. 동시에 염색체에 부착되지 않은 트랙이 길어지면서 양극은 멀어지게 되고 세포도 길어진다.

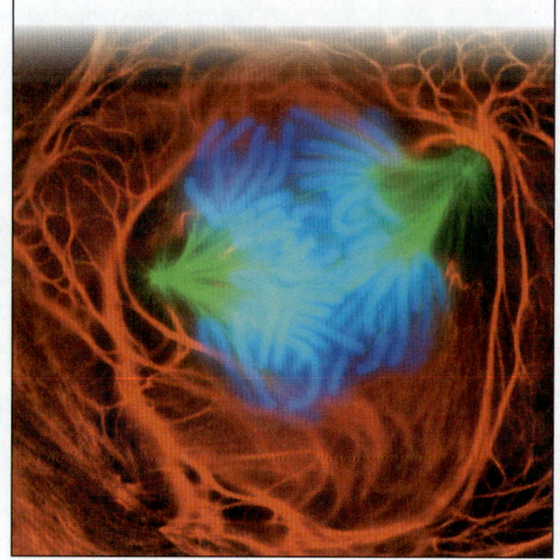

말기

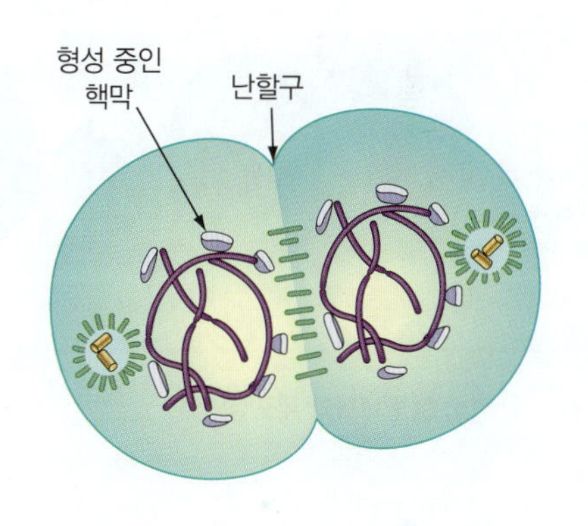

말기는 두 그룹의 염색체가 양 끝에 도달할 때 시작된다. 말기는 전기의 반대인데, 핵막이 형성되고 염색체가 풀리고 방추사가 사라진다. 하나의 핵이 두 개의 유전적으로 똑같은 딸핵으로 나누어지는 분열, 즉 유사분열이 이제 끝나게 된다. 세포질의 분열이 일어나는 세포질분열은 통상 말기와 함께 일어난다. 동물에서는 난할구가 세포를 잘라 두 개의 딸세포를 만들어낸다.

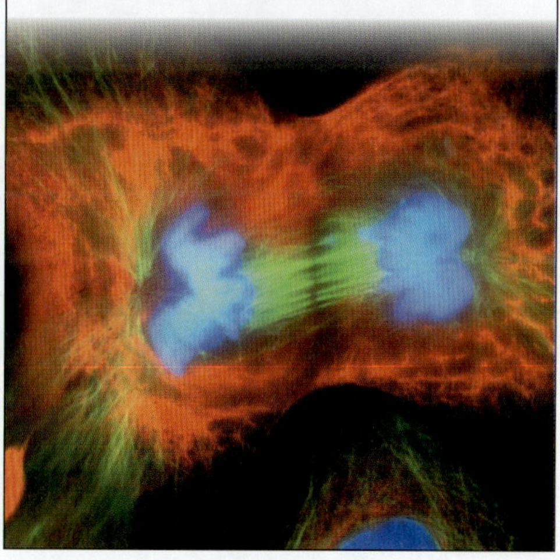

▼그림 8.8 **동식물 세포에서의 세포질분열.**

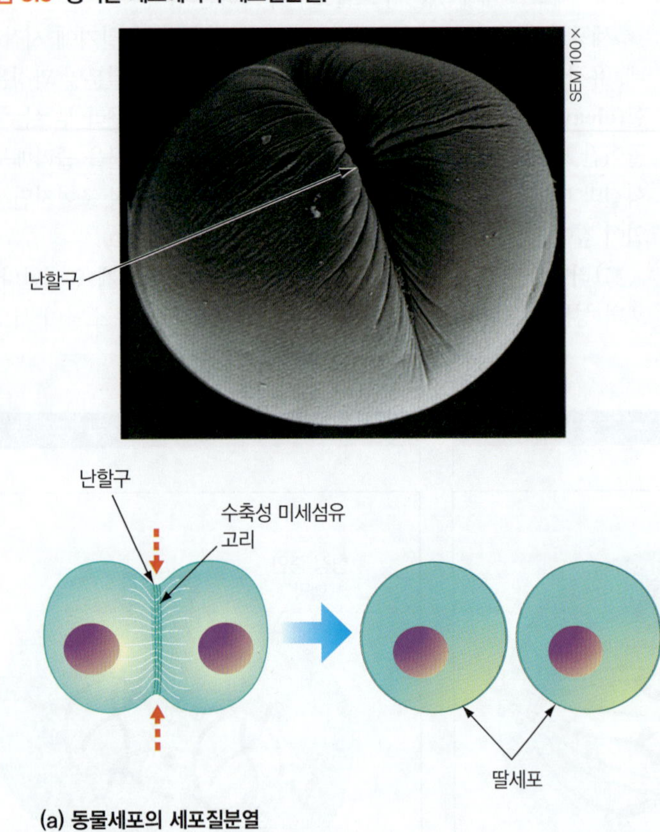

(a) 동물세포의 세포질분열

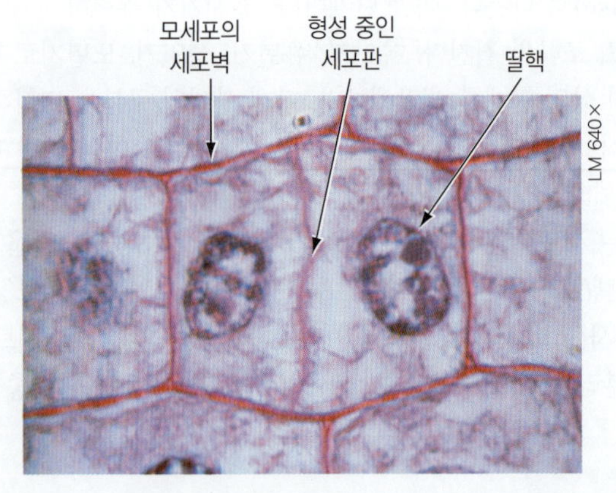

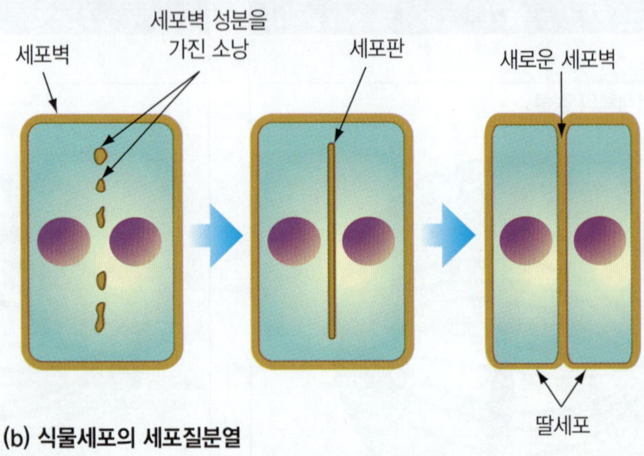

(b) 식물세포의 세포질분열

합하여 **세포판(cell plate)**이라고 부르는 막성 원판을 형성하게 된다. 세포판에 세포벽 성분이 점점 더 축적이 되면서 세포판은 바깥쪽으로 자라게 된다. 결국 세포판의 막과 원형질막이 합쳐지고, 세포판의 내용물이 모세포의 세포벽과 결합된다. 그 결과 두 개의 딸세포로 분리된다 (그림 8.8b). ✓

✓ 체크포인트

점액성 변형균류라 불리는 어떤 생물은 많은 핵을 지닌 커다란 세포질체로 되어 있다. 세포주기의 어떤 변이로 인해 어떻게 이런 "괴물 세포"가 생길 수 있는지 설명하시오.

답: 세포질분열 없이 반복적으로 유사분열이 일어난 것이다.

8.5 암세포: 통제를 벗어난 분열

식물이나 동물이 정상적으로 자신의 조직을 성장시키고 유지하기 위해서는, 필요에 따라 세포분열의 속도를 높이거나, 낮추거나, 켜거나, 끄거나 하는 시기를 통제할 수 있어야 한다. 세포주기의 연속적 사건은 세포 안에서 특정 단백질로 이루어진 **세포주기조절계(cell cycle control system)**의 지시를 받는다. 이들 단백질은 주위환경으로부터 그리고 몸의 다른 세포로부터 전달되는 정보를 취합하고, 세포주기의 특정 주요지점에서 "멈춤"신호와 "진행"신호를 보낸다. 예를 들면 어떤 세포가 세포주기 조절단백질을 통해 진행신호를 받지 않는 한, 세포주기는 정상적으로 간기의 G_1기에 멈추어 있다. 신호가 전달되는 일이 결코 없다면 세포는 영원히 분열하지 않는 상태에 있게 될 것이다. 예를 들면 일부 신경세포와 근육세포는 이런 식으로 진행이 멈춰져 있다. 만일 세포가 진행신호를 받아 G_1검문소를 통과하게 되면 통상 세포주기의 나머지 과정이 완성될 것이다. **따라서 세포의 분열 여부에 관계없이 세포의 생식적 행동은 많은 다른 분자의 상호작용으로 인해 일어난다.**

암이란 무엇인가?

현재 미국을 포함하여 선진국에서 5명 중 한 명의 삶을 앗아가는 암은 세포주기에 병이 생긴 것이다. 암세포는 세포주기조절계에 정상적으로 반응하지 않아 이들은 왕성하게 분열하고 그리고 몸의 다른 조직에까지도 침투할 수 있다. 저지하지 않으면 암세포는 숙주가 죽을 때까지 계속 분열할 수 있다. 따라서 암세포는 "불사"라고 말하는데, 인간의 다른 세포와는 달리 세포분열하기를 결코 멈추지 않기 때문이다. 사실 세계에 있는 수많은 실험실에서 오늘날에도 인간의 세포주를 사용하고 있는데, 이 세포주는 원래 1951년 자궁경부암으로 죽은 헨리에타 랙스

(Henrietta Lacks)라는 이름의 여성에서부터 온 것이다.

암세포의 비정상적인 행동은 세포주기조절계에 있는 단백질을 암호화하는 하나 이상의 유전자에서 유전적 변화(돌연변이)를 겪게 될 때 시작된다. 이들 변화는 비정상적으로 자라게 만든다. 면역체계는 보통 이러한 세포를 인지하고 파괴시킨다. 하지만 이 세포가 파괴를 모면하게 되면, 이것이 증식하여 비정상적으로 자란 세포덩어리인 **종양(tumor)**을 형성하게 될 가능성도 있다. 이들 비정상적인 세포가 원래 그 자리에 그대로 머물러 있으면, 그 세포덩어리를 **양성종양(benign tumor)**이라고 부른다. 양성종양이 문제를 일으킬 수도 있다. 이들이 크게 자라 뇌와 같은 어떤 기관을 방해하는 문제의 원인이 될 수도 있는데, 그러나 이들은 통상 외과적으로 완전하게 제거될 수 있어서 죽는 경우는 거의 없다.

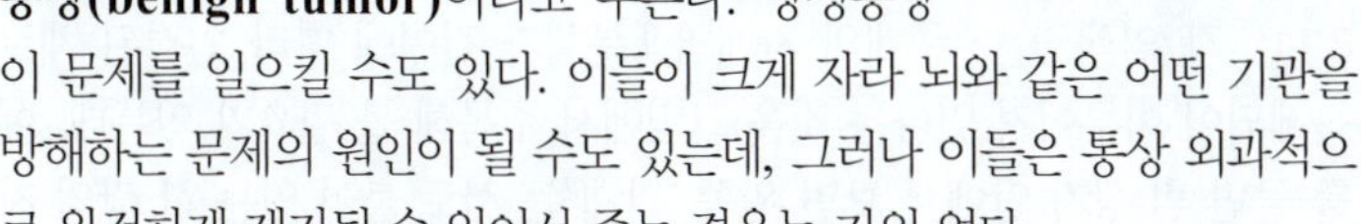

어떤 종양은 몸을 이루는 세포들 중 한 세포의 분열에서 발생한 오류로 인해 생겨난다.

이에 비해 **악성종양(malignant tumor)**은 이웃 조직과 몸의 다른 부분에까지 퍼져나가 새롭게 종양을 형성하는 능력을 가진 것이다(그림 8.9). 악성종양이 퍼져나는 것이 시작될 수도 시작되지 않을 수도 있지만, 일단 시작하게 되면 곧 정상조직을 대체하게 되고 기관의 기능을 방해하게 될 것이다. 악성종양을 가진 개체는 **암(cancer)**을 가지고 있다고 말한다. 암세포가 원래 발생한 부위에서 다른 부위로 퍼져 나가는 것을 **전이(metastasis)**라고 부른다. 암은 이들이 생성되는 곳에 따라 이름을 붙인다. 예를 들면 간암은 항상 간조직에서 시작하는데, 물론 다른 곳으로 퍼져나갈 수도 있다.

암치료

종양이 몸에서 자라기 시작하면 이것을 어떻게 치료할 수 있는가? 암치료에는 세 가지 주된 유형이 있다. 많은 양성종양에는 외과적인 방법으로 충분하다. 여의치 않으면 통상 다음 단계는 **방사선 치료(radiation therapy)**이다. 암종양이 있는 부위에 고에너지의 방사능을 집중적으로 쪼이는 것인데, 이때 정상세포보다는 암세포에 더 많은 피해가 간다. 방사선 치료는 아직 퍼져나가지 않은 악성종양에 효과적일 때가 많다. 하지만 정상세포에도 손상을 줄 수 있어서, 구토나 탈모 같은 부작용을 나타나기도 한다.

세포분열에 지장을 주는 약을 사용하는 **화학요법(chemotherapy)**은 몸 전체로 전이된 종양을 치료하는데 사용된다. 화학요법의 몇몇 약제는 방추사에 간섭하여 세포분열을 억제한다. 다른 약제는 첫 번째 장소에서 방추사가 형성되지 못하게 만든다. 화학요법은 많은 다른 조직에도 접촉하여 손상을 일으키기 때문에 종종 심각한 부작용을 일으킨다.

암치료의 최첨단

의료연구자들은 암세포와 싸우는 새로운 방법을 끊임없이 찾고 있다. 특히 유망한 분야중 하나는 신체의 면역체계를 사용하여 종양을 공격하는 면역요법이다. 면역요법은 일반적으로 신체의 자연면역을 강화하거나 암세포를 공격하는 특정 면역성분을 강화시켜 수행할 수 있다. 대안적으로 면역성분(암세포를 인식하고 파괴하도록 돕기 위해 특별히 고안된 단백질과 같은)이 실험실에서 만들어져 환자에게 주입시킬 수 있다. 이와 같은 유형의 요법은 유방암, 위암 또는 특정 유형의 백혈병이나 림프종에 효과적이다. 많은 암연구자들은 향후 수십 년 동안 면역요법이 많은 생명을 구할 수 있는 차기 암치료의 주된 돌파구가 될 것이라고 생각하고 있다.

암예방과 생존

암은 누구에게나 올 수 있지만 생활습관을 바꿈으로써 암발생 가능성을 낮추거나 생존가능성을 높일 수 있다. 즉 금연을 실천하고, 적당한(통상 정의하기를 적어도 주당 보통의 강도로 150분) 운동을 하고, 햇빛에 과다한 노출을 피하고, 그리고 고섬유질과 저지방을 섭취하는 것 모두 암발생의 가능성을 낮추는 데 도움을 준다. 피부와 구강암(물리적 검사를 통해), 유방암(자가진단이나 고위험군 여성과 50세 이상의 여성의 경우 유방촬영을 통해), 전립샘암(직장검사를 통해), 자궁경부암(세포 도말검사를 통해), 고환암(자가진단을 통해), 대장암(대장 내시경검사를 통해)의 이들 7종류의 암은 쉽게 찾아낼 수 있다. 정기적인 검진을 통해 종양의 조기발견이 가능하기 때문에, 이 방법이 암치료 가능성을 가장 크게 높일 수 있는 방법이다. ✓

✓ 체크포인트

양성종양과 악성종양의 차이는 무엇인가?

답: 양성종양은 발생부위에 그대로 남아 있으나, 악성종양은 다른 곳으로 퍼져나간다.

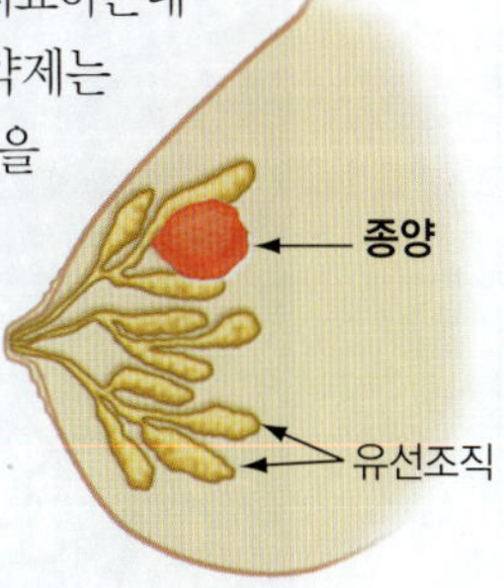

한 개의 암세포로부터 종양이 자라난다.

암세포가 주변조직에 침투한다.

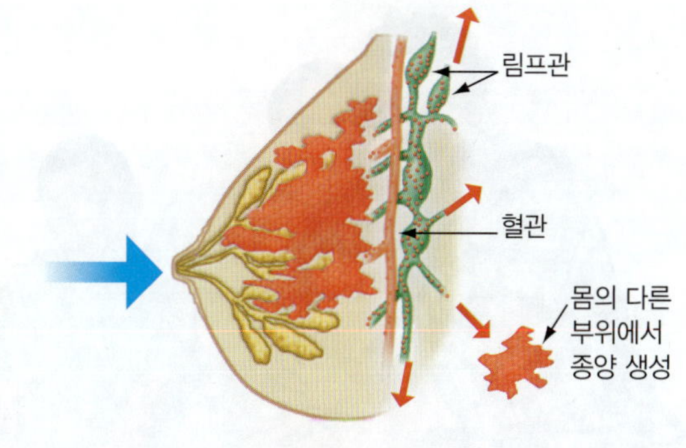

전이: 암세포가 림프관과 혈관을 통해 몸의 다른 부위로 퍼져나간다.

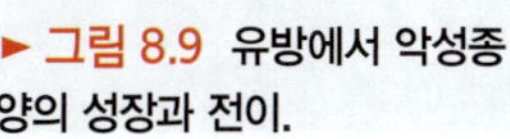

► **그림 8.9 유방에서 악성종양의 성장과 전이.**

유성생식의 바탕이 되는 감수분열

단풍나무만이 오직 더 많은 단풍나무를 만들어 내고, 금붕어만이 오직 더 많은 금붕어를 만들어 내며, 사람만이 오직 더 많은 사람을 만들어 낸다. 생명에 관한 이러한 단순한 사실은 수천 년 동안 인식되어 왔으며, 이것은 "부전자전"이란 옛말로 대신할 수 있다. 그러나 엄밀한 의미에서 "부전자전"은 무성생식의 경우에만 적용되는데, 이 경우 자손은 자신의 모든 DNA를 한 어버이로부터 물려받는다. 무성생식의 자손은 한 어버이의 정확한 유전적 복사본이자 서로의 복사본이어서, 이들의 모습은 매우 유사하다.

그림 8.10에 있는 가족사진은 유성생식을 하는 종에서 어버이는 정확히 어버이와 똑같은 자손을 만들지는 않는다는 점을 잘 보여주고 있다. 우리는 다른 사람들보다는 우리의 부모와 많이 닮았지만, 그렇다고 부모나 또 형제간, 물론 일란성 쌍둥이가 아니라면, 똑같지는 않다. 유성생식의 각 자손은 양쪽 부모로부터 고유한 유전자 조합을 물려받은 것이고, 이 유전자 조합은 고유한 형질을 나타낸다. 결과적으로 유성생식은 자손 사이에서 커다란 다양성을 만들어낼 수 있다.

유성생식은 세포의 감수분열과 수정 과정에 의존한다. 그러나 이들 과정에 대해 알아보기 전에 염색체와 유성생식을 하는 생물의 생활사에서 염색체의 역할로 되돌아가 볼 필요가 있다.

8.6 상동염색체

어떤 종에서 성이 같은 서로 다른 개체들의 세포를 조사해 보면, 이들 모두 같은 개수의 염색체와 같은 모양의 염색체를 갖는다는 것을 알게 된다. 현미경으로 보게 되면 우리의 염색체는 안젤리나 졸리(우리가 여자라면)나 브래드 피트(우리가 남자라면)의 것과 매우 비슷할 것이다.

체세포(somatic cell)라 부르는 몸을 이루고 있는 보통의 세포는 사람의 경우 46개의 염색체를 가진다. 실험실 기사는 유사분열 중기에 있는 사람의 세포를 열어, 염료로 염색체를 염색한 후, 현미경의 도움을 받아 사진을 찍어 크기가 같은 짝끼리 맞추어 정리할 수 있다. 이렇게 해서 얻어진 사진전시물을 **핵형(karyotype)**이라고 부른다(그림 8.11). 각 염색체는 두 개의 자매염색분체가 길이에 따라 연결된 채로 복제되어 이루어져 있다는 것을 그림에서 주목해 볼 필요가 있는데, 예를 들면 흰 상자 안에서 보면 왼쪽 "막대"는 서로 붙어 있는 한 쌍의 자매염색분체이다(왼쪽에 있는 그림). 거의 모든 염색체는 길이와 동원체의 위치 둘 다 서로 닮은 쌍둥이를 가지고 있음을 주목해 볼 필요가 있는데, 그림에서 흰 상자는 한 세트의 쌍둥이 염색체를 둘러싸고 있다. 이렇게 서로 짝을 이루는 한 쌍의 두 염색체를 **상동염색체(homologous chromosome)**라고 부르는데, 이들은 동일한 유전형질을 결정하는 유전자를 가지고 있다. 예를 들면 주근깨에 영향을 주는 유전자가 한 염색체의 특정 부위에, 예를 들면 그림 8.11에 그려진 노란색 띠 안에 위치해 있다면, 상동염색체에도 동일한 위치에 같은 유전자를 갖는다. 하지만 두 상동염색체는 똑같은 유전자의 다른 버전을 가질 수도 있다. 종종 학생들에게 혼동을 줄 수 있으므로 이 개념을 다시 정리해 보면, 상동염색체의 한 쌍은 거의 똑같은 두 개의 염색체를 갖는데, 이들 각각은 염색체 복제된 다음 두 개의 동일한 자매염색분체로 구성되어 있다.

▼그림 8.10 **유성생식의 다양한 결과물.** 모든 아이들은 부모로부터 고유한 유전자 조합을 물려받음으로써 고유한 조합의 형질을 보여준다.

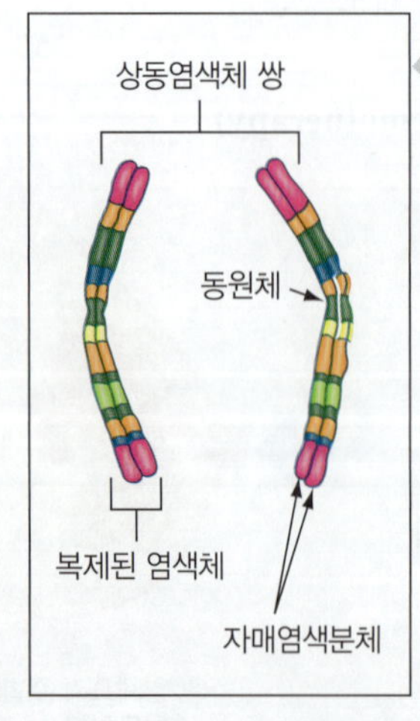

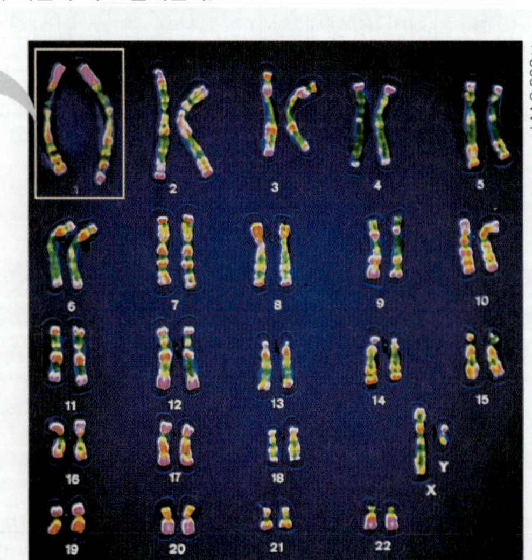

▼그림 8.11 **남성 핵형에서 상동염색체의 쌍.** 이 핵형은 완전한 22개의 상동염색체 쌍(상염색체), 그리고 X염색체와 Y염색체(성염색체) 하나씩으로 이루어진 23번째 쌍을 보여주고 있다. X와 Y염색체를 제외한 나머지 모든 각 쌍의 상동염색체는 크기, 동원체의 위치, 염색 패턴이 서로 일치한다.

사람에서 여성의 경우 46개의 염색체는 23쌍의 상동염색체로 되어 있다. 하지만 남성의 경우 한 쌍의 염색체는 서로 비슷하지 않다. 부분적으로만 상동성을 갖는, 닮지 않는 이 쌍은 남성의 성염색체이다. **성염색체(sex chromosome)**는 한 사람의 성(남성이나 여성)을 결정한다. 다른 모든 포유류와 마찬가지로 남성은 X염색체 하나와 Y염색체 하나를 갖는다. 여성은 두 개의 X염색체를 가지고 있다. (다른 생물은 다른 체제를 갖는데, 이 장에서 우리는 인간에 초점을 맞춘다.) 남성과 여성에서 나타나는 그 나머지 염색체를 **상염색체(autosome)**라고 부른다. 상염색체와 성염색체 둘 다 모두, 각 쌍에서 염색체 하나는 어머니로부터 다른 하나는 아버지로부터 물려받은 것이다.

8.7 유성생물의 배우자와 그 생활사

다세포생물의 **생활사(life cycle)**는 수정에서부터 자신의 자손의 생산까지 대대로 이어져 온 일련의 단계이다. 각 부모로부터 한 세트씩 물려받아, 두 세트의 염색체를 갖는다는 것은 유성적으로 생식을 하는 인간과 그 밖의 다른 모든 종의 생활사에서 핵심요소이다. 그림 8.12는 염색체의 수에 초점을 맞춘 인간의 생활사를 보여주고 있다.

인간(대부분의 동물과 많은 식물과 마찬가지로)은 몸을 이루고 있는 모든 세포가 상동염색체의 쌍을 포함하기 때문에 **이배체(diploid)** 생물이다. 달리 말하면 우리의 모든 염색체는 짝을 이루는 세트로 되어 있다. 이것은 신발장에 있는 신발과 유사한데, 우리가 46개의 신발을 가지고 있다면, 이들은 서로 거의 같은 신발이 짝을 이루어 23쌍(켤레)이 될 것이다. 사람에서 전체 염색체수 46개는 이배체($2n$으로 나타냄)의 수이다. 난자나 정자 같은 배우자는 이배체가 아니다. 난소나 정소에서 감수분열에 의해 만들어지는 각 배우자는 한 세트의 염색체만 가지고 있는데, 즉 22개의 상염색체에 더해 X 아니면 Y를 가진다. 한 세트의 염색체만 갖는 세포를 **반수체(haploid)**라고 하는데, 각 염색체 쌍 중 하나 씩만 갖는다. 반수체 상태를 그려보려면 한 쪽의 신발만 23개 들어 있는 신발장을 상상해 보면 된다. 사람의 경우 반수체의 수 n은 23이다.

사람의 생활사에서 **수정(fertilization)**이라고 부르는 과정에서, 아버지로부터 온 반수체 정자가 어머니로부터 온 반수체 난자와 융합한다. 이 결과로 생긴 **접합자(zygote)**라고 부르는 수정란은 이배체이다. 이것은 두 세트의 상동염색체를 가지는데, 양쪽 부모로부터 각각 한 세트의 염색체가 온 것이다. 접합자가 발달하여 성적으로 성숙한 성인이 될 때 비로소 이 생활사는 완성된다. 유사분열을 통해 사람 몸의 모든 체세포는 접합자가 가지고 있던 것과 똑같은 46개의 염색체를 갖게 된다. 따라서 우리 몸에 있는 수조 개의 세포 각각은 유사분열을 거꾸로 거슬러 올라가 조상을 추적하게 되면, 우리가 태어나기 약 9개월 전에 아버지의 정자와 어머니의 난자가 융합되어 생성된 하나의 접합자에 도달하게 된다.

▾그림 8.12 **인간의 생활사.** 각 세대에서 수정의 결과로 염색체 수가 두 배로 늘어나는 것은 감수분열 동안 염색체 수가 반으로 줄어듦으로써 상쇄된다.

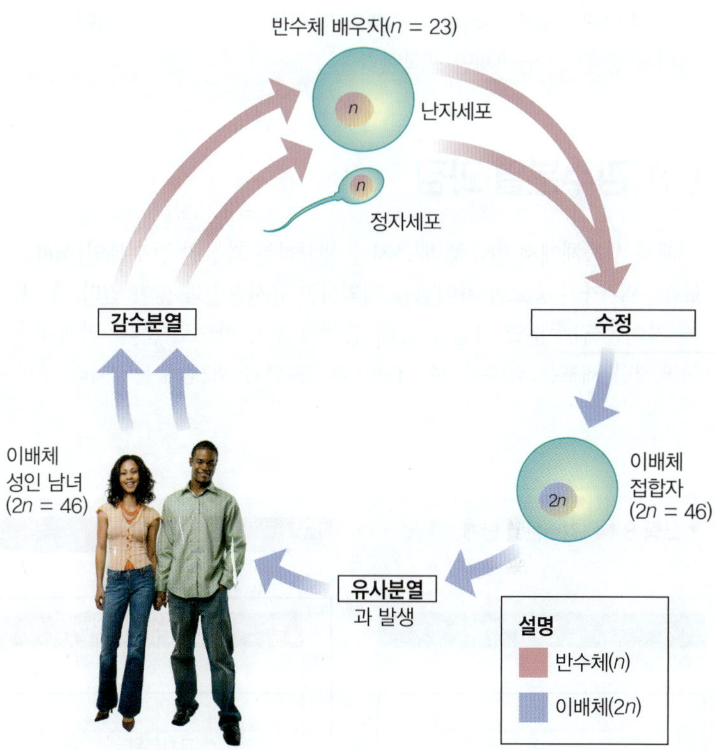

감수분열에 의해 반수체 배우자를 생산되기 때문에 세대마다 염색체의 수가 두 배씩 늘어나는 일이 생기지 않게 된다. 이것을 설명하기 위해 그림 8.13은 한 쌍의 상동염색체를 가지고 알아본다. ❶ 각 염색체는 간기(유사분열 전) 동안에 복제된다. ❷ 첫 번째 분열인 제1감수

▾그림 8.13 **염색체의 수를 반으로 줄이는 감수분열의 방식.**

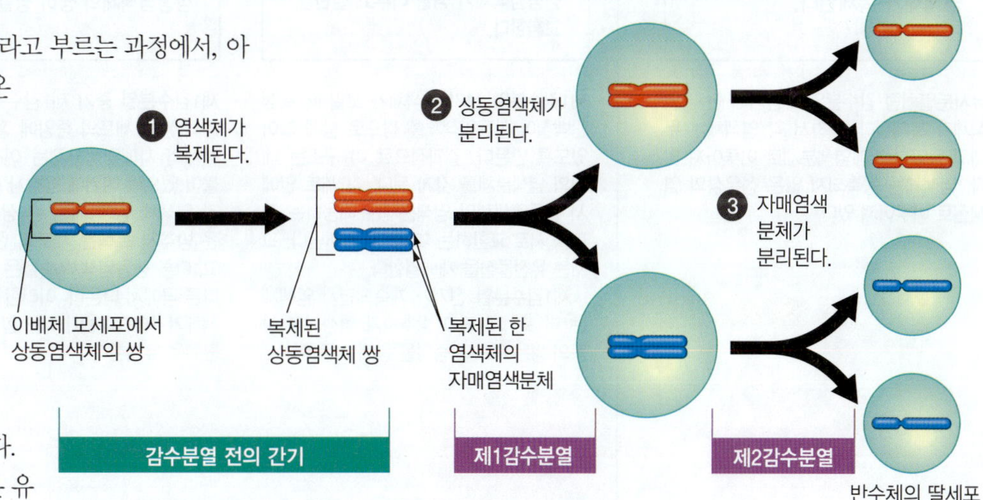

분열 때 2개의 상동염색체 쌍은 분리되어 서로 다른 딸세포(반수체)에 들어가게 된다. 그러나 각 염색체는 여전히 두 개다. ❸ 제2감수분열은 자매염색분체를 분리한다. 4개의 딸세포 각각은 반수체이며, 상동염색체 쌍 중 한 염색체만 포함한다.

8.8 감수분열 과정

이배체 생물체에서 반수체 배우자를 생산하는 과정인 **감수분열(meiosis)**은 두 가지 중요한 차이점을 제외하곤 유사분열과 닮아 있다. 첫 번째 차이는 감수분열 과정을 통해 염색체 수가 반으로 준다. 염색체를 복제했던 세포는 감수분열에서 제1감수분열과 제2감수분열이라 부르는 연속된 분열을 수행한다. 한 번의 염색체 복제 후 2회 연속 분열하므로 감수분열로 생긴 네 개의 딸세포는 시작 세포가 가진 염색체의 반에 해당하는, 반 세트의 염색체를 가진다.

감수분열의 두 번째 차이는 상동염색체 간에 유전물질(염색체의 조각들)의 교환이 일어난다. 교차라 부르는 이러한 교환은 제1감수분열 전기에서 일어난다. 우선 4개의 염색체를 가진 동물세포에서 일어나는 감수분열의 단계들을 그림으로 상세하게 묘사되고, 그 아래쪽에 설명도 붙어 있는 **그림 8.14**를 가지고 알아보자.

우리가 그림 8.14를 볼 때 상동염색체와 자매염색분체 사이의 차이를 잊지 않아야 한다. 한 상동염색체 쌍의 두 염색체는 각각 다른 어버이, 즉 하나는 어머니 다른 하나는 아버지로부터 물려받은 개별 염색체이다. 그림 8.14(와 다음 그림)에서 한 쌍의 상동염색체의 각 염색체를

▼**그림 8.14 감수분열 단계.**

제1감수분열: 상동염색체가 분리된다

간기

중심체
핵막
응축되지 않은 염색체

염색체가 복제된다.

유사분열처럼 감수분열도 간기에 먼저 염색체가 복제된다. 따라서 각 염색체는 두 개의 동일한 자매염색분체로 이루어져 있다. 염색체는 응축되지 않은 섬유상의 염색질로 이루어져 있다.

제1감수분열 전기

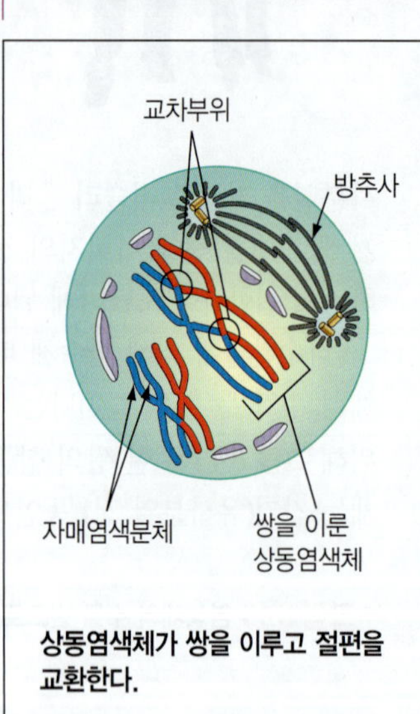

상동염색체가 쌍을 이루고 절편을 교환한다.

제1감수분열 전기 염색체가 꼬일 때 특정 단백질이 상동염색체를 쌍으로 함께 붙어 있도록 만든다. 결과적으로 이 구조는 네 개의 염색분체를 갖게 된다. 각 세트 안에서 상동염색체의 염색분체는 대응하는 절편을 서로 교환하는 "교차"가 일어난다. 교차는 유전물질을 재배열한다.

제1감수분열 전기가 계속되면서 염색체는 더 꼬이게 되고 방추사가 형성되고 상동의 쌍은 세포의 중앙을 향해 이동한다.

제1감수분열 중기

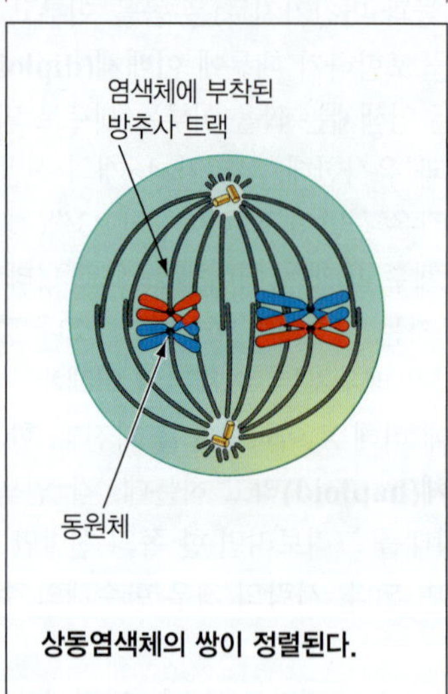

상동염색체의 쌍이 정렬된다.

제1감수분열 중기 제1감수분열 중기에 상동의 쌍은 세포의 중앙에 정렬한다. 각 염색체의 자매염색분체는 여전히 동원체에 붙어 있으며 여기에 방추사 트랙이 붙는다. 각 염색체 쌍에 대해 한 상동염색체에 붙은 방추사 트랙은 세포의 한 극에서 나오고, 다른 상동염색체에 붙은 트랙은 세포의 다른 극에서 나온다. 이러한 배열은 상동염색체가 세포의 반대극을 향해 이동하도록 균형을 유지한다.

제1감수분열 후기

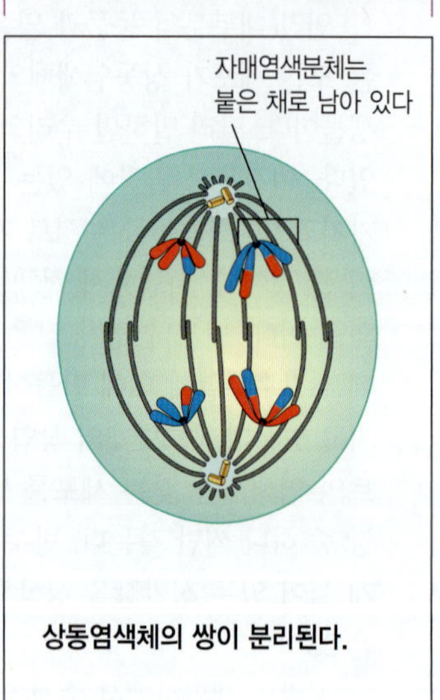

상동염색체의 쌍이 분리된다.

제1감수분열 후기 각 쌍의 상동염색체 사이의 부착은 부서져 이제 염색체는 양극을 향하여 이동한다. 유사분열과 비교해 보면 자매염색분체가 분리되지 않고 하나의 쌍으로 이동한다. 이들이 서로 분리되는 것이 아니고, 이들의 상동의 짝이 서로 분리된다.

크기와 모양을 동일하게, 그러나 서로 다른 색(적색과 청색)으로 표시하고 있다. 감수분열 직전의 간기에서 각 상동염색체는 자매염색분체를 형성하기 위해 복제되는데, 이 자매염색분체는 제2감수분열 후기가 될 때까지는 서로 붙은 채로 남아 있다. 교차가 일어나기 전의 자매염색분체는 서로 똑같으므로 둘 다 똑같은 유전자 버전을 갖는다. ✓

> **✓ 체크포인트**
>
> 18개의 염색체를 갖는 이배체세포 하나가 감수분열해서 정자를 형성하게 되면, 그 결과로 각각 _______개의 염색체를 갖는 _______개의 정자가 만들어질 것이다.
>
> 답: 9; 4

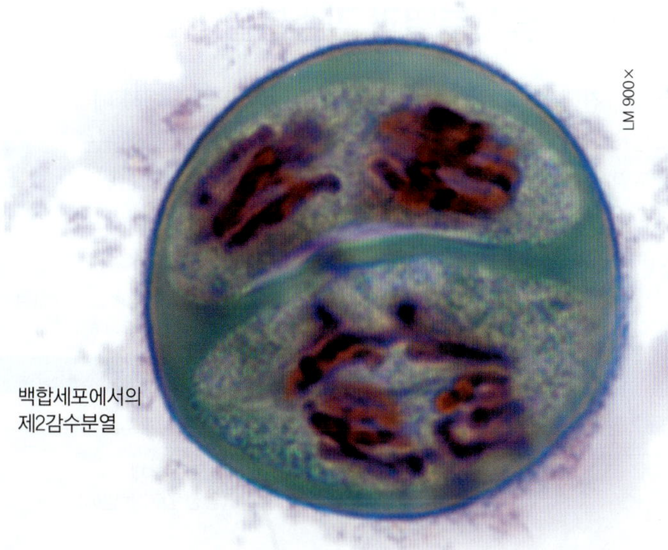

백합세포에서의 제2감수분열

제2감수분열: 자매염색분체가 분리된다

제1감수분열 말기와 세포질분리

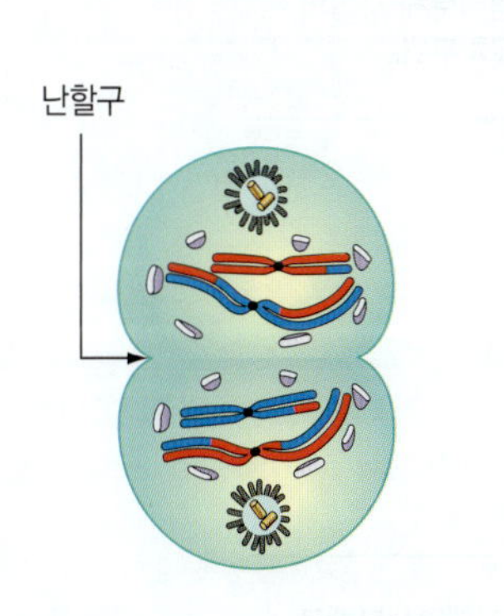

두 개의 반수체 세포가 형성된다; 염색체는 여전히 복제된 그 상태로 남아 있다.

제1감수분열 말기와 세포질분열 제1감수분열 말기에 염색체들은 세포의 양극에 도착한다. 이들의 여행이 끝날 때 각 극은 각 염색체가 여전히 복제된 상태로 있지만 반수체의 염색체 세트를 갖게 된다. 통상 세포질분열은 제1감수분열 말기와 같이 진행되며 2개의 반수체 딸세포를 형성한다.

제2감수분열 전기

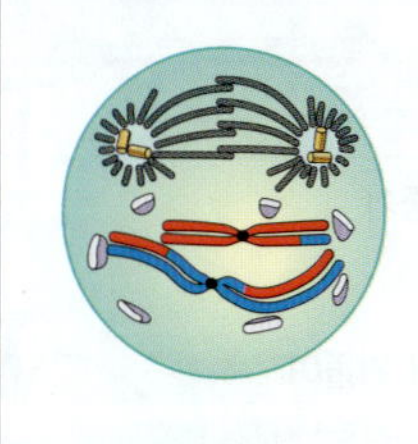
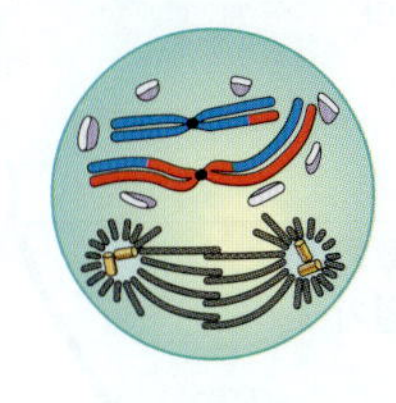

제2감수분열 중기

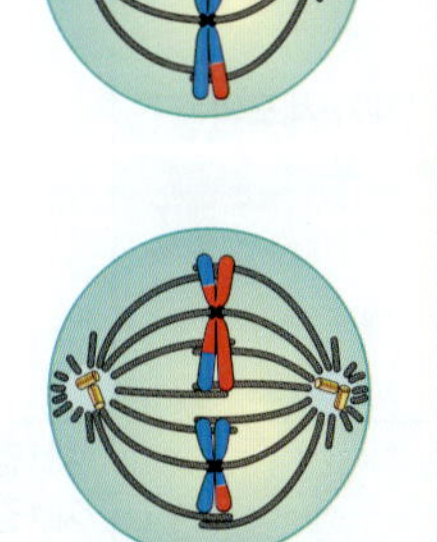

제2감수분열 후기

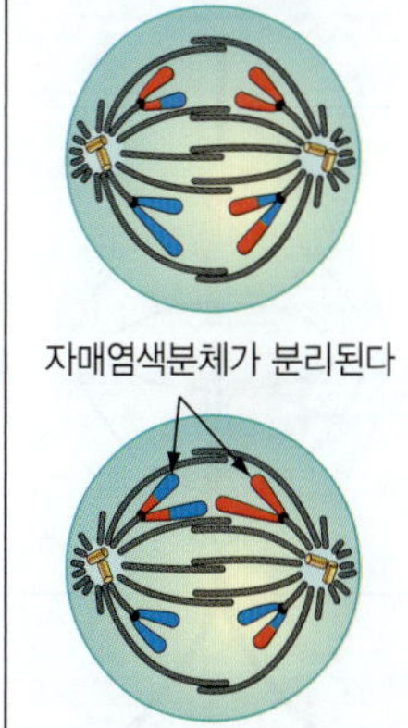

제2감수분열 말기와 세포질분리

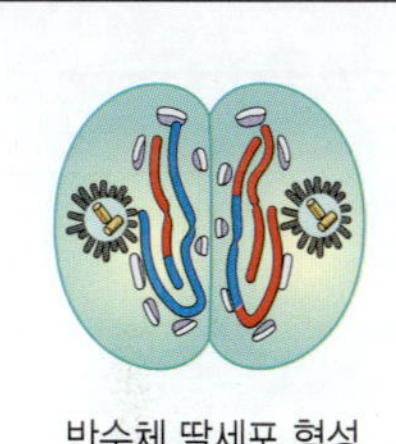

반수체 딸세포 형성

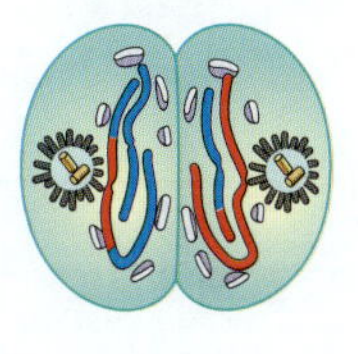

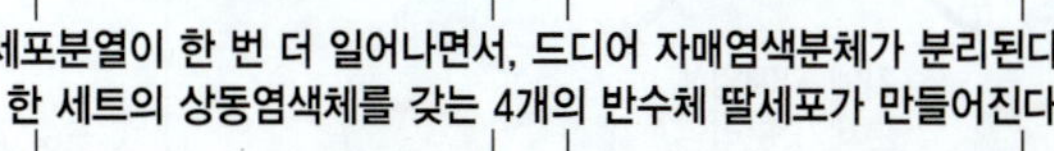
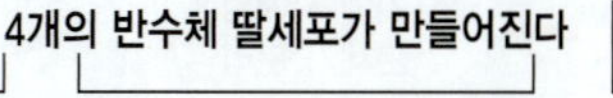
세포분열이 한 번 더 일어나면서, 드디어 자매염색분체가 분리된다; 한 세트의 상동염색체를 갖는 4개의 반수체 딸세포가 만들어진다

제2감수분열의 과정 제2감수분열은 근본적으로 유사분열과 같다. 중요한 차이는 앞선 간기와는 달리, 염색체가 복제되는 상황 없이 반수체 세포로 시작한다는 점이다.

제2감수분열 전기에서는 방추사가 형성되고 그리고 염색체가 세포의 중앙을 향해 이동한다. 제2감수분열 중기에는 염색체가 유사분열에서처럼 양극에서 나온 트랙들이 각 염색체의 자매염색분체에 부착된 상태로 정렬한다.

제2감수분열 후기에는 자매염색분체의 동원체가 분리되고, 각 쌍의 자매염색분체는 세포의 양극으로 이동한다. 제2감수분열 말기에는 핵이 세포의 양극에서 형성되고, 동시에 세포질분열이 일어난다. 반수체 염색체를 갖는 4개의 딸세포가 만들어진다.

8.9 복습: 유사분열과 감수분열의 비교

지금까지 진핵생물의 세포가 분열하는 두 가지 방법에 대해 배웠다(그림 8.15). 성장과 조직의 치료, 또 무성생식을 하게 해주는 유사분열은 모세포와 유전적으로 똑같은 딸세포를 만들어낸다. 유성생식에 필수적인 감수분열은 반수체(상동염색체 쌍 중 하나만을 갖는 세포)로 된 유전적으로 고유한 딸세포를 생산한다.

유사분열과 감수분열 두 경우 모두, 분열에 앞서 간기에서 염색체가 한 번 복제된다. 유사분열에서는 핵과 세포질의 분열이 한 번 일어나(복제, 그런 다음 반으로 분열), 2개의 딸세포가 만들어진다. 감수분열에서는 두 번의 핵분열과 세포질분열(복제, 반으로 분열, 그런 다음 다시 반으로 분열)로 4개의 반수체 세포가 만들어진다.

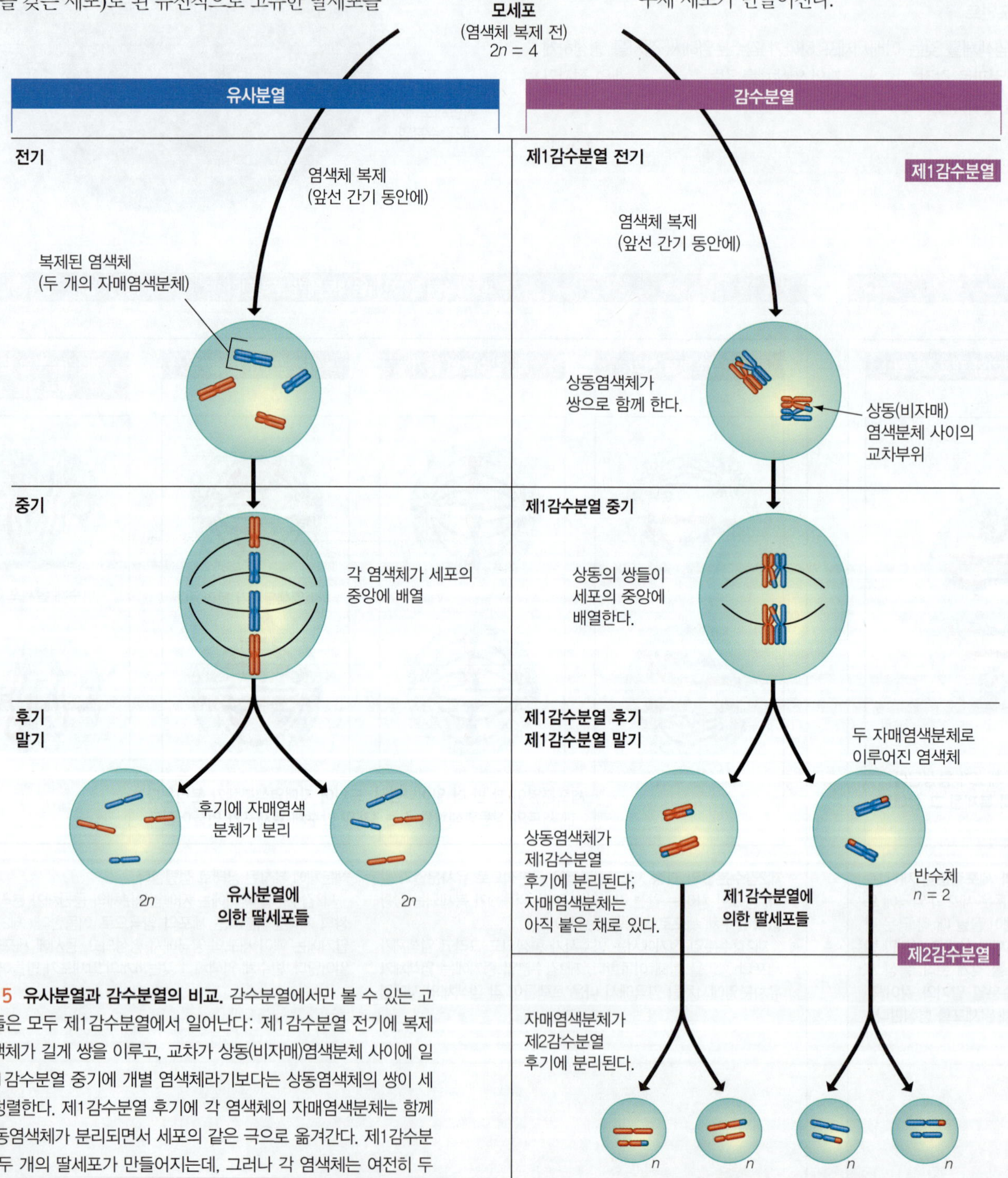

▲그림 8.15 **유사분열과 감수분열의 비교.** 감수분열에서만 볼 수 있는 고유한 사건들은 모두 제1감수분열에서 일어난다: 제1감수분열 전기에 복제된 상동염색체가 길게 쌍을 이루고, 교차가 상동(비자매)염색분체 사이에 일어난다. 제1감수분열 중기에 개별 염색체라기보다는 상동염색체의 쌍이 세포중앙에 정렬한다. 제1감수분열 후기에 각 염색체의 자매염색분체는 함께 머물고, 상동염색체가 분리되면서 세포의 같은 극으로 옮겨간다. 제1감수분열 말기에 두 개의 딸세포가 만들어지는데, 그러나 각 염색체는 여전히 두 개의 자매염색분체를 가지고 있다.

유사분열과 감수분열을 비교함에 있어 그림 8.15는 4개의 염색체를 갖는 이배체 세포를 가지고 시작하고 있다. 이미 언급했듯이 상동염색체는 서로 동일한 크기를 갖는다. 적색 염색체는 어머니로부터 청색 염색체는 아버지로부터 물려받은 것이라고 가정하자. 감수분열에 고유한 모든 사건들은 제1감수분열 동안에 일어난다. 자매염색분체가 분리되는 관점에서만 본다면 제2감수분열은 사실상 유사분열과 똑같다. 그러나 유사분열과 달리 제2감수분열은 반수체의 염색체 세트를 가진 딸세포를 생성한다. ✓

✓ 체크포인트

유사분열과 감수분열 모두 염색체 복제가 먼저 일어난다는 것이 참인지 아니면 거짓인지 말해보시오.

답: 참

8.10 유전변이의 기원

앞에서 배웠듯이 유성생식으로 태어난 자손은 유전적으로 부모와도 다르며 형제자매끼리도 서로 다르다. 감수분열이 어떻게 그러한 유전변이를 만들어내는가?

염색체의 독립분리

그림 8.16은 감수분열이 유전다양성에 기여하는 하나의 방법을 보여주고 있다. 이 그림은 제1감수분열의 중기에 상동염색체의 배열이, 만들어지는 배우자에 어떻게 영향을 미치는지를 보여주고 있다. 상동염색체를 구별하기 위해, 서로 다른 색(어머니로부터 물려받은 염색체는 적색으로, 아버지로부터 물려받은 염색체는 청색으로 표시)으로 표시된 4개의 염색체(상동염색체 두 쌍)를 가진 가상의 이배체 생물을 다시 한 번 예로 사용한다.

제1감수분열의 중기에 배열될 때, 각 상동염색체 쌍이 나란히 서는 방향은 적색 또는 청색 염색체가 왼쪽에 아니면 오른쪽에 위치하든 어느 경우도 가능한 확률의 문제이다. 따라서 이 예에서 제1감수분열의 중기에 염색체 쌍이 배열될 수 있는 두 가지의 가능한 방법이 있다. 첫 번째 가능성은 그 염색체 쌍이 같은 쪽에 둘 다 적색인 염색체로 방향으로 위치를 잡는 것이다(청색/적색 그리고 청색/적색). 이 경우에는 제2감수분열이 끝날 때쯤 생산되는 각 배우자는 적색 아니면 청색 염색체만 갖는다(조합 a와 b). 두 번째 가능성은 그 염색체 쌍이 서로 다르게 위치를 잡는 것이다(청색/적색 그리고 적색/청색). 이러한 배열은 적색 염색체 하나와 다른 청색 염색체 하나를 갖게 된다(조합 c와 d). 따라서 이 예에서 보여준 두 가지 가능한 배열로 이 생물은 서로 다른 네 종류의 염색체를 갖는 배우자가 생산된다. 사람처럼 두 쌍보다 많은

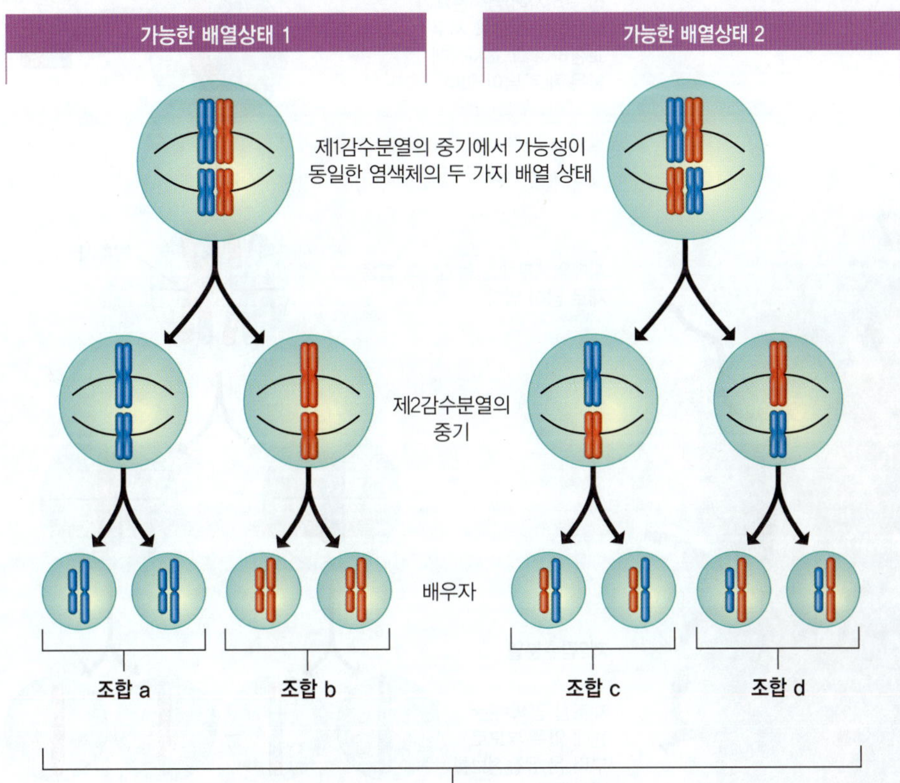

◀ 그림 8.16 **제1감수분열의 중기에서 염색체가 어떻게 배열되느냐에 따라 그 결과의 상이함.** 반수체 배우자에서 어느 염색체끼리 서로 함께 할 것인지는 제1감수분열 중기에서의 염색체 배열 상태에 따라 결정된다.

염색체를 갖는 종의 경우 제1감수분열의 중기에 모든 염색체 쌍은 서로에 대해 독립적으로 위치를 잡을 수 있다. (염색체 X와 Y는 감수분열시 상동염색체처럼 행동한다.)

어떤 종에서 배우자에서 나타날 수 있는 염색체 조합의 총 수는 2^n으로 표시할 수 있는데, 여기서 n은 반수체 염색체의 수를 나타낸다. 그림 8.16에 있는 가상의 생물의 경우 $n = 2$이므로 염색체 조합의 총 수는 2^2인 4가 된다. 사람($n = 23$)의 경우 2^{23}, 즉 염색체 조합의 총 수는 놀랍게도 약 800만이나 된다. 이것은 한 사람이 만든 모든 배우자 각각은 모계와 부계 염색체의 약 800만의 가능한 조합 중의 하나를 가지고 있음을 의미한다. 약 800만 종류나 되는 사람의 난자 하나와 약 800만 종류나 되는 사람의 정자 하나가 무작위로 수정이 일어난다고 생각해 보면(**그림 8.17**), 놀랍게도 한 명의 남자와 한 명의 여자가 염색체 조합의 경우의 수가 64조나 되는 서로 다른 접합자를 만들어낼 수 있음을 알 수 있다.

교차

지금까지 염색체 수준에서 배우자와 접합자의 유전다양성에 대해 초점을 맞추어 왔다. 이제부터 제1감수분열의 전기에 일어나는 상동염색체의 비자매염색분체 사이의 대응하는 절편의 교환, 즉 **교차(crossing over)**에 대해 자세히 살펴보자. **그림 8.18**은 두 상동염색체 사이의 교차와 이들로 인해 얻어진 배우자를 보여주고 있다. 교차가 시작되는 제1감수분열 전기의 아주 초기 시점에 상동염색체들은 유전자간 정확한 대응배열을 한 상태로 긴 축을 따라 아주 가깝게 쌍을 이룬다.

비자매염색분체, 즉 상동 쌍의 어머니의 염색분체 하나와 아버지의 염색분체 하나 사이에 절편의 교환이 일어나면 배우자의 유전다양성이 더욱 증가된다. 그림 8.18에서 교차가 일어나지 않으면 감수분열은 두 유형의 배우자만 생산하게 되는데, 하나는 결국 어버이의 염색체와 정확히 일치하는 염색체가 되거나, 아니면 다른 하나는 모두 청색이거나 모두 적색인 염색체를 갖는다(그림 8.16의 가능성 1에서처럼). 하지만 교차가 일어나면 일부는 어머니로부터, 일부는 아버지로부터 온 염색

▼**그림 8.17 가까이서 본 수정의 과정.** 여러 개의 정자가 하나의 난자에 접촉하고 있는 것을 볼 수 있다. 단 한 개의 정자만이 자신의 염색체를 더해서 하나의 접합자가 만들어진다.

▼**그림 8.18 감수분열 과정에서 한 쌍의 상동염색체에 대한 교차의 결과.** 실제 세포는 다수의 상동염색체 쌍을 가지므로 엄청나게 다양한 재조합 염색체를 가진 배우자들이 만들어진다.

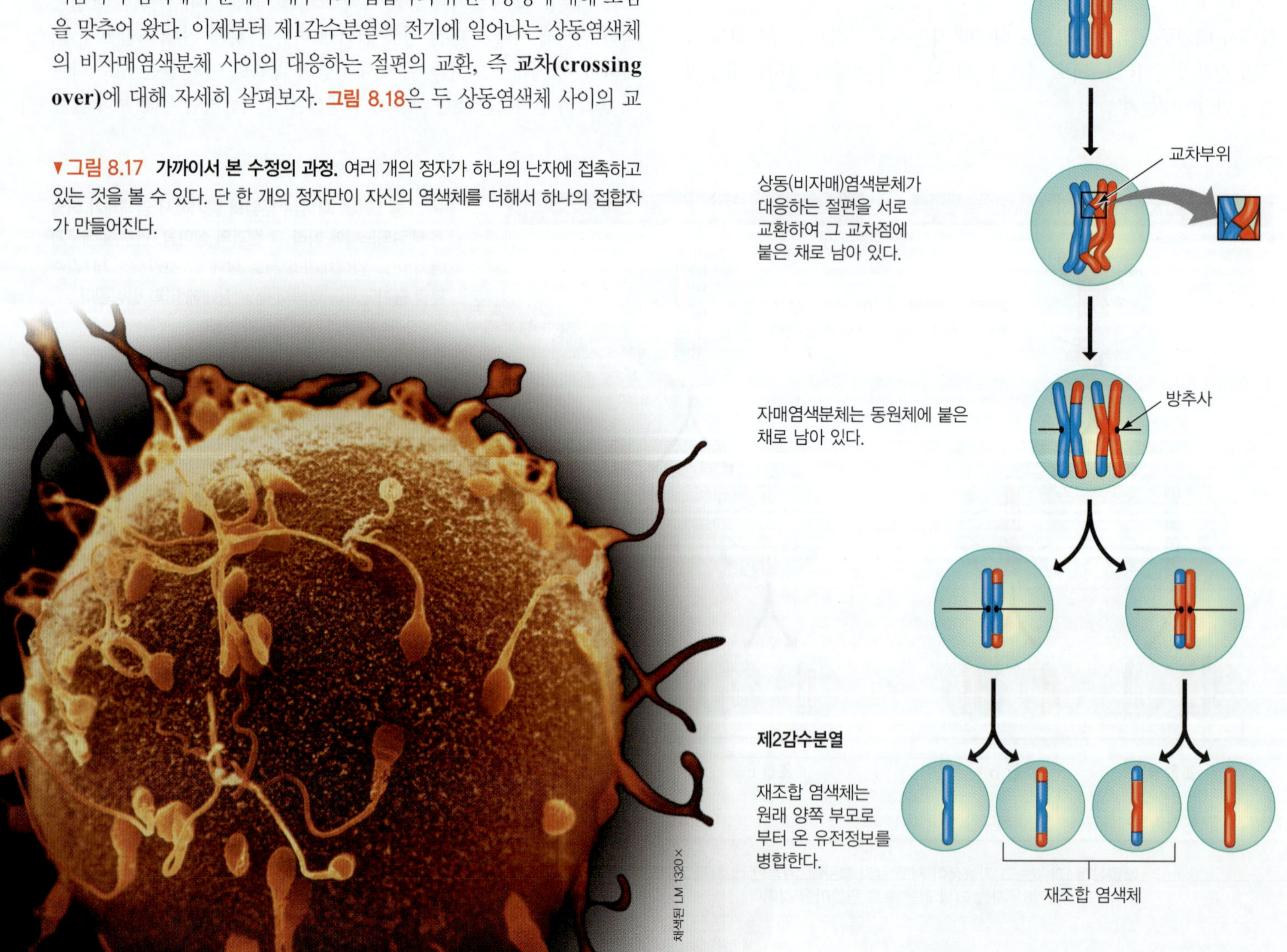

체를 가진 배우자가 만들어진다. 이런 염색체를 "재조합체"라고 부르는데, 그 이유는 이들이 부모한테 받은 염색체와는 다른 유전자 조합을 만들어내는 유전자 재조합의 결과물이기 때문이다.

대부분의 염색체는 수천 개의 유전자를 포함하고 있기 때문에, 한 번의 교차만으로도 많은 유전자가 영향을 받을 수 있다. 다중교차가 각 상동염색체 쌍에서 일어날 수 있다는 것을 생각해 보면, 배우자와 이들로부터 생긴 자손이 매우 다양할 수 있다는 것이 놀랄 만한 일도 아니다. ✓

✓ 체크포인트

감수분열 과정에서 배우자들이 유전변이를 갖게 해주는 두 가지 사건을 말해보시오. 이들은 각각 감수분열의 어느 단계에서 일어나는가?

답: 제1감수분열 전기에서의 교차와 제1감수분열 중기에서 상동염색체의 독립적인 배열

과학연구의 과정 | 성이 있는 생명과 성이 없는 생명

모든 동물이 성을 가지는가?

배경

『우리와 함께하는 생물학』에서 언급했듯이 얼룩말상어와 같은 일부 종은 유성적인 방법과 무성적인 방법 둘 다를 사용하여 생식할 수 있다. 일부 동물종이 무성적으로도 생식할 수 있다 하더라도, 무성적으로만 생식할 수 있는 동물은 거의 없다. 사실 진화생물학자는 무성생식을 진화의 막다른 곳(이 이유에 대해서는 이 장의 말미에 있는『진화와 연결』에서 논의할 것이다)으로 생각해 왔다.

무성생식이 기본적인 생식방법으로 보이는 사례를 조사하기 위해 하버드대학의 연구자는 담륜충이라 부르는 동물을 가지고 연구하였다 (그림 8.19a). 거의 대부분이 현미경적 담수 무척추동물인 이 강에는 약 460종 정도가 있다. 수백 년의 관찰에도 불구하고 수컷 담륜충이나 유성생식의 증거를 발견한 사람은 아직까지도 아무도 없다. 이 강 전체 동물들이 수천만년동안 오직 무성적 방법으로만 생식해 왔는가?

방법

대부분의 종에서는 상동염색체 쌍에서 한 유전자의 두 버전은 유성생식 동안에 유전자의 끊임없는 교환으로 인해 매우 비슷하다. 한 종이 유성생식 없이 수백만 년 동안 살아왔다면 연구자들이 추론하기로는 상동유전자의 DNA 서열은 독립적으로 축적되어야만 하고, 이 유전자의 두 버전은 시간이 지나감에 따라 서로 크게 달라졌어야 한다. 연구자들은 담륜충에서, 또 유성생식을 하는 담륜충과 가까운 연관종에서 일련의 유전자의 서열을 비교하였다.

결과

이들의 결과는 놀라웠다(그림 8.19b). 유성적으로 번식하는 비담륜충에서 그 유전자의 상동성 버전은 99.5%가 동일하였고, 평균적으로 0.5%만 차이가 있었다. 이에 비해 담륜충에서는 동일한 유전자의 버전에서는 46~

과학자처럼 생각하기

한 식물학자가 브라질의 수도원에서 자라는 나무가 씨 없는 오렌지를 생산한다는 것에 주목하였다. 오늘날 살아 있는 모든 네이블오렌지 나무는 이 단일 돌연변이체에서 파생된 것이다. 네이블오렌지와 담륜충은 어떤 공통적인 원리를 보여주고 있는가?

답은 부록 C를 참조.

▼그림 8.19 담륜충에 관한 연구.

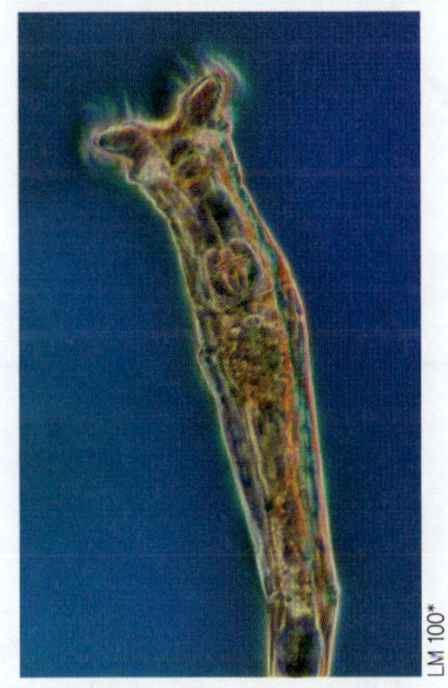

(a) 460종 이상의 담륜충 중의 하나

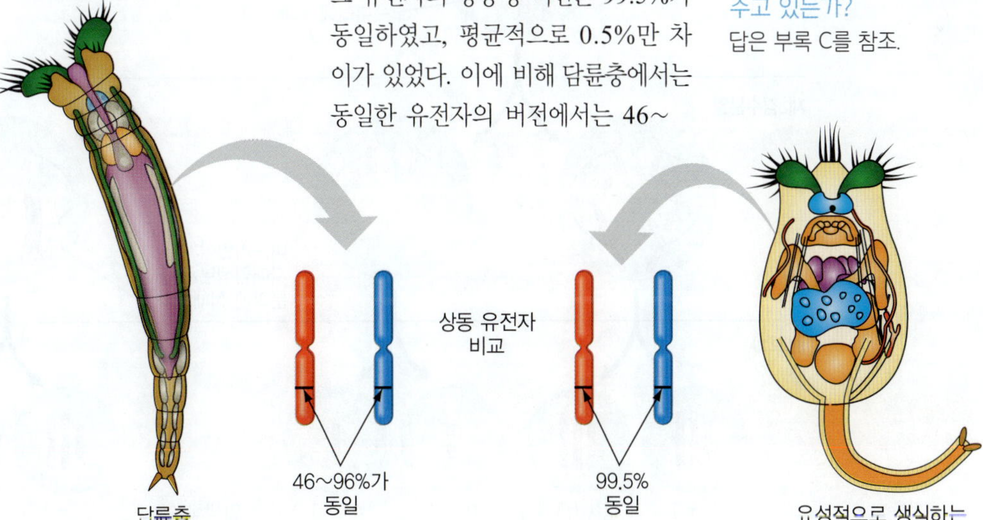

(b) 담륜충의 염색체가 유성적으로 생식하는 비담륜충의 것과 같이 행동하는지를 알아 보기위한 실험

96%가 같았으며, 4~54%의 차이가 있었다. 이 자료는 담륜충은 성관계 없이 수백만 년 동안 진화했다는 강력한 증거를 제공하고 있다. 최근의 연구에 따르면 이 매혹적인 생물들은 실제로 지금까지 알려지지 않은 어떤 유형의 유성생식을 아주 드물게 행할 수도 있다는 것을 암시하고 있지만, 그것이 무엇인지, 그것이 어떻게 작동하는지는 여전히 알 수 없는 상태로 남아 있다. 담륜충에 대한 연구는 일반적인 원칙을 보여주고 있는데, 그것은 특이한 사례를 탐색하면 자연에 대한 일반적인 통찰력을 얻을 수 있다는 것이다. 이 경우에서처럼 작고 모호한 이 생물에 대한 연구는 모든 동물의 생물학에서 가장 큰 질문 중 하나인 "왜 성이 있는지"에 대한 해결의 실마리를 던져주고 있다.

8.11 감수분열이 잘못되면

지금까지 우리는 감수분열이 정상적으로 그리고 정확하게 일어날 때에 초점을 맞추어 왔다. 그러나 만약 이 과정에서 잘못이 일어나면 어떤 일이 생기는가? 이러한 실수는 가벼운 정도에서부터 중한 정도, 더 나아가 치명적인 정도까지의 유전적 이상을 일으킨다.

감수분열 동안에 일어난 사고가 염색체 수를 어떻게 변화시키나

우리 몸 안에서 정소와 난소가 배우자를 만들 때마다 감수분열은 반복적으로 일어난다. 거의 항상 염색체는 어떠한 실수도 없이 딸세포에 균등하게 분배한다. 그러나 때로는 염색체 쌍이 말기에 분리되지 않는 **비분리현상(nondisjunction)**이라고 부르는 불행한 사고가 일어난다. 비분리현상은 제1감수분열이나 제2감수분열 동안에 일어날 수 있다(그림 8.20). 어느 경우이던 간에 이 결과로 비정상적인 염색체 수를 갖는 배우자가 생겨난다.

그림 8.21은 비분리현상에 의해 생긴 비정상적인 배우자가 정상적인 배우자와 수정해서 합쳐질 경우 일어날 수 있는 상황을 보여준다. 정상적인 정자가 염색체 수가 하나 더 많은 난자와 수정을 하면 그 결과 $2n + 1$의 염색체 수를 갖는 접합자가 만들어진다. 이제 유사분열은 모든 배아세포에 이런 이상을 옮긴다. 이 개체가 생존하더라도 비정상

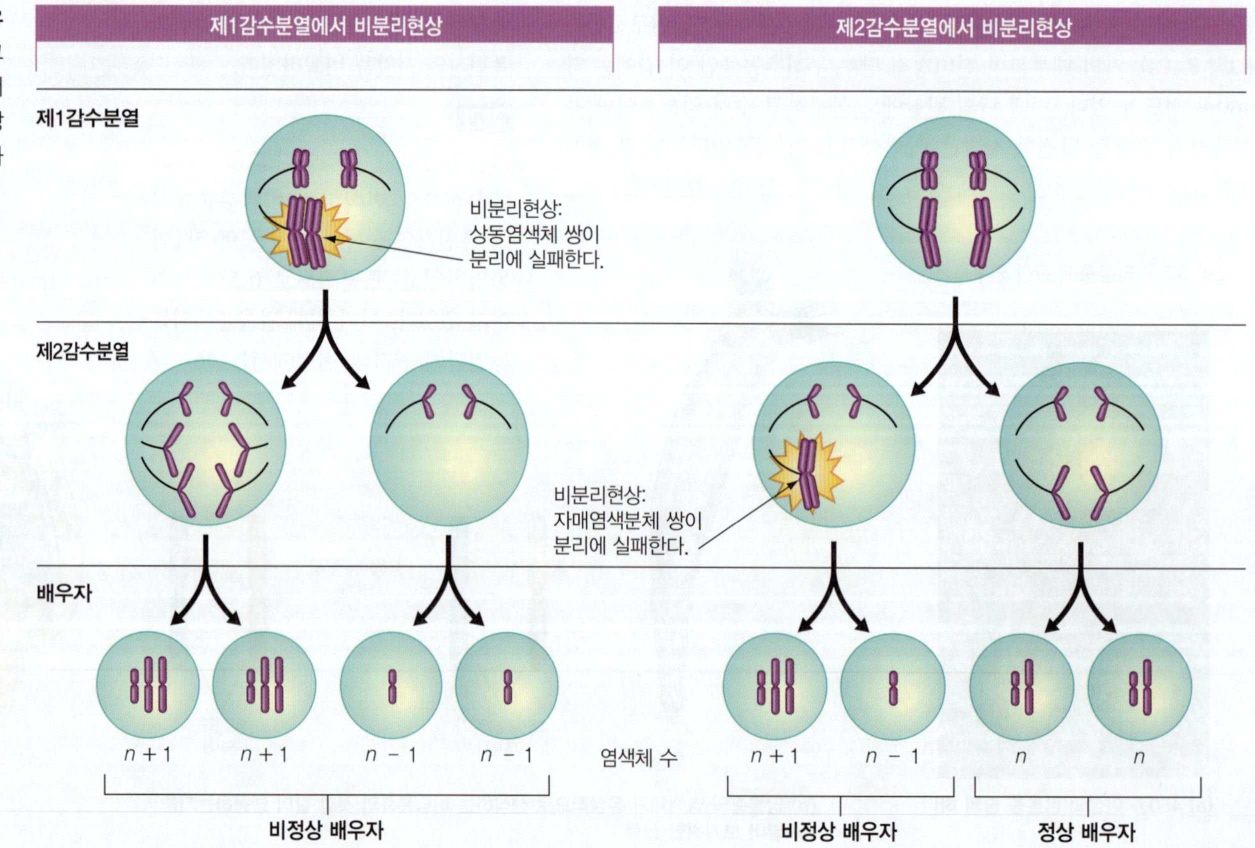

► **그림 8.20 두 유형의 비분리현상.** 그림에 있는 두 예에서 맨 위의 세포는 두 쌍의 상동염색체를 가진 이배체($2n$)이다.

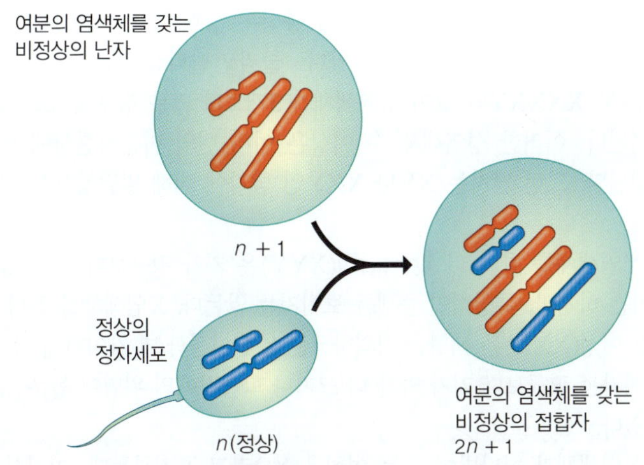

▲그림 8.21 **어머니한테서 비분리현상이 일어난 다음에 수정.**

적인 핵형과 아마도 비정상적인 유전자 수에 의해 야기되는 장애 증후군을 갖게 될 것이다. 비분리현상이 인간의 임신에 있어서 10~30% 정도 관여하는 것으로 추정되며, 유산의 주된 원인이기도 하다. 이제부터 생존형 비분리현상의 특정 사례를 살펴보게 될 것이다. ✓

✓ 체크포인트

감수분열에서 비분리현상이 어떻게 이배체 배우자를 생기게 할 수 있는지 설명해 보시오.

답: 이배체 배우자는 제1감수분열이나 또는 제2감수분열 동안 모든 염색체에서 비분리현상이 일어나면 이배체 배우자가 생기게 될 것이다.

다운증후군: 여분의 21번 염색체

그림 8.11은 정상적인 사람의 23개의 염색체 쌍을 보여준다. 이것을 그림 8.22에 있는 핵형과 비교해 보자. 이 경우에는 두 개의 X염색체를 가지고 있다(여성의 것이므로)는 것 외에도, 그림 8.22에서 보듯 21번 염색체 3개를 가지고 있다. 이 사람은 21번 염색체가 삼배체(보통은 이배체인 경우와는 달리)가 되어, 총 47개의 염색체를 가지다. 이런 경우 **삼염색체성21(trisomy 21)**이라 부른다.

대부분의 경우 비정상적인 염색체 수를 갖는 배아는 출생 전에 유산되는데, 종종 자신이 임신되었다는 사실조차도 알아차리지 못하는 경우도 있다. 사실 일부 의사들은 유전적 결함으로 인해 일어난 유산은 전체 임신 중 명확히 알기는 어렵지만 거의 1/4을 차지할 것이라 추측하고 있다. 하지만 일부 염색체 수 이상은 유전적 균형을 심하게 해치지 않기 때문에, 이런 이상을 가진 사람이 종종 생존할 수 있다. 이런 사람들은 보통 증후군이라는 특징적인 증상을 나타낸다. 예를 들면 삼염색체성21인 사람은 **다운증후군(Down syndrome)**이라 부르는 병(1866년 이 병을 처음으로 기술한 영국인 의사, 존 다운의 이름에서 따온)을 갖게 된다.

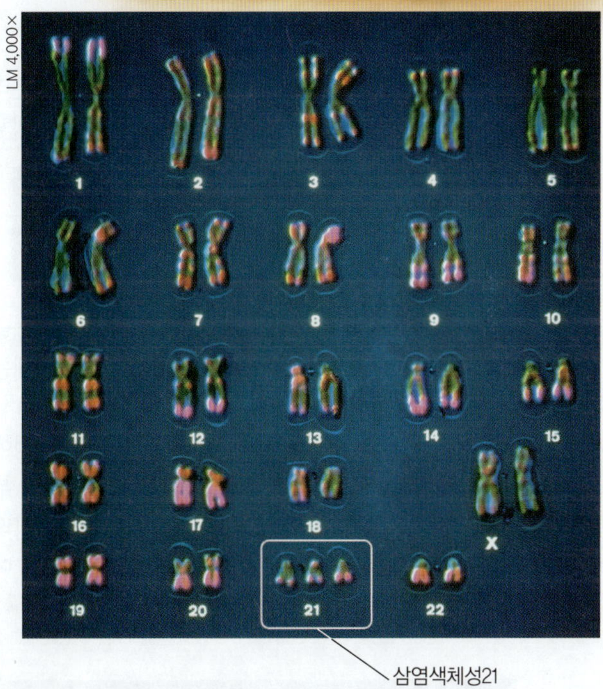

▲그림 8.22 **삼염색체성21과 다운증후군.** 이 어린이는 다운증후군의 특징적인 얼굴 모습을 보여준다. 핵형(아래쪽)은 삼염색체성21을 보여준다. 21번 염색체가 3개임을 주목하자.

삼염색체성21은 어린이 850명당 1명꼴로 나타나며, 가장 흔하게 발생하는 염색체 수 이상으로 미국에서 가장 빈번하게 발생하는 신생아 기형이다. 다운증후군은 작은 키, 심장장애, 그리고 백혈병과 치매에 걸리기 쉬운 성질뿐만 아니라, 자주 눈 안쪽에 접힌 피부, 둥근 얼굴과 납작한 코의 특징적인 얼굴 모양을 하고 있다. 다운증후군을 가진 사람들은 일반적으로 정상인보다 수명이 짧다. 또한 정도가 서로 다른 정신장애를 보여준다. 하지만 증후군을 가진 사람이 중년 넘어서까지 살기도 하며, 많은 사람들이 굉장히 사교적이어서 사회 안에서 잘 살아갈 수 있다.

이유는 알지 못하나 다운증후군의 위험은 어머니의 나이가 많을 수록 증가하는데, 나이가 40인 어머니의 경우에는 그 위험수준이 약 1%까지 치솟는다. 따라서 35세 이상의 임산부의 태아는 태아 염색체진단(9장 참조)의 대상자가 된다. ✓

✓ 체크포인트

에이즈에서와 같이 어떤 질병을 "증후군"으로 언급하는 것은 어떤 의미를 갖는가?

답: "증후군"은 여러 증상이 다 복합적인 증상을 보인다.

비정상적인 성염색체의 수

삼염색체성21은 상염색체의 비분리현상이다. 감수분열에서의 비분리현상이 성염색체 X와 Y의 수에서도 이상을 일으킬 수 있다. 성염색체 수의 이상은 상염색체 수의 이상에 비해 유전적 균형에 덜 영향을 미친다. Y염색체는 매우 작아 다른 염색체보다 훨씬 적은 유전자를 포함하고 있기 때문에 이런 일이 일어날 수 있다. 더욱이 포유류의 세포는 기능적인 X염색체 하나만으로도 정상적으로 기능을 수행할 수 있는데, 그 이유는 각 세포에서 나머지 하나의 X염색체는 불활성화된 상태로 있기 때문이다(11장 참조).

잘못된 염색체 수로 복제되면 거의 항상 치명적이다.

표 8.1은 가장 흔한 사람의 성염색체 이상을 보여주고 있다. 남성에서 X염색체가 하나 더 많아 XXY가 되면 클라인펠터증후군이라고 부르는 질병이 생긴다. 치료하지 않으면 이 질환을 갖는 남성은 비정상적으로 작은 정소를 가지며, 불임이며, 종종 큰 젖가슴과 그 밖에 다른 여성의 신체적인 특징을 갖는다. 이들 증상은 성호르몬인 테스토스테론을 투여를 통해 완화시킬 수 있다. 클라인펠터증후군은 XXYY, XXXY, XXXXY와 같이 성염색체가 3개보다 많은 경우에서도 역시 발견된다. 이러한 성염색체 수 이상은 여러 번의 비분리현상에 의해 발생된다. 그런 남자는 XY나 XXY인 남자에 비해 발달장애를 갖기 쉽다.

Y염색체를 하나 더 갖는 남성(XYY)은 키가 평균보다 큰 경향이 있기는 하지만, 특징적인 증세를 보이지는 않는다. X염색체를 하나 더 갖는 여성(XXX)은 핵형을 제외하고는 XX 여성과 별 차이가 없다. 그런 여자는 평균보다 키가 약간 더 크거나 학습장애의 위험이 높은 경향이 있다.

X염색체가 하나밖에 없는 여성은 XO라고 표기하는데, 여기서 O는 두 번째 성염색체가 없다는 것을 의미한다. 이러한 여성은 터너증후군을 갖는다. 이들은 일반적으로 키가 작으며, 종종 목과 어깨 사이의 피부확장으로 인한 그물망피부를 포함하여 특징적인 외모를 갖는다. 터너증후군을 갖는 여성은 정상적인 지능을 갖지만, 생식능력은 없다. 치료하지 않으면 이들은 유방을 비롯한 다른 이차성징의 발달이 미미해진다. 에스트로겐 투여로 이들 증상은 완화될 수 있다. XO 질환은 사람에 있어서 45개의 염색체를 갖지만 치명적이지 않은 유일한 경우로 알려져 있다.

사람의 성이 결정되는데 있어서 Y염색체의 결정적인 역할을 주목하자. 일반적으로 X염색체의 수는 관계없이 Y염색체 하나로 생물학적 남성성을 나타내기에 충분하다. Y염색체가 없으면 생물학적 여성성으로 나타나게 된다. ✓

✓ 체크포인트

성염색체 수에 이상이 있는 사람이 상염색체 수에 이상이 있는 사람보다 생존을 더 잘하는 이유는 무엇인가?

답: Y 염색체는 아주 작고, 여분의 X 염색체는 불활성화 되어 있기 때문에

표 8.1 사람에서 성염색체 수 이상

성염색체	증후군	증상
XXY	클라인펠터증후군(남성)	불임, 정소 미발달, 여성의 2차 성징
XYY	없음(정상 남성)	평균보다 약간 큰 키
XXX	없음(정상 여성)	평균보다 약간 큰 키, 약간의 학습장애의 위험
XO	터너증후군(여성)	불임, 미성숙 생식기

진화와 연결 성이 있는 생명과 성이 없는 생명

성이 지닌 이점

이 장에서 우리는 생식이라는 맥락 안에서 세포분열에 대해 탐구해 왔다. 『우리와 함께하는 생물학』에서 토의된 얼룩말상어와 같이 많은 종(수십 종의 동물을 포함하여, 식물계의 경우는 훨씬 더 많음)은 유성적으로도 또한 무성적으로도 생식할 수 있다(그림 8.23). 무성생식의 중요한 이점은 파트너가 필요 없다는 것이다. 따라서 생물이 드문드문 분포하고(예를 들면 고립된 섬에서) 짝을 만나기가 쉽지 않을 때, 무성생식은 진화적 이점을 제공한다. 더 나아가 생물이 안정된 어떤 환경에 최고로 적합하면, 무성생식은 유전적 유산을 고스란히 있는 그대로 물려줄 수 있는 이점을 갖는다. 또한 무성생식은 굳이 배우자를 만드느라, 그리고 파트너와 교미를 하느라 에너지를 써야 할 필요도 없다.

식물에 비해 많은 주요 동물들은 유성적 방법으로 생식한다. 처녀생식을 통해 생식할 수 있는 몇몇 종과 『과학연구의 과정』에서 논의하였던 담륜충과 같은 예외도 있다. 그러나 대부분의 동물이 성을 통해서만 생식을 한다. 따라서 성은 진화적 적응을 강화해야만 한다. 그렇다면 어떻게 그럴 수 있는가? 이에 대한 답은 포착하기 어렵다. 많은 가설들이 감수분열과 수정에서 만들어지는 유전자의 고유한 조합에 초점을 맞춘다. 다양한 유전적 구성을 갖는 자손을 만듦으로써, 유성생식은 변화하는 환경에 신속하게 적응하여 생존을 높일 수 있을 것이다. 또 다른 생각으로는 유성생식에서 유전자를 뒤섞는 것이 해로운 유전자의 발생을 보다 신속히 줄여줄 수 있을 것이다. 그러나 지금도 생물학의 가장 근본적인 질문 중의 하나인 "왜 성을 가지는가?"라는 질문은 진행 중인 많은 연구의 초점이 될 정도로 뜨거운 논쟁의 주제로 남아 있다.

◀ 그림 8.23 **유성생식과 무성생식.** 이 딸기처럼 많은 식물이 (열매를 만들 꽃을 통해) 유성적으로, 그리고 (기는줄기를 통해) 무성적으로 생식하는 능력 둘 다 가지고 있다.

복습

주요 개념의 요약

세포생식은 무엇을 해내나

세포분열이라고도 부르는 세포생식은 유전적으로 똑같은 두 개의 세포를 만든다.

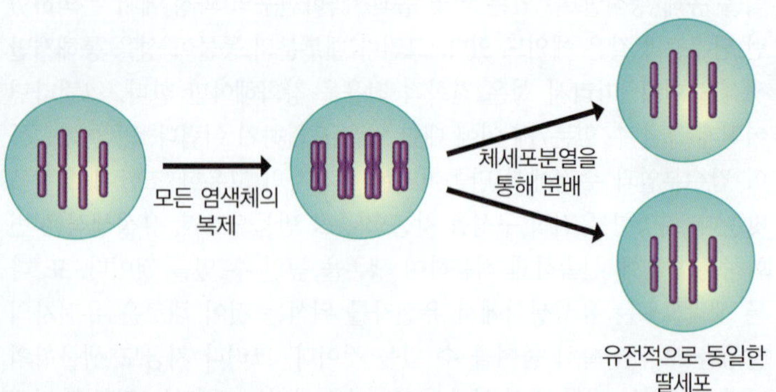

어떤 생물은 생식을 위해 유사분열(보통의 세포분열)을 사용한다. 이것을 무성생식이라 부르며, 이로 인해 태어난 자손들은 홀어버이뿐만 아니라 자손들끼리도 모두 유전적으로 동일하다. 유사분열은 다세포생물이 성장과 발생을 할 수 있게 만들고, 손상되거나 떨어져나간 세포를 대체할 수 있게 해준다. 정자와 난자의 융합에 의해 유성적으로 생식하는 생물은 몸을 이루는 세포(체세포)에 있는 염색체 수의 반만 갖는 배우자를 만들어내는 그러한 유형의 세포분열인 감수분열을 수행한다.

세포주기와 유사분열

8.1 진핵염색체

진핵 유전체의 유전자들은 핵 안에서 다수의 염색체에 나뉘어 있다. 각 염색체는 많은 유전자를 갖고 있는 매우 긴 DNA 분자로 되어 있는데, 이 분자가 히스톤 단백질을 감고 있다. 각 염색체는 꼬여 있어서, 세포가 분열하는 과정에 있을 때만 현미경으로 볼 수 있다. 그 외의 시기에는 가늘고 느슨하게 풀린 염색질 섬유형태로 존재한다.

8.2 복제되는 염색체

염색체가 세포의 과정을 통제하는 데 필요한 유전자를 포함해야 하므로, 이들은 복제되어 딸세포에 나뉘어야 한다. 세포가 분열을 시작하기 전에 염색체는 복제되어 동원체에 서로 달라붙어 있는 자매염색분체(똑같은 DNA로 된)를 만든다.

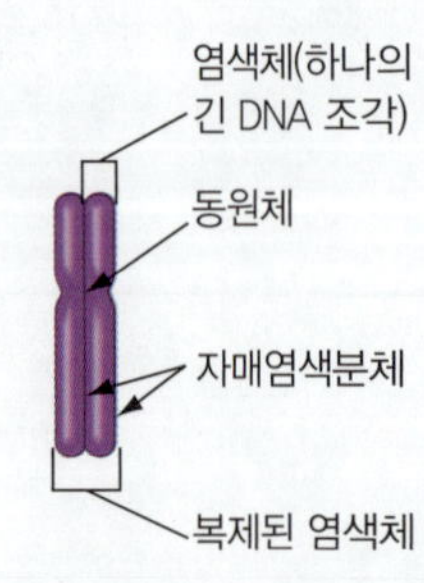

8.3 세포주기

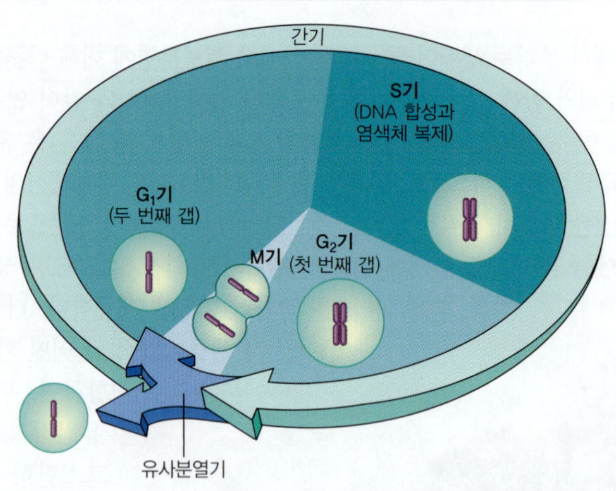

8.4 유사분열과 세포질분열

유사분열은 전기, 중기, 후기, 말기의 4단계로 나눈다. 유사분열이 시작되면 염색체는 꼬이고 핵막이 파괴된다(전기). 그 다음 미소세관 트랙으로 만들어진 유사분열 방추사가 염색체를 세포중앙으로 이동시킨다(중기). 자매염색분체가 분리되어 세포의 양극으로 이동하고(후기), 두 개의 새로운 핵이 형성된다(말기). 세포질분열은 유사분열의 끝 부분과 겹친다. 동물에서 세포질분열은 난할에 의해 일어나는데, 이로 인해 세포는 둘로 나뉜다. 식물에서는 막성 세포판이 세포를 둘로 나눈다. 유사분열과 세포질분열은 유전적으로 동일한 세포를 만들어낸다.

8.5 암세포: 통제를 벗어난 분열

세포주기조절계가 제대로 기능하지 않게 되면, 세포가 과도하게 분열하여 종양이 형성된다. 암세포는 매우 비정상적인 세포주기를 갖는다. 암세포가 악성종양으로 자라면, 다른 조직으로 침투하게 되고(전이되고), 숙주의 생명을 빼앗기도 한다. 외과수술로 종양을 제거할 수 있으며, 그리고 방사능과 항암제는 세포분열을 방해하기 때문에 효과적인 치료방법이 된다. 일부 암의 경우 생활습관을 바꾸고 정기적인 검사를 통해 생존가능성을 높일 수 있다.

유성생식의 바탕이 되는 감수분열

8.6 상동염색체

모든 생물종의 체세포(몸을 이루는 세포)는 고유한 염색체 수를 가지는데, 사람의 세포는 23쌍의 상동염색체로 이루어진 46개의 염색체를 갖는다. 하나의 상동 쌍의 염색체들은 동일한 위치에 동일한 특성을 지닌 유전자를 가진다. 포유류의 수컷은 X 성염색체와 Y 성염색체(부분적으로만 상동)를 가지는 반면, 암컷은 두 개의 X염색체를 가진다.

8.7 유성생물의 배우자와 그 생활사

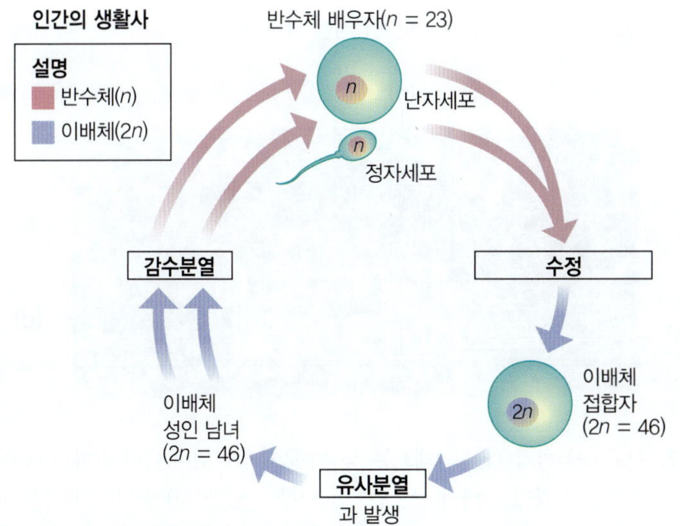

8.8 감수분열 과정

유사분열과 마찬가지로 감수분열도 먼저 염색체가 복제된다. 그러나 감수분열에서는 세포가 두 번 분열하여 4개의 딸세포를 형성한다. 첫 번째 분열인 제1감수분열은 상동염색체의 쌍을 이루는 것으로 시작된다. 교차를 통해 상동염색체들은 대응되는 부분을 서로 교환한다. 제1감수분열에서 상동염색체 쌍이 나눠지고, 한 세트의 (복제된) 염색체를 지닌 두 개의 딸세포가 만들어진다. 제2감수분열은 근본적으로 유사분열과 같은데, 각 세포에서 각 염색체의 자매염색분체가 분리된다.

8.9 복습: 유사분열과 감수분열의 비교

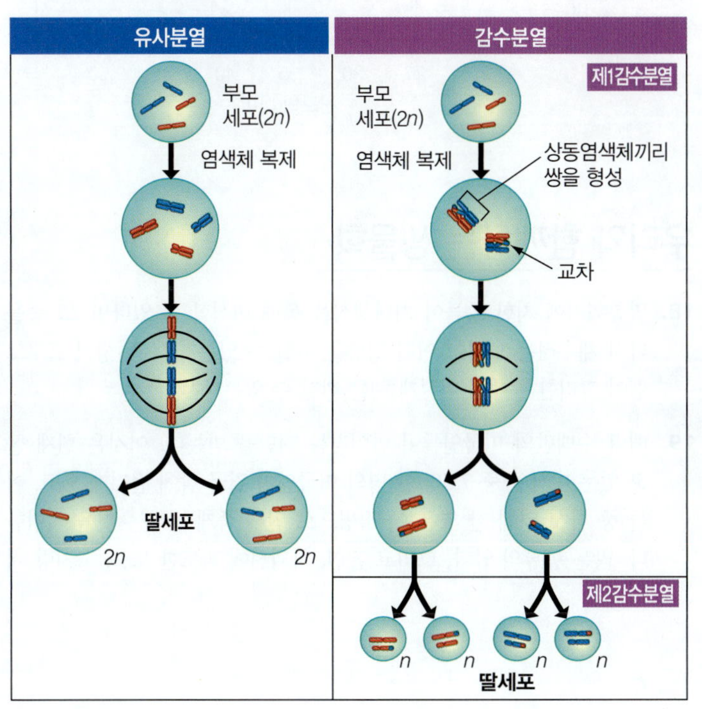

8.10 유전변이의 기원

상동 쌍의 염색체는 각기 다른 어버이로부터 왔기 때문에, 이들은 서로 다른 버전의 유전자들을 많이 가지고 있다. 제1감수분열 중기에 일어나는 염색체 쌍 배합의 수많은 가능성으로 인해, 난자와 정자에서 매우 다양한 염색체 조합이 만들어진다. 정자와 난자의 무작위적인 수정도 역시 변이를 크게 증가시킨다. 제1감수분열 전기에 일어나는 교차는 이러한 변이를 더욱 증가시켜준다.

8.11 감수분열이 잘못되면

비정상적인 염색체의 수는 문제를 일으킨다. 다운증후군은 21번 염색체가 하나 더 많아 생긴다. 비정상적인 염색체 수는 제1감수분열 동안 상동염색체의 쌍이 분리되지 않거나, 제2감수분열 동안 자매염색분체가 분리되지 않는 비분리현상의 산물이다. 또한 비분리현상은 성염색체가 더 많거나 적은 배우자가 만들어질 수 있는데, 이것이 가지각색의 장애를 만들기는 하지만 통상 생명에는 지장을 주지 않는다.

자습문제

1. 다음 중 사람에 있어서 유사분열의 기능이 아닌 것은?
   a. 상처의 회복
   b. 성장
   c. 이배체 세포로부터 배우자의 생산
   d. 잃거나 손상된 세포의 대체
2. 유사분열에 의해 만들어진 2개의 딸세포가 어떤 점에서 같다는 말인가?
3. 간기 동안에 개별 염색체들을 관찰하기 어려운 이유는?
4. 생화학자가 실험실에서 성장하는 세포를 관찰하고 있다. 세포질분열을 거치지 않고 세포주기를 완료한 세포는 _______.
   a. 처음보다 유전물질이 적다
   b. 말기를 완료하지 못한다
   c. 염색체가 세포 중앙에 정렬된다
   d. 두 개의 핵을 갖는다
5. 유사분열시 핵에서 일어나는 변화 중 근본적으로 서로 반대가 되는 두 시기는?
6. 유사분열과 감수분열을 비교하는 다음의 표를 완성하시오.

	유사분열	감수분열
a. 염색체 복제의 수		
b. 세포분열의 수		
c. 생산된 딸세포의 수		
d. 딸세포에서 염색체의 수		
e. 염색체는 중기 때 어떻게 배열되나		
f. 부모세포에 대한 딸세포의 유전적 관계		
g. 사람 몸에서 수행하는 기능		

7. 어떤 개의 장세포가 78개의 염색체를 가진다면, 이 개의 정자세포는 ______개의 염색체를 가진다.

8. 분열하는 쥐의 세포를 찍은 현미경 사진에서 두 개의 자매염색분체로 이루어진 19개의 염색체가 보인다. 이 사진은 감수분열의 어느 단계에서 찍었는가?

9. 원래 생겼던 위치에 계속해서 남아 있는 종양을 ______이라 부르며, 반면에 다른 체조직으로 전이되는 종양을 ______이라고 부른다.

10. 초파리의 체세포는 8개의 염색체를 갖고 있다. 이것은 배우자에서 ______종류의 서로 다른 염색체 조합이 가능하다는 것을 의미한다.

11. 비분리현상이 무작위로 일어나지만, 21번 염색체를 여분으로 갖는 개체는 다운증후군을 일으키는데, 이런 개체가 3번이나 16번 염색체를 여분으로 갖는 경우에 비해 훨씬 빈번하게 나타난다. 이 현상에 대해 설명해 보시오.

주된 주제 식별하기

아래의 각 문장에서 분명하게 드러난 주된 주제가 무엇인지(구조와 기능의 연관성, 정보의 흐름, 에너지와 물질의 변환경로, 생물계 내에서의 상호작용, 진화)를 식별하고, 그 내용이 그 주제와 어떻게 관련되는지를 설명하시오. 필요한 경우 주제들을 검토하고(1장 참조), 또 이 장에서 파란색 글자로 나타내어 강조한 예들을 검토해 보시오.

12. 한 세대에서 다음 세대로 유전자 교본을 물려주려면 염색체를 정확하게 복제해야 한다.

13. 서로 다른 여러 단백질들의 결합된 작용으로 세포가 분열될 것인지 아닌지가 결정된다.

14. 염색체 영역의 응축된 정도(느슨하게 아니면 심하게 꼬인)를 검사하면 해당 영역의 유전자가 활발하게 사용되고 있는지 그 여부를 간파할 수 있다.

답은 부록 C를 참조.

과학연구의 과정

15. 노새는 말과 당나귀의 자손이다. 당나귀의 정자는 31개의 염색체를, 말의 난자는 32개의 염색체를 갖기 때문에 이 둘의 접합자는 총 63개의 염색체를 갖게 된다. 이 접합자는 정상적으로 발생한다. 하지만 노새는 자손을 낳을 수 없는데, 이들의 정소와 난소에서 정상적으로 감수분열이 일어날 수 없기 때문이다. 말의 염색체와 당나귀의 염색체를 모두 가진 세포에서 유사분열은 정상적이지만, 감수분열은 왜 지장을 받는지 그 이유를 설명하시오.

16. 우리가 양파뿌리 끝을 박편으로 잘라 슬라이드를 만들어 이것을 광학현미경으로 보면 아래 그림과 같이 보인다. 외곽선으로 표시한 a~d의 세포는 유사분열의 어느 단계인지를 말하시오.

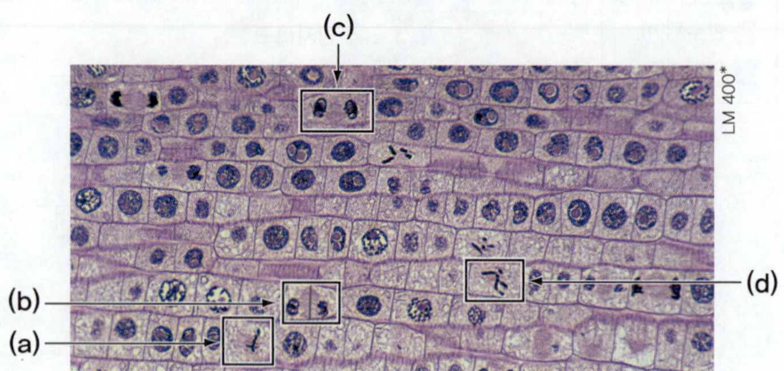

17. 자료 해석하기 다음 그래프는 정상부모에게서 엄마 나이에 따라 다운증후군의 자녀가 태어나는 빈도를 나타내고 있다. 30세 이하의 여성의 경우, 다운증후군 아이가 1,000명당 몇 명이 태어나는가? 40세 여성의 경우는 얼마인가? 50세의 경우는? 50세 여성의 경우, 30세의 여성에 비해 다운증후군 아기를 낳을 가능성은 몇 배 높은가?

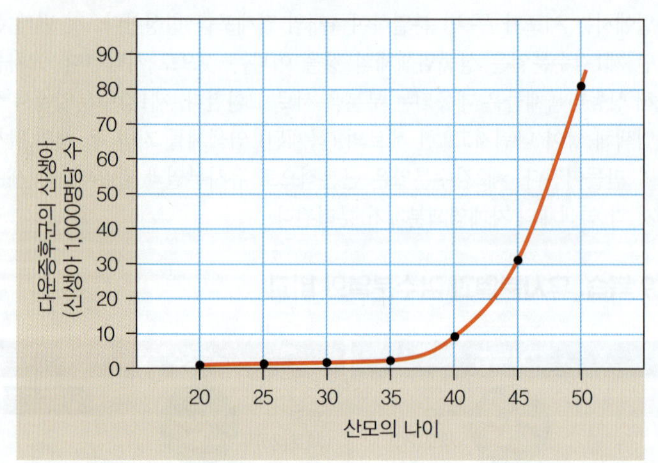

우리와 함께하는 생물학

18. 멸종위기에 처한 종들이 처녀생식을 통해 번식할 수 있다면, 그 종을 다시 채우려는 노력에 어떤 영향을 미칠 수 있는가? 처녀생식 프로그램이 그러한 종에게 어떻게 해를 끼칠 수 있는가?

19. 매년 수백만의 미국인들이 암이라는 진단을 받는다. 이것은 현재 살고 있는 미국인 중 7,500만 명의 미국인이 결국 암에 걸리게 되고, 이들 중 다섯 명에 한 명은 이 질병으로 인해 죽게 된다는 것을 의미한다. 많은 종류의 암과, 그리고 흡연, 자외선에 과도한 노출, 고지방 저

섬유소 식단, 작업장에서의 몇몇 화학물질과 같은 많은 암발생 원인이 있다. 암치료법을 찾는데 매년 수억 달러가 사용되고 있지만, 이에 비해 암의 예방에 쓰이는 돈은 아주 적다. 우리는 더 많은 자원을 암치료나 암예방에 쏟아 부어야 하는가? 이에 대해 설명해 보시오.

20. 여성이 늦은 나이에 임신하면 삼염색체성21이나 그 밖의 다른 염색체 이상의 위험이 증가한다. 고령의 나이에 임신을 위험하게 만드는 고려할 다른 사항이 있는가? 호르몬 임신치료나 인공수정과 같은 임신을 시키기 위한 현대의 의료전략이 특정 연령 미만의 여성으로 제한시켜야 하는가?

21. 항암제 탁솔은 유사분열 방추가 형성된 후 움직이지 않게 되어 종양의 성장을 막는다. 그것은 주로 미국 북서부에서 발견되는 나무인 주목의 껍질에 있는 화학물질로부터 만들어진다. 그것은 다른 많은 항암제보다 부작용이 적으며 치료하기 어려운 난소암이나 유방암에 효과적이다. 다른 약물인 빈블라스틴은 유사분열 방추가 형성되는 것을 막는다. 이것은 마다가스카르의 열대우림에 자생하는 식물인 빈카에서 맨 처음 얻었다. 이러한 예를 감안할 때 생물다양성 보전하는 것이 생명을 구하는 항암제를 발견하는 열쇠가 될 수 있다. 이러한 약물은 개발도상국 지역에서 종종 발견되지만, 비싸기 때문에 주로 선진국 사람들에게 도움이 된다. 여러분은 이에 상충되는 경우를 알고 있는가? 설명해 보시오

9 유전양식

차례 내용

유전학은 왜 중요한가?

개인이 가지고 태어난 모든 형질은 물려받은 유전자에서 비롯된다. 따라서 법의학, 농업, 진화와 같은 다양한 분야에서 유전학을 이해하는 것이 중요하다. 또한 그것은 사람이나 개, 또 지구에 있는 그 밖의 다른 모든 생명에 영향을 미치고 있는 모든 선천성 질병의 기초가 된다.

여러분의 성은 여러분의 아버지에 의해 전적으로 결정된다.

어떤 특성은 오로지 유전자에 의해, 다른 것은 환경에 의해, 또 다른 것은 둘 다에 의해 결정된다.

여러분이 유전병을 물려받을지 아니면 건너뛸지, 그 가능성은 때때로 여러분의 가족사로부터 밝혀낼 수 있다.

실마리

개의 육종

우리와 함께하는 생물학 개의 육종

가장 친한 친구를 육종하기. 이 캐벌리어 킹 찰스 스패니얼과 같은 개는 인류가 가장 오랫동안 지속해 온 유전실험 중 하나이다.

다윈의 개

순종의 개들은 개가 인간에게 있어 가장 좋은 친구, 아니 그 이상의 것이라는 살아 있는 증거이자, 또한 가장 오랫동안 지속해 온 유전실험들 중 하나이다. 사람들이 15,000년 넘게 선호형질을 지닌 개를 선택하고 교배해왔다는 것이 그 증거(이 장의 끝에서 살펴보겠지만)이다. 예를 들면 오늘날 캐벌리어 킹 찰스 스패니얼의 조상을 추적해 보면 거의 모두가 1952년 한 육종가에 의해 미국으로 들여온 한 쌍으로 거슬러 올라가게 된다. 원래 이들 개는 훌륭한 체형(부드러운 털, 우아하게 생긴 긴 귀, 온순하게 생긴 눈)과 기질(순종적이고, 사랑스럽고, 온순한) 때문에 선택되었다. 이와 유사한 선택이 오늘날에 와서도 모든 개의 육종에 사용된다. 수천 년 동안 이러한 유전적 만지작거림은 몸집이 아주 크고 유순한 그레이트데인에서부터 아주 작고 용감한 치와와에 이르기까지 오늘날 믿을 수 없을 정도로 다양한 체형과 행동을 갖게끔 이끌었다.

잘 기록된 장기간의 역사(미국 애견가클럽의 혈통등록 시스템 덕분에) 때문에 개는 유전학에서 이상적인 사례연구가 된다. 여러 그룹의 연구자들은 조상 늑대에서 진화할 때, 유전자들이 어떻게 개에 영향을 미쳤는지 알아내기 위해 노력하고 있다. 다윈의 개(Darwin's Dogs)라고 불리는 가장 큰 작업 중의 하나는 매사추세츠 의과대학의 연구원들이 주도하고 있다. 이들 프로젝트는 공공의 작업인데, 누구나 애완동물의 DNA 샘플을 제출하고 강아지의 특성에 대한 설문지를 작성하는 것이다. 그들이 수집한 데이터는 이미 정상적인 개와 질병으로 고통을 받고 있는 사람들 모두에서 신경학적 행동에 대한 귀중한 통찰력을 제공하고 있다.

사람들이 수천 년 동안 가축(소, 양, 염소과 같은)뿐만 아니라 식량 작물(밀, 쌀, 옥수수와 같은)도 육종을 위해 유전학을 응용해왔지만, 유전학의 기초가 되는 생물학적 원리는 최근에 와서야 이해할 수 있게 되었다. 이 장에서는 유전형질이 다음 세대로 어떻게 전달되는지 그 기본 규칙과, 그리고 염색체의 행동(8장의 중심주제)이 이들 규칙을 어떻게 설명할 수 있는지에 대해 배우게 될 것이다. 이 과정에서 특정 형질을 가진 자손의 비율을 예측하는 방법도 배우게 될 것이다. 그 과정에서 유전법칙이 인간, 개, 식물 또 기타 친숙한 생물들의 생물학을 이해하는 데 어떻게 도움이 될 수 있는지에 대한 많은 예를 살펴보게 될 것이다.

유전학과 유전

유전(heridity)은 한 세대에서 다음 세대로 형질이 전달되는 것을 말한다. 유전에 대한 과학적인 연구인 **유전학(genetics)**은 아우구스티노수도회의 수도자인 멘델이 완두를 키워 기본법칙을 추론해 낸 1860년대에 시작되었다(그림 9.1). 멘델은 오스트리아의 브륀(지금은 체코의 브르노)에 있던 한 수도원에 살면서 일하였다. 비엔나대학에서 물리학, 수학, 화학을 배운 교육배경에 힘입어 그의 연구는 실험적으로나 수학적으로 정확하였고, 그러한 자질이 그의 연구를 성공으로 이끌었다.

▲그림 9.1 **그레고르 멘델.**

1866년에 발표된 논문에서 멘델은 완두식물에서 자주색 꽃이나 둥근 종자와 같은 유전형질을 결정하는 별개의 유전자들을 부모가 자손에게 전달한다고 주장하였다(멘델의 논문은 1860년대를 현대생물학의 도래에 있어 최고의 10년을 만든 다윈의 1859년『종의 기원』이 발표된 후 꼭 7년 만에 있는 일이었다). 멘델은 생물학의 역사에 있어 가장 큰 영향을 준 논문 중의 하나인 그의 논문에서, 유전자는 세대가 지나가도 개별적 신원은 여전히 그대로 유지된다고 강조하였다. 즉 유전자는 카드놀이와 같아서, 카드 한 벌을 섞는다하더라도 카드 각각은 모두 자신의 신원을 그대로 유지하지 다른 카드와 섞여진 카드는 없다. 이와 유사하게 유전자들이 나뉘어는 질 수는 있지만, 그러나 각각의 유전자들은 본래의 신원을 그대로 유지한다.

9.1 수도원 정원에서

완두는 키우기도 쉽고, 다양한 품종이 있었기 때문에 멘델은 아마도 완두콩을 선택했던 것 같다. 예를 들면 한 품종이 자주색 꽃이면, 다른 품종은 흰색 꽃을 갖는다. 꽃의 색깔과 같이 개체 중에 다양한 유전가능한 성질을 **특성(character)**이라 부른다. 자주색 꽃이나 흰색 꽃과 같이 어떤 특성의 각 변이를 **형질(trait)**이라고 부른다.

▼그림 9.2 **완두꽃의 구조.** 생식기관인 수술과 암술을 보기 위해 이 그림에서는 꽃잎 하나를 제거하였다.

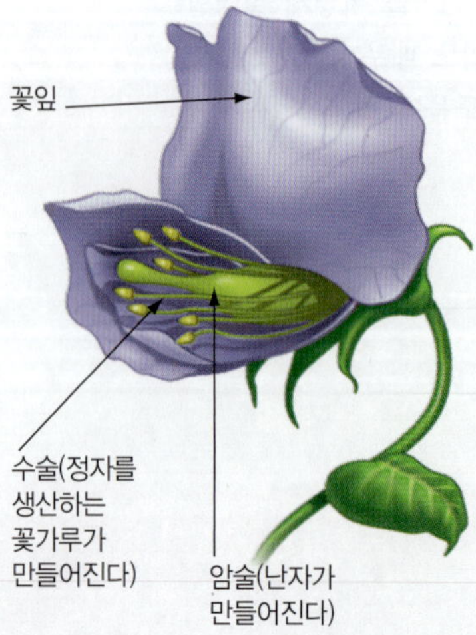

실험모델로서 완두라는 식물의 가장 중요한 이점은 아마도 멘델이 이들의 생식을 엄밀하게 통제할 수 있다는 데 있다. 완두꽃의 꽃잎은 난자를 생산하는 기관(암술)과 정자를 생산하는 기관(수술)을 거의 완전히 덮고 있다(그림 9.2). 따라서 자연상태에서 완두는 수술로부터 방출된 정자를 지닌 꽃가루가 같은 꽃의 난자를 지닌 암술의 끝에 도착하기 때문에 통상 자가수정을 한다. 멘델은 다른 꽃의 꽃가루가 암술에까지 들어오지 못하도록 꽃을 작은 주머니로 덮어 확실하게 자가수정이 되게 만들었다. 멘델이 한 식물을 다른 식물 개체의 꽃가루로 수정을 시키고 싶을 때는 그림 9.3에서와 같이 사람 손으로 수분을 시켰다. 따라서 멘델은 항상 새로 만들어진 식물의 혈통을 확신할 수 있었다.

꽃의 색깔과 같이 멘델이 연구를 위해 선택한 특성은 별개의 다른 두 형질로 나타났다. 멘델은 그가 순종의 품종, 즉 자가수정을 통해 부모와 똑같은 품종이라고 확신할 때까지 자신이 얻은 식물로 작업을 하였다. 예를 들면 그는 자가수정시켰을 때, 모두 자주색 꽃을 갖는 자손식물을 생산하는 자주색 꽃의 품종을 확인하였다.

이제 멘델은 서로 다른 순종의 품종을 타가수정시켰을 때 무슨 일

▼그림 9.3 **완두식물을 타가수분시키기 위한 멘델의 기술.**

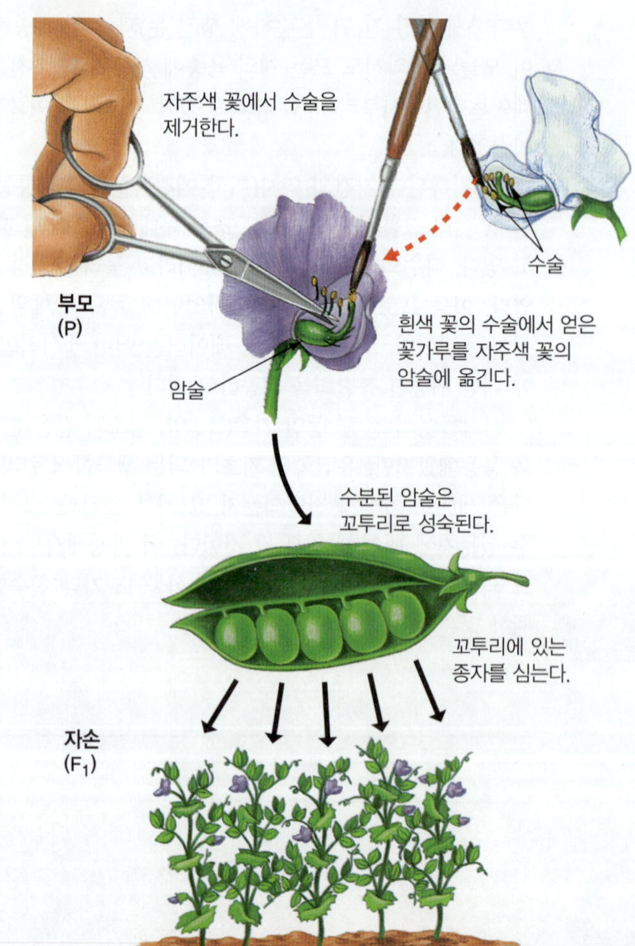

이 일어날지 물어볼 수 있는 준비가 되어 있었다. 예를 들면 자주색 꽃의 식물과 흰색 꽃의 식물을 그림 9.3에서와 같이 타가수정시키면 어떤 자손이 나타날까? 다른 두 순종 품종의 자손은 **잡종(hybrid)**이라 부르고, 타가수정 그 자체를 유전적 **교배(cross)**라 말한다. 이때 부모 식물은 **P세대(P generation)**라 부르고, 이들의 잡종자손은 **F_1세대(F_1 generation**; F는 "아들" 또는 "딸"을 뜻하는 라틴어의 *filial*에서 따옴)라 한다. F_1이 자가수정되거나 또는 서로 수정이 될 때, 이들의 자손은 **F_2세대(F_2 generation)**가 된다. ✓

✓ 체크포인트

둘 다 순종인 개, 수컷 한 마리와 암컷 한 마리가 있다고 상상해보자. 이들의 다음 두 세대를 올바른 유전자 이름을 사용하여 설명하시오.

답: 순종 부모는 P세대이다. 이들의 강아지는 F_1세대이다. 이 강아지들이 자라서 F_2세대를 생산하게 될 것이다.

9.2 멘델의 분리의 법칙

멘델은 꽃 색과 같이 두 가지 대립유전자로 나타나는 이들 특성의 유전을 추적하는 많은 실험을 수행하였다(그림 9.4). 이들 실험결과는 그로 하여금 유전에 관한 몇 가지 가설을 공식화할 수 있게 만들어 주었다. 이제부터 그의 실험을 자세히 알아보고, 그 다음 이러한 가설을 도출한 논리를 조사해 보자.

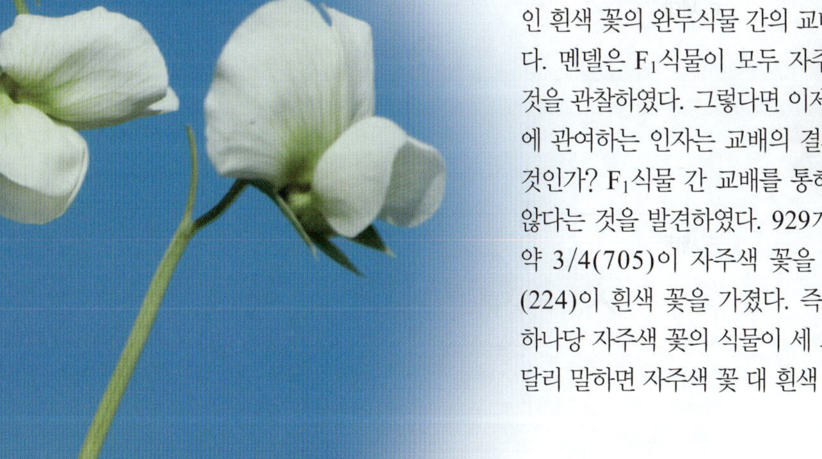

▼**그림 9.4 멘델이 연구한 완두콩의 일곱 가지 특성.** 여기에서 보듯이 각 특성마다 두 개의 대립형질이 있다.

	우성	열성
꽃 색	자주색	흰색
꽃 위치	측면	정단
종자 색	노란색	녹색
종자 모양	둥긂	주름짐
꼬투리 모양	통통함	잘록함
꼬투리 색	녹색	노란색
줄기 길이	긺	짧음

한 가지 특성의 유전

그림 9.5는 순종인 자주색 꽃의 완두식물과 순종인 흰색 꽃의 완두식물 간의 교배를 보여주고 있다. 멘델은 F_1식물이 모두 자주색 꽃을 가지는 것을 관찰하였다. 그렇다면 이제 흰색 꽃의 유전에 관여하는 인자는 교배의 결과로 사라져버린 것인가? F_1식물 간 교배를 통해 멘델은 그렇지 않다는 것을 발견하였다. 929개체의 F_2식물 중 약 3/4(705)이 자주색 꽃을 가졌고, 약 1/4(224)이 흰색 꽃을 가졌다. 즉 흰색 꽃의 식물 하나당 자주색 꽃의 식물이 세 그루 정도였는데, 달리 말하면 자주색 꽃 대 흰색 꽃의 비는 3:1이

었다. 멘델은 흰색 꽃의 유전자가 F_1세대에서 없어져 버린 것이 아니라, 자주색 꽃의 인자가 있을 때 숨거나 가려진 것으로 해석하였다. 또한 그는 F_1세대는 꽃 색깔의 특성에 대한 두 인자, 즉 자주색 꽃의 인자와 흰색 꽃의 인자 모두를 가지고 있어야 한다고 추론하였다. 이러한 결과와 그 밖의 다른 결과로부터 멘델은 네 가지의 가설을 제시하였다.

1. 유전되는 특성에서 변이의 이유가 되는 서로 다른 버전의 유전자들이 있다. 예를 들면 완두식물에서 꽃 색깔을 결정하는 유전자의 경우 하나는 자주색의 유전자로, 다른 하나는 흰색의 유전자로 존재한다. 이와 같이 한 유전자의 서로 다른 버전을 **대립유전자(allele)**라 한다.
2. 유전되는 각 특성에 대해서 생물은 양쪽 부모로부터 하나씩 물려받은 두 개의 대립유전자를 가진다. 이들 대립유전자가 같은 것일 수도 다른 것일 수도 있다. 한 유전자에 대해 동일한 두 개의 대립유전자를 갖는 생물은 그 유전자에 대해 **동형접합성(homozygous)**이라고 말한다(이 생물 개체를 동형접합체[homozygote]라 부른다). 한 유전자에 대해 서로 다른 두 개의 대립유전자를 갖는 생물은 그 유전자에 대해 **이형접합성(heterozygous)**이라고 말한다(이 생물 개체를 이형접합체[heterozygote]라 부른다).
3. 어떤 생물이 한 유전자에 대해 서로 다른 대립유전자를 가지게 되면, 이때 한 대립유전자가 그 생물의 모습을 결정하는데, 이 대립유전자를 **우성대립유전자(dominant allele)**라고 부르고 그 생물의 모습에 어떠한 영향도 주지 않는 나머지 다른 대립유전자는 **열성대립유전자(recessive allele)**라고 부른다. 유전학자는 우성대립유전자는 이탤릭체 대문자(*P*와 같은)로 표시하고 열성대립유전자는 이탤릭체 소문자(*p*와 같은)로 표시한다.
4. 정자나 난자는 유전된 각 특성에 대해 한 개의 대립유전자만 가지는데, 배우자를 만드는 과정에서 하나의 특성에 대한 두 대립유전자가 서로 분리되기 때문이다. 이 내용이 **분리의 법칙(law of segregation)**이다. 정자와 난자가 수정 시 합쳐질 때, 각각은 대립유전자를 제공해서 자손에서 쌍으로 된 조건을 다시 되찾게 된다.

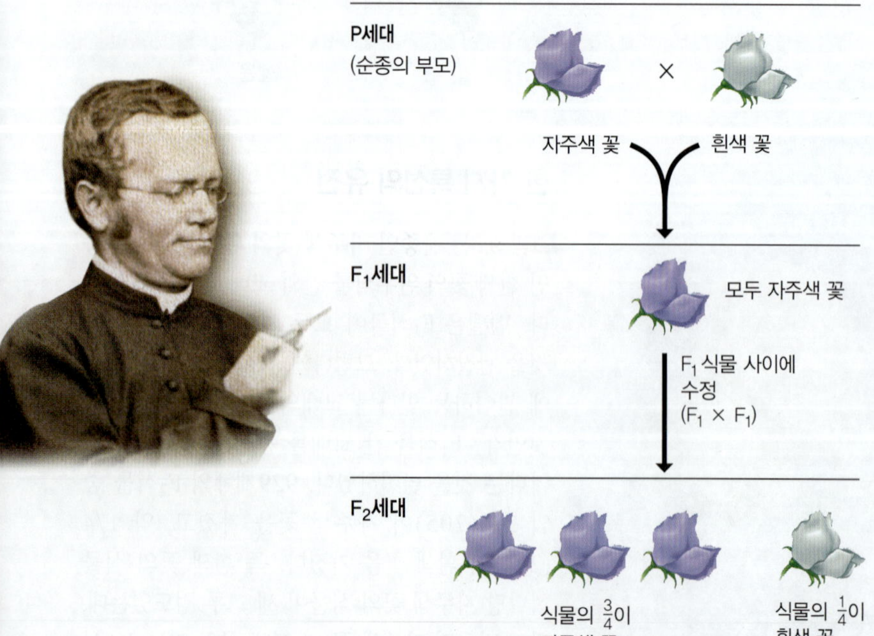

▼**그림 9.5 한 특성(꽃 색)을 추적하는 멘델의 교배.** F_2 세대에서 자주색 꽃과 흰색 꽃의 비가 3:1임을 주목하라

그림 9.6은 멘델의 분리의 법칙을 보여주고 있는데, 이것은 그림 9.5에서 보듯이 유전양식을 설명해 주고 있다. 멘델의 가설은 F_1식물에서 배우자 형성 시 대립유전자가 분리될 때, 배우자의 반은 자주색 꽃 대립유전자(*P*)를, 나머지 반은 흰색 꽃 대립유전자(*p*)를 받는다. F_1 식물끼리 수분되는 과정에서 배우자들은 무작위로 합쳐진다. 자주색 꽃 대립유전자를 갖는 난자가 자주색 꽃 대립유전자를 갖는 정자나, 흰색 꽃 대립유전자를 갖는 정자와 수정할 확률은 같다(즉 *P* 난자는 *P* 정자나 *p* 정자와 융합될 것이다). 흰색 꽃 대립유전자를 갖는 난자에 대해서도 똑같은 사실(즉 *p* 난자는 *P* 정자나 *p* 정자와 융합)이기 때문에, 정자와 난자에 있어 전체적으로 같은 확률을 갖는 네 가지 조합으로 나타난다.

그림 9.6에서 맨 아래에 있는 **푸네트정방형(Punnett square)**이라 부르는 그림은 배우자의 네 가지 가능한 조합과 세대에서 얻어진 네 가지 가능한 자손을 강조하면서, 그림 9.5에서 보여주는 교배를 되풀이하여 나타내고 있다. 각 네모 칸은 똑같은 확률을 갖는 수정의 생성물을 나타낸다. 예를 들면 푸네트정방형의 우상단에 있는 네모칸은 *p* 정자로 수정된 *P* 난자의 유전적 조합을 보여주고 있다.

푸네트정방형에 따라 이들 F_2 자손의 실제 모습은 어떻게 되겠는가? 이들 식물의 1/4은 자주색 꽃을 만드는 대립유전자를 두 개(*PP*) 가지고 있는데, 이들은 당연히 자주색 꽃을 갖는다. F_2 자손의 1/2은 자주색 꽃의 대립유전자 하나와 흰색 꽃 대립유전자 하나를 물려받았는데(*Pp*), F_1식물에서와 같이 이들도 역시 우성형질인 자주색 꽃을 가질 것이다(*Pp*와 *pP*는 같은 것이며 통상 전자로 표기하여 사용한다). 마지막으로 F_2식물의 1/4은 흰색 꽃을 만드는 대립유전자를 두 개(*pp*)를 물려받았는데, 이들은 열성형질로 나타난다. 따라서 멘델의 모델은 그가 F_2세대에서 관찰한 3:1의 비율을 설명한다.

유전학자들은 **표현형(phenotype)**이라 부르는 관찰 가능한 생물의 형질(자주색 꽃이나 흰색 꽃과 같은)과 **유전자형(genotype)**이라 부르는 유전자 구성(우리의 예에서 *PP, Pp, pp*)을 구별한다. 이제 우리는 그림 9.5가 표현형만 보여주고 그림 9.6은 동일한 교배실험에서 유전자형과 표현형 둘 다를 보여주고 있음을 알 수 있다. F_2식물에서 흰색 꽃에 대한 자주색 꽃의 비(3:1)는 표현형의 비라고 부른다. 유전자형의 비는 1(*PP*):2(*Pp*):1(*pp*)이다.

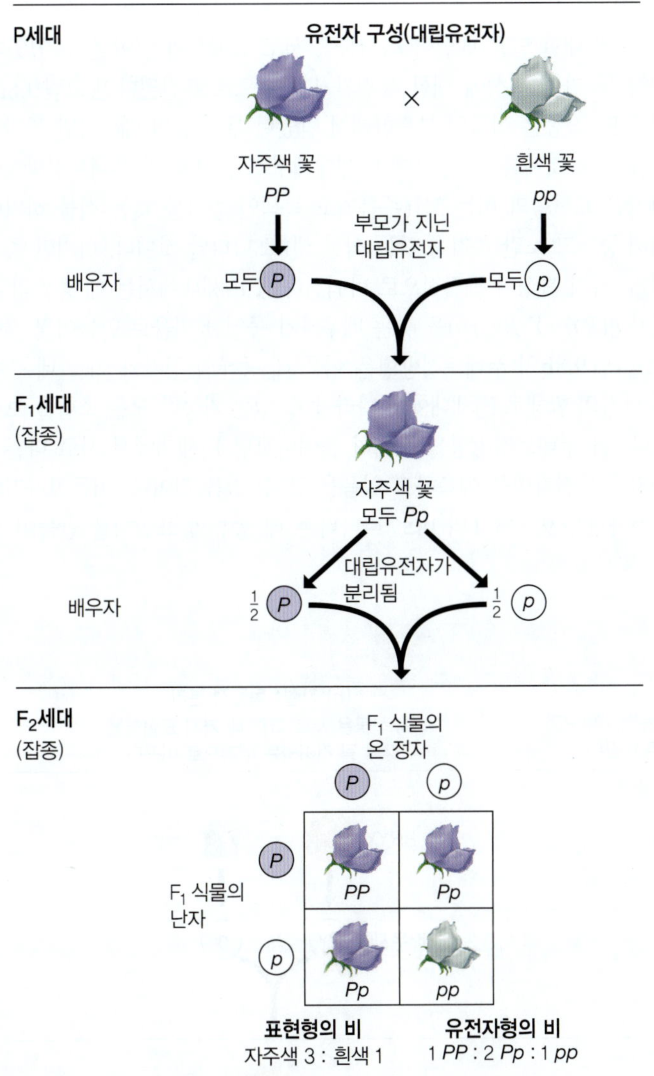

▼그림 9.6 **분리의 법칙.**

멘델은 그가 연구한 7종류의 특성 각각이 모두 동일한 유전패턴을 가졌음을 발견하였는데, 한 부모의 형질이 F_1 세대에서 사라졌다가 F_2 자손에서 1/4 비율로 다시 나타났다. 이러한 근본적인 메커니즘을 멘델의 분리의 법칙이라고 한다. *이는 한 쌍의 대립유전자가 배우자 형성 시에 분리되고, 수정에서 배우자의 융합으로 대립유전자는 다시 쌍을 이루게 된다는 것이다.* 멘델 이후 진행된 연구로부터 분리의 법칙은 사람을 비롯해 유성적으로 생식하는 모든 생물에 적용된다는 것을 확인하였다.

대립유전자와 상동염색체 간의 연관성

멘델의 실험을 계속해 알아보기 전에, 염색체에 대한 이해(8장 참조)가 지금까지 유전학에 대해 이야기했던 것과 잘 들어맞는지 알아보자. 그림 9.7은 같은 유전자의 대립유전자를 가지고 있는 염색체, 즉 상동염색체 한 쌍을 보여주고 있다. 모든 이배체 세포는 그것이 완두식물이든 사람이든 관계없이 상동의 염색체 쌍을 갖는다는 것을 다시 한 번 기억하자. 각 쌍에서 한 멤버는 그 생물의 암컷 부모에서, 그리고 다른 멤버는 수컷 부모에서 온 것이다. **따라서 한 세대에서 다음 세대로의 유전정보의 전달은 상동염색체에서 발견되는 유전자에 의해 설명 될 수 있다.**

그림의 염색체에 표시된 각 밴드는 염색체를 따라 있는 유전자의 특정 위치를 말하는 유전자 **좌위(locus,** 복수는 *loci*)를 나타낸 것이다. 이로부터 멘델의 분리의 법칙과 상동염색체 사이의 연관성이 있음을 알 수 있다. 한 유전자의 대립유전자(다른 버전)는 상동염색체에서 동일한 위치에 자리 잡고 있다. 하지만 이들 두 염색체는 어떤 한 좌위에서 서로 같은 대립유전자(P/P나 a/a 좌위와 같은)를 가질 수도 또는 다른 대립유전자(B/b 좌위와 같은)를 가질 수도 있다. 달리 말하면 그 좌위에 있는 유전자에 대해 그 생물은 동형접합성 또는 이형접합성이 될 수 있다. 이 장의 뒷부분에서 염색체를 바탕으로 하여 멘델의 법칙을 다시 배우게 될 것이다. ✓

✓ 체크포인트

1. 유전자는 _____(이)라고 부르는 다른 버전이 있다. 두 사본이 같은 상태면 어떤 용어를 사용하는가? 두 사본이 다른 상태면 어떤 용어를 사용하는가?
2. 두 식물이 같은 유전자형을 갖는다면, 이들은 같은 표현형을 가지는가? 두 식물이 같은 표현형을 갖는다면, 이들은 같은 유전자형을 가지는가?
3. 우리는 모든 형질에 대해 두 개의 대립유전자를 가진다. 이들 대립유전자는 어디서부터 왔는가?

답: **1.** 대립유전자; 동형접합성; 이형접합성 **2.** 그렇다. 아니다: 하나는 우성 대립유전자의 동형접합성이고, 반면에 다른 하나는 이형접합성이다. **3.** 하나는 정자를 통해 아버지로부터 온 것이고, 다른 하나는 난자를 통해 어머니로부터 온 것이다.

▼그림 9.7 **대립유전자와 상동염색체 사이의 관계.** 해당 좌위의 대응색은 상동염색체가 길이에 따라 같은 위치에 동일한 유전자의 대립유전자를 지닌다는 사실을 강조하고 있다.

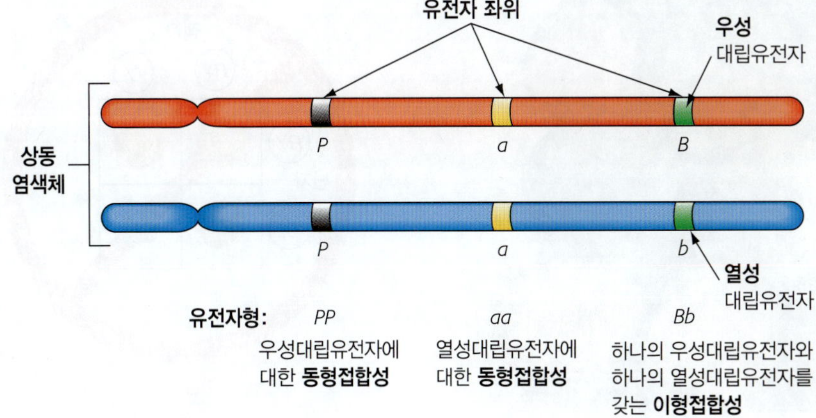

9.3 멘델의 독립의 법칙

멘델은 한 가지 특성(앞에서 배웠던 꽃의 색깔)에 대해 두 세대에 걸쳐 추적하여 분리의 법칙을 밝혀냈다. 한 가지 특성에 대해 이형접합성인 두 개체 사이의 교배(이 경우에는 *Pp* × *Pp*)는 **단성잡종교배(monohybrid cross)**라 부른다. 단성잡종교배를 통해 멘델은 종자 모양의 경우 둥근 모양의 대립유전자(*R*로 표시)는 주름진 모양의 대립유전자(r)보다 우성이고, 종자색의 경우 노란색의 대립유전자(*Y*)가 녹색의 대립유전자(*y*)보다 우성임을 알아내었다. 그렇다면 두 특성으로 이형접합성인 두 생물을 교배시키면, 즉 **양성잡종교배(dihybrid cross)**를 하면 어떤 결과가 나타나는가?

멘델은 둥글고 노란색 완두콩(유전자형은 *RRYY*)을 갖는 식물과 주름지고 녹색인 완두콩(*rryy*)을 갖는 식물을 교배시켰다. 그림 9.8에서 보듯이 P세대에서 만들어진 *RY*와 *ry* 배우자의 합체는 두 특성 모두가 이형접합성인 잡종(*RrYy*), 즉 양성잡종을 만들어낸다. 예상대로 F_1세대의 모든 자손은 둥글고 노란색의 종자(둘 다 우성형질)를 갖는다. 그렇다면 이러한 두 가지 특성이 부모에서 자손에게 묶음으로 전달되는가 아니면 각각의 특성이 서로에 대해 독립적으로 전달되는가?

이에 대한 답은 멘델이 F_1식물을 서로 교배시켜 얻어낼 수 있었다. 만약 두 가지 특성에 대한 유전자가 묶음으로 유전된다면(그림 9.8a), 이때 F_1 잡종은 이들의 부모한테서 받았던 두 종류의 배우자만 똑같이 만들어 낼 것이다. 이 경우에 F_2세대에서 그림 9.8a의 푸네트정방형에서처럼 표현형의 비는 3:1(주름지고 녹색인 종자를 갖는 식물 하나에 대해 둥글고 노란 종자를 갖는 식물 셋)로 나타날 것이다. 하지만 종자의 두 가지 특성이 독립적으로 나눠진다면, F_1세대에서는 네 종류의 유전자형(*RY, rY, Ry, ry*)을 갖는 배우자가 동일한 비율로 만들어질 것이다. 그림 9.8b의 푸네트정방형은 이들 네 종류의 정자와 이들 네 종류의 난자의 합체로 F_2세대에서 나타날 수 있는 가능한 모든 조합을 보여준다. 이 푸네트정방형을 자세히 들여다보면 F_2세대에서 서로 다른 9가지의 유전자형을 예측하고 있음을 알 수 있을 것이다. 이들 9가지의 유전자형은 9:3:3:1의 비로 나타나는 네 종류의 표현형을 만들어 낼 것이다.

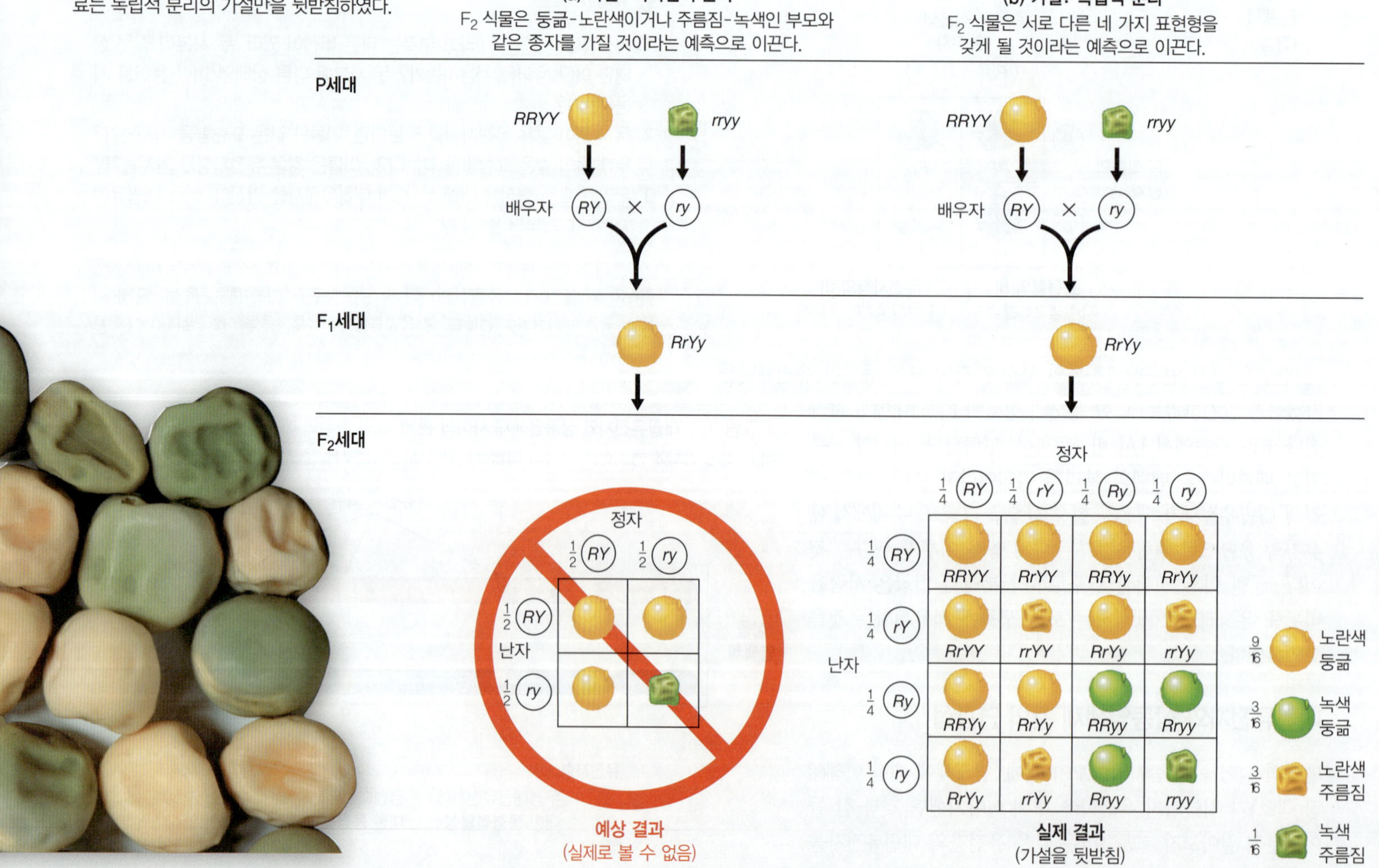

▼그림 9.8 양성잡종교배에서 유전자 분리에 대한 두 가지 가설을 검정하는 실험. 멘델의 자료는 독립적 분리의 가설만을 뒷받침하였다.

그림 9.8b에 있는 푸네트정방형에서 양성잡종교배는 두 개의 단성 잡종교배가 동시에 일어나는 것과 같다는 것을 보여주고 있다. 9:3:3:1이라는 비로부터 둥근 종자의 식물 12개체와 비교해 주름진 종자를 갖는 식물 4개체를, 12개체의 노란 종자의 식물과 비교해 4개체의 녹색 종자의 식물이 얻어질 것임을 알 수 있다. 12:4의 비율을 약분하면 3:1이 되는데, 이것은 단성잡종교배 때 F_2에서의 비와 같다. 멘델은 완두의 7가지 특성을 가지고 다양한 조합의 양성잡종 교배실험을 하였는데 그 결과는 F_2세대에서 표현형의 비는 항상 9:3:3:1(또는 두 개가 동시에 3:1의 비)의 비로 관찰되었다. 이러한 결과는 **배우자 형성 과정 동안에 각 쌍의 대립유전자가 다른 쌍의 대립유전자와는 상관없이 독립적으로 분리된다**는 가설을 뒷받침했다. 다른 말로 하면 한 특성의 유전이 다른 특성의 유전에 어떠한 영향을 미치지 않는다는 것이다. 이 것을 **독립의 법칙(law of independent assortment)**이라 부른다.

독립의 법칙의 또 다른 응용에 대해 **그림 9.9**에 있는 개의 육종실험에 대해 알아보자. 래브라도 리트리버에서 두 가지 특성, 즉 검은색 또는 초콜릿색의 털색, 정상시력 또는 진행성망막위축증(PRA)으로 인한 이상시력의 유전은 독립된 유전자에 의해서 통제된다. 검은색 래브라도는 적어도 한 개의 *B*라는 대립유전자를 갖는다. *B* 대립유전자는 *b* 대립유전자에 대해 우성이어서 유전자형이 *bb*인 개의 털색은 초콜릿색이 된다. PRA를 일으키는 대립유전자 *n*은 정상시력에 필요한 대립유전자 *N*에 대해 열성이다. 따라서 유전자형이 *nn*인 개만 PRA로 인해 볼 수 없게 된다. 우리가 두 유전자 모두 이형접합성(*BbNn*)인 두 마리의 래브라도(그림 9.9의 아래쪽 그림)를 교배시키면 자손(F_2)의 표현형 비는 9:3:3:1이 된다. 이들 결과는 그림 9.8에서 F_2의 결과와 마찬가지인데, 이것은 털색과 PRA 유전자가 독립적으로 유전하고 있음을 증명하고 있다. ✓

✓ 체크포인트

그림 9.9에서 래브라도에서 검은 털과 초콜릿색 털의 비는 어떻게 되는가? 정상 시력과 장님의 비는?

답: 3:1; 3:1

▼그림 9.9 래브라도 리트리버에서 유전자의 독립적인 분리. 유전자형에서의 비어 있는 부분은 열성대립유전자일 수도, 우성대립유전자도 될 수 있음을 나타낸다.

9.4 미지의 유전자형을 알기 위해 검정교배를 사용하기

여러분이 초콜릿색 래브라도를 가지고 있다고 가정해 보자. 그림 9.9로부터 이 개의 유전자형은 초콜릿색의 표현형을 생산할 수 있는 유일한 대립유전자 조합인 *bb*여야만 한다고 이야기할 수 있다. 그러나 검은색 래브라도를 가지고 있다면 어떻게 되겠는가? 이것은 가능한 두 유전자형, 즉 *BB*나 *Bb* 중 하나일 것이고, 이 개를 자세히 관찰한다고 어느 유전자형이 옳은지 알 수 있는 것도 아니다. 이 개의 유전자형을 결정하기 위해 우성의 표현형을 가지나 유전자형은 알지 못하는 개체(우리의 검은 래브라도처럼)와 동형열성 개체(이 경우는 *bb* 초콜릿색 래브라도)와의 교배, 즉 **검정교배(testcross)**를 수행해 볼 수 있다.

그림 9.10은 이러한 교배로부터 생길 수 있는 자손을 보여준다. 왼쪽에서 보듯이 검은색 래브라도 부모의 유전자형이 *BB*라면 우리는 모든 자손이 검은색으로 기대할 수 있는데, 그 이유는 *BB*와 *bb* 사이의 교배는 *Bb*인 자손만 만들어질 수 있기 때문이다. 한편 검은색 래브라도 부모의 유전자형이 *Bb*라면 우리는 검은색(*Bb*)과 초콜릿색(*bb*) 자손은 1:1의 표현형비로 기대된다. 따라서 자손의 모습이 부모 검은색 개의 유전자형이 어떤지를 밝혀줄 수 있다. ✓

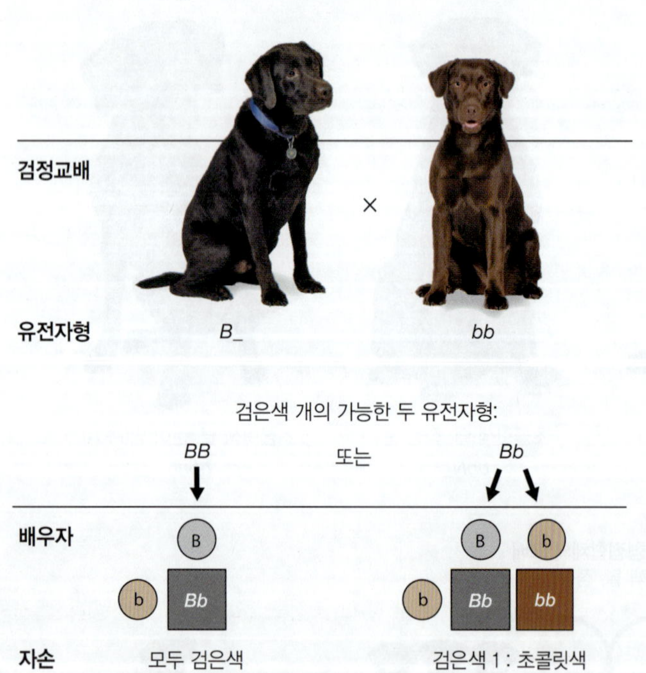

▲그림 9.10 **래브라도 리트리버의 검정교배.** 검은색 래브라도의 유전자형을 알아보기 위해 초콜릿색 래브라도(동형접합성 열성, *bb*)와 교배시켜 보면 된다. 자손 모두가 검은색이면 그 검은색 부모는 유전자형이 *BB*이었을 것이다. 자손의 반이 초콜릿색이면 검은색 부모는 이형접합성(*Bb*)이어야만 한다.

✓ 체크포인트

초콜릿색 래브라도를 유전자형을 모르는 검은색 래브라도와 교배를 시켜 한배에서 세 마리의 검은색 새끼를 얻었다면 검은색 부모의 유전자형을 알 수 있는가?

답: 알 수 없다. *BB*이어서 항상 검은색 새끼를 낳았을 수도 있고, 아니면 *Bb*인데도 검은색 새끼를 잇달아 낳았을 수도 있다. 후자의 경우 새끼를 더 낳아보면, 그 결과의 신뢰도는 증가하게 될 것이다.

9.5 확률법칙

멘델이 가지고 있던 강력한 수학적 배경은 유전연구에 많은 도움을 주었다. 예를 들면 그는 유전적 교배가 동전을 던지거나 주사위를 던지거나 카드를 뽑거나 하는 경우처럼, 확률의 법칙에 따른다는 것을 이해하고 있었다. 우리가 동전 던지기에서 배울 수 있는 중요한 교훈은 매번 던질 때 앞면이 나올 확률은 언제나 1/2이라는 것이다. 5번 연속해서 앞면이 나왔어도 다음번에 동전을 던져 앞면이 나올 확률은 여전히 1/2이다. 다른 말로 하면 동전을 던질 때 나타나는 결과는 이 이전의 결과에 영향을 받지 않는다. 동전던지기는 매번 독립적인 사건이다.

만약 두 개의 동전을 동시에 던진다면, 각 동전의 결과는 다른 동전에 영향을 받지 않으므로 독립적인 사건이다. 두 개의 동전이 동시에 앞면이 나올 확률은 얼마인가? 이러한 이중사건의 확률은 독립적인 사건의 각 확률의 곱이 되는데, 이 동전의 경우에는 $\frac{1}{2} \times \frac{1}{2} = \frac{1}{4}$이다. 이것을 **곱셈법칙(rule of multiplication)**이라 부르는데, 동전던지기와 마찬가지로 유전학에서 일어나는 독립적인 사건에서도 똑같이 적용된다(그림 9.11). 래브라도의 양성교배에서(그림 9.9 참조) 털색에 대해 F_1의 개가 *bb* 유전자형을 가질 확률은 얼마인가? *bb*인 자손을 생산하기 위해 정자와 난자는 *b* 대립유전자를 가져야만 한다. *Bb*인 개의 난자가 *b*를 가질 확률은 1/2이고 정자가 *b*를 가질 확률도 역시 1/2이다. 곱셈법칙에 따라 수정 시 *b* 대립유전자 두 개가 함께 할 확률은 $\frac{1}{2} \times \frac{1}{2} = \frac{1}{4}$이다. 이것은 그림 9.11에 있는 푸네트정방형에 의한 결과와 정확히 일치한다. 부모의 유전자형을 알면, 자손 가운데 어떤 유전자형의 확률을 알 수 있다. 분리의 법칙과 독립의 법칙에 확률법칙을 적용함으로써 다소 복잡한 유전문제도 해결할 수 있다. ✓

✓ 체크포인트

52장으로 된 카드 한 벌을 사용하여 에이스 한 장을 뽑을 확률은? 에이스나 킹을 뽑을 확률은? 에이스를 뽑고 그 다음에도 에이스를 뽑을 확률은?

답: $\frac{1}{13}$(4장의 에이스/52장); $\frac{2}{13}\left(\frac{8}{52}\right)$; $\frac{4}{52} \times \frac{3}{51}$(남은 51장 중 에이스는 3장) = 0.0045, 또는 $\frac{1}{221}$

▼그림 9.11 확률사건으로서 대립유전자의 분리와 수정. 이형접합체(*Bb*)가 배우자를 만들 때 정자와 난자 형성과정에서 대립유전자의 분리는 마치 두 개의 동전을 따로따로 던지는 것(즉 독립적인 두 사건)과 같다.

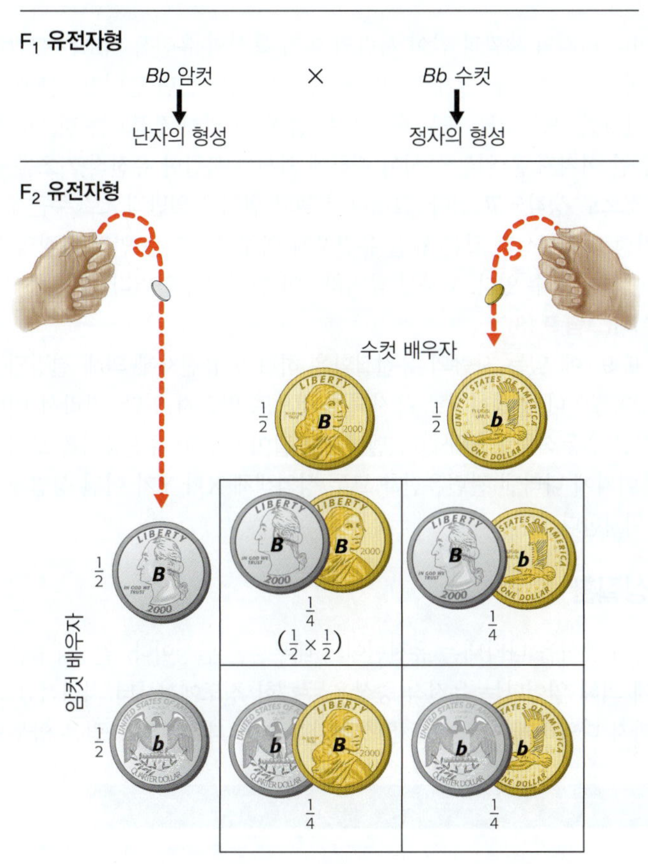

9.6 가계도

완두나 래브라도 리트리버를 가지고 일하는 연구자들은 검정교배를 통해 알 수 있다. 그러나 사람을 대상으로 하는 유전학자의 경우 연구 대상자들의 교배를 의도에 따라 조정할 수는 없다. 대신 이들은 이미 일어난 교배의 결과를 분석한다. 먼저 유전학자는 가족사에서 그 형질에 대해 가능한 한 많은 자료를 모은다. 그런 다음 연구자는 이 정보를 가지고 **가계도(pedigree)**를 조립한다. 우리는 경주마나 챔피언 개와 같은 순종 동물의 가계도를 연상할 수 있는데, 사람의 교배에서도 마찬가지로 나타낼 수 있다. 가계도를 분석하기 위해 유전학자들은 논리와 멘델의 법칙을 응용한다.

단 한 개의 유전자에 의해 결정된다고 알려진 주근깨의 유무를 추적한 가계도를 보여주는 그림 9.12의 예에 대해 이와 같은 방법을 적용하여 접근해 보자. *F*는 주근깨가 생기게 해주는 우성대립유전자를 표시하고, *f*는 주근깨가 만들어지지 않는 열성대립유전자를 표시한다. 유전자형과 표현형 사이에는 어떤 관련이 있는가? 우성표현형(주근깨가 있음)은 유전자형에서 한 개나 두 개의 우성대립유전자(*Ff* 또는 *FF*)를 가진 결과이다. 두 대립유전자가 모두 열성인 경우(*ff*) 표현형은 열성(주근깨가 없음)이다.

가계도에서 □는 남자를, ○는 여자를 나타내며, 색이 들어간 기호(■와 ●)는 조사 중인 형질을 가지지 않은 사람(이 경우는 주근깨가 없음)을 표시하며, 무색인 기호는 그 형질을 가진 사람(이 경우는 주근깨가 있음)을 나타낸다. 가계도에서 맨 위의(가장 나이 든) 세대를 맨 위에 배치한다.

멘델의 법칙을 적용하면 주근깨가 없는 대립유전자가 열성이라고 유추할 수 있는데, 부모(헬과 이나)는 둘 다 주근깨가 있지만, 카렌은 주근깨가 없기 때문이다. 따라서 이 가계도에서 주근깨가 없는 모든 사람은 동형접합성 열성(*ff*)으로 표시(즉 모두 색이 들어간 원형이나 사각형)할 수 있다.

멘델의 법칙은 또한 가계도에 있는 대부분의 사람의 유전자형을 유추할 수 있게 해준다. 예를 들면 헬과 이나는 둘 다 주근깨가 있게 하는 *F* 대립유전자와 함께 *f* 대립유전자(카렌에게 전해진)도 가져야만 한다. 아론과 베티의 경우도 마찬가지여야 하는데, 이들은 주근깨가 있으나

▼그림 9.12 주근깨의 유무에 대한 유전을 보여주는 가계도.

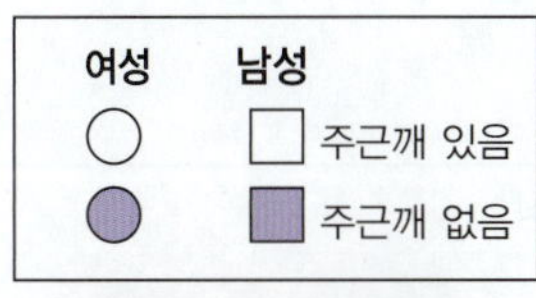

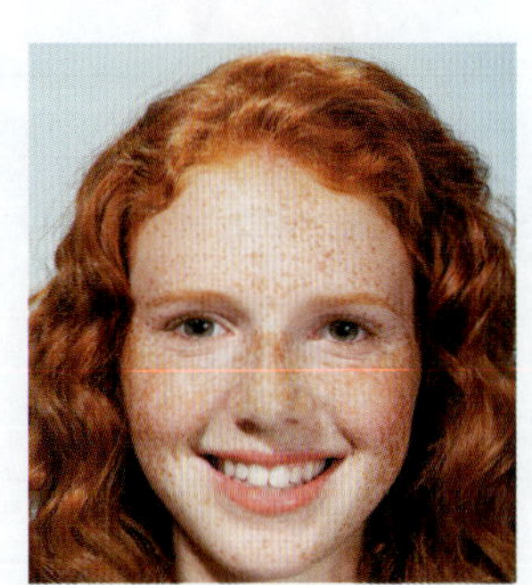

주근깨 있음(유전자형 *FF* 또는 *Ff*)

주근깨 없음(유전자형 *ff*)

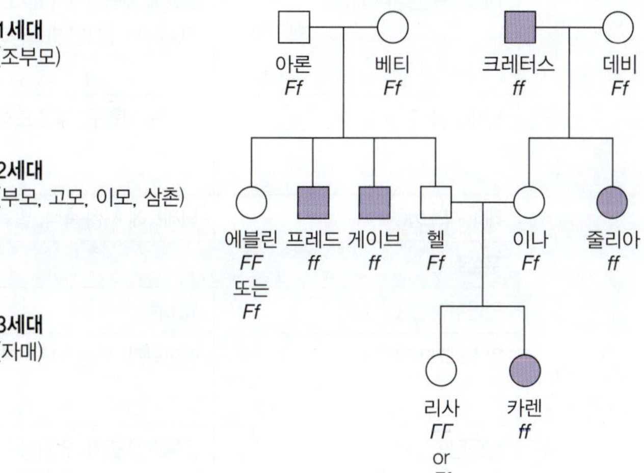

프레드와 게이브는 주근깨가 없기 때문이다. 이들 경우에서 멘델의 법칙과 간단한 논리를 가지고 유전자형을 명확히 규명할 수 있다.

가계도에 나타난 모든 사람의 유전자형을 유추할 수 있는 것은 아님에 주목하자. 예를 들면 리사는 적어도 하나의 *F* 대립유전자를 가져야 하는데, *FF* 아니면 *Ff* 일 수 있다. 그러나 지금 가지고 있는 자료만 가지고는 어느 것인 지 알 수 없다. 어쩌면 미래의 세대들이 이 수수께끼를 풀 수 있는 자료를 제공할 지도 모르겠다.

유전학에서 우성이라는 말은 표현형이 열성 표현형보다 정상이라든지 또는 더 흔하다는 것을 뜻하지는 않는다는 것을 명심하자. 대신 우성은 우성대립유전자를 하나만 가진 이형접합성 유전자형(이 가계도에서는 *Ff*)은 우성 표현형을 보인다는 것을 의미한다. 자연에서 가장 흔하게 나타나는 형질을 **야생형(wild-type)**이라 부른다. 야생형이라 해서 꼭 우성일 필요는 없는데, 사실 열성형질이 우성형질보다 더 흔할 수도 있다. 예를 들면 주근깨는 있는 경우(*FF* 또는 *Ff*)보다 없는 경우(*ff*)가 더 흔하다. ✓

✓ **체크포인트**

그림 9.12를 보면서 데비가 *Ff*라는 것을 어떻게 알 수 있는가?

답: 데비는 주근깨가 있지만 롤리아는 주근깨가 없다. 가능한 유일한 설명은 데비가 *Ff*(주근깨가 있음)이고, 데비의 *f*를 롤리아(주근깨가 없는 *ff*)에게 전달하는 것이다.

9.7 단 하나의 유전자에 의해 결정되는 인간의 형질

눈이나 머리의 색깔과 같이 사람의 여러 특성의 유전적 기초는 복잡하여 아직 잘 모른다. 실제로 하나의 유전자(예를 들면 떨어진 귓불이거나 아니면 붙은 귓불, 또는 혀를 마는 능력)에 의해 결정되는 것으로 오랫동안 여겨져 온 일부 특성이 지금에 와서는 복잡한 유전적 기초를 갖는 것으로 생각되고 있다. 그러나 멘델의 법칙은 일반적으로 주근깨나 V자형 앞머리선과 같은 단일 유전자에 의해 결정되는 인간 형질의 유전에 적용될 수 있다. V자형 앞머리선이 일직선형 앞머리선에 대해 우성이다(그림 9.13).

표 9.1에 있는 사람의 유전질환은 하나의 유전자에 의해 결정되는 우성형질이나 열성형질로 유전되는 것으로 알려져 있다. 따라서 이런 질환은 완두식물로 연구한 멘델에서와 같이 단순한 유전양식을 보여준다. 여기에 나타낸 관련유전자 모두 성염색체 X나 Y가 아닌 상염색체에 위치한다.

열성질환

의학적 증상을 나타내는 유전변이의 대부분은 열성이다. 열성대립유전자에 의해 일어나는 유전적 증상은 무해한 정도에서부터 치명적인 정도까지 다양하게 나타난다. 열성질환을 가진 대부분의 사람은 양부모

표 9.1 사람에서 상염색체 이상으로 인한 질환

질환	주요 증상
열성질환	
백색증	피부, 머리카락, 눈에 색소 결핍
낭포성 섬유증	폐, 소화관, 간에서 과다한 점액분비; 감염에 취약해짐; 치료하지 않으면 유아 때 사망
페닐케톤뇨증(PKU)	혈액에 페닐알라닌 축적; 정상적인 피부색소의 결핍; 치료하지 않으면 발달장애
낫세포병	변형된 적혈구; 많은 조직의 손상
테이-삭스병	뇌세포에 지질 축적; 발육부진; 유년기에 사망
우성질환	
연골무형성증	왜소증
알츠하이머병	정신퇴행; 통상 노년기에 발생
헌팅턴병	운동조절 불가; 인지장애; 중년에 발생
고콜레스테롤혈증	혈액에 과다한 콜레스테롤; 심장병

▲그림 9.13 기본적으로 한 개의 유전자에 의해 결정되는 것으로 알려진 인간의 유전형질의 예.

모두 이형접합체인 정상 부모, 즉 정상이지만 그 질환의 열성대립유전자를 지닌 **보인자(carrier)**인 부모로부터 태어난다.

멘델의 법칙을 사용하여 두 보인자가 결혼해서 태어날 아이 중 그 질환을 갖게 될 확률을 예측할 수 있다. 두 이형접합성 백색증 보인자(*Aa*)가 아이를 갖는다고 가정해 보자. 이 아이에게 백색증이 나타날 확률은 얼마인가? 그림 9.14에 있는 푸네트정방형에서 보듯이 두 보인자로부터 태어날 아이가 열성대립유전자를 물려받을 확률은 1/4 이다. 따라서 이 부부로부터 태어날 아이는 대략 네 명 중 한 명꼴로 백색증이 나타날 것이라고 말할 수 있다. 또한 그 가정에서 정상적인 피부색을 갖는 아이들 중에서도 보인자일 확률이 2/3라고 말할 수 있다(즉 평균적으로 정상 피부색을 갖는 아이 세 명 중 두 명이 *Aa*일 것이다). 다른 하나의 유전자 좌위에 의해 생기는 유전형질에 대한 가계도 분석과 예측에 대해서도 이와 똑같은 방법을 적용할 수 있다.

미국에서 가장 흔한 치명적인 유전질환은 낭포성섬유증(cystic fibrosis, CF)이다. 약 3만 명의 미국인이 앓고 있으며, 열성인 CF 대립유전자는 미국인 31명당 한 명 정도가 가지고 있는데, 달리 말하면 미국에 약 1,050만 명의 보인자가 있다는 말이 된다. 이 대립유전자를 두 개 가진 사람이 낭포성섬유증을 갖게 되는데, 이 질환은 폐, 췌장, 그리고 그 밖의 다른 기관에서 매우 많은 양의 분비물을 방출하는 증상이 나타난다. 이러한 분비물은 호흡, 소화, 간 기능을 방해하고 빈발한 세균감염이 일어난다. CF에 대한 치료 방법은 없지만, 특별한 식이요법을 하고, 감염방지를 위한 항생제를 투여하고, 폐가 청결하도록 가슴과 등을 두드려주고, 그 밖의 다른 처치를 통해 수명을 크게 늘릴 수 있다. 어린아이의 경우도 치명적이지만 CF 치료법의 발달로 CF를 가진 미국인의 평균 생존수명이 40살 정도로 늘어났다. ✓

✓ 체크포인트

낭포성 섬유증 보인자인 두 남녀가 결혼하여 모두 정상인 아이 셋을 갖게 되었다. 네 번째 아이를 갖게 된다면 이 아이가 이 질병을 갖게 될 확률은 얼마인가?

답: 1/4(다른 아이들의 유전자형과 표현형하고는 무관하다.)

▼그림 9.14 양부모가 열성질환인 백색증의 보인자인 경우 예상되는 자손.

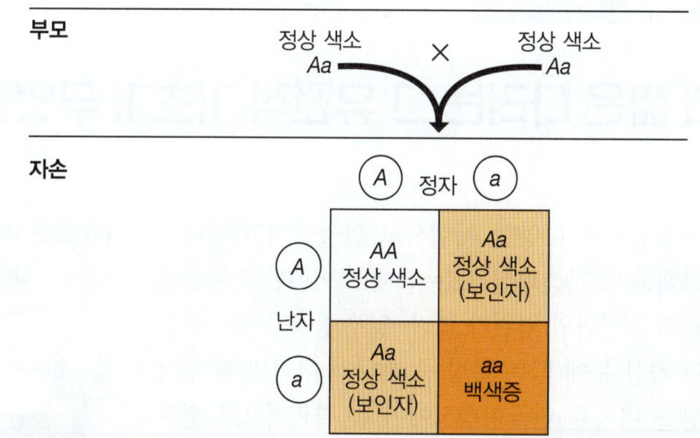

우성질환

사람에서 많은 질환이 우성대립유전자에 의해 발병한다. 발가락이나 손가락이 더 많거나, 손가락이나 발가락이 물갈퀴처럼 생긴 기형과 같이 일부 질환은 생명에 지장을 주지는 않는다. 우성대립유전자에 의해 생기는 좀 더 심각한 질환이 머리와 몸통은 정상적으로 발육하나 팔과 다리가 짧은 왜소발육을 보이는 연골무형성증(achondroplasia)이다. 동형접합성 우성유전자형(*AA*)은 배아가 죽기 때문에 우성대립유전자를 하나만 갖는 개체, 즉 이형접합체(*Aa*)에서만 이 질환이 나타난다. 또한 이것은 연골무형성증이 있는 사람이 아이에게 이 질병을 전해 줄 가능성은 50%라는 것을 의미한다(그림 9.15). 따라서 인구 중 99.99%가 연골무형성증을 갖지 않은 사람인데, 이들 모두 동형접합성 열성대립유전자(*aa*)를 갖는다. 이 예는 개체군에서 우성대립유전자가 열성대립유전자보다 꼭 많아야 되는 것은 아님을 명확하게 해준다.

치명적인 증상을 일으키는 우성대립유전자가 치명적인 열성대립유전자에 비해 훨씬 희귀하다. 한 예가 통상 중년이 되어서야 증상이 나타나는 신경계 퇴행성 질환인 헌팅턴병(Huntington's disease)이다. 신경계 퇴화가 일단 시작되면 비가역적이고 치명적이다. 헌팅턴병의 대립유전자는 우성이므로, 이 대립유전자를 가진 부모에게서 태어난 아이는 이 대립유전자를 물려받아 장애를 가질 가능성은 50%이다. 이 예는 우성대립유전자가 해당 열성대립유전자보다 꼭 "더 나아야 할" 이유는 없다는 것을 명확하게 해준다.

유전학자들이 인간의 형질을 연구하는 한 가지 길은 동물에서 유사한 유전자를 찾아, 그것에 대해 통제된 교배와 그 밖의 실험들을 통해서 보다 세밀하게 연구하는 것이다. 이 장의 실마리인 개의 육종으로 돌아가 사람의 가장 친한 친구의 다리에 대해 알아보자.

▼그림 9.15 가족 안에 연골무형성증이 있는 사람과 없는 사람을 보여주는 푸네트정방형.

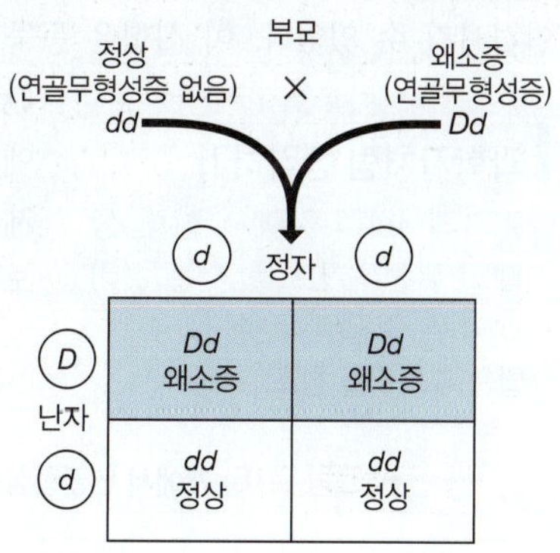

과학연구의 과정 **개의 육종**

개의 짧은 다리는 그 유전적 기초가 무엇인가?

배경

개가 광범위하게 다양한 체형으로 만들어지고 있다는 것은 명백하다. 가축화된 개는 실제로 어떠한 포유동물보다도 그 표현형의 범위가 넓다. 일부 품종을 구별하는 데 있어 가장 눈에 띄는 특징 중 하나가 다리의 뼈 성장에 영향을 미치는 연골형성장애이다. 결과적으로 짧아지고 구부러진 뼈는 몇몇 품종의 특징이 된다(그림 9.16a). 육종가들은 검정교배를 통해 다리가 짧은 형질이 우성이라는 것을 오랫동안 알고 있었지만, 그런 표현형의 원인에 대해서는 알지 못했다.

방법

한 연구자 그룹이 다리가 짧은 표현형의 유전적 기초를 알아내려고 시도했다. 이들은 자동화된 유전자칩(그림 11.10 참조)을 사용해서, 다리가 짧은 7개 품종에서 95마리의 개(실험군)와 다리가 긴 64개 품종에서 702마리의 개(대조군)의 DNA를 조사했다. 이들은 결과를 비교하여 두 그룹 사이에 개 유전체 전체에 걸쳐 수천 곳의 부위에서 차이점이 있음을 확인하였다(그림 9.16b).

결과

18번 염색체의 한 위치가 짧은 다리와 강하게 관련되어 있었다. 그 위치를 둘러싼 부위를 면밀히 조사한 결과, 그 부위에 섬유아세포 성장인자4라고 불리는 단백질을 암호화하고 있는 유전자가 있음이 밝혀졌다. 이 유전자에 의해 생성되는 단백질은 배발생동안 다리의 성장과 관련이 있는 것으로 알려져 있다. 연구원들은 짧은 다리의 경우에서 해당하는 염색체의 특정 변화를 확인하였다. 흥미롭게도 이들은 개에서 이 유전자의 효과를 가장 흔한 형태의 인간 왜소증에서의 관련 단백질과도 연결시킬 수 있었다. 이 실험은 동물모델이 어떻게 인간에서의 유전질환에 대한 통찰력을 제공할 수 있는지 보여주고 있다.

과학자처럼 생각하기

인간에서보다 개에서 신체 상태의 유전적 기초를 찾는 것이 더 쉬운 이유는 무엇인가?

답은 부록 C를 참조.

► 그림 9.16 개에서 연골형성장애의 유전적 기초.

유전검사

과거에는 증상의 발병이 어떤 사람이 유전질환을 물려받았는지 아닌지를 알 수 있는 유일한 방법이었다. 현대적인 기술로 약 30개의 치료 가능한 유전질환은 발병하기 전에도 식별할 수 있는 몇 가지 방법을 제공받고 있다. 예를 들면 검사를 통해 질병을 유발하는 대립유전자가 없는 사람인지를, 또는 테이삭스나 낫세포와 같은 질병의 이형접합성 보인자인 사람인지를 알아낼 수 있다. 또 다른 경우 부모들이 우성이지만 늦게 나타나는 질병인 헌팅턴병이 가족 안에서 발생할 수 있다는 것을 알고 있다. 이러한 사람들은 우성대립유전자에 대한 유전자 검사의 혜택을 볼 수 있다. 유전자 검사의 정보는 가족계획에 대한 결정에 영향을 줄 수 있다.

임신 중 유전자 장애를 확인해 볼 수 있는 여러 가지 기술이 있다. 출생 전 유전검사는 통상 태아세포 채취를 필요로 한다. 양수검사에서 의사는 발생 중인 태아가 담겨 있는 양수를 찻숟가락 2스푼 정도의 양을 주사기로 뽑아낸다(그림 9.17). 융모막돌기채취법에서 의사는 태반 조직 일부를 떼어내기 위해 임산부의 질을 통해 자궁경부까지 좁고 유연한 관을 삽입한다. 이렇게 세포를 얻은 후에 유전병에 대해 검사할 수 있다.

양수검사와 융모막돌기채취법은 복잡한 위험이 수반되기 때문에 이들 기술은 통상 유전병의 가능성이 높은 경우에 준비하는데, 예를 들면 임산부가 35세 이상이거나 과거에 유전병이 있는 자녀를 낳은 경우이다. 또한 임신 15~20주의 임산부에 대한 혈액검사를 통해 태어날 아이가 어떤 특정 장애의 위험 정도를 식별할 수 있게 해준다. 가장 널리 사용되는 혈액검사로는 어머니의 혈액에서 알파훼토단백질(AFP)이라는 단백질의 수준을 측정하는 것인데, 비정상적으로 높은 수준은 태아에서 발달장애일 수 있음을 나타내며, 반면 비정상적으로 낮은 수준은 다운증후군일 수 있음을 나타내는 것이다. 위험정도를 좀 더 정확히 알고 싶을 경우, 임산부의 주치의는 AFP뿐만 아니라, 태반에서 생성되는 다른 호르몬들을 측정하는 이른바 "4종 확인검사"를 처방할 수 있다. 임산부 혈액에서 이러한 물질의 비정상적인 수준은 다운증후군의 위험이 있음을 시사한다. 보다 새로운 유전검사 방법은 임산부의 혈액으로 방출되는 소량의 태아의 세포나 DNA를 분리하는 내용이 포함되어 있다. 비침습적이고, 보다 정확하고, 다른 검사에 비해 좀 더 이른 시기에 보다 안전하게 수행할 수 있는 이 새로운 기술들은 침습적인 검사방법을 점점 대체해 나가고 있다.

유전검사가 점점 일반화되면서, 유전학자들은 이런 검사들이 자신들이 해결할 수 있는 것보다 더 많은 문제를 일으키지 않는지 확실히 하기 위해 일하고 있다. 현재 실천되고 있는 관행은 조기 개입으로 결과가 개선될 수 있는 유전질환에 대해서만 선별검사를 하는 것이다. 유전학자들은 유전검사를 알아보고 있는 환자에게 검사에 대해 설명하고, 결과에 대처하는 것을 도우기 위해 검사 전후에 상담을 받아야만 한다고 강조하고 있다. 유전질환의 조기발견으로 가족에게 선택권을 줄 수 있고, 정서적으로 의학적으로 경제적으로 준비할 시간을 가질 수 있게 해준다. 생명공학의 발전은 인간의 고통을 덜어줄 가능성을 제공하지만, 그러나 중요한 윤리문제를 해결해야만 한다. 인간유전학에 의해 제기된 딜레마는 이 책의 주제 중 하나인 사회에 미치는 생물학의 지대한 영향력을 증대시킨다는 것이다. ✓

▼그림 9.17 **양수검사.** 유전검사를 위해 한 의사가 초음파 기기를 사용해 태아세포를 채취하고 있다.

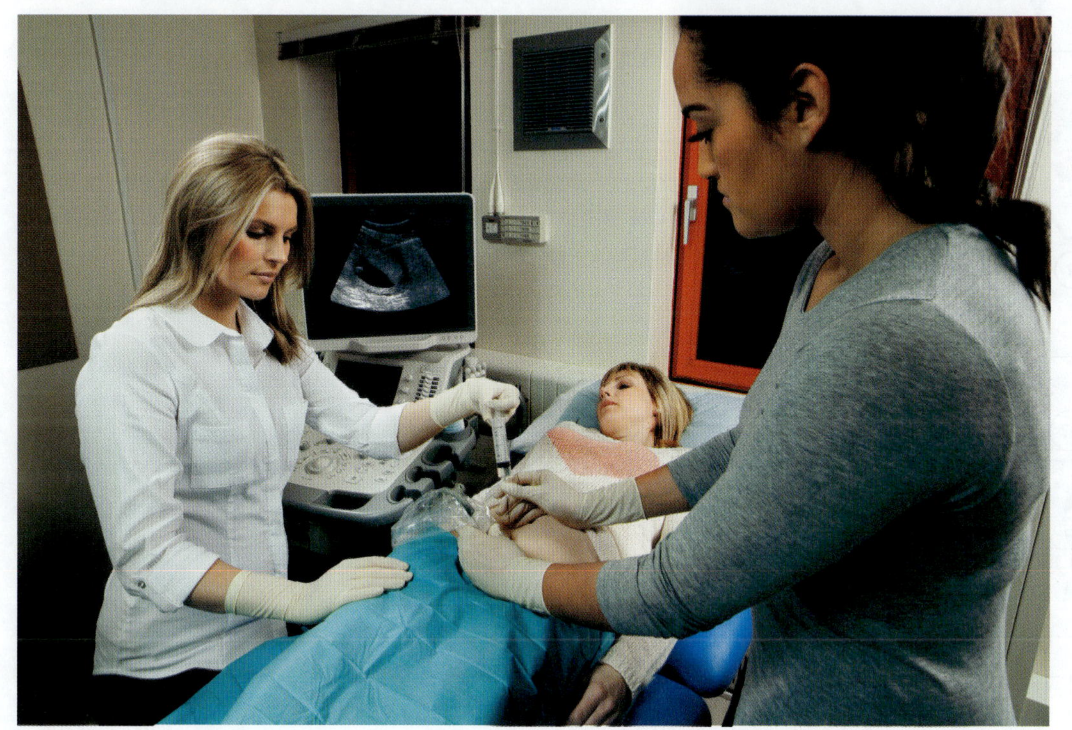

✓ 체크포인트

피터는 28살로 자기의 아버지가 헌팅턴병으로 돌아가셨다. 피터의 어머니는 이 질병에 대한 어떤 증상도 없었다. 피터가 헌팅턴병을 물려받았을 확률은 얼마인가?

답: $\frac{1}{2}$

멘델법칙의 변형

멘델의 두 가지 법칙은 단순한 확률법칙에 따라 한 세대에서 다음 세대로 전달되는 유전자로 설명한다. 이들 법칙은 완두, 래브라도 리트리버, 사람을 포함하여 유성적으로 생식하는 모든 생물에서 유효하다. 그러나 화음의 기본법칙만으로 교향곡의 풍부한 모든 소리를 설명할 수 없는 것과 같이, 멘델의 법칙이 어떤 유전양식에 대해서는 잘 설명이 되지 않는다. 사실 유성적으로 생식하는 대부분의 생물에서 유전양식에 있어 멘델의 법칙이 그대로 적용되는 경우는 상대적으로 적다. 관찰된 유전양식이 복잡한 경우가 많다. 이제 이 복잡성을 설명할 수 있게 멘델의 법칙을 좀 더 확장해 볼 것이다.

9.8 식물과 사람에서 불완전우성

멘델의 완두실험에서 F_1 자손은 항상 부모 중 어느 한쪽과 닮았다. 이러한 경우에 우성대립유전자가 하나가 있든지 둘이 있든지 관계없이 표현형에 있어서는 같은 효과를 갖는다. 그러나 몇몇 특성의 경우 F_1 잡종은 두 부모 표현형 사이의 모습을 갖는데, 이를 **불완전우성(incomplete dominance)**이라고 부른다. 예를 들면 적색 금어초를 흰색 금어초와 교배시키면 모든 F_1 잡종은 분홍색 꽃을 갖는다(그림 9.18). 그리고 F_2세대에서 유전자형과 표현형의 비는 똑같이 1:2:1이다.

사람의 경우에서도 불완전우성의 예를 볼 수 있다. 혈액 내에 콜레스테롤의 수준이 위험할 정도로 높은 고콜레스테롤증(hypercholesterolemia)을 일으키는 열성대립유전자(*h*)가 한 예가 된다. 정상인은 동형접합성 우성인 *HH*이다. 이형접합체(*Hh*)는 혈중 콜레스테롤 농도가 정상인의 두 배 정도 된다. 이러한 이형접합체는 동맥에 비정상으로 동맥 혈관벽에 콜레스테롤이 축적되기 매우 쉬워, 30대 중반에 심장 동맥이 막혀 심장마비를 일으킬 수 있다. 고콜레스테롤증은 동형접합성인 개체(*hh*)에서는 더 심각하다. 동형접합체는 혈중 콜레스테롤 농도가 정상인의 다섯 배 정도 많고, 두 살 어린아이에게서도 심장마비가 올 수 있다. 고콜레스테롤증에 대해 분자생물학의 관점에서 살펴보면 우리는 이형접합체에서 중간 정도로 나타나는 표현형에 대해 잘 이해할 수 있다(그림 9.19). *H* 대립유전자는 간세포가 혈액 내의 과량의 저밀도 지질단백질(LDL 또는 "나쁜 콜레스테롤")을 둘러싸는데 사용되는 세포표면의 수용체 단백질을 만든다. *HH* 개체에 비해 수용체를 단지 반 정도만 가지므로, 이형접합체는 과량의 콜레스테롤을 많이 제거할 수 없다.

▲그림 9.18 **금어초에서 불완전우성.** 이 그림을 대립유전자 중 하나가 완전우성인 경우를 보여주고 있는 그림 9.6과 비교해 보자.

▼그림 9.19 **사람의 고콜레스테롤혈증에서 불완전우성.** LDL(저밀도 지질단백질) 수용체는 LDL에 의해 혈액에 운반된 콜레스테롤의 분해를 촉진시킨다. 이 과정이 동맥 내에 콜레스테롤이 축적되는 것을 막아준다. LDL수용체가 너무 적으면 혈액 안에서 LDL이 위험수준까지 늘어나게 된다.

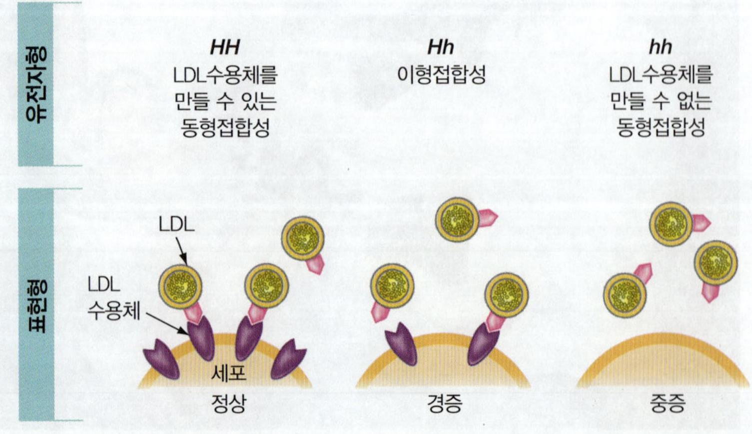

9.9 ABO식 혈액형: 복대립유전자와 공동우성의 예

지금까지 우리는 하나의 유전자에 대해 두 개의 대립유전자만 관여하는 유전양식에 대해 토의해 왔다(예를 들면 H 또는 h). 그러나 많은 유전자가 개체군에서 3개 이상의 대립유전자, 즉 복대립유전자로 발견될 수 있다. 비록 개개인은 특정 유전자에 대해 기껏해야 두 개의 다른 대립유전자를 보유하지만, 복대립유전자의 경우에는 그 개체군 안에 두 개보다 더 많은 대립유전자를 가진다.

사람에서 **ABO식 혈액형(ABO blood group)**은 단일 유전자에 대해 3개의 대립유전자가 관련되어 있다. 이들 3개의 대립 유전자의 여러 가지 조합으로 네 종류의 표현형이 만들어지는데, 한 사람의 혈액형은 A형, B형, AB형, 또는 O형이 될 수 있다. 이들 문자는 적혈구 표면에 있는 A와 B로 표시한 두 탄수화물을 말한다(그림 9.20). 어떤 사람의 적혈구에는 A탄수화물(A형)이나 B탄수화물(B형)로, 아니면 두 탄수화물(AB형)로 덮여 있거나 또는 이들 탄수화물이 없을 수도(O형) 있다. (궁금한 경우로는 혈액형에 "양성" 또는 "음성"을 붙인 표기법은 Rh 혈액형에서 쓰이는 것인데, 그것과는 무관한 다른 유전자의 유전에 기인한다.)

수혈 시 안전을 위해 혈액형을 맞추는 것이 중요하다. 만약 공여자의 혈구가 수여자에게는 생소한 탄수화물(A나 B)을 갖는다면, 이때 수여자의 면역계는 생소한 탄수화물에 특이적으로 결합하는 항체라 부르는 혈액 단백질을 만들게 되고, 공여된 혈구세포들이 서로 뭉치게 만들어 수여자를 죽게 만들 수 있다.

네 종류의 혈액형은 세 가지 서로 다른 대립유전자, 즉 I^A(물질 A를 만든다), I^B(물질 B를 만든다), i(A도 B도 만들지 않는다)의 여러 조합에 의해 결정된다. 개개인은 각 부모로부터 이들 대립유전자 중 하나를 물려받는다. 대립유전자가 세 가지가 있으므로 그림 9.20에서처럼 6개의 가능한 유전자형이 있다. 대립유전자 I^A와 I^B는 둘 다 대립유전자 i에 대하여 우성이다. 따라서 I^AI^A와 I^Ai인 사람은 A형이 되고, I^BI^B와 I^Bi인 사람은 B형이 된다. 열성 동형접합체(ii)는 O형이 되는데, 어느 탄수화물도 만들지 않는다. 마지막으로 유전자형이 I^AI^B인 사람은 두 탄수화물을 다 만든다. 다른 말로 하면 I^A 대립유전자와 I^B 대립유전자는 이형접합성 개체(I^AI^B)에서 두 대립유전자가 공히 발현된다는 의미를 뜻하는 **공동우성(codominance)**을 보여주고, 이 사람의 혈액형을 AB형이라 한다. O형 혈액은 어느 다른 혈액형과도 반응하지 않아, 이 혈액형을 가진 사람을 만능공여자가 되게 해준다는 것을 눈여겨보자. AB형의 사람은 만능수여자이다. 공동우성(두 대립유전자가 발현)과 불완전우성(하나의 중간형질의 발현)을 잘 구별하자. ✓

✓ 체크포인트

1. 붉은색의 꽃을 갖는 금어초가 동형접합성인지 이형접합성인지 알아보기 위해 굳이 검정교배를 할 필요가 없는 이유는?
2. 마리아는 O형이고 여동생은 AB형이다. 이들 소녀 부모의 유전자형은?

답: 1. 우성대립유전자로 된 동형접합성 식물만이 붉은색 꽃을 갖는다; 이형접합체는 분홍색 꽃을 갖는다. 2. 한 부모는 I^Ai이고 다른 한 부모는 I^Bi이다.

▼ **그림 9.20 ABO식 혈액형의 복대립유전자.** 혈액형과 관련된 유전자의 세 가지 버전은 A탄수화물(대립유전자 I^A)이나 B탄수화물(대립유전자 I^B)을 만들거나 또는 어떤 탄수화물도 만들지 않는다(대립유전자 i). 사람마다 2개의 대립유전자를 지니므로 총 6개의 유전자형의 조합이 가능한데 이들은 네 종류의 표현형으로 나타난다. 항체와 외부 혈액세포 사이에 일어나는 응집반응은 혈액형을 확인(우측 사진에서 보이는)하고 수용가능하지 않은 혈액으로부터 수혈을 받았을 때 부작용이 일어나는 현상의 기본 근거가 된다.

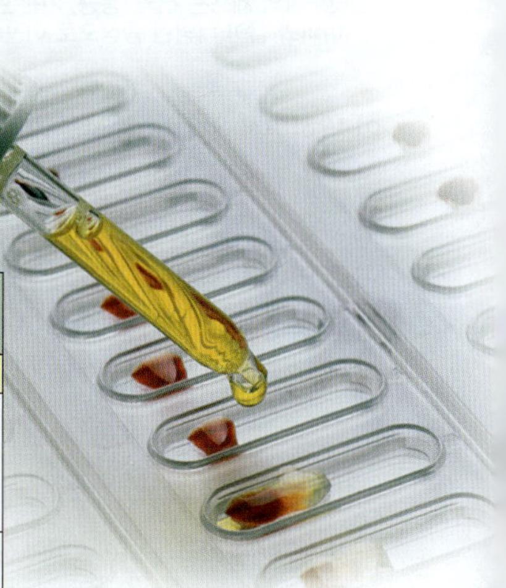

혈액형 (표현형)	유전자형	적혈구	혈액에 있는 항체	아래에 있는 혈액형의 혈액을 왼쪽에 있는 혈액형의 항체와 섞었을 때 일어나는 반응			
				O	A	B	AB
A	I^AI^A 또는 I^Ai	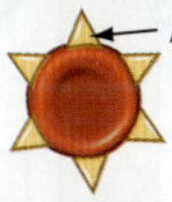 A탄수화물	항-B	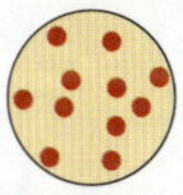	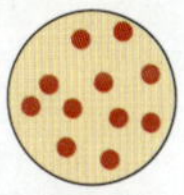	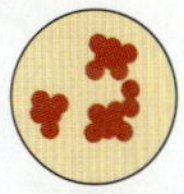	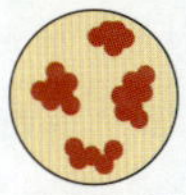
B	I^BI^B 또는 I^Bi	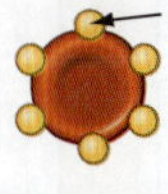 B탄수화물	항-A	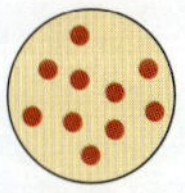	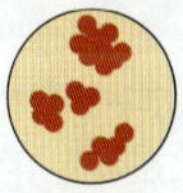	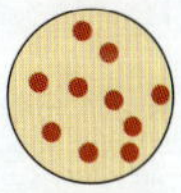	
AB	I^AI^B		—	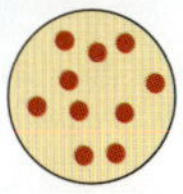	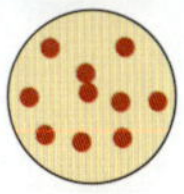	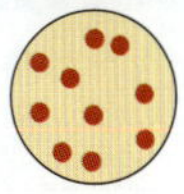	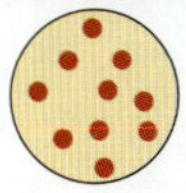
O	ii		항-A 항-B	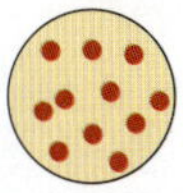	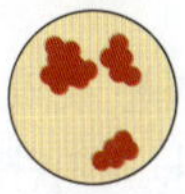	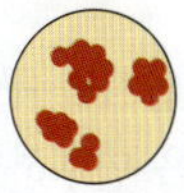	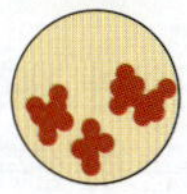

9.10 다면발현과 낫세포병

지금까지 우리는 하나의 유전자가 하나의 유전특성만 결정하는 경우에 대해 배웠다. 그러나 많은 경우 하나의 유전자가 여러 특성에 영향을 미치는데, 이러한 성질을 **다면발현(pleiotropy)**이라고 부른다.

사람에서 다면발현의 예는 낫세포 빈혈이라고도 부르는 **낫세포병(sickle-cell disease)**인데 다양한 증상이 나타난다. 낫세포 대립유전자의 직접적인 영향은 비정상 헤모글로빈을 생산하는 적혈구를 만드는 것이다(그림 3.20 참조). 이들 비정상 분자는 서로 연결되어 결정체로 되는 경향이 있는데, 높은 고도, 심한 운동, 호흡기질환으로 인해 혈액 내 산소 농도가 평소에 비해 낮을 때 특히 더 그렇다. 헤모글로빈이 결정화되면 원반모양의 정상 적혈구가 끝이 톱날 같은 낫모양으로 변한다(그림 9.21). **생물학에서 이와 같은 경우가 종종 있는데, 구조의 변화가 기능에 영향을 미친다.** 이들의 모양 때문에 낫세포는 혈액에서 원활하게 흐르지 못하고 축적되어, 작은 혈관을 막아버리는 경향이 있다. 혈관이 막히면서 일련의 증상들을 일으키게 되는데, 몸의 각 부분으로 가는 혈류가 감소되고 이로 인해 주기적 발열, 심한 통증, 그리고 심장, 뇌, 신장에 손상을 일으킨다. 비정상의 낫세포는 우리 몸이 파괴시키는데, 이로 인해 빈혈을 일으키고 몸을 허약하게 만든다. 수혈과 약물치료로 일부 증상은 완화시킬 수 있지만, 근본적인 치료는 되지 않기 때문에 전세계적으로 낫세포병으로 인해 매년 십만 명 정도가 죽는다. ✓

▼그림 9.21 **낫세포병: 사람에서 단일 유전자의 복합적인 영향.**

낫세포 대립유전자가 동형접합성인 사람

낫세포(비정상) 헤모글로빈

비정상 헤모글로빈은 잘 구부러지는 긴 사슬로 결정화되어 적혈구가 낫모양이 되게 만든다.

채색된 SEM 4,000×

낫모양의 세포는 허약, 통증, 기관손상, 마비와 같이 다양한 증상으로 이끈다.

✓ 체크포인트

낫세포병은 어떻게 다면발현의 예가 될 수 있는가?

답: 낫세포병의 동형접합체는 비정상 헤모글로빈을 갖게 되고, 이것이 적혈구 모양에 미친 결과로 몸의 여러 기관에 영향을 미쳐 일련의 증상들로 나타난다.

9.11 다유전자유전

멘델은 꽃의 색깔이 흰색인지 아니면 자주색인지를 구분하는 것과 같이, 양자택일을 바탕으로 구분하는 유전특성을 연구하였다. 하지만 사람의 피부색이나 키와 같이 많은 특성은 집단 안에서 연속적으로 조금 조금씩 차이가 나서 다양한 모습으로 나타난다. 이러한 현상은 하나의 표현형 특성에 둘 이상의 유전자의 덧셈효과를 말하는 **다유전자유전(polygenic inheritance)**에 따른 결과이다(이것은 하나의 유전자가 여러 유전특성에 영향을 미치는 다면발현과는 반대되는 현상이다).

사람의 키는 개별적으로 유전되는 여러 유전자에 의해 조절된다. 실제로 연구자들은 인간의 키에 영향을 미치는 180개가 넘는 유전

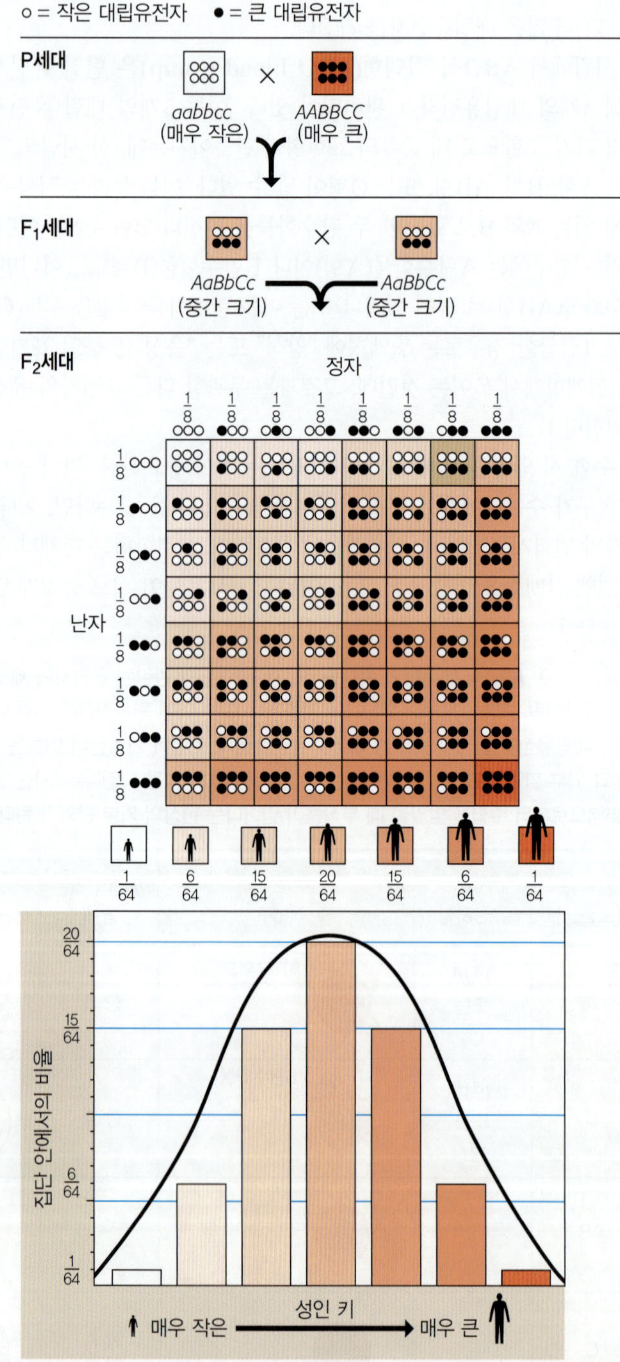

▲그림 9.22 **키의 다유전자유전 모델.**

자를 밝혀냈다. 당뇨병, 심장병 또 암을 포함한 많은 질병들 역시 다유전자유전을 나타내는 것으로 알려져 있다. **다유전자유전은 새로운 특성(이 경우에서는 다인자형질)이 보다 작은 많은 부분(유전자)의 상호작용으로 인해 발생할 수 있는 상호작용이라는 주제의 한 예가 된다.**

이 원리를 설명하기 위해, 표현형에서 한 "단위"만큼의 큰 키를 갖게 해주는 각각의 큰 키 대립유전자(A, B, C)와, 그리고 이와 다른 대립유전자(a, b, c)에 대해서는 불완전우성인 세 개의 유전자에 의해 제어 받는다고 생각해 보자. $AABBCC$인 사람은 키가 매우 클 것이지만, $aabbcc$인 사람은 매우 작을 것이다. 또한 $AaBbCc$인 사람이 중간 정도의 키를 갖게 될 것이다. 이들 대립유전자는 덧셈효과를 가지므로, 유전자형 $AaBbCc$는 이와 똑같이 3개의 큰 키의 대립유전자를 가진 유전자형 $AABbcc$와 마찬가지로 같은 키가 되게 만들 것이다. 그림 9.22에 있는 푸네트정방형은 두 삼중 이형접합체($AaBbCc$)의 교배에서 나타나는 모든 유전자형을 보여준다. 푸네트정방형 아래에 있는 한 줄로 늘어선 상자는 이론적으로 생길 키의 7가지 표현형을 보여준다. 이 가상적인 예는 세 개의 유전자가 어떻게 그래프에서 막대로 표시한 빈도로 서로 다른 7종류의 형질을 만들어 낼 수 있는지를 보여주고 있다.

9.12 후성유전학과 환경의 역할

사람의 집단에서 키에 대해서 실제로 조사해보면, 키의 표현형이 7가지 이상이라는 것을 알게 될 것이다. 실제 범위는 그림 9.22의 종모양 곡선 아래에 있는 전체 키의 분포처럼 나타날 것이다. 사실 키의 유전자에 대해 아무리 정교하게 명시한다고 하더라도 유전적 설명만으로는 항상 불완전할 것이다. 그 이유는 키는 또한 영양이나 운동과 같은 환경요인에 의해서도 영향을 받기 때문이다.

어떤 특성은 오로지 유전자에 의해, 다른 것은 환경에 의해, 또 다른 것은 둘 다에 의해 결정된다.

표현형의 많은 특성은 유전과 환경요인의 복합작용에 따라 결정된다. 예를 들면 한 그루 나무에 붙어 있는 모든 잎들은 같은 유전자형을 가지지만, 바람과 태양에 노출되는 정도, 나무의 영양상태에 따라 그 크기, 모양, 색깔은 다양해진다. 사람에 있어서도 운동은 체격을 변화시키고, 경험은 지능검사에서 점수를 높여주고, 사회적 요인과 문화적 요인은 외모에 크게 영향을 미친다. 유전학자들이 우리의 유전자에 대해 점점 더 많이 알게 되면서 심장질환, 암, 알코올중독, 정신분열증의 위험과 같은 많은 인간의 특성이 유전자와 환경 둘 다에 영향을 받는다는 것이 명확해지고 있다.

인간의 특성이 유전자에 더 영향을 받는지 아니면 환경에 더 영향을 받는지, 즉 선천적인지 아니면 후천적인지는 매우 오래되고 뜨거운 논쟁거리이다. 예를 들면 ABO식 혈액형과 같은 일부 특성의 경우에 특정 유전자형은 특정 표현형을 지시하고, 환경은 아무튼 어떤 역할도 하지 않는다. 이에 비해 혈액 한 방울에 들어 있는 혈구수는 고도나 신체활동, 또 감기에 걸렸는지 아닌지와 같은 요인에 따라 제법 달라진다.

▼그림 9.23 **머리 모양이나 색깔과 같은 선택을 포함하여 환경의 영향으로 인해 일란성 쌍둥이조차도 그 모습이 달라질 수 있다.**

일란성 쌍둥이와 잠시만 함께 있어 보아도 사람의 형질은 유전자뿐만 아니라 환경의 영향을 받는다는 것을 그 누구라도 쉽게 확신할 수 있을 것이다(그림 9.23). 일반적으로 유전적인 영향만이 유전되고, 통상 환경에 의한 어떤 영향도 다음 세대로 전해지지는 않는다. 하지만 최근 생물학자들은 DNA서열과 직접적으로 관련을 갖지 않는 메커니즘에 의해 형질이 유전되는 **후성유전(epigenetic inheritance)**의 중요성을 인식하기 시작했다. 예를 들면 염색체의 DNA와 단백질 성분은 화학기를 붙이거나 제거함으로써 화학적으로 변형시킬 수 있다. 일생 동안 환경은 이러한 변화에 역할을 하게 되는데, 동일한 유전체임에도 불구하고, 쌍둥이 중 한 명은 유전질병을 앓고 있으나, 다른 한 명은 그 질병을 앓지 않을 수 있는지 그 이유를 설명할 수 있게 되었다. 최근의 연구는 젊은 일란성 쌍둥이들은 기본적으로 후성적 마커를 가지고 서로 구별될 수 있음을, 그러나 후성적 차이는 나이가 들수록 축적되어, 결과적으로 나이가 든 쌍둥이 경우 이들 사이의 유전자 발현은 상당한 차이를 보이게 됨을 밝히고 있다. 후성적 변형과 이에 따른 유전자활성의 변화는 다음 세대에까지 계속될 수 있다. 예를 들면 일부 연구는 한 세대에 의해 학습된 행동(특정 자극을 피하는 것과 같은)이 염색체 변형을 통해 다음 세대에까지 전달되게 함으로써, 후성적 변화가 동물에서 특정 본능의 기반이 될 수 있음을 시사하고 있다.

DNA 서열이 바뀌는 것과는 달리 염색체에서의 화학적 변화는 (아직까지는 잘 알지 못하는 과정에 의해) 가역적일 수 있다. 후성유전의 중요성에 대한 연구는 매우 활동적인 생물학의 한 영역이며, 유전학에 대한 우리의 이해를 바꾸어 버릴 새로운 발견이 뒤따를 것이라는 확신을 가질 수 있다. ✓

✓ 체크포인트

여러분이 쥐의 클론을 만들었다면, 이들이 자라면서 클론들 중에서 후성적 차이의 수를 어떻게 예상하겠는가?

답: 후성적 차이의 수가 클론이 자라면서 처음에는 낮게, 그러나 점차 증가하는 것을 예상하게 될 것이다.

유전의 바탕이 되는 염색체

멘델이 죽은 후 제법 시간이 흐른 후에야 비로소 생물학자들은 그의 연구가 갖는 의미를 알게 되었다. 세포생물학자들은 1800년대 후반에 이르러 유사분열과 감수분열 과정을 알게 되었다(8장 참조). 그런 다음 1900년대에 들어서면서 연구자들은 염색체의 행동과 유전자의 행동이

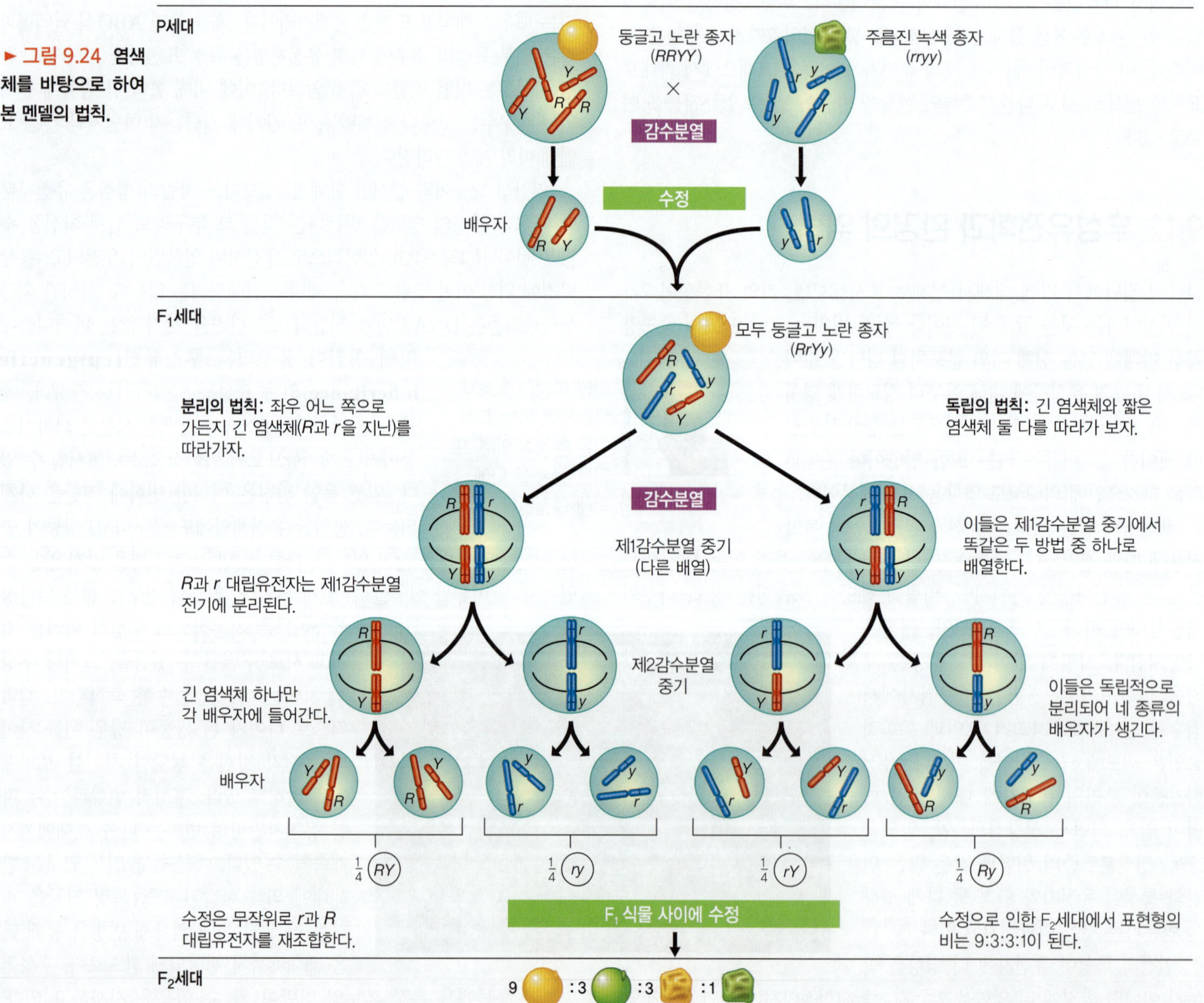

► 그림 9.24 **염색체를 바탕으로 하여 본 멘델의 법칙.**

서로 일치한다는 것을 주목하기 시작하였다. 생물학에서 중요한 개념 중 하나가 나타나게 된 것이다.

유전의 염색체설(chromosome theory of inheritance)이란 유전자들이 염색체 위의 특정한 지점(좌위)에 위치하고, 감수분열과 수정 과정에서의 염색체 행동을 가지고 유전양식을 설명할 수 있다는 것을 말한다. 사실 이것이 감수분열 과정에서 분리되고 독립적으로 분배되는 것은 염색체이고, 이와 같이 멘델의 법칙을 설명하는 것도 염색체이다. 그림 9.24는 그림 9.8b에 있는 양성교배의 결과가 감수분열에서 염색체의 움직임과 서로 관련이 있다. 순종교배의 부모식물을 가지고서 작하는 이 그림에서는 F_1세대와 F_2세대를 걸쳐 다른 염색체 위에 있는 두 유전자, 즉 종자모양의 유전자(대립유전자 *R*과 *r*)와 종자색깔의 유전자(대립유전자 *Y*와 *y*)를 추적하고 있다. ✓

✓ 체크포인트

감수분열 기간 중에 다음의 물리적 바탕을 갖는 것은 멘델의 어떤 법칙인가?

a. 제1감수분열 중기에서 상동염색체 쌍의 방향

b. 제1감수분열 후기에서 상동염색체 쌍의 분리

답: 후성적 차이의 수가 클론이 자라면서 처음에는 낮게, 그러나 점차 증가하는 것을 예상하게 될 것이다.

9.13 연관유전자

염색체가 분리될 때 유전자가 염색체 위에 있다는 것을 안다면, 유전자가 유전될 수 있는 방식에 대해 몇 가지 중요한 결론을 이끈다. 세포에 있는 유전자의 수는 염색체의 개수보다는 훨씬 많으므로, 각 염색체에는 수백 개에서 수천 개의 유전자를 가지고 있다. 같은 염색체 위에 서로 가까이 있는 유전자, 즉 **연관유전자(linked gene)**들끼리는 감수분열과 수정 과정에서 같이 움직이는 경향이 있다. 이러한 유전자들은 종종 한 세트로 유전되므로, 멘델의 독립법칙에 종종 따르지 않는다. 가깝게 있는 연관유전자의 경우, 한 유전자의 유전은 나머지 다른 유전자의 유전과 상관관계를 가지게 되어 푸네트정방형에서 예견되는 표준비에 따르지 않는 결과를 갖게 된다. 이와는 달리 같은 염색체 위에 서로 멀리 떨어져 있는 유전자들은 통상 교차로 인해 독립적으로 분리된다(그림 8.18 참조).

지금까지 논의한 유전양식은 성염색체가 아닌 상염색체에만 있는 유전자와 관련된 것이다. 이제 성염색체의 역할과 이들이 제어하는 특성에 의해 나타나는 유전양식에 대해 자세히 배울 준비는 마친 것 같다. 알다시피 성염색체에 있는 유전자들은 좀 독특한 유전양식을 가진다. ✓

✓ 체크포인트

연관유전자란 무엇인가? 이들은 왜 자주 멘델의 독립법칙에 따르지 않는가?

답: 같은 염색체에 서로 가까이 위치해 있어서 같이 유전되는 경향이 있는 유전자. 이들은 감수분열이나 수정의 과정에서 자주 같이 움직이기 때문에, 연관유전자는 독립적이기 보다는 같이 유전되는 경향을 갖는다.

9.14 사람에서의 성의 결정

모든 포유류를 포함하여 많은 생물은 개체의 성을 결정하는 X와 Y로 표시되는 성염색체 한 쌍을 갖고 있다(그림 9.25). X염색체 하나와 Y염색체 하나를 지닌 개체는 남성이고, XX는 여성이

여러분의 성은 여러분의 아버지에 의해 전적으로 결정된다.

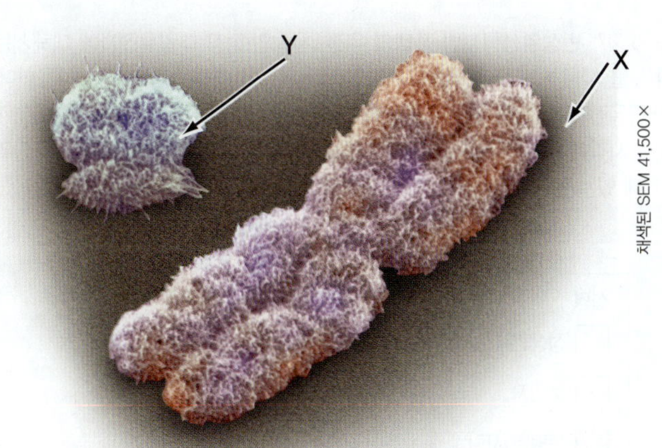

▲그림 9.25 **사람에서 염색체와 성의 결정.** 오른쪽에 있는 현미경 사진은 사람에서 복제된 상태의 X염색체와 Y염색체를 보여준다.

다. 여성과 남성 모두 44개의 상염색체(성염색체 이외의 염색체)를 가지고 있다. 감수분열에서 염색체 분리의 결과로 각 배우자는 하나의 성염색체와 반 세트의 상염색체(사람의 경우 22개)를 지닌다. 모든 난자는 하나의 X염색체를 지닌다. 정자세포 중 반은 X염색체, 나머지 반은 Y염색체를 지닌다. 자손의 성은 난자와 수정하는 정자가 X염색체를 가지는지 아니면 Y염색체를 가지는지에 따라 결정된다.

9.15 반성유전자

성염색체에는 성을 결정하는 유전자 외에도 남성성 또는 여성성과는 무관한 특성에 관련된 유전자도 있다. 성염색체에 있는 유전자를 **반성유전자(sex-linked gene)**라고 부른다. 인간의 X염색체는 거의 1100개의 유전자를 가지고 있지만, 반면에 Y염색체는 단지 78개의 유전자만 가지고 있는데, 그것의 반 정도만 정소에서 발현된다. 대부분의 반성유전자는 X염색체 위에서 찾아볼 수 있다.

적록색맹과 혈우병과 어떤 발육이상을 포함하여 많은 인간의 질병이 반성열성대립유전자에 기인한다. 적록색맹(red-green color blindness)은 눈에 있는 시각 세포의 기능부전으로 인해 흔하게 일어나는 반성유전질환이다(실제로 이 질환은 여러 개의 반성유전자가 관련된 질환이지만 여기서는 특정한 한 유형의 색맹에만 초점을 맞출 것이다.). 정상적으로 색깔을 구분할 수 있는 보통 사람은 150가지 이상의 색깔을 볼 수 있다. 이에 비해 적록색맹인 사람은 25가지 미만의 색깔만 볼 수 있다. 그림 9.26은 간단한 적록색맹검사를 보여주고 있다. 주로 남성에서 나타나지만, 이형접합성인 여성도 역시 약간 장애를 갖기도 한다.

여러분이 유전병을 물려받을지 아니면 건너뛸지, 그 가능성은 때때로 여러분의 가족사로부터 밝혀낼 수 있다.

이들은 성염색체에 위치하므로 반성유전자는 독특한 유전양식을 보여준다. 그림 9.27a는 색맹 남성이 정상인 동형접합성 여성과 자손을 가질 때 어떻게 되는지 보여주고 있다. 모든 아이들은 정상인데, 이것은 야생형의 대립유전자(정상)가 우성임을 암시한다. 여성 보인자가 정상인 남성과 결혼해서 아이를 낳으면, 정상과 색맹의 표현형비는 3:1로 나타난다(그림 9.27b). 하지만 여기에는 놀라운 사실이 있다. 색맹 형질은 남성에만 나타난다. 모든 여성은 정상이고 남성의 반이 색맹이고 나머지 반이 정상이다. 이것은 이 유전양식에 관련된 유전자는 전적으로 X염색체에 위치하기 때문이다. Y염색체에는 해당 유전자 좌위가 없다. 따라서 여성(XX)은 이 특성의 유전자를 두 개를 가지나 반면에 남성(XY)은 단지 하나만 갖는다. 색맹 대립유전자는 열성이기 때문에 여성은 두 X염색체에 그 대립유전자를 받을 때만 색맹이 된다(그림 9.27c). 하지만 남성에 있어서는 열성대립유전자 하나만으로도 색맹이 된다. 이러한 이유로 열성반성형질은 여성보다 남성에서 더 잘 나타난다. 예를 들면 여성에서 나타나는 비율보다 남성에서 나타나는 비율이 약 20배나 많다. 이러한 유전양식은 사람들이 종종 어떤 유전자는 종종 "한 세대를 건너뛴다"고 이야기하는데, 그 이유는 한 남성(1세대)으로부터 여성 보인자(2세대에서는 발현되지 않는)로, 남성(3세대)으로 다시 돌아가기 때문이다.

▲그림 9.26 **적록색맹검사.** 붉은색 배경 속에서 초록색으로 된 숫자 7을 볼 수 있는가? 만약 볼 수 없다면 아마도 반성형질인 적록색맹일 수 있다.

혈우병(hemophilia)은 오래 전부터 잘 알려져 있는 반성열성형질이다. 혈우병 환자는 혈액응고와 관련이 있는 인자에 대해 비정상 대립유전자를 물려받기 때문에, 상처를 입으면 과다출혈을 하게 된다. 중증의 혈우병인 사람은 가벼운 찰과상이나 칼로 베인 상처로 인한 출혈로도 죽을 수 있다. 혈우병이 높은 빈도로 나타난 유럽왕가는 많은 어려움을 겪었다. 영국의 빅토리아여왕(1819~1901)이 혈우병 대립유전자

▼그림 9.27 **반성열성형질인 색맹의 유전.** 우성인 정상 대립유전자에 대해서는 대문자 *N*을 사용하고 색맹 대립유전자인 열성형질에 대해 소문자 *n*을 사용한다. 이들 대립유전자가 X염색체상에 있음을 표시하기 위해 X에 위첨자로 표시했다. Y염색체는 시각에 대한 유전자 좌위를 지니고 있지 않으므로 남성의 표현형은 단일 X염색체에 있는 반성유전자에 의해 전적으로 결정된다.

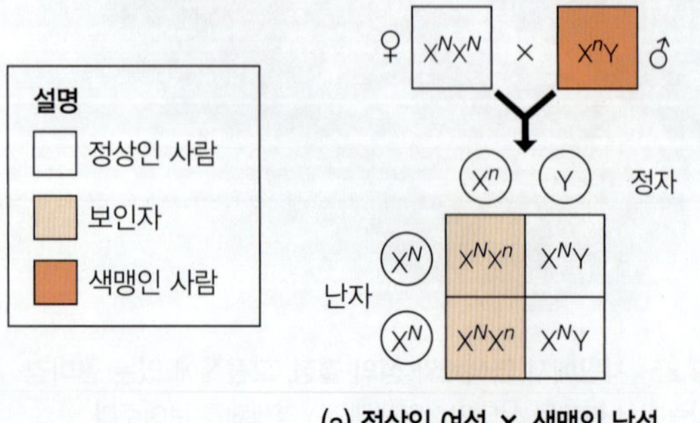

(a) 정상인 여성 × 색맹인 남성

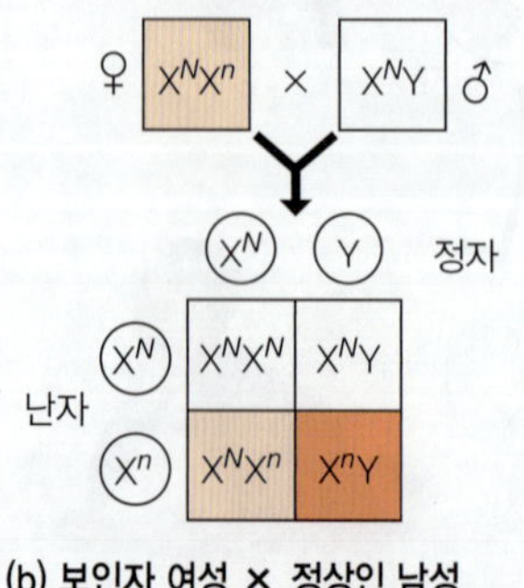

(b) 보인자 여성 × 정상인 남성

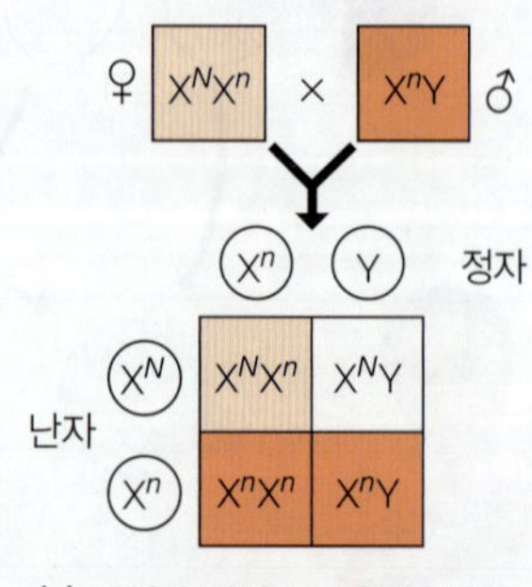

(c) 보인자 여성 × 색맹인 남성

의 보인자였다. 여왕은 이 대립유전자를 아들 한 명과 두 명의 딸에게 전했다. 결혼을 통해서 여왕의 딸들이 혈우병을 프러시아, 러시아, 스페인의 왕가로 옮겨가게 되었다. 이처럼 결혼에 의해 국가 간의 동맹관계를 강화하는 당시의 방침에 따라 혈우병은 여러 나라의 왕실로 급속도로 퍼져나갔다(그림 9.28). ✓

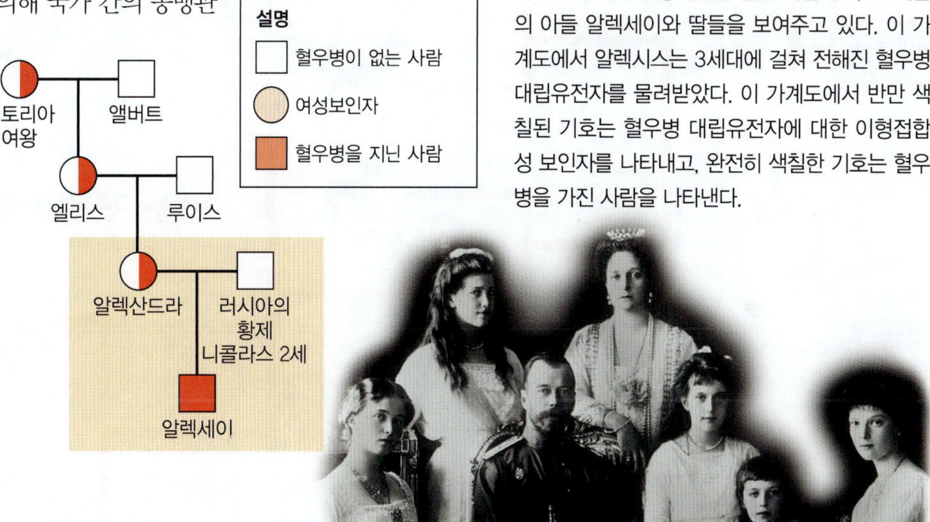

▼그림 9.28 **러시아 왕실의 혈우병 가계도.** 이 사진에서는 빅토리아 여왕의 손녀 알렉산드라와 러시아의 마지막 황제였던 남편 니콜라스, 또 이들의 아들 알렉세이와 딸들을 보여주고 있다. 이 가계도에서 알렉시스는 3세대에 걸쳐 전해진 혈우병 대립유전자를 물려받았다. 이 가계도에서 반만 색칠된 기호는 혈우병 대립유전자에 대한 이형접합성 보인자를 나타내고, 완전히 색칠한 기호는 혈우병을 가진 사람을 나타낸다.

✓ 체크포인트

1. 반성유전자는 무엇을 말하는가?
2. 초파리에서 흰색 눈은 열성의 반성형질이다. 흰색 눈의 암컷 초파리와 붉은색 눈(야생형)의 수컷 초파리를 교배하면 우리는 여러 자손에 대해 어떤 예측할 수 있는가?

답: **1.** 성염색체에, 보통 X염색체에 위치한 유전자. **2.** 모든 암컷 자손은 붉은색 눈을 가진 이형접합성(X^RX^r)일 것이다; 모든 수컷 자손은 흰색 눈(X^rY)일 것이다.

진화와 연결 개의 육종

진화계통수로부터 밝혀진 사실

이 장에서 배워왔듯이 개는 사람과 가장 가까운 친구이자 또한 이들은 우리가 가장 오랫동안 이용해 온 유전실험 중 하나이기도 하다. 약 15,000년 전 동아시아에서 인간은 오늘날의 늑대와 개의 조상인 개과의 동물과 함께 살기 시작했다. 사람들이 지리적으로 분리된 영구적인 여러 정착지로 이동하게 되면서, 개의 개체군도 분리되어 결국 동계 교배가 이루어지게 되었다.

사람의 여러 집단들은 집단에 따라 서로 다른 형질을 갖는 개를 선택하였다. 2010년의 연구에서 작은 개는 12,000년 전 중동의 초기 농경정착지 안에서 맨 처음 교배가 일어났음을 밝히고 있다. 다른 곳에서는 목동들이 동물무리를 잘 다루는 개를 원했다. 사냥꾼은 사냥감을 잘 찾아서 가져오는 개를 선택했다. 이와 같은 유전적 작업을 수천 년 거치면서 개의 체형과 행동이 광범위하게 다양한 결과로 나타났게 되었다. 각 품종마다 고유한 유전적 구성이 결국 고유한 모습과 행동의 형질을 나타낸다.

『과학연구의 과정』에서 다루었듯이 우리가 알고 있는 개과의 진화는 개의 유전체의 전체서열이 밝혀지고 나서야 크게 진보하였다. 유전체 서열과 그 밖의 다른 자료를 이용해서 개 유전학자들은 85종류의 품종에 대한 유전분석을 바탕으로 진화계통수를 만들었다(그림 9.29). 이 분석을 보면 개과 계통수에는 일련의 뚜렷한 분지점이 있다. 각 분지점은 원하는 특정 형질을 가진 유전적으로 구분된 소집단을 만들어내는, 사람에 의해 이루어진 의도적인 선택을 나타낸다.

유전적 계통수에서 보듯이 가장 오래된 품종, 즉 늑대와 가장 근친인 품종은 샤페이나 아키타와 같은 아시아 종이다. 그 후에 유전적으로 분리가 되면서 아프리카(바센지), 북극(알래스칸 맬러뮤트와 시베리안 허스키), 중동(아프간하운드와 살루키)의 품종들이 만들어졌다. 유럽계통의 또 다른 품종들은 가장 최근에 개발되었고, 경호용(예를 들면 로트와일러), 가축몰이용(여러 양치기개), 사냥용(래브라도 레트리버와 비글을 포함하는)으로 육종된 이들을 유전적 구성에 따라 나눈다. 집개에 대한 진화계통수의 정리를 통해 새로운 기술이 지구의 생명에 대한 유전적 의문과 진화적 의문에 대한 중요한 통찰력을 제공할 수 있음을 보여주고 있다.

▲그림 9.29 **개의 품종에서 진화계통수.** 여러 품종의 개들의 오랜 역사가 유전분석을 통해 드러나고 있다.

복습

주요 개념의 요약

유전학과 유전

유전양식을 분석함으로써 유전에 관한 과학을 맨 처음으로 연구한 멘델은 유전자가 불변의 고유성을 유지한다는 것을 강조하였다.

9.1 수도원 정원에서

멘델은 유전적 특성의 대립되는 두 변이를 보이는 순종 완두를 가지고 연구를 시작하였다. 그런 다음 다른 변종들을 교배시켜 세대에서 세대로 형질의 유전을 추적하였다.

9.2 멘델의 분리의 법칙

대립유전자의 쌍은 배우자 형성과정에서 분리되고, 수정을 통해 그 쌍은 복원된다. 만약 개체의 유전자형(유전적 구성)이 하나의 유전자에 대해 다른 두 대립유전자를 갖고 그 중 하나만 생물의 표현형(모습)에 영향을 미치면, 이 대립유전자를 우성이라 하고 나머지 다른 대립유전자를 열성이라

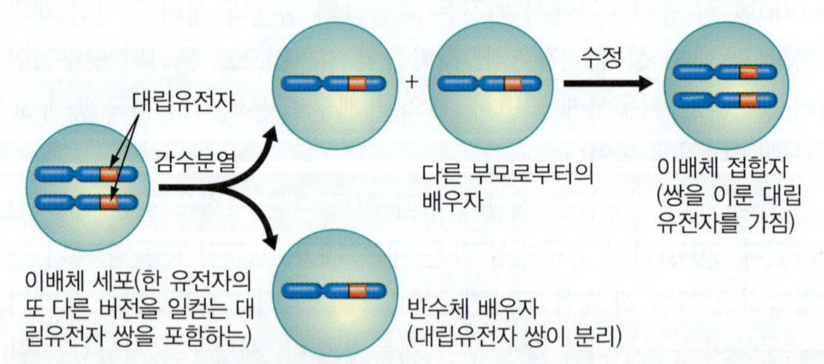

한다. 한 유전자의 대립유전자들은 상동염색체에서 같은 좌위, 달리 말하면 같은 위치에 있게 된다. 대립유전자 쌍이 같을 경우 그 생물은 동형접합체라 하고, 다를 경우 이형접합체라 한다.

9.3 멘델의 독립의 법칙

한 번에 두 가지 특성을 동시에 조사함으로써 멘델은 배우자형성 시 한 쌍의 대립유전자가 다른 대립유전자 쌍과는 독립적으로 분리된다는 사실을 발견했다.

9.4 미지의 유전자형을 알기 위해 검정교배를 사용하기

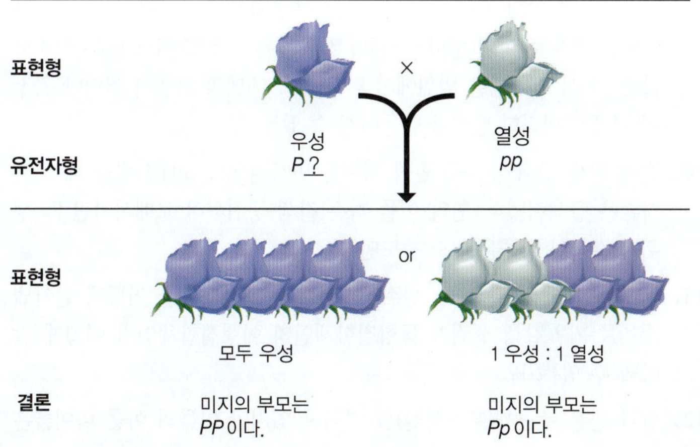

9.5 확률법칙

유전은 확률법칙을 따른다. 이형접합성 부모로부터 열성대립유전자를 물려받을 확률은 $\frac{1}{2}$이다. 두 이형접합성 부모로부터 이것을 물려받을 확률은 $\frac{1}{2} \times \frac{1}{2} = \frac{1}{4}$인데 독립적인 두 사건의 확률을 계산하기 위해 곱셈의 법칙을 사용함을 보여준다.

9.6 가계도

유전학자들은 유전양식과 개인의 유전자형을 결정하기 위해 가계도를 사용할 수 있다.

9.7 단 하나의 유전자에 의해 결정되는 인간의 형질

집단 내에 다양한 형질에 대해 자연에서 발견되는 가장 흔한 것을 야생형이라 부른다. 사람에서 많은 유전질환이 두 대립유전자를 갖는 단일 유전자에 의해 조절된다. 낭포성섬유증과 같이 대부분의 이들 장애는 상염색체에 있는 열성대립유전자에 의해 일어난다. 헌팅턴병 같은 몇몇 질병은 우성대립유전자에 의해 일어난다.

멘델법칙의 변형

9.8 식물과 사람에서 불완전우성

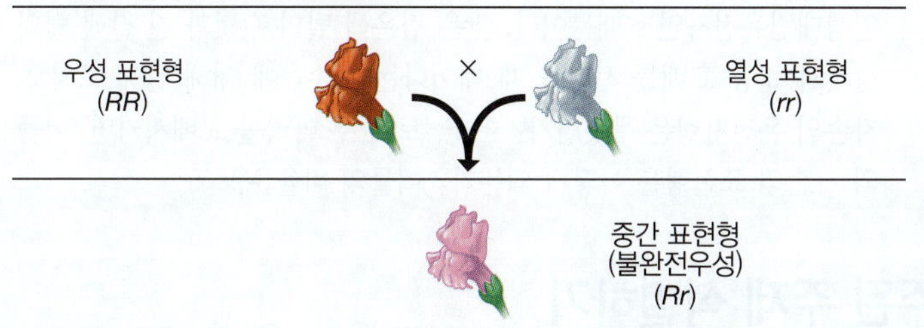

9.9 ABO식 혈액형: 복대립유전자와 공동우성의 예

개체군 내에 ABO식 혈액형에서 세 개의 대립유전자가 있는 것처럼, 종종 한 특성에 대해 여러 개의 대립유전자를 가진다. 혈액형을 결정하는 대립유전자는 공동우성인데, 이들은 이형접합체에서 둘 다 발현된다.

9.10 다면발현과 낫세포병

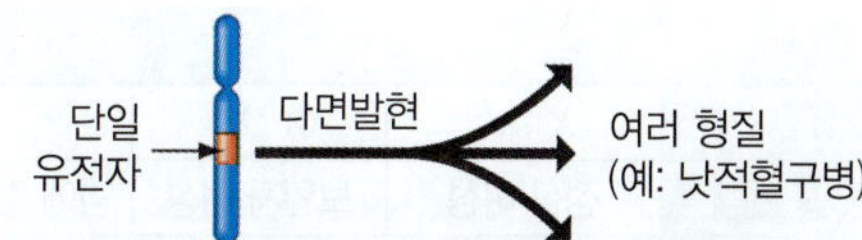

다면발현에서 한 유전자(낫적혈구병 유전자와 같은)가 여러 특성(그 질병의 복합 증상과 같은)에 영향을 미칠 수 있다.

9.11 다유전자유전

9.12 후성유전학과 환경의 역할

표현형으로 나타나는 많은 특성이 유전적인 영향과 환경적인 영향이 복합적으로 작용하여 나타나지만 이 중에서 유전적 영향만이 생물학적으로 유전된다. DNA와 단백질에 가해진 화학적인 변형에 의해 한 세대에서 다음 세대로 형질이 전달되는 후성유전은 환경인자가 어떻게 유전형질에 영향을 미칠 수 있는지를 설명할 수 있게 해준다.

유전의 바탕이 되는 염색체

유전자는 염색체에 위치한다. 감수분열과 수정에서 염색체의 행동이 유전양식을 설명한다.

9.13 연관유전자

어떤 유전자들은 연관되어 있어서 이들은 같은 염색체에 가까이 함께 위치하고 있기 때문에 함께 유전된다.

9.14 사람에서의 성의 결정

사람에서 성은 Y염색체의 유무에 의해 결정된다. X염색체 두 개를 물려받은 사람은 여성으로 발생한다. X염색체 하나와 Y염색체 하나를 물려받은 사람은 남성으로 발생한다.

9.15 반성유전자

X염색체에 있는 유전자들의 유전은 여성은 두 개의 상동 X염색체를 가지나 남성은 하나의 X염색체만 가지고 있다는 사실을 잘 반영하고 있다. 적록색맹이나 혈우병 같이 사람에서 대부분 반성질환은 열성대립유전자 때문이며 대부분 남자에서 나타난다. 어머니에게서 하나의 반성열성대립유전자를 받은 남자는 이 질병을 갖게 될 것이고, 여성은 양부모로부터 대립

유전자를 받아야만 나타난다.

성연관 형질				
여성: 두대립유전자	유전자형	$X^N X^N$	$X^N X^n$	$X^n X^n$
	표현형	정상 여성	보인자 여성	병에 걸린 여성(드묾)
남성: 한 대립유전자	유전자형	$X^N Y$		$X^n Y$
	표현형	정상 남성		병에 걸린 남성

자습문제

1. 한 생물의 유전적 구성은 이것의 ________(이)라 부르고, 한 생물의 물리적인 형질을 ________(이)라 부른다.

2. 다음의 각 문장은 멘델의 법칙 중 어느 법칙을 나타내고 있는가?
a. 상동염색체의 각 쌍의 대립유전자는 배우자 형성과정에서 독립적으로 분리된다.
b. 대립유전자는 배우자 형성과정에서 분리된다. 수정은 또다시 대립유전자의 쌍을 만들어 낸다.

3. 에드워드는 낫적혈구 형질에 대해 이형접합성(*Ss*)인 것으로 밝혀졌다. *S*와 *s*로 나타낸 이 두 대립유전자는 ________있다.
a. X와 Y염색체에 b. 연관되어
c. 상동염색체에 d. 에드워드의 모든 정자에 둘 다

4. 어떤 대립유전자가 우성인지 열성인지는 ________ 달려 있다.
a. 대립유전자가 다른 대립유전자에 비해 얼마나 많은가에
b. 이것을 어머니에게서 아니면 아버지에게서 물려받았느냐에
c. 둘 다 있을 때 어떤 대립유전자가 표현형을 결정하느냐에
d. 다른 유전자에 연관되어 있느냐 아니냐에

5. 보통의 적색 눈을 갖는 두 마리 초파리를 교배하여 다음과 같은 자손을 얻었다: 적색 눈의 수컷 77마리와 진홍색 눈의 수컷 71마리와 적색 눈의 암컷 152마리. 눈의 색깔이 적색인지 진홍색인지를 결정하는 유전자는 ________이고, 진홍색 눈의 대립유전자는 ________이다.
a. 상염색체성(상염색체에 있는); 우성 b. 상염색체성; 열성
c. 반성; 우성 d. 반성; 열성

6. 흰색 암탉과 검은색 수탉의 자손 모두가 회색이었다. 이 유전양식에 대한 가장 단순한 설명은 ________이다.
a. 다면발현 b. 반성
c. 공동우성 d. 불완전우성

7. B형 남자와 A형 여자는 다음 표현형 중 어떤 표현형의 아이를 가질 수 있는가? (힌트: 그림 9.20을 참조)
a. A나 B나 O b. AB만
c. AB나 O d. A나 B나 AB나 O

8. 뒤시엔느 근위축증은 근육조직이 점점 소실되는 특징을 보여주는 반성열성질환이다. 루디와 칼라는 뒤시엔느 근위축증이 없지만 이들의 첫 아들은 이 병을 가지고 있다. 이 두 사람이 두 번째 아이를 갖게 된다면 이 아이가 이 질병을 가질 확률은?

9. 사람에서 성인의 키는 부분적으로는 유전되며, 키 큰 부모는 키가 큰 아이를 갖는 경향이 있다. 그러나 사람들은 매우 크지도 매우 작지도 않는 그 사이의 넓은 범위에서 나타난다. 멘델의 모델의 어떠한 확장이 키에서 이러한 변이가 만들어질 수 있는가?

10. 순종 갈색 생쥐와 순종 흰색 생쥐를 반복적으로 교배시켰을 때 모든 자손은 갈색이었다. 만약 이들 자손 갈색 생쥐끼리 교배시키면 F_2 생쥐가 갈색일 비율은 어느 정도인가?

11. 10번 문제에서 갈색 F_2 생쥐 중 하나의 유전자형을 어떻게 알아낼 수 있는가? 갈색 생쥐가 동형접합체인지 이형접합체인지 어떻게 알아낼 수 있는가?

12. 팀과 얀은 주근깨(우성형질)를 가지고 있지만 이들의 아들 마이클은 주근깨가 없다. 푸네트정방형을 사용하여 이것이 어떻게 가능한지 보여라. 만약 팀과 얀이 두 명의 아이를 더 가진다면 두 아이 모두 주근깨를 가질 확률은 얼마인가?

13. 고콜레스테롤증의 유전은 불완전우성임을 보여준다. 맥과 토니는 이 형질에 대해 둘 다 이형접합성이고 둘 다 콜레스테롤 수치는 높아져 있다. 이들의 딸 카트리나는 콜레스테롤 수치가 정상보다 6배나 높다. 이 여자는 확실히 동형접합인 *hh*이다. 맥과 토니의 아이들이 콜레스테롤 수치가 극단적으로 높지는 않으나 부모처럼 높을 비율은 어느 정도인가? 맥과 토니가 아이를 하나 더 갖는다면, 이 아이가 카트리나처럼 심각한 고콜레스테롤증으로 고통 받을 확률은 얼마인가?

14. 헨리 8세가 딸만 낳는다고 아내를 꾸짖은 것이 잘못된 이유는?

15. 두 부모가 표현형은 정상인데, 이들의 아들은 반성열성질병인 혈우병을 앓고 있다. 세 사람의 유전자형을 나타낸 가계도를 그려보시오. 이 부부의 아이가 혈우병을 앓을 비율은 얼마인가? 보인자의 비율은 얼마인가?

16. 여학생 헤더는 자신이 적록색맹인 것을 알고 놀랐다. 헤더는 생물학 교수에게 이 사실을 말하자 교수는 "너의 아버지도 적록색맹이지?"라고 말하였다. 이 교수는 이것을 어떻게 알았는가? 이 교수는 같은 반의 색맹인 남학생에게는 왜 같은 말을 하지 않았는가?

17. 토끼에서 검은색 털은 우성대립유전자인 *B*에, 갈색 털은 열성대립유전자인 b에 의해 결정된다. 짧은 털은 우성대립유전자인 *S*에, 긴 털은 열성대립유전자인 s 때문이다. 짧은 검은색 털의 수컷과 긴 갈색 털의 암컷과 순종 교배를 시켰을 때 태어나는 자손들에 대해 말해 보시오. 자손의 유전자형은 무엇인가? 이 F_1 토끼 두 마리를 교배시키면, 이들의 자손의 표현형은 어떻게 되는가? 이들의 비율은?

주된 주제 식별하기

아래의 각 문장에서 분명하게 드러난 주된 주제가 무엇인지(구조와 기능의 연관성, 정보의 흐름, 에너지와 물질의 변환경로, 생물계 내에서의 상호작용, 진화)를 식별하고, 그 내용이 그 주제와 어떻게 관련되는지를 설명하시오. 필요한 경우 주제들을 검토하고(1장 참조), 또 이 장에서 파란색 글자

로 나타내어 강조한 예들을 검토해 보시오.

18. 낫세포 돌연변이는 단백질(이 경우는 헤모글로빈)의 모양이 바뀜으로써 단백질이 자신의 일을 해나감에 있어 어떤 영향을 미치는지를 보여준다.

19. 피부색은 환경요인과, 또 함께 작용하는 많은 다른 단백질에 의해 결정된다.

20. 각 상동염색체의 쌍에서 한 구성원은 어머니에게서 다른 구성원은 아버지로부터 유래되어 한 세대에서 다음 세대로 유전자를 확실하게 전달한다.

답은 부록 C를 참조.

과학연구의 과정

21. 1981년 특이하게도 귀가 뒤로 말린 고양이를 캘리포니아의 레이크우드에 있는 한 가정에서 키우게 되었다. 그 후로 이 고양이는 수백 마리의 새끼를 낳았고 그리고 고양이 애호가들은 이 "말린귀" 고양이를 관상품종으로 개발하려고 하였다. 말린귀 대립유전자는 확실하게 우성이며 상염색체에 위치한다. 만약 우리가 첫 번째 말린귀 고양이를 가지고 있어서 순종 품종을 육종하고자 한다고 상상해 보자. 말린귀 유전자가 우성인지 아니면 열성인지, 그리고 상염색체성인지 아니면 반성인지 확인할 수 있는 검정방법을 말하시오.

22. **자료 해석하기** 아래에 있는 푸네트정방형에서 보는 바와 같이, 백색증은 한 변이는 상염색체의 열성대립유전자에 의해 일어난다. 이 질병에 대한 어떠한 징후도 보이지 않는 보인자인 두 부모로부터 백색증인 아이가 태어날 수 있는데, 각 부모로부터 백색증을 유발하는 열성유전자를 하나씩 물려받을 수 있기 때문이다. 백색증인 남성과 백색증이 아닌 여성과 짝을 맺었다고 상상해보자. 백색증인 남성은 *aa*인 유전자형을 가질 것이며, 여성은 *AA* 아니면 *Aa*가 될 것이다. 이러한 교배는 그림 9.10에서 보았듯이 기본적으로 검정교배가 된다. 부모의 첫 아이가 백색증이 아니라면, 이 어머니의 유전자형이 무엇이라고 확실하게 이야기할 수 있는가? 이 부부가 백색증이 아닌 네 아이(쌍둥이는 없음)를 가진다면, 어머니의 유전자형을 확실하게 말할 수 있는가? 유전자형을 명확하게 정하기 위해서는 무엇이 필요한가?

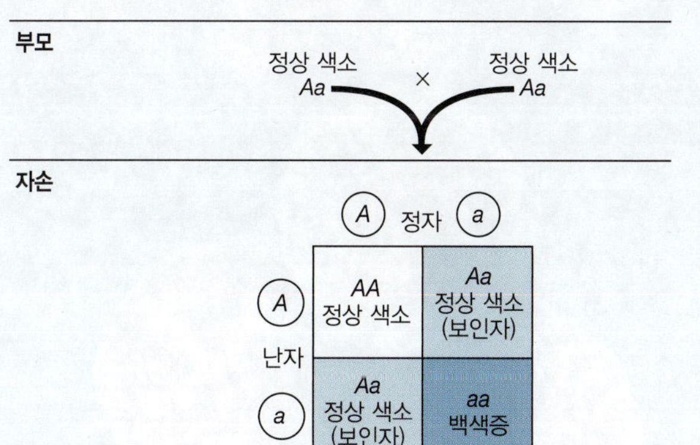

우리와 함께하는 생물학

23. 아펜핀셔에서부터 요크셔테리어에 이르기까지 지금 거의 200종류나 되는 개의 품종들이 있다. 그러나 이들 중 여럿은 근친교배로 인한 의학적인 문제를 겪고 있다. 예를 들면 거의 모든 캐벌리어 킹 찰스(『우리와 함께하는 생물학』에서 언급되었던)는 유전적으로 결함이 있는 심장 판막에 의한 심잡음을 앓고 있다. 이러한 문제는 개의 육종을 감독하는 기관이 엄격한 혈통요건을 유지시키는 한 남아 있을 가능성이 높다. 어떤 사람들은 모든 품종이 선천성 결함이 없는 새로운 유전자 계통을 도입하기 위해 다른 품종들과 서로 섞일 수 있게 허용할 것을 제안하고 있다. 현 주류사회에서 왜 이종교배 혼혈에 반대한다고 생각하는가? 현재 일부 품종을 괴롭히고 있는 유전적 결함을 해결할 책임을 지고 있다면 여러분은 무엇을 하겠는가?

24. 태아의 유전검사 항목에서 이 진단기술이 태아의 부모에게 미칠 수 있는 영향과 검사 전후에 상담의 제공 필요성에 대해 간단히 예측해 보았다. 그러나 유전검사는 사회에 영향을 미칠 가능성이 높은데, 예를 들면 선천성 장애와 유전적 결함을 인지하고 처리하는 방식을 변화시킬 수 있게 된다. 여러분의 의견으로는 이 기술과 관련된 사회적 위험은 어떤 것이라고 생각하는가?

25. 많은 불임부부들이 아이를 갖기 위해 시험관수정에 도움을 청한다. 이 기술에서 난자와 정자를 수집하여 여자의 자궁에 착상시킬 8세포기의 배아를 만드는 데 사용된다. 8세포기에서는 발생 중인 태아에 아무런 피해를 주지 않으면서 배아세포 하나를 분리시켜낼 수 있다. 이렇게 분리된 세포는 유전학적 검사를 받게 된다. 일부 부부는 특정 유전질환이 그들의 가계에 이어지고 있는지 알고 싶어 한다. 이들은 이 질환의 원인 유전자를 가진 배아를 착상시키지 않기를 원할 수도 있다. 우리는 이러한 유전자 검사를 올바르게 사용하고 있다고 생각할 수 있는가? 만일 부모가 주근깨와 같이 유전적 질환과는 관련 없는 형질들을 알아보기 위해 배아검사를 원하고 있다면? 시험관 아기를 가진 부모가 어떠한 유전자 검사를 할 권리가 있는지 우리는 이에 대해 어떻게 생각하고 있는가? 아니면 검사의 종류에 대한 규제가 필요하다고 생각하는가? 허용 가능한 검사와 허용해서는 안 될 검사들 사이의 기준은 어떻게 잡아야 하는가?

10 DNA의 구조와 기능

차례 내용

광우병과 기타 치명적인 질병이 비정상적으로 생성된 단백질에 의해 발생한다.

분자생물학은 왜 중요한가?

DNA는 유전의 분자이자 진화의 화학적 기초가 된다. 따라서 이것의 구조와 기능은 생명에 관한 연구에서 핵심 주제 중 하나가 된다. DNA에 대해 배우면서 선천적인 모든 형질의 근간이 되는 가장 중요한 과정을 살펴볼 것이다.

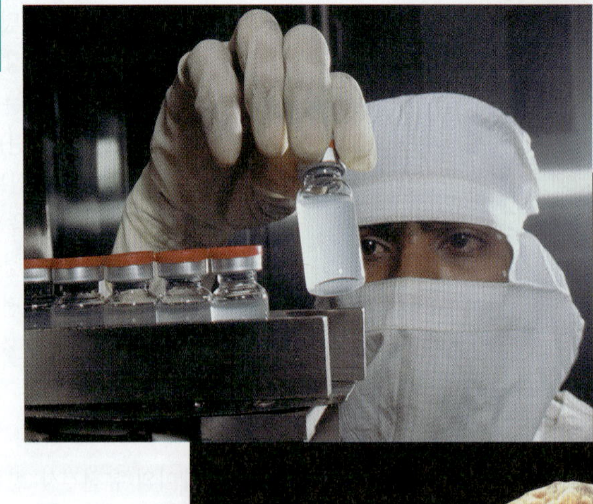
지구의 모든 생명체가 공통의 유전암호를 공유하여서, 우리의 DNA는 세균을 유전적으로 변형시키는 데 사용할 수 있으며, 그 반대도 마찬가지이다.

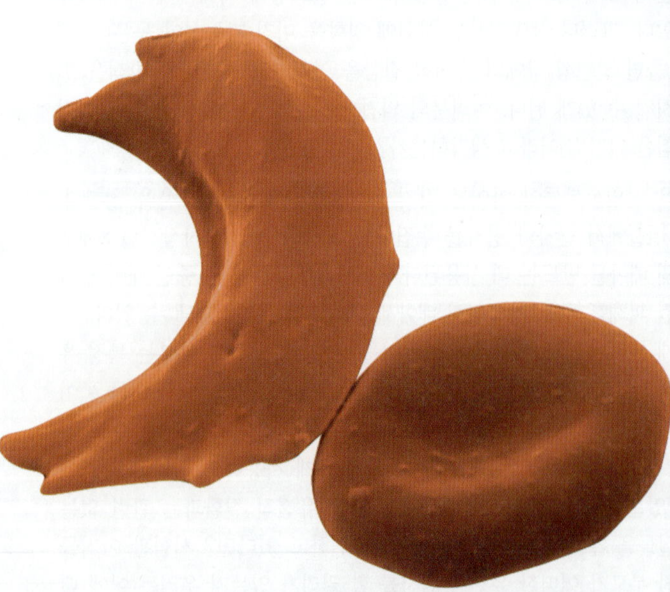
DNA에서의 단 하나의 "오타"가 낫세포병을 일으킨다.

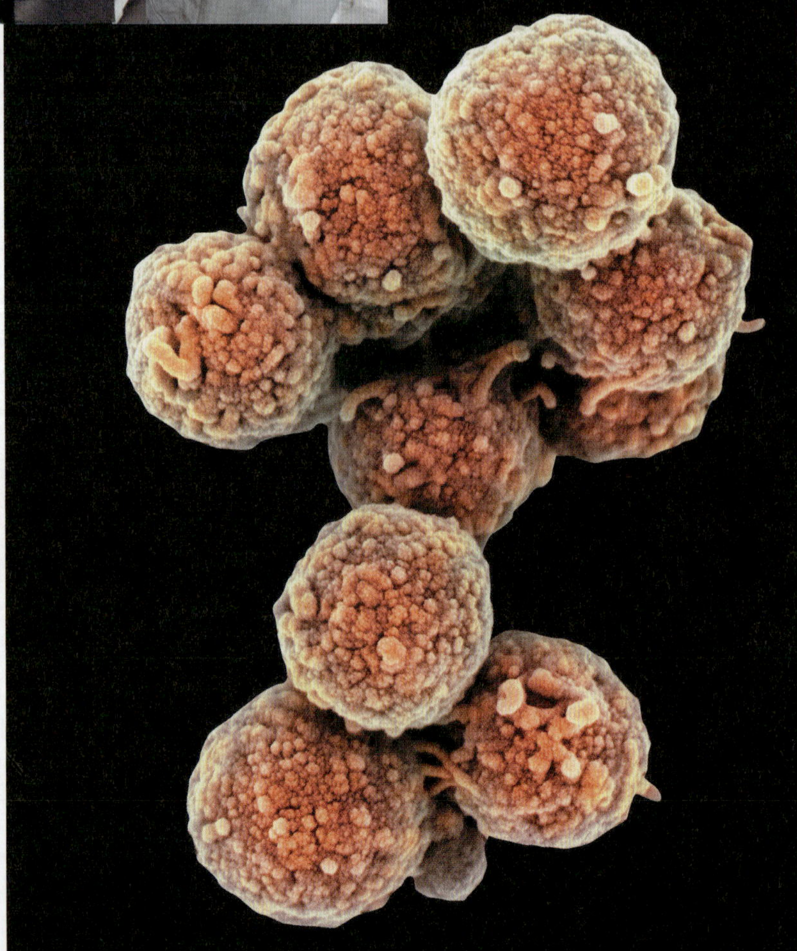

실마리

치명적인 바이러스

우리와 함께하는 생물학 **치명적인 바이러스**

컴퓨터로 그린 지카바이러스. 단백질로 만들어진 스파이크가 바이러스로 하여금 숙주세포를 인식할 수 있게 해준다.

세계를 위협하는 지카 바이러스

2015년 브라질에서 중추신경계와 감각기관에 심각한 손상을 입은 아기가 적지 않게 태어났다. 이 질병에 걸린 아기는 신경학적 문제(덜 발달된 뇌나 발작 같은), 느린 성장, 수유의 어려움, 관절, 또 근육의 문제가 있었다. 정신없이 조사를 마친 후 보건당국은 이러한 비정상과 약간만 알려져 있던 병원체, 지카바이러스(Zika virus)와의 노출 사이에 연관성을 발견했다. 2016년에 이르러 유엔세계보건기구(WHO)가 건강에 대한 전 세계적인 비상사태임을 발표하였을 때, 미국 외에도 다른 여러 국가의 따뜻하고 습한 지역에서 지카바이러스와 지카와 관련된 건강상 문제가 신생아에서 나타나기 시작하였다.

지카바이러스가 인간에 감염된다는 것은 1952년에 맨 처음 발견되었는데, 사실 몇 년 전에 이미 아프리카 원숭이에서 확인된 바 있다. 지카바이러스는 한 종의 모기에 의해 인간에게 전염될 수 있다. 또한 성적 파트너 사이에 퍼질 수도 있다. 그러나 지카바이러스는 대부분의 건강한 성인에게는 위험하지 않다. 사실 어떤 사람은 감염된 후에도 별 문제없이 괜찮고, 다른 사람의 경우에는 통증이나 발열 같은 가벼운 증상을 보인다. 그러나 지카바이러스는 산모에서 태아로 전염될 수 있다. 불행하게도 특히 발생 중인 아기는 이 바이러스의 영향에 취약하다.

보건기관은 지카바이러스에 대항할 수 있는 수단은 거의 가지고 있지 않다. 이에 대한 백신은 아직까지 없으며 의약품은 증상만을 치료할 수 있을 뿐이다. 야간 모기장과 해가 지면 실내에 머무는 것으로 많은 모기 매개 질병으로부터 보호받을 수 있지만, 지카바이러스를 운반하는 모기는 밤낮으로 물어댄다. 지카가 발생하기 쉬운 지역에서 모기에게 물리지 않게 하고, 모기의 번식지(정체된 물과 같은)를 없애기 위한 대중의 인식개선 캠페인이 시행되었다. 2016년 11월 WHO는 지카로 인한 세계보건의 비상사태가 끝났다고 선언했는데, 이것은 지카가 사라져서가 아니라 비상사태로 보기보다는 오히려 "새로운 정상"이라고 여긴 장기적인 문제라고 보았기 때문이다.

지카바이러스는 모든 바이러스와 마찬가지로 비교적 간단한 구조의 핵산(이 경우에는 RNA)과 단백질로 구성되어 있다. 바이러스는 우리의 세포를 습격 강탈하여 바이러스 공장으로 바꾸어 작동시킨다. 따라서 바이러스와 싸우려면 생명에 대해 분자 수준에서의 자세한 이해가 필요하다. 이 장에서 우리는 RNA와 단백질의 합성을 지시함으로써 세포의 복제와 돌연변이, 또 제어 방법을 알아보기 위해 생명의 가장 중요한 분자인 DNA의 구조를 탐구해 나갈 것이다.

DNA: 구조와 복제

DNA가 세포의 화학적 구성분이라는 것은 1800년대 말에 와서야 비로소 알려졌는데, 따라서 멘델과 초기의 다른 유전학자들은 유전에서 DNA의 역할에 대한 어떠한 지식도 없이 자신의 연구를 수행하였다. 1950년대 초 일련의 발견으로 DNA가 유전물질의 역할을 하는 분자라는 것을 과학계에 확신시켰다. 그 다음 차례는 과학사에서 가장 유명한 탐색 중의 하나인 DNA 구조를 알아내려는 노력이었다. 이미 DNA와 관련하여 상당히 많은 정보가 있었다. 과학자들은 DNA를 구성하는 모든 원자를 확인하였고, 이들 원자가 서로 어떻게 결합해 있는지도 알고 있었다. 아직 알지 못하고 있는 것은 DNA의 고유한 특성, 즉 유전정보를 저장하고 복제하고 다음 세대로 전달하는 능력을 부여하는 특별한 삼차원적 배열이었다. 이 중요한 분자의 구조와 기능 사이의 연결 관계를 찾기 위한 경쟁들이 있었다. 중요하였던 그 발견에 대해 간단히 설명해 볼 것이다. 먼저 DNA와 화학적으로 이것과 사촌관계인 RNA의 화학구조를 살펴보자.

▼그림 10.1 **DNA 폴리뉴클레오티드의 화학구조.** DNA 분자는 두 개의 폴리뉴클레오티드를 가지는데 각각은 뉴클레오티드로 이루어진 사슬이다. 각 뉴클레오티드는 질소성 염기와 당(청색)과 인산기(황금색)로 구성된다.

10.1 DNA와 RNA의 구조

DNA와 RNA는 핵산인데 이들은 **뉴클레오티드(nucleotide)**라 부르는 화학적 단위체(단량체)의 긴 사슬(중합체)로 이루어져 있다(그림 3.22~3.26을 참조). 뉴클레오티드 중합체, 즉 **폴리뉴클레오티드(polynucleotide)**에 대한 그림은 그림 10.1에 있다. 폴리뉴클레오티드는 그 길이가 아주 길 수도 있으며, 한편 네 종류의 뉴클레오티드(약자로 A와 C와 T와 G)로 이루어진 어떤 서열을 갖게 되는데, 따라서 무수히 많은 종류의 폴리뉴클레오티드 사슬이 가능하다.

뉴클레오티드는 한 뉴클레오티드에 있는 당과 다음 뉴클레오티드의 인산 사이에 공유결합으로 서로 연결된다. 이런 결과로 **당-인산 골격(sugar-phosphate backbone)**이라고 알려진 당-인산-당-인산이 반복되는 양상으로 나타난다. 질소성 염기는 늑골처럼 이 골격에서 돌출해 나온 모양으로 배열되어 있다. 폴리뉴클레오티드는 4종류 색의 가로대를 가진 긴 사다리가 길게 반으로 잘라져 있는 것으로 생각할 수 있다. 당과 인산은 사다리의 기둥이 되고, 반쪽짜리 가로대는 염기가 된다.

그림 10.1에서 왼쪽에서부터 오른쪽으로 갈수록 더 크게 확대되어 있는데, 하나의 뉴클레오티드가 세 가지 성분, 즉 질소성 염기, 당(청색), 인산(황금색)으로 이루어져 있음을 알 수 있다. 하나의 뉴클레오티

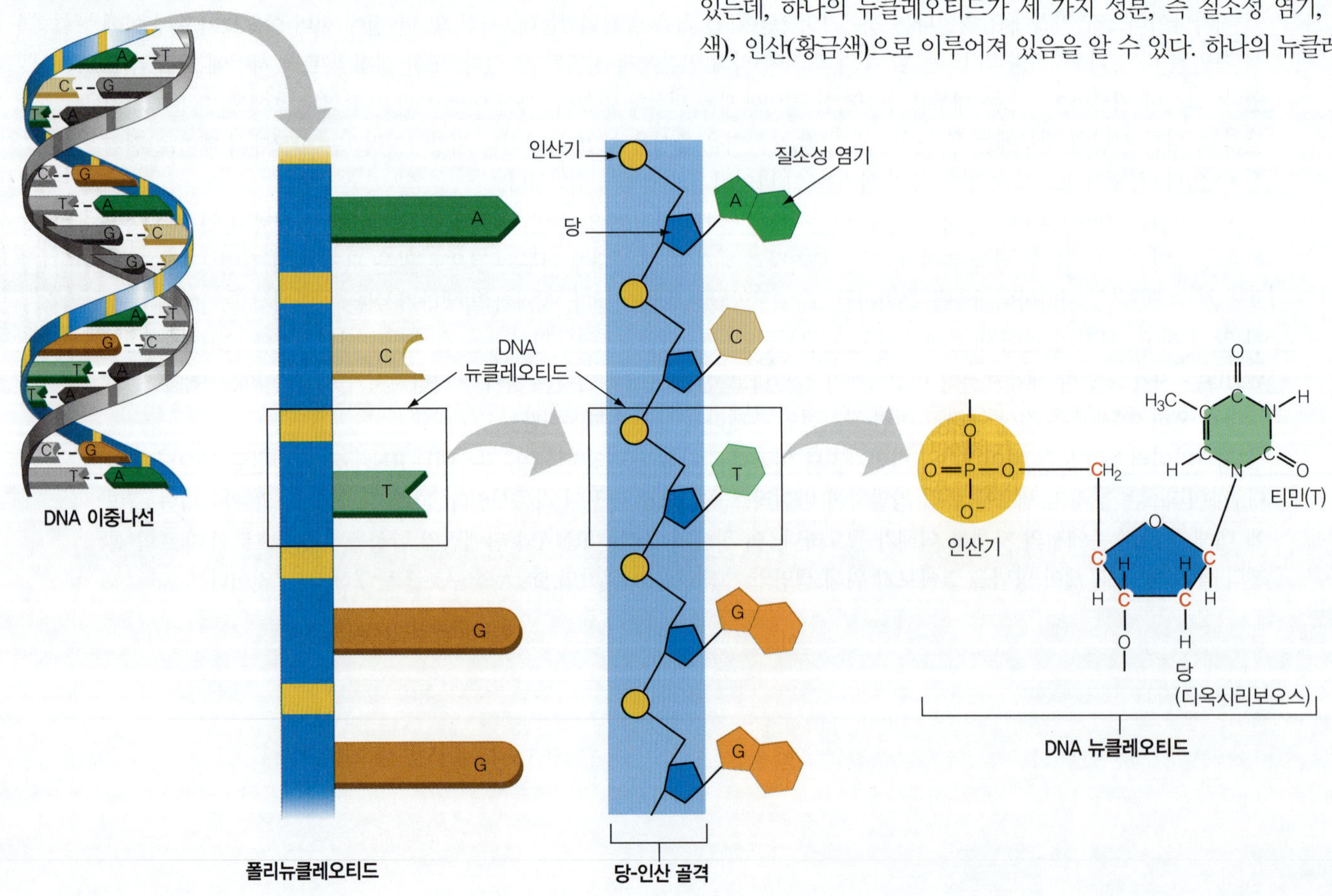

드를 좀 더 자세히 살펴보면, 세 구성분의 화학구조를 알 수 있다. 중앙에 인원자(P)를 갖고 있는 인산기가 핵산이 산성이 되는 원인이 된다. 각 인산기에서 이들의 산소원자 중 하나가 음전하를 가진다. 당은 다섯 개의 탄소원자(붉은색)를 가지고 있는데, 이 중에서 네 개는 고리에 있고 한 개는 고리 위쪽으로 돌출되어 있다. 고리는 한 개의 산소원자도 포함하고 있다. 이 당은 리보스당과 비교하면 산소원자가 하나 없기 때문에 디옥시리보스라고 부른다. **디엔에이(DNA)**의 원래 이름은 디옥시리보핵산(*deoxyribonucleic acid*)이며, 핵이란 이름은 DNA가 진핵세포의 핵에 위치하고 있기 때문에 붙여진 것이다. 질소성 염기(그림에서는 티민)는 여러 작용기가 붙어 있는 질소와 탄소의 고리를 갖는다. 질소성 염기는 염기성(산성과는 반대로 높은 pH를 가짐)을 띠는데, 이 때문에 이런 이름이 붙여졌다.

DNA를 구성하는 네 종류의 뉴클레오티드는 질소성 염기만 서로 다르다(그림 3.23 참조). 이들 염기는 두 종류로 나눌 수 있다. **티민(thymine, T)**과 **시토신(cytosine, C)**은 단일 고리구조이다. **아데닌(adenine, A)**과 **구아닌(guanine, G)**은 보다 큰 이중 고리구조이다. RNA는 티민 대신 **우라실(uracil, U)**이라 부르는 유사한 염기를 가진다. 또한 RNA는 DNA의 당과는 약간 다른 당을 포함한다(디옥시리보오스 대신 리보오스이어서 그 이름도 DNA 대신 RNA). 이 점을 제외하고는 RNA와 DNA 폴리뉴클레오티드는 화학구조가 같다. 그림 10.2는 약 20 뉴클레오티드 길이를 갖는 RNA의 컴퓨터 그래픽이다. ✓

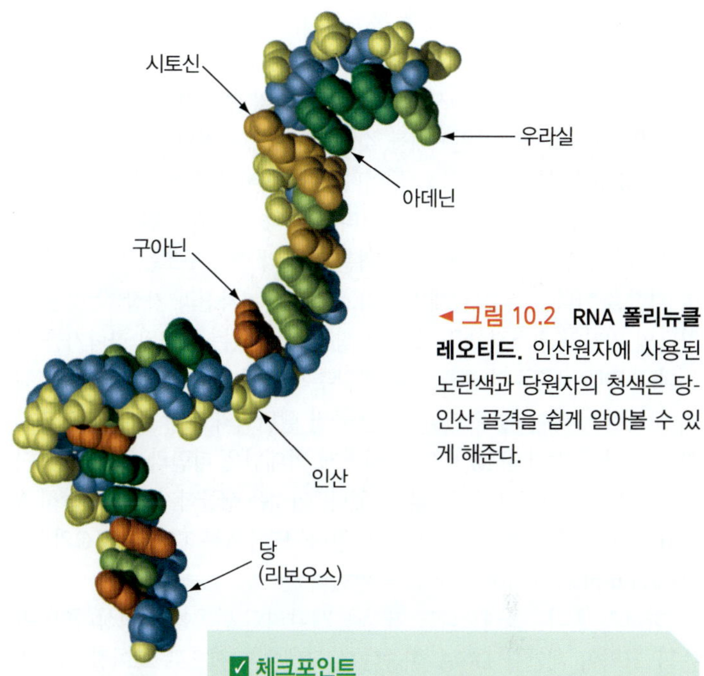

◀ 그림 10.2 **RNA 폴리뉴클레오티드.** 인산원자에 사용된 노란색과 당원자의 청색은 당-인산 골격을 쉽게 알아볼 수 있게 해준다.

✓ 체크포인트

DNA와 RNA의 화학적 구성을 서로 비교하시오.

답: 모두 뉴클레오티드(당+질소성 염기+인산기)의 중합체이다. RNA에서는 당이 리보오스이고, DNA에서는 디옥시리보오스이다. RNA와 DNA 둘 다 염기 A, G, C를 가지나 네 번째 염기는 DNA에서는 T를, RNA에서는 U를 갖는다.

10.2 왓슨과 크릭이 발견한 이중나선

DNA의 수수께끼를 푼 공동연구는 이제 막 박사학위를 받고 미국에서 건너온 23살의 왓슨(Watson)이 영국의 캠브리지 대학에 합류하면서 시작되었다. 거기에는 선배 과학자인 영국인 크릭(Crick)이 X선 결정학이라는 기술을 사용하여 단백질의 구조를 연구하고 있었다. 런던 왕립대학의 윌킨스의 실험실을 방문했을 때, 왓슨은 윌킨스의 동료인 프랭클린이 찍은 DNA의 X선 결정 사진을 보게 되었다. 프랭클린이 만든 자료가 그 수수께끼를 푸는 열쇠가 되었음이 밝혀졌다. 그 사진을 주의 깊게 관찰한 왓슨은 DNA의 기본모양이 일정한 직경을 갖는 나선형임을 알아차릴 수 있었다. 나선의 두께는 DNA가 두 개의 폴리뉴클레오티드 가닥으로 이루어져 있다고, 달리 말하면 **이중나선(double helix)**임을 암시하고 있었다. 그러나 이중나선에서 뉴클레오티드들이 어떻게 배열되어 있을까?

왓슨과 크릭은 철선으로 만든 모델을 사용하여 프랭클린의 자료와 그때까지 알려졌던 DNA의 화학적 성질을 모두 만족시킬 수 있는 이중나선을 만들기 시작하였다(그림 10.3). 왓슨은 당-인산 골격을 모델의 바깥쪽에 놓고 질소성 염기를 DNA 분자의 내부에서 돌아가도록 하였다. 이렇게 해보았을 때 네 종류의 염기가 특별한 방법으로 쌍을 이룰 것이라고 생각이 떠올랐다. 순간적인 영감으로 떠올랐던 이 특정 염기쌍에 대한 생각 때문에, 왓슨과 크릭은 DNA에 관한 수수께끼를 풀 수 있었다.

▼ 그림 10.3 **이중나선의 발견자들.**

왓슨(왼쪽)과 크릭. DNA 구조의 발견자들이 1953년에 이중나선의 모델을 보고 있다.

프랭클린. X선을 이용하여 프랭클린은 DNA 구조에 대한 통찰을 주었던 중요한 몇몇 자료들을 만들어내었다.

처음에 왓슨은 염기는 같은 종류끼리, 예를 들면 A는 A와 C는 C와 쌍을 이룰 것이라고 생각하였다. 그러나 이러한 쌍은 DNA 분자가 일정한 직경을 가진다는 사실에 부합하지 않았다. AA쌍(이중고리를 갖는 염기)은 CC쌍(단일고리를 갖는 염기)보다 거의 두 배만큼 폭이 넓어져 DNA 분자에서 불룩 튀어나오게 된다. 이것은 곧 이중고리인 염기는 반대편 가닥에 있는 단일고리 염기와 결합해야 한다는 것이 명확해졌다. 뿐만 아니라 왓슨과 크릭은 각각의 염기 구조는 특성상 특정한 결합을 한다는 것을 알게 되었다. 각 염기는 자신과 가장 잘 맞은 단 하나의 염기와 수소결합을 가장 잘 형성할 수 있는 돌출된 화학기를 갖는다. 이것은 4종류의 색깔로 된 짝맞추기 조각퍼즐과 같아서, 특정 색의 조각만이 짝이 될 수 있다(예를 들면 빨간색의 조각은 청색의 조각하고만 짝이 맞춰진다). 이와 유사하게 아데닌은 티민과, 구아닌은 시토신과 수소결합을 가장 잘 할 수 있다. 이것은 생물학자들은 간단히 A는 T와, G는 C와 쌍을 이룬다고 말한다. 또한 A는 T와, G는 C와 "상보적(complementary)"이라고도 말한다.

하나의 폴리뉴클레오티드 가닥을 사다리의 반쪽이라 상상하면, 왓슨과 크릭이 제안한 DNA 이중나선 모델은 나선으로 꼬여진 하나의 완전한 사다리로 그려볼 수 있다(그림 10.4). 그림 10.5에서 세 종류의 그림이 보다 상세한 이중나선 구조를 보여주고 있다. 그림 10.5a에 있는 리본모양의 그림은 염기의 상보성을 강조하고 있다. 그림 10.5b는 4개의 염기만 표시하여 화학적으로 좀 더 정확한 구조를 보여주고 있는데, 나선이 풀린 상태에서 각 수소결합을 점선으로 표시하고 있다. 그림 10.5c는 이중나선을 구성하는 모든 원자를 보여주는 컴퓨터 모델이다.

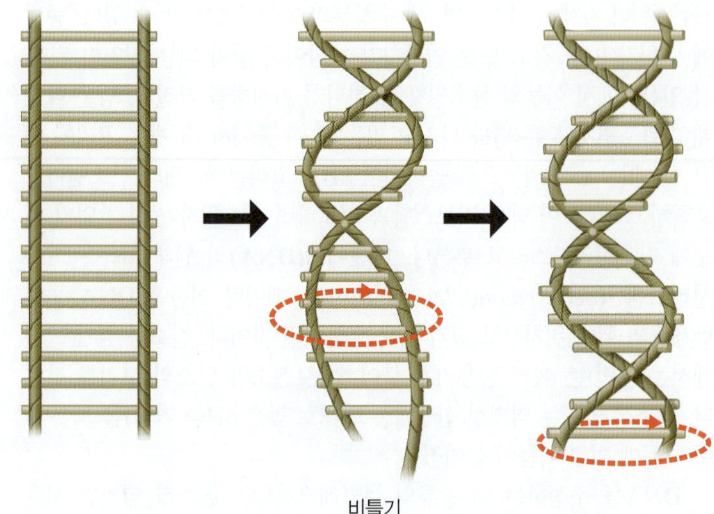

▲그림 10.4 **이중나선의 밧줄-사다리 모델.** 양쪽에 있는 밧줄은 당-인산 골격을 나타낸다. 각 가로대는 수소결합으로 연결된 염기쌍을 나타낸다.

염기쌍 규칙은 이중나선의 발판을 형성하는 염기의 조합에는 관여하지만, DNA 가닥의 길이에 따라 있는 뉴클레오티드 서열에는 어떠한 제한도 주지 않는다. 그리하여 사실 염기서열은 셀 수 없을 정도로 다양하며, 각 유전자는 고유한 뉴클레오티드의 순서를 가진다.

왓슨과 크릭은 1953년 DNA의 분자모델에 관해 간단명료한 두 페

▼그림 10.5 **DNA를 표현하는 세 가지 방법.**

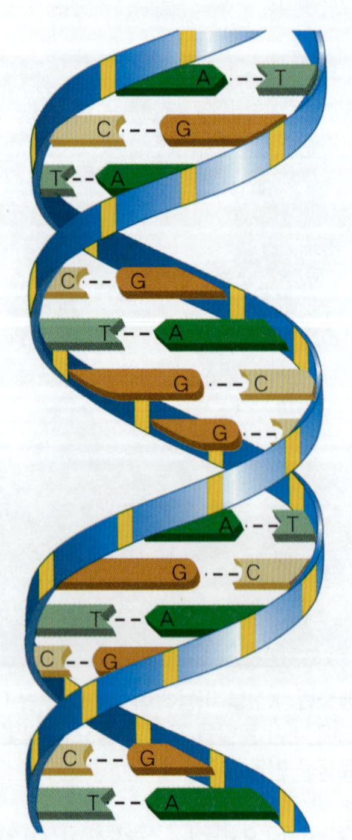

(a) **리본모델.** 당-인산 골격은 청색 리본으로, 염기는 녹색과 오렌지색의 색조로 상보적인 모양을 나타낸다.

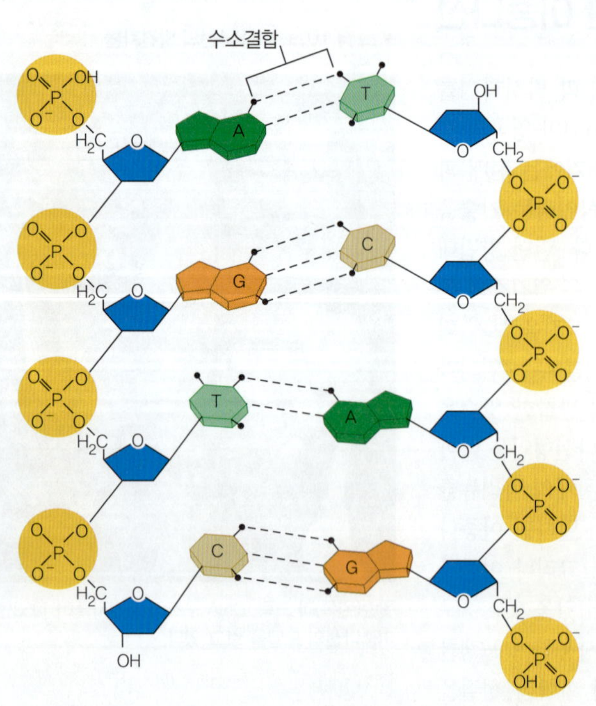

(b) **원자모델.** 보다 상세한 화학구조로 수소결합(점선)을 보여준다. DNA 가닥은 서로 반대방향인 것을 볼 수 있다. 두 가닥에 연결된 당이 서로에 대해 뒤집혀 있는 것을 주목하자.

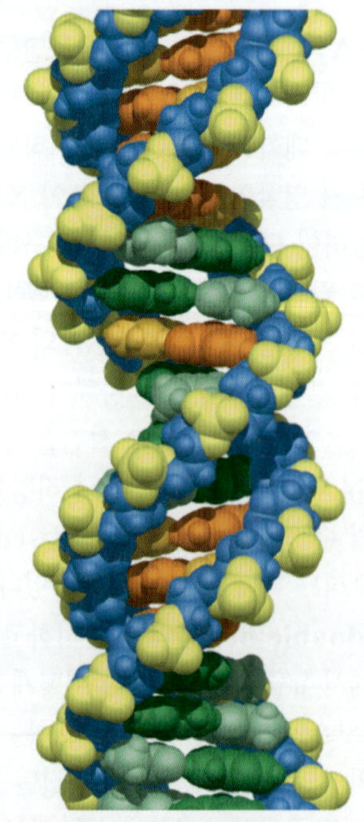

(c) **컴퓨터모델.** 각 원자는 공 모양으로 나타내어 공간채움 모델을 만든다.

이지짜리의 논문을 발표해서 과학계를 놀라게 하였다. 생물학의 역사에서 AT와 GC 염기쌍을 가진 이중나선의 발견만큼 광범위하게 영향을 끼친 사건은 거의 없었다. 이 업적으로 왓슨, 크릭, 윌킨스는 1962년 노벨상을 받았다(슬프게도 프랭클린은 1958년 38세의 나이에 암으로 사망하여 상을 받을 수 없게 되었는데, 노벨상은 살아 있는 과학자들에게만 주어졌기 때문이다. 몇몇 사람은 그녀가 실험한 X-선 방사선 작업으로 인해 병에 걸린 것으로 의심하고 있다.)

왓슨과 크릭은 1953년 논문에서 이들이 제안했던 DNA 구조는 "곧바로 유전물질의 복제 메커니즘을 설명할 수 있음을 암시"한다고 썼다. 다른 말로 하면 DNA 구조는 또한 생명의 고유한 특성인 생식과 유전에 대해 분자수준으로도 설명가능하다는 것이다. **다음에서 볼 수 있듯이 이것은 구조와 기능의 관계에 대한 한 예가 되는데, DNA 내에서 부분품들의 배열이 세포 내에서의 활동에 영향을 미친다.**

► 그림 10.6 **DNA 복제.** 복제는 두 개의 딸 DNA 분자를 만들고, 각 분자는 헌 가닥과 새 가닥을 하나씩 갖는다. 부모 DNA는 가닥이 분리되면서 풀리고, 딸 DNA는 이중나선을 형성하기 위해 다시 감긴다.

10.3 DNA 복제

모든 세포는 세포가 세포를 만들고 유지하는 방법에 대한 완전한 정보를 갖춘 DNA라는 "요리책"을 가지고 있다. 세포가 생식을 할 때 사본 하나는 자신이 그대로 가지고, 다른 하나는 새로 만들어진 자손 세포에게 주어야 하므로, 이 정보는 복제되어야만 한다. 따라서 각 세포는 그 DNA 교본을 복사할 수 있는 방법을 가지고 있어야 한다. 생물체계의 구조가 그 체계의 기능에 대한 통찰을 어떻게 제공할 수 있는지에 대한 구체적인 실례로, 왓슨과 크릭의 DNA 모델은 각 DNA 가닥이 다른 가닥을 만들도록 안내하는 틀, 달리 말하면 주형으로서 그 역할을 하리라 암시하고 있다. DNA가 어떻게 복제되는지에 대한 왓슨과 크릭의 제안 뒤에 있는 논리는 대단히 단순하다. 이중나선 중 한 가닥의 염기서열을 안다면 염기쌍 규칙, 즉 A는 T(그리고 T는 A)와, G는 C(그리고 C는 G)와 쌍을 이룬다는 규칙을 적용하여 다른 가닥의 염기서열을 아주 쉽게 알아낼 수 있다. 예를 들면 폴리뉴클레오티드의 한 쪽 가닥의 서열이 AGTC라고 하면 그 DNA 분자의 상보적인 폴리뉴클레오티드는 TCAG라는 서열을 갖는다.

그림 10.6은 이 모델이 어떻게 DNA 조각의 직접적 복제를 설명할 수 있는지를 보여준다. 부모 DNA가 두 가닥으로 분리되고, 각 가닥은 뉴클레오티드를 가지고 상보적인 가닥으로 만드는 주형이 된다. 뉴클레오티드는 염기쌍 규칙에 맞게 주형가닥을 따라 한 번에 하나씩 줄을 서게 된다. 효소들이 뉴클레오티드를 연결시켜 새로운 DNA 가닥을 만든다. 원래의 부모가닥과 똑같게 만들어진 새로운 분자를 딸 DNA 분자(이 이름에 성별의 개념이 들어 있는 것은 아니다)라고 부른다.

DNA 복제의 과정은 12종류 이상의 효소와 단백질의 협동이 요구된다. 새로운 DNA 가닥의 뉴클레오티드 사이에 공유결합을 만드는 효소를 **DNA중합효소(DNA polymerase)**라고 부른다. 들어온 뉴클레오티드가 주형가닥과 상보적인 염기쌍을 형성하면 DNA중합효소는 커가고 있는 딸가닥의 말단에 이 뉴클레오티드를 연결시킨다. 이 과정은 매우 빠르고(그 속도는 보통 초당 50개의 뉴클레오티드이다), 잘못된 염기쌍은 10억 개의 염기 중 하나도 채 안될 정도로 정확하다. DNA 복제기능 외에도 DNA중합효소와 일부 결합단백질들은 독성물질이나 X선 또는 자외선과 같은 고에너지 방사선에 의해 손상된 DNA를 수선할 수 있다.

DNA 복제는 복제기점이라고 불리는 이중나선의 특정 위치에서 시작된다. 이때 복제는 양쪽 방향으로 진행되며 복제 "방울"이 형성된다 (그림 10.7). 딸가닥이 각 복제방울의 양쪽에서 신장될 때 부모 DNA

▼그림 10.7 복제 중인 DNA에서 나타나는 여러 개의 "복제방울".

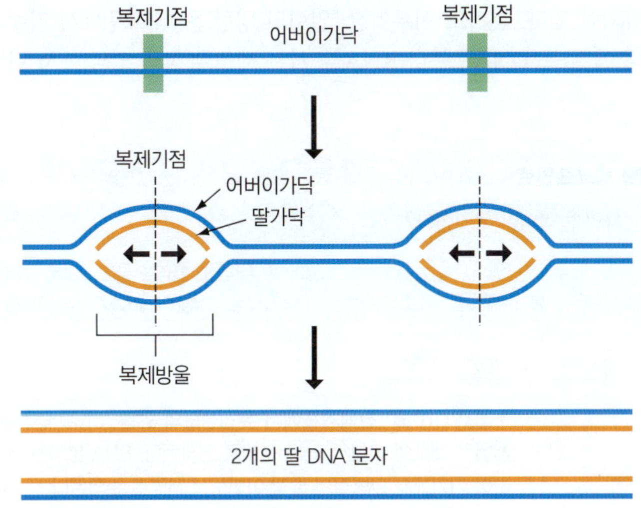

가닥은 개방된다. 전형적인 진핵염색체의 DNA 분자는 많은 복제기점을 가지므로 복제가 여러 곳에서 동시에 일어날 수 있고, 이로 인해 복제과정에 소요되는 시간을 단축할 수 있다. 결국 모든 복제방울이 합쳐져 완성된 이중나선의 딸 DNA 분자 두 개가 생기게 된다.

DNA 복제는 다세포생물의 모든 체세포가 똑같은 유전정보를 갖게 해준다. 또한 이것은 유전정보를 자손에게 물려주는 수단이기도 하다. ✅

✅ 체크포인트

1. 상보적인 염기쌍 형성이 어떻게 DNA 복제를 가능하게 만드는가?
2. DNA 복제에서 어떤 효소가 뉴클레오티드를 연결시키는가?

답: 1. 이중나선의 두 가닥이 분리되면 각 가닥은 뉴클레오티드가 특정 염기쌍 형성에 의해 새로운 상보적인 가닥으로 배열될 수 있게 주형으로 역할을 한다.
2. DNA중합효소.

DNA에서 RNA를 거쳐 단백질로

지금까지 DNA 구조가 어떻게 복제를 가능하게 하는지에 대해서 배웠고, 이제부터 DNA가 세포와 생물에 어떻게 지령을 내리는지에 대해 알아보자.

10.4 생물의 유전자형이 그 표현형을 어떻게 결정하나

이제 DNA 구조와 기능에 관련시켜 유전자형과 표현형(9장에서 맨 처음 소개된 용어)을 새롭게 정의해 볼 수 있다. 한 생물의 *유전자형*은 그 생물의 유전적 구성을 말하는 것인데, 그 생물의 DNA에 있는 뉴클레오티드 염기들의 서열에 담겨 있는 유전될 수 있는 정보를 말한다. 그 생물의 물리적인 형질인 *표현형*은 다양한 단백질의 작용에 의해 생긴다. 예를 들면 구조단백질은 생물의 몸을 구성하게 해주고, 효소는 생명에 필요한 화학반응을 촉매한다.

DNA는 단백질의 합성을 특정한다. 하지만 유전자가 직접 단백질을 만들지는 않는다. 생물학에서 근본이 되는 이 개념은 **그림 10.8**에 요약되어 있다. 분자로 이루어진 "일련의 명령"은 핵(그림에서 자주색 영역)에 있는 DNA로부터 RNA를 거쳐 세포질(청색 영역)에서 단백질 합성으로 이어진다. 이 두 주요 단계는 DNA의 유전정보를 RNA 분자로 옮기는 **전사(transcription)**와, RNA에 있는 정보를 폴리펩티드(단백질 가닥)로 옮기는 **번역(translation)**이다. **따라서 유전자와 단백질 사이의 관계는 하나의 정보의 흐름이라 말할 수 있다.** 한 DNA 유전자의 기능은 어떤 한 폴리펩티드를 만들어내라고 지시하는 것이다. ✅

✅ 체크포인트

전사와 번역이란 무엇인가?

답: 전사는 DNA에서 RNA로 유전정보의 전달이다. 번역은 폴리펩티드를 합성을 위해 RNA 분자에 있는 정보를 사용하는 것이다.

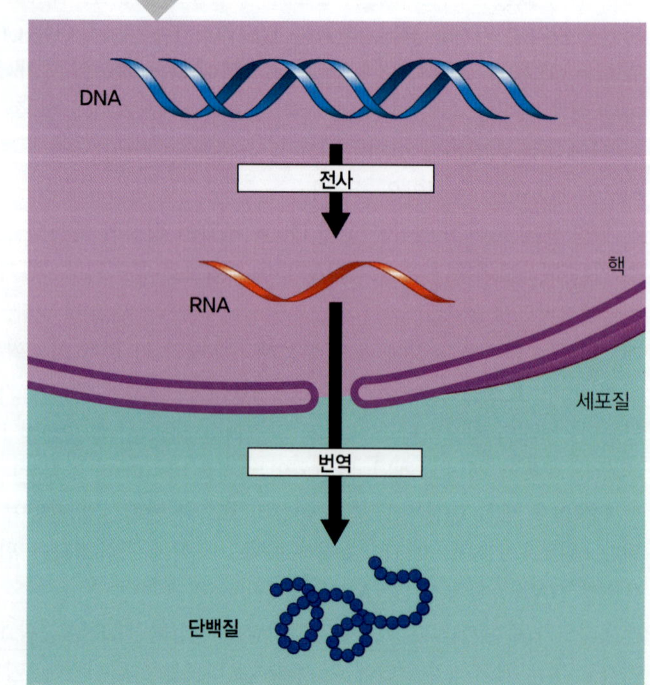

► **그림 10.8 진핵세포에서 유전정보의 흐름.** DNA에서 뉴클레오티드 서열은 세포의 핵에서 RNA 분자로 전사된다. RNA 분자는 세포질로 이동하여 거기에서 단백질의 특정 아미노산 서열로 번역된다.

10.5 뉴클레오티드에서 아미노산으로: 개요

DNA에 있는 유전정보가 RNA로 전사되고, 그 다음 폴리펩티드로 번역되는데, 이때 곧바로 접혀 단백질이 된다. 하면 이들 과정은 어떻게 일어나는가? 전사와 번역은 언어학적 용어인데, 핵산과 단백질을 언어를 가지고 있는 것으로 생각하는 것이 유용하다. 유전정보가 어떻게 유전자형에서 표현형으로 전달되는지를 이해하기 위해, DNA의 화학적 언어가 어떻게 단백질이라는 다른 화학적 언어로 번역되는지를 알 필요가 있다.

핵산의 언어는 정확히 무엇인가? 영어에서 철자의 배열순서가 정보를 담고 있는 것처럼 DNA와 RNA 모두 정보를 담고 있는 특정서열로 늘어선 뉴클레오티드 단량체로 이루어진 중합체이다. DNA에서 단량체는 질소성 염기만 서로 다른(A, T, C, G) 네 가지 종류의 뉴클레오티드가 있다. T 대신 U라는 것만 빼면 RNA에서도 마찬가지로 똑같다.

DNA의 언어는 그림 10.9에 확대한 DNA 가닥에서 청색의 서열과 같이 뉴클레오티드 염기가 한 줄의 서열로 쓰여 있다. 모든 유전자는 시작과 끝을 나타내는 특별한 서열을 가지는 특정 염기서열로 이루어져 있다. 전형적인 유전자는 그 길이가 수천 개의 뉴클레오티드 정도이다.

DNA의 한 부분이 전사되면 그 결과로 얻어지는 것은 하나의 RNA 분자이다. 이 과정을 전사라고 하는데, 그 이유는 DNA의 핵산 언어가 RNA의 염기서열로 단순히 다시 쓰이기(전사되기) 때문인데, 사용된 언어는 여전히 핵산이다. RNA 분자의 뉴클레오티드 염기는 DNA 가닥에 있는 염기와 상보적이다. 곧 배우게 되겠지만 이것은 RNA가 DNA를 주형으로 사용하여 합성되기 때문이다.

▼그림 10.9 **코돈의 전사와 DNA 번역.** 이 그림은 DNA 분자의 작은 부위에 초점을 맞추고 있다. 그 분자의 한 가닥의 절편을 확대하여 특정 염기서열로 보여준다. 적색 가닥과 자주색 사슬은 각각 전사와 번역의 결과를 나타낸다.

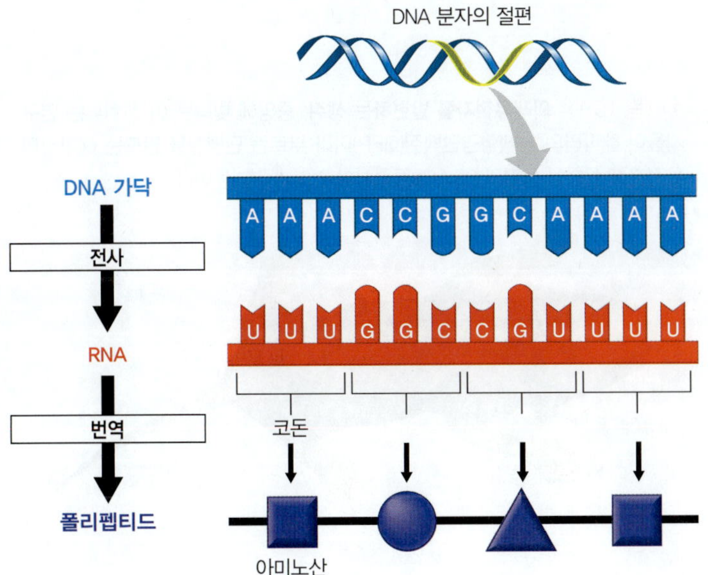

번역은 핵산 언어가 폴리펩티드 언어로 전환되는 것이다. 핵산처럼 폴리펩티드도 중합체이지만 이것을 구성하는 단량체, 즉 폴리펩티드의 알파벳 철자는 모든 생물에 공통으로 존재하는 20가지의 아미노산이다(그림 10.9에서 자주색으로 표시). RNA 분자의 뉴클레오티드 서열은 폴리펩티드의 아미노산 서열로 나타나게 된다. 그러나 RNA는 단순히 전령에 불과하다는 점을 기억해야 하는데, 아미노산 서열을 결정하는 유전정보는 DNA에 그 근거를 두고 있다.

RNA 메시지가 폴리펩티드로 번역하는 규칙은 무엇인가? 다른 말로 하면 RNA 분자의 뉴클레오티드와 폴리펩티드의 아미노산 사이에 어떤 대응관계가 있는가? DNA(A, G, C, T)와 RNA(A, G, C, U)는 서로 다른 네 종류의 뉴클레오티드만 있다는 것을 기억하자. 번역과정에서 이들 네 종류는 어떤 방법으로든지 20가지의 아미노산을 명시해야만 한다. 만일 각 뉴클레오티드 염기가 하나의 아미노산에 대한 유전암호로 지정된다면, 20개 아미노산 중 네 개의 아미노산만 지정될 수 있다. 사실 3염기조가 모든 아미노산을 명시할 수 있는 동일한 길이로 된 최소의 "단어"가 된다. 64가지(즉 4^3)의 암호가 가능하여, 20개의 아미노산을 명시하기에 충분하다. 실제로 각 아미노산에 대한 암호가 둘 이상의 3염기조를 갖기에도 충분하다. 예를 들면 3염기조 AAA와 AAG는 둘 다 동일한 아미노산의 암호이다.

유전자로부터 단백질로 정보의 전달은 3염기조 암호에 바탕을 두고 있다는 것이 실험을 통해서 입증되었다. 폴리펩티드 사슬의 아미노산 서열에 대한 유전적 지령은 코돈(codon)이라고 부르는 3염기로 된 단어가 나열된 형태로 DNA와 RNA에 쓰여 있다. DNA에 있는 3염기 코돈은 RNA에 상보적인 3염기 코돈으로 전사되고, 그 다음 RNA 코돈은 폴리펩티드를 형성하는 아미노산으로 번역된다. 그림 10.9에 요약되어 있는 것과 같이 하나의 DNA 코돈(3개의 뉴클레오티드) → RNA 코돈(3개의 뉴클레오티드) → 하나의 아미노산으로 된다. 이제부터 암호에 대하여 알아보자. ☑

☑ 체크포인트

100개의 아미노산으로 이루어진 폴리펩티드를 암호화하려면 몇 개의 뉴클레오티드가 필요한가?

답: 300

10.6 유전암호

유전암호(genetic code)는 RNA에 있는 뉴클레오티드 서열을 아미노산 서열로 전환하는 일련의 규칙다. 그림 10.10은 64개의 3염기조 중 61개가 아미노산을 지정하는 것을 보여주고 있다. 3염기조 AUG는 이중기능을 가져서 메티오닌(약어로 Met이며 그림에서 녹색으로 표시) 아미노산의 암호일 뿐만 아니라, 폴리펩티드 사슬의 시작에 대한 신호를 제공한다. 다른 세 개의 코돈(UAA, UAG, UGA, 그림에서 적색으로 표시)은 아미노산을 지정하지 않는다. 이들은 리보솜에서 폴리펩티드 합성의 종결을 지시하는 종결코돈이다.

그림 10.10을 보면 특정 RNA 세 글자는 특정 아미노산을 지정한다는 점을 주목하자. 예를 들면 코돈 UUU와 UUC는 둘 다 페닐알라닌을 지정하지만, 이들 중 어느 것도 다른 아미노산은 지정하지는 않는다. 그림에 있는 코돈은 RNA에서 보게 되는 3염기조이다. 이들은 DNA에 있는 코돈과 직접적이고 상보적인 관계이다. 코돈을 구성하는 뉴클레오티드는 DNA와 RNA에서 일렬로 배열되며 코돈 사이에 어떠한 공백도 없다.

유전암호는 가장 단순한 세균에서부터 가장 복잡한 동식물에 이르기까지 모든 생물에서 거의 보편적으로 공유하고 있다. **유전단어집의 보편성은 이것이 진화과정에서 아주 초기에 생겨났으며, 오랫동안 지구상에 현존하는 모든 생명체에 전해져 왔다는 것을 암시한다.** 사실 이러한 보편성이 현대에 와서 DNA 기술의 열쇠가 된다. 다양한 많은 생물이 공통의 유전암호를 가지기 때문에, DNA 이식을 통해 한 종에서 만들어지는 단백질을 다른 종에서도 그 단백질을 만들어내는 계획이 가능하다(그림 10.11). 이것은 과학자들이 여러 종에서 유전자를 짜 맞출 수 있게 하는데, 이것은 농업, 의학, 연구에서 폭 넓게 응용할 수 있는 방법이다(유전공학에 대해 더욱 진전된 토의는 12장 참조). 실질적인 목적 외에도 공유하는 유전단어집은 지구에 사는 모든 생명은 모두 진화적으로 밀접한 관계가 있음을 또한 상기시켜 준다. ✓

모든 생명체가 유전암호를 공유하여서, 우리의 DNA는 세균을 유전적으로 변형시키는 데 사용할 수 있다.

중앙에서 시작하여 바깥쪽으로 이동하면 GAC와 GAU가 아스파르트산을 암호화한다는 것을 알 수 있다.

개시코돈

▲그림 10.10 **RNA 코돈으로 표시된 유전암호 사전.** 이 사전에서 코돈 UGG를 찾아보는 것으로 이 사전의 사용법을 연습해 보자. 이것은 아미노산 트립토판(Trp)에 대한 유일한 암호이다. 코돈 AUG(녹색으로 강조)는 아미노산 메티오닌(Met)을 지정할 뿐만 아니라, 여기에서 RNA 번역을 "시작"하는 신호로써도 기능을 한다는 점에 주목하자. 64개의 코돈 중 세 개(적색으로 강조)는 유전적 메시지의 끝이라고 표시하는 "종결"신호로 기능을 하며 어떤 아미노산도 지정하지 않는다.

✓ 체크포인트

어떤 RNA 분자가 CCAUUUACG라는 뉴클레오티드 서열을 포함하고 있다. 그림 10.10을 사용하여 이 서열을 해당 아미노산 서열로 번역하시오.

답: Pro-Phe-Thr

▼그림 10.11 **외래유전자를 발현하는 생쥐.** 중앙에 빛나는 이 설치류는 연구자들이 해파리의 녹색형광단백질(GFP)이라 부르는 단백질을 만드는 해파리의 유전자를 실험실 생쥐의 DNA에 통합시켜 얻어낸 결과물이다.

10.7 전사: DNA에서 RNA로

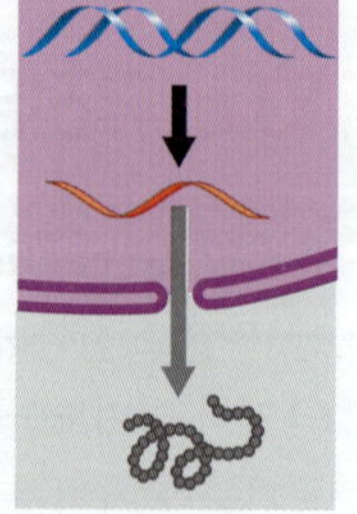

DNA에서 RNA로 유전정보가 전달되는 과정인 전사를 좀 더 자세히 살펴보자. DNA 복제과정에서 한 가닥의 DNA가 합성되는 것과 비슷하게 RNA 분자는 DNA 주형으로부터 전사된다. DNA를 하나의 요리책이라 생각한다면, 이때 전사는 조리법 하나를 바로 사용할 수 있게 색인카드에 복사(RNA의 분자)하는 과정이 된다. 그림 10.12a는 이 과정을 자세히 설명하고 있다.

복제 때와 마찬가지로 두 가닥의 DNA는 먼저 전사가 시작될 부위에서 분리되어야 한다. 하지만 전사에서는 한 가닥의 DNA만이 새로 만들어지는 RNA 분자를 위한 주형으로 작용하고, 나머지 하나는 사용되지 않는다. 새로운 RNA 분자를 구성하는 뉴클레오티드는 DNA 주형가닥을 따라 DNA의 뉴클레오티드 염기와 수소결합을 형성하면서 한 번에 하나씩 자리를 잡는다. RNA 뉴클레오티드는 T 대신 U가 A와 쌍을 이룬다는 것을 제외하고는 염기쌍 규칙을 그대로 따른다는 것을 주목하자. RNA 뉴클레오티드는 전사효소인 **RNA중합효소(RNA polymerase)**에 의해 연결된다.

그림 10.12b는 온전한 한 유전자의 전사과정의 개관을 보여주고 있다. DNA 뉴클레오티드의 특정서열은 RNA중합효소가 어느 부위에서 전사를 시작하고 끝내야 하는지를 알려준다.

❶ 전사의 개시

"전사 시작"의 신호는 **프로모터(promoter)**라고 하는 뉴클레오티드 서열로, 이것은 유전자가 시작되는 부위의 DNA에 자리 잡고 있다. 프로모터는 RNA중합효소가 결합하는 특정 부위이다. 개시라고 부르는 전사의 첫 번째 단계는 RNA중합효소가 프로모터와 RNA 합성의 시작점 부위에 결합한다. 어느 유전자에 있어서나 프로모터는 두 가닥의 DNA 중 어느 가닥이 전사될 것인지를 지시한다(이 특정 가닥은 유전자에 따라 다르다).

❷ RNA 신장

전사의 두 번째 단계인 신장은 RNA가 더욱더 길어진다. RNA 합성이 계속될 때, 분리되었던 DNA 두 가닥은 이미 전사를 마친 부위에서 재결합되면서 그 부위의 RNA 가닥은 DNA 주형으로부터 떨어져 나온다.

❸ 전사의 종결

전사의 세 번째 단계인 종결에서 RNA중합효소가 DNA 주형에 있는 **종결자(terminator)**라고 부르는 특정 염기서열에 도달한다. 이 서열은 유전자의 끝을 알리는 신호이다. 이 지점에서 중합효소 분자는 RNA 분자와 유전자로부터 떨어져 나오고, DNA 가닥은 다시 재결합한다.

전사는 아미노산 서열을 암호화하는 RNA를 만들 뿐만 아니라, 폴리펩티드 합성할 때 관여하는 다른 두 종류의 RNA도 만들어낸다. 이들 RNA에 대해서는 조금 뒤에서 다시 다루게 될 것이다. ✓

✓ 체크포인트

RNA중합효소가 유전자의 전사 개시부위를 어떻게 "아는가"?

답: 이것은 특정 뉴클레오티드 서열로 된 유전자의 프로모터를 인지한다.

▼그림 10.12 **전사.**

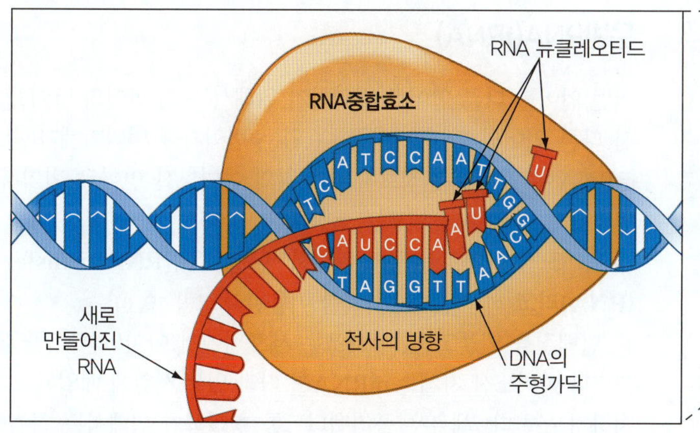

(a) 전사의 상세한 모습. RNA 뉴클레오티드가 한 가닥의 DNA(주형가닥이라 부름)에 있는 DNA 염기와 하나하나씩 염기쌍을 형성함에 따라 RNA중합효소(오렌지색)는 RNA 뉴클레오티드를 RNA 사슬에 연결한다.

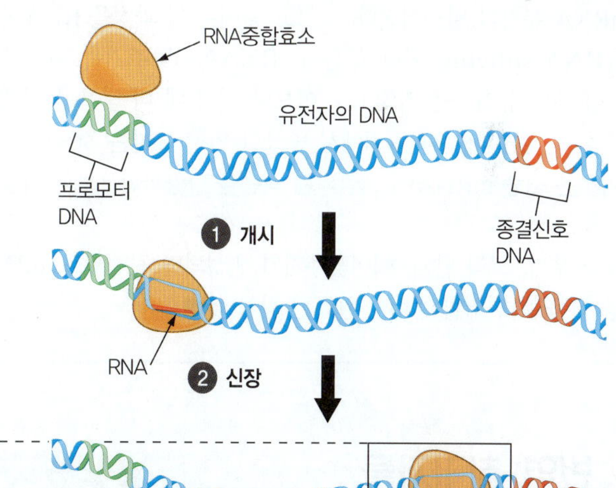

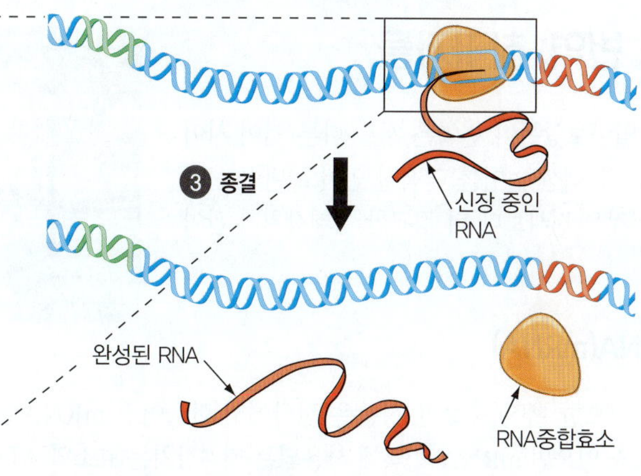

(b) 한 유전자의 전사. 완전한 한 유전자의 전사는 3단계로 일어나는데, RNA의 개시, 신장, 종결이다. RNA중합효소가 전사를 시작하는 DNA 부위를 프로모터라 부르며 전사를 종결시키는 부위를 종결자라 한다.

10.8 진핵세포 RNA의 가공

핵이 없는 원핵생물의 세포에서 유전자로부터 전사된 RNA는 단백질로 번역될 분자인 **전령RNA(messenger RNA, mRNA)**로 곧바로 기능한다. 그러나 진핵세포의 경우에는 이와는 다르다. 진핵세포는 전사가 핵 안에서 일어날 뿐만 아니라, 세포질로 이동되어 리보솜에 의해 번역되기 전에 RNA 전사체는 변형 또는 가공된다.

RNA 가공과정의 하나는 RNA 전사체의 양끝에 여분의 뉴클레오티드가 첨가되는 것이다. 모자(cap)와 꼬리(tail)라고 부르는 이들 첨가물은 핵에서 mRNA를 내보낼 때 보호하는 역할을 하며, 리보솜이 이 RNA를 mRNA로 인지할 수 있게 돕는다.

진핵생물에서는 실제로 아미노산을 암호화하는 뉴클레오티드를 방해하는 비암호화된 뉴클레오티드의 부위 때문에, 또 다른 형태의 RNA 가공과정이 필요하다. 이것은 마치 의미 없는 단어들이 복사된 조리법 안에 무작위로 삽입되어 있는 것과 같다. 식물과 동물의 유전자 대부분은 **인트론(intron)**이라고 부르는 내부의 비암호화 부위를 포함하고 있다는 사실이 밝혀졌다. 발현되는 유전자의 부분에 해당하는 암호화 부위를 **엑손(exon)**이라 부른다. 그림 10.13에서 보듯이 엑손과 인트론 둘 다 DNA로부터 RNA로 전사된다. 그러나 RNA가 핵을 떠나기 전에 인트론이 제거되고, 엑손은 서로 연결되어 연속적인 암호화 서열을 갖는 mRNA 분자가 만들어진다. 자르고 붙이는 이 과정을 **RNA이어맞추기(RNA splicing)**이라 부른다. RNA이어맞추기는 사람에서 21,000여 개의 유전자를 가지고도 이보다 여러 배 더 많은 폴리펩티드를 만들 수 있게 해준다는 점에서 중요한 역할을 하는 것으로 믿고 있다. 이것은 최종 mRNA에 포함되는 엑손을 다양화함으로써 가능해진다.

모자 씌우기, 꼬리 달기, 이어맞추기가 완성되면 진핵세포 mRNA의 "최종 작품"은 번역할 준비가 완료된 것이다. ✓

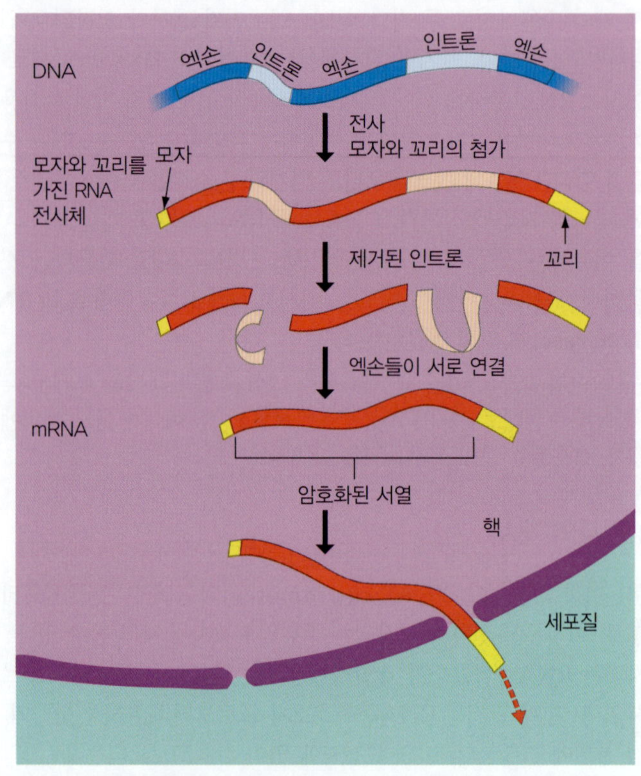

▲그림 10.13 **진핵세포에서 전령RNA(mRNA)의 생산.** 핵을 떠나는 mRNA의 분자는 유전자로부터 처음 전사된 RNA 분자와는 크게 다르다. 최종 mRNA의 암호화 서열은 세포질에서 번역이 될 것이다.

✓ 체크포인트

최종 mRNA가 종종 이것을 암호화하는 DNA 유전자보다 짧은 이유는?

답: RNA에서 인트론이 제거되기 때문이다.

10.9 번역: 참가자들

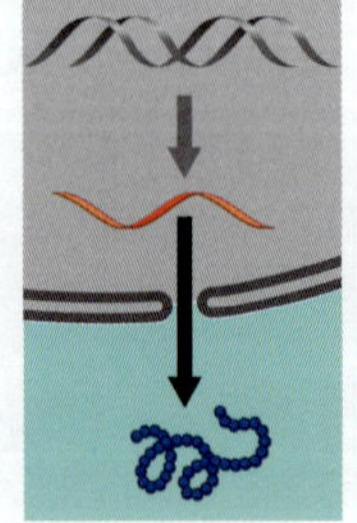

우리가 알아보았듯이 번역은 서로 다른 언어 사이의 전환, 즉 핵산 언어를 단백질 언어로 바꾸는 것이며, 이것은 전사보다 더 정교한 기계장치가 관여한다.

전령RNA(mRNA)

번역에 필요한 가장 중요한 성분은 전사에서 만들어진 mRNA이다. mRNA가 있으면 mRNA 번역에 사용되는 기계장치는 효소와 ATP와 같은 화학에너지의 공급을 필요로 한다. 이외에도 번역에는 중요한 다른 두 성분, 즉 리보솜과 운반RNA라 부르는 종류의 RNA가 필요하다.

운반RNA(tRNA)

어떤 언어를 다른 언어로 번역하기 위해서는 한 언어의 단어를 인식해서 다른 언어의 단어로 바꿀 수 있는 번역가나 번역기계가 필요하다. mRNA에 있는 유전정보를 단백질의 아미노산 언어로 번역하는데도 번역가가 필요하다. 세포는 핵산의 세 글자로 된 단어(코돈)를 단백질의 아미노산 단어로 바꾸기 위해서 세포는 **운반RNA(transfer RNA, tRNA)**라고 하는 분자번역가를 이용한다(그림 10.14).

단백질을 만들고 있는 세포는 세포질에서 아미노산을 공급받는다. 그러나 아미노산 자체는 mRNA를 따라 있는 서열에 배열된 코돈을 인지하지 못한다. 새로운 폴리펩티드를 형성하기 위해서는 적절한 코돈에 아미노산을 연결시켜주는 세포의 분자번역가가 필요한데, tRNA 분자가 그 역할을 한다. 이러한 임무를 완수하기 위해 tRNA 분자는 두

▼그림 10.14 **tRNA의 구조.** tRNA의 한쪽 끝에는 아미노산이 부착되는 부위(자주색)가 있고, 다른 한쪽 끝에는 세 개 뉴클레오티드로 된 역코돈이 있는데, 여기에 mRNA가 부착할 것이다.

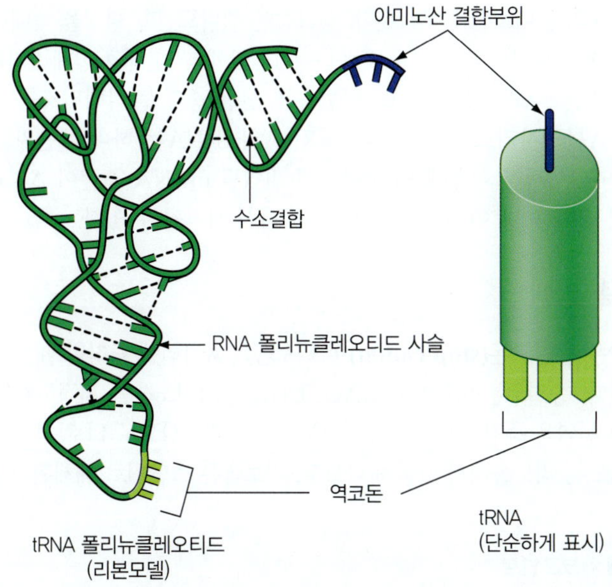

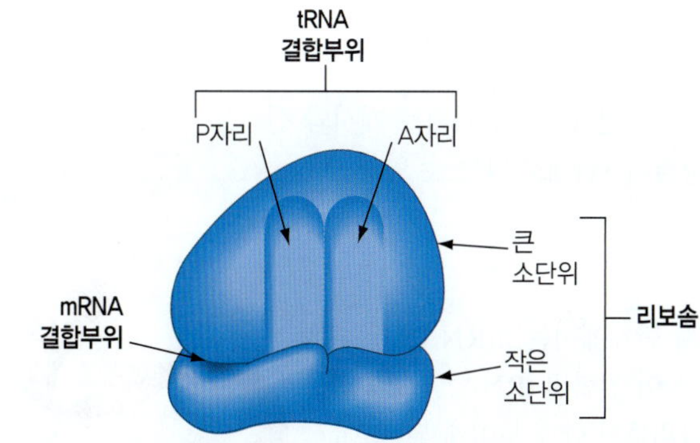

(a) 단순화한 리보솜의 그림. 두 소단위와 mRNA 및 tRNA 분자가 결합하는 부위를 주목하자.

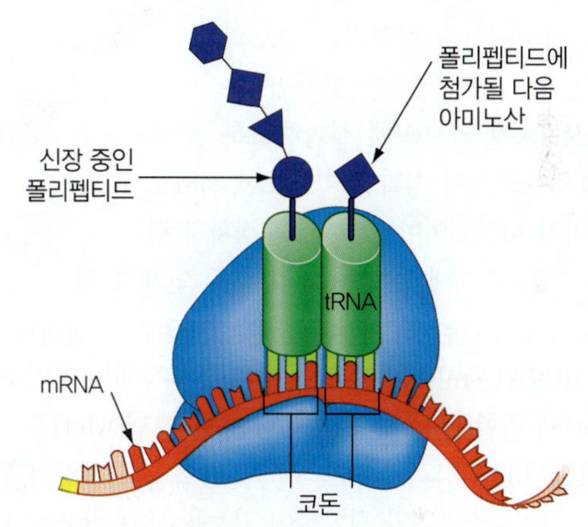

(b) 번역의 "참가자들". 폴리펩티드의 합성에서 기능을 할 때, 리보솜은 한 분자의 mRNA와 두 분자의 tRNA를 붙잡고 있다. 신장 중인 폴리펩티드는 tRNA 하나에 부착되어 있다.

▲그림 10.15 **리보솜.**

가지 기능을 수행하여야 한다. 하나는 적절한 아미노산을 선택하는 것이고, 다른 하나는 mRNA에 있는 적절한 코돈을 인지하는 것이다. **tRNA 분자의 독특한 구조는 이러한 두 가지 임무를 수행할 수 있게 해준다.**

그림 10.14의 왼쪽에서 보듯이 tRNA 분자는 약 80개의 뉴클레오티드로 된 하나의 RNA 가닥, 즉 한 개의 폴리뉴클레오티드 사슬로 이루어져 있다. 이 사슬은 RNA의 짧은 부위가 다른 부위와 염기쌍을 이루어, 여러 이중나선 부위를 형성하면서 꼬이고 접혀 있다. 접힌 분자의 한쪽 말단에는 **역코돈(anticodon)**이라는 특별한 3염기조가 있다. 역코돈 3염기조는 mRNA의 코돈과 상보적이다. 번역과정에서 tRNA의 역코돈은 염기쌍 규칙에 따라 mRNA의 특정 코돈을 인식한다. tRNA 분자의 다른 쪽 말단에는 하나의 아미노산이 부착하는 부위가 있다. 모든 tRNA 분자는 비슷하기는 하지만, 각 아미노산에 대한 tRNA는 서로 미세한 차이를 가지고 있다.

리보솜

리보솜은 mRNA와 tRNA의 기능을 조절하고, 실제로 폴리펩티드를 만드는 세포질에 있는 세포소기관이다. 그림 10.15a에서 보듯이 리보솜은 두 개의 소단위로 이루어졌다. 각 소단위는 단백질과 상당한 양을 차지하는 또 다른 종류의 RNA, 즉 **리보솜RNA(ribosomal RNA, rRNA)**로 이루어져 있다. 완전히 조립된 리보솜은 작은 소단위에 mRNA의 결합부위가 있고, 큰 소단위에는 tRNA의 결합부위가 있다. 그림 10.15b는 두 개의 tRNA가 어떻게 리보솜상에서 mRNA 분자와 결합하는가를 보여준다. tRNA 결합부위 중의 하나인 P자리는 신장 중인 폴리펩티드 사슬을 지닌 tRNA가 차지하고, 한편 A자리는 폴리펩티드 사슬에 첨가될 다음 아미노산을 지닌 tRNA가 차지한다. 각 tRNA의 역코돈은 mRNA 코돈과 염기쌍을 이룬다. 리보솜의 소단위들은 tRNA와 mRNA 분자를 서로 가까이 있도록 작용한다. 그 다음 리보솜은 A자리의 tRNA가 지닌 아미노산을 신장 중인 폴리펩티드에 연결시킨다. ✓

✓ 체크포인트

역코돈이란 무엇인가?

답: 역코돈은 tRNA의 3염기조로 tRNA가 mRNA에 있는 상보적 코돈과 짝을 이루게 해준다. 코돈과 역코돈이 염기쌍을 형성하는 것은 mRNA를 폴리펩티드로 번역하는 핵심단계이다.

10.10 번역: 그 과정

▼그림 10.16 **mRNA 분자.**

번역과정은 전사와 마찬가지로 개시와 신장과 종결의 3단계로 나눌 수 있다.

개시

첫 번째 단계에서는 mRNA, 첫 번째 아미노산이 결합된 tRNA, 리보솜의 두 소단위들이 함께 모이게 된다. 이 어맞추기 후에도 mRNA 분자는 이것이 지닌 유전정보보다도 더 길다(그림 10.16). mRNA 분자의 양끝에 있는 뉴클레오티드 서열(분홍색)은 번역되는 정보의 부분은 아니지만 진핵생물에서는 모자와 꼬리와 함께 이들은 mRNA가 리보솜에 결합하도록 돕는다. 개시과정은 mRNA 코돈이 정확한 아미노산 서열로 번역되도록, 번역이 시작되어야 할 부위를 정확히 결정한다. 개시는 그림 10.17에서 보듯이 같이 두 단계로 일어난다. ❶ mRNA 분자는 리보솜의 작은 소단위와 결합한다. 그런 다음 특정 개시 tRNA는 mRNA 분자에 번역이 시작되는 곳인 **개시코돈(start codon)**에 결합한다. 개시 tRNA는 메티오닌(Met)을 운반하며, 이것의 역코돈인 UAC는 개시코돈인 AUG와 결합한다. ❷ 리보솜의 큰 소단위는 작은 소단위와 결합하여 기능을 갖는 리보솜이 된다. 개시 tRNA는 리보솜의 P자리에 꼭 들어맞는다.

신장

개시가 완결되면 아미노산들이 첫 번째 아미노산에 하나씩 첨가된다. 아미노산의 첨가는 그림 10.18에서 보듯이 3단계의 신장과정을 통해 일어난다. ❶ 자신의 아미노산을 가지고 들어오는 tRNA 분자의 역코돈은 리보솜의 A자리에 있는 mRNA 코돈과 염기쌍을 이룬다. ❷ P자리의 tRNA에 붙어 있던 폴리펩티드가 분리되어 A자리에 있는 tRNA의 아미노산에 부착된다. 리보솜은 펩티드결합 형성을 촉매한다. 이제 펩티드사슬은 아미노산 하나를 더 갖게 된다. ❸ 이제 P자리의 tRNA는 리보솜을 떠나고, 리보솜은 신장 중인 폴리펩티드를 지닌 tRNA를 P자리로 이동시킨다. mRNA와 tRNA는 하나의 단위로 움직인다. 이러한 이동에 의해 다음에 번역될 mRNA 코돈이 A자리에 오게 되며, 이제 이 과정은 1단계부터 다시 시작될 수 있다.

종결

신장은 **종결코돈(stop codon)**이 리보솜의 A자리에 도착할 때까지 계속된다. 종결코돈인 UAA, UAG, UGA는 아미노산을 지정하지 않고 대신 번역을 종결시킨다. 보통 수백 개의 아미노산으로 된 완성된 폴리펩티드는 리보솜에서 떨어져 나오고, 리보솜은 소단위로 해체된다. ✓

✓ 체크포인트

다음 중 번역에 직접 참여하지 않는 것은: 리보솜, tRNA, mRNA, DNA, 효소, ATP?

답: DNA.

▼그림 10.17 **번역의 개시.**

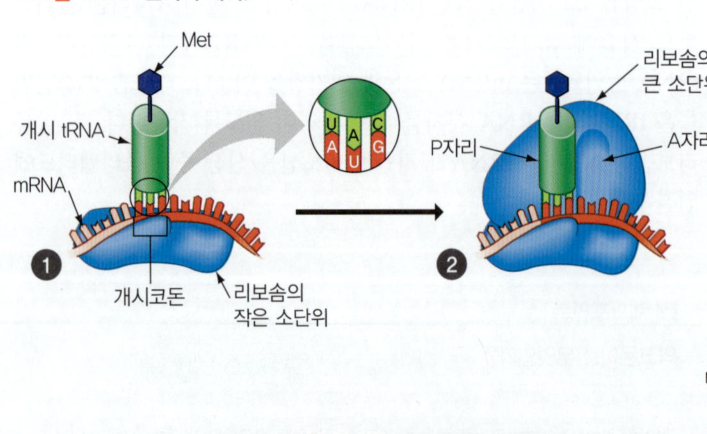

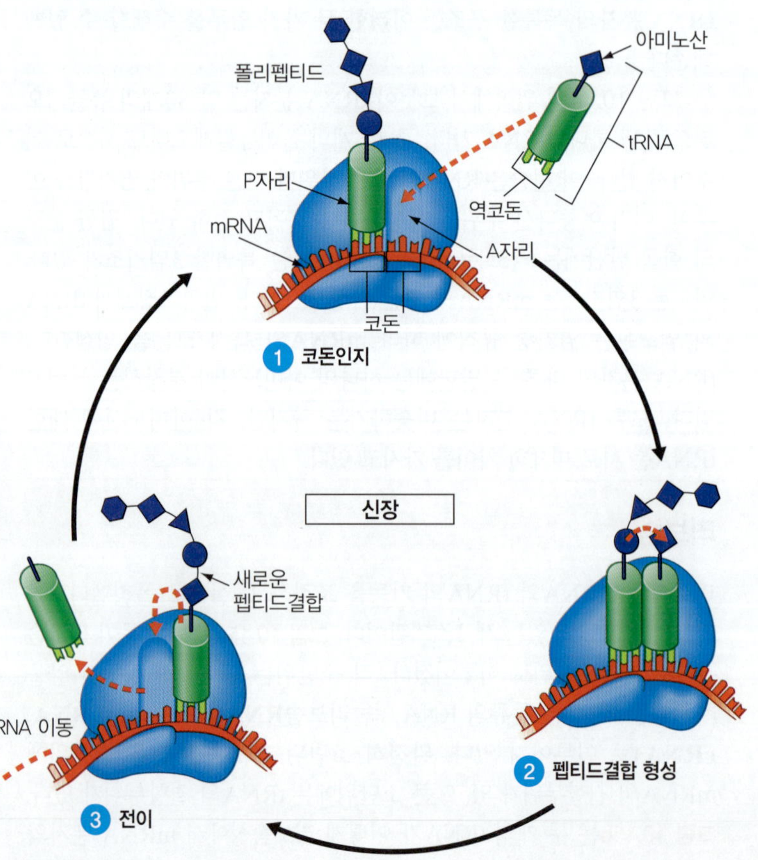

►그림 10.18 **폴리펩티드의 신장.** 적색 점선 화살표는 이동을 표시한다.

10.11 복습: DNA → RNA → 단백질

그림 10.19는 DNA에서 RNA로 그 다음 단백질로 세포에서 유전정보의 흐름을 요약한 것이다. 진핵세포에서 전사(DNA → RNA)는 핵에서 일어나며, RNA는 세포질로 들어가기 전에 가공된다. 번역(RNA → 단백질)은 빠르게 일어나서 하나의 리보솜은 평균 크기의 폴리펩티드를 1분 내에 만들 수 있다. 폴리펩티드가 만들어질 때, 꼬이고 접혀져서 3차원 모양이 만들어지는 것으로 생각하고 있다.

전사와 번역의 전체적인 의미는 무엇인가? 전사와 번역은 유전자가 세포의 구조와 활동을 조절하는 과정이며, 넓은 의미로는 유전자형이 표현형을 만들어내는 방법이라고 할 수 있다. 정보의 흐름은 DNA 유전자의 뉴클레오티드의 특정서열로부터 시작된다. 유전자는 상보적인 뉴클레오티드 서열을 갖는 mRNA가 전사되도록 지시한다. 그 다음에 mRNA는 폴리펩티드의 아미노산 서열을 지시한다. 마지막으로 폴리펩티드로 구성된 단백질은 세포와 생물의 형태와 기능을 결정한다.

수십 년 동안 DNA → RNA → 단백질이라는 경로는 유전정보가 형질을 결정하는 유일한 방법이라고 믿어왔었다. 하지만 최근에 이 개념은 RNA가 보다 복잡한 역할을 하고 있다는 발견으로 도전을 받고 있다. (앞으로 11장에서 RNA의 몇 가지 특별한 성질에 대해 알아볼 것이다.) ✓

✓ 체크포인트

1. 전사는 주형으로 ________을(를) 사용해 ________을(를) 합성한다.
2. 번역은 그 서열에서 하나의 ________을(를) 각 아미노산으로 결정하여 ________을(를) 합성한다.
3. 어떤 세포소기관이 번역을 관장하는가?

답: 1. DNA, mRNA 2. 코돈, 단백질(폴리펩티드) 3. 리보솜

▼그림 10.19 **전사와 번역의 요약.** 이 그림은 진핵세포에서 DNA로부터 단백질에 이르는 유전정보의 흐름에서 주요 단계를 요약해서 보여주고 있다.

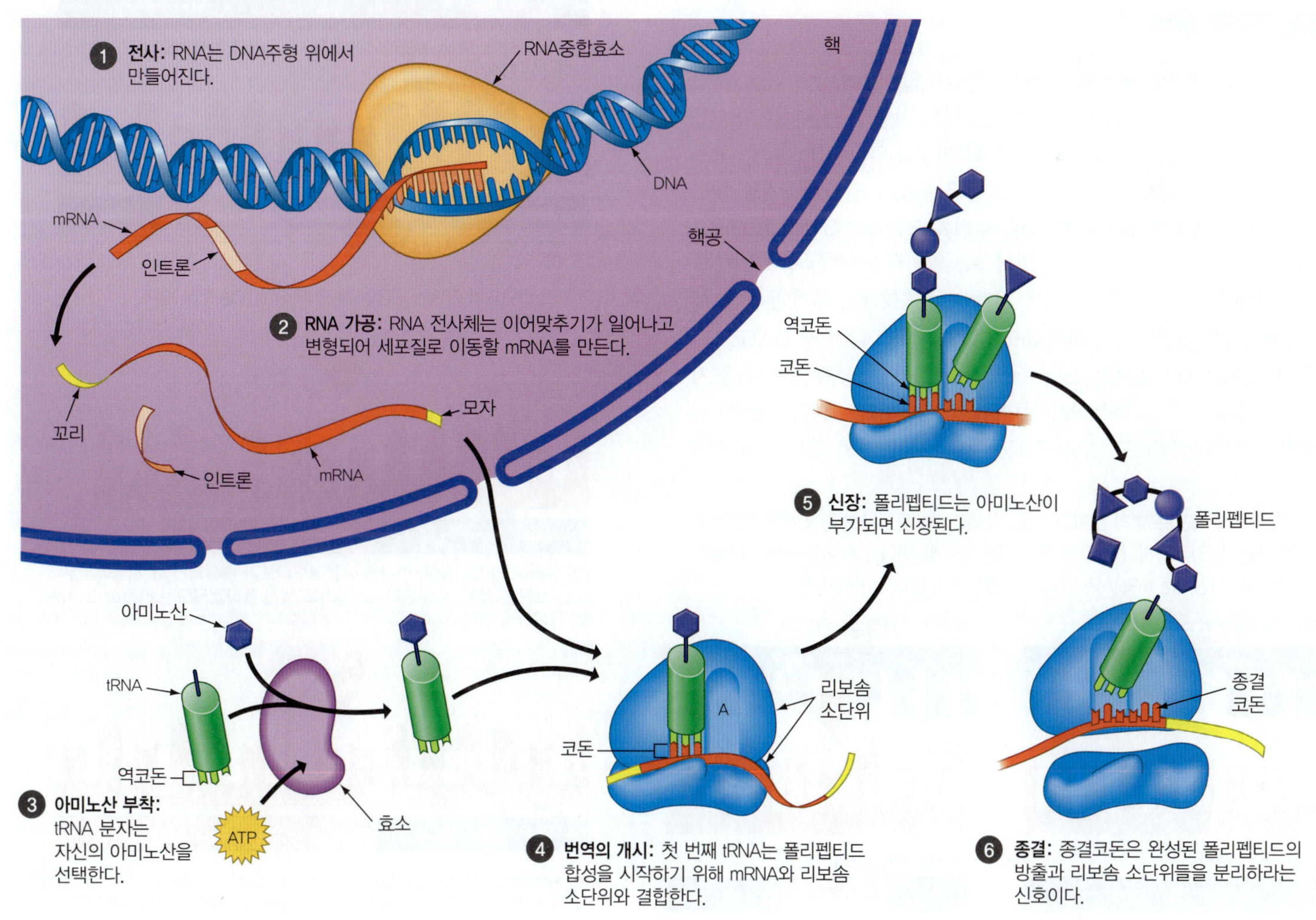

10.12 돌연변이

유전되는 많은 형질이 분자적 용어를 가지고도 이해할 수 있게 되었다. 예를 들면 낫세포병은 헤모글로빈 단백질을 구성하는 폴리펩티드 중의 한 폴리펩티드에서 아미노산 하나가 변화된 것을 확인할 수 있다(그림 3.20 참조). 이 차이는 DNA 암호화 가닥에서 하나의 뉴클레오티드의 차이 때문에 생긴다(그림 10.20).

세포나 바이러스의 유전정보에 일어난 어떤 변화를 **돌연변이(mutation)**라고 부른다. 돌연변이는 염색체의 큰 부위에서 또는 낫세포병에서처럼 뉴클레오티드 한 쌍에서만 일어날 수도 있다. 때때로 염기치환은 단백질의 기능이 향상되거나 또는 새로운 능력이 생기게 만들어서, 이 돌연변이체와 이들의 자손이 더 성공적으로 살아갈 수 있게 해준다. 하지만 대부분의 경우 돌연변이는 해롭다.

한 개만 또는 몇 개의 뉴클레오티드 쌍에 일어난 돌연변이가 유전자 번역에서 어떤 영향을 미칠 수 있는지 알아보자. 하나의 돌연변이를 조리법에서 하나의 오타라고 생각해 보자. 경우에 따라서는 이러한 오타가 개선된 조리법으로도 이어질 수 있지만, 그러나 통상은 별 차이가 없거나, 좀 나쁘거나, 최악의 조리법이 될 것이다.

돌연변이의 유형

한 유전자 내에 일어나는 돌연변이는 일반적으로 두 종류로 나눌 수 있는데, 뉴클레오티드 치환이나 뉴클레오티드 삽입 또는 결실이다(그림 10.21). 치환은 한 개의 뉴클레오티드와 이것과 염기쌍을 이루는 파트너가 다른 뉴클레오티드 쌍으로 교체되는 것을 말한다. 예를 들면 10.21의 두 번째 행에서 mRNA의 네 번째 코돈에서 G가 A로 교체되었다. 교체로 인해 어떤 영향을 받게 되는가? 유전암호는 중복성이 있기 때문에, 몇몇 치환 돌연변이는 전혀 어떠한 영향도 주지 못한다. 예를 들면 어떤 돌연변이에 의해 mRNA 코돈이 GAA에서 GAG로 바뀌었다면 GAA와 GAG는 모두 동일한 아미노산(글루탐산, Glu)을 지정하기 때문에 실제로 단백질 산물에는 어떠한 변화도 없다. 이러한 변화를 침묵돌연변이라고 한다. 침묵돌연변이의 번역의 경우 그 메시지의 의미가 달라지지 않듯이, 조리법의 예에서도 "1¼컵 설탕"을 "1¼컵 솔탕"으로 바뀌었다 해도 아마도 앞에서처럼 바르게 번역할 것이다.

▼**그림 10.20 낫세포병의 분자적 기초.** 낫세포 대립유전자는 정상 헤모글로빈 유전자와 뉴클레오티드 하나만 다를 뿐이다(오렌지색). 이러한 차이로 아미노산 글루탐산(Glu)을 지정하는 mRNA의 암호가 발린(Val)의 암호로 바뀌게 된다.

정상 헤모글로빈 DNA: C T T / mRNA: G A A / 정상 헤모글로빈: Glu

돌연변이 헤모글로빈 DNA: C A T / mRNA: G U A / 낫적혈구 헤모글로빈: Val

DNA에서의 단 하나의 "오타"가 낫세포병을 일으킨다.

단 한 개의 뉴클레오티드가 관련된 또 다른 종류의 치환은 암호화된 아미노산을 바꾸는 것이다. 이러한 돌연변이는 과오돌연변이라 부른다. 예를 들면 돌연변이에 의해 mRNA 코돈이 GGC에서 AGC로 바뀌었다면 그 결과 단백질은 이 위치에서 글리신(Gly) 대신 세린(Ser)을 갖게 된다. 일부 과오돌연변이는 변화된 그 단백질의 구조와 기능에 거의 또는 아무런 영향을 주지 않을 수도 있다. 조리법에서 "1¼컵 설탕"이 "1⅓컵 설탕"으로 바뀐 것과 같이 별로 영향을 주지 않아, 그 요리의 맛은 아마도 원래의 맛과 별 차이 없을 것이다. 하

▼**그림 10.21 두 종류의 돌연변이와 그 영향.** 돌연변이는 DNA에 변화가 생긴 것이다. 각각의 경우에서 우리는 mRNA와 폴리펩티드 산물에 대한 돌연변이의 영향을 알 수 있다.

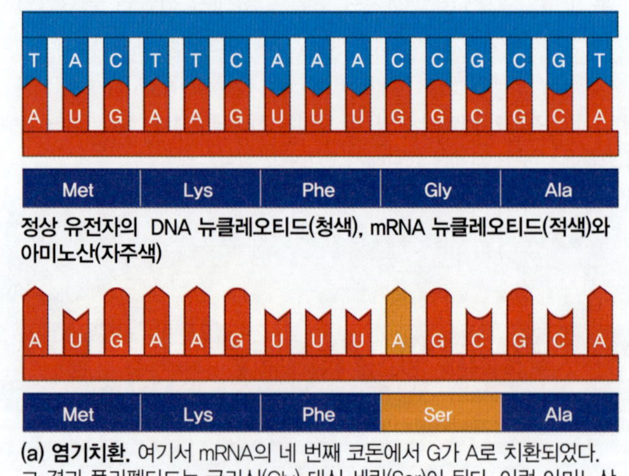

(a) **염기치환.** 여기서 mRNA의 네 번째 코돈에서 G가 A로 치환되었다. 그 결과 폴리펩티드는 글리신(Gly) 대신 세린(Ser)이 된다. 이런 아미노산 치환은 단백질의 기능에 영향을 줄 수도 주지 않을 수도 있다.

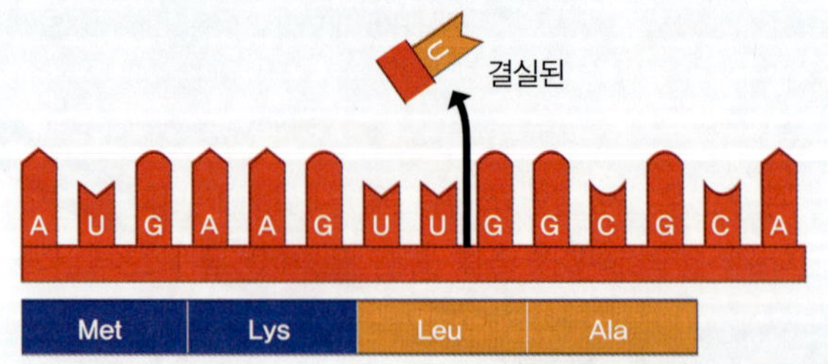

(b) **뉴클레오티드 결실.** 하나의 뉴클레오티드가 결실되면 그 지점에서부터 모든 코돈은 잘못 읽게 된다. 그 결과로 생긴 폴리펩티드는 완전히 그 기능을 상실하게 된다.

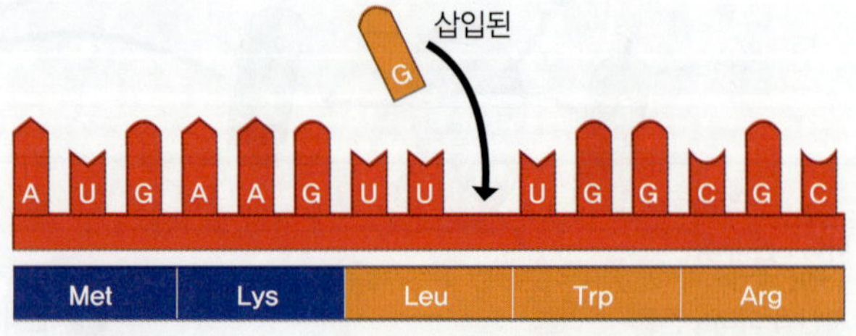

(c) **뉴클레오티드 삽입.** 결실과 마찬가지로 하나의 뉴클레오티드가 삽입되면 그 이후부터 모든 코돈은 뒤바뀌어 무기능의 폴리펩티드가 만들어진다.

지만 다른 경우는 낫세포병 경우에서 배웠듯이 단백질에서의 변화로 인해 정상적인 기능을 수행하지 못하게도 된다. 이것은 "1¼컵 설탕"을 "6¼컵 설탕"로 바뀐 것과 같아서, 이러한 변화로 인해 이 요리의 맛은 형편없어질 것이다.

정지돌연변이라고 부르는 또 다른 종류의 염기치환은 아미노산 코돈을 종결코돈으로 바꾼다. 예를 들면 AGA(아르기닌, Arg) 코돈이 돌연변이되어 UGA(종결) 코돈으로 바뀌면 미성숙 단백질이 만들어져 정상적인 기능을 못하게 된다. 조리법의 비유를 사용하면, 요리가 완성되기 전에 식재료 준비를 중지하는 것과 같아서, 이 경우에는 거의 확실하게 요리를 망치게 될 것이다.

mRNA가 번역될 때에 연속해서 3염기조로 읽히므로 뉴클레오티드가 삽입되거나 결실되면 유전정보의 3염기조 그룹이 변하게 된다. 번역틀 돌연변이라고 불리는 이러한 돌연변이는 삽입되거나 결실되는 뉴클레오티드의 수가 3의 배수가 아닌 경우 일어난다. 따라서 이러한 삽입이나 결실 이후의 모든 뉴클레오티드는 다른 암호로 재그룹화될 것이다. 이것을 "add one cup egg nog.(달걀술 한 컵을 넣어라)"는 조리법의 예를 가지고 생각해보자. 두 번째 철자가 결실되면 "ado nec upe ggn og."가 되어 아무런 의미가 없는 메시지가 되어, 이것으로부터는 유용한 생성물이 만들어지지 않게 된다. 이와 같이 번역틀 돌연변이는 매우 자주 기능이 없는 폴리펩티드를 만들게 된다.

돌연변이원

돌연변이는 여러 방법으로 일어날 수 있다. 자연돌연변이는 DNA 복제나 재조합 과정에서 무작위적 실수에 의해 일어난다. 돌연변이의 또 다른 출처는 **돌연변이원(mutagen)**이라 부르는 물리적인 요인이나 화학적 요인이다. 가장 흔한 물리적 돌연변이원은 X선이나 자외선과 같은 고에너지 방사선이다. 화학적 돌연변이원에는 여러 종류가 있다. 예를 들면 어떤 종류는 정상적인 DNA 염기와 비슷한 구조를 가지지만, DNA에 통합될 때 잘못된 염기쌍 결합을 형성하는 화학물질이다.

많은 돌연변이원은 암의 원인이 되는 발암물질로 작용할 수 있기 때문에 가능한 한 이들을 피할 수 있게 잘해야 한다. 어떻게 하면 돌연변이원에 노출되는 것을 피할 수 있을까? 흡연을 하지 않고, 자외선 보호용품을 착용하고, 자외선 차단제를 사용하는 등의 생활습관이 도움이 될 수 있다. 그러나 이러한 예방조치로 완전히 해결되는 것은 아니고, 이들 돌연변이원(자외선이나 간접흡연)을 완전하게 피할 수 있는 것도 아니다.

돌연변이는 자주 해로운 영향을 미치지만 이들은 자연이나 실험실에서는 매우 유용할 수도 있다. 돌연변이는 생물계에서 유전자의 다양성, 즉 자연선택에 의해 진화를 가능케 하는 다양성을 풍부하게 해주는 한 출처가 된다(그림 10.22). 돌연변이는 또한 유전학자들에게 중요한 도구이기도 하다. 자연적으로 발생하거나 실험실에서 만들어지든 간에 돌연변이는 유전연구에 필요한 다른 대립유전자를 만들 수 있다. ✓

✓ 체크포인트

1. 돌연변이가 개시코돈을 다른 코돈으로 바꾸었다면 어떤 일이 생기는가?
2. 유전자의 중간 부위에서 뉴클레오티드 하나가 결실되면 어떤 일이 생기는가?

답: 1. 돌연변이된 유전자에서 전사된 mRNA는 리보솜이 번역을 시작할 수 없기 때문에 기능을 갖지 못할 것이다. **2.** mRNA에서 결실이 일어난 부위의 아래쪽 3염기조가 변하게 되어 폴리펩티드에서는 잘못된 아미노산이 긴 사슬을 갖게 된다.

▼그림 10.22 **돌연변이와 다양성.** 돌연변이는 인도네시아 발리에 있는 산호초의 장면에서 보듯이 생명 다양성의 한 근원이다.

바이러스와 그 밖의 비세포성 감염인자

바이러스는 매우 체계화된 구조 안에 핵산형태의 유전물질을 가지고 있는 등, 살아 있는 생물이 지닌 몇몇 특성을 지니고 있다. 바이러스는 세포로 되어 있지도 않고 스스로 생식할 수 있는 것도 아니기 때문에 일반적으로 살아 있다고 생각하지 않는다(생명의 특성을 복습하기 위해 그림 1.11을 참조). **바이러스(virus)**는 단백질 껍질에 둘러싸여 있는 소량의 핵산, 즉 "상자에 든 유전자"에 불과하며, 일부는 막으로 된 외피를 가진다(그림 10.23). 살아 있는 모든 세포의 유전체와는 달리, 바이러스 유전체는 DNA나 또는 RNA로 이루어져 있을 수도 있고, 단일가닥이나 또는 이중가닥일 수 있다. 바이러스는 스스로는 생식할 수 없으며, 더 많은 바이러스가 만들어지기 위해서는 살아 있는 세포에 감염되어 세포의 분자기구를 지휘함으로써만 증식할 수 있다. 이 절에서는 세균을 비롯하여 여러 종류의 숙주생물에 감염하는 바이러스를 알아보자.

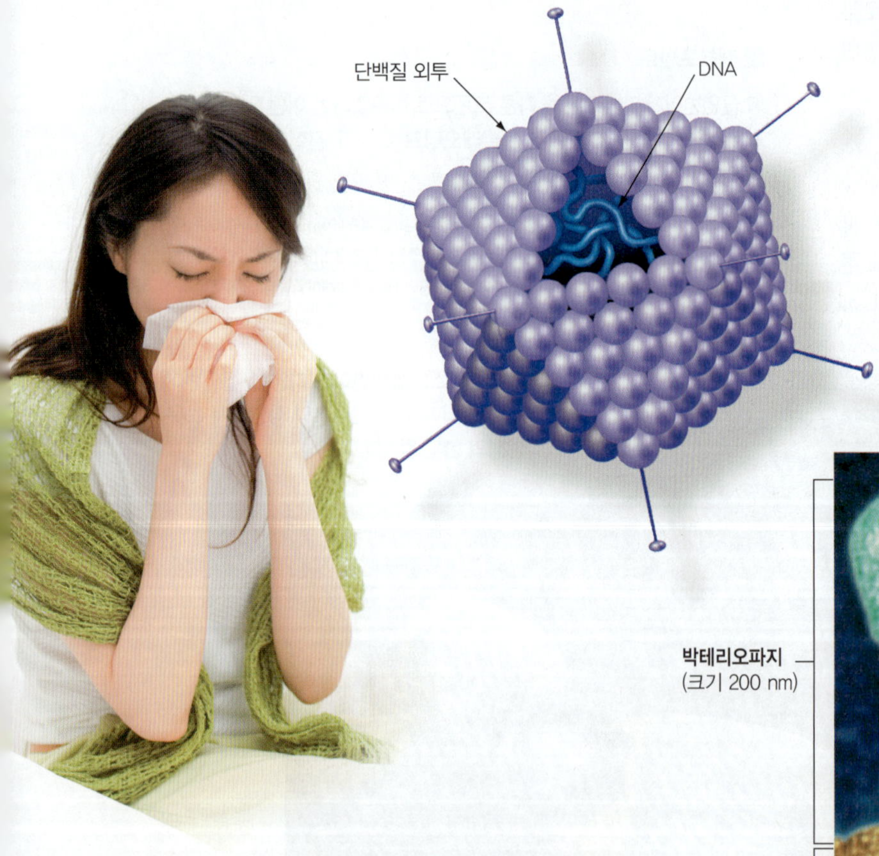

▲그림 10.23 **아데노바이러스.** 사람의 호흡기에 감염되는 바이러스인 아데노바이러스는 실제보다 50만 배로 확대한 컴퓨터 그래픽에서 보듯이, 20면체의 단백질 외투에 둘러싸인 DNA로 이루어져 있다. 20면체의 각 모서리에는 단백질 돌기가 있는데, 바이러스가 감염세포를 공격할 수 있게 해준다.

10.13 박테리오파지

세균을 공격하는 바이러스를 "세균포식자"라는 의미의 **박테리오파지(bacteriophage)** 또는 간단히 **파지(phage)**라고 한다. 그림 10.24는 세균인 대장균(*Escherichia coli*, 에셔리키아 콜라이)에 T4라고 부르는 박테리오파지가 감염되는 사진을 보여주고 있다. 파지는 단백질로 된 정교한 구조 안에 들어 있는 DNA 분자로 이루어져 있다. 파지의 "다리"는 세포표면에 닿게 되면 구부린다. 꼬리는 용수철 같은 칼집에 싸여 있는 속이 빈 막대모양으로 되어 있다. 다리가 구부러질 때 용수철은 압축되고 막대의 바닥은 세포막을 뚫고, 바이러스의 DNA는 바이러스의 머리로부터 세포로 옮겨가게 된다.

일단 이들이 세균에 감염되면 대부분의 파지는 **용균주기(lytic cycle)**라 부르는 증식주기로 들어간다. 용균주기라는 이름은 많은 파지가 세균세포 안에서 만들어진 후 세균이 용해(부수어져 열림)된다는 사실에서 온 것이다. 일부 바이러스는 또 다른 경로인 **용원주기(lysogenic cycle)**로 증식할 수도 있다. 용원주기에서 바이러스 DNA의 복제가 파지의 생산이나 세포의 죽임 없이 일어난다.

그림 10.25는 대장균에 감염할 수 있는 람다라는 이름의 파지에서 두 종류의 증식주기를 보여준다. 감염이 시작될 때 ❶ 람다는 세균의 바깥쪽에 결합하여 자신의 DNA를 내부로 주입시킨다. ❷ 들어간 람다 DNA는 원형을 형성한다. 용균

▼그림 10.24 **세균세포에 감염되고 있는 박테리오파지(바이러스).**

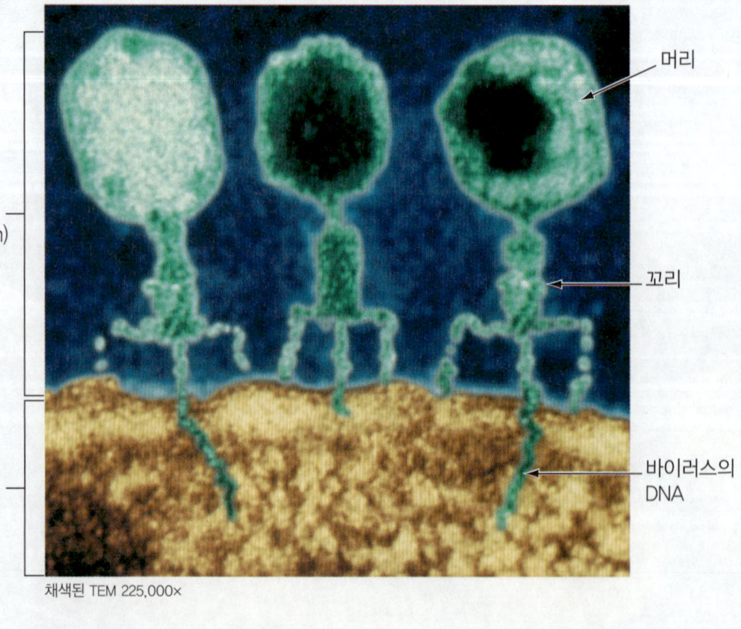

주기에서 이 DNA는 즉시 세포를 바이러스 생산공장으로 전환시킨다. ❸ 세포 자신의 DNA 복제, 전사, 번역의 기구는 바이러스에게 강탈되어 이제 이 기구는 바이러스를 생산하는데 사용된다. ❹ 세포는 용해되어 새로운 파지들이 방출된다.

용원주기에서는 ❺ 바이러스 DNA는 세균 DNA에 삽입된다. 이 상태에 있을 때의 파지 DNA는 **프로파지(prophage)**라고 부르며 그리고 대부분의 유전자는 비활성화된다. 프로파지의 생존은 이 숙주세포의 증식에 달려 있다. ❻ 숙주세포는 자신의 DNA와 함께 프로파지 DNA도 따라서 복제하고, 그런 다음 두 개의 딸세포한테 프로파지 DNA와 세포의 DNA 둘 다 물려준다. 한번 감염된 세균은 빠른 시간 내에 프로파지를 갖는 많은 세균을 만들어낸다. 프로파지는 세균세포 내에 무한정 남아 있을 수 있다. ❼ 하지만 때때로 프로파지는 숙주염색체에서 분리되어 나오기도 한다. 이런 사건은 돌연변이원에 노출되는 것과 같은 환경조건에 의해 촉발된다. 한 번 분리되면 람다 DNA는 대개 용균주기로 전환되어 많은 바이러스가 만들어지고 숙주세포는 용해되어 버린다.

때때로 용원성 세균세포에서 활성을 나타내는 일부 프로파지 유전자는 의학적인 문제를 일으킬 수도 있다. 예를 들면 디프테리아, 보툴리누스 중독, 성홍열을 일으키는 세균은 프로파지 유전자를 갖지 않으면 사람에게 해롭지 않다. 이들 유전자의 일부는 세균으로 하여금 독소를 생산하게 하여 사람이 병에 걸리게 한다. ✓

✓ 체크포인트

일부 바이러스는 감염된 숙주세포를 즉각 파괴하지 않고 자기의 유전자를 영속시킬 수 있는데, 그 방법을 설명하시오.

답: 일부 바이러스는 이들이 감염시킨 세포의 DNA에 자신의 DNA를 삽입시킬 수 있다(용원성 경로). 바이러스 DNA는 세포가 분열할 때마다 세포의 DNA와 함께 복제된다.

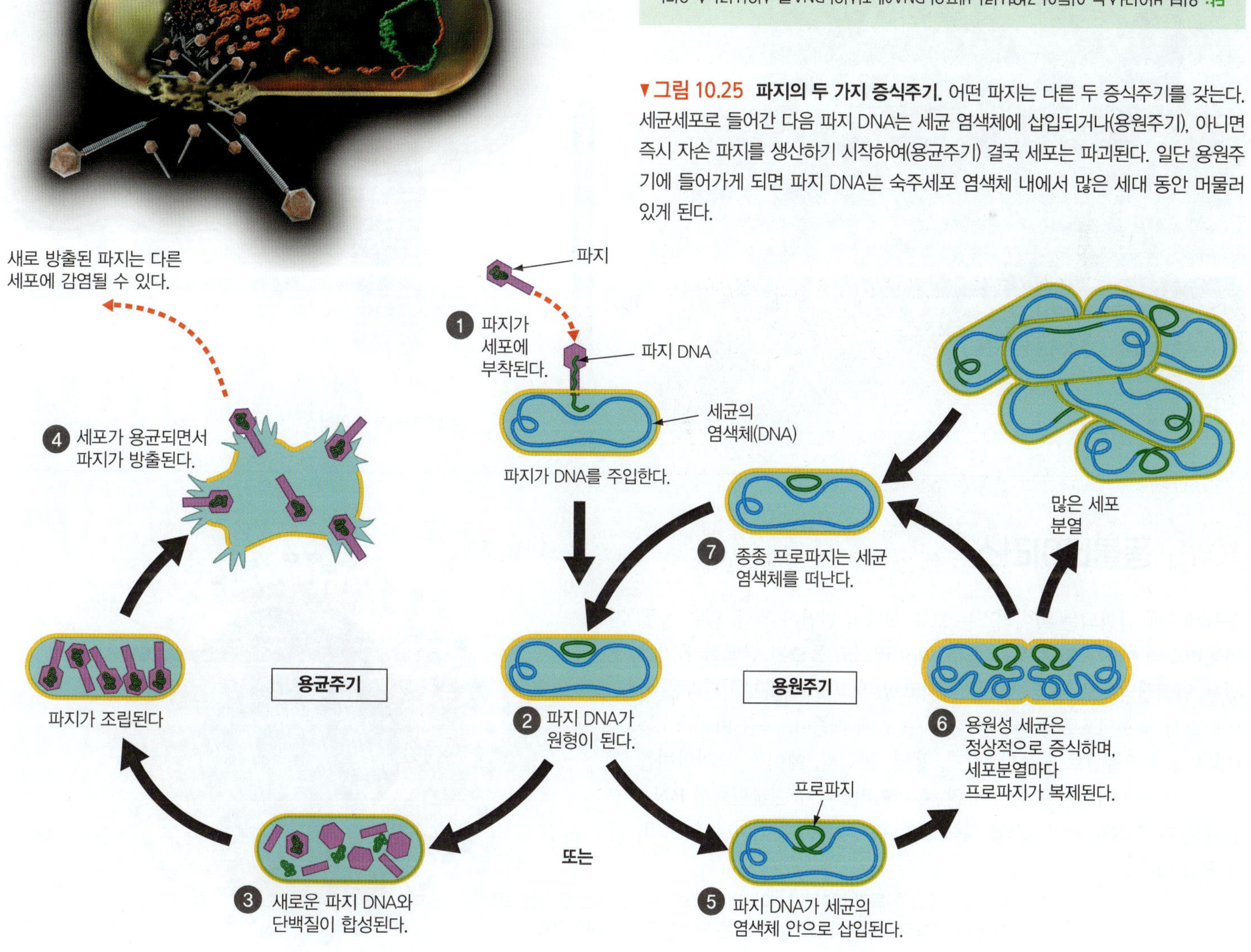

▼**그림 10.25 파지의 두 가지 증식주기.** 어떤 파지는 다른 두 증식주기를 갖는다. 세균세포로 들어간 다음 파지 DNA는 세균 염색체에 삽입되거나(용원주기), 아니면 즉시 자손 파지를 생산하기 시작하여(용균주기) 결국 세포는 파괴된다. 일단 용원주기에 들어가게 되면 파지 DNA는 숙주세포 염색체 내에서 많은 세대 동안 머물러 있게 된다.

10.14 식물바이러스

식물세포를 감염시키는 바이러스는 식물의 생장을 저해하고 생산량을 감소시킨다. 대부분의 식물바이러스는 유전물질로 DNA보다는 RNA를 갖는다. 그림 10.26에서 보여주는 담배모자이크 바이러스(tobacco mosaic virus, TMV)처럼 이들 대부분은 단백질이 핵산을 나선의 배열로 둘러싼 막대모양이다. 담배나 유관 식물에 감염되어 잎에 변색 반점을 만들어내는 TMV는 맨 처음으로 발견(1930년)된 바이러스였다.

식물에 감염하기 위해서 바이러스는 먼저 식물의 제일 바깥에 있는 세포보호층(표피층)을 통과해야 한다. 따라서 바람, 서리, 곤충에 상처 입은 식물이 건강한 식물에 비해 쉽게 감염되는 이유이다. 대부분의 곤충은 식물 바이러스를 운반하여 옮기고, 농부나 정원사도 무심코 전지용 가위나 다른 도구들을 통해 식물바이러스가 퍼지게 만들 수 있다. 감염된 식물도 역시 바이러스를 자손에게 물려주기도 한다.

대부분의 식물바이러스병은 치료방법이 없어서 농업과학자들은 감염의 방지와 바이러스 감염에 내성을 갖는 작물 품종을 육종이나 유전공학적인 방법으로 얻는데 중점을 두고 있다. 예를 들면 하와이에서 진드기에 의한 파파야나무 가락지무늬병(PRSV)의 확산은 섬지역의 일부에서 토착 파파야나무(하와이의 두 번째 대량 작물)를 전멸시켰다. 그러나 1998년부터 농부들은 새로운 유전공학적인 방법으로 얻은 PRSV내성 파파야나무 품종을 심었고, 이렇게 해서 파파야나무는 원래 서식지에서 다시 잘 자라고 있다. ✓

▼그림 10.26 **담배모자이크 바이러스.** 사진은 담배모자이크병에 걸린 잎에 있는 반점을 보여준다. 이 병을 일으키는 막대모양의 바이러스는 유전물질로 RNA를 갖고 있다.

> ✓ **체크포인트**
>
> 바이러스가 식물체로 들어갈 수 있는 세 가지 방법은 무엇인가?
>
> **답:** 상처에 의한 손상, 식물을 먹이로 하는 곤충에 의한 전달, 바이러스에 오염된 농기구나 정원용 도구

10.15 동물바이러스

동물세포에 감염되는 바이러스는 보통 질병의 원인이 된다. 많은 동물 바이러스와 마찬가지로 독감(플루) 바이러스도 돌출된 단백질 돌기가 있는 인지질막으로 된 외피막을 가지고 있다(그림 10.27). 외피막은 바이러스가 숙주세포로 들어가고 나갈 수 있게 해준다. 독감 바이러스는 RNA를 유전물질로 갖는다. 감기, 홍역, 볼거리, 에이즈, 소아마비를 일으키는 바이러스를 포함하여 많은, 바이러스가 유전물질로서 RNA를 갖는다. DNA 바이러스에 의해 일어나는 질병은 간염이나 수두, 또 포진이 있다.

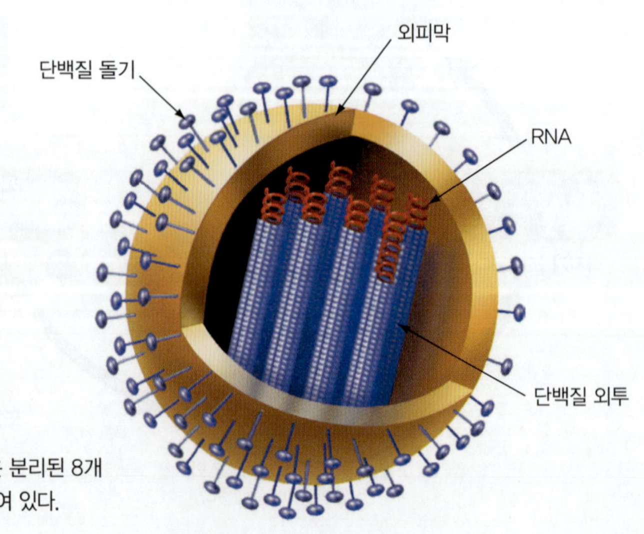

► 그림 10.27 **독감 바이러스.** 이 바이러스의 유전물질은 분리된 8개의 RNA 분자로 이루어져 있으며, 각각은 단백질 외투에 싸여 있다.

그림 10.28은 전형적인 RNA 바이러스인 볼거리 바이러스(mumps virus)의 증식생활사를 보여주고 있다. 발열과 침샘 부종이 특징적으로 나타나는, 한때 어린이에게 흔했던 이 질병은 선진국의 경우 광범위한 백신접종으로 거의 없어졌다. 바이러스가 숙주세포와 접촉하면 바이러스 외피막에 있는 단백질 돌기가 세포의 원형질막에 있는 수용체 단백질에 결합한다. ❶ 바이러스의 외피막은 세포막과 융합하여 단백질 외투를 갖는 RNA를 세포질에 들어가게 한다. ❷ 효소에 의해 단백질 외투가 제거된다. ❸ 바이러스의 일부로써 세포 안으로 들어간 효소는 바이러스 RNA 유전체를 상보적인 RNA 가닥을 만드는 주형으로 사용한다. 새로 만들어진 가닥은 두 가지 기능을 갖는다. ❹ 이들은 새로운 바이러스 단백질 합성을 위한 mRNA로 역할을 하고, 또한 ❺ 이들은 새로운 바이러스의 유전체 RNA를 합성하기 위한 주형으로 역할을 한다. ❻ 새로 만들어진 외투단백질은 새로 합성된 바이러스 RNA와 조립된다. ❼ 마지막으로 바이러스가 원형질막으로 둘러싸인 후 세포를 떠난다. 달리 말하면 이처럼 바이러스는 숙주세포로부터 외피막을 얻는데, 굳이 세포를 파괴시키지 않고도 출아 방식으로 세포에서 빠져나올 수 있다.

▼그림 10.28 **외피막 바이러스의 증식생활사.** 이 바이러스는 볼거리를 일으키는 바이러스이다. 독감 바이러스처럼 이것도 단백질 돌기를 가진 외피막을 가지나, 이의 유전체는 한 분자의 RNA로 되어 있다.

바이러스
단백질 돌기
단백질 외투
바이러스 RNA(유전체)
외피막
숙주세포의 원형질막
❶ 침투
❷ 외투 벗기
바이러스 RNA(유전체)
❸ 바이러스의 효소로 RNA 합성
❹ 단백질 합성
❺ RNA 합성 (다른 가닥)
mRNA
주형
새로운 바이러스의 유전체
새로운 바이러스 단백질
❻ 조립
방출
❼

모든 동물바이러스가 세포질에서 증식하는 것은 아니다. 예를 들면 수두, 대상포진, 입술 헤르페스, 음부 헤르페스를 일으키는 헤르페스바이러스라 부르는 여러 균주의 헤르페스바이러스는 세포의 핵 안에서 번식하는 외피막 DNA 바이러스이며, 이들은 세포의 핵막으로부터 외피막을 얻는다. 헤르페스바이러스 DNA의 복제본이 통상 어떤 신경세포의 핵 안에 미니염색체로 남아 있기도 한다. 이들은 감기나 과다한 햇빛 노출이나 같은 육체적 스트레스나 또는 정서적 스트레스가 바이러스 증식을 촉발시켜 불쾌한 증상이 나타나기 전까지는 잠복한 채로 남아 있다. 한번 걸린 사람은 헤르페스 감염이 일생 동안 반복적으로 일어난다. 미국 성인의 75% 이상이 단순헤르페스1형(입술 헤르페스를 일으킴)을, 20% 이상이 단순헤르페스2형(음부 헤르페스를 일으킴)을 가지고 있는 것으로 생각된다.

바이러스가 우리 몸에 끼친 손상의 정도는 부분적으로는 면역계가 감염과 싸우기 위해 얼마나 신속하게 반응하는지 또 부분적으로는 감염된 조직을 회복시킬 능력에 달려 있다. 우리가 통상 감기에 걸리면 완전히 낫는데, 그 이유는 호흡기조직이 체세포분열에 의해 손상된 세포를 충분히 대체할 수 있기 때문이다. 반면에 소아마비 바이러스는 신경세포를 공격하는데, 이 세포는 통상 대체될 수 없다. 소아마비 바이러스에 감염된 그런 세포의 손상은 영구적이다. 이런 경우에 유일한 의학적 조치는 백신으로 그 질병을 막는 것이다. 실제로 백신의 개발은 의학의 큰 승리 중 하나였다. 다음의 『과학연구의 과정』에서 알 수 있듯이 이러한 노력은 지금도 계속되고 있다. ✓

✓ 체크포인트

왜 헤르페스바이러스에 의한 감염은 영구적인가?

답: 헤르페스바이러스는 신경세포의 핵에 자신의 DNA를 남겨놓기 때문이다.

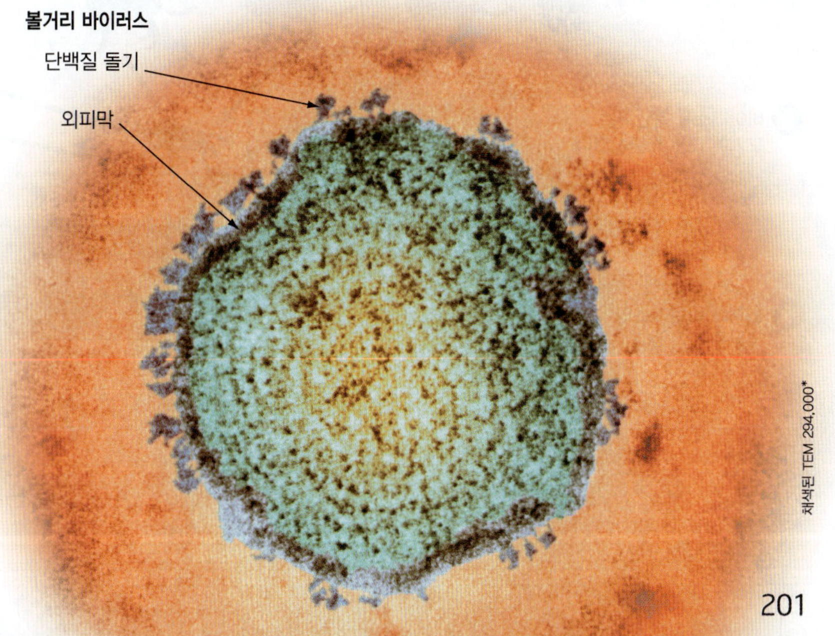

과학연구의 과정 **치명적인 바이러스**

DNA백신이나 RNA백신으로 바이러스로부터 보호를 받을 수 있는가?

배경

웨스트나일 바이러스는 1999년 미국에서 처음 나타났다. 이 바이러스를 가진 대부분의 사람들은 아프지 않다. 그러나 어떤 경우에는 이 바이러스가 중추신경계를 치명적으로 부어오르게 만든다. 이 바이러스는 모기에 의해 전염된다. 백신도 없고, 병에 걸린 사람들을 위한 치료법도 없다.

의료연구자들은 DNA백신이나 RNA백신을 개발하여 웨스트나일 바이러스를 물리칠 무기를 향상시키길 희망하고 있다. 백신은 공격 병원체의 한 부분을 모방한 무해한 분자에 대해 면역반응을 유발시킨다. 한번 노출되면 면역체계가 미래에 실제로 이 병원체가 감지되면 그 질병과 싸우기 시작한다. 전통적인 백신은 방아쇠 단백질을 포함하고 있다. RNA백신이나 DNA백신에는 바이러스 유전자의 사본이 들어 있어, 환자의 몸에서 특정 방아쇠 단백질을 만들게 해준다.

방법

연구자들은 대부분의다른 포유류와 마찬가지로 이 바이러스에 감염되는 고양이와 개를 사용하여 웨스트나일 바이러스의 한 유전자를 포함하는 RNA백신을 검사하였다(그림 10.29a). 고양이에게 고용량과 저용량의 백신, 또는 위약(대조군으로서 효과가 없는 치료약)을 제공하였다. 개는 저용량과 위약만을 받았다. 모든 동물은 첫 번째 투여 후 28일이 지난 다음 추가백신을 맞았다. 그 후 동물을 바이러스를 운반하는 모기에 노출시키고 감염 여부를 검사했다.

결과

그 결과는 놀라웠다(그림 10.29b). 다량의 백신을 접종한 후 바이러스에 감염된 동물은 없었다. 분명히 새로운 백신은 적어도 고양이와 개에서 매우 효과적이었다. DNA백신이나 RNA백신은 아직 인간에 대한 사용승인을 받지 못했지만, 이러한 유형의 연구는 가까운 시일 내에 표준 도구가 될 수 있음을 시사하고 있다.

▼그림 10.29 **웨스트나일 바이러스에 대한 RNA백신 검사.**

처리	감염된 고양이의 %	감염된 개의 %
위약	82	93
저용량	12.5	0
고용량	0	(시행치 않음)

(b) 고양이와 개에서 RNA백신의 효과

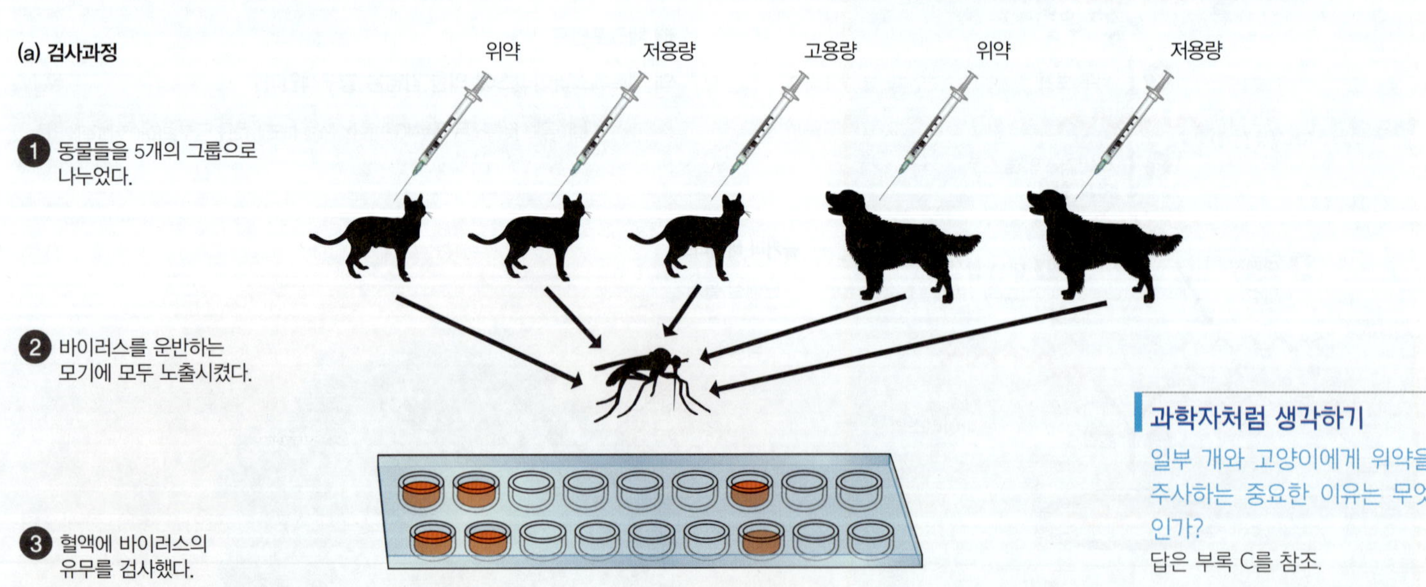

과학자처럼 생각하기

일부 개와 고양이에게 위약을 주사하는 중요한 이유는 무엇인가?

답은 부록 C를 참조.

10.16 에이즈 바이러스인 HIV

무서운 질병인 **에이즈(AIDS**[acquired immunodeficiency syndrome, **후천성면역결핍증**])는 독특한 꼬임을 갖는 RNA 바이러스의 한 종류인 **에치아이비**[(**HIV**, human immunodeficiency virus), 사람면역결핍 바이러스]에 의해 생긴다. 이 에치아이비, 즉 에이즈 바이러스(그림 10.30)는 외형상 볼거리 바이러스와 닮아 있다. HIV의 외피막은 볼거리 바이러스처럼 숙주세포로 들어오고 나가는 것이 가능하게 해준다. 그러나 HIV는 증식양상이 다르다. HIV는 DNA 분자를 이용하여 증식하는 RNA 바이러스, 즉 **레트로바이러스(retrovirus)**이다. 레트로바이러스는 일반적인 유전정보의 흐름인 DNA → RNA와 역방향이기 때문에 붙여진 이름이다. 이 바이러스는 RNA를 주형으로 DNA를 합성하는 역전사반응을 촉매하는 **역전사효소(reverse transcriptase)**라고 부르는 효소를 가지고 있다.

그림 10.31은 HIV RNA는 세포의 세포질에서 단백질 외투가 벗겨진 후에 일어나는 사건들을 보여준다. ❶ 역전사효소(녹색)는 DNA 가닥을 만들기 위해 RNA를 주형으로 사용하고 그런 다음 ❷ 상보적인 두 번째 DNA 가닥이 만들어진다. ❸ 이 결과로 생긴 두 가닥의 바이러스 DNA는 세포핵 속으로 들어가 염색체 DNA에 삽입되어 **프로바이러스(provirus)**가 된다. 때로 프로바이러스는 ❹ RNA로 전사되고 ❺ 바이러스 단백질로 번역된다. ❻ 이들 구성성분을 가지고 조립된 새로운 바이러스는 결국 세포를 떠나 또 다른 세포를 감염시킬 수 있다. 이것이 레트로바이러스의 표준이 되는 증식생활사이다.

HIV가 감염되면 이것은 우리 몸의 면역계에 중요한 여러 종류의 백혈구를 결국 죽인다. 이러한 세포들의 손실은 정상적으로 싸워서 이길 수 있는 것에도 감염되기 쉽다. 이러한 2차감염은 결국 에이즈 환자를 죽게 하는 증후군(모든 증상의 모음)을 일으킨다. 1981년 처음 인지된 이래로 HIV는 세계적으로 수천만 명을 감염시켰고 수백만 명을 죽게 만들었다.

▼그림 10.30 **에이즈 바이러스인 HIV.**

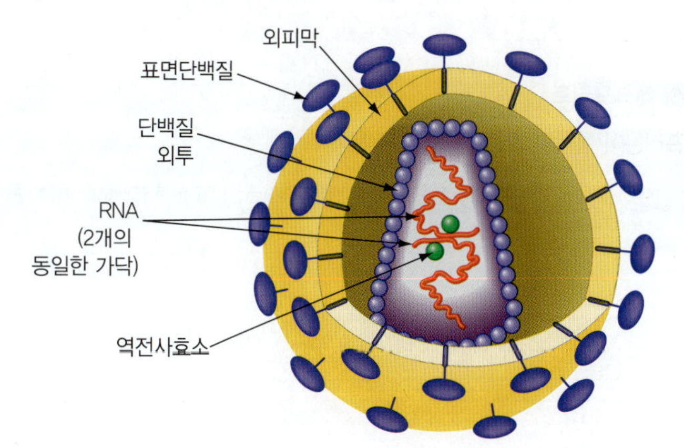

▼그림 10.31 **감염세포에서 HIV 핵산의 행동.**

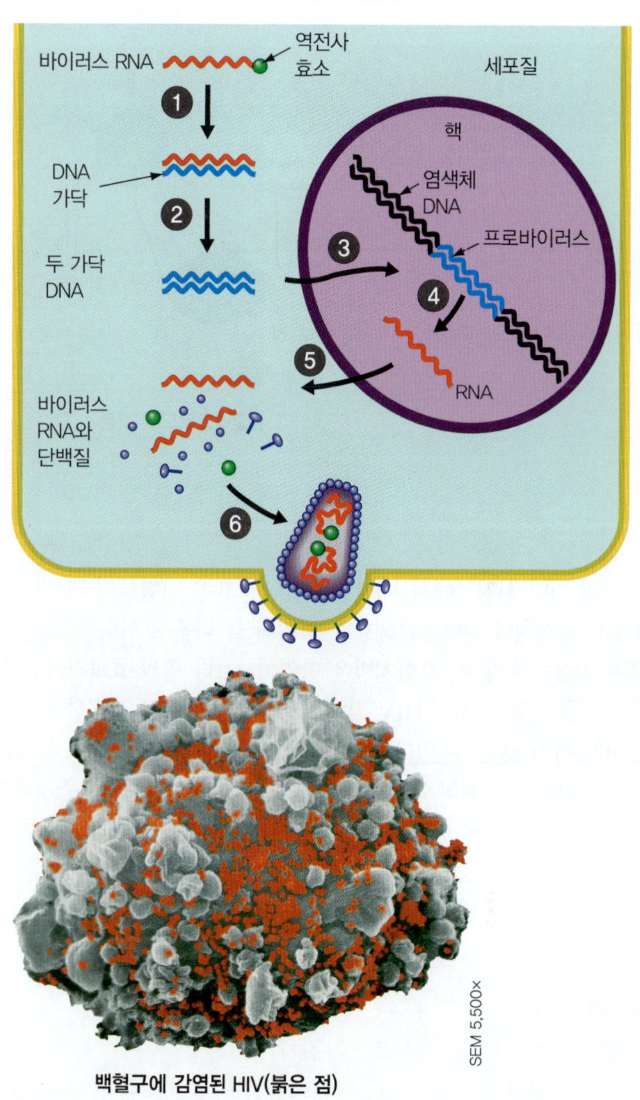

백혈구에 감염된 HIV(붉은 점)

에이즈의 치료제는 없지만 두 가지 범주의 항HIV 약제로 치료 방법은 조금씩 진전을 보이고 있다. 두 종류 치료제는 모두 바이러스의 증식을 억제한다. 첫 번째 치료제는 단백질분해효소라 부르는 효소의 작용을 억제하는 것인데, 이 효소는 HIV 단백질의 최종 버전을 만들게 해준다. 약제 에이지티(AZT)를 포함하는 두 번째 종류의 치료제는 HIV의 효소인 역전사효소의 작용을 억제한다. AZT 효과성의 핵심은 그 모양에 있다. AZT 한 분자의 모양은 T(티민) 뉴클레오티드의 한 부분과 매우 유사하다(그림 10.32). 사실 AZT의 모양은 T 뉴클레오티드와 유사하여, AZT는 기본적으로 T를 대신해 역전사효소에 결합할 수 있다. 그러나 티민과는 달리 AZT는 자라는 DNA 사슬에 통합될 수 없다. 따라서 AZT는 HIV DNA의 합성을 방해함으로써 "일을 망치게"한다. 이 합성은 HIV의 증식생활사에서 중요한 단계이기 때문에 AZT는 몸 안에서 이 바이러스가 퍼지는 것을 막아 준다.

▼그림 10.32 **AZT와 T 뉴클레오티드.** 항HIV 치료제인 AZT(오른쪽)는 DNA의 T(티민) 뉴클레오티드의 한 부분과 매우 유사한 화학구조를 가지고 있다.

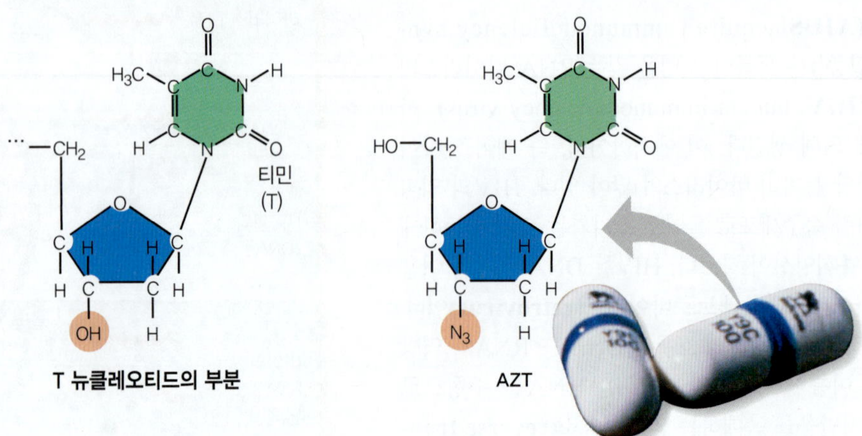

미국과 기타 선진국에서는 HIV에 감염된 많은 사람들이 대부분 역전사효소 억제제와 단백질분해효소 억제제 둘 다를 포함하는 "혼합처방약"을 사용하는데, 이 혼합처방은 단일처방보다 훨씬 효과적이고 환자의 수명을 늘린다. 사실 HIV 감염으로 인한 사망률은 적절한 치료를 통해 80%까지 낮출 수 있다. 그러나 혼합처방을 한다고 해도 환자로부터 바이러스를 완전히 제거하지는 못한다. 환자가 투약을 중지하면 HIV의 증식과 AIDS 증상은 바로 나타난다. AIDS는 아직까지 치료법이 없기 때문에 예방(즉 안전장치가 없는 성관계와 주사기 공유를 피함으로써)이 최선의 방법이다. ✓

✓ 체크포인트

HIV을 레트로바이러스라고 부르는 이유는?

답: 이것은 RNA 유전체로부터 DNA를 합성하기 때문이다. 이것은 일반적인 DNA → RNA로의 유전정보의 흐름과는 역("레트로") 방향이다.

10.17 프리온

프리온(prion)은 여러 동물 종에서 뇌질환을 일으키는 감염성 단백질이다. DNA나 RNA을 포함하는 바이러스와는 달리, 프리온은 정상 뇌 단백질이 잘못 접힌 모양의 단백질로 이루어져 있다. 프리온이 정상형의 단백질이 있는 세포에 들어가면 프리온은 어떻게 해서든 정상적 단백질 분자를 잘못 접힌 버전으로 전환시킨다. 그런 다음 잘못 접힌 단백질은 함께 덩어리를 만들게 되고, 뇌의 기능을 방해한다.

광우병은 비정상적으로 생성된 단백질에 의해 발생한다.

프리온이 일으키는 질병은 양의 스크래피, 사슴과 엘크에서 만성쇠약병, 1980년대 영국에서 200만 마리 이상의 소에 감염되었던 광우병, 난치성이며 결국 치명적인 뇌의 저하를 가져오게 만드는 인간의 크로이츠펠트-야콥병 등이 있다. 프리온이 일으키는 또 다른 인간의 질병인 1900년대 초에 뉴기니에서 유행했던 쿠루병은 인류학자들이 뇌를 먹는 식인 관습이 원인임을 밝힌 후 현지인들에게 그 관습을 그만두도록 설득한 후 멈추었다.

프리온은 증상이 나타나기 까지 최소 10년이 걸린다. 이것은 감염원을 적시에 식별하는 것을 방해한다. 또한 프리온은 보통의 가열온도에서 가열해도 파괴되지 않는다. 효과적인 치료법을 개발하려는 유일한 희망은 감염 과정을 이해하는 것이다.

이 장을 마치기 전에 인간의 건강에 대한 다른 비세포성 위협인 신생 바이러스를 다시 살펴보자. ✓

✓ 체크포인트

프리온이 통상의 병원체와 다른 것은?

답: 다른 감염체와 달리 프리온은 핵산(DNA나 RNA)을 갖고 있지 않다.

진화와 연결 **치명적인 바이러스**

신생 바이러스

어느 날 갑자기 의학계의 관심을 받게 된 바이러스를 **신생 바이러스(emerging virus)**라 부른다(그림 10.33). 우리는 지카 바이러스(2015년 브라질에서 처음으로 인지됨)와 웨스트나일(West Nile) 바이러스(1999년 북미에서 처음 나타남)에 대해 이미 접한 바 있다. 이들 바이러스는 수년 동안 낮은 수준으로 유지되었지만, 어느 날 갑자기 커다란 위협이 되어버렸다.

바이러스들이 어떻게 새로운 질병을 일으킬 수 있는가? 첫째, 그들은 더 위험한 형태로 진화될 수 있다. 바이러스는 살아 있지 않지만, 자연선택의 대상이 되는데, 그것은 높은 돌연변이율에 의해 가속화된다. DNA와 달리 RNA에는 복사 오류를 복구하는 메커니즘이 없으므로 RNA 바이러스가 빠르게 돌연변이 될 수 있다. 일부 돌연변이는 바이러스로 하여금 조상 균주에 대해 내성을 갖는 사람에게도 감염될 수 있게 해준다. 이것이 매년 독감 백신이 필요한 이유이다. 돌연변이들은 사람들이 면역력을 갖지 못한 새로운 독감 바이러스 균주가 생겨나게 만든다.

둘째, 바이러스성 질병은 한 숙주 종에서 다른 종으로 퍼질 수 있다. 과학자들은 약 3/4의 새로운 인간 질병이 다른 동물에서 비롯된 것으로 추정한다. 새로운 서식지에서 인간이 사냥하거나 거주하거나 가축을 키우면 위험이 증가한다. HIV(AIDS를 유발하는)는 침팬지에서 약간 다른 바이러스로 시작했을 수 있다. 인간 사냥꾼은 감염된 동물을 도살할 때 감염되었을 것이다. 바이러스가 인간 숙주에서 돌연변이가 일어나서, 인간 숙주 세포에 대해 다른 균주를 능가하는 균주가 점점 일반화되고 있다.

셋째, 고립된 작은 집단에서의 바이러스성 질병이 확산되어 전염병으로 발생할 수 있다. 에이즈는 이름도 없었고 수십 년 동안 사실상 무시되었다. 해외여행, 정맥 내 약물 사용, 성행위 및 지연된 효과적인 행동을 포함한 여러 가지 요인으로 인해 세계적 재앙이 되어버렸다.

노벨상 수상자인 조슈아 레더버그는 "우리는 미생물과의 진화적 경쟁을 하며 살고 있다. 우리가 생존자가 될 것이라는 확실한 보장은 없다."고 경고하였다. 신생 바이러스와의 싸움에서 승리하려면 분자생물학과 진화과정을 이해할 수 있어야만 한다.

▼그림 10.33 **지난 100년 동안 주요 바이러스 출현 사례.**

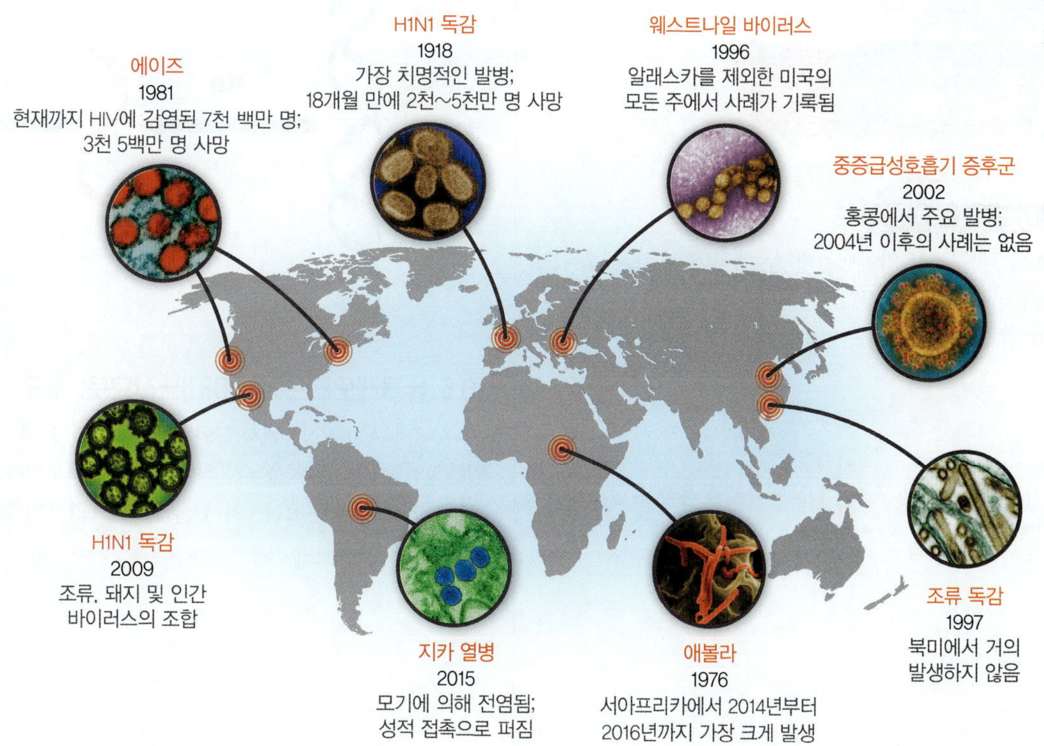

복습

주요 개념의 요약

DNA: 구조와 복제

10.1 DNA와 RNA의 구조

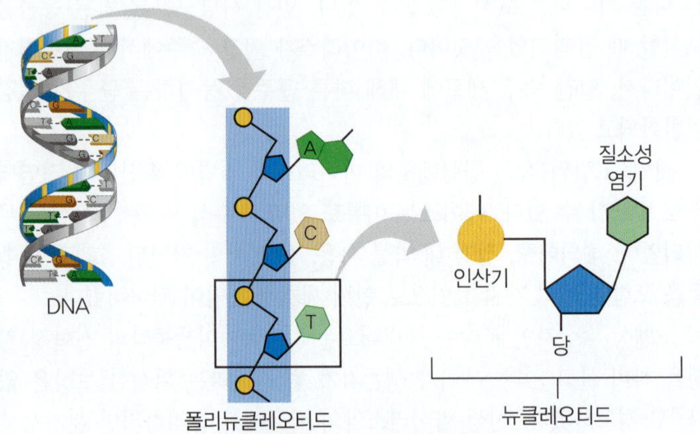

	DNA	RNA
질소성 염기	C G A T	C G A U
당	디옥시리보오스	리보오스
가닥의 수	2	1

10.2 왓슨과 크릭이 발견한 이중나선

왓슨과 크릭은 DNA의 3차구조를 알아냈는데, 두 개의 폴리뉴클레오티드 가닥이 서로를 감아서 이중나선을 이룬다. 염기 사이의 수소결합이 두 가닥을 함께 붙든다. 각 염기는 상보적인 염기와 쌍을 이루는데 A는 T와, G는 C와 쌍을 이룬다.

10.3 DNA 복제

상보적인 염기쌍을 가지는 DNA의 구조는 DNA 복제를 통해 유전의 분자로서 기능할 수 있게 만들어준다.

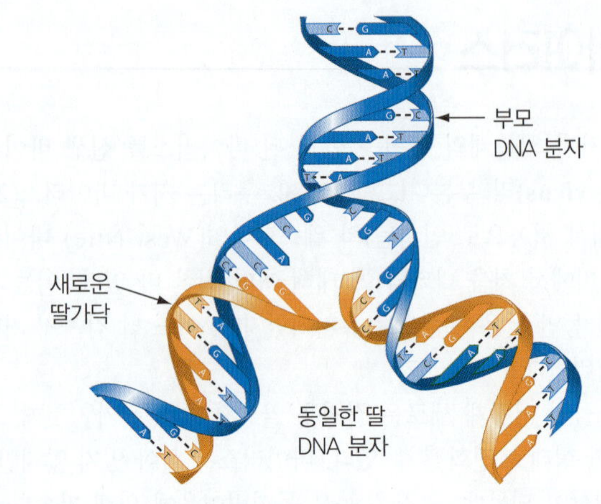

DNA에서 RNA를 거쳐 단백질로

10.4 생물의 유전자형이 그 표현형을 어떻게 결정하나

생물체의 유전자형을 구성하는 정보는 DNA 염기서열에 있다. 유전자형은 단백질 발현을 통해 표현형을 제어한다.

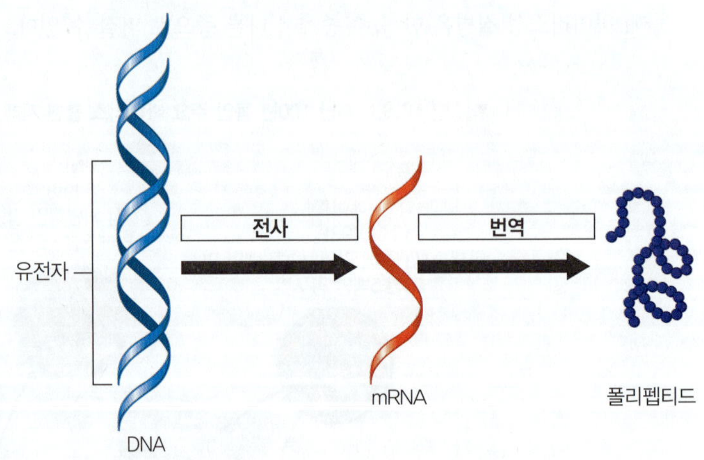

10.5 뉴클레오티드에서 아미노산으로: 개요

DNA에서 A가 RNA에서 U와 결합한다는 것 외에는, 유전자의 DNA는 일반적인 염기쌍 규칙을 사용하여 RNA로 전사된다. 유전정보의 번역에서 코돈이라고 부르는 RNA의 뉴클레오티드의 3염기조는 폴리펩티드의 한 아미노산을 명시한다.

10.6 유전암호

번역에서 아미노산을 지정하는 코돈 외에 유전암호는 하나의 개시코돈과 세 개의 종결코돈이 있다. 유전암호는 중복성이 있어서 대부분의 아미노산에 있어서 하나의 아미노산에 대해 하나 이상의 코돈을 가진다.

10.7 전사: DNA에서 RNA로

전사에서 RNA중합효소는 유전자의 프로모터에 결합하여 거기서 DNA의 이중나선을 열고 그리고 주형으로 DNA 한 가닥을 사용하여 RNA 분자의 합성을 촉매한다. 한 가닥으로 된 RNA 전사체가 유전자에서 분리되면 이때 DNA 가닥은 다시 결합한다.

10.8 진핵세포 RNA의 가공

진핵세포의 유전자로부터 전사된 RNA는 핵을 떠나 전령RNA(mRNA)로 사용되기 전에 가공된다. 인트론이 제거되고 모자와 꼬리가 첨가된다.

10.9 번역: 참가자들

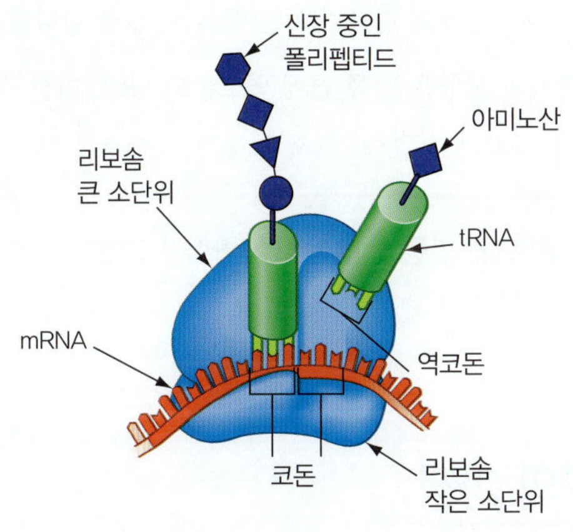

10.10 번역: 그 과정

개시과정에서 리보솜은 mRNA와 첫 번째 아미노산을 지닌 개시 tRNA를 조립한다. 개시코돈에서 시작하여 mRNA의 코돈은 다음 아미노산을 지닌 tRNA에 의해 하나하나씩 인식된다. 리보솜은 아미노산을 서로 결합시킨다. 아미노산이 추가됨에 따라 mRNA는 리보솜을 지나 한 코돈씩 이동한다. 종결코돈에 도달하게 되면 완성된 폴리펩티드는 분리된다.

10.11 복습: DNA → RNA → 단백질

DNA에 있는 코돈서열은 mRNA의 코돈서열을 거쳐 폴리펩티드의 1차구조가 되게 한다.

10.12 돌연변이

돌연변이는 DNA 염기서열이 변화된 것인데, DNA 복제나 재조합에서의 과오나 또는 돌연변이원에 의해 일어난다. 유전자에 뉴클레오티드의 치환이나 결실이나 삽입이 폴리펩티드와 생물에 다양한 영향을 미친다.

돌연변이 유형	영향
한 DNA 염기가 다른 염기로 **치환**	**침묵** 돌연변이는 아미노산에 어떤 변화도 없다.
	과오돌연변이는 한 아미노산이 다른 아미노산으로 바뀐다.
	정지돌연변이는 한 아미노산 코돈이 종결코돈으로 변한다.
DNA 뉴클레오티드의 **삽입**이나 **결실**	이들 돌연변이는 코돈의 3염기조 그룹이 변하게 되어 아미노산 서열이 크게 변화된다.

바이러스와 그 밖의 비세포성 감염인자

바이러스는 단백질로 포장된 유전자로 이루어진 감염입자이다.

10.13 박테리오파지

파지 DNA가 세균 내에서 용균주기에 들어가면 이것은 복제되고 전사되고 번역된다. 그 다음에 새로운 바이러스 DNA와 단백질 분자는 새로운 파지로 조립되고 세포에서 방출된다. 용원주기에서 파지 DNA는 세포의 염색체 내로 삽입되고 딸세포 세대로 전달된다. 나중에 파지는 다시 증식을 시작할 수 있다.

10.14 식물바이러스

식물에 감염되는 바이러스는 농업에 심각한 문제를 일으킨다. 대부분 RNA 유전체를 가진다. 바이러스는 식물의 표피층에 있는 틈새를 통해 식물 안으로 들어간다.

10.15 동물바이러스

독감 바이러스와 같은 많은 동물바이러스는 RNA 유전체를 가지며, 한편 간염바이러스와 같은 동물바이러스는 DNA를 가진다. 동물바이러스 중에는 보호용 외피막을 세포막으로부터 얻는다. 헤르페스바이러스 같은 일부 바이러스는 숙주세포에 오랜 기간 잠복해 남아 있다.

10.16 에이즈 바이러스인 HIV

HIV은 레트로바이러스이다. 숙주세포 안에서 DNA를 만들기 위해 주형으로 자신의 RNA를 사용하고, 그 다음 이 DNA는 염색체에 삽입된다.

10.17 프리온

프리온은 사람과 동물에 여러 종류의 퇴행성 뇌질환을 일으키는 감염성 단백질이다.

자습문제

1. DNA 한 분자는 ______(이)라고 부르는 두 가닥의 중합체인데, 이것은 ______(이)라고 부르는 많은 단량체들이 서로 결합된 것이다. 각 단량체는 세 가지 요소로 구성되는데 ______과(와) ______와(과) ______이다.

2. 모든 뉴클레오티드의 세 부분의 이름을 말해보시오.

3. 다음 용어들을 가장 큰 것에서부터 가장 작은 것 순서대로 나열하시오: 염색체, 코돈, 유전자, 뉴클레오티드

4. 어떤 과학자가 방사능으로 표지된 DNA를 세균에 주입하였다. 세균은 이 DNA를 복제하여 두 딸세포 각각에 하나씩의 딸 분자(이중나선)를 나누어 주었다. 각 딸세포에 있는 DNA의 방사능의 양은? 이유는?

5. 트립토판 아미노산을 암호화하는 mRNA 뉴클레오티드 삼염기조는 (그림 10.10 참조) 무엇인가? 번역 동안, 아미노산이 붙어 있는 tRNA는 그의 역코돈을 통해 mRNA 뉴클레오티드 삼염기조에 결합한다. 트립토판 tRNA의 역코돈의 뉴클레오티드 서열은 무엇인가? mRNA가 전사된 DNA 분자의 해당하는 원래 코돈은 무엇인가?

6. 유전자에 있는 정보가 전사되고 그리고 단백질로 번역되는 과정을 설명하시오. 설명할 때 이들 용어를 정확히 사용하시오. tRNA, 아미노산, 개시코돈, 전사, mRNA, 유전자, 코돈, RNA중합효소, 리보솜, 번역, 역코돈, 펩티드결합, 종결코돈.

7. 다음 분자들을 이들이 주로 관여하는 세포과정과 연결시키시오.

a. 리보솜 1. DNA 복제
b. tRNA 2. 전사
c. DNA중합효소 3. 번역
d. RNA중합효소
e. mRNA

8. 유전학자가 어떤 유전자의 폴리펩티드에 어떠한 영향도 미치지 않는 특정 돌연변이를 발견하였다. 이 돌연변이는 어떤 일이 일어났겠는가?

a. 한 개의 뉴클레오티드가 결실
b. 개시코돈이 변화
c. 한 개의 뉴클레오티드가 삽입
d. 한 개의 뉴클레오티드가 치환

9. 과학자들이 파지 A의 단백질 외투와 파지 B의 DNA를 함께 섞어 만드는 방법을 발견하였다. 만약 이렇게 조합된 파지를 세균에 감염시키면 이 세포 안에서 증식된 파지는 ______를 갖는다.

a. A의 단백질과 B의 DNA
b. B의 단백질과 A의 DNA
c. A의 단백질과 DNA
d. B의 단백질과 DNA

10. DNA를 전혀 갖지 않은 바이러스는 어떤 방법으로 증식하는가?

11. HIV은 자신의 RNA 유전체를 DNA 버전으로 전환시키는데, ______(이)라 부르는 효소가 필요하다. 항에이즈 약제를 만들고자 할 때 왜 이 효소가 특히 좋은 표적이 되는가? (힌트: 여러분은 이러한 약제가 숙주인 인간에 해로울 것이라 생각하는가?)

주된 주제 식별하기

아래의 각 문장에서 분명하게 드러난 주된 주제가 무엇인지(구조와 기능의 연관성, 정보의 흐름, 에너지와 물질의 변환경로, 생물계 내에서의 상호작용, 진화)를 식별하고, 그 내용이 그 주제와 어떻게 관련되는지를 설명하시오. 필요한 경우 주제들을 검토하고(1장 참조), 또 이 장에서 파란색 글자로 나타내어 강조한 예들을 검토해 보시오.

12. 지구상의 거의 모든 생물이 동일한 유전암호를 공유하는데, 이 체계가 생명의 역사에서 아주 초기에 일어났다는 것을 나타낸다.

13. tRNA 분자의 모양은 한쪽 끝에 역코돈이 있고, 다른 쪽 끝에 아미노산 부착 부위가 있어 번역 중에 분자가 어떻게 작용하는지 암시한다.

14. 유전자는 RNA를 만들고, 그런 다음 단백질을 만드는 데 필요한 교본을 가지고 있다.

답은 부록 C를 참조.

과학연구의 과정

15. 아세타뷸라리아(*Acetabularia*)는 버섯과 비슷하게 보이는 매우 큰 (2-4cm 길이) 단세포 녹조류이다. 이들은 캡, 줄기, 그리고 큰 세포핵을 포함하는 "가근(rhizoid)"이라 불리는 뿌리 같은 구조로 이루어져 있다. 1943년 헴머링(Joachim Hämmerling)은 *Acetabularia mediterranea*(평평한 캡을 형성)의 핵을 *Acetabularia crenulata*(성곽모양의 캡을 형성)의 핵으로 교환하였다. 이 실험에서 어떤 결과를 기대하는가? 어떤 기본개념을 확인할 수 있는가?

16. 1958년 메셀슨(Matthew Meselson)과 스탈(Franklin Stahl)은 희귀한 무거운 질소동위원소 ^{15}N이 풍부한 배지에서 세균을 배양시켰다. 이들 세균으로부터 추출된 DNA는 밀도구배 초원심분리에 의해 대부분의 ^{14}N 함유 배지에서 키운 세균으로부터 추출된 DNA로부터 분리될 수 있으며, 2개의 DNA 분획은 구배 내에서 별개의 층으로 분리된다. 메셀슨과 스탈은 처음에 ^{15}N 배지에서 배양된 세균을 ^{14}N 배지로 옮겨 한 번 더 세포분열을 시켰을 때 어떤 것을 관찰하였는가? 이 실험은 무엇을 보여주고 있는가?

17. 자료 해석하기 이 그래프는 2015년 11월 1일부터 2016년 4월 14일까지 푸에르토리코에서 지카, 뎅기, 치쿤구니아 바이러스의 주당 사례 수를 보여준다. 동일한 모기가 세 바이러스 모두에 퍼져 있다. 이 기간 동안 세 가지 질병 모두 비슷한 패턴을 보였는가? 설명해 보시오.

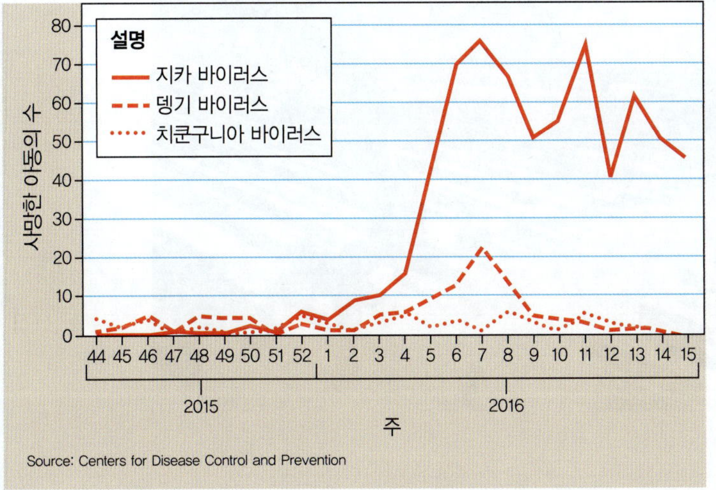

우리와 함께하는 생물학

18. 미국 국립보건연구원(NIH)에 있는 과학자들은 수많은 유전자와 단백질들의 서열을 밝히는 실험을 했고, 비슷한 실험들이 대학과 개인회사에서도 수행되고 있다. 유전자의 뉴클레오티드 서열에 대한 지식은 유전적 결함을 치료하거나 생명을 구하는 치료제의 생산에 이용될 것이다. NIH와 미국의 생명공학회사들은 이들의 발견에 대해 특허를 신청하였다. 영국의 법원에서는 자연에 존재하는 유전자는 특허를 낼 수 없다고 판결하였다. 개인이나 회사가 유전자와 유전자 산물에 대해 특허를 낼 수 있다고 생각하는가? 이에 답하기 전에 다음에 대해 먼저 생각해 보라. 특허의 목적이 무엇인가? 유전자의 발견자는 특허로 어떤 이익을 얻을 수 있는가? 공공의 이익은 어떻게 되는가? 특허가 난 유전자들 때문에 생길 수 있는 부정적인 영향은 무엇인가?

19. 우리 대학 룸메이트가 일광욕 살롱을 방문하여 외모를 좋게 하려고 한다. 그녀에게 이것의 위험을 어떻게 설명하겠는가?

20. 안전하다고 알려져 있는 독감 백신이 독감으로 인한 입원이나 사망의 위험을 감소시킨다는 것은 신뢰할 만하며, 또 그 비용도 저렴하다. 아이들도 학교에 가기 전에 독감 백신을 맞아야 하는가? 병원에서 일하는 사람의 경우는 어떤가? 이들 질문에 대한 여러분의 답을 이야기해 보시오.

11 유전자는 어떻게 조절되나

차례 내용

생활방식을 조금만 바꾸어도 암발생 위험을 상당히 줄일 수 있다.

유전자조절이 왜 중요한가?

생물이 언제나 모든 유전자를 사용하는 것은 아니다. 대신 세포는 상황에 따라 유전자를 켜고 끈다. 따라서 유전자를 조절하는 능력은 성장이나, 물질대사, 또 변화하는 환경에 적응하는 능력과 같은 모든 삶의 과정에 바탕이 된다.

DNA칩도 X-선처럼 흔한 진단도구가 될 수 있다.

생물복제가 자이언트 팬더를 멸종의 위기로부터 구할지도 모른다.

실마리

암

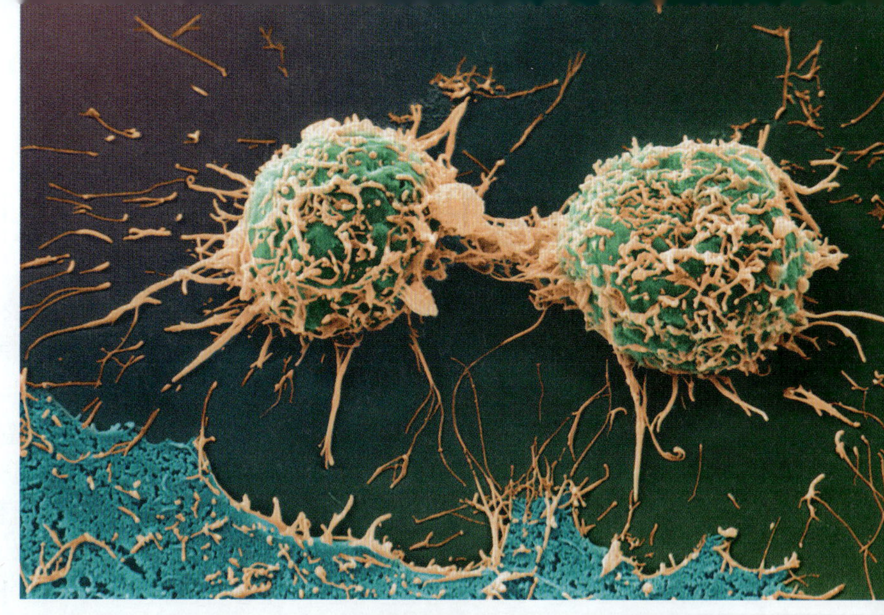

사람의 암세포. 암성 자궁경부 종양에서 얻은 이들 세포는 성장을 조절하는 능력을 상실하였다.

우리와 함께하는 생물학 

유방암과 화학요법

먼저 나쁜 소식이 있다. 여덟 명의 여성 중 한 명 정도는 유방암에 걸리게 될 것이다. 그러나 좋은 소식도 있다. 여성의 유방암이 초기단계에서 치료된다면 5년 이상 생존할 확률은 거의 100%나 된다. 반면에 유방암이 몸 전체에 퍼질 때까지 치료하지 않으면 5년 생존율은 25% 미만이다. 치료에는 일반적으로 수술이 포함되며, 이후에는 암세포를 죽이는 호르몬요법과 방사선요법이 필요하다. 화학요법은 마지막 단계로 사용될 수 있다. 불행히도 화학요법은 메스꺼움이나 탈모와 같은 많은 부작용이 있으며, 일부 여성에게서는 장기적인 신경질환이나 혈액질환, 또는 심장질환이 나타난다.

암전문가는 전통적으로 한 여성이 종양의 크기와 암세포가 있는 림프절의 개수와 같은 임상적 요인을 가지고 화학요법을 받아야 할지 그 여부를 결정한다. 비유로 브레이크가 고장이 난 차가 절벽으로 향하고 있다는 것을 우리가 알게 되었다고 가정해 보자. 우리는 타이어를 쏴야 하나? 위험을 감수할 정도로 개입할 가치가 있는가? 임상적 요인은 자동차가 절벽 가장자리에서 얼마나 멀리 떨어져 있는지 보는 것과 같다. 가장자리에 가까울수록 극단적인 개입을 해나가는 것이 보다 합리적이다. 하지만 어떤 여성은 늦게 오랫동안 자라는 암이었기 때문에, 종양의 크기도 크고 여러 개의 림프절도 영향을 받았을 수 있다. 실제로 그녀의 위험은 낮을지도 모른다. 화학요법을 하는 것은 절벽에까지 결코 이르지 않을 차의 타이어를 쏘는 것과 같이 불필요한 개입일 수도 있다.

자기의 사례가 화학요법을 시행해야 할 정도로 위험한지 의사는 어떻게 알 수 있는가? 암세포가 얼마나 빨리 퍼지는지, 그리고 그런 다음 그 위험이 어떤 특정 종양으로 귀결될지 어떻게 결정을 내리는가? 먼저 돌연변이가 어떻게 암으로 이어지는지 아는 것이 도움이 된다. 많은 암관련 유전자는 다른 유전자를 켜거나 끄는 단백질을 암호화한다. 이러한 유전자가 돌연변이 되면 단백질이 오작동하고 그 세포가 암이 될 수 있다. 과학자들은 이제 주어진 종양에서 어떤 유전자가 돌연변이 되었는지 알 수 있다. 이 정보는 절벽으로 향하는 자동차의 엔진 크기를 아는 것과 같다. 이를 통해 의료전문가는 암의 잠재적 성장률을 예측할 수 있다. 곧 모든 암환자의 유전자를 이런 식으로 평가하여 각 환자에 맞게 치료를 최적화할 수 있다. 이러한 연구는 언젠가는 자동차와 절벽 가장자리 사이에 강력한 장벽을 제공할 수 있을지도 모른다.

주어진 시간에 어떤 유전자가 활성화되는지 적절히 조절하는 능력은 정상적인 세포기능에 중요하다. 유전자 조절이 우리 자신의 삶에 영향을 미치는 방식을 포함하여, 유전자가 어떻게 제어되는지, 또 유전자의 조절이 세포와 생물에 어떻게 영향을 미치는지 그 방법이 이 장의 주제가 된다.

유전자는 어떻게 그리고 왜 조절되나

우리의 몸을 이루는 모든 세포와 성적으로 생식하는 모든 생물들의 몸을 이루는 모든 세포는 정자와 난자가 융합해 형성된 접합자에서부터 시작해 계속적인 유사분열을 통해 만들어졌다. 유사분열은 염색체를 정확하게 복제한다. 따라서 우리 몸의 모든 세포는 접합자와 똑같은 DNA를 갖는다. 달리 말하면 모든 체세포(몸세포)는 모든 유전자를 지니고 있다. 그러나 우리 몸의 세포는 구조와 기능이 특화되어 있는데, 예를 들면 신경세포는 적혈구와 그 모양도 그 행동도 같은 것이라고는 하나도 없다. 그러나 모든 체세포가 동일한 유전적 교본을 가진다면 세포가 어떻게 서로 다를 수 있을까? 이런 생각의 이해를 돕기 위해 여러분이 살고 있는 지역의 모든 레스토랑이 같은 요리책을 사용한다고 상상해 보자. 그런 경우라면 각각의 레스토랑이 어떻게 독특한 메뉴를 개발할 수 있을까? 대답은 분명해서 각 레스토랑이 같은 요리 책을 가지고 있지만, 레스토랑들이 이 요리책에서 서로 다른 조리법을 골라 선택하고 준비하는 것이다. 마찬가지로 동일한 유전정보를 가진 세포가 어떤 유전자는 켜고 다른 유전자는 끄는 시스템, 즉 **유전자조절(gene regulation)**을 통해 서로 다른 종류의 세포로 발달할 수 있다. 사용될 조리법을 조절하면 여러 레스토랑에서 다양한 메뉴를 내놓을 수 있듯이, 유전자 활성을 조절하면 몸 안에 있는 세포들이 특화될 수 있다.

유전자조절의 예로서 단세포 접합자가 다세포생물로의 발달을 생각해 보자. 배아의 성장 동안에 일단의 세포 그룹들이 서로 다른 경로를 거쳐, 각각의 그룹이 특정한 종류의 조직이 된다. 예를 들면 성인에서 신경세포나 적혈구와 같이 서로 다른 유형의 세포는 켜진 유전자의 패턴이 서로 다르다.

유전자가 켜지거나 꺼진다고 말하는 것은 어떤 의미인가? 유전자는 특정 mRNA의 염기서열을 결정하고 다음에는 mRNA가 단백질의 아미노산 서열을 결정한다(요약하면 DNA → RNA → 단백질, 10장 참조). 켜진 유전자는 mRNA로 전사되고 그 메시지가 특정 단백질로 번역된다. 유전정보가 유전자에서 단백질로, 즉 유전자형에서 표현형으로 흘러가는 전체 과정을 **유전자발현(gene expression)**이라고 한다. **유전자발현의 제어는 세포가 필요할 때 언제 어디서나 특정 종류의 단백질을 생산할 수 있게 하여, 세포가 환경으로부터의 정보에 신속하고 효율적으로 반응하게 해준다.**

이들 원리의 예시로서 그림 11.1은 성인에 있어 분화된 서로 다른 세 종류의 세포에서 네 개의 유전자에 대한 발현패턴을 보여준다. 해당과정을 통해 에너지를 제공하는 효소와 같이 "항존" 효소의 유전자는 모든 세포에서 "켜져" 있다. 반면에 인슐린과 헤모글로빈과 같은 몇몇 단백질의 유전자는 특정 세포에서만 발현된다. 이들 중 헤모글로빈은 그림에 있는 다른 종류의 세포에서는 발현되지 않는다. ✓

✓ 체크포인트

우리의 신경세포와 피부세포가 동일한 유전자를 갖고 있다면, 이들이 어떻게 서로 다를 수 있는가

답: 각 유형의 세포는 다른 유형의 세포와는 다른 유전자를 발현시킨다.

11.1 세균에서 유전자조절

세포가 유전자발현을 조절할 수 있는 방법을 이해하기 위해, 좀 더 단순한 세균을 가지고 생각해 보자. 세균은 자신의 삶의 과정에서 환경변화에 반응하여 자신의 유전자를 조절해야만 한다. 예를 들면 영양분이

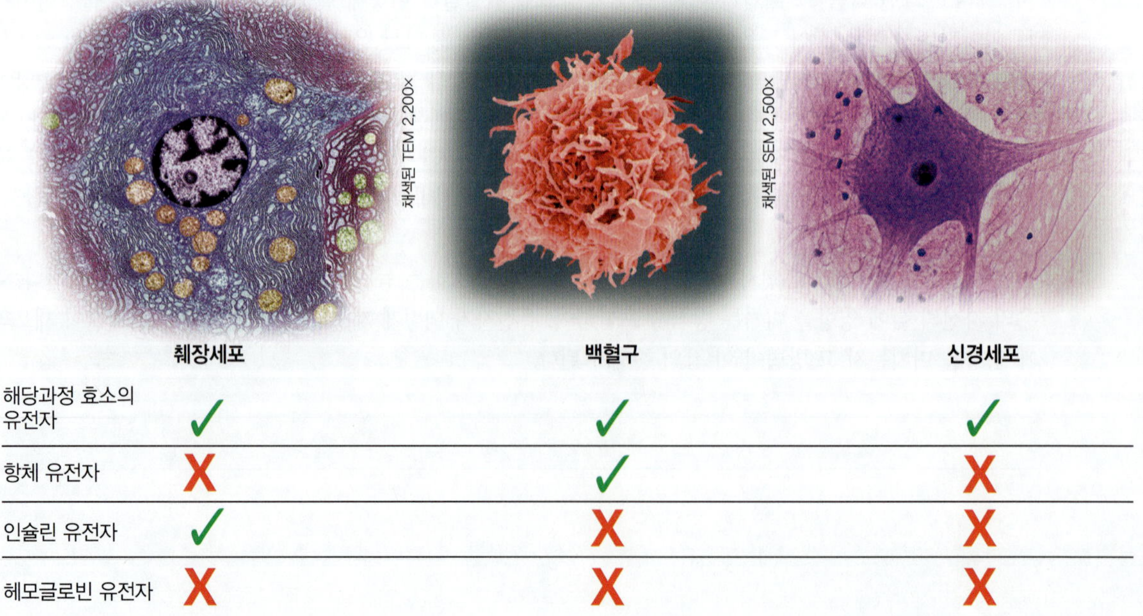

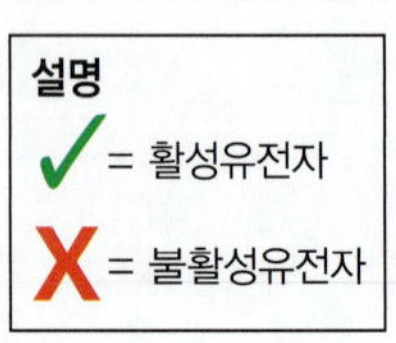

► 그림 11.1 **세 종류의 사람세포에서 유전자발현 패턴.** 서로 다른 종류의 세포는 서로 다른 조합의 유전자를 발현시킨다. 여기에 있는 유전자들이 만드는 특정 단백질은 해당과정의 효소, 감염에 대항하는 항체, 췌장 세포에서 만들어지는 인슐린, 적혈구에서만 발현되는 산소운반 단백질인 헤모글로빈이다.

많을 때, 세균은 그 영양분을 긁어모으기 위해 자신이 가지고 있는 귀중한 자원을 쓸데없이 낭비하지 않는다. 자원과 에너지를 보존할 수 있는 세균은 그렇지 못한 세균보다 생존이 유리하다. 따라서 자연선택은 세포가 필요로 하는 생산물에 대한 유전자만 발현하는 세균에게 더 유리하게 작용한다.

우리의 장 속에 살고 있는 세균인 *대장균*을 상상해 보자. 우리가 무엇을 먹느냐에 따라 대장균은 다양한 영양분을 접하게 된다. 예를 들면 우리가 밀크셰이크를 마시면 대장균은 갑작스런 젖당 세례를 받게 된다. 이에 반응하여 대장균은 이 당을 흡수하고 소화할 수 있는 세 효소들의 유전자를 발현시킨다. 그러나 일단 젖당이 다 소모되면 이들 유전자들은 꺼져서, 이제 더 이상 필요치 않은 이들 효소를 계속 만드느라 에너지를 낭비하지 않게 된다. 세균은 이렇게 환경의 변화에 맞추어 유전자발현을 조절할 수 있다. **이러한 조절은 모든 세포내에서 에너지와 물질을 전환시키는 화학반응, 즉 물질대사에서의 핵심이다.**

이 세균은 젖당이 있는지 없는지 어떻게 "알 수" 있는가? 달리 말하면 젖당의 유무가 어떻게 젖당 대사에 필요한 유전자발현에 영향을 미치는가? 열쇠는 세 유전자의 배치구조에 있는데, 이들 세 유전자는 DNA 위에 서로 이웃해 위치하면서 하나의 단위로 켜지고 꺼진다. 이러한 조절은 이들 세 유전자를 모두 한 번에 켜거나 끄도록 하는, 발현을 조정하는 짧은 DNA 부위를 통해 이루어진다. 관련 유전자들과 이들을 조절하는 서열의 집단을 **오페론(operon)**이라고 한다(**그림 11.2**). 지금 여기에서 다루고 있는 오페론인 *lac*오페론(젖당인 latose의 약자)은 다른 많은 원핵생물 유전자에도 적용되는 유전자조절 원리로 알려져 있다.

DNA의 조절서열이 어떻게 유전자를 켜고 끄고 하는가? **프로모터(promoter)**[녹색]라고 부르는 조절서열에는 RNA중합효소가 부착하여 전사를, 즉 여기에서는 젖당 분해효소의 유전자 전사를 시작한다. 프로모터와 효소유전자 사이에 위치한 **작동자(operator)**[노란색]라고 부르는 DNA 단편은 여기에 특정 단백질의 결합 여부에 따라 켜고 끄는 스위치의 역할을 한다. RNA중합효소가 프로모터에 부착하여 유전자들(연녹색)의 전사를 시작할지 말지를 작동자와 단백질이 함께 결정한다. *lac*오페론에서 작동자의 스위치가 켜지면 젖당대사에 필요한 모든 효소가 한 번에 만들어진다.

그림 11.2에서 위쪽의 반은 주위 환경에 젖당이 없을 때 "꺼진" 상태에 있는 *lac*오페론을 보여준다. 전사는 ❶ **억제자(repressor)**( )라 부르는 단백질이 작동자( )에 결합하면 ❷ RNA중합효소( )가 프로모터( )에 부착하는 것을 물리적으로 방해하기 때문에 꺼지게 된다.

그림 11.2의 아래쪽의 반은 젖당이 있을 때, "켜진" 상태에 있는 오페론을 보여준다. 젖당( )은 ❶ 억제자에 결합하여 ❷ 억제자의 모양을 변화시킴으로써 *lac*억제자가 작동자에 부착되는 것을 방해한다. **생물계에서 자주 볼 수 있듯이 구조와 기능은 관련되어 있다.** 이 경우 억제자의 모양이 바뀌면 작동방식이 바뀌게 된다. 새로 바뀐 모양( )으로는 억제자가 작동자에 결합할 수 없고 작동자 스위치는 켜진 상태로 남는다. ❸ RNA중합효소는 더 이상 방해를 받지 않아 프로모터에 결합하고, 거기서부터 ❹ 젖당효소의 유전자들이 mRNA로 전사된다. ❺ 번역은 세 가지 젖당효소(자주색)를 모두 만들어낸다.

많은 오페론이 세균에서 발견되었다. 일부는 *lac*오페론과 비슷하나, 반면에 다른 것은 조절 메커니즘이 다소 다르다. 예를 들면 아미노산의 합성을 조절하는 오페론은 주위 환경에 아미노산이 있게 되면, 세포가 자원물질과 에너지를 낭비하지 않기 위해 세균은 이들 분자를 더 이상 만들지 않도록 중지시킨다. 이런 경우 아미노산이 억제자를 활성화시킨다. 다양한 오페론으로 무장한 대장균과 그 밖의 다른 원핵생물은 빈번하게 변화하는 환경 속에서도 이처럼 잘 살아갈 수 있다. ✓

> **✓ 체크포인트**
>
> 대장균에서 활성억제자가 결합할 수 없는 돌연변이가 *lac*작동자에 일어났다. 이 돌연변이는 세포에 어떤 영향을 주는가? 이런 영향은 왜 불리한가?
>
> **답:** 세균은 젖당이 없는 경우에도 젖당 대사과정에 필요한 효소를 쓸데없이 계속해서 생산한다.

▼그림 11.2 대장균의 *lac*오페론.

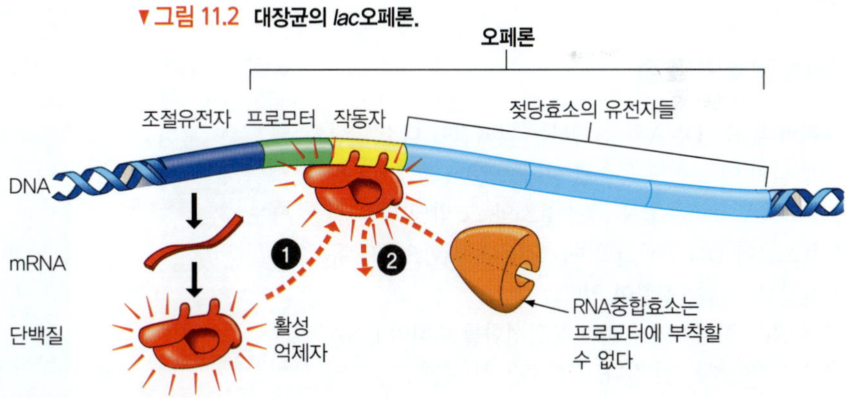

오페론이 꺼진 상태(젖당이 없음)

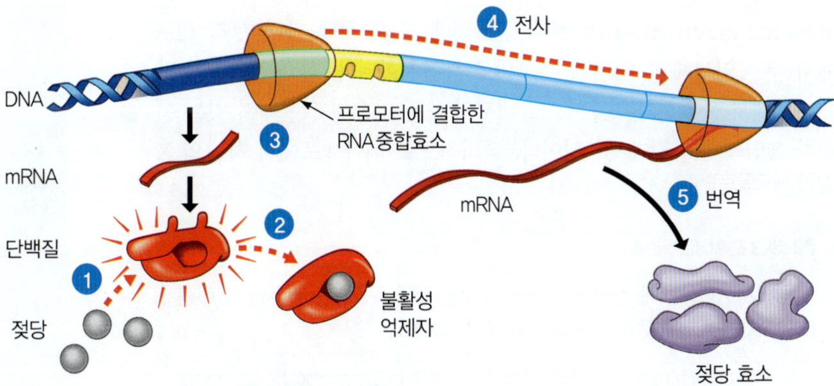

오페론이 켜진 상태(젖당이 억제자를 불활성화시킴)

11.2 진핵세포에서 유전자조절

진핵생물 그 중에서도 특히 다세포 진핵생물은 세균이 유전자발현을 조절하는 것에 비해 좀 더 정교한 메커니즘을 갖는다. 하나의 세포로 된 원핵생물은 뉴런이나 적혈구와 같은 특화된 다른 유형의 세포를 가지지 않으므로 그리 놀라운 일은 아니다. 따라서 원핵생물에서는 다세포 진핵생물과는 달리 세포의 특화로 이끄는 유전자발현의 정교한 조절이 필요치 않다.

진핵세포에 있어서 유전자로부터 단백질에까지 이르는 경로는 긴 편인데, 이 과정에는 켜거나 끄거나, 빠르게 또는 느리게 작동되도록 조절할 수 있는 여러 지점들이 마련되어 있다. 이 과정을 지역 상수원에서 집안의 수도까지 물을 운반해 주는 수도관으로 생각해 보자. 밸브가 여러 지점에서 물의 흐름을 제어한다. 우리는 이런 비유를 사용해서 유전정보의 상수원에 해당하는 진핵염색체에서부터 세포의 세포질에서 만들어지는 활성단백질까지 유전자정보의 흐름을 **그림 11.3**에서 보여주고 있다. 유전자발현을 조절하는 복수의 메커니즘은 수도관의 조절밸브와 같다. 그림에서 각 조절손잡이는 유전자발현 "밸브"를 나타낸다. 보통의 단백질에서는 한두 개의 조절 지점만 중요하지만, 여기에 있는 모든 손잡이들은 가능한 조절 지점들을 표시한 것이다.

안내할 때 그림 11.3의 축소모형을 사용할 것이고, 세포핵에서부터 시작하여 진핵생물이 유전자발현을 조절하는 여러 가지 방법을 알아볼 것이다.

DNA 응축의 조절

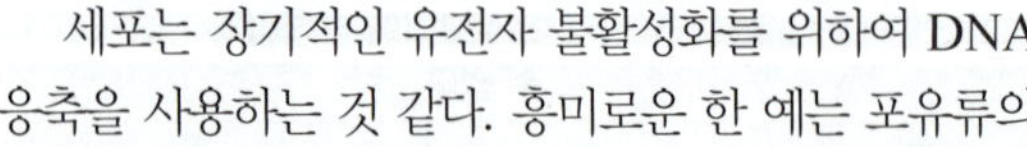

진핵염색체는 DNA와 함께하는 단백질이 다소 단단하게 묶여 어느 정도 응축된 상태로 있다(그림 8.4 참조). DNA 응축은 RNA중합효소와 그 밖의 다른 전사효소들이 DNA에 결합하는 것을 방해함으로써 유전자발현을 막는 경향이 있다.

세포는 장기적인 유전자 불활성화를 위하여 DNA 응축을 사용하는 것 같다. 흥미로운 한 예는 포유류의 암컷에서 볼 수 있는데, 모든 체세포에서 X염색체 하나는 크게 응축되어 전체가 거의 불활성화되어 있다. 이런 **X염색체 불활성화(X chromosome inactivation)**는 배발생 초기에 처음으로 나타나며, 각 세포에서 두 X염색체 중 하나가 무작위로 불활성화된다. 한 X염색체가 각 배세포에서 불활성화된 후에, 그 세포의 모든 자손세포는 꺼져 있는 동일한 X염색체를 갖게 될 것이다. 결과적으로 배아세포에서 하나의 X

✓ 체크포인트

사람에서 X염색체에 있는 유전자는 남성(한 개를 갖고 있는)에서보다 여성(X염색체를 두 개 갖고 있는)에서 더 많이 발현되는가?

답: 아니다. 여성에서 각 세포의 X염색체 중 하나는 불활성화되어 있기 때문이다.

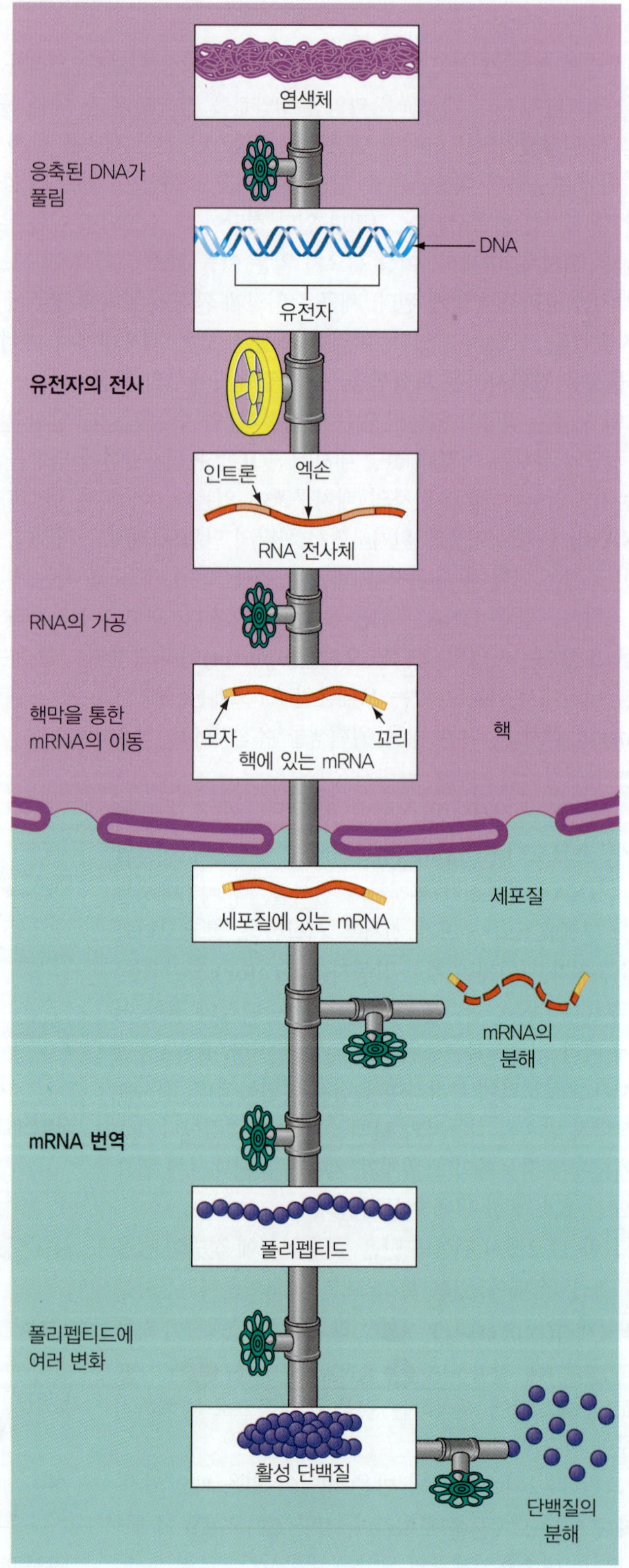

▼ 그림 11.3 **진핵세포에서 유전자발현 "수도관".** 수도관의 각 밸브는 염색체에서부터 기능을 가진 단백질까지의 경로를 조절하거나, 켜거나 끄거나, 또는 속도를 올리거나 내려갈 수 있게 하는 단계를 나타낸다. 이 그림의 축소본을 사용하여 논의 과정에서 현재 어느 단계를 논의하고 있는지 알 수 있도록 할 것이다.

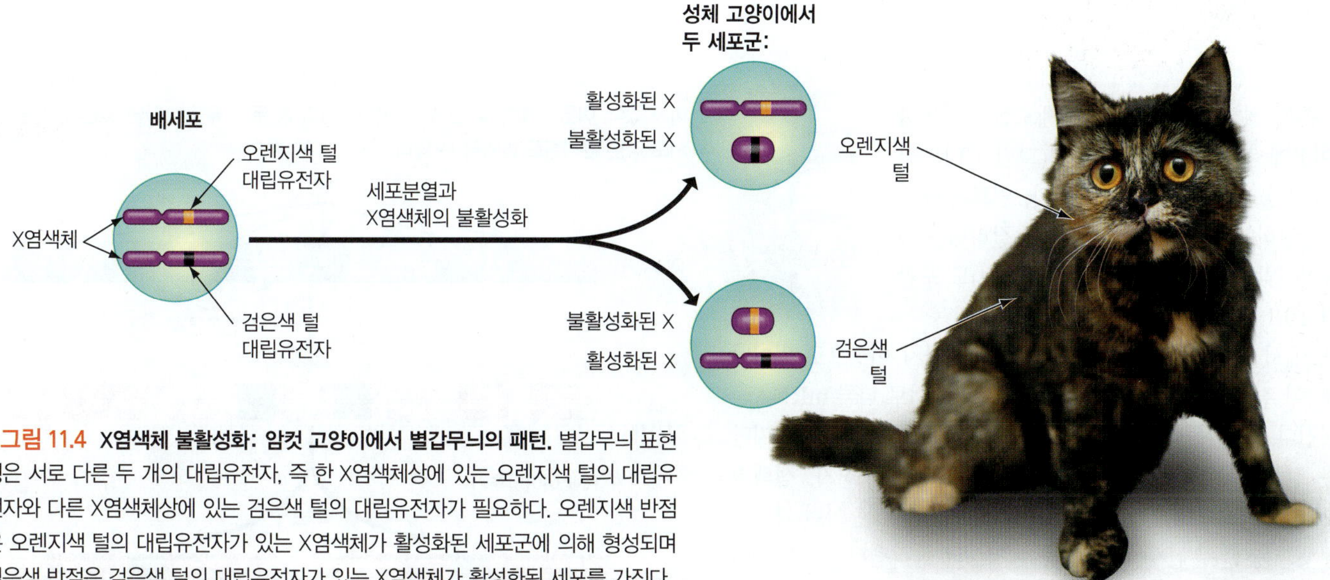

▲그림 11.4 **X염색체 불활성화: 암컷 고양이에서 별갑무늬의 패턴.** 별갑무늬 표현형은 서로 다른 두 개의 대립유전자, 즉 한 X염색체상에 있는 오렌지색 털의 대립유전자와 다른 X염색체상에 있는 검은색 털의 대립유전자가 필요하다. 오렌지색 반점은 오렌지색 털의 대립유전자가 있는 X염색체가 활성화된 세포군에 의해 형성되며 검은색 반점은 검은색 털의 대립유전자가 있는 X염색체가 활성화된 세포를 가진다.

염색체가 한 대립유전자를 가지고, 다른 X염색체가 다른 대립유전자를 가진다면, 그 세포의 후손의 절반 정도는 한 대립유전자를 발현할 것이고, 다른 절반은 다른 대립유전자를 발현할 것이다(그림 11.4). ✅

전사의 개시

유전자발현을 조절하는 가장 중요한 단계는 전사의 개시 여부를 결정하는 일이다. 그렇기 때문에 이 제어 지점은 그림 11.3에서 커다란 노란색 밸브로 표시해 강조하고 있다. 원핵생물과 진핵생물 둘 다에서 대부분의 진핵유전자는 개별적인 프로모터와 그 밖의 다른 조절서열을 가진다. 하지만 원핵생물의 유전자와는 달리 대부분의 진핵생물의 유전자는 오페론의 상태로 그룹화되어 있지 않다. 대신 진핵생물의 각 유전자는 통상 자신의 프로모터와 조절서열을 가진다.

진핵생물에서 전사의 조절은 다소 복잡한데, 전형적으로 많은 단백질들이 관여한다(그림 11.5). 이 일을 해내기 위해 RNA중합효소는 **전사인자(transcription factor)**라고 부르는 단백질들의 도움을 필요로 한다. 일부는 전사되는 모든 유전자에 필수적이며, 다른 일부는 몇 개 또는 단 하나의 유전자에 대해서만 특이적이다. 전사인자(그림에서 자주색)는 **인핸서(enhancer)**[노란색]라 부르는 비암호화 DNA서열에 결합하여 RNA중합효소(오렌지색)가 프로모터(녹색)에 결합하는 것을 돕는다. 대사경로에 있는 유전자들처럼 유관한 효소의 유전자들은 특정 인핸서를 똑같이 가짐으로 해서 이들 유전자가 같은 시간대에 활성화될 수 있게 된다. 그림에는 표시하지 않았지만 전사의 개시를 억제하는 억제자단백질도 있는데, 이것은 **사일런서(silencer)**라 부르는 DNA 서열에 결합한다.

사실 진핵생물에서는 유전자를 끄는 억제자단백질이, DNA에 결합하여 유전자를 켜는 단백질인 **활성자(activator)**보다 훨씬 드물다. 활성자는 RNA중합효소가 프로모터에 보다 쉽게 결합되게 해준다. 전형적인 동물세포나 식물세포는 세포의 특화된 구조와 기능을 위해 필요한 유전자, 즉 소수의 유전자만 스위치를 켜면(전사되면) 되기 때문에 활성자를 사용하는 것이 효율적이다. 다세포 진핵생물에서 대부분의 유전자에 대한 초기설정 상태는 꺼져 있는 것으로 보이는데, 연구에 따르면 인간의 전형적인 세포는 주어진 시간에 단백질 암호화 유전자의 20% 정도만 발현한다. ✅

✅ **체크포인트**

그림 11.3에서 DNA 발현의 모든 조절지점 중 가장 엄격한 조절지점은?

답: 전사의 개시

▼그림 11.5 **진핵생물 유전자가 켜지는 모델.** 전사는 인핸서라 부르는 비암호화 DNA서열에 의해 조절된다. DNA를 구부리는 단백질은 인핸서를 전사부위에 가깝게 위치하도록 돕는다. 이것이 완료되면 전사인자는 RNA중합효소가 프로모터에 결합하여 유전자의 전사를 시작하도록 돕는다.

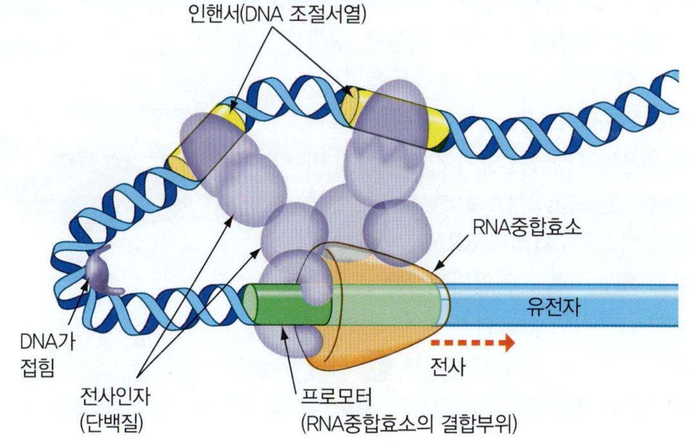

RNA 가공과 분해

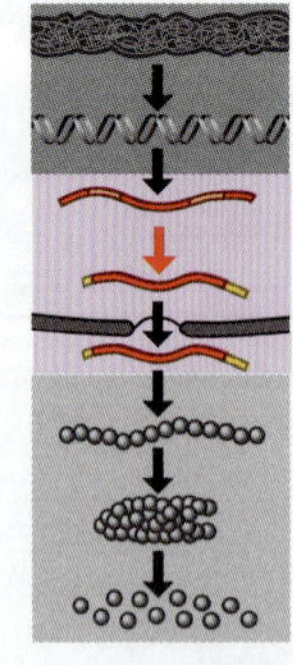

진핵세포 안에서 전사는 핵에서 일어나고, RNA 전사체가 리보솜에 의해 번역되기 위해 세포질로 이동하기 전에 이곳에서 mRNA로 가공된다(그림 10.19 참조). RNA 가공은 모자와 꼬리의 첨가, 인트론(유전 메시지를 단절하는 비번역 DNA부위)을 잘라내는 제거, RNA이어맞추기(엑손을 서로 붙이는 것)도 포함한다(그림 10.13 참조).

세포 안에서 엑손을 이어 붙이는 방식이 두 가지 이상으로 일어날 수 있는데, 이 경우에는 같은 RNA 전사체로부터 서로 다른 mRNA들이 만들어진다. 예를 들면 한 mRNA 분자는 녹색 엑손으로 끝나지만 다른 것은 갈색 엑손으로 끝나고 있는 그림 11.6을 주목하자. **선택적 RNA이어맞추기(alternative RNA splicing)**라 부르는 이런 과정의 결과로써 생물은 한 유전자에서 두 종류 이상의 폴리펩티드를 만들어 낼 수 있다. 인간의 유전자는 보통 10개 정도의 엑손을 가지고 있고, 거의 모든 유전자는 적어도 서로 다른 두 가지 방식으로 이어맞추기가 일어나는데, 몇몇 유전자는 수백 가지 서로 다른 방법으로 이어맞추기가 일어난다.

mRNA가 최종 모양이 되면, 이것의 "반감기"는 몇 시간부터 몇 주 또는 몇 달까지 매우 다양할 수 있다. mRNA의 분해타이밍을 통제하는 것은 또 다른 조절의 기회가 주어지는 것이다. 그러나 모든 mRNA는 결국 분해되어 순환된다. ✓

> ✓ **체크포인트**
>
> 유전자가 핵에서 전사된 후, 이 RNA가 가공되는 3가지 방식을 말하시오.
>
> 답: 모자와 꼬리의 첨가, 인트론의 제거, 엑손의 이어맞추기

▼그림 11.6 **선택적RNA이어맞추기: 같은 유전자로부터 다수의 mRNA 만들기.** 서로 다른 두 세포가 같은 DNA 유전자를 가지고 다른 mRNA와 단백질을 합성할 수 있다. 이 예에서 이들 mRNA는 엑손3(갈색)으로, 다른 것은 엑손4(녹색)로 이루어져 있다. 이들 두 mRNA는 많은 가능한 결과 중 두 종류를 나타낸 것인데, 이들은 서로 다른 단백질로 번역될 수 있다.

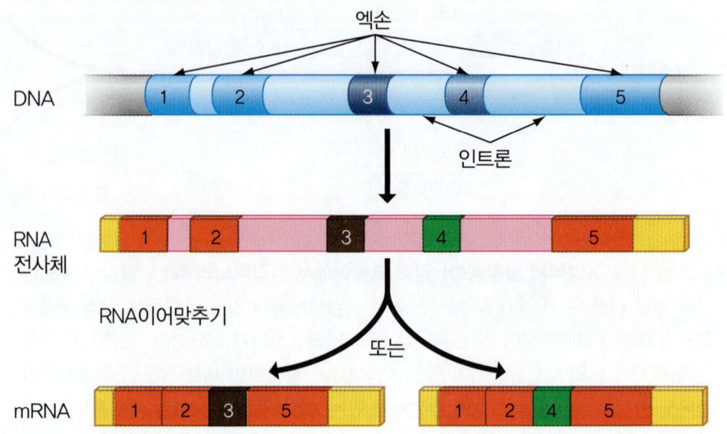

미소RNA(miRNA)

인간 DNA의 많은 부분은 단백질을 암호화하지 않는다. 이 DNA는 오랫동안 유전정보가 결여된 것으로 생각되었다. 실제로 많은 생물학자들은 식별할 수 있는 기능을 수행하지 않았기 때문에 이 영역들을 "불용 DNA(junk DNA)"라고 불렀다. 그러나 유전체의 상당한 양이 기능을 가진 비단백질 암호화 RNA로 전사된다. 예를 들면 **미소RNA(microRNA, miRNA)**라고 하는 작은 단일가닥 RNA분자는 mRNA분자의 상보적 서열에 결합할 수 있다(그림 11.7). 각 miRNA는 ❶ 하나 이상의 단백질과 복합체를 형성하는데, ❷ 적어도 7개 내지 8개의 상보적 서열의 뉴클레오티드를 가지고 어떤 mRNA분자에 결합할 수 있다. mRNA분자가 miRNA의 전체 길이에 상보적인 서열을 포함하는 경우, 복합체는 ❸ 표적 mRNA를 분해시킨다. mRNA 분자가 miRNA의 일부분의 서열과 짝이 맞는 경우, 그 복합체에서는 ❹ 그것의 번역이 차단된다.

미소RNA 이외에도 작은 간섭RNA(small interfering RNA, siRNA)라고 하는 다른 종류의 작은 RNA분자가 있다. siRNA에 의한 유전자발현의 차단을 **RNA간섭(RNA interference, RNAi)**이라고 한다. 연구자들은 유전자발현을 인위적으로 제어하기 위해 siRNA를 이용할 수 있다. 예를 들면 siRNA를 세포에 주입하면 siRNA와 짝이 맞는 서열을 지닌 유전자의 발현을 끌 수 있다. 따라서 RNAi는 연구자들로 하여금 특정 유전자의 기능을 조사하기 위해 그 유전자를 비활성화시키는 것을 가능하게 해준다.

생물학자들은 최근의 이러한 발견들에 들떠있는데, 그것은 세포에 유전자발현의 조절에 결정적인 역할을 하지만 최근까지 거의 알려지지 않은 크고 다양한 집단의 RNA분자가 있음을 암시한다. 이렇게 증진된 우리의 이해가 중요한 임상적용으로 이어질 수 있다. 예를 들면 2009년에 연구자들은 췌장의 적절한 기능에 필수적인 특정 miRNA를 발견하였다. 그것 없이는 인슐린 생산 베타세포가 죽게 되고 결국 당뇨병으로 이어질 수 있다.

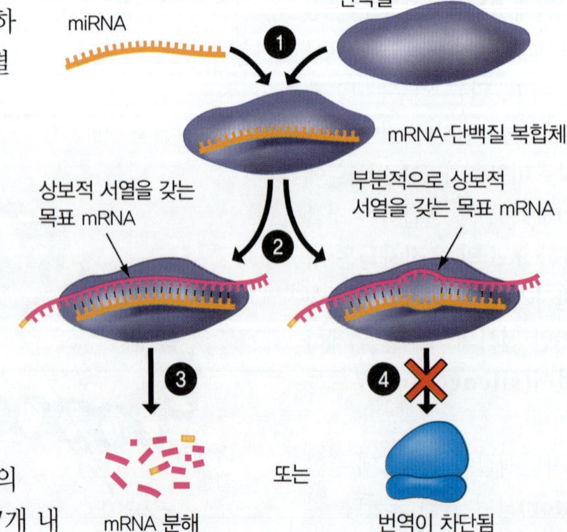

◄그림 11.7 **miRNA에 의한 유전자발현의 조절.**

번역의 개시

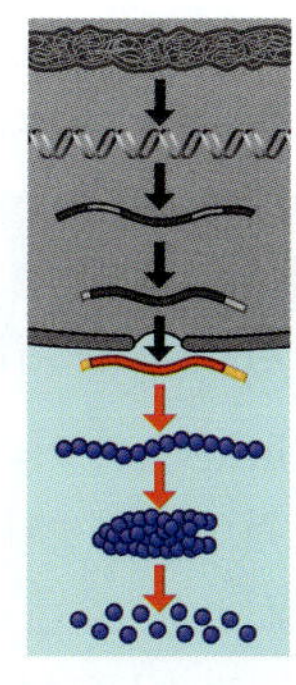

번역의 과정에서 한 mRNA가 한 단백질을 만들기 위해 사용되는데, 이 과정은 조절분자에 의해 제어할 수 있는 또 다른 기회를 제공한다. 예를 들면 적혈구는 헤모글로빈 기능에 꼭 필요한 철을 함유한 화학기능기인 헴이 공급될 때까지는 헤모글로빈 mRNA의 번역을 막아주는 단백질을 가지고 있다.

단백질의 활성화와 분해

유전자발현을 조절하는 마지막 기회는 번역 후에 일어난다. 예를 들면 호르몬인 인슐린은 췌장세포에서 긴 비활성 폴리펩티드 형태로 만들어지며, 조각으로 잘라진 후에 비로소 활성화된다. 다른 단백질의 경우에는 활성화되기 전에 화학적 변형을 필요로 한다.

번역 후 작용하는 또 다른 조절 메커니즘은 단백질의 선택적인 분해이다. 세포에서 물질대사의 변화를 촉발시키는 일부 단백질은 몇 분 안에, 또는 몇 시간 안에 분해된다. 이런 조절은 세포가 환경변화에 반응하여 단백질의 종류와 양을 조정할 수 있게 해준다.

11.3 세포 신호전달

지금까지 우리는 한 세포 안에서의 유전자조절만을 생각해 왔다. **다세포생물 안에서는 정보가 세포들 사이에 전달되어야만 한다.** 예를 들면 어떤 세포가 호르몬과 같은 화학물질을 만들고 분비하여 다른 세포에서의 유전자조절에 영향을 미칠 수 있다. 이것은 그 생물이 전체적으로 환경으로부터의 신호에 반응하여 그 활성을 변화시킬 수 있게 해준다. 우리 자신의 경험에서 오는 비유를 가지고 생각해 보자. 초등학교 때 선생님이 교실로 오신다는 신호를 보내기 위해 교실 문 가까이서 한 학우가 망을 보고 있었던 그런 경험이 생각나는가? 교실 밖으로부터의 정보(선생님의 오고 계심)가 교실 안에서의 행동을 변화(장난을 멈추게 됨)시키곤 한다. 유사한 방식으로 세포는 세포에 정보를 전달하는 단백질 "감시꾼"을 사용하는데, 이를 통해 세포의 기능을 변화시키는 결과로 이끈다.

신호분자는 수용체단백질에 결합하고, 또 세포 밖에서 받은 신호를 표적세포 안쪽에서 특정 반응으로 전환시키는 일련의 분자변화, 즉 **신호전달경로(signal transduction pathway)**를 시작함으로써 작용을 할 수 있다. 그림 11.8은 표적세포의 반응이 어떤 유전자의 전사(켜짐)로 연결되는 세포 간 신호전달의 예를 보여주고 있다. ❶ 먼저 신호를 보내는 세포에서 신호분자( )를 분비한다. ❷ 이 분자는 표적세포의 세포막에 박혀 있는 특정 수용체단백질( )에 결합한다. ❸ 이 결합은 표적세포 내에 일련의 중계단백질(녹색)로 이루어진 신호전달경로를 활성화시킨다. ❹ 이 경로에서 마지막 중계단백질이 전사인자( )를 활성화시켜 ❺ 특정 유전자의 전사를 촉발시킨다. ❻ mRNA의 번역으로 원래 신호에 의해 요청된 기능을 수행할 수 있는 단백질이 만들어진다. ✓

✓ 체크포인트

한 세포의 신호분자가 표적세포 안으로 들어가지 않고도 어떻게 표적세포의 유전자발현을 변화시킬 수 있는가?

답: 표적세포의 막에 있는 수용체단백질에 결합하여 전사인자를 활성화하는 신호전달경로를 촉발시킴으로써

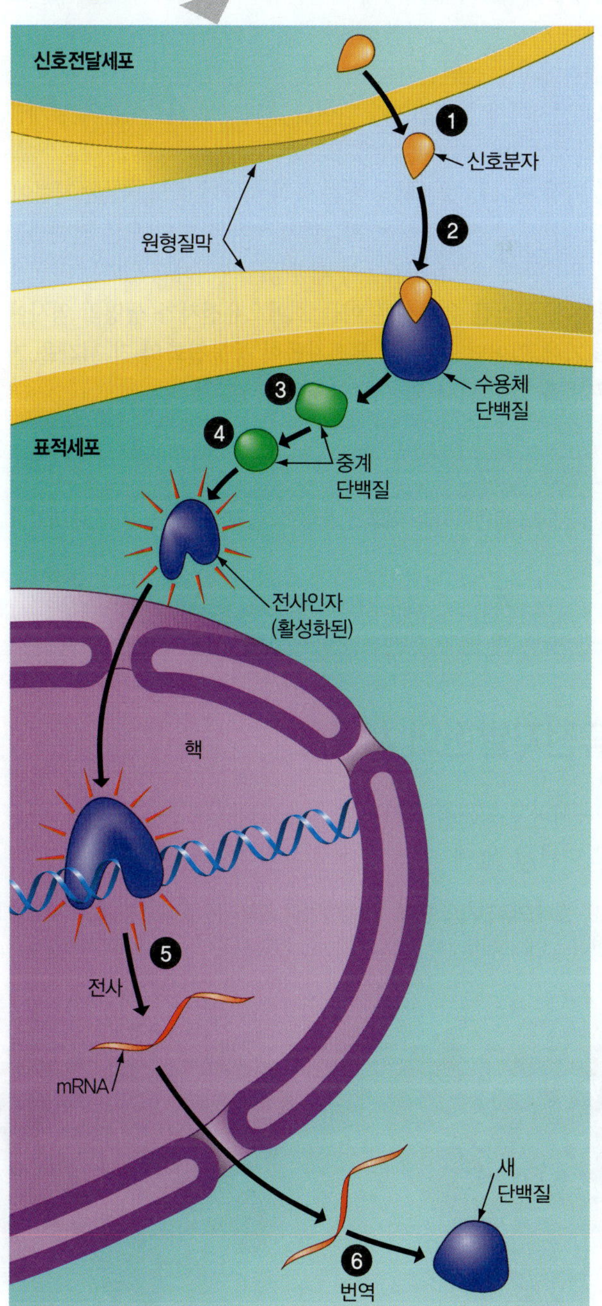

▲그림 11.8 **유전자 스위치를 켜는 세포 신호전달경로.** 다세포생물에서 세포활성의 조정은 유전자조절을 돕는 세포 간 신호전달에 의존한다.

11.4 호메오유전자

하나의 세포로 된 접합자가 다세포생물로 발생할 때, 세포 간 신호전달과 유전자발현의 조절은 초기 배발생 동안 특히 중요하다. 배아의 세포 간 화학신호를 통한 상호작용은 발생과정을 조절한다. **호메오유전자(homeotic gene)**라 부르는 총괄제어유전자(master control gene)는 몸부분이 제 위치에서 발생되도록 결정하는 다른 유전자군을 조절한다. 예를 들면 초파리에서 한 세트의 호메오유전자는 중절에 있는 세포들이 더듬이와 다리로 만들어지게 지시한다. 다른 세포에서는 이들 호메오유전자는 꺼진 채로 있지만, 반면 다른 호메오유전자는 켜져 있다. 호메오유전자에서는 돌연변이는 기묘한 효과를 만들어 낸다. 예를 들면 호메오유전자에서 돌연변이가 일어난 초파리에서는 여분의 날개를 갖거나 머리에서 자란 다리를 가지기도 한다(그림 11.9).

최근에 가장 중요한 생물학적 발견 중의 하나가 효모, 식물, 지렁이, 개구리, 닭, 쥐, 사람을 포함하여 지금까지 조사된 거의 모든 진핵생물에서 서로 유사한 호메오유전자들이 배발생을 지휘하고 있다는 사실을 발견한 것이다. **이러한 유사성은 이들 호메오유전자가 생명의 역사에서 아주 초기에 일어났으며, 이 유전자들이 동물진화의 긴 시간을 거쳤지만 큰 변화 없이 남아 있음을 암시한다.** ✓

✓ 체크포인트

한 호메오유전자 돌연변이가 어떻게 생물의 체형에 극적인 영향을 미칠 수 있는가?

답: 호메오유전자들은 많은 다른 유전자들을 조절하기 때문에, 하나의 변화에도 모습을 결정하는 많은 단백질들의 발현에 영향을 미칠 수 있다.

11.5 유전자발현의 시각화

실험실 내에서 연구자들은 유전자 그룹의 발현을 연구할 수 있다. 예를 들면 서로 다른 조직(예: 암조직 대 정상조직)이나 발생의 서로 다른 단계에서 어떤 유전자가 활성이 있는지 조사할 수 있다. 유전병에서 중요한 역할을 할 수 있는 유전자를 발견했다고 상상해 보자. 먼저 신체의 어느 세포에서 유전자가 발현하는지, 달리 말하면 해당 mRNA가 어디에서 발견되는지 알아보고 싶을 수 있다. 다행히도 인공적으로 합성된 짧은 단일가닥 폴리뉴클레오티드인 핵산탐침을 만들어서 mRNA를 찾을 수 있다. 예를 들면 관심 mRNA에 있는 서열의 일부가 CUCAUCAC인 경우, 단일가닥 탐침은 서열 GAGTAGTG를 함유할 수 있다. 탐침 분자에는 형광 꼬리표가 붙어 있어 관심의 유전자가 발현되는 모든 세포를 식별할 수 있는데, 그것은 다름이 아닌 현미경하에서 빛을 발하는 세포가 바로 그것이다.

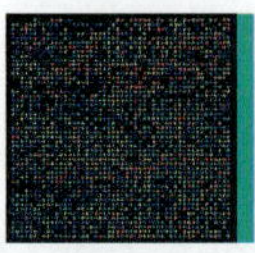

DNA칩도 X-선처럼 흔한 진단도구가 될 수 있다.

단지 하나의 유전자를 연구하는 대신, DNA초미세배열판을 사용하여 한 번에 많은 유전자 심지어는 모든 유전자를 연구할 수 있다. **DNA초미세배열판(DNA microarray)**[DNA칩 또는 유전자칩이라고도 부름]은 작은 홈이 많은 유리판으로 각 홈에는 특정 유전자에서 파생된 단일가닥 DNA의 단편을 포함한다. 이러한 홈은 촘촘하게 격자 형태로 배열되어 있다.

DNA초미세배열판 연구 시 연구자는 주어진 순간에 특정 유형의 세포에 전사된 모든 mRNA를 채취한다. 채취된 이러한 mRNA는 각 mRNA서열에 상보적인 DNA를 만들어내는 바이러스 효소인 역전사효소와 혼합된다. 이들 단편들은 각각 **상보성DNA(complementary DNA, cDNA)**라 부르는데, 각각이 mRNA 중 하나에 상보적이기 때문이다. cDNA는 형광(빛)으로 변형된 뉴클레오티드를 사용하여 합성

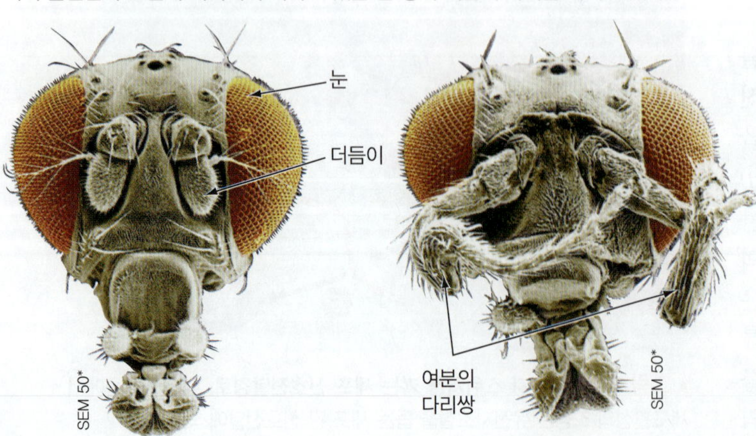

▼그림 11.9 **호메오유전자의 영향.** 한 돌연변이 초파리는 호메오(총괄제어) 유전자에서의 돌연변이로 인해 머리에서 자라고 있는 한 쌍의 여분의 다리를 가지고 있다.

▼그림 11.10 **DNA초미세배열판을 이용한 유전자발현의 시각화.**

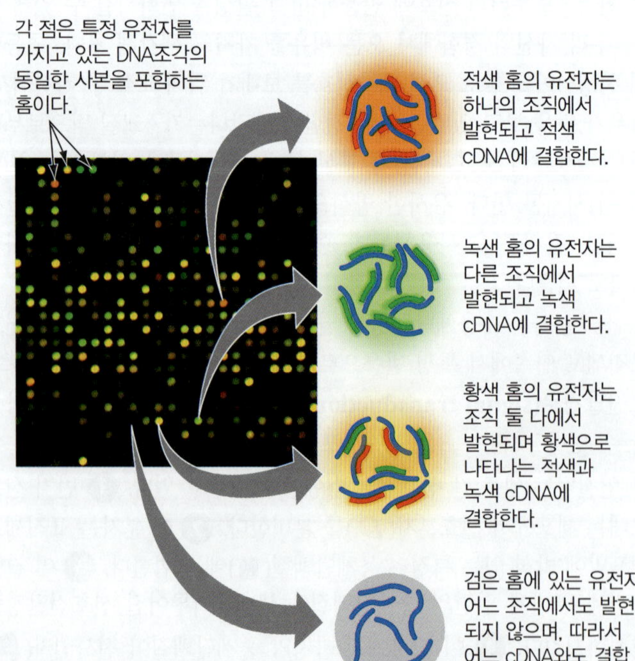

된다. 형광성 cDNA 수집물은 특정 시간에 특정 세포에서 활발하게 전사되는 모든 유전자를 나타낸다. 형광으로 표지된 cDNA 혼합물을 초미세배열판의 DNA단편에 첨가한다. cDNA 혼합물의 분자가 격자의 특정 위치에서 DNA단편에 상보적인 경우, cDNA분자는 이에 결합하여 초미세배열판에서 감지 가능한 빛을 생성한다. 종종 두 시료(예: 두 조직)의 cDNA에는 다른 색을 방출하는 분자로 표지되고, 같은 초미세배열판에서 검사가 이루어진다(그림 11.10). 빛나는 반점의 패턴을 통해 연구자는 다른 조직에 비해 한 조직에서 어떤 유전자가 전사되고 있는지 확인할 수 있다.

DNA초미세배열판은 의학 연구에서 큰 가능성을 가지고 있다. 한 연구에 따르면 DNA초미세배열판의 자료는 17가지 유전자의 활성에 따라 다양한 유형의 백혈병을 특정 아형으로 분류할 수 있음을 보여주고 있다. 모든 암환자가 암과 관련된 특정 돌연변이를 발견하기 위해 DNA초미세배열판 분석을 하는 것이 표준 관행이 될 수 있다.

식물과 동물의 복제

유전자발현이 어떻게 조절되는지를 배운 지금, 이제부터 유전자조절이 생물복제와 암이라는 중요한 두 과정에 어떤 영향을 미치는지 알아볼 것이다.

식물복제는 현재 농업에서 광범위하게 사용되고 있다. 난초와 같은 일부 식물에서는 이 식물을 번식시키기 위해 상업적으로 사용되는 실제적인 방법으로 복제가 유일한 방법이다. 다른

11.6 세포의 유전적 잠재력

이 장에서 가장 중요한 내용 중의 하나가, 모두 다 발현되고 있지는 않지만 몸의 모든 세포들은 완전한 전체 유전자를 지니고 있다는 것이다. 식물을 작게 자른 조각에서 한 식물 개체를 자라게 만든다면, 분화된 식물세포가 세포분열을 착수하여 완전한 성체식물을 만들 수 있다는 증거를 보여주게 되는 것이다. 그림 11.11에서 보여주는 기술은 하나의 식물세포로부터 유전적으로 동일한 수백 수천의 생물개체, 즉 복제생물을 대량으로 생산하는 데 사용될 수 있다.

▼그림 11.11 **시험관에서 복제된 난.** 난의 줄기에서 떼어낸 조직을 생장배지에 넣으면 분열하기 시작해 결국 성체식물로 자라날 수 있다. 새로운 식물체는 부모 식물체의 유전적 복제식물이다. 이 과정은 성체의 식물세포가 역분화하여 성체식물의 모든 분화된 세포로 발생될 수 있음을 증명한다.

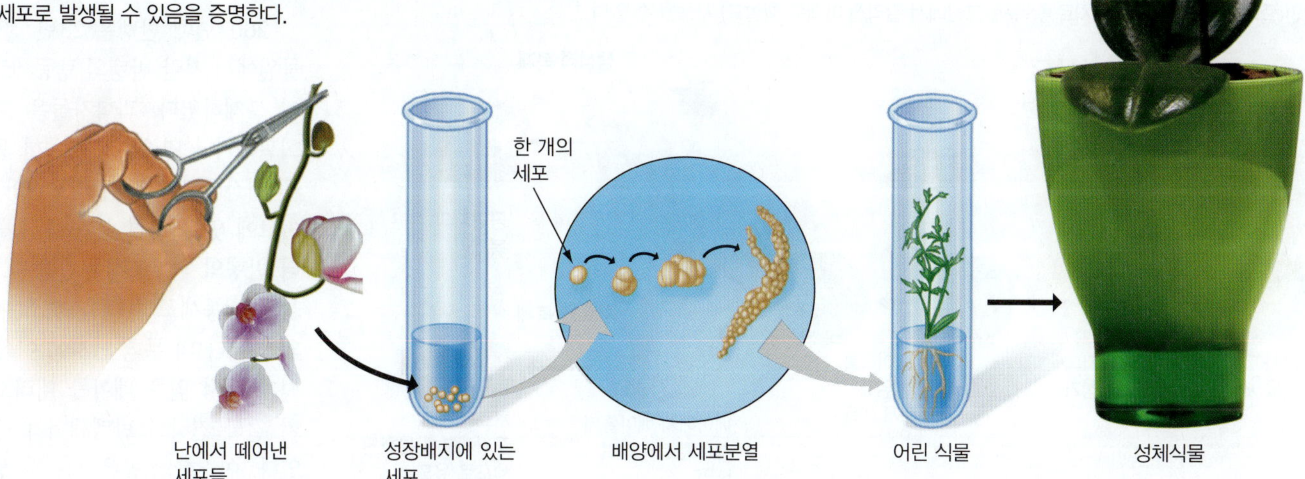

경우에서 복제는 높은 열매 산출이나 질병에 대한 내성과 같이 유익한 특정형질을 가진 식물을 번식시키기 위해 사용되어 왔다. 씨 없는 식물(씨 없는 포도, 수박, 오렌지 등)은 유성적으로 생식할 수 없고, 일반적인 이들 먹거리를 대량 생산할 수 있는 유일한 수단으로 복제가 떠받치고 있다. 실제로 오늘날 슈퍼마켓의 모든 배꼽 오렌지는 1800년대 초 브라질 수도원의 경내에서 자라던 한 그루 나무의 복제품이다.

동물에서도 이와 같은 종류의 복제가 가능한가? 일부 동물세포는 자신의 모든 유전적 잠재력을 활용할 수 있는 좋은 지표가 잃어버린 신체 부위가 재성장이 되는 **재생(regeneration)**이다. 예를 들면 도롱뇽이 꼬리를 잃게 되면 남아 있는 꼬리 주변의 세포들이 탈분화 상태로 되돌아가 세포분열을 시작하여 다시 분화해서 새로운 꼬리를 만든다. 다른 많은 동물들, 특히 무척추동물(예를 들면 불가사리나 해면) 중에는 잃게 된 몸의 일부를 재생할 수 있고, 그리고 상대적으로 단순한 동물에서는 떨어져 나온 몸의 조각이 탈분화되어 이것이 완전히 새로운 개체로 발생할 수도 있다(그림 8.1 참조).

11.7 동물의 생식적 복제

동물복제는 **핵이식(nuclear transplantation)**이라 부르는 과정을 통해 이루어진다(그림 11.12). 1950년대에는 개구리 배아를 가지고, 1990년대에는 성체 포유동물을 가지고 처음 수행되었는데 핵이식은 난세포나 접합자의 핵을 성체 체세포의 핵으로 치환하는 과정이 포함된다. 적절한 자극을 주면 이때 수용세포는 분열하기 시작한다. 계속된 세포분열로 약 100개의 세포로 이루어진 속이 빈 공 모양을 형성한다. 이 시점에서의 세포들은 그림 11.12에서 두 갈래로 나누어 나타냈듯이 서로 다른 목적으로 사용될 수 있다.

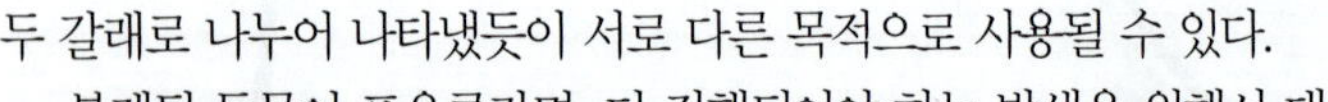

생물복제가 자이언트 팬더를 멸종의 위기로부터 구할지도 모른다.

복제될 동물이 포유류라면, 더 진행되어야 하는 발생을 위해서 대리모의 자궁에 초기 배아를 착상시킬 필요가 있다(그림 11.12의 위쪽 부분). 이렇게 해서 얻어진 동물은 공여자의 "복제생물"(유전적 복사본)이 된다. 이러한 복제유형은 **생식적 복제(reproductive cloning)**라 불리는데, 그 이유는 새로운 동물이 탄생되기 때문이다.

1996년 연구자들이 성체세포로부터 복제된 최초의 포유동물인 돌리라는 양을 얻기 위해 생식적 복제를 사용했다. 이 연구자들은 핵을 제거한 난자와 특별하게 처리한 양의 세포를 융합시켰다. 여러 날 배양시킨 후 얻어진 배아는 대리모 양의 자궁에 착상시켰다. 배아들 중 하나가 돌리로 발생하였고, 돌리는 기대한 바대로 난자 제공자도 대리모도 아닌 핵을 제공한 공여자와 닮아 있었다.

생식적 복제의 실제 활용

1996년 첫 번째 성공 이후로 연구자들은 쥐, 말, 개, 노새, 소, 돼지, 토끼, 흰담비, 낙타, 염소, 고양이를 포함하여 많은 종의 포유동물을 복제하였다(그림 11.13a). 어떤 사람이 무슨 이유로 이런 것을 원하는가? 농업에서는 유익한 특정 형질을 갖는 가축동물을 가지고 동일한 가축을 만들기 위해 복제할 수도 있다. 연구분야에서는 유전적으로 동일한 동물이 실험에서 완벽한 "대조군 동물"로 제공될 수가 있다. 제약산업에서는 의학적으로 사용이 가능한지 알아보기 위해 복제동물로 실험한다(그림 11.13b). 예를 들면 연구자들은 사람한테 면역거부반응을 일으킬 수 있는 단백질의 유전자가 제거된 복제돼지를 만들었다. 언젠가 이러한 돼지의 장기가 생명을 구하기 위해 이식을 필요로 하는 인간 환자한테 쓰일 수도 있다. 다른 동물(예: 개나 고양이)은 애완동물로 제공할 목적으로 복제된다. 아마도 생식적 복제 기술의 가장 흥미로운 실제적인 적용은 멸종위기에 처한 동물의 개체군을 보충하여 원래대로 되돌리는 것이다. 복제된 희귀동물 중 일부는 반텡(아시아 소)과 가우르(아시아 소)이다(그림 11.13c). 한편 돌리를 복제 한 과학자들은 독특한 종을 유지하기 위한 일환으로 자이언트 팬더를 복제하려고 하고 있다.

2003년에 반텡은 23년 전에 죽은 동물원에서 자란 반텡의 냉동세포를 사용하여 복제하였다. 과학자들은 보전을 위해 희귀하거나 멸종위기에 처한 동물의 샘플을 저장하고 있는 캘리포니아 주 샌디에이고에 있는 시설인 "냉동 동물원"으로부터 반텡의 피부조직을 얻었다. 그 과학자들은 냉동세포의 핵을 젖소(이것은 별개의 종이다)의 무핵 난자에 이식하였다. 이렇게 해서 얻은 배아를 대리소에 착상시켜 결국 건강한 반텡새끼가 태어나게 되었다. 이러한 성공은 제공자 생물종의 암

▾그림 11.12 **핵이식에 의한 복제.** 핵이식에서 성체의 몸 세포의 핵을 핵이 제거된 난자에 주입한다. 이 결과 만들어진 배는 이제 새로운 개체를 만들거나(생식적 복제, 그림에서 갈라진 위쪽 화살표) 아니면 줄기세포를 만드는 데(치료용 복제, 그림에서 갈라진 아래쪽 화살표) 사용될 수 있다.

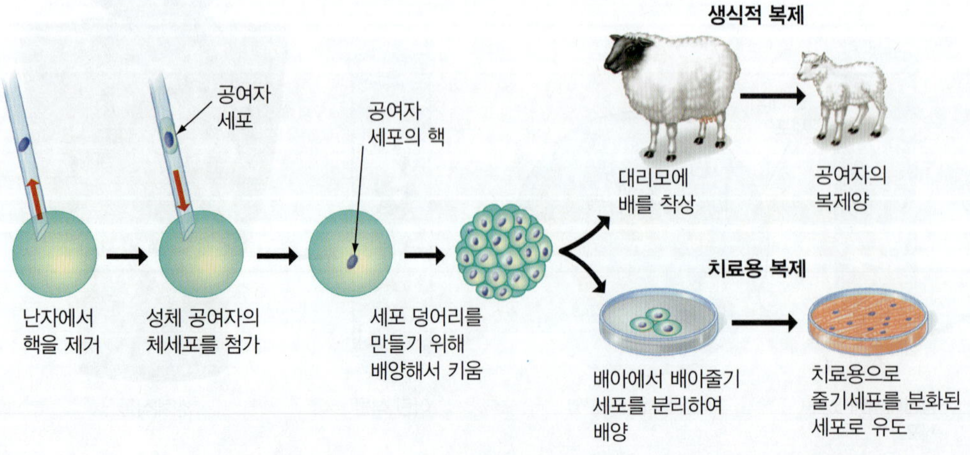

컷이 없다고 해도 새끼를 얻을 수 있다는 것을 보여주고 있다. 과학자들은 언젠가 최근에 멸종된 종으로부터 동물을 복제하기 위해 유사한 종간교배 방법을 사용할 수 있을 것이다.

멸종위기종을 다시 되살리기 위해 복제를 사용하는 것은 굉장히 유망하다. 하지만 이러한 복제가 또 다른 문제를 일으킬지도 모른다. 자연보호론자는 복제가 자연서식지를 보호하려는 노력을 손상시킬지도 모른다고 주장한다. 이들은 복제가 유전적 다양성을 증가시키는 것은 아니므로 따라서 복제가 자연생식만큼 멸종위기종에게 그리 유익하지 않다고 정확하게 지적하고 있다. 이외에도 많은 증거들이 복제동물은 수정을 통해서 생기는 동물만큼 건강하지 못하다고 이야기하고 있는데, 많은 복제동물에서 비만, 폐렴, 간부전, 조기사망 같은 장애가 있었다. 예를 들면 복제양 돌리는 나이든 양에서만 볼 수 있는 폐질환으로 합병증을 겪은 후 결국 2003년에 안락사시켰다. 원래 이 품종의 수명은 12년 정도였지만, 이때 돌리의 나이는 6살밖에 안되었다. 몇 가지 증거들은 복제동물에서 염색체 변화가 그 원인이라고 제시하고 있지만, 그러나 복제가 동물 건강에 미치는 영향은 여전히 연구되고 있다.

인간복제

여러 동물의 복제는 인간도 복제될 수 있다는 추측도 하게 만든다. 비평가들은 인간복제에 대해 많은 실질적이고 윤리적인 문제점들을 지적한다. 실제적으로 동물의 복제는 매우 어렵기도 하고 비효율적이다. 복제된 배아의 극히 일부만 정상적으로 발생하고(통상 10% 이하), 그리고 자연적으로 태어나는 자손에 비해 건강하지도 못한 것으로 나타난다. 윤리적으로 사람도 복제되어야 하는지, 만약 그래야 한다면 어떤 상황에서 해야 하는지, 그 여부에 대한 논의가 정착되려면 아직 갈 길이 멀다. 이러는 동안에도 연구와 논쟁은 계속되고 있다. ✓

✓ 체크포인트

쥐의 털 색깔이 부모로부터 자손에게 항상 전해진다고 가정해 보자. 검은색 생쥐의 성체세포의 핵을 흰색 생쥐에서 채취된 난자에 주입한 다음, 이 배아를 갈색 생쥐에 착상시켰다고 가정해 보자. 복제된 쥐는 어떤 색일까?

답: 핵 공여자의 색에 해당하는 검은색

(a) 최초의 복제동물. 한 부모와 함께 있는 양 돌리는 1996년 성체세포로부터 복제된 최초의 포유동물이었다.

(b) 의학 용도의 복제. 이들 새끼돼지는 유전자 조작으로 인간에 이식거부반응을 일으키는 단백질이 제거된 복제 돼지이다.

(c) 멸종위기 동물을 복제

반텡

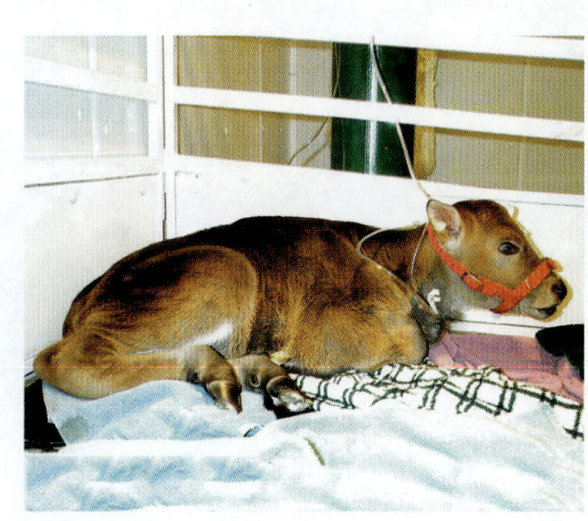

가우르

◀ 그림 11.13 **포유류의 생식적 복제.**

11.8 치료용 복제와 줄기세포

그림 11.12의 아래쪽에서는 **치료용 복제(therapeutic cloning)**의 과정을 보여주고 있다. 이 과정의 목적은 살아 있는 생물을 만들어 내는 것이 아니고, 배아줄기세포를 만드는 것이다.

배아줄기세포

포유동물에서 **배아줄기세포(embryonic stem cell, ES cell)**는 수 일 된 배아(이 단계에서 공 모양의 세포들)로부터 세포를 떼어냄으로써 얻어진다. 이어서 떼어낸 세포를 실험실에서 배양해 키운다. 배아줄기세포는 무한정으로 분열을 할 수 있어, 특정 성장자극 단백질이 있는 그러한 적절한 조건이 주어지면(이론적으로) 다양한 종류의 분화된 특정 세포로 발달시킬 수도 있다(그림 11.14). 과학자들이 알맞은 조건을 찾아낸다면 손상되었거나 병든 기관의 치료를 위해 이들 세포를 키워서 사용할 수 있을 것이다. 예를 들면 어떤 사람들은 언젠가는 배아줄기세포가 척수손상이나 심장마비에 의해 손상된 세포를 대체하는데 사용될 수 있다고 예상하기도 한다. 하지만 치료 목적으로 배아줄기세포를 사용하는 것은 배아줄기세포를 얻기 위해서 배아를 죽여야 한다는 사실 때문에 논쟁의 여지를 지니고 있다.

제대혈 은행

줄기세포의 또 다른 출처는 탯줄과 태반에서 모은 혈액이다(그림 11.15). 이런 줄기세포는 부분적으로 분화되어 있다. 2005년에 의사들은 제대혈 줄기세포의 주입으로 치명적인 신경계질환 유전병인 크라베병에 걸린 아기를 고칠 수 있었다고 보고하였다. 다른 사람은 백혈병 치료에 제대혈을 수혈받고 있다. 하지만 지금까지 시도한 제대혈 치료의 대부분은 성공을 거두지 못하고 있다. 현재 미국소아과학회에서는 유전적 위험성을 가진 집안에서 태어난 아이에게만 제대혈 보관을 추천하고 있다. 지금까지 제대혈 은행의 약속은 성공을 과장하고 있는 편이다.

▼그림 11.14 배양에서 배아줄기세포의 분화. 과학자들은 언젠가는 배아줄기세포가 다양한 형태의 세포로 분화하도록 유도되는 생장조건을 찾기를 바란다.

골수에서
성체줄기세포
초기 배아에
있는 배아
줄기세포
배양된
배아줄기세포
다른 배양 조건
혈구세포
신경세포
심근세포
여러 종류의
분화된 세포

성체줄기세포

성체줄기세포(adult stem cell)는 일부 몸의 세포를 대체할 수 있다. 배아줄기세포와는 달리 성체줄기세포는 분화의 도중에 있는 것인데, 이들은 신체에서 관련이 있는 몇 종류의 특화된 세포로만 될 수 있다. 예를 들면 골수의 줄기세포는 몇 종류의 혈액세포가 될 수 있다. 기증자의 골수에서 얻은 성체줄기세포는 자신의 면역계가 질환이나 암치료로 인해 파괴된 환자에게 면역계 세포의 공급원으로서 오랫동안 사용되어 왔다. 성체 동물은 줄기세포 수가 적기는 하지만, 과학자들은 이러한 세포를 다양한 조직에서 확인하여 분리하고, 경우에 따라 배양해 이들을 키워가는 것도 배우고 있다.

성체줄기세포는 어떤 배아조직과도 관련되어 있지 않기 때문에, 배아줄기세포에 비해 윤리적으로 훨씬 문제가 적다. 하지만 일부 연구자들은 배아줄기세포가 사람의 건강에 혁신적인 진보를 가져다주는 세포 그 이상도 그 이하도 아니라고 생각한다. 최근의 연구는 인간의 피부세포와 같은 일부 성체 세포도 ES 세포처럼 행동하도록 재프로그램될 수 있다는 것을 보여 주었다. 가까운 미래에 이러한 세포는 치료에도 유용할 뿐 아니라 윤리적으로도 문제가 없다는 것을 증명할 수 있을 지도 모른다. ✓

✓ 체크포인트

생식적 복제와 치료용 복제 사이의 차이는 무엇인가?

답: 생식적 복제는 살아 있는 한 개체를 만든다; 치료용 복제는 줄기세포를 만든다.

▼그림 11.15 제대혈 은행. 출생 직후 의사는 탯줄에 바늘을 삽입하여 1/2~1/4 컵의 혈액을 뽑아낸다. 줄기세포가 풍부한 제대혈(내부 사진)은 냉동시켜 혈액은행에 보관되는데, 의학적인 치료가 필요할 때는 이용 가능하다.

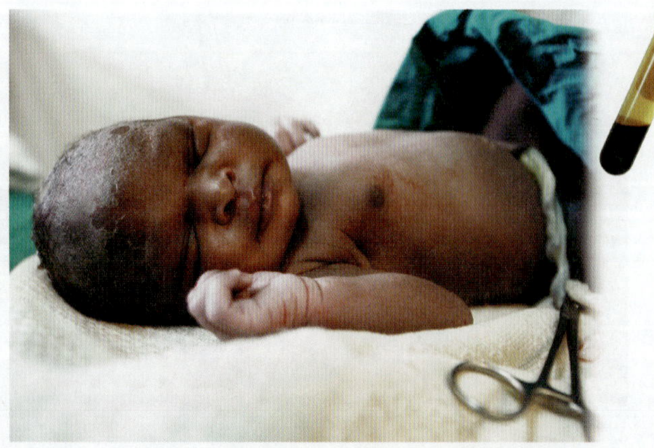

암의 유전적 기초

암은 세포가 성장과 분열을 제어하는 정상적인 조절 메커니즘에서 벗어날 때 일어난다(8장에서 소개됨). 이러한 이탈은 유전자발현에서의 변화와 관련이 있다.

11.9 암을 일으키는 유전자

암에서 유전자의 역할에 대한 초기의 실마리 중 하나는 1911년 닭에서 암을 유발하는 바이러스가 발견된 일이다. 암을 일으키는 바이러스는 자신의 핵산을 숙주의 염색체에 삽입시켜 영원히 숙주세포에 남아 있을 수가 있다. 지난 세기 동안 연구자들은 암을 일으키는 유전자를 지닌 많은 바이러스를 알아냈다. 일례로는 인간유두종 바이러스(HPV)가 있는데, 이것은 성적 접촉을 통해 전파될 수 있으며, 자궁경부암을 포함한 여러 종류의 암과도 관련되어 있다.

암유전자와 종양억제유전자

1976년에 미국의 분자생물학자 비숍과 바머스와 이들의 동료들은 놀라운 발견을 하였다. 이들은 발암 닭바이러스가 정상적인 닭유전자의 변형된 버전의 발암유전자를 가지고 있음을 발견하였다. 암을 일으키는 유전자를 종양유전자(tumor gene)라는 의미를 지닌 **암유전자(oncogene)**라고 부른다. 이후 지속적인 연구에서 사람을 포함한 많은 동물의 염색체는 암유전자로 변할 수 있는 유전자를 가지고 있다는 것을 밝혀냈다. 암유전자가 될 수 있는 잠재력을 가진 정상 유전자를 **원암유전자(proto-oncogene)**라고 부른다(이들 용어는 혼동을 줄 수 있는데, 그래서 다시 설명하면 원암유전자는 정상이고 건강한 유전자인데, 이것이 변화되어 암을 유발하는 암유전자가 될 수 있다). 한 세포가 바이러스에 의해, 또는 원래 자신의 원암유전자의 돌연변이에 의해 암유전자가 되어버린다.

어떻게 유전자에서의 변화가 암을 유발할 수 있을까? 세포에서 원암유전자의 정상적인 기능을 연구하던 과학자들은 이들 유전자 중 많은 것이 세포분열을 자극하는 단백질인 **성장인자(growth factor)**나 세포주기에 영향을 주는 단백질의 유전자임을 알게 되었다. 이런 모든 단백질들이 적절한 시간에 알맞은 양으로 정상적으로 기능을 할 때, 세포분열의 속도는 적절하게 유지될 수 있다. 그러나 이들이 오작동하게 되면, 예를 들면 성장인자가 과도한 활성을 갖게 되면 암(무절제한 세포성장)이 생기게 된다.

원암유전자가 암유전자가 되기 위해서는 세포의 DNA에 돌연변이가 일어나야 한다. 그림 11.16은 DNA에서 세 종류의 변화가 활성화된 암유전자를 만들 수 있다는 것을 보여준다. 이 세 종류 모두 비정상적인 유전자발현으로 세포가 과도하게 분열하도록 자극한다.

또한 세포분열을 억제하는 단백질의 유전자에서의 변화도 암과 관련 있다. 이런 유전자를 **종양억제유전자(tumor suppressor gene)**라고 부르는데, 그 이유는 이들 단백질이 정상적으로 무절제한 세포의 성장을 억제하기 때문이다(그림 11.17). 생장억제 단백질을 못 만들거나 아니면 제대로 기능을 하지 못하는 이런 돌연변이도 암의 발생을 일으킬 수 있다. 연구자들은 암과 관련이 있는 종양억제유전자와 생장인자 유전자 둘 다에서 많은 돌연변이를 밝혀내고 있는데 이에 대해서는 다음에 논의할 것이다.

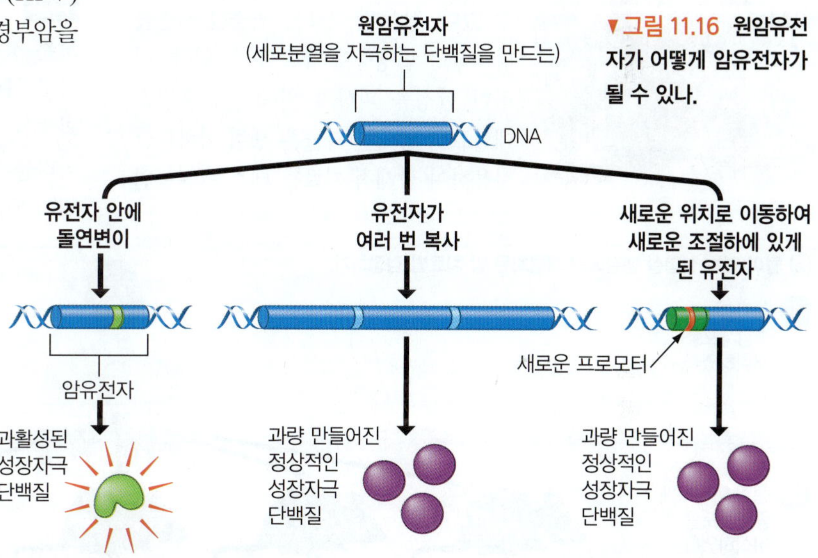

▼그림 11.16 **원암유전자가 어떻게 암유전자가 될 수 있나.**

▼그림 11.17 **종양억제유전자.**

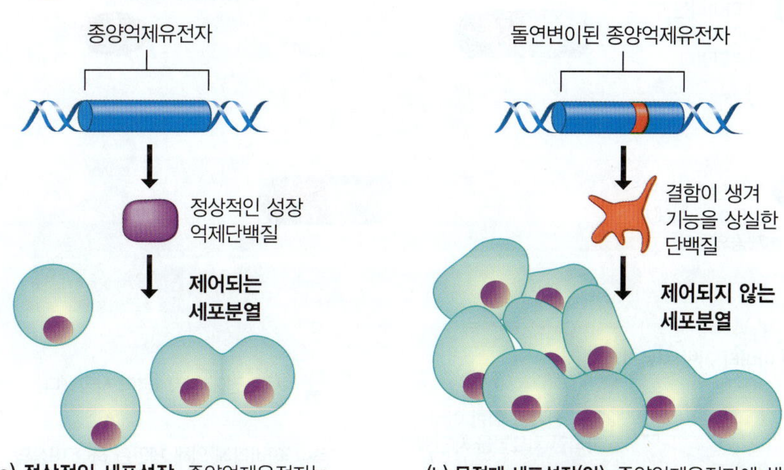

(a) 정상적인 세포성장. 종양억제유전자는 정상적으로 세포의 성장과 분열을 저해하는 단백질을 만들어낸다. 이런 유전자들은 암성 종양 세포의 생성과 확산을 막는다.

(b) 무절제 세포성장(암). 종양억제유전자에 생긴 돌연변이가 단백질에 손상을 주게 되면, 정상적 조절하에 있던 세포들이 과하게 분열하게 되어 결국 종양이 된다.

과학연구의 과정 

아바타가 암 치료를 개선시킬 수 있을까?

배경

복통이 와서 의사를 방문한다고 상상해보자. 의사가 먼저 결정적인 진단을 하지 않고 치료를 제안한다면 크게 놀랄 것이다. 그러나 암치료는 일반적으로 그러한 방식으로 진행된다. 일반적으로 의사는 종양과 관련된 일반적인 유형의 세포를 알고 있으며 광범위한 종류의 암에 효과가 있는 치료법을 시도할 것이다. 그러나 제산제를 복용해도 충수염이 치료되지는 않는다. 유사하게 한 유형의 암을 돕는 치료가 다른 돌연변이로 인해 발생하는 암환자에게는 도움이 되지 않을 수 있다. 잘못된 치료는 귀중한 시간을 낭비하고 합병증을 유발할 수 있다. 이러한 함정을 피하기 위해 존스홉킨스 대학교의 암 연구자들은 생쥐 아바타를 사용하여 잠재적 치료를 테스트하는 연구를 수행했다. 컴퓨터 게임에서와 마찬가지로 아바타는 실제 참가자를 위한 대역물이다. 이 경우 살아 있는 생쥐가 암환자를 위해 대역을 하고 있다.

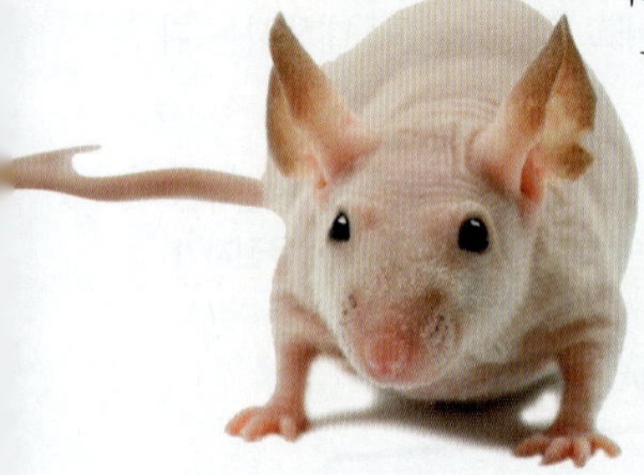

방법

연구자들은 고위험 암을 가진 14명의 환자의 종양세포를 생쥐 아바타에 이식했다(그림 11.18a). 각 생쥐를 다른 약물로 치료한 후, 종양 치료에 효과적인 치료법을 결정했다. 제일 괜찮은 치료법이 인간 환자들에게 시행되었다.

결과

모든 경우에 아바타에서 처음으로 효과적인 것으로 나타난 약물로 환자를 치료하는 것은 인간에게 이익을 제공하였다(그림 11.18b). 가장 효과적인 치료법은 아바타를 사용하지 않고는 확인될 수 없다. 미래에 아바타를 이용한 그러한 개인화된 요법은 치명적인 암에 대한 표준치료법이 될 수 있다.

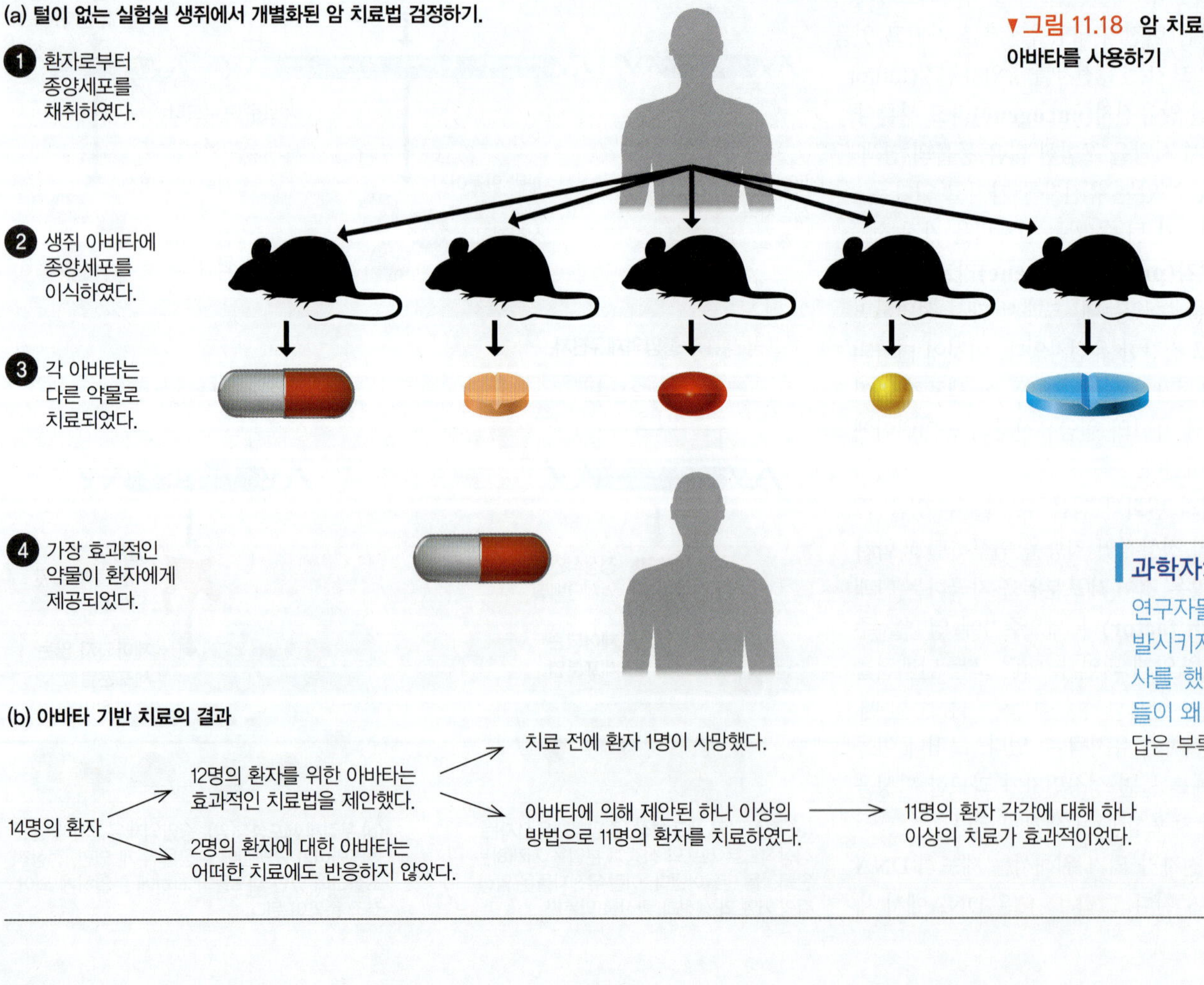

(a) 털이 없는 실험실 생쥐에서 개별화된 암 치료법 검정하기.

1. 환자로부터 종양세포를 채취하였다.
2. 생쥐 아바타에 종양세포를 이식하였다.
3. 각 아바타는 다른 약물로 치료되었다.
4. 가장 효과적인 약물이 환자에게 제공되었다.

(b) 아바타 기반 치료의 결과

14명의 환자 → 12명의 환자를 위한 아바타는 효과적인 치료법을 제안했다. → 치료 전에 환자 1명이 사망했다.
→ 아바타에 의해 제안된 하나 이상의 방법으로 11명의 환자를 치료하였다. → 11명의 환자 각각에 대해 하나 이상의 치료가 효과적이었다.

14명의 환자 → 2명의 환자에 대한 아바타는 어떠한 치료에도 반응하지 않았다.

▼그림 11.18 **암 치료법을 검정하기 위해 생쥐 아바타를 사용하기**

과학자처럼 생각하기

연구자들이 생쥐에서 암을 유발시키지도 않고 바로 약물검사를 했는데, 여러분은 연구자들이 왜 그랬다고 생각하는가? 답은 부록 C를 참조.

암의 진행

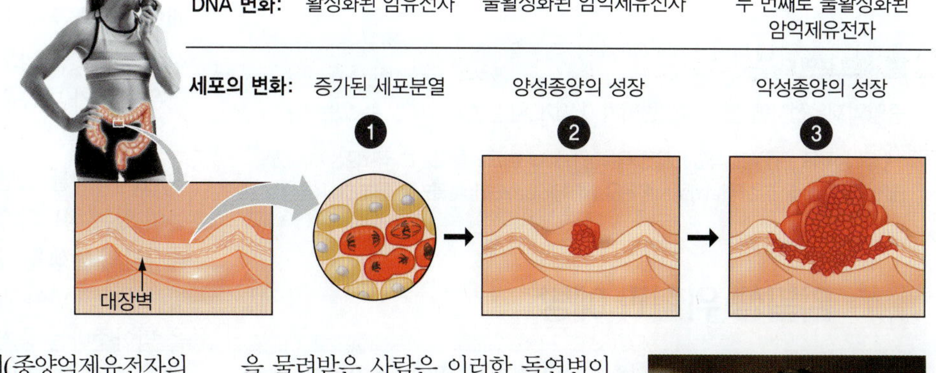

▼그림 11.19 **전형적인 대장암의 발전 단계.**

올해 미국인 중 거의 150,000명이 대장암에 걸렸다. 가장 잘 연구가 되어 있는 유형 중 하나인 대장암은, 어떻게 암이 진행되는지 중요한 기본원리를 보여주고 있는데, 암세포가 만들어지기 위해서는 하나 이상의 돌연변이가 필요하다. 많은 암들이 그렇듯이 장암은 점진적으로 발전해 간다.

그림 11.19에서 보듯이 ❶ 대장암은 돌연변이에 의해 암유전자가 생겨날 때, 대장내벽에 정상처럼 보이는 세포가 비정상적으로 자주 분열하기 시작한다. ❷ 이 이후에 부가적인 DNA 돌연변이(종양억제유전자의 불활성화와 같은)로 대장의 벽에 작은 양성종양(용종이라 부름)이 자라난다. 용종이라 부르는 세포는 비정상적으로 자주 분열을 하지만 보기에는 정상이다. 대장 내시경 검사 중 발견되는 경우 의심스러운 용종은 일반적으로 심각한 위험으로 진전되기 전에 제거할 수 있다. ❸더 많은 돌연변이가 일어나 결국에는 전이될(퍼질) 수 있는 잠재력을 가진 종양, 즉 악성종양이 된다. 하나의 세포가 완전히 암세포로 되기 위해서는 일반적으로 적어도 6개의 DNA 돌연변이(통상 적어도 하나의 활성화된 종양유전자를 생성하고, 적어도 하나의 종양억제유전자를 비활성화하는)가 일어나야 한다.

악성종양으로 발전은 원암유전자가 암유전자로 전환되고 종양억제유전자를 망쳐놓는 돌연변이가 점점 축적되어 일어난다(그림 11.20). 여러 개의 돌연변이가 요구된다는 사실은 암으로 발전되기 위해 오랜 시간이 걸리는 이유를 설명해주고 있다. 이러한 요구는 오래 살면 살수록 돌연변이가 축적되기 쉬운 이유를 또한 잘 설명해 주고 있다.

유전되는 암

본격적으로 암세포를 생성하기 위해서 다수의 유전적 변화가 필요하다는 사실은 암은 가족 안에서 유전될 수 있다는 관찰을 설명하는 데 도움이 된다. 종양유전자, 달리 말하면 종양억제유전자의 돌연변이 버전을 물려받은 사람은 이러한 돌연변이가 없는 사람보다 암으로 발달되는 데 필요한 돌연변이를 축적하는 데 한 걸음 더 가까이에 가 있다. 따라서 유전학자들은 특정 암에 대한 소인을 생애 초기에 탐지할 수 있도록, 물려받은 암 돌연변이 식별에 많은 노력을 기울이고 있다.

▲그림 11.21 **유방암.** 2013년 37세의 여배우 안젤리나 졸리는 자신이 돌연변이 *BRCA1* 유전자를 가지고 있다는 것을 알고 난 후, 예방적 차원에서 양쪽 다 유방절제술을 시행했다. 졸리의 어머니, 할머니, 이모 모두 유방암이나 난소암으로 인해 젊어서 사망했다.

예를 들면 대장암의 약 15%는 유전된 돌연변이와 관련되어 있다. 또한 미국 여성 10명 중 한 명꼴로 걸리는 질병인 유방암에 걸린 환자의 5~10%가 유전의 역할에 의한 것이라는 증거도 있다(그림 11.21). 소위 브라카 일(*BRCA1*)과 브라카 이(*BRCA2*)라 불리는 두 유전자 중 하나 또는 둘 모두에서의 돌연변이가 유전된 유방암의 절반 이상에서 나타난다. 정상 버전이 유방암으로부터 보호를 해주기 때문에, *BRCA1*과 *BRCA2*는 모두 종양억제유전자로 간주되고 있다. 돌연변이 *BRCA1* 대립유전자 하나를 물려받은 여자는 50세 이전에 유방암으로 발달할 확률이 60%나 되는데, 이에 비해 돌연변이가 없는 여자의 경우는 2%밖에 되지 않는다. 이제 DNA 염기서열을 이용한 검사방법을 통해 이러한 돌연변이

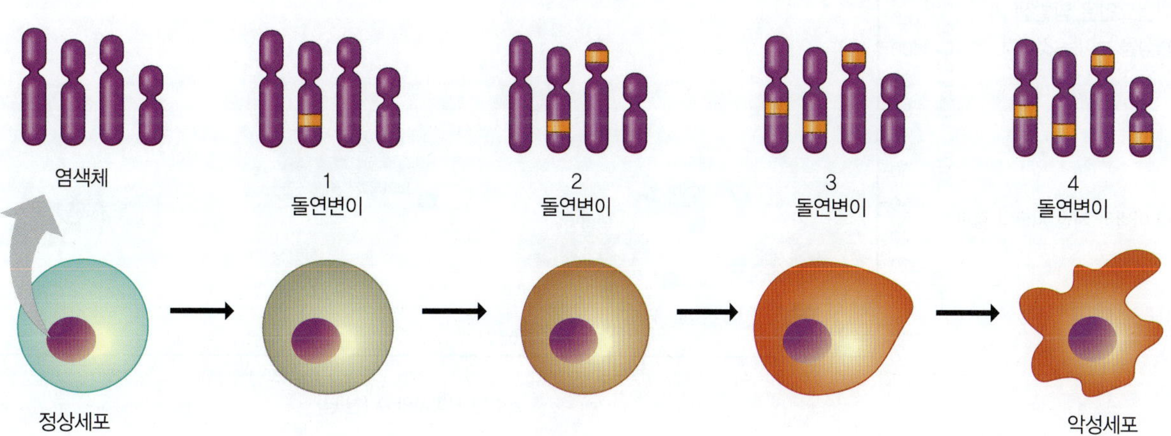

►그림 11.20 **암세포 발생에서 돌연변이의 축적.** 암을 유발하는 돌연변이는 한 세포 계통에서 축적된다. 이 그림에서 색은 정상세포와 증가된 세포분열과 암으로 이끄는 하나 이상의 돌연변이를 가진 세포를 구별한다. 암을 증진시키는 돌연변이(염색체에서 오렌지색의 띠)가 한 번 일어나면 이 세포는 이것을 지닌 모든 자손세포에게 물려주게 된다.

를 탐지할 수 있다. 유방이나 난소의 외과적 제거는 현재까지 돌연변이를 가진 여성에게만 예방적 차원에서 옵션으로 가능하다. ✓

✓ **체크포인트**

종양억제유전자에 생긴 돌연변이가 어떻게 암발생을 유도할 수 있는가?

답: 정상적으로는 세포분열이 되지 않게 해서 종양을 억제시키는 경로에서, 돌연변이된 종양억제유전자는 그 역할을 제대로 해내지 못하는 결함이 있는 단백질을 만들어 낸다.

11.10 암발생 위험과 예방

암은 대부분의 선진국에서 두 번째 사망의 원인(심장병 다음으로)이 된다. 최근 몇 년 사이에 특정 암 때문에 사망률은 줄어들고 있지만, 암에 의한 전체 사망률은 10년에 1% 정도씩 계속 증가하고 있다.

일부 암은 자연적으로 발생하지만, 대부분의 암은 환경에서 발견되는 암을 일으키는 물질, 즉 **발암물질(carcinogen)**로 인한 돌연변이로부터 생긴다. 돌연변이는 수십 년 동안 발암물질에 노출되어 일어난다. 가장 강력한 발암물질 중의 하나가 자외선이다. 태양에서 오는 자외선에 지나치게 노출하게 되면 흑색종과 같은 치명적인 피부암이 생긴다. 우리는 태양 보호장구(옷, 로션, 모자 등)를 사용하여 그런 위험을 줄일 수 있다.

생활방식을 조금만 바꾸어도 암발생 위험을 상당히 줄일 수 있다.

어떤 물질보다도 여러 종류의 암을 유발한다고 알려진 것이 담배이다. 단연코 어떤 다른 종류의 암보다 폐암(2017년 거의 156,000명의 미국인)으로 더 많은 사람이 죽는다. 담배와 관련된 대부분의 암은 담배흡연 때문인데, 그러나 엽궐련을 피우는 것, 간접흡연, 무연담배도 역시 위험하다. 그림 11.22에서 보듯이 술을 마시면서 하는 흡연은 다른 암도 일으킬 수 있다. 대부분의 치명적인 발암물질에 노출되는 것은 개인성향의 문제라고 볼 수 있는데, 예를 들면 담배를 피우고 술을 마시고 태양빛을 과도하게 쪼이는 등 암발생에 영향을 미치는 이런 모든 것은 우리가 마음을 먹으면 피할 수 있는 것이다.

알맞은 음식물을 선택함으로써 한 사람의 암발생의 가능성을 줄일 수 있다. 예를 들면 하루에 20~30그램의 식물성 섬유소(사과 7개에 들어 있는 정도의 양)를 섭취하고 동시에 동물성 지방의 섭취를 줄이면 대장암의 발생을 막을 수 있다. 비타민C와 E, 그리고 비타민A 유사화합물을 포함하여 과일이나 채소에 있는 어떤 물질들이 여러 종류의 암을 막아준다는 증거도 있다. 양배추, 브로콜리, 꽃양배추 등은 아직 그 정체를 알 수 없지만 암을 예방하는 물질들이 특히 많이 들어 있다고 여겨지고 있다. 식품영양 연구분야에서는 어떤 음식이 암발생에 영향을 주는지 알아보는 것에 중요한 초점을 맞추고 있다. 암과의 전쟁이 여러 국면에서 일어나고 있는데, 이에 대한 진전이 있다고 보는 낙천적인 견해에는 이유가 있다. 우리가 일상생활에서 무엇을 선택하느냐에 따라 가장 흔한 암의 위험성을 줄일 수 있다는 사실은 특히 고무적이다. 암과의 싸움은 많은 분야에서 진행되고 있으며, 상당한 발전이 이루어지고 있어 낙관적으로 생각할 수 있다. 다음으로는 『진화와 연결』의 항목에서 진화과정에 대한 지식이 암치료에 어떻게 적용될 수 있는지 살펴볼 것이다. ✓

✓ **체크포인트**

우리의 생활습관 중에서 암과 사망의 가장 큰 원인이 되는 것은 무엇인가?

답: 담배흡연

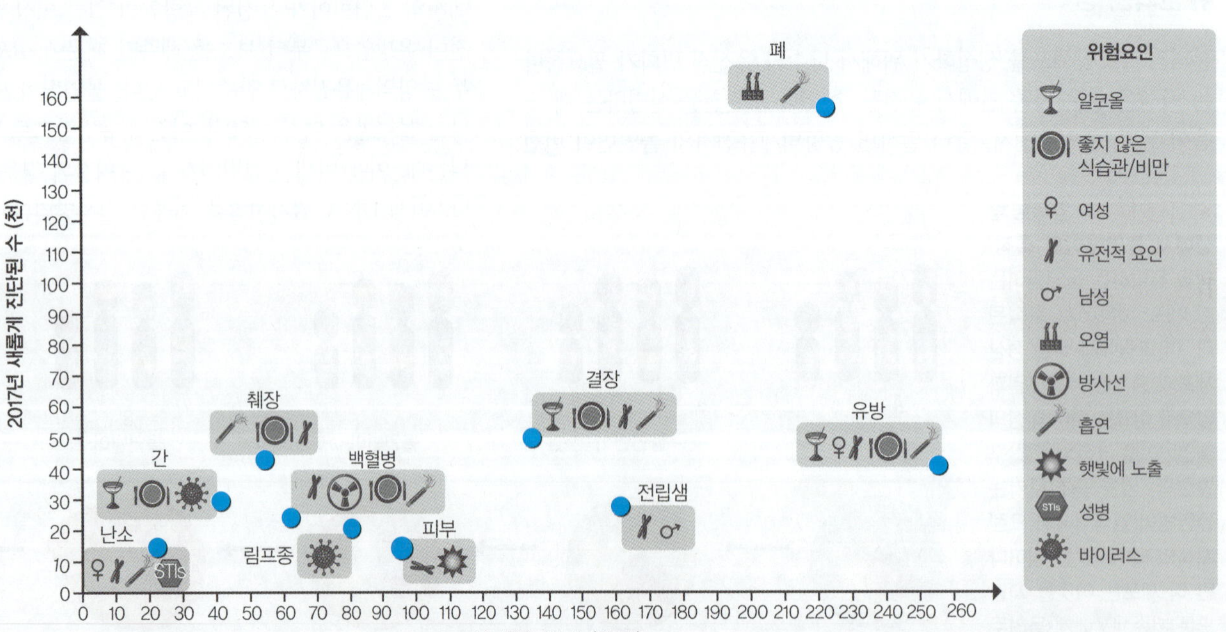

► **그림 11.22 2017년 미국에서의 암.** 각 자료의 점(청색 점)은 특정 유형의 암에 대한 사망자의 수와 새롭게 진단된 수에 해당한다. 위험요인은 암발생 가능성을 높이는 것이다.

진화와 연결 암

몸에서 암의 진화

진화의 이론은 개체군에 작용하는 자연선택을 말하고 있다. 최근에 의학연구자들은 그림 11.23에서 보는 골수암과 같은 종양의 발생에 통찰력을 얻기 위해 진화적 관점을 사용해 왔다. 종양은 암세포의 개체군으로서 생각할 수 있다. 생물의 개체군이 자연선택에 의해 진화가 구동되는 것과 마찬가지로, 그 암세포의 개체군도 암치료에 반응하여 진화할 수 있다.

자연선택에 관한 다윈의 이론은 여러 가정이 있다는 것을 다시 기억해 보자. 각각 암에 적용할 수 있는 방법을 생각해 보자. 첫째, 진화하는 모든 개체군은 환경이 줄 수 있는 것보다 더 많은 자손을 생산하는 능력을 가진다. 통제가 안 되는 생장을 하는 암세포는 명확하게 이러한 과잉생산을 보이고 있다. 둘째, 개체군의 개체 가운데 변이가 있어야 한다. 『과학연구의 과정』에서 이야기한 바와 같이 종양세포 DNA에 관한 연구는 종양 안에서도 유전적 변이성을 보여준다. 세 번째로, 개체군에서의 변이는 생존과 생식적 성공에 영향을 주어야만 한다. 정말로 암세포에서 변이의 축적은 생식제한의 정상적 메커니즘에 대해 덜 민감하게 되게 한다. 악성 암세포의 생존을 높이기 위한 돌연변이는 그 세포의 후손에게 물려진다. 요약하면 종양은 진화한다.

진화의 렌즈로 암의 진행을 보면 암의 "치료"가 쉽지 않고 새로운 치료 방법 역시 용이하지 않은 이유를 설명하는 데 도움이 된다. 예를 들면 일부 연구자들은 치료를 위해 화학치료제에 감수성이 있는 세포만 생식적 성공을 증가시킴으로써 치료를 위해 종양을 "준비시키려는" 시도를 하고 있다. 생물학의 다른 모든 국면에서와 같이 암에 대한 우리의 이해는 진화적 관점으로부터 도움을 받을 수 있다.

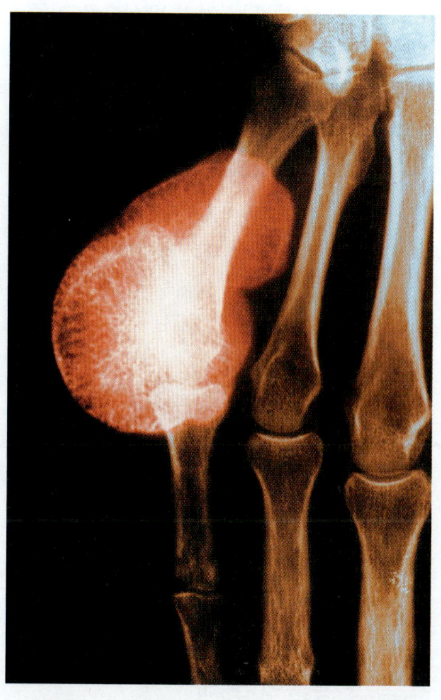

▲그림 11.23 커다란 골종양을 보여주는 손의 X선 사진.

복습

주요 개념의 요약

유전자는 어떻게 그리고 왜 조절되나

다세포생물에 있는 여러 유형의 세포들은 각 유형의 세포에서 유전자조절을 통해 켜져 있는 유전자의 조합과 꺼져 있는 유전자의 조합이 서로 달라서 다르게 나타난다.

11.1 세균에서 유전자조절

오페론은 하나의 프로모터와 전사를 조절하는 다른 단백질 비암호화 DNA 서열을 포함하여 관련된 기능을 갖는 유전자들의 집합체이다. 예를 들면 *lac*오페론은 대장균에서 젖당이 존재할 때만 젖당이용 효소를 만들어 낸다.

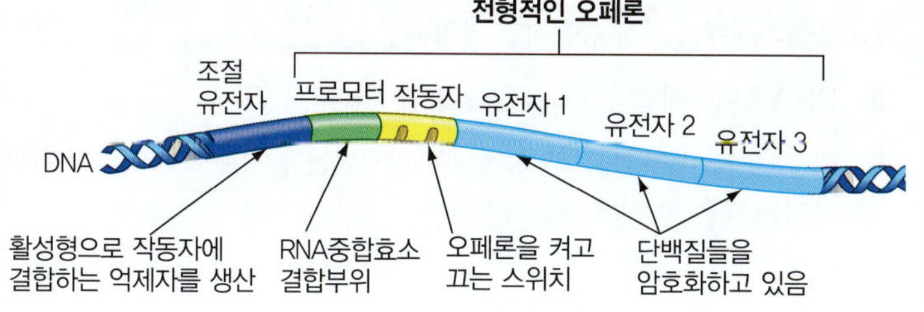

11.2 진핵세포에서 유전자조절

진핵세포의 핵에는 유전자발현의 경로에 조절이 가능한 여러 조절지점이 있다.

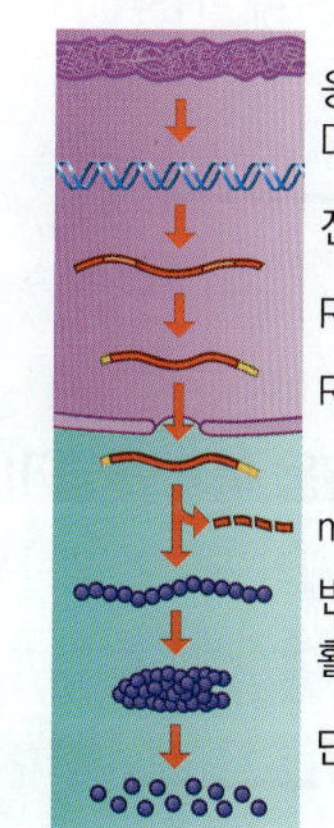

- DNA 응축은 DNA에 전사단백질의 접근을 방해함으로써 유전자발현을 막는 경향이 있다. 극단적인 예가 암컷 포유류에서 X염색체 불활성화이다.
- 진핵생물과 원핵생물 둘 다에서 가장 중요한 조절지점은 유전자의 전사이다. 진핵유전자의 전사를 켜거나 끄기 위해 여러 조절단백질이 DNA와, 또한 자신들끼리 서로 상호결합한다.
- 전사 후에도 진핵유전자발현의 조절 기회가 여전히 있는데, 이때는 RNA 전사체가 mRNA로 가공되기 위해 인트론이 RNA로부터 잘려 나가고, 모자와 꼬리가 첨가된다.
- 세포질에서 미소RNA는 mRNA의 번역을 막고, 여러 단백질이 번역의 시작을 조절할 수 있다.

• 마지막으로 세포는 여러 방식으로 최종 단백질을 활성화시킬 수 있다(예를 들면 일부를 잘라 내거나 화학적인 변형시켜). 최종적으로는 단백질이 선별적으로 분해될 것이다.

11.3 세포 신호전달

세포 간 신호전달은 다세포생물의 발생과 기능화에 열쇠를 쥐고 있다. 신호전달경로는 분자메시지를 특정 유전자의 전사와 같은 세포의 반응으로 전환한다.

11.4 호메오유전자

유전자조절의 진화적 중요성에 대한 증거는 호메오유전자, 즉 배발생을 순서대로 제어하는 유전자를 조절하는 총괄유전자에서 명확하게 알 수 있다.

11.5 유전자발현의 시각화

연구자들은 탐침과 DNA초미세배열판의 사용을 포함하여 다양한 기술을 사용하여 유전자들이 조직에서 활성적인지 그 여부를 볼 수 있다.

식물과 동물의 복제

11.6 세포의 유전적 잠재력

대부분의 분화된 세포도 완전한 한 세트의 유전자를 가지고 있는데, 따라서 난초를 예로 들면 하나의 난초세포가 자라 난초식물 개체가 만들어질 수 있다. 또한 동물도 통제된 조건에서 복제될 수 있다.

11.7 동물의 생식적 복제

핵이식은 공여자의 세포핵을 핵이 제거된 난자에 집어넣는 과정이다. 1950년대 개구리에서 처음 증명된 후 생식적 복제가 1996년 성체의 세포로부터 복제양을 만들기 위해 사용되었고, 이 이후로도 많은 다른 복제동물을 만드는 데 사용되었다.

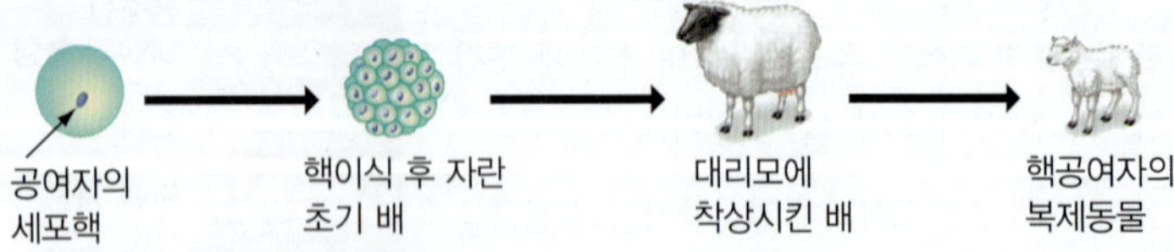

11.8 치료용 복제와 줄기세포

치료용 복제의 목적은 의학용으로 배아줄기세포를 생산하는 것이다. 배아, 탯줄, 성체 줄기세포는 모두 미래에 치료목적으로 사용될 수 있을 것이다.

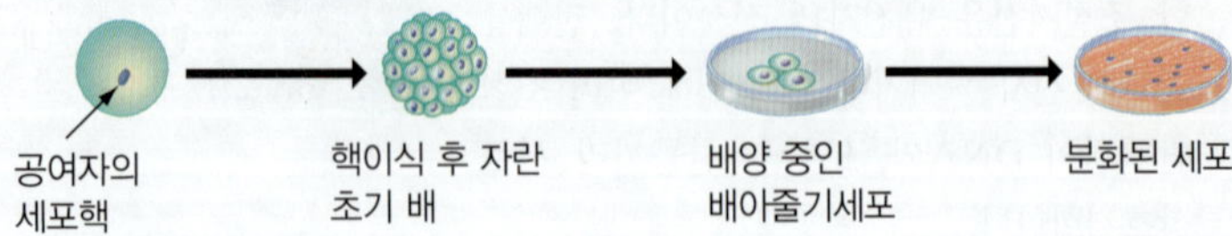

암의 유전적 기초

11.9 암을 일으키는 유전자

무절제하게 분열을 하는 암세포는 세포주기 조절단백질을 만드는 유전자에 일어난 돌연변이로 인해 생길 수 있다. 많은 원암유전자와 종양억제유전자는 세포분열을 조절하는 신호전달경로에서 필요한 단백질을 만든다. 이들 유전자의 돌연변이는 그 경로의 오작동을 일으킨다. 암은 한 세포계통에서 일어난 일련의 유전적 변화에 기인한다. 연구자들은 돌연변이가 일어나게 되면 암의 발생을 증진시키는 많은 유전자들을 확인하였다.

11.10 암발생 위험과 예방

발암물질(돌연변이를 일으켜 암을 유도하는)에 노출을 줄이고, 건강한 생활습관을 가지면 암발생 위험을 크게 줄일 수 있다.

자습문제

1. 우리의 뼈세포와 근육세포와 표피세포의 모습이 다른 이유는?
   a. 세포마다 서로 다른 유전자를 가지므로
   b. 이들이 다른 기관에 존재하므로
   c. 각 세포에서 각기 다른 유전자들이 활성화되므로
   d. 세포마다 서로 다른 돌연변이가 일어났으므로
2. 관련된 기능을 가진 원핵생물의 유전자들이 근접한 조절서열에 의해 하나의 단위로 조절되는 것을 ________이라고 부른다.
3. 유전자발현의 조절은 원핵생물보다 다세포 진핵생물에서 더 복잡하다. 그 이유는?
   a. 진핵세포가 훨씬 크기 때문에
   b. 다세포 진핵생물에서는 서로 다른 세포는 서로 다른 기능으로 특성화되어 있기 때문에
   c. 원핵생물은 안정된 환경에서만 살기 때문에
   d. 진핵생물은 유전자가 더 적어서 각 유전자가 여러 일을 해야 하기 때문에
4. 진핵생물 유전자를 세균의 DNA에 삽입하였다. 그래서 이 세균에서 삽입된 유전자가 mRNA로 전사되고 그 mRNA가 단백질로 번역되었다. 그러나 만들어진 단백질은 쓸모도 없고 진핵생물에서 만들어진 것보다 더 많은 아미노산을 갖고 있었다. 왜 그런가?
   a. mRNA가 진핵생물에서처럼 이어맞추기가 되지 않았으므로
   b. 진핵생물과 원핵생물이 서로 다른 유전자 암호를 사용하므로
   c. 억제자 단백질이 전사와 번역을 방해하므로
   d. 리보솜이 tRNA에 결합하지 못하므로
5. 염색체에서 DNA의 치밀한 응축은 유전자발현을 어떻게 막는가?
6. 핵이식에 의해 복제된 동물의 유전정보는 핵 공여자의 정보와 동일한가?
7. 동물복제에서 가장 공통적인 과정은 ________이다.
8. DNA초미세배열판으로 무엇을 알 수 있는가?
9. 다음 중 배아줄기세포와 성체에서 발견되는 줄기세포 사이의 명확한 차이는 다음 중 어느 것인가?

a. 실험실에서 배양에서 성체줄기세포만 불멸성을 갖는다.
b. 자연 상태에서는 배아줄기세포만이 생물체의 모든 종류의 세포가 될 수 있다.
c. 성체줄기세포만 실험실에서 분화될 수 있다.
d. 배아줄기세포만 성체의 모든 조직에서 발견된다.

10. 줄기세포의 3가지 가능한 출처에 대해 말하시오.

11. 암유전자와 원암유전자의 차이점은? 어떻게 어느 하나가 다른 것으로 될 수 있는가? 원암유전자의 기능은?

12. 한 유전자의 돌연변이가 초파리 몸에 한 쌍의 다리나 날개를 더 갖게 되는 심각한 변형을 가져온다. 날개나 다리를 만들기 위해서는 많은 유전자가 필요하다. 하나의 유전자에서 변화가 어떻게 신체에 그런 큰 변화를 일으킬 수 있는가? 그러한 유전자를 무엇이라 부르는가?

주된 주제 식별하기

아래의 각 문장에서 분명하게 드러난 주된 주제가 무엇인지(구조와 기능의 연관성, 정보의 흐름, 에너지와 물질의 변환경로, 생물계 내에서의 상호작용, 진화)를 식별하고, 그 내용이 그 주제와 어떻게 관련되는지를 설명하시오. 필요한 경우 주제들을 검토하고(1장 참조), 또 이 장에서 파란색 글자로 나타내어 강조한 예들을 검토해 보시오.

13. *lac*억제자의 모양이 바뀌면 억제자가 작동하는 방식에 영향을 받는다.

14. 세포는 다른 세포의 유전자조절에 영향을 미치는 화학물질(예: 호르몬)을 생성하고 분비 할 수 있다.

15. 총괄제어유전자는 어떤 신체 부위가 어떤 위치에서 발생할 것인지를 결정하는 유전자들을 조절한다.

답은 부록 C를 참조.

과학연구의 과정

16. 그림 11.2에 있는 *lac*오페론에 대해 공부해 보자. 정상적으로 유전자들은 젖당이 없을 때는 꺼진다. 젖당이 있으면 세포가 젖당을 사용할 수 있도록 유전자들을 활성화시켜 효소들을 만들어 낸다. 돌연변이가 이 오페론의 기능을 변환시킬 수 있다. 사실 자코와 모노가 오페론이 어떻게 작동하는지 밝힐 수 있었던 이유는 다양한 돌연변이의 효과 때문이다. 다음의 돌연변이가 젖당이 있을 때 그리고 없을 때 오페론의 기능에 어떤 영향을 주는지 예측해 보시오.

a. 조절유전자의 돌연변이; 억제자가 젖당에 결합하지 않는다.
b. 작동자의 돌연변이; 억제자가 작동자에 결합하지 않는다.
c. 조절유전자의 돌연변이; 억제자가 작동자에 결합하지 않는다.

17. 사람의 몸에는 유전자의 수보다 단백질 수가 훨씬 많다. 이 결과로 하나의 유전자에서 여러 종류의 mRNA가 만들어진다는 점이 RNA의 중요성을 강조하게 만든다. 한 사람이 두 가지 형태의 성체 세포를 가지고 있다고 가정해 보자. 이들 두 가지 형태의 세포에서 유전자발현이 다르게 나타나는 것이 선택적RNA이어맞추기 때문이라는 것을 증명하기 위해 미세배열판을 사용한 실험을 계획해 보라.

18. 고양이가 별갑무늬를 가지기 위해서는 오렌지색과 비오렌지색의 두 대립유전자를 가져야만 하기 때문에(그림 11.4 참조) 우리는 두 개의 X염색체를 가진 암컷에게만 별갑무늬가 나타날 것이라고 기대할 수 있다. 정상적인 수컷(XY)은 두 대립유전자 중 하나만 갖는다. 가끔은 불임이기는 하여도 별갑무늬를 갖는 수컷이 나타나기도 한다. 이 고양이의 유전자형은 무엇일까?

19. DNA초미세배열판을 사용하여 정상 대장세포와 대장암 세포 사이의 유전자발현의 차이를 측정할 실험을 디자인하라.

20. **자료 해석하기** 그림 11.22를 다시 한 번 보자. 사망자의 수를 사례의 수로 나누어 각 유형의 암의 치명적인 정도를 추정할 수 있다. (진단을 받은 사람이 그 해에 사망하지는 않더라도 유용한 근사치가 된다.) 특정 암으로 진단된 거의 모든 사람이 사망하면, 그 비율은 1에 가깝다(치명률 100%). 사망보다 진단을 받는 사람이 더 많은 경우 비율은 0에 가깝다(치명률 0%). 그래프의 어느 영역이 더 치명적인 암을 나타내는가? 가장 치명적인 것은? 다른 암에 대한 진단/사망의 율을 계산해 보시오.

우리와 함께하는 생물학

21. 인간복제의 가능성은 논란의 여지가 많은 주제이다. 전문가들은 포유동물 복제의 낮은 성공률, 잠재적인 건강문제, 잠재적으로 단축된 수명에 대해 경고하고 있다. 하지만 치료목적으로 결함유전자를 제거하거나 환자로부터 특정 세포를 만들어낼 가능성에 주목한 사람들은 인간 복제를 또한 지지한다. 인간복제에 대한 여러분의 의견은 어떠한가?

22. 여러 종류의 "유전되는" 암에 대해 알 수 있는 유전자 검사가 있다. 이런 검사 결과로 어떤 사람이 특정 시간 안에 암을 발생할 것이라는 예견을 할 수는 없다. 단지 이 사람에게서 암이 발생할 수 있는 위험성이 더 크다는 것만 말할 수 있다. 많은 암들에 있어서 실제로 일상생활 습관의 변화로 개인의 질병 위험성을 감소시킬 수 있는 것은 아니다. 따라서 어떤 사람들은 이런 검사가 무용하다고 생각하고 있다. 만약 우리 가계에 암에 대한 가족력이 있고 그리고 해볼 수 있는 유전자 검사가 있다면 우리는 그 검사를 받을 것인가? 그 이유는? 검사의 결과로 무엇을 할 것인가? 아이들도 검사를 받는다면 우리는 그 결과를 알기를 원하는가?

12 DNA 기술

언젠가는 곧 유전자변형 감자가 콜레라로 죽어가는 수만 명의 아이들을 구할 수 있게 될 것이다.

차례 내용

유전자가 많으면 더 나은가? 우리는 현미경으로나 볼 수 있는 벌레와 거의 같은 수의 유전자를 가지고 있으며, 식물 중 벼와 비교하면 절반 정도밖에 되지 않는다.

DNA 기술이 왜 중요한가?

유전공학이 제공하는 생산품과 서비스는 우리의 삶과 우리가 살고 있는 사회에 중대한 영향을 미친다. DNA 기술은 우리가 먹는 음식에서부터 우리가 먹는 약뿐 아니라 우리가 매일 사용하는 그 밖의 다른 생산품에 이르기까지 많은 실용적인 응용분야를 가지고 있다. 또한 이러한 기술은 법의학적 조사나 역사적 조사, 또 과학적 조사를 위한 증거를 수집하는데도 사용된다.

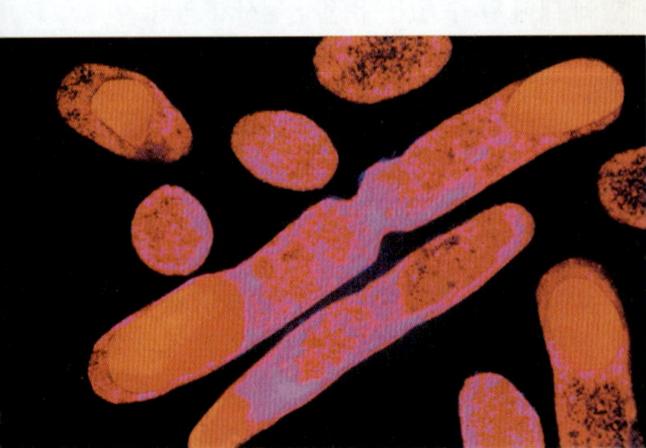

오늘은 미생물을 껴안아 주세요. 당뇨병을 앓고 있는 수많은 사람들이 세균이 만들어낸 인슐린 덕분에 보다 건강한 삶을 살아가고 있다.

실마리

DNA 감식

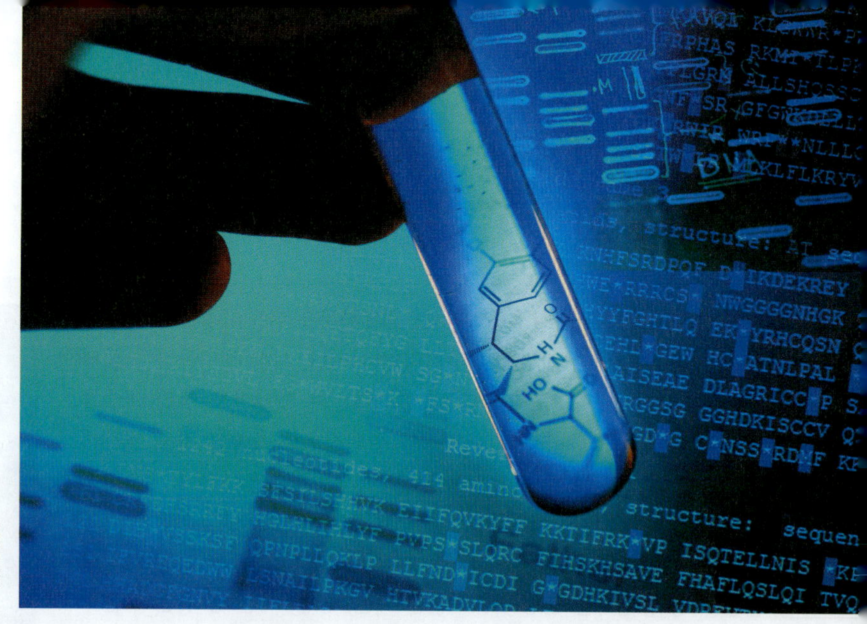

DNA프로파일. 아주 작은 조각의 증거로도 DNA프로파일을 제공할 수 있다.

우리와 함께하는 생물학 DNA 감식

유무죄 입증에 DNA 사용

1964년 십대 메리 설리반은 보스턴으로 이사한 지 며칠 만에 새 아파트에서 죽은 채로 발견되었다. 그녀는 강간당하고 교살되었다. 그녀는 2년간 도시를 공포에 질리게 만든 보스턴 살인마라는 별명을 가진 살인범의 11명 이상의 희생자 중 한 명이었다. 오랜 범죄 경력을 가진 알버트 드살보는 그 범죄에 대해 자백했지만 나중에는 죄를 부인하였다. 별개의 강간사건에 대한 유죄판결로 교도소에 수감되어 있던 드살보는 1973년 다른 재소자에 의해 살해되었다. 수십 년 동안 많은 사람들이 실제 보스턴 살인마가 여전히 무죄인지 궁금해 하였다. 이에 대한 대답을 얻기 위해서는 현대 DNA 기술의 개발을 기다려야만 했다.

법의학적 DNA분석은 간단한 사실에 바탕을 두고 있다. 모든 사람의 세포(일란성 쌍둥이 제외)에는 저마다의 고유한 DNA가 포함되어 있다. 단백질을 암호화하는 DNA는 모든 사람에게서 매우 유사하지만, 아무런 것도 암호화되어 있지 않은 또 다른 종류의 DNA는 사람마다 매우 가변적이다. 이 초가변 DNA는 DNA샘플을 분석하여 이것이 동일한 사람에게서 온 것인지 아닌지 그 여부를 알아내는 DNA 감식에 사용된다.

설리반이 살해된 지 거의 50년이 지난 후 보스턴 경찰국은 조사를 다시 시작했다. 법의학 과학자들은 미량의 정액이 들어 있는 담요를 포함하여 범죄로부터 오랫동안 보관된 증거물을 분석했다. 증거물에는 범죄자의 DNA샘플과 피해자의 DNA샘플을 포함하고 있다. 범죄자의 DNA 일부를 분리하기 위해 과학자들은 남성에서만 발견되는 Y염색체를 대상으로 하는 기술을 사용했다(따라서 가해자의 것일 가능성이 있음). 설리반의 범죄현장에서의 Y염색체를 드살보의 조카와 비교하였다. 비교한 결과 부분적으로 일치하는 것(가까운 친척에서 기대되는 대로)으로 나타나서, 검사를 위해 드살보의 사체가 발굴되었다. 결과는 분명했다. 드살보가 진짜 보스턴 살인마였던 것이다. 이와 같은 결론으로 사건은 종결되었고, 여러 슬픔에 처한 가족들에게 어느 정도 위안을 줄 수 있었다.

DNA 기술은 법의학 분야에 혁명을 일으켰다. 법정 외에도 DNA 기술은 놀라운 과학적 발전을 가져 왔다. 작물식물 중에는 유전자변형이 이루어져 자체적으로 살충제를 생산하였다. 사람유전자는 다른 동물의 유전자와 비교되어 우리를 분명히 인간으로 만드는 이유를 밝혀준다. 치명적인 유전질환을 발견하고 치료하는데 상당한 발전이 이루어져 있다. 이 장에서는 DNA 기술의 이러한 용도와 그밖의 다른 용도에 대해 설명하고, 다양한 DNA 기술이 어떻게 수행되는지에 대해 배우게 될 것이다. 또한 생물학과 인간사회의 교차점에 놓인 사회적, 법적, 윤리적 문제에 대해서도 살펴볼 것이다.

유전공학

생물이나 이들의 구성성분을 가지고 유용산물을 만들어내는 **생명공학(biotechnology)**이 새로운 현상처럼 보이지만, 사실 생명공학은 실제로 문명의 초기까지 거슬러 올라갈 수 있다. 먼 옛날에도 빵과 맥주를 만들기 위해 효모를 사용하고, 가축을 선택적으로 육종한 것을 생각해 보자. 그러나 오늘날 사람들이 생명공학이라는 용어를 사용할 때, 보통은 유전물질을 연구하고 조작하는 현대적인 실험기술, 즉 DNA 기술에 대해 언급하고 있는 것이다. DNA 기술의 방법을 사용하여 과학자들은 특정 유전자를 변형시켜 이들을 세균, 동물, 식물 등 다른 생물로 옮길 수 있다. 인공적인 방법으로 하나 또는 그 이상의 유전자를 얻게 된 생물을 **유전자변형 생물(genetically modified[GM] organism)**이라 부른다. 새롭게 얻은 유전자의 출처가 다른 종의 생물일 경우가 대부분인데, 이때 이 재조합 생물을 **형질전환생물(transgenic organism)**이라 부른다.

1970년대에 생물공학분야는 실험실에서 재조합DNA를 만들어내는 새로운 방법의 발명들로 가득 채워졌다. 과학자들은 하나의 DNA 분자를 만들기 위해 통상 출처가 다른 두 종에서 온 DNA의 조각을 결합시킴으로써 **재조합DNA(recombinant DNA)**를 만들어낸다. 오늘날 재조합DNA 기술은 실용적인 목적을 위해 유전자를 직접 조작하는 **유전공학(genetic engineering)**에서 널리 사용된다. 과학자들은 암치료제에서부터 살충제에 이르기까지 유용한 여러 화학물질을 대량으로 생산하기 위해 세균을 유전적으로 조작하고 있다. 또한 과학자들은 유전자를 세균으로부터 식물로, 또한 한 동물로부터 다른 동물로 옮긴다(그림 12.1). 이러한 기술은 기초연구(이 유전자는 어떤 기능을 수행하는가?)에서부터 의학적인 적용(인간의 질병에 쓰일 동물모델을 만들 수 있는가?)에까지 다양한 목적에 쓰일 수 있다. ✓

▲그림 12.1 **유전공학자는 해파리의 형광단백질 유전자를 이식해 빛을 내는 물고기를 만들었다.**

✓ **체크포인트**

생명공학이란 무엇인가? 재조합DNA란 무엇인가?

답: 유용한 생산물을 생산하기 위해 생물이나 또는 생물의 일부를 조작하는 것; 출처가 다른데서, 때로는 다른 종에서 온 두 DNA를 지니고 있는 분자

12.1 재조합DNA 기술

비록 유전공학이 다양한 종류의 생물에 대해 사용할 수 있지만, 세균(특히 대장균)이 현대 생명공학에 있어 가장 중요한 일꾼이다. 실험실에서 유전자를 조작하기 위해, 세균 안에 커다란 세균 염색체와 별개로 복제되는 작은 원형 DNA 분자, 즉 세균의 **플라스미드(plasmid)**를 생물학자들은 자주 사용한다(그림 12.2). 플라스미드는 사실 어떠한 유전자도 운반할 수 있고 다음 세대의 세균에게 물려줄 수 있기 때문에, 이것은 DNA 조각의 똑같은 복사본을 다량 생산해 내는 **DNA클로닝(DNA cloning)**의 핵심 도구이다. 유전자클로닝의 방법은 유전자 조작된 생물에서 유용한 생성물 생산의 중심에 서 있다.

유전자를 클로닝하는 방법

전형적인 유전공학의 도전 사례를 생각해 보자. 제약회사에 다니는 어떤 연구자가 잠재적인 신약으로 값비싼 단백질을 만드는 유전자를 찾아낸다. 생물학자는 이 단백질을 생산하기를 원한다. 그림 12.3은 재조합DNA 기술을 사용하여 이것을 성취해 내는 방법을 보여주고 있다.

먼저 생물학자는 두 종류의 DNA를 분리하는데, **벡터(vector)**로 사용될 세균 플라스미드와 관심이 있는 유전자(노란색으로 표시)를 지

▼그림 12.2 **세균의 플라스미드.** 터진 세균세포를 찍은 이 전자현미경 사진은 하나의 긴 염색체와 여러 개의 작은 플라스미드를 보여주고 있다. 위의 그림은 하나의 플라스미드를 확대한 것이다.

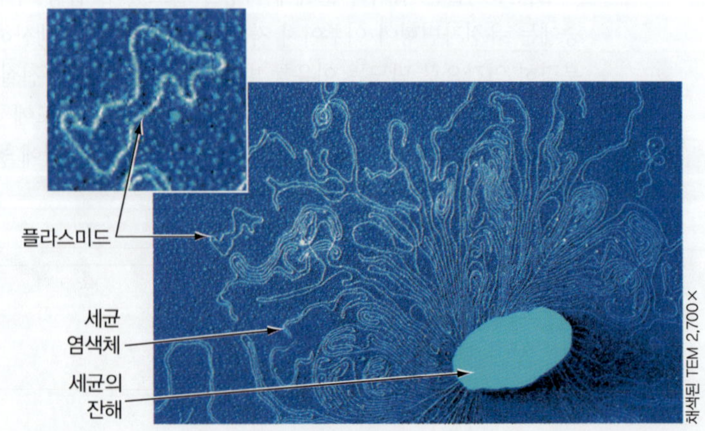

닌 생물의 DNA이다. 이 외래DNA는 어떤 생물의 것이라도 괜찮다. ❶ 서로 다른 두 출처에서 온 이들 DNA를 하나로 이어서 재조합 DNA를 얻는다. ❷ 재조합 플라스미드는 이제 세균과 함께 섞는다. 적당한 조건에서 세균은 그 재조합 플라스미드를 안으로 들여온다. ❸ 이 재조합 플라스미드를 가진 각 세균이 세포분열을 통한 생식을 해나가면, 원래 하나의 세포로부터 기원한 유전적으로 동일한 세포의 집단인 **클론(clone)**이 형성된다. 이 클론에서 각 세균은 관심있는 유전자의 사본을 가지고 있다. DNA클로닝이 유전자를 지닌 DNA 절편을 포함하는 경우(여기에서 한 것과 같이), 이를 **유전자클로닝(gene cloning)**이라고 한다. 세균이 증식할 때 재조합 플라스미드에 있는 외래 DNA도 역시 복사된다. ❹ 관심유전자를 지닌 이 형질전환 세균을 탱크에서 배양하여 이 단백질을 대량생산해 낼 수 있다. 유전자클로닝의 최종 생성물은 후속적인 유전공학 프로젝트에 사용될 유전자의 복사본 그 자체일 수도 있고, 또는 수확하여 사용될 클로닝된 유전자의 단백질 생산물일 수도 있다. ✓

✓ 체크포인트

플라스미드는 재조합DNA를 만드는데 왜 유용한 도구인가?

답: 플라스미드는 사실상 어떠한 외부 유전자라도 온전하게 운반할 수 있고, 숙주세균 세포에 의해 복제될 수 있다.

▼그림 12.3 **유용한 생산물을 만들기 위해 재조합DNA 기술을 사용.**

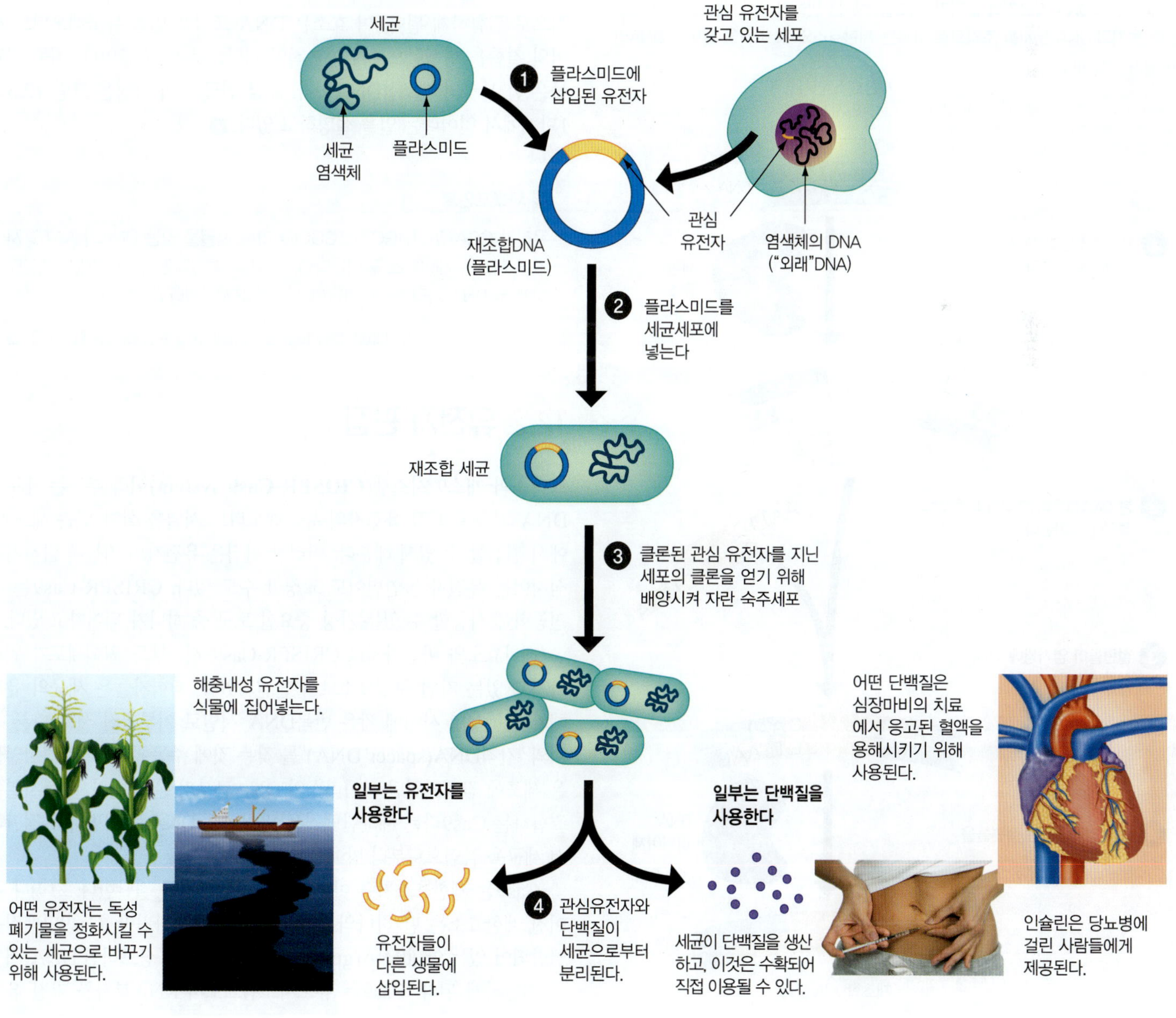

제한효소로 DNA를 자르고 붙이기

그림 12.3에서 보듯이 재조합DNA는 두 가지 요소, 즉 세균의 플라스미드와 관심유전자가 합쳐져 만들어진다. 이들 DNA 분자가 어떻게 합쳐져 이어지는지 알기 위해서는, 먼저 효소가 DNA를 어떻게 절단하고 어떻게 붙이는지를 알아야 한다.

재조합DNA를 만들 때 자르는 도구는 **제한효소(restriction enzyme)**라 부르는 세균의 효소이다. 생물학자들은 수백 개의 제한효소들을 밝혀냈는데, 이들은 모두 통상 길이가 4개에서 8개 뉴클레오티드로 된 짧은 특정 DNA염기서열을 인지한다. 예를 들면 어떤 제한효소는 GAATTC라는 DNA염기서열만 인지하며, 반면 다른 제한효소는 GGATCC를 인지한다. 특정 제한효소에 의해 인지되는 DNA 서열을 **제한부위(restriction site)**라 부른다. 제한효소가 제한부위에 결합하면, 마치 쌍으로 이루어진 특수 분자가위처럼 그 서열 내의 특정지점의 화학결합을 끊어, DNA의 두 가닥을 잘라낸다.

▼그림 12.4 **DNA 자르기와 붙이기.** 재조합DNA를 만들기 위해서는 두 종류의 효소, 즉 초기의 DNA 분자를 조각으로 자르는 제한효소와 두 조각을 붙이는 DNA리가아제가 필요하다.

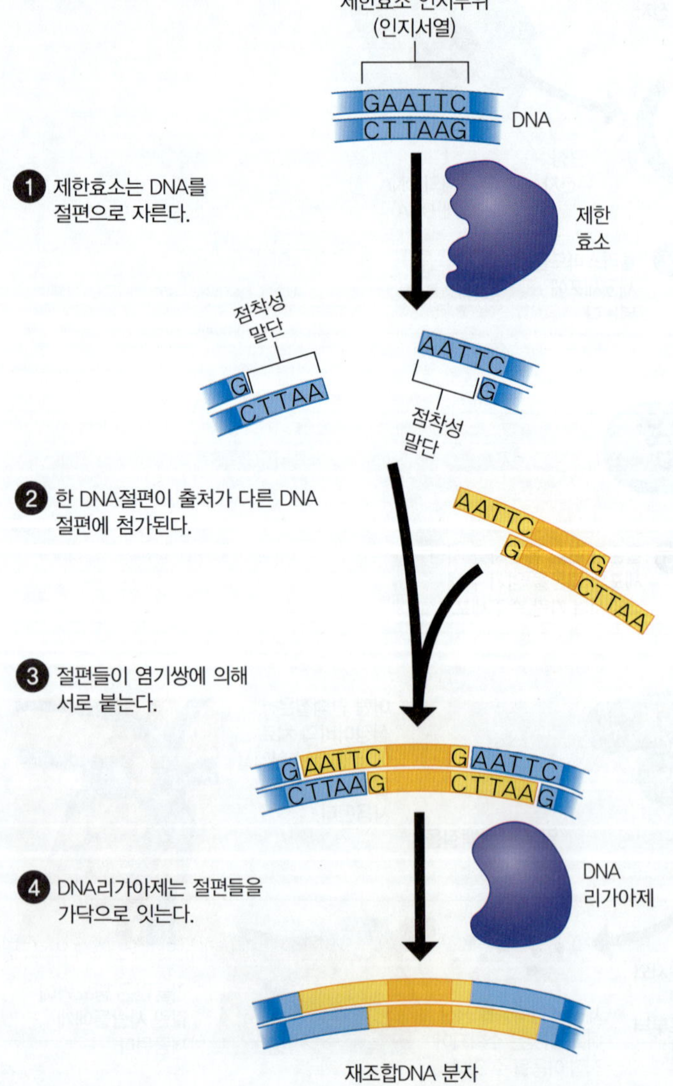

그림 12.4의 위쪽에 제한효소의 제한부위 하나를 가진 DNA(청색)를 보여준다. ❶ 제한효소는 DNA 가닥의 인지서열 안에 있는 염기 A와 G 사이를 잘라 **제한절편(restriction fragment)**이라 부르는 DNA조각을 생성한다. 엇갈린 절단은 "점착성 말단"이라 부르는 한 가닥 DNA말단을 갖는 두 가닥짜리 DNA 절편 2개를 생성한다. 점착성 말단은 출처가 다른 두 DNA제한절편을 붙게 만드는 열쇠가 된다. ❷ 그런 다음에 출처가 다른 곳에서 온 DNA 조각(황색)이 첨가된다. 두 DNA를 자를 때 동일한 제한효소를 사용했기 때문에, 황색 DNA는 청색 DNA에 있는 점착성 말단의 염기서열과 똑같은 단일가닥의 말단을 가지고 있음을 주목하자. ❸ 청색과 황색 절편에 상보적인 말단은 염기쌍을 이루면서 서로 붙게 된다. ❹ 그런 다음 청색과 황색 절편과의 합체는 "붙이는" 효소인 **DNA리가아제(DNA ligase)**에 의해 영구적으로 결합하게 된다. 이 효소는 DNA 조각을 인접 뉴클레오티드 사이의 결합을 형성함으로써 연속적인 가닥으로 이어 붙인다. 최종 결과물은 한 분자의 재조합DNA이다. 지금 언급된 이 과정은 그림 12.3의 1단계에서 일어나는 일을 설명하고 있다. ✓

✓ 체크포인트

우리가 CGAATCTAGCAATCGCGA라는 서열을 갖는 DNA와 AATC 서열을 자르는 제한효소를 섞는다면, 몇 개의 제한절편이 생기겠는가?(간단하게 두 DNA 가닥 중 한 가닥의 서열만 표시하였다.)

답: 2개의 제한부위에서 잘려 세 개의 제한절편이 생길 것이다.

12.2 유전자 편집

크리스퍼-캐스9 시스템(CRISPR-Cas9 system)이라 부르는 새로운 DNA 기술은 특정 유전자의 뉴클레오티드 서열을 살아 있는 세포 안에서 편집할 수 있게 해준다. 이러한 편집은 유전자의 기능을 밝히거나 심지어는 유전자 돌연변이도 교정할 수도 있다. CRISPR-Cas9는 유전공학에 사용할 수 있는 가장 중요한 도구 중 하나가 되어가고 있다.

제한효소와 마찬가지로 CRISPR-Cas9 시스템도 원핵세포가 원래 가지고 있는 자연 구성요소로서 발견되었다. 과학자들은 세균의 유전체가 반복서열 사이에 짧은 반복DNA 서열로 이루어진 서로 다른 길이의 "간격DNA(spacer DNA)"를 갖는 것에 주목했다. 각 간격서열들은 세포에 감염되었던 바이러스의 DNA로부터 온 것이다. 반복서열에 결합하는 Cas9라는 세균단백질은 바이러스 DNA를 식별하고 절단해서 세균을 감염으로부터 방어할 수 있게 해준다.

Cas9는 제한효소처럼 이중가닥 DNA 분자를 절단한다. 그러나 주어진 제한효소는 단 하나의 DNA 서열을 인식하지만, Cas9단백질은 결합되어 있는 안내RNA(guide RNA)의 분자에 상보적인 DNA 서열을 절단하게 된다. Cas9는 유도시스템으로서 RNA분자를 가진 유도

미사일과 같다.

세포를 변형시키기 위해 과학자는 Cas9-안내RNA 복합체를 세포에 집어 넣는다. 안내RNA는 유전자와 같은 표적DNA 서열에 상보적이다. Cas9가 표적유전자의 양쪽 가닥을 절단한 후, DNA수선효소는 표적DNA를 다시 연결함에 따라 뉴클레오티드를 무작위로 삽입한다. 이런 방식으로 연구자들은 주어진 유전자를 "녹아웃"(파괴)시킬 수 있다. 변형된 세포나 생물을 관찰함으로써, 연구자들은 녹아웃 유전자의 기능을 알 수 있게 된다.

CRISPR-Cas9 시스템을 사용하여 유전자를 편집할 수도 있다(그림 12.5). 연구자들은 Cas9-안내RNA 복합체와 함께하는 정상유전자의 절편을 도입할 수 있다. Cas9가 표적DNA를 절단 한 후, 수선효소는 잘린 표적DNA를 수선하기 위한 주형으로서 정상 DNA를 사용한다. 이러한 방식으로 CRISPR-Cas9 시스템은 워드프로세서의 "찾아 바꾸기"의 기능과 같은 역할을 해서 잠재적으로 세포의 돌연변이를 고정시켜 버린다.

▼그림 12.5 **CRISPR-Cas9 시스템.** RNA "자동유도" 서열을 효소와 조합함으로써 살아 있는 유전자 내에서 특정 유전자가 불활성화되거나 편집될 수 있다.

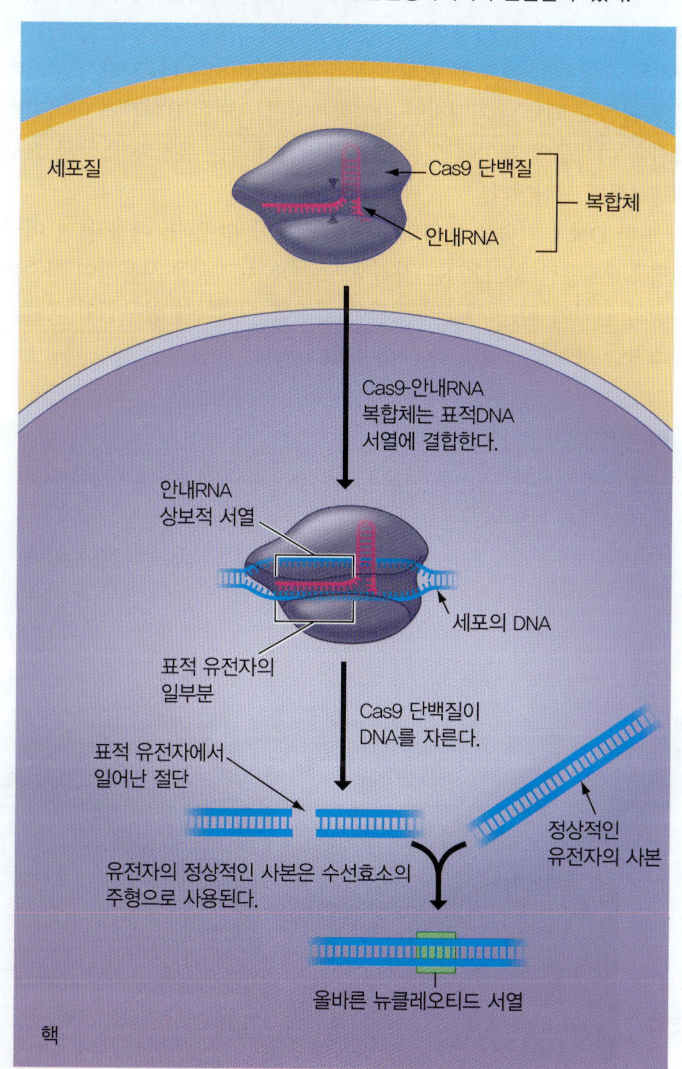

2014년에 연구원들은 CRISPR-Cas9 시스템을 사용하여 생쥐의 유전적 결함을 고쳤다. 이들은 아미노산인 티로신의 대사에 영향을 미쳐 장기의 기능장애와 발달장애를 일으키는 티로신혈증을 유발하는 결함유전자를 가진 살아 있는 생쥐세포를 교정시켜 바꾸었다. 2015년 한 연구에서는 근육기능에 필수적인 단백질인 디스트로핀을 암호화하는 유전자가 돌연변이된 생쥐를 끌어들였다. 연구자들은 생쥐를 Cas9-안내RNA 복합체를 운반하는 바이러스에 감염시켰다. 바이러스는 근육세포를 감염시키고 디스트로핀 돌연변이를 함유하는 유전자 영역을 제거했다. 이제 돌연변이가 없는 유전자는 정상적인 디스트로핀 단백질을 생산하여 근육이 제대로 기능할 수 있게 했다. 연구자들은 이 기술을 듀센형근이영양증을 일으키는 유사한 돌연변이를 가진 인간에게 적용하기를 희망하고 있다.

CRISPR-Cas9 시스템이 인간에게 시도되기 전에 해결해야 할 많은 장애물이 있지만, 이 기술은 전세계의 연구자와 의사의 관심을 불러일으키고 있다. 다음 절에서는 유전자변형이 삶에 영향을 미치는 몇 가지 방법들에 대해 살펴보게 될 것이다. ✓

✓ 체크포인트

CRISPR-Cas9 시스템에서 안내RNA의 기능은 무엇인가?

답: 유전체 내의 적절한 위치로 복합체를 안내하는 것이다.

12.3 의학적 응용

과학자들은 유용한 단백질의 유전자를 세균이나 효모나 쉽게 배양되는 여러 종류의 세포로 옮겨서 자연에서 미량으로 존재하는 단백질을 대량생산할 수 있다. 이 절에서는 우리는 재조합DNA 기술의 응용에 대한 몇 가지 예를 배우게 될 것이다.

▼그림 12.6 **후물린, 유전자변형 세균에서 만들어진 사람의 인슐린.**

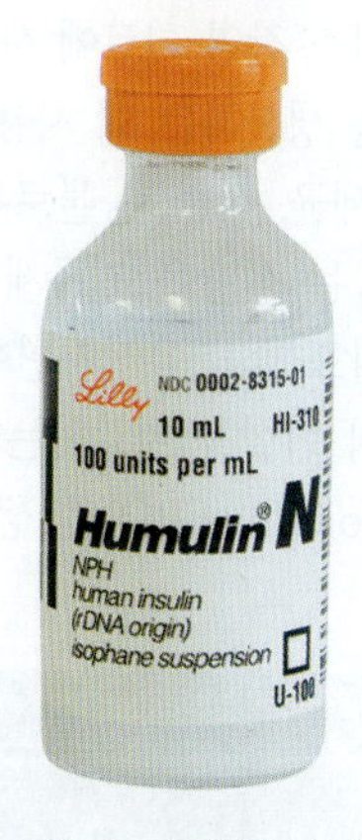

후물린은 유전자변형 세균에서 생산되는 사람의 인슐린이다(그림 12.6). 사람에서 인슐린은 췌장에서 정상적으로 만들어지는 단백질 중 하나이다. 인슐린은 호르몬으로서 기능을 하는데 혈액에서 혈당량을 조절한다. 만약 몸에서 인슐린이 충분히 생산되지 못하면 제1형 당뇨병에 걸리게 된다. 치료가 되지 않기 때문에 이 병에 걸린 사람은 평생 동안 매일 일정량의 인슐린 주사를 맞아야 한다.

사람의 인슐린은 구할 수 있는 것이 아니기 때문에, 역사적으로 당뇨병은 소와 돼지로부터 얻은 인슐린을 사용하여 치료해 왔다. 하지만 이러한 치료는 문제가 있었다. 돼지와 소의 인슐린은 사람에게 알레르기 반응을 일으킬 수 있었는데, 그 이유는 이들의 화학구조가 사람의 인슐린과 약간 다르기 때문이다. 게다가 1970년대에 와서는 인슐린 추출에 필요한 소와 돼지의 췌장의 공급이 수요를 따라갈 수 없게 되었다. 이제 새로운 공급원이 필요하게 된 것이다.

당뇨병을 앓고 있는 수많은 사람들이 세균이 만들어낸 인슐린 덕분에 보다 건강한 삶을 살아가고 있다.

1978년에 한 생명공학회사에서 일하던 과학자들이 사람의 인슐린을 만드는 두 폴리펩티드를 암호화하는 두 유전자를 화학적으로 합성하여 서로 연결시켰다. 그런 다음 이들은 인공적인 이 유전자를 대장균 숙주세포 안에 집어넣었다. 적당한 생장조건에서 이들 세균은 사람의 단백질을 대량 생성하였다. 1982년에 후물린은 최초의 유전공학 의약품으로서 제약시장을 강타했다. 오늘날 인슐린은 세균의 액체배양으로 가득 찬 거대한 발효조에서 24시간 계속 생산되고 있다. 이렇게 공장에서 모아 정제하고 포장된 인슐린은 당뇨병을 가진 400만 명 이상이 매일 사용하고 있다(**그림 12.7**).

인슐린은 단지 유전적으로 변형된 세균에 의해 생성되는 많은 사람의 단백질 중 하나일 뿐이다. 다른 예로는 사람성장호르몬(HGH)이 있다. 유년기와 청소년기에 이 호르몬이 부족하면 왜소발육증을 일으킨다. 다른 동물의 성장호르몬은 사람에서는 효과가 없기 때문에, 성장호르몬은 유전공학에서 초기 표적이 되었다. 1985년 유전공학에 의해 성장호르몬이 생성되기 이전에는 시신에서 얻은 귀하고 값비싼 성장호르몬을 가지고 치료를 할 수 있었을 뿐이었다. 유전공학에 의해 생산된 또 다른 중요한 단백질은 혈전을 용해하는 데 도움을 준다. 뇌졸중 직후에 투여하는 경우 그것은 추가적인 뇌졸중과 심장마비의 위험을 줄일 수 있다.

세균이 많은 인간단백질들을 생산할 수 있지만, 일부 단백질은 균류나 동물, 또 식물의 세포와 같은 진핵세포에 의해서만 만들어질 수 있다. 일반적인 빵효모는 현재 B형 간염 백신, 말라리아 예방약, 암, 바이러스 감염 치료에 사용되는 인터페론 등, 의약품으로 사용되는 단백질을 생산하는 데 사용되고 있다. 2015년에 과학자들은 23개의 유전자(세균, 식물, 동물로부터 가지고 온)를 효모로 옮겼는데, 이 재조합 균류는 설탕을 진통제인 하이드로코돈으로 전환시킬 수 있게 되었다고 발표했다. 유전자변형된 포유동물세포는 적혈구의 생성을 자극함으로써 빈혈을 치료하는데 사용되는 호르몬인 에리스로포이에틴(erythropoietin, EPO)을 생성하는데 사용된다. 또한 연구자들은 인간의 약물을 생산할 수 있는 형질전환된 식물세포를 개발하였다. 당근이 미래의 의약품 공장이 될 수 있는데, 그 이유는 배양이 용이하고 사람병원체(바이러스와 같은)에 의해 오염되지 않기 때문이다.

유전자변형 동물 역시 약물을 생산하는 데 사용된다. **그림 12.8**은 라이소자임이라는 효소의 유전자를 지닌 유전자변형 염소를 보여주고 있다. 자연에서는 모유에서 발견되는 이 효소는 항세균의 특성을 가진다. 다른 예로는 사람 혈장단백질의 유전자를 염소의 유전체 안에 삽입시켜, 이 단백질이 염소의 젖에 분비되도록 만들었다. 그런 다음 우유로부터 이 단백질을 정제해 낸다. 형질전환 동물은 만들어내기가 어렵기 때문에, 연구자들은 우선 하나의 형질전환 동물을 만든 다음 그것을 번식시키거나 복제한다. 형질전환 동물의 자손은 모두 하나의 방목된 제약공장으로 역할을 해낼 수 있다.

DNA 기술은 또한 의학 연구자들이 백신을 개발하는데도 도움을 주고 있다. 백신은 감염성 질환을 예방하기 위해 사용하는 세균이나 바이러스와 같은 병원체 미생물의 무해한 변종이나 파생물을 말한다. 사람한테 접종하면 이 백신은 그 미생물에 대한 방어를 지속할 수 있게 면역계를 자극한다. 많은 바이러스성 질병에 있어서 심각한 손상을 예방하는 유일한 방법은 맨 먼저 백신을 접종하는 것이다. 사람을 무기력하게 만들고 때로는 치명적인 간질환까지 일으키는 B형간염 바이러스 백신은 미생물의 표면에 있는 단백질을 분비하는 유전자 조작된 효모세포로부터 생산된다.

또한 DNA 기술은 질병의 원인도 식별할 수 있다. 예를 들면 미국 질병통제예방센터(CDC)는 정기적으로 DNA 기술을 사용하여 식중독 발생의 원인이 되는 세균의 정확한 균주를 식별하여 공무원이 식품안전조치를 시행할 수 있도록 해준다. ✓

✓ 체크포인트

세균이 효모보다는 조작하기 쉽다. 그런데 일부 인간 단백질을 생산하는 데 왜 효모를 사용하는가?

답: 일부 유전자는 제대로 만들기 위해서는 진핵세포가 필요하다.

◄ **그림 12.7** 유전공학으로 만들어진 인슐린을 생산하는 공장.

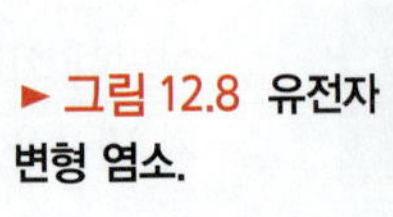

► **그림 12.8** 유전자 변형 염소.

12.4 농업에서 유전자변형 생물

옛날부터 사람들은 좀 더 유용한 작물을 만들기 위해 선택적인 교배를 해왔다. 오늘날에 와서 이전까지 과학자들이 농업에서 중요한 동식물의 생산성을 높이기 위해 사용하였던 전통적인 교배 방식을 DNA 기술이 빠르게 대체하고 있다.

오늘날 미국에서는 작물 중 옥수수, 콩, 목화의 거의 대부분은 유전적으로 변형된 것이다. 그림 12.9는 유럽조명충 나방이라 부르는 곤충의 공격에 내성을 가진 유전자변형 옥수수를 보여주고 있다. 해충내성 식물로 재배하면 화학살충제의 사용량을 절감시킬 수 있다. 또 다른 예로 유전자변형 딸기는 냉해에 약한 식물을 보호할 수 있는 자연 부동제의 기능을 갖는 세균 단백질을 만들어 낸다. 감자와 쌀은 실험적으로 콜레라 세균에서 유래한 무해한 단백질을 생산하도록 변형시켜 왔는데, 연구자들은 이들 유전자변형 식품이 미개발국에서 매년 수많은 어린이를 죽이는 콜레라에 대항하는 매일 먹는 식용백신으로서의 역할을 해낼 수 있기를 기대하고 있다. 인도에서는 자연에 있기는 하지만 매우 드문 내염성 유전자를 벼에 삽입시켜 새로운 벼품종을 만들었는데, 이 벼는 해수보다 세 배나 짠 곳에서도 자랄 수 있어 가뭄에 시달리거나 침수된 지역에서도 재배해서 식량을 얻을 수 있다.

또한 과학자들은 작물의 영양적 가치를 높이기 위해서도 유전자변형을 사용하고 있다(그림 12.10). 한 예가 수선화와 옥수수의 유전자를 갖게 된 형질전환된 벼 품종인 "황금쌀 2"이다. 이 쌀은 특히 주식이 쌀인 개발도상국에서 비타민A 결핍으로 생기는 야맹증을 예방할 수 있다. 개발도상국에 사는 거의 10억 명의 주식으로 사용되는 녹말뿌리 작물인 카사바도 유사하게 철과 베타카로틴(체내에서 비타민A로 전환된다)의 함량이 많게 유전자를 변형시켰다. 하지만 GM식품에 대해 많은 논란이 있는데, 이에 대해서는 이 장의 끝 부분에서 다루게 될 것이다.

유전자변형 감자가 콜레라로 죽어가는 수만 명의 아이들을 구할 수 있게 될 것이다.

유전공학자들은 식물 작물뿐만 아니라 가축 동물들을 대상으로도 일하고 있다. 예를 들면 과학자들은 여러 품종에서 근육(우리가 먹는 대부분의 육류)을 크게 잘 발달시키는 유전자를 찾아내어, 이것을 다른 소에 또는 심지어 닭에까지 옮길 수도 있을 것이다. 연구자들은 지렁이에서 건강치 못한 지방산을 오메가-3 지방산으로 전환하는 단백질을 찾아내서, 이 유전자를 가지고 유전자변형 돼지를 만들었다. 이 유전자변형 돼지의 고기에서는 보통의 돼지보다 건강한 오메가-3 지방산을

▼그림 12.9 **유전자변형 옥수수.** 유럽조명충 나방(내부 사진)의 체내 침입을 막는 세균유전자를 지닌 옥수수.

▼그림 12.10 유전자변형 주요작물. 여기에서 보이는 보통 쌀과 나란히 있는 노란색 곡물(위)이 "황금쌀 2"인데, 나중에 비타민A로 전환되는 분자인 베타카로틴을 많이 함유하게끔 유전적으로 변형되었다. 거의 10억 명이나 되는 사람들의 주요 식량원으로 이용되는 전분성 뿌리작물인 카사바(아래)가 여분의 영양분을 만들어낼 수 있게 유전적으로 변형되었다.

4~5배 많이 포함하고 있었다. 2015년에는 연구자들이 젖소의 유전자를 앵거스 소의 유전자로 대체하여 뿔이 없는 소를 생산하여 뿔을 제거하는 고통에서 황소를 구해냈다. 유사한 유전자편집 기술은 개량된 염소(고기와 캐시미어 양모를 얻기 위한), 돼지(농업 과 애완동물용으로), 개 등을 만들어 내었다. 대서양 연어의 한 종류는 판매용 크기에 이르는 시간을 원래보다 절반(3년에서 18개월로)으로 짧아지고, 크기도 두 배나 커지게 유전자 변형이 이루어졌다. 2015년 말 FDA는 이 GMO 연어를 미국 소비자에게 판매하는 것을 승인했으며, 전통적인 연어만큼 안전하고 영양이 있다고 선언했다. GMO연어가 상점 진열대에 도달하기까지는 수년이 걸릴 수 있지만, 이것은 미국에서 형질전환 동물성 제품이 식품으로 판매되는 것으로는 처음이다. ✓

✓ 체크포인트

유전적으로 변형된 생물이란?

답: 인공적인 수단을 통해 조작된 DNA를 지닌 생물

12.5 사람유전자치료

지금까지 세균, 식물, 동물이 유전적으로 변형될 수 있다는 것을 배웠는데, 그렇다면 인간의 경우는 어떠한가? **사람유전자치료(human gene therapy)**는 아픈 사람에게 새로운 유전자를 도입시켜 질병을 치료하려는 것이다. 몇몇 경우는 돌연변이 버전의 유전자가 유전질환을 잠재적으로 어쩌면 영구적으로도 고쳐질 수 있게 정상 대립유전자로 대체하거나 보완하는 것이다. 다른 경우에는 유전자가 삽입된 다음 의료학적 문제를 해결하는 기간 동안에만 발현시킨다.

그림 12.11에서는 사람유전자치료의 한 가지 접근 방법에 대해 요약해 보여주고 있다. 이 과정은 그림 12.3의 1~3단계에서 나타낸 유전자클로닝 과정과 유사하지만, 이 경우에는 세균이 아닌 인간의 세포가 그 대상이 된다.

❶ 정상인의 유전자를 클로닝하여 RNA 버전으로 바꾼 다음, 무해한 바이러스의 RNA 유전체에 삽입시킨다. ❷ 환자로부터 골수세포를 채취하여, 이 세포를 재조합 바이러스로 감염시킨다. ❸ 이 바이러스는 정상적인 사람유전자를 지닌 자신의 유전체의 DNA 사본을 환자 세포의 DNA에 삽입시킨다. ❹ 그런 다음 이 변형된 세포를 환자에게 주사하여 다시 집어넣는다. 이제 정상유전자는 환자의 몸 안에서 전사되고 번역되어 원하는 단백질을 만들어내게 된다. 이상적으로는 이 유전자의 무돌연변이 버전이 평생 증식할 세포에 삽입될 것이다. 골수세포는 모든 종류의 혈액세포를 만들어내는 줄기세포를 포함하고 있는데, 바로 이 골수세포가 1순위 후보자이다. 만약 이 과정이 성공을 거둔다면, 이 세포는 환자가 살아가는 동안 증식하면서 정상유전자를 발현할 것이다. 조작된 이 세포는 그동안 없던 단백질을 공급받게 되고 따라서 환자는 치료될 것이다.

유전자치료의 실제 결과는 기대에 크게 못 미쳤지만, 몇몇 성공은 있었다. 2009년 국제연구팀은 눈에 있는 광감지 색소를 만들어내는 유전자의 결함으로 인한 점진적인 실명에 초점을 맞추어 수술을 시도하였다. 연구진은 병에 걸린 아이의 한쪽 눈에 정상유전자를 운반하는 바이러스를 주사하였는데, 아무런 부작용 없이 눈의 시력이 개선되었고, 때로는 정상적인 기능까지도 해낸다는 것을 알아냈다. 다른 눈은 대조군으로 치료하지 않은 채로 남겨 놓았다.

2000년부터 2011년까지 유전자치료는 면역계의 발달을 막는 하나의 결손유전자로 인해 일어나는 치명적 유전병인 중증복합면역결핍증(SCID)을 가진 22명의 어린이를 치료하였는데, 이 경우에는 환자가 무균실에서 격리되어 있어야 한다. 그 당시 60% 정도의 효과를 보이던 골수이식 수술을 받지 않으면, SCID 환자는 보통의 사람이 대부분 쉽게 물리칠 수 있는 감염에 의해서도 빠르게 사망하게 된다. 연구자들은 환자의 혈액으로부터 면역

▼그림 12.11 **사람유전자치료에 대한 한 가지 접근법.**

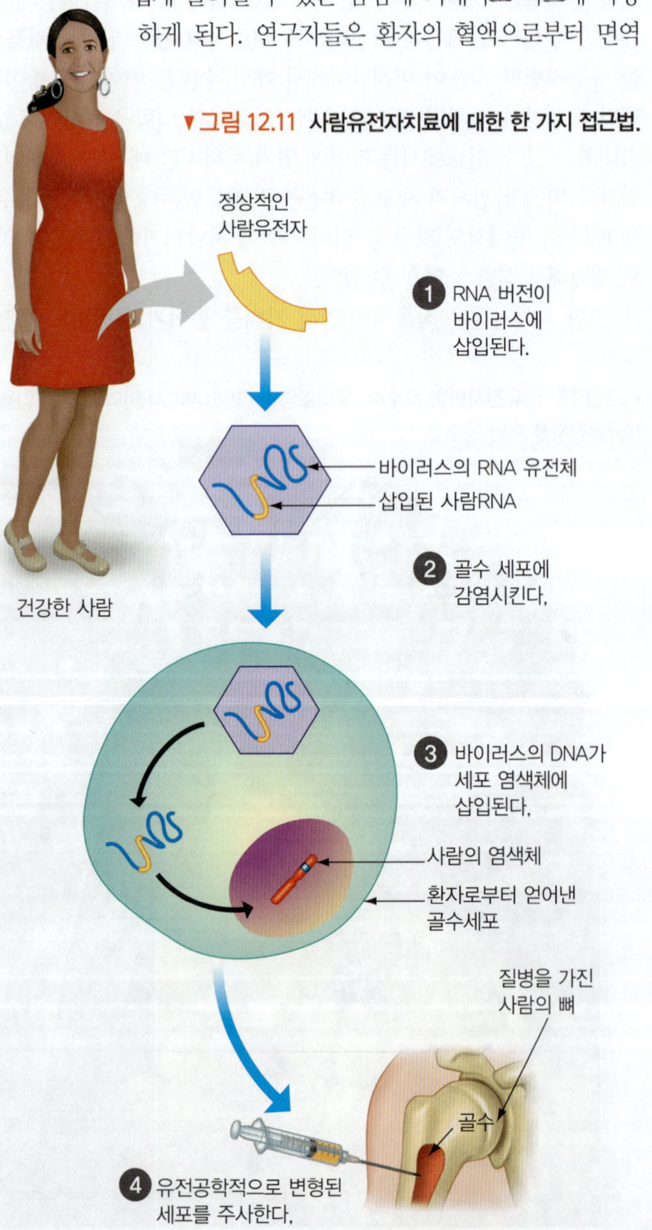

세포를 주기적으로 채취한 다음, 이 세포를 결손유전자를 대신할 정상 대립유전자를 가진 바이러스로 감염시켜, 이 혈액을 다시 환자한테 주사하였다. 이러한 처치로 SCID 환자들이 치료되긴 했으나 몇몇 심각한 부작용이 있었는데, 환자 중 네 명은 백혈병에 걸렸고, 한 명은 삽입된 유전자로 인해 암유전자(11장 참조)가 활성화되어 그 후 혈액암으로 사망하였다. 유전자치료가 전도유망한 채로 남아 있을지라도, 아직까지는 안전하고 효과적이라는 증거는 거의 없다. 이러한 연구는 지금도 위험을 최소화하기 위한 더 엄격하고 새로운 안전지침을 가지고 활발하게 계속되고 있다.

유전자치료로 치료되는 다른 두 질병은 소수의 환자에서만 생기는 신경계의 퇴행성 질환과 헤모글로빈 유전자와 관련된 혈액 장애이다. 안전하고 효과적인 적용을 위한 보다 엄격한 지침으로 유전자치료에 대한 연구가 계속되고 있다. ✓

✓ 체크포인트

골수줄기세포가 유전자치료의 표적으로 이상적인 이유는 무엇인가?

답: 골수줄기세포는 사람의 일생 동안 증식하기 때문이다.

DNA 감식과 과학수사

범죄를 저지르는 경우 체액(혈액이나 정액과 같은)이나 작은 조각의 조직(피해자의 손톱 밑에 있는 피부와 같은)이 현장에, 또는 피해자나 가해자에게 남겨 놓을 수 있다. 『우리와 함께하는 생물학』에서 배운 바와 같이, 이러한 증거는 DNA샘플이 동일인에서 온 것인지 그 여부를 확인하기 위한 DNA샘플의 분석, 즉 **DNA 감식(DNA profiling)**에 의해 조사할 수 있다. DNA 감식은 범죄현장 수사와 그 밖의 다른 법적인 절차에 대해 과학적인 분석을 하는 **범죄수사학(forensics)** 분야를 정말로 빠르게 변화시키고 있다. DNA프로파일을 만들기 위해 과학자들은 사람에 따라 다양한 DNA염기서열을 비교한다.

그림 12.12는 DNA 감식을 사용하는 전형적인 수사에 대한 개관을 보여주고 있다. ❶ 먼저 범죄현장, 용의자, 피해자, 다른 증거품에서 DNA샘플을 채취한다. ❷ 그 다음 각 DNA샘플로부터 선정된 마커를 증폭(여러 번 복제)하여 많은 양의 DNA 절편을 얻는다. ❸ 마지막으로 이 증폭된 DNA 절편을 비교한다. 전체적으로 이들 단계를 통해 샘플이 동일인의 것인지 아닌지 알 수 있는 자료를 제공해 준다.

12.6 DNA 감식 기술

이 절에서 DNA프로파일을 만드는 방법을 알아볼 것이다. 연구자들은 중합효소 연쇄반응, 짧은연접반복 분석, 겔 전기영동의 세 가지 기본 기술을 사용한다.

중합효소연쇄반응(PCR)

중합효소연쇄반응(polymerase chain reaction, PCR)은 DNA의 특정 부분을 증폭할 수 있는 기술을 말하는데, 즉 표적이 정해지고 이를 빠르고 정확하게 복사한다. PCR을 통해 과학자들은 미량의 혈액이나 조직으로부터 DNA 감식을 할 수 있을 정도의 충분한 DNA를 얻을 수 있다. 실제로 20개도 안 되는 적은 양의 세포 샘플을 가지고도 PCR로 증폭하기에 충분하다.

실제로 PCR의 원리는 간단하다. DNA샘플을 뉴클레오티드와 DNA 복제효소인 DNA중합효소와 몇 가지 다른 성분을 모두 함께 섞

▼그림 12.12 **DNA 감식의 개관.** 이 예에서 용의자 1의 DNA는 범죄현장에서 발견된 DNA와 일치하지 않지만 용의자 2의 DNA와는 일치한다.

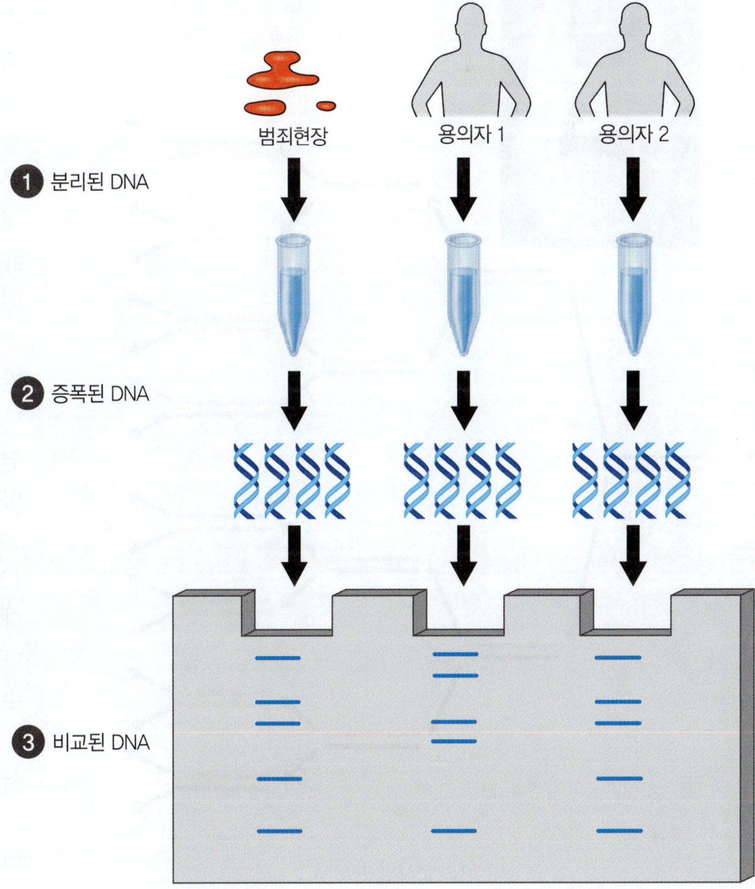

는다. 이제 이 혼합용액은 가열(DNA를 분리하기 위해)과 냉각(DNA 이중가닥을 재형성할 수 있도록)이 주기적으로 반복된다. 이들 주기 동안 DNA 각 분자의 특정 부분이 복제되어 DNA의 양은 두 배로 늘어난다(그림 12.13). 이 연쇄반응의 결과로 동일한 DNA 분자가 기하급수적으로 늘어난다. 자동화 PCR의 열쇠는 보통과는 다르게 고온에서도 안정된 DNA중합효소에 있는데, 이 효소는 뜨거운 온천에 서식하는 원핵생물로부터 맨 처음 분리되었다(그림 15.16 참조). 고온에서 변성되거나 분해되는 대부분의 단백질과 달리, 이 효소는 매 주기 시작 단계의 고온에서도 견뎌낼 수 있다.

DNA 분자는 전형적으로 매우 길지만, 일반적으로 증폭할 때 큰 DNA 분자 가운데 아주 작은 표적영역만 필요하다. 다른 영역은 안 되고 오직 한 특정 DNA 부분만을 증폭하게 하는 핵심은 **프라이머(primer)**를 사용하는 것에 있는데, 이것은 화학적으로 합성된 짧은(통상 15~20개 뉴클레오티드) 단일가닥의 DNA 분자이다. 각 실험에서 특정 프라이머는 표적서열의 양쪽 끝에 있는 서열에 상보적인 것을 선택한다. 따라서 프라이머는 표적서열의 양측면에 있는 서열에 결합하는데, 증폭될 DNA 부분의 시작지점과 종료지점을 나타낸다. DNA 한

▼그림 12.13 **PCR로 DNA 증폭.** 중합효소연쇄반응(PCR)은 DNA의 단편의 많은 복사본을 만들 수 있는 방법이다. 탁상용 온도순환기(그림 위쪽)에서 PCR을 수행할 때, 매 주기마다 DNA의 양은 두 배로 늘어난다.

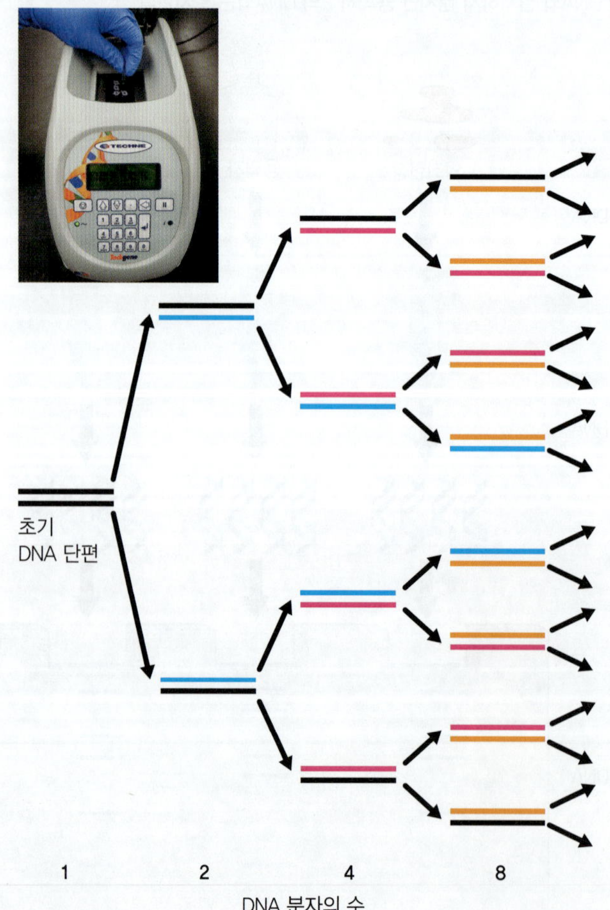

분자와 적당한 프라이머로 시작한 자동화 PCR은 몇 시간 안에 원하는 서열 사본을 수천 억 분자를 만들어 낼 수 있다.

범죄수사 외에도 PCR은 질병의 치료와 진단에 사용될 수 있다. 예를 들면 HIV(AIDS를 일으키는 바이러스)의 유전체 서열이 알려져 있기 때문에, PCR로 증폭할 수 있고, 따라서 혈액이나 조직 샘플에서 HIV를 검출할 수 있다. 사실 PCR은 종종 파악하기 어려운 바이러스를 검출할 수 있는 가장 좋은 방법이다. 의과학자들은 이들 질환과 관련된 유전자를 대상으로 만들어진 프라이머를 가지고, PCR을 사용해 사람의 수백 가지의 유전질환들을 진단할 수 있다. 이때 증폭된 DNA 생성물을 가지고 질병을 일으키는 돌연변이의 유무를 밝히기 위한 조사를 수행한다. 확인된 사람의 질병유전자에는 낫세포병, 혈우병, 낭포성 섬유증, 헌팅톤병, 뒤시엔느근이영양증 등이 있다. 이러한 질환을 앓고 사람은 종종 발병 전에, 심지어는 출생하기 전에 확인될 수 있어서, 예방의료적 돌봄을 가능하게 해준다. 또한 PCR은 무증상의 해로운 잠재적 열성대립유전자의 보인자를 식별하는 데도 사용할 수 있다(그림 9.14 참조). 따라서 부모들은 자신에게는 나타나지 않은 희귀질환을 가진 아이를 갖게 될 위험이 있는지, 그 여부에 대한 정보들을 얻을 수 있게 된다.

짧은연접반복(STR) 분석

DNA샘플 두 개가 동일인으로부터 온 것인지 아닌지 어떻게 증명할 수 있는가? 우리는 두 샘플에 있는 유전체 전체를 비교할 수 있다. 그러나 이러한 접근 방법은 실질적이지 못한데, 동일한 성을 가진 두 사람의 DNA는 99.9%가 같기 때문이다. 대신 범죄수사 과학자들은 사람마다 다르다고 알려진 보통 십여 개의 짧은 단편으로 된 비암호화 반복DNA를 비교한다. 여러분은 잡지에서 거의 동일한 두 장의 사진에서 서로 다른 점을 찾아내는 퍼즐을 본 적이 있는가? 과학자들은 이와 유사한 방식으로 사람유전체에서 동일한 대부분은 무시하고, 차이가 있는 몇 군데에 초점을 맞춘다.

사람에서 유전자 사이에 위치하며 유전체의 많은 부분을 차지하는 **반복DNA(repetitive DNA)**는 유전체에서 다수의 복사본으로 나타나는 뉴클레오티드 서열로 이루어져 있다. 이런 DNA 중 일부는 짧은 염기서열이 직렬로(잇따라) 여러 번 반복되어 이루어져 있는데, 이러한 일련의 반복을 **짧은연접반복(short tandem repeat, STR)**이라고 부른다. 예를 들면 한 사람은 유전체의 한 장소에 AGAT 서열이 한 줄에 12번 반복되고 다른 장소에서는 GATA 서열이 35번 반복될 수도 있다. 다른 사람은 같은 장소에서 같은 염기서열을 가지나 반복된 수가 다를 수 있다. STR에 초점을 맞춤으로서 법의학자들은 사람마다 다를 수 있는 유전체의 작은 부분을 비교할 수 있다.

STR 분석(STR analysis)은 유전체의 특정한 지역에 있는 STR 서열의 길이를 비교하는 DNA 감식 방법이다. 미국의 법집행에 사용되는 표준 STR 분석 과정은 유전체 전체에서 13곳에 흩어져 있는 4개의 뉴클레오티드로 된 특정 DNA염기서열의 반복된 개수를 비교한다.

보통 4개짜리 뉴클레오티드가 일렬로 3~50번 반복되어 있는데, 그 크기는 사람에 따라 매우 다양하다. 사실 표준과정에서 사용되는 STR 중 일부는 반복된 개수의 변이가 80종류도 더 된다. 미국에서는 각 부위마다 반복되는 개수가 한번 밝혀지면, FBI가 운용하는 코디스(CODIS, DNA 종합지표 시스템)라 부르는 데이터베이스에 등록된다. 전 세계의 법집행기관은 범죄현장이나 용의자로부터 얻은 DNA 샘플과 일치하는 것을 찾기 위해 코디스를 이용할 수 있다.

그림 12.14에 있는 두 DNA샘플을 생각해 보자. 위의 DNA 단편은 범죄현장에서, 그리고 아래 것은 용의자 혈액에서 얻은 것이다. 두 단편은 첫 번째 위치에서 똑같은 반복개수를 가져 4개의 뉴클레오티드로 된 DNA 염기서열 AGAT(오렌지색)가 7회 반복되어 있다. 하지만 두 번째 위치에서는 반복된 개수가 다른데, 범죄현장의 DNA는 GATA(자주색)가 8회 반복된 반면, 용의자의 DNA는 12회 반복되어 있다. DNA 감식을 위해 과학자들은 이들 STR 위치를 포함하는 DNA 영역을 특별히 증폭하기 위해 PCR을 사용한다. 그런 다음 얻어진 절편을 비교한다. 이 경우에서 그 비교는 두 DNA샘플이 같은 사람에게서 온 것이 아님을 밝히고 있다. ✓

▼그림 12.14 **짧은연접반복(STR) 부위.** 유전체의 전체에 걸쳐 흩어져 있는 STR 부위는 뉴클레오티드 4개로 이루어진 서열이 일렬로 반복된 형태로 정렬되어 있다. 각 부위에서 반복되어 있는 개수는 사람마다 다를 수 있다. 이 그림에서 두 DNA샘플은 첫 번째 STR 부위에서 반복개수는 같은 7개이지만, 두 번째 부위에서 반복개수는 서로 다르다(8개와 12개).

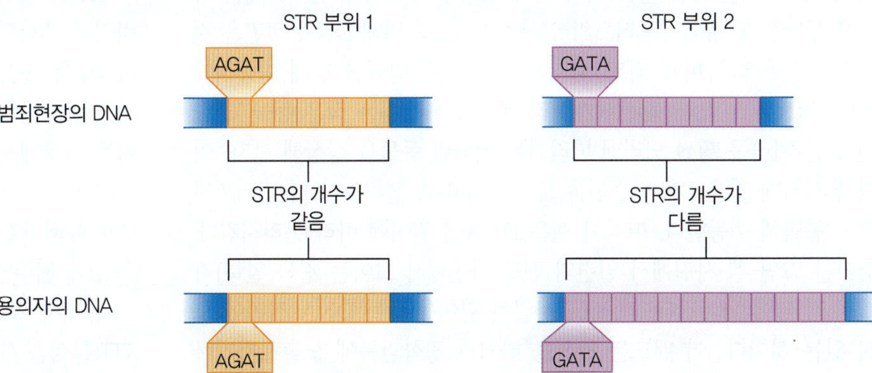

✓ 체크포인트

1. 범죄현장에서 종종 매우 적은 양의 DNA 흔적으로도 범죄수사 분석이 가능한 이유는?
2. STR은 무엇인가? 그리고 이들은 왜 DNA 감식에 유용한가?

답: **1.** PCR로는 이로부터 분석에 필요한 분자를 충분히 만들어 낼 수 있기 때문이다. **2.** STR은 사람유전체에서 직렬로, 많이 반복되어 있는 뉴클레오티드 서열을 말한다. STR은 사람마다 여러 STR 부위에서 반복개수를 달리하기 때문에, DNA 감식 확인에 매우 유용하다.

겔전기영동

STR분석에 의한 DNA 감식은 DNA 단편의 길이를 비교함으로써 결정된다. 이것은 통상 단백질이나 핵산과 같은 고분자를 전하와 크기에 따라 분리하여 구분해 낼 수 있는 방법인 **겔전기영동(gel electrophoresis)**에 의해 달성된다. 그림 12.15는 겔전기영동이 다른 출처로부터

▼그림 12.15 **DNA 분자의 전기영동.** 겔에서 볼 수 있게 염색된 여러 크기의 DNA 절편들을 사진에서 볼 수 있다.

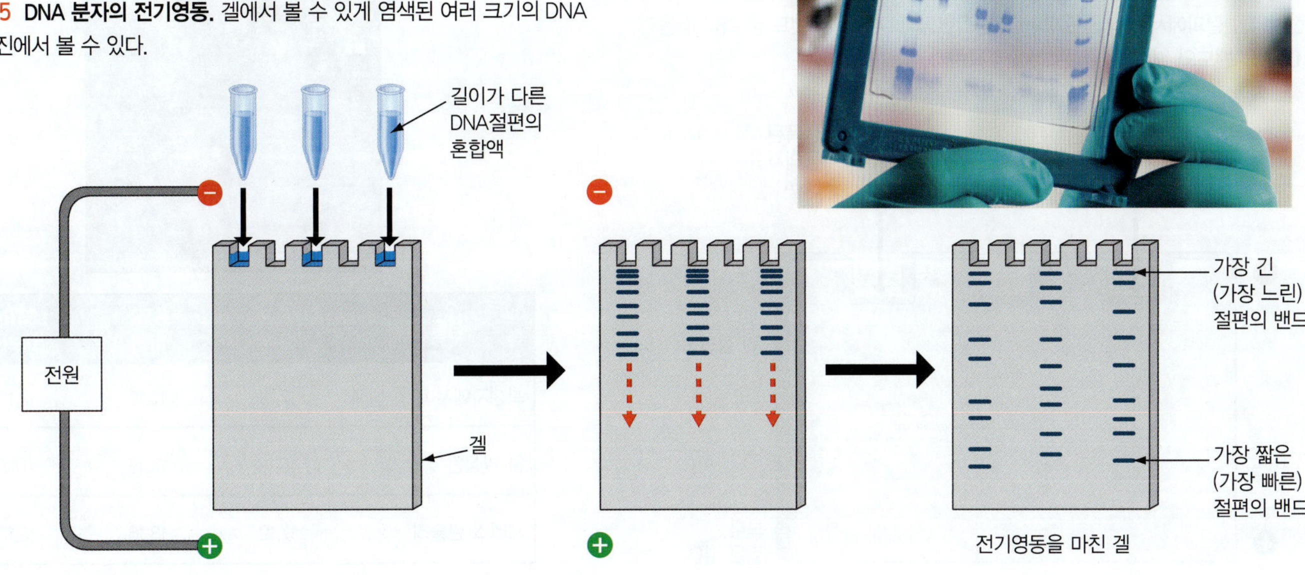

얻은 DNA 절편을 어떻게 분리하는지 보여준다. 겔 끝에 있는 여러 개의 홈에 여러 출처에서 온 많은 복사본의 DNA샘플을 홈 하나에 하나씩 넣는다. 이 겔은 분자의 체처럼 작용을 하는데, 얇은 젤리로 된 판같이 생겼다. 그런 다음 겔의 이쪽 끝에 음극을 부착하고 반대쪽에는 양극을 부착한다. 뉴클레오티드의 인산기(PO_4^-)로 인해 DNA 절편은 전기적으로 음성을 띠게 되고, 따라서 이 절편은 양극을 향해 이동하게 된다. 빽빽한 밀림의 덩굴을 재빨리 통과해 도망치는 작은 동물과, 한편 같은 거리를 훨씬 느리게 따라가는 커다란 동물을 상상해 보자. 이와 유사하게 짧은 DNA 절편은 보다 긴 DNA 절편보다 더 멀리까지 겔을 통과해 이동한다. 따라서 겔은 DNA를 길이에 따라 분리시킨다. 전기를 끄면 겔 사진에서 일련의 밴드(사진에서 보이는 청색 얼룩)가 겔의 각 열에 남겨진다. 각 밴드는 같은 길이를 갖는 DNA 절편이 모여 있는 것이다. 이 밴드는 염색을 하거나 광학필름에 노출시키거나(DNA가 방사성으로 표지된 경우) 또는 형광을 측정하여(DNA가 형광염료로 표지된 경우) 볼 수 있게 만든다. ✓

✓ 체크포인트

제한효소의 인지서열 3개가 DNA 분자의 한 쪽 말단 근처에 몰려 있는데 이 DNA 분자를 이 제한효소로 잘랐다. 겔전기영동으로 제한절편을 분리하면 밴드가 몇 개 나타날 것이라 기대하는가?

답: 양극이 있는 겔의 아래쪽(작은 절편) 근처에 3개의 밴드, 그리고 음극이 있는 겔의 위쪽(큰 절편) 근처에 1개의 밴드

그림 12.16은 그림 12.14에 있는 예로부터 DNA 절편들을 분리하기 위해 겔전기영동을 한 결과를 보여준다. 이 그림은 이 과정을 단순화한 것이며, 실제 STR분석에서는 2개 부위보다 더 많은 부위를 사용하며, 결과를 보기 위해서는 다른 방법을 사용한다. 밴드의 위치 차이는 DNA 절편 길이의 차이를 반영하고 있다. 이 겔은 범죄현장의 DNA가 용의자로부터 온 것이 아니라는 것을 증명해 준다.

DNA 감식은 유무죄에 대한 증거를 제공할 수 있다. 뉴욕시에 있는 비영리 법률단체인 무죄프로젝트의 변호사들은 2017년까지 20명의 사형수를 포함하여, 유죄판결을 받은 350명 이상의 범죄자들의 무죄 입증을 도왔다. 무죄로 입증된 사람들의 평균 복역기간은 14년이었다. 이들 경우에서 거의 절반이 DNA 감식을 통해 진짜 가해자를 밝혀냈다. **그림 12.17**은 실제 사례의 자료 일부를 보여주고 있는데 STR 분석으로 유죄판결을 받았던 사람의 무죄가 입증되고, 또 진짜 범인을 밝힐 수 있게 해주었다.

유전자 프로파일은 얼마나 믿을 수 있는가? 13개의 표준부위의 STR분석을 사용하는 법의학의 경우, 서로 다른 두 사람이 동일한 DNA 프로파일을 가진 확률은 100억분 1에서 수 조분의 1 사이의 값 정도이다. (정확한 확률은 일반대중에서 특정 DNA 서열의 빈도에 따라 달라진다.) 따라서 여전히 불충분한 데이터, 인간의 오류, 결함이 있는 증거들로부터 생길 수 있는 문제에도 불구하고, 유전자 프로파일은 현재 법률전문가와 과학자 둘 다에게 강력한 증거로 받아들여지고 있다.

▼**그림 12.16 STR 절편의 패턴 보기.** 이 그림은 그림 12.14에서 본 STR 부위의 겔전기영동 결과에서 나타난 밴드이다. 범죄현장의 DNA에서 밴드 중 하나가 용의자 DNA의 밴드와 일치하지 않는 것에 주목하자.

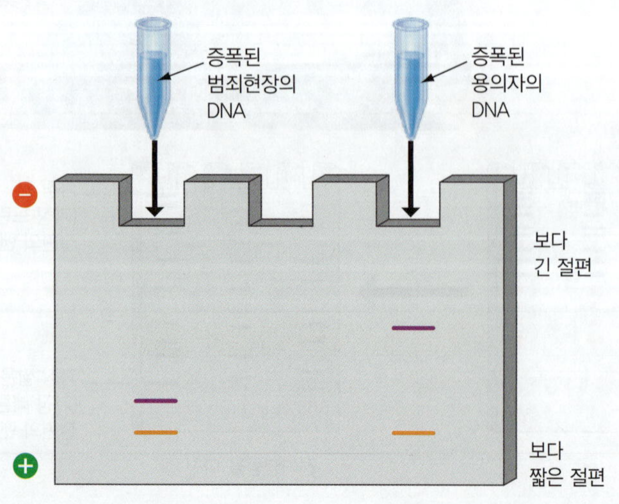

▼**그림 12.17 DNA 감식: 무죄와 유죄의 증거.** 1982년의 강간과 살인사건에 대해 1984년 얼 워싱턴(위)은 유죄로 인정되어 사형을 선고받았다. 2000년에 STR 분석은 그가 무죄였음을 결정적으로 보여주었다. 모든 사람은 두 개의 염색체를 가지고 있기 때문에, 각 STR 부위는 반복에 대해 두 개의 수 값으로 표시된다. 표는 피해자에게서 발견된 정액, 워싱턴, 무관한 사건으로 유죄판결을 받아 수감 중에 있던 또 다른 사람으로부터 얻은 3종류의 샘플에서 세 개의 STR 마커의 반복된 수 값을 보여주고 있다. 이들과 또 다른 STR 자료들이 워싱턴으로 하여금 무죄를 받게 해주었고, 그 살인에 대해 케니스 틴슬리라는 다른 사람이 유죄를 인정하도록 이끌어냈다.

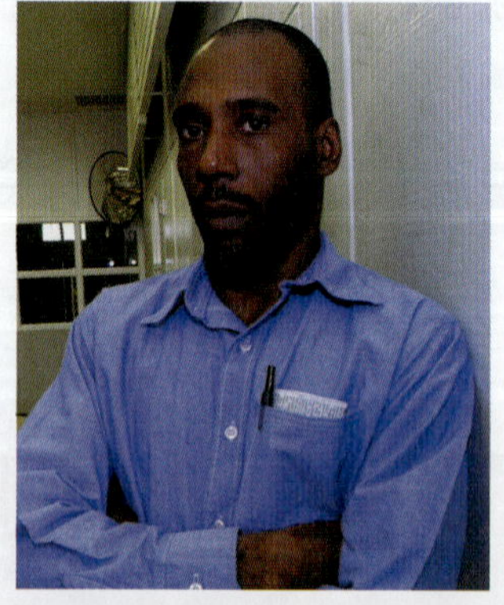

샘플 출처	STR 마커 1	STR 마커 2	STR 마커 3
희생자에서 나온 정액	17,19	13,16	12,12
얼 워싱턴	16,18	14,15	11,12
케네스 틴슬리	17,19	13,16	12,12

12.7 살인사건 수사, 친부확인, 고대 DNA 조사

1986년에 도입된 이후로 DNA 감식은 이미 범죄수사에서 표준도구로 되어 있고, 많은 유명한 사건에서 결정적인 증거로 제공되었다. 2011년 테러리스트의 지도자 오사마 빈 라덴의 죽음 후, 미국특수부대 요원은 그의 DNA샘플을 얻었다. 아프가니스탄에 있는 군사연구소는 2010년 보스턴 병원에서 뇌암으로 사망한 그의 여동생을 포함하여 빈 라덴의 여러 친척으로부터 이전에 얻어 놓은 샘플과 비교하는 작업을 몇 시간도 안 걸려 마쳤다. 얼굴 인식과 목격자의 확인을 통해 예비적인 증거를 가지고 있었지만, 악명 높은 테러리스트의 기나긴 추적을 공식적으로 종결하게 만든 것은 바로 그 사람이라고 결정적인 증거를 제공한 DNA이었다.

DNA 감식은 또한 범죄희생자의 신원확인에도 사용될 수 있다. 역사상 가장 커다란 노력이 2001년 9월 11일 세계무역센터가 공격을 받은 후에 있었다. 뉴욕시에 속한 법의학자들은 2만 개 이상의 희생자 유품을 몇 년에 걸쳐 확인하는 작업을 수행하였다. 재난현장에서 조직샘플의 DNA프로파일과 그 희생자나 그들의 친척들로부터 얻은 조직의 DNA프로파일을 서로 맞추어 보았다. 세계무역센터에서 확인된 희생자의 반 이상이 DNA 증거 하나만 가지고 찾아냈고, 이로 인해 슬퍼하던 많은 가족들의 슬픔을 멈출 수 있게 해주었다. 그 이후 유럽과 아프리카의 내전 동안에 대량학살과 같이 다른 종류의 잔학 행위의 피해자가 DNA 감식 기술을 사용하여 밝혀졌다. 예를 들면 2010년 15년 전 보스니아의 공동묘지에 묻혀 있던 전쟁범죄 피해자의 유골을 식별하는데 DNA 분석이 사용되었다. 2015년에 시작된 또 하나의 노력으로는 2차 세계대전 초기 진주만에서 전사한 61명의 군인의 미확인 유골을 밝히는 것이다.

또한 DNA 감식은 자연재해의 피해자를 확인하는데도 사용될 수 있다. 2004년 크리스마스 다음날 쓰나미가 남아시아를 유린한 후, DNA 감식은 수백 명의 희생자를 확인하는 데 사용되었다.

한 어머니, 그녀의 아이, 그리고 아버지라고 주장하는 사람의 DNA를 비교하면, 친부에 대한 의문을 해결할 수 있다. 때때로 친부확인은 역사적인 문제에서도 흥미를 갖게 해주는데, 토마스 제퍼슨과 그의 남자친척 한 명이 그의 노예였던 샐리 허밍스 사이에 낳은 자식이 있다는 사실을 밝혀냈다. 비슷하게 2015년에 실시된 검사는 자신이 낳은 아이가, 워렌 하딩이 대통령이었던 시절에 관계하여 가졌던 아이라고 주장한 여인의 이야기를 확인시켜 주었다.

역사와 관련된 또 다른 사례로 한 연구자가, 한때 프랑스의 여왕이었던 마리 앙투아네트의 자손(그림 12.18)이 프랑스 혁명에도 살아남았는지, 그 여부를 조사하고자 하였다. 그녀의 아들이라고 말했던 사람으로부터 추출된 DNA를 마리의 머리카락에서 추출된 DNA와 비교하였다. 알려진 그녀의 마지막 후계자는 사실 혁명 중 교도소에서 사망하였음이 DNA 일치 여부를 통해 확인되었다. 좀 더 최근에는 "소울의 대부"인 제임스 브라운의 전 코러스 가수가 그의 사망 후 자기 아이가 브라운의 아들이라고 주장하면서 그의 재산상속 권리에 대한 소송을 걸었다. DNA를 통한 친자확인검사는 그녀의 주장을 입증하였고, 브라운의 재산 25%가 그 어머니와 자녀에게 주어졌다.

DNA 감식은 또한 밀거래된 동물생산품의 출처를 결정적으로 제공하여 멸종위기종을 보호할 수 있게 해준다. 예를 들면 압수된 코끼리 상아를 분석하여 밀렵 장소를 정확하게 알아내게 되었고, 따라서 정부로 하여금 감시를 강화하도록 만들었으며, 관련자들은 전원 기소되었다. 2014년 인도에서 죽은 호랑이의 살과 밀렵꾼의 손톱 밑의 조직이 일치한다는 것을 밝혀낸 DNA 감식으로 세 마리의 호랑이를 잡은 밀렵꾼이 5년의 징역형을 선고받았다.

DNA 감식의 현대적 방법은 매우 특이적이고 강력하여 DNA샘플이 부분적으로 분해된 상태라도 가능하다. 이러한 진보는 고대유물 연구에 혁명을 일으키고 있다. 예를 들면 다섯 구의 이집트인의 머리 미라(기원전 800년부터 서기 100년 시기에 만들어진)에서 추출한 DNA에 대한 2014년의 연구는 이 사람들을 감염시킨 병원체를 확인하였을 뿐만 아니라, 이들 각각에 대한 지리적 기원도 밝힐 수 있었다. 또 다른 연구는 27,000년 된 시베리아 매머드에서 추출된 DNA가 오늘날의 아프리카 코끼리의 DNA와 98.6%의 상동성이 있음을 알아냈다. 다른 연구에서는 방대한 매머드 샘플의 수집을 통해 이 거대한 동물의 마지막 개체군이 북미에서 시베리아로 이동하여, 거기서 분리된 종들은 근친교배를 하게 되어 수천 년 전에 절멸하게 되었음을 제시하였다.

▼그림 12.18 **마리 앙투아네트.** DNA 감식은 프랑스 여왕의 아들인 루이(1785년의 이 그림에 그의 어머니와 함께 그려진)가 프랑스 혁명 때 살아남지 못했음을 증명했다.

생물정보학

지난 10년간 새로운 실험기술은 DNA염기서열에 관련된 막대한 양의 자료를 쏟아내었다. 계속 증가하는 정보의 홍수에 대한 이해의 필요성이 요구되자 생물학 자료의 저장과 분석을 위해 컴퓨터의 방법을 적용하는 **생물정보학(bioinformatics)**이란 분야가 생겨나게 되었다. 이 절에서는 이러한 지식을 사용할 수 있게 해주는 실제적인 방법뿐만 아니라 서열자료가 축적되는 몇 가지 방법에 대해 살펴볼 것이다.

12.8 DNA서열결정

연구자들은 DNA 분자의 완전한 뉴클레오티드 서열을 결정하기 위해 상보적인 염기쌍의 원리를 이용할 수 있다. 이 과정을 **DNA서열결정(DNA sequencing)**이라 부른다. "차세대 염기서열 결정법"이라 불리는 한 표준절차에서 DNA를 약 300개의 뉴클레오티드 크기의 조각으로 절단한 다음, 수천 또는 수십만 개의 조각을 동시에 서열결정을 해나간다(그림 12.19). 이 기술은 빠르고 비싸지 않아 하루에 20억 개 이상의 뉴클레오티드 서열결정을 할 수 있다. 이것은 "고효율 처리" DNA 기술의 한 예인데, 현재 이것은 심지어 유전체 전체나 유전체들의 집합체에 해당하는 엄청나게 많은 DNA샘플의 서열결정이 요구되는 연구에도 채택이 되는 방법이다.

보다 최근에는 과학자들이 차세대 서열결정을 개선하거나 대체했다. 여러 그룹이 "3세대 서열결정법"을 연구하고 있는데, 여기서 아주 긴 한 DNA 분자가 그 자신 위에서 서열결정이 된다. 이 아이디어는 한 가닥 DNA 분자를 막에 나 있는 매우 작은 기공(나노기공)을 통해 이동시키면서 전류들의 간섭에 의해 질소성 염기를 차례대로 하나씩 검출하는 것이다. 염기 종류에 따라 시간 길이가 약간씩 다르게 전류를 방해하는데, 그 염기서열은 뉴클레오티드를 하나씩 결정하여 이루어진다.

2015년에 처음으로 나노기공 서열결정기기가 출시되었다. 이 장치는 작은 사탕막대 크기이며 USB포트를 통해 컴퓨터에 연결된다. 소프트웨어는 서열의 즉각적인 확인과 분석을 할 수 있게 해준다. 이것은 속도를 높이고 서열결정 비용을 줄이는 많은 접근방법 중 하나이며, 한편 실험실에서 나와서 현장으로 옮겨가는 방법론을 가능케 한다.

차세대나 3세대 서열결정 기술은 보다 빠르고 저렴한 서열결정의 새로운 시대를 열었다. 이러한 기술은 우리의 다음 주제인 유전체 전체에 적용될 수 있다.

▼그림 12.19 **DNA서열결정 분석기.** 높은 처리량의 이 DNA서열결정 분석기는 10시간 한 차례 운행으로 5억 개의 염기를 처리할 수 있다.

12.9 유전체학

개선된 DNA 서열결정 기술은 생물학에서의 진화에 대한 근본적인 의문을 탐색하는 방법과 생명이 다루어지는 방법을 변화시켰다. 앞을 향한 중요한 약진은 한 팀의 과학자들이 사람에게 폐렴과 뇌막염 등 여러 질병을 일으키는 세균인 헤모필루스 인플루엔자에(*Haemophilus influenzae*)의 유전체의 뉴클레오티드 서열을 결정하였다고 발표한 1995년에 일어났다. 유전자의 완전한 세트(유전체)를 연구하는 **유전체학(genomics)**이 탄생되는 순간이었다.

유전체 연구의 첫 번째 표적은 상대적으로 작은 DNA를 갖는 세균이었다. 연구자들의 관심은 훨씬 더 큰 유전체를 가진 좀 더 복잡한 생물 쪽으로 옮겨갔다. 완전한 염기서열이 결정된 최초의 진핵생물은 빵효모(*Saccharomyces cerevisiae*)이었고, 최초의 다세포생물은 예쁜꼬마선충(*Caenorhabditis elegans*)이었다. 서열이 결정된 또 다른 동물로는 초파리(*Drosophila melanogaster*)와 실험실 쥐(*Rattus norvegicus*)인데, 이들은 둘 다 유전학에서 모델생물로 사용되고 있다. 서열이 결정된 식물로는 모델생물로 사용하는 겨자식물의 한 종류인 애기장대(*Arabidopsis thaliana*)와 경제적으로 가장 중요한 작물인 벼(*Oryza sativa*)가 있다.

수천 종의 유전체가 발표되었고, 수만 종이 더 진행되고 있다(그림 12.20). 서열결정이 이루어진 생물의 대부분은 원핵생물인데, 4,000종 이상의 세균과 거의 200종의 고세균이 포함되어 있다. 원생생물, 균류, 식물, 무척추동물과 척추동물을 포함하는 동물들에서 수백 개의 진핵생물 유전체가 완성되었다. 여러 종류의 암세포, 고대 인간, 사람의 장에 사는 많은 세균에 대한 유전체 서열이 결정되었다. **모든 생명의 유전적 특성이 발생되는 유전정보의 궁극적인 저장소로서의 유전체는 우리의 유전적 정체성에 대한 열쇠를 지니고 있다.** ✓

✓ 체크포인트

그림 12.20에 따르면 사람의 유전체는 대략 몇 개의 뉴클레오티드와 몇 개의 유전자로 이루어져 있는가?

답: 약 30억 개의 뉴클레오티드와 21,000개의 유전자

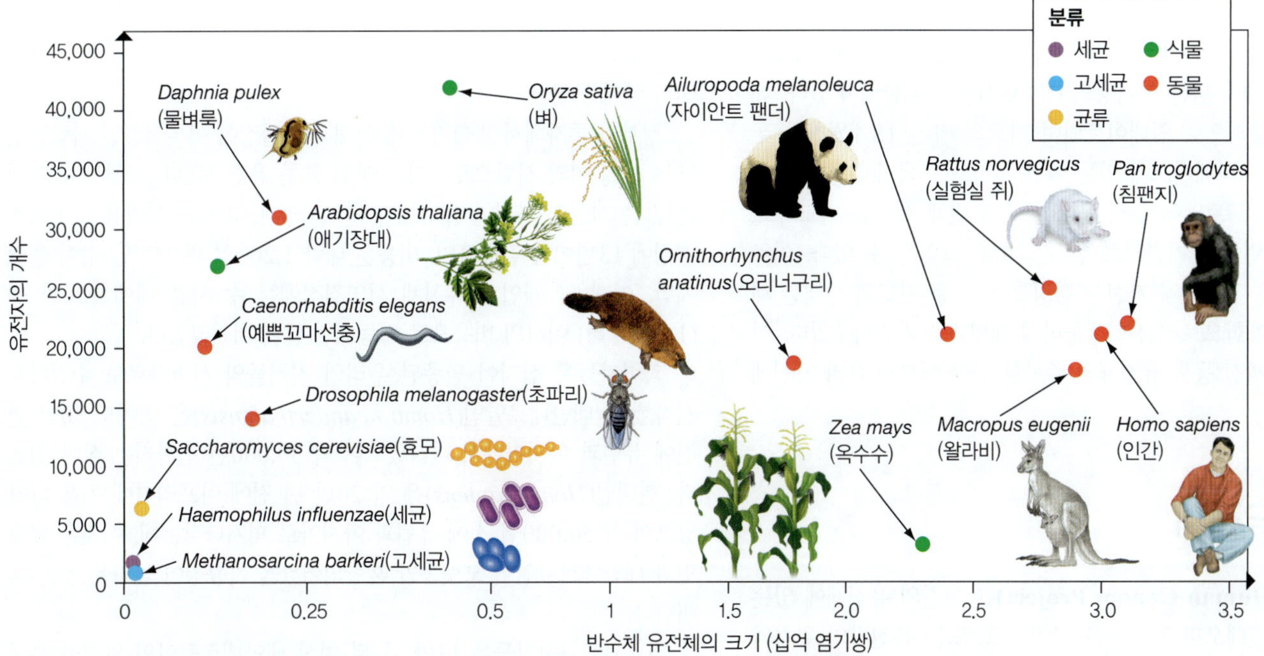

▲그림 12.20 **완전한 유전체들의 비교.** 생물의 크기나 복잡성이 유전체의 크기나 유전자의 개수와 항상 일치하는 것은 아니다.

12.10 유전체 지도를 만드는 기술

유전체는 **전유전체산탄식 방법(whole-genome shotgun method)**을 가장 자주 사용해서 서열결정이 이루어진다(그림 12.21). 이 방법에서 첫 번째 단계는 제한효소를 사용하여 전유전체를 절편으로 잘게 자른다. 다음 이 절편을 클로닝하고 서열을 분석한다. 마지막으로 지도를 만드는 소프트웨어가 탑재된 컴퓨터를 사용하여 수백만 개의 겹친 짧은 서열을 조립하여 모든 염색체(전유전체)에 대해 각각 하나의 연속서열을 만들어낸다.

미국에서 많은 연구 그룹에 의해 밝혀진 DNA염기서열은 인터넷을 통해 누구나 이용 가능한 데이터베이스인 유전자은행(GenBank)에 보

► 그림 12.21 **유전체 서열결정.** 아래쪽에 있는 사진에서 한 기술자가 전유전체 산탄식 방법에서의 단계를 수행하고 있다(그림으로 묘사).

관되어 있다. 여러분은 이것을 미국 국립생물공학정보센터(NCBI, www.ncbi.nlm.nih.gov)에서 열람할 수 있다. 2017년 현재 GenBank에는 2천억 개가 넘는 염기쌍의 DNA 서열이 포함되어 있다. 데이터베이스는 지속적으로 업데이트되며 자료의 양은 18개월마다 두 배로 늘어난다. 데이터베이스에 있는 어떤 서열도 검색되고 분석될 수 있다. 예를 들면 소프트웨어가 서로 다른 종의 전체 서열을 비교하고, 이들을 서열의 관련성을 기반으로 한 진화수로 그려볼 수 있다. 이로 인해 생물정보학은 진화론적 가설을 검정할 수 있는 자료의 광대한 새로운 저장고를 공개함으로써 진화생물학에 대변혁을 가져다주었다. 이제부터 서열이 밝혀진 동물 유전체의 주목할 만한 예로서 우리 자신에 대해 논의해 보자.

12.11 사람유전체

사람유전체사업(Human Genom Project)은 인간의 유전체에 있는 모든 DNA의 뉴클레오티드 서열을 결정하고, 모든 유전자의 위치와 서열을 알아내려고 한 대규모의 과학적 시도였다. 이 사업은 6개국 정부가 출자한 공동연구기금으로 1990년에 시작되었다. 사업 시작 몇 년 후 개인회사들도 이 사업에 참여하였다. 사업이 완료된 시점에서 유전체의 99% 이상이 99.999%의 정확도로 결정되었다(여기에는 아직 결정되지 않은 미확인 염기서열의 틈이 수백 개 남아 있어서, 이 틈을 메우기 위해 특별한 방법이 필요하였다). 야망에 찬 이 사업은 인간이 된다는 것이 무엇을 의미하는 것인지, 그 유전적 근거를 알려줄 풍부한 자료를 제공하고 있다.

우리는 현미경으로나 볼 수 있는 벌레와 거의 같은 수의 유전자를 가지고 있으며, 식물 중 벼와 비교하면 절반 정도밖에 되지 않는다.

사람유전체(22개의 상염색체와 성염색체 X와 Y)에서 염색체는 약 30억 뉴클레오티드 쌍의 DNA를 포함하고 있다. 이 서열을 이 페이지에 있는 글자(A, T, G, C) 크기로 인쇄한다고 가상하면, 이 서열은 이 책을 18층 높이까지 쌓아야 하는 크기에 해당한다. 하지만 사람유전체 사업에서 밝혀진 가장 놀라운 사실은 사람의 유전자 수가 예상보다 적다는 것이었는데, 현재 21,000개 정도로 추정되며 이것은 예쁜꼬마선충에서 발견되는 유전자 수와 큰 차이가 없다.

대부분의 복잡한 진핵생물의 유전체와 마찬가지로, 인간의 경우도 전체 DNA 중 일부만이 단백질, tRNA, rRNA를 만드는 유전자를 구성하기 때문에 중요한 도전의 대상이 되었다. 대부분의 복잡한 진핵생물은 비암호화DNA의 양은 어마어마한데, 사람의 경우도 이러한 DNA가 98.5%나 된다. 비암호화DNA 중 일부는 프로모터, 인핸서, 미소RNA와 같은 유전자조절 서열을 이룬다(11장 참조). 또 다른 비암호화 영역은 인트론과 반복DNA(이들 중 일부는 DNA 감식에 사용된다)를 포함한다. 일부 비암호화DNA는 여러 질병유발 돌연변이를 지닌 영역으로 우리의 건강에 중요하다. 그러나 대부분의 비암호화DNA의 기능은 여전히 알지 못한다.

정부가 투자해서 과학자들에 의해 서열결정이 이루어졌던 사람유전체는 사실 여러 사람으로부터 모아진 표준 유전체였다. 오늘날에 와서는 많은 개인의 완전한 유전체가 완료되었다. 최초의 사람유전체 서열결정에 13년이나 걸렸으며, 비용은 대략 1,200억 원(1억 달러)이 들었지만, 이제 한 개인의 유전체 서열결정에는 수 시간 내에 120만 원(1,000달러) 이하의 비용으로 가능해질 날이 머지않았다.

과학자들은 심지어 멸종된 우리의 친척들의 서열자료도 수집하기 시작했다. 네안데르탈인(*Homo neanderthalensis*)은 적어도 30만 년 전에 유럽과 아시아에서 나타났으며 약 30,000년 전까지는 살아 있었다. 현대인(*Homo sapiens*)은 약 20만 년 전에 아프리카에 처음 나타났으며 약 50,000년 전에 유럽과 아시아로 퍼져나갔는데, 이것은 현대인과 네안데르탈인이 오랫동안 혼합되어왔을 가능성이 높다는 것을 의미한다.

2013년 과학자들은 13만 년 된 여성 네안데르탈인의 완전한 유전체 서열결정을 완성했다. 시베리아 동굴에서 발견된 발가락뼈에서 추출한 DNA를 사용하였는데, 그 결과 얻어진 유전체는 현대 인간의 것을 거의 갖추고 있었다. 네안데르탈인 유전체 분석은 현대인과의 교배에 대한 증거를 밝혀냈다. 2014년 연구에서는 오늘날에 살고 있는 유럽과 아시아의 기원(그러나 아프리카 기원은 아닌)의 많은 사람들이 머리카락이나 손톱, 또 피부의 핵심 구성 단백질인 케라틴의 생산에 영향을 미치는 네안데르탈인 유래의 유전자를 가지고 있다는 증거를 내놓았다. 현대의 인간은 대략 7만 년 전에 네안데르탈인으로부터

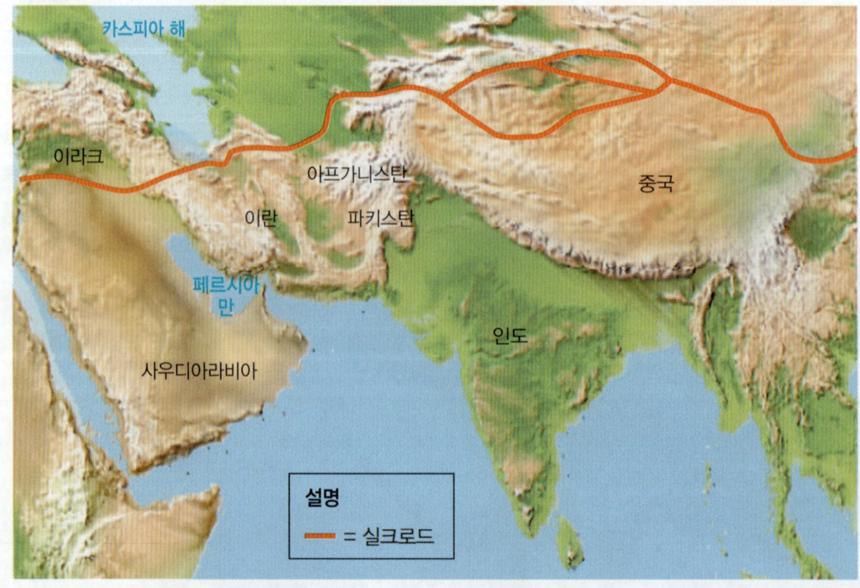

▼그림 12.22 **실크로드.** 베체트병은 실크로드를 따라 가장 흔하게 발견되는데, 그 일부를 현대적인 지명을 사용하여 지도에 표시하였다.

유전자를 물려받은 다음, 그것을 자신의 후손에 전달하였던 것으로 보인다. 이러한 연구는 우리 자신의 진화수에 귀중한 통찰력을 제공해주고 있다.

생물정보학은 또한 사람이외의 동물과 우리의 진화적 관계에 대한 통찰력을 제공할 수 있다. 2005년에 연구자들은 생명의 진화수에서 현재 살고 있는 우리와 가장 가까운 친척인 침팬지(*Pan troglodytes*)의 유전체 서열결정을 완료했다. 사람 DNA와의 비교로부터 유전체의 96%를 공유하는 것으로 나타났다. 현재 유전체 과학자들은 중요한 차이점을 발견하여 연구하고 있는데, 우리를 인간으로 만드는 것이 무엇인가라는 오래된 질문에 과학의 빛을 비추고 있다. **인간을 현존하는 연관종(침팬지)과 멸종된 연관종(네안데르탈인)과 비교해 봄으로써 연구자들은 우리 종의 최근의 진화 역사를 밝히고 있다.**

많은 사람유전체를 알게 되면 그 잠재적 이득은 엄청나다. 지금까지 2,000개 이상의 질병 관련 유전자가 발견되었다. 최근의 예로는 몸 전체 혈관의 팽창시키는 고통스럽고 생명을 위협하는 질병인 베체트병이 포함되었다. 연구자들에게는 이 질병이 실크로드라 부르는 아시아의 고대 통상로를 따라 사는 사람들 사이에 가장 흔하게 나타나는 것으로 오랫동안 알려져 있었다(그림 12.22). 2013년 연구자들은 터키 사람 중 질환이 있는 사람과 없는 사람 사이에 유전적 차이에 대한 유전체 전체를 조사하였다. 이들은 질병과 관련된 4개 영역을 유전체 내에서 찾아내었다. 근처에 있는 유전자들은 침입 세균을 파괴하고, 감염 부위를 인식하고, 자가면역질환을 조절하는 면역계의 능력에 관련되어 있다. 흥미롭게도 네 번째 유전자의 기능이 확인된 적은 없지만, 베체트병과의 긴밀한 관계가 그 역할을 파악하는 데 도움이 될 것이다. 이제부터 『과학연구의 과정』에서 유전체 분석으로 의학적 미스테리를 어떻게 풀어나가는지를 알아보자.

과학연구의 과정 DNA 감식

닉은 치명적인 유전자를 가졌는가?

배경

유아인 닉 볼커가 모유 수유를 중단했을 때 의학적인 미스터리가 일어났다. 이전에는 건강했는데 지금은 이 아이는 식사만 하면 아파서 울었고 마르기 시작했다. 이 아이는 장과 피부 사이에 궤양이 발생해서 코안에 넣은 관을 통해서 먹여야 했다. 2년간의 잘못된 진단과 100번의 수술 후 모든 사람이 절망하였다. 의사들은 닉은 자신의 면역체계가 자신의 소화시스템을 공격하게 만드는 드문 돌연변이를 가지고 있다고 가정했다. 그렇다면 그들은 어떻게 이 생각을 증명할 수 있는가?

방법

위스콘신 의과대학의 의사팀은 2009년에는 급진적이고 비싼 절차인 단백질을 암호화하고 있는 닉의 유전체 전체의 서열결정을 실시하였다. 의사가 닉의 유전체를 서열결정이 이루어진 다른 사람의 유전체와 비교해 보니, 16,000개가 넘는 돌연변이가 발견되었으며, 그 대부분은 의학적으로 관련은 없었다. 노력의 목표는 증상을 일으킨 돌연변이를 제외한 모든 돌연변이를 제거하는 것이었다. 그들은 돌연변이를 걸러내는 새로운 소프트웨어를 개발하여 단백질 오작동을 일으키지 않거나 소화계나 면역계에 관여하지 않은 것들을 제거하였다. 그런 다음 목록에서 희귀 돌연변이를 줄여나갔다.

결과

수천 개의 돌연변이를 제거한 후에도 *XIAP*유전자는 남아 있었다. 이 유전자는 XIAP단백질을 암호화하는 약 500개의 뉴클레오티드로 이루어져 있다. 의사들은 닉이 단일 염기치환을 가지고 있으며, 이는 단백질 내에 시스테인이 있어야할 자리에 티로신 아미노산이 있음을 발견했다. 이 경우 다른 많은 사람들과 마찬가지로 연구자들은 다른 동물들과 비교하여 통찰력을 얻었다. 여러 종의 자료에서 시스테인이 항상 XIAP단백질의 핵심 위치에 있음을 확인했다(그림 12.23). 이러한 진단을 통해 이 팀은 기능적인 *XIAP*유전자를 가진 공여자 세포의 골수로 대체함으로써 닉의 생명을 구할 수 있었다. 오늘날 유사한 절차에서 개인 유전체 서열결정을 사용하여 희귀 돌연변이를 가진 많은 어린이의 생명을 구하고 있다.

아미노산(한 글자 약어)

닉	G	D	Q	V	Q	C	F	C	Y	G	G	K	L	K	N	W	E
건강한 사람	G	D	Q	V	Q	C	F	C	C	G	G	K	L	K	N	W	E
치킨	D	D	Q	V	Q	A	F	C	C	G	G	K	L	K	N	W	E
제브라피쉬	D	D	N	V	Q	C	F	C	C	G	G	G	L	S	G	W	E
개구리	R	D	H	V	K	C	F	H	C	D	G	G	L	R	N	W	E
집파리	L	D	H	V	K	C	V	W	C	N	G	V	I	A	K	W	E

▲그림 12.23 **XIAP단백질의 한 영역에서의 아미노산 서열.** 이 표는 환자 닉과 다른 생물에서 XIAP단백질의 아미노산 서열(한 글자 약어를 사용)을 보여주고 있다. 닉은 핵심 위치(맨 위 줄에 표시됨)에서 시스테인 대신 티로신(기호: Y)으로 나타난 염기치환을 가졌다.

과학자처럼 생각하기

과학자들은 왜 닉의 *XIAP*유전자를 파리나 개구리 같은 다른 동물의 유전자와 비교하는가?
답은 부록 C를 참조.

DNA서열결정 기기와 함께 있는 닉 볼커

12.12 응용유전체학

닉 볼커의 희귀 돌연변이의 신비를 해결하는 것은 응용유전체학의 좋은 예가 된다. 또 다른 의학적 응용으로 2013년의 한 연구에서는 뇌까지 퍼진 암성 피부세포가 골수공여자가 제공한 적혈구 세포와 융합된 후 그런 일이 일어났음을 DNA염기서열 결정을 통해 증명하였다. 이들 결과는 암이 몸 전체로 어떻게 퍼져나가는지에 대한 새로운 통찰력을 연구자들에게 제공하였다. 서열자료를 통해서 플로리다의 한 치과의사가 HIV를 몇 명의 환자에게 옮겼는지, 또한 웨스트나일 바이러스의 조사를 통해 자연상태의 바이러스 한 균주가 조류와 사람에 동시에 감염될 수 있는지도 알게 되었다.

응용유전체학을 사용하여 형사사건을 조사할 수도 있다. 2001년 플로리다에서 63세의 남자가 세균인 바실러스 안스라시스(*Bacillus anthracis*), 즉 탄저균의 포자 흡입으로 생기는 질병인 흡입탄저병으로 사망하였다. 1976년 미국에서 이 병으로 인해 첫 번째 희생자가 발생한 이래(그리고 9/11 테러공격 직후 그 다음 달에 일어난) 그의 죽음은 즉각적으로 의혹의 대상이 되었다. 그해 말에는 다른 네 사람이 탄저병으로 희생되었다. 수사관들은 어떤 사람이 우편물에 탄저균 포자를 넣어서 우송했다는 것을 알게 되었다(그림 12.24). 미국인들은 전례가 없는 생물테러를 직면하게 되었다.

그 후의 조사를 통해서 유력한 단서의 하나가 탄저균 포자에 있음이 판명되었다. 수사관들은 편지에 있던 포자의 유전체 서열결정을 하였다. 이들은 각 편지의 포자 모두 미육군의 감염질병 의학연구소에서 분리되었던 실험실 균주와 유전적으로 동일한 것임을 바로 알게 되었다. 부분적으로 이 증거를 바탕으로 연방수사국(FBI)이 사건 용의자로 육군의 한 연구과학자를 지목하였다. 그러나 2008년 용의자의 자살로 법정에서 더 이상 다룰 수 없어, 이 사건은 공식적으로 미해결 사건으로 남겨지게 되었다.

▼그림 12.24 **2001년 탄저균 공격.** 2001년에 탄저균 포자가 들어 있는 어떤 편지로 인해 다섯 명이 사망했다.

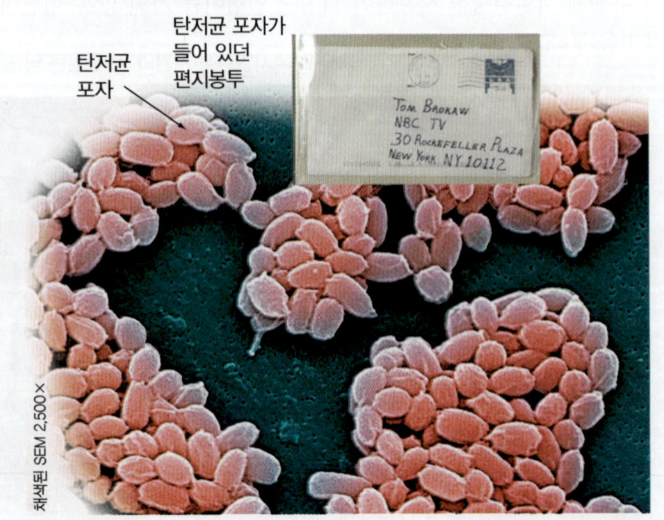

12.13 시스템생물학

생물정보학에 대한 도구로 제공된 컴퓨터의 능력은 다른 종과의 유전체 비교뿐 아니라, 유전자의 전체 세트와 이들의 상호작용에 대한 연구도 가능케 한다. 유전체는 유전체의 편성, 유전자발현의 조절, 배발생, 진화에 관한 근본적인 질문에 새로운 통찰력의 풍부한 원천이 된다.

기술의 발전은 또한 환경 샘플에서 얻은 DNA를 가지고 연구하는 메타유전체학(metagenomics)으로 이끌었다. 환경에서부터 직접적으로 얻을 때, 이 샘플에는 많은 종의 유전체를 포함할 가능성이 크다. 전체 샘플을 서열결정한 후에, 컴퓨터 소프트웨어는 다른 종의 부분적 서열을 추려내어, 이들을 특정한 개체의 유전체로 조합하여 만든다. 지금까지 이러한 접근법은 사르가소 해(Sargasso Sea)와 인간의 대장과 같이 다양한 환경에서 발견되는 미생물 군집에 적용되었다. 2012년 연구에서는 우리 몸의 안과 겉에서 공존하면서, 우리의 생존에 기여하는 많은 종의 세균, 즉 인간의 "미생물총"에 대한 놀라운 다양성을 목록으로 만들어내었다. 혼합 개체군의 DNA염기서열 결정을 해낼 수 있는 능력으로 인해, 실험실에서 각각의 종을 개별적으로 배양할 필요성이 없어져서 미생물 종의 연구를 보다 효율적으로 할 수 있게 만들고 있다.

유전체학 분야가 성공적인 것이 되자, 과학자들로 하여금 유전체가 암호화하고 있는 전체단백질 세트(단백질체)에 대해 **단백질체학(proteomics)**이라 부르는 접근방법으로 이와 유사한 체계적인 연구를 시작할 수 있게 용기를 북돋워 주었다(그림 12.25). 사람에서 단백질의 수는 유전자의 수보다 훨씬 많다(약 100,000개의 단백질과 21,000개 유전자). 실질적으로는 유전자가 아닌 단백질이 세포에서 대부분의 활동을 수행하므로, 과학자들은 세포와 생물의 기능을 이해하기 위해 단백질이 언제 어디서 만들어지고, 이들이 어떻게 상호작용하는지에 대해서 연구를 해야만 한다.

유전체학과 단백질체학은 생물학자들이 생명에 관한 연구를 거시적

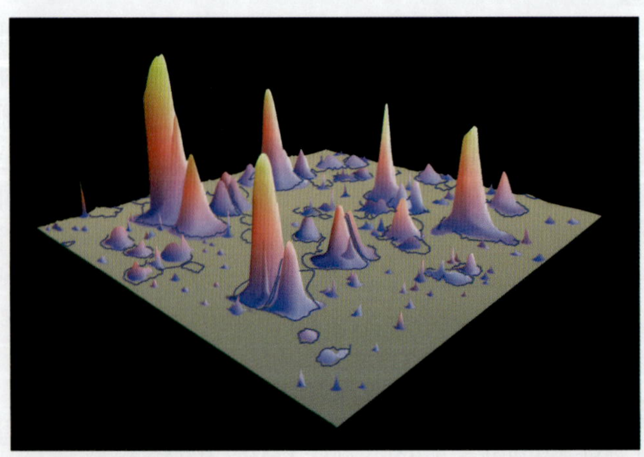

▲그림 12.25 **단백질체학.** 이 입체그래프에서의 각 봉우리는 겔전기영동에 의해 분리된 한 단백질을 나타낸다. 봉우리의 높이는 그 단백질의 양과 상관이 있다. 샘플에 있는 모든 단백질을 확인함으로써 연구자들은 완전한 생물학적 시스템에 대해 이해를 높일 수 있다.

인 관점에서 접근할 수 있게 해준다. 생물학자들은 이제 모든 유전자와 단백질의 목록, 즉 세포, 조직, 생물의 작용에 기여하는 모든 "부분"의 목록을 종합하고 있다. 이러한 목록이 완성된다면, 연구자들의 관심은 각 부분들에서부터 시작하여 이들 부분들이 생물시스템에서 어떻게 함께 일을 해나갈 수 있는지로 옮겨가게 될 것이다.

시스템생물학이라고 부르는 이러한 접근법은 시스템의 부분들 사이의 상호작용에 대한 연구에 기초하여 전체 생물학적 시스템의 동적 행동을 모형화하는 것을 목표로 한다. 이러한 유형의 연구에서 생성되는 방대한 양의 자료 때문에, 컴퓨터 기술과 생물정보학의 발전이 시스템생물학이 가능하도록 만드는 데 결정적인 역할을 하고 있다.

이러한 분석을 통해 실제로 많은 응용이 이루어질 수 있다. 예를 들면 특정 질환과 관련된 단백질이 진단(특정 단백질의 조합을 찾아내는 검사를 개발함으로써)과 치료(관련된 단백질과 상호작용하는 약물을 설계함으로써)에 사용될 수 있다. 고효율 처리기술은 더욱 신속하고 저렴해져서, 이들은 점차 암의 문제에 적용되고 있다. 암유전체지도사업(The Cancer Genome Atlas Project)은 상호작용하는 유전자와 유전자 산물에 대해 여러 연구팀으로 이루어진 커다란 그룹에 의해 동시에 조사되고 있다. 이 사업은 생물시스템의 변화가 어떻게 암으로 이어지는지를 규명하는 것을 목표로 하고 있다. 3년 기간의 시범사업은 암세포에서의 유전자 서열과 유전자발현의 패턴을 정상세포와 비교하여 폐, 난소, 뇌에서 일어나는 세 가지 유형의 암에서 나타나는 모든 일반적인 돌연변이를 찾고자 시도하였다. 이 결과들은 치료에 새로운 표적으로 가능성이 있는 암과 관련이 의심되는 여러 유전자의 역할을 확인하였고, 또 이전에 알려지지 않았던 유전자들을 밝혀내었다. 이러한 연구 접근법은 세 유형의 암에 매우 효과적이어서, 이 사업은 나머지 다른 10종류의 암에 대해서도 확장되었는데, 이들은 사람에서 흔하고 때로는 치명적이어서 선택되었다.

시스템생물학은 바탕 단계에서 소재의 배열 결과로서 생물학적 복잡성의 각 계층 단계에서 생겨난 새로운 특성, 즉 신생의 특성을 연구하기에 매우 효율적인 방법이다. **유전적 시스템의 구성 요소의 배열과 상호작용에 대해 알게 되면 될수록, 전체 생물에 대해 더욱 깊이 이해하게 될 것이다.** ✓

✓ 체크포인트

유전체학과 단백질체학의 차이는 무엇인가?

답: 유전체학은 생물의 전체 유전자가 관심사이며, 반면에 단백질체학은 그 관심사가 생물의 전체 단백질이다.

안전성과 윤리적 문제

과학자들이 DNA 기술의 위력을 깨닫자마자 잠재적인 위험에 대해서도 염려하기 시작했다. 초기에는 해로운 병원균이 만들어질 가능성에 초점을 맞추었다. 예를 들면 암을 일으키는 유전자가 감염성 세균이나 바이러스로 전달된다면 무슨 일이 일어날 것인가? 이러한 우려에 대처하기 위해 과학자들은 미국과 여러 다른 국가에서 정부가 공식적으로 규제할 수 있는 지침서를 만들었다.

안전성 점검의 한 예는 조작된 미생물에 의한 감염으로부터 과학자를 보호하고, 사고로 실험실 밖으로 미생물들이 유출되는 것을 방지하기 위해 마련된 엄격한 실험과정이 포함되어 있다(그림 12.26). 더구나 재조합DNA 실험에 사용된 미생물 균주들은 실험실 밖에서 생존할 수 없도록 유전적인 결함을 갖고 있다. 확실히 어떤 위험이 있는 실험은 더 한층 높은 예방조치로 금지되었다.

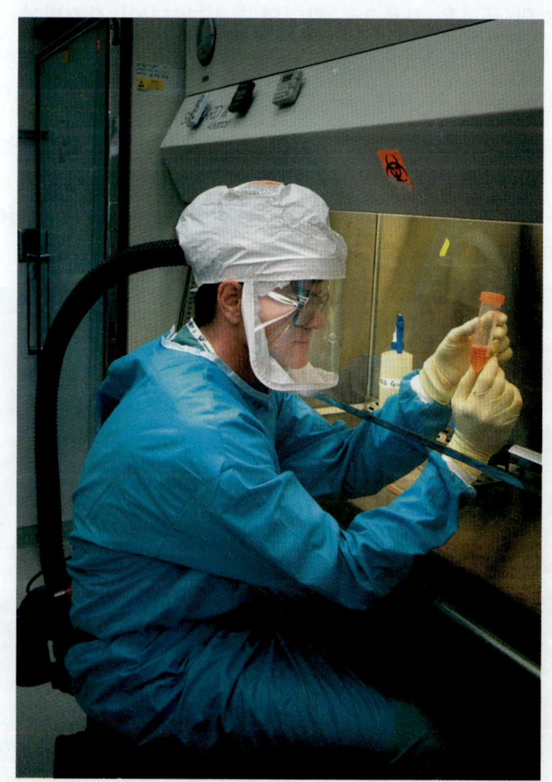

▲그림 12.26 **최고의 안전 실험실.** 질병통제예방센터의 과학자가 1918년 전 세계적으로 5천만 명이나 사망케 한 유행성 독감의 원인이 되는 바이러스를 연구하면서 생물오염 방호복을 입고 일하고 있다.

12.14 유전자변형 식품에 관한 논쟁

오늘날 가능한 위험에 대한 공공의 주된 관심은 유전자변형(GM) 식품에 집중하고 있다. GM계통의 식물이 미국, 아르헨티나, 브라질의 여러 주식 작물의 상당한 비율을 차지하고 있으며, 이들 나라가 세계 GM작물 공급의 80%를 차지하고 있다. GM작물의 생산은 종종 수익성이 더 높은데, 이러한 변형이 산출을 증진시키고 수확량을 증가시키기 때문이다. GM식품의 옹호자들은 더 적은 공간에서 더 많은 식량을 키워야 하므로 기아와 싸우기 위해 유전자변형 작물이 점점 더 필요해질 것이라고 지적하고 있다.

이러한 식품의 안전성에 대한 논쟁은 중요한 정치적 문제가 되고 있다(그림 12.27). 예를 들면 유럽연합은 새로운 GM농작물의 시장 도입을 연기하고, 모든 GM식료품의 수입을 막는 것을 고려하였다. 유럽에 비해 미국과 그 밖의 다른 나라에서는 GM혁명이 별로 주목을 받지 못하고 있고, GM식품에 표시를 붙이는 것에 대해서도 현재 논쟁 중에 있다.

조심스럽게 접근해야 한다고 생각하는 지지자들은 다른 종의 유전자를 지닌 농작물이 환경에 해를 주거나 사람의 건강에 위험이 많을까 봐 염려한다(예를 들면 음식에 새로운 알러젠, 즉 알러지 반응을 일으킬 수 있는 분자가 도입됨으로써). 주요한 염려는 형질전환식물이 자신의 새로운 유전자를 근처 자연에서 사는 가까운 인척 야생종에게 그 유전자를 전해 줄 수 있다는 것이다. 예를 들면 잔디와 농작 목초는 흔히 꽃가루 전파를 통해 야생 인척종과 서로 유전자를 교환한다. 만약 제초제, 질병, 해충에 대한 내성유전자를 가진 가정용 식물이 야생식물과 수정된다면, 그 자손은 통제하기 매우 어려운 "초강력 잡초"가 될 것이다. 하지만 연구자들은 이러한 식물유전자의 전파를 여러 가지 방법으로 방지할 수 있는데, 예를 들면 식물이 교배될 수 없게 변형시킨다. GM종자의 폭넓은 사용으로 자연의 유전다양성이 감소되어, 환경의 갑작스러운 변화나 새로운 해충 도입이라는 사건으로 인해 농작물은 비극적으로 쉽게 집단사할 수 있다. 미국국립과학원은 유전자변형 농작물이 특별히 건강과 환경에 위험을 준다는 어떠한 과학적 증거를 찾아볼 수 없었다는 연구결과를 발표하기는 했지만, 이 연구의 저자들은 예기치 않은 환경적 영향에 대해 장기간 지켜볼 것도 권고했다.

130개국(미국을 포함하여)의 협상가들은 수출업자가 대단위 식품을 선적할 때 GM작물임을 밝혀야 하고, 수입국은 그 선적물이 환경과 건강에 위험을 줄 것인지를 결정할 수 있게 해주어야 한다는 생물안전 규약에 동의하였다. 미국은 동의서에 서명하기를 거부했지만, 대다수의 국가가 찬성했기 때문에 어쨌든 효력을 발생하게 되었다. 그 이후 유럽국가에서 때때로 GM작물이 포함되어 있으리라 염려되는 미국이나 다른 나라에서 온 작물을 거부해 무역분쟁이 일어나기도 했다.

전 세계적으로 정부와 관련 부서들은 새로운 생산물과 그것의 생산 과정이 안전하면서도, 어떻게 농업, 산업, 의학에서 생명공학의 사용을 촉진시킬 수 있는지를 고심하고 있다. 미국에서는 식품의약국, 환경보호청, 국립보건원, 농무부를 포함한 많은 조정부서가 모든 유전공학 사업에 대한 잠재적 위험성을 평가하고 있다. ✓

▼그림 12.27 **유전자변형생물(GMO)에 대한 반대.** 오리건에서 항의자들이 GMO에 대한 이들의 불만을 표명하고 있다.

✓ 체크포인트

작물에 제초제내성 유전자의 도입에 대한 주된 우려는 무엇인가?

답: 이화수분을 통해, 이 유전자가 농작물과 밀접하게 관련된 야생식물종으로 옮겨갈 가능성

12.15 DNA 기술로 야기된 윤리적 문제점

인간 DNA 기술은 법적인 그리고 윤리적인 문제점을 야기하는데, 이 중 일부에 대해서는 명확한 해답을 가지고 있다. 예를 들면 유전자 조작된 세포에서 생산된 사람성장호르몬(HGH)의 주사를 통한 왜소증의 치료가 현재 사용 범위에서 벗어나 어떻게 확대될지 생각해 보자. 호르몬은 정상인데 키가 작은 아이의 부모는 자기 아이의 키가 더 클 수 있게 HGH 치료를 받아야만 하는가? 그렇지 않다면 그 아이가 치료가 필요 없을 정도로 "충분히 크다"고 누가 결정해야 하는가? 기술적인 문제에 더해 사람유전자 요법은 또한 윤리적인 의문도 발생시킨다. 일부 비평가들은 어떤 방법으로든 인간의 유전자를 조작하는 것은 부도덕하거나 비윤리적이라고 믿는다. 다른 관계자는 체세포에 유전자 이식이나 장기이식 사이에 어떠한 근본적인 차이도 없다고 본다.

배우자(정자와 난자)와 접합체의 유전공학연구가 실험실 동물로 수행되어 왔다. 아직까지 사람에게는 시도되지 않았는데, 그 이유는 이러한 과정이 대단히 어려운 윤리적인 문제를 일으키기 때문이다. 우리는 우리의 자녀와 이들의 후손이 지닌 유전적 결함을 제거하기 위해 애써야만 하는가? 우

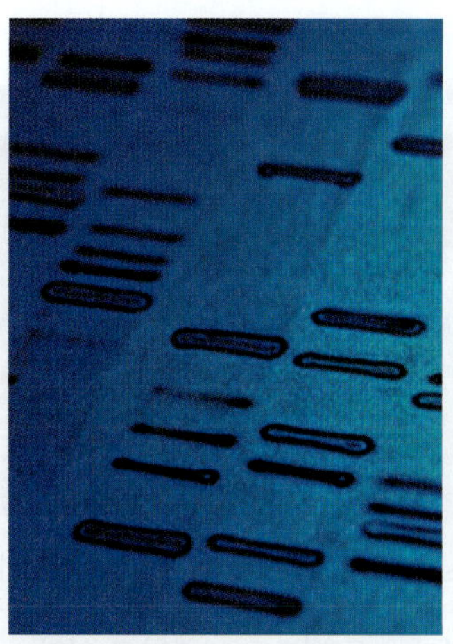

▲그림 12.28 **유전자 정보와 사생활.** 유전체 자료를 수집하면 모든 사람에게 영향을 미치는 개인정보 보호문제가 발생한다.

▲그림 12.29 **개인별 유전검사.** 이것은 유전분석을 위해 타액을 보낼 때 사용되는 키트이다. 이 결과로부터 어떤 질병이 이 사람한테서 나타날 위험의 정도를 알 수 있다.

리는 이러한 방법으로 진화를 방해해야만 하는가? 장기적인 관점에서 볼 때 유전자풀로부터 원치 않는 유전자의 버전을 제거하는 것이 오히려 화가 되는 것은 아닌가? **시간에 따라 환경조건이 변화할 때, 종의 적응에 있어 유전변이는 필요한 요소이다.** 유전자가 어떤 조건에서는 손해이지만, 다른 조건에서는 유리할 수도 있다(한 가지 예가 낫세포대립유전자인데 17장 말미에 『진화와 연결』을 참조). 우리가 미래에 우리 종에게 화가 될 수 있는 위험을 안고 있는 유전적 변화를 굳이 만들어야 하는가?

이와 비슷하게 유전자 감식의 발달은 사생활 문제를 야기한다(그림 12.28). 만일 우리가 모든 사람의 유전자 감식에 대한 자료를 태어날 때 만들어 둔다면, 이론적으로는 모든 폭력범죄를 일으킨 범인을 빠짐없이 찾을 수 있게 되는데, 그 이유는 누군가가 DNA 증거를 하나도 남기지 않으면서 폭력범죄를 일으킬 수는 없기 때문이다. 그러나 사회적인 측면에서 가치 있는 목표라고 해서 개인의 유전적 프라이버시를 희생해도 되는가? 2014년 미국대법원은 투표 결과 5대 4로 체포 시점에 용의자의 DNA샘플을 수집하는 관행을 지지하는 판결을 내렸다(이전에는 위법으로 판단했다). DNA를 확보하는 것은 "지문을 채취하고 사진을 찍는 것과 같이 헌법 제4 수정조항에 위배되지 않는 합법적인 경찰의 등록절차"라고 판결을 내리면서, 대법원의 결정은 여러 측면의 경찰업무에서 DNA 감식 사용이 확대되는 시대로 진입했음을 예고하고 있다.

개인의 유전적 기질에 대해 더 많은 정보가 가용하다면, 이 정보에 대한 접근성이 보다 많아진다는 것이 우리에게 항상 유익한 것인지 이에 대해 어떤 사람은 의문을 제기한다. 예를 들면 건강한 사람이 나중에 여러 가지 질병(알츠하이머와 크론병과 같은)이 발생할 위험정도를 알려줄 수 있는 우편용 진단도구(그림 12.29)가 가능해진다. 어떤 사람은 그런 정보가 가족을 가지려는 사람을 도울 수 있다고 주장한다. 다른 사람은 이러한 검사는 어떠한 유익도 주지 않으면서 사람을 두려움에 떨게 한다고 걱정하는데, 그 이유는 파킨슨 질병 같은 질환은 현재까지 예방도 치료도 될 수 없기 때문이다. 다른 검사(유방암 위험도와 같은)는 사람들이 병을 예방할 수 있게 변화를 줄 수도 있다. 우리 자신은 진정으로 유용한 검사를 식별할 수 있겠는가?

또한 질병과 관련된 유전자의 정보는 남용될 위험성이 있다. 대단히 커다란 문제 중의 하나가 배제와 낙인의 가능성이다. 이에 대해 미국의회는 2008년 유전정보 차별금지법을 통과시켰다. 제1조는 건강보험 가입 시 보험회사가 유전정보를 요청하거나 요구하는 것을 금지하고 있다. 제2조는 고용 시에도 이와 유사한 보호가 주어지는 것이다.

훨씬 더 광범위한 범위에서의 윤리적인 문제는 새로운 생물의 진화라는 자연의 권한을 우리가 행사하는 것에 대해 어떤 느낌을 가져야 하는가? 어떤 사람은 우리가 생물의 유전자를 변형시킬 수 있는 또는 새로운 생물을 창조해낼 수 있는 권리가 있느냐고 반문할 수도 있다. DNA 기술은 우리가 쉽게 대답할 수 없는 많은 복잡한 문제들을 야기하고 있다. 우리는 참여하는 시민으로서 제공할 정보의 선택권을 우리의 책임 하에 두어야 한다. ✓

✓ 체크포인트

사람의 배우자를 유전적으로 변형시키는 것은 사람의 체세포를 유전적으로 변형시키는 것과는 다른 윤리적인 문제점이 생기는데 그 이유는?

답: 유전적으로 변형된 체세포는 오직 그 환자에게만 영향을 끼치게 될 것이다. 변형된 배우자는 자기 모든 자손뿐만 아니라, 아직 태어나지 않은 개체에도 영향을 끼치게 될 것이다.

진화와 연결 DNA 감식

역사를 들여다보는 창문으로서의 Y염색체

사람의 Y염색체는 본래 아버지로부터 아들에게 고스란히 물려진다. 따라서 연구자들은 Y DNA를 비교함으로써 인간의 남성조상에 대해 알 수 있다. 따라서 DNA 감식은 최근의 인간진화에 대한 자료를 제공할 수 있다.

유전학자들은 중앙아시아에서 현재 살고 있는 남성의 약 8%는 뚜렷한 유전적 유사성을 갖는다는 사실을 밝혀냈다. 더 진전된 분석을 통해 이들의 공통의 유전적 유산이 1,000년 전에 살던 한 남자에게서 비롯되었음을 알아냈다. 실험 자료뿐 아니라 역사적인 기록도 함께 이용하여 조사한 바, 현재 살고 있는 1,600만 가까운 남성에게 염색체를 퍼뜨린 장본인이 몽고의 통치자였던 징기스칸이라는 사실에 이르게 되었다(그림 12.30). 아일랜드 남자에 대해서도 유사한 연구가 이루어졌는데, 10% 가까운 남성이 1,400년대에 살았던 지도자 니알의 자손이라는 암시가 있었다. Y DNA에 대한 또 다른 연구는 자신들이 고대 유대인의 후손이라는 남아프리카의 렘바인의 주장을 확인하였다(그림 12.31). 코하님이라 불리는 유대인의 사제계급에 특징적인 Y DNA의 서열이 렘바인 안에서 높은 빈도로 나타나고 있다.

▲그림 12.30 징기스칸.

▲그림 12.31 남아프리카의 렘바인.

Y염색체 DNA 감식의 비교는 사람유전체에 대해 좀 더 많은 것을 배우기 위한 커다란 노력의 한 부분에 해당한다. 또 다른 연구에 대한 노력 중 하나는 유전체 연구를 보다 많은 종으로 확장하는 것이다. 이런 연구들은 진화뿐 아니라, 건강과 생태학을 포함한 생물학의 모든 측면에 대한 이해를 향상시키게 될 것이다. 사실 세균, 고세균, 진핵생물의 완성된 유전체 서열의 비교를 통해 "진화와 다양성"이라는 다음 단원에서 더 토론하게 될 주제인 생명의 3역이라는 이론이 맨 처음으로 지지를 받을 수 있었다.

복습

주요 개념의 요약

유전공학

유전물질을 조작하는 DNA 기술은 유용한 생산물을 얻기 위해 생물을 이용하는 생명공학의 새로운 한 분야이다. DNA 기술은 종종 출처가 서로 다른 뉴클레오티드 서열을 합친 재조합DNA의 이용도 포함하고 있다.

12.1 재조합DNA 기술

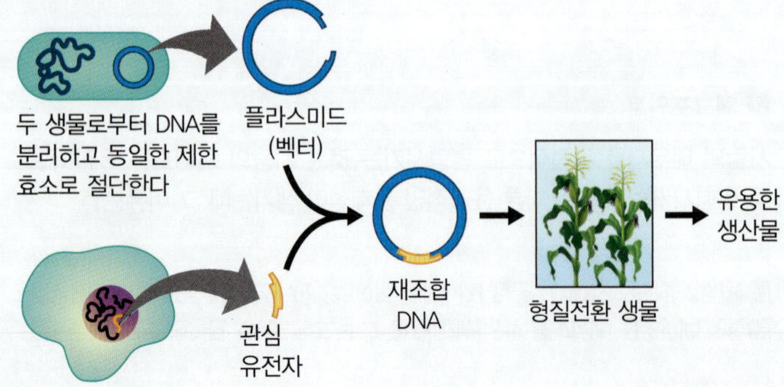

12.2 유전자 편집

CRISPR-Cas9 시스템은 살아 있는 세포 내에서 유전자를 비활성화 시키거나, 편집하는 데 사용될 수 있다.

12.3 의학적 응용

사람의 유전자를 세균이나 그 밖의 잘 자라는 세포에 옮겨 넣음으로써, 약제나 백신으로 사용되는 유용한 사람의 단백질을 대량생산할 수 있다.

12.4 농업에서 유전자변형 생물

재조합DNA 기술은 인공적으로 도입된 유전자를 가진 생물, 즉 유전자변형 생물을 만들기 위해 사용된다. 사람의 세포가 아닌 다른 생물의 세포가 사람의 단백질, 유전자변형 식량작물, 형질전환 동물을 만들기 위해 조작되고 있다. 형질전환 생물은 인공적으로 도입된 유전자, 통상 다른 종에서 온 유전자를 가지고 있는 생물이다.

12.5 사람유전자치료

바이러스는 정상적인 인간유전자를 갖도록 변형시킬 수 있다. 이 바이러스가 유전질환을 앓고 있는 사람의 골수에 주입되면, 정상적인 인간유전자가 전사되고 번역되어, 유전질환을 치료할 수 있는 정상적인 인간 단백질을 생산한다. 이 기술은 많은 유전질환과 관련된 유전자치료의 임상시험에 사용되었다. 지금까지 성공사례도 실패사례도 있지만, 연구는 계속되고 있다.

DNA 감식과 과학수사

법적 증거에 대해 과학적으로 분석을 하는 범죄수사학은 DNA 기술로 혁신되고 있다. DNA 감식은 두 DNA샘플이 동일인에서 온 것인지를 밝히는 데 사용된다.

12.6 DNA 감식 기술

짧은연접반복(STR) 분석은 DNA 절편을 중합효소연쇄반응(PCR)과 겔전기영동을 사용하여 비교한다.

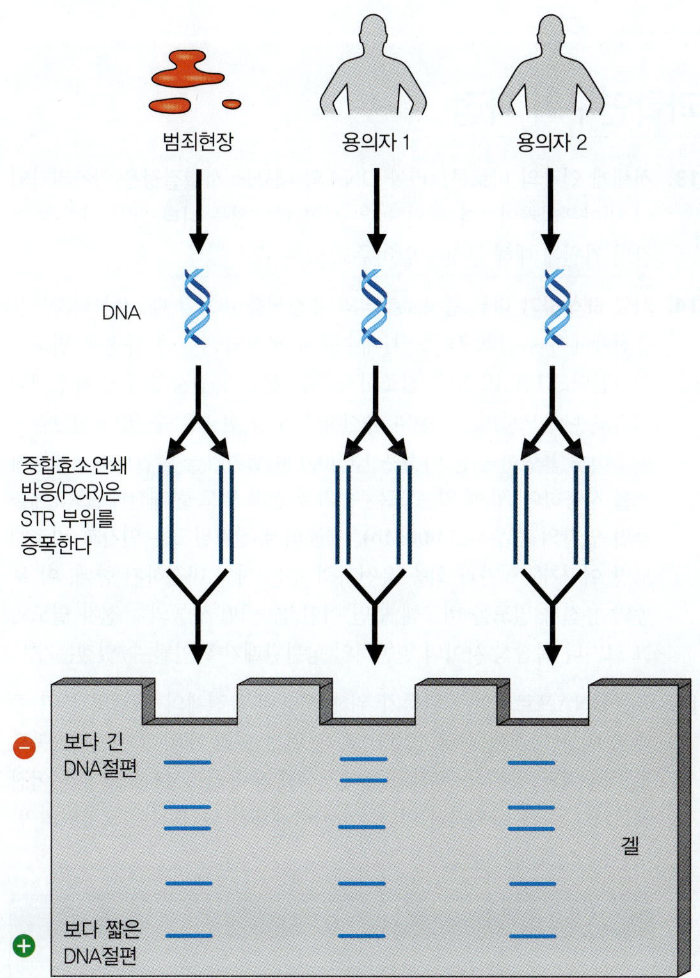

겔전기영동에 의해 비교되는 DNA절편
(짧은 DNA절편의 밴드는 양극을 향해 보다 빨리 이동한다.)

12.7 살인사건 수사, 친부확인, 고대 DNA 조사

DNA 감식은 범죄용의자의 유무죄를 결정하고, 희생자의 신원을 확인하고, 친부여부를 확인을 하고, 기초연구에 기여하는 데 이용된다.

생물정보학

12.8 DNA염기서열 결정

자동화된 기계는 지금 시간당 수천 개의 DNA 뉴클레오티드의 서열결정을 할 수 있다.

12.9 유전체학

DNA염기서열 결정의 발전은 전체 유전체 세트에 대한 연구, 즉 유전체학의 시대를 이끌어가고 있다.

12.10 유전체 지도를 만드는 기술

전유전체산탄식 방법은 전체 유전체로부터 얻어진 DNA 절편의 서열을 밝히고, 그 다음 이 서열을 조립하는 것을 포함한다.

12.11 사람유전체

사람유전체의 염기서열은 많은 유용한 자료를 제공하고 있다. 사람유전체의 서로 다른 24종류의 염색체는 30억의 염기쌍과 21,000개의 유전자로 구성되어 있다. 유전체의 대부분은 비암호DNA로 구성되어 있다.

12.12 응용유전체학

유전체의 비교는 범죄수사나 기초생물학 연구에 도움을 줄 수 있다.

12.13 시스템생물학

유전체학에서의 성공이 생물에서 발견되는 전체 단백질에 대한 체계적인 연구, 즉 단백질체학을 생기게 만들었다. 유전체학과 단백질체학은 둘 다 많은 부분들이 복잡한 생물계 내에서 어떻게 함께 일을 해나가는지에 대한 연구, 즉 시스템생물학에 공헌을 하고 있다.

안전성과 윤리적 문제

12.14 유전자변형 식품에 관한 논쟁

유전자변형 작물에 관한 논쟁은 이것이 사람에게 해로울지 또는 교차수분에 의해 유전자가 다른 식물에 옮겨져 환경에 해를 끼칠지 이런 문제들이 그 중심에 있다.

12.15 DNA 기술로 야기된 윤리적 문제점

사회의 한 일원으로서 DNA 기술의 사용으로 야기되는 윤리적 문제에 현명하게 답할 수 있도록, 우리는 이에 대한 교육을 받을 필요가 있다.

자습문제

1. 다음 중 재조합DNA를 가장 잘 나타내는 것은?
a. 세균의 접합에 의해 결과적으로 얻어진 DNA
b. 두 가지 다른 출처의 조각을 포함하는 DNA
c. 돌연변이의 산물인 또 다른 형태의 DNA
d. 전위를 지닌 DNA

2. DNA 절편을 함께 묶는 데 사용되는 효소는 ________이다.

3. 재조합DNA를 만들 때 DNA를 엇갈리게 자르는 제한효소를 사용하면 그 이점은 무엇인가?

4. 지금은 멸종되고 없는 도도새의 400년 동안 보존된 피부에서 어떤 고생물학자가 소량의 유기물질을 채취하였다. 그녀는 이 샘플의 DNA를 현재 살고 있는 새의 DNA와 비교하고자 한다. 처음에 이 도도새의 DNA를 실험에 사용할 수 있을 정도의 양으로 늘리기 위한 가장 유용한 방법은 ________이다.

5. 다른 두 사람으로부터 STR 부위를 포함하고 있는 DNA 절편을 겔전기영동하면 각자 서로 다른 위치로 이동하는 경향이 있는데 그 이유는?

6. 겔전기영동은 ________의 차이에 기초하여 DNA단편을 분리한다.
a. 뉴클레오티드 서열
b. 길이
c. 염기쌍 사이의 수소결합
d. pH

7. 겔전기영동 과정이 끝난 후 겔에서 줄무늬 패턴은 무엇을 보여주는가?
a. 특정 유전자에서 염기의 순서
b. 다양한 크기의 DNA 절편의 존재
c. 특정 염색체상의 유전자 순서
d. 유전체 도서관에서의 특정 유전자의 정확한 위치

8. 전유전체산탄식 방법의 단계를 적으시오.

9. 다음에 있는 사람의 유전자치료에 관한 단계를 순서대로 배열하시오.
a. 바이러스를 환자에게 주사한다.
b. 인간의 유전자를 바이러스에 삽입시킨다.
c. 정상인의 유전자를 분리하여 클로닝한다.
d. 정산인의 유전자가 환자한테서 전사되고 번역된다.

주된 주제 식별하기

아래의 각 문장에서 분명하게 드러난 주된 주제가 무엇인지(구조와 기능의 연관성, 정보의 흐름, 에너지와 물질의 변환경로, 생물계 내에서의 상호작용, 진화)를 식별하고, 그 내용이 그 주제와 어떻게 관련되는지를 설명하시오. 필요한 경우 주제들을 검토하고(1장 참조), 또 이 장에서 파란색 글자로 나타내어 강조한 예들을 검토해 보시오.

10. DNA 서열의 비교는 최근의 친자관계뿐만 아니라 인간이 다른 영장류에서 갈라져 나올 때와 같은 옛날 혈통의 패턴을 밝힐 수 있다.

11. 생물정보학 도구를 사용하면 살아 있는 생물을 구성(단백질과 유전자 같은)하는 모든 부분을 검사하여 상호관계를 연구할 수 있다.

12. 유전체 전체를 연구하면 한 세대의 유전자가 다음 세대의 모습에 어떤 영향을 줄 수 있는지 알 수 있다.

답은 부록 C를 참조.

과학연구의 과정

13. 전세계 인간의 미토콘드리아 DNA의 대규모 서열결정은 아프리카인이 비아프리카인보다 훨씬 높은 서열 다양성을 나타냈다. 이것은 인간의 기원에 대해 무엇을 알려주고 있는가?

14. 자료 해석하기 다른 종으로부터의 유전체를 비교할 때, 생물학자들은 유전체에서 뉴클레오티드의 개수당 유전자의 수, 즉 유전체 밀도를 계산한다. 그림 12.20을 참조하자. 여러분은 유전자의 수를 유전체의 크기로 나눔으로써, 각 종의 유전자 밀도를 산출할 수 있다(일반적으로 Mb로 표현하는데, 이것은 1,000,000 염기쌍을 말함). 스프레드시트를 사용하여, 표에 있는 모든 종의 유전자 밀도를 계산해 보자(예를 들면 인간의 경우는 3,000Mb). 세균의 유전자밀도는 인간과 비교해 보면 어떤가? 인간과 회충 유전자의 수는 거의 비슷하긴 한데, 이 두 종의 유전자 밀도를 비교해 보면 어떤가? 어떤 생물의 유전자 밀도와 그 크기나 복잡성 사이의 일반적인 상관관계가 확인될 수 있겠는가?

15. 표준 DNA프로파일을 만들기 위해 사용된 유전체의 13개의 부위 중 네 부위를 아래에 나열하였다. 각 부위는 여러 개의 짧은연접반복으로 이루어져 있는데, 유전체 내에서 4개의 뉴클레오티드로 이루어진 세트가 나란히 반복되어 있다. 이 사람에게서 나타나는 각 부위의 반복된 수가 표시되어 있다.

염색체 번호	유전자 부위	# 반복수
3	D3S1358	4
5	D5S818	10
7	D7S820	5
8	D8S1179	22

이 사람의 DNA프로파일을 만들기 위해 PCR을 수행한다고 가상해

보자. 앞의 네 겔 중에서 어떤 것이 이 사람의 DNA프로파일을 제대로 나타내고 있는가?

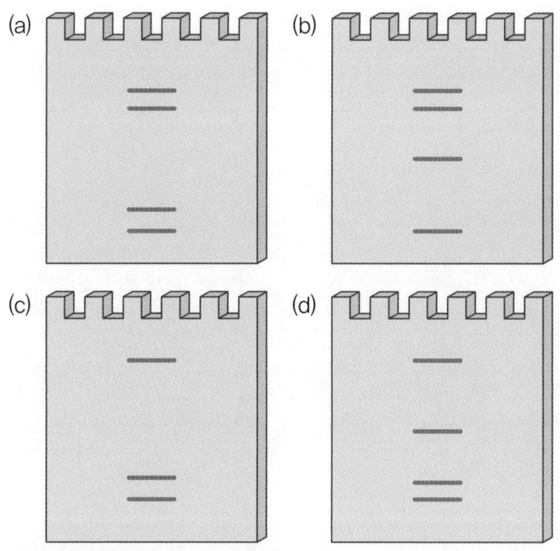

우리와 함께하는 생물학

16. 멀지 않은 장래에 유전자치료는 많은 유전질환을 치료하기 위해 사용될 것이다. 이 유전자치료가 보편화되기 전에 직면하게 될 가장 심각한 윤리적인 문제는 무엇이라고 생각하는가?

17. 오늘날에는 식물이나 형질전환 동물을 만들기는 아주 쉬운 일이다. 재조합DNA 기술의 이러한 사용에 의해 야기되는 몇몇 안전성의 문제와 윤리적인 문제는 무엇인가? 유전자 조작된 생물을 환경에 내보내면 어떠한 위험이 있는가? 이러한 결정에 대해 찬성하거나 반대하는 이유는 무엇인가? 이러한 결정을 누가 내려야 한다고 생각하는가?

18. 2002년 10월에 아프리카의 잠비아 정부는 미국으로부터 지원받은 15,000톤의 옥수수를 국민들에게 배급하지 않겠다고 공표했는데 이 정도의 식량은 이 나라 국민 250만 명이 3주간 먹을 수 있는 양이었다. 그 이유는 옥수수가 유전자 조작된 것이기 때문이라는 것인데, 그것은 과학자문단이 유전자변형 작물의 유해성이 아직 검증되지 않았다고 결론을 내린 직후였다. 우리는 이런 결정에 동의할 수 있는가? 우리는 지원받은 옥수수에 대한 거부가 정당한 것이라고 볼 수 있는가? 잠비아 정부가 이런 결정을 내릴 당시, 이 나라는 식량이 절대적으로 부족한 상태에 있어서 6개월 안에 35,000명의 잠비아 국민이 기아로 사망할 지경에 이르렀을 때였다. 이런 점에 비추어 정부가 식량 지원을 거절한 것은 도덕적으로 수용할 수 있는 것인가? 유전자변형 작물의 상대적 위험성과 기아에 직면하고 있는 상대적 위험성을 어떻게 비교할 수 있는가?

19. 1977년부터 2000년까지 12명의 죄수가 일리노이에서 처형되었다. 같은 기간 동안 사형선고를 받은 13명의 사람이 DNA 증거에 따라 무죄로 방면되었다. 2000년 일리노이 주지사는 사형제도가 "오류투성이"이기 때문이라면서, 모든 사형집행에 대한 일시 중지를 선언하였다. 여러분은 일리노이 주지사의 결정을 지지하는가? 사형수들은 예전의 증거에 대해 DNA 검사와 관련하여 어떤 권리를 가져야 하는가? 이 추가 검사에 대한 비용은 누가 지불해야 하는가?

단원 3

진화와 다양성

13장 개체군은 어떻게 진화하나

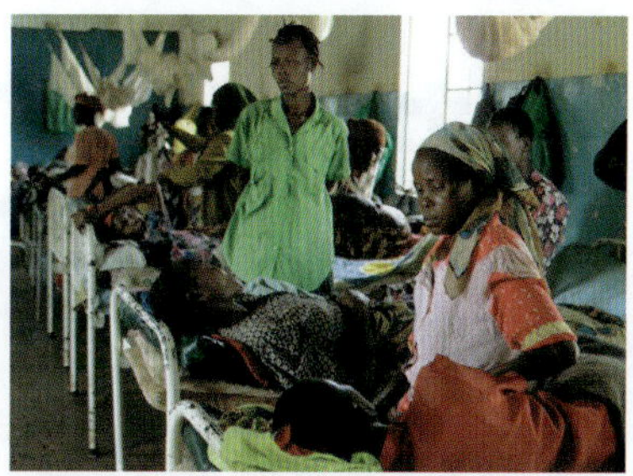

실마리
작동 중인 진화

14장 생물다양성은 어떻게 진화하나

실마리
인간이 지배하는 세상에서의 진화

15장 미생물 생명의 진화

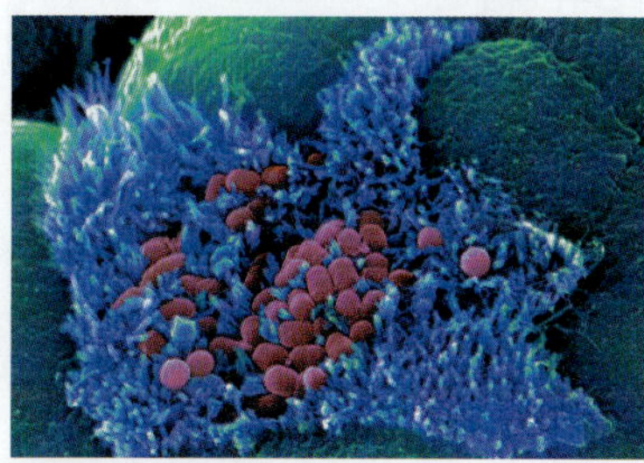

실마리
인간의 미생물상

16장 식물과 균류의 진화

실마리
식물-균류의 상호작용

17장 동물의 진화

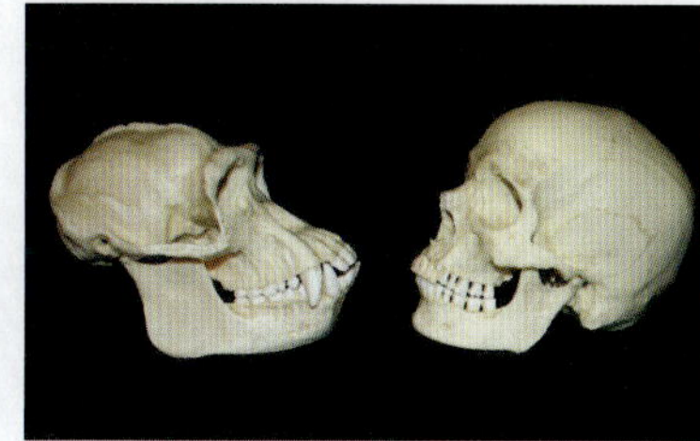

실마리
인간의 진화

13 개체군은 어떻게 진화하나

차례 내용

여러분은 크고 맛있는 토마토를 좋아하나요? 인공선택이 아니었다면 우리는 지금 블루베리의 크기의 토마토를 먹고 있을 것이다.

진화가 왜 중요한가?

지구에 있는 백만 종이 넘는 생명의 풍부한 다양성은 과거의 진화 산물이다. 또한 진화는 바로 지금 우리 가까이 그 어딘가에서, 심지어 우리의 몸 안에서도 일어나고 있다.

지구상에서 가장 빠른 동물인 치타가 멸종될지도 모른다. 많은 멸종위기종들이 유전다양성의 결여로 인해 파국을 맞고 있다.

머릿니 때문에 머리를 긁적이고 있니? 자연선택으로 인해 머릿니, 빈대, 모기를 죽이기가 점점 더 어려워지고 있다.

실마리

작동 중인 진화

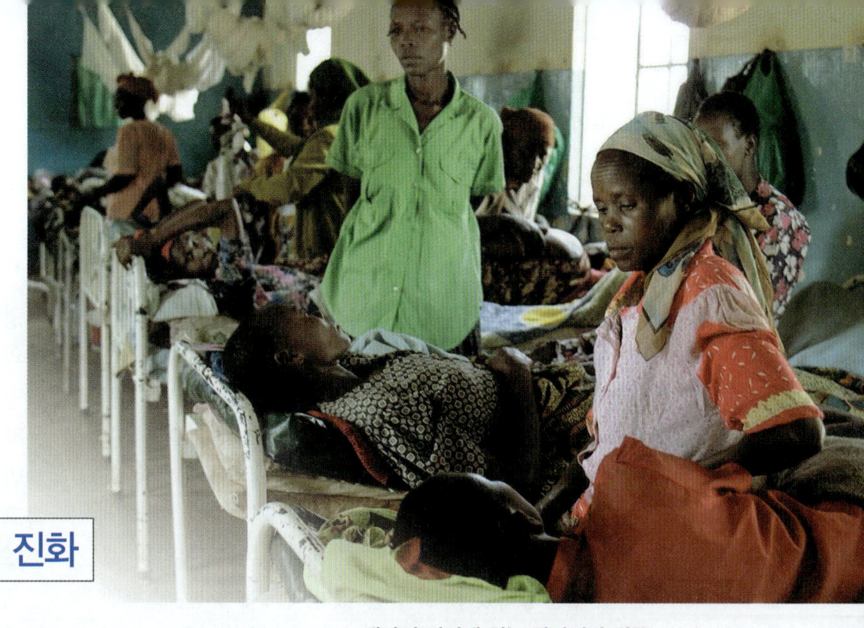

케냐의 키시에 있는 말라리아 병동.

우리와 함께하는 생물학 **작동 중인 진화**

모기와 진화

배우 조지 클루니와 조지 워싱턴, 어니스트 헤밍웨이, 크리스토퍼 콜럼버스, 테레사 수녀의 공통점은 무엇일까? 이들 모두는 인류 역사상 최악의 살인자 중 하나인 아주 작은 기생충에 의한 질병인 말라리아와의 싸움에서 살아남은 것이다. 1955년 세계보건기구(WHO)는 말라리아 퇴치를 위한 캠페인을 시작했다. 이들의 전략은 사람에서 사람으로 그 기생충을 옮기는 모기를 죽이는 것에 초점을 맞추었다. 그 당시에 만들어져 널리 사용되던 살충제 DDT는 대규모로 살포하는 방식으로 사용되었다. 그러나 많은 지역에서 초기에는 성공을 거두었으나 얼마 지나지 않아 모기 개체수의 반등으로 이어졌다. 치명적인 화학물질이 대부분의 모기를 즉시 죽였지만 생존한 모기들은 새로운 DDT-내성 개체군을 발생시켰는데, 이것은 작동 중인 진화의 한 예가 된다. 분명히 하나의 살충제가 질병을 옮기는 모든 모기를 없앨 수 없었다. 또한 WHO는 기생충도 진화하고 있음을 알게 되었다. 한때 말라리아를 치료했던 약물이 기생충 개체군에서 내성이 진화함에 따라 효과는 점점 줄어들었다. 질병을 근절하는 것이 당장 해결될 것 같아 보이지는 않지만, 공중보건기관은 모기 방제전략의 신중한 조합을 사용하여 말라리아와의 전쟁에서 진전을 이루었다. WHO는 또한 전 세계 기생충 개체군의 약물내성 진화를 모니터링하고 있다.

이 장에서 배우게 되겠지만 말라리아가 진화의 결과로 인해 치료하기가 더 어려워지는 유일한 질병은 아니다. 진화로 인해 수십 종의 세균과 기타 미생물은 항생제에 대한 내성이 점점 더 높아지고 있다. 그리고 말라리아가 모기들이 옮기는 유일한 질병이 아닌데, 이외에도 지카바이러스, 뎅기열(이는 심한 통증 때문에 골절열이라고도 함), 치쿤구니야 바이러스, 황열병, 웨스트나일 바이러스 등이 있다. 이러한 질병을 옮기는 모기종이 비교적 적은 곳에 살고 있다면 이들이 익숙하지 않을지도 모른다. 하지만 상황이 곧 바뀔지도 모른다. 기후변화로 기온상승, 강우패턴 변화, 많은 지역에 홍수의 증가로 질병을 옮기는 모기가 그 범위를 넓혀가고 있다.

진화를 이해함으로써 생명을 구성하는 분자들의 탐구에서부터 생태계 분석에 이르기까지 모든 생물학 분야를 이해할 수 있게 된다. 그리고 진화생물학의 응용을 통해 의학, 농업, 생물공학, 보전생물학이 변화되고 있다. 이 장에서는 진화의 과정이 어떻게 이루어지는지에 대해서 배우고, 또 우리 세계에 영향을 주고 있는 명확하고 측정가능한 진화의 예에 대해서도 알아볼 것이다.

생명의 다양성

모든 인류역사에 있어서 사람들은 자연계의 거주자들에 대해 이름을 붙이고, 기술하고, 분류해 왔다. 무역과 탐사가 지구의 모든 지역을 연결해 왔는데, 이러한 작업은 점점 더 복잡하게 되었다. 예를 들면 기원전 300년 그리스에서 알고 있는 모든 유형의 식물을 기술하고자 했던 어떤 학자는 약 500종을 구별하였다. 오늘날 과학자들은 약 40만 종의 식물을 알고 있다.

1700년대에 와서는 이름을 붙이고 분류를 하는데 어떤 통일된 체제가 필요하다는 것이 분명해졌다. 얼마 안 있어 과학계에서는 스웨덴의 과학자인 린네(Carolus Linnaeus)가 제안한 체계를 받아들이게 되었다. 오늘날에도 여전히 사용되고 있는 그의 체계는 종을 동정하고, 명명하고, 분류하는 생물학의 한 분과인 **분류학(taxonomy)**의 기초가 된다. 린네의 체계는 종의 이름을 붙이는 방법과 종을 보다 광범위한 생물집단으로의 계층분류를 포함하고 있다.

13.1 다양한 생명들에 이름을 붙이고 분류하기

린네의 체계에서는 각 종은 라틴어로 된 두 개의 이름, 달리 말해 **이명(binomial)**을 붙인다. 이명의 첫 부분은 가장 가깝게 관련된 종들의 집단을 말하는 **속(genus**, 복수는 *genera*)이다. 예를 들면 큰 고양이들의 속은 판테라(*Panthera*)이다.

종: 표범 (*Panthera pardus*)
속: 표범속 (*Panthera*)
과: 고양잇과(Felidae)
목: 식육목(Carnivora)
강: 포유강(Mammalia)
문: 척삭동물문(Chordata)
계: 동물계(Animalia)
세균역 | 역: 진핵생물역(Eukarya) | 고세균역

► 그림 13.1 **계층분류.** 분류학은 가장 작은 집단인 종을 점점 보다 넓게 포괄하는 상위분류군으로 분류한다. 표범(판테라 파르두스, *Panthera pardus*)은 표범속(*Panthera*)의 네 종 가운데 하나이며(여기 노란색 상자에 표시), 표범속은 고양잇과(Felidae)에서의 한 속인데(오렌지 상자), 이처럼 상위분류군에 포함된다.

이명의 두 번째 부분은 속 내에서 각 종들을 구별하기 위해 사용한다. 종의 이름을 쓸 때는 두 개를 함께 사용하여야 한다. 예를 들면 표범의 학명은 판테라 파르두스(*Panthera pardus*)이다. 속명의 첫 글자는 대문자이고 그리고 이명 전체가 이탤릭체로 써져 있음을 주목하자. 예를 들면 2016년 하와이에서 발견된 토사노이데스(*Tosanoides*) 속의 한 물고기는 그 주에서 태어난 미국 전대통령을 기리기 위해 토사노이데스 오바마(*Tosanoides obama*)로 명명되었다.

린네의 이명법은 일반명이 가지는 모호성의 문제를 해결하였다. 동물에서 다람쥐 또는 식물에서 데이지라 부르는 것은 구체적이지 못하다. 다람쥐와 데이지에는 여러 종들이 있기 때문이다. 게다가 다른 지역의 사람들은 다른 종에 대해 동일한 일반명을 사용하기도 한다. 예를 들면 스코틀랜드, 잉글랜드, 텍사스, 그리고 미국 동부에서 공히 블루벨이라 부르는 꽃이 사실은 같은 꽃이 아니고 실제로 서로 관련이 없는 네 종이다.

린네는 또한 계층구조의 범주로 종을 그룹화하는 체계도 도입하였다. 이 분류의 1단계는 이명을 짓는다. 예를 들면 판테라속(*Panthera*, 표범속)에는 사자(*Panthera leo*), 호랑이(*Panthera tigris*), 재규어(*Panthera onca*)와 같은 서로 다른 3종이 있다. 종을 속으로 묶는 것을 넘어 분류학은 상위분류군으로 점점 더 광범위하게 넓혀간다. 유사한 속들은 같은 **과(family)**에 묶어 넣고, 이와 마찬가지로 과들은 **목(order)**에, 목들은 **강(class)**에, 강들은 **문(phyla**, 단수는 *phylum*)에, 문들은 **계(kingdom)**에, 그리고 계들은 **역(domain)**에 묶어 넣는다. 그림 13.1은 이처럼 그룹 안의 그룹이라는 분류체계에서 표범의 위치를 보여준다. 특정 생물의 분류 결과는 특정 아파트에 사는 아무개, 많은 아파트 중에 특정 아파트, 많은 아파트가 있는 특정 동, 많은 동이 있는 특정 구, 많은 구가 있는 특정 시 등과 같이 이렇게 쓰는 우편주소와 제법 비슷하다.

생물을 더 넓은 범주로 묶는 것은 세상에 대한 우리의 이해를 구조화하는 한 방법이기도 하다. 하지만 과, 목, 강과 같은 포괄적 집단으로 정의하는데 사용된 기준은 결국 임의적인 것이다. 생물의 다양성으로 진화하게 만들었던 그 과정에 대해 배운 후, 진화적 관계에 대한 이해를 바탕으로 한 분류체계를 소개 받게 될 것이다(14장 참조). ✓

✓ 체크포인트

*Ursus americanus*와 *Ursus maritimus*, 또는 *Ursus americanus*와 *Bufo americanus* 중 어떤 쌍의 동물이 더 밀접한 관련이 있는가?

답: 같은 속에 속하는 *Ursus americanus*(검정곰)와 *Ursus maritimus*(북극곰). 종 이름 *americanus*는 그 속의 각 동물과 다른 구성원들로부터 각각의 동물을 구별한다. (*Bufo americanus*는 미국두꺼비이다.)

13.2 생명의 다양성을 설명하기

초기 박물학자와 철학자들은 생물다양성을 서술하고 정리하려는 시도뿐만 아니라 다른 한편, 그것의 기원을 설명하려는 시도도 행하였다. 오늘날의 생물학자에 의해 받아들여지고 있는 이에 대한 해석은 다윈의 책 중 가장 잘 알려진 1859년에 출판된 책, 『자연선택에 의한 종의 기원에 관하여』에서 다윈이 제안하였던 진화론이다. 하지만 다윈의 이론을 소개하기 전에 다윈의 시대에는 급진적인 생각이었던 이와 같은 진화의 이론을 만들게 된 과학적, 문화적 맥락에 대해 먼저 간단하게 알아보자.

고정된 종이라는 생각

서구 문명에 지대한 영향을 준 그리스의 철학자인 아리스토텔레스는 종은 고정되어 시간이 지나도 변화하지 않는 영구적인 형태를 갖는다는 관점을 대체로 고수하였다. 오늘날에 있는 모든 생물은 각기 개별적으로 창조되었다는 성서 창세기의 이야기를 그대로 믿고 있는 유대교와 기독교 문화가 이 생각을 뒷받침하였다. 1600년대에 종교학자들은 성경에 있는 내용으로부터 지구의 나이가 6,000년 되었다고 추정하였다. 따라서 살아 있는 모든 종은 상대적으로 최근에 존재한 것에서 온 것이며, 모양이 변치 않는다는 생각이 수 세기 동안 서구의 지적 풍토를 지배하고 있었다.

하지만 또한 그 당시에 박물학자들은 과거에 살았던 생물의 흔적 또는 유해를 말하는 **화석(fossil)**에 대한 해석과 씨름을 하고 있었다. 화석이 살던 생물의 유해일 것이라 생각을 하고는 있었지만 많은 것이 수수께끼로 남아 있었다. 예를 들면 "뱀돌"(그림 13.2a)은 감긴 뱀의 몸인데, 그러면 머리를 그대로 가진 것은 왜 한 번도 발견되지 않는가? 일부 화석만을 가지고 멸종된 그 종을 대표할 수 있는가? 어룡 또는 물고기도마뱀(그림 13.2b)이라 불리는 거대한 바다생물의 화석골격을 포함하여 1800년대 초에 놀라운 발견들이 박물학자들로 하여금 멸종이 실제로 있었다는 것을 확신케 해주었다.

라마르크와 진화적 적응

화석은 생명의 역사에 있어 다른 변화에 대해서도 이야기해 주었다. 박물학자는 화석형태를 현존하는 종과 비교하여, 이들의 유사점과 차이점의 양상에 주목했다. 1800년대 초에 프랑스 박물학자 라마르크는 이러한 관찰에 가장 적합한 설명은 생명이 진화한다는 것이라고 제안했다. 라마르크는 진화를 생물이 주어진 환경에서 성공적으로 살아가기 위해 갖추어야 할 형질을 개선하는 것이라고 설명하였다. 그는 신체 부위의 사용여부에 따라, 개체는 후손에게 전달될 수 있는 어떤 형질을 발달시키게 된다고 제안하였다. 예를 들면 어떤 새는 딱딱한 씨도 잘 깨서 먹을 수 있게 강한 부리를 지니고 있다. 라마르크는 씨를 깨서 먹는 새의 강한 부리는 선조 때부터 먹이 섭취과정에서 부리를 사용해온 조상들의 누적된 결과에서 비롯되었으며, 이렇게 습득된 강한 부리의 형질이 후손한테 유전되었다고 제안했다. 하지만 다음의 간단한 관찰은 획득형질이 유전된다는 주장에 반하는 증거가 될 수 있다. 일생 동안 무거운 망치를 들고 못을 박으며 힘과 체력을 갖게 된 목수의 발달된 그 근력이 자식에게 유전되지는 않는다. 근력강화운동을 통해 근력을 키운 운동선수의 굵은 팔뚝이 자녀에게 전달되지는 않는다. 종이 어떻게 진화되는가에 대한 라마르크의 생각이 오판이긴 했지만, 종이 생물과 환경 사이에 상호작용의 결과로 진화한다고 주장은 다윈의 무대가 펼쳐지는 데 도움을 주었다. ✓

✓ 체크포인트

화석이 어떻게 고정된 종이라는 아이디어를 부정할 수 있게 하는가?

답: 이들은 현재 살고 있는 어떠한 생물과도 일치하지 않는다.

▼그림 13.2 1800년대에 박물학자를 당황하게 한 화석.

(a) **"뱀돌".** 이 화석은 한때 뱀일 것으로 생각했었는데, 사실은 오늘날의 앵무조개의 인척인 멸종된 암모나이트라 부르는 연체동물이다(그림 17.13 참조). 이런 유형의 암모나이트는 직경이 수 cm에서 2m 이상까지 그 크기가 다양하다.

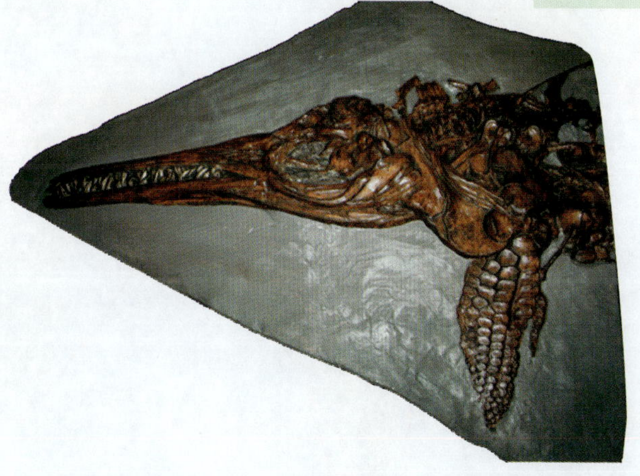

(b) **어룡의 두개골과 노처럼 생긴 앞다리.** 길이가 15m 이상인 이들 해양파충류는 대략 9천만 년 전에 멸종되기 전 1억5천 5백만 년 동안 바다를 지배하였다. 거대한 눈은 깊은 바다의 희미한 빛에 적응된 것으로 생각된다.

다윈과 종의 기원

찰스 다윈(Charles Darwin)은 200년 이상 전에 태어난 사람이지만 (링컨 대통령도 같은 날에 출생), 많은 과학자들이 생물학에 대한 그의 공헌을 축하하기 위해 그의 생일을 기념할 정도로 그가 한 일은 특별한 영향을 미쳤다. 다윈은 어떻게 과학의 대스타가 되었는가?

소년시절 다윈은 자연에 매료되어 있었다. 그는 자연에 관한 책을 읽는 것뿐 아니라 곤충과 화석을 수집하는 것도 좋아했다. 저명한 의사였던 다윈의 아버지는 박물학자라는 직업이 미래가 없어 보여, 다윈을 의과대학에 보냈다. 그러나 젊은 다윈에게 의학공부는 지루하였고, 마취가 있기 전의 시대라 수술을 끔찍하게 느낀 다윈은 의대를 그만두었다. 그러자 그의 아버지는 다윈을 성직자로 만들 심산으로 캠브리지 대학에 입학시켰다. 하지만 대학 이후에 다윈은 아버지가 제시한 경력의 길을 따르지 않고, 오히려 어린 시절의 관심으로 되돌아왔다. 22세의 나이에 진화에 관한 그의 이론을 확립하게 도움이 된 영국군함 비글호를 타고 항해를 시작했다.

13.3 다윈의 여행

비글호는 탐사 선박이었다. 세계의 많은 지역에서 정박하였지만, 주된 임무는 그 당시 잘 알려져 있지 않던 남미 해안선 지도를 작성하는 것이었다(그림 13.3). 숙련된 박물학자였던 다윈은 자연세계를 탐험하는 실로 그가 가장 즐거워하던 일을 하면서 해변에서 거의 대부분의 시간을 보냈다. 그는 화석과 살아 있는 동식물의 표본 수천 점을 모았다. 또한 그는 자신의 관찰에 대한 자세한 일지를 기록하였다. 작은 온대 국가에서 온 박물학자에게는 다른 대륙에서 익숙하지 않은 생물들의 장엄한 다양성을 보는 것은 참으로 경이로운 것이었다. 그는 브라질의 정글, 아르헨티나의 초원, 안데스 산맥의 우뚝 솟은 봉우리, 그리고 남미의 남단에 있는 황량하고 몹시 추운 땅 등 이처럼 다양한 환경에 매우 적합하게 만들어진 식물과 동물의 특성들을 주의 깊게 관찰하였다.

관찰

다윈이 관찰한 대부분의 경우, 생물 사이의 관계에 대한 예측은 환경의 유사성보다는 지리적 근접성이 더 나은 판단을 할 수 있게 해주는 것으로 나타났다. 예를 들면 남미의 온대지역에 사는 식물과 동물이 유럽의 유사한 온대지역에 사는 종보다는 그 대륙의 열대지역에 사는 종을 훨씬 더 닮아 있었다. 그리고 다윈이 발견한 남미의 화석은 현존하는 종과는 명확히 다르긴 하지만, 그 대륙의 동시대의 동식물과 닮았다는 점은 명확하였다. 예를 들면 그는 현존하는 아르마딜로 종의 갑옷을 닮은 화석화된 갑옷판을 수집했다. 고생물학자들은 나중에 갑옷을 가진 생물을 복원하였는데, 그것은 폭스바겐 비틀 자동차 크기의 멸종된 아르마딜로인 것으로 밝혀졌다.

다윈은 갈라파고스제도 생물의 지리적 분포에 특히 흥미를 가졌다.

▼그림 13.3 **비글호의 항해.**

갈라파고스는 남미의 태평양 연안에서 약 900km 떨어져 있는 비교적 젊은 화산섬이다. 이렇게 멀리 떨어져 있는 섬에 서식하는 동물의 대부분은 세계 어디에서도 찾을 수 있는데, 하지만 이들은 남미의 종과 닮아 있다.

다윈은 수영하는데 도움이 되는 평평한 꼬리를 가진 갈라파고스의 바다 이구아나는 섬과 남미 대륙에 땅에 사는 육상 이구아나와는 유사하긴 하지만 차이도 있다는 것을 인지하였다. 게다가 각 섬마다 독특한 변종의 거대 거북이가 있었는데(그림 13.4), 매우 독특한 이들 거주자의 이름을 따서 섬의 이름(*galapago*는 스페인어로 "거북이"를 의미)이 정해졌다.

새로운 통찰들

항해 동안 다윈은 스코틀랜드의 지질학자 찰스 라이엘이 쓴『지질학의 원리』에 크게 영향을 받았다. 이 책에는 고대 지구가 오늘날에도 계속되는 점진적인 지질학적 과정에 의해 수백만 년에 걸쳐 조각되었다는 사례를 보여주고 있다. 다윈이 칠레의 해안선 일부를 거의 1미터나 융기시킨 지진을 경험하였을 때, 지구표면을 직접적으로 변화시키는 자연의 힘을 목격했다.

다윈이 비글호를 타고 첫 항해를 시작한 후 5년이 지나 영국으로 돌아왔을 때, 그는 지구와 지구의 모든 생명체가 특히 단지 몇천 년 전에 만들어졌다는 것에 대해 심각하게 의심하기 시작하였다. 그는 자신이 관찰한 바를 곰곰이 생각하고, 수집한 표본을 분석하며, 자신이 한 일을 동료들과 논의해 본 후, 이러한 증거가 오늘날의 종들이 어떤 면에서는 여전히 닮은 고대조상의 후손이라는 가설로 설명될 수 있다고 결론을 내렸다. 시간이 지남에 따라 차이들은, 다윈이 진화를 표현하기 위해 사용한 문구인 "변이의 대물림(descent with modification)"이라는 일련의 작용에 의해 점점 축적되어 갔다. 하지만 생물이 시간에 따라 변화되었다는 아이디어에 대해 탐구하였던 다른 사람과는 달리, 다윈은 생물이 어떻게 진화하는지 대한 과학적인 메커니즘, 그가 자연선택이라 부른 작용을 제시하였다. **자연선택(natural selection)**에서 특정 유전형질을 가진 개체는 다른 형질을 가진 개체보다 생존하여 생식할 가능성이 높다. 다윈은 먼 조상의 후손들이 수백만 년을 거쳐 다양한 서식지로 퍼져나갔을 때, 자연선택이 다양한 수정, 달리 말하면 생물들이 자신이 처한 환경에 특정한 방식으로 자신을 맞추는 **진화적 적응(evolutionary adaptation)**이란 결과로 귀결된다는 가설을 세웠다.

13.4 다윈의 이론

다윈은 그 후 20년 동안 진화의 증거에 대한 자료를 모으고 논문을 쓰는 데 보냈다. 하지만 그는 자신의 아이디어가 소란을 일으킬 것이라는 점을 인식하고 있었기 때문에 논문출판을 뒤로 미루었다. 얼마 안 있어 다윈은 인도네시아에서 현지 조사를 하고 있던 영국의 박물학자 월리스가 다윈과 거의 같은 가설을 생각해 내었다는 것을 알게 되었다. 월리스 때문에 자신의 노력이 가려지는 것을 원치 않았기에, 다윈은 빈틈없는 논리와 생물학, 지질학, 고생물학의 관찰과 실험에서 도출된 수백 페이지의 증거를 가지고 자신의 가설을 뒷받침하는 책인『종의 기원』을 마침내 출판하게 되었다.『종의 기원』에서 언급된 진화의 가설은 그 이래로 150년 이상의 연구를 통해 검사되고 증명된 예측들을 만들어냈다. 따라서 과학자들은 자연선택에 의한 다윈의 진화의 개념을 **이론(theory)**으로 간주하고 있는데, 이론이란 하나의 가설보다 그 범위가 넓고, 새로운 가설을 만들 수 있고, 수많은 증거에 의해 뒷받침되는 폭

▼그림 13.4 두 종류의 갈라파고스 거북이.

(a) 두꺼운 둥근 지붕 모양의 껍질, 짧은 목과 다리는 보다 풍부하고 조밀한 식생을 갖는 습한 섬에서 볼 수 있는 거북이의 특징이다.

(b) 안장 모양의 껍질은 긴 목이 나올 수 있도록 전면에 만곡부가 있다. 또 긴 다리를 가짐으로써 거북이로 하여금 건조한 섬의 빈약한 식생에 도착하기 위해 더 높이 뻗칠 수 있게 해준다.

넓게 받아들일 수 있는 설명 가능한 아이디어를 말한다.

다음 몇 페이지에서 현재 살고 있는 종이 오늘날의 종과는 달랐던 조상종의 후손이라는 아이디어를 말하는 다윈의 **진화(evolution)** 이론에 대한 여러 증거들을 살펴볼 것이다. 그런 다음 진화적 변화의 메커니즘으로서 자연선택으로 되돌아갈 것이다. 이 메커니즘이 어떻게 작동하는 지에 대한 현재의 이해를 가지고, 대대로 이어지는 개체군의 유전적 변화를 포함시켜 진화에 대한 다윈의 정의를 확장해 볼 것이다. ✓

✓ 체크포인트

다윈의 진화에 대한 이론과 이전에 제기되었던 진화에 대한 아이디어 사이의 가장 중요한 차이점은 무엇인가?

답: 다윈은 진화가 어떻게 일어나는지에 대한 메커니즘(자연선택)도 제시하였다.

진화의 증거

진화는 관찰 가능한 흔적을 남긴다. 과거에 대한 이러한 단서들은 역사과학에 있어서는 필수적인 것이 된다. 인간문화를 연구하는 역사가들은 과거시대의 기록들을 가지고 연구한다. 그러나 이들은 이들 기록 이외에 현재의 문명에 남아 있는 과거의 흔적들을 인지함으로써 인간사회의 진화에 대해 함께 묶어 이야기를 엮어낼 수도 있다. 우리가 스페인 사람들이 미주대륙을 지배하였다는 기록을 알지 못한다 하더라도 이러한 사실을 남미문명에 남아 있는 스페인의 흔적으로부터 추론해 낼 수 있다. 이와 유사하게 생물학적 진화도 현재 살고 있는 생물에서뿐 아니라 화석에도 증거들을 남겨놓았다.

13.5 화석으로부터의 증거

과거에 살았던 생물의 흔적 또는 유해인 화석은 과거와 현재 생물 사이의 차이에 대한 증거를 제공하고, 많은 종들이 멸종해 왔었음을 보여주고 있다. 죽은 생물의 부드러운 부분은 일반적으로 급속하게 부패하지만, 척추동물의 뼈와 치아, 조개와 달팽이의 껍질과 같은 무기물이 풍부한 동물의 딱딱한 부분은 화석으로 남을 수 있다. 그림 13.5는 생물이 화석화될 수 있는 몇 가지 방식들을 보여주고 있다.

모든 화석이 생물의 실제적인 유해는 아니다. 그림 13.2a의 암모나이트와 같이 일부 화석은 허물이다. 퇴적물에 묻힌 죽은 생물은 분해되어 속이 빈 "거푸집"이 남겨질 때 허물이 형성되는데, 후에 이 안에 물에 용해되어 있던 무기물로 채워지게 된다. 이 무기물은 거푸집에서 경화되어 생물의 복제품이 만들어지게 된다. 같은 방법으로 영화에서 범죄현장 조사관이 발자국이나 타이어 자국의 허물을 만들기 위해 신속하게 작용하는 석고를 사용하는 것을 본 적이 있을 것이다. 화석은 생물이 부패된 후 남아 있는 발자국이나 구멍과 같은 흔적일 수 있다. 화석을 연구하는 과학자인 **고생물학자(paleontologist)**는 멸종된 동물의 식생활과 소화계에 대한 단서를 얻기 위해 화석화된 배설물, 즉 분석(coprolite)도 열심히 조사한다.

드문 경우이긴 하지만 연한 부위를 포함한 한 생물 전체가 분해를 방지하는 보존매질에 싸여 있기도 한다. 예를 들면 호박(화석화된 나무송진)에 갇힌 곤충이나 얼음 속에 얼은 상태 또는 습지에 보존된 상태의 매머드, 들소, 심지어 선사시대의 인간도 포함된다.

대부분의 화석은 바다, 호수, 늪, 기타 수서 서식지의 바닥에서 죽은 생물을 덮어버리는 침전된 모래나 진흙으로부터 형성된 결이 고운 퇴적암에서 발견된다. 수백만 년을 걸쳐 오래된 층 위에 퇴적물의 새로운 층이 침적되고 위에서 꽉 눌러 층상이라 부르는 암석층이 형성된다. 따라서 특정 층상에 있는 화석은 층상이 형성된 그 당시 그 지역에 살았던 일부 생물들을 엿볼 수 있게 해준다. 젊은 층상이 오래된 층상 위에 있으므로 화석들의 상대적인 나이는 이들이 발견된 층상에 의해서 결정될 수 있다(화석의 대략적인 나이는 방사성 연대측정법을 사용하여 측정하는데, 그림 2.17을 참조하자.). 결과적으로 화석들이 퇴적암의 층 안에서 나타난 순서는 지구에서 생물의 역사적 기록이다. **화석기록(fossil record)**은 암석층에 나타나는 화석의 연대기로서 지질학적 시대의 경과를 나타내고 있다(그림 14.13 참조).

물론 다윈도 인정했듯이 화석기록은 불완전하다. 지구 생물의 대부분은 화석화가 잘되는 지역에 살고 있는 것은 아니었다. 형성된 대부분의 화석은 나중에 왜곡 또는 후에 지질학적 과정에 의해 뒤틀리고 파괴된 암석 안에 있었다. 더욱이 보존된 모든 화석이 고생물학자들에게 접근 가능한 것도 아니다. 하지만 이런 한계에도 불구하고 화석기록은 대단히 상세하다. 그리고 화석기록의 불완전성이 실망스럽게 보일지 몰라도(모든 질문에 대한 답이 있다고 좋기만 할까!), 이것이 고생물학의 작업 과정에서 예기치 않은 전율을 느끼게 만든다. 새로운 단서로 인해 각 사건이 밝혀지는 추리연재물과 마찬가지로, 매년 새로 발견되는 수천 개의 화석들은 고생물학자들에게 생물의 다양성이 어떻게 진화했는지에 대한 가설을 검정할 새로운 기회를 준다. 다음 절에서는 화석이 아주 오랜 수수께끼에 대한 답을 어떻게 밝혀주는지를 배울 것이다. ✓

✓ 체크포인트

통상 더 오래된 화석이 덜 오래된 화석보다 더 깊은 암석층에서 나타나는 이유는?

답: 침적작용은 더 오래된 암석층 위에 덜 오래된 암석층을 올려놓는다.

퇴적 화석은 무기물이 침투하여 유기물을 대체할 때 형성된다. 애리조나의 석화삼림국립공원에 있는 석화된(돌) 나무는 약 1억9천만 년 된 것이다.

4,500만 년 된 곤충은 호박(굳어버린 나무 진액) 속에 묻혀 있다.

화석을 연구하는 고생물학자에게는 퇴적암은 가장 풍부한 사냥터와 같다. 이 연구자는 유타와 콜로라도에 위치한 국립공룡유적지에서 화석화된 공룡 골격을 발굴하고 있다.

지금의 스페인 북부에 1억2천만 년 전 공룡이 자신의 발자국을 남겨 놓았다. 생물학자들은 종종 멸종된 동물들이 어떻게 움직였는지를 알기 위해 발자국을 연구한다.

과학자들이 러시아 북부의 빙하에서 얼어붙어 있던 4만 년 된 새끼 매머드를 검사하고 있다.

▲**그림 13.5** 여러 화석들.

13.6 상동으로부터의 증거

진화에 대한 증거의 두 번째 유형은 서로 다른 생물들 사이에서의 유사성 분석을 통해 얻어진다. 자손들이 다른 환경조건에 직면하게 될 때, 진화는 조상생물에 존재하던 특성이 시간이 지남에 따라 자연선택에 의해 달라지는 변이의 대물림 과정이다. 달리 말하면 진화는 리모델링 과정이다. 결과적으로 관련된 종은 다르게 기능할지는 몰라도 여전히 기본적인 유사성을 지닌 특성을 가질 수 있다. 공통조상에 기인한 이러한 유사성은 **상동(homology)**으로 알려져 있다.

다윈은 공통조상의 증거로 척추동물의 앞다리 사이의 해부학적 유사성을 그 예로 들었다. **그림 13.6**에서 보듯이 같은 골격요소가 인간, 고양이, 고래, 박쥐의 앞발을 이루고 있다. 이 앞다리의 기능은 다르다. 고래의 지느러미는 박쥐의 날개와 같은 일을 하지 않기 때문에, 그래서 이러한 구조가 고유하게 설계되어 이들의 기본 디자인이 매우 다르리라고 기대할 수 있다. 논리적인 설명은 그보다 오히려 서로 다른 이들 포유동물의 팔, 앞다리, 지느러미, 날개가 조상생물의 어떤 해부학적 구조물에 수백만 년을 거치면서 서로 다른 기능으로 적응된 변이가 온 것이라고 말한다. 생물학자들은 다른 생물에서의 이러한 해부학적 유사성을 상동구조라 부르는데, 즉 공통조상을 가지므로 인해 구조적으로는 유사하나 기능은 서로 다른 특성을 말한다.

유전자와 유전자발현에 대해 분자수준에서 하는 연구, 즉 **분자생물학(molecualr biology)**의 발전으로 오늘날의 과학자들은 상동에 관해 다윈이 했던 것보다 훨씬 더 깊은 이해를 가지고 있다. **우리의 유전적 배경이 우리 부모로부터 물려받은 DNA에 기록되어 있는 것처**

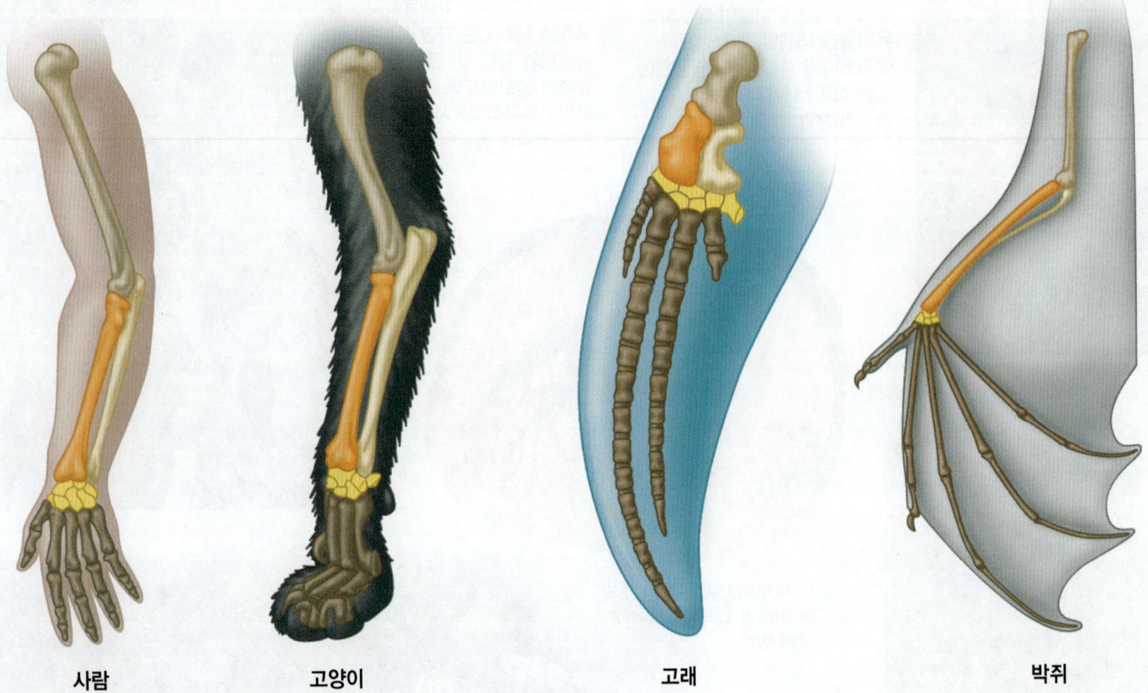

◀ 그림 13.6 **상동기관: 변이의 유전에 대한 해부학적 증거.** 모든 포유동물들의 앞다리는 같은 골격요소로부터 만들어진다. (이들 네 종류 포유동물에서 상동골격은 동일한 색깔로 표시하였다.) 모든 포유동물이 하나의 공통조상으로부터 유래되었다는 가설은 이들의 앞다리가 다양하게 적응하기는 했지만 하나의 공통적인 해부학적 주제의 변이임을 예견하고 있다.

럼, 각 종의 진화적 역사는 시간에 따라 유전정보가 연속적으로 흘러가서 조상종으로부터 상속받은 DNA에 그 증거가 기록되어 있다. 두 종은 근접하게 일치되는 서열로 된 상동유전자가 있는 경우, 생물학자들은 이들 서열이 비교적 최근의 공통조상에서 상속된 것으로 결론 내린다. 반대로 종간 서열 차이가 크면 클수록 이들의 마지막 공통조상은 더 멀다. 다양한 생물 사이의 분자 비교는 생물학자들이 생명의 나무에서 주요 분지의 진화적 발산에 대한 가설을 만들고 검정할 수 있게 해준다.

다윈의 대담한 가설은 모든 생명체가 관련되어 있다는 것이었다. 분자생물학은 이 주장에 대해 강력한 증거를 제공해서, 모든 형태의 생물은 DNA와 RNA로 된 동일한 유전적 언어를 사용하며, 또 RNA 삼염기조가 아미노산으로 번역되는 방법을 알려주는 유전암호는 근본적으로 보편적이다(그림 10.10 참조). 따라서 모든 종은 이 암호를 사용하는 공통의 조상으로부터 유래한 것이기 쉽다. 이러한 분자상동으로 인해 인간의 유전자들을 갖게 조작된 세균이 인슐린이나 인간성장호르몬과 같은 인간의 단백질을 생성할 수 있다. 그러나 분자상동은 공유하는 유전암호의 범위를 넘어선다. 예를 들면 인간과 세균처럼 서로 닮지 않은 생물들은 매우 먼 공통조상으로부터 상속받은 상동유전자를 공유한다.

유전학자는 또한 숨겨진 분자상동도 찾아내었다. 관련종에서 상동유전자가 제 기능을 다할지라도 생물들은 돌연변이를 통해 그 기능이 상실된 유전자를 가질 수 있다. 많은 이러한 비활성 유전자들이 인간에서 확인되었다. 예를 들면 그런 유전자 하나는 비타민C를 만드는데 사용되는 GLO라고 알려진 효소를 암호화한다. 대부분의 포유동물은 포도당으로부터 이런 필수 비타민을 만드는 대사경로를 가지고 있다. 인간과 기타 영장류는 이 경로의 처음 세 단계에 대한 기능적인 유전자를 가지고 있지만 불활성 GLO 유전자로 인해 비타민C를 만들 수 없어서, 우리는 건강을 유지하기 위해서는 식단에서 충분한 양을 얻어야만 한다.

가장 흥미로운 몇몇 상동은 생물에게 무의미하거나 그다지 중요하지 않은 "남아 있는" 기관이다. 이들 **흔적구조(vestigial structure)**는 이들의 조상생물에게 있어서는 중요한 기능을 제공하였던 그런 특징의 잔재이다. 예를 들면 고대 고래의 작은 골반과 뒷다리 다리뼈는 걸어 다녔던 조상의 흔적이다. 동굴 물고기 가운데 장님 종에서 시력을 가졌던 조상의 흔적인 비늘 밑에 묻혀 있는 눈은 또 다른 하나의 예이다. 인간도 흔적구조를 가지고 있다. 우리는 춥거나 놀라게 되면 몸의 털이 서게 만드는 피부 아래 작은 근육으로 인해 종종 소름이 돋게 된다. 똑같은 반응은 단열을 위해 깃털을 부풀리는 새(그림 18.9 참조)나 위협을 받을 때 털을 곤두세우는 고양이에서 (더 기능적이며) 더 잘 볼 수 있다.

상동에 대한 이해는 그렇지 않으면 수수께끼로 남게 될 배발생에 대한 관찰에 대해서도 설명할 수 있다. 예를 들면 서로 다른 동물종의 발생 초기단계를 비교해 보면 성체에서는 볼 수 없는 유사함을 드러낸다(그림 13.7). 발생의 어떤 시점에서 모든 척추동물의 배아는 인두낭이라 불리는 구조와 함께 항문 뒤쪽에 꼬리를 갖는다. 이들 낭은 물고기에서는 아가미로, 인간에서는 귀와 목 부분으로 발생되는 궁극적으로 아주 다른 기능을 갖게 되는 상동기관이다.

이제부터 상동이 진화적 대물림을 어떻게 추적할 수 있게 해주는지 알아보자. ✓

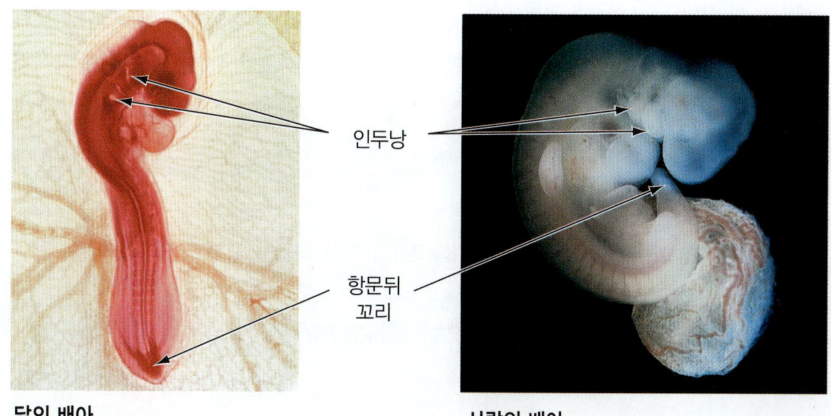

◀ **그림 13.7 비교발생학으로부터의 진화적 증거.** 여기에서 보여주고 있는 배발생 초기단계에서 척추동물의 유사성은 명백하다. 예를 들면 닭의 배와 사람의 배 둘 다에서 나타나는 인두낭과 꼬리를 주목하자.

✓ 체크포인트

영양소로서 비타민C의 필요성은 인간이 다른 포유동물에 비해 다른 영장류와 더 밀접하게 관련되어 있다는 것을 어떻게 보여주고 있는가?

답: 비타민C를 만드는 데 필요한 유전자가 몸에서 기능을 하지 않기 때문에 인간과 영장류는 비타민C가 필요하다. 대부분의 다른 포유동물의 상동유전자는 기능을 한다. 따라서 유전자의 기능은 초기 영장류나 영장류 조상에서 돌연변이에 의해 상실되어 인간과 기타의 다른 영장류 모두에서 그 형태로 유전되었던 것으로 볼 수 있다.

13.7 진화계통수

다윈은 맨 처음으로 생물의 역사를 하나의 나무로 보았는데, 대물림의 패턴은 첫 번째 생물에 해당하는 공통줄기로부터 오늘날 살고 있는 종을 나타내는 수백만의 작은 분지의 끝으로 갈라지게 된다. 진화계통수의 각 분지점은 이 지점 이후에 나타나는 모든 진화분지의 공통조상이 된다. 매우 가까운 종은 많은 형질을 공유하고 있는데, 그 이유는 공통자손의 계통은 생명의 나무에서 최근 분지점 쪽에 자리 잡고 있기 때문이다. 오늘날 이 계통수의 왼쪽에서부터 오른쪽으로 읽을 수 있게 옆으로 돌려놓기는 했지만, 생물학자들은 이들 대물림의 패턴을 **진화계통수(evolutionary tree)**라는 도해로 설명하고 있다.

해부학적 구조와 분자적 구조에서의 상동구조는 진화계통수의 분지 순서를 결정하는 데 사용될 수 있다. 유전암호와 같은 몇몇 상동적 특성은 모든 종이 공유하는데, 그 이유는 이들은 아주 먼 과거의 조상까지 거슬러 올라가기 때문이다. 이와는 달리 최근에 진화한 형질은 작은 그룹의 생물들만이 공유한다. 예를 들면 사지동물(네 발을 의미)은 기본적으로 동일한 다리뼈 구조(그림 13.6 참조)를 가지고 있지만, 이들의 조상은 가지고 있지 않다.

그림 13.8는 사지동물(양서류, 포유류, 조류를 포함한 파충류)과 이들과 가장 가까운 친척인 폐어류의 진화계통수를 나타낸다. 이 그림에

▲**그림 13.8 사지동물의 진화계통수.**

서 각 분지점은 그 이후에 생긴 모든 자손 종의 공통조상을 나타낸다. 예를 들면 폐어류와 모든 사지동물은 조상 ❶의 후손이다. 사지와 양막(배아를 보호하는 막)과 그 깃털이라는 세 종류의 상동은 계통수에서 청색의 점으로 나타내고 있다. 사지는 공통조상 ❷에서 나타났으며, 따라서 이로 인해 이들의 모든 후손(사지동물)에서 나타난다. 양막은 조상 ❸에서 나타났으며, 따라서 양막류로 알려진 포유류와 파충류에서만 공유한다. 깃털은 조상 ❻에서만 나타났으며, 따라서 조류에서만 볼 수 있는 것이다.

진화계통수는 진화적 대물림의 패턴을 현재의 기점에서 이해하여 반영하려는 가설이다. 그림 13.8에서처럼 일부 계통수는 화석, 해부학적 자료, 분자생물학적 자료를 조합하여 얻은 확실한 근거에 바탕을 두고 있다. 다른 계통수는 현재까지 자료가 충분하지 못해 보다 추리적인 경우도 있다. ✓

✓ 체크포인트

그림 13.8에서 인간과 카나리아의 가장 최근의 공통조상을 나타내는 것은 몇 번인가?

답: 사람(포유류)과 카나리아(조류)의 가장 최근의 공통조상은 ③이다.

진화의 메커니즘으로서 자연선택

변이의 대물림이라는 다윈의 이론을 뒷받침하는 여러 증거들에 대해 배웠는데, 이제부터 생물이 어떻게 진화하는지에 대한 다윈의 설명을 살펴보도록 하자. 종은 오랜 기간에 걸쳐 점진적으로 형성되는 것이라고 가정하였기 때문에, 다윈은 새로운 종의 진화를 직접 관찰하여 연구할 수 있는 것은 아니라는 점을 잘 알고 있었다. 그러나 그는 점진적인 변화의 과정에 대한 통찰을 얻을 수 있는 방법을 알고 있었는데, 그것은 바로 동식물 육종가들이 사용했던 실천 사례이었다.

인공선택이 아니었다면 우리는 지금 블루베리의 크기의 토마토를 먹고 있을 것이다.

재배되고 사육되는 모든 동식물은 야생의 조상으로부터 시작된 선택적 번식의 산물이다. 예를 들면 오늘날 재배되고 있는 야구공 크기만 한 토마토는 블루베리보다 약간 컸던 페루산 조상종과는 매우 다르다. 자손에서 바람직한 형질의 발생을 촉진시키기 위해 키우고 있는 동식물의 선택적 번식, 즉 **인공선택(artificial selection)**은 진화적 변화를 이해하는 열쇠가 된다는 생각에 착상하여, 다윈은 직접 경험을 해보기 위해 비둘기를 교배시켜 보았다. 또 그는 가축교배 경험이 있는 농민과의 대화를 통해 통찰을 얻기도 하였다. 그는 인공선택에는 두 가지 필수 요소가 있다는 것을 배웠는데, 그것은 바로 변이와 유전가능성이다. 개체 안에서의 변이, 예를 들면, 한 배에서 태어난 강아지의 털의 유형, 옥수수 알갱이의 크기, 젖소의 무리에서 각 젖소의 우유 생산량의 차이는 육종가들로 하여금 가장 바람직한 조합의 특성을 지닌 동식물을 선택할 수 있게 해준다. 유전가능성은 부모로부터 자손에게 어떤 형질이 전해지는 것을 의미한다. 기본적인 유전학의 지식이 없었음에도 불구하고, 육종가들은 어떤 특성이 유전될 수 없다면 선택적인 교배를 통해서도 개선될 수 없다는, 인공선택에서의 유전가능성에 대한 중요성을 오랫동안 이해하고 있었다.

생물을 분류하기 위한 방법으로 일치하는 형질을 찾았던 대부분의 박물학자와는 달리, 다윈은 개체 사이의 변이에 대한 주의 깊은 관찰자였다. 그는 자연개체군에서 개체는 작지만 측정할 수 있는 차이, 예를 들면 색상과 반점과 같은 변이(그림 13.9)가 있음을 알고 있었다. 그러나 자연에서는 다음 세대를 잇기 위해, 어느 개체가 교배를 해야 되는지를 어떠한 힘이 결정하는가?

다윈은 질병, 기근, 전쟁 같은 인간의 많은 고통은 인구가 식량공급과 기타 자원보다 더 빠르게 증가한 결과 때문이라고 주장한 경제학자 토머스 맬서스가 쓴 에세이에서 영감을 받았다. 다윈은 동식물의 개체군에 맬서스의 아이디어를 적용했는데, 주어진 환경의 자원이 제한되어 있다는 추론을 하였다. 환경보다 더 많은 개체의 생산은 각 세대마다 일부 자손만이 생존하게 됨으로서 살아남기 위한 투쟁으로 몰아간다(그림 13.10). 낳은 많은 알, 태어난 많은 어린 새끼, 퍼뜨려진 많은 씨앗 가운데 아주 작은 부분만이 발생을 완성하여, 자신의 자손을 남기게 된다. 나머지는 잡아먹히거

▼그림 13.9 **아시아 무당벌레 한 개체군 내에서 색깔 변이.**

▲그림 13.10 **자손의 과잉생산.** 달팽이와 관계가 있는 연체동물(그림 17.13 참조)인 이 해삼은 몸 주위의 노란 리본에 박아 넣은 수천 개의 알들을 산란하고 있다. 이 많은 알들 중 아주 작은 부분만이 실제로 생존하여 생식하게 될 것이다.

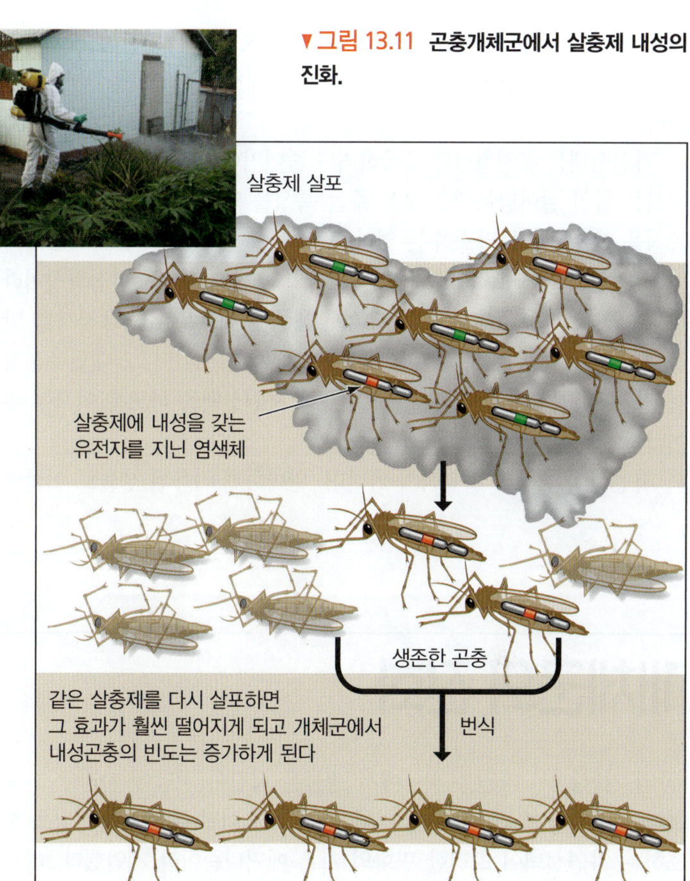

▼그림 13.11 **곤충개체군에서 살충제 내성의 진화.**

나, 굶주리거나, 병에 걸리거나, 짝짓기를 못하거나, 어떤 이유로 해서 생식을 못하게 된다. 자연선택의 진수는 평등하지 않은 생식에 있다. 자연선택의 과정에서 먹이 구하기, 포식자로부터 도망가기, 물리적 조건을 견뎌내기를 더 잘할 수 있는 개체는 살아남게 될 것이고, 더 성공적으로 생식을 하게 되어 이러한 적응적 형질이 자신의 후손에게 전달될 것이다.

다윈은 인공선택은 비교적 짧은 시간에 큰 변화를 가져올 수 있다면, 자연선택은 수백, 수천 세대를 거쳐서야 종을 현저하게 변형시킬 수 있다고 추론하였다. 광대한 시간을 거쳐 그 환경에 개체군을 적응하게 해준 많은 형질이 축적될 것이다. 하지만 환경이 바뀌거나, 개체들이 새로운 환경으로 이동하게 되면, 자연선택은 이들 새로운 조건에 대한 적응을 선택하게 될 텐데, 때로는 완전히 새로운 종의 기원을 초래할 변화를 만들기도 한다.

13.8 작동 중인 자연선택

어떤 자연환경을 잘 들여다보면 생물이 자신이 처한 환경에 맞추는 적응, 즉 자연선택의 산물들을 보게 될 것이다. 그렇다면 우리는 작동 중인 자연선택을 볼 수 있는가? 정말 볼 수 있다는 것이 답이다. 생물학자들은 수많은 과학적인 연구에서 진화적 변화를 입증해 왔다.

이 장 앞에서 배운 모기에서 살충제 내성의 진화는 자연선택의 실제적인 예가 된다. 살충제는 곤충을 방제하여 질병이 전염되지 않게 또 작물을 먹지 못하게 막는다. 그러나 살충제 내성은 수백 종의 곤충 종에서 진화하는 것으로 나타났다. 해충을 방제하기 위해 새로운 유형의 살충제가 사용될 때마다 그 결과는 비슷하게 나타났다. 우선 살충제 내성 곤충을 조사해 자연선택이 어떻게 작동하는지 자세히 살펴보도록 하자.

자연선택으로 인해 머릿니, 빈대, 모기를 죽이기가 점점 더 어려워지고 있다.

그림 13.11에서 모기한테 살충제가 뿌려지는 것을 볼 수 있다. 상대적으로 적은 양의 독은 초기에 집단에서 대부분의 곤충을 죽이지만, 소수의 개체는 화학 공격에서 살아남을 수 있는 대립유전자(한 유전자의 대체형)를 가지고 있다. 유전적으로 내성을 가진 이들 생존자는 살충제 내성 대립유전자를 자손에게 복제하여 전달한다. 따라서 동일한 살충제의 후속적 적용은 각 세대에서 살충제 저항성 개체의 비율이 증가함에 따라 그 효과가 점점 떨어진다.

13.9 자연선택의 요점

다음으로 넘어가기 전에 자연선택이 진화적 변화를 일으키는데, 어떻게 작용하는지 요약해 보자.

자연선택은 개체생물에 영향을 미치는데, 그림 13.11에서 보면, 각 모기는 살충제로 인해 살거나 아니면 죽게 된다. 하지만 개체가 진화하는 것은 아니다. 그것은 오히려 생물의 집단인 적응형질이 집단에서 보다 흔해지고, 다른 형질은 변화되거나 사라져버림으로서 시간을 거쳐 진화하는 개체군이다. 진화는 세대에 따른 개체군의 변화를 말하는 것이다.

자연선택은 유전형질만 증폭하거나 줄이거나 할 수 있다. 생물은 살아가는 동안 살아남는데 도움을 주는 특성을 얻는다 할지라도, 획득한 특성을 자손에게 물려줄 수는 없다.

자연선택은 창조적인 메커니즘이라기보다는 오히려 편집과정이라 볼 수 있다. 살충제가 곤충이 생존케 해주는 새로운 대립유전자를 만들게 하는 것은 아니다. 오히려 살충제의 존재는 이미 그 대립유전자를 가지고 있는 개체군에서 곤충에 대해 자연선택을 하도록 이끄는 것이다.

자연선택은 목표 지향적이 아니며, 완벽하게 적응된 생물로 이끌어가는 것은 아니다. 인공선택은 인간에 의해 특정형질을 가진 개체를 생산하기 위해 의도적인 시도인 반면, 자연선택은 장소와 시간에 따라 달라지는 환경적인 요인에 따른 결과이다. 한 상황에서 유리한 형질이 다른 상황에서는 쓸모없는, 심지어는 해로울 수도 있게 된다. 그리고 몇몇 적응은 타협적이다. ✓

✓ 체크포인트

"살충제가 곤충의 살충제 내성을 만들어낸다"라는 말이 왜 틀리는지 설명하시오.

답: 환경인자가 살충제 내성과 같은 새로운 형질을 만들어내는 것은 아니고, 이보다는 개체군 내에 이미 존재하던 형질이 유리해지는 것이다.

개체군의 진화

『종의 기원』에서 다윈은 지구에서 생물은 시간이 지남에 따라 진화해 왔다는 증거를 제공하였으며, 다른 것에 비해 어떤 특정 유전형질을 선호하는 자연선택이 그러한 변화의 기본 메커니즘이라 제안했다. 하지만 자연선택의 원료가 되는 변이는 개체군에서 어떻게 생기게 되는가? 그리고 이러한 변이가 부모로부터 자손에게 어떻게 전달되는가? 다윈은 멘델(그림 9.1 참조)이 이미 이러한 질문에 대한 해답을 내놓았다는 것을 모르고 있었다. 두 사람이 동시대에 살며 일하고 있었지만, 멘델의 작업은 과학계에 의해 크게 무시되고 있었다. 1900년에 있었던 멘델의 재발견이 진화의 기반이 되는 유전적 차이를 이해하기 위한 무대가 될 수 있었다.

▲그림 13.12 **달팽이 개체군에서의 변이.** 숲달팽이의 표현형 변이에는 다양한 색상과 띠 패턴이 포함된다.

13.10 유전변이의 출처

많은 사람들 가운데 친구를 찾아내는 것은 그리 어려운 일이 아니다. 사람은 저마다 외모와 그 외의 형질과 같은 개인의 표현형적 변이를 반영하는 고유한 유전체를 가지고 있다. 그림 13.12에 있는 달팽이에서 보듯이 개체변이는 실제로 모든 종에서 나타난다. 달팽이의 색상이나 무늬모양과 같은 확실한 신체적 차이 외에도 대부분의 개체군에는 살충제를 무독화 시키는 효소와 같이 분자수준에서만 관찰될 수 있는 많은 표현형적 변이를 가지고 있다. 물론 개체군에서 모든 변이가 유전될 수 있는 것은 아니다. 한 생물에서 발현된 형질, 즉 표현형이라는 것은 유전이 되는 유전자형과 많은 환경영향의 복합작용으로 나타나게 된다. 예를 들면 여러분이 치아를 교정하고 미백 치료를 한다고 하더라도 환경적으로 만들어진 미소를 자손에게 물려줄 수 있는 것은 아니다. 변이의 유전적 요소만이 자연선택과 관련을 맺는다. 개체군에서 다르게 나타나는 많은 특성이 여러 유전자들이 함께 작용해서 나타난 효과이다. 멘델의 보라색 완두꽃과 흰색 완두꽃, 또 사람의 혈액형에서처럼 다른 특성들은 서로 다른 표현형을 만들어내는 서로 다른 대립유전자로 된 단일 유전자 좌위에 의해 결정된다. 하지만 이러한 대립유전자들은 도대체 어디로부터 오는 것인가?

돌연변이

새로운 대립유전자는 DNA의 염기서열의 변화, 즉 돌연변이에 의해 생겨난다. 따라서 돌연변이는 진화의 원료로 역할하는 유전변이의 궁극적인 원천이 된다. 하지만 다세포생물에 있어서는 배우자를 생산하는 세포에서의 돌연변이만이 자손에게 전달될 수 있고, 개체군의 유전변이에 영향을 미친다.

낫세포병(그림 9.21 참조)에서와 같이 단백질 암호화 유전자에서 한 개의 뉴클레오티드가 변화된 작은 변화에도 표현형에는 상당한 영향을 미칠 수 있다. 생물은 과거 수천 세대를 거치면서 이루어진 선택의 정제된 산물이며, 그 DNA의 무작위적 변화는 어떤 페이지에 있는 일부 단어를 무작위로 바꾼다고 해서 그 내용이 나아지지 않듯이, DNA의 무작위적 변화가 그 유전체를 개선시키기는 쉽지 않다. 사실 단백질의 기능에 영향을 미치는 돌연변이는 아마도 해가 될 것이다. 드물기는 하지만 돌연변이된 대립유전자가 실제로 그 환경에 대한 개체의 적응을 증진시켜 생식적 성공을 향상시킬 수도 있다. 이러한 종류의 결과는 한때 불리했던 돌연변이가 새로운 조건에서 유리하게 되는 이러한 방식으로 환경이 변화될 때 좀 더 가능하다. 예를 들면 살충제인 디디티(DDT)에 내성인 집파리가 되게 만드는 돌연변이는 또한 성장속도를 감소시킨다. DDT가 도입되기 전에 이러한 돌연변이는 돌연변이 파리에게는 장애가 되었다. DDT가 일단 환경의 일부가 되자 이 돌연변이 대립유전자는 유리하게 되어, 자연선택은 파리 개체군에서 이들의 빈도를 증가시켰다.

한 번에 많은 유전자 좌위가 결실되거나, 절단되거나, 재배열되는 염색체 돌연변이는 해로울 것이 거의 확실하다. 그러나 한 유전자나 감수분열의 오류를 통해 작은 조각의 DNA의 중복은 유전변이의 중요한 출처가 될 수 있다. DNA의 반복단편이 세대를 걸쳐 지속될 수 있다면 돌연변이가 본래 유전자의 기능에 영향을 주지 않으면서 복제본에 축적되는데, 결국 새로운 기능을 가진 새로운 유전자로 이끈다. 이 과정은 진화에서 중요한 역할을 할 수 있다. 예를 들면 포유동물의 먼 조상은 냄새를 탐지하는 유전자 한 개를 지녔었는데, 그 이후로 반복적으로 중복되었다. 이러한 결과로 생쥐는 냄새 수용체를 암호화하는 약 1,300개의 서로 다른 유전자를 가지고 있다. 이러한 극적인 증가는 초기 포유류가 여러 가지 냄새를 구별할 수 있게 도왔을 가능성이 높다. 그리고 발생을 제어하는 유전자의 반복된 중복은 무척추동물의 조상에서 척추동물의 기원과 연결된다.

원핵생물에서 돌연변이는 개체군에서 빠르게 유전변이를 생성할 수 있다. 세균은 매우 빠르게 증식하기 때문에, 유익한 돌연변이는 몇 시간이나 며칠 만에 그 빈도가 증가할 수 있다. 그리고 세균이 각 유전자에 대해 하나의 대립유전자를 가진 반수체이기 때문에, 새로운 대립유전자는 즉시 효과를 가질 수 있다. 동물과 식물에서의 돌연변이율은 한 세대당 10만 유전자당 평균적으로 대략 한 번 정도이다. 이들 생물의 경우 낮은 돌연변이율, 세대 사이에 긴 기간의 시간, 그리고 이배체 유전체가 대부분의 돌연변이로 하여금 한 세대에서 다음 세대로 유전변이에 유의한 영향을 미치지 않게 해준다.

유성생식

성적으로 생식하는 생물에서 개체군에서의 유전변이의 대부분은 각 개체가 유전하는 대립유전자의 고유한 조합에 기인한다. (물론 이러한 대립유전자 변이의 기원은 과거의 돌연변이이다.)

기존의 대립유전자의 새로운 구색은 유성생식의 무작위적인 세 부분에서 매 세대마다 일어나는데, 이들은 바로 제1감수분열 중기에서의 상동염색체의 독립적인 분배(그림 8.16 참조), 교차(그림 8.18 참조), 무작위적인 수정이다. 감수분열에서 각 부모로부터 한 세트씩 물려받아 만들어진 상동염색체 쌍은 교차에 의해 일부 유전자를 교환한다. 이들 상동염색체는 다른 염색체 쌍과 독립적으로 배우자로 분리된다. 따라서 어떤 개체에서의 배우자는 이들의 유전적 구성에 있어 광범위하게 다양하다. 마지막으로 교배되는 쌍에 의해 만들어진 각 접합체는 정자와 난자의 무작위적인 합체로 기인된 대립유전자의 고유한 조합을 갖게 된다.

13.11 진화의 단위가 되는 개체군

진화에 대한 일반적인 한 가지 오해는 개별 생물이 자신이 사는 동안 진화한다는 것이다. 자연선택이 개체에 작용한다는 것은 사실이어서, 각 개체가 지닌 형질의 조합이 그 개체의 생존과 생식적 성공에 영향을 미친다. 그러나 자연선택의 진화적 영향은 시간에 따라 생물의 개체군에 있어서 변화로 나타난다.

개체군(population)은 같은 지역에 살면서 서로 교배하는 같은 종의 개체들의 집단을 말한다. 우리 세대의 기간에 걸쳐 개체군에서 어떤 유전형질의 빈도의 변화로 진화를 측정할 수 있다. 살충제를 뿌린 지역에 내성곤충의 증가비율이 하나의 예가 된다. 자연선택은 살충제내성 대립유전자를 가진 곤충을 선호하였다. 결과적으로 이러한 곤충들이 비내성 개체보다 더 많은 자손을 남겨, 다음 세대의 개체군의 유전적 구성이 변화되었다.

같은 종의 서로 다른 개체군들이 서로 유전물질의 교환이 일어나지 않거나, 일어나도 아주 드물게 일어날 정도로 지리적으로 격리될 수도 있다. 이러한 격리는 서로 다른 호수(그림 13.13)나 섬으로 갇힌 개체군에 흔하다. 예를 들면 갈라파고스 거북이의 각 개체군은 자신의 섬으로 제한된다. 하지만 모든 개체군이 이처럼 경계가 뚜렷한 것은 아닌데, 한 개체군의 구성원들은 대체로 서로 교배를 하며, 따라서 이들은 다른 모집단의 구성원에 비해 서로 더 밀접하게 관련되어 있다.

개체군 수준에서 진화를 연구할 때, 생물학자들은 **유전자풀(gene pool)**에 초점을 맞추는데, 이것은 개체군의 모든 구성원의 모든 좌위에 있는 모든 유형의 대립유전자의 모든 복사본으로 구성되어 있다. 많은 좌위에 있어 유전자풀에는 각 유전자마다 두 개 또는 그 이상의 대립유전자들이 있다. 예를 들면 모기 개체군에서 DDT를 분해와 관련된 2개의 대립유전자가 있을 수 있는데, 이들은 DDT를 분해하는 효소를

◀ **그림 13.13** 격리된 개체군을 포함하는 알래스카의 호수.

암호화한 대립유전자와 분해하지 못하는 효소 버전의 대립유전자이다. DDT를 뿌린 지역에서 사는 모기 개체군에서 내성을 갖는 효소의 대립유전자는 그 빈도가 더 증가할 것이고, 다른 대립유전자는 그 빈도가 감소될 것이다. 어떤 개체군에서 대립유전자의 상대적 빈도가 많은 세대를 걸쳐 이런 식으로 변화할 때, 진화가 일어나고 있는 것이다.

이제부터 진화가 개체군에서 일어나고 있는지를 어떻게 검정하는지 알아보자. ✓

✓ 체크포인트

인간 개체군에서 세대에 따라 나타나는 변이 대부분의 출처는 돌연변이와 유성생식 중 어느 것인가? 그 이유는?

답: 유성생식, 왜냐하면 인간은 상대적으로 한 세대의 길이가 길고, 그리고 돌연변이는 한 세대에서 상대적으로 거의 효과를 갖지 못하기 때문이다.

13.12 유전자풀의 분석

▼ **그림 13.14** 꽃 색깔이 서로 다른 두 변종의 야생화 개체군.

꽃 색깔이 서로 다른 두 변종이 있는 야생화(**그림 13.14**)의 개체군을 가상해보자. R로 표시한 붉은색 꽃을 나타내는 대립유전자는 r로 표시한 흰색 꽃의 대립유전자에 대해 우성이다. 바로 이들이 가상적인 이 식물개체군의 유전자풀에서 꽃 색깔에 대한 두 대립유전자이다. 이제 유전자풀에 있는 전체 꽃 색깔 좌위 중 80%(또는 0.8)가 R 대립유전자라고 해보자. 우리는 개체군에 있어서 R 대립유전자의 상대빈도를 p로 사용하자. 그렇게 하면 $p = 0.8$이 된다. 이 경우에는 단지 두 개의 대립유전자만 존재하므로 r 대립유전자는 유전자풀의 꽃 색깔 좌위의 20%(0.2)가 된다. (이것은 유전자풀에서 꽃 색깔 좌위의 100%를 차지하는데, 달리 말하면 상대빈도가

1이다.) 개체군에서 r 대립유전자의 빈도를 q로 사용해 보자. 이 야생화 개체군에서 $q = 0.2$가 된다. 꽃 색깔에 대해 단지 두 개의 대립유전자만 존재하므로 이들의 빈도를 아래와 같은 식으로 나타낼 수 있다.

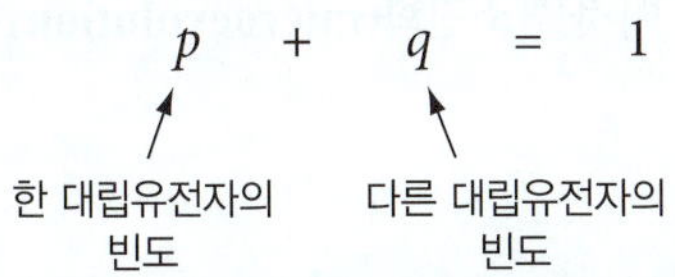

유전자풀에서 둘 중 한 대립유전자의 빈도만 알 수 있어도 다른 대립유전자의 빈도는 1에서 빼서 그 값을 계산해 낼 수 있다.

유전자풀이 진화하지 않고 완전하게 안정적일 경우, 대립유전자의 빈도로부터 개체군에서 다른 유전자형들의 빈도 역시 구할 수 있다. 야생화 개체군에 있어서 배우자의 풀로부터 두 개의 R 대립유전자를 뽑아 RR인 개체가 생산될 확률은 얼마인가? (9장에서 배운 곱셈의 법칙을 적용하면 된다; 그림 9.11 참조). R인 정자가 뽑힐 확률과 R인 난자가 뽑힐 확률을 곱하면 $p \times p = p^2$이므로 $0.8 \times 0.8 = 0.64$가 된다. 다시 말하면 개체군에서 식물 가운데 64%가 RR 유전자형을 갖는다. 같은 방법으로 우리는 개체군에서 rr 개체들의 빈도를 구할 수 있는데 $q^2 = 0.2 \times 0.2 = 0.04$가 된다. 즉 식물들의 4%는 rr로서 흰색 꽃을 핀다. 이형접합체인 Rr의 빈도 계산은 조금 복잡하다. 그 이유는 이형접합성의 유전자형은 두 가지 방법으로 만들어지는데 정자 또는 난자가 우성 대립유전자를 제공하느냐에 달려 있다. Rr 유전자형의 빈도는 $2pq$이므로 $2 \times 0.8 \times 0.2 = 0.32$가 된다. 즉 우리가 가상한 야생화 개체군에 있어서 식물의 32%는 붉은색 꽃을 피우는 Rr의 유전자형을 갖는다. 그림 13.15는 이러한 계산을 그림으로 요약한 것이다.

이제 우리는 대립유전자들의 빈도로부터 한 유전자풀에 있어서 유전자형의 빈도를 계산할 수 있는, 또한 이 반대의 경우에도 물론 계산할 수 있는 일반식을 아래와 같이 나타낼 수 있다.

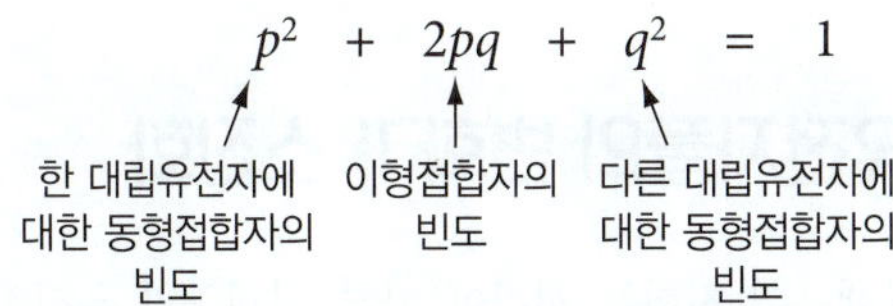

유전자풀에서 모든 유전자형의 빈도를 더하면 1이 된다는 것에 주목하자. 이 공식은 1908년 이 공식을 만든 두 과학자의 이름을 따서 하디-바인베르크식이라 부른다.

▼**그림 13.15 유전자풀에서 수학 계산.** 푸네트정방형에 있는 네 개 상자의 각각은 유전자풀로부터 같은 확률로 대립유전자를 꺼내는 것에 해당한다.

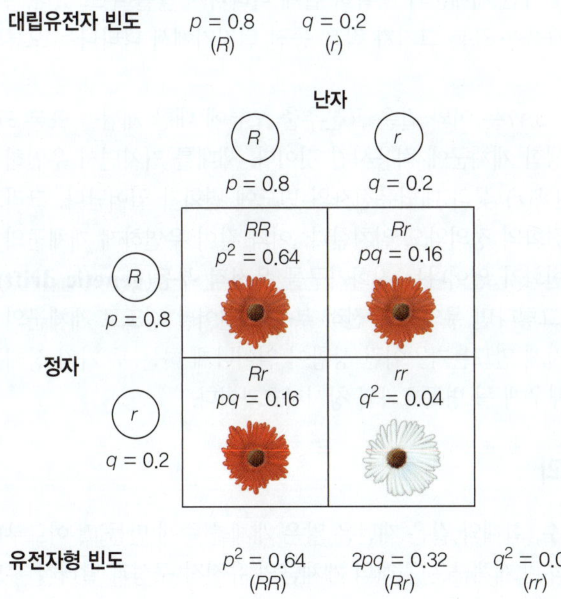

13.13 집단유전학과 보건과학

공중보건학자는 하디-바인베르크식을 특정 유전병의 대립유전자를 보유하고 있는 인구의 비율을 계산해내는 데 사용한다. 아미노산인 페닐알라닌을 분해하지 못하는 유전병인 페닐케톤뇨증(PKU)에 대해 알아보자. 이 병은 치료되지 않으면 뇌 발달에 심각한 영향을 미친다. 미국에서 태어나는 신생아 1만 명당 약 1명 정도 나타난다. 요사이 신생아는 보통 PKU 검진을 받으며, 이 질병을 가지고 살아가는 사람도 페닐알라닌을 제한하는 철저한 식이요법으로 증상을 예방할 수 있다. 페닐알라닌은 자연 상태에서도 나타나지만 널리 사용되는 인공감미료인 아스파탐에서도 나타난다(그림 13.16).

PKU는 열성대립유전자 때문에 나타난다. 따라서 미국 인구 중 PKU를 갖고 태어나는 개체의 빈도는 하디-바인베르크식의 q^2이라는 것을 알 수 있다. PKU의 발생은 1만 명당 1명이므로 $q^2 = 0.0001$이다. 따라서 개체군에서 열성대립형질의 빈도인 $q = 0.01$이다. 그리고 우성 대립유전자의 빈도 p는 $1 - q = 0.99$가 된다.

이제 PKU 대립유전자 하나를 가지고 있고, 이것을 자손에게 전달할 수 있는 이형접합성 개체를 일컫는 보인자의 빈도를 계산해 보자. 보인자는 공식에서 $2pq$의 항으로 나타나며, 이 예에서 그 값은 $2 \times 0.99 \times 0.01 = 0.0198$이 된다. 따라서 하디-바인베르크식은 미국인구 중 약 2%가 PKU 대립유전자를 갖는 보인자이다. 해로운 대립유전

◀ **그림 13.16 페닐케톤뇨증(PKU)을 가진 사람을 위한 경고문.**

자의 빈도를 추정하는 것은 유전질병을 다루는 공중보건프로그램에서는 필수적인 사항이다.

13.14 유전자풀의 변화가 소진화

앞에서 언급했듯이 진화는 시간에 따른 개체군의 유전적 구성에서의 변화로 측정될 수 있다. 한 개체군이 진화하지 않고 있으면 비교의 기준으로써 예상되는 바를 알 수 있게 해준다. 진화하지 않는 개체군은 유전적인 평형에 있게 되는데, 이것을 **하디-바인베르크평형(Hardy-Weinberg equilibrium)**이라 부른다. 그런 개체군의 유전자풀은 변하지 않는다. 세대가 지나가도 대립유전자(p와 q)와 유전자형(p^2, $2pq$, q^2)의 빈도는 변하지 않는다. 유성생식으로 유전자가 섞인다 해도 그 자체로는 커다란 유전자풀을 변화시키지는 못한다. 한 개체군에서 대립유전자의 빈도의 세대에 따른 변화가 최소의 규모에서 본 진화이기 때문에, 때때로 이것을 **소진화(microevolution)**라 부른다. ✓

✓ 체크포인트

1. 하디-바인베르크식($p^2 + 2pq + q^2 = 1$)에서 열성인 유전자에 의한 질병인 PKU의 대립유전자를 갖지 않는 개체의 빈도를 나타내는 항은 어느 것인가?
2. 소진화를 정의하시오.

답: 1. p^2 2. 소진화는 개체군에서 대립유전자의 빈도가 변화하는 것이다.

진화의 메커니즘

세대에 따른 개체군의 유전적 구성의 변화로서 소진화를 정의한 지금, 당연히 떠오르는 한 가지 의문을 갖게 된다. 그것은 바로 어떤 메커니즘이 유전자풀을 변화시킬 수 있는가 하는 것이다. 진화의 변화의 세 가지 주요 원인은 자연선택, 유전적 부동, 유전자 흐름이다.

13.15 자연선택

자연선택은 진화적 변화의 가장 중요한 메커니즘인데, 그 이유는 이것이 적응을 촉진하는 유일한 과정이기 때문이다. 개체군은 다양한 개체로 구성되며 일부 변종은 다른 유형보다 더 많은 자손을 남긴다. 예를 들면 가상 야생화 개체군에서 토끼가 붉은색 꽃을 피우는 식물을 더 선호해서 먹는다고 하자. 결과적으로 흰색 꽃(유전자형 rr)을 피우는 식물이 더 잘 생존하고, 더 많은 자손을 생산하며, 토끼가 있는 환경에 더 적합하다. 유전자 풀에서 r 대립유전자의 빈도는 세대에서 다음 세대로 넘어갈 때 마다 증가할 것이다. 자연선택에 대해 간단하게나마 좀 더 상세하게 알아보자. 먼저 진화적 변화의 서로 다른 두 메커니즘에 대해서 자세히 알아볼 것인데, 그것은 바로 우연한 이유로 일어나는 유전적 부동과 이웃하는 개체군 사이의 대립유전자의 교환을 말하는 유전자 흐름이다.

13.16 유전적 부동

동전 한 개를 1,000번 던져 앞면이 700번이 나오고 뒷면이 300번 나온다면, 그 동전이 좀 이상하다고 의심이 들 수 있다. 하지만 10번 던져서 앞면이 7번, 그리고 뒷면이 3번 나왔다면 그럴 수도 있으리라 생각한다. 표본 크기가 작으면 작을수록 동전을 던져 앞면과 뒷면이 각각 동등한 횟수로 나타나는 이상적인 결과로부터 벗어날 가능성이 점점 더 커진다.

이제 동전 던지기와 같은 논리를 한 개체군의 유전자풀에 적용해 보자. 새로운 세대가 대립유전자를 이전 세대로부터 무작위로 끄집어낸다면 그때 개체군의 규모(표본 크기)가 크면 클수록 새로운 세대의 유전자풀은 그만큼 이전 세대와 비슷하게 된다. 따라서 한 유전자풀을 그대로 현상 유지하기 위해 필요한 요건 중 하나는 개체군 크기를 크게 갖는 것이다. 작은 개체군의 유전자풀은 표본추출의 오류로 인해 다음 세대에서 이전 개체군과 정확히 같게 나타나지 않을 수도 있다. 변화된 이 유전자풀은 표본 크기가 작은 동전 던지기에서 나타나는 오류와 유사하다.

그림 13.17는 이와 같은 표본추출 오류에 대한 개념을 표본 크기가 작은 야생화 개체군에 적용시킨 것이다. 세대를 거치면서 우연히 적색(R)과 흰색(r) 꽃의 대립유전자의 빈도에 변화가 일어난다. 그리고 이것은 소진화의 정의와도 일치한다. 이와 같이 우연하게 개체군의 유전자풀의 변화가 일어나는 진화기구를 **유전적 부동(genetic drift)**이라 부른다. 그렇다면 무엇이 유전적 부동이 일어날 정도로 개체군의 크기를 작아지게 만드는가? 이런 상황이 일어나게 하는 두 가지 상태는 지금부터 배우게 될 병목효과와 창시자효과이다.

병목효과

지진, 홍수, 화재와 같은 재난은 많은 개체를 죽게 만들고, 이로부터 살아남는 작은 개체군은 원래의 개체군의 유전적 구성과 달라질 수도 있

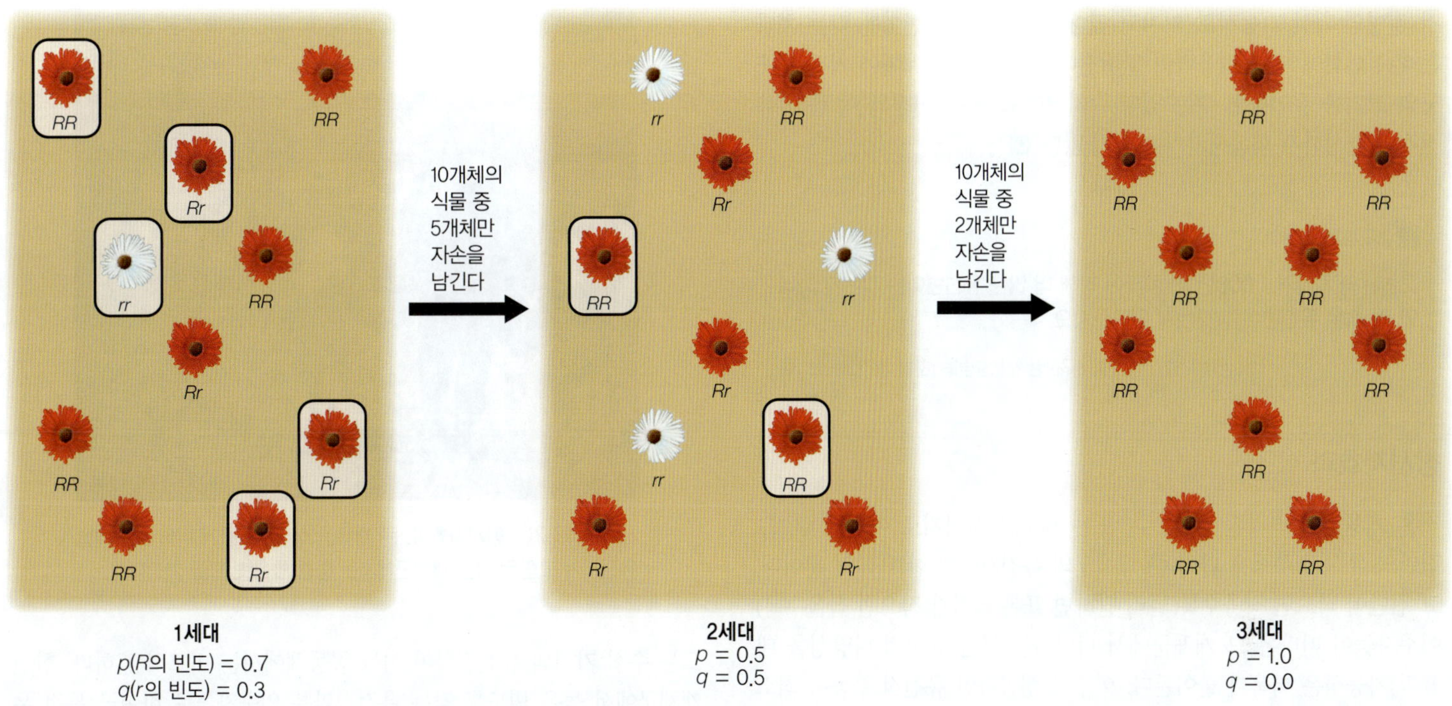

▲**그림 13.17 유전적 부동.** 가상적인 이 야생화 개체군은 10개체의 식물로만 이루어져 있다. 세대에 따라 일어나는 무작위적 변화 때문에 유전적 부동은 이 가상 개체군의 3세대에서 *r* 대립유전자의 경우처럼 일부 대립유전자를 제거할 수 있다.

다. 우연히 어떤 대립유전자가 생존자들에서 더 많이 나타날 수도 있다. 다른 대립유전자는 더 적게 나타날 수도 있다. 그리고 몇몇 대립유전자는 아예 없어질 수도 있다. 개체군이 표본추출 오류가 문제가 되지

▼**그림 13.18 병목효과.** 병에 있는 색구슬은 가상 개체군에서 3개의 대립유전자를 나타낸다. 병목을 통해 몇 개의 구슬이 나오게 병을 흔드는 것은 개체군의 크기를 급격히 감소시키는 환경재난과 같다. 재난 이전의 개체군과 비교해 보면 보라색 구슬은 새로운 개체군에서는 과하게 나타나고, 녹색 구슬은 적게 나타나고, 황색 구슬은 아예 나타나지도 않는데, 이 모든 것은 우연하게 일어난다. 이와 유사하게 "병목"사건을 거치게 되는 개체군은 변이성이 줄어든다.

않을 정도로 다시 커질 때까지는 이러한 우연은 수세대 동안 계속해서 유전자풀을 변화시킬 수 있다.

그림 13.18에 있는 비유는 급격한 개체군 크기 감소 때문에 나타나는 유전적 부동을 왜 **병목효과(bottleneck effect)**라 부르는지를 보여준다. 개체군 크기의 급격한 감소를 뜻하는 "병목"을 통과하는 것은 통상 한 개체군에서 전체적으로 유전변이를 감소시키는데, 그 이유는 적어도 몇몇 대립유전자는 그 유전자풀에서 아예 없어져 버렸기 때문이다. 이러한 개념은 급격히 줄어든 멸종위기종의 개체군에서 개체변이의 잠재적 감소와 이에 따른 적응력의 감소로 나타난다는 것을 알 수 있다.

많은 멸종위기종들이 유전다양성의 결여로 인해 파국을 맞고 있다.

이러한 멸종위기종 중 하나가 치타이다(그림 13.19). 가장 빨리 달리는 동물인 치타는 한때 아프리카와 아시아에서 광범위하게 서식하던 멋진 고양잇과 동물이었다. 많은 아프리카의 포유동물들처럼 치타의 수는 약 10,000년 전 마지막 빙하기 동안 급격하게 감소되었다. 그 당시 이 종은 질병, 인간의 사냥, 주기적인 가뭄으로 인해 심각한 병목상태를 겪었다. 1800년대에 농부들이 이 동물을 거의 멸종 수준까지 사냥해서, 남아프리카 치타 개체군이 두 번째 병목현상을 겪게 되었다. 오늘날 야생에는 3개의 치타 개체군만 살아가고 있다. 이들 개체군에 있어서 유전변이는 매우 낮다. 이에 더해 인간의 토지 이용이 늘어남에 따라 아프리카에 남아 있는 치타들은 자연보호구역이나 공원에 주로 몰려 서식하고 있다. 이렇게 모여 살게 되면

서 질병의 확산 가능성도 커지고 있다. 이렇게 낮은 변이를 갖는 치타는 환경변화에 대한 적응력이 떨어진다. 인위적 육종계획이 치타 개체군의 크기를 끌어올릴 수는 있다 손치더라도, 병목 이전의 이 종의 유전적 다양성까지 회복시키기는 쉽지 않다. ✓

✓ 체크포인트

오늘날의 치타가 1,000년 전 치타에 비해 더 많은 유전변이를 갖는지 아니면 더 적은 유전변이를 갖는지 말해보시오.

답: 더 적다. 왜냐하면 병목효과가 유전변이를 감소시켰기 때문이다.

창시자효과

적은 개체들이 격리된 섬, 호수, 또는 새로운 서식지로 이주할 때, 그 집단의 유전적 구성은 단지 큰 개체군의 유전자풀의 한 표본일 뿐이다. 그 집단이 작으면 작을수록(달리 말하면 표본 크기가 작으면 작을수록) 이주자들이 떠나온 그 개체군에서 나타나는 모든 유전적 다양성을 대표할 가능성은 더욱더 줄어든다. 이주가 성공하면 유전적 부동이 최소가 될 정도로 개체군이 충분하게 커질 때까지는 대립유전자 빈도가 무작위적으로 변화를 계속하게 된다. 원래 있던 개체군과 다른 유전자풀을 갖게 된 작은 새 개체군이 정착되게 하는 이런 유형의 유전적 부동을 **창시자효과(founder effect)**라고 부른다.

창시자효과의 수많은 예는 지리적으로나 사회적으로 격리된 인간개체군에서 확인되었다. 이러한 상황에서 더 큰 개체군에서는 드물게 나타나는 질병을 일으키는 대립유전자가 작은 집단에서는 흔하게 될 수 있다. 예를 들면 북미 지역에서 사는 아미쉬와 메노나이트 공동체는 1700년대에 소수의 유럽이민자에 의해 설립되었고, 이 이후부터 공동체 안의 사람들은 자기들끼리 결혼을 하여서, 보다 더 큰 개체군으로부터 유전적으로 격리된 채로 남게 되었다(그림 13.20). 다른 곳에서 극히 드문 수십 가지의 유전질환이 이들 공동체에서는 비교적 흔하다. 한편 개체군에서 높은 빈도를 갖는 유전질환은 연구자들로 하여금 특정 유전장애에 책임이 있는 돌연변이를 식별할 수 있게 해주었다. 몇몇 경우 어떤 장애는 초기에 발견하면 치료가 가능하다.

▲그림 13.20 **창시자효과.** 큰 개체군에서는 드물게 나타나는 대립유전자가 고립된 작은 개체군에서는 종종 높은 빈도를 가진다.

13.17 유전자 흐름

진화적 변화의 또 다른 원인은 **유전자 흐름(gene flow)**인데, 이것은 다른 개체군과 유전자교환을 하는 것이다. 이 경우에서는 생식력이 있는 개체가 한 개체군으로 이주해오거나 한 개체군에서 빠져나갈 때, 또는 배우자(식물의 꽃가루와 같은)가 개체군 사이를 오갈 때, 그 개체군은 대립유전자를 얻거나 잃게 된다(그림 13.21). 예를 들면 그림 13.17

▼그림 13.19 **보전생물학에 있어서 병목효과의 영향.** 치타와 같은 일부 멸종위기종은 낮은 유전변이를 갖는다. 그 결과 이들은 유전변이 자원이 큰 종에 비해 새로운 질병과 같은 환경변화에 대한 적응력이 훨씬 떨어진다.

▲그림 13.21 **유전자 흐름.** 일부 식물의 화분은 바람에 의해 수백 km를 날아갈 수 있어, 멀리 떨어져 있는 개체군 사이에서의 유전자 흐름을 가능케 한다.

에 있는 가상의 야생화 개체군을 생각해 보자. 그리고 이웃하는 개체군은 완전히 흰색 꽃을 가진 개체로 구성되어 있다고 가정해 보자. 폭풍의 세찬 바람이 이웃하는 개체군으로부터 야생화한테 꽃가루를 날려 보낸다면, 그 결과로 다음 세대에는 흰색 꽃 대립유전자가 보다 높은 빈도를 갖게 되는 소진화적인 변화가 나타난다.

유전자 흐름은 개체군 간의 차이를 줄여주는 경향이 있다. 아주 큰 규모로 일어나면 유전자 흐름이 이웃하는 개체군을 결국 합쳐지게 만들어, 공통적인 유전자풀을 가진 하나의 개체군이 된다. 사람들이 보다 자유롭게 세계를 돌아다니기 시작하면서, 유전자 흐름은 과거에는 격리되었던 개체군에 소진화적인 변화를 일으키는 중요한 요인이 되었다. ✓

✓ 체크포인트

사람이 세계여행을 하기 쉬워져서 영향을 가장 많은 받은 소진화의 메커니즘은 어느 것인가?

답: 유전자 흐름

▲그림 13.22 **푸른발부비새.** 부비새의 커다란 물갈퀴의 발은 물에서 매우 편리하지만, 땅에서 걷는 데는 불편하다.

13.18 자연선택: 자세히 보기

유전적 부동, 유전자 흐름, 그리고 돌연변이조차도 소진화를 일으킬 수 있다. 하지만 이들 사건이 개체군으로 하여금 그 환경에서 보다 적합하게 만드는 경우는 아주 드물게 일어난다. 한편 자연선택에서 유전변이(돌연변이와 유성생식)를 만들어내는 사건만이 무작위적이다. 그 환경에 더 잘 적응한 개체는 생존하여 생식할 가능성이 더 크므로, 자연선택의 과정은 무작위적이지 않다. 따라서 단지 자연선택만이 지속적으로 적응적 진화로 이끄는데, 이것은 생물과 이들이 처한 환경 사이에 더 적합한 쪽으로 결과가 나타나는 진화를 말한다.

생물의 진화적 적응은 놀랄만한 많은 예들이 있다. **푸른발부비새가 갈라파고스 제도에 있는 그의 고향에 잘 어울리게 만드는 구조와 기능에 대한 이들 예를 생각해 보자(그림 13.22).** 24 m 이상의 높이에서 다이빙하여 물속으로 뛰어내릴 때, 마찰을 최소화하기 위해 새의 몸과 부리는 어뢰처럼 유선형으로 되어 있다. 고속의 상태로 물에 닿게 되면 이 부비새는 큰 꼬리를 브레이크로 사용한다. 놀라운 푸른발은 수컷이 생식에 성공하기 위한 필수요건이다. 암컷 부비새는 가장 밝은 푸른색 발을 가진 수컷을 선호한다. 따라서 수컷이 하는 구애의 표현은 자신이 지닌 화려한 색상의 자산이 자주 드러나도록 특징적인 춤을 추는 것이다.

이러한 적응은 자연선택의 결과이다. 자연선택은 다른 것에 비해 어떤 대립유전자를 일관되게 선호함으로써 생물개체군에서 그들이 처한 환경에 더 잘 적응하게 하는 결과를 갖게 한다. 하지만 시간이지나 환경이 바뀔 수 있다. 결과적으로 "보다 적응되었다"라고 나타내는 것은 움직이는 목표이며, 적응진화를 연속적이고 역동적인 프로세스로 만들고 있다. 다윈의 핀치에 대해 살펴보는 다음 절에서 이에 대한 예를 보게 될 것이다.

진화적 적응도

흔히 사용되는 문구인 "적자생존"이란 말을 개체 간의 직접적으로 경쟁하는 것이라는 의미로 사용한다면 이는 잘못된 것이다. 진화적 성공의 핵심인 생식적 성공은 대개 미묘하면서도 수동적으로 일어난다. 나방의 다양한 개체군에서 어떤 개체는 날개의 색깔이 포식자로부터 자신을 더 잘 감출 수 있기 때문에, 다른 나방에 비해 더 많은 자손을 생산할 수 있다. 야생화 개체군에서 식물은 개체마다 꽃 색깔이나 모양이나 또는 향기가 조금씩 서로 달라, 그 식물 중 일부는 수분매개곤충들을 더 잘 유인하기 때문에 생식적 성공에 차이를 가져올 수 있다. 주어진 환경에서 이러한 형질은, 어떤 개체가 다른 개체의 기여도와 비교해서 다음 세대의 유전자풀에 제공하는 기여도, 즉 **적응도(fitness)**를 보다 크게 이끌 수 있다. 진화의 배경에서 가장 적합한 개체는 생식력을 지닌 가장 많은 자손을 생산하는 개체인데, 따라서 이 개체가 다음 세대에 가장 많은 유전자를 전달하게 된다. ✓

✓ 체크포인트

상대 적응도에 대한 가장 좋은 척도는?

답: 한 개체가 남긴 가임 자손의 수

과학연구의 과정 **작동 중인 진화**

자연선택이 다윈의 핀치새 부리의 모양을 결정하였는가?

배경

이 장에서 배운 대로 다윈은 갈라파고스 섬을 방문하는 동안 흥미로운 많은 생물들을 만났다 (그림 13.3 참조). 그는 다윈의 핀치새라고 불리는 14종의 핀치새에 특히 흥미를 느꼈다. 이 작은 새들은 서로 밀접한 관련이 있으며 많은 특성을 공유한다. 그러나 그들은 먹는 습관에 따라 특유의 먹이 습관과, 부리의 크기와 모양이 다르다. 생물학자들은 다윈의 핀치새가 섬 중 하나에 정착한 작은 조류 개체군에서 진화했다고 가정한다. 새들이 다른 환경을 가진 이웃 섬으로 이동할 때 마다 반복되는 과정인 자연선택은 새로운 환경에서 다양한 먹이를 이용하기 위해 핀치새의 부리의 모양을 만들어냈다. (14장에서 다윈의 핀치새 진화에 대해 더 많이 배우게 될 것이다.) 진화생태학자 피터 그랜트와 로즈마리 그랜트 부부와 학생들은 40년 동안 다프네에서 다윈의 핀치새에 대해 연구했다(그림 13.23a). 100에이커 밖에 안 되는 섬의 작은 크기로 인해 연구원들이 식물과 동물의 서식처에 대한 포괄적인 자료를 수집할 수 있었다. 한 연구에서 그랜트팀은 이용가능한 식량자원의 변화에 따라 중간지대 핀치새의 부리가

▼그림 13.23 다윈의 핀치에서 부리 모양에 있어 자연선택의 영향에 대한 관찰연구.

(a) 갈라파고스 제도의 다프네에 있는 중간지대 핀치새에 대한 자료를 수집하는 피터 그랜트와 로즈마리 그랜트

(b) 중간지대 핀치새

변했다는 가설을 검정했다. 그랜트와 학생들은 모든 중간지대의 핀치새들을 잡아 개체군의 표현형 변화를 기록했다. 그들이 측정한 중요한 특성 중 하나는 부리 심도였는데, 이는 중간지대의 핀치새의 식단을 구성하는 씨앗을 열 수 있는 파쇄력을 제공한다(그림 13.23b). 다프네의 기후는 우기와 건기가 번갈아 나타난다. 우기에는 식물이 꽃을 피워 씨앗이 풍부하다. 사막과 같은 건기에는 식량이 훨씬 부족해진다. 그랜트 팀은 시간이 지남에 따라 식용 씨앗의 가용성을 기록했다. 그들은 또한 핀치가 씨앗을 깨서 씨앗 속의 먹이에 도달하는 것이 얼마나 어려운지를 보여주는 씨앗의 단단함을 정량화했다.

방법

그랜트 부부는 그들의 가설을 검정하기 위해 과학자들이 실험의 주제를 조작하지 않고 가설을 검정하는 과학적 탐구 형태인 관찰연구를 사용했다. 그랜트부부가 연구를 시작한 지 몇 년 후 다프네가 심한 가뭄을 겪었을 때 핀치새 개체군은 강력한 자연선택을 경험했다. 그랜트부부는 가뭄 전, 중, 후에 수집된 자료를 사용하여 가설을 검정했다.

결과

1977년 우기동안 강우량이 매우 적어 종자 생산이 급격히 감소하여 다음 건기동안 핀치새를 유지할 식량이 부족했다(그림 13.23c). 핀치가 작고 부드러운 씨앗이 바닥난 후, 두껍고 깨지기 어려운 껍질을 가진 가장 단단한 씨앗이 유일한 식량이 되었다.

1976년 6월 다프네에서 살았던 1,200마리의 성인 핀치새 중 단 15%(180 마리의 새)만이 가뭄에서 살아남았다. 가장 단단한 씨앗을 부술 수 있는 큰 부리를 가진 새의 비율은 이 강렬한 자연선택 기간 동안 개체군에서 증가하여 작동중인 진화의 증거가 되었다(그림 13.23d). 그랜트는 다프네에 대한 연구를 계속하면서 가뭄과 더불어 핀치 개체군의 자연선택을 초래한 기타 환경변화를 관찰하였다. 이러한 장기적인 현장 관측연구는 진화에 대한 가설을 검정하는 중요한 방법이다.

과학자처럼 생각하기

그랜트의 가설을 검정하는데 관찰실험이 통제실험보다 더 적합한 이유는 무엇인가?

답은 부록 C를 참조.

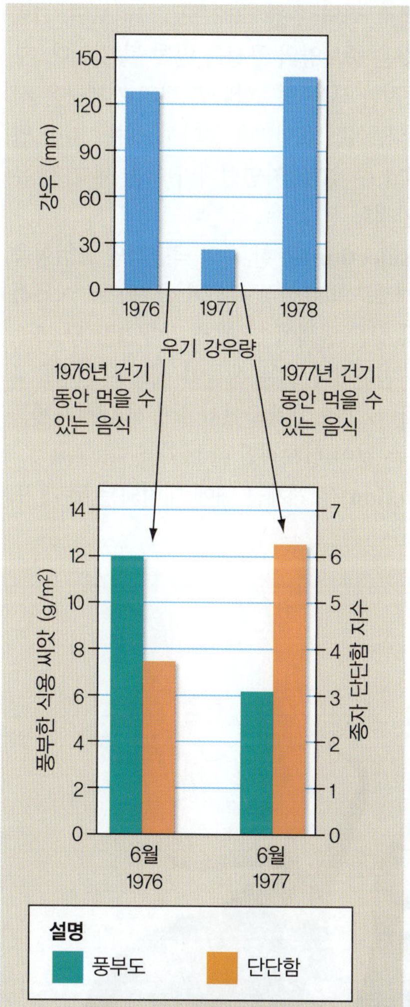

(c) 종자 풍부도와 단단함에 대한 강우의 영향

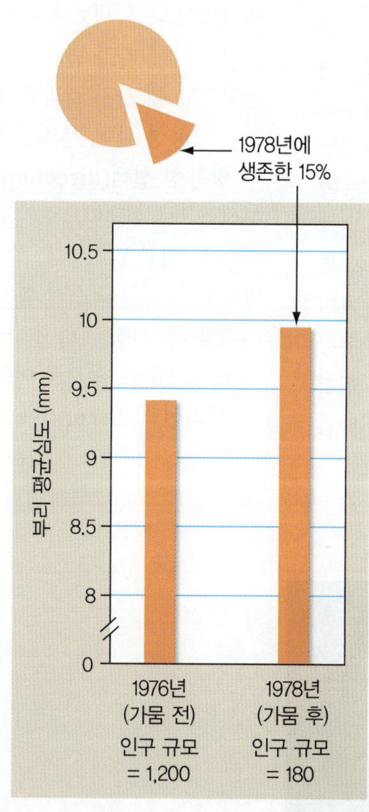

(d) 핀치새 개체군에서 부리 깊이에 대한 가뭄의 영향

성적 선택

성적 선택(sexual selection)은 어떤 형질을 지닌 개체가 그렇지 않은 다른 개체보다 짝을 더 잘 얻을 수 있다는 것인데, 이것도 자연선택의 한 형태이다. 성적선택은 상대적인 적합함에 직접적인 영향을 미치기 때문에 특히 강력한 자연선택이 된다.

동물의 암컷과 수컷은 분명히 다른 생식기관을 갖고 있다. 그러나 이들은 번식이나 생존과는 직접적인 관련은 없지만, 이들 사이에 뚜렷한 차이를 보여주는 2차 성징을 갖는다. **성적 이형(sexual dimorphism)**이라 불리는 이러한 외관상 차이는 보통 체격의 크기에서 나타난다. 수컷 척추동물 가운데서 성적 이형은 사자의 갈기, 사슴의 뿔, 공작과 같은 새의 화려한 깃털처럼 겉 장식에서도 확실한 차이가 나타나기도 한다(그림 13.24a).

몇몇 종에서는 2차 성징의 구조는 같은 종의 다른 개체(통상 수컷)와 짝짓기를 위해 경쟁할 때 사용되기도 한다. 이때 경쟁은 신체적인 싸움의 형태이지만, 그러나 의례적인 과시행동으로 나타나는 경우도 많다(그림 13.24b). 이러한 선택은 승리자가 여러 마리의 암컷을 거느리는 종에서 흔히 볼 수 있는데, 이로써 그 수컷의 진화적 적응도는 확실히 향상된다.

좀 더 흔한 성적 선택에서는 한 성의 개체(보통 암컷)가 자신의 짝을 선택하는데 까다롭다. 덩치가 가장 크고 가장 화려한 장식을 가진 수컷이 암컷에게 가장 매력적인 것으로 여겨지는 경우가 흔하다. 공작 꼬리의 화려한 깃털은 "나를 택하시오!"라는 말과 같다. 암컷이 어떤 외모나 행동을 기준으로 수컷을 선택할 때마다, 암컷이 그러한 선택을 하도록 만든 대립유전자는 영속되며, 또한 특정한 표현형을 가진 그 수컷의 대립유전자가 영속되게 해준다.

암컷이 까다롭게 구는 것은 어떤 점에서 유리한가? 이에 대한 한 가설은 암컷이 "좋은 대립유전자"와 서로 관련이 있는 수컷의 형질을 선호한다는 것이다. 여러 종의 새에서 조사한 연구 결과는 밝은색의 부리나 긴 꼬리 같이 암컷이 선호하는 형질은 대체로 수컷의 건강과 관련이 있음을 보여주고 있다.

자연선택의 결과 세 가지

털색이 매우 옅은 색에서부터 아주 어두운 색까지 털색이 다양한 쥐의 개체군을 생각해 보자. 색깔별로 쥐의 수를 그래프로 그려보면, 그림 13.25의 위쪽에 있는 모양과 같은 종모양의 곡선을 얻게 될 것이다. 자연선택이 다른 색보다 어떤 특정한 색을 선호한다면 쥐의 개체군은 시간이 지남에 따라 변화될 것이다. 어떤 표현형을 좋아하느냐에 따라 일반적으로 세 가지 결과가 일어날 수 있다. 자연선택의 이들 세 가지 유형은 방향성 선택, 분리선택, 안정화 선택으로 불린다.

방향성 선택(directional selection)은 한 쪽의 극단적인 표현형을 우선적으로 선택함으로써 한 개체군의 표현형 곡선이 한 쪽으로 이동하게 되는 것을 말하는데, 생쥐의 짙은 털색이 한 예가 된다(그림 13.25a). 방향성 선택은 국소적 환경이 변하거나 또는 생물이 새로운 환경으로 이주할 때, 가장 흔하게 나타난다. 곤충 개체군에서 살충제 내성개체들의 빈도가 높은 쪽으로 이동하는 것이 실제적인 한 예가 된다.

분리선택(disruptive selection)은 개체군 내에 대비되는 두 개 또

▼그림 13.24 **성적 이형.**

(a) 한 핀치종에서 성적 이형. 여기 멜바단풍새(아프리카 토착종) 한 쌍을 포함해서 척추동물에서는 통상 수컷(오른쪽)이 더 화려하다.

(b) 짝짓기를 위한 투쟁. 스페인산 아이벡스가 암컷과 짝짓기를 할 자격을 갖기 위한 싸움을 하고 있다.

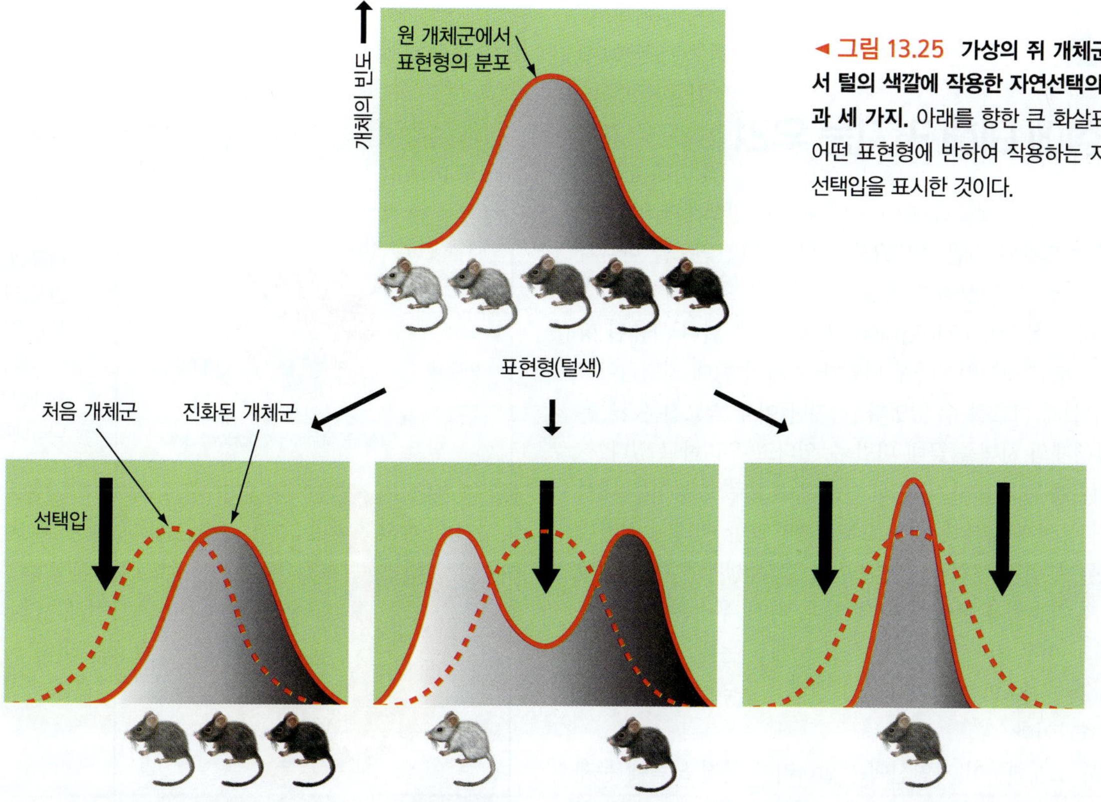

◀ **그림 13.25 가상의 쥐 개체군에서 털의 색깔에 작용한 자연선택의 결과 세 가지.** 아래를 향한 큰 화살표는 어떤 표현형에 반하여 작용하는 자연선택압을 표시한 것이다.

(a) **방향성 선택**은 한 쪽 극단에 있는 변이개체를 선호함으로써 개체군의 전체 구성을 그 쪽으로 옮긴다. 아마도 이 경우에는 나무의 성장으로 인해 그 경관은 그늘이 지기 때문에 털색이 진할수록 포식자의 눈에 덜 띄는 어두운색 쪽으로 변화하는 경향을 갖게 된다.

(b) **분리선택**은 중간적인 개체들보다는 양 극단의 변이 개체를 선호한다. 여기서는 아주 밝은 쥐와 어두운 쥐의 상대적인 빈도가 늘어났다. 아마도 쥐는 밝은 색 토양에 검은색 바위들이 박혀 있는 서식지에 군락을 이루어왔을 것이다.

(c) **안정화 선택**은 개체군의 양 극단의 개체(이 경우에서 아주 밝거나 어두운 털색의 쥐)를 골라 제거시킨다. 이것은 표현형 변이를 감소시키고, 중간 표현형의 빈도는 증가시키는 경향을 보인다.

는 그 이상의 표현형 사이에 있는 어떤 균형점에 이르게 할 수 있다(그림 13.25b). 서로 다른 표현형을 선호하는 조각난 환경이 분리선택과 관련을 맺게 된다.

안정화 선택(stabilizing selection)은 중간 표현형을 선호한다(그림 13.25c). 이러한 선택은 보통 비교적 안정된 환경에서 일어나는데, 이런 조건은 물리적 변이를 감소시키는 경향이 있다. 이러한 진화적 보수성은 보다 극단적인 표현형을 피해 선택한다. 예를 들면 안정화 선택이 사람 신생아 대부분의 몸무게가 3~4 kg 범위를 유지하게 만든다. 이보다 작거나 크면 유아의 치사율이 커진다.

세 가지 선택 유형 중에서 안정화 선택은 대부분의 경우 잘 적응된 개체군에서 변화에 저항할 때 일어난다. 진화의 촉발은 개체군이 환경의 변화나 새로운 장소로의 이주로 인해 스트레스를 받을 때 일어난다. 다프네에서 다윈의 핀치에서 일어난 것과 같은 새로운 환경문제에 직면하게 될 때, 개체군은 자연선택을 통해 적응하거나 그 현장에서 차례차례 죽게 된다. 화석기록은 멸종이 가장 흔한 결과임을 보여주고 있다. 위기를 극복하고 살아남는 개체군들은 새로운 종으로 보기에 충분할 정도로 변화하게 된다(이에 대해 14장에서 배우게 될 것이다.) ✓

✓ 체크포인트

갈라지기 쉬운 씨앗이 부족할 때 다프네의 중간지대 핀치새 개체군의 부리 심도가 증가했다. 이것은 방향성, 분리, 안정화 중 어떤 자연선택 유형의 예인가?

답: 방향성

진화와 연결 **작동 중인 진화**

항생제 내성에 대해 커지는 우려

알다시피 항생제는 감염 미생물을 죽이는 약물이다. 항생제가 있기 전에 사람들은 종종 백일해와 같은 질병으로 사망하였고, 면도를 하다가 또는 장미 가시에 찔린 작은 상처가 치명적인 감염을 초래하기도 하였다. 인간 건강에 대한 혁명이 1940년대에 맨 처음으로 널리 사용된 항생제인 페니실린의 도입으로 일어나게 되었다. 갑자기 한때 치명적이었던 많은 질병들이 쉽게 치료될 수 있었다. 하지만 이제 의료전문가들은 진화의 과정이 항생제의 시대를 끝내 버릴 수 있다고 우려하고 있다.

살충제가 내성곤충을 선택하는 것과 같은 방식으로 항생제는 내성세균을 선택한다. 항생제를 분해하는 효소를 암호화한 어떤 유전자나 항생제가 결합하는 부위가 변화된 돌연변이가 그 항생제에 대한 내성을 갖는 세균과 그 자손들을 만들어낼 수 있다. 다시 우리는 자연선택의 무작위적 양상과 비무작위적 양상 둘 다를 보게 되는데, 세균에서의 무작위적 유전적 돌연변이와 항생제내성 표현형이 유리한 환경에서의 비무작위적 선택효과이다.

이 장의 앞에서 소개했듯이 자연선택은 말라리아 근절 노력에 문제가 되어 왔다. 말라리아를 유발하는 기생성 미생물의 개체군은 질병 치료에 사용된 약물에 내성을 가지게 되었다.

항생제 내성의 빠른 진화는 광범위한 사용과 오용에 의해 촉진되었다. 가축 생산업체는 성장 촉진제로 동물 사료에 항생제를 첨가하고 질병을 예방하기 위해 표준 항생제에 내성이 있는 세균을 선택할 수 있다. 의사는 근거가 없을 때도 항생제를 처방할 수 있다. 환자는 좀 괜찮아지면 약의 복용을 중단하기도 한다. 이를 통해 약물에 의해 보다 천천히 죽는 돌연변이 세균이 죽지 않고 생존하여 번식할 수 있게 만든다. 이러한 세균의 후손 돌연변이는 완전한 항생제 내성을 유발할 수 있다.

MRSA(methicillin-resistant *Staphylococcus aureus*, 메티실린내성 황색포도상구균)로 알려진 강력한 "슈퍼버그"는 항생제의 힘이 약해졌다는 첫 징후이다. *S. aureus*("staph", 스태프)는 건강관리 시설에서 흔한데, 거기에서는 항생제 내성에 대한 자연선택이 광범위한 항생제 사용으로 인해 강력하게 나타난다. 스태프 발생은 운동시설, 학교, 군막사와 같은 공동체 환경에서도 일어난다. 일부 스태프 감염은 비교적 가벼운 피부질환을 유발하지만 세균이 혈류에 침입하면 스태프 감염이 치명적일 수 있다. 예방조치의 결과로 건강관리시설에서 얻게 된 침습성 MRSA로 인한 사망이 최근 감소했지만, MRSA는 여전히 공중보건에 심각한 위협으로 남아 있다.

약물내성 미생물은 2백만 명이 넘는 사람들에게 감염되고 미국에서는 매년 23,000명의 사망자가 생겨난다. 질병통제예방센터(CDC)는 공중보건에 긴급하거나 심각한 위협을 일으키는 15종류의 미생물을 확인하였다. 감염 중 일부는 건강관리 시설과 관련이 있다. 다른 사람들은 오염 된 음식과 물, 성적 접촉, 또 감염된 사람의 호흡기에서 내뿜는 물방울에 의해 전파된다. 그림 13.26은 여러 질병에 대한 항생제 내성 균주에 대한 추정된 감염율을 보여준다. 의료 연구자와 제약 연구자들은 새로운 항생제와 그 밖의 약물 개발을 위해 경쟁하고 있다. 하지만 경험에 따르면 약물 내성 세균의 진화에 대한 우리의 싸움은 앞으로도 계속될 것이다.

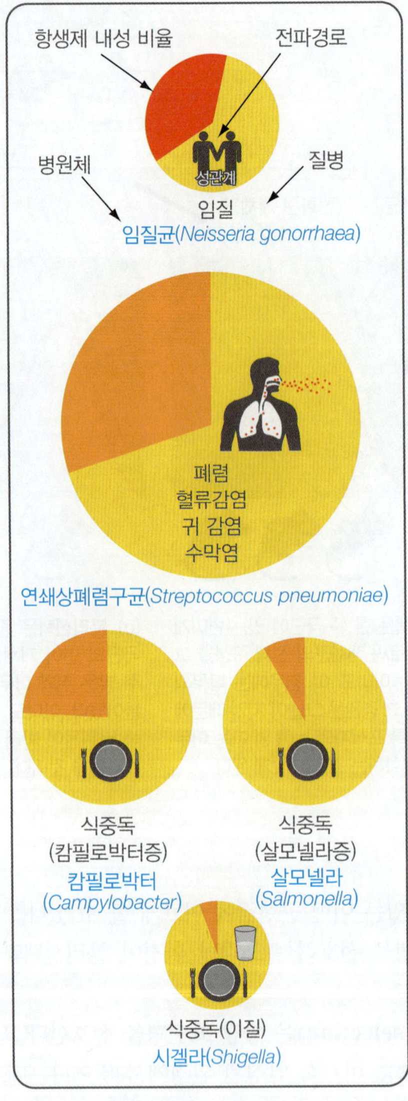

◀ **그림 13.26 항생제 내성 세균에 의한 긴급한 위협(빨간색)과 심각한 위협(오렌지색).** 원의 영역은 총 감염수를 나타낸다. 조각들은 항생제내성 균주에 의한 백분율을 나타낸다.

복습

주요 개념의 요약

생명의 다양성

13.1 다양한 생명들에 이름을 붙이고 분류하기

린네의 분류체계에서 각 종은 두 부분으로 된 이름을 부여받는다. 첫 번째 부분은 속이고, 두 번째 부분은 속 안의 각 종에 대해 고유한 것이다. 분류학적 계층은 역 > 계 > 문 > 강 > 목 > 과 > 속 > 종의 순으로 이루어져 있다.

13.2 생명의 다양성을 설명하기

오늘날의 생물학자들은 생물의 다양성에 대한 가장 적절한 설명으로 자연선택에 의한 진화라는 다윈의 이론을 받아들이고 있다. 하지만 다윈이 1859년 자신의 이론을 발표하였을 때, 이것은 그 당시의 지배적인 관점과는 매우 극단적으로 벗어난 것이었다.

다윈과 종의 기원

13.3 다윈의 여행

비글호를 타고 항해하는 동안 다윈은 다양한 환경, 특히 다윈은 남미해안으로부터 떨어져 있는 갈라파고스 군도에 서식하는 생물들의 적응을 관찰하였다. 다른 통찰과 함께 이들 관찰은 다윈으로 하여금 진화에 대한 이론을 만들어낼 수 있게 이끌었다.

13.4 다윈의 이론

『자연선택에 의한 종에 기원에 관하여』 책에서 다윈은 (1) 현재의 종은 조상종에서 유래한 것이며, (2) 자연선택이 진화의 메커니즘이라는 두 가지를 제안했다.

진화의 증거

13.5 화석으로부터의 증거

화석기록은 생물들이 역사적 시간에 따른 순서대로 나타났으며, 많은 화석들이 조상종과 현재의 종이 서로 연관되어 있음을 보여준다. 예를 들면 고래의 고대 육상동물로부터의 진화는 전이 형태의 화석에 의해 설명된다.

13.6 상동으로부터의 증거

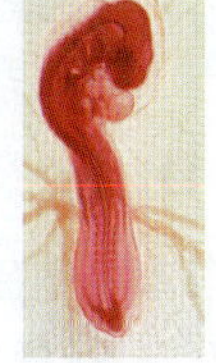

구조와 분자의 상동성이 진화적 관계를 알 수 있게 해준다. 모든 종은 하나의 공통적인 유전암호를 갖는데, 이것은 모든 형태의 생명이 최초의 초기 생물에서부터 갈라져 진화해 왔기 때문에 모두가 서로 관련이 있음을 암시한다.

13.7 진화계통수

진화계통수는 가지의 끝에 가장 최근의 종을 표시하여 인척종의 계보를 나타낸다. 각 분지점은 거기서 갈라져 나온 모든 종의 공통조상을 나타낸다.

진화의 메커니즘으로서 자연선택

다윈은 적응적 진화적 변화를 만들어내는 메커니즘으로 자연선택을 제시했다. 변하는 개체군에서 특정 환경에 가장 적합한 개체는 그렇지 못한 개체보다 생존할 가능성이 높다.

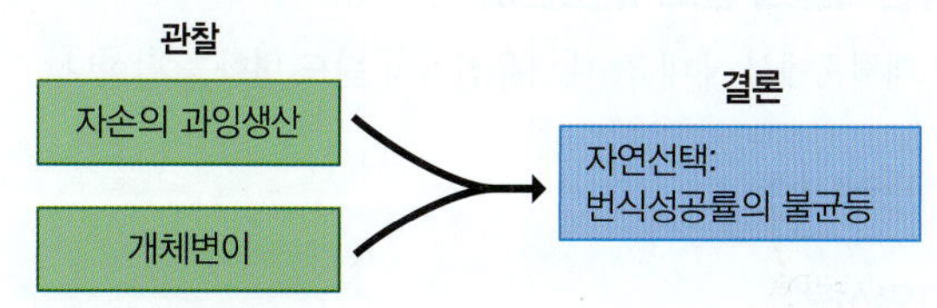

13.8 작동 중인 자연선택

자연선택은 살충제 내성곤충의 진화를 포함한 많은 과학적 연구에서 관찰되고 있다.

13.9 자연선택의 요점

개체는 진화하지 않는다. 개체가 사는 동안에 얻게 된 획득형질은 해당되지 않으며, 유전형질만이 자연선택에 의해 증폭되거나 감소될 수 있다. 자연선택은 새로운 변이가 환경변화에 대해 반응하여 생기는 것은 아니고, 이미 존재하던 변이에만 작용한다. 자연선택이 완벽한 생물을 만들어내는 것은 아니다.

개체군의 진화

13.10 유전변이의 출처

돌연변이와 유성생식은 유전변이를 창출한다. 돌연변이는 유전변이의 궁극적인 원천이다.

13.11 진화의 단위가 되는 개체군

동일한 시간과 동일한 장소에서 살고 있는 같은 종의 일원 전체를 뜻하는 개체군이 진화할 수 있는 가장 작은 생물학적 단위이다.

13.12 유전자풀의 분석

유전자풀은 개체군에 있는 각 개체가 지닌 대립유전자 모두를 모아 놓은 것이다. 하디-바인베르크식은 대립유전자의 빈도로부터 유전자풀에서의 유전자형의 빈도를 계산하는데 사용할 수 있으며, 그 반대 경우도 마찬가지다.

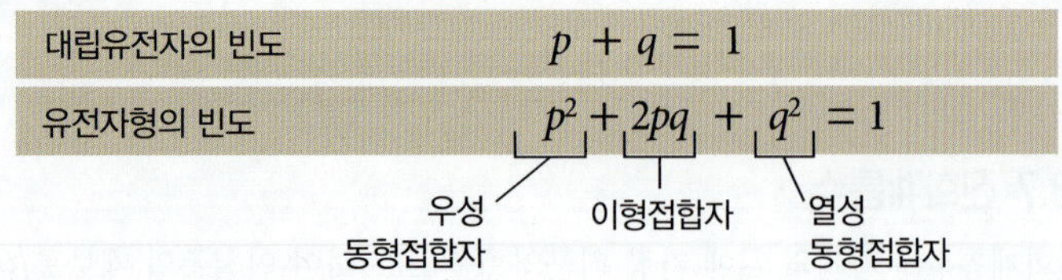

13.13 집단유전학과 보건과학

하디-바인베르크식은 해로운 대립유전자의 빈도를 추정하는 데 사용될 수 있는데, 이것은 유전병을 다루는 공중보건 프로그램에 유용한 정보를 제공해 준다.

13.14 유전자풀의 변화가 소진화

소진화는 개체군에서 세대 간 대립유전자의 빈도 변화를 말한다.

진화의 메커니즘

13.15 자연선택

자연선택은 적응을 촉진하는 유일한 과정이기 때문에 진화적 변화의 가장 중요한 메커니즘이다.

13.16 유전적 부동

유전적 부동은 작은 개체군의 유전자풀에서 우연히 일어나는 변화이다. 병목효과(개체군 크기의 극심한 감소)나 창시자효과(몇몇 개체에 의해 시작된 새로운 개체군에서 일어남)가 유전적 부동으로 이끄는 두 가지 경우이다.

13.17 유전자 흐름

한 개체군은 유전자 흐름에 의해 대립유전자들을 얻거나 잃을 수 있는데, 따라서 유전자 흐름은 다른 개체군과 유전적 교환을 하는 것이다.

13.18 자연선택: 자세히 보기

진화의 모든 원인들 중에서 자연선택만이 진화적 적응을 촉진시킨다. 상대적 적응도란 한 개체군이 다른 개체와 비교하여, 다음 세대의 유전자풀에서의 기여도를 말한다. 자연선택의 결과는 세 가지로 나타날 수 있는데, 이것은 방향성 선택, 분리선택, 안정화 선택이다. 2차 성징(깃털이나 성특이적 행동과 같은)은 짝짓기 선호도가 유전형질에 의해 결정된다는 성적 선택을 촉진시키는데, 이것은 자연선택 중의 한 유형이다.

자습문제

1. 다음 분류계층을 가장 작은 하위계층에서부터 가장 큰 상위계층의 순서대로 나열하시오. 과, 역, 과, 속, 계, 목, 문, 종.

2. 다음 중 다윈의 자연선택의 이론을 근거로 한 관찰이나 추론이 아닌 것은?

a. 개체 중에 유전이 가능한 변이가 있다
b. 잘 적응을 못한 개체는 자손을 전혀 남길 수 없다.
c. 자손이 과잉생산되기 때문에 제한된 자원에 대한 경쟁이 있다.
d. 환경에 가장 적합한 유전형질을 가진 개체는 보통 더 많은 자손을 생산할 것이다.

3. 라이엘과 다른 지질학자들의 통찰력이 진화에 대한 다윈의 생각에 어떻게 영향을 미쳤는가?

4. 특정 유전자 좌위에 두 개의 대립유전자 B와 b를 갖는 한 개체군에서 대립유전자 B의 빈도는 0.7이다. 이 개체군이 하디-바인베르크평형 상태에 있다면 이형접합자의 빈도는 ________, 우성 동형접합자의 빈도는 ________, 열성 동형접합자의 빈도는 ________이다.

5. 진화의 관점에서 적응도를 정의해 보시오.

6. 다음 과정 중 진화의 원료로 제공되는 유전변이의 궁극적인 출처는 어느 것인가?

a. 유성생식 b. 돌연변이
c. 유전적 부동 d. 자연선택

7. 다음 중 자연선택의 요건이 아닌 것은?

a. 유전변이
b. 치명적인 사건
c. 차별적인 생식 성공
d. 자손의 과잉생산

8. 유전적 부동의 원인으로서 병목효과와 창시자효과를 비교하여 설명하시오.

9. 색 패턴이 서로 다른 가터뱀은 위협을 받을 때 다르게 행동한다. 자연선택의 세 가지 일반적인 결과(방향성, 분리, 안정화) 중 이 예는 ________을(를) 보여준다.

주된 주제 식별하기

아래의 각 문장에서 분명하게 드러난 주된 주제가 무엇인지(구조와 기능의 연관성, 정보의 흐름, 에너지와 물질의 변환경로, 생물계 내에서의 상호작용, 진화)를 식별하고, 그 내용이 그 주제와 어떻게 관련되는지를 설명하시오. 필요한 경우 주제들을 검토하고(1장 참조), 또 이 장에서 파란색 글자로 나타내어 강조한 예들을 검토해 보시오.

10. 만약 두 종이 밀접하게 일치하는 서열을 가진 상동유전자를 가지고 있다면, 생물학자들은 이 서열들이 비교적 최근의 공통조상으로부터 물려받은 것으로 결론을 내린다.

11. 잠수성 새인 푸른발부비의 몸과 부리는 어뢰처럼 유선형이다.

12. 다윈은 먼 조상의 후손들이 다양한 서식지로 퍼져 나가면서 자연선택이 환경에 맞게 다양한 수정을 했다고 가정했다.

답은 부록 C를 참조.

과학연구의 과정

13. **자료 해석하기** 최근 새로운 지역에 달팽이 개체군이 형성되었다. 이들 달팽이는 바위 위에 올려놓고 부수어 살만 빼서 먹은 후 껍질을 남겨놓는 새들의 먹이가 된다. 이들 달팽이에는 줄무늬가 있는 것도 줄무늬가 없는 것도 있다. 어떤 지역에서 연구자가 살아 있는 달팽이와 부서진 껍질의 개수를 세어 보았다. 그 결과는 아래와 같다.

	줄무늬 껍질	무늬 없는 껍질
살아 있는 달팽이의 수	264	296
부서진 달팽이 껍질의 수	486	377
전체	750	673

이 자료에서 볼 때 어떤 달팽이가 새에 잡혀 먹힐 가능성이 많은가? 줄무늬 개체와 무늬가 없는 개체의 빈도는 여러 세대에 지난 후 어떻게 변화될까?

14. 앞 문제에서 설명된 실험 후 5년이 지난 지금 연구원들은 자신들의 예측을 검정하기 위해 달팽이의 개수 세기를 반복한다. 놀랍게도 부서진 껍질과 살아 있는 달팽이의 비가 줄무늬가 있는 달팽이는 떨어지고 줄무늬가 없는 달팽이는 높아졌다. 그들은 줄무늬가 있는 잡초가 조사 지역에 새롭게 퍼져 있었다는 것을 알게 되었다. 이 관찰을 설명하는 가설을 만들어 보시오.

우리와 함께하는 생물학

15. 기술사회에서 인간은 어느 정도까지 자연선택을 피할 수 있을까? 답을 말해 보시오.

16. "사회적 다윈주의(Social Darwinism)"는 "적자생존"의 원칙이 인간 사회에 적용될 수 있다고 제안하고 있다. 이 이론은 유효한 접근법인가? 그것은 과학을 기반으로 하는가?

14 생물다양성은 어떻게 진화하나

옥수수를 맛있게 먹고 있나요? 미래의 재난으로부터 옥수수 작물을 보호하기 위해 두 종류의 야생초에서 온 대립유전자가 사용될 수 있다.

차례 내용

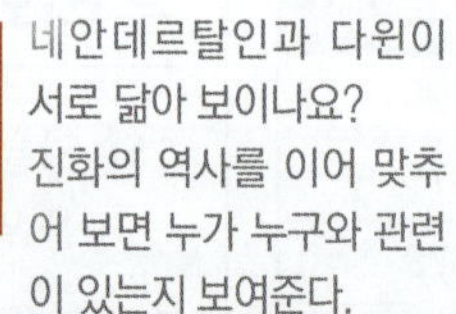

네안데르탈인과 다윈이 서로 닮아 보이나요? 진화의 역사를 이어 맞추어 보면 누가 누구와 관련이 있는지 보여준다.

진화가 왜 중요한가?

지구에 있는 생명들의 다양성은 수십억 년 동안 일어난 진화과정의 산물이다. 이 기간 동안에 살고 있던 엄청나게 많은 종들이 멸종되었다. 생물학자가 사용하는 분류체계는 모든 형태의 지구 생명들이 어떻게 관련되어 있는지를 보여준다.

바위가 말을 할 수 있다면 이들은 우리에게 무슨 이야기를 해줄까? 수억 년의 역사가 그랜드캐니언의 바위 층에 "기록되어" 있다.

실마리

인간이 지배하는 세상에서의 진화

우리와 함께하는 생물학 | 인간이 지배하는 세상에서의 진화

캐나다의 앨버타에 있는 광유모래에서 나온 광미(폐기 잔류물) 쓰레기더미. 타르샌드라고도 불리는 광유모래는 끈적끈적한 점성 형태의 석유를 포함하고 있다. 이 퇴적물을 채굴하면 많은 양의 광미가 남는다.

인류의 발자취

인류는 지구의 생태와 지질에 특별한 영향을 미쳐왔다. 지울 수 없는 우리의 발자취에는 자연에서 살고 있는 생물들을 그들의 고향으로부터 먼 곳으로 운송, 농산물과 가축동물의 보급, 플라스틱이나 콘크리트와 같은 제조된 재료들의 실재, 핵무기 시험으로 인한 방사능의 방출, 화석연료 연소로 인한 기후의 변화 같은 것들이 있다. 이제 지구에는 인간의 활동에 의해 아직 손닿지 않은 곳은 거의 찾아볼 수 없다. 예를 들면 2017년에 연구원들은 태평양에서 10 km 깊이에 사는 동물이 산업폐기물의 독성 화학물질로 오염되었다고 보고했다. 이러한 변화의 비가역성은 일부 과학자들로 하여금 지구 역사에 새로운 시대, 인류세(Anthropocene, 그리스어에서 온 *anthropos*는 인간을 뜻함)가 시작되었다고 제안하게끔 만들었다. 인류세는 높은 멸종률과 가속화된 지구에 변화를 등을 포함하는 지질학적 기록에 있어 중대한 변화의 시작을 나타내고 있다. 이 장에서 배우게 되지만 과학자들은 46억 년의 지구 역사를 일련의 지질시대로 나누었으며 이 시대는 시기(period)와 세(epoch)로 세분화되었다. 이 지질시간표는 공식적으로 국제표층위원회에 의해 긴 시간을 거쳐 확립되어 온 기준을 사용하여 정의된다. 새로운 세의 이름을 짓는 것은 결코 작은 일이 아니며, 전문가들은 현재 인류세를 인정받으려는 제안에 대해 토론해 오고 있다.

이 새로운 세가 공식적으로 지질시간표에 추가될지 그 여부에 관계없이, 그것은 비과학자들도 생각해 볼만한 유용한 아이디어이기도 하다. 우리는 46억 년의 지구역사에서 독특한 시대에 살고 있다. 인류가 환경을 전 세계적으로 변화시킨 유일한 생물은 아니다. 20억 년 전 단세포 원핵생물의 광합성에 의해 방출된 산소는 결국 생물권을 변화시켰다. 그러나 우리는 지구상의 생명체에 미치는 영향을 인식하고, 그 결과를 이해할 수 있는 유일한 생물이다. 예를 들면 인간 활동은 많은 종들이 사라질 정도로 지구 환경을 바꾸고 있다. 지난 400년(지질학적 척도로는 매우 짧은 시간)에 1,000종 이상이 멸종된 것으로 알려져 있다. 과학자들은 이것은 과거에 멸종률의 100배~1,000배 정도 되는 것으로 추산하고 있다. 또한 인간에 의한 환경변화는 살충제내성 곤충이나 항생제내성 세균(13장에서 배운 바와 같이)을 포함한 생물개체군의 진화적 변화를 가져온다. 농업, 사냥, 낚시와 같은 활동은 생물의 특정 개체군에 선택압을 가하게 만든다. 또한 식물, 동물, 미생물을 새로운 환경으로 운반함으로써 최근의 지질시대에는 새로운 종이 생겨났다.

우리는 새로운 종의 탄생을 논의함으로써 이 장을 시작하고, 그 다음에는 생물학자들이 생물학적 다양성의 진화를 어떻게 추적하는지 살펴볼 것이다. 또한 과학자들이 살아 있는 생물을 어떻게 분류하는지 자세히 살펴볼 것이다.

종의 기원

소진화의 메커니즘인 자연선택은 생물이 자신이 처한 환경에 적합해야 한다는 매우 놀라운 방법으로 설명하고 있다. 그러나 지구의 역사 안에서 존재해 온 수백만 종을 보면, 이러한 엄청난 생물다양성에 대해 어떻게 설명하겠는가? 이러한 질문에 대해 다윈은 커다란 흥미를 느꼈는데, 그는 이에 대해 일기에 "지구에서 최초로 새로운 존재의 출현은 신비 중의 신비"라고 썼다.

젊은 다윈이 갈라파고스 군도를 방문했을 때(그림 13.3 참조), 그는 자신이 종의 기원의 장소를 방문하고 있음을 깨달았다. 지질학적으로 보면 그 화산섬들은 젊었지만, 그들은 세계 어디서나 볼 수 있는 많은 식물과 동물들이 이미 살고 있었다. 이들 중에 독특한 거주자로는 바다이구아나**(그림 14.1)**, 갈라파고스 거북(그림 13.4 참조), 그리고 이 장에서 좀 더 배우게 될 핀치(그림 14.12 참조)라 부르는 여러 종의 작은 새들이 있었다. 다윈은 이들 모든 종들 중에서 그 어느 것도 기원이 되는 개척생물일 수는 없다고 확실하게 생각하였다. 이들 중 몇몇은 후에 기원이 되는 조상으로부터 자연선택에 의해 변형된 개척생물의 수많은 후손으로 진화를 계속해 왔다.

다윈의 『종의 기원』이 출판된 지 약 150년이 지난 지금, 새로운 발견과 기술 발전, 그 중에서도 특히 분자생물학에 있어서의 발견과 발전은 과학자들에게 지구에서의 생물의 진화에 대해 새로운 많은 정보를 제공하였다. 예를 들면 연구자들은 척추동물의 다리(그림 13.6 참조)에 있어서 상동의 기초를 이루는 유전적 패턴을 밝혀냈다. 발견된 수십만 개의 화석이 다윈의 시대이래로 목록으로 만들어졌는데, 이들 중에는 다윈이 예견했던 전이(중간) 형태의 것도 많이 포함되어 있다. 과거와 현재의 기술의 멋진 만남으로 인해, 오래된 우리의 친척인 네안데르탈인(그림 14.23 참조)을 포함하여 화석의 유전물질을 조사하는 것이 가능해졌다. 새로운 연대측정법은 지구의 나이가 다윈 시대에 급진적인 지질학자들이 제시한 것보다 훨씬 많은 수십억 년이 된다고 확정했다. 이 장에서 배우게 되겠지만, 이들 연대측정법으로 화석과 암석의 나이를 알 수 있어서 연구자들로 하여금 생물 집단 사이의 진화적 관계에서 가치 있는 통찰을 할 수 있게 해 주었다. 또한 대륙의 위치 변화와 같은 지질학적 과정에 대한 이해가 향상되면서 다윈과 동시대인에게는 수수께끼였던 생물과 화석의 몇몇 지리적 분포에 대해 설명할 수 있게 해준다.

이 장에서는 한 종이 2종 또는 그 이상의 종으로 나눠지는 과정인 **종분화(speciation)**를 시작으로 해서, 진화가 어떻게 생명이라는 풍부한 무늬로 수놓은 양탄자를 짜낼 수 있는지 배울게 될 것이다. 다른 주제로는 새의 날개와 깃털이나 인간의 큰 두뇌와 같은 진화적 혁신적 산물의 기원, 그리고 대부분의 공룡이 사라진 다음 포유류의 다양화가 일어났듯이 새로운 적응적 폭발의 길을 열어주는 대량멸종의 영향 등을 포함한다.

▼**그림 14.1 갈라파고스 군도에 서식하는 독특한 종의 하나인 바다이구아나(오른쪽).** 다윈은 수영에 도움이 되는 납작한 꼬리를 가진 갈라파고스의 바다이구아나들은 남미의 본토와 섬에 사는 육지이구아나(왼쪽)와 비슷하지만 차이도 있음을 주목하였다.

14.1 종이란 무엇인가?

종은 "종류" 또는 "모습"이라는 뜻을 지닌 라틴어에서 왔다. 예를 들면 개와 고양이, 또는 장미와 민들레를 구별하듯, 우리는 사실 외관의 차이를 가지고 여러 종류의 식물과 동물을 구별하는 것을 배운다. 별개의 생물형태로 보는 종에 대한 기본 생각이 직관적으로 보이긴 하지만, 더 체계적으로 정의하는 것도 쉽지는 않다.

종을 정의하는 한 가지 방법은 이 책에서도 주된 정의로 사용될 **생물학적 종개념(biological species concept)**이다. 이것은 **종(species)**을 자연상태에서 서로 교배하여 생식가능한 자손을 만들 수 있는 한 집단의 개체군으로 정의한다**(그림 14.2)**. 맨해튼의 여성 실업가와 낙농업을 하는 몽고인은 지리적으로 그리고 문화적으로 떨어져 있다. 그러나 이 두 사람이 만나 함께 살게 된다면 나중에 커서 생식능력이 있는 어른이 될 수 있는 아이를 낳을 수 있는데, 이는 모든 인간이 같은 종에 속하기 때문이다. 반면 인간과 침팬지는 공통적인 진화역사를 가지고 있음에도 불구하고 서로 다른 종으로 남아 있는데, 그 이유는 이들은 성공적으로 교배할 수 없기 때문이다.

생물학적 종개념을 모든 경우에 적용 가능한 것은 아니다. 예를 들면 생식 가능성의 여부에 따른 종의 정의에만 근거를 두게 되면, 대부분의 원핵생물과 같이 무성적으로 생식(한쪽 부모에게서 자손이 생산)하는 생물은 배제되게 된다. 그리고 화석도 지금 현재 더 이상 유성생식을 할 수 있는 것이 아니기 때문에, 생물학적 종개념으로 평가할 수 없다. 그러나 이러한 난제에 대해 생물학자는 종을 정의하는 다른 방법들을 발전시켜 왔다. 예를 들면 현재까지 명명된 대부분의 종은 치아의 개수와 모양, 꽃의 구조 같은 측정 가능한 신체적 형질을 바탕으로 분류해 왔다. 다른 접근법은 공통조상에서 갈라져 나와 생명계통수에서 한 분지를 형성하는 가장 작은 개체집단을 종으로 정의한다. 또 다른 접근법에서는 각 종을 동정하는 일종의 바코드처럼 오로지 분자적 자료에만 근거를 두고 종을 정의하자고 제안하고 있다.

이들 각 종개념은 상황에 따라, 그리고 묻는 질문에 따라 유용할 수 있다. 하지만 생물학적 종개념이 각 생물집단이 어떻게 생겨났는지에 초점을 맞추었을 때, 즉 한 집단의 구성원이 다른 집단의 구성원과 성공적으로 서로 교배하는 것을 막는 것이 무엇인지를 물을 때 특히 유용하다. 이제부터 이러한 질문에 대한 다양한 답변에 대해 배워보자. ✓

✓ 체크포인트

생물학적 종의 개념에 따르면 무엇으로 종을 정의하는가?

답: 자연 환경에서 서로 교배하여 생식이 가능한 자손을 만드는 능력

▼그림 14.2 생물학적 종개념은 신체적 유사성보다 생식적 화합성에 바탕을 두고 있다.

다른 종 사이의 유사성. 동부들종다리(왼쪽)와 서부들종다리(오른쪽)는 겉모습이 아주 유사하지만, 사실 이들은 다른 종이어서 교배하지 않는다.

한 종 내에서의 다양성. 우리처럼 모습이 다양한 인간은 단일종(*Homo sapiens*)에 속해서 서로 교배가 가능하다.

14.2 종 사이의 생식적 장벽

파리는 분명 개구리나 고사리와 짝짓기를 할 수 없다. 그러나 아주 가까운 종과의 교배를 막는 것은 무엇인가? 예를 들면 동부종다리와 서부종다리(그림 14.2 참조)는 이들에 있어서 무엇이 종의 경계를 유지하게 하는가? 이들의 지리적 분포는 대평원에서 겹쳐져 있고, 또 이들은 아주 비슷하게 생겨서 조류전문가나 겨우 이들을 분간할 수 있다. 그러나 이들 두 종은 서로 교배하지 않는다.

생식적 장벽(reproductive barrier)은 근연종 개체가 교배하는 것을 막는 그 어떤 것을 말한다. 종의 유전자풀을 격리하는 여러 종류의 생식적 장벽에 대해 알아보자(그림 14.3). 교배의 봉쇄가 접합자(또는 수정란)의 형성 전에 일어나는지, 아니면 후에 일어나는지에 따라 생식적 장벽을 수정 전과 수정 후로 나눌 수 있다.

수정전 장벽(prezygotic barrier)은 종 사이의 짝짓기나 수정을 못하게 막는 것을 말한다(그림 14.4). 이러한 장벽으로 시간도 될 수 있다(시간적 격리). 예를 들면 서부점박이 스컹크는 가을에 번식하지만, 동부점박이 스컹크는 늦은 겨울에 번식한다. 이런 시간적 격리로 인해 대평원에서 함께 살아가지만 이들 종 사이에는 서로 짝짓기가 일어나지 않는다. 또 다른 예로는 종들이 같은 지역에 살고 있지만, 서식지가 같지 않은 경우이다(서식지 격리). 예를 들면 북미 얼룩뱀은 주로 물에 살고, 근연종은 육지에 산다. 또한 특정한 냄새, 색깔, 구애의식과 같이 개체가 가능한 짝을 분간할 수 있게 하는 형질도 생식적 장벽으로 작용할 수 있다(행동적 격리). 예를 들면 조류에 속하는 많은 종이 구애행동이 매우 정교하여 다른 종을 자신과 같은 종류로 혼동하지 않는다. 또 다른 경우로는 다른 종의 생식기관과는 해부학적으로 맞지 않는다(기계적 격리). 예를 들면 그림 14.4의 벌새와 같은 수분매개체는 한 꽃의 수컷 부분에서 꽃가루를 묻혀 다른 꽃의 암컷 부분으로 옮긴다. 꽃의 구조가 수분매개체와 꽃이 서로 가장 잘 맞는지 여부를 결정한다. 또

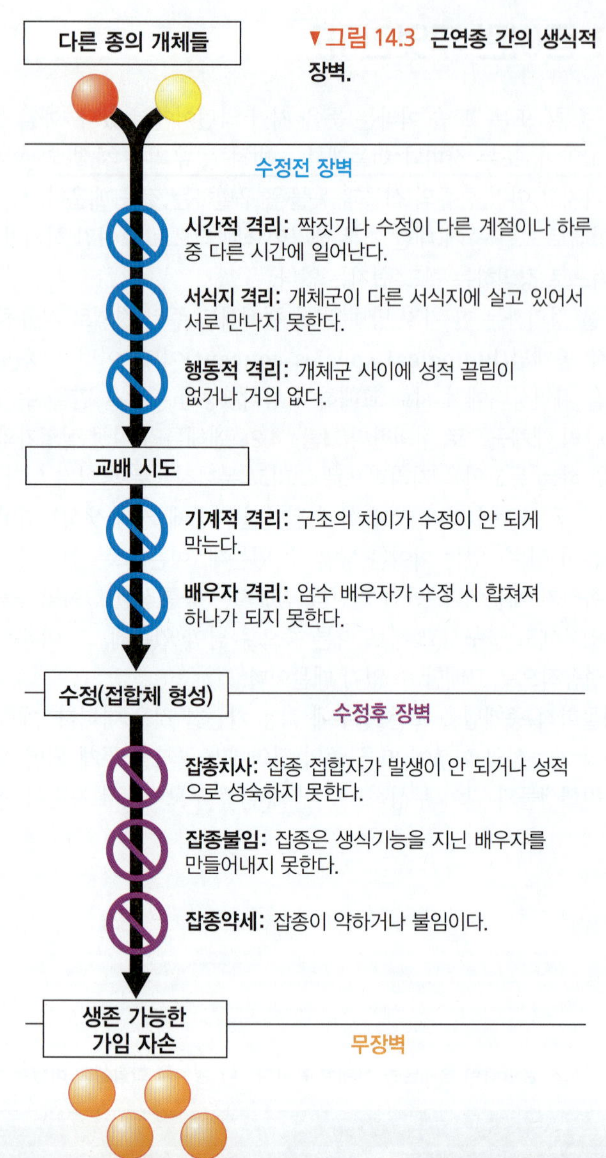

▼그림 14.3 **근연종 간의 생식적 장벽.**

► 그림 14.4 **수정전 장벽.** 수정전 장벽은 짝짓기와 수정이 안 되게 막는다.

다른 경우로는 다른 종의 배우자(난자와 정자)는 불화합성이어서 수정되지 않는다(배우자 격리). 배우자 격리는 수정이 체외에서 일어날 때 매우 중요하다. 많은 종의 성게의 암컷과 수컷이 바다에 난자와 정자를 방출하지만, 수정은 난자와 정자 표면에 있는 종특이 분자가 서로를 달라붙을 때에만 일어난다.

수정후 장벽(postzygotic barrier)은 종간 짝짓기가 실제로 일어나고 잡종 접합자(여기에서 "잡종"은 난자와 정자가 각기 서로 다른 종으로부터 온 것을 의미)가 만들어질 때 작용한다(그림 14.5). 몇몇 경우에는 잡종자손이 생식적으로 성숙이 되기 전에 죽는다(잡종치사). 예를 들면 어떤 도롱뇽 근연종 사이에 잡종을 생겼다고 하더라도, 그 잡종자손은 두 종 사이의 유전적 불화합성 때문에 정상적인 발생을 하지 못한다. 잡종의 또 다른 경우는 자손이 건강한 성체가 되지만 불임인 경우이다(잡종불임). 예를 들면 노새는 암컷 말과 수컷 당나귀의 잡종이다. 노새는 불임이기 때문에, 이들끼리는 성공적으로 교배할 수가 없다. 따라서 말과 당나귀는 다른 종으로 남아 있게 된다. 그리고 또 다른 경우는 1세대 잡종이 생존하고 가임이지만, 이들 잡종이 서로 교배하거나 한 부모종과 교배할 때 그 자손이 허약하거나 불임이다(잡종약세). 예를 들면 식물에서 다른 종의 벼가 가임 잡종을 만들어낼 수 있으나, 이 잡종의 자손은 생존하지 못한다. 요약해 보면 생식적 장벽은 근연종 주위에 경계를 만든다. 대부분의 경우 이것은 단 하나의 생식적 장벽이 아니고 둘 이상이 함께 작용하여 종이 계속해서 격리되게 한다. 이제부터 우리는 생식적 격리와 종분화를 가능케 만드는 상황에 대해 알아보자. ✓

▼그림 14.5 **수정후 장벽.** 수정후 장벽은 생식력을 가진 성체의 발달을 막는다.

> **✓ 체크포인트**
>
> 왜 행동적 격리를 생식전 장벽으로 생각하는가?
>
> 답: 교배를 방해해서 결코 접합자가 형성되지 않기 때문

14.3 종분화의 메커니즘

많은 종의 기원에서 중요한 사건은 한 개체군이 이리저리 해서 부모종의 개체군에서 분리되어 떨어져 나올 때 일어난다. 떨어져 나온 이 개체군은 격리된 유전자풀로 자신만의 진화과정을 밟게 된다. 유전적 부동과 자연선택이 원인이 되어 생긴 대립유전자 빈도의 변화가 다른 개체군으로부터의 유입된 대립유전자(유전자 흐름)에 의해 희석되지 않을 것이다. 이러한 생식적 격리는 두 가지 일반적 시나리오, 즉 이지역성 종분화와 동지역성 종분화로 그 결과가 나타날 수 있다. **이지역성 종분화(allopatric speciation)**에서 유전자 흐름에 대한 초기의 차단은 나뉜 개체군을 물리적으로 격리하는 지리적 장벽이다. 이와는 달리 **동지역성 종분화(sympatric speciation)**는 지리적 격리 없이 새로운 종이 생기는 것이다. 나뉜 개체군이 부모 개체군의 한 가운데 있다손 치더라도 생식적으로 격리된다.

이지역성 종분화

다양한 지질학적 과정이 개체군들을 격리시킬 수 있다. 예를 들면 큰 호수의 수위가 내려가 각각 격리된 어류 개체군을 가지는 작은 호수 여러 개가 생길 수 있다. 개울이 경로를 바꾸어 물을 건너지 못하게 되어 동물 개체군이 나뉠 수도 있다. 바위 위로 흐르던 강물이 시간이 지남에 따라 깊은 협곡을 만들어 거주자들을 양쪽으로 분리할 수 있다. 더 큰 규모로는 대륙 자체가 쪼개지고 움직여 서로 분리될 수 있으며, 해수면의 상승과 하강으로 대륙 사이의 연결다리가 물에 잠기거나 노출될 수 있다(그림 14.15 참조).

이지역성 개체군 사이의 유전자 흐름을 방해하기 위해서는 지리적 장벽이 얼마나 강력해야 하는가? 이에 대한 답은 부분적으로는 생물체의 이동능력에 달려 있다. 새, 퓨마, 코요테는 산맥과 강과 협곡을 가로질러 이동할 수 있다. 이러한 장벽도 바람으로 전파되는 송홧가루나 장벽을 건너다닐 수 있는 동물에 의해 전파되는 종자의 경우에는 아무런 장애가 되지 않는다. 하지만 작은 설치류에게 깊은 계곡이나 넓은 강은 통행할 수 없는 장벽이 될 수 있다(그림 14.6).

종분화는 작고 격리된 개체군에서 좀 더 흔한데, 그 이유는 이 개체군이 큰 개체군보다 유전자 부동과 자연선택의 두 요인에 의해 유전자풀이 실제로 더 쉽게 변화될 수 있기 때문이다. 그러나 새로운 종이 된 작고 격리된 개체군도 있지만, 이에 비해 훨씬 많은 개체군은 소멸되어 버린다. 미개척지에서의 삶은 황량해서 개척자 개체군의 대부분은 소멸되어 버린다.

작고 격리된 개체군이 생존하더라도 반드시 새로운 종으로 진화하는 것은 아니다. 이 개체군이 이 지역의 환경에 적응하면서 조상 개체군과 매우 달라 보이기 시작하지만, 그렇다고 꼭 새로운 종이 되는 것은 아니다. **종분화는 격리된 그 개체군과 부모 개체군 사이의 생식적 장벽의 진화로 나타난다.** 달리 말하면 지리적 격리 과정에서 종분화가 일어난다면, 새로운 종은 이 이후부터 부모 개체군과 다시 접촉하더라도 생식을 할 수 없게 된다(그림 14.7). ✓

▼ **그림 14.6 그랜드캐니언 계곡 양쪽에 사는 다람쥐의 이지역성 종분화.** 해리스영양다람쥐(*Ammospermophilus harrisii*)는 그랜드캐니언의 남쪽 가장자리에서 발견된다. 몇 마일밖에 안 떨어진 북쪽 가장자리에는 근연종인 흰꼬리영양다람쥐(*Ammospermophilus leucurus*)가 살고 있다. 계곡을 쉽게 건너다닐 수 있는 새와 그 밖의 다른 생물은 양쪽 가장자리에서 다른 종으로 다양화될 수 없다.

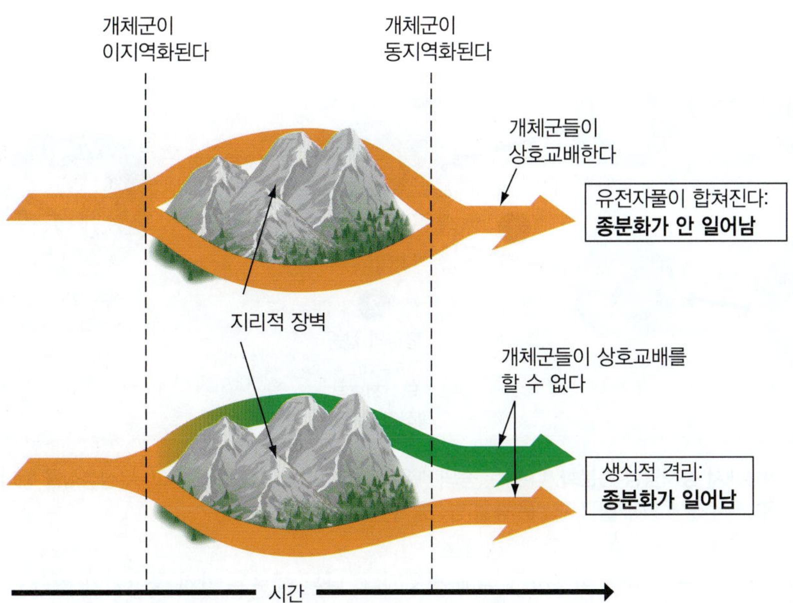

◀ **그림 14.7 개체군의 지리적 격리 후에 일어날 수 있는 결과들.** 이 그림에서 오렌지색과 녹색의 화살표는 시간에 따라 개체군을 추적하고 있다. 산은 유전변화가 두 개체군에서 일어나는 그 시간 동안에 지리적 격리의 기간을 상징한다. 그 기간 후에는 이 개체군들은 더 이상 지리적 장벽에 의해 격리되지 않고(그림 오른쪽), 다시 접촉하게 된다. 개체군들이 자유롭게 상호교배될 수 있다면 종분화는 일어나지 않았다(위 그림). 개체군들이 상호교배될 수 없다면 이 때는 종분화가 일어난다(아래 그림).

✓ **체크포인트**

이지역성 종분화가 일어나기 위해서는 무엇이 필요한가?

답: 개체군이 두 집단 사이에 유전자 흐름을 막는 지리적 장벽에 의해 두 개 이상으로 쪼개져야만 한다.

동지역성 종분화

동지역성 종분화에서 새로운 종은 부모종과 동일한 지리적 영역 내에서 발생한다. 배수성, 서식지 복잡성, 성적 선택은 동지역성 종분화에서 유전자 흐름을 감소시킬 수 있는 요소이다.

종은 여분의 염색체 세트를 갖게 되는 세포분열 중 사고로 생겨난다. 이러한 방식으로 형성된 새로운 종은 **배수체(polyploid)**이며, 이는 세포가 완전한 염색체 2세트 이상을 가지고 있음을 의미한다. 배수성 종의 예는 일부 동물종, 특히 물고기와 양서류에서 찾아볼 수 있다(**그림 14.8**). 하지만 식물에서 가장 흔하게 나타나는데, 추정하기를 오늘날의 식물종의 80%는 배수성 종분화에 의해 생겨난 조상의 후손이다(**그림 14.9**).

배수성 종분화의 서로 다른 두 가지 유형이 관찰되었다. 한 유형의 경우 배수성이 두 부모종 중 한 부모로부터 비롯된다. 예를 들면 세포분열의 실패로 인해 원래 이배체($2n$)에서 4배체($4n$)로 염색체 수가 두 배로 늘어날 수 있다. 배수성 개체가 부모종과 수정하여 잡종의 자손을 생산할 수 없기 때문에 즉각적인 생식적 격리를 초래하게 된다.

배수성 종분화의 두 번째 유형은 서로 다른 두 종의 교배하여, 잡종의 자손을 생산할 때 일어날 수 있다. 식물에서 배수성 종분화의 대부분의 경우는 이러한 잡종화로부터 유래한다. 이러한 종간잡종이 어떻게 불임의 수정후 장벽을 극복하는가(그림 14.5 참조)? 노새는 부모의 염색체와 일치하지 않기 때문에 불임이다. 말은 64개의 염색체(32쌍), 당나귀는 62개의 염색체(31쌍)를 가진다. 따라서 노새는 63개의 염색체를 갖는다. 배우자가 상동염색체끼리 짝을 짓는 것이 수반되는 세포분열 과정인 감수분열에 의해 생성된다는 것을 상기해 보자(그림 8.14 참조). 말과 당나귀의 염색체 간의 구조적 차이는 그들이 제대로 짝짓

▼ **그림 14.8 회색 나무개구리.** 이 양서류는 배수성 종분화에 의해 유래된 것으로 생각되고 있다.

▼ **그림 14.9 하와이무궁화.** 이 종의 많은 관상용 품종들이 배수성을 통해 꽃을 더 크게, 꽃잎이 더 많게 만들어지고 있다.

기 하는 것을 막고, 홀수라는 것은 한 염색체는 잠재적인 짝이 없어 홀로 남겨지게 된다. 따라서 노새는 생식 가능한 배우자를 만들지 못한다. 이제 식물에서는 왜 이와 같은 문제가 생기지 않는지 그 이유를 살펴보자.

그림 14.10에서 ❶ 종 A와 종 B의 반수체 배우자가 합쳐진다. 얻어진 잡종식물은 노새와 같이 염색체의 개수가 홀수(n = 5)이다. 그 잡종의 염색체들은 상동적이지 않다. ❷ 하지만 많은 식물이 그러하듯 잡종이 무성적으로 생식할 수도 있다. ❸ 세포분열에서의 후속되는 오류로 염색체의 이배체 세트($2n$ = 10)를 초래하는 염색체 중복을 생성할 수 있다. 이 배수체 식물에서 염색체는 반수체 배우자를 형성하기 위해 감수분열에서 짝을 이룰 수 있다. 새로운 배수체 종은 양쪽 부모종으로부터 생식적으로 격리된다. 생물학자들은 지난 150년 안에 배수성을 통해 유래된 여러 종의 식물을 밝혀냈다. 우리는 곧 『과학연구의 과정』에서 한 가지 예를 배우게 된다.

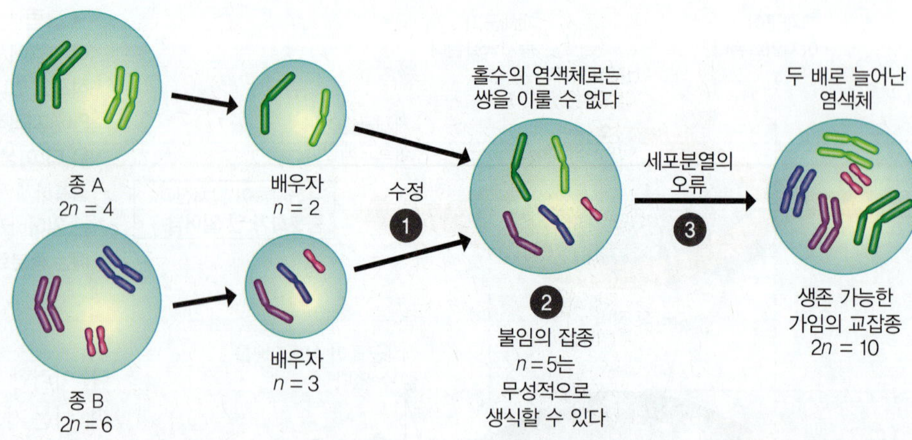

▲그림 14.10 **식물에서 동지역성 종분화.** 다른 두 종의 배우자들은 불임의 잡종을 만들고, 무성생식을 해나간다. 이러한 잡종이 배수성에 의해 결국 새로운 종을 형성할 수 있다.

식량으로 재배하는 많은 식물들이 배수체인데, 여기에는 귀리, 감자, 바나나, 딸기, 땅콩, 사과, 사탕수수, 밀이 포함된다. 빵에 사용되는 밀은 서로 다른 3종류의 부모종의 잡종이며, 각 부모로부터 두 세트씩, 총 여섯 세트의 염색체를 갖고 있다. 식물유전학자들은 세포분열의 오류를 유도하고 실험실에서 새로운 배수체를 만들어내기 위해 화학물질을 사용한다. 이 진화적 과정을 활용하여 이들은 바람직한 자질을 가진 새로운 잡종의 종을 만들어낼 수 있다.

생물학자들은 아개체군이 동지역성 종분화의 과정에서도 있는 것으로 나타난 사례들도 확인하였다. 일부의 경우에서 한 개체군의 하위집단이 한 호수의 얕은 곳, 아니면 깊은 곳과 같이 다른 서식지에서 먹이 공급원을 이용하기 위해 적응된다. 다른 예로는 암컷 물고기가 짝을 선택하는 성선택의 한 유형은 빠른 생식적 격리에 기여하는 색상에 기초하고 있다. 생식적 성공에 대한 직접적인 효과 때문에, 성선택은 개체군 내에 유전자 흐름을 방해할 수 있고, 따라서 동지역성 종분화의 중요한 요인이 될 수 있다. 그러나 가장 자주 관찰되는 동지역성 종분화의 메커니즘은 한 세대에서 발생하는 대규모의 유전적 변화들이 관련되어 있다. ✓

✓ 체크포인트

어떤 메커니즘이 관찰된 대부분의 동지역성 종분화를 설명하는가? 이것이 왜 그런 사례가 되는가?

답: 다배체를 일으키는 세포분열에서의 사고. 다배체는 "일시적" 생식적 격리를 만들어낸다.

과학연구의 과정 | 인간이 지배하는 세상에서의 진화

인간의 활동이 종분화를 촉진시키는가?

배경

식물학자들은 살아 있는 오늘날의 식물종 80% 이상이 배수체 종분화에 의해 형성된 조상에서 유래한 것으로 추정하고 있다. 그림 14.10에서 보듯이 이 과정의 첫 번째 단계는 두 개의 "부모"종의 교잡일 수 있다. 부모종은 잡종 자손이 자랄 수는 있지만 생식할 수는 없는 접합후 장벽에 의해 분리되어 있다. 이 장벽은 염색체의 수를 두 배로 증가시켜 가임의 잡종을 만들어내는 세포분열에서의 오류에 의해 극복될 수 있다.

사람들이 세계를 여행할 때, 종종 식물이나 동물, 또 그 밖의 다른 생물을 자연적인 분포범위를 벗어난 지역으로 운송한다. 이러한 활동은 달리는 존재하지 않았을 교잡의 기회를 만들게 해준다.

이러한 예 중 하나는 국화과에 속하는 잡초인 쇠채아재비(쇠채아재비[*Tragopogon*, 트라고포곤]속, 그리스어의 "염소"와 "수염"이라는 단어에서 온)라고 알려진 식물이다. 쇠채아재비는 북미 자생종은 아니지만, 1900년대 초 유럽에서 온 정착민이 3종을 가져왔다. 50년 후 한 식물학자가 교잡으로 인해 새로운 두 종의 쇠채아재비가 만들어졌다는 것을 발견했다. 새로운 종은 꽃 색깔과 그 밖의 다른 표현형의 특성들이 그들의 부모종과 구별되었다. 보다 중요한 것으로는 새로운 종의 구성원은 서로는 생식이 가능하나 그들의 부모종과는 생식할 수가 없었

▼그림 14.11 **종분화에 대한 가설 검정하기.**

×

(a) 연구자들은 쇠채아재비의 새로운 종인 트라고포곤 미루스(*Tragopogon mirus*)는 배수체 종분화에 의해 형성되었다는 가설을 세웠다.

(b) 티 두비우스(*T. dubius*)의 꽃가루로 트라고포곤 포리폴리우스(*Tragopogon porrifolius*)를 수분한 후 연구자들은 씨앗을 모은 다음 키웠다. 염색체의 배가를 촉진시키기 위해 모종은 콜히친으로 처리되었다.

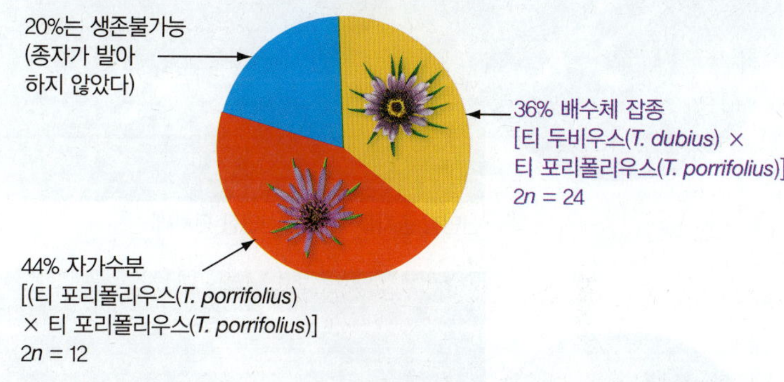

(c) 티 포리폴리우스(*T. porrifolius*)와 티 두비우스(*T. dubius*)의 교잡으로 얻어진 배수체 식물은 새로운 종인 티 미루스(*T. mirus*)와 일치하였다.

다. 식물학자는 새로운 종 중 하나인 트라고포곤 미루스(*Tragopogon mirus*)(그림 14.11a)는 배수체 종분화에 의해 트라고포곤(*Tragopogon dubius*)와 트라고포곤 포리폴리우스(*Tragopogon porrifolius*)에서 유래한 것으로 가정했다. 2009년에 연구자들은 전통적인 식물육종 방법과 분자유전학 기술을 결합하여 이 가설을 검정하였다.

방법

연구자들은 워싱턴주에서 자생하는 개체군으로부터 수집한 종자를 사용하여 트라고포곤 두비우스(*Tragopogon dubius*)와 트라고포곤 포리폴리우스(*Tragopogon porrifolius*)의 두 식물을 키웠다. 티 포리폴리우스(*T. porrifolius*) 꽃을 티 두비우스(*T. dubius*)의 꽃가루로 수분하여 잡종을 얻었다(그림 14.11b). 이들 교배로부터 얻은 씨앗을 심었다. 사실상 배수체는 세포분열의 오류로 인해 드물게 일어난다. 이 실험에서 연구진은 유사분열 과정에서 염색체 분리를 막아 염색체 수를 두 배로 늘려주는 화학물질 콜히친을 모종에 처리하여 배수체를 얻을 가능성을 크게 높였다.

많은 다른 식물과 마찬가지로 쇠채아재비도 자가수분이 가능하다. 6개월 후 과학자들은 티 포리폴리우스를 자가수분시킨 결과와 티 두비우스(*T. dubius*) × 티 포리폴리우스(*T. porrifolius*)를 교잡시킨 결과를 확인하기 위해 유전자 검사를 수행하였다.

가임 성체의 발생을 막는 수정후 장벽이 존재하는지 확인하기 위해 잡종 식물을 온실에서 키워(다른 꽃가루로부터 격리시키기 위해) 자가수분이 가능하도록 하였다.

결과

연구진들은 티 두비우스(*T. dubius*) × 티 포리폴리우스(*T. porrifolius*)의 17번의 교배에서 얻어진 134개의 씨앗을 심었다. 유전자 검사 결과 모종의 36%가 다배체 잡종인 것으로 나타났다(그림 14.11c). 잡종식물은 자연 개체군에서 발견되는 티 미루스 식물과 표현형적으로 구별할 수 없었다. 성숙할 때까지 키웠을 때, 17번의 원래 교배 중 13번의 교배에서 형성된 잡종식물은 생존가능한 종자를 생산했다. 그 씨앗에서 자란 식물 역시 가임이었고 생존가능한 자손을 생산하는 것으로 판명되었다.

이러한 결과들은 트라고포곤 미루스(*Tragopogon mirus*)가 배수체 종분화에 의해 트라고포곤 두비우스(*Tragopogon dubius*)와 트라고포곤 포리폴리우스(*Tragopogon porrifolius*)로부터 유래되었다는 가설을 지지했다. 이 예에서 인간의 활동(비자생 지역에 식물이 도입)은 새로운 종의 출현을 초래했다. 일부 생물학자들은 이러한 인간매개의 종분화가 인류세에서 종종 생겨날 수 있다고 가정한다.

과학자처럼 생각하기

과학자들은 지난 수백만 년 전에 시작된 여러 종에서의 배수체 진화를 조사했다. 트라고포곤 잡종에 대해 연구를 하면 어떠한 추가적인 통찰이 얻어지는가?

답은 부록 C를 참조.

섬은 종분화의 전시장

갈라파고스나 하와이 제도와 같은 화산섬의 경우 처음에는 생물이 없다. 시간이 지나면서 왜래 동식물이 해류나 바람을 타고 도착한다. 이 생물의 일부는 터전을 얻어 새로운 개체군을 확립해 간다. 새로운 환경에서 이들 개체군은 이들과 먼 거리에 있는 모개체군으로부터 분지하게 된다. 게다가 다양한 서식지를 물리적으로 가지고 있고, 개체군들이 격리된 상태로 진화가 가능할 정도로 충분히 떨어져 있으면서, 또한 가끔 이산될 수 있을 정도로 가까이 있는 섬들은 종종 다수의 종분화 사건이 일어나는 장소가 된다.

▼그림 14.12 **특정 먹이에 적응된 부리를 갖는 갈라파고스 핀치새.**

선인장 종자를 먹는 새(선인장 핀치새)

연장을 사용해 곤충을 잡아먹는 새(딱따구리 핀치새)

곤충을 먹는 새(휘파람 핀치새)

500만~100만 년 전까지 해저 화산에 의해 형성된 갈라파고스 제도는 세계에서 가장 큰 종분화의 전시장 중의 하나이다. 이들은 지구 어디에서도 찾아볼 수 있는 수많은 식물, 달팽이, 파충류, 조류의 고향이다. 예를 들면 이들 섬에는 매우 가까운 14종의 핀치새가 있는데, 다윈이 세계일주 항해하는 동안 이들을 수집하였기 때문에, 종종 다윈의 핀치새라고 부르기도 한다(그림 13.3 참조). 이 새들은 많은 핀치로서의 형질을 공유하나 먹는 습관과 부리에서 차이가 있는데, 이것은 이들이 먹는 것에 따라 특화된 것이다(13장에 있는『과학연구의 과정』을 참조). 이들의 다양한 먹이는 곤충, 작은 씨앗, 선인장 열매, 그리고 다른 종들의 알도 포함되어 있다.

딱따구리 핀치는 나무에서 곤충을 꺼내는 도구로 선인장 가시 또는 나뭇가지를 사용한다. 얇은 탐침 부리를 가진 휘파람 핀치새는 작은 곤충을 포획하기에 잘 맞는다. **특정 먹이에 적응된 핀치새 종마다의 서로 다른 부리는 구조와 기능 간의 상관관계를 보여주는 한 예가 된다**(그림 14.12). 핀치새는 부리뿐만 아니라 이들의 서식지도 서로 다른데, 일부는 나무에 살며, 다른 것은 지상에서 대부분의 시간을 보낸다.

다윈의 핀치종은 섬들 중에서 한 섬에 정착한 조상새의 작은 개체군에서 어떻게 진화했는가? 그 섬에서 완전히 격리될 때, 자연선택이 새로운 환경에 이들을 적응시킬 때처럼 창시자 개체군은 크게 변화되어, 결국 새로운 종이 되었다. 나중에 이 새로운 종의 몇 개체가 이웃섬으로 이주하여, 다른 조건 하의 그곳에서 이 새로운 설립자 개체군은 자연선택을 통해 충분히 변화되어 또 다른 새로운 종이 될 수 있다. 그런 다음 이들 새 중 일부는 첫 섬에 다시 정착하여, 생식적 장벽이 다른 종으로 유지시켜 준다면, 거기서 원래의 조상종과 공존하였을 수 있다. 갈라파고스의 격리된 여러 섬에서 여러 차례의 정착과 종분화가 일어났다. 오늘날 갈라파고스 제도의 각 섬에는 여러 종의 핀치새가 있는데, 일부 섬에는 열배나 더 많다. 종특이적 울음 때문에 생기는 생식적 격리는 각자의 종을 유지할 수 있게 해준다.

진행 중인 종분화를 관찰하기

한 개체군에서 몇 세대 안에 명백해질 수 있는 소진화적 변화와 비교해, 종분화 과정은 종종 매우 느리다. 그래서 우리가 종분화가 일어나고 있는 것을 볼 수 있다면 놀랄지도 모르겠다. 생물이 수십억 년을 거쳐 진화해 왔으며 앞으로도 계속 진화해 나갈 것이라는 점을 생각해 보자. 현재 살고 있는 종은 광대하게 긴 시간 속에서의 짧은 순간을 담은 스냅 사진과도 같다. 환경은 끊임없이, 때로는 인간의 영향으로 급속히 변화하며, 자연선택은 영향을 받는 개체군에 계속 작용한다. 이들 개체군의 일부는 궁극적으로 종분화로 이어질 수 방법으로 변화하고 있다고 가정하는 것이 합리적이다. 이들이 분지할 때, 개체군을 연구하는 생물학자들에게 종분화의 과정에 대한 관찰의 기회를 제공한다.

연구자들은 개체군들이 다른 먹이자원을 사용하거나 다른 서식지에서 번식함으로써, 이들이 현재 분지하고 있다는 적어도 20여 개 이상의 사례를 증거로 제시하고 있다. 수많은 사례는 다른 먹이식물을 이용하는 곤충을 포함한다. 잘 연구된 한 예를 보면, 산사나무의 열매를 먹는 파리의 아개체군은 미국 개척자들이 사과나무를 심었을 때 새로운 자원을 발견했다. 두 파리 개체군이 계속 아종으로 간주되고는 있지만, 연구자들은 이들 사이에 유전자 흐름을 크게 제한하는 메커니즘을 확인하였다. 다른 사례로는 생물학자들이 수컷의 구애행동의 차이의 결과로 분지되고 있는 동물 개체군을 확인하였다.

생물학자들이 진행 중인 진화를 연구하기 위해 지속적으로 관찰하고 실험을 고안하기는 하지만, 진화에 대한 증거의 대부분은 화석기록에서 얻는다. 그래서 화석기록은 새로운 종이 형성되는 때와 그 개체군이 다른 새로운 종과 충분히 분지되는 때 사이의 시간, 즉 종분화에 걸리는 기간에 대해 무엇을 말하고 있는가? 84개의 동식물 집단에 대한 조사에서 종분화에 걸리는 시간은 4천 년에서부터 4천만 년의 범위에 있었다. 이러한 긴 기간은 지구에서 생물이 진화하는데 광대한 시간이 걸렸음을 말해 주고 있다.

알다시피 종분화는 작은 차이로부터 시작할 수 있다. 하지만 종분화가 되풀이해서 일어나면 이들 차이가 축적되어, 결국 조상과는 크게 달라진 새로운 집단을 이루게 된다. 멸종과 마찬가지로 다수의 종분화가 축적된 효과가 그 증거로 화석기록에 극적인 변화로 나타나 있다. 이제부터 이러한 변화에 대해 조사해 보자.

지구의 역사와 대진화

이제부터 우리의 관심을 대진화로 옮겨가 보자. 예를 들면 일련의 종분화 사건을 통해 일어난 양서류의 기원과 같이 **대진화(macroevolution)**는 종 수준 이상에서의 진화적 변화를 말하는 것이다. 대진화는 생명다양성에 대한 대량멸종의 영향과 하늘을 나는 비행과 같은 핵심 적응의 기원 등도 포함하고 있다. 생명다양성의 진화에 대해 방대한 지질학적 시간을 살펴보는 것으로 시작해 보자.

14.4 화석기록

화석은 과거에 살았던 생물에 대한 증거이다(그림 13.5 참조). 퇴적암의 지층은 지구에 살던 생물의 기록이어서, 각 암석층은 퇴적물이 퇴적될 당시에 존재했던 생물의 국지적인 표본을 포함하고 있다. 따라서 화석이 암석층에 나타나 있는 순서인 화석기록은 대진화의 기록보관소라고 할 수 있다. 예를 들면 그랜드캐니언의 벽을 테두리 위에서 바닥까지 훑어본다는 것은 수억 년 전을 되돌아보는 것이 된다(그림 14.13). 젊은 지층은 오래된 지층 위에 형성된 것이어서, 젊은 화석은 표면에서 가까운 층에서 발견되고, 반면 가장 깊은 지층에는 가장 오래된 화석을 포함하고 있다. 하지만 이것은 단지 서로에 대한 상대적인 화석의 나이만 제공할 뿐이다. 오래된 집의 벽지를 한 층 한 층 떼어낼 때와 같이, 벽지가 도배된 순서에 대해서는 알 수 있으나 벽지를 언제 도배했는지는 알 수 없다.

수억 년의 역사가 그랜드캐니언의 바위 층에 "기록되어" 있다.

많은 지역을 조사함으로써 지질학자들은 지구의 역사를 지질시대의 순서로 나눈 **지질연대(geological time scale)**라는 것을 확립해 왔다. 표 14.1에 나타난 시간대는 선캄브리아대(5억4천만 년 전 이전의 시기), 고생대, 중생대, 신생대의 네 부분으로 크게 나누고 있다. 이들 각각은 지구의 역사와 지구에 있는 생명의 역사에서 뚜렷하게 구분되는 시기를 나타낸다. 이들 대와 대 사이의 경계에서는 대

▼그림 14.13 **그랜드캐니언에 있는 퇴적암 지층.** 콜로라도 강은 1.6 km가 넘는 바위를 깎아내면서 수많은 페이지로 된 생명의 책처럼 보이는 퇴적층을 밖으로 드러나게 만들었다. 각 지층에는 지구역사에 있어서 그 당시에 살았던 일부 생물이라고 말할 수 있는 화석들이 묻혀 있다.

표 14.1 지질연대

지질시대	시기	세	나이 (백만 년 전)	생명의 역사에서 주요사건
신생대	제4기	현세	0.01	역사시대
		홍적세	2.6	빙하기; 인간 출현
	제3기	선신세	5.3	호모속의 출현
		중신세	23	포유류와 속씨식물의 지속적인 종분화
		점신세	34	유인원을 포함한 많은 영장류의 출현
		시신세	56	속씨식물의 우점도가 증가함; 현재 살고 있는 포유류의 대부분의 목이 출현
		팔레오세	66	포유류, 조류, 수분매개 곤충의 주요 종분화
중생대	백악기		145	속씨식물이 나타남; 대부분의 공룡을 포함한 많은 생물군이 이 시기 말에 멸종됨(백악기 대멸종)
	쥐라기		201	겉씨식물이 우점식물로서 지속됨; 공룡이 우점종이 됨
	삼첩기		252	겉씨식물이 경관을 우점함; 공룡, 초기 포유류, 조류의 종분화
고생대	페름기		299	많은 해양생물과 육상생물의 멸종(페름기 대멸종); 파충류의 종분화; 포유류를 닮은 파충류와 지금 살고 있는 곤충의 대부분의 목이 시작됨
	석탄기		359	울창한 관다발식물의 숲; 최초의 종자식물; 파충류의 출현; 양서류가 우점하게 됨
	데본기		419	경골어류의 다양화; 최초의 양서류와 곤충
	실루리아기		444	초기의 관다발식물이 육상을 우점함
	오르도비스기		488	해조류가 풍부해짐; 다양한 균류, 식물, 동물이 육상으로 진출
	캄브리아기		541	현재 살고 있는 대부분의 동물문의 출현 (캄브리아기 폭발)
선캄브리아기			600	다양한 조류와 연체무척추동물이 나타남
			635	가장 오래된 동물의 화석
			1,200	가장 오래된 다세포 생물의 화석
			1,800	가장 오래된 진핵생물의 화석
			2,700	산소가 대기 중에 축적되기 시작함
			3,500	현재까지 알려진 가장 오래된 화석(원핵생물)
			4,600	지구가 탄생한 대략적인 시점

상대적인 기간: 신생대 / 중생대 / 고생대 / 선캄브리아기

량멸종이 특징적으로 나타나는데 이 시기에 많은 형태의 생명이 화석 기록에서 사라졌고, 또한 생존자로부터 다양화된 종으로 대치되었다.

지질학자들이 암석과 그 속에 파묻혀 있는 화석의 나이를 밝히기 위한 가장 일반적인 방법이 방사성 동위원소의 붕괴에 바탕을 둔 **방사성탄소연대 측정법(radiometric dating)**이다(그림 2.17 참조). 예를 들면 살아 있는 생물은 보통의 동위원소 탄소-12와 방사성 동위원소 탄소-14를 대기 중에 존재하는 것과 같은 비율로 포함한다. 생물이 죽은 후에는 탄소의 축적이 멈춰지게 되고, 조직에 있던 안정적인 탄소-12는 변화되지 않는다. 하지만 탄소-14는 자발적으로 붕괴되어 다른 원소가 된다. 탄소-14는 반감기가 5,730년이므로, 표본에서 탄소-14의 반이 대략 5,730년 안에 붕괴되고, 남은 탄소-14의 절반은 다음 5,730년 안에 붕괴되는데, 이런 식으로 계속된다. 과학자들은 화석에 있는 탄소-12에 대한 탄소-14의 비율을 계산하여 화석의 나이를 측정한다.

탄소-14는 75,000년까지의 상대적으로 젊은 화석의 연대측정에 유용하다. 한편 우라늄-235(반감기 7천백3십만 년)과 포타슘-40(반감기 13억년)와 같은 긴 반감기를 가진 동위원소도 있다. 하지만 생물은 체내에 이러한 원소를 포함하지 않는다. 따라서 과학자들은 오래된 화석의 연대측정은 간접적인 방법을 사용한다. 흔히 사용되는 방법은 화석이 발견되는 퇴적층의 위와 아래에 있는 화산암이나 화산재의 층에 대해 연대측정을 하는 것이다. 따라서 화석의 나이는 이들 두 연대측정 사이에 있다고 추론한다. 예를 들면 포타슘-아르곤 연대측정은 종종 화산암에 사용된다. 우라늄의 동위원소는 다른 유형의 고대 암석에 유용하다.

14.5 판구조론과 생물지리학

공중에서 지구를 1만 년마다 사진을 찍은 후 함께 모은다면, 그것은 놀라운 한 편의 영화가 될 것이다. 겉으로는 “바위처럼 견고한” 것처럼 보이는 우리가 살고 있는 이 대륙도 사실은 지구 표면에 떠다니고 있다. **판구조론(plate tectonics)**이라는 이론에 따르면, 대륙과 해저는 맨틀이라 부르는 뜨겁고 점성의 물질 덩어리를 덮고 있는 지각이라는 단단한 바위로 된 얇은 외층을 형성하고 있다(그림 14.14). 하지만 지각은 연속적으로 넓게 퍼져 있는 하나의 판으로 되어 있는 것은 아니다. 이것은 맨틀 위에 떠다니는 불규칙한 모양의 거대한 판으로 나뉘어 있다(그림 14.15). 대륙이동이라 불리는 과정에서 맨틀에서의 운동이 그 판들을 움직이게 하는 원인이 된다. 일부 판의 경계지점은 지질학적 활동이 활발한 지점이 된다. 두 판이 서로 긁으면서 지나가거나 충돌하면서 지진이 나타낼 때와 같이, 몇몇 경우에서 이들 활동에 의한 즉각적이고 격렬한 징후를 느끼게 된다. 대부분의 운동이 손톱이 자라는 속도보다 크게 빠르지 않을 정도로 매우 느려서, 지구의 역사라는 긴 과정을 통해 대륙들은 수천 킬로미터를 헤매고 다녔다.

대륙이동은 이 행성의 물리적 특성을 재편하고 생물이 살고 있는

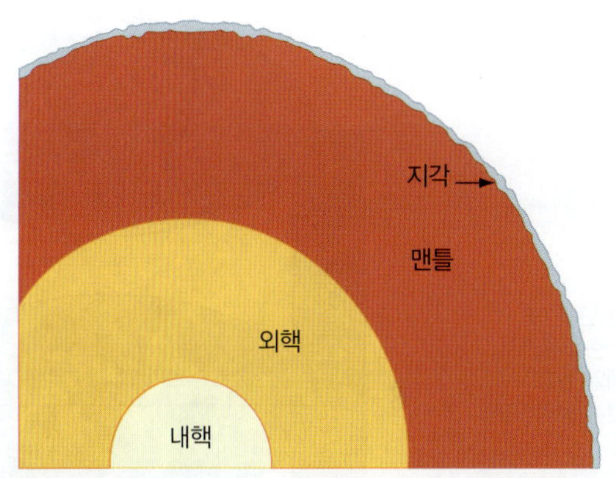

▲그림 14.14 **지구의 단면도 모습.** 여기서 지각의 두께는 실제보다 과장되게 그려졌다.

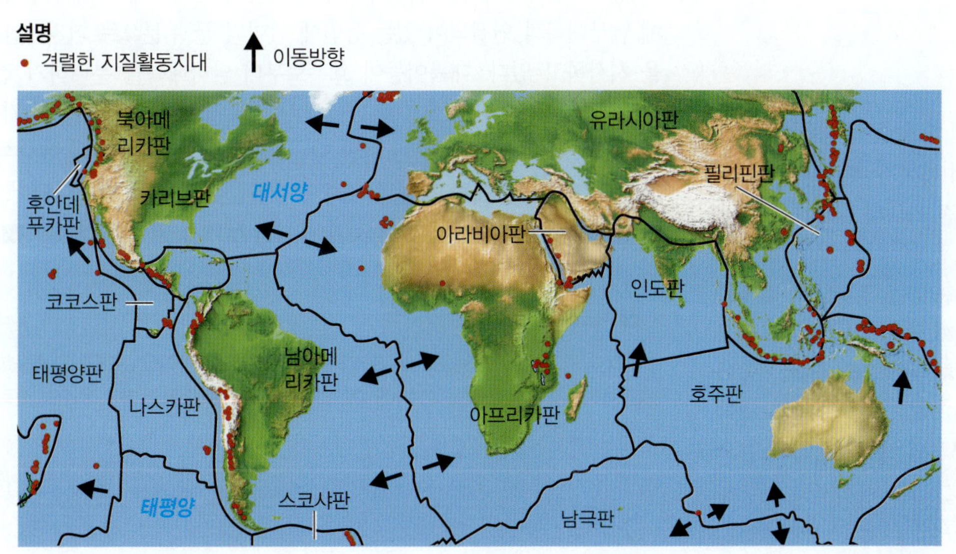

◄그림 14.15 **지구의 지질구조판.** 빨간 점은 지진이나 화산폭발과 같은 격렬한 지질활동이 일어나는 지대를 나타낸다. 화살표는 대륙의 이동방향을 나타낸다.

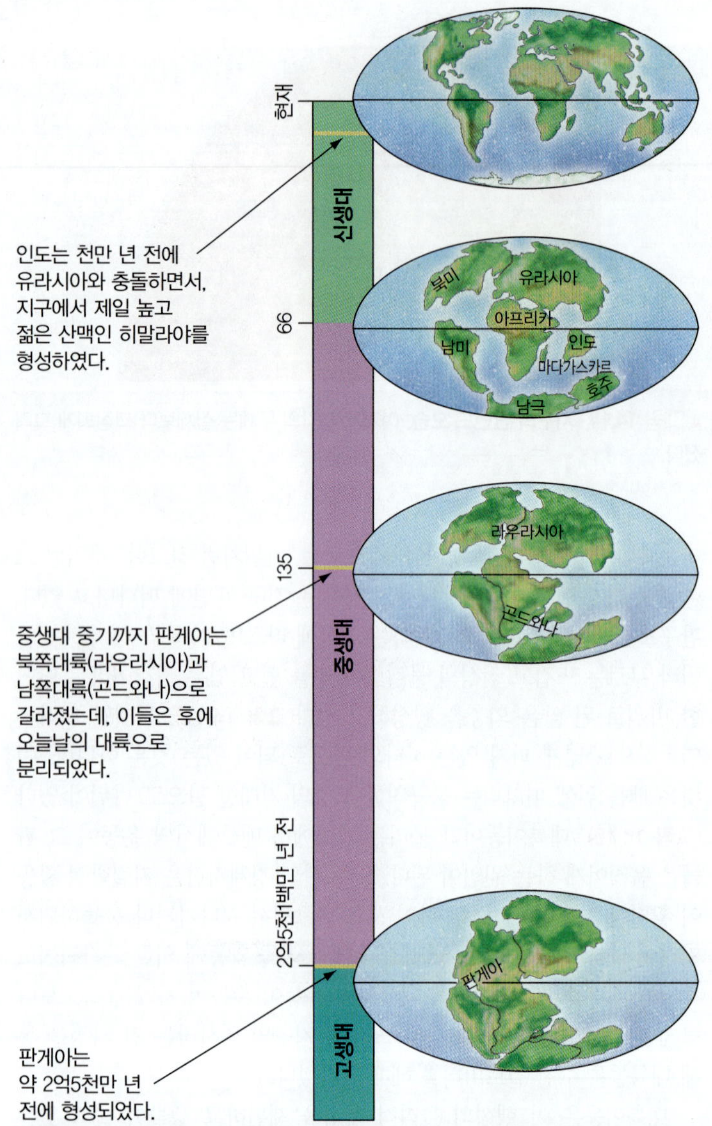

▲**그림 14.16 판구조론에 따른 역사.** 대륙은 이들의 승객이 뱃멀미를 조금도 느끼지 못할 정도의 속도지만 그러나 계속 이동하고 있다.

환경을 변동시킴으로써 생물다양성의 진화에 엄청난 영향을 미쳤다. 현재까지 계속되어 온 대륙이동의 과정 중에서 특히 두 번의 사건은 생명에 커다란 영향을 미쳤다. 약 2억5천만 년 전 고생대 말엽 가까이에 판이동으로 모든 대륙이 "모든 땅"을 뜻하는 판게아라 부르는 하나의 초대륙으로 모였다(그림 14.16). 생명에 미칠 수 있는 영향중에 몇몇을 상상해 보자. 격리되어 진화하고 있던 종이 함께 모이게 되었고 그리고 경쟁하게 되었다. 대륙들이 합쳐져 있을 때 전체 해안선의 길이는 줄어들었다. 또한 해저분지가 깊어져 해수면은 낮아지고 연안의 얕은 해안이 없어지게 되었다. 그 당시도 지금처럼 대부분의 해양생물들이 얕은 바닷물에 살고 있었는데 판게아의 형성으로 그러한 서식지의 상당히 많은 부분이 파괴되었다. 이 시기는 육상생물에게도 마찬가지로 길고 힘든 기간이었을 것이다. 광대한 신대륙의 내부는 춥고 건조하였다. 또한 해류의 변화는 해양생물만이 아니라 육상생물에게도 확실히 영향을 주었다. 따라서 판게아의 형성으로 물리적 환경과 기후에 엄청난 충격을 주어 생물다양성의 재편되게 되었다. 많은 종이 멸종에 이르렀으며, 새로운 기회가 생존자들에 주어졌다.

대륙이동의 역사에서 두 번째 극적인 사건은 중생대에 시작되었다. 판게아가 갈라지면서 엄청날 정도의 지리적 격리가 일어났다. 광대한 육지가 서로 떨어지면서 각 대륙은 기후가 달라져 서로 다른 진화의 활동구역이 되었고 생물이 분지되었다.

대륙의 합병과 분리의 역사는 생물들의 과거와 현재 분포에 대해 연구하는 **생물지리학(biogeography)**의 많은 유형을 설명해주고 있다. 예를 들면 아프리카의 남부 해안에 위치한 커다란 섬인 마다가스카르에 살고 있는 거의 모든 동식물은 고유한데, 이들은 마다가스카르가 아프리카와 인도에서 분리된 후 조상개체군으로부터 다양화되었다. 예를 들면 현재 마다가스카르에 서식하는 50종 이상의 여우원숭이는 지난 4천만 년에 걸쳐 공통조상으로부터 진화하였다.

대륙이동은 또한 유대류, 캥거루, 코알라, 웜뱃과 같이 어미 몸 바깥쪽에 있는 주머니에서 배아의 발생을 완성하는 포유동물인 유대류의 수수께끼의 분포를 설명해 준한다. 또한 대륙이동은 호주를 다른 광대한 육지로부터 분리시켰다. 호주와 호주 주변의 인근 섬들에는 200종 이상의 유대류들의 고향인데, 이들 대부분은 세계 다른 곳에서도 찾아 볼 수 있다(그림 14.17). 세계의 나머지 지역에서는 진성태반 포유동물이 우세한데, 이들의 새끼는 어머니의 자궁에서 발생이 완성된다. 현재의 세계지도를 보면, 유대류는 호주의 섬 대륙에서만 진화했다는 가설을 세울 수 있다. 그러나 유대류가 호주에만 고유한 것은 아니다. 100종 이상이 중남미에 살고 있다. 북미에도 버지니아 주머니쥐를 비롯하여 몇 종이 살고 있다. 유대류의 분포는 대륙이동이라는 맥락에서 볼 때만 이치에 들어맞는데, 유대류는 대륙이 하나로 묶여 있었을 때 시작되었어야 한다. 화석증거는 유대류는 지금의 아시아에서 시작되어, 후에 남극대륙과 연결되어 있는 동안에 남미의 끝 부분으로 퍼져나간 것을 시사하고 있다. 대륙이동이 호주로부터 남극대륙을 분리하기 전에 상당히 많은 유대류가 호주로 나아갔다. 호주에서 살았던 몇몇 초기 유대류가 멸종되기는 했지만, 반면 다른 대륙에서는 대부분의 유대류가 멸종되었다. 호주에서 격리된 채로 유대류는 진화하고 다양화되어, 다른 대륙에서 유태반류가 했던 것과 유사한 생태적 역할을 하였다. ✓

✓ 체크포인트

유대류가 아시아에서 시작하여 남미를 통해 호주에 이르렀다면 고생물학자들이 유대류 화석을 그밖에 어디에서 찾을 수 있겠는가? (힌트: 그림 14.16을 참조)

북부 쿠올, 육식동물

주머니하늘다람쥐, 잡식동물

코알라, 초식동물

▲그림 14.17 **호주의 유대류.** 호주 대륙은 다양한 유대류를 포함해 많은 독특한 동식물의 고향이기도 한데, 포유동물인 유대류는 다른 대륙에서 태반동물이 갖는 생태적 역할을 대신해 왔다.

14.6 생명의 대량멸종과 폭발적인 다양화

지난 5억4천만 년에 걸쳐 다섯 번의 대량멸종이 있었음을 화석기록이 나타내고 있다. 이들 사건에서 매번 지구 생물종의 50% 이상이 사멸하였다. 대량멸종 가운데서도 특히 페름기와 백악기의 말엽에 있었던 대량멸종이 가장 집중적으로 연구되었다.

대륙이 모아져 판게아가 형성되었던 그 무렵 즈음에 있었던 페름기의 대량멸종은 해양생물종의 96%가 생명을 빼앗겼고 마찬가지로 육상생명도 엄청나게 죽어나갔다. 백악기 말에 있었던 대량멸종도 이와 마찬가지였다. 1억5천만 년 전에는 공룡이 육지와 공중 모두를 지배하고 있었는데, 반면 포유류는 얼마 되지도 않고 크기도 작아 오늘날의 설치류를 닮아 있었다. 6천5백만 년 전 공룡은 조류라는 한 계통의 후손만 후에 남겨놓고 대부분 멸종되었다. 신기하게도 대량멸종은 지질학의 시간으로는 짧은 기간인 천만 년도 안 걸려 일어났다.

그러나 파괴에도 또 다른 일면을 지니고 있다. 매번 종다양성의 커다란 감소는 살아남은 어떤 종의 폭발적인 다양성이 뒤따랐다. 멸종은 생존한 생물들에게 새로운 환경의 기회를 제공하는 것처럼 보인다. 예를 들면 포유류는 신생대 후에 바로 다양성이 폭발적으로 증가하기 이전에 최소한 7천5백만 년 동안 존재해 왔다(그림 14.18). 그들의 현저한 증가는 공룡의 멸종으로 인해 생겨난 빈자리와 분명히 연관되어 있다. 만약 많은 공룡 계통이 백악기말의 멸종을 피했거나 또는 그 당시에 살던 포유류가 하나도 생존하지 못했다면 오늘날의 세계는 매우 다른 모습이 되었을 것이다.

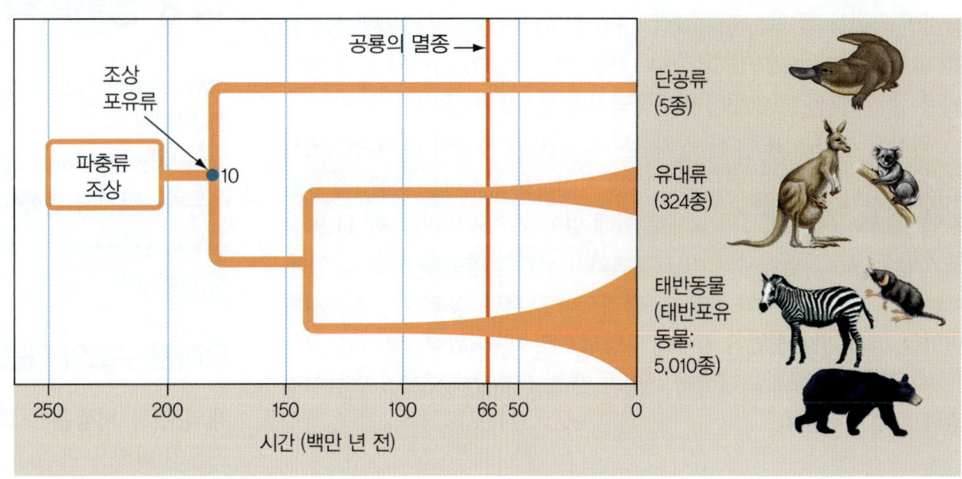

►그림 14.18 **공룡의 멸종 이후 포유동물의 다양화.** 확장선은 증가하는 종의 수를 반영한다(실제 비율은 아님).

대진화의 메커니즘

화석기록은 생명의 역사에서 있었던 커다란 사건들이 어떤 일이었는지, 언제 일어났는지를 말해 줄 수 있다. 대륙이동과 대량멸종, 뒤이은 생존자들의 다양화는 이들 변화가 어떻게 일어났는지에 대한 큰 그림을 제공한다. 그러나 지금 과학자들은 화석기록에서 볼 수 있는 대진화의 변화의 바탕이 되는 기본적인 생물학적 메커니즘을 더 잘 설명할 수 있다.

14.7 조그만 유전변화에서 기인한 커다란 영향

진화생물학과 발생생물학의 경계면, 간단히 이보디보(evo-devo)라 부르는 연구 분야에서 일하는 과학자들은, 유전자 흐름에서의 사소한 변화가 종들 사이에서 어떻게 주요한 구조적 차이로 확대될 수 있는 지를 연구하고 있다. 특히 눈에 띄는 진화적 변형은 접합체에서 성체로 발생할 때 생물의 형태에 있어 변화의 속도, 타이밍, 공간 패턴을 바꾸는 유전자에 기인할 수 있다.

생물의 형태는 부분적으로 발생 중 다른 신체 부위의 상대적 성장 속도에 달려 있다. 예를 들면 침팬지와 인간의 태아에서는 둘 다 똑같이 두개골이 둥글고 턱이 작기 때문에 얼굴이 다소 밋밋하게 보인다. 발생이 진행되면서 턱에서의 가속 성장은 침팬지 성체에서 길쭉한 두개골, 경사진 이마, 커다란 턱을 갖게 만든다. 인간의 진화 계통에서 돌연변이들로 인해 턱의 성장이 두개골의 다른 부분에 비해 상대적으로 느려졌다. 그 결과 성인의 두개골은 어린아이나 새끼 침팬지의 두개골과 여전히 닮은 상태로 있다(그림 14.19).

우리의 커다란 두개골과 복잡한 뇌는 우리의 가장 독특한 특징 중 하나이다. 인간의 뇌는 침팬지 뇌보다 비례적으로 더 큰데, 그 이유는 인간발생에서 기관의 성장이 훨씬 뒤에 멈추기 때문이다.

발생 사건들의 속도 변화는 척추동물의 상동적인 사지골격에서의 극적인 차이를 설명해 준다(그림 13.6 참조). 예를 들면 증가된 성장률은 박쥐 날개에 매우 긴 "손가락" 뼈를 만들어냈다. 다리와 골반 뼈의 느린 성장속도는 고래 뒷다리의 궁극적인 상실로 이끌었다.

진화적 변화는 또한 한 쌍의 날개나 다리가 초파리 몸의 어디에서 나타나게 할지와 같은 기본적인 발생 사건들을 결정하는 총괄조절유전자인 호메오유전자에서의 교체로 인해 일어날 수도 있다(그림 11.9 참조). 발생 프로그램에서의 미묘한 변화가 심각한 영향을 미칠 수 있다. 따라서 호메오유전자의 개수, 뉴클레오티드 서열, 유전자 조절에서의 변화는 신체 형태에 있어 커다란 다양성으로 이끌어왔다.

이제부터 진화의 과정에서 어떻게 새롭고 복잡한 구조가 만들어질 수 있는지 알아보자.

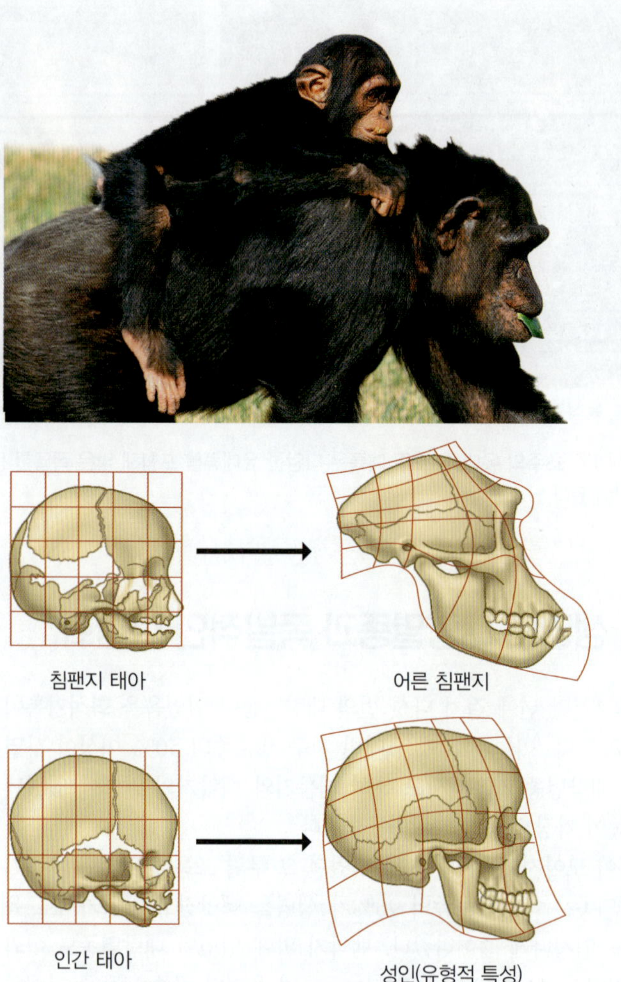

▲그림 14.19 **인간과 침팬지의 두개골 발달의 비교.** 태아 때의 두개골들은 아주 비슷하게 시작하지만(왼쪽), 이를 구성하는 뼈의 성장률이 서로 달라서 성체의 두개골은 상대적인 비율이 매우 다르다. 격자선은 태아와 어른의 두개골 관계를 쉽게 알 수 있다.

14.8 생물학적 신형의 진화

그림 14.6에 있는 두 다람쥐는 서로 다른 종이지만, 이들은 매우 동일한 방식으로 살아가는 매우 유사한 동물이다. 예를 들면 다람쥐와 새 같이, 서로 유사하지 않은 그룹 사이의 극적인 차이를 어떻게 설명해야 하는가? 점진적 변화에 대한 다윈의 이론은 눈과 같이 복잡한 구조나 깃털과 같은 새로운 구조(신형 구조)의 진화를 어떻게 설명할 수 있는지 알아보자.

오래된 구조의 적응을 통해 얻게 되는 새로운 기능

새의 깃털 비행은 구조와 기능의 완벽한 결합이다. 의심할 여지없이 조류의 비행에 필수적인 깃털의 진화에 대해 생각해 보자. 비행 깃털에서 깃가지라 부르는 갈라진 가는 털이 바닥에서 선단까지 뻗쳐있는 깃대로부터 뻗어나와 있다. 각 깃가지는 지퍼의 이빨과 매우 비슷하게 작용하는 작은 고리에 의해 다음 깃가지와 연결되어 있어, 단단하게 연결된 강하지만 유연한 깃가지 판이 형성된다. 비행에서 다양한 깃털의 모양과 배열이 양력을 만들고, 기류를 매끄럽게 하고, 방향전환과 균형에 도움을 준다. 이렇게 아름답게 복잡한 구조는 어떻게 진화하였는가? 다윈의 시대에 최초의 조류 중 하나인 시조새(*Archaeopteryx*)의 화석에서 뚜렷한 파충류의 특징이 하나의 실마리로 제공되었지만(그림 14.20), 가장 확실한 답은 1996년에 이루어졌다. 지구에서 첫 번째 깃털 동물은 새가 아니고 공룡이었다.

중국 북동부에서 찾은 130만 년 된 화석에서 맨 처음 발견되었던 깃털 공룡은 "중국 파충류날개"라는 의미를 갖는 사이노사우롭테릭스(*Sinosauropteryx*)라고 이름이 붙여졌다. 이것은 칠면조 정도의 크기로 짧은 팔을 가졌으며, 긴 꼬리를 사용하여 균형을 잡고 뒷다리로 달렸다. 이것의 인상적 깃털은 머리카락 같은 깃에 솜털로 덮여 있었다. 사이노사우롭테릭스의 발견 이후 수천 개의 깃털 공룡화석이 발견되었고, 30개 이상의 서로 다른 종으로 분류되었다. 어느 것도 비행이 가능하다고 명백하게 말할 수는 없었지만, 이들 종 대부분은 오늘날의 새에 못지않게 정교한 깃털을 가지고 있었다. 그러나 이들 화석에서 보인 깃털은 비행에 사용될 수 없었으며, 이들 파충류의 해부구조도 비행하기에는 적합하지 않았다. 깃털이 비행에 앞서 진화하였다면, 그 기능은 과연 무엇이었을까? 이들의 첫 번째 사용처는 절연을 위한 것일 수 있다. 이들 앞다리의 표면적을 증가시킨 보다 긴 날개 같은 앞다리와 깃털은 구애행위, 체온조절, 위장(오늘날에도 여전히 깃털이 제공하는 모든 기능들)과 같은 몇몇 다른 능력으로 기능한 후에 비행에 사용되었을 가능성이 있다. 첫 비행은 지상에서 또는 나무에 서식하는 종의 경우에는 이 가지에서 저 가지로 짧게 나는 정도였을 것이다. 비행 그 자체가 이점이 되었다면, 자연선택은 부가기능에 맞게 깃털과 날개를 점차적으로 적응하게 되었을 것이다.

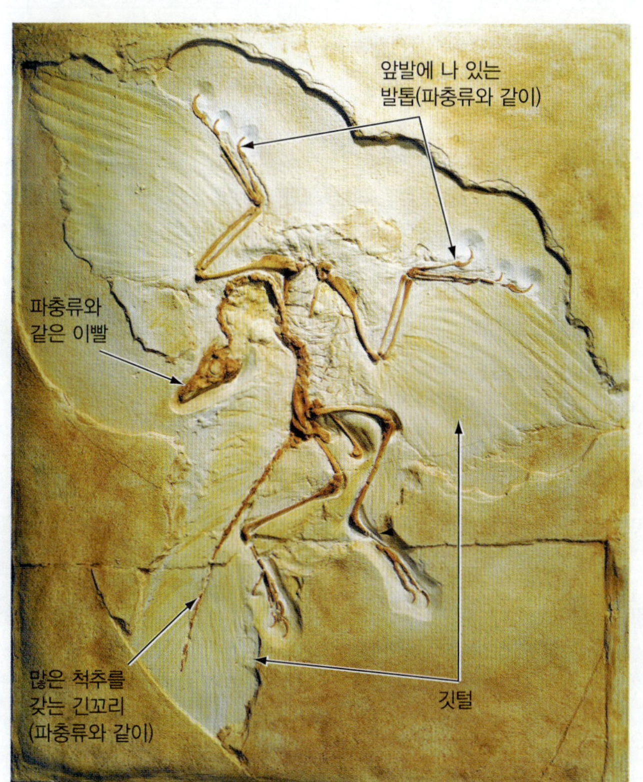

▲그림 14.20 **멸종된 새.** 시조새(*Archaeopteryx*)라 부르는 이 동물은 1억5천만 년 전 중앙유럽의 개펄 근처에 살았다. 깃털이 있음에도 불구하고 파충류와 많은 공통점을 가지고 있다. 시조새가 오늘날 조류의 조상이라고는 생각하지 않는다. 대신에 이것은 아마도 조류 계통의 멸종된 한 분지이었을 것이다.

어떤 상황에서 진화하여 다른 기능을 얻게 된 깃털 같은 구조는 **굴절적응(exaptation)**이라 부른다. 하지만 굴절적응은 어떤 구조가 향후 사용을 예상해서 진화된다는 것을 의미하지는 않는다. 자연선택은 미래를 예측할 수는 없으며, 현재 사용되는 상황에서 단지 기존의 구조를 개선할 수 있을 뿐이다. ✓

✓ 체크포인트

굴절적응의 개념이 미래의 환경변화를 예측해서 구조가 진화한다는 의미가 아닌 이유를 설명하시오.

답: 비록 굴절적응이 새로운 환경에서 새롭거나 또는 부가적인 기능을 갖는다고 할지라도 이것은 과거의 환경에 적응함으로써 작용하였다.

점진적 단계를 거쳐 단순한 구조에서 복잡한 구조로

대부분의 복잡한 구조는 갑작스럽게 복잡한 모양을 갖게 된 것이 아니고 동일한 기본 기능을 가진 단순한 버전으로부터 미세한 개선과정의 소단계들을 거쳐 진화하였다. 척추동물과 오징어의 놀라운 카메라와 같은 눈을 생각해 보자. 이들의 복잡한 눈이 독립적 진화하였지만, 일련의 유익한 변형이 여러 단계를 거치면서 증가하여 형성된 이 둘의 기원은 광수용세포의 단순한 조상 패치에서부터 시작된 것이다. 실제로 광민감 세포의 진화적 한 기원이 있었던 것처럼 보이며, 그리고 척추동물과 무척추동물과 같은 눈을 가진 동물들은 눈의 발생을 조절하는 동일한 총괄유전자를 공유하고 있다.

그림 14.21은 크고 다양한 동물들로 문을 이루는 오늘날의 연체동물 중에서 눈의 구조에 있어 그 복잡성의 정도에 따른 범위를 보여주고 있다. 단순한 패치를 이룬 색소세포는 해변 바위에 붙어살며 하나의 껍질을 갖는 연체동물인 삿갓조개가 어둠에서 빛을 구별할 수 있게 해준다. 어둠이 들면, 이들은 먹히는 위험을 감소시키는 행동적 적응으로 더 단단히 달라붙는다. 또 다른 연체동물은 상의 초점을 맞추는 렌즈나 그 밖의 다른 수단도 전혀 없는 안배를 가지고 있지만, 빛의 방향은 감지할 수 있다. 복잡한 눈을 가진 연체동물에서 이들 기관들은 아마도 소단계들의 적응으로 진화하였을 것이다. 그림 14.21에서 소단계들의 예를 볼 수 있다.

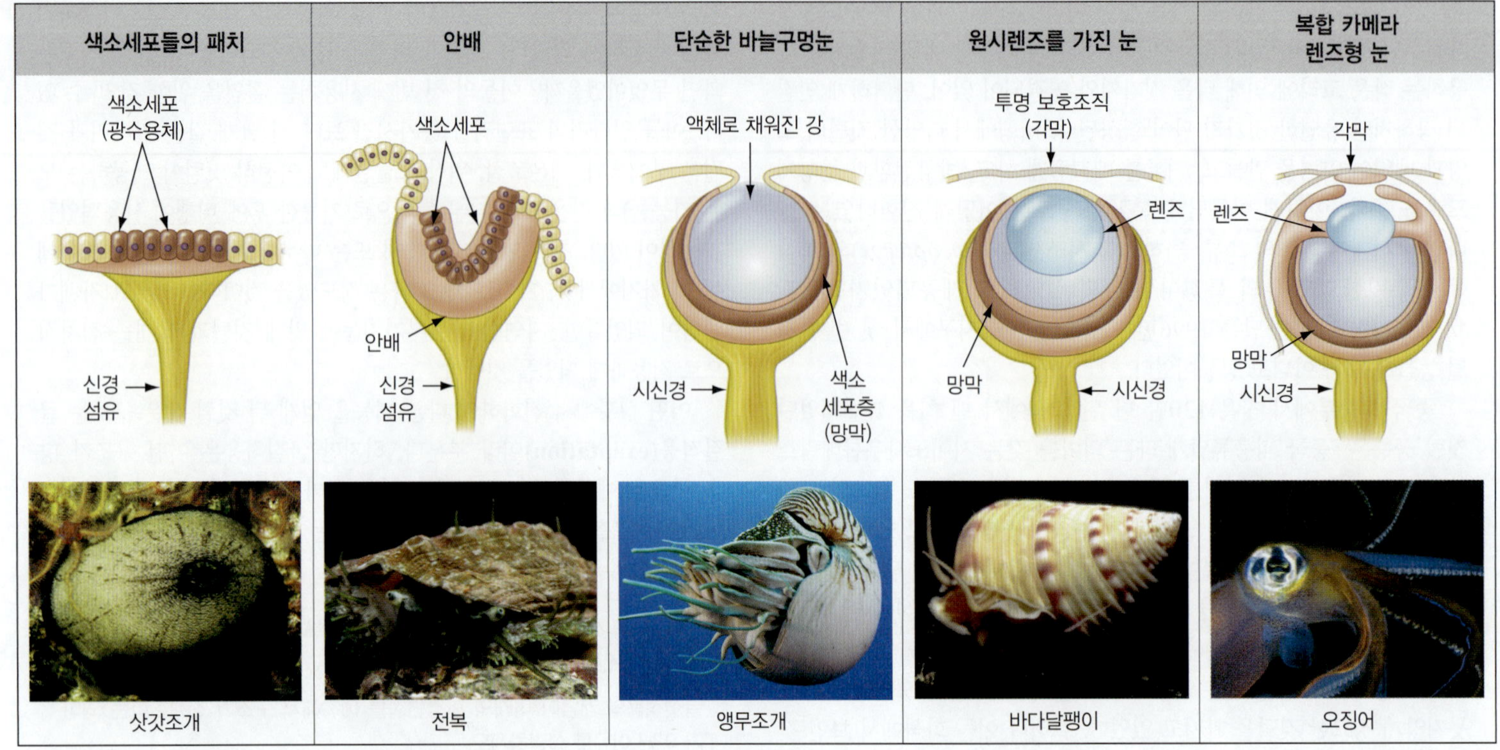

▲그림 14.21 **연체동물의 눈에 있어서 복잡성의 정도.** 오징어의 복잡한 눈은 소규모 단계들을 거쳐 진화하였다. 가장 단순한 눈도 이 눈을 가진 생물에게는 유용한 것이었다.

생명의 다양성을 분류하기

린네의 분류체계는 생물다양성을 그룹으로 체계화하는 매우 유용한 방법이다(그림 13.1 참조). 하지만 다윈이후 생물학자들은 단순한 체계화를 넘어 진화적 관계를 반영한 분류를 목표로 삼아왔다. 달리 말하면 생물의 이름을 붙이고 분류하는 방법은 생물의 진화계통수 안에서 그 위치가 반영되어야 한다. 분류를 포함하는 **계통분류학(systematics)**은 생물을 분류하고 이들의 진화적 관계를 결정하는 데 초점을 맞추고 있는 생물학의 한 분야이다.

14.9 분류와 계통발생

생물학자들은 종의 진화적 역사, 달리 말하면 **계통발생(phylogeny)**에 대한 가설을 표현하기 위해 **계통수(phylogenetic tree)**를 사용한다. 이들 가지로 나타낸 분지형의 그림은 보다 상위 그룹 안에 둥지를 튼 그룹들의 계층적인 분류를 반영하고 있다. 그림 14.22에서 계통수는 몇몇 육식동물의 분류와 그리고 이들의 가능한 진화적 관계를 보여주고 있다. 각 분지점은 공통조상으로부터 두 계통이 갈라져 나온 것을 나타고 있음을 주목하자(사지동물의 계통수를 나타낸 그림 13.8을 돌이켜보자.).

계통발생을 이해하는 것은 실제적인 적용을 할 수 있게 한다. 예를 들면 옥수수는 전 세계적으로 중요한 식량작물이며, 또한 이것은 팝콘, 옥수수 칩, 핫도그의 옥수수 빵과 같이 즐겨 먹는 간식으로도 제공된다. 수천 년 동안의 인공선택(선택적 번식)을 통해 바위처럼 단단한 알갱이와 작은 옥수수 대의 자그마한 볏과 식물을 오늘날 우리가 알고 있는 옥수수로 형질전환시켰다. 이 과정에서 원래 가지고 있던 식물의 많은 유전적 변이가 사라져버렸다. 옥수수의 계통발생을 만들어 봄으로써, 연구자들은 옥수수의 가장 가까운 친척이라고 여겨지는 야생 볏과 식물 두 종을 확

미래의 재난으로부터 옥수수 작물을 보호하기 위해 두 종류의 야생초에서 온 대립유전자가 사용될 수 있다.

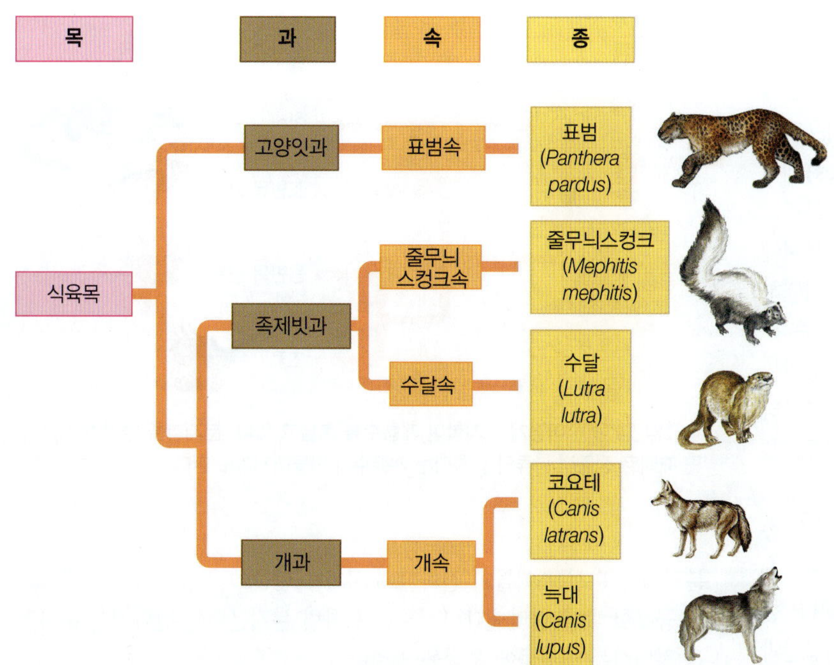

▲그림 14.22 **식육목 구성원에 대한 분류와 계통발생과의 관계.** 계층분류는 계통수의 점점 세분되는 분지로 나타난다. 이 계통수의 분지점은 이 분지점 오른쪽에 있는 종들의 공통조상을 나타낸다.

인하였다. 미래에 옥수수 작물을 위협할 수 있는 질병 발생이나 또는 환경변화에 대한 대비책으로 교잡이나 유전공학으로 재배 옥수수에 옮겨 넣을 수 있는 질병저항성이나 그 밖의 다른 유용한 형질을 이들 식물의 유전체가 가지고 있을 수도 있다.

상동적 특성 확인하기

서로 다른 종의 상동구조는 외형과 기능이 매우 다르게 보이지만, 공통조상의 같은 기관으로부터 진화했기 때문에 근본적으로 유사성을 보인다. 예를 들면 척추동물에서 고래의 사지는 물속에서 방향전환을 위해 적응했지만, 반면 박쥐의 날개는 비행을 위해 적응된 것이다. 하지만 이들 두 구조를 지지하는 뼈는 기본적으로 많은 유사성이 있다(그림 13.6 참조). 따라서 상동구조는 계통발생학적 관계에 대한 정보의 가장 좋은 출처 중의 하나이다. 두 종 사이에 상동구조의 수가 많으면 많을수록, 두 종의 관계는 그만큼 더 가깝다.

상동에 대한 연구에는 함정이 있다. 유사성이 있다고 해서 그 모든 것이 공통조상에서 물려받은 것은 아니다. 만약 자연선택이 상사적 적응의 모양을 갖는다면, 다른 진화분지에서 온 종이라 하더라도 아주 유사한 구조를 가질 수도 있다. 이것을 우리는 **수렴진화(convergent evolution)**라고 부른다. 수렴으로 인한 유사성은 상동이 아닌 **상사(analogy)**라고 부른다. 예를 들면 곤충의 날개와 새의 날개는 상사기관이다. 이들은 별개로 진화했으며, 완전히 서로 다른 구조로부터 생겨났다.

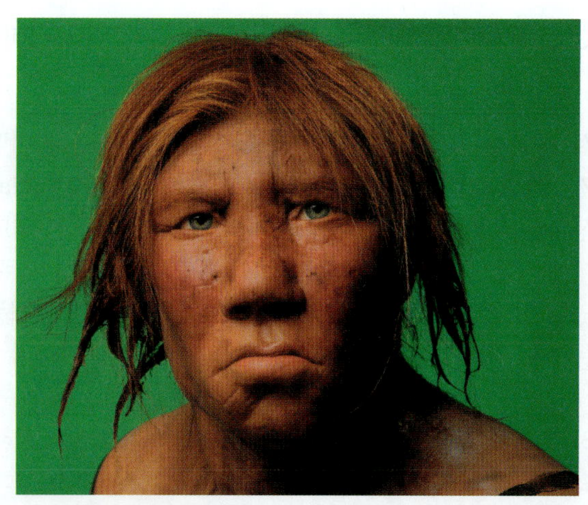

▲그림 14.23 **예술가가 재구성한 네안데르탈인.** 인류의 한 구성원이었던 멸종된 네안데르탈인으로부터 추출한 DNA는 과학자들로 하여금 현대 인간과의 진화적 관계를 연구할 수 있게 해준다.

두 종의 배발생 과정을 비교하면, 어떨 때는 성체에서는 나타나지 않았던 상동성을 드러낼 수도 있다(예를 들면 그림 13.7 참조). 상동을 상사와 구분하는 또 다른 실마리가 있다. 유사한 두 개의 구조가 복잡하면 할수록, 이들은 서로 독립적으로 진화하지 않았기 쉽다. 예를 들면 인간과 침팬지의 두개골(그림 14.19 참조)을 비교해 보라. 이들 두 개골 각각은 많은 뼈들이 서로 결합하여 만들어지는데, 각각의 뼈는 서로서로 거의 완벽하게 대응한다. 이렇게 세세하게 대응하는 복잡한 구조가 서로 기원이 다를 가능성은 거의 없다. 이러한 두개골을 만드는 데 필요한 유전자는 필시 공통조상으로부터 물려받았을 것이다.

진화의 역사를 이어 맞추어 보면 누가 누구와 관련이 있는지 보여준다.

만약 상동이 공통조상을 반영하는 것이라면, 이때 생물들의 DNA서열을 비교해서 이들의 진화관계에 대한 핵심에 이를 수 있게 된다. 두 종이 공통조상에서 최근에 분지하면 할수록, 이들의 DNA와 아미노산 서열은 그만큼 더 비슷하다. 과학자들은 수천 종에서 1,500억 염기쌍을 훨씬 넘는 DNA염기서열을 밝혔다. 이 거대한 데이터베이스는 계통발생 연구에 불을 붙였고, 많은 진화관계를 명확하게 밝혀내었다. 게다가 일부 화석은 DNA절편이 추출될 수 있게끔 보존되어 있어, 현재 생물과의 비교가 가능하다(그림 14.23). ✓

✓ 체크포인트

인간의 팔과 박쥐의 날개는 같은 조상의 원형에서 유래된 것이므로 따라서 이들은 ________이다. 이와 달리 박쥐와 벌의 날개는 전혀 관련 없는 구조이므로 따라서 이들은 ________이다.

답: 상동, 상사

상동적 특성으로부터 계통발생에 대해 이야기하기

진화적 관계를 반영하고 있는 특성인 상동적 특성이 한 집단의 생물에서 일단 확인되면, 이들 특성은 계통발생을 만드는데 어떻게 이용되는가? 가장 널리 사용되는 방법이 분지학이다. **분지학(cladistics)**에서 생물은 공통조상에 의해 그룹화된다. "가지(분지)"를 의미하는 그리스어에서 온 **단계통군(clade)**은 조상종과 계통수에서 서로 다른 분지에 있는 이들의 모든 자손으로 이루어져 있다. 따라서 단계통군을 식별하는 것이 진화의 분지 양상을 반영하는 분류체계를 만들 수 있게 해준다.

분지분석은 종들이 자기 조상과 같은 특성을 일부 가지고 있기는 하지만, 또한 이들과 다르기도 하다는 의미를 갖는 "공통조상으로부터의 변이의 대물림"이라는 다윈의 개념에 근거를 두고 있다. 단계통군을 확인하기 위해서는 내집단과 외집단의 비교가 필요하다(그림 14.24). 내집단(예를 들면, 그림 14.24에서 세 포유동물)은 실제로 분석될 종들의 집단이다. 외집단(그림 14.24에서 파충류를 대표하는 이구아나)은 연구하고 있는 그룹을 포함한 계통 이전에 분지된 것으로 알려진 종이나 종들의 그룹이다. 내집단의 멤버를 서로 비교하고, 또한 외집단과도 비교함으로써 외집단으로부터 내집단을 어떻게 구별할지를 결정할 수 있다. 내집단에 있는 포유류는 모두 털과 유선을 가지고 있다. 이것은 조상포유류에는 있지만 외집단에는 없다. 다음으로 모체의 자궁에 새끼를 지니는, 즉 임신은 오리너구리에서는 없다(이것은 껍질이 있는 알을 낳는다). 이러한 임신이 없으므로 오리너구리가 포유류 단계통군에서 초기 분지점에서 나타난다고 추측한다. 이런 방식으로 진행시켜 계통수를 만들어낼 수 있다. 각 분지는 하나 이상의 새로운 특성을 갖는 계보의 출현으로 공통조상에서 두 그룹으로 갈라진 것을 나타낸다.

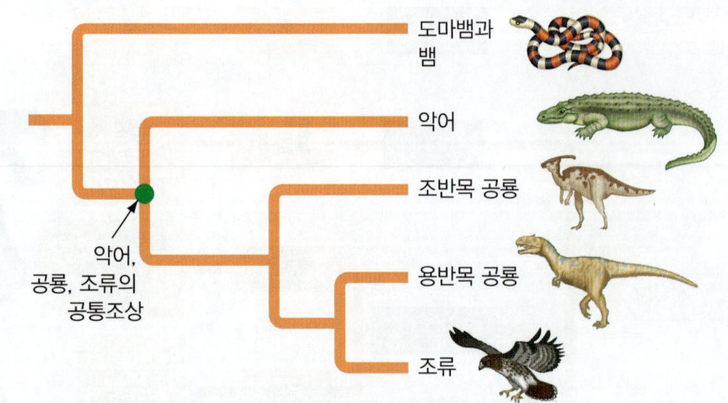

▲그림 14.25 **어떻게 분지학이 계통수를 흔들고 있나.** 분지학을 엄격히 적용하면 때때로 전통적 분류와 상충되는 계통수가 만들어지기도 한다.

분지되는 순서는 이들이 진화한 순서와 그룹들이 공통조상을 마지막으로 공유할 때를 나타낸다. 다른 말로 하면 분지분석은 진화에서 분지점을 정의하는 변화들에 초점을 맞춘다.

계통발생에 대한 분지분석학적 접근은 다른 분류학적인 분류로는 확실하지 않았던 진화관계를 명확하게 해준다. 예를 들면 생물학자는 전통적으로 조류와 파충류를 척추동물의 서로 다른 강(각각 조류강과 파충류강)에 배치하였다. 하지만 이런 분류는 분지계통학과는 일치하지 않는다. 상동 목록에서는 새와 악어가 한 분지군으로 구성되어 있고, 도마뱀과 뱀은 다른 분지군을 이루는 것으로 나타난다. 한 분지군으로 이루어지기 위해 악어가 도마뱀과 뱀과 공유하는 조상까지 되돌아간다면, 이때는 파충강이 조류도 역시 포함해야 한다. 그림 14.25에

▼그림 14.24 **분지학의 간단한 예.**

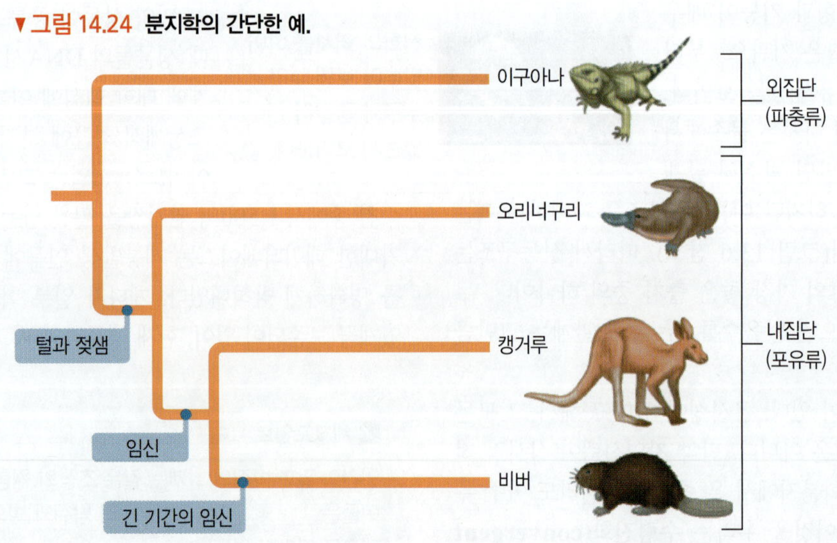

있는 계통수는 전통적인 분류보다는 분지학과 더 잘 일치한다. ✓

> **✓ 체크포인트**
>
> 분류와 분지학의 하위 학문이 계통분류학으로 알려진 생물학 분야와 어떻게 관련되어 있는가?
>
> **답:** 분류학은 종을 동정하고, 명명하며, 분류를 하는 것이다. 분지학은 단계통군을 사용하여 생물들의 진화관계를 결정하는 계통발생학이다.

14.10 분류: 현재도 진행 중인 작업

계통수는 진화역사에 대한 가설이다. 다른 가설과 마찬가지로 이들은 새로운 증거로 인해 수정되기도 하며 또는 어떤 경우에는 폐기되기도 한다. 분자계통분류학과 분지학은 조합하여 계통수를 재구성하고 고전적 분류에 도전하기 위해 함께 뭉치고 있다.

린네는 알려진 모든 생명의 형태를 식물계와 동물계로 나누었는데, 이러한 2계 체제는 생물학에서 200년 이상 인정받았다. 1900년대 중반에 2계 체제는 모든 원핵생물을 1계에 놓고, 진핵생물은 4계로 나눈 5계 체제로 대체되었다.

20세기 후반에 분자연구와 분지학은 **3역 체제(three domain system)**로의 발전으로 이끌었다(그림 14.26). 현재의 이 구도는 기본적으로 3개의 그룹으로 인식하고 있는데, 이 중 두 그룹은 원핵생물인 세균역과 고세균역이고, 나머지 한 그룹은 진핵생물인 진핵생물역이다. 세균역과 고세균역은 구조적 특성, 생화학적 특성, 기능적 특성에서 많은 중요한 차이를 보이고 있다(15장 참조).

현재 진핵생물역은 몇 개의 계로 나누고 있는데, 아직까지 그 개수는 여전히 논의 중에 있다. 생물학자는 식물계, 균계, 동물계에 대해서는 일반적으로 동의한다. 이들 계는 구조, 발생, 물질과 에너지를 얻는 방법이 서로 다른 다세포 진핵생물로 구성되어 있다. 식물은 자신의 식량을 광합성으로 만들어낸다. 균류는 다른 생물의 사체를 분해하여 작은 유기분자를 흡수함으로써 살아간다. 대부분의 동물은 먹이를 섭취하여 그것을 몸 안에서 분해함으로써 살아간다.

이제 남아 있는 진핵생물인 원생생물은 식물, 균류, 동물의 정의에 맞지 않는 모든 진핵생물, 즉 분류상의 잡동사니로 이루어진다. 대부분의 원핵생물은 단세포(예를 들면 아메바)이다. 그러나 원생생물은 단세포의 직접적인 후손이라고 믿게 되는 어떤 커다란 다세포생물도 역시 포함하고 있다. 예를 들면 많은 생물학자는 해초를 원생생물로서 분류한다. 그 이유는 이들은 진정한 식물이라기보다 몇몇 단세포 조류와 훨씬 밀접한 관계가 있기 때문이다.

생물과 이들의 진화에 대해 더 많은 것을 배우고자 할 때, 지구상의 다양한 종을 분류한다는 것은 현재 진행 중에 있는 작업이라는 사실을 이해는 것이 중요하다. 다윈이 『종의 기원』에서 "우리의 분류 작업은 계통이 만들어지는 한 계속될 것이다"라고 썼을 때, 그는 현대 계통분류학의 목표를 생각하고 있었다. ✓

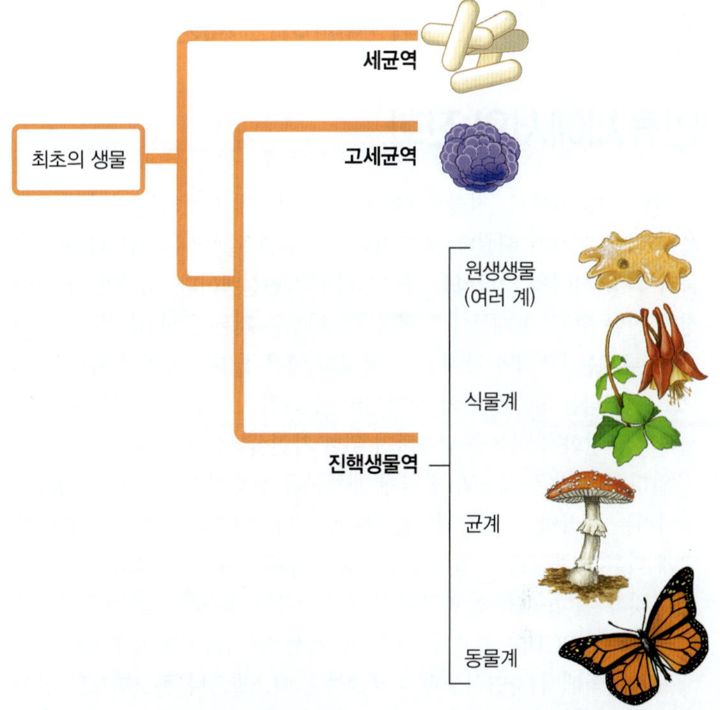

▲그림 14.26 **3역 분류체제.** 분자생물학과 세포학의 증거들은 원핵생물의 두 계통, 즉 세균역과 고세균역은 생명의 역사에서 오래전에 분화되었다는 계통발생적 가설을 지지한다. 분자생물학의 증거는 고세균역이 세균역보다는 오히려 진핵생물역과 더 가까운 관계임을 암시한다.

> **✓ 체크포인트**
>
> 어떤 종류의 증거가 생물학자들로 하여금 분류의 3역 체제가 구축되게 만들었는가?
>
> **답:** 분자연구와 분지학

진화와 연결 인간이 지배하는 세상에서의 진화

인류세에서의 진화

이 장(또 13장)에서 진화과정이 어떻게 지구에 서식하는 다양한 생물을 생기게 했는지 배웠다. 적응진화적 변화를 일으키는 메커니즘은 생물과 환경 사이의 적합성을 향상시키는 자연선택이다. 시간에 따라 환경이 변할 수 있기 때문에 "적합함"을 이루는 것은 움직이는 목표가 된다. 인류세는 『우리와 함께 하는 생물학』에서 설명한 것처럼 방대한 규모로 일어나는 환경변화의 시기이다. 결과적으로 인간의 영향을 받는 서식지는 진화적 적응을 연구하기 위한 자연실험실이다.

알다시피 많은 해충과 병원체 개체군은 살충제와 항생제로 이들을 죽이려는 우리의 노력에 저항을 해왔다(그림 13.11과 13.26 참조). 반면에 다른 개체군은 산업공정에서 환경에 유입된 독성 오염물질에 내성을 갖게 된다. 예를 들면 적응은 허드슨강의 대구라 불리는 물고기가 높은 수준의 PCB(산업폐기물의 일종)에서 살아남을 수 있게 한다.

도시지역에서 자연식생과 야생생물은 아스팔트나 콘크리트로 덮인 표면, 건물, 고밀도의 인구로 대체되었다. 그러나 조심스럽게 관찰하면 일부 생물은 도시에서 번성한다. 연구자들은 도시개체군이 이러한 새로운 환경에 대한 적응을 진화시켰다는 것을 배우고 있다. 예를 들면 볏이 있는 볏아놀도마뱀의 발가락(그림 14.27a)은 자생 산림서식지에서 나뭇가지와 잎의 표면을 잡을 수 있게 해주는 특별한 비늘을 가지고 있다. 푸에르토리코에 사는 도시 볏아놀도마뱀은 도시환경에서 콘크리트나 금속과 같은 미끄러운 표면에 적응된 이러한 끈적끈적한 비늘을 더 많이 가지고 있다. 열악한 도시환경에 사는 유럽의 찌르레기(그림 14.27b)의 생리적 스트레스 반응은 외딴 산림에 사는 같은 종의 찌르레기보다 낮다. 도시에 사는 찌르레기는 교통소음에서도 들을 수 있게 더 높은 음높이로 노래한다. 과학자들은 런던지하철 시스템의 지하생활에 적응한 새로운 종의 모기를 발견했다.

지구온난화로 인한 기후변화는 인간 활동으로 인한 가장 광범위한 환경적 결과이다. 기온상승의 결과로 더 차가운 온도를 필요로 하는 많은 종의 분포가 극 쪽으로 또 더 높은 고도로 이동하고 있다. 이러한 변화는 밀접하게 관련된 종의 범위가 겹쳐지고 교잡이 일어나는 영역을 초래하게 된다. 예를 들면 북아메리카 동부에서는 남부날다람쥐(*Glaucomys volans*)가 북쪽으로 범위를 확장하였고 현재는 북부날다람쥐(*G. sabrinus*)와 교잡하고 있다.(우리는 18장에서 기후변화에 대해 더 배우게 될 것이다.)

▼그림 14.27 도시에 적응한 동물들.

(a) 볏아놀도마뱀

(b) 유럽 찌르레기

복습

주요 개념의 요약

종의 기원

14.1 종이란 무엇인가?

생물의 다양성은 한 종이 두 종 이상으로 쪼개지는 과정인 종분화를 통해 진화하였다. 생물학적 종개념에 따르면 종이란 자연 상태에서 구성원 사이에 교배가 가능하여 생식력 있는 자손을 만들 수 있는 개체군의 그룹이다. 생물학적 종개념은 종을 정의하는 여러 방법 중 하나이다.

14.2 종 사이의 생식적 장벽

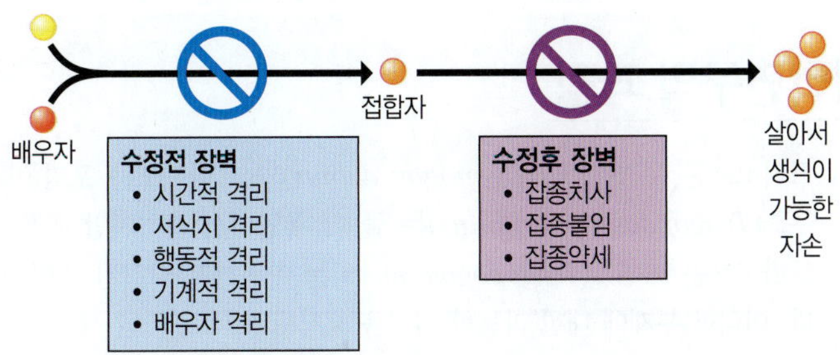

14.3 종분화의 메커니즘

한 개체군의 유전자풀이 부모종의 다른 유전자풀로부터 격리될 때, 격리된 이 개체군은 자신들만의 진화적 과정에 따르게 된다.

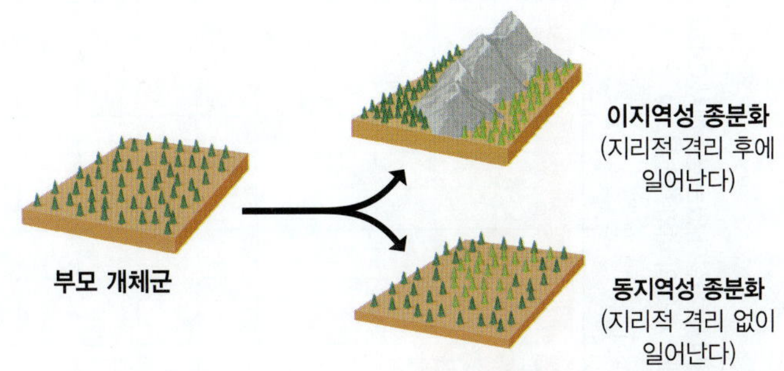

다배체로 이끄는 교잡은 식물에서 일반적인 동지역성 종분화 메커니즘이다.

지구의 역사와 대진화

대진화는 종 수준 이상에서 나타난 진화적 변화를 말하는데, 예를 들면 진화적 신형과 신종의 출현, 그리고 생물다양화에 미친 대량멸종의 충격과 이에 뒤따르는 회복이다.

14.4 화석기록

지질학자들은 지질연대를 크게 4개의 시기, 즉 선캄브리아기, 고생대, 중생대, 신생대로 나누어 왔다. 화석의 연령을 결정하는 가장 일반적인 방법은 방사성탄소연대 측정법이다.

14.5 판구조론과 생물지리학

지구의 지각은 점성의 맨틀 위에 떠있는 크고 불규칙한 모양의 판들로 나누어져 있다. 약 2억5천만 년 전에 판이동으로 모든 대륙은 초대륙인 판게아로 합쳐졌고, 그 결과 멸종에 이어 생존한 종에게는 다양화의 새로운 기회가 주어졌다. 약 1억8천만 년 전 판게아는 나눠지기 시작하면서 지리적 격리가 일어났다. 대륙이동이 호주에 독특한 유대류의 다양성과 같은 생물지리학의 패턴을 설명해 주고 있다.

14.6 생물의 대량멸종과 폭발적인 다양화

화석기록은 비교적 길고 안정된 시기에 짧은 기간의 대량멸종이 단속적으로 일어났고, 그 다음에 생존한 종들의 폭발적인 다양화가 뒤따랐다. 예를 들면 6천5백만 년 전 백악기의 멸종 동안에 대부분의 공룡을 포함하여 엄청난 수의 종이 사라졌다. 포유류의 경우 백악기 이후 다양성이 크게 증가하였다.

대진화의 메커니즘

14.7 조그만 유전변화에서 기인한 커다란 영향

종의 발생을 제어하는 유전자에서의 미묘한 변화는 심대한 영향을 줄 수 있다. 예를 들면 발생에 있어서 사건들의 시기에 변화의 결과로서 성체가 조상종에서 어린 시기에 있었던 몸의 특성을 여전히 유지한다.

14.8 생물학적 신형의 진화

굴절적응은 한 상황에서 진화하여 점진적으로 다른 기능으로 적응된 구조이다. 복잡한 대부분의 구조는 동일한 기능을 갖는 단순한 버전으로부터 끊임없이 진화되어 온 것이다.

생물의 다양성을 분류하기

분류를 포함하는 계통분류학은 생물들을 분류하고, 이들의 진화적 관계를 규명하는데 초점을 맞춘다.

14.9 분류와 계통발생

분류의 목표는 종의 진화역사인 계통발생을 반영하는 것이다. 분류는 화석기록과 상동구조와 DNA서열의 비교에 기초를 두고 있다. 상동(공통조상에 기초한 유사성)은 상사(수렴진화에 기초한 유사성)와 구분되어야 한다. 분지학은 공통적으로 가진 특성을 가지고 관련 있는 생물을 생명수에서 뚜렷이 구분되는 분지를 말하는 단계통군으로 그룹 짓는 데 사용한다.

14.10 분류: 현재도 진행 중인 작업

현재 생물학자들은 3역 체제, 즉 세균역, 고세균역, 진핵생물역으로 분류한다.

자습문제

1. 소진화, 종분화, 대진화를 서로 비교하시오.

2. 다음의 생식적 장벽이 각각 수정전인지 수정후인지 말해보시오.
 a. 한 라일락 종은 산성토양에 살고 다른 종은 염기성 토양에 산다.
 b. 청둥오리와 고방오리는 연중 다른 시기에 교미를 한다.
 c. 두 종의 표범개구리가 짝짓기 울음소리가 서로 다르다.
 d. 흰독말풀 두 종의 잡종은 항상 생식연령이 되기 전에 죽는다.
 e. 한 종류의 소나무 화분이 다른 종류와 수정을 하지 못한다.

3. 작고 격리된 개체군이 큰 것보다 종분화가 더 잘 일어나는 이유는?

4. 사막조건에 적응하려 한 많은 동식물종이 아마도 거기에서는 소생하지 못하였다. 사막에서 이들의 생존의 성공은 하나의 배경에서 진화하여 다른 기능으로 적응된 구조, 즉 ________ 때문일 수 있다.

5. 대량멸종은 ________.
 a. 종의 수에서 현재까지 생존한 소수의 생물을 뺀 것이다
 b. 주로 대륙의 격리로 인해 발생했다
 c. 대략 매 백만 년마다 정기적으로 일어났다
 d. 생존한 생물의 다양화가 뒤따라 일어났다

6. 인도의 동식물은 인근 동남아 지역의 종들과 완전히 다르다. 이것이 사실인 이유는?
 a. 이들은 수렴진화에 의해 격리되어 왔다.
 b. 두 지역의 기후가 완전히 다르다.
 c. 인도는 아시아 다른 지역으로부터 격리 중이다.
 d. 인도는 비교적 최근까지 격리된 대륙이었다.

7. 고생물학자가 어떤 암석이 생성될 때 방사성동위원소 포타슘-40을 12 mg 함유하고 있는 것으로 추정하였다. 현재에는 이 암석은 3 mg의 포타슘-40을 함유하고 있다. 포타슘-40의 반감기는 13억 년이다. 이 정보로부터 이 암석은 약 ________억 년 된 것으로 결론지을 수 있다.

8. 계통수를 만들 때 생물학자들은 왜 상동성에 따른 유사성을 상사에 따른 유사성과 주의 깊게 구별하는가?

9. 3역 체제에서 원핵생물을 포함하는 두 역은?

주된 주제 식별하기

아래의 각 문장에서 분명하게 드러난 주된 주제가 무엇인지(구조와 기능의 연관성, 정보의 흐름, 에너지와 물질의 전환 경로, 생물계 내에서의 상호작용, 진화)를 식별하고, 그 내용이 그 주제와 어떻게 관련되는지를 설명하시오. 필요한 경우 주제들을 검토하고(1장 참조), 또 이 장에서 파란색 글자로 나타내어 강조한 예들을 검토해 보시오.

10. 기린의 진화과정에서 발생 중 증가된 성장률은 여분의 긴 목 척추(28cm)를 만들어냈다.

11. 박쥐의 긴 "손가락" 뼈 사이에 신축성 있는 얇은 피부막은 비행을 위한 적응이다.

12. 식물은 광합성에 의해 무기영양소로부터 자신의 유기물을 만든다.

답은 부록 C를 참조.

과학연구의 과정

13. 트라고포곤 두비우스(*Tragopogon dubius*)와 트라고포곤 포리폴리우스(*Tragopogon porrifolius*)는 둘 다 유럽에서 흔하지만 잡종인 트라고포곤 미루스(*Tragopogon mirus*)는 아직까지 발견된 적이 없다. 이러한 부재에 대한 가능한 설명을 제시해 보시오.

14. **자료 해석하기** 화석화된 두개골의 탄소-14/탄소-12의 비율은 오늘날 동물 두개골의 약 6.25%이다. 아래의 그래프를 사용하여 화석의 대략적인 나이는 얼마나 되는가?

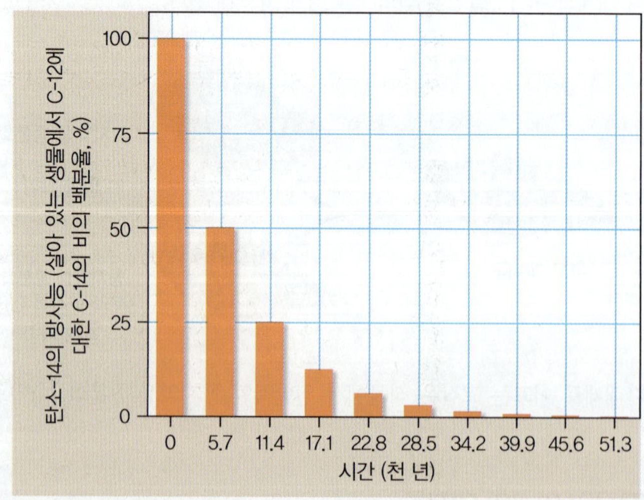

우리와 함께하는 생물학

15. 경고 수준의 멸종률을 보이는 어떤 종에 대해 복제가 해결책이 될 수 있는가? 여러분의 답이 옳다는 것을 밝혀 보시오. 여러분은 과학적 호기심으로 오랫동안 멸종된 종을 부활시키는 것에 찬성하는가 아니면 반대하는가?

16. 붉은늑대(*Canis rufus*)는 한 때 미국 남동부에서 널리 분포하고 있었지만, 야생에서 멸종되었다는 선언이 있었다. 생물학자들은 포획된 붉은늑대 개체를 교배시켜 사육한 다음 동부 노스캐롤라이나 지역에 풀어주었는데, 이곳에서는 이들이 멸종위기종으로 보호받고 있다. 현재 야생 개체군은 약 100마리 정도로 추정된다. 하지만 붉은늑대에게 코요테(*Canis latrans*)와의 교배라는 새로운 위협이 생겨났는데, 이 잡종들은 붉은늑대 거주 지역에 그 수가 더 많이 늘어나고 있다. 붉은늑대와 코요테가 형태도 DNA도 다르지만, 이들은 종간교배가 가능하고, 번식 가능한 자손을 만들 수 있다. 사회적 행동이 이들 종 사이의 주된 생식적 장벽인데, 같은 종의 짝이 드문 경우에는 이 장벽은 쉽게 극복된다. 이러한 이유로 일부 사람들은 붉은늑대의 멸종위기 상태가 철회되어야 하며, "순수한" 종이 아닌 것을 보호하기 위해 자원을 소비하지 말아야 한다고 생각하고 있다. 여러분은 동의하는가? 그런 또는 그렇지 않은 이유는 무엇인가?

15 미생물 생명의 진화

차례 내용

우리는 아직도 거기에 있나? 1마일 자동차 여행을 백만 년으로 계산한다면, 지구의 생명의 역사에 해당하는 거리를 여행하기 위해서는 메인주의 뱅거에서 마이애미까지 운전해야 할 것이다.

미생물은 왜 중요한가?

미생물은 지구상 최초의 생명형태였고 따라서 다른 모든 생물의 조상이 된다. 오늘날 미생물은 우리를 포함하여 모든 생물에게 매우 중요하다.

해조류는 초밥을 싸는 데에만 사용되는 것은 아니고, 우리가 먹는 아이스크림 안에도 들어 있다.

이곳은 뜨거운 욕조가 아니다! 특별한 고세균들이 이러한 물에서도 생존할 수 있는 유일한 생명의 형태다.

실마리

인간의 미생물상

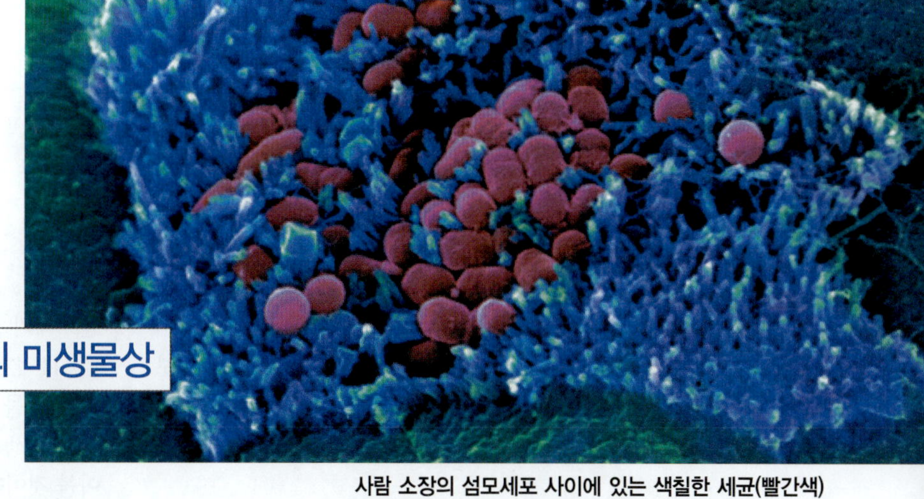

사람 소장의 섬모세포 사이에 있는 색칠한 세균(빨간색)의 주사전자현미경 사진(7000x).

우리와 함께하는 생물학 인간의 미생물상

보이지 않는 우리 몸의 거주자들

우리 몸은 수조 개의 개별 세포를 담고 있다는 사실은 이미 알고 있겠지만, 또한 이들이 "우리"의 모든 것이 아니라는 사실을 알고 있는가? 사실 우리 몸의 안과 겉에 살고 있는 미생물, 즉 원핵생물, 원생생물, 균류는 적어도 우리 몸의 세포만큼이나 있다. 우리의 피부, 입, 비강, 소화관, 비뇨관은 이들 미생물에게는 최상의 집이 된다. 각 개체들은 너무 작아서 수백 배 확대해야만 겨우 볼 수 있으며, 이들의 전체 무게는 0.9~2.3 kg 정도가 된다.

우리는 태어나서 2년 동안 우리의 미생물 군집을 취득하게 되며, 이들은 그 이후로부터 상당히 안정적으로 유지된다. 하지만 오늘날의 생활은 이러한 안정성에 타격을 가하고 있다. 질병을 일으키는 미생물을 제거하려고 애쓸 때 우리는 해로운 미생물과 유익한 미생물을 구별하지 않는다. 항생제를 복용하고, 물을 정수하고, 식품을 살균하고, 주변을 내균성으로 만들고, 그리고 피부와 치아를 문질러 닦음으로써 우리는 우리의 미생물 군집의 균형에 변화를 주게 된다. 과학자들은 미생물 군집이 방해받으면 감염성 질환에 대한 감수성이 증가되고, 특정 암에 걸리기 쉬워지며, 또 천식과 알레르기, 과민성 대장증후군, 크론병, 자폐증과 같은 병의 원인이 된다고 추측하고 있다. 연구자들은 심지어 잘못된 미생물 군집을 갖게 되면 살이 찌게 되는지에 대해서도 조사하고 있다. 또한 과학자들은 미생물 군집이 인류역사의 과정을 통해 어떻게 진화해 왔는지에 대해서도 연구 중에 있다. 이 장 말미에 있는『진화와 연결』에서 배우게 되겠지만, 예를 들면 식단의 변화로 인해 충치의 원인이 되는 세균이 우리의 치아 위에 자신의 거처를 만들 수 있도록 초대받게 되었다.

이 장 전반에 걸쳐 인간-미생물 상호작용의 장점과 단점에 대해 배우게 될 것이다. 또한 원핵생물과 원생생물의 놀라운 다양성에 관한 예에 대해서도 약간 맛볼 것이다. 이 장은 생물의 엄청난 다양성을 탐구할 세 개의 장 중에서 첫 번째 장에 해당한다. 그리고 원핵생물, 지구 최초의 생명형태, 원생생물, 단세포 진핵생물과 다세포 식물 사이의 연결다리, 균류, 동물의 순으로 시작해 나갈 것이다.

생명의 역사에서 주요한 사건들

다양성에 대한 탐사를 시각적으로 보기 위해, 또 생명이 진화해 온 광대한 시간을 이해하기 위해 지구에서의 생명의 역사에서 주요 사건에 대한 간략한 개관을 살펴보자. 우리 행성의 역사는 감 잡기가 쉽지 않은 기간인 46억 년 전에 시작되었다. 이 거대한 규모를 시각화하기 위해, 1마일 이동을 백 만년으로 생각하면서 북미지역을 가로지르는 도로여행을 하는 것으로 상상해 보자. 우리의 여행은 캐나다의 브리티시 컬럼비아에 있는 캠루프스를 출발하여 매사추세츠의 보스턴에 있는 보스턴 마라톤의 결승선까지 장장 4천 6백마일의 도로를 달릴 것이다(그림 15.1).

캠루프스에서 남서쪽을 향해 출발하여 시애틀과 워싱턴에 도착한 다음, 그 다음에는 캘리포니아의 샌프란시스코를 향해 남쪽으로 달린다. 우리가 캘리포니아 국경에 도달할 즈음에는 거의 7.5억년이 지난 것이 되는데, 이때 차가워지고 있던 지구의 표면에 처음으로 바위가 형성되기 시작한다. 금문교에의 도착은 화석기록에서 처음으로 세포가 출현하는 것에 해당한다. 11억 년 후가 되어 비로소 지구에 생명이 시작된 것이다. 이들 최초의 생물 모두 핵이 없는 세포로 된 **원핵생물(prokaryotes)**이었다. 최초로 생긴 이들 세포들의 기원에 대해서는 다음 절에서 자세하게 알아볼 것이다.

젊었을 때의 지구의 환경은 현재의 환경과는 매우 달랐다. 생명의 기원과 진화에 중요했던 한 가지 차이점은 대기 산소가 없었다는 것이다. 우리의 비유적인 여행에서 남쪽으로 계속 운전해 내려가면, 다양한 대사경로들이 원핵생물들 안에서 진화하고 있다. 하지만 우리는 또 다른 8억 년을 향한 다음 이정표에는 아직 도달하지 않고 있다. 이때까지 우리는 샌디에이고를 통과하여 사막을 가로 질러 동쪽으로 방향을 돌렸다. 애리조나 주의 피닉스에 이르게 되면, 이때 지구의 나이는 27억 년 전인 19억 살이 되고, 대기의 O_2는 독립영양원핵생물에 의한 광합성의 결과로 증가하기 시작하게 된다.

9억 년 후에는 막 오클라호마시를 지나게 되는데, 이때 진핵생물의 첫 번째 화석을 찾을 수 있다. **진핵생물(eukaryote)**은 원핵세포에서 볼 수 없는 핵과 그 외에 다른 막으로 둘러싸여진 소기관을 가진 하나 또는 그 이상의 세포로 이루어져 있다. 진핵세포는 자기보다 작은 원핵세포를 삼킨 조상 숙주세포로부터 진화하였다. 우리 세포의 미토콘드리아를 비롯한 다른 모든 진핵생물의 미토콘드리아는 그 원핵생물들의 후손인데, 식물과 조류의 엽록체도 이와 마찬가지이다. 원핵생물은 진핵생물이 진화하기 전에 17억 년 동안 지구에 살고 있었다. 하지만 보다 복잡한 이들 세포의 모습은 진핵 형태의 방대한 다양성의 기간에 진입하였다. 이들 새로운 생물은 다름 아닌 원생생물이었다. 원생생물은 대부분 현미경적 단세포이며 이 장에서 배우게 될 터인데, 이들은 오늘날 방대한 종의 다양성을 대표한다.

육상 정착
500 mya

중생대 중반
180 mya

현생인류(인간)
0.195 mya

버팔로

알바니

보스톤

4,600
마일

이리

4,000
마일

크고 복잡한
다세포생물
600 mya

◀ 그림 15.1 **생명의 역사에서 몇몇 주요사건.** 4,600마일의 장거리 자동차도로여행으로 비유하였는데, 여기서 1마일은 지구의 역사에서 백 만년에 해당한다(mya: 백만 년 전.

생명의 진화의 다음의 큰 사건은 다세포화였다. 다세포가 틀림없는 가장 오래된 화석은 12억 년 된 것인데, 비유적인 도로여행에서 미주리주 세인트루이스와 인디애나 주 테러호트의 중간쯤에 해당한다. 이 화석에 남겨진 생물은 작고 전혀 복잡하지 않았다.

6억 년이 지난 다음에서야(지금부터 약 6억 년 전) 크고 다양한 다세포생물이 화석기록에 나타나기 시작하였다. 이 시점에서 우리는 40억 년에 해당하는 4,000마일을 여행한 것이고, 지금 펜실베이니아 주의 서쪽 외곽 근처에 있는 이리(저자 중 한 명이 태어난 곳)에 와 있다는 것을 발견하게 될 것이다. 이제 여행은 15%도 안 남아 있는데, 아직 우리는 많은 다양성을 만나지는 못했다. 하지만 바야흐로 변화에 와있다. 소위 캄브리아기 대폭발이라 부르는 주목할 만한 동물의 다양화는 5억4천백만 년 전 고생대의 시작을 알려주었다(표 14.1 참조). 그 기간이 끝날 즈음에는 모든 주요 그룹들뿐만 아니라, 모든 주요 동물의 체형들이 진화하였다.

식물, 균류, 곤충의 육지 정착은 고생대 동안에 일어났다. 이러한 진화적 전환은 우리의 여행에서는 뉴욕 주의 버펄로에 도달한 것에 해당하는 약 5억 년 전에 시작되었다. 뉴욕 주의 알바니에 이르렀을 때쯤이면, 우리는 때로는 공룡의 시대라고 불리는 중생대의 중간 지점에 와 있는 것이다. 중생대의 끝날 즈음인 6,500만 년 전은 우리가 매사추세츠 주를 반 정도 지나가고 있는 자신을 발견하게 된다. 보스턴(그리고 우리의 현재)에 보다 가까워지면, 영장류를 포함하여 꽃피는 식물, 조류, 포유류와 같은 보다 친숙한 생물들이 경관을 점하기 시작하게 된다.

우리는 아직도 거기에 있나?

현대의 인간인 호모 사피엔스는 대략 195,000년 전에 나타났다. 전국 횡단여행의 이 시점에서 우리는 지구의 시초부터 현재까지 우리 여행의 마무리 지점까지는 두 블록도 남지 않았다. 이러한 비유의 도로여행은 우리 자신의 삶의 맥락에서 길게 보이는 시간도 지구상의 생명의 역사에서 보면 짧은 한 순간이라는 것을 증명하고 있다.

생명의 기원

우리 주변에서 풍부한 생명의 다양성을 보면, 지구에는 생물들이 항상 무성하게 살았던 것은 아니라고 상상하기는 어렵다. 그러나 46억 년 역사의 초기에 우리 행성에는 바다도 호수도 없었으며, 산소도 거의 없었고, 생명이라곤 전무했다. 지구는 태양계 형성에서 남은 거대한 바위와 얼음 덩어리 파편들의 포격을 받아, 그 충격으로 발생된 열이 너무도 맹렬해서 가용한 물을 모두 증발시켜 버렸다. 사실 처음 수억 년 동안에 젊은 지구의 환경은 너무 가혹해 생명이 생겨난다는 것 자체가 회의적인데다가, 만약 그랬더라도 살아남을 수는 없었을 것이다.

환경이 상당히 나아졌다곤 하지만 40억 년 전의 지구는 여전히 격렬한 혼란의 와중에 있었다. 지구의 표면이 차가워져 수증기는 응축되어 바다로 흘러들었지만, 화산폭발은 이산화탄소, 메탄, 암모니아, 기타의 질소 화합물과 같은 가스를 대기로 분출시켰다(그림 15.2). 대기 O_2의 결여는 현재 지구에 살고 있는 거주자의 대부분에게 치명적이지만, 이런 환경이 생명의 기원을 가능하게 만들었는데, 사실 O_2는 화학결합을 방해하여 복잡한 분자의 형성을 막는 경향을 가진 부식성 작용제이기 때문이다.

생명은 생명의 부품인 분자의 특정한 배열과 상호작용에서부터 생겨나는 창발적인 특성이다(그림 1.18 참조). **이런 식으로 생명은 시스템 내에서의 상호작용의 예가 된다.** 생명이 살아 있지 않은 물질에서 어떻게 생겨날 수 있는지 알아내기 위해 생물학자들은 화학, 지질학, 물리학 등의 분야로부터 연구에 대한 정보들을 알아낸다. 다음 절에서 생명의 기원 과정에서 일어났었어야만 하는 속성에 대해 알아볼 것이다. 과학자들은 이들 특성에 동의하나, 그러나 그렇게 이끈 몇 가지 그럴듯한 시나리오들은 여전히 격렬한 논쟁의 대상으로 남아 있다. ✓

✓ 체크포인트

지구에서 생명의 자연발생이 오늘날에는 일어날 수 없는 한 가지 이유는 현재의 우리의 대기에는 ________가(이) 풍부하기 때문이다.

답: 산소(O_2)

15.1 생명의 기원에 대한 4단계 가설

생명의 기원에 대한 가설 중 하나에 따르면 최초의 생물은 다음 4단계 과정을 거쳐 일어난 화학진화의 산물이었다: (1) 아미노산과 뉴클레오티드와 같은 작은 유기분자의 합성; (2) 이들 작은 분자들이 단백질이나 핵산과 같은 고분자로 결합; (3) 이런 모든 분자들이 외부와 다른, 내부 화학을 유지시키게 해주는 막으로 된 작은 방울, 즉 전세포 안에 포장됨; (4) 마침내 유전물질의 유전을 가능하게 만드는 자가복제 분자의 탄생이다. 지구에서 생명이 어떻게 시작되었는지 확실하게 알 수 있는 것은 없지만, 이 가설은 실험실에서 검증해 볼 수 있는 예측을 이끌어낸다. 이들 네 단계의 각각에 대한 몇몇 관찰들과 실험적 증거를 자세히 알아보자.

1단계: 유기화합물의 합성

앞에서 언급되었던 지구 초기의 대기를 형성했던 물(H_2O), 메탄(CH_4), 암모니아(NH_3)와 같은 화학물질은 모두 작은 무기분자이다. 반면에 생명의 구조와 기능은 동일한 원소로 구성된 당, 지방산, 아미노산, 뉴클레오티드와 같은 보다 복잡한 유기분자에 의존한다. 복잡한 이들 분자가 가용한 그런 재료들로부터 생길 수 있는가?

이 단계가 맨 처음으로 실험실에서 가장 폭 넓게 연구된 것이다. 1953년 노벨상 수상자 해럴드 유리의 대학원생이었던 스탠리 밀러는 이제는 고전이 되어버린 실험을 수행하였다. 그는 초기 지구에 만연했으리라 생각되었던 조건을 흉내 낸 장치를 고안했다(그림 15.3). 따뜻한 물이 든 플라스크는 원시 바다를 흉내 낸 것이었다. 반응 챔버에 가스 형태로 넣은 "대기"에는 수소가스, 메탄, 암모니아, 수증기가 포함되었다. 초기 지구에 만연했던 번개를 모방하기 위해 챔버에 전기 불꽃을 방출시켰다. 액화장치는 대기를 차게

◀ 그림 15.2 초기 지구의 상황을 묘사한 그림.

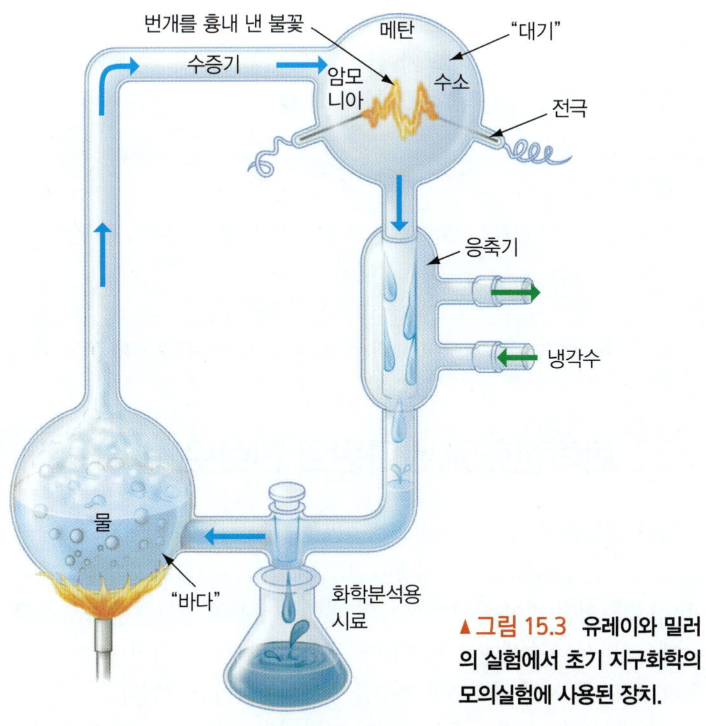

▲그림 15.3 **유레이와 밀러의 실험에서 초기 지구화학의 모의실험에 사용된 장치.**

식혀, 물과 이에 용해되어 있는 화합물이 소형 "바다"에 "비"처럼 내리게 만들었다.

밀러-유레이 실험의 결과는 1면을 장식하는 뉴스거리가 되었다. 이 장치는 일주일 동안 작동시킨 후, 단백질의 단량체인 아미노산을 포함하여 생명에 필수적인 많은 유기분자가 "바다"에 모아졌다. 많은 실험실에서 다양한 대기혼합물을 사용하여 밀러의 실험을 반복하였고, 역시 유기화합물을 얻을 수 있었다. 2008년 밀러의 전 대학원생이었던 한 사람이 밀러가 화산과 같은 조건을 모방한 또 다른 종류의 대기로 고안했던 실험으로부터 몇몇 샘플을 발견했다. 이들 샘플을 현대적인 장비를 사용하여 재분석을 하였을 때, 그는 합성되었던 추가적인 유기화합물을 확인하였다. 실제로 밀러의 모의 화산조건에서는 22개 아미노산이 만들어졌는데, 1953년의 그의 원래 실험에서의 대기로는 11종류의 아미노산만이 만들어졌었다.

과학자들은 지구에서 유기분자의 기원에 대한 다른 가설들도 조사하고 있다. 일부 연구자들은 생명이 수중 화산이나 깊은 바다의 지각의 틈에서 뜨거운 물과 미네랄이 분출되는 심해 열수구에서 시작했을 수도 있다는 가설을 탐색하고 있다. 오늘날 생명이 존재하는 가장 극단적인 환경들에 해당하는 이러한 환경이 생명에게 초기의 화학자원을 제공했을 수도 있다.

또 다른 흥미로운 가설은 운석이 지구의 첫 유기분자의 공급원이라고 제안하고 있다. 1969년 호주에 떨어진 45억 년 된 운석의 파편은 80종류 이상의 아미노산을 포함하고 있었는데, 몇몇은 그 양이 제법 많았다. 최근의 연구에서 이 운석은 지질, 단순한 당, 우라실과 같은 질소성 염기를 포함한 다른 주요 유기분자 또한 포함하는 것으로 밝혀졌다.

2단계: 중합체의 무생물적 합성

일단 작은 유기분자가 지구에 존재하게 되었다면, 효소나 그 밖의 다른 세포 장치의 도움 없이도 단백질이나 핵산 같은 중합체가 형성되기 위해서는 이들이 어떻게 서로 연결될 수 있었는가? 과학자들은 유기단량체 용액을 뜨거운 모래나 점토나 바위 위에 떨어뜨려서 실험실에서 그러한 중합반응을 일으켰다. 뜨거운 열은 용액 내의 수분을 증발시키고, 놓아두었던 그 물질위에서 단량체는 농축되었다. 이때 일부 단량체는 서로 결합하여 중합체를 형성하였다. 초기지구에서 빗방울이나 파도로 인해 묽은 유기단량체 용액은 새로운 화산암이나 또는 다른 뜨거운 바위에 튀겨 올라간 다음 폴리펩티드와 그 밖의 다른 중합체로 씻겨 바다로 다시 되돌아갔을 것이다. 이렇게 해서 이들은 대량 축적될 수 있었다(이들을 소비할 어떤 생명도 존재하지 않았기 때문에). ✓

✓ 체크포인트

단량체가 함께 연결되어 중합체로 되는 화학반응의 이름은 무엇인가? (힌트: 그림 3.4 참조)

답: 탈수축합

3단계: 전세포의 형성

세포막은 살아 있는 세포와 외부 환경으로부터 세포의 기능을 분리하는 경계를 형성한다. 생명의 기원에서 핵심 단계는 무생물적으로 만들어진 분자 전체를 막 안으로 격리하는 것이었다. 진짜 세포는 아니고 하지만 대신 생명의 일부 특성을 지닌 분자 꾸러미이므로 우리는 이들 분자 집합체를 전세포(pre-cell)라고 부를 것이다. 갇힌 좁은 공간 안에서 어떤 분자 결합은 농축될 수 있어서 보다 효과적으로 상호작용을 할 수 있다. 더욱이 전세포의 내부 환경은 주위와 다를 수 있다.

연구자들은 전세포가 지방산(그림 3.11 참조)으로부터 자발적으로 형성될 수 있음을 증명해 왔다. 초기 지구에서 흔했으리라 생각되는 특정 유형의 점토가 있는 곳에서는 자발적인 전세포 형성률이 크게 높아졌다. 오늘날의 세포의 원형질막과는 달리 이들 미발달의 막은 투과성이 매우 높아, RNA뉴클레오티드와 아미노산 등의 유기단량체가 자유롭게 통과할 수 있었다. 그러나 전세포 내부에서 형성된 중합체는 너무 커서 밖으로 나갈 수는 없었다. 액체로 채워진 공간 내에 물리적으로 울타리 안에 모인 분자에 더해, 이들 전세포는 어떤 생명의 특성을 갖게 되었을 수 있다. 이들은 화학에너지를 이용해 성장하는 능력을 갖게 되었을 수 있다. 가장 흥미로운 것은 실험실에서 만들어진 전세포가 분열해 새로운 전세포를 만들 수 있다는 것인데, 가장 간단한 형태의 생식이라 할 수 있다.

4단계: 자가복제 분자의 기원

생명은 부분적으로는 유전과정에 의해서도 정의하는데, 이것은 자가복제를 하는 분자에 바탕을 둔 것이다. 오늘날의 세포는 DNA로 이들의 유전정보를 저장한다. 이들은 그 정보를 RNA로 전사하고, 그 다음 이 RNA 메시지를 특정 효소와 그 밖의 다른 단백질로 번역한다(그림 10.9 참조). **이러한 정보흐름의 메커니즘은 아마도 훨씬 단순한 과정을 통해 일어난 일련의 작은 변화를 거치면서 점차적으로 출현하게 되었다.**

최초의 유전자는 무엇과 비슷했을까? 한 가지 가설은 이들은 효소 단백질의 도움 없이도 복제하는 짧은 가닥의 RNA이었다는 것이다. 실험실의 실험에서 짧은 RNA 분자가 효소 없이도 스스로 뉴클레오티드 단량체로부터 조립될 수 있다는 것을 보여 주었다(그림 15.4).

또한 RNA가 RNA 단량체가 들어 있는 용액에 첨가되면, 때때로 RNA 시작부위의 일부에 상보적인 새로운 RNA 분자가 조립된다. 따라서 우리는 그림 15.4에서와 같은 초기 지구의 시나리오를 상상해 볼 수 있다. RNA 단량체들이 점토 입자에 달라붙어 점점 농축되어 간다. 일부 단량체는 자발적으로 결합하여 첫 번째 작은 "유전자"를 형성한다. 그런 다음이 이들 유전자 중 하나에 상보적인 RNA 사슬이 조립된다. 새로운 이 사슬이 RNA 조립의 주형으로 작용한다면, 그 결과는 원래 유전자의 복제물이 된다.

이 복제과정은 자신의 복제를 위한 촉매제로 역할을 하여 RNA 분자 그 자체에 의해 도움을 받을 수 있었다. 과학자들이 **리보자임(ribozyme)**이라고 부르는 일부 RNA는 효소와 같은 기능을 수행할 수 있다는 발견은 이러한 가설을 뒷받침하고 있다. 따라서 효소가 먼저냐 아니면 유전자가 먼저냐 라는 "닭과 계란"의 역설이 해결되었다. 어느 것이 먼저 생긴 것이 아니고 둘다 RNA 분자였던 것이다. 과학자들은 RNA가 단순한 유전자와 촉매분자 둘 다의 역할을 했을 때의 생명이 진화하는 시기를 "RNA 세계"라는 용어를 사용하고 있다. 2013년에 연구원들은 소포 내에서 스스로 복제할 수 있는 RNA를 포함하는 전세포를 만들어냄으로써 이 시나리오의 타당성을 입증했다.

위에서 언급된 전세포는 자발적으로 모이고, 생식하고, 성장할 수 있다. 하지만 이러한 능력은 결과적으로 원래의 전세포가 무한한 복사가 되어야 한다. 어떻게 세포가 진화할 수 있는 능력을 얻게 되었는가? 이제부터 이 질문을 생각해 보도록 하자. ✓

✓ 체크포인트

리보자임은 무엇인가? 이들이 생명의 형성에서 논리적 단계의 하나인 이유는?

답: 리보자임은 효소로서 기능하는 RNA 분자이다. 리보자임은 DNA와 단백질의 기능 둘 다를 어느 정도 수행할 수 있다.

15.2 화학진화에서 다윈의 진화로

오늘날 생물들이 자연선택에 의해 어떻게 진화하는지 상기해 보자. 유전적 변이는 DNA의 염기서열이 변화된 오류, 즉 돌연변이에 의해서 일어난다. 어떤 변이는 어떤 생물의 생식적 성공의 기회를 증가시켜 주는데, 따라서 후속세대로 영속된다. 똑같은 방식으로 자연선택은 자가복제 RNA를 지닌 전세포의 특성을 구체화시키기 시작했다.

각 전세포는 각각은 무작위적인 단량체의 서열로 이루어진 자신의 RNA분자들의 집단들을 포함하고 있을 것이다. 그 분자들 중 몇몇은 자가복제를 하겠지만, 이러한 생식의 성공의 정도는 서로 다를 것이다.

더 효율적으로 성장하고 생식하게 하는 유전정보를 포함하는 전세포들은 수적으로 증가할 것이고, 자신의 이런 능력이 후세들에게 전달될 것이다. 돌연변이들은 자연선택이 계속 작동하게 되면 결과적으로 추가적인 변이를 갖게 될 것이며, 가장 성공적인 이런 전세포들이 진화를 계속해 왔을 것이다. 수백만 년의 선택의 기간 동안 어느 시점에서 보다 안정적인 분자인 DNA가 유전정보의 저장고로서 RNA를 대체하였고, 원시세포(protocell)가 명확치 않은 어떤 경계를 결국 통과하여 진정한 세포가 되었다. 그때 이 단계는 다양한 생명 형태들로 진화를 착수하였으며, 우리가 알아 볼 수 있는 변화는 화석기록에 그 증거가 나타나 있다.

▼그림 15.4 **첫 유전자에 대한 가설.**

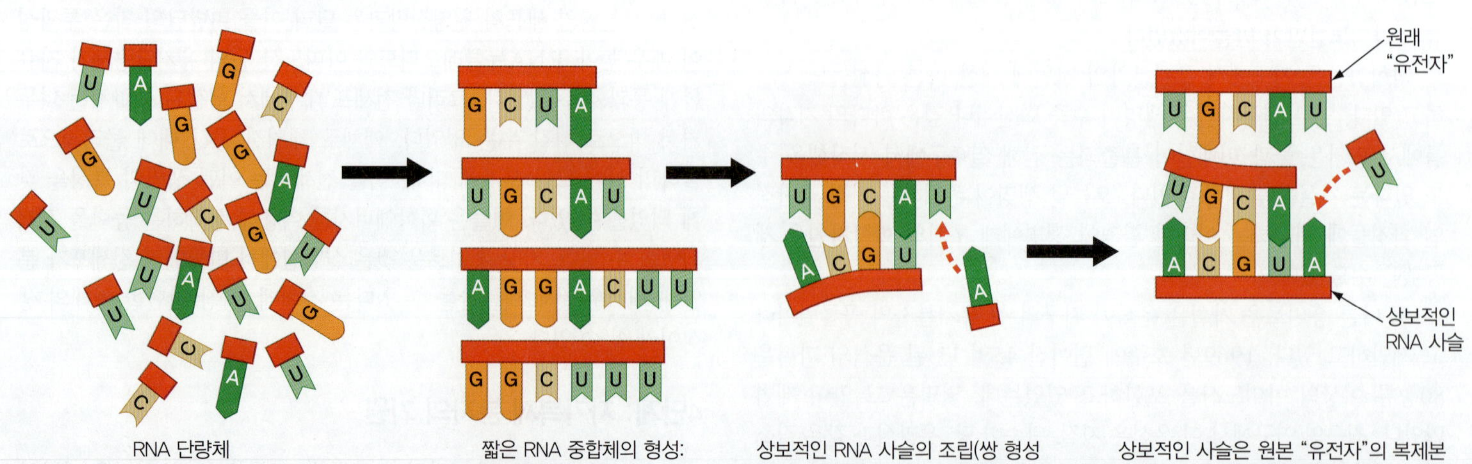

원핵생물

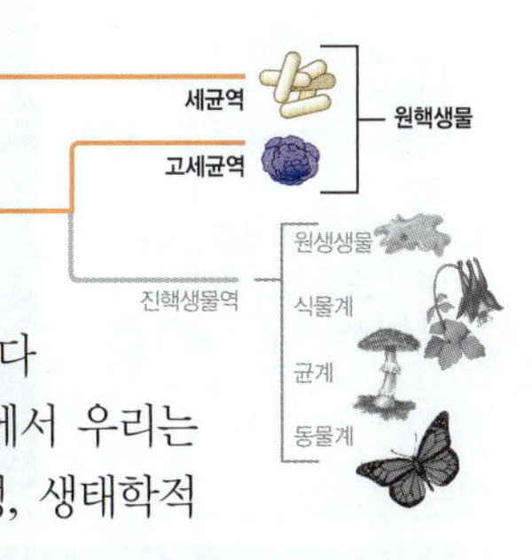

원핵생명의 역사는 수십억 년에 걸친 성공 스토리와 같다. 원핵생물은 지구에서 20억 년 동안 고독하게 혼자 살면서 진화하였다. 이들은 변하고 있는 지구에 적응하면서 번성하였고, 그 다음에는 지구가 변화되게 도왔다. 이 절에서 우리는 원핵생물의 구조와 기능, 다양성, 연관성, 생태학적 의미에 대해 배울 것이다.

15.3 이들은 어디에나 있다!

오늘날 원핵생물은 다세포생물 몸의 안과 겉을 포함해 생명이 있는 곳에서는 어디서나 발견된다. 원핵생물의 총 생체량은 전체 진핵생물의 총 생체량의 적어도 10배 이상이나 된다. 또한 원핵생물은 진핵생물에게는 너무 춥거나, 너무 덥거나, 너무 염분이 많거나, 너무 산성이거나, 너무 염기성인 그런 서식지에서도 번성한다(그림 15.5). 생물학자들은 해양에서 대규모의 원핵생물 다양성을 이제 막 조사하기 시작했다. 생물학자들은 지표면에서 지하로 3.3 km나 내려간 금광의 내벽에서도 살고 있는 원핵생물을 발견하였다. 분자기술은 방대한 원핵생물 다양성을 밝혀내기 시작했다. 강력하고 새로운 접근방법으로 연구원은 토양, 물, 인체와 같은 특정 환경에서 원핵생물 샘플을 수집하여, 그들이 지닌 DNA의 서열을 조사한다. 그런 다음 컴퓨터 소프트웨어로 해당 환경에 존재하는 개별 종의 유전체의 콜렉션, 즉 **미생물군집(microbiome)**을 조립한다.

원핵생물의 각 개체가 비록 작은 생물(그림 15.6)이긴 하지만, 이들이 지구와 지구생명에 미치는 총체적인 영향은 엄청나다. 우리는 심각한 병을 일으키는 몇몇 종에 대하여 자주 듣는다. 인간의 모든 질병 중 절반이 세균 감염에 의해 일어나는데, 여기에는 결핵이나 콜레라, 또 많은 종류의 성병과 특정 식중독이 포함된다. 『우리와 함께하는 생물학』에서 우리 몸의 안과 겉에 사는 미생물의 군집을 말하는 **미생물상(microbiota)**을 소개했다. 우리는 수백 종의 원핵생물과 긍정적인 효과가 잘 연구된 유전 균주 몇몇을 지니고 산다. 예를 들면 우리의 장내 거주자 중 일부는 필수 비타민을 공급하고, 우리 스스로 소화시킬 수 없는 음식분자로부터 영양분을 추출할 수 있게 해준다. 피부 위에서 살아가는 많은 세균이 죽은 피부세포를 분해하는 등의 유용한 살림살이 기능을 수행한다. 또한 원핵생물은 질병을 일으키는 침입자로부터 몸을 지켜준다.

건강한 환경을 위한 원핵생물의 중요성을 과장하기는 쉽지 않을 것이다. 토양 안에, 그리고 호수, 강, 바다의 밑바닥에 사는 원핵생물은 죽은 생물이나 기타 폐기물 분해를 도와, 환경에 질소와 같은 중요한 화학원소를 되돌려 준다. 만일 원핵생물이 사라져버린다면 생명을 유지하던 화학순환은 멈추게 될 것이고, 모든 형태의 진핵생물도 역시 사라질 것이다. 반면 원핵생물은 과거 20억 년 동안도 혼자서 살아왔듯이, 진핵생물 없이도 의심할 여지없이 생존해 나갈 것이다.

▼그림 15.5 **초기의 생명을 보는 창.** 연구용 잠수정에 장착된 기계가 수심이 3.1 km 이상 되는 심해열수구 주위에서 물을 채취하고 있다. 열수구 근처에 사는 원핵생물은 방출되는 가스에 있는 무기염류를 에너지원으로 사용한다. 생명이 살고 있는 곳 중에서 아주 캄캄하고 뜨겁고 고압 상태의 이 환경이 가장 극한의 장소이다.

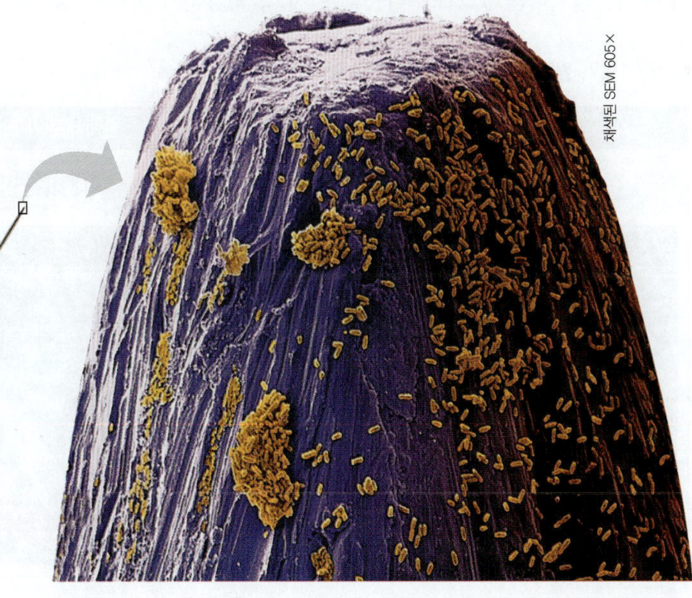

► 그림 15.6 **핀 끝에 있는 세균.** 핀 끝에 있는 노란 막대모양의 물체들은 세균인데, 그 길이가 5 μm 정도 된다. 크기가 작다는 것 말고도, 바늘에 찔렸을 때 감염이 왜 일어나는지 이 사진을 통해서 이해할 수 있다.

15.4 원핵생물의 구조와 기능

원핵생물은 세포구조가 진핵생물과는 근본적으로 다르다. 진핵세포는 막으로 둘러싸인 핵과 그 밖에 많은 막성 세포소기관들을 가지고 있는 반면 원핵세포에는 이러한 구조적 특성이 결여되어 있다(그림 4.2와 4.3을 참조). 그리고 거의 모든 원핵생물은 이들의 원형질막 바깥쪽에 세포벽을 가지고 있다. 하지만 세포구조의 단순함에도 불구하고, 원핵생물은 놀라울 정도의 다양성을 보인다. 이 절에서는 이들 생물이 환경에서 살아남을 수 있게 해주는 이들의 형태, 생식, 영양에 대해 알아볼 것이다.

원핵생물의 형태

현미경으로 세균의 형태를 확인하는 것은 원핵생물을 동정하는데 있어서 중요한 단계이다. **그림 15.7**에 있는 현미경사진은 가장 흔한 3가지 형태를 보여주고 있다. 구형의 원핵세포는 **구균(cocci**, 단수는 *coccus*)이라고 부른다. 막대형의 원핵생물은 **간균(bacilli**, 단수는 *bacillus*)이라 부른다. 나선 모양의 원핵생물은 매독과 라임병을 일으키는 스피로헤타를 포함한다.

모든 원핵생물이 단세포일지라도 일부 종의 세포는 둘 또는 그 이상의 세포집단으로 존재한다. 예를 들면 집단을 이룬 구균은 포도상구균이라 부른다. 급성인후염을 일으키는 세균을 포함해 또 다른 종류의 구균은 사슬처럼 연쇄로 나타나는데, 이들은 연쇄상구균이라 불린다. 일부 원핵생물은 세포들이 가지가 쳐진 연쇄로 자란다(**그림 15.8a**). 그리고 일부 종은 특화된 종류의 세포가 분업을 하는 단순한 다세포 구조를 보이기조차 한다(**그림 15.8b**). 더욱이 단세포로 된 종 가운데는 대부분의 진핵세포를 왜소하게 만들 정도로 거대한 것도 몇몇 있다(**그림 15.8c**).

원핵생물종의 약 절반은 운동성이 있다. 움직일 수 있는 이들 종의 대부분은 싫어하는 곳으로부터는 멀어지고, 영양분이 풍부한 장소와

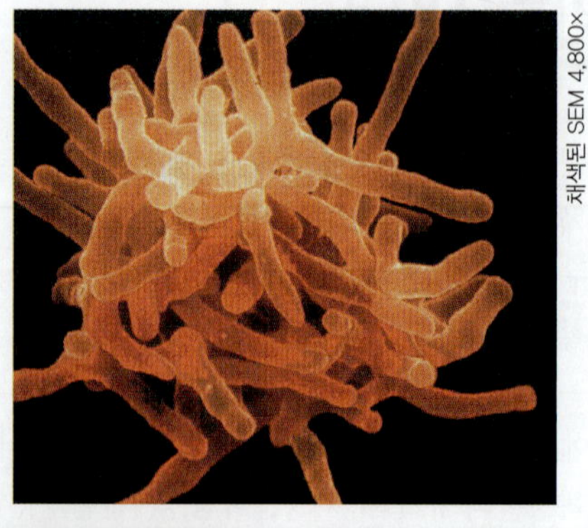

(a) 방선균. 방선균은 막대형 세포들이 가지 친 사슬의 집합체이다. 이들 세균은 토양에 흔하며, 거기서 다른 세균의 성장을 억제하는 항생제를 분비한다. 스트렙토마이신과 같은 여러 종류의 항생제가 방선균으로부터 얻어진다.

LM 175×

(b) 남세균. 이들 광합성 남세균은 분업을 한다. 이 사진에서 상자 안은 대기 질소를 암모니아로 전환시키는 세포이며, 이들 암모니아는 아미노산과 그 밖의 다른 유기화합물의 구성성분으로 통합될 수 있다.

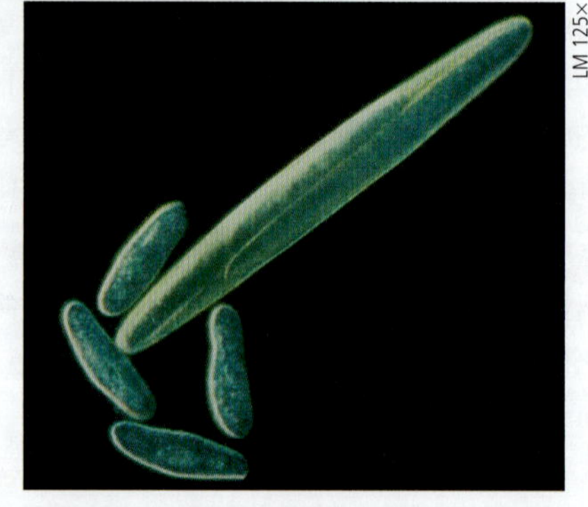

(c) 거대세균. 검은쥐치의 장에 사는 이플로피시움 피셜소니(*Epulopiscium fishelsoni*)는 육안으로 볼 수 있을 만큼 충분히 크다. 이 사진에서 볼 수 있는 원생생물과 같은 전형적인 진핵세포의 10배 크기까지 자랄 수 있다.

▲ **그림 15.8 원핵생물의 모양과 크기의 다양성.**

▼ **그림 15.7 원핵세포의 흔한 세 가지 모양.**

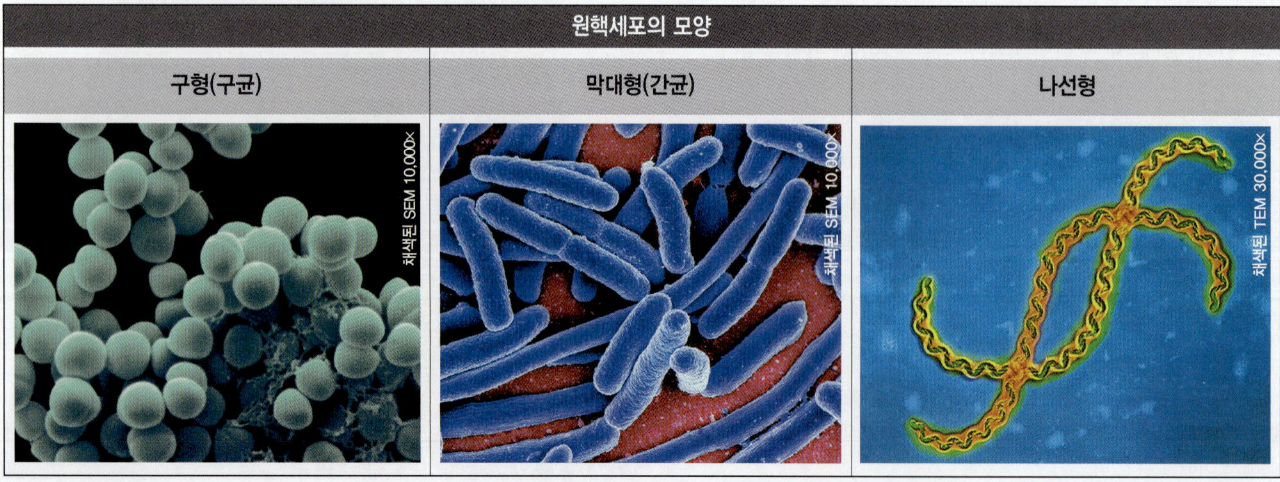

같이 선호하는 곳으로는 가깝게 갈 수 있게 해주는 하나 또는 둘 이상의 편모를 가지고 있다.

많은 자연환경에서 원핵생물은 **생물막(biofilm)**이라 부르는 매우 조직화된 군락을 형성하며 표면에 부착한다. 생물막은 하나 또는 여러 종의 원핵생물로 이루어질 수 있으며, 원생생물과 균류도 마찬가지로 포함될 수 있다. 생물막이 더 커지고 더 복잡해지게 되면, 그것은 미생물의 "도시"로 발달한다. 그 군집의 구성원이 하는 다른 활동들 가운데 화학신호로 의사소통을 하면서 침입자에 대한 방어를 포함해 분업의 형태로 일에 참여한다.

생체막은 바위, 유기물(생체 조직 포함), 금속, 플라스틱 등 거의 모든 유형의 표면에 형성할 수 있다. 치석으로 알려진 생물막(그림 15.9)은 충치를 일으킬 수 있는데, 이 주제에 대해서는 이 장 말미에 『진화와 연결』에서 자세히 알아보게 될 것이다. 생물막은 인간에게 질병을 일으키는 세균 가운데 흔하다. 예컨대 중이염과 요로감염은 종종 생물막 형성의 결과로 인해 나타난다. 또한 유해세균의 생물막은 카테터, 대체관절, 맥박조정기와 같은 이식된 의료장치에서도 형성될 수 있다. 생물막의 구조가 이러한 감염의 해결을 특히 어렵게 만든다. 항생제가 세포의 외층을 지나 침투하지 못 할 수도 있어서, 그 군집의 많은 부분이 온전한 상태로 남게 된다.

원핵생물의 생식

많은 원핵생물이 조건이 양호하면 경이적인 속도로 번식할 수 있다. 세포는 이들의 DNA를 거의 연속적으로 복제하고, **이분법(binary fission)**이라는 과정을 통해 계속해서 분열한다. 이분법으로 분열할 때 하나의 세포는 2개가 되고, 그 다음에는 4개, 8개, 16개 이런 식으로 늘어난다. 어떤 종은 최적 조건에서 20분마다 번식한다. 번식이 억제되지 않고 이런 속도로 계속된다면 하나의 원핵생물이 3일 만에 지구보다도 더 무거운 군락으로 만들어질 수 있다! 또한 분열 전 DNA가 복제할 때마다, 자발적인 돌연변이가 일어난다. 그 결과 빠른 생식은 원핵생물 개체군에서 많은 유전적 변이를 생기게 만든다. 환경이 변화되면 유리한 유전자를 가진 개체는 재빨리 새로운 조건을 이용할 수 있다. 예를 들면 항생제에 노출시키면 세균의 개체군에서 항생제 내성에 대한 선택이 일어날 수 있다(13장 말미에 『진화와 연결』을 참조).

▼그림 15.9 치아 위에 형성되는 생물막인 치태.

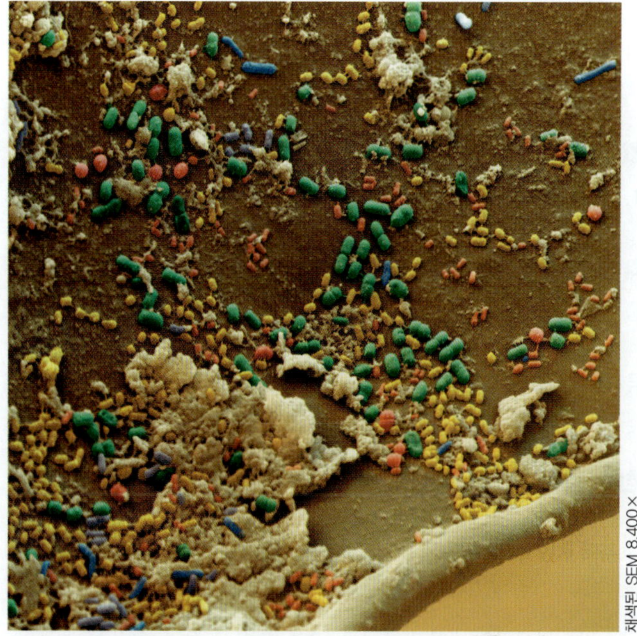

▲그림 15.10 세균으로 오염된 부엌 스펀지(채색된 이 현미경사진에서 적색, 녹색, 황색, 청색의 물체).

다행히도 지수생장을 오랫동안 유지할 수 있는 원핵생물은 거의 없다. 일반적으로 환경에는 영양분과 공간과 같은 자원이 제한되어 있다. 원핵생물은 증식하면서 자신이 있는 군락의 환경을 궁극적으로 오염시키는 대사노폐물 또한 생성한다. 이제 우리는 부엌용 스펀지에 많은 수의 세균이 살고 있는지(그림 15.10), 또 식품이 왜 그렇게 빨리 상하게 되는지를 이해할 수 있을 것이다. 냉장고에서는 냉기가 세균을 죽이기 때문이 아니고, 대신 대부분의 미생물이 그런 낮은 온도에서는 매우 느리게 번식하기 때문에 식품의 부패가 지연되는 것이다.

일부 세균은 내생포자라고 부르는 특화된 세포를 형성함으로써 아주 혹독한 조건에서도 살 수 있다. **내생포자(endospore)**는 원핵생물이 안 좋은 조건에 노출될 때, 원핵세포 안에서 만들어지는 두꺼운 외피로 보호된 세포이다. 내생포자는 모든 종류의 충격과 극단적인 온도, 심지어 이들 내성세포의 대부분이 끓는 물에서도 살 수 있다. 그리고 환경이 좋아지면 내생포자는 수분을 흡수하여 다시 성장하게 된다. 실험기구를 멸균할 때 내생포자를 포함하여 모든 세포를 죽이기 위해서 미생물학자들은 121℃의 온도의 고압증기를 사용하는 압력열기구인 고압증기멸균기를 사용한다. 통조림 식품산업에서도 보툴리누스 중독이라는 치명적인 병을 유발하는 클로스트리디움 보툴리눔(*Clostridium* *botulinum*)과 같은 위험한 토양세균의 내생포자를 죽이기 위해 이와 유사한 방법을 사용한다. ✓

✓ 체크포인트

1. 현미경을 사용하여 우리는 스태프 감염을 일으키는 구균과 스트렙 인후염을 일으키는 구균을 어떻게 구별할 수 있는가?
2. 왜 미생물학자들이 이들의 실험기구와 유리기구를 아주 뜨거운 물에서 씻어 세척하기보다는 고압멸균을 사용하는 이유는?

답: **1.** 세포 응집체의 배열상태로: 포도상구균은 포도송이 모양이고 스트렙토코커스는 세포가 사슬 모양, **2.** 끓는 물에서도 살 수 있는 세균의 내생포자를 죽이기 위해

원핵생물의 영양

다세포생물이 유기화합물 합성에 필요한 두 가지 주요 자원인 에너지와 탄소를 얻는 방법은 우리에게는 익숙한 편이다. 식물은 광합성 과정에서 이산화탄소와 태양에너지를 사용하며, 동물과 균류는 탄소와 에너지 둘 다 유기물질에서 얻는다. 이러한 두 영양형태 모두 원핵생물에서도 흔하게 나타난다(그림 15.11). **그러나 에너지와 물질을 변환시키는 원핵생물의 경로는 진핵생물의 경로보다 훨씬 더 다양하다.** 일부 종은 암모니아(NH_3)나 황화수소(H_2S) 등의 무기물로부터 에너지를 얻는다. 무기질소화합물로부터 에너지를 얻는 토양세균은 식물이 이용가능한 질소를 만드는 화학회로에 필수적이다(그림 20.34 참조). 이들은 햇빛 에너지에 의존하지 않기 때문에, 이들 원핵생물은 지표면 수백 미터 아래에 묻혀 있는 암석층과 같이 완전히 황폐한 것처럼 보이는 조건에서도 번창할 수 있다! 해수면 1마일 아래에서 끓는 물과 뜨거운 가스가 분출되는 열수구 근처에서도 에너지원으로 황 화합물을 사용하는 세균이 다양한 동물군집을 지탱하게 해준다.

원핵생물의 대사 역량은 이들을 동물, 식물, 균류와 우수한 공생 파트너로 만든다. "동거"한다는 의미의 **공생(symbiosis)**은 2종 또는 그 이상의 생물 사이에서의 밀접한 관계를 말한다. 어떤 공생의 경우, 두 생물은 그 협력으로부터 두 생물 모두 이득을 얻는다. 예를 들면 그림 15.12의 거대한 서관충을 포함한 열수구 군집에 서식하는 많은 동물들에서 이들의 몸 안에는 유황세균이 거주하고 있다. 그 동물은 물에서 황화합물을 흡수한다. 세균은 해수로부터의 CO_2를 유기분자로 전환시키는 에너지원으로 그 화합물을 사용하며, 그 유기분자는 다시 그들의 숙주의 먹이로 제공된다. 마찬가지로 남세균에 의한 광합성은 일부는 지의류를 형성해 공생 파트너인 균류에게 먹이를 제공한다.

광합성 외에도 많은 남세균은 대기의 질소(N_2)를 식물이 사용가능한 형태로 전환시키는 과정인 질소고정을 할 수 있다. 남세균과의 공생은 수서양치류인 개구리밥(*Azolla*)과 같은 식물이 질소가 결핍된 환경에서 유리하게 해준다. 이 작은 부유식물(그림 15.13)은 천 년 이상 쌀 생산성을 향상시키는 데 사용되어 왔다. 기타 질소고정 세균은 강낭콩, 대두, 완두, 땅콩 등 경제적으로 중요한 많은 종을 포함하는 커다란 그룹인 콩과에 속한 식물의 뿌리혹에서 공생적으로 살아간다.

▼그림 15.11 **에너지와 탄소를 얻는 두 가지 방식.**

(a) 오실라토리아(*Oscillatoria*). 이것은 광합성을 하는 원핵생물의 한 유형인 남세균의 한 종이다.

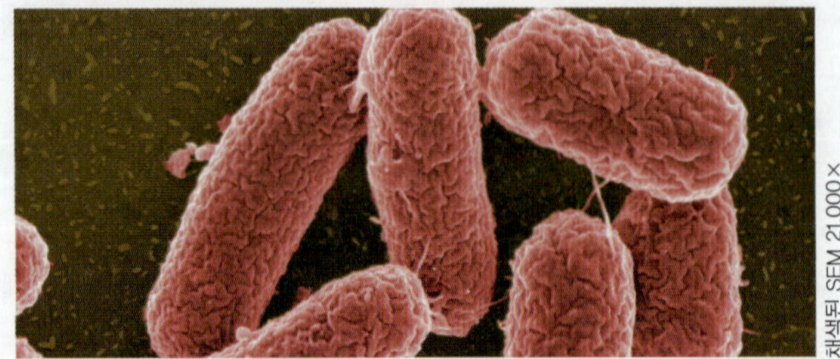

(b) 살모넬라(*Salmonella*). 특정 식중독을 일으키는 이들 세균은 유기물질로부터 에너지와 탄소를 얻는데, 이 사례에서는 살아 있는 인간의 세포로부터 얻는다.

▼그림 15.12 **거대 서관충.** 2 m 길이까지 자라는 이들 동물은 먹이를 공급해 주는 공생적 원핵생물에 의존한다.

▲그림 15.13 **벼 논물에 떠 있는 개구리밥(물이끼, 상자 안).** 이 자그마한 식물은 빠르게 자라 물 위를 덮어, 잡초 제거에 도움을 준다. 수명이 짧은 이 식물의 분해는 질소를 방출하여 벼의 비료로 쓰인다.

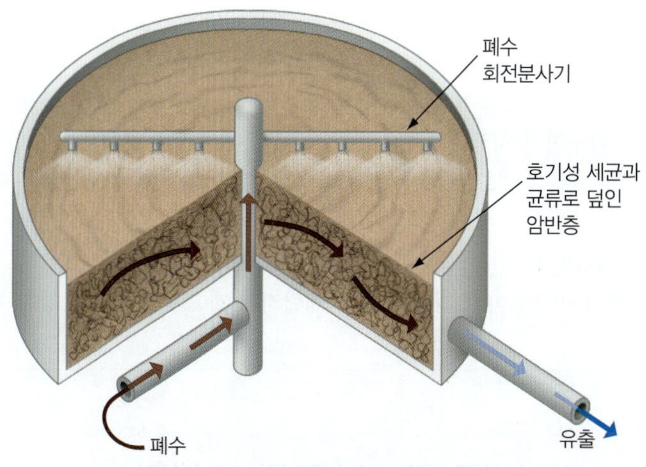

▲그림 15.14 **폐수처리 시설에 일하는 미생물의 투입.** 이것은 살수여과시설의 그림인데, 슬러지를 제거한 후 남는 액상폐수를 처리하기 위해 세균, 고세균, 균류를 사용한다.

15.5 원핵생물의 생태적 영향

이들의 영양적 다양성을 이용해 원핵생물들로 하여금 우리의 복지에 필요한 다양한 생태적 서비스를 하게 만든다. 이제 원핵생물이 생물권을 지속가능하게 만드는 중요한 역할에 대해 알아보자.

원핵생물과 화학순환

아주 오래된 것은 아니지만 우리 몸을 구성하는 유기분자들의 원자들은 토양, 대기, 물에 존재하던 무기물의 일부였고, 이들은 언젠가는 다시 그곳으로 되돌아갈 것이다. **생물은 생태계의 생물학적 성분과 물리학적 성분 사이의 화학원소 순환에 의존한다.** 원핵생물이 이러한 화학순환에 필수적인 역할을 한다. 예를 들면 식물이 단백질과 핵산을 만들기 위해 사용하는 거의 모든 질소는 토양에 있는 원핵생물의 물질대사로부터 온 것이다. 한편 동물은 필요한 질소화합물을 식물에서 얻는다.

원핵생물의 또 다른 필수적인 기능은 앞에서 언급된 바와 같이 유기노폐물과 죽은 생물을 분해하는 것이다. 원핵생물은 유기물질을 분해하여, 이 원소들을 다른 생물들이 사용할 수 있는 무기물 형태로 환경에 다시 되돌려 보낸다. 만일 이러한 분해자가 없다면, 생명에 필수적인 탄소, 질소, 그 밖의 다른 원소들이 사체와 노폐물의 유기분자 안에 갇혀 있게 된다. 20장에서는 원핵생물이 화학순환에서 하는 역할에 대해 좀 더 자세하게 배울게 될 것이다.

작업에 원핵생물을 투입

사람들은 환경을 정화에 물질대사가 다양한 원핵생물들을 사용한다. **생물복원(bioremediation)**은 생물을 사용하여 물, 공기, 토양으로부터 오염물질들을 제거하는 것을 말한다. 생물복원의 한 예는 폐수를 처리하는데 원핵생물 분해자를 이용하는 것이다. 유입된 하수를 먼저 일련의 그물망과 분쇄기를 통과시키고 고형물은 가라앉혀 폐수로부터 분리한다. 그 다음 슬러지라고 불리는 이러한 고형물에 세균과 고세균이 들어 있는 혐기성 원핵생물의 배양체를 천천히 집어넣는다. 이들 미생물은 슬러지에 있는 유기물을 매립하거나 비료로 사용할 수 있게 분해한다. 폐수는 암석 위에 살포되고 천천히 돌아가는 긴 수평막대로 이루어진 살수여과기를 통과하게 된다(그림 15.14). 암반 위에서 자라는 호기성 원핵생물과 균류가 폐수에 있는 많은 유기물을 제거한다. 이때 암반층을 통과해 나온 유출수는 멸균하여 환경에 다시 방출된다.

생물복원은 산업공정에서 토양과 물에 배출된 독성 화학물질을 청소하기 위한 중요한 도구가 되고 있다. 석유, 솔벤트, 농약 등의 오염물질을 분해할 수 있는 원핵생물이 오염된 토양에 종종 원래부터 존재할 수도 있지만, 그러나 환경노동자는 신속하게 처리할 수 있는 방법을 사용할 수도 있다. 2010년 멕시코만의 딥워터 호라이즌호에서 있었던 최악의 기름 유출사고를 처리하기 위해 비행기에서 기름 위에 화학분산제를 살포하고 있다(그림 15.15). 그릇에 묻은 기름기를 깨끗하게 해주

▼그림 15.15 **멕시코만에서 유출된 기름 위에 화학분산제 살포.**

는 세제처럼 이러한 화학물질은 기름을 보다 작은 방울로 부수어 미생물이 공격하기가 더 쉽게 많은 표면적을 확장시켜준다.

우리는 원핵생물이 생물복원에 제공하는 커다란 잠재력에 대해 이제 막 탐구하기 시작했다. 2016년 연구원들은 음료수병이나 합성섬유와 같은 제품을 만드는 데 사용되는 플라스틱을 대사할 수 있는 세균을 발견했다. 이러한 원핵생물은 현재 환경에 남아 있는 수억 톤의 플라스틱을 제거할 수 있는 잠재적인 해답을 제공할 수 있다. 미래에는 유전자조작된 미생물이 우리의 경관과 매립지에 계속 축적되는 다양한 독성 폐기물을 처리하는 작업에 투입될 수 있을 것이다. ✓

✓ 체크포인트

세균이 식물의 광합성에 필요한 대기의 CO_2를 회복시킬 수 있도록 어떻게 도와주는가?

답: 세균의 대사작용은 죽은 생물의 유기분자와 나뭇잎의 유기쓰레기를 분해함으로써 유기물의 탄소를 CO_2의 형태로 배출한다.

15.6 원핵생물 진화의 주된 두 분지: 세균역과 고세균역

원핵생물의 다양성을 분자수준에서 비교해 본 결과, 생물학자들은 원핵생물의 진화에는 두 개의 주된 분지, 즉 **세균(bacteria)**과 **고세균(archaea)**이 있음을 밝혔다. 이에 따라 생명은 세 개의 역, 즉 **세균역(Bacteria)**, **고세균역(Archaea)**, **진핵생물역(Eukarya)**으로 이루어져 있다(그림 14.26 참조). 비록 세균과 고세균이 원핵세포 구조를 갖는다는 공통점이 있지만 이들은 구조적 특성과 생리적 특성에 있어 많은 차이가 있다.

특별한 고세균들이 이러한 물에서도 생존할 수 있는 유일한 생명의 형태다.

극단적 환경에서 사는 고세균

고세균은 다른 생물들이 거의 살수 없는 장소를 포함해 여러 서식지에서 풍부하다. 고세균의 한 그룹인 극호열성("뜨거운 것을 좋아하는") 세균은 매우 뜨거운 물에서 살아가고(그림 15.16), 어떤 고세균은 그림 15.5에서 본 뜨거운 물을 세차게 뿜어내는 깊은 바다의 분출구에서도 거주하며 살아간다. 또 다른 그룹은 미국 유타 주의 그레이트솔트레이크, 사해, 소금을 생산하기 위해 해수를 증발시키는 염전의 연못과 같은 환경에서 잘 살아가는 고세균인 극호염성("염분을 좋아하는") 세균도 있다. 고세균의 세 번째 그룹은 메탄생성세균인데, 이들은 혐기성(산소가 없는) 환경에서 살아가며 메탄을 노폐물로 방출한다. 이들은 호수나 늪의 바닥에 있는 진흙에 풍부하다. 늪지에서 보글보글 솟아오르는 소기가스라 부르는 메탄을 본 적이 있을지 모르겠다. 메탄생성균은 고형쓰레기매립장의 혐기성 환경에서 무성히 자라는데, 이곳에서 이들이 생산해내는 상당한 양의 메탄이 지구온난화에 상당한 영향을 미치고 있다. 많은 시당국에서는 이 메탄을 모아, 에너지원으로 사용한다(그림 15.17).

또한 많은 수의 메탄 생성세균이 동물의 소화관 안에서 서식한다. 사람의 경우 장에서 나오는 가스 대부분은 이들의 대사 결과물이다. 보다 중요하게도 메탄생성세균은 주로 섬유소를 영양분으로 의존하는 소, 사슴, 그 밖의 다른 동물에서 이들의 소화를 돕는다. 보통 이들 동물은 메탄생성세균으로 인해 생성된 많은 양의 가스를 정기적으로 배

▼그림 15.16 **호열성 고세균.** 이 사진에서 와이오밍 옐로우스톤국립공원에 있는 웨스트썸 간헐천의 어비스풀에서 자라는 노란색과 오렌지색 군집의 호열성 원핵생물을 볼 수 있다.

▲그림 15.17 **매립지에서 메탄생성 고세균에 의해 생성된 가스를 포집하는 파이프.**

출하기 때문에 위가 부풀어 오르는 사건은 생기지 않는다. (그리고 어쩌면 이것은 여러분이 가스를 생산하는 이들 미생물에 대해 알고 싶지 않은 부분일 지도 모르겠다.)

또한 고세균은 좀 더 온화한 조건, 특히 해양에서 풍부한데, 이들은 모든 깊이에서 찾아볼 수 있다. 이들은 해수면의 150m 아래에 있는 물에 상당한 부분의 원핵생물이 있으며, 1,500m 아래에서도 원핵생물의 반이 살고 있다. 따라서 고세균은 지구의 가장 큰 서식지에서 살아가는 가장 풍부한 세포 유형 중 하나이다.

병을 일으키는 세균

대부분의 세균은 우리에게 무해하거나 유익하기조차도 하지만, 일부 소수의 종은 상당한 고통을 일으킨다. 병을 일으키는 세균이나 그 밖의 다른 생물을 **병원체(pathogen)**라 부른다. 우리는 대부분의 시간을 건강하게 지내는데, 이는 우리 몸의 방어체계가 병원체 개체군의 증식을 감시하기 때문이다. 때때로 이런 균형이 병원체가 유리한 쪽으로 옮겨가게 되면, 병이 들게 된다. 영양부족이나 바이러스 감염으로 인해 방어체계가 약해질 때는 우리 몸에서 정상적으로 서식하는 일부 세균도 우리를 병들게 만든다.

대부분의 병원성 세균은 외독소나 내독소와 같은 독소를 생성하여 병을 일으킨다. **외독소(exotoxin)**는 세균세포가 자신의 환경으로 분비하는 독성단백질이다. 예를 들면 스타필로코커스 오리우스[*Staphylococcus aureus*, 약자로 *S. aureus*(에스 오리우스), 황색포도상구균]는 여러 외독소를 생산한다. 이들은 피부표면과 비강에서 흔하게 찾아볼 수 있지만, 만일 상처를 통해 우리 몸에 들어오게 되면 중병을 일으킬 수 있다. 이들의 외독소 중 하나는 피부층을 괴사시키며, 다른 것은 탐폰 쇼크증후군이라 부르는 상당히 치명적인 질병을 일으킬 수 있는데, 이것은 지혈용 솜뭉치의 부적절한 사용과 관련이 있다. *S. aureus* 외독소들이 식중독의 큰 원인이 되기도 한다. *S. aureus*로 오염된 음식이 냉장되지 않으면, 세균이 번식하고 외독소를 방출하면서 강력해져 백만분의 일 그램만 섭취해도 토하고 설사를 하게 된다. 음식이 한 번 오염되면, 끓여도 외독소는 파괴되지 않을 것이다.

내독소(endotoxin)는 어떤 세균의 외막을 이루는 화학성분이다. 모든 내독소는 동일하게 열, 통증, 때로는 위험한 혈압 강하와 같은 일반적인 증세를 일으킨다. 세균성 수막염을 일으키는 병원체(그림 15.18)의 내독소에 의해 유발되는 패혈쇼크는 건강한 사람을 며칠 또는 몇 시간 만에도 죽일 수 있다. 세균은 가까이 접촉하며 살고 있는 사람들 사이에서 쉽게 전파되기 때문에, 많은 대학이 이러한 질병에 대한 예방접종을 하도록 학생들에게 요구한다. 내독소를 생산하는 세균의 다른 예는 식중독과 장티푸스를 일으키는 살모넬라(*Salmonella*) 종을 포함한다.

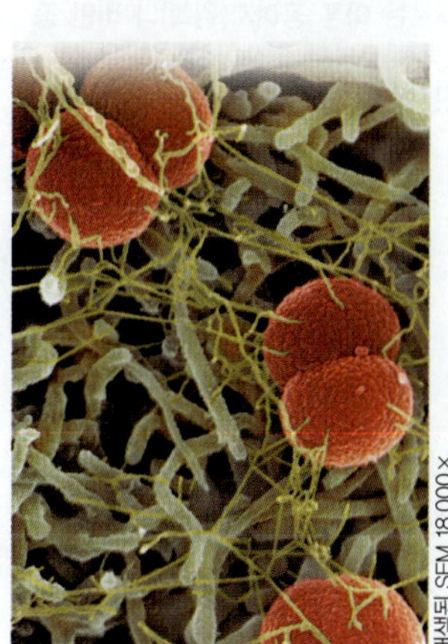

◄ **그림 15.18 수막염을 일으키는 세균.** 내독소생산 병원균인 나이세리아 메닌지티디스(*Neisseria meningitidis*, 수막구균).

일반적으로 공중위생이 세균성 질병을 예방하는 가장 효과적인 방법이다. 여전히 전세계적으로 상수와 하수 처리시설의 설치가 공중보건을 위해 우선되어야 한다고 생각하고 있다. 항생제의 발견으로 대부분의 세균성 질병을 고쳐왔다. 하지만 널리 사용되는 항생제에 대한 내성이 여러 병원체에서 진화되고 있다.

위생시설 개선과 항생제 외에도 세균성 질병에 대한 세 번째 방어체계는 교육이다. 적절한 한 사례가 라임병인데, 이 병은 진드기가 옮기는 스피로헤타라는 세균이 일으킨다. 병을 옮기는 진드기는 사슴이나 야생쥐에서 사는데, 물론 사람도 물 수 있다. 라임병은 통상 진드기에 물린 주변에 황소의 눈과 같은 붉은 반점이 생기면서 시작된다(그림 15.19). 만일 라임병에 걸려도 한 달 안에 항생제를 투여하면 치료될 수 있다. 만일 치료하지 않으면 관절염, 심장병, 신경장애를 유발한다. 어떠한 백신도 없기 때문에, 라임병에 대한 최상의 방어는 진드기에 물리지 않는 방법과, 붉은 반점이 생길 때 치료의 중요성에 대해 공중교육을 하는 것이다.

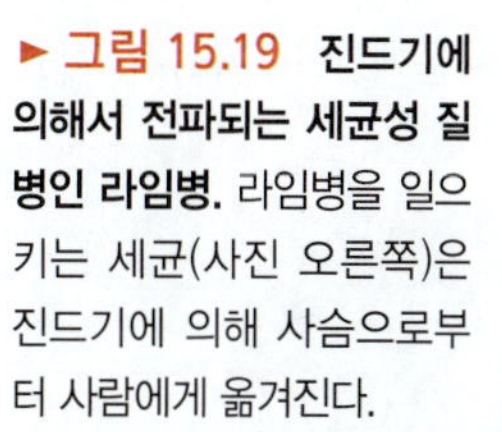

► **그림 15.19 진드기에 의해서 전파되는 세균성 질병인 라임병.** 라임병을 일으키는 세균(사진 오른쪽)은 진드기에 의해 사슴으로부터 사람에게 옮겨진다.

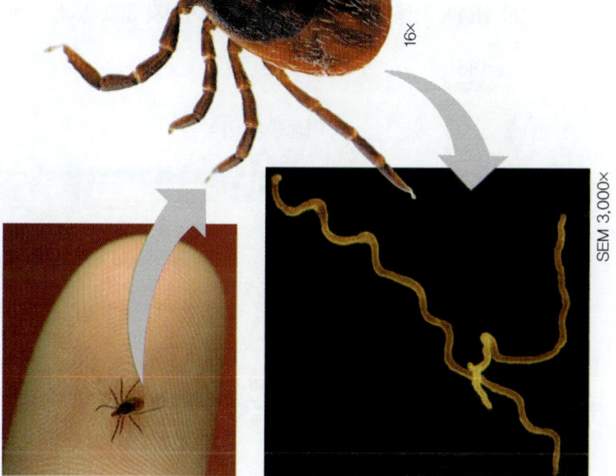

심각한 해를 가하는 일부 병원균의 잠재력은 이들을 생물무기로 사용하게 만들었다. 가장 큰 위협 중 하나는 탄저병을 일으키는 세균의 내생포자이다. 탄저균 내생포자가 폐로 들어가 발아되고 세균이 증식되면, 혈액에 외독소가 축적되어 결국 외독소의 혈중 농도가 치명적인 수준에까지 이르게 된다. 이 세균은 특정 항생제로 죽일 수 있지만, 항생제가 이미 체내에 있는 독소까지 제거하지는 못한다. 결과적으로 탄저균의 흡입은 매우 높은 사망률을 갖게 된다. 2001년 사건에서 탄저균 포자가 방송국과 미국 상원의원의 일원들에게 발송되었을 때 다섯 명이 사망했다.

무기로서 위험한 잠재력을 가지는 것으로 여겨지는 또 다른 세균은 클로스트리디움 보툴리눔(*Clostridium botulinum*)이다. 다른 생물재제와는 달리 *C. botulinum*의 무기 형태는 살아 있는 미생물이 아닌 이들이 생산하는 외독소인 보툴린이다. 지구상에서 가장 치명적인 독인 보툴린은 근육수축을 유발하는 신경신호를 차단시켜, 그 결과 호흡에 필요한 근육의 마비가 일어난다. 30 g의 보툴린은 미국에 있는 모든 사람을 죽일 수 있다. 한편 보톡스에 들어 있는 미량의 보툴린은 미용 용도로 쓰인다. 독소가 피부 아래에 주사되면 주름의 원인이 되는 안면 근육을 이완시킨다. ✓

✓ 체크포인트

외독소는 어떻게 세균이 죽은 후에도 해로울 수 있는가?

답: 외독소를 분비한 세균이 죽어 없어지더라도 분비된 독소가 여전히 남아 있어서 해롭다.

과학연구의 과정 **인간의 미생물상**

장내 미생물상이 비만에 대한 비난을 받아야 하는가?

배경

『우리와 함께하는 생물학』에서 배운 것처럼 우리 몸은 우리의 건강에 어떠한 해도 끼치지 않는, 또 유익함까지도 주는 수조마리의 세균의 주거지이기도 하다. 지난 10년 연구자들은 우리의 미생물상의 특징 규명에 엄청난 진전을 만들어왔고, 우리의 생리학적 과정에 대해 이들 거주자들의 특정 영향을 조사하기 시작했다. 우리의 장내 미생물이 음식물의 처리과정에서 관여한다고 알려져 있었기 때문에, 연구자들은 이들이 어쩌면 비만에도 관련되어 있을지도 모른다고 추측하였다. 과학자 한 팀이 제지방체중에 대한 지방의 양을 나타내는 체성분에 대한 미생물상의 영향을 어떻게 조사하였는지를 살펴보자.

연구자들은 인체를 사용하기 전에 통상 동물모델에서 가설을 검정한다. 무균조건에서 키운 생쥐에게는 미생물상이 없으므로, 이런 유형의 실험에서 이상적인 실험대상이 된다(그림 15.20a). 따라서 과학자들은 사람을 대상으로 미생물상을 조작하기보다는 비만인 사람의 장내 미생물상이 생쥐에서 체지방의 양을 증가시킬 거라는 가설을 만들었다.

방법

연구진은 이 실험에서 미생물상을 공여 받을 암컷 쌍둥이 4쌍을 동원했다. 각 쌍에서 쌍둥이 한 마리는 비만 공여자용이었고, 다른 한 마리는

(a) 실험에 사용된 생쥐는 미생물상을 가지지 않고 있다.

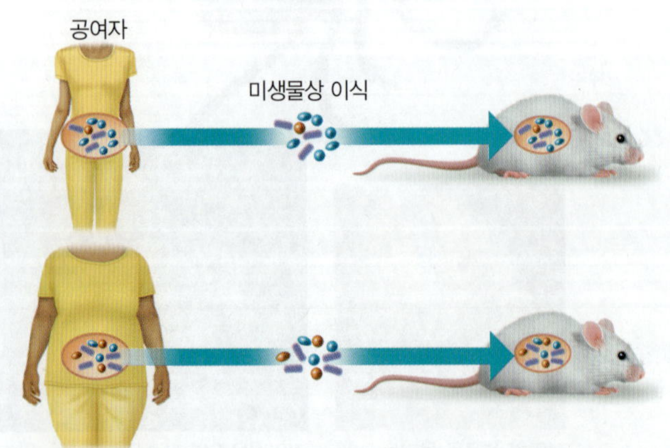

(b) 마른 공여자와 비만 공여자로부터의 미생물상을 무균 생쥐에 이식하였다.

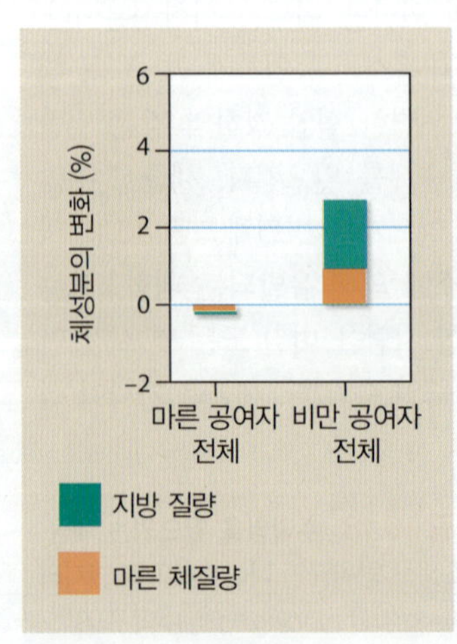

(c) 그래프는 마른 공여자(왼쪽)나 비만 공여자(오른쪽)로부터 미생물상을 받은 생쥐의 체성분의 변화를 나타낸다.

◄ 그림 15.20 체성분에 대한 미생물상의 효과를 조사하기 위한 실험.

Data from: V. K. Ridaura et al., Gut Microbiota from Twins Discordant for Obesity Modulate Metabolism in Mice. Science 341(2013). DOI: 10.1126/science.1241214.

마른 공여자용이었다. 각 사람의 분변으로부터 미생물 얻어낸 다음, 이들 미생물상을 나뉜 무균 생쥐의 마른 그룹에 이식하였다(그림 15.20b).

결과

그림 15.20c에서 나타낸 결과는 가설을 지지하였다. 비만 공여자로부터 미생물상을 받은 생쥐는 더 비만해졌고, 마른 공여자로부터 미생물상을 받은 생쥐는 마른 채로 남아 있었다.

비만에 대한 미생물 기반의 치료는 이제 코앞으로 다가왔는가? 그럴 가능성은 적다. 여기 기술된 실험과 그 밖의 유사한 많은 다른 실험은 과학적 조사의 초기 단계를 나타내고 있다. 우리의 미생물 거주자들이 비만에 대한 책임이 있는지 그 여부를 확인하기 위해서는 더 많은 연구가 요구된다. 이러한 사례가 입증된다면, 그 다음 과제는 우리 몸 안에서의 복잡한 생태계를 안전하게 조작하는 방법을 알아내는 것이다.

과학자처럼 생각하기

연구자들은 비만인 사람의 장내 미생물상이 생쥐에서 보다 사람의 체지방량을 증가시킬 것이라는 가설을 어떻게 검정할 것인가? 이러한 실험의 단점은 무엇인가?
답은 부록 C를 참조.

원생생물

화석기록은 최초의 진핵생물이 약 20억 년 전에 원핵생물에서 진화하였음을 보여주고 있다. 미토콘드리아는 산소를 이용하는 작은 원핵생물이 더 큰 원핵세포 내에서 공생적으로 살기 시작하면서 생겨나게 되었다는 이론을 여러 증거들이 뒷받침하고 있다. 그 공생체는 상호의존적이 되어, 결국 떼어놓을 수 없는 한 부분을 가진 하나의 생물, 즉 미토콘드리아를 지닌 진핵세포가 되었다. 숙주와 내부공생자는 이들 원시진핵생물이 커다란 다양성을 지닌 오늘날의 원생생물의 전신일 뿐만 아니라, 또한 이들은 식물, 균류, 동물과 같은 다른 모든 진핵생물의 조상이기도 하다.

원생생물이란 용어는 분류학적 범주의 것은 아니다. 한 때는 원생생물이 네 번째 진핵생물계(원생생물계)로 분류되었다. 하지만 최근 유전과 구조 연구를 통해 원생생물이 단일군이라는 개념이 깨졌는데, 일부 원생생물은 다른 원생생물보다는 오히려 균류, 식물, 동물과 더 밀접한 관련을 가지고 있었다. 원생생물의 계통발생(과 이에 따른 분류)에 대한 가설은 새로운 정보들로 인해 과학자들로 하여금 자신의 아이디어를 수정하게 됨으로써 빠르게 변화되고 있다. 일부 관계에 대해서는 일반적인 합의가 있기는 하지만, 다른 것에 대해서는 뜨거운 논쟁이 벌어지고 있다. **원생생물(protist)**이란 용어는 균류, 동물, 식물을 제외하고 남은 나머지의 모든 진핵생물을 말한다. 전부는 아니지만 대부분의 원생생물은 단세포로 되어 있다. 이들 세포는 진핵이기 때문에, 단순한 원생생물조차도 어떠한 원핵생물보다도 훨씬 더 복잡하다.

원생생물 다양성의 한 특징은 영양을 얻는 방법이 다양하다는 것이다. 일부 원생생물은 광합성에 의해 자신의 먹이를 만들어내는 독립영양생물이다. 광합성 원생생물은 **조류(algae**, 단수는 *alga*)라고 부르는 비공식적인 범주에 속하는데, 여기에는 남조류 역시 포함되어 있다. 원생생물의 조류는 그림 15.21a에서 보듯이 단세포성, 군집성, 다세포성

▼그림 15.21 **원생생물의 영양방식.**

(a) **독립영양생물.** 다세포조류인 카울레르파(*Caulerpa*)

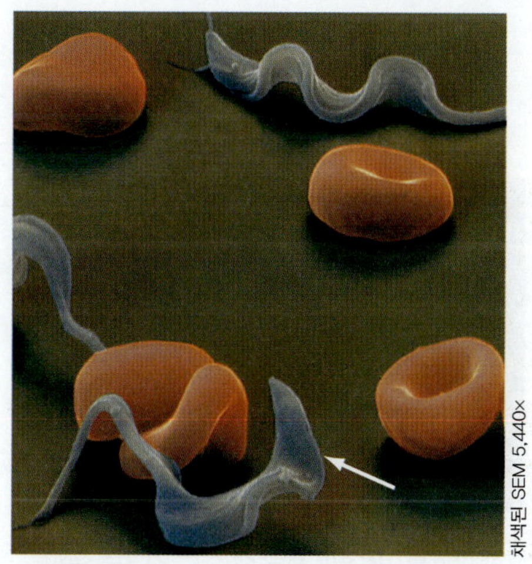

(b) **종속영양생물.** 기생성 트리파노소마(화살표)

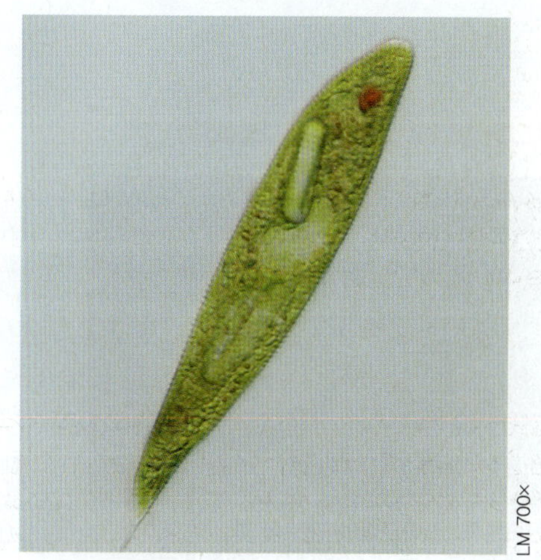

(c) **혼합영양생물.** 유글레나(*Euglena*)

일 수 있다. 다른 원생생물은 종속영양생물이어서 다른 생물로부터 자신의 먹이를 얻는다. 일부 종속영양 원생생물은 세균이나 다른 원생생물을 먹는데, 또 다른 일부는 곰팡이처럼 흡수해서 유기분자를 얻는다. 또 다른 것은 기생성이다. **기생충(parasite)**은 살아 있는 숙주로부터 영양분을 얻는데, 숙주는 상호작용으로 인해 피해를 입게 된다. 예를 들면 그림 15.21b에서 사람 적혈구들 사이에 보이는 기생성 트리파노소마는 수면병을 일으키는데, 아프리카 지역에서 쇠약하게 만드는 흔한 질병이다. 그 밖의 다른 원생생물은 광합성과 종속영양 둘 다를 할 수 있는 혼합영양생물이다. 연못의 물에서 흔히 사는 유글레나(그림 15.21c)는 빛과 영양분의 가용성에 따라 영양방식을 변경시킬 수 있다.

원생생물의 서식지는 다양하다. 대부분의 원생생물은 수서생활을 해서 바다, 호수, 연못에 살아가고 있긴 하지만, 또한 이들은 습한 토양이나 부엽토와 같은 육상 서식지를 포함해, 습기가 많은 곳이면 어디서나 발견된다. 다른 것은 여러 숙주생물의 몸에 사는 공생자이기도 하다.

원생생물의 분류는 현재 진행 중에 있으며, 우리가 지금 배우는 원생생물에 대한 간략한 탐사는 계통발생에 대한 어떠한 가설에 맞추어 이루어진 것은 아니다. 대신 우리는 원생생물을 비공식적인 네 주요범주인 원생동물, 점균류, 단세포조류, 해조류에 대해 자세히 알아보게 될 것이다. ✓

✓ 체크포인트

산소를 이용하는 원핵생물과의 공생은 원핵생물 숙주세포에 어떤 도움이 될 수 있는가? (힌트: 미토콘드리아의 기능은 무엇인가?)

답: 공생체가 산소를 사용하여 유기분자로부터 ATP 형태의 에너지를 다량 방출하면 (진핵세포에서 미토콘드리아의 역할) 숙주에게는 유익할 것이다.

15.7 원생동물

먹이를 주로 섭취해서 살아가는 원생생물들을 **원생동물(protozoan)**이라 부른다(그림 15.22). 원생동물은 모든 종류의 수서환경에서 산다. 대부분의 종이 세균이나 다른 원생동물들을 먹지만, 일부는 물에 녹아 있는 영양분을 흡수할 수 있다. 비록 소수이기는 하지만 동물 기생충으로서 살아가는 몇몇 원생동물은 세상에서 사람에게 가장 해로운 질병을 일으킨다.

편모충류(flagellate)는 하나 이상의 편모로 움직이는 원생동물이다. 대부분의 종이 자유생활(기생성이 아닌)을 한다. 하지만 이 그룹에도 역시 사람을 아프게 하는 성가신 기생충 일부를 포함한다. 한 예가 심한 설사를 일으키는 흔한 수인성 기생충인 지아르디아(*Giardia*)이다. 사람들은 주로 기생충이 있는 분변으로 오염된 물을 마심으로써 지아르디아를 얻게 된다. 예를 들면 호수나 강에서 수영하는 사람이 실수로 물을 섭취한다거나, 등산객이 보기에는 깨끗해 보이는 개울에서 오염된 물을 마셔서이다. (물을 끓이면 맨 먼저 지아르디아가 죽을 것이다.) 또 다른 편모충류로는 일반적인 성병 기생충인 트리코모나스(*Trichomonas*)이다. 이 기생충은 편모를 흔들고 막의 일부를 물결처럼 움직여서 생식관을 통해 이동해 나간다. 여자의 경우에 이들 원생동물은 백혈구와 질의 내벽 세포에 살고 있는 세균을 잡아먹는다. 트리코모나스는 남성의 생식관 안쪽 세포에도 감염되지만, 먹을 수 있는 먹이가 한정되어 있어 이로 인해 이들의 개체군 크기는 매우 작다. 따라서 남성은 일반적으로 감염증상이 나타나지 않는다.

다른 편모충류로는 두 파트너 모두에게 유익한 관계에서 공생적으로 살아간다. 흰개미는 목조 건물을 갉아먹는 악명 높은 파괴자이긴 하지만, 이들은 나무를 구성하는 거칠고 복잡한 셀룰로오스 분자를 소화하는 효소는 결여되어 있다. 흰개미의 소화기관에 사는 편모충류는 셀룰로오스를 단순한 분자로 분해해서, 숙주와 그 현상금을 나누어 쓰고 있다.

▼ 그림 15.22 **원생동물의 다양성.**

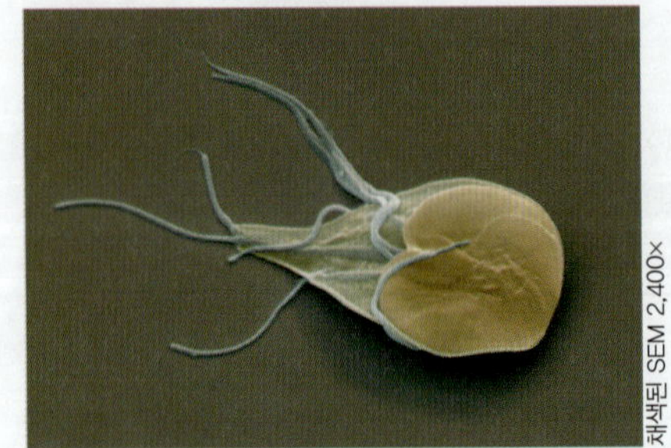

편모충류: 지아르디아. 편모를 갖는 이 기생체 원생동물은 사람의 장 안에서 생식하여 군집을 이루며, 병을 일으킨다.

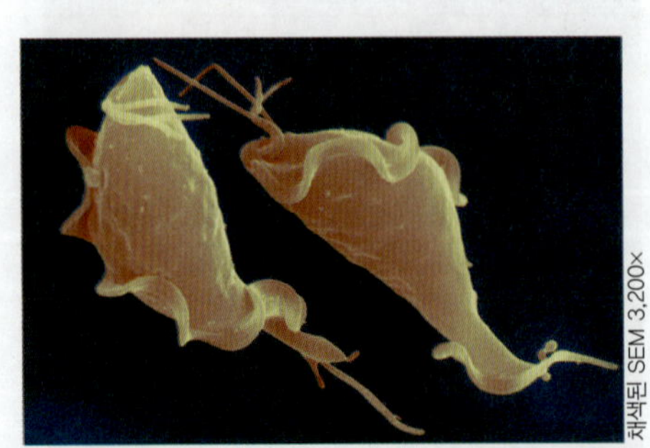

또 다른 편모충류: 트리코모나스. 매년 500만 명이 흔한 이 성병 기생충에 새로 감염되는 것으로 추정된다.

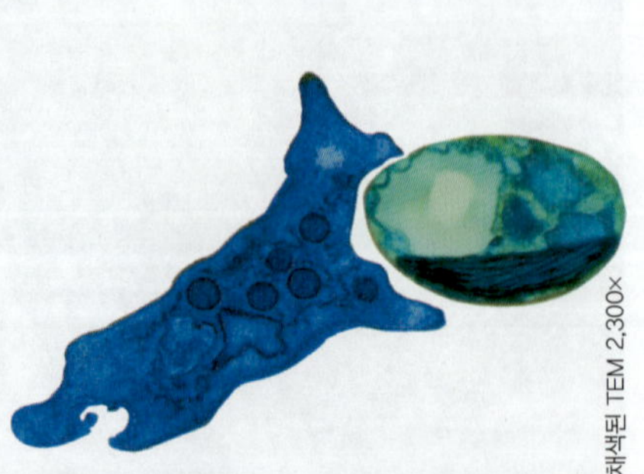

아메바류. 이 아메바는 조류 세포를 삼키기 위한 준비로, 이 세포 주위를 위족으로 감싸기 시작한다.

아메바류(amoeba)는 몸의 모양을 매우 유연하게 바꾸고, 영구적인 운동기관이 없는 것이 특징이다. 대부분의 종은 세포가 확장되어 일시적으로 뻗어 나온 **위족(pseudopodia**, 단수는 *pseudopodium*)을 사용하여 움직이고 먹이를 섭취한다. 아메바류는 어떠한 모양도 만들 수 있어 바위, 나뭇가지, 또는 연못이나 바다의 밑바닥에 있는 진흙 위를 기어 다닐 수 있다. 기생성 아메바의 한 종은 아메바성 이질을 일으키는데, 이 질병으로 인해 전 세계적으로 매년 10만 명 이상이 사망한다. 위족을 갖는 또 다른 원생동물에는 딱딱한 외피를 지닌 **유공충류(foram)**가 포함된다. 이들은 단세포이지만, 가장 큰 유공충은 그 직경이 몇 센티미터나 되기까지 성장한다. 동정된 유공충의 90%가 화석이다. 석회석과 같은 퇴적암의 구성요소인 화석화된 껍질은 세계의 다른 지역에서 암석의 나이를 말할 수 있는 훌륭한 표지가 된다.

정복합포자충류(apicomplexan)는 모두 기생성이고 몇몇은 사람에게 심각한 질병을 일으킨다. 이들은 세포 끝 쪽에 있는 숙주의 세포와 조직을 뚫을 수 있게 특화된 구조를 가지고 있어 이러한 이름이 붙여졌다. 이 그룹의 원생동물에는 말라리아를 일으키는 기생충인 열원충(*Plasmodium*)이 포함된다. 또 다른 정복합포자충류는 톡소플라즈마(*Toxoplasma*)인데, 이들은 복잡한 생활주기를 완성하기 위해 고양이 숙주를 필요로 한다. 야생조류나 설치류를 잡아먹는 고양이가 감염될 수 있고, 그 대변에 기생충이 들어 있을 수 있다. 사람들은 야외에서 고양이 쓰레기를 처리할 때 감염 될 수 있지만, 면역계가 이 기생충을 억제하기 때문에 병에 걸리지 않는다. 하지만 임신 중에 톡소프라스마에 새로 감염된 여자는 태아에게 기생충을 옮기게 되어, 그 결과로 태아는 신경계에 손상을 입을 수 있다.

섬모충류(ciliate)는 섬모라 부르는 머리카락 같은 구조 때문에 그런 이름이 붙여진 원생동물인데, 섬모는 원생생물이 움직일 수 있게 해주며, 먹이를 원생생물의 "입"에 쓸어 담을 수 있게 해준다. 거의 모든 섬모충류들은 자유생활(비기생성)을 하며, 종속영양생물이나 혼합영양생물이다. 여러분이 연못의 물 한 방울에서 원생생물의 다양성을 탐구할 수 있는 기회를 가진다면, 담수에 흔한 섬모충류인 짚신벌레(*Paramecium*)를 볼 수 있을 것이다. ✓

✓ 체크포인트

원생동물에서 나타나는 이동의 3가지 유형은?

답: 편모, 위족, 섬모를 이용한 운동

15.8 점균류

점균류(slime mold)는 아메바 관련된 다세포 원생생물이다. 점균류는 한때 균류로 분류되었지만, DNA분석은 이들이 서로 다른 진화계통에서 발생한 것으로 나타났다. 많은 균류와 같이 점균류는 죽은 식물의 성분을 먹고 산다. 서로 다른 두 유형의 점균류가 알려져 있다.

원형질성 점균류(plasmodial slime mold)에서 먹이 섭취를 하는 것은 숲 바닥에 흐트러져 있는 나뭇잎이나 그 밖의 썩고 있는 다른 물질에 위족을 뻗치는 원형질체(**그림 15.23a**에서의 노란색 구조물)라 불리는 아메바성 덩어리이다. **원형질체의 그물망 같은 형태는 이 생물의 표면적을 늘려 먹이, 물, 산소와의 접촉을 증대 시키는데, 구조와 기능의 한 예가 된다.** 원형질체는 세균과 죽은 유기물 조각들을 아메바 방식으로 섭취하는 가느다란 섬유상 망상구조를 형성해 그 직경이 수 센티미터에 달한다. 그 자체가 크긴 하지만 원형질체는 실제로 많은 핵을 가진 단세포이다. 이것의 세포질은 원형질막에 의해 분리되지 않는다. 원형질체가 먹이가 부족하거나 환경이 건조할 때, 원형질체는 생식적 구조로 성장한다(**그림 15.23b**). 원형질체에서 생겨나는 막대 같은 몸에는 가혹한 조건에서도 살아남을 수 있는 단단한 포자를 품고 있다. 썩고 있는 통나무나 조경지역의 뿌리 덮개를 자세히 보면, 이러한 포자를 지닌 구조를 목격할 수 있을 것이다. 탄저균의 내생포자와 마찬가지로 다시 좋은 조건이 되면, 점균류의 포자는 물을 흡수하여 자랄 수 있다.

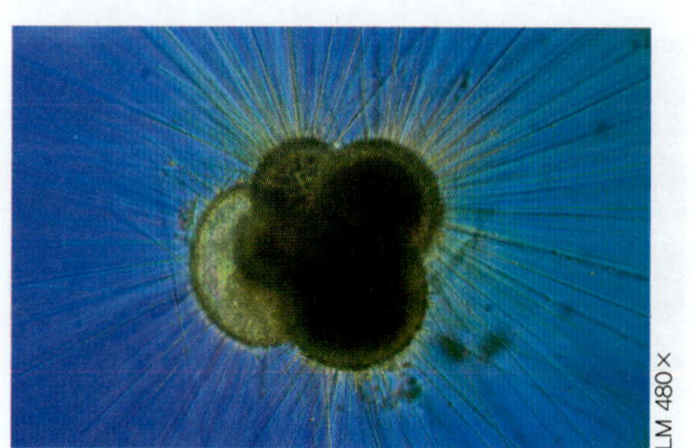

유공충류. 유공충 세포는 탄산칼슘으로 딱딱해진 유기물질의 껍질을 가지고 있다. 여기에서 가는 가시처럼 보이는 위족은 껍질에 있는 작은 구멍을 통해서 뻗어 나온다.

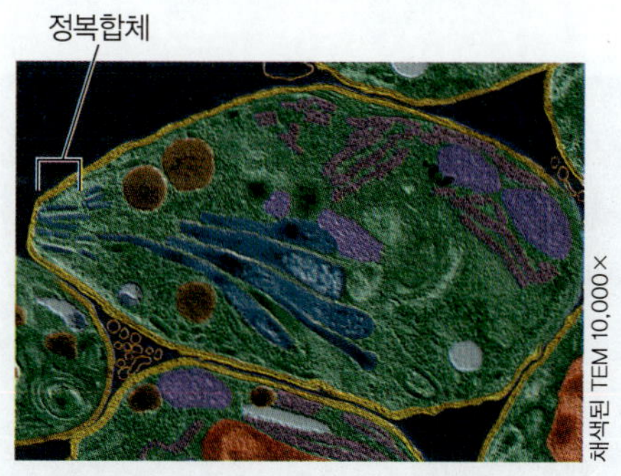

정복합포자충류. 톡소플라스마 곤디(*Toxoplasma gondii*)는 숙주의 장에서 세포에 침입한다. 그런 다음 기생충은 증식하여 혈류를 통해 퍼져나간다.

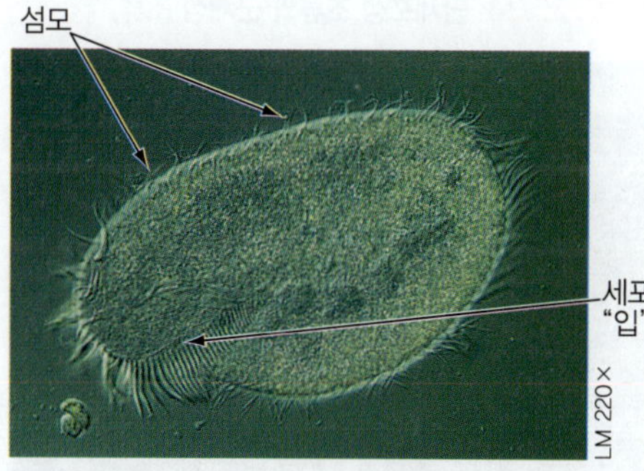

섬모충류. 섬모충류인 짚신벌레는 연못물 안에서 움직이기 위해 섬모를 사용한다. 구위에 나 있는 섬모는 먹이를 지닌 물이 세포 "입"을 향해 오도록 해준다.

(a) 점균류의 섭식단계(노란색 구조물)는 먹이 위로 위족을 넓힌다.

(b) 점균류의 생식구조가 만들어져서 포자를 퍼트리게 된다.

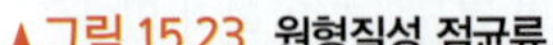

▲그림 15.23 **원형질성 점균류.**

세포성 점균류(cellular slime mold)는 역시 썩은 통나무나 부패된 유기물에 흔하다. 먹이섭취 단계는 원형질체보다 서로 독립적으로 기능하는 아메바성 세포로 이루어진다. 그러나 먹이가 고갈되면 아메바성 세포들은 함께 떼를 지어 이동해 하나의 단위, 즉 짧은 시간 동안 이동하는 민달팽이 같은 모양의 군체를 형성한다. 그런 다음 일부 세포는 건조해져 생식구조를 지탱하는 자루를 형성하고, 나머지 다른 세포는 그 안에서 포자로 발달된다.

15.9 단세포성 조류와 군체성 조류

조류에는 원생생물과 남세균이 있는데, 이들의 광합성이 담수생태계와 해양생태계에서 먹이사슬을 지탱하게 해준다. 현재 연구자들은 생물연료를 생산하려는 목적을 위해 빛에너지를 화학에너지로 전환시키는 이들의 능력을 이용하려고 노력하고 있다. 우리는 네 그룹의 원생생물의 조류에 대해 알아 볼 것이다. 이들 중 세 그룹은 단세포성인 쌍편모충류(dinoflagellate), 규조류(diatom), 녹조류(green algae)이고, 다른 한 그룹은 군체성 조류이다.

많은 단세포성 조류는 대부분 현미경적 광합성생물인 **식물플랑크톤(phytoplankton)**의 구성원인데, 연못, 호수, 해양의 표면 근처에서 떠돌아다닌다. **와편모류(dinoflagellate)**는 광대한 수서환경의 플랑크톤 목장에 풍부하다. 각 와편모류의 종들은 섬유소로 만들어진 외부로 돌출된 판을 갖는 특징적인 형태를 하고 있다(그림 15.24a). 수직으로 패여 있는 홈에 있는 두 개의 편모의 움직임이 회전운동을 하게 한다. 와편모류의 대발생(개체군이 폭발적으로 증가하는 것)은 종종 따뜻한 연안수를 적황색으로 변하게 만드는데, 이러한 현상을 적조라고 한다. 적조를 일으키는 몇몇 와편모류의 의해 생성되는 독성물질은 특히 열대지방에서 물고기의 떼죽음을 일으키고, 사람에게도 독성을 나타낸다. 와편모류의 한 그룹은 암초를 만드는 산호의 세포 내에 거주한다. 이들 조류 파트너가 없이는 산호는 암초 군집의 놀라운 다양성을 지탱해 주

▼그림 15.24 **단세포성 조류와 군체성 조류.**

(a) **와편모류:** 보호판의 벽을 주목하자

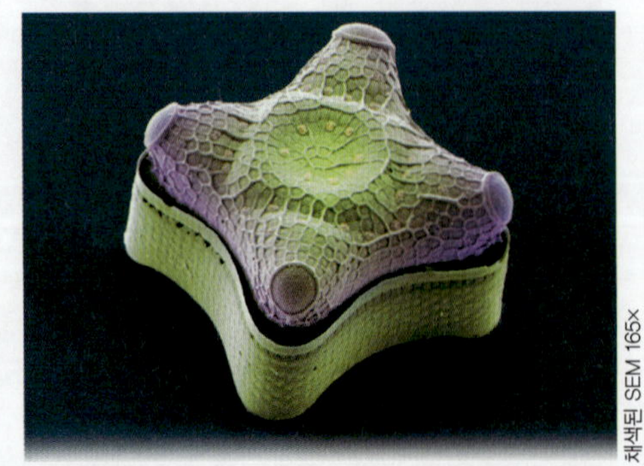

(b) **규조류:** 유리로 된 벽을 주목하자

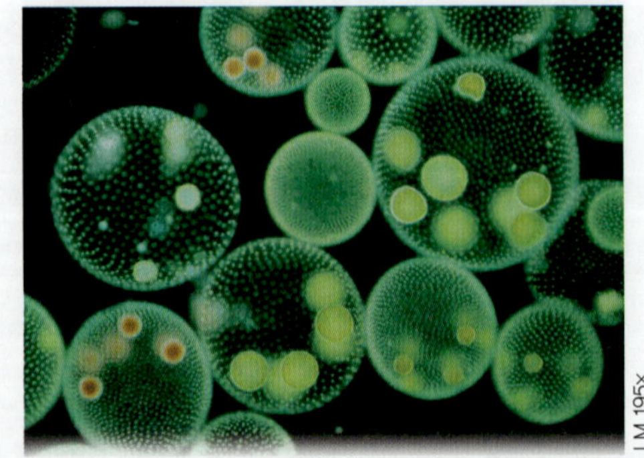

(c) **볼복스:** 군체성 녹조류

는 먹이, 살 공간, 은신처를 제공하는 암초 같은 것을 짓거나 유지할 수 없다.

규조류(diatom)는 유리의 재료인 실리카가 함유된 유리 같은 세포벽을 갖고 있다(그림 15.24b). 세포벽은 구두상자와 그 뚜껑처럼 서로 잘 들어맞는 두 개의 반쪽으로 이루어져 있다. 규조류는 이들의 먹이를 부력을 제공하는 기름 형태로 저장하는데, 이러한 부력이 규조류가 플랑크톤과 같이 햇볕이 드는 표면 근처에 떠 있게 해준다. 수억 년 전에 살았던 규조류의 유기물 잔해가 석유광상의 주된 구성성분이라 생각된다. 하지만 왜 수백만 년을 기다려야 하는가? 연구자들이 현재 규조류의 키워서, 이들 기름을 바이오디젤로 가공하는 방법에 대해 연구하고 있다.

녹조류(green algae)는 이들이 갖고 있는 풀빛 같은 엽록체로부터 그 이름을 따왔다. 단세포성 녹조류는 많은 가정의 풀장과 수족관에서와 마찬가지로 대부분의 담수호수와 연못에서 번성한다. 녹조류의 그룹은 그림 15.24c에 있는 볼복스(*Volvox*)처럼 군체성 형태를 포함한다. 각 볼복스 군체는 어떤 단세포성 녹조류와 아주 유사하게, 편모를 갖는 세포들이 모여 속이 비어 있는 공의 형태(사진에서 작은 녹색 점들)를 이룬다. 그림 15.24c에서 보여주고 있는 공 안에 있는 공들은 "부모"군체가 터질 때 방출될 "딸"군체들이다. 광합성을 하는 모든 원생생물 중 녹조류가 식물과 가장 가깝게 연관이 되어 있다(다음 장에서 이들의 진화관계에 대해 배울 것이다).

15.10 해조류

크고 다세포성 해양조류로 정의되는 **해조류(seaweed)**는 바위 해안과 앞바다에서 자란다. 이들의 세포벽에는 파도 때문에 흔들려 몸에 가해지는 충격을 완화시켜 주는 가늘고 고무와 같은 물질을 갖고 있다. 몇몇 해조류는 많은 식물처럼 크고 복잡하다. *해조류를 뜻하는 영어단어에는 식물과 비슷한 모습이라는 의미를 내포하지만, 이들 조류와 식물과의 유사성은 수렴진화의 결과이다.* 사실 해조류와 가장 가까운 친척은 어떤 단세포조류인데, 이러한 이유로 인해 많은 생물학자들이 해조류를 원생생물과 같은 범주에 포함시키고 있다. 해조류는 부분적으로 이들 엽록체에 있는 색소에 기초하여 3개의 그룹(그림 15.25), 즉 녹조류, 홍조류, 갈조류(이들 중 어떤 것은 켈프로 알려져 있다)로 분류한다.

연안에 사는 많은 사람들은 특히 아시아에서 식량으로 해조류를 수확한다. 예를 들면 한국과 일본에서는 다시마라고 부르는 갈조류와 같은 몇몇 해조류 종이 국의 재료로 쓰인다. 김이라 부르는 홍조류와 같은 다른 해조류는 김밥을 싸는데 사용된다. 해양조류는 아이오딘과 그 밖의 다른 무기물이 풍부하다. 하지만 이들이 갖고 있는 많은 유기물질이 사람들이 소화할 수 없는 독특한 다당류로 이루어져 있다. 이들이 갖고 있는 풍부한 맛과 독특한 질감 때문에 사람들은 이것을 먹는다. 해조류의 세포벽에 있는 겔형성 물질은 푸딩, 아이스크림, 샐러드드레싱과 같은 가공식품의 증점제로 널리 사용된다. 그리고 한천이라고 부르는 해조류 추출물은 미생물학자들이 페트리 접시에서 세균을 배양하기 위한 배지를 겔형태로 만드는데 사용하고 있다. ✓

해조류는 초밥을 싸는 데에만 사용되는 것은 아니고, 우리가 먹는 아이스크림 안에도 들어 있다.

✓ 체크포인트

1. 주로 어떤 대사과정이 원생동물로부터 조류를 구별하게 되는가?
2. 해조류는 식물인가?

답: 1. 광합성 2. 아니다. 이들은 크고 다세포 해양조류이다.

▼그림 15.25 **해조류의 주요 세 그룹.**

녹조류. 청태는 육지와 바다가 만나는 지점인 조간대에서 서식하는 식용인 종이다.

홍조류. 이들 해조류는 열대지방의 따뜻한 연안수에 가장 풍부하다.

갈조류. 이 그룹에는 바다의 "숲"을 이루는 켈프라 부르는 가장 큰 해조류를 포함한다.

진화와 연결 | 인간의 미생물상

스트렙토코커스 뮤탄스의 달콤한 삶

사탕이 충치의 원인이 된다는 것이 궁금하게 생각해본 적은 없었는가? 스트렙토코커스 뮤탄스(*Streptococcus mutans*)라 불리는 생물막형성 세균 종이 범인이다. 에스 뮤탄스(*S. mutans*)는 치아의 법랑질의 작은 틈새에서 발견되는 혐기성 환경에서 번성한다. 끈적끈적한 다당류를 만들기 위해 자당(설탕)을 사용하는데, 이 세균은 그 장소에 떨어지지 않게 꼭 붙어 있으면서 플라크의 치태를 두껍게 쌓아 나간다. 치태를 제거하는 노력을 하지 않으면, 그것은 광물화되어 치과위생사가 긁어 내야만 하는 딱딱한 치석으로 변하게 된다(그림 15.26). 이 요새 안에서 *S. mutans*는 에너지를 얻기 위해 당을 발효하면서 부산물로 젖산을 방출한다. 이 젖산은 치아의 법랑질을 공격하여 결국 그것을 파괴한다. 그 후에 다른 세균은 그곳을 입구로 사용해서 안으로 들어가 치아 내부의 연조직을 감염시킨다.

초기 인간은 야생에서 찾은 식량으로 살아가는 수렵채집인이었다. 중요한 문화적 변화로 인해 이 생활양식은 농업으로 대체되었는데, 이로 인해 탄수화물이 풍부한 곡물 식단이 제공되었다. 이 이후 식단의 변화는 식탁에 가공된 밀가루와 설탕이 올라왔다. 이러한 식단의 변화 각 각은 우리의 구강 미생물상의 거주 환경을 바꾸어 놓았다. 선사시대 인간의 유적 연구로부터 이러한 식단의 변화와 치과질환과의 상관관계가 확인되었다.

최근의 연구는 *S. mutans*와 충치의 증가를 직접 연결시키고 있다. 한 연구에서 연구자들은 유럽에서 7,500년 전에서 400년 전까지 살았던 선사시대 인간의 치아에 있는 치석으로부터 DNA를 분석했다. 수렵채집인의 치석에서 많은 종의 세균이 있었으나, 충치를 일으키는 것으로 알려진 세균은 거의 나타나지 않았다. 농업 식단이 확립된 후, *S. mutans*가 처음으로 다양한 세균군집의 한 구성원으로 나타났다. 구강 미생물상의 다양성이 약 400년 전에 극적으로 떨어졌는데, 이즈음에 식단에 설탕이 올라왔고, *S. mutans*가 압도적인 우점종이 되었다. 따라서 고당의 환경에서 자연선택은 *S. mutans*를 선호하였다고 추측할 수 있다.

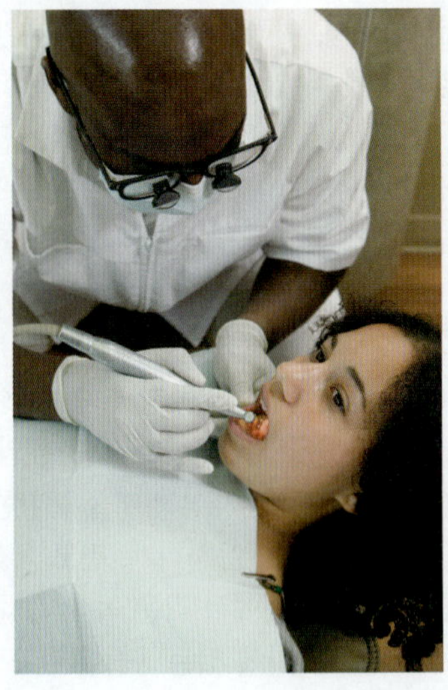

◀ 그림 15.26 **스트렙토코커스 뮤탄스(*Streptococcus mutans*)의 영향을 점검하기.**

다른 종에 비해 *S. mutans*가 유리하게 만들어준 것은 어떤 적응이었는가? 다른 연구팀은 *S. mutans*가 고당의 환경에서 번성할 수 있게 해준 유전적 변화를 조사하였다. 이들의 결과는 당을 대사하고 증가된 산에서도 생존할 수 있게, *S. mutans*의 능력을 향상시킨 12개 이상의 유전자를 찾아냈다. 또한 이들 연구자들은 한정된 사람의 구강지역 공간에서 이들의 경쟁자인 무해한 세균들을 죽이는 *S. mutans*에 의해 생산된 화학무기들을 발견했다.

*S. mutans*는 인간의 달콤한 치아에 의해 제공되는 진화적 기회를 최대한 활용한 것처럼 보인다. 새로운 환경조건에 적응하고 경쟁자를 축출함으로써, 이제 이것은 입안의 미생물군집의 한 구성원으로서 확고하게 그 입지를 굳히고 있다.

복습

주요 개념의 요약

생명의 역사에서 주요한 사건들

주요 사건	백만 년 전
식물과 균류의 육상 정착	500
크고 다양한 다세포생물의 화석	600
가장 오래된 다세포생물의 화석	1,200
가장 오래된 진핵생물 화석	1,800
대기에 O_2의 축적이 시작	2,700
가장 오래된 원핵생물 화석	3,500
지구의 탄생	4,600

생명의 기원

15.1 생명의 기원에 대한 4단계 가설

한 시나리오에서 최초의 생물은 4단계로 이루어진 화학진화의 산물이었다고 제시한다.

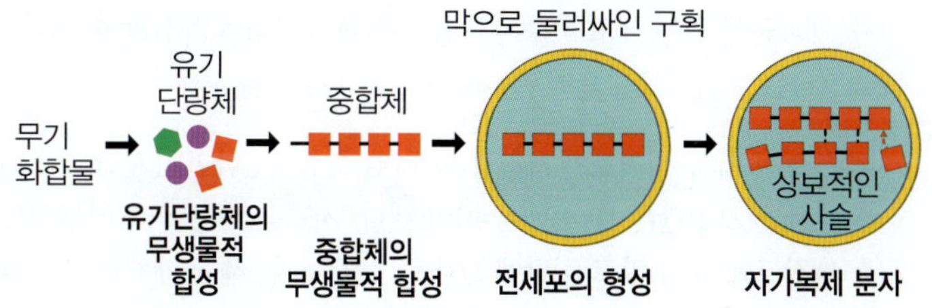

15.2 화학진화에서 다윈의 진화로

수백 만 년 이상 자연선택은 가장 효율적인 전세포를 선호했고, 이들이 최초의 원핵세포로 진화하였다.

원핵생물

15.3 이들은 어디에나 있다!

원핵생물은 생명체가 있는 곳이면 어디에서나 발견되고 진핵생물보다 훨씬 많다. 원핵생물은 진핵생물이 살 수 없는 곳에서도 살 수 있다. 일부 원핵생물종은 심각한 질병을 일으키지만, 그러나 대부분은 우호적이거나 유익하다.

15.4 원핵생물의 구조와 기능

원핵세포는 핵과 그 밖에 막으로 둘러싸인 소기관이 결여되어 있다. 대부분은 세포벽을 갖고 있다. 원핵생물은 보통 세 종류의 모양으로 나타난다. 모든 원핵생물종의 반 정도는 운동성이 있는데, 이들의 대부분은 편모를 사용하여 운동한다. 몇몇 원핵생물은 내생포자를 형성하여 열악한 상태에서도 상당기간 생존할 수 있다. 대부분의 원핵생물은 조건이 좋으면 이분법으로 빠르게 생식할 수 있지만, 그러나 성장은 통상 한정된 자원으로 인해 제한을 받는다.

원핵생물은 에너지를 태양으로부터(식물처럼), 또는 유기물로부터(동물과 균류처럼) 얻는 종들을 포함한다. 몇몇 종은 에너지를 암모니아(NH_3)나 황화수소(H_2S)와 같은 무기물로부터 얻는다. 일부 원핵생물은 동물, 식물, 균류와 공생적 결합으로 살아간다.

15.5 원핵생물의 생태적 영향

원핵생물은 생태계의 생물학적 성분과 물리학적 성분 사이에 화학물질을 순환할 수 있게 돕는다. 인간은 원핵생물을 사용하여 생물복원이라 부르는 과정을 통해 물, 공기, 토양에서 오염물을 제거할 수 있다.

15.6 원핵생물 진화의 주된 두 분지: 세균역과 고세균역

원핵생물의 계통은 세균역과 고세균역을 포함한다. 많은 고세균은 다른 생명의 형태는 살 수 없는 조건(고온이나 고농도의 염과 같은)에서도 살 수 있는 "극한미생물"인데, 다른 고세균은 보다 온화한 환경에서 발견된다. 어떤 세균은 병을 일으키는데, 대부분 외독소나 내독소를 만든다. 위생, 항생제, 교육이 세균성 질병에 대한 최선의 방어책이다.

원생생물

원생생물은 단세포성 진핵생물이며, 또한 이들과 가장 가까운 다세포 인척이 있다.

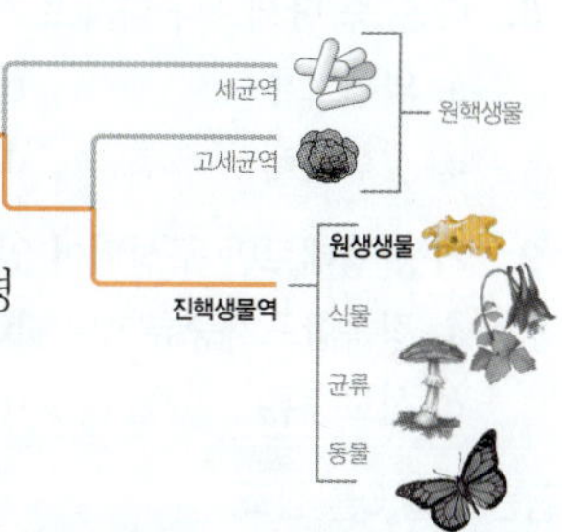

15.7 원생동물

편모충류, 아메바류, 정복합포자충류, 섬모충류를 포함하는 원생동물은 수서환경에 살면서 먹이를 섭취한다.

15.8 점균류

점균류(원형질성 점균류와 세포성 점균류를 포함하는)는 분해자로서 외관과 생활방식은 균류와 닮긴 했지만, 이들의 근연종은 전혀 아니다.

15.9 단세포성 조류와 군체성 조류

와편모류, 규조류, 단세포성 녹조류를 포함하는 단세포조류는 담수생태계와 해수생태계에서 먹이 사슬을 지탱케 해주는 광합성 원생생물이다.

15.10 해조류

녹조류, 홍조류, 갈조류를 포함하는 해조류는 바위 해안이나 그 근처에서 자라는 큰 다세포 해양조류이다.

자습문제

1. 지구에서 생명의 역사에서 있었던 이들 사건을 일어난 순서대로 배열하시오.
a. 지구 대기에 O_2의 축적
b. 식물과 균류에 의해 육상점령
c. 동물의 다양화(캄브리아기 대폭발)
d. 진핵생물의 출현
e. 인간의 출현
f. 다세포성 생물의 출현
g. 원핵생물의 출현

2. 세포의 진화에서 막 형성이 근본적으로 중요한 이유는?

3. 생명의 진화에 결정적인 유기화학물질을 제공할 수 있는 극한의 환경은 무엇인가?

4. 사람은 원핵생물과 공생관계에 있다. 장내 미생물군의 주요 구성요소인 *E. coli*는 숙주에게 비타민K를 제공한다. 그렇다면 *E. coli*에게는 어떤 이점이 있는가?

5. 파상풍을 일으키는 세균은는 끓는점보다 상당히 높은 온도에서 장시간 가열해야만 죽일 수 있다. 이것은 파상풍 세균에 대해 무엇을 암시하고 있는가?

6. 극한 환경에서 발견되는 세 가지 유형의 고세균을 말하고 에너지원 하나를 이야기해 보시오.

7. 조류 외에 어떤 생물군이 식물과 같이 광합성을 수행할 수 있는가?

8. 다음 중 단세포나 다세포 형태로 존재할 수 있는 것은?
a. 와편모류　　b. 볼복스
c. 짚신벌레　　d. 규조류

9. 기생 형태로만 구성되어 있는 원생동물군은?
a. 정복합포자충류　　b. 편모충류
c. 섬모충류　　d. 아메바

답은 부록 C를 참조.

주된 주제 식별하기

아래의 각 문장에서 분명하게 드러난 주된 주제가 무엇인지(구조와 기능의 연관성, 정보의 흐름, 에너지와 물질의 변환경로, 생물계 내에서의 상호작용, 진화)를 식별하고, 그 내용이 그 주제와 어떻게 관련되는지를 설명하시오. 필요한 경우 주제들을 검토하고(1장 참조), 또 이 장에서 파란색 글자로 나타내어 강조한 예들을 검토해 보시오.

10. 세포의 DNA가 RNA로 전사된 다음 번역되어 특정 효소 및 기타 단백질을 생성한다.

11. 원핵생물의 대사과정은 진핵생물의 과정보다 훨씬 더 다양하다.

12. 그물망 모양의 원형질체는 생물의 표면적을 확대하여 음식, 물, 산소와의 접촉을 증대시킨다.

답은 부록 C를 참조.

과학연구의 과정

13. 우리가 모든 것이 완비되고 자립이 지속가능한 달 기지를 고안하는 팀의 구성원이라고 가정해 보자. 지구로부터 건축재료, 장비, 생물을 한 번만 제공받으면, 그 이후로 그 기지에서 모든 기능이 순조롭게 이루어질 것으로 기대하고 있다. 우리 팀 중 한 명이 달 기지로 보내지는 모든 것을 화학적으로 처리하거나 방사선을 조사하여 어떤 종류의 세균도 존재하지 못하게 하자고 제안했다. 우리는 이것을 좋은 제안이라고 생각하겠는가? 환경에서부터 모든 세균을 제거하였을 때의 결과를 예상해 보시오.

14. **자료 해석하기** 세균은 이분열에 의해 분열하기 때문에, 개체군 크기는 매 세대마다 두 배로 늘어난다. 식중독 원인 세균(예를 들면 황색포도상구균이나 살모넬라)의 세대시간이 실온에서 30분이라 가정하자. 개체군에 있는 세포의 수는 다음 수식을 사용하여 계산할 수 있다.

$$\text{초기 세포수} \times 2^{(\text{세대의 수})} = \text{개체군의 크기}$$

예를 들면 감자 샐러드가 세균 10마리로 오염되었다면, 1시간(2세대) 후의 세균 모집단은 $10 \times 2^2 = 40$이 된다. 저녁을 먹은 후 감자샐러드를 냉장고에 넣지 않고 식탁에 그대로 두었을 때, 세균 개체군이 어떻게 증가하는지 알아보기 위해 아래 표를 채워보시오.

경과시간(시간)	세대의 수	세균의 수
0	0	10
1	2	40
2	4	
3	6	
4	8	
5	10	
6	12	
8	16	
10	20	
12	24	

왜 증가율이 시간이 지남에 따라 변화하는가? 자료의 그래프가 어떤지 설명해 보시오.

우리와 함께하는 생물학

15. 알러지는 면역체계가 특정 음식, 먼지 진드기, 꽃가루와 같이 일반적으로 무해한 물질에 과도하게 반응하여 발생한다. 조사에 따르면 알러지가 증가하고 있으며 인구의 약 3분의 1이 삶의 어느 시점에서 영향을 받았다. 산업발전을 겪고 있는 모든 국가에서 알러지의 증가가 눈에 띈다. 이에 대한 설명을 해보시오.

16. 항생제는 가축의 감염을 예방하는 데 널리 사용되며 연구에 따르면 많은 의사들이 감기에 걸린 환자에게 항생제를 쉽게 처방하거나 예방적 방식으로 처방할 수도 있다. 항생제를 과도하게 사용하면 발생할 수 있는 부정적인 결과는?

16 식물과 균류의 진화

차례 내용

무엇을 먹고 있나요?! 버섯 피자를 먹고 있다면 여러분은 균류의 생식기관을 간식으로 먹는 것이 된다.

식물과 균류는 왜 중요한가?

채식주의자나 아니면 육식을 좋아하는 사람이든 이들이 먹는 대부분의 음식은 직간접적으로 식물이 아낌없이 제공하는 혜택으로부터 온다. 식물의 진화적 역사는 수억 년 전까지 거슬러 올라가 육상에 시험적인 발판을 맨 처음 구축한 최초의 작은 식물에 이르게 된다. 균류는 이 모든 식물의 생명을 가능하게 했다(그리고 일부는 또한 맛이 매우 좋다).

여러분은 이 사진에서 얼마나 많은 과일을 보고 있는가? 답: 당근과 마늘을 제외한 나머지는 모두 과일이다.

우리는 고대의 원자들로 둘러싸여 있다. 불타고 있는 석탄은 약 3억 년 전에 살았던 식물이 포집했던 이산화탄소를 방출하고 있다.

실마리

식물-균류의 상호작용

우리와 함께하는 생물학 식물-균류의 상호작용

몇몇 운 좋은 식사 손님을 위해 얇게 썰거나 강판에 갈 준비가 된 검은 송로버섯. 재배가 가능한 검은 송로버섯은 이탈리아의 일부 지역에서만 발견되는 흰색 송로버섯보다는 훨씬 싸다.

주방의 다이아몬드

훈련받지 않은 눈으로 보면 송로버섯(truffle)은 끌리지도, 굳이 먹고 싶지 않은 그저 한 덩어리에 불과하다. 그러나 식욕을 돋우지 않는 외관에도 불구하고, 송로버섯은 미식가들에게 "주방의 다이아몬드"로서 귀한 대접을 받는다. 가장 희귀한 품종인 흰색 송로버섯은 최상품의 경우, 그 가격이 온스당 수백 달러까지 나간다. 도대체 무엇 때문인가? 송로버섯은 이들이 지닌 맛보다 오히려 강한 향기를 더 값진 것으로 여기는데, 그것은 흙내나 곰팡내로 표현되지만 적은 양은 오히려 마음을 사로잡는다. 그래서 요리사는 맛있는 요리에 얇게 베어낸 송로버섯 몇 조각만 넣는다.

괴상하게 생긴 이 먹거리는 도대체 무엇인가? 송로버섯은 특정 균류의 지하 생식기관이다. 이 생식체가 하는 일은 씨가 새로운 식물로 자라나듯, 새로운 균류로 자라나게 되는 단일 세포로 된 포자를 생산하는 것이다. 씨앗이나 포자는 일반적으로 부모와의 경쟁을 피해 새로운 장소에서 자신의 삶을 시작하는 것이 더 유리하다. 송로버섯이 있는 곳은 강력한 송로버섯 냄새를 풍기게 된다. 강한 냄새에 이끌린 어떤 동물은 땅을 파서 그 균류를 꺼내 먹는데, 먹고 난 후에는 가혹한 환경에 견딜 수 있는 포자를 대변에 남겨 놓는다. 인간의 코는 묻혀 있는 그 보물을 찾을 수 있을 만큼 민감하지 않아서, 송로버섯 사냥꾼은 냄새를 아는 돼지나 훈련된 개를 이용하여 찾아낸다.

주방의 보석으로써뿐 아니라, 이외에도 송로버섯은 식물과 균류 사이에 상호호혜적인 관계를 나타낸다. 대부분의 식물 뿌리는 균류의 균사로 잘 짜인 망으로 둘러싸여 있고, 어떤 경우는 안까지 침투되어 있다. 예를 들면 송로버섯은 특정 종의 나무와 그러한 관계를 맺고 있는데, 이것이 숙련된 송로버섯 사냥꾼이 굳이 참나무와 개암나무 아래서 자신의 보물을 찾는 이유가 된다. 이러한 관계도 한 종이 다른 종 안에서 또는 곁에서 살아가는 상호작용을 말하는 공생의 한 예가 된다. 이 경우에서 연합을 통해 두 종이 다 서로에게 도움이 된다. 아주 가는 균류의 균사는 뿌리가 들어오기에는 너무 작은 토양 입자 사이의 공간에 도달해 물과 무기양분을 흡수해서, 식물에게 전달해 준다. 이에 식물은 당과 그 밖의 다른 유기분자를 균류에게 제공하여 은혜를 갚는다. 균류와 뿌리 사이의 이러한 관계는 가장 오래된 일부 식물화석에서도 분명하게 나타나는데, 이것은 호혜적인 상호공생이 육지로 이주해 정착하는 데 중요한 것이었음을 제시하고 있다.

육상정착

식물이란 정확히 무엇인가? **식물(plant)**은 광합성을 수행하고, 육지에서 살기 위해 일련의 적응을 한 다세포 진핵생물이다. 이러한 정의는 식물로 하여금 식물과 마찬가지로 진핵의 다세포생물이나 광합성은 하지 않는 생물인 동물과 균류로부터 구별되게 해준다. 해초를 포함한 거대조류도 진핵이고, 다세포일 뿐만 아니라, 광합성도 한다. 하지만 조류는 육지 적응이 결여되어, 따라서 식물이 아닌 원생생물로 분류한다(그림 15.25 참조). 수련과 같은 일부 생물은 다시 물로 되돌아갔는데, 이들 수생식물은 육지 조상으로부터 진화하였다(고래와 같은 몇몇 수서포유동물이 육상포유류로부터 진화한 것과 똑같이).

16.1 식물의 육지적응

육지 위의 생명은 왜 일련의 특별한 적응을 필요로 하는가? 해변으로 밀려 온 조류가 어떻게 되는지 생각해 보자. 부력이 있는 물에서 똑바로 서있었던 몸은 축 늘어지고, 건조한 공기에서 곧 시들어버린다. 또한 조류는 공기로부터 광합성에 필요한 탄산가스를 얻기 위한 장치가 없다. 분명히 육상에서 산다는 것은 물에서 살 때와는 다른 문제를 갖게 된다. 이 절에서는 조류로부터 식물을 구별하고, 식물이 육지를 점령할 수 있게 한 몇몇 육지적응에 대해 논의한다. 뒤에서 나중에 배우겠지만, 이렇게 바뀌는데 1억 년 이상이 걸렸다. 육지 환경에서 보다 성공적인 삶으로 이끌었던 후속 그룹에서의 적응의 일부가 최초의 육상식물에서는 없었다.

▼그림 16.1 **조류와 식물의 구조적 적응.**

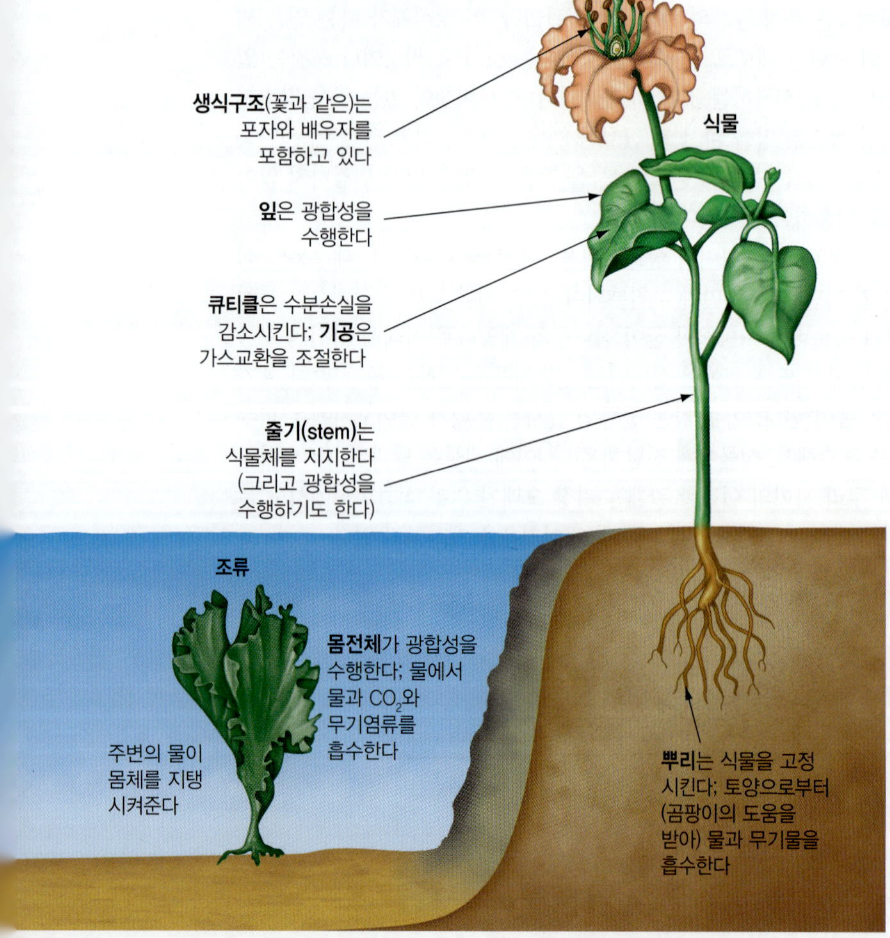

식물 몸체의 적응

식물의 육상 환경과 조류의 수서환경을 비교해 보자. 조류의 경우 이산화탄소와 무기염류는 주변의 물에서 확산을 통해 이용할 수 있다(그림 16.1). 그러나 육지 위에서 자원은 매우 상이한 두 장소에서 발견된다. 이산화탄소는 주로 공기에서 이용가능한데, 반면 무기영양분과 물은 주로 토양에서 발견된다. 따라서 식물의 복잡한 몸체는 이들 두 환경에서 기능을 할 수 있게, 서로 다른 방법으로 특화된 기관들을 가지고 있다. **뿌리(root)**라 부르는 지하기관은 토양에서 식물을 고정시키고, 토양으로부터 무기염류와 물을 흡수한다. 지상 위의 **줄기체(shoot)**는 줄기에 의해 지탱되는 광합성을 수행하는 잎으로 구성된 기관계이다.

뿌리는 일반적으로 토양에 있는 무기염류를 함유한 물과 최대로 접촉할 수 있게, 큰 표면적을 가질 수 있도록 토양 입자사이로 뻗어나간 가느다란 많은 분지를 가지고 있는데, 이것은 식물기관계가 구조와 기능 사이의 관계를 어떻게 보여주는 지의 한 예가 된다. 이에 더해 이 장의 시작 부분에서 『우리와 함께하는 생물학』에서 배웠듯이 대부분의 식물은 자신의 뿌리와 관련을 맺은 공생균류를 가지고 있다. **균근(mycorrhizae**, "균류 뿌리"라는 의미)이라 불리는 이러한 뿌리-균류 조합은 뿌리의 표면적을 기능적으로 넓힌다(그림 16.2). 균류는 물과 필수무기영양분을 토양에서 흡수해 이들을 식물에 제공한다. 한편 식물은 자기가 만든 당을 균류에게 준다. 이러한 균근의 관계는 식물의 육상생활을 가능케 해준 적응의 핵심임을 암시하고 있다.

줄기체는 육상 환경에 대한 구조적 적응을 보여준다. 잎은 대부분의 식물체에서 주된 광합성 기관이다. 대기와 잎 내부의 광합성 기구 사이에 이산화탄소(CO_2)와 산소(O_2)의 교환은 잎 표면에 있는 현미경적 크기의 **기공(stomata**, 단수는 *stoma*)을 통해 일어난다(그림 7.2 참조). 대부분의 식물에서 잎과 지상 부위를 **큐티클(cuticle)**이라 부르는 왁스층이 덮고 있어서, 식물 몸체가 수분을 보존할 수 있게 해준다(그림 18.8b 참조).

▲그림 16.2 **균근: 균류와 뿌리의 공생적 관계.** 멋지게 펼쳐진 균류의 섬유(사진에서 흰색)는 토양으로부터 물과 무기염류를 원활하게 흡수할 수 있도록 넓은 표면적을 제공한다.

▲그림 16.4 **보호되어 있는 식물의 배.** 암컷식물의 습한 방 안에서 정자와 난자가 합쳐지는 내부수정은 육상에서 살기 위한 적응의 하나이다. 암컷식물은 접합자에서부터 배로 발달하기까지 식물의 배를 계속해 보호하고 양분을 공급한다.

뿌리와 줄기체 사이에 생명의 유지에 필요한 물질들을 수송하기 위해, 대부분의 식물은 식물 전체에 뻗어 있는 관모양 세포들의 네트워크인 **관다발조직(vascular tissue)**을 가지고 있다(그림 16.3). 관다발조직에는 두 종류가 있다. 한 종류는 뿌리에서 잎으로 물과 무기염류의 수송을 위해 특화되어 있고, 다른 종류는 잎에서 뿌리와 나머지 비광합성 부분으로 당을 배포한다.

▲그림 16.3 **잎에서 그물망처럼 펼쳐져 있는 관다발조직.** 사진에서 관다발조직은 잎의 아랫면에 있는 노란 엽맥으로 보인다.

또한 관다발조직은 육상에서 구조물의 지탱과 관련한 문제를 해결해 주었다. 관다발조직에 있는 많은 세포의 세포벽이 **리그닌(lignin)**이라 부르는 화학물질로 단단하게 경화되어 있다. 다르게는 목재라고도 알려진 리그닌화된 관다발조직의 구조적 강도는 건축 재료로 사용되는 것을 봐서도 충분히 입증된다.

생식적 적응

육상으로의 적응은 새로운 방식의 생식을 필요로 한다. 조류의 경우 주변부의 물이 배우자(난자와 정자)와 발생 중인 자손이 수분 상태 안에 머무르게 해준다. 또한 수서 환경은 배우자와 자손이 퍼져나갈 수 있는 수단을 제공한다. 하지만 식물은 자신의 배우자와 발생 중인 자손이 공기에서 건조되지 않게 보호할 수 있어야 한다. 이에 식물은 탈수되지 않고도 배우자를 만들 수 있는 특정 구조물 안에서 자신의 배우자를 생산한다. 더욱이 난자는 모식물의 조직 안에 남아 있고, 그곳에서 수정된다. 조류와 달리 식물에서는 접합자(수정란)는 배를 보호하고 탈수로부터 지켜주는 암컷 부모 안에 여전히 있으면서 배로 발달된다(그림 16.4). 일부 식물 그룹에서는 더욱 적응하여 정자가 공기를 통해 여행을 할 수 있게 만들어서, 퍼져나가는 동안 자손의 생존을 증진시켰다. ✓

✓ 체크포인트

육상에서 살기 위해 식물이 이룬 몇 가지 적응에 대해 말해보시오.

답: 큐티클; 기공; 관다발조직; 리그닌으로 강화된 세포벽; 배우체를 보호하는 배우자낭; 보호된 배; 지상부의 줄기체와 지하부의 뿌리로 된 몸체로 분화

16.2 녹조류로부터 유래한 식물

식물의 조류 조상은 적어도 5억 년 전 습한 호숫가나 해안염분습지에서 번성하였다. 이러한 얕은 물의 서식지는 때때로 말라버리게 되고, 자연선택은 주기적인 가뭄에 생존할 수 있는 조류를 선호하게 되었다. 일부 종은 적응이 축적되어, 영구적으로 수면의 위쪽에서도 살 수 있게 되었다. 오늘날의 녹조류 계통인 **차축조류(charophyte)**가 이들 초기의 식물조상 중 하나와 닮아 있다(그림 16.5).

건조한 육상에서 생명을 가능케 한 적응은 가장 오래된 식물화석의 나이인 4억 7천만 년 전까지 축적되어 왔다. 이들 첫 육상식물의 진화적 신기능이 육지 서식지라는 신개척지를 열었다. 초기 식물 생명은 새로운 환경에서 번성하였다. 왜냐하면 육지에는 밝은 햇빛이 풍부했고, 대기에는 이산화탄소가 많았고, 처음에는 지금과 달리 병원체와 초식동물도 없었기 때문이다. 이 단계에서 식물생명의 폭발적인 다양화가 이루어졌다.

▲그림 16.5 **식물과 가장 가까운 조류 인척인 두 종의 차축조류.**

식물다양성

현대 식물의 다양성을 조사하려면, 먼저 과거가 현재의 열쇠임을 기억해야 한다. 식물계의 역사는 다양한 육지 서식지에 대한 적응의 이야기이기도 하다.

16.3 식물진화에서 주요사건

화석기록이 식물진화의 연대를 4단계의 시기로 기록하고 있는데, 이것은 현대 식물의 다양성에서도 역시 명확히 나타난다(그림 16.6). 각 단계에서 육상생활에 새로운 기회를 제공했던 특징적인 구조의 진화가 나타난다.

❶ 약 4억7천만 년 전 식물이 조류 조상으로부터 생겨난 이후, 초기 다양화 과정에서 이끼, 우산이끼, 뿔이끼와 같은 비관다발식물이 생겨났다. **선태식물(bryophyte)**이라 부르는 이들 식물은 진정한 잎과 뿌리가 결여되어 있다. 선태식물은 또한 식물이 곧게 설 수 있게 해주는 세포벽 강화물질인 리그닌도 결여되어 있다. 리그닌성 세포벽이 없어 선태식물은 위로 곧게 서 있기에는 약하다. 가장 친숙한 선태식물이 **이끼(moss)**이다. 이끼의 매트는 실제로 많은 이끼가 밀생하며 다발로

▼그림 16.6 **식물의 진화에서 중요한 사건.** 이 진화계통수는 식물이 육상으로 진출할 수 있게 해준 구조의 진화를 강조하고 있다; 이들 구조는 현재의 식물에서도 여전히 존재한다. 식물의 다양성을 배울 때, 진화적 문맥에서 각 식물군의 위치가 표시된 축소형의 계통수가 도움을 줄 것이다.

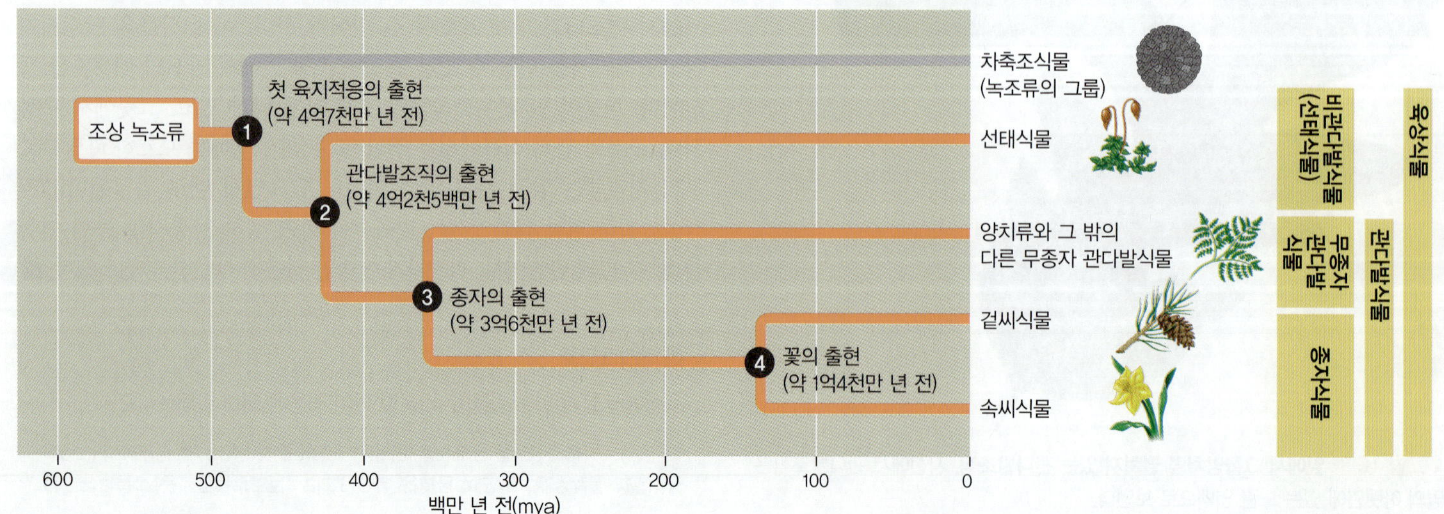

▼그림 16.7 **식물의 주요 그룹.**

자라는데, 이로 인해 같이 설 수 있게 서로를 지지해 준다. 배우자와 배를 보호하는 구조물은 선태식물에서 유래된 육상적응이다.

❷ 약 4억 2,500만 년 전에 시작된 식물진화의 두 번째 단계는 관다발조직을 가진 식물의 다양화이다. 리그닌으로 딱딱해진 통도조직이 생겨나자, 관다발식물을 훨씬 크게 자라게 해주어 이들은 땅바닥 위로 높이 자랄 수 있게 되었다. 가장 초기의 관다발식물은 종자가 없었다. 오늘날에도 이와 같이 씨가 없는 상태가 여전히 **양치식물(fern)**과 일부 다른 그룹의 관다발식물에서 유지되고 있다.

❸ 식물진화의 세 번째 단계는 약 3억6천만 년 전 종자의 출현으로부터 시작되었다. 종자는 건조나 그 밖의 다른 위험으로부터 식물의 배를 더 잘 보호할 수 있게 만듦으로써, 육상정착을 향상시켰다. **종자(seed)**는 보호껍질 안에 저장물질에 둘러싸인 배로 이루어져 있다. 초기 종자식물의 종자는 특화된 방에 들어 있지 않았다. 이들 식물이 바로 **겉씨식물**[**gymnosperm**, "벌거벗은 종자(나출종자)"]이 되었다. 오늘날 가장 널리 분포하고 다양한 겉씨식물은 **침엽수(conifer)**인데 소나무와 같이 주로 솔방울을 갖는 나무들이 여기에 포함된다.

❹ 식물진화의 단계에서 중요한 네 번째 이야기는 적어도 1억4천만 년 전에 꽃을 피우는 식물, 즉 **속씨식물(angiosperm**, "용기 안에 든 종자")의 등장이다. **꽃(flower)**은 씨방이라 부르는 보호방 안에서 종자를 품고 있는 복잡한 생식기관이다. 이것은 겉씨식물의 나출종자와 비교가 된다. 오늘날의 많은 식물이 속씨식물인데, 우리가 먹는 모든 열매와 채소작물, 알곡작물과 풀, 나무를 포함하여 약 25만 종이 여기에 포함된다.

✅ **체크포인트**

식물의 네 가지 주요 그룹을 말하시오. 그리고 각각의 예를 드시오.

답: 선태식물(이끼), 무종자 관다발식물(양치류), 겉씨식물(침엽수), 속씨식물(열매와 채소를 생산해내는 식물)

이를 바탕으로 지금부터 현대 식물의 네 가지 주요 그룹, 즉 선태식물, 양치식물, 겉씨식물, 속씨식물에 대해 알아보자(그림 16.7). ✅

16.4 선태식물

선태식물
양치식물
겉씨식물
속씨식물

선태식물(bryophyte)인 이끼는 수 에이커의 땅 위에 이끼로 덮인 매트처럼 퍼져 낮게 자란다(그림 16.8). 이끼는 육상으로 진출이 가능하게 만든 두 가지의 중요한 적응을 보여준다. 하나는 탈수를 막는 왁스 큐티클이고, 다른 하나는 암컷 식물 안에서 배의 발육이다. 하지만 이끼는 이들 조상의 수서 서식지로부터 완전히 자유롭지는 못하다. 이끼는 생식을 위해 물을 필요로 하는데, 그 이유는 이들의 정자가 암컷 배우자낭 안에 있는 난자까지 헤엄쳐서 도달하기 위해서이다. (빗물이나 이슬의 수막은 정자가 이동할 수 있는 수분으로 충분하다.) 게다가 대부분의 이끼는 물을 토

▼그림 16.8 **스코틀랜드에 있는 이탄이끼의 습지.** 이끼는 비관다발식물인 선태식물이다. 전체적으로 이탄이끼라 불리는 물이끼는 적어도 지구 육지표면의 3%를 덮고 있다. 이들은 주로 북반구의 고위도 지역에서 흔하게 볼 수 있다. 물을 흡수하고 유지하는 이탄이끼의 능력으로 인해 정원토에 탁월한 첨가 보조식물로 사용된다.

양에서 식물체 지상부로 운반할 수 있는 관다발조직이 없기 때문에 이들은 축축하고 그늘진 곳에서 서식하지 않으면 안 된다.

이끼의 매트를 가까이서 관찰하면 다른 두 모양의 식물체를 볼 수 있다. 좀 더 유난히 두드러진 녹색의 스펀지 같은 식물체는 **배우체(gametophyte)**라고 부른다. 좀 더 세밀하게 조사하면 **포자체(sporophyte)**라고 부르는 다른 모양의 이끼를 발견할 수 있는데, 이것은 배우체로부터 끝에 캡슐이 달린 줄기 모양으로 자라난다(그림 16.9). 배우체의 세포들은 반수체인데, 이들은 한 세트의 염색체를 가진다(그림 8.13 참조). 반면에 포자체는 이배체(두 세트의 염색체를 가진)이다. 식물 생활환의 서로 다른 두 단계는 이들이 생산하는 생식세포의 종류에 따라 그 이름이 붙여졌다. 배우체는 배우자(정자와 난자)를 생산하고, 반면에 포자체는 포자를 생산한다. **포자(spore)**는 포자가 다른 세포와의 융합 없이도(두 배우자는 접합체를 형성하기 위해서는 융합되어야 한다), 새로운 개체로 발생할 수 있는 반수체 세포이다. 포자는 단단한 껍질에 싸여 있어 열악한 환경에 견딜 수 있게 해준다. 이끼와 고사리를 포함하는 무종자 식물은 다세포 종자로써 보다는 포자로 자신의 자손을 퍼트린다.

배우체와 포자체가 교대로 서로를 생산을 하는 이런 유형의 생활사는 **세대교번(alternation of generation)**이라 부른다. 배우체는 합체하여 접합자를 형성할 배우자를 생산하는데, 접합자는 새로운 포자체로 발달하게 된다. 또한 포자체는 새로운 배우체로 될 수 있는 포자를 만든다. **따라서 유전정보는 세대교번을 통해 흐른다**(그림 16.10).

식물들 중에서 이끼와 그 밖의 다른 선태식물들은 보다 크고, 보다 뚜렷한 식물로서 배우체를 가진다는 점에서 독특하다. 식물에 대해 더 배우게 되면, 좀 더 발달된 세대로서 포자체가 크게 우세한 경우도 보게 될 것이다. ✓

✓ 체크포인트

모든 식물과 같이 선태식물은 세대교번을 포함한 생활사를 갖는다. 두 세대를 무엇이라고 부르는가? 선태식물에서 우세한 세대는 어느 것인가?

답: 배우체, 포자체; 배우체

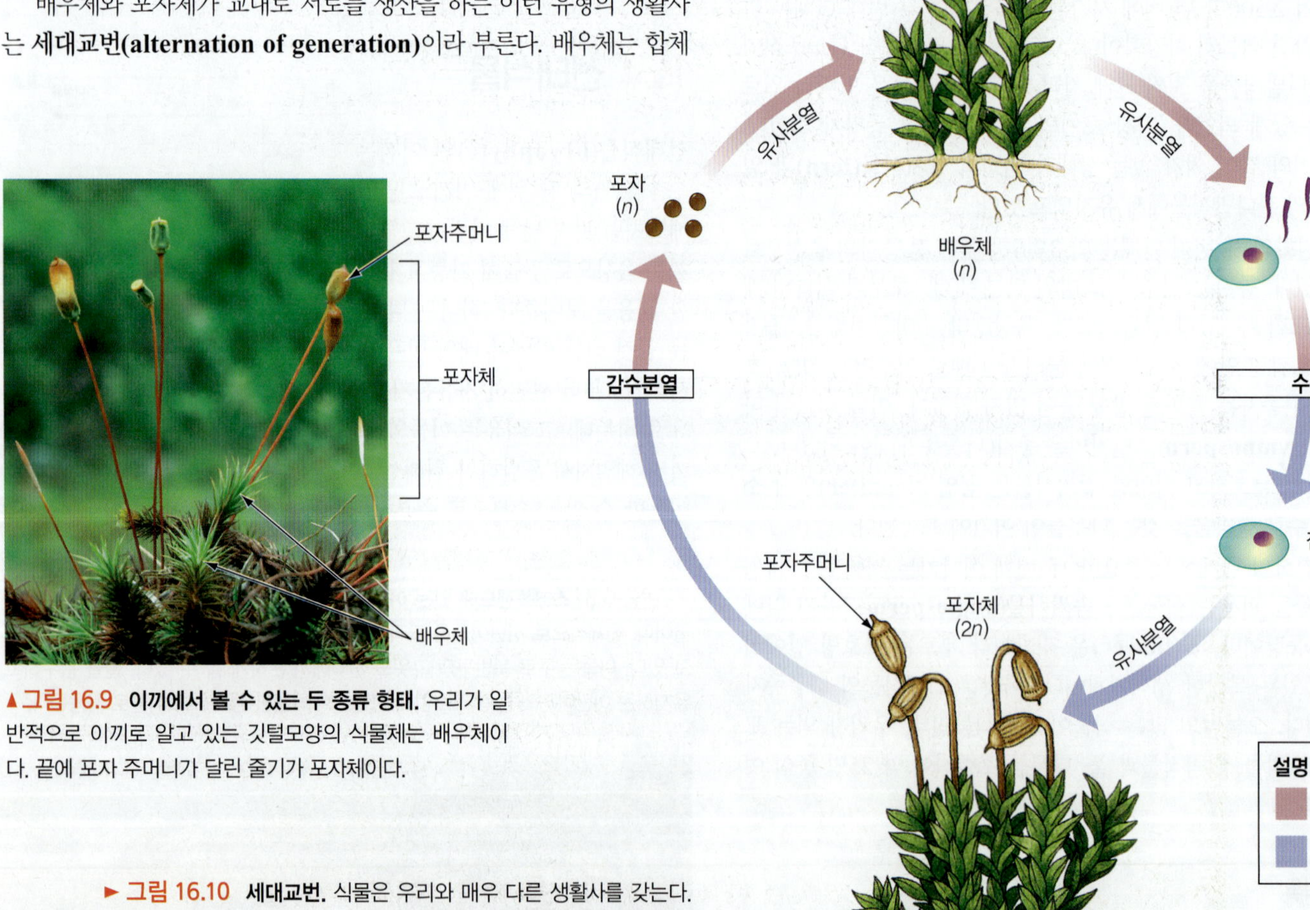

▲그림 16.9 **이끼에서 볼 수 있는 두 종류 형태.** 우리가 일반적으로 이끼로 알고 있는 깃털모양의 식물체는 배우체이다. 끝에 포자 주머니가 달린 줄기가 포자체이다.

► 그림 16.10 **세대교번.** 식물은 우리와 매우 다른 생활사를 갖는다. 우리 모두 이배체 개체이며, 거의 모든 동물과 마찬가지로 사람의 생활사에서 유일한 반수체 단계는 정자와 난자이다. 이에 비해 식물은 세대교번을 한다. 생활사에서 이배체($2n$) 개체(포자체)와 반수체(n) 개체(배우체)가 서로를 만들어낸다.

16.5 양치식물

선태식물
양치식물
겉씨식물
속씨식물

관다발조직의 진화로 양치식물(fern)은 이끼보다 더 다양한 서식지에 정착할 수 있게 되었다. 고사리는 단연 종자가 없는 가장 다양한 관다발식물인데, 현재 12,000종 이상이 알려져 있다. 하지만 고사리 정자는 이끼와 마찬가지로 편모를 가지며, 난자와 수정하기 위해 수막을 헤엄친다. 이들 중 많은 종이 미국의 온대삼림의 많은 숲에서 서식하기도 하지만, 대부분의 양치식물은 열대에 서식한다(그림 16.11).

지금부터 3억 년 전에서 3억 6천만 년 전인 석탄기에 원시 양치식물은 매우 다양하였던 무종자 식물의 일부이었고, 거대한 습지 숲을 이루며 오늘날의 유라시아와 북미 대륙을 덮고 있었다(그림 16.12). 이 식물들이 죽으면서 고여 있는 습지에 묻혀, 완전히 썩지 않게 되었다. 이들의 유해가 두꺼운 유기침적물을 형성하였다. 후에 바닷물이 습지로 넘쳐 들어와 해양침전물이 유기퇴적물 위에 쌓인 후 압력과 열이 점차적으로 가해지면서, 이탄은 석탄으로 바뀌게 되었다. 석탄은 화석화된 식물로 만들어진 검은 퇴적암이다. 석탄처럼 석유와 천연가스도 역시 오래전에 죽은 생물의 유해로부터 형성되었기 때문에, 이 셋을 모두 **화석연료(fossil fuel)**라고 부른다. 산업혁명 이후 석탄은 사람들에게 필요한 결정적인 에너지원이었다. 하지만 이들 화석연료를 태울 때, 세계기후를 변화시키게 된 CO_2와 그 밖의 다른 가스가 방출된다(그림 18.46 참조). ✓

불타고 있는 석탄은 약 3억 년 전에 살았던 식물이 포집했던 이산화탄소를 방출하고 있다.

▼그림 16.11 **양치식물(무종자 관다발식물).** 전경에 있는 이 고사리 종은 캘리포니아 주 레드우드국립공원의 숲 바닥에서 자라고 있다. 우리에게 친숙한 고사리는 포자체 세대이다. 우리가 숲을 천천히 걸으면서 조심스러운 손과 예리한 눈을 사용하면, 토양 표면 위나 바로 아래서 자라고 있는 작은 고사리 배우체(우상단)를 발견하게 될 것이다.

✓ **체크포인트**

양치식물이 이끼류보다 더 크게 생장하는 이유는?

답: 리그닌으로 단단해진 관다발조직은 양치식물이 더 크게 자라게 하고, 양분을 멀리까지 수송할 수 있게 해준다.

▼그림 16.12 **석탄기의 "석탄삼림".** 이 그림은 화석증거를 바탕으로 재구성된 거대한 무종자 삼림이다. 대부분의 커다란 나무는 오늘날에도 몇 종이 남아 있는 무종자의 관다발식물의 예전 그룹에 속한다. 나무 아래 바닥 쪽에 자라는 식물은 고사리이다.

16.6 겉씨식물

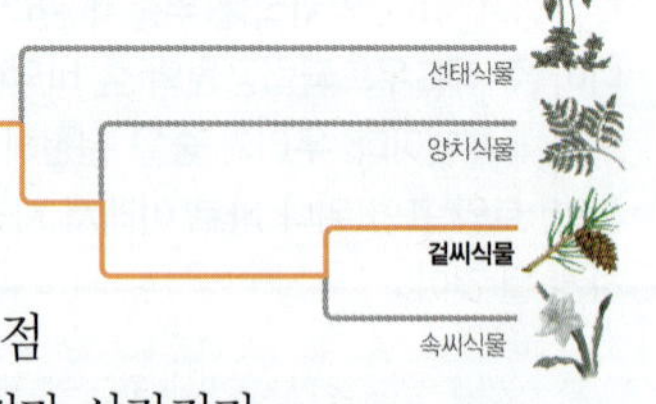

거의 석탄기 말기까지 북미와 유라시아 대륙은 "석탄 숲"으로 덮여 있었다. 이 시기에 지구의 기후는 점점 더 건조해지고 추워지면서 거대한 습지가 사라지기 시작하였다. 이러한 기후변화는 건조한 땅에서 길고 추운 겨울을 견뎌가며 생활사를 완성할 수 있는 종자식물에게 기회를 제공하였다. 최초의 종자식물들 중에서 겉씨식물(gymnosperm)이 가장 성공적인 것이었고, 몇몇 종류는 석탄기 습지에서 무종자 식물과 같이 살고 있었다. 이들 후손에는 솔방울을 맺는 식물, 즉 침엽수가 포함된다.

침엽수

가장 흔한 겉씨식물인 침엽수림을 가로지르며 산책이나 스키를 즐긴 적이 누구나 한 번쯤은 있을 것이다. 소나무, 전나무, 가문비나무, 노간주나무, 삼나무, 미국삼나무는 모두 침엽수이다. 엄청나게 넓은 영역의 침엽수림이 대부분의 북유라시아, 북미, 그리고 산악지역의 남쪽까지 펼쳐져 있다(그림 16.13). 노르웨이의 6,600헥타르 규모의 외브레파스빅 국립공원은 유럽 최북단의 가장 큰 침엽수림이다.

침엽수는 지구상에서 가장 키가 크고 거대하며 오래된 생명체이다. 미국의 북부 캘리포니아의 해안에 자생하는 미국삼나무가 세상에서 가장 키가 큰 나무인데, 키가 33층 건물 높이에 해당하는 110 m보다도 크다. 캘리포니아의 시에라네바다 산맥에 자라는 미국삼나무와 같은 계통인 세쿼이아 삼나무는 가장 덩치가 크다. 셔먼장군 나무로 알려진 것은 키가 84 m나 되고, 무게는 우주왕복선 12개를 합한 것보다 크다. 캘리포니아 침엽수의 또 다른 종인 브리슬콘 소나무는 현존하는 생물 중 가장 나이가 많은 생물이다. 최근에 발견된 것은 나이가 5,000살도 더 되었는데, 이는 인간이 역사 기록을 시작한 그 시기에도 벌써 젊은 나무로 살아가고 있었다.

▲그림 16.13 **북유럽 스웨덴에 있는 침엽수림.** 침엽수림은 지역의 유라시아와 북미의 북쪽에 광범위하게 퍼져 있는데, 이곳보다 많지는 않지만 남반구에서도 침엽수는 자란다.

거의 대부분의 침엽수는 일 년 내내 잎이 있는 상록수이다. 겨울동안에도 맑은 날에는 한정된 양이지만 광합성을 한다. 그리고 봄이 오면 침엽수는 잎이 이미 완전히 발육되어 있어, 더 많은 햇빛을 더 잘 이용할 수 있게 된다. 소나무와 전나무의 바늘모양 잎은 건조한 계절을 견디기에 적합하다. 잎은 두터운 큐티클로 덮여 있고, 기공은 움푹 들어간 곳에 위치하여 수분 손실을 감소할 수 있다.

침엽수림은 생산성이 매우 높다. 우리는 매일 이들로부터 얻은 생산품을 사용하고 있다. 예를 들면 침엽수는 우리에게 집을 지을 수 있는 많은 목재와 종이의 재료인 목재펄프를 제공한다. 목재라고 부르는 것은 사실 나무의 구조적 지지를 가능케 하는 리그닌을 지닌 관다발조직이 축적된 것이다.

종자식물의 육상적응

양치식물과 비교했을 때 겉씨식물은 부차적인 세 가지 적응, 즉 (1) 배우체의 크기 감소, (2) 꽃가루의 진화, (3) 종자의 발달로 인해 다양한 육지서식지에서 생존하게 되었다.

이배체 포자체 세대가 반수체인 배우체 세대에 비해 훨씬 크게 발달한 것이다(그림 16.14). 소나무나 다른 침엽수는 살아 있는 솔방울에 매우 작은 배우체를 가진 포자체이다(그림 16.15). 선태식물과 양치식

► 그림 16.14 **식물에서 세대교번의 세 가지 변형.**

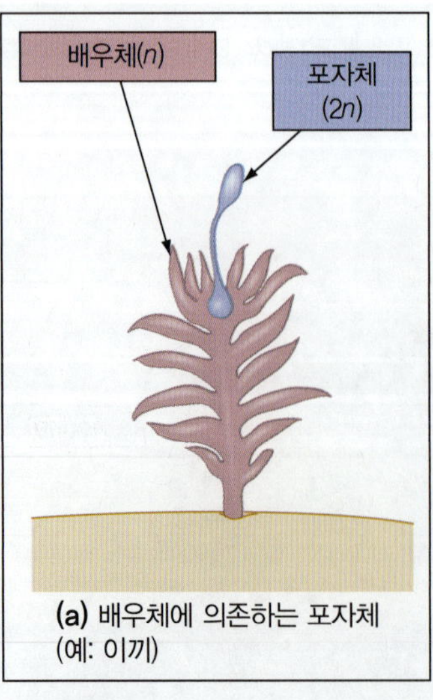

(a) 배우체에 의존하는 포자체
(예: 이끼)

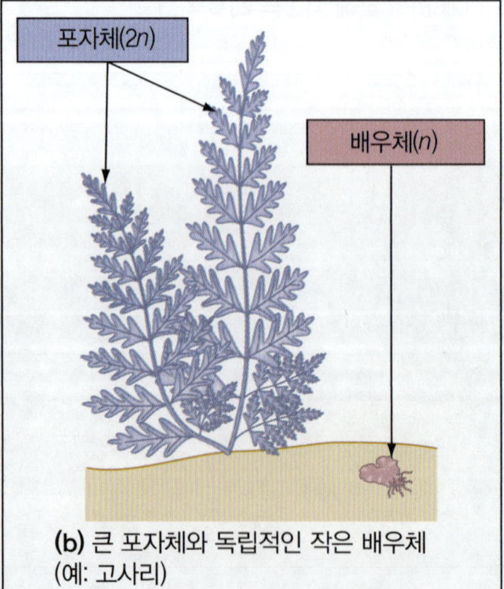

(b) 큰 포자체와 독립적인 작은 배우체
(예: 고사리)

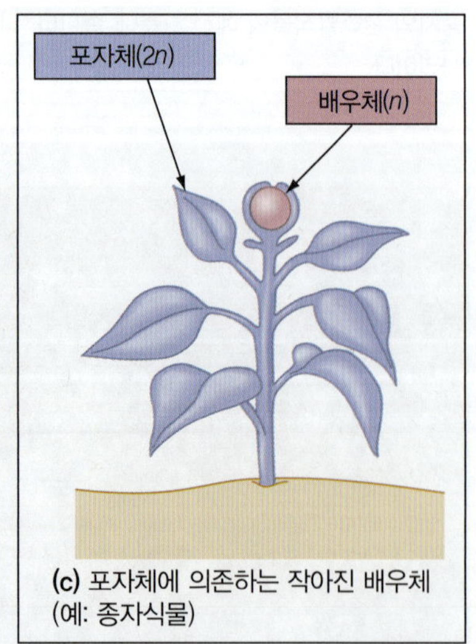

(c) 포자체에 의존하는 작아진 배우체
(예: 종자식물)

물과 비교해 보면 겉씨식물의 배우체는 부모 포자체 조직에 전적으로 의존하며 보호받는다.

건조한 땅에서 종자식물의 두 번째 적응은 꽃가루의 진화로부터 왔다. **꽃가루(pollen grain)**는 실제로 엄청나게 축소된 수컷 배우체인데, 이것은 장차 정자로 발달할 세포를 가지고 있다. 침엽수에서는 식물의 수컷 부분에서 식물의 암컷 부분으로 꽃가루가 전해지는 **수분(pollination)**은 바람을 통해 일어난다. 정자 운반의 이러한 메커니즘은 이끼와 양치류에서 헤엄치는 정자와 비교된다. 종자식물은 정자를 난자로 운반하는데 공기로 운반되는 단단한 꽃가루를 사용함으로써, 육상에서 커다란 성공을 거두고 식물의 다양성으로 이끈 육상적응을 할 수 있게 되었다.

종자식물의 세 번째 중요한 육상적응은 종자 그 자체이다. 종자(씨)는 보호껍질과 그 안에 영양물질로 둘러싼 식물의 배로 이루어져 있다. 종자는 암컷 배우체를 지닌 구조물인 **밑씨(ovule)**라는 구조물로부터 발달한다(그림 16.16). 침엽수에서 밑씨는 암화수의 인편에 달려 있다. 일단 부모 식물체에서 떨어져 나온 종자는 며칠, 몇 달, 심지어는 몇 년간 휴면상태로 지낸다. 적절한 환경이 조성되면 그때 종자는 **발아**하거나(**germinate**) 또는 싹틀 수 있으며, 그리고 배는 종자껍질을 뚫고 나와 어린 식물체가 된다. 어떤 종자는 부모 식물과 가까운 곳에 떨어지고, 다른 것은 바람이나 동물에 의해 먼 곳까지 운반된다. ✓

▼그림 16.15 배우체를 지닌 두 종류 솔방울을 가진 소포체 소나무. 암컷 솔방울의 잎 같은 구조인 비늘잎은 실제로 암컷 배우체를 지닌 밑씨라 부르는 구조를 가진 변형된 잎이다. 수컷 솔방울은 수컷 배우체인 꽃가루 수백만 개를 구름처럼 방출한다. 꽃가루 일부가 같은 종의 나무들에 있는 암컷 솔방울위에 떨어진다. 이 정자는 암컷 솔방울의 밑씨에 있는 난자를 수정시킬 수 있다. 밑씨는 결국 종자로 발달한다.

비늘잎

밑씨 생산 솔방울; 비늘잎은 암컷 배우체를 포함한다

화분생산 솔방울; 이들은 수컷 배우체를 생산한다

폰데로사 소나무

✓ 체크포인트

양치식물과 침엽수에서 정자의 이동양식을 비교하시오.

답: 양치식물의 편모를 가진 정자는 물을 통해 난자로 헤엄쳐 가서 만나는 반면, 침엽수의 꽃가루는 물을 지나갈 필요 없이 운송으로 전파된다.

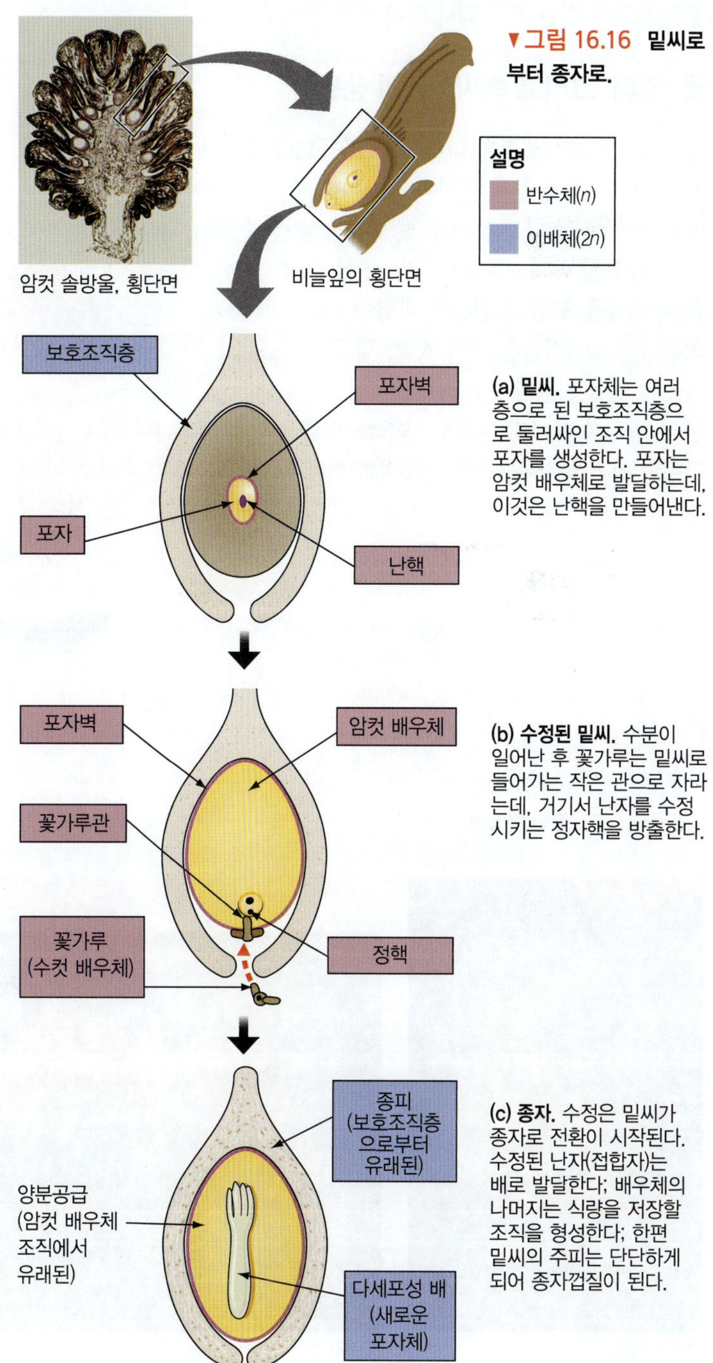

▼그림 16.16 밑씨로부터 종자로.

16.7 속씨식물

속씨식물(angiosperm)은 현대의 경관에서 지배적으로 나타난다. 약 700종에 불과한 겉씨식물에 비해, 속씨식물은 약 25만 종이 확인되었다. 몇 가지 독특한 적응은 속씨식물의 성공을 설명해 주고 있다. 예를 들면 관다발조직의 정교화로 겉씨식물보다 속씨식물에서 수분이동이 보다 효율적으로 이루어진다. 하지만 모든 육지적응 가운데서 속씨식물의 전대미문의 성공을 설명해 주는 것은 뭐니 뭐니 해도 꽃이다.

꽃, 열매, 그리고 속씨식물의 생활사

속씨식물의 생식생활은 다른 어느 생물보다 화려하다. 장미부터 민들레에 이르기까지 꽃은 생식의 장소이다. 이들의 화려함은 한 꽃에서 같은 종의 다른 꽃으로 꽃가루를 운반하는 곤충과 기타의 다른 동물 중개자를 유인한다. 초본과 많은 나무들을 포함해 수분을 바람에 의존하는 속씨식물은 보다 작고, 덜 화려한 꽃을 가진다. 이들 종에서 식물의 생식적 에너지는 바람 속으로 방출될 막대한 양의 꽃가루를 만드는데 배정한다.

꽃은 기저부에서 동심원에 부착된 변형된 잎을 받치고 있는 짧은 줄기이다(그림 16.17). 맨 바깥층은 통상 녹색인 **꽃받침(sepal)**으로 구성된다. 이들은 개화하기 전에 꽃을 감싸고 있다(녹색으로 감싸여 있는 장미꽃 봉오리를 생각해 보자). 꽃받침을 벗기면 그 다음 층은 **꽃잎(petal)**인데, 이것은 화려한 경우가 많아서 수분 매개자를 유인하는 화사한 구조물이다. 꽃잎을 떼어내면 수컷 생식기관인 **수술(stamen)**이 나타난다. 꽃가루는 각각의 수술 맨 위에 있는 주머니인 **꽃밥(anther)**에서 발달된다. 꽃의 중심부에는 암컷 생식기관인 **암술(carpel)**이 있다. 여기에는 한 개 또는 그 이상의 밑씨를 지닌 보호방인 **씨방(ovary)**을 포함하는데, 이 안에서 난자가 발달한다. **암술머리(stigma)**라 부르는 암술의 끈적끈적한 끝은 꽃가루가 달라붙게 만든다. 그림 16.18에서 보듯이 꽃의 기본구조는 아름다운 많은 변이들이 존재한다.

겉씨식물에서와 같이 속씨식물에서도 포자체가 우세하며, 배우체를 형성한다. 그림 16.19는 속씨식물의 생활사에서 핵심 과정을 강조하고 있다. ❶ 우리가 보는 꽃은 포자체 식물의 한 부분이다. 겉씨식물처럼 꽃가루는 속씨식물의 수컷 배우체이다. 암컷 배우체는 씨방의 방 안에 들어 있는 밑씨 안에 있다. ❷ 꽃가루가 암술머리에 내려앉게 되면, 꽃가루관이 밑씨 쪽으로 자라나게 되고, 그리고 ❸ 배낭 안에 있는 난자와 수정하게 될 정핵을

◄ 그림 16.17 꽃의 구조.

▼그림 16.18 꽃의 다양성.

부채선인장

금낭화

캘리포니아 양귀비

여름금어초(안젤로니아)

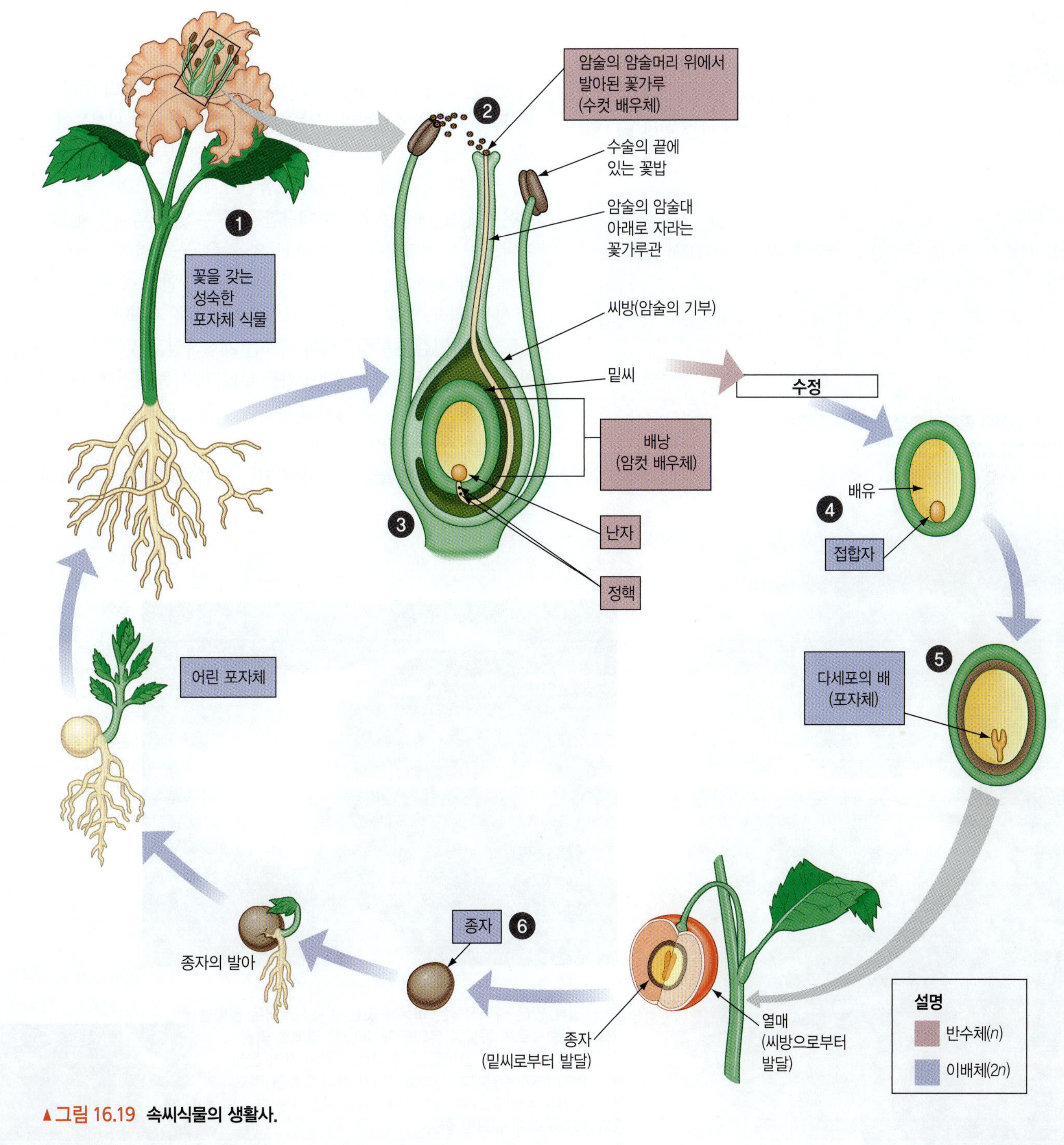

▲그림 16.19 **속씨식물의 생활사.**

방출한다. ❹ 이것은 접합자를 만들게 되며 ❺ 배로 발달하게 된다. 배를 둘러싸고 있는 조직은 자라나는 식물에 음식공급을 제공할 영양분이 풍부한 **배젖(endosperm)**으로 발달한다. ❻ 밑씨 전체가 종자로 발달하는데, 이들은 발아하여 또 다시 주기를 시작할 새로운 소포체로 발달한다. 씨방 내에 있는 종자를 둘러싼 상태가 벌거벗은 종자를 갖는 겉씨식물로부터 속씨식물을 구별하게 해주는 것이다.

열매(fruit)는 꽃의 씨방이 성숙한 것이다. 따라서 열매는 속씨식물에 의해서만 생산될 수 있다. 종자가 밑씨로부터 발달할 때, 씨방벽이 두터워지면서 종자를 감싸고 있는 열매를 형성한다. 완두의 꼬투리는 열매의 한 예인데, 이것은 완두종자(성숙한 밑씨, 완두콩)가 익은 씨방(꼬투리) 안에 들어 있는 것이다. 열매는 종자를 보호하고 퍼트리는 역할을 한다. 그림 16.20이 증명하듯 많은 속씨식물이 동물에 의존하여

이 사진에서 당근과 마늘을 제외한 나머지는 모두 과일이다.

종자를 퍼트리는데, 종종 이들은 동물의 소화관을 거쳐 가기도 한다. 뒤집어 생각해 보면 인간을 포함한 많은 육상동물들은 주된 식량 공급원으로 직간접적으로 속씨식물에 의존하고 있다. ✓

✓ 체크포인트

꽃의 주요 부분 네 가지는 무엇인가? 꽃가루 입자는 어디에서 발달되는가? 난자는 어디에서 발달되는가?

답: 꽃받침, 꽃잎, 수술, 암술; 수술 내에 있는 꽃밥; 암술 안에 있는 씨방

▼그림 16.20 열매와 종자의 분산. 서로 다른 열매는 서로 다른 분산 방법으로 적응되어 있다.

속씨식물과 농업

겉씨식물은 우리가 쓰는 대부분의 목재와 종이를 공급하는 반면, 속씨식물들은 소나 닭과 같은 가축이 먹는 사료뿐만 아니라 우리가 먹는 거의 모든 식량을 공급한다. 식물계의 90% 이상이 속씨식물이 차지하는데, 여기에는 밀과 옥수수 같은 곡물, 감귤나무와 기타의 다른 과일나무, 커피와 차, 그리고 목화가 포함된다. 토마토, 호박, 딸기, 오렌지와 같은 정원용 채소는 우리가 개량한 먹을 수 있는 열매를 제공하는 식물이다. 오크, 서양벚나무, 호두나무와 같은 꽃을 피우는 식물에서 생산된 품질이 좋은 단단한 재목은 침엽수로부터 얻는 목재를 보충한다. 또한 섬유, 약재, 향수, 장식용으로도 속씨식물을 재배한다.

초기의 인간은 야생종자와 열매를 채집하였을 것이다. 인간이 좀 더 확실한 식량자원을 갖기 위해 씨를 뿌리고, 식물을 경작하게 되면서 농업이 점점 발달되었다. 그리고 특정한 식물들을 키우기 시작하면서, 인간은 품질과 산출량이 증진된 품종을 선택하기 시작하였다. 이런 식으로 인공선택은 오늘날 우리가 즐기는 식물재료로 만드는 요리의 풍요로움을 가져왔다.

동물의 운반. 어떤 열매는 동물에 무임승차할 수 있게 적응되어 있다. 도꼬마리 열매는 개털에 부착되어 수 마일까지 운반된 후 종자가 벌어지고 방출된다.

동물의 섭취. 많은 속씨식물은 과육을 갖는 먹음직스러운 열매를 만들어 식량으로써 동물을 유인한다. 씨앗은 열매를 먹은 곳에서부터 어느 정도 떨어진 곳에 비료와 함께 자리 잡게 된다. 여기 보이는 말레이 사향고양이가 커피 열매를 먹고 있다. 알려진 바에 따르면 사향고양이의 소화효소는 그 종자(커피콩)에게 절묘한 향을 제공한다. 이와 같은 방법으로 "가공"된 커피콩은 코피루왁으로 알려져 있는데, 그 가격이 450그램당 60만 원(500달러)까지 간다.

바람에 의한 분산. 일부 속씨식물은 종자의 분산을 바람에 의존한다. 여기 박주가리가 비단 같은 낙하산(종피의 한 부분)에 의해 운반되는 종자를 대량 방출하기 위해 꼬투리를 열어 펼치고 있다.

16.8 재생불능 자원으로서의 식물다양성

공간과 자연자원의 수요를 갖게 만드는 지속적인 인구 증가로 인해 굉장히 빠르게 식물종이 사라져가고 있다. 문제는 세계의 동식물 종의 80%나 살고 있는 산림생태계가 특히 위험하다는 것이다. 인간은 수세기 동안 지속적으로 삼림벌채를 해왔다. 전 세계적으로 남아 있는 숲은 원래 숲의 25%도 안 되며, 미국의 경우는 10% 정도밖에 안 된다. 일반적으로 숲은 목재를 얻기 위해 베거나, 주거단지나 대규모 농경지를 마련하기 위해 개간된다(그림 16.21).

2000년부터 2015년까지 열대림의 약 1,020,000 km^2(텍사스주와 뉴멕시코주를 합친 면적보다 큰)가 거의 대부분 농경지 용도로 바뀌면서 사라졌다. 하지만 열대 국가들의 보전노력과 정부정책로 인해 2000년에서 2005년 까지는 매년 약 80,000 km^2였으나 2010년에서 2015년까지는 매년 56,000 km^2로 소실되는 속도가 줄어들었다.

열대림의 손실은 왜 중요한가? 숲은 생물다양성의 중심이 될 뿐만 아니라, 전 세계적으로 수백만의 사람들이 자신의 생계를 숲에 의존하고 있다. 실제적인 또 다른 이유는 열대림에서 나타나는 식물다양성의 손실에 관한 것이다. 120개 이상의 처방약물은 식물에서 얻은 물질로부터 만들어진다(표 16.1). 제약회사들은 식물을 사용하여 전통으로 내려오는 약제를 만들었던 지역민으로부터 이들 종의 대부분을 알게 되었다. 오늘날 연구자들은 신약을 개발하고, 또한 지역경제도 유익하게 만들 수 있는 동반자적인 관계에서 과학적 기술과 축적되어 온 현지 지식과의 접목을 모색하고 있다.

사람들이 삼림으로부터 이익을 얻기 위해 지속가능한 방법을 연구함으로써 부분적으로 과학자들은 식물다양성의 소실 속도를 낮추려는 일을 하고 있다. 이러한 노력의 목표는 이들을 손상시키지 않고도 자원으로써 삼림 이용을 실천할 수 있게 용기를 주는 것이다. 우리가 제안한 해답은 경제적으로 현실적이어야 하고, 열대우림에 사는 사람이 살아갈 수 있게 해주어야 한다. 그러나 만일 목표가 단기적 이득만을 추구한다면, 그 뒤에는 산림이 사라져버릴 때까지 파괴가 계속될 것이다. 우리는 우림과 그 밖의 다른 생태계를 천천히 재생될 수 있는 살아 있는 보고로 평가할 필요가 있다. 이렇게 생각할 때만이 우리가 미래를 위해 이들의 생물다양성을 보전하는 방법으로 이들을 다루어 나갈 수 있을 것이다.

이 장에서 식물에 대한 조사를 통해서 식물의 세계가 다른 육상생명과 얼마나 복잡하게 얽혀 있는지 알아보았다. 이제부터 식물과 함께 육상으로 진출한 다른 그룹의 생명, 즉 균계(균류)에 대해 살펴보기로 하자. ✓

▼그림 16.21 **우간다의 열대림과 경계를 마주하고 있는 경작지.** 브윈디 국립공원(오른쪽)은 생물다양성으로 명성이 자자한데, 전 세계적으로 남아 있는 마운틴고릴라의 절반이 이곳에서 살고 있다.

✓ 체크포인트

산림은 어떤 점에서 재생가능한 자원인가? 산림은 어떤 점에서 재생 가능한 자원이 아닌가?

답: 산림은 벌목에 의해 제거된 지역에서 새로운 나무가 성장할 수 있다는 점에서 재생가능하다고 할 수 있다. 하지만 영구적으로 파괴된 서식지는 대체될 수 없기 때문에, 따라서 산림은 지속가능한 방식으로 수확이 이뤄져야만 한다.

표 16.1 식물에서 얻는 의약품

화합물명	식물	용도
아트로핀	벨라도나 식물	안구 검사 시 동공 확장
디기탈린	디기탈리스	심장약
박하	야생민트	기침약의 원료, 소염제
모르핀	양귀비	진통제
퀴닌	퀴닌나무	말라리아 예방약
파클리탁셀(택솔)	태평양주목	난소암 치료제
튜보쿠라린	쿠라레나무	수술시 근육 이완제
빈블라스틴	빙카	백혈병 치료제

Source: Adapted from Randy Moore et al., *Botany*, 2nd ed. Dubuque, IA: Brown, 1998, Table 2.2, p. 37.

균류

균류(fungi)는 진핵생물이고 대부분 다세포인데, 그러나 많은 것들은 다른 어떤 생물과도 다른 몸의 구조와 생식 유형을 갖는다(그림 16.22). 그 모습에도 불구하고 버섯은 어떠한 식물보다도 우리와 더 가까운 관계라는 것이다! 분자생물학적인 연구를 통해 균류와 동물은 10억 년 전에 공통조상으로부터 유래되었다는 것을 나타낸다. 하지만 가장 오래된 확실한 균류 화석은 약 4억 6천만 년 된 것인데, 이것은 아마도 육상균류 선조는 현미경적 크기여서 별로 화석화되지 않았기 때문일 것이다. 균류를 연구하는 생물학자는 10만 종 이상 되는 것으로 이야기 하는데, 많게는 150만 종 정도가 될 것으로 추정한다. 균류의 분류는 진행 중인 연구영역이다.

균류란 말은 불쾌한 느낌을 준다. 목재를 썩게 만들고, 음식을 상하게 하고, 사람에게 무좀과 나쁜 질병을 발병시켜 괴롭힌다. 하지만 죽은 생물, 낙엽, 배설물, 그 밖의 다른 유기물을 분해시킬 수 있는 균류가 없다면 생태계는 붕괴하고 말 것이다. 균류는 생명에 꼭 필요한 화학원소를 다른 생명체가 동화할 수 있는 형태로 재순환시켜 환경에 다시 돌려보낸다. 앞에서 배웠듯이 거의 모든 식물은 토양에 있는 무기염류와 물을 흡수하는 것을 돕는 균류-식물의 연합체인 균근을 가지고 있다. 이러한 생태적 역할뿐만 아니라 균류는 수세기 동안 여러 방법으로 사람들이 이용해왔다. 우리에게 친숙한 여러 종류의 균류가 있는데, 이들은 버섯, 사상균, 효모이다. 우리는 균류를 먹고(예를 들면 일반 버섯과 매우 비싼 송로버섯), 항생제와 그 밖의 다른 의약품을 생산하기 위해 균류를 배양하고, 빵이 부풀어 오르게 반죽에 넣기도 하고, 여러 종류의 치즈를 만들기 위해 배양하고, 맥주나 포도주를 발효시키기 위해 이들을 이용한다. 이 절에서 모든 균류의 일반적인 특성을 알아본 다음, 이들의 광범위한 영향에 대해 알아볼 것이다. ✓

✓ 체크포인트

우리가 환경에서 균류로부터 이익을 얻는 세 가지 방법을 말하시오.

답: 균류는 죽은 생물을 분해하여 영양분을 재순환하는데 도움을 준다; 균근은 식물이 수분과 영양분을 흡수하도록 돕는다; 어떤 균류는 식품으로써 사용된다.

영지버섯. 이들은 숲의 바닥에 쓰러진 나무를 분해하여 영양분을 흡수하는 곰팡이의 생식구조이다. 녹색의 "잎"처럼 보이는 것은 『진화와 연결』에서 언급되었던 지의류이다.

"요정의 고리". 버섯을 생성하는 일부 곰팡이는 "요정의 고리"를 만드는데 이것은 밤새 잔디밭 위에서 나타난다. 고리는 균류의 몸체 주요부의 끝머리에서 발달되며 이것은 고리 안에서 미세한 섬유(균사)의 땅 밑 몸체 덩어리로 이루어져 있다. 땅 밑 곰팡이 몸체는 중심으로부터 바깥쪽으로 점점 자라나감으로써 요정의 고리의 직경은 매년 커지게 된다.

출아 효모. 효모는 단세포 곰팡이이다. 이 효모세포는 출아라고 부르는 과정을 통해 무성적으로 생식한다.

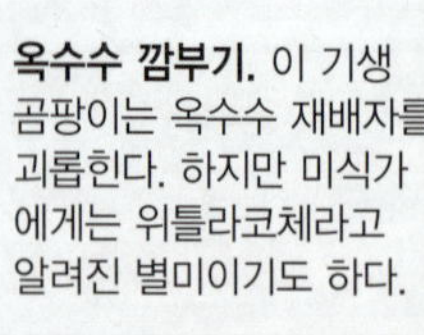

사상균. 사상균은 이들의 먹을거리 위에서 빠르게 자라는데 이것이 우리의 먹을거리일 때도 있다. 이 오렌지 위에서 자라 무성적으로 현미경적 포자의 사슬(안쪽 그림)을 만들어 생식을 하는데 이 포자는 공기를 통해 분산된다.

옥수수 깜부기. 이 기생 곰팡이는 옥수수 재배자를 괴롭힌다. 하지만 미식가에게는 위틀라코체라고 알려진 별미이기도 하다.

▲그림 16.22 **다양한 균류.**

16.9 균류의 특징

균류가 어떻게 영양분을 얻는지, 그 개요를 먼저 배운 다음 균류의 구조와 기능에 대해 알아볼 것이다.

균류의 영양

균류는 **흡수(absorption)**하여 양분을 얻는 종속영양생물이다. 이런 영양방식에서 작은 유기분자가 주변 매질로부터 흡수된다. 균류는 체외로 강력한 가수분해효소를 분비함으로써 먹이를 분해시킨다. 이 효소는 복잡한 화합물을 균류가 흡수할 수 있는 간단한 화합물로 분해한다. 균류는 쓰러진 통나무, 동물사체, 생물의 노폐물과 같이 살아 있지 않은 유기물질로부터 영양분을 흡수한다.

균류의 구조

대부분 균류의 몸체는 가는 실처럼 생긴 **균사(hyphae**, 단수는 *hypha*)로 이루어져 있다. 균류의 균사는 원형질막과 세포벽에 둘러싸인 세포질의 미세한 실이라고 볼 수 있다. 균류 세포벽은 식물의 셀룰로오즈 세포벽과는 다르다. 대부분 균류의 세포벽은 주로 키틴으로 이루어져 있는데, 이것은 강하면서도 유연한 다당류이며, 곤충의 외골격에서도 역시 발견된다. 대부분의 균류는 다세포 균사를 갖는데, 이것은 구멍이 있는 격막에 의해 여러 세포로 나뉘어져 있다. 대부분의 균류에서 세포와 세포 사이의 통로는 리보솜과 미토콘드리아, 심지어는 핵까지도 이동이 가능하다.

균류의 균사가 반복적으로 가지를 쳐서, 균류는 영양을 흡수하는 구조인 **균사체(mycelium**, 복수 *mycelia*)라고 부르는 서로 얽힌 네트워크를 형성한다(그림 16.23). 균류 균사체는 우리 눈에는 잘 안 띄는데, 그 이유는 이들은 통상 땅 속에 있기 때문이며, 한편 아주 거대할 수도 있다. 오리건 주에서 발견된 균류 균사체는 직경이 5.5 km 그리고 분포된 면적이 2,200에이커에 달했다. 이 균류는 최소한 2,600살이 넘었고 몸무게가 수백 톤에 달하는데, 지구상에서 가장 오래되고 가장 큰 생물 중의 하나로 그 자격을 부여받을 수 있다.

분해되고 흡수될 유기물질과 혼합됨으로써 균류 균사는 먹이원과 접촉한다. 비옥한 유기토양 한 양동이에는 약 1 km 정도의 균사가 있다. 그리고 균류의 균사체는 매우 빠르게 성장하여 먹이 내부에 까지도 균사체를 만들어 넣는다. 많은 균류는 운동성이 없어서 먹이를 찾기 위해 달리거나 헤엄치거나 날아갈 수 없다. 그러나 균사체는 운동성은 없지만, 대신 균사의 끝을 재빠르게 신장시킴으로써 새로운 영역으로 진출할 수 있다. ✓

> **✓ 체크포인트**
>
> 비이동성 곰팡이가 가까이 그리고 멀리에 있는 새로운 영토를 어떻게 점령해 나갈 수 있는가?
>
> 답: 비이동성 균사체는 균사의 끝을 신장시킴으로써 확장할 수 있으며, 다른 한편 포자는 생식구조에서 방출되어 바람이나 물에 의해 운반될 수 있다.

균류의 생식

버섯 피자를 먹고 있다면 여러분은 균류의 생식기관을 간식으로 먹는 것이 된다.

그림 16.23에 있는 버섯은 실제로 단단하게 뭉친 균사로 이루어져 있다. 버섯은 땅 속 균사체로부터 생긴다. 균사체가 흡수를 통해 유기물질로부터 먹이를 얻는 한편, 버섯이 하는 기능은 생식을 하는 것이다. 포자의 전파를 동물에 의존하는 송로버섯과는 달리, 버섯은 바람으로 포자를 전파시키기 위해서 지상부로 불쑥 올라와 있다.

균류는 유성적으로 또는 무성적으로 만들어진 반수체 포자를 방출함으로써 생식을 한다. 포자의 방출은 깜짝 놀랄 정도로 신기하다. 예를 들면 어떤 균류의 생식구조인 주머니는 수조 개의 포자를 포함하는 포자구름을 분출할 수 있다. 포자는 바람이나 물로 쉽게 운반되어 먹이가 있는 습한 곳에 정착하게 되면 균사체를 생성하기 위해 발아된다. 따라서 포자는 새로운 지역으로 분산되고, 균류의 많은 종이 넓은 지리적 분포를 가지는 이유가 설명된다. 공기로 전파되는 균류 포자는 지상 160 km 지점에서도 발견된다. 집에 가서 만약 빵 한 조각을 1주 정도 놓아두면, 주변의 공기에서 낙하한 보이지 않은 포자로부터 자란 엄청난 균사체를 관찰할 수 있을 것이다.

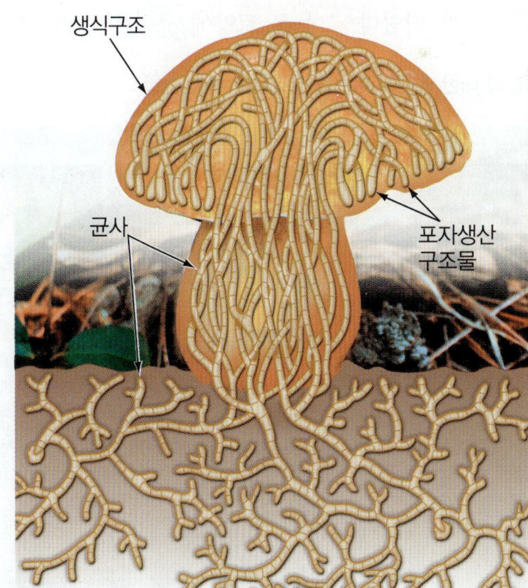

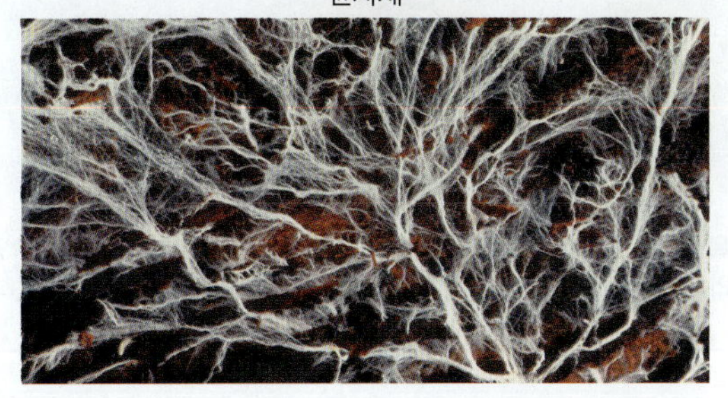

◀ 그림 16.23 **균류 균사체.** 버섯은 실제로 땅속에는 훨씬 더 많은 균류의 균사체로부터 위쪽으로 뻗어 나온 단단히 뭉쳐진 균사로 이루어져 있다. 사진에서는 유기물 찌꺼기를 분해하는 목화솜처럼 생긴 균사체를 보여준다.

과학연구의 과정 식물-균류의 상호작용

무엇이 소나무를 죽게 만들었나?

배경

1932년 푸에르토리코에는 넓은 면적의 낡은 농지와 약간의 현금만 있었다. 토양은 더 이상 평범한 작물을 재배할 수 없었고 침식 위험에 처해 있었다. 나무가 자라게 만드는 것이 완벽한 해결책처럼 보였다. 나무는 토양을 안정시키고, 종이나 가구 또 건축자재로도 사용될 수 있다. 토종 나무는 시장가치가 낮기 때문에 미국 산림청은 보통 영양이 부족한 토양에서도 빠르고 번창하게 자라며 관리가 거의 필요 없는 소나무를 도입하기로 결정했다. 따뜻하고 축축한 미국 남동부의 소나무 종이 푸에르토리코의 조건과 잘 들어맞아 선택되었다. 이들 나무의 씨앗은 싹을 틔웠고 그 묘목은 10 cm 정도까지 자랐다. 그리고 그들은 죽었다. 질병이나 곤충 손상의 징후는 없었지만 나무 중 어느 것도 묘목 단계를 넘어서지 못했는데 아무도 그 이유를 알 수 없었다.

연구자들은 20년 동안 90번이 넘는 실험을 수행하여 그 미스터리를 풀려고 노력했다. 그들은 많은 종류의 비료, 토양, 물주기를 시도하였다. 이들은 전 세계 27종의 소나무 종을 시험했다. 하나만 제외하고 나머지 모든 시도가 실패했다. 성공적인 실험실 실험에서 연구원들은 다른 소나무 숲에서 수집한 균근으로 묘목을 처리했다. 이 실험 결과는 과학자들에게 중요한 단서가 되었다. 그들은 토양에 균근을 첨가하면 푸에르토리코에서 소나무의 성장이 향상될 것이라고 가설을 세웠다.

방법

1955년 연구원들은 푸에르토리코의 실험장에 미송(slash pine) 모종을 심었다. 그들은 한 군의 소나무에 북캐롤리나 소나무 숲의 토양에서 수집한 균근 균류로 처리했다. 나머지 소나무는 대조군으로 사용되었다. 균근을 첨가하는 것은 소나무 주변의 토양을 교란시키는 것인데, 따라서 대조군 소나무의 절반 주위의 토양은 같은 방식으로 처리하여 교란시켰다. 다른 대조군 소나무는 교란시키지 않은 채로 두었다(그림 16.24a).

결과

대조군 소나무의 36%만이 살아남았으며, 4년 동안 실험한 대조군 나무의 어느 것도 크게 성장하지 못했다(그림 16.24b). 이에 비해 균근이 처리된 소나무의 85%가 생존하였으며, 이 소나무들은 잘 자랐다. 오늘날 균근의 도움으로 자란 소나무 숲은 푸에르토리코에서 번성하여 야생생물의 서식지를 제공하고 침식과 폭풍으로부터의 보호와 경제적 이익을 제공하고 있다(그림 16.24c). 여기에 기술된 실험과 그 이후의 연구의 결과, 소나무가 재배되는 모든 곳에서 균근을 추가하는 것이 일반적인 관행이 되었다.

과학자처럼 생각하기

과학자들은 왜 두 개의 대조군를 사용하였는가? 하나는 교란시킨 토양이고 다른 하나는 교란시키지 않은 토양인가?
답은 부록 C를 참조.

▼그림 16.24 소나무 생장에 대한 균근의 이점을 검정하기 위한 실험.

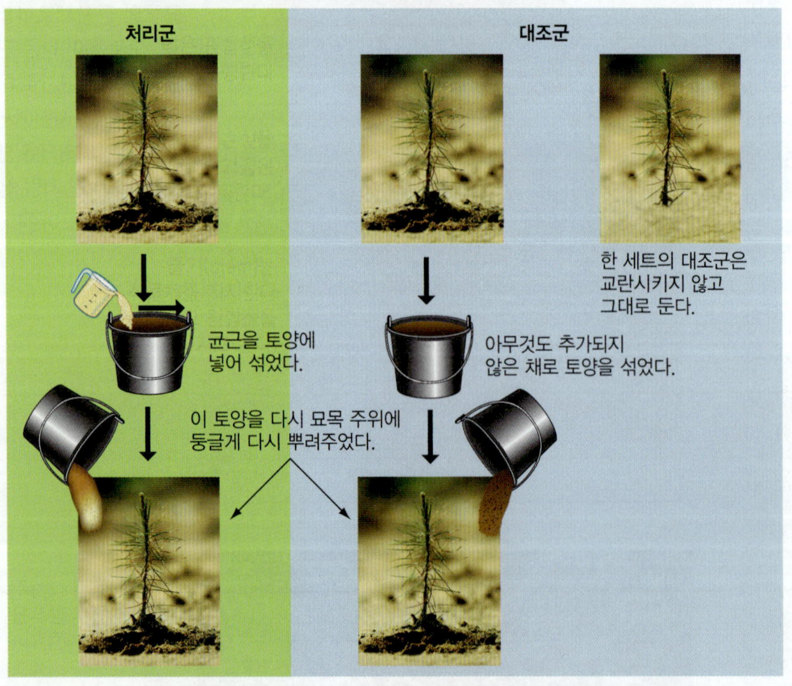

(a) **실험군.** 한 군의 묘목은 토양을 교란하는 절차인 균근으로 처리되었다. 대조군 묘목은 균근으로 처리되지 않았다. 대조군의 절반은 토양을 교란시켰다. 나머지 다른 절반은 교란시키지 않았다.

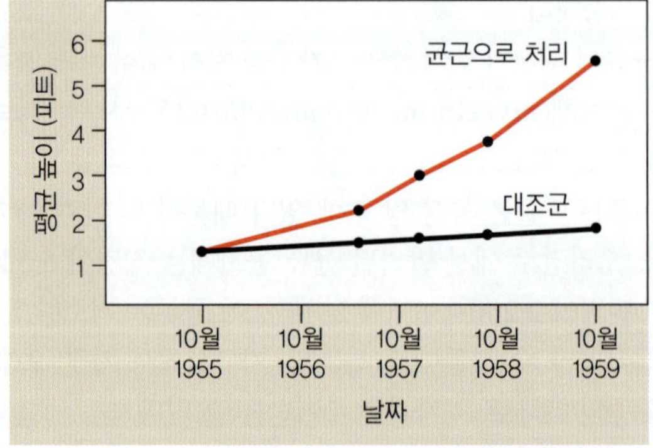

(b) **결과.** 대조군 소나무에 비해 균근 균류로 처리된 소나무는 훨씬 잘 자랐다. (교란시킨 대조군과 교란시키지 않은 대조군은 함께 묶었다.)

(c) 푸에르토리코의 소나무 숲

16.10 균류의 생태적 영향

식물과 균류가 육상으로 진출한 후 지금까지 균류는 육상생태계에서 매우 중요한 역할을 하고 있다. 사람과 수많은 상호작용을 포함해 균류가 어떻게 엄청난 생태적 영향을 계속 미치고 있는지 몇 가지 예를 알아보자.

분해자로서 균류

균류와 세균은 생태계가 식물생장에 꼭 필요한 무기영양원을 계속 비축할 수 있게 해주는 으뜸가는 분해자이다. **분해자의 이러한 중요 역할은 생물계 내에서의 상호작용의 예가 된다.** 분해자 없이는 탄소, 질소, 그 밖의 다른 원소들이 살아 있지 않은 유기물에 축적되어 있을 것이다. 이를 먹이로 하는 식물과 동물은 토양으로부터 원소가 순환되어 돌아오지 않는다면 결국 굶어 죽게 된다.

균류는 유기물질의 분해자로서 잘 적응하고 있다. 이들의 침입 균사는 죽은 생물의 세포와 조직 안으로 들어가 식물 세포벽의 섬유소를 포함한 중합체를 소화한다. 세균과 협력해서 이루어지는 균류의 천이와 어떤 환경에서는 무척추동물이 유기물 쓰레기를 완전히 분해해 낸다. 잎이 떨어지거나 곤충이 죽자마자 공기 중에 엄청난 균류의 포자가 이들 위를 덮고 균사를 안으로 침투시킨다.

삼림 쓰레기나 분변을 분해하는 균류는 박수갈채를 보낼 만하지만, 그러나 사상균이 음식이나 샤워용 커튼을 공격할 때는 이야기가 달라진다. 매년 세계에서 생산되는 과일 중 상당한 양이 균류의 공격으로 인한 손실을 입고 있다. 그리고 목재를 분해하는 균류는 참나무에서 떨어진 가지와 참나무로 만든 배를 구분하지는 않는다. 미국 독립전쟁 동안 영국군은 적의 공격에 의해서보다도 균류로 인해 썩어 잃게 된 배가 더 많았다.

기생성 균류

기생성은 두 종이 서로 접촉하여 살면서 한 종은 이득이 되고 다른 한 종은 손해를 보는 관계를 말한다. 기생성 균류는 살아 있는 숙주의 세포나 체액으로부터 영양분을 흡수한다. 현재까지 알려진 10만 종의 균류 중에서 약 30%가 살아 있는 생명체의 기생체이다.

약 500종의 균류가 인간과 그 밖의 다른 동물에 기생하는 것으로 알려져 있다. 콕시디오이데스증 또는 계곡열이라 불리는 이 불가해한 질병은 어떤 사람들에게는 치명적인 병이 되고, 다른 사람에게는 가벼운 독감 정도의 증상만 일으킨다. 사람들은 미국 남서부의 토양에 사는 균류의 포자를 흡입할 때 이 병에 걸린다. 최근 몇 년 동안 연구자들은 보고된 계곡열 사례에서 아마도 기후 패턴의 변화나 전에 균류가 서식하였던 시골의 개발로 인한 어떤 상승세에 주목했다. 덜 심각한 균류 질환에는 효모의 질감염과 피부에 원형의 빨간 부스럼이 나타나는 백선이 있다. 백선 균류는 거의 모든 피부 표면을 감염시킬 수 있는데, 굉장히 가려우며 때로는 물집이 생기기도 한다. 어떤 종은 발을 공격해 무좀이 생기게 한다. 또 다른 종은 완선이라고 알려진 아픔을 준다.

▼그림 16.25 식물에 병을 일으키는 기생성 균류. 네덜란드 느릅나무병을 유발하는 기생성 곰팡이는 유럽종의 느릅나무와는 함께 진화하여서 이들에게는 비교적 해를 주지 않는다. 그러나 1926년 우연히 미국에 들어온 이래로 이 곰팡이는 미국 느릅나무에게는 매우 치명적이었다.

균류 기생균의 대다수는 식물에 감염된다. 한때 숲, 들, 도시의 거리에서 쉽게 볼 수 있었던 미국 밤나무와 미국 느릅나무는 1900년대에 균류 전염병으로 황폐화되었다(그림 16.25). 또한 균류는 위험한 농업 해충이라고도 볼 수 있으며, 그리고 식량작물을 공격하는 일부 균류는 사람에게도 독성을 띠기도 한다.

16.11 균류의 상업적 이용

우리의 논의를 질병에 관한 설명으로만 끝맺기에는 균류의 입장에서 보면 공정하지 못할 수도 있다. 균류는 분해자로서의 긍정적인 역할뿐만 아니라 사람에게 실질적으로 많이 이용된다.

우리 대부분은 지하 균류의 생식구조인 버섯을 섭취한다는 사실도 모른 채 버섯을 먹는다. 여러분의 단골 식료품점에는 흔한 양송이버섯과 함께 아마도 큰송이버섯, 표고버섯, 굴버섯을 구비해 놓고 있을 것이다. 여러분이 버섯요리를 좋아하는 경우라면, 풍부한 영양분에 파묻혀 있는 균사체가 든 버섯 "정원"을 사서 집에서 버섯을 쉽게 키울 수도 있을 것이다. 일부 애호가들은 들과 숲에서 식용 버섯을 채집한다(그림

16.26). 하지만 전문가가 아니면 야생 버섯을 함부로 먹지 않아야 한다. 일부 독버섯은 식용버섯과 비슷하게 생겼으며, 초보자가 이들을 구분해낼 수 있는 간단한 방법은 없다.

다른 균류는 식품 생산에 사용된다. 로크포르 치즈와 블루치즈를 포함하는 독특한 향을 내는 어떤 치즈는 이들을 숙성시키는데 사용된 균류에서부터 온다. 그리고 사람들은 알코올음료를 생산하고, 빵을 부풀리게 하려고 수천 년 동안 효모(단세포 균류)를 사용해 왔다(그림 6.15 참조).

마찬가지로 곰팡이는 의학적으로도 가치가 있다. 일부 곰팡이는 세균성 질병을 치료하는데 사용되는 항생물질을 만들어낸다. 사실 맨 처음 발견된 항생제는 흔한 사상균인 페니실리움(*Penicillium*)이 만들어 내는 페니실린이다(그림 16.27). 또한 연구자들은 항암제로 가능성을 엿보이는 균류의 생산물에 대해서도 조사하고 있다.

▼그림 16.26 **식용균류.**

나무에 붙은 닭. 이 살이 두툼한 이 선반균류는 닭고기 맛이 난다고 한다.

살구버섯. 미식가를 위한 요리용 버섯은 흙냄새와 놀라운 질감으로 인해 주방장에게 높은 평가를 받고 있다.

거대한 말불버섯. 엄청난 이들 균류는 직경이 60 cm보다 더 크게 자랄 수 있다. 이들은 포자가 형성되기 전에 미성숙하였을 때에만 먹을 수 있다. 주의: 치명적인 균류가 종종 작은 말불버섯을 닮았다.

약품과 식품의 원천으로서, 또한 분해자로서, 그리고 균근에서는 식물의 파트너로서, 곰팡이는 지구상의 생명에게는 없어서는 안 될 역할을 수행해 나간다. ✓

✓ 체크포인트

1. 무좀이란 무엇인가?
2. 균류가 자기 자신의 본래 자연환경에서 생산하는 항생제의 기능은 무엇이라 생각하는가?

답: 1. 무좀은 발의 피부에 백선 균류가 감염된 것이다. **2.** 항생물질은 균류의 영양분과 그 밖의 다른 자원을 놓고 경쟁하는 미생물, 그 중에서도 특히 세균의 생장을 방해한다.

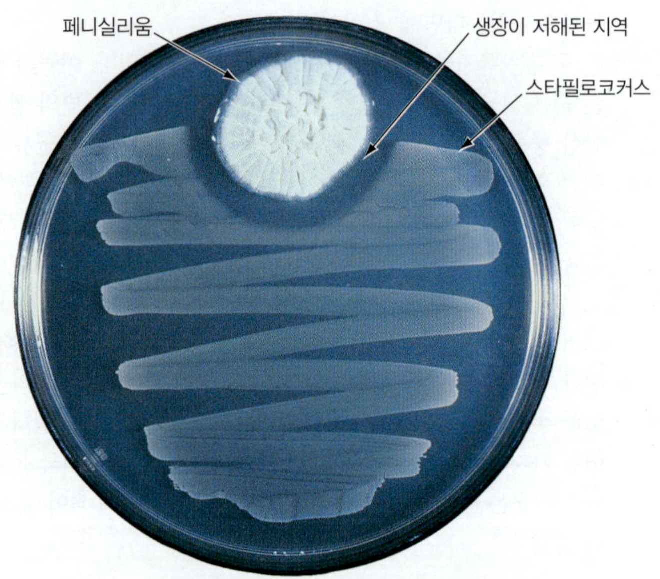

▲그림 16.27 **균류의 항생물질 생산.** 페니실린은 잘 알려진 사상균인 페니실리움(*Penicllium*)에 의해 만들어진다. 이 배양접시에서 사상균과 생장 중인 스타필로코커스(*Staphylococus*) 세균 사이의 투명 영역은 페니실리움이 만든 항생제가 그 세균의 생장을 저해한 곳이다.

진화와 연결 식물-균류의 상호작용

선구적인 협동

진화는 꼭 개별 종의 기원과 적응만을 말하는 것은 아니다. 종들 사이의 관계 역시 진화적 산물이다. 특히 이 장에서 배우고 있는 균류와 식물뿌리의 공생적 연합(균근)이 생명의 육상진출을 가능케 하였다.

우산이끼(liverwort)(그림 16.28)는 눈에 잘 띄지 않아 주목하지는 못했겠지만 이들의 조상이 4억 7천만 년 전 육지에 정착한 만든 최초의 식물 중 하나였다. 이끼와 마찬가지로 우산이끼는 선태류로 알려진 비관다발식물 군에 속한다. 이들의 이름은 태양 수집기로 작용하는 평평한 잎 같은 구조의 모양에서 유래했는데, 초기 식물학자에게 이것이 꼭 간(liver) 모양처럼 보였다. (“wort”는 “식물”을 의미하는 고대 영어 단어에서 유래된 것이다.) 우산이끼의 단순한 뿌리 같은 구조는 하나의 세포로 구성되어 물과 영양소를 수집하는 능력이 제한된다. 이 장의 앞부분에서 배운 것처럼 균류는 자원을 흡수하는 영역을 크게 확장해 나간다. 우산이끼와 팀을 이루는 균류가 아마도 토양에 살고 있었을 것인데, 토양에는 흡수할 수 있는 고에너지 분자가 거의 없었다. 육상에 진출할 동안의 조건에서는 토양에는 영양분이 부족했지만 공기에는 CO_2가 풍부했기 때문에 이 파트너십에 특히 적합했다. 물과 이산화탄소는 광합성을 위한 원료를 제공한다. 농부가 요리사에게 두 가지 모두를 위한 식재료를 제공할 수 있듯이 균류와 우산이끼는 승리하는 팀을 만든다. 그리고 식물과 균류가 죽고 분해됨에 따라 영양소가 풍부한 토양이 만들어져서 쇄도해 들어오는 다음 이민자들을 위해 더 좋은 땅을 만들게 된다.

원생생물과 식물 다음으로, 균류는 지금까지 배워왔던 진핵생물의 세 번째 군이다. 네 번째 군이며 진핵생물 중 가장 다양한 군이고, 다음 장의 주제인 동물 역시 이들과 마찬가지로 원생생물 조상으로부터 진화해왔음을 암시하는 강력한 증거들이 있다.

► 그림 16.28 **우산이끼.** 균류와의 공생관계는 초기 비관다발식물이 육지에 정착하는 데 도움이 되었다. 균근 균류는 광합성 파트너로부터 음식을 받는다. 균류는 대신 우산이끼가 물과 무기염류를 흡수하는 데 도움이 된다.

복습

주요 개념의 요약

육상정착

16.1 식물의 육지적응

식물은 육상생활에 적응한 다세포 광합성 진핵생물이다.

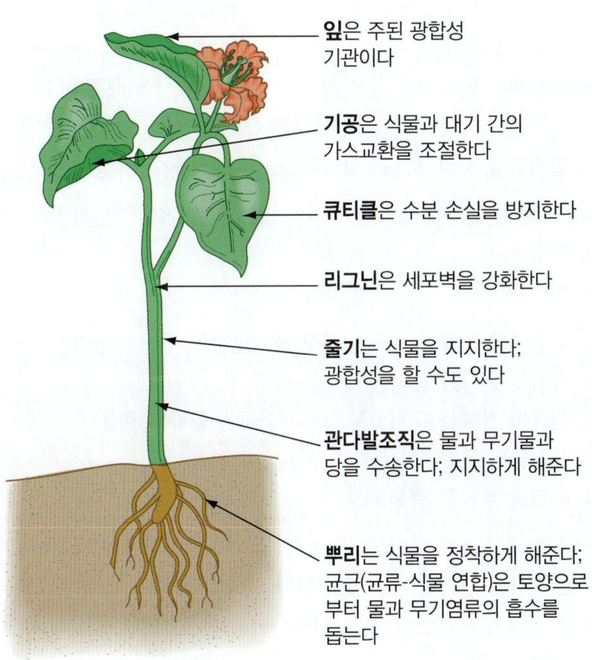

16.2 녹조류로부터 유래된 식물

식물은 차축조류라 부르는 다세포 녹조류의 그룹으로부터 진화했다.

식물다양성

16.3 식물진화에서 주요사건

식물진화의 네 시기는 주요 식물그룹에서 육지적응에 의해 나타난다.

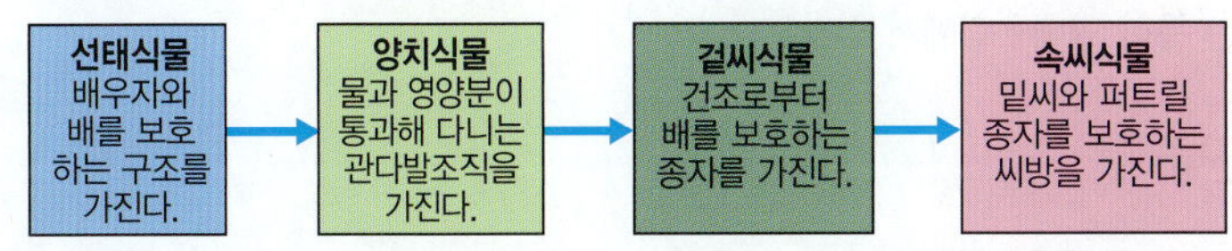

16.4 선태식물

가장 잘 알려진 선태식물은 이끼류이다. 이끼는 육지적응의 두 열쇠를 보여주는데, 하나는 탈수를 방지하는 왁스 큐티클이고 다른 하나는 암컷식물의 몸체 안에서 배를 발달시키는 것이다. 이끼는 대부분 습한 환경에서 흔히 서식하는데, 그 이유는 이들의 정자가 난자로 헤엄쳐가야 하기 때문이고, 그리고 세포벽에는 리그닌이 없어 큰 키의 상태로는 서 있을 수 없기 때문이다. 선태식물은 생활사 중에서 배우체가 우세한 특이한 식물군이라고 할 수 있다.

16.5 양치식물

양치식물은 관다발조직은 있으나 씨는 없는 식물인데, 그러나 여전히 난자에 수정하기 위해 편모를 가진 정자를 사용한다. 석탄기 동안에 많은 거대 양치류들이 있었으며, 이들은 유기

물로 두껍게 축적되어 나중에 점차 석탄으로 변하였다.

16.6 겉씨식물

석탄기 말엽 건조하고 추운 기후는 처음으로 씨를 맺는 식물로의 진화로 이끌었다. 침엽수 같은 겉씨식물이 가장 성공적이었다. 두꺼운 큐티클과 함입된 기공을 가진 바늘모양의 잎은 건조한 조건에 대한 적응이다. 침엽수와 대부분의 다른 겉씨식물은 세 가지의 부가적인 육지적응을 가지고 있다: (1) 반수체 배우체가 더욱 작아지고, 이배체 포자체가 더욱 크게 발달한 것과, (2) 운반시 물이 필요치 않은 정자를 가진 꽃가루와, (3) 보호껍질 안에 공급식량으로 둘러싸여 있는 식물 배로 이루어진 종자이다.

16.7 속씨식물

속씨식물은 우리의 거의 모든 식량과 옷감의 원료인 섬유를 공급한다. 꽃의 진화와 좀 더 효율적인 물의 수송이 속씨식물의 성공을 도왔다. 우세한 시기는 꽃이라는 배우체를 지닌 포자체이다. 암컷 배우체는 밑씨 안에 있으며, 이것은 또 씨방의 주머니 안에 들어 있다. 암컷 배우체에 있는 난자의 수정으로 배우체를 만들며, 이것은 배로 발달하게 된다. 밑씨 전체가 종자로 발달한다. 씨방 안에서 종자의 봉입이 노출된 종자를 갖는 겉씨식물로부터 속씨식물을 구별하는 차이점이다. 열매는 꽃이 익은 씨방을 일컫는 것이다. 열매는 종자를 보호하고 이를 널리 퍼뜨리는데 도움을 준다. 속씨식물은 동물의 주요 식량 공급원인데, 한편 동물은 식물의 수분과 종자의 전파를 돕는다. 농업은 식물, 인간, 그 밖의 다른 동물 사이의 독특한 종류의 진화적 관계를 이룬다.

16.8 재생불능 자원으로서의 식물다양성

공간과 자연 자원에 대한 인간 활동의 수요를 충족하기 위한 삼림벌채는 전례 없는 속도로 식물종의 멸종을 일으키는 원인이 되고 있다. 이런 문제는 특히 열대우림에서 심각하다.

균류

16.9 균류의 특징

균류는 단세포 또는 다세포 진핵생물이며, 이들은 화학종속영양체로서 먹이를 외부에서 분해시켜 그 영양분을 흡수한다. 이들은 식물보다는 동물과 더 가까운 근연관계를 갖는다. 균류는 실같이 생긴 균사의 덩어리로 이루어져 있는데, 이것은 균사체를 형성한다. 균류의 세포벽은 주로 키틴으로 이루어졌다. 대부분의 균류는 비록 움직일 수 없지만, 균사는 끝부분을 생장시켜 새로운 영역으로 진출함으로서 빠르게 성장한다. 버섯은 땅 속 균사체로부터 뻗어 나온 생식구조이다. 균류는 유성적으로 또는 무성적으로 만들어진 포자를 퍼뜨림으로써 생식하고 퍼져나가게 된다.

16.10 균류의 생태적 영향

균류와 세균은 생태계에서 주된 분해자이다. 많은 사상균이 열매, 나무, 인공물질을 분해시킨다. 약 500여 종의 균류가 사람과 동물에 기생하는 것으로 알려져 있다.

16.11 균류의 상업적 이용

균류는 음식으로서, 제빵과 주조와 와인 생산에서, 그리고 항생제 제조에서와 같이 경제적으로 중요하다.

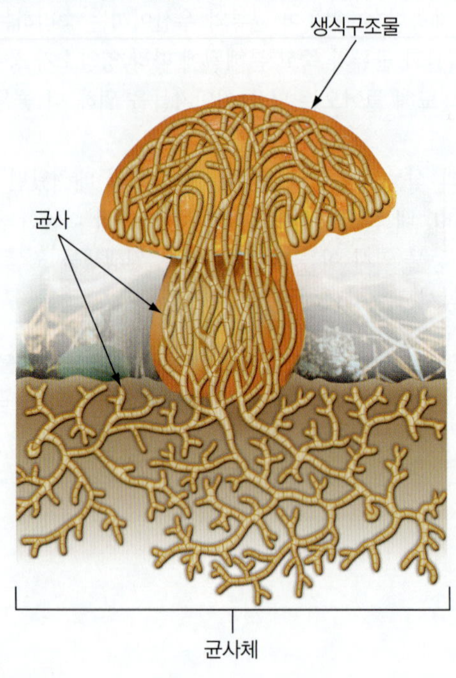

자습문제

1. 다음 중 주요 4그룹의 식물에서 공통으로 나타나는 구조는? 관다발조직, 꽃, 종자, 큐티클, 꽃가루

2. 다세포 진핵 광합성 조류는 대부분 ________ 적응이 없기 때문에 식물보다는 원생생물로 분류된다.

3. 다음을 완성하시오.
   a. 배우체는 반수체인 것과 같이 ________는(은) 이배체이다.
   b. ________과(와) 침엽수의 관계는 꽃과 ________의 관계와 같다.
   c. 밑씨와 종자의 관계는 난자와 ________의 관계와 같다.

4. 속씨식물의 꽃의 암술에 포함되지 않는 것은 어느 것인가?
   a. 암술머리 c. 씨방
   b. 암술대 d. 꽃밥

5. 다음 중 화석연료 형성에서 가장 초기단계는 어느 것인가?
   a. 유기물에 강한 압력을 가하는 행위
   b. 생물의 잔해를 무기영양소로 전환하는 균류와 세균
   c. 유기물의 불완전한 분해
   d. 유기물에 높은 열을 가함

6. 우리가 새로운 종의 식물을 발견하였다. 현미경에서 이들이 편모를 갖는 정자를 만드는 것을 발견한다. 유전분석으로 이 종은 우세한 세대가 이배체 세포를 가짐을 보여준다. 이것은 어떤 종류의 식물이라고 생각되는가?

7. 씨앗이 미성숙 할 때 왜 많은 과일이 녹색인가?

8. 다음 용어들 가운데서 아래 목록에 있는 모든 것을 포함하는 것은? 속씨식물, 양치식물, 관다발식물, 겉씨식물, 종자식물

9. 진정한 뿌리나 리그닌화된 벽이 없는 비관다발식물은 어느 것인가?
a. 양치식물 b. 선태식물
c. 차축조류 d. 녹조류

10. 꽃가루 입자는 무엇인가?

11. 균근은 ________와(과) ________의 공생관계이다.

12. 균류의 종속영양과 우리가 해당되는 종속영양을 비교하시오.

답은 부록 C를 참조.

주된 주제 식별하기

아래의 각 문장에서 분명하게 드러난 주된 주제가 무엇인지(구조와 기능의 연관성, 정보의 흐름, 에너지와 물질의 변환경로, 생물계 내에서의 상호작용, 진화)를 식별하고, 그 내용이 그 주제와 어떻게 관련되는지를 설명하시오. 필요한 경우 주제들을 검토하고(1장 참조), 또 이 장에서 파란색 글자로 나타내어 강조한 예들을 검토해 보시오.

13. 배우체는 접합자를 형성하기 위해 결합하여 새로운 포자체로 발전하는 배우자를 생성한다. 그리고 포자체는 새로운 배우체를 일으키는 포자를 생성하여 세대교번을 통해 DNA를 전파한다.

14. 뿌리는 일반적으로 토양의 알갱이 사이에 실과 같은 많은 잔뿌리를 가지므로 토양의 무기염류 함유물과의 접촉을 최대화하는 넓은 표면적을 제공한다.

15. 관다발조직은 양치류가 이끼보다 더 다양한 서식지에 정착할 수 있게 만든 적응이었다.

답은 부록 C를 참조.

과학연구의 과정

16. 영국의 주요 육류대용품인 쿼른(Quorn)은 균류인 곰팡이 후사리움 베네나튬(*Fusarium venenatum*)에서 추출한 균류단백질을 기반으로 한다. 이 균류의 어떤 특성이 식품생산에 이상적이라고 생각하는가? 생태학적 관점에서 고기보다 균류단백질을 섭취하면 어떤 이점이 있는가? 쿼른이 2002년 미국에서 출시되었을 때 소비자단체(CSPI)에서는 이 제품에 대해 몇 가지 우려를 갖고 있었다. 그 중 하나는 쿼런이 "버섯 제품"으로 판매되었다는 것이다. 왜 CSPI가 이 표시에 불쾌하게 생각했는가? 회사가 이 표시를 선택한 이유를 추측해 보시오.

17. **자료 해석하기** 소나무, 참나무, 잡초, 풀과 같은 풍매수분 식물의 공기 중 꽃가루는 많은 사람들에게 계절적 알레르기 증상을 일으킨다. 과학자들은 지구온난화가 식물의 재배 기간을 길게 만들어 알레르기 환자가 고통을 겪는 기간이 길어질 것이라 예측하고 있다. 하지만 지구온난화가 모든 지역에 똑같이 영향을 주는 것은 아니다(그림 18.44 참조). 아래의 표는 수백만 명의 사람들에게 영향을 미치는 알레르기 항원인 돼지풀의 꽃가루에 대해 9개의 지역에서 계절의 평균 길이를 보여주고 있다. 각 지역에서 1995년부터 2009까지 꽃가루 계절의 길이의 변화를 계산하고, 이 정보를 위도에 대한 그래프를 그려라. 돼지풀 계절의 길이에 있어서 위도에 따른 어떤 경향이 있는가? 여러분은 샘플을 얻은 지리적 위치를 시각화한 지도 위에 그 자료를 기록할 수도 있다.

9개 지역에서 돼지풀 꽃가루 시즌의 평균 길이(적어도 15년 치 자료로부터 얻은 평균치)

위치	위도(°N)	1995년 꽃가루 계절의 길이(일)	2009년 꽃가루 계절의 길이(일)	꽃가루 계절 길이의 변화(일)
오클라호마 시, OK	35.47	88	89	
로저스, AR	36.33	64	69	
파필리언, WI	41.15	69	80	
매디슨, WI	43.00	64	76	
라크로스, WI	43.80	58	71	
미니애폴리스, MN	45.00	62	78	
파고, ND	46.88	36	52	
위니펙, MB, 캐나다	50.07	57	82	
새스커툰, SK, 캐나다	52.07	44	71	

Data from: L. Ziska et al., Recent warming by latitude associated with increased length of ragweed pollen season in central North America. *Proceedings of the National Academy of Sciences* 108: 4248–4251(2011).

우리와 함께하는 생물학

18. 열대우림의 파괴가 왜 위험수준에까지 이르게 되었는가? 어떤 종류의 사회적, 기술적, 경제적 요인들이 이에 대한 책임이 있는가? 북반구에 있는 선진국의 산림 대부분은 이미 벌목이 이루어졌다. 선진국이 남반구에 있는 후진국에게 이들 산림의 파괴를 늦추거나 중단시키기 위해 압력을 가할 권리가 있는가? 이에 대해 변론해 보시오. 어떤 종류의 이득, 포상, 사업이 우림의 파괴를 늦출 수 있겠는가?

19. 많은 처방약은 천연식물 제품에서 얻어진다. 카페인과 니코틴을 포함한 다른 많은 식물 물질도 인체에 영향을 미친다. 약초로 판매되는 알약, 분말 또는 차 형태의 다양한 식물성 제품도 있다. 어떤 사람들은 이러한 "천연"제품을 의약품에 가져가기를 선호한다. 다른 사람들은 에너지를 높이고 체중 감량을 촉진하며 면역 체계를 강화하고 스트레스를 완화시키는 위해 초본보충제를 사용한다. 의약품을 승인하는 미국 연방의약품관리국(FDA)도 약초요법을 규제할 책임이 있다. 약초요법에서 "FDA 승인"이라는 표시는 무엇을 의미하는가? 그것은 의약품의 FDA 승인과 어떻게 비교되는가? FDA 웹 사이트는 연구를 시작하기에 좋은 곳이다. (FDA는 약초요법을 식이보충제로 분류하고 있다.)

17 동물의 진화

여러분의 욕조에 있는 그것은 동물입니까 아니면 식물입니까? 수세미는 오이와 가까운 식물의 골격이다. 스펀지는 동물의 골격이다.

차례 내용

동물다양성은 왜 중요한가?

우리는 현미경적인 크기에서부터 엄청난 크기에 이르기까지 다양한 종류의 종을 포함하고 있는 동물계의 한 구성원이다. 동물 진화의 역사는 수백만 년의 인간의 진화를 포함하여 6억 년 이상 지속되고 있다.

생선을 조심하세요! 깨끗한 물에 살며 번식하는 물고기 종한테서 발견되는 촌충은 인간에게 감염되는 가장 큰 기생충이다.

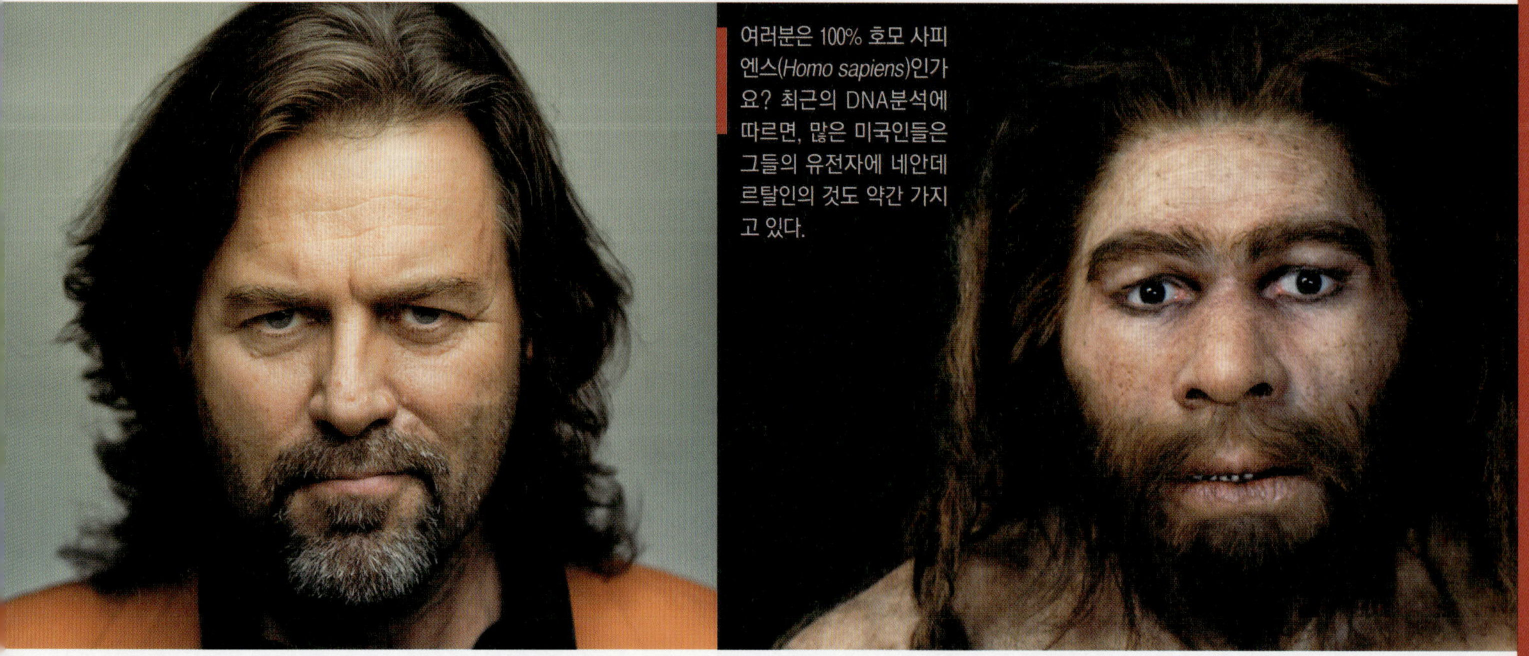

여러분은 100% 호모 사피엔스(*Homo sapiens*)인가요? 최근의 DNA분석에 따르면, 많은 미국인들은 그들의 유전자에 네안데르탈인의 것도 약간 가지고 있다.

실마리

인간의 진화

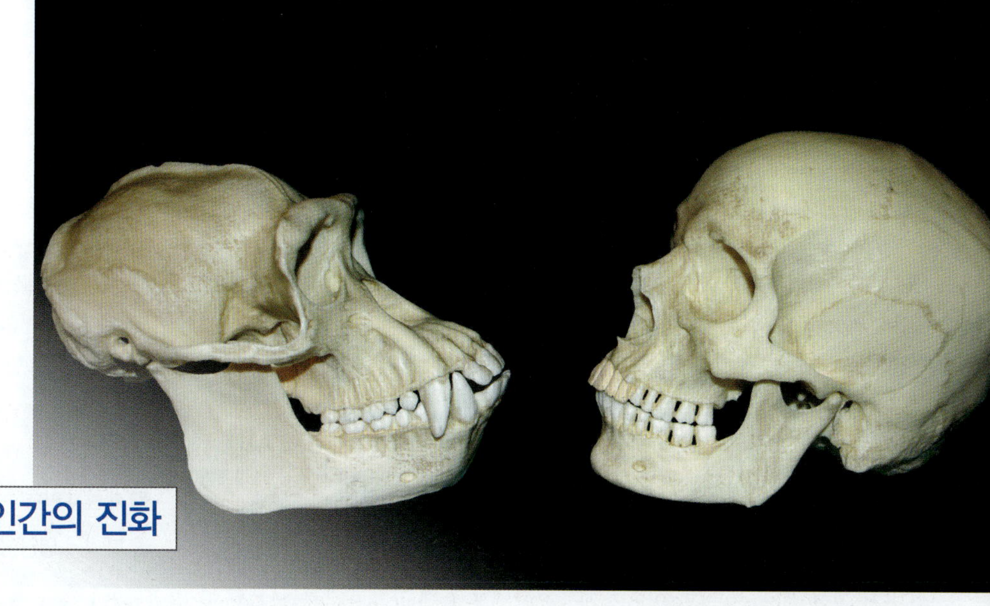

우리와 함께하는 생물학 인간의 진화

뇌 크기에 있어 큰 차이를 보여주는 인간과 침팬지의 두개골 비교.

진화하는 적응력

인간(*Homo sapiens*, 호모 사피엔스)은 지구상의 거의 모든 주요 서식지를 어떻게든 개척해왔다. 무엇이 인간을 그렇게 성공적인 동물로 만들었나? 우리 성공의 대부분은 두뇌의 힘 때문이다. 코끼리나 고래와 같이 우리보다 더 큰 종은 더 큰 뇌를 가지고 있지만, 우리의 뇌는 몸의 크기에 비해 훨씬 크다. 예를 들면 인간의 뇌부피 대 신체용적 비는 가장 가까운 영장류 친척인 침팬지의 뇌부피 대 신체용적 비의 약 2.5배이다. 뇌의 크기만이 유일한 차이는 아니다. 우리의 뇌세포는 서로 더 많은 연결을 만들고, 그 연결은 필요에 따라 조정될 수 있어서 우리의 뇌는 매우 유연하다고 볼 수 있다. 또한 인간 두뇌의 구성은 독특하다. 문제해결, 언어, 논리, 다른 사람들에 대한 이해를 다루는 우리 뇌의 부분은 특히 잘 발달되어 있다.

지난 150만 년 동안 인간의 진화과정에서 신체 크기는 거의 동일하게 유지되었지만 뇌 크기는 약 40% 증가했다. 환경이 예측하기 어려워지면서 조상의 두뇌 크기가 증가했다는 증거가 있다. 변화하는 세상에서 행동을 계획하고, 상상하고, 평가하고, 변화할 수 있는 사람은 본능에 의존하는 사람보다도 더 유리하다. 우리의 크고 유연한 두뇌 덕분에 정보, 문화, 기술을 공유할 수 있는 세계화 사회를 만들 수 있었다. 다른 종은 일생 동안 날거나 숨을 쉬거나 수백만의 자손을 낳을 수 있지만, 행동을 배우고 변화시키는 우리의 능력에 필적할 수 있는 것은 없다.

인간은 생물학자가 이름을 붙이고 기술한 130만 종 이상의 동물종 중 하나이다. 이러한 놀라운 다양성은 자연선택이 여러 지구환경에 동물의 적응을 구체화하면서 수억 년의 진화를 통해서 일어났다. 이 장에서 대략 35개의 문(주요군)의 동물계 중 가장 많고 널리 퍼져 있는 9개의 문에 대해 자세하게 배울 것이다. 특히 동물진화에서의 주요 사건에 대해 주의를 기울일 것이고, 인간의 진화라는 매력적인 주제와 다시 연결시켜 결론을 맺을 것이다.

동물다양성의 기원

동물이라는 생명은 선캄브리아시대의 바다에서 다른 생물을 잡아먹던 다세포 생물의 진화에서부터 시작되었다. 사실 우리는 이들의 후손인 것이다.

17.1 동물이란 무엇인가?

동물(animal)은 먹음으로써 영양분을 얻는 다세포진핵 종속영양생물이다. 이와 같은 동물의 영양방식은 광합성을 통해 유기분자를 만드는 식물과 그 밖의 다른 생물과 대조를 이룬다. 또한 이들은 몸 밖에서 먹이를 소화시킨 다음 흡수하여 영양분을 얻는 균류와도 대비된다(그림 16.23 참조). 대부분의 동물은 다른 생물체를 죽은 상태로 아니면 살아 있는 상태로, 그리고 통째로 아니면 조각 상태로 섭취한 다음에 몸 안에서 먹이를 소화시킨다(그림 17.1).

동물세포는 식물이나 균류와는 달리 몸을 강하게 만들어 주는 세포벽이 결여되어 있다. 그리고 대부분의 동물은 움직이게 해주는 근육세포와 이 근육을 조절하는 신경세포를 가지고 있다. 가장 복잡한 동물들은 먹는 것 외에도 다른 많은 기능에 이들의 근육계와 신경계를 사용할 수 있다. 일부 종은 복잡한 감각정보를 해석하고 신체활동을 제어하기 위해 뇌라고 불리는 거대한 신경세포 네트워크를 사용하기도 한다.

대부분의 동물은 이배체이고 유성적으로 생식하는데, 난자와 정자가 유일한 반수체이다. 불가사리의 생활사는 대부분 동물의 생활사에서 볼 수 있는 그런 기본 단계를 가지고 있다(그림 17.2). ❶ 수컷과 암컷 성체는 감수분열을 통하여 반수체 배우자를 만들고, 그리고 ❷ 난자와 정자는 융합되어 접합자가 된다. ❸ 접합자는 유사분열로 분열하며, ❹ 이 세포분열은 모든 동물에서 나타나는 **포배(blastula)**라 부르는 초기의 배를 형성하게 되는데, 이때 포배는 세포로 된 속이 빈 공모양으로 되어 있다. ❺ 대부분의 동물에서 포배의 한쪽 면이 안으로 접히면서 **낭배(gastrula)**라 부르는 단계로 이어진다. ❻ 낭배는 내배엽, 외배엽, 중배엽의 세포층으로 이루어진 그리고 한쪽 끝이 열린 자루모양의 배로 발달한다. ❼ 불가사리와 같은 다른 동물들은 그 모습이 성체와는 다른 미성숙 개체인 **유생(larva)**으로 발달한다(다른 예로 올챙이는 개구리의 유생이다). ❽ 유생은 체형에 **변태(metamorphosis)**라 부르는 중요한 변화가 진행되면서 유성적으로 생식할 수 있는 성체가 된다. ✓

> **✓ 체크포인트**
>
> 둘 다 종속영양생물인 동물과 곰팡이를 구별하는 영양방식은 무엇인가?
>
> 답: 섭식(먹는 것)

▼그림 17.2 **불가사리의 생활사로 본 동물발생의 한 예.**

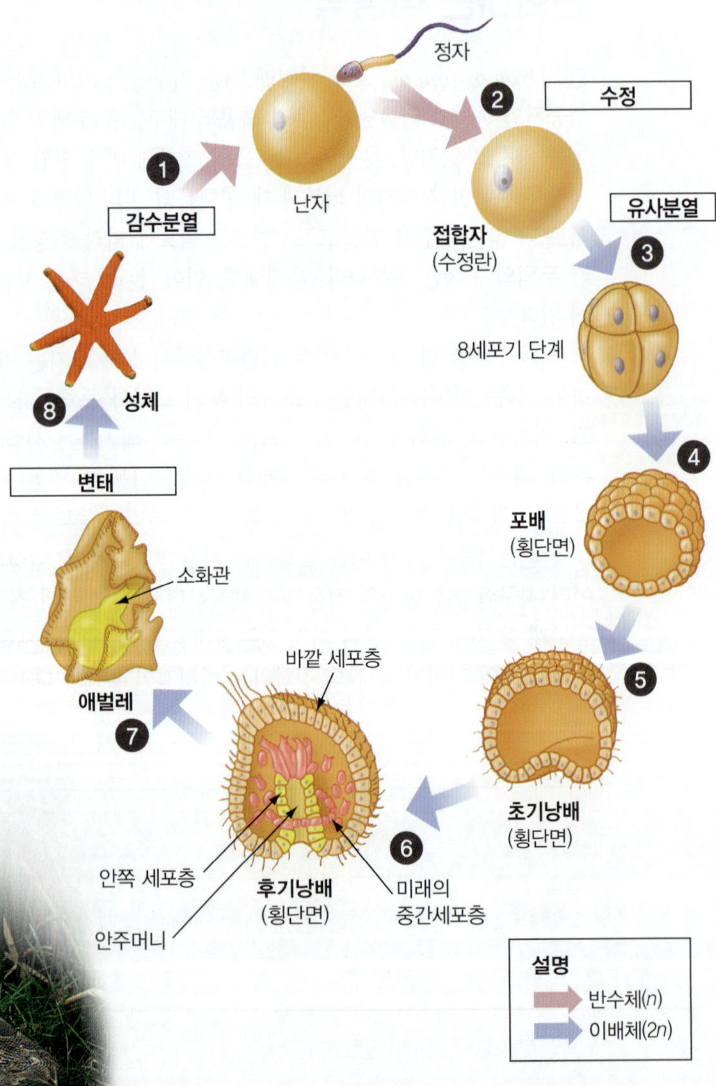

◀그림 17.1 **동물의 생활양식인 섭식에 의한 영양.** 이 바위비단뱀처럼 가젤과 같이 커다란 크기의 먹이를 섭취할 수 있는 동물은 거의 없다. 이 뱀이 이 먹이를 소화시키는 데는 2주 이상 걸릴 것이다.

17.2 초기 동물과 캄브리아기 대폭발

과학자들은 동물이 편모가 있는 군체성 원생생물로부터 진화한 것으로 보고 있다(그림 17.3). 분자에 관한 자료에서는 그 기원이 훨씬 이전이라고 말하고 있지만, 발견된 것 중 가장 오래된 동물화석은 대략 5억 6,000만 년 된 것이다. 이들 화석에는 다양한 형태의 동물이 보이고, 그 크기도 길이가 1 cm에서 1 m에 이르는데, 동물의 진화는 이미 이 이전 어느 시점에서 진행되고 있었을 것이다(그림 17.4).

동물의 다양화는 캄브리아기에 속하는 5억 3,500만 년 전부터 5억 2,500만 년 전 사이에 빠른 속도로 일어났다. 진화적으로 그렇게 짧은 시간에 그렇게도 많은 동물의 체형과 새로운 문이 화석에서 나타났기 때문에, 생물학자들은 이 사건을 캄브리아기 대폭발이라 부른다. 캄브리아기 화석 중 가장 유명한 출처는 캐나다의 브리티시컬럼비아에 있는 산이다. 알려진 것처럼 버제스 혈암은 완벽하게 보존된 동물화석으로 가득 찬 보고이다. 선캄브리아 동물과는 달리 많은 캄브리아 동물은 껍질과 같은 딱딱한 부분을 가지고 있었고, 많은 것들이 지금 있는 동물 그룹과 분명히 관련을 맺고 있다. 예를 들면 과학자들은 버제스 혈암에서 발견되는 종의 1/3 이상이 오늘날의 게, 새우, 곤충들을 포함하는 그룹인 절지동물로 분류하였다(그림 17.5). 다른 화석들은 어느 생물군에 편입시켜야 할지 쉽지가 않다. 일부는 그림의 중앙부위 근처에 있는 못투성이의 할루씨제니아(*Hallucigenia*)와 입 앞에 돌출된 길고 유연한 긴 부속지로 벌레를 잡는 다섯 눈의 포식자인 오파비니아(*Opabinia*)처럼 정말 이상하게 생겼다.

무엇이 캄브리아기 대폭발을 촉발시켰는가? 과학자들은 점점 더 복잡해진 포식자-먹이 관계와 대기 중 산소의 증가 등 여러 가설들을 제안하였다. **그러나 급속한 다양화의 원인이 무엇이든, 복잡한 몸을 만들기 위한 정보의 흐름의 유전적 뼈대가 되는 "총괄 제어" 유전자 세트가 이미 자리 잡고 있었을 가능성이 많다.** 동물문 사이의 신체 형태의 다양성의 대부분은 이들 유전자가 발생중인 배아에서 언제 어디서 발현되느냐의 차이와 관련을 맺고 있다.

지난 5억 년 동안 동물의 진화는 캄브리아기 바다에서 시작되었던 동물 형태의 변이만큼 크게 이루어져 왔다. 지속적인 연구는 캄브리아기 대폭발에 대한 가설을 시험해 보는데 도움을 줄 것이다. 그러나 점점 캄브리아기 대폭발에 대해 알게 되어 그 신비감이 줄어든다 하더라도, 그 사실 자체만으로도 여전히 놀랄만하다. ✓

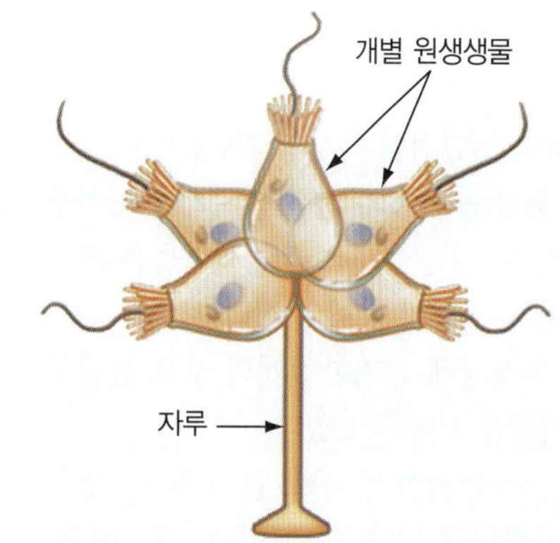

◀ **그림 17.3 동물의 가상의 공통 조상.** 곧 배우게 되겠지만 편모를 지닌 군집성 원생생물의 개별세포는 해면동물의 깃세포를 닮아 있다.

▼ **그림 17.4 선캄브리아기 동물들의 화석.** 가장 오래된 동물화석은 모두 부드러운 몸을 가진 동물의 자국을 보이고 있다. 이들 대부분은 현재 살고 있는 어떤 동물과도 관련이 있어 보이지 않는다.

오늘날의 군집성 자포동물과 관련이 있어 보이는 침산호

현재 살고 있는 어떤 동물과도 닮지 않은 반구 모양과 3부의 대칭을 가진 트리브라키디움 헤랄디쿰(*Tribrachidium heraldicum*)의 상부 표면의 자국(최대 지름 5 cm).

▼ **그림 17.5 캄브리아기의 바다 전경.** 이 그림은 버제스 혈암에서 채집된 화석들을 바탕으로 해서 그려졌다. 평편한 몸을 가진 동물은 삼엽충이라 불리는 멸종된 절지동물이다. 삼엽충 화석의 사진이 오른쪽에 있다.

✓ 체크포인트

초기 캄브리아기 동안에 있었던 동물의 진화를 왜 "대폭발"이라고 부르는가?

답: 비교적 짧은 기간에 매우 다양한 동물들로 진화하였기 때문에

17.3 동물의 계통발생

역사적으로 생물학자들은 몸 구조의 일반적인 특성인 "체형"으로 동물을 분류해 왔다. 체형 간 차이는 동물군 사이의 진화적 관계를 보여주는 계통수를 만들기 위해 사용되었다. 최근에 진화생물학자들은 풍부한 유전적 자료를 가지고 생물군을 수정하며 다시 손질하고 있다. 그림 17.6은 구조적 유사성과 유전적 유사성에 근거한 9개의 주요 동물문 사이의 진화관계에 대한 수정된 가설을 보여주고 있다.

동물의 진화에서 구조적 복잡성에 근거한 한 주요 분지점이 해면동물을 그 밖의 다른 모든 동물과 구분하고 있다. 해면동물은 복잡한 동물들과는 달리, 유사한 세포들이 모여 특정 기능을 수행하는 진정조직(신경조직과 같이)이 결여되어 있다. 두 번째 중요한 진화적 분지는 대칭성에 그 기초를 두고 있는데, 방사대칭이냐 아니면 좌우대칭이냐는 것이다(그림 17.7). 화분처럼 말미잘은 중심축의 둘레가 모두 같은 **방사대칭(radial symmetry)**이다. 삽은 **좌우대칭(bilateral symmetry)**으로서 이 경우 절반으로 똑같이 나눌 수 있는 방법은 정 가운데를 지나는 중앙선 하나뿐이라는 것을 의미한다. 그림 17.7에 있는 바다가재와 같은 좌우대칭 동물은 돌아다닐 때 먹이, 위험, 그 밖의 다른 자극을 맨 처음으로 만나게 되는 뚜렷한 "머리 말단"을 가지고 있다. 대부분의 좌우대칭 동물에서 뇌의 형태로 있는 신경센터는 머리 말단에 있는데, 이것은 눈과 같은 감각기관이 밀집된 곳 근처에 있다. 따라서 좌우대칭은 기어 다니고, 굴을 파고, 헤엄을 치는 것과 같은 움직임에 도움이 되는 적응이다. 사실 많은 방사대칭 동물은 정주성인데 반해, 대부분의 좌우대칭 동물은 기동성이 있다.

배발생 분석을 해보면 좌우대칭 동물 중 극피동물과 척삭동물은 연체동물, 편형동물, 환형동물, 선형동물, 절지동물을 포함하는 진화분지와는 갈라진다. 연체동물, 편형동물, 환형동물은 선형동물과 절지동물과는 공유되지 않는 유전적 유사성을 가지고 있다.

체강의 진화도 역시 더욱 복잡한 동물로 유도해 나갔다. **체강(body cavity)**은 소화관을 바깥쪽의 몸체 벽과 분리시키는 액체가 차 있는 공간이다(그림 17.8). 체강은 내부의 기관들이 바깥쪽의 몸체 벽과는 독립적으로 성장하고 움직일 수 있게 해주고, 그리고 액체는 손상으로부터 이들을 보호한다. 지렁이와 같은 연체동물들에서 액체는 압력 하에 있어서, 유체정역학적인 골격으로 기능을 한다. 그림 17.6에서 보는 문중에서 해면동물, 자포동물, 편형동물만 체강이 결여되어 있다.

그림 17.6에 있는 동물진화에 대한 개요를 우리의 안내자로 사용하여 이제부터 가장 수가 많은 9개의 동물문에 대해 자세히 알아보자. ✓

▼그림 17.6 **동물의 계통수.** 계통수와 우리 교재에서는 30개 이상의 동물문(정확한 수는 아직도 미결정된 상태에 있다) 가운데 9개의 문만 다루고 있다. 이러한 분지는 그 생물의 체형, 배발생, 유전적 관계들을 가지고 만들어진다.

조상 원생생물
조직 없음
해면동물
조직 있음
방사대칭
자포동물
좌우대칭
연체동물
편형동물
환형동물
선형동물
절지동물
극피동물
척삭동물

✓ 체크포인트

1. 그림 17.6의 계통발생에서 척삭동물(인간을 포함하는 문)은 어느 동물문과 가장 유사한가?
2. 원형의 피자는 ______대칭인 반면, 피자 한 조각은 ______대칭을 나타낸다.

답: 1. 극피동물, 2. 방사, 좌우

▼그림 17.7 **체형의 대칭성.**

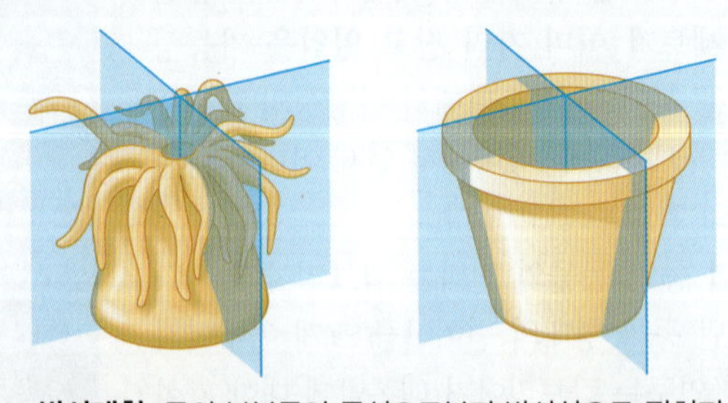

방사대칭. 몸의 부분들이 중심으로부터 방사상으로 펼쳐져 있고, 중심축을 지나는 모든 절단축이 거울상으로 나눈다.

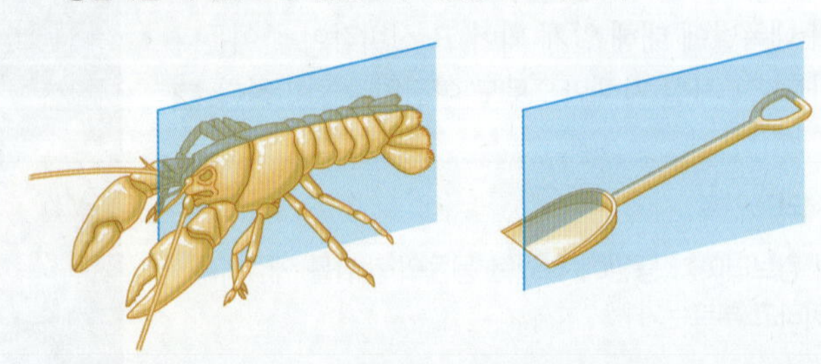

좌우대칭. 오직 하나의 가상의 절단축만이 거울상의 반으로 나누어진다.

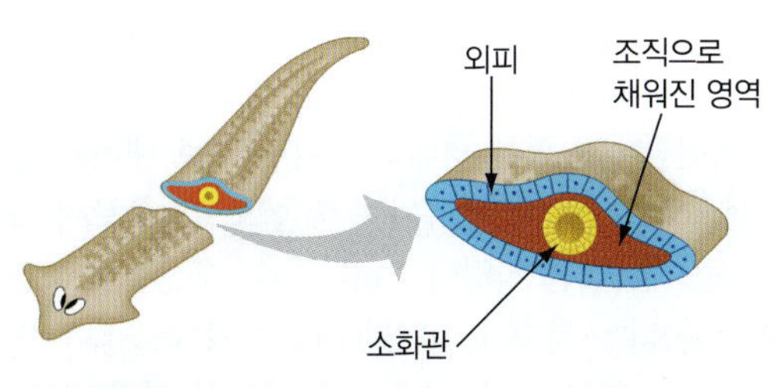

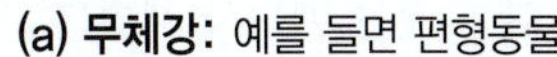

(a) **무체강:** 예를 들면 편형동물

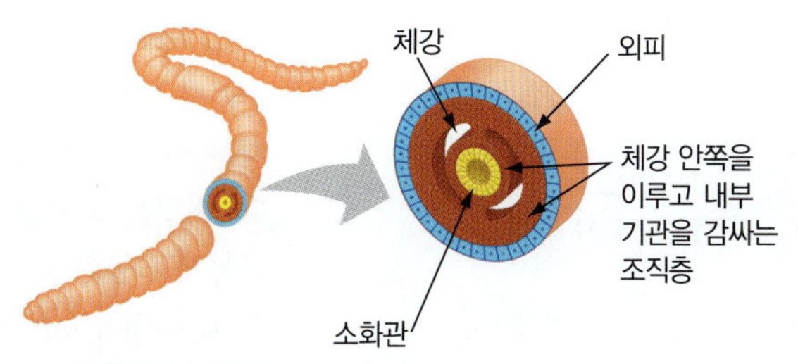

(b) **체강:** 예를 들면 환형동물

◄ 그림 17.8 **좌우대칭 동물의 체형.** 이들 동물의 다양한 기관계는 배에서 형성된 3개의 조직층으로부터 발생된다.

주요 무척추동물문

우리는 육지에 살고 있기 때문에, 동물다양성에 대한 우리의 감각은 양서류, 파충류, 포유류와 같이 척추를 가지고 있는 척추동물에 편중되어 있다. 그러나 척추동물은 모든 동물종들 중 5% 미만에 불과하다. 만일 우리가 연못, 조수풀, 산호초 등과 같은 수서 서식지에서 동물을 조사하거나 또는 육상세계에서 함께 사는 수백만의 곤충을 생각해 본다면, 척추를 가지지 않은 **무척추동물(invertebrate)**의 영역 안에 살고 있는 우리자신을 발견하게 될 것이다. 다만 우리 인간이 척추동물에 속하기 때문에 척추동물에 특별한 관심을 갖게 되는 것이다. 그러나 동물계 가운데 나머지 95%를 차지하는 다른 동물, 즉 무척추동물을 탐구함으로써, 아름다운 창조물의 놀라운 다양성을 얼마나 자주 간과하고 있는지를 인식하게 될 것이다.

수세미는 오이와 가까운 식물의 골격이다. 스펀지는 동물의 골격이다.

17.4 해면동물

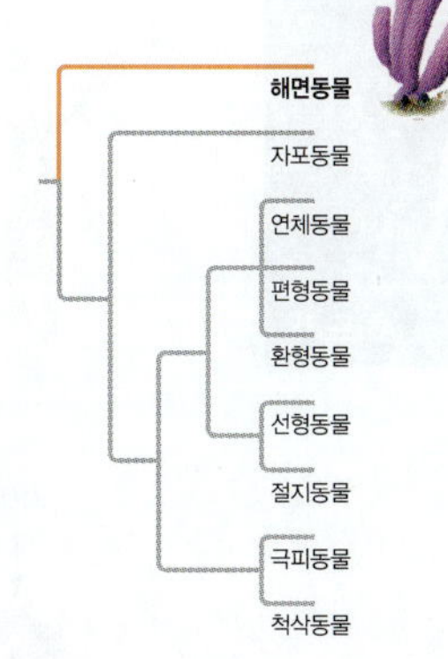

해면동물(sponge, phylum Porifera[해면동물문, 포리훼라문])은 식물이라고 잘못 볼 정도로 움직임이 없는 정주동물이다. 모든 동물들 중에서 가장 단순한 해면동물은 아주 일찍이 군체성 원생생물로부터 진화하였다. 이들에게 신경과 근육은 없지만, 이들 개개의 세포들은 환경의 변화를 감지하며 이에 반응할 수 있다. 해면동물의 세포층은 진정한 조직이라기보다는 느슨한 연합체이다. 해면동물은 그 키가 1 cm에서부터 2 m까지 다양하다. 일부는 담수에서 살지만, 5,500종 이상의 해면동물 중 대부분이 바다에서 산다.

해면동물은 현탁액 섭식자인데, 달리 말하면 이들은 특정 유형의 먹이잡이 장치를 통과시켜 물에 있는 먹이를 모으는 동물이다. 해면동물의 몸은 구멍들이 뚫린 주머니를 닮았다. 물은 구멍을 통해 중심부의 체강으로 흘러 들어가고, 그런 다음에 더욱 큰 입구를 통해 흘러 나간다(그림 17.9). 깃세포라 부르는 특화된 세포에 있는 편모는 해면동물의 몸에 구멍을 통해 물을 쓸어 담는다. 편모를 둘러싼 조그마한 그물망이 세균과 그 밖의 다른 먹이입자를 붙잡게 되면, 이때 깃세포가 그것을 삼킨다. 아메바성세포라 부르는 특화된 세포들은 깃세포로부터 먹이를 긁어모아 이것을 소화시킨 다음, 다른 세포에게로 영양분을 보낸다. 아메바성세포는 해면동물의 골격을 구성하는 섬유를 만들기도 한다. 일부 해면동물에서는 이러한 섬유가 그림 17.9에서 보이듯이 날카로운 박차처럼 생겼다. 또 다른 해면동물은 더욱 부드럽고 벌집모양의 골격을 가지는데, 이렇게 유연한 벌집모양의 골격은 목욕이나 세차를 할 때 자연스펀지로 사용된다. ✓

✓ 체크포인트

해면동물의 구조와 이 밖에 다른 모든 동물들의 구조와는 기본적으로 어떻게 다른가?

답: 해면동물에는 진정한 조직이 없다.

▼그림 17.9 **해면의 내부구조.** 85 g까지 자라는 데 필요한 먹이를 얻으려면, 스펀지는 보통 크기의 욕조를 세 번 반을 채울 수 있는 양에 해당하는 1,040리터의 물을 여과시켜야 한다.

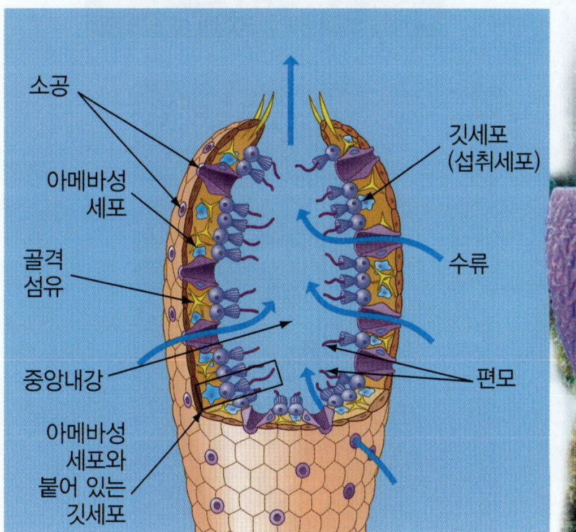

17.5 자포동물

자포동물(cnidarian, phylum Cnidaria [자포동물문, 나이데리아문]) 은 방사대칭이며, 찌르는 세포를 가진 촉수뿐 아니라, 배우게 될 나머지 동물에서와 같이 체조직을 가지고 있는 것이 특징이다. 자포동물은 말미잘, 히드라, 산호충, 해파리(어류는 아니지만 때로는 jellyfish라고도 부른다)를 포함한다. 자포동물 10,000종 가운데 대부분이 해양생물이다.

자포동물의 기본체형은 중앙의 소화구획, 즉 **위수강(gastrovascular cavity)**을 가진 주머니이다. 체강에 있는 하나의 입구는 입과 항문의 두 기능을 모두 수행한다. 이 기본체형에는 두 변형이 있는데 하나는 정주성 **폴립(polyp)**이고, 다른 하나는 부유성 **메두사(medusa)**이다(그림 17.10). 폴립은 보다 큰 물체에 부착하여 이들의 촉수를 뻗어서 먹이를 기다린다. 폴립 체형의 예는 히드라, 말미잘, 산호충이다. 메두사는 폴립의 또 다른 버전인데 평평한 형태로 입이 아래로 내려가 있다. 이것은 종모양의 몸으로 수동적인 부유와 수축을 조합함으로써 자유롭게 이동한다. 가장 큰 해파리는 직경이 2 m나 되는 우산같이 생긴 갓에, 길이가 60~70 m나 되는 촉수가 매달린 메두사 체형을 갖는다. 일부 자포동물은 오직 폴립 체형으로만, 다른 것은 메두사 체형으로만 살아가며, 또 다른 것은 자신의 생활사에서 메두사 체형의 단계와 폴립 체형의 단계를 모두 거치는 것도 있다.

자포동물은 입 주위에 있는 둥근 테두리에 정렬된 촉수를 사용하여 먹이를 잡고 이것을 위수강으로 밀어 넣어 소화시키는 육식동물이다. 소화되지 않은 것들은 입/항문을 통해 배출된다. 촉수는 방어와 먹이포획의 기능을 가진 자포세포("찌르는 세포")라는 장치로 무장하고 있다(그림 17.11). 자포동물문이라는 이름은 바로 이렇게 찌르는 세포에서 그 이름을 따온 것이다. ✓

> **✓ 체크포인트**
>
> 자포동물의 체형이 그 밖의 다른 모든 동물의 체형과 기본적으로 어떻게 다른가?
>
> 답: 자포동물의 몸은 방사대칭이다.

▼그림 17.10 **자포동물의 폴립형과 메두사형.** 자포동물은 노란색과 파란색으로 표시하여 구별한 두 조직층을 가지고 있음을 주목하자. 위수관강은 항문과 입의 기능을 모두 수행하는 하나의 출입구만 갖는다.

▼그림 17.11 **자포세포의 작용.** 촉수가 접촉에 의해 자극을 받게 되면, 캡슐에서 가는 실이 발사된다. 일부 자포세포의 실은 먹이를 감기만 하고, 반면 다른 것은 먹이를 찔러 독을 주입한다.

17.6 연체동물

해면동물
자포동물
연체동물
편형동물
환형동물
선형동물
절지동물
극피동물
척삭동물

달팽이와 민달팽이, 굴과 대합조개, 문어와 오징어는 모두 **연체동물(mollusc,** phylum Mollusca[연체동물문, 몰러스카문])이다. 연체동물은 부드러운 몸체를 가진 동물이지만 대부분은 단단한 껍질로 보호받는다. 많은 연체동물들은 **치설(radula)**이라고 부르는 줄칼 같은 기관을 사용하여 먹이를 긁어내어 먹는다.

예를 들면 일부 수생 달팽이의 치설은 굴착기 마냥 앞뒤로 밀어 바위에 붙어 있는 조류를 긁어모은다. 달팽이가 수족관의 유리벽에 달라붙어 먹고 있을 때, 치설의 움직임을 관찰할 수 있다. 포식 해양연체동물의 그룹인 청자고둥에서 치설은 먹이한테 독을 주입할 수 있게 변형되어 있다. 일부 청자고둥의 침은 사람한테 고통을 주거나 심지어는 치명적이기까지 하다.

연체동물은 100,000종이 알려져 있는데 대부분은 해양동물이다. 모든 연체동물은 유사한 체형을 가지고 있다(그림 17.12). 몸은 3개의 주요 부분을 갖는데, 그것은 통상 움직일 때 사용되는 근육질 발과 대부분의 내부기관을 포함하고 있는 내장낭, 그리고 외투막이라고 부르는 접힌 조직이다. **외투막(mantle)**은 내장낭의 위를 덮고 있는데, 이것이 있으면 패각을 분비한다. 연체동물의 세 주요군은 복족류, 이매패류, 두족류이다(그림 17.13).

달팽이를 포함하는 대부분의 **복족류(gastropod)**는 위협을 받을 때, 몸을 안으로 넣을 수 있는 하나의 나선형 패각에 의해 보호를 받게 된다. 민달팽이와 해삼은 패각이 없다. 많은 복족류는 촉수의 끝에 눈이 달려 있는 뚜렷한 머리를 가지고 있다(정원의 달팽이를 생각하면 된다). 해양, 담수, 육상의 복족류는 살아 있는 연체동물의 3/4을 차지한다.

대합조개, 굴, 홍합, 가리비를 포함하는 **이매패류(bivalve)**는 관자로 연결된 두 개의 패각으로 나누어져 있다. 대부분의 이매패류는 치설을 갖지 않는다. 이들 대부분은 바다와 담수에 사는데, 자신의 근육질 발을 사용하여 모래나 진흙을 파서 그 안에서 정착해 사는 정주성 생활을 한다.

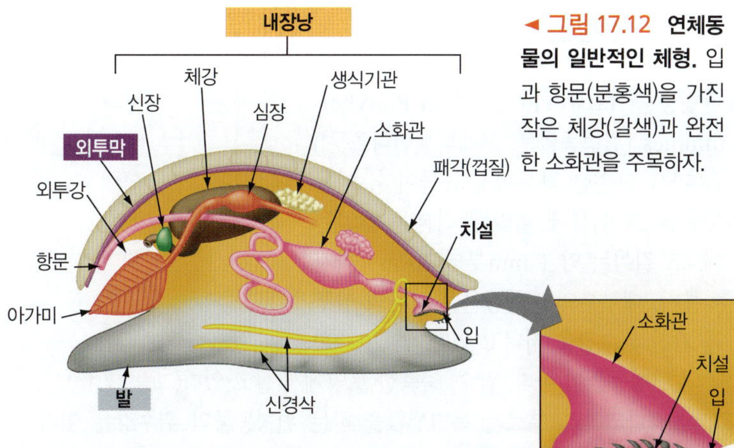

◄ 그림 17.12 **연체동물의 일반적인 체형.** 입과 항문(분홍색)을 가진 작은 체강(갈색)과 완전한 소화관을 주목하자.

두족류(cephalopod)는 모두 해양동물이며, 일반적으로 이들의 신체는 빠르고 민첩하다는 점에서 복족류와 정주성 이매패류와는 다르다. 몇몇은 크고 무거운 패각을 가지고 있지만, 대부분의 경우 패각은 작고 내부에 있거나(오징어에서처럼) 또는 아예 없다(문어의 경우처럼). 두족류는 큰 뇌와 정교한 감각기관을 가지고 있는데, 이것이 이들을 움직이는 포식자로서 성공하게 만든다. 이들은 부리와 같은 턱과 치설을 사용하여 먹이를 눌러 부수거나 갈가리 찢는다. 입은 발의 기저부에 있고, 먹이를 사냥하고 잡는 데에 사용되는 몇 개의 긴 촉수가 나 있다. 남극 근처의 깊은 바다에서 발견된 대왕오징어는 살아 있는 가장 큰 무척추동물이다. 과학자들은 이 거대한 두족류의 평균 길이가 13 m에 이를 것이라 추정하고 있다. ✓

✓ 체크포인트

다음의 연체동물을 분류해 보시오. 정원의 달팽이는 ______의 예이다; 대합조개는 ______의 예이다; 오징어는 ______의 예이다.

답: 복족류; 이매패류; 두족류

▼그림 17.13 **연체동물의 다양성.**

연체동물의 주요군

복족류	**이매패류**(경첩형 패각)	**두족류**(커다란 뇌와 촉수)	
달팽이(나선형 패각) **바다민달팽이** (패각 없음)	**가리비.** 가리비는 접히는 패각의 두 경첩 사이에 응시하고 있는 많은 눈(조그만 원형 구조물)을 갖고 있다.	**문어.** 문어는 바다 바닥에 살며 여기에서 게와 그 밖의 다른 먹이를 찾아다닌다. 패각은 없으며 문어의 뇌는 다른 무척추동물보다 몸의 크기에 비해 더욱 복잡하고 크다.	**앵무조개.** 앵무조개의 패각은 나선으로 감긴 방으로 되어 있다. 동물은 가장 바깥 쪽 방에 거주하며, 다른 방은 부력을 조절할 수 있게 해주는 가스와 액체가 들어 있다.

17.7 편형동물

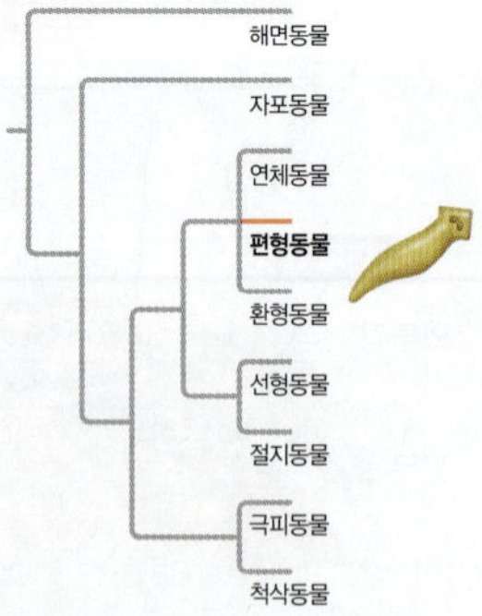

편형동물(flatworm, phylum Platyhelminthes [편형동물문, 프레티헬민디즈문]) 은 가장 단순한 좌우대칭 동물이다. 이들 동물은 그 이름에 걸맞게 리본을 닮았는데, 그 길이는 약 1 mm부터 20 m에까지 이른다. 대부분의 편형동물은 하나의 입구를 가진 위수강을 지니고 있다. 약 20,000 종의 편형동물이 바다, 담수, 축축한 토양에서 살고 있다(그림 17.14).

플라나리아라 부르는 독립생활을 하는 편형동물의 위수강은 여러 갈래로 나누어져 있어서 영양분을 흡수하기 위한 넓은 표면적을 가진다. 이 동물은 먹을 때 근육질 관을 입을 통해 돌출시켜 먹이를 안으로 빨아들인다. 플라나리아라는 담수 연못이나 시냇물에 있는 돌덩이의 아랫면에 붙어산다.

물고기 촌충의 유충은 깨끗한 물에 살며 번식하는 종한테서 발견된다.

기생성 편형동물은 주혈협충을 포함하는데, 이것은 열대지방에서 건강에 심각한 문제를 일으키기도 한다. 이들 기생충은 숙주인 사람의 창자 부근의 혈관 안쪽에 들러붙는 흡반을 가지고 있다. 이것은 심한 복부통증, 빈혈, 설사와 같은 증상을 수반하는 주혈흡충증이라는 장기간 지속되는 질병을 유발한다. 70개국에서 약 2억5천만 인구가 흡충으로 인한 질병에 시달리고 있다. 흡충류가 미국에서 발견되지는 않지만, 전 세계적으로 매년 2억 명 이상의 사람들이 이 기생충에 감염된다.

촌충은 사람을 비롯한 많은 척추동물에 기생한다. 대부분의 촌충은 반복된 부분들로 이루어진 아주 긴 리본모양의 몸체를 가지고 있다. 이들은 입도 위수강도 없다. **촌충의 머리에는 자기 몸을 숙주의 장 내벽에 고정시키는 흡반과 고리가 장착되어 있는데, 이것은 기능에 소름끼칠 정도로 잘 들어맞는 구조를 보여주고 있는 효과적인 예가 된다.** 촌충은 숙주의 창자 안에 살면서, 부분적으로 소화된 먹이를 간단히 몸체 표면을 통해서 흡수한다. 머리 뒤쪽에는 생식기관 주머니인 긴 마디 조각들이 있다. 수천 개의 알을 지닌 뒤쪽의 성숙된 마디는 떨어져 나와 분변과 함께 숙주 몸 밖으로 나온다. 사람이 촌충의 유충을 가진 소고기, 돼지고기, 생선을 덜 익힌 채로 먹게 되면 촌충에 감염될 수도 있다. 유충은 현미경적인 크기이나 사람의 몸속에 있는 성충은 2 m에 달하기도 한다. 이렇게 큰 촌충은 내장을 막고, 사람으로부터 많은 영양분을 빼앗음으로 해서 영양결핍을 일으킬 수 있다. 다행히 구충제 복용으로 성충을 죽일 수 있다. ☑

☑ 체크포인트

편형동물은 ______의의 체형을 보이는 가장 단순한 동물이다.

답: 좌우대칭

▼그림 17.14 **편형동물의 다양성.**

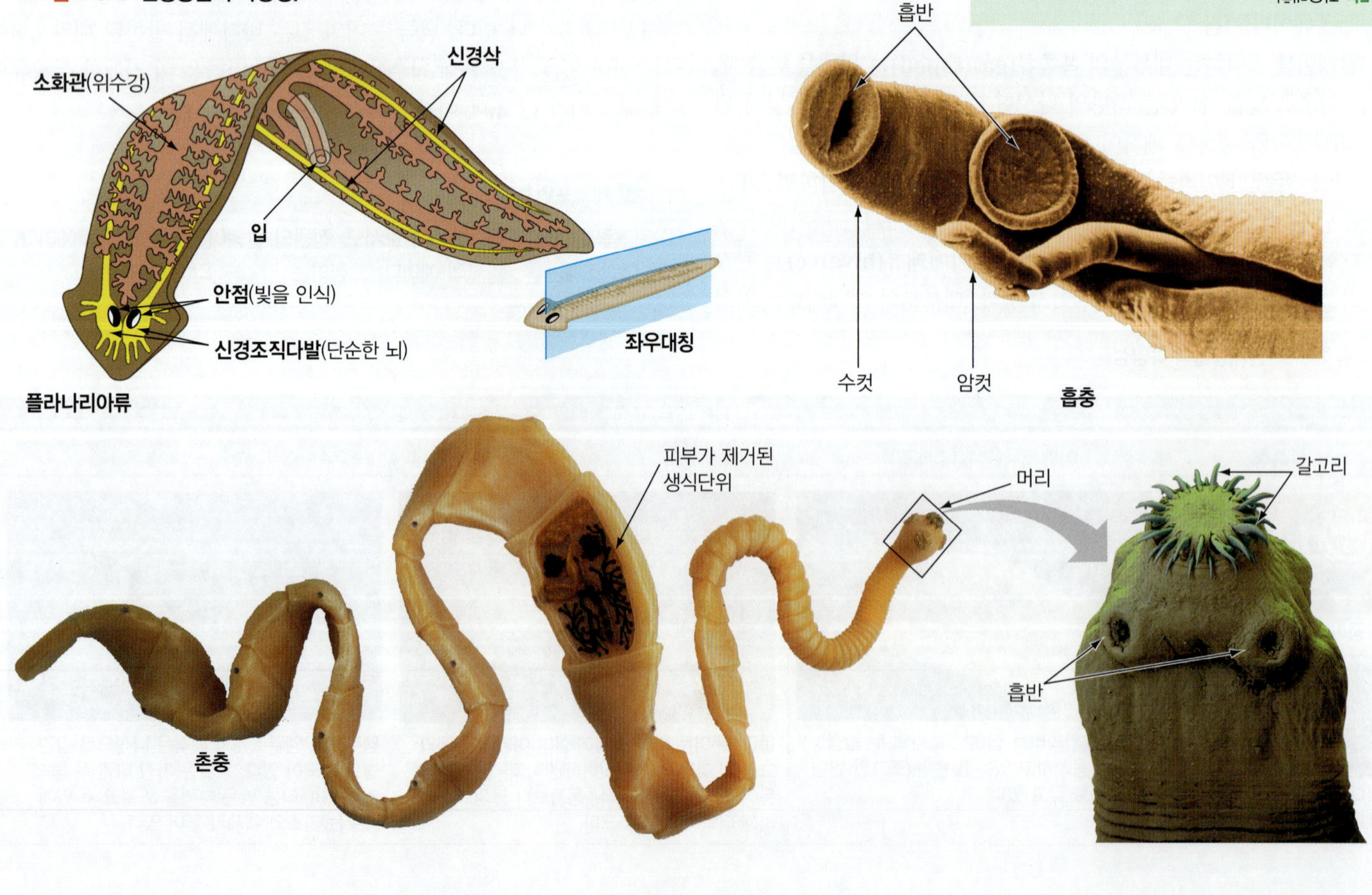

17.8 환형동물

해면동물
자포동물
연체동물
편형동물
환형동물
선형동물
절지동물
극피동물
척삭동물

환형동물(annelid, phylum Annelida[환형동물문, 에넬리다문])은 **체절(body segmentation)**을 갖는 동물인데, 분절되어 있는 이들 체절들이 몸을 따라 길게 반복되어 있다. 환형동물에서 체절은 반지를 이어 붙여놓은 것처럼 보인다. 환형동물은 약 16,500종이 있는데 몸의 길이가 1 mm보다 작은 것부터 호주지렁이처럼 3 m에 이를 정도로 거대한 것도 있다. 환형동물은 축축한 토양, 바다, 대부분의 담수에서 산다.

환형동물은 편형동물을 제외한 다른 모든 좌우대칭 동물과 마찬가지로 두 종류의 특성을 보여주고 있다. 하나는 **완전 소화관(complete digestive tract)**인데 이것은 두 개의 구멍, 즉 입과 항문을 가진 소화관이다. 완전 소화관은 음식이 한 특정 소화관으로부터 다음 소화관으로 한 방향으로 이동해 갈 때, 음식을 가공하여 영양분을 흡수한다. 예를 들면 사람에서 입, 위, 장은 소화관으로 역할을 한다.

모든 환형동물과 같이 지렁이는 바깥쪽도 안쪽도 모두 체절로 나뉘어져 있다(그림 17.15). 체강은 벽(여기에서는 두 개의 체절벽만 표시)으로 분할되어 있다. 신경계(그림에서 노란색)와 액체 노폐물을 배설하는 기관(녹색) 등 많은 내부구조물도 각 체절에서 반복되어 있다. 분절된 혈관은 하나의 주심장과 5쌍의 부심장을 포함한다. 하지만 소화관은 분절되어 있지 않아서, 입에서부터 항문까지 체절벽을 지나간다.

지렁이는 흙 속을 다니면서 먹이를 먹는데, 소화관을 통하여 흙이 통과될 때 유기물로부터 영양분을 추출해 낸다. 소화되지 않은 물질들은 항문을 통해 배출되어 제거된다. 농부와 정원사들은 지렁이를 가치 있게 여기는데, 그 이유는 이 동물이 토양에 공기를 통하게 하고, 식물에 유용한 무기영양분의 양을 늘려주기 때문이다. 작물이 지렁이의 먹이를 제공하기 때문에, 토지 이용과 농업은 지렁이 개체군에 커다란 영향을 받는다. 예를 들면 한 연구에서, 매년 파서 일구었던 옥수수 밭은 에이커 당 평균 39,000 마리의 지렁이가 있었으나, 한편 파헤치지 않았던 낙농목장의 경우는 적어도 에이커 당 1,333,000마리로 나타났다.

▼그림 17.15 지렁이 체절의 해부도.

뇌
주심장
체강
항문
입
소화관
분절격막
부심장
신경삭
혈관
배설기관

최근의 분자적인 증거로 두 가지 주요 그룹의 환형동물이 밝혀졌다. 이들의 이름인 유영목(Errantia, 이동한다는 뜻을 지닌 프랑스 고어 errant에서 따옴)과 저서목(Sedentaria, 앉아 있다는 뜻을 지닌 라틴어 sedere에서 따옴)은 매우 다른 삶의 방식을 반영하고 있다(그림 17.16).

대부분의 **유영류(errantian)**는 해양에 살며 많은 것들이 활동적으로 움직이는 생활방식을 가지고 있다. 그림 17.16의 갯지렁이를 포함하여 일부 유영류는 퇴적물에서 기어 다니거나 뚫고 지나다니며 다른 것들은 자유롭게 수영을 한다. 이들의 머리에는 먹이로 삼을 작은 무척추동물을 찾아 꿈틀거리며 돌아다닐 수 있게 해주는 감각기관들이 잘 갖추어져 있다. 체절의 부속지들은 많은 종에서 운동을 돕는다.

지렁이, 많은 종류의 관거주자, 거머리를 포함하는 **저서류(sedentarian)**는 유영류보다 이동성이 떨어지는 경향이 있다. 그림 17.16에 표시된 것과 같은 관거주자는 탄산칼슘을 분비하거나 점액을 모래와 부서진 껍질과 섞어 관을 만들어 낸다. 각 관의 입구에서 보이는 깃털 모양의 촉수는 그 벌레의 머리에서부터 뻗어 나와 있다. 촉수는 떠다니는 음식물 입자를 낚아 잡아 챌 수 있는 점액으로 코팅되어 있다. 촉수는 가스교환 때에도 작동한다. 거머리는 일부 종들의 흡혈 습관으로 인해 그 악명이 높다. 그러나 대부분의 종들은 달팽이나 곤충과 같은 작

▼그림 17.16 환형동물의 다양성.

일반적인 이 갯지렁이의 머리 끝이 퇴적물에 파묻히기 시작했다. 각 체절에 쌍으로 된 부속지가 붙어 있다.

관거주자는 아가미와 같은 기능을 하는 체절로 된 부속지를 가지고 있다. 이 종은 꽃갯지렁이라 불린다. 깃털 모양의 나선 구조는 한 마리 벌레에 있는 한 쌍의 아가미이다.

은 무척추동물을 먹으며 독립생활을 하는 육식동물이다. 열대지방의 습한 식생에 소수의 육상종들이 서식하지만, 대부분의 거머리는 담수에서 살아간다. 피를 빨아먹는 거머리는 피부를 자르는 수백 개의 작은 이빨이 있는 면도칼 같은 턱을 가지고 있다. 이들은 마취제와 항응고제가 들어 있는 타액을 상처에 분비한다. 마취제로 인해 물린 부위에서 거의 통증을 느끼지 못하며 항응고제는 거머리가 상처에서 과도한 혈액을 배출할 때 응고를 방지한다. 히루도 메디시날리스(*Hirudo medicinalis*)라 부르는 유럽 담수종은 때때로 타박상을 입은 조직에서 혈액을 배출시키거나 사고 후 꿰맨 손가락이나 발가락의 붓기를 완화시키는데 사용된다. ✓

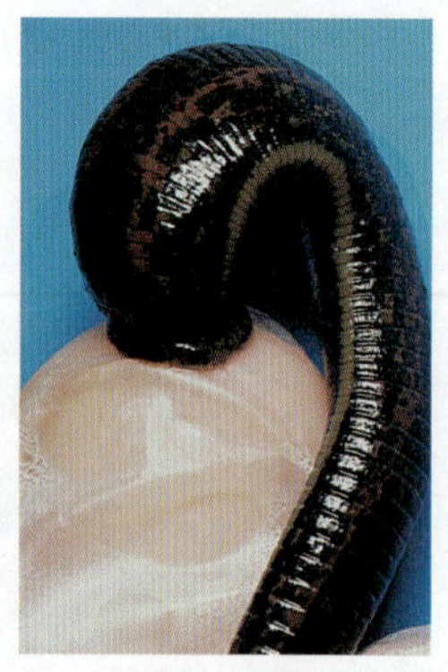
의학용 거머리

✓ **체크포인트**

환형동물의 체형은 몸이 일련의 반복된 부위로 나뉜 것을 의미하는 ______(으)로 나타난다.

답: 체절

17.9 선형동물

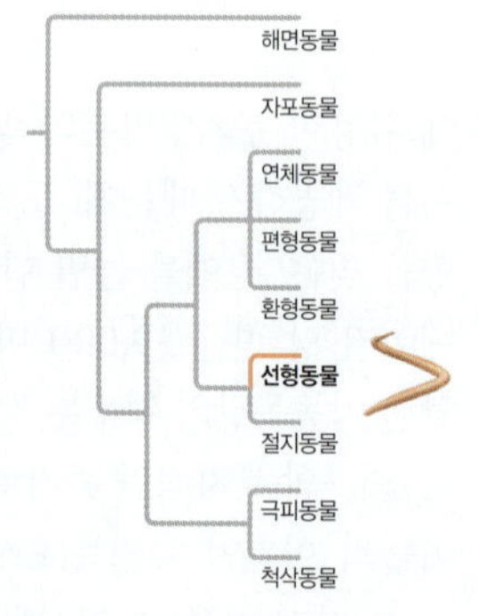

네마토드(nematode)라고도 부르는 **선형동물(roundworm**, phylum Nematoda [선형동물문, 네마토다문])은 보통 양끝 쪽이 점점 가늘어지는 원통모양의 몸체로 인해 이러한 이름이 붙여졌다(그림 17.17). 선형동물은 모든 동물 중에서 가장 많고 널리 분포되어 있는 동물에 속한다. 약 25,000종이 알려져 있는데, 실제로는 아마 이보다 10배 이상 더 많을 수 있다. 선형동물의 길이는 약 1 mm ~ 1 m에 달한다. 이들은 대부분의 수서 서식지와 축축한 흙에서, 또 식물과 동물의 체액과 조직에서 기생체로서 발견된다.

독립생활을 하는 선형동물은 중요한 분해자들이다. 이들은 썩고 있는 유기물질이 있는 곳이면 사실상 어디서든지 살아간다. 썩고 있는 사과 하나에는 9만 마리나 되는 선형동물이 있다. 최근에는 연구자들이 지하 3.2 km 지점에서도 살고 있는 선형동물을 발견하였는데, 이들은 이곳에서 미생물을 먹으며 살아가고 있었다. 다른 종류의 선형동물은 식물과 동물의 기생체로서 살아간다. 일부는 식물의 뿌리를 공격하는 중요한 농업해충이다. 인간을 숙주로 하는 종들은 적어도 50여 종이 있는데, 여기에는 요충, 십이지장충, 모충증을 일으키는 기생충이 포함되어 있다. ✓

✓ **체크포인트**

선형동물과 가장 가까운 문은? (힌트: 진화계통수 참조)

답: 절지동물

▼그림 17.17 **선형동물의 다양성.**

(a) **독립생활형 선형동물.** 이 종은 끝이 가늘어져 있는 원통 모양의 전형적인 선형동물이다. 융기된 부위는 몸의 길이를 따라 이어진 근육을 나타낸다.

(b) **돼지의 기생성 선형동물.** 매우 치명적인 선모충병은 선모충류인 트리키넬라(*Trichinella*)에 감염된 돼지고기를 덜 익혀 먹어서 일어난다. 이 벌레(여기서 돼지 조직에서 보이는)는 사람의 장에 파고든 다음 근육조직으로 침투한다.

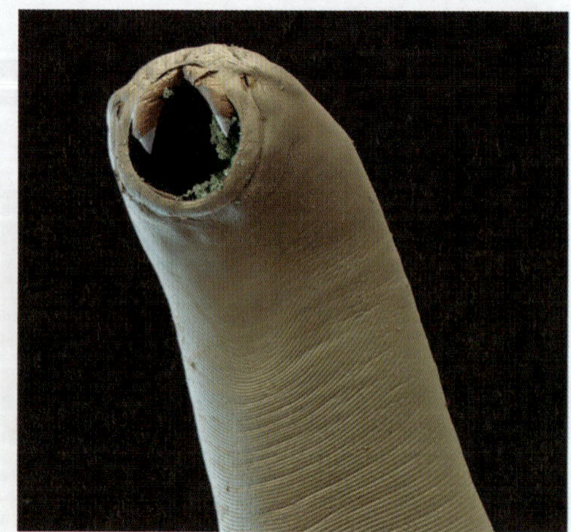
(c) **십이지장충의 머리.** 십이지장충은 숙주의 소장의 벽에 고리를 박아 피를 빨아 먹는다. 이 벌레는 작기는 하지만 (1 cm 미만), 심각한 감염은 심각한 빈혈을 일으킬 수 있다.

17.10 절지동물

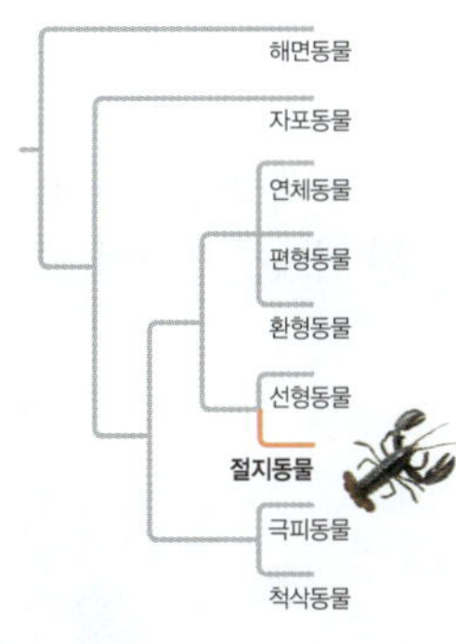

절지동물(athropod, phylum Arthropoda [절지동물문, 아스로포다문])은 이들의 연결된 부속지 때문에 붙여진 이름이다. 갑각류(게나 바닷가재 같은), 주형류(거미나 전갈 같은), 곤충류(메뚜기나 나방 같은)는 절지동물의 예가 된다(그림 17.18). 동물학자들은 지구상의 절지동물의 총 개체 수가 10억의 10억 마리(10^{18}) 정도가 되리라 추정하고 있다. 연구자들은 백만 종 이상의 절지동물을 동정해 왔는데, 이들은 거의가 곤충이다. 사실상 과학적으로 기재된 종의 2/3 정도가 절지동물이다. 그리고 절지동물은 생물권의 거의 모든 서식지에서 볼 수 있다. 종의 다양성, 분포, 절대적인 수에서 볼 때 절지동물은 가장 성공적인 동물문이라고 생각할 수 있다.

절지동물의 일반적 특성

절지동물은 체절로 이루어진 동물이다. 그러나 유사한 체절이 반복되는 환형동물과는 대조적으로 절지동물의 체절과 이들의 부속지는 매우 다양한 기능을 갖게 특화되어 있다. 이러한 진화적인 유연성이 절지동물의 커다란 다양성에 기여했다. 체절(또는 융합된 체절군)의 특화는 몸체의 영역 사이에 노동의 효율적인 분담을 가져왔다. 예를 들면 다른 체절의 부속지는 걷고, 먹고, 감각을 수용하고, 헤엄치고 방어를 위해 다양하게 적응하였다(그림 17.19).

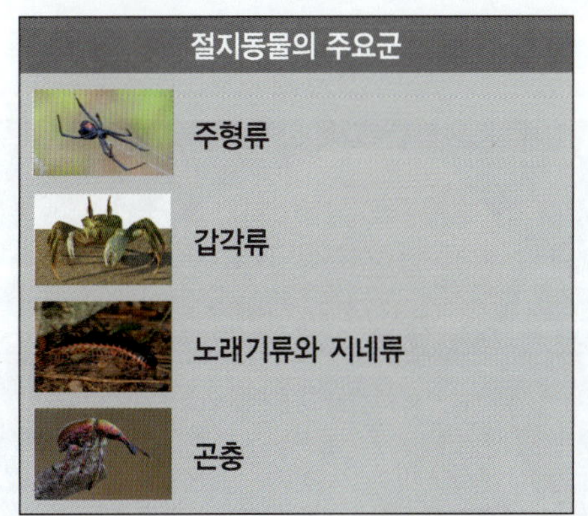

◀ 그림 17.18 **절지동물의 다양성.**

절지동물의 몸체는 외부의 골격, 즉 **외골격(exoskeleton)**으로 완전히 덮여 있다. 이 외피는 단백질과 키틴이라는 다당류의 층으로 만들어진 것이다. 외골격은 몸의 어떤 부분(머리와 같은)과 다른 위치에서 종이처럼 얇고 유연한 부분(관절과 같은)을 덮는 두껍고 딱딱한 갑옷이 될 수 있다. 외피는 동물을 보호하고, 부속지를 움직이는 근육을 위한 부착점을 제공한다. 물론 바깥쪽에 단단한 껍질을 입고 있는 것은 이점이 있다. 우리 몸의 골격은 대부분의 부드러운 조직의 안쪽에 위치하고 있어 상해로부터 우리의 몸을 충분히 보호할 수 없다. 그러나 우리의 골격은 우리 몸의 나머지 부분과 함께 성장할 수 있다는 이점을 제공한다. 이와는 대조적으로 성장하는 절지동물은 때때로 자신의 낡은 외피를 탈피하고 더 큰 외피를 입는다. 탈피라고 부르는 이 과정에서 절지동물은 일시적으로 포식자와 기타 위험에 놓이게 된다. 이제부터 절지동물의 주요군에 대해 알아보자. ✓

✓ 체크포인트

해산물 애호가들은 게의 껍질이 부드러워지는 계절을 고대하는데 이때는 거의 모든 동물이 고기를 먹기 위해 딱딱한 껍질을 부숴야 하는 그런 일을 하지 않고도 먹을 수 있게 된다. 게의 개체는 몇 시간 동안만 껍질이 부드러운데, 따라서 게를 잡는 어부들은 게를 잡아 이들이 준비가 될 때까지 탱크에 그대로 놔둔다. 어떤 과정이 껍질이 부드러운 게가 되게 하는가?

답: 게는 몸이 성장할 수 있도록 탈피가 되어야 할 두꺼운 외골격을 가지고 있다. 껍질이 부드러운 게는 탈피는 되었지만, 아직 새로운 딱딱한 껍질이 준비되지 않은 것이다.

◀ 그림 17.19 **갑각류인 바닷가재의 구조.** 부속지를 포함하여 몸 전체는 외골격으로 덮여 있다. 몸은 체절로 되어 있는데, 이 특징은 복부에서만 분명하게 나타난다.

주형류

주형류(arachnid)는 전갈, 거미, 진드기, 먼지 진드기를 포함한다(그림 17.20). 대부분의 주형류는 육지에서 산다. 절지동물의 일원인 이들은 보통 4쌍의 다리와 한 쌍의 섭식 부속지를 가지고 있다. 거미에서 섭식 부속지는 송곳니처럼 생겼으며 독을 분비하는 기관을 갖추고 있다. 거미가 이러한 부속지를 사용하여 먹잇감을 움직이지 못하게 하고 찢어 해체한 후, 거미는 찢어진 조직위에 소화액을 흘려서 액체 상태로 된 먹이를 빨아먹는다.

▼그림 17.20 **주형류의 특징과 다양성.**

한 쌍의 섭식 부속지

다리(네 쌍)

한 쌍의 실크 방적 부속지

전갈. 전갈은 커다란 집게로 변형된 한 쌍의 부속지를 방어와 먹이를 잡는 데 사용한다. 꼬리의 끝에는 독성의 침을 갖고 있다. 이들은 밟히거나 찔렸을 때만 사람을 공격한다.

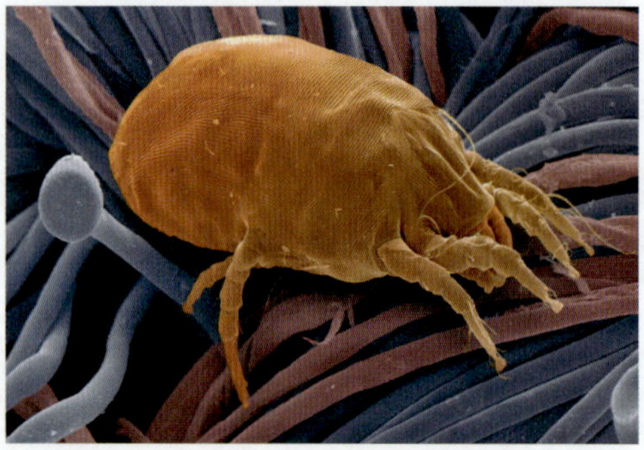

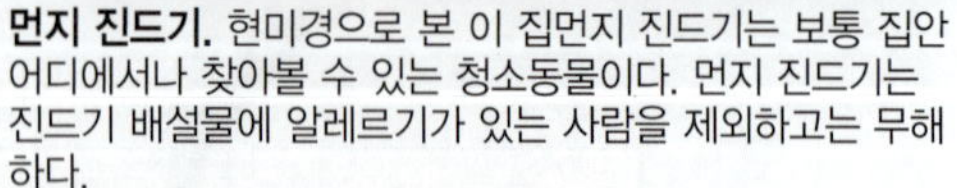

먼지 진드기. 현미경으로 본 이 집먼지 진드기는 보통 집안 어디에서나 찾아볼 수 있는 청소동물이다. 먼지 진드기는 진드기 배설물에 알레르기가 있는 사람을 제외하고는 무해하다.

거미. 위의 큰 사진에 있는 타란툴라를 포함하여 대부분의 거미는 특별한 점액을 분비하여 액상 실크를 응고시켜가면서 거미줄을 만든다. 이 검정 독거미는 작은 먹이는 죽일 수 있지만 사람에게는 치명적이지는 않다.

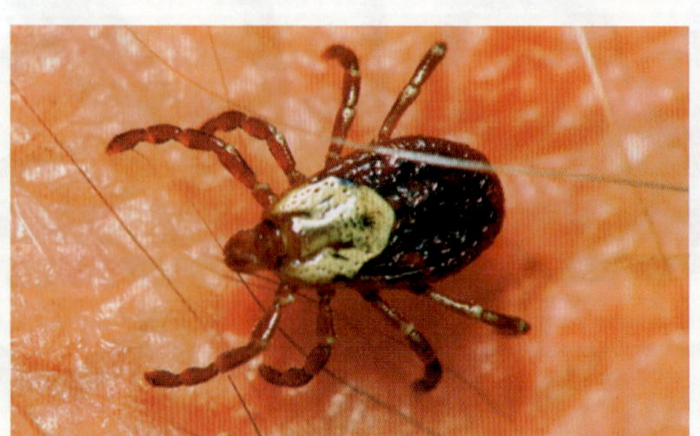

숲진드기. 숲진드기와 그 외의 다른 종은 록키산홍반열을 일으키는 세균을 옮긴다. 라임병은 여러 다른 종의 진드기에 의해 옮겨진다.

갑각류

거의 모두 물에서 사는 **갑각류(crustacean)**는 우리가 흔히 볼 수 있는 게, 바닷가재, 가재, 새우를 포함한다(그림 17.21). 바위, 선체, 심지어 고래에 붙어사는 삿갓조개도 갑각류이다. 갑각류의 한 그룹인 등각류는 육지에서는 쥐며느리가 대표적이다. 이들은 모두 절지동물의 특징이라고 할 수 있는 몇 쌍의 특화된 부속지를 가지고 있다.

▼ 그림 17.21 **갑각류의 특징과 다양성**

게. 달랑게는 전 세계 해안선에 서식한다. 파도의 끝자락을 따라 재바른 걸음으로 질주하고, 모래 속으로 자신의 몸을 빠르게 숨긴다.

새우. 본래 아프리카에서 아시아까지의 태평양에서 찾아볼 수 있는데, 큰참새우는 식품으로 폭넓게 양식된다.

공벌레. 통상 통나무 아래와 같이 썩고 있는 나뭇잎이나 습기 찬 지역에서 찾아볼 수 있는데, 이 공벌레는 위험을 감지하게 되면 몸을 공모양으로 만들기 때문에 이런 이름을 얻었다.

가재. 전 세계적으로 식용으로 키우고 있는 붉은 가재는 미국 남동부가 원산지이다. 원산지에서 외부 지역으로 방출되었을 때, 그 지역의 다른 종들과 공격적으로 경쟁하면서 그 지역의 생태계를 위협하고 있다.

따개비. 따개비는 탄산칼슘 껍질로 강화된 외부골격을 가진 정주성 갑각류이다. 껍질에서 돌출되어 있는 연결 부속지는 작은 플랑크톤을 포획한다.

노래기류와 지네류

노래기류(millipede)와 **지네류(centipede)**는 몸체의 대부분에 유사한 체절을 가지고 있는 육상 절지동물이다. 외견상으로는 환형동물을 닮았지만, 이들의 몸에 달린 다리는 이들이 절지동물임을 알려 준다(그림 17.22). 노래기는 썩은 식물류를 먹는 육지동물이다. 이들은 체절마다 2쌍의 짧은 다리를 가지고 있다. 지네는 육지에 사는 육식동물로서 방어하거나 바퀴벌레와 파리와 같은 먹이를 기절시킬 때에 사용하는 독이 있는 한 쌍의 집게발을 가지고 있다. 지네의 각 체절에는 한 쌍의 다리가 달려 있다.

▼그림 17.22 노래기류와 지네류.

노래기류. 대부분 노래기류와 마찬가지로, 이것은 각 체절당 두 쌍의 다리를 가진 긴 몸체로 연결되어 있다.

지네류. 흙이나 나뭇잎에서 발견되는 지네류는 독을 분비하는 턱으로 바퀴벌레와 거미를 위협할 수 있지만, 사람한테는 해롭지 않다.

곤충의 구조

그림 17.23의 메뚜기처럼 대부분의 **곤충(insect)**의 몸은 머리, 가슴, 배의 세 부분으로 되어 있다. 머리에는 보통 한 쌍의 감각 더듬이와 한 쌍의 눈이 달려 있다. 곤충의 입부분은 특정한 섭식에 맞도록 적응되었는데, 예를 들면 메뚜기는 식물을 물고 씹을 수 있도록, 집파리는 액체를 핥아먹을 수 있도록, 모기는 피부를 뚫고 피를 빨아 먹도록 적응되었다. 대부분의 성체 곤충은 세 쌍의 다리와 1~2쌍의 날개를 가지고 있는데, 이들 모두 복부로부터 뻗어나와 있다.

곤충이 날게 된 것은 곤충의 커다란 성공의 한 열쇠임이 틀림없다. 날 수 있는 동물은 많은 포식자로부터 도망칠 수 있고, 더 손쉽게 먹이와 짝도 찾을 수 있고, 땅 위를 기는 동물보다 훨씬 빨리 새로운 서식지로 퍼져나갈 수 있다. 이들 날개는 외골격이 확장된 것이지 진정한 부속지는 아니기 때문에, 곤충은 다리의 희생 없이도 날 수 있게 된 것이다. 반면에 새나 박쥐와 같은 비행 척추동물은 두 쌍의 다리 중 한 쌍이 날개로 변형되었는데, 이것은 이들 척추동물이 일반적으로 땅 위에서 아주 재빠르지 못한 이유를 잘 설명해 주고 있다.

◄그림 17.23 메뚜기의 구조.

곤충의 다양성

종다양성에서 곤충은 다른 모든 형태의 생물을 전부 합친 것보다 그 수가 많다(그림 17.24). 이들은 거의 모든 육지서식지와 담수에서 살고 있고, 공중에는 날아다니는 곤충으로 가득하다. 절지동물 중 갑각류가 우세한 바다에는 곤충이 드물다. 가장 오래된 곤충 화석은 4억 년 전까지 거슬러 올라간다.

나중에 일어난 비행의 진화는 폭발적인 곤충

▼그림 17.24 **곤충의 다양성.**

장수풍뎅이. 수컷만이 "뿔"을 가지는데, 이것은 다른 수컷과 싸울 때, 또 땅을 팔 때 사용한다.

광대파리매. 이 육식곤충은 조직을 액화하는 효소를 먹이에게 주입한 후 얻어진 액체를 빨아들인다.

큰사막여치. 종종 빨간 눈 악마라고도 부르는 무섭게 보이는 이 육식동물은, 위협할 때 날개와 가시가 나 있는 다리를 드러내 보인다.

오색무지개 딱정벌레. 작은 것은 같은 종의 어린 새끼이다.

사마귀. 전 세계에는 2,000종 이상의 사마귀가 존재한다.

바구미. 다양한 두께의 키틴으로부터 반사되는 빛은 바구미의 화려한 색상을 만들어낸다.

남방공작나비. 이 나비의 날개에 있는 안점은 포식자를 놀라게 할 수 있다.

블루대셔 잠자리. 잠자리의 거대한 다각적인 눈은 머리 주위에 거의 360도를 볼 수 있게 감싸고 있다. 네 개의 날개 각각은 독립적으로 움직일 수 있어서, 먹이를 쫓을 때 민첩하게 기동성을 발휘할 수 있게 해준다.

다양성을 유발시켰다. 많은 곤충은 그들의 성장과정에서 변태를 겪는다. 메뚜기와 일부 다른 곤충 그룹의 경우에, 어린 곤충들은 성충을 닮았지만 성충보다 크기가 작을 뿐 아니라 몸의 비율도 다르다. 이 동물은 일련의 탈피를 겪으며 완전히 성충의 크기가 될 때까지, 탈피할 때마다 그 모습은 점점 더 성충과 비슷해진다. 또 다른 경우 곤충들은 먹기와 성장을 위해서 특화된 뚜렷한 애벌레 단계를 가지고 있는데, 그것은 구더기(파리의 유충), 땅벌레(딱정벌레의 유충), 애벌레(나방과 나비의 유충)와 같은 이름으로 알려져 있다. 애벌레 단계는 분산과 생식을 위해 특화된 성충 단계와는 완전히 다른 것처럼 보인다. 애벌레에서 성충으로의 변태는 번데기 단계에서 일어난다(**그림 17.25**).

법의학 곤충학자(곤충을 연구하는 법의학 과학자)는 형사사건을 해결하기 위해 곤충의 생활사에 관한 지식을 사용한다. 예를 들면 검정파리의 구더기는 부패 중인 살을 파먹는다. 암컷 검정파리는 멀리 1 마일 이상 떨어진 곳의 사체 냄새도 맡을 수 있는데, 일반적으로 도착하면 몇 분 안에 아직 부패하지 않은 신선한 시체에 자신의 알을 낳는다. 검정 파리의 생활사의 각 단계의 시간을 알면, 곤충학자는 죽은 다음 경과된 시간을 알 수 있다.

곤충과 같이 그렇게 수많고 다양하고 널리 퍼져 있는 동물은 인간을 포함하여 많은 육상생물의 삶에 여러 방향에서 영향을 미친다. **따라서 곤충은 생물계 내에서의 상호작용의 많은 예를 제공한다.** 농작물과 과수나무를 수분시키는 꿀벌, 파리, 그 밖의 곤충은 유익한 상호작용을 보여준다. 다른 상호작용은 사람들에게 해롭다. 예를 들면 곤충은 말라리아나 웨스트나일병과 같은 많은 인간질병을 일으키는 미생물의 운반체이기도 하다. 곤충은 또한 우리의 밭작물을 먹어치움으로써 인간과 먹이를 가지고 경쟁하기도 한다. 이러한 손실을 최소화하기 위해 미국의 농부들은 살충제에 수십억 달러를 쏟아 부어 농작물에 다량의 독성 살충제를 뿌리고 있다. 그러나 이러한 노력에도 불구하고, 사람들은 곤충과 이들의 동족인 절지동물의 탁월함을 극복하지 못하고 있다. 오히려 살충제 내성의 진화는 인간으로 하여금 해충방제 방법을 바꾸게 만들었다(그림 13.11 참조). ✓

✓ 체크포인트

주요 절지동물군 중에서 주로 수서생활을 하는 것은? 가장 수가 많은 것은?

답: 갑각류; 곤충

▼그림 17.25 제왕나비의 변태.

유충(나비유충)은 먹기와 성장에 시간을 보내는데, 성장하면서 탈피를 한다.

여러 번의 탈피 후, 유충은 자신을 고치로 덮어서 **번데기**가 된다.

번데기 안에서 유충의 기관들은 없어지고, 유충시기에 휴면하고 있던 세포로부터 성충의 기관들이 발생한다.

마침내 **성충**은 고치로부터 우화되어 나온다.

나비는 날아 떠나가고 생식을 하게 되는데, 이때 유충시기에 저장한 칼로리를 이용하여 영양을 공급받는다.

17.11 극피동물

해면동물
자포동물
연체동물
편형동물
환형동물
선형동물
절지동물
극피동물
척삭동물

극피동물(echinoderm, phylum Echinodermata [극피동물문, 에키노더마타문])은 이들의 몸 표면에 나있는 가시 때문에 붙여진 이름이다(echin은 그리스어에서 "가시"라는 의미). 불가사리, 성게, 해삼, 동부성게가 극피동물에 속한다(그림 17.26).

극피동물은 약 7,000종이 있으며 모두 해양성이다. 대부분이 느리게 몸을 움직인다. 극피동물에는 체절이 결여되어 있고, 성체일 때 대부분은 방사대칭이다. 예를 들면 불가사리의 내부와 외부는 바퀴의 살처럼 중심으로부터 사방으로 뻗어 있다. 그러나 성체와는 달리 극피동물의 유생단계는 좌우대칭이다. 이것은 극피동물이 좌우대칭을 전혀 보이지 않는 자포동물 같은 다른 방사대칭 동물과는 연관성이 별로 없음을 보여주는 다른 증거들을 뒷받침해 준다. 대부분의 극피동물은 피부 바로 밑에 있는 경판으로부터 만들어지는 **내골격(endoskeleton)**을 가지고 있다.

이 내골격의 돌기와 가시는 거칠거나 가시투성이의 동물의 표면을 잘 설명해 준다. 극피동물의 독특한 면은 몸 전체로 물을 순환시키는 물로 차 있는 관의 네트워크인 **수관계(water vascular system)**인데, 이것은 기체교환(O_2의 유입과 CO_2의 제거)과 배설물 방출을 촉진시킨다. 이 수관계는 또한 관족이라 부르는 돌기로 갈라져 있다. 불가사리나 성게는 흡입잔처럼 생긴 관족을 사용하여 해저 바닥에 붙어서 천천히 움직인다. 또한 불가사리는 먹는 동안 먹이를 잡고 있는데, 이때 이 관족을 사용한다.

불가사리와 그 밖의 다른 성체 극피동물을 보면 이들이 사람과 그 외의 척추동물과 공통점이라고는 하나도 없는 것처럼 생각할 수 있다. 그러나 왼쪽에 있는 진화계통수를 보면 극피동물은 척추동물을 포함하고 있는 문인 척삭동물과 진화적 분지를 공유하고 있다. 배발생을 가지고 분석해 보면, 극피동물과 척삭동물은 연체동물, 편형동물, 환형동물, 선형동물, 절지동물을 포함하는 진화적 분지와는 다르다. 이러한 내용을 마음에 담아두고 이제부터 무척추동물에서 척추동물로 논의를 옮겨 가 보자. ✓

✓ 체크포인트

극피동물의 골격을 절지동물의 골격과 비교해 보시오.

답: 극피동물은 내골격을 갖는다; 절지동물은 외골격을 갖는다.

▾그림 17.26 **극피동물의 다양성.**

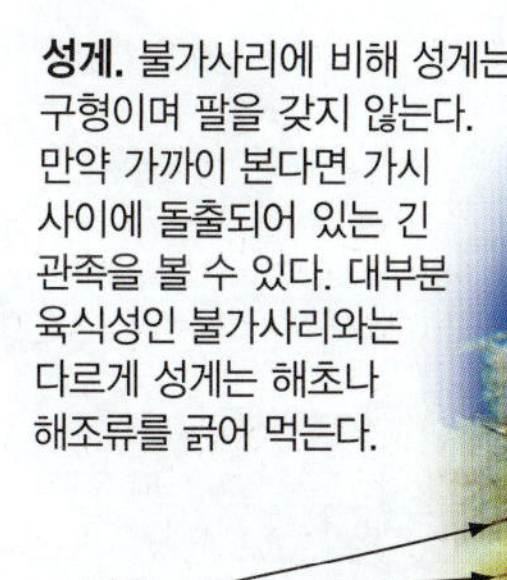

불가사리. 불가사리가 굴이나 조개를 만나게 되면, 연체동물의 껍질을 관족(삽입그림)으로 잡아 입이 있는 쪽으로 가져와 껍질의 작은 틈을 벌린다. 그런 다음 불가사리는 입 밖으로 위를 내밀어 조개껍질 안에 집어넣는다.

성게. 불가사리에 비해 성게는 구형이며 팔을 갖지 않는다. 만약 가까이 본다면 가시 사이에 돌출되어 있는 긴 관족을 볼 수 있다. 대부분 육식성인 불가사리와는 다르게 성게는 해초나 해조류를 긁어 먹는다.

해삼. 언뜻 보기에 이 해삼은 다른 극피동물과 닮아 보이지 않는다. 그러나 자세히 관찰하면 다섯 줄로 이루어진 관족을 포함하여 극피동물의 많은 특징을 갖고 있다.

연잎성게. 살아 있는 연잎성게는 단단한 골격으로 덮인 움직일 수 있는 짧은 돌기의 피부를 가지고 있다. 다섯 개의 구멍(별 모양으로 배치)은 연잎성게의 몸 안으로 바닷물을 끌어올 수 있게 한다.

척추동물의 진화와 다양성

우리 대부분은 집안 조상에 대해 호기심을 가지고 있다. 그러나 생물학자들은 인간의 조상을 동물계 안에서 추적하는 보다 더 큰 의문에 관심을 가지고 있다. 이 절에서 우리는 인간과 인간의 가장 가까운 친족이 포함되어 있는 그룹인 척추동물의 진화에 대해 알아볼 것이다. 모든 척추동물은 대부분의 극피동물도 가지고 있는 특성, 즉 내골격을 갖는다. 하지만 척추동물의 내골격은 두개골과, 또 척추뼈라고 부르는 일련의 뼈로 이루어진 등뼈를 가지고 있다는 것이 특징인데, 이 그룹의 이름은 이를 따서 붙여졌다(그림 17.27). 척추동물의 계통 추적의 첫 단계는 척추동물이 동물계에서 어느 위치에 있는지 알아보는 것이다.

▼그림 17.27 **척추동물의 내골격.** 모든 척추동물과 마찬가지로 이 뱀의 골격은 머리뼈(두개골)와 척추뼈로 이루어진 등뼈(척추)를 가진다.

두개골
(뇌 보호)
척추뼈

17.12 척삭동물의 특징

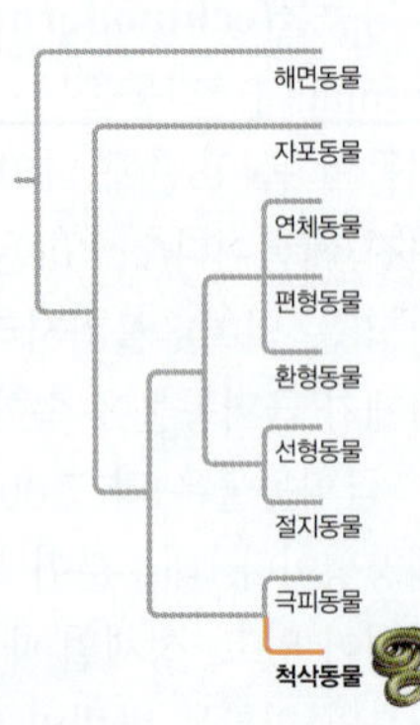

우리가 배우고 있는 동물계 중에서 마지막 문이 척삭동물문(phylum Chordata[코다타문])이다. **척삭동물(chordate)**은 배 상태의 시기와 때로는 성체에서도 나타나는 4개의 중요한 특징을 공통적으로 가진다(그림 17.28). 척삭동물의 이 4가지 특징은 (1) **등쪽속빈 신경삭(dorsal, hollow nerve cord)**, (2) 소화관과 신경삭 사이에 위치한 유연하고 긴 막대모양의 **척삭(notochord)**, (3) 입 바로 뒤에 있는 소화관 영역에 해당하는 인두에 있는 홈들로 이루어진 **인두열(pharyngeal slit)**, (4) 항문의 뒤쪽에 있는 꼬리인 **항문뒤쪽 꼬리(post-anal tail)**이다. 비록 이런 척삭동물들의 특징을 성체동물에서는 찾아보기 쉽지 않지만, 이들은 척삭동물의 배에서는 항상 나타난다. 예를 들면 문의 이름에 붙인 이유이기도 한 척삭은 사람의 경우 성인의 몸에서는 척추 사이에서 쿠션의 역할을 하는 연골성 디스크의 형태로 남아 있다. "파열된 디스크" 또는 "빠진 디스크"라고 묘사되는 등뼈의 손상은 이들 척삭의 유물에 대해 말하는 것이다.

체절도 척삭동물의 또 하나의 특징이다. 척삭동물의 체절은 척추동물의 등뼈(그림 17.27 참조)와 모든 척삭동물의 체절 형태의 근육(그림 17.29의 창고기에서 보이는 갈매기 모양[〈〈〈〈]의 근육 참조)에서 명확하게 보인다. 사람의 경우 근육조직을 빨래판처럼 조각될 정도로 발달시키지 않으면, 성인이 된 사람의 몸에서 체절 형태의 근육조직은 뚜렷하게 나타나지 않는다.

척삭동물의 두 그룹인 **피낭류(tunicate)**와 **창고기(lancelet)**는 무척추동물이다(그림 17.29). 나머지 모

▼그림 17.28 **척삭동물의 특징.**

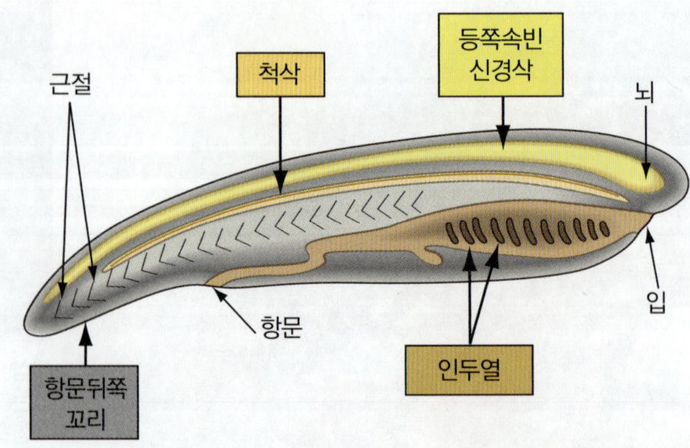

▼그림 17.29 **무척추 척삭동물.**

창고기. 이 바다 무척추동물은 칼날 같은 모양에서 그 이름이 지어졌다. 길이가 몇 센티미터 정도인 창고기는 뒤쪽은 모래 속에 두고 입 부분만을 노출시켜 흔들면서 해수로부터 아주 작은 먹이 입자를 걸러서 먹는다.

피낭동물. 바다물총이라는 피낭동물은 물에서 먹이를 걸러내는 정주성 동물이다. 파스텔 색조의 바다물총은 이들의 색깔과 침입자를 물리치기 위해 물총을 쏜다는 사실로부터 이러한 별명을 얻고 있다.

든 척삭동물은 **척추동물(vertebrate)** 인데, 이들은 척삭동물의 기본 특징을 가지면서 등뼈를 포함하여 독특한 추가적인 특징을 가지고 있다. 그림 17.30은 탐구할 내용을 제공할 척삭동물과 척추동물의 진화에 대한 개관이다.✓

✓ 체크포인트

초기 배발생 동안 창고기와 같은 무척추 척삭동물과 우리가 공유하는 4가지 특성은 무엇인가?

답: (1) 등쪽속빈 신경삭; (2) 척삭; (3) 인두열; (4) 항문뒤쪽 꼬리

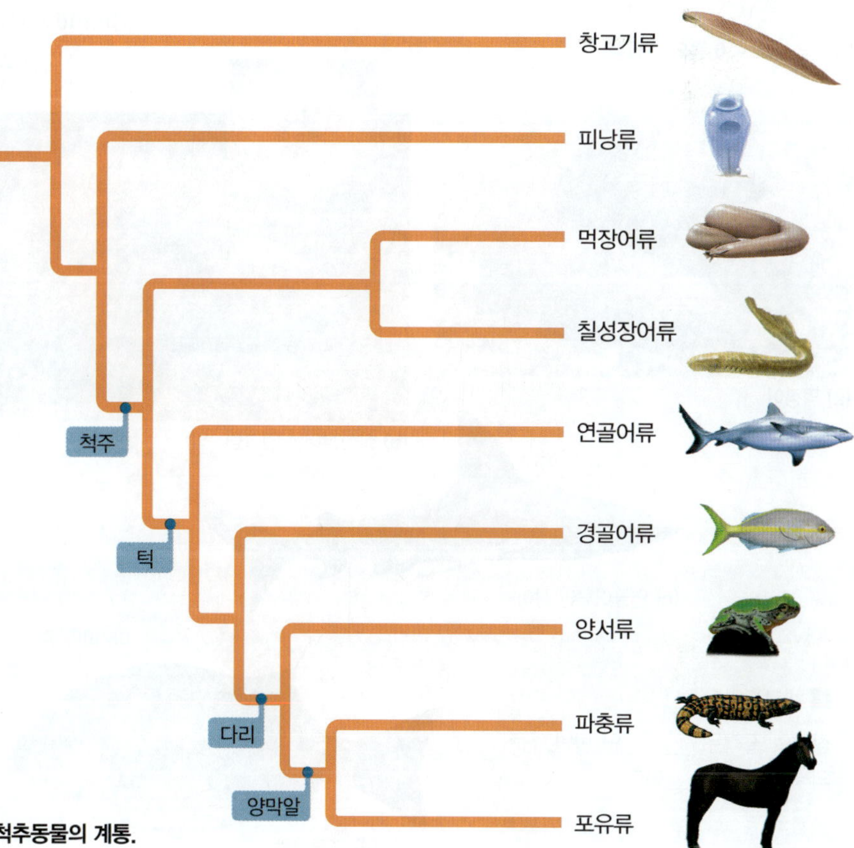

► 그림 17.30 **척추동물의 계통.**

17.13 어류

첫 번째 척추동물은 아마도 약 5억 4천 2백만 년 전 초기 캄브리아기 기간에 물속에서 진화한 것으로 보인다. 대부분의 다른 척추동물과는 달리 이들은 입을 움직이게 하는 경첩모양의 뼈로 된 턱이 없었다. 오늘날에도 턱이 없는 두 종류의 어류가 생존해 있는데, 먹장어와 칠성장어이다. 앞에서도 언급했지만 먹장어는 무척추동물이지만 두개골을 가지고 있다. 오늘날 먹장어는 춥고 어두운 바다 밑에서 죽었거나 죽어가는 동물을 청소한다(그림 17.31a). 먹장어는 위협을 받으면 몸의 측면에 있는 특수 샘에서 과량의 점액물질을 분비한다. 최근에 일부 먹장어는 멸종위기종이 되어 가고 있는데, 그 이유는 이들의 피부껍질이 혁대, 지갑, 신발을 만드는데 사용되기 때문이다. 먹장어와 달리 칠성장어는 척추동물이다. 칠성장어의 대부분의 종은 큰 물고기의 옆에 달라붙기 위해 무턱의 입을 흡반으로 사용하는 기생체이다(그림 17.31b).

우리는 화석기록을 통해 최초로 턱을 가진 척추동물은 약 4억 4천만 년 전에 진화한 한 어류라는 것을 알고 있다. 이들은 2쌍의 지느러미도 갖게 되어, 이들로 하여금 민첩하게 헤엄을 칠 수 있게 만들어 주었다. 초기 일부 어류들은 먹이를 좇아가 생살을 한 덩어리씩 뜯어 먹을 수 있는, 길이가 10 m나 되는 적극적인 포식자이었다. 오늘날에도 대부분의 어류들은 육식동물이다.

▼그림 17.31 **어류의 다양성.**

(a) 먹장어

(b) 칠성장어(삽입그림: 입)

(c) 연골어류인 상어

(d) 경골어류

✓ **체크포인트**

상어의 골격은 ______인 반면, 참치의 골격은 ______이다.

답: 연골, 경골

상어와 가오리와 같은 **연골어류(cartilaginous fish)**는 연골로 만들어진 유연한 뼈대를 가지고 있다(그림 17.31c). 대부분의 상어들은 뛰어난 포식자인데, 그 이유는 이들이 유선형 몸을 가진 빠른 수영선수이자 예리한 감각을 지니고 강한 턱을 가지고 있기 때문이다. 상어는 좋은 시력을 가지고 있지는 않으나 후각은 매우 뛰어나다. 또한 머리에 있는 특별한 전기감응감지기는 근처에 있는 동물들의 근육수축으로 발생하는 미세한 전기장을 탐지해 낼 수 있다. 상어는 몸의 양옆을 따라 나 있는 한 줄의 감각기관인 **측선계(lateral line system)**을 가지고 있다. 수압 변화를 감지하는 측선계는 상어가 인근에서 헤엄치고 있는 동물들이 일으키는 미세한 움직임도 탐지해 낼 수 있게 해준다. 연골어류는 약 1,000종이 있으며 거의 모든 종이 해양에서 산다.

경골어류(bony fish)의 골격은 칼슘으로 강화되어 있다(그림 17.31d). 경골어류는 측선계와 민감한 후각과 놀라운 시력을 가지고 있다. 머리의 양옆에는 **아가미덮개(operculum,** 복수는 *opercula*)라 부르는 보호덮개가 있는데, 이것은 물로부터 산소를 추출하는 기능을 가진 깃털처럼 생긴 외부기관인 아가미가 들어 있는 공간을 덮고 있다. 물고기는 아가미덮개를 움직여서 헤엄을 치지 않고도 숨을 쉴 수 있다. 이와는 달리 상어는 아가미덮개가 없어서 아가미를 통해 물을 통과시키기 위해 헤엄쳐야 한다. 이렇게 물을 통과시켜야 하는 필요성 때문에 상어는 살기 위해 계속 움직여야만 한다. 상어와는 달리 경골어류는 부력을 제어할 수 있게 해주는 가스로 차 있는 주머니인 **부레(swim bladder)**를 가지고 있다. 따라서 경골어류는 거의 움직이지 않는 상태를 유지함으로써 에너지를 보존할 수가 있지만, 이와는 반대로 상어들은 만약 헤엄을 멈추면 밑으로 가라앉게 된다.

송어, 배스, 농어, 참치를 포함한 대부분의 경골어류는 **방사형지느러미 어류(ray-finned fish)**이다. 이들의 지느러미는 얇고 유연한 방사형 골격에 의해 지탱되는데, 그래서 이런 이름이 붙여졌다. 방사형지느러미 어류는 약 27,000종이 있는데, 척추동물 그룹에서 가장 많은 수의 종을 포함한다.

경골어류의 두 번째 진화적인 분지에는 **잎사귀형지느러미 어류(lobe-finned fish)**를 포함한다. 잎사귀형지느러미 어류는 방사형지느러미 어류와는 달리 양서류의 다리뼈와 상동성이 있는 튼튼한 뼈에 의해 지탱되는 근육성 지느러미를 가지고 있다. 초기의 잎사귀형지느러미 어류는 해안 습지에 살았으며, 물 바닥에서 지느러미를 걷는데 사용했을 수 있다. 오늘날에는 잎사귀형지느러미 어류 3계통이 생존해 있다. 총기어류는 한때 멸종되었다고 믿었던 심해어류이다. 폐어는 물에 살면서 공기를 인두에 연결된 폐로 들이켜 마시는 여러 종들이 남반구에 있다. 잎사귀형지느러미 어류의 세 번째 계통은 육지에서의 생활에 적응하였으며, 최초의 육상 척추동물인 양서류를 낳게 되었다. ✓

17.14 양서류

창고기류
피낭류
먹장어류
칠성장어류
연골어류
경골어류
양서류
파충류
포유류

그리스 말로 암피비오스(amphibios)는 "이중생활을 하며 살아간다"라는 뜻이다. 이것은 대부분의 **양서류(amphibian)**는 물과 육지 모두에 잘 적응한다는 것을 의미한다(그림 17.32a). 대부분의 종이 물을 벗어나지 못하며 살아가는데, 그 이유는 이들의 알은 껍질이 없어 대기 중에서는 빨리 마르기 때문이다. 개구리는 자기 일생의 많은 시간을 육지에서 살지만, 알은 물속에 낳는다(그림 17.32b). 알은 아가미로 물속의 조류를 먹고, 어류와 비슷한 측선계를 가지고, 긴 지느러미 꼬리를 가진 올챙이라고 부르는 유생으로 발생한다(그림 17.32c). 올챙이는 개구리로 변하게 될 때, 급격한 변태를 겪는다(그림 17.32d). 어린 개구리가 물가를 기어 다니고 육지의 곤충을 포식하는 포식자로서의 삶이 시작될 때, 개구리는 4개의 다리를 갖게 되고, 아가미 대신 폐로 숨을 쉬고, 외이를 갖게 되고, 측선계는 없어진다. 그러나 성체가 되어서도 양서류들은 늪이나 우림과 같은 축축한 습지에서 주로 많이 산다. 이것은 부분적으로는 양서류들이 폐의 기능을 보완하는 피부를 축축하게 만들어 주변과의 가스교환을 잘 할 수 있기 위해서다. 그러므로 비교적 건조한 서식지에 적응된 개구리조차도 습기가 많은 굴속이나 축축한 나뭇잎 더미 아래에서 많은 시간을 보낸다. 얇고 투과성인 피부와 탈수에 민감하기 때문에 양서류는 특히 수질오염이나 기후변화와 같은 환경위협에 취약하다. 양서류들은 육지를 개척한 최초의 척추동물이다. 이들은 서투르긴 하지만 육지에서 약간의 움직임을 가능케 한 근육과 골격으로 이루어진 지느러미와 폐를 가진 어류들의 자손들이다(그림 17.33). **화석기록으로 연대를 거슬러 올라가 보면 사지를 가진 양서류들이 물고기처럼 생긴 조상들로부터 진화되었다.** 육지의 척추동물, 즉 양서류, 파충류, 포유류를 모두 함께 묶어 "4개의 다리"를 뜻하는 **사지류(tetrapod)**라고 부른다. ✓

✓ 체크포인트

양서류는 네 발을 갖은 육상 척추동물, 즉 최초의 ______이다.

답: 사지류

▼그림 17.32 양서류의 다양성.

말레이뿔개구리

텍사스 범무늬 도롱뇽

(a) 개구리와 도롱뇽: 양서류의 두 주요군

(b) 개구리 알

(c) 올챙이

(d) 나무개구리의 성체

▼그림 17.33 사지류의 기원.

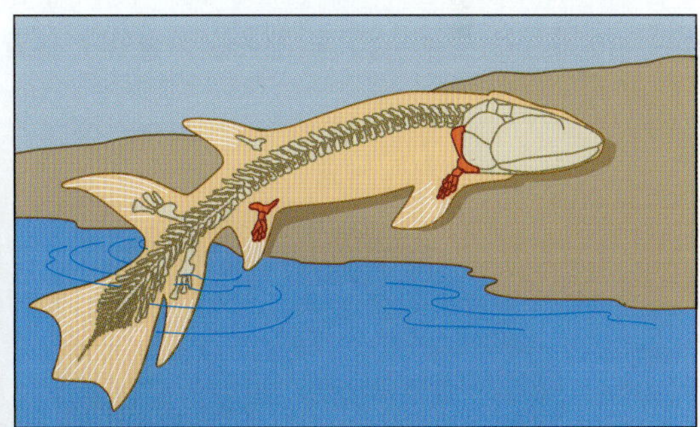

잎사귀형지느러미어류. 일부 잎사귀형지느러미어류의 화석은 지느러미에까지 뻗어 있는 지지골격을 가지고 있다.

초기 양서류. 초기 양서류의 화석은 아마도 육상으로의 이동을 가능하게 해주었을 다리 골격을 갖고 있다.

17.15 파충류

창고기류
피낭류
먹장어류
칠성장어류
연골어류
경골어류
양서류
파충류
포유류

파충류(새를 포함하여)와 포유류는 **양막류(amniote)**이다. 양서류 조상으로부터 파충류로의 진화는 육지에서 살아가기 위해 많은 적응이 관여했다. 이 그룹의 이름도 따오게 된 적응은 발생중인 배를 둘러싼 방수 껍질을 가진 액체로 가득 차있는 알을 말하는 **양막알(amniotic egg)**이다(그림 17.34). 양막알은 양막류가 지상에서 자신의 생활사를 완성할 수 있는 자신을 담고 있는 "연못"으로 그 기능을 한다.

파충류(reptile)는 뱀, 도마뱀, 거북이, 악어, 앨리게이터, 조류를 포함하는데, 이밖에도 멸종된 대부분의 공룡을 포함해 여러 그룹이 여기에 포함된다. 그림 17.34의 유럽잔디뱀은 육상의 삶에 대한 파충류의 두 가지 적응, 즉 건조한 공기에서 탈수를 막는 비늘로 된 방수 피부와 배가 발생할 수 있도록 물과 영양분이 있는 내부환경을 제공하는 껍질을 지닌 양막알을 보여주고 있다. 이러한 적응은 수서환경에 묶여 있었던 이들의 조상과는 달리, 파충류가 이로부터 벗어날 수 있게 만들었다. 파충류는 이들의 피부를 통해서는 숨을 쉴 수 없고, 폐를 통해서만 대부분의 산소를 얻는다.

비조류성 파충류

비조류성 파충류는 이따금 "냉혈"동물로 분류되는데, 그 이유는 체온을 조절하기 위하여 광범위하게 신진대사를 사용하지 않기 때문이다. 그러나 파충류들은 행동적응으로 체온을 조절한다. 예를 들면 많은 도마뱀은 공기가 차가울 때는 햇볕을 쬐고, 공기가 너무 더우면 그늘을 찾는 식으로 자기 몸의 내부의 온도를 조절한다. 파충류들은 스스로 열을 내기보다는 외부의 열을 흡수하기 때문에 이들은 "냉혈"동물이라는 말보다 더 정확한 용어인 **외온동물(ectotherm)**이라고 부른다. 식량 섭취로 인한 신진대사보다는 태양에너지로 직접 체온을 올리기 때문에 파충류는 동일한 크기의 포유동물이 필요로 하는 칼로리의 10% 미만으로 생존할 수 있다.

파충류가 오늘날 성공적인 것처럼 이들은 중생대에 훨씬 더 널리 퍼져 있었고, 그 수도 많았고 훨씬 더 다양해서, 이따금 중생대는 "파충류의 시대"라고도 말한다. 이 시기에는 파충류가 매우 다양해서 약 6천 5백만 년 전까지 이들의 왕국을 만들었다. 가장 다양한 파충류군인 공룡에는 지금까지 지구에서 살았던 가장 몸집이 큰 동물도 포함되어 있다. 일부 공룡은 어린 가지를 먹는 초식생활을 하는 유순한 공룡이었다. 다른 공룡은 이와는 달리 두 발로 자신보다 더 큰 먹잇감을 사냥하던 탐욕스러운 육식동물이었다.

파충류의 시대는 약 7천만 년 전에 쇠퇴하기 시작했다. 이 무렵에 지구의 기후는 더욱 차가워지고 변화도 심해졌다. 이것은 약 6천 5백만 년 전까지 단 한 종류의 계통만을 제외하고 나머지 모든 공룡의 목숨을 빼앗아간 대량멸종 시기가 되었다(표 14.1 참조). 이때 유일하게 살아남은 그 계통이 오늘날 우리가 조류라 부르는 파충류 그룹으로 나타나고 있다. ✓

✓ 체크포인트

양막알은 무엇인가?

답: 배를 지닌 액체를 둘러싸고 있는 껍질을 가진 알

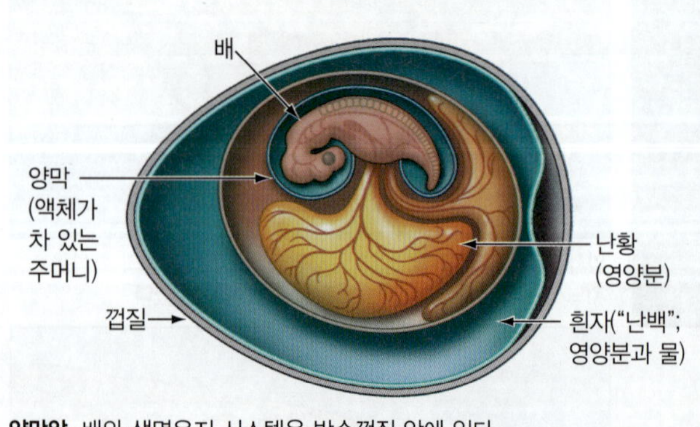

양막알. 배와 생명유지 시스템은 방수껍질 안에 있다.

뱀. 비조류 파충류 알의 껍질은 튼튼하고 낭창낭창하게 신축성이 있다. 이 유럽잔디뱀은 무독성이다. 위협을 받게 되면, 쉿 소리를 내고 공격할 수 있다. 이러한 허세가 실패하면 축 늘어져 죽은 척한다.

도마뱀. 남서부의 사막에서 살아가는 미국독도마뱀은 미국 토종 중 유일하게 독을 가진 도마뱀이다. 덩치가 크기는 하지만(최대 60 cm), 너무 느리게 움직여 사람들에게 어떤 위험도 되지 않는다.

▲그림 17.34 **파충류의 다양성.**

조류

파충류의 알은 우리에게 좀 더 익숙한 계란과 닮아 있다는 것에 주목하자. 새들은 다리와 발에 비늘이 있는 피부를 가지고 있고, 심지어 자신의 서명과도 같은 깃털은 변형된 비늘이다. 유전적 증거와 화석 증거는 **조류(bird)**가 정말로 파충류이며, 수각아목 공룡이라 부르는 조그만 두 다리 공룡의 계통으로부터 진화된 파충류라는 것이다. 그러나 현대의 조류들은 현대의 파충류와는 외관상 전혀 달라 보이는데, 그 이유는 조류의 깃털과 날개 때문이다. 살아 있는 10,000종의 거의 모든 조류는 모두가 하늘을 날 수 있다. 타조와 펭귄을 포함하여 날지 못하는 조류들도 원래는 날 수 있는 조상으로부터 진화하였다.

조류의 해부학적 구조의 거의 모든 요소가 비행을 강화하는 방식으로 적응되어 있다. 뼈는 강하지만 가벼운 구멍투성이의 구조를 가지고 있다(비행기의 날개는 똑같은 기본구조를 가지고 있다). 예를 들면 군함새라고 불리는 거대한 원양항해 종들은 날개 하나의 길이가 2 m 이상이나 되지만, 이것의 전체 골격의 무게는 겨우 약 113 g에 불과하다. 새의 무게를 줄이는 또 하나의 적응은 다른 척추동물에서도 볼 수 있는 것처럼 일부 내부 장기가 없다는 것이다. 예를 들면 암컷 조류는 한 쌍이 아닌 한 개의 난소를 가지고 있다. 또한 현대 조류들은 이빨이 없는데, 이것은 머리의 무게를 줄이려는 하나의 적응이다(제어되지 못해 수직강하되는 것을 막기 위해). 새들은 입 안에서 먹이를 씹는 것이 아니고 위장 근처의 소화관의 소실인 모래주머니에서 먹이를 분쇄한다.

비행은 엄청난 에너지의 소모와 활발한 물질대사가 요구된다. 다른 파충류와는 달리 조류는 **내온동물(endotherm)**인데, 이것은 이들이 따뜻하고 일정한 체온을 유지하기 위해서 자신의 대사열을 사용함을 의미한다.

조류의 가장 뚜렷한 비행장치는 이들의 날개이다. 조류의 날개는 비행기의 날개와 똑같이 공기역학의 법칙들을 보여 주는 비행날개이다(그림 17.35). 조류의 비행모터는 용골 같은 가슴뼈에 붙어 있는 강력한 가슴근육이다. 닭과 칠면조에서 우리가 보통 "흰 살"이라고 부르는 것은 주로 이러한 비행근육이다. 독수리나 매 같은 몇몇 조류들은 기류를 타고 높이 솟구치기 위해 적응된 날개를 가지고 있어서, 이들은 가끔씩만 날개를 퍼덕인다. 벌새를 포함하여 다른 조류는 곡예비행을 하는데 탁월하지만, 높이 떠 있기 위해 계속해서 날갯짓을 해야만 한다. 깃털은 파충류의 비늘을 형성하는 단백질과 동일한 단백질로 만들어져 있다. 깃털은 처음에는 조류의 체열이나 구애행위를 유지하는데 도움을 주는 단열재로서 기능을 했다. 나중에 가서 이것은 비행 변속장치로 적응되었다. ✓

▼그림 17.35 대머리 독수리 비행에서의 공기역학. 새나 비행기 둘 다 날개의 모양으로 인해 발생하는 공기압의 변화로 이들을 공중으로 들어 올린다.

악어. 중앙 아프리카와 남아프리카에서 발견되는 나일강 악어는 길이는 6 m까지 자라고 몸무게는 900 kg까지 자란다.

조류. 중국 토종인 적색왕관 두루미가 정교한 구애의 춤을 추고 있다.

공룡. 헤레라사우루스(*Herrerasaurus*) 골격은 아르헨티나에서 발견된 육식 두발동물이다.

✓ 체크포인트

조류는 다른 파충류와는 체열의 출처가 서로 다른데, 조류는 ______ 이고 파충류는 ______다.

답: 내온동물; 외온동물

17.16 포유류

양막류에는 두 주요 계통이 있는데 파충류로 이끈 양막류와 포유류를 만든 양막류이다. 첫 **포유류(mammal)**는 약 2억 년 전에 생겼는데, 아마도 이들은 작고 야행성의 곤충포식자였다. 공룡이 멸망한 이후에 포유동물은 훨씬 더 다양해졌다. 대부분의 포유동물은 육상생활을 한다. 여기에는 날개달린 포유류인 박쥐 1,000여종도 포함된다. 그리고 약 80종의 돌고래, 참돌고래, 고래 등은 모두 수서생활을 한다. 멸종위기에 처한 청고래는 길이가 약 30m까지 자라는데 현존하는 동물들 중에서 가장 크다. 포유류는 두 가지의 고유한 특징을 가지는데, 유선(새끼에 먹일 영양이 풍부한 젖을 생산한다)과 털이다. 털의 주된 기능은 단열시켜 체온을 계속 따뜻하게 유지되도록 해준다. 조류와 마찬가지로 포유동물도 내온동물이다.

포유류의 주요군은 단공류, 유대류, 태반류이다(그림 17.36). 오리부리를 가진 오리너구리와 바늘두더지는 알을 낳는 포유류인 **단공류(monotrem)**에 속하는 종이며 현존하고 있다. 오리너구리는 동부 오스트레일리아 지역 내의 강가에서 살며, 인근 태즈메이니아 섬에도 산다. 암컷은 보통 두 개의 알을 낳으며, 나뭇잎으로 된 둥지에 넣고 알을 품는다. 부화된 다음 새끼들은 어미의 털 안에서 유선에서 흘러나온 젖을 핥아 먹고 산다.

대부분의 포유류는 부화하는 것이 아니라 태어난다. 유대류와 태반류에서의 잉태 기간 동안 태아는 **태반(placenta)**이라고 불리는 기관에 의해 어미의 몸 안에서 양육된다. 태아 조직과 어미의 조직으로 이루어진 태반은 자궁의 내부에서 배를 어미와 연결시켜 준다. 태아는 자궁 내에서 태아의 혈관계 가까이에 있는 어미의 혈액을 통해 산소와 영양분을 공급받는다.

소위 주머니를 가진 포유류인 **유대류(marsupial)**는 캥거루, 코알라, 주머니쥐를 포함한다. 이러한 포유류는 짧은 임신기간을 가지며 배아 상태의 자손으로 태어난다. 출생 후 조그마한 자손은 어미의 복부 위에 있는 육아낭이라고 불리는 바깥쪽 주머니 안으로 들어가서 어미의 젖에 붙어 있게 된다. 거의 모든 유대류 동물들이 호주, 뉴질랜드, 북미와 남미에 산다. 호주의 유대류는 크게 다양화되어, 다른 대륙에서는 태반류 포유동물들이 차지하고 있을 육상 서식지를 이들이 채우고 있다(그림 14.16 참조).

태반류(eutherian)는 **태반포유류(placental mammal)**라고도 불리는데, 그 이유는 유대류의 태반보다도 태반류들의 태반이 어미와 새끼 사이에 더욱 친밀하고 오래 지속될 수 있는 관계를 제공하기 때문이다. 태반류는 현존하는 포유류 5,300종 중 거의 95%를 차지한다. 개, 고양이, 소, 설치동물, 토끼, 박쥐, 고래가 모두 태반류의 예가 된다. 태반류 그룹들 중 하나가 영장류인데 ,여기에는 원숭이, 유인원, 인간이 포함된다. ✓

✓ 체크포인트

포유류의 결정적인 두 가지 특징은 무엇인가?

답: 유선과 털

▼그림 17.36 **포유류의 다양성.**

포유동물의 주요군		
단공류 (난생)	유대류 (배아로 탄생)	유태반류 (완전히 발생된 후 탄생)
이 오리너구리와 같은 단공류는 알을 낳는 유일한 포유동물이다. 다른 포유동물과 마찬가지로, 오리너구리 암컷은 젖으로 새끼를 양육한다.	유대류의 새끼는 배발생 시기의 아주 초기에 태어난다. 갓 태어난 캥거루 새끼는 어미의 주머니 안에서 젖을 먹고 양육되면서 성장을 마친다.	유태반류(태반포유동물)의 새끼는 어미의 자궁 안에서 발생된다. 태반에 밀집된 혈관을 흐르는 혈액에 의해 양육된다. 새로 태어난 새끼 누가 야생태반에 싸여 있다.

인간의 조상

이제 우리는 동물계통에서 포유류 중 호모 사피엔스(*Homo sapiens*)와 이들과 가장 가까운 친족을 포함하는 그룹인 **영장류(primate)**에까지 오게 되었다. 이에 대한 이해를 돕기 위해 계통수에서 뒤 쪽으로 다시 되돌아가 볼 필요가 있는데, 왜냐하면 바로 거기에 우리의 가장 소중한 특징 일부가 있기 때문이다.

17.17 영장류의 진화

영장류의 진화는 인간의 기원을 이해할 수 있는 배경을 제공한다. 화석에 나타난 기록은 영장류가 약 6천5백 만 년 전인 백악기의 후기 동안에 곤충을 먹는 포유류로부터 진화했을 것이라는 가정을 뒷받침하고 있다. 초기의 이들 영장류는 몸집이 작았으며, 나무에 거주하는 포유류였다. 따라서 영장류들은 나무에서 살아야 할 필요성으로 인해 자연선택을 통해 두드러진 특징들이 만들어졌다. 예를 들면 영장류들은 유연한 어깨 관절을 가지고 있는데, 이것은 하나의 가지에서 다른 가지로 매달려 이동하는 것을 가능하게 해주었다. 영장류의 솜씨 좋은 손은 나뭇가지에 매달릴 수 있었으며, 먹이를 다룰 수 있게 했다. 많은 영장류 종에서 손톱은 갈고리 발톱을 대체하게 되었고, 손가락들은 감각이 매우 섬세해졌다. 영장류의 눈은 얼굴의 앞면에서 서로 가까이 붙어 있다. 두 눈의 시야가 겹쳐지는 영역은 거리에 대한 지각을 강화시키는데, 이는 양손으로 매달리며 나뭇가지를 옮겨 다닐 때, 분명히 이점을 갖게 해준다. 또한 눈과 손의 훌륭한 협력은 나무에서 어떤 행동을 취하기 위해서는 매우 긴요하다. 나무에서 커가야 할 어린 동물에게 있어서 어미의 보살핌은 필수적이다. 대부분의 영장류는 한 번에 한 마리만 출산하며, 자신의 새끼를 오랫동안 양육한다. 비록 인간은 나무에서 살지는 않지만, 우리는 이들로부터 비롯된 특징 중 많은 부분들이 수정된 형태로 여전히 지니고 있다.

분류학자들은 영장류를 세 개의 주요 그룹으로 나눈다(그림 17.37). 첫 번째 그룹은 여우원숭이, 늘보원숭이, 갈라고원숭이를 포함한다. 이들 영장류는 마다가스카르, 아프리카, 남아시아에서 살고 있다. 남아시아에서만 발견되는 작은 나무에서 사는 안경원숭이가 두 번째 그룹을 형성한다. 영장류의 세 번째 그룹인 **진원류(anthropoid)**에는 원숭이(monkey)와 유인원(ape)이 포함된다. 신세계(아메리카 대륙)에서 사는 모든 원숭이들은 나무에서 생활하며, 양손으로 매달리며 나뭇가지를 옮겨 다니기 위한 여분의 부속지로서 기능하는 잡기에 적합한 꼬리

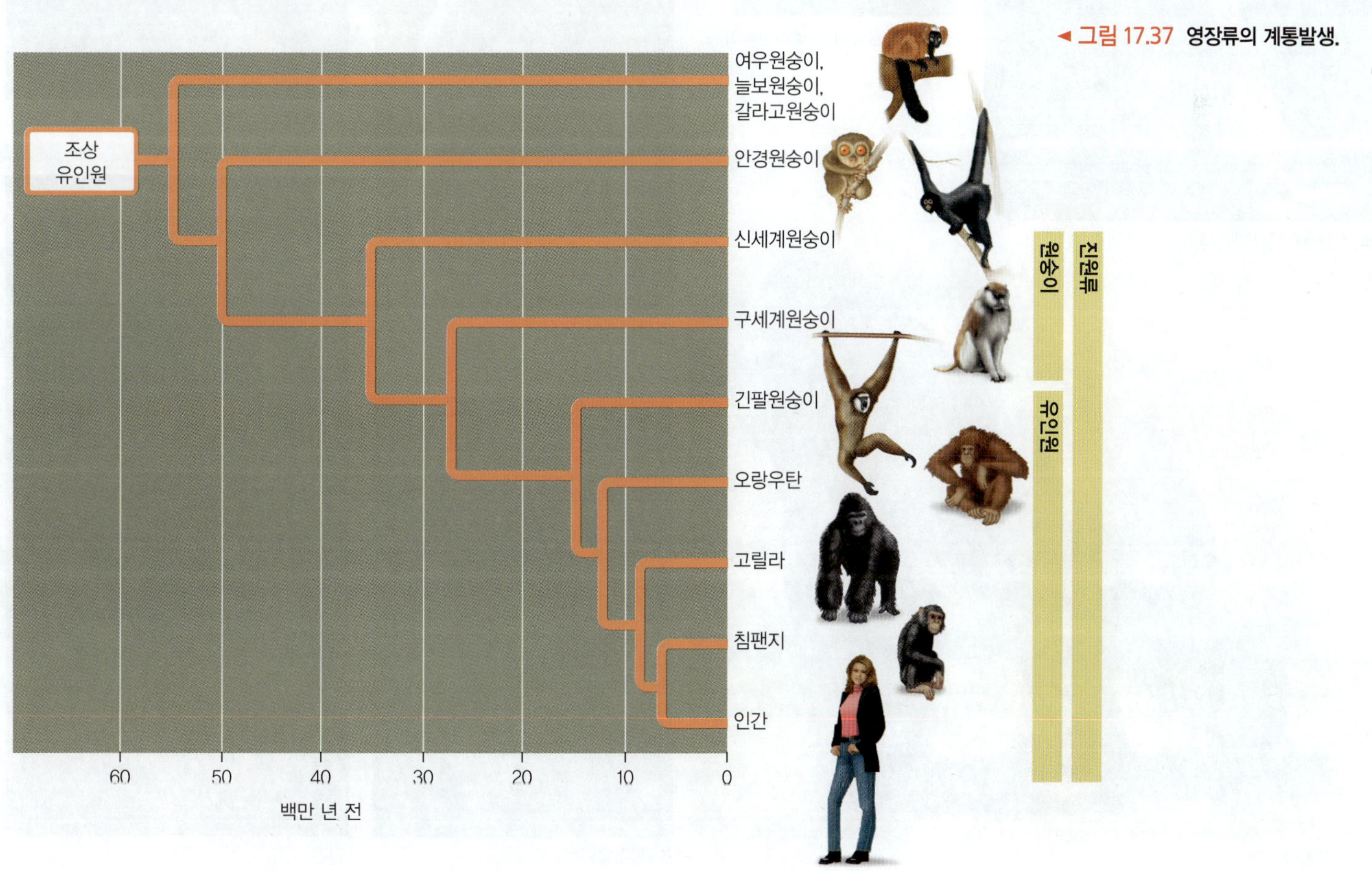

◀ 그림 17.37 **영장류의 계통발생.**

로 구별된다. 여러분이 동물원에서 원숭이가 자신의 꼬리로 매달리는 것을 보게 된다면, 이것은 아메리카 대륙에서 왔다고 보면 된다. 비록 일부 구세계(아프리카와 아시아)의 원숭이들이 나무에서 생활하기는 하지만, 이들은 꼬리로 잡지 못한다. 그리고 비비, 짧은꼬리원숭이, 큰 비비를 포함한 구세계 원숭이들은 주로 지상에서 생활을 한다. 또한 진원류는 완전히 마주보는 엄지손가락을 갖는데, 즉 엄지손가락으로 나머지 4개의 손가락 끝을 만질 수 있다.

우리와 가장 가까운 인척 진원류는 비인간 유인원인데, 긴팔원숭이, 오랑우탄, 고릴라, 침팬지가 여기에 속한다. 현재 이들은 구세계의 열대지역에서만 산다. 일부 긴팔원숭이만 제외하고 유인원은 원숭이보다 몸집이 더 크고, 비교적 긴 팔과 짧은 다리를 가지고 있으며, 꼬리는 없다. 모든 유인원이 나무타기를 할 수는 있지만, 긴팔원숭이와 오랑우탄이 주로 나무 위에서 살아간다. 고릴라와 침팬지는 사회성이 높다. 유인원은 원숭이보다는 몸 크기에 비해 더 큰 뇌를 가지고 있으며, 이들의 행동은 보다 융통성이 있다. 그리고 물론 유인원에는 인간도 포함된다. 그림 17.38은 영장류의 예를 보여주고 있다.

▼그림 17.38 **영장류 다양성.**

붉은목털여우원숭이

안경원숭이

검은거미원숭이(신세계원숭이)

파타스원숭이(구세계원숭이)

긴팔원숭이(유인원)

오랑우탄(유인원)

고릴라(유인원)

침팬지(유인원)

인간

17.18 인류의 출현

인류는 생명의 계통수에서 매우 어린 가지에 해당한다. 35억 년에 걸친 생명의 연속에서 화석기록과 분자계통학은 인간과 침팬지는 마지막 6백만 년~7백만 년을 제외하고 이전의 나머지 기간에서는 공통의 아프리카 조상을 갖고 있다(그림 17.37 참조). 바꾸어 말하면 만일 우리가 생명의 역사를 1년으로 압축한다면, 인간 분지의 존재 기간은 기껏해야 18시간 정도에 불과하다.

몇 가지 흔한 오해

인간의 진화에 대한 잘못된 신화가 화석증거로 인해 깨어진지 오래된 오늘날에도, 이에 관련된 특정 오해들이 여전히 많은 사람들의 마음속에 존재한다. 이들 신화 중 하나가 "만약 침팬지가 우리의 조상이었다면, 이들은 왜 여전히 존재하는가?"라는 질문으로 표현된다. 사실 과학자들은 인간이 침팬지에서 진화했다고 생각하지 않는다. 그림 17.37에서 보듯이 오히려 오늘날의 인간과 침팬지로 이끌었던 계통은 수백만 년 전에 공통조상에서 갈라져 나왔다. 이때 각 분지는 개별적으로 진화하였다. 비유로서 1830년에 태어난 사람의 자손들이 참석한 대가족의 상봉을 한 번 생각해 보자. 참석자들은 몇 세대 전에 살았던 이 공통조상을 공유하지만, 이들은 사촌의 사촌의 사촌처럼 서로 제법 먼 친적일 수도 있다. 마찬가지로 침팬지는 우리의 부모종 아니지만, 과거 수십만 세대 전에 살았던 공통조상을 통해 관련을 맺게 된 우리의 아주 먼 계통발생적 사촌일 수 있다.

또 다른 신화는 인간의 진화에 대해 조상 유인원으로부터 호모 사피엔스까지 일련의 단계를 거쳐 온 사다리로 생각한다는 것이다. 따라서 이것을 종종 순서대로 묶은 **사람류(hominin**, 인간 가계에 속하는 구성원들) 화석의 그림을 빠르게 넘기면 이들이 점점 더 현대적인 모습으로 변해가는 식으로 보여주기도 한다. 사실 그림 17.39에서 보듯이 여러 인간 종이 공존하는 시기가 사람류 역사에서 여러 번 있었다. 과학자들은 사람류 화석으로부터 약 20종을 확인하였는데, 우리는 분지 가지의 끝에서 여전히 살아 있는 유일한 종이며, 인간의 계통발생은 사다리이기보다는 많은 가지가 달린 관목과 비슷함을 증명하고 있다.

수십 만 개의 사람류 화석으로부터 얻은 증거가 인간진화에 관한 이러한 신화들과 그 밖의 신화들의 가면을 벗기고 있지만, 우리의 조상

▼그림 17.39 **인간의 진화 시간표.** 오렌지색 막대는 각 종이 살았던 시기를 나타낸다. 둘 또는 그 이상의 사람류 종들이 공존했던 기간도 있었다는 것에 주목하자. 두개골은 모두 같은 비율로 그려져 있어서 두개골과 이에 따른 뇌의 크기를 비교해 볼 수 있다.

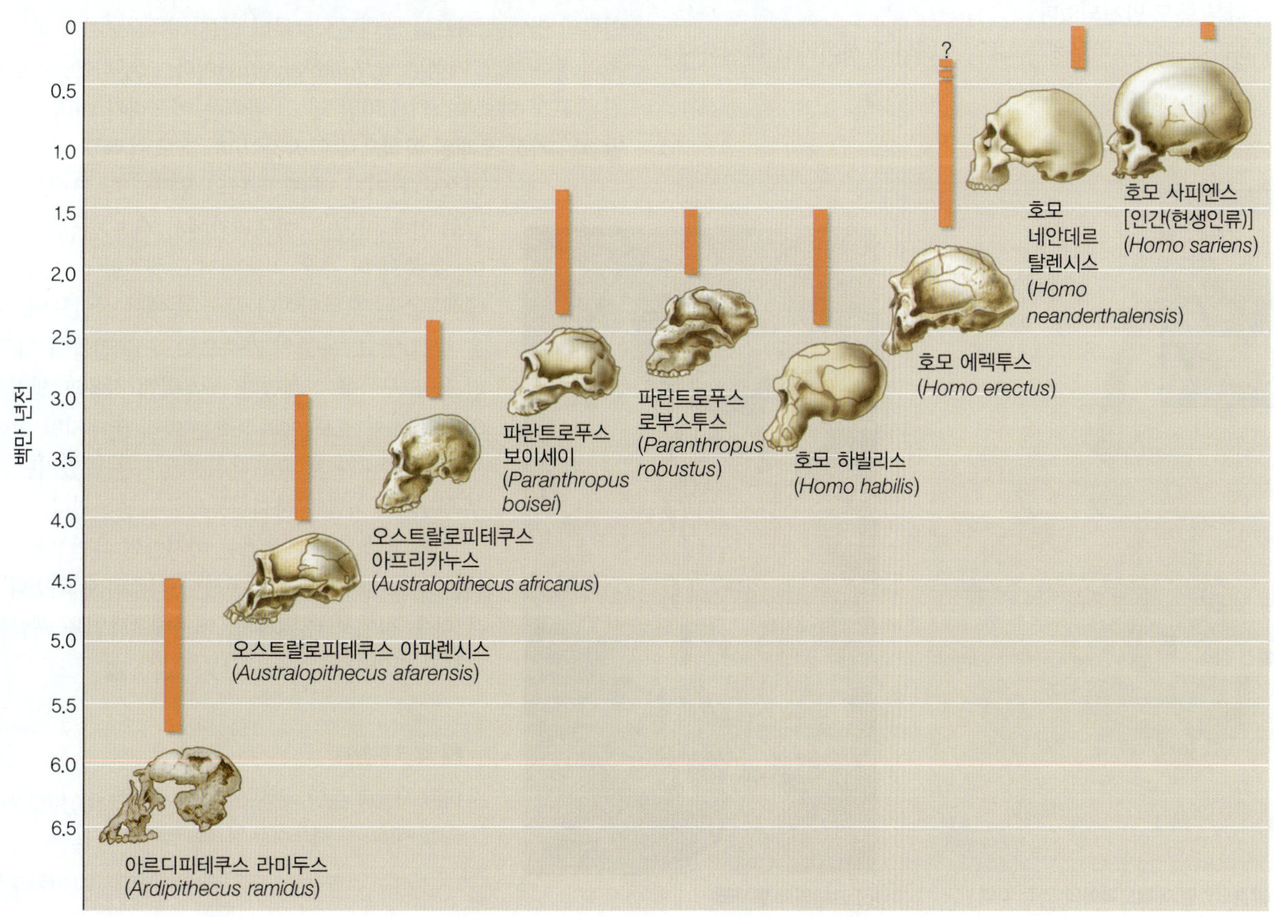

에 대한 많은 흥미로운 질문은 여전히 남아 있다. 새로 발견된 사람류의 화석 각각은 과학자로 하여금 우리가 어떻게 인간이 되었는지에 대한 수수께끼 해결에 좀 더 가까이 다가가게 해준다. 이제부터 지금까지 발견 된 중요한 단서 중 일부에 대해 알아 볼 것이다.

오스트랄로피테쿠스와 두발보행의 고대인

오늘날의 인간과 침팬지는 두 가지 신체적 특징에서 뚜렷한 차이가 있는데, 인간은 두발로 걷고(직립보행), 훨씬 더 큰 뇌를 가지고 있다. 이러한 특성은 언제 생겼는가? 1900년대 초 과학자들은 증가된 뇌의 크기가 사람류를 다른 유인원으로부터 분리한 초기 변화였다고 가정하였다. 에티오피아에서 한 연구팀이 작은 뇌를 가졌고, 두 다리로 걸었던 324만 년 된 멋진 여성 사람류를 발굴하면서, 이 가설은 뒤집혔다(그림 17.40a). 공식적으로는 오스트랄로피테쿠스 아파렌시스(*Australopithecus afarensis*)라는 이름을 가졌지만 발견자에 의해 루시라는 별명을 얻게 된 이 개체는 키가 90 cm 정도 밖에 안 되었고, 머리 크기는 소프트볼 공의 크기 정도였다. 초기 두발보행에 대한 확실한 증거는 곧 이어 발견된 360만 년 전의 화산재 지층에 보존되어 있던 직립보행하는 두 명의 사람류의 발자국이었다(그림 17.40b). 이러한 초기 발견들 이후 많은 오스트랄로피테쿠스 아파렌시스의 화석이 발견되었는데, 이 중에는 골격 대부분이 보존된 3살짜리 아이의 것도 있다. 오스트랄로피테쿠스의 다른 종도 발견되었다.

지금은 과학자들이 두발보행은 매우 오래된 특성이라고 확실하게 여긴다. "건장한"오스트랄로피테쿠스로 알려진 또 다른 계보는 그림 7.39에 있는 파란트로푸스 보이세이(*Paranthropus boisei*)와 파란트로푸스 로부스투스(*Paranthropus robustus*)를 포함하는데, 이들은 작은 뇌를 가진 두발동물이었다. 그림 17.39에서 보듯이 가장 오래된 사람류는 아르디피테쿠스 라미두스(*Ardipithecus ramidus*)이다.

▼그림 17.40 **직립 자세의 고대인.**

(a) 루시가 발견되었던 에티오피아의 외곽 지역

(b) 고대인의 발자국

호모 하빌리스와 창의력의 진화

사람의 뇌가 커진 것은 240만 년 전 동아프리카에 그 첫 증거가 있다. 따라서 커다란 뇌라는 인간의 기본적인 형질은 두발보행 이후에 몇 백만 년에 걸쳐 진화했다.

인류학자들은 오스트랄로피테쿠스 종의 가장 후기의 두개골 크기와 호모 사피엔스의 두개골 크기의 중간쯤 되는 뇌의 용량을 가진 두개골을 발견했다. 보다 큰 뇌의 화석과 함께 손으로 만든 간단한 도구들도 이따금 발견되었는데, 이로 인해 이들에게 호모 하빌리스(*Homo habilis*, "손재주가 있는 사람"이라는 의미)라는 이름이 붙여졌다. 약 200만 년 동안 직립보행을 한 이후에 인간은 마침내 자기 손의 기민함과 커진 뇌를 사용하여 연장을 만들었으며, 이에 따라 이들은 아프리카 사바나 지역에서 사냥, 채집, 고기를 찾아다니는 일을 더욱 잘 할 수 있게 되었다.

호모 에렉투스와 인류의 지구적 확산

인류의 영역을 아프리카 대륙으로부터 다른 대륙으로까지 확장시킨 최초의 종은 호모 에렉투스(*Homo erectus*)이다. 그루지야공화국에서 발견된 호모 에렉투스의 180만 년 전 골격은 아프리카 이외의 지역에서 발견된 가장 오래된 화석으로 알려져 있다. 호모 에렉투스는 호모 하빌리스보다 키가 더 크고 뇌의 용량도 더 크다. 지능의 발달로 인해 이 종은 아프리카에서 계속 번성할 수 있었으며, 북쪽의 더 추운 기후에서도 생존할 수 있었다. 호모 에렉투스는 오두막이나 동굴 속에서 살았으며, 불을 피울 줄 알았고, 동물의 가죽으로 옷을 만들어 입고, 정교한 돌 도구들을 설계했다. 해부학적 적응과 생리적 적응의 관점에서 호모 에렉투스는 아직 열대지방 밖에서 살 수 있는 준비가 제대로 갖춰져 있지는 않았지만, 이러한 부족함을 명석함과 사회협동으로 보충하였다.

마침내 호모 에렉투스는 아시아와 유럽으로 또 더 멀리는 인도네시아까지 이동하여 거주하게 되었다. 이 종은 다음 절에서 배우게 될 네안데르탈인을 포함한 지역적으로 다양한 후손들을 만들어냈다. ✓

✓ 체크포인트

어떤 사람류 종이 처음으로 서서 걸었는가? 어떤 사람류 종이 처음으로 아프리카 밖으로 벗어났는가?

답: 오스트랄로피테쿠스 아파렌시스; 호모 에렉투스

호모 네안데르탈렌시스

우리 가계도에서 가장 흥미를 일으키는 멤버 중의 하나가 호모 네안데르탈렌시스(*Homo neanderthalensis*)이다. 이 종을 통상 네안데르탈인(Neanderthal)이라 부르는데, 이 종의 화석화된 유골이 150년 전 독일의 네안데르계곡에서 처음으로 발견되었다. 이 사람류는 커다란 뇌를 가졌고, 돌과 나무로 만든 도구를 가지고 덩치 큰 짐승을 사냥하였다. 네안데르탈인은 약 35만 년 전부터 유럽에 살았으며 중동, 중앙아시아, 시베리아 남부까지 퍼져나갔다. 28,000년 전에 이 종은 멸종되었다.

한 때는 우리가 이들의 후손이라고 생각한 적도 있었지만, 네안데르탈인 화석에서 추출한 DNA의 분석으로 인간이 네안데르탈인의 후손은 아니라는 것이 증명되었다. 오히려 인간과 네안데르탈인은 공통의 조상을 공유하며, 이들 계통은 대략 40만 년 전에 갈라져 나왔다. 놀랍게도 네안데르탈인 유전체의 염기순서분석은 네안데르탈인과 일부 호모 사피엔스 집단 사이의 교배로 우리 종에 유전적 유산으로 남겨져 있음을 제시하고 있다. 오늘날에 살고 있는 대부분의 인간에서 유전체의 2% 정도는 네안데르탈인에서 온 것이다. 아프리카인은 예외인데, 이들의 DNA에는 네안데르탈인의 것은 조금도 검출되지 않았다. 과학자들은 적어도 일부 네안데르탈인은 창백한 피부와 빨간 머리를 가졌다는 것도 알아냈다(그림 14.23 참조). 28,000명 이상의 유럽인의 유전체를 네안데르탈인 유전체와 비교하여 연구자들은 현대인이 우울증, 담배중독, 또 자가면역질환과 같은 질환에 더 쉽게 걸리게 만드는 12개의 네안데르탈인 대립유전자를 찾아내었다. 네안데르탈인 유전체로부터 얻어낸 이러한 단서들은 과학자들로 하여금 호모 사피엔스의 진화에 있어서 중요했던 유전적 차이를 이해하는데도 또한 도움이 될 것이다.

우리들 중 많은 사람이 우리 유전자에 네안데르탈인의 것도 약간 가지고 있다.

호모 사피엔스의 기원과 전파

화석과 DNA 연구로부터의 증거가 우리 자신인 호모 사피엔스란 종이 어떻게 출현해서 전 세계로 퍼져나갔는지에 대한 설득력 있는 가설을 지지하기 위해 함께 하고 있다. 지금까지 알려진 가장 오래된 호모 사피엔스(*Homo sapiens*)의 화석은 에티오피아에서 발견되었고 16만 년에서 19만 5천 년 전까지 거슬러 올라간다. 에티오피아 화석은 인간의 기원에 관한 분자적인 증거를 뒷받침하고 있는데, 이것은 살아 있는 모든 인간이 16만 년에서 20만 년 전에 아프리카의 한 명의 호모 사피엔스에서 시작되었음을 강하게 암시하고 있다.

아프리카 밖에서 가장 오래된 호모 사피엔스의 화석은 중동에서부터 온 것인데, 11만 5천 년까지 거슬러 올라간다. 화석증거는 우리 종이 아프리카에서부터 하나 이상의 집단으로 출현하여, 맨 처음 아시아로, 그 다음에 유럽, 남동아시아, 호주로, 그리고 마지막으로는 신세계(북미와 남미)로 퍼져나갔다는 것을 암시하고 있다(**그림 17.41**). 신세계에 인간이 처음 도착한 시기는 가장 일반적으로 받아들여지는 증거가 최소 1만 5천 년 전이라고 암시하고는 있지만 그 시기는 여전히 불확실하다.

인간의 어떤 독특한 형질은 인간사회를 발전시켜왔다. 영장류의 뇌는 출생 후 계속 성장하는데, 인간의 경우 그 성장기간이 어떠한 다른 영장류보다도 길다. 인간의 발달 기간이 길어짐에 따라 부모가 자식을 보살피는 기간도 길어지는데, 이로 인해 자녀들은 윗세대의 경험에서 유리한 능력을 얻을 수 있게 된다. 이것이 세대를 걸쳐 축적된 지식, 문화, 신앙, 예술의 사회적 전수, 즉 인간문화의 기초가 된다. 이러한 전수의 주요 수단은 말하고, 쓰고 하는 언어이다. 인간은 생물학적으로 뿐만 아니라 문화적으로도 진화해 왔다.

호모 사피엔스라는 한 종만큼 지구에 있는 생명에 그렇게 큰 영향을 미친 생물은 없다. 인간진화의 지구적 결과는 방대하다. 문화의 진화는 물리적 한계에 감히 대항하는 종인 호모 사피엔스를 생명의 역사에서 새로운 힘이 되게 만들었다. 우리는 자연선택을 통해 환경에 적응되게 기다리지 않고, 우리는 우리의 필요에 따라 환경을 변화시킨다. ✓

✓ 체크포인트

1. 인간은 처음에 어느 대륙에서 진화하였는가?
2. 호모 사피엔스 개체가 네안데르탈인을 만났을 기회가 언제 있었는가?

답: 1. 아프리카, **2.** 호모 사피엔스가 네안데르탈인이 주거하던 지역에 이르렀던 시기(적어도 11만 5천 년 전)와 네안데르탈인이 죽어 없어진 시기(2만 8천 년 전) 사이

▼그림 17.41 호모 사피엔스의 확산(그 시점에서 현재까지 걸린 시간을 년 단위로 표시, 년전[BP]).

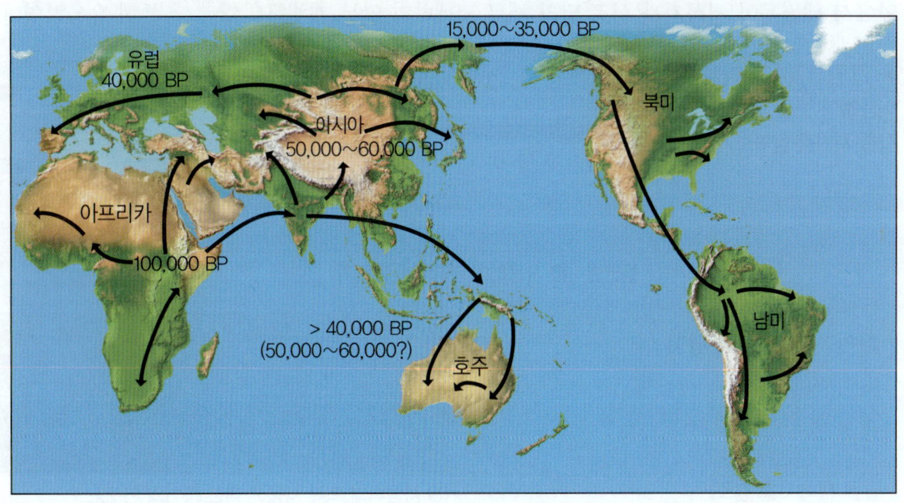

과학연구의 과정 인간의 진화

이가 고대 인간에 대해 어떤 것을 알려줄 수 있는가?

배경

눈보라에 알몸으로 서 있다고 상상해보자. 우리는 아마 오래 버티지 못할 것이다. 인간은 언제 처음 옷을 입기 시작했을까? 고고학적 증거는 아주 대략적인 기간만 이야기해준다. 유럽의 고대 사람(*Homo*) 속의 멤버는 약 78만 년 전에 동물 가죽을 긁어내는 도구를 가지고 있었다. 동물 가죽은 옷에 사용될 수 있었지만 다른 용도로도 사용되었을 지도 모른다. 좀 더 복잡한 옷을 제작하였음을 나타내는 바늘은 5만 년 전에 사용되었다. 옷의 기원에 대한 날짜의 범위를 좁히기 위해 연구자들은 가장 환영받지 못한 손님 중 하나인 이로 눈을 돌렸다.

이는 피를 빨아 먹는 작은 기생충(그림 17.42a)으로 알을 털이나 이와 비슷한 섬유에 붙인다. 오늘날의 영장류처럼 모피로 덮인 우리의 먼 조상들은 한 종의 이가 기생하였다. (사면발니는 종 진화의 역사가 다르며, 다른 속의 멤버이다.) 몇 군데의 모발을 제외하고는 우리가 털이 없게 되었을 때 이는 어떻게 현대인한테서도 지속될 수 있었는가?

대략 3백만 년 전 환경변화로 인해 사람류에게는 음식과 물을 찾는 데 더 많은 에너지를 쓰도록 요구했다. 근육활동은 많은 양의 열을 발생시키는데 피부에서 땀이 증발되면 몸은 차가워진다. 하지만 털은 땀이 효과적으로 증발되는 것을 막는다. 약 120만 년 전 사람류들은 대부분의 체모를 잃게 되어, 이는 우리 머리에서 오도 가도 못하고 남게 되었는데, 이들이 오늘날 인간들을 괴롭히는 "머릿니"이다. 머릿니와 같은 종에 속하지만 머리카락이나 털보다 옷의 섬유를 잡는 데 적응한 옷니 또한 우리에게 기생한다. 연구자들은 두 가지 유형의 이의 진화적 발산을 분석하면 우리의 조상들이 처음 옷을 입은 시기를 추정할 수 있다는 가설을 세웠다.

방법

앞에서 배웠듯이 서식지가 서로 달라 서로 교배하지 않는 개체군은 유전적 차이가 축적될 수 있다(그림 14.7 참조). 두 개체군이 격리된 기간이 길면 길수록 유전자의 발산은 더욱 커진다. 따라서 개체군 간의 유전적 차이의 수 값을 사용하여 개체군이 얼마나 오랫동안 격리되었는지 추정할 수 있는데 이를 분자시계라고 한다(그림 17.42b). 사람의 한 집단에서 모두 같은 하나의 노래를 불렀다고 상상해 보자. 그룹들이 새로운 격리된 공동체를 형성함에 따라 서서히 가사에 차이가 생기게 될 것이다. 매년 평균 단어 변경 횟수를 알면 그 집단이 얼마나 오래 노래를 했는지 추정할 수 있다. 머릿니와 옷니의 발산을 위한 분자시계를 만들기 위해 연구자들은 평균 변화횟수인 돌연변이율이 알려진 4개의 DNA서열을 비교했다.

결과

분자시계는 머릿니와 옷니의 개체군이 갈라지기 시작한 8만3천년에서 17만 년 전 사이에 의류가 머릿니에 새로운 서식지를 제공했음을 보여주고 있다(그림 17.42c). 따라서 현대인은 아마도 아프리카에서 옷을 입기 시작했던 것 같다. 북쪽으로 퍼져나간 사람들(그림 17.41 참조)은 일련의 빙하기에서 비롯된 매우 추운 기후에 직면했고, 옷이 특히 유용하였다.

머릿니: 페디큘루스 휴마누스 카피티스 (*Pediculus humanus capitis*)

옷니(몸니): 페디큘루스 휴마누스 휴마누스 (*Pediculus humanus humanus*)

(a) 사람 머릿니 (위)와 옷니.

► 그림 17.42 이를 이용하여 옷을 입기 시작한 시기를 알아보기.

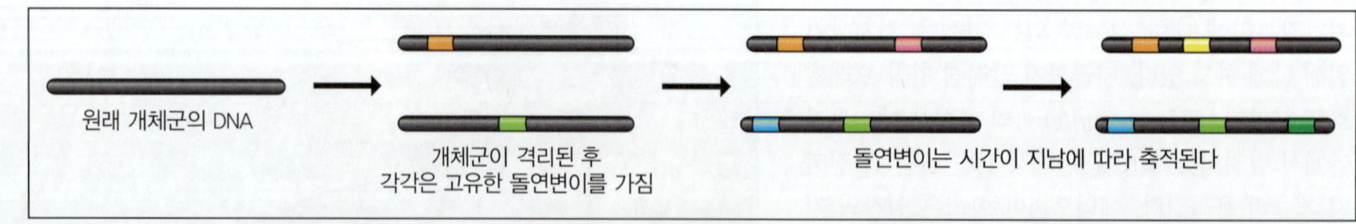

(b) 돌연변이를 사용하여 분자시계 만들기.

(c) 사람류의 의복 사용에 대한 증거의 연대표.

과학자처럼 생각하기

더 많은 유전자를 기반으로 하게 되면 분자시계가 더 정확해지는 이유는?

답은 부록 C를 참조.

진화와 연결 | 인간의 진화

우리는 여전히 진화하고 있는가?

타임머신을 타고 10만 년 전의 과거로 돌아가서 호모 사피엔스 인간을 다시 데리고 올 수 있다고 상상해 보자. 여러분이 그에게 청바지와 티셔츠를 입혀 캠퍼스 주변을 산책했을 경우에 어느 누구도 한 번 보고 나서 또 다시 보거나 하지 않을 것이다. 우리는 호모 사피엔스가 되고 나서 그 이후로는 진화하기를 멈추었는가? 어떤 면에서는 그렇다. 인간의 몸은 지난 10만년 동안에 많이 변화되지 않았다. 그리고 호모 사피엔스가 아프리카를 벗어나 여행하기를 시작했을 때까지, 커다란 뇌에 의한 지능, 언어와 상징적인 사고를 하는 능력을 포함하여, 우리의 인류를 정의하는 복잡한 특성들 모두가 이미 진화해 있었다.

인간이 기원의 시발점에서 멀리까지 방랑하며 다양한 환경에 정착할 때까지, 인간 집단은 다른 선택의 힘을 직면하게 되었다. 오늘날 사람들의 일부 형질은 신체적, 문화적 환경에 대한 고대조상들의 진화적 반응을 반영하고 있다. 예를 들면 특정 집단에서 낫 헤모글로빈(그림 9.21 참조)의 높은 빈도는 치명적인 질병인 말라리아에 걸리지 않는 적응이 된다. 다른 말라리아 지역에서는 지중해 빈혈이라 불리는 어떤 혈액 유전장애의 그룹은 동일한 적응적 기능을 제공하고 있다.

식단도 인간진화에 상당한 영향을 미쳤다. 예를 들면 성인으로서 유당을 소화할 수 있는 능력(3장의 『진화와 연결』 참조)은 낙농가축을 길렀던 집단에서 진화하였다. 초기 농민의 쌀이나 괴경과 같은 녹말작물에 대한 의존도 유적흔적을 남겨 놓았는데, 전분소화효소인 아밀라아제를 암호화하는 유전자의 사본을 추가적으로 가지고 있다.

▲그림 17.44 높은 고도에서의 생활에 적응한 케추아어 원주민들.

▼그림 17.43 자외선에 대해 서로 다르게 적응한 사람들.

사람들 가운데 가장 현저한 차이점 중 하나가 피부색이다(그림 17.43). 아프리카에서 북쪽으로 이주한 인간에 있어 피부 착색의 소실은 북부 위도에서 낮은 자외선 수준에 적응한 것으로 생각되고 있다. 검정 색소는 적절한 뼈 발달에 필수적인 비타민D 합성에 필요한 자외선을 피부에서 차단한다. 최근의 연구들은 지구의 다양한 환경에 정착할 수 있게 해준 다른 수많은 적응의 예를 밝혀내고 있다. 예를 들면 남미의 안데스산맥에 사는 원주민들은 대략 3,600 m 고도에 살고 있는데, 이곳은 해수면의 공기에 비해 산소가 40%나 적다(그림 17.44). 연구진은 이러한 도전적인 환경에 대해 반응하여 진화적 변화가 일어난 유전자들을 확인했다. 고도에 대한 적응은 아시아의 티베트 고원 출신의 사람에게서도 발견되었다. 하지만 이와 같은 진화적 조정에도 불구하고 우리는 단일 종으로 남아 있다.

복습

주요 개념의 요약

동물다양성의 기원

17.1 동물이란 무엇인가?

동물들은 섭식을 통해 영양분을 얻는 진핵의 다세포 종속영양생물이다. 대부분의 동물은 유성생식을 하며 접합자로부터 포배와 낭배를 거쳐 발생한다. 일부는 낭배기 이후에 바로 성체로 되는 반면, 다른 동물은 유생기를 거친다.

17.2 초기 동물과 캄브리아기 대폭발

동물은 편모를 지닌 군체성 원생생물로부터 진화한 것처럼 보인다. 선캄브리아기 동물들은 부드러운 몸을 가졌었다. 딱딱한 부분을 가진 동물은 캄브리아기 동안에 나타났다. 해당하는 5억 3천 5백만 년 전에서 5억 2천 5백만 년 전 사이에 동물다양성이 급격하게 증가하였다.

17.3 동물의 계통발생

동물의 진화에서 주요 분지들은 중대한 두 개의 진화적 차이, 즉 하나는 조직이 있는지 없는지, 다른 하나는 체형이 방사대칭인지 좌우대칭인지에 따라 결정된다. 조직이 늘어선 체강은 후에 여러 분지로 진화되었다.

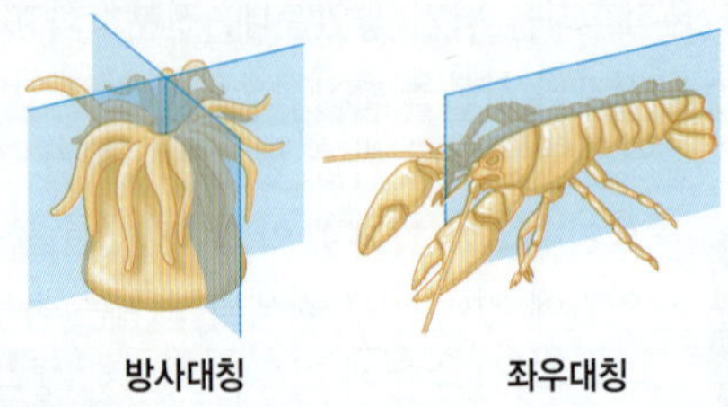

주요 무척추동물문

이 계통수는 일부 무척추동물을 포함하는 척삭동물과 함께 8개의 주요 무척추동물문을 보여준다.

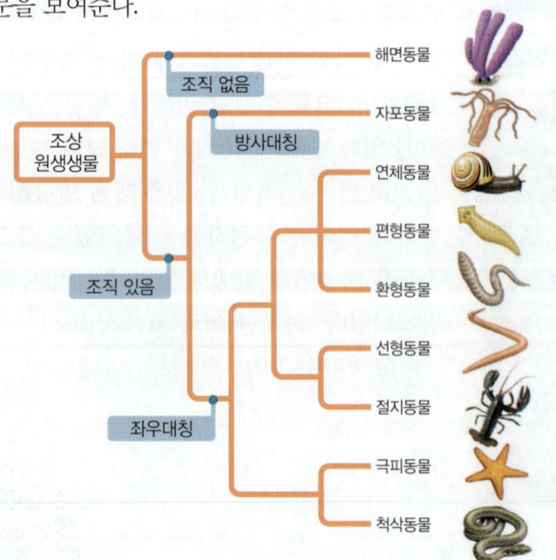

17.4 해면동물

해면동물(Porifera 문)은 다공성 몸체를 가진 정주동물이지만 진정조직은 없다. 특화된 세포는 몸의 표면에 있는 구멍을 통해 물을 빨아들인 후 먹이 입자를 붙들어 먹게 된다.

17.5 자포동물

자포동물(Cnidaria 문)은 방사대칭이고, 하나의 출입구만 지닌 위수강과 촉수를 지닌 자포세포를 가지고 있다. 이들 체형은 정주성 폴립이나 부유성 메두사이다.

17.6 연체동물

연체동물(Mollusca문)은 딱딱한 패각으로 보호를 받는 부드러운 몸체를 가진 동물이다. 몸체는 세 주요 부분으로 나뉘는데, 근육질의 발, 내장낭, 외투막이라고 부르는 접힌 조직이다.

연체동물		
복족류	이매패류	두족류

17.7 편형동물

편형동물(Platyhelminthes 문)은 가장 단순한 좌우대칭 동물이다. 이들은 독립생활(플라나리아와 같이)을 하거나 또는 기생생활(촌충과 같이)을 한다.

17.8 환형동물

환형동물(Annelida 문)은 완전한 소화관을 지닌 체절로 된 벌레이다. 이들은 독립생활이나 기생생활을 한다.

17.9 선형동물

네마토드(Nematoda 문)라 부르는 선형동물은 체절이 없으며, 끝이 점점 가늘어지는 원통형이다. 이들은 독립생활이나 기생생활을 한다.

17.10 절지동물

절지동물(Arthropoda 문)은 외골격과 특화된 연결부속지를 가진 체절동물이다.

절지동물			
주형류	갑각류	노래기류와 지네류	곤충

17.11 극피동물

극피동물(Echinodermata 문)은 정주성 또는 느리게 움직이는 해양성 동물로서 체절은 없고 독특한 수관계를 가지고 있다. 좌우대칭인 유충은 보통 성체가 되면 방사대칭으로 바뀐다. 극피동물은 울퉁불퉁하게 생긴 내골격을 갖는다.

척추동물의 진화와 다양성

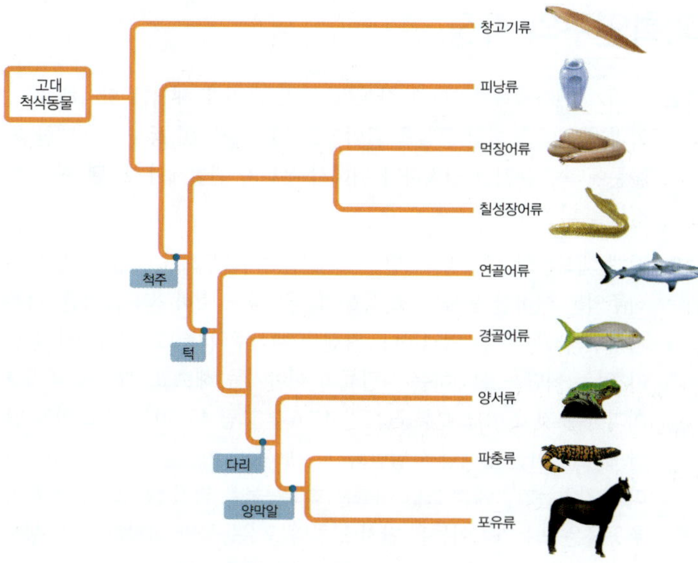

17.12 척삭동물의 특징

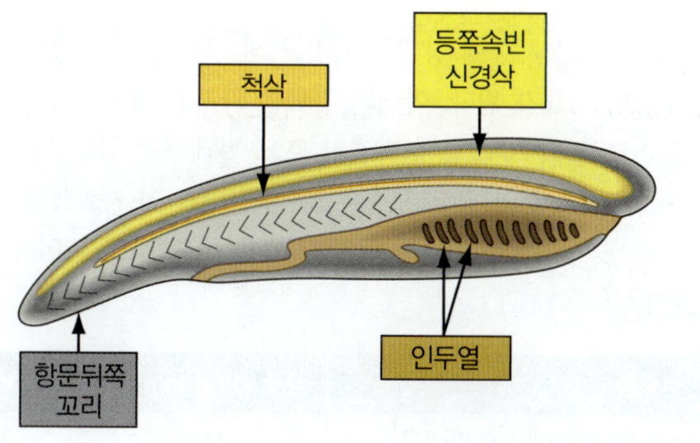

피낭류와 창고기류는 무척추 척삭동물이다. 척삭동물의 대부분은 두개골과 등뼈를 지닌 척추동물이 차지한다.

17.13 어류

먹장어와 칠성장어는 턱이 없는 척추동물이다. 상어와 같은 연골어류는 주로 강한 턱과 연골로 만들어진 유연한 골격을 가지고 있는 포식자이다. 경골어류는 단단한 칼슘염으로 강화된 딱딱한 골격을 가지고 있다. 경골어류는 방사형지느러미 어류와 잎사귀형지느러미 어류(폐어를 포함하여)로 분류된다.

17.14 양서류

양서류는 4개의 다리를 가진 척추동물로서 일반적으로 물속에 알(껍질이 결여)을 낳는다. 물속에 사는 유생은 전형적으로 급격한 변태를 겪으면서 성체 단계가 된다. 양서류의 축축한 피부는 이들이 성체생활의 대부분을 습지 환경에서 보낼 것을 요구하고 있다.

17.15 파충류

파충류는 양막류이고 껍질에 둘러싸인 액체로 채워진 알에서 발생하는 척추동물이다. 파충류는 폐를 가지고 있으며 비늘로 보호받는 방수피부를 가진 육지생활을 하는 외온동물이다. 비늘과 양막알이 육상에서 생식을 강화시켰다. 조류는 날개와 깃털과 그 밖에 비행을 위한 적응력을 갖춘 정온성 파충류이다.

17.16 포유류

포유류는 털과 유선을 가진 내온성 척추동물이다. 여기에는 3개의 주요군이 있는데 단공류는 알을 낳고, 유대류는 태반을 사용하지만 일반적으로 어미의 주머니 안에 있는 젖꼭지에 붙어 있는 동안 발생을 완성하는 매우 작은 배상태의 새끼를 낳고, 진수류 또는 유태반포유류는 태반을 어미와 발생 중인 새끼와의 관계가 보다 오래 유지되는 상태로 사용한다.

인간의 조상

17.17 영장류의 진화

최초의 영장류는 약 6천 5백만 년 전에 곤충을 먹는 포유류로부터 진화된 작고 나무에서 사는 포유류이었다. 진원류는 신세계의 원숭이(잡는 힘이 있는 꼬리를 가진)와 구세계의 원숭이(잡는 힘이 없는 꼬리를 가진)와 유인원과 인간으로 구성되어 있다.

17.18 인류의 출현

침팬지와 인간은 약 6백만~7백만 년 전에 공통조상으로부터 진화했다. 적어도 4백만 년 전에 살았던 오스트랄로피테쿠스속의 종들은 직립보행을 하였으며 작은 뇌를 가지고 있었다. 호모 하빌리스에서 인간의 뇌가 커진 것은 나중에 이루어졌는데 약 2백 5십만 년 전이다. 호모 에렉투스는 인간의 영역을 탄생지였던 아프리카 대륙으로부터 다른 대륙으로까지 넓힌 최초의 종이었다. 호모 에렉투스는 네안데르탈인(호모 네안데르탈렌시스)을 포함하여 지역적으로 다양한 후손들을 낳았다. 현재의 자료는 오늘날의 인간다양성이 상대적으로 최근에 현대 아프리카인의 전파로 일어났음을 보여준다.

자습문제

1. 동물계에 있어서 좌우대칭은 ______와(과) 가장 크게 상관관계가 있다.
a. 모든 방향에 대해 동일한 감지능력
b. 골격의 존재
c. 운동성과 적극적인 포식과 도피
d. 진정한 체강의 발달

2. 다음 중 모든 것들을 다 포함하고 있는 것은 어느 것인가? 절지동물, 주형류, 곤충류, 나비류, 갑각류, 노래기류

3. 사지류 중 가장 오래된 군은 ________이다.

4. 파충류는 양서류보다 육지생활에 훨씬 더 잘 적응하였는데 그 이유는 파충류가 _________때문이다.
a. 완전한 소화관을 가졌기 b. 껍질로 쌓인 알을 낳기
c. 내온동물이기 d. 유생단계를 거치기

5. 인간이 속하는 문의 이름은 무엇인가? 해부학적으로 어떤 구조를 갖기 때문에 그런 이름이 붙여졌는가? 이 해부학적 구조는 우리 신체의 어느 부분에서 발견되는가?

6. 다음의 동물들 중 인간의 조상에 포함되지 않는 것은? (힌트: 그림 17.30을 참조)
a. 새 b. 경골어류
c. 양서류 d. 영장류

7. 다음에 있는 종에서 가장 오래된 것부터 가장 최근의 순으로 나열하라. 호모 에렉투스, 오스트랄로피테쿠스 종, 호모 하빌리스, 호모 사피엔스

8. 각 동물을 이들의 문과 연결하시오.
a. 창고기 1. 편형동물문
b. 대합조개 2. 절지동물문
c. 촌충 3. 해면동물문
d. 먼지 진드기 4. 척삭동물문
e. 해면 5. 연체동물문

주된 주제 식별하기

아래의 각 문장에서 분명하게 드러난 주된 주제가 무엇인지(구조와 기능의 연관성, 정보의 흐름, 에너지와 물질의 변환경로, 생물계 내에서의 상호작용, 진화)를 식별하고, 그 내용이 그 주제와 어떻게 관련되는지를 설명하시오. 필요한 경우 주제들을 검토하고(1장 참조), 또 이 장에서 파란색 글자로 나타내어 강조한 예들을 검토해 보시오.

9. 복잡한 체형을 만들 수 있게 하는 "총괄제어(master control)" 유전자의 세트가 급속한 다양화 전에 이미 존재하였을 것 같다.

10. 촌충의 머리에는 숙주의 장 내벽에 자신을 고정시킬 수 있는 흡반과 고리가 갖추어져 있다.

11. 벌과 파리는 작물과 과수를 수분시킨다. 다른 곤충은 많은 인간에게 질병을 일으키는 미생물의 운반체이다. 곤충은 또한 농작물을 먹음으로써 사람들과 먹이를 놓고 경쟁하기도 한다.

답은 부록 C를 참조.

과학연구의 과정

12. 우리가 해양생물학자라고 상상해 보자. 우리가 해저를 탐사해 아직 알려지지 않은 어떤 동물을 끌어올렸다고 하자. 이 동물이 어떠한 동물문에 속하는지를 결정하기 위해서 우리가 관찰해야 할 몇 개의 특징들을 나열하라.

13. 절대 채식주의자와 채식식단은 날로 인기가 더 해가고 있다. 절대 채식주의는 어떠한 동물도 또 동물의 생산물도 소비하지 않지만, 많은 채식주의자들은 덜 엄격하다. 자신을 채식주의자라고 말하거나 육류가 없는 식단을 실천하는 사람들과 이야기를 해보고, 그들이 먹기를 회피하는 것이 어느 분류군(그림 17.6과 그림 17.30을 참조)인지 알아보시오. 이들의 식단을 일반화시켜 보시오. 이들은 "고기"를 무엇이라 생각하는가? 예를 들면 이들은 척추동물은 먹지 않지만 일부 무척추동물은 먹는가? 이들은 단지 조류와 포유동물만 회피하는가? 생선에 대해서는 어떤가? 이들은 유제품이나 계란은 먹는가?

14. 어떠한 진화적 변화가 인간이 복잡한 언어를 개발할 수 있게 하였는가?

15. **자료 해석하기** 체중에 상대적인 평균 뇌 크기는 어떤 종의 지능에 대한 대강의 지표가 된다. 아래의 자료를 가지고 영장류에 대한 그래프를 그려보시오. 2015년에 발견된 호모 날레디는 평균 뇌부피가 510 cm^3이었다; 이것의 평균 체중은 37kg이었다. 이 자료들은 호모 날레디가 다른 사람류와 비교했을 때 지능에 대해 무엇을 이야기해 주고 있는가?

진원류종	평균 뇌부피(cm^3)	평균 체중(kg)
오스트랄로피테쿠스 아파렌시스	440	37
침팬지	405	46
고릴라	500	105
호모 에렉투스	940	58
호모 하빌리스	610	34
호모 네안데르탈	1480	65
호모 사피엔스	1330	64
파란트로푸스 보이세이	490	41

우리와 함께하는 생물학

16. 산호초들은 바다 속의 어떠한 다른 환경보다도 더 큰 동물다양성을 가지고 있다. 호주의 대보초는 해양보호지로서 보호되고 있으며, 과학자와 자연보호주의자들에게는 성지나 마찬가지이다. 인도네시아와 필리핀과 같은 그 밖의 지역에서 산호초는 위험에 처해 있다. 많은 산호초에는 물고기가 고갈되고, 해변의 유출수로 인해 침전물이 산호초의 위를 덮어 버리고 있다. 산호초에서 볼 수 있는 거의 모든 변화는 인간의 활동에 원인이 있을 수도 있다. 우리가 보기에 어떠한 종류의 활동들이 산호초의 감소 원인이 될 수도 있다고 보는가? 이러한 감소에 대하여 걱정하는 몇 가지 이유는 무엇인가? 우리는 이러한 상황이 미래에 개선될 것이라고 보는가 아니면 악화될 것이라고 보는가? 그 이유는 무엇인가? 현지 사람들이 산호초의 감소를 중지시키려면 무엇을 해야 하는가? 선진국이 도와야 하는가? 그래야 하는 이유나 또는 그렇게 하지 않아야 하는 이유는 무엇인가?

17. 많은 인류학자와 동물학자를 포함하여 우리 중 많은 사람들이 직립자세, 높은 지능, 복잡한 도구 취급, 복잡한 언어 시스템 개발, 어린 시절과 연장된 수명과 같은 다양한 특성 때문에 모든 동물들 중에서도 인간은 특별한 위치에 있다고 생각한다. 그러나 이러한 특성 중 많은 것이 다른 종에서도 관찰될 수 있다. 우리는 동물들 사이에서 정말로 독특한가? 여러분의 답이 옳음을 밝히시오.

단원 4

생태학

18장 생태학의 소개와 생물권

실마리
기후변화

19장 개체군생태학

실마리
생물침입

20장 군집과 생태계

실마리
생물다양성의 중요성

18 생태학의 소개와 생물권

차례 내용

흡혈귀를 조심하세요! 여러분이 사는 집에는 자는 동안에도 전기를 소비하는 "흡혈귀" 전기기구로 가득 차 있을지도 모른다.

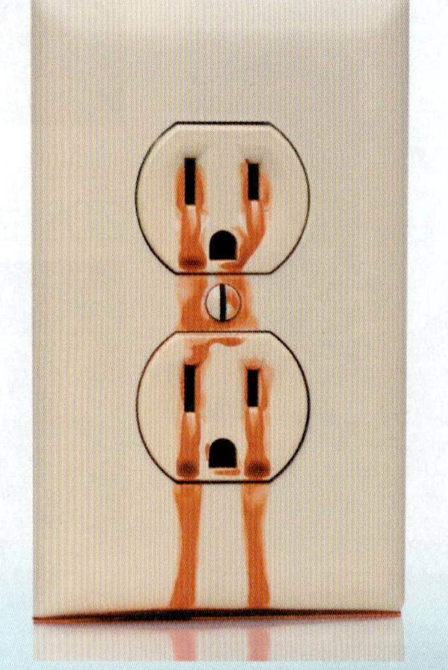

오염물질이 공기에 희석되어 사라지는 것은 아니다. 자동차 배기가스의 대기 오염물질은 물과 결합하여 멀리 떨어진 곳에서 산성비의 형태로 지구로 다시 되돌아올 수 있다.

생태학은 왜 중요한가?

얼어붙은 북극 지역에서부터 무성한 열대 지방에 이르기까지, 활기찬 산호초에서부터 가장 깊은 바닷속에 이르기까지 지구의 생물권은 여전히 탐험되고 있는 생명의 보고이다. 생태학 연구는 이러한 다양한 환경과 생물들의 상호작용을 이해하고, 자연세계에 대한 우리 자신의 영향력에 대한 통찰력을 제공한다.

우리가 버린 모든 쓰레기는 어떻게 되는가? 쓰레기 매립장만이 쓰레기가 모이는 유일한 장소는 아니다.

실마리

기후변화

북극 얼음 위에 있는 어미 북극곰과 새끼 두 마리. 기후변화로 북극곰이 사냥하는 발판으로 사용하는 영구 해빙이 줄어들고 있다.

우리와 함께하는 생물학 **기후변화**

위험에 처한 펭귄, 북극곰, 사람

지금 지구기후가 인간의 활동으로 인해 변하고 있다는 점에 기상과학자의 97%가 동의하고 있다. 기록에 따르면 1998년 이래로 가장 더웠던 10년간의 가파른 기온 상승에 그 원인이 있다. 현재 온난화율은 마지막 빙하기 이후 평균 온난화율보다 10배나 빨라지고 있다. 그렇다면 지금 우리는 기후변화에 대해 무엇을 알고 있으며 미래에 무엇을 기대할 수 있는가?

특히 북반구의 최북단 지역과 남극 반도가 기온 상승이 제일 높다. 예를 들면 알래스카 일부에서는 겨울 기온이 2.8℃~3.4℃까지 올라갔다. 영구 북극 해빙이 줄어들고 있으며, 여름마다 얼음이 점점 얇아지고 물이 많아진다. 얼음 위에서 먹이를 사냥하고 얼음이 없는 따뜻한 계절에 대비해 체지방을 저장할 필요가 있는 북극곰이 겨울사냥터가 녹아 없어져 기아의 징조를 보이고 있다. 지구의 또 다른 한 쪽 끝에서는 남극반도 근처의 해빙이 사라져 아델리 펭귄은 이들의 먹이에 접근하기 어려워지고, 전례가 없이 잦은 혹독한 봄의 눈보라가 펭귄의 알과 새끼에 큰 피해를 주고 있다. 그러나 보호운동을 할 정도로 호소력 있는 이들 동물은 자신의 고통으로 우리에게 위험을 경고해 주는 석탄광산 속의 카나리아와 같다. 더 잦고 더 큰 산불, 견디기 힘든 무더위, 일부 지역에서는 가뭄을 다른 지역에서는 집중호우로 나타나는 변화된 강우 패턴에서 기후변화의 영향을 우리는 이미 느끼고 있다.

기후변화가 지구에 있는 생명의 미래에 어떤 의미를 갖는가? 과학자들은 지구 기후변화에 의한 미래 생태계에 미치는 영향에 대한 어떠한 예측들도 모두 불완전한 정보에 근거하고 있다. 종다양성에 대해서, 또한 생물과 생물 간 또는 생물과 환경 간 복잡한 상호작용에 대해 밝혀져야 할 많은 것들이 남아 있다. 사람들이 만든 기업이 이러한 변화에 대한 커다란 책임이 있다는 많은 증거들이 있다. 이제 우리가 이 위기에 대해 어떻게 반응하느냐에 따라, 상태가 좋아지던지 아니면 나빠지게 될 것이다. 이제부터 생태학의 기본개념을 이해하는 것으로 시작해 이 장에 대해 알아보자.

생태학 개관

지금까지 지구 생명의 다양성에 대해, 또 생명을 작동하게 만드는 분자와 세포의 구조 및 과정에 대해 배웠다. 생물과 환경 사이의 상호작용에 관한 과학적 연구를 말하는 **생태학(ecology)**은 생명에 대한 다른 관점을 제공한다.

우리 인간은 다른 생물과 이들의 환경에 대해서 항상 관심을 가져왔다. 선사 이전의 사람들은 수렵인과 채집인으로서 사냥감과 식용식물을 언제 어디서 많이 발견할 수 있는지를 배워왔다. 아리스토텔레스로부터 다윈까지, 그리고 그 이후의 자연박물학자들은 자연 서식처 안에서 생물을 관찰하고 기재하는 과정을 단순히 생존을 위해서보다는 오히려 그 자체를 목적으로 하였다. 자연을 관찰하고 자연의 구조와 과정을 기록하는 이런 발견바탕의 접근법으로부터 여전히 놀라운 통찰을 얻을 수 있다(그림 18.1). 알다시피 발견바탕의 자연사이든 아니면 가설과학이든 간에 야외연구는 생태학에서 그 근본이 된다. 그러나 생태학자들은 한편 단순화하고 통제된 조건의 실험실내 실험을 통해서도 가설을 검증할 수 있다. 그리고 어떤 생태학자는 야외 현장에서 수행이 불가능한 대형 실험을 수학적인 컴퓨터 모델을 이용한 모의실험을 통해 이론적으로 접근을 한다.

▼그림 18.1 **우림 수관에서 발견과학.** 아르헨티나의 안데스 산맥의 동쪽 경사면에 있는 우림에서 곤충에 대해 기록하고 있다.

18.1 생태학과 환경주의

기술혁신은 인간을 지구의 모든 환경에 정착할 수 있게 해준다. 그래도 인간의 활동에 의해 우리의 생존이 크게 변화되기는 했지만 여전히 지구의 자원에 의존한다(그림 18.2). 최근 수십 년간 지구기후변화는 대중의 관심을 끌고 있는 많은 환경이슈 중의 하나이다. 우리의 몇몇 산업과 농업 행위는 대기, 토양, 물을 오염시켜왔다. 토지와 그 밖의 다른 자원에 대한 과도한 요구로 인해 여러 식물과 동물이 위협받아왔고, 그 중 일부는 멸종에까지 이르게 되었다.

생태학이란 과학은 환경문제를 해결하기 위해 필요한 이해를 제공할 수 있다. 그러나 이러한 문제는 생태학자들에 의해서 풀릴 수 있는 것은 아니다. 왜냐하면 이것은 가치관과 윤리관에 바탕을 두고 결정할 필요가 있기 때문이다. 개인적 수준에서 우리 각자는 매일 생태학적 영향을 미치는 선택을 한다. 환경을 배려하는 유권자와 소비자에 의해 동기가 유발되는 입법자와 기업은 폭넓은 함의를 갖는 다음과 같은 질문들을 해야만 한다. 토지 이용은 어떻게 조절되어야 하는지? 우리가 모든 종을 아니면 어떤 특정 종을 구하도록 애써야 하는지? 환경파괴 행위에 어떤 대안을 마련해야 하는지? 환경영향과 경제적 요구에 대해 우리는 어떻게 균형을 맞추어야 하는지?

▼그림 18.2 **환경에 미치는 인간의 영향.** 정화작업 대원들이 2010년 석유시추선 딥워터호라이즌호 재난 후 멕시코만 표면에서 모아진 기름을 태우고 있다.

18.2 상호작용의 위계

아마도 서로 다른 많은 인자들이 환경과 생물의 상호작용에 영향을 미칠 수 있다. 그 지역에 살아 있는 모든 생물을 일컫는 **생물인자(biotic factor)**는 그 환경에 살아 있는 요소를 형성한다. 다른 생물들은 식량과 여러 자원을 가지고 개체 간에 경쟁도 하고, 그것을 먹기도 하며, 물리적 화학적 환경을 변화시키기도 한다. **무생물인자(abiotic factor)**는 그 환경의 비생물적인 요소로 이루어져 있으며, 온도와 빛, 물과 무기염류, 그리고 공기와 같은 화학적 인자와 물리적 인자를 포함하고 있다. 생물이 살고 있는 그 특정 환경을 일컫는 생물의 **서식지(habitat)**는 그것을 둘러싼 생물인자와 무생물인자를 포함한다.

우리가 생물과 그들이 처한 환경 간의 상호작용을 연구할 때, 생태학을 네 가지 수준으로 구분하는 것이 편리하다. 뒤로 갈수록 그 범위는 커지는데 이들은 개체생태학, 개체군생태학, 군집생태학, 그리고 생태계생태학이다.

살아 있는 개체 각각을 **생물(organism)**이라 한다. **개체생태학(organismal ecology)**은 개체 생물이 그들을 에워싸고 있는 환경이 주는 도전에 잘 대응할 수 있는 진화적 적응과 관련을 갖는다. 생물의 분포는 생물이 견뎌낼 수 있는 무생물 조건에 의해 제한을 받는다. 예를 들면 그림 18.3a에서 도롱뇽과 같은 양서류는 추운 기후에서는 살 수 없는데, 이들은 체온 열의 대부분을 주위환경으로부터 얻기 때문이다. 지구기후변화로 인한 기온과 강우의 변화는 도롱뇽의 일부 종의 분포에 이미 영향을 주고 있으며, 앞으로 10년 동안 훨씬 더 많은 충격을 받게 될 것이다.

생태학에 있어서 다음 수준의 구조가 **개체군(population)**인데, 개체군은 특정 지역에 살고 있는 동일한 종의 개체 전부를 말한다. **개체군생태학(population ecology)**은 주로 개체군의 밀도와 성장에 영향을 미치는 인자에 초점을 맞춘다(그림 18.3b). 멸종위기종을 연구하는 생물학자들은 이 수준에서의 생태학에 특히 관심을 가진다.

군집(community)은 특정 지역에 서식하는 모든 생물들로 구성된다. 이것은 다른 생물종들의 개체군들의 집합이다. **군집생태학(community ecology)**에서 질문들은 포식과 경쟁과 같이 생물종 간 상호작용이 군집구조와 조직화에 어떻게 영향을 미치는지에 대해 초점을 맞추고 있다(그림 18.3c).

생태계(ecosystem)는 어떤 지역에 있는 종들의 생물군집과 더불어 모든 무생물인자들을 포함한다. 예를 들면 열대초원 생태계는 다양한 동식물과 같은 생물뿐만 아니라 토양, 수원, 빛, 그리고 그 환경의 나머지 다른 무생물인자 모두를 포함한다. **따라서 한 생태계는 생물계 안에서, 또 생물계 사이에서 폭넓게 다양한 상호작용을 포함하고 있다.** **생태계생태학(ecosystem ecology)**에서의 화두는 여러 가지 생물인자와 무생물인자 안에서 일어나고 있는 에너지 흐름과 화학순환에 관련된 것이다(그림 18.3d).

▼그림 18.3 **생태학의 수준에 따라 갖게 되는 의문들.**

(a) **개체생태학.** 붉은 도롱뇽이 견뎌낼 수 있는 온도의 범위는?

(b) **개체군생태학.** 황제펭귄 새끼의 생존에 영향을 주는 인자는?

(c) **군집생태학.** 한 군집에서 담비와 같은 포식자가 설치류의 다양성에 미치는 영향은?

(d) **생태계생태학.** 아프리카의 열대초원 생태계에서 질소와 같은 필수 화학원소들의 순환과정은?

생물권(biosphere)은 범지구적 생태계인데, 다시 말해 지구생태계의 총화이자 모든 생명체와 이 생명체들이 살고 있는 곳을 말한다. 생태학에서 가장 복잡한 수준인 생물권은 고도 수 킬로미터의 대기권, 땅속 약 1,500미터 아래 물을 지닌 암석까지의 육지, 호수와 하천, 동굴, 그리고 수 킬로미터 깊이의 대양을 포함한다. 그러나 방대한 규모에도 불구하고 생물권 내의 생물들은 연결되어 있어서, 일부에서 일어나는 사건이 광범위하게 영향을 미치게 된다. ✓

✓ 체크포인트

1. 생태계 수준의 등급과 군집 수준의 등급은 무엇을 공통적으로 가지는가?
2. 생태계 수준에는 군집 수준에는 포함되어 있지 않는 그 무엇이 포함되어 있는가?

답: 1. 그 지역의 모든 생물인자, **2.** 그 지역의 모든 무생물인자

다양한 지구환경에서 살아가기

여행을 통해 또는 텔레비전과 영화 시청을 통해 세계를 볼 때, 생명체의 분포에 뚜렷한 지역적 패턴이 있음을 감지했을 것이다. 예를 들면 남미와 아프리카의 열대림과 같은 특정 육상지역은 많은 식물 생명체의 고향이지만, 반면 사막과 같은 다른 지역은 상대적으로 불모지이다. 산호초에는 원기왕성하게 화려한 색의 생물들이 함께 살아가지만, 한편 대양의 다른 지역에는 이와는 달리 아무것도 없는 것처럼 보인다.

생명체의 분포는 크기가 작은 규모에서도 다양하다. 공중에서 본 그림 18.4의 뉴질랜드의 야생구역은 숲, 커다란 호수, 굽이쳐 흐르는 강, 그리고 산들이 섞여 있음을 볼 수 있다. 이들 다른 환경 안에서도 보다 작은 규모들 사이에 차이들이 있다. 예를 들면 우리는 각 호수가 여러 다른 서식지를 가지며, 각 서식지에는 특징적인 생물의 군집이 있음을 발견하게 될 것이다.

▲그림 18.4 뉴질랜드 야생에서 환경의 국소적 변이.

18.3 생물권의 무생물인자

생물의 분포 패턴은 그 환경의 무생물인자에서의 차이가 반영된다. 이 절에서 생물이 사는 곳에 영향을 주는 중요한 몇몇 무생물인자에 대해 살펴보자.

에너지원

생명은 에너지와 물질을 변화시키는 경로에 의존한다. 따라서 모든 생물은 살기 위해 사용가능한 에너지원을 필요로 한다. 광합성과정 동안에 엽록소에 의해 포획되는 햇빛의 태양에너지가 대부분 생태계에 동력을 제공한다. 그림 18.5에서 나타낸 색상은 엽록소의 상대적 풍부함을 나타내고 있다. 육지의 녹색지역은 고밀도의 식물생명을 나타낸다. 아프리카의 사하라지역과 미국 서부의 넓은 지역을 포함하여 오렌지색의 육지지역은 훨씬 덜 생산적인 지역이다. 대양의 녹색지역은 어두운 지역에 비해 풍부한 조류와 광합성 세균을 포함하고 있다.

▼그림 18.5 **생물권에서 생명의 분포.** 이 지구 이미지에서 색깔은 클로로필의 상대적인 양을 표시하고 있다. 이것은 광합성 생물의 지역적 밀도와 서로 관련이 있다.

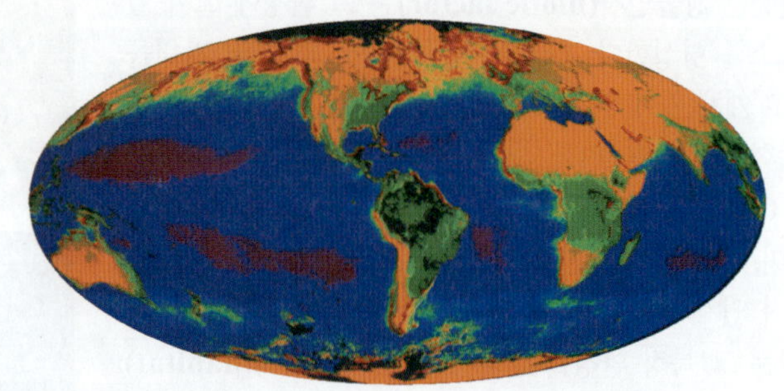

나무 그늘이 숲 바닥에서 자라는 식물들 간에 강렬한 경쟁을 낳기는 하지만, 햇빛의 결여는 육상생태계의 식물 생장을 제한하는 가장 중요한 인자이다. 그러나 많은 수서환경에서 빛은 어느 깊이 아래로는 침투할 수 없다. 따라서 광합성의 대부분은 물 전체 중 물표면 근처에서 일어난다.

놀랍게도 생명체는 완전히 어두운 환경에서도 역시 번성한다. 대양 표면에서 1마일 더 아래쪽에는 지구 지각판이 맞닿아 지구내부로부터 녹은 바위와 가스가 분출되는 열수구의 독특한 세계가 존재한다. 때로는 9층 빌딩 높이의 연기기둥이 열수와 뜨거운 가스를 분출한다(그림 18.6). 이들 생태계는 황화수소와 같이 무기화합물을 산화시켜 에너지를 얻는 세균에 의해 지탱된다. 이와 유사한 대사능력을 지닌 세균이 육상에서 동굴에 사는 생물의 군집도 지탱하게 해준다.

▼그림 18.6 **심해 열수 분출구.** 워싱턴 서쪽의 태평양에 있는 "검은 연기 분출구"는 지구 내부로부터 뜨거운 가스 연기가 분출되고 있는 것이다. 거대한 관벌레(삽입 사진)는 길이가 2 m까지 자라는 환형동물인데, 열수구 군집을 이루는 생물 중의 하나이다.

온도

온도는 물질대사에 영향을 주기 때문에 중요한 무생물인자이다. 0℃에 가까운 온도에서도 활발한 대사활동을 충분하게 유지할 수 있는 생물은 거의 없으며, 또한 45℃ 이상의 온도에서 대부분 생물의 효소는 파괴된다. 대부분의 생물은 특정범위의 환경온도 내에서 기능을 가장 잘 한다. 예를 들면 미국 새앙토끼(그림 18.7)는 차가운 기온의 산악 서식지에 적합하도록 높은 체온을 가진다. 하지만 따뜻한 날에는 새앙토끼는 치명적인 과열을 막기 위해 찬 공기로 가득 채워진 갈라진 틈으로 피한다. 겨울에 이 새앙토끼는 위험한 추위로부터 자신의 은신처를 눈으로 덮어 보온한다.

▲그림 18.7 **미국 새앙토끼.** 토끼의 작은 친척인 이들은 미국과 캐나다의 서부고지대에서 살고 있다.

물

물은 모든 생명에 필요하다. 수서생물은 물에 둘러싸여 있지만 자신의 용질농도가 그들을 둘러싼 주위의 용질농도와 일치하지 않을 경우, 여전히 물의 균형이라는 문제에 직면한다(그림 5.14 참조). 육상생물에 있어 일차적인 위협은 공기 중에서 건조되는 것이다. 많은 육상동물은 수분 손실을 줄일 수 있는 방수덮개를 가지고 있다. **예를 들면 뱀과 도마뱀과 같은 파충류의 비늘은 습기를 밀봉하는 기능을 행할 수 있는 구조를 이루고 있다**(그림 18.8a). 대부분의 식물들은 잎과 기타 지상부의 표면이 왁스로 덮여 있다(그림 18.8b). 브라질밀납 야자(카나우바 야자나무) 잎에서 얻은 왁스는 자동차, 서핑보드, 가구, 신발 등에 광을 내는 방수성 광택제에 첨가된다. 카나우바 왁스는 립스틱과 마스카라와 같은 화장품을 포함한 많은 다른 제품의 재료로 사용된다.

무기영양분

식물, 조류, 광합성 세균을 포함한 광합성 생물의 분포와 풍부함은 질소 화합물이나 인 화합물과 같은 무기영양분의 가용성에 달려 있다. 식물은 이 영양분들을 토양으로부터 얻는다. 토양구조, pH, 영양분 함량이 종종 식물의 분포를 결정짓는 주된 역할을 한다. 많은 수서생태계에서 낮은 수준의 질소와 인이 조류와 광합성 세균의 생장을 제한한다.

이외의 다른 수서인자

육상생태계에서는 아니지만 수서생태계에서는 중요한 무생물인자가 여럿 있다. 육상생물은 공기에서 많은 산소를 공급받지만, 수서생물은 물속에 용해되어 있는 산소에 의존한다. 이것은 많은 종의 어류에게 있어 결정적인 요인이다. 차고 빠르게 흐르는 물은 따뜻하고 고인 물보다 산소의 함량이 높다. 염도, 조류, 조수 또한 많은 수서생태계에서 그 역할을 한다.

이외의 다른 육상인자

수서생태계에서는 아니지만 육상생태계에서는 중요한 무생물인자가 여럿 있다. 예를 들면 바람은 육지에서 중요한 인자이다. 바람은 증발로 인한 생물의 수분 손실률을 증가시킨다. 증발냉각의 양이 늘어나면 더운 여름날에는 유리하지만 겨울에는 차가운 바람이 위험을 초래한다. 일부 생태계에서는 태풍이나 불같은 자연재앙의 잦은 발생은 생물의 분포에 한몫을 한다. ✓

✓ 체크포인트

태양에너지는 대부분의 생태계에서 왜 그렇게 중요한 인자가 되는가?

답: 광합성의 과정에 의해 포획되는 태양에너지는 그들 생태계에 있는 생물에게 대부분의 유기영양과 재료물질을 제공한다.

▼그림 18.8 **방수 외피.**

(a) 캐롤라이나 아놀도마뱀.

(b) 잎의 밀랍 피복의 발수성을 보여주는 맺힌 물방울.

18.4 생물의 진화적 적응

지구의 다양한 환경에서 살아가기 위한 생물의 능력은 생태학과 진화생물학 영역 사이의 밀접한 관계를 증명한다. 다윈의 시대에는 생태학이란 말은 없었지만, 사실 다윈은 생태학자였다. 다윈이 진화에 대한 증거로 제공한 것은 생물의 지리적 분포와 특정 환경에 대한 절묘한 적응이었다. 생태학의 관점에서 보면 자연선택에 의한 진화적 적응은 생물과 그들의 환경과의 상호작용으로부터 얻어진 결과이다. 따라서 짧은 기간에 해당되는 한 개체의 일생의 과정에서 일어나는 사건은 장구한 규모의 진화적 시간에 걸쳐 일어나는 결과로 전환된다. 예를 들면 물의 이용가능성이 식물의 생장과 궁극적으로 번식의 성공여부에 영향을 주기 때문에, 강우량은 식물 유전자풀에 큰 영향을 미친다. **평균 이하의 낮은 강우의 기간이 있은 후에는 건조내성 개체가 식물개체군에서 보다 우세하게 될 것이다.** 또한 생물은 포식과 경쟁과 같은 생물 간 상호작용에 반응해서도 진화한다. ✓

✓ 체크포인트

생태학과 진화라는 두 영역은 서로 어떻게 연결되어 있는가?

답: 자연선택을 통한 진화적 적응의 과정은 생물과 이들이 처한 환경과의 상호작용으로

18.5 가변적인 환경에 맞추기

한 서식지에서 무생물인자는 해마다, 계절마다, 또는 하루 단위로 변하기도 한다. 일생 동안 일어나는 환경의 변화에 맞추기 위한 개체의 능력은 자연선택에 의해 개선된 형태로 적응한 것이다. 예를 들면 추운 날 새를 보면 평소와 달리 많은 솜털로 뒤덮여 있다(그림 18.9). 피부에 있는 작은 근육이 새의 깃털을 세워 단열을 가능케 하는 생리적 반응을 한다. 새의 일부 종은 깃털을 두텁게 함으로써 계절 추위에 적응한다. 그리고 또 다른 종은 추운 날씨가 시작되면 좀 더 따뜻한 지역으로 이동하는 방식으로 반응하는 행동적 반응을 한다. 이런 반응들은 한 개체의 일생에 걸쳐 일어나는 것이므로, 이것이 오랜 시간에 걸친 개체군에서의 변화를 말하는 진화의 예는 아님을 주목해야 할 것이다.

▲그림 18.9 **차가운 날씨에 생리적 반응을 보여주고 있는 야생비둘기.**

생리적 반응

새와 같이 털이 있는 포유동물의 경우도 추운 날 일시적으로 단열층을 만들기 위해 피부근육을 수축함으로써 조절할 수 있다. (우리의 근육도 마찬가지인데 모피 단열 대신에 소름 돋는 형태를 취한다.) 피부 속의 혈관 역시 수축하여 체온 손실이 천천히 되게 한다. 두 경우 모두 이러한 조정은 몇 초 내에 일어난다.

여전히 가역적이기는 하지만 점진적인 환경변화에 반응해 일어나는 생리학적인 조정을 **순화(acclimation)**라고 부른다. 예를 들면 우리가 해수면 높이에 위치하는 보스턴에서 표고가 1마일이나 되어 산소가 적은 덴버까지 이동한다고 가상해 보자. 새로운 환경 속에서 이전보다 낮은 산소 공급에 대한 생리적 반응 중 하나로 폐로부터 신체의 다른 부위로 산소를 운반하는 적혈구 세포의 수를 점차적으로 증가시킨다. 순화는 수일 또는 수주가 소요된다. 이것이 에베레스트 산 정복에 도전하는 사람들처럼 고산등반가들이 정상 등반 도전하기 전에 고지의 베이스 켐프에서 왜 긴 시간을 머물러야 할 필요가 있는 지에 대한 이유가 된다.

순화하는 능력은 일반적으로 생물종들이 자연적으로 경험하고 있는 환경조건의 범위와 관련이 있다. 예를 들면 매우 따뜻한 기후 지역에 살아가고 있는 생물종들은 통상 극한 추위에 순화하지 못한다. 척추동물 가운데 새와 포유류들은 일반적으로 가장 큰 폭의 극한 온도를 견딜 수 있다. 왜냐하면 내온성 생물로서 이들은 체내 온도를 조절하기 위하여 물질대사를 이용한다. 이에 비해 외온성 생물인 파충류는 제한된 온도 범위 안에서만 견뎌 낼 수 있다(그림 18.10).

▼그림 18.10 **미국의 여러 지역에서 도마뱀 종의 수.** 북쪽으로 가면 갈수록 도마뱀 종의 수는 점점 줄어들고 있음을 주목하자. 이것은 도마뱀이 활동하려면 체온이 따뜻해야 하는데, 이를 위해 주변 환경으로부터 열을 얻는 외온성 생리의 동물임을 그대로 반영하고 있다.

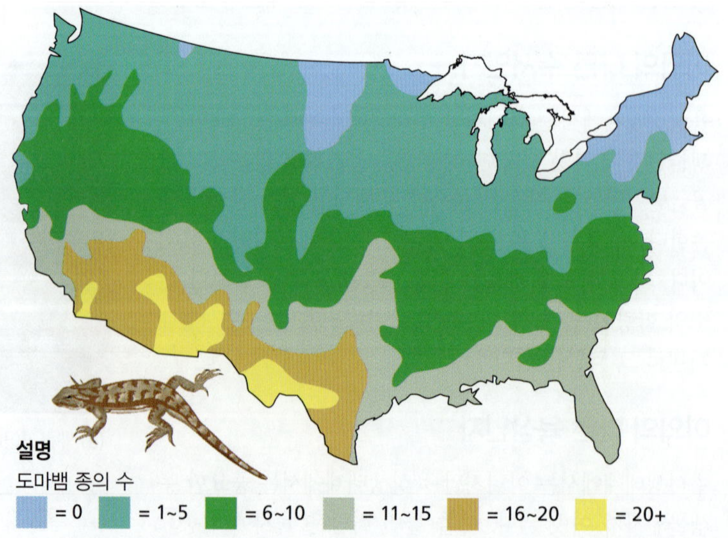

해부적 반응

많은 생물은 환경적 도전에 대해 체형과 구조를 약간 변화시켜 반응한다. 이러한 변화가 가역적일 때, 그 반응은 순화의 한 예가 된다. 예를 들면 많은 포유류는 겨울추위가 시작되기 전에 털을 두텁게 자라게 만들고, 여름이 되면 겨울털을 벗는다. 일부 동물들은 계절에 따라 외피 털이나 깃털의 색깔을 바꾸기도 하는데, 겨울철의 눈이나 여름철 식생에 맞게 위장한다(그림 18.11).

▼그림 18.11 **겨울털과 여름털의 북극 여우.**

한편 해부적 변화는 개체의 일생동안 비가역적이다. 환경적 변이는 한 개체군 내에서 체형의 현저한 차이를 나타낼 정도로 성장과 발달에 영향을 미칠 수 있다. 그림 18.12에서 보듯이 어떤 나무는 바람으로 인해 깃대모양이 되어 있다. 일반적으로 식물은 동물보다는 해부적으로 더 쉽게 변할 수 있다. 뿌리를 내리면 더 이상 나은 장소로 이동할 수 없기 때문에, 식물은 주변 환경의 변동에 대해서 이들의 해부적 반응과 생리적 반응에 전적으로 의존한다.

행동적 반응

식물에 비해 대부분의 동물들은 불리한 환경변화에 대해 새로운 장소로 이동함으로써 반응할 수 있다. 그러한 이동은 특정 지역에 매우 밀집되게 만든다. 예를 들면 파충류를 포함한 많은 사막 외온성 동물들은 태양과 그늘 사이를 왕복 이동함으로써 현명하게 일정한 체온을 유지한다. 그러나 몇몇 동물들은 계절 변화와 같은 환경적 자극에 반응하여 상당히 먼 거리까지 이주할 수 있는 능력을 가지고 있다. 많은 철새들은 중미와 남미에서 월동하며 여름동안 번식하기 위해서 북방위도 지역으로 돌아간다. 그리고 비교적 큰 두뇌와 이용 가능한 기술을 가지고 있는 인간은 사용할 수 있는 특별하고 다양한 행동적 반응들을 가지고 있다(그림 18.13). ✓

▼그림 18.12 **나무의 모양을 만든 무생물인자로서의 바람.** 오리건의 후드산에 있는 이들 전나무는 세찬 바람의 물리적인 방해로 가지들이 바람이 불어오는 쪽으로 생장하지 못하고 그 반대쪽으로만 정상적인 생장을 하게 된다. 이러한 구조적 반응은 강한 바람으로 인해 부러지는 가지의 수를 줄일 수 있게 한 진화적 적응인 것이다.

✓ 체크포인트

순화란 무엇인가?

답: 환경적 변화에 반응하여 점진적이며 가역적으로 일어나는 해부적 또는 생리적 변화

▼그림 18.13 **행동적 반응이 인간의 지리적 분포의 범위를 넓혀왔다.** 날씨에 따라 옷을 입는 것은 인간에게서만 볼 수 있는 열을 조절하는 행동이다.

생물군계

앞 절에서 배웠던 무생물인자는 지구 위에서 생명의 분포에 큰 원인이 된다. (앞으로 20장에서는 종의 분포에 있어 생물인자의 역할에 대해 배우게 될 것이다.) 생태학자들은 이들 인자의 다양한 조합을 사용하여 지구의 환경을 여러 생물군계로 구분해 왔다. **생물군계(biome)**는 육상생물군계에서는 식생에 의해, 수서생물군계에서는 물리적 환경에 의해 특화된 주요한 육상이나 수서 생명지대를 말한다. 이 절에서는 우선 수서생물군계에 대해 간단히 알아본 다음 육상생물군계에 대해 알아볼 것이다.

지구표면의 75% 정도를 점유하는 수서생물군계는 염도와 그 외의 물리인자에 의해 결정된다. 담수생물군계(호수, 시냇물, 강, 습지)는 전형적으로 염도가 1% 이하이다. 해양생물군계(바다, 조간대, 산호초, 하구)의 염도는 통상 3% 정도이다.

18.6 담수생물군계

담수생물군계는 1%보다 적게 지구를 덮고 있으며, 이 물은 전체 물의 0.01% 정도를 차지한다. 그러나 이들은 기재된 전체 종 중 6%를 차지할 정도로 높은 다양성을 갖고 있다. 더욱이 우리는 식수, 농업관개용수, 하수처리, 산업에서 담수군계에 의존하고 있다. 담수생물군계는 호수와 연못을 포함하는 고인 물과 강이나 시내와 같이 흐르는 물의 두 그룹으로 나뉜다. 물의 움직임에서의 차이가 생태계 구조에 커다란 차이를 불러일으킨다.

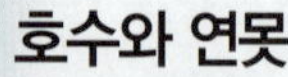

호수와 연못

사방 몇 미터의 작은 연못부터 수천평방 킬로미터나 되는 북미의 5대호처럼 커다란 호수도 있다(그림 18.14).

◄ 그림 18.14 5대호의 위성사진.

호수와 큰 연못에서 식물, 조류, 동물의 군집은 수심과 호수의 기슭에서부터의 거리에 따라 분포한다(그림 18.15). 얕은 물가나 물가에서 멀리 있는 물의 상층부는 빛이 있어 광합성이 가능하기 때문에 **투광대(photic zone)**라고 부른다. 현미경적 조류와 남세균은 고착식물이나 물가 근처 투광지역에 수련과 같은 부유식물에 붙어 투광대에서 생장한다. 만일 호수나 연못이 너무 깊어서 매우 어둡다면, 빛이 너무 약해 광합성이 일어나기가 어려운데, 이곳을 **무광대(aphotic zone)**라 부른다.

저서권(benthic realm)은 모든 수서생물군계의 최저부이다. 모래와 유기물이나 무기물의 침전물로 이루어져 있어서, 저서권은 조류, 수서식물, 벌레들, 곤충 유충, 연체동물, 미생물 등의 생물들의 군집들이 점하고 있다. 생산적인 투광대의 수면에서 비처럼 아래로 떨어지는 사체물이 저서권 동물들의 주요 먹이가 된다.

일반적으로 무기영양분인 질소와 인이 수서생물군계의 표면 근처를 떠다니는 현미경적 조류와 남세균을 통틀어 일컫는 **식물플랑크톤(phytoplankton)**의 성장을 조절한다. 많은 호수와 연못은 하수나 비옥한 초지와 경작지로부터 흘러나온 질소와 인의 유입에 의해 영향을 받는다. 이런 영양분들은 종종 조류가 너무 번성하게 자라게 만들어 빛의 침투를 감소시킨다. 조류가 죽어 분해될 때, 연못과 호수는 심각한 산소결핍 현상을 겪게 되고 높은 산소조건에 적응하는 물고기는 죽게 된다. ✓

✓ 체크포인트

하수가 호수에 조류의 과도한 성장을 일으키게 하는 이유는?

답: 하수는 조류성장을 촉진하는 무기염류를 유입시킨다.

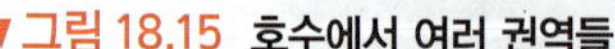

▼ 그림 18.15 호수에서 여러 권역들.

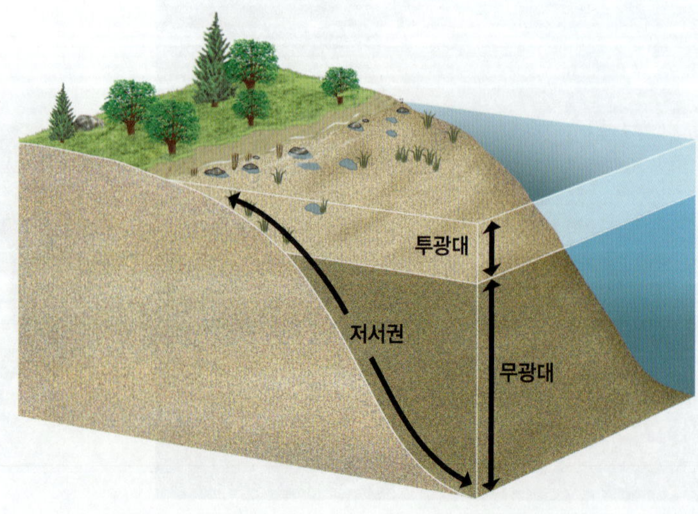

▲그림 18.16 **애팔래치아 산맥에 흐르고 있는 시내.**

강과 시내

흐르는 물의 강과 시내는 일반적으로 호수나 연못과는 사뭇 다른 생물 군집을 유지한다(그림 18.16). 강이나 시내는 발원지(샘이나 산에서 눈이 녹은 물)에서 시작하여 호수나 바다에 흘러들어갈 때까지 그 변화가 크다. 발원지 근처는 대체로 수온이 낮고 영양분이 거의 없으며 깨끗하다. 수로의 폭은 좁고 물살이 빨라, 바닥에 침전물이 많이 쌓이지 못한다. 빠른 물살은 식물플랑크톤의 생장도 억제한다. 이곳에서 발견되는 대부분의 생물은 돌에 붙어사는 광합성 조류와 주변의 땅에서 시냇물로 유입된 나뭇잎과 같은 유기물에 의해 유지된다. 가장 풍부한 저서동물은 조류나 나뭇잎 등을 먹고 사는 곤충이 일반적이다. 송어가 우점 물고기인 경우가 많은데, 곤충을 비롯한 이들의 먹이가 있고 물이 맑아 먹잇감이 잘 보이기 때문이다.

하류에 와서 강과 시내는 대체로 수로의 폭이 넓어지고 유속은 느려진다. 수온은 비교적 높고 침전물과 광합성 조류가 섞여 물은 탁한 편이다. 시각보다는 후각과 미각으로 먹이를 찾아내는 물새, 개구리, 메기와 같은 물고기뿐 아니라, 진흙 바닥 안에는 지렁이와 곤충들이 번성하게 살아간다.

사람들은 홍수를 조절하기 위해, 식수를 얻기 위한 수원지를 만들기 위해, 수력발전으로 전기를 얻기 위해 댐을 건설함으로써 강을 변화시키고 있다. 많은 경우 댐은 물의 유속과 수량을 변화시켜 물고기와 무척추동물의 개체군에 영향을 주어서, 하류 쪽의 생태계를 완전히 바꾸어버린다(그림 18.17). 또한 많은 시내와 강이 인간의 활동으로 인한 오염 때문에 영향을 받고 있다.

▲그림 18.17 **컬럼비아 강 유역에 있는 댐들.** 이 지도는 태평양 연안 북서부 지역의 담수생태계를 바꿔 놓은 250개 댐 중 가장 큰 댐들만 보여주고 있다. 오늘날 여러 댐에서 고기들이 거슬러 올라갈 수 있는 어도를 만들어 놓기도 하지만(삽입사진), 이 거대한 콘크리트 장벽은 연어가 상류로 거슬러 올라가서 알을 낳는데 커다란 걸림돌이 되고 있다.

습지

습지(wetland)는 수서생태계와 육상생태계 중간에 놓인 과도기 상태의 생물군계이다. 담수 습지에는 늪과 소택지가 있다(그림 18.18). 물이 계속 차 있거나 주기적으로 차는 습지는 수서식물의 생장을 돕고 종다양성이 풍부하다. 물새와 그 밖의 많은 새들이 철에 따라 이동할 때, 이들은 여행 동안에 먹이와 은신처 제공해 주는 습지라는 "휴식처"에 의존한다. 습지는 부가적으로 홍수를 완화시키는 저수지의 기능도 제공한다. 습지는 또한 금속이나 유기화합물과 같은 오염물을 침전물로 붙잡아 들여 수질을 개선시키기도 한다.

► 그림 18.18 **오하이오의 켄트 근처에 있는 습지.**

18.7 해양생물군계

광활한 바다를 멀리서 바라보고 있으면 바다가 지구에서 가장 변함없는 환경으로 생각할 수 있다. 그러나 해양 서식지는 밤낮으로 다르다. 열수구가 있는 심해는 늘 컴컴하다. 이와는 달리 수면 가까이에 있는 화려한 색의 산호초는 햇빛에 전적으로 의존한다. 해안 근처의 서식지는 해양 한 가운데의 서식지와는 다르고, 해저와 얼음이 얼지 않은 해수면의 생물군집은 서로 다르다.

담수생물군계에서처럼 해저는 저서권으로 알려져 있다(그림 18.19). 해양의 **대양권(pelagic realm)**은 대양바다 전체를 포함한다. 대륙이 얕게 물에 잠긴 부분인 대륙붕에서 투광대는 대양권과 저서권 둘 다 포함한다. 햇빛이 닿는 이 지역에서 식물플랑크톤과 다세포조류에 의한 광합성이 다양한 동물군집에 에너지를 제공한다. 해면동물, 구멍 속 벌레, 조개, 말미잘, 게, 극피동물이 저서권에서 서식한다. 많은 현미경 동물을 포함하여 비정착 부유동물인 **동물플랑크톤(zooplankton)**, 어류, 해양포유류, 그리고 그 이외의 여러 동물이 대양 투광대에 풍부하다.

산호초(coral reef) 생물군계는 따뜻한 열대 해수의 투광대인 곳에서 나타나는데 지구 여러 곳에 산재해 있다. 산호초는 딱딱한 외골격을 분비하는 다양한 자포동물인 산호충의 지속적인 번식에 의해서, 또 석회석 외피로 둘러싸인 다세포조류들에 의해서 천천히 형성된다(그림 18.20). 단세포조류는 산호 세포내부에 살면서 산호에게 먹이를 공급한다. 산호초의 물리적 구조와 생산성이 다양한 무척추동물과 어류가 살 수 있게 해준다.

투광대는 해양에서 최대 200 m 아래까지이다. 그 아래의 200~1,000 m 사이의 무광대에는 광합성하기는 충분치는 않지만, 이 깊이까지 어느 정도의 빛은 들어온다. 이 희미한 빛의 세계를 때로는 박명대라고 불리기도 하는데, 멋지게 보이는 작은 어류와 갑각류들이 주로 살고 있다. 투광대에서 떨어져 내리는 먹이가 이들 동물이 생명을 유지하게 일부 역할을 한다. 거기에다 이들 중 대부분은 밤에 먹이를 구하러 표면으로 올라간다. 박명대에서 일부 어류는 아주 희미한 빛에서도 먹이를 볼 수 있게 큰 눈과, 또 짝과 먹이를 유인할 수 있는 발광기관을 가지고 있다.

해양의 1,000 m 아래는 영구히 완전한 암흑이다. 이런 환경에 대한 적응을 통해 많은 기괴한 모양의 생물들이 생겨났다. 여기에 사는 저서생물의 대부분은 해저 바닥의 침전물에 있는 사체 유기물을 먹는 침적물 섭식동물이다. 흔히 갑각류, 다모류, 말미잘, 해삼, 불가사리, 성게와 같은 극피동물이 살고 있다. 하지만 먹이는 부족하다. 앞에서 언급한 원핵생물이 원동력이 되는 생태계인 열수구(그림 18.6 참조)를 제외하고는 동물의 밀도는 낮다.

해양환경에는 바다가 육지나 담수와 만나는 지점에 형성되는 조간대나 하구에는 독특한 생물군계도 포함된다. 바다와 육지가 만나는 **조간대(intertidal zone)**에서 해안은 밀물 때는 파도가 치다가 썰물 때는 햇빛과 건조한 바람에 노출된다(그림 18.21). 바위로 된 조간대는 조류, 만각류, 홍합처럼 바위에 붙어 쓸려가지 않는 고착성 생물의 서식

▼그림 18.19 **해양의 생명체.** (깊이와 생물 크기의 비율은 맞추어져 있지 않음.)

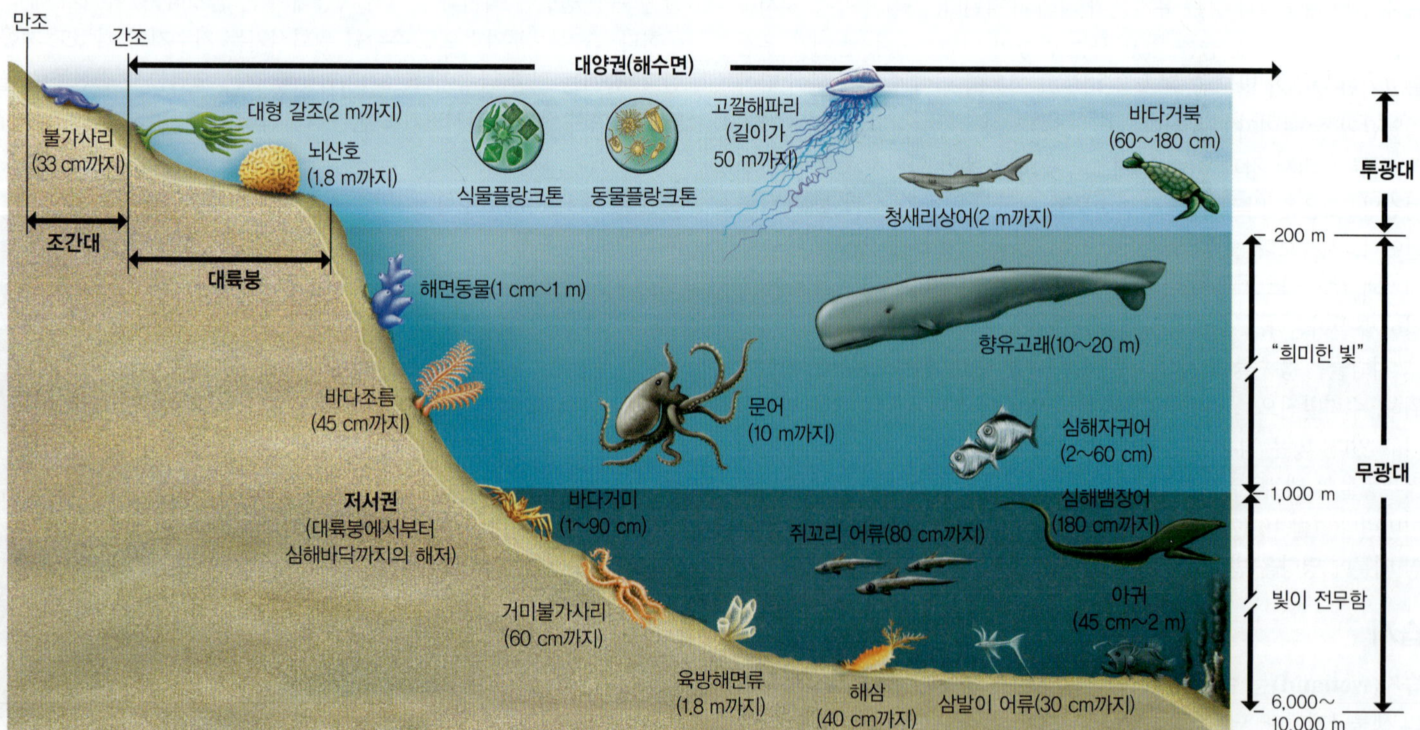

▲그림 18.20 **이집트 해안 쪽의 홍해에 있는 산호초.**

▲그림 18.21 **워싱톤주의 태평양 해안에 있는 조간대의 바위에 붙어 있는 생물들.**

지이기도 하다. 모래사장에는 현탁액을 먹는 벌레, 조개, 육식 갑각류가 모래 속에 묻힌 채 살아간다.

그림 18.22에서 강과 바다 사이의 임시 지역인 **하구(estuary)**를 보여주고 있다. 하구의 염도는 거의 담수 수준에서부터 바닷물 수준까지 걸쳐 있다. 강에서 유입된 영양분으로 풍부해진 하구는 담수 습지처럼 지구상에서 가장 생물 생산성이 높은 지역이다. 굴, 게, 또 많은 어류들이 하구에서 살아간다. 하구는 또한 물새의 보금자리와 먹이를 얻게 되는 곳으로 없어서는 안 될 지역이기도 하다. 평평한 개펄과 해안 늪은 종종 하구와 인접해 있는 넓은 해안 습지이다.

쓰레기 매립장만이 쓰레기가 모이는 유일한 장소는 아니다.

수세기 동안 사람들은 바다 자원은 무한하게 풍부하다고 생각하여, 더욱 효과적이고 무분별한 기술을 사용하여 그 자원을 지나치게 사용하였을 뿐 아니라, 쓰레기 폐기장으로도 이용해왔다. 그러나 지금에 와서는 이러한 행위들의 부정적인 영향이 명확해 지고 있다. 상업 어종의 개체군이 점점 감소되고 있다. 수 조개의 작은 플라스틱 조각들이 해양의 방대한 넓이의 해수면에서 떠다니고 있는데, 이들을 실은 해류들이 한 곳에 만나 "쓰레기 밭"이라고 불리는 이러한 조각들의 집결지가 만들어지게 된다. 많은 해양 서식지가 영양물과 독성화학물질로 오염되고 있다. 몇 년 전에만 해도, 2010년에 멕시코 만에 있던 석유시추선인 딥워터 호라이즌에서의 대량의 기름 유출 사고로 인한 막대한 피해가 있었다(그림 18.2 참조). 하구는 육지에 근접해 있어 더욱 취약하다. 많은 곳이 쓰레기 매립지로 바뀌어가고 있으며, 또 다른 위협으로는 오염과 담수 유입의 교체 등이 있다. 산호초의 경우 해양산성화와 지구온난화로 인한 해수 표면온도의 상승이 심각한 위협이 되고 있다.

한편 안타깝게도 해양생물군계에 대한 우리의 지식은 완전치 못하다. 해양생물에 대한 최근 10년간의 과학적 조사에서 6,000종 이상의 신종이 밝혀졌다.✓

✓ 체크포인트

식물플랑크톤이란? 이들이 다른 해양생물에게 꼭 필요한 이유는?

답: 식물플랑크톤은 광합성 조류와 광합성 세균이다. 이들은 표층대에 있는 동물의 먹이가 된다. 이들 동물은 심해대에 있는 동물의 먹이가 된다.

▼그림 18.22 영국의 남동 해안 하구의 물새들.

18.8 기후가 육상생물군계 분포에 어떻게 영향을 주나

육상생물군계는 무엇보다 기후, 그 중에서도 특히 기온과 강우량에 의해 결정된다. 이들 생물군계를 알아보기에 앞서, 우선 어떤 지역인지 설명할 수 있게 해주는 일반적인 지구기후의 패턴에 대해서 자세히 알아보자.

지구기후 패턴은 대기, 땅, 물을 따뜻하게 해주는 태양에너지 유입량과 행성의 운동에 의해 주로 결정된다. 지구의 만곡으로 인해, 받는 햇빛의 양은 위도에 따라 다르다(그림 18.23). 적도에서 가장 강한 햇빛을 받으므로, 이곳의 기온이 가장 높고 이로 인해 지표면으로부터 물이 증발된다. 따뜻해지면 습한 공기가 위로 상승하게 되고, 차가워지면서 그 수분을 잡아두는 능력이 감소하게 된다. 증발된 이 수분은 구름이 되어 비가 되어 떨어진다(그림 18.24). 이러한 과정은 북회귀선과 남회귀선 사이의 지역에 해당하는 **열대(tropics)**에 왜 우림이 집중되어 있는지 그 이유를 잘 설명해 주고 있다.

▼그림 18.23 고르게 가열되지 않는 지구.

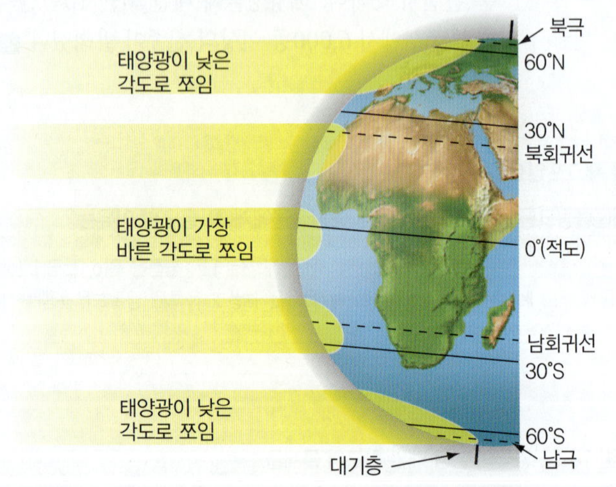

▼그림 18.24 고르지 않은 지구의 가열이 다양한 기후를 만들어 내는 방식.

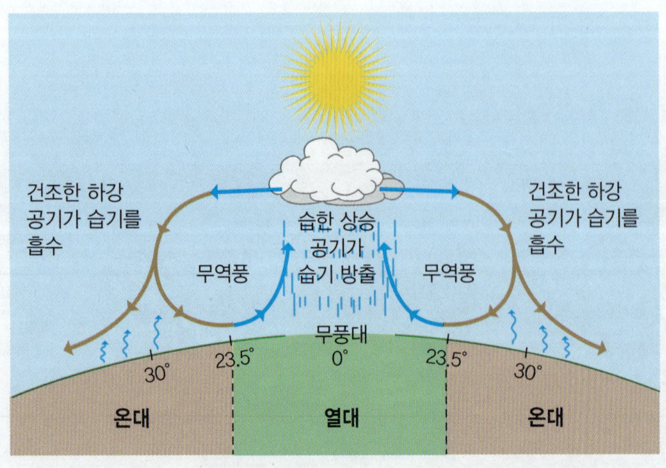

적도지방에서 수분을 잃은 후 건조해진 공기층은 높은 고도에서 퍼지면서 차가워져 남위 30도와 북위 30도 근처에서 다시 내려온다. 북아프리카의 사하라 사막과 아라비아 반도의 아라비아 사막과 같은 세계의 커다란 사막 대부분이 이 위도에 집중되어 있는 이유는 이 건조한 공기를 받기 때문이다.

열대지방과 북쪽의 북극권이나 남쪽의 남극권 사이의 위도를 **온대지방(temperate zone)**이라고 부른다. 대개 이 지역은 열대지방이나 극지방보다 온화한 기온을 갖는다. 건조한 하강 공기의 일부가 위도 30도 이상의 지역에까지 진출하고 있음을 그림 18.24에서 주목하자. 이 공기가 처음에 수분을 흡수하지만 위도가 올라감에 따라 공기가 차가워져 비를 내리게 된다. 그렇기 때문에 남반구와 북반구의 온대지방은 상대적으로 습해진다. 북위 60도 근처의 습하지만 차가운 이 위도에서는 침엽수림이 두드러지게 많이 자라고 있다. 다량의 물이 있는 곳과의 인접한 정도와 산맥과 같은 지형의 존재가 기후에 역시 영향을 준다. 해양과 커다란 호수는 공기가 따뜻할 때는 열을 흡수하고 공기가 찰 때는 열을 방출함으로써 기후를 완화시킨다. 산은 두 가지 방법으로 기후에 영향을 준다. 첫째 고도가 높아지면 기온은 떨어진다. 그 결과 높은 산 위로 오를 때 한 번에 여러 생물군계를 볼 수 있게 된다. 그림 18.25에서 소노란 사막의 마른 저지에서부터 해면 3,300미터 높이에 있는 차가운 침엽수림까지 이곳을 여행하면서 만날 수 있는 경관을 보여주고 있다.

▼그림 18.25 식생에 미치는 고도의 영향. 북미 남서부에 있는 소노란 사막의 전형적인 지대를 보여주고 있다.

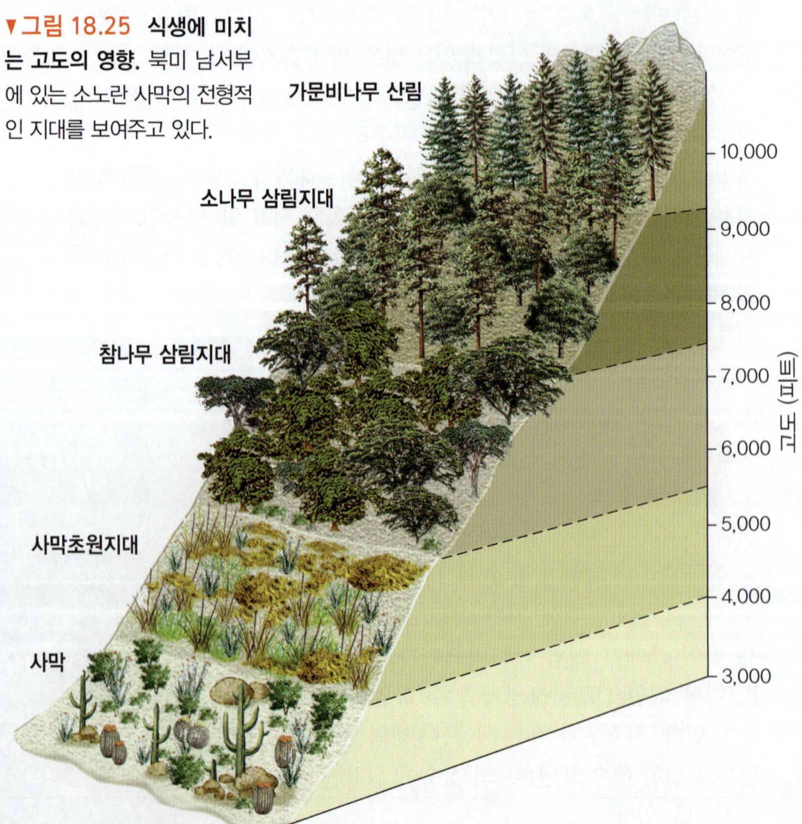

둘째로 산은 해변으로부터 습한 공기의 흐름을 막아 산맥 반대쪽과 전혀 다른 기후를 갖게 되는 원인이 된다. **그림 18.26**에서 보듯이 태평양에서 벗어난 습한 공기가 캘리포니아의 코스트 산맥을 만나게 된다. 공기는 위로 상승해 높은 고도에서 차가워져 많은 양의 비를 내린다. 세계에서 가장 키가 큰 나무인 미국 삼나무가 여기서 번성하게 자라고 있다. 공기가 상승하여 더 높은 산맥(시에라네바다 산맥)너머로 이동하게 되면, 강우는 먼 내륙에서 다시 증가한다. 이 공기가 시에라네바다 산맥의 동쪽 편에 다다르게 되면, 이 공기에는 수분이 거의 없게 된다. 이 공기가 강하하면서 수분을 흡수하게 된다. 결과로서 이 산맥의 동쪽은 비가 거의 내리지 않는 지역이 된다. 비그늘이라 불리는 이 효과로 인해 네바다 주의 중앙 지역에는 사막이 차지하고 있다. ✓

✓ 체크포인트

열대에서 비가 많이 내리는 이유는?

답: 적도에서 태양빛에 의해 따뜻해진 공기가 상승한다. 이 공기는 상승하게 되면서 차가워진다. 찬 공기는 따뜻한 공기에 비해 수분을 덜 가지고 있기 때문에, 이것은 구름을 형성하게 되고 비를 내리게 된다.

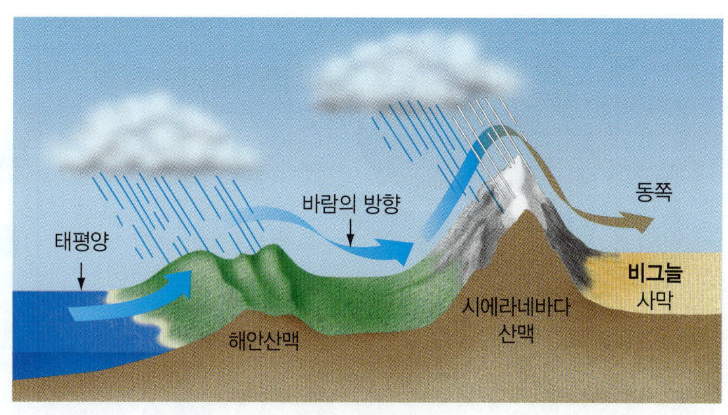

▲그림 18.26 **산맥이 강우에 영향을 주는 방식.**

18.9 육상생물군계

육상생태계는 먼저 식생의 유형을 바탕으로 여러 생물군계로 나눈다(**그림 18.27**). 무기영양분을 재순환하는 분해자를 위한 많은 유기물뿐 아니라, 동물을 위한 먹이, 은신처, 둥지를 제공함으로써 식물은 각 생물군계에 전형적인 생물군집의 기초를 만든다. 식물의 지리적 분포와 그에 따른 생물군계는 기후에 크게 의존하는데, 가끔 특정 지역에 존재하는 생물군계를 결정짓는 주요한 요인이 기온과 강우인 경우가 있다. 지리적으로 떨어져 있는 지역이라도 기후가 비슷하면 같은 생물군계가 형성될 수 있다. 예를 들면 침엽수림은 북미, 유럽, 아시아를 걸쳐 넓은 띠로 펼쳐져 있다.

각 생물군계는 특정한 종의 집단에 의해서보다 생물학적 군집의 유형에 의해 특성을 나타낸다. 예를 들면 북미 남서부의 사막과 아프리카의 사하라 사막에서 보면, 살고 있는 종들의 그룹이 다르지만 둘 다 사막이라는 조건에 적응되어 있다. 지리적으로 멀리 떨어져 있는 생물군계라도 유사한 환경에서 살면서 독립적으로 진화한 종들이 서로 비슷한 특성을 보이는 수렴진화로 인해 비슷하게 보일 수 있다.

이곳에는 각 생물군계 내에서 균일하기보다는 오히려 고르지 못한 모양의 식생을 나타내는 국소적인 변이가 있다. 예를 들면 북미 침엽수

▼그림 18.27 **주요 육상생물군계의 지도.** 이 지도에서는 뚜렷한 경계로 표시되어 있으나, 실제로는 생물군계가 서로에 대해 차츰차츰 그 모습을 이루어간다. 이제부터 배우게 될 각 육상생물군계에서는 이 지도의 축소판 지도를 사용하여 해당하는 색깔로 표시하여 강조할 것이다.

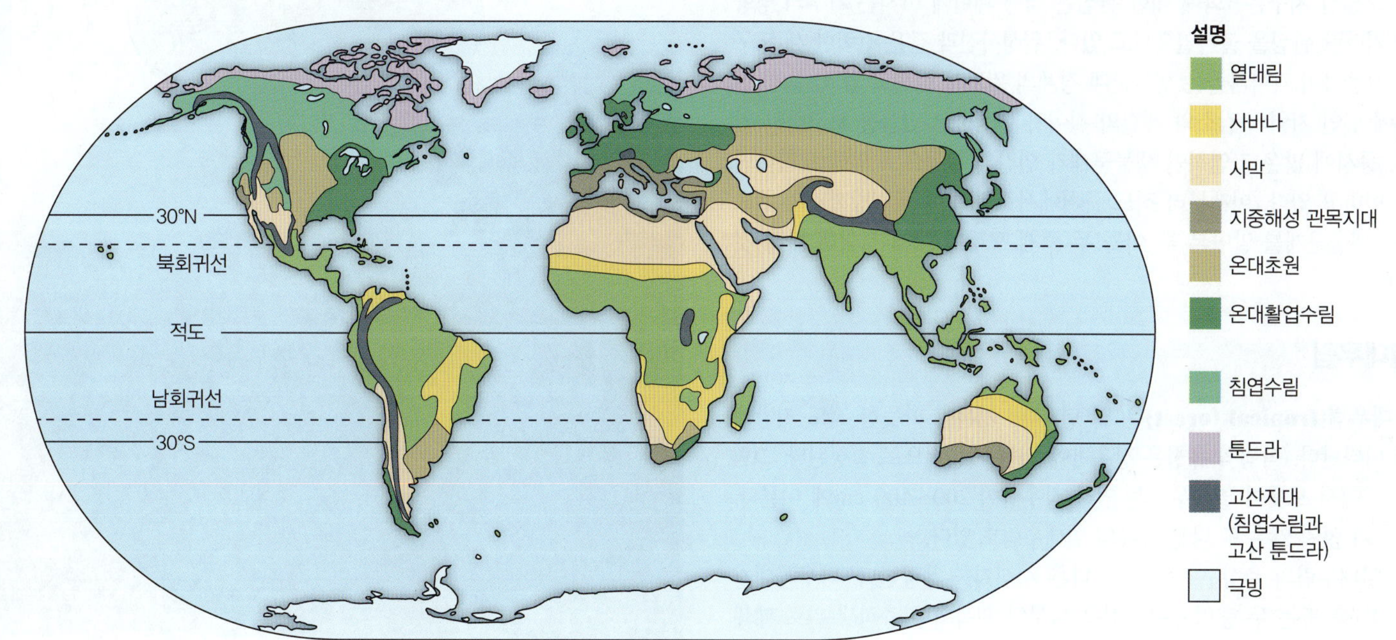

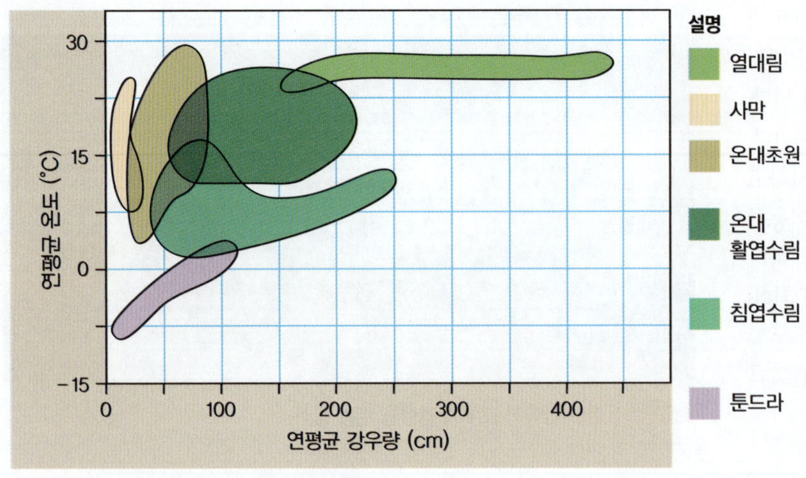

▲그림 18.28 **북미의 일부 주요 생물군계의 기후도.**

림에서 폭설로 인해 가지가 부러져서 공간이 생기면 거기에 미루나무나 자작나무와 같은 활엽수가 자랄 수 있게 된다. 국지적인 폭풍과 화재도 많은 생물군계에 새로운 공간을 만들어낸다.

그림 18.28의 그래프는 육상생물군계를 특징짓는 강우량과 기온의 범위를 보여주고 있다. x축은 생물군계에 따른 연중 평균 강우량을, y축은 생물군계의 연중 평균기온을 나타낸다. 이 그래프를 잘 들여다보면 서로 다른 생물군계에서 무생물인자들을 비교해 볼 수 있다. 예를 들면 온대활엽림에서 강우량의 범위는 북쪽 침엽수림의 강우량과 비슷하지만, 북쪽 침엽수림의 낮은 기온의 범위는 이들 두 생물군집의 무생물 환경에서 뚜렷한 차이를 보여주고 있다. 초원은 통상 산림보다는 건조하나, 사막보다는 덜 건조하다.

오늘날 지구온난화에 대한 관심은 식생 패턴에 미치는 기후의 영향에 커다란 관심을 불러일으키고 있다. 위성사진과 같은 강력한 새 도구를 사용하여 과학자들은 생물군계 경계의 위도가 바뀌고 있고, 눈과 얼음에 덮인 지역의 감소와 계절의 길이가 변화하고 있음을 보고하고 있다. 동시에 많은 자연적인 생물군계가 인간의 활동으로 인해 조각나면서 변하고 있다. 이제부터 적도 근처에서 시작하여 극지방까지의 주요 육상생물군계를 알아본 후 이들 두 주제 모두에 대해 토의해 나갈 것이다.

열대우림

열대우림(tropical forest)은 일 년 내내 기온이 따뜻한 적도 지방에서 나타난다. 식생의 유형은 강우량에 의해 기본적으로 결정된다. 그림 18.29에서 보듯이 열대우림은 연간 강우량이 200~400 cm에 이른다. 강우가 많지 않은 또 다른 종류의 열대우림도 있다.

열대우림의 층상구조는 많은 다른 서식지를 제공한다. 나무꼭대기는 한 층 또는 두 층의 좀 더 작은 나무와 관목의 하층식생 위로 폐쇄수관을 형성한다. 빛이 들어오지 않는 숲 바닥에서 자랄 수 있는 식물은 거의 없다. 많은 나무에는 빛을 향하여 자라는 목질성 덩굴식물로 덮여 있다. 난초와 같은 식물은 키 큰 나무의 가지나 줄기 위로 자람으로써 빛을 받는다. 산재되어 있는 나무가 수관 위까지 높게 자람으로써 햇빛을 최대로 받게 된다. 많은 동물들 역시 먹이가 풍부한 나무에서 살고 있다. 원숭이, 새, 곤충, 뱀, 박쥐, 그리고 개구리들이 지상으로부터 몇 미터 위에서 먹이와 은신처를 찾아 살아간다.

열대건조림은 언제나 긴 건기 또는 부족한 강우량을 갖는 저지대에 우세하게 많다. 거기서 볼 수 있는 식물은 가시가 많은 관목, 교목, 그리고 다육식물들이다. 우기와 건기가 뚜렷한 지역에서는 건기 동안 잎을 떨어트려 물을 보존하는 낙엽수 나무가 흔하다. ✓

✓ 체크포인트

덩굴식물이 열대우림에서 흔한 이유는?

답: 덩굴은 숲 바닥까지 햇빛이 거의 들어오지 않는 폐쇄 수관에서 햇빛에 닿기 위한 식물의 적응수단이다. 하수는 조류성장을 촉진하는 무기염류를 유입시킨다.

▼그림 18.29 **보르네오의 열대우림.**

열대초원

그림 18.30에서 보듯이 **열대초원(savanna)**는 초원과 드문드문 나무가 자라고 있는 지역이다. 기온은 일 년 내내 따뜻하다. 연간 평균 강우량은 30~50 cm이며 계절에 따라 편차가 크다.

번개와 사람에 의해 일어나는 불은 열대초원에서 중요한 무생물인자의 하나이다. 풀은 줄기체의 생장점이 땅 아래쪽에 있어 불에서도 살아남는다. 그리고 어떤 식물은 불이 난 후 재빨리 발아하는 종자를 갖기도 한다. 불뿐만 아니라 척박한 토양, 수분 부족, 그리고 초식동물이 많은 나무들을 자랄 수 없게 만든다. 풀과 활엽초본은 우기 동안에 번성하게 자라 초식동물의 풍부한 먹이가 된다.

덩치가 큰 많은 초식 포유동물과 이들의 포식자들이 열대초원에서 살고 있다. 아프리카 열대초원은 얼룩말과 여러 종의 영양뿐 아니라 사자와 치타의 고향이기도 하다. 몇몇 캥거루 종은 호주의 열대초원에서 우점 초식동물이다. 하지만 이상하게도 덩치가 큰 초식동물이 열대초원에서 우점 초식동물은 아니다. 그 자리를 차지하고 있는 것은 곤충에 속하는 동물인데, 특히 개미와 흰개미 무리가 이에 해당된다. 다른 동물들로는 생쥐, 두더지, 뒤쥐, 그리고 땅다람쥐 등이 있다.

사막

사막(desert)은 예측하기 어려울 정도로 아주 적은 강우량(연중 30 cm 이하)이 특징인 가장 건조한 생물군계이다. 어떤 사막은 매우 뜨겁고 낮의 지표온도가 60℃ 이상이고 하루 중의 기온차도 매우 크다. 한편 로키산맥 서쪽의 사막과 북중국에서 남몽고에 걸쳐 있는 고비사막은 상대적으로 춥다. 찬 사막의 기온은 -30℃까지 떨어진다.

사막의 식생은 전형적으로 선인장과 같이 물을 저장하는 식물과 땅속 깊이 뿌리를 내리는 관목을 포함한다. 다양한 뱀, 도마뱀, 그리고 씨앗을 먹고 사는 설치류가 통상의 서식동물이다. 전갈, 곤충과 같은 절지동물도 사막에서 번성하게 살고 있다. 사막 식물과 동물의 진화적 적응은 물을 보존하는 뚜렷한 일련의 메커니즘을 지니고 있다. 예를 들면 키가 큰 사과로선인장(그림 18.31)의 경우 주름 잡힌 줄기는 우기에 물의 흡수를 늘릴 수 있게 해준다. 어떤 사막 생쥐는 물을 전혀 먹지 않고 대신 이들이 먹는 씨앗의 물질대사 분해에서 생긴 물로부터 이들이 필요로 하는 모든 물을 얻는다. 선인장에 있는 가시와 관목의 잎에 있는 독과 같이 포유동물과 곤충에게 먹히지 않기 위한 보호 적응은 사막식물에서 흔히 볼 수 있다.✓

✓ 체크포인트

1. 열대초원 기후는 계절적으로 어떻게 다양한가?
2. 어떤 무생물인자가 사막의 특징을 갖게 하는가?

답: **1.** 온도는 1년 내내 비슷하나 강우량이 현저하게 다르다.
2. 강우량은 낮고 예측하기 힘들다.

▼그림 18.30 탄자니아에 있는 세렝게티 평원의 열대초원.

▼그림 18.31 소노란 사막.

지중해성 관목지대

지중해성 관목지대(chaparral)의 식생을 떠받치는 기후는 주로 연안에서 순환하는 찬 해류의 영향을 받아 이 지역은 겨울에는 온화하고 비가 내린다. 그리고 여름은 덥고 건조하다. 그 결과 이 생물군계는 미국의 경우 캘리포니아의 일부 작은 해안지역(그림 18.32)에 한정된다. 가장 큰 지중해성 관목지대는 지중해 주변에 있다. 그래서 이 생물군계가 "지중해성"이라는 이름을 가진 이유이다. 빽빽이 자라며 가시가 많은 상록의 관목이 지중해성 관목지대에서 우세하다. 습한 겨울과 봄철에는 일년생 식물 역시 흔하다. 지중해성 관목지대의 특징적인 동물로는 사슴, 열매를 먹는 새, 씨앗을 먹는 설치류, 도마뱀, 그리고 뱀이다.

지중해성 관목지대의 식생은 번개로 인한 주기적인 산불에 적응한다. 많은 식물에는 인화성 물질이 있어서 죽은 가지가 많이 축적되고 나면 불이 강렬하게 붙을 수 있다. 화재 후에는 남은 관목의 뿌리에 저장되어 있던 양분을 사용하여 빠르게 줄기체가 회복된다. 어떤 지중해성 관목지대 식물종은 화재 이후에만 발아하는 종자를 만든다. 타고 남은 식물의 재에 있는 무기영양분이 토양을 비옥하게 만들어서 식물군집의 재생성을 촉진한다. 주택은 화재 피해에 약하므로 남부 캘리포니아에 주택이 밀집된 협곡과 같은 경우는 화재에 의해 황폐화될 수 있다.

온대초원

온대초원(temperate grassland)은 열대 열대초원의 일부 특징을 가지고 있지만 강가와 시냇가를 제외하고는 거의 나무가 없으며 상대적으로 추운 겨울 기온의 지역에서 발견된다. 주기적인 심한 가뭄으로 연중 평균 강우량이 25~75 cm 정도이어서 숲으로 되기는 어렵다. 주기적인 화재와 많은 포유동물이 풀을 먹음으로써 수목성 식물이 자라지 못하게 된다. 이들 초식동물로는 북미에는 들소와 가지뿔영양이, 아시아의 스텝초원에는 야생말과 양이, 호주에는 캥거루가 있다. 하지만 우점 초식자는 열대초원에서와 같이 무척추동물인데 그 중에서도 특히 메뚜기와 토양 선충이 대표적인 동물이다.

나무가 없어 새들은 땅에 둥지를 튼다. 토끼, 흑쥐, 땅다람쥐, 프레리도그, 주머니땅다람쥐와 같은 많은 작은 포유동물이 포식자를 피해 땅속에 굴을 판다. 그림 18.33에서 보여주는 온대초원은 한때 중앙 북미를 덮기도 하였다.

초원의 토양은 영양분이 풍부하고 두터워서 이런 서식지는 농업을 할 수 있는 비옥한 땅을 제공한다. 미국에서 대부분의 초원은 농경지나 목초지로 전환되어 오늘날에는 자연 초원이 거의 남아 있지 않다. ✓

✓ 체크포인트

1. 지중해성 관목지대에 집을 가지고 있는 사람이 불로부터 자신의 집을 보호할 수 있는 방법은?
2. 옛날에는 대부분의 북아메리카 육지가 초원이었는데 현재 인간은 이것을 어떻게 사용하고 있는가?

답: 1. 불이 잘 붙는 죽은 덤불들을 깨끗이 치워 없애야 한다. **2.** 농경지

▼그림 18.32 캘리포니아의 지중해성 관목지대.

▼그림 18.33 캐나다 서스캐처원의 온대초원.

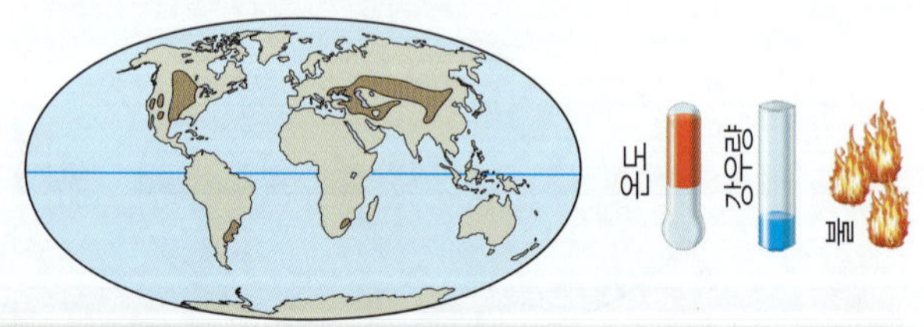

온대활엽수림

온대활엽수림(temperate broadleaf forest)은 큰 나무의 생장을 뒷받침할 정도로 충분한 수분이 있는 중위도 지역에 걸쳐 나타난다. 연간 강수량은 비교적 많고(75~150 cm) 보통은 일 년 내내 고르게 내린다. 기온은 계절에 따라 매우 폭넓게 변하여, 여름에는 매우 덥고 겨울에는 춥다. 그림 18.34에서 보듯이 북반구에서 빽빽이 늘어선 낙엽성 나무가 온대활엽수림의 주된 나무이다. 땅이 얼어서 이용 가능한 물이 부족해지는 시기인 겨울에는 나무가 잎을 떨어뜨림으로써 잎을 통한 증산을 막을 수 있다.

여러 무척추동물이 토양과 숲 바닥에 두텁게 쌓인 낙엽분해물층에서 산다. 생쥐, 뒤쥐, 땅다람쥐와 같은 몇몇 척추동물은 땅속에 굴을 파서 은신처와 먹이를 구하고 다른 척추동물로는 여러 종류의 새가 나무에서 살아간다. 살쾡이, 여우, 흑곰, 그리고 퓨마와 같은 포식자도 있다. 이 숲에 사는 많은 포유동물들이 겨울잠을 자며 일부 새들은 따뜻한 곳으로 이주하기도 한다.

북미에 원래 있던 활엽수림 대부분이 농업이나 개발을 위해 잘려나가거나 제거되었다. 그러나 이 활엽수림은 교란 후에도 회복되는 경향이 있어 인간이 개발하지 않은 지역에서는 이전과 같이 활엽수림이 뒤덮고 있는 것을 오늘날에도 볼 수 있다.

침엽수림

북반구의 **침엽수림(coniferous forest)**에서는 솔방울을 가진 상록수인 소나무, 가문비나무, 전나무, 그리고 북미솔송나무가 우점종이다. (남미, 아프리카, 호주에서는 다른 종류의 침엽수가 자란다.) **북방침엽수림(taiga)**라 불리는 북반구 침엽수림(그림 18.35)은 지구상의 가장 큰 육상생물군계로 북미와 극지방 남쪽의 아시아 대륙을 가로지르는 광범위한 띠를 이룬다. 북방침엽수림은 또한 따뜻한 걸프 해류의 작용으로 핀란드의 북극권 북쪽에서도, 온대의 위도이지만 차가운 높은 고도의 지역에서도 찾아볼 수 있다.

북방침엽수림의 특징은 춥고 긴 겨울과 간혹 따뜻할 때도 있지만 보통 습한 짧은 여름이다. 토양층은 얇고 산성이며 침엽수의 잎은 분해되는 속도가 느리기 때문에 식물 생장에 사용할 영양분이 매우 적다. 침엽수의 뾰족한 잎은 많은 양의 눈이 쌓여 그 가지가 부러지는 것을 방지해 주고 있다. 북방침엽수림의 동물로는 무스, 엘크, 산토끼, 곰, 늑대, 뇌조, 그리고 철새들이 있다. 아시아의 북방침엽수림은 점점 그 수가 줄어들고 있는 시베리아 호랑이의 고향이기도 하다.

북미 해안(알래스카에서부터 오리건 주까지)의 **온대우림(temperate rain forest)**도 침엽수림이다. 태평양에서 불어오는 따뜻하고 습한 공기가 이 독특한 생물군계를 지탱하게 해주는데 다른 침엽수림과 마찬가지로 이 생물계도 북미솔송나무, 더글러스 전나무, 그리고 미국삼나무와 같이 주로 몇 종만으로 이루어져 있다. 이들 침엽수림이 심하게 벌목되고 있어 오래된 수목이 빠르게 사라지고 있다. ✓

✓ 체크포인트

1. 활엽낙엽수가 추운 겨울에 적응 방법으로 왜 잎의 기능을 잃게 만드는가?
2. 북방침엽수림에서 특징적인 나무 종류는?

답: 1. 겨울이 되면 토양이 얼어서 나무는 그들이 잃어버린 물을 보충할 수 없기 때문이다. 2. 소나무, 가문비나무, 전나무, 미국 솔송나무와 같은 침엽수

▼그림 18.34 메인 주에 있는 가을의 온대활엽수림.

▼그림 18.35 북극광으로 하늘이 반짝이는 핀란드의 북부 침엽수림.

툰드라

툰드라(tundra)는 북방침엽수림과 극빙 사이의 광대한 북극지역을 말한다. 북극 툰드라에서는 항상 얼어붙어 있는 땅인 **영구동토층(permafrost)**과 극심하게 차가운 기온과 그리고 강한 바람이 그림 18.36에서처럼 나무와 키 큰 식물이 살 수 없는 이유이다. 북극 툰드라에는 연중 강수량이 매우 적다. 그러나 이 물도 영구동토층을 통과하지 못하기 때문에 녹은 눈과 얼음은 짧은 여름 동안에 얇은 지표층에 물웅덩이를 만들게 된다.

툰드라의 식생은 작은 관목, 풀, 이끼, 그리고 지의류를 포함한다. 여름에 이르면 꽃을 피우는 식물은 빨리 자라 신속하게 꽃을 피운다. 순록, 사향소, 늑대, 그리고 나그네쥐라고 불리는 작은 설치류가 북극 툰드라에서 발견되는 포유동물이다. 많은 이주성 동물이 여름 번식지로 툰드라를 이용한다. 짧지만 생산적인 따뜻한 계절 동안에 습한 땅은 곤충의 수서유충이 살 수 있게 해주고 이주성 물새에게는 먹이를 제공하며 때로는 모기떼가 툰드라를 뒤덮게도 만든다.

위도와 관계없이 열대를 포함하여 아주 높은 산꼭대기에는 강한 바람과 찬 기온으로 인해 고산 툰드라라고 부르는 식물군집이 형성된다. 이들 군집은 북극 툰드라와 비슷하지만 이 고산 툰드라 아래에는 영구동토층이 없다.

극빙

극빙(polar ice)은 북반구에서는 북극 툰드라와 남반부에서는 남극보다도 높은 위도에 있는 육지를 일컫는다(그림 18.37). 이 지역의 기온은 일 년 내내 매우 추우며 강우량도 극히 낮다. 이 대륙의 아주 작은 일부분만 얼음이나 눈이 없을 뿐 여름에조차도 이들로 덮여 있다. 그럼에도 불구하고 이끼와 지의류 같은 작은 식물이 살아가고 있고 선충류, 개미, 그리고 톡토기라 불리는 날개 없는 곤충과 같은 무척추동물들이 혹한의 토양에서 살아가고 있다. 근처에 있는 해빙은 북극곰(북반구), 펭귄(남반구), 그리고 바다표범과 같은 덩치 큰 동물들이 먹이를 먹는 장소로 사용된다. 바다표범, 펭귄, 그리고 다른 해양 조류들이 쉬거나 짝짓기를 위해 찾는다. 극해양생물군계는 이들 조류와 포유동물이 계속 살아갈 수 있게 먹이를 제공한다. 남극에서 펭귄은 먹이로써 다양한 물고기, 오징어, 그리고 크릴이라고 부르는 작은 새우 같은 갑각류를 바다에서 구한다. 펭귄뿐만 아니라 많은 종류의 어류, 바다표범, 오징어, 바닷새, 그리고 걸러먹는 고래에게도 중요한 먹잇감인 남극 크릴은 짝짓기와 포식자로부터의 피난처로서 해빙에 의존한다. 지구기후변화의 결과로 인해 해빙의 양이 줄어들고 얼음의 계절이 짧아지면서 크릴새우의 서식지가 줄어들고 있다. ✓

✓ 체크포인트

1. 지구온난화로 인해 북극 툰드라의 일부 지역에 있는 영구동토층이 녹고 있다. 이 지역에서 툰드라는 어떤 생물군계로 대체될 것 같은가?
2. 극빙에서 발견되는 식생은 툰드라 식생과 어떻게 비교되는가?

답: **1.** 북방침엽수림 **2.** 찬 기온 때문에 어느 생물군계도 식물에게는 좋지 않다. 하지만 툰드라는 작은 관목의 생장을 돕고, 반면에 극빙의 식생은 이끼나 지의류에 한정된다.

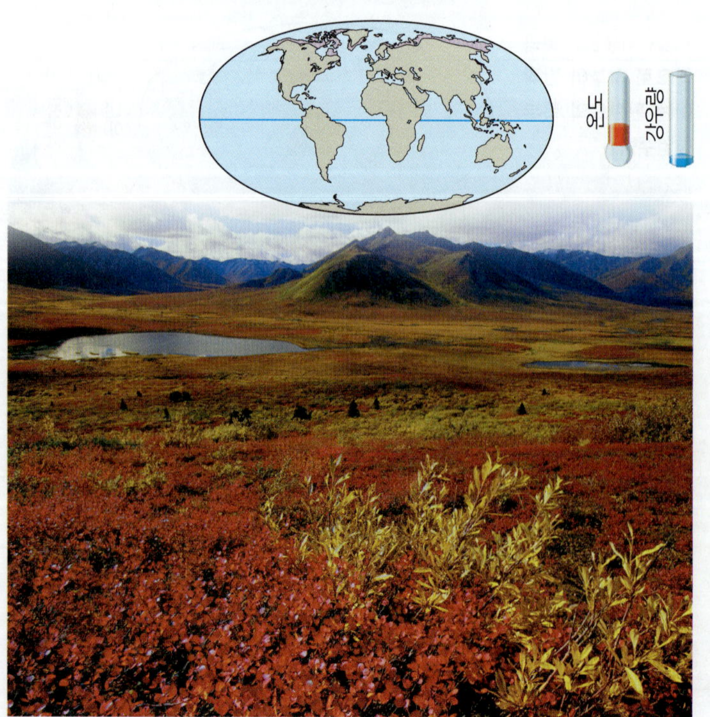

▼그림 18.36 **캐나다 유콘 테리터리의 북극 툰드라.**

▼그림 18.37 **남극 대륙의 극빙.**

18.10 물순환

생물군계는 자급자족의 단위는 아니다. 오히려 생물권의 모든 부분은 **그림 18.38**에서와 같이 지구 전체의 물순환과 영양순환(20장 참조)과 연결되어 있다. 따라서 한 생물군계에서 일어나는 사건은 생물권 전체에 영향을 주게 된다.

이 장의 앞쪽에서 배웠듯이 물과 공기는 태양열에 의해 지구 전체적인 패턴을 가지고 움직인다. 강우와 증발은 물이 육지, 바다, 대기 사이를 계속 이동할 수 있게 한다. 물은 토양에 흡수되어 식물의 증산작용을 통해 식물로부터 대기로 증발된다.

바다 위에서는 강수보다 증발이 많다. 그 결과 바다로부터 육지를 지나는 바람에 의해 수증기가 구름으로 이동된다. 육지에서는 강우량이 증발과 증산량보다 많다. 초과분의 강우량은 표층에 머물거나 토양을 통해 스며들어 지하수가 된다. 표층수나 지하수 모두 결국 바다로 다시 흘러들어가게 되고 물의 순환이 완성된다.

샤워할 때 사용한 물이 우리 몸의 죽은 세포와 오염물질을 씻어서 배수구로 흘려내려 가듯이 땅 위와 그 사이사이를 씻어낸 물은 땅과 그 땅의 내력에 대한 흔적을 가지고 있게 된다. 예를 들면 육지에서 바다로 흘러가는 물에는 미세한 토양입자 침니와 비료나 살충제 같은 화학물질들이 들어 있다.

해안개발로 인한 침식작용으로 일부 산호초 주변의 물이 혼탁해졌고 산호초 군집의 동력원인 광합성 조류가 이용할 빛이 부족해졌다. 표층수의 화학물질은 시내와 강을 통해 바다까지 수백 마일을 흘러가고 조류를 타고 근원지로부터 훨씬 멀리까지 흘러가기도 한다. 예로써 살충제와 산업 폐기된 화학물질의 흔적이 북극 해양포유동물, 심해문어, 오징어에서 발견되고 있다. 질소산화물과 황산화물 같은 대기 오염물 역시 물과 만나 산성비를 형성하여 물순환에 의해 순환된다.

자동차 배기가스의 오염물질은 산성비의 형태로 지구로 다시 되돌아올 수 있다.

인간의 활동 역시 지구상의 물순환 자체에 여러 중요한 면에서 영향을 미친다. 대기 수분 주요 원천의 하나는 열대우림의 밀집한 식생으로부터의 증산이다. 이 우림이 파괴되면 대기 내의 수증기량이 변화된다. 토지의 관개를 위해 지하수를 많이 퍼내는 것도 육지에서의 증발량이 늘고 지하수 공급은 감소될 수 있다. 이외에도 지구온난화는 물순환에 복잡한 방법으로 영향을 미쳐 강우 패턴에 대해 광범위한 영향을 주고 있다. 다음 절에서는 이들이 환경에 미치는 몇 가지 영향들에 대해 생각해 볼 것이다. ✓

✓ 체크포인트

살아 있는 생물이 물순환에 공헌하는 주요 방법은?

답: 식물이 증산을 통해 물을 뿌리로부터 대기로 이동시킨다.

▾그림 18.38 지구의 물순환.

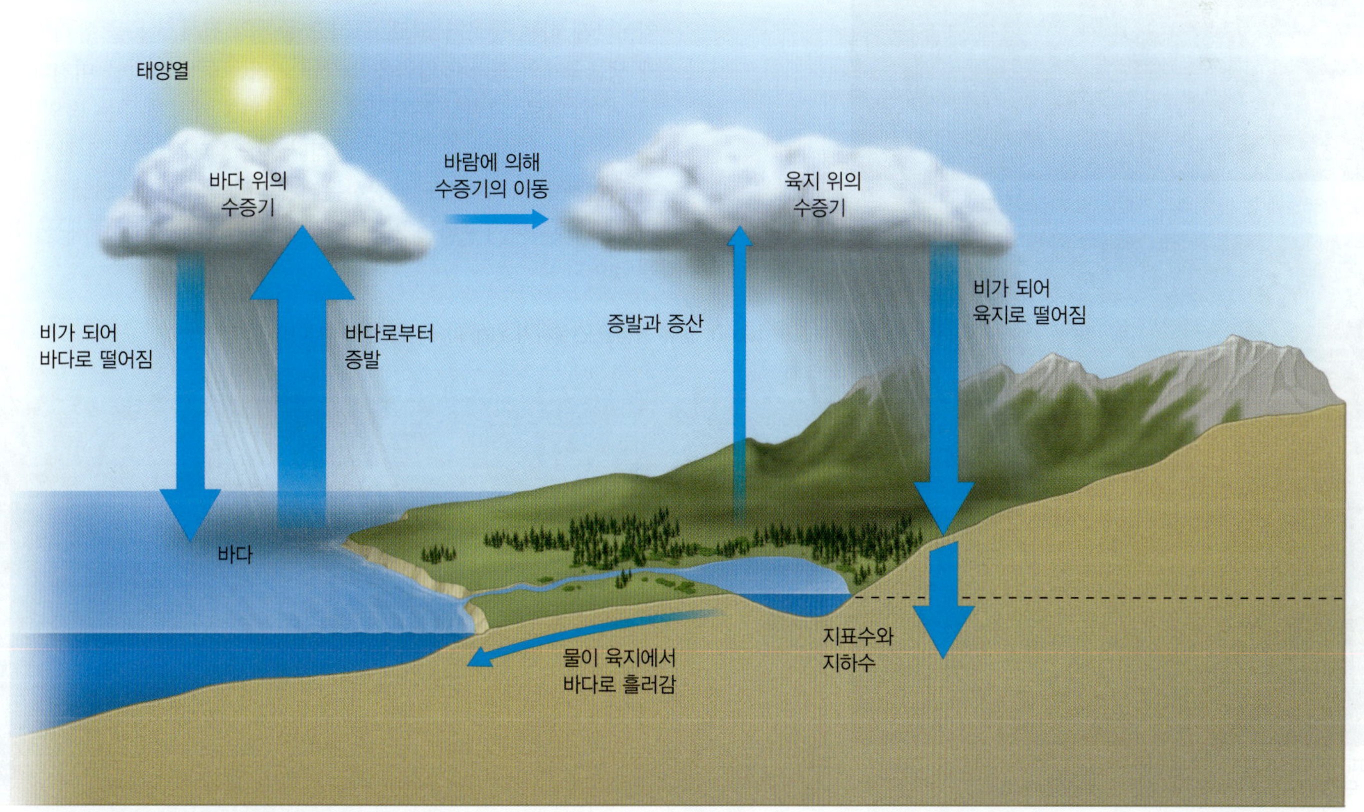

18.11 생물군계에 미치는 인간의 영향

수백 년 동안 인간은 먹이를 잡거나 생산도 하고 자연에서 더 많은 자원을 추출해 내고, 또 도시를 건설하기 위해 효과적인 기술사용을 점점 늘려왔다. 이들 기업의 환경적 비용이 휘청거리게 할 정도라는 것이 지금에 와서는 명확해지고 있다. 이 절에서는 인간 활동이 산림과 담수자원에 어떻게 영향을 미치고 있는지 몇 가지 예를 배우게 될 것이다. 이 단원의 나머지 부분에서 우리는 미래의 세대에 누를 끼치지 않으면서도 현재 살아가고 있는 사람의 요구에도 부응하는 방법으로 지구 자원을 개발하고 관리하고, 보전해 나가는 것이 목표인 **지속가능성(sustainability)**을 달성하는 데 있어 생태학적 지식의 역할에 대해 배우게 될 것이다.

▼그림 18.39 브라질 론도니아 지역에 있는 우림의 위성사진.

1986. 1986년에 먼 이 지역의 개발이 막 시작되었다.

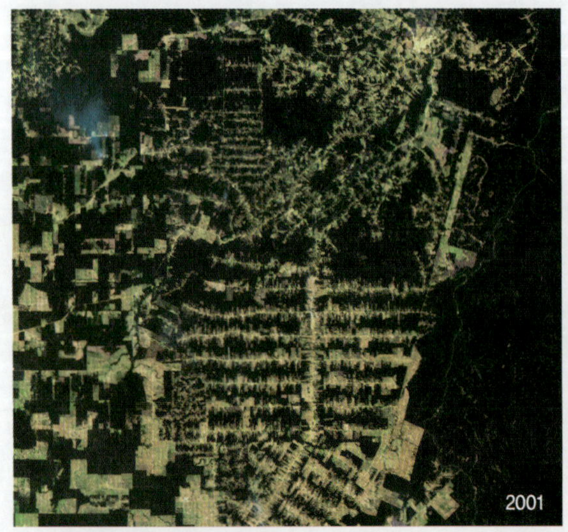

2001. 벌목꾼과 농부들이 들어온 후 15년 후의 같은 지역. "물고기 뼈" 모양은 숲을 관통하는 새로운 도로망을 나타낸다.

삼림

그림 18.27에 있는 지도는 일반적인 기후조건 하에서 번성하리라 기대되는 육상생물군계를 보여주고 있다. 하지만 지구 육지표면의 4분의 3은 수천 년 인간의 점령으로 변화되었다. 우리가 점유한 육지의 대부분은 농업에 사용되었고, 나머지는 개발로 인해 아스팔트와 콘크리트로 뒤덮이게 되었다. 최근까지만 해도 인간의 대규모 개입으로부터 비켜 있던 열대우림과 같은 지역에서의 식생 변화는 그 중에서도 극적이다. 브라질 일부 지역의 위성사진은 아주 짧은 시간에 어떻게 그렇게 경관이 철저하게 변화될 수 있는지 보여주고 있다(그림 18.39).

매년 점점 더 많은 삼림이 농경지 마련을 위해 없어지고 있다. 인구 증가로 늘어나는 사람을 먹이기 위해 이 땅이 필요하다고 이야기할 수 있을 수도 있지만 꼭 그런 경우만은 아니다. 지속가능하지 않은 농업 관행으로 인해 세계의 많은 농경지가 질이 떨어져 사용할 수 없게 된다. 연구자들은 지금까지 행한 삼림파괴의 80% 이상이 지력이 떨어진 농지를 대체하느라 생긴 것으로 추정하고 있다. 그림 18.40에서와 같은 열대 삼림이 화장품이나 쿠기, 크래커, 포테이토칩, 초콜릿제품, 스프 등의 포장식품에 쓰이는 팜유를 얻기 위한 경작지 마련으로 인해 사라져가고 있다. 또 다른 삼림은 벌채, 채광, 그리고 공기오염으로도 줄어들고 있는데, 이 중에서도 특히 침엽산림이 큰 타격을 받고 있는 것이 문제이다. (앞 절에서도 이야기되었지만 대부분의 온대활엽림은 이미 오래 전부터 인간의 사업이 대신 차지하고 있다.) 식량생산과 거주지로 직접 전환되지 않은 땅 역시 현재의 우리 흔적을 지니고 있다. 길이 없었으면 변화되지 않았을 야생지역에 오염을 가져오고, 새로운 질병을 일어나게 하는 통로가 되고, 그리고 종들의 전체 진용을 유지할 수 없게 생물군계의 커다란 영역을 조각내 버리는 등의 영향을 미친다.

먹이, 연료, 그리고 은신처와 같은 자원을 제공해 주는 땅의 용도는 우리에게도 확실히 유익하다. 그러나 자연생태계 역시 인간개체군을 지탱케 해주는 서비스도 제공하는데 공기, 물의 정화, 영양순환, 휴식처 같은 것이다. (우리는 20장에서 생태계 서비스라는 주제를 다루게 될 것이다.)

▼그림 18.40 팜유 농장을 건설하기 위해 파헤쳐진 인도네시아의 열대림.

담수

담수생태계에 미치는 인간 활동의 영향은 육상생태계에 대한 손상에 비해 우리 자신을 포함한 지구 생명에게 훨씬 더 위협적이다. 담수생태계는 과도한 비료사용과 가축 비육장에서 배출된 많은 양의 질소와 인 화합물로 오염되어 있다. 산업폐기물과 같은 여러 다른 오염물질 역시 담수서식처, 음용수, 그리고 지하수를 오염시킨다. 세계의 어떤 지역은 관개용수를 위해 지하수를 과용하거나 장기간에 걸친 가뭄(부분적으로는 지구기후변화에 기인)이나 뒤떨어진 물관리 능력으로 참담한 물부족 상태에 직면하고 있다.

네바다 주 클라크 카운티의 인구밀집 지역인 라스베이거스가 수자원이 가뭄과 과용으로 인해 압박을 받고 있는 도시의 한 예가 된다. **그림 18.41a**은 클라크 카운티의 인구가 307,421명인 1972년 때의 위성사진이고, **그림 18.41b**는 2013년 인구가 2백 만 명이상으로 불어난 때의 사진이다. 브라질 우림의 사진에서 녹색이 사라진 것과 비교하면 그림 18.41b에서는 잔디밭과 골프장에 물을 준 결과, 즉 인간활동의 흔적으로 녹색지대가 현저히 늘어난 것이다. 라스베이거스는 모하비 사막의 고분지에 위치하고 있다. 그렇다면 불모의 사막을 녹색지대로 만들기 위해 물을 어디서부터 얻는가?

라스베이거스에서는 물의 일부를 지하 대수층에서 얻지만 대부분은 미드 호수가 물의 주공급원이다. 미드 호수는 콜로라도 강에 후버댐을 만들 때 생긴 커다란 호수로서 이 호수의 물은 로키산맥의 눈 녹은 물로 채워진다. 기후변화의 주된 영향으로 강설량이 감소하여 콜로라도의 유수는 크게 줄어들고 있다. 미드 호수의 수위는 현저히 떨어지고 있으며(**그림 18.42**), 더 멀리 하류에 있는 바싹 마른 도시와 농장은 더 많은 물을 공급해 달라고 탄원을 하고 있다.

미래에도 충분한 물공급을 확보하기 위해 라스베이거스에서는 새로운 수자원을 찾고 있다. 다른 선택으로 라스베이거스는 북쪽 끝의 계곡에 있는 풍부한 지하수에 눈을 돌리고 있다. 인구는 적지만 생계를 지하수에 의존하는 그 지역의 많은 목장주에게는 중요하다. 당연히 환경론자와 북쪽 계곡 거주민은 지하수를 관을 통해 라스베이거스로 보내려는 이러한 시도에 대해 저항하고 있다.

네바다는 기후변화의 어려운 현실이 일상생활에 영향을 주기 시작한 여러 곳 중 하나일 뿐이다. 수자원과의 전쟁이 지구온난화로 인해 변화된 강우패턴으로 여러 해 동안 가뭄이 계속되리라 예측되는 지역인 메마른 미국 서부와 남서부 도처에서 일어나고 있다. 중국, 인도, 북아프리카를 포함한 세계의 다른 지역에서 경제적 성장, 농업 성장, 인구 증가에 따라 늘어나는 요구들은 지금도 부족한 수자원이 더욱 압박을 받고 있다.

정책입안자는 현재의 위기를 다루고 미래에도 자원을 어떻게 관리할지 계획하는 동안 연구자들은 지속가능한 농업과 물사용의 방법을 찾고 있다. 기초생태연구는 충분한 식량과 물이 현재 살고 있는 사람뿐 아니라 다음 세대까지도 필히 이용될 수 있어야 한다. 이제부터 지속가능성을 가장 크게 위협하는 기후변화에 대해 자세히 알아보자. ✓

► **그림 18.42 낮아진 미드 호수의 수심.** 흰 띠는 한때 잠겨 있던 바위에 무기염류 침적물로 인해 생긴 것이다.

▼ **그림 18.41 네바다의 라스베이거스의 위성사진.**

✓ 체크포인트

로키산맥의 강설량 감소가 라스베이거스에 살고 있는 사람과 왜 관련되어 있는가?

답: 로키산맥의 녹은 눈이 콜로라도 강으로 흘러들어 그 물이 라스베이거스의 저장소에 공급된다.

기후변화

대기에 이산화탄소(CO_2)와 그 외 다른 특정 가스들의 농도 증가로 인해 지구기후 패턴이 변화하고 있다. 이것이 2014년 정부간 기후변화위원회(IPCC)에서 내놓은 중대한 결론이었다. 이 보고서는 수백 편의 과학적 논문자료가 바탕이 되어 100여 개국 이상에서 수천 명의 과학자와 정책결정자가 참석하여 만들어졌다. 따라서 과학자들 사이에 기후변화가 일어나고 있다는 사실에 대해서는 더 이상의 이견은 없다.

18.12 온실효과와 지구온난화

지구대기는 왜 점점 따뜻해지는가? 밖의 날씨가 매우 추울 때 식물을 키우기 위해 사용되는 온실을 가지고 비유해서 설명할 수 있다. 온실의 투명한 유리나 플라스틱 벽은 태양광선이 그 벽을 통과해 안으로 들어갈 수 있는데, 열의 일부가 온실 안에 갇히게 되고 열이 축적된다. 이와 유사하게 지구대기에 있는 어떤 가스들은 태양광선에 투명하며 열을 흡수하거나 반사한다. 소위 **온실가스(greenhouse gas)**라 부르는 것 중에는 CO_2, 수증기, 메탄이 있다. 염화플루오로탄소(CFC, 에어로졸 분무기와 냉장고에 쓰이는)는 인공합성화합물이다. 그림 18.43에서 보듯이 온실가스는 대기에서 열을 잡는 담요의 역할을 한다. 종종 **온실효과(greenhouse effect)**라고 불리는 이러한 가열효과는 매우 유용한 것이다. 이런 것이 없다면 지구대기온도는 우리가 알고 있는 대부분의 생물이 살기에는 힘든 -18℃까지 내려가게 된다. 하지만 담요로 인한 보온단열이 증가하게 되면 그만큼 과도하게 지구를 덥게 만든다.

▲그림 18.43 온실 효과.

온실가스 증가의 영향으로 지구의 평균 기온이 상승하고 있는데, 평균 기온은 지난 1900년이래로 빠른 속도로 약 1℃가 상승했다. IPCC 보고서에 따르면 금세기 말까지 2~4.5℃가 상승할 것으로 보인다. 그러나 온도의 상승이 지구의 모든 지역에서 골고루 일어나는 것이 아니다. 온도상승은 가장 높은 곳은 북반구의 최북단 지역과 남극대륙 일부 지역이다(그림 18.44).

온실가스에 갇힌 열의 90% 이상이 바다에 저장되고 있다. 물이 따뜻해지면 팽창하여 해수면이 상승한다. 그린란드와 남극대륙의 거대한 빙상과 산의 빙하가 녹는 것은 해수면 상승에도 기여한다. 해수면 상승으로 인해 전 세계의 해안 지역에 홍수가 발생할 수 있다.

지구온난화로 기상 이변이 심화되고 있다. 일부 지역에서는 총 강우량의 많은 부분이 집중 호우의 형태로 나타나 홍수를 유발하며, 다른 지역에서는 심한 가뭄이으로 나타난다. 장기간에 걸친 무더위가 더 자주 발생한다. 해수면 온도가 높을수록 허리케인이 더 강력해진다. 또한 따뜻한 날씨는 해마다 빨리 시작된다. ✓

✓ 체크포인트

CO_2와 메탄과 같은 가스가 온실가스로 불리는 이유는?

답: 이들은 온실이 온실 안에 태양열을 유지시키듯, 태양빛을 대기를 지나 들어오게 하나 열이 대기 밖으로 방출되는 것을 막는다.

▼그림 18.44 1951~1980년 동안 장기간 평균온도와 비교한 2006~2016년 동안 평균온도와의 차이(℃). 최대 온도는 진한 적색으로 나타내고 있다. 회색은 가용한 자료가 없는 지역을 표시한다.

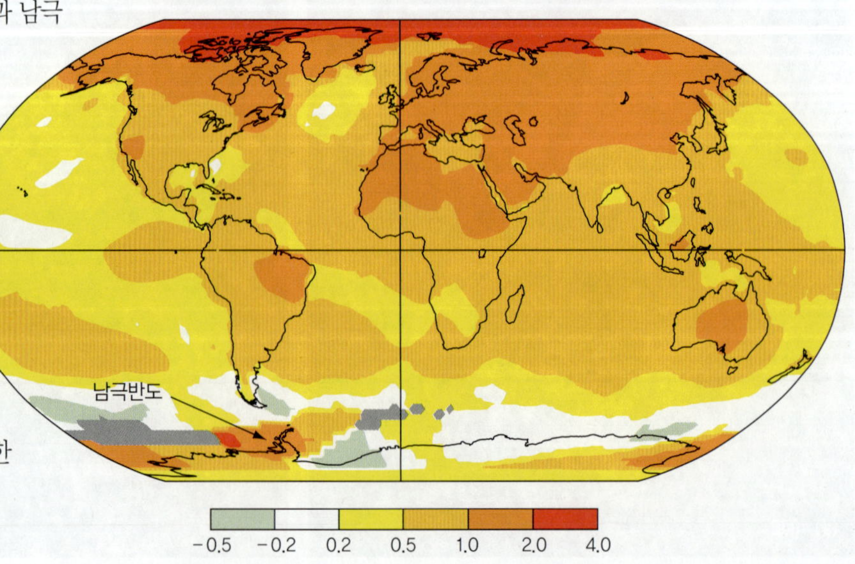

18.13 온실가스의 축적

오랫동안의 자료수집과 논의를 통해 많은 과학자들은 인간 활동이 온실가스 농도의 증가 원인이었음을 굳게 믿고 있다. 배출의 주원인은 농업, 매립쓰레기, 그리고 화석연료(원유, 석탄, 천연가스)의 연소 같은 것들이다.

주된 온실가스인 CO_2 농도의 증가를 좀 더 자세히 살펴보자. 65만 년 동안 대기의 CO_2 농도는 300 ppm(백만분의 일)을 넘지 않았다. 산업혁명 전 그 농도는 280 ppm이었다. 2013년 대기의 CO_2는 평균 396 ppm이었는데, 계속 증가하고 있다(**그림 18.45**). 다른 온실가스의 수준 역시 극적으로 증가하고 있다. 대기에 있는 CO_2는 광합성 과정을 통해 제거되어 탄수화물과 같은 유기분자로 저장됨을 기억하자(그림 6.2 참조). 이 분자는 세포호흡 과정을 통해 분해되면서 CO_2를 방출한다. 전체적으로 광합성에 의한 CO_2의 흡수량과 세포호흡에 의한 CO_2의 방출량은 거의 같다(**그림 18.46**). 하지만 광범위한 벌목은 CO_2가 유기물로 통합되는 것을 크게 감소시켰다. 동시에 세포호흡보다는 훨씬 많고 빠르게 화석연료와 목재의 연소로부터 CO_2가 대기로 유입된다.

CO_2는 대기와 해양의 수표면 사이에서도 역시 교환이 일어난다. 수십 년 동안 해양은 방출하는 것보다 더 많은 양의 CO_2를 흡수함으로써 거대한 스펀지로서 역할을 해왔다. 그러나 CO_2의 초과로 인해 해양은 해양군집에 심대한 영향을 미칠 정도로 크게 산성화되었다. 산성화가 더욱더 악화된다면 산호와 여러 종의 플랑크톤과 연체동물들을 포함한 많은 해양동물들이 외피 껍질을 만들 수 없게 될 것이다. 이들의 소멸은 해양 먹이그물망으로부터 결정적인 고리가 제거될 것이고, 궁극적으로 세계의 해양생태계는 손상을 받게 될 것이다. ✓

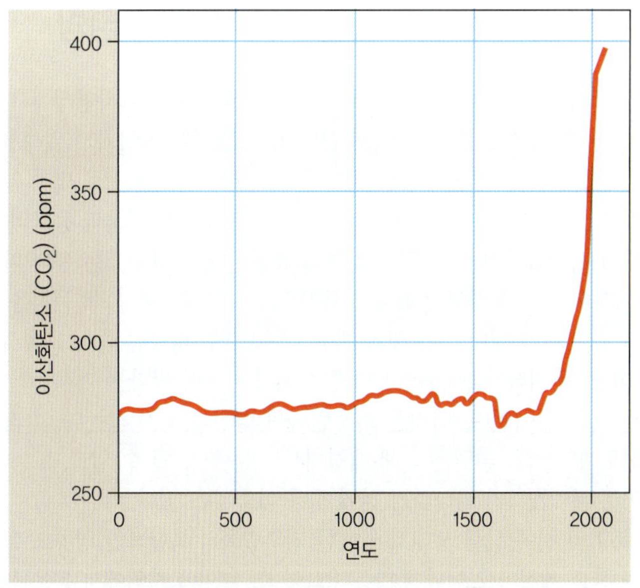

▲그림 18.45 **대기의 CO_2 농도.** 1700년대 후반에 시작된 산업혁명 때까지는 그 농도가 상대적으로 안정하였음에 주목하자.

✓ 체크포인트

인간 활동에 의해 방출되는 CO_2의 주된 근원은?

답: 화석연료의 연소

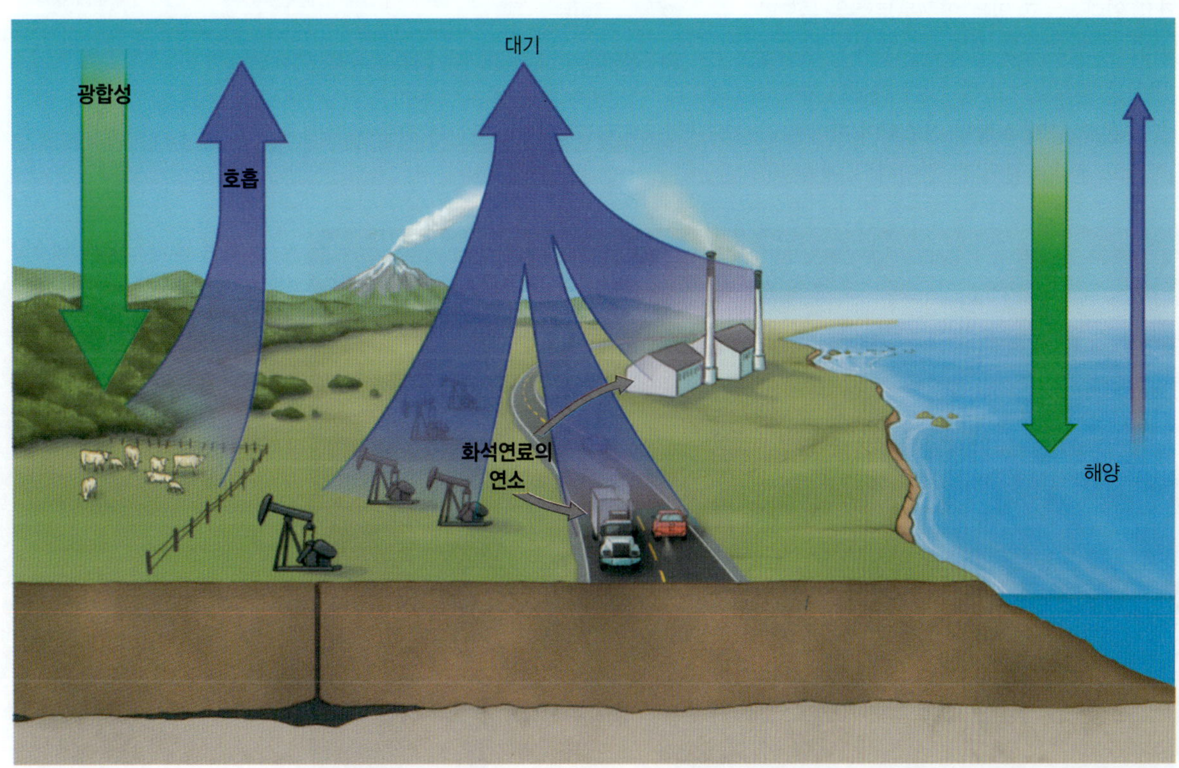

◄그림 18.46 **CO_2가 어떻게 대기를 출입하는가.**

18.14 생태계에 미치는 기후변화의 영향

시인 존 던이『인간은 섬이 아니다』라고 표현한 생각은 자연계에서 모든 다른 종에 대해서도 똑같이 사실이다. 모든 종은 살아가기 위해서는 다른 종들을 필요로 한다. 기후변화는 이들 상호관계를 서로 맞지 않는 관계로 몰아가고 있다. 온대와 극지의 기후에서 많은 식물과 동물의 생활주기 사건들은 따뜻한 기온에 의해 유발된다. 북반구에는 봄의 따뜻한 기온이 초기에 찾아온다. 위성사진으로 보면 초기에 녹색 풍경을 보이고 곧 개화가 일어난다. 새와 개구리를 포함한 다양한 종이 교배시기를 더 일찍 시작한다. 그러나 다른 종에서는 봄이 왔다는 기후적인 단서는 낮의 길이인데, 이것은 기후변화에 영향을 받지 않는다. 따라서 눈신토끼의 겨울 흰털은 녹색 배경에서는 눈에 잘 띌 수 있고, 또는 식물이 수분매개자가 나타나기 전에 꽃을 피울 수도 있다.

북미의 서쪽 산림 생태계에 대한 기후변화의 복합적인 영향으로 최악의 산불 계절이 일어나게 만든다(그림 18.47). 이 지역에서 봄은 산에서 녹은 물이 개울로 모여들어, 여름 건조기까지 산림의 습도 수준을 유지시켜 준다. 봄이 일찍 오게 되면 눈이 일찍 녹아 건기가 끝나기 전에 줄어든다. 그 결과 산불기간이 오래 지속된다. 한편 침엽수에 알을 놓는 나무좀벌레는 온난화가 유리하다. 건강한 나무는 그 해충을 퇴치시킬 수 있지만 건조상태의 나무는 약해져 그 해충에 대한 저항성이 떨어진다(그림 18.48). 나무좀벌레에게는 따뜻한 날씨가 덤으로 한 번이 아닌 두 번까지 번식이 가능하게 해준다. 한편 많은 죽은 나무는 불에 더욱 부채질하게 된다. 산불이 오래 지속되고 광대한 지역이 불타버리게 된다.

기본적으로 기온과 강우에 의해 결정되는 육상생물군계의 지도(그림 18.27 참조) 역시 변화되고 있다. 녹고 있는 영구동토층은 툰드라의 경계를 북쪽으로 이동시키고 있고 관목과 침엽수는 전에는 얼어붙어 있었던 땅에까지 그들의 범위를 뻗쳐나가고 있다. 긴 가뭄은 사막의 경계를 넓히고 있다. 과학자들은 온도 증가로 땅이 건조되어 아마존 강우림의 광활한 영역이 점진적으로 열대초원이 될 것이라고 예측하고 있다.

▲그림 18.48 **캐나다 브리티시에서 나무좀 해충이 만연한 소나무.** 붉거나 옅은 색의 잎은 죽거나 말라가는 나무이다. 녹색은 아직도 건강한 나무이다.

기온과 강우 패턴의 변화가 식량생산, 담수의 가용성, 황열병이나 뎅기열 같은 모기 매개질병의 확산에 영향을 주어 결국 지구기후변화는 인간에게도 역시 중요한 결과를 가져온다. 모든 연구는 미래에 있게 될 훨씬 더 큰 영향에 대해 지적하고 있다. 하지만 인간은 다른 종과는 달리 온실가스 방출을 감소시키는 행동을 취할 수 있고 온난화 경향을 원래대로 되돌리는 것까지도 할 수 있다. ✓

✓ 체크포인트

지구온난화가 나무좀에게는 어떻게 유익한가?

답: 가뭄 스트레스를 받은 나무는 좀에 내성을 갖는다; 긴 온난 계절의 경우 1년에 1번이 아닌 2번 생식할 수 있다.

◀ 그림 18.47 **2016년 8월 캘리포니아 샌버나디노 카운티에서 발생한 산불.**

과학연구의 과정 기후변화

기후변화가 종 분포에 어떤 영향을 미치는가?

배경

이 장에서 배운 것처럼 기후는 생물이 사는 곳을 결정하는 중요한 요소이다. 지구 온난화로 인한 온도 상승으로 많은 종의 분포 영역이 이미 극쪽으로 이동했다. 예를 들면 미국개똥지빠귀가 처음으로 북극권 북쪽에서 목격되었다. 온도가 더 낮은 더 높은 고도로 범위를 이동할 수도 있다. 고도가 높아질수록 지형이 좁아지므로 더 높은 서식지를 이용할 수 있다. 다이애나 큰표범나비(그림 18.49a)는 미국 중서부와 남동부의 숲과 초원에 산다. 유충은 가을에 부화하여 먹이가 있는 제비꽃 근처 숲의 잎 쓰레기 아래에서 겨울을 보낸다. 성체 나비는 봄에 나타나고 식물의 꿀을 먹는다. 보전생물학자들은 다이애나 큰표범나비가 최근에 희귀해졌으며 몇몇 개체군이 완전히 사라졌다는 것을 관찰했다. 생태학자팀은 지구 온난화로 인한 온도 상승의 결과로 나비의 분포범위가 감소했다고 가정했다.

방법

이들의 가설을 검정하기 위해 연구원들은 다이애나 큰표범나비 개체군이 어디에 있는지 기록을 작성했다. 이들은 미국 동부지도에서 1777년에서 1960년까지 그리고 1961년에서 2010년까지 두 기간 동안 다이애나 큰표범나비 개체군의 위치를 표시하여 자료를 시각화했다(그림 18.49b). 이들은 박물관 표본, 정부보고서, 개인수집품, 온라인 데이터베이스, 자체 현장작업에서 이 정보를 수집했다. 이들은 각 다이애나 큰표범나비의 기록 날짜, 위도, 경도와 고도를 매핑 프로그램에 입력하여 데이터를 분석했다.

결과

결과는 다이애나 큰표범나비의 분포 범위가 상당히 작아졌고 지리적으로 분리된 두 집단으로 나뉘어져 있음을 보여주었다. 낮은 고도의 개체군은 사라질 가능성이 가장 높았고, 산의 개체군은 다소 증가하고 있었다(낮은 고도의 손실을 메우기에는 충분하지는 않지만). 종의 분포범위는 매 10년마다 약 18 m씩 위쪽으로 올라가고 있다. 따라서 결과는 온도가 증가함에 따라 다이애나 큰표범나비의 분포범위가 감소한다는 가설을 뒷받침한다. 또한 연구원들은 기온 상승이 나비의 수명주기에 영향을 미친다는 것을 발견했다. 암컷은 이제 봄에 일찍부터 고치에서 나오는데, 온도 신호에 의해 유발되는 사건이다. 수명주기의 타이밍이 식품 공급원인 제비꽃의 이용 가능성과 일치하지 않는 경우, 이러한 변화는 미래 다이애나 큰표범나비 개체군을 위협할 수 있다.

과학자처럼 생각하기

이 연구자들이 통제된 실험을 사용하지 않고 어떻게 가설을 검정했는지 설명하시오.
답은 부록 C를 참조.

▶ **그림 18.49 한 나비의 분포 범위에 대한 기후변화의 영향 조사.**

(a) 암컷 다이애나 큰표범나비

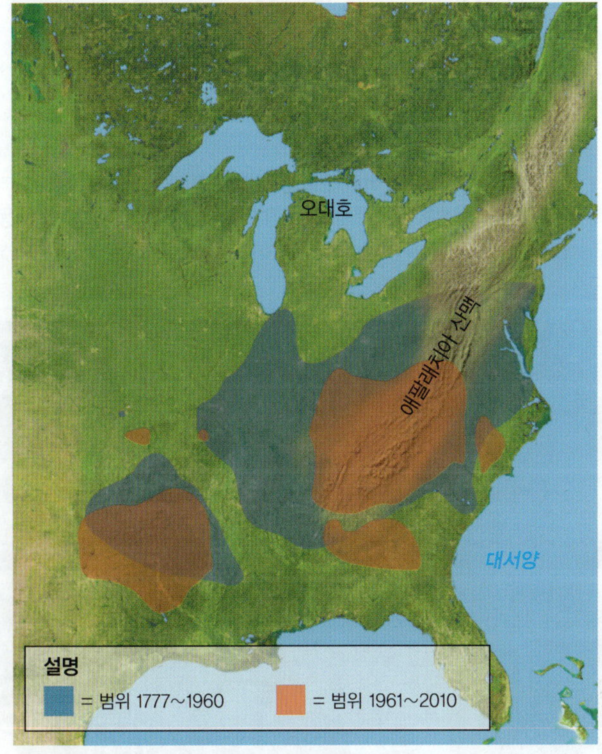

(b) 다이애나 큰표범나비의 분포범위의 과거와 현재

Data from: C. N. Wells and D.W. Tonkyn. Range Collapse in the Diana Fritillary, *Speyeria diana (Nymphalidae), Insect Conservation and Diversity 7:* 365–80 (2014).

18.15 우리의 미래 엿보기

많은 국가들이 탄소 배출을 억제하려는 시도에도 불구하고 대기 중 이산화탄소는 빠른 속도로 증가하고 있다. 이 속도라면 더 많은 기후 변화가 불가피하다. 하지만 노력하고, 솜씨를 발휘하고, 국제 협력을 통해 배출량 감축을 시작할 수 있다. 개인은 정치인과 대기업에 영향을 미쳐 대규모 변화에 영향을 미치는 가장 큰 힘을 발휘하는 조치를 취할 수 있다. 그러나 개인 습관도 영향을 미친다. 한 개인의 행위의 결과로 배출된 온실가스의 양이 그 사람의 **탄소발자국(carbon footprint**, 가장 중요한 온실가스가 CO_2라는 사실에서)이다. 탄소발자국은 대략적인 계산으로 추정할 수 있는데 우리는 여러 다른 계산식을 온라인에서 얻을 수 있다.

"흡혈귀" 전기기구는 여러분이 자는 동안에도 전기를 소비한다.

가정에너지 사용이 탄소발자국의 주원인이다. 사용하지 않을 때 전등과 텔레비전과 다른 전기기구를 끔으로 해서 에너지 소비를 줄일 수 있다. 핸드폰 충전기, 비디오 게임기, 컴퓨터, 비디오, 오디오 장치와 같은 기기를 사용치 않을 때는 전기소비를 줄이기 위해 플러그를 빼놓도록 하자.

탄소발자국의 또 다른 중요한 부분이 운송수단이다. 우리가 자동차를 가지고 있다면 가능한 한 그것을 잘 유지해야 하고, 여행을 갈 때 함께 움직이고, 차를 탈 때 친구와 같이 타고, 그리고 가능하다면 수송수단의 대안의 방법도 이용할 필요가 있다.

제조 물품은 탄소발자국의 세 번째 범주에 속한다. 우리가 구입하는 모든 품목들은 원료에서 선반 위에 저장될 때까지의 과정에서 자신의 탄소발자국을 만들고 있다. 우리는 불필요한 물품구입을 억제하고 물품을 재활용함으로써 우리 자신의 탄소방출을 줄일 수 있다(그림 18.50). 매립쓰레기는 인간 때문에 생성되는 메탄의 가장 큰 출처인데, 이 온실가스는 CO_2보다 더 강력하다. 메탄은 매립쓰레기를 분해하는 원핵생물에 의해 방출된다.

우리의 식습관에서의 변화 역시 우리의 탄소발자국을 감소시킬 수 있다. 매립쓰레기처럼 소의 소화계는 메탄생성세균에 의존한다. 소와 퇴비를 분해하는 세균에 의해 방출되는 메탄은 미국에서 전체 메탄 방출의 20%나 차지한다. 따라서 우리 식단에서 쇠고기와 유제품 대신 어류, 닭고기, 계란, 그리고 채소로 대치한다면 우리의 탄소발자국을 감소시킬 수 있게 된다. 게다가 근교에서 키운 신선한 식품을 먹음으로써 식품가공과 운반 때문에 생기는 온실가스를 낮출 수 있다(그림 18.51). 많은 웹사이트에서 우리의 탄소발자국을 감소시키기 위해 많은 제안을 내놓고 있다. ✓

✓ 체크포인트

개인의 탄소발자국란?

답: 한 개인이 유발한 탄소의 양

▼그림 18.50 **쓰레기를 버리지 말고 재활용하세요!** 노스캐롤라이나 더럼에 위치한 듀크대학의 학생들은 입주한 후 남긴 3,500개의 골판지 상자를 사용하여 듀크 성채를 만들었다. 높이가 4.8 m이며 넓이가 44 m^2인 이 구조물은 곧 철거되었고, 판지는 재활용 시설로 운반되었다.

▼그림 18.51 **농민시장에서 쇼핑하기.** 현지에서 재배한 먹거리를 먹는다면 탄소발자국을 줄일 수 있으며 맛 또한 좋다!

진화와 연결 **기후변화**

자연선택의 한 인자로서 기후변화

환경변화는 항상 생명의 한 부분으로 있어 왔다. 사실 그것은 진화적 변화의 중요한 요소 중 하나이다. 진화적 적응은 생물체에 대한 기후변화의 부정적인 효과에 대항하는 것인가? 연구자들은 붉은다람쥐, 몇 종의 새, 그리고 작은 모기(그림 18.52a)와 같은 몇몇 개체군에서 소진화의 변화를 보고하였다. 몇몇 개체군 특히 높은 유전적 다양성과 짧은 수명을 갖는 개체군은 진화적 적응이라는 수단을 통해 멸종을 피한다. 하지만 빠르게 자신의 서식지를 잃고 있는 북극곰이나 펭귄(그림 18.52b)과 같이 수명이 긴 종에서는 진화적 적응이 이들을 구할 수 있을 것 같지는 않다. 기후의 변화율은 진화의 역사에서 기후 대변동과 비교해 보면 믿을 수 없을 정도로 빠르게 진행된다. 기후변화가 현재처럼 계속된다면 IPCC가 추산한 대로 동물과 식물의 30%에 해당하는 수많은 종의 생물이 금세기 중반까지 멸종해 버릴 것이다.

▼그림 18.52 **기후변화에서 어떤 종이 살아남을까?**

(a) 고산 호박벌. 고산 호박벌은 기후변화에서 살아남기에 충분히 빠르게 진화할 수 있다.

(b) 아델리 펭귄. 빠르게 온난화되는 남극반도에 사는 아델리 펭귄은 살아남을 것 같지 않다.

복습

주요 개념의 요약

생태학 개관

생태학은 생물과 이들이 처한 환경 사이의 상호작용에 관한 과학적 연구이다. 환경은 무생물(살아 있지 않는)인자와 생물(살아 있는)인자를 포함한다. 생태학자들은 이러한 상호작용의 가설적 설명을 검증하기 위하여 관찰, 실험, 그리고 컴퓨터 모델을 사용한다.

18.1 생태학과 환경주의

인간의 활동은 생물권의 모든 영역에 대하여 영향을 미쳐왔다. 생태학은 이러한 환경문제들을 이해하고 설명하기 위한 토대를 제공한다.

18.2 상호작용의 위계

생태학자들은 복잡성 증가하는 네 단계 수준에서 상호작용을 연구를 한다.

다양한 지구환경에서 살아가기

생물권은 무생물인자가 생물들의 분포와 풍부함에 영향을 미치는 환경의 조각모음이라 할 수 있다.

18.3 생물권의 무생물인자

무생물인자에는 태양광선, 물, 영양분, 온도의 가용성을 포함한다. 수서 서식지에서는 용존산소, 염도, 물의 흐름, 조수 등이 또한 중요하다. 육상 환경에서 부가적인 인자로는 바람과 불이 포함된다.

18.4 생물의 진화적 적응

자연선택을 통한 적응은 생물과 이들이 처한 환경과의 상호작용에 기인한다.

18.5 가변적인 환경에 맞추기

생물은 변화된 조건에 대한 생리적, 행동적, 해부적 반응을 포함하여 환경 변화에 자신을 맞추어가는 적응력 또한 지니고 있다.

생물군계

생물군계는 주요 육상생명 지대나 수서생명 지대이다.

18.6 담수생물군계

담수생물군계는 호수, 연못, 강, 시내, 그리고 습지를 포함한다. 호수는 수심에 따라 빛의 투과정도, 온도, 영양, 산소량, 군집구조가 다르다. 강은 발원지에서 시작하여 호수나 바다에 흘러들어갈 때까지 그 변화가 매우 크다. 수서생물군계는 바닥은 저서권이다.

18.7 해양생물군계

해양생명은 수심, 광선의 투과정도, 해변과 떨어져 있는 거리, 해수면이냐 바닥이냐에 따라 서로 다른 권(저서권과 대양권)과 대(투광대, 무광대, 조간대)에 분포한다. 해양생물군계는 해양의 저서권과 대양권, 산호초, 조간대, 하구 등을 포함한다. 대륙붕 위의 따뜻한 열대수에서 생기는 산호초 생물군계는 풍부한 생물다양성을 갖는다. 심해의 열수구 근처에서 발견되는 생물군계는 태양광 대신 지구 내부로부터 나온 화학에너지로 살아간다. 강이나 천이 바다와 만나는 지점에 위치한 하구는 지구상에서 가장 생물 생산성이 높은 환경 중의 한 곳이다.

18.8 기후가 육상생물군계 분포에 어떻게 영향을 주나

육상생물군계의 지리적 분포는 주로 기후에 있어 지역적 차이에 주로 바탕을 두고 있다. 기후는 지구에서 태양에너지 분포의 불균형에 의해 주로 결정된다. 다량의 물과 가까운 정도와 산맥과 같은 지형의 존재 역시 기후에 영향을 준다.

18.9 육상생물군계

대부분의 생물군계는 주된 물리적 또는 기후적 특성과 이들의 우세한 식생에 바탕을 두고 그 이름을 붙인다. 주요 육상생물군계로는 열대우림, 열대초원, 사막, 지중해성 관목지대, 온대초원, 온대활엽수림, 침엽수림, 툰드라, 그리고 극빙이 있다. 지리적으로 떨어져 있는 지역이라도 기후가 비슷하면 같은 종류의 생물군계로 나타난다.

18.10 물순환

지구의 물순환은 수서생물군계와 육상생물군계를 서로 연결한다. 인간의 활동이 물의 순환을 방해하고 있다.

18.11 생물군계에 미치는 인간의 영향

인간에 의해 사용되고 있는 땅은 광대한 산림지대를 변화시켰고, 자연생태계에 의해 제공되는 서비스를 저하시켜 왔다. 지속가능치 않은 경작 방법은 경작지의 비옥도를 잃게 하였다. 인간 활동은 생명에 필수적인 담수생태계를 오염시켰다. 일부 지역에서는 농업, 인구증가, 가뭄, 강우량 감소가 담수원이 급속하게 고갈되는 원인이 된다.

기후변화

18.12 온실효과와 지구온난화

CO_2와 메탄이 포함된 소위 온실가스가 지구대기에서 유지되는 열의 양을 증가시킨다. 이들 가스의 축적은 지구의 평균온도 상승을 초래한다.

18.13 온실가스의 축적

특히 화석연료를 태운 인간의 활동이 지난 세기에 걸쳐 온실가스 증가에 책임이 있다. 이러한 CO_2의 배출은 자연과정에서 흡수할 수 있는 양을 초과하게 만든다.

18.14 생태계에 미치는 기후변화의 영향

기후변화는 종간상호작용을 파괴한다. 황폐화시키는 산불이 어떤 생태계에서는 기후변화의 영향 중 하나이다. 기후변화는 또한 생물군계의 경계도 바꾼다.

18.15 우리의 미래 엿보기

각 사람은 세계 온실가스 배출의 한 부분을 차지하는 개인배출량인 탄소발자국을 갖는다. 우리 모두는 탄소발자국을 감소시키기 위한 행동을 할 수 있다.

자습문제

1. 생태학 연구의 수준을 낮은 것에서 가장 범위가 넓은 수준으로 순서대로 적어 보시오: 군집생태학, 생태계생태학, 개체생태학, 개체군생태학
2. 어항 안에 살고 있는 생물군집에 영향을 미치는 무생물인자 몇 개를 적어 보시오.

3. 북극여우는 모피의 색을 겨울눈에 대비한 위장으로 바꾼다. 이 해부학적 반응은 ________로 알려진 ________ 변화이다.

4. 다음 중 어떤 바다 생물이 무광대의 대양권 동물이라고 말할 수 있는가?
   a. 산호초
   b. 심해 열수구 근처의 대형 대합조개
   c. 조간대 해안에 서식하는 달팽이
   d. 심해 오징어

5. 아래 기후도의 영역에 해당하는 생물군계를 다음에서 고르시오: 툰드라, 침엽수림, 사막, 초원, 온대활엽수림, 열대우림

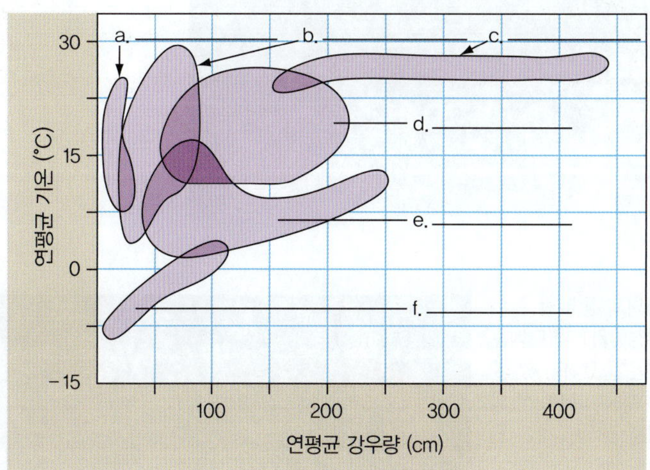

6. 여러분은 핀란드에서 러시아까지 극지 주변을 10시간 비행하는 비행기에 탑승하고 있다. 그 비행은 동일한 생물군계에서 시작하여 끝난다. 여러분은 ________ 생물군계에 있을 가능성이 크다.

7. 북극 툰드라에서 나무가 드문 것을 설명해 줄 수 있는 3개의 무생물 인자는?

8. 어떤 부유 미세동물이 바다의 원양 투광대에 서식하는가?

9. 무엇이 온실효과인가? 온실효과는 지구온난화와 어떤 관계가 있는가?

10. 최근 대기의 CO_2 농도의 증가는 다음 중 주로 어떤 것의 증가에 기인하는가?
    a. 1차 생산력
    b. 지구에서 복사되는 적외선의 흡수
    c. 화석연료와 나무의 연소
    d. 인구 증가에 의한 세포호흡

11. 기온 변화가 육상 생물군계의 지도에 어떤 영향을 미치는가?

주된 주제 식별하기

아래의 각 문장에서 분명하게 드러난 주된 주제가 무엇인지(구조와 기능의 연관성, 정보의 흐름, 에너지와 물질의 변환경로, 생물계 내에서의 상호작용, 진화)를 식별하고, 그 내용이 그 주제와 어떻게 관련되는지를 설명하시오. 필요한 경우 주제들을 검토하고(1장 참조), 또 이 장에서 파란색 글자로 나타내어 강조한 예들을 검토해 보시오.

12. 파충류의 비늘과, 또 많은 잎에 코팅된 왁스는 수분 손실을 줄인다.

13. 다른 생물들은 먹이와 그 밖의 다른 자원을 위해 개체 간 경쟁하거나, 먹이를 먹거나, 물리적, 화학적 환경을 변화시킬 수 있다.

14. 광합성 과정에서 엽록소에 의해 포착된 햇빛의 태양에너지는 대부분의 생태계에 동력을 공급한다.

15. 평균보다 강우량이 적은 기간이 지나면 가뭄에 강한 개체가 식물 개체군에서 더 많을 수 있다.

답은 부록 C를 참조.

과학연구의 과정

16. 연못에서 어떤 종의 식물플랑크톤 개체군 성장에 대한 수온의 효과를 측정하기 위한 실험 과정을 디자인하시오.

17. **자료 해석하기** 이 그래프는 북반구에 있는 어느 한 도시의 월평균 온도와 강우량을 보여주고 있다. 409~414쪽에 있는 생물군계에 대한 설명을 바탕으로 하였을 때, 이 도시는 어느 군계에 해당하는가? 답에 대한 이유를 설명하시오.

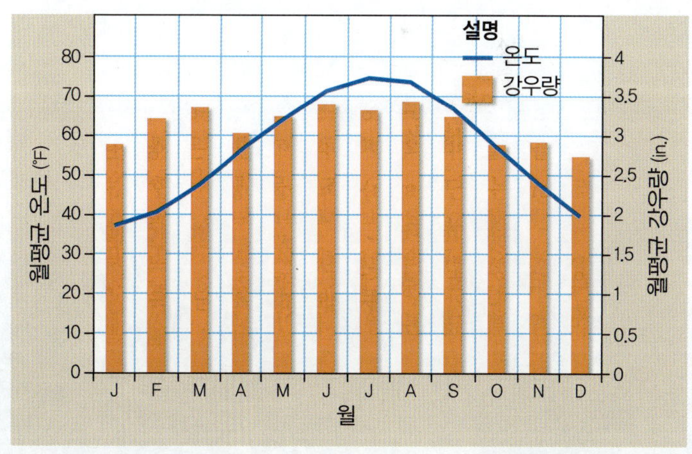

우리와 함께하는 생물학

18. 기후변화가 미래의 자원재생 능력에 어떤 영향을 미치는가? 미래의 기술 발전이 자원 부족으로 인한 문제를 해결할 수 있다고 가정하는 것이 안전한가? 미래에 대해 걱정하는 대신 사회의 현재 요구를 충족시키는 데 집중해야 하는가?

19. 탄소 발자국의 개념은 한 사람, 조직, 제품, 도시, 국가에 적용될 수 있다. 이 온실가스 배출량 추정치의 실질적인 한계는 무엇인가?

19 개체군생태학

차례 내용

우리가 너무 많은 물건을 사는 것은 아닌지? 미국인은 주당 평균 18 kg의 쓰레기를 배출하는데, 이것은 멕시코인에 비해 2배 정도 많다.

개체군생태학은 왜 중요한가?

개체군생태학은 보전, 농업, 전염병 확산의 방지와 같은 다양한 분야에서 실용적으로 적용되고 있다. 또한 개체군생태학을 이해하면 현재 직면하고 있는 가장 중요한 환경문제 중 하나인 계속적인 인구증가에 대한 통찰력을 얻을 수 있다.

자연의 풍부함은 무한정인가? "바다에는 많은 물고기가 있다"는 속담이 더 이상 의미를 갖지 못하게 될 수도 있다.

인구가 도대체 얼마나 되지? 한 사람을 세는 데 1초가 걸린다면, 오늘날 살아 있는 모든 사람을 세는 데는 238년이 더 걸릴 것이다.

실마리

생물침입

우리와 함께하는 생물학 **생물침입**

아름답지만 치명적인 침입자인 점쏠배감펭이는 산호초 군집을 위협하고 있다. 이 쏠배감펭이는 원래의 서식에서 지구의 반 바퀴나 떨어진 카리브해에서 촬영했다.

쏠배감펭이의 침입

하늘거리는 우아한 지느러미, 굵은 줄무늬, 눈길을 끄는 가시모양의 등뼈돌기를 가진 쏠배감펭(lionfish)이는 열대산호초 군집 중 눈에 띄는 구성원이다. 이들은 해수수족관에서 커다란 인기를 얻고 있는데, 특히 남태평양과 인도양의 산호초가 고향인 점쏠배감펭(red lionfish)이는 인기가 많다. 하지만 점쏠배감펭이에게는 몇 가지 단점이 있다. 등뼈가시에는 독이 있어서 찔리게 되면 고통스럽다. 쏠배감펭이는 무자비한 포식자이므로 수족관에서 같이 있을 어종을 주의해서 잘 선택해야 한다. 그리고 이들은 의외로 크다. 어렸을 때는 5 cm 정도이나 크면 45 cm나 되어 최소 450리터 크기의 수족관에서나 키울 수 있다. 구매한 것을 후회한 일부 물고기 주인이 쏠배감펭이를 야생에 내다버린다는 이야기도 들린다.

수족관도 마찬가지만 원고향 산호초의 경쟁자와 포식자로부터 해방된 쏠배감펭이는 기하급수적으로 늘어났다. 플로리다 남동부 해안에서 처음 목격된 이후 몇 년 안 걸려 쏠배감펭이의 개체군이 동부해안까지 퍼져나갔다. 이들은 이후 대서양과 카리브해 지역에 걸쳐 섬과 해안선을 침범하고 지금은 멕시코만에까지 진을 치고 있다. 맹습의 속도에 놀란 과학자들은 이제 고유생태계에 미치는 파괴적인 영향을 기록하기 시작하였다. 쏠배감펭이는 전설적인 다양성을 지닌 산호초 군집을 유지하는 핵심이 되는 종이나 농어나 도미와 같은 경제적으로 중요한 어종의 치어들을 포함하여 엄청난 수의 물고기를 잡아먹는다. 일부 생물학자들은 우리가 그들을 소비함으로써 쏠배감펭이의 침공을 중지시키는 것이 최선의 희망이라고 생각하고 있다. 국립해양대기청(NOAA)은 맛있는 물고기에 대한 인간의 포식을 장려하기 위해 "쏠배감펭이 먹기" 캠페인을 시작했다.

쏠배감펭이가 파괴적인 영향을 미치는 유일한 침입종은 아니다. 사람들이 세계 곳곳을 여행하듯이 수천 종의 생물들이 고의로 또는 실수로 새로운 서식지로 옮겨졌다. 이들 외래종의 대부분은 이들이 머무르는 곳에서 커다란 환경적 파괴를 동반하는 개체군을 만들어갔다. 우리 인간은 너무나 많은 번식을 하면서 우리가 시작된 곳에서부터 멀리까지 퍼져나갔고, 그 과정에서 환경을 과격하게 변화시켜왔다. 이 장에서 개체군생태학에 대해 배우게 될 때, 인간개체군 생장과 생태적 연구에 대한 이 영역의 또 다른 응용 동향에 대해서도 알아볼 것이다.

개체군생태학의 개관

생태학자들은 **개체군(population)**을 동일한 영역을 동시에 점하고 있는 한 종의 개체들의 집단으로 정의한다. 동일한 자원에 의존하는 이들 개체들은 동일한 환경인자에 의해 영향을 받으며, 상호작용하고 서로 교배하여 번식하게 될 것이다. 예를 들면 어떤 특정 산호초 부근에 사는 점쏠배감펭이들이 하나의 개체군이 된다.

개체군생태학(population ecology)은 개체군 크기의 변화와, 또 시간에 따라 개체군을 조절하는 인자와 관련되어 있다. 개체군생태학자들은 개체군을 그것의 크기(개체수), 연령구조(나이대별 비율), 밀도(단위 면적이나 체적 당 개체수) 등을 사용해 나타낸다. 개체군생태학자들은 개체군의 역학과 개체군 크기에 변화를 일으키는 생물인자와 무생물인자 사이의 상호작용에 대해서도 연구한다. 이 장의 주요 주제이기도 한데, 개체군의 역학에서 중요한 측면 중 하나가 개체군생장이다.

개체군생태학은 응용연구에서도 중요한 역할을 하고 있다. 예를 들면 보전이나 복원 프로젝트에 대해 결정적인 정보를 제공하고 있다(그림 19.1). 개체군생태학은 지속가능한 어업을 발전시키고 야생생물 개체군을 관리하는데 사용되고 있다. 해충에 대한 개체군생태학 연구는 그들이 확산되는 것을 통제할 수 있는 통찰력을 제공해준다. 개체군생태학자들은 우리 시대에 가장 중요한 환경쟁점의 하나인 인간개체군의 생장, 즉 인구증가에 대해서도 연구한다.

한 개체군의 스냅사진이 무엇을 닮았는지 생각해 보자. 첫 번째 질문은 "이 개체군에는 어떤 개체들이 포함되어 있는가?"이다. 한 개체군의 지리적 경계는 특정 산호초에 서식하는 쏠배감펭이에서처럼 자연스러울 수 있다. 그러나 생태학자들은 한 개체군의 지리적 경계를 종종 연구의 질문에 맞추어 다소 임의적인 방식으로 정의하기도 한다. 예를 들면 말미잘의 개체군생장에 있어 무성생식의 기여에 대해 연구하는 어떤 생태학자는 특정 조수웅덩이에 있는 한 종의 모든 말미잘을 한 개체군으로 정할 수 있다. 사슴에 미치는 사냥의 영향을 연구하는 또 다른 연구자는 특정 지역에 살고 있는 모든 사슴을 개체군으로 정의할 수도 있다. 또한 HIV/AIDS의 확산을 알아보고자 시도하는 연구자는 한 국가나 또는 전 세계의 인간개체군을 대상으로 하여 HIV 감염률을 연구할 수도 있다.

▼그림 19.1 자신이 연구하고 있는 개체군의 생물 가까이서 친밀하게 몸을 붙이고 있는 생태학자들.

나미비아의 연구원들이 진정제를 놓은 치타에서 혈액 샘플을 얻고 있다.

오리건의 한 생물학자가 5주 된 북부 점박이 올빼미를 풀어주고 있다.

한 연구자가 남아프리카의 노던케이프주에 있는 쿠루만강 보호구역에서 미어캣에 표시를 하고 있다.

19.1 개체군밀도

한 개체군에서 **개체군밀도(population density)**는 서식지의 단위 면적이나 체적당 한 종의 개체수를 말한다. 예를 들면 호수에서 세제곱킬로미터(km^3)당 송어의 수나, 삼림에 있어서 제곱킬로미터(km^2)당 참나무의 수나, 또는 삼림 토양에서 세제곱미터(m^3)당 선충의 수와 같은 것이다. 드물지만 해당 개체군의 경계 영역 안에 있는 모든 개체를 실제로 전부 헤아릴 수도 있다. 예를 들면 50 km^2 면적의 삼림 속에서 참나무 총수(200그루라면)를 헤아릴 수 있다. 개체군밀도는 총 개체수를 면적으로 나눈 값으로 4그루/km^2(또는 단위 제곱킬로미터당 4그루)가 된다.

하지만 대부분의 경우에 어떤 개체군을 구성하고 있는 모든 개체를 헤아리기는 비현실적이거나 불가능하다. 그래서 생태학자들은 대신 개체군밀도를 측정하기 위하여 다양한 표본추출 기법을 사용한다. 예를 들면 플로리다의 에버글레이드 습지의 악어 밀도는 몇 개의 1 km^2 표본에서 개체수를 토대로 하여 추정하기도 한다. 일반적으로 말하면 표본의 개수와 크기가 크면 클수록 추정치의 정확도는 더욱 커진다. 개체군밀도는 생물의 수를 직접 헤아리기보다 새의 둥지나 설치류의 땅굴의 수와 같은 지표를 가지고도 추정할 수 있다(그림 19.2).

개체군밀도는 항상 일정하지 않음을 기억하자. 개체가 태어나거나 죽을 때, 새 개체나 있던 개체가 그 개체군으로 이주해오거나 떠날 때 그 밀도는 변화하게 된다.

▼그림 19.2 **프레리독 개체군의 간접적인 개체수 조사.** 설치류가 만든 흙둔덕의 개수를 세고 전형적인 흙둔덕을 정해 동물의 수를 알아낸 다음, 이것을 곱해 캐나다의 서스캐처완 지역 내의 이 집단에서의 프레리독의 수를 대략적으로 추정할 수 있다.

19.2 개체군 연령구조

연령군에 따른 개체의 분포를 말하는 한 개체군의 **연령구조(age structure)**는 개체군밀도로부터는 명확히 알 수 없는 정보를 드러낸다. 예를 들면 연령구조는 개체군의 생존이나 생식 성공에 대한 역사와, 그것이 환경인자와 어떻게 연관되어 있는지에 대한 통찰을 제공해 줄 수 있다. 그림 19.3은 1987년에 갈라파고스 군도의 선인장 핀치새의 개체군에서 수컷의 연령구조를 보여주고 있다. (갈라파고스 핀치새의 다른 예는 그림 14.12를 참조하자.) 1983년에 태어난 네 살짜리 새는 개체군의 거의 반을 차지하나, 두세 살짜리는 한 마리도 없었다. 그곳에 왜 이러한 급격한 변동이 생기게 되었는가? 이들의 먹이에 있어 선인장 핀치새는 식물에 의존하는데, 한편 식물은 강우에 의존한다. 1983년에 비정상적으로 강우가 많아 식물이 잘 자라고 먹이가 풍부해져 베이비붐이 일어났다. 1984년과 1985년에는 심한 가뭄으로 먹이 공급이 줄어 생식이 방해를 받고 많이 죽었다. 이 장 뒤에서 배우겠지만 연령구조는 개체군에서 미래의 변화를 예측하는데 역시 유용한 도구가 된다. ✓

✓ 체크포인트

연령구조는 무엇을 보여주는가?

답: 여러 연령군에서 개체들의 분포

▼그림 19.3 **1987년 갈라파고스 군도의 한 섬에 사는 큰 선인장 핀치새(삽입사진)의 개체군에서 수컷의 연령구조.**

19.3 생명표와 생존곡선

생명표(life table)는 특정 개체군 내에서 각 개체가 여러 연령대별로 생존할 확률을 추적한 것이다. 생명보험사들은 이 생명표를 특정 개인이 평균적으로 얼마나 오래 살지를 추정하는 데 사용한다. 표 19.1은 미국에서 2012년 사망률을 바탕으로 인구 10만 명당 각 연령대별로 시작하여 살아남을 수 있는 예상치를 나타낸 것이다. 예를 들면 10만 명 중 94,351명이 50세까지 살아 있을 것으로 예상된다. 60세까지 살아남을 확률은 같은 줄의 맨 오른쪽에 0.941인데 50대의 약 94%가 60살까지 살게 된다. 그러나 80세가 90세까지 살아남을 확률은 0.418밖에 되지 않는다. 개체군생태학자들은 이 기술을 적용하여 생명표를 만들어내고, 이것을 가지고 다양한 동식물 종의 구조와 역학을 이해하려고 한다. 생활사의 가장 취약한 시기를 알아냄으로써 생명표 자료는 자연보호론자들이 개체군이 감소하고 있는 종을 보호하기 위해 효과적인 방법을 개발하는 데 도움을 줄 수도 있다.

생태학자는 생명표 자료로부터 각 나이에서 살아 있는 개체의 비율을 그래프로 나타낸 **생존곡선(survivorship curve)**으로 만들어 사용하기도 한다(그림 19.4). x축은 실제 나이 대신에 % 눈금을 표시해 같은 그래프에서 인간이나 다람쥐와 같이 여러 종의 수명을 비교할 수 있다. 생명표에서와 마찬가지로 인간개체군의 곡선(적색)에서 대부분의 사람들은 노년에 죽는다는 것을 알 수 있다. 이러한 곡선형을 생태학자들은 I형 생존곡선이라고 한다. I형 곡선을 나타내는 종은 대부분 자손을 많이 낳지는 않지만 잘 보살펴서 성체에 이르기까지 살아남을 수 있게 한다.

이와는 달리 III형 곡선(청색)은 아주 어렸을 때는 사망률이 높지만 일정한 나이까지 살아남은 개체는 생존율이 매우 높은 시기를 가진다.

표 19.1	2012년 미국 인구의 생명표		
	연령대의 시작점에서 생존자 수	연령대의 사망자 수	연령대의 생존확률
연령대	(N)	(D)	$1-(D/N)$
0~10	100,000	759	0.992
10~20	99,241	301	0.997
20~30	98,940	900	0.991
30~40	98,040	1,234	0.987
40~50	96,805	2,454	0.975
50~60	94,351	5,546	0.941
60~70	88,805	10,465	0.882
70~80	78,340	20,485	0.739
80~90	57,855	33,653	0.418
90+	24,202	24,202	0.000

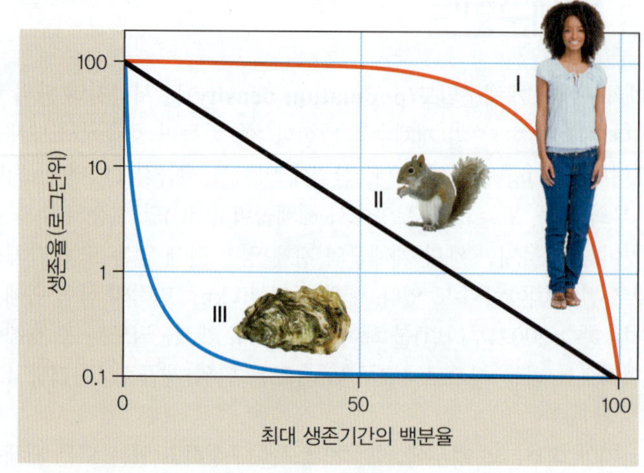

▲그림 19.4 세 가지 유형의 이상적인 생존곡선.

이런 형태의 생존곡선을 나타내는 종은 대부분 많은 자손을 번식하지만 잘 보살피지는 않는다. 예를 들면 몇몇 어류종은 한 번에 수백만 개의 알을 낳지만 대부분은 유생일 때 잡아먹히거나 다른 이유로 죽는다. 굴과 같은 많은 무척추동물이 III형의 생존곡선을 가진다.

II형 생존곡선(흑색)은 생존율이 전 생애에 걸쳐 일정한 중간 상태에 있다. 개체는 생활사에 있어 취약한 특별한 시기가 있는 것은 아니다. 이러한 유형의 생존곡선은 일부 무척추동물, 도마뱀, 설치류 등에서 관찰된다. ✓

✓ 체크포인트

바다거북은 모래해변 위의 둥지에 알을 낳는다. 한 둥지에 200개 정도의 알을 낳지만 부화한 새끼 중 일부만이 해변에서부터 바닷물에 다다르는 여행에서 살아남는다. 바다거북이 어른이 되기만 하면 그때부터는 사망률이 낮다. 이 바다거북은 어떤 생존곡선을 보이는가?

답: III형

19.4 적응으로서 생활사 특성

한 개체군의 생존패턴은 한 생물의 생식과 생존 일정에 영향을 주는 특성들의 세트, 즉 **생활사(life history)**의 중요한 특징이다. 몇몇 핵심적인 생활사 특성은 생식을 처음 시작하는 나이, 생식빈도와 자손의 수, 그리고 자식에게 베푸는 부모의 보살핌의 정도이다. 다른 유형의 생존곡선으로부터 예상할 수 있듯이 생활사 특성은 생물에 따라 달라진다. 자연선택이 이들 특성을 어떻게 결정하는지 좀더 상세하게 알아보자.

기억하듯이 생식적 성공이 진화적 성공의 열쇠가 된다(13장 참조). 따라서 왜 모든 생물이 단순하게 많은 수의 자손을 만들어내지 않는지 그 이유가 궁금할 수 있다. 그 이유 중 하나는 생식은 시간, 에너지, 영양적인 측면에서 볼 때, 이용 가능한 이들 자원은 한정되어 있기 때문에 그 비용이 많이 든다. 많은 자손을 낳는 생물은 부모로서 많은 보살핌을 제공할 수 없을 것이다. 따라서 생활사 특성의 조합은 생식과 생존의 요구에 대해 균형을 이루는 교환을 통해 이루어진다. **달리 말하면 해부학적 특성처럼 생활사 특성들도 진화적 적응에 의하여 그 모양이 만들어진다.**

선택압이 다양하기 때문에 생활사는 매우 다양하다. 그럼에도 불구하고 생태학자는 자연선택이 생활사 특징에 어떻게 영향을 주는지를 이해하는데 유용한 몇몇 패턴을 관찰해왔다.

한 생활사 패턴은 성적 성숙이 빠르게 발달하여 많은 자손을 낳고 부모의 보살핌이 거의 없거나 전혀 없는 작은 체형의 수명이 짧은 동물(예를 들면 곤충, 작은 설치류, 민들레)에서 나타난다. 식물에서 "부모의 보살핌"은 각 종자에 비축된 영양분의 양으로 측정한다. 많은 작고 비목재성 식물은 수천 개의 작은 종자를 생산한다. 이러한 생물은 **기회주의 생활사(opportunistic life history)**를 갖는데, 이들 동식물은 호조건을 즉각적으로 이용할 수 있다. 일반적으로 이 생활사 패턴을 갖는 개체군은 III형 생존곡선을 보여준다.

이와는 대조적으로 **평형주의 생활사(equilibrial life history)**를 갖는 생물은 성적 성숙에 천천히 도달하며, 소수이면서 부모의 보살핌을 잘 받는 자손을 생산한다. 평형주의 생활사를 갖는 생물은 전형적으로 몸이 크고 오래 사는 종(예를 들면 곰과 코끼리)이다. 이 생활사 패턴을 갖는 개체군은 I형 생존곡선을 보여준다. 식물에서도 이와 비교 가능한 생활사 특징을 갖는 어떤 나무가 있다. 예를 들면 코코넛 야자는 상대적으로 적은 수의 종자를 만들어내지만, 이들의 종자는 풍부한 영양물질을 비축해 놓고 있다. 표 19.2는 기회주의 생활사와 평형주의 생활사 패턴의 주요 특징을 비교하고 있다.

생활사 패턴에서의 차이는 무엇을 말하는가? 몇몇 생태학자는 자손의 잠재 생존율과 성체가 살아서 다시 생식할 가능성이 결정적인 인자라고 가정한다. 가혹하고 예견할 수 없는 환경에서 성체는 한 번에 생식을 해야 하고 그것은 질보다는 양에 승부를 거는 쪽이 유리할지도 모른다. 한편 좋은 조건이어서 좀 더 의존할 수 있는 환경에서 성체는 살아남아 다시 생식할 가능성이 크다. 종자가 비옥한 땅에 떨어지기 쉽고 새롭게 출현한 동물은 생존하여 성체로 되기 쉽다. 이 경우에는 성체가 한 번에 잘 보살필 수 있는 소수의 자손을 생산해 거기에 에너지를 투자하는 것이 훨씬 유리할지 모른다. 지금까지 이야기한 두 극단적인 예보다 훨씬 많은 다양한 생활사 패턴이 있다. 그럼에도 불구하고 비교패턴은 생활사 특성과 우리의 다음 주제인 개체군생장 사이의 상호작용을 이해하는 데 유용하다. ✓

✓ 체크포인트

기회주의라는 용어는 그 생활사 패턴의 핵심 특성을 어떻게 표현하고 있는가?

답: 기회주의 생활사는 환경이 폭발적인 번식을 위해 일시적인 기회를 제공할 때, 매우 빠르게 많은 자손을 생산하는 능력이 특징이다.

민들레는 기회주의 생활사를 갖는다.

코끼리는 평형주의 생활사를 갖는다.

표 19.2 기회주의 개체군과 평형주의 개체군 생활사의 특징들

특징	기회주의 개체군(많은 야생화)	평형주의 개체군(많은 대형 포유동물)
기후	상대적으로 예측 불가능함	상대적으로 예측 가능함
성숙기	짧음	길음
수명	짧음	길음
사망률	종종 높음	보통 낮음
생식당 자손의 수	많음	적음
일생 동안 생식 횟수	통상 한 번	종종 여러 번
최초 생식 시기	생애 초기	생애 후기
자손이나 알의 크기	작음	큼
부모의 보살핌	거의 없거나 없음	종종 길음

개체군생장모델

개체군의 크기는 새로운 개체가 태어나거나 그 지역으로 이동해 올 때, 그리고 죽거나 그 지역을 빠져나갈 때 변동이 생긴다. 예를 들면 성숙림에 있는 나무처럼 어떤 개체군은 상대적으로 긴 시간 동안 일정하다. 하지만 또 다른 개체군은 빠르다 못해 폭발적으로 변화한다. 매 20분마다 분열하는 한 마리의 세균을 생각해 보자. 20분 후에는 2마리로 40분 후에는 4마리로 60분 후에는 8마리로 된다. 12시간이 되면 개체군은 대략 700억 마리까지 근접하게 된다. 개체군의 생장이 이대로 36시간만 지속된다면 전 지구를 30 cm 두께로 덮을 수 있을 정도까지 자라게 된다. 개체군생태학자들은 개체군의 크기가 특정 조건에서 어떻게 변하는지 조사하기 위해 이상적인 모델을 이용한다. 개체군생장의 기본개념을 알아보기 위해 간단한 두 개의 수학모델에 대해 이야기해 보자.

19.5 지수적 개체군생장모델: 이상적인 무제한환경

지수적 생장으로 알려진 첫 번째 모델은 복리식 정기적금처럼 작용해서, 원금(개체군 크기)은 매번 지급되는 이자(개체군에 더해진 개체들)로 빠르게 늘어난다. **지수적 개체군생장(exponential population growth)**은 이상적인 무제한 조건에서 개체군이 커지는 것을 말한다. 지수적 모델에서 각 새로운 세대의 개체군 크기는 현재의 개체군 크기에 출생률에서 사망률을 뺀 값에 상수인자를 곱해서 계산해 낸다. 이러한 개체군이 어떻게 생장하는지 자세히 알아보자. 그림 19.5의 y축에 표시된 것처럼 20마리로 된 토끼 개체군에서부터 시작한다. 매달 죽는 것보다 태어나는 토끼가 더 많아 그 결과 매달 개체군의 크기는 증가한다.

그림 19.5에서 각 증가는 이전의 증가보다 크다는 것을 눈여겨보자. 달리 말하면 개체군이 크면 클수록 개체군은 빨리 생장한다. 개체군생장의 증가율은 지수적 생장의 전형적인 모양인 J자 곡선을 보여주고 있다. 곡선의 기울기는 개체군이 얼마나 빨리 생장하고 있는지를 보여준다. 최초에 개체군이 작을 때 곡선은 거의 평평한데, 첫 4개월까지 매달 평균 9.25마리가 태어나 총 37마리만 늘어나게 된다. 7개월 후에는 생장률은 매달 평균 15마리로 늘어난다. 최대 생장은 10달부터 12달까지 기간인데 매달 평균 85마리가 태어난다.

지수적 개체군생장은 어떤 경우에서는 흔하다. 예를 들면 화재, 홍수, 허리케인, 가뭄, 한파와 같은 교란이 개체군의 크기를 갑자기 감소시킨다. 기회주의 생활사 패턴을 갖는 생물은 경쟁의 결여로 유리해져서 지수적 개체군생장으로 그 서식지를 재빨리 다시 점령하게 된다. 인간의 활동 역시 교란의 주원인이 될 수 있는데, 기회주의 생활사 특성을 가진 식물과 동물이 통상 도로절단과 새로 개간한 들판, 식림지, 그리고 유지가 잘 안 되는 잔디밭을 점령한다. 하지만 어떤 자연환경도 지수적 생장을 무한히 계속 유지할 수 있게 해주지는 않는다. ✓

✓ 체크포인트

개체군생장의 지수적 모델이 J자 모양의 곡선을 하는 이유는?

답: 개체군 크기가 증가할 때 개체군생장률도 가속된다.

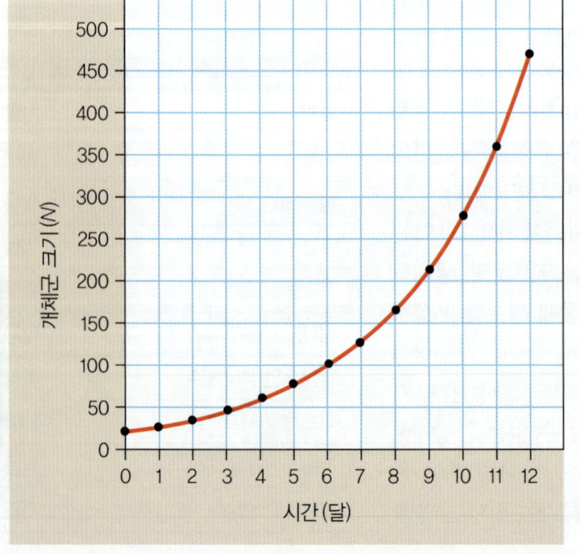

▼ 그림 19.5 토끼 개체군의 지수적 생장.

19.6 로지스터형 개체군생장모델: 실제적인 제한환경

대부분의 자연환경은 개체군생장을 유지하기 위해 필요한 자원을 무제한 공급할 수는 없다. 개체군생장을 체크하는 환경인자를 **한정요인(limiting factor)**이라고 부른다. 한정요인은 서식지를 점할 수 있는 개체수를 궁극적으로 제한한다. 생태학자는 **수용능력(carrying capacity)**을 특정 환경이 유지할 수 있는 최대의 개체군 크기로 정의한다. **로지스트형 개체군생장(logistic population growth)**에서 생장률은 개체군 크기가 수용능력에 근접하면 감소한다. 개체군이 개체군 수용능력에 이르게 되면 생장률은 영이 된다.

우리는 개체군 한정요인의 효과를 그림 19.6에 있는 알래스카 연안의 세인트폴 섬에 사는 물개 개체군의 생장을 나타낸 그래프에서 볼 수 있다. (간편하게 생각하기 위해 교배하는 수컷의 수만 세었으며 사진에서처럼 수컷 한 마리는 여러 마리의 암컷을 거느린다.) 매년 약간씩 다르긴 했지만 1925년 전까지만 해도 사냥을 규제하지 않아 이 섬의 물개 개체군은 수컷이 1,000~4,500마리 정도밖에 되지 않는 낮은 상태이었다. 그러나 사냥을 규제한 후 1935년쯤에는 물개의 수는 급속히 증가하여 세인트폴 섬의 수용능력인 수컷 10,000마리 정도까지 오르내리기를 반복하였다. 이 예에서 주된 한정요인은 번식 세력권에 적합한 영토의 크기였다.

▼그림 19.6 물개 개체군의 로지스터형 생장.

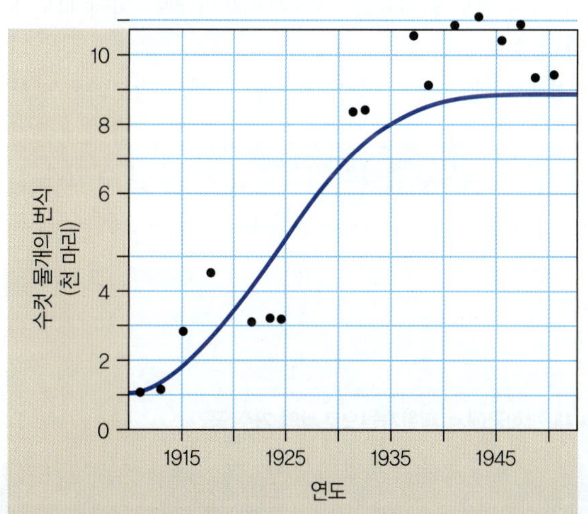

개체군에 대한 수용능력은 다양해서 그 서식지에서 종과 가용한 자원에 달렸다. 예를 들면 이보다 좁은 크기의 번식 장소를 가지고 있는 작은 섬의 경우에는 물개 개체군에 대한 수용능력은 10,000마리보다 훨씬 적을 것이다. 한 장소에서조차도 그 값은 고정되어 있지 않다. 생물은 자신의 군집에서 포식자, 병원균, 먹이원과 같은 다른 생물과 상호작용을 하고 이들 상호작용이 수용능력에 영향을 미친다. 무생물인 자에서의 변화도 수용능력을 증가시키거나 감소시킬 수 있다. 어느 경우든지 자원은 유한하다는 자연에 관한 중요한 사실을 수용능력의 개념이 표현하고 있다.

생태학자는 평형주의 생활사 패턴을 보여주고 있는 생물에 대한 선택은 개체군의 크기가 수용능력에 또는 수용능력 가까이에 이른 환경에서 일어난다고 가정한다. 자원에 대한 경쟁은 이러한 환경 하에서 격렬하기 때문에, 생물은 그들 자신의 생존과 그들 자손의 생존에 에너지를 할당함으로써 유리한 위치에 서게 된다.

그림 19.7은 로지스터형 생장(청색으로 표시)과 지수적 생장(적색으로 표시)을 비교하고 있다. 여러분이 보듯이 로지스터형 곡선은 처음에는 J자 모양을 이루다가 점점 벗어나 수용능력에 이르게 되면 S자 모양을 닮게 된다. 개체군생장의 로지스터형 모델과 지수적 모델은 둘 다 이론적 전형에 해당한다. 자연의 어떠한 개체군도 둘 중 하나에 정확히 들어맞는 일은 없다. 하지만 이 모델은 개체군생장에 대해 연구의 초기 시점에 유용하다. 생태학자는 개체군이 어떤 특정 환경에서 어떻게 생장할지를 예측하기 위해, 그리고 보다 복잡한 모델을 만들기 위한 기초로서 이 모델들을 사용한다. ✓

✓ 체크포인트

개체군이 수용능력에 까지 이르게 되면 어떤 일이 일어나는가?

답: 충분한 자원이 그 개체군 크기를 유지시키는 것은 가능하지만, 그 개체군이 계속 증가하지는 않는다.

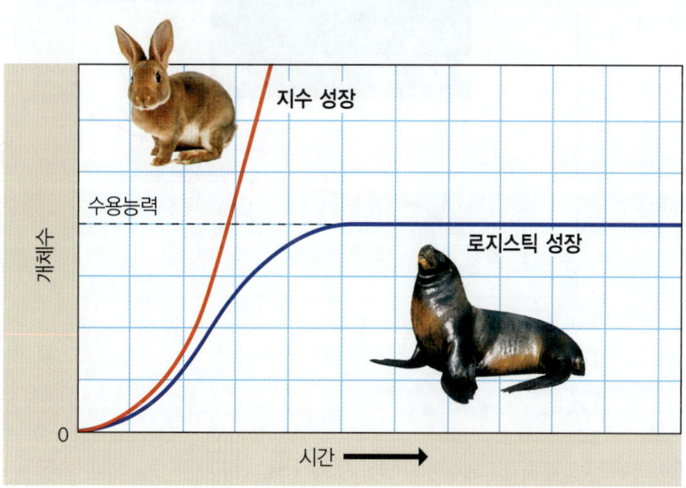

► 그림 19.7 지수적 생장과 로지스터형 생장의 비교.

19.7 개체군생장의 조절

이제 개체군이 자연에서 어떻게 조절되는지 좀 더 자세히 알아보자. 수용능력에 다다른 후에 무엇이 개체군이 계속 증가되는 것을 막는가?

밀도의존요인

그 강도가 개체군밀도와 관련되어 있는 한정요인, 즉 **밀도의존요인(density-dependent factor)** 몇몇은 자연의 개체군에서 생장을 제한시킬 수 있다. 가장 명백한 것은 한정된 같은 자원에 대해 같은 종의 개체사이의 경쟁인 **종내경쟁(intraspecific competition)**이다. 제한된 식량공급은 개체들을 점점 더 갈라놓게 되고, 개체들은 생식에 필요한 에너지를 얻지 못하게 되어 출생률은 떨어지게 된다. 밀도의존요인은 사망률 증가로 종종 개체군의 생장도 떨어뜨릴 수 있다. 예를 들면 멧종다리의 개체군에서 두 인자가 생존해 둥지를 떠나는 자손의 수를 감소시켰다(그림 19.8a). 먹이에 대한 경쟁자의 수가 증가하였을 때 암컷 멧종다리는 알을 적게 낳았다. 게다가 개체군밀도의 증가로 알과 부화된 새끼의 사망률이 증가하였다.

서로 근접해서 자라는 식물은 자원에 대한 종간 경쟁이 늘어날 때 사망률이 늘어날 수도 있다. 살아남은 것도 혼잡하지 않은 곳에서 자라는 개체에 비해 꽃, 열매, 종자들을 적게 만들어낼 것이다. 종자가 싹을 틔우면, 원예사는 일부 어린 식물을 뽑아버림으로써 남은 식물들에게 자원을 충분히 사용할 수 있게 만들어 준다. 묘목장에서 구입한 식물들을 일정한 거리를 두고 심는 것도 역시 종간 경쟁이 그 이유가 된다.

제한된 자원은 식량이나 영양 이외의 다른 것도 있다. 의자 뺏기 놀이와 같이 안전하게 숨어 지낼 장소의 수는 일부 개체들을 더 큰 포식의 위험에 노출시킴으로써 먹이 개체군을 제한시킬 수도 있다. 예를 들면 어린 망상어는 켈프(그림 15.25 참조)라고 알려진 커다란 해초의 "숲"에서 포식자에 들키지 않게 숨는다. 그림 19.8b의 실험에서 보듯이 포식자에 잡아먹힌 망상어의 비율은 망상어의 밀도가 증가할 때 함께 증가하였다. 자신의 영토를 지키는 많은 동물에서 공간의 이용가능성 여부가 번식을 제한하기도 한다. 예를 들면 바위섬 위에 둥지를 칠 수 있는 자리의 수가 번식 영토를 필요로 하는 부비새와 같은 바닷새의 개체군 크기를 제한할 수도 있다(그림 19.9).

자원에 대한 경쟁 외에도 다른 인자들이 개체군에서 밀도의존성 사망에 이르게 할 수 있다. 예를 들면 사망률은 밀집된 조건 하에서 증가된 질병전염이나 독성 노폐물의 축적의 결과로 인해 상승될 수 있다.

▼그림 19.8 **개체군생장의 밀도의존성 조절.**

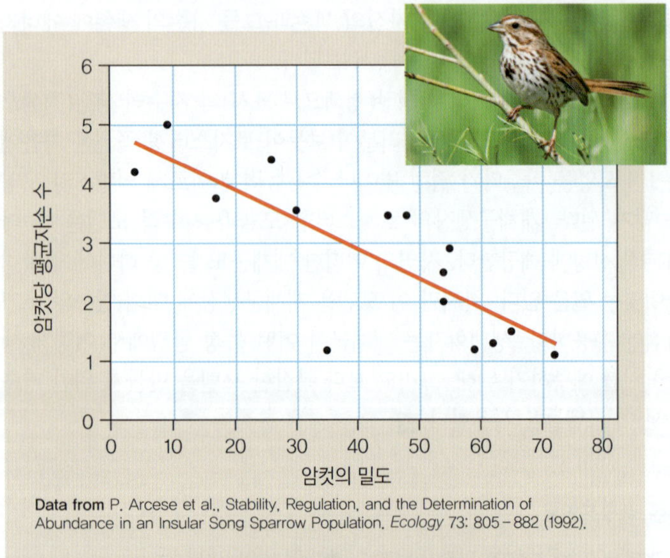

(a) 개체군밀도의 증가로 떨어지는 멧종다리(사진)의 생식성공률.

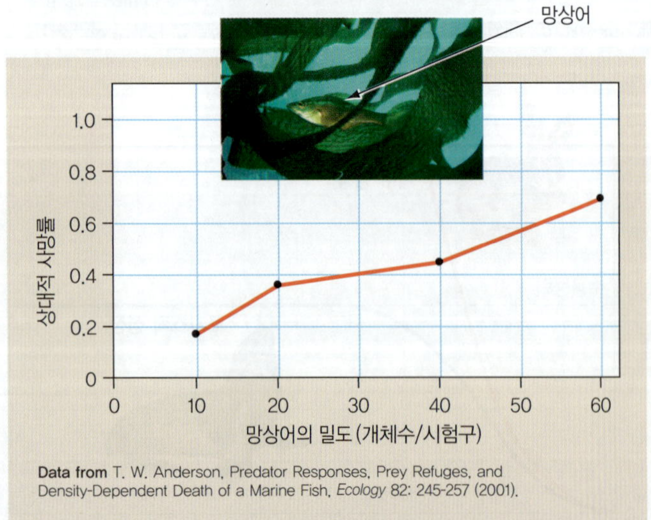

(b) 개체군밀도의 증가로 망상어(사진)의 사망증가율.

▼그림 19.9 **부비새 개체군에서 제한자원으로서의 거주 공간.**

밀도독립요인

자연의 많은 개체군에서 날씨와 같은 무생물인자가 다른 한정요인에 앞서 개체군의 크기를 제한하거나 감소시킨다. 그 강도가 개체군밀도와 무관한 개체군 한정요인을 **밀도독립요인(density-independent factor)**이라고 부른다. 그런 개체군의 생장곡선을 보게 되면 지수적 생장을 하다가 그 다음 수평이 아닌 급속한 감소가 일어난다. 그림 19.10은 식물의 수액을 먹고 사는 곤충인 진딧물의 개체군에 대한 이들의 효과를 보여주고 있다. 이들과 많은 다른 곤충들은 사실상 봄에 지수적 생장을 하게 되는데, 그런 다음 여름이 되어 덥고 건조한 날씨가 되면 급격히 죽어가게 된다. 몇몇 개체들만 살아남아 좋은 조건이 조성되면 이들은 다시 개체군생장을 회복한다. 모기와 메뚜기와 같은 일부 곤충 개체군에서 성체는 다음 해에 개체군생장을 시작하게 될 알만 남겨두고 모두 죽게 된다. 날씨 외에도 산불, 홍수, 폭풍우와 같은 환경교란은 밀도와 무관하게 개체군의 크기에 영향을 미칠 수 있다.

장기간에 걸쳐 대부분의 개체군은 밀도의존요인과 밀도독립요인의 복잡한 상호작용에 의해 조절되는 것 같다. 어떤 개체군이 그 크기가 매우 안정한 채로 있고, 그리고 경쟁이나 포식과 같은 생물인자에 의해 결정되는 수용능력에 근접되어 있다고 하더라도, 장기간의 자료가 있는 대부분의 개체군은 오르락내리락 하는 변동을 갖는 것으로 나타난다.

개체군 주기

곤충, 새, 포유동물의 몇몇 개체군은 뚜렷한 규칙성을 가지고 극적인 변동을 가지는 것으로 나타낸다. 급속한 지수적 생장의 특성을 갖는 "번성"은 개체군이 최소 수준으로 떨어지는 "쇠퇴"가 뒤따른다. 툰드라에 살고 있는 조그마한 설치류인 나그네쥐는 주목할 만한 예이다. 나그네쥐 개체군에서 개체군의 번성-쇠퇴의 생장주기는 3, 4년마다 일어난다. 일부 연구자는 나그네쥐의 먹이공급에 있어 자연의 변화가 그 원인일 것이라 가정한다. 다른 가정은 "번성"하는 동안 밀집된 상황 때문에 오는 스트레스가 호르몬의 변화를 촉발시켜, 출생률을 감소시켜 "쇠퇴"를 일으킨다는 것이다.

눈신토끼와 스라소니의 개체군 주기는 생물계 내에서의 상호연결을 보여준다(그림 19.11). 스라소니는 캐나다와 알래스카의 북쪽 삼림에서 사는 눈신토끼의 주 포식자 중 하나이다. 대략 매 10년마다 눈신토끼와 스라소니 개체군 모두 급격하게 증가한 다음 가파르게 감소하고 있음을 보여주고 있다. 무엇이 이와 같은 번성-쇠퇴 주기가 일어나게 하는가? 두 개체군에서 올라가고 내려가는 것이 그래프 위에서 서로 거의 일치하는 것처럼 보이므로 이것은 하나에서의 변화가 다른 것에 직접적으로 영향을 미치는 것을 의미하는가? 눈신토끼 주기에 대해서 3개의 주요 가설이 있다. 첫 번째로는 그 주기가 지나치게 많은 방목에 기인한 겨울의 먹이부족 때문에 일어난다는 것이다. 두 번째로는 그 주기가 포식자-피식자 상호작용 때문일 수 있다는 것이다. 스라소니 이외에 코요테, 여우, 수리부엉이와 같은 다른 많은 포식자도 눈신토끼를 잡아먹는데, 따라서 이 모든 포식자들이 함께 그들의 먹이를 지나치게 잡아먹을 수도 있다는 것이다. 세 번째로는 그 주기가 식량자원의 한계와 과도한 포식이 둘의 조합에 의해 영향을 받는다는 것이다. 최근의 야외연구는 눈신토끼의 10년 주기가 크게는 과도한 포식에 의해 유도된다는 가설을 지지하고 있는데, 그러나 눈신토끼의 먹이 공급에서의 변동에 의해서도 역시 영향을 받는다. 장기 연구는 이러한 개체군 주기의 복합 원인을 알아낼 수 있는 열쇠가 된다. ✓

✓ 체크포인트

개체군생장을 제한하는 밀도의존요인을 몇 개 열거해 보시오.

답: 식량과 영양의 제한, 활동영역이나 둥지를 마련할 공간의 부족, 질병과 포식의 증가, 독소 축적

▼그림 19.10 **진딧물 개체군의 생장을 제한하는 밀도독립요인인 기후변화.**

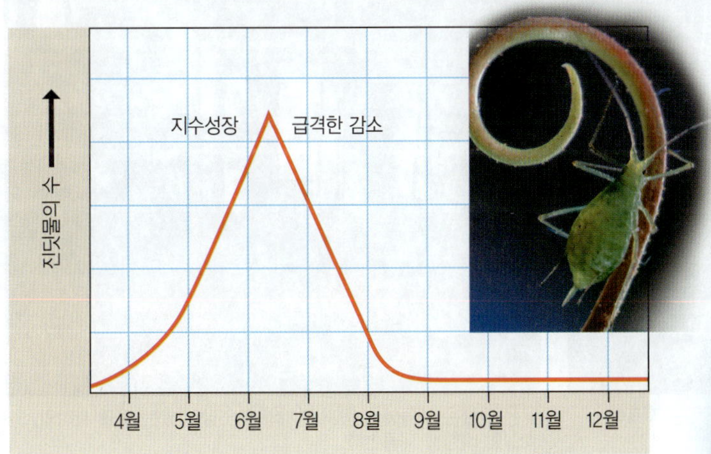

▼그림 19.11 **눈신토끼와 스라소니의 개체수 주기.**

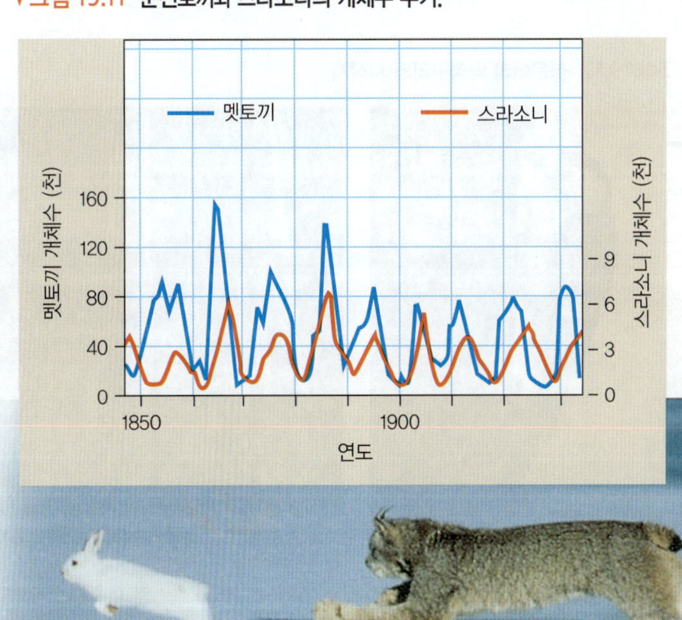

개체군생태학의 응용

인간은 자신의 이익만 생각해 지구의 자연생태계를 물품과 서비스를 얻어내는 생태계로 대부분 바꾸어왔다. 어떤 경우에는 수확하려는 생물의 개체군은 늘리고, 해충이라고 여기는 생물의 개체군을 감소시키려고 애쓴다. 다른 노력으로는 멸종의 위험에 처해 있는 개체군을 구하려는 목표도 있다. 개체군생태학의 원칙은 이와 같은 여러 자원의 관리라는 목표를 향하여 다가갈 수 있게 돕는 것이다.

19.8 멸종위기종의 보전

미국의 멸종위기종에 대한 법령은 **멸종위기종(endangered species)**을 "분포 지역 전체 또는 중요한 일부 지역에서 멸종될 위험이 있는" 종으로 정의한다. **멸종우려종(threatened species)**은 분포하는 지리적 지역 전체 또는 중요한 일부에서 가까운 미래에 멸종될 위험이 있는 것으로 정의하고 있다. 멸종위기종과 멸종우려종은 개체군의 크기가 크게 감소되거나 지속적으로 줄어들고 있는 것이 특징이다. 보전을 위한 도전은 개체군 감소에 원인이 되는 환경을 알아내는 것이고, 그 상황을 복원하기 위해 노력하는 것이다.

붉은머리 딱따구리는 멸종위기종으로 등록된 첫 번째 종이다(그림 19.12). 이 새는 대왕송 숲을 필요로 하는데, 성체가 되면 살아 있는 소나무에 구멍을 뚫어 둥지를 만든다. 원래 미국의 남동부 전역에서 발견되었지만, 붉은머리 딱따구리는 벌목과 농업으로 서식지를 잃게 되면서 그 수가 감소되었다. 더욱이 남아 있는 많은 숲도 우리가 이들 생태계에서 발생하는 자연화재를 억제하면서 그 조성도 다르게 변하게 되었다. 연구자들은 교배기의 새들이 나무 주위의 초목이 매우 무성하여 키가 4.5 m 정도보다 크면 둥지를 버리는 경향이 있다는 것을 알아냈다. 확실히 새들은 자신의 둥지나무와 먹이를 얻는 주변 땅 사이에 시야가 트인 비행경로를 필요로 한다.

이 종의 개체군생장을 조절하는 주요인자를 알아내어, 야생생물 관리자가 중요한 야생서식지를 보호하고, 숲의 덤불을 없애는 산불을 통제하는 것을 포함한 유지프로그램을 시작하였다. 이런 조치의 결과로 붉은머리 딱따구리의 개체군이 회복되기 시작하고 있다. ✓

✓ 체크포인트

붉은머리 딱따구리 개체군의 회복에 핵심인자는 무엇이었는가?

답: 숲바닥에 자라는 식생을 인위적으로 제거

19.9 지속가능한 자원관리

개체군생태학의 원칙이 수확하거나 멸종에서 구할 개체군의 증가 또는 해충으로 간주되는 개체군의 감소 같은 자원관리 목표를 달성하는 데 도움이 될 수 있다. 야생생물 관리자, 어류생물학자, 산림관리관은 자연자원을 손상시키지 않고 사용할 수 있는 방법인 지속가능한 자원관리를 사용한다. 이는 개체군을 보충하기 위해 높은 개체군 증가율을 유지하는 것을 의미한다. 로지스터형 생장모델에 따르면 가장 빠른 생장률은 개체군의 크기가 서식지의 수용능력의 대략 반 정도일 때 일어난다. 이론적으로 자원관리자는 개체군을 이 수준까지 낮추면서 수확함으로써 최선의 결과를 달성해야만 한다. 하지만 로지스터형 모델은 시간이 지남에 따라 생장률과 수용능력이 안정적이라고 가정하는데, 그 가정은 몇몇 개체군에서는 현실적이지 않다. 많은 경우에 이용가능한 과학 정보의 양이 충분하지 않다. 또한 인간의 경제적 정치적 압력이 종종 생태학적 문제보다 더 중요하게 여겨진다. 궁극적으로 자원을 고갈시킬 정도로 많이 수확하게 되면 그 결과는 지속적이지 않게 된다.

▼그림 19.12 **붉은머리 딱따구리의 서식지.**

붉은머리 딱따구리가 긴 잎 소나무의 둥지 입구에 앉아 있다.

키가 크고 빽빽한 덤불은 딱따구리가 먹잇감이 있는 지표에 접근하는 것을 방해한다.

낮은 덤불은 새들에게 둥지 위치와 먹잇감이 있는 지표 사이의 확실한 비행을 제공한다.

여전히 대규모로 잡아들이는 유일한 야생동물인 어류는 특히 남획으로 피해를 입기 쉽다. 예를 들면 북대서양 대구 어장에서 대구 추정량을 매우 높게 잡고 어린 대구(법으로 정한 것보다 더 작은 크기)를 잡은 다음 다시 바다에 버린 것이 예상보다 훨씬 높은 사망률을 야기하였다. 1992년에 어장은 붕괴되고 지금까지 회복되지 않고 있다 **(그림 19.13)**.

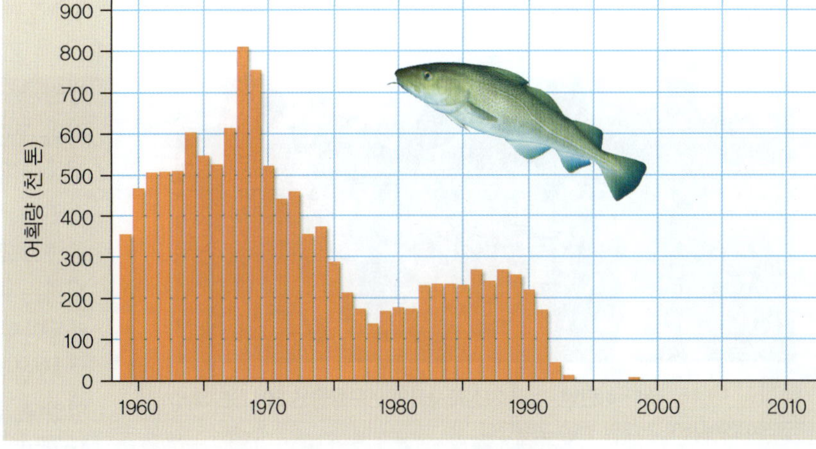

▲**그림 19.13 뉴펀들랜드의 북쪽 대구 어장의 붕괴.** 2017년까지도 이 어장은 회복되지 않고 있다.

1970년대까지 해양어장은 대륙붕에 서식하는 대구와 같은 종에 집중되어 있었다(그림 18.19 참조). 이들 자원이 감소되자 600 m 아래의 대륙붕 경사지와 같이 더 깊은 수심으로 눈을 돌렸다. 이들 새로운 어장에서 처음에는 많이 잡히지만 군체가 감소하면 바로 급격히 떨어진다. 깊을수록 더 차가워지고 먹이는 상대적으로 더 적어진다. 전형적으로 매우 천천히 자라는 칠레 농어와 오렌지 러피와 같이 이 환경에 적응한 어류는 성체가 되기까지 시간이 오래 걸리고, 대륙붕의 생물종보다 낮은 번식률을 가진다. 지속가능한 포획률은 이들에 대한 필수적인 생활사 특성을 알지 못하고서는 추정할 수 없다. 게다가 개체군생태학의 지식만으로 충분하지 않다. 지속가능한 어장은 역시 군집과 생태계의 특성에 대한 지식 또한 필요하다. ✓

"바다에는 많은 물고기가 있다"는 속담이 더 이상 의미를 갖지 못하게 될 수도 있다.

✓ 체크포인트

종종 관리인이 낚시나 사냥용 종의 개체군을 수용능력의 반 정도로 유지하려고 애쓰는 이유는?

답: 남획을 막기 위해 생장률이 높도록 개체군 수준을 좀 더 낮은 수준으로 유지하기 위해

19.10 침입종

『우리와 함께하는 생물학』에서 다루었던 쏠배감펭이와 같이 새로운 지역에 도입된 생물이 그 생태계를 파괴하는 영향을 줄 수 있다. **침입종(invasive species)**이란 도입된 최초의 지점에서 벗어나 먼 곳까지 퍼져나가 적당한 서식지에서 군락을 이루며 우세한 위치를 점함으로써 환경적으로나 경제적으로 손상을 일으키는 비토착종을 말한다. 전 세계적으로 식물, 포유동물, 어류, 절지동물, 그리고 연체동물을 포함하여 수천 종의 침입종이 있다. 여러분이 어디에 살고 있는지 관계없이 아마도 근처에 침입종인 식물이나 동물이 살고 있을 것이다. 침입종은 국소적 멸종의 주된 원인이다. 그리고 침입종의 경제적 비용은 막대하다.

새로운 서식지에 도입된 모든 생물이 성공적으로 정착하는 것은 아니고, 새로운 서식지에서 생존한 모든 생물종이 침입종이 되는 것도 아니다. 어떤 외래종이 왜 해로운 해충이 되는지에 대해 간단히 설명할 수는 없지만, 그러나 침입종은 전형적으로 기회주의 생활사 패턴을 보여준다. 예를 들면 암컷 쏠배감펭이는 1년이 되면 성적으로 성어가 되며 매년 2백만 개의 알을 낳는다.

서아시아 고유종인 손톱만한 크기의 연체동물인 얼룩홍합**(그림 19.14)**의 생활사 특성도 놀라운 성공을 거두었다. 암컷 얼룩홍합은 생명의 초기에 재생산을 시작하고 1년에 백만 개의 알을 낳을 수 있다. 수정란은 자유롭게 유영하는 유충으로 자라며, 결국 유충은 가용한 모든 물체에 부착하여 정착한다. 얼룩홍합이 표면에 달라붙는 구조는 성공의 또 다른 요소이다. **홍합은 구조와 기능 간의 관계의 예가 될 수 있는데 매우 끈끈한 실로 경화되는 분자 화합물을 분비한다.**

얼룩홍합은 1988년 5대호에서 처음 발견되었으며, 아마도 세인트 로렌스 해로를 지나는 대양을 오가는 선박의 평형수에 실렸을 것같다. 그들은 5대호 지역 너머의 강과 호수로 빠르게 퍼져 현재 널리 분포되

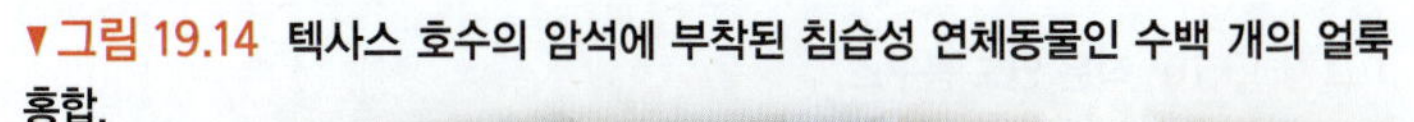

▼**그림 19.14 텍사스 호수의 암석에 부착된 침습성 연체동물인 수백 개의 얼룩홍합.**

▲그림 19.15 **버마 비단뱀.** 미국 지질조사국의 연구원들은 2017년 에버글레이즈에서이 거대한 뱀을 포획했다.

어 있다. 얼룩홍합으로 인한 경제적 피해는 천문학적으로 커다란 개체군들로 인해 발생한다. 성체 얼룩홍합은 파이프, 도시, 발전소, 공장에서의 취수를 막게 만드는 두꺼운 층을 형성한다. $1m^2$에 최대 70,000마리의 개체가 붙어 있다! 또한 이 작은 연체동물은 자주 큰 토착종 이매패류에 붙어 먹이와 번식 능력을 방해하고, 또한 이들은 먹이와 공간을 위해 토착종과 경쟁한다. 결과적으로 얼룩홍합에 의해 점령된 지역에서는 토착 이매패류의 개체군이 감소했다.

침입한 비토착생물의 경우 새로운 환경의 생물인자와 무생물인자는 그 생물의 요구와 내성과 공존할 수 있어야 할 것이다. 예를 들면 강력한 폭풍 때문에 우연한 사고로 또는 그 애완동물 소유자의 변심에 의해 고의로 남부 플로리다에서 풀려난 버마 비단뱀이 자기 고향 지역과 비슷하게 뜨겁고 습하다는 것을 알게 되었다. 새들, 포유류, 파충류, 양서류와 같은 먹이가 그곳에는 흔하게 널려 있다. 그 결과로서 남부 플로리다는 지금 거대 파충류(그림 19.15) 개체군이 급증하는 산실이 되고 있다. 좋지 않은 환경에 방출된 버마 비단뱀은 짧은 기간 동안만 생존하게 되어 결국 개체군을 형성하지 못할 것이다. ✓

▼그림 19.16 **작은 인도 몽구스.**

19.11 해충의 생물방제

병원균, 포식자, 또는 초식동물과 같이 개체군생장을 제한하는 생물인자의 부재는 침입종의 성공에 한몫을 할 수도 있다. 따라서 이 성가신 생물을 없애거나 억제하기 위한 노력은 해충 개체군을 공격하기 위해 자연의 적을 의도적으로 방출하는 **생물방제(biological control)**에 종종 초점을 맞춘다. 농학자는 곤충, 잡초, 그리고 농작물산출을 감소시키는 다른 생물을 제어하기 위해 강력한 생물인자를 알아내려고 오랫동안 관심을 가져왔다.

생물학적 방제가 여러 경우, 특히 곤충이나 식물 침입종에서 효과가 있었다. 현재 영국에서는 수액을 빨아 먹는 곤충인 나무이(psyllid)가 19세기 때 일본에서 가져온 정원식물인 일본 마디풀에 대항할 수 있는지 조사하기 위한 현장 실험이 진행 중에 있다. 이것은 한 달에 1m 이상 자랄 수 있는데, 튼튼한 뿌리줄기가 콘크리트를 통과하여 유럽과 북미에서 가장 큰 피해를 주는 잡초 중의 하나이다. 나무이는 전적으로 일본의 마디풀만 먹어서, 비싸고 지속 불가능한 화학적 방제법의 잠재적 대안으로 여겨지고 있다.

생물학적 방제의 잠재적인 하나의 함정은 도입된 방제생물이 대상생물처럼 침입종으로 될 수 있는 위험성이 있다는 것이다. 경고가 될 만한 이야기 하나는 쥐를 잡는 몽구스(그림 19.16) 도입에 관한 것이다. 인도와 북부 아시아에서 사는 쥐가 실수로 전 세계에 수송되어, 세계 여러 곳에서 침입종이 되었다. 사탕수수 재배업자들은 쥐가 들끓어 막대한 피해를 보았다. 이들 농장주들은 이 문제를 해결하기 위해 사나운 작은 육식동물인 인도 몽구스를 수입했다. 곧바로 몽구스가 가장 큰 카리브해와 하와이 섬을 모두를 포함해 수십 곳의 자연 서식지에 도입되었다. 몽구스는 먹이에 대해 까다롭지 않았지만 왕성한 식욕을 가지고 있었다. 몽구스의 개체군이 생장과 확산되는 만큼 섬마다 파충류, 양서류, 그리고 땅에 둥지를 트는 새의 개체군은 감소하거나 소멸했다. 또한 이들은 사육 조류를 잡아먹기도 하고, 농작물을 망가뜨려 매년 수백만 달러의 비용이 들게 만들고 있다. 분명히 엄격한 연구를 통해 생물학적 방제생물에 대한 안전성과 효능을 평가해야 할 필요가 있다.

✓ 체크포인트

새로운 서식지에 도입된 비고유종이 침입종인지 아닌지를 어떻게 구별하는가?

답: 침입종은 도입된 곳에서부터 멀리 떨어진 곳까지 퍼져 나가고 이들은 환경적 또는 경제적 손상을 일으킨다.

과학연구의 과정 생물침입

큰두꺼비를 울타리로 막을 수 있겠는가?

배경

1935년 호주의 농업전문가들은 큰두꺼비(그림 19.17a)를 수입하여 주요작물인 사탕수수를 훼손시키는 침입종인 딱정벌레를 방제하였다. 하지만 불행하게도 딱정벌레는 보통 지하나 공중에 있어서 큰두꺼비가 잡아 먹을 수 없었다. 농업가들이 딱정벌레와의 전투에서 협력자를 데려오는 대신 슈퍼 침입종을 도입한 것이 되어버렸다. 102마리의 큰두꺼비가 처음 도입되면서 양서류가 빠르게 퍼져나갔다. 이들은 현재 텍사스와 애리조나보다 큰 면적인 호주의 백만 km^2 이상을 점유하고 있으며 총 개체수는 15억 마리로 추정된다. 이 두꺼비의 식욕은 많은 토착종을 위협한다. 하지만 가장 큰 위협은 뱀, 도마뱀, 유대류와 같은 포식자에게 있는데 독성이 있는 이 두꺼비를 먹게 되면 죽게 될 위험이 있다.

사람들이 무심코 큰두꺼비 침입을 도우기도 했다. 두꺼비는 호주의 북부자치구의 반건조 평원에서 건기에 살아남기 위해 영구적인 수원 근처에 모인다. 이 지역의 가축농민들은 건기에도 가축을 유지하기 위해 만들어진 인공적인 가축용 연못, 즉 물웅덩이가 추가적으로 제공됨으로써 큰두꺼비에게 알맞은 서식지가 넓혀지게 되었다. 가축용 연못은 진흙 테두리가 있는 둥근 모양이다. 연구자들은 연못에 대한 접근을 막으면 큰두꺼비 침입을 제한할 수 있다고 가설을 세웠다.

방법

연구원들은 건기 동안 최소 37 m 떨어진 9개의 가축용 연못을 선택했다. 3개의 연못은 울타리가 없는 대조구로 남겨 두었다(그림 19.17b). 3개의 연못은 지면에서 물 위 몇 피트까지 말뚝과 그물로 만들어진 닫힌 두꺼비 방지 울타리로 둘러싸여 있다. 3개의 연못에는 울타리가 열려 있게 만들었다(닫힌 울타리와 동일하나 울타리의 아래쪽이 들려 있어 두꺼비가 물에 접근할 수는 있다). 연구원들은 먼저 모든 연못에 있던 두꺼비를 제거해 냈다. 그런 다음 연구원들은 각각의 근처에 있는 연못에 두꺼비들이 들어오는지 기다렸다. 연구자들은 70일(초기 우기)에 연못 안팎에 살아 있는 두꺼비를 세었다. 그들은 190일째(이른 건기)에도 365일째(늦은 건기)에도 똑같이 반복했다.

결과

연중 어느 때나 울타리가 없거나 개방형 울타리에서 죽은 두꺼비는 거의 없었지만 두꺼비 사망률이 늦은 건기에 닫힌 울타리 연못 근처에서 높았다(그림 19.17c).

▼그림 19.17 **큰두꺼비의 확산을 막기 위한 전략을 검정하기 위한 실험.**

(a) 큰두꺼비가 호주 전역에 퍼져 있다.

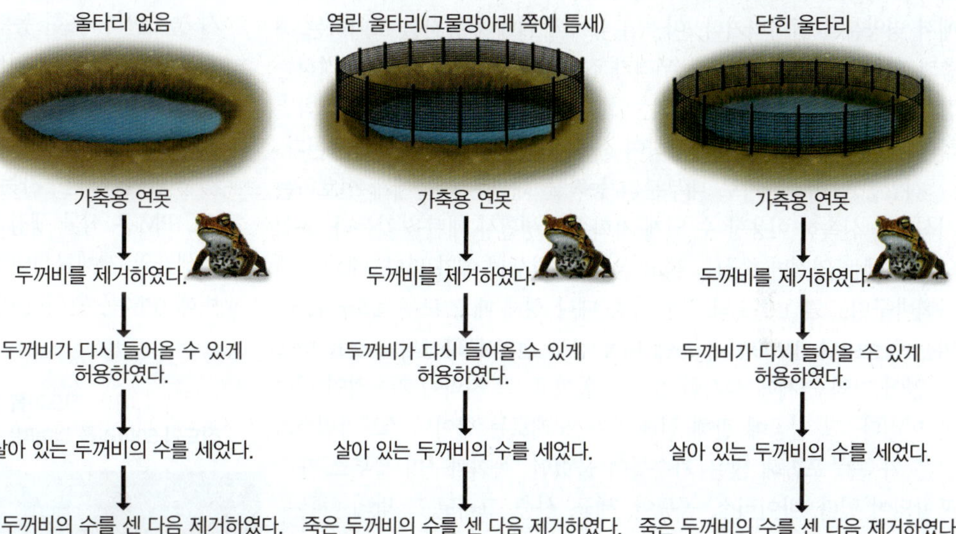

(b) 두꺼비 장벽의 효과를 검정하기 위한 실험 설계

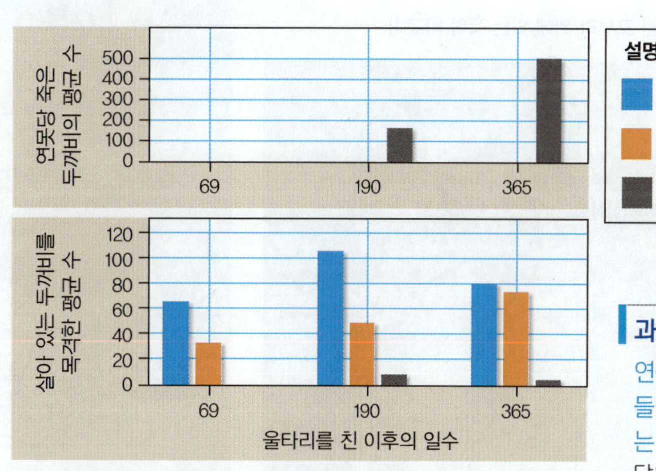

(c) 연못에 두꺼비의 재침입에 대한 울타리의 영향

과학자처럼 생각하기

연구자들은 두꺼비가 아래로 들어갈 수 있게 울타리를 올리는 일을 성가시게 왜 했는가?

답은 부록 C를 참조.

림 19.17c). 닫힌 울타리 연못에서는 살아 있는 두꺼비가 거의 발견되지 않았으며, 개방된 울타리나 울타리가 없는 연못에는 조사할 때마다 30~100마리의 두꺼비가 있었다. 닫힌 울타리 연못은 생태적인 덫으로 작용했다. 두꺼비는 물 냄새에 이끌려갔지만 울타리를 통과할 수 없어 연못에 끼지 이르지 못하고 죽었다. 연구팀은 가축용 연못을 폐쇄함으로써 호주의 건조한 지역을 큰두꺼비 침입으로부터 보호할 수 있다고 결론 맺었다.

19.12 통합적 해충관리

자연생태계로부터 자원을 그대로 수확하는 수산업과 비교해 볼 때 농업에서는 고도로 관리되는 이들 자신의 생태계가 만들어진다. 전형적인 농작물 개체군은 유전적으로 유사한 개체(단일경작)가 서로 가깝게 심겨진 상태를 이루고 있으며, 이로 인해 이 군집에 있는 식물을 먹는 많은 동물, 그리고 병원성의 세균, 바이러스, 곰팡이를 위한 만찬장이 될 수 있다. 경작되는 비옥한 땅에는 농작물뿐 아니라 잡초도 자란다. 따라서 농부는 토양무기물, 수분, 빛을 가지고 경쟁하거나, 경작 식물에서 영양분을 빨아먹거나, 이들의 잎이나 열매나 종자를 소비하는 해충과 영원한 전쟁을 벌인다. 우리가 집에서 잔디밭과 정원을 공격하는 잡초, 곤충, 곰팡이, 세균을, 또는 여름밤을 힘들게 만드는 모기를 박멸하려고 시도할 때 해충에 대항하여 소규모 전투를 하게 될지도 모른다.

침입종과 마찬가지로 대부분의 농작물 해충은 그들에게 선호하는 서식지를 신속히 이용할 수 있게 기회주의 생활사 패턴을 갖는다. 농업의 역사에는 엄청난 손실을 몰고 온 해충 발생의 예가 많다. 예를 들면 목화바구미(그림 19.18)의 경우 유충 때나 성체 때도 모두 목화 식물을 먹는 곤충이다. 1900년대 초에 미국 남부 전역에 확산되는 것을 막을 수 없어 지역 경제에 심각한 손상을 입혔고, 그 지역에 지속적인 영향을 미쳤다. 그 침공에 관해 전해 오는 노래로는 화이트 스트라입스와 같은 가수를 포함해 많은 가수들이 불렀던 "목화바구미 블루스"가 포함되어 있다. 바이러스, 곰팡이, 세균, 선충, 그리고 그 밖의 다른 식물을 먹는 곤충들도 마찬가지로 엄청난 손실을 줄 수 있다.

합성 제초제와 DDT와 같은 살충제가 1940년대에 개발되었을 때 이들은 곧바로 농업에 사용되었다. 하지만 해충 문제에 대한 이 화학적 해결책은 그 자체가 수많은 문제를 가지고 있다. 이들 화학물질은 공기나 흐르는 물에 의해 아주 멀리까지 옮겨갈 수 있는 오염물질이다. 게다가 자연선택으로 살충제(그림 13.11 참조)에 영향을 받지 않는 개체군이 생길 수도 있다. 더욱이 대부분의 살충제는 해충과 이들의 자연 포식자 둘 다 죽인다. 먹이생물종은 종종 포식자보다 높은 번식률을 갖기 때문에 해충 개체군은 그들의 포식자가 번식하기 전에 급속하게 다시 늘어난다. 또한 농업생태계와 자연생태계 둘 다에 필수적인 수분매개자를 죽임으로써 의도치 않은 또 다른 손실을 끼칠 수 있다.

통합적 해충관리(IPM)는 농업 해충의 지속가능한 방제를 위해 생물학적 방법, 화학적 방법, 그리고 문화적 방법을 조합하여 사용하는 것을 말한다. 연구자는 또한 침입종에 대한 IPM 접근 방법을 찾고 있다. IPM은 식물 생장 역학뿐 아니라 해충과 이에 관련된 포식자와 기생생물의 개체군생태학 지식에 의지한다. 전통적인 해충방제 방법에 비해 IPM은 완전히 박멸하기보다 적은 수의 해충에 견뎌내는 것을 옹

▼그림 19.18 목화식물의 손상된 꼬투리 위에 있는 목화 바구미.

▼그림 19.19 진드기를 잡아먹고 있는 무당벌레. 식욕이 왕성한 한 마리가 매일 진드기 50마리를 잡아먹는다.

호하고 있다. 따라서 많은 해충방제 측정은 해충이 의존하는 먹이를 빼앗기 위해 해충내성 변종과 혼합 종들의 파종과 윤작으로 서식지의 해충 개체군에 대한 수용능력을 낮추는 데 그 목표를 둔다. 가능하면 생물방제가 사용된다. 예를 들면 많은 정원사는 진드기의 만연을 방제하기 위해 무당벌레(그림 19.19)를 살포한다. 살충제는 필요시 적용되나 IPM의 원칙을 엄수하는 것이 화학물질의 과사용을 막게 된다. ✓

✓ 체크포인트

화학물질만 단독으로 사용하는 것보다 통합적 해충관리가 해충방제에 좀 더 지속가능한 방법이라고 생각되는 이유는?

답: 살충제의 사용은 내성을 갖는 해충 개체군이 생기며 이들은 살충제의 효과를 감소시킨다. 또한 살충제 사용은 오염의 문제로 인해 장기간 지속가능하지 않다.

인간개체군의 생장

이제부터 다른 생물에서의 개체군생장의 조절을 살펴보고자 하는데, 그 생물종이 다름 아닌 우리 자신이라면 어떻겠는가? 인간개체군, 즉 인구의 역사에 대해 알아보는 것을 시작으로 해서 그 다음은 인간개체군의 생장, 즉 인구증가에 대해 현재와 미래에서의 경향 몇 가지에 대해 생각해 보자.

19.13 인구증가의 역사

이 문장을 읽는데 걸리는 몇 초 동안에 전 세계에서 30명 정도의 아이가 태어나고 13명이 사망한다. 출생과 사망의 불균형이 개체군의 생장(또는 감소)을 가져오는데, 그림 19.20에 있는 선그래프가 보여주듯 적어도 앞으로 수십 년간 인구는 지속적으로 증가할 것으로 예측된다. 그림 19.20의 막대그래프는 다른 점도 이야기해 준다. 1980년대 이래로 매년 개체군에 더해지는 인구수는 감소하고 있다. 인구증가에 있어서 이러한 양상을 어떻게 설명하겠는가?

▼그림 19.20 5세기 동안의 인구증가와 2050년까지의 예측.

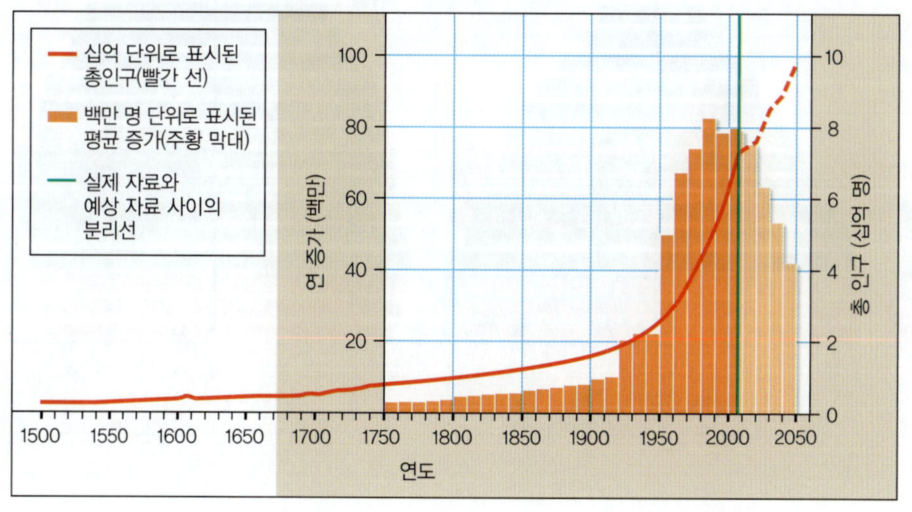

한 사람을 세는 데 1초가 걸린다면, 오늘날 살아 있는 모든 사람을 세는 데는 238년이 더 걸릴 것이다.

1,500년경에 약 4.8억 명의 인구에서 오늘날의 75억 명 이상으로 증가한 것을 가지고 시작해 보자. 이 장 앞부분에서 소개하였던 개체군의 지수적 생장모델에서 순증가율(출생률에서 사망률을 뺀 것)이 일정하다고, 즉 출생과 사망이 대략 같다고 가정하였다. 그 결과 개체군생장은 존재하고 있는 개체군의 크기에만 의존하였다. 대부분의 인간의 역사에서도 이 가정은 사실로 판명되었다. 부모가 많은 자손을 낳았으나 사망률 역시 높아서, 증가율이 0을 약간 상회하는 정도의 결과로 나타났다. 따라서 인구증가는 처음에는 무척 느렸다. (그림 19.20의 x축을 이전의 시간으로 되돌아가 원년 1년까지 늘려보면 이때의 인구가 대략 3억이었고 그 후 1,500년 동안 그 선은 거의 평편하였을 것이다.) 10억이 된 것은 1800년대 초기를 지난 후이었다. 유럽과 미국에서 경제적 발달이 영양과 위생, 그리고 뒤따라 의학의 진보로 이끌어가게 되면서 사람들은 인구 증가율을 통제하였다. 처음에는 출생률은 그대로였지만 사망률은 감소하였다. 순증가율이 늘어났고 인구 생장은 1900년대 초까지 꾸준히 늘어나기 시작했다. 20세기 중반까지 개발도상국도 영양, 위생, 의료가 향상되면서 출생률이 사망률을 훨씬 앞서 가자 인구 증가율도 급격히 늘어났다.

세계인구가 1927년 20억에서 33년 후에 30억으로 급상승하자 일부 과학자들은 깜짝 놀랐다. 이들은 지구의 수용능력에 가까워지는 것과, 또 밀도 의존요인이 사람의 고통과 죽음을 통해 그 인구를 유지하게 되는 것은 아닐까 하고 두려워하였다. 그러나 전체 생장률은 1962년에 최고점을 이루었다. 선진국에서 의료의 발달로 생존율은 계속 늘었으나 효과적인 피임기구가 출생률을 감소시켰다. 그 결과 출생률과 사망률 사이의 차이가 줄어듦으로써 세계 인구는 감소추세로 들어서기 시작하였다. 가

표 19.3	2016년 인구추세		
인구	1000명당 출생률	1000명당 사망률	성장률(%)
세계	18.5	7.8	1.1
선진국	10.7	10.1	0.06
후진국	20.1	7.3	1.3

장 앞선 선진국들에서는 전체 증가율이 영에 가깝다(**표 19.3**). 한편 개발도상국에서는 사망률은 낮아졌으나 출생률은 여전히 높다. 그 결과 이들 인구는 빠르게 증가하고 있어, 2016년 전 세계적으로 7,780만 명이 증가하였는데, 그 중 거의 7,400만 명이 개발도상국이 차지하고 있다. 따라서 세계 인구는 계속 증가하고 있다. ✓

✓ 체크포인트

1900년대 대부분의 시기에 세계인구 생장률이 그렇게 높았던 이유는 무엇인가? 최근 세계인구 생장률의 감소는 무엇 때문인가?

답: 1900년대 위생과 의료제도의 개선으로 사망률이 현저하게 감소하였다. 그 결과 전체 인구 생장률이 높아졌다; 최근의 생장률의 감소는 일부 지역에서의 낮은 출생률 때문이다.

19.14 연령구조

이 장의 앞부분에서 소개하였던 연령구조는 미래의 인구증가를 예견할 수 있게 해준다. **그림 19.21**은 1990년, 2015년, 2040년의 멕시코의 인구를 추정하고 예측하여 얻은 연령구조를 보여주고 있다. 이들 그림에서 각 수직선의 왼쪽 영역은 각 연령군에서 남성의 수를 나타내며 여성의 경우 오른쪽에 표시되어 있다. 서로 다른 세 가지 색은 가임기 이전(0~14세), 최대 가임기(15~44세), 가임기 이후(45세 이후)에 있는 인구를 각각 나타내고 있다. 연령군에서 수평막대 하나는 5살 단위로 되어 있다.

1990년에 각 연령군은 바로 위의 연령군보다 큰데 이것은 높은 출생률을 나타낸다. 이런 연령구조의 피라미드 모양은 급속히 생장하는 인구에서 전형적으로 나타난다. 2015년에 인구증가율은 보다 낮은데 가장 어린 세 연령대(바닥 쪽)는 거의 같은 크기임을 주목하자. 하지만 인구는 초기의 증가에 의한 영향이 지속된다. 이 경우는 개체군 안에서 증가된 가임기의 여성 비율 때문인데, 이것은 **인구증가세(population momentum)**로 알려져 있다. 1990년 연령구조에서 0~14세 소녀들(분홍색 외곽선)은 2015년에 가임이 시작되고, 2015년에 0~14세 소녀들(청색 외곽선)은 2040년을 향해 급속한 생장의 바탕이 될 것이다. 빠르게 늘어나는 인구에 제동을 거는 것은 화물기차를 멈추게 하는 것과 같아서 결정이 내려진 한참 후 결과가 나타난다. 한 여자가 일생을 통해 살아서 출생한 아이의 수를 뜻하는 번식력이 대치율(한 여성 당 평균 2명의 자녀) 정도로 감소되더라도, 전체 인구는 몇 십년간 계속 증가할 것이다. 따라서 15세 미만의 인구의 백분율로 미래의 대략적인 증가 정도를 알 수 있게 된다. 개발이 덜 된 나라에서 이 연령대는 약 28%에 이른다. 반면 선진국은 15세 미만이 인구의 16% 정도이다. 그림 19.20의 막대그래프에서 보듯이 인구증가세는 매년 적은 수의 인구가 출생하는데도 불구하고 전체 인구 크기(그림 19.20에 있는 그래프)가 계속 증가하는 이유를 또한 설명해 주고 있다.

▼**그림 19.21** **멕시코에서의 인구증가세.**

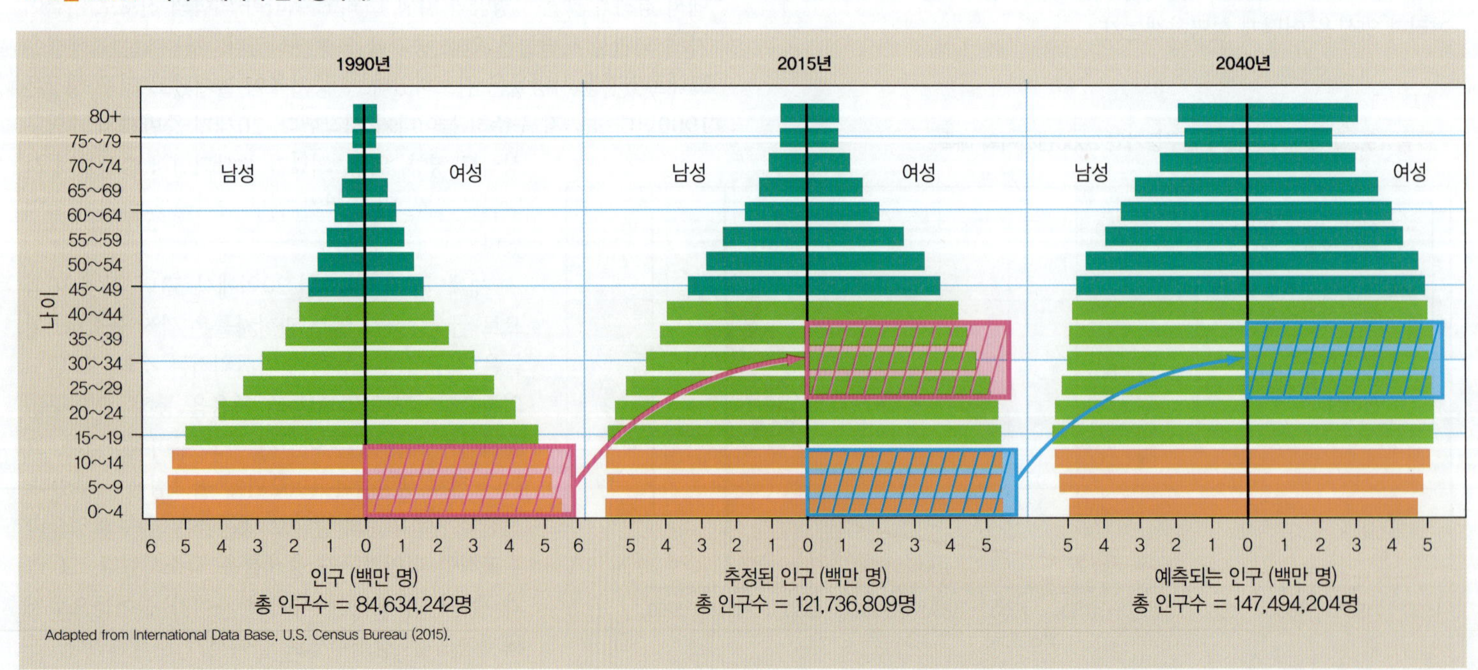

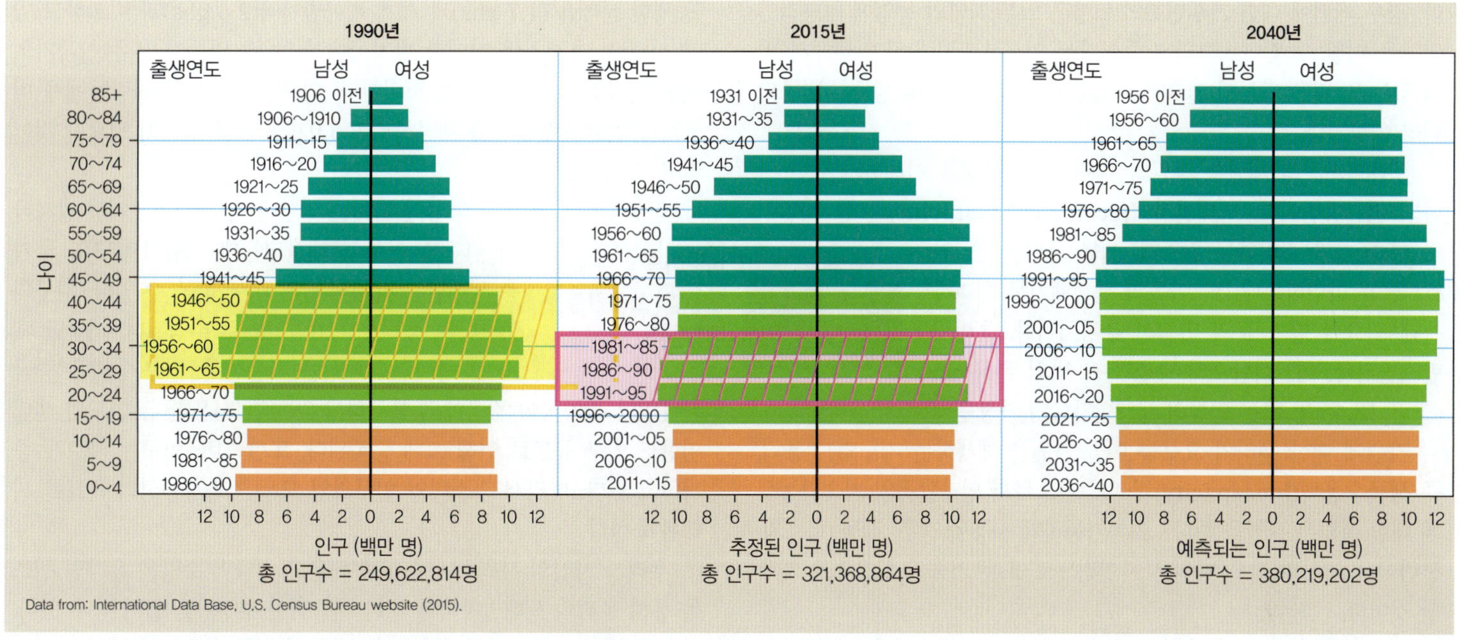

▲그림 19.22 미국에서 1990년, 2015년(추정된), 그리고 2040년(예측되는)의 연령구조.

연령구조 그림은 또한 사회조건들을 나타내기도 한다. 예를 들면 인구가 늘면 학교, 고용, 사회기반시설에 대한 요구가 늘어난다. 고령 인구가 많으면 늘어난 자원이 보건의료에 할당되기를 요구받는다. 1990년에서 2040년까지 미국의 연령구조에서 경향을 살펴보자(그림 19.22). 1990년 인구에서 눈에 띄게 불룩한 부분(노란색 스크린)은 1945년에 끝난 2차 세계대전 이후 약 20년 동안 지속된 "베이비붐" 시기에 해당한다. 취학인구 증가로 새로운 학교건설과 더 많은 교사가 필요해졌다. 한편 베이비붐의 끝 무렵에 태어났던 졸업자들은 직장을 얻기 위해 극심한 경쟁에 직면해야만 했다. 이들은 인구의 그런 큰 부분을 형성하므로 베이비붐에 태어난 사람들은 사회, 경제, 그리고 정치의 어떤 추세에 엄청난 영향을 미쳤다. 이들은 또한 1990년 연령구조에서 0~4세 연령군과 2015년 연령구조에서 칠한 부분(분홍색 스크린)에서 보듯이 베이비붐 세대의 자녀를 만들었다.

베이비붐 시기에 태어난 사람들은 지금 어디에 있는가? 베이비붐 시대의 초기에 해당되는 사람들이 퇴직연령에 도달해 왔으며, 머지않아 이들은 고령자 의료보험제도나 사회보장제도와 같은 프로그램에 압력을 가하게 될 것이다. 2015년에 미국 인구의 60%가 20에서 60세 사이에 있었고, 그들 대부분은 노동인구에 속해 있고, 13.5%가 65세 이상이었다. 2040년에는 이 연령대는 각각 55%와 20%가 될 것으로 예상된다.

부분적으로 고령인구의 증가는 수명의 연장에 기인한다. 80세 이상 인구가 1990년에 2.8%이었는데, 2040년에는 2,850만 명에 해당하는 7.5%까지 늘어날 것으로 예상된다. ✓

✓ 체크포인트

15세 미만인 사람의 백분율이 미래 인구 생장의 좋은 지표가 되는 이유는?

답: 이들은 아직 가임기에 들어와 있지 않다. 이들이 인구의 큰 부분을 차지한다면(바닥 쪽이 넓은 연령구조) 미래의 인구성장은 높을 것이다.

19.15 우리의 생태발자국

지구는 얼마나 많은 인구를 지탱할 수 있는가? 그림 19.20은 지난 세기에 비해 그 증가율은 약간 둔화되고 있지만, 세계의 인구는 빠르게 증가하고 있다. 인구증가세와 마찬가지로 증가율이 대부분의 개발도상국에서 한동안 증가할 것으로 예견된다. 미국 통계청에 따르면 세계 인구가 앞으로 2025년까지 80억, 2050년까지는 98억에 이를 것이라고 제시하고 있다. 그러나 이들 숫자는 문제의 일부에 불과하다. 영양만 충분하면 하나의 배양접시에 1조 개의 세균도 살 수 있다. 인간개체군에 대한 지구의 수용능력은 어느 정도일까? 80억 명이나 90억 명을 유지할 정도의 충분한 자원은 있는가?

앞으로 수십 년 안에 우리 지구에서 살게 될 그리고 현재 영양불량이나 영양실조에 걸려 있는 사람의 음식이 개선되기를 바라는 모든 사람을 수용하기 위해서는 세계 식량생산이 극적으로 증가되어야 한다. 그러나 농지는 이미 압박을 받고 있다. 세계에서 가축 무리들을 키우기 위해 과도한 방목으로 광대한 지역의 초원이 사막으로 변하고 있다. 물의 사용도 1900년에서부터 2000년까지 6배나 늘어나서 강이 마르고 물이 관개로 고갈되고, 지하수의 양도 줄어들게 하는 원인이 되고 있다. 강우 패턴에 대한 기후변화의 영향은 일부 지역의 농업에 치명적인 영향을 미칠 수 있다.. 그리고 늘어나는 인구를 뒷받침하기 위해서 비어 있는 더 많은 땅들이 필요하기 때문에 수많은 종들의 생물이 멸종되리라 예상된다.

생태발자국의 개념은 자원의 유용성과 사용량을 이해하기 위한 하나의 접근방법이다. **생태발자국(ecological footprint)**은 한 개인이나 한 국가가 소비하는 원자재, 예를 들면 식량, 연료, 집을 마련하는데, 또 이들의 생성폐기물 처리하는데 필요한 땅과 물의 면적의 추정치이다. 우리의 탄소발자국, 이산화탄소의 방출과 그 밖의 온실가스(그림 18.45 참조)는 인류의 생태발자국의 가장 큰 요소가 된다.

미국인은 주당 평균 18 kg의 쓰레기를 배출한다.

자원에 대한 우리의 요구를 이들 자원을 재생하는 지구의 수용력, 즉 **생물수용력(biocapacity)**과 비교함으로써 인간활동의 지속가능성에 대한 폭넓은 관점을 준다. 지속가능하게 사용될 경우, 작물, 목초지, 산림이나 어장과 같은 자원은 자연적으로 또는 기술의 도움으로 재생될 것이다.

현재와 같은 인류의 자원 사용은 지속이 가능한가? 지구에 생태학적으로 생산성을 지닌 땅을 전 세계인구로 나누면 우리는 일인당 약 1.7세계헥타르(global hectare[gha], 1헥타르 = 2.47에이커; 세계헥타르는 자원을 생산하고 노폐물을 처리하는 세계평균 능력으로 표현한 헥타르)를 갖게 된다. 국제생태발자국네트워크에 따르면 2012년(얻을 수 있는 가장 최근 자료)에 세계 인구의 평균 생태발자국은 2.6세계헥타르였는데, 이미 지구의 일인당 생물수용력을 대략 1.5배를 넘고 있다. 북쪽의 대구 어장의 붕괴(그림 19.13 참조)는 사용량이 재생 수용력을 초과할 때 어떤 일이 생길 수 있는 일을 보여주고 있다.

그림 19.23의 녹색 발자국은 여러 국가의 1인당 평균 생태발자국을 "공평한 분배율"(1.7 gha)과 세계 평균발자국(2.6 gha)과 비교하고 있다. 미국과 호주처럼 거대한 발자국에서 알 수 있듯이 부유한 국가의 개인은 엄청난 양의 자원을 소비한다. 연구원들은 모든 사람들에게 미국과 동일한 생활수준을 제공하려면 3.9개의 지구 자원이 필요할 것이라고 추정한다.

인구 규모가 지속 가능성에 미치는 영향은 각 국가의 1인당 발자국에 인구를 곱하여 계산되는데 그림 19.23의 국가 총 생태발자국(청색 발자국)에서 볼 수 있다. 지구의 총 생물수용력은 120억 gha로 추정된다. 미국만 해도 그 중 17% 이상을 사용한다. 인구가 많은 중국은 1인당 발자국이 적음에도 불구하고 29%를 사용한다. 인도의 생태영향도 인구 규모로 인해 크게 증폭된다. 또한 인도 인구는 빠르게 증가하고 있다. 따라서 과소비와 인구과잉 모두 지속가능성의 목표를 위태롭게 한다.

우리가 자신의 자원소비에 대해 배우고 싶다면 수많은 온라인 퀴즈를 통해 우리의 생태발자국에 대한 대략적인 추정량을 알아볼 수 있다. 탄소발자국 계산기(18장에서 서술)와 같이 이들 도구는 환경에 미치는 영향을 줄일 수 있는 방법을 배우기 위해 유용하게 쓰일 수 있다. ✓

✓ 체크포인트

개인의 생태발자국이 크다면 이것은 지구의 수용능력에 어떤 영향을 미치는가?

답: 개인을 유지하기 위해 필요한 자원이 많아질수록 지구의 수용능력은 점점 더 낮아질 것이다. (즉 사람마다 가용한 자원을 많이 소비하면 할수록 지구는 그만큼 적은 사람만 유지할 수 있게 된다.)

▼그림 19.23 **여러 나라의 개인 생태발자국과 국가 생태발자국.**

생태발자국

	호주	미국	러시아	중국	멕시코	세계 평균	"공평한 분배율"	인도	나이제리아
개인 (gha)	9.3	8.2	5.7	3.4	2.9	2.6	1.7	1.2	1.2
국가 전체 (10억 gha) = 1인당 발자국 × 국가의 총 인구수	0.2	2.6	0.8	4.8	0.4			1.5	0.2

진화와 연결 **생물침입**

침입종으로서의 인간

멋진 가지뿔영양(안틸로카프라 아메리카나, *Antilocapra americana*)은 수백만 년 전에 북미의 평원과 관목사막을 돌아다니던 조상의 후손이다(그림 19.24). 시속 97 km의 최고 속도에서 한 걸음이 6 m 이상이나 되어 북미 대륙에서 단연 가장 빠른 포유동물이다. 가지뿔영양의 속도는 주 포식자인 여우보다도 빨라서 통상 여우는 늙거나 병든 것을 잡아먹는다. 어떤 선택압이 그와 같은 엄청난 속도로 달릴 수 있게 만들었는가? 생태학자는 가지뿔영양의 조상이 지금에는 사라지고 없지만 현재의 아프리카 치타와 비슷하게 빠른 발을 가진 포식자인 미국 치타로부터 도망을 다녔다고 가정하고 있다.

치타가 가지뿔영양의 환경에서 유일한 위험은 아니다. 180만 년 전에서부터 10,000년 전까지 지속된 홍적세에 북미는 사자, 아메리카 표범, 18cm의 송곳니를 지닌 검치호와 3.3 m의 키와 또 750 kg의 몸무게를 가진 거대한 짧은 얼굴의 곰과 같은 다른 두려운 포식자의 고향이기도 하였다. 이곳에는 커다란 땅나무늘보와 3 m 길이의 뿔을 가진 아메리카 들소, 코끼리 같은 맘모스, 여러 종류의 말과 낙타, 또 여러 종의 가지뿔영양들이 이들 무서운 포식자의 잠재적인 먹잇감이 되었다. 이들 커다란 포유동물 중에 홍적세 말기에 가지뿔영양만 유일하게 살아남았다. 다른 것들은 북미 전체로 인간이 퍼진 것과 일치했던 시기에

► 그림 19.24 **북미 벌판을 가로질러 달리고 있는 가지뿔영양.**

상대적으로 짧은 기간 동안에 멸종해 갔다. 뜨거운 논쟁은 많지만 많은 과학자들이 멸종의 원인은 마지막 빙하기 말엽의 기후변화와 함께 인간의 침입이라고 생각하고 있다. 따라서 생물환경과 무생물환경의 변화가 이들 대형 포유동물에 진화적 반응이 매우 급속하게 일어나게 만들었다.

홍적세의 멸종에서 인간의 역할은 앞으로 닥칠 일에 대한 예고이었을 뿐이다. 인구가 계속 증가하여 지구의 거의 모든 구석구석을 점령하고 있다. 다른 침입종과 마찬가지로 우리는 우리의 서식지에서 같이 살고 있는 다른 생물의 환경을 변화시키고 있다. 인간이 만든 환경변화의 범위와 속도가 증가하여서 멸종속도는 더욱 가속되고 있다. 이와 같은 생물다양성의 급속한 감소가 다음 장에서 우리의 통일된 실마리가 될 것이다.

복습

주요 개념의 요약

개체군생태학의 개관

개체군은 동일한 시간에 동일한 장소 안에 살고 있는 한 종의 개체들로 구성된다. 개체군생태학은 개체군의 크기, 생장률, 밀도, 그리고 구조에 영향을 미치는 인자에 초점을 맞추고 있다.

19.1 개체군밀도

단위 면적이나 단위 부피당 한 종의 개체수인 밀도는 다양한 표본조사 기술을 사용해 추정해 낼 수 있다.

19.2 개체군 연령구조

여러 연령군에 있는 개체들의 분포를 보여주는 그래프는 종종 개체군에 대한 유용한 정보를 제공한다.

19.3 생명표와 생존곡선

생명표는 한 개체군에 있는 개체가 여러 연령대에서 살아 있을 확률을 기록하고 있다. 생존곡선은 생존기간에 대한 사망률에 따라 보통 세 종류의 유형으로 나눈다.

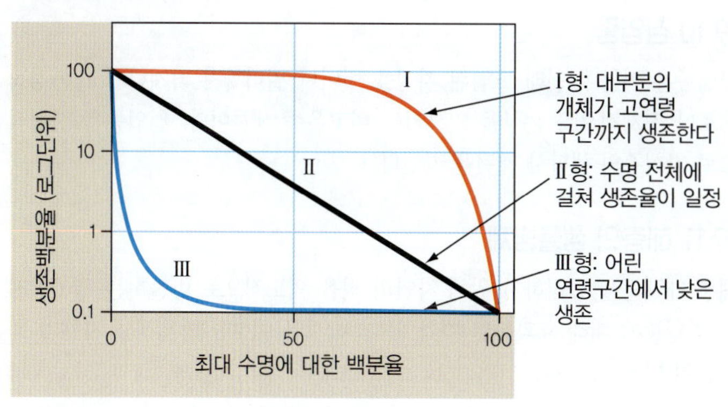

19.4 적응으로서 생활사 특성

생활사 특성은 진화적 적응에 의해 모양이 만들어진다. 대부분의 개체군은 대체로 많은 곤충에서 볼 수 있는 극단적인 기회주의 생활사(빠르게 성적 성숙에 이르고, 많은 자손을 생산하고, 부모의 보살핌이 없거나 거의 없다)와 커다란 체구를 갖는 많은 종에서 볼 수 있는 평형주의 생활사(천천히 발달하고, 보살핌을 잘 받는 자손을 적게 생산한다) 사이에 놓인다.

개체군생장모델

19.5 지수적 개체군생장모델: 이상적인 무제한환경

지수적 개체군생장모델은 생장이 무한할 때 일어나는 가속 증가를 말한다. 지수적 모델은 개체군이 커지면 커질수록 생장은 더욱 빨라진다고 예측된다.

19.6 로지스터형 개체군생장모델: 실제적인 제한환경

로지스터형 생장은 생장이 한정요인에 의해 느려질 때 일어난다. 이 로지스터형 모델은 개체군생장률이 개체군 크기가 작거나 또는 클 때는 작아지고, 개체군이 수용능력에 비해 중간 정도일 때 가장 높게 예측된다.

19.7 개체군생장의 조절

장기간에 걸쳐 대부분의 개체군생장은 개체군 크기에는 상관없이 개체들에게 동일한 율로 영향을 미치는 밀도독립요인과 개체군의 밀도가 증가하면 강화되는 밀도의존요인의 혼재에 의하여 제한된다. 일부 개체군은 규칙적인 번성-쇠퇴 주기를 갖는다.

개체군생태학의 응용

19.8 멸종위기종의 보전

멸종위기종과 멸종우려종은 개체군 크기가 매우 작은 것이 그 특징이다. 보전에 대한 한 가지 접근법은 개체군이 필요로 하는 서식인자의 적절한 조합을 알아내고 제공하는 것이다.

19.9 지속가능한 자원관리

자원관리는 지속가능한 수확 실천을 해결하기 위해 개체군생태학의 원리를 적용한다.

19.10 침입종

침입종은 이들이 원래 도입된 지점을 벗어나 멀리까지 퍼져나가고 환경적으로나 경제적으로 손상을 일으키는 비고유종 생물이다. 침입종은 전형적으로 기회주의 생활사 패턴을 가진다.

19.11 해충의 생물방제

해충 개체군을 공격하기 위해 자연의 적을 의도적으로 방출하는 생물방제는 침입종에 대해 효과적일 때가 있다. 하지만 예상한 방제생물 자체가 침입종이 될 수도 있다.

19.12 통합적 해충관리

농학자는 농업해충을 다루기 위해 생물학적, 화학적, 문화적 방법을 조합한 통합적 해충관리(IPM) 전략을 개발하고 있다.

인간개체군의 생장

19.13 인구증가의 역사

인구는 1900년대에 빠르게 증가하여 현재에는 75억 명에 이른다. 높은 출생률과 사망률에서 낮은 출생률과 사망률로의 전환으로 선진국에서는 그 증가율이 낮아지고 있다. 개발도상국에서 사망률이 떨어지고 있지만 그러나 출생률은 여전히 높다.

19.14 연령구조

한 개체군의 연령구조는 미래의 인구증가에 영향을 미친다. 1990년 멕시코의 연령구조에서 가장 아래쪽에 넓은 부위인 0~14 연령군은 다음 세대에서도 계속적인 인구증가를 예견하게 해준다. 인구증가세는 개체군의 높은 번식률이 대치율까지 줄어든 후에 일어난 계속된 생장인데, 그것은 0~14 연령군의 소녀들이 가임기에 이르러서 온 결과이다. 연령구조는 또한 오른쪽 아래의 연령구조에서와 같이 사회적인 경향과 경제적인 경향을 나타내기도 한다.

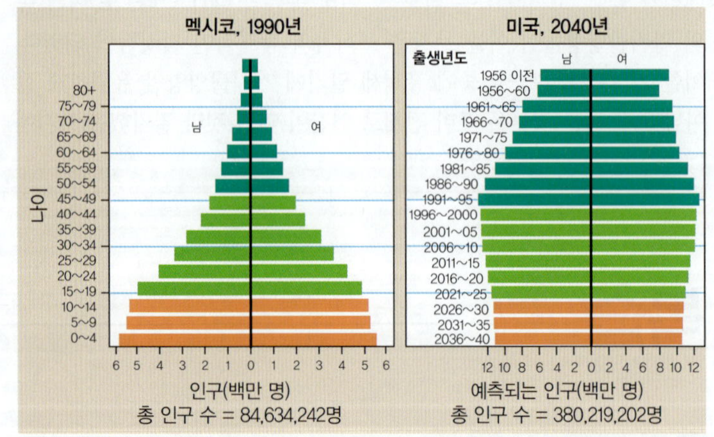

19.15 우리의 생태발자국

생태발자국은 한 개인 또는 한 국가에 의해 사용되는 자원 생산에 필요한 토지와 물의 양을 나타낸다. 세계의 수용능력은 이미 개체군의 생태발자국보다 작을지 모른다. 개인의 자원소비에 있어서 선진국과 후진국 사이의 불균형은 엄청나게 크다.

자습문제

1. 우리 공동체에서의 인구 밀도를 파악하기 위해 필요한 두 가지 값은 무엇인가?
2. 한 생물종의 구성원들이 많은 자식을 생산하지만 부모의 보살핌이 적다면 ______형의 생존곡선이 예상된다. 반면 자식은 소수만 생산하고

긴 부모의 보살핌을 갖는 구성원들은 ______형의 생존곡선이 예상된다.

3. 이 그래프의 이상적인 지수적 생장곡선과 로지스터형 생장곡선을 사용하여 다음을 완성하시오.

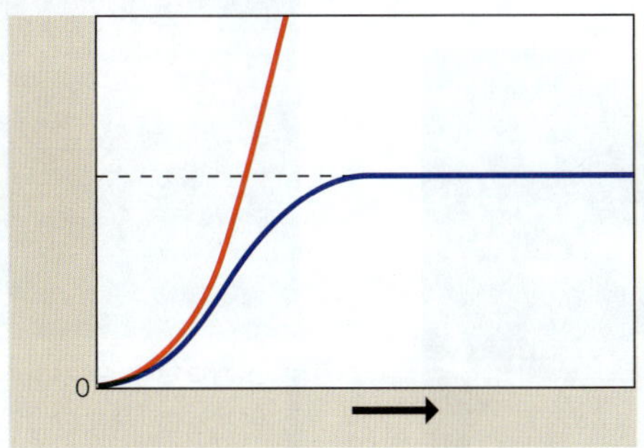

a. 그래프에 있는 축과 곡선에 그 이름을 붙이시오.
b. 점선은 무엇을 나타내는가?
c. 각 곡선에 대해 개체군의 생장이 가장 빠른 곳을 표시하고 설명하시오.
d. 어느 곡선이 세계인구의 증가를 더 잘 나타내고 있는가?

4. 다음 중 어느 것이 밀도의존성 한정요인의 영향을 설명하고 있는가?
a. 삼림 화재는 삼림 패치 속에 있는 모든 소나무를 죽인다.
b. 초기 강우는 메뚜기 개체군의 폭발을 유발한다.
c. 가뭄은 밀 경작을 크게 줄인다.
d. 토끼가 증식하여 이들의 먹이 공급은 줄어들기 시작한다.

5. 침입종은 전형적으로 어떤 생활사 패턴인가?

6. 침입종을 통제하기 위해 IPM(통합 해충관리) 접근법을 취할 때 다음 중 옳지 않은 것은 무엇인가?
a. IPM은 해충의 완전한 박멸을 옹호한다.
b. IPM은 해충 개체군의 서식지 운반 능력을 낮춘다.
c. IPM은 생물학적, 화학적, 문화적 방법의 조합을 사용한다.
d. IPM은 살충제 사용을 허용한다.

7. 인간의 생태발자국에 대한 연구는 ______을 보여준다.
a. 우리는 이미 지구를 보호할 수 있는 능력을 넘어섰음
b. 지구는 현재 인구를 유지할 수 있지만 그 이상은 아님
c. 지구는 현재 인구의 약 두 배로 인구를 유지할 수 있음
d. 인류의 인구의 크기는 곧 추락할 것임

주된 주제 식별하기

아래의 각 문장에서 분명하게 드러난 주된 주제가 무엇인지(구조와 기능의 연관성, 정보의 흐름, 에너지와 물질의 변환경로, 생물계 내에서의 상호작용, 진화)를 식별하고, 그 내용이 그 주제와 어떻게 관련되는지를 설명하시오. 필요한 경우 주제들을 검토하고(1장 참조), 또 이 장에서 파란색 글자로 나타내어 강조한 예들을 검토해 보시오.

8. 홍합은 매우 끈적끈적한 실로 경화되는 일군의 분자들을 분비한다.

9. 스라소니는 캐나다와 알래스카의 먼 북부 숲에 있는 눈신토끼의 주요 포식자 중 하나이다. 약 10년마다 스라소니와 눈신토끼의 개체군은 급격히 감소 다음에 빠르게 증가한다.

10. 해부학적 특징과 같은 생활사 특성은 건강을 결정하는 생식과 생존의 요구에 균형을 맞추는 절충에 의해 형성된다.

답은 부록 C를 참조.

과학연구의 과정

11. 수족관에 있는 열대어 개체에 대한 제한요소는 무엇인가? 다른 종류의 물고기와 다른 종간 경쟁이 있는지 어떻게 검정하는가?

12. **자료 해석하기** 아래의 그래프는 1890년부터 2012년 사이 멕시코 인구 동향에 대한 자료를 2012~2050년에 대한 예상 인구동향과 함께 보여주고 있다. 어떻게 멕시코의 인구성장률은 이 기간 동안 어떻게 변화하였는가? 세기 중반까지 어떻게 변화할 것으로 예상되는가? 2050년 멕시코의 예상 연령구조에 대해 말해 보시오.

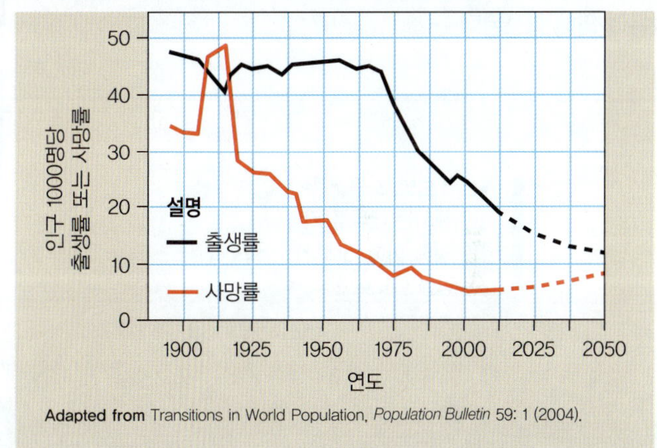

Adapted from Transitions in World Population, *Population Bulletin* 59: 1 (2004).

우리와 함께하는 생물학

13. 전쟁과 전염병은 인구 증가를 제한할 수 있다. 과거에 전쟁과 전염병이 인류에게 얼마나 큰 영향을 미쳤는가?

14. 인구의 증가하는 크기는 몇 가지 환경문제에 대한 책임이 있다. 1979년에 중국 정부는 국가의 인구 증가를 통제하기 위한 한 자녀 정책을 도입했다. 다양한 제도들이 뒤따랐으며 2015년에 정책이 폐지되어 부부가 30년 만에 처음으로 두 자녀를 갖게 되었다. 이것이 국가의 연령 구조 피라미드에 어떤 영향을 미쳤다고 생각하는가? 이것이 중국의 인구 균형에 어떤 영향을 미쳤는가?

20 군집과 생태계

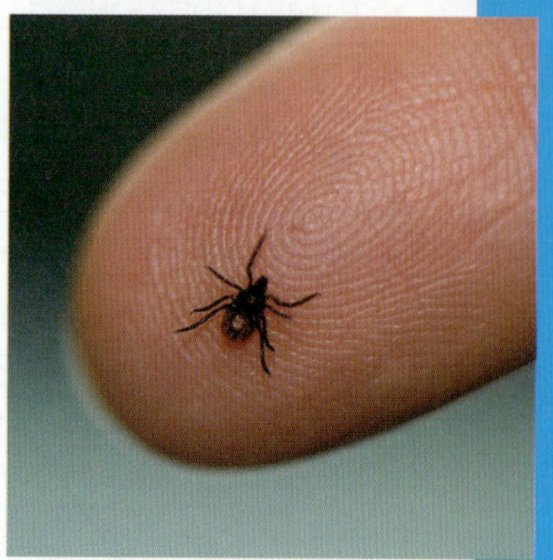

수적으로 많은 것이 안전하다. 생물다양성이 이 진드기가 일으키는 라임병을 예방할 수 있다.

차례 내용

조심하세요. 참치가 수은이나 그 밖의 독성물질로 오염되었을지도 모르니까요.

생태학은 왜 중요한가?

인간도 지구에서 생명을 유지해 나가는 생태계의 일부이다. 우리의 세계는 종들 간의 상호작용과, 또 개체 생물과 그들의 환경 사이의 상호작용에 의해 형성된다.

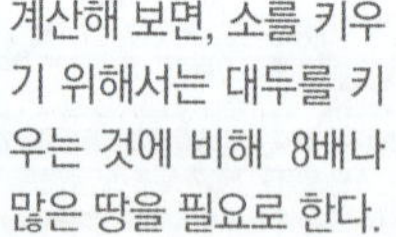

계산해 보면, 소를 키우기 위해서는 대두를 키우는 것에 비해 8배나 많은 땅을 필요로 한다.

실마리

생물다양성의 중요성

태즈메이니아 주머니너구리의 우유 단백질은 언젠가 인간의 "슈퍼버그"를 죽일 수도 있다.

우리와 함께하는 생물학 생물다양성의 중요성

생물다양성이 왜 중요한가?

태즈메이니아 주머니너구리(테즈메이니아 데빌, Tasmanian devil)는 단순한 만화 캐릭터가 아니다. 진짜 태즈메이니아 주머니너구리는 그들의 이름에 걸맞게도 맹렬하게 고기를 먹는 유대류이다. 이들은 매우 빠르게 달릴 수 있고, 아주 강하게 물고, 큰 소리를 낼 수 있다. 이들은 또한 멸종위기에 처한 종이기도 하다. 왜 이 이상한 동물을 멸종되게 내버려두지 않는가? 한 가지 이유로는 이들이 언젠가 우리의 생명을 구할 지도 모른다. 최근에 태즈메이니아 주머니너구리 우유에서 발견된 단백질이 항생제 내성 세균을 죽인다. 불행히도 지난 20년 동안 태즈메이니아 주머니너구리의 개체수는 서식지 손실과 이들이 서로 물어서 종종 퍼지게 된 치료불가능한 안면암으로 인해 급격히 감소했다. [이러한 연유로 이들은 "데빌(악마)"이라고 불린다.] 이들의 온전한 서식지는 호주 해안에서 떨어져 있는 섬이다. 이들은 천천히 번식하고 유전적 다양성이 낮다. 다행스럽게도 종을 보호하기 위한 조치들이 취해졌다.

모든 종과 마찬가지로 태즈메이니아 주머니너구리는 이들의 공동체에서 독특한 역할을 한다. 이들은 파괴적인 도입종을 포함하여 작은 포유류를 죽이지만 죽은 동물청소를 전문으로 한다. 이 종의 손실은 군집 전체에 파급 효과를 미칠 것이다.

서식지 파괴, 오염, 과도한 수확 같은 인간활동은 전 세계적으로 종을 위협하고 있다. 일부 사람들은 자체적으로 생물다양성을 보존하지만 실제적인 이유도 있다. 인간은 다양한 생태공동체에 의존한다. 우리의 매일 매일의 삶은 산소를 만들어내고, 먹이를 제공하고, 해충을 잡아먹고, 기후를 완화시키고, 홍수를 처리하고, 침식을 줄이고, 필수 생산품을 제공하고, 질병에 대한 예기치 않은 치료를 제공하는 종에 의해 개선된다. 이러한 생태계서비스에 대해 달러 가치로 정확하게 환산하는 것은 불가능하지만, 연간 30조 달러 이상의 가치가 있는 것으로 예상된다.

각 종은 생물학적 공동체를 만드는 복합적인 상호작용에 필수적이다. 한 종을 잃으면 결과를 예측할 수도 없고 치명적일 수도 있다. 꽃가루가 없으면 일부 식물은 멸종한다. 포식자나 경쟁자가 없는 종은 자원을 과도하게 소비하여 환경을 영구적으로 손상시킬 수 있다.

이 장에서 우리는 종들이 서로 간에 또 그들의 환경과 어떻게 상호작용하는지 살펴볼 것이다. 우리는 군집이 어떻게 장애로부터 회복되는지, 그리고 중요한 서비스를 제공하는 생태계를 어떻게 보호하고 복원할 수 있는지를 살펴볼 것이다.

생물다양성

생물다양성(biodiversity)은 살아 있는 것의 다양함을 뜻하는 생물학적 다양성의 줄임말이다. 이것은 유전적 다양성, 종다양성, 그리고 생태계 다양성을 포함한다. 그래서 다양성의 감소는 바로 개별종의 운명 그 이상의 것을 내포하고 있다.

20.1 유전적 다양성

개체군 내에 유전적 다양성(대립유전자의 다양함)은 변화하는 환경에 생물들로 하여금 적응을 가능케 하는 자연선택의 원자재가 된다. 국소 개체군이 소멸되면, 그때 그 종의 개체수는 감소되고, 따라서 그 종의 유전자원이 소실된다. 유전변이에 있어 심각한 감소는 그 종의 생존을 위협하게 만든다. 한 종 전체가 없어지면, 그들이 가지고 있던 그들만의 독특한 유전자가 모두가 없어지는 것이다.

유전적 다양성은 경제적인 가치가 있다. 많은 연구자와 생명공학 분야의 리더들은 신약, 산업 화학물질, 기타 제품의 개발에 있어 유전적 "생물탐사"가 갖는 잠재력에 대해 몰두하고 있다. 생물탐사는 또한 세계식량공급을 보호할 수 있다. 캐번디쉬 바나나는 거의 모든 바나나 시장을 차지하며 연간 100억 달러 이상의 매출을 창출한다. 모든 캐번디쉬 바나나는 유전적 다양성이 없는 클론이므로 한 병원체가 모든 개체를 쓸어버릴 수 있다. 이러한 병원체 중 하나가 동남아시아에서 나타났는데, 이전에는 가치가 없다고 생각되었던 야생종의 바나나에 대한 탐색을 시작했다. 야생 바나나가 자신의 유전자에 병원체에 내성을 갖도록 하는 정보가 있다면 그 정보는 캐번디쉬로 옮겨질 수 있다. 열대우림이 야자유 재배지로 대체되면서 유전자 탐사자들은 야생 바나나의 파멸을 막고자 경주하고 있다(그림 20.1). ✓

▲그림 20.1 **캐번디시 바나나.** 모두 복제품종이며 새로운 균류에 의한 질병으로 위협받고 있다.

> ✓ **체크포인트**
>
> 유전적 다양성의 감소는 개체군을 어떤 위험에 빠뜨리는가?
>
> **답:** 유전적 다양성이 감소된 개체군은 환경변화에 반응하여 진화하는 능력이 줄어든다.

20.2 종 다양성

생태학자들은 멸종을 향해 종을 밀어붙이는 정도가 이미 경고수준에 와있다고 믿고 있다. 현재의 종 감소율은 지난 10만 년이란 기간에 비해 100배나 높다. 일부 연구자들은 현 파괴율로 볼 때 현재 살고 있는 종의 반 이상이 금세기 말까지 사라져버릴 것이라고 추정하고 있다. 그림 20.2에서 하나는 멸종되고 다른 하나는 멸종의 위기에 처한 두 종을 보여주고 있다. 세계자연보전연맹(IUCN)은 전 세계적으로 종의 보전 상태에 대해 과학적 평가자료를 만들어낸다. 여기에 현재 문제가 되고 있는 몇 가지 예가 있다.

- 전 세계적으로 조류 10,004종 중 13% 정도, 또 조사된 5,488종의 포유류 중 25% 정도가 멸종우려 상태에 처해 있다.
- 전 세계적으로 역사 이래로 민물어류의 약 20%가 인간으로 인해 멸종되거나 심각한 멸종우려 상태에 처해 있다.

▼그림 20.2 **인간이 원인이 되어 최근 멸종목록에 추가된 생물.**

대만표범. 2013년 과학자들은 대만의 섬에서만 발견되던 아종인 대만표범이 아직도 살고 있으리라는 희망을 포기했다. 이 사진은 동물원에 살고 있는 비슷한 아종을 보여주고 있다.

헥토르 돌고래. 뉴질랜드에서 사는 이 돌고래는 세계에서 가장 작은 돌고래이다. 이 돌고래는 현재 멸종위기에 처해 있다.

- 조사된 모든 양서류의 41% 정도가 거의 멸종의 위험에 처해 있다.
- 영국에서는 5종의 식물 중 1종이 멸종위기에 처해 있으며, 현재 20종이 멸종한 것으로 인식하고 있다. 전 세계적으로는 10,000종의 식물이 멸종의 위험에 처해 있다.

20.3 생태계 다양성

생태계 다양성은 생물학적 다양성의 세 번째 구성요소이다. 생태계는 특정 지역에 있는 생물인자와 무생물인자 둘 다 포함한다고 배운 바 있다. 서로 다른 종의 개체군은 상호연결되어 있어서 한 종의 멸종은 전체 생태계에 부정적인 영향을 줄 수 있다. 『우리와 함께 하는 생물학』에서 배운 바와 같이 자연생태계가 사라져버리면 생태계들이 수행해 직간접적으로 사람들에게 유익함을 주는 기능들, 즉 **생태계서비스(ecosystem service)**의 상실로 귀결된다. 생동적인 이들 서비스에는 공기와 물의 정화, 기후 조절, 침식방지 등이 포함된다. 예를 들면 숲은 대기로부터 탄소를 흡수하여 저장하는데, 이것은 숲이 파괴되거나 손상될 때 없어져버리는 서비스 중의 하나이다(18.39 그림 참조). 산호초도 종다양성이 풍부할 뿐만 아니라(그림 20.3), 사람들에게 음식, 폭풍으로부터의 보호, 휴양을 포함한 다양한 이점을 제공한다. 인간의 활동으로 인해 세계 산호초의 20% 가량이 이미 파괴된 것으로 추정된다. 최근 연구에 따르면 호주의 대보초(Great Barrier Reef)의 93%가 백화현

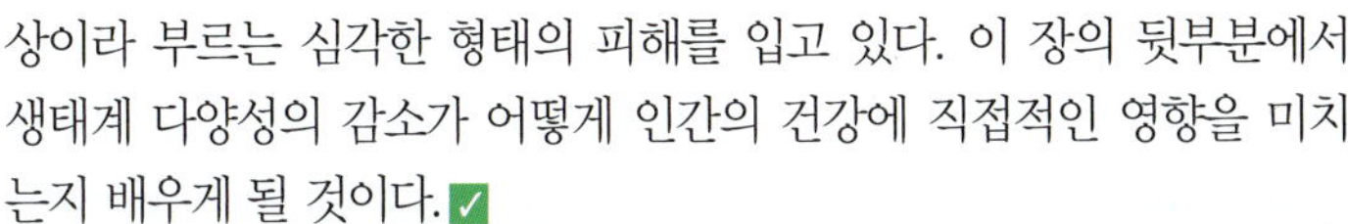

상이라 부르는 심각한 형태의 피해를 입고 있다. 이 장의 뒷부분에서 생태계 다양성의 감소가 어떻게 인간의 건강에 직접적인 영향을 미치는지 배우게 될 것이다. ✓

▼ 그림 20.3 **생물다양성의 다채로운 전시장인 산호초.**

✓ 체크포인트

생태계가 파괴될 때 그들이 제공하던 서비스가 상실된다. 생태계서비스의 몇 가지 예를 들면?

답: 가능 답은 이 페이지와 『우리와 함께하는 생물학』에 언급되어 있다. 서비스에는 다음과 같은 것들이 있다. 공기와 물의 정화; 기후 조절; 침식방지; 휴양; 목재, 물, 식량과 같은 사람이 사용하는 자원을 제공

20.4 생물다양성 감소의 원인

생태학자들은 생물다양성의 감소에 책임이 있는 4개의 주요 인자, 즉 서식지 파괴와 파편화, 침입종, 남획, 오염임을 밝혀냈다. 지속적인 인구의 증가와 이들의 지배력이 네 인자 전부의 근원에 있다. 또한 과학자들은 지구기후변화가 가까운 장래에 멸종의 주요 원인이 될 것으로 예상하고 있다(18장 참조).

서식지 파괴

농업, 도시개발, 임업, 그리고 광업에 기인한 서식지의 대량파괴와 파편화가 생물다양성에 가장 큰 위협을 불러일으키고 있다(그림 20.4). 세계자연보전연맹에 따르면 서식지 파괴는 멸종 위기에 있는 모든 조류, 포유류, 양서류의 85% 이상에 영향을 준다. 대만의 대만표범은 이 표범의 멋진 털가죽 무역거래뿐 아니라, 산림 파괴로 자신의 서식

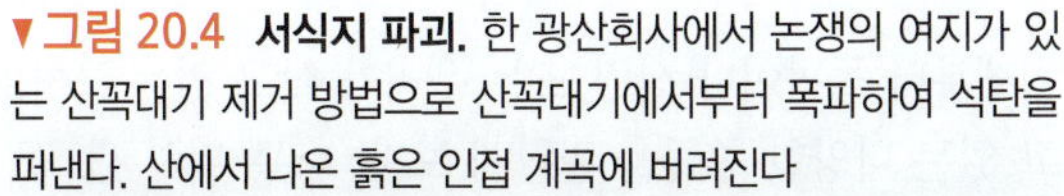

▼ 그림 20.4 **서식지 파괴.** 한 광산회사에서 논쟁의 여지가 있는 산꼭대기 제거 방법으로 산꼭대기에서부터 폭파하여 석탄을 퍼낸다. 산에서 나온 흙은 인접 계곡에 버려진다

지를 잃게 되어 결국 파멸을 맞게 되었다. 대만표범의 나머지 아종이 동남아시아의 숲에서 서식하고 있지만, 이들 또한 삼림벌채로 인해 멸종되기 쉽다.

침입종

생물다양성 감소의 원인에서 서식지 파괴 다음으로 두 번째 요인으로는 침입종의 유입이다. 인간에 의해 고향이 아닌 다른 서식지에 유입된 종의 개체군생장이 통제 불능이 되어, 도입종이 토착종과 경쟁하거나, 이들을 잡아먹거나 또는 이들에 기생하게 될 때 대량파괴가 일어난다(19장 참조). 새로운 생물종을 방해할 수 있는 다른 종과의 상호작용의 부재는 간혹 비토착종이 침입종이 되는 주된 요인이다.

남획

지속불가능한 해양어장(그림 19.13 참조)은 인간이 개체군의 회복능력을 초과해 잡아들임으로써 야생생물을 어떻게 남획할 수 있는지를 보여주고 있다. 미국 들소, 갈라파고스 거북, 호랑이는 지나친 상업적 포획, 밀렵, 스포츠 취미 사냥으로 인해 그 수가 급격하게 감소하였다. 값비싼 목재를 제공하는 마호가니와 자단과 같은 희귀성 나무를 포함한 몇몇 식물 역시 과한 벌목으로 위협을 받고 있다.

오염

대기와 수질오염(그림 20.5)은 전 세계적으로 수백 종의 개체군의 감소에 원인이 되고 있는 요인 중 하나이다. 대기로 방출된 오염물질은 하늘 위로 높이 올라가 수천 킬로미터나 떨어진 머나먼 곳으로 운반되어 산성비의 형태로 그곳 땅에 떨어질 수도 있다. 지구적 물순환은 육상생태계에서 수백 킬로미터나 떨어진 수서생태계에까지 오염물질이 운반될 수 있다. ✓

▲그림 20.5 **2010년 멕시코만에서 일어난 재해 때 기름에 달라붙은 펠리컨.** 야생생물은 종종 가장 눈에 띄는 오염의 희생자이지만, 그 영향은 생태계를 통해 넓게 퍼져나간다.

✓ 체크포인트

생물다양성을 감소시키는 4가지 주요 원인은 무엇인가?

답: 서식지 파괴, 침입종, 남획, 오염

군집생태학

이제부터 들판이나 산림 또는 우리가 살고 있는 근처로 걸어가면서 살고 있는 다양한 종들을 관찰해 보자. 나무 위의 새, 꽃 위에 앉은 나비, 잔디밭에 자란 민들레, 또 우리가 가까이 다가가면 잽싸게 피난처로 도망가는 도마뱀도 보게 된다. 이들 생물 각각은 자신의 생명활동을 수행해 나갈 때 다른 생물과 상호작용을 맺게 된다. 한 생물의 생물환경은 그 자신 개체군의 개체들뿐만 아니라, 동일 지역에 사는 다른 종의 개체군도 포함한다. 생태학자들은 이와 같이 가능한 상호작용을 위해 서로 충분히 가까이 살고 있는 종들의 집합체를 **군집(community)**이라 부른다. 그림 20.6에서 사자나 얼룩말, 독수리, 식물, 보이지 않는 미생물들이 케냐에서 한 생태학적 군집을 이루는 모든 구성원이다.

▼그림 20.6 **케냐 사바나 군집에서 상호작용을 하는 다양한 종들.**

20.5 종간 상호작용

군집에 관한 우리의 공부를 종 사이의 상호작용으로부터 시작해 보자. 이들 **종간 상호작용(interspecific interaction)**은 관련된 개체에 미치는 영향에 따라 분류하는데, 이것은 도움이 될 수(+)도 아니면 해가 될 수(−)도 아니면 아무런 영향이 없을 수(0)도 있다. **몇몇 경우에서 한 군집에서 두 개체군이 먹이나 공간 같은 자원을 두고 서로 경쟁한다.** 이런 상호작용의 영향은 일반적으로 두 종간에 서로 적대적(−/−)이다. 어느 종도 서식지에서 제공되는 자원 전체를 사용할 수는 없다. 반면에 어떤 종간 상호작용은 양쪽 모두에 이익(+/+)이 된다. 예를 들면 꽃과 수분매개자 사이의 상호작용은 상호 유익하다. 종간 상호작용의 세 번째 유형은 한 종이 다른 종을 먹이원으로 이용한다. 이 상호작용의 영향은 한 개체군의 개체에게는 확실히 이롭고 다른 한 쪽은 해롭다(+/−). 때로는 한 종의 개체가 다른 종의 개체를 해치거나 도와줌이 없이 다른 종으로부터 혜택을 볼 수 있다. 도마뱀은 나무 그늘의 혜택을 받을 수 있지만 나무의 건강 (+/0)에는 영향을 미치지 않는다. 지금부터 우리는 종간 상호작용에 대해서 좀 더 많이 배울 것이고, 아울러 이들이 군집에 어떻게 영향을 주는지에 대해서도 배울 것이다. 또한 자연선택의 강력한 동인으로써의 종간 상호작용에 대해 알아볼 것이다.

종간경쟁(−/−)

개체군생장의 로지스틱 모델에서(그림 19.6 참조) 개체군 밀도의 증가는 각 개체에 가용한 자원의 양을 감소시킨다. 한정된 자원에 대한 이러한 종내(종 안에서)경쟁은 궁극적으로 개체군생장을 제한한다. 종 사이의 경쟁인 **종간경쟁(interspecific competition)**의 경우 한 종의 개체군생장은 자기가 속한 개체군 밀도(종내경쟁)에 의해서뿐만 아니라, 경쟁종의 개체군 밀도에 의해서도 제한 받을 수 있다.

군집에서 개체군이 서로 경쟁할지 여부를 무엇이 결정하는가? 각 종은 자신의 환경에서 생물자원과 무생물자원에 대한 그 종의 전체적인 사용으로 정의되는 **생태적 지위(ecological niche)**를 가진다. 예를 들면 조무래기따개비(*Chthamalus*)에 속하는 따개비의 생태학적 지위(그림 20.7a)는 조간대에 위치하는 바위라는 공간, 물에서 걸러낸 먹이, 수온, 기온, 또 생존을 가능하게 하는 습도를 포함하고 있다. 다시 말해 생태학적 지위는 이 따개비가 존재하는데 필요한 모든 것을 망라한 것이다. 고랑따개비(*Balanus*)에 속하는 따개비의 생태학적 지위에는 조무래기따개비에서 사용하는 것과 동일한 자원이 포함되어 있지만 고랑따개비는 썰물 때의 수위보다 높은 곳에서는 생존할 수 없다. 따라서 이 두 종이 같은 지역에 서식할 때 썰물 수위 부근의 바위 공간과 같은 자원에 대해서는 서로 경쟁자가 된다.

생태학자인 조셉 코넬은 스코틀랜드 해안의 한 군집에서 이 두 종의 따개비 개체군 사이의 종간 경쟁의 영향을 조사하였다. 연구 현장에서 고랑따개비를 제거했을 때 조무래기따개비는 이전에 고랑따개비가 차지했던 지역으로 퍼져나갔다(그림 20.7b). 이 연구는 종간 경쟁에서 이용 가능한 서식지가 줄어들게 되면 적응에 직접적으로 부정적인 영향을 미칠 수 있음을 보여 주었다.

두 종의 생태적 지위가 아주 비슷하면 이들은 같은 장소에서 공존할 수 없다. 일련의 멋진 실험으로 이 효과를 증명한 러시아 생태학자 가우스(G.E. Gause)에 의해 도입된 이 개념을 생태학자들은 **경쟁배타 원리(competitive exclusion principle)**이라 부른다. 가우스는 원생생물인 짚신벌레속의 아주 가까운 두 종 파라메시움 카우다툼(*Paramecium caudatum*)과 파라메시움 아우렐리아(*P. aurelia*)를 사용하였다. 먼저 그는 실험실에서 이들을 배양하기 위해 사용된 조건 하에서 각 종에 대해 각각의 수용능력을 확인하였다(그림 20.8, 위쪽 그래프). 그런 다음 그는 같은 서식지에서 두 종을 배양했다. 2주 안에 파라메시움 카우다툼 개체군은 아래로 폭락하였다(아래쪽 그래프). 가우스는 이

▼ **그림 20.7 서식지를 놓고 경쟁하는 유사한 따개비 종.**

조무래기따개비
고랑따개비
밀물 때의 수위
조무래기따개비
고랑따개비
썰물 때의 수위
바다

(a) 조무래기따개비의 범위는 고랑따개비가 있을 때 제한을 받는다.

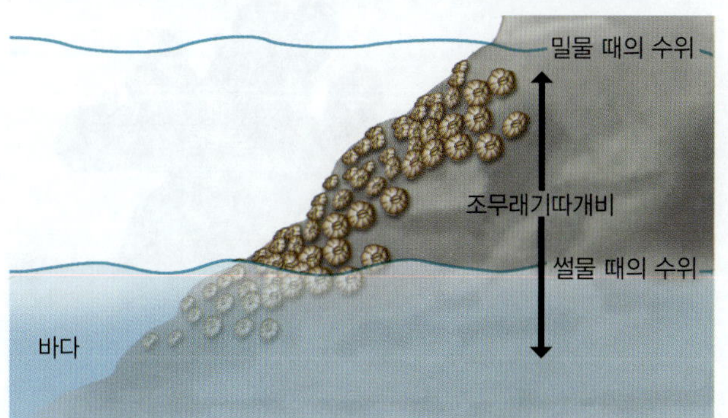

(b) 조무래기따개비의 범위는 고랑따개비가 없을 때 확장된다.

▼ **그림 20.8 실험실 짚신벌레 개체군에서 경쟁배타.**

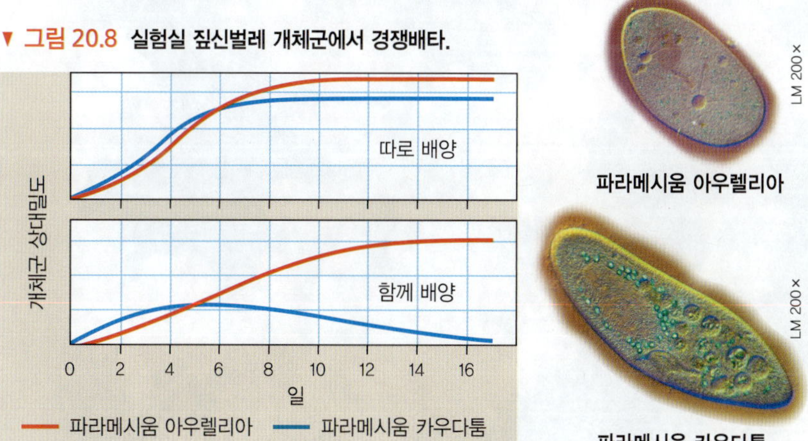

들 종의 요구가 너무나 유사하여 이 경우 상위 경쟁자인 파라메시움 아우렐리아는 파라메시움 카우다툼으로부터 필수 자원을 빼앗았다고 결론지었다. ✓

✓ **체크포인트**

다른 실험에서 가우스는 파라메시움 카우다툼과 파라메시움 부르사리아는 같은 서식지에서 공존할 수 있으나, 개체군은 각 종이 단독으로 서식지에 점유했을 때보다 작다는 것을 발견하였다. 우리는 이 결과를 어떻게 설명할 수 있겠는가?

답: 파라메시움 카우다툼과 파라메시움 부르사리아 사이의 경쟁은 이들이 같은 생태적 지위를 갖지는 않지만 생태적 지위의 일부 측면이 유사하여, 각 개체군에 가용한 자원을 감소시킨다. 아마도 어떤 종도 필수 자원에 대해서는 다른 종을 경쟁해서 이길 수 없다.

상리공생(+/+)

상리공생(mutualism)에서는 상호작용으로부터 양쪽 생물종 모두가 이익을 얻는다. 일부 상리공생은 공생하는 생물종 사이에서 일어나는데, 이들 생물들은 서로 가까이서 물리적인 유대관계를 맺는다. 예를 들면 근균(그림 16.2 참조)이라 부르는 공생적 뿌리-균류 결합관계에서 균류는 식물에게 무기영양분을 제공해주고 대신 유기영양분을 제공받는다. 산호초 생태계는 어떤 종의 산호동물과 산호폴립 안에서 살고 있는 수백만 개의 단세포 조류 사이의 공생적 상리공생에 의존한다(그림 20.9). 산호초는 외부 탄산칼슘 골격을 분비하는 군집성 산호가 세대를 걸쳐 지속적으로 만들어간다. 조류가 광합성으로 만들어내는 당은 산호동물이 사용하는 에너지의 절반 이상을 제공한다. 이러한 에너지의 투입은 산호가 침식 속도보다 빠르게 새로운 골격을 형성하고, 빨리 자라는 해초와의 공간 경쟁에서 앞설 수 있게 해준다. 반면에 조류는 빛을 받을 수 있는 안전한 은신처를 얻게 된다. 또한 이들은 CO_2와 매우 유용한 질소원인 암모니아와 같은 산호의 노폐물도 이용한다. 상리공생은 꽃과 수분매개자에서처럼 공생적이지 않은 종 사이에서도 일어날 수 있다.

▲그림 20.9 **상리공생.** 산호 폴립의 세포에는 단세포 조류가 서식한다.

포식(+/−)

포식(predation)이란 한 종(포식자)이 다른 종(먹이)을 죽인 다음 그것을 먹어버리는 상호관계를 말한다. 포식은 먹이의 성공적인 번식에 해롭게 작용하기 때문에 먹이 개체군에서 포식자를 피하려는 다양한 적응이 자연선택을 통해 진화해왔다. 예를 들면 가지뿔영양과 같은 몇몇 먹이 종은 이들의 포식자를 충분히 피할 수 있을 정도로 빠르게 달린다(19장의 『진화와 연결』을 참조). 토끼와 같이 다른 것은 은신처로 피난한다. 이와 또 다른 먹이종은 보호하기 위해 기계적 방어에 의존한다. 호저의 날카로운 가시나 대합조개의 단단한 껍질은 방어 역할을 한다.

적응채색은 여러 동물 종에서 진화된 방어의 한 유형이다. **보호색(cryptic coloration)**이라 부르는 위장술은 주변 배경색깔에 맞게 얼룩지게 만들어 잠재적인 먹잇감이 쉽게 노출되지 않도록 해준다(그림 20.10). 검은색과 함께 밝은 패턴의 노란색, 적색, 또는 오렌지색과 조합된 **경고색(warning coloration)**은 종종 동물이 효과적인 화학적 방어를 하게 해준다. 포식자는 이러한 색의 패턴이 유해한 맛이나 고통스러운 독침과 같은 원치 않는 결과와 연관되어 있음을 학습하여 비슷한 색조를 갖는 잠재적인 먹이를 회피하게 된다. 학습된 반응은 유전되지 않으며, 각 개별 포식자가 그것을 배워야하므로 신호가 명확해야 한다. 남태평양과 인도양의 일부 바다 민달팽이의 선명한 색상(그림 20.11)은 포식자를 찌르거나 독살할 수 있는 이들이 가진 능력에 대해 경고하고 있다.

▼그림 20.10 **보호색.** 위장은 포식자로부터 피그미해마를 숨긴다.

▼그림 20.11 **바다 민달팽이의 경고색.**

◀ **그림 20.12 뱀에서의 모방.** 무독의 스칼렛 왕뱀(왼쪽)의 색 무늬 패턴은 동부해변 독뱀(오른쪽)의 색 무늬와 비슷하다.

한 종이 다른 종을 닮아간 "모방" 적응, 즉 의태를 통해서 먹이 생물종이 역시 중요한 보호를 받을 수 있다. 예를 들면 무해한 스칼렛 왕뱀의 적색, 노란색, 흑색의 무늬 띠는 동부해변 독뱀(그림 20.12)의 굵은 색 패턴을 닮았다. 어떤 곤충은 보호색과 적응한 몸구조를 조합하여 정교하게 변장을 한다. 예를 들면 작은 가지나 새똥을 닮은 곤충이 있다. 심지어 어떤 것은 척추동물을 상당하게 모조하는 것도 있다. 예를 들면 어떤 애벌레 등쪽의 색깔은 효과적인 위장을 하는데, 그러나 방해를 받게 되면 애벌레는 배 쪽에 뱀의 눈 모양(그림 20.13)이 드러나게 확 젖힌다. 척추동물의 눈을 닮은 안점은 여러 무리의 나방과 나비에서 흔하다. 이들의 큰 "눈" 과시는 자칭 포식자를 깜짝 놀라게 한다. 다른 종에서의 안점은 포식자의 공격이 몸의 중요부위에서 벗어나 빗나가게 만든다.

초식(+/−)

초식(herbivory)은 동물에 의해 식물 일부나 조류가 먹히는 것을 말한다. 초식으로 식물이 죽지는 않지만, 식물이 동물에게 먹혀서 빼앗긴 일부 손실을 회복하려면 에너지를 또 써야만 한다. 따라서 초식동물에 대항하는 다양한 방법이 식물에서 진화해 왔다. 가시가 있는 장미를 꺾거나 가시 있는 선인장에 찔려본 사람은 알 수 있듯이 확실히 가시는 초식동물에 대한 방어수단이다. 화학독소 역시 식물에서 매우 흔하다. 동물의 화학적 방어수단과 마찬가지로 식물에서의 독소도 불쾌해서 초식동물은 이를 알고 피한다. 이러한 화학 무기 중에는 스트리크노스 톡시페라(*Strychnos toxifera*)라 부르는 열대덩굴 식물에서 생성되는 독성 스트리크닌, 마약성 양귀비의 모르핀, 담배 식물의 니코틴, 피요태 선인장의 메스칼린, 그리고 여러 식물종의 타닌이 있다. 그 밖에도 사람에게 있어 독소는 아니나 초식동물에게는 불쾌함을 주는 또 다른 방어물질은 박하, 소인경, 계피(그림 20.14) 등의 친숙한 향이 있다. 어떤 식물은 자신을 먹은 곤충에서 비정상적인 발달을 일으키는 물질까지도

▼ **그림 20.13 뱀을 모방한 곤충.** 방해받을 때 박각시나방 유충(왼쪽)이 확 젖히면 뱀(오른쪽)처럼 보인다.

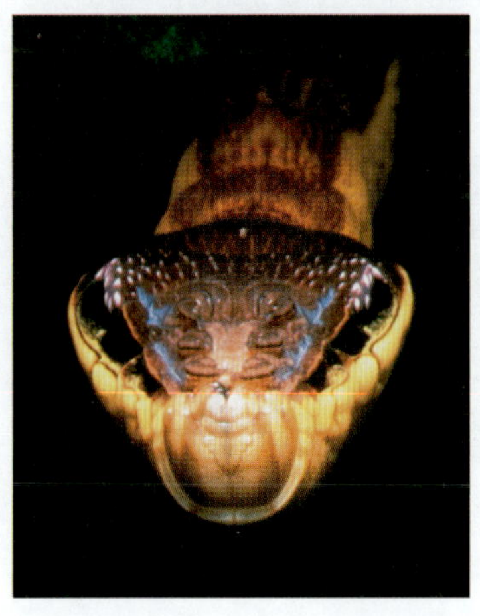

▼ **그림 20.14 향기를 내는 식물.**

서양박하. 서양박하 식물의 한 부분은 자극성 기름을 만들어낸다.

소인경. 요리에 사용되는 소인경은 이 식물의 꽃봉오리에 해당한다.

계피. 계피는 이 나무의 안쪽 수피로부터 얻는다.

생성한다. 인도멀구슬나무는 발생호르몬과 닮은 화학물질을 생성하여 곤충으로 하여금 말린 날개와 꼬인 복부를 갖게 만든다. 화학회사에서 식물의 이러한 독성 특성을 이용하여 살충제를 만들었다. 예를 들면 니코틴은 살충제로 사용된다. ✓

> ✓ 체크포인트
>
> 사람은 대부분의 쓴맛의 음식을 불쾌하게 생각한다. 우리가 왜 쓴맛을 내는 화학물질에 대한 미각수용체를 가지게 되었다고 생각하는가?
>
> 답: 쓴 화학물질에 민감한 미각수용체는 인간의 조상이 아마도 그들이 먹을 것을 찾아 돌아다닐 때 잠재적인 독성식물을 구별할 수 있게 되고, 따라서 그들이 더 오래 생존할 수 있도록 만들어주었다.

기생충과 병원체(+/−)

식물과 동물은 둘 다 기생충이나 병원체에 의해 희생될 수 있다. 이들 상호관계는 한 종(기생충이나 병원체)에게는 유익하나 숙주로 알려진 다른 종에게는 해롭다. **기생충(parasite)**은 **숙주(host)**에 붙어서 또는 안에서 숙주로부터 영양을 얻는다. 무척추 기생충은 숙주의 체내에 사는 흡충류, 촌충, 여러 종류의 회충과 같은 편형동물을 포함한다. 진드기, 이, 응애, 모기 같은 외부 기생충은 그들의 희생자에 일시적으로 부착하여 피나 다른 체액을 빨아먹는다(『과학연구의 과정』 참조). 식물도 식물의 수액을 체관부로부터 빨아먹는 선충과 진딧물과 같은 작은 곤충을 포함하여 기생충에 의해 역시 공격을 받을 수 있다(그림 19.10 참조). 기생충 개체군에서 번식의 성공은 이들 숙주에서 자리잡기와 섭취를 가장 잘하는 개체가 가장 높다. 예를 들면 수서 거머리는 맨 처음 물에서 움직임을 탐지함으로써 숙주에 자리 잡은 다음 숙주의 체온과 피부에 있는 화학적 단서에 근거하여 신원을 확인한다.

병원체(pathogen)는 질병을 일으키는 세균이나 바이러스나 곰팡이나 또는 현미경적 기생충으로 생각되는 원생생물이다. 비토착성 병원체는 군집에 대한 병원체의 영향을 연구할 기회를 제공하고 있다. 예를 들면 생태학자들이 아시아에서 온 원생동물에 의해 일어나는 질병인 북미에서의 밤나무마름병이라는 전염병의 결과에 대해 연구했다. 북미의 많은 숲의 주된 종으로 하늘을 덮던 밤나무의 멸종은 주목할 만한 영향을 주었다. 밤나무와 경쟁하던 오크나무와 히코리나무가 더 많아지게 되었고 나무수종이 전체적으로 증가하였다. 죽은 밤나무 또한 곤충과 나무구멍에 둥지를 짓는 새와 그리고 최후에는 분해자들과 같은 다른 생물에게 생태적 지위를 제공하였다. ✓

> ✓ 체크포인트
>
> 기생충과 이것의 숙주 사이의 상호작용은 포식자-먹이와 초식동물-식물 상호작용과 어떻게 유사한가?
>
> 답: 세 개의 상호작용 모두에서 한 종은 유익하고 다른 종은 해가 된다(+/-); 특히 한 종은 다른 종을 먹이원으로 활용한다.

편리공생(+/0)

편리공생(commensalism)은 한 종의 개체에게는 이익이 되고 다른 종의 개체에게는 이익도 해도 되지 않는 상호작용이다. 예를 들면 그림 20.10의 해마는 산호가 포식자로부터 숨을 수 있게 해줌으로써 이익이 되지만, 해마가 근처에 있을 때 산호에게는 치를 비용도 이익도 없다.

20.6 영양구조

이제부터 군집에 있는 개체군들이 서로 상호관계를 어떻게 하는지 알아보고 전체로써의 군집을 생각해 보자. 한 군집에서 여러 종 사이의 섭식관계는 그것의 **영양구조(trophic structure)**로 이야기한다. **한 군집의 영양구조는 이들이 광합성 생물로부터 초식동물로 그런 다음 포식자로 이동할 때 에너지와 물질을 전환시키는 경로를 결정한다.** 영양단계들 사이에 먹이가 이동되는 일련의 순서를 **먹이사슬(food chain)**이라고 한다.

그림 20.15는 두 개의 먹이사슬, 육상 먹이사슬과 수서 먹이사슬을 보여주고 있다. 두 먹이사슬 아래쪽에 다른 모든 단계를 지탱시켜 주는

▼그림 20.15 먹이사슬의 예.

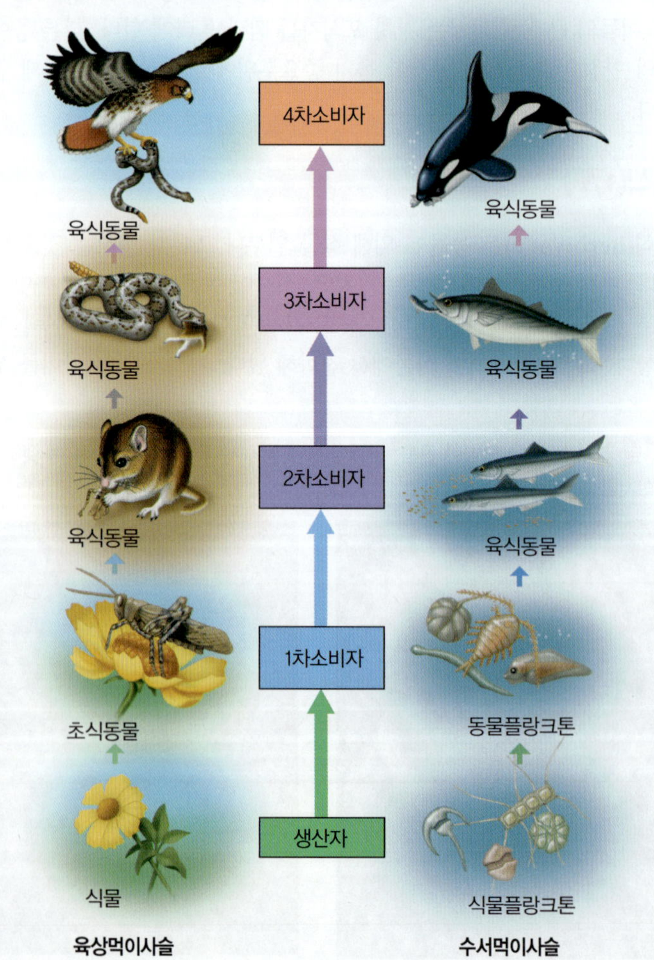

영양단계가 있다. 이 단계는 독립영양생물로 이루어져 있고, 생태학자들은 이들을 **생산자(producer)**[그림 6.1 참조]라 부른다. 광합성 생산자는 빛에너지를 당과 같은 유기물 합성에 이용한다. 식물이 육상에서 주된 생산자이다. 물에서 주된 생산자는 총체적으로 식물플랑크톤이라 부르는 광합성 원생생물과 남세균들이다. 다세포 조류와 수생식물 역시 얕은 물에서의 주된 생산자이다. 열수공을 둘러싼 일부 군집에서의 생산자는 무기화합물로부터 에너지를 얻는 원핵생물이다.

생산자보다 상위 영양단계에 있는 생물은 다른 생물을 소비하기 때문에 소비자라고 부른다. **초식동물(herbivore)**은 식물이나 조류와 같은 생산자를 먹는다. 초식동물은 먹이 사슬에서 소비자의 첫 번째 수준에 있기 때문에 **1차소비자(primary consumer)**라고 부른다. 육상에서의 1차소비자는 메뚜기와 수많은 다른 곤충, 달팽이, 그리고 초식성 포유류와 씨나 과일을 먹는 새와 같은 척추동물이 포함된다. 수서환경에서의 1차소비자는 식물플랑크톤을 먹고 사는 다양한 동물플랑크톤(주로 작은 새우와 같은 원생동물과 현미경적 미세동물)이 포함된다.

1차소비자 위의 영양단계는 하위 단계의 소비자를 먹는 **육식동물(carnivore)**로 이루어져 있다. 육상에서 **2차소비자(secondary consumer)**는 초식동물을 먹고 사는 사자와 다른 큰 육식동물뿐 아니라, 그림 20.15에서 보듯이 초식성 곤충이나 다양한 조류, 개구리, 거미를 잡아먹는 쥐와 같은 많은 작은 포유류를 포함한다. 수서 군집에서 2차소비자는 동물플랑크톤을 먹고 사는 작은 물고기들이다. 상위 영양단계는 쥐나 다른 2차소비자를 먹고 사는 뱀과 같은 3단계 소비자라고도 부르는 **3차소비자(tertiary consumer)**가 포함되어 있다. 대부분의 군집은 2차소비자와 3차소비자를 가진다. 그림에서 보듯이 어떤 군집은 4단계 소비자라고도 부르는 **4차소비자(quarternary consumer)**도 가진다. 이들은 육상 생태계에서는 매와 해양 생태계에서는 범고래를 포함한다. 여러분이 잠시만 생각해보아도 알 수 있듯이 고차원의 소비자는 드물다.

그림 20.15는 살아 있는 생물만 먹는 소비자만 보여주고 있다. 몇몇 소비자는 동물폐기물, 식물쓰레기, 사체를 포함하여 모든 영양단계에서 남겨진 죽은 물질인 **사체분해물(detritus)**에서 에너지를 얻는다. 부패의 진행에 단계에 따라 서로 다른 생물들이 사체분해물을 소비한다. 우리는 분해의 마지막 단계에서 사체분해물을 소비하는 생물을 **분해자(decomposer)**라고 말한다. 주로 원핵생물과 균류인 수많은 분해자들이 호수와 바다의 바닥에 있는 토양이나 진흙에 살며 유기물에 있는 분자를 소화하고, 이들을 무기물의 형태로 전환시키는 효소를 분비한다. 이 무기영양소는 식물과 식물성 플랑크톤이 궁극적으로 소비자를 위한 먹이가 될 수 있는 새로운 유기물을 만들기 위해 사용되는 원료가 된다. 많은 정원사가 사체섭식동물와 분해자를 사용하여 부엌 쓰레기나 정원에서 잘라내고 깎아낸 식물쓰레기의 유기물질을 분해시키기 위해 퇴비 더미를 쌓아놓는다(그림 20.16).

▼그림 20.16 **정원에 있는 퇴비함.** 이 퇴비가 썩어갈 때, 퇴비의 풍부한 유기물은 식물에게 무기영양분을 서서히 방출해 주는 원천이 된다.

생물농축

생물들은 산업폐기물에 의해 생산되거나 농약으로 이용된 많은 독성물질들을 대사하지 못하는데, 먹게 되면 이 화학물질들은 체내에 그대로 남는다. 이러한 독성물질이 먹이사슬을 거치면서 농축되게 되는데, 이 과정을 **생물농축(biological magnification)**이라 부른다.

그림 20.17은 북극의 먹이그물에서 피라미드의 맨 아래쪽에 있는

▼그림 20.17 **북극의 먹이사슬에서 PCB의 생물농축.** 오염된 물에서 연어와 같은 최상위 소비자를 섭취하면 사람들 특히 임산부의 건강에 문제가 될 수 있다.(참고: ng/g = 지방조직 그램당 나노그램의 PCB.)

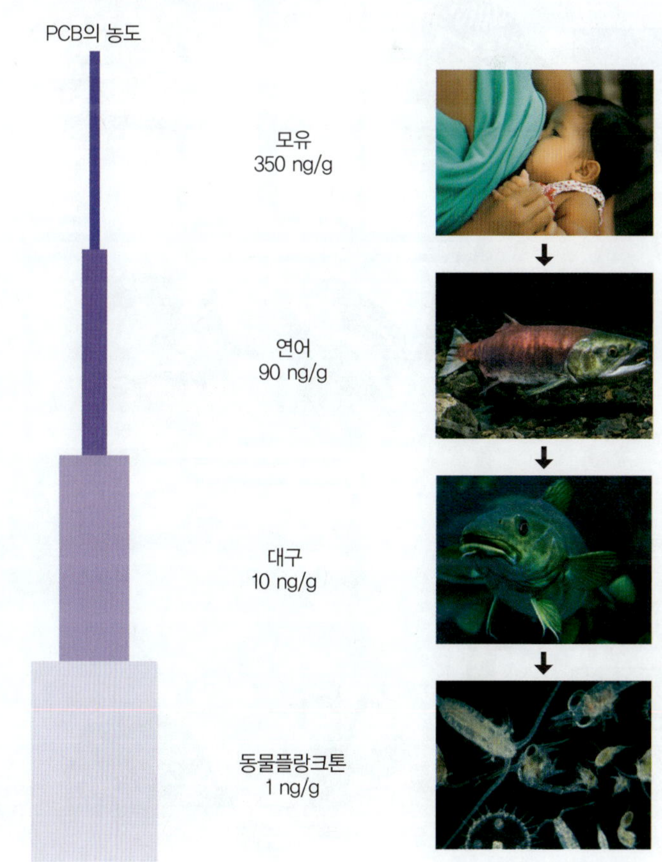

참치가 수은이나 그 밖의 독성물질로 오염되었을지도 모른다.

동물플랑크톤이 물에서 PCB로 오염된 식물플랑크톤을 먹었을 때 일어나는 PCB(1977년 까지 전기설비에 사용된 유기화합물)라 불리는 화학물질의 생물농축을 보여주고 있다. 대구가 많은 동물플랑크톤을 소비하므로, PCB의 농도는 동물플랑크톤에서 보다 대구에서 높아진다. 똑같은 이유로 PCB 농도는 연어에서 더 높다. 이 예에서는 최상위단계 포식자인 사람은 먹이사슬에서 가장 높은 PCB의 농도를 갖게 되고, 그 환경에서 어떤 독성물질에 가장 큰 영향을 받게 되는 생물이 된다. PCB는 지용성이므로 이들은 우유에서 농축될 수 있다. DDT(살충제로 사용되었던 화학물질)나 수은을 포함하여 미생물에 의해 분해될 수 없는 많은 다른 합성화학물질도 생물농축을 통해 농축될 수 있다.

먹이그물

군집이 매우 단순해서 분지되지 않은 단일의 먹이사슬의 특징을 갖는 경우는 실제로 거의 없다. 여러 유형들의 1차소비자가 통상 같은 식물종을 먹으며, 1차소비자의 한 종이 여러 다른 식물을 먹기도 한다. 이러한 먹이사슬의 분지는 다른 영양단계에서도 마찬가지로 일어난다. 따라서 군집에서 먹이관계는 통상 정교한 **먹이그물(food web)**로 짜여 있다.

그림 20.15에서 메뚜기를 오도독 씹어 먹고 있는 2차소비자인 식충성 쥐를 그림 20.18에서 생각해 보자. 이것의 먹이로 또한 식물도 포함되므로, 1차소비자도 역시 될 수 있다. 이것은 다른 단계의 소비자뿐 아니라 생산자도 먹는 **잡식동물(omnivore)**이다. 쥐를 잡아먹는 방울뱀도 둘 이상의 영양단계에서 먹는다. 방울뱀까지 그려진 청색 화살표는 그것이 1차소비자를 먹는 것을 표시하고 있는데, 자신은 2차소비자

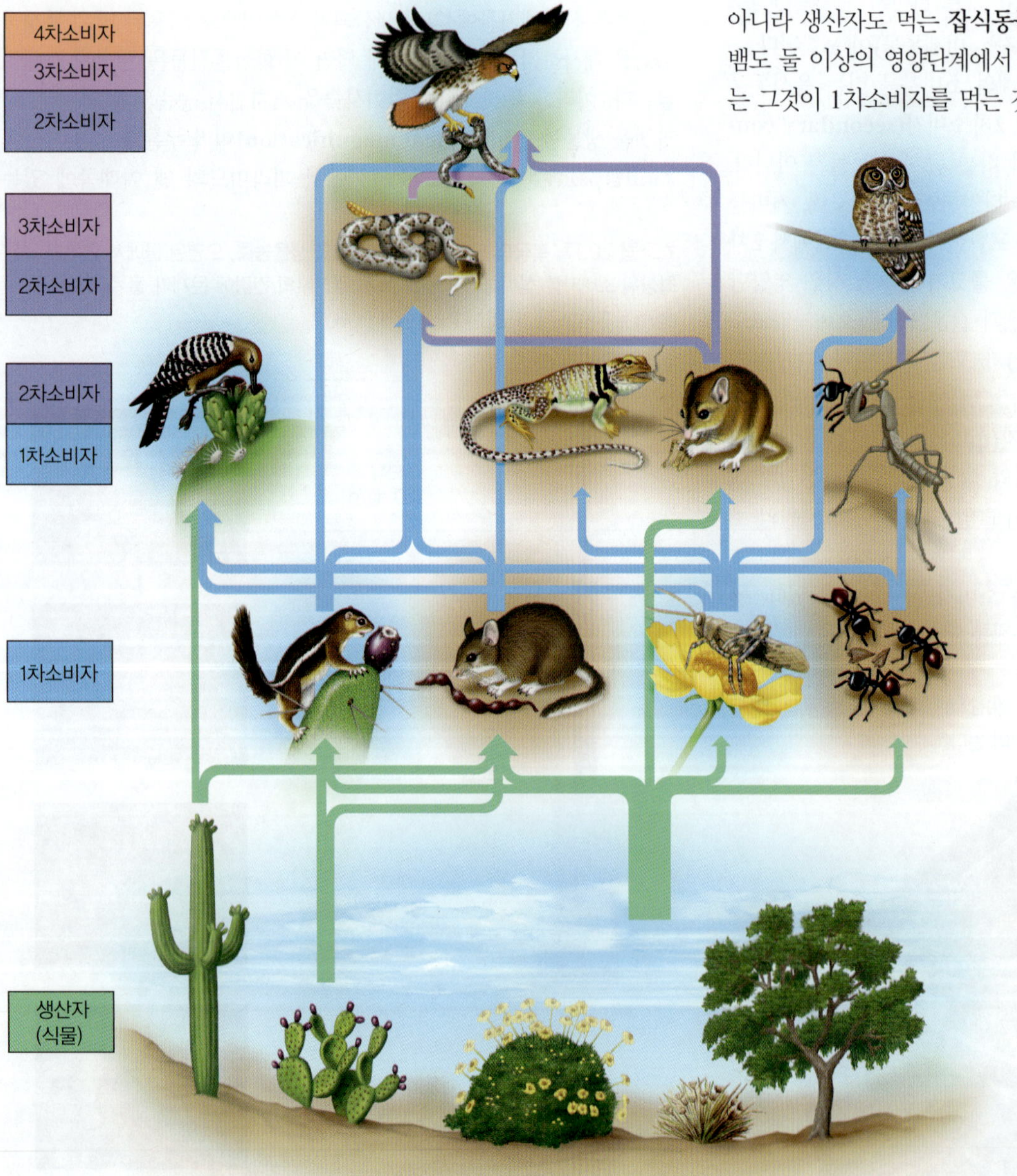

4차소비자
3차소비자
2차소비자
3차소비자
2차소비자
2차소비자
1차소비자
1차소비자
생산자 (식물)

◄ **그림 20.18 단순하게 표시한 소노란 사막 군집내 먹이그물.** 그림 20.15의 먹이사슬과 같이 이 그물에서 화살표는 "누가 누구를 먹느냐"를 영양분의 전달방향으로 표시하였다. 여기서도 그림 20.15의 영양단계와 먹이전달에서 사용하였던 색을 그대로 계속 사용한다.

가 된다. 보라색 화살표는 자신은 3차소비자이어서, 2차소비자를 먹는 것을 보여주고 있다. 복잡하게 보이는가? 사실 그림 20.18은 단순화한 먹이그물을 보여주고 있다. 실제 먹이그물에서는 각 영양단계마다 훨씬 많은 생물들이 포함되어 있고 대부분의 동물은 그림에서 보다 많은 다양한 먹잇감을 가진다. ✓

✓ 체크포인트

먹이사슬이나 먹이그물 중 어느 것이 종의 손실에 대해 보다 더 탄력적인가? 이유는?

답: 각 영양수준에 여러 종이 있으므로 먹이그물이 더 탄력적이다. 한 종이 소실되면 다른 종이 그 역할을 대신해서 그 결과가 크게 영향받지 않는다.

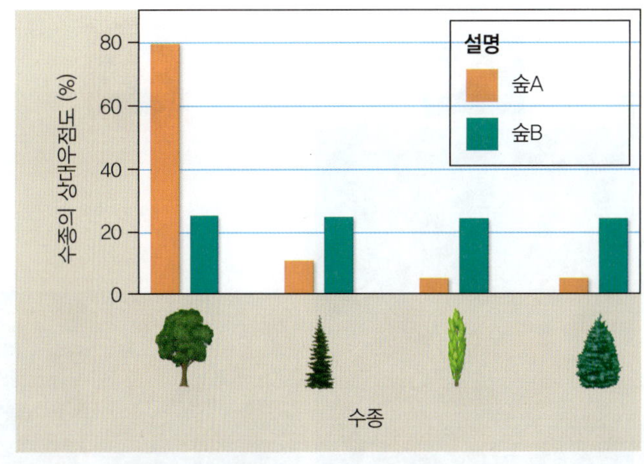

▲그림 20.20 숲A와 숲B에서 수종의 상대우점도.

20.7 군집내 종다양성

군집을 구성하는 종의 다양함을 말하는 군집의 **종다양성(species diversity)**은 두 가지 구성요소를 가진다. 첫 번째 구성요소는 군집에 서로 다른 종의 수를 나타내는 **종풍부도(species richness)**이다. 다른 구성요소는 각 종의 **상대우점도(relative abundance)**인데, 이것은 군집에서 한 종의 비례대표 값을 말한다. 종의 다양성을 설명하는 데 이 두 요소가 왜 중요한지 이해하기 위해 그림 20.19에 있는 숲을 거닌다고 생각해 보자. 숲A를 통과하는 길을 걸으면서 우리는 4종의 다른 나무를 만나게 되는데, 그 중에서 한 종만 주로 만나게 될 것이다. 이제 숲B를 거닌다고 생각해 보자. 두 숲의 종풍부도가 같아서, 숲A에서 보았던 4종의 나무를 보게 될 것이다. 하지만 어떤 종도 더 우세하게 많지 않기 때문에 숲B는 우리에게 더 다양하게 보일 것이다. 그림 20.20에서 보듯이 숲A에서 한 종의 상대우점도는 나머지 다른 3종의 상대우점도보다 훨씬 높다. 숲B에서 4종의 상대우점도는 모두 같다. 그 결과 종다양성은 숲B가 크다. 식물은 많은 동물에게 먹이와 은신처를 제공하므로 다양한 식물군집은 동물다양성을 증진시킨다.

산림의 나무처럼 우점종의 우점도가 군집에서 다른 종의 다양성에 영향을 가질 수 있지만 비우점종은 또한 군집 조성 이상으로 통제를 발휘할 수도 있다. **중추종(keystone species)**은 그것의 총량이나 우점도가 나타내는 것 이상으로 훨씬 크게 군집에 영향을 주는 종을 말한다. 중추종이란 용어는 다른 조각들을 제 위치에 그대로 있게 지탱시켜 주는 아치의 맨 위에 있는 쐐기꼴의 돌에서부터 나왔다. 쐐기돌이 제거되면 아치는 무너진다. 중추종은 곳곳에서 그 군집의 나머지를 지탱하는 생태적 지위를 점한다.

생태학자는 한 군집에서 잠재적인 중추종의 역할을 조사하기 위해 종이 있을 때와 없을 때의 다양성을 서로 비교한다. 1960년대에 페인(R. Paine)의 실험은 중추종의 영향에 대한 증거를 제공한 첫 번째 실험 중 하나였다. 페인은 워싱턴 해안에 있는 조간대의 실험지역에서 포식자인 피자스터(*Pisaster*) 속의 불가사리(그림 20.21)를 인위적으로 제거하였다. 그 결과 피자스터의 주된 먹이인 홍합이 다른 해안생물(예를 들면 조류, 따개비류, 달팽이류)과 중요한 공간 자원인 바위를 놓고 경쟁하게 되었다. 실험지역에서 다른 종의 수는 적게는 8종, 그리고 많게는 15종까지 떨어졌다.

생태학자들은 생태계 구조에서 주된 역할을 하는 다른 종들을 밝혀왔다. 예를 들면 알래스카의 서부해안에서 해달의 감소는 그들의 주된 먹이인 성게 개체군이 증가되게 만들었다. 켈프와 같은 해초를 먹는 성게가 크게 번성하여, 많은 켈프 "숲"(그림 15.25 참조)과 그들이 지탱

◄그림 20.19 어느 숲이 더 다양한가?

Data from: R. Paine, Food Web Complexity and Species Diversity, *The American Naturalist* 100 (910): 65–75 (1966).

▲**그림 20.21** **피자스터 불가사리의 제거 전후의 군집.**

하는 해양생명의 다양성이 감소되었다. 하지만 많은 생태계에서 생태학자는 종간 복잡한 관계와 개별적인 종의 가치는 그것이 없어지기 전까지는 명확하게 알 수 없다는 것을 이제 막 알기 시작하였다. 『과학연구의 과정』에서 생물다양성의 가치에 대해 더 자세히 살펴보게 될 것이다. ✓

✓ 체크포인트

어떻게 어떤 군집이 종의 개체수는 많지만 다양성은 상대적으로 거의 없는 것처럼 나타날 수 있는가?

답: 다른 종은 드물고 한 종 또는 몇 종만이 군집의 모든 생물의 거의 대부분을 차지하면.

▼**그림 20.22** **소규모 교란.** 이 나무가 폭풍으로 쓰러졌을 때, 이것의 뿌리계와 이를 둘러싼 토양이 들려올라오면서 이로 인해 생긴 웅덩이에는 물이 채워져 있다. 죽은 나무, 뿌리의 흙 둔덕, 그리고 물이 차 있는 웅덩이는 새롭게 만들어진 서식처이다.

20.8 군집내 교란과 천이

군집 대부분은 교란에 의해 항상 변화하고 있다. **교란(disturbance)**이란 생물이 파멸되고, 무기영양분이나 물과 같은 자원의 가용성이 바뀜으로써 적어도 일시적으로라도 생물군집이 바뀌게 되는 현상을 말한다. 자연교란의 예는 폭풍, 화재, 홍수, 가뭄이 있다.

소규모 자연교란은 종종 긍정적 영향을 가져온다. 예를 들면 폭풍으로 커다란 나무가 쓰러지면 새로운 서식지가 만들어진다(그림 20.22). 이제 더 많은 빛이 숲 바닥까지 도달하게 되어 작은 싹들도 자랄 수 있는 기회가 주어지고, 뿌리째로 파여 생긴 웅덩이에 물이 고여 개구리, 도롱뇽, 그리고 곤충이 알을 놓는 곳으로 사용될 수 있다.

단연코 사람이 생태 교란의 가장 주된 요인이다. 예를 들면 인간이 원인이 된 교란의 결과 중 하나가 이전에는 알려지지 않았던 전염성 질병의 출현이다. 출현한 질병의 3/4은 다른 척추동물종으로부터 인간에게로 넘어온 것이다. 많은 경우에 사람은 이전에 고립된 상태에 있던 생태계에 농사를 위해 개간하거나, 길을 만들거나, 사냥을 하는 활동들을 통해 병원체와 접촉하게 된다. 서식지 파괴는 병원체를 보유한 동물이 먹이를 찾기 위해 위험을 무릅쓰고 인간 거주지에까지 내려오게 하는 원인이 될 수 있다. ✓

✓ 체크포인트

바람 때문에 쓰러진 숲의 나무와 같이 소규모 자연교란의 효과는 왜 긍정적으로 생각하는가?

답: 쓰러진 나무는 삼림의 조그만 구역에서 물과 태양광선과 같은 무생물인자를 변하게 만들고 다른 생물에게 새로운 서식지를 공급한다.

20.9 생태천이

교란이 식생을 제거해버린 후 그 지역에는 다양한 생물종이 새로 군락을 이루게 되어 **생태천이(ecological succession)**라고 부르는 과정을 통해 다른 종으로 점차적으로 대체된다.

흙도 없는 지역에서 시작되는 생태적 천이를 **1차천이(primary succession)**라 부른다(그림 20.23). 이러한 예에는 용암이 흘러내려 식은 곳이나 녹은 빙하가 남긴 잡석더미들이 있다. 종종 초기에 유일하게 나타나는 생명체는 주로 독립영양세균이다. 바람에 실려 날아 온 포자로부터 자란 지의류와 이끼가 이러한 지역에서 일반적으로 처음으로 군락을 형성하는 다세포 광합성생물이다. 흙은 바람과 물에 의해 축적되거나 바위가 비바람을 맞고 초기 군락이 죽어 분해되어 유기물이 쌓여 점차적으로 발달된다. 마침내 튼튼하고 빨리 자라는 풀들이 지의류와 이끼를 압도하며 자란다. 이들 개척자들은 이어 인근 지역에서 날라 오거나 동물에 의해 운반된

▲그림 20.23 하와이 화산국립공원에 용암류에서 진행 중인 1차천이.

▲그림 20.24 산불이 난 후의 2차천이.

씨에서 자란 풀과 관목과 같은 경쟁자로 대체된다. **나중에 천이된 이들 종들은 매년 씨앗에서 자라는 잡초식물에 비해 경쟁에서 유리하게 에너지와 영양분을 지하에 저장한다.** 결국 그 지역은 그 군집의 식생에서 우세형이 되는 식물에 의해 점령된다. 1차천이는 수백 년이나 수천 년이 걸릴 수 있다.

2차천이(secondary succession)에서 교란 후에도 흙은 남아 있다. 예를 들면 화재는 2차천이로 이끈다(그림 20.24). 인간의 활동 또한 2차천이로 이끌 수 있다. 열대지방에서 사람들이 농업과 정착을 위한 화전농업으로 열대우림이 사라져간다. 거주민들은 토양에 화학영양소가 고갈되면 그 땅을 버리고 새로운 개간지를 찾아 이동한다. 이렇게 되어 인간의 간섭이 멈추게 되면 바로 2차천이가 시작된다. ✓

✓ 체크포인트

1차천이와 2차천이를 구별하는 주된 무생물인자는 무엇인가?

답: 천이의 시작에서 토양이 없음(1차천이), 또는 토양이 있음(2차천이)

생태계생태학

생태계(ecosystem)는 특정지역에서 종의 군집 외에 에너지, 토양 특성, 물과 같은 모든 무생물인자도 포함한다. 군집이 이들 무생물인자와 어떻게 상호작용을 하는지 알아보기 위해 식물재배용 유리온실과 같은 작은 규모의 생태계를 통해 조사해 보자(그림 20.25). 유리온실의 미소생태계는 물과 영양분을 포함한 물질이 생태계에서 재활용되는 것을 증명하고 있는데, 한편 영양소가 영양단계를 통해 흐를 때 에너지가 소실된다(그림 5.2).

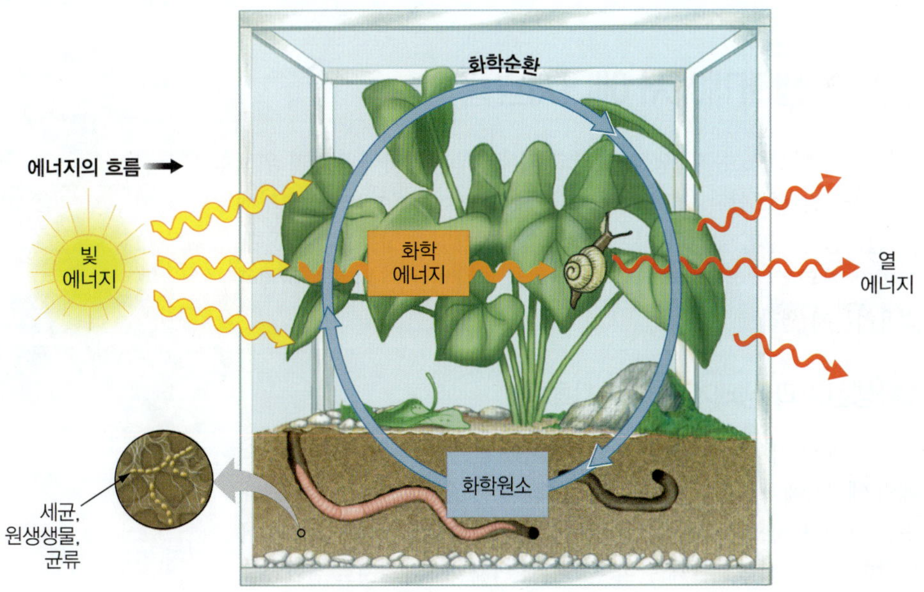

► 그림 20.25 **유리온실 생태계.** 작고 인공적이지만 이 봉인된 유리온실은 두 주요 생태계 과정, 즉 에너지의 흐름과 화학순환을 보여주고 있다.

에너지흐름(energy flow)은 생태계의 구성요소를 통해 에너지가 이동하는 것이다. 에너지는 햇빛 형태로 유리온실 안으로 들어온다(노란색 화살표). 식물(생산자)은 광합성 과정을 거쳐 빛에너지를 화학에너지로 전환시킨다. 동물(소비자)은 식물을 먹을 때 유기화합물의 형태로 이 화학에너지의 일부를 얻는다. 토양에 있는 분해자들은 다른 생물의 쓰레기나 유해를 먹을 때 화학에너지를 얻게 된다. 생물이 화학에너지를 사용할 때는, 언제나 일부 에너지를 열의 형태로 주변에 잃게 된다(빨간색 화살표). 에너지가 파괴되지는 않지만 소산되어 일을 할 수 없다. 캠퍼스를 걸을 때 배낭에 있는 동전이 새나가고 있다고 상상해보자. 동전은 사라지지 않을 것이지만, 이것들을 줍는 것이 이들이 지닌 가치보다 더 많은 에너지가 들 것이다. 광합성으로 얻게 된 에너지의 상당량이 열로 방출되어 잃어버리므로, 태양으로부터 에너지가 계속 유입되지 않는다면 이 생태계는 에너지가 고갈되어 버리고 말 것이다.

화학순환(chemical cycling)은 생태계 안에서 탄소나 질소 같은 화학원소의 사용과 재사용을 말한다. 화학순환(그림 20.25의 파란색 화살표)은 생태계 내에서 물질의 이동을 포함하고 있다. 화학원소는 생기거나 없어지지 않는다. 이들은 생태계의 무생물성분(물, 공기, 그리고 토양을 포함하는)과 생태계의 생물성분(군집) 사이를 순환한다. 식물은 대기와 토양에서 무기물 형태로 이들 원소를 얻어 이들을 유기분자를 만드는데 사용한다. 그림 20.25에 있는 달팽이와 같은 동물은 이들 유기물 일부를 소비한다. 죽은 동식물 조직을 먹는 분해자는 CO_2와 무기염류 폐기물을 생산하여 원소 대부분을 무기물 형태로 토양과 대기에 되돌려 놓는다. 또한 일부 원소는 동식물 대사과정의 부산물로 토양과 대기에 되돌려진다. 침식으로 인해 영양분이 손실되거나 농작물이 생산된 곳에서 제거되어 영양분이 제한받을 수 있다.

요약해 보면 에너지흐름과 화학순환은 생태계의 영양단계를 통한 에너지와 물질의 이동에 관여한다. 하지만 에너지흐름은 생태계를 통해 흘러 궁극적으로 밖으로 방출되지만, 화학물질은 생태계 내에서 또 생태계 사이에서 재순환된다.

20.10 생태계에서 에너지흐름

모든 생물은 성장, 유지, 생식, 그리고 대부분의 종에서 움직이기 위해 에너지를 필요로 한다. 이 절에서 생태계에서 에너지흐름을 좀 더 자세히 살펴볼 것이다. 우리가 하는 것처럼 왜 최상위 육식동물이 적은지, 그리고 자원을 효율적으로 사용하기 위해 에너지흐름 개념을 어떻게 적용하는지 생각해 보자.

1차생산량과 생태계의 에너지흐름

지구는 매일 약 10^{19} kcal의 태양에너지를 받는데 대략 원자폭탄 1억 개의 에너지에 해당한다. 이 에너지의 대부분은 흡수되거나, 산란되거나, 또는 대기나 지표면에 의해 반사되어 버린다. 지구에 들어와 생산자에 도달한 가시광선의 약 1% 만이 광합성에 의해 화학에너지로 전환된다.

생태학자들은 한 생태계에서 살아 있는 유기물의 양이나 질량을 **생체량(biomass)**이라 부른다. 생태계의 생산자가 태양에너지를 생체량에 저장된 화학에너지로 전환시키는 율을 **1차생산량(primary production)**이라고 부른다. 전체 생물권의 1차생산량은 연간 약 1,650억 톤의 생체량 정도 된다.

생물권 전체 생산량에 대한 생태계의 기여도가 다르듯, 마찬가지로 생태계에 따라 1차생산량(그림 20.26)이 매우 다르다. 육상에서의 1차생산량은 대부분 햇빛, 물, 영양소에 의해 제한된다. 물에서의 1차생산은 대부분 햇빛과 영양소에 의해 제한된다. 열대강우림이 생산량이 가장 많은 육상생태계이며 지구의 총 생체량 생산에 있어 매우 큰 부분을 차지한다. 산호초 역시 높은 생산량을 가지고 있지만 면적이 넓지 않아 지구생산량에 대한 기여도는 낮다. 흥미롭게도 해양은 생산량이 매우 낮지만, 지구 면적의 65%를 차지하는 넓은 면적으로 인해 지구의 1차 총순생산량에 있어 그 기여도가 가장 크다. 생태계가 무엇이었던 간에 1차생산량이 전체 생태계에 가용한 에너지의 한계를 정하게 되는데, 그 이유는 소비자가 생산자로부터 유기물 연료를 얻어야하기 때문이다. 이제 이 에너지 비용이 한 생태계 먹이그물에서 서로 다른 영양단계 사이에 어떻게 나눠지는지를 알아보자. ☑

☑ 체크포인트

사막이나 반사막의 관목은 열대우림과 거의 같은 표면적으로 덮고 있지만, 지구의 1차생산량에 있어 그 기여도는 열대우림이 22%인데 비해 1%도 채 되지 않는다. 이 차이에 대해 설명하시오.

답: 1차생산량은 g/m2/yr로 측정된다. 평방제곱미터의 면적에서 사막이나 반사막의 관목지역에 비해 열대우림이 생체량을 20배나 더 많이 생산해 낸다.

▼그림 20.26 **여러 생태계에서 1차생산량.** 1차생산량은 단위 시간(이 경우에서는 1년)에 생태계의 생산자에 의해 만들어지는 생체량의 크기이다. 이 막대그래프에서 수서생태계는 청색으로, 육상생태계는 녹색으로 나타내었다.

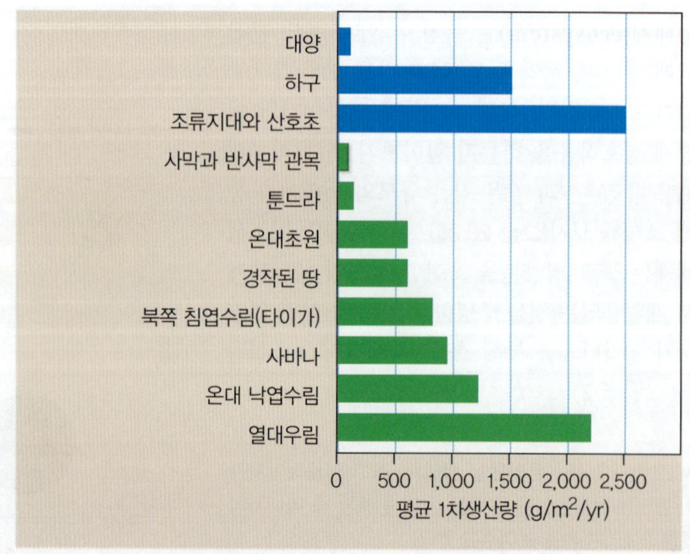

생태 피라미드

에너지가 한 생태계의 영양단계를 통해 흐를 때 그 대부분은 먹이사슬의 각 연결고리에서 잃게 된다. 생산자에서 1차소비자로의 유기물 이동을 생각해 보자. 대부분 생태계에서 초식동물은 식물이 만든 물질의 일부만 먹는데 먹은 것도 모두 소화시키지 못한다. 예를 들면 잎을 먹는 애벌레는 소화되지 않은 물질을 배설물로 배설하는데, 여기에는 여전히 에너지가 들어 있다(그림 20.27). 나머지 35%의 에너지는 세포호흡(그림 5.2)에 쓰이는데, 그것은 애벌레의 대사에 동력을 준다. 애벌레의 먹이에 있던 에너지의 약 15%만이 애벌레의 생체량으로 전환된다. 바로 이 생체량(과 그것이 지닌 에너지)만이 애벌레를 먹는 소비자에게 이용되는 것이다.

에너지피라미드(energy pyramid)라 불리는 그림 20.28은 먹이사슬에서 각 단계로 이동될 때마다 에너지의 누적 손실을 그림으로 보여주고 있다. 피라미드의 각 단계는 한 영양단계에 있는 모든 생물을 나타내며, 각 단계의 너비는 아래 단계의 화학에너지의 얼마가 실제 그 영양단계의 유기물로 통합되는지를 나타내고 있다. 생산자는 이들에게 가용한 태양에너지의 1% 정도만 1차생산량으로 전환한다는 것에 주목하자. 일반적인 이 피라미드에서 각 영양단계에 가용한 에너지의 10%가 다음의 상위 단계로 통합된다. 에너지 이동의 실제 효율은 통상 5~20% 정도이다. 다르게 표현하면 한 영양단계에서 에너지의 80~95%는 다음 단계에 이르지 못한다는 것이다.

영양구조에서 이와 같은 에너지의 단계적 감소의 중요한 의미는 상위의 소비자가 이용가능한 에너지량은 하위 단계의 소비자에 비해 이용가능한 에너지량이 적다는 것이다. 광합성에 의해 저장된 에너지의 매우 적은 양만 쥐를 잡아먹는 뱀과 같은 3차소비자에게 흘러간다. 이것이 가장 상위의 소비자인 사자나 매가 넓은 지리적 영역을 필요로 하는 이유를 설명해 준다. 광합성 생산으로부터 멀리 떨어져 있는 영양단계를 유지하기 위해서는 많은 식생이 필요하다. 우리는 대부분의 먹이사슬이 3~5단계 정도로 제한되는지를 이해할 수 있다. 그것은 간단히 생태 피라미드의 최상위가 지닌 에너지는 그보다 더 높은 또 다른 영양단계를 지원할 수 있을 정도의 에너지가 충분히 없기 때문이다. 예를 들면 인간 이외에 사자, 독수리, 그리고 범고래 같은 포식자가 이에 해당되는데, 이들 최상위 단계 소비자의 개체군 생체량이 신뢰할 만한 영양공급원으로써 더 높은 영양단계에 공급할 수 있을 정도로 충분하지 못하다.

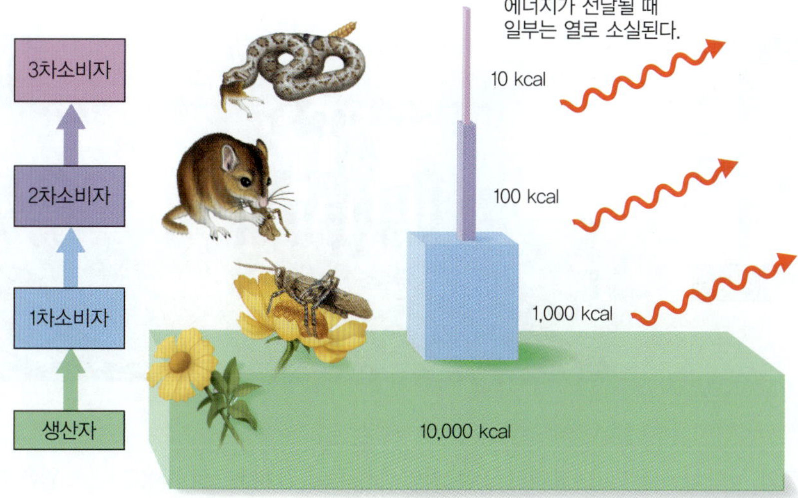

▼그림 20.28 이상적인 에너지피라미드.

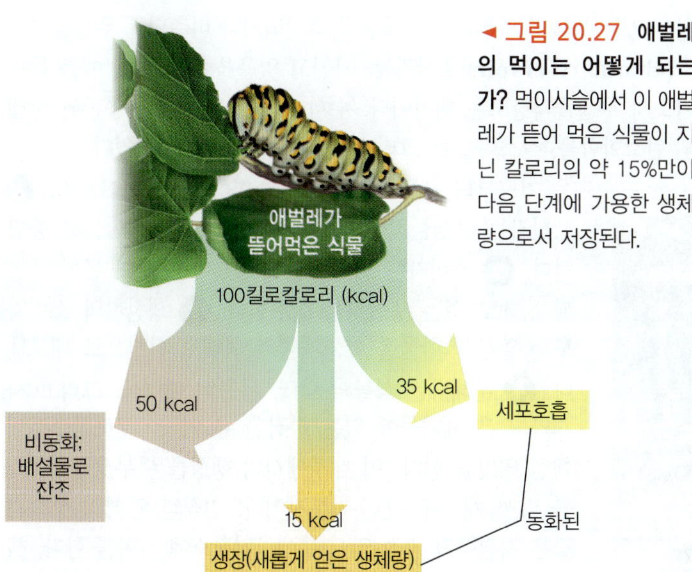

◄ 그림 20.27 **애벌레의 먹이는 어떻게 되는가?** 먹이사슬에서 이 애벌레가 뜯어 먹은 식물이 지닌 칼로리의 약 15%만이 다음 단계에 가용한 생체량으로서 저장된다.

생태계 에너지론과 인간의 자원이용

에너지흐름의 역학은 다른 생물에서와 마찬가지로 인간 개체군에도 적용된다. 그림 20.29에서 두 생산피라미드는 그림 20.28을 만들기 위해 사용되었던 동일한 모델에 바탕을 두었는데, 그것은 각 영양단계의 에너지의 10% 정도만 다음 영양단계에 의한 소비에 쓸 수 있다는 것이다. 왼쪽 피라미드는 1차생산자(옥수수로 표시)로부터 1차소비자로서 사람, 즉 채식가로 에너지가 흐르고 있음을 설명하고 있다. 오른쪽 피라미드에서는 똑같은 옥수수 농작물이 쇠고기를 먹는 2차소비자인 사람으로의 에너지흐름을 보여주고 있다. 분명히 인간 개체군이 1차소비자일 때에 비해, 상위의 영양단계에서 먹을 때 이용가능한 에너지는 적어진다.

소를 키우기 위해서는 대두를 키우는 것에 비해 8배나 많은 땅을 필요로 한다.

전 세계적으로 농지의 약 20%만이 인간의 직접적인 소비를 위해 식물을 생산하는 데 사용된다. 땅의 나머지는 가축의 먹이를 생산하는 데 쓰이고 있다. 어느 경우에나 대규모 농업은 환경적으로 비용이 많이 든다. 토지는 고유식물을 소거하게 되고, 화석연료는 연소되고, 화학비

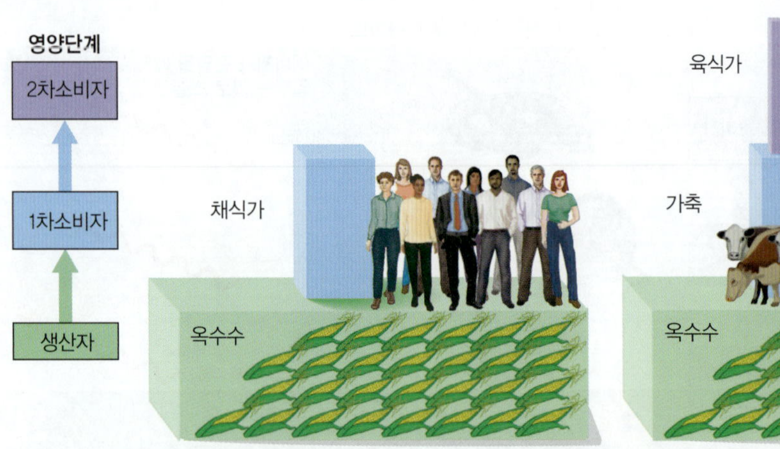

◀ **그림 20.29 서로 다른 영양단계에서 인간 개체군이 사용가능한 먹이 에너지.**

료와 농약이 사용되고, 그리고 많은 지역에서 물이 관개용으로 사용된다. 현재 여러 나라의 사람들이 육류를 살 수 있는 여유가 없어서 어쩔 수 없이 채식가가 된다. 나라가 부유해지게 되면 육류에 대한 수요가 증가해서, 식량 생산에 대한 환경적 비용이 늘게 된다. ✓

✓ 체크포인트

여러 영양단계에서 에너지는 왜 그림 20.28에 있는 피라미드처럼 나타나는가?

답: 한 영양단계에서 다음 영양단계로 전달될 때 에너지를 잃게 된다. 따라서 생산자 단계(피라미드의 맨 아래 바닥)에서 에너지의 총량이 1차소비자의 단계에서 에너지의 총량보다 크며 그 다음 단계에 대해서도 마찬가지이다.

20.11 생태계에서 화학순환

태양(또 어떤 경우에는 지구의 내부)은 생태계에 에너지를 공급해 주지만, 화학원소는 간혹 떨어지는 운석 이외에는 지구 밖으로부터의 공급원은 없다. 생물계가 필요로 하는 화학원소들은 충분치가 않다. 그렇기 때문에 생명은 화학물질의 재순환에 의존하고 있다. 생물은 살아 있는 동안에 영양을 얻고 노폐물을 배출할 때까지 생물이 가지고 있는 많은 화학물질을 끊임없이 변화시킨다. 생물이 죽게 되면 그 생물의 몸을 이루고 있던 복잡한 분자의 원자들은, 식물과 그 밖의 다른 생산자가 새로운 유기물질을 만드는데 쓸 무기영양분의 창고를 다시 채우는 분해자에 의해, 환경으로 되돌려지게 된다(그림 20.30). 어떤 의미에서는 살아 있는 모든 것은 생태계에서 화학원소들을 빌려와, 후에 죽은 후 몸으로 남겨 되돌려 줄 뿐이다. 생물과 생태계의 무생물인자 사이의 화학순환이 어떻게 일어나는지 좀 더 가까이 가서 살펴보자.

▼**그림 20.30 쓰러진 나무 위에서 식물 생장.** 워싱턴의 올림픽 국립공원의 온대우림 숲에서 다른 나무를 포함한 식물들이 "보육 통나무"가 분해되어 공급된 무기영양분을 즉시 이용하고 있다.

화학순환의 전반적인 체계

생태계에서 화학순환은 생물성분(생물과 살아 있지 않은 유기물)과 무생물(지질학적인 또는 대기의)성분이 둘 다 관여하므로 이를 **생물지구화학적 순환(biogeochemical cycle)**이라고도 부른다. 그림 20.31은 한 생태계 안에서 영양순환의 전반적인 체계를 보여주고 있다. 순환은 살아 있는 생물의 외부에 화학물질이 축적되거나 비축되는 **무생물저장소(abiotic reservoir)**[흰상자]를 가지고 있음을 주목하자. 예를 들면 탄소의 무생물저장소는 대기이다. 수서 생태계의 물에는 용존된 상태의 탄소화합물, 질소화합물, 그리고 인화합물을 포함하고 있다.

지금부터 생물지구화학적 순환에 대해 알아보자. ❶ 생산자는 무생물저장소의 화학물질을 유기화합물로 통합한다. ❷ 소비자는 화학물질의 일부가 자신의 몸에 통합된 상태로 있는 생산자를 섭취한다. ❸ 생산자와 소비자 모두 일부 화학물질을 노폐물의 형태로 환경으로 내보낸다. ❹ 분해자는 식물의 낙엽, 동물의 배설물, 그리고 사체와 같은 폐기물에 있는 복잡한 유기물을 분해함으로써 핵심 역할을 한다. 이 대사에서의 생성물은 무생물저장소를 다시 채우게 될 무기분자이다. 침식과 암석의 풍화와 같은 지질학적 과정 역시 무생물저장소에 기여를 한다. 생

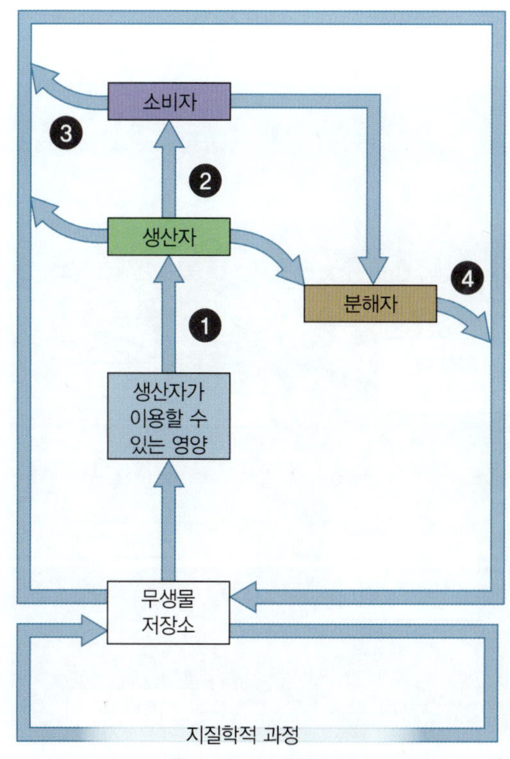

▲그림 20.31 **생물지구화학적 순환의 일반 모형.**

▲그림 20.32 **탄소순환.**

산자는 새로운 유기물(예를 들면 탄수화물과 단백질 등)을 합성하기 위한 원료물질은 무생물저장소의 무기분자를 사용하며 그리고 이 순환은 계속된다.

생물지구화학적 순환은 국지적이거나 또는 지구적일 수도 있다. 토양은 인과 같이 국지적 순환에서는 주된 저장소이다. 반면 어느 정도의 시간 동안 기체로 존재하는 화학물질의 경우, 예를 들면 탄소와 질소의 경우 그 순환은 대기작용에 의해 이루어지며 연료가 공급되며 저장소는 기본적으로 지구적이다. 예를 들면 식물이 공기에서 얻은 탄소의 일부는 다른 대륙에서의 식물이나 동물이 호흡하면서 대기로 방출된 것일 수도 있다.

이제부터 3개의 중요한 생물지구화학적 순환인 탄소순환, 인순환, 그리고 질소순환에 대해 살펴보자. 순환에 대해 배울 때 생태계 내에서 또 생태계 사이에서 화학물질이 이동해 가는 지질학적 과정뿐만 아니라 앞서 배웠던 네 가지 기본단계를 살펴볼 것이다. 모든 그림에서 주된 무생물저장소는 흰상자로 나타내었다. ✓

✓ 체크포인트

생물지구화학에서 무생물저장소의 역할은 무엇인가? 3개의 주요 무생물저장소는 무엇인가?

답: 무생물저장소는 유기분자를 합성하는 생산자에 의해 사용되는 영양분의 출처가 된다. 대기, 토양, 물이 3개의 주요 무생물저장소이다.

탄소순환

모든 유기분자의 주된 성분인 탄소는 대기라는 저장소를 가지며 지구 전체적으로 순환된다. 또 다른 탄소의 무생물저장소로는 화석연료와 해양의 용존 탄소화합물을 포함한다. 이산화탄소(와 물)의 당(과 산소)으로의 전환과 광합성과 세포호흡의 상반된 역방향의 대사과정이 생물 세계와 무생물 세계 사이의 탄소 순환에 주된 역할을 한다(그림 20.32). ❶ 광합성은 대기에서 CO_2를 빼내어 유기분자에 통합되고, ❷ 이들은 소비자에 의해 먹이사슬로 유입된다. ❸ 세포호흡은 CO_2를 다시 대기로 보낸다. ❹ 분해자는 사체의 탄소화합물을 분해하며, 이것 역시 최종적으로 CO_2로 방출된다. 지구 전체로 보면 호흡으로 대기 중에 방출되는 CO_2는 광합성으로 제거되는 탄소와 거의 평형을 이룬다. 하지만 ❺ 나무와 화석연료(석탄과 석유)의 연소로 인해 CO_2 수준의 증가가 지구기후변화에 한몫을 하고 있다. ✓

✓ 체크포인트

탄소는 어떻게 육상 식물에 유입되는가?

답: 대기 중 이산화탄소가 잎으로 들어간다.

인순환

생물은 핵산, 인지질, 그리고 ATP의 성분으로서, 또 척추동물에서는 뼈와 치아의 무기물 성분으로서 인을 필요로 한다. 탄소순환과 그 밖의 주요 생물지구화학적 순환과는 달리 인순환은 대기에는 없다. 육상생태계의 인은 토양, 물 또는 암석에서 나올 수 있는데, 실제로 인 함량이 높은 암석은 비료로 사용하기 위해 채굴된다.

그림 20.33의 중앙에서처럼 ❶ 바위가 풍화작용으로 부수어져 무기인산염(PO_4^{3-})이 천천히 토양에 유입된다. ❷ 식물은 토양으로부터 용해된 인산이온을 흡수하여 이 인산원자를 유기화합물에 동화시킨다. ❸ 소비자는 식물을 먹음으로써 유기물 형태의 인산을 얻는다. ❹ 동물 노폐물과 동식물의 사체에 분해자가 작용하여 인산염은 토양으로 되돌려 보내진다. ❺ 일부 인산염은 토양생태계에서 바다로 흘러가 침전되고, 결국 새로운 바위의 일부분을 형성하게 된다. 이와 같이 순환에서 제거된 인산은 ❻ 지질학적 변화 과정에 의해 암석이 융기되어, 이들이 풍화작용을 받기 전까지는 살아 있는 생물들은 사용할 수 없게 된다.

인산염은 이들이 대체되는 것보다 훨씬 빨리 육지로부터 수서생태계로 이동해서, 또한 토양성질은 식물이 이용가능한 인산의 양이 줄게 된다. 그 결과 인산염은 여러 육상생태계의 제한인자가 된다. 농부와 정원사들은 식물의 생장을 촉진하기 위해 인산염 돌덩어리의 분말이나 뼈분말(도살된 가축이나 물고기의 뼈를 가루로 만듦)과 같은 인산비료를 종종 사용한다.

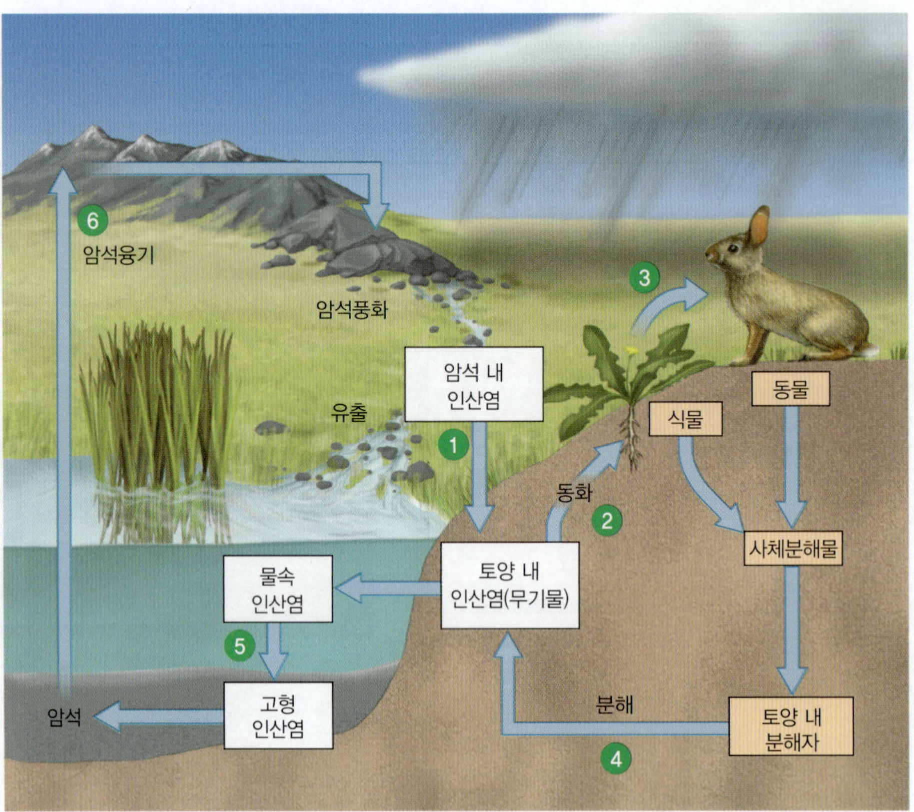

▲그림 20.33 **인순환.**

질소순환

단백질과 핵산의 성분으로서의 질소는 모든 생물의 구조와 기능에 필수적이다. 질소는 대기와 토양이라는 두 무생물저장소를 가지고 있다. 대기는 거대한 질소 저장소인데 대기의 80% 정도가 기체질소(N_2)이다. 하지만 식물은 기체질소는 이용할 수 없다. 바닷물에서 소금을 제거할 수 없기 때문에 바다 한가운데서 갈증으로 죽어가는 것처럼, 식물은 중요한 자원인 질소가 사용할 수 없는 형태로 둘러싸여 있다. **질소고정(nitrogen fixation)**이라는 과정은 기체 N_2를 식물이 이용할 수 있는 암모니아(NH_3)로 전환시킨다. NH_3는 이제 H^+를 받아 암모늄(NH_4^+)이 되는데, 식물은 이것을 동화시킬 수 있다. 하지만 자연생태계에서 가용한 질소의 대부분은 어떤 세균에 의해 수행된 생물학적 질소고정에서부터 온 것이다. 이들 생물 없이는 사용가능한 토양질소의 저장고는 매우 제한적이 된다.

그림 20.34는 두 그룹의 질소고정세균의 작용을 나타내고 있다. ❶ 일부 세균이 특정 식물의 뿌리에 공생하면서 숙주가 사용가능한 질소원을 직접 공급한다. 이러한 상리공생관계를 갖는 가장 큰 그룹의 식물이 땅콩과 대두 등을 포함하는 콩과식물이다. 많은 농부들은 질소비료를 필요로 하는 옥수수와 같은 식물을 위해 토양에 질소를 증가시켜주는 콩과식물과 윤작함으로써 토양의 비옥도를 향상시킨다. ❷ 토양이나 물에서 사는 독립생활 세균이 N_2를 NH_4^+로 고정시킨다.

❸ 질소가 고정된 후 일부 암모늄은 식물에 의해 흡수되어 사용된다. ❹ 또한 토양에 사는 질화세균이 일부 암모늄을 질산염(NO_3^-)으로 전환시킨다. ❺ 이것은 식물에 의해 훨씬 더 쉽게 동화된다. 식물은 이 질소를 가지고 아미노산과 같은 분자를 만드는데, 이것은 나중에 단백질에 통합된다.

❻ 초식동물(여기서 토끼를 대표로 표시)이 식물을 먹을 때, 이것은 단백질을 아미노산으로 소화시킨 다음에 자신이 필요한 단백질을 만드는 데 사용한다. 상위 수준의 소비자는 그들의 먹이에 있는 유기분자로부터 질소를 얻는다. 동물은 단백질 대사과정에서 질소함유 노폐물이 만들어지는데, 소비자는 질소 일부를 토양이나 물로 배출한다. 토끼와 그 밖의 포유류가 배출하는 오줌은 비료로 널리 사용되는 질소화합물인 요소를 포함하고 있다.

소비하지 못하는 생물은 결국 죽게 되어 사체가 되고, 그것은 세균과 균류에 의해 분해된다. ❼ 유기화합물의 분해는 토양에 암모늄을 방출하여 다시 그 무생물저장소를 채우게 된다. 하지만 ❽ 산소가 적은 상태에서 탈질화세균으로 알려진 토양세균이 질산염으로부터 산소를 제거하여 N_2를 방출시켜 대기로 다시 되돌리게 만드는데, 그 결과 토양저장소의 사용가능한 질소가 그만큼 줄어들게 된다.

인간의 활동이 생물권에 여분의 질소를 추가함으로써 질소순환을 방해하고 있다. 화석연료의 연소와 현대 농업의 관행이 질소의 두 주요 출처가 된다. 예를 들면 많은 농부들은 부족한 자연의 질소를 보충하기

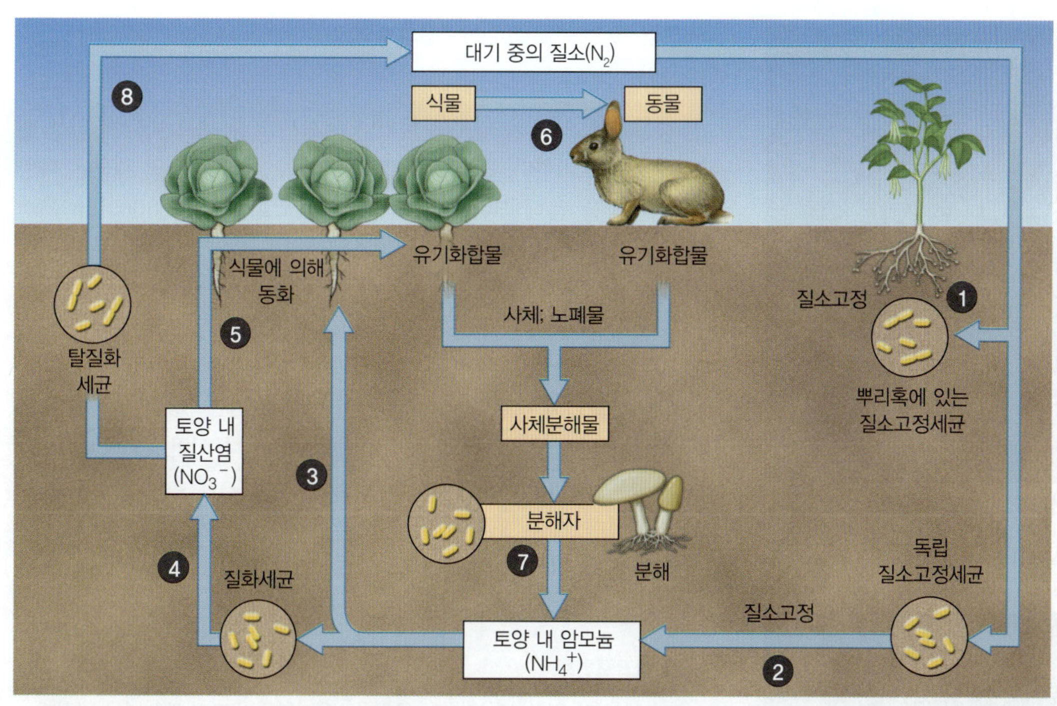

◀ **그림 20.34 질소순환.**

위해 엄청난 양의 합성 질소비료를 사용한다. 그러나 실제로 작물은 뿌려준 비료의 절반도 안 되는 양만 사용한다. 질소 일부는 지구온난화에 기여하는 기체인 아산화질소(N_2O)가 형성되어 대기로 방출된다. 이제부터 질소비료가 수계도 오염시킨다는 것을 배우게 될 것이다. ✓

> **✓ 체크포인트**
>
> 질소의 무생물저장소는? 각 저장소에서 질소는 어떤 형태인가?
>
> 답: 대기: N_2; 토양: NH_4^+와 NO_3^-

영양분 오염

낮은 영양수준, 특히 인과 질소의 경우에는 종종 수서생태계에서 조류와 남세균과 같은 생산자의 성장을 제한한다. 영양분 오염은 인간의 활동으로 이들 화학물질이 수서생태계에 과도하게 유입될 때 일어나는데, 이때 생산자의 개체군이 늘어나게 되고 그들이 사는 생태계를 방해하게 된다.

많은 지역에서 인산과 질소의 오염은 농작물, 잔디밭, 골프장에 일상적으로 사용하되는 다량의 무기질소 비료와 가축사육장(여기에는 수백 마리의 동물이 한우리 안에 있다)에서 나온 동물노폐물의 유출에서 비롯된다. 사람이 버린 쓰레기로부터의 인을 비롯해, 인산염은 식기세척기 세제의 일반적인 성분이어서, 하수처리시설로부터의 유출이 인산오염의 주된 근원이다. 오염은 또한 극한적인 상황(흔치 않은 폭풍과 같은)이나 장비의 오작동으로 수질기준에 미치지 못할 경우에는 하수처리시설에서도 올 수 있다. 호수와 강의 인산오염으로 조류와 남세균의 과도한 생장이 일어난다(그림 20.35).

이 문제가 얼마나 멀리까지 영향을 미치는지의 예로서 미국 중서부의 농업지역에서 흘러나온 질소는 매년 여름 동물이라고는 거의 없는 멕시코만의 "죽음의 수역"과 관련이 있다(그림 20.36). 방대한 조류의 부영양화는 미시시피강이 영양분을 가득 실은 물을 퇴적시키는 강어귀까지 침범한다. 이것은 생산자가 광합성을 통해 물에 산소를 더하여 소비자가 번성할 수 있는 것처럼 보일 수 있다. 하지만 생산자는 밤과 같

▼**그림 20.35 에리호에서 영양분 오염으로 인한 생산자의 생장.** 이 사진에서 평평한 녹색 지역은 잔디가 아니고 오염된 연못의 수면이다.

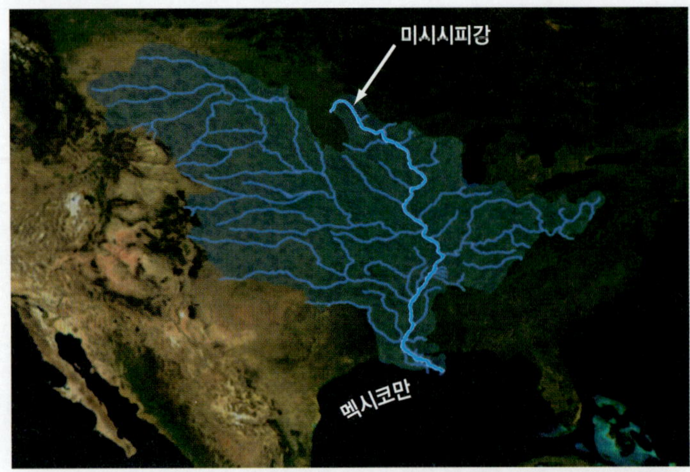

옅은 청색 선은 미시시피강(진한 청색)으로 흘러들어가는 것을 나타낸다. 이들 강에 의해 운반되는 질소유출수는 멕시코만에 이르게 된다. 아래 사진에서 적색과 오렌지색은 고농도의 식물플랑크톤을 표시한 것이다. 죽은 식물플랑크톤을 먹는 세균은 물의 산소를 고갈시켜 "죽음의 수역"으로 만들어 버린다.

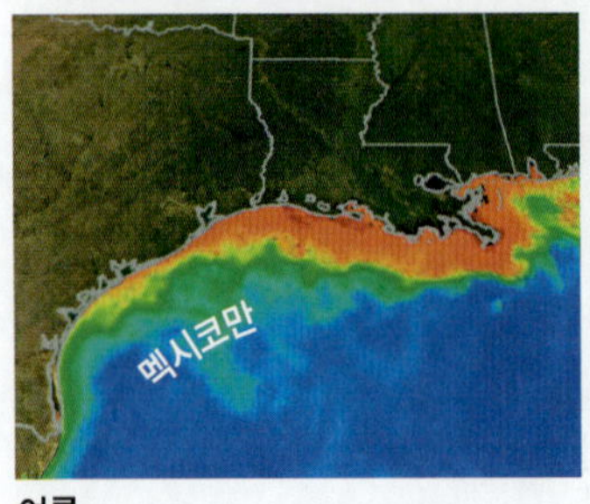

여름

겨울

◄ 그림 20.36 **멕시코 만의 죽음의 수역.**

이 충분한 양의 빛을 얻지 못하거나 두꺼운 조류 매트 바닥에 있을 때는 산소를 소비한다. 조류는 수명이 짧다. 조류가 죽으면 세균은 다량의 생체량을 분해한다. 세균에 의한 세포호흡은 13,000 km^2에서 22,000 km^2에 해당하는 면적(대략 코네티컷 주의 면적에서부터 미시간 주까지의 면적 정도)까지 용존산소의 공급이 줄어든다. 산소가 결핍되면 움직일 수 있는 물고기와 무척추동물은 다른 곳으로 옮겨가게 되고, 물체에 부착해 사는 생물은 죽게 되어 결국 저서(물과 바닥에 사는) 군집은 붕괴되어 버린다. 이런 현상이 반복적으로 나타나 영구히 죽음의 수역이 된 곳은 세계적으로 400군데 이상이나 되며, 전 세계적으로 총 면적은 245,000 km^2(미시간 주의 면적 정도)에 이르는 것으로 보고되고 있다. 일부 조류의 대량발생은 독성 조류에 의해 일어나는데, 이로 인해 생태학적인 피해와 경제적인 피해가 크게 늘어난다. ✓

✓ 체크포인트

연못에 무기 영양분의 과다한 유입은 결국 연못 물고기 대부분을 어떻게 죽음으로 내몰게 되는가?

답: 과도한 무기영양분이 처음에는 조류와 그들을 먹는 생물의 개체수의 폭발적 증가를 가져온다. 특히 모든 유기물 찌꺼기를 분해하는 분해자를 포함한 많은 생명체들의 호흡은 물고기들이 필요로 하는 연못의 산소 대부분을 소비하게 된다.

보전생물학과 복원생물학

이 단원에서 보았듯이 오늘날 우리가 직면하고 있는 많은 환경문제가 인간의 개입으로 인해 생겨났다. 그러나 생태학이라는 과학은 일이 어떻게 잘못되어 가고 있는지 이야기해 주긴 하지만 그것만이 전부는 아니다. 생태학 연구는 또한 이들 문제에 대한 해답을 찾고, 생태계 변화의 부정적인 결과를 원래대로 되돌리기 위한 토대를 마련하는 것이다. 따라서 이제부터 생태학 연구의 유익한 적용에 대해 알아보고 생태학 단원을 마치려 한다.

보전생물학(conservation biology)은 생물다양성의 감소를 이해하고, 또한 저지하려고 애쓰는 목적지향적인 과학이다. 보전생물학자들은 종의 진화를 만들었던 생태계와 그 과정을 유지할 때만 생물다양성이 지속될 수 있다는 것을 잘 인식하고 있다. 따라서 그 목적은 단순히 종을 보호하는 데만 있는 것이 아니라, 자연선택이 계속 기능할 수 있는 생태계를 지속시키고, 또한 자연선택이 작용하는 유전적 다양성을 유지시키는 데 있다. **복원생태학(restoration ecology)**의 확장된 분야에서는 손상된 지역을 원래의 자연상태로 되돌리는 방법을 개발하기 위해 생태학적 원리를 사용한다.

20.12 생물다양성 "중요지점"

보전생물학자들은 공원, 야생지역, 그 밖에 법적으로 보호되는 자연보호지역을 설정할 때 개체군, 군집, 생태계의 역동성에 관한 이들의 지식을 적용하고 있다. 이들 보호지역을 선택할 때 종종 **생물다양성 중요지점(biodiversity hot spot)**에 초점을 맞춘다. 상대적으로 작은 면적의 이들 지역에는 많은 멸종위기종과 멸종위협종이 있고 다른 지역에서는 볼 수 없는 **고유종(endemic species)**들이 이례적으로 집중되어 분포하고 있다. 그림 20.37에서 보여주는 지구의 생물다양성 중요지점을 다 합쳐도 지구 지표면적의 1.5%밖에 되지 않지만, 전체 식물종과 척추동물종의 1/3이 이곳에서 서식하고 있다. 예를 들면 50종 이상이나 되는 지구의 모든 여우원숭이가 아프리카 동쪽 해안에 떨어져 있는 큰 섬인 마다가스카르의 고유종이다. 사실 마다가스카르에 살고 있는 대부분의 포유류, 파충류, 양서류, 그리고 식물은 이 섬의 고유종이다. 또한 어떤 강과 산호초의 수서생태계에도 중요지점이 있다. 생물다양성 중요지점은 또한 멸종 중요지점이 될 수 있기 때문에, 세계적인

► **그림 20.37 지구에서 육상의 생물다양성 중요지점(보라색)과 해양의 생물다양성 중요지점(붉은색).**

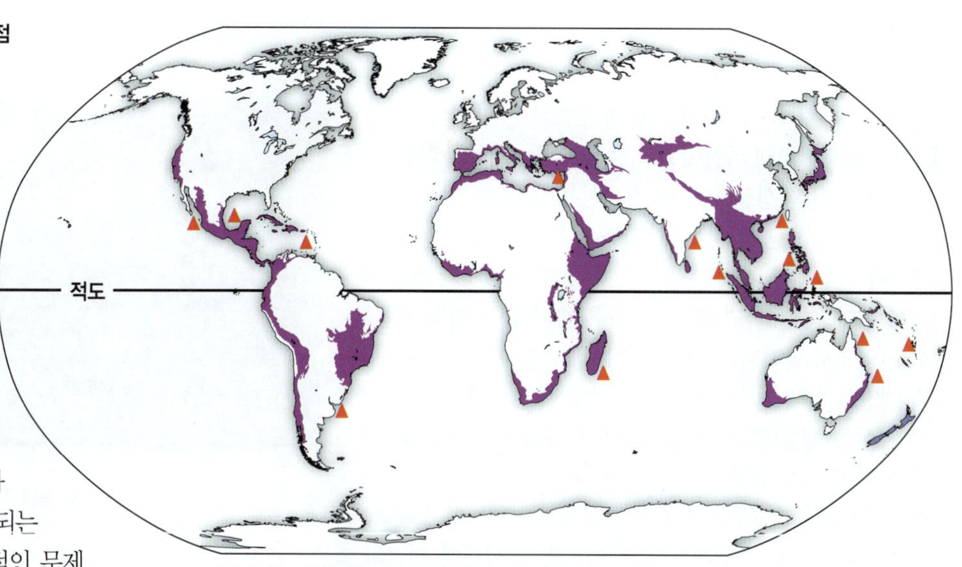

Adapted from: Critical Ecosystem Partnership Fund, *Annual Report 2014*, Conservation International.

보전노력이 강력하게 요구되는 지역의 목록에서 이들은 상위권을 차지하고 있다.

종의 집중 현상은 매우 제한된 지역에 있는 많은 생물종을 보호할 수 있는 기회를 제공해 주고 있다. 우리는 이것을 『진화와 연결』에서 더 자세히 살펴볼 것이다. 하지만 생물다양성을 보전하는 것은 중요지점을 보호하는 것 이상이 필요한데, 그것은 통상 가장 눈에 잘 띄는 생물, 특히 척추동물과 식물만을 사용하여 정의한다. 무척추동물과 미생물은 간과되는 경우가 종종 있다. 더욱이 종의 멸종은 전 세계적인 문제이므로, 중요지점에 대한 관심 때문에 다른 지역의 서식지와 종의 다양성을 보전하려는 노력이 약화되어서는 안 될 것이다. 마지막으로 자연자원을 보호하더라도 기후변화나 또는 침입종이나 전염병과 같은 또 다른 위협의 영향으로부터 생물을 보호할 수 있는 것은 아니다. 생물다양성 감소 추세를 저지하기 위해 환경문제를 국지적으로뿐만 아니라 지구 전체의 문제로 보고 대처해야 할 것이다. ✓

✓ 체크포인트

생물다양성 중요지점이란 무엇인가?

답: 멸종위기종을 포함하여 이례적으로 많은 종들이 사는 상대적으로 좁은 지역

20.13 생태계 수준에서 보전

과거에 있었던 대부분의 생물보전 노력은 개개의 종들을 보전하는데 초점을 맞추어왔고 이런 노력이 지금도 계속되고 있다. 한 예로 이미 붉은머리 딱따구리에 대해 배웠다(그림 19.12 참조). 하지만 보전생물학은 점차 전체 군집과 생태계의 생물다양성을 유지하는 것을 목표로 하고 있다. 보전생물학은 훨씬 폭넓은 규모로 전체 경관의 생물다양성을 고려한다. 생태학적으로 **경관(landscape)**은 숲, 인접한 벌판, 습지, 하천, 그리고 강기슭의 서식지 등과 같은 상호작용하는 생태계의 지역 전체를 말한다. **경관생태학(landscape ecology)**은 토지 이용의 패턴에 대한 연구에 생태학적 원리를 적용시킨 것이다. 이것의 목표는 생태계 보전을 토지이용 계획의 기능적인 한 부분으로 만드는 것이다.

생태계 사이에 있는 경계선은 그것이 자연적인 것이든 인공적인 것이든 관계없이 경관의 두드러진 특징이다(그림 20.38). 이러한 경계선은 이들의 다른 쪽에 있는 생태계와는 다른 그들만의 토양 종류와 지표

자연 경계선. 알래스카에 있는 클라크호수 국립공원에서 산림은 초원생태계와 경계를 이루고 있다.

인간의 활동으로 인해 생긴 경계선. 영국 남중부에 있는 코츠월즈 지역에서 숲 가장자리가 농지를 둘러싸고 있다.

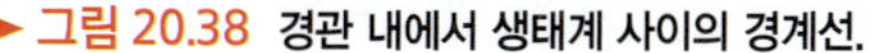

► **그림 20.38 경관 내에서 생태계 사이의 경계선.**

의 성질과 같은 물리적 조건을 갖는다. 또한 경계선은 그들만의 고유한 유형과 교란의 양을 가질 수도 있다. 예를 들면 한 숲의 경계선은 강한 바람에 보호가 덜 되기 때문에 숲의 내부에 비해 바람에 쓰러진 나무가 더 많다. 이런 특징적인 물리적 성질로 인해 경계선은 또한 그 자신의 고유한 생물군집을 갖게 된다. 이들은 두 생태계의 경계선에서만 발견되는 자원을 필요로 하기 때문에 경계선에서 번성한다. 예를 들면 흰꼬리사슴은 숲과 들 사이의 경계선 지역에서 발견되는 관목을 먹는데 종종 이 개체군은 숲의 개발로 인해 벌채되거나 방해 받을 때 늘어난다.

경계선은 생물다양성에 긍정적인 영향과 부정적인 영향을 모두 미치게 된다. 최근 서부 아프리카에 있는 열대우림 지역에 대한 연구는 자연적인 경계선 군집들이 종분화(새로운 종의 근원)의 중요한 장소라는 것을 밝혀냈다. 반면에 인간의 활동으로 경계선이 만들어진 경관은 더 적은 수의 종을 갖는 경우도 흔하다.

▲그림 20.39 **이동통로.** 길 위에 놓인 이 다리는 캐나다에서 동물을 위해 인공통로로 만들어진 것이다.

특히 서식지가 심하게 분할된 곳에서의 경관의 또 다른 중요한 특성은 다른 고립된 지역을 연결시켜주는 서식지 연결고리로서 좁은 길이나 잘 어울리게 이어진 작은 수풀로 된 **이동통로(movement corridor)**이다. 인간의 영향이 극도로 심한 지역에는 종종 인공통로를 만들기도 한다(그림 20.39). 이런 통로는 개체군으로부터 개체의 분산을 촉진하고, 개체군을 유지하게 해준다. 통로는 특히 계절에 따라 다른 서식지 사이를 이주하는 종들에게 중요하다. 그러나 이들 통로가 유해할 수도 있는데, 예를 들면 질병이 전파되는 경우인데 아주 가깝게 위치한 서식지에서 작은 아개체군들 사이에 특히 더 그렇다. ✓

✓ 체크포인트

경관은 생태계와 어떻게 다른가?

답: 경관은 같은 지역에서 상호작용하는 여러 개의 생태계로 이루어진 점에서 더 포괄적이다.

과학연구의 과정 | 생물다양성의 중요성

생물다양성이 인간의 건강을 보호해 주는가?

배경

인간이 천연자원을 추출하고, 도로를 건설하고, 숲을 농지로 개간함으로써 많은 경관을 파편화시키고 자신의 지역의 생물다양성을 감소시키고 있다. 서식지가 파괴되면서 생존을 위해 넓은 지역이 필요로 하는 종이 사라지고 있다. 파편화된 작은 영역에서 번성하는 종의 수는 증가하고 있다. 파편화로 인한 생물다양성의 상실은 흰발생쥐(*Peromyscus leucopus*)의 개체수가 폭발적으로 느는 미국 북부 숲에서 볼 수 있다(그림 20.40a). 흰발생쥐는 라임병을 옮긴다.

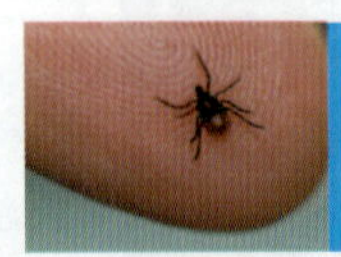

생물다양성이 이 진드기가 일으키는 라임병을 예방할 수 있다.

인간에서 라임병은 심장이나 신경계에 퍼지면 치명적일 수 있다. 라임병을 일으키는 세균(*Borrelia burgdorferi*)은 미국 북부의 숲과 이와 유사한 전 세계의 생물군계에서 사슴진드기(*Ixodes scapularis*)에 의해 운반된다. 기생충인 진드기는 생활사를 완성하기 위해서는 둘 이상의 숙주 종을 필요로 한다(그림 20.40b). 성체 진드기는 사슴과 인간의 피를 먹는데, 그런 다음 암컷은 알을 낳는다. 유충이 부화되면 중간숙주의 피를 먹는다. 그런 다음 유충은 약충으로 자라게 된다. 일단 약충이 되면 진드기는 다른 중간 숙주에 부착한다. 진드기가 먹으면서 라임병 세균이 진드기에서 숙주로 또는 그 반대로도 퍼진다. 숙주 종은 진드기에게 세균을 감염시키는 능력이 다르다. 흰발생쥐는 진드기를 감염시킬 수 있다. 큰 산림 파편조각에서 발견되는 높은 생물다양성은 잠재적으로 질병 전파사슬을 끊는데 도움이 될 것이다. 생물학적으로 더 다양한 공동체에는 조류와 도마뱀과 같은 많은 중간 숙주가 포함되어 있기 때문에 감염된 경우에도 세균을 퍼뜨리지 않는다.

최근 미국의 라임병 사례가 급증했다. 파편화가 라임병의 위험을 증가시키는 지 알아보기 위해 연구자들은 보다 작은 숲 파편조각이 감염된 진드기의 밀도를 증가시킨다는 가설을 검정하는 연구를 수행했다.

방법

연구원들은 뉴욕 남동부에 크기가 다른 14개의 단풍나무 숲 파편조각을 가지고 연구했다. 이들은 매우 많은 수의 라임병 사례를 가진 지역을 선택했다. 이들은 항공사진에서 파편조각을 식별하고 표준 패턴으로 지면을 따라 옷을 끌어당겨 진드기를 수집했다. 수집된 모든 진드기의 부분들에 대해 라임병 세균의 존재여부를 분석하였다.

결과

가장 작은 숲 파편조각은 감염된 사슴진드기의 밀도가 훨씬 높았다(그림 20.40c). 작은 파편조각에서 흰발생쥐는 매우 흔하며 다른 중간숙주는 드물거나 없을 수 있다. 흰발생쥐는 또한 라임병으로 진드기를 감염시키기 위해 연구된 경관에서 가장 가능성이 높은 중간숙주이다. 이러한 발견은 높은 생물다양성이 사람들에게 라임병으로부터 어느 정도의 보호를 제공함을 시사한다. 다른 기생충 전염병에 대한 미래의 연구에서도 비슷한 패턴을 보일 수 있다.

과학자처럼 생각하기

연구원들은 그들이 연구한 파편조각들이 최소한의 거리를 유지하도록 했다. 이것이 왜 중요한가?

답은 부록 C를 참조.

▼**그림 20.40 생물다양성을 감소시키는 서식지 파편화와 진드기에 의해 전파되는 라임병.**

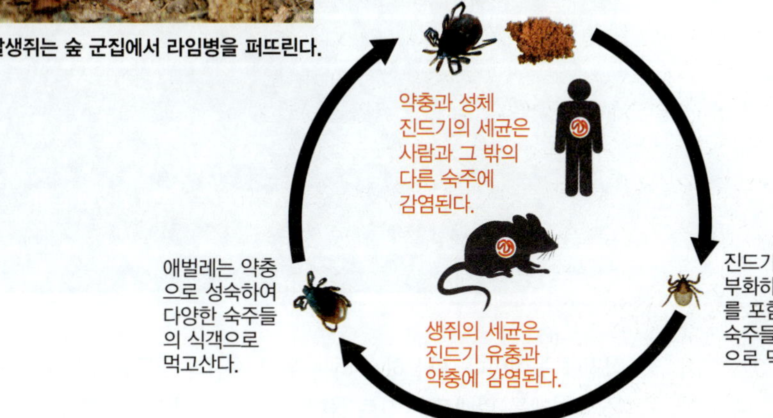

(a) 흰발생쥐는 숲 군집에서 라임병을 퍼뜨린다.

(b) 사슴진드기는 생활사의 여러 단계에서 라임병을 퍼뜨릴 수 있다.

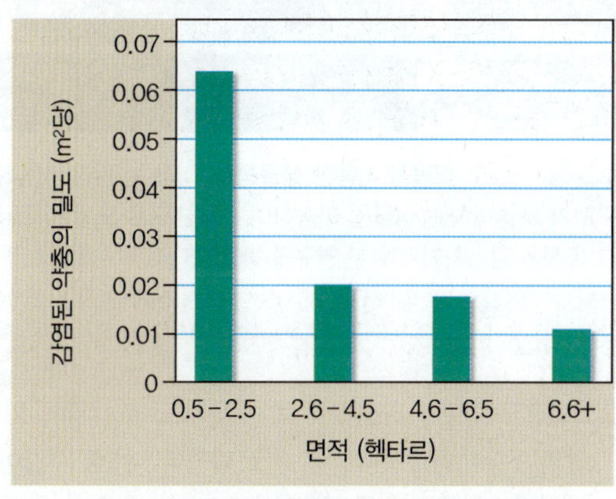

(c) 보다 큰 숲 파편조각은 감염된 진드기 약충의 밀도가 더 낮다. (1헥타르의 면적은 100×100 m이다.)

20.14 생태계 복원하기

복원생태학에서 핵심전략 중 하나는 살아 있는 생물을 사용하여 오염된 생태계의 독성을 없애는 **생물정화(bioremediation)**이다. 예를 들면 오래된 광산과 유류 유출을 정화하기 위해 세균을 사용해 왔다. 또한 연구자들은 오염된 토양으로부터 중금속과 유기오염물(예를 들면 PCB)과 같은 독성물질을 제거하기 위해 식물의 사용 가능성을 조사하고 있다(그림 20.41).

일부 복원사업은 생태계를 원래의 자연상태로 되돌리는 광범위한 목적을 가지고 있다. 여기에는 식물을 다시 심거나, 토착종이 아닌 동물을 제거하거나, 또는 물의 흐름을 막는 댐을 없애는 일들이 포함된다. 현재 미국에서 수백 개의 복원사업이 진행 중에 있다. 그 중 가장 야심찬 사업이 플로리다의 중남부에 있는 키시미강 복원사업이다.

키시미강은 한때 키시미 호수 남쪽에서 오키초비 호수에 이르는 구불구불 흘러가는 얕은 강이었다. 한 해의 절반 정도는 주기적인 범람으로 인해 넓은 범람원이 침수되어 습지가 형성되어 수많은 조류, 어류, 그리고 무척추동물의 중요한 서식지가 되었다. 홍수가 강물에 섞여 있던 영양분이 많은 침니를 범람원에 축적시켰기 때문에 이들은 토양의 비옥도를 끌어올렸고 강의 수질을 유지할 수 있었다.

1962년에서 1971년 사이에 미육군 공병대는 166 km에 이르는 구불구불한 강을 수심 9 m, 폭 100 m, 길이 90 km의 똑바른 운하로 바꾸어 놓았다. 범람원의 개발을 허용하도록 입안되었던 이 사업은 약 31,000에이커에 이르는 습지가 말라 사라져 버리게 만들었는데, 그 결과 어류와 습지의 조류 개체군에 심각한 악영향을 주었다. 농업 유출수를 걸러 내주고 감소시켜 주는 습지가 없어지자 강물은 인과 그 밖의 다른 과도한 영양분을 오키초비 호수로부터 남쪽의 에버글레이드 습지 생태계로 운반하게 되었다.

복원사업에는 댐, 저수지, 수로 변형물과 같은 치수구조물을 제거하

▲그림 20.41 **식물을 이용한 생물정화.** 미국 농무부에서 나온 연구자가 캐놀라라는 식물을 이용하여 셀레늄으로 오염된 토양에서 그 독성을 감소시키기 위한 연구를 하고 있다.

▼그림 20.42 **키시미강 복원사업.**

대서양
키시미 호수
키시미강
오키초비 호수
플로리다
멕시코만
전에 있었던 운하

고 그리고 약 35 km의 수로 메우기도 포함되어 있다(그림 20.42). 이 사업의 1단계가 2004년에 완료되었다. 완료 시간이 반복적으로 연장되었지만 가장 최근의 종료 시간은 2019이다. 그림 20.42에 있는 사진은 메워서 물의 흐름을 원래대로 돌려 옛 모습으로 되돌아온 에키시미 수로의 한 부분을 보여 주고 있다. 기대한 것보다 많은 수의 새를 비롯한 야생생물들이 복원된 11,000에이커의 습지로 다시 돌아왔다. 습지는 토착식물로 덮이고, 낚시감 어류들이 강의 수로에서 다시 헤엄치고 있다. ✓

✓ 체크포인트

키시미강의 물은 최종적으로 에버그레이즈로 흘러간다. 키시미강 복원사업이 에버그레이즈 생태계의 수질에 어떻게 영향을 미칠까?

답: 습지는 농업유출수를 정화해서 하류의 영양오염을 막는다. 이 생태계서비스를 복원함으로써 그 사업은 에버그레이즈의 수질을 개선하게 될 것이다.

20.15 지속가능한 개발 목표

세계 인구가 늘어나고 생활이 풍요로워지면서, 식량, 목재, 그리고 물과 같은 생태계의 "공급" 서비스에 대한 요구가 커지고 있다. 기후 조절이나 자연재해에 대한 보호와 같은 훨씬 중요한 생태계서비스는 뒤로 제쳐 놓고, 전 세계 대부분에서 현재의 이러한 요구들이 충족되고 있는 실정에 놓여있다. 확실히 우리는 우리 자신과 생물권의 나머지 모든 생물의 미래를 위태로운 길로 몰아가고 있다. 자신들의 요구가 충족되어 미래세대의 역량을 제한시키지도 않으면서도, 오늘날 사람들의 요구를 충족시켜 주는 개발을 의미하는 **지속가능한 개발(sustainable development)**을 어떻게 하면 달성할 수 있겠는가?

많은 국가, 과학자 협회, 그리고 민간단체들은 지속가능한 개발의 개념을 받아들여 왔다. 세계적으로 가장 큰 생태학자 모임인 미국 생태학회는 지속가능한 생물권 의안이라 부르는 연구의제를 지지하였다. 이 의안의 목표는 지구자원의 책임 있는 개발, 유지, 그리고 보전에 필요한 기초적인 생태학 정보를 습득하는 것이다. 연구의제는 자연적 생태계와 인공적 생태계의 생산성을 지속적으로 유지하는 길의 모색과, 또한 생물다양성, 지구기후변화, 생태학적 과정 사이의 관계에 대한 연구 등을 포함하고 있다.

지속가능한 개발은 지속적인 연구와 생태학적 지식의 적용에만 달려 있는 것은 아니다. 또한 우리가 생명과학을 사회과학, 경제학, 그리고 인류학과 연결하는 노력도 필요하다. 생물다양성의 보전은 지속가능한 개발의 한 단면에 불과하다. 중요한 다른 요소는 인간의 조건을 향상시키는 것이다. 공공 교육, 정치적 신념, 그리고 국가 간 협력이 이러한 시도를 성공으로 이끄는 데 필수적이다.

생물권을 변화시키고, 또 우리 자신을 포함해 다른 생물종의 생존마저도 위험에 빠뜨릴 수 있는 우리의 고유한 능력을 인식하는 것이, 지속가능한 미래를 향한 길을 선택해야 할 때 도움이 될 것이다. 세계의

버지니아 대학의 학생들이 재활용을 촉진하기 위해 쓰레기통에서 쓰레기를 분류하고 있다. 알루미늄 깡통 하나를 재활용하는 것은 노트북에 5시간 이상 전원을 공급할 수 있는 에너지를 절약하는 것이다.

프레즈노 캘리포니아 주립대학에서 한 학생이 이 대학의 유기농장에서 겨자와 양배추 밭에서 잡초를 뽑고 있다. 제초제를 사용하는 것보다 손으로 제초하는 것이 지속가능하다.

▲그림 20.43 지속가능성을 위한 노력들.

모든 사람에게 자연자원이 충분치 않는 그러한 세상의 위험은 먼 미래의 일이 아니다. 이것은 우리 자녀의 생애에 아니 어쩌면 우리 자신의 생애에서도 가능한 일이다. 생물권의 현재 상태가 우리를 오싹하게 하고는 있지만 이 상황이 희망이 없는 것만은 아니다. 이제 지구 생명의 다양성에 대한 더 많은 지식을 적극적으로 추구할 뿐만 아니라 장기적으로 지속가능한 발전을 향해 일하고 있는 다른 사람들과 연대를 맺는 행동을 취해야할 시점에 와 있다(그림 20.43). ✓

✓ 체크포인트

지속가능한 개발은 무엇을 뜻하는가?

답: 현재의 요구들을 만족시키면서도 한편으로는 미래 세대를 위해 자연과 경제자원의 적절한 공급을 지키는 개발

진화와 연결 생물다양성의 중요성

중요지점 살려내기

이 장에서 배운 바와 같이 섬은 다양성과 멸종의 중요지점이 될 수 있다. 예를 들면 괌섬은 지금은 야생에서 멸종되어 없지만 한때 몇몇 고유 조류종의 고향이었다(그림 20.44). 이 이야기가 괌에만 국한된 것은 아니다. 지리적 격리는 종종 새로운 종의 진화로 이어진다(그림 14.7 참조). 다른 조건과 무작위적인 사건이 그 섬에만 특별한 방식으로 종을 형성한다. 결국 고유종과 아종으로 진화한다.

포식자가 없는 섬에서 포식을 피하기 위한 기계적, 생리학적, 행동적 전략에 투자하는 것은 낭비이다. 포식에 대응하는 유전자를 감소시키는 무작위 돌연변이는 실제로 섬에 있는 개체들로 하여금 그들의 환경에 더 잘 적응하게 만든다. 이 개체들은 다른 개체들보다 더 많은 자손을 낳는다. 실제로 그러한 섬에서는 포식자에 대한 두려움에 대한 대응을 유지해야한다는 선택압력이 없다. 그러나 육식동물이 도착하면,

토착종은 방어할 수 없으며 진화하기 전에 멸종될 수 있다. 침략적 포식자는 자신의 수를 통제할 기본 경쟁자나 포식자가 없어 섬 군집을 파괴할 수 있다. 이러한 일들이 뱀이 없는 괌에서 일어났다.

제2차 세계대전 직후 한 마리 이상의 갈색 나무뱀이 괌으로 가는 화물에 숨어 있을 때 아무도 눈치 채지 못했다. 뱀은 야행성이며 숨는 경향이 있다. 처음에는 사람들이 헛간에서 몇 마리의 뱀 껍질을 발견하였고, 또 가끔 뱀을 목격하였다는 보고가 있었다. 그후부터 토착종들이 사라지기 시작했다. 결국 토착 조류의 약 절반과 몇몇 토착종 박쥐와 도마뱀이 야생에서 멸종되었다. 한때 새가 우는 소리로 가득하던 숲은 조용해졌다. 괌의 생물다양성은 계속 영향을 받는다. 사라진 조류종의 수분에 의존하던 나무가 섬에서 줄어드는 것을 볼 수 있었다. 갈색 나무뱀은 또한 가금류를 잡아먹고 고압선이 끊어지게 만들어 정전을 유발하여 경제적 손실을 일으켰다.

섬의 격리는 인간들로부터 그들을 보호할 수 있는 독특한 기회를 제공한다. 괌에서는 정부기관에서 훈련된 개를 사용하여 뱀이 다른 지역에 침입하지 못하도록 한다. 뱀 함정은 울타리를 따라 배치된다. 갈색 나무뱀은 일반적인 진통제 아세트아미노펜(타이레놀)에 비정상적으로 취약해서 약물을 넣은 생쥐 사체를 작은 낙하산에 달아 헬리콥터에서 떨어뜨렸다. 2012년 연구에 따르면 괌의 노력으로 80% 이상의 나무뱀이 줄어들었다. 언젠가는 현재 포획 개체군으로 유지되고 있는 일부 고유 조류종을 야생으로 재도입하는 것이 가능할 수 있다. 전 세계적으로 섬에 사는 230종 이상의 종이 해로운 동물에 대한 박멸 조치의 혜택을 받았다.

군집과 생태계의 구조와 기능을 이해하면 인간활동으로 인한 피해를 되돌릴 수 있는 도구가 제공된다. 이러한 지식을 바탕으로 미래세대를 위해 다양하고 건강한 세상을 물려줄 수 있다.

▼그림 20.44 괌의 생물다양성에 위협이 되는 갈색 나무뱀.

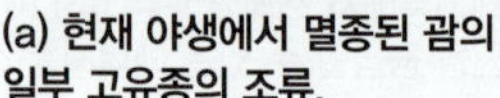
(a) 현재 야생에서 멸종된 괌의 일부 고유종의 조류.

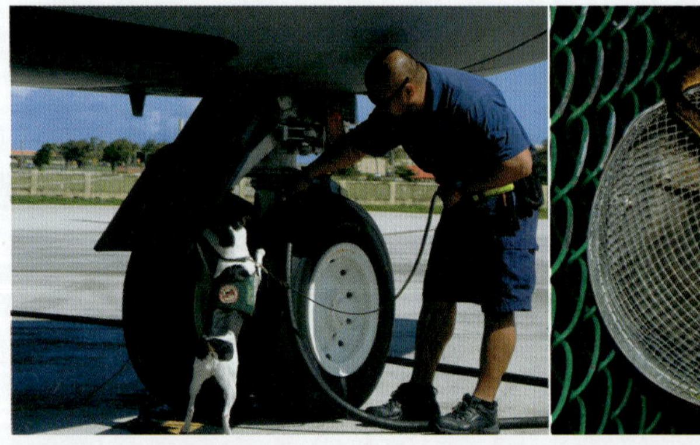
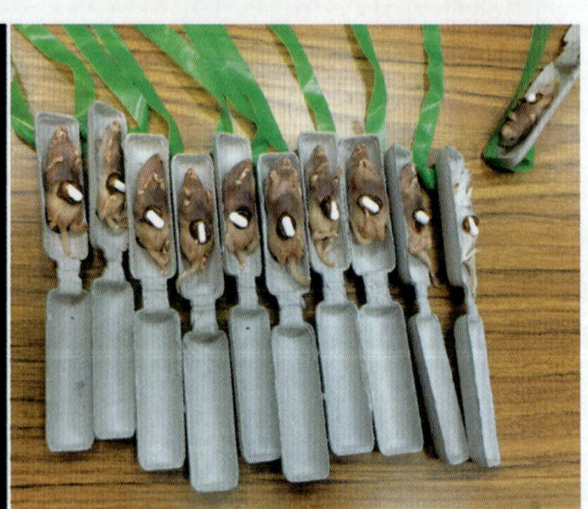
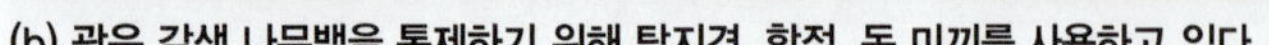
(b) 괌은 갈색 나무뱀을 통제하기 위해 탐지견, 함정, 독 미끼를 사용하고 있다.

복습

주요 개념의 요약

생물다양성

20.4 생물다양성 감소의 원인

서식지 파괴는 멸종의 주요한 원인이다. 침입종, 과도한 개발, 그리고 오염 또한 중요한 인자들이다.

군집생태학

20.5 종간 상호작용

일반적으로 다른 종의 개체에 이익(+)인지 손해(−)인지 아니면 중립(0)인지에 따라 구분하는 방법을 사용하면 군집 내에서 개체군은 여러 가지 상호작용을 갖는다. +/−상호작용(한 종에 의해 다른 종이 착취를 당함)은 해를 받는 개체에 대해서는 부정적인 영향을 갖게 되므로 방어적인 진화적 적응이 흔하게 나타난다.

군집에서 종간 상호관계

종간 상호관계	종1에 대한 영향	종2에 대한 영향	종간 상호관계	종1에 대한 영향	종2에 대한 영향
경쟁	−	−	착취 포식	+	−
상리공생	+	+	초식	+	−
상리공생	+	0	기생충과 병원균	+	−

20.6 영양구조

군집의 영양구조는 생물 사이에서 일어나는 먹이관계로 정의된다. 생물농축의 과정에서 독성물질은 먹이사슬 위쪽의 최상위 포식자까지 올라갈수록 더 많이 농축될 수 있다.

PCB 농도의 증가 방향

20.7 군집내 종다양성

군집 내에서 다양성은 종의 풍부도와 다른 종과의 상대우점도를 포함한다. 중추종은 상대적으로 풍부도나 생체량이 낮음에도 불구하고 군집의 구성에서 커다란 영향을 갖는 종이다.

20.8 군집내 교란과 천이

교란은 생물이 죽거나, 또는 무기영양분이나 물과 같은 이용가능한 자원이 변화됨으로써 적어도 일시적으로라도 군집을 손상시키는 사건을 말한다. 오늘날 인간이 교란의 가장 주된 원인이 되고 있다.

20.9 생태천이

교란이 일어난 다음 군집에 연속적으로 일어나는 일련의 생태 변화를 생태천이라고 부른다. 토양도 없고 생명체도 없는 지역에서 군집이 생겨 1차천이가 일어난다. 2차천이는 토양은 그대로이나 교란으로 기존의 군집이 파괴된 곳에서 일어난다.

생태계생태학

20.10 생태계에서 에너지흐름

생태계는 생물군집과, 군집과 상호작용을 하는 무생물인자로 이루어져 있다. 에너지는 생태계에 끊임없이 가해져야 하는데, 그 이유는 생산자로부터 소비자와 분해자에게로 흘러가서 에너지가 계속해서 소실되기 때문이다. 화학원소는 생태계의 살아 있는 군집과 무생물 환경 사이에 순환될 수 있다. 영양관계는 에너지흐름과 화학순환의 생태계 경로를 결정한다.

1차생산은 식물과 기타 다른 생산자들이 생체량을 만들어내는 율을 말한다. 생태계는 생산성이 매우 다양하다. 1차생산이 전체 생태계의 에너지 비용에 대한 소비한계를 결정하게 되는데, 그 이유는 소비자가 자신들이

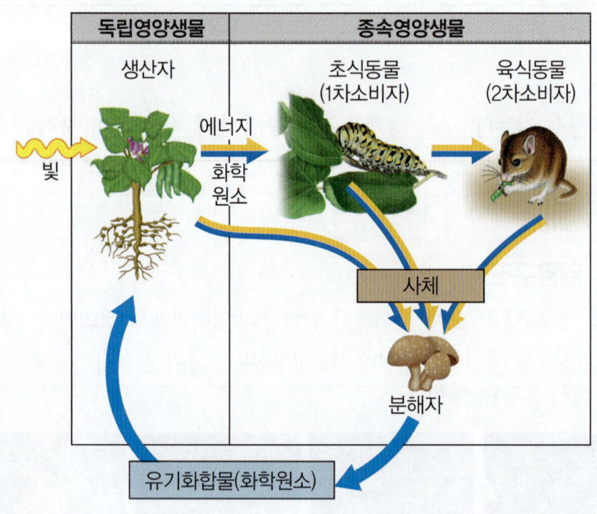

필요로 하는 유기연료를 생산자로부터 얻어야하기 때문이다. 먹이사슬에서 한 영양단계가 지닌 생체량의 10% 정도만 다음 단계에서 이용가능하므로 그 결과 피라미드모양의 생산형태를 보여준다.

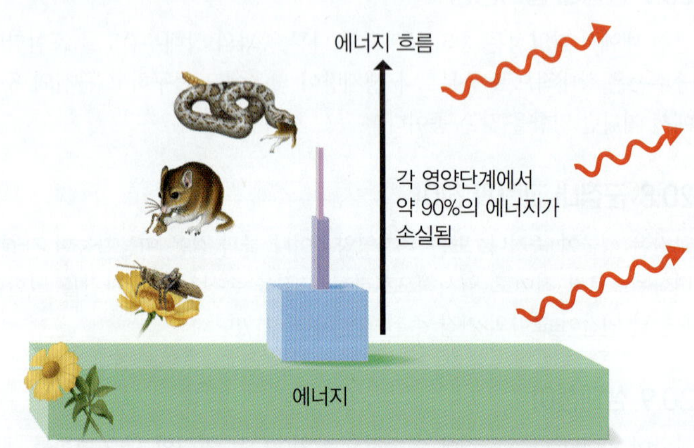

사람이 소비자보다 생산자를 먹을 때 광합성 생산은 덜 필요하게 되며, 따라서 그만큼 환경에 충격을 덜 주게 된다.

20.11 생태계에서 화학순환

생물지구화학적 순환은 생물성분과 무생물성분을 포함하고 있다. 각 회로는 화학물질이 순환되는 무생물저장고를 가지고 있다. 어떤 화학원소는 이들 화학원소가 무기영양분으로서 식물에 사용되기 전에 특정 미생물들에 의한 "변화"가 필요하다. 생태계를 통한 화학물질의 특정 경로는 원소와 생태계의 영양구조에 따라 다양하다. 인은 움직임이 덜하여 국지적으로 순환된다. 탄소와 질소는 일부 시간 동안에는 기체상태로 보내게 되므로, 이로 인해 전지구적으로 순환된다. 특히 농경지로부터 질소와 인의 유출수는 수서생태계에서 조류의 부영양화를 일으켜 수질은 떨어지고 때로는 물의 산소도 빼앗긴다.

보전생물학과 복원생물학

20.12 식물다양성 "중요지점"

보전생물학은 생물다양성의 손실에 대응하려고 애쓰는 목적지향적인 과학이다. 보전생물학의 전선에서는 멸종위기종이 특히 많이 있는 비교적 작은 지리상의 지역을 뜻하는 생물다양성 "중요지점"이 있다.

20.13 생태계 수준에서 보전

보전생물학은 모든 군집, 생태계, 그리고 경관의 생물다양성을 지속가능케 하는 쪽에 목표를 두고 있다. 생태계 사이의 경계선은 생물다양성에 긍정적인 영향과 부정적인 영향을 미치는 경관의 중요한 특징이다. 이동통로는 개체군의 분산을 촉진하고 개체군을 지속가능케 하는데 도움을 줄 수 있다.

20.14 생태계 복원하기

어떤 경우 생태학자들은 중금속과 같은 독성물질을 생태계로부터 제거하기 위해 미생물이나 식물을 이용한다. 생태학자는 토착종을 심고 야생생물에 대한 방벽을 제거하고, 그 밖의 다른 방법을 찾음으로써 몇몇 생태계를 다시 살리기 위해 일하고 있다. 키시미강 복원사업은 강이 일직선 수로가 되게 만들어서 생기는 생태학적 손실을 원상으로 되돌리기 위한 시도이다.

20.15 지속가능한 개발 목표

인간의 요구와 생물권의 건전성 간의 균형을 이루기 위해 지속가능한 개발은 인간사회와 이를 지탱케 해주는 생태계의 장기적인 번성에 그 목표를 두고 있다.

자습문제

1. 현재 생물다양성 감소의 첫 번째 원인은 _______이다.

2. 경쟁배타의 원리에 따라
a. 두 종이 같은 서식처에서 공존할 수 없다.
b. 멸종이나 이주는 경쟁적인 상호관계로 인해 생길 수 있는 유일한 결과이다.
c. 종 내 경쟁은 가장 잘 적응한 개체의 성공으로 이끈다.
d. 두 종은 군집 내에서 똑같은 생태적 지위를 가질 수 없다.

3. 다음 중 상리적 종간 상호작용을 가장 잘 설명하는 것은 무엇인가?
a. +/0 b. +/+ c. +/− d. −/−

4. 각 생물들과 이들의 영양단계를 연결하시오(하나 이상의 영양단계를 선택하여도 된다).

a. 조류	1. 분해자
b. 메뚜기	2. 생산자
c. 동물플랑크톤	3. 3차소비자
d. 독수리	4. 2차소비자
e. 균류	5. 1차소비자

5. 먹이사슬에서의 최상위 포식자가 DDT와 같은 살충제에 의해 가장 심각하게 영향을 받는 이유는?

6. 생물을 파괴하고 자원의 가용성을 변화시켜 생물군집을 변화시키는 에피소드를 ________(이)라고 한다.

7. 생산피라미드에 따르면 곡물을 먹여 키운 쇠고기를 먹는 것이 광합성에 의해 포획된 에너지를 얻은 것보다 왜 상대적으로 비효율적인 방법인가?

8. 심한 강우나 식물의 제거 같은 국지적인 조건이 특정 육상생태계에 이용가능한 질소, 인, 또는 칼슘의 양을 제한할 수도 있지만, 이 생태계에서 이용가능한 탄소의 양은 거의 문제가 되지 않는다. 그 이유는?

9. ________ 은(는) 오염된 생태계를 해독하기 위해 살아 있는 생물을 이용하는 것이다.

10. 보전은 목표를 삼는 생태계들 사이의 가장자리 또는 경계를 다루는 어떤 계층 수준에서 다루고 있는가?
   a. 종　　b. 군집
   c. 생물군계　　d. 경관

답은 부록 C를 참조.

주된 주제 식별하기

아래의 각 문장에서 분명하게 드러난 주된 주제가 무엇인지(구조와 기능의 연관성, 정보의 흐름, 에너지와 물질의 변환경로, 생물계 내에서의 상호작용, 진화)를 식별하고, 그 내용이 그 주제와 어떻게 관련되는지를 설명하시오. 필요한 경우 주제들을 검토하고(1장 참조), 또 이 장에서 파란색 글자로 나타내어 강조한 예들을 검토해 보시오.

11. 고슴도치의 날카로운 가시와 딱딱한 조개껍질은 포식자로부터 방어한다.

12. 어떤 경우에는 한 군집의 두 개체군이 먹이나 공간과 같은 자원을 놓고 경쟁한다.

13. 군집의 영양구조는 자원이 광합성 생물에서 초식동물로 이동하고 그 다음에는 포식자로 이동함에 따라 자원을 변화시키는 경로를 결정한다.

답은 부록 C를 참조.

과학연구의 과정

14. 사막식물을 연구하고 있는 생태학자가 다음과 같은 실험을 수행하였다. 그녀는 매우 듬성듬성하게 있는 관목식물과 작은 일년생 야생화가 굉장히 많이 피어 있는 동일한 두 구획을 선정하였다. 그녀는 두 구획 모두에서 비슷한 개체수를 갖는 5종의 야생화를 똑같이 발견하였다. 그 다음 그녀는 두 구획 중 하나에 이 지역에서 가장 흔하게 볼 수 있는 초식성 동물인 캥거루쥐의 침입을 막기 위해 울타리를 쳤다. 그로부터 2년 후 울타리를 쳐놓은 구획에서는 4종의 야생화가 더 이상 관찰되지 않았고, 한 종의 야생화만 눈부시게 증가되어 있었다. 울타리를 치지 않았던 대조구획에서는 종 구성이 특별히 변하지는 않았다. 우리는 이 장에서 배운 개념을 사용하여 왜 이런 일이 일어났는지 생각해 보자.

15. 환경을 적극적으로 변화시키는 핵심 종인 비버는 "생태계 공학자"로 간주된다. 이들은 오래된 나무도 자르고, 목재를 사용하여 강에 댐을 만든다. 강가 환경(강을 기반으로 한)에 비버의 활동이 미치는 영향은 무엇인가? 비버가 사라지면 어떤 결과가 발생하는가?

16. **자료 해석하기** 고전적인 연구에서 존 틸은 소금습지 생태계에서 에너지흐름을 측정하였다. 아래의 표는 그 결과의 일부이다.

에너지 형태	Kcal/m^2/yr	에너지 전달효율(%)
햇빛	600,000	n/a
생산자에서 화학에너지	6,585	
1차소비자에서 화학에너지	81	

Data from: J. M. Teal, Energy Flow in the Salt Marsh Ecosystem of Georgia. *Ecology* 43: 614-24 (1962).

a. 생산자에 의한 에너지 전달의 효율성을 계산하시오. 즉 햇빛 에너지의 몇 퍼센트가 화학 에너지로 전환되고, 식물 생체량으로 통합되었는가?

b. 1차소비자에 의한 에너지 전달의 효율성을 계산하시오. 식물 생체량에 있는 에너지의 몇 퍼센트가 1차소비자의 몸체에 통합되었는가? 에너지의 나머지는 어떻게 되었는가(그림 20.27 참조)?

c. 얼마나 많은 에너지가 2차소비자에게 이용가능한가? 1차소비자 에너지 전달효율을 바탕으로 하여 3차소비자가 사용할 수 에너지가 얼마나 되는지 추정해 보시오.

d. 이 생태계에 대해 생산자, 1차소비자, 2차소비자를 위한 생산의 피라미드를 그려보시오(그림 20.28 참조).

우리와 함께하는 생물학

17. 우리사회가 유전자, 종, 생태계 수준에서 생물다양성을 유지해서 혜택을 얻을 수 있는 다양한 방법의 목록을 작성해 보시오. 생물다양성을 유지하는 데 있어 사회는 어떤 역할을 하는가? 생물다양성 위기에 어떻게 대응하고 멸종위기에 처한 종의 보존을 어떻게 보장할 수 있는가? 한 사람이 실제로 변화를 일으킬 수 있는가? 생물다양성에 기여하기 위해 할 수 있는 일이 있다면 어떻게 해야 할까?

18. 시민과학자들이 종을 기록하는 방대한 작업을 돕는다. 전문가, 애호가, 심지어 어린이들로 구성된 바이오브리츠(bioblitz, 생물다양성 탐

사) 팀은 특정 영역에서 그들이 할 수 있는 모든 종을 식별하고 계산한다. 종종 바이오블리츠는 여러 해 동안 같은 시기에 개최된다. 지역 정부나 학교가 지역사회에서 바이오블리츠를 보유하도록 어떻게 설득하면 되겠는가?

19. 태즈메이니아 섬의 생물다양성을 보존하기 위해 태즈메이니아 주머니너구리가 중요한 이유 중 하나는 새와 같은 토착종에 위협이 되는 야생 고양이를 죽이기 때문이다. 태즈메이니아 주머니너구리는 치명적인 조치를 포함하는 침입종에 대한 자연방제이다. 포획 및 재배치와 같은 치명적이지 않은 방법이 토착종을 위협하는 비천연종을 방제할 수 있는 방법이 아닌 경우 치명적인 조치를 사용해야하는가?

단원 5

동물의 구조와 기능

21 동물의 구조와 기능에 대한 개념의 통합

차례 내용

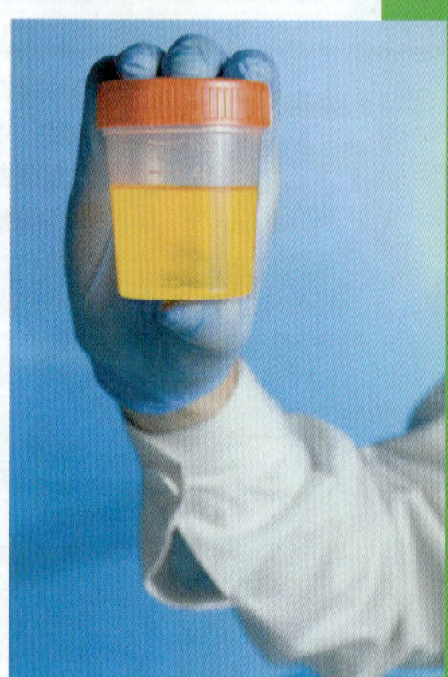

당뇨병, 불법 약물 사용, 임신—소변 샘플은 사람에 대해 많은 것을 알려 준다.

왜 동물의 구조와 기능이 중요한가

당신은 사람이고, 모든 사람은 동물이며, 모든 동물은 생명의 과정이 일어날 수 있는 공통의 구조와 기능을 공유한다. 비록 우리가 종종 다른 동물들과 다른 방법에 초점을 맞추지만, 우리 자신의 신체에 대한 진정한 이해는 동물계 내의 유사성에 대해 배우는 것에서부터 시작해야 한다.

얼굴이 빨개지면 어쩔 수 없다. 그것은 당신의 혈관에 있는 불수의적 근육 때문인 것이다.

열이 좋을 수도 있다! 적당한 열은 항상 몸의 적이 아니다. 그것은 감염과의 전투 중에 면역력을 도울 수 있다.

실마리

체온조절

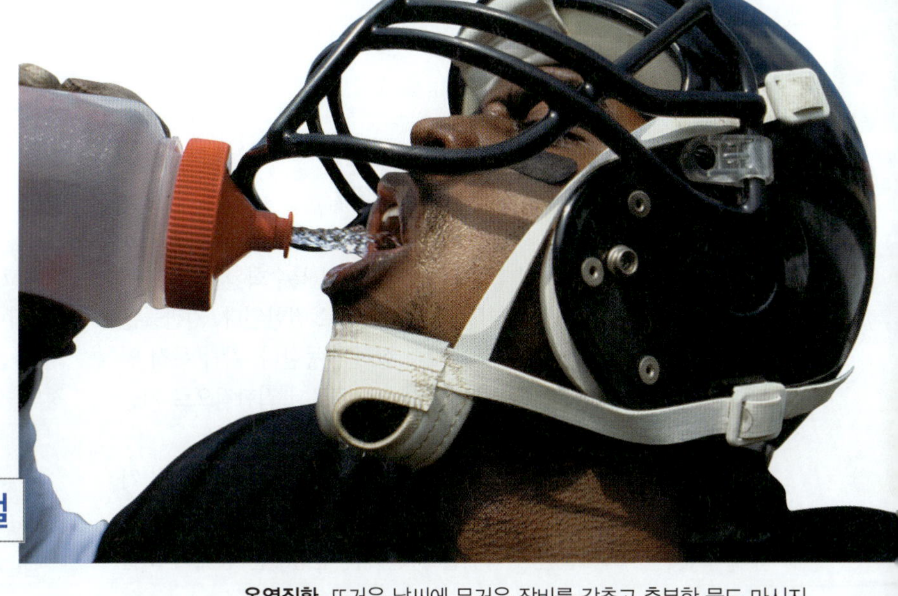

우리와 함께하는 생물학 **체온조절**

온열질환. 뜨거운 날씨에 무거운 장비를 갖추고 충분한 물도 마시지 못한 채 하루 수시간 동안 연습을 하면 온열질환에 대한 위험이 높아진다.

막을 수 있는 비극

최고 44℃까지 기온이 오르는 극도로 더운 2015년, 토란 제이크 토마스는 호주 퍼스에서 럭비 리그 훈련을 하던 중 열사병으로 쓰러졌다. 15세의 이 운동선수는 3일 후에 다발성 장기 장애로 사망했다. 열사병은 사람에게서 뇌의 온도 조절중추가 작동하지 않을 정도로 장시간 극도의 열에 노출되었을 때 발생하는 질환이다. 치료가 지연되면 사망률이 80%에 이를 수 있다. 당신은 온열질환을 앓고 있는 10대 운동선수들이 드물 것이라고 생각할지 모르지만, 그렇지 않다. 미국에서만 매년 약 10,000명의 고등학교 운동선수들이 이 질환에 시달리고 있다.

당신이 열심히 놀거나 운동을 할 때, 당신의 근육은 많은 열을 생산한다. 이것은 당신의 내부 온도를 높인다. 뇌에 있는 조절중추가 정상적인 내부 온도(37℃)를 유지하기 위해 반응을 시작한다. 이것이 당신이 땀을 흘리기 시작하는 이유다. 땀이 증발하면서, 그것은 냉각 효과를 가진다. 수분을 잘 유지하면 땀을 내는 데 필요한 수분을 공급해 열이 빠져나가도록 돕는다. 동시에 피부 표면 근처의 혈관이 팽창하여 체온을 방출한다. 축구 선수들이 착용하는 패딩은 증발 냉각을 제한해 몸에 열을 가두게 한다.

체온이 계속 올라가면 땀이 많이 나고, 피부 표면 근처의 혈관은 최대치로 넓어진다. 기절할 정도로 혈압을 낮출 수 있는 이런 반응들은 몸이 스스로 식히려는 마지막 시도인 열탈진 증상이다. 극심한 열탈진 상태에서 체온이 올라가 뇌의 온도조절중추를 교란시킬 수 있다. 결과는 열사병이다. 이것은 신체의 장기부전이 일어나기 시작하므로 심각한 의학적 위급상황이며, 몸을 빨리 식히고 수분을 공급하지 않으면 뇌손상과 사망이 뒤따를 수 있다. 다행히도 가벼운 머리나 메스꺼움을 느끼거나 피부가 지나치게 붉어지면 충분한 물을 마시고 휴식을 취함으로써 자신을 보호할 수 있다.

감독과 선수들 간의 인식 형성, 고위험 선수 파악, 선제적인 수분유지와 적응성 보장, 그리고 경기 중 선수 모니터링 등이 열 관련 사고를 예방하기 위해 취해져야 할 조치들이다.

열사병은 신체가 스스로 조절할 수 있는 능력의 중요성을 생생하게 일깨워 준다. 이 단원에서는 동물의 몸이 어떻게 자율적으로 조절하는지를 배우게 되며, 동물에게 흔히 나타나는 진화적 적응을 알게 된다. 이 단원의 단계를 설정하기 위해, 이 장에서는 세포에서 조직, 기관, 기관계 등 기본적인 동물 구조를 설명한다. 이 장을 통하여 우리는 내부 조절의 두 가지 예인 체온조절과 체액 균형 조절에 중점을 두고 기능과 구조와의 관계를 볼 것이다.

동물의 구조적 체계화

생물은 조직이 체계화되어 있다. 동물에서 각각의 특수화된 세포가 조직으로 묶이고, 다양한 조직이 기능적인 기관으로 결합된다. 기관들은 혼자서 작동하는 것이 아니라 기관계로서 함께 작동한다. 각각 특정 임무에 특수화된 기관계들은 통합되고 조정된 단위로서 집합적으로 기능한다(그림 21.1).

체계화의 수준은 동물의 내부환경을 조절하는 것과 같은 생물의 기능을 수행하기 위해 상호작용한다. 예를 들어, 체온의 증가는 뇌가 피부 아래의 순환계 모세혈관의 확대를 촉발하는 신경계를 통해 신호를 보내고, 땀을 합성하는 세포로부터의 분비를 증가시킬 것을 필요로 한다. 땀이 피부에서 증발하면서 온 몸의 온도가 내려가게 된다. **생물학의 다른 모든 영역과 마찬가지로, 동물의 몸에 대한 연구는 생명 과정의 기초가 되는 상호작용을 강조할 것이다.** ✓

✓ 체크포인트

생물학적 조직의 수준을 큰 것 순서대로 배치하시오: 세포, 기관, 기관계, 생물체, 조직

답: 생물체, 기관계, 기관, 조직, 세포

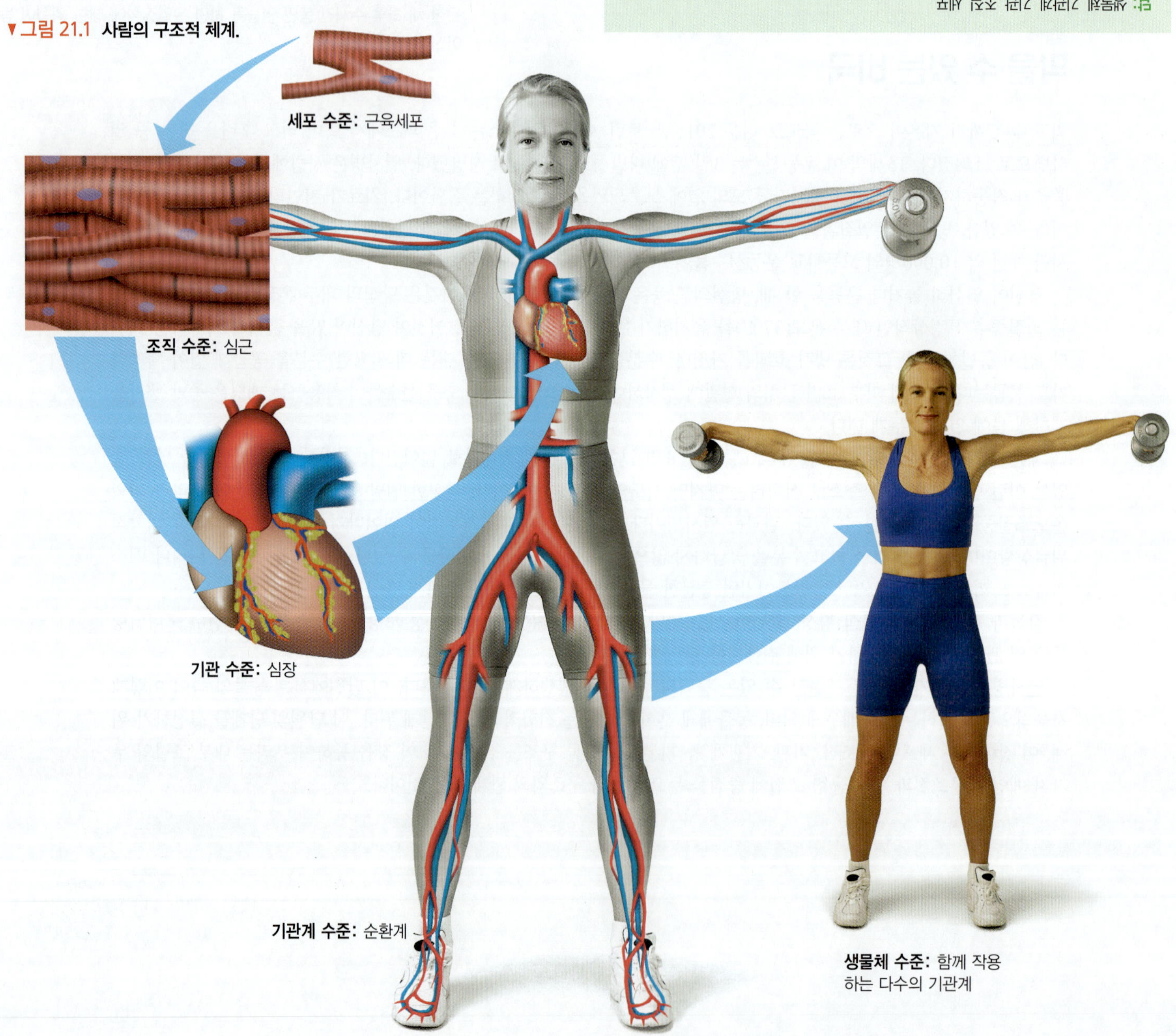

▼그림 21.1 사람의 구조적 체계.

21.1 해부학과 생리학

망치와 드라이버 중 어느 것이 더 나은가? 답은 물론 무엇을 하려고 하느냐에 달려 있다. 공구를 선택할 수 있는 경우, 망치를 사용하여 나사를 풀거나 드라이버를 사용하여 못을 박지 않을 것이다. 장치의 형태는 그것이 작동하는 방식과 관련이 있다. 구조는 기능과 상관관계가 있다.

예를 들어, 십자형 드라이버의 십자형 끝 부분인 스크루드라이버의 설계는 십자형 헤드로 나사를 돌리는 작업으로 인해 결정된다. 같은 원리가 세포에서 생물체에 이르기까지 그 여러 단계의 생명에도 적용된다. 어깨의 절구상관절(ball-and-socket joint) 구조는 상팔뼈가 사방으로 회전할 수 있도록 하는 기능에 적합하다. **생물학적 구조를 분석하면 기능(구조가 하는 일)에 대한 단서를 얻을 수 있다. 반대로 생물학적 기능을 이해하면 구조(구성요소가 어떻게 구성되어 있는가)에 대한 통찰력을 얻을 수 있다.**

구조와 기능을 논할 때 생물학자들은 해부학과 생리학을 구분한다. **해부학(anatomy)**은 생물체를 이루는 부분들의 구조를 연구하는 학문이다. **생리학(physiology)**은 그 부분의 기능을 연구하는 학문이다. 예를 들어 해부학자는 피부 표면 근처의 혈관의 배치를 연구할 수 있는 반면, 생리학자는 급격한 온도 상승에 반응하여 혈관이 어떻게 확장되는지를 연구할 수 있다. 서로 다른 접근법에도 불구하고, 두 학문은 구조와 기능 사이의 연결을 더 잘 이해하기 위한다는 동일한 목적을 제공한다.

구조와 기능의 상관관계는 생물학의 근본원리로서 모든 단계의 생물의 체제화에서 명백하게 나타난다. 그것은 동물에 대한 우리의 연구 전반에 걸쳐 우리를 안내할 원칙이다(그림 21.2). 그러나 이 "설계"의 규칙은 새의 날개나 포유류의 혈관과 같은 생물학적 도구가 목적의식이 있는 발명의 산물이라는 것을 의미하지는 않는다. 여기서 나사 드라이버와 같은 가정용 도구는 특정한 목표를 가지고 설계되었기 때문에 비유가 되지 못한다. 생물학적 구조를 개선하는 것은 자연선택이다. 그것은 모집단의 개체들 사이에서 가장 효과적인 변이(현재의 환경에서 가장 유리한 변이)를 선별함으로써 그렇게 한다. 특정 환경에서 가장 잘 작동하는 것을 선택하는 세대는 목표 지향적인 계획 없이 기능하는 구조에 적합할 것이다. **따라서 구조-기능 원리는 생물학의 주요한 주제들 중 하나인 진화의 또 다른 측면일 뿐이다.** ✓

✓ 체크포인트

새의 날개는 속이 비어서 가볍다. 이것이 구조-기능의 원리를 어떻게 설명하는지 말하시오.

답: 속이 빈 뼈를 가지고 있는 날개의 구조는 그것을 가볍게 만들어 비행의 기능과 관련이 있다.

▼**그림 21.2 구조는 기능에 적합하다.** 외양간올빼미(*Tyto alba*)의 해부학을 연구하면 그것의 생리학에 대한 통찰력을 얻을 수 있다.

(a) 생물체 수준에서. 구조-기능의 원리는 비행 중인 이 외양간올빼미에서 볼 수 있듯이 전 생물체의 형태에 적용될 수 있다.

(b) 기관 수준에서. 새의 뼈가 벌집 구조로 된 것은 튼튼하지만 가벼운 뼈대를 제공해 비행을 돕는다.

(c) 세포 수준에서. 새나 다른 동물의 근육을 조절하는 신경세포는 신호를 전달하는 긴 돌기물을 가지고 있다.

21.2 조직

세포는 모든 살아 있는 생물의 기본 단위다. 인간을 포함한 거의 모든 동물에서, 세포는 거의 독자적으로 행동하지 않고 대신 조직으로 집단화를 이루고 있다. 유사한 세포들의 통합된 집단인 조직은 특정한 기능을 수행한다. 조직을 구성하는 세포들은 특수화 되어 있다. 그것들은 특정한 임무를 수행할 수 있는 전체적인 구조를 가지고 있다. 동물은 상피조직, 결합조직, 근육조직, 신경조직의 네 가지 주요 범주를 가지고 있다. 각 조직 유형의 구조는 특정 기능과 관련이 있다.

상피조직

상피조직(epithelial tissue)은 **상피(epithelium)**라고도 하는데, 이것은 몸의 표면을 덮고 기관의 내면을 따라 늘어서 있는 조직이다(그림 21.3). 상피의 구조는 구조가 조직 수준에서 어떻게 기능하는지를 보여준다. 사람의 피부는 단단하게 결합된 상피세포의 많은 층을 포함하고 있어, 사람의 몸을 감싸고 외부의 위협으로부터 안전하게 보호하는 방수 장벽을 형성한다. 층을 이루고 밀착 세포 구조를 이루는 피부와는 대조적으로, 한 층의 얇고 틈이 있는 상피조직은 모세혈관을 형성하는데, 그것은 순환계와 물질을 교환하는 역할을 하는데 잘 어울린다. 장의 내면을 따라 덮고 있는 상피는 소화액을 분비하고 영양분을 흡수한다.

신체는 지속적으로 많은 상피조직의 세포를 재생시킨다. 예를 들어 소화관과 피부의 세포는 특정 세포 유형에 따라 며칠 또는 몇 주에 한 번씩 갱신된다. 이 같은 주기로 인해 세포가 급속하게 분열해야 하는데, 이는 암으로 이어질 수 있는 세포분열에서 오류의 위험을 증가시킨다. 상피는 다른 신체조직에 비해 환경과 가장 직접적으로 접촉하기 때문에 연기와 자외선 등 암을 유발하는 물질에 훨씬 높은 수준으로 노출된다. 결과적으로, 모든 암의 약 80%가 상피조직에서 발생한다. 상피조직의 암은 총괄하여 상피성 암(carcinoma)이라고 불린다. 유방, 전립선, 폐, 대장, 직장 등 5대 암은 모두 상피성 암이다(그림 11.19 참조).

결합조직

결합조직(connective tissue)의 두 가지 주요 기능은 다른 조직을 지지하고 결합하는 것이다. 상피세포와 대조적으로, 결합조직은 **세포외기질(extracellular matrix)**이라고 불리는 물질에 흩어져 있는 세포들을 함유하고 있다. 세포외기질의 구조는 자신이 속한 결합조직의 종류에 따라 기능이 달라진다.

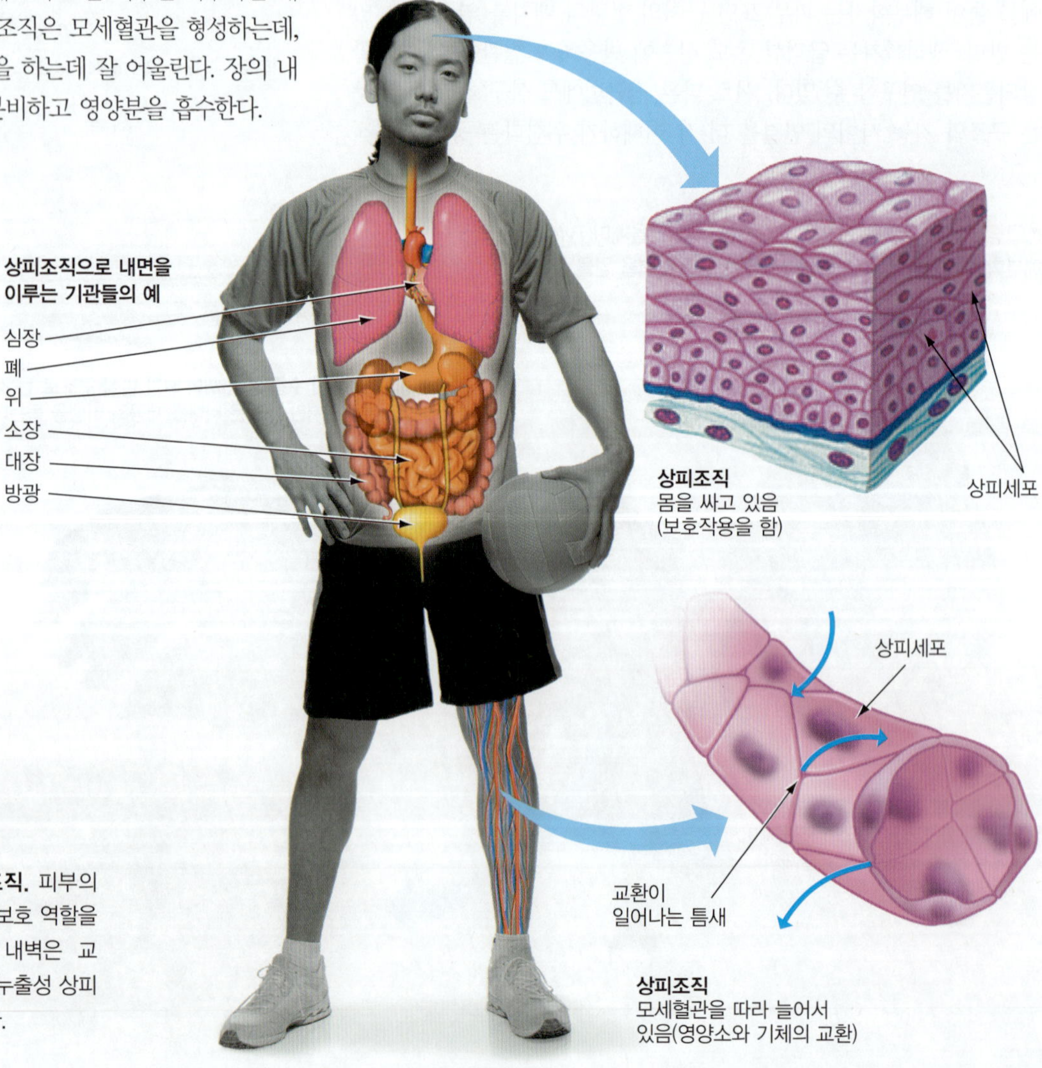

► 그림 21.3 **상피조직.** 피부의 여러 겹의 상피세포는 보호 역할을 하는 반면, 모세혈관의 내벽은 교환을 촉진하는 하나의 누출성 상피 세포층을 포함하고 있다.

그림 21.4는 주요 결합조직 유형 6가지를 보여준다. 척추동물의 몸에서 가장 널리 퍼져 있는 결합조직은 **소성 결합조직(loose connective tissue)**이다. 그것은 상피질을 밑에 있는 조직에 결합시킨다. 구운 닭다리를 생각해보자. 껍질이 그냥 떨어지는 것이 아니라 부드럽게 잡아당겨야 한다. 소성 결합조직이 피부를 밑의 근육과 연결시키기 때문이다. 강한 힘과 탄성을 제공하는 단백질 섬유 행렬은 소성 결합조직의 특징이다. 누군가가 빰을 꼬집고 나서 살이 얼마나 빨리 원상복귀 되는가를 생각해 보면 조직의 탄력성을 느낄 수 있다. 결합조직의 기질의 생산은 나이가 들수록 감소하기 때문에, 나이가 든 피부는 회복되지 않고 처지고 주름 잡히게 된다.

세 종류의 결합조직은 촘촘한 기질에 세포가 매달려 있다. **섬유성 결합조직(fibrous connective tissue)**은 콜라겐이라는 치밀한 기질을 가지고 있다. 뼈에 근육을 부착하는 힘줄과 관절에 뼈를 단단하게 연결하는 인대를 형성한다. 구운 닭다리를 다시 생각해보자. 다리뼈를 넓적다리뼈에서 떼어내는 것은 그들 사이의 인대를 찢는 힘을 필요로 한다. 결합조직인 **연골(cartilage)**의 기질은 강하지만 유연하다. 손가락을 이용해 바깥귀를 뒤집으면 연골이 유연하고 뼈 없는 골격으로 어떻게 기능하는지 알 수 있을 것이다. 대부분의 조직과 달리 연골에는 혈관이 없기 때문에 연골에 대한 부상(예: 무릎 부상)은 매우 더디게 치유되는 경향이 있다. **뼈(bone)**는 칼슘염의 침전물로 굳어진 콜라겐 섬유로 된 치밀한 기질을 가진 단단한 결합조직이다. 이 조합은 뼈를 부러뜨리지 않고 단단하게 만든다.

지방조직(adipose tissue)은 밀도가 낮은 기질로 촘촘히 채워진 세포에 지방을 저장하는 결합조직이다. 에너지 저장고로서 기능하는 지방조직은 음식물의 지방이 세포에 축적되면 부풀어 오르고, 에너지를 위해 세포에서 지방을 소비하면 수축한다. 또한 지방조직의 지방은

▶ 그림 21.4 **결합조직의 종류.**

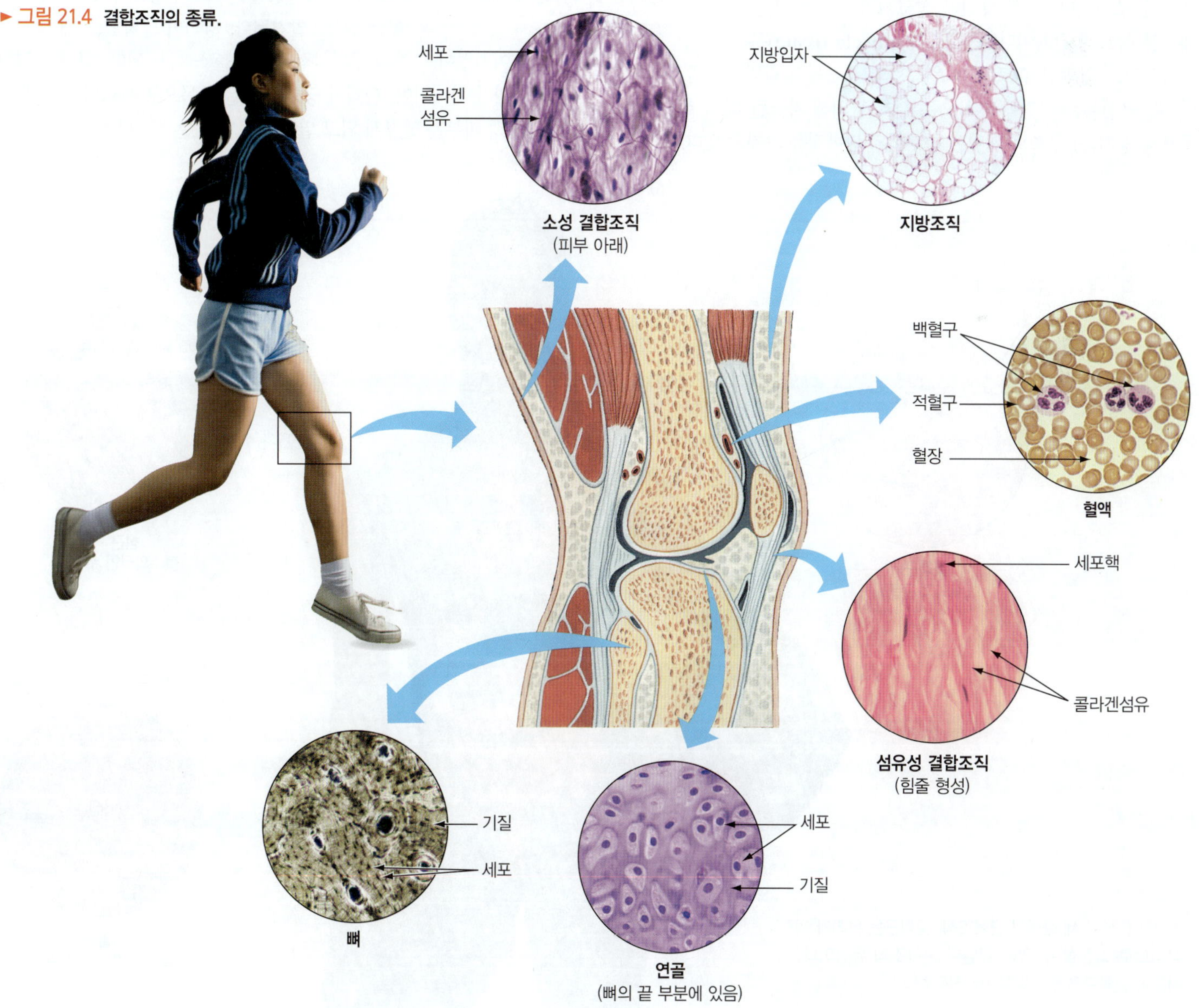

절연 역할을 하고, 몸에 대해 충격 완화작용도 한다. 예를 들어, 블러버(blubber)라고 불리는 고래에 있는 지방조직의 두꺼운 층은 동물의 내열이 극도로 차가운 외부환경인 바닷물로 빠져나가지 못하게 하기 위해 담요와 같은 기능을 한다. 발뒤꿈치 아래쪽을 눌러보고, 서 있거나 걷거나 달릴 때 발의 뼈에 가해지는 충격을 흡수하는 지방을 느껴보라.

세포가 고형의 기질을 이루는 다른 결합조직과 달리, **혈액(blood)**은 혈장이라는 액체 기질에 떠있는 세포로 구성된 결합조직이다. 혈액의 주요 기능은 혈장의 물질을 신체의 한 부분에서 다른 부분으로 운반하는 것이지만, 또한 혈액은 면역과 손상된 혈관을 봉합하는 데 주요한 역할을 한다(혈전을 통해).

근육조직

근육은 인간을 포함한 대부분의 척추동물들에서 매우 풍부한 조직이다. 사실 우리가 살코기라고 하는 것은 대부분 동물의 근육이다. **근육조직(muscle tissue)**은 근섬유라고 알려진 길고 가는 원통형의 세포들의 다발로 이루어져 있다. 각 근섬유는 신경에서 나오는 신호에 의해 자극될 때 수축하는(안쪽으로 당기는) 구조로 배열된 특수화된 단백질을 가지고 있다. 인간과 다른 척추동물들은 각각 골격근, 심근(심장), 평활근의 독특한 수축단백질을 가지고 있는 세 종류의 근육조직을 가지고 있다(그림 21.5).

힘줄에 의해 뼈에 부착된 골격근은 뼈대를 움직인다. **골격근(skeletal muscle)**은 걷고 말하는 것과 같은 사람의 수의적인 움직임을 책임진다. 인간은 평생 가질 대부분의 근섬유를 가지고 태어난다; 새로운 근섬유는 보통 생성되지 않는다. 따라서 웨이트 트레이닝은 섬유 수를 증가시키지 않고, 개별 골격근 섬유들을 확대시키는 것이다.

다른 두 종류의 근육조직은 불수의적인데, 이것은 그것들이 어떤 부분에 대해 의식적인 통제 없이 수축한다는 것을 의미한다. **심근(cardiac muscle)**은 오직 심장 조직에서만 발견된다. 심근의 수축은 조정된 심장박동을 생성한다. **평활근(smooth muscle)**은 많은 기관에서 발견되며, 장기간 천천히 수축할 수 있다. 예를 들어, 창자의 벽은 음식물과 노폐물을 운반하도록 수축하는 평활근으로 구성되어 있다. 평활근은 혈관에서도 발견된다. 당신이 당황했을 때 당신은 의심의 여지없이 그것의 무의식적인 효과를 느끼게 된다. 혈관의 평활근의 고리가 확대되어, 혈액이 당신의 얼굴과 목으로 빠르게 흐르게 되며, 그곳의 피부는 빨갛게 되고 열이 오르게 되는 것이다.

얼굴이 빨개지면 어쩔 수 없다. 그것은 당신의 혈관에 있는 불수의적 근육 때문인 것이다.

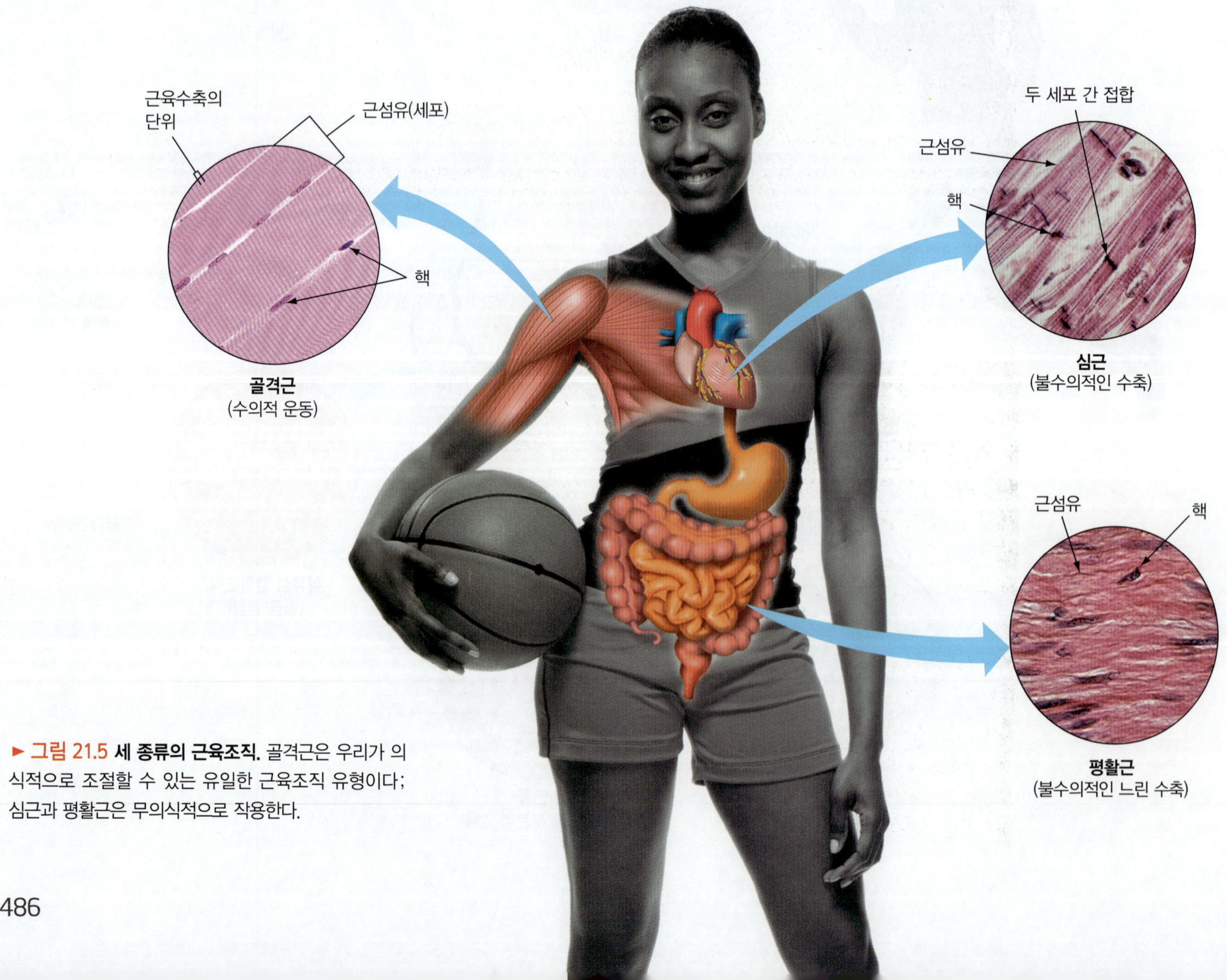

► 그림 21.5 **세 종류의 근육조직.** 골격근은 우리가 의식적으로 조절할 수 있는 유일한 근육조직 유형이다; 심근과 평활근은 무의식적으로 작용한다.

신경조직

대부분의 동물들은 환경에서 오는 자극에 빠르게 반응한다. 예를 들어, 맨발로 뜨거운 모래 위에 발을 디디면, 당신은 빠르게 더 차가운 표면으로 뛰어오를 것이다. 이 응답은 신체의 한 부분에서 다른 부분으로 정보를 전달해야 한다. 그런 소통을 가능하게 하는 것은 **신경조직(nervous tissue)**이다. 신경조직은 뇌와 척수뿐만 아니라 이 기관들을 신체의 다른 모든 부분과 연결하는 신경에서도 발견된다.

신경조직의 기본 단위는 **뉴런(neuron)** 또는 신경세포(그림 21.6)이다. 그것들이 길게 확장되어, 뉴런은 장거리 전기 전도의 형태로 정보를 전달한다. 예를 들어, 다리에 있는 뉴런은 척수 밑에서부터 발끝까지 1 m 정도로 길게 이어질 수 있다. **신체의 기능을 조절할 수 있게 하는 것은 정보의 전달이다.** 게다가, 서로 연결된 뉴런은 뇌의 네트워크를 형성한다. 이러한 복잡한 상호연결은 우리가 광범위하게 "생각"이라고 하는 것을 담당하게 된다. ✓

▼**그림 21.6 신경조직.** 여기서 신체의 신경조직 네트워크(오른쪽)와 신경조직의 기본 단위인 뉴런(왼쪽)을 볼 수 있다. 각 뉴런은 신호를 수신하는 확장부와 세포체, 그리고 신호를 전달하는 확장부를 가지고 있다. 이 신호들은 신체의 다른 모든 부분과 연결되는 뇌, 척수, 그리고 뉴런의 네트워크를 통해 이동한다.

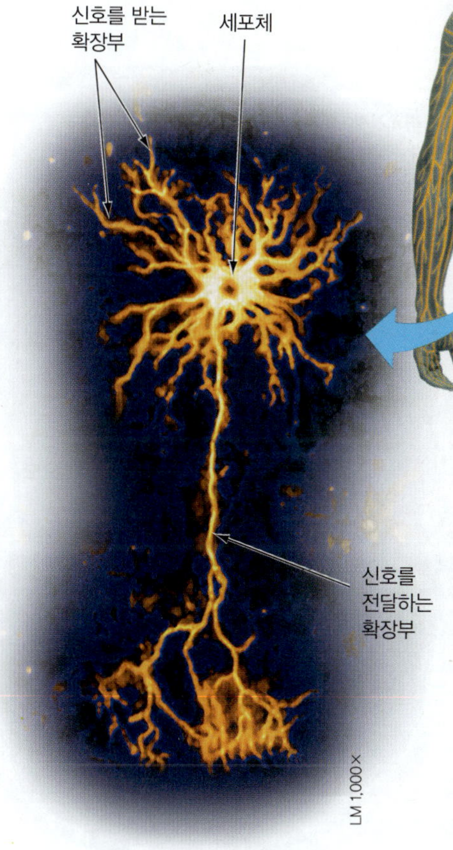

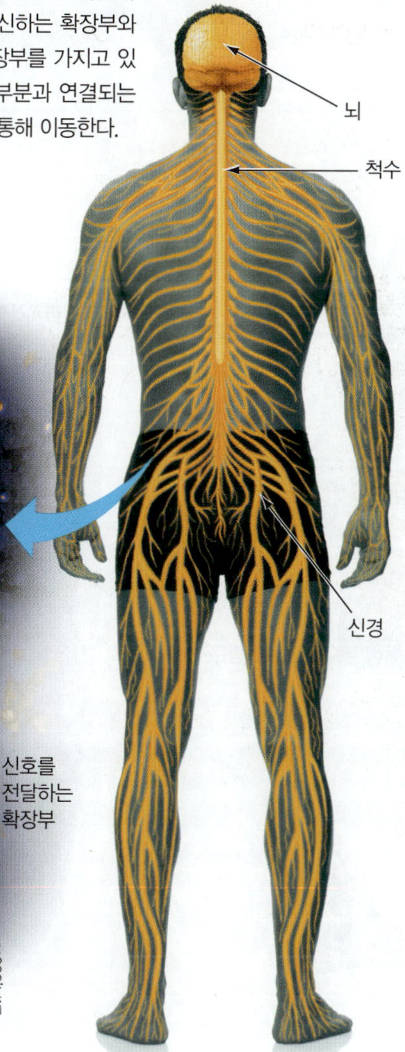

21.3 기관과 기관계

동물의 체계적 조직(세포에서 조직과 기관까지 등)은 생물학의 주요 테마 중 하나의 예인데, 그것을 다양한 생물학적 요소들 간의 상호작용의 중요성이다. 체제의 각 수준에서는, 이전 수준에서는 없는 새로운 속성이 나타난다. **기관(organ)**은 특정 기능을 수행하는 하나 이상의 작용 단위로 포장된 두 개 이상의 조직으로 구성된다. 기관은 그 어떤 성분 조직도 혼자 수행할 수 없는 기능을 수행한다. 사람의 심장, 뇌, 소장이 기관들의 예이다.

단일 기관 내에서 여러 조직이 어떻게 상호 연결되는지 보려면, 그림 21.7에서 소장의 벽에 있

✓ 체크포인트

대부분의 기관에서 발견되는 네 종류의 조직을 말하시오.

답: 상피조직, 결합조직, 근육조직, 신경조직

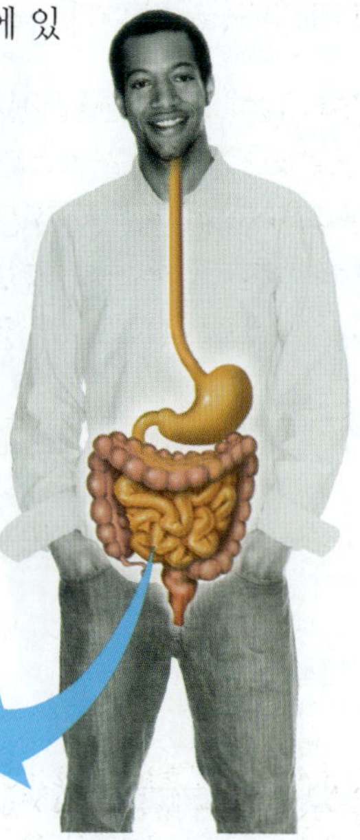

► **그림 21.7 하나의 기관인 작은 창자의 조직층.**

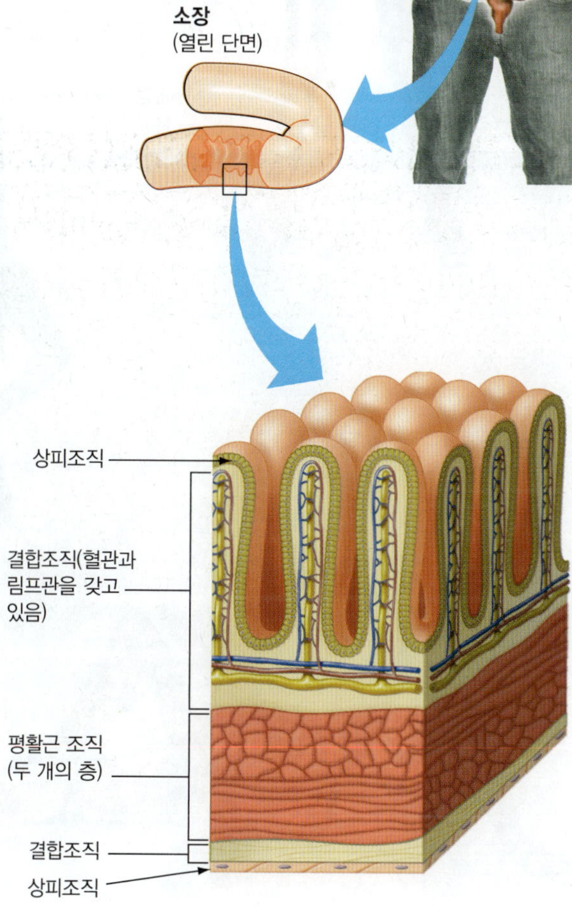

는 조직의 층을 살펴 볼 수 있다. 소장 벽에는 점액을 분비하고 영양분을 흡수하는 상피조직(그림의 세포 상단층)이 줄지어 있다. 상피조직의 상단층 아래에는 모세혈관과 림프관이 들어 있는 결합조직이 있다. 결합조직은 그 아래 두 층의 평활근뿐만 아니라 그 위에 있는 상피층의 기능을 지지한다. 한 층 이상의 결합조직이 외부 표면에 한 겹을 형성하는 상피조직과 결합하고 있다.

사람과 대부분의 다른 동물들의 기관은 기관계로 조직되어 있는데, 기관계는 중요한 신체 기능을 수행하기 위해 함께 일하는 기관들의 팀이다. 기관계의 구성요소는 물리적으로 연결될 수 있거나 신체 전체에 분산될 수 있다. 기관계의 한 예는 사람의 순환계에서 볼 수 있다. 순환계의 주요 기관들은 심장과 혈관이며, 그것의 중요한 기능은 영양소,

▼그림 21.8 **사람의 기관계.**

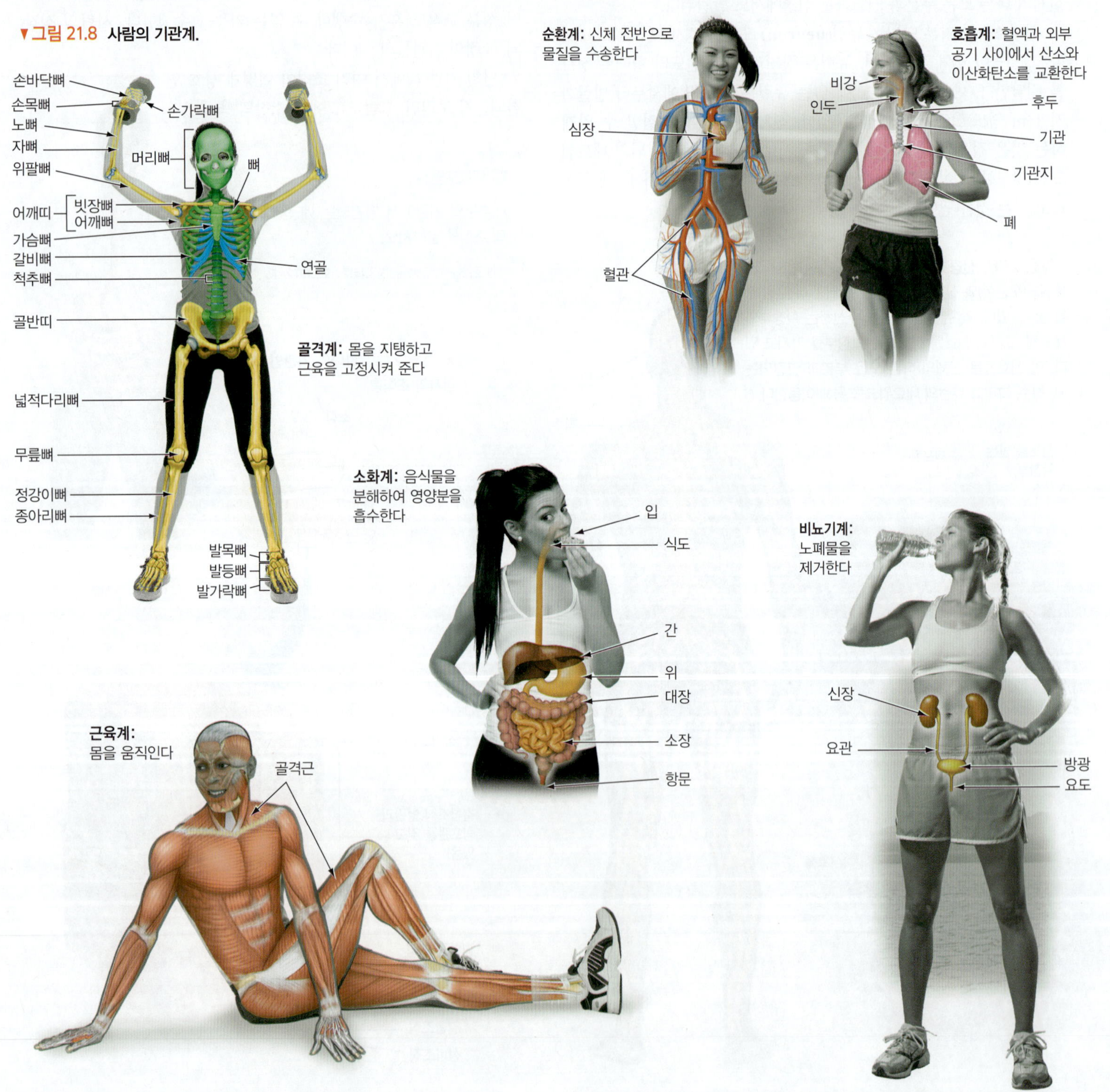

노폐물, 그리고 다른 물질들을 세포로 그리고 세포로부터 운반하는 것이다. **그림 21.8**은 척추동물의 주요 기관계의 개요를 보여준다.

생물은 생존을 위해 모든 기관계의 상호연결에 의존한다. 예를 들어, 식사를 거르면 혈당 수치가 낮아진다. 이 변화는 당신의 내분비계의 췌장세포를 자극하여 간으로 하여금 포도당을 혈류로 방출하게 하는 호르몬을 분비하게 한다. 그러면 혈당 수치가 올라간다. 어떤 기관계의 장애(이자 등)는 기관계가 서로 의존적이기 때문에 (예를 들어, 당뇨병을 일으킴으로) 동물 전체를 위험에 빠뜨릴 것이다. 사람의 몸은 그 부분의 합보다 더 큰, 살아 있는 전체 단위다. 다음으로, 신체의 기관계가 외부 환경과 어떻게 상호작용하는지를 살펴보기로 한다.

외부환경과의 교환

대부분의 동물들은 외부 세계와 내부환경을 구분하는 보호층으로 덮여 있다. 그러나 이것은 동물이 외부의 가혹한 세계로부터 격리된 일종의 보호 거품 속에 자신을 감싸고 있다는 것을 의미하지는 않는다. 공기 흡입구가 막히면 자동차 엔진이 멈추듯이, 외부 산소(O_2)를 빼앗기면 몸이 빠르게 정지한다. 모든 생물은 화학물질과 에너지를 지속적으로 주위 환경과 교환하는 **개방계(open system)**이다. 실제로 에너지와 물질을 변환시키는 능력은 생물의 통일된 주제 중 하나이다. 당신은 어떻게 개방계로 작동하는지 보여주는 모든 예들을 가지고 있다. 즉, 먹고, 숨쉬고, 배변하고, 소변 보고, 땀 흘리고, 열을 발산한다. 그리고 물질의 교환은 모든 기관계에서 각각의 개별 세포로 생물의 체계까지 확장된다. 영양소와 산소는 모든 살아 있는 세포로 들어가야 하고 이산화탄소와 기타 폐기물은 배출되어야 한다.

동물의 크기와 모양은 주변 환경과의 교환에 영향을 미친다. 동물 신체의 모든 살아 있는 세포는 수용액에 잠겨있어야 하는데, 부분적으로 물질들이 물에 녹아야만 세포막을 가로질러 운반할 수 있기 때문이다. 단세포인 아메바에서는 세포막의 모든 부분이 외부 세계에 닿아 있는데, 거기서 수용성 환경과의 교류가 일어날 수 있다(그림 21.9a). 히드라(다세포 동물로 연못에 서식함)는 두 겹의 세포층인 체벽을 가지고 있다(그림 21.9b). 세포의 두 층 모두 연못 물에 잠겨 있는데, 그것은 입을 통해 소화낭으로 들어가게 된다. 따라서 히드라의 모든 세포는 물 환경과 직접 물질을 교환할 수 있다.

복잡하고 여러 층을 이루는 동물들에게는 환경과의 교류가 더 복잡하다. 다세포 생물의 각 세포는 교환이 일어날 수 있는 원형질막을 가지고 있다. 그러나 이러한 교환은 동물의 모든 세포가 적절한 물 환경에 접근할 수 있는 경우에만 효과가 있다. 그림 21.10에는 외부환경과 물질을 교환하는 세 가지 기관계(소화계, 호흡계, 비뇨기계)를 강조하여 동물 신체의 도식적인 모델을 나타내었다. 순환계의 중요한 역할도 주의해 보라. 그것은 환경으로부터 필요한 물질을 신체의 조직으로 운반하고 노폐물을 운반할 때 거의 모든 기관계와 연결되어 있다. 그림을 보면, 소화관에서 흡수되는 영양소가 어떻게 순환계에 의해 온 몸으로 분배되는지 알 수 있다. 순환계를 통해 혈액을 펌프질하는 심장은 소화관에 의해 음식에서 흡수된 영양소와 호흡기에 의해 공기에서 얻은 산소가 필요하다. 그리고 영양소의 흡수는 필연적으로 노폐물을 발생시키는데, 이것들은 비뇨기계에 의해 배설되어야 한다. 따라서 순환계는 외부 세계와 연결되는 기관계들을 결합하는 내부 통로를 제공하는 것이다.

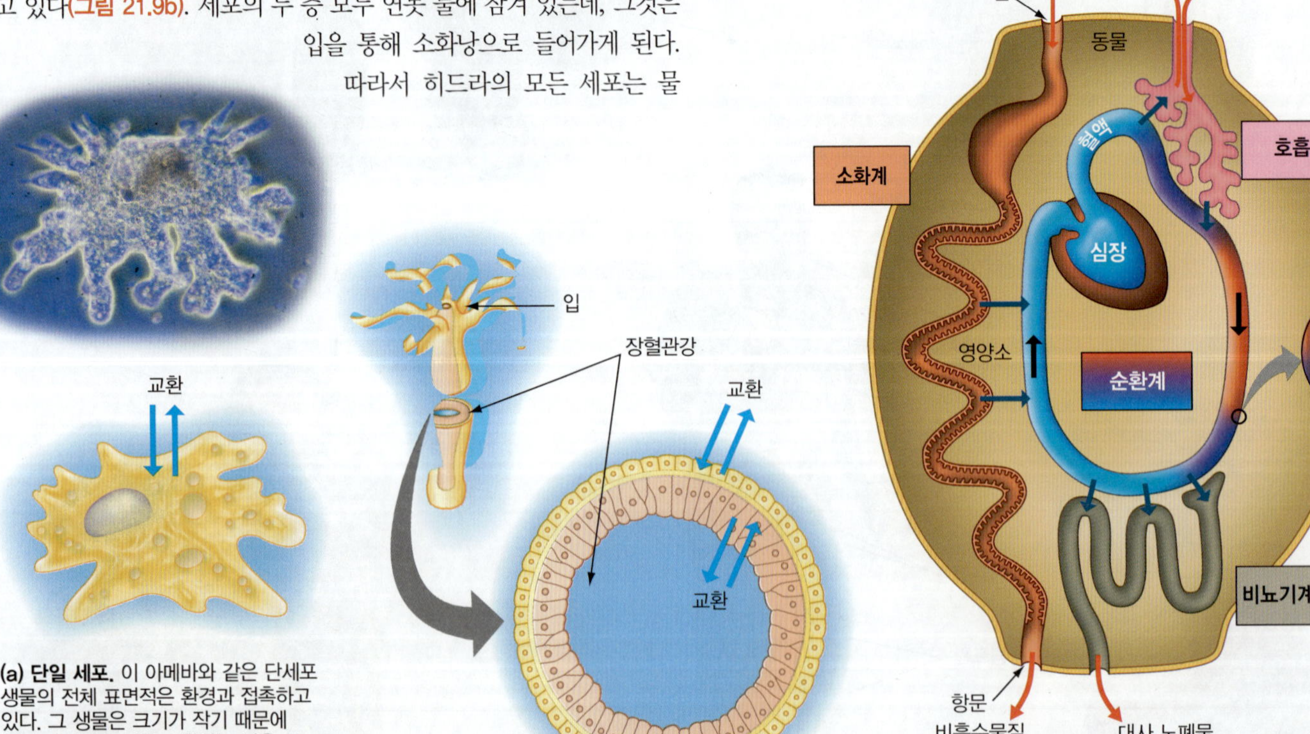

(a) **단일 세포.** 이 아메바와 같은 단세포 생물의 전체 표면적은 환경과 접촉하고 있다. 그 생물은 크기가 작기 때문에 외부 세계와 물질을 교환하는 넓은 표면적(그 부피에 비해)을 가지고 있다.

(b) **두 개의 세포층.** 히드라는 다세포지만, 각각의 세포는 물 환경에 닿아 있다. 히드라의 몸은 둘 다 물에 노출된 두 개의 세포층만 가지고 있다.

▲그림 21.9 **단순한 생물의 환경과의 접촉.**

▲그림 21.10 **복잡한 동물의 외부환경과 내부환경 간의 교환.** 파란색 화살표는 순환계와 세 가지 다른 기관계 사이와 순환계와 체세포 간의 물질교환을 나타낸다.

복잡한 동물들은 즉각적인 환경과의 교환을 위해 내부 표면을 넓게 접거나 가지를 내어 표면적을 최대화하게 되었다. 사람의 폐와 창자를 예로 들어보자. 폐는 사람이 호흡하는 공기와 산소와 이산화탄소를 교환하는데, 그것은 큰 풍선처럼 생긴 것이 아니라 잘게 갈라진 공기관 끝에 있는 수백만 개의 작은 속이 빈 구조물로 되어 있다(그림 21.11). 폐의 상피는 테니스 코트 크기의 매우 큰 총 표면적을 갖게 된다. 그리고 사람의 창자는 내면이 매끄럽지 않고, 오히려 내부 구조는 매우 접혀져 있으며, 그림 21.7에서 볼 수 있듯이 영양소 흡수를 위해 훨씬 더 많은 표면적을 제공하는 손가락 모양의 돌기물로 덮여 있다. ✓

✓ **체크포인트**

사람의 몸은 개방계인가 폐쇄계인가? 그 이유는?

답: 사람의 몸은 개방계이다. 그 이유는 소화계, 호흡계, 그리고 비뇨기계는 외부환경과 직접 접촉되어 있다.

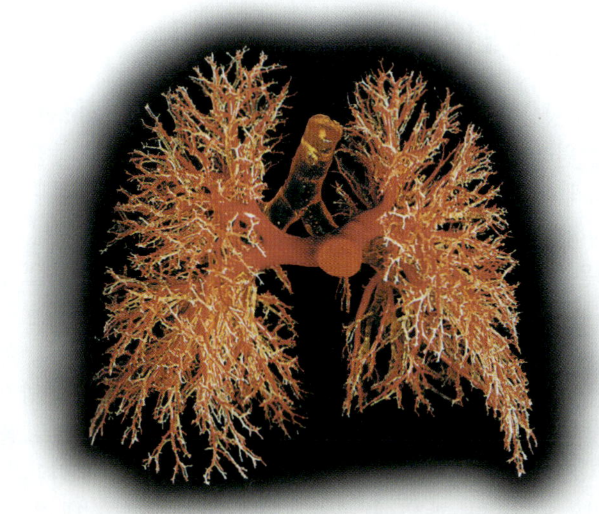

▲그림 21.11 **많은 가지가 처진 사람 폐의 표면적.** 이 플라스틱 모형은 심장과 폐 사이에 기체를 운반하는 폐(흰색)와 가는 혈관(빨간색)의 작은 공기관을 보여준다.

내부환경의 조절

이 절에서는 동물들이 변화하는 환경에 어떻게 적응하는지를 배우게 될 것이다. 외부환경의 변동에도 불구하고 내부를 안정시키는 메커니즘부터 살펴보자.

21.4 항상성

신체의 가장 중요한 기능 중 하나는 주변의 환경이 변해도 상대적으로 변하지 않고 유지되는 것이다. 척추동물의 내부환경은 세포 사이의 공간을 채우고 영양소와 노폐물을 미세한 혈관으로 교환하는 **간질액(interstitial fluid)**을 포함한다(그림 21.10 참조). 세포 내 간질액의 구성은 외부 세계에서 어떤 일이 일어나도 비교적 일정하게 유지되는 것이 동물 생존에 필수적이다.

말 그대로 "안정적 상태"라는 뜻의 **항상성(homeostasis)**은 외부환경이 바뀌어도 내부환경에서는 비교적 일정한 상태를 유지하는 경향이다. 큰 외적 변화에 직면하여, 항상성의 메커니즘은 일반적으로 동물의 신진대사가 견딜 수 있는 범위 내에서 내적 상태를 유지한다(그림 21.12). 예를 들어, 고양이의 체온은 추운 겨울밤에 사냥을 하든, 더운 여름날에 햇볕을 쬐든, 보통 1도 미만으로 변한다. 그러나 항상성은 단순한 온도 이상의 조절을 포함한다. 예를 들어, 당뇨병은 혈액 내 포도당 항상성이 상실되는 것이다. 당뇨병에 의해 일어나는 손상은 항상성의 상실이 중대한 건강상의 영향을 미칠 수 있음을 명확하게 보여주고 있다.

동물의 내부환경은 항상 내적, 외적 변화에 반응하여 약간씩 변동이 있다. 예를 들어, 혈당 수치는 식사 후에 일시적으로 상승한다. 항상성은 동역학적 상태로서, 내부환경을 변화시키는 경향이 있는 외부의 힘과 그러한 변화에 반하는 조절 메커니즘 사이의 상호작용이다. 변화는 일어나지만, 그것들은 일반적으로 살아 있는 세포가 견딜 수 있는 범위 안에서 유지된다.

▼그림 21.12 **항상성의 예.** 외부 온도의 큰 변동에도 불구하고 고양이의 내부 온도는 엄격하게 조절되며 약간의 변동만 있을 뿐이다.

21.5 음성 되먹임과 양성 되먹임

대부분의 항상성 메커니즘은 **음성 되먹임(negative feedback)**이라고 하는 원리에 의존하는데, 이 원리는 어떤 과정의 결과가 동일한 과정을 억제하는 조절의 한 형태이다. 그림 21.13은 실온의 조절로서 가정의 항상성의 예와 함께 음성 되먹임의 개념을 보여준다. 가정 난방 시스템은 외부에서 발생할 수 있는 급격한 변화에도 불구하고 집 안의 온도를 비교적 일정하게 유지한다. 이 시스템의 주요 구성 요소는 온도를 모니터링하고 히터를 켜고 끄는 조절 센터인 온도조절기이다. 실온이 설정점(그림의 20℃) 아래로 떨어질 때마다 온도조절기가 난방기를 켜 놓게 된다(그림 21.13의 하단 경로). 온도가 설정점 이상으로 올라가면 온도조절기는 난방기를 끄게 된다(상단 경로). 음성 되먹임의 기본 원리는 간단하다. 과정(예: 공기의 가열)의 결과(예: 실내 온도 증가)는 바로 그 과정(난방기를 끄면)을 억제한다. 음성 되먹임은 동물에서 가장 흔한 항상성 조절기작이다.

생물들은 때때로 **양성 되먹임(positive feedback)**을 활용하는데, 이것은 어떤 작용의 결과가 그 작용을 더 강화시키는 것이다. 예를 들어, 혈관이 파괴되면 혈액 내의 단백질들이 자극되어 작은 망상의 응고물이 생긴다. 자극된 단백질들은 보다 많은 단백질들을 활성화시켜 보다 큰 응고물을 형성하는데, 이것이 그 반응을 지속적으로 강화하는 양성 되먹임 고리이다. 결과적으로 큰 응고물은 파괴된 혈관을 막는데 충분하게 된다.

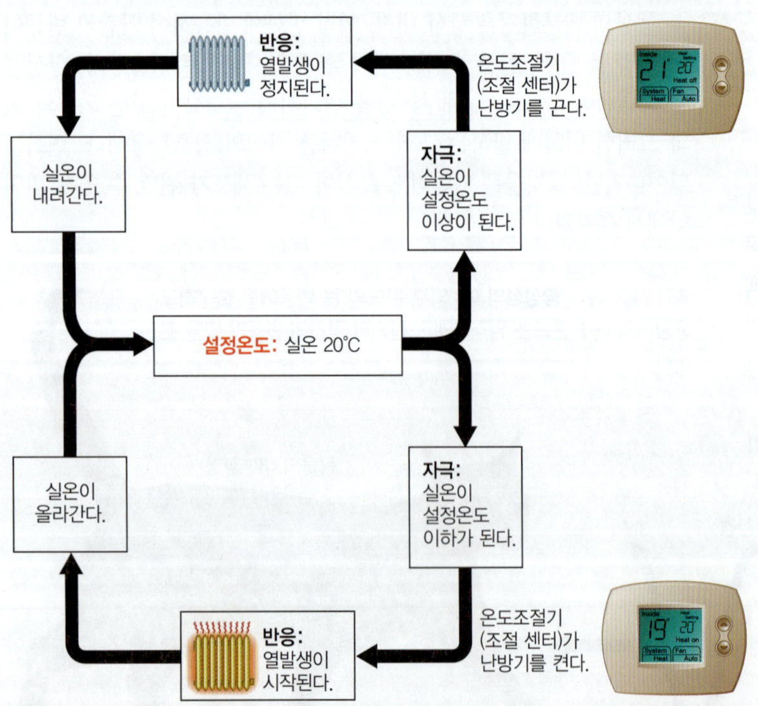

▲그림 21.13 **음성 되먹임의 예: 실온의 조절.** 그 과정의 결과(열)는 그 과정을 중단시킨다.

이 절의 후반부에서, 우리는 여러 가지 특이적인 항상성의 예시들을 살펴보게 될 것이다. 먼저, 다양한 동물들의 온도조절과 수분조절에 대하여 논하고, 그 다음에 사람의 비뇨기계에 대하여 초점을 맞출 것이다. ✓

✓ 체크포인트

아기가 엄마의 젖을 빨면 옥시토신이 생성된다. 옥시토신은 모유 배출을 촉진한다. 모유를 먹게 되면 다시 젖을 빨게 된다. 이것은 어떤 항상성 조절의 예인가? 왜 그런가?

답: 이것은 과정의 결과(모유 분출)가 그 과정을 자극하기 때문에 양성 되먹임의 한 예다.

21.6 체온조절

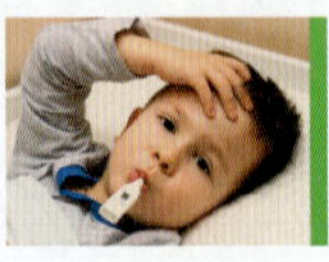

열이 좋을 수도 있다! 적당한 열은 항상 몸의 적이 아니다. 그것은 감염과의 전투 중에 면역력을 도울 수 있다.

온열질환의 위험에 대해 『우리와 함께하는 생물학』에서 나타낸 것처럼, 동물에서 내부의 체온은 동물이 정상적으로 기능하기 위해 특정한 범위 내에 있어야만 한다. 온도를 조절하는 항상성 기전을 **체온조절(thermoregulation)**이라고 한다. 추운 겨울날 따뜻한 건물에서 나와 다른 건물로 걸어갈 때, 주변 온도는 급격하게 변하겠지만 우리의 체온은 거의 변동이 없을 것이다. 주위 환경보다 따뜻하게 체온을 지속적으로 유지시켜 주는 능력은 **정온동물(내온동물, endotherm)**의 특징이다. 신진대사로부터 나오는 체열의 대부분을 획득하는 동물로서 포유류와 조류가 이에 해당된다. 반대로, **변온동물(외온동물, ectoderm)**은 주로 주위환경으로부터 열을 흡수함으로써 체열을 얻는 동물인데, 대부분의 무척추동물, 어류, 양서류, 파충류 등이 포함된다.

사람은 체온조절을 지원하는 많은 구조와 기전을 가지고 있다. 그림 21.14에 나타낸 것처럼, 사람의 뇌는 37℃의 체온을 유지시키는 조절중추를 가지고 있다. 체온이 정상 이하로 떨어지면, 뇌의 조절중추는 체온을 정상으로 되돌려 놓기 위해 변화를 일으키는 신호를 보낸다. 즉 체표면의 혈관들은 수축되어(몸 표면의 열 손실을 줄인다) 열을 보전하게 하며, 근육은 수축되어 떨게 함으로써(열 생성 증가) 열을 생성하는 것이다. 체온이 너무 높이 올라가면, 조절중추는 신호를 보내어 피부 가까이에 있는 혈관이 확장되도록 하며, 땀샘을 활성화시켜 과잉의 열을 발산하도록 한다. 마치 온도조절기에 의해 조절되는 주택처럼, 체온은 완전히 일정하게 유지할 수 있는 것은 아니며, 수용 가능한 범위 안에서 오르고 내리며 변동하게 된다.

체온이 비정상적으로 높아지는 것을 **열(fever)**이라고 하는데,

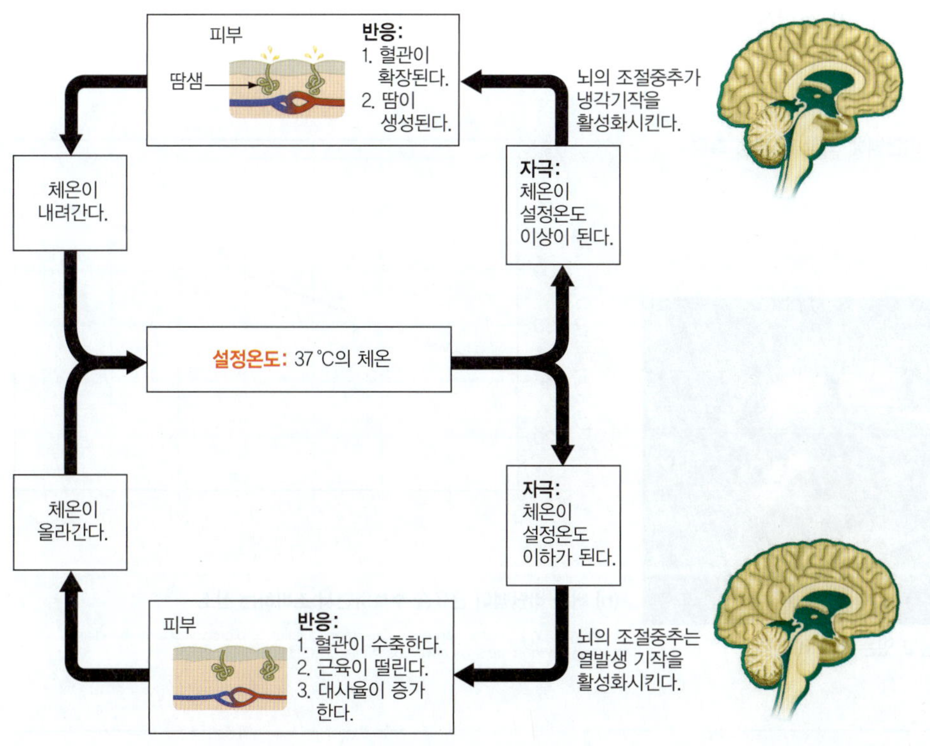

▲그림 21.14 **인체의 체온조절.** 이 그림을 그림 21.13과 비교해 보면, 우리는 음성 되먹임 조절이 실내와 신체의 온도를 조정하는 것과 얼마나 유사한지 알 수 있다. 체온 조절중추는 뇌에 위치한다.

보통 감염에 대항해서 진행되는 싸움으로서 전신적인 반응이다. 면역계 세포들이 침입 미생물을 만나게 되면, 세포들은 화학물질을 방출하는데, 이것들은 혈류를 통해 뇌의 체온조절중추로 수송된다. 이러한 화학물질들은 조절중추를 자극하여 열을 생성하고 체온을 상승시킨다. 많은 사람들은 침입 미생물 자체가 열을 일으킨다고 잘못 알고 있다. 실제로 그 원인은 대개 미생물에 대항하는 몸의 방어작용인 것이다. 40℃ 이상의 열은 생명을 위협할 수도 있는데, 그 이유는 체단백질을 손상시킬 수 있기 때문이다. 그러나 38~39℃의 열은 세균의 증식을 억제하고 몸의 방어작용을 촉진시킨다. 따라서 이러한 열은 외부에서 침입한 해로운 병원체에 대해 신체의 내부환경을 보호하는 데 도움이 된다.

사람은 정온동물이기 때문에 체열을 발생시켜 스스로 몸을 따뜻하게 할 수 있다. 일반적으로 변온동물은 그럴 수 없지만, 다음에 보게 되는 것처럼, 이러한 법칙에는 예외가 있다. ✓

✓ 체크포인트

열을 방출하는 데 도움이 되는 인체의 두 가지 특징과 몸을 따뜻하게 유지하는 데 도움이 되는 두 가지 특징을 말하라.

답: 열을 방출하기 위해 땀을 흘리고 혈관을 팽창시키는 것과 몸을 따뜻하게 유지하기 위해 몸을 떨게 하고 혈관을 수축시키는 것이 그 예다.

과학연구의 과정 체온조절

비단뱀은 어떻게 알을 따뜻하게 할까?

배경

변온동물은 보통 주위로부터 열을 흡수한다. 그러나 특정한 상황에서 일부 변온동물은 그들 자신의 체온을 발생시킬 수 있다. 동남아시아의 열대우림이 원산지인 매우 큰 뱀인 버마 뱀(*Python bivittatus*)이 그 예다. 대부분의 뱀처럼 버마 뱀은 수컷과 암컷이 교미하여 수정란을 낳으면 번식하여 부화할 때까지 알을 품는다(그림 21.15a). 뉴욕에 있는 브롱크스 동물원의 연구원들은 알을 품는 암컷 버마 비단뱀이 자신의 몸을 감싸고 종종 그 안에 있는 근육을 수축시킨다는 것을 알아냈다. 연구원들은 뱀의 근육 수축이 부화 중에 알을 따뜻하게 하는 역할을 하는지 궁금했는데, 이는 떨림이 사람의 몸을 따뜻하게 할 수 있는 방법과 유사한 것이다.

방법

그들의 생각을 시험하기 위해 연구원들은 간단한 실험을 했다. 알이 따뜻해지는 것을 직접 측정하기보다는 근육 수축과 온도의 관계를 간접적으로 조사하는 방법을 고안했다. 그들은 암컷 버마 비단뱀과 알을 한 방에 놓고 그 방의 온도를 변화시켰다. 그들은 뱀의 근육 수축 속도와 세포호흡의 측정치인 산소 흡수율을 관찰했다.

결과

그들의 결과는 알을 품을 때 이 비단뱀의 산소 소비량이 증가했고, 주변의 온도가 감소했다는 것을 보여주었다. 산소 소비량도 근육 수축 속도에 따라 변화하였다(그림 21.15b). 산소 소비량은 세포호흡을 통해 열을 발생시키고 근육 수축 속도에 따라 증가하기 때문에 연구진은 근육

수축이 알을 품을 때 체온 상승의 원인이라고 결론지었다. 이 실험은 또한 직접적인 측정이 어렵거나 불가능할 때 과학자들이 생물학적 질문에 답하기 위해 간접적인 수단을 어떻게 사용할 수 있는지를 보여주는 예시로서도 활용된다.

과학자처럼 생각하기

뱀에 의한 열발생에 간접적인 대리자로서 기여한 것은 어떤 변수인가?

답은 부록 C를 참조.

▼그림 21.15 버마 비단뱀에 의한 열 생성 측정.

(a) 여러 개의 알을 품고 있는 버마 비단뱀

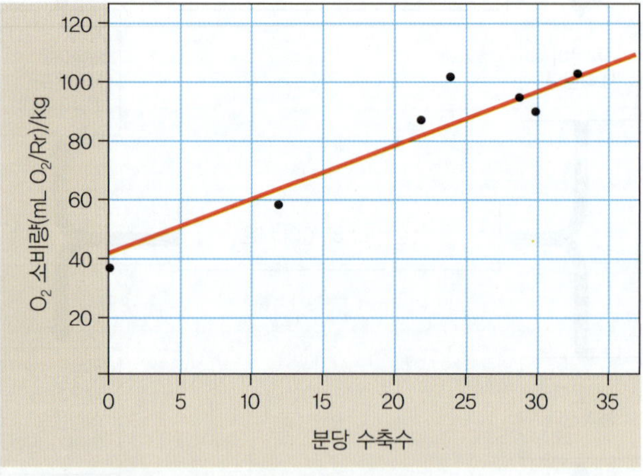

(b) 버마 비단뱀이 근육을 수축하면서 소비하는 산소

Data from: V. H. Hutchison et al., Thermoregulation in a brooding female Indian python, *Python molurus bivittatus*, *Science* 151:694–696 (1966).

21.7 삼투조절

살아 있는 세포는 염화나트륨(NaCl)의 이온이나 다른 염들과 같은 물과 용질의 정밀한 균형에 의존한다. 동물이 육지, 민물, 또는 해수 등 어디에 살든지 만약 너무 많은 물을 마시거나 잃게 되면, 그 세포는 살아남을 수 없다. 즉, 세포에 들어오고 나가는 물의 총량이 동일한 한 세포는 물을 환경과 교환할 수 있다. 너무 많은 물이 들어가면 동물세포가 터지고, 너무 많은 물이 빠져나가면 오그라들어 죽게 된다. **삼투조절(osmoregulation)**은 물과 용해된 용질의 유입 또는 유출의 조절이다.

물은 삼투에 의한 용액의 이동을 따르기 때문에, 삼투조절은 주로 용질을 조절하는 것에 기반을 두고 있다. 세포의 투과성 막으로 분리된 두 용액의 총 용질 농도가 다를 때 삼투가 발생한다(그림 5.13 참조). 물의 순이동은 항상 용질 농도가 낮은 용액에서 용질 농도가 높은 용액으로 일어난다.

바다에 사는 물고기는 삼투에 의해 수분을 잃는다. 왜냐하면 그들의 조직은 서식처인 물보다 더 적은 양의 소금을 포함하고 있기 때문이다. 삼투조절을 위해, 바다 물고기는 물을 마시고 아가미를 통해 과도한 소금을 뿜어내며 소량의 농축된 오줌만 배출한다. 민물고기는 이와 반대되는 문제를 가지고 있다. 외부 용질의 농도가 낮아 삼투에 의해 물이 물고기 속으로 들어온다. 삼투조절을 위해, 민물고기는 아가미와 소화계를 통해 소금 이온을 섭취하고 다량의 묽은 오줌을 생산한다. 대부분의 육상동물은 소변, 배변, 호흡, 땀 흘림 등으로 수분을 잃지만 먹고 마심으로서 손실의 균형을 잡아 준다(그림 21.16). 여전히, 대부분의 육상동물들은 끊임없이 탈수될 위험에 처해 있다. 다음 절에서 볼 수 있듯이, 사람의 신장은 물의 균형을 조절하는 데 중요한 역할을 한다. ✓

▲그림 21.16 물 손실의 균형을 맞추기 위한 물 마시기. 동물들은 먹이 섭취에 의해서도 물을 얻는다.

✓ 체크포인트

어떤 환자가 정맥주사(IV) 라인을 통해 수액을 공급받는데, 그것때문에 간질액이 매우 높은 용질 농도를 갖게 되었다. 그의 세포는 어떻게 될까?

답: 삼투압으로 물이 빠져나가면서 세포들은 수축될 것이다.

21.8 비뇨기계의 항상성

탈수 상태일 때 소변은 농축되고 짙은 노란색을 띠지만, 수분이 차면 희석되고 맑아진다는 것은 의심의 여지가 없다. 비뇨기계는 우리가 탈수되었을 때 수분을 유지함으로써 체액의 수분과 용질의 양을 조절하고, 수분이 공급되었을 때는 배출하는 삼투조절에서 중심 역할을 한다. 삼투조절 외에도, 비뇨기계는 또 다른 중요한 역할을 한다. 즉, 노폐물의 배설이다. 소변에서 배설되는 노폐물 중에서 중요한 것은 단백질과 핵산의 분해로 생성된 질소 함유 화합물인 요소다. 동물체의 모든 세포는 물의 균형과 노폐물을 제거해야 하기 때문에, 비뇨기계는 신체의 다른 모든 기관계와 기능적으로 상호 연결되어 있다.

소변 샘플은 사람에 대해 많은 것을 알려 준다.

사람에서 비뇨기계의 주된 처리 중심은 두 개의 신장이다. 각각은 주먹보다 약간 작으면서 복부 양측에 위치하고 있는 치밀한 기관이다. 신장은 **세뇨관(tubules)**이라고 하는 약 160 km 정도 길이의 가는 관과 복잡하게 얽혀 있는 모세혈관망으로 되어 있다. 날마다 수백 번씩, 몸의 전혈액량은 신장의 모세혈관을 통과하게 된다. 혈액의 순환에 따라 혈액의 분획이 여과되는데, 액체 성분인 혈장은 신장 세뇨관으로 들어간다. 세뇨관의 혈장은 **여과액(filtrate)**이라고 한다. 이 여과액에는 물, 포도당, 염, 아미노산 같이 유용한 물질과 배출되어야 할 요소와 같은 노폐물이 함께 포함되어 있다. 사람은 오줌으로 모든 여과액을 배설할 수는 없다. 만약 그렇게 한다면, 생명유지에 필요한 영양분의 손실은 물론 급속한 탈수상태에까지 이르게 될 것이다. 대신에, 신장은 여과액을 정제하여, 노폐물을 농축하고 상당량의 물과 유용한 물질을 혈액으로 되돌려 보낸다. 1개라도 기능을 나타내는 신장이 없다면 투석이라고 하는 반복적인 치료를 하지 않으면 사람은 수일 이상 생존할 수 없다. 투석은 혈액으로부터 노폐물과 과도한 물을 제거한다.

사람 비뇨기계의 해부학적 구조는 전체 기관계를 시작으로 그림 21.17a에 나타나 있다. 여과되는 혈액은 신동맥을 거쳐 각 신장으로 들어간다. 여과된 혈액은 신장을 떠나 신정맥으로 간다. 그림 21.17b는 신장의 절단면을 보여준다. 신장 안에서 신동맥은 수백만 개의 가느다란 혈관으로 분지된다. 그림 21.17c는 모세혈관망을 거쳐 네프론으로 혈액을 공급하는 신동맥의 가지 중 하나를 나타낸다. **네프론(nephron)**은 세뇨관과 혈관으로 구성된다. 실제로 각 신장은 약 백만 개의 네프론으로 구성되어 있다.

네프론은 비뇨기계의 기능을 수행한다. 혈압에 의해 혈액으로부터 물과 용질들이 여과되는데, 그 여과액은 세뇨관으로 들어간다. 여과액이 세뇨관을 통과하는 동안 물과 필요한 영양물질들은 혈류로 재흡수되고, 노폐물은 여과액으로 분비된다. 여과액은 점차 농축되어, **오줌(urine)**이라고 하는 비교적 소량의 액체가 생성된다. 오줌은 세뇨관의 끝 부분에서 수집관으로 들어간다. 신장에 수집된 오줌은 **요관(ureter)**을 거쳐 **방광(bladder)**에 저장된다(그림 21.17a). 오줌은 **요도(urethra)**를 경유하여 방광으로부터 배출된다. 여성의 경우 요도는 질 부근에 있는 빈 관이며, 남성에서는 음경을 통과한다.

그림 21.18에는 각 네프론에 의해 수행되는 기능이 요약되어 있다. 첫째로 **여과(filtration)**하는 동안, 물과 다른 작은 분자들은 모세혈관벽을 통과하여 신장 세뇨관으로 들어가 여과액을 형성할 때 혈액에서 강제로 나오게 된다. 재활용할 수 있도록 쓰레기통에서 병을 골라내는 것과 마찬가지로, **재흡수(reabsorption)**는 여과액으로부터 물과 유용한 용질을 회수하여 혈액으로 되돌려준다. **분비(secretion)**에서는 몇몇 이온이나 약물과 같은 특정 물질이 여과액으로 운반된다. 여과, 재흡수, 분비 후에 남는 것이 오줌이다. 마지막으로 **배설(excretion)**에서는 오줌이 신장에서 바깥으로 내보내지게 된다. 오줌의 대부분은 물이며, 주요한 용질로서 요소를 함유하고 있다(그림 21.19).

▼그림 21.17 사람의 비뇨기계의 구조.

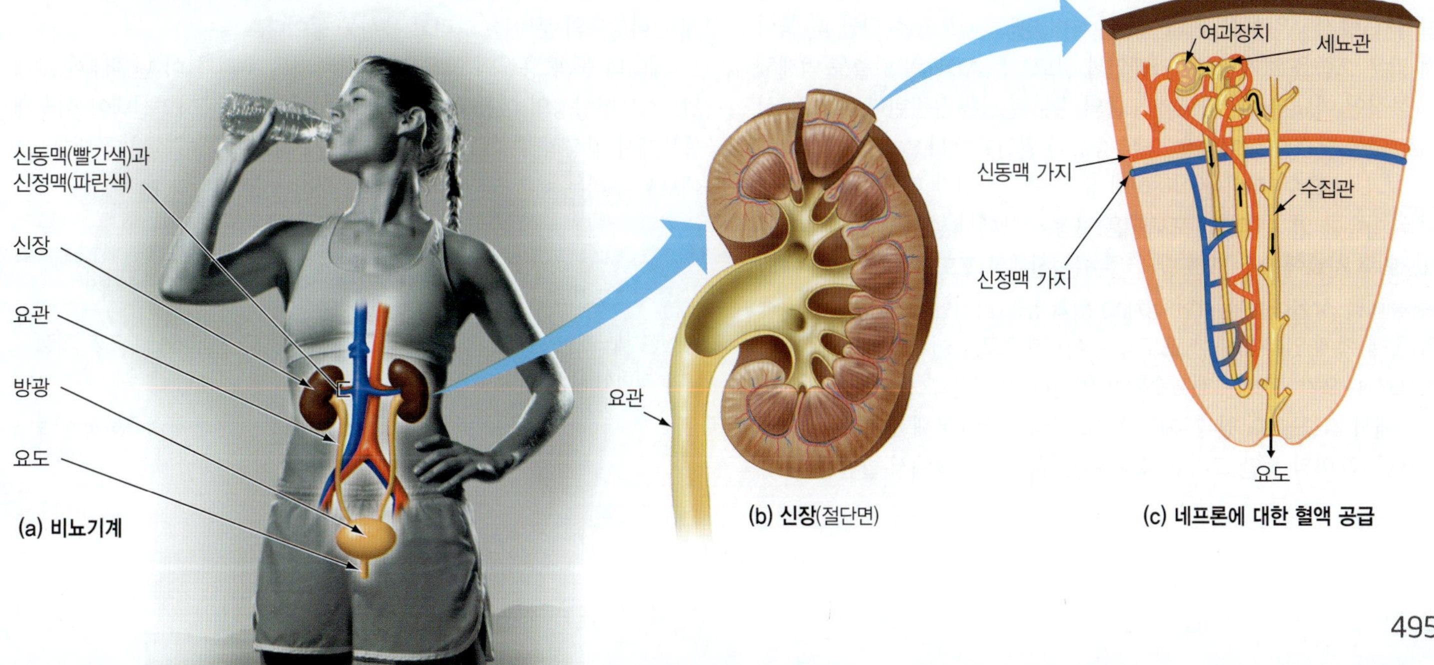

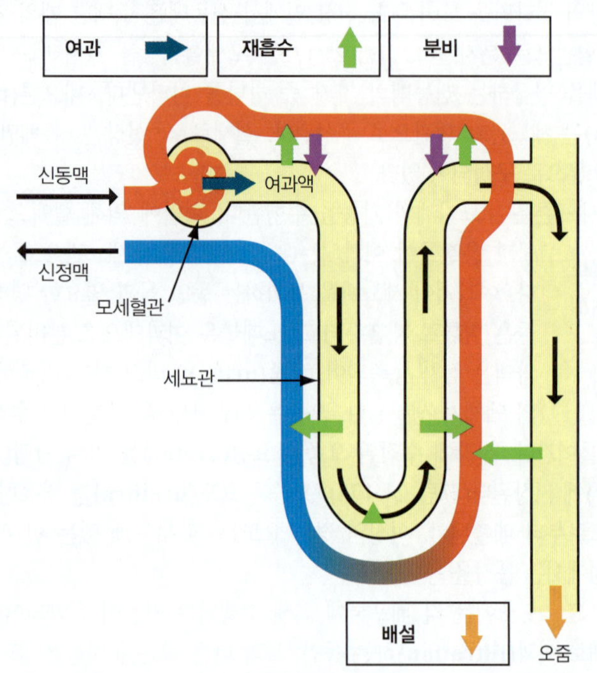

▼그림 21.18 **네프론의 주요 기능.** 혈액은 모세혈관을 통해 네프론으로 들어가서 나온다. 네프론의 초기에 혈액을 빠져나온 액체의 대부분(여과액 이라함)은 결국 대부분 재흡수된다.

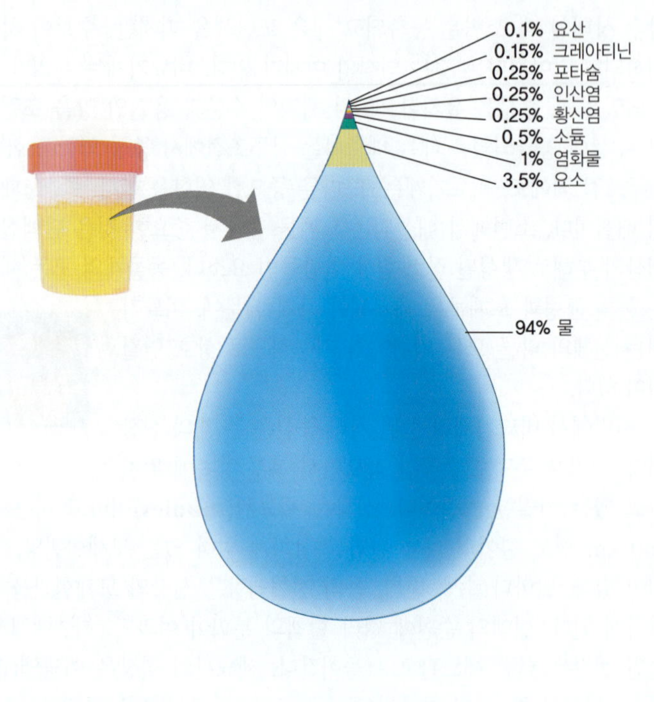

▼그림 21.19 **사람 오줌의 구성.** 오줌은 일반적으로 약 94%가 물이지만, 이 비율은 수화되는 정도에 따라 다르다.

호르몬은 물의 균형을 유지하기 위해 신장의 네프론을 조절할 뿐만 아니라, 신경계, 내분비계, 그리고 비뇨기계의 상호연결의 중심이다. 체액의 용질 농도가 너무 높게 상승하면(물이 충분하지 않음을 나타냄), 뇌는 내분비계의 뇌하수체에 신호를 보내어 ADH(항이뇨 호르몬)라는 호르몬의 혈액 내 분비를 증가시킨다. ADH가 신장에 도달하면 네프론이 여과액에서 더 많은 수분을 재흡수하게 되어, 오줌을 농축시키면서 효과적으로 신체의 수분 함량을 증가시킨다. (오줌이 농축되면 짙은 황색이 된다.) 반대로 체액이 너무 희석되면 ADH의 혈중 수치가 떨어지고, 신장은 물을 적게 재흡수하며, 배설된 오줌은 훨씬 더 묽어져 맑은 오줌을 보게 된다. 카페인과 알코올은 ADH의 방출을 억제하는 물질인 이뇨제로서 과도한 오줌의 수분 손실을 유발한다. 알코올 섭취로 인한 탈수증은 이른바 '숙취' 증상의 원인이 된다.

여과, 재흡수, 분비를 이해하면 오줌 시료가 건강 평가에 자주 사용되는 이유를 알 수 있다. 포도당은 보통 오줌에서 발견되지 않기 때문에, 오줌 시료에 있는 포도당의 존재는 신체가 포도당을 조절할 수 있는 능력을 상실하는 심각한 상태인 당뇨병을 암시한다. 당뇨병 환자들의 혈액 속에 있는 과다한 포도당은 여과액으로 들어가지만, 오줌이 몸 밖으로 나오기 전에는 재흡수되지 않는다. 약물은 오줌으로 분비되어 거기에서 검출될 수 있다. 예를 들어, 마리화나의 분해 산물은 그 약을 사용한 후 며칠 동안 그리고 때로는 몇 주 동안 오줌에서 발견될 수 있다. 임신은 임산부의 오줌에만 배설되는 특정 호르몬의 존재로 확인할 수 있다. 의사가 성병감염(STI)이 요로감염을 일으킨다고 의심되면, 오줌 시료를 채취해 평소 비뇨기계에 상주하지 않으면서 성병(STDs)을 유발하는 세균종을 확인한다.

사람의 오줌에서 발견되는 모든 화합물을 확인하는 연구는 3,000개 이상의 화합물을 분류해 내었다. 물론, 당신의 오줌에는 이 모든 화합물이 들어 있지 않다. 오줌은 사람마다 다르다. 오줌 구성에 영향을 미치는 요인은 환경, 질병의 유무, 요도 하부에 서식하는 여러가지 무해한 미생물의 분비물, 그리고 음식물 등이다.

체액의 물과 용질의 양을 조절하는 것은 우리가 이 단원에서 보게 될 많은 항상성의 예들 중 하나일 뿐이다. 우리는 자연선택이 어떻게 동물에서 항상성 기작을 형성하는지 탐구함으로써 이 장을 끝낸다. 그 예로서 우리는 체온조절에 대해 다시 생각해 볼 것이다. ☑

☑ 체크포인트

신장 세뇨관이 혈액을 처리하여 오줌을 생성할 때 일어나는 네 가지 과정을 말하시오.

답: 여과, 재흡수, 분비, 배설

진화와 연결 | 체온조절

체온조절에 대한 적응

동물들이 환경으로부터 얻거나 잃는 열에 대처하는 데 도움을 주는 다양한 적응력(해부학적, 생리학적, 행동학적)이 자연선택을 통해 진화했다(그림 21.20). 포유류와 조류에서 주요한 해부학적 적응은 단열재로서 털(흔히 모피라고 함), 깃털 또는 지방층으로 구성되어 있다. 여름에 얇은 모피 코트는 겨울 동안 종종 두꺼운 단열 코트가 된다. 수서 포유류(물개 등)와 수서 조류(펭귄 등)는 두꺼운 절연 지방층을 가지고 있다.

생리학적인 적응도 있다. 대부분의 육상동물과 조류에서, 피부의 평활근은 추울 때 불수의적으로 수축하여 털이나 깃털을 세우게 된다. 이러한 적응은 따뜻한 피부에 인접한 공기의 층을 두껍게 형성하여 절연 효과를 높인다. 추울 때 사람은 근육이 털을 세워서 털이 있었던 조상의 흔적인 소름이 돋도록 한다. 추운 날씨에, 호르몬 변화는 조류와 포유류의 대사율을 올리는 경향이 있는데, 그 결과로서 열생산을 증가시키게 된다. 단순한 몸 운동이나 몸떨림 역시 골격근 수축에 대한 대사 부산물로서 열을 생산한다. 예를 들어, 꿀벌은 벌통 안에서 함께 뭉쳐 몸을 진동시키면서 추운 겨울을 견뎌낸다. 벌들은 대사활성을 통하여 벌무리가 살아가기에 충분한 열을 생산하기 때문이다. 헐떡거림과 땀흘리기는 체온을 내리는 생리학적 적응의 예이다. 사람은 피부로부터 증발되는 물 같은 땀을 흘려서 시원하게 된다. 『우리와 함께하는 생물학』에서 언급했던 것처럼, 미식축구 패딩으로 피부를 덮고 있으면 증발냉각이 제한되어 열사병이 촉진될 수 있다.

다양한 행동반응으로 체온을 조절할 수 있다. 어떤 조류와 나비류는 계절적으로 보다 적당한 기후를 찾아 이동한다. 사막 도마뱀과 같은 동물들은 추울 때 햇볕을 쬐며, 더울 때 굴 주변을 축축하게 적신다. 황제펭귄은 함께 모여서 열을 유지한다. 많은 동물들은 물속으로 들어가 체온을 식히며, 캥거루 등은 자기 몸에 침을 넓게 바른다. 쇠똥구리는 독특하다. 그것들은 주변의 뜨거운 모래보다 차가운 표면을 제공하는 축축한 배설물 덩어리 위로 기어올라 더위를 식힌다. 이러한 모든 해부학적, 생리학적, 행동학적 기작들은 어떻게 하나의 선택압(체온조절에 대한 필요성)이 다양한 환경에서 다수의 적응에 대한 진화를 일으킬 수 있는가를 설명해 준다.

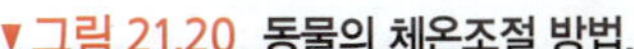
▼그림 21.20 **동물의 체온조절 방법.**

복습

주요 개념의 요약

동물의 구조적 체계화

동물의 단계별 체제화		
수준	**설명**	**예**
세포	모든 생물의 기본 단위	근육세포
조직	특정 기능을 수행하는 유사한 세포들의 집단	심근
기관	특정 기능을 수행하는 다수의 조직이 모여 형성된 구조	심장
기관계	함께 작용하는 기관들의 무리	순환계
생물체	항상성과 생존을 위한 모든 구조적 체제가 통합을 이룬 생물	사람

21.1 해부학과 생리학

모든 수준에서, 신체 각 부분의 구조는 그것이 수행해야 하는 기능과 관련되어 있다. 해부학은 생물의 구조에 대한 연구이고, 생리학은 생물을 이루는 구조들의 기능에 대한 연구이다.

21.2 조직

동물은 4종류의 주요 조직을 가지고 있다.

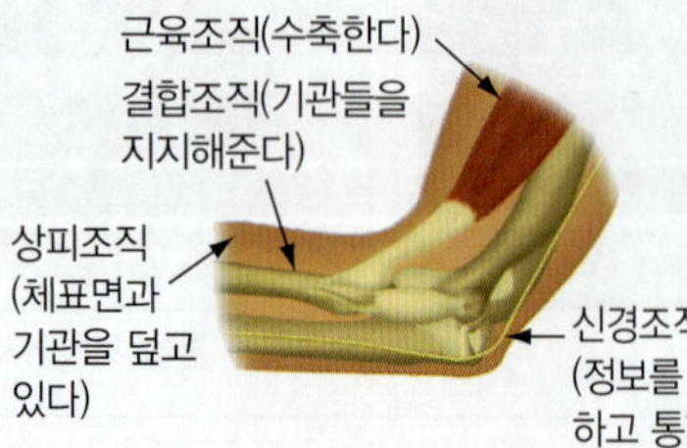

21.3 기관과 기관계

하나의 기관은 함께 특정한 기능을 수행하는 조직들의 집합체이다. 기관계는 함께 그 생물을 위한 필수적인 기능을 제공하는 기관들의 집단이다.

외부환경과의 교환

모든 동물은 화학물질과 에너지를 외부환경과 교환하는 개방계이다. 단순한 생물의 모든 세포들은 외부환경과 직접 접촉함으로써 물질을 교환할 수 있다. 크고 복잡한 체형을 가진 생물은 광범위하게 분지되어 있는 내부구조와 환경 사이에서 보통 순환계를 경유하여 간접 교환을 한다.

내부환경의 조절

21.4 항상성

항상성은 외부환경의 큰 변화에도 불구하고 내부환경을 비교적 일정한 상태로 유지하는 신체의 경향성이다.

21.5 음성 되먹임과 양성 되먹임

가장 일반적인 항상성 기작인 음성 되먹임은 어떤 과정의 결과가 바로 그 과정 자체의 진행을 억제하는 것이다. 양성 되먹임은 어떤 과정의 결과가 동일한 과정을 더 강화시키는 것으로서, 음성 되먹임에 비해 드물다.

21.6 체온조절

체온조절에서, 항상성 기작에 의하여 내부 체온을 조절한다. 정온동물은 주로 대사과정에서 생성되는 열에 의해 체온을 유지한다. 변온동물은 주로 환경으로부터 흡수되는 열에 의해 체온을 유지한다.

21.7 삼투조절

모든 생물은 물과 용해된 용질의 유입과 유출 사이에 균형을 유지하고 있다. 능동 조절의 예로서 물 마시기와 소변배출이 있다.

21.8 비뇨기계의 항상성

비뇨기계는 노폐물을 배출하고 용질과 수분 균형을 조절한다. 그림은 신장의 기능적 단위인 네프론의 구조와 기능을 요약하고 있다.

혈액
모세혈관
세뇨관
오줌

여과 물과 작은 분자들이 세뇨관으로 들어간다.

재흡수 물과 필요한 용질이 혈액으로 되돌아간다.

분비 특정 물질은 혈액으로부터 제거된다.

배설 오줌이 몸에서 배출된다.

자습문제

1. 목 안쪽에 늘어선 상피조직의 암과 창자의 평활근의 암 중에서 어느 것이 성인에게 더 흔한 암인가? 그 이유는?
2. 혈액은 다른 결합조직과 어떻게 다른가?
3. 다음 중 항상성에 대하여 가장 잘 설명하고 있는 것은?
   a. 성인의 키는 대부분 152 cm에서 183 cm 정도에 속한다.

b. 폐와 창자는 물질교환을 위해 넓은 표면적 구조를 이루고 있다.
c. 혈액의 수분 함량이 높아지면, 신장은 더 많은 물을 배출하게 된다.
d. 혈액 내의 산소 농도가 감소하면, 머리가 가벼워지는 느낌이 든다.

4. _______ 조직이 신체 표면을 덮고 있는 반면, _____ 조직은 한 신체 부위에서 다른 신체 부위로 정보를 전달한다.

5. 아래 설명은 양성 되먹임인지 또는 음성 되먹임인지 말하고, 그 이유를 기술하시오.
a. 신경세포가 자극을 받으면 세포 안으로 소듐이온이 들어오게 되고, 소듐의 유입은 더 많은 소듐이 들어오게 한다.
b. 혈액 중에 포도당의 농도가 증가하면 췌장이 자극되어 혈당농도를 낮춰주는 호르몬인 인슐린이 분비된다.

6. 더운 여름날 농장에 가면, 진흙에 뒹구는 돼지들을 볼 수 있다. 당신이 알고 있는 체온조절 지식에 기초하여, 돼지가 진흙에서 뒹구는 이유를 설명하시오.

7. 오줌에서 정상적으로 발견되는 것은 무엇인가? 소변검사로 검사할 수 있는 세 가지 질환은 무엇인가?

8. 다음 중 삼투에 대한 설명 중 맞는 것은?
a. 해양어류는 삼투조절을 위해 많은 양의 농축된 오줌을 생산한다.
b. 민물어류는 삼투조절을 위해 많은 양의 묽은 오줌을 생산한다.
c. 해양어류는 삼투조절을 위해 많은 양의 묽은 오줌을 생산한다.

9. 혈액에서 신장으로 여과되어 들어가는 물의 대부분은 어떻게 되는가? 그리고 그 나머지 물은 어떻게 되는가?

10. 체온이 어떻게 유지되는지 그리고 온도조절기가 어떻게 가정의 온도를 조절하는지 그 유사점을 설명하시오.

11. 북극곰은 열을 발생시키는 조직인 갈색지방을 다량 함유하고 있다. 이것은 추위에 대응하는 해부학적, 생리학적, 또는 행동적 적응인가? 동면하기 전에 음식 섭취가 늘어난 건 어떤가?

답은 부록 C를 참조.

주된 주제 식별하기

아래의 각 문장에 대해, 어떤 주요 주제(기능에 대한 구조와의 관계, 정보 흐름, 에너지와 물질을 변환시키는 경로, 생물계 내의 상호작용 또는 진화)를 명확히 하고 문장이 주제와 어떻게 관련되는지 설명하시오. 필요하다면, 주제(1장)를 복습하고, 이 장에서 파란색으로 강조된 예를 복습하시오.

12. 당신의 신장에는 많은 양의 액체가 세포와 접촉할 수 있도록 하는 고도로 가지를 친 관이 들어 있어 여과작용을 돕는다.

13. 소화계에 흡수된 영양분이 순환계에 의해 근육계의 조직으로 운반되면, 당신의 몸은 새로운 근육을 만들 수 있다.

14. 날카로운 물체를 밟으면, 발의 통증수용기가 뉴런을 통해 뇌에 신호를 전달한다. 이에 반응하여 뇌는 다른 뉴런을 통해 발을 움직이도록 신호를 보낸다.

답은 부록 C를 참조.

과학연구의 과정

15. **데이터 해석하기** 오른쪽 그래프에 있는 데이터를 사용하여 강 수달과 큰입 배스의 체온조절에 대한 결론을 쓰시오.

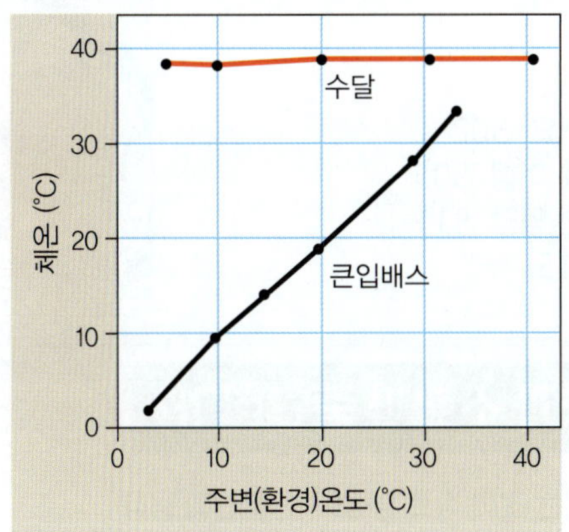

16. 사하라 은개미(*Cataglyphis bombycina*)와 같이 썩은 고기를 먹는 여러 종의 사막개미는 70°C까지의 온도를 견딜 수 있다. 이들은 하루 중 가장 더운 기간(일반적으로 한낮)에 둥지를 떠나 보통 몇 분밖에 지속되지 않는 짧은 '폭발적인 고온' 속에서 먹이를 찾아 헤맨다. 어떤 선택압이 이 개미들이 이런 고온을 견딜 수 있게 만들었을까? 그들의 선택적 이점은 무엇인가?

우리와 함께하는 생물학

17. 조지아주(州)는 현재 온열질환으로부터 고등학교 운동선수들을 보호하기 위해 어떤 규정을 가지고 있다. 당신이 살고 있는 주에는 어떤 유사한 정책이 있는가? 온열질환은 다른 운동선수들보다 미식축구 선수들에게 훨씬 많다. 당신은 이런 사실에 대해 어떻게 생각하는가? 온열질환의 위험과 그것을 방지하는 방법에 대해서 당신이 고교 미식축구 선수들에게 교육하고자 하는 팸플릿을 만드시오.

18. 2007년에 한 여성이 라디오 방송국의 물 마시기 대회에 참가했다. 소변을 보지 않고 누구보다 많은 물을 마시는 것이 목표였다. 그녀는 3시간 동안 6 리터의 물을 마셨다. 그 후, 그녀는 토했고 심한 두통을 겪기 시작했다. 그녀는 아픈 채 라디오 방송국을 떠났고 몇 시간 후에 사망했다. 대회가 진행되는 동안 한 사람이 라디오 방송국에 전화를 걸어 대회가 치명적일 수 있다고 경고했다. 당신이 그 여자의 죽음에 관한 이야기를 하는 기자라고 생각하고 다음과 같은 질문을 하면서 다른 전문가들과 인터뷰를 하고 있다고 가정해보라. 물이 여자를 죽였나? 그녀가 기꺼이 한 일에 라디오 방송국의 잘못이 있는가? 질문과 답변을 모의 대본으로 쓰거나 팟캐스트를 만들어 보시오.

22 영양과 소화

차례 내용

팥과 쌀 한 접시는 스테이크와 동일한 필수아미노산을 제공한다.

왜 영양과 소화가 중요한가?

당신이 섭취하는 것이 바로 당신이다. 당신의 음식의 질과 양은 당신의 신체와 건강 상태에 많은 영향을 미친다. 따라서 적절한 체중을 유지하고 적절하게 기능하는 소화계를 유지하는 것은 소화기관들과 그것들이 당신의 몸에 필요한 영양소와 에너지를 공급하기 위해 어떻게 함께 작용하는지에 대한 이해를 필요로 한다.

담낭은 지방을 소화하는 데 도움을 주지만, 거의 어떤 나쁜 영향 없이 제거될 수 있다.

당근을 먹어라! 비타민 A가 너무 적으면 시력이 나빠질 수 있지만, 너무 많이 먹으면 피부가 오렌지색으로 변할 수 있다.

실마리

체중조절

건강한 체중을 유지하는 비결. 적절한 칼로리 섭취와 충분한 운동은 적절한 체중을 유지하기 위해 취할 수 있는 최선의 조치이다.

우리와 함께하는 생물학 체중조절

체중 감량의 "비밀"

비만은 유엔 세계보건기구(WHO)에 의해 세계적인 주요 건강문제로 인식돼 왔다. 전 세계 성인 인구의 13%를 차지하는 6억 5천만 명이 넘는 성인들이 비만이며, 모든 연령대에서 남성보다 여성의 비만도가 더 높다. 2016년 현재 3억 4천만 명이라는 놀라운 수의 어린이들이 비만 또는 과체중으로 추정되었다. 비만의 급속한 확산은 신체적 비활동, 점차 앉아서 하는 직업과 도시화와 결합되어 심장병, 당뇨병, 암, 골관절염, 그리고 다른 체중과 관련된 건강 문제들의 발병률을 높이는 데 기여했다. 젊은 성인들은 독립생활로의 전환이 종종 식습관과 활동 수준의 변화를 가져올 수 있기 때문에 특히 갑작스러운 체중 증가에 민감하다. 그것과 관련된 비만과 합병증은 매년 280만 명 이상의 생명을 앗아간다. 그러므로 우리 대부분이 체중을 관리하려는 어떠한 시도도 의미있는 노력이 되는 것이다.

하지만 가짜 주장과 함께 유행하는 식단이 많아졌기 때문에, 살을 빼는 가장 좋은 방법을 결정하는 것은 어려울 수 있다. 실제로 체중 감량 계획에 대한 접근은 그 효과에 대해 신뢰할 수 있는 데이터에 대한 접근보다 훨씬 앞서 있다. 좋은 소식은 체중을 관리하는 데 정말 아무런 비법이 없다는 것이다. 당신이 먹는 음식의 칼로리를 더하고 당신의 몸이 태우는 칼로리를 빼라. 활동으로 태우는 것보다 먹는 것을 더 많이 섭취하면 살이 찌게 된다. 섭취량보다 많이 태우면 살이 빠진다. 체중조절은 다섯 단어 "비밀"로 요약할 수 있다. 적게 먹고 더 많이 운동하라! (Eat less and exercise more!) 이것은 물론 말하기는 쉽지만, 그 원리는 타당하고 단순해서 모든 사람이 이해할 수 있는 범위 내에서 체중을 감량하도록 해준다.

칼로리 균형만으로는 좋은 영양을 보장할 수 없다. 음식은 건강한 세포와 조직을 만들기 위한 원자재를 제공하기도 한다. 당신은 당신이 섭취하는 것과 같다. 당신의 건강과 외모는 당신이 섭취하는 음식의 질과 소화계의 적절한 기능에 따라 달라진다. 이 장에서는 어떻게 동물이 음식을 처리하는지에 대한 개관으로부터 시작하여, 소화와 영양에 대한 기본 개념에 초점을 맞춘다. 다음에, 우리는 사람의 소화계의 구조와 기능에 초점을 맞출 것이다. 도중에 우리는 그 중요성을 상기하고 체중 감량의 주제로 되돌아올 것이다.

동물 영양의 개요

매 끼니마다 사람이 식사를 해야 한다는 것은 영양소를 얻기 위해 다른 생물을 먹는 것이다. 음식물은 동물에게 구성물질과 일을 하는 데 필요한 에너지원이 되는 원료를 제공한다. 그러나 음식물은 주로 크고 복잡한 분자들로 구성되어 있는데, 이 자체로는 동물의 세포가 직접 이용할 수 있는 형태가 될 수 없다. 따라서 신체는 이러한 영양분을 분해하여 유용한 형태로 만든다.

22.1 동물의 먹이

모든 동물은 죽었거나 살아 있는 다른 생물체를 먹고 살아가는데, 이러한 동물의 먹이는 아주 다양하다(그림 22.1). 소, 고릴라, 성게와 같은 **초식동물(herbivore)**은 주로 식물이나 조류를 먹는다. 사자, 뱀, 집고양이, 거미와 같은 **육식동물(carnivore)**은 주로 동물을 잡아먹는다. 까마귀, 바퀴벌레, 인간 등 **잡식동물(omnivore)**은 식물과 조류뿐만 아니라 정기적으로 동물을 섭취한다. ✅

✅ **체크포인트**

닭은 옥수수와 곤충들을 잡아먹는다. 닭은 ______________이다.

답: 잡식동물

22.2 음식물 처리과정의 네 단계

우리가 먹는 피자 한 조각을 가정해 본다면, 섭취, 소화, 흡수, 배설이라는 네 단계 과정을 거쳐 처리된다. **섭취(ingestion)**는 음식물을 먹는 것을 말한다. 당신은 피자 한 조각을 깨물어 먹는다. **소화(digestion)**는 음식물을 분해하여 신체에서 흡수할 수 있는 작은 분자가 되는 과정이다. 예를 들어, 피자의 토마토 소스는 단당류와 아미노산으로 분해된다. **흡수(absorption)**는 분자량이 작은 영양물질이 소화관 내면에 있는 세포로 흡수되는 것이다. 예를 들어, 피자의 치즈 단백질이 분해됨으로써 생긴 아미노산은 소장 내면의 세포에 의해 흡수된 다음 혈류에 의해 온몸으로 운반된다. **배설(elimination)**은 소화되지 않은 음식물 찌꺼기가 배출되는 것이다.

소화: 자세히 알아보기

소화는 보통 씹기라는 물리적 과정인 기계적 소화로부터 시작된다. 기계적 소화는 음식물 덩어리를 잘게 부수어서 소화효소에 의한 음식물의 분해과정인 화학적 소화가 잘 일어나도록 한다. 탄수화물과 단백질

▼그림 22.1 **동물의 먹이.** 동물은 그들의 먹이에 따라 크게 3가지 유형으로 나눌 수 있다.

과 같은 중합체인 음식물 분자들은 화학적 소화를 거쳐 단량체로 분해된다(그림 3.4b). 예를 들어, 전분은 소화되어 단량체인 포도당이 된다.

음식물 분자를 분해하는 것은 두 가지 이유에서 필수적인 과정이다. 첫째, 중합체는 동물의 세포막을 통과하기에 너무 크기 때문에, 세포가 흡수할 수 있는 작은 분자로 분해되어야 한다. 둘째, 치즈 속의 단백질처럼 대부분의 음식물 분자는 동물체를 구성하고 있는 분자들과는 다르다. 우리 몸은 우리가 섭취한 단백질을 직접 이용하지 않는 대신에 자신의 새로운 단백질을 만들기 위해 분해산물인 아미노산들을 이용한다(그림 22.2). 이런 과정을 쉽게 상상하려면, 플라스틱 스냅을 조립하는 빌딩블록을 생각해 보라. 당신은 블록으로 구성된 자동차(음식물)를 가지고 있다고 가정해보라. 그런데 당신이 배를 만들고 싶다면 어떻게 할 것인가? 그러면 먼저 그 차를 분해해서(소화를 통해), 각각의 블록(단량체)을 얻어야 한다. 그 다음에 각 블록들은 배로 재조립될 수 있다 (당신의 단백질). **그러므로 소화는 생물학의 전반적인 주제 중 하나인 에너지와 물질의 변환이 어떻게 생명의 과정의 기초가 되는지를 명확하게 보여준다.**

화학적 소화는 가수분해를 거쳐 일어나는데, 가수분해는 물분자를 첨가하여 커다란 생물학적 분자를 분해하는 화학반응이다(그림 3.4b 참조). 대부분의 생물의 화학반응들과 마찬가지로, 소화작용에는 효소가 필요하다(그림 22.3). 예를 들어, 리파아제는 피자의 치즈와 고기에 있는 지방을 가수분해하는 효소이다. ✓

✓ 체크포인트

1. 인체에서 음식물이 처리되는 네 단계 과정을 순서대로 나열하시오: 흡수, 소화, 배설, 섭취
2. 음식물 분자들은 화학반응을 촉매하는 효소에 의하여 __________(이)라고 하는 화학반응에 의하여 보다 작은 분자들로 분해된다.

답: 1. 섭취, 소화, 흡수, 배설; 2. 가수분해

▼그림 22.2 치즈 단백질에서 사람의 단백질로.

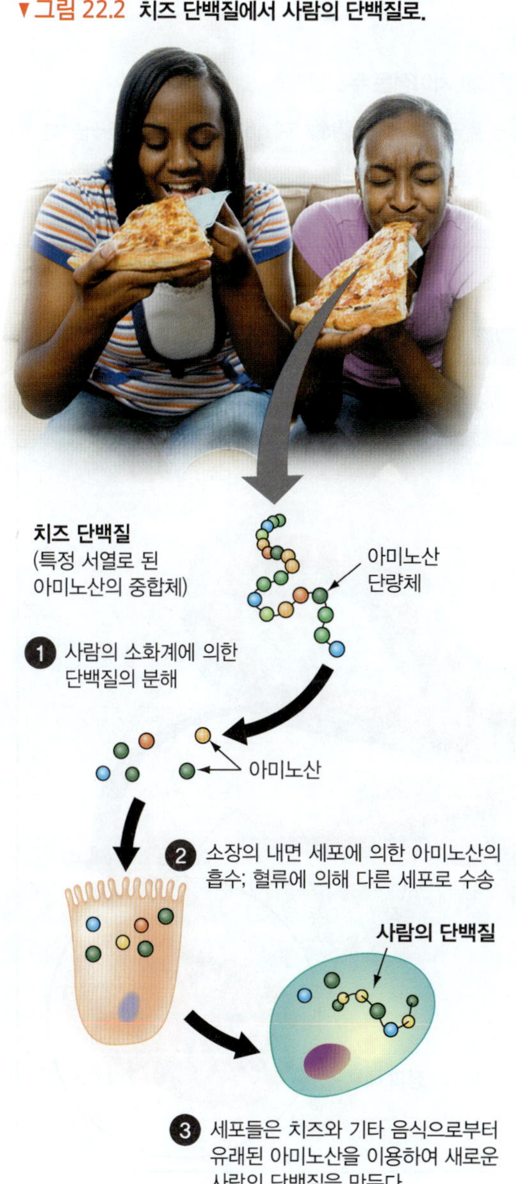

▼그림 22.3 화학적 소화: 음식물 분자의 가수분해. 소화효소는 물분자의 첨가에 의해 다양한 음식물 분자의 분해를 촉매한다.

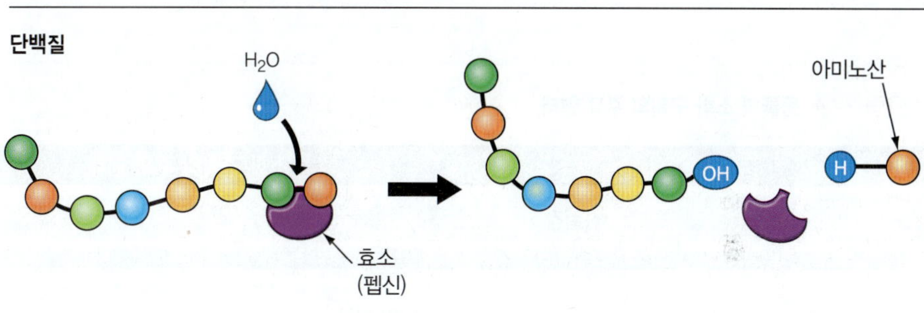

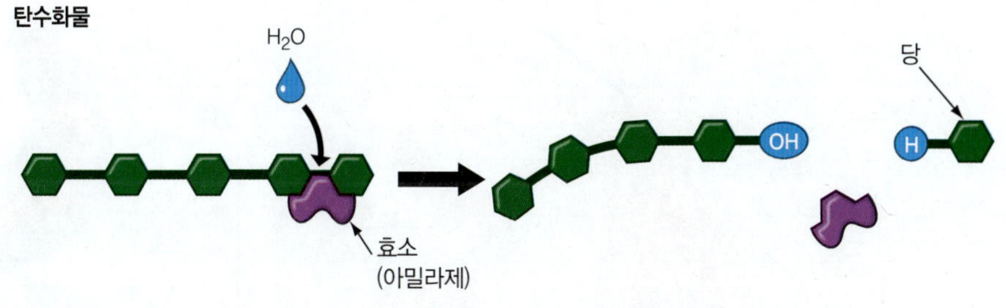

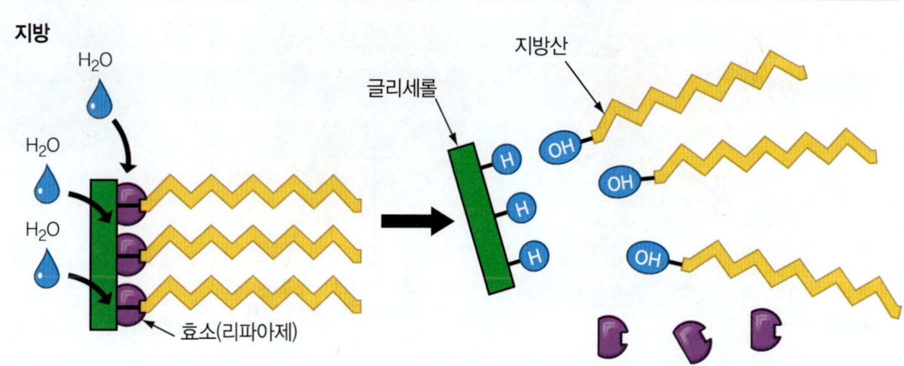

22.3 소화 구획

동물은 어떻게 자신의 조직은 분해시키지 않으면서 음식물을 분해할 수 있을까? 무엇보다 소화효소는 동물의 몸을 구성하고 있는 것과 동일한 생체물질을 가수분해하면서 자신이 분해되는 것을 피할 수 있다는 것은 매우 중요하다! 이 문제에 대한 일반적인 해결책이 동물에서 진화되었다. 즉 화학적 소화작용은 어떤 특정 구획 내에서만 안전하게 일어난다. 그러한 구획들은 각 세포 내에 있을 수도 있고, 또는 소화기관의 부분으로서 세포들에 의해 형성될 수도 있다.

하나의 세포 내에서 일어나는 소화는 가장 단순한 형태이다. 이 과정에서 세포는 식포를 형성하는 식작용에 의해 먹이를 안으로 끌어들인다. 다음에 이러한 식포는 효소를 함유하고 있는 리소좀과 융합하여 소화 구획을 형성한다(그림 4.15a 참조). 먹이가 소화되면서, 작은 먹이 분자들은 식포막을 통과하여 세포질로 가서 그 세포에 영양을 공급하게 된다. 이러한 소화 형태는 원생생물에서 흔히 나타나지만, 해면동물은 자신의 세포 내에서 먹이를 소화하는 유일한 동물이다.

대부분의 동물들은 먹이를 처리하는 세포에 의해 둘러싸인 소화 구획을 가지고 있다(그림 22.4). 그러한 구획은 동물들이 하나의 세포보다 훨씬 더 큰 먹이를 소화시킬 수 있도록 해준다. 유자포동물(해파리, 히드라)과 편형동물 등과 같은 보다 단순한 체제를 가진 동물들은 **위수강(gastrovascular cavity)**을 가지고 있는데, 그것은 먹이의 유입구(입과 같은)와 소화되지 않은 노폐물의 유출구(항문과 같은) 모두의 기능을 하는 한 개의 열린 구멍을 갖는 구획이다.

지렁이와 사람을 포함하는 대다수의 동물들은 각각의 끝에 입과 항문이라는 다른 두 개의 개구부를 가진 소화관을 가지고 있다. 그러한 관을 **소화관(alimentary canal**, 또는 **digestive tract)**이라고 한다. 먹이는 입으로 들어가서 단계적인 방법으로 영양분을 소화하고 흡수하는 특수화된 부위를 통하여 한 방향으로 이동한다. 이러한 적응으로 훨씬 더 효율적인 먹이 처리를 하도록 해준다. 당신은 조립 라인이 무엇인지 알 것이다. 소화관은 분해 라인이다. 소화되지 않은 찌꺼기들은 항문을 통하여 분변으로 제거된다. ✓

✓ 체크포인트

위수강과 소화관의 주요한 차이점은 무엇인가?

답: 위수강에는 개구가 하나이지만, 소화관에는 입과 항문 등 두 개의 개구가 있다.

▼그림 22.4 **동물의 소화 구획의 주요 형태.**

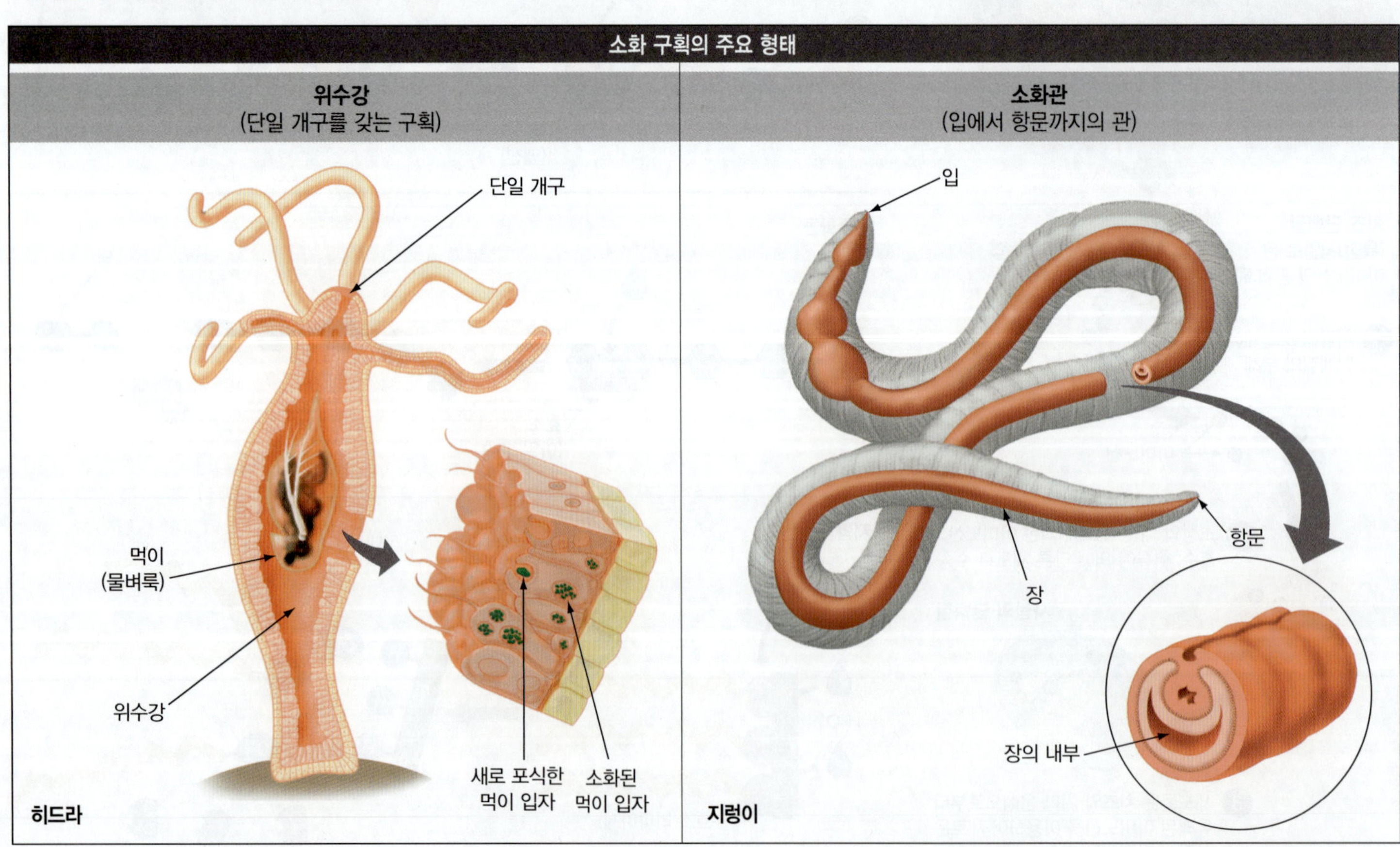

사람의 소화계 여행

우리가 먹은 피자 조각이 입으로부터 항문까지 소화되는 통로인 소화관을 탐색해 보자. 길을 잃지 않기 위해, 사람 소화계의 좋은 지도가 필요하다.

22.4 소화계의 지도

사람의 소화계는 소화관과 여러 가지 부속기관들(침샘, 이자, 간, 담낭)로 구성되는데, 이것들은 도관을 거쳐 관으로 소화 화학물질들을 분비한다(그림 22.5). 사람 소화관의 길이는 약 9 m 정도이다. 이렇게 긴 소화관은 사람의 몸속에 주름을 형성하여 존재한다.

이 소화관은 길이를 따라 특수화된 소화기관으로 나누어진다. 그것들은 입(구강) → 인두 → 식도 → 위 → 소장 → 대장(결장과 직장) → 항문 등이다. 소화관 탐색을 통하여 이 소화기관들의 구조와 기능을 잘 이해하게 될 것이다.

22.5 입

입(구강, oral cavity)은 음식물의 섭취와 소화의 초기 단계의 기능을 담당한다(그림 22.6). 음식물을 삼키기 전에 치아로 음식물을 자르고, 부수고, 갈아주는 기계적 소화가 시작된다. 음식물을 씹음으로써 삼키기가 쉬워지고, 음식물의 표면이 소화액과 더 많이 접촉할 수 있게 된다. 전형적으로 성인은 32개의 치아를 가지고 있는데, 음식물을 물어 끊는 예리한 앞니, 물어 찢는 뾰족한 송곳니, 으깨고 분쇄하는 작은 어금니와 큰 어금니가 있다. 개나 늑대의 송곳니를 떠올려 보라. 세 번째 어금니들을 사랑니(지치)라고 한다. 어떤 사람들은 그것들이 다른 치아를 너무 많이 밀기 때문에 뽑아야만 한다.

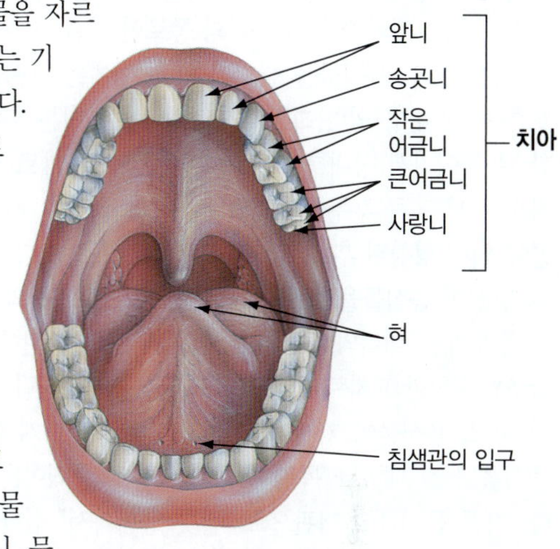

▼ 그림 22.6 **사람의 입과 치아.**

입안에서는 **침샘(salivary gland)**에서 분비되는 침에 의해 화학적 소화도 일어난다. 침은 소화효소인 침 아밀라제를 함유하고 있다. 이 효소는 피자의 주요 성분인 전분을 분해한다. 근육성인 **혀(tongue)**는 식사시간에 매우 분주하게 움직인다. 맛을 보는 것 외에도, 혀는 음식물을 공 모양으로 만들어 구강 뒤쪽으로 밀어 넣어 준다. 삼키는 작용(연하운동)은 음식물을 인두로 넘어가게 한다. ✓

✓ 체크포인트

구강에서는 씹는 작용은________ 소화의 기능을 나타내며, 침 아밀라제는 ________의 화학적 소화를 개시한다.

(정답 뒤집힘) 기계적, 녹말(또는 다당류)

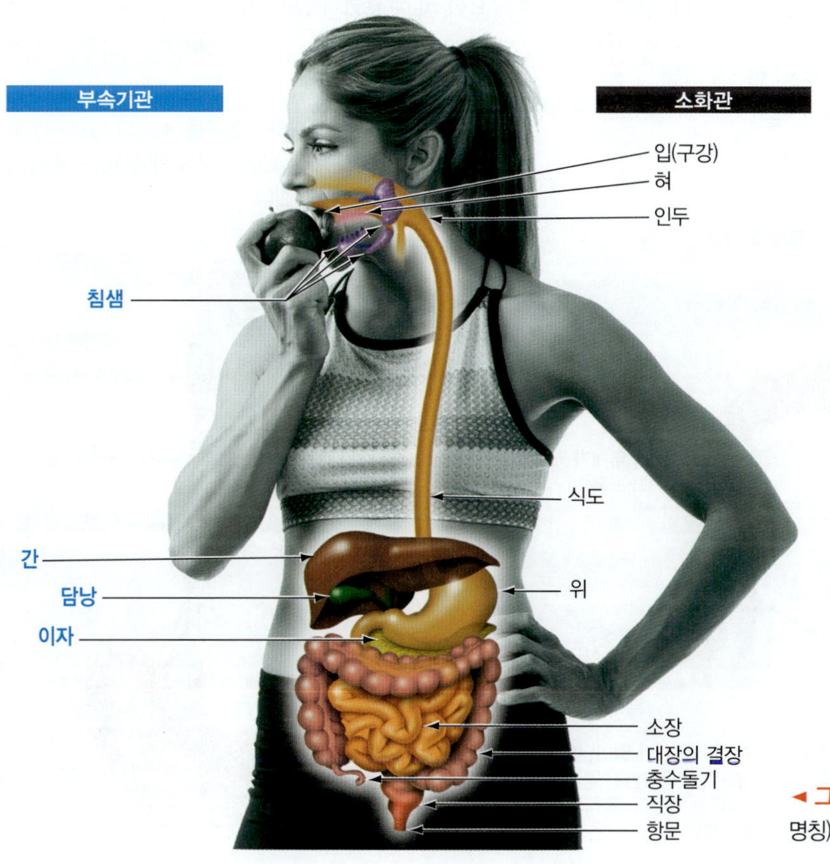

◄ 그림 22.5 **사람의 소화계.** 사람의 소화계는 소화관(검은색 명칭)과 부속기관(파란색 명칭)으로 구성되어 있다.

22.6 인두

목구멍에 위치한 **인두(pharynx)**라고 불리는 방은 연하운동과 호흡운동의 통로의 교차 지점이다. 인두는 입과 식도(소화계의 일부) 사이를 연결하지만, 폐와 연결된 공기의 통로인 기관(호흡계의 일부)과도 통하게 되어 있다. 음식물을 삼키지 않을 때에는 기관입구는 열려 있어서, 호흡을 할 수가 있다(그림 22.7, 왼쪽). 공기는 후두(음성 상자라고도 함)로 들어가서 성대를 지나, 기관을 통하여 폐로 간다. 남자들은 일반적으로 보다 큰 후두를 가지고 있는데, 그것은 후두의 외부에 있는 연골에 의해 형성된 후골(Adam's apples) 때문이다.

당신이 음식물을 삼킬 때, 반사작용으로 기관의 입구는 위로 올라가고 후두개는 내려와서 기관의 입구가 닫히게 된다(그림 22.7, 오른쪽 참조). 위험한 교차로에 횡단보도 교통봉사자처럼, 후두개는 기관을 닫게 하고, 음식물이 기관이 아닌 식도로 내려가게 한다. 이것은 우리가 음식을 삼킬 때마다 목의 후골이 상하로 움직이는 것으로 알 수가 있다. 가끔 음식물이 기관으로 "잘못 들어가서" 심한 기침이 일어나기도 하는데, 이것은 음식물을 기도로부터 제거하기 위한 반사작용이다. 만일 어떤 이물질이 기관에 박히면, 목이 막혀 치명적일 수 있다. 하임리히 구명법(Heimlich maneuver)으로 폐의 공기를 이용하여 강제적으로 막힌 이물질을 제거할 수 있다.

22.7 식도

식도(esophagus)는 인두와 위를 연결하는 근육성 관이다. 식도는 **연동운동(peristalsis)**에 의해 음식물을 보내게 되는데, 이것은 식도를 따라 음식물 덩어리를 밀어 넣는 근육성 수축과 이완의 파동을 교대로 하게 된다(그림 22.8). 머리가 위보다 낮을 때에도(물접시의 고양이나 물웅덩이의 기린처럼), 핥아먹는 동물이 삼킬 수 있도록 하는 것이 바로 이 작용이다. 연동운동으로 긴 소화관 전체를 통하여 음식물이 보내진다. ✓

✓ 체크포인트

우리가 음식이나 음료를 "다른 통로로 잘못 넘겼을 때", 기침을 하게 되는데, 그 물질이 ________대신에 ________(으)로 잘못 넘어간 것이다.

답: 식도; 기관(공기 통로)

22.8 위

위(stomach)는 몇 시간 동안은 견딜 수 있을 만큼 충분한 양의 음식을 저장할 수 있는 큰 기관이기 때문에, 우리가 지속적으로 음식물을 먹을 필요는 없다(그림 22.9). **위는 구조와 기능의 관계를 잘 보여주는 예다.** 위는 탄력적인 위벽과 아코디언과 같은 주름을 갖고 있어서, 약 2리터 이상의 음식물과 물을 저장할 수 있을 정도로 늘어날 수 있다.

위의 내면을 덮는 세포들은 **위액(gastric juice)**이라고 하는 소화액을 분비한다. 위액은 강산, 소화효소들, 그리고 점액으로 구성되어 있다. 위액 중의 산은 염산인데, 쇠못도 녹일 수 있을 정도로 농축되어 있다. 위액에는 단백질을 소화시키는 효소인 **펩신(pepsin)**도 들어 있다. 펩신은 단백질을 보다 작은 분자로 분해한다.

음식물이 식도에서 위로 지나갈 때, 근육성 위벽은 섞어주는 일을

▼그림 22.7 **후두개는 인두가 폐로 열리는지(왼쪽) 위로 열리는지(오른쪽)를 조절한다.**

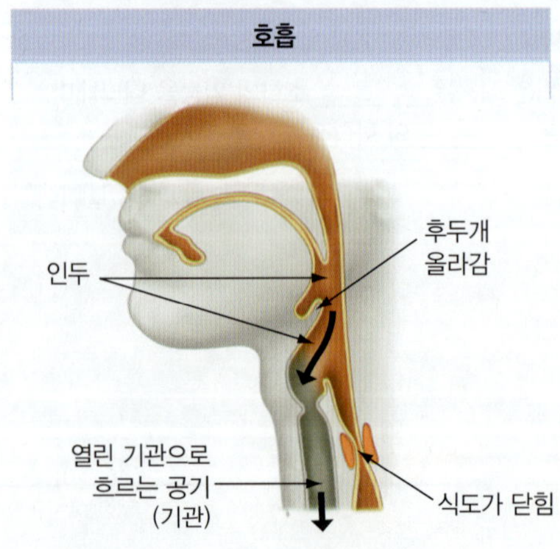

음식물을 삼키거나 마시지 않을 때, 공기는 기관을 통하여 자유로이 소통된다(검은색 화살표). 식도는 닫힌다.

음식물 삼키기

후두개가
내려옴
후골
기관이
닫힘
열린 식도로
흘러가는
음식물

음식물이 입 뒤에 도달하면, 연하반사가 일어난다. 기관의 상단이 후두개에 대하여 올라가면서 공기의 통행을 막게 된다. 반면에 식도는 열린다. 음식물은 식도로 내려간다(초록색 화살표).

▼그림 22.8 **식도와 연동운동.** 식도의 벽을 이루고 있는 근육이 음식물 덩어리 바로 뒤에서는 수축하고, 바로 앞에서는 이완한다.

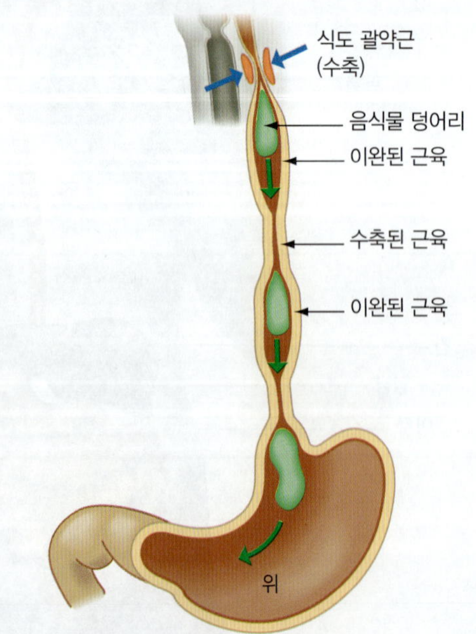

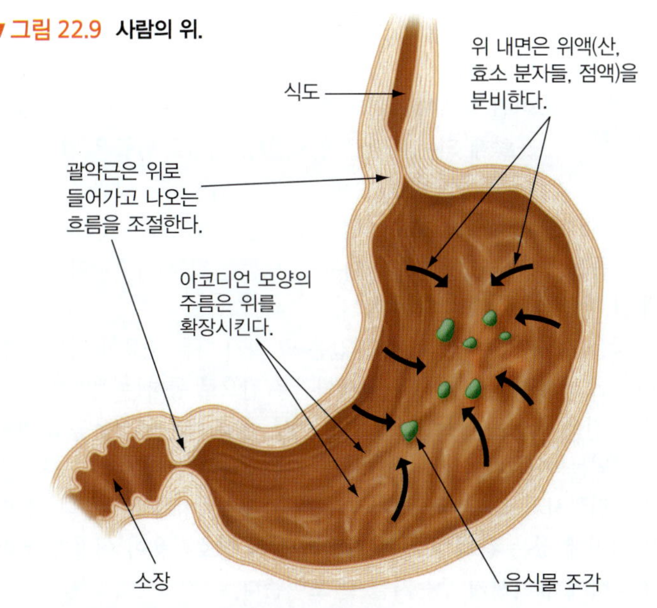

▼그림 22.9 **사람의 위.**

하는데, 결국 음식물과 위액을 잘 혼합하여 **유미즙(chyme)**을 만든다. 위의 마지막 부위에 있는 괄약근(고리모양의 근육)은 위에서 소장으로 유미즙을 보낼 때 조절작용을 한다. 유미즙은 한 번에 1회씩 분출하여 위를 나가기 때문에, 식사 후 위가 비게 될 때까지는 약 2~6시간이 걸리는데, 그 시간은 위산과 펩신이 소화를 시작하기에 충분하다. 위가 빈 상태에서 위장 근육의 수축이 지속되면, 배고픔을 알리는 '꼬르륵' 소리가 난다.

위 자체가 강산에 의해 소화되지 않는 것을 무엇 때문일까? 위 내벽을 덮고 있는 점액은 위액으로부터 위를 보호해 주며, 음식물 속의 연마 물질에 의해 위벽에 상처가 나지 않게 해준다. 타이밍 역시 중요한 요인이 되는데, 위 속에 음식물이 있을 때에만 위액이 분비되도록 신경신호와 화학신호인 호르몬이 위액의 분비를 조절한다. 이러한 안전장치가 있음에도 불구하고, 위액은 위 내면을 부식시키기 때문에 세포분열에 의해 새로운 세포가 생성되도록 한다. 실제로 위 내면은 약 3일마다 완전히 새롭게 바뀐다!

위장병

위액은 해로울 수 있다. 가끔 일어나는 유미즙의 역류는 식도에 통증을 일으킨다. 때때로 산성 유미즙이 식도로 역류하여 속쓰림을 일으키기도 한다(실제로 "식도앓이"라고 해야 옳다). 어떤 사람들은 이러한 역류현상을 자주 겪게 되어 식도 내면이 심하게 손상되는 산역류 또는 위식도역류병(gastroesophageal reflex disease, GERD)이라는 질환을 앓게 된다. GERD는 체중감량, 소식, 식사 후 드러눕는 것을 피하는 등 보통 생활습관의 변화로 치료될 수 있다.

만약 위 내면이 재생되는 것보다 더 빠르게 위액에 의해 부식이 되면 위벽에 통증을 수반하는 위궤양이 생긴다. 대부분 위궤양의 원인은 스트레스가 아니고, *Helicbacter pylori*라는 내산성 세균에 의한 위 내면의 감염 때문이다. 이 세균은 점액 보호막을 손상시켜 위 내부가 위액에 노출되어 상처가 나게 한다. 위궤양이 심해지면, 위벽에 구멍이 생기며, 내출혈과 감염을 일으켜 생명을 위협하게 된다. 위궤양의 원인은 1984년에 생물학자 마샬이 *H. pylori* 균이 들어간 쇠고기 수프를 자신이 직접 마시는 실험을 통하여 밝혀지게 되었다. 이 연구를 통하여 Marshall은 노벨상을 수상하게 되었지만, 실제로 이러한 실험은 위험하기 때문에 권장할 수는 없는 것이다! 대부분의 위궤양은 항생제로 치료된다. 또한 앓고 있는 사람들은 비스무트(bismuth)를 함유하는 약물 복용을 통하여 치료하는데, 이것은 위궤양 증상을 경감시키며 일부 세균을 죽이기도 한다.

체중감량 수술

미국에서 가장 흔한 체중감량 수술은 위장접합(위우회)이다(매년 약 15만 명이 수술함). 위를 계란 크기로 축소시키는데 스테이플(제본못)이 사용되며, 축소된 작은 위주머니를 아래 소장에 직접 연결시킴으로서 소장의 처음 45 cm가 우회되는 것이다(그림 22.10). 결과적으로 환자는 빨리 포만감을 느끼게 되며, 음식물을 흡수하는 능력은 감소된다. 건강한 생활방식이 받쳐줄 때, 90%의 환자에서 체중감량 수술은 성공적이다. 그러나 모든 수술은 위험을 갖고 있으며(약 1%의 사망률을 나타냄), 환자는 적절한 영양을 유지하기 위하여 조심스럽게 식단을 추적, 관찰해야만 한다. 체중감량 수술은 효과적일 수 있지만, 대부분의 건강전문가들은 마지막 수단으로서만 권장한다. ✓

✓ 체크포인트

항생제가 대부분의 위궤양을 치료하는 데 효과적인 이유는 무엇인가?

답: 항생제는 위 내면을 손상시키는 세균을 죽인다.

▼그림 22.10 **위장접합술 (Gastric bypass surgery).** 위와 소장이 결합된 부위에서부터 45 cm 떨어진 소장에서 절개가 이루어진다. 그 다음 그 잘린 끝은 더 작은 위주머니에 부착시킨다. 이것은 음식물을 저장하는 용량이 현저히 줄어들게 한다.

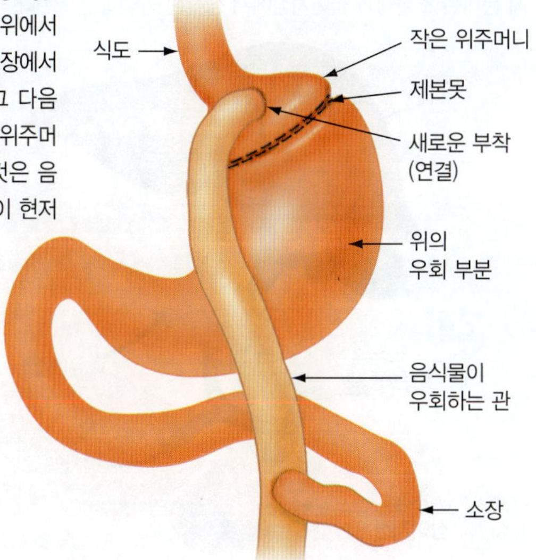

22.9 소장

담낭은 지방을 소화하는 데 도움을 주지만, 어떤 나쁜 영향 없이 제거될 수 있다.

소장(small intestine)은 길이가 약 6 m로서 소화관 중 가장 길다. 소장이 길이는 작지 않지만, 대장의 5 cm에 비해 소장의 직경은 2.5 cm에 불과하다. 소장은 주로 화학적 소화와 영양물질을 흡수하여 혈류로 보내는 역할을 한다. 음식물이 소장을 지나가는데 정상적으로 5~6시간이 걸린다.

소장에서의 화학적 소화

당신은 우리가 먹은 피자가 소화관을 통하여 지나가고 있음을 기억하고 있는가? 이 시점에서, 입과 위에서의 기계적 소화를 통하여 음식물은 진하고 영양분이 많은 죽이 된다. 침 아밀라제와 위 펩신에 의한 화학적 소화는 피자의 전분과 단백질을 분해하기 시작한다. 이제 소장은 음식물 분자를 더 작은 분자로 분해할 수 있는 효소들을 가지고 있다. 이러한 효소들은 소장의 처음 25 cm 정도의 **십이지장(duodenum)** 부위에서 유미즙과 섞이게 된다.

십이지장에는 이자, 간, 담낭으로부터 소화액이 들어온다(그림 22.11). **이자(pancreas)**는 관을 통해 이자액을 십이지장으로 분비하는 큰 분비선이다. 이자액은 십이지장으로 들어온 위산을 중화시키는 작용을 하며, 음식물 분자들인 탄수화물, 지방, 단백질 및 핵산들의 화학적 소화에 관여하는 가수분해효소들을 함유하고 있다. 연동운동은 소장을 따라 음식물의 혼합을 촉진시킴에 따라, 이러한 효소들은 음식물 분자의 분해에 관여하게 된다.

담즙(쓸개즙, bile)은 **간(liver)**에서 생산되어, **담낭(쓸개, gallbladder)**에 저장되었다가 관을 통하여 십이지장으로 분비된다. 담즙에는 창자벽 근육의 수축에 의해 큰 지방 덩어리로부터 작게 쪼개진 지방 방울과 결합하는 염류가 들어 있다. 염류는 지방 방울이 큰 지방 방울로 재결합되는 것을 방지해 준다. 담즙은 짙은 색소를 함유하고 있는데, 그것은 대변의 짙은 색을 나타낸다. 어떤 혈액이나 간 질환은 담즙 색소가 피부에 축적되어 노랗게 되는 황달을 일으킨다. 때때로 담즙은 결정화되어 담석을 형성하는데, 그것은 담낭이나 담관을 막아서 통증을 일으킨다. 유일한 치료는 담낭을 수술로 제거하는 것이다. 간은 계속 담즙을 생산하고 분비하기 때문에, 보통은 그 제거수술이 소화에 대해 긴 지속효과를 갖지 않는다.

지방을 소화시키는 것 외에도, 간은 몇 가지 다른 중요한 기능을 수행한다. 소장과 대장에서 나온 모세혈관은 간으로 통하는 정맥으로 수렴된다. 간은 혈액을 해독할 수 있다. 예를 들어 간은 알코올을 소변에서 분비되는 비활성 물질로 전환시킨다. 그것은 또한 영양분을 새로운 물질로 전환시키고, 그 중 몇 가지는 다른 대사과정을 조절한다. **장과 심장 사이에 있는 간의 위치는 기관계 간의 상호작용이 어떻게 우리를 건강하게 유지시켜 주는지를 잘 보여준다.**

영양분의 흡수

소장에서는, 분해된 음식물 분자들이 체내로 흡수되기 위해 준비되어 있다. 잠깐! 이런 영양분들은 이미 우리 몸 안에 있지 않는가? 실제로 그렇지 않다. 소화관은 몸 내부를 달리고 있는 관이며, 그것의 내강은 연속되어 체외로 열려 있다. 그림 22.12에 나타낸 도넛 모형물은 이 사실을 확인시켜 준다. 실제로 영양분이 소화관의 내면 조직을 통과하여 혈류로 들어가기 전까지 영양물질은 여전히 몸 바깥쪽에 있는 것이다. 영양물질의 흡수과정이 없다면, 우리가 많은 음식물을 먹고 소화를 시

▼그림 22.11 **십이지장.** 위에서 십이지장으로 배출된 유미즙은 이자, 간, 담낭에서 분비된 소화액과 십이지장에서 생산된 장액과 혼합된다.

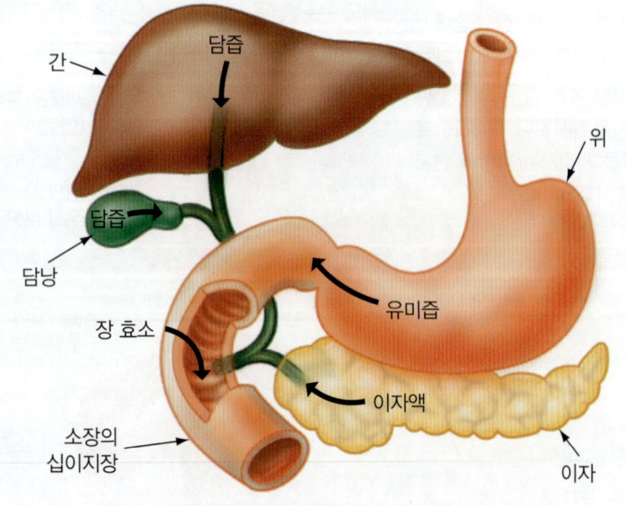

▼그림 22.12 **소장 안의 영양분들은 아직 우리 몸 안에 있는 것이 아니다.** 사람의 소화관이 "관 속의 관"과 유사한 긴 도넛 모양이라고 생각한다면, 그 공간의 관계를 잘 이해할 수 있을 것이다. 소화관 내면의 세포에 의해 음식물이 흡수되어야 실제로 몸속으로 들어온 것이다.

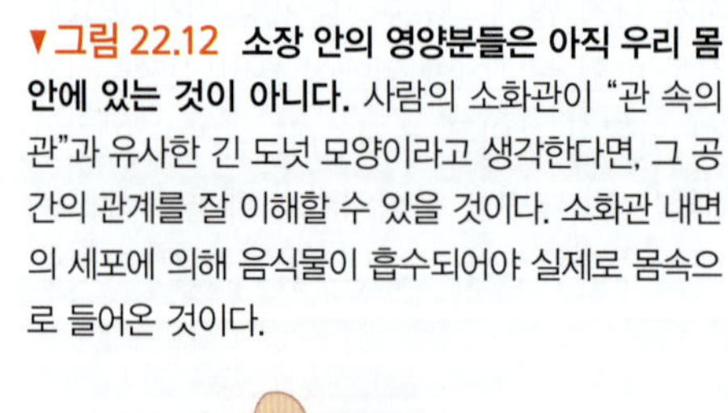

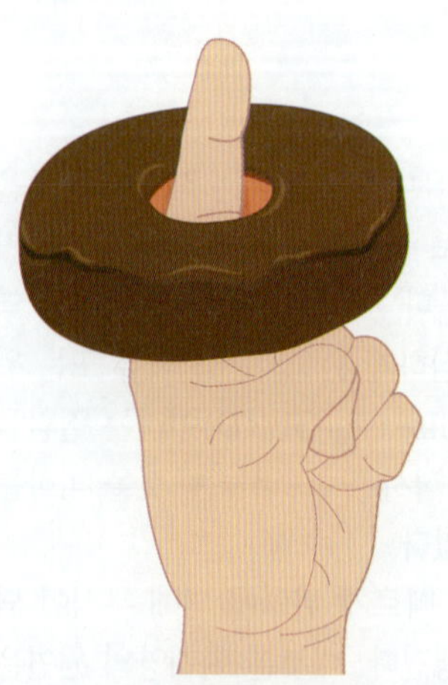

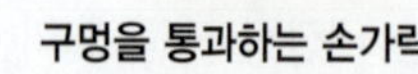

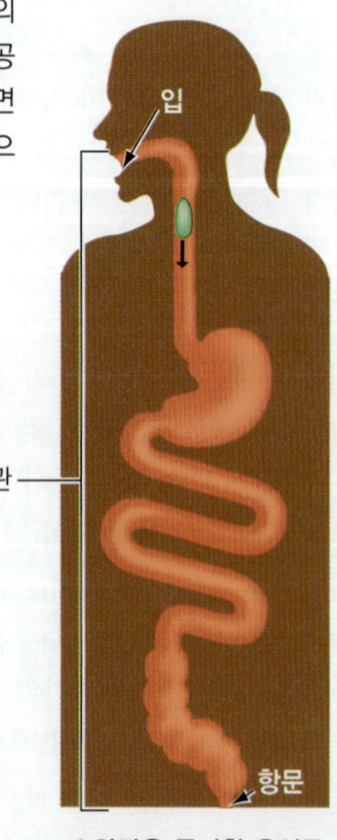

키더라도 여전히 기아 상태가 될 것이다.

피자가 십이지장 말단에 도달할 즈음에 소화가 거의 완료된다. 소장의 다음 수 미터 부분에서는 영양물질의 흡수가 일어나도록 특수화되어 있다. 소장 내면, 즉 상피조직은 이 기능을 수행하기에 적합한 구조로 되어 있다(**그림 22.13**). 이 상피조직의 표면적은 약 300 m^2 정도로 테니스 코트와 맞먹는 크기이다. 소장 내면은 위장처럼 주름이 많을 뿐만 아니라, 흡수성이 좋은 보송보송한 목욕용 타월의 표면처럼, 상피조직에는 융모라고 하는 손가락 모양의 돌기물이 많이 있다. 그리고 상피조직의 각 세포에는 미세융모라는 현미경적인 돌기물이 있어서 표면적을 한층 더 넓혀주고 있다. **상피의 구조는 넓은 표면적을 가진 진화적 적응으로, 영양분의 흡수라는 이 부분의 기능과 상관관계가 있다.** 흡수된 작은 분자들은 소화관에서 각 융모의 중심부에 네트워크를 이루고 있는 작은 혈관들과 림프관들로 수송된다.

정상적으로, 소장에는 미생물이 없다. 그러나 부적절한 위생 상태로 여러 가지 세균들에 의해 감염이 야기될 수 있다. 예를 들어, 콜레라는 *Vibrio cholera*라는 세균이 소장 내에 증식하여, 묽은 구토와 설사를 과다하게 일으키는 독소를 분비한다. 구토와 설사는 탈수를 일으켜서 결국은 사망에 이르게 된다. 콜레라는 주로 개발도상국가나 자연재해 후에 발생하는데, 불충분한 위생처리로 폭발적인 출현을 일으키게 된다.

영양분들은 미세융모의 세포막을 통과한 후에, 결과적으로 체내에 들어오게 되는 것이며, 여기서 혈류와 림프가 영양물질을 멀리 떨어져 있는 세포로 나르게 된다. 그러나 우리의 소화관 탐색은 아직 끝나지 않았으며, 이제 대장을 통과해야 할 차례이다. ✓

✓ 체크포인트

인체에서 영양물질의 흡수에 중요한 역할을 하는 부위는 _______의 _______이다.

답: 소장, 미세융모

22.10 사람의 마이크로바이옴

당신의 소화기 계통에는 인간의 부분만 있는 것이 아니다. 최근 몇 년 동안 의학 연구자들은 인간의 소화기 계통에 살고 있는 마이크로바이옴(세균 군집)을 구성하는 400종 이상의 세균에 대한 우리의 지식을 크게 확장시켰다. **궤양이나 콜레라를 일으키는 해로운 세균과는 달리, 우리의 마이크로바이옴의 대부분은 서로 이익을 주는 상호작용인 상리공생의 원리를 잘 보여준다.** 예를 들어 일부 장내세균은 비타민 B와 K를 생산하고 장 내면의 발달을 조절한다. 그 세균은 영양분의 꾸준한 공급과 안정된 숙주 환경을 얻는다. 몇몇 연구팀은 마이크로바이옴의 변화가 우리의 건강에 어떤 영향을 미치는지 조사하고 있다. 예를 들어, 분변 이식(새로운 종의 세균을 환자의 소화관으로 주입하는)은 소화기 질환을 앓는 일부 사람들에게 도움을 주었다.

▼**그림 22.13 소장과 영양물질의 흡수.** 보다 작은 돌기물(미세융모)을 갖는 돌기물(융모)의 주름은 영양물질을 흡수하기 위하여 소장의 표면적을 매우 크게 하는 효과를 나타낸다. 대부분의 영양물질은 미세융모를 가로질러 모세혈관으로 수송된다.

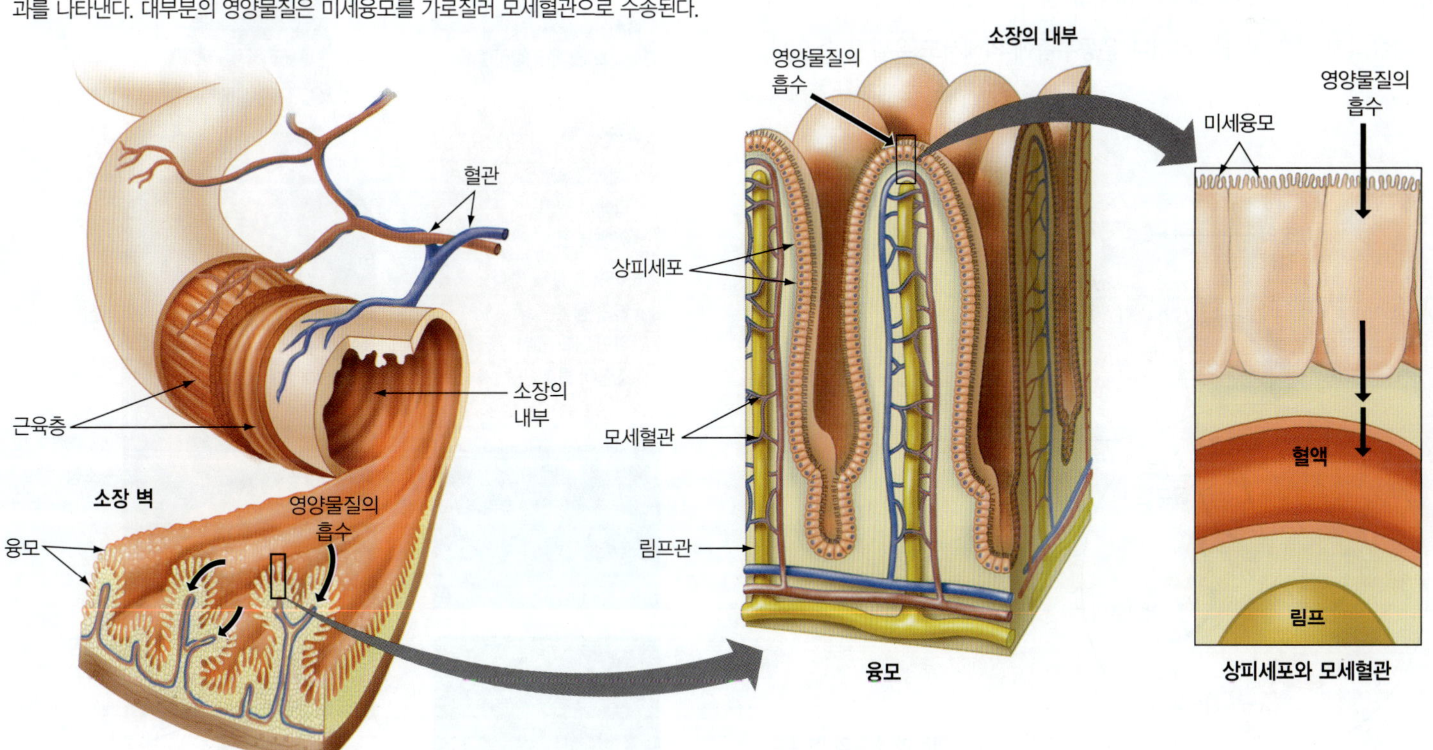

22.11 대장

약 1.5 m 길이의 **대장(large intestine)**은 소장보다 짧지만 직경이 약 5 cm 정도로 소장의 두 배에 달한다. 두 기관이 연결하고 있는 부위에는, 괄약근이 있어 음식물의 통과를 조절한다(그림 22.14). 이 부근에 작은 손가락 모양의 **충수돌기(appendix)**가 있다. 충수돌기는 면역계에 일부 기여하는 백혈구를 포함하고 있다. 만일 충수돌기와 결장 사이의 연접부분이 막히면, 충수돌기의 세균 감염인 충수염이 생긴다. 일반적으로 충수돌기를 잘라내고 감염의 확산을 막기 위해 응급수술이 필요하다.

대장의 주요 부분은 결장이다. 대장의 주요한 기능 중 하나는 소장에서 시작된 물의 재흡수를 완료하는 것이다. 우리는 매일 약 2 L의 물을 소비하고 다른 7 L의 소화액을 소화관에 분비한다. 이 물의 90% 이상은 소장에 의해 다시 혈액으로 흡수된다. 나머지는 대부분 결장에 의해 흡수된다. 물이 흡수됨에 따라, 음식물에서 소화되지 않은 물질은 연동운동에 의해 대장을 따라 전달되면서 더욱 단단해진다. 소화되지 않은 물질이 대장을 통해 이동하는 데는 일반적으로 12~24시간이 걸린다. 최종 산물은 배설물로서, 소화되지 않은 물질로 구성되어 있다(피자의 고추에서 나오는 셀룰로오스 등). 대변의 건조 중량의 약 3분의 1은 장내 마이크로바이옴에서 나온 세균으로 이루어져 있다.

만약 결장 내면이 바이러스나 세균에 의해 감염이 일어나면(종종 "배탈"이라고 잘못 말함), 결장은 물을 효율적으로 재흡수할 수 없기 때문에 설사를 하게 된다. 특히 유아나 노인들에게 설사가 오랫동안 지속될 경우 탈수 증상으로 생명이 위태로워질 수도 있다. 이와는 반대로, 변이 결장을 따라 너무 느리게 이동하게 되면 결장으로 수분이 너무 많이 흡수되고, 변은 단단해져서 변비가 된다. 변비는 식물성 섬유가 많이 함유되지 않은 식사를 하거나 운동부족에 의해서도 유발될 수 있다.

▲그림 22.14 대장과 소장의 연결부.

여러 가지 장질환은 장벽의 염증(통증을 수반한 팽창)이 특성이다. 소아의 만성 영양장애인 소아 지방변증(celiac disease)은 밀의 단백질인 글루텐이 면역반응을 촉발시켜 생기게 되는데, 이것은 팽창을 유발시켜 영양분 흡수가 안 되도록 한다. 유일한 치료법은 평생 글루텐이 없는 식사를 하는 것이다. 부적절한 면역반응은 크론병(Crohn's disease)을 일으키는데, 이 병은 소화관의 어떤 부위에 주기적으로 일시에 번지는 만성 염증이다. 크론병은 일반적으로 면역반응을 약화시키는 약물로 치료된다.

약 15 cm의 대장 말단부를 **직장(rectum)**이라고 하는데, 대변이 배설되기 전까지 저장되는 곳이다. 결장과 직장의 수축에 의해 배변이 일어난다. 직장에는 2개의 괄약근, 즉 수의적 괄약근과 불수의적 괄약근이 있어서 이것들이 **항문(anus)**의 개폐를 조절한다. 수의적 괄약근이 이완되면, 직장의 수축으로 변을 밀어낸다.

입구에서 출구까지, 우리는 피자 조각이 입에서 항문까지 소화관을 거쳐 소화되는 전 과정을 살펴보았다. 그림 22.15는 소화관을 따라 음식물이 소화되는 과정을 나타낸 것이다. ✅

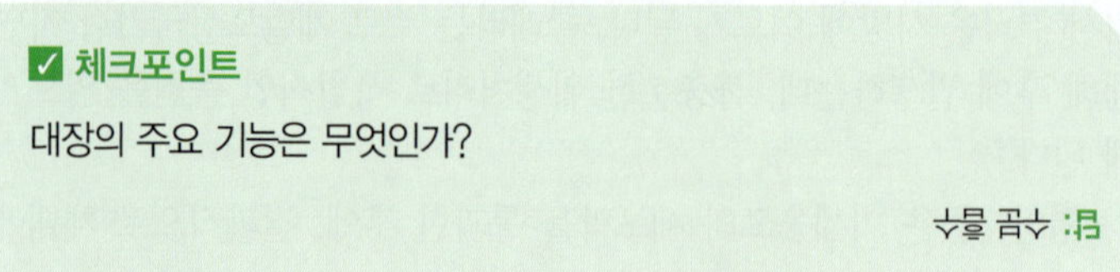
✅ 체크포인트
대장의 주요 기능은 무엇인가?

답: 물 흡수

▼그림 22.15 사람의 소화관에서 음식물 처리과정에 대한 복습.

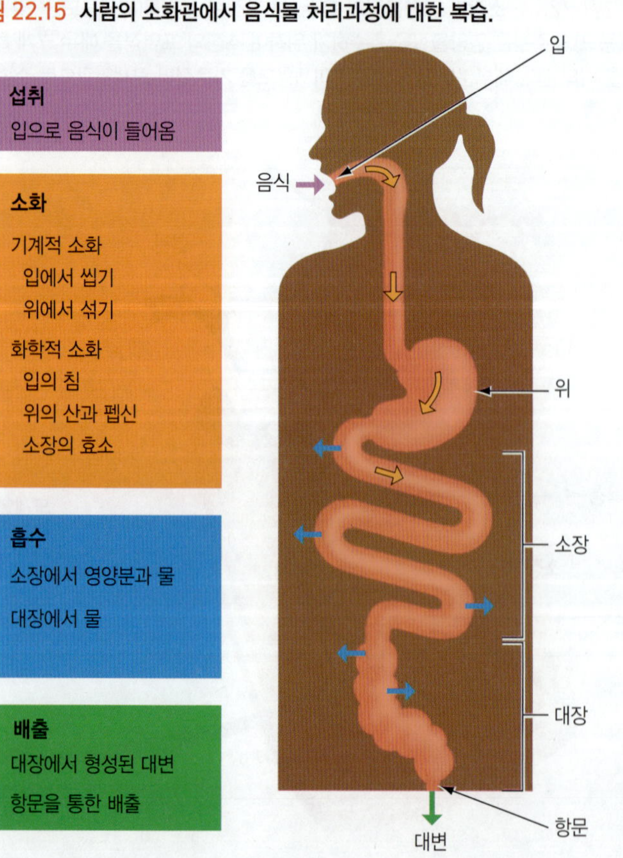

인체에 필요한 영양

어떤 동물이든지, 적절한 영양은 세포 작용에 필요한 연료, 구성 분자들에 필요한 물질, 그리고 건강을 위한 필수적인 영양물질을 제공한다. 건강한 사람의 식사에는 육류, 계란, 견과류, 또는 콩류로부터 적당량의 단백질과 함께 전곡(whole grain), 채소, 과일, 칼슘이 풍부하다. 영양학자들은 지방, 당, 소금 등을 제한적으로 섭취하는 것을 권장한다.

22.12 연료로서의 음식물

생물학의 가장 중요한 주제 중 하나는 에너지와 물질의 변환이다. 모든 살아 있는 세포는 에너지를 흡수하고, 그것을 유용한 형태로 전환하며, 에너지를 방출한다. 그러한 변환은 당신의 몸이 음식물을 연료로 사용하는 것의 핵심 부분이다. 세포는 세포호흡의 과정(6장에 자세히 설명되어 있음)을 통해 음식의 유기분자에 저장된 에너지를 추출하여 그 에너지를 세포작업으로 소모할 수 있다. 산소를 이용하여 세포호흡은 당과 다른 음식물 분자를 분해한다. 이 과정은 세포가 에너지의 직접적인 공급원으로 사용하기 위해 많은 ATP 분자를 생성하고, 이산화탄소와 물은 폐기 "배기 가스"로 방출된다(그림 22.16).

▲그림 22.16 **세포호흡에 대한 복습.** 미토콘드리아 내에서, 일련의 화학반응은 연료 분자로부터 에너지를 추출하여 대부분의 세포 활동을 위해 에너지를 제공하는 ATP를 생성한다.

칼로리

칼로리는 우리가 매일 활동하는 데 쓰이는 에너지는 물론 음식물 속에 저장된 에너지의 단위이다. **1칼로리(calorie)**는 물 1 g의 온도를 1℃ 높이는 데 필요한 에너지의 양을 말한다. 그러나 이 양은 사람에게 거의 쓸모가 없을 만큼 극히 적은 것이다. 그래서 우리는 단위를 높여 1,000 칼로리를 **킬로칼로리(kilocalorie)**라고 하여 사용한다(1 kcal = 1,000 calories). 음식물 표시에 "Calories"(C는 대문자로 표시)라는 표시는 실제로 킬로칼로리를 말한다. 따라서 피자 한 조각에 280 Calories라고 표시되어 있으면 실제로는 280 kcal이다. 이것은 전체가 다 ATP를 만드는 연료로 쓰일 경우를 말한다. 그러나 칼로리 모두가 ATP 생성에 쓰이는 것은 아니며, 음식 에너지의 약 60%는 열로써 대기로 흩어져 버리는데, 그래서 사람들이 많은 방은 아주 빨리 더워진다.

대사율

당신은 얼마나 빠르게 음식물을 "연소"시킬 수 있을까? 우리 몸이 에너지를 소비하는 속도를 **대사율(metabolic rate)**이라고 한다. 전체 대사율은 기본적인 몸의 기능만을 유지시키는 데 필요한 에너지량인 **기초대사율(basal metabolic rate, BMR)**에 기초비율 이상의 어떤 에너지 소비량을 합한 것이다. 사람의 기초대사율은 성인 여성의 경우 하루에 약 1,300~1,500 kcal이며, 성인 남성은 1,600~1,800 kcal이다. 많은 활동을 할수록 1일 실제 대사율이 커지며, 몸이 이용하는 칼로리도 많아진다. 또한 대사율은 체구, 연령, 스트레스 정도, 그리고 유전 등에 따라 달라진다.

그림 22.17의 예는 몇 가지 일반적인 활동 중에 소모되는 칼로리의 수를 보여준다. 「우리와 함께 하는 생물학」에서 논의한 바와 같이, (식단을 통해) 섭취하는 칼로리와 (운동으로) 소모하는 칼로리의 균형을 맞추면 체중 관리에 도움이 될 수 있다. 그러나 열량의 균형이 좋은 영양을 담보하는 것은 아니다. 음식은 에너지의 원천일 뿐만 아니라 몸의 구성물질의 원천이 되기 때문이다. ✓

✓ 체크포인트

1. 어떤 세포 과정이 궁극적으로 음식물 분자에 저장된 에너지를 사용하는가?
2. 평균적인 성인 남녀가 같은 고칼로리 식단을 섭취할 때, 그들의 체중이 동일해 질 것인가?

답: 1. 세포호흡; 2. 평균 여성이 하루 에너지 소비가 일반 남성보다 적기 때문에 더 살이 찔 것이다.

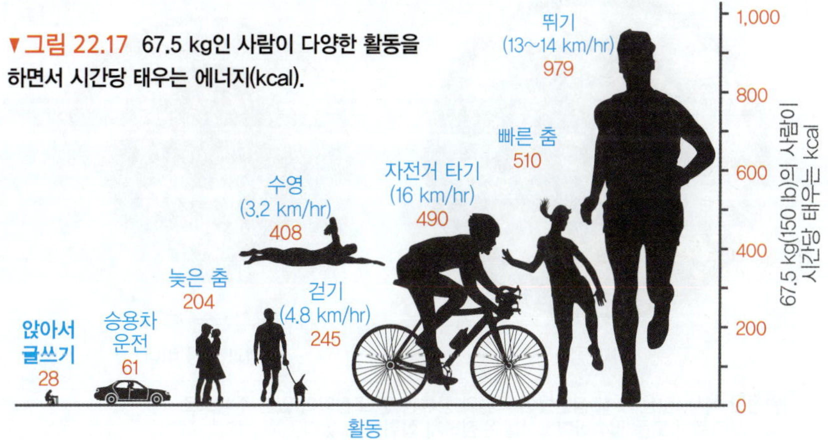

▼그림 22.17 **67.5 kg인 사람이 다양한 활동을 하면서 시간당 태우는 에너지(kcal).**

22.13 구성물질로서의 음식물

우리 몸은 성장이 멈추었다 할지라도, 건강은 우리의 조직이 끊임없이 수선되고 유지되어야 가능하다. 그러한 일을 하는데 필요한 구성물질은 음식물이 소화되는 동안 생성된 작은 유기분자(단량체)에 의해 제공된다. 세포는 그런 작은 분자들을 우리 자신의 고유한 단백질과 DNA 등과 같은 다양한 생물학적 거대분자들(다량체)로 재조립할 수 있다.

제한적이기는 하지만, 대사작용을 통하여 어떤 형태의 유기물이 다른 형태의 유기물로 변환될 수 있어서, 영양의 공급과 수요의 불균형은 어느 정도 보충할 수 있다. 예를 들어, 어떤 세포에 특정 아미노산이 결핍되면, 과잉의 다른 아미노산으로부터 부족한 그 아미노산을 만들 수 있다. 그러나 어떤 물질은 다른 물질로부터 전환될 수 없기 때문에, 인체에는 조합된 형태의 물질을 외부에서 공급해 주어야 한다. 이것을 **필수영양소(essential nutrient)**라고 하는데, 이것이 없으면 질병에 걸리게 된다. 건강한 식단은 필수아미노산, 비타민, 무기질, 필수지방산 등 모든 필수영양소의 적절한 양을 포함해야 한다. ✓

✓ 체크포인트

필수영양소란 무엇인가?

답: 동물이 먹이를 통해서 섭취하지만 합성할 수 없는 물질

필수아미노산

단백질은 모두 20여 종의 아미노산으로 구성된다(3장 참조). 이들 가운데 12종은 인체 내에서 다른 화합물로부터 합성될 수 있다. 그 나머지 8종을 **필수아미노산(essential amino acid)**이라고 하는데, 이것은 인체 세포에서 합성될 수가 없기 때문에 반드시 식품으로부터 섭취하여야 한다. (유아는 9번째인 히스티딘을 필요로 한다.)

식품의 종류에 따라 함유되어 있는 아미노산의 종류도 다르다. 육류, 달걀, 우유와 같은 동물성 단백질은 거의 모든 종류의 아미노산들이 인체에 필요한 만큼 함유되어 있기 때문에 "완전"하다고 할 수 있다.

팥과 쌀 한 접시는 스테이크와 동일한 필수아미노산을 제공한다.

반면에 대부분의 식물성 단백질은 한 가지 또는 그 이상의 아미노산이 결핍되어 있기 때문에 "불완전"하다고 할 수 있다. 채식주의자들은 균형 잡힌 영양섭취를 위하여 각기 다른 아미노산을 함유하고 있는 식물을 다양하게 섭취하여야 한다. 곡류와 콩류(완두, 콩, 또는 땅콩)를 혼합하면 균형 잡힌 영양섭취가 가능하다(그림 22.18). 대부분의 사회집단들은 그러한 조합을 갖는 주식을 먹는다.

비타민

비타민(vitamin)은 매우 적은 양이 필요하지만 건강유지를 위해서는 꼭 있어야만 하는 유기분자이다. 예를 들면, 사람은 비타민 B_{12}가 필요하지만, 한 스푼만 있으면 거의 백만 명의 일일 요구량을 충당할 수 있다. 사람의 건강에 필수적인 비타민은 13종이 있다(표 22.1). 대부분은

필수아미노산. 성인은 옥수수와 콩으로 구성된 식사를 통하여 8가지의 필수아미노산을 모두 섭취할 수 있다.

완전한 식사. 많은 사회 집단들이 곡류와 콩류가 잘 조합되어 있는 주식으로 식사함으로써 모든 필수아미노산을 완전하게 섭취할 수 있다.

▲그림 22.18 **채식주의자의 식단에 포함되어 있는 필수아미노산.**

비타민 A가 너무 적으면 시력이 나빠질 수 있지만, 너무 많이 먹으면 피부가 오렌지색으로 변할 수 있다.

효소를 돕기 때문에 필요하다. 필수 비타민의 결핍은 심각한 건강 문제를 일으킬 수 있다.

균형 잡힌 식사를 하는 사람들은 음식에 필요한 모든 영양소를 충분히 섭취할 수 있어야 한다. 다른 사람들에게는 비타민 보충제가 부족한 부분을 채워줄 수 있지만, 비타민 A, D, K와 같은 일부의 과다 섭취는 해로울 수 있기 때문에 무분별하게 보충제를 사용해서는 안 된다. ✅

✅ 체크포인트

왜 채식주의자는 적절한 필수아미노산을 섭취하는데 특히 주의해야 하는가?

답: 모든 것을 포함하는 식물 제품은 거의 없기 때문에

표 22.1 비타민

비타민	주요 급원	주요 내용
수용성 비타민		
비타민 B_1 (티아민)	돼지고기, 콩, 땅콩, 전곡류	너무 적으면 베리베리병을 일으킴; 백미처럼 도정된 곡물에는 티아민이 없다.
비타민 B_2 (리보플라빈)	유제품, 내장육, 강화 곡류, 채소류	결핍되면 광선공포증(빛에 대한 혐오)를 일으킨다.
니아신	견과류, 육류, 어류, 곡류	과량일 경우 콜레스테롤을 감소시키지만, 일과성 열감을 일으킨다. 너무 적으면 치명적인 펠라그라병을 야기한다.
비타민 B_6 (피리독신)	대부분의 식품에 흔함: 육류, 채소류, 전곡류, 우유, 콩류	결핍이 드물다.
판토텐산	대부분의 식품: 육류, 유제품, 전곡류	조효소 A의 성분. 결핍이 드물지만 피로를 유발할 수 있다.
엽산 (폴라신)	녹색 채소, 오렌지, 견과류, 콩류, 전곡류, 강화 식품류	척수의 발달을 포함하는 출산 결함의 위험을 반 이하로 낮추기 때문에, 가임기 여성에게 보충제로서 권장함.
비타민 B_{12}	동물성 식품: 육류, 달걀, 유제품	엄격한 채식주의자는 식사를 통해 충분한 비타민 B_{12}를 섭취하는 것이 어렵다. 일부 장질환(크론병이나 소아지방변증 등)이 결핍을 일으킨다.
비오틴	콩류, 채소류, 육류, 우유, 간, 난황	대부분의 사람들에게 장 세균에 의해 충분한 양이 제공된다.
비타민 C (아스코르브산)	생 과일과 채소, 특히 감귤류, 브로컬리, 양배추, 토마토, 녹색 후추, 스트로베리	많은 동물들은 스스로 비타민 C를 생산할 수 있지만, 사람은 그렇지 못하다. 결핍은 괴혈병을 일으킨다. 이 병은 오랜 항해 기간 동안에 생기는 심각한 건강문제이다.
지용성 비타민		
비타민 A	녹황색 채소와 과일, 유제품	너무 적게 섭취하면, 시력을 잃게 된다. 너무 많으면, 황색 피부와 간 손상을 일으킬 수 있다.
비타민 D	강화 유제품, 난황	햇빛에 노출된 사람의 피부에서 만들어짐; 칼슘 흡수와 뼈 형성에 도움을 준다. 너무 적으면 구루병(뼈의 기형)을 일으킨다.
비타민 E (토코페롤)	녹색 채소, 기름, 견과류, 종자, 맥아	세포막에 대한 손상을 방지하는 항산화제. 결핍이 드물다.
비타민 K	녹색 채소류, 식물성 기름	혈액응고에 필요하다. 장 세균에 의해 생산되기 때문에, 신생아와 장기간 항생제를 복용한 사람들이 결핍될 수 있다.

무기질

탄수화물, 지방, 단백질 등과 같이 음식물 속에 들어 있는 유기분자들은 우리 몸에 가장 풍부하게 존재하는 탄소, 산소, 수소, 질소의 4가지 화학원소들을 제공한다. 이외에도 21종 정도의 화학원소들이 미량이지만 인체에 꼭 필요한데(그림 2.2 참조), 이것들을 **무기질(mineral)**이라고 하며, 주로 무기영양소의 형태로 흡수된다. 비타민 결핍과 마찬가지로, 무기질도 부족하면 건강상의 문제가 발생된다. 예를 들어, 칼슘은 뼈와 이를 만드는 구성물질이 되고, 신경과 근육이 적절한 기능을 수행하기 위하여 반드시 필요하다. 칼슘은 유제품이나 시금치 같은 녹색 채소류, 그리고 콩류로부터 얻을 수 있다. 칼슘이 너무 부족하면 퇴행성 뼈 질환인 골다공증이 생긴다.

무기질의 과잉 섭취도 역시 문제가 될 수 있다. 예를 들면, 소듐은 신경과 근육의 기능에 필요하지만, 미국인들은 주로 소금(Nacl)의 형태로 가공식품에 첨가함으로써 소듐 요구량보다 훨씬 많이 소비한다. 과잉 섭취할 경우 고혈압을 일으킬 수 있다.

필수지방산

우리의 세포는 글리세롤과 같은 분자들과 지방산을 결합하여 지방을 비롯한 여러 종류의 지질을 생산한다(그림 3.11 참조). 그 다음에 간단한 분자들로부터 대부분의 필요한 지방산들을 합성할 수 있다. 그러나 세포에서 합성되지 않는 **필수지방산(essential fatty acid)**은 음식물을 통해서 섭취해야 한다. 필수지방산의 하나인 리놀렌산(linoleic acid, 오메가-6 지방산의 하나)은 세포막의 인지질을 만드는 중요한 구성 요소이다. 대부분 식사를 통해서 적당량의 필수지방산 섭취가 가능하기 때문에 그 결핍증은 드물다.

22.14 식품 라벨 이해하기

미국 식품의약국(Food and Drug Administration, FDA)에서는 소비자가 과대광고에 현혹되지 않고, 포장된 식품의 영양적 가치를 제대로 평가하기 위해 포장지에 식품에 대한 정보를 두 블록으로 표시하도록 하고 있다. 하나의 블럭은 중량이 큰 것부터 작은 순서대로 조성물을 표시한 것이다. 다른 블록은 주요 영양성분 목록으로서, 질병과의 관련성과 건강한 식단과의 관련성을 강조하기 위함이다. 이 블록은 2,000kcal 식단에 기초하여 1회분 당 영양소의 양과 일일섭취량(필수 또는 한도)의 백분율로 나열된다. 따라서 이러한 값은 대략적인 지침으로만 사용되어야 하는 "일률적인" 수치이다. 우리는 1회 제공량(serving size)을 유의하고, 실제적인 섭취량을 반영하는 영양정보의 나머지 것들을 조정해야 한다. 예를 들어, 1회 제공량이 시리얼 1컵이지만 2컵을 먹는다면, 다른 수치 모두를 두 배로 계산해야 한다. 주목해서 보면, 제공량은 당신을 종종 놀라게 할 것이다. 쿠키나 스낵 한 봉지는 실제로 여러 개의 1회 제공량을 함유할 수 있기 때문에 대충 봤을 때 표시된 것보다 훨씬 많은 열량을 함유하고 있는 것이다. 식품 라벨을 꼼꼼히 읽음으로써 당신에게 맞는 정보를 선택할 수 있다. 2016년에 FDA는 식품 표시가 변경될 것이라고 발표했다(이행 날짜는 아직 결정되지 않았지만). 즉 칼로리와 1회 제공량은 더 큰 글씨체로 인쇄되고, 용기당 1회 제공량은 미국인의 식습관을 정확히 반영하도록 업데이트되며, 첨가된 설탕에 대한 정보가 제공될 것이다(그림 22.19). ✓

✓ 체크포인트

1. 비타민과 무기질의 차이는 무엇인가?
2. 평균적인 사람이 하루에 필요한 섬유소를 얻기 위해 그림 22.19의 라벨에 표시된 음식의 대략 얼마 정도의 음식을 먹어야 하는가?

답: **1.** 둘 다 적절한 건강을 위해서는 필요하다. 그러나 비타민은 유기화합물인 반면에 무기질은 원소들이다. **2.** 약 7 제공량 (또는 7 인분, 28.5g)

▼그림 22.19 **이전 형식(왼쪽)과 수정된 형식(오른쪽)의 식품 라벨.** 개정된 포맷의 주요 변화는 칼로리와 1회 제공량이 더 큰 글씨체로 인쇄되고, 첨가된 설탕에 대한 정보가 제공된다는 것이다.

Nutrition Facts
Serving Size 2/3 cup (55g)
Servings Per Container About 8

Amount Per Serving	
Calories 230	Calories from Fat 72
	% Daily Value*
Total Fat 8g	**10%**
Saturated Fat 1g	**5%**
Trans Fat 0g	
Cholesterol 0mg	**0%**
Sodium 160mg	**7%**
Total Carbohydrate 37g	**13%**
Dietary Fiber 4g	**14%**
Sugars 12g	
Protein 3g	
Vitamin A	10%
Vitamin C	8%
Calcium	20%
Iron	45%

*Percent Daily Values are based on a 2,000 calorie diet. Your daily values may be higher or lower depending on your calorie needs:

	Calories:	2,000	2,500
Total Fat	Less than	65g	80g
Sat Fat	Less than	20g	25g
Cholesterol	Less than	300mg	300mg
Sodium	Less than	2,400mg	2,400mg
Total Carbohydrate		300g	375g
Dietary Fiber		25g	30g

Nutrition Facts
8 servings per container
Serving size 2/3 cup (55g)

Amount per serving	
Calories	**230**
	% Daily Value*
Total Fat 8g	**10%**
Saturated Fat 1g	**5%**
Trans Fat 0g	
Cholesterol 0mg	**0%**
Sodium 160mg	**7%**
Total Carbohydrate 37g	**13%**
Dietary Fiber 4g	**14%**
Total Sugars 12g	
Includes 10g Added Sugars	**20%**
Protein 3g	
Vitamin A 8mg	10%
Vitamin C 5mg	8%
Calcium 260mg	20%
Iron 8mg	45%

*The % Daily Value (DV) tells you how much a nutrient in a serving of food contributes to a daily diet. 2,000 calories a day is used for general nutrition advice.

영양 장애

건강한 몸에서 영양분이 나타내는 핵심적인 역할을 고려할 때, 음식 문제가 심각한 건강의 결과를 가져온다는 것은 놀랄 만한 일이 아니다. 이 절에서, 우리는 몇 가지 흔한 영양 장애를 살펴본다.

22.15 영양실조

먹을 것이 풍부하고 대부분의 사람들이 제대로 된 식사를 할 수 있는 선진국에서는 기아에 대한 생각을 한다는 것이 힘들다. 그러나 전 세계적으로 미국 인구의 약 3배인 8억 명이 굶주림으로 고통 받고 있다. 매일 5세 이하의 어린이 14,000명이 굶어 죽고 있다.

영양 결핍의 주요 형태는 **영양실조(malnutrition)**이다. 이것은 부적절하거나 불충분한 식사 때문에 야기되는 건강 문제를 말한다. 영양실조는 불충분한 섭취나 대사나 소화 이상 등 의학적 문제로 인해 일어난다. 열량의 불충분한 섭취 상태인 영양부족(undernutrition)은 음식 공급이 가뭄이나 전쟁 등과 같은 위기에 의해 붕괴될 때, 또는 빈곤으로 사람들이 충분한 음식을 먹지 못할 때 일어난다.

전 세계적으로 볼 때, 저개발국가의 사람들 대부분이 고통을 겪고 있는 결핍증은 한 가지 또는 그 이상의 아미노산이 부족하여 발생되는 단백질 결핍이다. 단백질 결핍은 식품의 공급량과 인구 사이에 큰 차이가 있는 지역에 집중적으로 나타난다. 필수아미노산의 원천은 대부분 동물성 산물인데, 이런 동물성 식품은 값이 비싸다. 경제적으로 빈곤한 상태에 처한 사람들은 옥수수나 감자와 같은 단일 식물의 산물로부터 모든 열량을 얻을 수밖에 없기 때문에 필수아미노산의 결핍으로 고통받을 것이다. 단백질 결핍증의 최대 희생자는 어린아이들인데, 이들은 육체적, 정신적으로 발달이 저조하게 된다(그림 22.20).

영양실조가 항상 빈곤이나 장애와 관련되어 있는 것은 아니다. 그것은 지속적인 불량식품(junk food) 식단으로부터 기인될 수 있다. 그것은 영양 가치가 거의 없는 식품을 말한다. 따라서 사람은 영양실조와 과체중 모두 다 해당될 수 있다.

22.16 섭식 장애

주로 여성인 수백만의 사람들은 음식을 먹지 못하기 때문이 아니라 섭식 장애(eating disorders)로 고통당함으로써 영양실조에 시달리고 있다. **신경성 식욕부진증(anorexia nervosa)**은 심지어 저체중이면서도 체중이 느는 것에 대한 심한 공포 때문에 스스로 굶는 것이 특징이다. **폭식증(bulmia)**은 폭식을 한 다음 구토, 설사제의 남용, 또는 과한 운동 등을 유발시킴으로써 속을 비우는 행동 양상을 보인다. 두 가지 장애 모두 체중과 체형에 대한 강박관념이 특징이며, 심각한 건강 문제를 초래할 수 있다.

신경성 식욕부진증과 폭식증의 원인은 알려지지 않은 상태다. 유전적, 심리적, 뇌화학적 특성 모두가 어떤 역할을 하는 것으로 보인다. 문화 역시 하나의 요인이 될 수 있다. 신경성 식욕부진증과 폭식증은 대부분 부유한 선진 국가에서 전적으로 나타나는데, 그런 나라들은 먹을 거리는 많은 데 날씬한 몸매를 원한다. 치료에는 상담과 항우울제 약물 처방이 있다. 일부 신경성 식욕부진증과 폭식증으로 고통받는 사람들 중에는 치료 없이 궁극적으로 건강한 식사 습관을 발전시켜 나간다. 그러나 많은 사람들에게는 역기능적인 영양(dysfunctional nutrition)이 건강을 해칠 수 있으며 심지어 죽음에 이르게 할 수 있는 장기적인 문제가 된다. ✓

✓ 체크포인트

신경성 식욕부진증과 폭식증의 차이는 무엇인가?

답: 신경성 식욕부진증은 스스로 굶는 것이고, 폭식증은 폭식 후에 속을 비우는 양상을 보인다.

▾그림 22.20 **세 살 된 케냐 어린이의 콰시오르코르(Kwashiorkor).** 단백질 섭취 부족에 의한 영양실조의 한 형태인 콰시오르코르는 혈장 단백질의 결핍으로 체액이 복강으로 들어오게 되어, 복부가 팽창하게 된다.

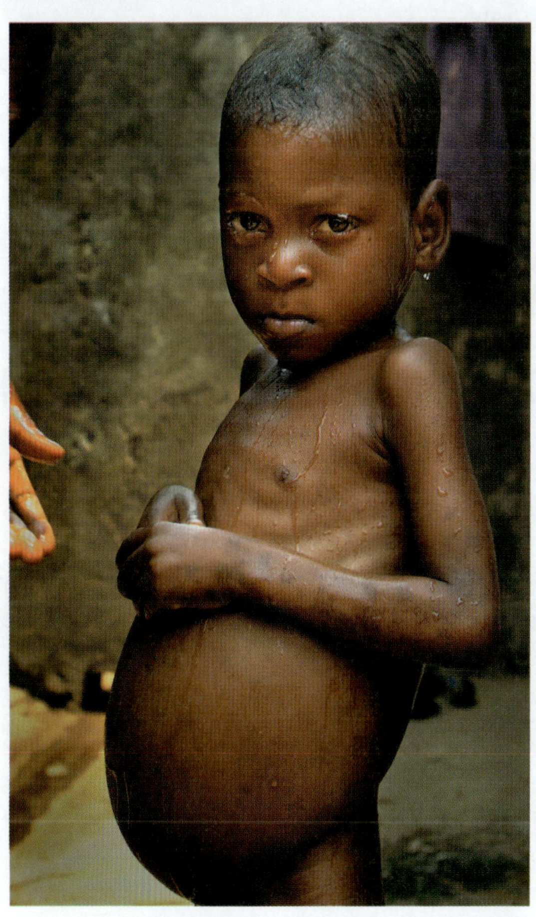

22.17 비만

미국을 비롯한 많은 선진국에서, 영양과다는 가장 관심의 대상이 되는 영양장애이다. **비만(obesity)**은 과하게 높은 **체질량지수(body mass index, BMI)**를 갖는 것으로 정의되는데, 이것은 신장에 대한 체중의 비율을 나타낸다. 전 미국인의 약 1/3 정도가 비만이며, 1/3은 과체중(BMI가 정상과 비만 사이)이다. 세계보건기구(WHO)의 2016년 연구에서는 대장암, 유방암, 신장암, 간암, 담낭암, 췌장암, 혈액암 등 15종의 암에 비만이 연관되어 있다는 설득력 있는 증거가 제시되었다. 게다가, 비만은 심장마비, 당뇨병, 그리고 다른 여러 질병의 위험을 증가시킨다.

잡지의 모델보다 덜 날씬하고 덜 세련되었다고 해서 자신이 비만이라고 할 수 없다는 것을 깨닫는 것이 중요하다. 연구자들은 우리가 건강하지 않다고 생각하기 전에 우리가 얼마나 무거워질 수 있는가에 대한 논쟁을 계속하고 있다. 예를 들어, BMI는 근육의 체질량 대 지방의 체질량을 고려하지 않은 단지 근사값이라는 것을 명심하라. 이런 불확실성을 반영하기에 BMI 도표는 수용할 수 있는 값의 범위를 나타낸다(그림 22.21). 더 복잡한 문제는, 비만에 대한 경향은 어느 정도 유전된다는 것이다. ✓

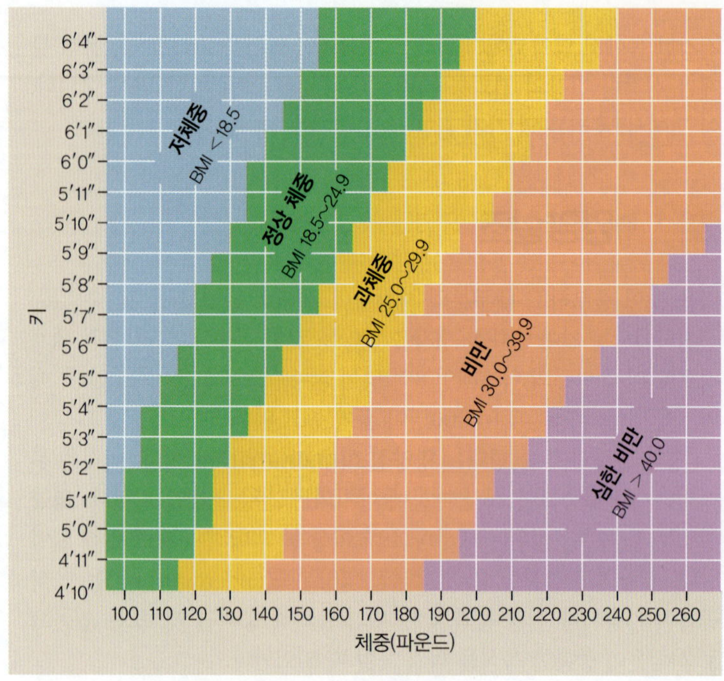

▲그림 22.21 체질량지수(BMI): 건강한 체중을 나타내는 하나의 척도.

> ✓ **체크포인트**
>
> 키가 193 cm에 체중이 104 kg인 사람은 어떤 BMI 범위에 속하는가?
>
> 답: 과체중

과학연구의 과정 체중조절

유전자가 당신을 살찌게 할 수 있는가?

배경

유전학과 비만의 관계와 같은 인간의 중요한 질문을 조사할 때, 과학자들은 종종 인간의 상태를 모형화하기 위해 동물에 의존한다. 수십 년 전, 연구원들은 쥐의 특정 유전자의 돌연변이가 체지방의 현저한 증가를 이끈다는 것을 발견했다(그림 22.22a). 어떻게 DNA의 작은 변화가 그렇게 큰 몸의 변화를 일으키는 것일까? 연구원들은 돌연변이 쥐가 과체중이 된다는 가설을 세웠다. 왜냐하면 그들의 결함이 있는 유전자(*obese* 라고 함)가 렙틴(leptin)이라는 단백질을 만들어내지 못하기 때문인데, 이는 체중을 조절하는 데 도움이 된다. 만약 이것이 사실이라면, 돌연변이 쥐에게 렙틴을 주입하면 결함이 있는 *obese* 유전자의 영향을 극복할 수 있을 것이다.

▼그림 22.22 비만의 유전적 기초에 대한 연구.

(a) 비만 쥐(왼쪽)는 정상적으로 식욕 조절단백질을 생산하는 유전자의 결함을 가지고 있다.

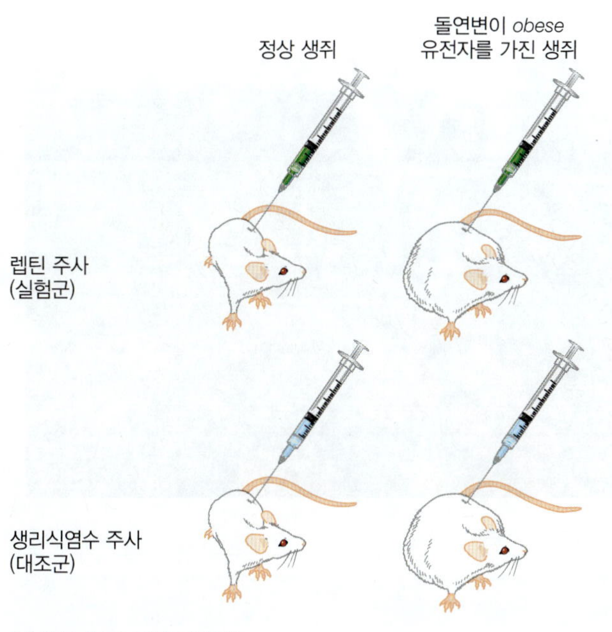

(b) 렙틴 호르몬의 효과 조사

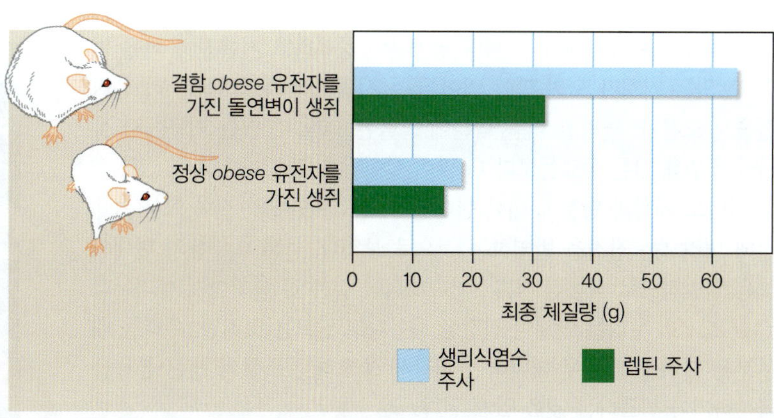

(c) *obese* 유전자를 가진 생쥐에 대한 렙틴의 효과.

방법

그들의 실험은 그림 22.22b에 요약되어 있다. 연구자들은 렙틴 돌연변이 생쥐와 정상 생쥐에게 렙틴을 주사했으며, 대조군으로서 또 다른 생쥐에게는 생리식염수를 주사했다.

결과

그들의 결과는 놀라웠다(그림 22.22c). 렙틴을 주사한 돌연변이 생쥐는 생리식염수를 주사한 생쥐의 절반 정도의 체중을 보였다(그래프에서 상단의 2개의 막대를 비교하라). 렙틴을 주사한 정상 생쥐는 생리식염수를 주사한 생쥐에 비해 체중이 떨어졌지만, 그 차이는 크지 않았다(아래 2개의 막대를 비교하라). 연구자들은 생쥐에서 렙틴이 체중을 조절하도록 도와준다는 결론을 내렸다.

이러한 결과들은 사람에게 어떻게 적용할 것인가? 렙틴이 사람의 혈액에 존재하지만, *obese* 유전자는 사람의 복잡한 체중 유지 체계에 기여하는 100개 이상의 유전자들 중에 하나일 뿐이다. 지금까지 이러한 복잡성 때문에 비만을 치료하는 효과적인 약제를 공식화할 수 없었다. 더욱 중요한 것은, 왜 어떤 사람은 체중을 조절하기가 어려운데, 어떤 사람들은 체중 증가 없이 원하는 모든 것을 먹을 수 있는지에 대하여 유전학적으로 부분적인 설명만이 가능했었다. 유전적 결함이 살찌게 하는 음식을 많이 먹지 않고 비만을 일으킬 수는 없다. 건강한 체중을 유지하는 최선의 방법은 균형 잡힌 식사와 많은 운동을 하는 것이다.

과학자처럼 생각하기

렙틴 단백질이 쥐에서 처럼 사람에서도 비슷한 역할을 하는지 시험하기 위한 실험을 설계하시오. 인간을 사용함으로써 어떤 문제가 도입되는가?

답은 부록 C를 참조.

진화와 연결 **체중조절**

지방과 당에 대한 갈망

대부분의 미국인들은 비만을 일으키는 고칼로리 음식을 너무 많이 먹는다. 우리의 식사에서 지방과 당의 섭취량을 제한해야 한다는 것을 잘 알고 있지만, 그것을 실천하기는 정말 어렵다. 그렇지 않은가? 우리들 대부분은 치즈버거, 칩, 감자튀김, 아이스크림, 그리고 사탕과 같은 기름지거나 달콤한 음식을 갈망한다. 우리들 중 많은 사람들에게 그러한 음식들은 다른 음식들이 아닌 방식으로 만족을 주고 있다.

왜 우리는 건강하지 않은 음식을 갈망하게 되는가? 지방과 당을 갈망하는 것이 외관상으로는 도움이 되지 않는 경향성을 나타내지만 진화학적 관점에서는 큰 의미를 내포하고 있다. 자연계에서 영양과잉은 일반적으로 유리하다. 많은 사람들이 음식을 충분히 먹을 수 있었던 것은 최근 백 년 내에서만 가능한 일이다. 대부분의 인류 역사에서 우리 조상들은 끊임없이 기아의 위험에 직면해 왔다. 아프리카의 사바나에서 지방 또는 단 음식을 찾기는 어려웠을 것이다. 그러한 축제-또는-기아가 존재하는 상황에서, 어쩌다 영양분이 풍부하고 기름진 음식을 먹을 수 있는 기회가 오면 많이 먹어 두는 사람에게 자연선택은 더 유리했을지 모른다. 넉넉한 비축 덕분에 그들은 피할 수 없는 기근에서 살아남기 위해 마른 동료들보다 더 많이 살아남은 것 같다.

아마도 지방과 당분에 대한 현대인의 미각은 인류의 진화 역사 속에 전해 내려오는 장점을 반영하는 것으로 보인다. 물론 대부분의 현대인들은 일반적으로 식품점, 식당, 카페테리아 같은 곳을 찾아서 몰려든다 (그림 22.23). 우리는 이것이 건강상 해롭다고 알고는 있지만, 우리들 대부분은 다가올 기근에 대비하여 저장해 놓으려는 조상의 생존 본능을 극복하기가 힘들다는 것을 알게 된다.

▼그림 22.23 현대의 수렵 채집가들.

복습

주요 개념의 요약

동물 영양의 개요

동물들은 에너지를 위해 필요한 유기분자와 생물체의 구성물질을 얻기 위하여 다른 생물들을 먹어야만 한다.

22.1 동물의 먹이

초식동물은 주로 식물과 조류를 먹이로 하고, 육식동물은 주로 다른 동물을 잡아먹으며, 잡식동물은 식물이나 조류뿐만 아니라 정기적으로 동물성 먹이를 먹는다.

22.2 음식물 처리과정의 네 단계

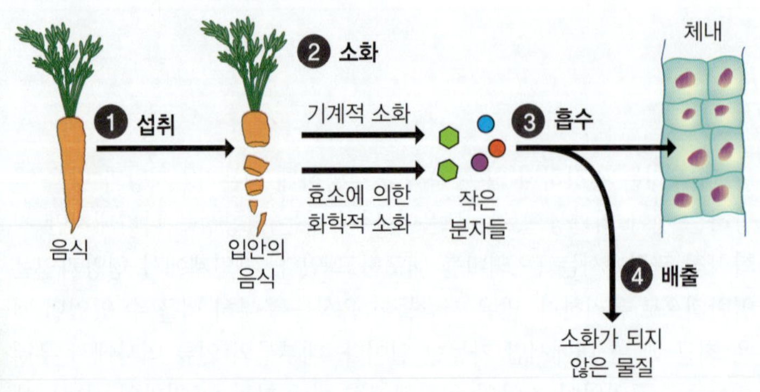

22.3 소화 구획

동물에서는 먹이의 분해가 식포(세포 내에 막으로 둘러싸인 구획), 위수강(단일한 개구를 갖는 소화 구획), 또는 소화관(분리된 2개의 개구인 입과 항문을 갖는 관) 내에서 일어난다.

사람의 소화계 여행

22.4 소화계의 지도

소화관	부속기관	소화		흡수
		기계적	화학적	
입(구강)	침샘	씹기	타액 아밀라제	
인두와 식도				
위		섞기	위액 내의 산과 펩신	
소장	간, 담낭, 이자		그 외 효소	영양분과 물
대장				물
항문				

22.5~22.7 입, 인두, 식도

입(구강)에서 치아는 음식물을 잘게 부수는 기계적 소화작용을 한다. 침속의 효소인 침 아밀라제는 전분을 당으로 분해함으로써 화학적 소화를 시작한다. 목에 위치한 인두는 소화계와 호흡계 양쪽 모두와 연결된다. 음식을 삼키면 기관은 닫히고 식도는 열리게 된다. 식도는 인두와 위를 연결하며, 연동운동이라는 근육의 주기적인 근육수축에 의해 음식물이 따라 이동하게 된다.

22.8 위

탄력적인 위는 음식물을 저장하고, 음식물을 교반작용에 의해 기계적 소화기능을 하며, 위액을 이용하여 화학적 소화를 한다. 위 내벽의 세포에서 분비되는 점액은 위벽 세포 자체가 소화되는 것을 방지하는 역할을 한다. 괄약근은 위로 음식물이 들어오고 나가는 것을 조절한다.

22.9 소장

직경은 작지만 길이가 아주 긴 소장은 화학적 소화와 영양분의 흡수가 일어나는 주요 기관이다. 대부분의 화학적 소화는 소장의 시작 부위인 십이지장에서 일어나는데, 여기에서 위에서 내려온 산성 유미즙과 이자액, 담즙, 장 내벽에서 분비된 소화액들이 서로 혼합된다. 이들 소화액에는 음식물의 중합체를 작은 분자로 분해하는데, 필요한 효소들이 들어 있다. 소장의 나머지 부분은 분해된 작은 분자들을 흡수하기에 알맞도록 특수화된 구조로 되어 있다. 소장 내면의 융모에 있는 미세융모는 흡수 표면적을 넓혀주는 구조로 되어 있다. 소장 세포를 통해서 흡수된 영양분은 순환계의 모세혈관으로 수송된다.

22.10 사람의 마이크로바이옴

사람의 마이크로바이옴은 소화관에 살고 있는 대부분 도움이 되는 수백 종의 세균 군집으로 구성되어 있다.

22.11 대장

소장보다는 직경이 크지만 길이가 짧은 결장이 대장의 대부분을 이루고 있다. 대장은 소화액으로서 소화관으로 유입된 물을 흡수하여 제거하는 기능을 한다. 소화되지 않은 노폐물들이 직장에 도달하게 되면, 대부분의 물은 혈액 속으로 재흡수된다. 대변은 항문으로 배설될 때까지 직장에 저장되어 있다.

인체에 필요한 영양

22.12 연료로서의 음식물

사람의 대사율은 기초대사율(완전한 휴식상태의 에너지 소비)에 더하여 활동에 의해 연소되는 에너지 소비에 좌우된다.

22.13 구성물질로서의 음식물

조직을 수복하고 유지하기 위하여, 우리는 유기분자를 분해하여 구성물질을 얻는다. 또한 우리는 4가지 형태의 필수영양소를 필요로 한다.

필수영양소			
필수아미노산	비타민	무기질	필수지방산
단백질 합성을 위해 필요함	극히 소량 필요한 유기분자들	무기화합물로부터 오는 필수적인 화학원소들	세포막을 만드는 데 필요함

22.14 식품 라벨 이해하기

미국 식품의약국(FDA)은 많은 성분부터 차례대로 식품 포장에 기재하고, 열량과 특정 영양성분에 대한 정보를 제공할 것을 요구한다.

영양 장애

22.15 영양실조

영양실조는 하나 또는 그 이상의 필수영양소를 불충분하게 섭취함으로써 기인된다. 단백질 결핍은 저개발국가에서 가장 흔한 식이결핍이다.

22.16 섭식 장애

신경성 식욕부진증은 체중이 느는 것에 대한 심한 공포 때문에 목적의식을 가지고 굶는 것이 특징인 식이 장애이다. 폭식증은 과식과 구토를 반복하는 섭식 장애이다.

22.16 비만

신장에 대한 체중의 비율이 비정상적으로 높은 것을 비만이라고 한다. 비만은 선진국에서 가장 흔히 나타나는 영양 장애이다. 비만인 사람들은 심장병과 당뇨에 걸릴 위험이 매우 높다.

자습문제

1. 큰 동물이 오직 식포에만 의존할 수 있을까? 설명하라.
2. 어떤 친구가 "먹는다고 체중이 증가하는 것은 아니다. 흡수가 되어야 한다."고 말한다. 이 말은 옳은가?
3. ______________는(은) 음식물이 입으로 들어오는 것이며, 반면에 ______________는(은) 소화되지 않은 물질이 몸 밖으로 처리되는 것이다.

4. 왜 우주비행사들은 무중력 상태에서도 음식을 삼키는데 문제가 없는가?

5. 위에서 주로 분해되는 것은 어떤 종류의 큰 생체분자인가? 어떤 효소가 관여하는가?

6. 흔히 '속쓰림'으로 알려진 식도 통증의 원인은 무엇인가? 이것을 어떻게 치료할 수 있는가?

7. 담즙은 ______에서 생성되며, 그것의 기능은 ______의 소화를 돕는 것이다.
a. 간; 단백질
b. 간; 지방
c. 십이지장; 단백질
d. 담낭; 지방

8. 세포호흡은 우리의 음식물 에너지의 일부를 ATP로 전환시킨다. 나머지는 어떻게 되는 것인가?

9. 왜 산소소비량과 대사율은 비례하는가?

10. 어떤 무기질이 신경과 근육의 적절한 기능을 위해 필요한가?
a. 인 b. 칼슘
c. 소듐 d. 소금

답은 부록 C를 참조.

주된 주제 식별하기

각 기술에 대해 주요 주제(기능과 구조의 관계, 정보 흐름, 에너지와 물질을 변환시키는 경로들, 생물계 내의 상호작용, 또는 진화)를 명확히 하고 진술이 주제와 어떻게 관련되는지 설명하시오. 필요한 경우, 주제 설명(1장 참조)을 검토하고 이 장에서 파란색으로 강조 표시된 예를 검토하십시오.

11. 간은 소화계와 순환계 사이에 위치하기 때문에, 그것은 이 두 기관계의 기능을 연결하는 데 핵심적인 역할을 수행한다.

12. 우리의 몸은 음식에 저장된 에너지를 추출하고 그 에너지를 세포가 필요로 하는 형태로 전환하는 소화계에 의존되어 있다.

13. 아코디언처럼 접힌 벽은 위가 음식을 저장할 수 있게 해준다.

답은 부록 C를 참조.

과학연구의 과정

14. 지방은 g 당 약 9 Calories를 가지고 있다. 라벨을 읽고 지방이 공급하는 일일 Calories의 10%를 초과하지 않는 제공량을 계산하시오.

Nutrition Facts
8 servings per container
Serving size 2/3 cup (55g)

Amount per serving
Calories 230

	% Daily Value*
Total Fat 8g	**10%**
Saturated Fat 1g	**5%**
Trans Fat 0g	
Cholesterol 0mg	**0%**
Sodium 160mg	**7%**
Total Carbohydrate 37g	**13%**
Dietary Fiber 4g	**14%**
Total Sugars 12g	
Includes 10g Added Sugars	**20%**
Protein 3g	
Vitamin A 8mg	10%
Vitamin C 5mg	8%
Calcium 260mg	20%
Iron 8mg	45%

*The % Daily Value (DV) tells you how much a nutrient in a serving of food contributes to a daily diet. 2,000 calories a day is used for general nutrition advice.

15. **데이터 해석하기** 어떤 유전자의 역할을 밝히기 위해, 유전학자들은 문제에서 유전자만 다른 연구 주제의 두 집단(정상 유전자 대 돌연변이 유전자)을 조사한다. 「과학연구의 과정」 섹션의 실험에서, 연구자들은 2개의 정상 *obese* 유전자 복사본("*ob*+")을 갖는 생쥐들과 2개의 결함 유전자 복사본("*ob*") 생쥐들을 비교했다. 2개의 돌연변이 유전자를 갖는 생쥐가 정상 생쥐보다 훨씬 많은 체중을 나타내었다. 이 차이가 호르몬의 생산 때문이었는지를 판단하기 위해, 생쥐의 순환계가 연결되어 있어서 한 쥐에서 순환하는 어떤 요인도 다른 쥐에서 순환하게 된다. 표의 데이터는 *obese* 유전자가 호르몬의 생산을 조절한다는 가설을 어떻게 뒷받침하는가?

실험	생쥐의 유전자형	생쥐의 평균 체중(g)
(a)	*ob*+/*ob*+과 *ob*+/*ob*+가 짝을 이룸	8.3
(b)	*ob*/*ob*과 *ob*/*ob*가 짝을 이룸	38.7
(c)	*ob*+/*ob*+과 *ob*/*ob*가 짝을 이룸	8.2

우리와 함께하는 생물학

16. 체질량지수가 건강한 신체구성에 대한 좋은 측정치가 되는가? 그것은 개인에게 비만이라는 꼬리표를 붙이는 지표로 사용되어야 하는가?

17. 우리는 실제로 비타민, 무기질, 그리고 다른 첨가물로 우리의 식단을 보충할 필요가 있을까? 무분별하게 식이 보조제를 사용하게 되면 어떤 결과가 나올 수 있을까?

23 순환과 호흡

차례 내용

일어나라, 일어서라! 좁은 좌석에서 장시간의 여행은 불편할 뿐만 아니라, 순환계에 큰 손상을 줄 수 있다.

왜 순환과 호흡이 중요한가?

매 순간 이뤄지는 당신의 호흡과 심장의 박동은 당신이 혈액과 그것이 운반하는 산소를 순환하지 않고는 살 수 없다는 것을 상기시킨다. 모든 동물세포는 환경과의 끊임없는 물질교환에 의존하는데, 이것은 순환계와 호흡계라는 서로 연결된 두 기관들의 집합에 의해 이뤄진다.

스파게티보다 훨씬 가는 금속 스텐트가 매년 수천 명의 생명을 구한다.

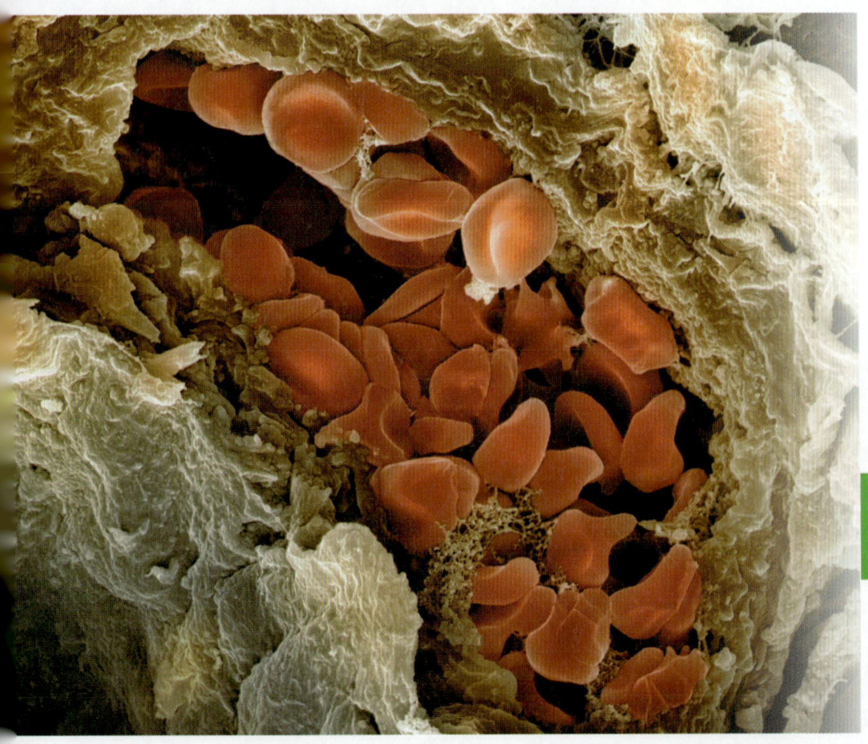

왜 일산화탄소는 치명적인가? 그것은 혈중 헤모글로빈을 가로채서 당신의 생존을 위해 필요한 산소와 바꿔치기 해 버릴 수 있기 때문이다.

실마리

운동선수의 지구력

우리와 함께하는 생물학 운동선수의 지구력

체력의 요구. 삼종경기 선수들은 장기간에 걸쳐 그들의 페이스를 유지하기 위해 세계적 수준의 순환계와 호흡계를 필요로 한다.

"한계"를 피하기

우수한 지구력을 갖는 운동선수가 되기 위해서는 무엇이 필요한가? 결단력과 헌신이 필요하다는 것은 확실하다. 하지만 그게 전부는 아니다. 생물학적 관점에서, 그것은 또한 장기간에 걸쳐 근육세포에 산소를 지속적으로 공급할 수 있는 능력을 필요로 한다. 세계적인 챔피언들은 세계적인 순환계와 호흡계를 필요로 한다.

우수한 운동선수의 지구력을 이해하기 위해서는 근육세포 안에 무엇이 들어가는지를 알아야 한다. 예를 들어, 장기간의 과정을 넘어 운동을 수행하기 위해서, 근육세포는 안정된 산소의 공급이 필요하며, 노폐물인 이산화탄소가 끊임없이 제거되야 한다. 혈액, 특히 적혈구는 O_2를 수송하고 CO_2를 제거한다. 근육세포에 도달하는 O_2가 충분하고, CO_2가 충분히 제거되는 한, 운동선수들은 안정된 속도로 운동할 수 있다. 대부분의 운동선수들의 체력을 제한하는 것은 심장과 폐가 근육세포에 필요한 O_2를 공급하지 못하기 때문이다. 근육세포에 충분한 O_2가 없이는, 운동선수들은 "한계에 달하게" 될 것이다. 즉, 그들이 운동을 지속할 수 없다는 점에서, 그들은 갑작스런 에너지 고갈을 경험하게 될 것이다.

운동선수들이 보다 많은 산소를 근육세포로 공급하기 위한 훈련에 장기간에 걸쳐 상당한 노력을 기울이는 것은 놀랄 만한 일이 아니다. 그런 기술을 지구력 훈련이라고 한다. 강도 높은 지구력 요법이 필요한 엘리트 선수들은 고고도 훈련으로 눈을 돌리거나 고고도 모의실험을 하는 낮은 O_2 "텐트"에서 잠을 자는 경우가 많다. 이러한 대기압이 낮은 조건 하에서, O_2의 분자는 숨을 쉴 때마다 체내로 흡수되는 양이 적다. 이에 대응하여, 몸은 더 많은 적혈구를 만들 것이다. 증가된 적혈구의 수가 근육에 더 많은 산소를 전달하고 지구력을 증가시키기 때문에 정상 고도에서 경쟁하는 것은 더 쉬워질 것이다.

적절한 기능을 하는 순환계와 호흡계는 운동선수들뿐만 아니라 모든 동물들에게 필수적이다. 어느 한 기관계의 작동불능은 곧 죽음을 초래할 수 있다. 그 두 기관계는 매우 밀접하게 연결되어 있어서 이 장에서는 두 가지 모두를 탐구할 것이다. 우리는 각 기관계의 구조와 기능에 대해서 알아보고, 이러한 도전들이 동물계 전체에 걸쳐 극복되는 다양한 방법을 조사할 것이다. 그 다음 인간의 순환계와 호흡계를 자세히 살펴보고, 이러한 기관계가 잘못되었을 때 어떤 일이 일어나는지 알아보며, 건강을 유지하기 위한 의학적인 선택사항을 생각해 볼 것이다.

동물 순환의 통합개념

모든 생물은 에너지와 물질을 변환시키는 능력에 의존한다. 이것을 달성하기 위해, 모든 생물은 물질과 에너지를 주변 환경과 교환해야 한다. 히드라와 해파리 같은 단순한 동물들에서는 거의 모든 세포가 외부와 직접 접촉하고 있다. 따라서 그 세포들은 분자들이 높은 농도에서 낮은 농도로 자연히 이동하는 확산에 의하여 환경과 물질을 쉽게 교환할 수 있다(그림 5.12 참조). 그러나 대부분의 동물들은 너무 크고 복잡하여 확산만으로는 외부와 물질교환을 할 수 없다. 그러한 동물들에서는 **순환계(circulatory system)**가 외부와 물질교환을 용이하게 해줌으로써 먼 거리까지 빠르게 수송하는 내부 수송계를 제공하는 것이다. 이 내부 수송계를 통하여 확산이 일어날 수 있도록 세포까지 최대한 가깝게 물질을 가져다주게 된다. 일단 거기에서, 세포가 필요로 하는 산소(O_2)나 영양소 같은 물질들은 세포막을 통하여 세포질로 들어가게 된다. 또한 이산화탄소(CO_2)와 같은 대사 노폐물들은 세포에서 순환계로 확산되어 버려진다.

가장 단순한 동물들을 제외한 모든 동물들은 중심 펌프, 맥관계(일련의 관들), 순환 액체 등 세 가지 주요 요소로 구성된 순환계를 가지고 있다. 두 가지 형태의 주요 순환계가 동물에서 진화하였다(그림 23.1). 대부분의 연체동물과 모든 절지동물을 포함하여 많은 무척추동물들은 **개방순환계(open circulatory system)**를 가지고 있다. 여기서 "개방"이라는 말은 순환 액체가 열린 혈관의 말단을 통해 펌프되고 세포들 사이로 흘러나오기 때문이다. 따라서 개방순환계에서, 순환 액체는 모든 세포를 담그고 있는 간질액이다. 거의 모든 다른 동물들은 **폐쇄순환계(closed circulatory system)**를 가지고 있다. "폐쇄"라고 하는 것은 혈액이라는 순환 액체가 일련의 닫힌 관 안에서 퍼내지고, 간질액과는 구분되는 것이다.

심장과 혈관으로 구성된 사람과 척추동물의 폐쇄순환계를 **심혈관계(cardiovascular system)**라고 하며, 그것은 심장, 혈액, 그리고 혈관으로 구성되어 있다. 혈액은 동맥, 모세혈관, 정맥이라고 부르는 세 가지 형태의 혈관 안에 있다. **동맥(artery)**은 심장으로부터 나온 혈액을 나른다. 이것은 보다 작은 세동맥(arteriole)으로 가지를 쳐서 기관으로 가게 된다. 세동맥의 끝 부분에서 혈액은 모세혈관망(capillary bed)으로 들어간다. 모세혈관망은 우리 몸의 거의 모든 조직과 기관에 퍼져 있는 아주 가는 **모세혈관(capillaries)**들이 모여 있는 곳으로, 모세혈관의 얇은 벽을 통하여 혈액과 간질액 사이의 물질교환이 이루어진다. 모세혈관은 순환계의 기능적인 중심이다. 모세혈관들은 세정맥(venule)으로 모아지고, 이것들은 보다 큰 **정맥(vein)**으로 합쳐져서 심장으로 혈액을 되돌려 보낸다.

그림 23.1에서처럼, 척추동물에는 2개의 다른 심혈관계 또는 폐쇄

▼**그림 23.1 순환계의 다양성.** 이중순환계에서, 폐순환과 체순환은 동시에 작동한다는 것을 유의해야 한다.

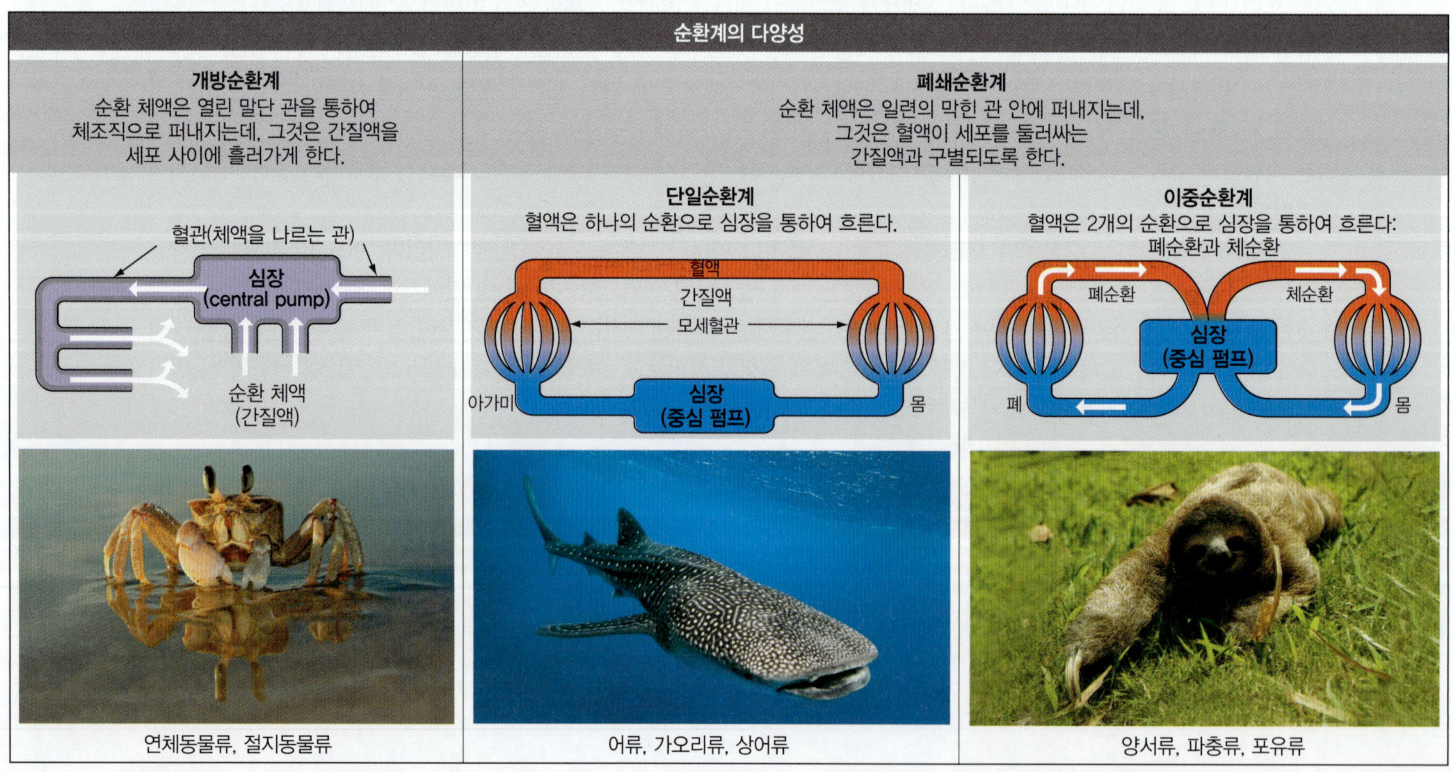

혈관계가 존재한다. **단일순환계(single circulation system)**는 경골어류, 가오리, 상어 등에서 발견되는데, 여기서 혈액은 하나의 회로를 흐른다. 양서류, 파충류, 조류, 그리고 포유류는 **이중순환계(double circulation system)**를 가지고 있다. 여기서 혈액은 두 개의 순환회로 안에서 흐른다. 하나는 폐와 심장 사이를 흐르는 **폐순환(pulmonary circuit)**이며, 또 하나는 심장과 온몸을 흐르는 **체순환(systemic circuit)**이다.

좁은 좌석에서 장시간의 여행은 순환계에 큰 손상을 줄 수 있다.

사람의 두 순환계를 살펴보자. 폐순환은 심장과 폐 사이에 혈액을 나른다(그림 23.2a). 폐에서, CO_2는 혈액에서 폐로 확산하는 반면, O_2는 폐에서 혈액으로 확산한다. 다음 폐순환은 이 O_2가 풍부한 혈액을 심장으로 되돌린다. 체순환은 심장과 온몸 사이로 혈액을 나른다(그림 23.2b). 혈액은 O_2를 몸 조직으로 공급하는데, 동시에 CO_2를 거두어들인다. 산소가 부족한 혈액은 체순환을 경유하여 심장으로 돌아온다.

심혈관계의 폐색은 위험하며 때로 치명적이다. 예를 들어, 혈전이 폐의 혈관에 박히게 되면, 숨이 가빠지며, 폐 조직이 손상된다. 만일 그 혈전이 크다면, 폐순환을 통한 혈액의 흐름을 완전히 차단해서 심장과 뇌에 산소가 풍부한 혈액을 공급하지 못하므로 갑작스런 사망에 이르게 된다. 폐에 박힌 혈전은 종종 다리의 정맥에서 형성되는 혈전에서 유래하는데, 이것을 정맥혈전증(DVT)이라고 한다. DVT에 대한 위험 요인에는 신체 활동 부족과 탈수 등이 있는데, 그것은 때때로 사람들이 장거리 비행에서 좁은 의자에 웅크리고 있을 때 발생한다. 어떻게 다리에서 형성된 혈전이 폐에 박히는지를 정확히 파악하기 위해, 어떻게 혈액은 몸을 통하여 흐르는지를 잘 이해할 필요가 있다. ✓

✓ 체크포인트

1. 왜 사람의 몸은 필요한 모든 화학물질을 체세포로 보내고자 할 때 확산에만 의존할 수 없는가?
2. 어떤 종류의 혈관이 심장에서 밖으로 피를 운반하는가? 어떤 종류의 혈관이 심장에 혈액을 되돌려 주는가?

답: **1.** 확산은 짧은 거리에서만 효과적이다. 확산만으로는 사람의 몸 전체에 물질들을 보내기에는 거리가 너무 멀다. **2.** 동맥; 정맥

▼그림 23.2 **사람의 폐순환과 체순환.**

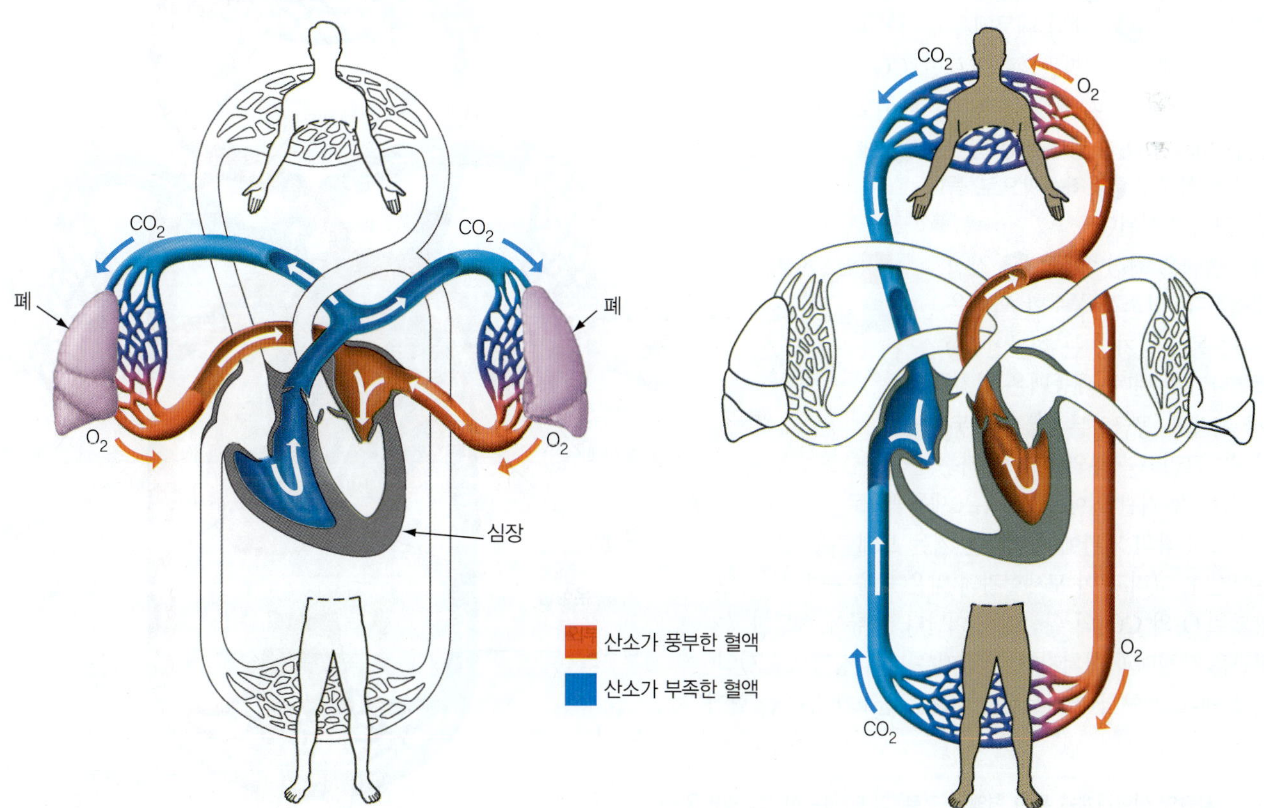

(a) **폐순환.** 이중순환계를 가진 동물에서, 폐순환은 심장과 폐 사이에서 혈액을 운반한다.

(b) **체순환.** 체순환은 심장과 몸 사이에서 혈액을 운반한다.

사람의 심혈관계

대부분의 동물들과 마찬가지로, 인간은 펌프, 혈관, 순환 액체의 세 가지 주요 구성 요소로 이루어진 순환계를 가지고 있다. 인간 심혈관계에서 중심 펌프는 심장이고, 혈관계는 혈관들로 구성되며, 순환 액체는 혈액이다.

23.1 혈액의 경로

그림 23.3은 혈액이 몸에서 완전히 한 번 순환하는 동안 나타나는 사람의 심혈관계의 혈액 경로를 보여준다. 4개의 방으로 된 심장은 순환계에 필수적이다. 심장은 항상 **심방(atrium)**이라고 하는 하나의 방에서 혈액을 받아들이며, 혈액은 항상 **심실(ventricle)**이라는 방에서 퍼내어진다. 심장의 양쪽은 하나의 심방과 하나의 심실을 가지고 있다. 순환계를 전체적으로 본다면, 폐순환과 체순환은 동시에 작용하는 것이다. 2개의 심실은 거의 일치되게 펌프작용을 하여, 일부 혈액은 폐순환을 통하여, 나머지 혈액은 체순환을 통하여 보내어진다.

혈액의 순환 경로를 ❶ 우심방에서 시작해 보자. 여기에 연결된 2개의 큰 정맥은 O_2가 부족한 혈액을 몸에서 심장으로 보낸다. 그 다음 혈액은 ❷ 우심실로 보내지는데, 그것은 O_2가 부족한 혈액을 ❸ 2개의 폐동맥을 통하여 폐로 보낸다. ❹ 혈액이 폐의 모세혈관으로 흐르면, CO_2가 혈액 밖으로 확산되어 나오고, O_2는 혈액 안으로 확산되어 들어간다. 새로이 O_2가 풍부해진 혈액은 ❺ 폐정맥을 통하여 심장의 ❻ 좌심방으로 들어오면서 폐순환이 완성된다.

그 다음, 혈액은 좌심방에서 ❼ 좌심실로 보내어진다. 산소가 풍부한 혈액은 좌심실로부터 몸에서 가장 큰 혈관인 ❽ 대동맥으로 나가게 된다. 대동맥은 가지를 쳐서, 심장 자체에 공급하는 ❾ 관상동맥과 머리와 양 팔, 그리고 복부와 다리로 가는 큰 동맥으로 나뉜다. 각 기관 안에서, 동맥은 세동맥으로 갈라지고 결국 각각의 기관에 들어가는 가는 모세혈관으로 나누어진다. 그리고 이 모세혈관의 얇은 벽을 통해서 세포 안팎으로 O_2와 CO_2의 확산이 일어난다. 하류에 해당하는 모세혈관은 세정맥과 합쳐지며, 세정맥은 다시 정맥으로 혈액을 되돌려 보낸다. 상체와 머리로부터 나오는 산소가 부족한 혈액은 ❿ 상대정맥(superior vena cava)이라는 커다란 정맥으로 들어가며, 하체에서 오는 혈액은 ⓫ 하대정맥(inferior vena cava)으로 합쳐진다. 이들 두 대정맥의 혈액은 심장의 우심방을 통하여 심장으로 들어가고, 혈액이 우심방을 지나 우심실로 들어가면서 순환과정이 완결된다.

다음에서는 인간의 심혈관계를 구성하는 각 요소들의 구조와 기능을 논의해 보자. 그리고 이들이 어떻게 작동하는지에 대해서도 배운다. 다음 절을 읽으면서, 수시로 그림 23.3을 되돌려 참고하면 도움이 될 것이다. ✓

✓ 체크포인트

다리에서 폐로 가는 혈전의 경로를 추적해 보시오. 각 위치를 나열하시오.

답: 다리 정맥, 대정맥, 우심방, 우심실, 폐동맥, 폐의 모세혈관

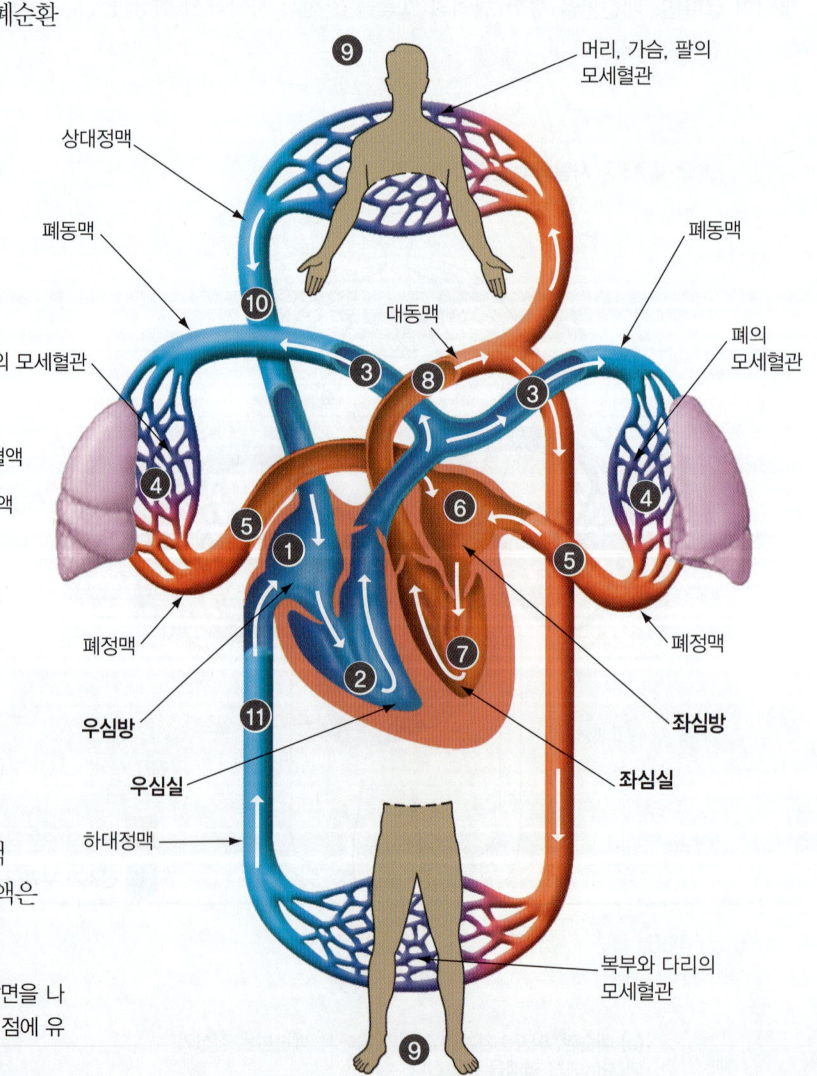

► **그림 23.3 사람의 심혈관계를 통한 혈액의 경로.** 이 도해는 신체의 앞면을 나타내기 때문에, 심장의 왼쪽은 그림의 오른쪽이며, 그 반대도 마찬가지라는 점에 유의하라. 심혈관을 통과하는데 약 1분 정도밖에 걸리지 않는다.

23.2 심장은 어떻게 작동하는가?

심혈관계의 중심은 가슴뼈 밑에 위치한 주먹 크기의 근육성 기관인 **심장(heart)**이다. 심장의 4개의 방은 이중순환을 지원하여, 산소가 풍부한 혈액과 산소가 부족한 혈액이 섞이지 않도록 한다. 몸 조직으로부터 오는 산소가 부족한 혈액은 우심방으로 흐르며, 우심실은 혈액을 폐로 퍼낸다(그림 23.4). 폐에서 돌아오는 산소가 풍부한 혈액은 산소가 부족한 혈액과 심장에서 섞이지 않는데, 그 이유는 그것이 분리된 방인 좌심방으로 들어가기 때문이다. 혈액은 좌심실에서 몸 조직으로 힘차게 퍼내진다. 양서류와 대부분의 파충류는 오직 3개의 방으로 된 심장을 가지고 있다. 그리고 산소가 풍부한 혈액과 산소가 부족한 혈액은 하나의 심실에서 혼합되어 체순환으로 보내진다. **강력한 4개의 방으로 된 심장의 진화는 정온성인 조류와 포유류의 높은 대사 요구성을 지원하는 필수적인 적응이었다**(21장). 정온동물은 같은 크기의 변온동물에 비해 약 10배의 많은 에너지를 이용한다. 4개의 방이 달린 우리의 심장은 『우리와 함께하는 생물학』에서 논의된 엘리트 선수들의 지구력뿐만 아니라 효율적인 연료와 산소 공급에 대한 우리 신체의 요구를 뒷받침해 준다. ✓

✓ 체크포인트

심장에서 피를 뿜어내는 곳은 어떤 방인가? 심장으로 되돌아가는 혈액을 받는 곳은 어떤 방인가?

답: 심실; 심방

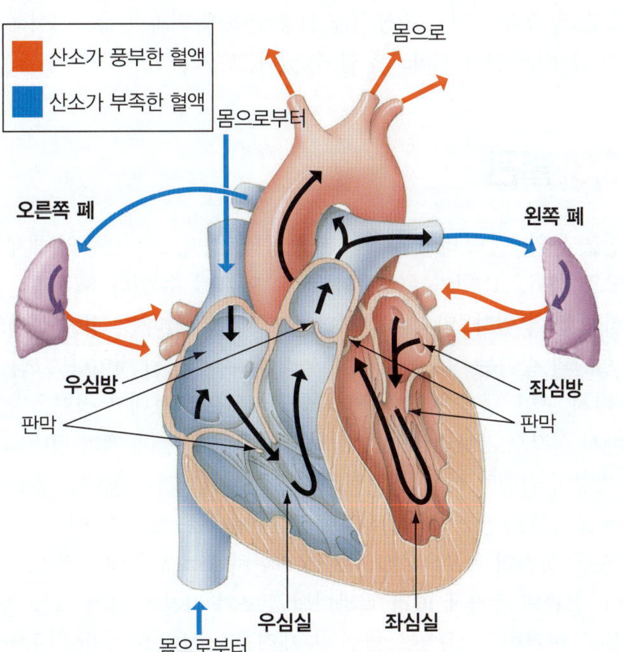

▼그림 23.4 **사람의 심장을 흐르는 혈액.** 심장은 두 개의 심방과 두 개의 심실로 구성된 네 개의 방을 가지고 있다. 판막은 혈액의 한 방향 흐름을 유지하도록 도와준다. 산소가 부족한 혈액과 산소가 풍부한 혈액이 섞이지 않는 것을 주목하라.

심장주기

심장의 심근은 **심장주기(cardiac cycle)**라고 하는 과정을 통하여 주기적으로 수축하고 이완한다. 한 번의 심장박동은 심장주기가 한 번 완전하게 순환하는 것을 말한다. 휴식시 건강한 성인의 분당 박동수인 **심박수(heart rate)**는 60~100 사이이다. 각 심장박동에 따라 동맥으로 전달되는 **맥박(pulse)**을 재보면 심박수를 알 수 있다. 운동선수들은 낮은 휴지 심박수를 가지고 있는데, 그 이유는 강한 심장일수록 수축할 때마다 보다 많은 양의 혈액을 퍼낼 수 있기 때문이다.

심장의 이완단계는 **심장이완기(diastole)**, 수축단계는 **심장수축기(systole)**라고 한다. 그림 23.5는 0.8초간 지속되는 1회의 심장주기를 보여준다. ❶ 0.4초간 지속되는 심장이완기 동안, 심장으로 돌아오는 혈액은 4개의 방 모두로 흐른다. ❷ 심장수축기의 처음 약 0.1초 동안, 심방이 수축하여 모든 혈액이 심실로 들어가도록 힘을 가한다. ❸ 심장수축기의 마지막 0.3초에서, 심실은 수축하여 심장에서 혈액을 퍼내어 대동맥과 폐동맥으로 보낸다.

심장이 박동할 때, 심장은 뚜렷이 구별되는 "쿵-쾅, 쿵-쾅" 소리를 낸다. 판막은 혈액의 역류를 방지하며, 혈액이 바른 방향으로 이동하도록 해준다. 판막이 탁 하고 닫히면, 혈액은 닫힌 판막에 부딪혀 진동이 생긴다. 당신은 이러한 소리를 청진기로 들을 수 있다. 귀로 듣는 것을 연습하면, 하나 이상의 심장판막의 결함에 따른 심잡음(heart murmur)도 들을 수 있다. 어떤 경우는 이상이 있는 판막을 통하여 심장혈

▼그림 23.5 **심장주기.**

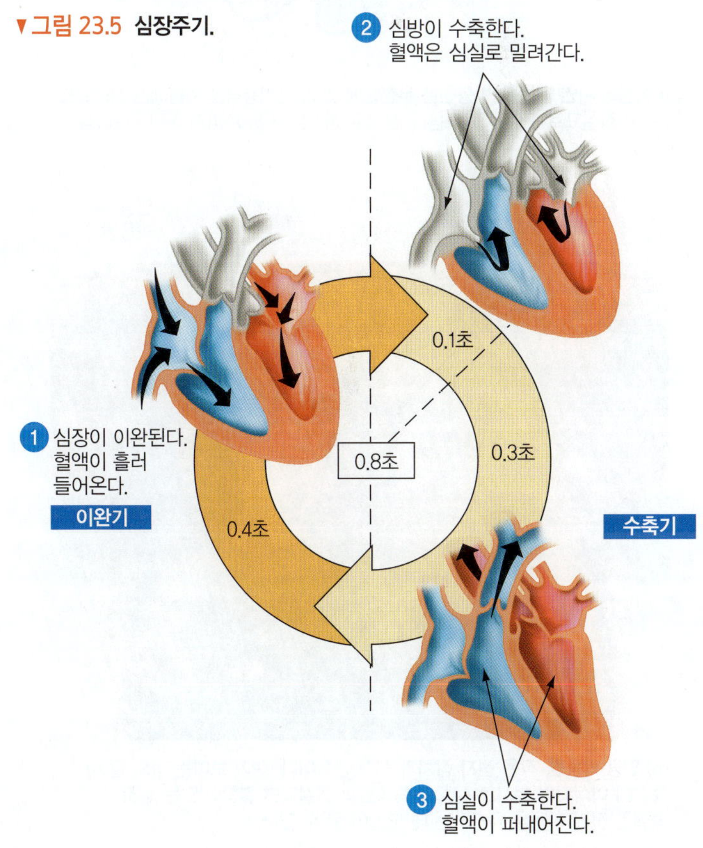

액이 역류할 때 나는 "히쉿-" 같은 심각한 잡음도 들을 수 있다. 어떤 사람들은 이러한 잡음을 선천적으로 가지고 태어나기도 하며, 또 어떤 사람들은 감염으로 인해 판막에 이상이 생기기도 한다. 대부분의 심잡음의 경우는 심각하지 않으며, 손상된 판막은 인공판막이나 조직 기증자로부터 받은 판막을 대체함으로써 치료될 수 있다.

박동원과 심박수의 조절

심장의 모든 근육은 **박동원(pacemaker)** 또는 동방결절(SA node)이라고 하는 지휘자의 지시 아래 일치되게 박동한다. (여기서는 우리 몸의 자연적인 박동원을 일컫는다. 나중에 인공 박동원을 짧게 언급할 것이다.) 박동원은 우심방의 벽에 있으며, 전기충격을 생성하는 특수화된 근육조직으로 구성되어 있다(그림 23.6a). ❶ 박동원에서 나온 충격은 빠르게 양쪽 심방의 벽을 통해 전달되어 동시에 두 심방을 수축하게 한다. ❷ 다음에 이 충격은 중계점으로 전달되는데, 이것은 신호를 약 0.1초 동안 지체시킨다. 이런 지체 현상 때문에 충격이 심실로 전달되기 전에 심방의 혈액을 모두 심실로 보내게 된다. 일단 충격이 심실에 전달되면, 심실은 강력하게 수축하여 혈액을 심장 밖으로 밀어내게 된다. 박동원의 전류는 심장의 "리듬"을 감지하는 피부에 설치된 전극에 의해 측정되고, 그것을 심전도(ECG 또는 EKG)로 기록될 수 있다.

▼그림 23.6 **박동원.**

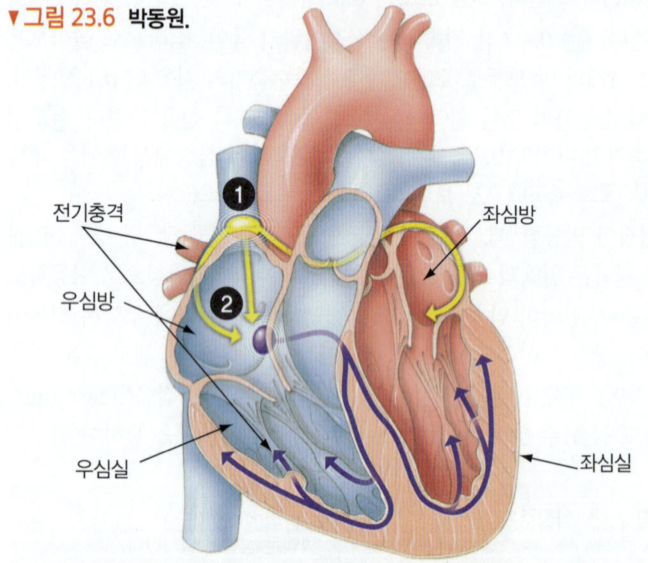

(a) 심장의 자연 박동원. 박동원은 우심방에 있다. 전기충격은 처음에는 심방으로(노란색 화살표로 표시). 그 다음에 심실로 심장을 통하여 퍼져나간다(보라색 화살표).

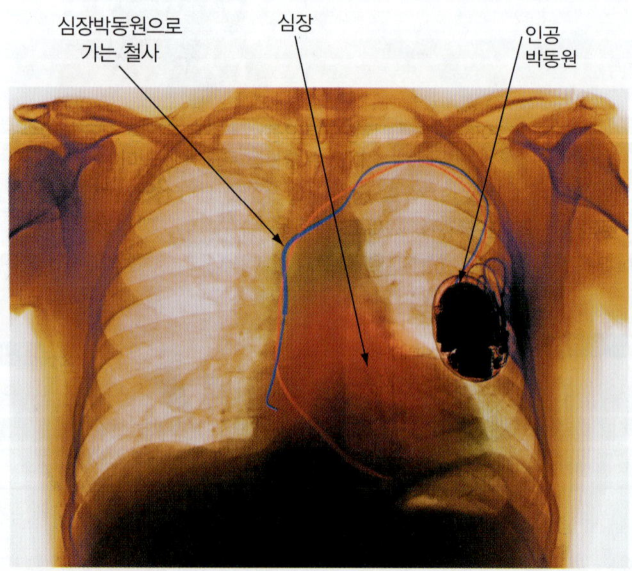

(b) 인공 박동원. 작은 전자 장치가 심장 근육이나 (여기 보이는 바와 같이) 흉강에 이식되어 철사로 심장의 박동원과 연결되면 결함이 있는 심장의 적절한 전기 리듬을 유지하는 데 도움이 될 수 있다.

합창단이 빠르게 또는 천천히 노래하도록 이끄는 음악의 지휘자처럼, 여러 가지 신호들의 영향 아래 심장의 박동원은 심장의 근육에 지시하여 빠르게 또는 늦게 수축하도록 한다. 스트레스 받는 시간 동안 만들어지는 "싸움 또는 도피" 호르몬인 에피네프린(아드레날린)은 심박수를 증가시킨다(25장 참조). 카페인과 같은 자극제도 심장박동을 빠르게 만들 수 있다. 또한 운동도 심장박동을 빠르게 할 수 있는데, 이러한 적응은 순환계로 하여금 심한 운동으로 인해 근육에 필요한 산소를 보다 많이 공급하도록 한다. 휴식이나 수면은 심장박동이 느려지게 한다.

때때로 심장의 박동원이 전기충격을 조절하지 못하는 경우가 있는데, 심장의 근육은 동시성을 이탈하여 불규칙한 심장 리듬을 만들어 낸다. 음악과 유사성을 비교해 보자. 지휘자가 없으면, 각각의 음악가들은 자신의 속도로 자신의 악기를 연주하여 혼란스러운 전체적인 소리를 만들어 낼것이다. 불규칙한 리듬은 심장박동을 갑자기 멈추게 할 수 있는데, 이런 질환을 심정지(cardiac arrest)라고 한다. 환자의 가슴 위에서 외부 제세동기("패들")를 사용하여 전기충격으로 그 리듬을 정상으로 되돌려 놓음으로서 심장의 자연적인 박동원을 재설정할 수 있다. 심장이 계속적으로 정상적인 리듬을 유지하지 못하면, 규칙적인 전기 신호를 방출하는 인공 박동원을 심장 근육에 외과적으로 이식해 정상적인 심장박동을 유지하도록 할 수 있다(그림 23.6b).

23.3 혈관

심장을 몸의 "펌프"라고 생각한다면, 동맥, 정맥, 모세혈관의 체계는 심장으로 들어오고 나가는 일종의 "배관"으로 볼 수 있다. 혈관망은 광범위하게 뻗어 있다. 만일 처음부터 끝까지 연결한다면, 평균 성인의 모든 혈관의 길이는 적도에서 지구 둘레의 두 배가 될 것이다! 그림 23.3을 다시 보면, 동맥은 혈액을 심장에서 몸으로 보내고 정맥은 혈액을 몸에서 심장으로 보내는 것으로 되어 있듯이, 이들 동맥과 정맥은 혈액의 방향이 완전히 다른 것을 볼 수 있다. 모세혈관은 체액을 통하여 혈류와 조직세포(간질액을 경유하여) 사이에서 물질교환을 한다.

모든 혈관의 안쪽은 상피세포로 단단하게 채워진 얇은 층으로 되어 있다. 혈관의 종류에 따라 혈관벽의 구조가 다른 이유는 그들 혈관의 기능과 연관이 있다(그림 23.7). 모세혈관은 혈액과 조직이 잠겨 있는 간질액 사이의 물질교환을 위하여 한 층의 세포로만으로 구성된 아주 얇은 벽을 가지고 있다. 가장 작은 모세혈관은 세포들이 일렬로 한 개씩 지나갈 수밖에 없을 정도로 작다(사람의 머리털의 1/8 정도). 동맥과 정맥의 벽에는 두 개의 두꺼운 층이 추가로 존재한다. 바깥층에는 늘어났다 줄어들었다 하는 탄력성 결합조직이 있으며, 이 층과 상피조직 사이에는 평활근으로 된 중간층이 존재한다. 뇌의 신호에 반응하여 수축 또는 이완함으로써, 평활근은 혈관의 직경을 작게 또는 크게 하여 혈액의 흐름을 조절한다. 어떤 혈압 치료제는 순환계에 작용하는 화학물질을 억제한다. 이것은 혈관을 확장시켜, 혈압을 낮추고, 심근경색과 뇌졸중(산소 부족으로 뇌조직이 죽는)의 위험을 경감시킨다. 정맥은 혈액이 모세혈관망을 지난 후 낮은 속도와 압력으로 혈액을 심장으로 되돌려 보낸다. 또한 동맥과 달리 정맥은 역류를 방지하는 한 방향 판막을 가지고 있어서, 혈액이 항상 심장을 향해 흐르도록 해준다. ✓

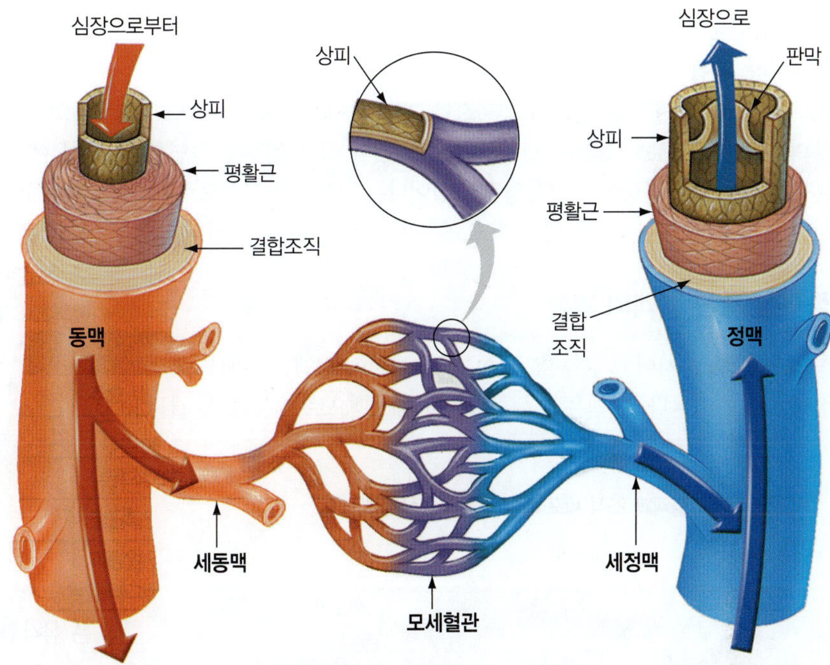

▲**그림 23.7** **혈관의 구조.** 동맥은 더 작은 혈관인 세동맥으로 나눠지고, 이것은 다시 분기하여 모세혈관이 된다. 혈액과 간질액 사이의 화학물질 교환은 모세혈관의 얇은 벽을 가로질러 일어난다. 모세혈관은 다시 세정맥으로 합쳐지며, 결국 정맥이 된다. 모든 혈관의 내면은 얇고 부드러운 상피로 되어 있으며, 동맥과 정맥은 평활근과 결합조직으로 된 층을 더 가지고 있다.

✓ 체크포인트

어떻게 모세혈관벽은 기능에 적합한 구조라고 할 수 있는가?

답: 모세혈관 벽은 얇아서 세포와 물질을 교환하도록 되어있다.

동맥을 통한 혈액의 흐름

혈압(blood pressure)은 혈액이 동맥의 벽에 미치는 힘이다. 심장의 박동으로 생성된 혈압은 혈액을 심장으로부터 동맥, 세동맥을 거쳐 모세혈관망으로 보내는 원동력이 된다. 심실이 수축기 동안 수축하면, 동맥에서 세동맥으로 흐르는 것보다 더 빠른 속도로 혈액이 심장에서 동맥으로 나오게 된다. 이것은 동맥의 탄력성 벽을 늘어나게 한다. (맥박을 재보면, 동맥이 주기적으로 늘어나는 것을 느낄 수 있을 것이다). 이완기에 동맥의 탄력성 벽이 빠르게 되돌아오는데, 이 맥박을 통하여 심장박동수를 측정할 수 있다. 이완기에는 탄력성 동맥벽이 원래대로 수축하여 세동맥과 모세혈관으로 혈액을 일정하게 보내는 데 필요한 압력을 유지하게 된다. 그 결과 혈압은 120/80과 같이 두 가지 숫자로 기록된다. 앞에 나온 숫자(mmHg, 기준 압력단위)는 수축기 동안의 혈압을 말하며, 두 번째 숫자는 이완기 동안 동맥에 유지되는 혈압을 나타낸다.

정상적인 혈압은 어떤 범위 내에 있다. 성인의 적정 혈압은 수축기에서 120 이하이고, 이완기에서 80 이하이다. 이 값은 낮을수록 좋기는 하지만, 그 값이 너무 낮아지면 어지럽고 실신할 수도 있다. 정상 범위보다 높은 혈압은 심각한 심혈관계 질환이 있을 수 있음을 나타낸다.

높은 혈압인 **고혈압(hypertension)**은 지속적으로 수축기 혈압이 140 이상이고, 이완기 혈압은 90 이상인 경우를 말한다. 2000년에는 전 세계 성인 인구의 약 26%가 고혈압 질환자였다. 고혈압은 심장병, 심근경색, 또는 뇌졸중의 위험을 증가시키면서 특별히 겉으로 드러난 증세 없이 수년간 계속되기 때문에, 종종 "침묵의 살인자"라고도 한다. 고혈압을 조절하기 위해 건강 식이를 하고, 흡연과 과음을 피하며, 정기적인 운동과 적정 체중을 유지해야 한다. 생활습관만으로 혈압조절이 안되면, 몇 가지 적절한 약물을 복용하여 혈압을 낮춘다.

모세혈관망을 통한 혈액의 흐름

순환계의 가장 중요한 기능은 모세혈관망 안에 있는 혈액과 조직 사이에서 화학물질의 교환이다. 모세혈관의 벽은 얇고 작은 물질이 통과할 수 있다. 결과적으로, 혈액이 동맥 끝에 있는 모세혈관에 도달하면, 세포가 필요로 하는 산소, 영양분, 그리고 다른 물질이 풍부한 혈액이 혈압에 의해 간질액 쪽으로 흘러들어간다(그림 23.8). 혈액을 빠져나온 분자들은 그 다음 간질액으로부터 확산되어 조직 세포로 확산한다. 혈액 세포와 큰 분자들은 모세혈관벽을 통과하기에는 너무 커서 혈액에 남아 있게 된다. 모세혈관의 정맥 쪽 끝에서는, CO_2와 다른 노폐물들이 조직 세포로부터 간질액을 거쳐 모세혈관의 혈액으로 확산된다.

당신의 생명유지에 가장 필요한 기관인 뇌, 심장, 신장, 간 등의 모세혈관에서는 끊임없이 혈액이 흐른다. 그 밖의 여러 부위에서는 필요에 따라 혈액이 몸의 한 부분에서 다른 부분으로 흐르므로 혈액 공급이 달라진다. 예를 들어, 식사 후에 소화기관으로의 혈액 흐름은 증가하지만, 심한 운동을 할 때에는 소화기관으로 가던 혈액이 주로 근육과 피부의 모세혈관으로 더 많이 흐르게 된다. 이것이 식사 직후에 격렬한 운동을 하면 소화불량이나 근육경련이 일어나는 이유이다(그러므로 어머니가 항상 말하는 것처럼 밥을 먹고 곧 바로 수영을 하면 안 된다).

정맥을 통한 혈액의 귀환

혈액과 몸 세포 사이에서 물질교환이 이루어진 후, 혈액은 정맥을 통해 심장으로 돌아온다. 혈액은 모세혈관에서 세정맥으로 이동하고, 결국은 심장과 연결된 상대정맥과 하대정맥으로 이동한다. 혈액이 모세혈관에서 빠져나와 정맥으로 들어갈 때쯤에 심장에서 생성되었던 혈압은 거의 '0'으로 떨어지게 된다. 그러나 정맥은 골격근 사이에 끼어 있기 때문에, 혈액은 중력의 역방향으로도 흐른다(그림 23.9). 예를 들어, 걸을 때 이런 근육들이 수축하면서 혈액을 짜서 흐르게 한다.

너무 오랫동안 가만히 서 있었던 적이 있었다면, 혈관을 통해 혈액을 전달하는 근수축의 중요성을 직접 경험했을 것이다. 근육을 수축하지 않고 잠시 서 있으면(주의력을 유지한 군인처럼) 중력에 의해 혈액이 뇌에 산소를 공급하기에 충분한 양으로 심장으로 되돌아오는 것이 방해되기 때문에 사람은 힘이 빠지고 어지러워지기 시작하며 심지어 실신할 수도 있다.

장시간 서 있게 되면, 다리 정맥은 늘어나고 확장되어, 정맥 안에 있는 판막이 약해진다. 그 결과, 피부 바로 밑에 있는 정맥은 눈에 띄게 부풀어서 튀어 나온다. 이러한 질환을 정맥류(varicose veins)라고 하는데, 이 질병은 보기도 흉할 뿐 아니라, 경련, 혈액응고, 궤양 등과 같은 심각한 질병의 원인이 되기도 한다. ✓

> **✓ 체크포인트**
>
> 혈압이 높은 순서대로 세 가지의 주요 혈관을 나열하시오.
>
> 답: 동맥, 모세혈관, 정맥

▼그림 23.8 혈액과 조직 세포 사이의 화학물질 교환.

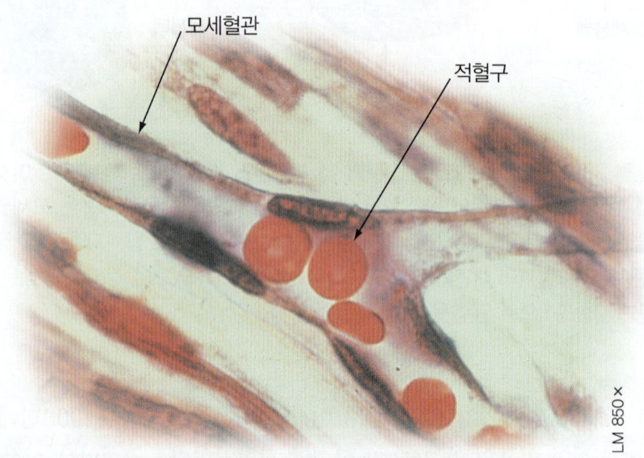

(a) 모세혈관. 순환계를 통해 흐르는 혈액은 결국 실제로 세포와 물질교환이 일어나는 작은 혈관인 모세혈관에 도달하게 된다.

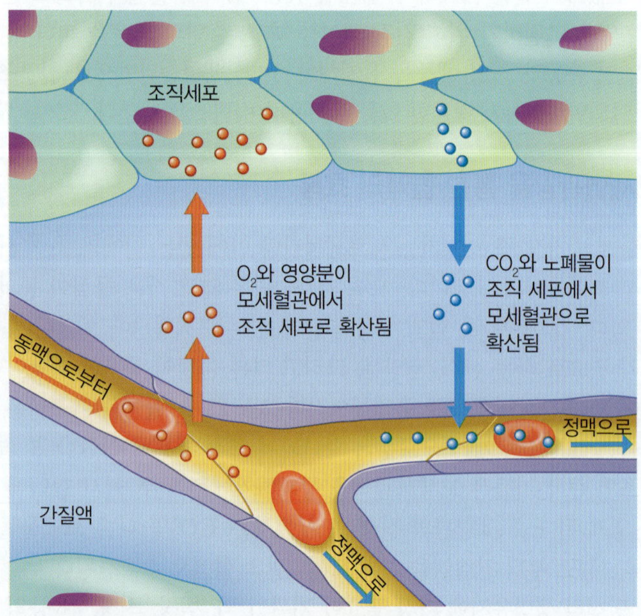

(b) 화학물질 교환. 모세혈관망 내에, 혈액과 조직의 세포들이 잠겨 있는 간질액 사이에서 분자들의 대한 국소적 물질교환이 일어난다.

▼그림 23.9 정맥에서의 혈액 흐름. 정맥을 둘러싸고 있는 근육이 수축하면 혈액을 심장 쪽으로 짜내게 된다. 정맥에 있는 조직의 판막은 한쪽 방향으로 판막이 작용하여 역류를 막아준다.

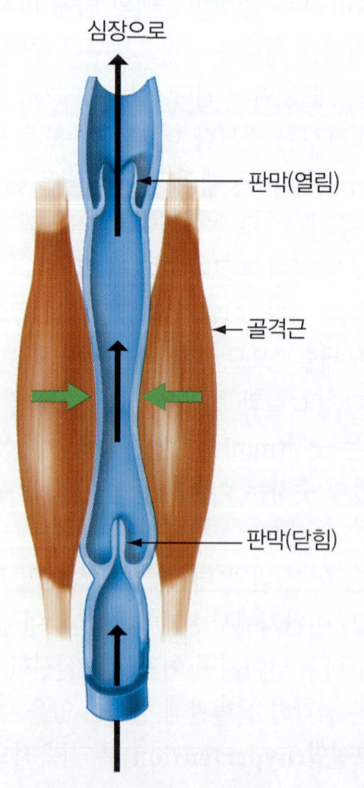

23.4 혈액

지금까지는 심장과 혈관의 구조와 기능에 대하여 알아보았는데, 지금부터는 혈액의 구성에 대하여 초점을 맞춰 보자(그림 23.10). 성인의 순환계에는 약 5 L의 혈액이 있다. 그 중 약 절반 이상이 **혈장(plasma)**이라고 하는 노란 액체로 구성되어 있다. 혈장은 물, 용해된 염류, 단백질, 그리고 영양분, 노폐물, 호르몬 등과 같은 여러 가지 분자들로 구성되어 있다. 혈장에는 적혈구, 백혈구, 그리고 혈소판 등 세 가지 형태의 세포성 성분이 떠있다. 그것들 각각에 대해 알아보자.

적혈구

전체 혈구 중 **적혈구(red blood cell, erythrocyte)**는 가장 많은 수를 차지한다. 평균 사람의 혈액에는 약 25조 개의 적혈구가 존재한다. 적혈구의 중요한 기능은 폐에서 조직으로 산소를 운반하는 것이다.

각 적혈구에는 산소를 운반하는 철 함유 단백질인 **헤모글로빈(hemoglobin)**이 약 2억 5천만 개 정도 있다. 적혈구가 폐의 모세혈관망을 지나는 동안, 산소는 적혈구 내부로 확산되고 헤모글로빈과 결합한다. 이 과정은 체순환의 모세혈관에서는 반대가 되는데, 산소는 헤모글로빈에서 해리되어 조직의 세포로 들어간다.

적혈구의 구조는 그 기능을 지지한다. 사람의 적혈구는 중앙이 오목하게 들어간 원반 모양으로서, 기체교환을 위한 표면적을 넓혀주어 적혈구의 산소운반을 용이하게 해준다. 포유류의 적혈구는 모양 외에 산소운반을 높여주는 또 다른 특징을 가지고 있다. 즉 적혈구에는 핵과 여러 세포소기관이 없기 때문에, 헤모글로빈을 운반할 수 있는 공간을 더 많이 남겨 두게 된 것이다. 또한 적혈구들은 다른 세포들에 비하여 아주 작은데, 그것은 기체교환에 효율적인 표면적 대 부피 비율의 결과를 가져오게 되었다.

충분한 양의 헤모글로빈과 적혈구는 몸의 정상적인 기능에 필수적이다. 헤모글로빈의 양이나 적혈구의 수가 비정상적으로 적은 경우를 **빈혈(anemia)**이라고 한다. 빈혈이 있는 사람은 조직세포들이 충분한 산소를 얻지 못하기 때문에, 지속적으로 피곤하고 지친 상태를 느낀다. 이에 반응하여, 신장은 에리트로포이에틴(erythropoietin, EPO)이라고 하는 호르몬을 생산하는데, 이것은 골수에서 적혈구의 생산을 촉진시킨다. 그러나 때때로 신체의 반응이 충분하지 않을 때도 있어서, 빈혈 환자들의 적혈구 생성을 촉진하기 위해 EPO의 합성물질이 사용되고 있다.

혈액 도핑

훈련 이외의 수단을 통해 지구력을 향상시키기 위해, 일부 운동선수들은 혈액 도핑을 통해 근육에 O_2 공급을 증가시키는데, 이것은 혈액순환의 적혈구 수를 인위적으로 증가시키는 것이다. 도핑의 한 유형으로 운동선수가 적혈구(아마도 이전에 채혈하여 보관했던)를 주입하여 순환계의 적혈구를 증가시키기도 한다. 또 다른 형태의 도핑에서 운동선수들은 혈액 산소 농도를 높이기 위해 합성 EPO를 남용할 수 있다. EPO가 혈류에서 적혈구의 수를 증가시키면서, 더 많은 산소가 작동하는 근육세포에 도달하고 운동 지구력이 향상된다. 혈액 도핑은 선수들에게 불공정한 이점을 줄 뿐만 아니라 위험하기 때문에 경쟁적인 스포츠에서 금지된다. 너무 많은 적혈구가 생성되면 혈액 흐름이 느려지고 조직이 산소를 뺏기게 되어 사망을 초래할 수 있다.

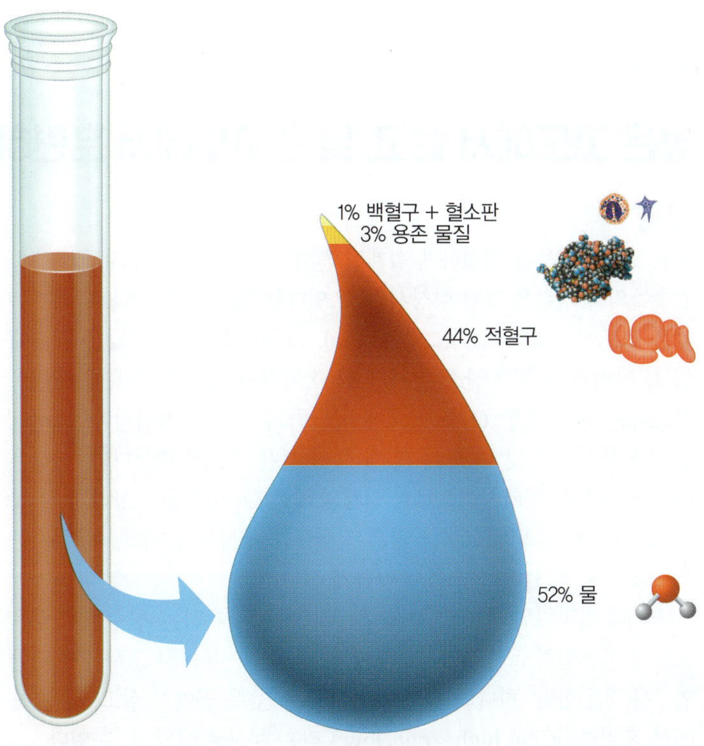

▲그림 23.10 **사람 혈액의 구성.** 혈액 부피의 절반 이상(55%)은 액체인 혈장(물 속에 물질들이 녹아 있는)이다. 혈액세포와 혈소판은 혈액량의 나머지 45%를 차지한다.

혈액 도핑은 검출하기가 어려운데, EPO는 몸에서 자연적으로 생성된 호르몬이고, 합성 EPO는 혈액에서 신속히 제거되기 때문이다. 체육위원회가 EPO 남용을 검사하는 한 가지 방법은 시간 경과에 따른 혈액량에서 적혈구의 비율을 측정하는 것이다. 이 값들의 높은 백분율과 불규칙한 스파이크는 실격의 근거가 된다. 다행히도, 우리가 다음에 보게 될 것처럼, 혈액 도핑보다 더 건강한 운동 능력을 향상시키는 다른 방법들이 있다 ✓

✓ 체크포인트

운동선수들이 혈액 도핑으로 증가시키려고 하는 것은 어떤 혈액세포인가?

답: 적혈구

과학연구의 과정 운동선수의 지구력

높은 고도에서 살고, 낮은 고도에서 훈련하라?

배경

운동 트레이너들은 적절하게 설계된 훈련 교육프로그램이 지구력 운동선수들의 경기력을 크게 향상시킬 수 있다는 것을 알고 있다. 달리기는 높은 고도에서 더 어렵다(그림 23.11a). 그 이유는 공기가 낮은 압력에 있고, 따라서 호흡당 산소 분자가 더 적어지기 때문에, 근육이 제대로 기능하는 데 필요한 O_2를 신체에 공급하기가 더 어려워진다. 그러나 만약 운동선수가 몇 주 또는 몇 달 동안 높은 고도에 머문다면, 신장은 EPO의 생산을 증가시킴으로써 신체의 낮은 O_2 수치를 보상하게 될 것이고, 이것은 결과적으로 더 많은 적혈구를 생성하게 되고, 이것은 근육 조직으로 더 많은 산소를 운반하게 된다.

국제올림픽위원회(IOC)는 높은 고도에서 생활하는 선수들이 낮은 고도에서 훈련하고 경쟁할 때 더 좋은 성적을 거두는지 조사하기 위한 연구를 후원한다. 하나의 선도적인 가설은 "높은 곳에서 살고, 낮은 곳에서 훈련하라(live high, train low.)"라는 문구로 요약될 수 있다. 그 아이디어는 높은 고도에서 생활하면 적혈구 생성을 촉진시켜 낮은 고도에서 훈련하고 경쟁할 때 체력을 향상시킬 수 있다는 것이다.

방법

"높은 곳에서 살고, 낮은 곳에서 훈련하라"는 가설을 시험하기 위해, 한 연구팀이 11명의 엘리트 달리기 선수들을 모집했다. 이들 선수 중 5명은 3,000m의 고도(덴버 고도의 약 2배, 그림 23.11b)를 모사하기 위해 점차적으로 조정된 방에서 18일 동안 "높은 곳에서" 살았다. 나머지 6명의 시험 대상자들은 1,200미터의 "낮은 곳에서" 살았다. 모든 선수들은 1,200미터의 "낮은 곳에서" 훈련했다.

과학자처럼 생각하기

왜 "높은 곳에서 살고, 낮은 곳에서 훈련하라"는 가설에 대하여 확실한 결론에 대한 충분한 데이터를 얻기가 어려운가?
답은 부록 C를 참조.

결과

연구 시작점(0일)에서, 지구력 시험의 결과는 두 집단 모두 산소를 받아들이고 이용하는 몸의 능력을 나타내는 척도인 유산소 능력(aerobic capacity)에서 비슷했다(그림 23.11c, 그래프에서 첫 번째 막대 한 쌍). 그러나 훈련 프로그램의 마지막에서는(18일차), "높은 곳에서 살고, 낮은 곳에서 훈련하는" 실험집단이 보다 높은 유산소 능력을 나타내었다(두 번째 파란색 막대). 그 후 이것은 2주 동안 점차 떨어졌다(33일차, 세 번째 파란색 막대). 이러한 결과는 분명하지만, 결정적인 결론을 도출하기에는 시험 대상자가 너무 적었다. 이것은 특히 지구력 운동선수처럼 흔치 않은 시험 대상자를 이용할 때 흔한 문제다. 그러나 그러한 연구는 제한적이긴 하지만, 오늘날의 지구력 운동선수들의 경기력을 향상시키기 위한 새로운 훈련 프로그램을 위한 과학적 근거를 제공하고 있는 것이다.

▼그림 23.11 **높은 곳에서 살고, 낮은 곳에서 훈련하라.**

(a) 높은 고도에서 열리는 운동경기는 더 큰 지구력이 필요하다.

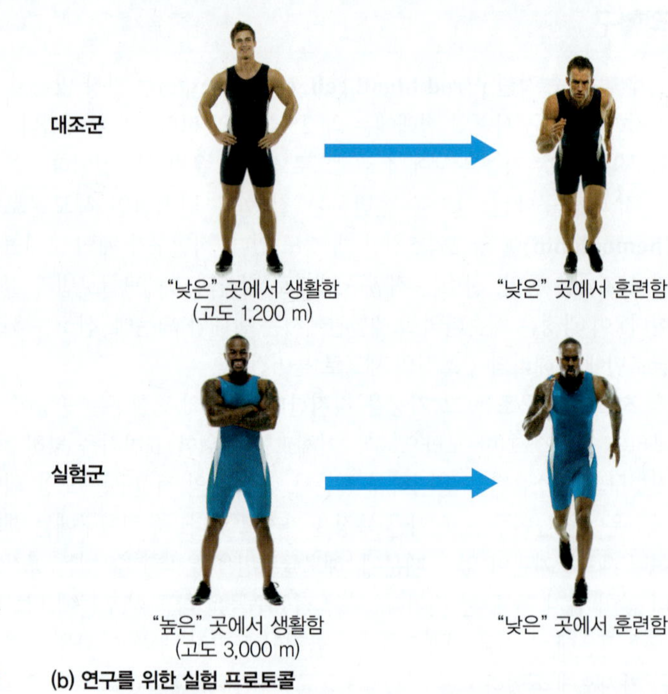

(b) 연구를 위한 실험 프로토콜

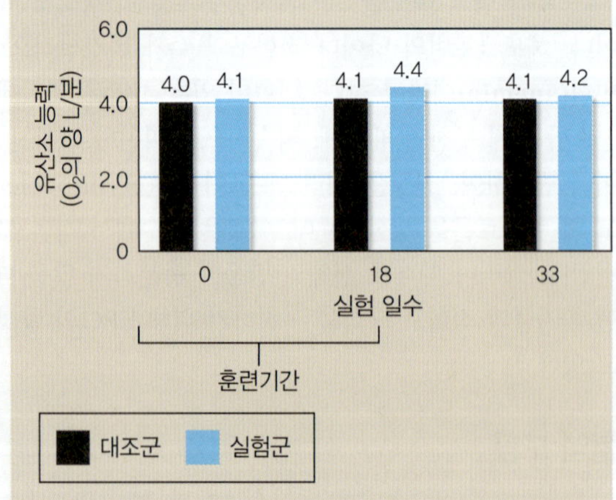

(c) 본 연구의 결과는 낮은 고도에서 훈련하면서 높은 고도에서 생활하는 것이 운동능력을 향상시킬 수 있다는 것을 시사하지만, 그 효과는 점차 사라진다.

Data from: J. V. Brugniaux et al., Eighteen Days of "Living High, Training Low" Stimulate Erythropoiesis and Enhance Aerobic Performance in Elite Middle-Distance Runners. *Journal of Applied Physiology* 100: 203-11(2006).

백혈구와 방어작용

적혈구는 혈액의 세포성 성분 중 하나이다(그림 23.12). **백혈구(white blood cells, leukocytes)** 역시 혈액의 성분이다. 백혈구는 적혈구보다 크다. 그리고 적혈구와는 달리 백혈구는 헤모글로빈이 없으며 핵과 소기관들을 갖고 있다. 면역계의 주요 성분으로서, 감염에 대항해 싸울 때 백혈구의 수가 일시적으로 증가하기도 하지만, 백혈구는 적혈구에 비해 훨씬 적다(24장 참조).

혈소판과 혈액응고

우리는 때때로 베이거나 긁히는 상처가 나기도 하지만, 혈액에는 출혈을 막아주는 두 가지 구성요소, 즉 혈소판과 피브리노겐을 가지고 있기 때문에 과도한 출혈로 사망하는 경우는 거의 없다. **혈소판(platelet, thrombocyte)**은 골수에 있는 큰 세포로부터 떨어져 나온 막으로 싸인 세포질 조각들이다. 혈액응고는 혈관 내면 조직이 손상되었을 때 시작된다. 곧 바로 혈소판은 손상된 조직에 붙어서 작은 파열 부위를 봉합하는 끈적한 덩어리를 형성한다. 또한 혈소판은 응고인자를 방출하는데, 이것은 혈장단백질의 하나인 **피브리노겐(fibrinogen)**을 **피브린(fibrin)**이라고 하는 실모양의 단백질로 전환시키는 분자들이다. 피브린 분자들은 촘촘한 그물망을 형성하여 패치를 생성한다(그림 23.12 참조).

응고기작이 너무 과하거나 부족하면 생명에 위협을 받게 된다. 색전(embolus)은 혈관 내에서 형성되지만 제거되지 않고 혈액 내에 떠돌아다니는 혈액 응고물이다. 만일 색전이 심장의 동맥에 머물면서 동맥을 막을 만큼 커지게 되면 심근경색이 일어난다. 이와 유사하게 머리의 색전은 뇌졸중을 일으킬 수 있다. 또한 폐의 혈관을 막게 되면, 색전은 기체교환에 영향을 미친다. 혈액 응고물을 만들지 못하는 것도 위험하다. 혈우병은 응고인자를 발현하는 여러 개의 유전자 중 하나에서 유전적 돌연변이가 생겨 발생한다. 유전질환인 혈우병에서는 작은 상처에도 불구하고 때때로 과잉의 치명적인 출혈이 일어날 수 있다(그림 9.28 참조).

헌혈

과잉의 출혈과 어떤 질환은 수혈을 통하여 치료될 수 있다. 수혈이란 혈액을 정맥주사로 어떤 사람에게서 다른 사람에게로 옮기는 과정이다. 수혈은 전혈 또는 특정 성분 헌혈이 가능하다.

전혈이 기증되면, 혈장, 적혈구, 백혈구, 그리고 혈소판 등 모든 성분은 수합되고 나서 분리된다. 백혈구는 수용자에서 일어나는 면역계 반응 때문에 제거되지만, 남아 있는 성분들은 암, 사고, 화상, 또는 대수술 환자에게로 수혈된다. 수용자는 공여자와 일치여부를 "확인"해야 한다. 예를 들어, A형 혈액을 갖는 수용자는 B형 혈액을 받을 수 없다(그림 9.20 참조).

어떤 특정 혈액 성분의 기증도 가능하다. 성분채집(apheresis)이라는 과정에서, 혈소판이나 혈장만이 공여자 혈액에서 제거되고, 남아 있는 혈액 성분들은 공여자의 순환계로 되돌려 보낸다. 성분채집은 역시 줄기세포 수집에도 이용된다(11장 참조). 다양한 혈액세포를 만들어내는 줄기세포는 정상적으로 골수 안에 존재한다. 약물처리로 골수 줄기세포는 혈류로 가게 해서, 그 다음 의학적 치료에 이용하기 위해 성분채집으로 수집한다.

골수의 세포에서 유래하는 암의 한 유형인 백혈병(leukemia)은 줄기세포로 치료될 수 있다. 치료법은 암화된 골수를 완전히 파괴한 다음, 일치하는 공여자(종종 형제자매)의 건강한 골수 줄기세포로 대체하

▼그림 23.12 **세 개의 세포성 혈액 성분.** 혈액에서 기능을 수행하는 적혈구와 혈소판과는 달리, 백혈구는 혈액을 빠져나와 신체 조직에 있는 국소 감염과 싸운다.

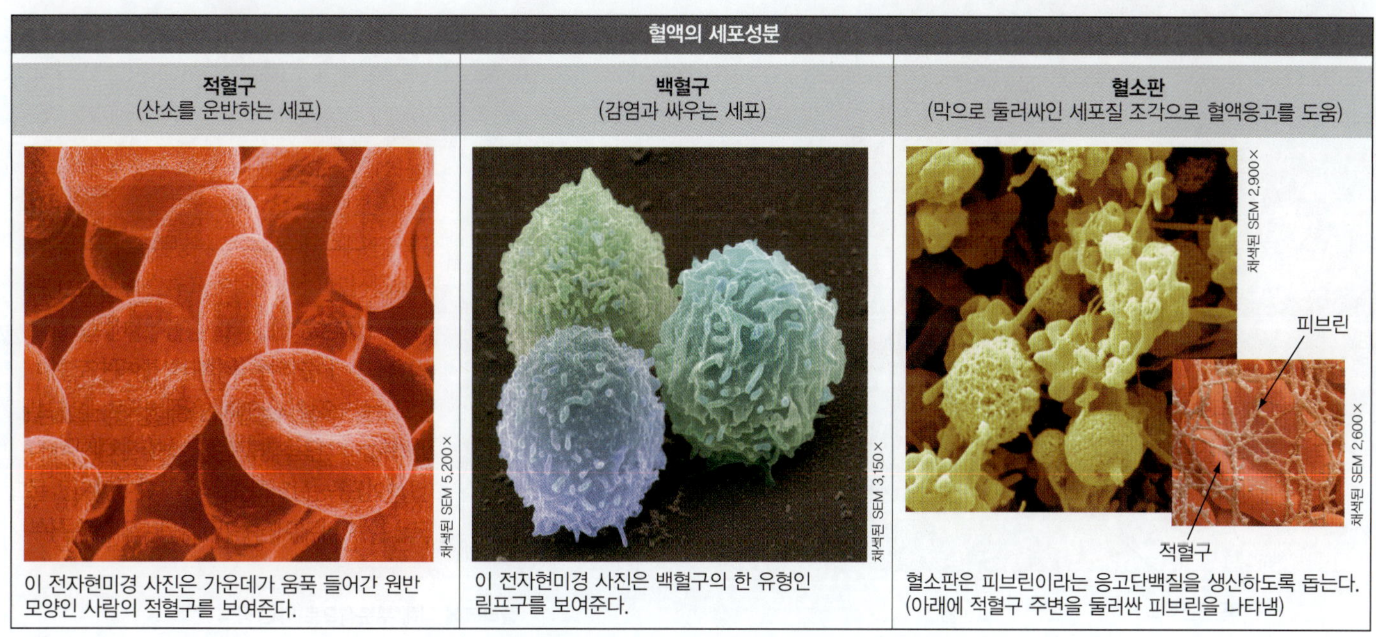

는 것이다. 혈연이 아닌 두 사람 사이에서 일치하는 골수세포 유형은 골수세포 표면에 있는 단백질에 대한 극도의 다양성 때문에 복잡하다. 국립골수기증프로그램(The National Marrow Donor Program)은 전 세계적으로 1천만 명 이상의 사람들을 잠재적 기증자로 등록하고, 6만 건 이상의 이식을 촉진시켰다. 생명을 구하는 데 도움이 되고 싶은가? 헌혈과 골수 등록을 생각해 보시오. ✓

✓ 체크포인트

성분채집의 목적은 무엇인가?

답: 혈소판이나 적혈구 같은 혈액의 한 가지 성분만을 분리하고 회수하기 위하여

23.5 심혈관 질환

심혈관계는 액체성 혈액 외에, 펌프(심장)와 일련의 관(혈관)도 포함한다. 심장과 혈관의 질병을 집합적으로 **심혈관 질환(cardiovascular disease)**이라 하며, 전 세계에서 사망자의 1/3이나 된다. 우리들은 이미 심혈관 질환의 하나인 박동원 기능부전에 대하여 논의하였다. 이 질환은 불규칙적인 심장 리듬과 갑작스런 심장마비를 일으킬 수 있다. 심장 근육에 산소가 많은 혈액을 공급하는 **관상동맥(coronary artery)**은 대동맥으로부터 나와 가지를 치는데, 그림 23.13에서 짙은 적색으로 나타나 있다.

몸 전체를 통하여 관상동맥을 포함한 다른 동맥들의 만성적인 질환은 **동맥경화(atherosclerosis)**라고 한다. 그 질환이 진행되는 동안에 콜레스테롤과 어떤 물질들이 동맥의 벽에 쌓여서 플라크(plaque)라고 하는 생성물을 형성하는데 이것은 혈액이 흐르는 통로를 좁게 만든다(그림 23.14). 플라크에 의해 좁아진 동맥은 응고물을 쉽게 가둘 수 있다. 만일 관상동맥이 부분적으로 막히게 되면, 때때로 협심증(angina)이라고 하는 가슴 통증을 느끼게 된다. 만일 관상동맥이 완전히 막히게 되면, 심장 근육은 산소부족으로(그림 23.13의 회색 부위) 즉시 죽게 된다. 관상동맥은 직경이 4~5 mm에 불과해서, 완두콩보다 작은 플라크에 의해 막히면 치명적인 심근경색을 일으키게 된다. 대략 심근경색 희생자의 1/3이 대부분 즉시 사망에 이른다. 생존자들에게 있어서, 손상된 심장이 혈액을 펴내는 능력은 기능을 못할 만큼 심각해 질 수 있는데, 심장근육은 대체되거나 치료될 수 없기 때문이다.

▼**그림 23.13 심근경색을 일으키는 관상동맥의 막힘.** 관상동맥이 하나 이상 막히게 되면, 심장 근육세포는 산소 부족으로 죽게 된다. 이것을 심근경색이라고 하는데, 그것은 심장 근육의 영구적인 손상으로 이어질 수 있다.

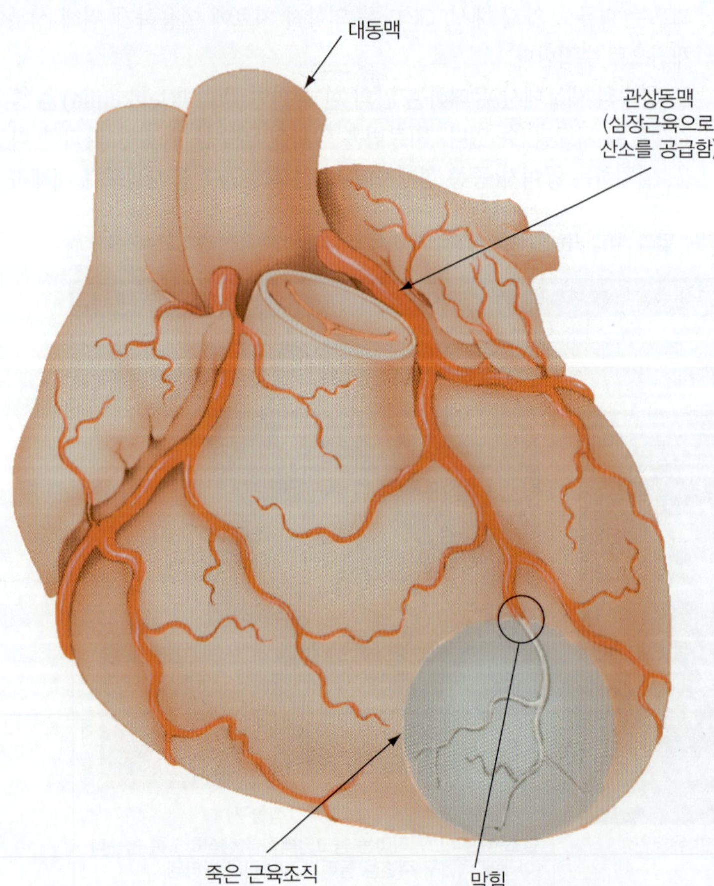

▼**그림 23.14 정상 동맥과 동맥경화를 나타내는 동맥.**

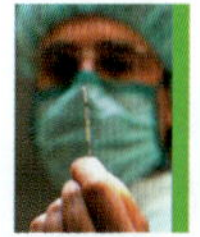

스파게티보다 훨씬 가는 금속 스텐트가 매년 수천 명의 생명을 구한다.

심혈관 질환을 가지고 있는 사람들을 위한 유용한 치료법들이 있다 **(그림 23.15)**. 어떤 약물들은 혈전의 발생의 위험을 낮출 수 있다. 혈관형성술(angioplasty)은 풍선이 연결된 가는 관을 삽입하여 풍선을 부풀려 혈전을 누르고 막힌 관상동맥을 넓혀준다. 스텐트(stent)는 동맥을 열게 하는 작은 철사 그물망 관인데, 종종 혈관형성술 과정에서 그것을 끼워 놓는다. 혈관우회법(bypass surgery)은 훨씬 더 과감한 치료법이다. 이 과정에서, 환자의 다리에서 정맥을 잘라다 막힌 동맥 주위에 붙여 혈액이 심장근육으로 우회하여 흐르도록 하는 방법이다. 불행하게도 아직까지는 이러한 수술 방법으로 환자의 증세는 완화시킬 수 있지만, 문제의 원인을 완전히 제거한 것이 아니기 때문에, 만일 위험요소들이 최소화되지 않으면 심장질환이 재발될 수 있다.

심혈관 질환이 발병하는 경향은 어느 정도 유전적이다. 그러나 매일 하는 세 가지 습관은 심혈관 질환과 심근경색의 위험에 큰 영향을 준다. 흡연은 심근경색의 위험을 두 배로 높이며, 발생의 심각성을 증가시킨다. 규칙적인 운동(특히 "심장" 또는 "유산소" 운동)으로 심장질환의 위험을 50% 줄일 수 있다. 과일, 채소, 전곡이 많은 건강식을 하게 되면, 동맥경화의 발병 위험을 감소시킬 수 있다.

희망적인 측면에서 본다면, 지난 50년 동안 미국에서 심혈관 질환으로 인한 사망률이 약 절반으로 떨어졌다는 것이다. 건강교육, 조기진단, 특히 흡연과 같은 위험 인자의 감소 등은 매우 중요한 것이다. ✓

✓ 체크포인트

심혈관 질환의 위험을 낮추기 위해 당신이 할 수 있는 세 가지 방법을 나열하라.

답: 건강식을 먹어라, 규칙적으로 운동하라, 그리고 흡연을 피하라.

▼그림 23.15 플라크에 의해 막힌 동맥을 보수하는 방법들.

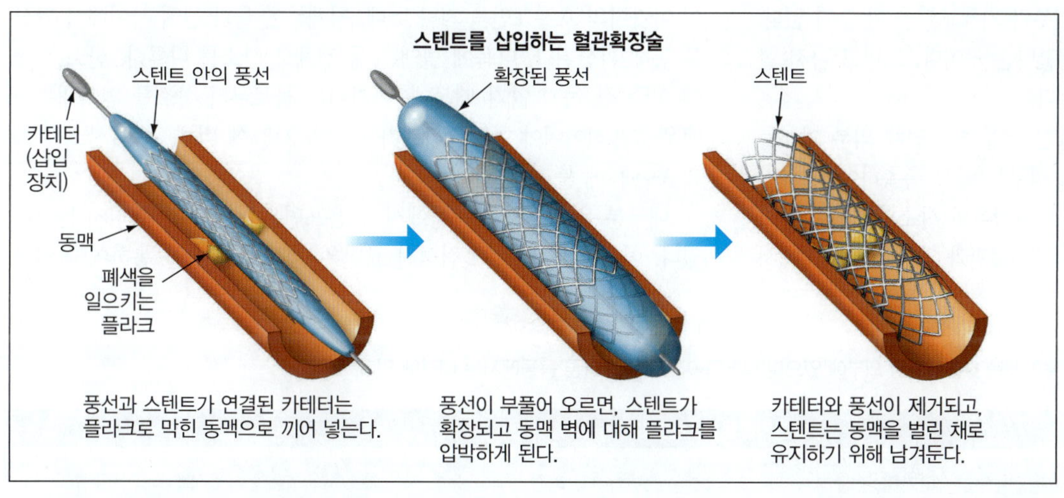

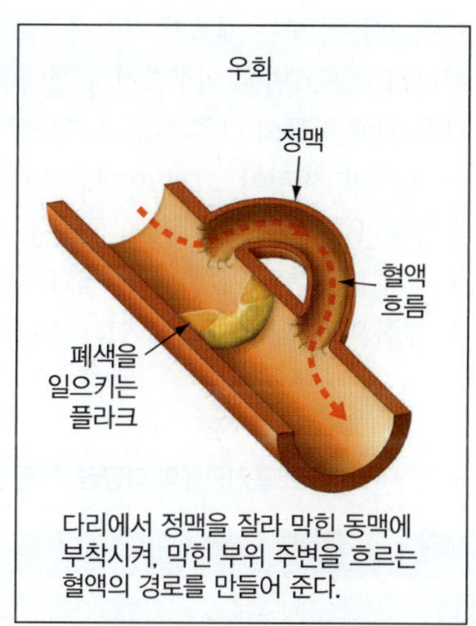

동물 호흡의 통합개념

천천히 숨을 들이쉬고 내쉬어 보라, 그리고 각 흡기와 호기에 따라 세포 수준에서 어떤 일이 일어나는지를 상상해 보라. 세포 내에서, 세포 호흡 과정(6장의 주제)은 O_2를 이용하여 포도당을 분해하고, 물, CO_2, 그리고 ATP 형태의 에너지를 생산한다는 것을 상기해 보라. 모든 일하는 세포는 환경으로부터 안정된 산소 공급이 필요하고, 끊임없이 이산화탄소를 배출해야 한다. **따라서 우리가 산소를 필요로 하는 것은 에너지 변환이라는 생물학의 주요 주제의 하나와 직접적으로 연결되어 있다.**

당신이 살아 있는 것은 호흡계와 순환계 사이의 밀접한 상호작용이 필요하다. **호흡계(respiratory system)**는 환경과 세포 사이에서 산소와 이산화탄소의 교환을 용이하게 해주는 여러 기관으로 구성되어 있

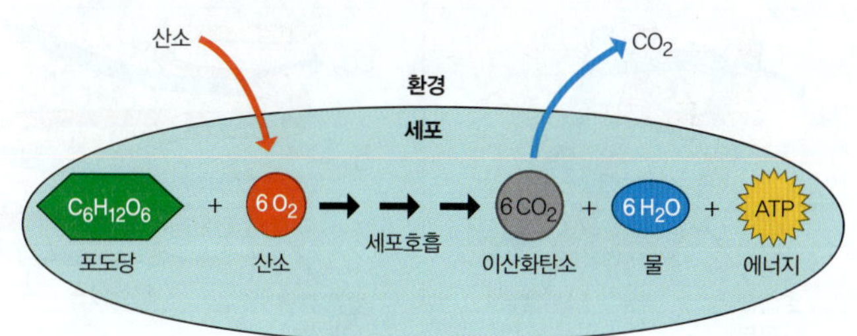

다. (전체 생물의 맥락에서, "호흡"이라는 말은 세포호흡이 아닌, 숨쉬기인 호흡과정을 일컫는 말이다.) 우리가 이미 배웠던 것처럼, 순환계는 O_2를 온몸으로 나르고, CO_2를 세포로부터 제거하는 것이다. **우리가 생물학에 대한 연구를 통해 보았듯이, 신체의 기관계(순환기와 호흡기)의 상호작용은 생명의 과정(세포호흡)이 일어나도록 해준다.**

외부로부터 산소가 확산되어 들어오고 이산화탄소가 확산되어 나가는 동물의 부분을 호흡표면(respiratory surface)이라고 부른다. 호흡표면은 일반적으로 몸과 외부환경 사이의 기체교환이 가능하도록 단일 세포층으로 되어 있고, 얇으며, 습기가 있는 등 세 가지 특성을 가지고 있다. 이러한 특성들은 몸과 환경 사이의 신속한 확산에 필요하다. 또한 몸의 모든 세포에 필요한 산소를 공급할 수 있기에 충분한 표면적을 가져야 한다.

동물계 안에서 다양한 호흡표면이 진화되어 왔다. 예를 들어, 해면동물(sponges)이나 편형동물(flatworms)의 경우, 모든 세포의 원형질막은 외부 기체와 매우 가까이 접촉하고 있기 때문에 직접적인 확산에 의하여 기체교환을 할 수 있다. 그러나 많은 동물에서는, 커다란 몸 덩어리 때문에 모든 세포가 직접적으로 외부와 기체교환을 할 수가 없다. 따라서 호흡표면은 외부환경과 혈액이 만나는 곳이다. 그리고 나서 혈액은 기체를 몸의 다른 부분과 주고받는다.

거머리, 지렁이, 그리고 개구리와 같은 동물들은 전체 외부 피부를 호흡표면으로 사용한다(그림 23.16). 그 피부는 얇고 촉촉하여, 기체가 몸 전체를 통하여 교환된다. 결과적으로 지렁이의 산소와 이산화탄소의 교환은 피부 바로 밑에 있는 수많은 모세혈관과 외부환경 사이에서 이루어진다. 그러나 얇은 피부 때문에 물과 독소가 역시 피부를 통하여 확산될 수 있다. 어떤 개구리들은 농장에서 흘러나오는 물에 용해된 독소 때문에 위태로울 수 있다. 살충제와 비료는 쉽게 얇은 피부를 통하여 확산되며, 그 결과 생식 문제를 야기할 수 있다. 사람들은 이 성질을 이용해 외래 개구리가 지역 경관을 침범한 지역에 카페인 용액을 뿌린다. 이 카페인은 청개구리를 죽일 만큼 많은 양으로 피부를 통해 흡수된다. 독성이 있는 개구리는 포식자를 막기 위해 피부에 독소를 분비하는 역방향 전략에 기초한 방어를 진화시켰다.

그러나 대부분의 동물의 경우, 외부 표면을 통하여 기체가 통과할 수 없거나, 전체 몸이 필요로 하는 기체교환에 필요한 충분한 표면적을 갖지 못한다. 이러한 동물에서는, 체표면의 특수화된 부위에 가지를 많이 내어 심하게 접힌 구조를 통하여 기체교환을 위한 충분한 표면적을 제공한다.

어류 등과 같은 척추동물과 바닷가재와 갯민숭달팽이(sea slug) 등과 같은 무척추동물 등 대부분의 수서동물에서 호흡표면은 **아가미(gill)**라고 하는 밖으로 확장된 체표면으로 존재한다(그림 23.16). 물이 아가미의 호흡표면을 지나갈 때, 기체들이 물과 혈액 사이에서 확산을 통해 확산된다. 다음에 혈액은 몸 전체로 산소를 나른다. 산소는 물에 아주 잘 녹지 않기 때문에, 아가미는 물로부터 산소를 얻어내는데 매우 효율적이어야 한다. (산소가 공기의 21%에 비해, 용존 산소는 물의 3~5%에 불과하다.)

대부분 육지에 사는 동물에서, 호흡표면은 몸 안으로 접혀져 들어가 있다. 이와 같이 안으로 접혀진 표면은 단지 좁은 관을 통하여만 외부

▼그림 23.16 **호흡기관들의 다양성.** 어떤 동물에서는 호흡기관이 외부에 있으며(피부와 아가미), 또 다른 동물에서는 내부에 있다

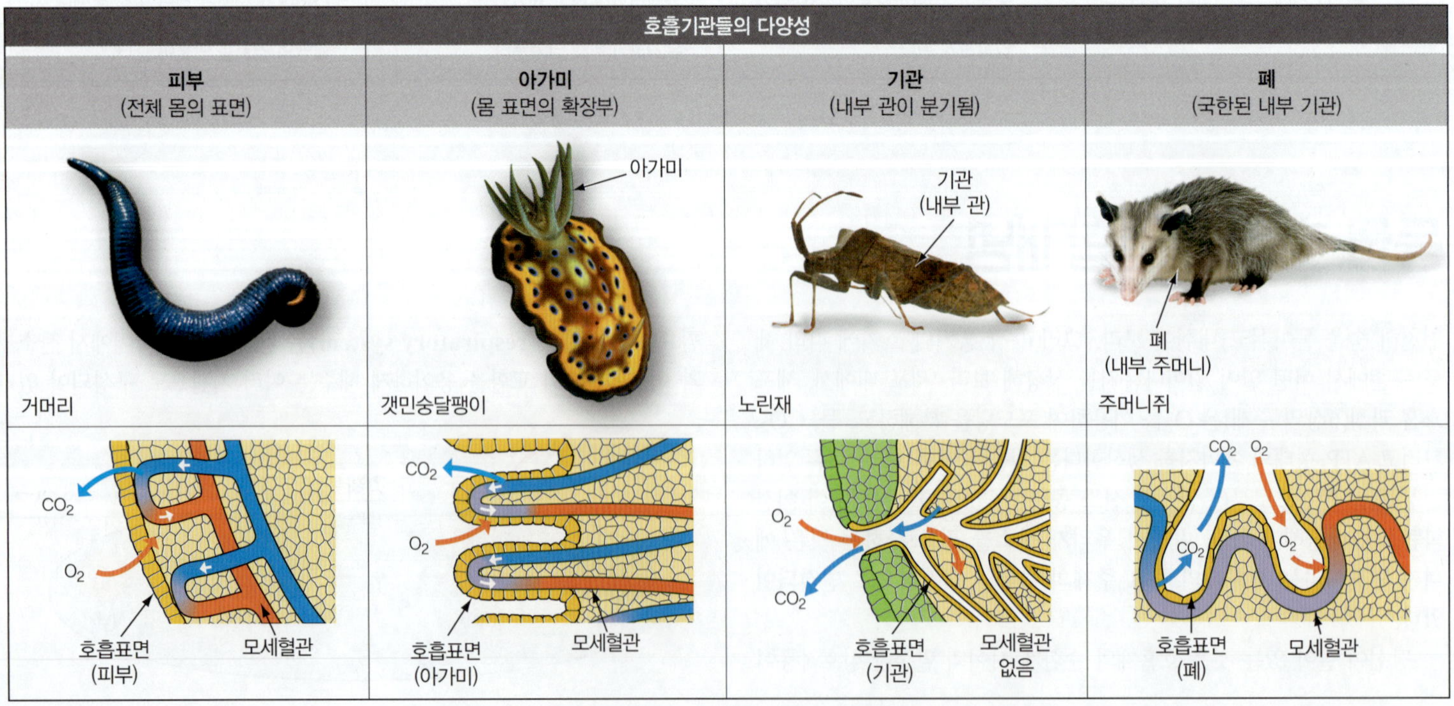

호흡기관들의 다양성			
피부 (전체 몸의 표면)	아가미 (몸 표면의 확장부)	기관 (내부 관이 분기됨)	폐 (국한된 내부 기관)
거머리	아가미 갯민숭달팽이	기관 (내부 관) 노린재	폐 (내부 주머니) 주머니쥐
CO_2 O_2 호흡표면 (피부) 모세혈관	CO_2 O_2 호흡표면 (아가미) 모세혈관	O_2 CO_2 호흡표면 (기관) 모세혈관 없음	CO_2 O_2 CO_2 O_2 호흡표면 (폐) 모세혈관

에 열려 있다. 이런 해부학적 배열은 전체 몸 표면보다는(지렁이나 개구리처럼) 기체교환에 필요한 호흡성 세포들만이 습기가 유지되어야 한다. 육지에 사는 동물에서 보는 것처럼, 두 종류의 호흡 구조는 기관계와 폐이다.

곤충들은 **기관계(tracheal system)**를 통하여 호흡하는데, 이것은 기관이라는 여러 갈래로 갈라진 내부 관이 확장된 그물망 구조이다(그림 23.16). 기관은 몸 표면 근처에서 시작하여 보다 가는 관으로 가지를 쳐서 거의 모든 세포에 연결되어 있다. 세포와의 기체교환은 관의 끝을 따라 늘어선 습한 상피를 가로질러 확산에 의해 일어난다. 거의 모든 체세포가 호흡표면 근처에 있기 때문에, 곤충의 기체교환은 순환계의 도움을 필요로 하지 않는다.

폐는 달팽이, 일부의 거미류, 그리고 양서류, 파충류, 조류, 포유류 등과 같은 육서 척추동물에서 발견되는 가장 흔한 형태의 호흡표면이다(그림 23.16). 곤충의 기관계와는 반대로, **폐(lung)**는 내면에 습기 있는 상피를 가진 기관으로 존재한다. 기체들이 폐와 몸을 이루는 세포들 사이에서 순환계에 의해 교환된다. 다음 절에서는 사람의 폐에 대해 자세히 살펴볼 것이다. ✓

✓ 체크포인트

1. 왜 모든 사람의 세포는 O_2의 지속적인 공급과 CO_2의 처리를 요구하는가?
2. 곤충은 어떻게 어류와 사람이 하는 방법과는 다르게 기체교환을 수행하는가?

답: 1. 산소는 세포호흡에 사용되어 세포작용에 필요한 ATP를 만들어내며, 노폐물로서 CO_2를 생성한다. 2. 곤충의 호흡계는 직접 산소를 몸의 전 세포로 나르고, 이산화탄소를 직접 버리는 기관(trachea)을 이용한다. 어류와 사람은 호흡표면에서 온 몸의 세포로 산소를 나르고 이산화탄소를 버리는 순환계를 가지고 있다.

사람의 호흡계

그림 23.17은 사람에서 기체교환의 세 단계를 보여준다. ❶ 기체교환의 첫 단계는 **호흡(breathing)**이다. 이것은 교대로 일어나는 호기와 흡기에 의한 환기를 일컫는 것이다. 폐를 가진 동물은 숨을 쉬면 크고 습기 찬 내부의 호흡표면이 공기에 노출된다. 산소는 폐 상피를 덮고 있는 세포를 통하여 확산되어 세포를 둘러싼 혈관 안으로 들어간다. 동시에 혈액에 있는 이산화탄소는 폐의 세포를 거쳐 공기로 확산되어 몸 밖으로 배출된다. 대부분의 육상동물들은 많은 산소를 필요로 한다. 폐의 내부 관들은 호흡표면을 최대로 만들기 위하여 극도로 분지되어 있다. ❷ 기체교환의 두 번째 단계는 순환계를 경유하여 산소를 폐로부터 몸 전체로 운반하는 일이다. 또한 혈액은 반대로 조직으로부터 폐로 이산화탄소를 운반한다. ❸ 기체교환의 마지막 단계에서, 산소가 적혈구로부터 몸의 세포로 확산되고, 운반된 산소는 세포호흡과정을 통해 음식물로부터 ATP를 만들어 낸다. 이런 동일한 과정은 세포에서 혈액으로 확산되는 폐기물로서 CO_2를 생성한다. 순환계는 CO_2를 폐로 다시 운반하고, 그곳에서 밖으로 배출한다. ✓

✓ 체크포인트

순환계와 몸 사이에 호흡성 기체들을 이동시키는 것은 어떤 종류의 세포 수송인가?

답: 확산

23.6 공기의 경로

깊은 호흡을 몇 번 해보고, 당신의 몸으로 들어가는 공기의 경로를 주의해 보라. 폐로 가는 공기의 흐름을 따라 호흡계의 개요를 살펴보자.

그림 23.18a은 사람의 호흡계를 보여준다. 공기는 콧구멍과 입을 통하여 호흡계로 들어간 다. 비강(nasal cavity)에서 공기는 코털과 점액에 의해 여과되고, 데워지고, 습기가 더해지며, 냄새 수용기에 의해 인식된다. 코를 통과한 공기는 소화계와 호흡계가 만나는 **인두(pharynx)**로 들어간다. 만일 음식물 조각이 인두에 걸리면, 폐로 가는 공기의 경로를 차단하여, 당신은 숨이 막혀 곧바로 사망할 수 있다. 하임리히 응급법(Heimlich maneuver)은 횡격막을 신속하게 밀어서 폐를 압박하여 기관을 통해 공기를 위로 내보냄으로, 사람이 숨막혀 죽는 것을 방지해 준다.

공기는 인두를 지나 **후두(larynx)**를 거쳐 **기관(trachea)**으로 이동한다. 기관은 각각의 폐로 연결되는 두 개의 **기관지(bronchi)**로 나뉜다. 폐 안에서 각 기관지는 반복적으로 점점 가늘게 가지를 쳐서 세기관지(bronchiole)로 나뉜다. 여러 개로 갈라진 호흡계의 관의 구조는 마치 나무를 거꾸로 놓은 것과 같아서, 기관은 마치 나무의 밑둥치의 줄기처럼 보이고, 세기관지는 가장 작은 가지처럼 보인다. 기관지염은 이런 작은 관들에 염증을 일으키는 질환이다. 세기관지는 천식 발작 동안 심하게 좁아져서, 공기가 안으로 들어올 때 가쁜 숨소리를 내게 된다.

세기관지의 끝에는 **폐포(alveoli**; 단수, *alveolus*)라고 불리는 공기 주머니가 포도송이처럼 달려 있다(그림 23.18b). 각 폐에는 수백만 개의 작은 주머니인 폐포가 있는데, 이것들은 피부보다 50배의 넓은 표면적을 제공한다. 각 폐포의 안쪽은 호흡표면을 구성하는 상피세포로 덮여 있어서 기체교환이 일어난다. 작은 폐포는 민감하여 쉽게 손상을 입는다. 20세 이후에는 폐포들이 바뀌지 않는다. 폐포의 파괴(대개는 흡연에 의해 일어나지만, 공기오염에 노출에 의한 경우도 있음)는 폐기종(emphysema)이라는 폐질환을 일으킨다. 공기가 폐포에 도착하면, 산소는 공기로부터 각 폐포를 둘러싸고 있는 모세혈관망으로 확산되어 혈류로 들어간다.

당신은 아마 위의 단락을 읽으면서 여러 번 숨을 들이쉬고 내쉬었을 것이다. 호기는 그 과정의 반대이다. 이산화탄소는 혈액으로부터 폐포로 이동하여, 호기를 통하여 세기관지, 기관지, 기관을 거쳐 몸 밖으로 배출된다. 잠깐 멈추고 이산화탄소가 어디서 오는지를 생각해 보라. 이산화탄소를 이루고 있는 원자들은 당신이 섭취한 음식으로부터 유래한 것이다. 모든 세포들은 음식물(탄소 기반 분자들)의 화학에너지를 생산할 때, 이산화탄소는 단지 세포호흡의 노폐물에 불과하다. 순환계와 호흡계는 함께 작용하여 각 세포로부터 환경으로 이 노폐물을 수송한다. ✓

✓ 체크포인트

호흡계의 다음 부분을 들이마시는 공기와 만나는 순서대로 나열하시오: 기관지, 후두, 비강, 폐포, 인두, 세기관지, 기관.

답: 비강, 인두, 후두, 기관, 기관지, 세기관지, 폐포

23.7 뇌의 호흡조절

그림 23.19는 숨쉬기 과정에서 나타나는 변화를 보여준다. 숨쉬기(호흡)는 내쉬기와 들이쉬기, 즉 호기와 흡기가 교대로 나타나는 과정으로 이루어진다. 흉곽 위에 손을 얹고 숨을 들이마시면, 갈비뼈가 위쪽으로

▼그림 23.17 **기체교환.**

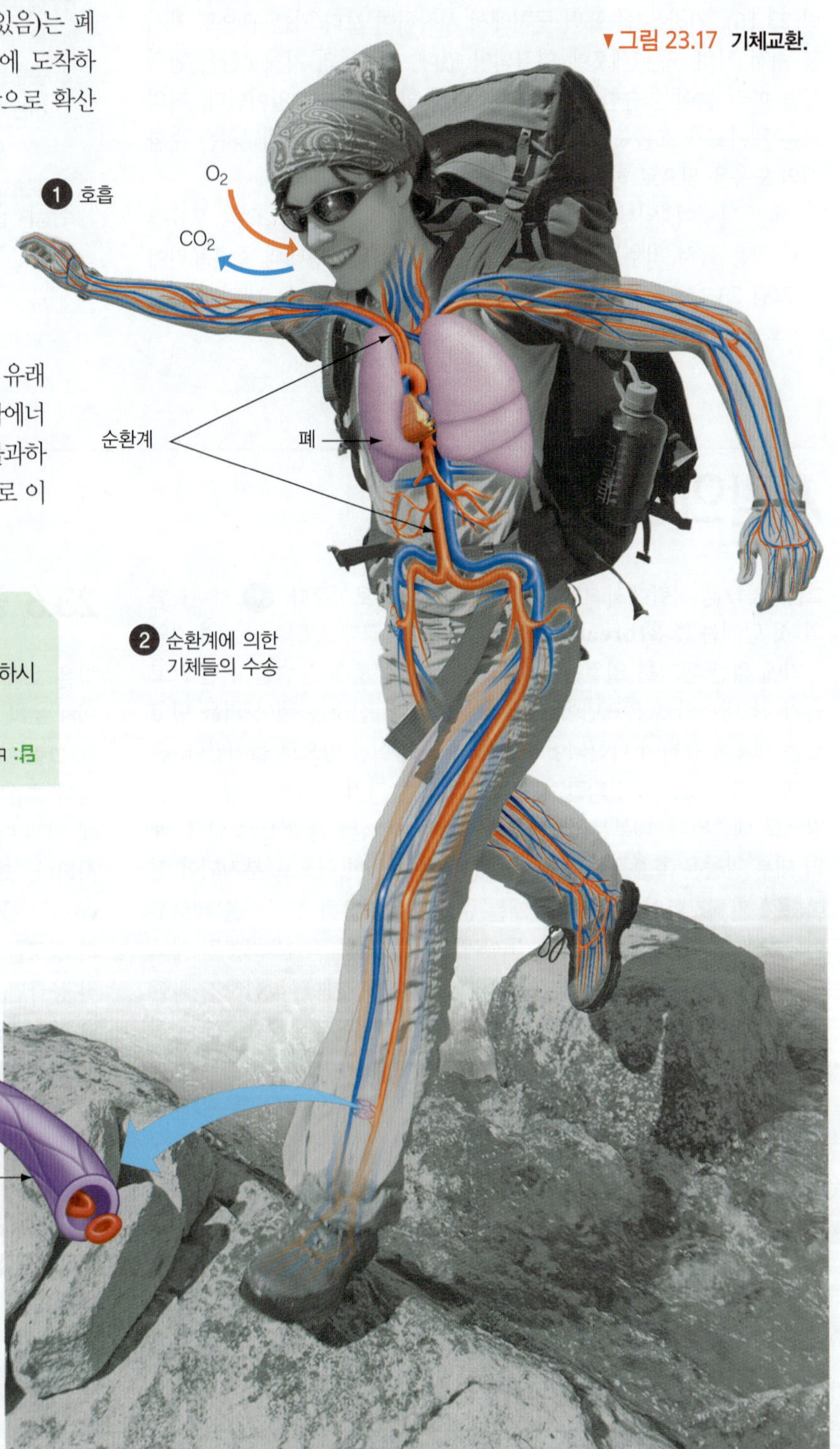

움직이는 것을 느낄 수 있고, 갈비뼈 사이의 근육이 수축하면서 퍼져 나간다. 한편 한 장의 근육인 **횡격막(diaphragm)**은 아래쪽으로 움직이면서 흉강의 공간은 확장된다. 이런 일들이 폐의 부피를 늘리게 되며, 폐의 기압은 대기의 공기압력 보다 낮아진다. 그 결과 코와 입을 통하여 공기들이 기압이 낮은 곳으로 몰려들게 하여 폐를 가득 채우게 된다. 숨을 들이쉴 때 공기를 빨아들이는 것 같지만, 실제로는 폐의 공기압이 떨어지기 때문에 공기가 수동적으로 폐에 빨려 들어가는 것이다. 이러한 과정을 음압호흡(negative pressure breathing)이라고 부른다. (반대로, 양서류는 입과 목에 있는 근육을 이용하여 공기를 폐로 밀어내는데, 이 과정을 양압호흡이라 한다.)

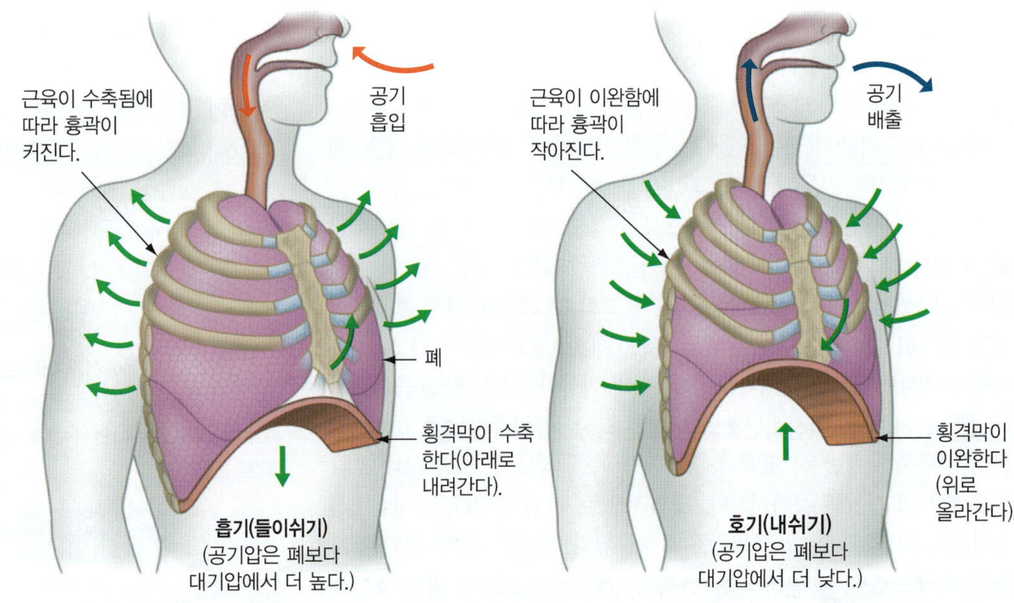

▲그림 23.19 **사람의 호흡 방법.**

내쉬기를 하는 동안, 갈비뼈와 횡격막 근육들은 이완되어, 흉강의 부피는 작아진다. 이렇게 부피가 작아지면 폐 안의 공기압은 올라가서 호흡계의 공기가 몸 밖으로 나가도록 한다. 횡격막의 운동은 정상적인 호흡에서 중요하다. 그 때문에 횡격막을 강하게 맞으면 숨이 막힌다는 표현을 하게 된다. 횡격막을 맞으면 횡격막 근육이 충격을 받아 흉강의 움직임이 억제되고, 결과적으로 정상적인 호흡이 정지된다. 어떤 때는 본의 아니게 갑작스런 횡격막 수축이 일어나서 후두를 통하여 공기를 밀어내어 딸꾹질을 하게 된다.

▼그림 23.18 **사람의 호흡계.**

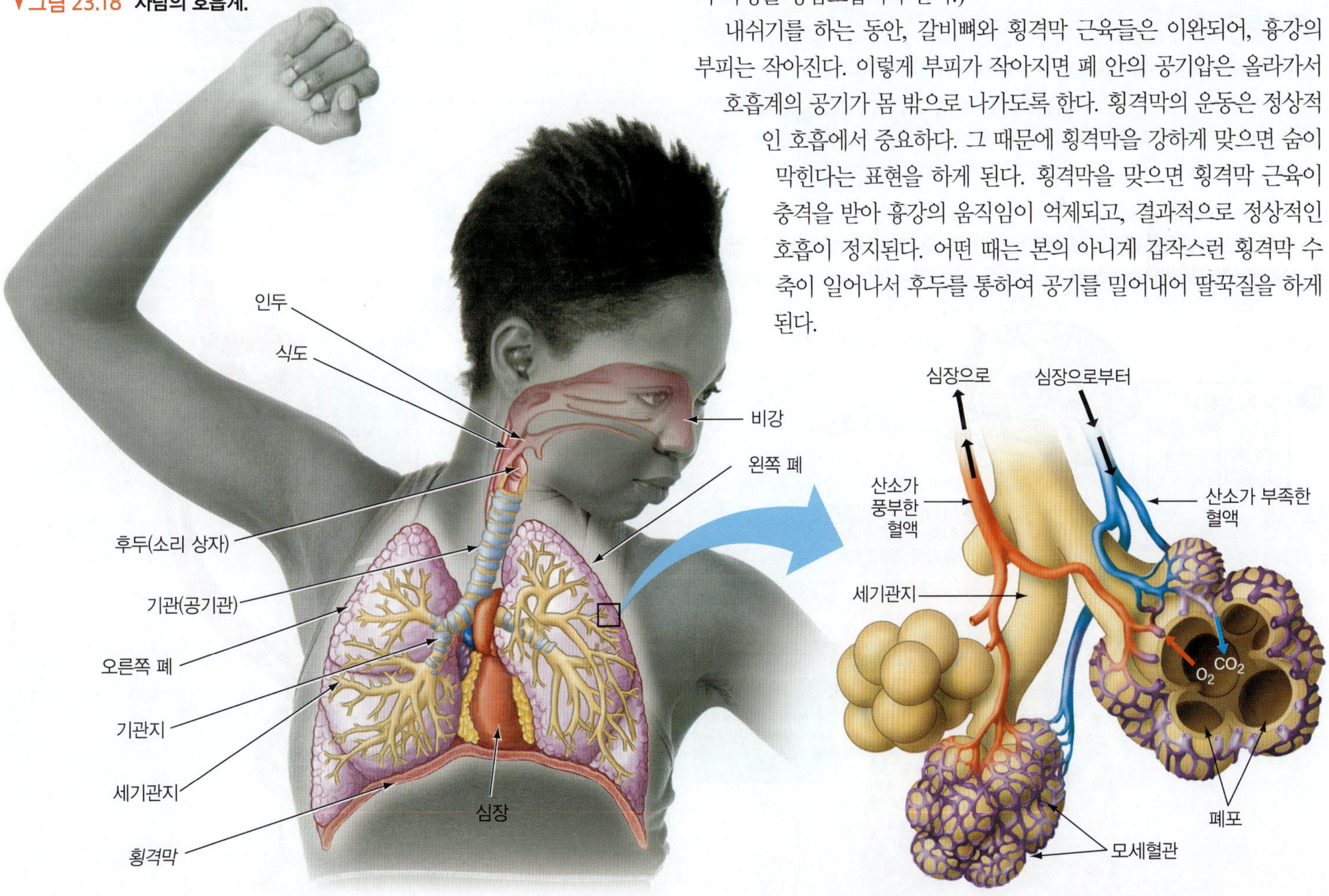

(a) 사람 호흡계의 개요

(b) **폐포의 구조.** 모세혈관은 폐포라고 하는 공기주머니를 둘러싸고 있다. 폐포는 폐에서 기체교환이 일어나는 곳이다.

우리는 의식적으로 호흡을 빠르게 하거나 느리게 할 수 있다. 당신은 숨을 참을 수도 있다(화난 아이들의 주장에도 불구하고, 당신이 의식을 잃었다가 파랗게 질리기 전에 정상적인 호흡으로 되돌아온다고 할지라도). 그러나 대개는 잠을 잘 때 뿐 아니라 평상시에도 숨 쉬는 것을 느끼지 못하는 경우가 많다. 그러면 무엇이 호흡을 조절하는가?

대부분의 시간에, 뇌간에 있는 호흡조절중추로부터 나온 신경이 분당 약 10~14회 호흡수를 유지하는 신호를 보낸다. 그렇지만 이런 호흡수는 당신이 운동할 때 변할 수 있다. 그림 23.20은 하나의 호흡조절계를 요약한 것이다. ❶ 운동하는 동안, 세포호흡은 최고조가 되어 근육에 더 많은 ATP를 생성하고 혈액 속의 이산화탄소의 양을 증가시킨다. ❷ 뇌가 높은 이산화탄소의 농도(자극)를 감지하면, ❸ 호흡조절센터는 수축하는(반응) 흉곽과 횡격막 근육에 정보(신호)를 보내 호흡수와 환기의 깊이를 증가시킨다. 결과적으로, 더 많은 CO_2가 내쉬면서 제거되고 더 많은 O_2가 근육운동에 제공된다. **당신의 몸에 대한 정보를 처리함으로써, 당신의 뇌는 현재의 상태와 양립할 수 있는 호흡수를 유지한다.** ✓

✓ 체크포인트

격하게 운동을 할 때, 사람이 깊게 호흡하는 이유는 무엇인가?

답: 뇌는 혈액 중의 이산화탄소(작용 중인 근육에 의해 생산되는)의 상승을 감지하여, 환기 속도와 깊이를 증가시키는 신호를 근육으로 보낸다.

▼그림 23.20 호흡조절중추. 운동하는 동안, 뇌의 조절중추는 호흡수와 깊이를 증가시키는 신호를 몸으로 보낸다.

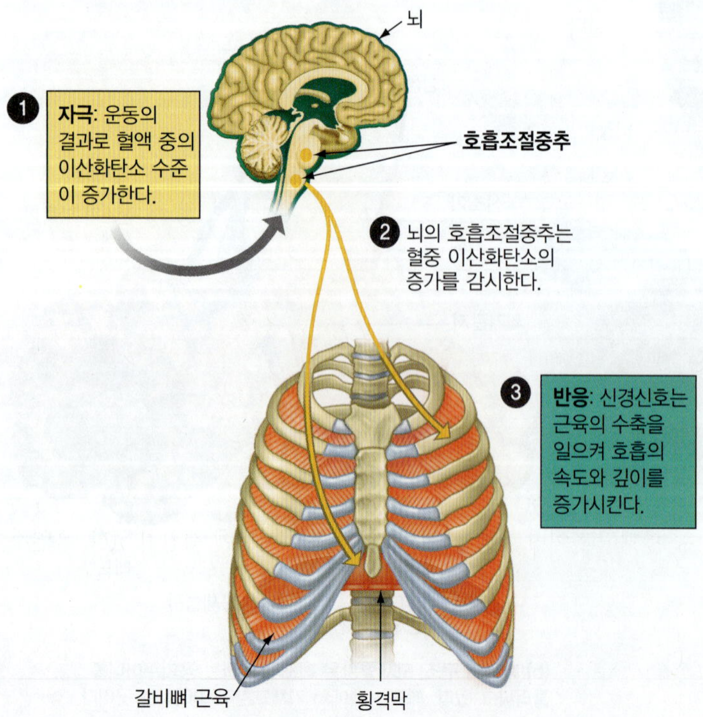

23.8 기체운반에서 헤모글로빈의 역할

사람의 호흡계는 몸으로 산소를 받아들이고, 몸 밖으로 이산화탄소를 내보내지만, 기체를 폐로부터 세포로 전달하는 것은 순환계에 의존한다(그림 23.21). 폐에서는 폐포를 둘러싸고 있는 모세혈관의 혈액과 폐포의 공기 사이에서 확산에 의한 기체교환이 일어난다. 공기 중의 산소 농도가 혈액의 산소 농도보다 높기 때문에 공기 중의 산소는 폐의 혈액

▼그림 23.21 몸에서 일어나는 기체운반과 기체교환. 산소가 풍부한 혈액은 심장을 거쳐 폐로부터 신체 조직의 모세혈관으로 보내진다. 산소는 조직세포로 들어가고 이산화탄소는 나와서 혈액으로 들어간다. 산소가 적은 혈액은 다시 심장을 거쳐 폐로 돌아간다.

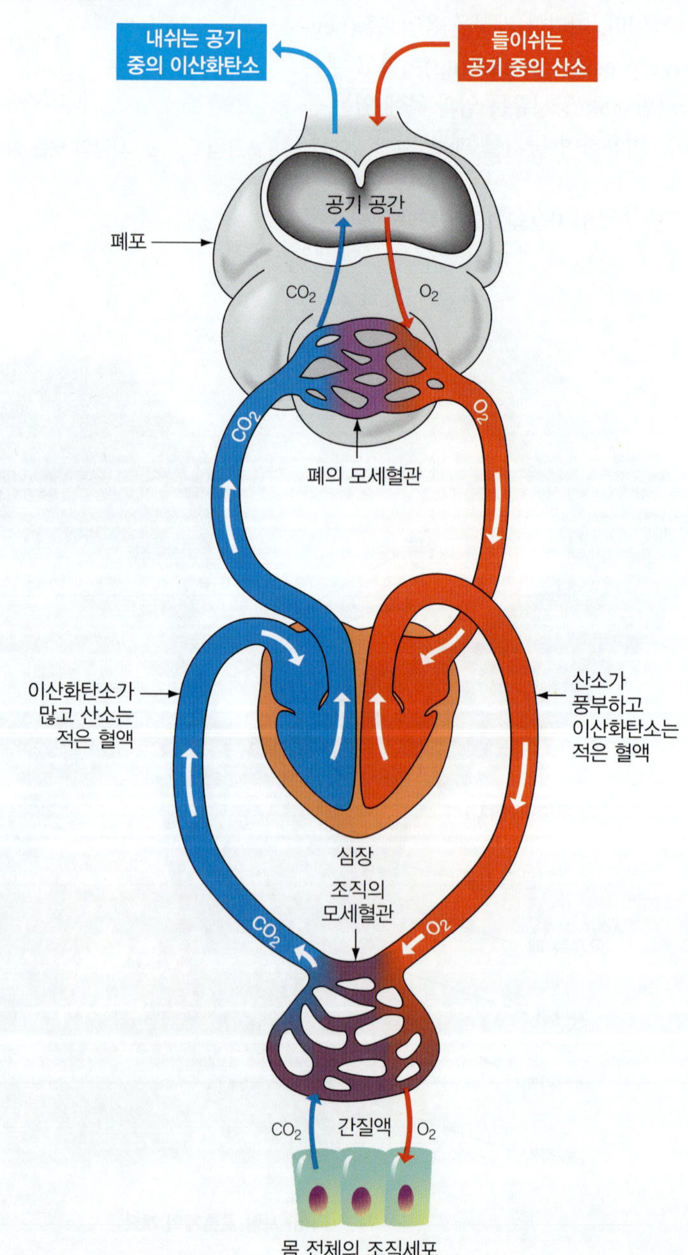

으로 이동하며, 반면에 이산화탄소는 농도 차이에 의하여 혈액에서 공기 쪽으로 확산되어 나간다.

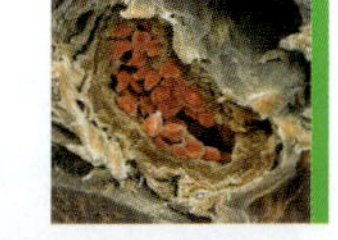

일산화탄소는 혈중 헤모글로빈을 가로채서 산소를 쫓아내는 결과를 가져온다.

그러나 이 간단한 도식에는 문제가 있다. 산소는 혈액에 쉽게 용해되지 않기 때문에 O_2는 공기에서 혈액으로 스스로 이동하지 않는다. 화물이 고속도로를 따라 운송되기 전에 트럭에 적재되는 것처럼 대부분의 O_2는 적혈구에 적재되어야 혈액을 통해 운반할 수 있다. 산소는 4개의 폴립펩티드 체인으로 구성된 헤모글로빈에 결합된다(그림 23.22). 각각의 폴리펩티드는 헴(heme, ●)이라는 원자단을 가지고 있는데, 이 헴의 가운데에 철 원자(검은색으로 보임)가 결합되어 있다. 각각의 철 한 원자는 산소 한 분자를 잡을 수 있기 때문에, 한 분자의 헤모글로빈은 네 분자의 산소와 결합할 수 있다. 헤모글로빈은 폐에서 산소와 결합하여 세포까지 가서 산소를 전달한다. 헤모글로빈이 산소와 결합하면, 혈액의 색깔이 밝은 선홍색으로 변한다. 산소가 적은 혈액은 짙은 적갈색인데, 그것은 피부를 청색으로 보이게 한다. 익사자처럼 호흡이 정지한 사람이 청색으로 변하는 이유는 바로 그 때문이다.

▼그림 23.22 **헤모글로빈 분자.** 4개의 산소 분자는 하나의 헤모글로빈 분자에 있는 4개의 철 원자에 결합한 후 혈액을 통하여 수송된다.

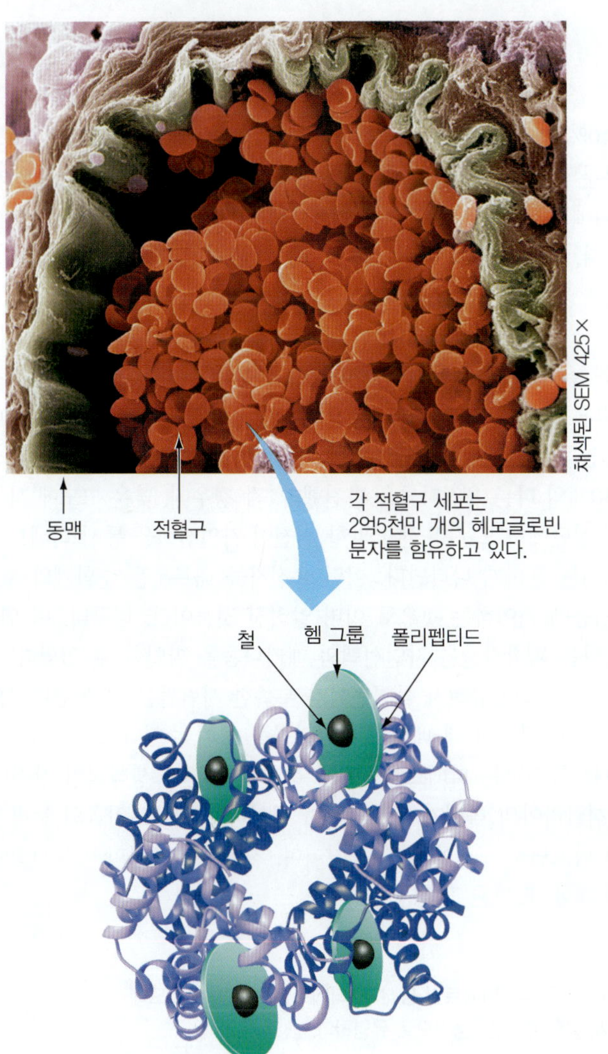

철이 헤모글로빈의 구조에서 매우 중요하기 때문에, 철의 부족은 헤모글로빈의 합성을 저하시킨다. 실제로 철의 부족은 빈혈의 가장 흔한 원인이 된다. 여성은 월경으로 인한 혈액의 손실 때문에 남자보다 철 부족으로 발생되는 빈혈이 더 많으며, 발달하는 아기에게 영양을 공급하기 위해 여분의 혈액을 생산하는 임산부는 종종 철분 보충제를 필요로 한다.

일산화탄소는 색깔과 냄새가 없는 독성 기체로서, 산소보다 더 강하게 헤모글로빈과 결합한다. 그러므로 일산화탄소를 들이마시면 온몸 조직으로 산소를 나르는 일이 억제되어, 세포호흡이 차단되고 급사하게 된다. 일산화탄소는 연료의 연소로 발생되어, 밀폐된 공간에 축적되면 치명적이 될 수 있다. 당신의 집에서 일산화탄소 중독의 잠재적인 원인으로는 결함이 있는 기체 동력 기기나 밀폐된 공간에서 그릴 또는 가스 동력 엔진을 사용하는 것 등이 있다. 잠재적으로 치명적인 효과에도 불구하고, 수백만 명의 미국인들은 자발적으로 흡연을 통해 일산화탄소를 마시고 있는 것이 현실이다.

23.9 폐에 대한 흡연의 피해

우리가 하는 모든 호흡은 호흡조직을 잠재적으로 해로운 화학물질에 노출시키는 것이다. 공기오염의 최악의 원천 중 하나가 흡연이다.

흡연은 호흡계에 피해를 끼친다. 만성 기침과 호흡 곤란은 심한 흡연자에게 가장 흔한 문제이며, 이런 증후들을 합하여 만성폐쇄성폐질환(COPD)이라고 한다. COPD와 함께, 공기 흐름과 기체교환이 악화된다. 세기관지 내면의 상피조직은 자극되어 부어오르게 되고, 많은 점액을 생산하여 폐포로 오가는 공기 흐름을 차단하게 된다. (기침을 하는 것은 짙은 점액을 뱉어내기 위한 시도이다.) 기체교환이 일어나는 폐포도 COPD로 손상을 입는다. 폐포 벽은 탄력성을 잃고 공기를 배출하는 능력에 영향을 미친다. 방 사이의 벽이 제거되어 하나의 방이 만들어지는 것처럼, 폐포 벽도 파괴되어 큰 공기주머니가 형성된다. 폐포의 수가 적어지고 표면적이 작아지면 기체교환이 감소한다.

전 세계 성인 인구의 21%가 담배를 피운다. 전 세계 흡연자의 80% 이상이 저소득 또는 중간 소득 국가에 살고 있다. 이들 국가 중 흡연 인구가 가장 많은 나라는 중국이다. 흡연은 예방 가능한 사망의 첫 번째 원인이며, 전 세계 10명 중 1명의 사망에 책임이 있다. 흡연자는 모든 폐암 발병 사례의 80~90%를 차지하며, 가장 치명적인 형태의 암 중 하나이다(그림 23.23). 그것은 남성 인구에서 암 사망의 주요 원인이다. 담배를 피우기 시작한 10대 청소년은 수명을 10년 이상 단축시킨다.

장기간 건강을 위해서 담배를 끊는 것보다 더 좋은 생활방식의 선택은 없다. 흡연자가 담배를 끊고 나서 비흡연자와 건강위험도가 같아지기 위해서는 15년의 기간이 필요하기 때문에 되도록 빨리 담배를 끊는 것이 좋다. 심지어 비흡연자들조차도 담배의 영향을 받을 수 있다. 연구에 따르면 간접흡연 연기가 특히 어린 아이들에게 상당한 건강상의 위험이 되고 있다고 한다. ✓

✓ 체크포인트

흡연은 어떻게 폐를 손상시키는가?

답: 흡연은 기도 내면에 있는 상피조직에 손상을 줌으로써, 공기의 적절한 흐름을 방해하고 가스교환이 일어나는 민감한 폐포를 파괴한다.

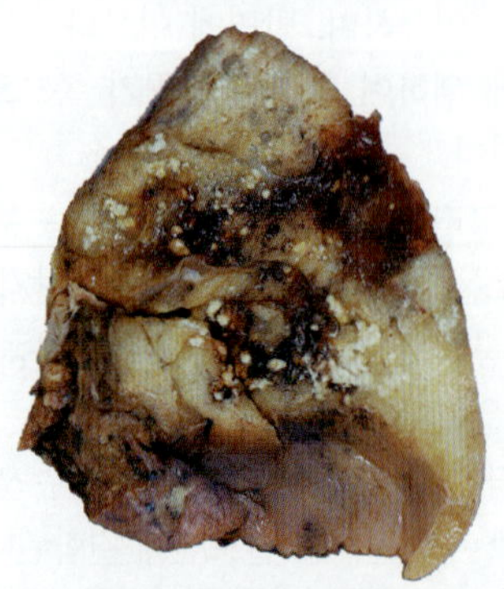

(a) 건강한 폐 (비흡연자) (b) 암에 걸린 폐 (흡연자)

▲**그림 23.23 건강한 폐와 암에 걸린 폐.**

진화와 연결 운동선수의 지구력

지구력의 진화

이 장에서, 순환계와 호흡계의 중요성을 설명하기 위해, 우리는 운동선수의 지구력에 대한 주제를 이용하였다. 우리는 혈액을 조절하고 심지어 인위적으로 혈액을 증가시키는 것이 운동선수의 지구력을 높이기 위해 이용될 수 있는 방법임을 알고 있는데, 그것은 근육에 산소를 공급하기 위해 순환계와 호흡계의 능력을 증진시키는 것이다. 그러나 밝혀진 바와 같이, 어떤 사람들은 비정상적으로 높은 지구력을 가지고 태어난다.

히말라야 산지 안의 고원인 티베트는 지구에서 가장 높은 지역으로서, 평균 고도가 거의 4,900 m이다. 많은 티베트인들은 4,000 m 이상에서 일하며 사는데, 그곳은 혈액으로 들어오는 산소의 양이 해수면보다 40%나 적다(그림 23.24). 광범위한 훈련이 없다면, 그러한 고도는 대부분의 사람들을 병들게 하거나 무의식 상태에 빠뜨릴 수도 있다. 많은 티베트인들은 산악 가이드로서 일하지만 "고산병"을 거의 경험하지 않는다. 어떻게 티베트 사람들은 그들의 환경에 대해 내성을 갖게 되었는가?

중국 생물학자들의 2010년 연구는 지난 수천 년을 지나면서 티베트 사람들은 높은 고도에서 번성하는 능력을 진화시켜 왔다는 것을 입증하였다. 50명의 티베트인의 유전체를 인근의 낮은 고도에 사는 40명의 중국인들의 유전체와 비교했을 때, 과학자들은 두 집단 사이에서 적어도 30개의 다른 유전자들을 발견했다. 각 경우에, 낮은 고도에 사는 중국인 집단에서 드문 유전자의 한 버전이 자연선택을 통해 티베트인 사이에서는 흔하게 나타난다. 이런 유전자들 대부분은 순환계와 호흡계의 기능에 기여하는 것으로 이미 알려진 것들이다. 더구나, 이 연구를 수행하는 과학자들은 자연선택의 메커니즘을 확인할 수 있었다. 높은 고도에서, 그런 유전자 돌연변이가 부족한 사람들은 그 돌연변이를 갖고 있는 사람들의 세 배의 유아사망률을 보여 주었다. 그 돌연변이 유전자를 물려받는 티베트인들에게 분명한 생존과 생식적인 장점이 있다. 히말라야의 꼭대기에서 일하며 번성하는 티베트인들의 능력은 그들의 타고난 지구력에 대한 증거이며, 진화라는 생물학의 통합적인 주제에 대한 또 다른 징후인 것이다.

◄**그림 23.24 티베트인 등산가.** 티베트인들은 높은 고도에 살면서 일할 수 있는 능력으로 유명하다.

복습

주요 개념의 요약

동물 순환의 통합개념

순환계는 생명체의 세포와 환경 사이에서 물질과 에너지의 교환을 촉진한다. 개방순환계에서, 순환 체액이 끝이 열린 관으로 펌프되어 자유롭게 세포 사이를 순환한다. 폐쇄순환계에서, 순환 체액(혈액)은 혈관 내에 한정되어 있다.

사람의 심혈관계

23.1 혈액의 경로

이 그림에서 산소가 적은 혈액과 산소가 풍부한 혈액이 어디에 있는지 유의하면서, 혈액의 순환 경로를 추적해 보라.

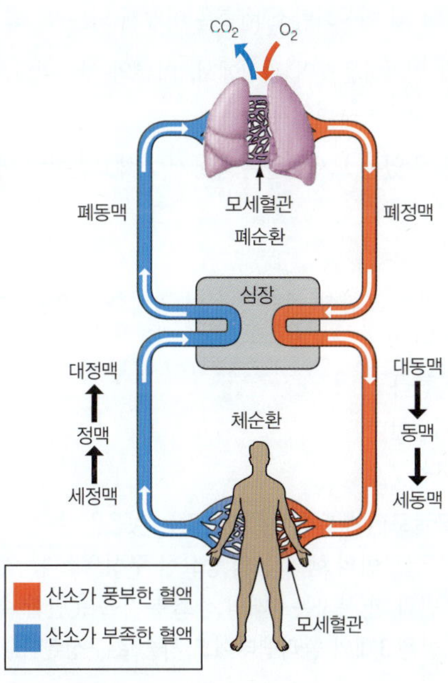

23.2 심장은 어떻게 작동하는가?

이 그림에서 혈액의 흐름을 추적하면서 심장의 구조를 복습하라. 심장주기는 수축기(수축)와 이완기(이완)의 두 단계로 구성되어 있다. 심장박동의 속도를 설정하는 박동원은 심방과 심실을 수축하도록 자극하는 전기충격을 발생시킨다.

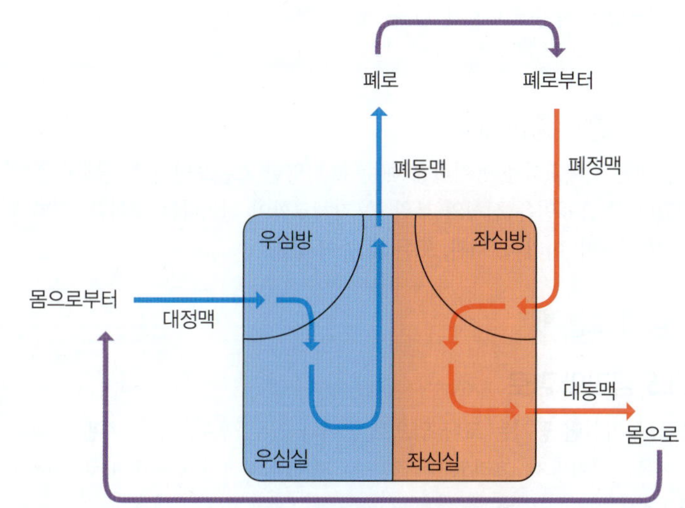

23.3 혈관

동맥은 심장으로부터 혈액을 내보낸다. 혈액과 간질액 사이의 교환은 모세혈관의 얇은 벽을 가로질러 이루어진다. 정맥의 판막과 정맥을 둘러싸는 골격근의 수축은 혈액을 심장으로 되돌아오도록 해준다.

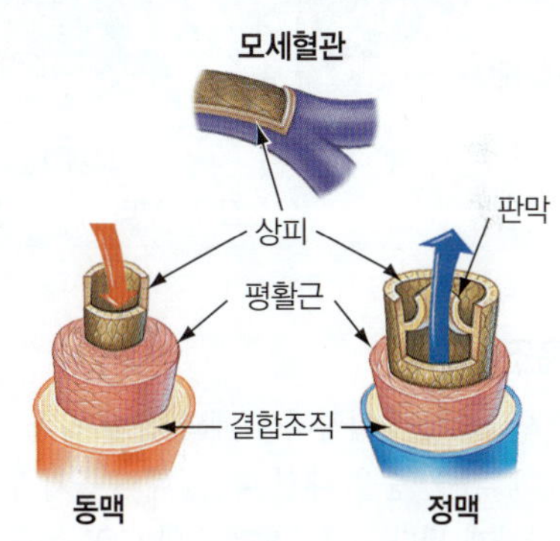

23.4 혈액

23.5 심혈관 질환

심근경색과 뇌졸중을 포함한 심장과 혈관의 질환은 다른 어떤 질환보다 많은 미국인을 사망에 이르게 한다. 동맥경화는 동맥의 내벽에 플라크가 쌓인 것이다.

동물 호흡의 통합개념

호흡계는 기체교환을 용이하게 해준다. 다양한 호흡표면이 동물에서 진화되었다. 호흡표면은 신체의 부위 중 기체교환이 일어나는 곳이다. 여기에는 전 체표면, 아가미, 기관, 또는 폐 등이 있다.

사람의 호흡계

23.6 공기의 경로

숨을 들이쉬면 공기는 코나 입으로 들어와 인두, 후두, 기관, 기관지(폐로 들어옴), 세기관지, 그리고 궁극적으로 폐포(실제적인 호흡표면)로 들어간다.

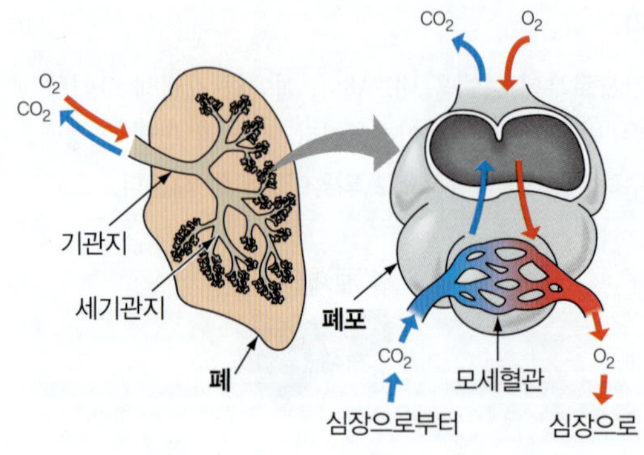

23.7 뇌의 호흡조절

숨을 들이쉬는 동안, 흉강이 확장하여 폐의 공기 압력이 낮아져서 공기가 폐 안으로 들어오게 된다. 숨을 내쉴 때는, 폐의 공기 압력이 높아져서 공기는 폐 밖으로 나가게 된다. 뇌는 혈액 속의 CO_2 농도의 영향을 받아 흉곽과 횡격막의 근육에 신호를 보내 환기의 속도와 깊이를 조절한다.

23.8 기체운반에서 헤모글로빈의 역할

산소는 폐에 들어온 후, 적혈구의 헤모글로빈과 결합하여 순환계에 의해 몸의 조직세포로 운반된다.

23.9 폐에 대한 흡연의 피해

담배 연기는 폐의 호흡표면을 손상시켜, 폐포의 기능과 공기 흐름을 해친다.

자습문제

1. 개방순환계와 폐쇄순환계의 차이는 무엇인가?
2. 다음 기술이 틀린 이유를 설명하시오. "모든 동맥은 산소가 풍부한 혈액을 운반하는 반면 모든 정맥은 산소가 적은 혈액을 운반한다."
3. 심장의 각 공간들과 그것의 기능을 연결하시오.
   a. 좌심방 1. 대정맥을 통하여 몸에서 오는 혈액을 받는다.
   b. 우심방 2. 폐동맥을 통하여 폐로 혈액을 보낸다.
   c. 좌심실 3. 폐정맥을 통하여 폐에서 오는 혈액을 받는다.
   d. 우심실 4. 대동맥을 통하여 온 몸으로 혈액을 보낸다.
4. 어떤 신생아들은 좌심실과 우심실을 분리하는 근육의 벽에 작은 구멍을 가지고 태어난다. 이것은 체순환에서 심장으로부터 퍼내진 혈액의 산소 함량에 어떻게 영향을 미치는가?
5. 산소는 일반적으로 ________에 결합하여 온 몸으로 운반된다.
6. 백혈구는 적혈구와 어떻게 다른가?
7. 사람이 운동할 때 이산화탄소 배출은 어떻게 되는가? 그 이유는?
8. 체내 어디에 위치하는가의 관점에서, 어류의 아가미와 사람의 폐 사이에 주요한 차이는 무엇인가?
9. ______ 주위에 있는 모세혈관은 폐에서 기체교환이 일어나는 곳이다.
   a. 폐포
   b. 세기관지
10. 호흡은 횡격막을 포함한 여러 근육의 활성화를 포함한다. 숨을 내쉬는 동안, 횡격막은
    a. 위로 이동한다.
    b. 아래로 이동한다.
    c. 평평해진다.
11. 다음 중 헤모글로빈에 대한 설명 중 맞는 것은?
    a. Cu는 헤모글로빈의 헴 그룹의 중요한 구성요소다.
    b. 헤모글로빈의 한 분자는 4개의 산소 분자를 운반할 수 있다.
    c. 헤모글로빈은 3개의 폴리펩타이드 사슬로 구성된다.

답은 부록 C를 참조.

주된 주제 식별하기

아래의 각 문장에 대해, 어떤 주요 주제(기능과 구조의 관계, 정보 흐름, 에너지와 물질을 변환시키는 경로, 생물계 내의 상호작용 또는 진화)를 명확히 하고, 문장이 주제와 어떻게 관련되는지 설명하시오. 필요한 경우 주제(1장)를 검토하고 이 장에서 파란색으로 강조된 예를 검토하시오.

12. 감각세포는 혈류 속의 CO_2 수치를 뇌에 전달하여 호흡수를 조절할 수 있다.

13. 자신의 체열을 내는 포유류에서, 자연선택은 4개의 방을 가진 심장을 선택했다.

14. 순환계와 호흡계는 함께 작용해야만 모든 체세포에 산소를 공급할 수 있다.

답은 부록 C를 참조.

과학연구의 과정

15. 자료 해석하기 브라질의 과학자들은 생쥐를 이용하여 폐기종 모델을 만들었다. 즉 생쥐의 기관에 화학물질을 주사하여 폐기종이 생길 때까지 28일을 기다렸다. 대조군에는 간단한 생리식염수(소금) 용액을 주사하였다. 과학자들은 주사 전과 주사 후 28일에, 모든 생쥐가 트레드밀 위를 달리는 속도를 측정하였다. 대조군 생쥐들은 두 시점 모두 18 m/min 속도로 달렸다. 폐기종이 유발된 생쥐들은 주사 전 19 m/min에서 28일 후에는 16 m/min의 속도를 나타내었다. 실험에 대한 이 설명에 제시된 데이터를 사용하여 그래프를 그리시오. 당신이 그 자료로부터 얻은 결론은 무엇인가?

16. 핀란드 출신의 크로스컨트리 스키선수이자 올림픽 금메달리스트인 에로 멘티란타(Eero Mäntyranta)는 보통 사람보다 더 많은 적혈구를 만드는 돌연변이를 물려받았다. 멘티란타가 어떤 종류의 돌연변이를 물려받을 수 있었는지, 그리고 어떻게 당신의 가설을 시험할 수 있는지에 대한 가설을 제시하시오.

17. 많은 운동선수들(특히 달리기 선수들)은 혈액응고를 피하기 위해 사람들이 비행기에서 신는 것과 비슷한 압축 양말을 신기 시작했다. 어떻게 이 양말들이 운동 경기력을 향상시킬 수 있을까?

우리와 함께하는 생물학

18. 투르 드 프랑스(Tour de France) 자전거 경기와 같은 많은 지구력 스포츠는 혈액 도핑 스캔들로 인해 엉망이 되었다. 운동선수가 산소를 공급할 수 있는 능력을 향상시킬 수 있는 방법은 무엇인가? 당신은 모든 방법을 부정행위라고 생각하는가? 모든 것을 금지해야 하는가? 당신은 혈액 도핑에 걸린 운동선수에 대해 어떤 처벌이 적절하다고 생각하는가? 인위적인 방법을 동원하더라도, 운동선수들은 그들이 원하는 대로 훈련할 권리를 가져야 하는가?

19. 술과 담배는 심혈관계에 부정적인 영향을 미치기 때문에 건강에 큰 위협이 된다. 이러한 합법적인 약물의 소비로 인해 발생하는 건강 문제는 보건 서비스에 막대한 재정적 영향을 미친다. 그에 비해 헤로인과 같은 몇몇 불법 마약은 선진국의 경제에 훨씬 더 적은 부담을 준다. 왜 술과 담배는 합법적인가? 반면에 마약류는 왜 합법적이지 않은가?

24 신체의 방어

차례 내용

이크, 두드러기! 당신이 어디에 사느냐에 따라, 육류에 대한 알레르기가 생길 수 있다.

왜 신체의 방어가 중요한가?

우리 주위의 세계는 우리를 병들게 할 잠재력을 가진 세균, 바이러스, 그리고 다른 생물체들로 가득 차 있다. 고맙게도, 우리의 몸은 이 해로운 침입자들의 대부분을 막아주는 방어막들로 무장되어 있다. 신체의 방어가 실패하면 심각한 질병이 발생할 수 있다.

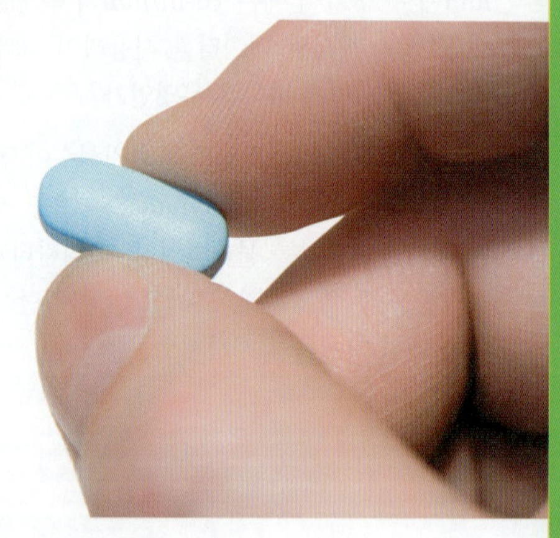

HIV를 예방하는 알약은 더 이상 추상적인 개념이 아니다. 그것은 현실이다.

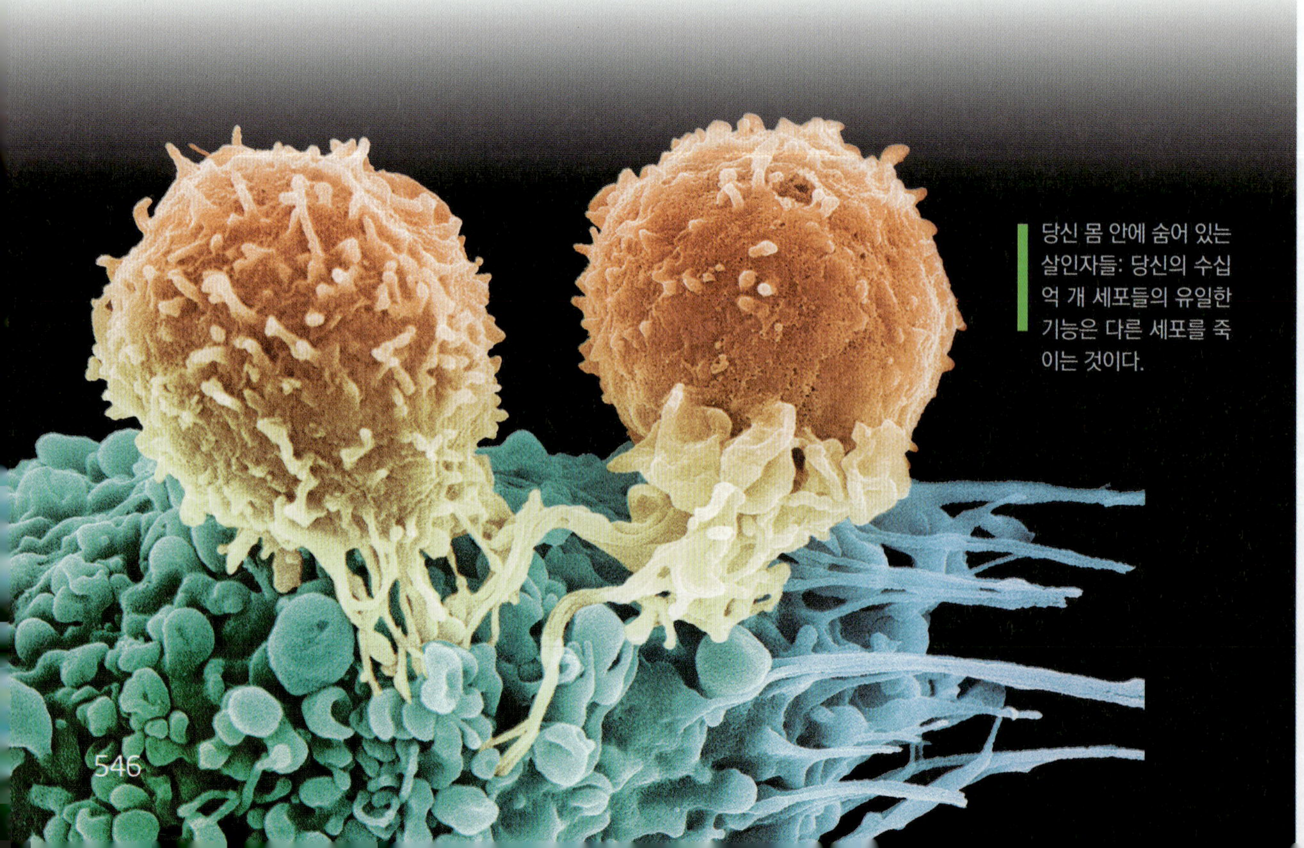

당신 몸 안에 숨어 있는 살인자들: 당신의 수십억 개 세포들의 유일한 기능은 다른 세포를 죽이는 것이다.

실마리

백신

우리와 함께하는 생물학 백신

지역사회의 예방접종. 지역사회의 거의 모든 사람들이 예방접종을 하면, 질병의 확산은 훨씬 줄어든다.

집단면역

2014년 말 필리핀의 한 무명인이 홍역을 일으키는 바이러스에 감염됐다. 그 후 이 사람은 캘리포니아의 디즈니랜드를 방문했다. 몇 달 안에 디즈니랜드를 방문하거나 일했던 최소 40명의 사람들이 병에 걸렸다. 2015년 4월 홍역 발생이 끝날 때까지 7개 주에서 147명이 감염됐다.

홍역은 전염성이 강한 바이러스에 의해 발생한다. 그 병은 얼굴에 붉은 발진이 생겨 쉽게 알아볼 수 있다. 그러나 발진이 바로 나타나는 것은 아니다. 그러므로 기침이나 재채기를 하는 감염된 사람들은 알 수 없는 징후가 나타나기 전에 며칠 동안 자신도 모르게 바이러스를 퍼뜨릴 수 있다.

불과 몇십 년 전만 해도 홍역으로 인해 전 세계적으로 매년 100만 명 이상의 사람들이 죽었고, 그들 중 많은 사람들이 어린이들이었다. 2000년까지 광범위한 백신 접종으로 인해 미국에서 이 질병이 사실상 없어졌다. 이 성공은 치명적인 질병에 대한 예방접종이 지금까지 달성한 가장 위대한 의학적 발전 중 하나라는 것을 보여준다. 대대적인 예방접종 노력으로 많은 나라에서 홍역과 소아마비, 유행성 이하선염과 같은 다른 바이러스성 질환을 없앴고, 치명적인 바이러스성 질환인 천연두는 매우 적극적인 예방접종 캠페인으로 인해 세계적으로 근절되었다.

그러나 디즈니랜드의 발병 사례에서 알 수 있듯이, 홍역과 다른 전염병은 예방접종률이 낮은 지역사회로 돌아갈 수 있다. 보통 백신을 접종한 적이 없는 사람들이 질병이 만연해 있는 곳으로 여행을 떠났다가 자신도 모르게 바이러스를 자신의 지역사회에 가지고 온 것으로 추적된다.

바이러스 백신 접종자가 많을수록 모두에게 안전하다. 영유아나 특정 질환 환자처럼 예방접종을 할 수 없는 사람은 지역사회의 다른 사람이 예방접종을 하면 보호를 받는다. "집단면역"이라고 불리는 이 지역사회 보호는 바이러스가 집단 내에서 강력해질 수 없기 때문에 일어난다. 집단면역은 공립학교 어린이들을 위한 국가 의무 예방접종과 매년 독감 백신을 맞도록 상기시키는 국민건강 캠페인의 배경이 된다. 연구에 따르면 집단면역은 지역사회의 5%만 예방접종을 받지 못하면 실패한다.

연합된 공중보건 노력에는 디즈니랜드의 홍역 발생이 포함되어 있었다. 감염자가 확인되고 격리되었으며, 예방접종을 하지 않은 주민은 예방접종을 했다. 이러한 노력들이 그 병이 더 이상 퍼지는 것을 막았다.

예방접종은 신체의 자연적인 방어를 준비시킴으로써 효과를 나타낸다. 이 장에서는 이러한 방어계가 어떻게 우리 몸의 면역계를 구성하는지 살펴볼 것이다. 우리는 또한 면역계에 대한 우리의 지식이 인간의 건강을 향상시키기 위해 어떻게 적용되었는지, 그리고 면역계가 제대로 작동하지 않을 때 무슨 일이 일어나는지에 대해서도 배울 것이다.

면역계의 개요

우리가 만지고 먹고 호흡하는 공기 등 환경에 존재하는 거의 모든 것들은 미생물로 채워져 있으며, 그것들 중 일부는 우리들에게 병을 일으킬 수 있다. 그러나 감염질환에 대한 신체방어계인 **면역계(immune system)** 덕분에 우리는 대부분의 시간을 건강하게 지낸다.

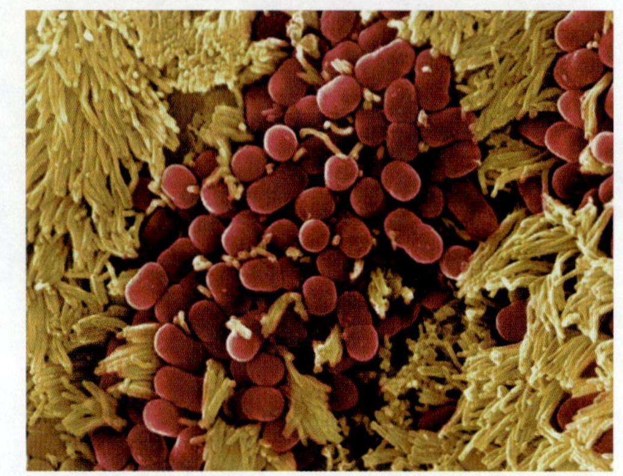

사람의 면역계는 지속적인 **병원체(pathogen)**의 공격으로부터 몸을 보호하는 필수적인 기능을 함께 수행하는 기관, 조직, 그리고 세포의 집합이다. 병원체는 병을 일으키는 바이러스나 세균 등을 말한다. 오른쪽 사진은 사람의 소화관을 감염시키는 대장균(*E. coli*, 빨간색)을 보여준다. 사람 면역계의 보호작용은 두 부분으로 구성되어 있다(그림 24.1). **선천면역(innate immunity)**은 당신이 태어난 이후로 많이 변하지 않으며, 그것의 성분들은 비특이적으로 병원체를 공격한다. 다른 하나는 **적응면역(adaptive immunity)**이다. 그것은 특이적인 병원체를 만나면 공격하면서, 끊임없이 사람의 일생을 통하여 발달한다. 지속적인 발달과 함께, 적응면역은 병원체를 만날 때마다 특이적인 병원체에 대해 보다 향상된 보호반응을 나타내도록 해준다. 과학자들은 선천면역이 적응면역 이전에 진화한 것은 거의 모든 동물에서 선천면역이 발견되지만 척추동물(동물 진화나무의 비교적 최근 가지)만이 적응면역을 갖고 있기 때문이라고 의심하고 있다.

림프계(lymphatic system)는 선천 반응과 적응 반응의 교차점에 놓여 있는 혈관, 조직, 그리고 기관의 네트워크다. 우리는 곧 림프계와 적응면역에 대해 자세히 논의하겠지만, 먼저 선천면역에 대해 조금 더 알아보자. ✓

✓ 체크포인트

면역계의 두 부분은 무엇인가? 어느 부분이 두 번째 특정 항원을 만나면 더 나은 방어작용을 제공하는가?

답: 선천면역과 적응면역; 적응면역은 특정 병원균과 마주칠 때마다 더 잘 싸우기 위해 지속적으로 "적응"한다.

▼그림 24.1 **신체 방어계의 개요.** 림프계는 선천방어계와 적응방어계 모두에 관여하고 있음을 유의하라.

면역계의 개요		
선천면역 (항상 존재함)		적응면역 (특정 병원체에 노출 후 활성화됨)
방어의 1선: 외부의 선천방어계 • 피부 • 분비물 • 점막	**방어의 2선: 내부의 선천방어계** • 식세포 • 자연살해세포 • 방어단백질 • 염증반응	**방어의 3선: 내부의 적응방어계** • 림프구 • 항체
	림프계 (내부의 선천방어계와 적응방어계를 포함한다)	

선천면역

선천면역은 병원체가 처음으로 신체 감염을 시도할 때 보호기능을 제공한다. 이러한 보호작용은 외부와 내부의 두 가지 방어선을 통해 이루어진다. 외부의 선천방어계가 최전방에 배치돼 병원균이 몸속 깊숙이 침투하는 것을 막는다. 이와는 대조적으로, 내적인 선천방어계는 면역세포와 방어단백질로 외부 방어계를 통과한 병원균과 대치하면서 기다리고 있다. 외부와 내부의 선천방어계가 인간을 어떻게 보호하는지 더 깊이 살펴보자.

24.1 외부의 선천방어계

병원체가 당신의 몸 안으로 들어가기 위해서는 우선 몸의 외부 선천방어계를 통과해야 한다. 이런 방어계는 감염이 발생한 후에 감염과 싸우는 신체의 다른 방어계와는 대조적으로, 감염을 억제하기 때문에 면역계의 최전선을 형성하는 것이다.

외부 선천적 방어벽은 병원균을 차단하거나 걸러낸다. 온전한 피부는 대부분의 세균과 바이러스가 침투할 수 없는 단단한 외층을 형성한다(그림 24.2a). 코털은 유입되는 공기에서 많은 입자를 걸러낸다. 귀지는 병원균이 귓구멍 아래로 너무 멀리 이동하기 전에 그들을 가두어 놓는다. 외부환경에 열려있는 기관계(호흡기, 생식계 등)에는 세균, 먼지, 기타 입자를 가두는 끈적끈적한 액체인 점액을 분비하는 세포로 내면이 덮여 있다 (그림 24.2b). 호흡관의 세포로부터 뻗어 있는 섬모들의 파동은 입자들이 묻힌 점액을 밖으로 쓸어내어 재채기, 기침 또는 코풀기 등을 통해 삼키거나 밖으로 배출한다.

외부 선천방어계에는 항생제 분비물 형태의 화학적 장벽도 포함된다. 땀, 침, 눈물에는 세균의 세포벽을 분해하는 효소가 들어 있다. 피부는 많은 미생물이 살지 못하게 하는 오일과 산을 함유하고 있다. 위의 세포들은 소화계의 내면을 지나 혈류로 들어가기 전에 우리가 삼키고 있는 대부분의 세균을 죽이는 산을 생산한다. 만약 외부 선천방어계가 감염을 억제하지 못한다면, 내부 선천방어계가 시작될 수 있다.

24.2 내부의 선천방어계

내부의 선천방어계는 백혈구와 방어단백질에 의존되어 있다. 두 가지 형태의 백혈구인 식세포와 자연살해세포가 내부의 선천방어계와 관련되어 있다. **식세포(phagocytic cell)**는 식작용 또는 "세포포식(cellular eating)"에 의해 외래 세포나 분자들 그리고 죽은 세포 조각을 삼킨다(그림 5.18 참조). **자연살해세포(natural killer cells, NK cell)**는 바이러스에 감염된 세포나 암화된 세포를 인식한다. 접촉이 이뤄지면, NK 세포는 병든 세포를 죽이는 화학물질을 방출한다.

백혈구와 함께, 여러 가지의 방어단백질은 내부 선천방어계의 부분이다. 어떤 방어단백질은 체세포 내의 바이러스 번식을 막는 반면, 다른 단백질은 병원균을 직접 파괴한다.

만일 당신이 파편에 찔려 그것을 제거하지 않는다면, 당신의 손가락에는 어떤 일이 일어날까? 다음날, 파편 주위 손가락은 붉게 부어오르고 통증과 열을 느끼게 될 것이다. 이것들이 상처와 감염에 대한 **염증반응(inflammatory response)**의 신호이며, 이는 내부 선천방어계의 또 다른 예이다(그림 24.3). 조직이 상처를 입게 되면(베이거나 할퀴거나 벌레에 물리거나 화상 등에 의해), ❶ 손상된 세포와 침입한 미생물이 다양한 선천방어계를 유발시키는 화학물질을 방물한다. 이 화학물질 중의 하나인 **히스타민(histamine)**은 ❷ 인접한 혈관을 확장시키고, 손상된 조직으로 체액이 유출되어 조직을 붓게 한다. 이렇게 부어오르면 독소를 희석시키고, 산소의 유입을 증가시키며, 딱지를 형성시키는 혈소판과 응고단백질을 모으는 역할을 한다. 또한 화학신호들

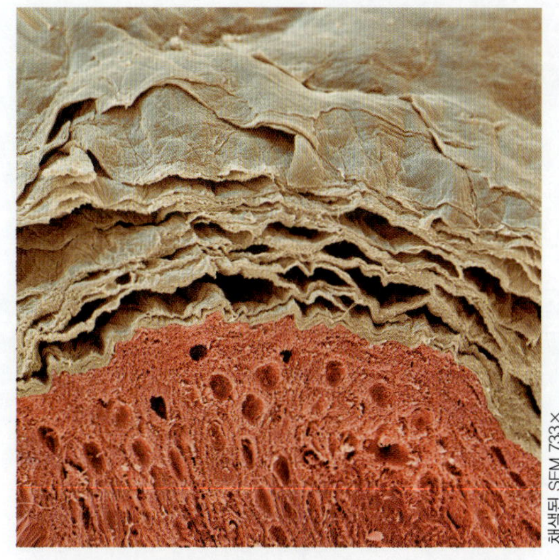

(a) 피부는 보호벽을 형성한다. 피부의 가장 바깥쪽 층(갈색)은 지속적으로 벗겨져서 아래(빨간색)의 살아 있는 세포층으로 대체되는 죽은 세포로 이루어져 있다.

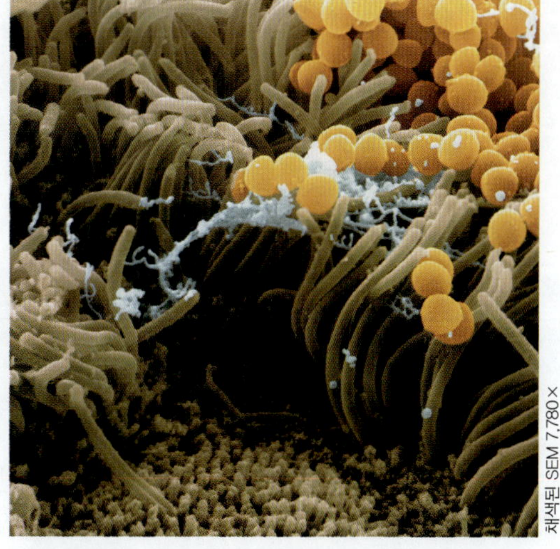

(b) 비강에 있는 세포의 섬모. 점액(파란색)과 덫에 걸린 세균(노란색)은 머리카락 같은 섬모(갈색)에 의해 몸 밖으로 쓸려 나간다.

◀ 그림 24.2 **외부의 선천방어계는 병원체를 차단하고 여과한다.**

은 식세포들을 끌어들인다. ❸ 이러한 세포들은 세균과 세균이나 물리적 손상에 의해 죽은 체세포의 잔류물들을 집어삼킨다. 감염된 상처 부위를 채우고 있는 고름은 식세포, 말초혈관으로부터 유출된 체액, 기타 조직 파편들로 이루어져 있다.

손상된 세포들은 손상 부위로 혈류를 증가시켜 상처 부위가 붉어지고 열이 나게 하는 화학물질을 분비한다(염증이란 뜻의 inflammation은 "불을 지름"이라는 의미이다). 심각한 조직손상이나 감염에 반응하여, 손상된 세포들은 혈류를 통하여 뇌로 전달되는 다른 화학물질들을 방출한다. 뇌에서 그 물질들은 세균의 생장을 억제하는 열을 발생시킨다.

항염증제는 정상적인 염증반응을 위축시키고 부종과 열을 줄이는 데 도움을 준다. 예를 들어 이부프로펜(ibuprofen)은 혈관의 팽창을 억제하여 부종을 감소시킨다. 이것은 근원적인 원인(부상이나 감염)을 해결하지 않고 병의 증상(이 경우 부종)을 치료하는 증상 치료법의 한 예이다.

✓ **체크포인트**

1. 선천성 면역의 어떤 성분이 감염을 막는가? 감염이 발생한 후에 어떤 일이 작동되기 시작하는가?
2. 염증반응의 증상을 말하시오.

답: 1. 외부의 선천적 방어계: 피부, 코털, 귀지, 섬모, 점액, 땀, 침, 산; 내부의 선천적 방어계: 식세포, 자연살해세포, 그리고 방어단백질
2. 부기, 발적, 온기, 통증, 때때로 발열.

지금까지 배운 모든 방어계는 선천적이라고 하는데, 그 이유는 그것들이 "기성품처럼" 준비되어 있기 때문이다. 즉 선천방어계는 어떠한 준비 없이도 체내에 존재하고 있는 것이다. 모든 침입자들에 대해 똑같은 방법으로 대응하는 비특이적 반응이라고 할 수 있다. 이제 특정 침입자에 대한 "맞춤 제작의" 신체의 적응방어계를 배우게 될 것이다. 그러나 먼저 선천방어와 적응방어 모두에 관여하는 림프계를 살펴보자. ✓

▼**그림 24.3 염증반응.** 조직이 손상될 때마다 우리 몸은 염증반응이라고 하는 일련의 통합된 내부의 선천방어계와 반응한다.

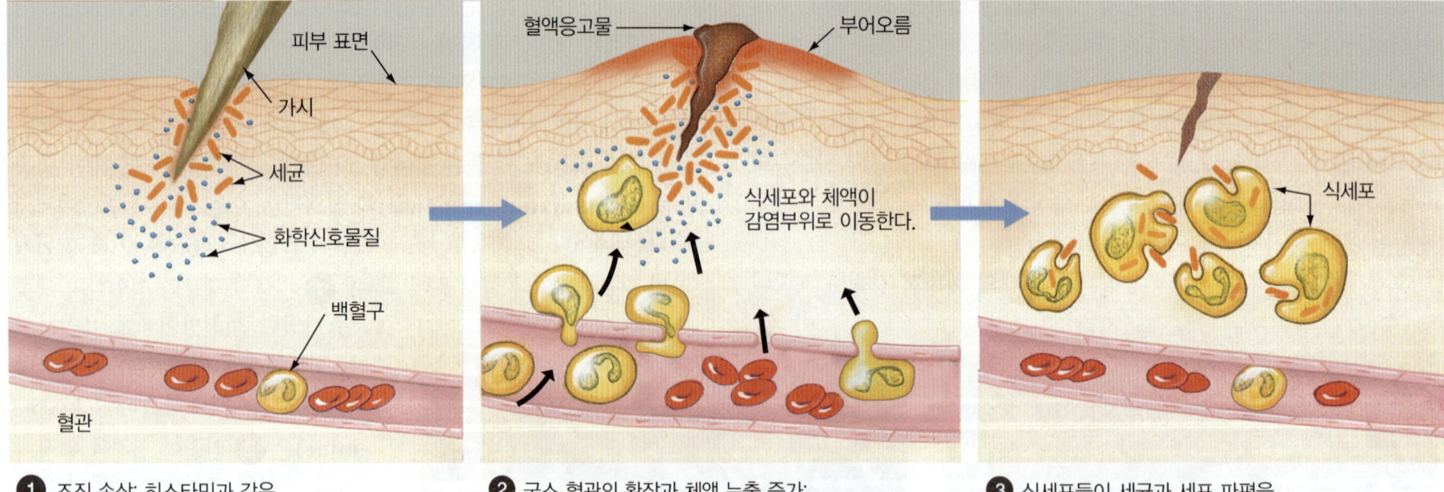

림프계

그림 24.4a에서 보듯이, 림프계는 가지친 혈관의 네트워크, 수많은 **림프절(lymph nodes**, 백혈구로 채워진 작고 둥근 기관), 그리고 비장, 충수돌기, 편도선과 같은 몇 개의 다른 기관들로 구성되어 있다. 림프관은 **림프(lymph)**라고 하는 액체를 운반하는데, 이것은 신체 세포를 둘러싸고 있는 간질액과 비슷하다. 림프계의 두 가지 주요 기능은 조직액을 순환계로 되돌리고, 감염과 싸우는 것이다. **병원체로부터 최선의 보호를 제공하기 위해 신체의 면역계는 림프계 내에서 선천면역과 적응면역의 상호작용에 크게 의존한다.**

24.3 순환기능

혈액이 순환계 안에서 이동하면서, 체액은 모세혈관의 세포들 사이의 작은 틈새를 통해 혈액을 빠져나간다. 그런 다음 체액은 조직을 둘러싼 사이 공간으로 들어간다(그림 24.4b). 모든 세포의 영양소와 노폐물은 이 간질액에서 교환된다. 영양분과 노폐물 교환 후 대부분의 체액은 모세혈관을 통해 혈액과 순환계를 다시 들어오지만 일부는 조직에 남아 있다. 지금 림프라고 하는 이 과잉의 액체는 작은 림프관으로 흘러들어 간 다음 더 큰 림프관으로 배수된다. 결국 림프는 어깨 근처의 정맥과 합쳐지는 두 개의 큰 림프관을 통해 순환계에 들어온다.

▼그림 24.4 **사람의 림프계.**

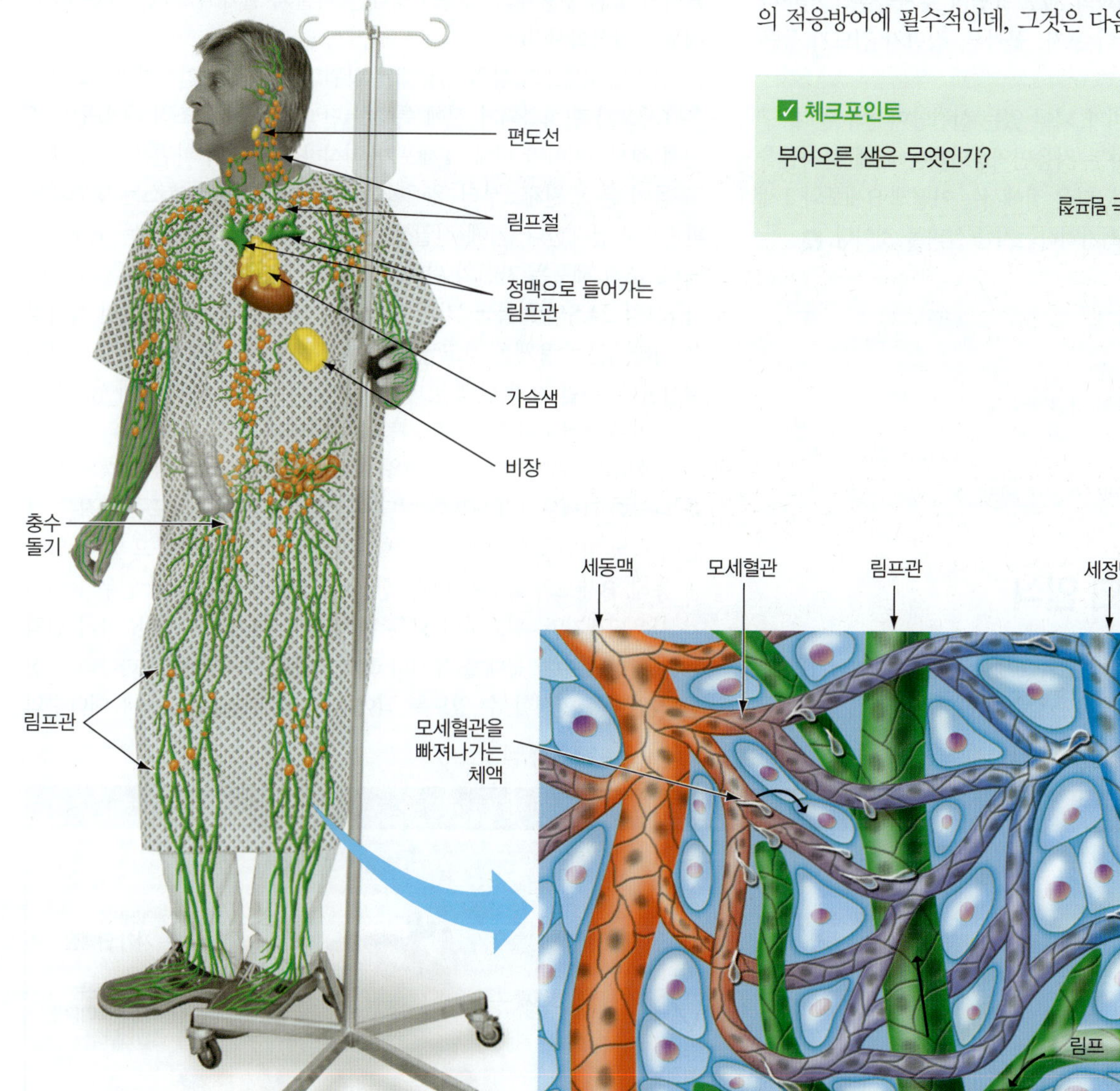

(a) **림프계의 기관과 림프관**

(b) **림프관.** 림프관으로 들어오는 간질액을 림프라고 한다.

24.4 면역기능

우리 몸이 감염과 싸우고 있을 때, 림프계는 주요 전쟁터가 된다. 림프관은 거의 모든 조직에 뻗어 있기 때문에, 림프는 체내 어느 곳이나 감염 부위로부터 미생물을 포획하여 림프절과 다른 기관들로 보낼 수 있다. 이 체액이 순환하면서, 식세포는 림프조직과 기관 안에서 침입자를 삼켜버린다. 림프절은 감염 시기 동안에 특히 **림프구(lymphocyte)**라고 하는 백혈구가 증식하는 핵심 부위이다. 정상적으로 당신의 목과 겨드랑이에 있는 샘은 완두콩 크기이지만, 감염에 따라 부어오른 샘은 림프구로 채워져서 확장됨에 따라 며칠 안에 도토리 크기로 커질 수 있다. 그래서 의사가 당신의 목, 겨드랑이, 사타구니 주위에 감염의 징후를 느낄 수 있는 것이다. 림프절에서 증식하는 림프구의 종류는 면역계의 적응방어에 필수적인데, 그것은 다음에 논의할 것이다. ✓

✓ 체크포인트

부어오른 샘은 무엇인가?

답: 림프구(백혈구)가 감염 동안 증식하는 림프절

적응면역

감염이 발생한 후에야 작용하게 되는 적응면역은 특정 침입 병원체를 인식하고 반응하는 두 종류의 림프구에 의존한다. 모든 혈액세포와 마찬가지로, 이 두 세포들도 골수에서 생성된다. **B세포(B cell)**는 골수에서 완전히 발달하고 분화된다. 반면에 미성숙 **T세포(T cell)**는 혈액을 경유하여 가슴에 있는 분비샘인 가슴샘으로 이동하여 거기서 분화된다. B세포와 T세포는 궁극적으로 림프절과 다른 림프기관으로 이동한다.

림프구에 반응을 일으키게 하는 분자를 **항원(antigen)**이라고 한다. 대부분의 항원들은 바이러스나 외래 세포(세균이나 기생충 등)의 표면에 존재하는 분자들이다. 특정 병원체는 표면에 많은 다른 항원들을 갖게 된다. 또한 항원은 이식된 조직의 세포 표면의 분자들뿐만 아니라 세균으로부터 분비된 독소, 곰팡이 포자, 꽃가루, 집먼지 진드기 등을 포함한다.

아무 때나 병원체와 싸울 준비가 되어 있는 선천방어계와 달리, 구체적으로 B세포와 T세포를 말하는 적응면역방어계는 외래 분자들을 공격하기 전에 준비되어야만 한다. 다음 절에서는 어떻게 B세포와 T세포가 병원체를 인식하고 반응하고 기억하는지를 살펴볼 것이다. ✓

✓ 체크포인트

1. 두 종의 주요 림프구는 무엇인가?
2. 항원이란 무엇인가? 몇 가지 예를 나열하라.

답: 1. B세포와 T세포 2. 항원은 림프구의 반응을 일으키는 분자이다. 바이러스, 세균, 꽃가루, 먼지 등이 있다.

24.5 단계 1: 침입자의 인식

항원과 결합하는 항원 수용체는 B세포와 T세포 표면에 돌출되어 있다. 각각의 세포는 약 10만 개의 항원 수용체를 가지고 있다. 특정 림프구상의 모든 항원 수용체들은 하나의 특정한 항원에 대해서만 결합할 수 있다. 일단 이런 수용체들이 어떤 장소에 있으면, B세포나 T세포는 하나의 특정 항원을 인식할 수 있다. 예를 들어, 어떤 세포는 이하선염 바이러스의 항원을 인식하고, 반면에 또 다른 세포는 파상풍을 일으키는 세균의 특정 항원을 감지한다.

B세포와 T세포의 항원 수용체는 구조적인 유사성을 가지고 있지만, 그것들은 다른 방법으로 항원을 인식한다(그림 24.5). B세포의 항원 수용체는 병원체의 표면에 있거나 체액에 자유롭게 순환하는 원래의 항원을 인식하는 데 있어서 특수화되어 있다. 항원과 상보적인 B세포 표면의 항원 수용체의 독특한 형태는 자물쇠-열쇠 구조의 결과로서 B세포를 활성화시킨다.

반면에 T세포의 항원 수용체는 항원의 파편만을 인식하며, 그 파편은 T세포가 활성화되기 전에 특수한 단백질에 의해 조직 세포들의 표면에 제시되어야만 한다. T세포가 인식하는 항원의 파편은 조직 세포로 들어 온 병원체로부터 유래한다. 조직 세포 안의 효소는 병원체를 파편으로 분해한다. 가게 진열창에 상품 몇 조각을 전시하는 소매상인처럼, 조직 세포는 자신의 단백질의 바깥 표면에 항원 파편을 "전시한다"(그림 24.5의 초록색 "자기 단백질"). 이런 항원 파편에 대한 특이성을 나타내는 수용체를 갖고 있는 T세포는 항원과 자기 단백질과 함께 결합한다. 이런 자기 단백질, 항원 파편, 그리고 항원 수용체 등 세 부분 간의 상호작용이 T세포가 기능을 나타내는 데 필요하다.

면역계는 모든 가능한 항원을 인식하여 결합할 수 있을 정도로 매우 다양한 B세포와 T세포를 발달시킨다. 각 종류별 림프구의 작은 집단이 특정 항원을 인식하고 반응할 준비를 갖추고 대기하고 있다. 일생을 통해, B세포와 T세포의 다양한 형태 중에서 오직 극히 일부가 언젠가 사용되겠지만, 필요하면 모든 변이들이 사용될 수 있다. 마치 면역계는 엄청난 수의 군대를 유지하고 있으면서 각 군인들은 하나의 특정한 침입자를 인식할 수 있도록 되어 있는 것과 같다. 그러나 대다수의

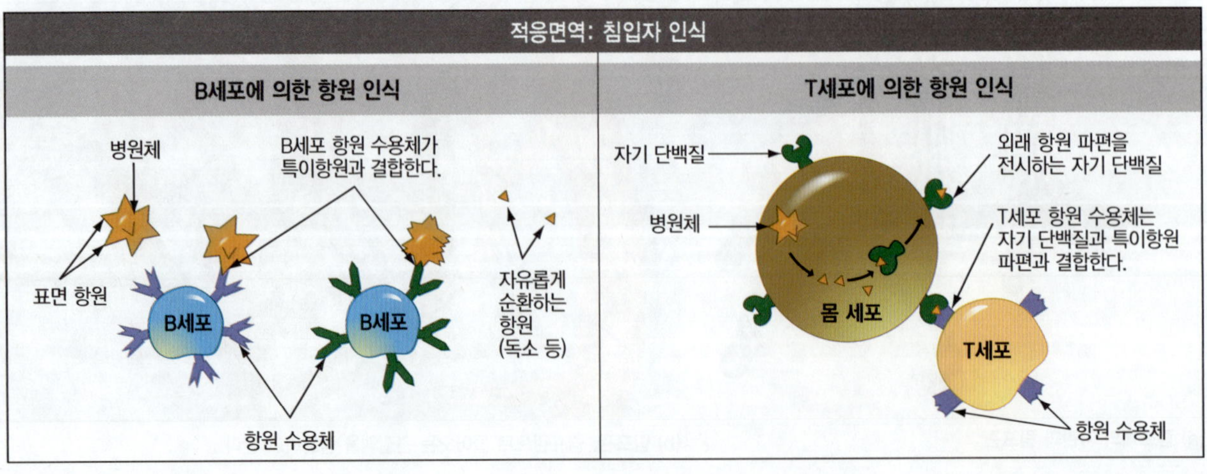

► 그림 24.5 **적응방어계에 의해 항원이 인식되는 두 가지 방법.** B세포와 T세포 모두 항원과 결합하지만, T세포는 부가적으로 자기 단백질과 결합된 항원을 필요로 한다.

✓ 체크포인트

만일 바이러스가 조직세포 안으로 숨게 되면, 어떤 종류의 림프구가 감염을 인식하는가?

답: T세포. 병원체의 파편은 조직 세포의 자기 단백질에 의해 제시되며 이를 T세포가 인식한다.

군인들은 침략자와 마주치지 않기 때문에 게으름을 피운다. ✓

24.6 단계 2: 반응자의 복제

면역계는 많은 다른 종류의 막대한 백혈구들을 유지하고 있음을 기억하라. 그렇게 많은 종류의 B세포와 T세포를 가지고 어떻게 신체는 어떤 특정 침입 항원에 대하여 그것에 맞는 림프구를 정확하게 배열시킬 수 있을까? 그 답은 **클론 선택(clonal selection)**이라는 과정이다. 그 개념은 간단하다. 처음에 항원은 항원에 특이적인 항원 수용체를 갖는 적은 수의 림프구만을 활성화시킨다. 그 다음 이 "선택된" 세포들은 증식되어, 특이 항원 수용체를 갖는 림프구의 클론(유전적으로 동일한 B세포나 T세포의 집단)을 형성한다.

그림 24.6은 예로서 B세포를 이용하여 어떻게 림프구의 클론 선택 과정이 작용하는지를 설명하고 있다. 비슷한 기작이 T세포에 대한 클론 선택을 활성화시킨다는 것을 주목하라. 상단에 세 종류의 다른 B세포를 보여주고 있는데, 각각은 자신의 특이적 항원 수용체를 가지고 있다. ❶ 일단 병원체가 몸으로 들어오면, 표면의 항원은 상보적인 항원 수용체를 갖고 있는 B세포와 결합한다. 맞는 결합부위가 없는 림프구들은 영향을 받지 않는다. ❷ 그 결합은 B세포를 활성화시킨다. B세포는 성장하고 분열하며 더욱 분화된다. 이것은 반응을 일으키는 바로 그 항원에 대한 방어에 특수화된 B세포의 클론을 생산한다. ❸ 새로 생산된 세포들 일부는 단기간 생존하며 항원에 대해 즉각적인 효과를 갖기 때문에 **효과기세포(effector cell)**라고 한다. B세포의 클론 선택과 함께 이 예시에서, 효과기세포는 막대한 양의 **항체(antibody)**를 분비한다. 항체는 항원과 결합하는 방어단백질이다. 항체가 어떻게 침입자를 파괴하도록 돕는지를 곧 배우게 될 것이다.

1차면역반응(primary immune response)이라고 하는 항원에 대해 처음 반응 동안, 클론 선택을 거쳐 효과기세포를 생산하는데 수일이 걸린다. 1차면역반응은 처음 노출 후 약 2~3주에 최대를 나타낸다. 각 효과기세포는 단지 4~5일 동안만 생존하며, 그 후 1차면역반응은 이들 효과기세포들이 죽어 없어지면서 감소하게 된다.

클론 선택은 추후 특이 항원 노출에 싸울게 될 기억세포도 생산한다. ❹ **기억세포(memory cell)**는 림프절에 존재하며 오래 사는 세포이다. 그것은 차후에 일어나는 항원 노출에 반응하여 효과기세포를 생산하며 또한 더 많은 기억세포들을 생산한다. 기억세포들이 "알고 있는" 항원과 다시 만나게 되면, 그것들은 보다 빠르고 강력한 반응을 일으키는데, 이를 **2차면역반응(secondary immune response)**이라고 한다. 따라서 클론 선택은 첫 항원 노출에 대항하여 싸울 뿐만 아니라 (효과기세포) 차후의 노출에 대해서도 반응하게 될 세포들을 생산하는 것이다(기억세포). ✓

✓ 체크포인트

우리 몸에 침입할 수 있는 병원체가 아주 많다고 할 때, 어떻게 면역계는 필요한 그 세포를 충분히 생산하여 주요 감염과 싸워서 물리칠 수 있는가?

답: 클론 선택의 과정은 감염인자의 항원과 상보적인 수용체를 갖는 소량의 세포들을 선택적으로 증식하게 한다.

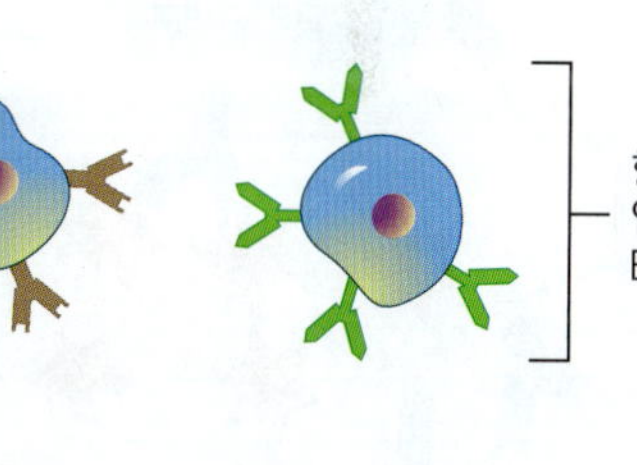

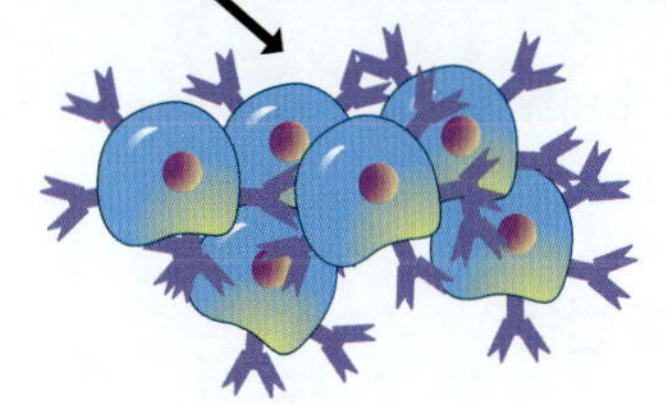

▼**그림 24.6 항원에 첫 노출 시 일어나는 클론 선택.** 이런 클론 선택의 예에서, 항원은 B세포와 결합하여 세포의 증식을 일으킨다. T세포에 대해서도 유사한 형태로 클론 선택이 일어난다.

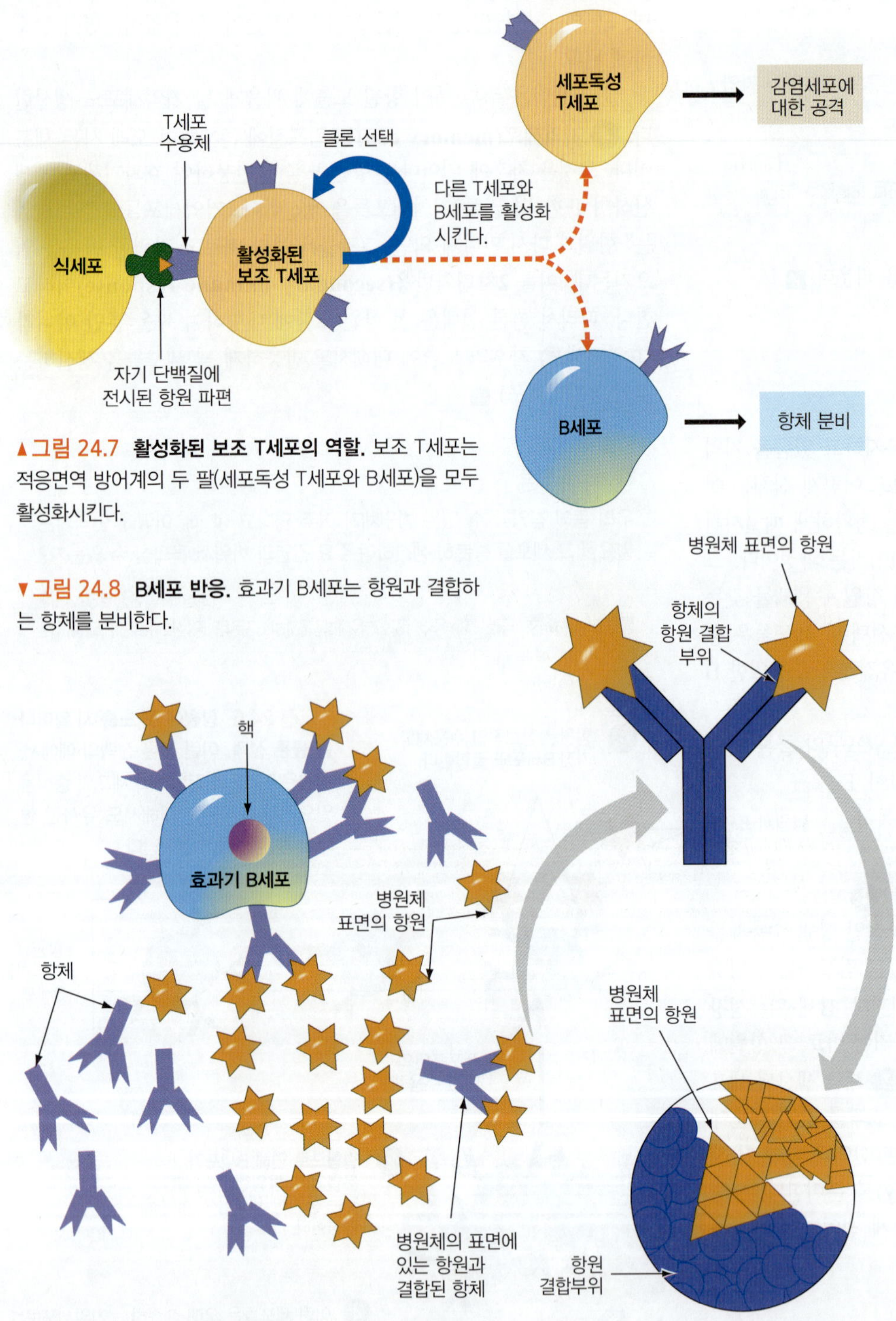

▲그림 24.7 **활성화된 보조 T세포의 역할.** 보조 T세포는 적응면역 방어계의 두 팔(세포독성 T세포와 B세포)을 모두 활성화시킨다.

▼그림 24.8 **B세포 반응.** 효과기 B세포는 항원과 결합하는 항체를 분비한다.

24.7 단계 3: 침입자에 대한 반응

이제 림프구가 어떻게 스스로 복제하는지를 알았으므로, 어떻게 B세포와 T세포가 다른지를 보다 자세하게 살펴 볼 것이다.

보조 T세포 반응

보조 T세포는 병원체에 대한 공격을 직접 수행하는 것이 아니라 그들의 반응에서 B세포와 다른 T세포 모두를 자극하는 데 도움을 준다. 각 보조 T세포는 자기 단백질에 전시된 특정 항원 파편만 인식한다(그림 24.7). 보조 T세포는 특정 백혈구 유형이 항원을 알릴 때 활성화된다. 림프계로 이동하는 내부 선천방어계의 식세포는 보조 T세포에 항원을 제시할 수 있는 세포 유형 중 하나이다. 즉, 식세포는 선천면역, 적응면역, 그리고 림프계 사이의 직접적인 연결을 제공한다(그림 24.1 참조). 보조 T세포가 활성화되면, 클론 선택을 통해 효과기 보조 T세포와 기억 보조 T세포의 집단을 발생시킨다. 그림 24.7에서 보는 바와 같이, 효과기 보조 T세포는 B세포와 세포독성 T세포의 활동을 자극하여 감염에 반응한다.

보조 T세포는 적응면역의 중심적인 역할을 가지고 있기 때문에, 이런 세포의 파괴는 치명적인 결과를 가져온다. 사람 면역결핍 바이러스(HIV)는 보조 T세포에 감염되고, HIV 감염은 보조 T세포의 수를 현저하게 감소시킨다. 치료하지 않으면, HIV 감염은 후천성면역결핍증(AIDS)을 일으킨다. AIDS 환자는 완전하게 기능적인 면역계가 결여되어서, 다른 감염원에 노출되면 사망할 수 있다.

B세포 반응

혈액과 림프로 항체를 분비함으로써, 주로 B세포는 체액에 순환하는 병원체에 대항하여 방어한다(그림 24.8). 특이 항체를 만드는 정보는 B세포에 있는 핵의 DNA에 암호화되어 있다. 궁극적으로, 4개의 폴리펩티드가 합성되어, 하나의 Y자형의 항체 단백질로 결합되고, 분비된다. Y자형의 끝은 항원 결합 부위로서 자물쇠-열쇠 구조로 특이 항원을 인식하고 결합한다. 항체는 빠른 속도로 분비된다. 효과기 B세포는 초당 2,000개 이상의 항체 분자를 분비한다.

생물학적 시스템의 구조와 기능의 관계를 보여주는 또 다른 예에서, 항체의 모양은 항원에 결합하고 제거하는 능력과 관련이 있다. 항체는 병원체가 조직세포로 들어오는 것을 방지하는 물리적 장벽으로 작용할 수 있다(그림 24.9a). 이 예에서, 항체는 체세포에 들어가 감염시키는 데 필요한 바이러스의 부착 단백질을 차단한다. 항체는 병원체

파괴에 도움을 주기도 한다. 병원체 표면에 있는 항원과 항체가 결합하면 응집되어, 쉽게 순환 식세포에 의해 포식되고 분해된다(그림 24.9b).

항체는 특이 분자나 세포에 결합하는 능력 때문에 의학적으로 유용하게 활용될 수 있다. 유전적으로 조작된 항체인 허셉틴(herceptin)은 특정한 경우의 공격적인 유방암을 치료한다. 허셉틴이 일부 유방암 세포에 존재하는 수용체에 결합하면, 그것은 세포가 세포 성장 신호를 수신하는 능력을 방해한다. 성장 수용체가 차단되면, 암세포는 성장하고 분열할 수 없다. 가정용 임신 검사에서, 항체는 임산부의 소변 속에 존재하는 사람의 융모막성선자극호르몬(HCG)을 검출하는 데 사용된다. 검사 스트립을 소변에 담그면, 스트립의 항체가 HCG에 결합하여 스트립의 색이 변하게 된다.

▾그림 24.9 **침입자의 파괴를 위한 항원에 대한 항체의 결합.**

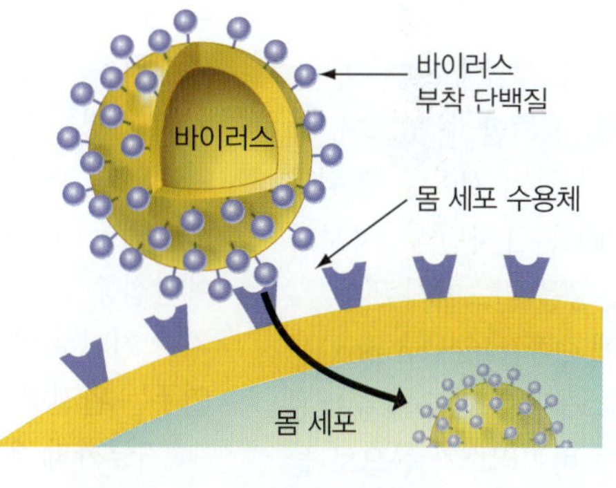

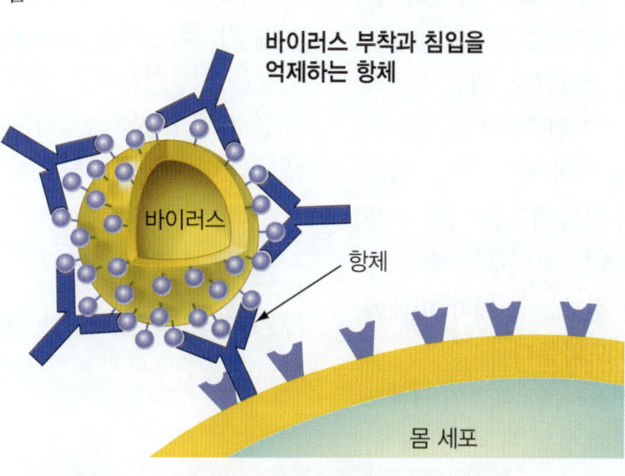

(a) 항체는 바이러스가 세포로 들어오는 것을 차단한다.

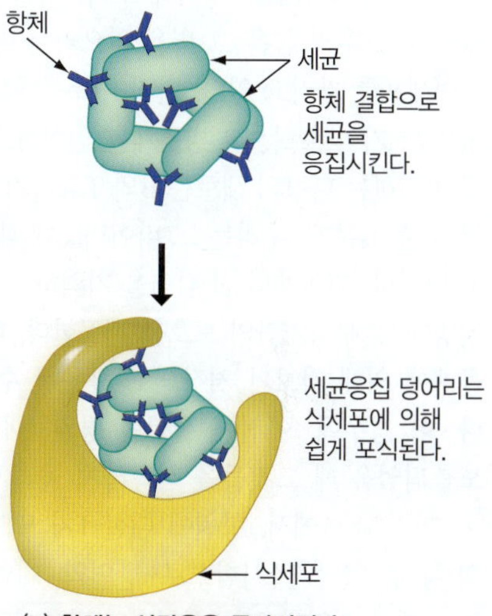

(b) 항체는 식작용을 증가시킨다.

세포독성 T세포 반응

B세포 반응이 체액 내의 병원체에 대해 방어하는 반면, 세포독성 T세포 반응은 몸 세포로 들어 온 병원체에 대해 방어하는 것이다. 세포독성 T세포는 실제로 다른 세포를 죽일 수 있는 유일한 T세포이다. 세포독성 T세포는 외부 항원 파편이 자기 단백질과 결합되어 "제시"되기 때문에 감염된 몸 세포를 인식한다(그림 24.5 참조). 그림 24.10에 나타낸 바와 같이, ❶ 세포독성 T세포가 감염된 세포와 결합한다. 그 결합은 T세포를 활성화시킨다. ❷ 활성화된 T세포는 여러 가지 단백질들을 합성하고 분비하는데, 그 단백질들은 감염된 세포로 들어가서 ❸ 세포의 죽음을 촉발시킨다.

세포독성 T세포 반응이 항상 사람에게 유리하게 작용하지는 않는다. 장기 이식을 생각해 보자. 장기가 공여자로부터 수용자로 이식될 때, 새롭게 이식된 세포들은 수용자의 세포들의 단백질과 일치되지 않는 자기 단백질을 가지고 있다. 따라서 수용자의 세포독성 T세포는 이식된 세포를 추적하여, 그것들을 죽여서, 결과적으로 장기 거부반응을 일으킨다. 이식 거부를 최소화하기 위하여, 의사들은 수용자의 단백질과 가능한 가깝게 일치하는 공여자의 자기 단백질을 예측한다. 면역반응을 억제하는 약을 투여한다. 면역억제제가 감염에 대해 신체의 방어를 약화시킨다 할지라도, 그것들은 장기 거부작용의 위험을 크게 감소시킨다. 결과적으로, 장기 수용자는 종종 평생 면역억제제를 사용한다. ☑

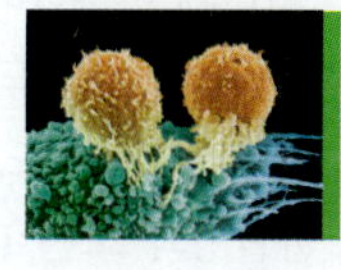

수십억 개 세포의 유일한 기능은 다른 세포를 죽이는 것이다.

▾그림 24.10 **세포독성 T세포 반응.**

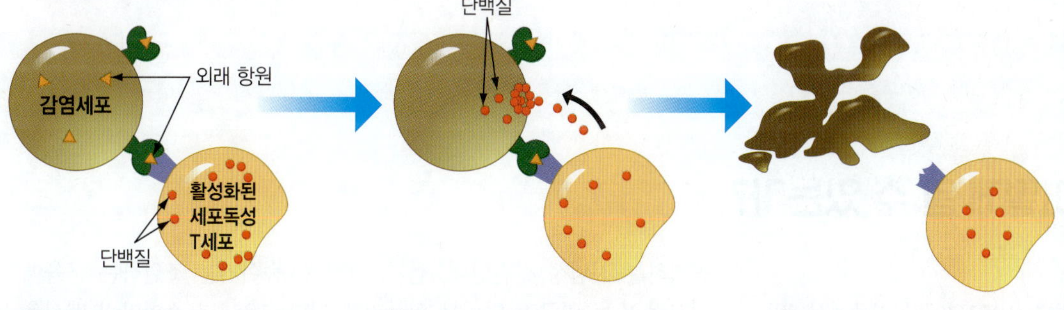

❶ 세포독성 T세포는 감염된 세포에 결합해서 활성화된다.
❷ 세포 죽음을 유발시키는 단백질들이 감염된 세포로 들어간다.
❸ 감염된 세포가 죽는다.

☑ 체크포인트

1. 세 종류의 주요 효과기 세포는 무엇이며, 각각의 기능은 무엇인가?
2. 적응면역 반응에서 항체의 기능은 무엇인가?

답: 1. 효과기 보조 T세포는 B세포와 세포독성 T세포를 자극한다. 효과기 B세포는 항체를 분비한다. 효과기 세포독성 T세포는 감염된 세포를 파괴한다. 2. 항체는 세포로 들어오는 병원체를 억제하며, 식세포에 의한 병원체 포식을 보다 쉽게 할 수 있다.

24.8 단계 4: 침입자의 기억

단시간 생존하는 효과기세포는 항체를 생산하거나 감염세포를 죽인다. 이와는 반대로 기억세포는 림프절에서 수십 년을 생존할 수 있으며, 항원에 재차 노출되었을 때 활성화될 준비가 되어 있는 것이다. 항원과 다시 만나게 되면, 그 항원과 결합하는 기억세포는 1차면역반응보다 빠르고 보다 강력한 반응을 일으키는 2차면역반응을 일으키게 된다.

어린 시절 감염을 생각해 보자. 어린 시절에 수두(chicken pox)를 앓았다면, 우리 몸은 그 병을 일으키는 바이러스를 인식하도록 준비된 기억세포를 가지고 있다. 만일 수두를 일으키는 바이러스가 몸으로 들어오면, 기억세포는 그 병원체를 인식하고, 신속하게 증식하여, 침입자를 파괴하는 다량의 새로운 B와 T효과기세포를 생산한다. 어린 시절의 첫 노출 때문에, 우리는 그 바이러스에 대해 장기적인 "면역"을 갖는다고 말한다. 면역계의 전 감염을 기억하는 뚜렷한 면역계의 능력은 많은 질병에 대해 장기간의 보호를 제공한다. **따라서 기억세포는 어떻게 생물체에 의해 정보가 저장되고 사용될 수 있는지를 보여주는 좋은 예다. 이 경우에, 이전에 접했던 병원체에 대한 정보는 인체가 미래에 노출되었을 때 그것들을 신속하게 물리치도록 도와준다.**

그림 24.11에서, 항원에 대한 1차 및 2차 반응 동안 효과기 B세포의 항체 생산을 조사함으로써, 면역 "기억"의 유효성을 볼 수 있다. 항원에 대한 기억이 없는 선천면역 방어계와 달리, 적응면역 방어계는 이전에 만났던 항원을 "기억"할 뿐만 아니라, 그 항원에 재차 노출되었을 때 더 빠르고 더 강하게 반응한다.

면역은 감염에 의해 획득되지만, **예방접종(vaccination** 또는 immunization, 면역조치라고도 한다)에 의해서도 얻을 수 있다. 면역계는 병원체의 불활성화 또는 다른 무해한 형태로 구성된 **백신(vaccine)**과 비교될 수 있다. 백신은 면역세포를 생산하는 1차면역반응을 유발시킨다. 후에 그 병원체와 만나게 되면 빠르고 강한 2차면역반응을 일으킨다. 어떤 사람이 성공적으로 예방접종이 되었을 때, 만일 병원체에 노출된다면 면역계는 빠르게 반응한다. 그러한 보호작용은 평생 지속된다.

미국에서 대부분의 어린이들은 출생 후 곧 바로 일련의 예방접종을 시작한다. 이런 예방접종에는 디프테리아/백일해/파상풍(DPT), 소아마비, 간염, 수두, 홍역/유행성 이하선염/풍진(MMR) 등이 있다. 『우리와 함께하는 생물학』에서 언급했던 것처럼, 미국에서 광범위한 어린이 예방접종은 결과적으로 소아마비와 유행성 이하선염 등을 포함한 여러 가지 질병들을 추방시켰다. 현대 예방접종의 주요 개가 중 하나는 소아마비인데, 이것은 잠재적으로 치명적인 바이러스 감염병으로서, 1950년대에 전 세계적으로 매년 5,000만 명 이상이 감염되었다. 대규모의 예방접종 노력은 매우 효과적이어서, 1977년 소말리아의 한 남성이 마지막 천연두 환자가 되었다. UN의 세계보건기구(WHO)는 1980년 천연두는 완전히 근절되었다고 자신 있게 선언하였다.

지금까지 우리는 어떻게 림프구가 침입자를 인식하고 이후 재침입 시에 기억하는지를 보아 왔다. 그리고 어떻게 백신이 적응면역의 기억반응을 이용하는지를 알아보았다. 다음에, 우리는 어떻게 과학자들이 백신의 유효성을 측정하는지를 알기 위해 역사적으로 잘 알려진 백신 연구의 하나를 살펴볼 것이다. ✓

✓ 체크포인트

2차면역반응은 1차면역반응과 어떻게 다른가?

답: 2차면역반응이 더 빠르고 강하다.

▼그림 24.11 B세포 반응에서 항체 생산의 두 단계.

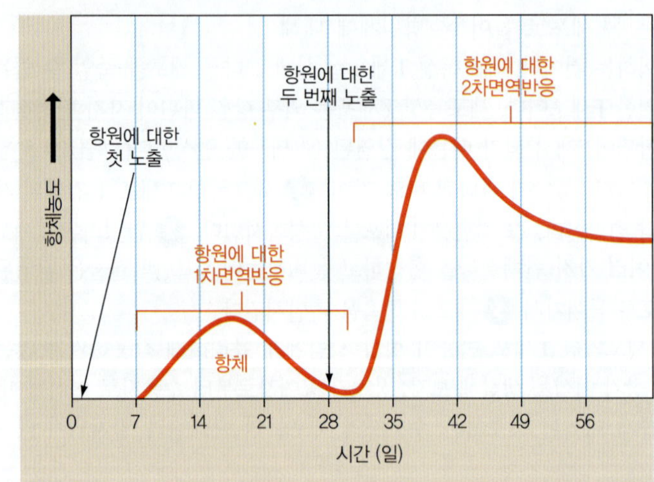

과학연구의 과정 백신

백신이 효과가 있는지 어떻게 알 수 있는가?

배경

오랫동안 소아마비는 치명적인 질병이었다. 1952년에만 미국에서 5만 건 이상의 소아마비가 보고되었다(그림 24.12a). 소아마비는 신경계를 공격하는 전염성 질환인데, 걷기, 삼키기, 숨쉬기를 조절하는 근육에 일시적 또는 영구적 마비를 일으키게 된다. 1954년 소아마비 백신을 개발하여 그 효과를 시험하고 있던 연구자 조나스 소크(Jonas salk) 박사의 방식대로 희망이 찾아왔다.

소아마비 백신에 대한 소크의 생각은 두 개의 역사적인 의학적 관찰에서 비롯되었다. 첫째로, 병에 감염된 사람들은 (아직 발견되지 않은 기억세포 때문에) 같은 병에 다시 걸리는 것으로부터 보호되는 경우가 많았다. 둘째, 전염병은 미생물에 의해 발생한다(한때 소아마비가 전파된다고 생각되었던 것처럼 '나쁜 공기'가 아니라). 이러한 관찰을 바탕으로 소크는 소아마비를 예방하기 위한 백신 개발에 착수했다. 그는 소아마비 바이러스의 비활성화된 형태가 면역체계를 준비시킬 수 있다는 가설을 세웠다. 1953년까지, 소아마비 백신을 개발하여 자신과 자신의 가족에게 그것을 실험한 후에, 소크는 다른 연구대상자들을 찾았고, 그의 소아마비 백신이 대체적인 사람 집단에서 그 질병으로부터 보호해 줄 수 있는지 여부를 조사하기 위한 실험을 시작했다.

▼그림 24.12 소아마비 백신의 개발.

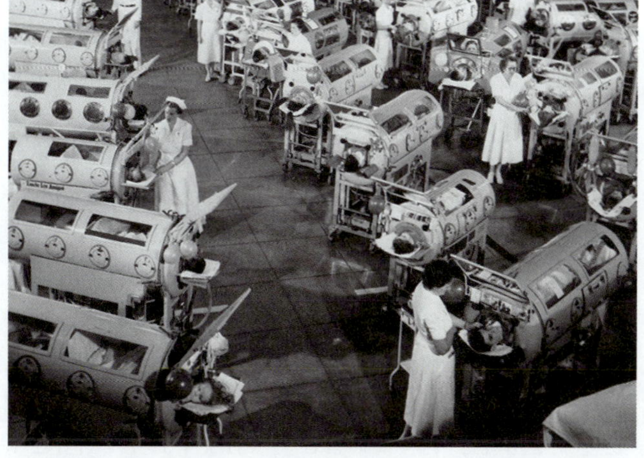

(a) 1950년대 로스앤젤레스의 소아마비 병동. 철로 제작한 폐(iron lungs)에 수십 명의 어린이를 수용하고 있다.

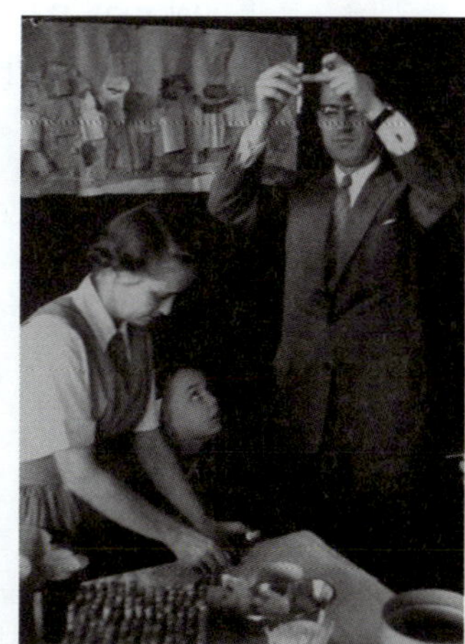

(b) 조나스 소크(1914~1995, 오른쪽)는 자신이 개발한 소아마비 백신을 어린 소녀에게 주사하고 있다.

1954년에 시행된 소크 소아마비 백신 시험의 결과			
연구 집단	어린이의 수	소아마비 발병수	마비증세가 있는 소아마비 발병수
대조군(위약 주사를 맞음)	201,229	142	115
실험군(소아마비 백신을 맞음)	200,745	57	33

(c) 소크의 1954년 소아마비 백신 시험 자료

방법

그의 백신을 테스트하기 위해, 소크는 통제된 실험을 했다. 이 질병으로 인한 마비는 성인보다 어린이들에게 더 많이 발생하기 때문에, 약 40만 명의 어린이들이 시험에 등록되었다. 각 어린이는 무작위로 대조군 또는 실험군에 배정되었다. 대조군 어린이에게는 식염수(위약)를, 실험군 어린이에게는 소아마비 백신을 주사하였다(그림 24.12b). 이 실험은 "이중맹검(double-blind)"으로 수행되었는데, 참가자와 연구자 중 누구도 각 아이가 어느 집단에 배정되었는지 알지 못한다는 것을 의미한다. 일단 모든 아이들이 주사를 맞았을 때, 과학자들은 6개월 동안 얼마나 많은 아이들이 소아마비 바이러스에 감염되었는지 지켜보았다.

결과

1955년에 발표된 그 결과는 분명했다. 위약(placebo)을 맞은 어린이보다 백신 주사를 맞은 어린이에게서 소아마비 발병 사례와 그 마비 증상이 현저하게 적었다(그림 24.12c). 소크의 소아마비 백신은 효과가 있었다. 몇 년 안에 미국의 소아마비 환자 수는 85~90% 감소했다. 1979년까지 미국에서는 소아마비가 근절되었다. 흥미롭게도, 소크는 어떠한 개인적인 이익도 포기하면서 그의 백신에 대한 특허를 내지 않기로 결정했다. 이에 대해 묻자 소크는 "태양에 대한 특허를 얻을 수 있겠느냐?"고 물었다.

과학자처럼 생각하기

우리가 소크의 연구가 '이중맹검(double-blind)'이라고 말할 때, 그것은 무엇을 의미하는가? 맹검이 아닌 유사연구와 단일맹검인 연구를 설명하시오(1장에서 이 용어를 검토할 수 있다).

답은 부록 C를 참조.

면역질환

만약 면역계의 복잡한 상호작용이 잘못되면, 가벼운 자극에서부터 치명적인 질병에 이르기까지 문제가 발생할 수 있다. 이 절에서는, 제대로 기능하지 못하는 면역계의 결과들에 대해서 살펴보기로 한다.

24.9 알레르기

알레르기(allergy)는 환경의 해롭지 않은 항원에 대해 과한 민감성 반응이다. 알레르기를 일으키는 항원은 **알레르겐(allergen)**이라고 불린다. 흔한 알레르겐으로는 꽃가루, 집먼지나 동물의 비듬(벗겨진 피부

당신이 어디에 사느냐에 따라, 육류에 대한 알레르기가 생길 수 있다.

▲그림 24.13 **론스타 진드기(lone star tick).** 이 진드기는 미국 남부와 동부 지역에서 증가하는 육류 알레르기의 원인이다.

세포)에 붙어사는 진드기의 배설물, 여러 가지 음식물 속의 단백질 분자들이 있다. 새로운 알레르겐들이 주기적으로 발견된다. 예를 들어, 2009년에 처음 기술된 육류에 대한 알레르기는 미국의 남부와 동부 지역에서 점점 증가하고 있다. 알레르기가 있는 성인은 저녁 식사에서 육류를 먹은 후 두드러기가 생긴 한밤중에 깨어나는 경향이 있다. 알레르기는 남부와 동부 주에서는 흔하게 발생하는 진드기에 물림으로써 일어나는 것으로 보인다(그림 24.13). 육류 알레르기로 고통을 받는 사람들은 쇠고기, 돼지고기, 사슴고기, 그리고 그 외 포유류 육류를 먹는 것을 피해야 한다.

알레르기 증상은 일반적으로 소량의 알레르겐에 대해 매우 신속하게 나타나지만, 때때로 육류 알레르기에서 일반적인 것처럼 수 시간 지체될 수 도 있다. 알레르기의 증상은 그림 24.14에 간단히 나타낸 것처럼, 두 단계의 반응에 의해 일어난다. 첫 단계는 감작(sensitization)으로서, 사람이 꽃가루와 같은 알레르겐에 처음 노출될 때 일어난다. ❶ 알레르겐이 혈류로 들어간 후 상보적인 수용체를 가진 B세포와 결합하여 클론 선택이 결정된다(그림 24.6 참조). ❷ 클론 선택 동안, B세포는 증식하여 그 알레르겐에 대한 항체를 대량으로 분비한다. ❸ 이들 항체 중 일부는 비만세포(mast cell)의 수용체 분자에 부착된다. 비만세포는 염증반응을 일으키는 히스타민과 기타 여러 화학물질을 분비하는 체내 세포이다.

알레르기 증상은 알레르기가 다시 몸에 들어오면서 시작되는 2단계까지는 발생하지 않는다. ❹ 두 번째 노출에 따라 알레르겐이 비만세포의 표면에서 항체와 결합한다. 이 결합에 반응하여 ❺ 비만세포는 알레르기 증상을 유발하는 히스타민을 분비한다. 히스타민은 혈관을 확장시켜서 체액이 스며 나오게 하여, 코 자극, 피부 가려움, 눈물 등의 원인이 된다. 알레르겐은 보통 코나 목구멍을 통해 체내로 들어오기 때문에 증상도 보통 그런 부위에서 심하게 나타난다. 항히스타민제는 히스타민의 작용을 억제하는 약으로서 알레르기 증상을 일시적으로 경감시킨다.

알레르기 반응은 계절적인 성가심으로부터 생명을 위협할 정도로 심한 경우까지 다양하다. 아나필락시스 쇼크(anaphylactic shock)는 특히 위험한 형태의 알레르기 반응이다. 어떤 사람은 벌침의 독이나 땅콩이나 갑각류 등의 알레르겐에 대해 극히 민감하다. 이들 알레르겐과 접촉하게 되면 염증성 화학물질의 급격한 방출을 일으킨다. 혈관이 갑자기 확장되면 혈압이 급격히 떨어져 생명이 위독한 상태가 되는데 이를 쇼크라고 한다. 다행히 아나필락시스 쇼크는 에피네프린이라고 하는 호르몬을 주사하여 억제시킬 수 있다. 그래서 견과류나 벌 알레르기가 있는 사람들은 종종 에피펜(EpiPen)을 가지고 다닌다(그림 24.15). ✓

▲그림 24.15 **일회용 에피네프린 주사기.** 알레르기 증상이 심한 사람은 에피네프린(아드레날린이라고도 함)이 들어 있는 일회용 주사기를 갖고 다닐 수 있다. 주사를 맞으면 생명을 위협하는 알레르기 반응을 신속히 막을 수 있다.

▼그림 24.14 **어떻게 알레르기가 발생하는가.** 알레르겐에 대한 첫 노출은 감작을 일으킨다. 동일한 알레르겐에 대한 후속 노출은 알레르기 증상을 일으킨다.

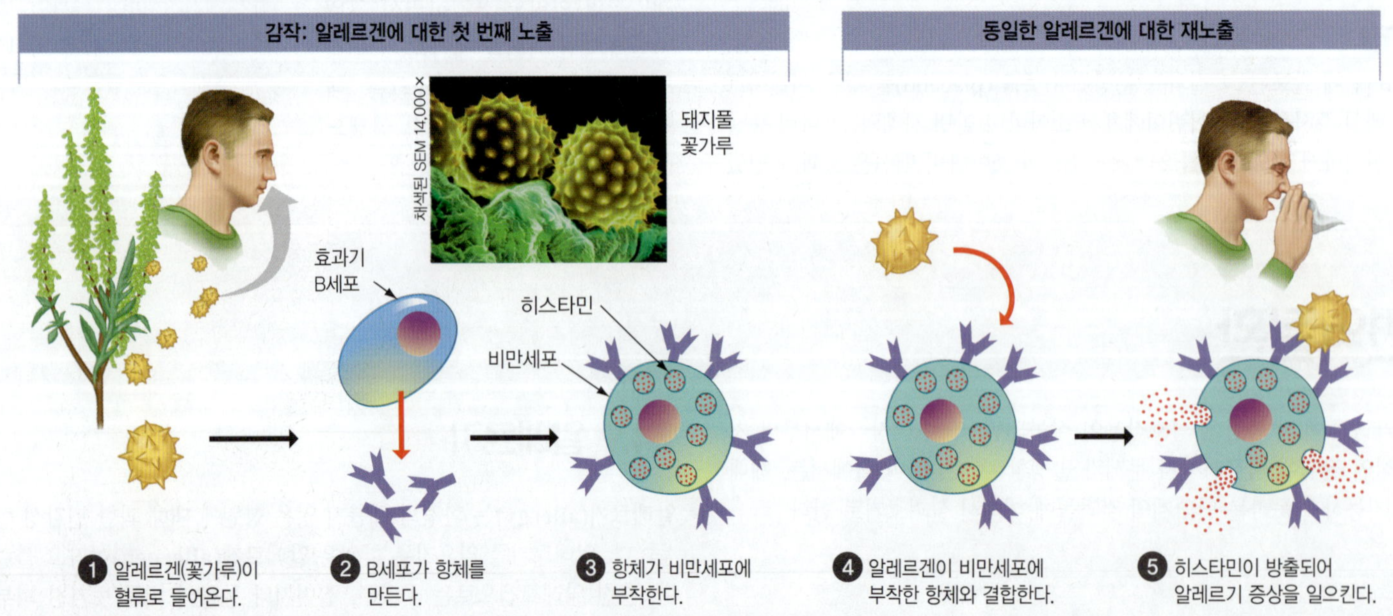

✓ 체크포인트

알레르기 증상이 유발되려면 알레르겐에 최소한 두 번 노출되어야 하는 이유는 무엇인가?

답: 첫 번째 당신이 알레르겐에 노출되었을 때에는 비만세포에 대한 특이 항체의 부착을 일으킴으로서 당신을 감작시킨다. 두 번째 노출은 비만세포로 하여금 알레르기 반응의 증상을 일으키는 화학물질들을 방출하도록 한다.

24.10 자가면역질환

자기와 비자기를 구별하는 면역계의 능력은 건강한 체내의 자기 세포들에 대해서는 해를 주지 않고 외부에서 들어온 침입자들과 싸울 수 있도록 해준다. 법적으로 어느 누구도 사용할 수 없는 당신의 주민등록번호처럼, 세포는 자신에게 고유한 일련의 특정 단백질들을 가지고 있다. 그 특정 단백질들은 면역계에 의한 공격에 대해 체세포에 '출입 금지'라고 표시하는 것과 같은 기능을 한다. 병원체 침입자들은 그런 단백질들을 가지고 있지 않기 때문에 면역계의 맹공격에 안성맞춤의 대상이 된다. 그러나 때때로 면역계는 불안정하게 된다. **자가면역질환(autoimmune disease)**은 면역계가 자신의 구성 분자에 대해 실제로 등을 돌리는 것과 같다.

전신홍반성 낭창(systemic lupus erythmatosus, lupus)에서, B세포는 많은 종류의 자기 분자들, 심지어 조직 세포의 정상적인 분해로 방출되는 단백질과 DNA에 대하여도 항체를 만든다. 류마티스 관절염(rheumatoid arthritis)은 관절의 연골과 뼈의 손상과 통증을 수반한 염증을 일으킨다(그림 24.16). 1형 당뇨병(인슐린 의존성)에서, 이자의 인슐린 생산세포가 세포독성 T세포의 표적이 된다. 다발성경화증(multiple sclerosis)에서, T세포는 뉴런의 단백질들을 부적절하게 공격해서(그림 27.2 참조), 점진적인 근육마비를 일으킨다. 소화관의 만성 염증인 크론병(Crohn's disease)이 장관 내에 정상으로 서식하는 세균에 대한 자가면역반응에 의해 일어남을 보여주고 있다.

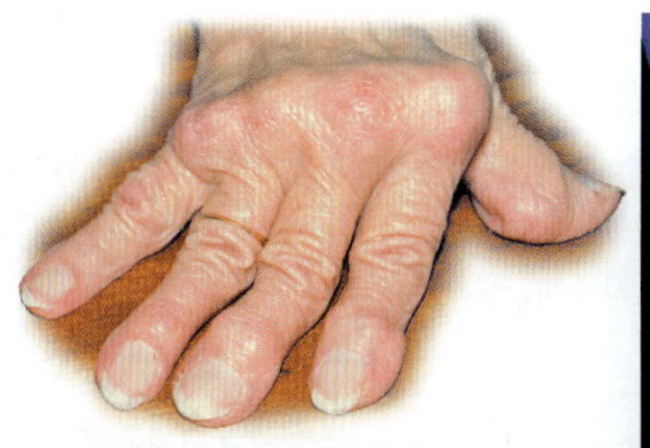
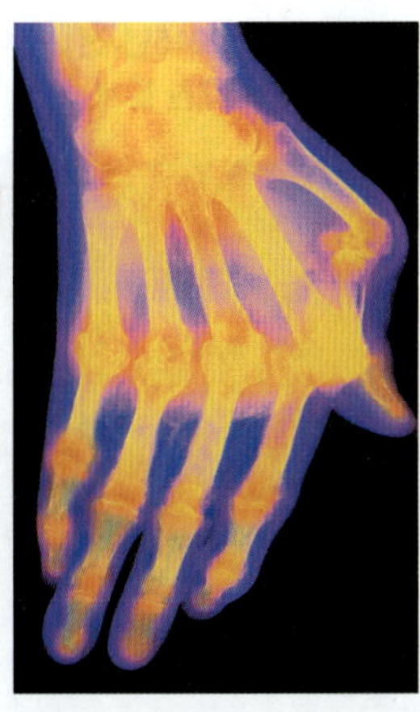

▲그림 24.16 **류마티스 관절염.** 이 사진과 X-선 사진의 손은 관절 연골과 뼈가 손상돼 기형이 생기는 자가면역질환인 류마티스 관절염 환자의 것이다.

24.11 면역결핍증

자가면역질환과 대조적으로 **면역결핍질환(immunodeficiency disease)**이라 불리는 다양한 결함이 있다. 면역결핍증 환자들은 면역계의 하나 이상의 성분이 부족하기 때문에 보통 문제를 일으키지 않는 감염에도 취약하다. 중증복합면역결핍증(SCID)이라고 불리는 희귀 유전질환에서는 B세포와 T세포가 모두 없거나 불활성이다. SCID를 가진 사람들은 사소한 감염에도 극도로 취약하기 때문에, 보호 장비 안에서 살거나, 골수이식 또는 실험적인 사람 유전자 치료를 받아야만 한다(그림 12.11 참조).

면역결핍증은 항상 태어나면서부터 갖는 질환은 아니다. 그것은 출생 이후에 걸리기도 한다. 예를 들어, 림프구 암의 일종인 호지킨병(Hodgkin's disease)은 면역계를 약화시킬 수 있다. 여러 가지 암을 치료하는 데 이용되는 방사능 치료와 약물요법도 동일한 효과를 가질 수 있다. ✓

✓ 체크포인트

1. 자가면역질환이란 무엇인가?
2. 면역결핍질환이란 무엇인가?

답: 1. 면역계의 세포가 자신의 특정 세포를 공격하는 질환
2. 면역계의 하나 또는 그 이상의 부분이 결핍되어 감염에 대항해 싸울 수 없는 질환

24.12 AIDS

1981년 이 전염병이 처음 알려진 이후, AIDS는 세계적인 재앙이 되었다(그림 24.17). AIDS는 특별한 특성을 가지고 있는 바이러스인 HIV에 의해 유발된다(그림 10.30 참조). HIV는 면역계를 파괴하여 대부분의 침입자에 대해 몸을 무방비 상태로 만들기 때문에 치명적이다. HIV는 다양한 세포를 감염시킬 수 있지만, 주로 보조 T세포(세포독성 T세포와 B세포를 활성화시키는 세포들)을 공격한다. HIV가 보조 T세포의 수를 대폭 감소시키면서, 적응면역 방어계가 심각하게 손상된다. 치료하지 않으면 AIDS로 알려진 HIV 감염의 마지막 단계에 이르게 된다. AIDS라는 이름은 중증 면역결핍의 결과로 일으키는 감염을 통해 질병이 획득되는 것을 말하며, 환자는 일련의 공통적인 증상 또는 증후군을 나타낸다. AIDS 환자들은 면역체계가 병원체나 암을 방어할 수 없기 때문에 죽는다.

치료제, 백신, 그리고 교육은 HIV 감염의 예방을 위해 집중해야 할 영역이다. 약물 개발로 임신, 출산, 수유 기간 동안 산모로부터 어린이에게로 HIV 감염률이 급격히 감소하였다. 2012년 미국 식품의약국(FDA)은 감염의 위험이 높은 사람들을 위해 최초의 HIV 예방약을 인가하였다. HIV 약은 매일

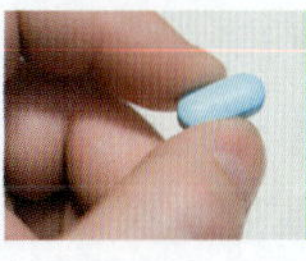

HIV를 예방하는 알약은 더 이상 추상적인 개념이 아니다. 그것은 현실이다.

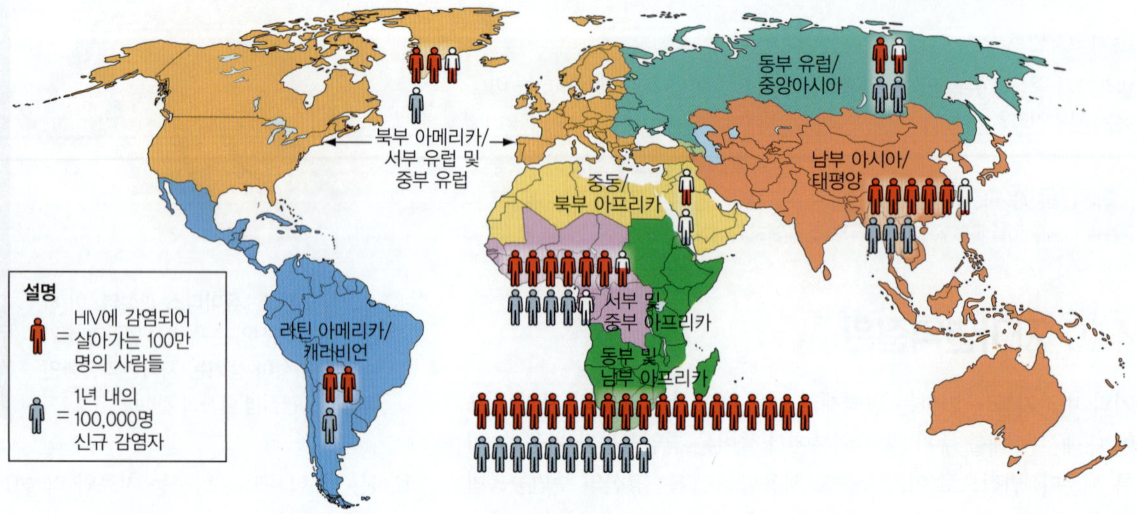

▶ 그림 24.17 2015년 전 세계 HIV 감염에 대한 통계.

Data from: *AIDS by the numbers*, UNAIDS Joint United Nations Programme on HIV/AIDS, Geneva, Switzerland (2016), unaids.org. All data is from 2015.

복용하여 바이러스 감염을 방지하는 것이다. HIV 백신은 개발이 시도되고 있으나, 아직 성공적인 것은 없다. 최근에 와서 가장 효과적인 HIV/AIDS 예방은 바로 교육이다. 문란한 성생활을 자제하고 콘돔을 사용하는 등 안전한 성생활은 많은 생명을 구할 수 있다.

진화와 연결 백신

바이러스 진화 대 독감 백신

이 장 내내 우리는 면역체계의 중요성을 강조하기 위해 백신이라는 주제를 사용해 왔다. 백신이 어떻게 작동하는지, 또는 실패하는지 이해하기 위해서는 생물학의 통합 주제인 진화를 명심할 필요가 있다. 바이러스가 번식하면서 돌연변이가 일어나 새로운 종류의 바이러스가 생성된다. 이러한 새로운 변종은 조상 변종에 면역이 있는 개인에게 질병을 일으킬 수 있을 정도로 다르다. HIV나 독감 바이러스와 같은 일부 바이러스는 DNA가 아닌 RNA의 게놈을 가지고 있다. 이 게놈들은 DNA게놈보다 더 빨리 돌연변이가 되는 경향이 있다.

어떤 해에 미국에서 3,000~49,000명의 사망자와 관련된 독감 바이러스를 염두에 두고, 백신 개발에 대한 바이러스 진화의 결과를 살펴보자. 대부분의 백신은 수 년 혹은 심지어 평생 동안 보호작용을 제공한다. 그렇다면 왜 매년 독감 백신이 필요한가? 독감 바이러스는 빠르게 돌연변이를 일으키기 때문에, 한 해의 바이러스 항원은 종종 다음해에 크게 변하는 경우가 많다. 그러므로 우리의 면역계에 있는 기억세포가 예년에 유행했던 독감 변종으로부터 우리를 보호해 주겠지만, 우리의 면역계는 현재 유행하고 있거나 미래에 일어날 독감 변종으로부터 우리를 보호해 줄 기억세포들을 가지고 있지 않는 것이다. 따라서 매년 새로운 독감 백신의 필요성이 제시되는 것이다.

독감 백신을 개발하는 것은 일종의 도전이다. 여러 가지 주요 독감 바이러스 변종이 특정 독감 시즌에 돌아다닌다. 각 변종은 높은 속도로

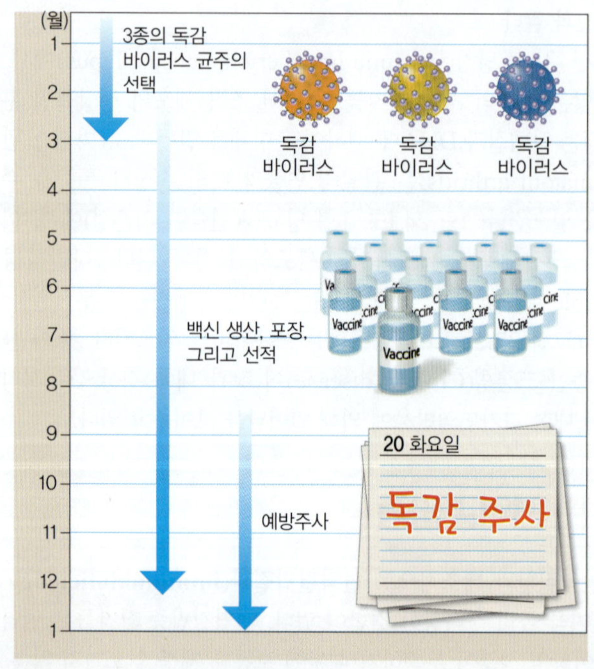

▲그림 24.18 **독감 백신 생산 일정.** 새로운 독감 백신 "처방"은 급속하게 진화하는 독감 바이러스에 따라 매년 작성된다.

돌연변이가 일어난다. 어떤 변종이 다음 독감 시즌의 유행을 일으킬 것인가를 조사하기 위해, 과학자들은 세계의 여러 국가로부터 독감 발생에 대한 자료를 모은 컴퓨터 프로그램인 감시 체계를 이용한다. 이런 자료를 통하여 과학자들은 대체적으로 하나의 백신으로 사용할 수 있는 가장 유행하는 세 개의 변종을 선택한다. 이 선택의 타이밍은 신중

을 요한다. 변종의 선택은 1월과 3월 사이에 일어나지만, 백신을 생산하고 보건의료 제공자에게 운반하는 것은 6개월 이상이 걸린다(그림 24.18). 그 사이에 바이러스 진화는 지속되며, 개발된 독감 백신은 맨 나중에 유행하는 독감 바이러스 변종에 대한 일치도가 점점 떨어진다. 따라서 11월에 우리에게 주어진 백신은 수개월 이전에 나돌았던 변종에 기반을 둔 "경험에서 우러난 추측"이다. 과학자들이 어떤 독감 바이러스 변종이 유행하게 될지를 정확하게 예측하지 못했을 때, 독감 백신은 감염에 대해 거의 어떠한 보호작용도 제공하지 못하고, 독감과 관련된 사망자 수도 증가할 것이다.

과학자들은 여러 가지 독감 백신 변종에 대해 광범위한 보호작용을 제공하고, 내년 필요하지도 않은 "만능 독감 백신"에 대한 요구를 위해 연구하고 있다. 그러나 당분간은 이 전투가 계속되는데, 한 쪽은 의학이고 다른 쪽은 끊임없이 진화하는 독감 바이러스이다

복습

주요 개념의 요약

면역계의 개요

사람의 면역계는 병원체들로부터 몸을 보호한다.

선천면역

선천면역은 선천적으로 존재하고, 항상 배치되어 있으며, 병원체를 비특이적으로 공격한다. 인체에는 외부 장벽과 내부 방어계라는 두 개의 선천적 방어선을 가지고 있다.

선천면역			
외부	내부		
• 피부 • 점막 • 분비물	백혈구	방어단백질	염증반응
	• 식세포 • 자연살해세표		• 화학신호물질과 식세포

림프계

림프계는 신체 조직에서 체액 균형을 유지하며, 감염에 대항하여 싸우는 주요 전쟁터이다.

24.3 순환기능

순환 동안, 혈액의 체액이 모세혈관에서 조직을 둘러싸고 있는 세포 간 공간으로 이동한다. 세포들은 영양물질과 간질액의 노폐물을 교환한다. 어떤

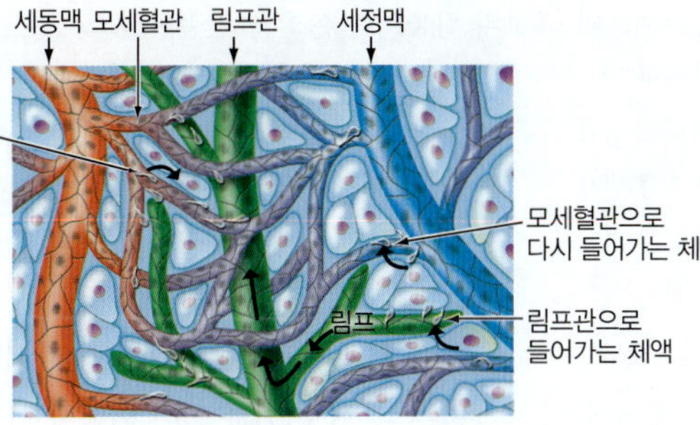

잔류액은 다시 들어오는 모세혈관에 의해 순환계에서 순환을 다시 시작하든지, 혹은 림프계의 순환을 위해 림프관으로 유출된다.

24.4 면역기능

액체가 림프관을 통해 순환하면서 림프계의 면역세포로 병원체를 운반한다. 림프절을 휩쓸고 지나간 병원체는 증식하는 백혈구를 활성화시켜 림프절을 확장시킨다.

적응면역

적응방어계는 일생에 걸쳐 발달하며, 특정 병원체를 인식하고, 방어하며, 기억하는 B와 T림프구의 대집합으로 구성된다. 항원은 림프구에서 반응을 이끌어내는 분자다.

24.5 단계 1: 침입자의 인식

B세포와 T세포의 항원 수용체는 병원체 표면 또는 세포 내에 있으며, 순환하는 항원을 인식한다. 항원 수용체의 다양성은 적응면역계로 하여금 수백만 개의 항원을 인식하게 한다.

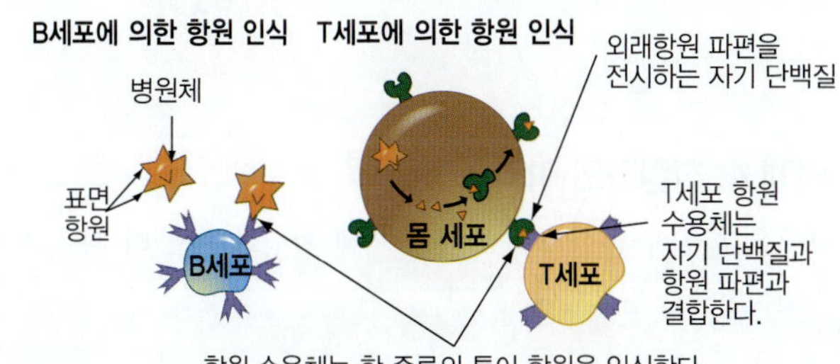

24.6 단계 2: 반응자의 복제

항원이 몸으로 들어오면, 그것은 상보적인 수용체를 가지고 있는 림프구만 활성화시키는데, 이것을 클론 선택이라고 한다. 효과기세포와 기억세포가 생산된다.

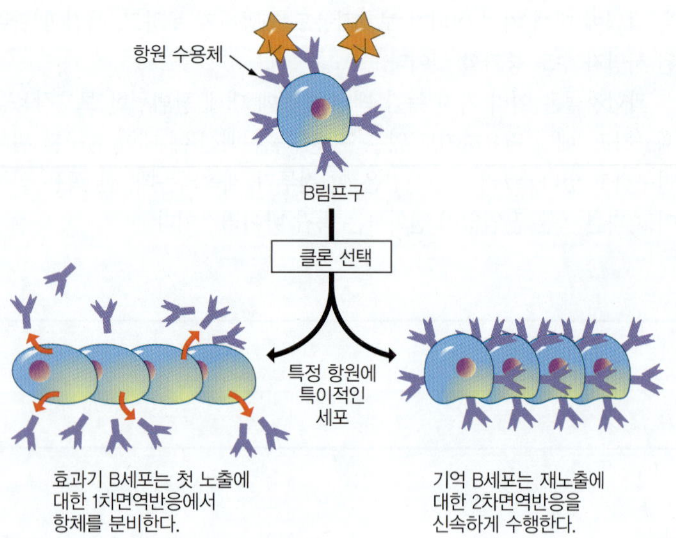

24.7 단계 3: 침입자에 대한 반응

보조 T세포는 적응면역 방어계의 두 개의 팔을 활성화시킨다. B세포는 항체를 분비하여 혈액과 림프액 중의 병원체를 제거하도록 해주며, 세포독성 T세포는 감염된 조직 세포를 파괴한다.

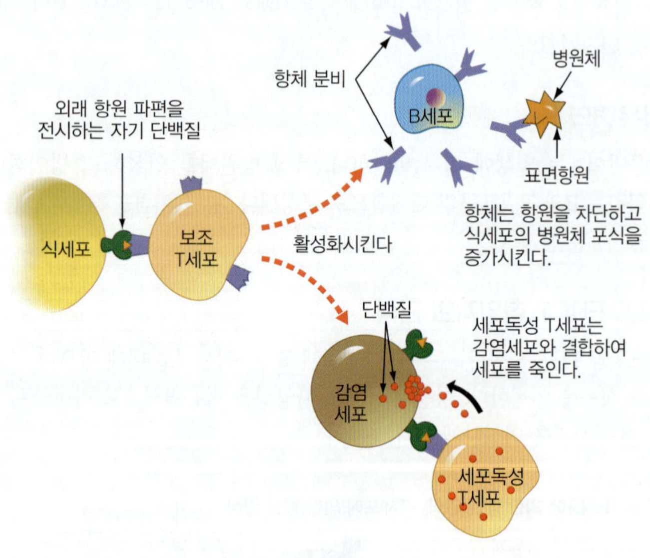

24.8 단계 4: 침입자의 기억

기억세포들은 항원에 대한 2차 노출에 의해 활성화되어, 더 빠르고 보다 강한 2차면역반응을 일으킨다.

면역질환

24.9 알레르기

알레르기는 알레르겐이라고 하는 일반적으로는 무해한 항원에 대한 비정상적인 민감성 반응이다. 알레르기 작용은 불편하고 때때로 위험한 증상을 초래하는 염증반응을 일으킨다.

24.10 자가면역질환

면역계는 정상적으로 자기(신체의 자기 분자)에 대해서는 반응하지 않고, 외래 분자와 외래 세포에 대해서만 반응한다. 자가면역질환에서 면역계는 신체의 어떤 자기 분자에 대하여 반응하게 된다.

24.11 면역결핍증

면역결핍증에서는 면역 성분이 결핍되어 있어 감염이 재발한다. 면역결핍은 선천적인 유전자 돌연변이나 질병을 통해 발생할 수 있다.

24.12 AIDS

AIDS는 매년 세계적으로 수백만 명의 사망자를 내는 전염병이다. AIDS 바이러스인 HIV는 보조 T세포를 공격하여 B세포와 세포독성 T세포 모두를 무력화시킨다. HIV에 감염될 가능성을 크게 감소시키는 안전한 성행위는 많은 생명을 구할 수 있다.

자습문제

1. 림프구의 반응을 유발하는 분자들을 ________(이)라고 한다. 이런 분자들과 결합하는 림프구에 의해 분비되는 단백질들을 ________(이)라고 한다.

2. 다음의 면역계의 구성요소들을 선천면역인지 또는 적응면역인지 분류하시오.
   a. 세포독성 T세포
   b. 항원 수용체
   c. 점막
   d. 자연살해세포
   e. 기억 B세포

3. 다음 중 B세포와 T세포가 침입자를 처리하는 방법의 차이를 가장 잘 설명한 것은?
   a. B세포는 영구적인 면역을, T세포는 임시적인 면역을 제공한다.
   b. B세포는 침입자와 결합하는 항체를 내보내고, T세포는 직접 그 침입자와 싸운다.
   c. T세포는 1차면역반응을 처리하고, B세포는 2차면역반응을 처리한다.
   d. B세포는 침입자에 대해 반응하는 "기성품"을 항상 준비하고 있으나, T세포는 침입자가 들어 온 후 준비되어야 한다.

4. 식세포와 자연살해세포는 원하지 않는 신체 세포를 어떻게 다르게 다루는가?

5. 각 방어세포와 그것의 기능이나 설명을 연결하시오.

a. 림프구	1. 감염된 세포를 공격한다.
b. 세포독성 T세포	2. 항체를 분비한다.
c. 보조 T세포	3. 세포나 분자들을 삼키는 백혈구
d. 식세포	4. B와 T세포의 일반적인 이름
e. B세포	5. 2차면역반응을 일으킨다.
f. 기억세포	6. HIV가 가장 일반적으로 공격하는 세포

6. 염증반응에 의해 발생하는 부종(붓기)과 열이 어떻게 신체를 보호하

는데 도움이 되는지 설명하시오.

7. 왜 HIV는 치명적인 바이러스성 질환을 일으키는가?

8. 어떤 아기가 면역결핍증을 가지고 태어났다. 문제를 진단하는 과정에서, 의사는 그 신생아가 어떤 항체를 생산하지 못한다는 것을 발견했다. 이 신생아는 어떤 종류의 세포가 결핍되어 있을 가능성이 높은가?

9. 면역체계가 우리 몸의 분자에 대해 부적절하게 반응할 때, 그 결과는______

a. 알레르기　　b. 자가면역 질환

c. 진행성 마비　　d. 위 사항 중 아무 것도 없음

10. 감작이 일어나는 동안, 알레르겐은 혈류로 들어가 항체를 분비하는 ______에 결합하는데, 그것은 비만세포에 부착한다. 두 번째 노출 후, 동일한 알레르겐이 비만세포 상의 항체에 결합하여, 알레르기 증상을 유발하는 __________을(를) 방출한다.

답은 부록 C를 참조.

주된 주제 식별하기

아래의 각 문장에 대해, 어떤 주요 주제(기능의 관계, 정보 흐름, 에너지와 물질을 변환시키는 경로, 생물계 내의 상호작용 또는 진화)를 명확히 하고 문장이 주제와 어떻게 관련되는지 설명하시오. 필요한 경우, 주제(1장)를 검토하고 이 장에서 파란색으로 강조된 예를 검토하시오.

11. 거의 모든 동물이 선천면역을 가지고 있지만, 일부 동물만이 적응면역을 가지고 있다. 이는 선천면역이 동물 계열 중에 먼저 나타났고, 적응면역은 나중에 나타났음을 시사한다.

12. 클론 선택으로 이러한 특정 침입자에 대한 기억세포가 생성되기 때문에, 당신의 몸에는 이전에 접했던 병원체에 대한 기록이 들어 있다.

13. 손가락을 베었을 때, 면역계와 림프계가 함께 작용하여 치유를 촉진한다.

답은 부록 C를 참조.

과학연구의 과정

14. 자료 해석하기 아래의 그래프는 시간에 따른 미국의 어린이들의 음식 알레르기 발생률을 자세하게 나타내고 있다. 아래의 각 주장이 그래프의 의미와 부합되는지 또는 그렇지 않은지를 결정하시오.

a. 어린이들의 음식 알레르기는 증가하고 있다.

b. 5세 이하 어린이 100명 그룹에서는 약 10명의 어린이가 식품 알레르기를 일으킬 것으로 예상한다.

c. 음식 알레르기는 나이 많은 아이들보다 어린 아이들에서 더 높다.

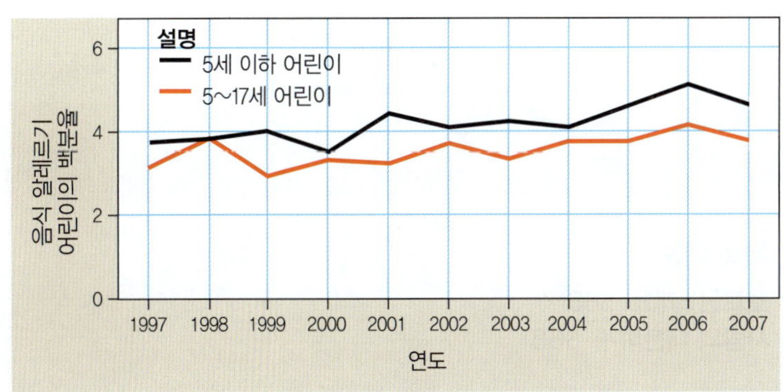

15. 과거에는, 바이러스 백신은 바이러스 입자를 통째로 분리하고 농축한 뒤 열이나 반응성 화학물질을 이용해 불활성화하는 방식으로 종종 생산되었다. 소아마비와 A형 간염 바이러스에 대한 백신은 여전히 이런 방식으로 생성된다. 재조합 DNA 기술의 등장으로(12장 참조), 과학자들은 B형 간염의 파편만 함유한 백신을 만들기 시작했고 인플루엔자 바이러스가 그 예다. 두 방법의 장단점은 무엇인가?

우리와 함께하는 생물학

16. HIV 감염의 예방과 치료에 상당한 진전이 있었음에도 불구하고, 노동 인구에서 HIV 감염자의 수는 전세계적으로 계속해서 증가해왔으며, 2020년에는 약 3,000만 명에 이를 것이다. 에이즈로 인한 질병률과 사망률은 한 나라의 사회적, 경제적 조건에 큰 영향을 미친다. 생물학 프로젝트를 위해 당신은 에이즈 전염병의 영향에 대해 논평하는 논문을 쓰도록 요청 받을 수 있다. HIV에 걸린 많은 사람들이 지역사회에서 가족, 교육, 그리고 노동력 공급을 위해 의미하는 것은 무엇인가? 국내총생산(GDP)에 대한 영향은 있을까? 의료 분야에 (그렇지 않았다면 다른 개발 프로젝트에 사용되었을 수 있는 돈인데) 대한 값비싼 정부 투자의 필요성은 어떤가?

17. 예방접종 프로그램은 인간의 수명을 연장하는 데 크게 기여했다. 그러나, 수 십 년 동안 이러한 프로그램들에 대한 논란이 함께 따랐다. 많은 사람들은 일부 백신의 안전성에 대해 우려하고 있으며, 백신 접종 프로그램은 정부가 어떤 약을 먹을지 선택할 수 있는 사람들의 자유를 침해하는 것에 반대하는 시민자유운동가들로부터 비난을 받아왔다. 당신의 생각에, 정부에 예방접종 프로그램을 시행할 수 있는 권한이 주어져야 하는가?

18. 에볼라는 혈액이나 분비물에 직접적인 접촉을 통하여 사람에게 전파되는 위험하고 종종 치명적인 바이러스 질환이다. 가장 큰 규모의 에볼라 발생은 2014년 서부 아프리카에서 시작되었다. 미국과 유럽의 많은 의료인들은 그 지역의 에볼라 환자들을 치료하기 위해 서부 아프리카로 갔다. 간호사인 카시 힉콕스(Kaci Hickox)는 미국으로 돌아온 후, 그녀는 뉴저지에 있는 한 병원 뒤의 한 천막에 격리되었다고 말했다. 그녀는 의무격리에 대해 이의를 제기했으며, 조기에 풀려났다. 에볼라 전문가는 감염된 사람이 병에 대한 증상을 보일 때만 그 바이러스를 전염시킨다는 사실에 주목하였다. 에볼라에 노출된 사람이 병이 없음을 판정받기 위해 얼마 동안 격리되어야 하는가? 에볼라에 노출되었지만 증상을 나타내지 않은 의료인들은 격리되어야만 하는가? 이 마지막 질문에 대해 의사의 관점에서, 그리고 다시 정부 관리자의 관점에서 답하시오.

25 호르몬

차례 내용

포즈를 취하라! 이른바 '파워 포즈'는 스트레스를 유발하는 호르몬을 줄일 수 있다.

왜 호르몬이 중요한가?

당신의 성욕, 근육 발달, 심박수, 불안의 수준은 모두 어떤 공통점을 가지고 있을까? 그것들은 모두 호르몬의 분비를 통해 뇌에 의해 조절된다. 건강한 신체는 많은 부분의 협력이 필요하며, 혈류에 의해 운반되는 호르몬은 이러한 협력을 조정하는 데 도움을 준다.

소량의 내분비교란물질이면 수컷 올챙이가 암컷 개구리로 변할 수 있다.

제대로 작용하지 않으면 호르몬이 당신의 몸통을 팽창시킬 수 있다.

우리와 함께하는 생물학 스테로이드 남용

지속적인 스테로이드 사용의 문제. 2017년, 피츠버그 파이어리츠의 올스타와 골드글러브 외야수 스타링 마르테(Starling Marte)는 테스토스테론의 합성 형태인 난드롤론(nandrolone)을 사용했다는 이유로 출전정지 처분을 받았다.

야구계의 계속되는 스테로이드 문제

메이저리그 야구(MLB)는 운동 경기력을 향상시키는 것으로 알려진 약물인 동화성 스테로이드의 광범위한 남용에 시달려왔다. 이른바 "스테로이드 시대"(약 1980년대 후반에서 2000년대 후반) 동안 MLB는 동화성 스테로이드의 사용을 막기 위해 이렇다 할 조치를 취하지 않았다. 이로 인해, 홈런 기록이 깨지면서 경기에 대한 팬들의 관심이 치솟았다.

MLB는 2001년에 동화성 스테로이드제를 금지했다. 2013년 전설적인 양키스 3루수 알렉스 로드리게스가 162경기 출장정지를 당했고, 또 다른 12명의 메이저리그 선수가 50경기 출장정지를 당했는데, 결국 금지약물을 판매한 병원과 연결되어 있었다. 야구 역사상 유례없는 엄벌은 MLB가 경기를 "정리"하고 있다는 메시지를 던지기 위한 의도였다. 그럼에도 불구하고 스테로이드 사용에 대한 자극은 여전히 강하다.

스테로이드는 몸의 기능을 조절하도록 도와주는 화학적 신호인 호르몬이다. 모든 사람의 신체는 자연적으로 호르몬들을 생산한다. 그러나 동화성 스테로이드는 남성 호르몬인 테스토스테론과 유사한 합성 호르몬이다. 합성 테스토스테론의 대용량 복용은 근육량을 증가시킬 수 있으며, 홈런을 치는 야구선수의 능력 등과 같은 운동선수의 경기력을 향상시킬 수 있다. 대부분의 운동선수들은 동화성 스테로이드 사용에 대해 솔직하게 말하는 것을 꺼린다. 왜냐하면 그렇게 하는 것은 그들의 타고난 능력에 의문을 제기하기 때문이다.

동화성 스테로이드에 의한 위험의 심각성에 대해서는 의견이 분분하다. 남용했을 때, 공격성, 정신질환, 그리고 신장, 간, 심혈관 손상 등 많은 건강상의 위험과 연관되어 있다. 그러나 찬성론자들은 동화성 스테로이드제가 AIDS나 암에서 회복되는 환자와 같은 매우 아픈 사람들에게 광범위하게 처방되고 있다고 지적한다. 이런 약들이 병을 앓은 사람들에게 괜찮다면, 의사의 감독 아래 운동선수들이 안전하게 사용할 수 있지 않을까? 동화성 스테로이드 사용으로 경기의 명예를 훼손했다는 지적이 나온다. 동화성 스테로이드제가 허용된다면 깨끗한 경기를 한 선수들은 부당한 불이익을 당하지 않을까? 현재로서는 문제가 장점보다 더 크다는 일반적인 합의가 있고, 동화성 스테로이드제는 사실상 모든 경쟁 스포츠에서 금지되어 있다.

이 장에서는, 합성호르몬과 그 물리적인 효과에 대해 논의하겠지만, 우리는 주로 자연 호르몬과 그것들이 인체 내에서 항상성을 유지하는 방법을 탐구할 것이다. 동물 호르몬이 작용하는 주요 기관계인 척추동물 내분비계에 대한 일반적인 개요부터 시작해보자. 그 다음 우리는 특별히 사람의 내분비계에 초점을 맞출 것이다. 그 과정에서, 호르몬 불균형의 효과에 대한 많은 예를 생각해 볼 것이다.

호르몬: 개요

신체의 다양한 조직들의 다양한 세포들은 끊임없이 서로 의사소통을 한다. 세포 사이의 그러한 상호작용은 화학적, 전기적 신호를 통해 조정되며, 두 가지 주요한 기관계를 통해 이동한다. **내분비계(endocrine system)**는 상호작용하는 한 무리의 샘과 조직들인데, 동물 체내 전반에 존재하며 몸의 기능을 시작하고 유지하는 화학물질들을 생산하고 분비한다. **호르몬(hormone)**이라고 하는 화학신호들은 내분비 세포에 의해 방출되어, 보통 혈액을 통하여 몸 전체로 운반된다. 신경계에서 그 신호들은 주로 전기적이며, 뉴런이라고 하는 신경세포를 통하여 전달된다(27장).

그림 25.1은 내분비세포로부터 호르몬 분자의 방출을 보여준다. 순환계는 온몸으로 호르몬을 수송하지만, 호르몬은 특정 호르몬의 수용체를 가지고 있는 **표적세포(target cell)**하고만 결합한다(그림 25.1의 아래). 각 표적세포 수용체는 특정 신호를 받는 기능을 하는 독특한 형태를 가지고 있는데, 이것은 구조와 기능의 관계를 보여주는 한 예이다. 잠긴 문과 같은 수용체와 열쇠라는 호르몬을 갖고 있는 표적세포를 상상해 보라. 각각의 열쇠는 맞는 자물쇠를 가지고 있는 문이라야 열 수 있다.

호르몬은 몸의 모든 부분에 도달하기 때문에, 내분비계는 몸 전체의 활성을 조절하는데 특히 중요하다. 예를 들어, 호르몬은 대사율, 성장(동화성 스테로이드 남용의 표적인 근육 발달), 성숙, 그리고 생식 등을 조절한다. 호르몬이 수용성인지 지용성인지 여하에 따라 호르몬은 표적세포에서 다른 방법으로 변화를 일으킨다. 수용성 호르몬은 세포에 들어가지 않고 반응을 일으키는 반면에, 지용성 호르몬은 세포 내로 들어간 후에 반응을 일으킨다.

수용성 호르몬은 원형질막의 인지질 이중층을 통과할 수 없지만, 표적세포에 들어가지 않고도 간접적으로 세포의 변화를 가져올 수 있다

▼그림 25.1 **내분비세포로부터 호르몬의 분비.** 내분비샘의 세포(오른쪽 위 그림)는 호르몬 분자들을 분비한다. 호르몬은 순환계를 통하여 몸의 모든 세포로 운반되지만, 오직 수용체와 결합하는 표적세포에만 영향을 미친다(오른쪽 아래 그림).

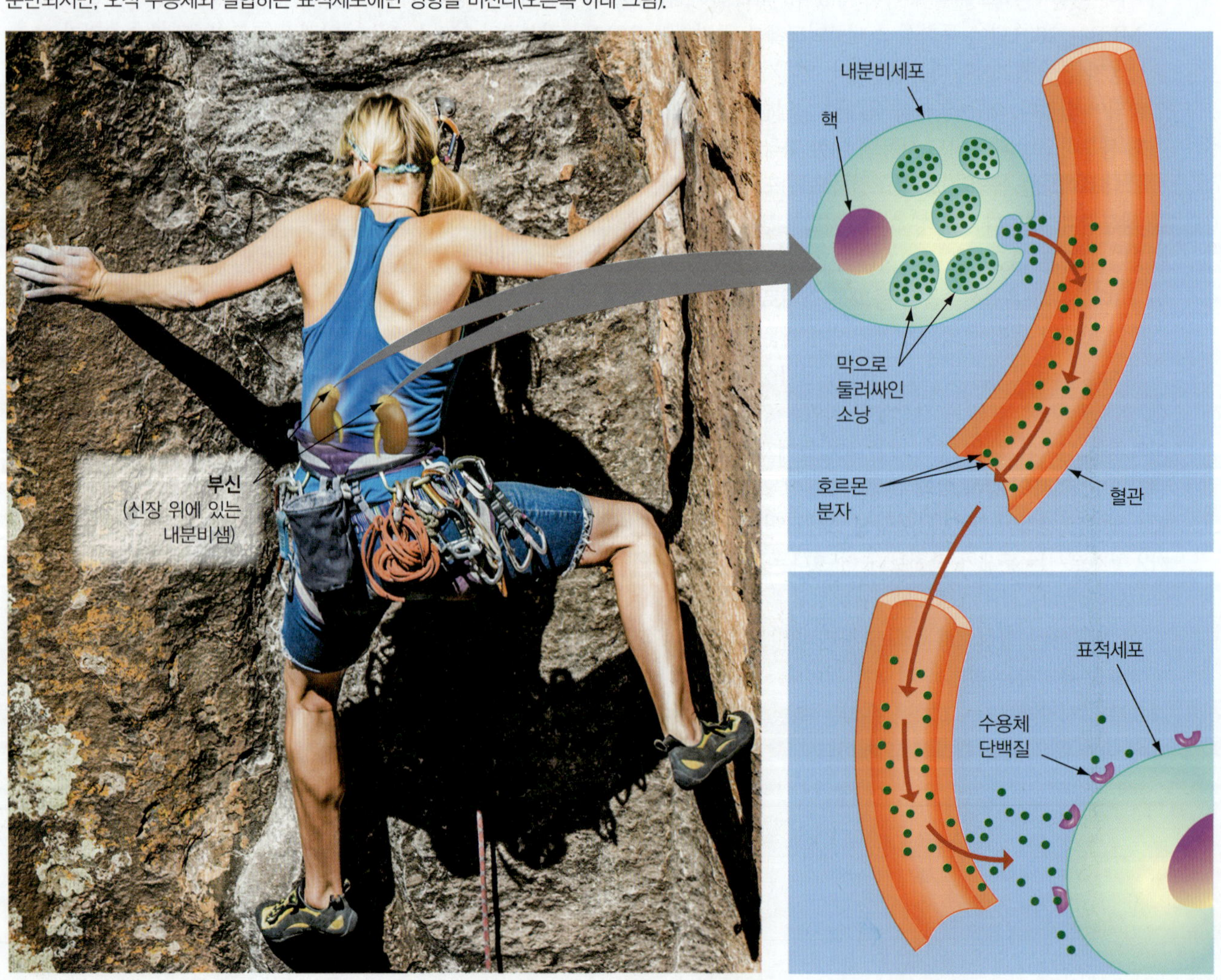

(그림 25.2). 처음에 ❶ 수용성 호르몬(●)은 표적세포의 원형질막에 있는 특이적인 수용체 단백질(◖)과 결합한다. 그 결합은 수용체 단백질을 활성시키는데, ❷ 그것은 세포외 화학신호를 특정 세포내 반응으로 전환시키는 일련의 분자 변화인 신호전달경로를 일으킨다. ❸ 최종 연결분자(○)는 세포질 내의 반응을 수행하거나(효소의 활성화 등), 핵에서 유전자 조절에 영향을 미치는(유전자의 개시 또는 정지 등) 단백질을 활성화시킨다. 이것은 전달하고자 하는 메시지가 한 사람에게 전달되고 그것이 또 다른 사람에게 전달되어, 결국 실제로 행동을 취하는 사람에게 도달할 때까지 연속적으로 연결되는 이메일의 한 부분과 같다. 적혈구 생성촉진인자(erythropoietin, EPO)는 수용성 호르몬의 예이다. 그것은 적혈구의 생산을 조절한다. 일부 운동선수들은 지구력을 높이기 위해 EPO를 남용한다.

그에 반하여, 지용성 호르몬은 인지질 이중층을 통과하여 반응을 표적세포의 내부에서 수용체와 결합하여 반응을 일으킨다. 스테로이드 호르몬들은 모두 콜레스테롤 유도체들로서 이런 방법으로 작용한다. 스테로이드 호르몬에는 성호르몬(테스토스테론과 에스트로겐) 등과 같은 자연적인 것과 인공적인 동화성 스테로이드 등이 포함된다. 그림 25.3에서 보는 것처럼, ❶ 지용성 호르몬(▼)은 원형질막을 통해 확산함으로써 세포로 들어간다. 만일 그 세포가 표적세포라면, 그 호르몬은 ❷ 세포질이나 핵에 있는 수용체 단백질(◖)과 결합한다. 수용체는 신호전달경로를 시작하기보다 그 수용체 자체가 호르몬의 신호를 전달한다. ❸ 호르몬-수용체 복합체는 핵 내에 있는 세포 DNA의 특정 부위에 결합한다. ❹ DNA와의 결합은 특정 유전자를 켜든지 또는 끄도록 한다.

우리는 호르몬이 어떻게 작용하는지에 대한 개요를 살펴보았다. 이것은 모든 척추동물(많은 무척추동물뿐만 아니라)에 적용된다. 동물들은 공통의 조상의 결과인 많은 호르몬을 공동으로 가지고 있다. **그러나 진화의 과정에서, 특정 호르몬의 기능은 종들 간에 나뉘게 되었다.** 예를 들어, 갑상선 호르몬은 많은 척추동물에서 신진대사를 조절하는 역할을 하지만, 개구리에서는 변태를 자극한다(올챙이가 성체가 되는 과정). 다음으로, 우리는 특정한 척추동물인 사람의 내분비계를 자세히 살펴볼 것이다. ✓

✓ 체크포인트

지용성 호르몬과 수용성 호르몬이 표적세포와 작용하는 방법에서 차이는 무엇인가?

답: 지용성 호르몬은 세포 내의 수용체와 결합하며, 반면에 수용성 호르몬은 원형질막에 있는 수용체와 결합한다.

▼그림 25.2 원형질막 수용체와 결합하는 호르몬. 지용성 호르몬은 인지질 이중층을 통과하여 표적세포 내의 수용체와 결합한다. 스테로이드 호르몬과 그 외 지용성 호르몬은 특정 유전자의 발현을 조절함으로써 세포에 영향을 미친다.

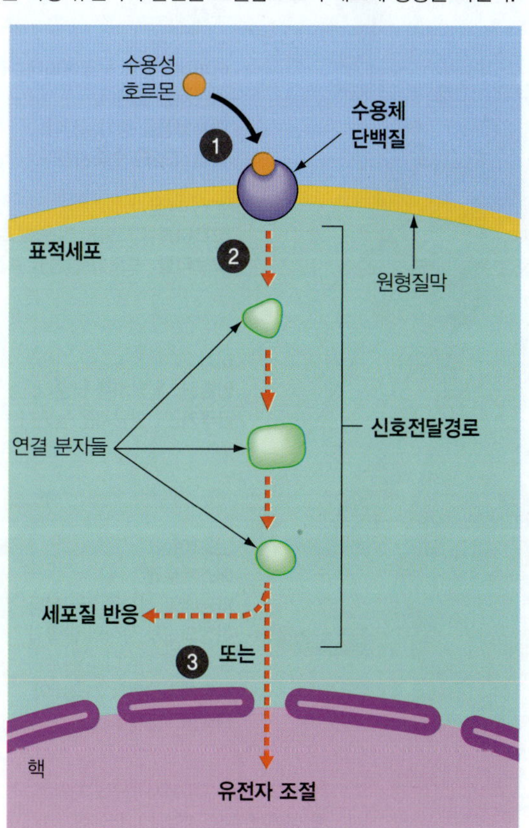

▼그림 25.3 세포내 수용체와 결합하는 호르몬. 지용성 호르몬은 인지질 이중층을 통과하여 표적세포 내의 수용체와 결합한다. 스테로이드 호르몬과 그 외 지용성 호르몬은 특정 유전자의 발현을 조절함으로써 세포에 영향을 미친다.

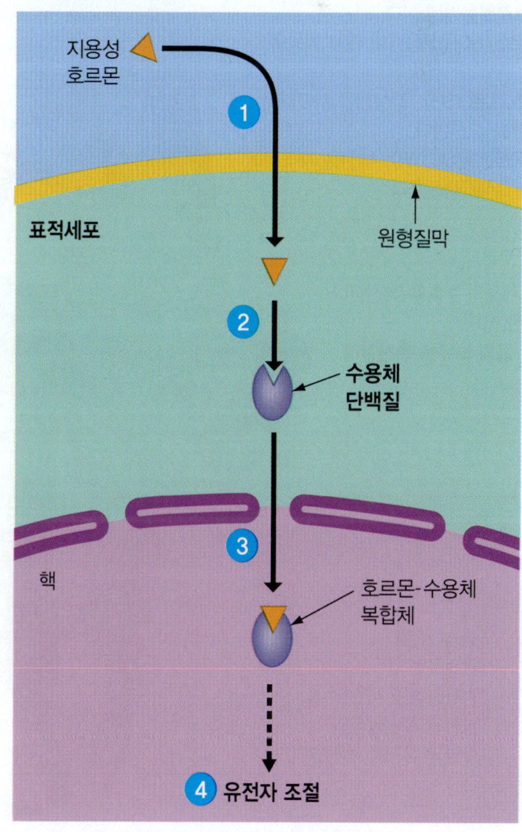

사람의 내분비계

호르몬은 **내분비샘(endocrine gland)**이라고 하는 기관들에 의해 주로 생성되며 분비된다. 인간의 내분비계는 약 12개의 주요 샘으로 이루어져 있다. 이들 가운데 갑상샘, 뇌하수체 등은 내분비로 전문화되어 있는데, 주요 기능은 호르몬을 혈액 내로 분비하는 것이다. 예를 들어, 다른 기관들인 소화계의 위와 이자는 비내분비성이지만, 호르몬을 분비하는 일부 세포들을 가지고 있다. 위는 그렐린(ghrelin, "공복 호르몬")을 분비하는데, 그것은 뇌로 가서 식욕을 자극한다. 이자는 혈당의 수준을 조절하는 인슐린과 글루카곤을 분비한다.

호르몬은 넓은 범위의 표적들을 가지고 있다. 이자에서 분비되는 글루카곤 같은 호르몬은 한정된 약간의 표적세포만을 가지고 있다(글루카곤의 경우 간과 지방세포). 어떤 호르몬은 세포의 형태와 그것의 신호전달 경로에 기초하여 표적세포에 따라 다른 반응을 이끌어 내기도 한다.

그림 25.4는 사람의 주요 내분비샘의 위치를 나타낸다. 이 장에서는 각각의 이런 분비샘의 분비물인 호르몬에 초점을 맞추고, 이런 호르몬들이 어떻게 몸의 항상성을 유지하도록 돕는지를 살펴보고자 한다. 우리가 다루지 않는 많은 호르몬 분비 구조와 호르몬들이 있음을 염두에 두어야 한다. ✓

✓ 체크포인트

호르몬의 신호는 어떻게 많은 다른 기관에 영향을 미치는가?

답: 호르몬 신호는 혈액으로 전달되어 온 몸으로 운반된다.

▼그림 25.4 **사람의 내분비샘.** 이 그림은 본문에서 논의된 일부 주요 내분비기관(파란색)과 이들이 분비하는 호르몬(검은색)만 보여준다. 내분비 기능이 있는 몇몇 다른 기관들은 보이지 않는다.

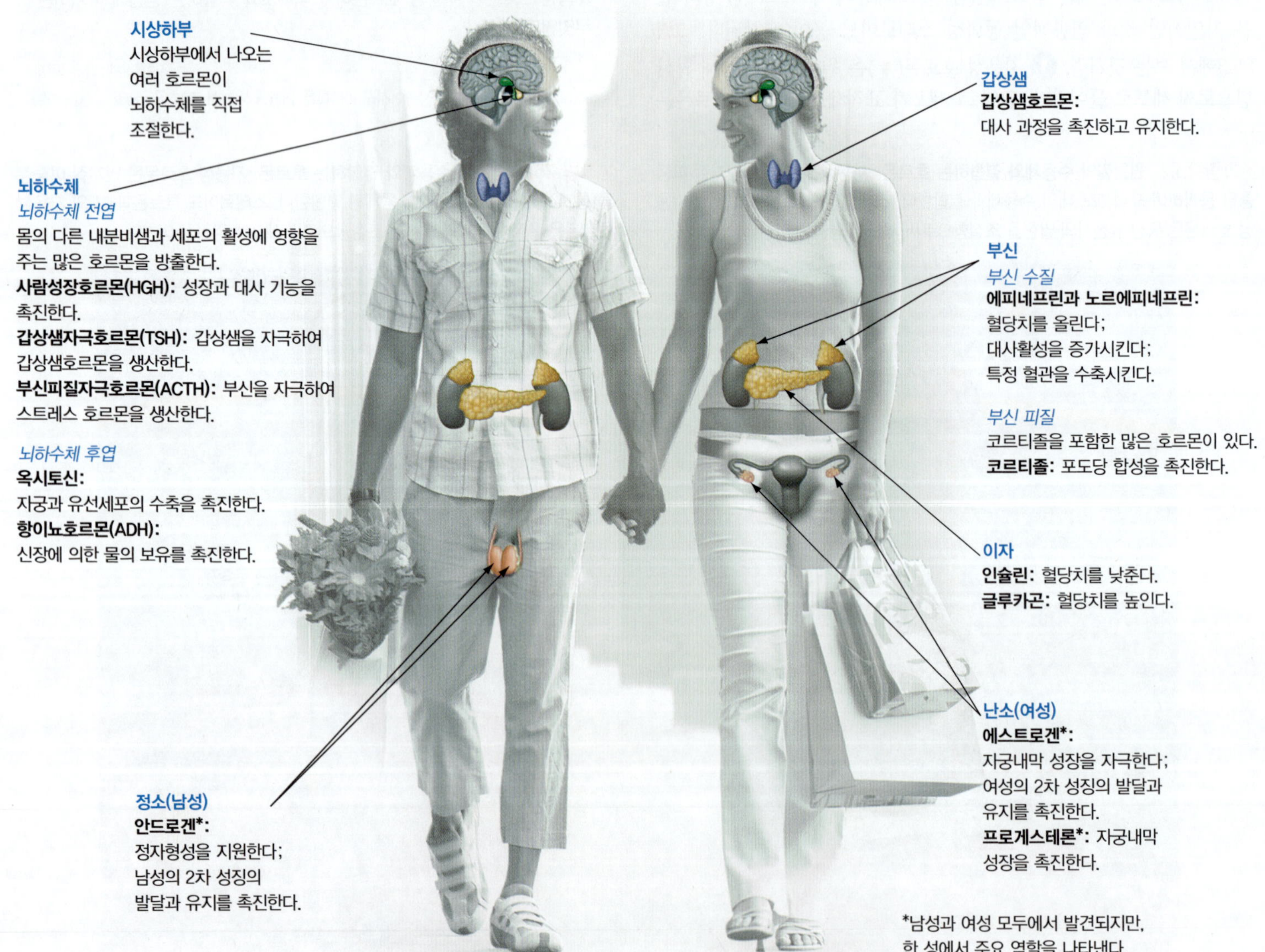

25.1 시상하부와 뇌하수체

뇌에 있는 하나의 샘인 **시상하부(hypothalamus)**는 내분비계의 주요 조절중추이다(그림 25.5). **시상하부는 신경으로부터 몸의 내부 상태와 외부환경에 대한 정보를 받은 다음, 적절한 신경신호나 혹은 내분비성 신호를 보냄으로써 반응한다**(그림 25.6). 이 신호들은 시상하부의 아래쪽에 매달려 있는 완두콩 크기의 구조인 **뇌하수체(pituitary gland)**를 직접 조절한다. 시상하부로부터 오는 신호에 대한 반응으로, 뇌하수체는 많은 몸의 기능에 영향을 미치는 호르몬들을 분비한다. 하부 조직을 다루는 경영자들을 지휘하는 기업의 최고경영자(CEO)처럼, 시상하부(CEO)는 뇌하수체(경영자)를 이용하여 다른 분비샘들(하부 조직)에 명령을 전달함으로써, 내분비계 전반에 대해 주요 조절기능을 나타내는 것이다.

시상하부로 들어가고 나오는 정보의 흐름은 내분비계가 어떻게 항상성을 유지하는지를 생각해보면 알 수 있다. 구체적인 예를 살펴보자. 내분비계는 모든 신체 조직에서 수분 평형을 유지하기 위해 비뇨기계와 상호작용한다. 그림 25.7에서 보는 것처럼, 시상하부가 신체 조직이 탈수상태가 되었다는 정보를 받으면, 항이뇨호르몬(ADH)(▲)을 만드는데, 이것은 뇌하수체에 의해 저장되고 방출된다. ADH는 신장 세포에 신호를 보내어 보다 많은 물을 흡수하도록 하며, 결과적으로 소변 배출을 줄여서 심각한 탈수를 방지하도록 한다. 체내에 물이 너무 많으면, 시상하부가 뇌하수체 후엽으로부터 항이뇨호르몬의 분비를 늦추게 되어, 신장은 소변의 배출을 증가시킨다. 나중에 배우게 되겠지만, 대

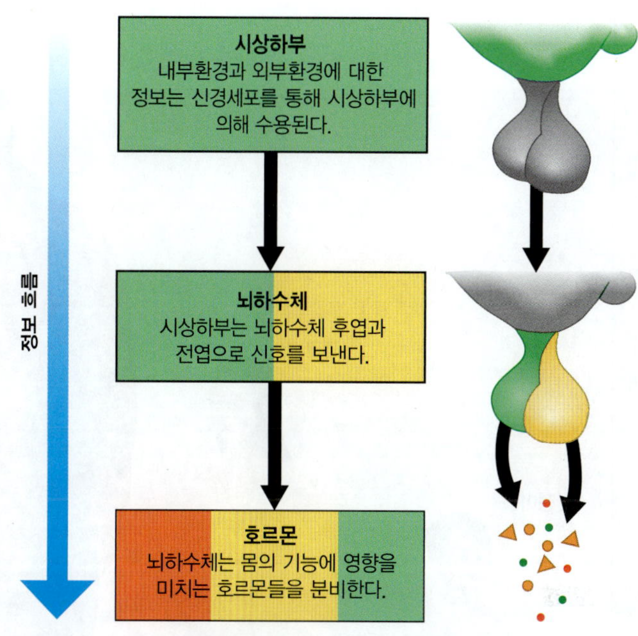

▲그림 25.6 **시상하부에 의해 수행되는 주 조절.**

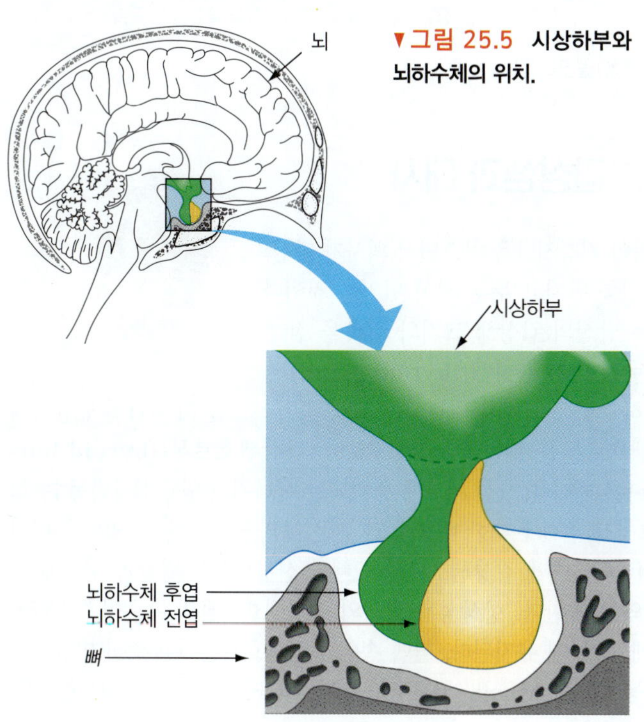

▼그림 25.5 **시상하부와 뇌하수체의 위치.**

▼그림 25.7 **항이뇨호르몬(ADH)과 삼투 조절.** 시상하부는 ADH를 합성함으로써 수분의 항상성을 조절한다. 이런 호르몬 분자들은 긴 세포 연장부(회색)를 경유하여 뇌하수체 후엽으로 이동되는데, 여기서 혈액으로 방출된다. 최종적으로 ADH는 신장에 있는 표적세포에 도달한다.

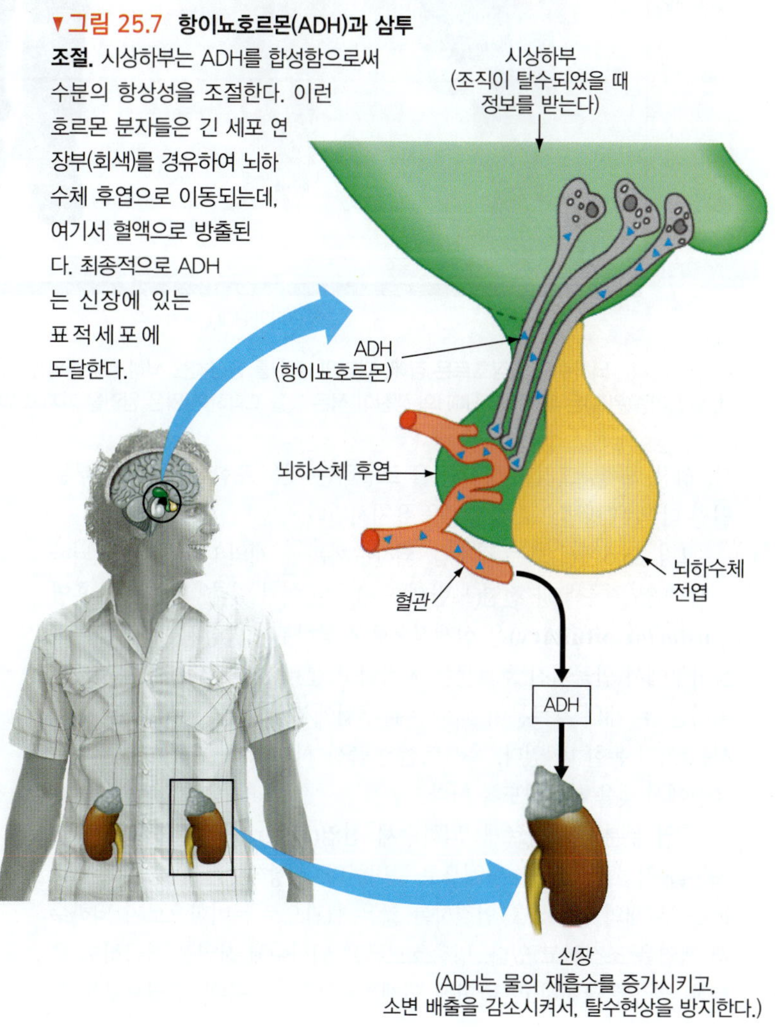

▲그림 25.8 **뇌하수체 성장호르몬 장애.** 과잉의 HGH를 생산하는 뇌하수체 종양은 거대증(오른쪽)을 일으킨다. 난쟁이증(왼쪽)은 유년시절 HGH의 생산이 적은 것을 포함하여 많은 원인을 가지고 있다.

사, 성장, 발생, 그리고 생식 등을 조절하는 것을 포함하여 시상하부는 훨씬 더 많은 방법으로 항상성을 유지시킨다.

그림 25.5에서 보는 것처럼, 뇌하수체는 두 개의 다른 부분인 뇌하수체 후엽(초록색)과 전엽(노란색)으로 이루어져 있다. **뇌하수체 후엽(posterior pituitary)**은 실제적으로 시상하부가 연장된 것으로서, 시상하부에서 만들어진 호르몬을 저장하고 분비한다. ADH와 옥시토신이라는 두 개의 호르몬이 뇌하수체 후엽에서 방출된다. ADH에 대해서는 이미 논한 바 있다. 옥시토신은 출산 시 자궁의 수축을 자극하며, 유선에서 젖을 분비하도록 한다.

후엽 부분과는 다르게, **뇌하수체 전엽(anterior pituitary)**은 호르몬을 직접 합성하여, 혈액으로 분비한다. 시상하부는 두 종류의 호르몬을 두 개의 분비샘을 연결하는 짧은 혈관으로 분비함으로써 뇌하수체 전엽을 조절하고 있다. 방출호르몬은 뇌하수체 전엽을 자극하여 호르몬 분비를 촉진하고, 반면에 억제호르몬은 뇌하수체 전엽으로 하여금 분비되는 호르몬을 정지시킨다.

뇌하수체 전엽에서 분비되는 호르몬 중의 하나가 **사람의 성장호르몬(human growth hormone, HGH)**이다. 유년기와 청소년기에, HGH는 신체의 모든 부분에서 발달과 성장을 촉진시킨다. 만약 아주 어린 시기에 HGH가 너무 많이 생산되면, 일반적으로 뇌하수체 종양 때문에 거인증을 나타낼 수 있다(그림 25.8). 반대로, 유년기에 HGH가 너무 적게 생산되면, 난쟁이증이 초래될 수 있다. HGH 결핍이 있는 어린이에게 HGH를 투여하면, 난쟁이증을 방지할 수 있다. 때때로 운동선수들이 근육량을 불리기 위해 그러한 약제를 남용하고 있다. HGH의 남용은 위험할 수 있으며, 관절 팽창, 당뇨, 이마와 턱 뼈의 확대, 그리고 심장 합병증이 유발될 수 있다.

다음에 우리는 시상하부와 뇌하수체 후엽으로부터 갑상샘, 정소, 난소, 그리고 부신으로 가는 정보의 흐름을 논할 것이다. 먼저 갑상샘을 살펴보자. ✓

✓ 체크포인트

시상하부와 뇌하수체와 대하여 내분비계의 흐름의 개요를 말하시오.

답: 시상하부는 몸에 대한 특정 정보를 받아서, 이에 대응하여 뇌하수체로 하여금 호르몬 신호를 분비하도록 한다.

25.2 갑상샘과 대사

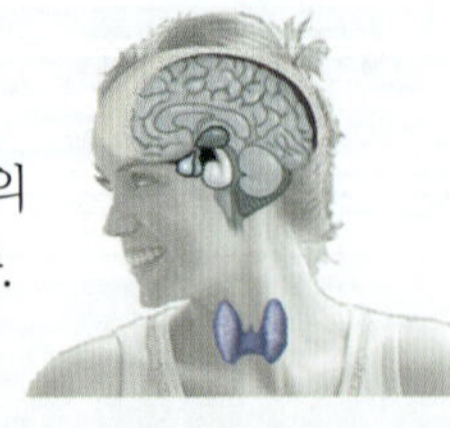

정기적인 건강진단을 받으면서 의사가 당신의 목 부위를 만지고 누른 적이 있었을 것이다. 의사는 당신의 갑상샘 크기와 감촉을 점검하는 것이다. **갑상샘(thyroid gland)**은 뇌하수체 전엽에서 방출되는 갑상샘자극호르몬(TSH)에 반응하여 갑상샘호르몬을 분비한다(그림 25.9). **갑상샘호르몬(thyroid hormone)**은 대사율(일정 시간에 소비되는 에너지의 양), 심장박동수, 혈압, 그리고 추위에 대한 내성 등과 같은 몸의 많은 기능에 영향을 미친다. 어린이들에게 갑상샘호르몬은 뼈와 신경세포의 발달과 성숙에 중요한 역할을 한다. 항상성은 혈액의 갑상샘호르몬의 수준이 "설정점" 근처에 있을 때 유지된다. 혈액 속의 갑상샘호르몬이 부족하거나(갑상샘 기능저하증, hypothyroidism), 너무 많을 경우(갑상샘 기능항진증,

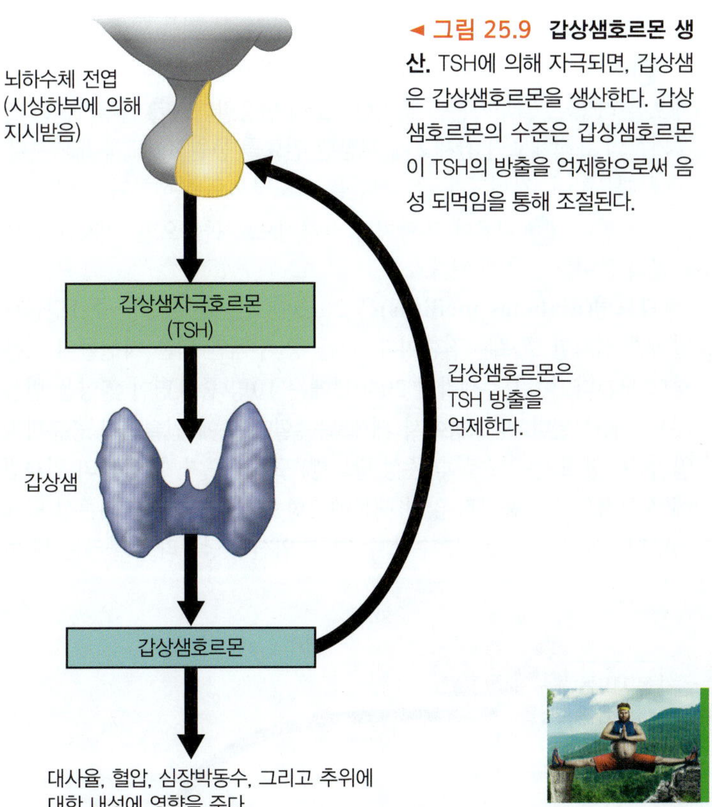

◄ **그림 25.9 갑상샘호르몬 생산.** TSH에 의해 자극되면, 갑상샘은 갑상샘호르몬을 생산한다. 갑상샘호르몬의 수준은 갑상샘호르몬이 TSH의 방출을 억제함으로써 음성 되먹임을 통해 조절된다.

hyperthyroidism)에는 심각한 대사 장애를 초래한다. 다행스럽게도 갑상샘 장애는 쉽게 치료될 수가 있다.

갑상샘호르몬이 너무 적은 갑상샘 기능저하증은 체중 증가, 피로감, 늦은 심장박동수, 그리고 추위에 견디지 못하는 증상 등을 일으킬 수 있다. 그림 25.9에서 보는 것처럼, 갑상샘호르몬은 음성되먹임의 방법으로 TSH의 방출을 억제한다. 갑상샘호르몬이 없거나 낮을 때, 음성 되먹임도 나타나지 않으며, 지속적인 TSH의 분비가 갑상샘의 성장을 촉진한다. 따라서 갑상샘 기능저하증 때문에 갑상샘이 작게 붓거나 갑상선종(그림 2.3 참조)을 일으킬 수 있다.

우리는 그것을 인식하지 못할 수도 있지만, 식단 속의 소금은 갑상샘 기능항진증을 억제한다. 그것은 실제로 소금이 아니며, 정상적인 갑상샘 기능에 필수적인 소금의 첨가물인 아이오딘(I, 요오드)이다. 밀가루 없이 팬케이크를 만들 수 없는 것처럼, 갑상샘호르몬은 아이오딘 없이 합성될 수 없다. 아이오딘이 없으면, 갑상샘호르몬이 부족하여 결국에는 갑상샘종이 발생된다. 갑상샘종은 아직까지도 아이오딘이 식단에서 섭취되지 못하는 저개발국가의 많은 사람들에게 해를 끼치고 있다.

질병과 환경 독소는 갑상샘 기능저하증의 원인이다. 하시모토병은 몸의 면역계가 갑상샘을 공격해서 갑상샘호르몬을 만드는 능력을 억제하는 자가면역질환이다. **내분비교란물질(endocrine disruptor)**은 내분비계에 불리하게 영향을 미치는 환경 독소를 말하는데, 보통 살충제(농약)나 플라스틱 용기에 들어 있다. 예를 들어, BPA(bisphenol A)는 일부 플라스틱 물병에서 발견되는 내분비교란물질이다. 더 확실해지고 있는 증거가 동물의 갑상샘 질환에 대한 특정 내분비교란물질과 연관되어 있다. 다행히, 원인에 상관없이(알려졌든 그렇지 않든), 합성 갑상샘호르몬이 함유된 알약은 갑상샘 기능저하 증상을 쉽게 완화시켜준다.

갑상샘 기능항진증(갑상샘호르몬의 과잉 생산)은 체중 감소, 고혈압, 빠른 심장박동수, 그리고 열에 대한 민감성이 증가하는(많은 땀을 흘림) 특성을 나타낸다. 갑상샘 기능항진증의 치료는 갑상샘이 아이오딘을 축적시킨다는 사실을 이용한다. 환자들은 적은 양의 방사성 아이오딘이 들어 있는 용액을 마시는데, 이것은 세포들을 죽여서 갑상샘 생산량을 줄이고 증상을 완화시킨다.

저용량의 방사능 아이오딘은 질병을 치료하지만, 고용량은 치명적일 수 있다. 핵폭발로 인한 방사능 낙진은 종종 대기, 물, 그리고 음식에 들어가는 위험한 방사능 아이오딘의 기둥모양의 상승류(플럼)를 만들어 낸다. 이것은 2011년 일본 후쿠시마에서 핵 재난을 일으킨 지진과 쓰나미 이후의 큰 관심사였다. 방사능 아이오딘이 갑상샘에 쌓이면, 특히 어린아이들에게서 갑상샘 암의 위험이 증가한다. 갑상샘을 보호하기 위하여, 안정한 형태의 아이오딘인 아이오딘화포타슘(potassium iodide, KI)은 핵폭발로 인한 방사능 낙진에 노출되기 직전이나 직후에 알약 형태로 복용된다. 이런 치료는 갑상샘이 유해한 방사능 아이오딘을 받아들일 수 없도록 안정된 아이오딘으로 갑상샘을 채우는 것이다. 그래서 이 알약들은 대규모 재난에 대비하는 것을 염려하는 사람들인 "예비자들(preppers)"에 의해 비축되는 경우가 많다. ✓

제대로 작용하지 않으면 호르몬이 당신의 몸통을 팽창시킬 수 있다.

✓ 체크포인트

환자는 항상 피곤함을 느끼고, 알 수 없는 일이지만 살이 찌고 있다. 그의 신진대사는 느리다. 당신은 환자의 혈액 내 갑상샘호르몬 수치가 더 높은지 또는 낮은지 예측할 수 있는가?

답: 낮다. 이러한 증상은 갑상샘 기능저하증과 일치한다.

25.3 이자와 혈당

이자(pancreas)는 신체의 에너지 공급을 관리하는 데 중요한 역할을 하는 **인슐린(insulin)**과 **글루카곤(glucagon)**이라는 두 가지 호르몬을 만든다. 인슐린과 글루카곤은 이용 가능한 혈중 포도당 양과 몸 세포에 글리코겐 중합체로 저장되어 있는 포도당 양 사이의 항상성 균형을 유지하도록 조절하는 호르몬이다. 당신은 지갑에 너무 많은 현금을 가지고 있을 때 은행에 예금해 놓은 것처럼, 간은 과잉의 포도당을 글리코겐 형태로 세포에 저장한다. 그리고 지갑에 현금이 떨어지면 은행에서 현금을 찾는 것처럼, 혈당치가 낮아지면, 간은 세포의 글리코겐을 분해하여 혈액으로 포도당을 보낸다.

그림 25.10에서 보는 것처럼, 인슐린과 글루카곤은 혈당치를 정확하게 관리하는 되먹임 회로에서 서로 반대로 작용하는 **길항적 호르몬(antagonistic hormone)**이다. 음성 되먹임 기작에 의해서, 혈중 포도당의 농도는 이자세포에 의해 분비되는 인슐린과 글루카곤의 상대적 양을 결정한다. ❶ 예를 들어, 탄수화물이 많이 함유된 음식을 먹고 난 직후에 일어나는 것처럼, 혈액의 포도당의 농도가 올라가면 이자를 자극하여 혈액으로 보다 많은 인슐린을 분비한다. ❷ 인슐린은 인슐린 수용체가 있는 조직 세포에 결합하여, 혈액에서 더 많은 포도당을 받아들이도록 자극한다. 간과 골격근 세포는 포도당을 받아들여 글리코겐 형태로 전환시켜 저장한다. ❸ 결과로서, 혈당치는 설정점까지 떨어지고, 이자의 세포는 인슐린을 분비하도록 자극하는 것을 멈춘다.

❹ 식사 시간 사이에서 혈당치가 설정점 이하로 떨어졌을 때, 이자세포는 더 많은 글루카곤을 분비함으로써 반응한다. ❺ 글루카곤은 글루카곤의 표적세포인 간세포에 저장된 연료를 동원시키도록 도와준다. 이에 대응하여, 간세포가 글리코겐을 포도당으로 분해하여 혈액 속으로 방출한다. ❻ 다음에 혈당치가 설정점으로 돌아오면, 이자는 글루카곤의 분비를 늦추게 된다.

당뇨병(diabetes mellitus)은 2015년 전 세계 11명 중 1명꼴로 발병한 심각한 호르몬 질환이다. 그들 중 수백만 명은 자신들이 아픈 줄도 모른다. 이런 추세라면 2040년에는 10명 중 1명이 영향을 받을 것으로 추산된다. 당뇨병에서 체세포는 혈액 속에 인슐린이 충분하지 않거나(1형 또는 인슐린 의존성 당뇨병) 표적세포가 혈액 속의 인슐린에 정상적으로 반응하지 않기 때문에(2형 또는 비-인슐린 의존성 당뇨병), 혈액에서 포도당을 흡수할 수 없다. 임신성 당뇨라고 불리는 세 번

► 그림 25.10 **포도당의 항상성.** 이 그림은 이자에서 방출되는 2개의 길항적 호르몬인 인슐린과 글루카곤에 의한 혈당 농도의 조절을 설명하고 있다.

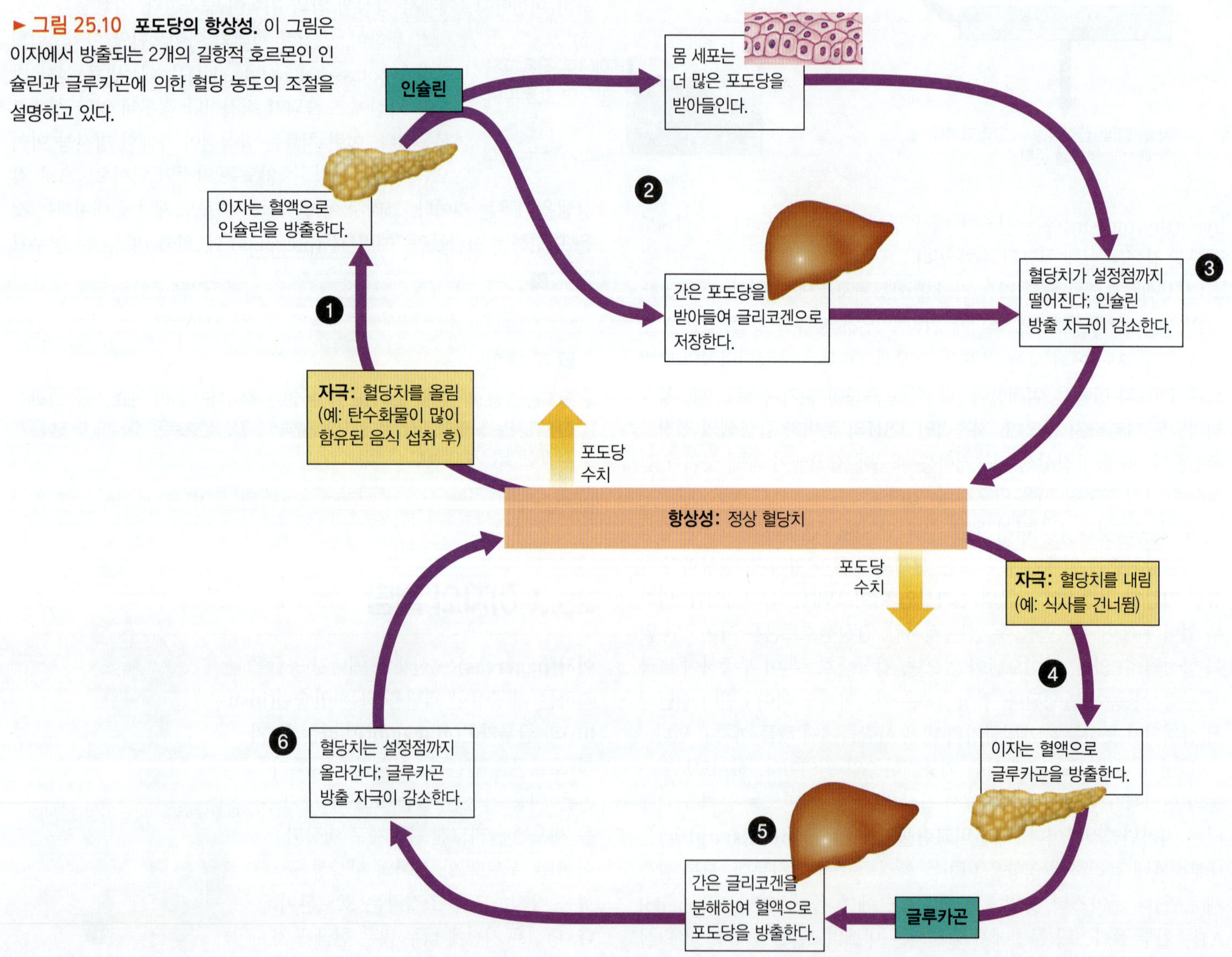

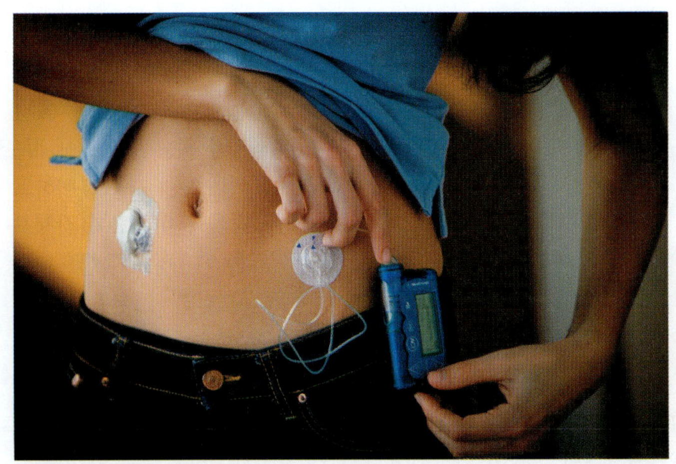

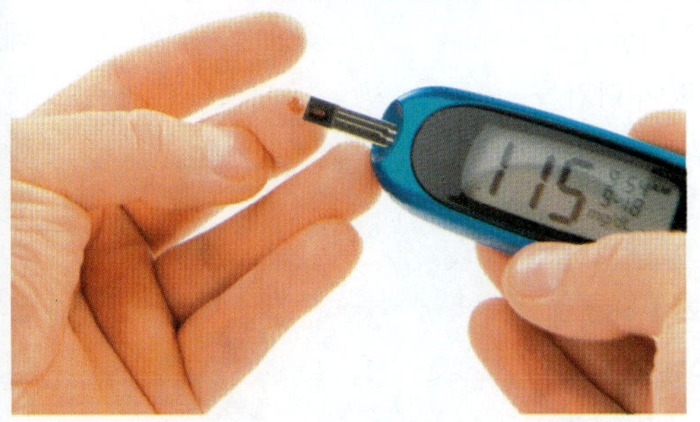

◀ **그림 25.11** **혈당의 측정.** 당뇨병 환자들은 인슐린 펌프(왼쪽)를 사용하여 포도당 수치를 측정하고 필요에 따라 인슐린을 주사한다. 포도당 측정기(오른쪽)는 혈중 포도당 양을 측정하여 인슐린 주사가 필요한지를 결정한다.

째 유형의 당뇨병은 임신 중 어떤 여성에게도 발생할 수 있으며, 심지어 이전에 당뇨의 증상을 보인 적이 없는 여성에게도 발생할 수 있다. 당뇨병을 가지고 있는 사람들 중 90~95%가 2형이다.

당뇨병을 가진 사람에서, 인슐린의 부족이나 세포의 인슐린 무반응성은 혈액 내 포도당의 양을 높이게 된다. 세포들은 혈액 내 포도당의 농도가 높지만, 혈액으로부터 충분한 양의 포도당을 취할 수 없다. 연료가 고갈되면, 세포들은 체내의 지방과 단백질의 공급량을 태우도록 요구받게 된다. 반면에 소화계는 식사로부터 포도당을 계속 흡수해서 혈액의 포도당 농도가 위험 수위까지 올라가게 된다.

당뇨병에 대한 치료법은 있지만 치료되지는 않는다. 당뇨병 환자들은 수치를 추적하기 위해, 하루에 걸쳐 정기적으로 혈당을 측정한다(그림 25.11). 제1형 환자는 인슐린 주사를 정기적으로 맞아야 한다. 비만이 당뇨병을 유발하는지(그리고 만약 그렇다면, 어떻게)는 여전히 알려져 있지 않지만, 제2형 당뇨병은 거의 항상 과체중이고 활동성이 떨어지는 것과 관련이 있다. 설탕 섭취를 조절하고 체중 감량을 위한 운동과 다이어트를 통해, 제2형 당뇨병은 약물 없이도 관리될 수 있는 경우가 많다. 두 종류의 당뇨병에 모두 가능한 치료법에도 불구하고, 매년 최소 160만 명의 사람들이 심각한 탈수증, 심혈관 및 신장 질환, 그리고 신경 손상을 포함한 질병이나 합병증으로 사망한다.

저소득이 2형 당뇨병을 일으키는 하나의 요인인 것처럼 보이며, 종종 저소득 환자들은 당뇨병의 더 큰 합병증으로 고통당한다. 캘리포니아대학교(San Francisco)의 과학자들은 저소득의 당뇨병 환자들은 식품을 구매할 현금이 거의 없는 매월 말에 (시작과 비교하여) 더 많은 건강문제를 가지고 있다는 가설을 세웠다. 과학자들은 매월 말에 저혈당 환자의 수가 증가할 것이라고 예측했다. (저혈당은 당을 낮추는 약을 복용하는 동안 식사를 거른 당뇨병 환자에게 가장 흔하게 나타난다.) 2000년부터 2008년까지 캘리포니아 병원을 찾은 사람들을 추적한 연구에서, 연구진은 저혈당증으로 입원한 환자 수를 측정하고, 각 환자의 소득을 "낮음" 또는 "높음"으로 확인했다. 그림 25.12에서 보는 것처럼, 저소득 당뇨병 환자에 대한 과학자들의 가설은 입증되었다. 그 데이터는 저혈당과 저소득 환자의 월말 사이의 강한 연관성을 보여 준다. 식량 부족이 그 결과를 야기했는지 확실히 알 수는 없지만, 그것은 밀접한 상관관계를 나타낸다. ✓

▼ **그림 25.12** 저소득 및 고소득 환자의 저혈당 입원

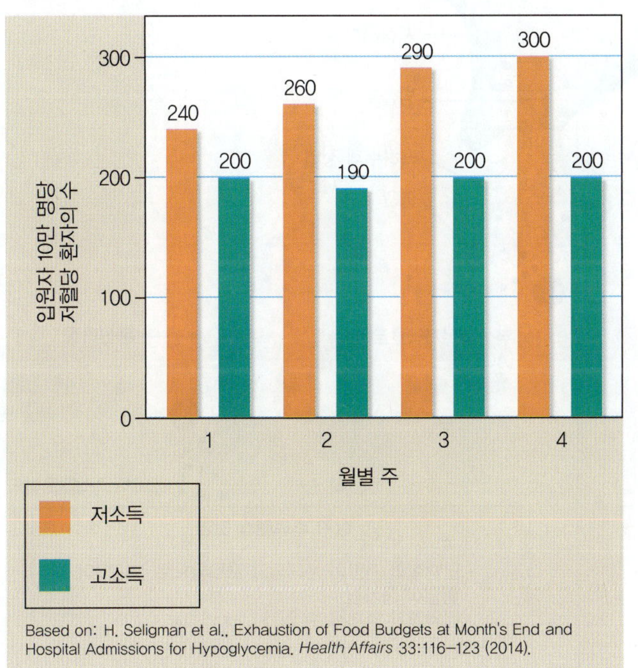

Based on: H. Seligman et al., Exhaustion of Food Budgets at Month's End and Hospital Admissions for Hypoglycemia. *Health Affairs* 33:116–123 (2014).

✓ 체크포인트

의사는 왜 제2형 당뇨병을 앓고 있는 환자에게 인슐린을 사용하여 자신의 질환을 치료할 수 없다고 말하는가?

답: 제2형 당뇨병의 경우, 혈액 내 인슐린이 충분하지만, 표적세포는 인슐린에 정상적으로 반응하지 않는다.

25.4 부신과 스트레스

이런 상황을 상상해 보라. 집에 혼자 있을 때, 문이 거칠게 닫히는 소리를 듣는다. 몸은 어떻게 반응할까? 위험을 느끼거나 긴장을 일으키는 상황이 다가올 때, 우리는 심장박동이 빨라지고 피부에 소름이 돋는 것을 느낄 것이다. 이런 반응들은 두 가지의 "싸움-혹은-도주(fight-or-flight)" 호르몬인 **에피네프린(epinephrine**, 또는 아드레날린) 과 **노르에피네프린(norepinephrine)**에 의해 유발된다. 이 두 가지 호르몬들은 수 초 내에 활성화되어 수 분 또는 수 시간 지속되는 스트레스에 대하여 빠르고 짧은 기간 반응하도록 한다.

인체는 신장의 바로 위쪽에 2개의 **부신(adrenal glands)**을 가지고 있다. 각각의 부신은 실제로 2개의 샘으로 되어 있는데, 중앙 부분은 **부신수질(adrenal medulla)**, 바깥부분은 **부신피질(adrenal cortex)**이라고 한다. 이들을 구성하는 세포와 생성하는 호르몬은 다르지만, 부신수질과 부신피질 모두 신체가 스트레스에 대응할 수 있도록 해주는 호르몬을 분비한다.

"싸움-혹은-도주" 호르몬은 부신수질에서 분비된다. 그것들이 어떻게 조절되고 신체에 대한 효과는 무엇인지 살펴보자. 스트레스성 자극은 시상하부에 있는 신경세포를 활성화시킨다. 그림 25.13의 왼쪽에 나타낸 것처럼, 이런 세포들은 ❶ 부신수질을 자극하는 신호를 보내는데, ❷ 이것은 혈액으로 에피네프린과 노르에피네프린(●)을 분비하도록 한다. 에피네프린과 노르에피네프린 모두 당을 분비하도록 간세포를 자극하여 세포 작용에 필요한 더 많은 연료를 이용하도록 함으로써 단기성 스트레스 반응에 기여한다. 또한 에피네프린과 노르에피네프린은 혈압, 호흡률, 심장박동수와 대사율을 높여 신체가 활동할 수 있도록 준비시킨다. 더구나 에피네프린과 노르에피네프린은 혈액의 흐름을 변화시켜 혈액이 가장 필요로 하는 곳으로 이동할 수 있도록 한다. 즉 뇌와 골격근의 혈관이 확장되어, 스트레스에 대처하는 근육의 민첩성과 능력을 증가시키는 반면, 다른 부분의 혈관을 수축시켜 스트레스 반응과 즉각적으로 연관되어 있지 않은 활동(소화작용 등)은 감소시킨다. 단기 스트레스 반응은 빠르게 일어나고 곧 진정된다. 문이 거칠게 닫히는 소리가 바람 때문이라고 알게 되면 이것이 수 분 이내에 평온감을 느끼게 되는 이유이다. 롤러코스터와 같은 긍정적 자극도 같은 반응을 촉발시킨다.

부신수질에서 분비되는 에피네프린과 노르에피네프린과는 반대로, 부신피질에서 분비되는 호르몬들은 수 시간 또는 수 일간 지속될 수 있는 스트레스에 대한 보다 느리게, 그리고 오래 지속되는 반응을 나타낸다. 그림 25.13의 오른쪽에 나타낸 것처럼, 시상하부는 ❸ 방출호르몬

▼그림 25.13 **부신은 어떻게 스트레스에 대한 반응을 조절하는가.** 스트레스성 자극은 시상하부에 있는 신경세포를 활성화시킨다. 스트레스에 대한 단기 반응에서, 이러한 신호는 시상하부로부터 부신까지 직접 연결되어 있다. 장기 스트레스 반응은 시상하부가 호르몬 신호를 뇌하수체를 경유하여 부신으로 보냄으로써 시작된다.

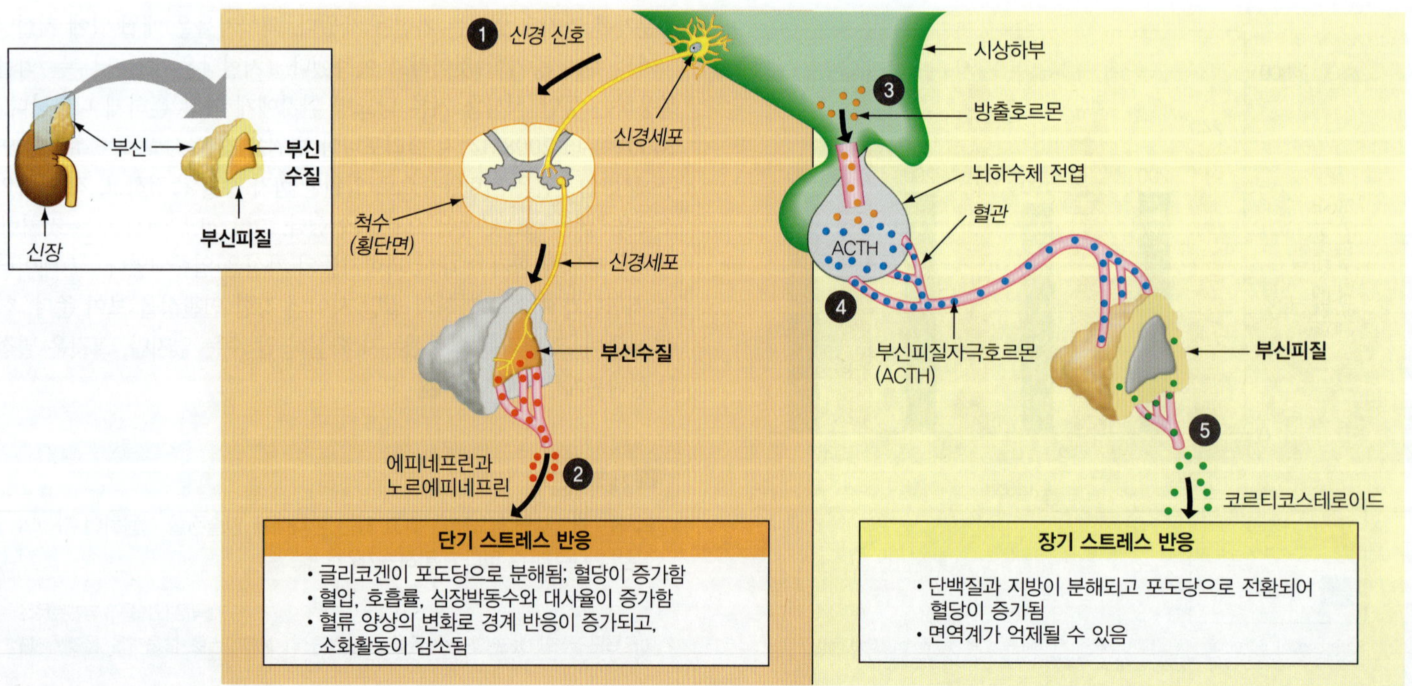

(●)을 분비하여 ❹ 부신피질자극호르몬(ACTH)(●)이라는 호르몬을 분비하도록 뇌하수체를 자극한다. 그 다음, ❺ ACTH는 부신피질의 세포를 자극하여, 코르티솔을 포함한 **코르티코스테로이드(corticosteroid)** (●)라는 스테로이드 호르몬을 합성하고 분비한다. **코르티솔(cortisol)**은 단백질과 지방과 같은 비탄수화물로부터 포도당의 합성을 촉진한다. 몸이 긴장을 일으키는 상황에 처했을 때 에너지가 요구된다. 코르티솔이 생체 기능을 위해 에너지를 증가시킬 때, 그것은 몸의 면역계와 같은 덜 급한 기능을 억제할 수 있다. 혈액의 아주 높은 코르티솔 수치는 감염부위에서 일어나는 염증반응을 억제할 수 있다. 이러한 이유 때문에, 내과 의사들은 피부반응이나 손상된 관절 등과 같은 다양한 원인으로부터 염증을 치료하는 코르티손으로 알려진 유사 분자를 이용하기도 한다. 코르티솔 주사는 운동선수의 부상으로 인한 통증을 완화시키는데 흔하게 이용되곤 한다.

'파워 포즈'는 스트레스를 유발하는 호르몬을 줄일 수 있다.

당신은 당신의 스트레스 호르몬의 균형에 영향을 미칠 수 있을까? 연구자들은 사람이 힘을 준 자세로 2분 동안 자세를 취하게 했을 때, 호르몬들이 어떻게 영향을 받는지를 조사했다. 평균적으로, 힘 있는 자세를 취한지 17분 후에 사람들은 스트레스 호르몬인 코르티솔이 감소됐으며, 성호르몬인 테스토스테론이 증가되었다. 2분 동안 힘주지 않은 자세를 취한 사람들은 (양팔로 팔짱을 낀 자세) 반대의 결과를 나타내었다. 그래서 연구자들은 다음과 같이 제시한다. 취업 면접을 볼 때, 파워 포즈(power pose)를 취하라! 그것은 당신이 자신감을 느껴서 채용될 수 있도록 도와주는 호르몬을 자극할 것이다. ✓

✓ **체크포인트**

어떤 호르몬이 단기 스트레스 반응을 조절하는가? 어떤 호르몬 계열이 장기 스트레스 반응을 조절하는가?

답: 에피네프린과 노르에피네프린; 코르티코스테로이드

25.5 생식샘과 성호르몬

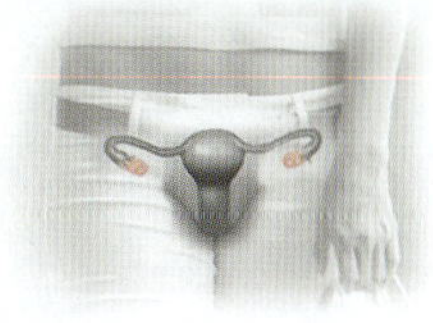

여성도 테스토스테론을 만들까? 남성도 에스트로겐을 생산할까? 사실 여성과 남성은 같은 성호르몬들을 분비한다. **생식샘(gonads)**, 또는 성선(여성에서는 난소, 남성에서는 정소)은 에스트로겐, 프로게스테론, 그리고 안드로겐이라는 세 종류의 성호르몬을 생산한다. 이 세 호르몬의 비율은 성에 따라 다르다. 성호르몬은 시상하부와 뇌하수체 전엽의 지휘 아래 분비되는 지용성인 스테로이드 호르몬이다. 성호르몬은 성장과 발달에 영향을 주고 생식주기와 성행위를 조절하는 호르몬이다.

에스트로겐과 프로게스테론은 남성보다 여성에서 더 높은 농도로 존재한다. **에스트로겐(estrogen)**은 여성의 생식계를 유지하며 여성의 특징인 유방과 넓은 엉덩이의 발달을 촉진한다. **프로게스테론(progesterone)**은 주로 자궁을 준비시켜 발생 중인 배아를 부양한다. 두 호르몬 모두 여성의 월경주기에 중요하다(그림 26.9 참조).

남성은 **안드로겐(androgen**, 주로 테스토스테론)이 많은데, 이것은 남성 생식계의 발달과 유지를 활성화시킨다. 임신 7주 동안 배아에 의해 생산되는 안드로겐은 배아를 남성으로 성장하도록 자극한다. 이 시기 동안 안드로겐의 부족은 배아가 여성으로 성장하게 한다. 사춘기 동안, 테스토스테론의 고농도는 낮은 음조의 목소리, 얼굴의 털, 그리고 골격근육 성장과 같은 남성적 특성의 발달을 촉발시킨다.

우리가 배웠던 것처럼, 어떤 내분비교란물질은 갑상샘에 영향을 미치지만, 어떤 것은 성호르몬의 균형을 변경시킴으로써 생식기능에 큰 혼란을 초래한다. 한 연구에서 과학자들은 개구리에 대한 내분비교란물질의 영향을 조사했다. 그들은 아트라진(atrazine)이라고 하는 제초제가 없는 상태(대조군)와 있는 상태에서 수컷 개구리를 길렀다. 수컷 개구리가 성체가 되었을 때, 그들은 아트라진에 노출된 개구리가 교미행동에서 훨씬 저조했으며, 테스토스테론 수치가 낮았음을 알았다. 더구나 10%는 완전한 성 역전이 진행되었다. 즉, 그것들은 알을 낳을 수 있는 암컷이 되어 버렸다! ✓

소량의 내분비교란물질이면 수컷 올챙이가 암컷 개구리로 변할 수 있다.

✓ **체크포인트**

만약 남자 배아 내의 세포가 적절한 시기에 테스토스테론을 분비하지 않는다면, 그 결과는 어떻게 될 것인가?

답: 태어난 태아는 유전적으로 남자이지만, 신체적으로는 여자일 것이다.

25.6 성호르몬의 모방

성호르몬의 균형에 영향을 미치는 화학물질은 항상 해로운 것만은 아니다. 유방암 치료에 이용되는 약은 에스트로겐의 효과를 감소시키며, 합성호르몬은 특정 호르몬이 부족한 사람에게 기능을 상승시키는데 유용하다. 이러한 화학물질들은 그것들이 모방하는 본래의 호르몬에 대해 구조와 기능에 있어서 유사성을 갖는다.

모든 유방암의 약 70%는 성장시키고 세포분열을 일으키는 에스트로겐에 달려 있다. 따라서 에스트로겐의 결합이나 그것의 효과를 억제하는 것이 많은 유방암을 치료하는 성공적인 방법이다. 타목시펜

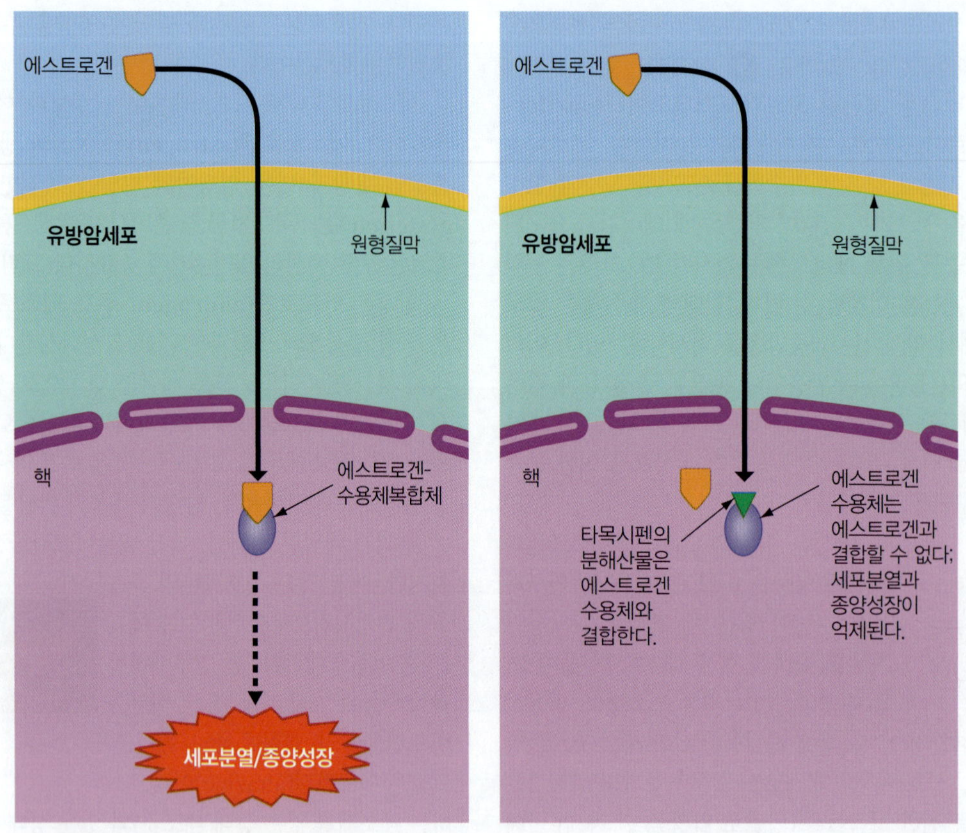

▲**그림 25.14** **유방암의 약물 치료.** 어떤 유방암은 에스트로겐에 의존하여 성장한다. 타목시펜(및 그것의 분해산물)은 유방세포의 에스트로겐 수용체와 결합하여, 에스트로겐 결합과 세포분열을 방지한다.

(tamoxifen)은 에스트로겐을 억제하는 약이다. 일단 체내에 들어가면, 타목시펜은 분해되어 에스트로겐 수용체와 결합하는 분자가 된다(**그림 25.14**). 각 분자들은 수용체와 충분히 결합할 수 있는 에스트로겐의 구조를 모방했지만, 에스트로겐의 기능은 (세포분열을 촉진하는) 나타내지 않는다. 타목시펜은 에스트로겐과 경쟁적이기 때문에 효과적이다. 분자 음악 의자 게임의 승자처럼, 그 약물은 제한된 수의 수용체에 대해 에스트로겐과 경쟁한다. 타목시펜의 수치가 충분히 높은 한, 유방암 세포는 에스트로겐이 있어도 분열하는 신호를 받지 못할 것이다.

사람들은 나이를 먹음에 따라, 성호르몬이 감소한다. 폐경기(여성의 생애에서 에스트로겐 생산이 쇠퇴하는 시기)의 부작용에 대한 하나의 치료법은 합성 에스트로겐이다. 테스토스테론과 구조와 기능이 유사한 합성호르몬인 동화성 스테로이드는 때때로 남성에서 테스토스테론이 점진적인 감소를 치료하는 데 이용된다. 동화성 스테로이드는 빠르게 근육을 만들어 주는 기능을 하기 때문에, 일부 운동선수들이 이러한 화합물을 남용한다. 그러한 내용은 『우리와 함께하는 생물학』에서 논한 바 있다. 스테로이드 남용은 어떤 효과가 있는가? 다음은 그러한 질문에 대해 알아본다. ✓

✓ 체크포인트

유방암 환자에서 타목시펜 용량이 너무 낮으면, 세포 수준에서 결과는 무엇인가?

답: 타목시펜 용량이 낮으면, 에스트로겐이 수용체에 결합해서 쉽게 암세포의 세포분열을 자극한다.

과학연구의 과정 **스테로이드 남용**

스테로이드는 분노를 일으키는가?

배경

수년 동안 언론은 흔히 "로이드 분노"라고 부르는 현상인 동화성 스테로이드의 남용과 폭력적인 기분 변화 사이의 연관성에 대해 추측해 왔다. 그러나 입증되지 않은 증거—개별적 관찰로 만들어진 일반화(1장에서 논의된)—는 과학적 방법에 의한 분석의 대상이 아니므로 유효한 증거로 간주되지 않는다. 과학자들은 어떻게 로이드 분노가 진짜 현상인지 알 수 있는 시험을 할 수 있을까?

방법

국립보건원(NIH)의 의사 그룹은 연구실에서 동화성 스테로이드와 기분 사이의 관계를 조사했다. 연구원들은 스테로이드를 복용하는 양이 증가하면 지원자들 집단에서 눈에 띄는 행동 변화를 일으킬 수 있다는 가설을 세웠다. 의사들은 18세에서 42세 사이의 20명의 남성 지원자들을 모집했는데, 그들 중 약물 남용이나 정신질환의 이력이 있는 사람은 아무도 없었다. **그림 25.15a**와 같이, 연구 참가자들에게 스테로이드가 없는 위약(1~3일), 저용량의 스테로이드(4~6일), 고용량의 스테로이드(7~9일), 그리고 위약(10~12일)이 주어졌다. 연구 내내, 참가자들은 지속적으로 관찰되었고 기분과 행동을 측정하는 표준 정신과 검사를 사용하여 하루 세 번 질문을 받았다.

결과

실험의 결과는 고용량 기간 동안 적개심, 분노, 그리고 난폭한 감정에 대한 평가에서 의미 있는 증가를 나타내었다(**그림 25.15b**). 비록 표본 크기가 작았지만, 연구자들은 참가자들이 어떤 약물 남용자들로부터 보고된 수준 이하에서도 각 용량을 잘 받아들였다는 것을 주목하였다. 또한 검사 참가자들은 한 가지 종류의 약만 이용해서(반면에 일부 선수들은 한 번에 여러 가지 약물을 남용한다), 실제적인 남용이 보다 강한 기분의 변화를 일으킨다는 것을 밝혔다. 여러 유사한 연구들과 함께, 이 데이터는 동화성 스테로이드의 남용과 난폭한 행동 간의 연관성을 보여준다.

과학자처럼 생각하기

이 실험은 어떤 면에서 입증되지 않은 증거보다 개선된 것인가? 이것과 관련하여 어떻게 그 실험이 더 강해질 수 있었는가?

답은 부록 C를 참조.

▼**그림 25.15 동화성 스테로이드의 기분 변화 효과.**

Data from: S. Tung-Ping et al., Neuropsychiatric Effects of Anabolic Steroids in Male Normal Volunteers. *JAMA* 269(21): 2760–4 (1993).

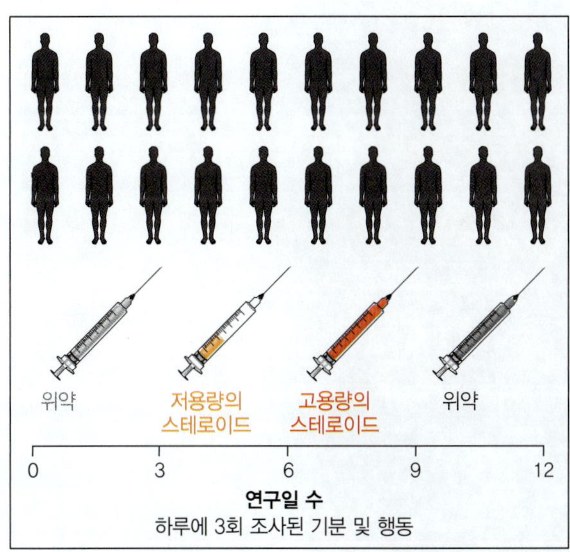

(a) 12일간의 연구 동안, 20명의 지원자들이 다양한 용량의 동화성 스테로이드 주사를 맞았다.

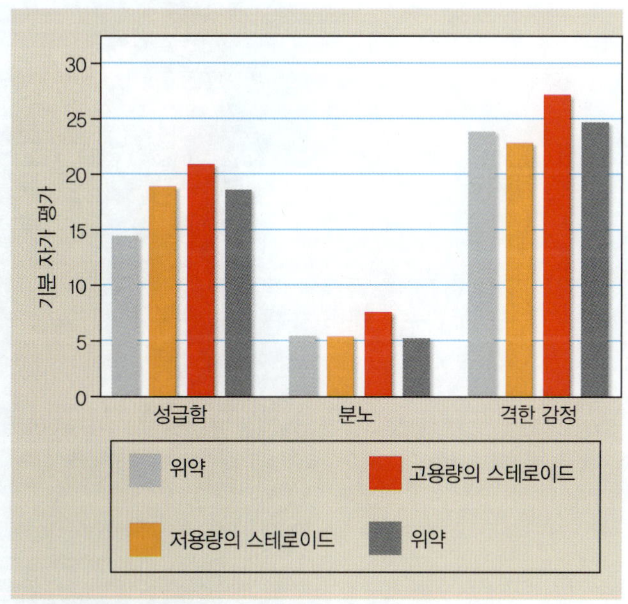

(b) 그래프의 각 막대 집합은 한 가지 기분의 측정치를 나타낸다. 각 색은 1회 복용량을 나타낸다. 고용량 기간(각 세트의 빨간색 막대) 동안 측정치가 증가한 점에 유의하시오.

진화와 연결 | 스테로이드 남용

스테로이드와 수컷의 공격성

남성들의 테스토스테론과 기타 안드로겐들의 주요 기능은 남성 생식기 구조의 발달과 유지 및 2차 성징(수염 등)을 촉진하는 것이다. 안드로겐은 많은 종에서 유사한 역할(수컷의 특성을 독특하게 촉진시키는)을 한다. 실제로, 연구를 통하여 안드로겐에 의한 성결정 과정이 모든 척추동물에서 매우 유사한 방법으로 일어난다는 것이 확인되었는데, 이것은 안드로겐이 진화 초기에 이러한 역할을 가지고 있었음을 암시하는 것이다.

안드로겐은 종에 따라 매우 다양한 효과를 생성한다는 것을 보여 주었다. 많은 척추동물에서, 안드로겐은 조류의 세력권 노래와 개구리의 교미를 요구하는 소리 등과 같은 수컷의 발성에 관련되어 있다. 또한 안드로겐은 공격적인 행동과 연결되어 있다. 그러나 사람에서 반드시 그렇지는 않다. 예를 들어, 연구자들은 아프리카 동부 원산의 어류인 모잠비크 틸라피아라고 하는 시클리드(cichlid)의 한 종류에서 안드로겐을 측정하였다. 연구자들은 세력권 싸움을 담당하는 수컷에서 안드로겐 농도가 상승되는 것을 발견하였다. 즉 승리자는 보다 높은 농도를 가지고 있는 경향이 있다. 수컷 코끼리바다표범의 경우, 안드로겐은 2톤이 넘는 체중의 발달과 다른 수컷에 대해 공격적인 행동을 촉진한다. 이런 수컷들은 서로 몸을 세게 부딪치면서 싸운다(그림 25.16). 싸움 후에, 한 수놈은 다른 수놈에 대해 다윈 적응도의 관점에서 명확한 이점인 많은 암컷과 교미하기 위한 권리를 획득하면서 우세를 확고히 하게 된다. 따라서 스테로이드 남용이 공격적인 행동을 이끌어 낼 수 있다는 생각이 진화적 근거를 가지고 있는 것이다.

안드로겐이 척추동물 사이에서 나타내는 역할은 다윈의 진화로부터 기인되는 생명에 대한 두 가지의 중심 견해를 설명하고 있다. 즉 그것은 통일성(수컷 정소의 발생과 같은 일관된 효과)과 다양성(얼굴의 털, 수컷의 발성, 그리고 공격적 행동 등과 같은 다양한 2차 효과)이다. 정소 발달의 보편적인 특성은 안드로겐 조절이 척추동물에서 초기의 진화적 적응이었다는 강한 암시이다. 그러나 수백만 년의 진화를 통하여, 안드로겐의 특정 효과는 다양한 환경에 반응하여 변화되었다.

► 그림 25.16 **지배권을 위한 수컷 코끼리 바다표범들의 싸움.**

복습

주요 개념의 요약

호르몬: 개요

호르몬은 온몸을 통하여 조절 메시지로 소통하는 순환계에 의해 운반되는 화학신호물질이다. 내분비계는 호르몬 분비세포의 집합체로 구성되어 있으며, 내부의 화학적 조절, 특히 성장, 생식과 대사율의 조절과 같은 신체 전체의 활동을 위한 주요 기관계이다. 내분비샘은 호르몬 생산과 분비의 일차적 부위이다. 수용성 호르몬에 의해 간접적으로, 또는 지용성 호르몬에 의해 직접적으로 표적세포의 변화가 촉발된다.

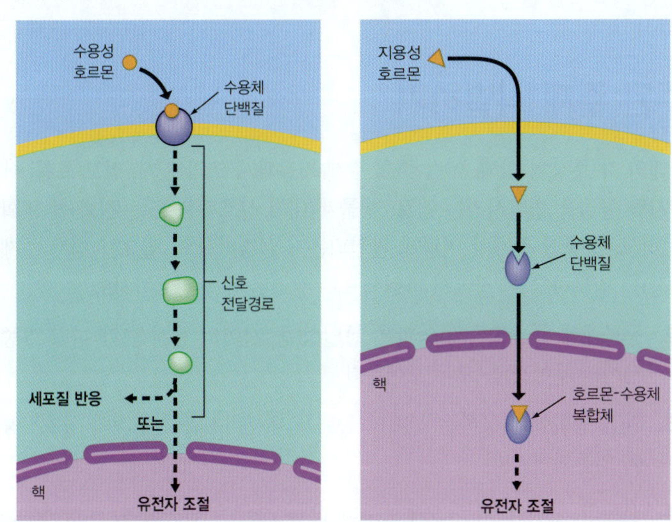

사람의 내분비계

사람의 내분비계는 수십 가지의 호르몬을 분비하는 약 12개의 샘으로 이루어져 있다. 그림 25.4에 요약된 바와 같이, 이들 분비샘과 호르몬들은 기능, 조절 방법, 그리고 표적에 있어서 매우 다양하다.

25.1 시상하부와 뇌하수체

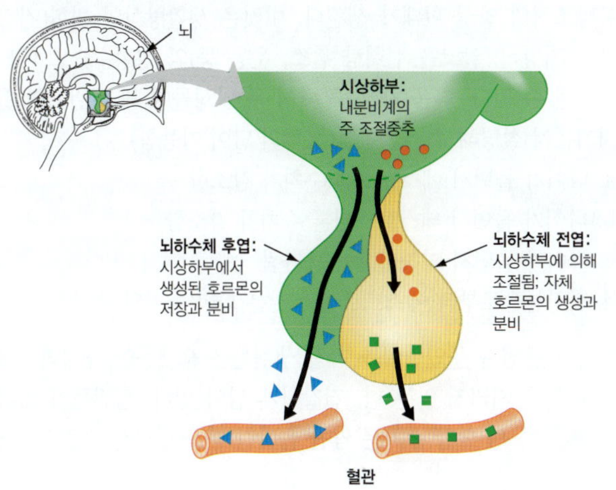

25.2 갑상샘과 대사

갑상샘으로부터 분비되는 호르몬은 동물의 발달과 대사를 조절한다. 혈액 속에 갑상샘호르몬이 너무 적거나(갑상샘기능저하증) 너무 많은 경우(갑상샘기능항진증), 대사장애를 가져올 수 있다.

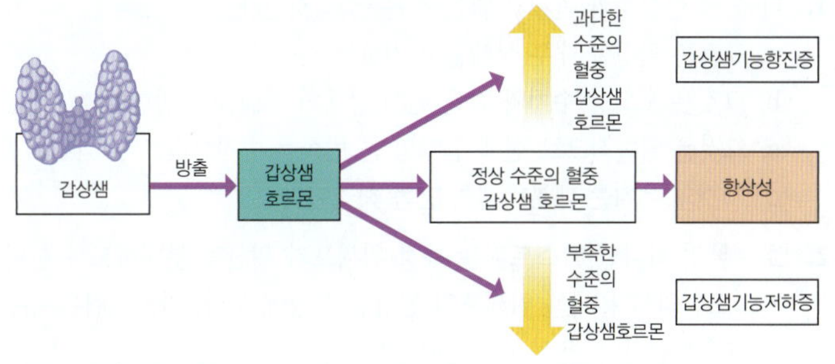

25.3 이자와 혈당

이자는 길항적 호르몬인 인슐린과 글루카곤을 분비하며, 혈당량을 조절한다. 인슐린은 세포가 포도당을 흡수하고 간이 저장하도록 신호를 보낸다. 글루카곤은 세포로 하여금 저장된 포도당을 혈액으로 방출하도록 한다. 당뇨병은 인슐린이 부족하거나(1형 당뇨병), 세포의 인슐린에 대한 반응에 결함이 있기 때문에 생긴다(2형 당뇨병).

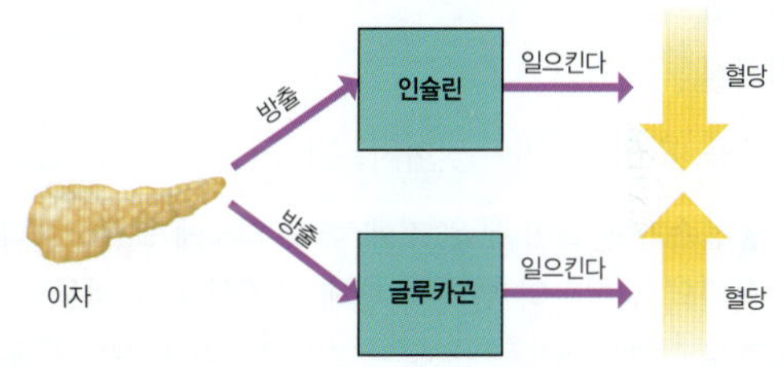

25.4 부신과 스트레스

부신 호르몬은 신체가 스트레스를 받았을 때, 항상성을 유지하도록 돕는다. 시상하부로부터 오는 신경신호는 에피네프린과 노르에피네프린을 분비하도록 부신수질을 자극하는데, 이 호르몬들은 싸움-또는-도주-반응을 빠르게 유발시킨다. 장기 스트레스 반응은 시상하부가 뇌하수체로 호르몬 신호를 보낼 때 일어난다. 뇌하수체 전엽에서 분비되는 ACTH는 부신피질에서 코르티코스테로이드를 분비하도록 한다. 코르티코스테로이드는 포도당의 합성을 촉진시킨다.

25.5 생식샘과 성호르몬

에스트로겐, 프로게스테론, 그리고 안드로겐은 여성에서는 난소, 남성에서는 정소로부터 만들어지는 스테로이드 성호르몬이다. 에스트로겐과 프로게스테론은 여성 성징의 발달을 촉진하고 여성 생식계를 유지하도록 해준다. 테스토스테론과 같은 안드로겐은 남성 성징의 발달을 일으킨다. 성호르몬의 분비는 시상하부와 뇌하수체에 의해서 조절된다.

25.6 성호르몬의 모방

성호르몬의 구조와 흡사한 호르몬은 나이와 관련된 에스트로겐과 테스토스테론의 감소뿐만 아니라 유방암을 치료하는 데 이용된다.

자습문제

1. 다음 중 항상성과 관계가 없는 것은 어느 것인가?
a. 그것은 일정한 내부 상태를 유지하는 것이다.
b. 그것은 포도당 수치와 같은 신체 상태의 조절을 포함한다.
c. 그것은 일반적으로 신체 상태의 큰 변화를 방지한다.
d. 그것의 유지는 내분비계의 단독 책임이다.

2. 호르몬의 하나인 가스트린은 특정 위세포가 위산을 분비하도록 한다. 가스트린의 수용체는 위세포의 원형질막 상에 있다. 가스트린은 수용성 호르몬인가, 지용성 호르몬인가?

3. 어떻게 같은 호르몬이 두 개의 다른 표적세포에 대해 다른 효과를 나타내며, 제3의 세포에 대해서는 어떤 효과도 나타내지 않는지 설명하시오.

4. 다음 중 다른 모든 것들의 활성을 조절하는 것은 어느 것인가?
a. 갑상샘
b. 시상하부
c. 뇌하수체
d. 부신피질

5. 왜 알코올을 마시면 소변이 잦아지는가?

6. 젊은 운동선수가 관절이 부은 것에 대해 의사에게 불평한다. 진찰 시, 의사는 환자의 심혈관의 한계에 대해 염려한다. 환자는 손목과 손가락의 저림도 느끼고 있다. 당신은 그가 금지된 물질을 남용하고 있다고 생각하는가? 그는 무슨 목적으로 이런 일을 했다고 생각하는가?

7. 다음 중 내분비 기능과 비내분비 기능 모두 갖고 있는 것은?
a. 침샘
b. 이자
c. 뇌하수체 전엽
d. 골격근

8. 당신의 친구는 직장에서 스트레스를 받는 것에 대해 불평한다. 다음 중 그의 몸이 스트레스에 대처하는 활동은 무엇인가?
a. 부신 수질은 에피네프린을 생성한다.
b. 부신 피질은 코르티솔을 생성한다.
c. 글리코겐은 포도당으로 분해된다.
d. 면역체계가 활성화된다.

9. 다음의 호르몬들이 분비되는 분비샘을 열거하라: 코르티솔, 에피네프린, 옥시토신, 방출호르몬, 에스트로겐, 글루카곤, 그리고 프로게스테론

10. 테스토스테론은 ________ (이)라는 성호르몬의 부류에 속한다.

11. 다음의 각 상황에 대해, 가장 가까운 효과를 나타내는 호르몬의 이름을 쓰시오.
a. 가장 먼저 인정된 자가면역질환은 하시모토병인데, 그것은 피로, 체중증가, 심박수 저하, 기타 여러 가지 문제가 있는 것이 특징이다. 그것은________의 염증에 의한 _____의 부족에 의한 것이다.
b. 스트레스를 받는 상황에 대한 에너지를 생성하기 위해, 당신의 몸은 단백질과 지방을 당으로 분해시키는 ________을(를) 방출한다.
c. 열성적인 보디빌더인 당신의 친구는 감정 기복이 심해지고 분노가 폭발하는 것처럼 보인다. 당신은 그가 ________을 사용하고 있다고 의심한다.

답변은 부록 C를 참조.

주된 주제 식별하기

아래의 각 문장에 대해, 어떤 주요 주제(기능과 구조의 관계, 정보 흐름, 에너지와 물질을 변환시키는 경로, 생물계 내의 상호작용 또는 진화)를 명확히 하고, 문장이 주제와 어떻게 관련되는지 설명하시오. 필요한 경우 주제(1장)를 검토하고 이 장에서 파란색으로 강조된 예를 검토하시오.

12. 동물체에서 호르몬의 역할은 통일성(종 사이의 유사성)과 다양성(종 사이의 차이점)을 모두 보여준다.

13. 환경 변화에 대응하는 신체의 능력은 내분비계와 신경계의 상호작용에 의존되어 있다.

14. 신체의 내부와 외부 모두로부터 오는 자극에 반응하여, 시상하부는 광범위한 호르몬을 조절하는 신호를 보낸다.

답변은 부록 C를 참조.

과학연구의 과정

15. 나이 든 남자들은 흔히 노인성 유방 이상비대이라고 알려진 질환인 유방조직의 양성 확대가 생긴다. 이것은 생활방식의 변화(건강에 좋은 저지방식, 알코올 섭취량 감소, 운동 등)와 성형수술로 어느 정도 치료될 수 있다. 다음 가설 중 나이 든 남성들이 왜 이런 상태를 발생시키는지 설명해 주는 것은? (복수의 답이 가능함)
a. 나이가 들면서 에스트로겐 수치가 감소함
b. 나이가 들면서 테스토스테론 수치가 감소함
c. 나이가 들면서 피하지방이 증가됨
d. 화장품으로부터 에스트로겐과 같은 화학 물질의 축적

16. 특정한 유전자 돌연변이를 가진 생쥐들은 오랫동안 규칙적으로 먹이고 운동을 시키지 않는 한, 건강하게 남아 있다. 생쥐들이 먹이를 먹은 후, 그들의 혈당 수치는 약간 올라간 다음 항상성 수준으로 감소한

다. 그러나 이 생쥐들을 굶기거나 조금이라도 운동을 시키면, 혈당이 위험할 정도로 떨어진다. 어떤 가설이 생쥐들의 문제를 가장 잘 설명해주는가? 그 이유를 설명하시오.

a. 생쥐는 인슐린 의존성 당뇨병을 가지고 있다.
b. 생쥐는 세포의 인슐린 수용체가 부족하다.
c. 생쥐는 세포의 글루카곤 수용체가 부족하다.
d. 생쥐는 포도당으로부터 글리코겐을 합성할 수 없다.

우리와 함께하는 생물학

17. 9장의 성 결정에서 개인의 염색체 구성의 역할을 논했다. 이번 장에서는, 성호르몬의 용량에 따라 성별로 특정한 발달과 행동이 결정되며, 성호르몬의 신호 경로의 장애는 유전적으로 남자 태아(XY)가 형태학적으로 여자 아기로 발달하거나 그 반대의 경우처럼 형태학적 성역전을 일으킬 수 있다는 사실을 알게 되었다. 당신은 이 아기를 남자 아이로 생각하겠는가 여자 아이로 생각하겠는가? 무엇이 성과 성별(gender)에 대한 사회의 인식을 결정하는가? 이 두 범주는 어떻게 다른가?

18. 원자력발전소는 노화로 인해 마모되고 훼손되기 쉽다. 만약 그러한 발전소가 설계 수명을 초과하여 운영된다면, 방사성 폐기물의 누출은 걱정거리가 될 것이다. 예방책으로 당국은 원전 인근 지역에 아이오딘화포타슘을 무료로 보급하고 있다. 프로젝트의 일환으로, 당신은 그러한 알약의 효과에 대해 알아보라는 요청을 받았다. 그것들은 언제 가져가야 하는가? 그것들이 모두에게 이로울까? 몇 년 동안 보관해도 알약이 효과가 있을까? 이런 알약에 자원을 쓰는 대신, 원자력발전소와 다른 전력원을 찾아야 하는가?

26 생식과 발생

차례 내용

왜 생식이 중요한가?

번식 능력은 살아 있는 생물과 무생물을 가장 잘 구분하는 특징 중 하나이다. 생물의 번식 능력에는 큰 통일성이 있지만, 어떻게 종들이 그렇게 다른지에 있어서는 엄청난 다양성이 존재한다. 특히 인간의 생식에 대해 배우는 것은 우리 모두에게 영향을 미치는 문제에 대한 정보를 제공한다.

삼각 팬티를 사각 팬티로 바꾼다면 불임의 일부는 개선될 수 있다.

한때 당신은 아가미 구멍과 꼬리를 가지고 있었다.

사람의 임신 9개월이 긴 것처럼 보이지만, 코끼리의 임신은 22개월이나 된다.

실마리

첨단기술 아기

우리와 함께하는 생물학 첨단기술 아기

첨단기술 수정. 생식 전문기술자가 정자를 주입하는 동안 난자를 제자리에 고정시키고 있다.

아기를 만드는 새로운 방법

결혼 18년 동안 개리와 프란시아는 늘 아이들을 원했다. 그러나 여러 번의 유산 후, 부부는 자신들이 자연적으로는 아이를 임신할 수 없는 불임이라는 것을 받아들이게 되었다. 도움을 구하기 위해 그들은 불임클리닉을 찾았으며, 가족의 시작에 대한 꿈을 실현하기 위해 과학기술을 이용하기를 원했다.

2주 후, 갑자기 개리가 심근경색으로 사망했다. 사망 6시간 후, 프란시아는 개리의 정자 샘플을 받아 줄 것을 병원에 요청했다. 수 개 월 후, 프란시아는 불임클리닉을 다시 찾았다. 남편의 몸에서 얻은 샘플에는 아이를 갖기 위해 한 번 시도할 수 있는 충분한 정자가 들어 있었다. 그녀의 난자가 시술에 의해 채취되었으며, 개리의 정자와 수정되었다. 형성된 배아들을 프란시아의 자궁에 착상시켰는데, 그 중 하나가 남자 아기로 자라게 되었다. 제이콥은 아빠의 사망 후 약 1년 만에 태어났다.

뉴저지 뉴어크의 경찰서장이었던 그의 경력 때문에, 개리의 가족은 가족 연금 혜택을 받을 자격이 있었다. 제이콥의 출생 후, 프란시아는 연금위원회에 미망인 연금의 증액을 신청했다. 프란시아는 이런 증액을 받을 자격이 있는가? 연금 이사회는 그렇게 생각하지 않았고, 부모가 사망한 지 1년 이상 된 아이는 그 부모로부터 혜택을 받을 자격이 없다고 판결하였다. 앞서 법원이 사망한 남편의 정자를 사용한 여성에게서 태어난 자녀들이 상속인으로 전권을 갖고 있다고 판단한 사례는 여러 차례 있었지만, 이들의 경우에는 죽기 전에 정자를 기증한 남성들이 관련되어 있었다. 따라서 프란시아의 경우는 새로운 법적 영역에 들어가는 것이었다.

이 사례는 두 가지 중요한 점을 예시하고 있다. 첫째로, 현대 기술은 우리가 여러 가지 방법으로 자연적인 생식 과정을 피해가도록 해준다. 둘째, 사회의 법은 아직 이러한 신기술들을 따라잡지 못하고 있다. 그런 상황에서 무엇이 옳은지 결정하는 것은 우리 모두의 몫이다. 관련 사건에서 필라델피아에 있는 미국 항소법원을 인용하자면, "[우리가] 도움을 줄 수 없지만, 이것이 사실 새로운 세계라는 것을 말하지 않을 수 없다"고 말했다.

이 장에서는, 동물 번식의 구조와 생리를 시작으로 인간의 생식 구조와 인간의 아기들이 하나의 세포에서 어떻게 발달하는지에 특히 관심을 기울이면서 이 새로운 세계를 탐험할 것이다. 그러는 동안, 우리는 현대의 건강 실천행위와 기술이 어떻게 유성생식의 자연적인 과정을 회피하는지도 심도 있게 살펴 볼 것이다.

동물생식의 통합개념

모든 동물 각각의 수명은 비교적 짧지만, 종은 기존 개체로부터 새로운 개체를 창조하는 **생식(reproduction)**으로 인해 훨씬 더 오래 지속된다. 동물들은 매우 다양한 방법으로 생식을 하지만, 무성생식과 유성생식이라는 기본적인 두 가지 방법으로 나뉜다.

26.1 무성생식

성별 없는 생식인 **무성생식(asexual reproduction)**이란 생식하는 홀부모와 유전적으로 동일한 자손이 만들어지는 것이다. 무성생식의 다양한 형태가 동물계에서 발견된다. 많은 무척추동물은 하나의 어미로부터 새로운 개체가 자라나 결국에는 쪼개져 나가는 **출아(budding)**에 의해서 무성적으로 번식한다. 해파리의 민물 근연종인 히드라는 이런 방법으로 번식한다(그림 26.1). 그림 26.2에 나타낸 말미잘은 **분열(fission)**로 번식하는데, 이것은 부모가 동일한 크기의 둘 또는 그 이상의 자손으로 분리되는 방법이다. 무성생식의 또 다른 방법은 부모의 몸이 여러 조각으로 나누어져 둘 혹은 그 이상의 개체로 재생되는 분절증식(fragmentation)이 있다. 이것은 소실된 동물 신체의 일부로부터 재성장이 일어나는 재생(regeneration)이 뒤따른다. 어떤 동물들은 강력하게 재생하는 능력을 갖고 있다. 예를 들어, 어떤 불가사리는 잘려 나간 다리에서 새로운 불가사리가 생긴다(그림 8.1 참조). 어떤 종류의 바다 해면동물은 이 동물 하나를 철망을 통하여 밀어내어 생기는 세포 덩어리들 각각이 새로운 개체로 재성장한다. (이러한 것들은 자연계에서 일어나는 무성생식의 예들이다. 그 외 종들은 인공 무성생식의 표적이 되어 왔다. 11장의 복제에 대한 논의 참조.)

자연에서 무성생식은 여러 가지 잠재적인 이점을 가지고 있다. 배우자를 찾아야 할 필요가 없기 때문에, 무성생식은 한 종의 개체들이 서로 고립된다 할지라도 그들 스스로 영속되도록 한다. 또한 무성생식은 정자와 난자를 생산하는 시간과 에너지를 소비하지 않고 생물들이 신속하게 번식하도록 해준다. 만약 어떤 개체가 그 환경에 매우 적합하다면, 무성생식은 빠르게 번식하고 가용자원을 이용할 수 있게 해준다.

무성생식의 잠재적인 단점은 유전적으로 동일한 개체군을 형성한다는 것이다. 유전적으로 유사한 개체들은 특정 환경에서는 번성할 수 있지만, 환경이 생존에 불리하게 변화된다면(어떤 자연재해나 새로운 포식자 또는 병원체), 모든 개체가 똑같이 영향을 받아 전체 개체군이 전멸할 수가 있다. ✓

✓ 체크포인트

동물의 자연적인 무성생식의 3가지 유형을 말하시오.

답: 분열, 출아, 그리고 분절증식과 재생을 포함하는 무성생식

▼그림 26.1 **출아에 의해 번식 중인 히드라.**

▼그림 26.2 **분열에 의해 번식 중인 말미잘.**

26.2 유성생식

우리는 어머니와 아버지로부터 형질을 물려받은 혼합체이다. 일란성 쌍둥이가 아니라면, 사람들마다 서로 다른 유전체를 가지고 있다. 우리는 **유성생식(sexual reproduction)**의 산물이다. 유성생식은 정자와 난자의 결합인 **수정(fertilization)**의 과정을 통하여 자손을 만들어 낸다. 정자와 난자 모두 **배우자(gamete)**로서 염색체 한 세트(체세포로서 염색체 총수의 절반)를 가진 성세포다. 남성 생식세포인 **정자(sperm)**는 상대적으로 작은 세포인데, 채찍 유사한 편모에 의해 움직인다. 여성 생식세포인 **난자(ovum)**는 자체 추진력이 없는 훨씬 큰 세포다. 난자와 정자가 결합하면, 접합자 즉 수정란이 형성된다. 접합자(그리고 그것이 발달해 가는 새로운 개체)는 난자와 정자를 통해 부모로부터 유전된 유전자의 독특한 조합을 포함하고 있다.

무성생식과는 달리, 유성생식은 감수분열(8장 참조)에 의해 만들어진 매우 다양한 배우자들의 결과 때문에 자손들 사이에 유전적 변이성이 증가하게 된다. **변이는 자연선택에 의한 진화의 원재료이다.** 환경이 변화하면, 모든 자손이 유전적으로 동일한 것보다는 변이체 자손의 일부가 살아남아 번식할 수 있는 기회가 더 많아진다.

어떤 동물들은 유성생식과 무성생식을 모두 사용할 수 있는데, 두 가지 방법으로부터 이익을 얻기도 한다. 그림 26.3에서 같은 종인 말미잘을 볼 수 있다. 왼쪽은 무성적으로 번식 중이며(분열), 오른쪽은 알을 낳고 있는 중이다. 왜 그러한 이중 생식능력이 어떤 동물에게는 유리한 것일까? 어떤 동물은 먹이가 풍부하고 환경여건이 좋을 때 무성적으로 번식한다. 그러나 환경이 변할 때(예를 들어, 더 추워지거나 건조해지면), 이러한 동물들은 유성생식으로 전환하여 유전적으로 다양한 개체들의 세대를 생성하는데, 이것은 변하는 상황에 적응하기 위해 보다 나은 잠재력을 갖게 된다.

대부분의 동물 개체는 암컷이든 수컷이든 하나의 성을 갖는다. 그러나 어떤 종에서는 각 개체가 암컷과 수컷 생식계를 모두 갖는 자웅동체(hermaphrodite)이다. 자웅동체에서 어떤 두 개체는 교미할 수 있다. 어떤 자웅동체(사람의 장에 살고 있는 기생충인 촌충과 같은)는 그것들 자신의 난자와 수정할 수 있다. 또 어떤 종은 짝을 필요로 한다. 예를 들어, 지렁이가 교미할 때, 각 개체는 정자를 주고받는다.

수정의 기작은 유성생식에서 중요한 역할을 한다. 많은 수서동물은 체외수정을 하는데, 이것은 어미 개체들이 자신의 배우자를 물에 방출하여 거기서 수정이 이루어진다(그림 26.4). 암수는 교미하기 위해 꼭 접촉해야 되는 것은 아니다. 체외수정을 하는 어떤 종들 사이에서, 동일한 지역에 무리를 짓는 개체들은 물속으로 동시에 그것들의 배우자를 방출한다. 그것을 산란이라고 한다.

외부적으로 번식하는 동물과는 반대로, 거의 모든 육상동물은 체내수정으로 번식한다. 체내수정은 수컷이 암컷의 몸 안으로 정자를 방출하는 것이다. 이러한 적응은 건조한 환경에서도 정자가 난자에 도달하도록 해준다. 다음 절에서, 우리는 하나의 특정 육상동물이 유성생식을 성취하도록 해주는 생식계의 구조를 살펴볼 것이다. ✓

✓ 체크포인트

유성생식과 무성생식에 의한 자손들의 유전적 조성에 있어서 가장 중요한 차이는 무엇인가?

답: 무성생식은 유전적으로 동일한 자손을 생산하는 반면에, 유성생식은 유전적으로 다양한 자손을 생산한다.

▼그림 26.3 **작은별말미잘의 무성생식(왼쪽)과 유성생식(오른쪽).**

▼그림 26.4 **개구리의 체외수정.** 개구리는 수정이 일어나는 장소인 물속으로 난자와 정자(너무 작아서 안 보임)를 방출한다. 두 마리의 개구리가 껴안는 것은 난자와 정자의 방출을 동시에 일으키도록 하는 교미 행위이다.

사람의 생식

우리는 남녀 생식계의 해부학적 차이점에 초점을 맞추는 경향이 있지만, 몇 가지 중요한 유사점이 있다. 둘 다 모두 배우자를 생산하는 기관인 한 쌍의 **생식샘(gonad)**을 가지고 있다. 또한 둘 다 모두 짝짓기를 하도록 해주는 구조물뿐만 아니라, 배우자를 저장하고 운반하는 관을 가지고 있다. 지금 부터 남성의 구조를 시작으로, 사람 생식계의 해부학적 구조를 살펴볼 것이다.

26.3 남성 생식기의 구조

그림 26.5에 남성 생식계의 옆면과 앞면을 나타내고 있다. **음경(penis)**은 성교를 통하여 남성으로부터 여성으로 정자를 운반하는 구조물이다. 그것은 성적 흥분기 동안 혈액으로 채워져서 발기를 일으키는 3가지의 원통형의 발기조직(파란색으로 나타냄)을 가지고 있다. 음경은 매우 민감한 귀두(머리)를 지지하는 본체로 되어 있다. **음경꺼풀(prepuce)** 또는 포피는 귀두를 덮고 있다. 포피는 포경수술을 통하여 외과적으로 제거될 수 있다.

남성 생식샘인 **정소(testis**, 복수는 *testes*)는 복강 밖으로 나와 있는 **음낭(scrotum)** 안에 위치한다. 정소와 음낭을 합하여 **고환(testicle)**이라고 한다. 정자는 사람과 동일한 체온에서는 발달할 수 없기 때문에, 음낭은 정자를 만드는 세포를 체온보다 2℃ 정도 낮게 유지하여, 정자형성을 촉진한다. 추울 때는 음낭 주위의 근육이 수축하여 정소를 복강 쪽으로 당기고, 온도가 더 높아지면 늘어나게 된다.

사춘기부터 노년까지, 정소는 지속적으로 매일 수백 만 개의 정자를 생산한다. 정자는 정소에서 부고환이라고 하는 꼬인 관을 따라 지나게 되는데, 여기서 정자는 운동성을 얻게 되어 수정 능력이 생기는 것이다. 음경으로부터 정자가 함유된 액체가 분출되는 것을 **사정(ejaculation)**이라고 한다. 정자는 부고환을 떠나, **정관(vas deferens)**으로 나가게 된다. 정관은 정관절제술의 표적이 되는 부위다. **정낭(seminal vesicle)**과 **전립샘(prostate gland)**은 정자에 영양을 공급하고 산성인 여성의 질을 중화시켜 정자를 보호한다. 전립샘은 40대 이상의 남성들 대부분에서 비대해지며, 미국에서 전립샘암은 진단되는 암 중에서 피부암 다음으로 흔한 암이다. 2개의 정소 각각에서 나온 정관은 **요도(urethra)**로 흘러들어간다. 요도는 시간차를 두고 음경을 통해 정자와 오줌을 외부로 내보낸다. 정관의 근육운동에 따른 수축에 의해 일어나는 사정을 통하여 대개 약 5 mL(1 티스푼 정도)의 정액(semen)이 방출된다. 정액의 5%만이 정자이며(일반적으로 2억~5억 개), 나머지 95%는 다양한 샘으로부터 분비된 액체들로 구성되어 있다. ✓

✓ 체크포인트

올바른 정자의 이동 순서대로 다음의 남성 생식계의 기관들을 나열하시오: 부고환, 정소, 요도, 정관.

답: 정소, 부고환, 정관, 요도

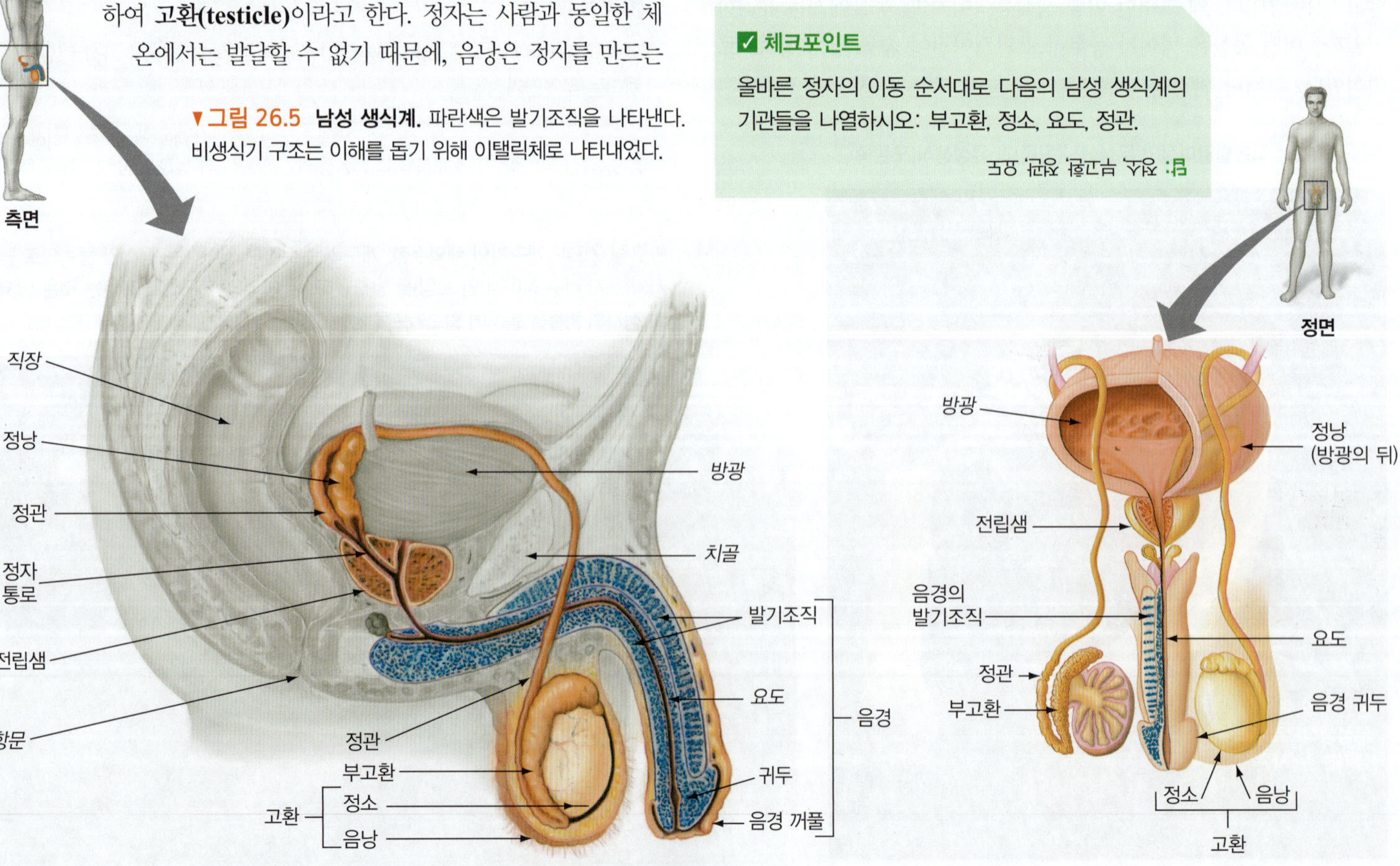

▼그림 26.5 **남성 생식계.** 파란색은 발기조직을 나타낸다. 비생식기 구조는 이해를 돕기 위해 이탤릭체로 나타내었다.

26.4 여성 생식기의 구조

그림 26.6에서는 여성 생식계의 두 가지 모습을 보여준다. 여성 생식계의 외형은 집합적으로 외음부 또는 음문(vulva)이라고 한다. 출산 통로인 **질(vagina)**은 여성의 요도 입구 바로 아래에 위치하여 몸 밖으로 열려 있다. 요도를 통해 소변이 배출된다. 한 쌍의 피부층인 소음순과 두껍고 지방질이 많은 대음순이 전체 외음부를 보호하고 있다. **처녀막(hymen)**이라는 얇은 막은 부분적으로 질의 입구를 막고 있으며, 성교를 갖거나 아주 심한 운동을 하는 경우에는 파열된다. **음핵(clitoris)**은 성적 흥분기에 혈액으로 채워지며 발기된다. 남성의 음경과 유사한 음핵은 둥근 귀두(머리)를 받치고 있는 짧은 몸통으로 구성되어 있는데, 그것은 포피라고 하는 피부의 작은 모자로 덮여 있다. 음핵은 수많은 신경말단이 존재하므로 접촉에 매우 민감하다.

난소(ovary)는 여성의 배우자를 생산하는 생식샘이다. 각 난소는 표면이 울퉁불퉁하며 길이가 약 2.5 cm 정도이다. 울퉁불퉁한 것은 **난포(follicle)**들인데, 각 난포는 1개의 난자를 한층 이상의 세포층으로 둘러싸고 있는 것이며, 난자를 보호하고 영양분을 공급하는 기능을 한다. 난포세포는 여성 호르몬인 에스트로겐을 생성한다(25장 참조).

여성은 약 백만 개의 난포들을 갖고 태어나지만, 일생을 통하여 단지 수백 개만이 임신이 가능한 기간 중에 방출된다. 사춘기에서 시작하여 폐경기(보통 중년기에 일어나는 수정능력의 종말)까지 약 28일을 주기로, 양쪽의 난소에서 교대로 한 개씩(드물게 2개 혹은 그 이상)의 성숙한 난자를 방출한다. 난포로부터 난자세포가 배출되는 과정을 **배란(ovulation)**이라고 한다. 배란 후, 남아 있던 난포조직은 성장하여 **황체(corpus luteum)**라는 덩어리를 형성하는데, 이것은 생식주기 동안 호르몬을 방출하는 중요한 역할을 담당하게 된다. 난포로부터 방출된 난자는 자궁을 향하여 쓸어내는 섬모에 의하여 나팔관이라고도 하는 **난관(oviduct)**으로 들어간다. 마치 청중들이 춤추는 곳을 가로질러 두손을 번갈아가며 파도타기로 사람을 운반하는 것처럼 말이다. 정자가 있으면, 난관 상부에서 수정이 일어날 수도 있다. 만일 방출된 정자가 수정되지 않으면, 그것은 월경 동안 제거되며, 새로운 난포가 다음 주기 동안 성숙하게 된다.

자궁(uterus)은 실제 임신 장소이다. 자궁의 크기와 모양은 거꾸로 놓은 서양 배와 비슷하지만, 태아가 자라게 되면 몇 배로 커질 수가 있다. 자궁은 **자궁내막(endometrium)**이라고 하는 혈관이 풍부하게 발달된 조직을 가진 두꺼운 근육 벽으로 이루어져 있다. 자궁내막은 배아가 착상하여 성장하는 곳이다. **배아(embryo)**란 용어는 수정란이 첫 분열을 시작하여 몸 구조가 나타나기 시작할 때까지의 발생 단계인데, 사람에게는 임신 약 9주째 이전까지의 기간이다. 임신 9주째부터 출생할 때까지는 **태아(fetus)**라고 한다.

자궁 아래의 좁은 목 부분이 **경부(cervix)**이다. 여성들은 매 년마다 경부 주위의 세포들을 채취하여 현미경을 통해 자궁경부암의 징후를 조사하는 팹 테스트를 받는 것이 바람직하다. 정기적인 팹 테스트는 자궁경부암을 조기에 발견하는 기회를 크게 증가시켰으며, 성공적으로 치료할 수 있도록 했다. 자궁경부는 질로 열려 있으며, 질은 성교 시에 정자의 저장 역할도 한다. ✓

✓ 체크포인트

여성 생식계의 어느 기관에서 수정이 일어나는가? 임신은 어느 기관에서 일어나는가?

답: 난관, 자궁

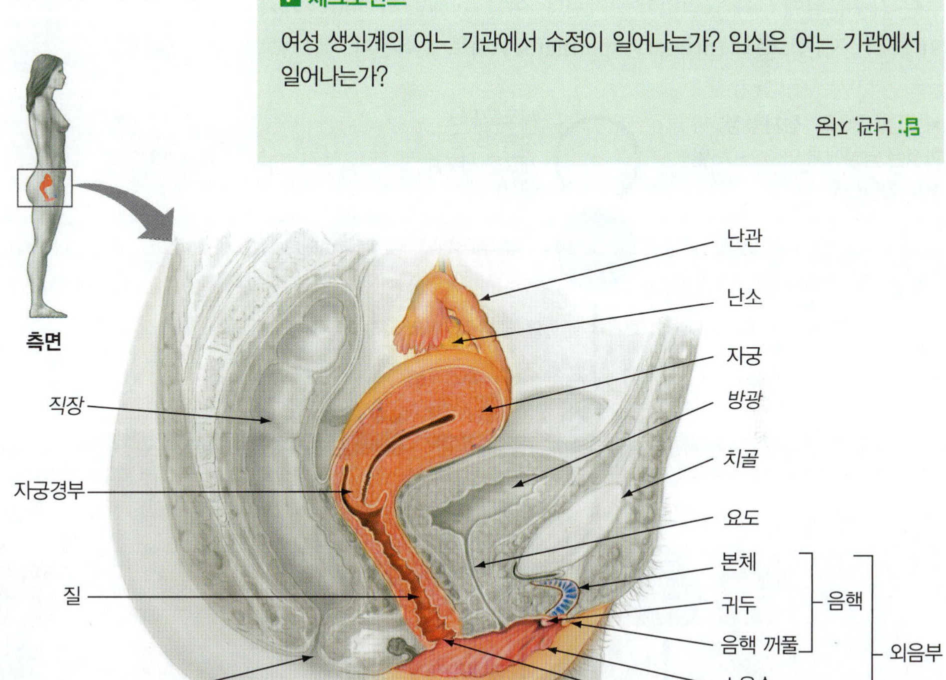

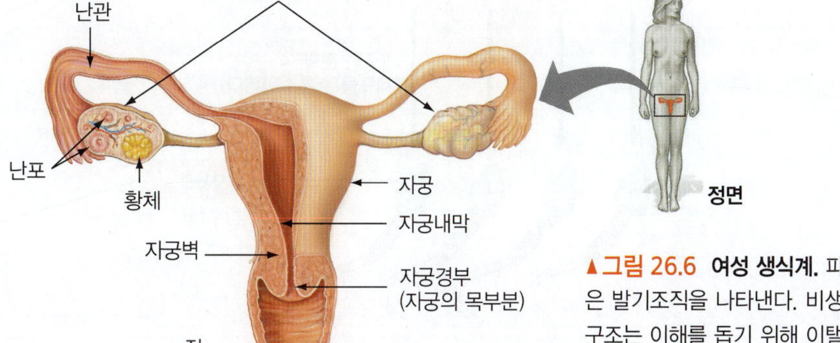

▲**그림 26.6 여성 생식계.** 파란색은 발기조직을 나타낸다. 비생식기 구조는 이해를 돕기 위해 이탤릭체로 나타내었다.

26.5 배우자형성

배우자의 생산을 **배우자형성(gametogenesis)**이라고 한다. 사람의 배우자인 정자와 난자는 반수체 세포인데, 46개의 염색체를 가진 배수체 세포가 감수분열을 통하여 23개의 염색체를 가진 배우자로 되는 것이다(8장 특히 그림 8.13~8.15에서 감수분열에 대한 논의를 검토하는 것이 도움이 될 수 있다.) 사람의 남성과 여성의 배우자형성은 중요한 차이점이 있기 때문에, 각 과정을 따로 살펴보기로 한다.

정자형성

정자세포가 만들어지는 과정을 **정자형성(spermatogenesis)**이라고 한다(그림 26.7). 정자세포는 정소 안에 있는 꼬여 있는 **세정관(seminiferous tubule)**에서 만들어진다. 세정관의 바깥쪽에 존재하는 세포들은 감수분열에 의해 끊임없이 증가된다. 이들 중 매일 약 300만 개가 이배체인 제1정모세포(primary spermatocyte)로 분화된다. 제1정모세포는 1차 감수분열에 의해 2개의 반수체 제2정모세포(secondary spermatocyte)가 된다. 그 다음 2차 감수분열은 4개의 반수체 정세포를 형성한다. 정세포는 점차 정자로 변형되면서, 세정관의 중앙을 향해 밀려나간다. 정자세포는 부고환으로 가는데, 거기서 성숙해지고 운동성을 갖게 되며, 사정될 때까지 머물게 된다. 남성의 정자형성은 약 10주 걸린다. 전-정자세포가 계속 스스로 보충되기 때문에, 정모세포가 끊임없이 공급되어 성인의 삶의 전반을 통하여 정자를 생산하도록 해준다.

난자형성

그림 26.8에는 성숙한 난자(ovum, 복수 *ova*)의 발생과정인 **난자형성(oogenesis)**을 요약하였다. 출생 시에, 각 난소는 수천 개의 난포를 갖고 있다. 각 난포는 제1감수분열 전기에 정지되

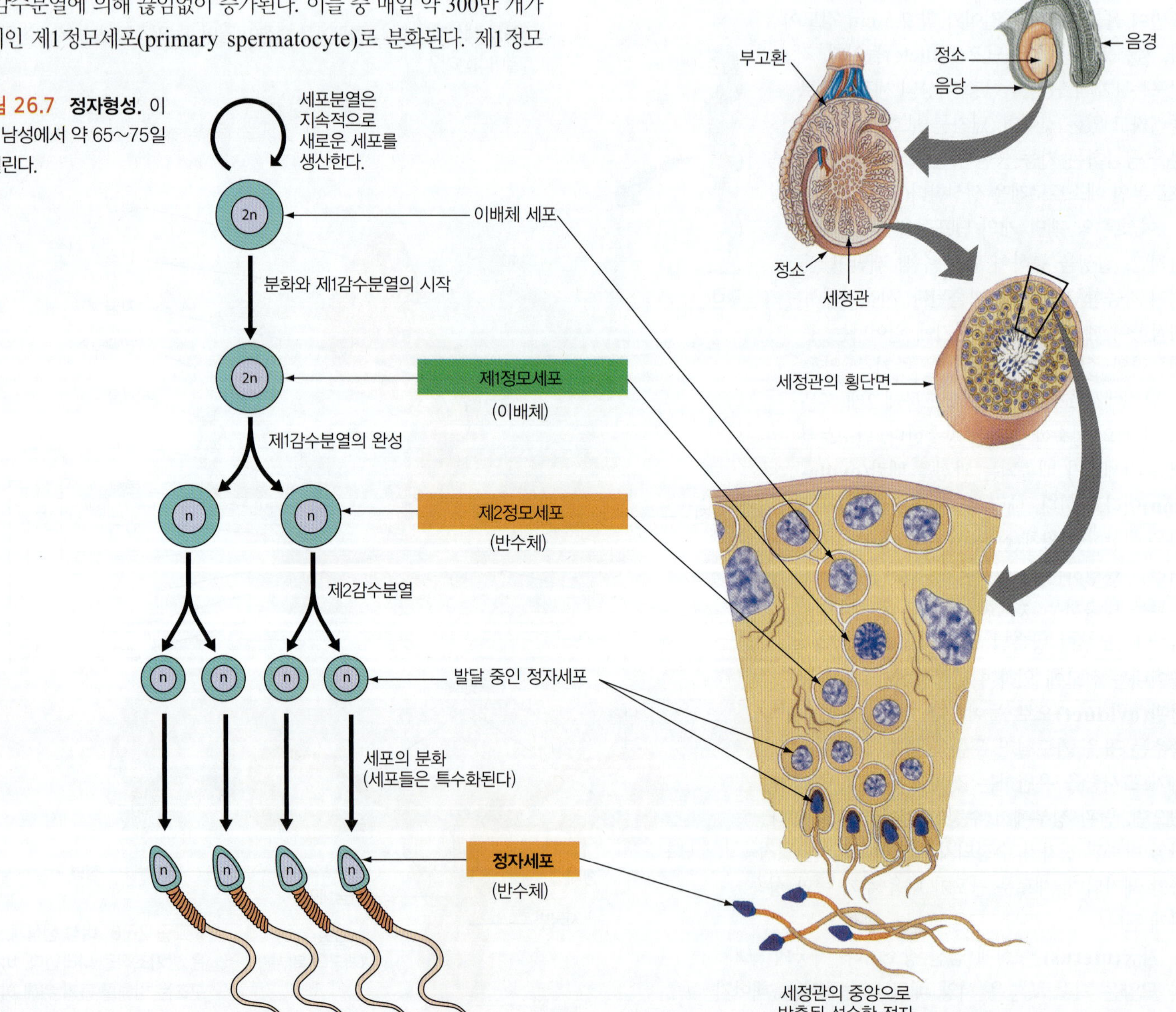

► **그림 26.7 정자형성.** 이 과정은 남성에서 약 65~75일 정도 걸린다.

어 있는 이배체 세포인 휴지상태의 1개의 제1난모세포(primary oocyte)를 갖고 있다.

제1난모세포는 FSH(난포자극호르몬)에 의해 더욱 발달된다. 사춘기 이후 폐경기까지 약 28일을 주기로 뇌하수체에서 FSH이 분비되어 난포가 발달하도록 자극한다. 난포는 커지고 제1난모세포는 제1감수분열을 끝내고 제2감수분열을 시작한다. 제1감수분열 동안 세포질은 불균등하게 나뉘어서, 한 개의 제2난모세포만이 거의 모든 세포질을 받게 된다. 두 개의 작은 딸세포인 제1극체에는 세포질이 거의 없다.

제2난모세포가 형성될 즈음, 뇌하수체는 배란을 일으키는 LH(황체형성호르몬)을 분비한다. 성숙한 난포가 터지면, 난소로부터 제2난모세포가 방출된다. 파열된 난포는 황체로 발달한다. 제2난모세포는 난관으로 들어가는데, 만일 정자와 융합하게 되면 제2감수분열을 완성하게 된다. 제2감수분열은 불균등하여, 작은 극체와 성숙한 난자를 생성한다. 그 다음에 난자의 염색체는 정자의 염색체와 융합할 수 있게 되어, 이배체 접합자를 만든다. 세포질을 거의 받지 못해서 아주 작은 극체는 퇴화된다. 따라서 접합자는 원래 이배체 세포가 함유하고 있던 거의 모든 세포질과 대부분의 영양물질 및 세포소기관들을 가지게 된다.

남성 대 여성에서 배우자형성

난자형성과 정자형성 모두 반수체의 배우자를 만들지만, 그 과정에는 몇 가지 중요한 차이가 있다. 우선 생산되는 장소가 명백히 다르다. 남성은 정소에서 정자를 만들고, 여성은 난소에서 난자를 만든다. 더욱이 남성은 사춘기부터 일생 동안 매일 새로운 정자를 만들어낸다. 반면에, 여성은 태아 발생 동안에만 제1난모세포를 만들게 된다. 또 다른 차이점은 정자형성에서 1개의 이배체 모세포로부터 4개의 정자가 만들어지는 반면에, 난자형성에서는 1개의 이배체 모세포로 부터 오직 1개의 난자가 만들어진다. 또한 감수분열에 의해서 만들어진 세포들에서 중요한 차이점이 있다. 정자는 작고, 운동성이 있으며, 상대적으로 적은 영양물질을 갖고 있다. 난자는 크고, 운동성이 없으며, 풍부한 영양물질과 세포소기관들을 갖고 있다. 마지막으로, 정자형성은 정자가 정소를 떠나기 전에 완성되지만, 반면 난자형성은 정자의 자극 없이는 완성될 수 없다. ✓

✓ 체크포인트

여성의 배우자형성 동안, 하나의 제1난모세포에서 얼마나 많은 난자가 만들어지는가? 남성의 경우 제1정모세포에서는 얼마나 많은 정자가 만들어지는가?

답: 1개; 4개

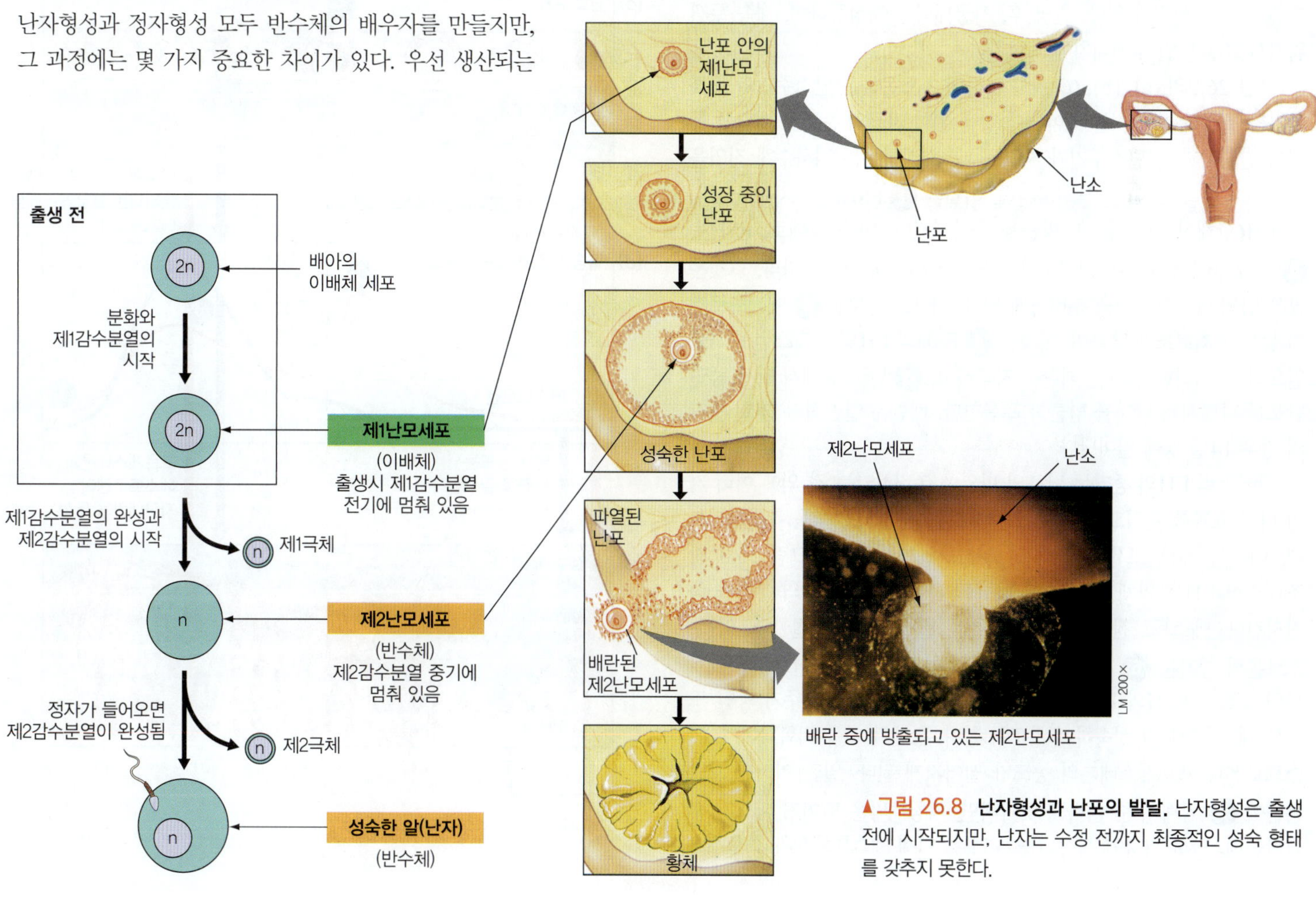

▲그림 26.8 **난자형성과 난포의 발달.** 난자형성은 출생 전에 시작되지만, 난자는 수정 전까지 최종적인 성숙 형태를 갖추지 못한다.

26.6 여성의 생식주기

여성은 되풀이되는 일련의 사건인 **생식주기(reproductive cycle)**를 갖는데, 이것은 배우자를 생성하여 수정이 용이하도록 하며 임신을 위해 몸이 준비되게 한다(그림 26.9). 생식주기는 대략 28일을 주기로 반복되지만, 간혹 20일에서 40일을 주기로 하는 경우도 있다. 생식주기는 실제로 2개의 주기이다. **난소주기(ovarian cycle**, 그림 26.9c)는 난자의 성장과 방출을 조절한다. 그리고 **월경주기(menstrual cycle**, 그림 26.9e) 동안에, 자궁은 배아가 착상할 수 있도록 준비된다. 호르몬의 신호는 두 개의 주기를 통합하여, 그것들이 서로 동시에 진행되도록 한다. **생식주기는 신체 기능을 조절하는 상호작용(이 경우, 신경계, 내분비계, 그리고 생식계 사이에)의 중요성에 대한 좋은 예다.**

월경주기는 여성의 기간인 월경의 첫째 날에 시작한다. **월경(menstruation)**은 혈관이 풍부하게 발달되어 있는 자궁내막이 분해되어 자궁으로부터 출혈이 일어나는 것이다. 만일 배아가 자궁벽에 착상하면 자궁내막으로부터 영양물질을 얻게 되며, 두꺼워진 내막은 방출되지 않는다. 따라서 월경은 전 주기에서 임신이 일어나지 않았다는 신호인 것이다. 월경은 보통 3~5일간 계속된다. 월경 배출물은 질을 통하여 몸 밖으로 나가는데, 그것은 혈액, 자궁내막 세포의 덩어리, 그리고 점액 등으로 구성되어 있다. 월경 후, 자궁내막은 재성장하여, 계속 두꺼워져서 20~25일에 최대치에 도달한다.

그림 26.9의 (a), (b), (d)에서 나타낸 호르몬들은 난소주기와 월경주기를 조절하는데, 이는 배아의 착상을 위한 자궁의 준비와 배란을 동시에 진행시킨다. 난소주기가 시작될 때, 시상하부는 뇌하수체 전엽을 자극하여 방출호르몬을 분비하는데, 이것은 ❶ FSH(난포자극호르몬)과 LH(황체형성호르몬)의 방출을 증가시킨다. 이름 그대로, FSH는 ❷ 난포가 성장하도록 자극한다. 성숙 난포가 성장함에 따라, 그것은 많은 양의 에스트로겐을 분비하게 된다. 약 12일 후에, ❸ 에스트로겐의 농도가 최고조에 달하며, 이것은 ❹ FSH와 LH의 갑작스런 증가를 일으킨다. 이러한 결과는 배란을 자극하고, ❺ 난소 안에서 발생 중인 난포를 파열시켜 난자를 방출하도록 한다. 배란은 일반적인 28일 주기의 경우 14일 경에 일어난다.

갑작스런 LH의 증가는 난포의 파열을 촉진시키는 것 외에 여러 가지 다른 효과를 가지고 있다. LH는 제1감수분열의 완성을 촉진시키는데, 이것은 제1난모세포를 제2난모세포로 변화시킨다(그림 26.8 참조). 또한 LH는 황체에 의한 에스트로겐과 프로게스테론의 분비를 촉진시킨다. 에스트로겐과 프로게스테론은 월경주기를 조절한다. 이 두 호르몬의 증가는 ❻ 자궁내막이 두꺼워지도록 한다. 또한 이 두 호르몬의 조합은 FSH와 LH의 분비를 더 억제시켜서, 해당 주기 동안 또 다른 제2의 난포가 성숙하지 않도록 한다. 황체가 더욱 퇴화되면서, 에스트로겐과 프로게스테론의 농도가 떨어지게 된다. 일단 이러한 호르몬들이 ❼ 임계 수준 이하로 낮아지면, 자궁내막은 떨어져 나오기 시작하는데, 다시 월경이 시작되는 것이다. 이제 에스트로겐과 프로게스

▼그림 26.9 **여성의 생식주기.** 이 그림은 어떻게 (c) 난소주기와 (e) 월경주기가 (a), (b), (d)에 나타나 있는 호르몬 수준을 변화시킴으로써 조절되는지를 보여준다. 그림의 아래에 있는 시간의 척도는 (b)~(e)에 모두 적용된다.

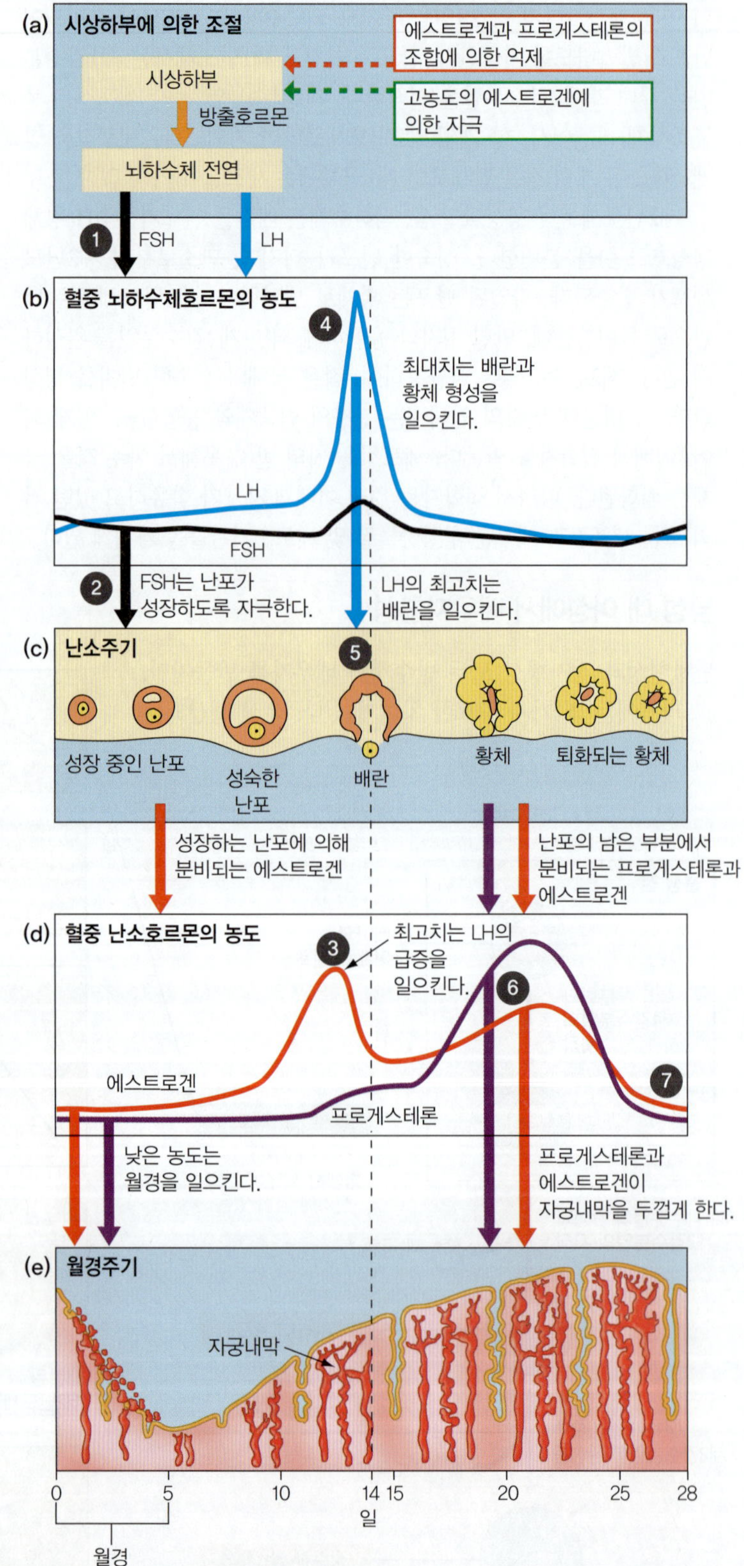

테론은 더 이상 뇌하수체를 억제하지 않으므로, 뇌하수체는 FSH와 LH를 분비하게 되며, 새로운 주기가 시작되는 것이다.

이 절에서 설명한 생식주기는 수정이 일어나지 않았을 때를 가정한 것이다. 만일 수정이 일어나면, 배아가 자궁내막에 착상하고, 사람 HCG(융모막성선자극호르몬)을 분비한다. HCG는 황체를 유지시켜, 에스트로겐과 프로게스테론을 계속 분비하게 하여 자궁내막을 그대로 유지하도록 한다. 나중에 알게 되겠지만, 일부 피임 유형은 임신 중에 일어나는 호르몬의 높은 농도를 모방함으로써 작용하는 것이다. 가정에서의 임신 테스트는 임신 여성의 혈액에서 소변으로 가는 HCG를 검출함으로써 진단한다. 남성에서 HCG는 테스토스테론 생성을 촉진시키기 때문에, 운동선수들에 의해 경기력을 향상시키는 약물로 남용될 수 있다. 따라서 그것의 사용은 많은 스포츠 단체에 의해 금지되었다. ✓

✓ 체크포인트

어떤 호르몬의 변화가 월경의 시작을 유발하는가?

답: 에스트로겐과 프로게스테론의 감소

생식 건강

사람의 생식계에 대한 해부와 생리를 배웠으므로, 이러한 지식을 피임과 질병의 전파라는 생식 건강의 두 가지 문제점에 적용할 수 있을 것이다.

26.7 피임

피임(contraception)은 임신을 의도적으로 억제하는 것이다. 임신이 되는 과정에서 각각 다른 단계를 억제하는 피임에는 여러 형태가 있다. 그림 26.10에는 가장 신뢰할 수 있는 것(위)에서 가장 신뢰할 수 없는 것(아래)까지 실패율에 따라 분류된 다양한 피임 방법이 수록되어 있다.

완벽한 금욕이야말로 가장 효과적인 피임 방법이지만, 다양한 효과를 나타내는 그 이외의 방법들이 있다. 난자에 정자가 도달하지 못하게 하는 불임시술은 매우 믿을 만하다. 남성의 **정관절제(vasectomy)**는 정관을 절단하여 정자가 요도로 들어가는 것을 막는 방법이다. 여성의 **난관결찰(tubal ligation)**은 각 난관의 일부분을 잘라 내어, 그 남은 끝부위를 묶어서 난자로 가는 정자의 통로를 차단하는 것이다. 불임시술은 안전하고, 영구적이며(때로는 수술로 되돌릴 수 있지만), 일반적으로 부작용이 없다. **자궁내 장치(intrauterine device, IUD)**는 의료인에 의해 자궁 내에 넣는 T자 모양의 장치다. IUD는 안전하고 최대 12년간 임신 방지 효과가 높지만, 언제든지 안전하게 제거할 수 있다.

다른 피임 방법은 난자세포의 방출을 막는 것이다. 경구피임약 또는 **피임약(birth control pill)**은 일반적으로 합성 에스트로겐과/또는 합성 프로게스테론의 다양한 배합을 함유하는 여러 가지 형태가 있다. 임신이 발생했다는 '그릇된' 정보에 반응하여, 난자는 방출되지 않는다. 이러한 호르몬의 다양한 조합은 알약 외에도 주사(Depo-Provera), 임플란트(인체 주입물), 피부 패치(그림 26.11)로도 이용할 수 있다. 이러한 피임약 중 일부는 호르몬 수치를 최대 3개월까지 유지시키므로, 사

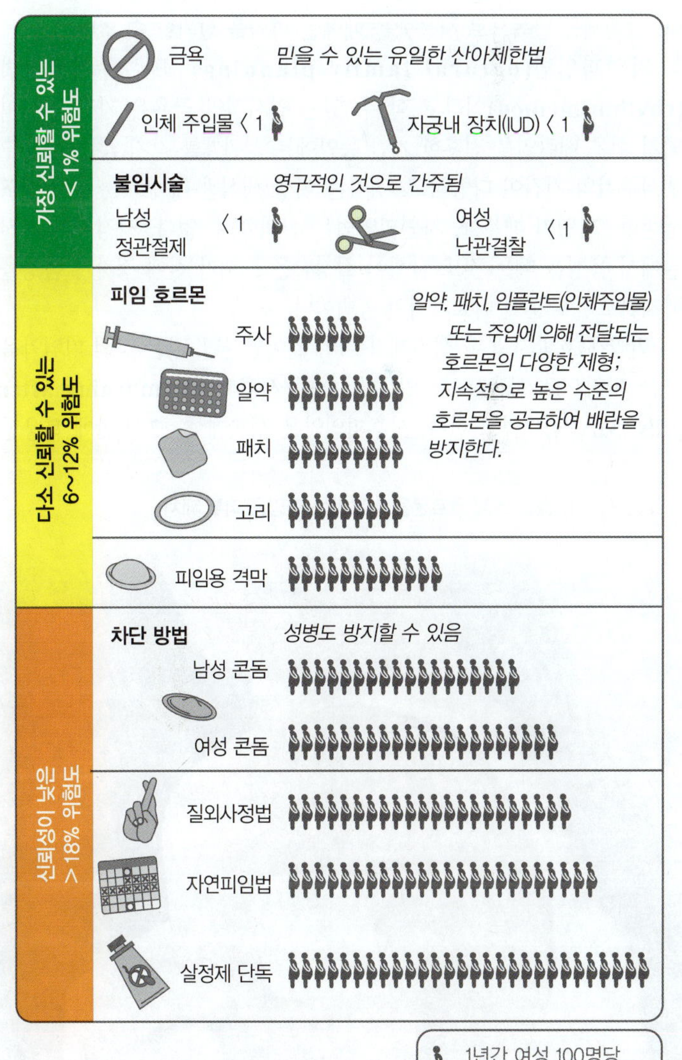

▲그림 26.10 **다양한 형태의 피임에 대한 신뢰성.** 아이콘은 각 피임법을 1년간 사용한 후 임신하는 여성(여성 100명당)의 수를 나타낸다.

용자는 1년에 4회만 복용하게 된다. 호르몬 피임약은 해로운 부작용과 유익한 부작용을 모두 가지고 있다. 그것들은 비흡연자에게 심장질환의 위험을 약간 증가시키지만, 규칙적으로 담배를 피우는 여성들에게 게는 상당하게 증가시킨다. 동시에 경구 피임약은 임신의 위험을 제거한다. 피임약을 복용하는 여성들은 임산부의 사망률이 약 1/2이다. 피임약은 또한 난소암과 자궁내막암의 위험을 감소시킨다. 현재 정자의 생산이나 방출을 막을 수 있는 화학피임약은 없는 실정이다.

만약 제대로 사용된다면, 난자와 정자의 결합을 물리적으로 차단하는 방법은 매우 효과적일 수 있다. **콘돔(condom)**은 보통 라텍스 재질로 만들어진 얇은 막으로, 남성의 음경이나 여성의 질 안에 맞게 되어 있다. **피임용 격막(diaphragm)**은 돔형으로 생긴 자궁경부를 덮는 고무마개이다. 적절한 사용을 위해 의사의 도움이 필요하다. 피임 효과를 더욱 높이기 위해 콘돔과 격막은 크림, 젤 또는 거품 형태로 시판되는 정자를 죽이는 화학물질인 **살정제(spermicide)**와 함께 사용될 수 있다. 살정제를 단독으로 사용했을 때에는 피임을 신뢰할 수 없다.

자연피임법(natural family planning) 또는 **주기피임법(rhythm method)**이라고 할 수 있는 일시적인 금욕은 가장 임신이 되기 쉬운 배란일을 전후한 기간 동안에는 성관계를 갖지 않는 것이다. 생식주기의 기간이 다양하고, 정자는 여성 생식관 내에서 3~5일 정도 생존할 수 있기 때문에, 자연피임법은 신뢰할 수 없다. 사정하기 직전 질에서 음경을 빼는 것도 남성이 절정감을 느끼기 전에 정자가 음경을 빠져나오기 때문에 비효과적인 방법이다.

만약 보호받지 못한 성관계가 이미 일어났다면, 많은 양의 피임약을 긴급 피임으로 사용할 수 있는데, 이를 **사후피임약(morning after pills, MAPs)**이라고 한다. 사후피임약은 성관계 후 3일 안에 복용할 경우, 75% 정도의 임신 억제율을 나타낸다. MAP(예: "플랜 B")는 15세 이상 개인에게 처방전 없이 사용할 수 있지만 부작용이 클 수 있으므로, 응급상황에서만 사용해야 한다. 임신이 발생한 경우, 약물 RU-486(미페프리스톤)이 임신중절인 낙태를 유도할 수 있다. 상당한 부작용이 있을 수 있기 때문에, RU-486은 의료전문가가 제공해야 하며 의료시설을 여러 번 방문해야 한다.

▼그림 26.11 **출산 조절 호르몬을 함유하는 피임용 피부 패치.**

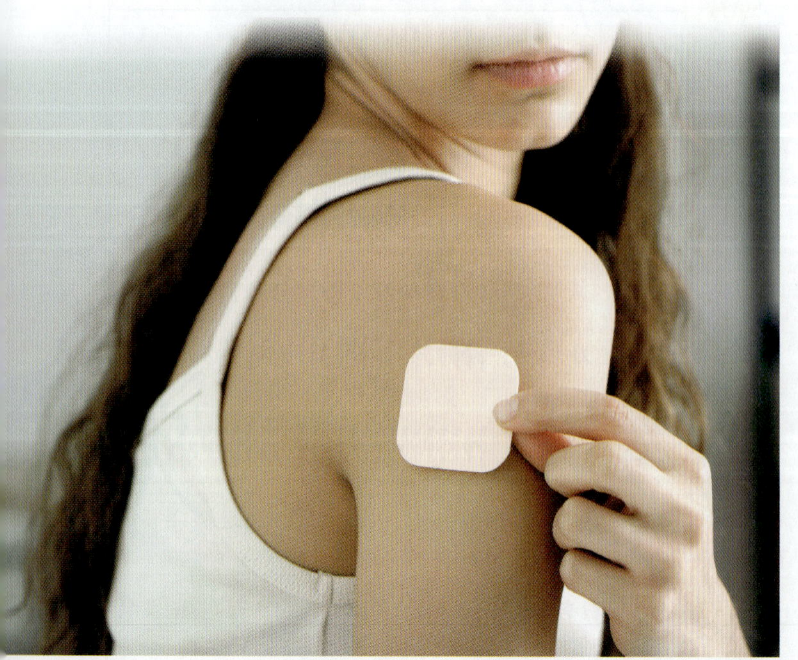

피임은 성적으로 활동적인 모든 사람들에게 중요한 건강과 안전 문제다. 자세한 내용은 의료인에게 문의해야 한다. 책임감 있는 섹스는 원치 않는 임신을 예방하는 것 이상의 것을 포함한다. 또한 다음 절의 초점인 성감염의 확산을 방지하는 것도 포함한다. ✓

✓ 체크포인트

어떤 피임 방법이 완벽하거나 거의 완벽에 가까울 수 있는가?

답: 금욕, 불임시술(정관절제나 난관결찰)

26.8 성병

성적으로 전파되는 질환(STD)이라고도 하는 **성병(sexually transmitted infections, STIs)**은 성적 접촉에 의해 퍼지는 전염병이다. 표 26.1는 미국에서 가장 흔한 성병을 감염인자의 유형에 따라 나열한 것이다. 세균, 바이러스, 원생생물, 그리고 진균류 등은 모두 성병을 일으킬 수 있음을 주목하라.

가장 흔한 세균성 성병(매년 미국에서 약 백만 명, 전 세계적으로 약 9,000만 명의 새로운 발병자가 보고됨)은 **클라미디아(chlamydia)**이다. 1차 증상은 성기의 분비물과 소변 시의 열화감이지만, 감염된 남성의 절반과 여성의 3/4는 어떤 증상도 인식하지 못한다. 남자들 중에는 흔치않게 장기적인 합병증을 보이지만, 감염된 여성의 40% 이상은 골반내 염증질환(pelvic inflammatory disease)으로 발전한다. 이것은 난관을 차단하든지 자궁에 상처를 남겨서 불임이 되게 한다. 클라미디아는 항생제 한 번 주사로 쉽게 치료될 수 있지만, 어떤 상처가 생기기 전에 그 병을 잡기 위해서는 조기 검사가 필요하다.

세균성 STI와는 반대로, 바이러스성 STI는 치료되지 않는다. 그것들은 약물치료에 의해서 억제될 수 있지만, 그것들의 증상과 다른 사람에 대한 감염 능력은 일생을 통하여 가능성이 남아 있다. 미국인 5명 중 1명은 **성기포진(genital herpes)**으로 감염되어 있는데, 이것은 입안의 구순발진을 일으키는 바이러스의 변종인 Herpes simplex virus type 2형에 의해 생긴다. 대부분의 발병은 몇 주 만에 치료되지만, 그 바이러스는 신경세포 가까이에 잠복해 있게 된다. 그 바이러스는 수개월 또는 수년 후에 다시 나타나는데, 그것은 섹스 파트너에게 전파되어 새로운 상처를 일으킨다. 발병 동안 금욕, 콘돔의 사용, 그리고 증상을 최소화시키는 항바이러스 약물치료 등은 헤르페스의 감염을 감소시킬 수 있다. 그러나 치료법은 없으며, 감염은 일생 동안 지속된다.

또 다른 성적으로 전파되는 바이러스는 사람 파피로마바이러스(HPV)이다. 성기 사마귀로부터 보호하고 자궁경부암의 70%를 일으키는 HPV 변종에 의한 감염을 예방할 수 있는 백신이 있다. 백신은 일반적으로 6개월에 걸쳐 3회의 주사를 맞게 되는대, 감염 전에 맞는 것이 가장 효과적이다. 따라서 성활동이 시작되기 전에 10대 이전 소년 소녀(11~12세)에게 예방접종을 하는 것이 좋다.

HIV(10장과 24장에서 논의됨)에 의해 발생하는 에이즈(AIDS)는 오늘날 세계 최대의 보건문제 중 하나로 우리를 괴롭힌다. 특히 아프리카와 아시아의 개발도상국가에서 심하다. 그러나 미국 내에서도, 이성접촉자의 1/3인 매년 50,000명이 새로운 감염자이다.

모든 STI를 동등하게 취급할 수 있는 것은 아니라는 점에 유의하라. 세균, 원생동물, 곰팡이에 의해 유발된 것은 약으로 치료할 수 있지만, 바이러스성 STI는 치료할 수 없다. 성적으로 활동적인 사람은 매년 건강검진과 STI 검진을 받아야 하며, 설사 가벼운 증상이라도 의심스러운 증상이 나타나면 즉시 도움을 받아야 한다. STI는 10대와 젊은이들 사이에서 가장 널리 퍼져 있다. 감염의 거의 3분의 2가 25세 이하의 사람들 사이에서 발생한다. STI의 확산을 피하는 가장 좋은 방법은 물론 금욕이다. 대신에 라텍스 콘돔은 "안전한 섹스"를 위한 최상의 보호 방법이 될 수 있다. ✓

✓ 체크포인트

치료에 있어서 바이러스에 의한 성병과 세균에 의한 성병의 가장 중요한 차이점은 무엇인가?

답: 세균성 성병은 항생제로 치료될 수 있다; 바이러스성 성병은 영속적이다.

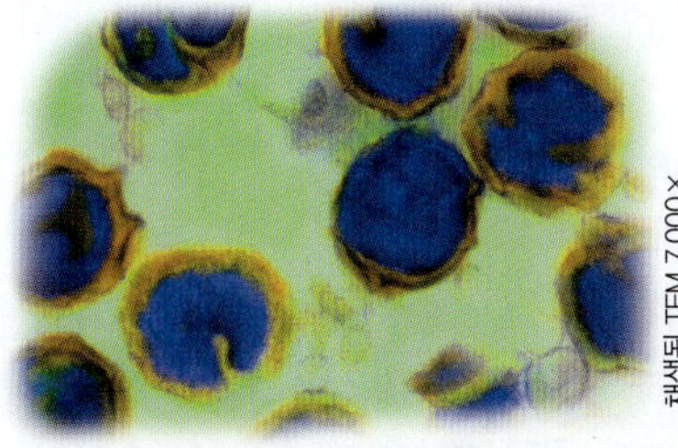

Chlamydia trachomatis

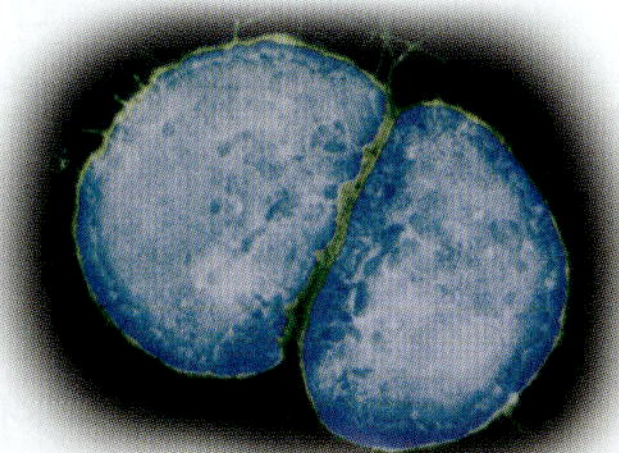

Neisseria gonorrhoeae

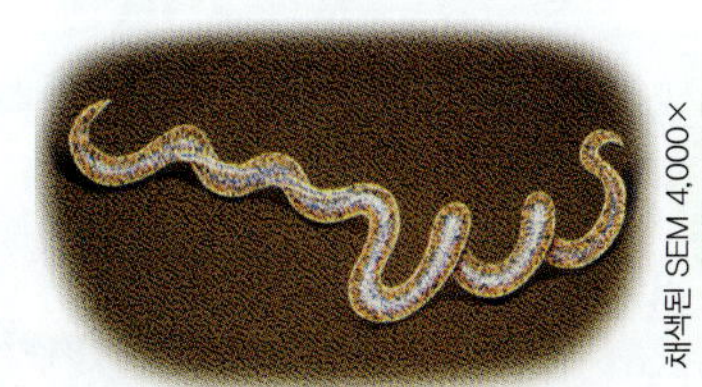

Treponema pallidum

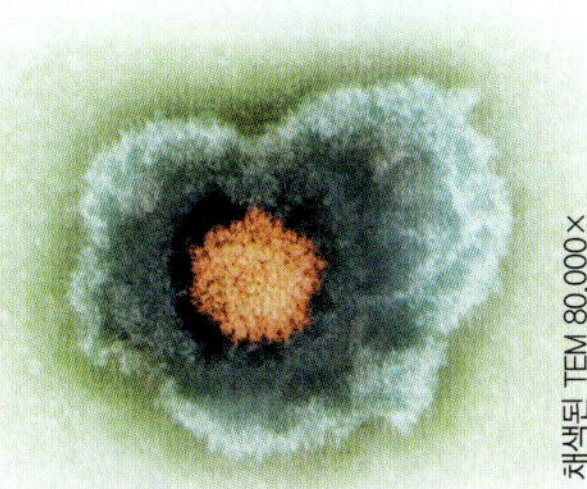

Herpes simplex virus

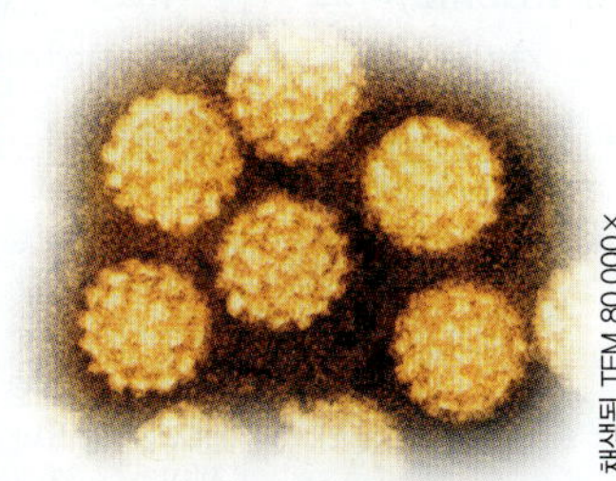
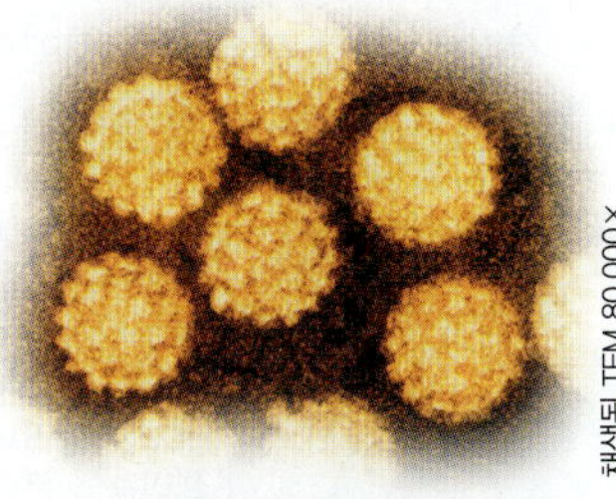

Papillomaviruses

Trichomonas vaginalis

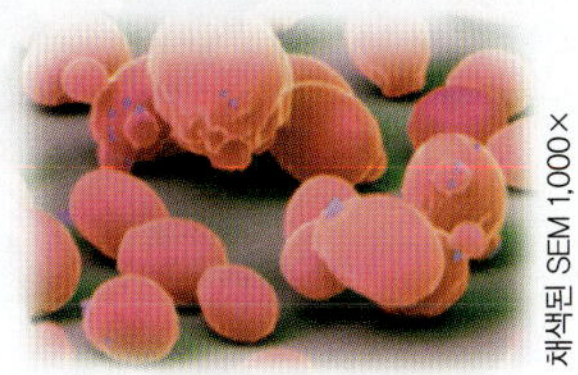

Candida albicans

표 26.1 미국에서 일반적인 성병

성병	미생물 병원체	주요 증상과 영향	치료
세균			
클라미디아 감염	*Chlamydia trachomatis*	성기 분비물, 가려움증, 소변 시 통증; 여성의 경우 흔히 증상이 나타나지 않음; 골반내 염증질환(PID)	항생제
임질	*Neisseria gonorrhoeae*	성기 분비물; 소변 시의 통증; 여성의 경우 가끔 증상이 나타나지 않음; 골반내 염증 질환(PID)	항생제
매독	*Treponema pallidum*	초기 단계에 성기에 궤양이 나타남; 몸 전체에 퍼지며, 치료하지 않으면 치명적임	초기 단계에서 항생제로 치료될 수 있음
바이러스			
성기 포진	Herpes simplex virus type 2, 때때로 type 1	증상의 재발, 생식기에 작은 포진이 생김, 소변 시의 통증, 피부 염증; 자궁경부암과 관련 있음, 유산, 출산 장애	약으로 재발을 방지하고 증상을 치료할 수 있지만, 치료법이 없음
성기 사마귀	Human papillomaviruses (HPV), 여러 유형	통증 없이 성기에서 자람; HPV는 자궁경부암을 일으킬 수 있음	동결에 의한 제거; HPV 백신으로 예방될 수 있음
AID와 HIV 감염	HIV	면역계의 파괴; 24장 참조	약의 조합으로 진행을 늦출 수 있음
원생생물			
트리코모나스 질염	*Trichomonas vaginalis*	질의 자극, 가려움증, 분비물; 남성들에게는 보통 증상이 나타나지 않음	항원생생물제
진균			
칸디다스 질염 (효모 감염)	*Candida albicans*	질 자극, 가려움증, 분비물; 흔히 비성적으로도 걸림	항진균제

사람의 발생

배아 발생은 정자와 난자가 결합하여 접합자를 형성하는 **수정(fertilization)**과 함께 시작된다. 이 절에서는 수정과 그 이후 사람의 발생 과정을 살펴볼 것이다.

26.9 정자에 의한 수정

성관계를 통하여 수억 마리의 정자가 질 속으로 방출되지만, 수천 마리만 난자를 만나기 위해 난관에서 수 시간 동안 살아남게 된다. 이 정자들 중에서, 오직 한 개의 정자만이 난자에 들어가서 수정된다. 다른 모든 수백만의 정자들은 죽는다.

정자의 모양은 그것들이 하는 일과 관련이 있다. 형태는 기능에 적합하다. 이것은 우리가 해부학을 탐구하는 동안 여러 번 보아온 주제이다. 성숙한 사람의 정자는 질, 자궁, 그리고 난관 내부의 액체 상태에서 잘 헤엄쳐 나갈 수 있도록 유선형으로 되어 있다(그림 26.12). 정자의 머리는 반수체인 핵을 가지고 있으며, 첨체(acrosome)라고 하는 막으로 둘러싸인 주머니가 정자의 끝 부분에 있다. 정자의 중간 부분에는 정액의 고에너지 영양분을 사용하는 미토콘드리아가 있다. 특히, 과당은 편모의 운동에 필요한 연료로 사용된다.

▼ 그림 26.12 사람의 정자세포.

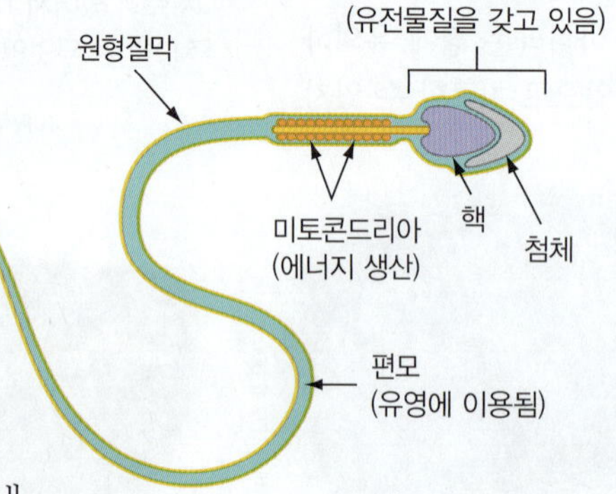

그림 26.13은 한 마리의 정자가 수정과정에서 나타내는 활동을 추적한 것이다. 정자가 접근하고 그 다음에 ❶ 난자를 둘러싸고 있는 젤리 층(빨간색)과 접촉하게 된다. 정자머리의 첨체로부터 투명대를 녹이는 효소를 분비하여 ❷ 구멍을 만든다. 이 구멍은 정자 머리로 하여금 ❸ 정자의 원형질막과 난자의 원형질막이 융합되도록 한다. 두 막의 융합으로 정자의 핵이 ❹ 난자의 세포질 속으로 들어가게 된다. 융합은 난자에서 제2감수분열의 완성을 유발한다. 게다가, 정자와 난자의 접촉은 다른 정자가 들어오지 못하도록 난자 원형질막의 변화를 일으키게 한다. 이러한 다른 정자의 차단은 접합자가 염색체의 이배체 수만 갖도록 해준다. 난자와 정자 핵의 염색체들은 ❺ 궁극적으로 하나의 이배체의 핵 내에 싸이게 된다. 새로운 이배체 접합자 내에서, 난자의 대사기구는 휴면 상태에서 깨어나 급격하게 가동되어 배아의 성장과 발달에 대비하게 된다. ✓

✓ **체크포인트**

정자의 첨체의 기능은 무엇인가?

답: 효소를 방출해서 난자를 둘러싸고 있는 젤리 층(jelly coat)을 분해하여 정자가 들어올 수 있도록 한다.

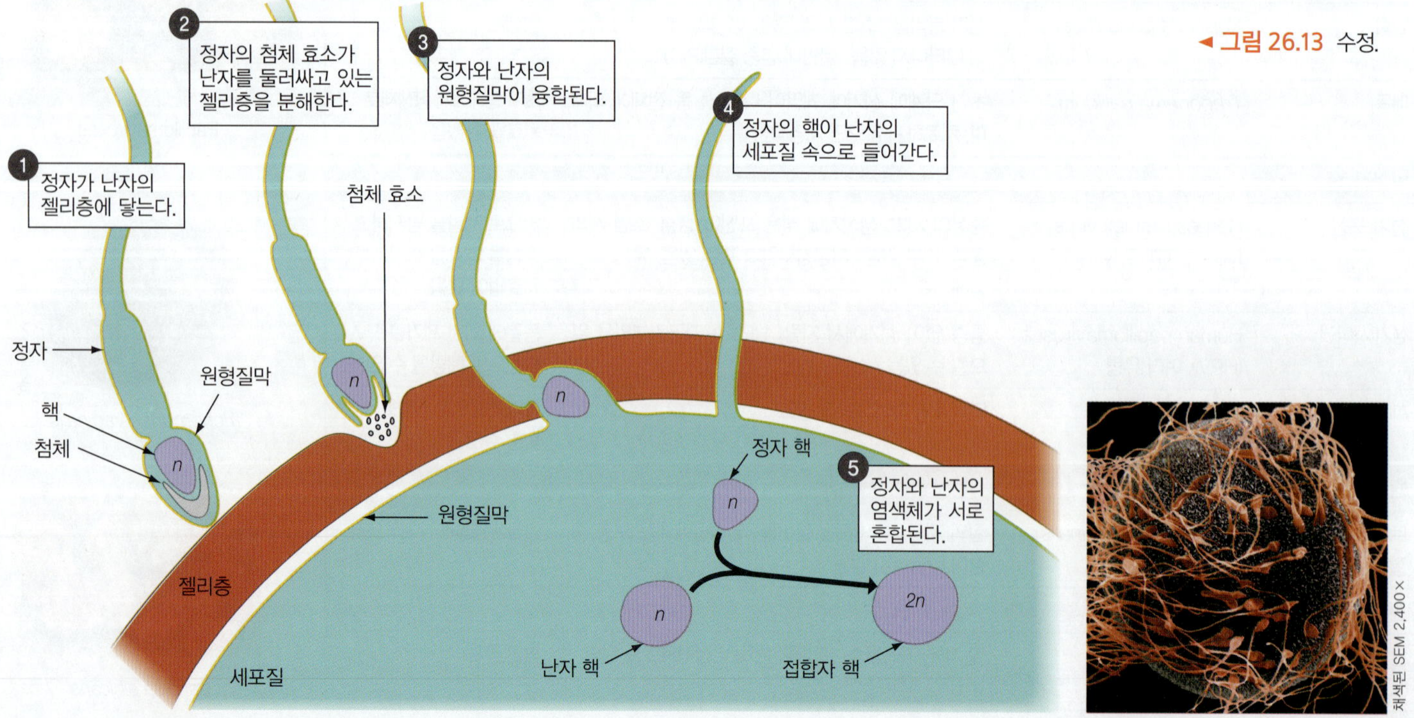

◀ 그림 26.13 수정.

26.10 배아 발생의 기본 개념

수정에 의해서 형성된 단일 세포인 접합자는 이 문장의 마지막에 있는 마침표보다 더 작다. 접합자는 이런 보잘 것 없는 출발에서 시작하여 수 조개의 많은 세포로 구성된 복잡한 조직과 기관을 가진 완전한 개체로 발생한다. 명백하게 이 과정은 놀라울 정도로 많은 세포분열과 특수화 과정을 필요로 한다. 모든 생물에서 발생의 핵심은 각 발생 단계가 매우 조직화된 방식으로 일어난다는 것이다.

발생은 난할(cleavage)과 함께 시작되는데, 그것은 다세포 덩어리를 만들어내는 일련의 빠른 세포분열을 말한다. 수정 후 약 24시간, 접합자가 처음으로 분열한 이후에는 배아라 한다. 드물게 초기 배아의 두 세포가 서로 분리된다. 이러한 분리가 일어날 때, 각 세포는 접합자로 "재설정"되어 활동한다. 이러한 결과는 일란성 쌍둥이의 발생으로 이어진다. 이란성 쌍둥이의 기작은 완전히 다르다. 2개의 난자가 2개의 다른 정자와 융합하여 2개의 유전적으로 다른 접합자를 만들어 동시에 발생해 나간다. 따라서, 이란성 쌍둥이들은 유전적으로 어떤 형제자매들과 더 이상 비슷하지 않게 된다.

난할 동안에, DNA 복제, 체세포분열, 세포질분열 등이 매우 빠르게 일어나지만, 세포질의 전체 양에는 변함이 없다. 그 결과, 분할이 일어나는 동안에 배아의 전체 크기는 변하지 않는다. 그 대신, 1번의 분할이 일어날 때마다 각각 자신의 핵을 갖는 많은 작은 세포의 수는 2배가 된다(그림 26.14). 배아가 자궁을 향하여 난관을 따라내려 가면서, 난할은 계속된다. 배아에 중심체강이 형성되기 시작한다. 수정 후 6~7일 정도가 되면, 배아는 약 100개의 세포로 이루어진 배반포(blastocyst)가 되어 자궁에 도달하게 되는데, 배반포는 액체로 채워진 공간을 갖는 구형체이다. 배반포의 한 쪽에서 중심 체강으로 돌출되어 나오는 세포들의 작은 덩어리를 내세포 덩어리(inner cell mass)라고 하는데, 이것은 나중에 태아를 형성하게 된다.

모든 배아가 발생을 완성할 수 있는 것은 아니다. 때때로 배아는 난관을 따라 자궁으로 내려가지 않는다. 그 결과 자궁외 임신이 되는데, 이것은 배아가 잘못된 위치에서 발생하는 임신 중 하나다. 자궁외 임신은 배아에 치명적이며, 임산부에게도 위험하기 때문에 즉각적인 치료가 요구된다. 많은 다른 배아들은 염색체나 발생의 이상 때문에 자연적으로 발생을 중단한다. 그 결과 자연 유산이 일어나는데, 모든 임신의 1/3 정도로 많다. 그것은 종종 여성들이 임신한 사실을 알기 전에 일어난다.

생존 가능한 배아에서, 발생의 두 번째 단계는 임신 9일째에 일어나는 낭배형성이다(그림 26.14의 아래). 초기 배아의 세포들은 조직화된 이동을 시작하여 **낭배(gastrula)**가 된다. 이 단계에서, 다양한 세포의 변화가 배아 구조의 형성에 기여한다. 모든 발생과정들은 인접 세포와 세포층 사이를 지나가는 화학적 신호들에 의존되어 있는데, 이것들은 배아세포들로 하여금 언제 어떤 일이 일어나는지를 정확하게 지시한다. 예를 들어, 화학적 신호가 일련의 유전자들의 스위치를 켜면 그것의 발현은 수신세포를 특정 유형의 세포나 조직으로 분화시킨다. 다른 신호는 어떤 세포의 형태를 변화시키거나 발생 중인 배아 내에서 한 곳에서 다른 곳으로 이동시킨다. 발생 중에 일어나는 또 하나의 중요한 과정은 선택된 세포를 죽이는 세포예정사(programmed cell death)이다. 예를 들면, 일부 유전자들은 발생 중인 사람의 손과 발의 어떤 세포들을 죽이는 단백질을 암호화하여 손가락과 발가락 사이를 분리시킨다 (그림 26.15).

배아 발생과정이 진행되면서, 세포들 사이의 일련의 화학적 신호들은 기관들이 형태를 잡아가기 시작하면서 세포의 특수화가 점점 더 커지게 한다. 이러한 과정들의 중요성은 부적절한 신호의 결과로 일어난 출생 결함에 의해 알 수 있다. 척추피열(spina bifida)은 태아 발생의

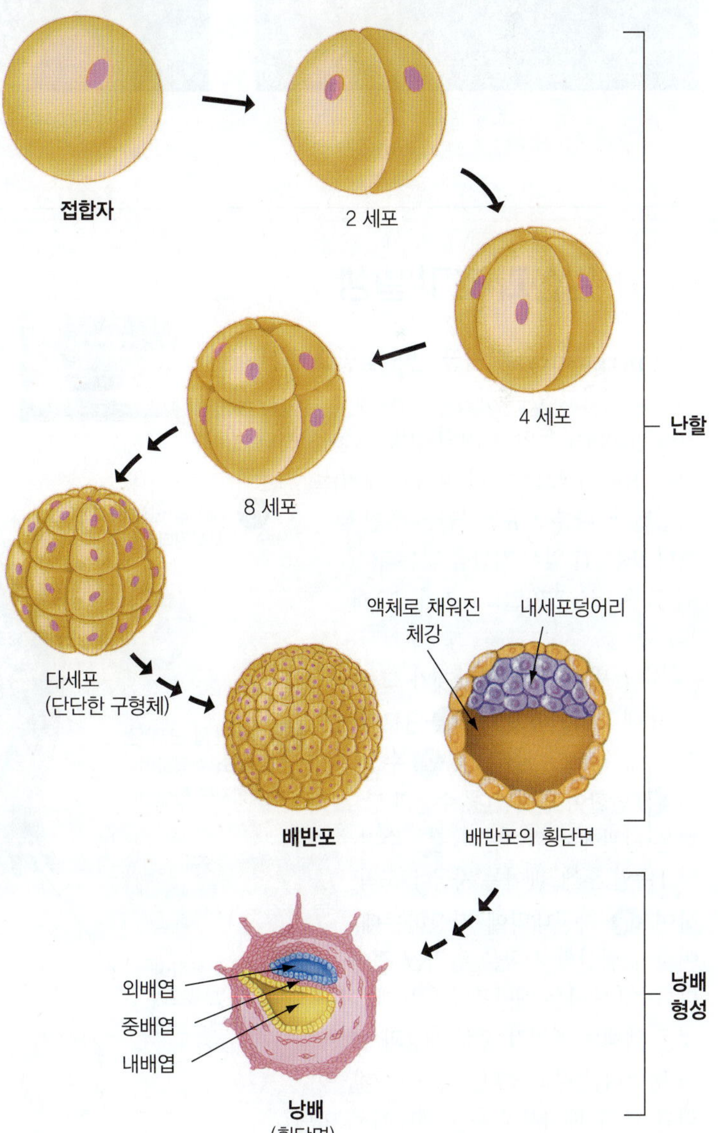

▼그림 26.14 **배아의 초기 발생.** 난할 동안 세포분열의 각 단계에서 배아의 전체 크기는 변화가 없음을 주목하라. 대신에 세포의 수가 많아지며, 각 세포의 크기는 더 작아진다.

첫 달 동안 외배엽 세포들로 이뤄진 관이 적절하게 닫혀서 척주를 형성하지 못하기 때문에 생기는 병이다. 척추피열로 태어난 아기는 종종 하지의 마비를 초래하는 영구적인 신경 손상을 갖게 된다. **이 질병은 생물계 내에서 정보의 흐름의 중요성을 강조하고 있다. 정상적인 신호가 흐트러지면, 심각한 선천적 결함을 초래할 수 있다.** ✓

✓ 체크포인트

발생의 단계를 순서대로 나열하시오: 기관형성, 수정, 낭배형성, 난할

답: 수정, 난할, 낭배형성, 기관형성

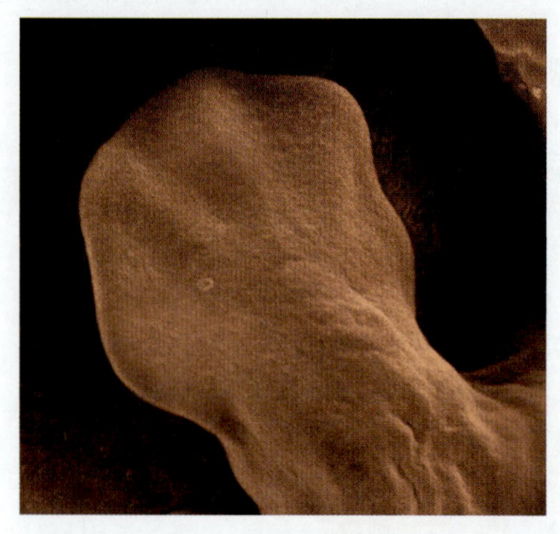

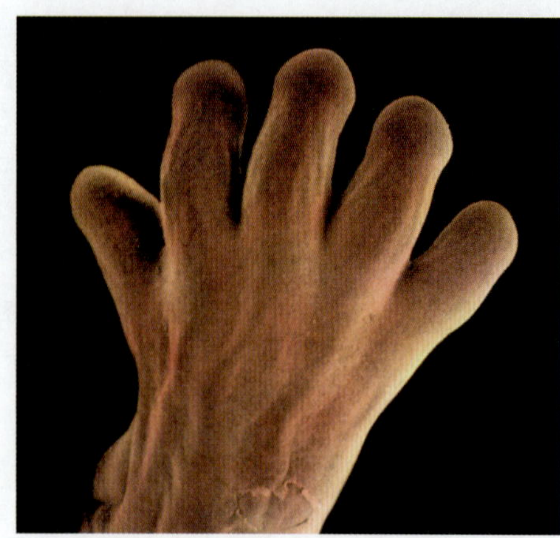

◄ 그림 26.15 **발생 중인 사람의 손에서 나타나는 세포예정사.** 사람의 발생 중에 생산된 단백질이 발생 초기 손의 세포들을 죽여서(왼쪽) 손가락 사이의 공간을 만들어 낸다(오른쪽).

26.11 임신과 초기 발생

코끼리의 임신은 22개월 동안 계속된다.

임신(pregnancy)은 자궁 안에서 발생 중인 어린 태아를 지니고 있는 것이다. 사람에서 임신은 평균 266일(38주) 동안 유지되지만, 보통은 지난 월경주기의 시작으로부터 40주(9개월)로 측정된다. 다른 포유동물들은 훨씬 짧거나 또는 긴 임신 기간을 갖는다(생쥐, 3주; 소, 270일; 코끼리, 22개월).

사람 발생의 초기 단계가 그림 26.16에 요약되어 있다. ❶ 난모세포가 배란으로 방출된 후, ❷ 수정과 ❸ 난할이 일어난다. 수정과 난할은 난관에서 일어난다. ❹ 수정 약 1주일 후에, 배아는 자궁에 도착하여 ❺ 자궁내막에 착상하는데, 이것이 임신의 시작을 알리는 것이다. 이때 배아는 배반포가 되는데, 이것은 액체로 채워진 중심 체강과 내세포 덩어리를 갖고 있다(그림 26.17a). 이러한 초기 배아세포들은 체내에서 어떤

▼그림 26.16 **사람 발생의 초기단계.** 수정은 난관에서 일어난다. 접합자가 난관을 따라 아래로 내려오면서, 난할이 시작된다. 배아는 배반포가 되어 자궁에 도달하며 자궁내막에 착상한다.

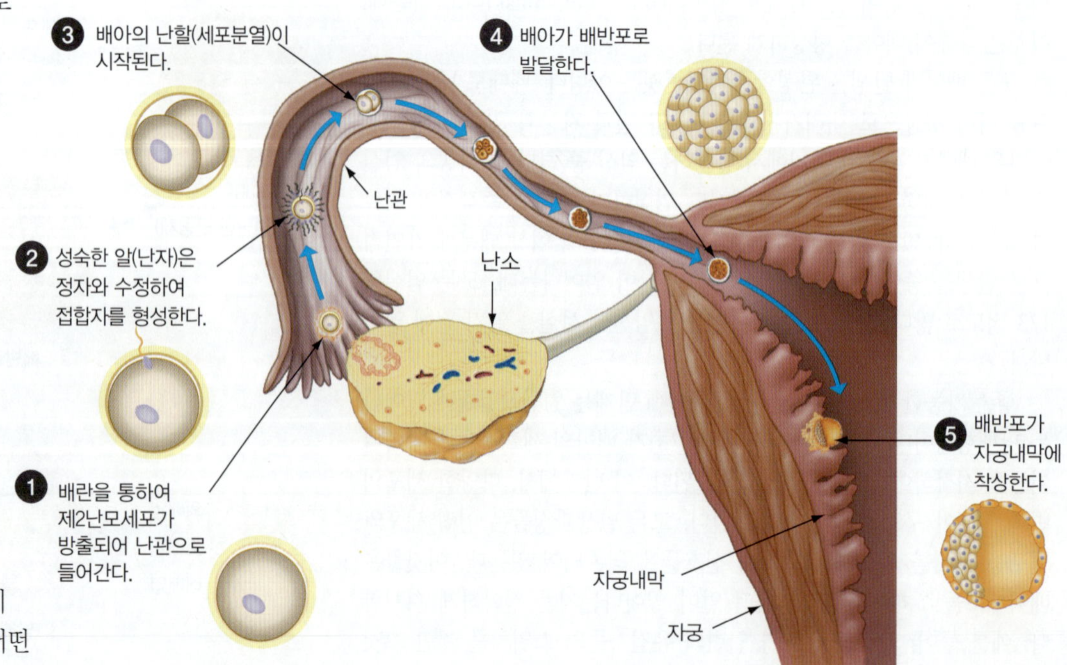

세포로도 분화할 수 있는 잠재력을 갖고 있는 **줄기세포(stem cell)**이다. (11장에서 설명했던 것처럼, 배아줄기세포는 의학적 도구로서 커다란 잠재력을 갖는다.) 바깥 세포층은 배아에 영양물질과 산소를 공급하고 배아의 노폐물을 처리하는 **태반(placenta)**의 일부가 된다(그림 26.17b).

그림 26.17c는 수정 후 약 한 달 된 배아를 보여준다. 성장하고 있는 배아 이외에, 양막, 발생 중인 탯줄, 그리고 태반 등 생명을 유지시켜 주는 여러 부분의 장치들이 있다. 양막은 액체로 채워진 주머니로서 배아를 보호해 준다. 양막은 대개 출산 직전에 파열되며, 양수가 산모의 질을 통해 밖으로 흘러나온다. 많은 산모들은 "물이 터졌을"때 놀라서 병원으로 가는 신호로 받아들인다. **탯줄(umbilical cord)**은 배아와 태반 사이에 있는 생명선이다.

태반은 배아 혈관을 갖고 있는 손가락 모양의 생성물인 융모막융모(chorionic villi)를 발생시킨다. 이러한 혈관들은 산모의 자궁내막의 혈관과 밀접하게 결합되어 있다. 융모막융모는 산모의 혈관으로부터 영양물질과 산소를 흡수하여, 배아로 이러한 물질들을 보낸다. 또한 융모는 배아로부터 나오는 노폐물을 산모의 혈류로 확산시킨다. 물질들이 확산을 통하여 앞뒤로 통과할 수 있지만, 태아는 산모의 혈액과 섞이지 않는 자신의 혈액 공급량을 가지고 있다. 융모막융모 조직에서 소량의 시료를 채취하여 태아기의 유전 검사를 할 수 있다(9장 참조).

태반은 배아가 필요로 하는 또 다른 것을 제공해 준다. 예를 들면, 태반은 모체로부터 태아에게 항체를 전달한다. 해로운 물질들도 태반을 통과할 수 있으며, 발생 중인 배아에 손상을 줄 수 있다. 처방전이 필요한 것이나 필요 없는 것 모두를 포함하여 대부분의 약물들(처방 및 비처방 모두)은 발생 중인 배아에 손상을 줄 수 있다. 알코올, 담배 연기 속의 화학물질들, 그리고 기타 약물들도 유산의 위험을 높이며, 발달 기형을 일으킬 수 있다. 게다가, 풍진바이러스(German measles)와 HIV와 같은 바이러스들은 태반을 통과하여 질병을 일으킨다. 풍진바이러스는 심각한 선천적 장애를 일으킬 수 있다. 치료받지 않는다면, HIV 감염 아기들은 일반적으로 수년 내에 AIDS로 죽는다. ✓

✓ 체크포인트

임신하려는 여성은 왜 술과 니코틴 같은 약물을 피해야 하는가?

답: 약물은 모체의 혈액을 따라 발생 중인 태아에게 전달되어, 모체가 임신 사실을 알기 전에 태아에게 영향을 미친다.

▼ **그림 26.17 사람의 배아: 첫째 달.**

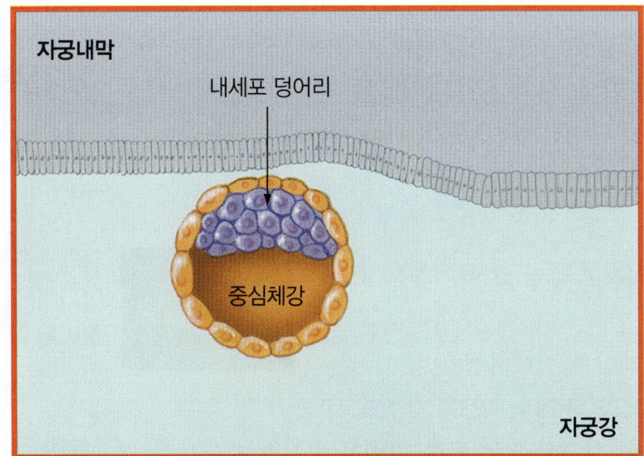

(a) **6일: 착상 전.** 수정 후 6일이 되면 배아는 배반포로 발생된다.

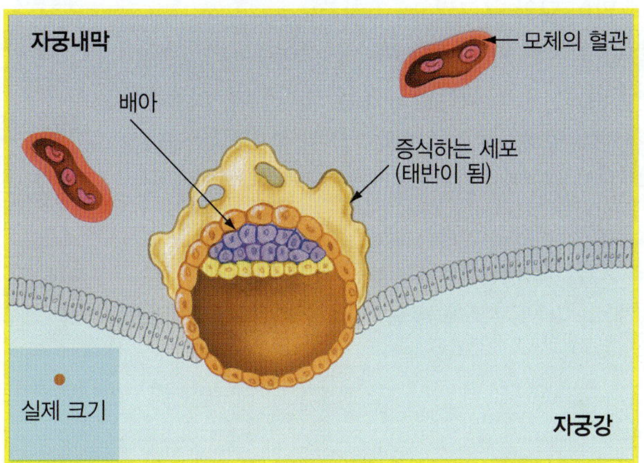

(b) **10일: 착상 진행 중.** 착상 후, 배아줄기세포의 내세포 덩어리는 태아로 발생하게 된다. 영양아층 세포의 바깥층은 배아가 제공하는 태반이 된다.

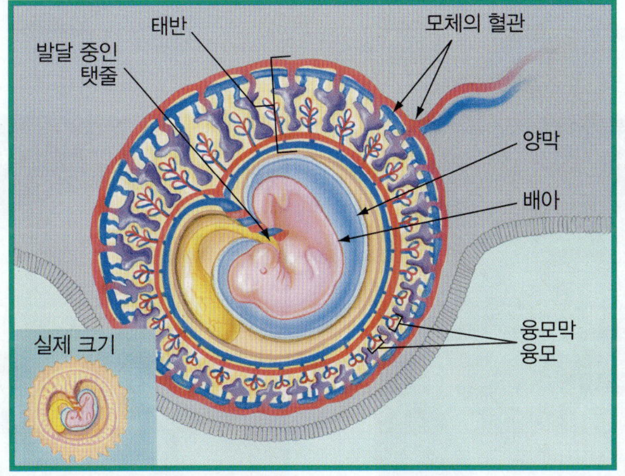

(c) **31일: 배아와 생명 지지 장치**

26.12 임신의 단계

이 절에서 일련의 사진(그림 26.18)을 이용하여 자궁에서 일어나는 사람의 발생을 설명하고자 한다. 편의상 임신(자궁의 착상부터 출생까지의 기간)을 약 3개월씩 세 단계인 **임신3분기(trimesters)**로 나눈다.

제1삼분기

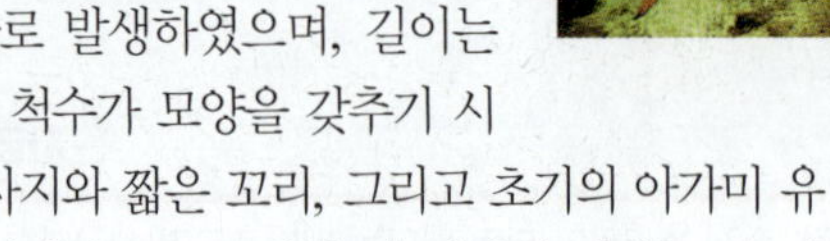
한때는 당신이 아가미틈과 꼬리를 가지고 있었다.

그림 26.17의 첫 번째 사진은 수정 후 약 5주 된 사람의 배아이다. 짧은 시간 안에, 하나의 단일 세포는 고도로 조직화된 다세포 배아로 발생하였으며, 길이는 약 7 mm이다. 배아의 뇌와 척수가 모양을 갖추기 시작하였으며, 4개의 뭉툭한 사지와 짧은 꼬리, 그리고 초기의 아가미 유사 구조물을 가지고 있다. 전체적으로, 1개월 된 사람의 배아는 이 시기의 다른 척추동물과 꽤 많이 닮았다(그림 13.7 참조).

다음 사진은 수정 후 약 9주 된 발생 중인 사람을 보여주는데, 이때부터 태아라고 한다. 왼쪽의 큰 핑크 색깔의 구조는 태반인데, 이것은 탯줄에 의해 태아와 연결되어 있다. 태아 주변의 투명한 주머니는 양막이다. 이 시기의 태아는 길이가 약 5.5 cm이며, 모든 기관과 근육과 척추뼈와 갈비뼈를 포함한 주요 신체 부분을 갖추고 있다. 팔다리싹(지아)은 손가락과 발가락을 가진 작은 팔과 다리가 된다. 제1삼분기가 끝날 무렵이 되면, 태아는 몸의 다른 부분에 비해 머리가 여전히 크지만, 아주 작은 사람의 모형처럼 보인다. 이 시기에 태아의 성별은 초음파 검사에 의해서 확인될 수 있다(그림 26.19).

제2삼분기

제2, 3삼분기에 일어나는 주요 발생학적 변화는 제1삼분기의 변화처럼 급격한 변화는 없고 주로 크기가 증가하고 사람의 형태가 다듬어져 간다. 14주 태아의 크기는 약 6 cm이다. 20주가 되면, 태아는 길이가 약 19 cm, 몸무게는 약 0.5 kg이며, 눈썹과 속눈썹이 다 만들어진 아기의 얼굴을 갖는다. 팔, 다리, 손가락, 발가락 등은 길어지고, 손톱, 발톱도 생기며, 온몸이 솜털로 덮인다. 이 시기에 태아의 심장박동이 청진기로 감지되고, 산모는 태아가 움직이는 것을 보통 느낄 수 있다. 태아는 자궁의 한정된 공간의 크기 때문에, 태아 자세라고 하는 모습으로 앞쪽으로 구부리고 있게 된다. 제2삼분기가 끝날 무렵에, 태아는 눈을 뜨고, 치아가 형성되며, 뼈가 단단해지기 시작한다.

제3삼분기

제3삼분기는 태아의 성장이 매우 빨라져서 보호받고 있던 자궁 밖으로 나가도 생존할 수 있는 힘을 얻는 시기이다. 24주 이전에 미숙아로 태어나도 생존은 가능하지만, 출생 후 특별한 의학적 관리를 필요로 한다. 제3삼분기 동안, 태아의 순환계와 호흡계가 공기호흡을 할 수 있도

▼그림 26.18 **사람의 발생.**

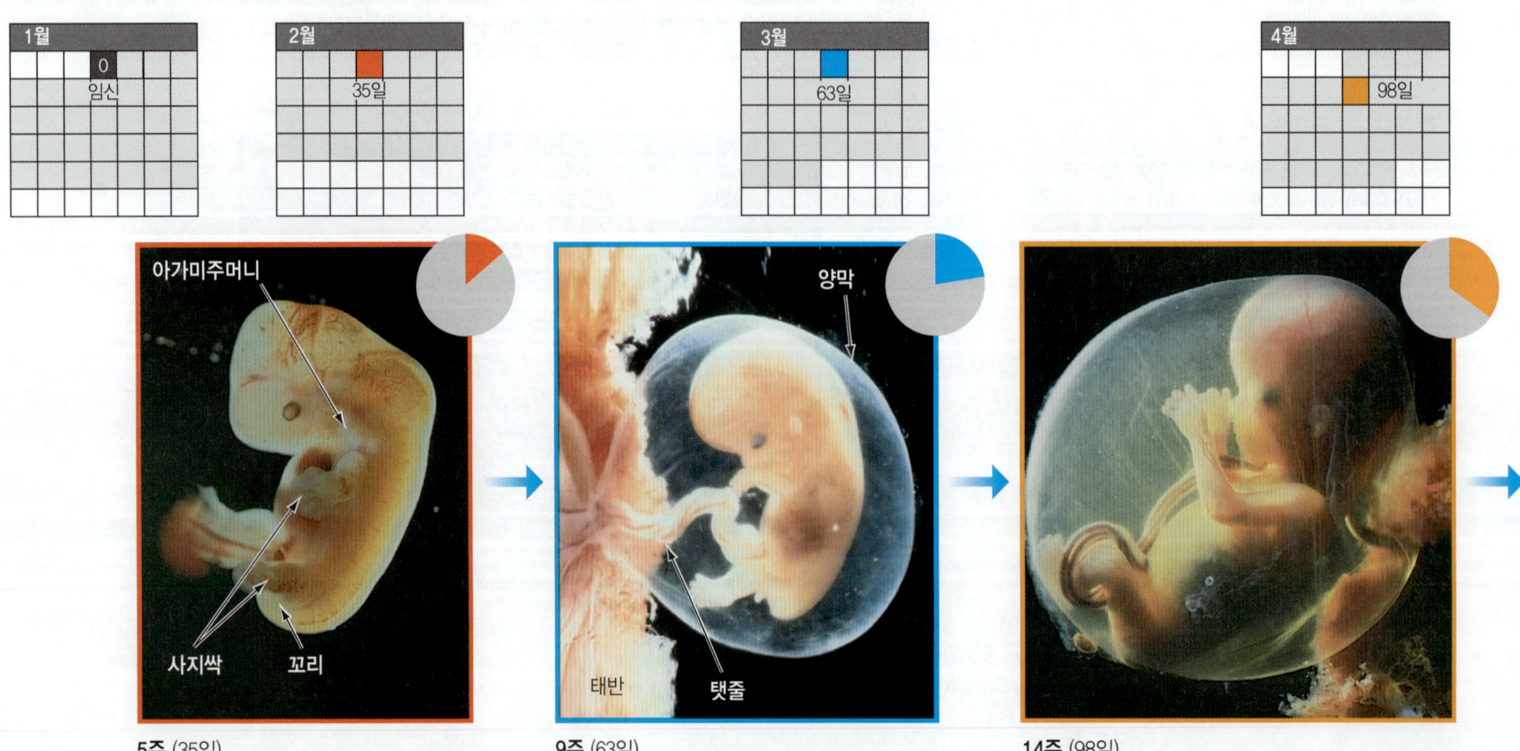

록 변화된다. 태아는 자신이 체온을 유지할 수 있는 능력을 얻게 되고, 근육이 두꺼워진다. 또한 머리를 제외한 신체 다른 부위의 털은 없어진다. 일반적으로 태아는 머리가 자궁경부를 향하도록 회전한다. 이 시기에 태아는 자궁의 공간을 가득 차지하게 되어 활동성이 떨어진다. 태아가 자라면서 자궁이 확장됨에 따라, 산모의 복부 기관들은 압박을 받게 되어, 오줌이 자주 마렵고, 소화기 장애, 그리고 요통을 겪게 된다. 출생 시 아기는 길이가 약 50 cm, 몸무게는 3~4 kg 정도가 된다. ✓

✓ 체크포인트

자궁에서 태아가 발생할 때, 왜 제1삼분기 변화가 가장 극적이라고 생각하는가?

답: 발생은 하나의 세포로 된 접합자로부터 시작하여 아주 작은 사람으로 진행된다. 그 다음 단계는 주로 성장과 제1삼분기 동안 발생된 구조물들이 정밀해져 간다.

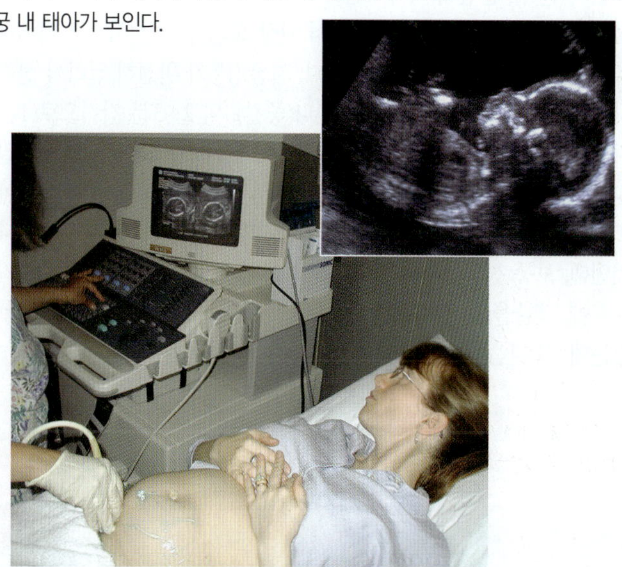

▼그림 26.19 **초음파 영상.** 초음파 영상은 임신부의 복부에 대고 있는 스캐너에서 고주파 소리가 태아에서 튕겨 나올 때 생성된다. 삽입된 이미지에는 약 18주의 자궁 내 태아가 보인다.

26.13 출산

아기의 출산은 **분만(labor)**이라고 하는 일련의 강하고 율동적인 자궁의 수축에 의해서 이루어진다. 여러 가지 호르몬들이 분만을 일으킨다. 가장 중요한 것 중의 하나는 옥시토신인데, 그것은 태아의 세포에 의해 생산되며, 임신 말에는 산모의 뇌하수체에서 생산되는 호르몬이다. 옥시토신은 자궁벽을 이루는 평활근을 강하게 자극하여, 자궁의 수축을 유도한다. 자궁의 수축은 더 많은 옥시토신의 방출을 자극한다(양성되먹임 조절의 예). 그 결과는 자궁으로부터 아기를 나오게 하는 강렬한 근육 수축으로서 정점에 도달하게 된다. 만일 산모의 출산예정일이 지나든지, 진통이 오래 지속된다면, 의사는 신속한 출산을 촉진시키기 위해 옥시토신을 주사한다.

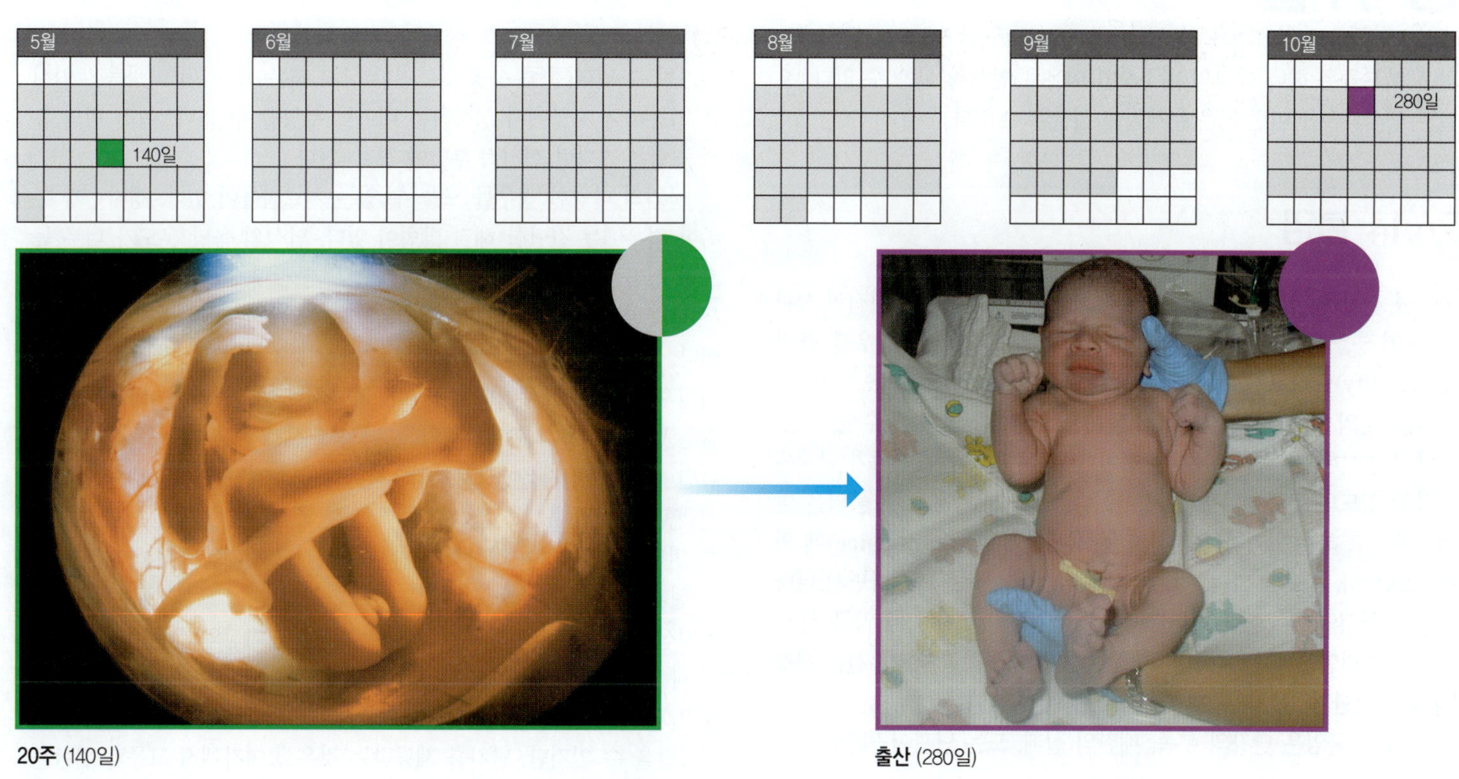

20주 (140일)

출산 (280일)

그림 26.20에서는 분만의 세 단계를 보여주고 있다. 첫 단계는 확장인데(그림의 왼쪽), 분만이 시작되면서부터 자궁경부가 약 10 cm 정도 열릴 때까지를 말한다. 확장은 분만 중에서 가장 오래 걸리는 시기로 약 6~12시간, 또는 상당하게 길어질 수도 있다. 자궁경부가 완전히 열려서 신생아가 나올 때까지를 압박방출기라고 한다(중간). 약 2~3분 간격으로 1분간씩 지속되는 강한 자궁 수축이 일어나며, 이때 산모는 태아를 강하게 밀어내고자 하는 느낌을 갖게 된다. 약 20분에서 1시간 정도 이내에, 신생아는 자궁과 질 밖으로 밀려 나온다. 출산의 마지막 단계는 태반("후산")이 나오는 것인데, 보통 신생아의 출산 후 15분 이내에 일어난다(오른쪽). 아기가 나온 후에, 탯줄을 묶고 잘라준다. 남은 탯줄은 일반적으로 수 주 동안 남아 있는데, 그 다음에는 위축되어 배꼽으로부터 떨어지게 된다.

출생 후에도 호르몬은 계속해서 중요한 역할을 한다. 프로게스테론과 에스트로겐의 양이 감소하게 되면, 자궁은 임신 이전의 상태로 되돌아간다. 뇌하수체 호르몬인 프로락틴은 젖샘에서 모유 생산(젖분비라고 함)을 촉진시킨다. 처음에는 항체를 많이 함유한 노란색의 초유가 분비된다. 약 2~3일 후에는 정상적인 모유 생산이 시작된다. ✓

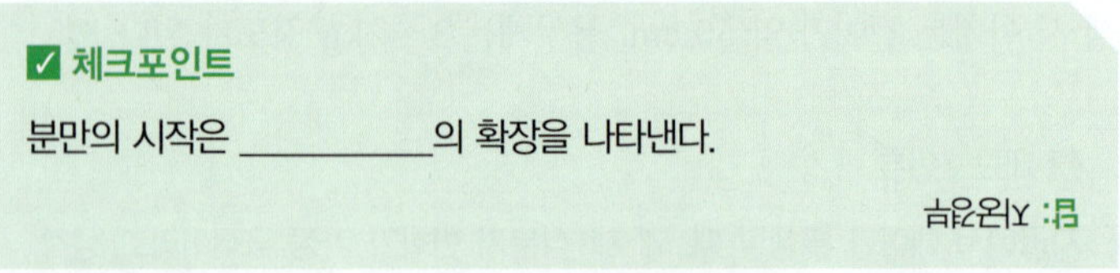

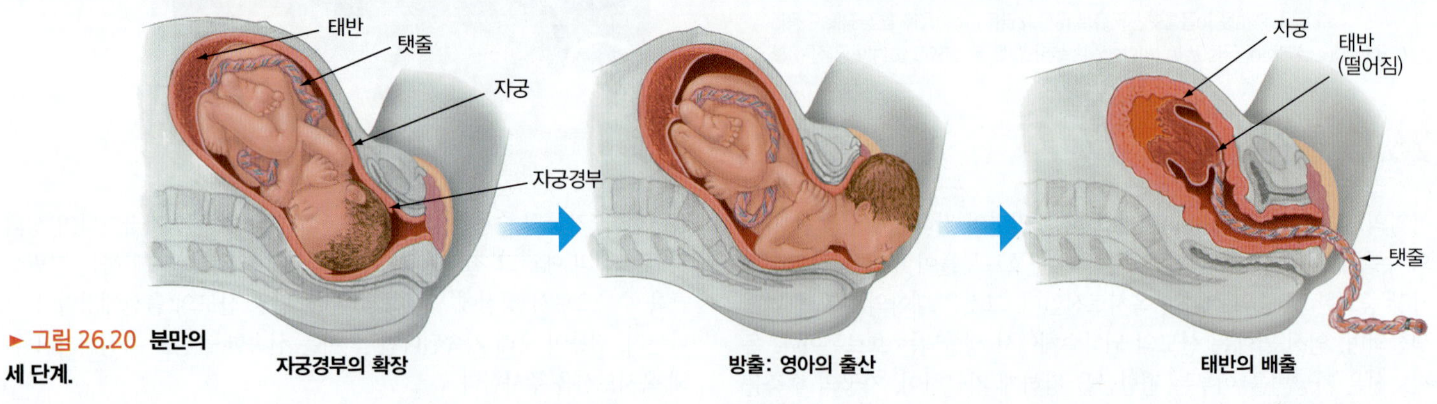

▶ 그림 26.20 **분만의 세 단계.**

생식기술

많은 부부들은 하나 이상의 비정상인 이유로 인해 임신할 수 없다. 오늘날 생식기술은 이런 많은 문제들을 해결할 수 있다.

26.14 불임

아이를 갖기 원하는 부부들의 약 15% 정도가 1년 이상 정기적인 성관계를 가졌음에도 불구하고 임신이 되지 않는다. 이런 경우를 **불임(infertility)**이라고 하며, 그것은 많은 원인들을 가지고 있다.

대부분의 경우, 불임은 남성의 문제들로 검사를 받게 될 수 있다. 정소에서 충분한 정자를 만들지 못하거나("적은 정자수"), 정자가 난자에 도달할 정도의 운동성이 없는 경우이다. 또 다른 경우로서, 불임은 발기장애라고 하는 발기를 유지하지 못하는 **발기부전(impotence)**에 의해 일어난다. 정도에 따라, 발기부전은 남성이 나이를 먹어가면서 나타나는 정상적인 부분이다. 일시적인 발기부전은 알코올이나 약물 사용, 또는 심리적인 문제 때문에 일어날 수 있다. 영구적인 발기부전은 신경계 또는 순환기 계통의 문제 때문에 발생할 수 있다.

여성의 불임은 난자의 부족, 배란의 실패, 또는 난관이 막힘으로써 야기될 수 있다(종종 성병으로 인한 상처 때문에). 어떤 여성들은 임신은 가능하나 자궁에서 성장하는 배아를 부양할 수 없다. 여러 번의 유산 경험은 커다란 심리적 부담이 될 수 있다.

불임의 다양한 경우를 도울 수 있는 치료법들이 있다. 정자수가 부족한 경우에는 간단한 해결 방법이 있다. 남성의 음낭 온도가 너무 높으면 정자 생산에 지장을 초래하는 경우가 많다. 따라서 몸을 꽉 조이는 삼각 팬티 대신에 헐렁한 사각 팬티를 입는 것이 첫 번째 치료 방법이다. 만일 그렇지 않다면, 정자를 모아서 농축시킨 후, 질을 통하여 여성의 자궁 안으로 주입할 수 있다. 약물치료(비아그라 등)와 음경보형술은 발기부전을 치료할 수 있다. 남성의 정자가 제 기능을 갖지 못한다면, 부부는 정자은행으로부터 다른 남성의 정자를 이용하는 방법을 선택할 수도 있다.

만일 어떤 여성이 정상적인 난자를 가지고 있지만 적절하게 배란이 안 된다면, 호르몬 주사로 배란을 유도할 수 있다. 그런 치료는 종종 중복임신을 초래한다(쌍둥이, 세쌍둥이, 또는 그 이상의). 만일 어떤 여성이 자신의 난자를 생산할 수 없다면, 공여자로부터 제공받은 난자를 자궁 안으로 주입하는 방법이 있다. 정자는 공여자로부터 어떤 위험 없이 제공받을 수 있지만, 난자를 제공받는 것은 공여자에게 고통과 위험을 줄 수 있는 외과적 수술이 따르게 된다. 이런 이유 때문에, 난자 "공여자"는 일반적으로 그들의 시간과 불편함에 대해 수천 달러의 돈을 받게 된다.

만일 어떤 여성이 임신을 유지할 수 없다면, 그 부부는 대리모를 선택해야 될지도 모른다. 그런 경우 부부는 그들의 아이를 출산하는 것에 동의하는 대리모와 합법적인 계약서를 작성하게 된다. 많은 부부들이 이러한 방법을 사용하고 있다. 그러나 만일 대리모의 마음이 변하여 임신한 아이를 자신이 갖기를 원한다면, 심각한 윤리적, 법적 문제들이 야기될 수 있다. 미국의 많은 주에서는 대리모의 권리를 제한하는 법을 가지고 있다.

삼각 팬티를 사각 팬티로 바꾼다면 불임의 일부는 개선될 수 있다.

26.15 체외수정

시험관 내에서(in vitro, "in glass") 수행되는 과정은 생체 내에서(in vivo) 보다 인위적인 실험실 조건 아래에서 일어난다. 때때로 "시험관 아기"의 창조라고 하는 **체외수정(in vitro fertilization, IVF)**은 다량의 난자의 발달을 촉진하는 약을 투여함으로써 시작한다(배란이 일어날 때마다 일반적으로 하나의 난자가 나온다). 난자들은 외과적으로 분리되어, 배양접시에서 정자와 수정된 후, 며칠 동안 발생시킨다(그림 26.21). 이 때 세포는 배반포에서 무해하게 제거되고 한 가족에서 나타나는 유전질환과 같은 유전적 이상을 검사할 수 있다. 검사를 통과한 배반포는 자연적인 난소주기와 일치하는 시점에 여성의 자궁에 삽입시킬 수 있다. 생성된 배아는 물론 정자와 난자도 즉시 사용되거나 나중에 사용하기 위해 냉동시켜 둘 수 있다.

1978년 체외수정이 도입된 이후, 5백만 명 이상의 아기가 체외수정 방법으로 태어났다. 애초부터 의사들은 이런 아기들이 특이한 수정으로 인해 건강상의 문제를 겪을 수도 있다고 우려해 왔다. 다음에 그 문제를 살펴볼 것이다.

▼그림 26.21 **체외수정(IVF).**

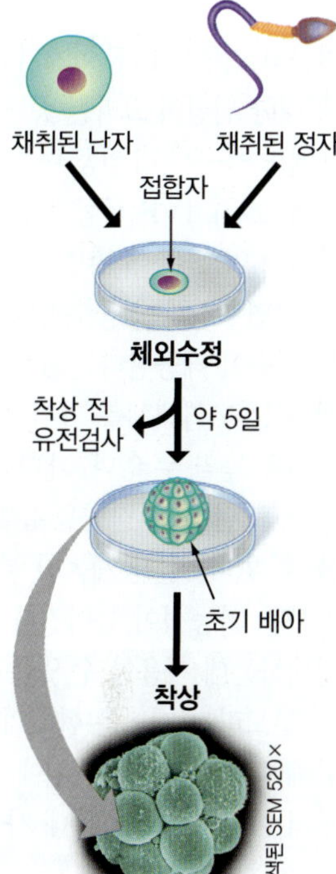

과학연구의 과정 첨단기술 아기

체외수정을 통해 임신된 아이들은 자연적으로 임신된 아이들만큼 건강한가?

배경

전세계적으로 매년 체외수정 후 약 35만 명의 아기들이 태어나고 있다. 스웨덴의 연구원들은 자폐증과 낮은 IQ와 같은 발달장애가 비 IVF 아동보다 IVF 아동에게 더 많았는지 아니면 덜한 지에 대해 궁금해 했다.

방법

그들의 실험에서, 연구원들은 1982과 2007년 사이에 태어난 250만 명 이상의 스웨덴 아이들에 대한 건강자료가 들어 있는 국가 데이터베이스에 접속했다. 이 중 거의 31,000건이 체외수정 후에 태어났다. 이 데이터베이스를 통하여 또한 자폐 장애이거나 비정상적으로 낮은 지능(70 아래)을 진단받았던 모든 아이들을 확인하였다. 나이를 조정함으로써, 연구자들은 IVF 및 비IVF들 사이에서 발달장애 발생률을 비교할 수 있었으며, 10만 명-연수당 장애비율로 나타내었다.

과학자처럼 생각하기

왜 연구원들은 자폐증 비율에서 IVF 아기들이 비IVF 아기들보다 더 높다고 단정적으로 말할 수 없을까?

답은 부록 C를 참조.

►그림 26.22 **IVF와 비IVF 아이들의 비교.** 비록 자폐증과 낮은 IQ 모두 체외수정(IVF) 후 태어난 아이들에게서 더 자주 발생하지만, 낮은 IQ에 대한 데이터의 차이만 통계적으로 유의하다.

Data from: S. Sandin et al., Autism and Mental Retardation Among Offspring Born After In Vitro Fertilization. *Journal of the American Medical Association* 310: 75–84 (2013)

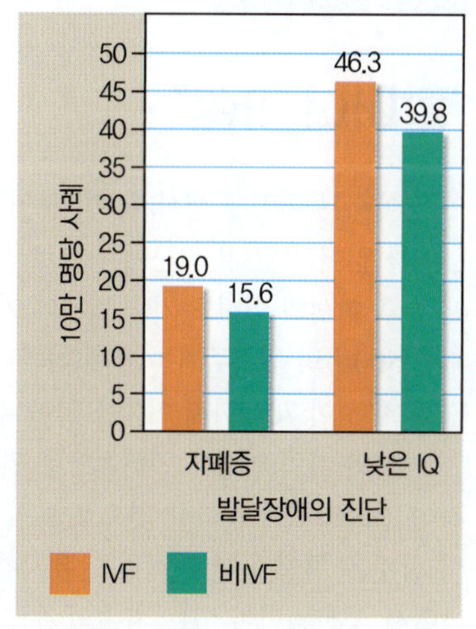

결과

그 자료는 그림 26.22에 요약되어 있다. IVF 아동의 경우 두 장애에 대한 진단 비율이 높았지만, IQ가 낮을 경우의 비율 차이만 통계적으로 유의했다(10만 명당 46.3건 대 39.8건). 자폐증 진단 비율 차이(19.0 대 15.6)는 통계적으로 크지 않았다. 차이가 오차범위 내에 있을 때, 연구자들은 연구 중인 효과보다는 무작위 확률이 근본 원인일 가능성을 배제할 수 없다.

26.16 IVF의 윤리

최근의 연구는 IVF 아기가 자연적으로 임신한 아기에 비해 선천성 결함에 대한 위험이 크다는 증거가 점차 증가하고 있다. 그러한 위험과 고비용에도 불구하고(성공 여부에 관계 없이 1회에 약 10,000 달러의 비용이 소요됨), IVF는 현재 전 세계를 통하여 의료센터에서 일상적으로 수행되고 있으며, 이 방법으로 매년 수천 명의 아기들이 출산되고 있다.

자연수정과 인공수정의 주요한 차이점은 자연이 하지 못하는 선택을 기술이 제공한다는 것이다. 예로써, 정자는 성별을 결정짓는 X염색체 또는 Y염색체를 가지고 있는데, 특정 성을 갖는 접합자를 만들 가능성을 높일 수 있다. 게다가, 세포는 초기 배아에서 손상 없이 얻을 수 있다. 그런 다음 질병을 유발하는 (또는 다른) 유전자에 대한 검사를 받을 수 있다. 인간 게놈의 분석이 진행됨에 따라 질병과 신체적 특성을 검사할 가능성이 높아진다. 따라서 부모들은 어떤 배아를 착상시킬지 선택하는데 사용할 수 있는 많은 정보를 가질 수 있을 것이다.

부모라는 개념은 현대의 생식기술에 의해 크게 복잡해졌다. 『우리와 함께 하는 생물학』 섹션에서 논의된 바와 같이, IVF는 사망한 부모로부터 아기를 생산하는데 사용될 수 있다. 이 아기들은 자연적으로 태어난 아이들과 같은 권리를 가지고 있는가? 불임클리닉의 혼란으로 다른 여성에게 배아를 착상시키게 되었다. 이런 일이 발생했을 때, 누가 무슨 권리를 갖게 될 것인가? 이혼 부부가 냉동된 배아의 보호권리에 대하여 서로 소송을 제기하였다. 어떤 불임 부부가 어떤 여성으로부터 난자를, 한 남성으로부터 정자를 구매한 다음 아이를 낳을 대리모를 고용하였다. 이런 경우 누가 아이의 진짜 부모인가? 새로운 생식기술은 이처럼 도덕적 혹은 법적인 문제점들을 야기시킬 수 있다. 우리 사회는 이러한 많은 문제들을 아직 다루지 않았고, 해결도 덜 된 상태이다. 우리 모두는 시민으로서 또한 잠재적인 부모로서 지식에 근거한 결정을 내릴 수 있기 위해 우리는 복잡한 문제 뒤에 숨어 있는 과학을 이해할 필요가 있다. ✓

✓ 체크포인트

한 명의 아기를 탄생시키는데 어떻게 5명의 사람들이 관련될 수 있는 지를 설명하라.

답: 한 쌍의 부부는 정자 제공자와 난자 제공자로부터 얻은 배우자(생식세포)에 의해 만들어진 배아를 임신하게 될 대리모를 고용할 수 있다.

진화와 연결 **첨단기술 아기**

"할머니 가설"

이 장에서는 어떻게 생식기술이 불임 부부에게 아기를 가질 수 있게 하는지를 읽어 보았다. 최근에는 호르몬 수치의 변화로 인한 배란과 월경, 폐경 후 여성의 임신도 기술 덕분에 가능해졌다. 폐경기는 보통 50세 전후인 500번의 월경주기 이후에 나타나지만, 체외수정으로 인해 일부 폐경 후 여성이 70세까지 아이를 낳을 수 있게 되었다.

여성의 가임 연령을 인위적으로 연장하려는 이러한 노력을 볼 때, 폐경이 진화적으로 불리한 것으로 보일 수도 있다. 실제로 대부분의 종에서 암컷은 평생 동안 번식력을 유지한다. 만약 진화적인 적합성이 살아남아서 생산능력이 있는 자손의 수로 측정된다면, 인간에게 폐경이 일어나는 이유는 무엇인가? 진화생물학자들은 몇 가지 흥미로운 가설을 세웠다. 큰 뇌는 인간 진화의 특징 중 하나이지만(17장 참조), 큰 뇌의 발달에는 상당한 시간과 영양소가 필요하다. 인간은 거의 모든 다른 종들과는 달리, 젖을 뗀 후 여러 해 동안 계속해서 어머니에게 의존해서 음식과 보살핌을 제공받는다. 따라서 자연선택은 모성보호의 확대를 촉진하는 생식 적응을 선호했을 것이다. 인간의 어머니들은 대부분의 다른 동물들보다 아이를 적게 낳을 수도 있지만, 각각의 아이들은 자원에 대한 상당한 투자를 받고 있기 때문에 따라서 생존 가능성이 높아진다.

◀ **그림 26.23** **할머니들은 종종 손주들을 돌보는 것을 돕는다.**

어떤 연구자들은 실제로 폐경기가 오랫동안 여성의 진화적 적합성을 증가시키는 것을 관찰하였다. 아마도 임신능력을 상실하는 것이 여성으로 하여금 생존할 수 없는 아이들을 더 많이 낳기보다는 자신의 에너지를 아이들을 돌보는 데 집중하게 만든다. 더구나 더 이상 아이들을 낳을 수 없는 여성은 자기 손자들을 키우는 데 기여할 수 있다(그림 26.23). 여성들은 자신들 유전자의 1/2은 자식과 공유하며, 1/4은 손자들과 공유한다. 따라서 두 명의 손자를 갖는 것은 한 명 이상의 아이를 출산하는 것과 같은 수의 유전자들을 미래에 남기는 것이다. 따라서 여성들이 폐경기 때문에 적은 아이들을 낳는다 할지라도, 이 "할머니 가설"은 실제로 폐경 후 할머니의 유전자의 지속을 보장하면서, 그들 스스로 성숙기에 도달할 밀접하게 관련된 아이들의 수를 증가시킬 수도 있다는 것을 보여준다. 이렇게 보면 여성의 갱년기는 진화라는 생물학의 통합적인 주제의 또 다른 예일 수도 있다.

복습

주요 개념의 요약

동물생식의 통합개념

26.1 무성생식

무성생식에서, 한 부모는 출아, 분열 또는 재생에 따른 분절증식에 의해 유전적으로 동일한 자손을 생산한다. 무성생식은 한 개체가 많은 자손을 빠르게 생산할 수 있게 해주지만, 그 결과 유전적으로 동일한 개체군은 환경 변화에서 살아남을 수 있는 능력이 떨어질 수 있다.

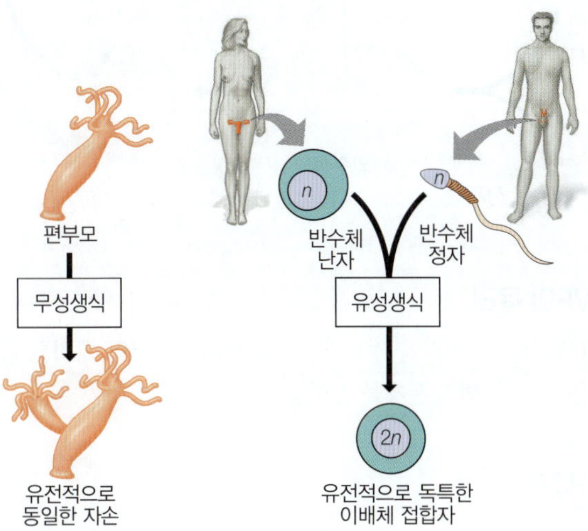

26.2 유성생식

유성생식은 자손들 사이에 변이를 증가시킴으로써, 변화하는 환경에서 번식의 성공률을 증가시킨다.

사람의 생식

사람의 생식계는 한 쌍의 생식샘, 배우자를 수송하는 관, 그리고 성교를 위한 구조들로 구성되어 있다.

26.3 남성 생식기의 구조

음낭이라고 하는 외부 주머니 안에 들어 있는 남성의 생식샘(정소)에서는 정자를 생산한다. 정자는 사정하는 동안 정관을 통하여 배출된다. 정자를 운반하고, 영양분을 공급하며, 보호해 주는 액체의 형성에는 여러 개의 샘들이 관여한다. 이 액체와 정자가 모여 정액을 이룬다.

26.4 여성 생식기의 구조

여성의 생식샘(난소)은 난자에 영양분을 주고 성호르몬을 생산하는 난포를 가지고 있다. 난관은 자궁으로 난자를 운반한다. 자궁에서는 수정란이 태아로 발생하게 된다. 자궁과 연결된 질은 성교 시 음경을 받아들이며 출산 통로가 된다.

26.5 배우자 형성

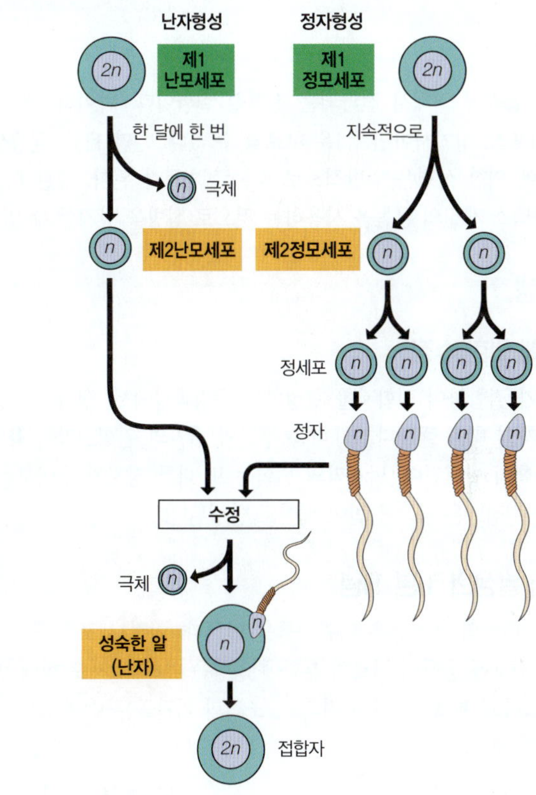

26.6 여성의 생식주기

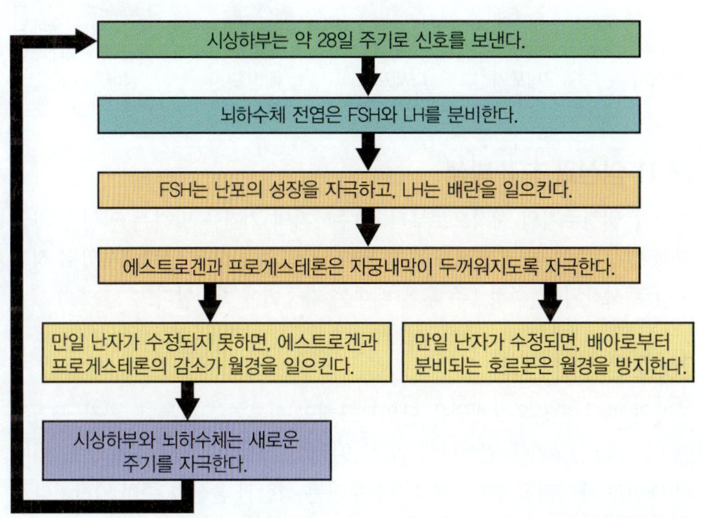

생식 건강

26.7 피임

피임은 의도적으로 임신을 막는 것이다. 피임에 따라 임신 과정의 단계를 억제하는 방법이 다르고, 신뢰도도 다르다. 금욕 외에 특히 효과적인 피임법에는 불임시술(여성의 난관결찰과 남성의 정관절제), 난자에 도달하지 못하도록 물리적으로 정자를 차단하는 방법(콘돔이나 살정제와 함께 사용하는 격막), 그리고 피임약이 있다.

26.8 성병

성병은 성적 접촉에 의해서 전파되는 전염성 질환이다. 바이러스성 성병(AIDS, 성기포진, 성기사마귀 등)은 치료될 수 없다. 반면 세균, 원생생물, 그리고 진균에 의한 성병은 일반적으로 약물로 치료가 된다. 성관계를 하지 않거나 라텍스 재질의 콘돔을 사용하는 것으로 성병을 방지할 수 있다.

사람의 발생

26.9 정자에 의한 수정

정자와 난자가 결합하여 접합자를 형성하는 수정과정에서, 정자는 효소를 방출하여 난자의 막을 뚫는다. 그 다음 정자와 난자의 원형질막이 융합되고, 두 개의 핵이 합쳐진다. 난자막의 변화는 또 다른 정자가 들어오는 것을 방지하며, 수정란은 자극을 받아 배아로 발생된다.

26.10 배아 발생의 기본 개념

낭배형성 후, 배아의 조직층은 기관계들을 만든다. 인접 세포들과 세포층들은 화학적 신호를 통하여 서로의 분화에 영향을 미친다. 세포 형태 변화, 세포 이동, 그리고 세포예정사의 결과로, 조직과 기관들은 발생 중인 배아의 형태를 갖추게 된다.

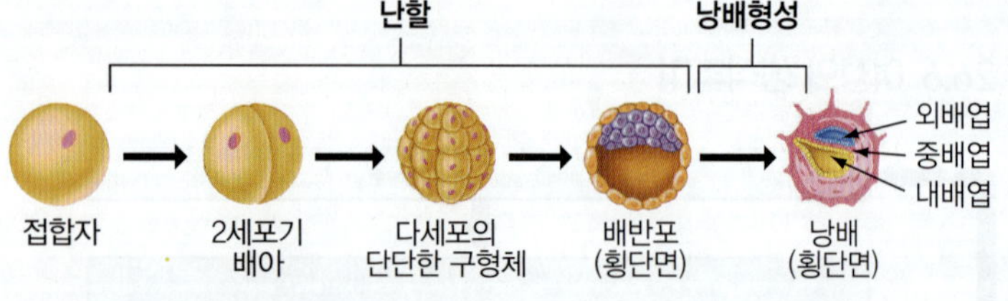

26.11 임신과 초기 발생

마지막 월경주기의 시작으로부터 40주까지의 기간을 말하는 임신은 자궁 내에 발생 중인 어린 개체를 갖게 된다. 사람의 발생은 난관에서의 수정과 난할로 시작된다. 수정 1주 후에 배아는 자궁벽에 착상한다.

26.12 임신의 단계

사람의 배아 발생은 3개월을 단위로 3개의 삼분기로 나눈다. 가장 급격한 변화는 제1삼분기에 일어난다. 임신 9주까지 모든 기관이 형성되며, 이때의 배아는 태아라고 한다. 제 2, 3삼분기는 성장과 출산의 준비 기간이다.

26.13 출산

호르몬의 변화가 출산을 유도한다. 자궁경부가 확장되고, 아기는 강한 근육수축에 의해 밖으로 밀려나오며, 태반이 뒤따라 나온다. 그 다음 프로락틴은 모유 생산을 자극한다.

생식기술

26.14 불임

불임, 즉 1년 동안 노력한 후 아이를 갖지 못하는 것은 남성의 정자 생산 부족과 같은 문제 때문에 생기는 경우가 대부분이다. 여성 불임은 난자가 부족하거나 배란 실패에서 발생할 수 있다. 생식기술은 많은 형태의 불임을 치료하는데 도움을 줄 수 있다.

26.15 체외수정

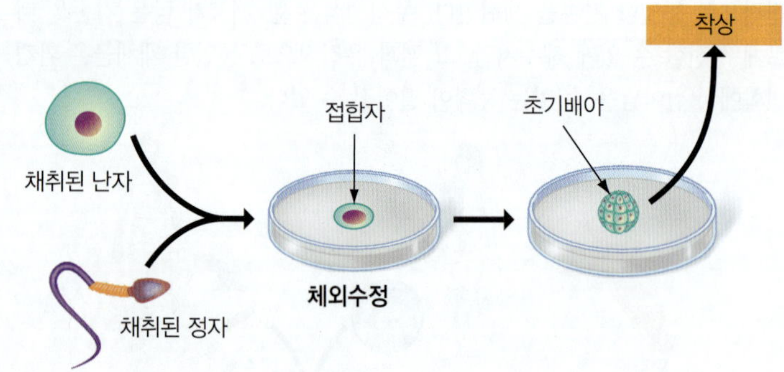

26.16 IVF의 윤리

체외수정(IVF)은 자연적인 경로가 하지 못하는 선택의 기회를 제공하는데, 이것은 도덕적, 법적 문제를 불러일으킨다.

자습문제

1. 윤충과 진딧물과 같은 일부 동물들은 유성생식과 무성생식이 모두 가능하다. 어떤 조건 하에서 무성생식이 유리한가? 유성생식은?
2. 불임 전문의는 환자가 정상적인 양의 정자를 생산하고 있지만 정액에는 정자에 영양을 공급하는데 필요한 체액이 충분히 들어 있지 않다고 판단한다. 어떤 남성 생식계의 해부학적 구조가 이 문제에 가장 책임이 있는가?
3. 생식기의 구조와 그것의 설명을 연결하시오.

a. 자궁	1. 여성의 생식샘
b. 정관	2. 정자형성이 일어나는 곳
c. 난관	3. 수정이 일어나는 곳
d. 난소	4. 임신이 일어나는 곳
e. 자궁내막	5. 자궁의 내층
f. 정소	6. 정자관

4. 여성의 정상적인 생식주기를 안내하는 호르몬의 생성 순서는 복잡하다. 한 여성이 산부인과 의사에게 배란을 유발하기 위해 어떤 호르몬이 최고 생산량에 도달해야 하는지 물어본다면?
   a. 난포자극 호르몬　　b. 프로락틴
   c. 사람 융모막성선자극호르몬　　d. 황체형성 호르몬

5. 생리주기는 다중 피드-포워드(multiple feed-forward) 신호와 하나의 음성 되먹임 고리에 의해 조절된다. 음성 되먹임 고리를 구성하는 것은 무엇인가?

6. 금욕과 콘돔은 다른 피임 방법에 비해 어떤 장점이 있는가?

7. 다음 중 임신 첫 달에 배아가 태반에 대해 기여하는 것은?
   a. 액체로 채워진 중심체강 b. 영양아층 세포의 바깥 층
   c. 내세포 덩어리 d. 융모막 융모

8. 임신 첫 3개월 동안 감지할 수 없는 것은?
   a. 태아의 심장박동 b. 발가락을 가진 작은 다리
   c. 태아의 성별 d. 손가락을 가진 작은 팔

9. 임신한 어떤 여성이 출산 예정일을 2주일 넘겼는데, 의사는 그녀에게 분만을 유도하기로 결정한다. 필요한 자연 호르몬은 _______이다.

10. "시험관 아기"를 만드는 절차는 _______이다. 이 용어는 문자적으로 무엇을 의미하는가?

답변은 부록 C를 참조.

주된 주제 식별하기

아래의 각 문장에 대해, 어떤 주요 주제(기능과 구조의 관계, 정보 흐름, 에너지와 물질을 변환시키는 경로, 생물계 내의 상호작용 또는 진화)를 명확히 하고 문장이 주제와 어떻게 관련되는지 설명하시오. 필요한 경우, 주제(1장)와 이 장에서 파란색으로 강조된 예를 검토하시오.

11. 정자의 모양은 남성 생식세포로서의 역할에 대한 통찰력을 제공한다.

12. 월경과 배란 시기는 뇌와 여러 호르몬 사이의 조정에 따라 달라진다.

13. 유전적 가변성을 증가시킴으로써, 유성생식은 자연선택이 작용할 수 있는 개체군 내에서 형질의 범위를 증가시킬 수 있다.

답변은 부록 C를 참조.

과학연구의 과정

14. 일반적으로 난자세포는 약 24시간 생존하지만, 일부는 약 48시간까지도 생존이 가능하다. 정자는 48시간 생존하지만, 어떤 것들은 5일까지도 생존한다. 한 여성이 월경주기 14일째에 배란이 일어났다고 가정해 보자. 배란을 전후로 며칠 동안 임신이 가능한가? 이 여성의 전체 임신 가능일은 얼마나 되는가?

15. 한 남성 환자는 불임시술을 원하지만, 그는 그 시술이 자신의 몸에서 남성 호르몬의 생성에 영향을 미칠까 걱정하고 있다. 의사는 그의 두려움이 비이성적이라고 어떻게 설명할 것인가?

16. **자료 해석하기** HIV의 확산을 억제하는 데 콘돔은 얼마나 효과적인가? 이런 의문은 공중보건에서 분명히 매우 중요하지만, 여러 가지 이유로 연구하는 것이 어렵다. 동물 모델은 이용될 수 없는데, 그 이유는 HIV가 사람에게만 감염되며, 연구자들은 통제된 연구를 수행할 수 없으며, 그리고 연구주제가 확인하기에 어렵기 때문이다. 2007년의 한 연구는 HIV 양성 반응자들의 HIV 음성 파트너들을 연구함으로써 이러한 문제들을 극복할 수 있었다. 그런 부부들은 콘돔을 항상 사용한다고 신고하는 사람과 결코 사용하지 않는다고 신고하는 사람으로 나뉘었다. 이 "항상" 집단은 100명-년 당 1.1명의 HIV 감염률을 가지고 있는 것으로 밝혀졌다. 이 "결코" 집단은 100명-연수 당 5.8명의 HIV 감염률을 보였다. 데이터가 "사람-연수"로 보고된다는 것은 무엇을 의미하며, 왜 이것이 중요한가? 단순히 각 집단에서 감염된 사람 수를 비교하는 것은 무슨 오류가 있는가?

우리와 함께하는 생물학

17. 새로운 기술의 발달로 의사들은 16주 된 미숙아도, 적은 비율이기는 하지만 살려낼 수 있게 되었다. 이런 미숙아는 겨우 454 g 정도이며, 중환자실에서 몇 달 동안의 치료를 받게 된다. 한 명의 신생아당 수십만 달러의 비용이 필요하다. 어떤 사람들은 그런 소수의 아이들 때문에 막대한 기술과 인력 투자를 해야 하는지 의아스럽게 여긴다. 그들은 이러한 제한된 자원을 임신 중의 태아를 돌보고, 많은 미숙아의 출산을 막는데 사용해야 한다고 한다. 당신은 어떻게 생각하는가? 어떤 방식으로 비용이 의료 결정에 영향을 주어야 하는가?

18. 어떤 사람들은 수정이라는 그 순간에 한 사람의 생명이 생기는 것이라는 이유로 낙태를 반대한다. 그러나 다른 사람들은 첫 3개월의 태아(대부분의 낙태가 일어나는)는 전적으로 산모에게 의존하고 있어 개별적인 사람으로 볼 수 없다고 주장한다. 사람 배아의 발생에서 본다면, 사람의 생명이 시작하는 것은 어느 시점인가? 당신의 의견을 말하고 설명하라.

19. 어떤 부부가 체외수정을 통하여 아이를 얻고자 할 때, 그들은 새로운 선택에 직면하게 된다. 일반적으로 다른 방법을 사용했을 때보다 더 많은 배아가 생산된다. 결국 착상을 위해 준비된 배아들은 선택되어야만 한다. 부모는 어떻게 배아를 선택해야 하는가? 그들은 질병을 일으키는 유전자의 유무에 따라서 배아를 선택할 권리가 있는가? 배아의 성별에 대해서는 어떤가? 어떤 기준에 의해서 배아를 선택할 것인가? 수용할 수 있는 기준과 수용할 수 없는 기준을 어떻게 구별한 것인가? 당신은 그러한 선택들이 입법화되어야 한다고 생각하는가?

27 신경계, 감각계, 그리고 운동계

차례 내용

음악의 볼륨을 높이면, 몇 년 안에 그 곡의 소리를 전혀 들을 수 없을 수도 있다.

왜 신경계, 감각계, 그리고 운동계가 중요한가?

모든 동물들은 내부 및 외부 환경에서 오는 자극을 감지, 처리, 반응한다. 우리의 감각계는 자극을 감지하고, 신경계는 자극을 처리하며, 운동계는 자극에 대한 반응을 수행한다.

죽은 자들도 이야기를 할 수 있다: 근육 경직은 사망 이후 시간을 나타낸다.

조심하라! 스포츠 관련 머리 부상은 신경질환을 일으킬 수 있다.

실마리

신경독

우리와 함께하는 생물학 신경독

경고. 이 개구리는 치명적인 신경독을 함유하고 있다.

약용 독

위험한 물품이 콜롬비아에서 밀반출되고 있다. 그것은 당신의 신경계의 기능을 바꾸고 심지어 당신을 죽일 수도 있다. 밀수업자들은 엄한 처벌을 감수하지만 막대한 이익을 얻는다. 이런 종류의 위험을 감수할 만한 가치가 있는 것은 무엇인가? 답은 치명적인 독화살개구리인데, 그 중 몇몇 종은 불법 애완동물 거래에서 높은 가격을 불러온다. 암시장에서 이 개구리들을 매우 가치 있게 만드는 생생한 색깔들은 잠재적인 포식자들에게 그들의 독성의 위험을 알리는 것이다. 개구리의 밀수는 야생에서 그것들의 생존을 위태롭게 한다. 이에 따라 멸종 위기에서 이 종을 다시 끌어내기 위한 노력이 진행중이다.

독화살개구리가 만들어내는 신경독은 포식자의 신경계를 표적으로 하는 강력한 화학물질로 적들을 감각이 없게 하거나 마비시킨다. 독화살개구리 외에도 신경독은 많은 다른 종에서 진화해왔다. 원뿔달팽이는 신경독 침으로 포식자의 호흡을 멈추게 할 수 있다. 보툴리눔 식중독을 일으키는 세균은 부적절하게 저장된 식품에 축적되어 식중독을 일으킬 수 있다. 치명적인 가짓과의 식물은 심장 떨림, 경련, 심지어 죽음을 초래할 수도 있다. 다행히 우리 인간에게는 이런 신경독 하나하나의 독성을 상쇄할 수 있는 해독제가 있다(해독제를 빨리 준다면).

만약 신경독이 그렇게 치명적이라면, 왜 우리는 독화살개구리와 같은 독성이 있는 종들을 멸종으로부터 보호해야 하는가? 약물을 저용량으로 투여할 때, 신경독은 실제로 인간에게 유익할 수 있다. 독화살개구리의 신경독은 헤로인 중단, 특히 고통의 증상을 치료할 수 있다. 약물의 형태의 원뿔달팽이 독은 진행된 암의 고통을 덜어줄 수 있다. 보툴리즘 독소(보톡스라는 상품명으로 대중적으로 알려져 있다)를 주사하면 뇌성마비나 뇌졸중으로 인한 원치 않은 근육의 경직을 완화시키거나 얼굴 근육을 이완시켜 주름을 감소시킨다. 수백 년 동안 치명적인 가짓과 식물에서 추출한 벨라도나(belladonna)는 생리통에서 소화기 장애에 이르기까지 많은 병을 치료하는 데 사용되어 왔다. 시력 검사를 위해 동공을 확장시키는 데 사용되는 아트로핀(atropine)도 치명적인 가짓과의 식물들에서 유래한다. 연구원들은 천연 독소를 기반으로 만성 통증, 발작, 근위축증에 대한 획기적인 치료법을 연구하고 있다.

연구자들은 독화살개구리와 같은 신경독을 사용하여 신경계 내에서 신호전달의 다른 단계를 무력화시켜 전체 시스템이 어떻게 작동하는지 알아냈다. 따라서 독성이 있는 동물, 식물, 미생물은 연구자들이 신경계, 신체의 의사소통 및 조정 네트워크에 대해 우리가 알고 있는 것을 발견하는 데 도움을 주었다. 이 장에서 신경계, 감각계, 운동계의 구조와 기능을 살펴봄으로써, 외부 자극과 내부 자극이 신체의 반응으로 어떻게 바뀌는지를 탐구할 것이다.

동물신경계의 개요

신경계(nervous system)는 동물의 몸 전체를 통하여 전달과 조절을 위한 네트워크를 형성한다. 신경계는 지구상에서 가장 복잡하게 조직화된 자료 처리 시스템이다. 예를 들어, 당신의 뇌는 약 1,000억 개의 **뉴런(neuron)**을 가지고 있는데, 뉴런은 몸의 한 부분에서 다른 부분으로 전기신호를 전달하는 신경세포이다. 각 뉴런은 수천 개의 다른 신경세포들과 연결되어 네트워크를 형성함으로써 움직이고, 환경을 인지하고, 학습하고, 그리고 기억하도록 한다. 이 절에서, 모든 동물의 신경계에서 공통적으로 나타나는 신경계의 특성에 대해 알아볼 것이다. 우리는 뉴런의 구조와 기능으로 시작한다.

27.1 뉴런

뉴런은 그 구조에서 다양하지만, 그것들 중 대부분은 신호를 받고 보내는 것 등 몇 가지 공통된 특징을 가지고 있다. 그림 27.1는 척수에서 골격근으로 신호를 전달하는 운동뉴런을 나타낸 것이다. 많은 수의 수상돌기(dendrite)는 짧고 아주 많이 분지되어 있다. 수상돌기는 다른 뉴런으로부터 오는 정보를 받아서 세포체로 이 정보를 전달한다. 세포체는 핵과 그 외 소기관을 가지고 있다. 또 다른 형태의 돌기물인 **축삭(axon)** 또는 신경섬유라고 하는 긴 단일 신경섬유는 근육세포와 같은 수신세포로 신호를 전달한다. 예를 들어, 척수에서 발에 있는 근육세포로 가는 축삭은 1 m 이상일 수 있다. 축삭은 한 무리의 가지들로 끝난다는 것을 유의하라. 전형적인 형태의 축삭은 수백 또는 수천 개의 가지로 분지되어 있으며, 각각은 **시냅스말단(synaptic terminal)**을 가지고 있어서 수신세포로 신호를 전달한다.

▼그림 27.1 **운동뉴런의 구조.** 근육에 수축 신호를 보내는 전형적인 이 뉴런은 수상돌기 → 세포체 → 축삭으로 전기신호의 흐름을 보여준다.

당신은 무거운 물체를 발로 떨어뜨리고, 아무 생각 없이 발을 확 잡아 당겨 해를 면한다. 어떻게 그런 빠른 반응이 가능할까? 전기전달은 우리 몸에서 528 km/h 속도 이상으로 일어난다. 이 속도는 NASCAR(미국개조자동차경기연맹) 레이서보다 160 km/h 이상 빠른 것이다. 그것은 당신의 뇌의 명령이 당신으로 하여금 당신의 발을 수 밀리 초 만에 움직이게 할 수 있다는 것을 의미한다. 사람과 많은 동물들에 있어서, 신경신호의 속도는 **미엘린수초(myelin sheath)** 때문이다. 그것은 신경을 둘러싸고 절연시키는 구슬로 연결된 줄과 같은 지지세포이다. 신경신호는 미엘린수초의 틈에서만 발생되고, 하나의 틈에서 다음 틈으로 전달된다. 우리는 뉴런의 기본 구조를 알고 있으므로, 어떻게 뉴런이 신경계에서 조직화되었는지 자세히 살펴보자. ✓

✓ 체크포인트

쇠약해지는 자가면역질환인 다발성경화증(MS)은 병이 발생된 자신의 면역계에 의해 미엘린수초의 점진적인 파괴로 이어진다. MS를 통해 예측할 수 있는 증상은 무엇이며 그 이유는?

답: 신경신호전달에 기능하는 미엘린수초가 손상되었기 때문에, MS를 가진 사람이 근육을 움직이고 몸자세를 조절하는 데 어려움을 겪을 것으로 예상할 수 있다.

27.2 신경계의 구성

대부분의 동물에서 신경계는 크게 두 가지로 구분된다. 하나는 뇌와 척수로 구성된 **중추신경계(central nervous system, CNS)**이다. CNS는 신경계의 조절중추로서, 자극을 해석하고 반응을 내보낸다. 다른 하나는 CNS로 들어오고 나가는 신호를 전달하는 대부분이 **신경(nerves**, 축색 다발)으로 구성된 **말초신경계(peripheral nervous system, CNS)**이다.

그림 27.2은 상호 연관된 신경계의 3가지 기능과 이러한 기능을 수행하는 뉴런들을 나타내고 있다. **감각입력(sensory input)**(파란색)은 눈에 있는 빛 감지 수용체와 같은 감각수용체로부터 중추신경계로의 신호를 전달하는 처리과정이다. 자극으로는 빛의 증가나 감소, 부드러운 소리나 큰 소리, 또는 체액의 pH의 변화 등이 있다. **감각뉴런(sensory neurons)**은 자극에 대한 정보를 CNS로 운반하는 PNS에 있는 신경세포이다. 그림에서, 모기에 물리면 피부의 감각뉴런으로 하여금 척수와 그 다음 뇌로 통증의 신호를 보낸다. **통합(integration)**(초록색)하는 동안, 감각신호가 해석되고 반응이 공식화된다. 중추신경계 내에 일

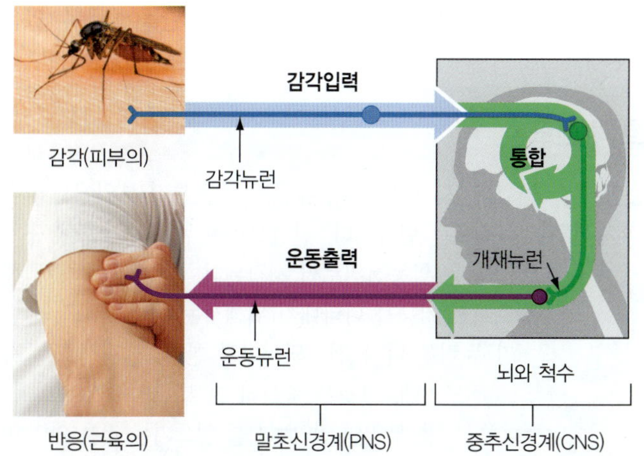

▲그림 27.2 **신경계의 구성.** 신경계의 단순화된 설명으로서, 이 그림은 각 기능 유형의 뉴런을 하나만 보여주지만, 신체 활동은 실제로 많은 뉴런들이 관여한다. 이 그림의 단순화된 설명은 장 전체에 걸쳐 당신에게 방향을 제시하게 될 것이다.

반적으로 존재하는 **개재뉴런(interneuron)**은 통합 기능을 수행한다. 뇌에 존재하는 대부분의 뉴런은 개재뉴런이다. 통합은 **운동출력(motor output)**(자주색)을 일으키는데, 그것은 CNS로부터 몸의 반응을 이끌어 내는 PNS로 신호를 보내는 것이다. **운동뉴런(motor neuron**, 자주색)은 출력신호를 몸의 근육과 샘으로 운반하는 신경세포이다. 모기에 물리면(감각입력), 뇌 속의 개재뉴런은 그 정보를 처리하여(통합), 근육에 의한 반응을 일으킨다(운동출력). 그 결과 당신은 모기를 쫓아낸다. 모든 응답이 이 방법을 따르는 것은 아니다. 이 메시지가 뇌로 전달되면서 또 다른 개재뉴런이 뇌를 우회하여 운동뉴런을 통해 신호를 척수로 직접 보내어, 모기에게 물린 것을 알아차리기 전에 모기를 내리칠 수 있다. 뇌의 관여가 필요 없는 신경경로를 **반사궁(reflex arc)**이라고 한다. 의사는 고무망치로 당신의 무릎을 두드림으로써 당신의 반사궁을 검사한다. ✓

✓ **체크포인트**

지극에서 반응에 이르기까지 다음의 뉴런들을 정확한 정보 흐름 순서에 맞추어 배열하라: 개재뉴런, 감각뉴런, 운동뉴런.

답: 감각뉴런, 개재뉴런, 운동뉴런.

27.3 뉴런을 통한 신호보내기

신경신호를 이해하려면 우선 신호를 전송하지 않는 휴지 뉴런을 연구해야 한다. 뉴런의 원형질막에 있는 인지질 이중층은의 소수성 내부는 이온이 수동적으로 통과하지 못하게 한다. 그러나, 이 막은 이온을 가로질러 움직일 수 있는 단백질 통로와 능동수송계(펌프)를 가지고 있다. 휴지기 세포의 내부는 외부와 비교하여 음전하를 띤다. 이런 전하(전압)의 차이를 **휴지전위(resting potential)**라고 한다. 이것은 막이 안에서보다 더 양전하를 띤 이온을 능동수송 함으로서 만들어진다. 왜냐하면 반대되는 전하는 서로 끌어당기기 때문에, 원형질막은 서로 잡아당겨진 막은 배터리처럼 반대 전하를 분리하여 잠재적 에너지를 저장한다.

활동전위

손전등을 켜면 배터리에 저장되어 있는 위치에너지를 이용하여 빛을 생성한다. 비슷한 방식으로 뉴런의 세포막을 자극하면 막전위 에너지가 방출되고 이를 이용하여 전기적인 신경신호가 발생하는 것이다. 충분한 세기의 자극은 뉴런을 따라 정보를 전달하는 신경신호인 **활동전위(action potential)**를 일으킬 수 있다.

그림 27.3은 활동전위의 발생과 관련된 일련의 과정을 보여준다. 당신이 보는 것처럼, 다른 두 세트의 이온 통로가 이 과정에 관여하고 있다. ❶ 처음에 그 세포막은 외부는 양전하를, 내부는 음전하를 띠는 휴지전위 상태에 있다. ❷ 자극에 의해 세포막의 첫 번째 이온 세트 중 약간의 이온 통로가 열리고(파란색 화살표로 나타냄), 약간의 양이온이 뉴런 내로 들어갈 수 있게 된다. 이런 적은 변화만으로도 세포막의 안쪽 면은 이전보다 음전하가 감소하게 된다. 만일 자극이 강하면, 충분한 수의 통로가 열려 **역치(threshold)**에 도달하게 된다. 역치는 활동

► 그림 27.3 활동전위의 발생.

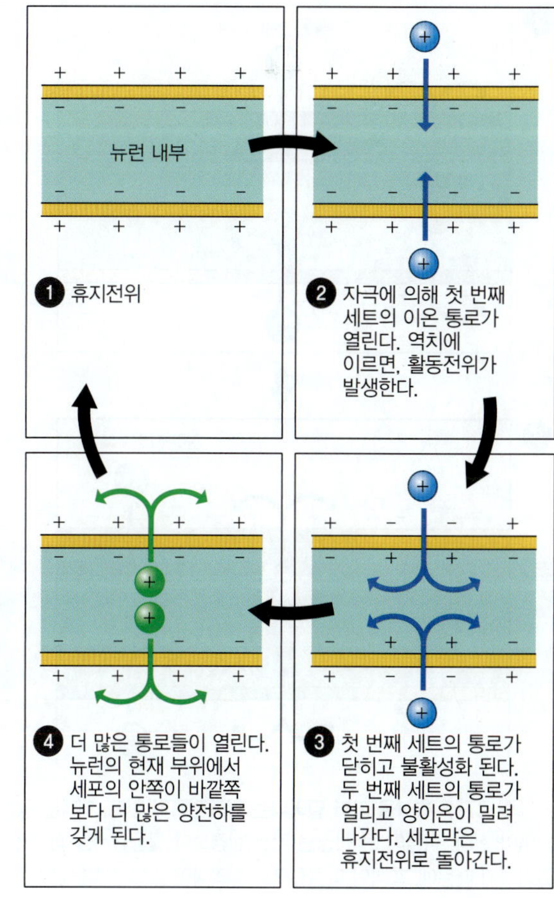

전위를 발생시키는 전압 수준이다. ❸ 일단 역치에 도달하면, 이런 통로가 더 많이 열리고 보다 많은 양이온들이 빠르게 밀려들어 온다. 결과적으로, 세포내부는 외부에 비해 더 많은 양전하를 띠게 된다. ❹ 이런 전기적 변화는 첫 번째 세트의 이온 통로를 닫게 한다. 반면에 두 번째 세트의 통로는 열려서(초록색 화살표) 다른 양성 이온들이 신속하게 확산되어 나가도록 하며, 세포막은 휴지전위로 되돌아오게 한다. 살아 있는 뉴런 내에서 이러한 전 과정은 불과 1,000분의 수 초 내에 일어나는데, 이것은 한 개의 뉴런은 1초 안에 수백 개의 신경신호를 만들어 낼 수 있음을 의미한다.

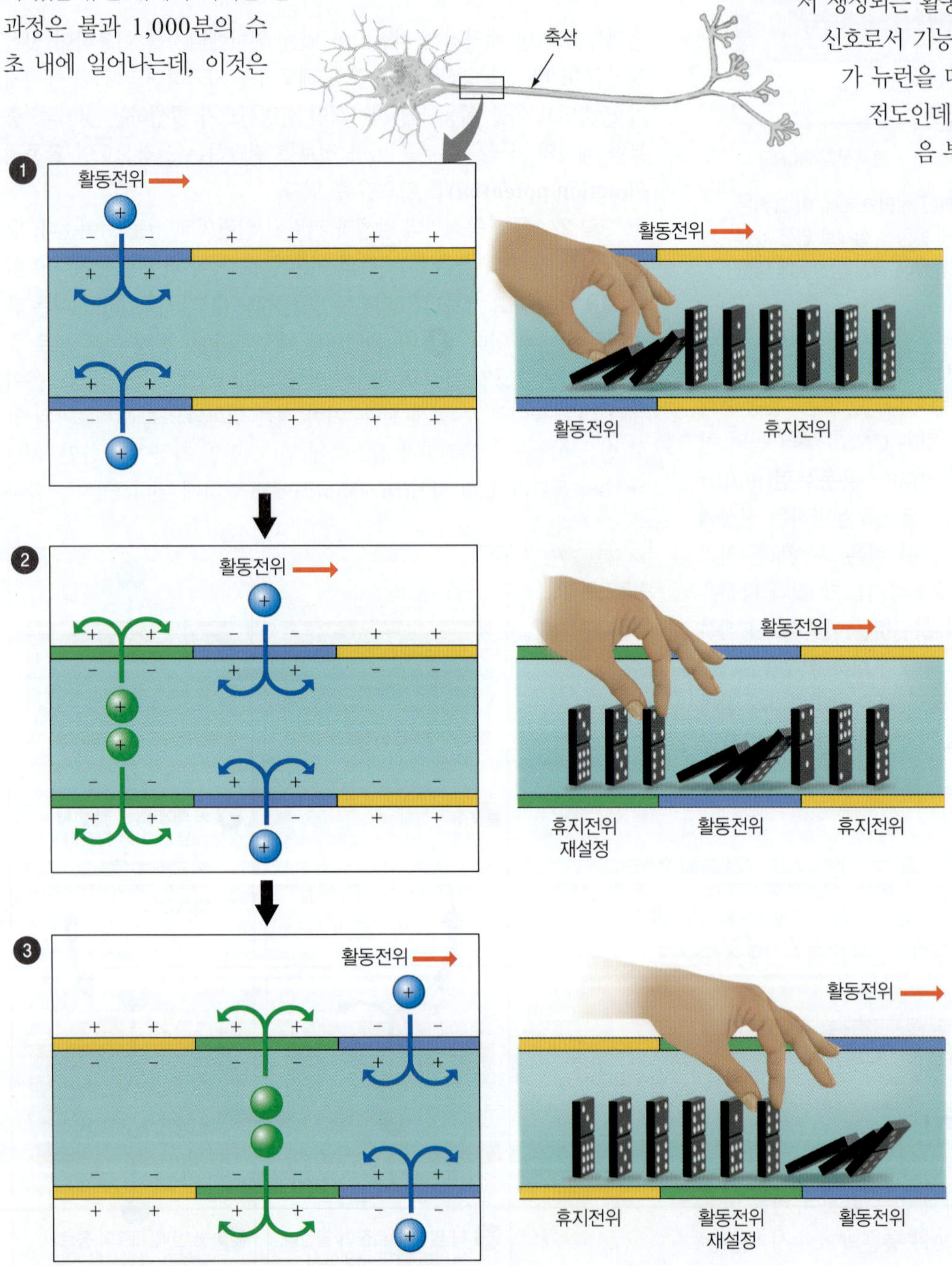

신호의 전도

활동전위는 국부적인 사건이다. 즉, 뉴런을 따라 특정 부위에서 일어나는 휴지전위로부터 오는 변화이다. 신경신호는 뉴런의 세포체 근처에서 생성되는 활동전위로써 시작된다. 먼 거리에 대해 신경신호로서 기능을 나타내기 위해서는 이런 국소적인 변화가 뉴런을 따라 전달되어야만 한다. 신경신호는 자체 전도인데, 그것은 축삭의 한 부위의 전압변화가 다음 부위의 전압변화를 일으키는 것을 의미한다. 신호의 자체 전도는 한 줄로 늘어선 도미노를 넘어뜨리는 것과 같다. 만약 당신이 첫 번 째 도미노를 넘어뜨리면, 그것은 그 줄의 각 도미노가 다음 도미노를 치고 쓰러뜨리게 한다.

그림 27.4는 활동전위가 뉴런의 축삭을 따라 이동하는 변화를 보여준다(그림의 왼쪽에서 오른쪽으로). ❶ 이온 통로가 열리면(그림에서 파란색 선으로 나타냄), 양이온이 안으로 확산되고(파란색 화살표), 활동전위가 생성된다. 파란색 화살표는 뉴런에 들어오는 양이온에 의해 생기는 전기적 변화의 국소적인 확산(양방향)을 보여준다. 이러한 변화는 축삭의 막(그림의 오른쪽)을 따라 한 방향으로만 이온 통로의 개방을 촉발한다. ❷ 결과로서, 처음 활동전위는 그런 방향으로 퍼진다(그림의 중간). ❸ 동일한 방법으로, 활동전위는 결국 축삭을 따라 더 퍼져 나간다(그림의 가장 오른쪽). 따라서 축삭을 따라 각 지점에서, 활동전위는 뉴런을 따라 한 방향으로 활동전위의 전도를 가져오는 인접 부위에서 변화를 일으킨다.

만일 국소전위가 양방향으로 퍼진다면, 왜 활동전위는 축삭을 따라 한쪽 방향으로만 전도되는 것일까? 그림 27.4의 오른쪽의 도미노 모양을 다시 살펴보자. 그것들이 다시 쓰러지기 전에 쓰러진 도미노들은 똑바로 세워져야 한다. 마찬가지로, 활동전위는

축삭
❶ 활동전위 활동전위 활동전위 휴지전위
❷ 활동전위 활동전위 휴지전위 재설정 활동전위 휴지전위
❸ 활동전위 활동전위 휴지전위 활동전위 재설정 활동전위

▲그림 27.4 **축삭을 따라 일어나는 활동전위의 전도.** 재빠른 행동 반응을 위하여, 활동전위는 축삭을 따라 빠르게 전달되어야 한다. 직경이 큰 신경은 작은 신경보다 활동전위를 빠르게 전달한다. 이온 통로의 개폐가 미엘린수초의 틈에서만 일어나기 때문에, 축삭이 미엘린으로 둘러싸여 있으면 활동전위는 아주 빠르게 전달된다.

휴지전위가 회복되는 부위에서(그림의 초록색) 생성될 수 없다. 일단 휴지전위가 복구되면(노란색), 활동전위가 다시 발생될 수 있다. 미엘린 수초의 틈(랑비에르 마디)에서 활동전위가 발생한다는 것을 기억하라. 하나의 틈에서 오는 자극은 다음 틈에서 활동전위를 일으킨다.

활동전위는 실무적인(all-or-none) 사건이다. 마치 당신의 손가락으로 가볍게 치든지 세게 내려치든지 하나의 도미노만을 치어 넘어뜨리는 것처럼, 활동전위를 일으키는 자극이 얼마나 큰지 또는 작은지에 관계없이 역치에 도달하기만 하면 활동전위는 동일하다. 그렇다면 활동전위는 부드러운 소리와 큰 소리 등과 같이 강도가 다른 정보를 어떻게 전달할까? 다양한 강도는 주어진 시간 안에 보다 많은 활동전위를 보냄으로써 나타낼 수 있다. 예를 들어, 귀와 뇌를 연결하는 뉴런에서, 큰 소리는 작은 소리에 비하여 초당 더 많은 활동전위를 발생한다. ✓

✓ 체크포인트

활동전위는 어떤 점에서 양성 되먹임이라 할 수 있는가?

답: 양성 되먹임은 어떤 과정의 결과가 그 과정을 보다 더 자극할 때 일어난다. 뉴런의 자극에 의해 일어나는 통로의 열림은 막전위를 변화시키고 이 변화는 더 많은 통로를 열게 한다.

▼그림 27.5 시냅스틈에서 일어나는 뉴런 소통.

27.4 뉴런에서 수신세포로 신호전달하기

만일 활동전위가 뉴런의 말단에 도달했을 때는 어떤 일이 일어날까? 정보전달을 지속하려면 신호는 또 다른 세포로 전달되어야만 한다. 이것은 뉴런과 수신세포 사이의 연결 부위인 **시냅스(synapse)**에서 일어난다. 수신세포는 다른 뉴런이든지 근육세포 또는 호르몬 분비세포와 같은 또 다른 세포 형태가 될 수 있다.

시냅스는 전기시냅스와 화학시냅스 두 종류가 있다. 전기시냅스에서는, 전류가 한 뉴런에서 다음 뉴런으로 직접 통과하며, 매우 빠른 반응을 나타낸다. 이런 시냅스들은 무척추동물에서 흔하며, 일부 척추동물의 기관에서도 발견되는데, 주기적인 근수축의 유지를 도와준다. 그러나 척추동물의 신경계에 존재하는 대부분의 시냅스들은 화학시냅스이다. 화학물질들은 전기시냅스보다 더 많은 다양하고 섬세한 반응을 제공한다. 화학시냅스가 어떻게 작용하는지를 알아보자.

화학시냅스

화학시냅스는 **시냅스틈(synaptic cleft)**이라고 하는 좁은 틈을 가지고 있어서, 송신세포의 시냅스말단과 수신세포를 분리시키고 있다(그림 27.5). 활동전위(전기신호)가 송신 뉴런의 말단에 이르면, 그것은 신경전달물질 분자들로 구성된 화학신호로 전환된다. **신경전달물질(neurotransmitter)**은 신경세포로부터 수신세포로 정보를 나르는 화학적 "전달자"이다. 일단 신경전달물질이 송신세포로부터 오는 화학신호를 운반하면, 수신세포에서 활동전위가 발생된다.

그림 27.5를 보면서 두 뉴런 사이의 시냅스에서 일어나는 현상을 살펴보자. ❶ 활동전위(빨간색 화살표)가 시냅스말단에 도달한다. ❷ 활동전위는 신경전달물질(●)로 채워진 소포들이 송신 뉴런의 막에 융합하도록 한다. ❸ 융합된 소포는 신경전달물질 분자들을 시냅스틈으로 방출한다. ❹ 방출된 신경전달물질 분자들은 시냅스틈을 건너 확산되고 수신 뉴런의 원형질막에 있는 이온 통로 단백질의 상보적인 수용체에 결합한다. ❺ 신경전달물질과 수용체의 결합으로 이온 통로가 열린다. 이온 통로가 열리면 이온들이 수신세포로 확산된다. 많은 경우에

이것은 새로운 활동전위를 일으킨다. 또 다른 경우는 신경전달물질이 활동전위의 발생을 억제한다. 6 신경전달물질은 분해되거나 송신 뉴런으로 재수송되어(재섭취라고 알려짐), 수신세포의 원형질막에 있는 이온 통로를 닫게 한다. 단계6은 수신 뉴런에 대한 신경전달물질의 효과가 간단하고 정확하다는 것을 잘 보여준다.

신경전달물질들은 다른 많은 작용을 나타낸다. 하나의 신경전달물질인 도파민은 즐거움, 주의력, 기억, 수면, 학습 등에서 중요한 역할을 한다. 신경전달물질이나 신경전달물질 수용체를 만드는 데 관련된 유전자가 결함이 있다면 어떻게 될까? 결과는 하나의 시냅스에 있는 화학적 메시지가 너무 많든지 너무 적을 수 있다는 것이다. 어떤 우울증의 유형은 특히 노르에피네프린과 세로토닌과 같은 신경전달물질의 감소와 관련이 있다. 퇴행성 질환인 파킨슨병은 도파민의 부족과 관련이 있으며, 반면에 과다한 도파민은 정신분열증과 관련되어 있다. 유전적 연구가 이런 종류의 장애를 가지는 사람들의 집합에서 결함이 있는 유전자를 확인했다 할지라도, 다른 유전자들과 환경요인들이 어떻게 이런 장애에 대한 전체적인 위험에 기여하는지는 아직도 명확하지 않다.

그림 27.6에서처럼, 뉴런은 수백 개의 다른 뉴런으로부터 수천 개의 시냅스말단을 통해 입력 정보를 받을 수 있다. 정보입력은 매우 다양하게 이루어질 수 있는데, 각 송신 뉴런들이 분비하는 신경전달물질의 종류와 분비량이 다르기 때문이다. 이러한 요인들은 방대한 복합 자극의 양을 처리하고, 그에 적절한 반응을 나타내는 신경계의 능력의 근거가 된다. ✓

▼그림 27.6 **뉴런의 다중 시냅스 입력.** 그림과 현미경 사진에서 보는 것처럼, 하나의 뉴런은 수천 개의 시냅스말단을 통하여 수백 개의 다른 뉴런으로부터 신호를 받는다(오렌지색으로 나타냄).

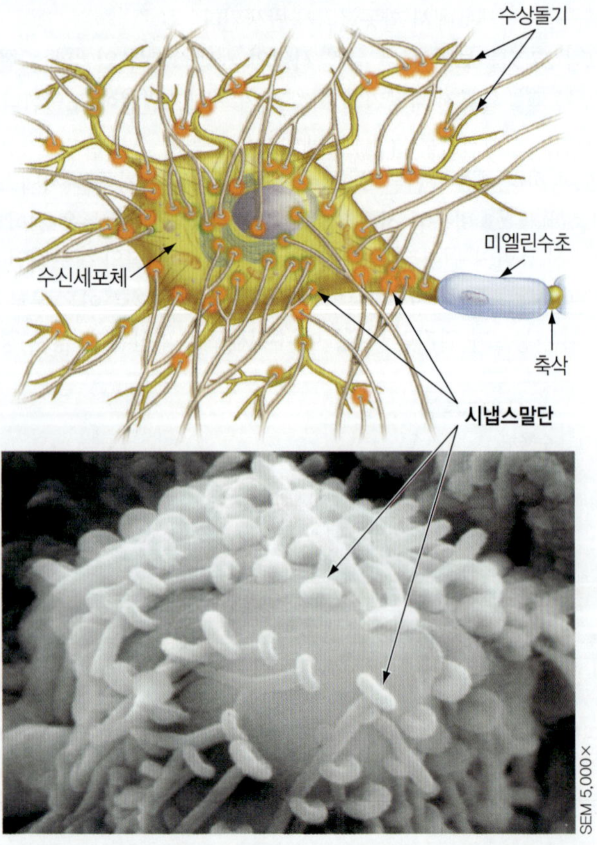

✓ 체크포인트

시냅스의 구조는 어떻게 송신 뉴런에서 수신 뉴런으로 가는 한 방향으로만 신호를 전달하도록 하는가?

답: 시냅스에서 송신뉴런만이 신경전달물질을 방출하며, 수신뉴런만이 신경전달물질을 받아들이는 수용체를 가지고 있다.

약물과 뇌

카페인, 니코틴, 알코올 등과 같은 흔한 많은 약물들은 뇌에 존재하는 수조 개의 시냅스에서 신경전달물질의 작용에 영향을 준다. 예를 들어, 커피, 홍차, 초콜릿 그리고 많은 청량음료와 에너지 음료에 들어 있는 카페인은 정상적으로 신경신호를 억제하는 신경전달물질의 효과에 반대로 작용한다. 이런 이유로 카페인은 당신을 자극하고 각성시키는 경향이 있다. 니코틴은 아세틸콜린이라는 신경전달물질의 수용체에 결합하여 활성화시키는 흥분제로 작용한다. 알코올은 억제제이다. 신경계에 대한 알코올의 효과는 복잡하며, 여러 가지 신경전달물질의 기능에 영향을 미친다. 저용량에서, 알코올은 억제작용을 억제한다. 고용량에서, 알코올은 호흡을 멈추게 하고 사망에 이를 수 있다.

심리장애를 치료하기 위해 사용되는 처방약들은 종종 신경전달물질의 효과를 변화시킨다. 어떤 약물은 수용체를 물리적으로 차단하여, 신경전달물질이 결합하는 것을 억제하고, 그 효과를 감소시키는 경우도 있다. 예를 들면, 정신분열증을 치료하기 위해 사용되는 어떤 약물들은 도파민 수용체를 차단한다. 또 다른 어떤 약물은 송신세포의 신경전달물질 재흡수를 차단하여, 시냅스에서 활성시간을 효과적으로 증가시킨다. 예를 들어, 가장 흔한 항우울제 처방약(선택적 세로토닌 재흡수 억제제, SSRIs)은 세로토닌의 재흡수를 억제한다. 예로서 졸로프트(Zoloft)와 프로작(Prozac)이 있다. 주의력결핍 과잉행동장애(ADHD)의 치료에 사용되는 리탈린(Ritalin)과 같은 약물들도 신경전달물질의 재흡수를 차단한다고 생각하고 있으나, 뇌에 어떤 영향을 미치는지 아직도 잘 알려지지 않고 있다.

불법적인 약물들에 대해서는 어떤가? 암페타민과 코카인과 같은 흥분제는 시냅스에서 노르에피네프린과 도파민의 방출과 유용성을 증가시킨다. 따라서 이런 약물의 남용은 정신분열증과 유사한 증상들을 일으킬 수 있다. LSD와 메스칼린은 세로토닌과 도파민 수용체를 활성화시켜 환각효과를 일으키기도 한다. 마리화나(marijuana)에 들어 있는 활성성분은 통증, 우울증, 식욕, 기억, 생식력 등에서 중요한 역할을 하는 것으로 보이는 다른 신경전달물질들에 의해 정상적으로 사용되는 뇌수용체와 결합한다. 모르핀, 코데인, 헤로인 등과 같은 아편제들은 엔도르핀 수용체에 결합하여 통증을 감소시키고, 희열을 일으킨다. 따라서 보통 아편제는 통증을 완화시키기 위해 처방된다. **여기에 언급된 약물들은 경각심과 행복감을 증가시키거나 신체적, 정서적 고통을 감소시킬 수 있지만, 그것들은 또한 수백만 년 진화의 산물인 화학적 균형을 바꾸면서 뇌의 미세하게 조정된 신경경로를 교란시킬 잠재력을 가지고 있다.** ✓

✓ 체크포인트

1. 뉴런이 특정 신경전달물질에 의해 영향을 받는지 여부를 결정하는 것은?
2. 휴지 뉴런에서, 뉴런의 내부는 외부보다 더 ______이 다. 자극은 ______ 전하를 띤 이온이 이온 통로를 통해 내부로 이동하게 한다.

답: 1. 특정 신경전달물질의 영향을 받기 위해서는 뉴런의 막에 그 신경전달물질에 대한 특정 수용체가 있어야 한다. **2.** 음성, 양성으로

사람의 신경계: 자세히 보기

이 시점까지 우리는 거의 모든 동물 신경계에 기초적인 세포의 기작에 집중해 왔다. 비록 신경세포가 작용하는 방법에서 동물계 전반을 통한 주목할 만한 획일성이 있다 할지라도, 어떻게 신경계가 전체적으로 조직화되는지에 대해서는 큰 다양성이 존재한다. 이후에, 우리는 척추동물의 신경계에 초점을 맞추되, 특히 사람의 신경계에 중점을 둘 것이다.

척추동물의 신경계는 구조와 정교함의 수준 양면에서 다양하다. 예를 들어, 개구리와 어류의 뇌보다 돌고래와 사람의 뇌가 훨씬 더 복잡하다. 그러나 어떤 특성은 모든 척추동물의 신경계에 공통적이다. 모든 동물은 머리에 집중된 신경계를 가지고 있으며, 말초신경계(PNS)와는 다른 중추신경계(CNS)를 가지고 있다(**그림 27.7**).

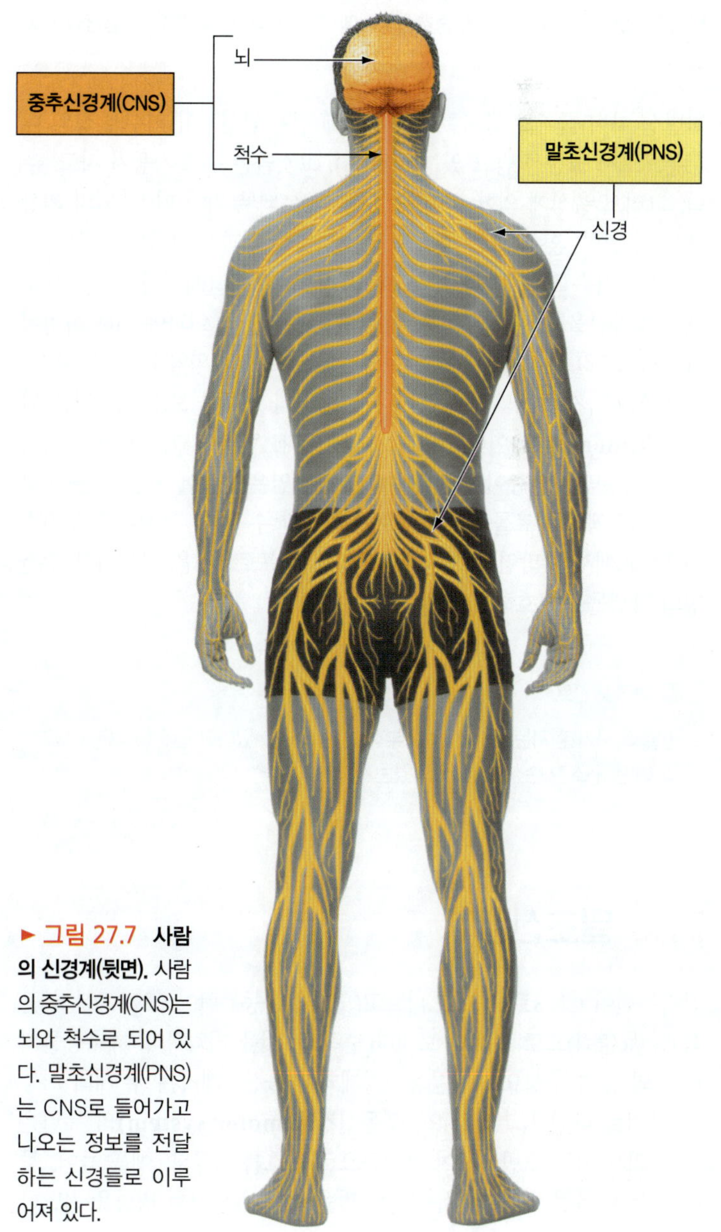

► **그림 27.7 사람의 신경계(뒷면).** 사람의 중추신경계(CNS)는 뇌와 척수로 되어 있다. 말초신경계(PNS)는 CNS로 들어가고 나오는 정보를 전달하는 신경들로 이루어져 있다.

27.5 중추신경계

전자메일을 통하여 메시지를 받고 보내는 것과 비슷하게, CNS는 말초신경으로부터 오는 신호들을 해석하고, 다른 말초신경을 통하여 적절한 반응을 내보낸다. **뇌(brain)**는 신경계의 주 조절중추로서 작용하여, 감각기관에서 오는 자료를 통합하며, 운동조절중추로부터 오는 명령을 내보낸다. 신경섬유의 다발인 **척수(spinal cord)**는 뼈로 되어 있는 척추 내에 위치하고 있다. 척수는 뇌와 신체 다른 부분 사이에서 중심 소통 통로로서 작용한다. 척수 내에 있는 수백만 개의 신경섬유들이 뇌로부터 근육과 기관으로 운동정보(근육으로 가는 신호 등)를 전달하는 반면, 다른 신경섬유들은 몸에서 뇌로 감각정보(통증 등)를 운반한다.

CNS에 대한 부상은 다른 많은 신체 조직에 있는 뉴런들과 달리 CNS의 뉴런들은 회복될 수 없기 때문에 영구적인 경우가 많다. CNS이 뼈로 된 척추에 의해 보호되고 있지만, 척추에 대단히 충격적인 타격은 미세한 신경 다발을 파괴할 수 있다. 손상이 발생한 부위에 따라, 그러한 외상은 사지마비(목 아래 부위의 마비)나 하지마비(몸의 아래

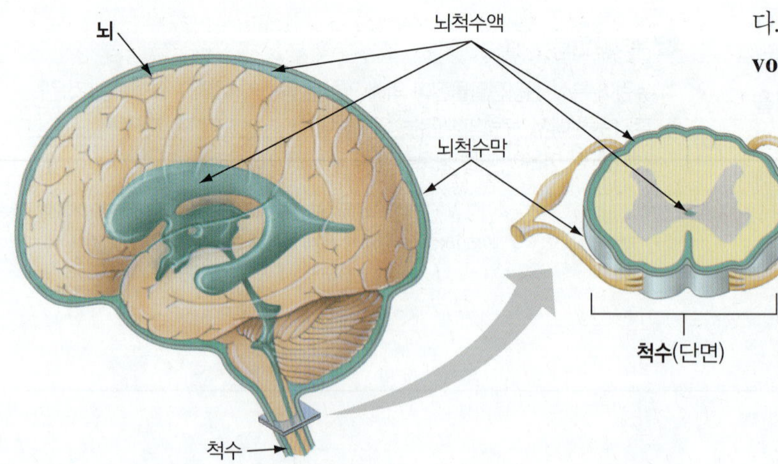

▲그림 27.8 **체액으로 채워진 척추동물 중추신경계의 공간.** 뇌와 척수의 공간은 뇌척수액으로 채워져 있어서, 중추신경계에 대한 완충작용과 영양소 공급을 도와준다.

하반신 마비)를 일으킬 수 있다. 미국에서는, 남성들이 척수 손상의 대부분으로서 고통을 받고 있는데(80%), 그것들은 주로 자동차 사고, 추락, 그리고 총상에 의한 것이다. 손상 받은 뇌 부위에 따라, 뇌의 외상은 성격 변화, 혼수, 또는 죽음과 같은 다양한 결과를 나타낼 수 있다.

뇌와 척수 모두 **뇌척수액(cerebrospinal fluid)**이라는 체액으로 채워진 공간을 가지고 있는데, 이 체액은 동맥혈의 여과에 의해 형성된다(그림 27.8). 이 체액은 중추신경계에 호르몬과 영양소를 공급하며, 노폐물을 가지고 정맥으로 흘러나간다. 뇌와 척수를 보호하는 것은 **뇌척수막(meninges)**이라는 결합조직층이다. 만일 뇌척수액이 감염되면, 뇌척수막은 염증이 생긴다(수막염). 감염은 척추에 가는 바늘을 넣어 뇌척수액의 시료를 채취함으로써 확인할 수 있다. 2014년, 프린스턴대학교에서 수막염의 발생은 응급 백신 프로그램을 발동시켜 수천 명의 학생들을 보호하였다. ✓

✓ **체크포인트**

만일 의사가 환자는 중추신경계 부상이 지속되고 있다고 결정한다면, CNS의 어떤 구조가 손상을 받게 되었는가?

답: 뇌와/또는 척수

27.6 말초신경계

감각뉴런이 CNS로 정보를 나르고(입력), 운동뉴런이 CNS로부터 근육과 샘(출력)으로 신호를 보낸다(출력)는 것을 기억하라. 척추동물의 PNS의 출력 구성요소는 운동신경계와 자율신경계라는 두 개의 기능적 단위로 나뉜다(그림 27.9). **운동신경계(motor system)**의 뉴런은 주로 외부 자극에 반응하여 골격근으로 신호를 나른다. 예를 들어, 물체를 들어 올릴 때, 이런 뉴런들은 팔을 움직이게 하는 명령을 전달한다. 골격근의 조절은 보통 수의적이다. **자율신경계(autonomic nervous system)**는 평활근과 심근, 그리고 몸의 여러 기관계의 샘을 통제함으로써 내부환경을 조절한다. 이런 조절은 일반적으로 불수의적이다. 자율신경계를 더 자세하게 살펴보자.

자율신경계는 대부분의 기관에서 상반되는 효과를 가지는 두 벌의 뉴런들을 가지고 있다. 한 벌은 **부교감신경계(parasympathetic division)**인데, 이것은 몸을 위한 에너지를 얻고 보존하는 활동을 위하여 몸을 준비시킨다("휴식과 소화"). 이런 효과들은 소화기관들을 자극하고, 심장박동수를 낮추며, 호흡률을 감소시키도록 기관지를 좁게 하는 것 등이 포함된다. 자율신경계의 또 다른 뉴런의 한 벌인 **교감신경계(sympathetic division)**는 그 반대되는 효과를 가지고 있는데, 싸우거나 도망가는 것("싸움-혹은-도주")과 같은 격렬하고 에너지 소비적인 활동을 위해 몸을 준비시키는 것이다. 이런 신경계가 자극되면, 소화기관들은 억제되며, 기관지는 확장되어 더 많은 공기가 지나가며, 부신은 에피네프린(아드레날린이라고도 함)과 노르에피네프린을 분비한다. 휴식과 '싸움-혹은-도주' 반응은 상반되는 것이다. 당신의 몸은 일반적으로 교감신경 및 부교감신경 신호 모두를 받는 기관들 대부분의 기관들과 함께 그 사이 어딘가에서 작동한다.

운동신경계와 자율신경계는 신경계의 위계의 하위 수준을 구성하고 있다. 다음 절에서는 그 위계의 최고 수준인 뇌에 대해서 자세히 살펴볼 것이다. ✓

✓ **체크포인트**

부교감신경계를 억제하는 약물이 어떻게 심박수에 영향을 주는가?

답: 당신의 심박수가 증가된다.

▼그림 27.9 **척추동물 말초신경계의 기능적 구분.**

말초신경계		
운동신경계 (수의적)	자율신경계 (불수의적)	
	부교감신경	교감신경계
골격근의 조절	"휴식과 소화"	"싸움 혹은 도주"

27.7 사람의 뇌

복잡하게 구성된 1,000억 개의 뉴런과 그보다 훨씬 많은 수의 지지세포로 구성되어 있는 인간의 뇌는 가장 복잡한 컴퓨터보다 훨씬 더 강력하다. 그림 27.10은 뇌의 부위와 관련 기능에 대하여 주요 부분들을 요약해 놓은 것이다. 우리는 뇌간, 소뇌, 시상하부, 그리고 대뇌 등 뇌의 4개의 주요 영역에 추점을 맞출 것이다.

뇌간(brainstem)은 뇌의 핵심이며, 다른 주요 지역으로 정보를 받고 보낸다. 그것은 호흡과 의식과 같은 생명유지에 매우 필수적이고 기본적인 기능을 조절한다. 따라서 심각한 뇌간 손상이 있는 사람은 호흡 능력을 잃어버리고 혼수상태가 된다. 뇌간은 특히 뇌의 다른 부분이 손상을 당했을 때 취약하다. 그 이유는 뇌의 손상된 부분이 팽창하면, 그것은 뇌간을 밀어내리고 압박하기 때문이다(뇌는 단단한 두개골 때문에 밖으로 팽창할 여지가 거의 없다). 이러한 뇌간의 압박은 아주 크게 환자의 건강이 초기 뇌 손상 후 수 시간, 수 일 내에 악화되는 이유를 설명해주고 있다. 연수, 뇌교, 중뇌를 포함하는 뇌간의 구조물들은 각 부위에 관련된 기능 설명과 함께 그림 27.10에 나타내었다.

소뇌에 손상을 가진 사람은 균형이나 손과 눈 동작을 일치시키는 능력 등과 같은 통합된 운동으로 종종 고생한다. 예를 들어, 그런 사람들은 테니스 공을 눈으로는 따라갈 수 있으나, 그 볼에 라켓을 맞출 수는 없다. 이런 예로부터, **소뇌(cerebellum)**가 신체 운동에 대한 기획 중추로서 역할을 한다는 결론을 끌어 낼 수 있다. 소뇌는 입력 정보(예를 들어, 움직이는 테니스 공과 팔의 위치의 인식에 대한 시각적 단서)를 받고, 그 입력 정보를 이용하여 운동과 균형(테니스 공을 향해 라켓을 휘두르기 등과 같은)을 조정한다.

복잡한 통합중추인 **시상하부(hypothalamus)**는 자율신경계를 조절하고, 뇌하수체와 그 외 기관으로부터 호르몬의 분비를 조절한다. 시상하부의 기능은 체온, 혈압, 배고픔, 갈증, 성충동, 그리고 "싸움-혹은-도주" 반응 등에 영향을 미친다. 또한 시상하부는 분노와 쾌락 등과 같은 감정을 경험하도록 해준다. 시상하부의 쾌락중추는 중독성 약물에 강하게 영향을 받는다. 시상하부의 또 다른 영역은 수면과 배고픔 주기 등과 같은 매일의 생물학적 주기를 유지하는 내부의 시간기록자로서의 기능을 한다.

가장 복잡한 통합중추이며, 뇌를 생각할 때 의심 없이 상기되는 이미지는 대뇌이다. **대뇌(cerebrum)**는 우리의 뇌에서 가장 크며, 가장 정교한 부분이다. 대뇌의 바깥층인 **대뇌피질(cerebral cortex)**은 얇고 고도로 주름이 잡혀 있는 조직의 층인데, 이것은 뇌 전체 질량의 80% 이상을 차지하며, 연필의 두께보다 더 얇다. 대뇌피질의 복잡한 신경회로는 인간의 가장 뚜렷한 특성인 추리와 수리 능력, 언어능력, 상상력, 예술적 재능 및 성격 특징을 만들어 낸다. **대뇌피질이 우리의 감각으로부터 받는 정보를 통합함으로써, 대뇌피질은 우리의 감각 인식을 만들어 낸다. 감각 인식이란 우리가 보고, 듣고, 냄새 맡고, 맛보고, 또는 만질 때 우리가 실제로 알게 되는 것이다.** 대뇌피질은 역시 수의적인 운동을 조절하기도 한다. 대뇌피질의 구조와 기능을 좀 더 자세히 살펴보자. ✓

✓ 체크포인트

복잡한 사고중추를 가지고 있는 것은 어느 뇌 구조(소뇌 또는 대뇌)인가?

답: 대뇌

대뇌피질

대뇌피질은 좌우 대뇌반구로 나뉘어 있다(그림 27.11). 각 반쪽은 몸의 반대쪽에서 오는 정보를 받고 그것의 움직임을 조절한다. 신경섬유로 되어 있는 굵은 케이블인 **뇌량(corpus callosum)**은 두 대뇌반구를

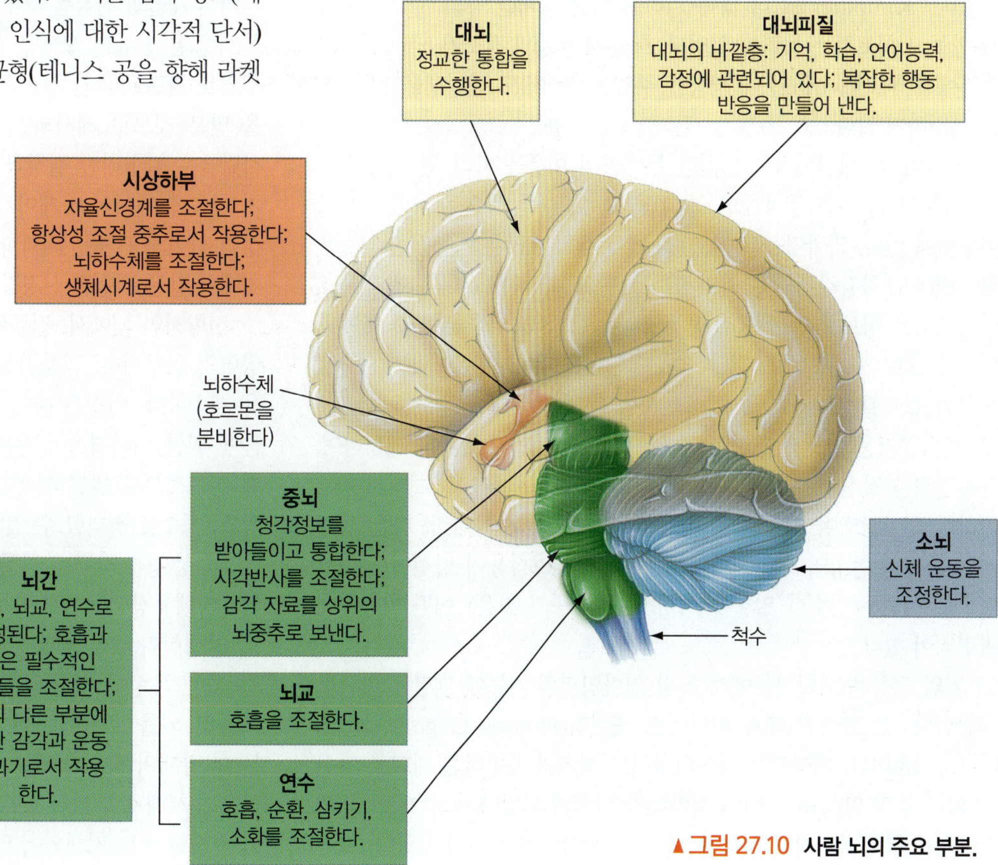

▲그림 27.10 사람 뇌의 주요 부분.

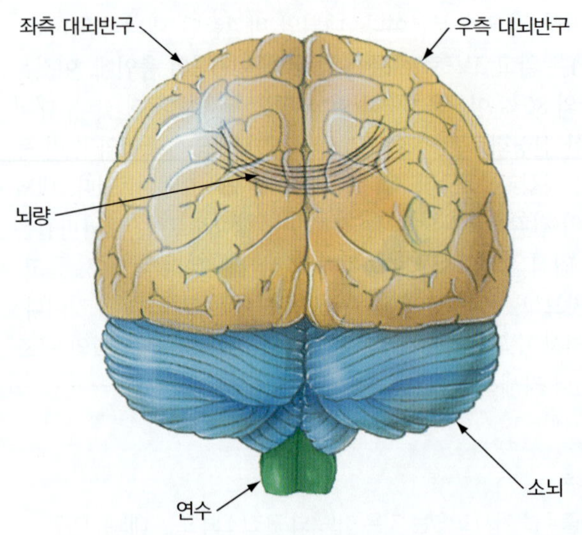

▲그림 27.11 **뇌의 후면.** 큰 대뇌(노란색)는 뇌량이라고 하는 두꺼운 신경 띠에 의해 연결된 좌우 대뇌반구로 이루어져 있다.

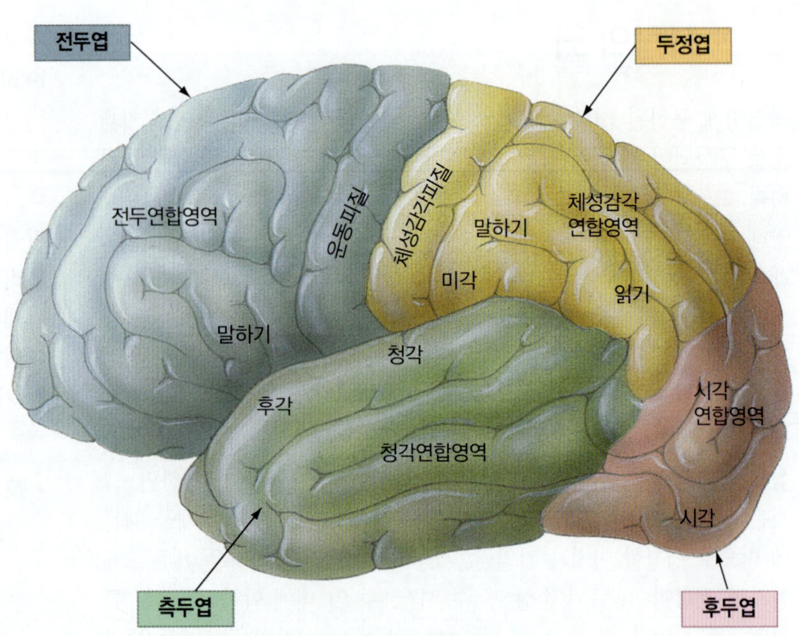

▲그림 27.12 **좌측 대뇌반구의 기능적 영역.** 이 그림은 4개의 엽으로 나뉘는 좌측 대뇌반구의 주요 기능적 영역을 나타낸다.

연결하여 그것들이 함께 정보를 처리할 수 있게 한다. 뇌량은 사람의 뇌 사이의 구조적 차이를 잘 설명해준다. 예를 들어, 뇌량은 대개 크기가 감소되는데, 자폐증이 있는 사람들에게 때때로 없는 경우도 있다. 뇌량이 없어진 사람으로서 킴 픽(Kim Peek)이라고 하는 유명한 사람이 있었다. 그는 1988년 오스카상을 받은 영화 레인맨에 대한 영감을 주었다. "Kimputer"로 더 많이 일려진 킴은 막대한 양의 지식의 목록을 만들고 회고하는 능력이 있었다. 어떻게 뇌량의 감소가 뇌의 나머지 부분에서 "배선(wiring)"에 영향을 주었는지 아직도 신경생물학자에게는 분명하지 않다.

양쪽의 각 대뇌피질은 인접한 두개골의 이름을 따라 전두엽, 두정엽, 측두엽, 후두엽 등 4개의 엽(그림 27.12, 다른 색으로 나타냄)으로 이루어져 있다. 과학자들은 각 엽 내에 존재하는 많은 기능적 영역들을 찾아냈다. 1차감각영역은 감각정보를 받고 처리하며(미각, 청각 등), 연합영역은 정보를 통합하고, 운동영역은 CNS의 다른 부분과 마지막에는 몸으로 가는 명령을 전달한다. 당신이 거리에서 알고 있는 사람을 향하여 걸어갈 때, 시각영역은 그 사람의 얼굴에 대한 정보를 처리하고, 연합영역은 어떻게 당신이 그에게 인사할 것인지에 대해 계획하며, 운동영역은 당신이 미소를 띠고 손을 흔들도록 근육에 정보를 보낸다. 이러한 연합영역이 고등한 정신활동의 부위임을 주목하라. 다른 엽의 여러 가지 연합영역 사이에서 매우 복잡한 상호작용이 당신이 당연한 것으로 여기는(친숙한 얼굴을 인식하는 것 등과 같은) 어떤 활동들에 관련되어 있다.

뇌의 손상은 과학자들에게 특정 연합영역의 기능에 대한 실마리를 제공한다. 잘 알려진 예가 피니어스 게이지(Phineas Gage)이다(그림 27.13). 1848년, 게이지는 다이너마이트 장치가 폭발하는 사고로 자신의 머리에 약 90 cm 길이의 쇠막대가 박히게 되었다. 놀랍게도 그 외상에서 회복된 후, 게이지는 정상적으로 생각하는 것처럼 보였다. 그러나 곧바로 그의 성격은 비열하고 충동적인 성향으로 나타났다. 역사가들은 게이지가 그의 사고와 1860년 그의 죽음 전까지 12년 동안 꽤 정상적인 삶을 살았다고 믿고 있다. 그가 죽은 지 몇 년 되지 않아, 게이지의 두개골과 잔류품들이 발굴되었다. 1990년대에 와서 그 손상에 대한 수많은 컴퓨터 모델을 만들어 내게 되었다. 쇠막대는 뇌의 양쪽 전두엽을 찌르고 나간 것이지만, 손상에 대한 새로운 모델은 왼쪽만 영향을 받은 것으로 제시되었다. 그럼에도 불구하고, 전두엽 손상을 당한 사람들은 불합리한 결정과 감정 처리의 어려움을 나타낸다. 그것은 마치 처음에 피니어스 게이지에게 나타난 것과 유사한 것이다. 전두엽과 성격 사이의 관계는 뇌과학 연구의 활발한 영역으로 남아 있는데, 특히 치매와 같은 퇴행적 신경장애를 이해하는 연구 영역이 그렇다.

전형적인 뇌에서, 전두엽의 연합영역은 성숙하는 데 필요한 마지막 영역의 일부이다. 의사결정을 포함하는 한 연합영역은 20대까지 발달을 계속한다. 이것은 나이 든 성인들에 비해 10대와 성년 초기의 사람들에 의한 의사결정이 우려되는 이유이다. 신경과학자들은 뇌가 어떻게 전형적으로 발달하는지를 설명했기 때문에, 비교를 통하여 전형적인 뇌 성숙을 정의할 수 있다.

뇌 성숙의 지체는 공통적인 뇌 장애를 설명할 수 있다. 주의력결핍과잉행동장애(ADHD)는 어림잡아 학령기 어린이 20명 중 1명꼴로 발생한다. 이 장애는 집중력 부족, 충동적 행동, 그리고 침착하지 못한 특성이 있다. 한 연구에서, 과학자들은 400명 이상의 어린이들의 뇌를 조사했는데, 일부는 ADHD를 가지고 있으며 나머지는 이 장애의 징후가 없는 아이들이다. 과학자들은 뇌의 똑같은 부위가 같은 순서대로 두꺼워졌으며, ADHD를 갖는 아이들의 경우 뇌의 성숙이 약 3년 정도 지체되어 있다는 결론을 내렸다.

◀ 그림 27.13 **피니어스 게이지의 사고.** 피니어스 게이지(Phineas Gage)가 1848년 자신의 뇌를 뚫고 지나간 90 cm의 선로 대못을 들고 있다(왼쪽). 오른쪽은 전두엽 손상을 묘사한 그의 사고에 대한 수많은 컴퓨터 시뮬레이션 중 하나이다. 그러한 부상은 사고 후 게이지의 성격 변화를 설명할 수 있었다.

뇌에 대한 최신 영상기술은 뇌의 성숙 속도, 특정 인지적 업무 동안의 활성, 그리고 심지어 해부학적 구조에서 차이를 보여준다. 우리 뇌의 차이점을 연구함으로써, 과학자들은 ADHD뿐만 아니라 자폐증, 난독증, 정신분열증, 그리고 많은 다른 장애들의 근저에 있는 신비를 해결하기 시작했다. ✓

✓ 체크포인트

대뇌피질의 어떤 부분이 20대까지 계속 발달하여 의사 결정에 관여하고 있는가?

답: 전두엽의 앞부분

신경가소성

뇌수술 환자들의 증거는 우리 뇌의 배선이 반드시 고정되어 있지 않다는 것을 나타낸다. 가장 극단적인 뇌의 외과적 변화 중 하나는 뇌의 거의 반을 제거하는 반구절제술(hemispherectomy)이다(그림 27.14). 이 수술은 뇌의 반구로부터 기인하는 심각한 발작 증세를 줄이기 위해 시행된다. 놀랍게도, 뇌의 한쪽 반구만 가진 반구절제술 환자들은 빨리 회복하며, 때로는 몇 주 이내에 퇴원하기도 한다. 비록 절제한 반대쪽의 몸은 영구적이고 부분적인 마비상태이지만, 반구절제술 환자들의 지적 능력은 감소되지 않는다. 잃어버린 반쪽 뇌에서 담당하던 고도의 뇌기능은 제거되지 않은 반대쪽 반구에 의해 조절되기 시작한다. 반구절제술 후 회복은 뇌의 주목할 만한 **신경가소성(neuroplasticity)**, 즉

▼ 그림 27.14 **반구절제술.** 위에서 아래로 촬영한 이 X-선 사진은 수술 후 반구절제술 환자의 두개골과 뇌를 보여준다.

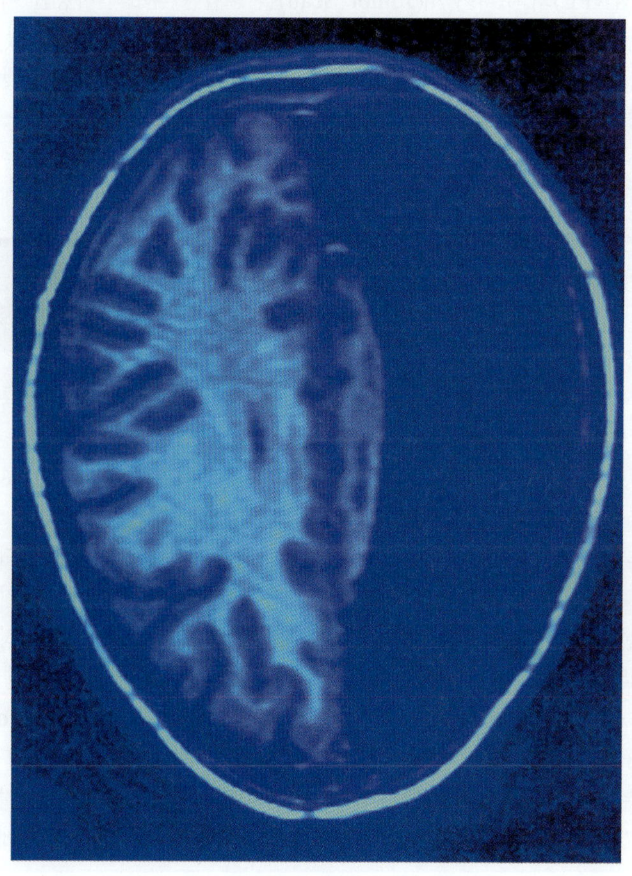

신경 연결을 재조직하는 능력을 보여주는 놀랄 만한 예다. 신경가소성은 나이가 들수록 감소하는 경향이 있다.

신경학적 장애

신경가소성에도 불구하고, 영구적으로 뇌기능의 감소로 인한 손상이나 질환에 의해 일어나는 질환들이 있다. 신경계의 질환인 신경학적 장애는 대개 뇌와 관련이 있다. 이러한 질환들은 뇌의 부분들을 악화시키거나, 그것들이 특정 뇌 부위의 활성을 변경시킨다. 몇 가지 예를 살펴보자.

알츠하이머병(Alzheimer's disease)은 치매 또는 정신적 퇴보의 한 형태로서, 혼란, 기억상실, 그 밖의 다양한 증상을 나타낸다. 특히 알츠하이머병의 하나의 공통적인 특징은 측두엽에 있는 뉴런의 손실이다. 발병률은 보통 나이와 관련이 있어서, 65세에 약 12%에서부터 증가하여 85세에 약 50%로 증가한다. 이 질병은 진행성이다. 즉 환자는 점진적으로 기능이 저하된다. 또한 대부분 악화되는 쪽으로 성격 변화가 일어난다. 환자들은 대개 가족조차도 알아보지 못할 정도로 사람을 인식하는 능력이 상실되고, 그들을 의심과 적개심을 가지고 대한다.

뇌에 대해 구조 변화를 일으키는 또 다른 장애는 **만성외상뇌병증(chronic traumatic encephalopathy, CTE)**이다. CTE에 자주 있는 일이지만, 전두엽과 측두엽이 심각하게 악화된 상태를 보여준다. CTE는 반복되는 뇌의 외상, 특히 충격, 그리고 유명한 프로미식축구연맹(NFL)의 주니어 서(Junior Seau)를 포함한 다수의 사망한 미식축구 선수들에 의해 일어난다. 주니어 서는 사후에 CTE로 진단받았다. 부상과 뇌 손상 간의 관계는 아주 강해서 NFL은 뇌 기능장애를 갖는 수천 명의 전직 선수들 각각에게 백만 달러 또는 그 이상의 비용을 지불하는 데 동의했다. 얼마만큼의 타격으로 CTE가 발생하게 되는지, 또는 얼마나 많은 머리 부상이 CTE의 진행에 영향을 미치는지에 대해서는 아직도 불명확하다. 알츠하이머병처럼, 초기 증상은 성격 변화를 포함한다. 우울증, 충동조절의 상실, 그리고 결국 기억상실과 치매는 CTE의 두드러진 특징이다.

스포츠 관련 머리 부상은 신경학적 장애를 일으킬 수 있다.

큰 구조적 변화를 일으키는 것보다는, 다른 신경학적 장애가 특정 뇌 부위의 활성을 변경시킨다. 두드러진 연구 영역은 어떻게 우울증 동안 뇌의 생리학이 변화하는가를 결정하는 것이다(그림 27.15). 2016년에는 전 세계적으로 3억 명이 우울증을 겪고 있는 것으로 추산됐다. 주요 우울증과 양극성 장애 등 두 가지 광범위한 우울증 질환이 확인되었다. **주요 우울증(major depression)**을 가진 사람들은 슬픔, 즐거운 활동에 대한 흥미 상실, 체중과 수면 패턴의 변화, 자살 충동 등을 경험할 수도 있다. 주요 우울장애는 극단적이고 지속적이어서, 정상적인 삶을 살 수 없는 환자들을 남기게 된다. **양극성 장애(bipolar disorder)**, 또는 조울증 장애는 극단적인 감정의 기복을 수반한다. 조병 단계는 종종 위험을 자초하는 행동뿐만 아니라, 강한 자존감, 에너지의 증가, 넘치는 생각과 아이디어 등의 특징을 나타낸다. 우울증 단계에서는 수면장애, 무가치하다는 느낌, 흥미와 즐거움을 느끼는 능력의 감소 등이 뚜렷해진다.

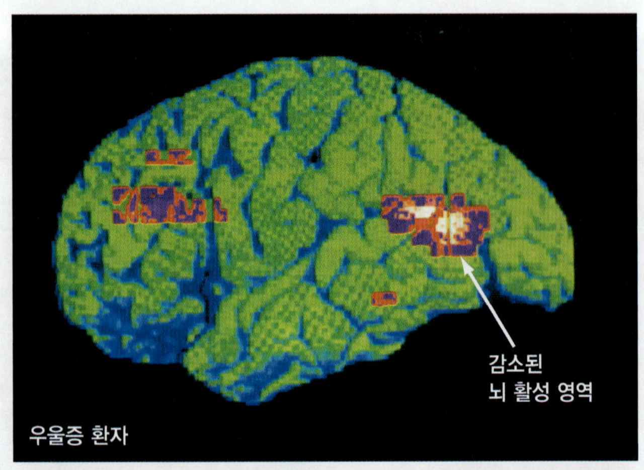

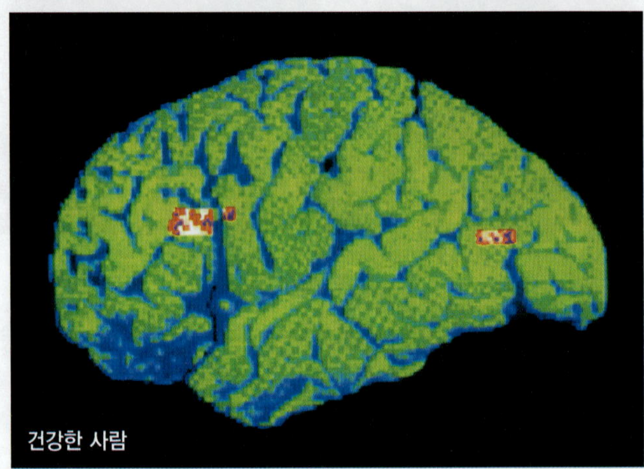

▲그림 27.15 **우울증 환자와 건강한 사람의 뇌 활성.** 이 컴퓨터 이미지에서 자주색과 분홍색은 낮은 뇌 활성 영역을 나타내고 있다. 우울증 환자의 뇌는 특정 영역에서 활성이 감소되었음을 보여준다.

왜 뇌에 있는 뉴런들의 네트워크는 우리의 성격, 기억, 감정을 교란시키고 오작동을 일으키는가? 이것은 계속해서 도전적이고 흥미를 유발하는 질문이다. 어떻게 뇌가 감각기관들을 통해 환경으로부터 정보를 받는가 하는 것은 생물학적 연구의 또 다른 매력적인 영역이다. 그 다음에 우리는 감각을 살펴볼 것이다. ✓

✓ 체크포인트

베토벤, 반 고흐, 그리고 헤밍웨이 모두는 우울증에 의해 나타나는 위대한 창의성의 시기를 가지고 있었다. 이런 정보에 기초한다면, 그들을 어떤 장애를 가지고 있었는가?

답: 양극성 장애(조울증)

감각

동물들은 그들이 감지할 수 있는 자극의 종류와 범위가 다양하다. 이 절에서는 인체의 감각구조에 대해 초점을 맞출 것이다. 먼저 우리는 어떻게 이런 구조들이 정보를 모으고 이를 중추신경계(CNS)로 보내는지에 대해 살펴볼 것이다. 그 다음 사람의 시각과 청각 등 두 가지 감각에 대해 보다 자세히 살펴볼 것이다.

27.8 감각입력

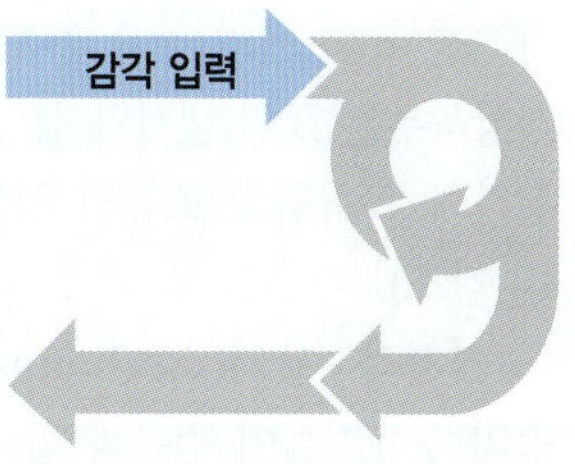

당신이 자고 있을 때 화재경보가 울리고 빛이 번쩍거리기 시작한다. 당신의 귀와 눈에 있는 감각수용기들이 경보에 관한 정보를 당신의 CNS로 중계하면, 당신은 일어나서 밖으로 나간다. 화재경보에 대해 반응하는 것을 도와주는 것처럼, 감각수용기들은 외부 세계와 내부 기관들 모두의 상태에 맞추게 된다. 빛, 소리, 추위, 열, 그리고 접촉 등과 같은 자극을 감지하기 위하여, 감각수용기가 활동전위를 발생시킴으로써 정보를 CNS로 보낸다.

감각입력 감각수용기가 자극을 감지한다고 말할 때, 그것은 정확히 무엇을 의미하는가? 자극을 감지할 때, 감각수용기는 한 가지 형태의 신호(자극)를 전기신호로 전환시킨다. 이런 전환을 감각전환(sensory transduction)이라고 하며, 그것은 수용기세포의 막전위의 변화로서 일어난다.

자극을 전기신호로 전환하기

그림 27.16은 당 분자를 감지하는 미뢰의 감각수용기를 보여준다. ❶먼저 당 분자들 ( )이 들어와 미뢰와 접촉하면, 그것들은 감각수용기세포의 막수용체와 결합한다. ❷ 이 결합으로 신호전환 경로를 촉발시켜, ❸ 막의 어떤 이온 통로는 닫고 어떤 통로는 열게 한다. 이온 흐름( )의 변화는 막전위를 변경시킨다. 이런 막전위의 변화를 **수용기전위(receptor potential)**라고 한다. 실무적 현상인 활동전위와는 다르게, 수용기전위는 세기가 다양하다. 즉 자극이 강할수록(당이 보다 많이 존재할수록) 수용기전위도 강하다.

일단 수용기세포가 자극을 수용기전위로 바꾸면, 이러한 전위는 대개 중추신경계로 보내지는 신호가 된다. 그림 27.16에서, ❹ 각 수용기세포들은 감각뉴런과 시냅스를 이룬다. 만일 충분한 당 분자가 있다면 강한 수용기전위가 발생된다. 이 수용기전위는 수용기세포가 충분한 양의 신경전달물질( )을 분비하도록 하여, 감각뉴런에서의 활동전위의 속도(빈도)를 증가시킨다(주어진 시간 내에 더 많은 활동전위). 뇌는 활동전위를 받아들이는 속도로부터 자극의 강도를 해석한다. 뇌는 얼마나 많은 감각뉴런으로부터 신호를 받는지를 추적함으로써 자극강도에 관한 부가적인 정보를 얻는다.

우리가 방금 말한 자극강도에 대해서 중요한 조건이 있다. 당신은 처음에 강했던 냄새가 어떻게 시간이 지남에 따라 점차 사라져 가는지에 대해 주목해 본 적이 있는가? 혹은 당신이 처음에 뛰어 들었을 때, 수영장의 물이 아주 차지만, 어떻게 그 이후는 그것에 익숙해 지는가? 우리는 옷을 계속 입고 있지만, 입고 있다는 느낌은 지속되지 않는다. 이러한 효과를 **감각적응(sensory adaptation)**이라고 하는데, 이것은 반복적으로 자극될 때, 덜 민감해지는 일부 감각수용기들의 경향이다. 수용기들이 둔감해지면, 더 적은 수의 활동전위를 발생시키고, 따라서 뇌는 보다 적은 자극을 받게 된다. 감각적응은 정상적인 배경 자극에 대해서는 신체가 반응하지 않도록 하다. 이것이 없다면, 우리의 신경계는 필요 없는 정보로 과부하가 걸리게 된다. ✓

✓ 체크포인트

음악 소리가 큰 클럽으로부터 밖으로 나왔을 때, 뇌가 받아들이는 활동전위에 어떤 일이 일어나는가?

답: 활동전위의 속도(빈도)가 감소한다.

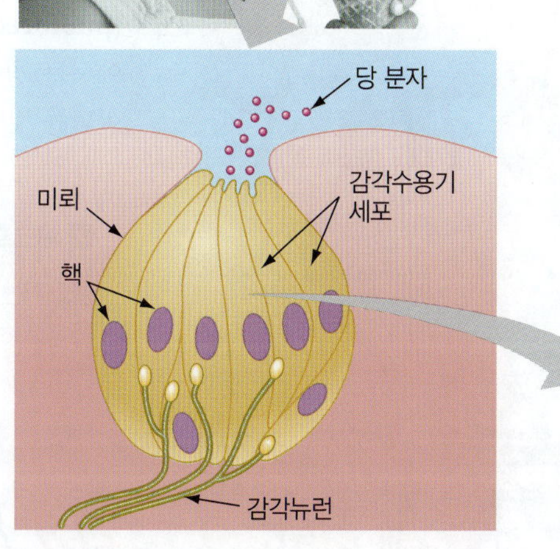

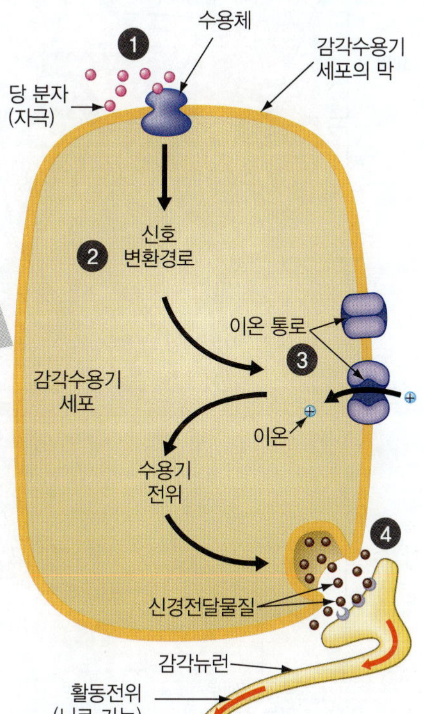

▲그림 27.16 **사람의 미뢰에서 화학자극을 전기신호로 전환하기.**

감각수용기의 종류

감각수용기는 반응하는 신호의 종류에 따라 일반적으로 통각수용기, 온도수용기(열과 냉기에 대한 감각기), 기계적수용기(접촉, 압력, 동작, 소리에 대한 감각기), 화학수용기(화학물질에 대한 감각기), 전자기수용기(빛과 전기와 같은 에너지에 대한 감각기) 등 다섯 가지로 나눌 수 있다. 이러한 다섯 가지 수용기들은 다양한 조합을 이루어 작용함으로써 청각, 후각, 미각, 촉각, 그리고 시각이라는 인간의 오감을 만들어 낸다.

그림 27.17은 사람 피부의 단면을 나타내는데, 그것은 왜 우리 몸의 표면이 다양한 종류의 자극에 민감한지를 보여준다. 우리의 피부는 통각수용기(빨간색), 온도수용기(파란색), 기계적수용기(초록색)를 가지고 있다. 이들 수용기는 각각 감각뉴런의 수상돌기가 변형된 것이다. 단일 수용기는 자극을 인식할 수 있으며, 활동전위를 중추신경계로 보냄으로써 자극에 반응할 수 있다. 즉 각 수용기들은 수용기세포와 감각뉴런으로 두 가지 기능을 수행한다.

뇌를 제외한 신체의 모든 부분은 통각수용기를 가지고 있다. 통증은 동물로 하여금 위험을 감지하고, 안전을 위해 몸을 피하도록 해주기 때문에 중요하다. 또한 우리 내부 장기의 통증이 실제 문제 부위와는 다른 위치에서 느껴질 수도 있지만, 통증은 우리에게 부상이나 질병을 인식하게 할 수 있다. **통각수용기(pain receptor)**는 과도한 열이나 압력 혹은 손상되거나 염증이 생긴 조직에서 분비되는 화학물질에 반응하기도 한다. 아스피린이나 이부프로펜(ibuprofen)은 통각수용기를 자극하는 프로스타글란딘 합성을 억제함으로써 통증을 감소시킨다.

▼그림 27.17 **사람의 피부에 있는 감각수용기들.** 당신의 피부는 아주 다양한 수용기들을 가지고 있기 때문에 매우 다양한 자극에 민감하다.

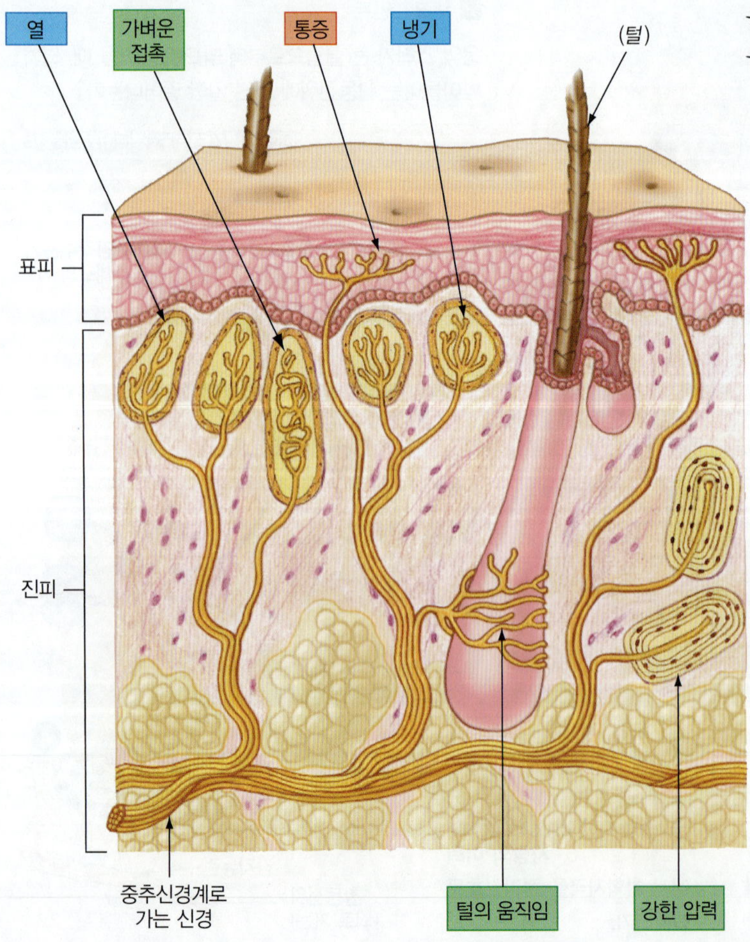

피부의 **온도수용기(thermoreceptor)**는 열이나 냉기를 감지한다. 인체의 깊은 부위에 존재하는 또 다른 온도수용기들은 혈액의 온도를 감시한다. 신체의 주요 온도조절기는 시상하부(25장에서 설명)이다. 시상하부는 표면 센서와 심층 센서로부터 오는 두 개의 활동전위를 수신하여, 포유류나 조류의 체온을 좁은 범위 내에서 유지한다(그림 21.14 참조).

기계적수용기(mechanoreceptor)는 매우 다양하다. 여러 가지 유형의 수용기들이 접촉과 압력, 신장, 동작, 소리 등과 같은 각기 다른 형태의 기계적 에너지에 의해 자극된다. 기계적수용기의 한 예는 고양이의 수염 밑 부분에 있는 촉각수용기다. 이 수용체들은 극도로 민감하며 동물이 어둠 속에서 촉각으로 물체를 감지할 수 있게 해준다..

화학수용기(chemoreceptor)에는 외부환경의 화학물질에 대응하는 코와 미뢰의 감각세포와 더불어 우리 몸의 내부환경에서 화학물질을 감지하는 일부 내부 수용기가 포함된다. 내부 화학수용기에는 혈액을 감시하는 동맥 내 감지기가 포함되어 있는데, 어떤 감지기는 pH의 변화를 감지하고 다른 감지기는 산소(O_2) 농도의 변화를 감지한다.

전자기수용기(electromagnetic receptor)는 자력과 빛 등의 형태에서 얻는 다양한 파장의 에너지에 민감하다. **광수용기(photoreceptor)**는 빛의 전자기 에너지를 감지한다. 다음 절에서는 광수용기를 이용하는 특이적 기관인 눈에 초점을 맞춰 살펴볼 것이다. ✓

✓ 체크포인트

물고기는 주변의 물에서 일어나는 진동과 운동을 감지한다. 이것을 감지하는 것은 어떤 종류의 감각수용기인가?

답: 기계적수용기

27.9 시각

사람의 눈은 여러 가지 색깔을 구분하고 멀리 있는 물체의 이미지를 형성하며, 소량의 빛에너지에 반응하는 뛰어난 감각기관이다. 이 절에서, 사람 눈의 구조와 눈이 어떻게 이미지를 처리하는지에 대해 배우게 될 것이다. 또한 시각 문제가 왜 일어나며, 어떻게 교정하는지에 대해서도 배우게 될 것이다.

망막 조명

광수용기가 어떻게 시각에서 작용하는가를 이해하기 위하여, 우리는 먼저 눈을 통하여 이런 광수용기들을 가지고 있는 조직층인 **망막(retina)**까지의 빛의 경로를 따라가 볼 필요가 있다(그림 27.18). 비록 사람 안구의 바깥층이 흰 결합조직층으로 덮여 있지만(공막 또는 "눈의 흰자위"), 그것은 눈의 정면에서는 투명해진다. 곡선 모양의 이 투명한 "창"을 **각막(cornea)**이라고 하는데, 이것은 빛이 눈 안으로 들어오게 하고 빛에 초점을 맞출 수 있게 도와준다. 각막과 액체로 채워진 방을 통하여, 빛은 **홍채(iris)**라고 하는 색깔 있는 구조에 도달한다. (홍채는 당신의 눈 색깔을 나타낸다.) 빛은 홍채를 지나는데, 홍채는 **동공(pupil)**이라고 하는 원형의 통로를 지나 중앙에 있다. 홍채의 근육은 동공의 크기를 조절하여, 눈으로 들어가는 빛의 양을 조절한다. 일단 동공을 통과하면, 빛은 투명하고 원반모양인 **수정체(lens)**를 지나고, 젤리와 유사한 액체를 지나, 망막에 이르게 된다. 망막은 빛을 감지하는 수용기세포들을 함유하고 있다.

망막의 광수용기를 더 자세하게 논하기 전에, 눈이 각 부분들이 상황에 따라 우리의 시각을 돕기 위해 어떻게 변화하는지에 대해 생각해 보자. 당신의 눈을 이 교재로부터 멀리 떨어진 물체로 옮겨봐라. 무슨 일이 일어나는가? 당신은 광선이 망막에 수렴되도록 초점을 바꿔야만 한다(그림 27.19). 근육은 수정체 구조의 모양을 조절하여, 광선을 굽힐 때 그 기능을 조절한다. 눈이 가까운 물체에 초점을 맞추면 수정체를 조절하는 근육이 수축하고, 수정체를 고정시키는 인대가 느슨해지고, 이렇게 장력이 줄면서 탄력있는 수정체는 더욱 두껍고 둥글어지게 된다. 눈이 멀리 있는 물체에 초점을 맞추면 수정체를 조절하는 근육이 이완되어 인대에 장력을 가하고 수정체를 납작하게 만든다.

가까이 그리고 멀리 있는 물체를 보는 것 외에도, 시각이 밝은 빛과 어두운 빛에서도 작동하는 것을 알 수 있다. 눈은 어떻게 다양한 빛에 맞추어 조정하는가? 거울을 보라, 그리고 얼굴 가까이에 밝은 빛을 비춰보라. 그러면 동공이 작아지는 것을 볼 수 있을 것이다. 방을 어둡게 하면, 그 반대 현상이 일어난다. 우리의 공통조상 때문에, 다른 동물들의 동공은 밝은 빛과 어두운 빛에서 유사하게 조절한다. 한 가지 차이점은 고양이와 같은 야행성 동물은 우리와 같이 원형이 아니고 가늘고 길게 뜨는 동공을 가지고 있다는 것이다. 가늘고 긴 동공은 밤에 활동적인 종들이 낮 동안 너무 밝은 빛을 신속하게 차단하도록 해준다. 또한 고양이는 보다 큰 수정체와 사람보다 더 빛에 민감한 망막을 가지고 있다.

우리는 빛이 어떻게 눈을 통과하며, 그 눈이 어떻게 들어오는 빛의 양을 조절하는지를 알게 되었으므로, 빛이 어떻게 망막의 세포를 자극하는지를 알아보자. 우리는 망막의 광수용기로 주의를 돌려보고자 한다. ✓

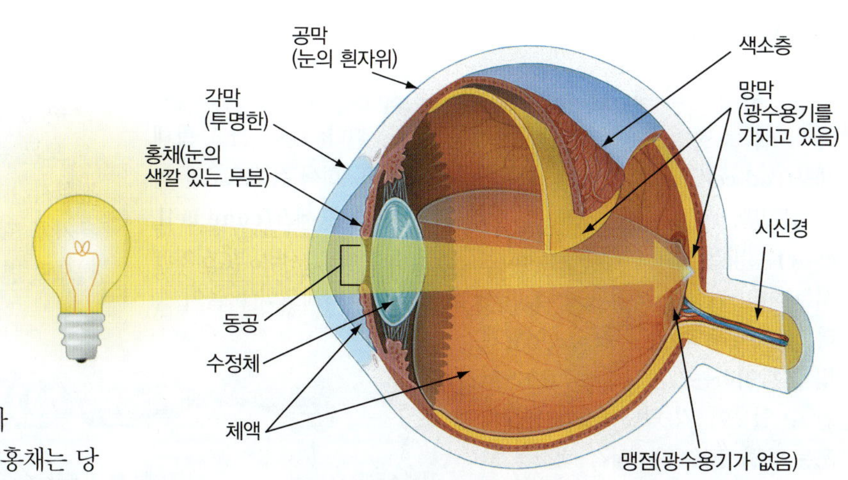

▲그림 27.18 **망막까지 이르는 빛의 경로.** 빛이 일단 눈을 통과하면, 그것은 망막의 광수용기 세포에 초점을 맞춘다.

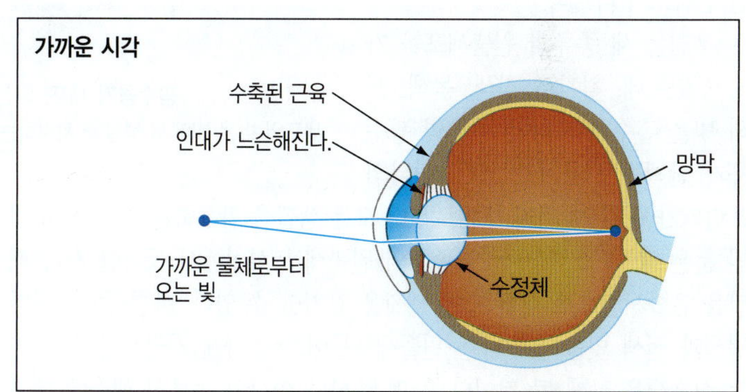

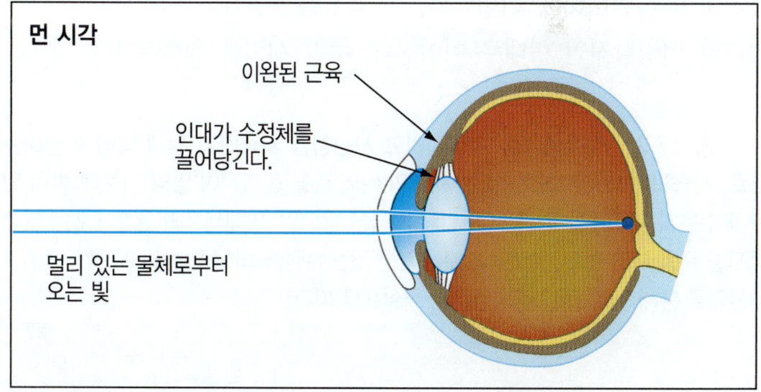

▲그림 27.19 **눈의 수정체는 어떻게 초점을 맞추는가.** 가까이 있는 물체를 볼 때(위), 수정체는 두꺼워지고 볼록하게 되어 망막에 상을 맺히게 한다. 먼 물체를 볼 때(아래), 수정체는 편평해지면서 망막에 상을 맺히게 한다.

✓ 체크포인트

눈의 젤리 같은 액체가 혈액에 의해 침해되었을 때 시력이 저해되는 이유는 무엇인가?

답: 혈액의 침해(예, 외상 후)는 망막으로 가는 빛의 경로를 방해하여 투명한 젤리 같은 액체를 흐리게 만든다.

광수용기

빛이 사람의 눈의 정면을 통하여 망막으로 지나갈 때, 그것은 모양에 따라 이름을 붙인 두 종류의 광수용기를 만나게 된다(그림 27.20). **막대세포(rod cell, rod)**는 빛에 아주 민감하며, 비록 회색 음영으로만 볼 수 있지만, 어두운 곳에서도 볼 수 있게 한다. **원뿔세포(cone cell, cone)**는 밝은 빛에 의해 자극되고 색깔을 구분할 수 있지만, 밤 시야에서는 거의 기능을 하지 못한다. 야행성 동물은 막대세포의 비율이 높다. 막대세포와 원뿔세포는 어떻게 빛을 감지하는가? 그림 27.20에서 알 수 있듯이, 각 막대세포와 원뿔세포는 빛을 흡수하는 시각 색소를 포함하는 디스크 배열을 가지고 있다. 색소는 파장(색상)과 빛의 강도에 대한 민감도가 다르다.

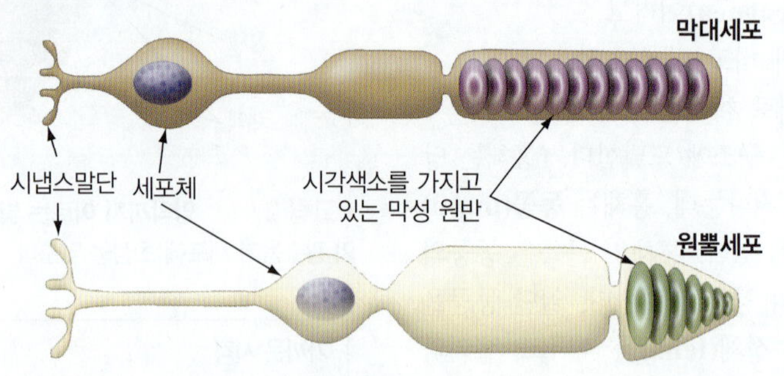

▲그림 27.20 **광수용기 세포.** 당신의 눈은 어두운 빛에서 볼 수 있는 막대세포와 밝은 빛에서 색깔을 지각하는 원뿔세포를 가지고 있다.

우리는 세 종류의 원뿔세포를 가지고 있는데, 각각은 청색, 녹색, 적색 빛을 흡수하는 다른 종류의 광수용기 단백질을 가지고 있다. 하나의 프린터가 단지 세 가지 토너로부터 모든 색깔을 합성하는 것처럼, 우리의 눈은 각 특정 색깔이 세 종류의 원뿔세포 사이에서 독특한 자극 패턴을 유발시킴으로 매우 많은 색깔을 감지할 수 있다. 예를 들어, 만일 청색과 적색 빛을 흡수하는 원뿔세포들이 동등하게 자극된다면, 우리는 심홍색을 보게 될 것이다. 색맹은 하나 이상의 종류의 색소에 대한 유전자의 돌연변이에 기인한다. 이러한 돌연변이는 원뿔세포 유형이 없거나 비정상적인 형태로 이어진다. 주간 시력은 원뿔세포의 밀도가 높은 척추동물의 경우 매우 선명하다. 매와 같은 조류들은 우리보다 10배나 많은 원뿔세포를 가지고 있어서, 높은 고도에서 작은 먹이를 발견할 수 있다.

모든 수용기세포처럼, 막대세포와 원뿔세포는 자극을 전기신호로 전환시킨다. 그림 27.21에서, 우리는 그림의 오른쪽에 있는 이런 광수용기에 도달하는 빛을 보게 된다. 빛을 흡수하면서, 시각 색소는 화학적으로 변화하고, 그 변화는 세포막의 투과성을 변화시킨다. 결과적인 수용기전위는 망막에서 시작하는 복잡한 통합 과정을 촉발시킨다. 다른 망막 뉴런은 수용기전위를 통합하기 시작하고 그렇게 함으로써 활동전위를 일으킨다. 이러한 활동전위들(그림의 화살표)은 **시신경(optic nerve)**을 따라 전달되어 부분적으로 통합된 정보를 뇌로 운반하게 되는 것이다. 우리가 실제로 보는 3차원적인 지각은 대뇌피질의 여러 처리 중추에서 더욱 진행된 통합의 결과이다. ✓

✓ 체크포인트

태평양의 어떤 작은 섬에는 기능이 없는 원뿔세포를 갖는 유전적 질환이 인구의 약 10%가 된다. 그 유전적 질환이 있는 사람들은 보는데 어떤 문제가 있는가?

답: 그들은 색깔을 보지 못하고, 단지 흑, 백, 그리고 회색의 음영만 보게 된다.

► 그림 27.21 **광수용기를 활성화하고 시신경을 자극하기 위해 빛이 이동하는 경로.** 사람의 눈에 들어오는 빛은 세포의 여러 층을 통과하여 망막 뒤쪽에 박혀 있는 광수용기 세포들을 타격한다. 일단 자극을 받으면, 막대세포와 원뿔세포는 빛에너지를 수용기전위로 전환한다. 수용기전위는 뉴런에 의해 통합되고, 활동전위로 시신경을 통해 뇌로 전달된다(검은색 화살표를 따라).

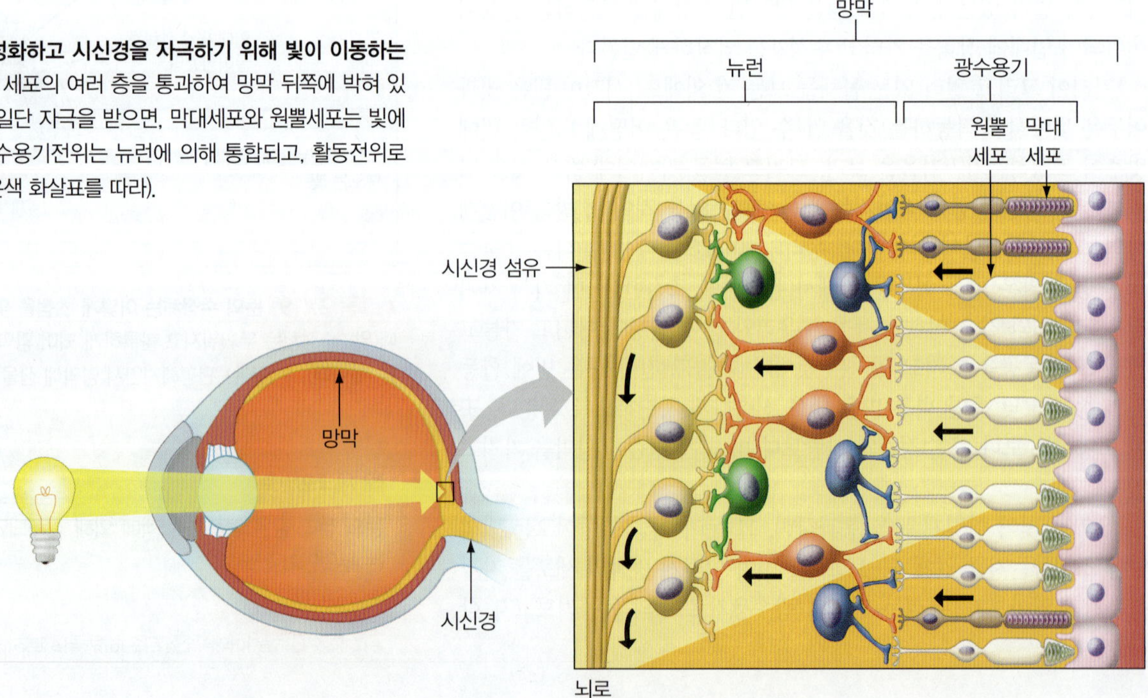

불완전한 시각

오징어와 같은 일부 무척추동물들처럼, 모든 척추동물들은 단일 수정체를 가진 눈을 가지고 있다. **그러나 단일 수정체 눈은 독립적으로 이런 두 집단에서 나타났다. 그 눈들은 자연선택을 통하여 새로운 기능을 획득한 두 개의 다른 조직에서 유래되었다.** 기존의 구조물들이 새로운 기능을 획득할 때, 때때로 결함이 분명해진다. 예를 들어, 사람의 경우 "맹점"이라고 알려진 눈의 뒤를 통하여 시신경이 지나가는 망막의 부분에는 어떤 수용기세포들이 없다(그림 27.18에서 그 위치를 보라). 맹점에 초점이 맞는 빛은 감지될 수 없다. 그림 27.22를 이용하여 맹점을 발견할 수 있다. 맹점에도 불구하고, 시야가 서로 겹치는 두 개의 눈을 가지고 있으므로 연속적인 이미지를 감지할 수 있도록 해준다. 시신경이 망막을 통하여 지나지 않고 대신에 광수용기 뒤로 간다면, 우리의 눈은 보다 좋게 작용할까? 아마도 그럴 것이다. 오징어의 단일 수정체 눈은 이런 방법으로 구조화되어 있으며, 맹점을 가지고 있지 않다. 그러나 매우 기능적인 우리의 눈은 해부학적 구조가 완벽할 필요가 없음을 설명해 준다.

가장 일반적인 세 가지 시력 문제는 근시, 원시, 그리고 난시이다. 세 경우 모두 초점의 문제인데, 인공 렌즈로 쉽게 교정이 가능하다. **근시(nearsightedness)**인 사람은 가까운 거리에서는 볼 수 있지만, 먼 거리에 있는 물체에 대해서는 초점을 맞출 수 없다. 근시의 안구(그림 27.23a)는 정상보다 더 길다. 수정체가 충분히 납작해지지 않아서 멀리 있는 물체의 상이 망막 위에 정확히 맺히지 않고 망막 앞에 맺히게 된다. **원시(farsightedness)**는 안구가 정상보다 짧을 때 수정체에 의한 상이 망막의 뒤쪽에 맺히게 된다(그림 27.23b). 원시인 사람들은 먼 거리의 물체는 정상적으로 볼 수 있지만, 가까운 물체는 잘 볼 수 없다. 근시와 원시 모두 망막 상의 정확한 지점에 빛을 모아주도록 하는 안경이나 콘택트렌즈에 의해 교정될 수 있다.

난시(astigmatism)는 기형의 수정체나 각막에 의해 시각이 흐려지는 것이다. 그러한 뒤틀림은 광선을 고르게 굴절시키지 않으므로 망막의 어떤 한 지점에 상이 맺히지 않는다. 난시를 교정하는 렌즈는 눈의 비대칭성을 보정하기 위해 비대칭 렌즈를 사용한다.

수술 절차는 시력 장애를 치료하기 위한 하나의 선택사항이다. LASIK이라고 알려진 레이저 보조 수술에서는 각막을 재구성하여 집중하는 능력을 바꾼다. 다양한 시력 문제를 교정하기 위해 매년 거의 100만 건의 LASIK 수술이 행해지고 있다. ✓

▼그림 27.22 **맹점의 감지.** 당신의 오른쪽 눈을 감아라. 당신의 왼쪽 눈으로 위의 이미지에서 ✚를 보라. 이 페이지로부터 약 60 cm 떨어진 곳에서 시작하여, ✚를 보면서 천천히 당신의 머리를 가까이 가져가라. 당신은 어떤 특정 거리에서 ●이 사라진다는 것을 주목해야 한다. 이런 일이 일어날 때 ●은 왼쪽 눈의 맹점에 있는 것이다. 만일 당신이 ●을 직접 본다면, 그것은 다시 나타날 것이다.

✚

✓ **체크포인트**

안경은 어떤 종류의 눈의 구조적 결함을 교정할 수 있는가?

답: 짧은 안구(원시), 긴 안구(근시), 또는 기형의 각막이나 수정체(난시)

▼그림 27.23 **근시안과 원시안.** 교정 렌즈는 망막에 정확하게 상을 맺히게 함으로써 시력 문제를 도와준다.

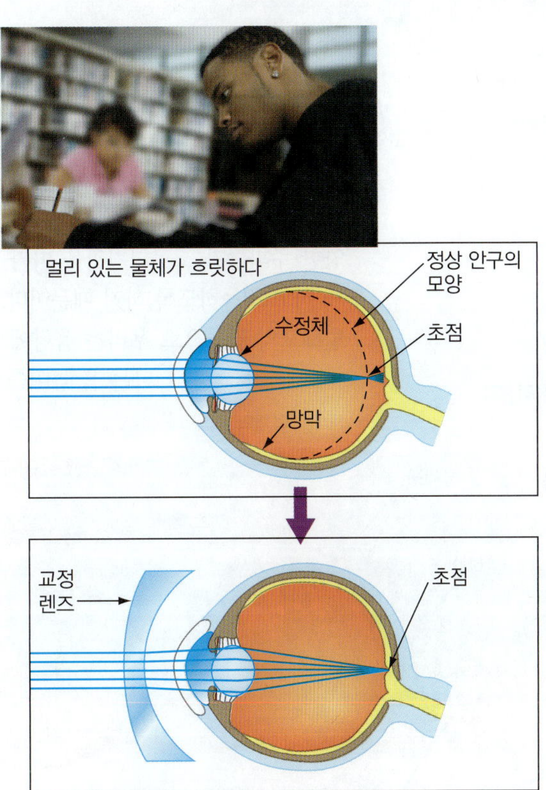

(a) **근시안(안구가 너무 길다).**
근시는 가운데가 얇은 렌즈에 의해 교정된다.

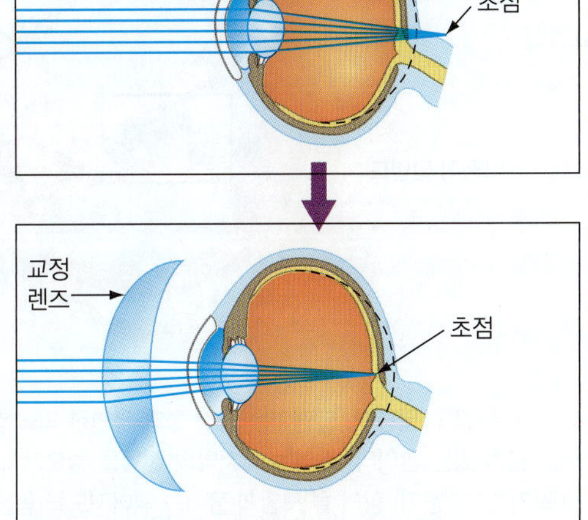

(b) **원시안(안구가 너무 짧다).**
원시는 가운데가 두꺼운 렌즈에 의해 교정된다.

27.10 청각

당신이 문자 메시지의 알림과 같은 소리를 들을 때, 그 소리는 당신의 귀 내부를 통과하여 뇌로 중계하는 전기신호를 생산하는 감각수용기로 간다. 그림 27.24는 소리가 어떻게 귀를 통하여 수용기가 있는 곳까지 가는지를 보여준다. ❶ 우리가 흔히 귀라고 부르는 구부릴 수 있는 구조인 귓바퀴(pinna)는 이도로 가는 음파를 모으는 깔때기 같은 작용을 한다. **외이(outer ear)**는 귓바퀴와 이도(auditory cannal)로 구성되어 있다. ❷ 그 다음 음파는 외이와 중이를 구분해 주는 **고막(eardrum)**이라고 하는 얇은 조직에 도달한다. 음파는 고막을 진동시킨다. ❸ 고막의 진동은 추골(hammer), 침골(anvil), 등골(stirrup) 등 **중이(middle ear)**에 있는 세 개의 작은 뼈를 통해 지나면서 집중된다. 이것들은 사람의 몸에서 가장 작은 뼈들이다. 아주 작아서 셔츠 단추 위에 3개 모두를 올려놓을 수 있다. ❹ 등골은 진동을 중이와 **내이(inner ear)** 사이의 얇은 조직으로 전달한다. 그 뼈들이 진동함으로써, 그것들은 내이를 채우고 있는 액체 안에 진동을 발생시키는 막을 밀게 된다. 내이의 구성요소는 **달팽이(cochlea)**인데, 이것은 코일처럼 감겨 있고, 액체로 채워진 구조로서 우리의 청각기관을 가지고 있다. 이 청각기관에는 감각수용기가 위치해 있으며, 소리가 감지된다(그림 27.25).

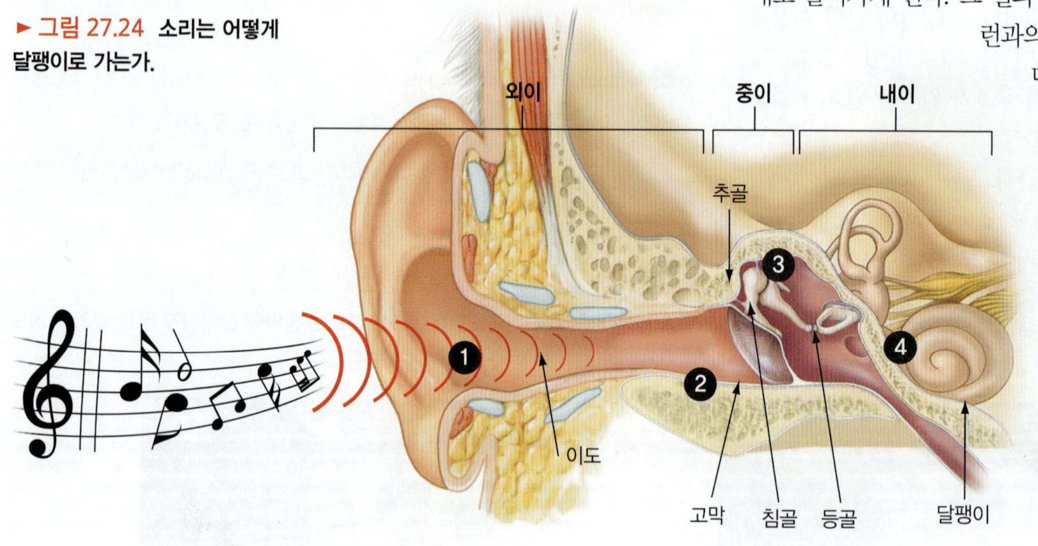

► 그림 27.24 소리는 어떻게 달팽이로 가는가.

달팽이 안에는, 털세포로 알려진 수용기세포가 기저막이라는 구조에 고정되어 있다. 중이에서 이동하는 진동은 달팽이 내에서 압력파를 생성하여 기저막이 진동하도록 한다. 기저막의 진동은 털세포의 털모양의 돌기물이 덮개막에 부딪혔다 떨어졌다 하게 만든다. 털세포의 돌기물이 구부러지면 세포막에 있는 이온 통로가 열려서 양이온이 세포 내로 들어가게 된다. 그 결과 털세포는 수용기전위를 일으키고 감각뉴런과의 시냅스 부위에 신경전달물질을 분비한다. 그 다음 감각뉴런은 청신경을 통해 활동전위를 뇌로 전달한다. 당신의 뇌는 그 소리를 해석하며, 행동에 대한 계획을 세운다. 만일 그것이 문자 알림이라면, 당신은 당신의 전화기를 집어들 것이다.

물론, 당신이 문자 알림을 듣던지 말든지 여부는 전화기의 볼륨 세팅에 달려 있다. 소리의 크기는 음파의 강도(진폭)에 대한 지각이다. 보다 강렬한 음파는 내이에 있는 액체를 보다 강하게 이동시킨다. 액체의 이동이 강할수록 소리의 지각도 커진다(그림 27.26). 당신은 특정 음조를 구분할 수 있다. 그 이유는 음파의 다양한 주파수가 코르티기관을 따라 존재하는 다른 털세포로 하여금 휘게 하고 진동하도록 하기 때문이다. 따라서 액체의 이동과 내이의 특정 털세포의 진동으로 우리는 음량에 따른 소리와 전화나 기타 환경에서 나는 음 높이를 구분할 수 있다. 다른 척추동물들은 다양한 음량과 음조에 민감하다. 예를 들어, 코끼리는 인간이 들을 수 있는 것보다 훨씬 낮은 음파를 탐지할 수 있는 반면, 박쥐는 훨씬 높은 주파수에서 파동을 탐지할 수 있다.

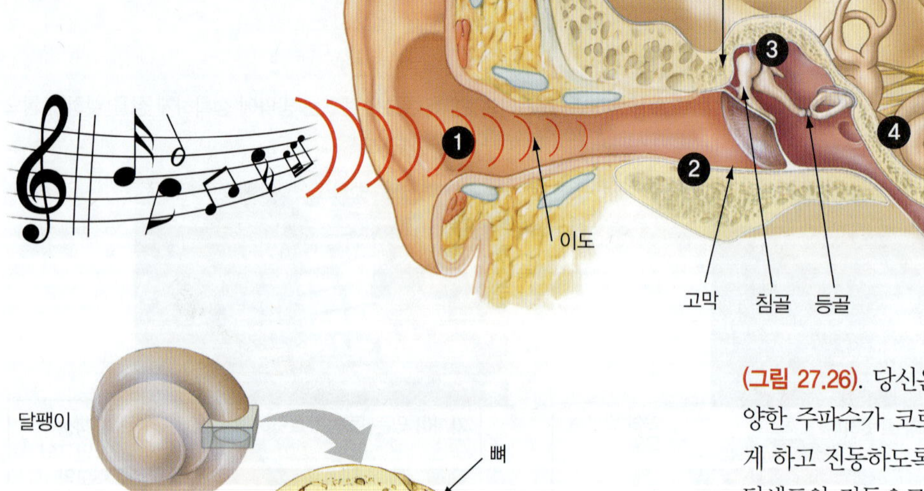

▲그림 27.25 **달팽이.** 달팽이는 감각 털과 유연한 막을 함유하는 감겨 있는 관이다. 소리는 기저막의 진동을 일으켜서, 털세포(기계적수용기) 상의 털 모양의 돌기가 휘어지도록 힘을 가한다. 털세포는 자극을 수용기전위로 전환시킨다. 수용기전위는 활동전위로서 청각신경을 통하여 뇌로 간다.

듣지 못하는 귀먹음(deafness)은 선천적 또는 후천적으로 존재한다. 청각에서 중요한 역할을 한다고

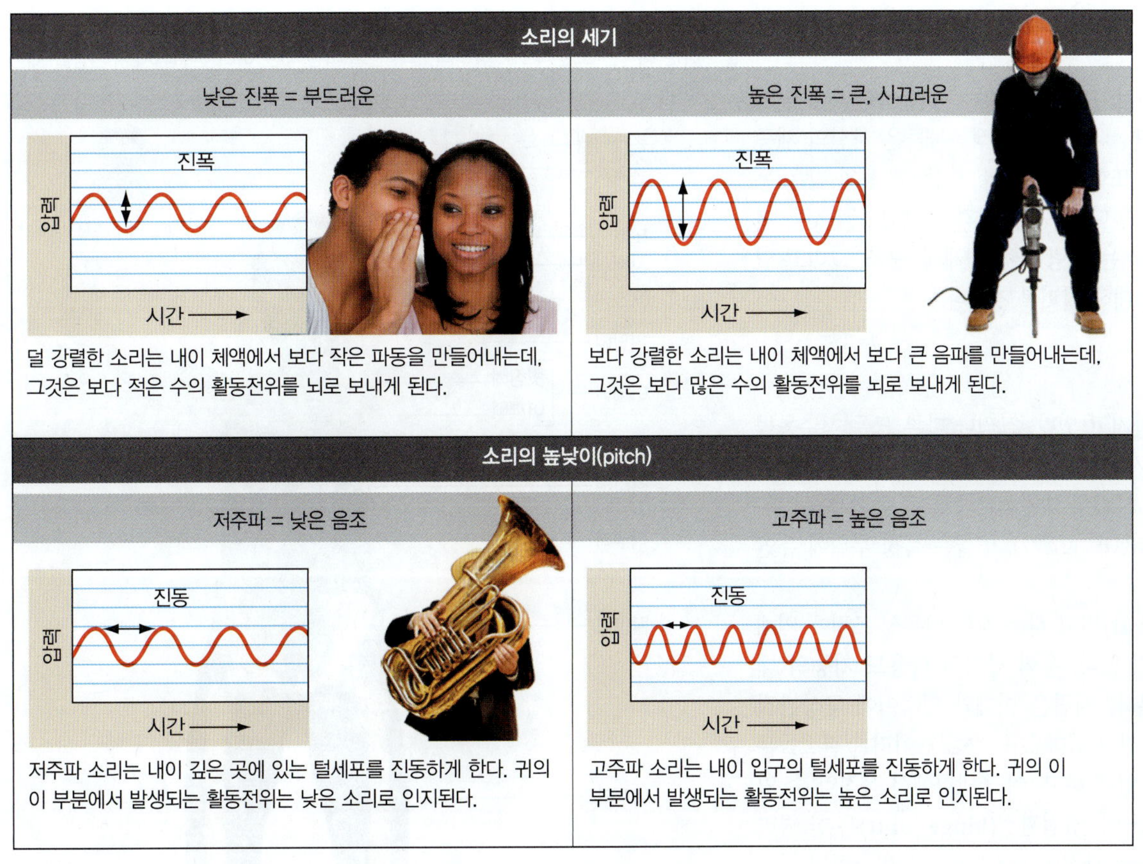

◀ 그림 27.26 **소리의 특성과 인지되는 음량과 음조.**

알려진 유전자들의 돌연변이는 유전되어, 결함이 있는 귀 구조들을 갖고 태어날 수 있다. 또한 듣지 못하는 것은 중이의 감염, 고막의 파열, 또는 중이 뼈의 경화(대개는 나이와 연관됨) 등으로 생길 수 있다. 90 데시벨 이상의 매우 큰소리에 자주 또는 지속적으로 노출되면 내이의 털세포가 손상되거나 파괴되어 결코 대체되지 않는다. 귀마개를 착용하면 보호될 수 있다. 그러나 많은 사람들은 일상적으로 90 데시벨 이상의 이어폰으로 음악을 듣는다. 귀먹음은 꾸준히 진행되며 영구적이다. 청각 소실에 대한 한 가지 치료는 달팽이 이식(cochlear implant)이라고 하는 방법인데, 이것은 결함이 있는 구조들을 우회하여 청신경을 직접 자극하는 것이다. ✓

음악의 볼륨을 높이면 몇 년 안에 그 곡들을 전혀 들을 수 없을지도 모른다.

✓ 체크포인트

어떻게 귀는 공기의 음파를 내이의 체액에서 압력파로 전환시키는가?

답: 공기 중의 음파는 고막을 진동시킨다. 고막의 안쪽에 붙어 있는 작은 뼈들이 내이에 있는 체액으로 진동을 전달하여 압력파를 만들어낸다.

운동계

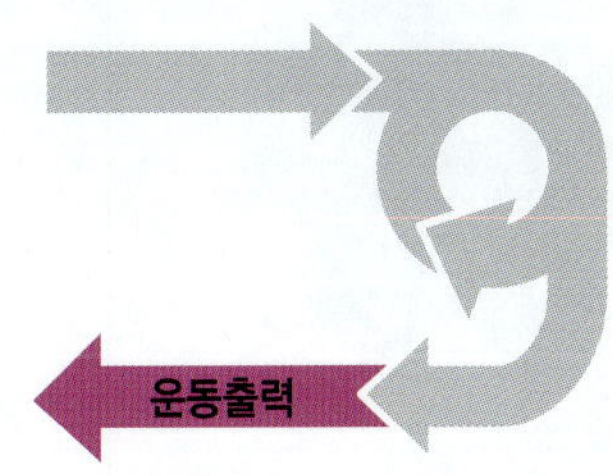

지금까지, 우리는 몸이 어떻게 감각수용기를 경유하여 환경을 감지하고, 중추신경계 내에서 이런 정보를 통합하는지를 알아보았다. 이 절에서는 어떻게 몸이 자극을 운동반응(이동)으로 연결시켜 신경회로를 완성시키는지를 알아볼 것이다.

운동은 동물의 가장 뚜렷한 특징 중 하나다. 동물이 걷거나, 뛰거나, 수영하거나, 기어 다니거나, 날아다니거나, 앉거나, 기관계의 상호작용이 그 움직임을 책임진다. 신경계에 의해 조절되는 근육계는 실제로 동물이나 그 일부를 움직이게 하는 힘을 발휘한다. 그러나 근육에 의해 발휘되는 힘은 단단한 구조에 대해 가해져야만 움직임을 만들어 낸다. 척추동물에서 이 구조는 골격계이다.

27.11 골격계

골격계(skeletal system)는 지지, 보호, 고정의 기능을 나타낸다. 만일 골격에 의해 지지받지 못한다면, 대부분의 육상동물들은 자신의 체중으로 인해 늘어지게 될 것이다. 또한 골격은 뇌, 신장, 폐 등과 같은 동물의 부드러운 내부기관을 보호한다. 근육을 골격에 고정하는 것은 뼈를 움직이도록 해준다. 이 절에서는 사람 골격의 체제, 구조, 그리고 일어날 수 있는 몇 가지 문제들에 대해 살펴볼 것이다.

사람 골격의 구성

많은 무척추동물은 외골격을 가지고 있다. 그러나 다른 모든 척추동물처럼 사람은 부드러운 조직 사이에 단단한 지지대를 갖는 **내골격(endoskeleton)**을 갖고 있다. 사람의 내골격은 연골과 골격계를 이루는 206개의 뼈로 이루어져 있다(그림 27.27). 연골은 특정 부위에 유연성을 제공한다.

골격의 뼈들은 **인대(ligament)**라고 하는 강한 섬유성 조직에 의해 움직이는 관절에서 서로 맞물려 있다. **우리 골격의 다용도 기능의 대부분은 관절의 구조에서 나온다.** 사람은 어깨와 엉덩이에 **구상관절(ball-and-socket joint)**을 가지고 있다(그림 27.28). 이러한 관절들은 우리의 팔과 다리를 회전할 수 있게 하고, 여러 방향에서 움직일 수 있게 해준다. 팔꿈치에서 보는 것처럼, **경첩관절(hinge joint)**은 한 평면에서 움직일 수 있게 해준다. **중쇠관절(pivot joint)**은 팔꿈치에 있는 팔뚝을 회전할 수 있게 해주며, 머리를 좌우로 돌리게 해준다("아니오"라고 말할 때처럼).

뼈의 구조

비록 그것들이 건조하고 죽은 것처럼 보일 수 있지만, 뼈는 여러 종류의 살아 있는 조직으로 구성된 복잡한 기관이다. 그림 27.29에서 보는 것처럼, 상완골(위팔뼈)의 단면으로부터 뼈의 복잡성에 대해 어느 정도 느낄 수 있을 것이다. 얇은 섬유성 결합조직(오른쪽 아래의 확대된 그림에서 잘 보임)이 바깥 표면의 대부분을 덮고 있다. 이런 조직은 정상적인 성장 동안 또는 골절 사고에서 새로운 뼈를 형성할 수 있다. 뼈의

▼그림 27.27 **사람의 내골격.** 몸통을 지탱하는 뼈들은 초록색으로, 사지를 지탱하는 뼈들은 노란색으로 나타내었다. 연골(파란색)은 여러 관절에서 유연성을 제공한다.

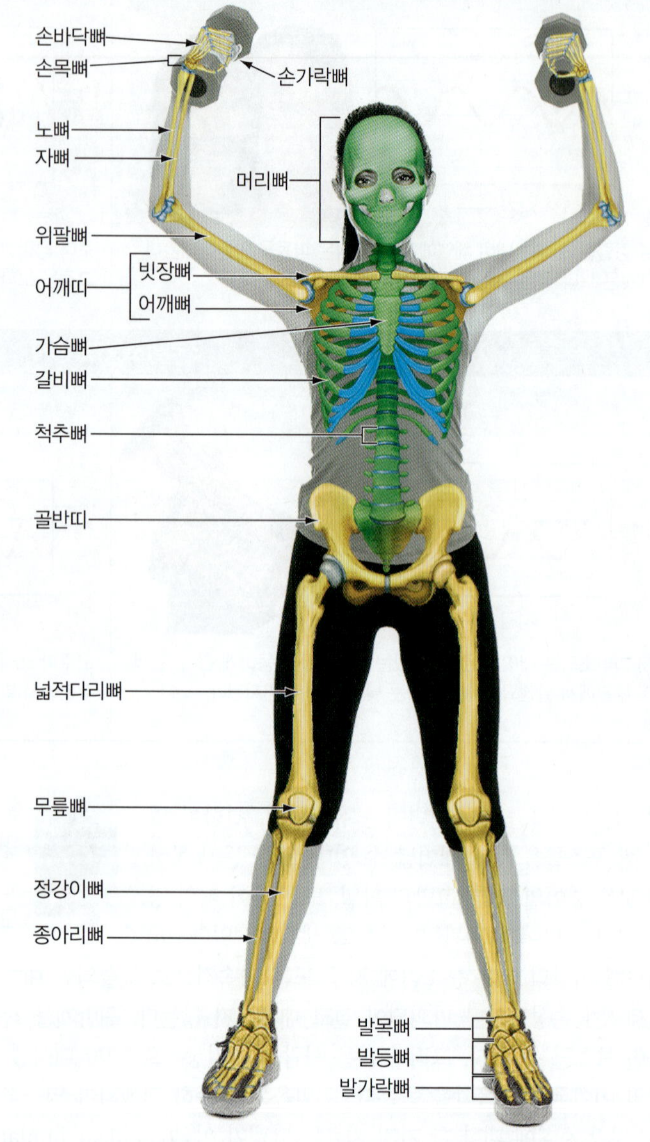

▼그림 27.28 **세 종류의 관절.**

관절

구상관절
(예: 여러 방향으로 움직이는 어깨)

위팔뼈의 머리
어깨뼈

경첩관절
(예: 한 방향으로 움직이는 팔꿈치)

위팔뼈
자뼈

중쇠관절
(예: 부분적 회전이 가능한 팔꿈치)

자뼈
노뼈

▼그림 27.29 **팔뼈의 구조.**

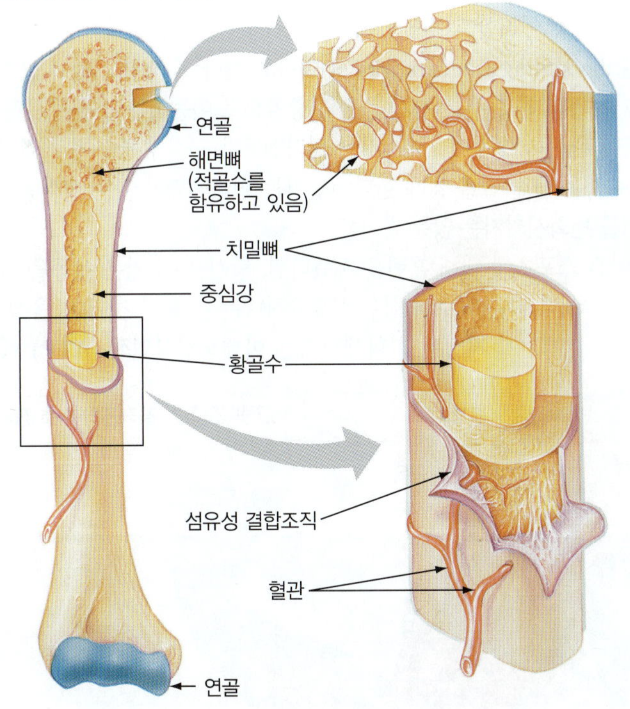

양 끝부분은 얇은 층의 연골(파란색)로 되어 있는데, 그것은 관절에 완충작용을 함으로써 뼈가 서로 맞부딪히며 움직일 때 뼈끝을 보호한다. 뼈 자체에도 주변물질인 기질(matrix)을 분비하는 세포가 있다(그림 21.4 참조). 모든 살아 있는 조직과 같이, 뼈 조직도 영양물질과 산소가 필요하다. 혈관은 뼈 속의 통로를 통하여 지나가며, 양분과 조절 호르몬들을 뼈세포로 운반하고, 뼈세포에서 나온 노폐물을 운반한다.

그림 27.29에서 보이는 긴 뼈의 자루는 중심강을 둘러싸고 있다. 이 중심강에는 혈액에 의해 뼈로 운반되어 온 지방들이 저장되어 있는 황골수가 있다. 뼈의 끝에는 적혈구를 생산하는 특수화된 조직인 적골수(그림에는 보이지 않음)를 함유한 공간이 있다(23장 참조). ✓

✓ 체크포인트

왜 "뼈처럼 마른"이라는 말이 부정확한가?

답: 살아 있는 뼈는 혈액이 운반되며 골수를 가지고 있다.

골격질환과 부상

뼈는 아주 강하고, 잘 지탱해 주기는 하지만, 병에 걸리거나 부상을 당하기도 쉽다. 뼈는 단단하지만 유연성이 없는 것은 아니다. 뼈들은 외부 힘에 대하여 휘어질 수도 있다. 그러나 많은 사람들이 개인 경험으로 알고 있듯이, 골격계는 한계가 있다. 만약 뼈가 수용할 수 없을 정도로 구부러지도록 힘을 가하면, 골절이 된다. 가장 흔하게 부러지는 뼈는 팔뚝이거나, 75세 이상의 사람들에게는 엉덩이뼈이다.

골절의 치료는 두 단계로 진행된다. 즉 뼈를 원래 모양으로 되돌려 놓은 다음 뼈 생성 세포들이 자연적으로 골절을 회복할 수 있을 때까지 움직이지 못하게 한다. 부목이나 깁스는 다친 부위를 보호하고 움직임을 막아주며 치료를 촉진시킨다. 보다 심한 경우에는 부서진 조각을 유지하기 위해 외과적으로 금속판, 막대, 또는 나사를 삽입해야만 회복될 수 있다(그림 27.30).

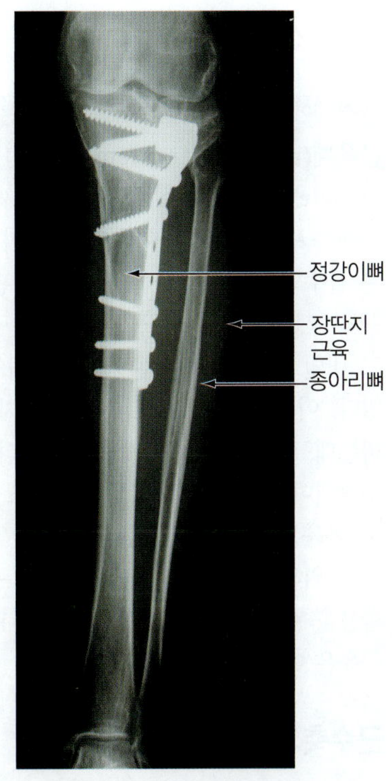

▲그림 27.30 **부러진 뼈.** 이 X-선 사진은 부러진 정강이뼈를 보여준다. 그것을 치료하기 위해 금속판과 나사를 삽입시켰다.

관절의 염증인 **관절염(arthritis)**은 미국인의 7명 중 1명꼴로 나타난다. 관절염의 가장 흔한 형태는 노화의 결과로 발생한다. 관절이 뻣뻣해지면서 쓰리고, 종종 뼈 사이의 연골이 닳아서 붓기도 한다. 때로는 관절에서 뼈가 두꺼워지고, 움직임이 제한되기도 한다. 이러한 형태의 관절염은 비가역적이지만, 대부분의 경우 불구가 될 정도는 아니며, 적당한 운동과 휴식, 그리고 간단한 통증 치료제로 증상을 완화시킬 수 있다.

류마티스관절염(rheumatoid arthritis)은 쇠약해지는 자가면역 질환이다. 관절은 심하게 염증이 일어나고, 조직은 자신의 면역계에 의해 파괴된다(그림 24.16 참조). 류마티스관절염은 주로 40~50대 사이에 시작되며, 남성보다 여성에게 더 많이 나타난다. 항염증제는 증세를 완화시키지만 치료는 되지 않는다.

골다공증(osteoporosis)은 또 다른 심각한 뼈 질환이다. 그것은 폐경기 이후의 여성들에게 아주 흔하다. 즉 에스트로겐은 정상적으로 뼈를 유지시키는데, 호르몬 생성의 저하로 뼈가 얇아지고 구멍이 많아지며 잘 부러지게 된다. 불충분한 운동, 흡연, 당뇨병, 그리고 불충분한 단백질과 칼슘의 섭취도 역시 골다공증을 일으킬 수 있다. 치료 방법으로 칼슘과 비타민 보충제, 호르몬 대체치료법, 그리고 뼈 분해를 느리게 하고 뼈 형성을 증가시키는 약물치료법이 있다. 골다공증의 예방은 뼈의 밀도가 증가되는 시기(약 35세까지)에 칼슘을 충분히 섭취해 주는 것이 중요하다. 체중이 실리는 운동(걷기, 조깅, 역기)은 뼈 질량을 형성하고, 전 생애를 통해 뼈 건강에 유익하다. ✓

✓ 체크포인트

젊은 사람이 골다공증을 예방하기 위해 할 수 있는 두 가지는 무엇인가?

답: 칼슘을 많이 섭취하고, 체중이 실리는 운동을 규칙적으로 한다.

27.12 근육계

골격계에 관해 배웠으므로, 여기서는 체내의 모든 골격근으로 구성된 **근육계(muscular system)**에 초점을 맞출 것이다. **골격근(skeletal muscle)**은 골격과 상호작용함으로써 수의적인 신체운동을 일으킨다. 몸에는 평활근과 심근이라는 두 개의 또 다른 근육계가 있는데, 그것들은 불수의적으로 수축하며, 내부 기관에서 발견된다(그림 21.5 참조). 그림 27.31은 어떻게 근육들이 뼈와 상호작용하여 사람의 팔뚝을 올리고 내릴 수 있는지를 설명하고 있다. 근육은 강한 섬유조직으로 덮여 있다. 이 구조는 근육의 끝을 지나 계속 이어져 **힘줄(tendon)**을 형성하는데, 이것은 근육과 뼈를 연결한다. 예를 들어 삼두박근은 어깨뼈에 부착되며 힘줄에 의해 팔뚝의 뼈에도 붙어 있다.

근육은 당길 수 있을 뿐, 밀 수는 없다. 팔뚝을 반대 방향으로 움직이기 위해서는 길항적인 두 근육이 필요하다. 즉 두 근육이 상반되는 작용을 수행해야만 한다. 그림 27.31에서 한 근육이 수축하면 반대쪽 근육은 이완한다는 것을 주목하라.

근수축의 세포 기초

그림 27.32의 위에서 보는 것처럼, 하나의 근육은 평행한 근섬유들의 다발로 이루어져 있다. 각 근섬유는 많은 핵을 가진 하나의 긴 세포이다. 역도선수의 불거져 나온 근육은 더 큰 크기의 근섬유의 결과물이다. 각각의 근섬유는 그 자체로 작은 **근원섬유(myofibrils)**의 다발이라는 것을 주목하라. 근원섬유는 **근절(sarcomere)**이라고 하는 반복된 단위로 이루어진다. 근절은 근원섬유를 단축시켜 수축하는 근육의 바로 그 부분이다.

그림 27.33에서 보는 것처럼, 근원섬유는 필라멘트(미세섬유)의 규칙적인 배열로 구성되어 있다. **굵은 필라멘트(thick filament)**는 주로 미오신(그림에서 빨간색)이라는 단백질로 되어 있고, **가는 필라멘트(thin filaments)**는 주로 액틴(파란색)이라는 단백질로 되어 있다.

▼ 그림 27.31 **사람의 팔 근육의 길항작용.** 이두박근의 수축은 근육을 단축시키고, 팔뚝을 들어 올린다(왼쪽). 삼두박근의 수축은 팔뚝을 내려가게 한다.

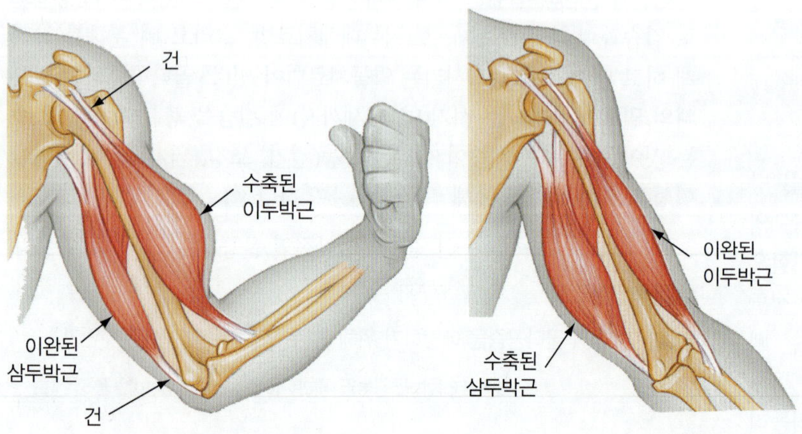

가는 필라멘트가 굵은 필라멘트 위를 미끄러질 때 근절은 수축한다(짧아진다). 이러한 과정을 설명하는 모델은 근수축의 활주-필라멘트 모델(the sliding-filament model)이라고 한다. 수축하고 있는 근절에서 가는 필라멘트(푸른색)가 근절의 중앙으로 이동하는 것을 주목하라. 근육이 완전히 수축했을 때, 가는 필라멘트가 근절의 중앙에서 겹쳐진다. 수축은 근절 만을 짧게 한다. 즉 가는 필라멘트와 굵은 필라멘트의 길이를 변화시키지는 않는다.

어떤 스포츠에 대해 훈련을 해왔다면, 당신은 더 많은 운동을 할수록 더 많은 칼로리 섭취가 필요하다는 것을 알 것이다. 음식 속에 저장된 화학에너지는 아데노신삼인산 (ATP) 에너

▼ 그림 27.32 **골격근의 수축 장치.**

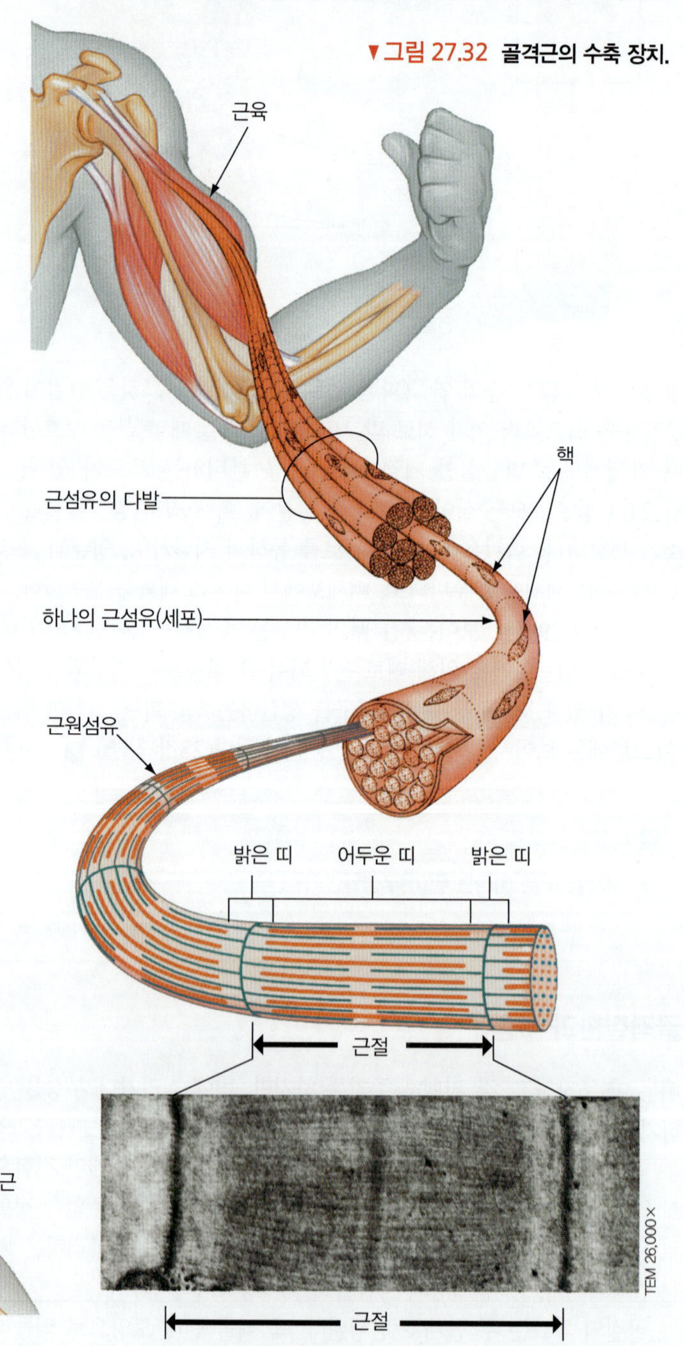

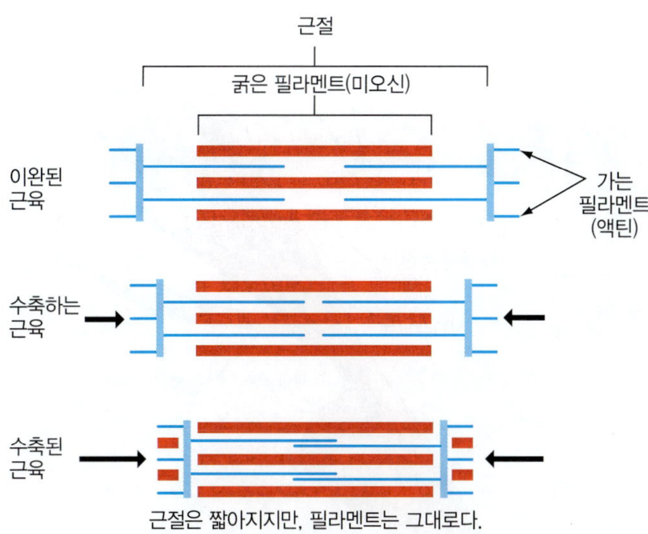

▲그림 27.33 **근수축의 활주-필라멘트 모델.** 굵은 필라멘트와 가는 필라멘트의 길이는 변하지 않고, 두 형태의 필라멘트가 다만 서로 미끌어져 들어가 중복되는 것을 주목하라.

지로 전환되는데, 당신의 작동하는 근육이 필요로 하는 것이 바로 이 ATP인 것이다. 그 이유는 무엇인가? ATP 없이, 가는 필라멘트는 활주하여 근육을 수축시킬 수 없다. 그림 27.34는 활주가 어떻게 작용하는지를 보여준다. ❶ ATP가 미오신 머리에 붙음으로써 미오신의 머리 부분( )이 액틴의 결합부위( )에서 떨어진다. ❷ 미오신의 머리는 ATP의 분해에 의하여 생성되는 에너지를 얻어 고에너지 위치로 변화된다. ❸ 이 높은 에너지 상태의 미오신의 머리는 노출된 액틴의 결합부위에 결합한다. ❹ 이른바 파워 스트로크(power stroke)에서, 미오신의 머리가 저에너지 위치로 뒤로 구부러지면서 가는 필라멘트를 근절의 중심으로 잡아당기는 것이다. ❺ 파워 스트로크 후에는, 전 과정이 반복된다. 충분한 ATP가 존재하는 한, 이 과정은 수축 정지신호가 있을 때까지 계속된다.

근육 경직은 사망 이후 시간을 나타낸다.

동물이 죽을 때처럼, 만일 ATP가 더 이상 존재하지 않는다면 어떻게 될까? ATP가 없다면, 그림 27.34의 4단계처럼, 미오신 머리는 액틴 분자에 "결합된" 상태에 있다. 그 결과는 동물이 죽은 지 오래지 않아 시작되는 사후경직(rigor mortis)이다. 길가에 죽어 있는 동물에서 사후경직을 주의하여 본 적이 있을 것이다. 동물은 근섬유와 함께 부패하기 시작하기 때문에, 사후경직은 대개 며칠 내에 그 반대가 된다. 사후경직이 일시적인 상태이기 때문에, 시체를 조사하는 법의학자들은 때때로 사후경직의 존재를 이용하여 죽은 시간을 추정한다. ✅

✅ 체크포인트

근육이 수축에 필요한 것을 고려한다면, 근섬유 내에 어떤 세포소기관이 풍부하게 존재하리라고 기대하는가?

답: 미토콘드리아(세포호흡을 수행하여 수축을 위하여 필요한 ATP를 생산하기 위하여)

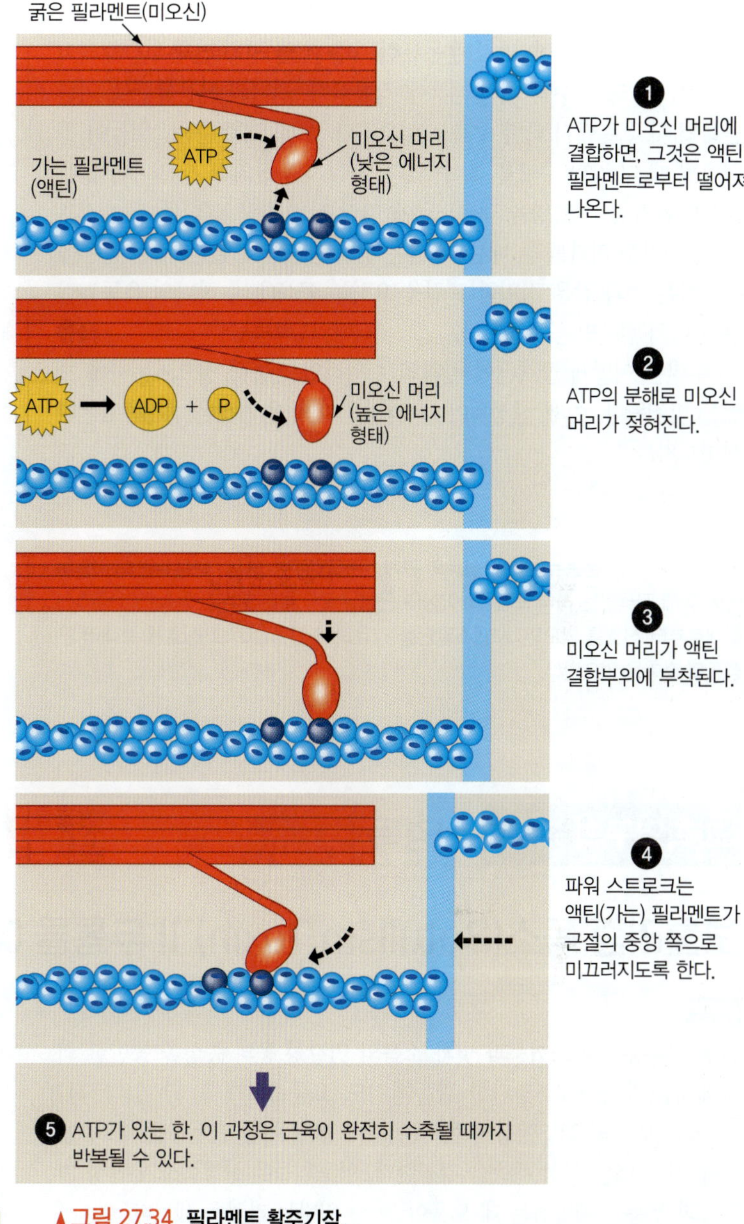

▲그림 27.34 **필라멘트 활주기작.**

운동뉴런: 근수축의 조절

골격근섬유의 근절은 운동뉴런이 신경전달물질을 방출할 때 수축하도록 자극된다. 이 신호는 뇌에서 척수를 통해 또는 척수만으로 보내질 수 있다(동작이 반사작용인 경우). 일반적인 운동 뉴런은 하나 이상의 근육섬유를 자극할 수 있다. 왜냐하면 각각의 뉴런은 많은 가지를 가지고 있기 때문이다. 그림 27.35에서 보여준 예시에서, 2개의 **운동단위(motor unit)**를 볼 수 있는데, 각 운동단위는 하나의 뉴런과 그 뉴런에 의해 조절되는 모든 근육(이 경우에 둘 또는 셋)으로 구성되어 있다.

운동단위계 내의 개별 뉴런과 근육세포의 상호작용이 전체 근육의 조정된 작용의 핵심이다. 각 운동뉴런은 한 개의 근육 전체에 산재되어 있는 한 개 또는 수백 개의 섬유에 작용한다. 하나의 운동뉴런에 의한 근육의 자극은 단지 약한 수축을 일으킨다. 보다 많은 운동단위들이 활성화될 때 더 강한 수축을 할 수 있다. 따라서 당신의 뇌가 얼마나 많은 운동단위에 수축 명령을 내리느냐에 따라 가벼운 포크를 들 때는 적은 힘을, 무거운 역기를 들 때는 더 많은 힘을 내도록 조절한다. 눈 운동을 조절하는 것과 같은 정밀한 조절을 요하는 근육에서, 하나의 운동뉴런은 하나의 섬유만을 조절한다.

우리는 어떻게 골격근이 골격의 수의적인 운동을 일으키는지에 초점을 맞춰왔다. 이제 신경독이 그 과정을 어떻게 지장을 줄 수 있는지 살펴보자.

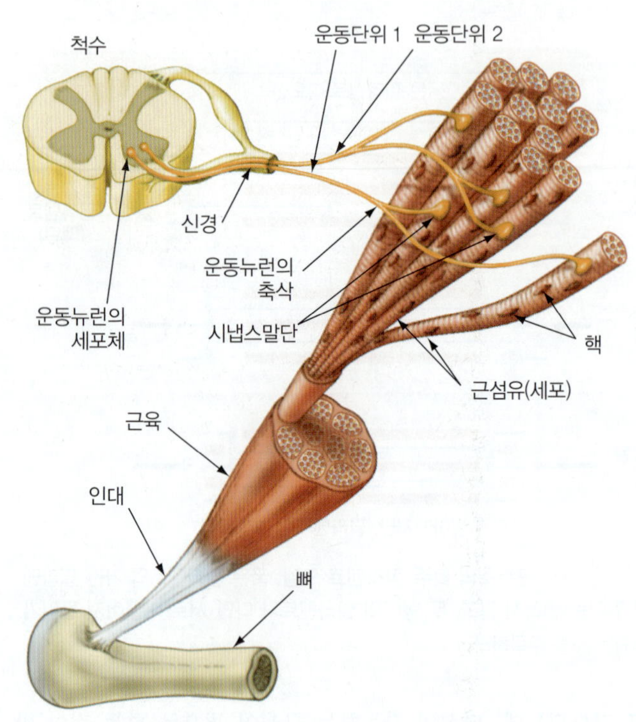

► 그림 27.35 **운동뉴런과 근섬유의 관계.** 운동단위는 하나의 운동뉴런과 운동뉴런에 의해 자극받는 하나 또는 그 이상의 근섬유로 이루어진다. 운동뉴런이 중추신경계로부터 신호를 받으면, 시냅스말단을 경유하여 근섬유로 그 신호를 보내어 근섬유의 수축을 일으킨다.

과학연구의 과정 신경독

보툴리즘 독소(Botulism Toxin)가 두통을 예방할 수 있을까?

배경

만성 편두통은 메스꺼움과 빛과 소음의 민감성 등의 증상을 동반한 쇠약해지는 두통으로, 간단한 활동까지도 고통스럽게 할 수 있다(그림 27.36a). 인구의 2% 이상이 한 달에 최소 8일 이상 편두통을 겪고, 한 달에 최소 15일 이상 두통을 경험한다. 연구원들은 신경독소가 만성 편두통과 두통을 예방하는 데 도움이 될 수 있다는 가설을 세웠다.

방법

그들의 가설을 시험하기 위해, 연구원들은 편두통의 이력이 있는 700명의 대상자들을 모집했다. 치료 시작 전 한 달 동안 피실험자들은 지속시간과 하루 발생 횟수 등 편두통과 두통의 경험을 기록했다. 이 정보는 다음에 나온 실험 치료의 효과를 평가하기 위한 기준치로 사용되었다(그림 27.36b).

피실험자들은 실험군이나 위약군에 무작위로 할당되었다. 치료 당일 실험군에는 특정 머리와 목 근육에 보툴리즘 독소(BTX, 신경독소)를 주사했고, 위약군 참가자는 식염수로 같은 부위에 주사했다. 이 연구는 이중맹검으로서, 이 연구를 하는 동안 참가자들과 연구자들 모두 어떤 사람이 어떤 그룹에 속해 있는지 알지 못했다는 것을 의미한다. 참가자들은 그들의 두통에 대한 자료를 계속 기록하였다. 연구가 끝날 때, 치료 단계의 데이터를 각 참가자의 기준치 데이터와 비교했다.

▼그림 27.36 **두통과 편두통의 잠재적 치료제로서 보툴리즘 독소.**
Data from: S. K. Aurora et al., OnabotulinumtoxinA for Treatment of Chronic Migraine: Results from the Double-Blind, Randomized, Placebo-Controlled Phase of the PREEMPT 1 Trial. *Cephalalgia* 30(7): 793 – 803 (2010).

(a) 편두통과 두통은 삶의 질을 떨어뜨릴 수 있다.

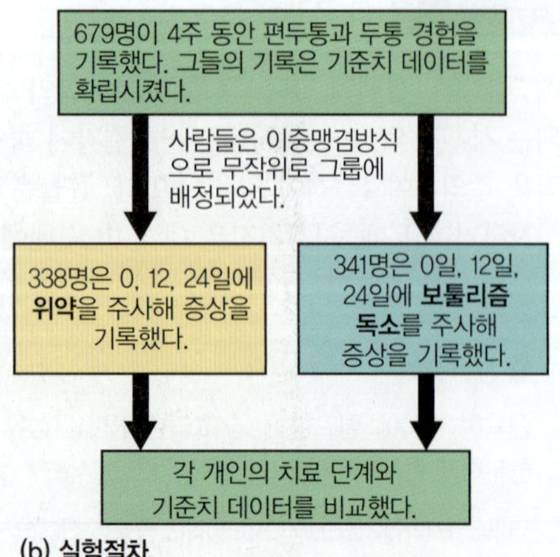

(b) 실험절차

결과

24주까지, BTX를 받는 사람들은 한 달에 약 8일의 두통을 겪었다(그림 27.36c). 위약을 받는 사람들은 한 달에 약 6.5일로 두통이 다소 적었다. 편두통 일수는 두 집단 모두에서 약간 줄어들었다. 그러나, 집단의 차이가 경미해 보일지 모르지만, 그것은 통계적으로 유의했는데, 이는 과학자들이 무작위적인 우연으로 인해 예상할 수 있는 것보다 편두통과 두통의 감소폭이 더 컸다는 것을 의미한다. BTX 집단의 사람들은 또한 삶의 질이 현저히 높았다고 보고했다. 만약 다른 연구들이 이 치료가 안전하고 효과적이라는 것을 보여준다면, 신경독은 만성 편두통 환자에게 희망을 줄 수 있을 것이다.

과학자처럼 생각하기

위약이 어떻게 두통과 편두통을 줄였을까?

답은 부록 C를 참조.

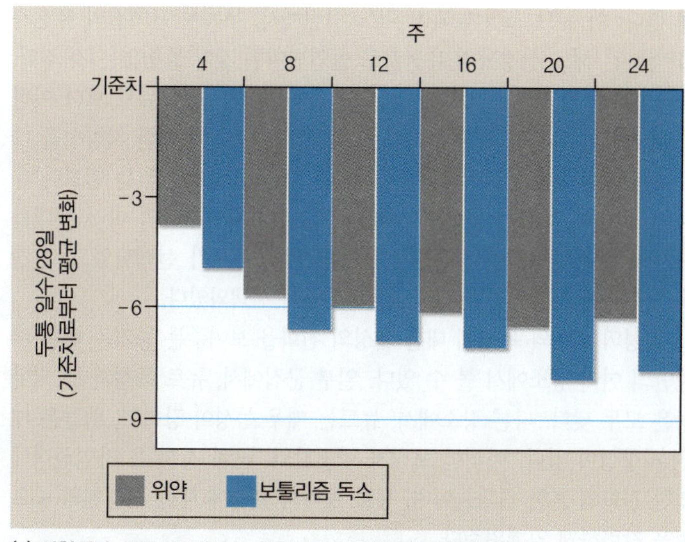

(c) **실험결과.** 보툴리즘 독소는 위약보다 더 많은 두통을 예방했다.

27.13 자극과 반응: 통합적인 작용

공이 한 여성에게 던져지고, 그녀는 올려다보며, 그것을 잡는다(그림 27.37). 우리는 이제 감각 입력, 신경계 통합, 그리고 운동 반응의 측면에서 이 간단한 반응에 감사할 수 있다.

그 여자는 감각 구조로 정보를 얻는다. 그녀의 눈에 있는 광수용체가 공을 추적한다. 감각신경세포는 일련의 활동전위로서 이 정보를 그녀의 뇌에 전달한다(감각입력). 그녀의 뇌 속에는 공의 각도와 속도에 대한 정보가 해석된다(통합). 이에 반응하여, 운동신경세포는 여러 근육에 신호를 보내 매우 구체적인 작용을 수행한다(운동출력). 그녀가 공을 잡으려고 손을 뻗어 공을 감싸고 있다. 이 단순한 사건의 기초가 되는 것은 감각수용기가 환경에 대해 모은 정보에 반응하도록 근육을 조절하는 신경계이다.

► 그림 27.37 **작용 중의 신경계, 감각계, 그리고 운동계.**

진화와 연결 **신경독**

신경독 군비경쟁

『우리가 함께하는 생물학』 섹션에서 논의했던 것처럼, 일부 먹잇감은 포식자로부터 보호하기 위해 신경독을 사용한다. 도롱뇽목 영원과의 동물인 거친 피부 뉴트(그림 27.38)는 독성이 없는 가터뱀(garter snake)과 같은 포식자를 잠재적으로 마비시킬 수 있는 독소를 생산한다.

거친 피부 뉴트(rough-skinned newt) 한 마리는 여러 명의 사람을 죽일 수 있는 충분한 독소를 함유하고 있을 수 있다. 독소를 생산하기 위해서는 번식, 음식 찾기, 또는 다른 활동에 사용될 수 있는 에너지와 영양소를 섭취하게 된다. 그런데 왜 이 뉴트들이 그렇게 많은 신경독을 만드는 걸까? 그 해답은 아마도 그들의 진화에 있을 것이다. 거친 피부 뉴트와 가터뱀은 크기가 비슷하므로 뱀이 빠르고 강해야 뉴트를 잡을 수 있다. 반대로, 뉴트의 신경독은 뱀의 속도를 늦추고 약하게 하는 효과가 충분히 강해야 하는데, 이것은 뉴트가 탈출할 수 있는 시간을 갖게 한다. 이 뉴트 조상의 과거 어느 시점에서, 무독성 단백질의 유전자가 약하긴 해도 신경독의 유전자로 돌연변이된 것이 틀림없는 것 같다. 돌연변이를 가진 뉴트의 후손들은 그 돌연변이가 없는 뉴트 보다 이점을 물려받았을 것이다. 마찬가지로, 뉴트의 신경독에 대한 저항성을 나타내는 유전자에 돌연변이를 가진 뱀은 그 돌연변이가 없는 뱀보다 유리할 것이다. 무작위 돌연변이와 비무작위인 자연선택의 여러 세대를 거치면서, 신경독성이 점점 더 큰 거친 피부 뉴트가 선택되었고, 신경독소에 대한 저항력이 점점 더 큰 가터뱀이 선택되었다.

독성의 변이와 독성에 대한 내성의 진화를 보여주는 증거는 북미 서해안의 여러 장소에서 볼 수 있다. 일부 군집에서, 뉴트 독성과 뱀 저항성은 모두 낮다. 다른 장소에서, 뉴트는 매우 독성이 강하고, 뱀들은 매우 저항성이 있다. 이러한 포식자-먹잇감의 "군비 경쟁"은 자연선택에 의한 진화의 흔한 결과물이며, 동물 형태와 기능에 대한 신경계의 중요성을 강력하게 일깨워준다.

우리는 이제 동물의 구조와 기능에 관한 단원을 완성했다. 우리가 보았듯이, 새로운 구조의 진화는 새로운 기능에 대한 적응으로 이어졌다. 다음 단원에서, 매우 다른 세포, 조직, 기관계를 가진 식물이 어떻게 생명의 모든 기능을 수행하는지에 대해 배울 것이다.

▲그림 27.38 **가터뱀이 거친 피부 뉴트를 잡아먹고 있다.** 어떤 뱀들은 뉴트의 신경독에 내성이 있다.

복습

주요 개념의 요약

동물신경계의 개요

신경계는 신호를 전달할 수 있는 특수화된 신경세포인 뉴런으로 구성된 통신과 조정 네트워크다.

27.1 뉴런

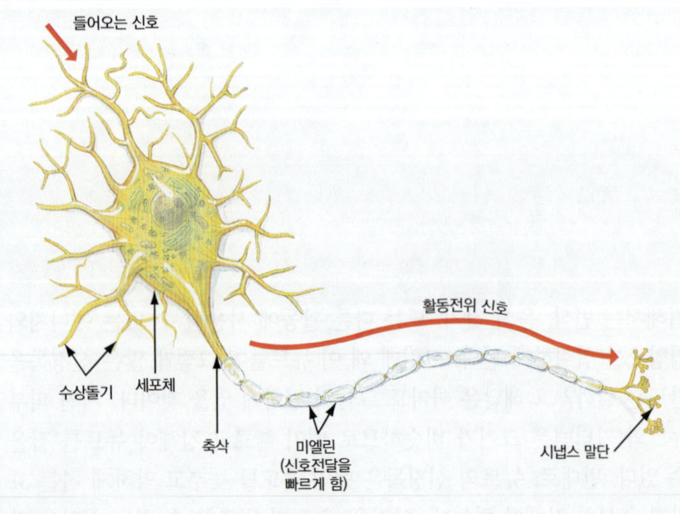

27.2 신경계의 구성

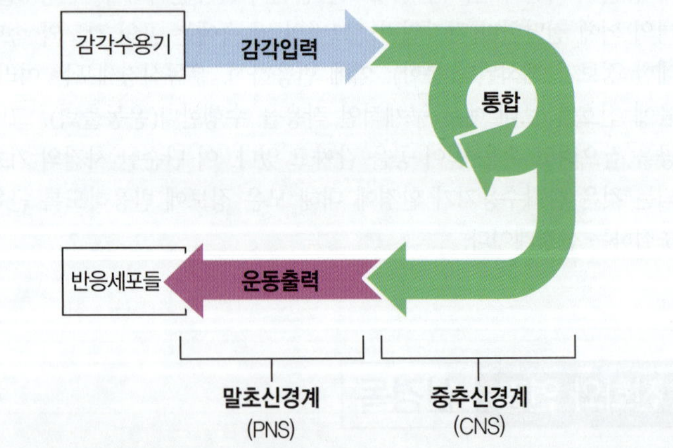

27.3 뉴런을 통한 신호보내기

휴지기에서, 뉴런의 원형질막은 안쪽에는 음전하, 바깥쪽에는 양전하를 유지함으로써 생성되는 휴지전위를 가진다. 자극은 막의 일부분을 변화시켜서 이온이 뉴런으로 들어가고 나가게 하며 활동전위를 일으킨다. 활동전위는 뉴런을 따라 스스로 전도된다. 활동전위는 일종의 실무적(all-or-none) 사건이다. 즉 활동전위의 크기는 자극 강도의 차이에 영향을 받지 않는다. 활동전위의 빈도는 자극의 강도에 따라 변한다.

27.4 뉴런에서 수신세포로 신호보내기

신호는 시냅스라고 하는 연결지점에서 개개의 뉴런을 넘어 전달된다. 전기 시냅스에서, 전류는 직접 하나의 뉴런에서 다음 뉴런으로 전해진다. 화학 시냅스에서, 송신세포는 화학신호인 신경전달물질을 방출하는데, 이것은 시냅스틈(세포 사이의 간격)을 지나 수신세포의 표면에 있는 특이 수용체와 결합한다. 하나의 세포는 많은 뉴런으로부터 다양한 신호를 받는다. 많은 약물들은 시냅스에서 작용하여, 신경전달물질의 정상적인 효과를 증가시키거나 감소시킨다.

사람의 신경계: 자세히 보기

27.5~27.6 중추신경계와 말초신경계

중추신경계는 말초신경계로부터 오는 신호를 해석하며, 말초신경을 통해 반응을 내보낸다. 나가는 반응은 몸에서 수의적 그리고 불수의적 운동 모두를 일으킨다.

신경계			
중추신경계 (CNS)		말초신경계 (PNS)	
뇌	**척수:** 몸과 소통하는 신경다발	**운동신경계:** 근육에 대한 수의적 조절	**자율신경계:** 기관에 대한 불수의적 조절 • 부교감신경계: 휴식과 소화 • 교감신경계: 싸움 또는 도주

27.7 사람의 뇌

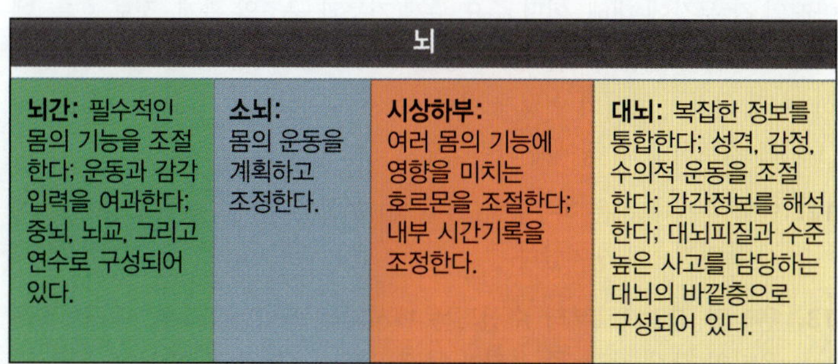

뇌			
뇌간: 필수적인 몸의 기능을 조절한다; 운동과 감각 입력을 여과한다; 중뇌, 뇌교, 그리고 연수로 구성되어 있다.	**소뇌:** 몸의 운동을 계획하고 조정한다.	**시상하부:** 여러 몸의 기능에 영향을 미치는 호르몬을 조절한다; 내부 시간기록을 조정한다.	**대뇌:** 복잡한 정보를 통합한다; 성격, 감정, 수의적 운동을 조절한다; 감각정보를 해석한다; 대뇌피질과 수준 높은 사고를 담당하는 대뇌의 바깥층으로 구성되어 있다.

대뇌피질의 좌우 반구는 두꺼운 신경의 띠인 뇌량에 의해 연결되어 있다. 대뇌피질의 두 반구 모두는 전두엽, 두정엽, 측두엽, 후두엽 등 4개의 주요한 엽을 가지고 있다. 감각정보가 해석되고 적절한 반응을 계획하는 연합 영역이 각 엽 안에 있다.

감각

27.8 감각입력

자극을 전기신호로 전환하기:

자극의 세기는 활동전위의 전달속도를 바꾼다. 어떤 감각뉴런은 자극이 반복될 때 둔해지는 경향이 있는데 이 현상을 감각적응이라 한다. 통각수용기는 조직 손상을 나타내는 자극을 감지하고, 온도수용기는 뜨겁고 찬 것을 감지하고, 기계적수용기는 기계적 에너지(접촉, 압력, 소리 등)에 반응하고, 화학수용기는 외부환경이나 체액에 있는 화학물질에 반응하고, 전자기수용기는 전기, 자력, 또는 빛(광수용기)에 반응한다.

27.9 시각

사람의 눈에서, 각막과 수정체는 빛을 망막에 모아준다. 수정체는 모양이 변해서 각기 다른 거리에 있는 물체들이 선명하게 상을 맺도록 해준다. 망막은 막대세포와 원뿔세포라는 두 종류의 광수용기 세포를 가지고 있다. 막대세포는 희미한 빛에서 작용한다. 원뿔세포는 아주 많은 빛에서 색깔을 볼 수 있게 해준다. 근시, 원시 그리고 난시는 수정체의 초점 이상으로 생긴다. 교정렌즈는 빛을 굴절시켜 보정한다.

27.10 청각

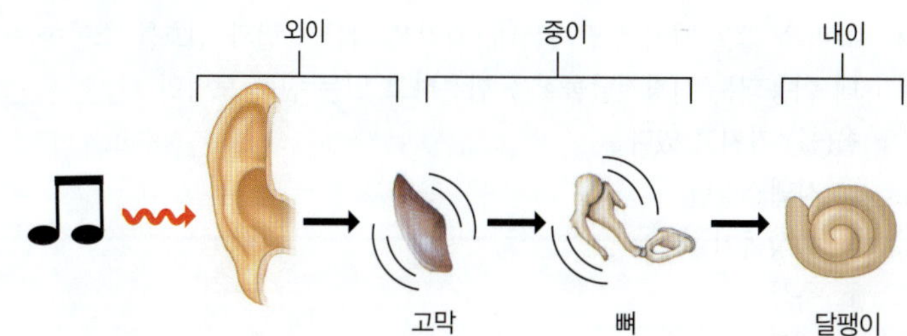

달팽이 체액에서 발생하는 파동은 위에 가로놓인 막에 반하여 털세포(기계수용기)를 움직인다. 털세포의 휘어짐은 수용기전위를 유발하여 신경신호를 뇌로 보낸다. 청각장애는 태어날 때 존재하거나, 감염, 부상, 또는 큰 소음에 노출되어 발생할 수 있다.

운동계

운동을 일으키기 위해 신경계는 근육계를 명령하고, 근육계는 골격에 힘을 실어준다.

27.11 골격계

골격계는 지지, 운동, 그리고 내부 기관을 보호하는 역할을 한다. 사람의 내골격은 연골과 뼈로 이루어져 있다. 움직일 수 있는 관절은 유연성을 제공한다. 뼈는 여러 가지 종류의 조직으로 구성된 살아 있는 기관으로서 결합조직막으로 덮여 있다. 뼈끝에 있는 연골은 관절에 완충작용을 한다. 사람의 골격은 관절염이나 골다공증과 같은 문제에 처하기도 쉽다. 부러진 뼈는 재배열되고 고정될 수 있다. 그러면 골세포들이 다시 새로운 뼈를 만들고 부러진 부위를 회복시킨다.

27.12 근육계

골격근은 뼈를 당기면서 운동을 일으킨다. 길항적으로 작용하는 근육의 짝들이 서로 상반된 운동을 일으킨다. 각각의 골격근 세포 혹은 근섬유는 근원섬유들의 다발로 되어 있다. 각각의 근원섬유는 굵고(미오신) 가는(액틴) 단백질 필라멘트가 겹쳐져 있는 다발을 가지고 있다. 근절이라고 하는 굵고 가는 필라멘트의 반복된 단위가 근섬유의 수축단위이다. 활주-필라멘트 모델은 근수축의 과정을 분자 수준에서 설명해준다. ATP를 이용하여, 굵은 필라멘트의 미오신 머리는 액틴 분자의 결합 부위에 부착하여, 가는 필라멘트를 근절 중앙 쪽으로 끌어당긴다. 운동뉴런은 근수축을 개시하는 활동전위를 전달한다. 뉴런은 분지하여 여러 근섬유를 접촉할 수 있으며, 그것은 운동단위를 형성한다. 근수축의 세기는 활성화된 운동뉴런의 수에 따라 다르다.

27.13 자극과 반응: 통합적인 작용

동물의 신경계는 환경의 자극으로부터 오는 감각을 근육에 의해 수행되는 반응으로 연결해 준다.

자습문제

1. 뉴런은 많은 가지로 끝나는데, 각각은 다른 뉴런과 신호를 소통하는 데 이용되는 신경전달물질을 함유하고 있는 전구 모양인 ________ 을(를) 가지고 있다.
   a. 시냅스말단
   b. 수상돌기
   c. 축삭
   d. 세포체
2. 미엘린수초의 기능은 무엇인가?
3. 당신의 신경계는 ________와(과) ________(으)로 크게 나뉠 수 있다: ________와(과) ________.
4. 휴지 뉴런의 내부는 ____________.
   a. 외부와 똑같이 전기를 띤다.
   b. 외부와 비교하여 음성으로 하전되었다.
   c. 외부와 비교하여 양성으로 하전되었다.
5. 일요일에 친구 집에서 점심을 먹은 후, 당신은 편히 앉아서 친구와 이야기를 나눈다. 잠시 후 호흡은 느려지고, 졸음은 오고, 눈을 뜨고 있는 데 문제가 있음을 알게 된다. 무엇이 이런 반응을 일으키는 것일까? 이 반응에 신경계의 어느 부분이 관여하고 있는가?
6. 심각한 머리 부상의 희생자는 대뇌피질이 기능하지는 않지만 사람이 아직 살아 있고 대사기능을 수행하는 무응답 상태에서 수년을 살 수 있다. 뇌 구조와 기능에 대한 지식을 바탕으로 어떻게 이것이 가능할 수 있을까? 어떤 뇌 구조가 사람을 살아 있게 할 수 있을까?
7. 활동전위는 수용기전위와 어떻게 다른가?
8. 사람에서 다음 감각의 각각에 대하여 수용기의 유형을 확인하라: 보기, 맛보기, 듣기, 냄새 맡기
9. 15살의 Jake는 음악 밴드의 헌신적인 팬이다. 그는 음악이 항상 시끄러운 콘서트에 자주 참석하는데, 종종 90데시벨을 넘기도 한다. 최근 그는 귀에 끊임없이 울리는 소리를 듣기 시작했다. 의사는 그에게 그의 상태를 이명이라고 하며 즉각적인 치료법은 없다고 말한다. Jake의 청각 문제는 어디에 있는가? (당신의 답변을 설명하시오.)
   a. 달팽이의 털세포
   b. 청각신경
   c. 중이의 뼈
   d. 내이의 체액
10. 우리의 엉덩이는 구상관절을 가지고 있는 반면 무릎은 경첩관절을 가지고 있다. 이것이 그것들이 수행할 수 있는 움직임에 어떤 영향을 미치는가?
11. 근위축성측삭경화증(ALS)의 초기 증상 중 하나는, 대개 골격근 약화 중인 루게릭병으로 언급된다. 그 병이 진행됨에 따라, ALS 환자는 수의적인 운동을 잃어버린다. ALS는 근육성 질환이 아니다. 그것은 골격근 수축을 일으키는 운동뉴런이 소실되는 퇴행성 신경학적 장애이다. 여전히 근육을 움직일 수 있지만, 근수축이 약한 ALS 환자에게 무슨 일이 일어나고 있는지 설명하라.

주된 주제 식별하기

아래의 각 문장에 대해, 어떤 주요 주제(기능과 구조의 관계, 정보 흐름, 에너지와 물질을 변환시키는 경로, 생물계 내의 상호작용 또는 진화)를 명확히 하고, 문장이 주제와 어떻게 관련되는지 설명하시오. 필요한 경우, 주제(1장)를 검토하고 이 장에서 파란색으로 강조된 예를 검토하시오.

12. 단일 수정체 눈은 척추동물(어류 등)과 일부 무척추동물(오징어 등)에서 독립적으로 생겨났다.
13. 우리의 감각으로부터 수신되는 메시지를 통합함으로써, 대뇌피질은 우리의 감각 지각, 즉 우리가 보고, 듣고, 냄새 맡고, 맛보고, 또는 만질 때 우리가 실제로 인지하고 있는 것을 창조해 낸다.
14. 먹는 음식의 일부는 일하는 근육이 필요로 하는 아데노신 삼인산(ATP)을 만드는 데 이용된다.
15. 우리 골격의 다재다능한 대부분은 세 가지 다른 종류의 관절 구조에서 나온다.

답변은 부록 C를 참조.

과학연구의 과정

16. 자폐증, 우울증, 난독증, 정신분열증 등 신경정신과 질환을 앓고 있는 환자 가족을 대상으로 한 연구 결과, 이들 질환 중 한 가지에 대한 발병 위험이 환자의 형제자매에게 현저하게 높다는 사실이 밝혀졌다(예를 들어, 자폐 스펙트럼 장애에 대한 일반 모집단의 평균 위험률 1.5%에 비해 30%로 추정됨). 이것은 무엇을 의미하는가? 이러한 질병의 원인을 설명할 가설을 제시하라.

17. **자료 해석하기** 바다표범, 고래, 그리고 돌고래와 같은 해양포유동물들은 장시간 수면 아래 머무르게 하는 호흡계와 물을 통해 소통하는데 이용되는 언어를 포함하여 여러 가지 방법으로 물 환경에 적응한다. 연구자들에 의해 연구된 또 하나의 적응은 청백돌고래(bottlenose dolphin)에서 볼 수 있다. 이런 돌고래들은 24시간의 약 33%를 한 눈은 뜨고 한 눈은 감은 채 보내는데, 약 1시간 마다 교대로 바꾼다. 이 시간 동안, 이 돌고래는 지속적으로 유영하며, 때때로 공기를 호흡하기 위해 수면으로 떠오른다. 아래에 청백돌고래의 뇌 활동에 대해 수집된 자료를 보라. 왜 그 돌고래는 한 눈은 뜨고 한 눈은 감은 채 유영하는가? 즉 돌고래들은 무엇을 하고 있을까? 그들의 뇌 활동은 그들의 눈에서 일어나고 있는 일과 어떻게 관련이 있을까? 왜 이것이 성공적인 적응이 될 수 있을까?

위치	첫 번째 측정에서의 뇌활성	두 번째 측정에서의 뇌활성(1시간 후)
좌뇌반구		
우뇌반구		

설명

수면에 특징적인 저주파

각성에 특징적인 고주파

18. 감각기관은 쌍으로 되어 있는 경향이 있다. 우리는 두 개의 눈과 귀를 가지고 있다. 유사하게 플라나리아는 두 개의 안점을, 방울뱀은 두 개의 적외선 수용체를, 나비는 두 개의 더듬이를 가진다. 하나의 눈이나 귀가 아닌 두 개의 눈과 귀를 갖는 것의 이점을 설명할 수 있는 시험 가능한 가설을 제안하시오.

우리와 함께하는 생물학

19. 뇌진탕의 증상으로는 두통, 가벼운 민감성, 피로감, 균형, 집중력, 기억력 등의 문제가 있을 수 있다. 대학 축구선수들을 3시즌 동안 조사한 결과 이전에 뇌진탕이 있었던 선수들은 뇌진탕이 없었던 선수들보다 뇌진탕을 지속할 확률이 3배 더 높았다. 만성외상성뇌병증(CTE)에 비추어 이러한 데이터를 고려하시오. 당신은 아이들이 접촉 스포츠를 하는 것을 위해 연습이나 게임의 규칙이 바뀌어야 한다고 생각하는가? 고등학교, 대학교, 또는 프로 접촉 스포츠는 어떤가?

20. 우울증은 전세계적으로 점차 많은 사람들에게 영향을 미치고 있다. 가장 일반적으로 처방되는 항우울제는 선택적 세로토닌 재흡수 억제제(SSRIs)이다. SSRI의 문제점은 단종 시 불쾌한 금단증상이 나타날 수 있다는 점이다. 이것은 SSRI 단종 증후군으로 알려져 있다. 인식 프로그램의 일환으로, 당신은 이 증후군의 원인과 대처 방법에 대한 논문을 쓰도록 요청 받았다. 짚고 넘어가야 할 요점은 무엇인가? SSRI는 어떻게 규제되어야 한다고 생각하는가?

6단원

식물의 구조와 기능

28장 현화식물의 생활

실마리

농업

29장 일하는 식물

실마리

생물의 상호의존성

28 현화식물의 생활

차례 내용

지금 훌쩍훌쩍 거리고 있는가? 당신의 계절성 알레르기는 속씨식물의 성행위에 그 책임을 돌릴 수 있다.

오늘 당신은 복제물을 먹었을 가능성이 있다. 씨 없는 오렌지와 같이 많은 과일은 무성생식을 통해 만들어진다.

왜 현화식물은 중요한가?

사람들은 식품을 현화식물에 의존한다. 우리는 또한 의류, 건축 자재 및 수많은 그 외 필수품들도 현화식물에 의존한다. 우리 사회는 현화식물과 밀접하게 연결되어 있기 때문에, 생물학의 연구에는 식물이 어떻게 살고, 자라며, 번식하는지에 대한 기본적인 이해가 포함되어 있어야 한다.

현화식물이 세계를 먹여 살리고 있다. 딱 10종의 식물이 인류가 필요한 열량의 90%를 책임지고 있다.

실마리

농업

중요한 농작물인 커피. 사람들은 수백 년 동안 커피를 경작하고, 말리고, 볶고, 마셔왔다.

우리와 함께하는 생물학 농업

커피 식물에 대한 화제

문명의 여명기부터 유전공학의 최전선에 이르기까지, 인간의 진보는 음식, 연료, 의복, 그리고 현대생활의 많은 과시적 요소에 대해 현화식물의 사용을 확대하는 데 달려 있었다. 이 점을 설명하기 위해, 당신이 긴 하루의 수업을 마치는 데 도움이 될 수 있는 한 가지 농작물인 커피를 생각해 보라. 커피 한 잔은 수백만의 미국인들에게 하루를 시작하기 위한 필수적인 방법이다. 사실 일반적인 해에, 평균적인 성인들은 하루에 세 잔을(매년 총 106 L의 커피!) 1,000달러 이상의 비용으로 마신다. 이는 미국을 세계 최고의 커피 마시는 국가로 만드는 수치이다. 매력이 무엇인가? 맛, 향기, 따뜻함 때문인가? 솔직해지자. 우리들 중 많은 사람들은 신경계를 자극하는 카페인의 충격을 찾기 때문에 커피를 마신다.

원두커피는 *Coffea* 속의 여러 종에 속하는 현화식물의 종자로부터 만들어진다. 역사가들은 커피가 1200년대에 에티오피아에서 발견되었다고 믿고 있다. 아프리카 농부들은 커피콩을 볶고 갈고 물에 여과하는 법을 배웠다. 아프리카에서 커피 재배와 소비가 중동으로 확산됐다. 1600년대까지, 커피숍은 유럽 전역에서 대유행이었다. 그리고 1700년대까지 커피 식물은 아메리카 대륙으로 수입되었다. 오늘날 커피는 적어도 50개의 열대국가에서 재배되고 있다. 상업용 커피의 작지만 증가하는 비율은 "공정거래 인증"이다. 그러한 지정을 받기 위해, 농민들은 인간적인 근로 조건을 제공하고 건강하고 지속가능한 환경을 촉진하는 농업 관행을 준수하기로 동의한다. 그 대가로, 농부들은 그들의 농작물에 대해 공정한 가격을 보장받는다.

분명히, 사람들은 커피의 카페인으로부터 이익을 얻었지만, 어떻게 이 화학물질이 식물에 도움이 되는가? 비록 우리에게는 자극제지만, 카페인은 많은 초식동물(식물을 먹는 동물)에게는 독소다. 실제로, 카페인 스프레이는 하와이의 큰 섬에서 급속히 퍼지는 개구리들의 개체수를 억제하는 데 사용된다. 카페인은 작은 개구리들에게 심장마비를 일으킨다. 다시 말해, 카페인은 식물에 일종의 내장된 후추 스프레이와 같은 자기방어 화학물질의 역할을 한다. 당신의 아침의 즐거움은 동물 방목으로부터 커피 식물을 보호하는 진화적응의 부산물일 수도 있다.

이 장과 다음 장에서는 식물계에서 종의 90% 이상을 차지하기 때문에 현화식물(속씨식물로 알려진)에 초점을 맞춘다. (16장에서는 이끼류, 양치류, 솔방울을 달고 있는 겉씨식물 등과 같은 포자식물을 포함하는 식물다양성의 개요를 제공한다.) 현화식물은 인간뿐만 아니라 생물권 전체의 안녕에 필수적이다. 땅 위와 아래에서, 현화식물은 동물, 균류, 미생물을 위한 은신처, 먹이, 번식지를 제공한다. 이 장에서는, 먼저 전체 식물의 수준에서 속씨식물의 구조를 살펴보고, 그 다음에는 조직과 세포의 현미경적 수준에서 살펴볼 것이다. 또 다음에는 식물의 구조물들이 어떻게 생장과 생식에서 작용하는지를 보게 될 것이다.

현화식물의 구조와 기능

『우리와 함께 하는 생물학』 섹션에서 언급된 바와 같이, 우리는 이 장에서 식물 종의 대부분을 차지하기 때문에 현화식물들에 초점을 맞추고 있다. 속씨식물은 1억 년 이상 지구에서 육상 식물의 우위를 점유해 왔으며, 약 250,000여 종이 알려져 있다. 이들 중 재배 가능한 100종으로부터 우리는 식량의 대부분을 얻고 있다. 이들 식품의 예를 들면, 당근과 사탕무는 뿌리로부터, 사과, 견과류, 산딸기류, 호박 등은 나무와 덩굴의 과실로부터, 완두콩, 땅콩, 콩 등은 콩과식물의 종자로부터, 그리고 밀, 쌀, 옥수수와 같은 것은 볏과식물의 종자로부터 각각 얻어지는 것이다(커피콩이라는 말은 정확하게 옳은 것이 아닌데, 그 이유는 커피 식물은 콩을 생산하는 콩과식물이 아니기 때문이다. 그것은 볶아서 소비하는 커피 씨이다.)

딱 10종의 속씨식물이 인류가 필요한 열량의 90%를 책임지고 있다.

28.1 외떡잎식물과 진정쌍떡잎식물

속씨식물을 여러 가지 구조적 차이에 근거해서, 식물학자들은 대부분의 속씨식물을 외떡잎식물과 진정쌍떡잎식물로 분류한다(그림 28.1). 외떡잎과 쌍떡잎이라는 명칭은 어린 배의 **떡잎(cotyledon)**이라는 구조를 말하는 것인데, **외떡잎식물(monocot)**은 종자 속에 최초의 잎 즉 떡잎이 하나이며, **진정쌍떡잎식물(eudicot)**은 떡잎이 2개라는 의미이다.

외떡잎식물은 곡류와 그 외 볏과식물뿐만 아니라 난초, 종려, 백합 등을 포함한다. 대부분의 외떡잎식물은 잎이 주로 평행맥이고, 줄기는 다발로 이루어진 관다발조직(물과 영양소를 수송하는 내부 조직)을 가지고 있다. 그 다발은 산재되어 있다. 외떡잎식물의 꽃가루(번식 중에 사용됨)는 하나의 구멍을 가지고 있다. 대부분의 외떡잎식물의 꽃은 3배수의 꽃잎과 꽃 부위를 가지고 있다. 외떡잎식물의 뿌리는 실 매트로 된 수염뿌리계를 형성한다. 외떡잎식물의 뿌리는 수 cm의 지표면에 널리 퍼져 있어서 토양의 부식을 줄이는데 도움을 준다.

대부분의 현화식물은 진정쌍떡잎식물인데, 이것은 많은 작물(거의 모든 과일과 채소), 관상식물, 그리고 관목과 교목(겉씨식물은 제외)을 포함하고 있다. 예를 들어, 커피는 진정쌍떡잎식물 관목으로 자란다. 진정쌍떡잎식물의 잎은 망상맥이고, 진정쌍떡잎식물의 줄기는 고리형으로 배열된 관다발속을 가지고 있으며, 그것들의 꽃가루는 3개의 구멍을 갖고 있다. 진정쌍떡잎식물의 꽃은 꽃잎을 가지고 있으며, 대개 4 또는 5배수의 다른 꽃 부위를 가지고 있다. 곧은뿌리로 알려진 진정쌍떡잎식물의 큰 주근은 땅속 깊이 내린다. 주근의 예는 당신이 만일 민들레를 뽑으려고 했던 적이 있었다면 잘 알 것이다. ✓

✓ 체크포인트

외떡잎식물과 진정쌍떡잎식물이라는 말은 이 두 집단의 식물들 사이에서 해부학적 차이와 어떻게 관련되어 있는가?

답: 외떡잎식물의 배는 한 개의 떡잎을 가지며(mono는 "하나"를 의미한다), 반면에 진정쌍떡잎식물의 배는 두 개의 떡잎을 갖는다(di는 "둘"을 의미한다).

▼그림 28.1 **외떡잎엽식물과 진정쌍떡잎식물의 특징.**

외떡잎엽식물과 진정쌍떡잎식물의 비교

	떡잎	잎맥	줄기	꽃가루	꽃	뿌리
외떡잎식물 (예: 볏과식물, 곡류, 난초, 야자, 백합)	하나의 떡잎	잎맥은 보통 평행이다	산재된 배열의 관다발속	한 개의 구멍을 가진 꽃가루	꽃잎은 보통 3배수이다	수염뿌리계
진정쌍떡잎식물 (예: 거의 모든 육과, 채소, 관목, 그리고 활엽수)	두 개의 떡잎	잎맥은 보통 갈라져 있다	고리 모양으로 배열된 관다발속	세 개의 구멍을 가진 꽃가루	꽃잎은 보통 4 또는 5배수이다	보통 곧은 뿌리

28.2 뿌리, 줄기, 그리고 잎

우리가 생물학의 연구 전체를 통하여 아는 것처럼, 구조를 자세히 들여다보면 그것의 기능을 알게 된다. 반대로, 기능은 구조의 "논리"에 대한 통찰력을 제공한다. 이번 절에서는 식물이 구조와 기능 사이의 관계를 자세히 살펴볼 것이다.

대부분의 동물처럼, 식물은 다른 조직들로 구성된 기관들을 가지고 있으며, 그 다음 이 조직들은 하나 이상의 세포 종류로 구성되어 있다. **기관(organ)**은 특정 기능을 함께 수행하는 여러 형태의 조직으로 구성되어 있다. 식물구조를 살펴보면서, 우리는 기관(뿌리, 줄기, 그리고 잎)과 함께 시작할 것인데, 그것들이 대부분 비슷한 식물구조이기 때문이다.

식물(진균류와 함께)은 약 4억7천만 년 전에 처음으로 육지를 차지하게 되었다(16장 참조). 진화과정에서 식물로 하여금 육지에 적응하여 번성하게 한 요인은 토양으로부터 수분과 무기질을 흡수하기 위한 구조, 빛을 모으는 큰 표면, 광합성을 위해 대기로부터 이산화탄소를 얻는 능력, 그리고 건조한 환경에서 살기 위한 적응 등이다. 식물에서 뿌리는 지하 구조물이며 **뿌리계(root system)**를 형성하고, 지상 구조물은 **지상계(shoot system)**를 형성한다(그림 28.2). 각 지상계는 줄기와 잎으로 구성되며, 변형된 잎을 가진 번식용 지상부인 꽃을 가질 수 있다. 뿌리계나 지상계는 각각 생존할 수는 없다. 어두운 땅속에 있으면서 엽록체가 없는 뿌리는 지상부의 줄기와 잎으로부터 광합성 산물인 당과 기타 유기영양물질을 공급받지 못하면 살 수 없게 된다. 반대로, 줄기와 잎은 뿌리에 의해 흡수된 물과 무기질에 의존하고 있다.

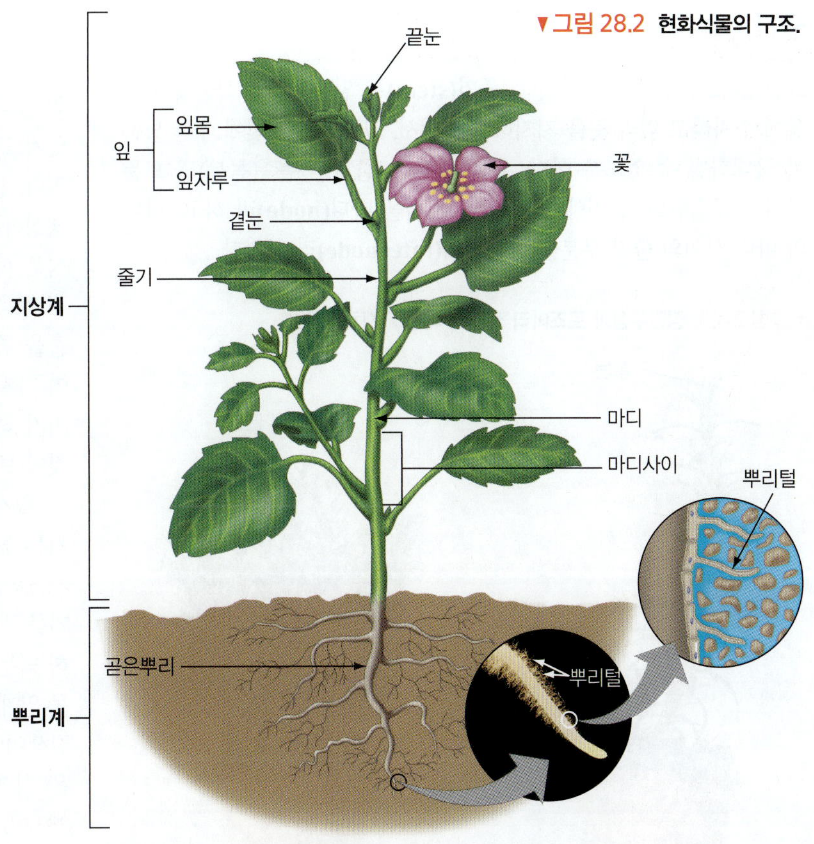

▼그림 28.2 **현화식물의 구조.**

뿌리

뿌리(root)는 식물을 토양에 고착시키고, 물과 무기질을 흡수하고 수송하며, 양분을 저장하는 기관이다. 뿌리 끝 가까이에 **뿌리털(root hair)**이라고 하는 작은 돌기물이 뿌리의 흡수표면적을 크게 증가시켜서, 흡수를 위한 넓은 외층을 제공한다(그림 28.2의 맨 오른쪽). 각 뿌리털은 뿌리의 표면에 있는 세포의 파생물이다. 뿌리털은 매우 섬세하기 때문에, 뿌리털의 손상 없이 식물을 옮겨 심는 것은 어려운 일이다.

당근, 순무, 사탕무 등의 뿌리와 같이 큰 곧은 뿌리는 녹말이나 설탕과 같은 양분을 저장한다(그림 28.3a). 식물은 이런 탄수화물을 생장기와 꽃이나 과실을 맺을 때 이용한다. 그 외에도 변형된 뿌리의 형태에는 지상에 확장되어 있어서 빌딩의 지지대와 같은 역할을 하는 편평근(buttress root)이 있다(그림 28.3b).

▼그림 28.3 **변형된 뿌리.**

(a) 사탕무의 뿌리는 탄수화물을 저장한다.

(b) 마다가스카르의 감람나무(*Canarium*)의 편평근은 나무의 몸통을 받쳐준다.

줄기

그림 28.2에서 나타낸 것처럼, **줄기(stem)**는 일반적으로 식물체의 지상에서 자라고 잎과 꽃을 지지하고 있어서, 그것들이 햇빛에 대한 노출이 극대화될 수 있도록 한다. 교목의 경우, 줄기는 주축(몸통)과 모든 가지를 포함한다. 줄기에 잎이 달린 지점을 **마디(node)**라 하고, 마디와 마디 사이의 줄기 부분을 **마디사이(internode)**라고 한다.

▼그림 28.4 정단우성과 로즈마리 식물에 대한 가지치기 효과.

로즈마리 식물의 끝눈은 정단우성 효과인 곁눈의 생장을 억제하는 호르몬을 생산한다. 그 결과 가늘고 긴 식물이 된다.

이 로즈마리 식물은 가지치기를 했는데, 이것은 정단우성을 감소시켜 가지와 잎의 생산을 증가시킨다. 그 결과 유용한 잎의 수확량이 증가하게 된다.

줄기에는 두 종류의 눈이 있다(그림 28.2 참조). 줄기의 끝에 위치하면서 식물의 길이 생장을 가져오는 **끝눈(terminal bud)**은 발생 중인 잎과 압축된 일련의 마디와 마디사이로 구성된다. 잎과 줄기 사이의 잎겨드랑이에 위치하는 **곁눈(axillary bud)**은 주로 휴면상태로 남아 있다. 많은 식물에 있어서, 끝눈은 곁눈의 생장을 억제하는 호르몬을 생성하는데, 이를 **정단우성(apical dominance)**이라고 한다. 정단우성은 식물의 길이를 보다 크게 하여 빛에 대한 노출을 증가시키는 진화적 적응의 결과이다. 가지를 내는 것은 역시 환경에 대해 지상부의 노출을 증가시키는데 중요하며, 어떤 조건에서는 곁눈이 자라고 발달하여 가지를 낸다. 어떤 가정 정원사도 알고 있는 것처럼, 과실수를 가지치기 하거나 실내화분용 식물을 잘라내기 함으로써 끝눈을 제거하는 것이 보다 많은 가지를 내게 한다(그림 28.4).

줄기도 다양한 형태를 갖는다. 딸기는 땅위를 기는 수평줄기(또는 기는줄기)를 갖는다. 수평줄기는 무성생식의 한 방법으로서, 그림 28.5a에서 보는 것처럼 새로운 식물이 그것으로부터 나온다. 따라서 딸기를 관리하지 않으면 정원은 금방 딸기들로 채워질 것이다. 우리가 흔히 먹는 줄기는 아스파라거스이다. 줄기의 다른 종류는 종종 뿌리로 잘못 알게 된다. 만일 당신이 붓꽃이나 생강을 파보게 되면, 당신은 크고, 갈색이며, 토양 표면 근처의 뿌리 같은 구조물을 보게 될 것이다. 이것은 실제로 **뿌리줄기(rhizome)**라고 하는 수평의 지하줄기이다(그림 28.5b). 이것은 양분을 저장하고, 눈을 가지고 있어서 새로운 식물을 형성할 수 있다. 약 3년마다 정원사들이 붓꽃의 뿌리줄기를 나누어 심으면 많은 새로운 개체를 얻을 수 있다. 감자 식물은 양분을 전분 형태로 저장하는 **덩이줄기(tuber)**(우리가 먹는 감자)라고 하는 확대된 구조물로 끝나는 뿌리줄기를 가지고 있다(그림 28.5c). 감자의 "눈"은 곁눈인데, 그것은 새로운 식물로 자랄 수 있어서, 쉽게 번식시킬 수 있다.

▼그림 28.5 변형된 줄기.

(a) 딸기 식물

(b) 생강 식물

곧은뿌리(주근)
뿌리줄기
뿌리줄기 끝에 있는 덩이줄기

(c) 감자 식물

잎

대부분의 식물에서 **잎(leave)**은 광합성의 주요한 부위이며, 대기와 기체를 교환하고, 열을 분산시키며, 초식동물과 병원체에 대하여 방어작용을 나타낸다. 잎은 대개 납작한 **잎몸(blade)**과 줄기에 잎이 결합하는 **잎자루(petiole)**로 구성되어 있다(그림 28.2 참조).

식물의 잎은 크기와 모양이 매우 다양하다(그림 28.6). 볏과식물과 대부분의 외떡잎식물은 잎자루가 없는 긴 잎을 가지고 있다. 어떤 진정쌍떡잎식물은 수많은 잎자루를 갖고 있으며, 다량의 수분과 영양분을 함유하고 있어서 식용으로 이용된다. 셀러리의 식용 줄기는 그 예이다. 덩굴손이라고 하는 완두와 포도와 같은 식물들의 잎은 덩굴로 변형되어 식물체가 기어오를 때 지지작용을 한다(그림 28.7a). 그리고 선인장 같은 식물은 잎이 가시로 변형되어 동물로부터 식물체를 보호한다(그림 28.7b). 선인장류를 포함하여 이런 종류의 많은 다른 식물들은 주요 광합성기관으로서 커다란 녹색줄기를 가지며, 줄기는 많은 양의 수분을 저장하고 있다.

지금까지 우리는 육안으로 보는 수준에서 식물을 살펴보았다. 다음 절에서는 식물을 해부하여 현미경 차원에서 관찰하게 될 것이다. ✓

✓ 체크포인트

당신이 다음과 같은 채소를 먹을 때 어떤 부분을 먹는지 각각의 식물기관을 말하시오.: 아스파라거스, 상추, 당근, 감자, 순무.

답: 줄기, 잎, 뿌리, 줄기, 뿌리

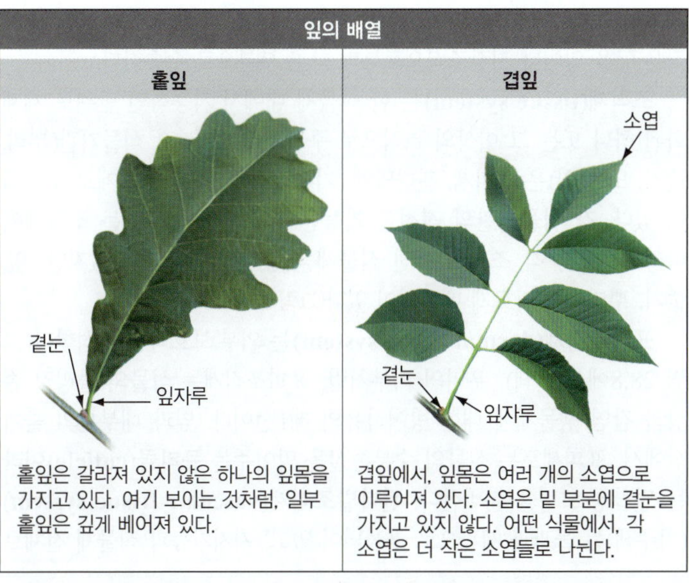

▲그림 28.6 **잎의 배열.** 곁눈을 확인해 보면 홑잎과 겹잎을 구별할 수 있다. 각 잎은 잎자루가 줄기에 붙어 있는 하나의 곁눈만을 가지고 있다. 겹잎의 소엽은 곁눈을 갖고 있지 않다.

28.3 식물조직과 조직계

동물에서처럼 식물의 기관들도 조직들을 가지고 있다. **조직(tissue)**은 특수한 기능을 함께 수행하는 세포들의 집단이다. 예를 들어, 식물은 식물체 내에서 내부 배관계를 형성하는 두 종류의 관다발조직을 가지고 있다. **물관(xylem)**이라고 하는 관다발조직은 수분과 무기질을 뿌

▼그림 28.7 **변형된 잎.**

(a) 박과 식물의 덩굴손

(b) 선인장의 가시

리에서 잎까지 수송하며, 반면에 **체관(phloem)**이라고 하는 관다발조직은 당을 잎이나 저장조직으로부터 다른 부분으로 수송한다.

조직계(tissue system)는 한 식물체 내에서 기능적인 단위로 체제화된 하나 또는 그 이상의 조직으로 구성되어 있다. 각 식물기관(뿌리, 줄기, 또는 잎)은 표피계, 관다발계, 기본조직계 등 세 조직계로 구성되어 있다. 각 식물기관의 적절한 기능은 서로 상호작용하는 조직계에 따라 다르다. 각 조직계는 전 식물체를 통하여 연속되어 있지만, 잎, 줄기, 뿌리에서 다르게 배열되어 있다(그림 28.8).

표피조직계(dermal tissue system)는 외부 보호막을 형성한다(그림 28.8에서 갈색). 우리의 피부처럼, 표피조직계는 식물의 물리적 손상과 감염 생물체에 대한 방어작용의 제1선이다. 잎과 대부분의 줄기상에서, 표피세포는 식물의 수분손실을 막아주는 **큐티클(cuticle)**이라는 밀랍성 코팅을 분비한다. **관다발조직계(vascular tissue system)**(자주색)는 물관과 체관으로 구성되어 있고, 지지기능과 식물체 전체로 장거리 수송기능을 수행한다. **기본조직계(ground tissue system)**(노란색)는 식물의 대부분을 차지하며, 광합성, 저장, 지지 등 다양한 기능을 수행한다. 관다발조직의 내부에 있는 기본조직을 **수(pith)**라고 하며, 관다발조직의 외부에 있는 기본조직을 **피층(cortex)**라고 한다.

▼그림 28.8 **식물의 세 가지 조직계.** 식물의 뿌리, 줄기, 잎은 식물체를 통틀어 연속적인 세 가지 조직계(표피조직계, 관다발조직계, 기본조직계)로 구성되어 있다.

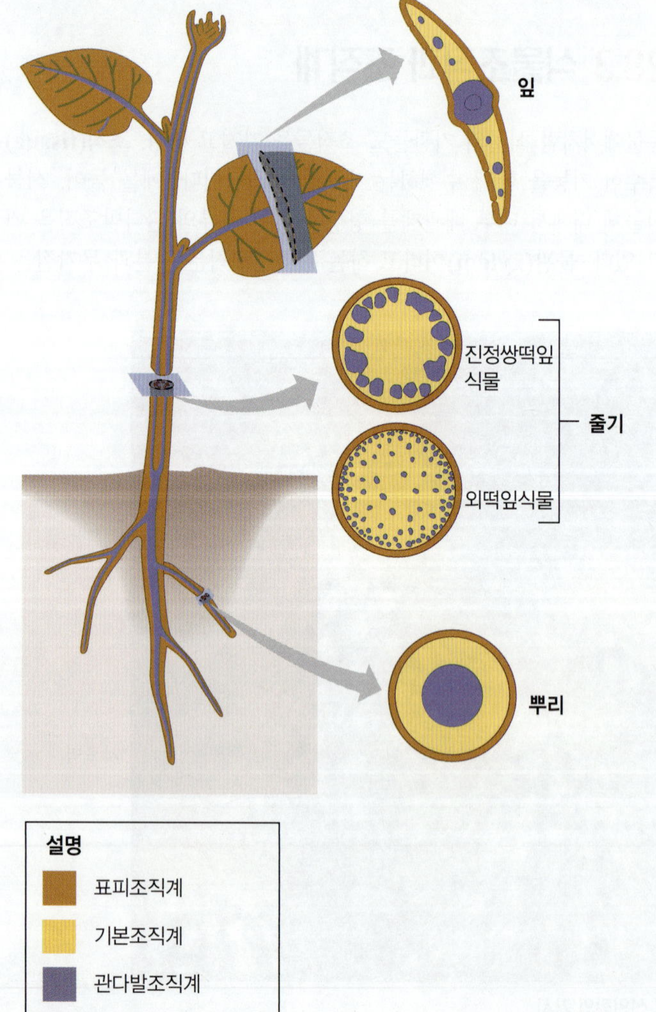

그림 28.9은 진정쌍자엽식물 뿌리의 횡단면 구조로서, 3개 조직계의 배열을 보여준다. 표피(표피조직계의 바깥층)는 단층으로 치밀하게 배열되어 있어서 전체 뿌리를 덮고 있다. 물과 무기질이 이들 세포를 통해서 식물체로 들어온다. 일부 표피세포는 돌기를 내어 뿌리털은 형성한다(그림 28.2 참조). 뿌리의 중심부에서, 관다발조직계가 원통형을 형성하며, 내부에는 물관세포들이 바퀴 방사살처럼 방사방향으로 뻗어 있고, 체관세포들은 축 사이에 쐐기모양으로 채워져 있다. (그에 반해서, 외떡잎식물 뿌리에 있는 관다발조직의 원통은 물관의 고리와 체관의 고리에 의해 둘러싸인 세포들의 중심속을 가지고 있다.) 기본조직계의 세포들은 영양분을 저장하고 물과 무기질을 섭취한다. 뿌리의 기본조직은 관다발조직 외부에 있으므로 피질이라고 한다. 뿌리에서 기본조직의 수 영역은 없다. 피층의 가장 안쪽의 층을 **내피(endodermis)**라고 하며, 세포는 단층의 원통형으로 배열되어 있다. 내피는 피층과 관다발조직 사이에서 물질의 통과를 조절하는 선택적 장벽이다.

줄기에서, 관다발조직계는 중앙 원통형을 형성하지 않는다. 대신 수많은 관다발속으로 배열되어 있다. 대부분의 진정쌍떡잎식물의 줄기에서, 속(다발)은 고리를 형성하는 반면, 대부분의 외떡잎식물 줄기에서는 그것들이 흩어져 있다(그림 28.8 참조). 진정쌍떡잎식물의 줄기에서 관다발속이 고리를 형성하기 때문에, 기본조직은 피질과 수 영역으로 나뉜다.

그림 28.10은 전형적인 진정쌍떡잎식물 잎에서 나타나는 세 가지 조직계의 배열을 보여주고 있다. 잎의 표피에는 **기공(stomata**, 단수는

▼그림 28.9 **진정쌍떡잎식물 뿌리의 조직들.** 이 현미경 사진은 야생식물인 어린 미나리아재비 식물 뿌리의 횡단면이다. 단층의 상피, 물관과 체관을 갖고 있는 원통형의 관다발조직계, 그리고 뿌리의 대부분을 구성하는 기본조직계가 있다.

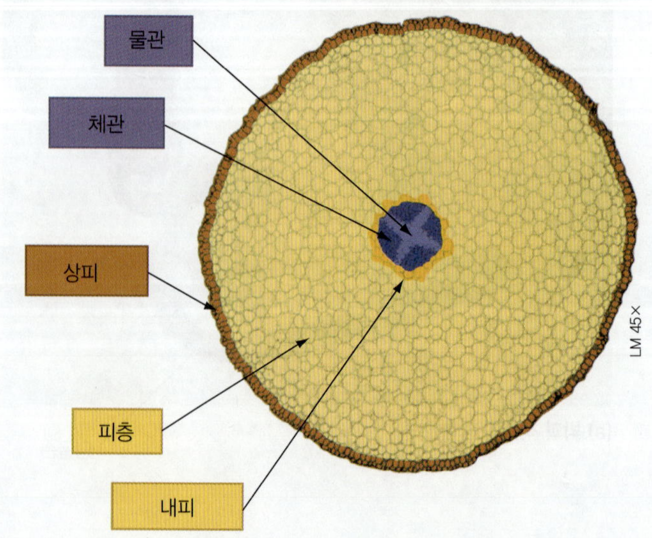

stoma)이 있으며, 때로는 줄기의 표피에도 있다. 기공은 표피세포의 변형으로 특수화된 2개의 **공변세포(guard cell)** 사이의 작은 틈을 말하는 것으로(그림 29.10 참조), 기공을 통해서 잎 내부의 광합성 세포와 주변 대기 사이에 기체교환이 일어나는데 기공의 크기는 공변세포에 의해서 조절된다.

광합성의 주요 부위는 잎의 기본조직계인 **엽육조직(mesophyll)**이다. 엽육조직은 주로 엽록체를 가지고 있는 광합성 세포로 구성되어 있다(그림 28.10에서 녹색).

잎의 관다발조직계는 잎맥으로 되어 있는데, 그림 28.10에서 보는 것처럼, 각 잎맥은 물관과 체관으로 구성된 관다발 속이다. 잎맥은 잎의 광합성 조직과 밀착되어 있다. 그럼으로써 광합성조직은 토양으로부터 물과 무기질을 공급받고, 광합성산물인 당을 잎으로부터 식물체 전체로 수송하게 된다. ✓

✓ **체크포인트**

주요 광합성 부위는 어느 조직계인가? 외부를 덮고 보호하는 것은 어떤 조직계인가?

답: 기본조직계; 표피조직계

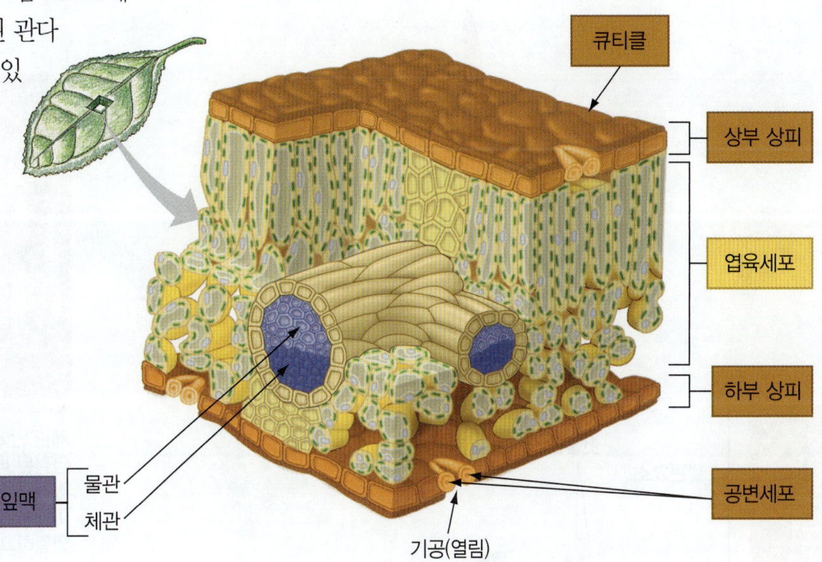

► **그림 28.10 진정쌍떡잎식물 잎의 조직들.** 환경과 잎 내부 사이에서 기체교환이 일어나도록 하는 아래 표면의 구멍인 기공을 주목하라.

28.4 식물세포

지금까지 우리는 기관과 조직 수준에서 식물의 구조를 살펴보았다. 지금부터는 세포를 더 자세하게 살펴 볼 것이다.

다른 진핵세포와 공통적인 구조에 덧붙여(그림 4.4 참조), 대부분의 식물세포들은 광합성 부위인 **엽록체(chloroplast)**, 세포의 견고성을 유지해주는 액체를 갖고 있는 **중심액포(central vacuole)**, 원형질막을 둘러싸서 보호하는 **세포벽(cell wall)** 등 세 가지 독특한 구조를 갖는다(그림 28.11).

식물 세포벽은 주로 구조 탄수화물인 셀룰로오스로 구성되어 있다. 특히 구조적 지지작용을 제공하는 식물세포는 두 층의 세포벽을 가지고 있다. 1차세포벽이 우선 아래에 놓여 있고, 그 다음에 보다 두껍고 단단한 2차세포벽이 원형질막과 1차세포벽 사이에 축적되어 있다. 원형질연락사(plasmodesmata)는 인접한 세포간 세포질을 통해 소통하는 통로이다.

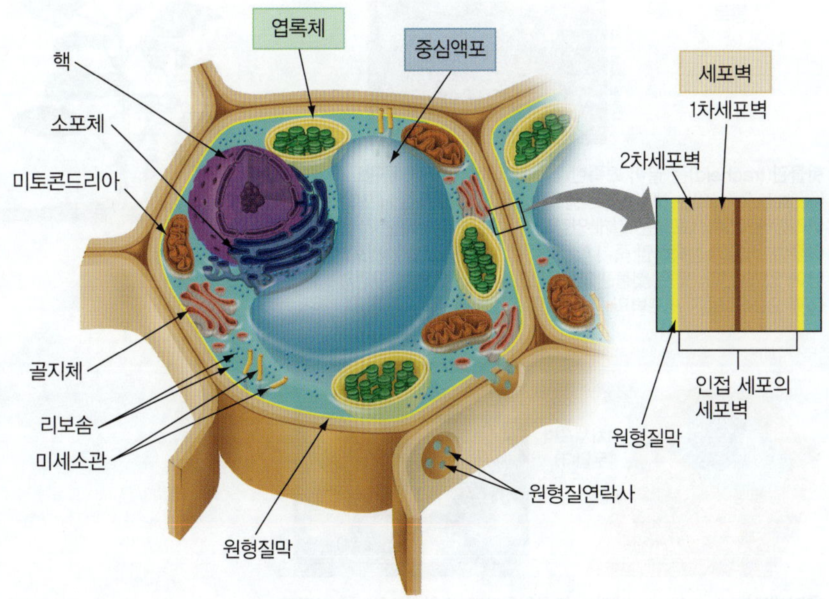

▲ **그림 28.11 일반화된 식물세포의 구조.** 색상자는 대부분의 식물세포에서 발견되지만, 동물세포에서는 발견되지 않는 특징을 강조하고 있다. 확대된 그림은 인접한 두 개의 세포를 보여준다.

그림 28.12는 주요 유형의 식물세포에 대한 개요를 보여준다. **각 유형의 식물세포의 구조가 그 기능과 어떤 상관관계를 가지고 있는지 주목하라. 이는 우리가 생명체를 연구하는 동안 흔히 볼 수 있는 주제를 반영하고 있다.** ✓

✓ 체크포인트

그림 28.12에 나타낸 세포 종류 중 어느 것이 다른 모든 부분으로 발생할 수 있는 잠재력을 갖는가?

답: 유세포

▼그림 28.12 식물세포의 종류.

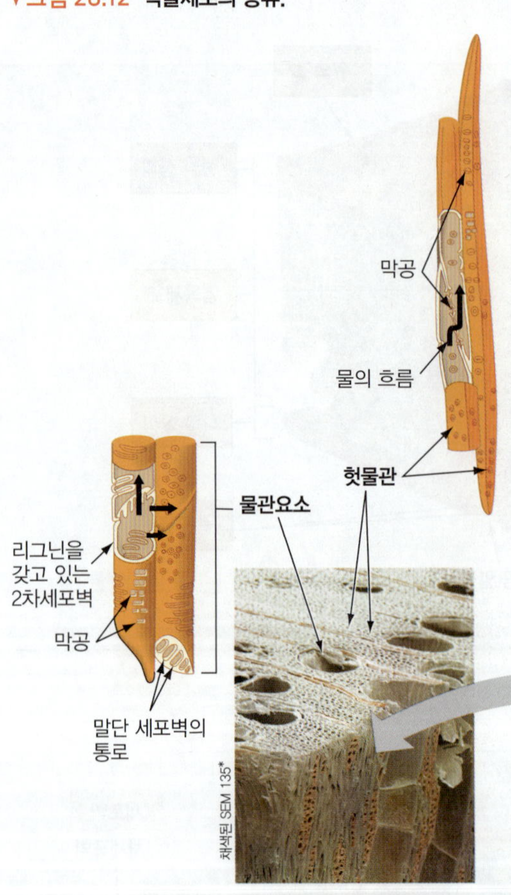

헛물관(tracheid)은 끝이 뾰족한 긴 세포이며, 반면에 물관요소(vessel element)는 보다 넓고, 짧으며, 끝이 덜 뾰족한 세포이다. 이러한 물이동 세포들은 길게 연결되어 수분을 수송하는 긴 관을 이루며, 식물이 성숙하면 죽기 때문에 속이 비어 있으며, 세포벽만 남아 있게 된다. 물은 헛물관과 물관요소의 벽에 있는 구멍과 물관 요소의 말단 세포벽의 통로를 통하여 지나간다.

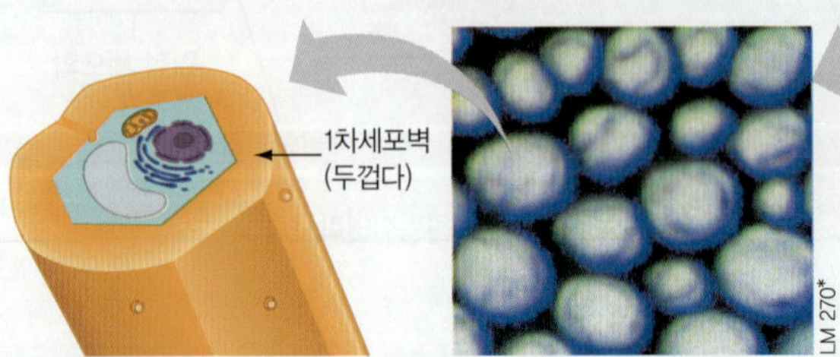

후각세포(collenchyma cell)는 불균일하게 두꺼워진 1차벽을 가지고 있지만 2차세포벽은 없다. 이 세포들은 어린 줄기와 잎자루에서 활발한 생장을 지원한다 (예를 들어, 셀러리 줄기의 "끈"을 형성한다).

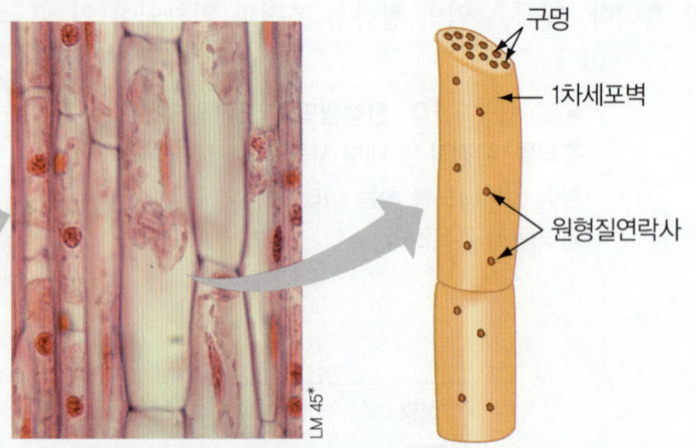

체관 안에 있는 **양분이동세포(food-conducting cell)**는 끝이 서로 연결된 배열로 관을 형성한다. 말단 세포벽에는 커다란 구멍이 뚫려 있어서, 당, 기타 화합물, 그리고 일부 무기질을 인접 양분이동세포로 이동시킨다. 원형질연락사는 양분이동세포와 인접 비이동세포를 연결하고 있다.

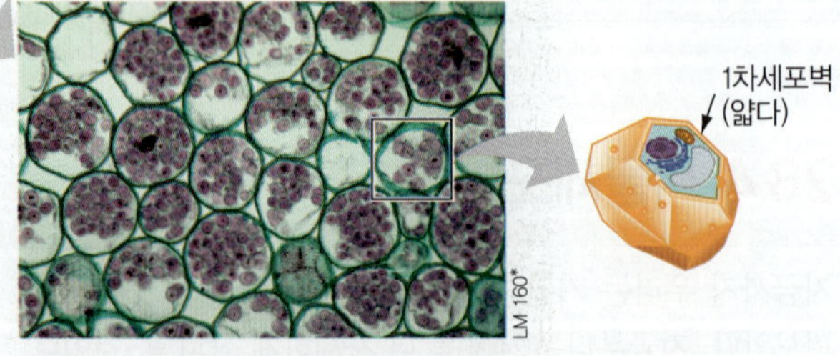

유세포(parenchyma cell)는 대부분의 식물에서 가장 풍부한 종류의 세포다. 그들은 종종 얇은 1차세포벽만 가지고 있다. 유세포는 영양분을 저장하고, 광합성을 하며, 다른 종류의 식물 세포로 분열되어 발달할 수 있다.

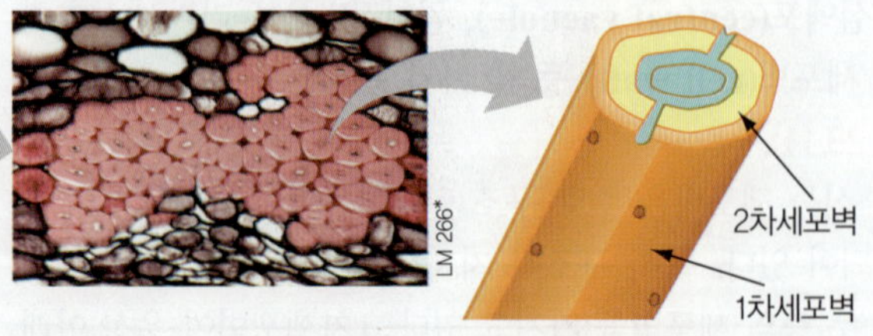

후벽세포(sclerenchyma cell)는 나무의 주요 화학 성분인 리그닌(lignin)으로 강화되는 두꺼운 2차세포벽을 가지고 있다. 생장이 멈춘 부위에서, 후벽세포는 성숙했다가 죽으면서 식물을 지탱하는 '골격'을 남긴다. 후벽세포는 밧줄과 옷을 만드는 데 사용되는 매우 이용도가 높은 삼 섬유와 같이 상업적으로 중요한 식물 생산물을 구성하고 있다.

식물의 생장

식물체의 생장은 동물과 기본적으로 다르다. 대부분의 동물은 어떤 크기에 이르면 생장이 멈춘다. 반대로, 대부분의 식물은 살아 있는 한 계속 생장한다. 그러나 이것은 식물이 죽지 않는다는 것을 의미하는 것은 아니다. 실제로 식물에 따라 아주 다양한 수명을 갖는다(그림 28.13). **일년생식물(annuals)**이라고 하는 현화식물은 일년 또는 생장기 동안에 발아, 성숙, 생식, 죽음의 과정을 다 겪는다. 인류의 중요한 대부분의 식량 작물인 밀, 옥수수, 벼 등은 모두 일년생이다. 2년 동안 사는 **이년생식물(biennials)**은 대개 개화와 종자 생산이 두 번째 해에 일어난다. 당근은 이년생식물이지만, 보통 첫 해에 수확되기 때문에 당근의 꽃을 보는 것을 놓쳐 버린다. 여러 해를 사는 식물들은 교목, 관목(커피 식물 등), 많은 초본식물과 개화 구근(flowering bulbs, 튜립 등), 그리고 일부 잔디 등은 **다년생식물(perennials)**이다. 어떤 다년생식물은 가장 오래 사는 동물보다 훨씬 긴 수명을 가지고 있는데, 예컨대 BC 288년 스리랑카의 무화과나무는 오늘날까지 2,300년 넘게 생장하고 있다.

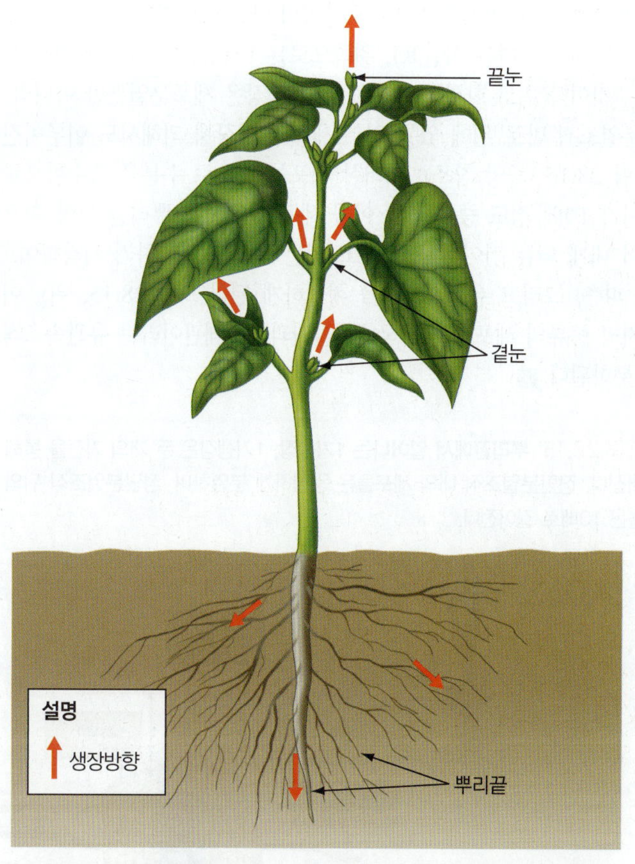

▲그림 28.14 **정단분열조직의 1기생장.** 분열조직은 모든 식물에서 생장을 담당하는 조직이다. 정단분열조직은 뿌리의 끝과 지상부의 눈에 있다.

28.5 1기생장: 신장생장

모든 식물의 생장은 분열조직이라고 하는 조직에 의해 이루어진다. **분열조직(meristem)**은 조건이 허용될 때 분열하는 분화되지 않은(특수화되지 않은) 세포들로 구성되어 있어서, 새로운 세포와 조직을 만들어 낸다. 줄기와 뿌리의 끝에 있는 분열조직을 **정단분열조직(apical meristem)**이라고 한다. 정단분열조직의 세포분열은 새로운 세포와 조직을 생산하여 식물의 길이 자람을 하도록 한다. 이러한 과정을 **1기생장(primary growth)**이라고 한다(그림 28.14).

그림 28.15는 생장하고 있는 양파 뿌리의 종단면을 보여주고 있다. 1기생장은 뿌리를 토양으로 밀어낸다(어린 줄기가 위로 자라는 것과 매우 유사함). 뿌리의 끝에는 **뿌리골무(root cap)**가 있어 활발하게 분열하는 연약한 정단분열세포를 보호한다. 뿌리의 정단분열조직(그림의 오렌지색 계란 모양과 전자현미경 사진의 원형 점선 부분)은 두 가지

▼그림 28.13 **다양한 수명을 갖는 현화식물들.**

식물의 수명		
일년생식물 (한 번의 생장기 동안 산다)	**이년생식물** (두 번의 생장기 동안 산다)	**다년생식물** (여러 생장기 동안 산다)
벼	야생 처빌(카우 파슬리라고도 함)	장미

역할을 한다. 즉 아래쪽으로는 토양과의 마찰에 의해 긁힌 세포를 대체하고(아래로 향하는 화살표), 위쪽으로는 1기생장에 필요한 세포를 만드는 것이다(위로 향하는 화살표). 1기생장은 세포분열뿐만 아니라 정단분열조직 바로 위에 있는 일부 세포의 신장에 의해서도 이루어진다(그림 28.15, 중앙 참조). 이러한 세포들은 주로 수분을 흡수함으로써 길이가 10배 정도 증가한다. 이들 세포의 신장은 뿌리를 토양 속으로 밀어 내게 되는 것이다. 신장하고 있는 세포는 분화하기 시작하여, 표피, 피층, 그리고 유관속조직을 형성하게 된다(그림 28.15, 위). 이런 마지막 종류의 세포들은 결국 1기물관과 1기체관이라는 유관속조직으로 분화된다. ✓

▼**그림 28.15 뿌리끝에서 일어나는 1기생장.** 1기생장은 두 개의 기전을 통해 이루어진다. 정단분열조직 내의 세포들은 왕성하게 분열하며, 정단분열조직 뒤의 세포들은 10배로 길어진다.

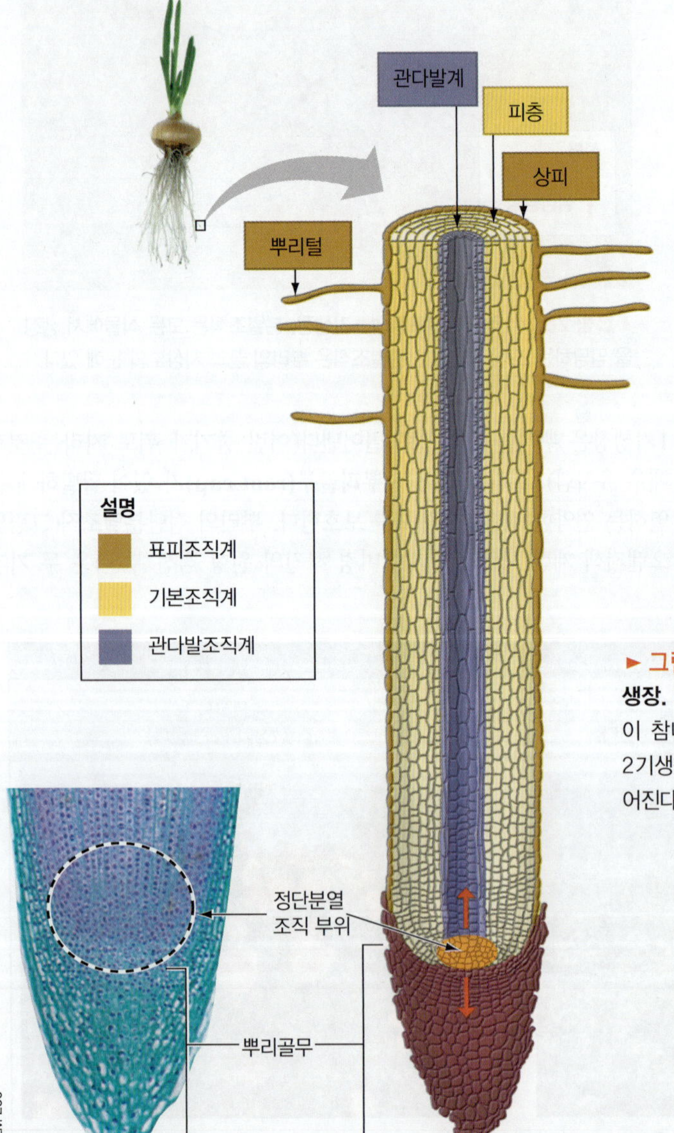

✓ **체크포인트**

1기생장을 일으키는 두 개의 기본 세포기작은 무엇인가?

답: 세포분열과 세포 신장생장(길이 자람)

28.6 2기생장: 비대생장

길게 자라는 신장생장에 더하여, 많은 진정쌍떡잎식물 종들의 뿌리와 줄기는 **2기생장(secondary growth)**이라고 하는 과정에 의해 굵어진다(그림 28.16). 그러한 비대생장은 교목, 관목, 덩굴성 식물과 같은 목본식물에서 일어난다. 이것은 매년 지속적으로 일어나서 **목재(wood)**라고 하는 죽은 물관조직으로 구성된 두꺼운 층을 구성한다.

2기생장은 관다발형성층과 코르크형성층이라는 두 가지 분열조직의 세포분열이 관계한다. **관다발형성층(vascular cambium)**은 우선 1기물관과 1기체관 사이에서 왕성하게 분열하는 세포들로서 원통형으로 배열되어 있다(그림 28.17의 청록색). 당신은 그 그림의 왼쪽에 있는 파이 모양의 조각에서 볼 수 있다. 2기생장(빨간색 화살표)은 관다발형성층의 양쪽에 세포들을 첨가시킨다.

그림 28.17의 중앙과 오른쪽 그림은 2기생장의 결과를 보여주는 것이다. 중앙 그림에서, 관다발형성층은 2기체관과 2기물관 등 두 개의 새로운 조직을 만들어 낸다. 즉 관다발형성층 바깥쪽에 2기체관과 안쪽에 2기물관이 있다. 해마다 2기물관의 새로운 층이 생산되는 것은 다년생식물의 비대생장 때문이다.

해마다의 나이테는 2기물관의 층 형성으로 나타난다(그림 28.18). 나이테를 눈으로 볼 수 있는 것은 일 년 동안 관다발형성층의 활성이 고르지 않기 때문이다. 대부분의 미국처럼 온대지방에 서식하는 목본식물 관다발형성층은 겨울 동안의 활성이 휴면상태이기 때문에 2기생장은 중지된다. 봄에 2기생장이 재개될 때, 초기 목재의 원통이 형성된다. 최초의 새로운 물관세포가 발생되어 만들어지면, 초기 목재세포들

► **그림 28.16 2기생장.** 교목(살아 있는 이 참나무와 같은)은 2기생장으로 매년 굵어진다.

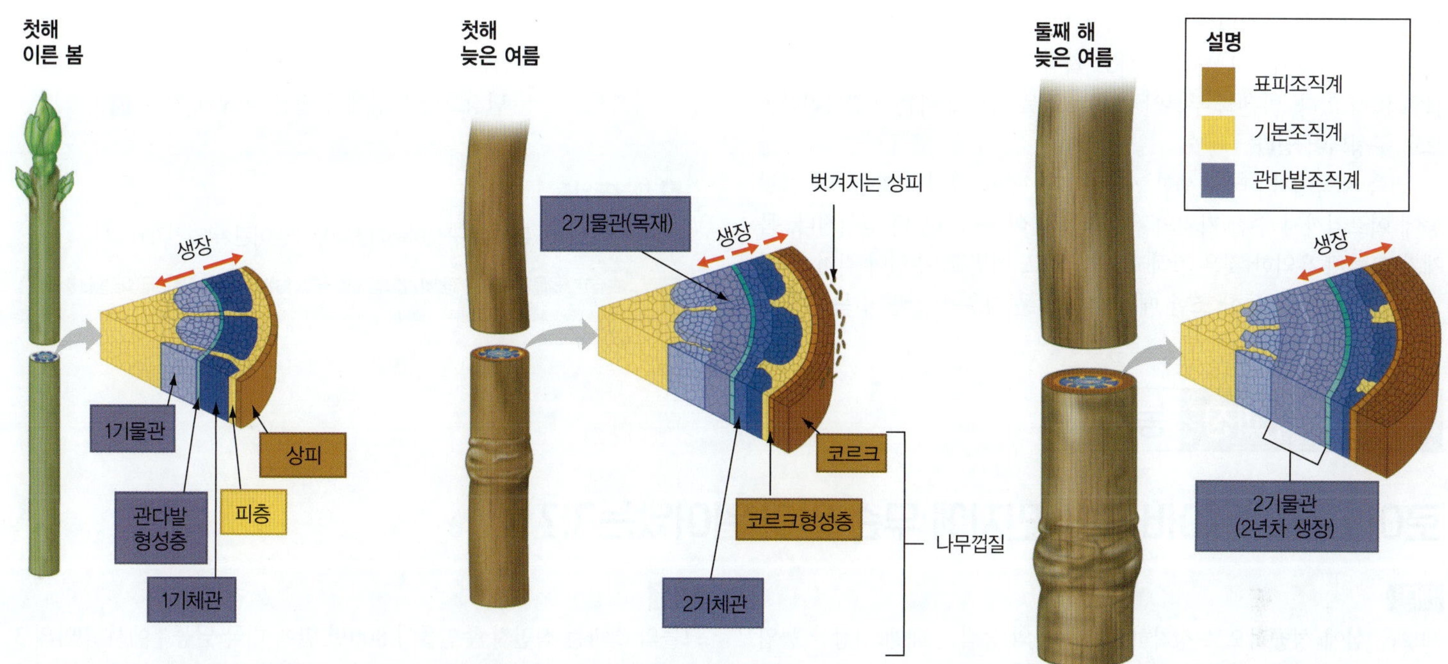

▲그림 28.17 **목본 줄기의 2기생장.** 대부분 목본식물의 가지는 다양한 수령의 조직으로 구성되는데, 끝 부위는 가장 어린 부위이며, 몸통 부위는 보다 오래된 부위이다. 왼쪽의 횡단면은 2기생장을 바로 시작하고 있는 줄기 부위를 보여준다. 중앙과 오른쪽 횡단면은 점차 진행되어 가는 과정을 나타낸다.

은 대개 직경이 더 크고, 여름 이후에 생산된 것들보다 더 얇은 벽을 가진다. 초기 목재의 큰 세포들과 이전 생장기 동안 생산된 후기 목재의 작은 세포들 간의 경계선은 일반적으로 나무의 몸통과 뿌리의 횡단면에서 발견되는 뚜렷한 고리이다. 당신도 들은 적이 있는 것처럼, 나무의 나이는 나이테의 수를 보고 알 수 있다. 나이테는 다양한 두께를 가지는데, 이것을 통해 해에 따른 계절생장 정도를 알 수 있기 때문에, 그 해의 기후 조건도 추정할 수 있다. 「과학연구의 과정」에서 보는 것처럼, 나이테 자료는 과학 밖의 범위에 있는 주제에 대한 통찰력도 제공할 수 있다.

표피와 피층은 어린 줄기의 외부 보호막을 이룬다(그림 28.17 참조). 2기생장이 시작되면 피층은 벗겨지고 **코르크(cork)**라고 하는 새로운 외층으로 대체된다.

► 그림 28.18 **나무 몸통의 해부.** 왼쪽은 수십 년의 나이테를 가지고 있는 아까시나무(locust) 몸통의 횡단면이다. 오른쪽은 성숙한 나무의 다양한 층이 쉽게 보이도록 분리해 놓은 것이다.

성숙한 코르크 세포는 죽은 세포로서 두껍고 왁스로 된 세포벽을 가지고 있으며, 줄기의 내부조직을 보호한다. 코르크는 코르크형성층(cork cambium)이라고 하는 분열조직으로부터 만들어진다. 관다발형성층 외부에 있는 모든 것(2기체관, 피층, 코르크형성층, 그리고 코르크)을 **나무껍질(bark)**이라고 한다.

나무의 몸통 대부분은 죽은 조직이다. 나무의 중심부인 심재는 오래된 2기물관으로 구성되어 있다. 이런 세포들은 더 이상 물을 수송하지 않으며, 심재를 매우 단단하게 하고 썩지 않게 하는 송진과 다른 화합물로 막혀 있다. 밝은색 부분인 변재는 물을 흐르게 하는 어린 2기물관으로 구성되어 있다.

건축 재목에서부터 미세한 가구, 악기, 종이, 그리고 많은 화학물질 등에 이르기까지 수천 가지의 유용한 산물이 목재로부터 얻어진다. 목재가 그렇게 유익한 것은 강하고, 단단하고, 가볍고, 수명이 길며, 그리고 가공성 등의 독특한 조합 때문이다. 많은 경우에, 간단히 목재를 대체할 만한 어떤 좋은 소재는 없어 보인다. 예를 들어, 목관악기인 오보에는 플라스틱으로 만든 것보다 훨씬 음질이 풍부하고, 심재로 만든 담장은 금속으로 만든 담장보다 토양에서 훨씬 더 오래 간다. ✓

✓ 체크포인트

어떤 식물조직이 목재를 구성하는가? 나무껍질이란 무엇인가?

답: 2기물관; 관다발형성층 안쪽의 모든 조직들; 2기체관, 코르크형성층, 코르크

과학연구의 과정 농업

로어노크의 잃어버린 식민지에 무슨 일이 일어났는가?

배경

새로운 섬에 성공적으로 정착하는 사람들의 능력은 대개 건강한 농업 시스템을 유지하는 능력 여하에 달려 있다. 1587년 7월 22일, 121명의 영국 정착민이 오늘날의 노스캐롤라이나에 있는 로어노크섬(Roanoke Island)에 상륙했다(그림 28.19a). 그들을 실어왔던 배는 115명의 식민지 개척자들을 남겨 놓고, 그 해에 영국으로 돌아갔다. 3년 후에 다음 배가 돌아왔을 때 그 정착지는 황폐화되어 있었다. 어떤 전쟁의 징후도 없었고, 어떤 식민지 주민들의 흔적도 찾을 수 없었으며, 모든 건물들은 해체되어 있었다. 로어노크의 "잃어버린 식민지"가 사라진 원인은 역사가들에게 오랫동안 호기심을 불러일으켜 왔다.

방법

연구원들은 로아노크 섬 주변의 아주 오래된 낙우송(*Taxodium distichum*)의 나이테가 지난 수세기 동안 이 지역의 기후에 대한 믿을 만한 기록을 제공한다는 것을 알고 있었다. 그들은 식민지의 폐허가 정착 후 수년간의 나이테 자료에서 알아볼 수 있는 가뭄 기간과 일치한다고 가설을 세웠다. 알아보기 위해, 그들은 1185~1984년 동안 자란 수십 그루의 나무를 분석했다.

결과

그들의 결과는 식민지 주민들이 800년 만에 미국 남동부에서 최악의 3년 가뭄이 시작되자 불운을 겪었다는 것을 보여주었다. 1587~1590년의 기간은 이 지역의 낙우송에서 매우 좁은 나이테에 해당한다(그림 28.19b). 실제로 그들이 정착한 해는 기록상 가장 건조한 해였다. 이 자료들은 잃어버린 식민지의 소멸을 설명하기 위해 갈등을 일으킬 필요가 없다는 것을 보여준다. 가뭄과 그에 따른 식민지 주민들의 식물 재배에 대한 무능으로 인해 그들은 정착촌을 포기해야 할 수도 있었다. 이 연구는 또한 생물학적 실험이 어떻게 역사와 인류학 같은 자연과학을 훨씬 뛰어넘는 분야에 대한 통찰력을 제공할 수 있는지를 강조한다.

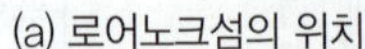

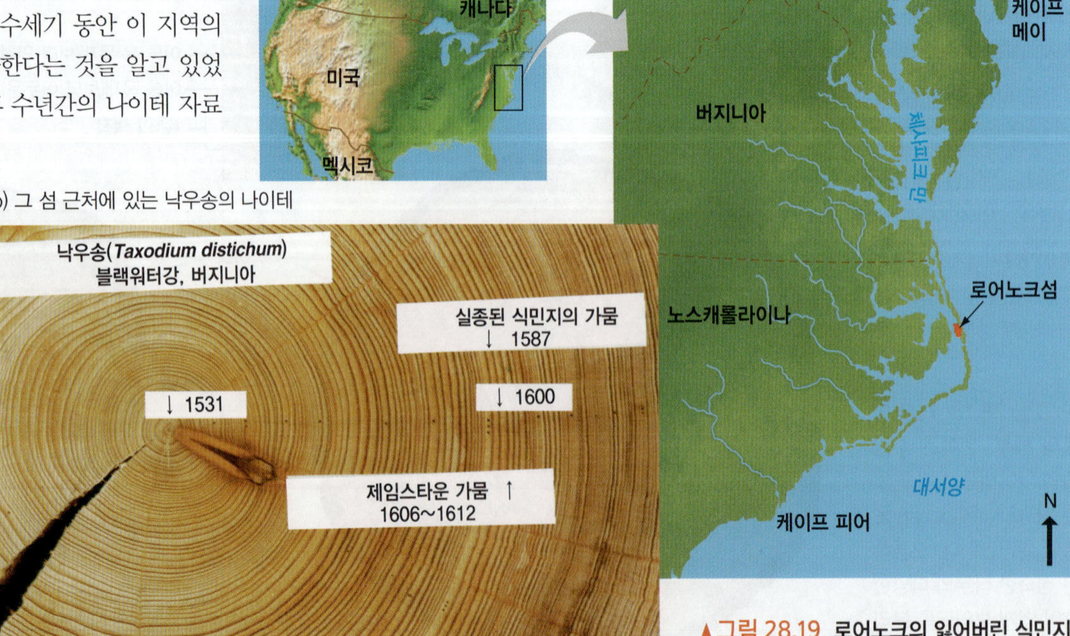

▲그림 28.19 로어노크의 잃어버린 식민지.

과학자처럼 생각하기

과학적 조사는 어떻게 역사적 질문에 대한 통찰력을 제공할 수 있는가?

답은 부록 C를 참조.

현화식물의 생활사

생물의 생활사는 어떤 세대의 성체로부터 다음 세대의 성체까지 발생 단계별 순서이다. 그것들의 생활사를 완성함에 있어서, 많은 현화식물은 우성생식과 무성생식을 할 수 있고, 이러한 생식의 두 가지 형태는 진화에 있어서 환경에 대한 식물군집의 적응에 매우 중요한 역할을 해왔다. 그림 28.20은 수정 없이 한쪽의 양친으로부터 자손이 만들어지는 **무성생식(asexual reproduction)**의 세 가지 예를 보여준다. 무성생식을 통하여, 하나의 식물은 신속하고 효과적으로 많은 자손을 생산할 수 있다. 식물의 이러한 능력은 농업에서 매우 유용한데, 그 이유는 농부가 원하는 형질을 갖고 있는 양친식물과 같은 개체들을 대량으로 얻을 수 있기 때문이다. 예를 들어, 네이블오렌지는 씨가 없기 때문에, 그것들은 무성적으로만 번식될 수 있다. 즉 모든 네이블오렌지 나무의 생장은 1820년경 브라질에서 발견된 단일 나무의 클론이다. 동물과 마찬가지로, 식물의 **유성생식(sexual reproduction)**은 유전적으로 다른 자손들을 생산하는 양친의 생식세포들의 결합인 **수정(fertilization)**을 수반한다.

마늘. 이 마늘 구근은 실제로 저장기능을 하는 지하줄기이다. 하나의 큰 구근은 여러 개의 마늘쪽으로 나누어진다. 각 마늘쪽마다 독립된 식물이 나온다.

▼그림 28.20 식물의 무성생식.

감탕나무. 작은 나무들은 각각 감탕나무(holly tree) 한 그루의 뿌리에서 나온 싹이다. 결국 이러한 뿌리 싹 중 하나 이상이 어버이를 대신할 수도 있다.

남가새과 관목. 이 식물의 둥그런 모양은 캘리포니아 남부의 모하비 사막에 있는 남가새과 관목(creosote bushes)의 복제물이다. 이 모든 덤불은 수 세대에 걸친 무성생식의 뿌리로부터 나온 것이다. 원래의 식물은 아마도 원형의 중앙을 차지했을 것이다.

많은 과일은 무성생식을 통해 만들어진다.

28.7 꽃

속씨식물에서 유성생식에 특이적인 구조가 바로 **꽃(flower)**이다. 꽃의 주요 부분은 꽃받침, 꽃잎, 수술, 심피 등인데, 이것들은 잎이 변형된 것이다(그림 28.21, 또한 그림 28.2 참조). **꽃받침(sepal)**은 꽃눈을 감싸서 보호한다. **꽃잎(petal)**은 대개 밝고 색깔을 띠며, 곤충과 다른 꽃가루 매개자를 유인한다.

꽃의 생식기관은 수술과 심피이다. **수술(stamen)**은 **꽃밥(anther)**이 달려 있는 수술대로 구성되어 있다. 꽃밥 안에는 감수분열이 일어나고 꽃가루가 발생하는 주머니가 들어 있다. 꽃가루는 정자로 발생하는 세포들을 가지고 있다. **심피(carpel)**는 길고 가느다란 목(암술대)을 가지고 있는데, 그것의 끝에는 끈적한 암술머리를 갖고 있다. **암술머리(stigma)**는 꽃가루를 얻기 위한 착륙 승강장이다. 심피의 기부가 바로 **씨방(ovary)**이다. 씨방 안에는 **밑씨(ovule)**라고 하는 생식구조물이 있는데 각각은 하나의 발생 중인 난자와 그것을 지지하는 세포들을 가지고 있다. 암술(*pistil*)이라는 말은 때때로 하나의 심피나 융합된 심피의 한 집단을 말할 때 사용된다. ✓

▼그림 28.21 **꽃의 구조.** 유성생식을 하는 속씨식물의 꽃의 구조이다.

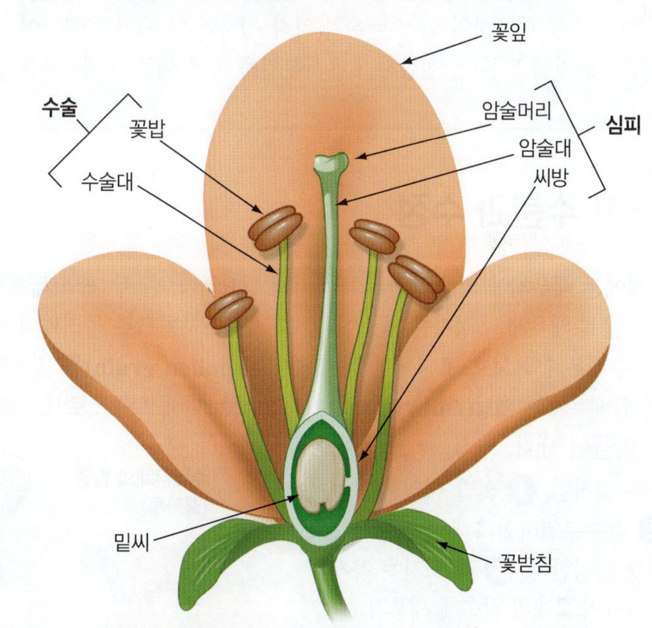

✓ **체크포인트**

화분은 정자생성기관의 ______안에서 발생한다. 밑씨는 ______(이)라고 하는 난자생성기관의 난소 안에서 발생된다.

답: 꽃밥; 심피

28.8 현화식물 생활사의 개요

그림 28.22는 속씨식물의 유성생식에 대한 생활사이다. 수정 후 꽃의 밑씨는 배를 가지고 있는 종자로 성숙된다. 반면에 씨방은 열매로 발달되는데, 이것은 종자를 보호하며 퍼뜨리는 것을 도와준다. 생활사를 완성하면서, 종자는 적절한 서식환경에서 **발아(germinate)**하여, 배가 되고 이것은 어린 식물을 거쳐 성체 식물로 자란다. 즉 발아는 생장의 시작이다.

이 과정을 유전적 관점에서 좀 더 가까이서 살펴보자. 모든 식물의 생활사는 각 세포가 한 세트의 염색체를 가지는 반수체(n) 세대와 각 세포가 두 세트의 염색체를 가지는 이배체($2n$) 세대를 포함한다(그림 6.10 참조). 속씨식물의 뿌리, 줄기, 잎, 그리고 생식 구조물 대부분은 이배체이다. 이배체 식물체를 **포자체(sporophyte)**라고 한다. 포자체는 꽃밥과 밑씨를 생산하는데, 이 구조물 내에서 세포는 감수분열을 진행하여, 반수체인 포자들을 생성한다. 각각의 포자는 유사분열하여 반수체 세대인 다세포의 **배우자체(gametophyte)**를 만들고, 유사분열에 의하여 배우자를 생성한다. 수컷 배우자와 암컷 배우자(각각 정자와 난자)가 융합하여 이배체 접합자를 만든다. 접합자가 유사분열을 하여 새로운 배우체를 만들게 되면 식물의 생활사는 완결되는 것이다. 이 절의 나머지에서, 우리는 속씨식물의 유성 생활사의 각 시기를 보다 자세히 살펴볼 것이다.

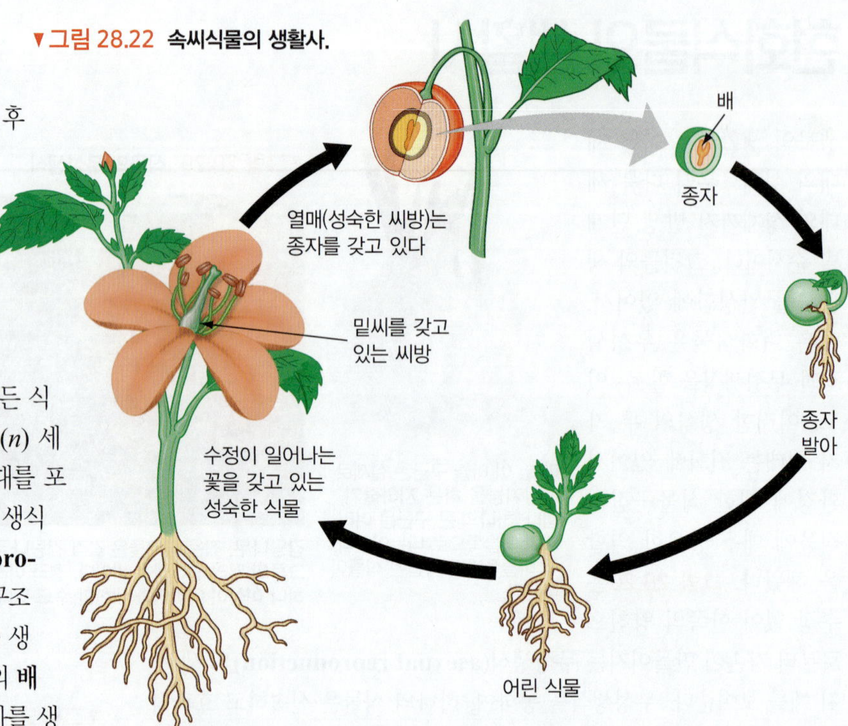

▼그림 28.22 속씨식물의 생활사.

28.9 수분과 수정

수정에는 배우체에 의해 생산된 배우자가 필요하다. 단 두 개의 세포로 구성된 수배우체는 정자를 생산한다. 그것은 포자벽으로 둘러싸여 있다. 수배우체와 보호 포자벽이 함께 **꽃가루(pollen grain)**를 형성한다. 암배우체는 **배낭(embryo sac)**이라고 하는 다세포 구조로서, 난자를 만들어 낸다. 그림 28.23의 위쪽에서 보는 것처럼, ❶ 꽃밥 내의 세포들은 ❷ 감수분열하여 4개의 반수체 포자를 형성한다. ❸ 각 포자는 유사분열하여, 2개의 반수체 세포가 된다. 이 세포들 주변에 두꺼운 벽이 형성되어 꽃가루가 꽃밥으로부터 방출되도록 준비된다.

그림의 아래쪽으로 이동해 보자. ❶ 밑씨 안에서 중앙세포가 커지고, ❷ 감수분열을 진행하여 반수체인 4개의 포자를 생성한다. 이들 중 3개는 퇴화되지만, 생존한 1개는 커지며 ❸ 유사분열에 의해 분열하여 배낭을 생산한다. 배낭 속에는 2개의 반수체 핵을 갖는 커다란 중앙세포가 들어 있고, 그 밖의 세포들 중에 하나가 수정할 준비가 되어 있는 반수

▼그림 28.23 **속씨식물의 배우체 발생.** 수배우체(꽃가루)는 꽃밥 안에서 발생한다(위). 암배우체(배낭)는 밑씨 안에서 발생한다(아래). 대부분의 종에서, 꽃의 씨방은 여러 개의 밑씨를 함유하고 있지만 여기서는 1개만을 나타내었다.

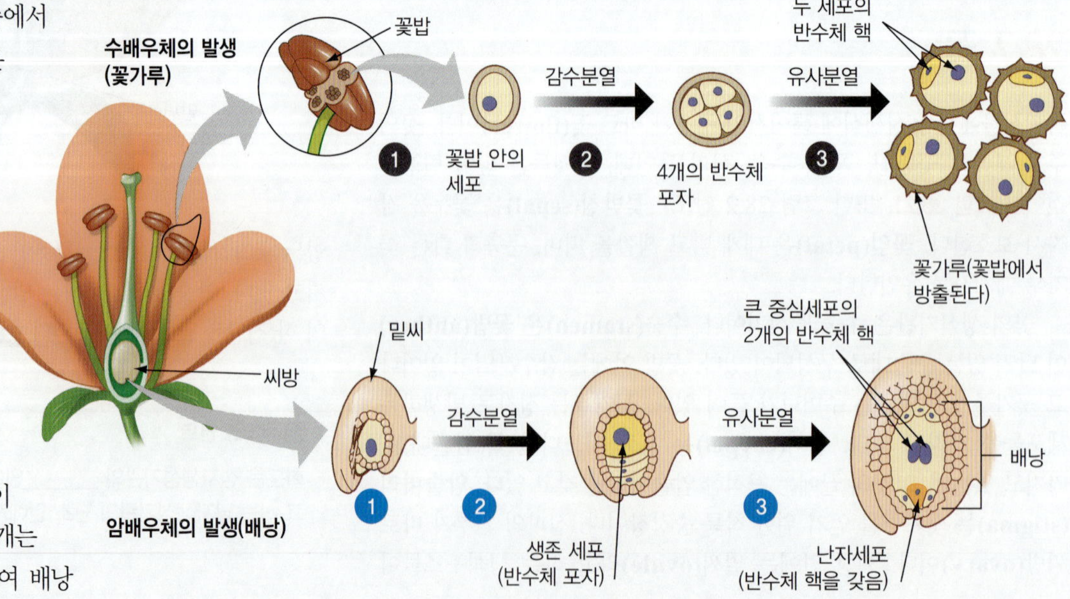

▼그림 28.24 **수분과 중복수정.**

계절성 알레르기는 속씨식물의 성행위에 그 책임을 돌릴 수 있다.

체 난세포이다.

수정은 어떻게 일어나는가? 그림 28.24의 위에서 보는 것처럼, 첫 단계는 ❶ 심피의 암술머리로 꽃가루가 전달되는 과정인 **수분(pollination)**이다. 많은 속씨식물들은 꽃가루를 나를 때 곤충, 조류, 그리고 기타 동물에 의존한다(우리가 『진화와 연결』에서 더 논해야 될 사실이다). 그러나 꽃가루 알레르기를 가지고 있는 사람은 아는 것처럼, 볏과식물 같은 어떤 식물의 꽃가루는 바람에 의해서 매개된다!

❷ 수분 후, 꽃가루는 암술머리에서 발아한다. 그것은 유사분열에 의해 분열하여 ❸ 꽃가루관을 통해 밑씨로 가는 2개의 정자를 형성한다. ❹ 1개의 정자는 난자와 수정하여, 이배체 접합자를 형성한다. 다른 정자는 반수체인 핵을 배낭의 커다란 이배체 중앙세포로 준다. 이제 삼배체(3*n*)의 핵을 가진 이 세포는 **배젖(endosperm)**이라고 하는 영양분 저장조직을 만든다. 접합자와 수정된 삼배체의 중앙세포 모두의 형성을 **중복수정(double fertilization)**이라고 한다. 이것은 식물에서만 일어나는데, 주로 속씨식물에서 일어난다.

28.10 종자형성

수정 후, 접합자와 삼배체 중앙세포를 가지고 있는 밑씨는 발생을 시작하여 종자가 된다(그림 28.25). 접합자는 유사분열에 의해 분열하여 세포 덩어리인 배로 발생된다. 반면에 삼배체 세포는 세포분열하여 배발생에 영양을 공급하는 배젖이 된다. 떡잎이 발생되면서 그것들은 배젖으로부터 양분을 흡수한다. 코코넛의 "육질"과 팝콘의 하얗고 보송보송한 부분은 친숙한 배젖의 예이다. 떡잎이 발생함에 따라, 그것들은 배젖으로부터 영양소를 흡수한다. 밑씨에서 배발생의 결과로 성숙한 종자가 형성된다(그림 28.25, 아래). **종자(seed)**는 종자껍질(seed coat)이라고 하는 거친 보호껍질 안에 포장된 식물의 배와 배젖이다. (커피를 갈 때, 실제로 종자인 커피콩 안에 있는 배를 볼 수 없는데, 그것은 말리고 볶는 과정에 의해서 파괴되었기 때문이다.)

이 시점에서, 배는 발생을 멈추고, 종자는 휴면상태가 된다. 종자가 발아할 때까지 생장과 발생은 지연된다. **종자 휴면은 중요한 진화적 적응이다.** 그것은 종자를 퍼뜨리는 시간을 확보하고, 온도와 습도 등과 같은 발아에 적절한 환경에 이를 때 비로소 새로운 식물 세대를 시작하는 기회를 증가시키는 것이다. ✓

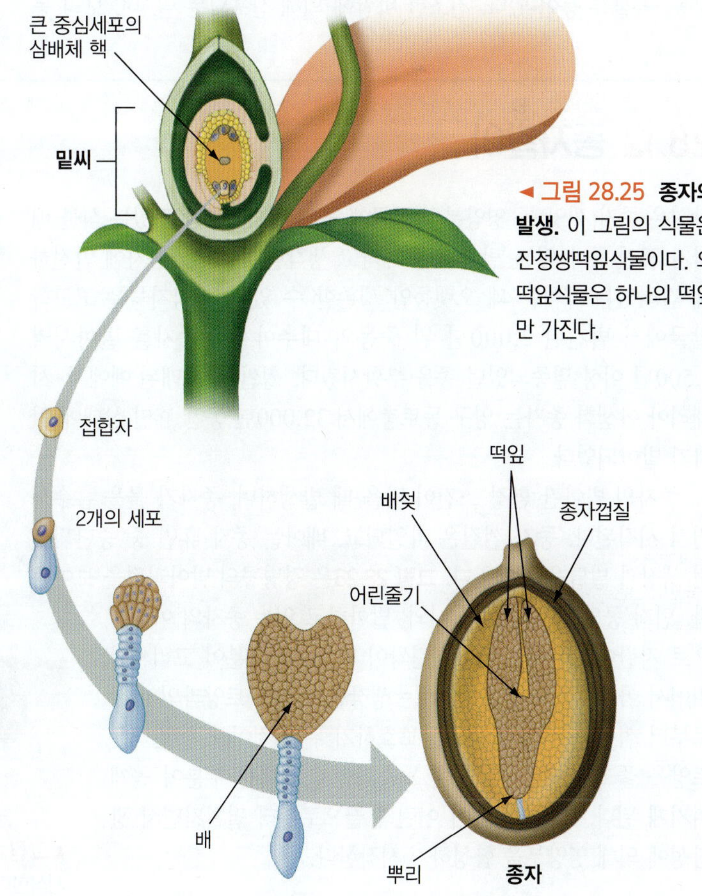

◀그림 28.25 **종자의 발생.** 이 그림의 식물은 진정쌍떡잎식물이다. 외떡잎식물은 하나의 떡잎만 가진다.

✓ 체크포인트

사람의 정자, 난자, 난소, 배 중에서 식물의 종자와 같은 것은 어느 것인가?

답: 배 (종자는 생장 동안 정지된 식물 배를 가지고 있다.)

28.11 열매형성

▲그림 28.26 **완두꼬투리(열매)는 완두콩(씨)을 가지고 있다.**

속씨식물의 가장 두드러진 특징 중에서, 열매는 종자와 동시에 발생한다. **열매(fruit)**는 성숙한 씨방을 말하는 것인데, 씨방은 용기로서 작용하여, 종자를 싸고 보호하며 양친으로부터 종자의 산포를 돕는다. 완두콩 꼬투리는 여러 개의 완두콩을 가지고 있는 하나의 열매인데, 그것들은 완두콩 식물의 종자이다(그림 28.26). 쉽게 알 수 있는 열매들로서 복숭아, 오렌지, 토마토, 체리, 그리고 옥수수 낟알 등이 있다.

성숙한 열매는 다양한 형태, 색깔, 그리고 질감을 갖게 된다(그림 28.27). 오렌지, 살구, 포도 등은 육과들(fleshy fruits)이다. 이것들의 씨방의 벽은 익어가면서 부드러워지게 된다. 육과는 일반적으로 영양분이 많고, 단맛이 있으며, 뚜렷한 색깔을 띠고 있어서, 잘 익었는지를 알아볼 수 있게 한다. 동물들이 열매를 먹을 때, 열매의 과육 부분은 소화하지만, 단단한 씨는 보통 소화관을 통해 상처를 남기지 않고 통과된다. 건과(dry fruits)에는 콩, 땅콩, 곡물류 등이 있다. 건조한 바람에 의해 산포되는 밀, 벼, 보리 등 곡물류의 열매들은 식물에 있는 상태에서 수확되며, 사람을 위한 주요 식량으로서 제공된다.

과일과 채소의 차이점에 대해 궁금한 적이 있었는가? 과일은 속씨식물에서만 발견되는 생식 구조물(꽃의 성숙한 씨방)이다. 그러면 채소란 무엇인가? 사실 *채소*라는 단어는 다소 자의적이며, 생물학적이라기 보다는 문화적 근거를 가지고 있다. 그것은 풍미는 있지만 달콤하거나 시큼하지 않은 식물의 식용 부분을 느슨하게 지칭하는 말이다. 따라서 채소에는 뿌리, 줄기 및 잎과 같은 부분뿐만 아니라 완두콩 꼬투리, 토마토, 호박 및 오이와 같이 사실상 과일인 부분도 일부 포함될 수 있다.

▲그림 28.27 **다양한 열매들.**

28.12 종자발아

당신은 종자(씨앗)를 영양분의 공급에 둘러싸여 보호받고 있는 식물 배아가 휴면 중에 있는 '탈출 꼬투리'라고 생각할 수 있다. 종자에 안전하게 갇혀있는 배아는 꽤 오랫동안 생존할 수 있다. 과학자들은 고고학 발굴에서 발견된 2,000년 된 중동의 대추야자의 종자를 발아시켜 1,500년 이상 멸종되었던 종을 부활시켰다. 훨씬 더 오래된 예에서, 시베리아 야생화 종자는 영구 동토층에서 32,000년 동안 휴면 상태에 있다가 발아되었다.

종자의 발아란 환경 조건이 맞을 때 발생하며, 종자가 물을 흡수하면서 시작된다. 종자 껍질은 파열되고, 배아는 종자 휴면 중 중단되었던 생장과 발달을 재개한다. 그림 28.28은 강낭콩의 발아과정을 보여준다. 먼저 콩의 배의 뿌리가 나와, 발아하고 있는 종자의 아래쪽으로 자란다. 이어서 배의 어린싹이 나와, 끝 부분이 고리처럼 휘어서 아래쪽으로 향한다. 이는 생장함에 따른 토양과의 마찰로부터 섬세한 어린싹의 끝을 보호하기 위한 것이다. 어린싹은 토양을 뚫고 나왔을 때 빛에 노출되면서 휘어진 부분이 곧게 펴지게 된다. 첫 번째 잎이 어린싹 끝으로부터 펼쳐지면서 광합성에 의해 영양분을 합성하기 시작한다.

발아 중인 종자는 부서지기 쉽다. 야생에서는, 어린 식물의 일부 개체만 생식능력을 갖도록 자라게 된다. 대부분의 식물은 막대한 수의 종자를 생산하는데, 이것들이 생식적인 성공의 기회를 증가시키는 것이다. ✓

✓ 체크포인트

그림 28.28의 강낭콩은 외떡잎식물인가 진정쌍떡잎식물인가?

답: 진정쌍떡잎식물이다. (2개의 떡잎을 가지고 있기 때문이다.)

▲그림 28.28 **강낭콩의 발아.** 종자가 물을 흡수한 후, 종자껍질을 터뜨리고 나와서 생장을 시작한다.

진화와 연결 농업

사라지는 벌들의 문제

이 장에서, 우리는 어떻게 현화식물과 육상동물이 진화의 역사를 통해서 상호 유익한 관계를 가지고 왔는지를 살펴보았다. 대부분의 속씨식물은 수분과 종자의 확산을 위해 곤충, 조류, 또는 포유동물에 의존하는 것을 당신은 배웠다. 그리고 대부분의 육상동물들은 먹이와 은신처를 위해 속씨식물에 의존한다. 그러한 상호의존성은 식물과 동물 양쪽 모두의 번식률을 증진시키게 되고, 따라서 자연선택에 의해 선호되는 것이다.

많은 속씨식물의 꽃들은 꽃가루 매개자들을 유인하는데, 이것들은 먹이를 얻기 위해 전적으로 꽃의 꿀(단맛이 나는 액체)과 꽃가루에 의존하게 된다. 꿀이 있음을 알리기 위한 진화의 적응에는 꽃가루 매개자의 시각과 후각에 중요한 꽃의 색깔과 향기가 있다. 예를 들어, 새들에 의해 수분이 되는 많은 꽃들은 빨간색이나 분홍색인데, 이러한 색깔은 특히 새들의 눈에 민감하다. 또한 꽃은 꽃가루 매개자들을 유인하는 무늬를 가지고 있는데, 그것은 꿀을 모으는 중에 꽃가루가 있는 꽃밥을 쓸어낸다(그림 28.29). 예를 들어, 벌들에 의해 수분되는 꽃들은 종종 자외선을 반사하는 무늬를 갖고 있다. 그러한 무늬는 보이지 않지만 벌들에게는 선명하다. 벌새, 나비, 과일박쥐 등 많은 다른 동물들은 또 다른 꽃들과 유사한 관계를 갖고 있다. 넓은 범위에서, 현화식물들은 동물들과의 밀접한 연관성 때문에 오늘날과 같이 매우 다양해지고 성공적이 되었다.

그러한 상호작용의 중요성은 군락붕괴장애(colony collapse disorder)에 대한 우려 때문에 강조되어 왔다. 2006년도 말, 미국의 양봉업자들은 봉군이 갑작스럽고 급격하게 죽어가는 것에 주목하였다. 다음 해, 비슷한 문제가 유럽에서도 보고되었다. 농업과학자들은 벌들의 감소가 아몬드, 딸기류, 그리고 과일류 등의 수분을 위해 벌들을 필요로 하는 많은 식량 주산물에 대해 대단히 파괴적인 결과를 가져올 수 있다는 것을 걱정했다. 벌들은 매년 150억 달러 가치의 농작물에 수분을 시키며, 우리들의 식량 공급의 약 1/3을 벌에 의존하고 있다. 살충제, 진드기에 의한 감염, 영양결핍, 그리고 여러 병원체를 포함하는 여러 가지 가능한 원인들이 제기되었으나, 아직도 그 죽음의 원인은 밝혀지지 않고 있다. 확실히 알아야 하는 것은 군락붕괴장애를 통해 우리가 생존을 위하여 얼마나 많이 식물에 의존하는가를 되돌아보는 기회로 삼아야 한다는 것이다.

▲그림 28.29 꽃가루를 털고 있는 분주한 벌.

복습

주요 개념의 요약

현화식물의 구조와 기능

현화식물 또는 속씨식물은 식물계의 거의 90%를 차지한다.

28.1 외떡잎식물과 진정쌍떡잎식물

속씨식물은 배아에서 나타나는 떡잎(종자 잎)의 수와 구조적 차이에 따라 두 개의 범주로 나뉜다.

식물의 구조					
	떡잎	입맥	관다발속	꽃 부분	뿌리
외떡잎식물	하나의 떡잎	평행	산재된	3배수	수염뿌리
진정쌍떡잎식물	두 개의 떡잎	갈라져 있음	고리 모양으로 배열된	4 또는 5배수	곧은 뿌리

28.2 뿌리, 줄기, 그리고 잎

식물체는 서로 의존적인 뿌리계와 지상계로 구성되어 있다.

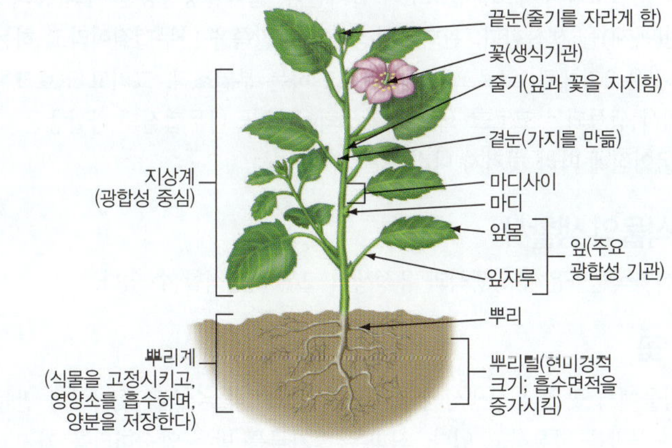

자라는 어린싹은 종종 끝눈에서만 길이 자람을 한다. 곁눈은 휴면상태이다. 이러한 상태를 정단우성이라고 하며 식물체는 빠르게 키가 자라게 된다.

28.3 식물조직과 조직계

뿌리, 줄기, 잎은 표피조직계, 관다발계, 기본조직계 등 세 개의 조직계로 체제화된 조직으로 구성되어 있다.

28.4 식물세포

식물세포는 엽록체, 큰 중심액포, 그리고 세포벽에 의해 구별된다. 유세포, 후각세포, 후벽세포, 물이동세포(헛물관과 물관요소), 그리고 양분이동세포 등 여러 종류의 식물세포가 있다.

식물기관의 3개의 조직		
표피조직계	관다발계	기본조직계
• 보호 작용을 한다. • 식물을 덮고 보호하는 외층인 상피를 포함한다. • 기공(공변세포로 둘러싸여 있음): 잎과 환경 사이에서 기체교환을 조절하는 구멍	• 지지와 수송 작용을 한다. • 물관: 물과 용존 무기질을 수송한다. • 체관: 당을 수송한다.	• 주로 저장 작용을 한다. • 대부분의 광합성이 일어나는 잎 엽육조직을 포함하고 있다.

식물의 생장

대부분의 식물들은 살아 있는 한 생장을 지속한다. 어떤 식물은 일 년 안에 자라서 번식하고 죽는다(일년생식물). 어떤 식물은 2년 동안 살며(이년생식물), 어떤 것들은 여러 해를 산다(다년생식물).

28.5 1기생장: 신장생장

식물의 생장은 미분화되고 분열하는 세포들의 부위인 분열조직에서 시작한다. 정단분열조직은 어린싹의 뿌리끝과 끝눈과 곁눈에 있다. 이러한 분열조직은 새로운 세포를 생산하여 신장생장을 시작한다. 뿌리와 어린싹은 새로운 세포가 늘어나면서 보다 길어지게 된다. 이러한 세포분열과 신장을 1기생장이라고 한다. 새로운 세포들은 결국 특수화된 조직으로 분화하게 된다.

28.6 2기생장: 비대생장

2기생장은 식물 둘레의 증가를 말하는데, 이것은 관다발형성층이라고 하는 원통형 분열조직의 세포분열로부터 일어난다. 관다발형성층은 여러 층의 2기물관(목재)을 생산한다. 관다발형성층의 바깥쪽을 나무껍질이라고 하는데, 그것은 2기체관, 코르크형성층이라고 하는 분열조직, 그리고 코르크형성층에서 생성되는 코르크 세포로 구성되어 있다. 나무껍질의 바깥층은 나무가 굵어짐에 따라 벗겨져 나간다.

현화식물의 생활사

많은 현화식물들은 무성생식과 유성생식 모두로 번식할 수 있다.

28.7 꽃

속씨식물에서 꽃은 유성생식에 특이적인 구조이다. 수술은 꽃가루가 만들어지는 꽃밥을 함유하고 있다. 심피는 꽃가루를 받는 암술머리를 가지고 있으며, 씨방은 밑씨를 가지고 있다.

28.8 현화식물 생활사의 개요

식물의 생활사는 이배체($2n$)와 반수체(n) 사이를 번갈아 가며 진행된다. 꽃밥의 포자는 수배우체(꽃가루)가 되는데, 각각 2개의 정자를 만든다. 밑씨에 있는 포자는 배낭이라고 하는 암배우체를 만든다. 각각의 배낭은 난자세포를 가지고 있다.

28.9 수분과 수정

꽃가루가 암술머리에 내려 앉으면(수분), 정자는 암술머리를 따라 밑씨로 내려간다. 하나의 정자는 난자와 결합하고, 또 다른 정자는 두 번째 이배체 세포와 결합한다. 이러한 과정을 중복수정이라고 한다.

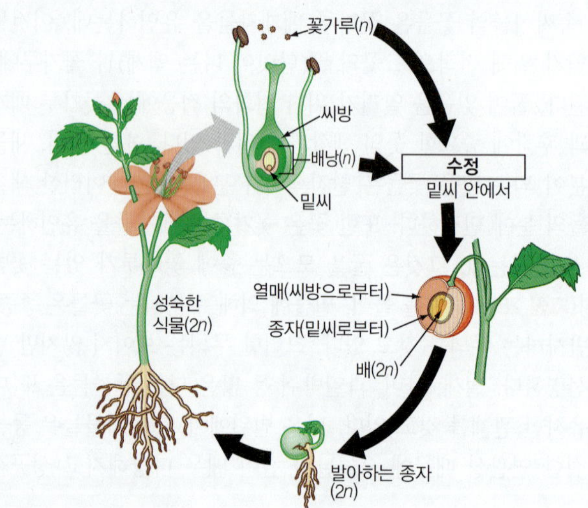

28.10 종자형성

수정 후 밑씨는 종자가 되며, 그 안에서 수정된 난자는 분열하여 배가 된다. 또 다른 수정된 세포(삼배체)는 배젖으로 발생하는데, 이것은 배를 위해 영양분을 저장한다. 단단한 종자껍질은 배와 배젖을 보호한다. 배는 배젖으로부터 영양분을 흡수하면서 떡잎(종자 잎)으로 발생한다.

28.11 열매형성

밑씨가 종자가 되는 반면, 씨방은 종자를 보호하고 퍼뜨리기 위한 열매가 된다.

28.12 종자발아

종자는 물을 흡수하고 확장되어 종자껍질을 터뜨리고 나오면서 발아가 시작된다. 배는 생장을 재개하면서 배의 뿌리가 나타나고 어린줄기가 위로 밀려 올라오면서 잎을 펼친다.

자습문제

1. 숲을 거닐다가, 당신은 친숙하지 않은 현화식물을 보게 된다. 외떡잎식물 또는 진정쌍떡잎식물 여부를 결정하는 데 도움이 되는 것은 다

음 중 식물의 어떤 특징인가? (맞는 것을 모두 고르시오.)

a. 식물의 크기 b. 종자의 떡잎 수
c. 뿌리계의 형태 d. 꽃에서 꽃잎의 수
e. 줄기의 관다발속의 배열 f. 종자를 갖는 솔방울의 생산 유무

2. 당신의 친구가 새로운 초본을 심었다(그것은 다년생 진정쌍떡잎식물이었다). 첫해에는 식물이 자연적으로 자라도록 하였다. 생장기 동안 식물들은 키가 크고 상대적으로 막대기처럼 가늘고 길게 자랐다. 수확을 하게 되었을 때 많은 수확량을 얻지 못했다. 어떤 현상 때문에 그렇다고 생각하는가? 내년의 수확량을 증가시키기 위해서는 어떻게 해야 하는가?

3. 꽃의 구조와 기능을 연결하시오.

a. 꽃가루 1. 수분매개체를 유인한다
b. 밑씨 2. 종자로 발생한다
c. 꽃밥 3. 피지 않은 꽃을 보호한다
d. 씨방 4. 정자를 생산한다
e. 꽃받침 5. 꽃가루를 생산한다
f. 꽃잎 6. 밑씨들을 함유하고 있다

4. 많은 식물종들은 유성생식과 무성생식 모두 할 수 있다. 어떤 생식방법이 토양의 성분이 급속하게 변화하고 있는 지역에 더 유리한가? 왜 그런가?

5. 당신은 아래 식물의 어떤 부분을 먹는가?

a. 토마토 b. 사과 c. 시금치
d. 고구마 e. 검정콩

6. 속씨식물의 생활사에서 다음의 어떤 과정이 직접적으로 감수분열에 의존하는가?

a. 배우체의 생성 b. 배우자의 생성 c. 포자의 생성 d. 이상 모두

7. 중복수정에서 두 개의 정자는 무엇을 하는가?

a. 각각은 개별적인 난자와 수정한다.
b. 하나는 난자와 수정하고, 다른 하나는 열매와 수정한다.
c. 하나는 난자와 수정하고, 다른 하나는 남겨 둔다.
d. 하나는 난자와 수정하고, 다른 하나는 저장된 양분으로 발달하는 세포와 수정한다.

8. 다음 중 목본 줄기의 중심과 가장 가까운 것은 어느 것인가? 어느 것이 중심에서 가장 멀리 있는가?

a. 코르크형성층 b. 1기물관 c. 1기체관 d. 2기물관

9. 호박 종자는 새로운 호박 식물로 자랄 수 있다. 그렇다면 왜 호박은 과일과 채소 모두로 불릴 수 있는가?

답은 부록 C를 참조.

주된 주제 식별하기

아래의 각 문장에서 분명하게 드러난 주된 주제가 무엇인지(구조와 기능의 연관성, 정보의 흐름, 에너지와 물질의 변환경로, 생물계 내에서의 상호작용, 진화)를 확인하고, 그 내용이 그 주제와 어떻게 관련되는지를 설명하시오. 필요한 경우 주제들을 검토하고(1장 참조), 또 이 장에서 파란색 글자로 나타내어 강조한 예들을 검토하시오.

10. 모든 뿌리, 줄기 또는 잎은 세 가지 조직계 (표피, 관다발 및 기본)의 조정된 기능에 따라 달라진다.

11. 나무 몸통은 주로 두꺼운 세포벽을 가진 세포로 구성된다.

12. 건조한 기후에서, 자연선택은 식물 배아가 가뭄 기간 동안 생존할 수 있도록 원기왕성한 종자를 형성하는 종을 선호한다.

답은 부록 C를 참조.

과학연구의 과정

13. 나무의 나이테를 연구하는 연륜연대학(dendrochronology)은 기후 변화를 연구하는 도구로 사용된다. 당신은 어떻게 나이테의 자료를 사용하여 기후에 대한 결론을 도출할 수 있다고 생각하는가? 그러한 연구들을 어떻게 보정할 것인가?

14. 자료 해석하기 식물학자들은 붉은단풍나무(*Acer rubrum*) 잎의 가장자리를 따라 돌출한 "이(teeth)"의 수가 그 나무가 자란 곳에 따라 다양하다는 것을 관찰하였다. 그 식물학자들은 이러한 차이들이 기후 때문인지 의문을 가졌다. 원인을 밝히기 위해, 붉은단풍나무 종자를 4개 지역(북쪽에서 남쪽으로, 온타리오, 펜실베이니아, 사우스캐롤라이나, 그리고 플로리다)으로부터 채집하여, 2개 지역(로드아일랜드와 플로리다)에서 자라게 하였다. 수년 후, 잎이 채집되었고, 잎 면적당 이의 평균 수가 계산되었다.

	잎 면적 cm^2 당 이의 수	
기원 지역	RI에서 자람	FL에서 자람
온타리오	3.9	3.2
PA	3.0	3.5
SC	2.3	1.9
FL	2.1	0.9

이 자료를 기초로 하여, 이의 수는 북쪽으로부터 남쪽으로 내려가면서 다양해지는가? 그 자료는 이런 차이들이 기후 때문이라고 하는가?

우리와 함께하는 생물학

15. 식물과 동물의 복제는 마찬가지로 규제되어야 하는가? 각각 어떤 독특한 문제가 발생할 수 있는가?

16. 과일이나 채소의 모양은 소비자가 잘 자라고 완벽하게 모양이 잘 잡히고 광택이 나는 제품을 선호하는 경향이 있기 때문에 시장 가치에 추가된다. 많은 양의 과일과 채소는 특정한 미적 기준을 충족하지 못하기 때문에 슈퍼마켓에서 종종 버려진다. 이러한 제품들의 외관을 어느 정도까지 기준에 맞춰야 한다고 생각하는가?

29 일하는 식물

너무 익은 사과 하나가 바구니 속의 다른 사과 모두를 상하게 할 수 있는데, 이것은 기체성 호르몬 때문이다.

차례 내용

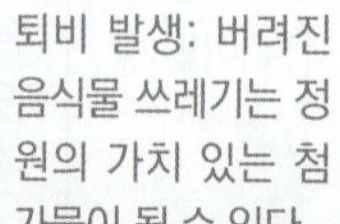

퇴비 발생: 버려진 음식물 쓰레기는 정원의 가치 있는 첨가물이 될 수 있다.

왜 식물의 기능은 중요한가?

인간의 문명은 식물에 의존하고, 식물은 번성하기 위해 많은 과정에 의존한다. 그것들은 토양과 공기로부터 햇빛, 물, 영양분을 얻어야 한다. 또한 환경의 위협과 기회에 대응해야 한다. 우리는 우리의 삶을 유익하게 하기 위해 이러한 식물의 특성을 이용한다.

먹고 싶은가? 세균에게 감사하라. 토양세균이 없다면, 우리 모두는 굶게 될 것이다.

실마리

생물의 상호의존성

정화 식물. 일본 전역에서 사람들은 방사능 원소를 흡수하는 자연적인 능력을 이용하기 위해 해바라기를 심고 있다.

우리와 함께하는 생물학 **생물의 상호의존성**

재난 이후에 희망 심기

2011년 태평양 해저에서 규모 9.0의 지진이 발생해 일본 북동부 10 km를 휩쓴 30미터의 쓰나미를 발생시켰다. 지금까지 기록된 다섯 번의 가장 강력한 지진 중 하나로, 이 재앙은 15,000명 이상의 사망자와 최소한 125,000개의 건물들을 손상시키거나 파괴하는 광범위한 피해를 가져왔다. 쓰나미로 인한 바닷물이 급증하면서 후쿠시마 원전이 침수돼 원자로 노심 용융 현상이 발생했다. 후쿠시마 원전사고는 1986년 우크라이나 체르노빌 참사에 세계 최악의 원전사고 중 하나로 합류하게 되었다.

일본의 정화 노력은 수십 년 동안 지속될 것이다. 불도저와 구조대에 더하여, 자연 공급원으로부터 도움이 오기도 한다. 그것은 식물이다. 오염된 토양과 지하수를 깨끗하게 하는 데 식물을 이용하는 것을 식물환경정화(phytoremediation)라고 한다. 식물은 효과적으로 무기질과 그 외 화합물을 토양에서 식물체로 옮길 수 있다. 대개 흡수된 화합물은 식물이 자라는 데 필요한 영양물이다. 그러나 해바라기를 포함하여 많은 식물종들은 많은 양의 방사능 동위원소와 중금속을 흡수할 수 있다. 그 재난 이후 수년 동안, 그 지역을 복구하기 위해 후쿠시마현에 수백만 그루의 해바라기를 심었다. 이러한 노력은 허리케인 카트리나의 영향 아래 있는 뉴올리언스에서 수행된 유사한 작업 이후에 모델이 되었다. 그 일은 오늘날까지 지속되고 있다.

정화대는 오염된 토양의 수천 입방미터보다 단지 몇 입방미터의 식물체만을 제거하면 되기 때문에, 식물환경정화는 효과와 시간 비용이 효율적인 과정이다. 또한 식물을 이용하여 토양을 정화하면 경관을 현저하게 해치지 않고 지역의 오염물질만을 제거할 수 있는 이점이 있다. 그리고 해바라기는 그 지역공동체에 사기를 높이는 메시지를 제공함으로써 슬픔과 상실로 지친 지역에 아름다움과 생명을 되돌려줄 수 있다.

독성 폐기물을 제거하는 데 식물을 이용함으로써, 우리는 수백만 년의 식물 진화로부터 얻어진 결과를 활용하고 있다. 비록 식물은 영양물을 찾아서 이동할 수는 없지만, 식물들은 토양과 대기로부터 물과 영양물을 끌어들이는 놀라운 능력을 갖도록 진화하였다. 이 장에서는 어떻게 식물이 필수영양분을 얻고, 어떻게 그것들을 뿌리와 줄기와 잎을 통하여 수송하는지를 알아보기 위해 일하는 식물의 생리학을 연구할 것이다. 그 다음은 호르몬에 의해 수행되는 중요한 역할과 어떻게 식물 활성이 환경의 자극에 의하여 영향을 받는지를 포함하여 일하는 식물의 생활의 다른 면들을 조사할 것이다. 고찰을 통하여, 우리는 어떻게 식물과 동물처럼 다른 형태의 생물이 생존을 위하여 서로 의존하게 되는지에 대한 주제를 알아보게 될 것이다.

식물은 어떻게 양분을 얻고 수송하는가

식물은 공기 중에서 이산화탄소(CO_2)를 얻고, 토양에서 수분(H_2O)과 무기질을 얻으며, 탄소, 수소, 산소 또는 질소를 제외한 무기 화학원소 (그림 29.1)를 얻는다. 식물은 광합성에 의해 CO_2와 H_2O로부터 당을 생산한다. 이 당들은 **무기질(mineral)**과 결합되어 식물이 필요로 하는 다른 모든 유기물질을 만드는데 사용된다. 식물도 사람과 마찬가지로 균형 잡힌 식단이 필요하기 때문에 식물 영양에 대해 논의하는 것부터 시작해보자.

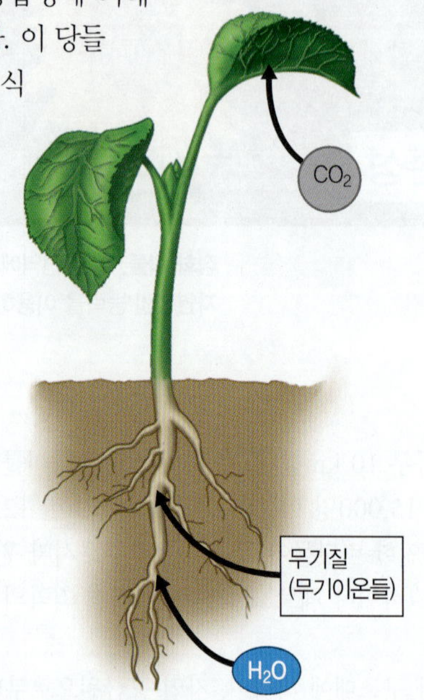

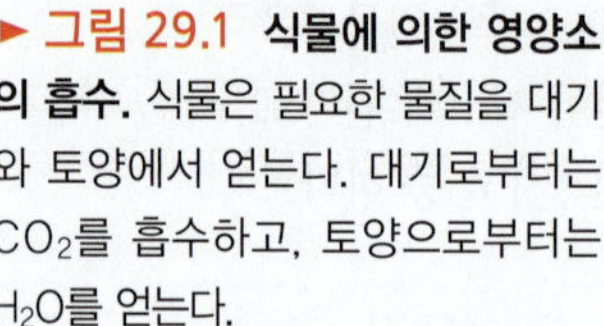

► 그림 29.1 **식물에 의한 영양소의 흡수.** 식물은 필요한 물질을 대기와 토양에서 얻는다. 대기로부터는 CO_2를 흡수하고, 토양으로부터는 H_2O를 얻는다.

29.1 식물의 영양

어떤 식물이 자체의 생활사를 완성시키기 위해 외부환경으로부터 반드시 얻어야 하는 화학원소를 **필수원소(essential element)**라고 한다. 모든 식물에 필수적인 원소는 17가지가 있으며, 몇 가지는 일부 식물에만 필수적이다. 17가지 필수원소 중에서 9가지는 비교적 식물에게 많은 양이 필요하기 때문에 **대량영양소(macronutrient)**라고 하며, 식물이 극히 소량을 요구하는 원소는 **미량영양소(micronutrient)**라고 한다. 미량영양소는 재활용되기 때문에 소량만 필요하지만 결핍이 된다면 식물을 죽일 수 있다. 그림 29.2는 전형적인 식물체를 구성하는 영양소를 요약한 것이다.

토양의 질 특히 영양소의 유용성은 식물의 건강과 그것을 섭취하는 우리 자신의 영양에도 영향을 준다 ("당신이 먹는 것이 바로 당신이다!"). 질소 부족은 식물의 가장 흔한 영양상의 문제다. 질소가 부족한 농작물은 곡물을 생산할 수 있지만, 곡물은 영양가가 낮을 것이며, 그것의 영양소 결핍은 결국 가축이나 사람에게 전달될 것이다.

비료(fertilizer)는 식물의 생장을 돕기 위해 토양을 통해 식물체에 전달되는 화합물질들을 말한다. 비료는 유기비료와 무기비료로 구분된다. 무기비료에는 채굴된 석회암(칼슘이 풍부함)이나 인산암과 같은 단

▼그림 29.2 **식물 영양소의 요약.**

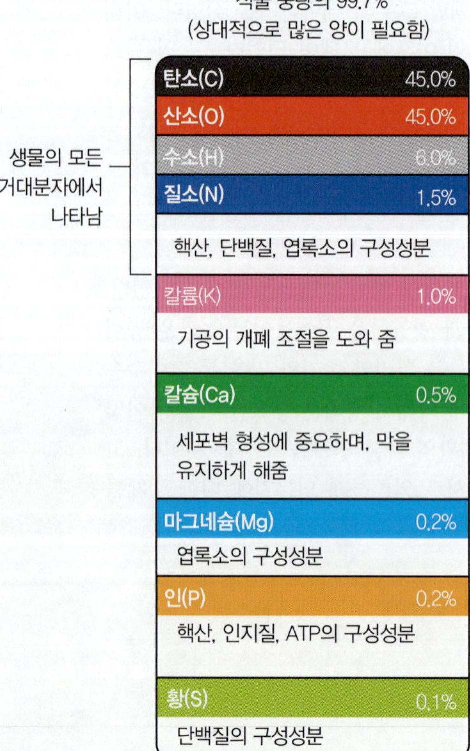

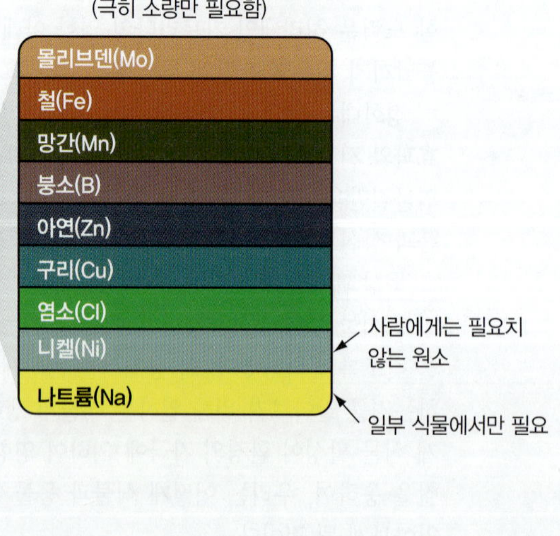

◀ **그림 29.3 비료.** 대부분의 정원 비료는 질소, 인, 포타슘의 양을 나타내는 세 자리 숫자 시스템을 사용하고 있다.

순한 무기질이나 질산암모늄과 같은 합성 무기화합물이 있다. 그것들은 아주 다양하게 배합되지만, 황폐한 토양에 주로 결핍된 질소(N)-인(P)-포타슘(K)의 상대적 양인 "N-P-K"비율이 아주 중요하다. 예를 들어, 모든 목적으로 쓰이는 비료는 "5-5-5"인데, 이것은 이런 필수적인 영양소를 각 5%씩 가지고 있다(그림 29.3). 일부 식물은 특별한 비료 배합 아래서 잘 자란다. 예를 들어, 전형적인 진달래 비료는 4-12-8이다.

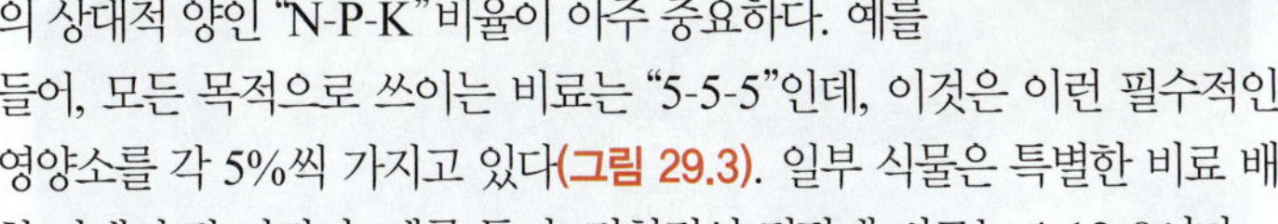

버려진 음식물 쓰레기는 정원의 가치 있는 첨가물이 될 수 있다.

▼ **그림 29.4 퇴비.** 증기는 썩은 식물의 유기물질을 분해하는 생물체에서 자연적으로 일어나는 대사활동에 의해 생성된다.

유기비료는 토양과 같이 분해된 유기물의 혼합체인 **퇴비(compost)** 처럼 생물학적으로 유도된 산물들로 구성된다. 많은 정원사들이 퇴적물을 쌓아놓거나 낙엽, 건초, 주방 폐기물(육류, 지방, 뼈 등 제외) 등이 더해진 다양한 형태의 퇴비를 이용하고 있다. 오랫동안 쌓인 퇴비는 미생물, 곰팡이 또는 동물들에 의해 부식되어, 실내의 화분이나 정원에서 사용된다(그림 29.4). 가끔 회전시켜주고 물을 뿌려주면 이 과정은 더 빨리 진행된다. 영양이 풍부한 조성 때문에 정원사들에 의해 가치가 높이 평가되는 퇴비는 옥외 정원이나 실내 화분에 사용할 수 있다.

퇴비와 다른 유기비료들은 **유기농업(organic farming)**의 핵심이다. 유기농가들은 생물다양성을 보호하고, 윤작에 의해 토양의 질을 유지하며, 화학살충제를 자제하고, 유전자변형생물체를 피하며, 수질을 보호하고, 화학비료를 사용하지 않는 지속가능한 농업을 증진하기 위한 지침을 준수하고 있다. 미국에서 유기농업은 농업의 한 부분으로 빠른 성장세를 보이고 있지만, 유기농업은 아직도 전체 농작 면적의 1%가 안 된다. ✓

✓ 체크포인트

식물이 대기로부터 얻는 것은 어떤 무기영양소인가? 식물이 토양으로부터 얻는 것은 어떤 영양소인가?

답: 이산화탄소; 물과 무기질

29.2 토양에서 뿌리로

식물은 뿌리를 통하여 토양으로부터 물과 필수영양소를 흡수한다. 식물의 뿌리는 흡수기능을 극대화하기 위하여 표피세포가 확장된 뿌리털을 이용하여 토양으로부터 영양물질을 얻어 내는 탁월한 능력을 갖고 있다(그림 29.5). 예를 들면, 해바라기 한 개체의 뿌리털을 하나로 묶은 전체 길이는 몇 미터의 길이에 해당하는데, 이것은 영양소가 들어 있는 토양과 접촉할 수 있는 방대한 표면적을 제공하는 것이다.

▲그림 29.5 **효율적인 물질흡수를 위한 뿌리털.** 사진에서 뚜렷하게 보이는 무의 어린 식물체의 뿌리털은 뿌리의 외표면 표피세포가 확장된 것이다.

식물의 뿌리로 들어오는 모든 물질은 물에 녹아 있다. 식물체 내에서 운반되기 위하여 물과 용질은 토양을 떠나 뿌리의 표피와 피층을 통과한 후, 뿌리 중심주에 있는 물관조직으로 이동해야 한다(그림 28.9 참조). 물관에 도달하기 위하여 용액은 뿌리세포의 원형질막을 통과해야 한다. 이들 막은 선택적 투과성을 가지므로 특정한 물질만이 물관에 도달할 수 있다. 이러한 선택성은 식물 관다발계의 무기질 조성을 조절하는 데 도움을 준다.

생물계 내 상호작용의 훌륭한 예시에서, 많은 식물은 곰팡이와의 공생관계를 통해 흡수를 위한 상당한 표면적을 얻고 있다. 많은 식물들은 곰팡이와 공생함으로써 뿌리털이 제공하는 것보다 균류와의 공생관계를 통하여 더 큰 흡수 면적을 얻는다. 식물의 뿌리와 곰팡이는 **균근(mycorrhiza)**이라고 하는 서로 이익이 되는 상리공생(mutualistic) 구조를 형성한다(그림 29.6). 뿌리 주위의 곰팡이 균사는 뿌리가 단독으로 흡수하는 것보다 훨씬 빠르게 물과 무기질을 흡수한다. 곰팡이가 흡수한 물과 무기질의 일부는 식물체에게 전달되는 대신 식물의 광합성 산물은 곰팡이에게 양분을 제공한다.

▼그림 29.6 **작은 나무뿌리에 있는 균근.**

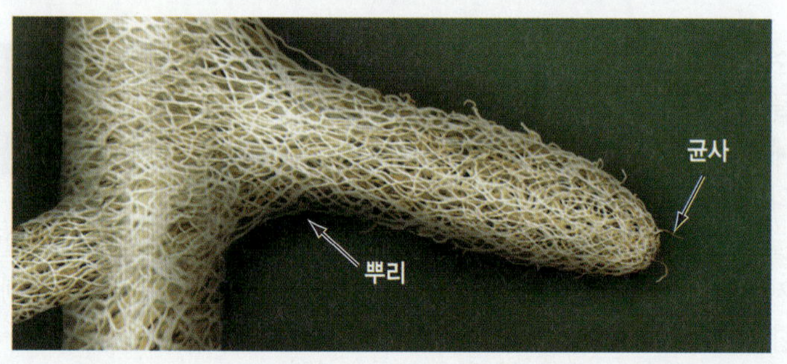

29.3 질소 영양에서 세균의 역할

토양 세균이 없다면, 우리 모두는 굶게 될 것이다.

N_2가 쓰일 수 있기 위해서는 먼저 암모늄이온(NH_4^+) 혹은 질산이온(NO_3^-)으로 바뀌어야 한다. **그러한 전환은 생물체에서 에너지와 물질의 변환의 중요성을 설명해준다.** 이 예에서, 생태계 내의 필수적인 요소는 재순환되고, 한 형태에서 다른 형태로 전환된다. 식물은 이런 필수적인 변환을 수행할 수 없지만, 세균은 할 수 있다. 우리는 종종 세균을 귀찮은 것쯤으로 생각하고 있지만, 우리가 완전히 세균에 의존되어 있다는 사실을 아는 것은 중요하다. 세균들이 없다면, 우리의 농작물들은 충분한 질소를 얻지 못할 것이며, 우리는 그것을 먹을 수 없을 것이다.

토양 세균과 질소

그림 29.7은 식물에 질소를 공급하는 데 있어서 필수적 역할을 수행하는 3가지 형태의 토양 세균을 보여준다. 질소고정세균( )은 질소고정(nitrogen fixation)이라는 과정을 통해 대기의 N_2를 암모늄으로 전환한다. 암모니아생성 세균( )이라고 하는 두 번째 유형의 세균은 유기물질을 분해하여 토양의 암모늄 공급을 증진시킨다. 질화 세균( )이라고 하는 세 번째 유형의 토양 세균은 토양 암모늄을 질산염으로 전

▼그림 29.7 **식물에 질소를 공급하는 세균의 역할.**

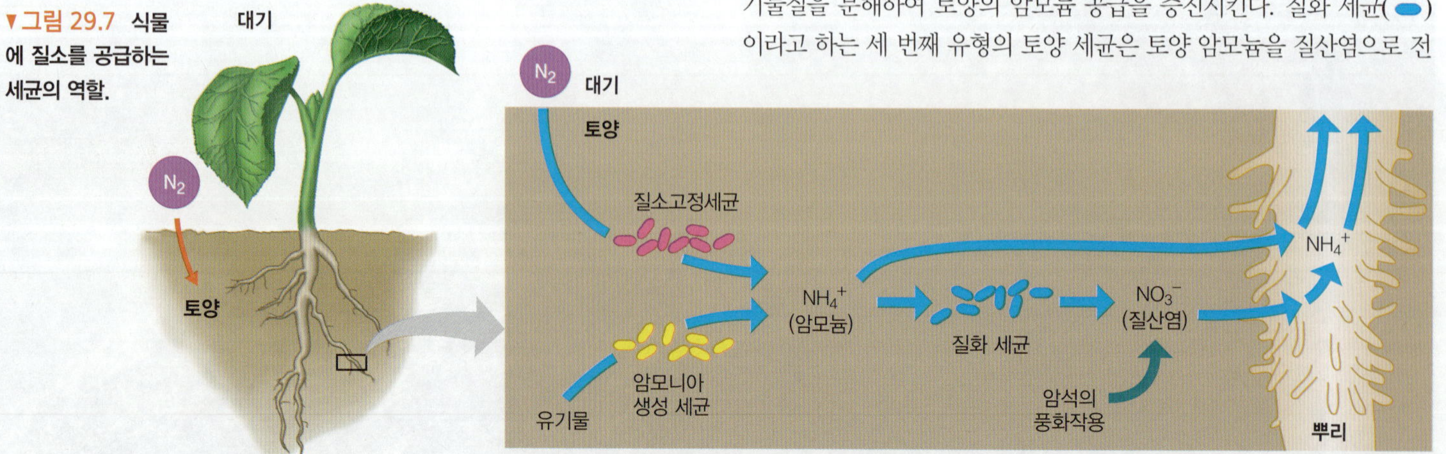

환시킨다. 암석의 풍화작용도 약간의 질산염을 토양에 방출시킨다. 식물은 대부분의 질소를 질산염의 형태로 흡수한다. 식물은 이렇게 흡수한 질산염을 다시 암모늄으로 전환시킨 후 유기분자들을 합성하는데 이용한다. 이러한 과정은 이미 만들어진 부품으로부터 기구를 조립하는 제조업자와 같다. 세균은 원료를 제조업자(식물)가 필요로 하는 부품으로 전환하는 공급자이다.

뿌리혹 세균과 질소

콩과식물(완두, 콩, 땅콩 외에 꼬투리에 종자를 만드는 여러 식물들)을 비롯한 일부 식물군들은 자체적인 암모늄의 공급원, 즉 뿌리혹이라고 하는 팽대부에 서식하는 질소고정세균을 가지고 있다(그림 29.8). 이 뿌리혹 안에는, 질소고정세균에 "감염된" 소포를 갖고 있는 식물세포들이 들어 있다. 식물과 질소고정세균 사이의 공생적 관계는 상호 혜택을 누리는 상리공생이다. 세균에는 대기의 N_2를 암모늄이온(NH_4^+)으로 전환시키는 것을 촉매하는 효소가 들어 있다. 그리고 식물은 세균에 탄수화물과 기타 영양분을 제공한다. 제조업자 비유를 계속하자면, 콩과식물의 뿌리혹은 제조업자가 공급업자를 위하여 생활공간을 제공하는 "기업 도시"와 같다.

조건이 적합하면, 뿌리혹 세균은 많은 양의 질소를 고정하고, 과량의 NH_4^+를 분비하여 토양을 비옥하게 한다. 바로 이러한 이유로 농부들은 윤작을 한다. 윤작이란 한 해에는 옥수수와 같은 비콩과식물을 심고 다음 해에는 대두와 같은 콩과식물을 심어 토양 내의 사용가능한 질소화합물 농도를 증가시키는 농법이다. 콩과 작물은 "녹비"(덜 썩은 퇴비)로 분해하도록 갈아엎어서, 비료의 소비를 줄인다. ✓

► 그림 29.8 **질소고정세균을 갖고 있는 완두콩의 뿌리혹.**

✓ 체크포인트

왜 토양세균을 죽이는 오염물질이 식물의 질소 결핍을 일으키는가?

답: 어떤 토양세균은 질소를 식물이 이용할 수 있는 형태로 바꾸어 주기 때문이다.

29.4 물의 수송

매 20분마다 약 19 리터의 물을 매시간 5층 높이로 끌어올린다고 상상해 보라. 잘 자라기 위해 일반적인 나무는 필요한 양의 물을 뿌리로부터 식물의 나머지 부분으로 옮겨야 한다.

다 자란 식물에서, 물관의 성숙한 물이동세포들이 끝이 열려 있는 세포벽의 말단과 말단이 연결되어 하나의 매우 가는 관을 형성하고 있다(그림 28.12 참조). 물과 무기질이 주성분인 **물관액(xylem sap)**은 이 관을 따라 식물 뿌리에서 잎 끝까지 올라간다.

물관액의 상승

중력의 반대방향으로 물관액을 상승시키는 힘은 무엇일까? 물관액은 주로 잎에서 일어나는 수분증발현상인 **증산작용(transpiration)**을 통해 뿌리에서 잎으로 끌어 올려진다(그림 29.9). 대부분의 증산작용은 잎의 기

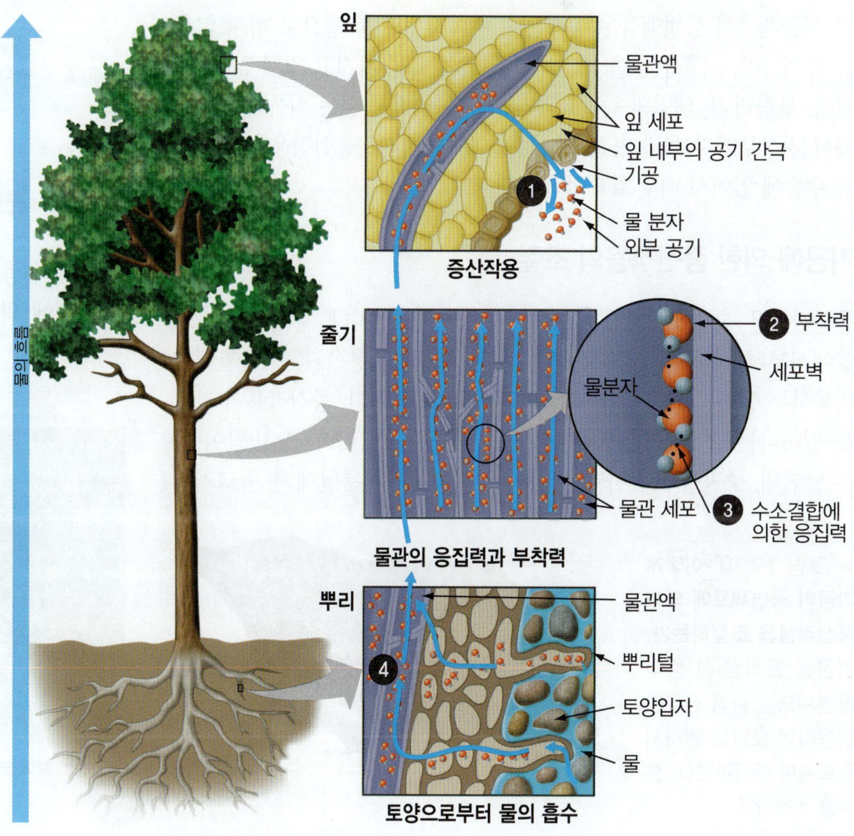

► 그림 29.9 **어떻게 증산작용은 나무의 물관으로 물을 끌어올리는가.**

공을 통하여 일어난다. 기공 아래에는 엽육세포에서 증발한 물분자로 채워진 공기 간극이 있는데, 이곳의 수증기 농도는 외부 대기보다 높으므로 기공을 통해 수증기가 확산되어 나간다. 기공은 대기 공간으로 열려 있는데, 그것은 주변 세포들로부터 증발된 물분자로 채워져 있다. ❶ 주변 공기가 대개는 잎의 내부보다 더 건조하므로, 수증기는 기공으로부터 확산된다.

증산작용은 물의 특별한 두 가지 성질, 즉 응집력과 부착력으로 인해 나무 높이까지 물관액을 끌어올릴 수 있다. **응집력(cohesion)**은 동일 종류의 분자간의 인력을 말한다. ❷ 물분자들은 물관세포의 벽에 있는 셀룰로오스와 부착하는 경향이 있다. **부착력(adhesion)**이란 종류가 다른 분자간의 인력을 말한다. ❸ 물의 경우, 수소결합은 H_2O 분자들이 서로 붙도록 한다(그림 2.8 참조). ❹ 부착력과 응집력은 더불어 물관벽 내에 물분자의 연속적인 물기둥을 만들어 낸다. 이런 분자들은 서로 붙게 되며, 물관의 내부 벽에도 붙게 된다.

잎 외부의 공기는 잎의 축축한 내부보다 건조하기 때문에, 물분자는 자연히 밖으로 확산된다. 잡아끄는 힘에 대항하여 응집력(물분자 사이의 인력)이 저항하지만 그 힘을 극복할 만큼 세지는 않다. 물분자가 떨어져 나오고 응집력과 증산의 상반되는 힘은 남은 물기둥에 장력을 미친다. 증산이 계속되는 한 물기둥은 장력 하에 놓이게 되고, 한 분자가 잎을 떠나면 아래 분자가 올라와 그 자리를 채운다. 물관액의 상승에 대한 이러한 이론을 **응집력-장력가설(cohesion-tension hypothesis)**이라고 한다. 증산작용은 응집력과 부착력에 의해 유지되는 팽팽한 물기둥에 끌어 올리는 인력을 작용시킨다.

식물체에서 물관액을 수송하는데 에너지 소비를 필요로 하지 않음을 유의하라. 식물은 물을 퍼올리기 위한 근육을 가지고 있지 않다. 응집력, 부착력 및 태양의 증발효과와 같은 물리적 성질은 식물체의 뿌리에서 지상부까지 물과 용존 무기질을 운반시킨다. 증산작용은 대량의 물 수송에 있어서 매우 효과적인 수단이다.

기공에 의한 증산작용의 조절

증산작용은 식물에게 이롭기도 하지만 해롭기도 하다. 증산작용은 토양에서부터 식물체로 물질운반을 돕지만, 증산작용을 통해 물관액이 이동하는 동안 식물은 엄청난 양의 물을 잃기도 한다. 증산작용이 가장 잘 일어나는 날은 햇빛이 내려쬐이고, 따뜻하고, 건조하고, 바람이 부는 날인데, 증발을 촉진시키는 날씨이다. 뜨거운 여름날에 평균 크기의 단풍나무(약 20 m 높이)는 시간당 200 리터 이상의 물을 잃을 수 있다. 잃어버린 물을 대체할 만큼 물이 토양에서 빠르게 올라오는 한, 증발에 의한 이러한 손실은 문제가 되지 않는다. 그러나 토양이 마르고 증산작용이 물의 전달을 초과하면 잎은 시들어버릴 것이다. 토양과 잎이 다시 수분을 공급하지 않는 한, 그 식물은 결국 죽게 될 것이다.

열고 닫을 수 있는 잎의 기공은 식물로 하여금 변화하는 환경 조건에 맞추어 증산작용의 속도를 조절하게 도와주는 진화적인 적응이다. 기공은 대체로 낮에 열고 밤에 닫는다. 식물이 CO_2 흡수를 위해 기공을 열면 증산작용으로 인해 물을 잃게 된다. 낮에는 CO_2가 잎으로 들어가 태양광이 비치는 동안 광합성이 지속된다. 밤에는 광합성을 위한 빛이 없기 때문에 CO_2가 필요하지 않으며, 따라서 기공은 닫히고 물은 보존된다. 낮이라도 식물이 너무 빠른 속도로 물을 잃는 경우에는 기공이 닫힌다. 기공의 측면에 면한 2개의 공변세포는 모양을 변화시켜 기공의 크기를 조절하고, 이를 통해 기공의 개폐작용이 일어난다(그림 29.10). 기공을 조절함으로써 식물은 환경 변화에 대응하여 수분 손실을 조정할 수 있다. 이 절충안은 또한 진화적 선택 압력을 제공한다. 많은 사막 식물 (다양한 햇빛에 노출되지만 물이 거의 없음)은 잎 기공이 적고, 대부분의 늪 식물 (반대 조건)은 더 많이 가지고 있다. ✓

✓ 체크포인트

1. 식물에서 물은 에너지의 소비 없이 뿌리에서 잎까지 전달된다. 이러한 과정을 무엇이라 하는가? 분자들 사이에서 어떤 두 힘이 관여하는가?
2. 밤에 닫히는 기공에 대한 진화적인 이점은 무엇인가?

답: 1. 증산작용, 응집력과 부착력 2. 기공이 닫히면 광합성이 일어날 수 없을 때, 물의 손실을 막아준다.

29.5 당의 수송

식물체의 생존은 토양으로부터 흡수된 물과 무기질의 수송뿐만 아니라 광합성에 의해 생산된 당분의 수송과정도 중요하다. 식물이 광합성으

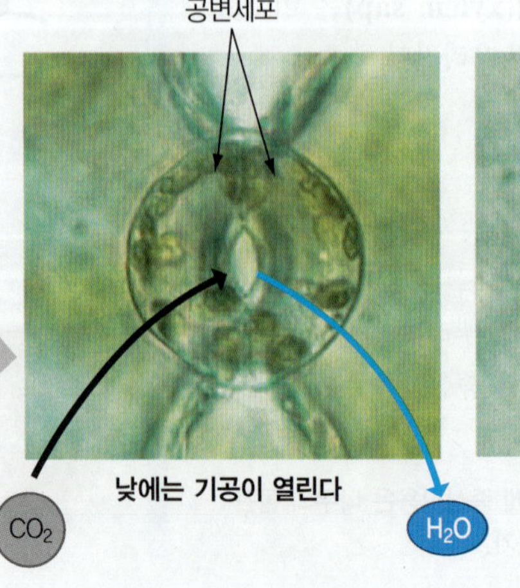

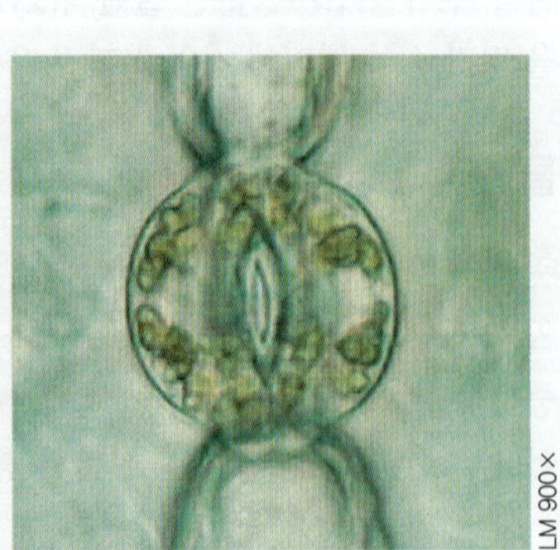

► 그림 29.10 **어떻게 기공이 공변세포에 의해 증산작용을 조절하는가.** 기공을 둘러싼 한 쌍의 공변세포는 환경 신호에 반응하여 모양을 변화시킴으로써 증산과 CO_2 흡수를 조절한다.

로 생산한 당을 수송하는 것이 체관의 주요 기능이다.

체관은 살아 있는 양분이동세포끼리 끝과 끝이 연결된 관구조로 이루어져 있다. 이러한 세포들의 말단벽에 있는 구멍을 통해 **체관액(phloem sap)**이라는 당 용액이 한 세포로부터 다음 세포로 자유롭게 이동한다(그림 29.11). 체관액은 식물의 한 부위에서 다른 부위로 수송 중일 때 무기질, 아미노산, 호르몬을 함유할 수 있지만, 주된 용질은 보통 이당류인 설탕이다.

뿌리에서 상부로만 올라가는 물관액과는 대조적으로, 체관액은 여러 방향으로 식물체 내를 이동한다. 당분이 생산되는(광합성이나 저장 녹말의 분해에 의해) 식물체의 부분을 **당공급원(sugar source)**이라고 하고, 당을 받아 저장하거나 소비하는 부위를 **당수용원(sugar sink)**이라고 한다. 당분은 잎과 같은 당공급원으로부터 뿌리나 열매와 같은 당수용원으로 체관을 통해 운반된다.

무엇이 당공급원에서 당수용원으로 체관액을 흐르게 할까? 그림 29.12는 사탕무를 이용하여 넓게 받아들여지고 있는 **압류기작(pressureflow mechanism)**이라는 모델을 설명하고 있다. 당공급원(사탕무 잎)에서, ❶ 당이 광합성 세포로부터 체관으로 능동적으로 적재된다. 공급원 말단에 당이 적재되면 체관 내의 용질(당) 농도가 높아진다. ❷ 높은 용질 농도는 삼투작용에 의해 주로 물관으로부터 물을 끌어들인다. 물이 유입되면 공급원 말단의 수압이 증가한다.

당수용원(사탕무 뿌리)에서, 당과 물 모두 체관을 떠난다. ❸ 당이 체관을 떠남에 따라 수용원 말단의 당 농도가 낮아지고, ❹ 물이 삼투작용으로 빠져나오면 체관의 수압이 낮아진다. 체관 공급원 말단의 수압 증가와 수용원 말단의 수압 감소로 인해 물은 공급원에서 수용원으로 이동하며 이때 당을 함께 운반한다.

압류기작은 공급원과 수용원의 위치와는 무관하게, 체관액이 항상 당공급원으로부터 당수용원으로 이동하는 이유를 설명해준다. 동일한 식물 구조는 일 년 중 한 때는 당공급원으로서, 그리고 다른 한 때는 당수용원으로서 작용한다. 예를 들어, 사탕무는 여름철에 뿌리로 당을 수송하고, 봄철 생장기 동안에 뿌리로부터 당을 끌어당긴다. 필요에 따라 상품을 수송하고 사들이는 일련의 창고를 상상해 보라. 상품들은 많은 창고(당공급원)로부터 필요한 창고(당수용원)로 수송된다. 그러나 특별한 창고는 공급과 수요에 따라 역할을 바꿀 수도 있다. 「과학연구의 과정」 섹션에서 볼 수 있는 것처럼, 식물학자들은 이 기작을 계속해서 적극적으로 연구하고 있다. ✓

✓ 체크포인트

압류기작에서 체관액은 항상 ______에서 ______(으)로 흐른다.

답: 당공급원, 당수용원

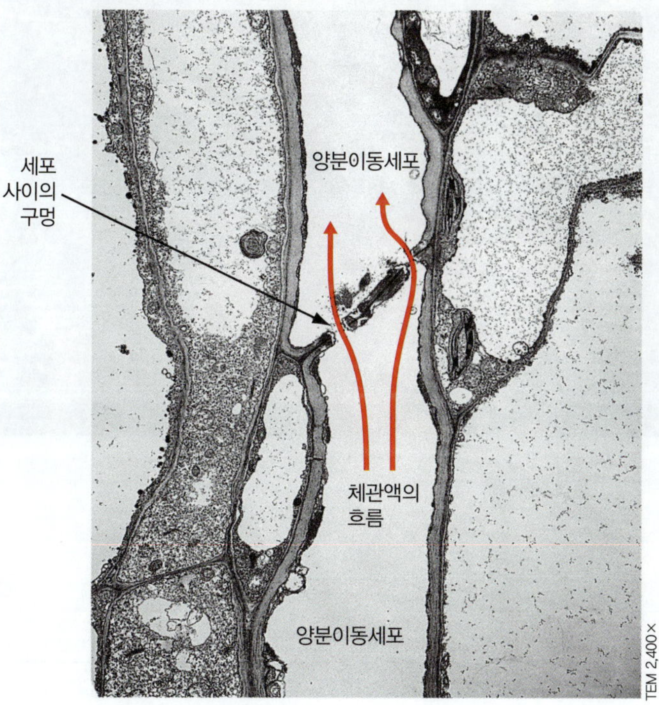

▼그림 29.11 **체관의 양분이동세포.** 체관의 주된 기능은 관으로 배열된 살아 있는 양분이동세포를 통해 당을 운반하는 것이다. 체관액은 세포 사이의 구멍을 통해 이동한다.

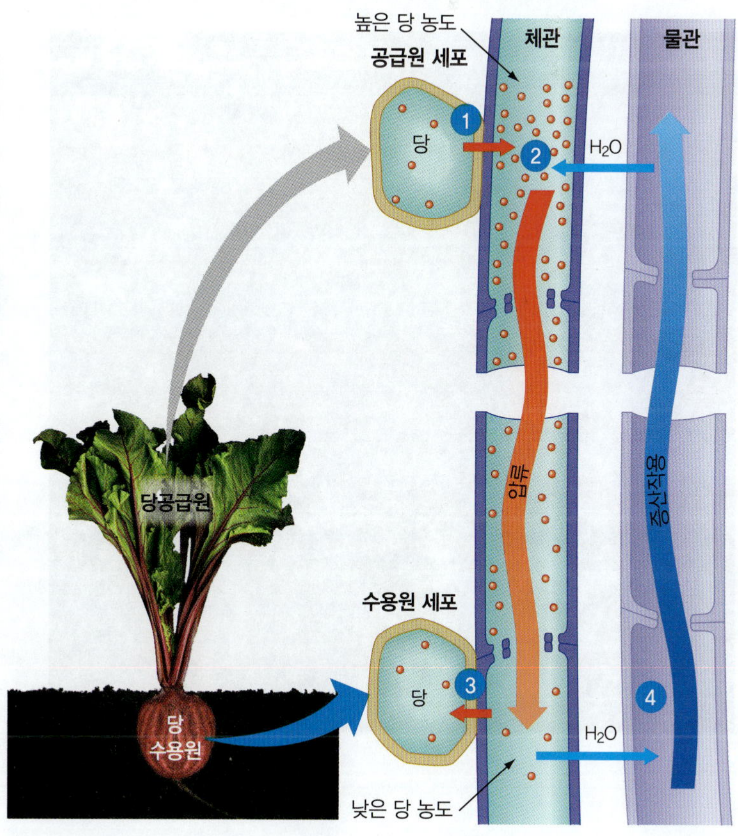

▼그림 29.12 **식물 체관의 압류.** 체관 내의 빨간 점은 당분자를 나타낸다. 위에서 아래로 형성된 당의 농도기울기는 압류(pressure flow)를 만들어 낸다(넓은 빨간색 화살표). 넓은 파란색 화살표는 물관액 내의 수압을 나타낸다. 수압은 밑에서 위로 가면서 낮아진다. 물관은 수용원에서 공급원으로 물을 수송한다.

과학연구의 과정 생물의 상호의존성

압류기작을 직접 측정할 수 있는가?

배경

압류기작은 원래 1930년에 제안되었다. 이 제안된 아이디어는 식물 내 당 수송에 대한 가장 가능성있는 설명으로 널리 받아 들여졌다. 다양한 실험이 아이디어를 뒷받침했지만 확실한 증거를 제공할 수 있는 기술은 존재하지 않았다. 최근 몇 년 동안 한 집단의 연구원들이 메커니즘을 시험하는 데 필요한 도구와 기술을 개발하기 위해 노력하고 있다.

방법

압류기작을 적절하게 시험하는 유일한 방법은 살아 있는 식물의 체관 내에서 유체 압력을 측정하는 것이다. 그러나 시스템에 지장을 주지 않고 어떻게 이 작업을 수행할 수 있을까? 수십 년의 작업 끝에 워싱턴주립대학의 식물세포생물학자인 Michael Knoblauch는 그 방법을 찾았다. 그의 기술은 비디오 현미경으로 살아 있는 식물의 잎을 보는 것이다. 그런 다음 사람의 머리카락보다 훨씬 얇은 작은 유리바늘을 체관 세포에 삽입한다. 바늘에는 소량의 기름 (약 0.0000000001 리터)이 들어 있다. 오일이 세포에 삽입될 때 압축되는 정도를 측정하여 체관 내부의 유체 압력을 계산할 수 있다.

결과

지금까지 Dr. Knoblauch의 팀은 나팔꽃식물과 붉은참나무의 잎에서 수십 개의 측정 값을 얻을 수 있었다(그림 29.13). 예를 들어 당공급원 근처와 멀리 떨어진 곳, 짧은 나무와 키가 큰 나무 등의 압력 값을 비교하여 압류기작을 지지하거나 반박하는 데 필요한 증거를 얻고자 노력했다. 이것은 기본연구의 훌륭한 예시이다. 자연세계에 대한 지식을 구축하는 데 주로 관련된 작업이다. 그러한 발전은 종종 새로운 기술과 기구를 개발하고 세심한 측정을 하는데 의존한다. 생물학자들은 작은 유리바늘을 사용한 연구가 농작물 수확량을 증가시키는데 적용될 수 있기를 희망한다.

과학자처럼 생각하기

왜 이것이 응용연구가 아닌 기초연구로 간주되는가?

답은 부록 C를 참조.

▼**그림 29.13 압류기작의 측정.** 연구원들은 세포 내의 압력을 계산하기 위해 엄청난 높이를 오르고, 매우 세심하게 측정했다.

29.6 식물 수송산물의 경제적 이용

우리는 이제 식물이 어떻게 토양에서 물질을 흡수하여 체내로 운반하는지에 대한 대략적인 내용을 살펴보았다. 물과 무기질은 토양을 떠나 물관으로 들어가고 물관을 통해 분배된다. 물관액은 잎 기공의 증산작용으로 끌어올려진다. 이산화탄소는 기공을 통해 잎으로 들어가 당으로 전환되고 체관을 통해 분배된다. 압력의 흐름은 잎과 저장부위로부터 당의 소비 혹은 저장장소로 체관액을 운반한다. 다음 절에서는 일하는 식물들이 이러한 자원들을 이용하는 다양한 방법을 살펴볼 것이다.

사람들은 오랫동안 이러한 식물 수송 메커니즘을 이용했다. 예를 들어, 우리는 저장뿌리 (예: 비트, 당근, 순무) 및 덩이줄기(예; 감자와 참마)과 같은 당수용원 식물 구조를 수확하는 것이다. 이러한 구조는 식물이 생장기에 당분을 저장할 수 있게 하는 적응이라 할 수 있다. 저장된 영양분은 잎에 의한 광합성이 없는 상태에서 생장을 다시 시작하는데 사용할 수 있다. 식물 생장이 다시 시작되기 전에 식용 뿌리와 덩이줄기를 수확함으로써 저장된 당분을 식품으로 사용할 수 있다.

북아메리카의 넓은 지역에서 단풍나무는 늦겨울에 휴면상태를 깨뜨린다. 뿌리에서 지하에 저장되어 있던 전분은 당으로 분해되어 물관액에 의해 위로 옮겨져 새로운 잎의 생장을 지원한다. 외부 변재에 삽입된 작은 관을 통해 떨어지는 물관액을 수집하고 끓여서 자당 및 기타 성분을 농축할 수 있다. 메이플 시럽 1갤런(약 3.8 L)을 만드는 데 약 40갤런(약 151.4 L)의 단풍나무 물관액이 필요하다. 현대 메이플 시럽 산업은 한 종류의 나무인 설탕 단풍(*Acer saccharum*)에 의존하지만, 소규모 생산자들은 다른 단풍 종들을 사용할 수 있다.

또 다른 식물은 모아서 경제적으로 유용한 물질을 운반한다. 사막에 서식하는 알로에 베라(*Aloe vera*)의 수액은 진정 및 보습 젤로 사용되며, 요구르트와 같은 식품의 성분으로도 사용된다. 열대지역에서는 고무나무(*Hevea brasiliensis*)를 두드려 천연고무라고 하는 라텍스를 수집할 수 있다. 식물이 먹히는 것을 비호감으로 만들어 초식성을 감소시키는 라텍스는 체관 외부에 있는 특수 용기로 운반된다. 유백색 라텍스는 껍질을 잘라서 수집한 다음, 화학적으로 처리하여 상업용 라텍스를 생산한다. 상업적으로 가치있는 다른 종류의 라텍스는 치클나무(chicle tree, 껌에 사용됨)와 아편 양귀비 (모르핀과 같은 약물 생산에 사용됨)에 의해 생산된다.

인간은 식물이 생산하는 자원을 이용하지만, 이러한 자원은 분명히 식물 자체에도 도움이 된다. 다음으로, 특정 식물성 산물 (호르몬)이 생장을 조절하는 데 어떻게 도움이 되는지 살펴볼 것이다.

식물호르몬

호르몬(hormone)은 생물의 한 부위에서 생성되어 다른 부위로 수송되는 화학신호인데, 그 부위에서 호르몬은 표적세포에 작용하여 기능을 변화시킨다(25장 참조). **호르몬은 식물에 환경에 대한 정보를 다양한 기관에 전달할 수 있는 능력을 제공하여 식물의 생명에 필수적인 반응을 조절한다.** 식물은 극소량으로 호르몬을 생산하지만, 적은 양이라도 생장과 발달에 커다란 영향을 미칠 수 있다. 식물호르몬은 세포의 분열, 신장, 분화에 영향을 미침으로써 식물의 생장과 발달을 조절한다.

생물학자들은 5가지 형태로 중요한 식물호르몬을 구분하였다(표 29.1). 각 호르몬은 그 농도와 작용 부위는 물론 식물의 종류나 발달단계에 따라서도 다양한 효과를 나타낸다. 대부분의 경우 식물호르몬은 단독으로 작용하지 않으며, 둘 또는 그 이상 몇 가지 호르몬의 상대적 농도에 따라 식물의 생장과 발달을 조절한다.

표 29.1 주요 식물 호르몬

호르몬	주요 기능	식물체 내 생산 또는 존재 부위
옥신	줄기 신장 촉진; 뿌리 생장, 분화, 분지에 영향; 과실 발달; 정단우성; 굴광성, 굴중력성	끝눈의 분열조직, 어린 잎, 종자 내의 배
시토키닌	뿌리의 생장과 분화에 영향; 세포분열과 생장 촉진; 발아 촉진; 노화 지연	뿌리에서 합성되어 다른 기관으로 수송
에틸렌	과실성숙 촉진; 일부 옥신 효과에 대한 길항작용; 식물종에 따라 뿌리, 잎, 꽃의 생장 및 발달에 대한 촉진 혹은 억제	성숙 중인 과실, 줄기의 마디, 노화 중인 잎과 꽃
지베렐린	종자 발아, 눈 발달, 줄기 신장, 잎 생장의 촉진; 개화 및 과실 발달 촉진; 뿌리 생장과 분화에 영향	끝눈과 뿌리의 분열조직, 어린 잎, 배
앱시스산	생장 억제; 수분 스트레스 시 기공 폐쇄; 휴면상태 유지	잎, 줄기, 뿌리, 녹색 과일

29.7 옥신

옥신(auxin)이라고 하는 호르몬군은 식물의 생장과 발달에 폭넓게 관련되어 있다. 옥신의 주요 효과는 세포의 신장을 촉진시키는 것이다.

굴광성(phototropism)은 빛의 자극에 반응하여 식물기관에 대한 방향성 생장이다. 그러한 생장은 광합성을 위해 이용하는 햇빛으로 향하도록 어린 식물과 생장한 식물 모두의 방향을 정해준다(그림 29.14). 어떻게 식물은 특정 방향으로 자라는 것일까? 생장 중인 식물을 현미경으로 관찰하면 굴광성의 기초를 이루는 세포 기작을 알 수 있다(그림 29.15). 줄기의 어두운 쪽 세포는 밝은 쪽 세포보다 더 빠른 속도로 신장하여 어린 줄기로 하여금 빛을 향해 굽도록 한다. 어린 식물에 대하여 사방에서 고르게 빛을 비추면 세포들은 모두 비슷한 속도로 신장하므로 어린 식물은 위로 곧게 자란다.

굴광성을 일으키는 호르몬은 어린 줄기의 끝부분에 있는 정단분열조직에서 생성되는 옥신이다. 줄기의 한쪽 방향에만 빛을 비추면 어두운 부분의 세포에 상대적으로 옥신 농도가 높아지고, 이와 같은 불균등한 옥신 분포는 어두운 쪽이 밝은 쪽보다 더 빨리 자라게 하여 어린 줄기를 굽게 한다.

옥신은 어떤 일정한 농도 범위에서만 줄기의 세포 신장을 촉진한다. 흥미롭게도, 이와 동일한 농도 범위가 뿌리에서는 세포 신장을 억제한다. 이 범위를 초과하면, 옥신은 오히려 줄기의 세포 신장을 억제하며, 이 범위 이하에서는 뿌리세포를 신장시킨다. 세포 신장에 대한 옥신의 이와 같은 효과의 복잡성은 다음과 같은 두 가지 점을 강하게 암시한다. (1) 같은 호르몬이 같은 표적세포에 작용하더라도 농도가 다르면 효과도 다르게 얻어질 수 있다. (2) 특정 농도의 호르몬이라도 표적세포에 따라 다른 효과가 얻어질 수 있다.

줄기와 뿌리의 길이 자람을 일으키는 것 외에도, 옥신은 줄기 직경의 생장을 촉진한다. 더구나 발달 중인 종자에서 생산된 옥신은 과실 생장을 촉진한다. 농부들은 때때로 수분 전의 식물에 합성 옥신을 살포하여 씨 없는 토마토, 오이, 가지를 생산한다.

식물호르몬의 발견은 농업에 있어서 많은 발전을 이루어 내었다. 합성 식물호르몬은 낮은 가격으로 보다 많은 농작물의 생산을 가능하게 하였다. 예를 들면, 가장 광범위하게 이용되고 있는 제초제는 합성 옥신인데, 그것은 식물의 생장을 조절하는 호르몬의 정상적인 균형을 방해한다. 진정쌍떡잎식물이 외떡잎식물에 비해 이 제초제에 상대적으로 더 민감하기 때문에, 잔디밭이나 밀밭에서 민들레나 잎이 넓은 진정쌍떡잎식물을 선택적으로 제거할 수 있다. 이와 같은 제초제를 농업에 이용함으로써 농부는 작물재배에 필요한 비용을 줄일 수 있다.

동시에, 식품 생산에 합성화학물질의 과다 사용이 환경적, 건강상의 위험을 초래할 수 있다는 우려가 커지고 있다. 또한 소비자들은 합성호르몬을 이용한 작물이 맛과 영양이 감소에 되는 것에 대한 높은 관심을 가지고 있다. 이러한 현상들은 현대 농업기술의 중요한 문제로 대두되고 있다. 합성화합물을 이용한 저가의 작물을 대량으로 생산해야만 하는가? 아니면 노력과 비용이 보다 많이 소요되지만 유기농업으로 전환해야 하는가? 이러한 것들은 당신이 사서 먹는 음식에 관한 선택이므로 잘 판단해야 한다. ✓

▼그림 29.14 **굴광성: 빛을 향해 생장함.**

▼그림 29.15 **세포 신장이 굴광성을 일으킨다.** 초본의 어린 식물은 한쪽 면에서 오는 빛을 향하여 구부러지는데, 그것은 그늘진 쪽의 세포가 보다 빠르게 신장하기 때문이다.

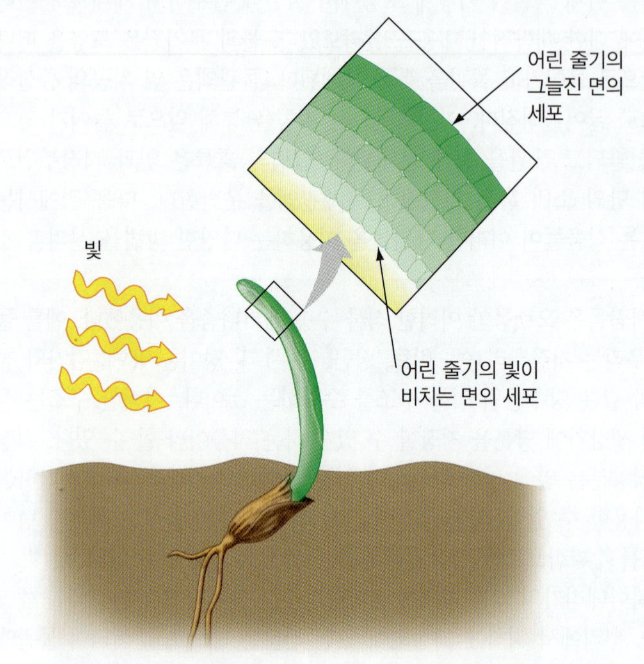

✓ 체크포인트

식물은 빛을 향해 구부러지는 경향이 있다. 이러한 경향을 무엇이라고 하는가? 식물에서 어떤 호르몬이 세포 신장을 유도함으로써 이러한 경향을 촉진시키는가?

답: 굴광성, 옥신

29.8 시토키닌

시토키닌(cytokinin)은 생장조절제로서 작용하며 밀접하게 연관된 일군의 호르몬이다. 이러한 조절제들은 세포분열 또는 세포질분열을 촉진한다. 시토키닌은 활발히 생장 중인 조직 특히 뿌리, 배, 과실에서 생산된다.

시토키닌은 곁눈의 생장을 촉진하여 식물의 가지를 많이 일으켜서 덤불을 이루게 한다. 크리스마스 트리를 재배하는 업자들은 때로 멋진 가지들을 만들기 위하여 시토키닌을 사용하기도 한다. 뿌리에서 지상계로 올라간 시토키닌은 끝눈에서 내려오는 옥신의 억제효과를 상쇄시킨다. 식물 대부분의 복잡한 생장 패턴은 아마도 옥신과 시토키닌의 상대적 농도의 결과라고 여겨진다. 생물학 연구 전반에 걸쳐 실행되는 주제 중 하나는 생물학적 구성요소의 상호작용이 생명의 많은 과정을 주도한다는 것이다. **시토키닌과 옥신은 이 두 호르몬이 협력적으로 식물생장에 영향을 미치기 때문에 이러한 상호작용의 좋은 예를 제공한다.**

29.9 에틸렌

에틸렌(ethylene)은 과실 성숙과 잎의 탈락을 비롯한 식물의 다양한 노화반응을 일으키며 가스 형태로 방출되는 호르몬이다. 갑작스런 과실의 에틸렌 생산은 그 과일의 성숙을 촉진시킨다. 에틸렌은 기체이므로, 과일 성숙에 대한 신호가 과실에서 과실로 확산된다. 한 개의 썩은 사과가 한 바구니 전체를 썩게 할 수 있다! 과실을 비닐백에 저장하여 에틸렌 기체가 축적되면 과실 성숙을 앞당길 수 있다(그림 29.16). 토마토를 비롯한 많은 종류의 과일을 상업적 규모로 익히기 위해서는 녹색 과일을 따서 큰 보관 상자에 넣고 여기에 에틸렌 가스를 주입하여 부분적으로 익혀서 판다. 그렇지 않을 경우 재배업자들은 천연 에틸렌의 성숙작용을 늦추기 위한 조치를 취한다. 사과를 가을에 수확하여 이듬해 여름에 팔기 위해 보관하는 경우 사과에 에틸렌의 작용을 저해하는 CO_2를 불어넣는 처리를 한다.

에틸렌 때문에, 너무 익은 사과 하나가 바구니 속의 다른 사과 모두를 상하게 만들 수 있다.

에틸렌은 가을 잎의 탈락에 영향을 미친다. 가을의 짧은 일장과 낮은 온도와 같은 환경 자극은 잎의 탈락을 일으키는 요인이다. 이러한 자극은 잎자루 기부의 에틸렌과 옥신의 균형을 변화시켜 기부세포의 세포벽을 약화시킨다. 잎의 무게와 바람의 힘으로 이러한 층이 분리되어 잎의 탈락이 일어난다. ✓

✓ 체크포인트

바나나 한 손을 사서 비닐백에 넣어 집에 가져왔다. 바나나를 먹기에 너무 푸르다면, 비닐백에 넣은 채 두는 것이 좋은가 혹은 꺼내 놓는 것이 좋은가? 그 이유는?

답: 비닐백에 넣어두는 것이 좋다. 왜냐하면 에틸렌 기체가 축적되어 성숙을 촉진하기 때문이다.

▼그림 29.16 **바나나의 성숙에 미치는 에틸렌의 효과.** 2개의 덜 익은 바나나를 같은 기간 동안 비닐백에 넣어 보관하였다. 위의 바나나는 단독으로 보관하였고, 아래의 바나나는 에틸렌을 방출하는 복숭아와 함께 보관하였다.

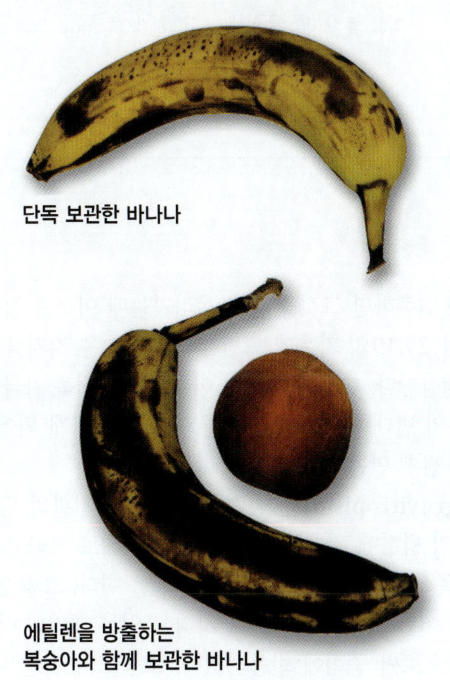

29.10 지베렐린

지베렐린(gibberellin)은 또 다른 식물 생장조절 호르몬 그룹이다. 뿌리와 어린잎은 지베렐린을 생산하는 주된 부위이다. 지베렐린의 주요한 효과의 하나는 줄기의 세포신장과 세포분열을 촉진하는 것이다. 이러한 작용은 일반적으로 옥신의 작용을 증진시킨다. 또한 옥신과 함께 작용하여 지베렐린은 과실 발달에 영향을 미친다. 지베렐린-옥신을 살포하여 수분과 종자 생산 없이 사과, 포도, 가지를 발달시킬 수 있다. 상업적으로 씨 없는 포도송이를 생산할 때 포도알이 더욱 굵고 성기게 하는데 지베렐린을 사용한다(그림 29.17).

지베렐린은 또한 많은 식물의 종자 발아에 중요하다. 발아하는데 빛이나 저온과 같은 특수한 환경조건을 필요로 하는 많은 종자들은 지베렐린을 뿌려주면 발아한다. 자연에서, 종자의 지베렐린은 배의 생장을 활성화시키는 대사과정과 환경 요인을 연결시키는 고리 역할을 하는 것 같다. 예를 들면, 잔디 종자에 물이 공급될 때 종자의 배는 지베렐린을 방출하는데, 이것은 종자에 저장된 영양소를 동원하여 발아를 촉진한다.

▼그림 29.17 **포도에 대한 지베렐린의 효과.** 오른쪽의 포도송이는 지베렐린 처리 효과를 보여주는데, 더욱 알이 굵고 성기게 달려 있다.

29.11 앱시스산

옥신, 시토키닌, 지베렐린 등과 같은 이제까지 살펴본 생장촉진호르몬들과 달리 **앱시스산(abscisic acid)**은 대체로 생장을 억제한다. 식물의 생활사 중 앱시스산이 생장에 도움을 주는 때는 종자 휴면(종자의 불활성화)을 일으킬 때이다. 종자 휴면은 빛, 온도, 습도 등의 환경이 적합한 조건일 때 종자 발아가 일어나도록 하는 하나의 진화적 적응이다.

많은 형태의 휴면 종자들은 앱시스산이 어떤 방법으로 제거되든지 불활성화 되어야만 발아가 일어나게 된다. 어떤 식물의 종자는 앱시스산을 불활성화 시키고 봄에 종자 발아가 일어나도록 하기 위해 오랜 겨울 동안 저온에 노출시키는 것이 필요하다. 어떤 사막식물의 종자는 일시에 폭우가 내려 앱시스산이 씻겨 내려간 후 식물 생장에 필요한 물이 있을 때 비로소 발아하게 된다(그림 29.18). 앱시스산은 대개 생장호르몬의 작용에 반대로 작용한다. 따라서 많은 식물에서, 지베렐린(종자 발아를 촉진시킴)에 대한 앱시스산(종자 발아를 억제시킴)의 비율은 종자의 휴면 또는 발아 여부를 결정하게 된다. ✓

▲그림 29.18 **종자 휴면에 대한 앱시스산의 제거 효과.** 이 야생화들은 강한 비가 씨앗의 앱시스산을 씻어내 발아할 수 있게 한 직후에 자라게 되었다. 캘리포니아의 Death Valley 국립공원.

✓ 체크포인트

종자 휴면과 발아를 조절하는 두 종류의 호르몬은 무엇인가? 이들의 상반되는 효과는 무엇인가?

답: 앱시스산은 종자 휴면을 유지시킨다; 지베렐린은 발아를 촉진한다.

자극에 대한 반응

이 절에서는 어떻게 식물이 빛, 접촉, 그리고 중력을 포함한 환경으로부터 오는 물리적 자극에 반응하는지 살펴볼 것이다.

29.12 굴성

굴성(tropism)이란 식물체의 일부가 자극이 있는 쪽 혹은 그 반대쪽으로 자라게 하는 방향성 생장 반응을 말한다(그림 29.19). 굴광성은 특히 중요한 예이지만(그림 29.14와 29.15 참조), 다른 지향성 생장 반응도 있다. 예를 들면, **굴촉성(thigmotropism)**은 완두의 덩굴손이 줄이나 철사를 접촉하면 그것을 감고 올라가는데 이것은 접촉에 대한 반응이다. 그림 29.19의 가운데 그림에서 덩굴손은 지지물을 만날 때까지 똑바로 생장한다. 다음에 접촉이 이루어지면 접촉 자극을 받은 세포들은 덩굴손의 반대쪽 세포들과 다른 속도로 자라게 되어 덩굴손으로 하여금 줄을 감게 만든다.

굴중성(gravitropism)은 중력에 대한 식물기관의 방향성 생장이다. 즉 종자의 방향에 관계없이 어린 줄기는 위로 자라고 뿌리는 아래로 자란다. 옥신은 굴중성에서 중요한 역할을 한다. 그림 29.19의 오른쪽 그림에서 어린 식물은 수평으로 자라고 있는 뿌리의 아랫면에 옥신을 재분배함으로써 중력에 반응하였다. 고농도의 옥신은 뿌리세포의

▼그림 29.19 **굴성: 방향성을 갖는 생장반응.**

빛을 향해 구부러지는 이 어린 식물들은 고수(cilantro)이다(흔한 초본식물).

접촉에 반응하여 생장하는 굴촉성은 덩굴식물을 지지대 주위를 싸도록 한다. 이 사진에서, 완두식물의 덩굴손이 철사 울타리 주위를 감고 있다.

이 어린 식물들은 둘 다 어두운 곳에서 발아시킨 것이다. 왼쪽 식물은 단독으로 놔둔 것이다. 오른쪽 식물은 발아 이틀 후 그것의 측면을 돌려놓은 것인데 어린 줄기와 뿌리가 수평이 되었다. 이 사진을 찍었을 때, 어린 줄기는 다시 위로 돌아섰으며, 뿌리는 아래쪽으로 방향을 틀었다.

생장을 억제한다. 뿌리 아랫면의 생장이 억제되고 윗면에 있는 세포들은 정상적으로 신장됨에 따라 뿌리는 아래로 굽는다.

29.13 광주기성

빛은 광합성의 에너지를 공급하고 식물의 생장방향을 결정하는 것 외에도, 식물의 생활사를 조절하는데 도움을 준다. 개화, 종자 발아 및 휴면 개시와 타파는 연중 특정 시기에 일어나는 식물 발달의 단계들이다. 식물이 연중 시간을 감지하기 위해 가장 많이 사용하는 환경 자극은 낮 길이(광주기)나 밤 길이의 변화다. 특정한 낮 길이나 밤 길이에 대한 반응을 **광주기성(photoperiodism)**이라고 한다.

광주기성에 의해 개화를 일으키는 식물들은 장야식물(long-night plants)과 단야식물(short- night plants) 등 두 그룹으로 구분된다(그림 29.20). (처음에는 식물학자들이 이러한 식물들을 단일 또는 장일식물로 잘못 언급하였는데, 실제로 식물의 개화에 영향을 미치는 것은 낮의 길이가 아닌 밤의 길이로 알려져 있다). 구절초와 포인세티아와 같

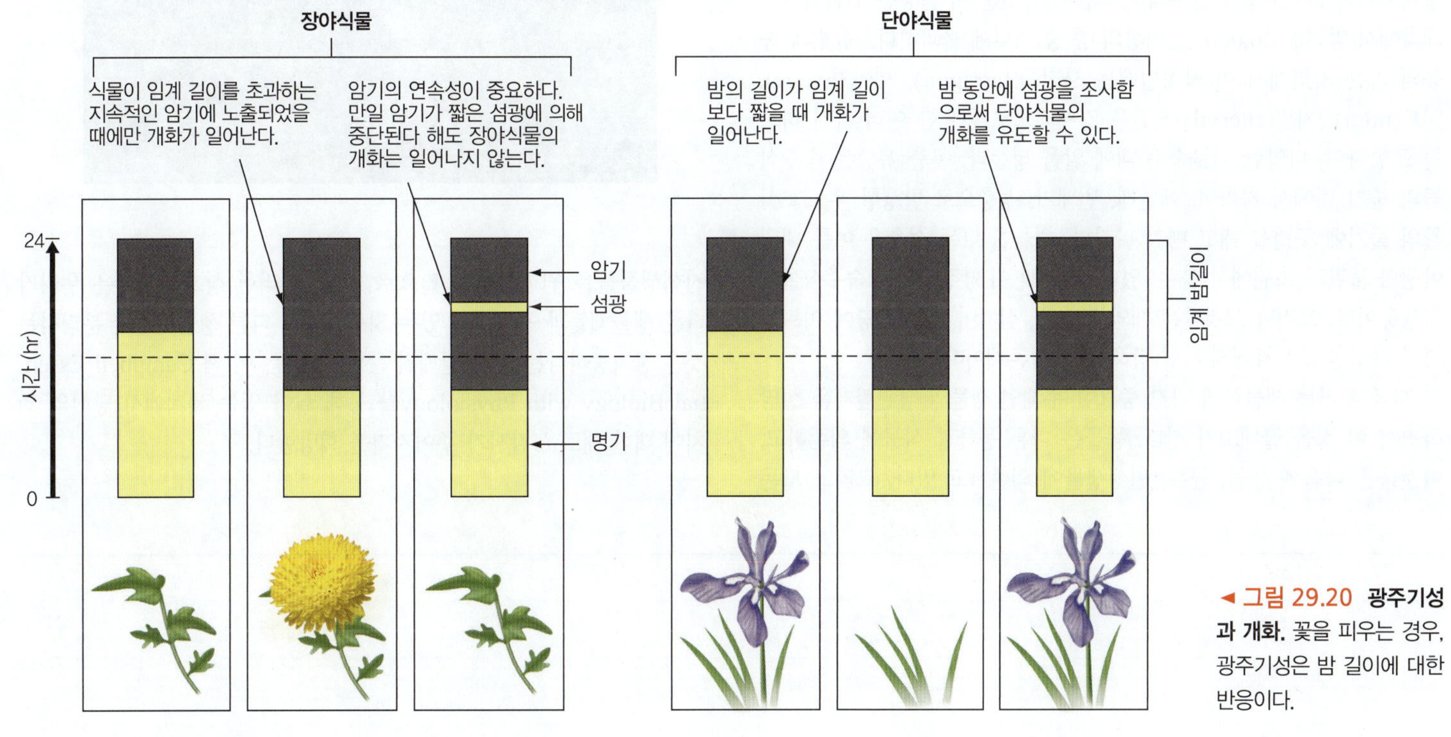

◀ 그림 29.20 **광주기성과 개화.** 꽃을 피우는 경우, 광주기성은 밤 길이에 대한 반응이다.

은 장야식물들은 대체로 낮의 길이가 짧아지는 늦여름, 가을 혹은 겨울에 개화한다. 상치, 붓꽃, 곡류 초본과 같은 단야식물들은 흔히 낮의 길이가 길어지는 늦여름이나 초여름에 개화한다. 민들레와 같은 일부 식물은 개화가 광주기의 영향을 받지 않는 중성물이다. 이런 식물을 밤 길이나 낮 길이에 영향을 받지 않는다. 화훼업자들은 특정 식물의 광주기성의 지식을 응용하여 우리에게 계절을 초월한 꽃을 공급한다. 예를 들면, 국화는 정상적으로 밤의 길이가 길어지는 가을에 꽃을 피우지만, 섬광 조사로 긴 밤을 교란하여 장야조건을 두 개의 단야조건으로 바꿔게 하면 이듬해 봄까지 꽃이 피는 것을 연기시킬 수 있다. ✓

✓ 체크포인트

1. 어떤 담쟁이덩굴은 나무를 따라 자라서, 항상 그 숙주나무와 밀접하게 접촉한 채 남아 있다. 이것은 어떤 생장 반응의 예인가?
2. 어떤 장야식물은 봄에 꽃이 피지 않는다. 당신은 봄의 장일기간을 두 개의 단일기간으로 나누기 위하여 짧은 암처리 교란을 이용하여 개화를 유도하려고 한다. 당신이 예측할 수 있는 결과는 무엇인가?

답: 1. 굴촉성 2. 개화를 조절하는 것은 실제로 낮의 길이가 아니라 밤의 길이이기 때문에, 식물은 개화하지 않는다.

진화와 연결 **생물의 상호의존성**

식물, 곤충, 그리고 사람

앞에서 공부한 바와 같이, 대부분의 현화식물들은 수분과 종자 산포에 있어서 곤충이나 다른 동물들의 도움을 필요로 한다. 이 장에서는 식물들이 영양분을 얻기 위하여 토양미생물이나 균류와 같은 다른 생물체들에 의존하고 있다는 것을 알았다. 실제로 균근과의 연관관계를 통하여 대지에서의 전체적인 진화가 가능해졌을 수도 있다. 오늘날 거의 모든 육상동물은 먹이를 위해 식물에 의존하고 있다.

이 책의 표지와 그림 29.21 모두 황금빛으로 물든 회색 긴뿔딱정벌레(*Agapanthia villosoviridescens*)를 보여준다. 중앙부에 무지개 빛깔의 색이 있고 뚜렷한 줄무늬의 더듬이가 있는 이 곤충은 긴뿔딱정벌레과에서 알려진 26,000 종 이상의 종 중 하나에 불과하다. 유럽과 중동의 많은 지역에서 이 딱정벌레는 사철쑥(tarragon), 세이지(sage), 민트(mint), 처빌(chervil)과 같은 경제적으로 중요한 여러 가지 허브를 포함하여, 다양한 식물숙주 내에 알을 낳는다. 곤충 유충은 숙주식물의 줄기 내에서 자라며, 애벌레, 번데기, 성충으로 발생한 후, 그 식물의 줄기에 구멍을 내고 빠져 나간다. 하늘을 나는 성충은 여름 내내 야생화 들판과 초원에서 볼 수 있다. 따라서 이 딱정벌레는 숙주식물의 기생충이다. 그러나 그것들은 새와 도마뱀, 심지어 다른 곤충에 이르기까지 다양한 포식자에게 사냥 당해야 하는 존재이다.

결국 우리는 생물학의 가장 중요한 주제인 생물의 상관관계를 설명하면서 이 장을 끝내고자 한다. 동물은 다른 동물과 식물에 의존하고, 이것들은 다음에 동물, 균류, 원생생물에 의존하고 있다. 그리고 모든 진핵생물들은 원핵생물을 필요로 한다. 이러한 상호의존성은 우리가 다른 생물체들과 공유하고 있는 지구상에서 다른 생물체들과 분리하는 것은 불가능하다는 것을 일깨워 준다. 우리는 이 책 Campbell Essential Biology with Physiology를 통해 살아 있는 세계에서 당신의 위치에 대한 새로운 감사가 주어지기를 희망한다.

▼그림 29.21 **생물의 상호의존성.** 이 긴뿔딱정벌레는 동물과 식물, 실제로 모든 생명체가 어떻게 상호 연관되어 있는지를 보여주는 좋은 예다.

복습

주요 개념의 요약

식물은 어떻게 양분을 얻고 수송하는가

식물이 생장함에 따라, 잎은 대기에서 CO_2를 흡수하고, 뿌리는 토양으로부터 물과 무기질을 흡수한다.

29.1 식물의 영양

식물은 필요로 하는 이용 가능한 화학원소(영양소)의 공급원을 환경에서 얻어야만 한다.

영양소	
대량영양소	미량영양소
• 다량으로 필요 • 유기분자를 합성하는 데 사용됨 • 탄소, 산소, 수소, 질소, 황, 인, 칼슘, 포타슘, 마그네슘	• 재사용 가능하므로 미량만 필요 • 철, 염소, 구리, 망간, 아연, 몰리브덴, 붕소, 니켈

29.2 토양에서 뿌리로

뿌리털은 뿌리의 흡수면적을 크게 증가시킨다. 물과 용질은 뿌리의 표피와 피층을 통과하여 물관(물이동조직)으로 들어간 후 위로 수송된다. 다른 생물과의 관계를 통하여 식물은 양분 획득에 도움을 받는다. 많은 식물은 균근을 형성하여 곰팡이와 상리공생 관계를 이룬다. 곰팡이 균사의 그물망은 식물의 영양소 흡수를 증가시키고 곰팡이는 식물로부터 양분을 얻는다.

29.3 질소 영양에서 세균의 역할

대부분의 식물은 세균에 의존하여 질소를 식물이 이용 가능한 형태로 전환시킨다. 대부분의 식물은 다양한 세균에 의존하여 대기의 N_2(풍부하지만 이용할 수 없는)를 흡수되고 이용될 수 있는 질소의 형태로 전환시킨다. 콩과식물과 어떤 식물들은 뿌리에 혹을 가지고 있는데, 그것은 질소고정세균으로 채워져 있는 소포를 제공한다.

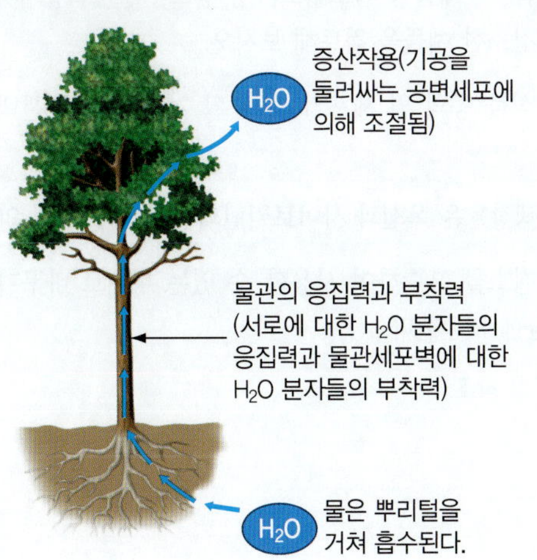

29.4 물의 수송

물(과 용해되어 있는 용질)은 증산작용에 의해 물관조직 안에서 뿌리로부터 위로 올라간다.

29.5 당의 수송

체관 안에서, 압류기작이 당 분자를 운반한다.

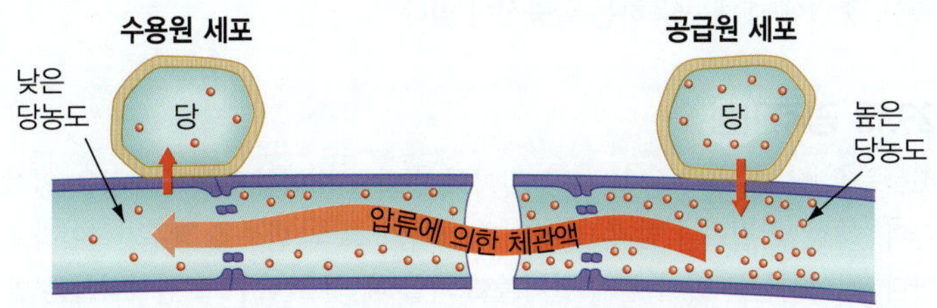

당공급원에서 당농도와 수압의 증가 그리고 당수용원에서 감소는 체관액을 공급원에서 수용원으로 흐르게 한다.

식물호르몬

호르몬은 식물의 활동을 조정한다.

29.7 옥신

빛에 반응하는 지향성 생장인 굴광성은 빛을 받는 쪽보다 어린 줄기의 그늘진 쪽 세포 생장이 보다 빠르기 때문에 일어난다. 이러한 효과는 옥신에 의해 조절된다. 식물은 어린 줄기의 끝에 있는 정단분열조직에서 옥신을 생산한다. 옥신은 농도 차이로 어린 줄기와 뿌리의 신장을 촉진하거나 억제한다.

29.8 시토키닌

생장 중인 뿌리, 배, 과실에서 생산되는 시토키닌은 세포분열을 촉진하는 호르몬이다. 시토키닌에 대한 옥신의 비율은 뿌리와 어린 줄기의 생장 조절을 도와준다.

29.9 에틸렌

과일이 커져감에 따라, 성숙을 촉진하는 에틸렌 기체를 방출한다. 주로 밤의 길이에 의해 촉발되는 에틸렌에 대한 옥신 비율의 변화는 나무의 잎을 탈락시키는 원인이 된다.

29.10 지베렐린

지베렐린은 줄기와 잎의 신장, 그리고 과실의 발달을 촉진하다. 배에서 방출되는 지베렐린은 종자 발아 초기에 작용한다. 옥신과 지베렐린은 씨 없는 과실을 생산하는 데 사용된다. 옥신과 지베렐린은 씨 없는 과실을 생산하기 위한 농업에서 이용된다.

29.11 앱시스산

앱시스산은 종자 발아를 억제한다. 많은 식물의 종자들은 앱시스산이 불활성화되거나 혹은 씻겨 없어질 때까지 휴면을 유지한다.

자극에 대한 반응

29.12 굴성

굴성은 식물을 자극 방향 혹은 그 반대 방향을 향하여 자라게 하는 생장반응이다. 중요한 굴성에는 빛에 반응하는 굴광성, 접촉에 대해 반응하는 굴촉성, 중력에 대해 반응하는 굴중성이 있다.

29.13 광주기성

식물들은 낮 길이(광주기)나 밤 길이의 변화를 탐지함으로써 계절을 인식한다. 특정 낮 길이나 밤 길이에 대한 개화와 그 외 반응을 광주기성이라고 한다. 장야식물은 밤이 임계 길이를 초과할 때 꽃을 피우고, 단야식물은 밤이 임계 길이보다 짧을 때 꽃을 피운다.

자습문제

1. 어떤 곰팡이는 식물에서 질병을 일으킨다. 이 문제를 해결하기 위해 사용할 수 있는 다양한 항진균 살포제가 있다. 일부 원예업자들은 질병의 징후가 보이지 않는데도 불구하고 지속적으로 식물에게 살진균제를 살포한다. 이것이 식물에게 어떤 불리한 영향을 끼칠 수 있겠는가?

2. 다음 토양세균의 활성 중 식물이 사용할 수 있는 형태의 질소를 생산하는데 기여하는 것이 아닌 것은 어느 것인가?
a. 대기 질소의 고정
b. 암모늄이온을 질산이온으로 전환
c. 아미노산으로 단백질 중합
d. 죽은 낙엽의 단백질로부터 암모늄의 생성

3. 식물은 두 가지 종류의 수액을 운반한다. 대부분 물과 설탕으로 된 용액인 ________ 액은 당 생산 부위에서 식물체의 다른 부위로 운반된다. 대부분 물과 무기질로 된 ________액은 뿌리에서 식물체의 나머지 부위로 운반된다.

4. 응집력과 부착력을 비교하고, 물관액의 상승에서 각각의 역할을 기술하라.

5. 옥신이 어린 줄기로 하여금 빛을 향해 굽게 하는 것은
a. 세포들이 어린 줄기의 어두운 쪽에서 위축시키기 때문이다.
b. 어린 줄기의 어두운 쪽에서 생장을 촉진시키기 때문이다.
c. 세포들이 어린 줄기의 밝은 쪽에서 세포를 위축시키기 때문이다.
d. 어린 줄기의 밝은 쪽에서 생장을 촉진시키기 때문이다.

6. 곁눈의 상태(휴면 또는 생장)는 어린 줄기 끝에서 내려오는 ______과(와) 뿌리에서 올라오는 ______의 상대적 농도에 의존한다.

7. 왜 식물에서 끝눈을 제거하면 식물이 덤불 모양으로 더 퍼지게 되는가?

8. 다음 호르몬과 식물에서의 주요 역할을 맞게 연결하라.

a. 옥신	1. 농도에 따라 어린 줄기와 뿌리의 신장을 촉진하기도 하고 억제하기도 한다.
b. 에틸렌	2. 뿌리에서 생산되어 세포분열을 촉진한다.
c. 시토키닌	3. 종자 발아를 억제한다.
d. 지베렐린	4. 과실 성숙을 앞당긴다.
e. 앱시스산	5. 과실 발달을 촉진한다.

9. 다음 용어를 의미에 맞게 연결하라.

a. 굴중력성	1. 빛에 대한 생장 반응
b. 광주기성	2. 접촉에 대한 생장 반응
c. 굴광성	3. 낮과 밤의 상대적 길이
d. 굴촉성	4. 중력에 대한 생장 반응

답변은 부록 C를 참조.

주된 주제 식별하기

아래의 각 문장에서 분명하게 드러난 주된 주제가 무엇인지(구조와 기능의 연관성, 정보의 흐름, 에너지와 물질의 변환경로, 생물계 내에서의 상호작용, 진화)를 식별하고, 그 내용이 그 주제와 어떻게 관련되는지를 설명하시오. 필요한 경우 주제들을 검토하고(1장 참조), 또 이 장에서 파란색 글자로 나타내어 강조한 예들을 검토해 보시오.

10. 환경은 식물 종의 잎 세포가 갖게 된 기공의 수에 선택적 압력을 가한다.

11. 식물의 생장률은 옥신과 사이토키닌의 작용의 조합에 의해 결정된다.

12. 식물은 질소를 흡수하여 사용할 수 있는 형태로 바꾸기 위해 미세한 토양세균에 의존한다.

답변은 부록 C를 참조.

과학연구의 과정

13. 집에 있는 화분이 약간 처져 보인다. 이 책을 읽었다면, 식물의 안정성에 기여하는 식물의 세포벽에는 다당류인 셀룰로오스가 풍부하다는 것을 알 수 있다. 그렇다면 식물에 물을 줄 때, 물에 설탕을 첨가하여 식물의 재생을 돕는 것이 좋은 생각인가?

14. 자료 해석하기 하바드대학교의 한 식물학자는 미국 북동부의 산림에서 발견되는 침입성 식물인 마늘겨자(garlic mustard)가 토양 근처의 균근 곰팡이를 해침으로서 나무들의 생장을 억제한다는 가설을 세웠다. 이 가설을 검증하기 위하여, 침입 삼림지와 비침입 삼림지로부터 토양 샘플을 수집하였으며, 그 샘플의 반은 멸균시켰다. 두 종의 단풍나무 묘목을 심었고, 그 생장을 계산하였다(그 식물의 양적 증가를 백분율로 나타냄). 아래의 그래프는 그 자료를 나타낸다. 이러한 자료들은 마늘겨자가 토양 곰팡이를 해침으로써 나무의 생장을 지체시킨다는 가설을 지지하는가?

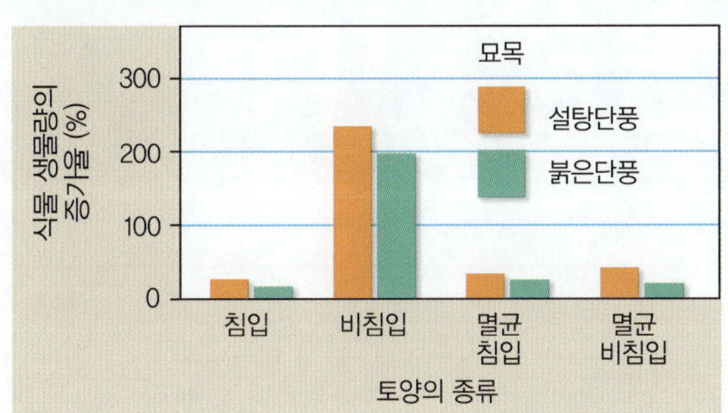

Source K. A. Stinson et al., Invasive plant suppresses the growth of native tree seedlings by disrupting belowground mutualisms, *Public Library of Science: Biology* 4(5): e140 (2006).

우리와 함께하는 생물학

15. 생물환경정화(bioremediation)는 오염된 생태계를 정화하고 복원하기 위해 살아 있는 생물을 이용하는 것이다. 생물환경정화는 세균, 원생생물, 그리고 식물 등 생물의 종류에 따라 활용할 수 있다. 당신은 생물환경정화가 오염된 지역을 정화하는 방법을 넘어서 존재하는 것에 어떤 이점이 있다고 생각하는가? 만일 주변이 자연재해로 오염이 되었다면, 당신은 정화를 위해 많은 전통적인 방법보다 생물환경정화를 우선 이용할 것인가? 별도의 비용이나 기간이 더 오래 걸린다면 어떻게 하겠는가?

16. 생물학을 공부하는 학생들은 종종 동물학 교과목들보다 그들 과정의 식물학 교과목들이 덜 매력적이라는 것을 발견하곤 한다. 이 책을 읽고 나서, 당신은 생물학의 식물학 대 동물학 측면에 대해 어떻게 생각하는가? 당신의 의견으로는, 우리의 삶의 질을 높이는 데 있어서 어떤 것이 더 중요한가?

부록

영문찾아보기, 국문 · 영문 용어해설은 저희 웹사이트 www.biobooks.co.kr "자료실"란에서 다운로드하세요

부록 A 미터법 환산표

측정	단위와 약어	등가단위 미터법으로 환산	미터법 단위를 영국식 단위로 전환	영국식 단위를 미터법 단위로 전환
길이	1 kilometer (km)	= 1,000 (10^3) meters	1 km = 0.6 mile	1 mile = 1.6 km
	1 meter (m)	= 100 (10^2) centimeters	1 m = 1.1 yards	1 yard = 0.9 m
		= 1,000 millimeters	1 m = 3.3 feet	1 foot = 0.3 m
			1 m = 39.4 inches	
	1 centimeter (cm)	= 0.01 (10^{-2}) meter	1 cm = 0.4 inch	1 foot = 30.5 cm
				1 inch = 2.5 cm
	1 millimeter (mm)	= 0.001 (10^{-3}) meter	1 mm = 0.04 inch	
	1 micrometer (μm)	= 10^{-6} meter (10^{-3} mm)		
	1 nanometer (nm)	= 10^{-9} meter (10^{-3} μm)		
	1 angstrom (Å)	= 10^{-10} meter (10^{-4} μm)		
면적	1 hectare (ha)	= 10,000 square meters	1 ha = 2.5 acres	1 acre = 0.4 ha
	1 square meter (m^2)	= 10,000 square centimeters	1 m^2 = 1.2 square yards	1 square yard = 0.8 m^2
			1 m^2 = 10.8 square feet	1 square foot = 0.09 m^2
	1 square centimeter (cm^2)	= 100 square millimeters	1 cm^2 = 0.16 square inch	1 square inch = 6.5 cm^2
질량	1 metric ton (t)	= 1,000 kilograms	1 t = 1.1 tons	1 ton = 0.91 t
	1 kilogram (kg)	= 1,000 grams	1 kg = 2.2 pounds	1 pound = 0.45 kg
	1 gram (g)	= 1,000 milligrams	1 g = 0.04 ounce	1 ounce = 28.35 g
			1 g = 15.4 grains	
	1 milligram (mg)	= 10^{-3} gram	1 mg = 0.02 grain	
	1 microgram (μg)	= 10^{-6} gram		
부피 (고체)	1 cubic meter (m^3)	= 1,000,000 cubic centimeters	1 m^3 = 1.3 cubic yards 1 m^3 = 35.3 cubic feet	1 cubic yard = 0.8 m^3 1 cubic foot = 0.03 m^3
	1 cubic centimeter (cm^3 or cc)	= 10^{-6} cubic meter	1 cm^3 = 0.06 cubic inch	1 cubic inch = 16.4 cm^3
	1 cubic millimeter (mm^3)	= 10^{-9} cubic meter (10^{-3} cubic centimeter)		
부피 (액체와 기체)	1 kiloliter (kL or kl)	= 1,000 liters	1 kL = 264.2 gallons	1 gallon = 3.79 L
	1 liter (L)	= 1,000 milliliters	1 L = 0.26 gallon	1 quart = 0.95 L
			1 L = 1.06 quarts	
	1 milliliter (mL or ml)	= 10^{-3} liter	1 mL = 0.03 fluid ounce	1 quart = 946 mL
		= 1 cubic centimeter	1 mL = approx. $\frac{1}{4}$ teaspoon	1 pint = 473 mL
			1 mL = approx. 15–16 drops	1 fluid ounce = 29.6 mL
	1 microliter (μL or μl)	= 10^{-6} liter (10^{-3} milliliters)		1 teaspoon = approx. 5 mL
시간	1 second (s)	= $\frac{1}{60}$ minute		
	1 millisecond (ms)	= 10^{-3} second		
온도	Degrees Celsius (°C)		$°F = \frac{9}{5}°C + 32$	$°C = \frac{5}{9}(°F - 32)$

부록 B 원소의 주기율표

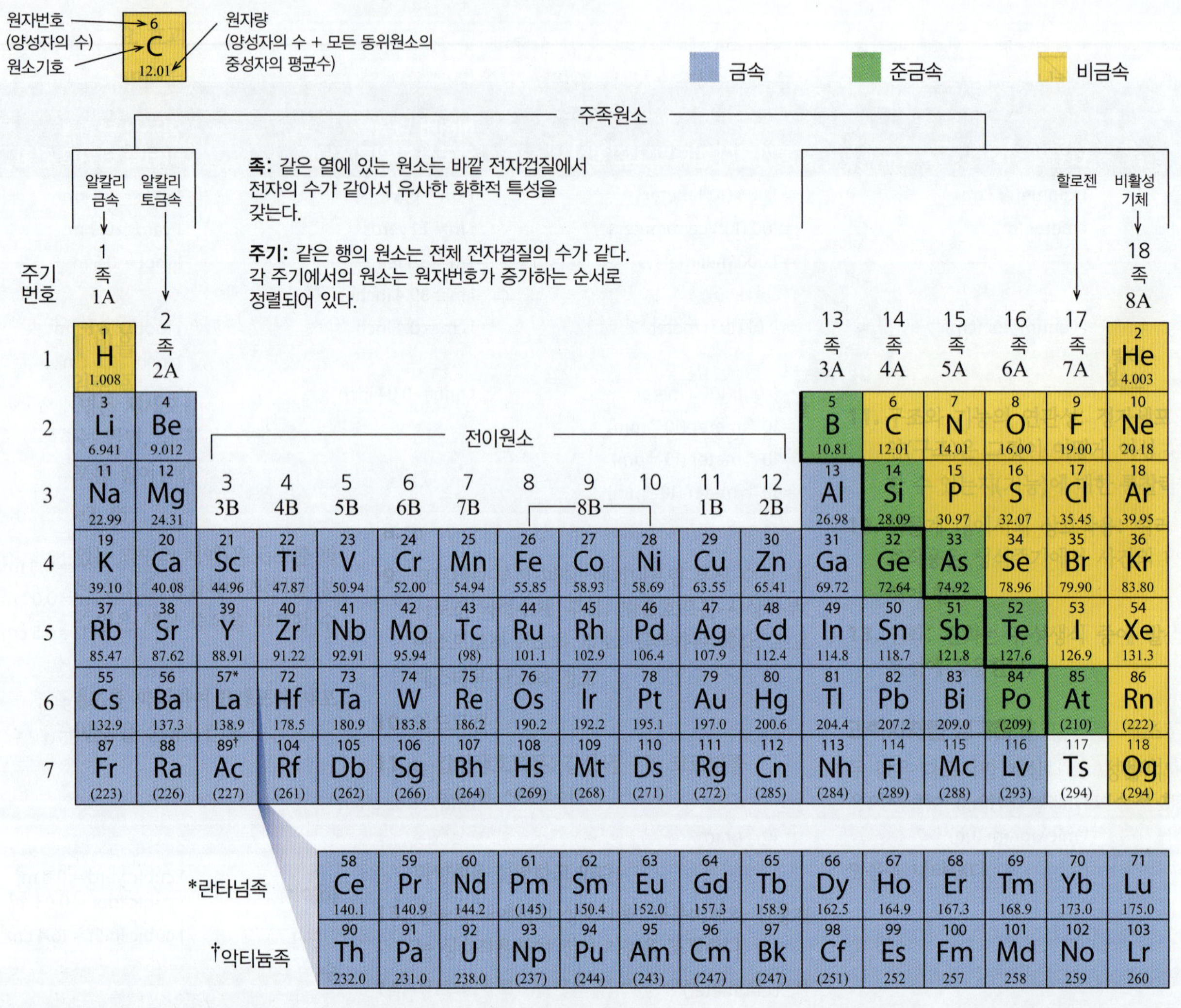

이름(기호)	원자번호	이름(기호)	원자번호	이름(기호)	원자번호	이름(기호)	원자번호	이름(기호)	원자번호
악티늄 (Ac)	89	구리 (Cu)	29	철 (Fe)	26	오스뮴 (Os)	76	규소 (Si)	14
알루미늄 (Al)	13	퀴륨 (Cm)	96	크립톤 (Kr)	36	산소 (O)	8	은 (Ag)	47
아메리슘 (Am)	95	다름슈타튬 (Ds)	110	란타넘 (La)	57	팔라듐 (Pd)	46	소듐[나트륨] (Na)	11
안티모니 (Sb)	51	더브늄 (Db)	105	로렌슘 (Lr)	103	인 (P)	15	스트론튬 (Sr)	38
아르곤 (Ar)	18	디스프로슘 (Dy)	66	납 (Pb)	82	백금 (Pt)	78	황 (S)	16
비소 (As)	33	아인슈타이늄 (Es)	99	리튬 (Li)	3	플루토늄 (Pu)	94	탄탈럼 (Ta)	73
아스타틴 (At)	85	어븀 (Er)	68	리버모륨 (Lv)	116	폴로늄 (Po)	84	테크네튬 (Tc)	43
바륨 (Ba)	56	유로퓸 (Eu)	63	루테튬 (Lu)	71	포타슘[칼륨] (K)	19	텔루륨 (Te)	52
버클륨 (Bk)	97	페르뮴 (Fm)	100	마그네슘 (Mg)	12	프라세오디뮴 (Pr)	59	테네신 (Ts)	117
베릴륨 (Be)	4	플로레븀(Fl)	114	망가니즈 (Mn)	25	프로메튬 (Pm)	61	터븀 (Tb)	65
비스무트 (Bi)	83	플루오린 (F)	9	마이트너륨 (Mt)	109	프로탁티늄 (Pa)	91	탈륨 (Tl)	81
보륨 (Bh)	107	프랑슘 (Fr)	87	멘델레븀 (Md)	101	라듐 (Ra)	88	토륨 (Th)	90
붕소 (B)	5	가돌리늄 (Gd)	64	수은 (Hg)	80	라돈 (Rn)	86	툴륨 (Tm)	69
브로민 (Br)	35	갈륨 (Ga)	31	몰리브데넘 (Mo)	42	레늄 (Re)	75	주석 (Sn)	50
카드뮴 (Cd)	48	저마늄 (Ge)	32	모스코븀 (Mc)	115	로듐 (Rh)	45	타이타늄 (Ti)	22
칼슘 (Ca)	20	금 (Au)	79	네오디뮴 (Nd)	60	뢴트게늄 (Rg)	111	텅스텐 (W)	74
캘리포늄 (Cf)	98	하프늄 (Hf)	72	네온 (Ne)	10	루비듐 (Rb)	37	우라늄 (U)	92
탄소 (C)	6	하슘 (Hs)	108	넵투늄 (Np)	93	루테늄 (Ru)	44	바나듐 (V)	23
세륨 (Ce)	58	헬륨 (He)	2	니켈 (Ni)	28	러더포듐 (Rf)	104	제논 (Xe)	54
세슘 (Cs)	55	홀뮴 (Ho)	67	니호늄 (Nh)	113	사마륨 (Sm)	62	이터븀 (Yb)	70
염소 (Cl)	17	수소 (H)	1	나이오븀 (Nb)	41	스칸듐 (Sc)	21	이트륨 (Y)	39
크로뮴 (Cr)	24	인듐 (In)	49	질소 (N)	7	시보귬 (Sg)	106	아연 (Zn)	30
코발트 (Co)	27	아이오딘 (I)	53	노벨륨 (No)	102	셀레늄 (Se)	34	지르코늄 (Zr)	40
코페르니슘 (Cn)	112	이리듐 (Ir)	77	오가네손 (Og)	118				

부록 C 해답

1장

1. b (일부 생물은 단세포로 이루어져 있음)
2. 원자, 분자, 세포, 조직, 기관, 생물, 개체군, 생태계, 생물권; 세포
3. 광합성은 이산화탄소의 탄소를 당으로 전환하여 영양소를 순환시키고, 다른 생물이 이를 소비한다. 또한 물분자의 산소는 산소 기체로 방출된다. 광합성은 햇빛을 나중에 다른 생물에 의해 소비될 화학에너지로 전환시킴으로써, 또 열을 생성함으로써 에너지 흐름에 기여한다.
4. 평균적으로 국소 환경에 가장 잘 적합한 유전형질을 지닌 개체는 생존하여 생식 가능한 자손을 가장 많이 만든다. 이것은 전 시기에 걸쳐 개체군에서 그 형질의 빈도를 증가시킨다. 그 결과는 진화적 적응의 축적이다.
5. c
6. c
7. 진화
8. 사실은 모든 관찰자에 의해 동일하다는 것이 확인되어야 하지만 의견은 관찰자마다 다를 수 있다.
9. a3, b2, c1, d4
10. 정보의 흐름: 유전자는 단백질을 만드는 정보를 암호화하며, 만들어진 이 단백질은 물리적 특성을 만들어낸다.
11. 에너지와 물질의 변환경로: 바다거북은 이들이 먹어치우는 해초로부터 에너지와 분자 재료를 모두 얻는다.
12. 생물계 내에서의 상호작용: 세계의 한 곳에서 방출된 화학물질이 다른 곳에서 바닷물과 상호작용할 수 있는데, 이것은 그곳에 사는 생명에 영향을 줄 수 있다.

과학자처럼 생각하기

부유 들통은 대조군으로 역할을 했다. 바다거북의 움직임과 떠다니는 들통의 움직임을 비교해 보았을 때 연구자들은 이들 사이에 생긴 차이는 거북이 수영한 결과에서 온 것이라 여겼다.

2장

1. 전자; 중성자
2. 양성자
3. 질소-14는 원자번호 7, 질량수 14를 가진다. 방사성 동위원소인 질소-16은 원자번호 7과 질량수 16을 가진다.
4. 생물은 비방사성 동위원소와 마찬가지로 원소의 방사성 동위원소도 분자에 받아들이므로 연구자는 방사성 동위원소의 존재를 검출할 수 있다.
5. 각 탄소원자는 필요한 4개의 공유결합 대신에 3개의 공유결합만을 갖는다.
6. 양으로 하전된 수소 부분은 서로 밀어낸다.
7. d
8. a
9. 양극과 음극은 인접한 물분자가 서로 끌어당겨 수소결합을 형성하게 된다. 응집, 온도조절, 용매로 작용하는 물의 능력과 같이 물의 특성 모두가 원자의 이러한 "점착성" 때문에 생긴다.
10. 비극성 분자는 수소결합을 형성할 수 없기 때문에, 물과 같이 물질을 용해하는 능력과 응집력과 같은 생명의 기초로 작용케 하는 특성을 갖지 않는다.
11. 콜라는 물이 용매이고 설탕이 주된 용질인 수용액이며, 이산화탄소는 용액을 산성으로 만든다.
12. 에너지와 물질의 변환경로: 세포 내 분자의 재배열은 물질이 변형되는 예이다.
13. 구조와 기능의 연관성: 물분자의 극성 구조는 생명 유지기능을 수행하는 데 도움이 된다.
14. 생물계 내에서의 상호작용: 대기와 해양 사이에 상호작용이 있기 때문에 대기 중으로의 이산화탄소 방출은 해양생물에 영향을 줄 수 있다.

과학자처럼 생각하기

쥐를 대상으로 하는 연구에는 위약대조군(비방사성 알갱이 이식을 받는 쥐)이 포함될 수 있다, 하지만 이것은 인간을 대상으로 한 실험에서는 비윤리적인 것으로 될 수 있다.

3장

1. 이성질체는 구조나 모양이 다르며, 분자의 모양은 대개 그것이 체내에서 기능하는 방식을 결정하는 데 도움이 된다.
2. 탈수반응; 물
3. 가수 분해
4. d
5. $C_6H_{12}O_6 + C_6H_{12}O_6 \rightarrow C_{12}H_{22}O_{11} + H_2O$
6. 지방산; 글리세롤; 트리글리세리드
7. b
8. c
9. 변화가 어떤 식으로든 단백질의 모양에 영향을 미치지 않는다면, 그 변화는 단백질의 기능에 영향을 미치지 않는다.
10. 소수성 아미노산은 물이 있는 환경과는 거리가 먼 단백질 내부에서 발견될 가능성이 높다.
11. a
12. 녹말(또는 글리코겐이나 셀룰로오스); 핵산
13. DNA와 RNA는 모두 폴리뉴클레오티드이다; 둘 다 골격을 따라 같은 인산기를 가진다; 둘 다 A와 C와 G를 사용한다. 그러나 DNA는 T를 사용하지만 RNA는 U를 사용한다; 당이 서로 다르다; DNA는 보통 두 가닥이지만 RNA는 통상 한 가닥이다.
14. 구조적으로 유전자는 긴 DNA 가닥이다. 기능적으로 유전자에는 단백질을 생산하는 데 필요한 정보가 들어 있다.
15. 에너지와 물질의 변환경로: 포도당 분자 내의 에너지는 세포작용을 촉진하기 위해 변형될 수 있으며, 포도당 내의 물질은 녹말과 같은 큰 분자를 만드는 데 사용될 수 있다.
16. 구조와 기능의 연관성: 다당류의 특정 구조(단당류 단량체가 함께 결합되는 방법)는 해당 다당류의 기능에 영향을 준다.
17. 정보의 흐름: 핵산은 정보저장 분자이며 유전자 정보는 정확한 뉴클레오티드 서열로 저장된다.

과학자처럼 생각하기

어떤 유전자 바깥쪽의 염색체 뉴클레오티드의 서열 변화가 그 유전자와 상호작용하는 단백질에 영향을 줄 수 있는데, 이런 단백질은 유전자를 켜거나 끈다.

4장

1. b
2. 막은 그 구성 성분들이 정해진 한 자리에 고정되어 있지 않기 때문에 유동적이다. 막은 다양한 여러 단백질들이 막 안에 펼쳐져 있기 때문에 모자이크이다.
3. 내막계
4. 활면소포체; 조면소포체
5. 많은 세균 세포에는 벽이 있지만 사람 세포에는 없기 때문에
6. 두 세포소기관은 둘 다 막을 효소를 배치하기 위해 이용하고, 또한 둘 다 세포에 에너지를 공급한다. 그러나 엽록체는 광합성 중 햇빛으로부터 에너지를 포획하고, 반면에 미토콘드리아는 세포호흡 포도당으로부터 에너지를 방출한다. 엽록체는 광합성을 하는 식물이나 원생생물에 있고, 미토콘드리아는 대부분의 진핵세포에 있다.
7. a3, b1, c5, d2, e4
8. 핵, 핵공, 리보솜, 조면소포체, 골지체
9. 둘 다 운동에 도움을 주고 세포표면으로부터 연장된 부속지이다. 편모를 가진 세포는 전형적으로 채찍을 내리칠 때와 비슷한 움직임으로 세포를 추진시키는 하나의 긴 편모를 가지고 있다. 섬모는 대개 짧으며, 보다 개수가 많고, 협동하여 움직인다.
10. 정보의 흐름: 유전자의 정확한 DNA 뉴클레오티드 서열은 단백질을 만드는 데 필요한 정보를 포함한다.
11. 생물계 내에서의 상호작용: 핵, ER 및 리보솜과 같은 소기관은 함께 작용함으로써만 유전자 메시지를 발현시킬 수 있다.
12. 에너지와 물질의 변환경로: 햇빛의 에너지는 당분자의 화학에너지로 변환된다.

과학자처럼 생각하기

대부분의 항생제는 자연에서 발견되었다. 따라서 새로운 약물 발견을 위해 그러한 지역에 의존하기 때문에 자연 서식지를 보존해야 한다.

5장

1. 우리는 음식의 화학에너지를 위로 올라가는 운동에너지로 변환시킨다. 계단 꼭대기에 다다르면 에너지 일부는 높은 고도로 인해 위치에너지로 저장된다. 나머지는 열로 변환된다.
2. 에너지; 엔트로피
3. 10,000 g(또는 10 kg); 식품포장에 있는 1 칼로리(C)는 1,000 칼로리(c)의 열에너지와 같다.
4. 세 개의 인산기는 위치에너지 형태의 화학에너지를 저장하고 있다. 인산기의 방출은 이 위치에너지의 일부가 세포가 일을 수행할 수 있게 해준다.
5. 가수분해효소는 가수분해반응에 참여하여 큰 분자를 작은 분자로 분해하는 효소이다. 효소는 종종 끝에 -ase라는 접미어를 붙이기 때문에, 가수분해효소는 가수분해반응을 수행하는 효소이다.
6. 억제제가 효소의 다른 부위에 결합하게 되면 효소의 활성부위의 모양이 변화될 수 있다.
7. b
8. 고장성과 저장성은 상대적인 용어이다. 수돗물에 비해 고장성인 용액은 해수에 비해서는 저장성이다. 이들 용어를 사용할 때는 "용액이 세포의 세포질에 비해 고장성이다"에서와 같이 비교 대상을 표시해야 한다.
9. 수동수송은 농도구배에 따라(고농도에서 저농도로) 원자나 분자를 이동시키며, 능동수송은 이들을 농도구배에 역행해서 그들을 이동시킨다.
10. b
11. 에너지와 물질의 변환경로: 식량에너지를 연소시켜 물의 위치로 변환하는데, 물은 위치에너지를 얻고 있다.
12. 생물계 내에서의 상호작용: 신체의 여러 부분이 하나의 전체적인 결과(근육운동과 같은)를 얻기 위해서는 상호작용을 해야 한다.
13. 구조와 기능의 연관성: 효소가 하는 것(그것의 기능)은 특정 모양을 갖느냐(그것의 구조)에 좌우된다.

과학자처럼 생각하기

자연선택과 마찬가지로 유도진화도 생식과 변이가 관련되어 있다. 과학자들이 어떤 변이가 가장 적합한지를 결정하기 위해 검사를 수행한다는 점이 다를 뿐이다.

6장

1. d
2. 식물은 광합성으로 유기분자를 생산한다. 소비자는 유기물을 만들기보다는 소비함으로써 유기물을 얻는다.
3. 호흡에서 우리의 폐는 CO_2와 O_2를 교환한다. 세포호흡에서 우리의 세포는 식량으로부터 에너지를 추출하기 위해 O_2를 소비하고 그리고 노폐물로 CO_2를 방출한다.
4. 전자전달사슬
5. O_2
6. 세포호흡에 의해 공급되는 대부분의 에너지는 전자전달사슬에서 만들어진다. 이 경로가 차단되면 세포는 아주 빨리 에너지가 부족해진다.
7. b
8. 해당과정
9. b
10. 발효는 포도당 분자 당 약 32개의 ATP를 생산하는 세포호흡에 비해 단지 2분자만 공급하기 때문에, 효모는 같은 양의 ATP를 생산하기 위해 포도당을 16배나 많이 써야 한다.
11. 구조와 기능의 연관성: 고도로 접힌 막을 지닌 미토콘드리아의 구조는 막결합 단백질을 사용하는 화학반응을 촉진시키는 기능과 상관관계가 있다.
12. 에너지와 물질을 변환경로: 세포호흡과 광합성의 과정은 둘 다 에너지와 물질의 변환이 수반된다.
13. 생물계 내에서의 상호작용: 물질대사는 상호작용하는 많은 화학반응으로 구성된다.

과학자처럼 생각하기

아니오, 과학연구의 과정은 새로운 증거가 밝혀질 때마다 모든 아이디어를 지속적으로 재평가해야 한다. 현재 받아들여진 설명에 대한 회의론은 약점이 아니라 과학연구 과정의 이점이다.

7장

1. 틸라코이드; 스트로마
2. NADPH와 ATP는 스트로마 쪽에서 명반응에 의해 생성되기 때문에 이들은 캘빈회로에 보다 쉽게 이용될 수 있는데, 캘빈회로는 NADPH와 ATP를 소비하고 스트로마에서 일어난다.
3. 투입: a, d, e; 생산: b, c
4. "광"은 광합성이 수행되기 위해 필요한 햇빛을 나타내고, "합성"은 당을 만든다는 사실을 의미한다. 함께 합치면 "광합성"이란 용어는 "빛을 사용해 만든다"는 것을 의미한다.
5. 녹색 빛은 엽록소에 의해 반사되고 흡수되지 않으므로 광합성을 할 수 없다.
6. H_2O
7. c

8. 캘빈회로의 반응은 명반응의 생성물(ATP와 NADPH)을 필요로 한다.
9. c
10. 에너지와 물질의 변환경로: 광합성 생물은 햇빛의 에너지를 생물분자에 저장된 에너지로 변환시킨다. 그런 다음 이 분자들은 이것들을 소비하는 생물에 에너지를 제공한다.
11. 구조와 기능의 연관성: 틸라코이드의 고도로 접힌 구조는 광합성의 많은 화학반응을 촉진시키는 기능에 상응한다.
12. 생물계 내에서의 상호작용: 삼림 벌채는 탄소 고정을 감소시켜 대기 중에 더 많은 이산화탄소가 남게 만들어 세계 전체의 기후에 영향을 미친다.

과학자처럼 생각하기

자연광은 많은 파장의 빛의 조합이다. 엥겔만은 프리즘을 사용하여 이들 색상 중 어느 색이 광합성을 하는데 책임이 있는지 시각화시켜 볼 수 있게 하였다.

8장

1. c
2. 이들은 동일한 유전자(DNA)를 갖는다.
3. 이들은 아주 길고 가는 가닥의 형태로 있다.
4. b
5. 전기와 말기
6. a. 1, 1; b. 1, 2; c. 2, 4; d. $2n$, n; e. 개별적으로 상동쌍에 의해; f. 똑같은, 고유한; g. 회복, 성장, 무성생식; 배우자형성
7. 39
8. 제2감수분열 전기나 제2감수분열 중기; 이 경우 제1감수분열의 시기는 아닌데, 이때의 염색체의 수는 짝수이기 때문이다; 또한 제2감수분열의 후기단계는 아닌데, 이때는 분리된 자매 염색분체로 나타나기 때문이다.
9. 양성; 악성
10. 16($2n = 8$, 따라서 $n = 4$, 그리고 $2^n = 2^4 = 16$)
11. 비분리현상은 3번 염색체나 16번 염색체를 하나 더 가진 많은 배우자를 만들 수 있을 것이나, 3번 염색체나 16번 염색체를 하나 더 갖는 경우 아마도 치명적일 수 있다.
12. 정보의 흐름: 유전자 정보는 유사분열과 감수분열 동안 염색체의 복제에 의해 한 세대에서 다음 세대로 전달된다.
13. 생물계 내에서의 상호작용: 이들의 상호작용을 통해 서로 다른 다수의 단백질 모두가 세포가 분열하거나 또는 분열되지 않도록 신호를 주는데 기여한다.
14. 구조와 기능의 연관성: 그 영역에 대한 구조의 조사하면 현재 그 기능에 대한 통찰력을 얻을 수 있다. 활성화된 염색체 영역은 느슨하게 감겨져 있고 비활성화된 영역은 응축되어 있다.

과학자처럼 생각하기

하나의 희귀 사례를 가지고 연구하면 널리 유용한 결과를 제공할 수 있음을 배꼽 오렌지와 담륜충 둘 다에서 보여주고 있다.

9장

1. 유전자형; 표현형
2. a. 독립의 법칙; b. 분리의 법칙
3. c
4. c
5. d
6. d
7. d
8. 루디는 X^DY^0이어야 한다. 칼라는 X^DX^d이어야 한다(질병을 가진 아들을 가지고 있기 때문에). 두 번째 아이가 질병을 가진 사내아이가 될 확률은 ¼이다.
9. 사람의 피부색과 같이 키도 다유전자유전이다. 그림 9.22 참조
10. 갈색 대립유전자는 우성, 흰색 대립유전자는 열성이다. 갈색 부모는 우성의 동형접합자인 *BB*, 흰색 생쥐는 열성의 동형접합자인 *bb*이다. F_1 생쥐는 모두 이형접합자인 *Bb*이다. F_1생쥐 두 마리를 교배시키면, F_2생쥐의 ¾은 갈색이 될 것이다.
11. 갈색 F_2생쥐가 우성의 동형접합자인지 아니면 이형접합자인지 알기위한 최선의 방법은 검정교배를 해보는 것이다. 갈색 생쥐와 흰색 생쥐를 교배시켜 보자. 만약 갈색 생쥐가 동형접합성이면 자손 모두 갈색이 될 것이다. 만약 갈색 생쥐가 이형접합성이면 자손의 반은 갈색이고, 나머지 반은 흰색이 될 것이다.
12. 주근깨는 우성이므로 팀과 얀은 둘 다 이형접합성이어야 한다. 이들이 주근깨가 있는 아이를 가질 확률은 ¾이고 주근깨가 없는 아이를 가질 확률은 ¼이다. 다음 두 아이가 주근깨가 있을 확률은 $3/4 \times 3/4 = 9/16$이다.
13. 확률에 따르면 이들 아이의 반은 이형접합성이어서 콜레스테롤 수치가 올라갈 것이다. 이들의 다음 아이가 동형접합성 *hh*가 되어 카테리나처럼 고콜레스테롤증을 가질 확률은 ¼이다.
14. 자녀의 성을 결정하는 것은 어머니의 난자(항상 하나의 X만 가지는)가 아니라 아버지의 정자(하나의 X염색체 아니면 하나의 Y염색체를 가지는)이기 때문이다.
15. 어머니는 이형접합성 보인자이고 아버지는 정상이다. 그림 9.28의 가계도 아래쪽의 갈색상자 영역을 참조하자. 이들의 아이들의 ¼은 혈우병을 앓는 소년이 될 것이다; ¼은 여성 보인자가 될 것이다.
16. 색맹인 여자의 경우, 두 부모로부터 색맹 대립유전자를 가진 X염색체를 물려받아야만 한다. 그녀의 아버지는 모든 딸에게 물려줄 X염색체 하나만 가지고 있으므로 색맹이어야 한다. 남자아이의 경우만 보인자 어머니로부터 색맹 대립유전자를 물려받아야 한다; 그의 부모는 통상 표현형이 정상이다.
17. 짧은 검정색 털을 가진 부모 토끼의 유전자형은 *BBSS*이다. 갈색 긴 털을 가진 부모 토끼의 유전자형은 *bbss*이다. F_1토끼들은 모두 *BbSs*로 짧은 검은색 털을 가질 것이다. F_2토끼들은 짧은 검은색 털, 긴 검은색 털, 짧은 갈색 털, 긴 갈색 털이 9:3:3:1의 비율로 나타날 것이다.
18. 구조와 기능의 연관성: 낫세포 유전자의 돌연변이는 단백질 헤모글로빈의 모양을 변화시켜 적혈구의 기능을 변화시킨다.
19. 생물계 내에서의 상호작용: 피부색이나 그 밖의 다른 다유전자 형질은 많은 다른 유전자 산물의 상호작용으로부터 생겨난다.
20. 정보의 흐름: 유전자는 한 세대에서 다음 세대로 유전정보를 전달한다.

과학자처럼 생각하기

개는 인간보다 훨씬 폭넓게 다양한 신체적 외관을 가지므로 특정 유전자 돌연변이를 특정 표현형과 쉽게 연관시킬 수 있다.

10장

1. 폴리뉴클레오티드; 뉴클레오티드
2. 당(디옥시리보오스), 인산, 질소성 염기
3. 염색체, 유전자, 코돈, 뉴클레오티드
4. 각 딸 DNA 분자는 부모 분자의 방사능의 절

반만 가지게 되는데, 부모 DNA 분자에서 온 폴리뉴클레오티드 하나가 딸 DNA 분자를 이루기 때문이다.

5. CAU; GUA; 히스티딘(His)

6. 유전자는 폴리뉴클레오티드 서열로 폴리펩티드를 만드는 정보를 가진다. DNA나 RNA에서 3 염기조를 말하는 코돈은 각각 하나의 아미노산을 암호화한다. 전사는 RNA중합효소가 한 가닥의 DNA를 주형으로 사용하여 RNA를 만들 때 일어난다. 리보솜은 번역, 즉 폴리펩티드 합성의 장소이고, tRNA분자는 유전암호의 통역자로 그 역할을 한다. 각 tRNA분자는 한 쪽에 한 개의 아미노산과 결합하고, 다른 쪽에 세 개의 염기로 된 역코돈을 가진다. 개시코돈에서 시작하여 mRNA는 상대적으로 한 번에 한 코돈씩 이동을 한다. 상보적인 역코돈을 가진 tRNA는 코돈과 염기쌍을 형성하여 폴리펩티드 사슬에 자신이 가진 아미노산을 연결시킨다. 아미노산은 펩티드결합으로 연결된다. 번역은 종결코돈에서 정지되며, 합성이 끝난 폴리펩티드는 분리되어 나온다. 폴리펩티드는 기능을 갖는 단백질이 되기 위해 접히게 되고, 때로는 다른 폴리펩티드와 결합하기도 한다.

7. a3, b3, c1, d2, e2와 e3

8. d

9. d

10. 이들 바이러스의 유전물질은 RNA이며, 이것은 바이러스의 특정 효소에 의해 감염된 세포 안에서 복제된다. 바이러스의 유전체(또는 이것의 상보체)는 바이러스 단백질을 합성하는 mRNA로 역할을 한다.

11. 역전사효소; 역전사 과정은 HIV와 같이 RNA를 유전체로 갖는 레트로바이러스에서만 일어난다. 사람세포는 역전사 과정이 일어나지 않으므로 (이들의 RNA분자는 역전사를 수행하지 않는다), 역전사효소는 숙주인 사람에게는 해를 주지 않고 무력하게 만들 수 있다.

12. 진화: 유전자 암호의 보편성은 이것이 지구의 생명의 역사에서 매우 이른 시기에 일어났음을 나타낸다.

13. 구조와 기능의 연관성: tRNA의 구조는 이것이 핵산과 어떻게 연결하는지(역코돈을 통해) 아미노산과 어떻게 연결하는지(부착부위를 통해)에 대한 통찰력을 제공한다.

14. 정보의 흐름: 핵산은 세포가 단백질을 생산하는 데 사용하는 유전자 정보를 저장하고 운반한다.

과학자처럼 생각하기

주사를 놓는 것만으로도 동물에게 물리적인 영향을 미쳐 결과에 영향을 줄 수 있다. 위약은 연구자들이 백신 자체를 제외한 모든 변수를 동일하게 유지될 수 있게 한다.

11장

1. c

2. 오페론

3. b

4. a

5. 전사에 필요한 DNA중합효소와 그 밖의 다른 단백질은 매우 응축된 DNA에는 접근하지 못한다.

6. 복제를 통해 완전한 개체생물을 만들어 낼 수 있는 이들 세포의 능력

7. 핵 이식

8. 특정 세포의 샘플에서 어떤 유전자들이 활성화되는지

9. b

10. 배아조직(배아줄기세포), 제대혈, 골수(성체줄기세포)

11. 원암유전자는 세포주기의 조절에 관여하는 정상 유전자이다. 돌연변이나 바이러스는 원암유전자를 암유전자, 즉 암을 일으키는 유전자로 바꾼다. 원암유전자는 정상적인 세포분열의 조절에 필요하다.

12. 호메오유전자라 부르는 총괄조절유전자는 발생 과정에서 다른 많은 유전자를 조절한다.

13. 구조와 기능의 연관성: 일해야 하는(기능) 어떤 단백질(억제자와 같은)의 능력은 이 단백질의 정확한 모양(형태)에 달려 있다.

14. 생물계 내에서의 상호작용: 내분비계 신체의 거의 모든 세포와 상호작용하는 호르몬을 분비한다.

15. 정보의 흐름: 총괄제어유전자에 의해 생성된 단백질은 발생의 운명에 대한 정보를 다른 세포와 주고받는다.

과학자처럼 생각하기

각각의 암은 독특한 치료가 필요한 독특한 돌연변이로 인해 생길 수 있다. 또한 사람의 암세포를 가지고 약물을 검사하면 그 결과를 가지고 사람에게 더 적합한 치료를 할 수 있다.

12장

1. c, d, b, a

2. 벡터

3. 이러한 효소는 “점착성 말단”을 갖는 DNA 절편을 만드는데, 염기쌍을 이루지 않은 단일가닥의 점착성 말단은 동일한 효소에 의해 생성된 다른 절편의 상보적인 점착성 말단과 수소결합을 할 수 있다.

4. PCR

5. 사람에 따라 각 STR 부위에서 반복되는 개수가 다른 경향이 있다. 따라서 다른 사람의 STR 부위로부터 얻은 DNA 절편은 길이가 다르고 겔 상에서 다른 위치로 이동해 갈 것이다.

6. a

7. b

8. 유전체를 제한효소를 사용하여 절편으로 자르고, 그런 다음 각 절편을 복제하여 서열을 밝히고, 짧은 서열을 모든 염색체에 대한 연속적인 서열로 재조립한다.

9. c, b, a, d

10. 진화: DNA 서열의 분석은 진화의 역사에 대한 통찰력을 제공해 줄 수 있다.

11. 생물계 내에서의 상호작용: 물질대사에 관여하는 많은 단백질과 같은 작은 많은 부품들의 상호작용을 통해 새로운 기능이 생겨난다.

12. 정보의 흐름: 유전자는 한 세대에서 다음 세대로 전달되는 유전정보의 단위이다.

과학자처럼 생각하기

무작위 돌연변이는 항상 발생한다. 어떤 서열이 매우 다른 종에서 동일하다면, 정확한 그 서열이 생존에 필수적이라는 증거가 된다.

13장

1. 종, 속, 과, 목, 강, 문, 계, 역

2. c

3. 라이엘과 여러 다른 지질학자들은 수백만 년에 걸친 지질학적 특성의 점진적인 변화에 대한 증거를 제시하였다. 다윈은 종들이 세월이 흐르는 동안 작은 변화들이 천천히 축적되어 진화해왔다는 것을 제시하기 위해 이들 생각을 적용했다.

4. *Bb*: 0.42; *BB*: 0.49; *bb*: 0.09

5. 개체(또는 특정 유전자형)의 적응도는 다음 세대의 유전자풀에 기여하는 다른 대립유전자의

상대적 빈도를 측정할 수 있다. 따라서 생산된 가임 자손의 수는 개체의 적응도를 결정한다.

6. b

7. c

8. 두 과정 모두 유전자풀에 있어서 표본추출의 오류가 영향을 미칠 정도로 작은 개체군을 만든다. 병목효과는 현재 존재하는 개체군의 크기를 감소시키며, 창시자효과는 새로운 작은 개체군이 새로운 지역에 정착할 때 일어난다.

9. 안정화선택

10. 정보의 흐름: 한 종의 진화의 역사는 조상종으로부터 물려받은 유전정보에 기록되어 있다.

11. 구조와 기능의 연관성: 새의 형태는 24 m의 높이에서 물로 뛰어들어 잠수할 때 마찰을 최소화시킨다.

12. 진화: 자연선택은 생명이 진화하게 하는 과정이다.

과학자처럼 생각하기

통제된 실험을 수행하기 위해서는 그랜트 부부는 핀치 개체군의 일부에 대한 먹이원을 인위적으로 조작해야 할 것이다. 이러한 실험은 현장에서 수행하기가 매우 어려울 것이며 실험실 실험을 위해 조류를 포획하는 것은 섬의 생태에 지장을 줄 것이다. 그랜트는 관측연구를 통해 자연조건에서 다프네의 모든 중간지대의 핀치 개체군으로 가설을 검정할 수 있었다.

14장

1. 소진화는 개체군에서 일어난 유전자풀의 변화를 말하는데, 적응이 관련되어 있는 경우가 많다. 종분화는 한 종이 두 종 또는 그 이상의 종들로 나눠는 진화적 과정을 말한다. 대진화는 종 수준 이상에서의 진화적 변화를 말하는데, 예를 들면 진화적 신형과 새로운 분류군의 발생과 생물다양성의 대량멸종과 후속적인 회복의 영향이다. 대진화는 생명의 역사에서 주요 변화로 나타나고, 이런 변화는 화석기록에서 분명하게 보일 정도로 눈에 띄게 나타난다.

2. 수정전: a, b, c, e; 수정후: d

3. 작은 유전자풀이 유전적 부동과 자연선택에 의해 훨씬 더 쉽게 변화될 수 있기 때문

4. 굴절적응

5. d

6. d

7. 2.6

8. 상동은 공유한 진화적 역사를 반영하나, 상사는 그렇지 않다. 상사는 수렴진화에서 비롯된다.

9. 고세균역과 세균역

10. 정보의 흐름: 발생 사건의 비율에 영향을 미치는 유전변화는 체형에 중대한 영향을 미칠 수 있다.

11. 구조와 기능의 연관성: 날개의 "손가락" 뼈 사이의 피부 구조는 비행에 필요한 표면적을 제공한다.

12. 에너지와 물질을 변환경로: 광합성 과정에서 식물은 태양에너지를 유기분자의 결합에 저장되어 있는 화학에너지로 변환시킨다.

과학자처럼 생각하기

쇠채아재비속의 새로운 종은 아주 최근에 시작되었다(지난 수십 년 안에). 이를 통해 연구원들은 종의 존재 초기에 발생하는 적응적 변화와 유전적 변화에 대해 연구할 수 있다.

15장

1. g, a, d, f, c, b, e

2. DNA중합효소는 단백질이고 이것은 유전자로부터 전사되어야만 한다. 그러나 DNA 유전자는 복제하기 위해 DNA중합효소가 필요하다. 이것은 무엇이 먼저인지, 즉 DNA가 먼저인지 아니면 단백질이 먼저인지 하는 모순이 생긴다. 그러나 RNA는 정보저장 분자로, 또 효소로도 행동할 수 있으므로 RNA의 이러한 이중역할은 DNA와 단백질보다 RNA가 먼저라는 것을 암시한다.

3. 외독소는 병원성 세균이 분비하는 독소이다; 내독소는 병원성 세균의 외막 성분이다.

4. 식량(광합성의 산물); 이용가능한 형태의 질소

5. 이들은 내생포자를 만들 수 있다.

6. 토양이나 물에 있는 원핵생물은 잎이나 식물 또 동물의 유해에 있는 유기물을 분해하여, 이들 원소를 무기물의 형태로 환경에 되돌린다. 하수처리시설에서의 원핵생물은 하수에 있는 유기물을 무기물 형태로 변환시킨다.

7. 이들은 식물도 동물도 균류도 아닌 진핵생물이다.

8. c

9. b

10. 정보의 흐름: 세포는 DNA에 정보를 저장하는데, DNA는 RNA를 만드는 데 사용되고, RNA는 단백질을 만드는 데 사용된다.

11. 에너지와 물질의 변환경로: 원핵생물은 복잡한 분자를 더 간단한 분자로 분해할 때 에너지와 물질을 변환시킨다.

12. 구조와 기능의 연관성: 그물망 형태는 표면적을 증가시켜 필요한 자원의 흡수를 촉진시킨다.

과학자처럼 생각하기

비만 "공여자"로부터 미생물상을 얻어 낸 다음, 마른 시험대상자와 비만인 시험대상자를 수용대상자로 하여 동량의 미생물을 이들 장내로 이식한다. 미생물 이식 전에 수용시험대상자의 체성분을 측정하고 이식 후 미리 정해진 시점에서 다시 측정한다. 수용시험대상자들은 실험 중에 처방된 식단을 지켜나가야 할 것이다. 단점: 실제적인 관점에서 인간 시험대상자는 표준화된 조건에서 번식하고 키울 수 있는 실험실 생쥐에 비해 변수가 많다. 또한 각 사람에게는 이식된 미생물과 상호작용할 고유한 미생물을 가지고 있다. 이러한 문제를 해결하면 윤리적인 문제가 발생한다. 예를 들면 연구자들이 항생제를 다량 투여하여 피험자의 기존 미생물을 죽이는 것은 비윤리적이다. 또한 이식된 미생물은 수용시험대상자에게 건강문제를 일으킬 수 있다.

16장

1. 큐티클

2. 꽃

3. a. 포자체 b. 솔방울; 속씨식물 c. 열매

4. b

5. b

6. 양치식물

7. 이러한 식물은 가을과 겨울 동안 잎을 잃지 않기 때문에, 짧은 성장기가 봄에 시작될 때 잎들은 이미 광합성을 할 수 있게 완전히 발달되어 있다.

8. 관다발식물

9. a

10. 열매에 있는 종자를 보호하고 종자의 분산을 돕는 꽃의 성숙한 씨방

11. 식물 뿌리; 진균류

12. 균류는 밖에 있는 먹이에 소화액을 분비하여 그 먹이를 소화시킨 다음, 소화되어 생긴 작은 양분을 흡수한다. 이와 대조적으로 사람과 대부분의 다른 동물은 비교적 큰 조각의 먹이를 섭취하여 체내에서 먹이를 소화시킨다.

13. 정보의 흐름: 서로 다른 배우체의 DNA가 결

합하여 포자체 세대로 전달된다. 포자는 다음 세대 배우체의 DNA를 포함한다.

14. 기능과 구조의 연관성: 뿌리의 잔뿌리가 표면적을 증가시켜 필요한 자원의 흡수를 촉진시킨다.
15. 진화: 자연선택은 양치류의 관다발계를 발달시켜 다양한 서식지에서 유리하게 만들었다. 관다발조직이 식물 전체에 걸쳐 물질을 이동시키는 기능을 하므로 이것은 또한 구조와 기능의 연관성의 예가 될 수 있다.

과학자처럼 생각하기

그래서 그들은 균근이 첨가되지 않더라도 토양을 교란시키는 것이 소나무의 성장에 영향을 미쳤는지 알 수 있었다.

17장

1. c
2. 절지동물
3. 양서류
4. b
5. 척삭동물문; 척삭; 척추 사이의 연골판
6. a
7. 오스트랄로피테쿠스 종, 호모 하빌리스, 호모 에렉투스, 호모 사피엔스
8. a4, b5, c1, d2, e3
9. 정보의 흐름: 다양한 신체 형태의 발생을 지시하는 데 필요한 정보는 DNA에 포함되어 있으며 세대 사이에 전달된다.
10. 구조와 기능의 연관성: 빨판과 갈고리는 촌충이 숙주에 부착할 수 있게 만드는 효과적인 도구 역할을 한다.
11. 생물계 내에서의 상호작용: 곤충은 사람들과 여러 유형의 상호작용을 한다. 일부 상호작용은 인간과 곤충 모두에게 유익하다. 다른 것은 인간이나 곤충에 또는 둘 다에 해롭다.

과학자처럼 생각하기

돌연변이는 서로 교배하지 않는 개체군 사이에서 유전적 차이를 초래한다. 더 많은 유전자를 분석하면 여러 개의 독립적인 증거가 제공된다.

18장

1. 개체생태학, 개체군생태학, 군집생태학, 생태계 생태학
2. 빛, 수온, 넣어준 화학물질
3. 생리적; 행동적
4. d
5. a. 사막; b. 초원; c. 열대우림; d. 온대활엽수림; e. 침엽수림; f. 툰드라
6. 지중해성 관목지대
7. 영구 동토층, 아주 추운 겨울, 강풍
8. 농업
9. 대기 중의 이산화탄소와 다른 기체들이 지구에서 방사된 열에너지를 흡수하고, 그것을 지구를 향해 되반사한다. 이를 온실효과라 한다. 대기 중 이산화탄소의 증가하게 되면 더 많은 열을 간직하게 되어 결국 지구온난화를 일으킨다.
10. c
11. 높은 유전적 변이와 짧은 수명을 갖는 생물의 개체군들
12. 구조와 기능의 연관성: 파충류 비늘의 케라틴과 식물 잎을 코팅하는 왁스와 같은 분자 구조는 방수벽을 만든다.
13. 생물계 내에서의 상호작용: 생태계에서 생물은 경쟁과 포식을 포함해 여러 가지 방식으로 연결되어 있다.
14. 에너지와 물질을 변환경로: 광합성은 빛에너지를 사용하여 이산화탄소와 물에서 에너지가 풍부한 분자를 생성하는 경로이다.
15. 진화: 무작위 돌연변이의 결과, 어떤 개체군에서 식물들은 가뭄에 대한 내성이 다양하다. 건조한 기간 동안 가뭄에 강한 개체는 다른 개체들보다 더 많은 자손을 낳는다. 따라서 가뭄에 강한 개체는 자신의 유전자를 전하게 된다. 이러한 자연선택 과정은 가뭄에 대한 내성 증가의 진화로 이어진다.

과학자처럼 생각하기

연구자들은 관측연구를 통해 그들의 가설을 검정했다. 그들은 역사적 기록과 현재의 개체군 기록에서 자료를 수집하였고, 이 나비의 영역 변화를 밝혀내기 위해 이들 관측치를 비교하였다.

19장

1. 사람의 수와 그들이 살고 있는 토지 면적
2. III; I
3. a. *x*축은 시간; *y*축은 개체수; 빨간 곡선은 지수성장을 나타낸다; 파란색 곡선은 로지스터형 생장을 나타낸다. b. 수용능력 c. 지수성장에서 개체군의 크기가 증가하는 한 개체군 생장률은 계속 증가한다. 로지스터형 생장에서는 개체군이 수용능력의 반 정도가 될 때 개체군은 가장 빠르게 생장한다. d. 지수 생장곡선, 전세계 생장률이 느리지만
4. d
5. 기회주의 생활사
6. c
7. c
8. 기능과 구조의 연관성: 이 조합에서 분자의 구조는 이들이 효과적인 부착 고정제로서 기능을 하게 해준다.
9. 생물계 내에서의 상호작용: 개체군 크기의 변화는 생물과 환경 사이의 상호작용뿐 아니라, 종 사이의 상호작용(포식이나 초식과 같은)에 의해 발생할 수 있다.
10. 진화: 개체는 생식과 생존에 투자할 자원이 제한되어 있다. 생존과 생식 사이의 균형을 좋게 하는 대립유전자는 체력을 높이고, 그 대립유전자는 개체군에서 더 흔하게 될 것이다.

과학자처럼 생각하기

유효한 대조군은 해당 변수를 제외한 나머지 변수는 실험처리군과 똑같아야 한다. 연구자들은 접근차단이 두꺼비를 제한하는지 검정하고 있다. 열린 울타리 처리를 통해 연구자들은 울타리의 다른 측면(포식자에게 쉴 장소 제공하는 것과 같은)이 두꺼비 수의 감소에 책임이 있는지 그 여부를 확인하게 해주었다.

20장

1. 서식지 파괴
2. d
3. c
4. a2, b5, c5, d3 또는 d4, e1
5. 살충제가 그들의 먹이에 농축되기 때문
6. 천이
7. 광합성에 의해 얻어진 에너지에 10%만이 식물에 의해서 생체량으로 전환되고, 이 에너지의 10%만이 초식동물의 고기로 전환된다. 따라서 곡식을 먹여 키운 쇠고기를 먹는 것은 광합성으로 포획한 에너지의 약 1%만 얻는 것에 지나지 않는다.
8. 많은 영양분은 토양으로부터 오지만, 탄소는 대기로부터 오기 때문이다.
9. 경관
10. a

11. 구조와 기능의 연관성: 구조의 특성(날카롭다거나 딱딱하다거나)은 방어를 위한 기능을 할 수 있게 한다.

12. 생물계 내에서의 상호작용: 다른 종과의 경쟁은 일종의 상호작용이다.

13. 에너지와 물질의 변환경로: 에너지가 생태계를 통해 흐르면서 일부는 열로 소실된다. 물질은 보존된다.

과학자처럼 생각하기

숲 파편조각이 너무 가까이 있으면 파편조각 사이를 이동할 수 있는 종에게는 큰 하나의 파편조각으로 작용할 수 있다.

21장

1. 기관(목구멍 등)의 내면을 덮는 조직은 상피조직이다. 상피가 지속적으로 재생되기 때문에 평활근 등 다른 조직에 비해 암의 원인인 세포분열 오류가 발생할 위험이 훨씬 높다.

2. 결합조직은 세포외기질 전체에 흩어져 있는 세포를 포함한다. 단단한 기질을 가진 다른 5개의 결합조직과는 달리, 혈액은 혈장이라고 하는 액체 기질을 가지고 있다.

3. c

4. 상피; 신경

5. a. 양성; 과정의 결과(소듐 누출)는 그것을 강화한다(더 많은 소듐 누출).
   b. 음성; 과정의 결과(포도당 수치의 증가)가 그것을 억제한다(포도당 수치가 낮아진다).

6. 돼지들은 더위를 식히기 위해 진흙에서 구른다. 당신의 피부에서 땀이 마르는 것과 마찬가지로, 돼지의 피부에서 진흙이 마르는 것은 더위를 식혀준다. (돼지는 땀샘이 거의 없다.)

7. 물, 요소, 이온, 약물, 기타 용질; 임신, 불법 약물 사용, 요로감염, 당뇨병

8. b

9. 대부분의 물은 혈액으로 재흡수되고, 나머지는 오줌으로 배출된다.

10. 실내 온도와 체온은 모두 음성 되먹임을 통해 유지된다. 실내에서 온도조절기는 낮은 온도를 감지하고 히터를 켜는 신호를 보낸다; 당신의 몸에서 뇌의 조절중추는 낮은 온도를 감지하고, 떨림과 피부 근처의 혈관이 수축되도록 신호를 보낸다. 실내 온도가 설정치 이상으로 올라가면 온도조절기가 히터를 끈다. 당신의 체온이 너무 높아지면, 뇌는 신호를 보내어 피부의 혈관을 확장시키고 땀샘을 활성화시킨다.

11. 다량의 갈색 지방을 갖는 것은 해부학적 반응이며, 음식 섭취의 증가는 행동적 반응이다.

12. 구조와 기능의 연관성: 여러분의 신장 안에 있는 많은 작은 관들은 액체를 여과하는 기능에 해당된다.

13. 생물계 내에서의 상호작용: 영양소가 이용되기 위해서는 여러 기관계가 상호작용해야 한다.

14. 정보의 흐름: 뉴런은 환경에 대한 정보를 뇌에 전달하고, 뇌는 반응으로 정보를 근육으로 다시 보낸다.

과학자처럼 생각하기

세포호흡과 관련 있는 산소 소비는 체열 발생의 간접적인 측정으로 사용되었다.

22장

1. 큰 음식물은 소화되지 못하고, 노폐물을 제거하기 어려울 것이며, 큰 동물을 구성하는 많은 세포에 영양을 공급하기 어려울 것이다.

2. 예. 흡수란 영양분을 체세포로 흡수하는 것이다. 그것이 없다면, 당신은 음식으로부터 칼로리(또는 영양가)를 결코 얻지 못할 것이다.

3. 섭취; 배설

4. 연동운동은 음식물을 밀어내기 때문이다.

5. 단백질; 펩신

6. 유미즙 역류; 단순한 생활양식의 변화에 의해

7. c

8. 우리의 음식 에너지의 약 60%가 열로 소실된다.

9. 세포호흡은 음식을 분해하기 위해 산소를 필요로 하기 때문이다.

10. b

11. 생물계 내의 상호작용: 간의 혈액을 해독하는 능력은 소화계 및 순환계의 상호작용에 달려 있다.

12. 에너지와 물질의 변환경로: 당신의 신진대사는 영양소에 저장된 에너지와 물질을 몸이 사용할 수 있는 형태로 변환시키는 소화계에 달려 있다.

13. 구조와 기능의 연관성: 위벽의 독특한 구조는 저장기관으로서의 기능을 용이하게 한다.

과학자처럼 생각하기

대조군(생리식염수 주사)과 실험군(렙틴 주사)으로 지원자 집단을 두 그룹으로 나눈다. 모든 지원자의 식단과 체중 변화를 추적 관찰한다. 이러한 설계의 문제점은 다음과 같다: 렙틴이 사람에게 주사하는 것이 안전하다는 것을 어떻게 알 수 있을까? 어떻게 지원자들이 먹는 것을 통제할 수 있을까? 유전자와 같은 그 외 요소들을 어떻게 통제할 수 있을까?

23장

1. 개방순환계에서 혈관은 끝이 열려 있고 순환하는 액체는 몸 세포 주위로 직접 흐른다. 폐쇄순환계에서 순환하는 액체는 폐쇄된 혈관계 내에 머물고 있다.

2. 동맥은 몸에 산소가 풍부한 혈액을 운반하지만, 폐에는 산소가 부족한 혈액을 운반한다. 정맥은 산소가 부족한 혈액을 몸에서 심장으로 운반하지만, 폐에서 심장으로 산소가 풍부한 혈액을 운반한다. 동맥은 심장에서 나가는 피를 운반하는 혈관이다. 정맥은 심장으로 들어오는 피를 운반한다.

3. a3, b1, c4, d2

4. 산소가 부족한 혈액과 산소가 풍부한 혈액이 섞이면서 산소 농도는 낮아진다.

5. 헤모글로빈

6. 백혈구는 적혈구보다 크다. 그것들은 핵과 세포소기관을 포함하고 있지만 헤모글로빈은 없다. 백혈구 수는 적혈구보다 적지만, 신체가 감염과 싸울 때 일시적으로 증가할 수 있다.

7. 운동하는 근육은 많은 양의 ATP를 필요로 하기 때문에 세포호흡에 의해 휴식하는 근육보다 더 많은 CO_2를 생산한다. 결과적으로, 운동하는 사람은 휴식을 취하는 사람보다 과잉의 이산화탄소를 배출하기 위해 더 빨리 숨을 쉬어야 한다.

8. 아가미(물고기의 호흡기관)는 몸 밖으로 주변 환경으로 확장되는 반면, 폐(사람의 호흡기관)는 내부로 확장되어 있다.

9. a

10. a

11. b

12. 정보의 흐름: 혈액 내 CO_2의 수치에 대한 정보는 뇌로 흘러가는데, 뇌에서는 이 자료를 사용하여 호흡속도를 조절한다.

13. 진화: 포유류와 다른 척추동물들(어떤 것들은 3개의 방으로 된 심장을 가지고 있다) 사이의 심장 구조의 차이는 그들의 진화 역사를 반영한다.

14. 생물계 내에서의 상호작용: 생명의 과정을 지속시키기 위해서는 순환계와 호흡계의 상호작용이 필요하다.

과학자처럼 생각하기

유효한 인간 실험 대상자를 찾는 것은 어렵고, 동물 모델은 인간의 운동 지구력에 대한 충분한 정보를 제공하지 못할 것이다.

24장

1. 항원; 항체
2. 선천면역: c, d; 적응면역: a, b, e
3. b
4. 자연살해세포가 병든 체세포를 죽이기 위해 화학물질을 방출하는 반면, 식세포는 "세포 섭취"에 의해 외부 세포를 집어삼킨다.
5. a4, b1, c6, d3, e2, f5
6. 부종(조직 안에 있는 과잉의 체액)은 독소를 희석시키고 더 많은 산소를 공급하며 딱지를 붙이도록 촉진한다; 열은 세균 증식을 억제할 수 있다.
7. HIV는 도움 T세포를 파괴하여 B세포와 세포독성 T세포 면역반응을 손상시킨다.
8. B세포
9. b
10. 효과기 B세포; 히스타민
11. 진화: 선천면역이 먼저 진화했고, 적응면역이 나중에 진화한 것처럼 보인다.
12. 정보의 흐름: 당신의 기억세포 외부에 있는 수용체들은 이전에 접했던 병원체에 대한 정보를 포함하고 있다.
13. 생물계 내에서의 상호작용: 함께 작용면서, 면역계와 림프계는 어느 한쪽의 기관계만이 할 수 있는 것보다 훨씬 강력한 방어력을 제공한다.

과학자처럼 생각하기

소크(Salk)의 연구는 참여자(아이들과 부모)도, 어떤 아이가 대조군(위약)에 속하는지, 어떤 아이가 실험군(백신)에 속하는지 연구자도 몰랐기 때문에 이중맹검 연구였다. 만약 모든 관련자들이 누가 무엇을 얻고 있는지 알았다면(위약 대 백신), 그 실험은 전혀 맹검 연구가 아니었을 것이다. 만약 아이들이 어떤 주사를 맞았는지 몰랐지만 연구원들이 알았더라면, 그것은 단일맹검 연구였을 것이다.

25장

1. d
2. 수용성
3. 처음 두 개의 세포는 그 호르몬에 대한 막수용체를 가질 수 있지만, 그것들은 다른 신호전달 경로를 유발할 수도 있다. 세 번째 세포는 특정 호르몬에 대한 막수용체가 없을 것이다.
4. b
5. 알코올은 뇌하수체에서 항이뇨호르몬(ADH)의 방출을 늦춘다. ADH의 감소는 신장에 의한 물의 재흡수를 감소시키고 결국 오줌 배출량을 증가시킨다.
6. 아마도 그는 사람의 성장호르몬(HGH)을 사용하고 있을 것이다. 그것은 때때로 운동선수들이 근육량을 증가시키기 위해 남용되고 있다.
7. b
8. b
9. 코르티솔-부신 피질; 에피네프린-부신 수질; 옥시토신-뇌하수체 후엽; 방출호르몬-시상하부; 에스트로겐-난소와 정소; 글루카곤-췌장; 프로게스테론-난소와 정소
10. 안드로겐
11. a. 갑상샘호르몬; 갑상샘 b. 코르티졸 c. 동화성 스테로이드
12. 진화: 진화는 동물계에서 볼 수 있는 통일성과 다양성을 설명하고 있다.
13. 생물계 내에서의 상호작용: 내분비계와 신경계는 상호작용하여 전신 기능을 조절한다.
14. 정보의 흐름: 뉴런은 환경에 대한 정보를 시상하부로 전달하고, 뇌는 반응으로 내분비 세포로 정보를 다시 보낸다.

과학자처럼 생각하기

이 연구는 하나의 개인적인 진술에만 의존하지 않고, 가설을 시험하기 위해 20명의 참가자를 이용해 통제된 연구를 했다(스테로이드제를 투여 받은 실험군과 위약을 받은 대조군으로 나누었다). 이러한 점에서 더 많은 참여자를 포함시킴으로써 연구가 개선될 수 있을 것이다.

26장

1. 무성생식은 자원이 많은 안정적인 환경에서 유리하다. 유성생식은 유전적으로 변이를 가진 자손을 낳음으로써 변화하는 환경에서 성공을 향상시킬 수 있다.
2. 정낭과/또는 전립선
3. a4, b6, c3, d1, e5, f2
4. d
5. 황체로부터 에스트로겐과 프로게스테론의 결합 방출. 이것은 뇌하수체 전엽의 FSH와 LH 방출을 억제한다.
6. 그들은 또한 성병의 확산을 막는 데 도움을 준다.
7. b
8. a
9. 옥시토신
10. 체외수정; "시험관 내" 수정
11. 구조와 기능의 연관성: 정자세포의 유선형 모양(구조)은 그것이 어떻게 여성 생식관을 통과할 수 있는지(기능)에 대한 통찰력을 제공한다.
12. 생물계 내에서의 상호작용: 여러 기관계의 상호작용은 생식주기에서 사건의 타이밍을 조절해야 한다.
13. 진화: 진화는 유성생식 중에 발생하는 다양한 특성에 작용한다.

과학자처럼 생각하기

두 값은 다르지만 계산된 오차 범위 내에 속하므로 유의한 차이가 없다. 이는 체외수정 후 자녀의 출생 여부의 영향보다는 우연한 기회에 의한 차이일 수 있음을 나타낸다.

27장

1. a
2. 그것은 축삭을 따라 신호의 전송 속도를 높인다.
3. 중추신경계; 말초신경계
4. b
5. 말초 중추신경계의 부교감신경의 활성화
6. 대뇌피질은 감각정보를 다루는 반면, 뇌간의 구조는 중요한 기능을 유지한다. 머리에 심한 부상을 입으면 뇌간이 기능을 하는 동안에는 대뇌피질이 손상돼 반응이 없으나 살아 있을 수는 있다.
7. 활동전위(뉴런에 의해 이용되는)는 실무적(all-or-none) 상태를 나타낸다. 강도에 따라 달라지지 않는다. 수용기전위(감각수용기 세포에 의해 이용되는)는 자극의 강도에 대한 정보를 전달한다.

8. 광수용체, 화학수용체, 기계적수용체, 화학수용체
9. a (90데시벨 이상의 소리에 자주 또는 오래 노출되면 털세포를 손상시키거나 파괴할 수 있으며, 이러한 세포는 절대 교체되지 않는다. 90데시벨을 초과하는 음악을 들을 때는 귀마개로 보호할 것을 적극 권장한다.)
10. 경첩관절은 다리의 움직임을 한 방향으로 제한하는데, 이것은 경첩관절인 무릎이 구상관절인 엉덩이보다 회전이 덜 하도록 만든다.
11. 강한 근수축은 근육 전체에 흩어져 있는 많은 근섬유가 자극을 받도록 요구한다. ALS 환자의 경우, 개별 운동뉴런이 죽으면서, 잠재적으로 수백 개의 근섬유(운동단위를 구성하는)가 더 이상 수축하기 위해 활성화되지 않는다. 자극을 받는 운동단위가 줄어들수록 수축은 더 약해진다.
12. 진화: 자연선택이 서로 다른 조직을 유사한 기능을 갖도록 진화하게 만들었기 때문에 이것은 수렴진화(14장 참조)의 한 예이다.
13. 정보의 흐름: 감각기관에서 얻은 정보는 뇌로 이동한다. 그 다음 뇌는 정보를 처리하여 우리의 인식을 제공한다.
14. 에너지와 물질의 변환경로: 음식의 잠재에너지는 ATP의 잠재에너지로 변환되며, 이것은 근수축의 운동에너지로 변환된다.
15. 구조와 기능의 연관성: 관절의 모양은 우리의 뼈가 움직일 수 있는 방향을 결정한다.

과학자처럼 생각하기

치료를 받는 참가자들이 위약을 통해 스트레스를 줄이면서 치료를 받고 있다고 설득했을 수 있다. 스트레스는 두통이나 편두통을 유발할 수 있다. 일반적으로 위약의 기능은 아직 잘 알려져 있지 않다.

28장

1. b, c, d, e
2. 대부분의 식물들이 자연적으로 자랄 때, 정단우성을 나타내는데, 그것은 곁눈의 결과물을 억제한다. 만약 당신의 친구가 끝눈을 망가뜨리게 된다면, 곁눈으로부터 성장이 증가할 것이다. 이렇게 되면 나뭇가지와 잎이 많아져 내년 수확량이 늘어날 것이다.
3. a4, b2, c5, d6, e3, f1
4. 유성생식, 왜냐하면 그것은 자손들 사이에서 유전적인 변이를 일으키기 때문에, 변화하는 환경에 적응하는 가능성을 증가시키기 때문이다.
5. a. 과일; b. 과일; c. 잎; d. 뿌리; e. 씨
6. c
7. d
8. b; a
9. 호박은 씨앗을 함유한 성숙한 씨방이기 때문에 생물학적으로 과일이다. 하지만 요리 목적상, 그것은 달콤하거나 시큼하지 않은 식물의 식용 부분으로 여겨지는데, 이것이 많은 사람들이 그것을 채소라고 하는 이유이다.
10. 생물계 내에서의 상호작용: 모든 식물기관은 세 가지 식물조직계의 상호작용에 의존한다.
11. 구조와 기능의 연관성: 식물세포의 구조 (세포벽의 특성 등)는 세포의 유형이 식물체 내에서 수행하는 기능과 상관관계가 있다.
12. 진화: 가뭄에 견딜 수 있는 푸짐한 씨앗은 건조한 기후에서 생존의 이점을 제공한다.

과학자처럼 생각하기

과학적 실험은 과거에 대한 자료를 제공할 수 있으며, 이는 역사적 질문을 조사할 때 유용할 수 있다.

29장

1. 과도한 양의 살진균제는 균류와 식물의 뿌리털의 공생적 연관체인 균근을 파괴할 수 있다. 균류의 균사는 물과 영양분의 흡수를 위해 많은 표면적을 제공한다. 균근을 파괴하는 것은 식물에 물이나 영양소의 결핍을 일으킬 수 있다.
2. c
3. 체관; 물관
4. 응집력은 동일한 분자들, 즉 물관액의 경우 물 분자들이 서로 달라붙는 것이다. 부착력은 물관 벽의 셀룰로오스에 물의 부착과 같이 다른 종류의 분자들이 서로 달라붙는 것이다. 응집력은 관의 물이 분리되지 않고 증발을 통해 물관액을 끌어올릴 수 있게 한다. 부착력은 중력의 아래쪽으로 쏠리는 수액을 지지하는 데 도움이 된다.
5. b
6. 옥신; 시토키닌
7. 끝눈은 옥신을 생산하는데, 이것은 뿌리에서 나오는 시토키닌의 영향에 대응하고 곁눈의 성장을 억제한다. 끝눈이 제거되면, 시토키닌이 우세해지고, 분지가 곁눈에서 일어난다.
8. a1; b4; c2; d5; e3
9. a4; b3; c1; d2
10. 진화: 식물종이 살았던 지역 환경은 얼마나 많은 햇빛과 물을 이용할 수 있는지에 따라 선택압을 제공한다.
11. 생물계 내에서의 상호작용: 시토키닌과 옥신의 상호작용은 식물의 성장률을 결정한다.
12. 에너지와 물질의 변환경로: 토양 내의 세균은 질소를 대기 형태에서 식물 뿌리에 의해 흡수될 수 있는 형태로 변화시킨다.

과학자처럼 생각하기

기초연구는 반드시 직접적인 응용을 하지 않고 주로 자연세계에 대한 지식을 축적하는 것과 관련이 있다.

국문찾아보기

ㅂ

ㅅ

ㅇ

기타